Mass Spectra of Designer Drugs

Peter Rösner, Thomas Junge, Folker Westphal, and Giselher Fritschi

1807–2007 Knowledge for Generations

Each generation has its unique needs and aspirations. When Charles Wiley first opened his small printing shop in lower Manhattan in 1807, it was a generation of boundless potential searching for an identity. And we were there, helping to define a new American literary tradition. Over half a century later, in the midst of the Second Industrial Revolution, it was a generation focused on building the future. Once again, we were there, supplying the critical scientific, technical, and engineering knowledge that helped frame the world. Throughout the 20th Century, and into the new millennium, nations began to reach out beyond their own borders and a new international community was born. Wiley was there, expanding its operations around the world to enable a global exchange of ideas, opinions, and know-how.

For 200 years, Wiley has been an integral part of each generation's journey, enabling the flow of information and understanding necessary to meet their needs and fulfill their aspirations. Today, bold new technologies are changing the way we live and learn. Wiley will be there, providing you the must-have knowledge you need to imagine new worlds, new possibilities, and new opportunities.

Generations come and go, but you can always count on Wiley to provide you the knowledge you need, when and where you need it!

William J. Pesce
President and Chief Executive Officer

Peter Booth Wiley
Chairman of the Board

Mass Spectra of Designer Drugs

Including Drugs, Chemical Warfare Agents, and Precursors

Volume 2

Peter Rösner, Thomas Junge,
Folker Westphal, and Giselher Fritschi

Wiley-VCH Verlag GmbH & Co. KGaA

The Authors

Dr. Peter Rösner
Posener Str. 18
24161 Altenholz / Germany

Chem.-Ing. Thomas Junge
LKA Schleswig-Holstein
Mühlenweg 166
24116 Kiel / Germany

Dr. Folker Westphal
LKA Schleswig-Holstein
Mühlenweg 166
24116 Kiel / Germany

Dr. Giselher Fritschi
Hessisches Landeskriminalamt
Hölderlinstraße 5
65187 Wiesbaden / Germany

All books published by Wiley-VCH are carefully produced. Nevertheless, authors, editors, and publisher do not warrant the information contained in these books, including this book, to be free of errors. Readers are advised to keep in mind that statements, data, illustrations, procedural details or other items may inadvertently be inaccurate.

Library of Congress Card No.:
applied for

British Library Cataloguing-in-Publication Data
A catalogue record for this book is available from the British Library.

Bibliographic information published by the Deutsche Nationalbibliothek
The Deutsche Nationalbibliothek lists this publication in the Deutsche Nationalbibliografie; detailed bibliographic data are available in the Internet at <http://dnb.d-nb.de>.

© 2007 WILEY-VCH Verlag GmbH & Co. KGaA, Weinheim

All rights reserved (including those of translation into other languages). No part of this book may be reproduced in any form – by photoprinting, microfilm, or any other means – nor transmitted or translated into a machine language without written permission from the publishers. Registered names, trademarks, etc. used in this book, even when not specifically marked as such, are not to be considered unprotected by law.

Printed in the Federal Republic of Germany
Printed on acid-free paper

Printing Strauss GmbH, Mörlenbach
Binding Litges & Dopf Buchbinderei GmbH, Heppenheim
Wiley Bicentennial Logo Richard J. Pacifico

ISBN 978-3-527-30798-2

Contents

Introduction *VII*

Presentation of Mass Spectra *VII*

Recording of Mass Spectra *VIII*

Mass Spectra Quality *IX*

Statistical Data of Designer Drugs 2006 *X*

Structural and Empirical Formulas *X*

Chemical Warfare Agents *X*

Indexing *X*

References *XII*

Internet Addresses *XIII*

Acknowlegments *XIII*

Authors *XIV*

Mass Spectra *1*

Compound Index *1763*

m/z: 168-169

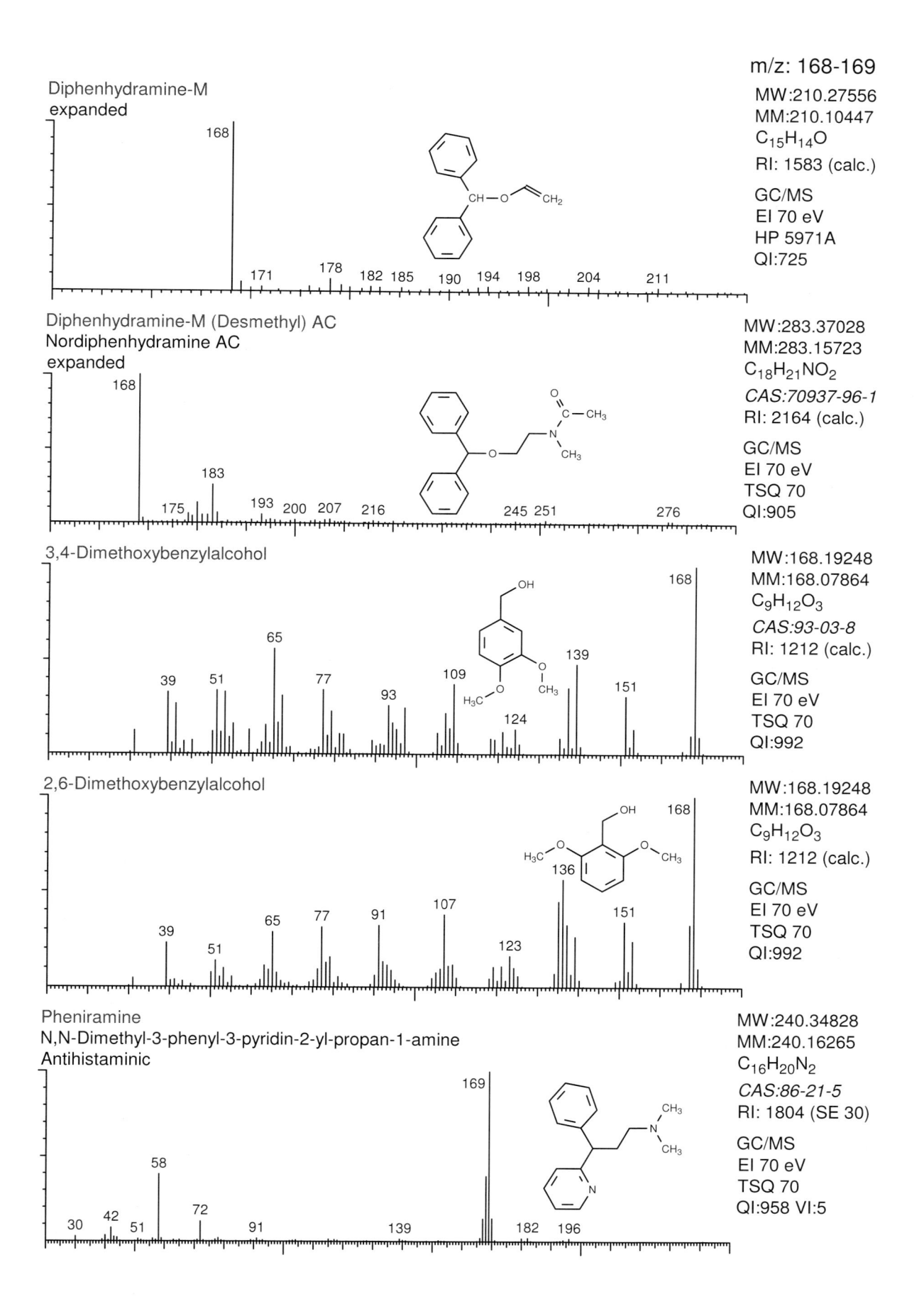

Diphenhydramine-M expanded

peaks: 168, 171, 178, 182, 185, 190, 194, 198, 204, 211

MW:210.27556
MM:210.10447
$C_{15}H_{14}O$
RI: 1583 (calc.)

GC/MS
EI 70 eV
HP 5971A
QI:725

Diphenhydramine-M (Desmethyl) AC
Nordiphenhydramine AC expanded

peaks: 168, 175, 183, 193, 200, 207, 216, 245, 251, 276

MW:283.37028
MM:283.15723
$C_{18}H_{21}NO_2$
CAS:70937-96-1
RI: 2164 (calc.)

GC/MS
EI 70 eV
TSQ 70
QI:905

3,4-Dimethoxybenzylalcohol

peaks: 39, 51, 65, 77, 93, 109, 124, 139, 151, 168

MW:168.19248
MM:168.07864
$C_9H_{12}O_3$
CAS:93-03-8
RI: 1212 (calc.)

GC/MS
EI 70 eV
TSQ 70
QI:992

2,6-Dimethoxybenzylalcohol

peaks: 39, 51, 65, 77, 91, 107, 123, 136, 151, 168

MW:168.19248
MM:168.07864
$C_9H_{12}O_3$
RI: 1212 (calc.)

GC/MS
EI 70 eV
TSQ 70
QI:992

Pheniramine
N,N-Dimethyl-3-phenyl-3-pyridin-2-yl-propan-1-amine
Antihistaminic

peaks: 30, 42, 51, 58, 72, 91, 139, 169, 182, 196

MW:240.34828
MM:240.16265
$C_{16}H_{20}N_2$
CAS:86-21-5
RI: 1804 (SE 30)

GC/MS
EI 70 eV
TSQ 70
QI:958 VI:5

m/z: 169

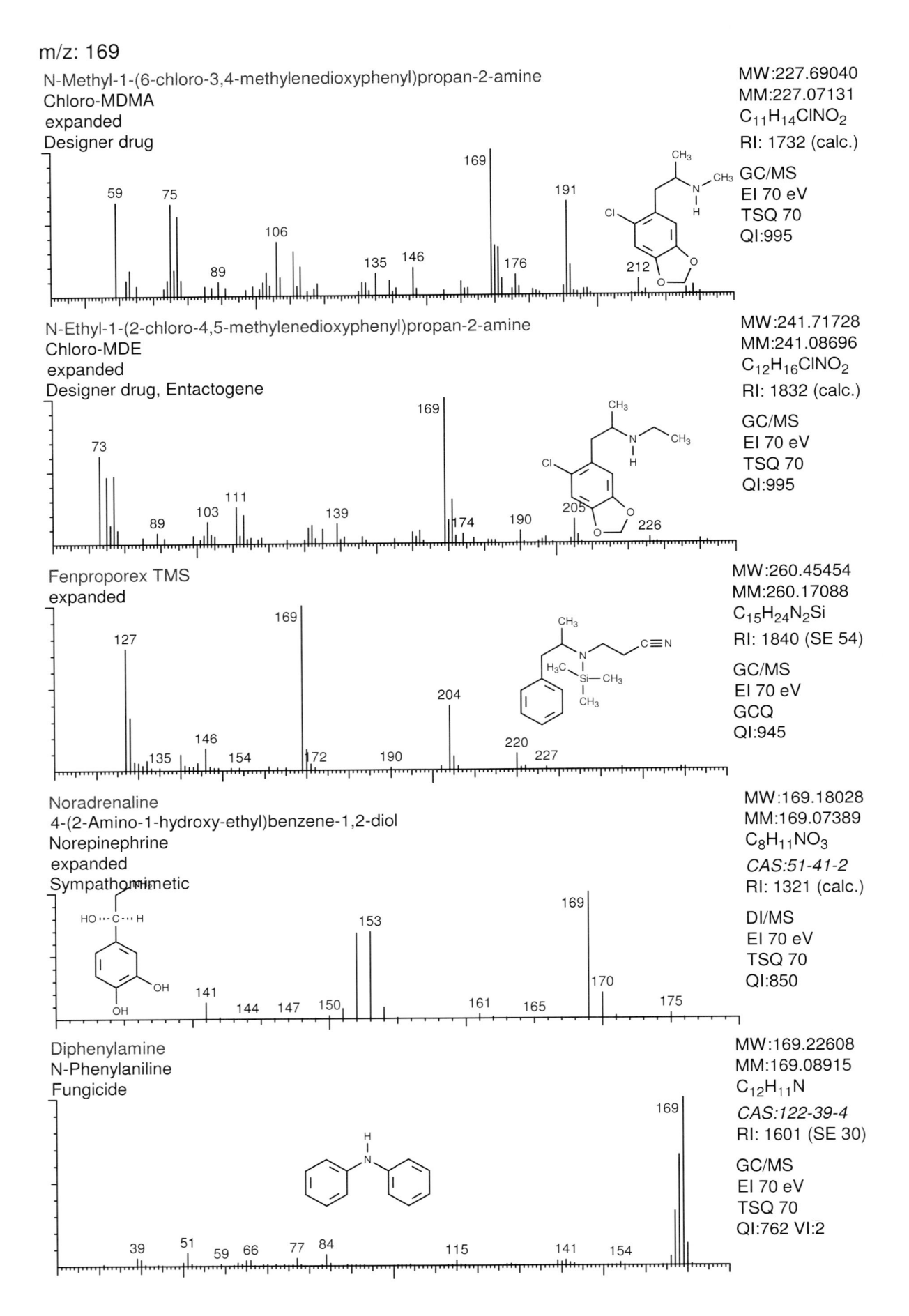

N-Methyl-1-(6-chloro-3,4-methylenedioxyphenyl)propan-2-amine
Chloro-MDMA
expanded
Designer drug

MW: 227.69040
MM: 227.07131
$C_{11}H_{14}ClNO_2$
RI: 1732 (calc.)

GC/MS
EI 70 eV
TSQ 70
QI: 995

N-Ethyl-1-(2-chloro-4,5-methylenedioxyphenyl)propan-2-amine
Chloro-MDE
expanded
Designer drug, Entactogene

MW: 241.71728
MM: 241.08696
$C_{12}H_{16}ClNO_2$
RI: 1832 (calc.)

GC/MS
EI 70 eV
TSQ 70
QI: 995

Fenproporex TMS
expanded

MW: 260.45454
MM: 260.17088
$C_{15}H_{24}N_2Si$
RI: 1840 (SE 54)

GC/MS
EI 70 eV
GCQ
QI: 945

Noradrenaline
4-(2-Amino-1-hydroxy-ethyl)benzene-1,2-diol
Norepinephrine
expanded
Sympathomimetic

MW: 169.18028
MM: 169.07389
$C_8H_{11}NO_3$
CAS: 51-41-2
RI: 1321 (calc.)

DI/MS
EI 70 eV
TSQ 70
QI: 850

Diphenylamine
N-Phenylaniline
Fungicide

MW: 169.22608
MM: 169.08915
$C_{12}H_{11}N$
CAS: 122-39-4
RI: 1601 (SE 30)

GC/MS
EI 70 eV
TSQ 70
QI: 762 VI:2

m/z: 169

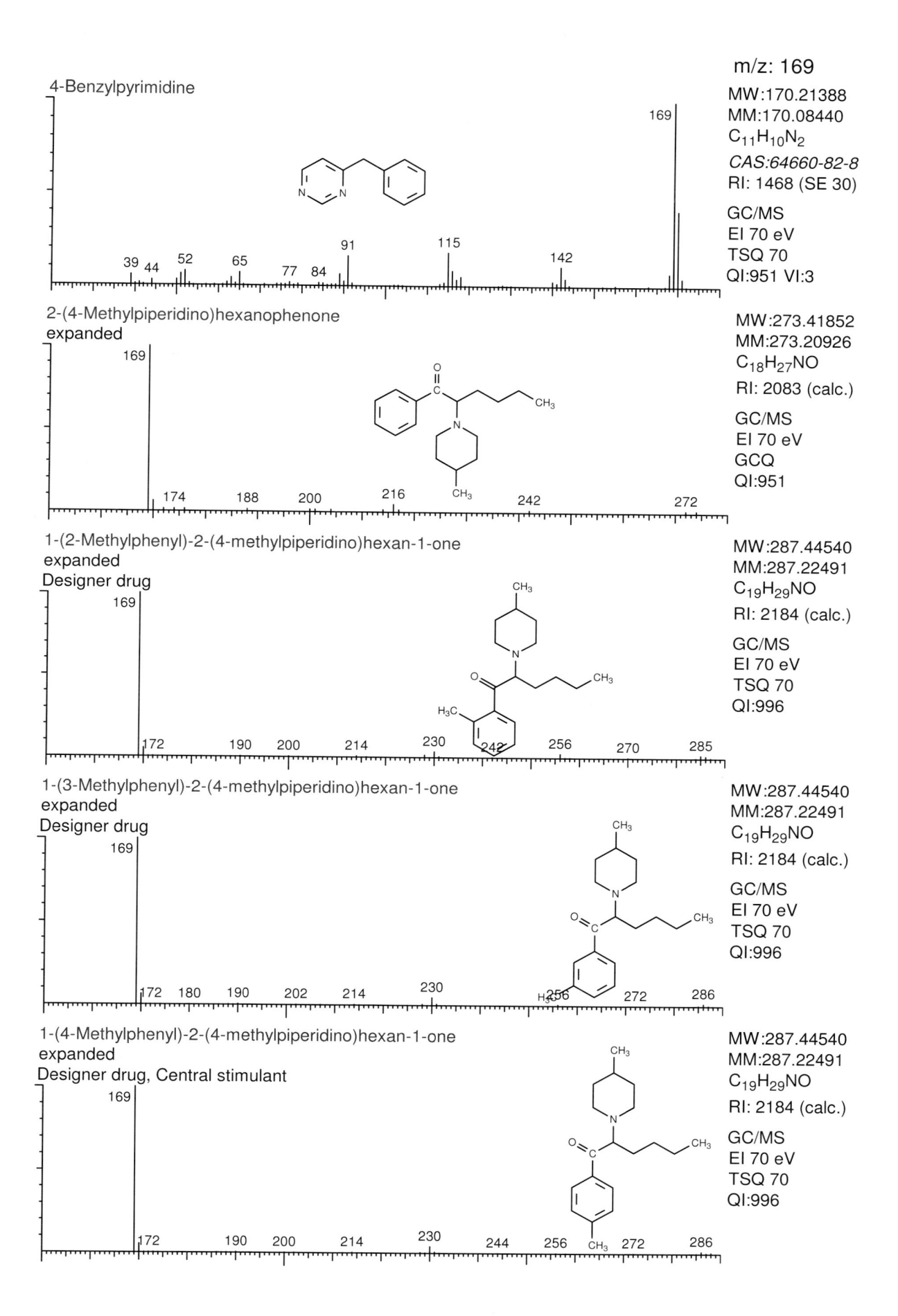

4-Benzylpyrimidine

MW: 170.21388
MM: 170.08440
$C_{11}H_{10}N_2$
CAS: 64660-82-8
RI: 1468 (SE 30)

GC/MS
EI 70 eV
TSQ 70
QI: 951 VI: 3

Peaks: 39, 44, 52, 65, 77, 84, 91, 115, 142, 169

2-(4-Methylpiperidino)hexanophenone expanded

MW: 273.41852
MM: 273.20926
$C_{18}H_{27}NO$
RI: 2083 (calc.)

GC/MS
EI 70 eV
GCQ
QI: 951

Peaks: 169, 174, 188, 200, 216, 242, 272

1-(2-Methylphenyl)-2-(4-methylpiperidino)hexan-1-one expanded
Designer drug

MW: 287.44540
MM: 287.22491
$C_{19}H_{29}NO$
RI: 2184 (calc.)

GC/MS
EI 70 eV
TSQ 70
QI: 996

Peaks: 169, 172, 190, 200, 214, 230, 242, 256, 270, 285

1-(3-Methylphenyl)-2-(4-methylpiperidino)hexan-1-one expanded
Designer drug

MW: 287.44540
MM: 287.22491
$C_{19}H_{29}NO$
RI: 2184 (calc.)

GC/MS
EI 70 eV
TSQ 70
QI: 996

Peaks: 169, 172, 180, 190, 202, 214, 230, 256, 272, 286

1-(4-Methylphenyl)-2-(4-methylpiperidino)hexan-1-one expanded
Designer drug, Central stimulant

MW: 287.44540
MM: 287.22491
$C_{19}H_{29}NO$
RI: 2184 (calc.)

GC/MS
EI 70 eV
TSQ 70
QI: 996

Peaks: 169, 172, 190, 200, 214, 230, 244, 256, 272, 286

m/z: 169

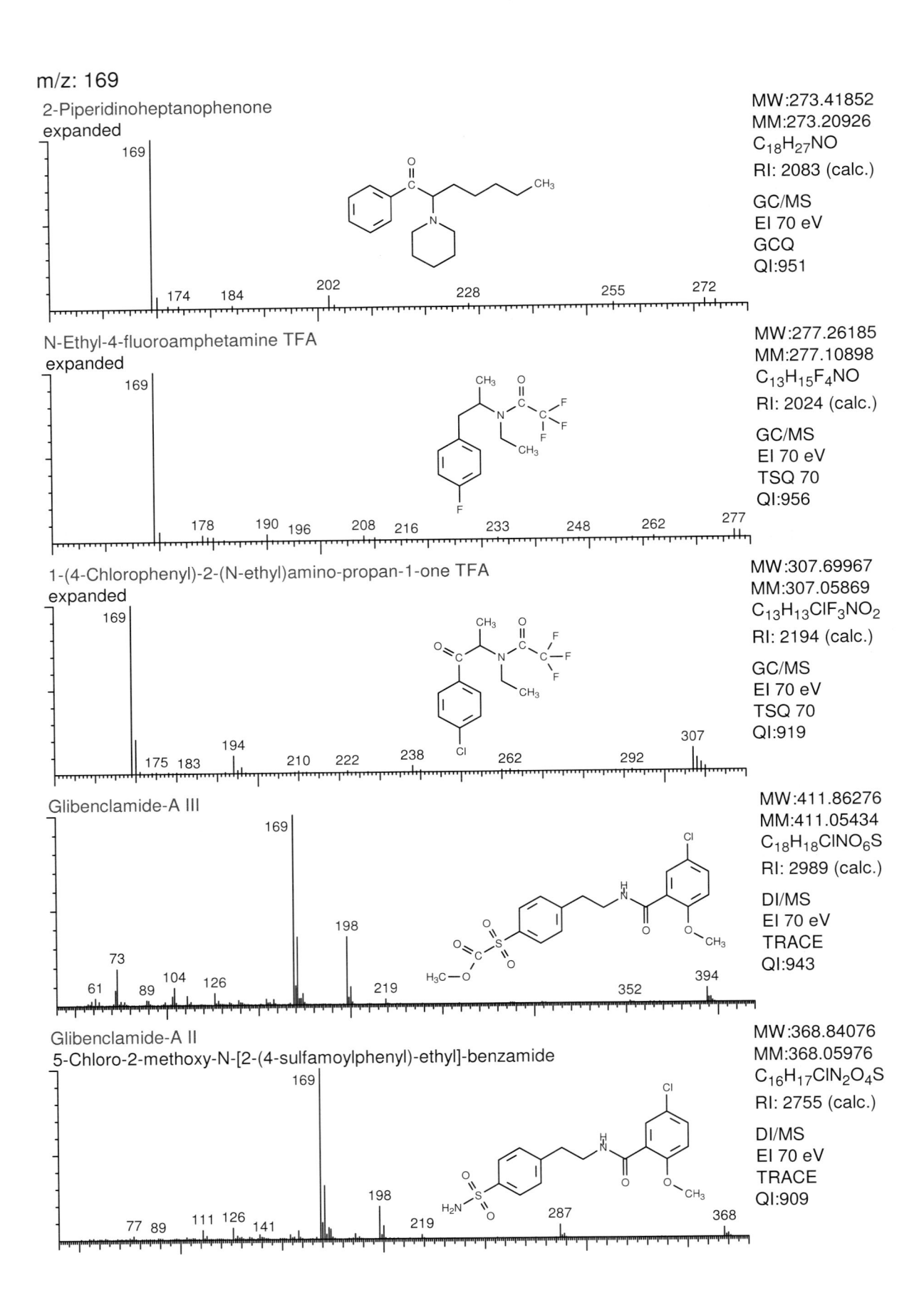

2-Piperidinoheptanophenone
expanded
169, 174, 184, 202, 228, 255, 272

MW: 273.41852
MM: 273.20926
C$_{18}$H$_{27}$NO
RI: 2083 (calc.)

GC/MS
EI 70 eV
GCQ
QI: 951

N-Ethyl-4-fluoroamphetamine TFA
expanded
169, 178, 190, 196, 208, 216, 233, 248, 262, 277

MW: 277.26185
MM: 277.10898
C$_{13}$H$_{15}$F$_4$NO
RI: 2024 (calc.)

GC/MS
EI 70 eV
TSQ 70
QI: 956

1-(4-Chlorophenyl)-2-(N-ethyl)amino-propan-1-one TFA
expanded
169, 175, 183, 194, 210, 222, 238, 262, 292, 307

MW: 307.69967
MM: 307.05869
C$_{13}$H$_{13}$ClF$_3$NO$_2$
RI: 2194 (calc.)

GC/MS
EI 70 eV
TSQ 70
QI: 919

Glibenclamide-A III
61, 73, 89, 104, 126, 169, 198, 219, 352, 394

MW: 411.86276
MM: 411.05434
C$_{18}$H$_{18}$ClNO$_6$S
RI: 2989 (calc.)

DI/MS
EI 70 eV
TRACE
QI: 943

Glibenclamide-A II
5-Chloro-2-methoxy-N-[2-(4-sulfamoylphenyl)-ethyl]-benzamide
77, 89, 111, 126, 141, 169, 198, 219, 287, 368

MW: 368.84076
MM: 368.05976
C$_{16}$H$_{17}$ClN$_2$O$_4$S
RI: 2755 (calc.)

DI/MS
EI 70 eV
TRACE
QI: 909

Glibenclamide-M OH
4-Hydroxyglibenclamide

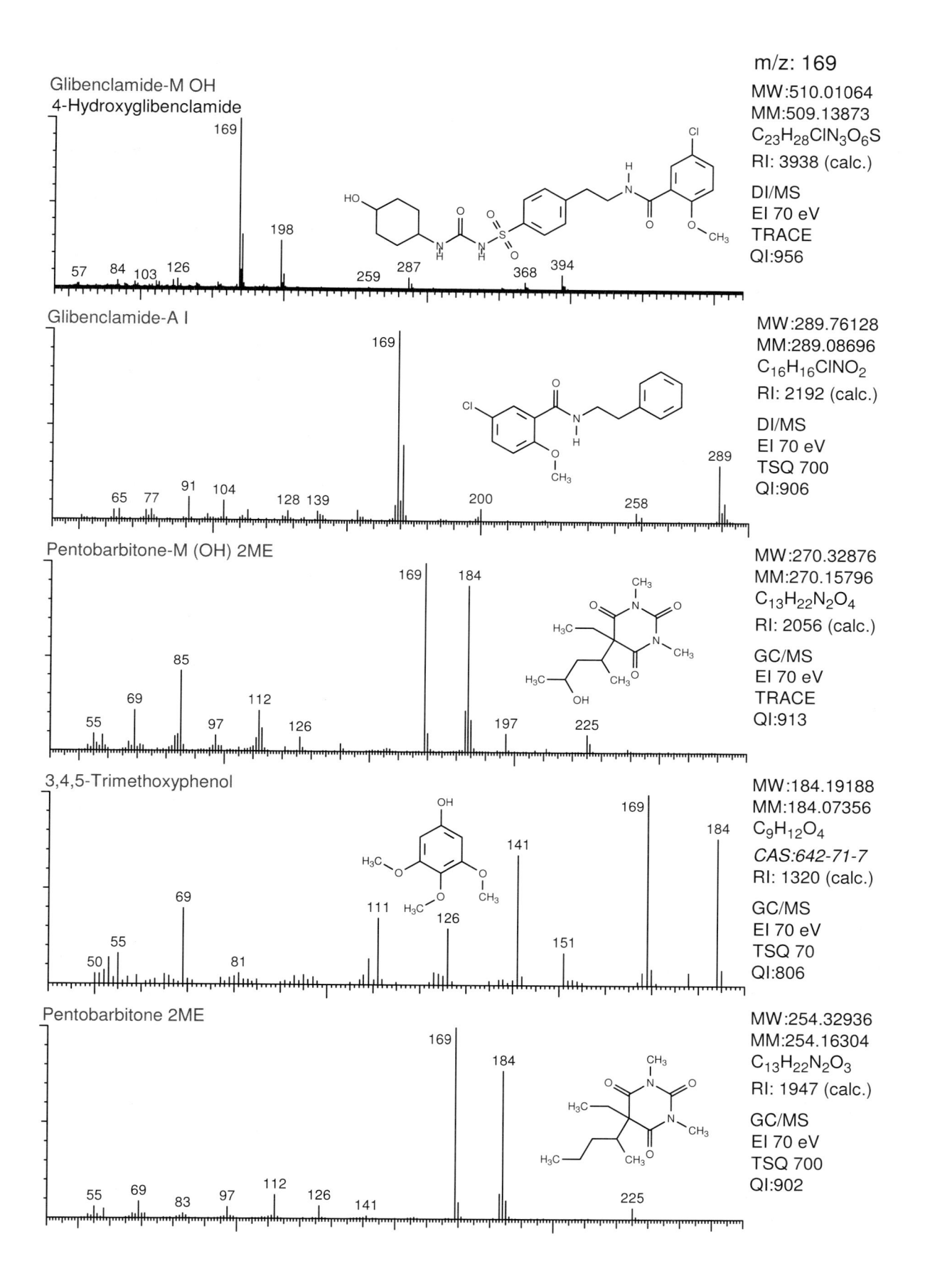

m/z: 169
MW: 510.01064
MM: 509.13873
$C_{23}H_{28}ClN_3O_6S$
RI: 3938 (calc.)

DI/MS
EI 70 eV
TRACE
QI: 956

Glibenclamide-A I

MW: 289.76128
MM: 289.08696
$C_{16}H_{16}ClNO_2$
RI: 2192 (calc.)

DI/MS
EI 70 eV
TSQ 700
QI: 906

Pentobarbitone-M (OH) 2ME

MW: 270.32876
MM: 270.15796
$C_{13}H_{22}N_2O_4$
RI: 2056 (calc.)

GC/MS
EI 70 eV
TRACE
QI: 913

3,4,5-Trimethoxyphenol

MW: 184.19188
MM: 184.07356
$C_9H_{12}O_4$
CAS: 642-71-7
RI: 1320 (calc.)

GC/MS
EI 70 eV
TSQ 70
QI: 806

Pentobarbitone 2ME

MW: 254.32936
MM: 254.16304
$C_{13}H_{22}N_2O_3$
RI: 1947 (calc.)

GC/MS
EI 70 eV
TSQ 700
QI: 902

m/z: 169

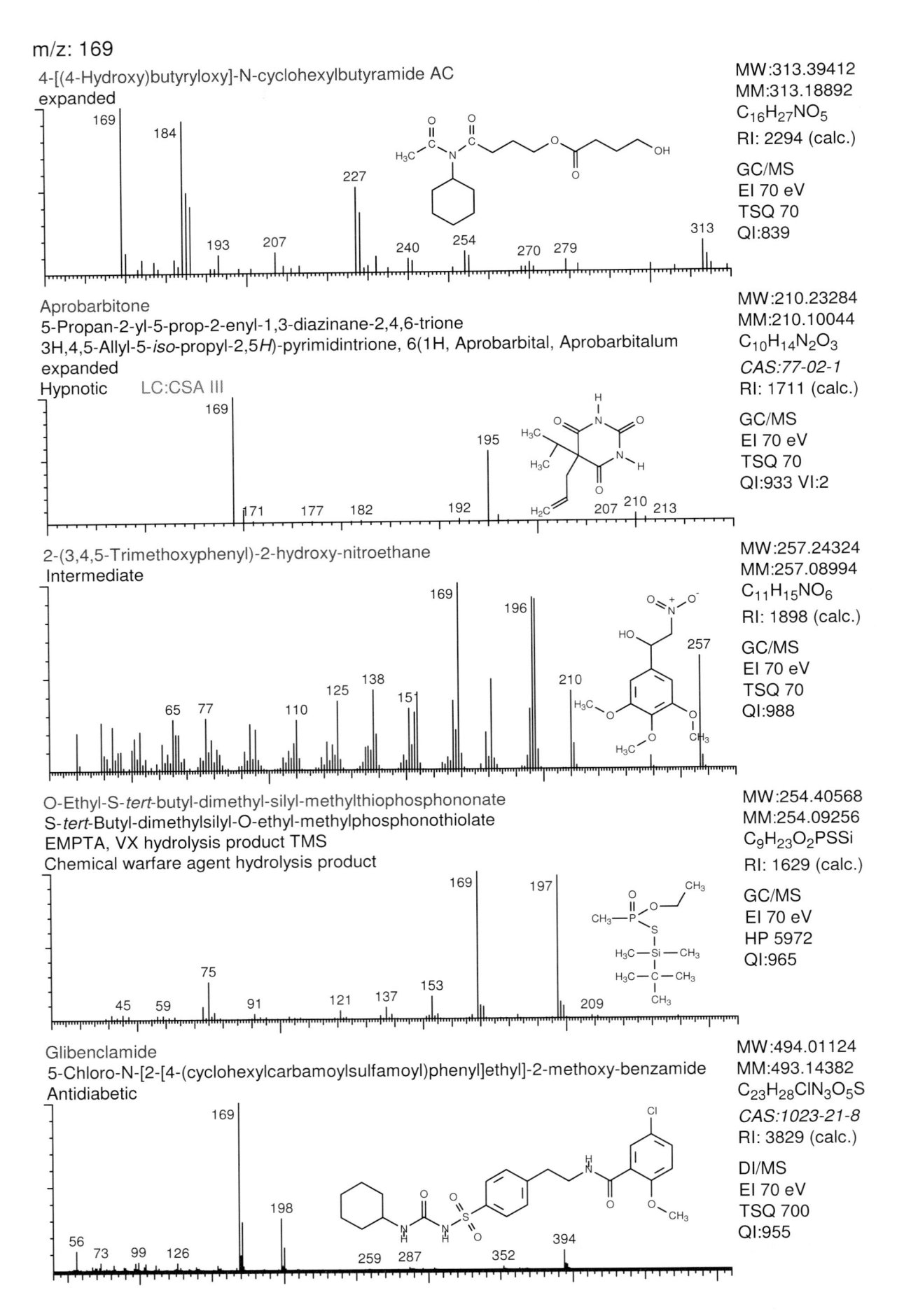

4-[(4-Hydroxy)butyryloxy]-N-cyclohexylbutyramide AC
expanded

MW: 313.39412
MM: 313.18892
$C_{16}H_{27}NO_5$
RI: 2294 (calc.)

GC/MS
EI 70 eV
TSQ 70
QI: 839

Peaks: 169, 184, 193, 207, 227, 240, 254, 270, 279, 313

Aprobarbitone
5-Propan-2-yl-5-prop-2-enyl-1,3-diazinane-2,4,6-trione
3H,4,5-Allyl-5-*iso*-propyl-2,5*H*)-pyrimidintrione, 6(1H, Aprobarbital, Aprobarbitalum
expanded
Hypnotic   LC:CSA III

MW: 210.23284
MM: 210.10044
$C_{10}H_{14}N_2O_3$
CAS: 77-02-1
RI: 1711 (calc.)

GC/MS
EI 70 eV
TSQ 70
QI: 933 VI:2

Peaks: 169, 171, 177, 182, 192, 195, 207, 210, 213

2-(3,4,5-Trimethoxyphenyl)-2-hydroxy-nitroethane
Intermediate

MW: 257.24324
MM: 257.08994
$C_{11}H_{15}NO_6$
RI: 1898 (calc.)

GC/MS
EI 70 eV
TSQ 70
QI: 988

Peaks: 65, 77, 110, 125, 138, 151, 169, 196, 210, 257

O-Ethyl-S-*tert*-butyl-dimethyl-silyl-methylthiophosphononate
S-*tert*-Butyl-dimethylsilyl-O-ethyl-methylphosphonothiolate
EMPTA, VX hydrolysis product TMS
Chemical warfare agent hydrolysis product

MW: 254.40568
MM: 254.09256
$C_9H_{23}O_2PSSi$
RI: 1629 (calc.)

GC/MS
EI 70 eV
HP 5972
QI: 965

Peaks: 45, 59, 75, 91, 121, 137, 153, 169, 197, 209

Glibenclamide
5-Chloro-N-[2-[4-(cyclohexylcarbamoylsulfamoyl)phenyl]ethyl]-2-methoxy-benzamide
Antidiabetic

MW: 494.01124
MM: 493.14382
$C_{23}H_{28}ClN_3O_5S$
CAS: 1023-21-8
RI: 3829 (calc.)

DI/MS
EI 70 eV
TSQ 700
QI: 955

Peaks: 56, 73, 99, 126, 169, 198, 259, 287, 352, 394

m/z: 169

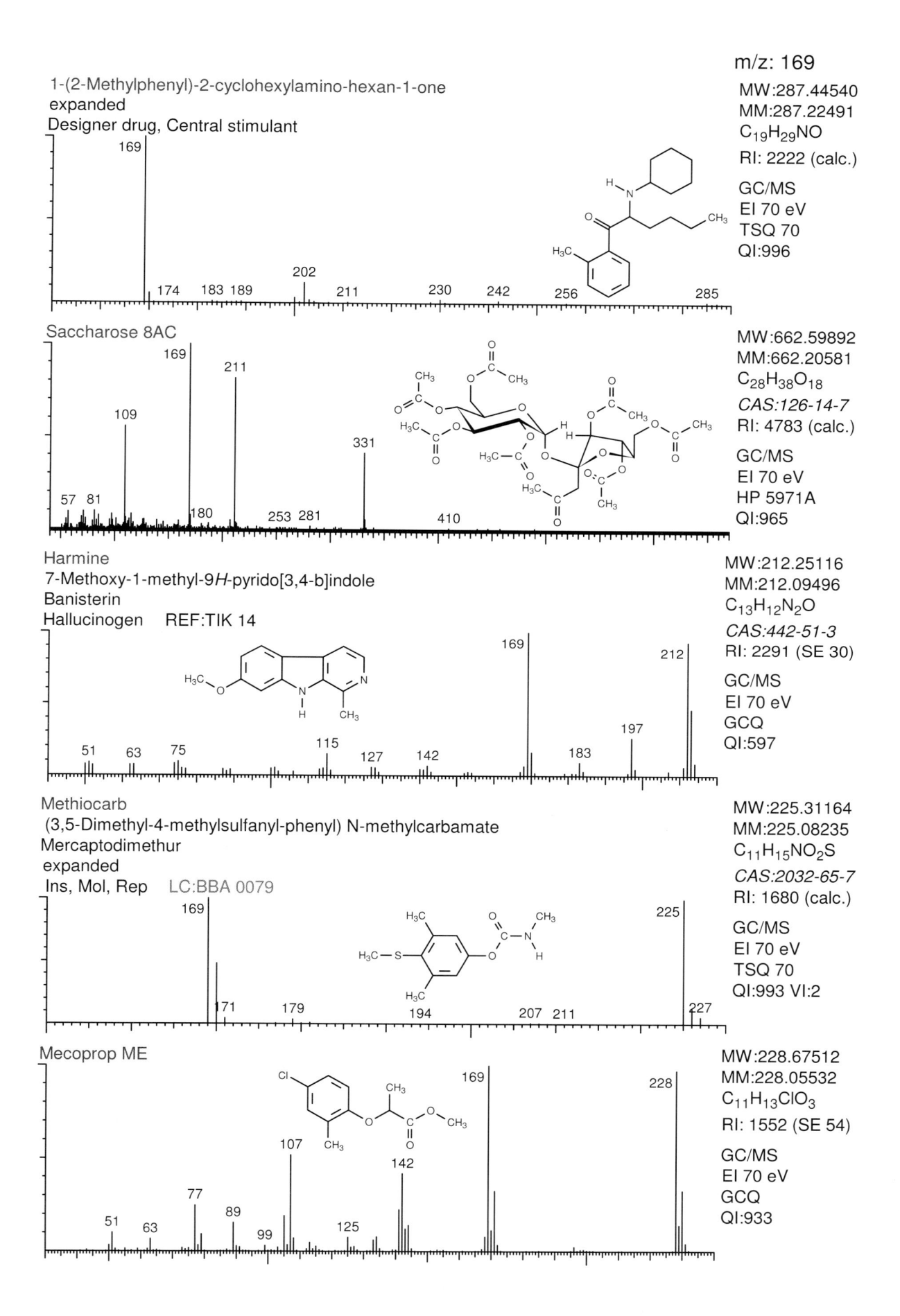

1-(2-Methylphenyl)-2-cyclohexylamino-hexan-1-one
expanded
Designer drug, Central stimulant

MW: 287.44540
MM: 287.22491
$C_{19}H_{29}NO$
RI: 2222 (calc.)

GC/MS
EI 70 eV
TSQ 70
QI: 996

Peaks: 169, 174, 183, 189, 202, 211, 230, 242, 256, 285

Saccharose 8AC

MW: 662.59892
MM: 662.20581
$C_{28}H_{38}O_{18}$
CAS: 126-14-7
RI: 4783 (calc.)

GC/MS
EI 70 eV
HP 5971A
QI: 965

Peaks: 57, 81, 109, 169, 180, 211, 253, 281, 331, 410

Harmine
7-Methoxy-1-methyl-9H-pyrido[3,4-b]indole
Banisterin
Hallucinogen   REF: TIK 14

MW: 212.25116
MM: 212.09496
$C_{13}H_{12}N_2O$
CAS: 442-51-3
RI: 2291 (SE 30)

GC/MS
EI 70 eV
GCQ
QI: 597

Peaks: 51, 63, 75, 115, 127, 142, 169, 183, 197, 212

Methiocarb
(3,5-Dimethyl-4-methylsulfanyl-phenyl) N-methylcarbamate
Mercaptodimethur
expanded
Ins, Mol, Rep   LC: BBA 0079

MW: 225.31164
MM: 225.08235
$C_{11}H_{15}NO_2S$
CAS: 2032-65-7
RI: 1680 (calc.)

GC/MS
EI 70 eV
TSQ 70
QI: 993 VI: 2

Peaks: 169, 171, 179, 194, 207, 211, 225, 227

Mecoprop ME

MW: 228.67512
MM: 228.05532
$C_{11}H_{13}ClO_3$
RI: 1552 (SE 54)

GC/MS
EI 70 eV
GCQ
QI: 933

Peaks: 51, 63, 77, 89, 99, 107, 125, 142, 169, 228

m/z: 169

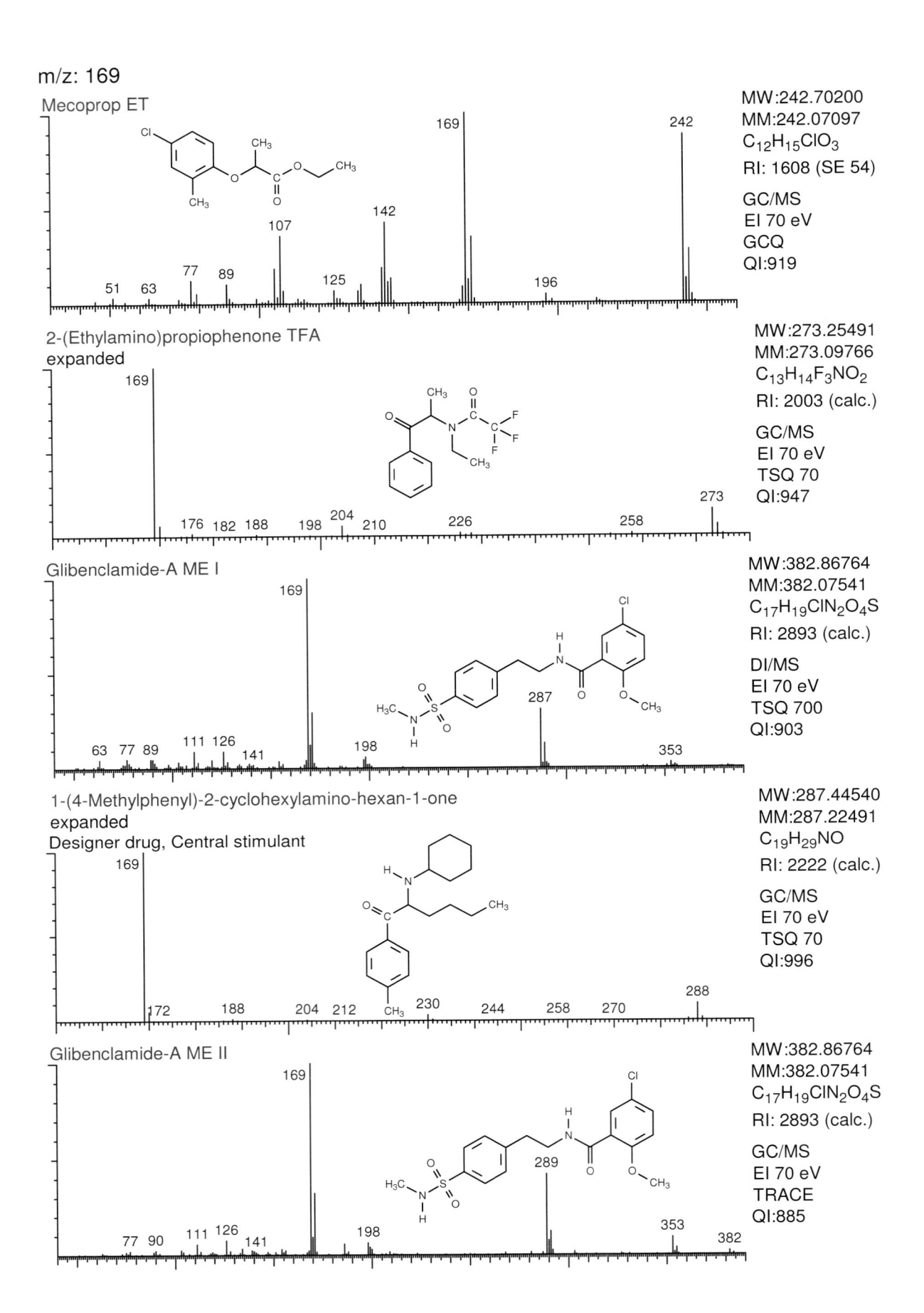

Mecoprop ET

Peaks: 51, 63, 77, 89, 107, 125, 142, 169, 196, 242

MW: 242.70200
MM: 242.07097
$C_{12}H_{15}ClO_3$
RI: 1608 (SE 54)

GC/MS
EI 70 eV
GCQ
QI:919

2-(Ethylamino)propiophenone TFA
expanded

Peaks: 169, 176, 182, 188, 198, 204, 210, 226, 258, 273

MW: 273.25491
MM: 273.09766
$C_{13}H_{14}F_3NO_2$
RI: 2003 (calc.)

GC/MS
EI 70 eV
TSQ 70
QI:947

Glibenclamide-A ME I

Peaks: 63, 77, 89, 111, 126, 141, 169, 198, 287, 353

MW: 382.86764
MM: 382.07541
$C_{17}H_{19}ClN_2O_4S$
RI: 2893 (calc.)

DI/MS
EI 70 eV
TSQ 700
QI:903

1-(4-Methylphenyl)-2-cyclohexylamino-hexan-1-one
expanded
Designer drug, Central stimulant

Peaks: 169, 172, 188, 204, 212, 230, 244, 258, 270, 288

MW: 287.44540
MM: 287.22491
$C_{19}H_{29}NO$
RI: 2222 (calc.)

GC/MS
EI 70 eV
TSQ 70
QI:996

Glibenclamide-A ME II

Peaks: 77, 90, 111, 126, 141, 169, 198, 289, 353, 382

MW: 382.86764
MM: 382.07541
$C_{17}H_{19}ClN_2O_4S$
RI: 2893 (calc.)

GC/MS
EI 70 eV
TRACE
QI:885

m/z: 169

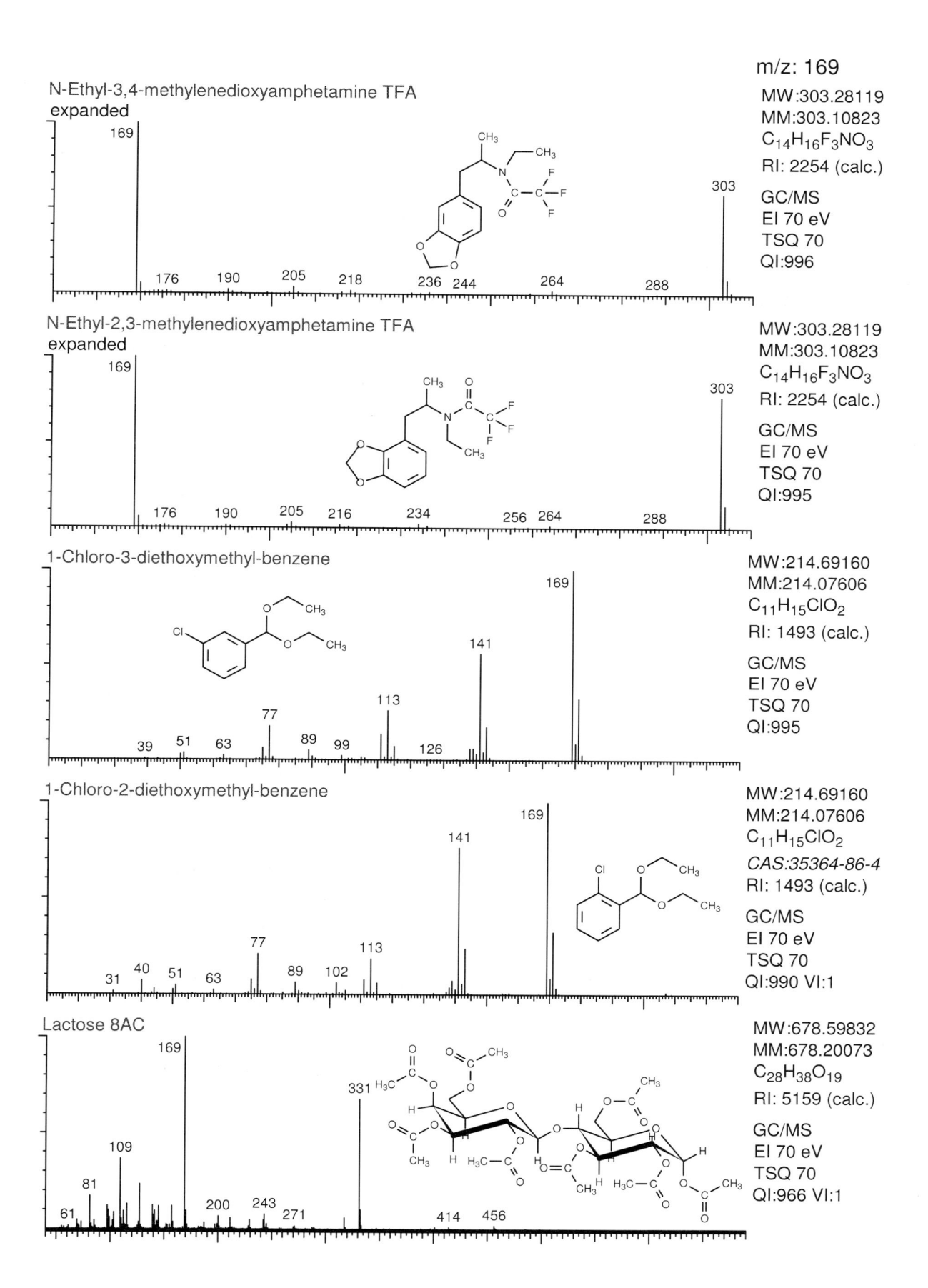

N-Ethyl-3,4-methylenedioxyamphetamine TFA expanded

Peaks: 169, 176, 190, 205, 218, 236, 244, 264, 288, 303

MW: 303.28119
MM: 303.10823
$C_{14}H_{16}F_3NO_3$
RI: 2254 (calc.)

GC/MS
EI 70 eV
TSQ 70
QI: 996

N-Ethyl-2,3-methylenedioxyamphetamine TFA expanded

Peaks: 169, 176, 190, 205, 216, 234, 256, 264, 288, 303

MW: 303.28119
MM: 303.10823
$C_{14}H_{16}F_3NO_3$
RI: 2254 (calc.)

GC/MS
EI 70 eV
TSQ 70
QI: 995

1-Chloro-3-diethoxymethyl-benzene

Peaks: 39, 51, 63, 77, 89, 99, 113, 126, 141, 169

MW: 214.69160
MM: 214.07606
$C_{11}H_{15}ClO_2$
RI: 1493 (calc.)

GC/MS
EI 70 eV
TSQ 70
QI: 995

1-Chloro-2-diethoxymethyl-benzene

Peaks: 31, 40, 51, 63, 77, 89, 102, 113, 141, 169

MW: 214.69160
MM: 214.07606
$C_{11}H_{15}ClO_2$
CAS: 35364-86-4
RI: 1493 (calc.)

GC/MS
EI 70 eV
TSQ 70
QI: 990 VI:1

Lactose 8AC

Peaks: 61, 81, 109, 169, 200, 243, 271, 331, 414, 456

MW: 678.59832
MM: 678.20073
$C_{28}H_{38}O_{19}$
RI: 5159 (calc.)

GC/MS
EI 70 eV
TSQ 70
QI: 966 VI:1

m/z: 169-170

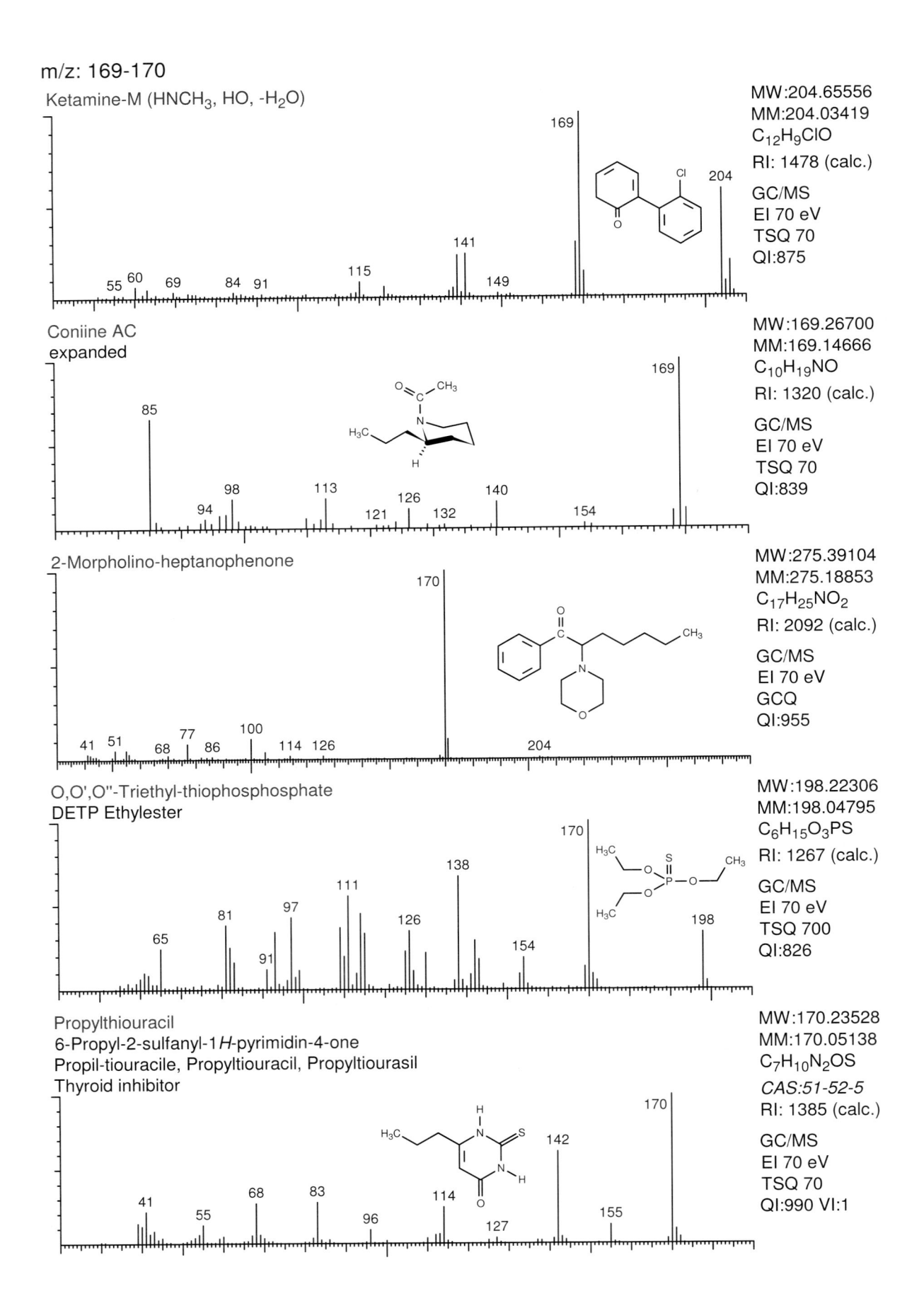

Ketamine-M (HNCH₃, HO, -H₂O)

MW: 204.65556
MM: 204.03419
$C_{12}H_9ClO$
RI: 1478 (calc.)

GC/MS
EI 70 eV
TSQ 70
QI: 875

Peaks: 55, 60, 69, 84, 91, 115, 141, 149, 169, 204

Coniine AC
expanded

MW: 169.26700
MM: 169.14666
$C_{10}H_{19}NO$
RI: 1320 (calc.)

GC/MS
EI 70 eV
TSQ 70
QI: 839

Peaks: 85, 94, 98, 113, 121, 126, 132, 140, 154, 169

2-Morpholino-heptanophenone

MW: 275.39104
MM: 275.18853
$C_{17}H_{25}NO_2$
RI: 2092 (calc.)

GC/MS
EI 70 eV
GCQ
QI: 955

Peaks: 41, 51, 68, 77, 86, 100, 114, 126, 170, 204

O,O',O''-Triethyl-thiophosphate
DETP Ethylester

MW: 198.22306
MM: 198.04795
$C_6H_{15}O_3PS$
RI: 1267 (calc.)

GC/MS
EI 70 eV
TSQ 700
QI: 826

Peaks: 65, 81, 91, 97, 111, 126, 138, 154, 170, 198

Propylthiouracil
6-Propyl-2-sulfanyl-1H-pyrimidin-4-one
Propil-tiouracile, Propyltiouracil, Propyltiourasil
Thyroid inhibitor

MW: 170.23528
MM: 170.05138
$C_7H_{10}N_2OS$
CAS: 51-52-5
RI: 1385 (calc.)

GC/MS
EI 70 eV
TSQ 70
QI: 990 VI:1

Peaks: 41, 55, 68, 83, 96, 114, 127, 142, 155, 170

m/z: 170

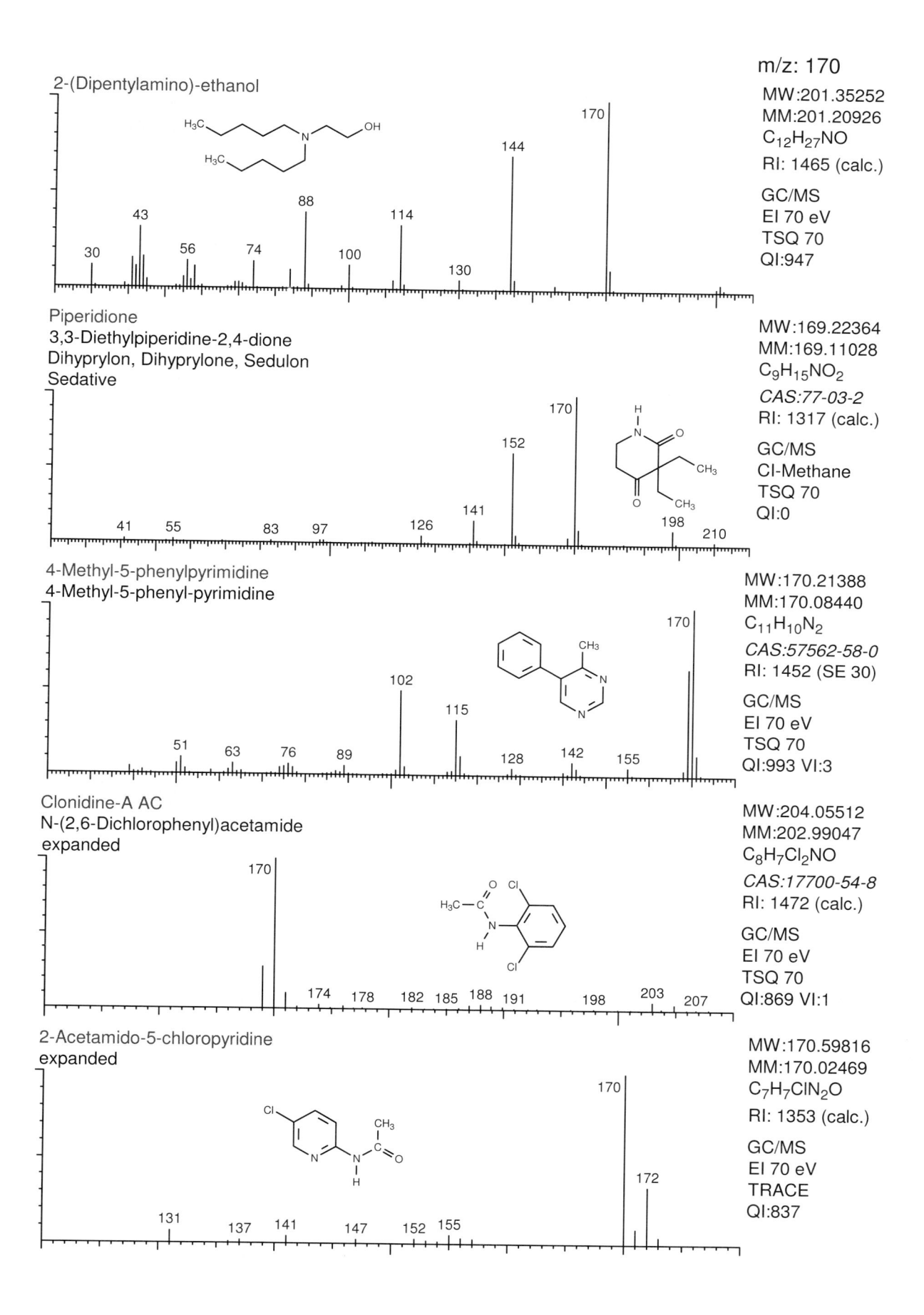

2-(Dipentylamino)-ethanol

MW: 201.35252
MM: 201.20926
$C_{12}H_{27}NO$
RI: 1465 (calc.)

GC/MS
EI 70 eV
TSQ 70
QI: 947

Peaks: 30, 43, 56, 74, 88, 100, 114, 130, 144, 170

Piperidione
3,3-Diethylpiperidine-2,4-dione
Dihyprylon, Dihyprylone, Sedulon
Sedative

MW: 169.22364
MM: 169.11028
$C_9H_{15}NO_2$
CAS: 77-03-2
RI: 1317 (calc.)

GC/MS
CI-Methane
TSQ 70
QI: 0

Peaks: 41, 55, 83, 97, 126, 141, 152, 170, 198, 210

4-Methyl-5-phenylpyrimidine
4-Methyl-5-phenyl-pyrimidine

MW: 170.21388
MM: 170.08440
$C_{11}H_{10}N_2$
CAS: 57562-58-0
RI: 1452 (SE 30)

GC/MS
EI 70 eV
TSQ 70
QI: 993 VI:3

Peaks: 51, 63, 76, 89, 102, 115, 128, 142, 155, 170

Clonidine-A AC
N-(2,6-Dichlorophenyl)acetamide
expanded

MW: 204.05512
MM: 202.99047
$C_8H_7Cl_2NO$
CAS: 17700-54-8
RI: 1472 (calc.)

GC/MS
EI 70 eV
TSQ 70
QI: 869 VI:1

Peaks: 170, 174, 178, 182, 185, 188, 191, 198, 203, 207

2-Acetamido-5-chloropyridine
expanded

MW: 170.59816
MM: 170.02469
$C_7H_7ClN_2O$
RI: 1353 (calc.)

GC/MS
EI 70 eV
TRACE
QI: 837

Peaks: 131, 137, 141, 147, 152, 155, 170, 172

m/z: 170

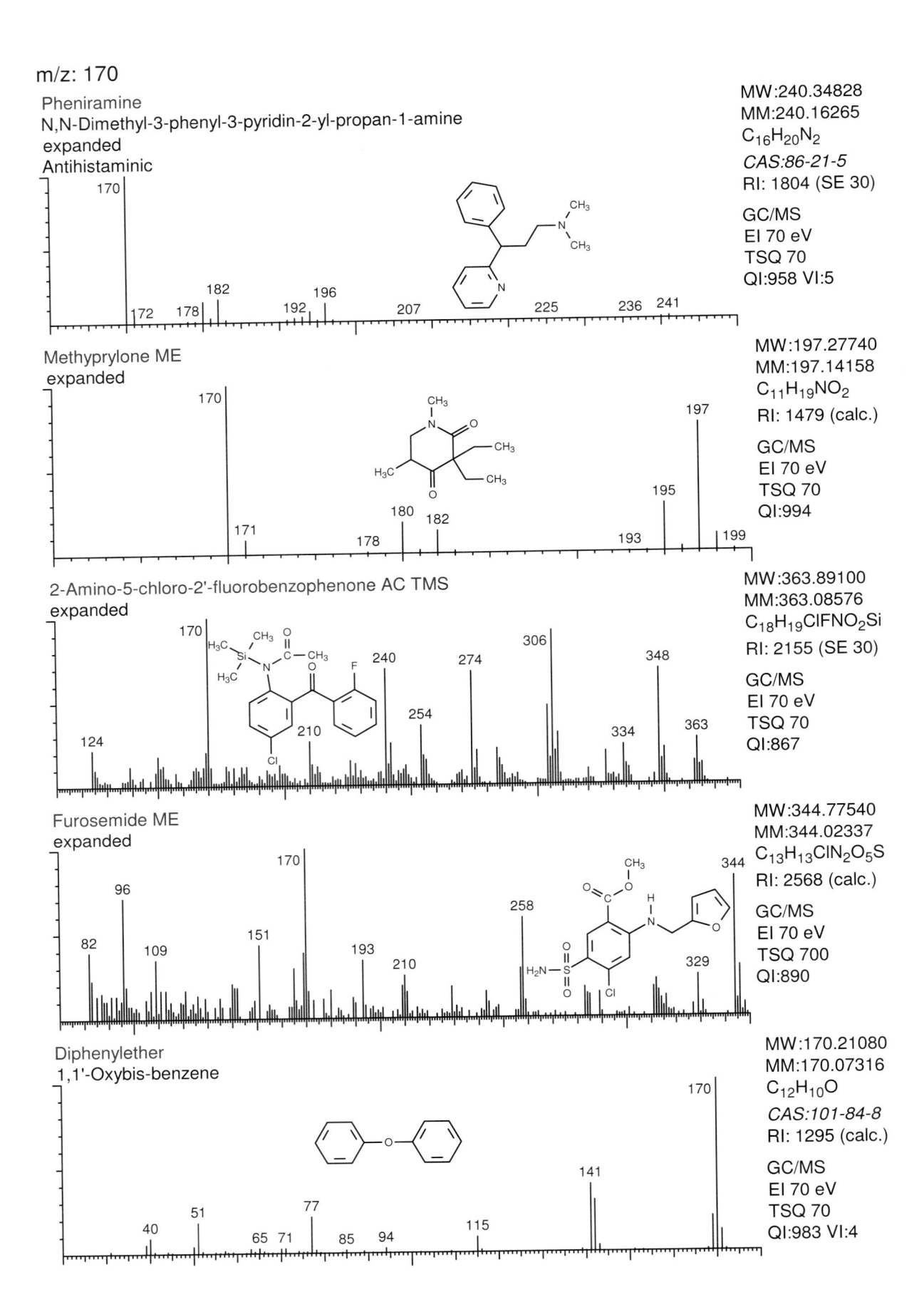

Pheniramine
N,N-Dimethyl-3-phenyl-3-pyridin-2-yl-propan-1-amine
expanded
Antihistaminic

MW:240.34828
MM:240.16265
$C_{16}H_{20}N_2$
CAS:86-21-5
RI: 1804 (SE 30)

GC/MS
EI 70 eV
TSQ 70
QI:958 VI:5

Methyprylone ME
expanded

MW:197.27740
MM:197.14158
$C_{11}H_{19}NO_2$
RI: 1479 (calc.)

GC/MS
EI 70 eV
TSQ 70
QI:994

2-Amino-5-chloro-2'-fluorobenzophenone AC TMS
expanded

MW:363.89100
MM:363.08576
$C_{18}H_{19}ClFNO_2Si$
RI: 2155 (SE 30)

GC/MS
EI 70 eV
TSQ 70
QI:867

Furosemide ME
expanded

MW:344.77540
MM:344.02337
$C_{13}H_{13}ClN_2O_5S$
RI: 2568 (calc.)

GC/MS
EI 70 eV
TSQ 700
QI:890

Diphenylether
1,1'-Oxybis-benzene

MW:170.21080
MM:170.07316
$C_{12}H_{10}O$
CAS:101-84-8
RI: 1295 (calc.)

GC/MS
EI 70 eV
TSQ 70
QI:983 VI:4

m/z: 170

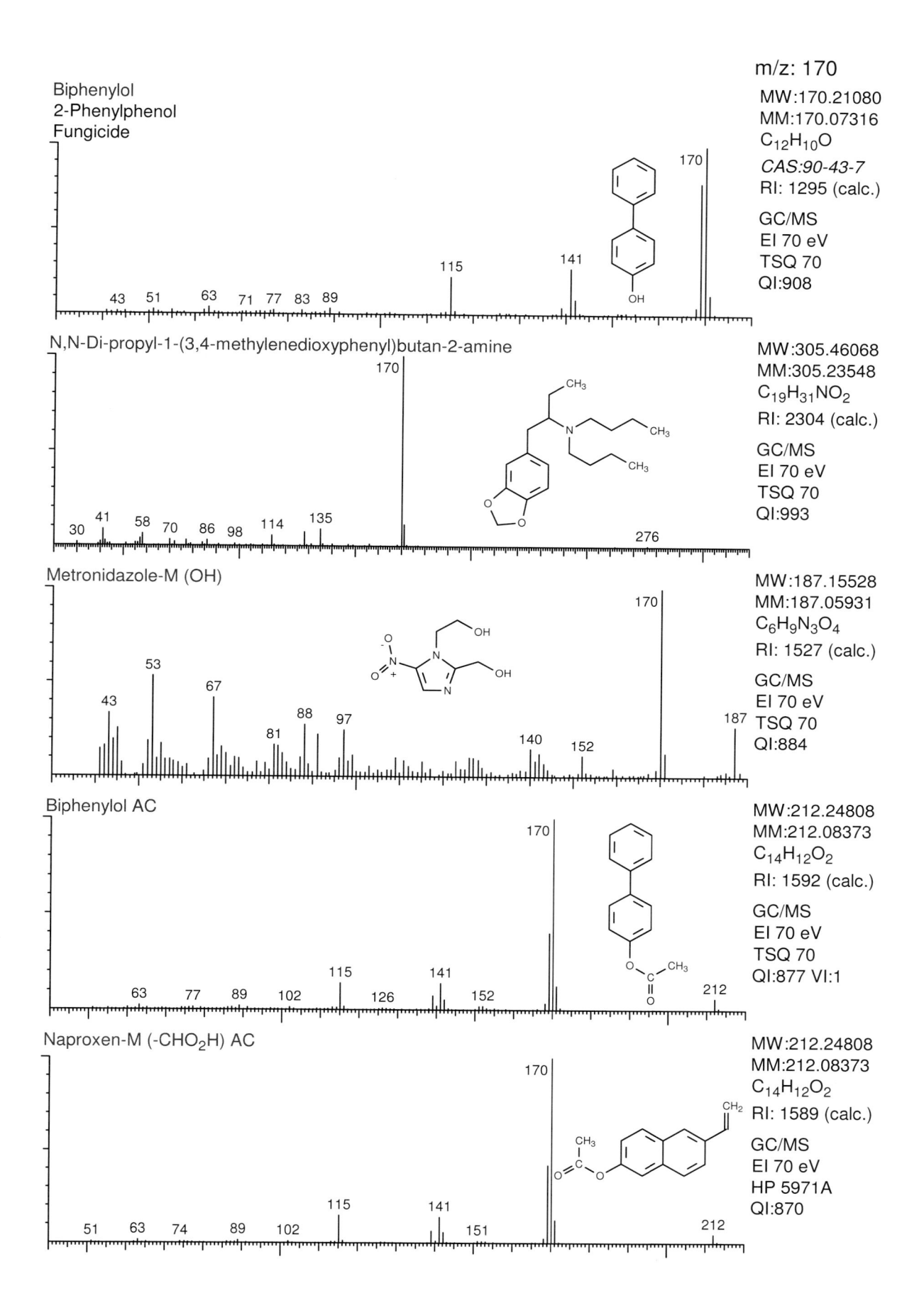

Biphenylol
2-Phenylphenol
Fungicide

MW: 170.21080
MM: 170.07316
$C_{12}H_{10}O$
CAS: 90-43-7
RI: 1295 (calc.)

GC/MS
EI 70 eV
TSQ 70
QI: 908

Peaks: 43, 51, 63, 71, 77, 83, 89, 115, 141, 170

N,N-Di-propyl-1-(3,4-methylenedioxyphenyl)butan-2-amine

MW: 305.46068
MM: 305.23548
$C_{19}H_{31}NO_2$
RI: 2304 (calc.)

GC/MS
EI 70 eV
TSQ 70
QI: 993

Peaks: 30, 41, 58, 70, 86, 98, 114, 135, 170, 276

Metronidazole-M (OH)

MW: 187.15528
MM: 187.05931
$C_6H_9N_3O_4$
RI: 1527 (calc.)

GC/MS
EI 70 eV
TSQ 70
QI: 884

Peaks: 43, 53, 67, 81, 88, 97, 140, 152, 170, 187

Biphenylol AC

MW: 212.24808
MM: 212.08373
$C_{14}H_{12}O_2$
RI: 1592 (calc.)

GC/MS
EI 70 eV
TSQ 70
QI: 877 VI:1

Peaks: 63, 77, 89, 102, 115, 126, 141, 152, 170, 212

Naproxen-M (-CHO₂H) AC

MW: 212.24808
MM: 212.08373
$C_{14}H_{12}O_2$
RI: 1589 (calc.)

GC/MS
EI 70 eV
HP 5971A
QI: 870

Peaks: 51, 63, 74, 89, 102, 115, 141, 151, 170, 212

m/z: 170

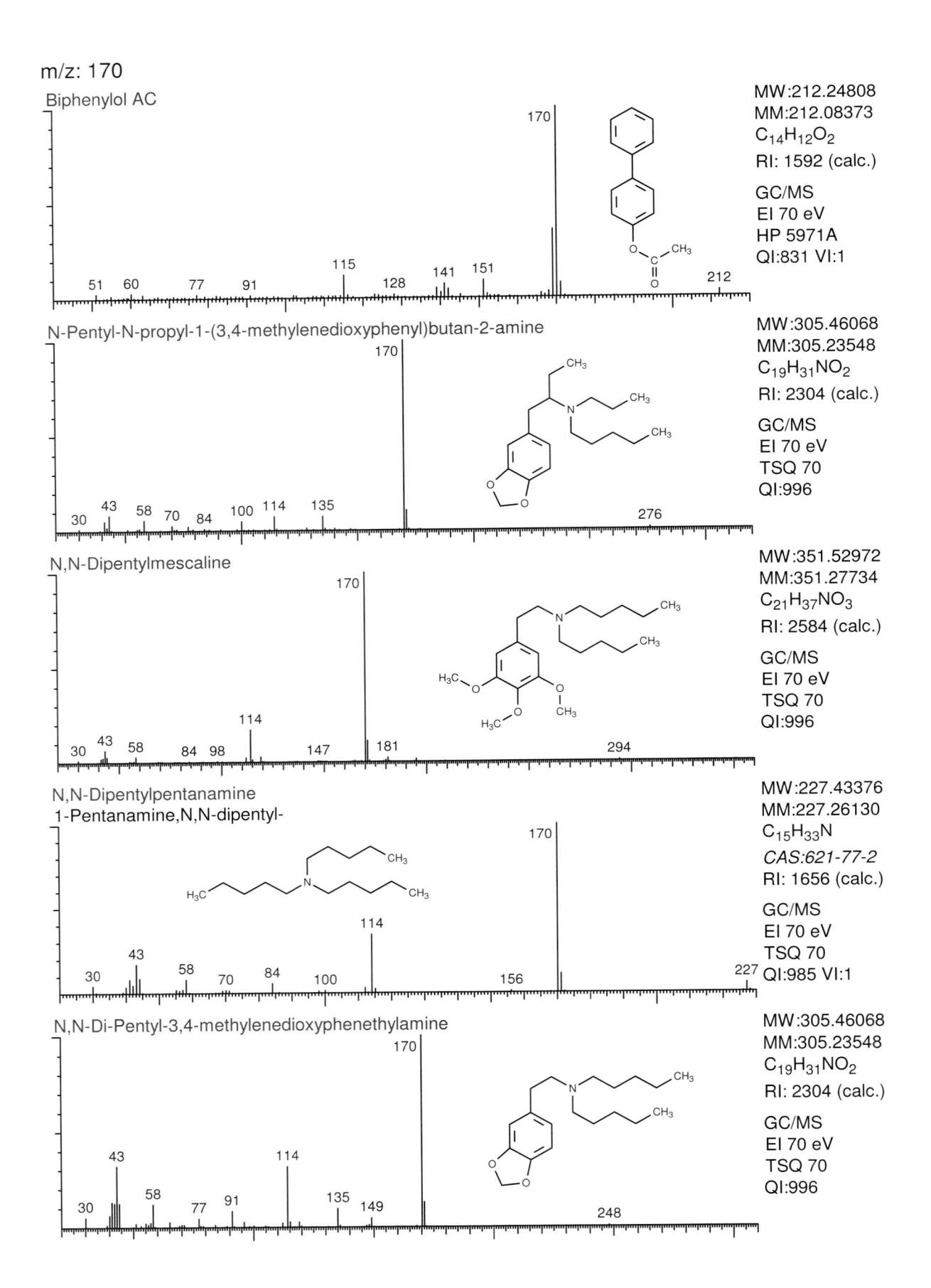

Biphenylol AC

MW: 212.24808
MM: 212.08373
$C_{14}H_{12}O_2$
RI: 1592 (calc.)

GC/MS
EI 70 eV
HP 5971A
QI:831 VI:1

N-Pentyl-N-propyl-1-(3,4-methylenedioxyphenyl)butan-2-amine

MW: 305.46068
MM: 305.23548
$C_{19}H_{31}NO_2$
RI: 2304 (calc.)

GC/MS
EI 70 eV
TSQ 70
QI:996

N,N-Dipentylmescaline

MW: 351.52972
MM: 351.27734
$C_{21}H_{37}NO_3$
RI: 2584 (calc.)

GC/MS
EI 70 eV
TSQ 70
QI:996

N,N-Dipentylpentanamine
1-Pentanamine,N,N-dipentyl-

MW: 227.43376
MM: 227.26130
$C_{15}H_{33}N$
CAS: 621-77-2
RI: 1656 (calc.)

GC/MS
EI 70 eV
TSQ 70
QI:985 VI:1

N,N-Di-Pentyl-3,4-methylenedioxyphenethylamine

MW: 305.46068
MM: 305.23548
$C_{19}H_{31}NO_2$
RI: 2304 (calc.)

GC/MS
EI 70 eV
TSQ 70
QI:996

m/z: 170

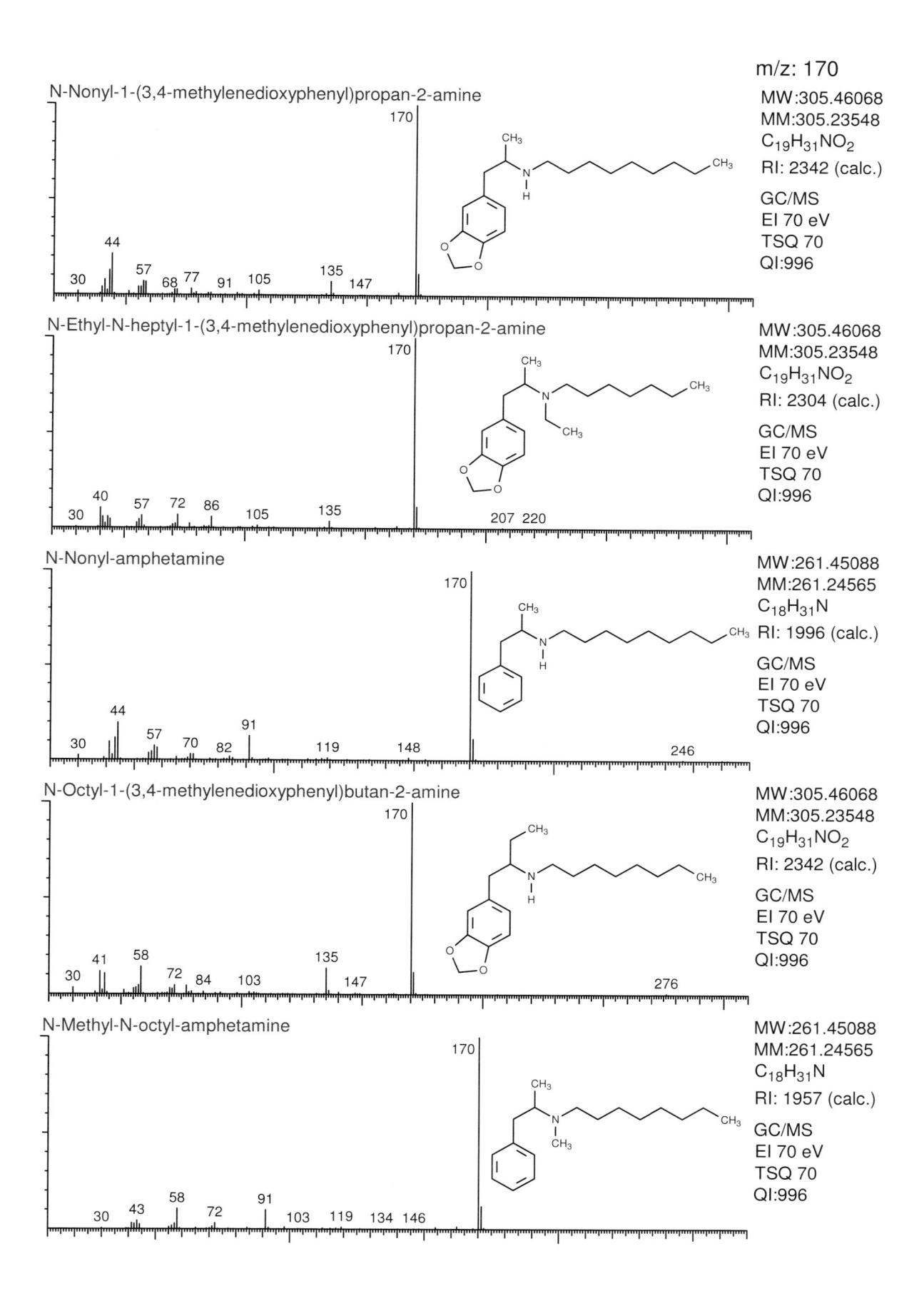

N-Nonyl-1-(3,4-methylenedioxyphenyl)propan-2-amine
Peaks: 30, 44, 57, 68, 77, 91, 105, 135, 147, 170

MW:305.46068
MM:305.23548
$C_{19}H_{31}NO_2$
RI: 2342 (calc.)

GC/MS
EI 70 eV
TSQ 70
QI:996

N-Ethyl-N-heptyl-1-(3,4-methylenedioxyphenyl)propan-2-amine
Peaks: 30, 40, 57, 72, 86, 105, 135, 170, 207, 220

MW:305.46068
MM:305.23548
$C_{19}H_{31}NO_2$
RI: 2304 (calc.)

GC/MS
EI 70 eV
TSQ 70
QI:996

N-Nonyl-amphetamine
Peaks: 30, 44, 57, 70, 82, 91, 119, 148, 170, 246

MW:261.45088
MM:261.24565
$C_{18}H_{31}N$
RI: 1996 (calc.)

GC/MS
EI 70 eV
TSQ 70
QI:996

N-Octyl-1-(3,4-methylenedioxyphenyl)butan-2-amine
Peaks: 30, 41, 58, 72, 84, 103, 135, 147, 170, 276

MW:305.46068
MM:305.23548
$C_{19}H_{31}NO_2$
RI: 2342 (calc.)

GC/MS
EI 70 eV
TSQ 70
QI:996

N-Methyl-N-octyl-amphetamine
Peaks: 30, 43, 58, 72, 91, 103, 119, 134, 146, 170

MW:261.45088
MM:261.24565
$C_{18}H_{31}N$
RI: 1957 (calc.)

GC/MS
EI 70 eV
TSQ 70
QI:996

m/z: 171

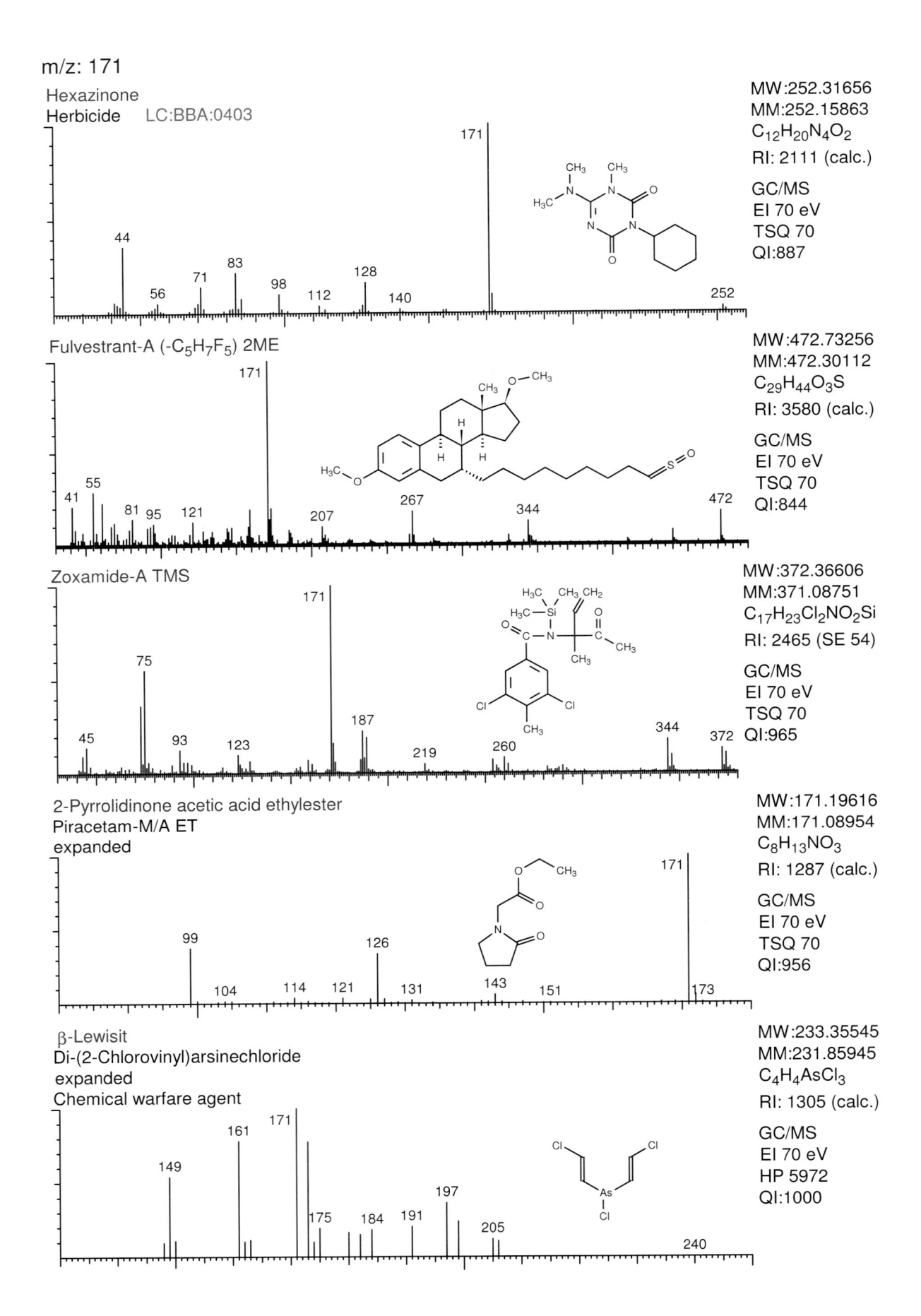

Hexazinone
Herbicide LC:BBA:0403

MW: 252.31656
MM: 252.15863
$C_{12}H_{20}N_4O_2$
RI: 2111 (calc.)

GC/MS
EI 70 eV
TSQ 70
QI: 887

Peaks: 44, 56, 71, 83, 98, 112, 128, 140, 171, 252

Fulvestrant-A (-$C_5H_7F_5$) 2ME

MW: 472.73256
MM: 472.30112
$C_{29}H_{44}O_3S$
RI: 3580 (calc.)

GC/MS
EI 70 eV
TSQ 70
QI: 844

Peaks: 41, 55, 81, 95, 121, 171, 207, 267, 344, 472

Zoxamide-A TMS

MW: 372.36606
MM: 371.08751
$C_{17}H_{23}Cl_2NO_2Si$
RI: 2465 (SE 54)

GC/MS
EI 70 eV
TSQ 70
QI: 965

Peaks: 45, 75, 93, 123, 171, 187, 219, 260, 344, 372

2-Pyrrolidinone acetic acid ethylester
Piracetam-M/A ET
expanded

MW: 171.19616
MM: 171.08954
$C_8H_{13}NO_3$
RI: 1287 (calc.)

GC/MS
EI 70 eV
TSQ 70
QI: 956

Peaks: 99, 104, 114, 121, 126, 131, 143, 151, 171, 173

β-Lewisit
Di-(2-Chlorovinyl)arsinechloride
expanded
Chemical warfare agent

MW: 233.35545
MM: 231.85945
$C_4H_4AsCl_3$
RI: 1305 (calc.)

GC/MS
EI 70 eV
HP 5972
QI: 1000

Peaks: 149, 161, 171, 175, 184, 191, 197, 205, 240

Methimazole TMS

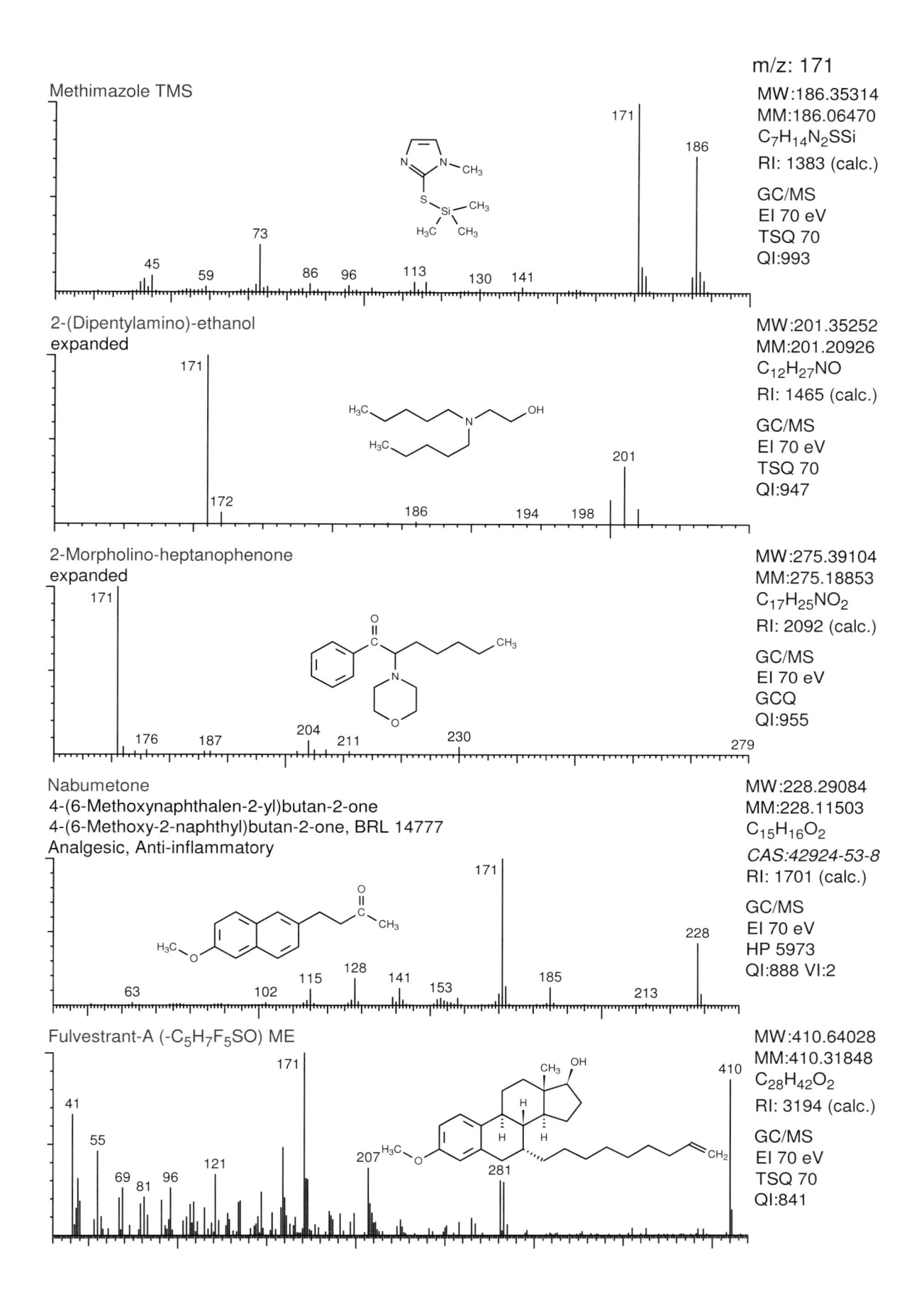

m/z: 171
MW: 186.35314
MM: 186.06470
$C_7H_{14}N_2SSi$
RI: 1383 (calc.)

GC/MS
EI 70 eV
TSQ 70
QI: 993

Peaks: 45, 59, 73, 86, 96, 113, 130, 141, 171, 186

2-(Dipentylamino)-ethanol
expanded

MW: 201.35252
MM: 201.20926
$C_{12}H_{27}NO$
RI: 1465 (calc.)

GC/MS
EI 70 eV
TSQ 70
QI: 947

Peaks: 171, 172, 186, 194, 198, 201

2-Morpholino-heptanophenone
expanded

MW: 275.39104
MM: 275.18853
$C_{17}H_{25}NO_2$
RI: 2092 (calc.)

GC/MS
EI 70 eV
GCQ
QI: 955

Peaks: 171, 176, 187, 204, 211, 230, 279

Nabumetone
4-(6-Methoxynaphthalen-2-yl)butan-2-one
4-(6-Methoxy-2-naphthyl)butan-2-one, BRL 14777
Analgesic, Anti-inflammatory

MW: 228.29084
MM: 228.11503
$C_{15}H_{16}O_2$
CAS: 42924-53-8
RI: 1701 (calc.)

GC/MS
EI 70 eV
HP 5973
QI: 888 VI:2

Peaks: 63, 102, 115, 128, 141, 153, 171, 185, 213, 228

Fulvestrant-A ($-C_5H_7F_5SO$) ME

MW: 410.64028
MM: 410.31848
$C_{28}H_{42}O_2$
RI: 3194 (calc.)

GC/MS
EI 70 eV
TSQ 70
QI: 841

Peaks: 41, 55, 69, 81, 96, 121, 171, 207, 281, 410

m/z: 171

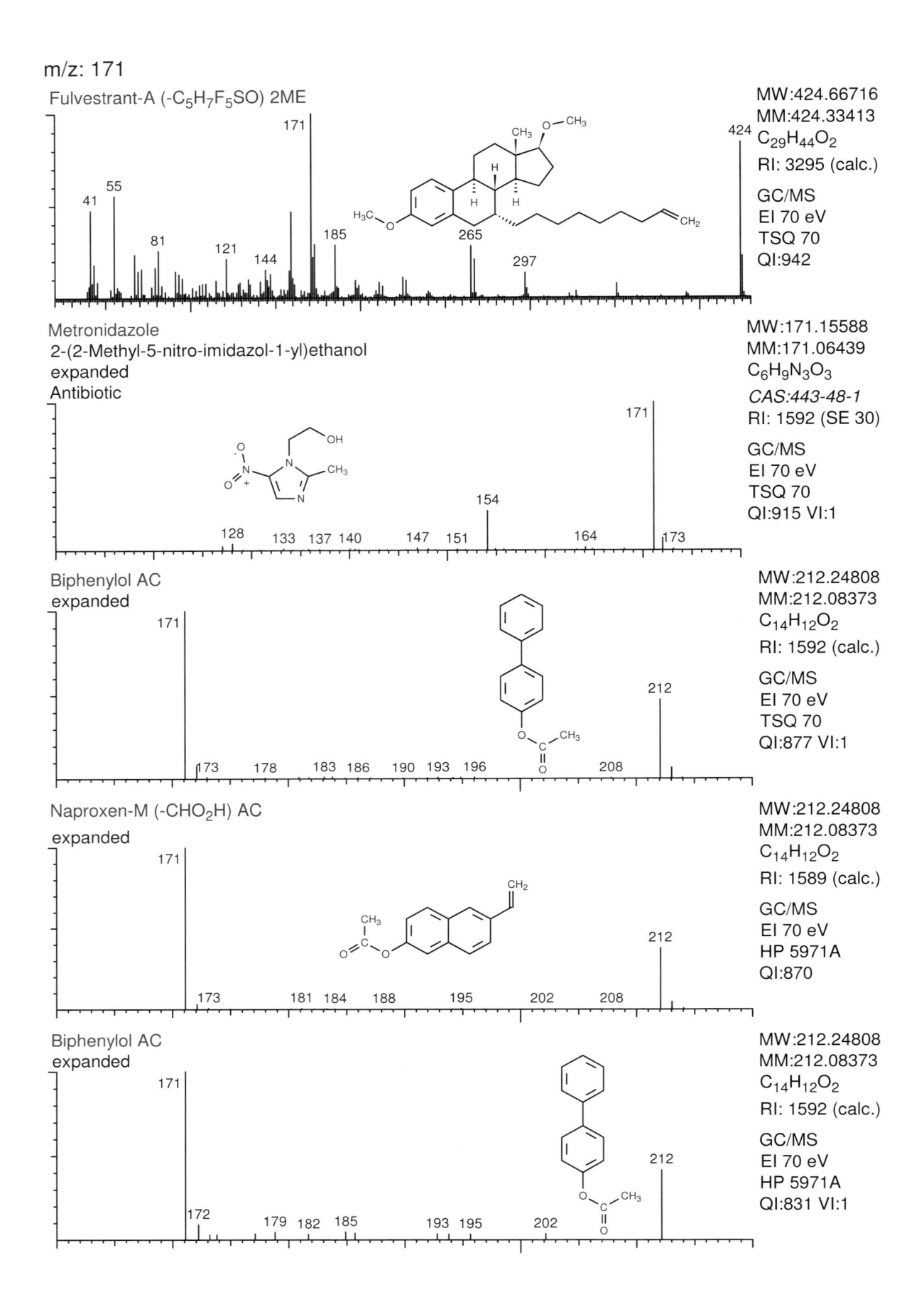

Fulvestrant-A (-C$_5$H$_7$F$_5$SO) 2ME

MW:424.66716
MM:424.33413
C$_{29}$H$_{44}$O$_2$
RI: 3295 (calc.)

GC/MS
EI 70 eV
TSQ 70
QI:942

Peaks: 41, 55, 81, 121, 144, 171, 185, 265, 297, 424

Metronidazole
2-(2-Methyl-5-nitro-imidazol-1-yl)ethanol
expanded
Antibiotic

MW:171.15588
MM:171.06439
C$_6$H$_9$N$_3$O$_3$
CAS:443-48-1
RI: 1592 (SE 30)

GC/MS
EI 70 eV
TSQ 70
QI:915 VI:1

Peaks: 128, 133, 137, 140, 147, 151, 154, 164, 171, 173

Biphenylol AC
expanded

MW:212.24808
MM:212.08373
C$_{14}$H$_{12}$O$_2$
RI: 1592 (calc.)

GC/MS
EI 70 eV
TSQ 70
QI:877 VI:1

Peaks: 171, 173, 178, 183, 186, 190, 193, 196, 208, 212

Naproxen-M (-CHO$_2$H) AC
expanded

MW:212.24808
MM:212.08373
C$_{14}$H$_{12}$O$_2$
RI: 1589 (calc.)

GC/MS
EI 70 eV
HP 5971A
QI:870

Peaks: 171, 173, 181, 184, 188, 195, 202, 208, 212

Biphenylol AC
expanded

MW:212.24808
MM:212.08373
C$_{14}$H$_{12}$O$_2$
RI: 1592 (calc.)

GC/MS
EI 70 eV
HP 5971A
QI:831 VI:1

Peaks: 171, 172, 179, 182, 185, 193, 195, 202, 212

m/z: 171

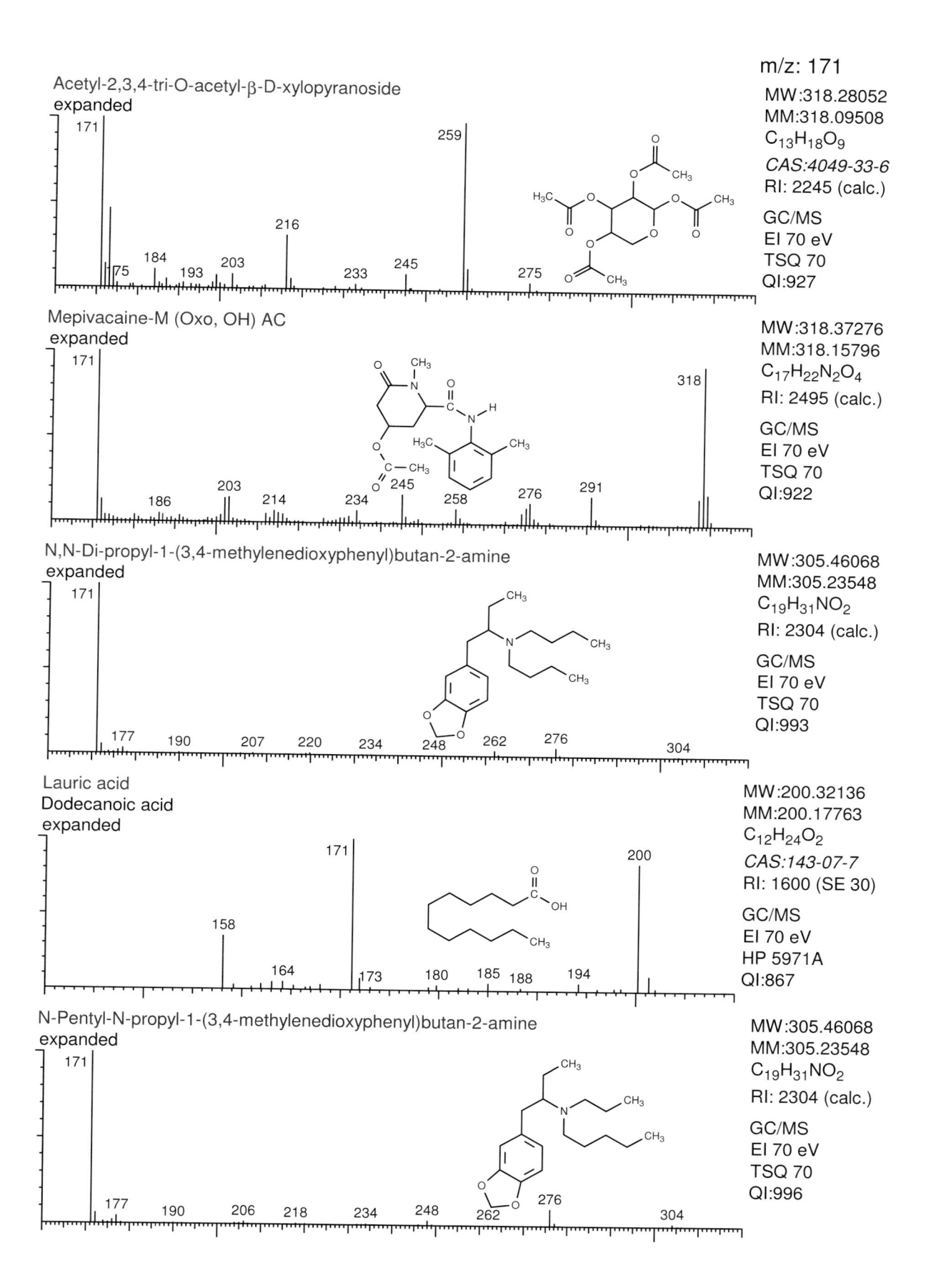

Acetyl-2,3,4-tri-O-acetyl-β-D-xylopyranoside
expanded

MW: 318.28052
MM: 318.09508
$C_{13}H_{18}O_9$
CAS: 4049-33-6
RI: 2245 (calc.)

GC/MS
EI 70 eV
TSQ 70
QI: 927

Mepivacaine-M (Oxo, OH) AC
expanded

MW: 318.37276
MM: 318.15796
$C_{17}H_{22}N_2O_4$
RI: 2495 (calc.)

GC/MS
EI 70 eV
TSQ 70
QI: 922

N,N-Di-propyl-1-(3,4-methylenedioxyphenyl)butan-2-amine
expanded

MW: 305.46068
MM: 305.23548
$C_{19}H_{31}NO_2$
RI: 2304 (calc.)

GC/MS
EI 70 eV
TSQ 70
QI: 993

Lauric acid
Dodecanoic acid
expanded

MW: 200.32136
MM: 200.17763
$C_{12}H_{24}O_2$
CAS: 143-07-7
RI: 1600 (SE 30)

GC/MS
EI 70 eV
HP 5971A
QI: 867

N-Pentyl-N-propyl-1-(3,4-methylenedioxyphenyl)butan-2-amine
expanded

MW: 305.46068
MM: 305.23548
$C_{19}H_{31}NO_2$
RI: 2304 (calc.)

GC/MS
EI 70 eV
TSQ 70
QI: 996

m/z: 171

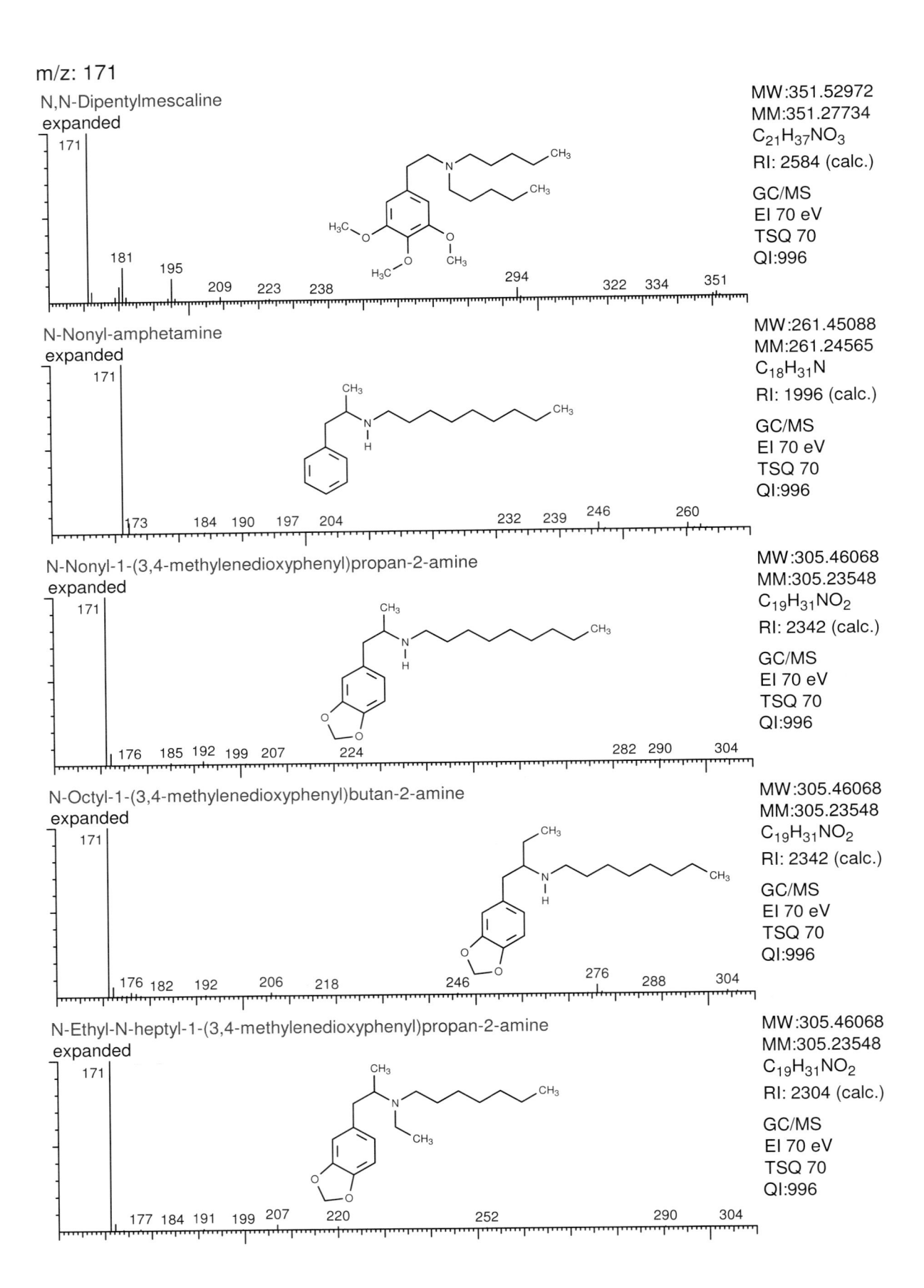

N,N-Dipentylmescaline
expanded

MW: 351.52972
MM: 351.27734
$C_{21}H_{37}NO_3$
RI: 2584 (calc.)

GC/MS
EI 70 eV
TSQ 70
QI:996

Peaks: 171, 181, 195, 209, 223, 238, 294, 322, 334, 351

N-Nonyl-amphetamine
expanded

MW: 261.45088
MM: 261.24565
$C_{18}H_{31}N$
RI: 1996 (calc.)

GC/MS
EI 70 eV
TSQ 70
QI:996

Peaks: 171, 173, 184, 190, 197, 204, 232, 239, 246, 260

N-Nonyl-1-(3,4-methylenedioxyphenyl)propan-2-amine
expanded

MW: 305.46068
MM: 305.23548
$C_{19}H_{31}NO_2$
RI: 2342 (calc.)

GC/MS
EI 70 eV
TSQ 70
QI:996

Peaks: 171, 176, 185, 192, 199, 207, 224, 282, 290, 304

N-Octyl-1-(3,4-methylenedioxyphenyl)butan-2-amine
expanded

MW: 305.46068
MM: 305.23548
$C_{19}H_{31}NO_2$
RI: 2342 (calc.)

GC/MS
EI 70 eV
TSQ 70
QI:996

Peaks: 171, 176, 182, 192, 206, 218, 246, 276, 288, 304

N-Ethyl-N-heptyl-1-(3,4-methylenedioxyphenyl)propan-2-amine
expanded

MW: 305.46068
MM: 305.23548
$C_{19}H_{31}NO_2$
RI: 2304 (calc.)

GC/MS
EI 70 eV
TSQ 70
QI:996

Peaks: 171, 177, 184, 191, 199, 207, 220, 252, 290, 304

m/z: 171-172

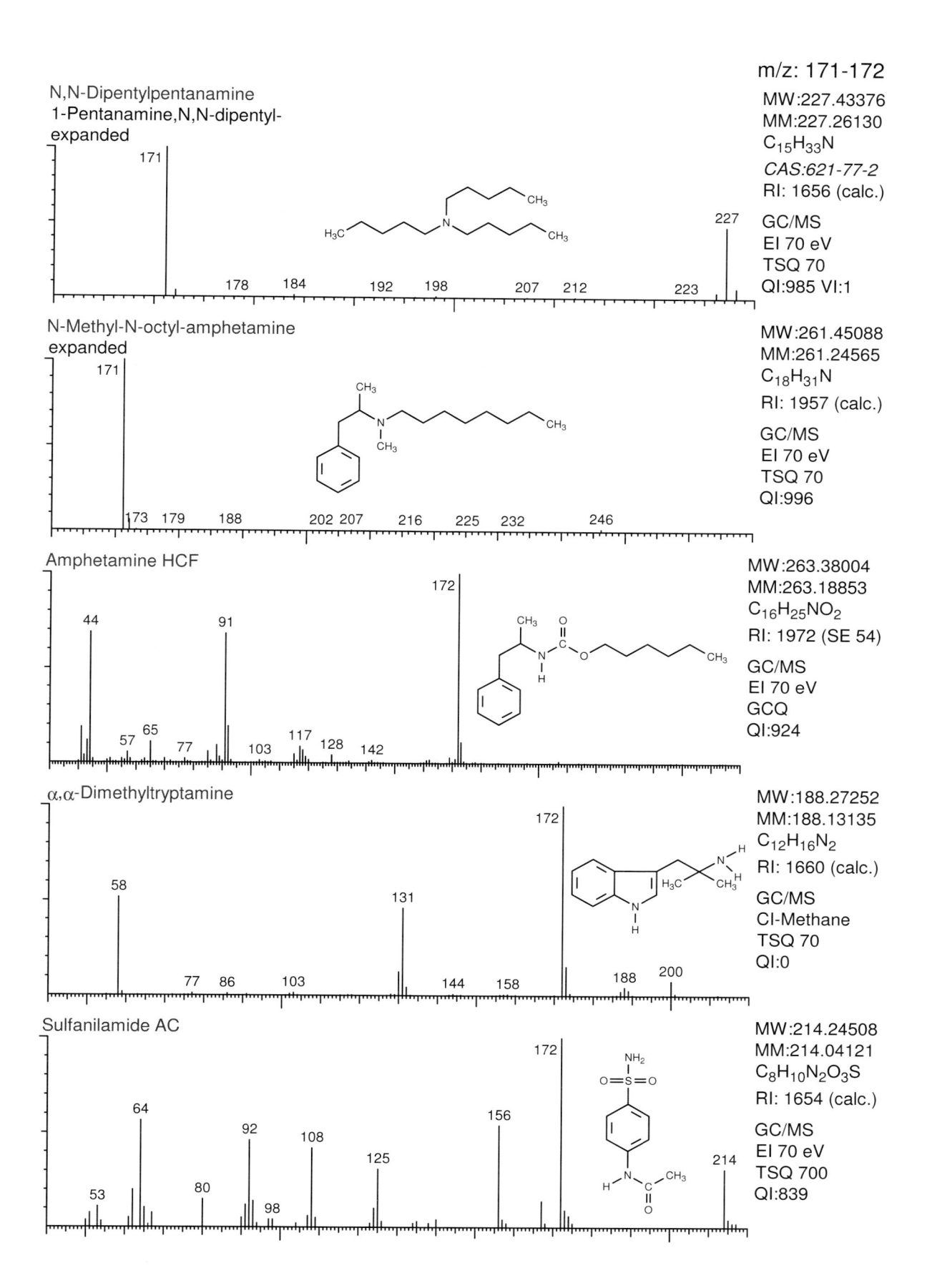

N,N-Dipentylpentanamine
1-Pentanamine,N,N-dipentyl-
expanded

Peaks: 171, 178, 184, 192, 198, 207, 212, 223, 227

MW:227.43376
MM:227.26130
$C_{15}H_{33}N$
CAS:621-77-2
RI: 1656 (calc.)

GC/MS
EI 70 eV
TSQ 70
QI:985 VI:1

N-Methyl-N-octyl-amphetamine expanded

Peaks: 171, 173, 179, 188, 202, 207, 216, 225, 232, 246

MW:261.45088
MM:261.24565
$C_{18}H_{31}N$
RI: 1957 (calc.)

GC/MS
EI 70 eV
TSQ 70
QI:996

Amphetamine HCF

Peaks: 44, 57, 65, 77, 91, 103, 117, 128, 142, 172

MW:263.38004
MM:263.18853
$C_{16}H_{25}NO_2$
RI: 1972 (SE 54)

GC/MS
EI 70 eV
GCQ
QI:924

α,α-Dimethyltryptamine

Peaks: 58, 77, 86, 103, 131, 144, 158, 172, 188, 200

MW:188.27252
MM:188.13135
$C_{12}H_{16}N_2$
RI: 1660 (calc.)

GC/MS
CI-Methane
TSQ 70
QI:0

Sulfanilamide AC

Peaks: 53, 64, 80, 92, 98, 108, 125, 156, 172, 214

MW:214.24508
MM:214.04121
$C_8H_{10}N_2O_3S$
RI: 1654 (calc.)

GC/MS
EI 70 eV
TSQ 700
QI:839

m/z: 172

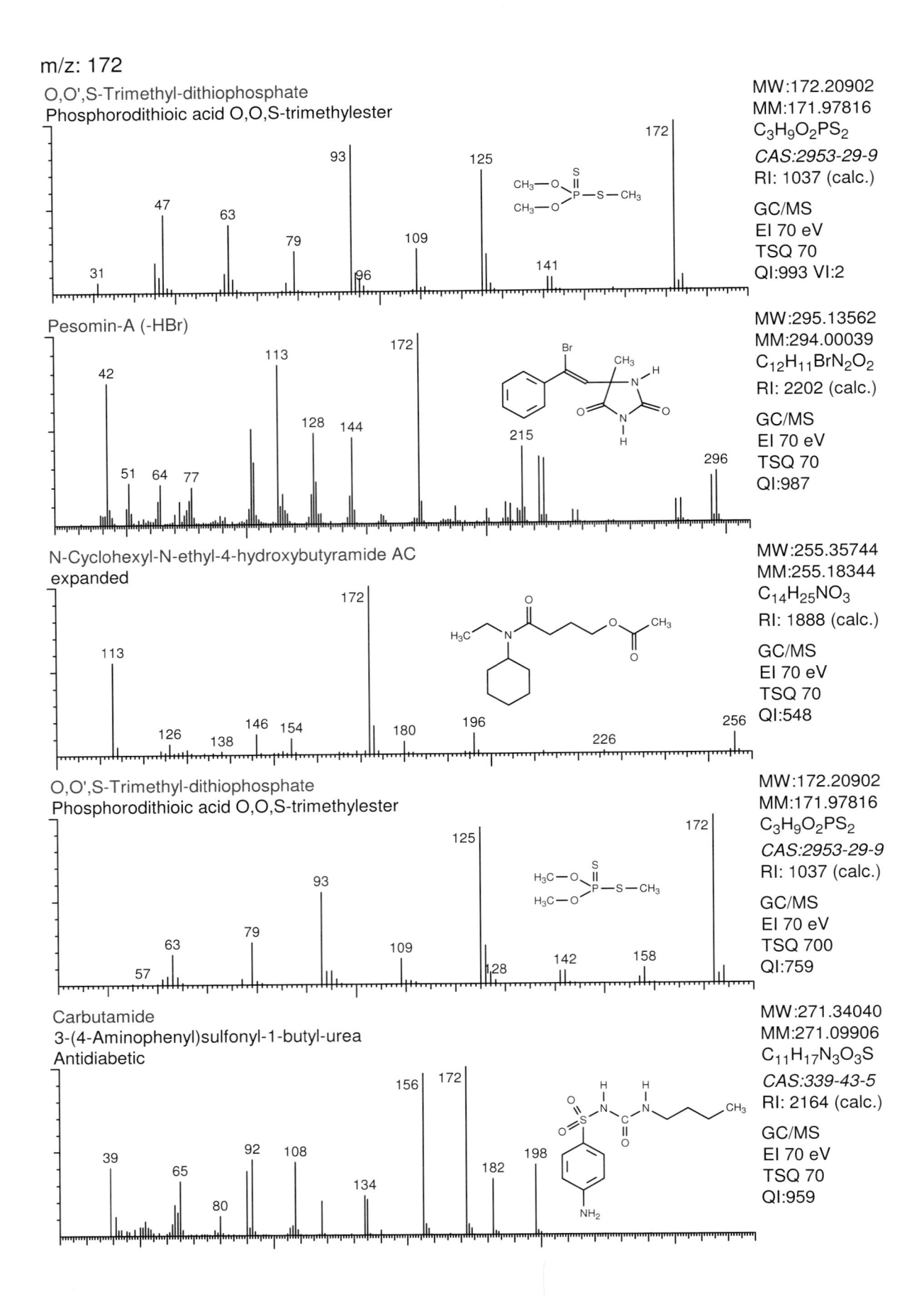

O,O',S-Trimethyl-dithiophosphate
Phosphorodithioic acid O,O,S-trimethylester

MW: 172.20902
MM: 171.97816
$C_3H_9O_2PS_2$
CAS: 2953-29-9
RI: 1037 (calc.)

GC/MS
EI 70 eV
TSQ 70
QI: 993 VI:2

Pesomin-A (-HBr)

MW: 295.13562
MM: 294.00039
$C_{12}H_{11}BrN_2O_2$
RI: 2202 (calc.)

GC/MS
EI 70 eV
TSQ 70
QI: 987

N-Cyclohexyl-N-ethyl-4-hydroxybutyramide AC
expanded

MW: 255.35744
MM: 255.18344
$C_{14}H_{25}NO_3$
RI: 1888 (calc.)

GC/MS
EI 70 eV
TSQ 70
QI: 548

O,O',S-Trimethyl-dithiophosphate
Phosphorodithioic acid O,O,S-trimethylester

MW: 172.20902
MM: 171.97816
$C_3H_9O_2PS_2$
CAS: 2953-29-9
RI: 1037 (calc.)

GC/MS
EI 70 eV
TSQ 700
QI: 759

Carbutamide
3-(4-Aminophenyl)sulfonyl-1-butyl-urea
Antidiabetic

MW: 271.34040
MM: 271.09906
$C_{11}H_{17}N_3O_3S$
CAS: 339-43-5
RI: 2164 (calc.)

GC/MS
EI 70 eV
TSQ 70
QI: 959

m/z: 172

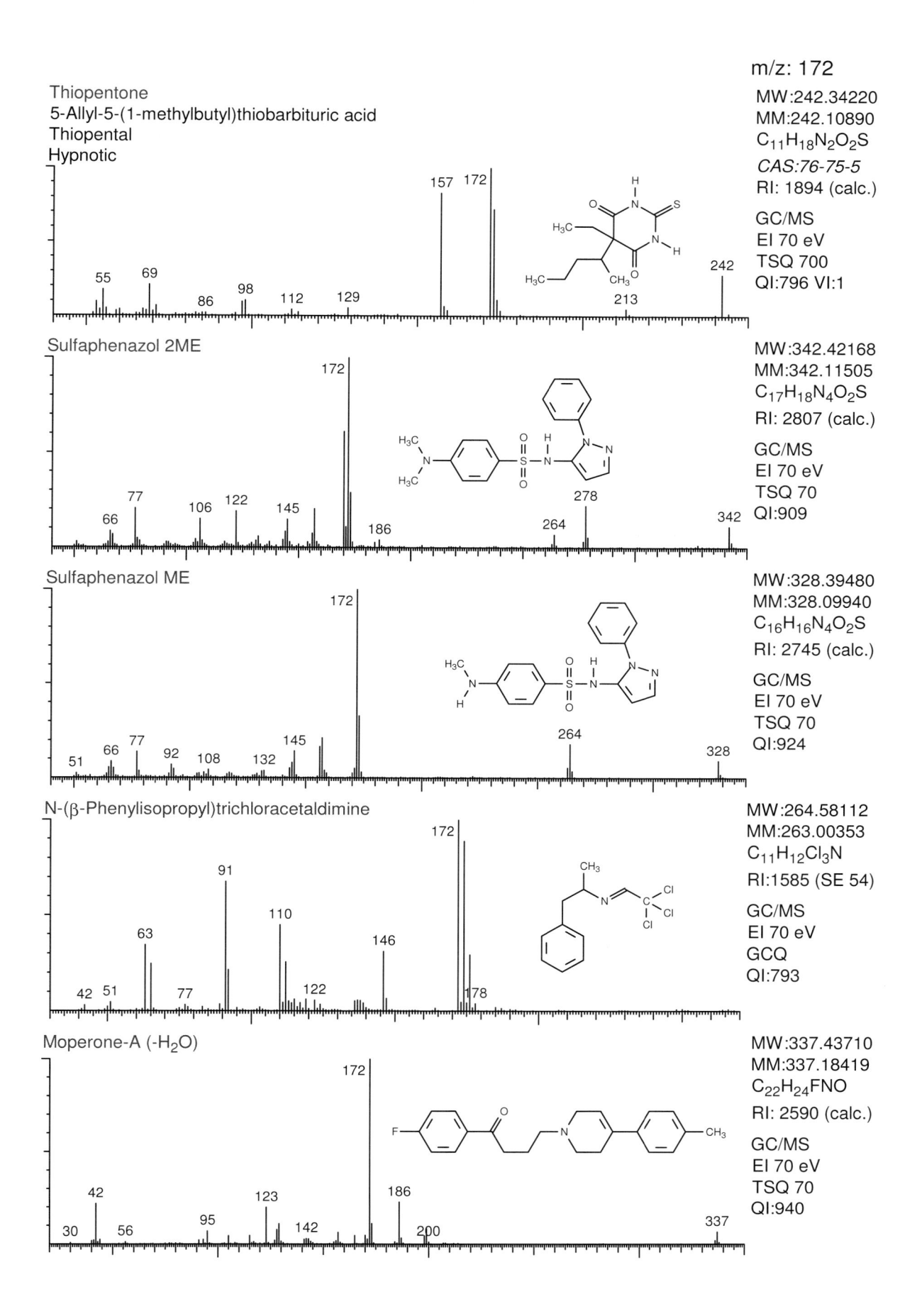

Thiopentone
5-Allyl-5-(1-methylbutyl)thiobarbituric acid
Thiopental
Hypnotic

MW: 242.34220
MM: 242.10890
$C_{11}H_{18}N_2O_2S$
CAS: 76-75-5
RI: 1894 (calc.)

GC/MS
EI 70 eV
TSQ 700
QI: 796 VI:1

Peaks: 55, 69, 86, 98, 112, 129, 157, 172, 213, 242

Sulfaphenazol 2ME

MW: 342.42168
MM: 342.11505
$C_{17}H_{18}N_4O_2S$
RI: 2807 (calc.)

GC/MS
EI 70 eV
TSQ 70
QI: 909

Peaks: 66, 77, 106, 122, 145, 172, 186, 264, 278, 342

Sulfaphenazol ME

MW: 328.39480
MM: 328.09940
$C_{16}H_{16}N_4O_2S$
RI: 2745 (calc.)

GC/MS
EI 70 eV
TSQ 70
QI: 924

Peaks: 51, 66, 77, 92, 108, 132, 145, 172, 264, 328

N-(β-Phenylisopropyl)trichloracetaldimine

MW: 264.58112
MM: 263.00353
$C_{11}H_{12}Cl_3N$
RI: 1585 (SE 54)

GC/MS
EI 70 eV
GCQ
QI: 793

Peaks: 42, 51, 63, 77, 91, 110, 122, 146, 172, 178

Moperone-A (-H₂O)

MW: 337.43710
MM: 337.18419
$C_{22}H_{24}FNO$
RI: 2590 (calc.)

GC/MS
EI 70 eV
TSQ 70
QI: 940

Peaks: 30, 42, 56, 95, 123, 142, 172, 186, 200, 337

m/z: 172

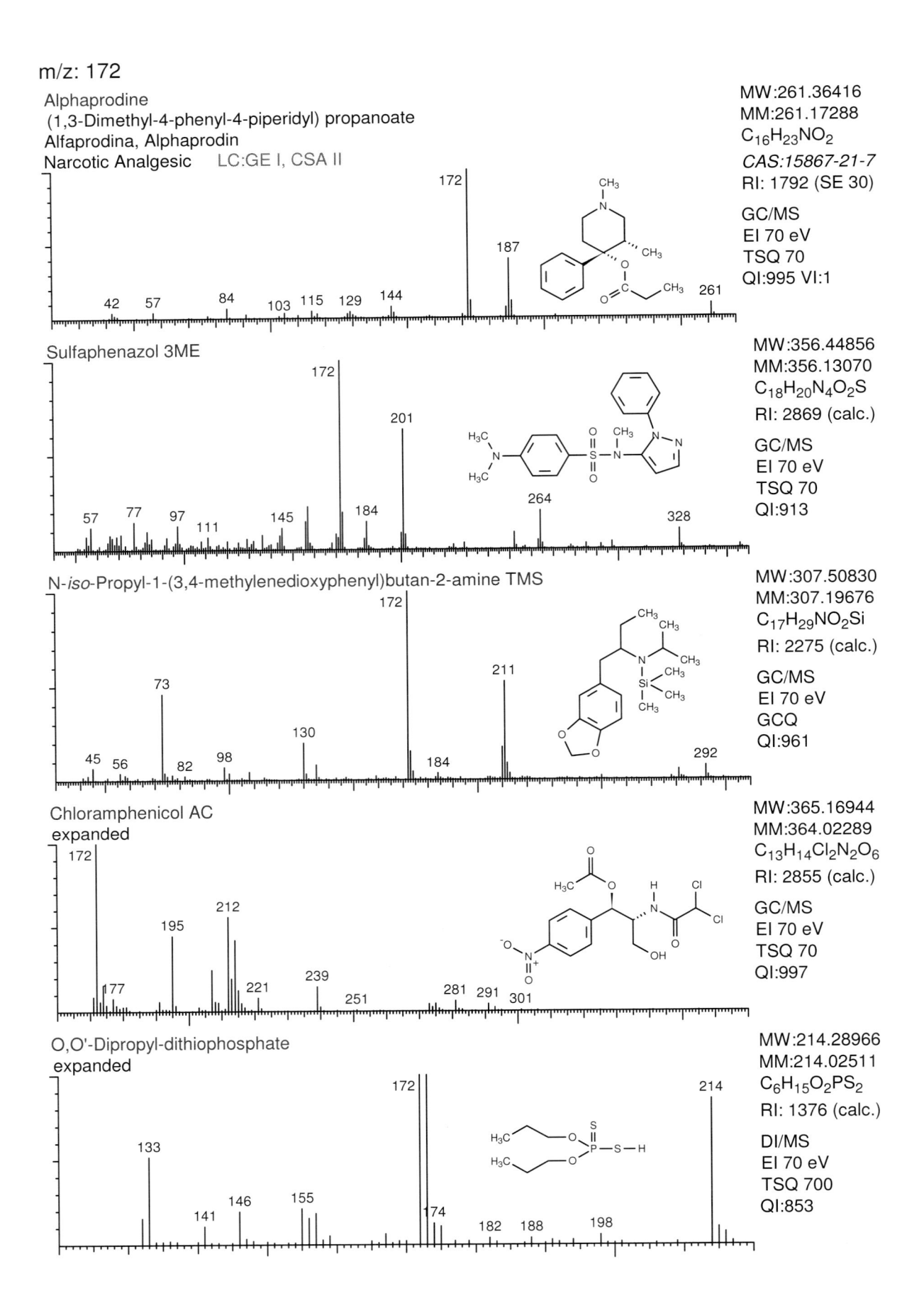

Alphaprodine
(1,3-Dimethyl-4-phenyl-4-piperidyl) propanoate
Alfaprodina, Alphaprodin
Narcotic Analgesic   LC:GE I, CSA II

MW: 261.36416
MM: 261.17288
$C_{16}H_{23}NO_2$
CAS: 15867-21-7
RI: 1792 (SE 30)

GC/MS
EI 70 eV
TSQ 70
QI:995 VI:1

Peaks: 42, 57, 84, 103, 115, 129, 144, 172, 187, 261

Sulfaphenazol 3ME

MW: 356.44856
MM: 356.13070
$C_{18}H_{20}N_4O_2S$
RI: 2869 (calc.)

GC/MS
EI 70 eV
TSQ 70
QI:913

Peaks: 57, 77, 97, 111, 145, 172, 184, 201, 264, 328

N-iso-Propyl-1-(3,4-methylenedioxyphenyl)butan-2-amine TMS

MW: 307.50830
MM: 307.19676
$C_{17}H_{29}NO_2Si$
RI: 2275 (calc.)

GC/MS
EI 70 eV
GCQ
QI:961

Peaks: 45, 56, 73, 82, 98, 130, 172, 184, 211, 292

Chloramphenicol AC
expanded

MW: 365.16944
MM: 364.02289
$C_{13}H_{14}Cl_2N_2O_6$
RI: 2855 (calc.)

GC/MS
EI 70 eV
TSQ 70
QI:997

Peaks: 172, 177, 195, 212, 221, 239, 251, 281, 291, 301

O,O'-Dipropyl-dithiophosphate
expanded

MW: 214.28966
MM: 214.02511
$C_6H_{15}O_2PS_2$
RI: 1376 (calc.)

DI/MS
EI 70 eV
TSQ 700
QI:853

Peaks: 133, 141, 146, 155, 172, 174, 182, 188, 198, 214

m/z: 172

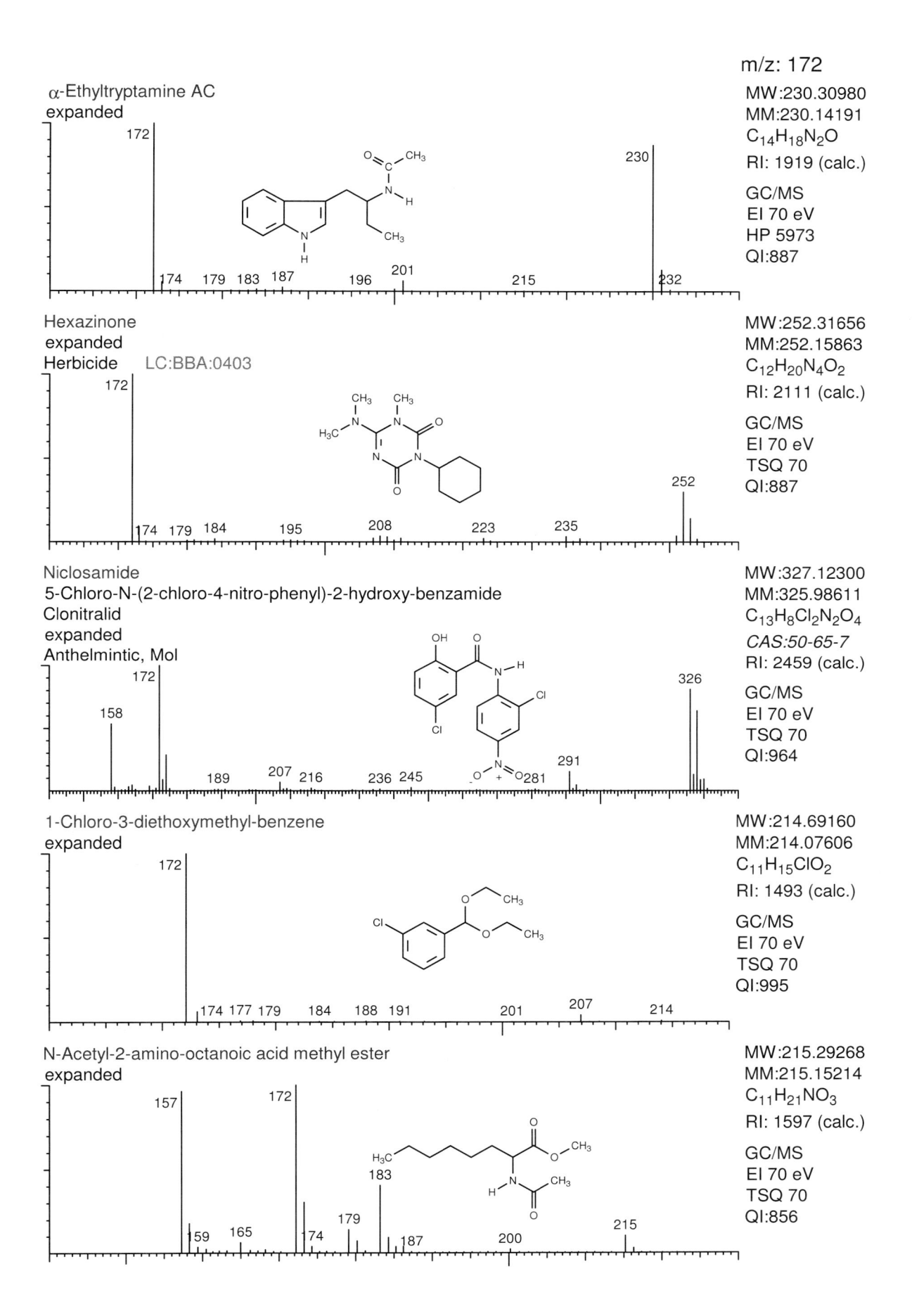

α-Ethyltryptamine AC
expanded

MW: 230.30980
MM: 230.14191
C$_{14}$H$_{18}$N$_2$O
RI: 1919 (calc.)

GC/MS
EI 70 eV
HP 5973
QI: 887

Peaks: 172, 174, 179, 183, 187, 196, 201, 215, 230, 232

Hexazinone
expanded
Herbicide   LC:BBA:0403

MW: 252.31656
MM: 252.15863
C$_{12}$H$_{20}$N$_4$O$_2$
RI: 2111 (calc.)

GC/MS
EI 70 eV
TSQ 70
QI: 887

Peaks: 172, 174, 179, 184, 195, 208, 223, 235, 252

Niclosamide
5-Chloro-N-(2-chloro-4-nitro-phenyl)-2-hydroxy-benzamide
Clonitralid
expanded
Anthelmintic, Mol

MW: 327.12300
MM: 325.98611
C$_{13}$H$_8$Cl$_2$N$_2$O$_4$
CAS: 50-65-7
RI: 2459 (calc.)

GC/MS
EI 70 eV
TSQ 70
QI: 964

Peaks: 158, 172, 189, 207, 216, 236, 245, 281, 291, 326

1-Chloro-3-diethoxymethyl-benzene
expanded

MW: 214.69160
MM: 214.07606
C$_{11}$H$_{15}$ClO$_2$
RI: 1493 (calc.)

GC/MS
EI 70 eV
TSQ 70
QI: 995

Peaks: 172, 174, 177, 179, 184, 188, 191, 201, 207, 214

N-Acetyl-2-amino-octanoic acid methyl ester
expanded

MW: 215.29268
MM: 215.15214
C$_{11}$H$_{21}$NO$_3$
RI: 1597 (calc.)

GC/MS
EI 70 eV
TSQ 70
QI: 856

Peaks: 157, 159, 165, 172, 174, 179, 183, 187, 200, 215

m/z: 173

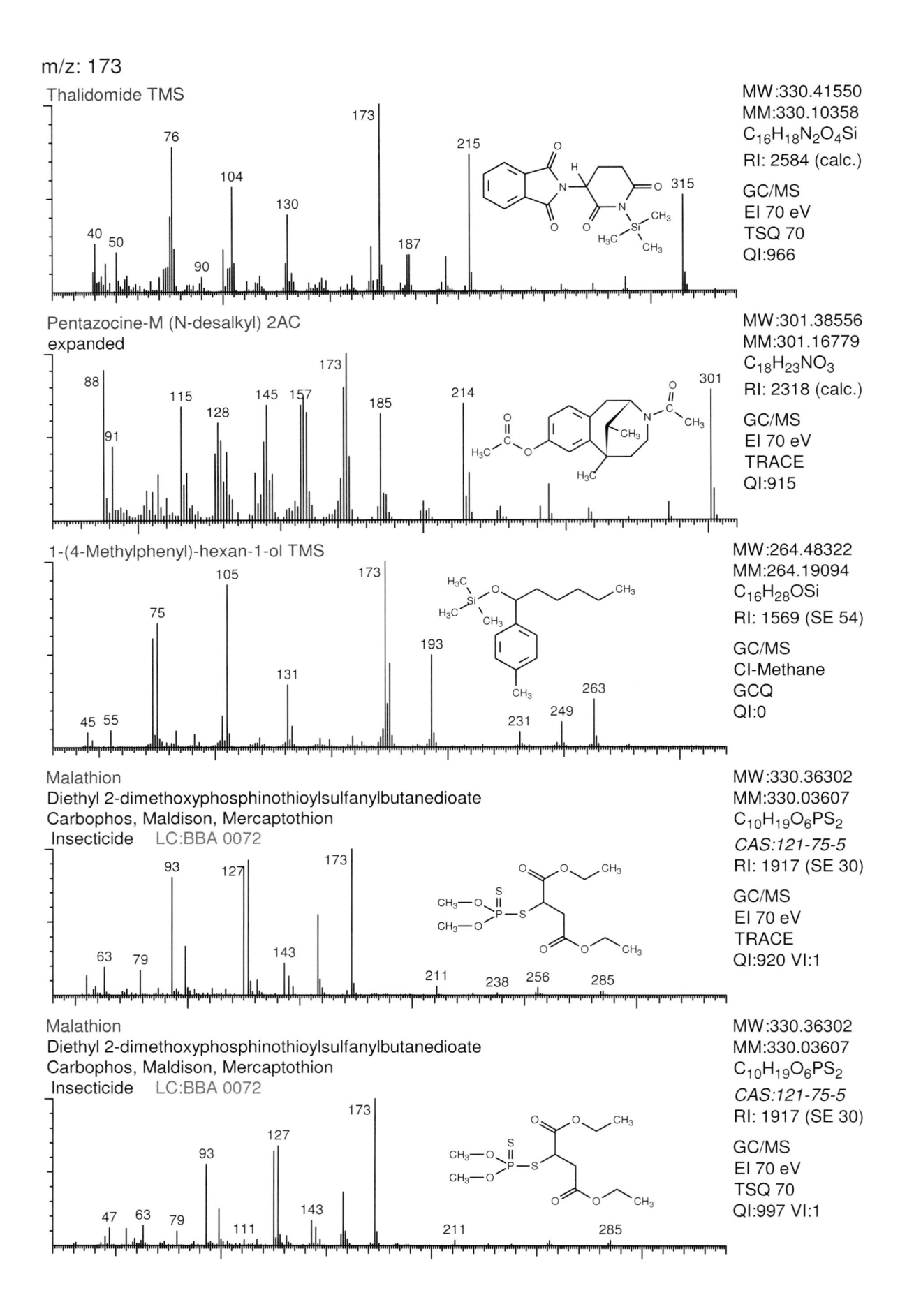

Thalidomide TMS

Peaks: 40, 50, 76, 90, 104, 130, 173, 187, 215, 315

MW: 330.41550
MM: 330.10358
C$_{16}$H$_{18}$N$_2$O$_4$Si
RI: 2584 (calc.)

GC/MS
EI 70 eV
TSQ 70
QI:966

Pentazocine-M (N-desalkyl) 2AC expanded

Peaks: 88, 91, 115, 128, 145, 157, 173, 185, 214, 301

MW: 301.38556
MM: 301.16779
C$_{18}$H$_{23}$NO$_3$
RI: 2318 (calc.)

GC/MS
EI 70 eV
TRACE
QI:915

1-(4-Methylphenyl)-hexan-1-ol TMS

Peaks: 45, 55, 75, 105, 131, 173, 193, 231, 249, 263

MW: 264.48322
MM: 264.19094
C$_{16}$H$_{28}$OSi
RI: 1569 (SE 54)

GC/MS
CI-Methane
GCQ
QI:0

Malathion
Diethyl 2-dimethoxyphosphinothioylsulfanylbutanedioate
Carbophos, Maldison, Mercaptothion
Insecticide   LC:BBA 0072

Peaks: 63, 79, 93, 127, 143, 173, 211, 238, 256, 285

MW: 330.36302
MM: 330.03607
C$_{10}$H$_{19}$O$_6$PS$_2$
CAS: 121-75-5
RI: 1917 (SE 30)

GC/MS
EI 70 eV
TRACE
QI:920 VI:1

Malathion
Diethyl 2-dimethoxyphosphinothioylsulfanylbutanedioate
Carbophos, Maldison, Mercaptothion
Insecticide   LC:BBA 0072

Peaks: 47, 63, 79, 93, 111, 127, 143, 173, 211, 285

MW: 330.36302
MM: 330.03607
C$_{10}$H$_{19}$O$_6$PS$_2$
CAS: 121-75-5
RI: 1917 (SE 30)

GC/MS
EI 70 eV
TSQ 70
QI:997 VI:1

m/z: 173

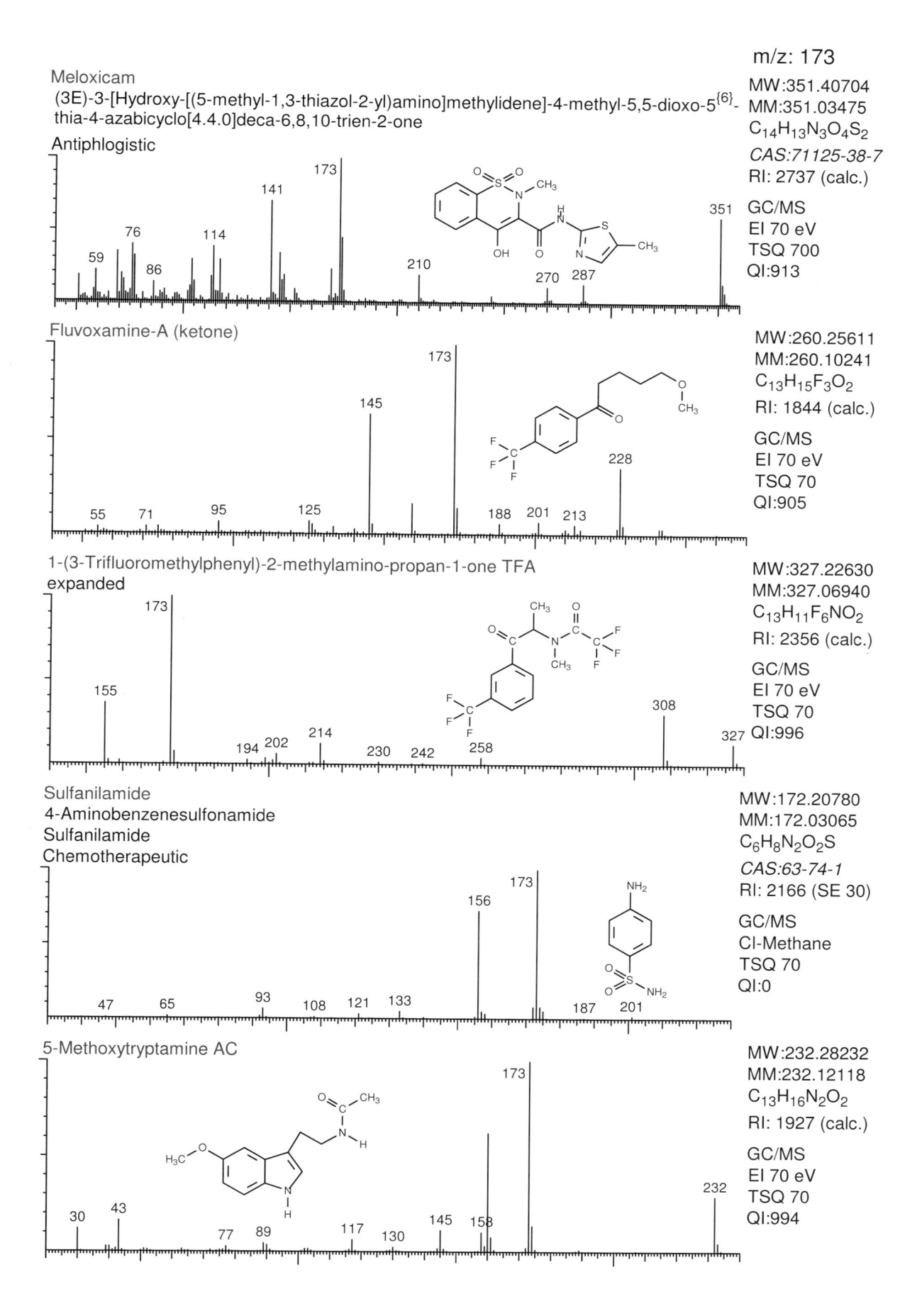

Meloxicam
(3E)-3-[Hydroxy-[(5-methyl-1,3-thiazol-2-yl)amino]methylidene]-4-methyl-5,5-dioxo-5$^{\{6\}}$-thia-4-azabicyclo[4.4.0]deca-6,8,10-trien-2-one
Antiphlogistic

MW: 351.40704
MM: 351.03475
$C_{14}H_{13}N_3O_4S_2$
CAS: 71125-38-7
RI: 2737 (calc.)
GC/MS
EI 70 eV
TSQ 700
QI: 913

Peaks: 59, 76, 86, 114, 141, 173, 210, 270, 287, 351

Fluvoxamine-A (ketone)

MW: 260.25611
MM: 260.10241
$C_{13}H_{15}F_3O_2$
RI: 1844 (calc.)
GC/MS
EI 70 eV
TSQ 70
QI: 905

Peaks: 55, 71, 95, 125, 145, 173, 188, 201, 213, 228

1-(3-Trifluoromethylphenyl)-2-methylamino-propan-1-one TFA
expanded

MW: 327.22630
MM: 327.06940
$C_{13}H_{11}F_6NO_2$
RI: 2356 (calc.)
GC/MS
EI 70 eV
TSQ 70
QI: 996

Peaks: 155, 173, 194, 202, 214, 230, 242, 258, 308, 327

Sulfanilamide
4-Aminobenzenesulfonamide
Sulfanilamide
Chemotherapeutic

MW: 172.20780
MM: 172.03065
$C_6H_8N_2O_2S$
CAS: 63-74-1
RI: 2166 (SE 30)
GC/MS
CI-Methane
TSQ 70
QI: 0

Peaks: 47, 65, 93, 108, 121, 133, 156, 173, 187, 201

5-Methoxytryptamine AC

MW: 232.28232
MM: 232.12118
$C_{13}H_{16}N_2O_2$
RI: 1927 (calc.)
GC/MS
EI 70 eV
TSQ 70
QI: 994

Peaks: 30, 43, 77, 89, 117, 130, 145, 158, 173, 232

m/z: 173

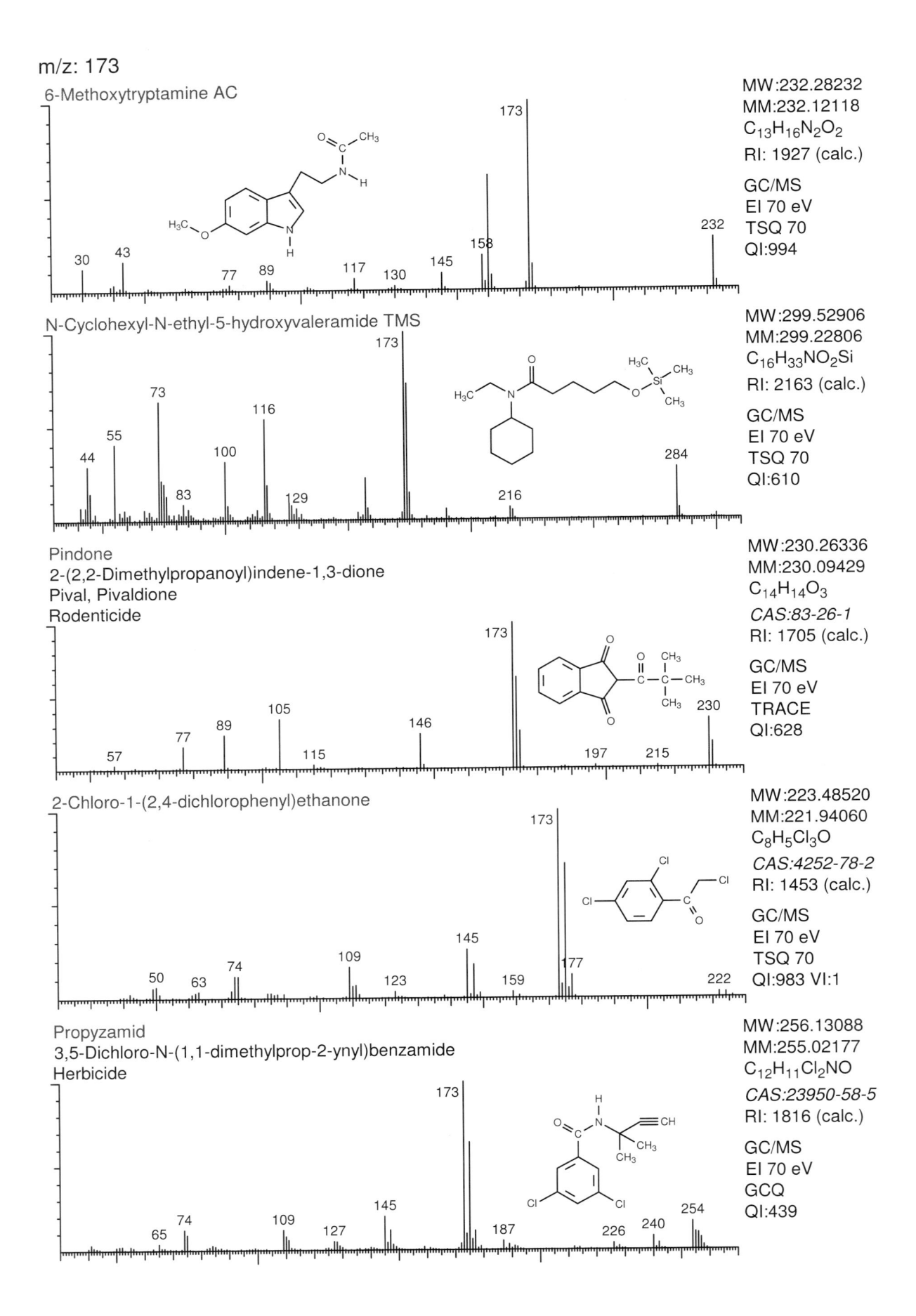

6-Methoxytryptamine AC

MW: 232.28232
MM: 232.12118
$C_{13}H_{16}N_2O_2$
RI: 1927 (calc.)

GC/MS
EI 70 eV
TSQ 70
QI: 994

Peaks: 30, 43, 77, 89, 117, 130, 145, 158, 173, 232

N-Cyclohexyl-N-ethyl-5-hydroxyvaleramide TMS

MW: 299.52906
MM: 299.22806
$C_{16}H_{33}NO_2Si$
RI: 2163 (calc.)

GC/MS
EI 70 eV
TSQ 70
QI: 610

Peaks: 44, 55, 73, 83, 100, 116, 129, 173, 216, 284

Pindone
2-(2,2-Dimethylpropanoyl)indene-1,3-dione
Pival, Pivaldione
Rodenticide

MW: 230.26336
MM: 230.09429
$C_{14}H_{14}O_3$
CAS: 83-26-1
RI: 1705 (calc.)

GC/MS
EI 70 eV
TRACE
QI: 628

Peaks: 57, 77, 89, 105, 115, 146, 173, 197, 215, 230

2-Chloro-1-(2,4-dichlorophenyl)ethanone

MW: 223.48520
MM: 221.94060
$C_8H_5Cl_3O$
CAS: 4252-78-2
RI: 1453 (calc.)

GC/MS
EI 70 eV
TSQ 70
QI: 983 VI:1

Peaks: 50, 63, 74, 109, 123, 145, 159, 173, 177, 222

Propyzamid
3,5-Dichloro-N-(1,1-dimethylprop-2-ynyl)benzamide
Herbicide

MW: 256.13088
MM: 255.02177
$C_{12}H_{11}Cl_2NO$
CAS: 23950-58-5
RI: 1816 (calc.)

GC/MS
EI 70 eV
GCQ
QI: 439

Peaks: 65, 74, 109, 127, 145, 173, 187, 226, 240, 254

m/z: 173

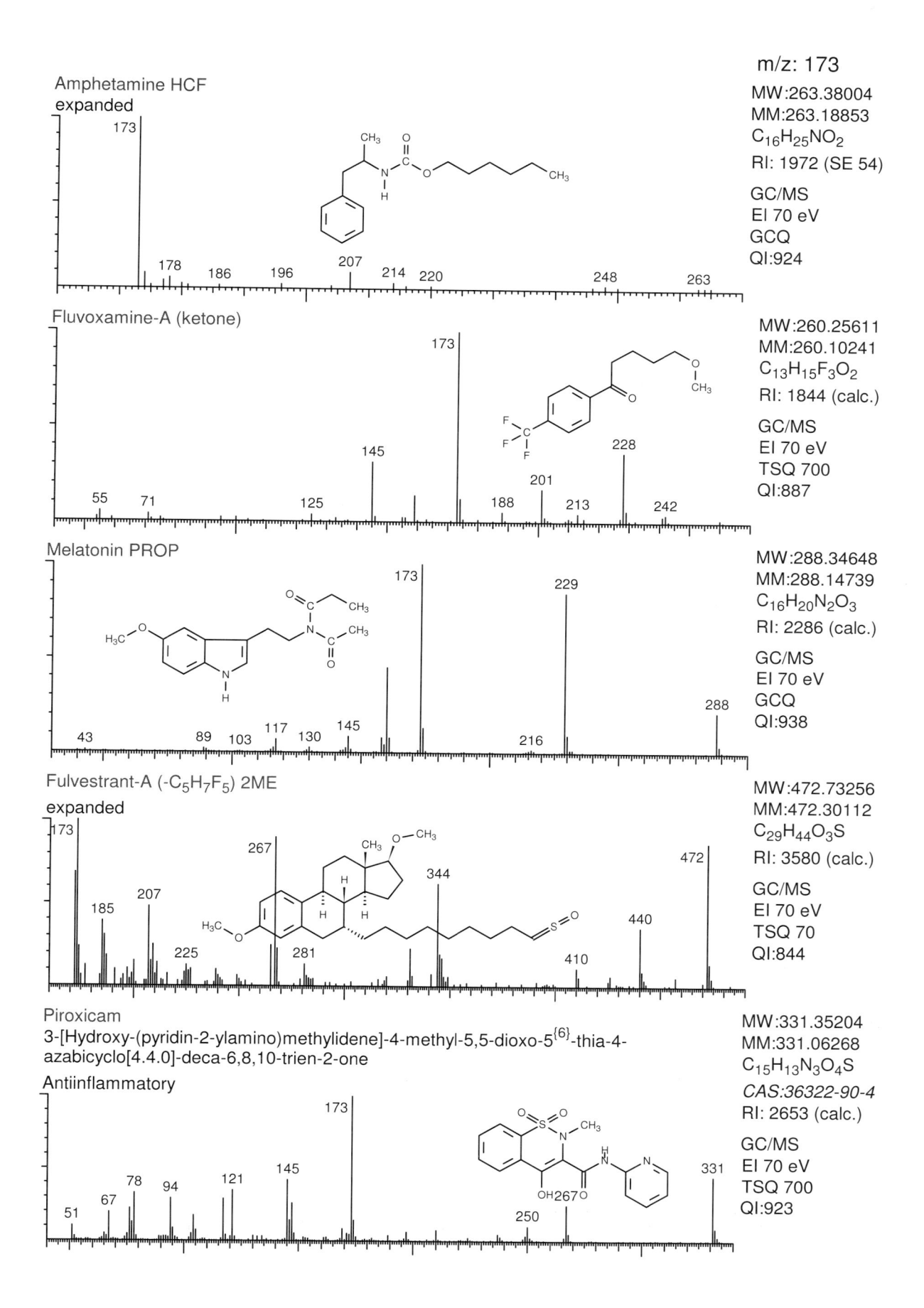

Amphetamine HCF expanded

MW: 263.38004
MM: 263.18853
$C_{16}H_{25}NO_2$
RI: 1972 (SE 54)

GC/MS
EI 70 eV
GCQ
QI: 924

Fluvoxamine-A (ketone)

MW: 260.25611
MM: 260.10241
$C_{13}H_{15}F_3O_2$
RI: 1844 (calc.)

GC/MS
EI 70 eV
TSQ 700
QI: 887

Melatonin PROP

MW: 288.34648
MM: 288.14739
$C_{16}H_{20}N_2O_3$
RI: 2286 (calc.)

GC/MS
EI 70 eV
GCQ
QI: 938

Fulvestrant-A (-$C_5H_7F_5$) 2ME expanded

MW: 472.73256
MM: 472.30112
$C_{29}H_{44}O_3S$
RI: 3580 (calc.)

GC/MS
EI 70 eV
TSQ 70
QI: 844

Piroxicam
3-[Hydroxy-(pyridin-2-ylamino)methylidene]-4-methyl-5,5-dioxo-5{6}-thia-4-azabicyclo[4.4.0]-deca-6,8,10-trien-2-one
Antiinflammatory

MW: 331.35204
MM: 331.06268
$C_{15}H_{13}N_3O_4S$
CAS: 36322-90-4
RI: 2653 (calc.)

GC/MS
EI 70 eV
TSQ 700
QI: 923

m/z: 173-174

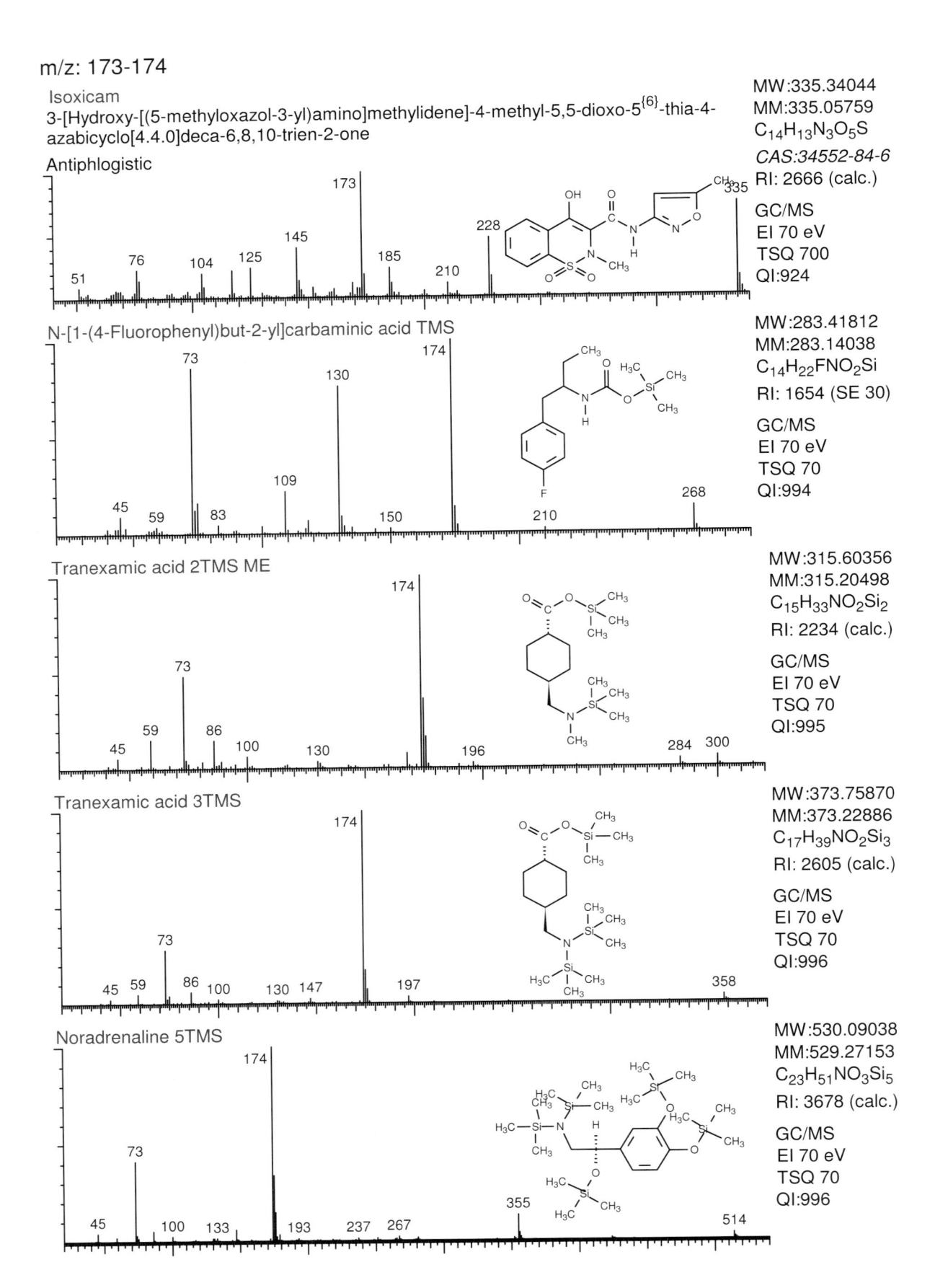

Isoxicam
3-[Hydroxy-[(5-methyloxazol-3-yl)amino]methylidene]-4-methyl-5,5-dioxo-5[6]-thia-4-azabicyclo[4.4.0]deca-6,8,10-trien-2-one
Antiphlogistic

MW: 335.34044
MM: 335.05759
$C_{14}H_{13}N_3O_5S$
CAS: 34552-84-6
RI: 2666 (calc.)

GC/MS
EI 70 eV
TSQ 700
QI: 924

Peaks: 51, 76, 104, 125, 145, 173, 185, 210, 228, 335

N-[1-(4-Fluorophenyl)but-2-yl]carbaminic acid TMS

MW: 283.41812
MM: 283.14038
$C_{14}H_{22}FNO_2Si$
RI: 1654 (SE 30)

GC/MS
EI 70 eV
TSQ 70
QI: 994

Peaks: 45, 59, 73, 83, 109, 130, 150, 174, 210, 268

Tranexamic acid 2TMS ME

MW: 315.60356
MM: 315.20498
$C_{15}H_{33}NO_2Si_2$
RI: 2234 (calc.)

GC/MS
EI 70 eV
TSQ 70
QI: 995

Peaks: 45, 59, 73, 86, 100, 130, 174, 196, 284, 300

Tranexamic acid 3TMS

MW: 373.75870
MM: 373.22886
$C_{17}H_{39}NO_2Si_3$
RI: 2605 (calc.)

GC/MS
EI 70 eV
TSQ 70
QI: 996

Peaks: 45, 59, 73, 86, 100, 130, 147, 174, 197, 358

Noradrenaline 5TMS

MW: 530.09038
MM: 529.27153
$C_{23}H_{51}NO_3Si_5$
RI: 3678 (calc.)

GC/MS
EI 70 eV
TSQ 70
QI: 996

Peaks: 45, 73, 100, 133, 174, 193, 237, 267, 355, 514

Diuron ME
expanded

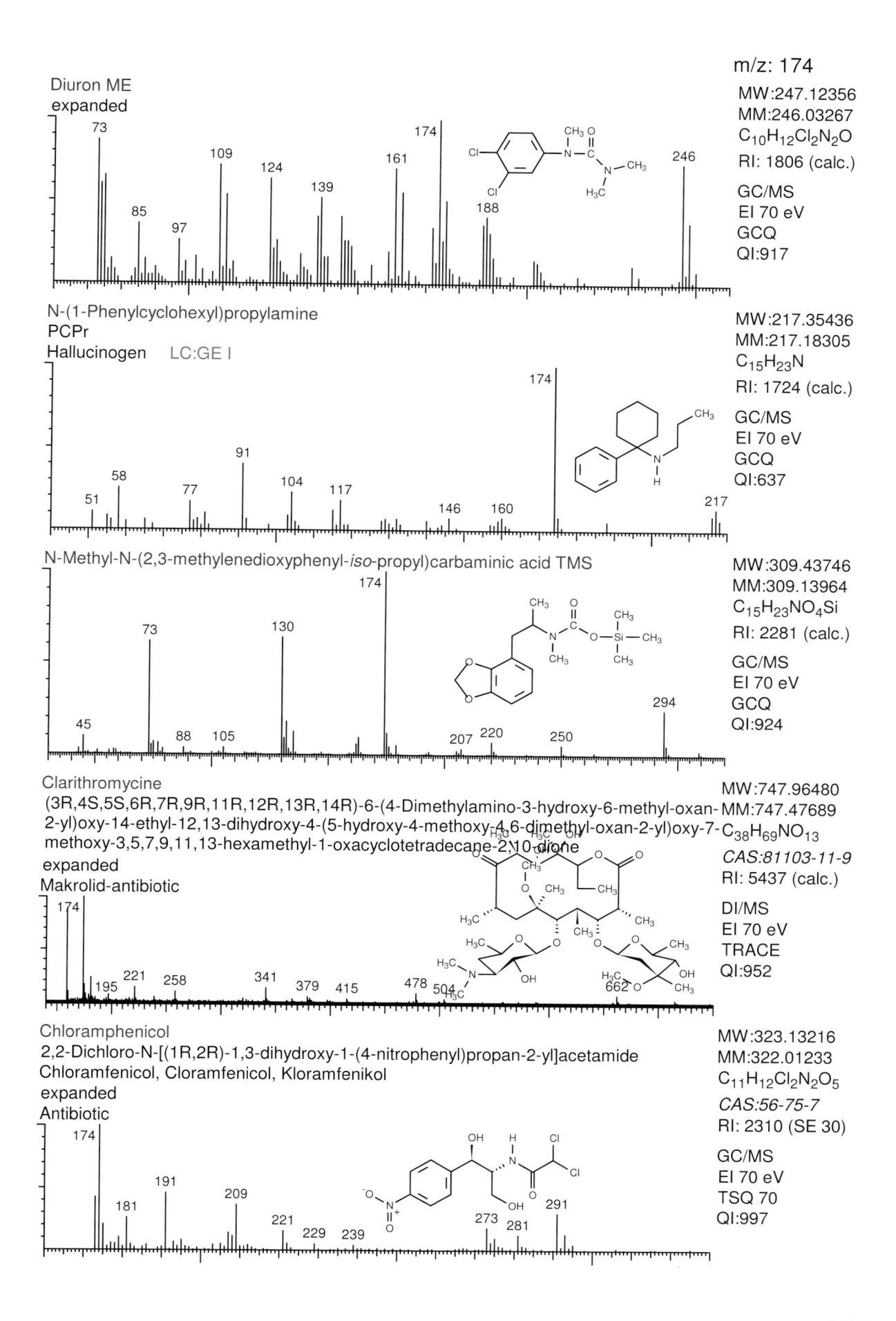

m/z: 174
MW: 247.12356
MM: 246.03267
$C_{10}H_{12}Cl_2N_2O$
RI: 1806 (calc.)

GC/MS
EI 70 eV
GCQ
QI: 917

Peaks: 73, 85, 97, 109, 124, 139, 161, 174, 188, 246

N-(1-Phenylcyclohexyl)propylamine
PCPr
Hallucinogen   LC:GE I

MW: 217.35436
MM: 217.18305
$C_{15}H_{23}N$
RI: 1724 (calc.)

GC/MS
EI 70 eV
GCQ
QI: 637

Peaks: 51, 58, 77, 91, 104, 117, 146, 160, 174, 217

N-Methyl-N-(2,3-methylenedioxyphenyl-*iso*-propyl)carbaminic acid TMS

MW: 309.43746
MM: 309.13964
$C_{15}H_{23}NO_4Si$
RI: 2281 (calc.)

GC/MS
EI 70 eV
GCQ
QI: 924

Peaks: 45, 73, 88, 105, 130, 174, 207, 220, 250, 294

Clarithromycine
(3R,4S,5S,6R,7R,9R,11R,12R,13R,14R)-6-(4-Dimethylamino-3-hydroxy-6-methyl-oxan-2-yl)oxy-14-ethyl-12,13-dihydroxy-4-(5-hydroxy-4-methoxy-4,6-dimethyl-oxan-2-yl)oxy-7-methoxy-3,5,7,9,11,13-hexamethyl-1-oxacyclotetradecane-2,10-dione
expanded
Makrolid-antibiotic

MW: 747.96480
MM: 747.47689
$C_{38}H_{69}NO_{13}$
CAS: 81103-11-9
RI: 5437 (calc.)

DI/MS
EI 70 eV
TRACE
QI: 952

Peaks: 174, 195, 221, 258, 341, 379, 415, 478, 504, 662

Chloramphenicol
2,2-Dichloro-N-[(1R,2R)-1,3-dihydroxy-1-(4-nitrophenyl)propan-2-yl]acetamide
Chloramfenicol, Cloramfenicol, Kloramfenikol
expanded
Antibiotic

MW: 323.13216
MM: 322.01233
$C_{11}H_{12}Cl_2N_2O_5$
CAS: 56-75-7
RI: 2310 (SE 30)

GC/MS
EI 70 eV
TSQ 70
QI: 997

Peaks: 174, 181, 191, 209, 221, 229, 239, 273, 281, 291

m/z: 174

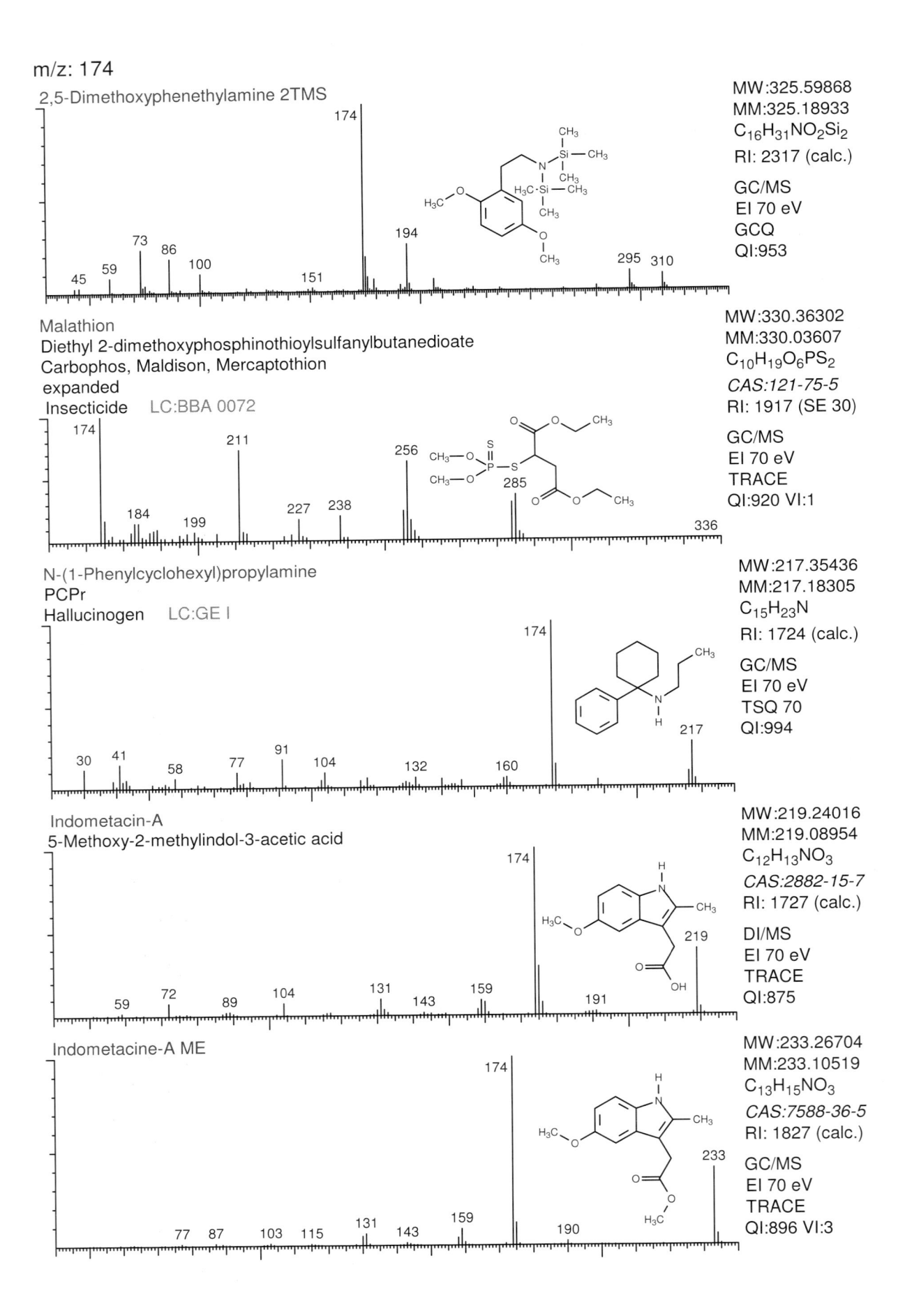

2,5-Dimethoxyphenethylamine 2TMS

MW: 325.59868
MM: 325.18933
$C_{16}H_{31}NO_2Si_2$
RI: 2317 (calc.)

GC/MS
EI 70 eV
GCQ
QI: 953

Peaks: 45, 59, 73, 86, 100, 151, 174, 194, 295, 310

Malathion
Diethyl 2-dimethoxyphosphinothioylsulfanylbutanedioate
Carbophos, Maldison, Mercaptothion
expanded
Insecticide   LC:BBA 0072

MW: 330.36302
MM: 330.03607
$C_{10}H_{19}O_6PS_2$
CAS: 121-75-5
RI: 1917 (SE 30)

GC/MS
EI 70 eV
TRACE
QI: 920 VI:1

Peaks: 174, 184, 199, 211, 227, 238, 256, 285, 336

N-(1-Phenylcyclohexyl)propylamine
PCPr
Hallucinogen   LC:GE I

MW: 217.35436
MM: 217.18305
$C_{15}H_{23}N$
RI: 1724 (calc.)

GC/MS
EI 70 eV
TSQ 70
QI: 994

Peaks: 30, 41, 58, 77, 91, 104, 132, 160, 174, 217

Indometacin-A
5-Methoxy-2-methylindol-3-acetic acid

MW: 219.24016
MM: 219.08954
$C_{12}H_{13}NO_3$
CAS: 2882-15-7
RI: 1727 (calc.)

DI/MS
EI 70 eV
TRACE
QI: 875

Peaks: 59, 72, 89, 104, 131, 143, 159, 174, 191, 219

Indometacine-A ME

MW: 233.26704
MM: 233.10519
$C_{13}H_{15}NO_3$
CAS: 7588-36-5
RI: 1827 (calc.)

GC/MS
EI 70 eV
TRACE
QI: 896 VI:3

Peaks: 77, 87, 103, 115, 131, 143, 159, 174, 190, 233

m/z: 174

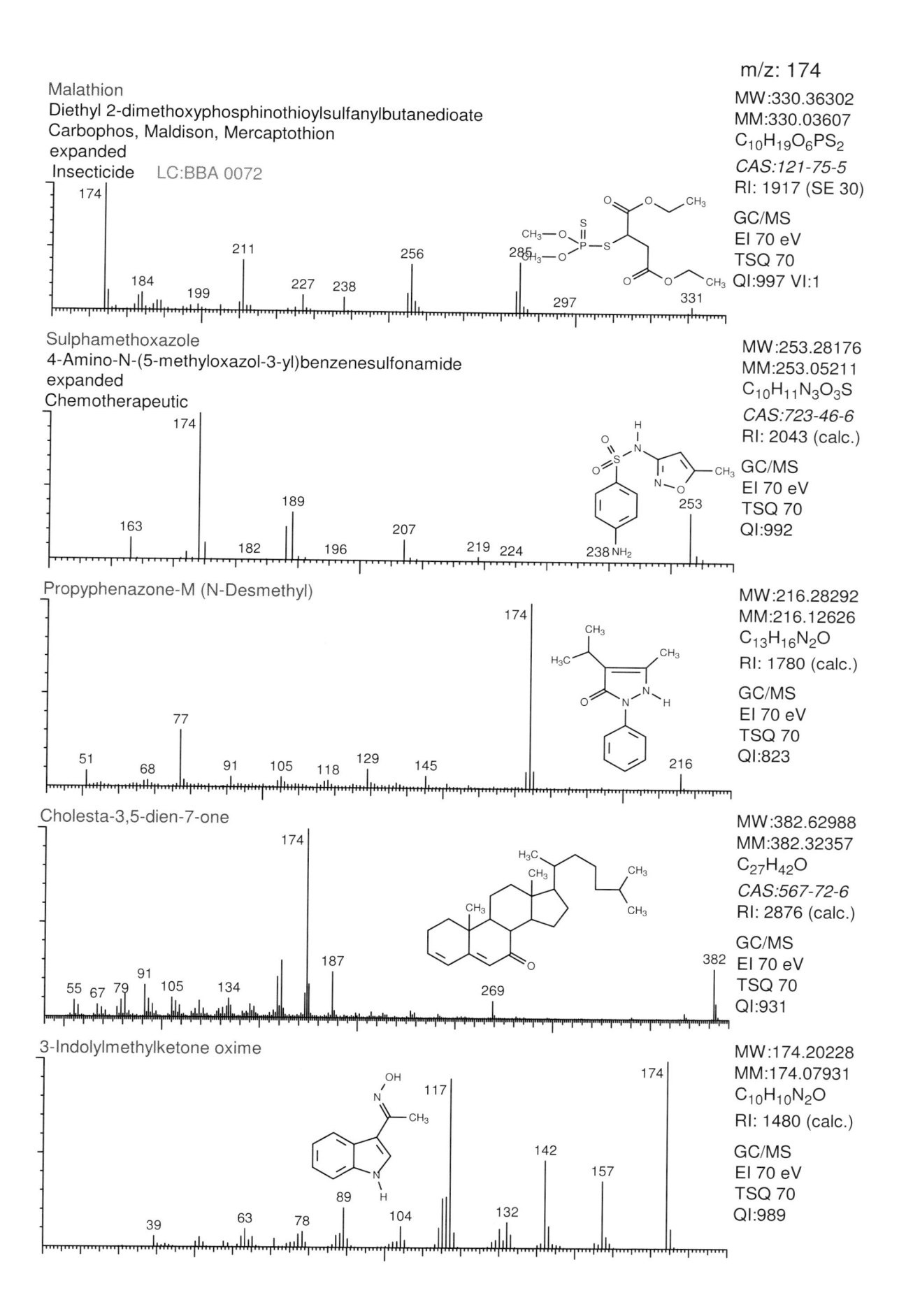

Malathion
Diethyl 2-dimethoxyphosphinothioylsulfanylbutanedioate
Carbophos, Maldison, Mercaptothion
expanded
Insecticide LC:BBA 0072

MW: 330.36302
MM: 330.03607
$C_{10}H_{19}O_6PS_2$
CAS: 121-75-5
RI: 1917 (SE 30)

GC/MS
EI 70 eV
TSQ 70
QI: 997 VI:1

Peaks: 174, 184, 199, 211, 227, 238, 256, 285, 297, 331

Sulphamethoxazole
4-Amino-N-(5-methyloxazol-3-yl)benzenesulfonamide
expanded
Chemotherapeutic

MW: 253.28176
MM: 253.05211
$C_{10}H_{11}N_3O_3S$
CAS: 723-46-6
RI: 2043 (calc.)

GC/MS
EI 70 eV
TSQ 70
QI: 992

Peaks: 163, 174, 182, 189, 196, 207, 219, 224, 238, 253

Propyphenazone-M (N-Desmethyl)

MW: 216.28292
MM: 216.12626
$C_{13}H_{16}N_2O$
RI: 1780 (calc.)

GC/MS
EI 70 eV
TSQ 70
QI: 823

Peaks: 51, 68, 77, 91, 105, 118, 129, 145, 174, 216

Cholesta-3,5-dien-7-one

MW: 382.62988
MM: 382.32357
$C_{27}H_{42}O$
CAS: 567-72-6
RI: 2876 (calc.)

GC/MS
EI 70 eV
TSQ 70
QI: 931

Peaks: 55, 67, 79, 91, 105, 134, 174, 187, 269, 382

3-Indolylmethylketone oxime

MW: 174.20228
MM: 174.07931
$C_{10}H_{10}N_2O$
RI: 1480 (calc.)

GC/MS
EI 70 eV
TSQ 70
QI: 989

Peaks: 39, 63, 78, 89, 104, 117, 132, 142, 157, 174

m/z: 174-175

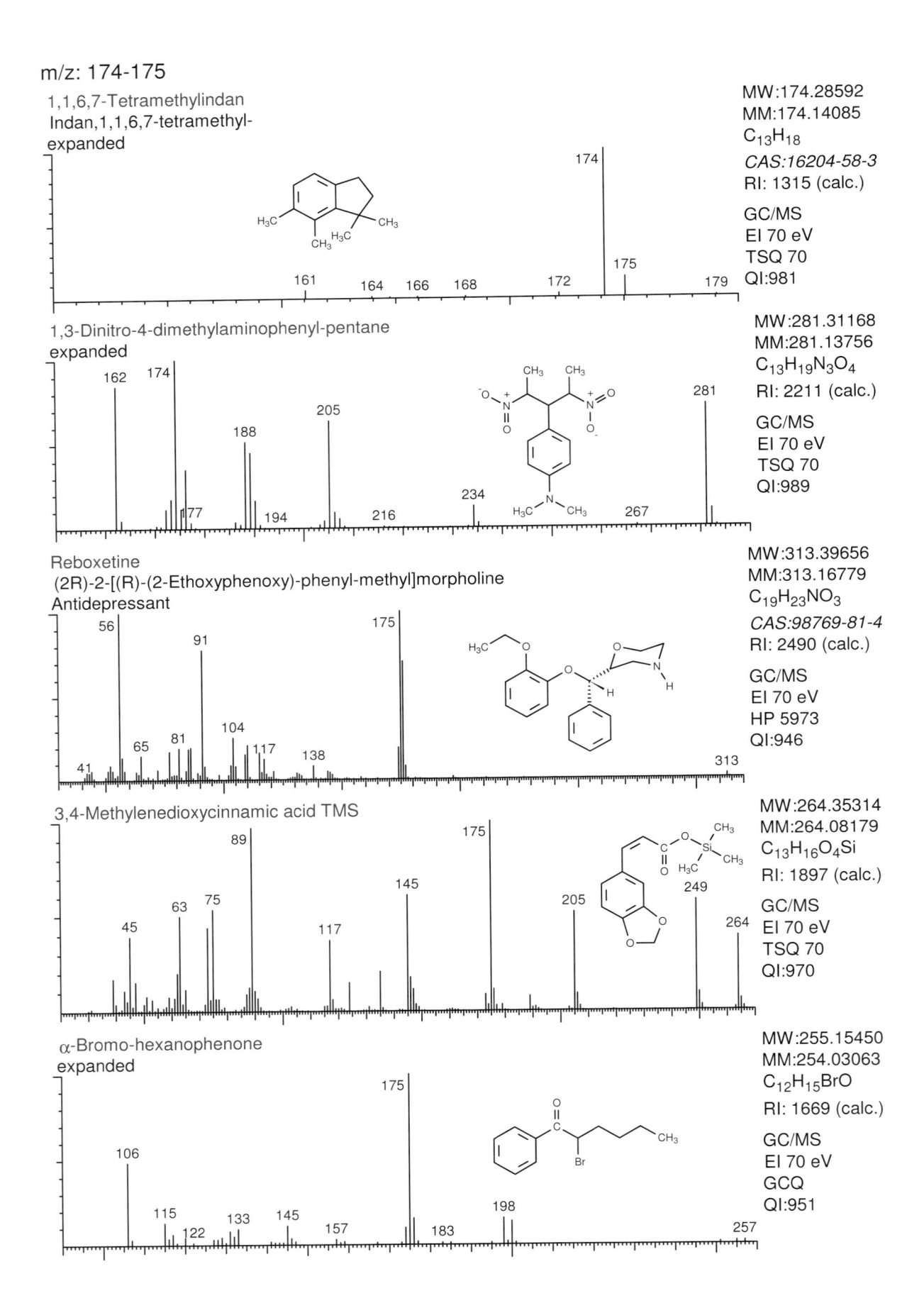

1,1,6,7-Tetramethylindan
Indan,1,1,6,7-tetramethyl-
expanded

MW:174.28592
MM:174.14085
$C_{13}H_{18}$
CAS:16204-58-3
RI: 1315 (calc.)

GC/MS
EI 70 eV
TSQ 70
QI:981

1,3-Dinitro-4-dimethylaminophenyl-pentane
expanded

MW:281.31168
MM:281.13756
$C_{13}H_{19}N_3O_4$
RI: 2211 (calc.)

GC/MS
EI 70 eV
TSQ 70
QI:989

Reboxetine
(2R)-2-[(R)-(2-Ethoxyphenoxy)-phenyl-methyl]morpholine
Antidepressant

MW:313.39656
MM:313.16779
$C_{19}H_{23}NO_3$
CAS:98769-81-4
RI: 2490 (calc.)

GC/MS
EI 70 eV
HP 5973
QI:946

3,4-Methylenedioxycinnamic acid TMS

MW:264.35314
MM:264.08179
$C_{13}H_{16}O_4Si$
RI: 1897 (calc.)

GC/MS
EI 70 eV
TSQ 70
QI:970

α-Bromo-hexanophenone
expanded

MW:255.15450
MM:254.03063
$C_{12}H_{15}BrO$
RI: 1669 (calc.)

GC/MS
EI 70 eV
GCQ
QI:951

m/z: 175

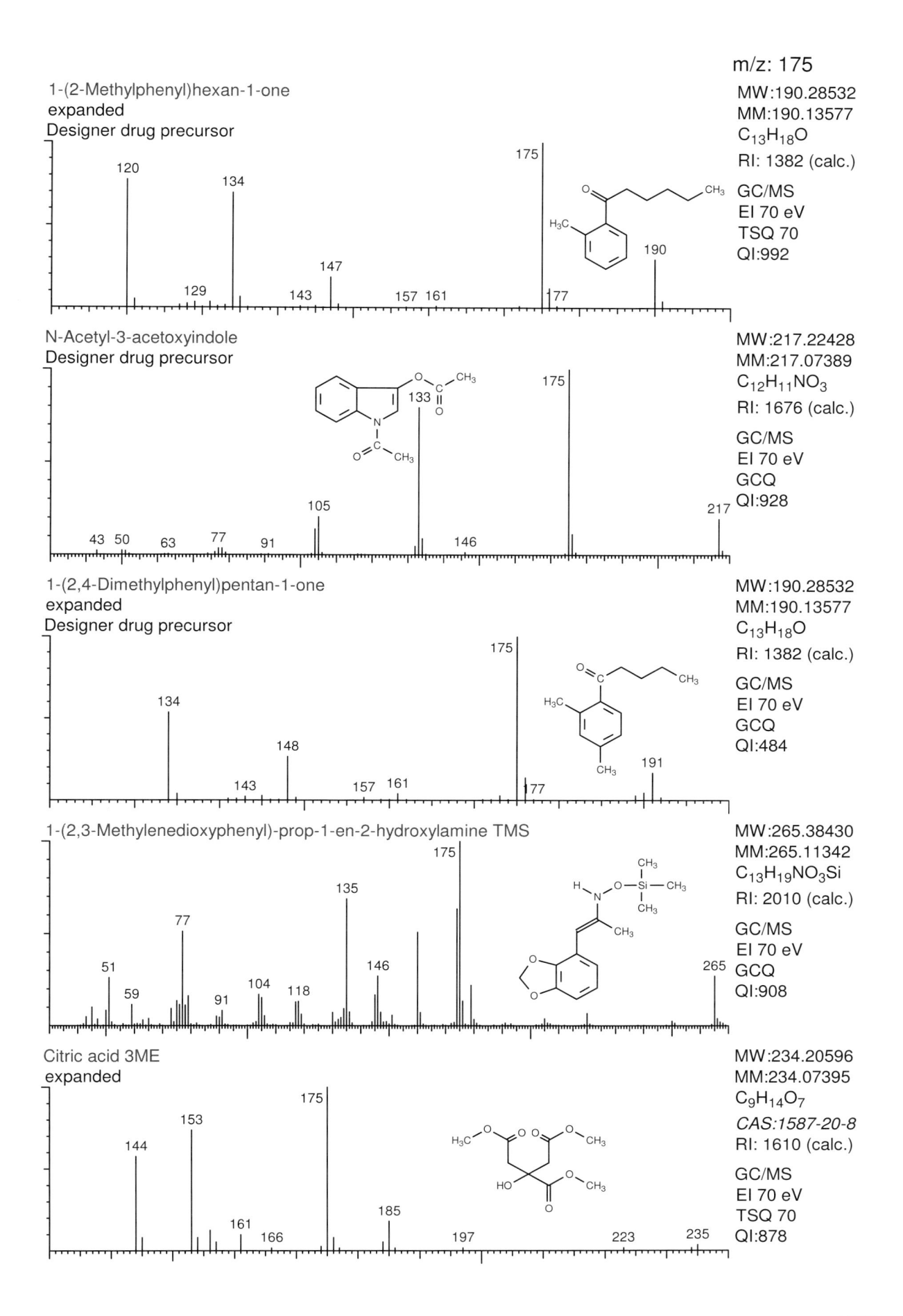

1-(2-Methylphenyl)hexan-1-one
expanded
Designer drug precursor

MW: 190.28532
MM: 190.13577
$C_{13}H_{18}O$
RI: 1382 (calc.)

GC/MS
EI 70 eV
TSQ 70
QI: 992

Peaks: 120, 134, 129, 143, 147, 157, 161, 175, 177, 190

N-Acetyl-3-acetoxyindole
Designer drug precursor

MW: 217.22428
MM: 217.07389
$C_{12}H_{11}NO_3$
RI: 1676 (calc.)

GC/MS
EI 70 eV
GCQ
QI: 928

Peaks: 43, 50, 63, 77, 91, 105, 133, 146, 175, 217

1-(2,4-Dimethylphenyl)pentan-1-one
expanded
Designer drug precursor

MW: 190.28532
MM: 190.13577
$C_{13}H_{18}O$
RI: 1382 (calc.)

GC/MS
EI 70 eV
GCQ
QI: 484

Peaks: 134, 143, 148, 157, 161, 175, 177, 191

1-(2,3-Methylenedioxyphenyl)-prop-1-en-2-hydroxylamine TMS

MW: 265.38430
MM: 265.11342
$C_{13}H_{19}NO_3Si$
RI: 2010 (calc.)

GC/MS
EI 70 eV
GCQ
QI: 908

Peaks: 51, 59, 77, 91, 104, 118, 135, 146, 175, 265

Citric acid 3ME
expanded

MW: 234.20596
MM: 234.07395
$C_9H_{14}O_7$
CAS: 1587-20-8
RI: 1610 (calc.)

GC/MS
EI 70 eV
TSQ 70
QI: 878

Peaks: 144, 153, 161, 166, 175, 185, 197, 223, 235

m/z: 175

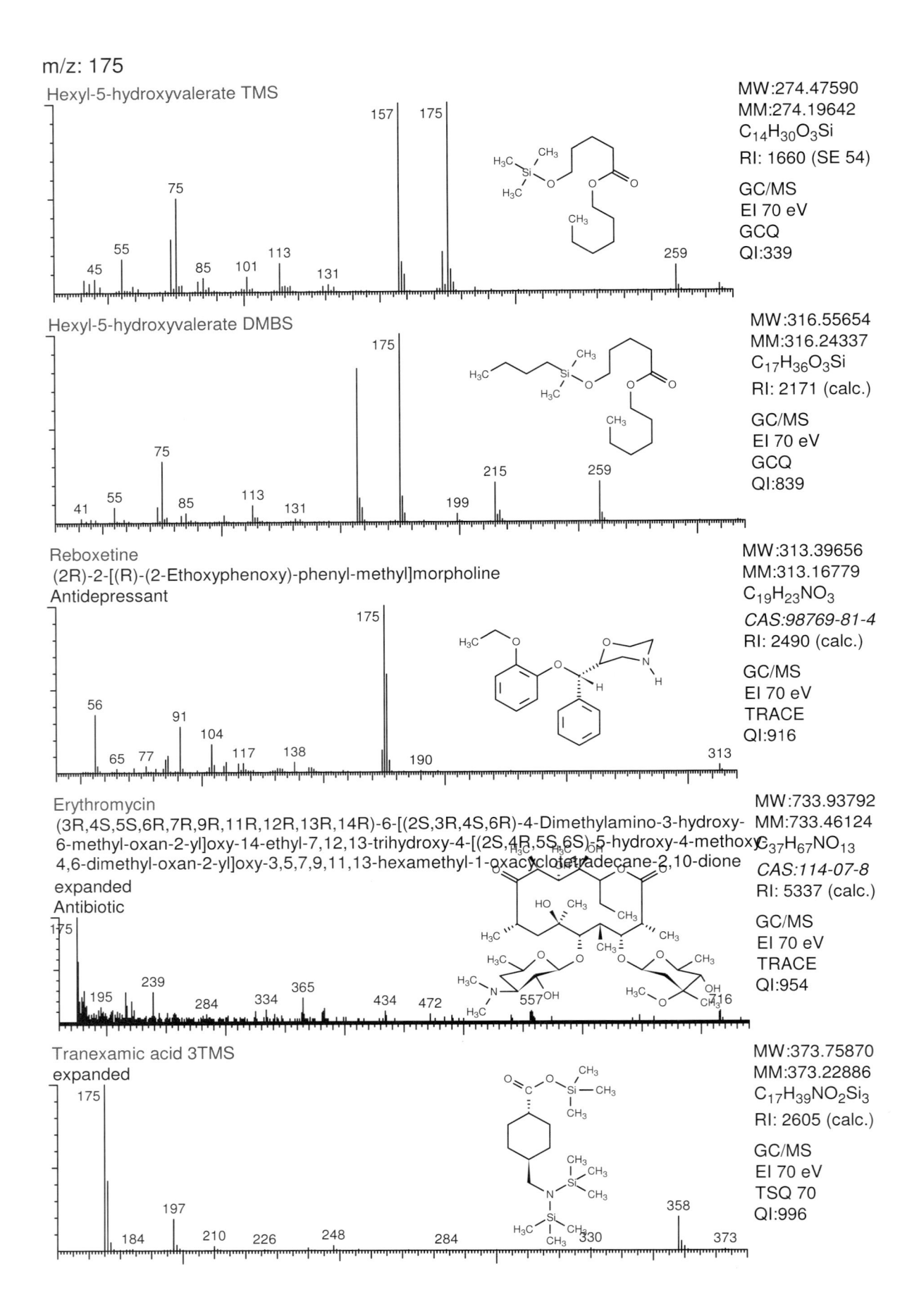

Hexyl-5-hydroxyvalerate TMS

MW: 274.47590
MM: 274.19642
$C_{14}H_{30}O_3Si$
RI: 1660 (SE 54)

GC/MS
EI 70 eV
GCQ
QI: 339

Hexyl-5-hydroxyvalerate DMBS

MW: 316.55654
MM: 316.24337
$C_{17}H_{36}O_3Si$
RI: 2171 (calc.)

GC/MS
EI 70 eV
GCQ
QI: 839

Reboxetine
(2R)-2-[(R)-(2-Ethoxyphenoxy)-phenyl-methyl]morpholine
Antidepressant

MW: 313.39656
MM: 313.16779
$C_{19}H_{23}NO_3$
CAS: 98769-81-4
RI: 2490 (calc.)

GC/MS
EI 70 eV
TRACE
QI: 916

Erythromycin
(3R,4S,5S,6R,7R,9R,11R,12R,13R,14R)-6-[(2S,3R,4S,6R)-4-Dimethylamino-3-hydroxy-6-methyl-oxan-2-yl]oxy-14-ethyl-7,12,13-trihydroxy-4-[(2S,4R,5S,6S)-5-hydroxy-4-methoxy-4,6-dimethyl-oxan-2-yl]oxy-3,5,7,9,11,13-hexamethyl-1-oxacyclotetradecane-2,10-dione
expanded
Antibiotic

MW: 733.93792
MM: 733.46124
$C_{37}H_{67}NO_{13}$
CAS: 114-07-8
RI: 5337 (calc.)

GC/MS
EI 70 eV
TRACE
QI: 954

Tranexamic acid 3TMS
expanded

MW: 373.75870
MM: 373.22886
$C_{17}H_{39}NO_2Si_3$
RI: 2605 (calc.)

GC/MS
EI 70 eV
TSQ 70
QI: 996

m/z: 175

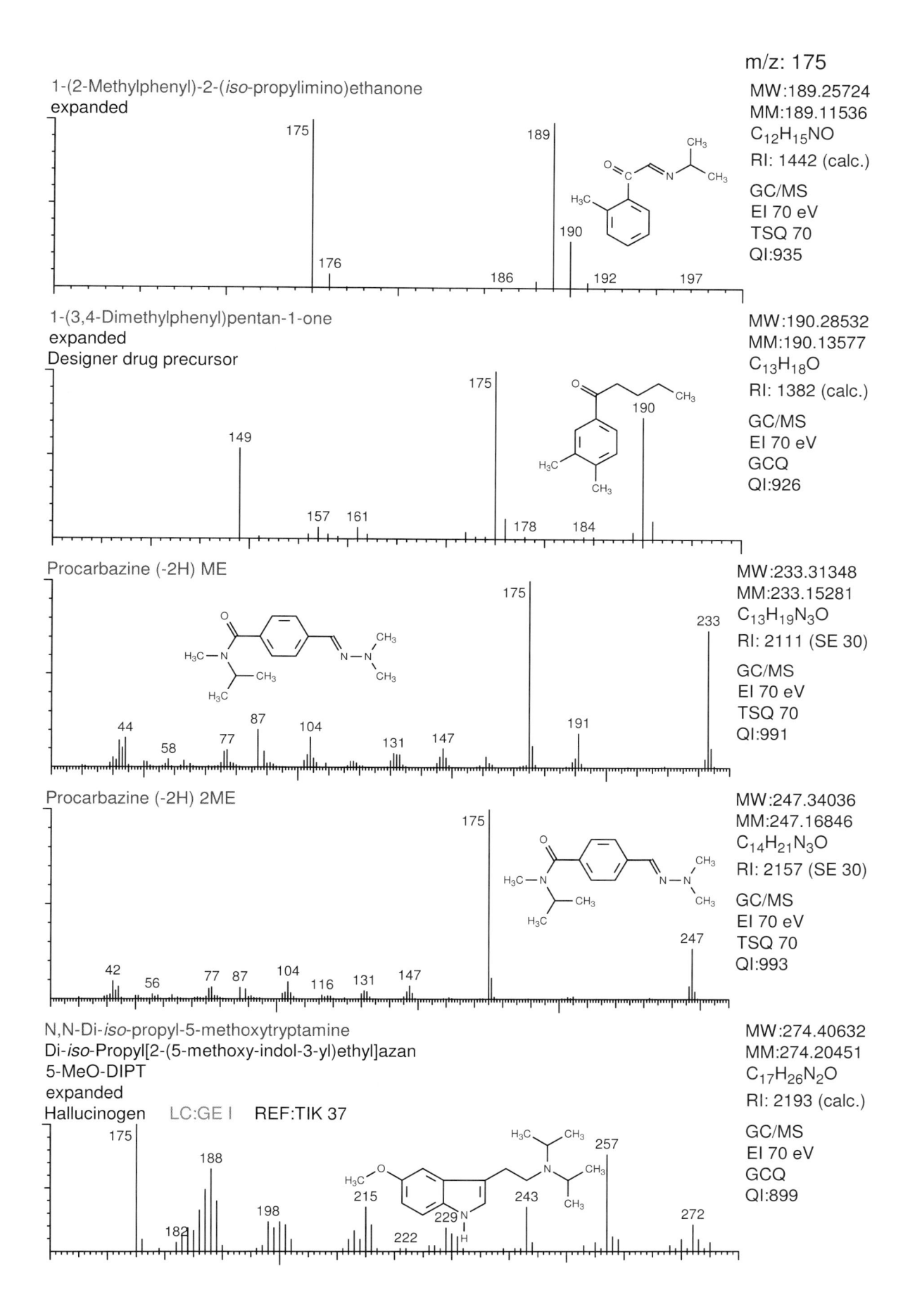

1-(2-Methylphenyl)-2-(*iso*-propylimino)ethanone
expanded

MW: 189.25724
MM: 189.11536
$C_{12}H_{15}NO$
RI: 1442 (calc.)

GC/MS
EI 70 eV
TSQ 70
QI: 935

1-(3,4-Dimethylphenyl)pentan-1-one
expanded
Designer drug precursor

MW: 190.28532
MM: 190.13577
$C_{13}H_{18}O$
RI: 1382 (calc.)

GC/MS
EI 70 eV
GCQ
QI: 926

Procarbazine (-2H) ME

MW: 233.31348
MM: 233.15281
$C_{13}H_{19}N_3O$
RI: 2111 (SE 30)

GC/MS
EI 70 eV
TSQ 70
QI: 991

Procarbazine (-2H) 2ME

MW: 247.34036
MM: 247.16846
$C_{14}H_{21}N_3O$
RI: 2157 (SE 30)

GC/MS
EI 70 eV
TSQ 70
QI: 993

N,N-Di-*iso*-propyl-5-methoxytryptamine
Di-*iso*-Propyl[2-(5-methoxy-indol-3-yl)ethyl]azan
5-MeO-DIPT
expanded
Hallucinogen   LC:GE I   REF:TIK 37

MW: 274.40632
MM: 274.20451
$C_{17}H_{26}N_2O$
RI: 2193 (calc.)

GC/MS
EI 70 eV
GCQ
QI: 899

m/z: 175-176

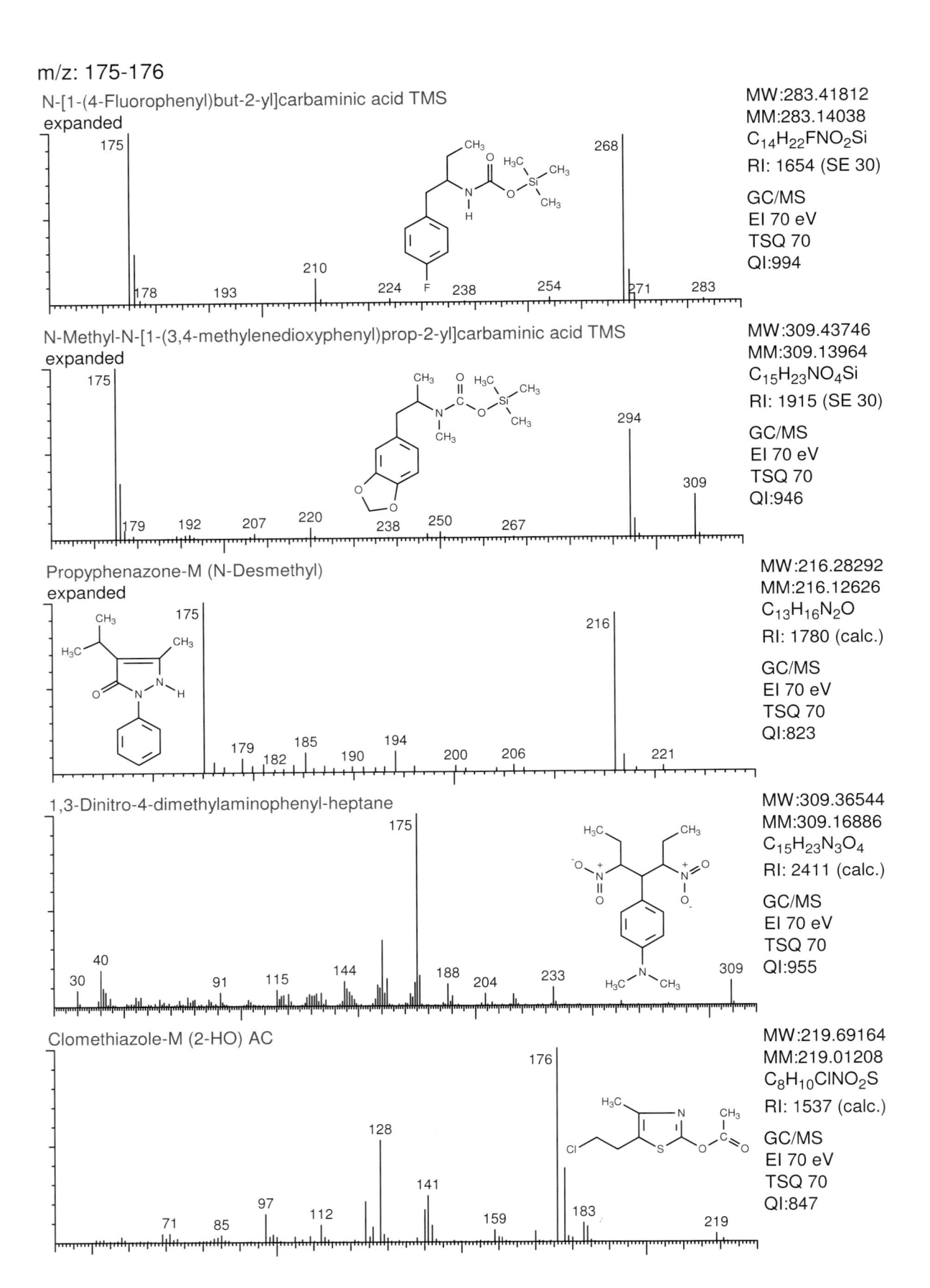

N-[1-(4-Fluorophenyl)but-2-yl]carbaminic acid TMS expanded

MW: 283.41812
MM: 283.14038
$C_{14}H_{22}FNO_2Si$
RI: 1654 (SE 30)

GC/MS
EI 70 eV
TSQ 70
QI: 994

N-Methyl-N-[1-(3,4-methylenedioxyphenyl)prop-2-yl]carbaminic acid TMS expanded

MW: 309.43746
MM: 309.13964
$C_{15}H_{23}NO_4Si$
RI: 1915 (SE 30)

GC/MS
EI 70 eV
TSQ 70
QI: 946

Propyphenazone-M (N-Desmethyl) expanded

MW: 216.28292
MM: 216.12626
$C_{13}H_{16}N_2O$
RI: 1780 (calc.)

GC/MS
EI 70 eV
TSQ 70
QI: 823

1,3-Dinitro-4-dimethylaminophenyl-heptane

MW: 309.36544
MM: 309.16886
$C_{15}H_{23}N_3O_4$
RI: 2411 (calc.)

GC/MS
EI 70 eV
TSQ 70
QI: 955

Clomethiazole-M (2-HO) AC

MW: 219.69164
MM: 219.01208
$C_8H_{10}ClNO_2S$
RI: 1537 (calc.)

GC/MS
EI 70 eV
TSQ 70
QI: 847

m/z: 176

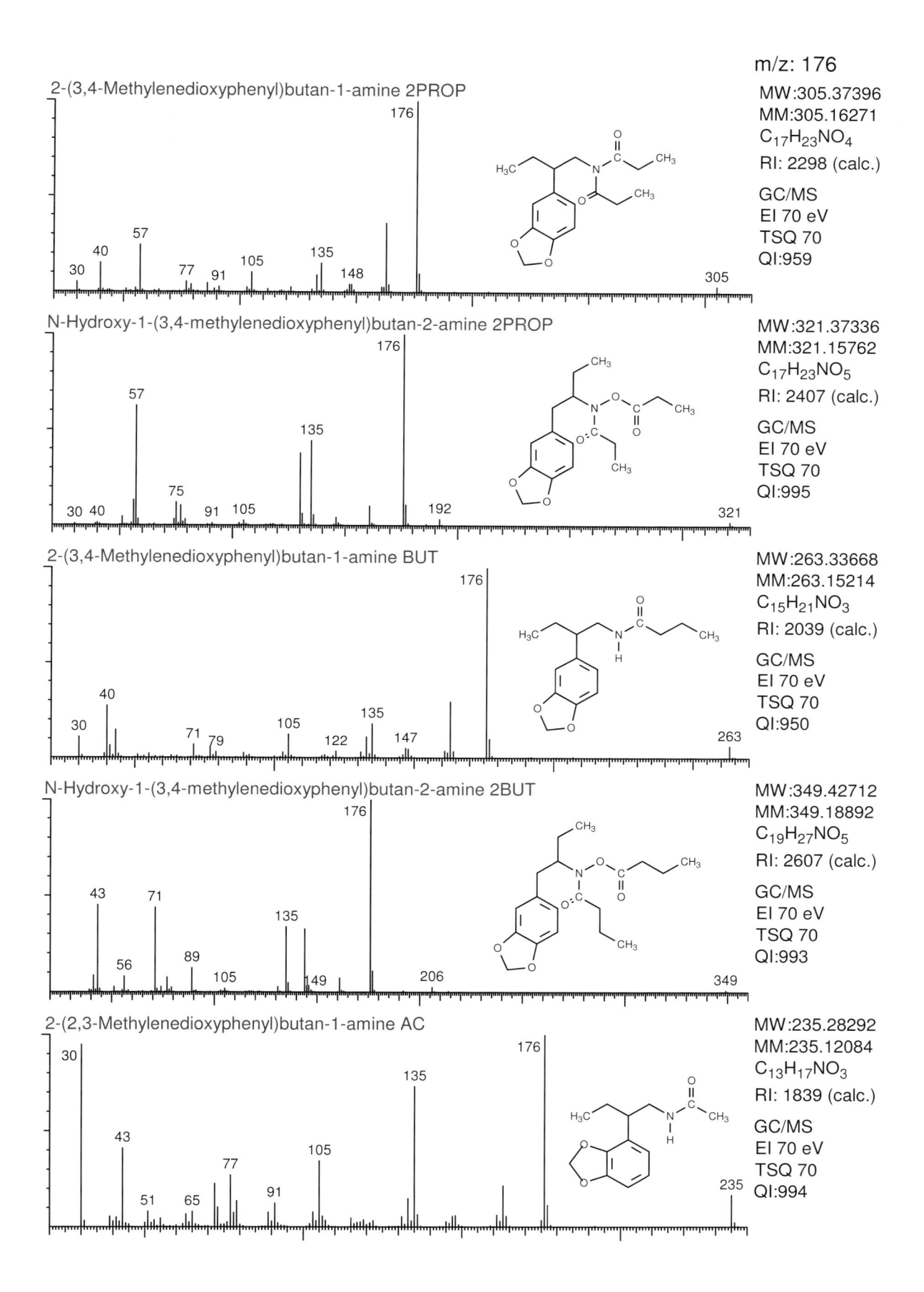

2-(3,4-Methylenedioxyphenyl)butan-1-amine 2PROP

MW: 305.37396
MM: 305.16271
$C_{17}H_{23}NO_4$
RI: 2298 (calc.)

GC/MS
EI 70 eV
TSQ 70
QI: 959

Peaks: 30, 40, 57, 77, 91, 105, 135, 148, 176, 305

N-Hydroxy-1-(3,4-methylenedioxyphenyl)butan-2-amine 2PROP

MW: 321.37336
MM: 321.15762
$C_{17}H_{23}NO_5$
RI: 2407 (calc.)

GC/MS
EI 70 eV
TSQ 70
QI: 995

Peaks: 30, 40, 57, 75, 91, 105, 135, 176, 192, 321

2-(3,4-Methylenedioxyphenyl)butan-1-amine BUT

MW: 263.33668
MM: 263.15214
$C_{15}H_{21}NO_3$
RI: 2039 (calc.)

GC/MS
EI 70 eV
TSQ 70
QI: 950

Peaks: 30, 40, 71, 79, 105, 122, 135, 147, 176, 263

N-Hydroxy-1-(3,4-methylenedioxyphenyl)butan-2-amine 2BUT

MW: 349.42712
MM: 349.18892
$C_{19}H_{27}NO_5$
RI: 2607 (calc.)

GC/MS
EI 70 eV
TSQ 70
QI: 993

Peaks: 43, 56, 71, 89, 105, 135, 149, 176, 206, 349

2-(2,3-Methylenedioxyphenyl)butan-1-amine AC

MW: 235.28292
MM: 235.12084
$C_{13}H_{17}NO_3$
RI: 1839 (calc.)

GC/MS
EI 70 eV
TSQ 70
QI: 994

Peaks: 30, 43, 51, 65, 77, 91, 105, 135, 176, 235

m/z: 176

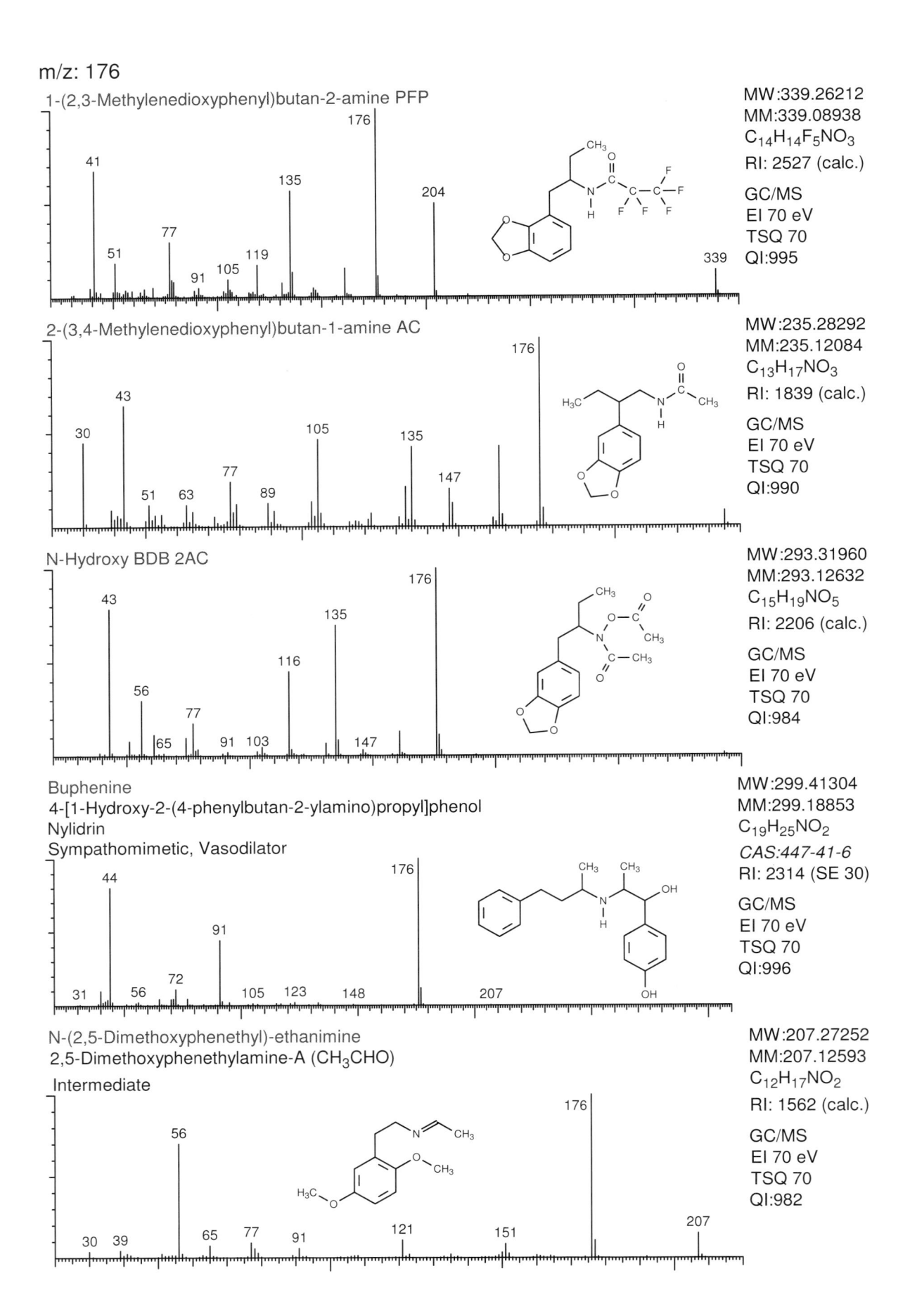

1-(2,3-Methylenedioxyphenyl)butan-2-amine PFP

Peaks: 41, 51, 77, 91, 105, 119, 135, 176, 204, 339

MW: 339.26212
MM: 339.08938
$C_{14}H_{14}F_5NO_3$
RI: 2527 (calc.)

GC/MS
EI 70 eV
TSQ 70
QI: 995

2-(3,4-Methylenedioxyphenyl)butan-1-amine AC

Peaks: 30, 43, 51, 63, 77, 89, 105, 135, 147, 176

MW: 235.28292
MM: 235.12084
$C_{13}H_{17}NO_3$
RI: 1839 (calc.)

GC/MS
EI 70 eV
TSQ 70
QI: 990

N-Hydroxy BDB 2AC

Peaks: 43, 56, 65, 77, 91, 103, 116, 135, 147, 176

MW: 293.31960
MM: 293.12632
$C_{15}H_{19}NO_5$
RI: 2206 (calc.)

GC/MS
EI 70 eV
TSQ 70
QI: 984

Buphenine
4-[1-Hydroxy-2-(4-phenylbutan-2-ylamino)propyl]phenol
Nylidrin
Sympathomimetic, Vasodilator

Peaks: 31, 44, 56, 72, 91, 105, 123, 148, 176, 207

MW: 299.41304
MM: 299.18853
$C_{19}H_{25}NO_2$
CAS: 447-41-6
RI: 2314 (SE 30)

GC/MS
EI 70 eV
TSQ 70
QI: 996

N-(2,5-Dimethoxyphenethyl)-ethanimine
2,5-Dimethoxyphenethylamine-A (CH_3CHO)
Intermediate

Peaks: 30, 39, 56, 65, 77, 91, 121, 151, 176, 207

MW: 207.27252
MM: 207.12593
$C_{12}H_{17}NO_2$
RI: 1562 (calc.)

GC/MS
EI 70 eV
TSQ 70
QI: 982

m/z: 176

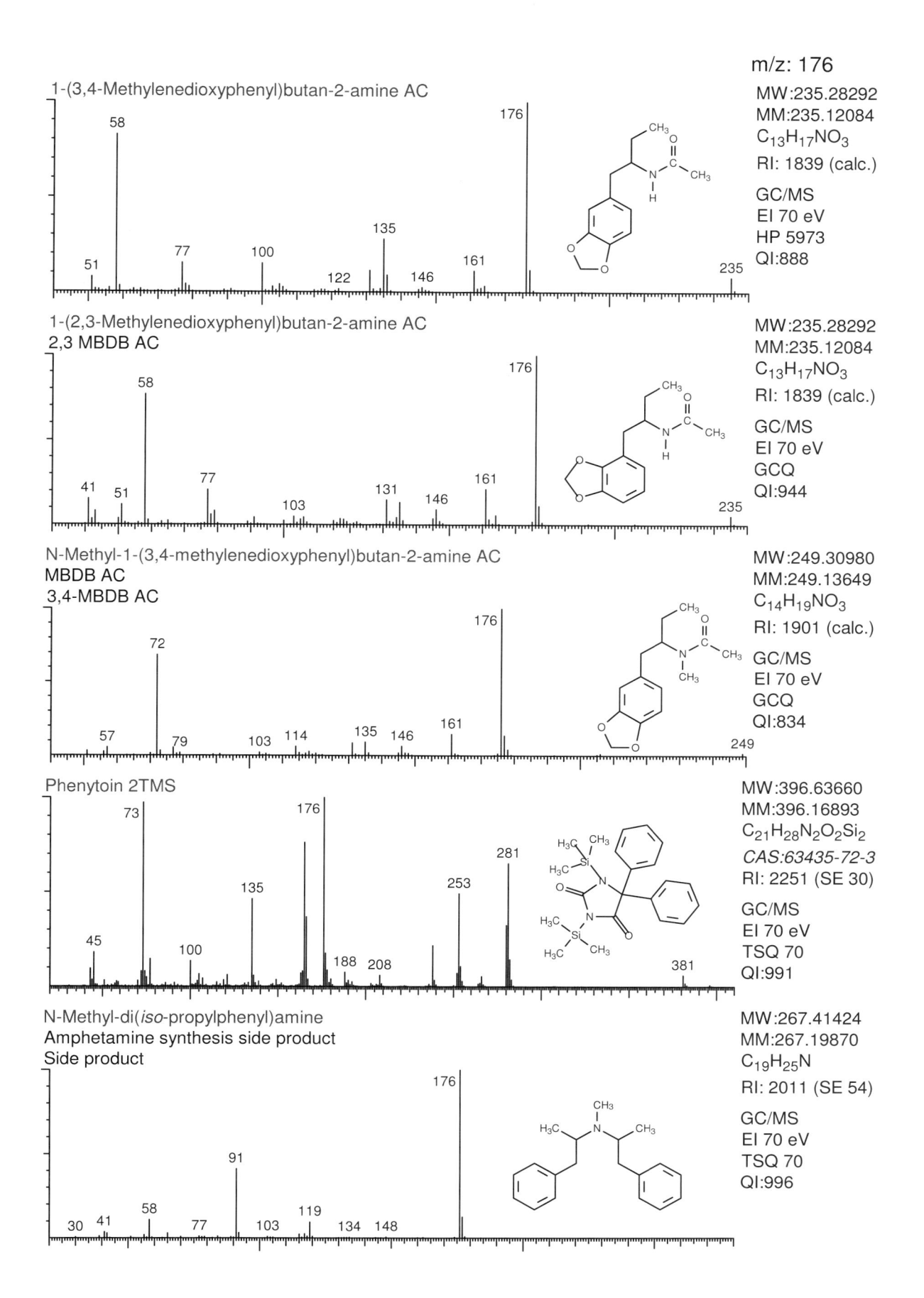

1-(3,4-Methylenedioxyphenyl)butan-2-amine AC

Peaks: 51, 58, 77, 100, 122, 135, 146, 161, 176, 235

MW: 235.28292
MM: 235.12084
$C_{13}H_{17}NO_3$
RI: 1839 (calc.)

GC/MS
EI 70 eV
HP 5973
QI: 888

1-(2,3-Methylenedioxyphenyl)butan-2-amine AC
2,3 MBDB AC

Peaks: 41, 51, 58, 77, 103, 131, 146, 161, 176, 235

MW: 235.28292
MM: 235.12084
$C_{13}H_{17}NO_3$
RI: 1839 (calc.)

GC/MS
EI 70 eV
GCQ
QI: 944

N-Methyl-1-(3,4-methylenedioxyphenyl)butan-2-amine AC
MBDB AC
3,4-MBDB AC

Peaks: 57, 72, 79, 103, 114, 135, 146, 161, 176, 249

MW: 249.30980
MM: 249.13649
$C_{14}H_{19}NO_3$
RI: 1901 (calc.)

GC/MS
EI 70 eV
GCQ
QI: 834

Phenytoin 2TMS

Peaks: 45, 73, 100, 135, 176, 188, 208, 253, 281, 381

MW: 396.63660
MM: 396.16893
$C_{21}H_{28}N_2O_2Si_2$
CAS: 63435-72-3
RI: 2251 (SE 30)

GC/MS
EI 70 eV
TSQ 70
QI: 991

N-Methyl-di(iso-propylphenyl)amine
Amphetamine synthesis side product
Side product

Peaks: 30, 41, 58, 77, 91, 103, 119, 134, 148, 176

MW: 267.41424
MM: 267.19870
$C_{19}H_{25}N$
RI: 2011 (SE 54)

GC/MS
EI 70 eV
TSQ 70
QI: 996

m/z: 176

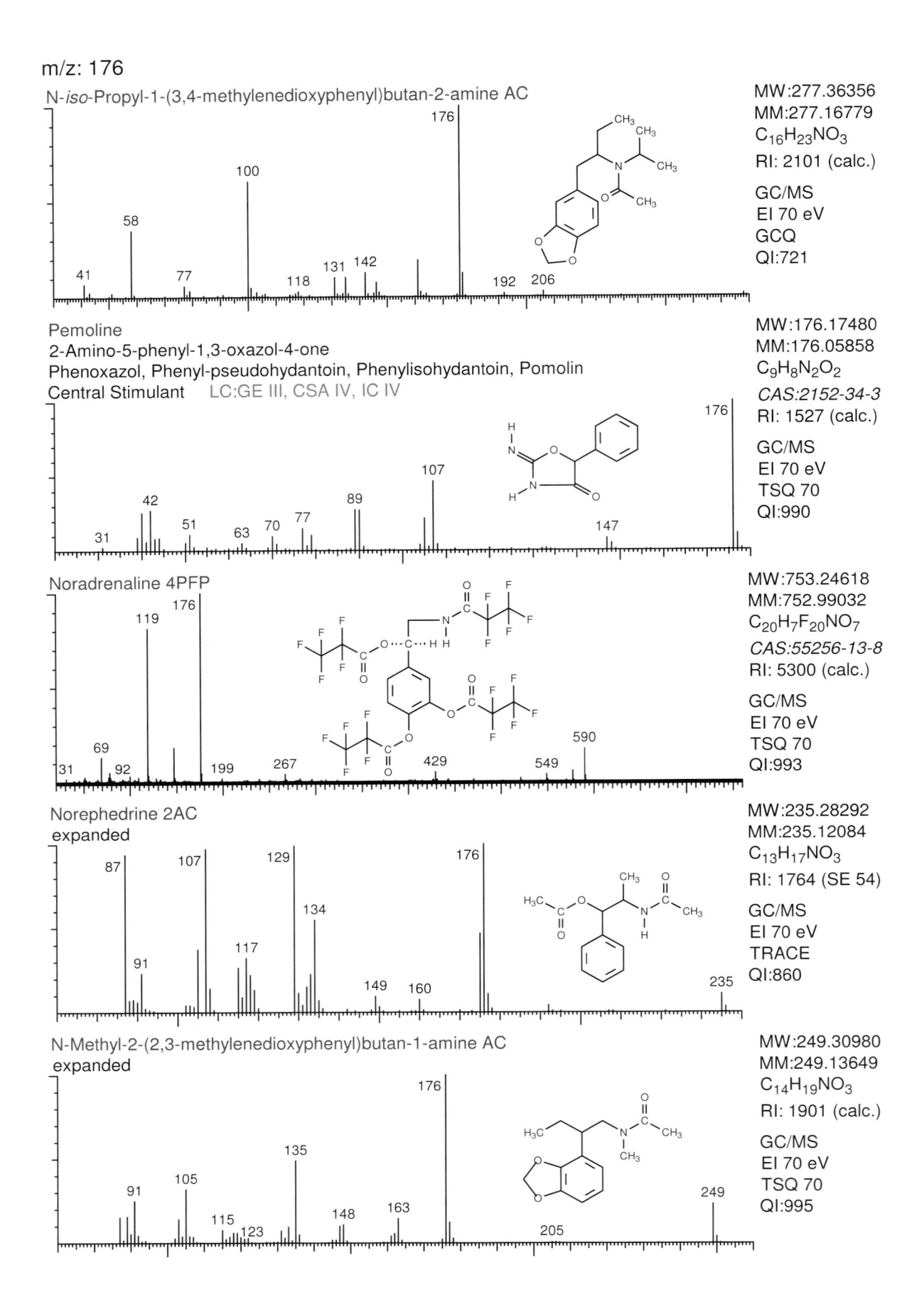

N-iso-Propyl-1-(3,4-methylenedioxyphenyl)butan-2-amine AC

MW:277.36356
MM:277.16779
C$_{16}$H$_{23}$NO$_3$
RI: 2101 (calc.)

GC/MS
EI 70 eV
GCQ
QI:721

Pemoline
2-Amino-5-phenyl-1,3-oxazol-4-one
Phenoxazol, Phenyl-pseudohydantoin, Phenylisohydantoin, Pomolin
Central Stimulant   LC:GE III, CSA IV, IC IV

MW:176.17480
MM:176.05858
C$_9$H$_8$N$_2$O$_2$
CAS:2152-34-3
RI: 1527 (calc.)

GC/MS
EI 70 eV
TSQ 70
QI:990

Noradrenaline 4PFP

MW:753.24618
MM:752.99032
C$_{20}$H$_7$F$_{20}$NO$_7$
CAS:55256-13-8
RI: 5300 (calc.)

GC/MS
EI 70 eV
TSQ 70
QI:993

Norephedrine 2AC
expanded

MW:235.28292
MM:235.12084
C$_{13}$H$_{17}$NO$_3$
RI: 1764 (SE 54)

GC/MS
EI 70 eV
TRACE
QI:860

N-Methyl-2-(2,3-methylenedioxyphenyl)butan-1-amine AC
expanded

MW:249.30980
MM:249.13649
C$_{14}$H$_{19}$NO$_3$
RI: 1901 (calc.)

GC/MS
EI 70 eV
TSQ 70
QI:995

2-(3,4-Methylenedioxyphenyl)butan-1-amine AC

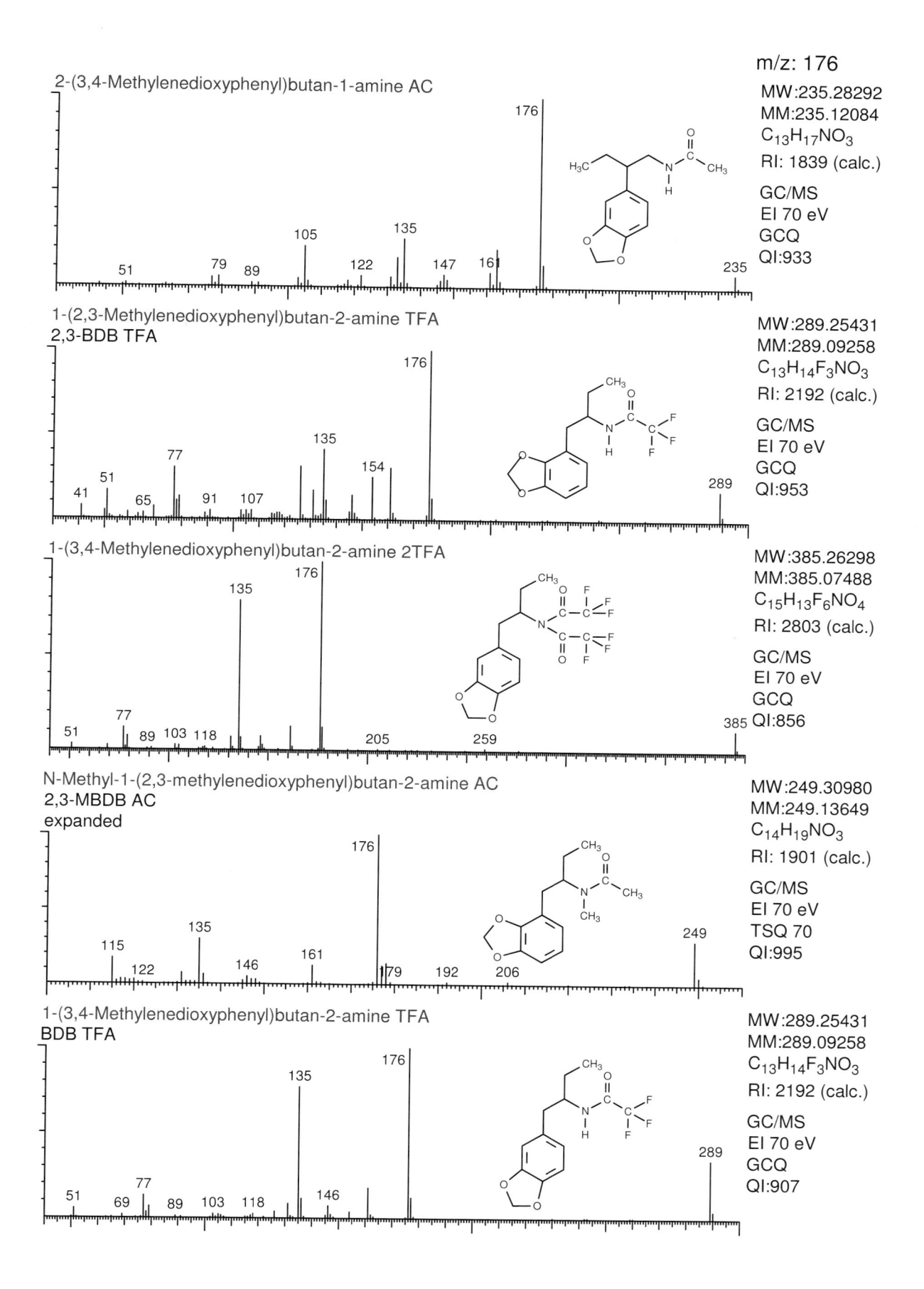

m/z: 176
MW: 235.28292
MM: 235.12084
$C_{13}H_{17}NO_3$
RI: 1839 (calc.)

GC/MS
EI 70 eV
GCQ
QI:933

Peaks: 51, 79, 89, 105, 122, 135, 147, 161, 176, 235

1-(2,3-Methylenedioxyphenyl)butan-2-amine TFA
2,3-BDB TFA

MW: 289.25431
MM: 289.09258
$C_{13}H_{14}F_3NO_3$
RI: 2192 (calc.)

GC/MS
EI 70 eV
GCQ
QI:953

Peaks: 41, 51, 65, 77, 91, 107, 135, 154, 176, 289

1-(3,4-Methylenedioxyphenyl)butan-2-amine 2TFA

MW: 385.26298
MM: 385.07488
$C_{15}H_{13}F_6NO_4$
RI: 2803 (calc.)

GC/MS
EI 70 eV
GCQ
QI:856

Peaks: 51, 77, 89, 103, 118, 135, 176, 205, 259, 385

N-Methyl-1-(2,3-methylenedioxyphenyl)butan-2-amine AC
2,3-MBDB AC
expanded

MW: 249.30980
MM: 249.13649
$C_{14}H_{19}NO_3$
RI: 1901 (calc.)

GC/MS
EI 70 eV
TSQ 70
QI:995

Peaks: 115, 122, 135, 146, 161, 176, 179, 192, 206, 249

1-(3,4-Methylenedioxyphenyl)butan-2-amine TFA
BDB TFA

MW: 289.25431
MM: 289.09258
$C_{13}H_{14}F_3NO_3$
RI: 2192 (calc.)

GC/MS
EI 70 eV
GCQ
QI:907

Peaks: 51, 69, 77, 89, 103, 118, 135, 146, 176, 289

m/z: 176

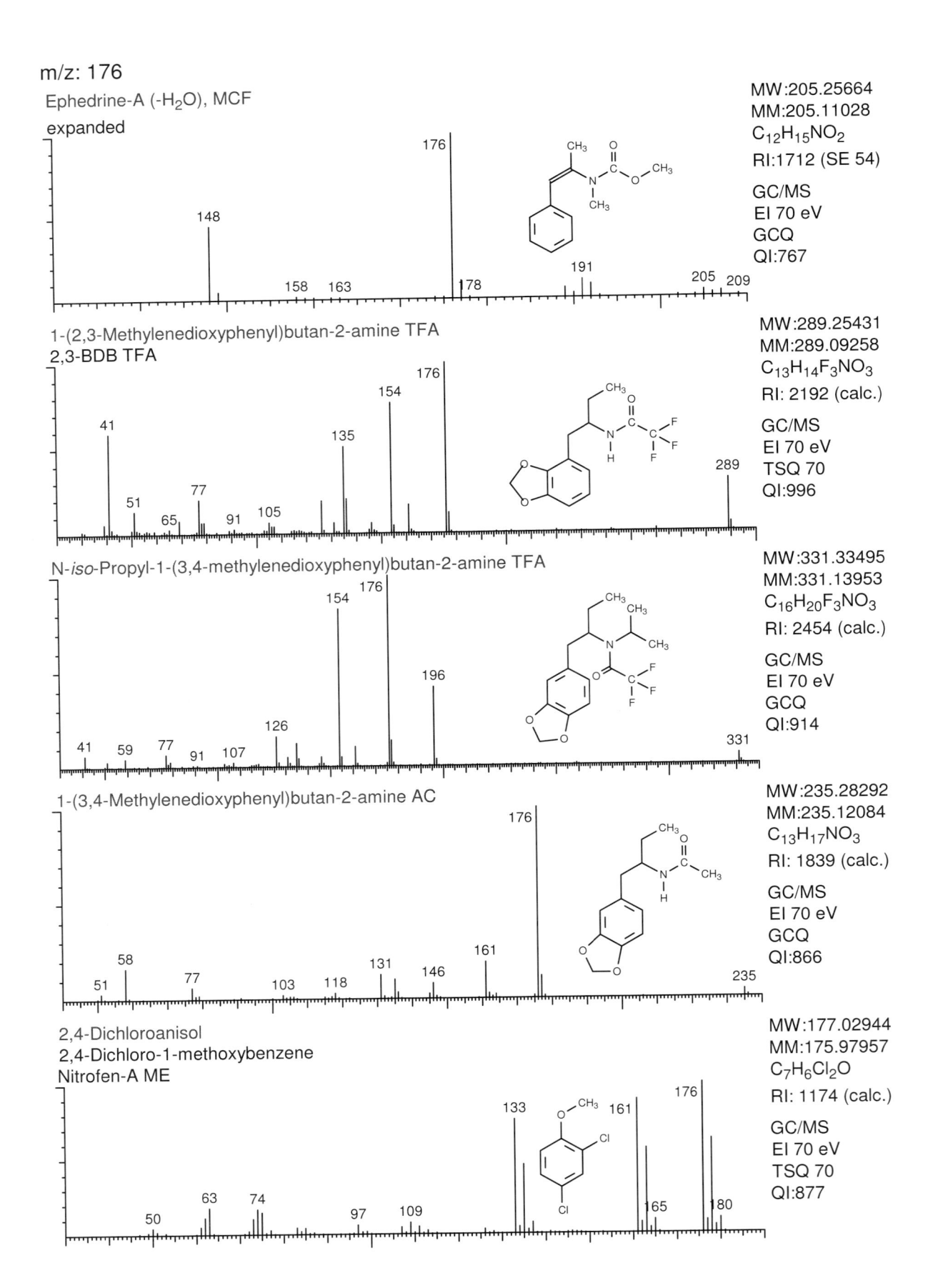

Ephedrine-A (-H₂O), MCF
expanded

MW:205.25664
MM:205.11028
$C_{12}H_{15}NO_2$
RI:1712 (SE 54)

GC/MS
EI 70 eV
GCQ
QI:767

1-(2,3-Methylenedioxyphenyl)butan-2-amine TFA
2,3-BDB TFA

MW:289.25431
MM:289.09258
$C_{13}H_{14}F_3NO_3$
RI: 2192 (calc.)

GC/MS
EI 70 eV
TSQ 70
QI:996

N-iso-Propyl-1-(3,4-methylenedioxyphenyl)butan-2-amine TFA

MW:331.33495
MM:331.13953
$C_{16}H_{20}F_3NO_3$
RI: 2454 (calc.)

GC/MS
EI 70 eV
GCQ
QI:914

1-(3,4-Methylenedioxyphenyl)butan-2-amine AC

MW:235.28292
MM:235.12084
$C_{13}H_{17}NO_3$
RI: 1839 (calc.)

GC/MS
EI 70 eV
GCQ
QI:866

2,4-Dichloroanisol
2,4-Dichloro-1-methoxybenzene
Nitrofen-A ME

MW:177.02944
MM:175.97957
$C_7H_6Cl_2O$
RI: 1174 (calc.)

GC/MS
EI 70 eV
TSQ 70
QI:877

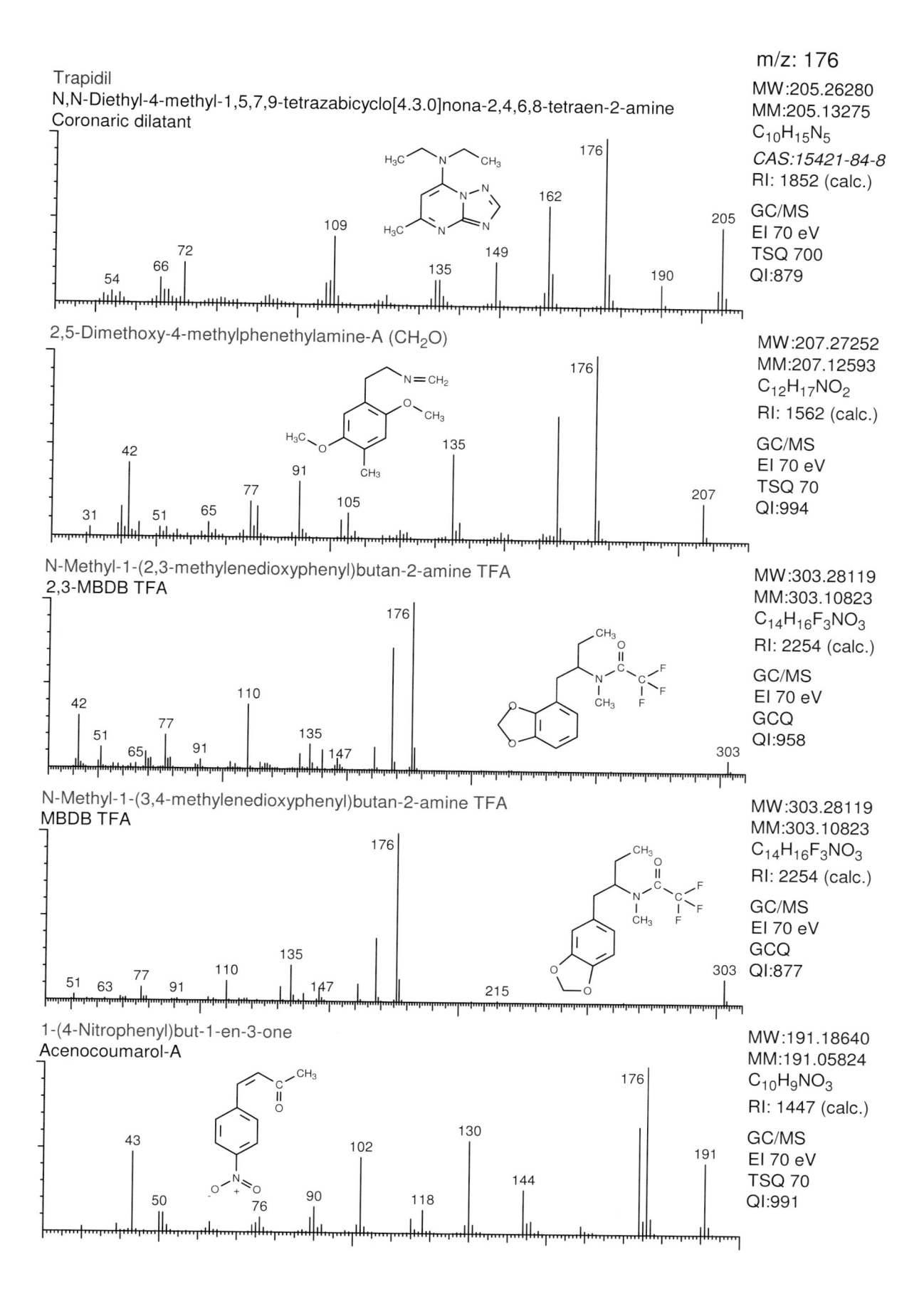

Trapidil
N,N-Diethyl-4-methyl-1,5,7,9-tetrazabicyclo[4.3.0]nona-2,4,6,8-tetraen-2-amine
Coronaric dilatant

m/z: 176
MW: 205.26280
MM: 205.13275
$C_{10}H_{15}N_5$
CAS: 15421-84-8
RI: 1852 (calc.)

GC/MS
EI 70 eV
TSQ 700
QI: 879

2,5-Dimethoxy-4-methylphenethylamine-A (CH_2O)

MW: 207.27252
MM: 207.12593
$C_{12}H_{17}NO_2$
RI: 1562 (calc.)

GC/MS
EI 70 eV
TSQ 70
QI: 994

N-Methyl-1-(2,3-methylenedioxyphenyl)butan-2-amine TFA
2,3-MBDB TFA

MW: 303.28119
MM: 303.10823
$C_{14}H_{16}F_3NO_3$
RI: 2254 (calc.)

GC/MS
EI 70 eV
GCQ
QI: 958

N-Methyl-1-(3,4-methylenedioxyphenyl)butan-2-amine TFA
MBDB TFA

MW: 303.28119
MM: 303.10823
$C_{14}H_{16}F_3NO_3$
RI: 2254 (calc.)

GC/MS
EI 70 eV
GCQ
QI: 877

1-(4-Nitrophenyl)but-1-en-3-one
Acenocoumarol-A

MW: 191.18640
MM: 191.05824
$C_{10}H_9NO_3$
RI: 1447 (calc.)

GC/MS
EI 70 eV
TSQ 70
QI: 991

1079

m/z: 176

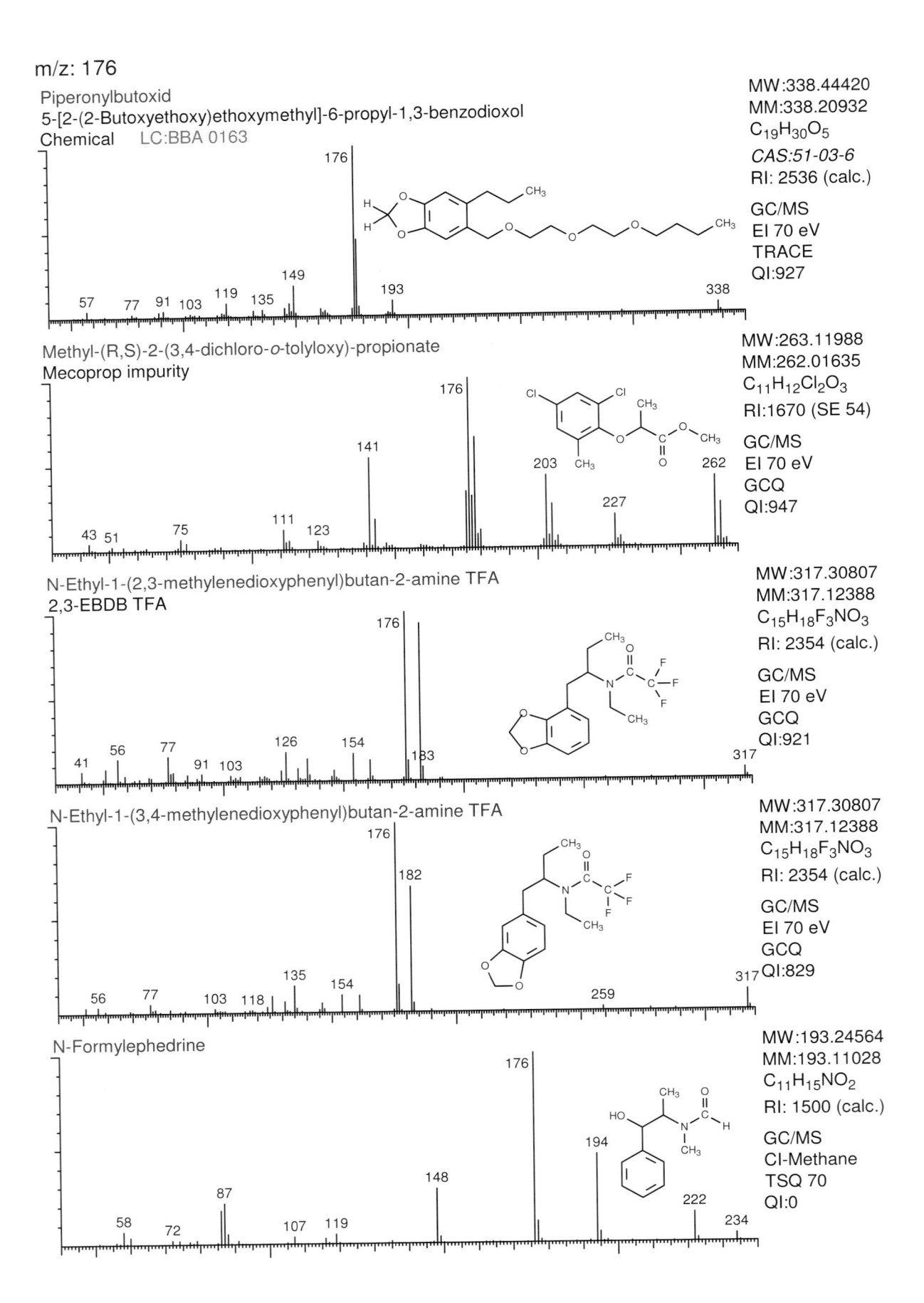

Piperonylbutoxid
5-[2-(2-Butoxyethoxy)ethoxymethyl]-6-propyl-1,3-benzodioxol
Chemical   LC:BBA 0163

MW:338.44420
MM:338.20932
$C_{19}H_{30}O_5$
CAS:51-03-6
RI: 2536 (calc.)

GC/MS
EI 70 eV
TRACE
QI:927

Methyl-(R,S)-2-(3,4-dichloro-o-tolyloxy)-propionate
Mecoprop impurity

MW:263.11988
MM:262.01635
$C_{11}H_{12}Cl_2O_3$
RI:1670 (SE 54)

GC/MS
EI 70 eV
GCQ
QI:947

N-Ethyl-1-(2,3-methylenedioxyphenyl)butan-2-amine TFA
2,3-EBDB TFA

MW:317.30807
MM:317.12388
$C_{15}H_{18}F_3NO_3$
RI: 2354 (calc.)

GC/MS
EI 70 eV
GCQ
QI:921

N-Ethyl-1-(3,4-methylenedioxyphenyl)butan-2-amine TFA

MW:317.30807
MM:317.12388
$C_{15}H_{18}F_3NO_3$
RI: 2354 (calc.)

GC/MS
EI 70 eV
GCQ
QI:829

N-Formylephedrine

MW:193.24564
MM:193.11028
$C_{11}H_{15}NO_2$
RI: 1500 (calc.)

GC/MS
CI-Methane
TSQ 70
QI:0

m/z: 176

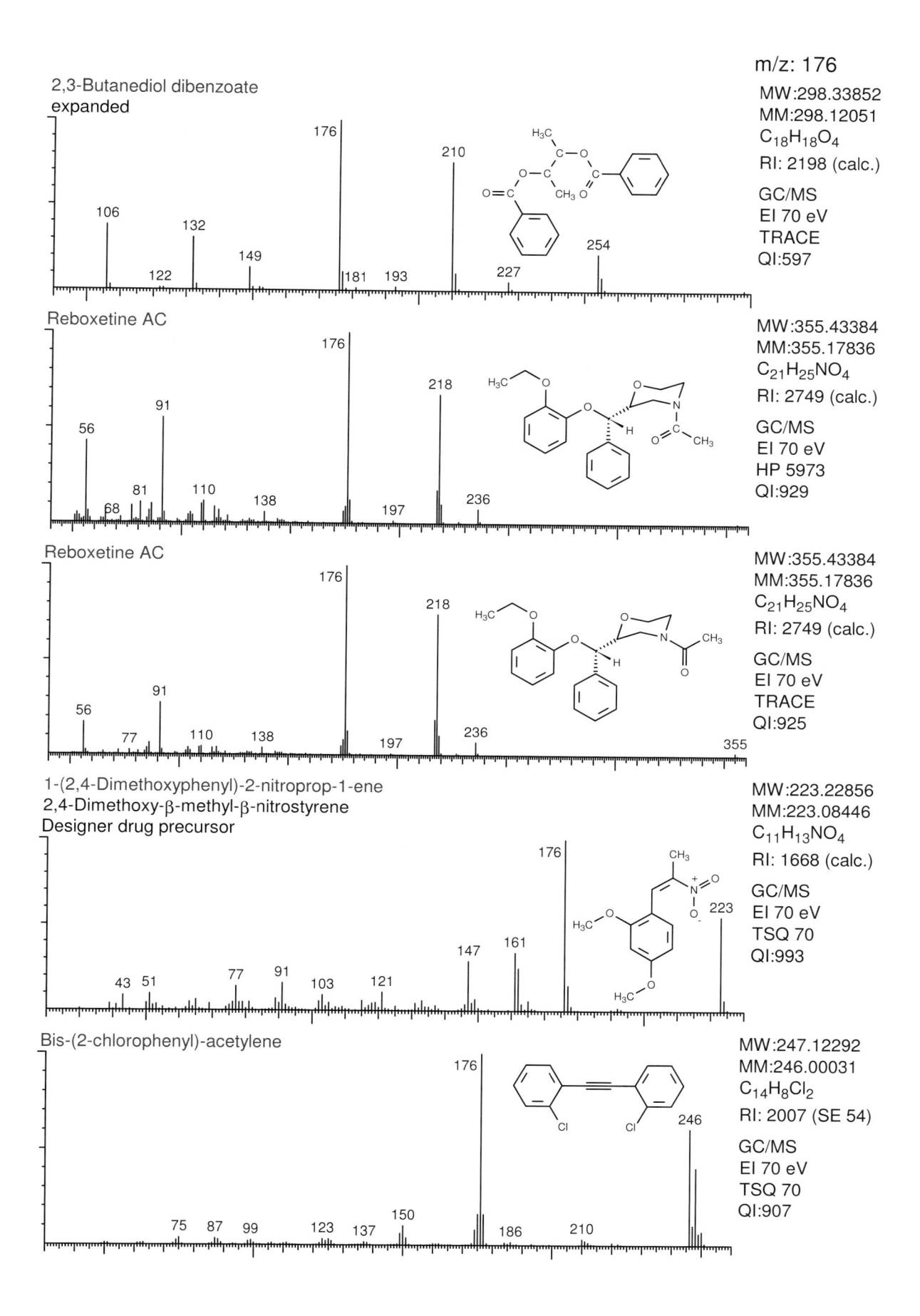

2,3-Butanediol dibenzoate expanded

Peaks: 106, 122, 132, 149, 176, 181, 193, 210, 227, 254

MW: 298.33852
MM: 298.12051
$C_{18}H_{18}O_4$
RI: 2198 (calc.)

GC/MS
EI 70 eV
TRACE
QI: 597

Reboxetine AC

Peaks: 56, 68, 81, 91, 110, 138, 176, 197, 218, 236

MW: 355.43384
MM: 355.17836
$C_{21}H_{25}NO_4$
RI: 2749 (calc.)

GC/MS
EI 70 eV
HP 5973
QI: 929

Reboxetine AC

Peaks: 56, 77, 91, 110, 138, 176, 197, 218, 236, 355

MW: 355.43384
MM: 355.17836
$C_{21}H_{25}NO_4$
RI: 2749 (calc.)

GC/MS
EI 70 eV
TRACE
QI: 925

1-(2,4-Dimethoxyphenyl)-2-nitroprop-1-ene
2,4-Dimethoxy-β-methyl-β-nitrostyrene
Designer drug precursor

Peaks: 43, 51, 77, 91, 103, 121, 147, 161, 176, 223

MW: 223.22856
MM: 223.08446
$C_{11}H_{13}NO_4$
RI: 1668 (calc.)

GC/MS
EI 70 eV
TSQ 70
QI: 993

Bis-(2-chlorophenyl)-acetylene

Peaks: 75, 87, 99, 123, 137, 150, 176, 186, 210, 246

MW: 247.12292
MM: 246.00031
$C_{14}H_8Cl_2$
RI: 2007 (SE 54)

GC/MS
EI 70 eV
TSQ 70
QI: 907

m/z: 176

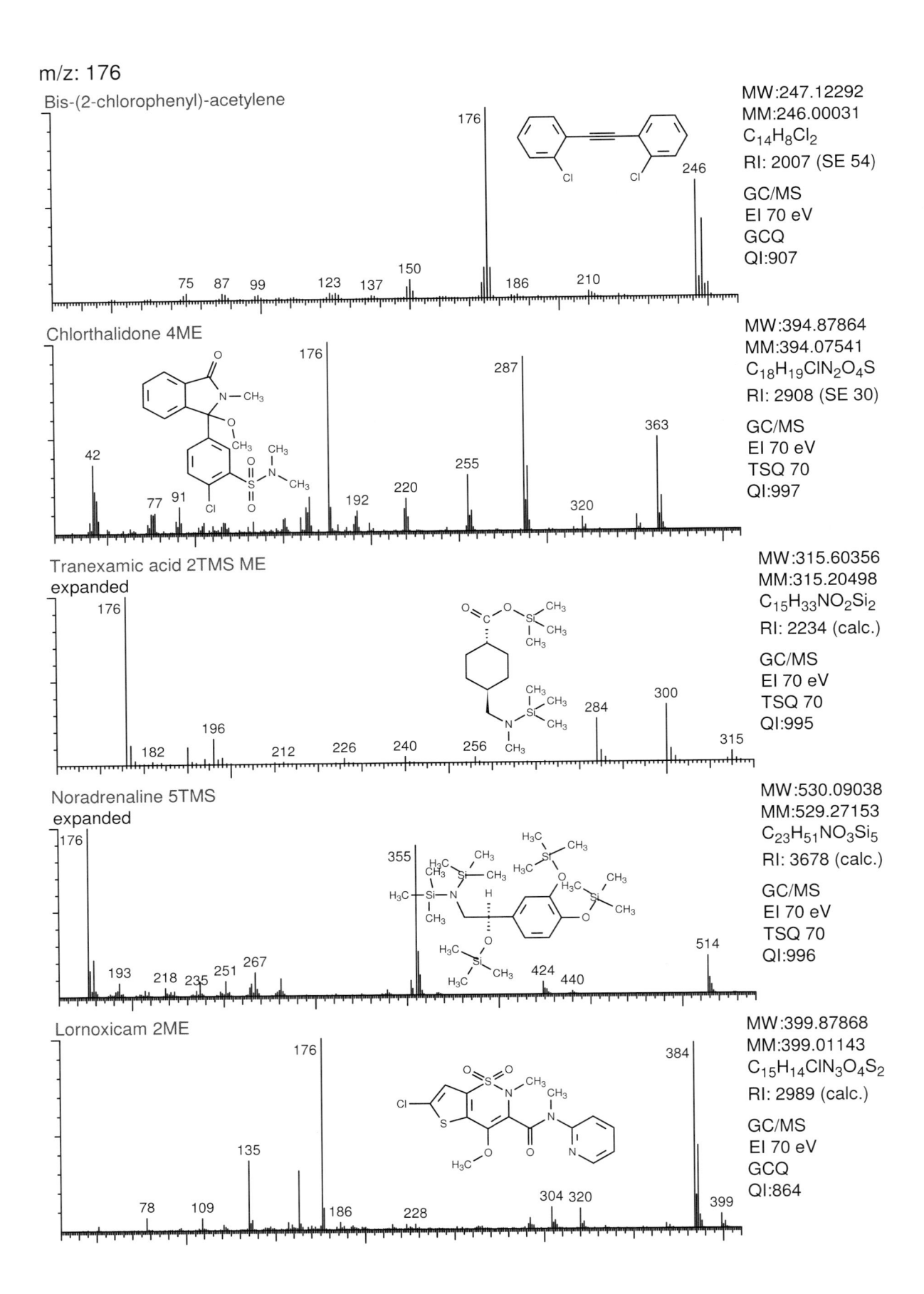

Bis-(2-chlorophenyl)-acetylene

MW: 247.12292
MM: 246.00031
$C_{14}H_8Cl_2$
RI: 2007 (SE 54)

GC/MS
EI 70 eV
GCQ
QI: 907

Chlorthalidone 4ME

MW: 394.87864
MM: 394.07541
$C_{18}H_{19}ClN_2O_4S$
RI: 2908 (SE 30)

GC/MS
EI 70 eV
TSQ 70
QI: 997

Tranexamic acid 2TMS ME expanded

MW: 315.60356
MM: 315.20498
$C_{15}H_{33}NO_2Si_2$
RI: 2234 (calc.)

GC/MS
EI 70 eV
TSQ 70
QI: 995

Noradrenaline 5TMS expanded

MW: 530.09038
MM: 529.27153
$C_{23}H_{51}NO_3Si_5$
RI: 3678 (calc.)

GC/MS
EI 70 eV
TSQ 70
QI: 996

Lornoxicam 2ME

MW: 399.87868
MM: 399.01143
$C_{15}H_{14}ClN_3O_4S_2$
RI: 2989 (calc.)

GC/MS
EI 70 eV
GCQ
QI: 864

m/z: 176

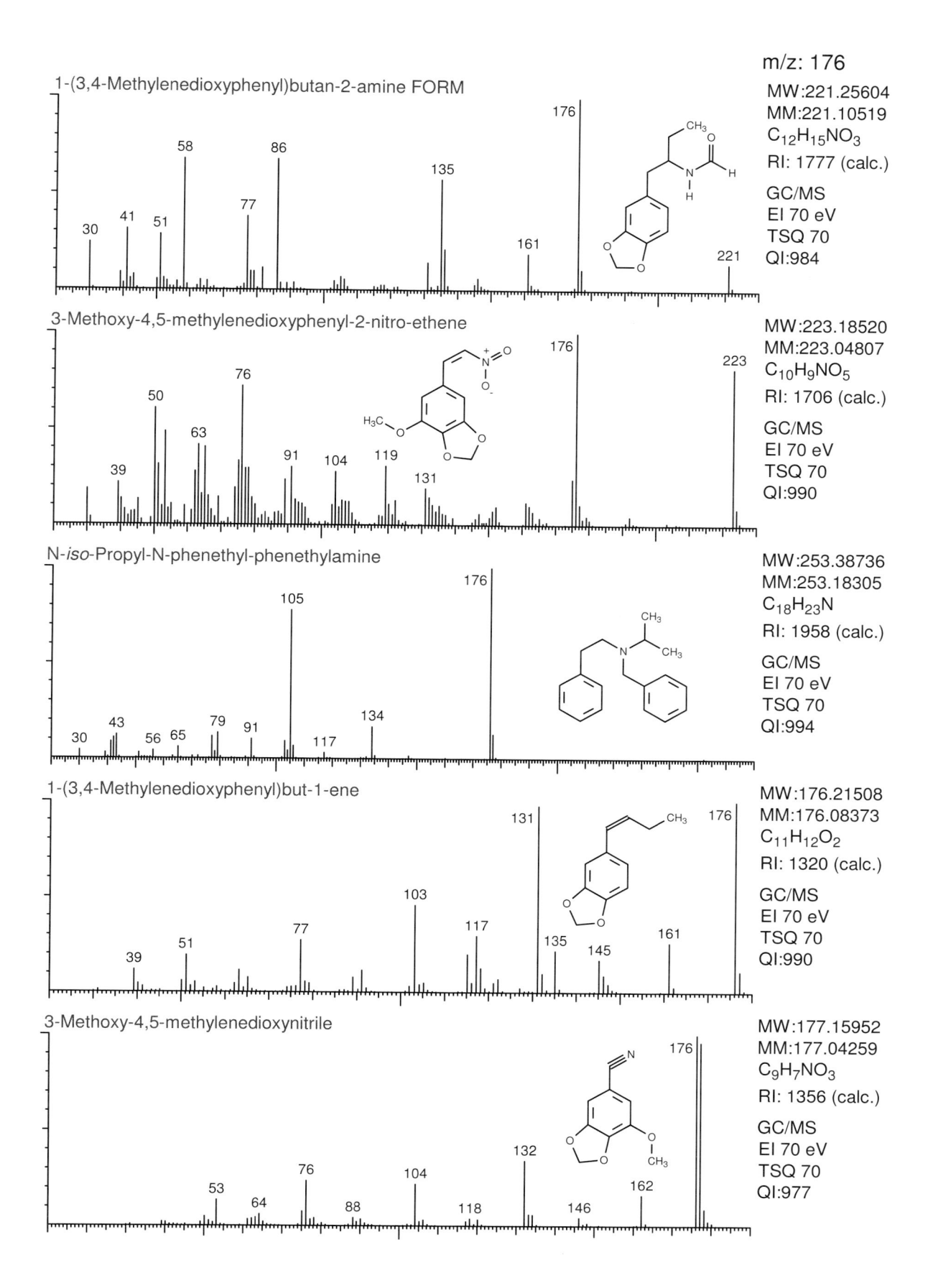

1-(3,4-Methylenedioxyphenyl)butan-2-amine FORM

MW: 221.25604
MM: 221.10519
$C_{12}H_{15}NO_3$
RI: 1777 (calc.)

GC/MS
EI 70 eV
TSQ 70
QI: 984

3-Methoxy-4,5-methylenedioxyphenyl-2-nitro-ethene

MW: 223.18520
MM: 223.04807
$C_{10}H_9NO_5$
RI: 1706 (calc.)

GC/MS
EI 70 eV
TSQ 70
QI: 990

N-iso-Propyl-N-phenethyl-phenethylamine

MW: 253.38736
MM: 253.18305
$C_{18}H_{23}N$
RI: 1958 (calc.)

GC/MS
EI 70 eV
TSQ 70
QI: 994

1-(3,4-Methylenedioxyphenyl)but-1-ene

MW: 176.21508
MM: 176.08373
$C_{11}H_{12}O_2$
RI: 1320 (calc.)

GC/MS
EI 70 eV
TSQ 70
QI: 990

3-Methoxy-4,5-methylenedioxynitrile

MW: 177.15952
MM: 177.04259
$C_9H_7NO_3$
RI: 1356 (calc.)

GC/MS
EI 70 eV
TSQ 70
QI: 977

m/z: 176

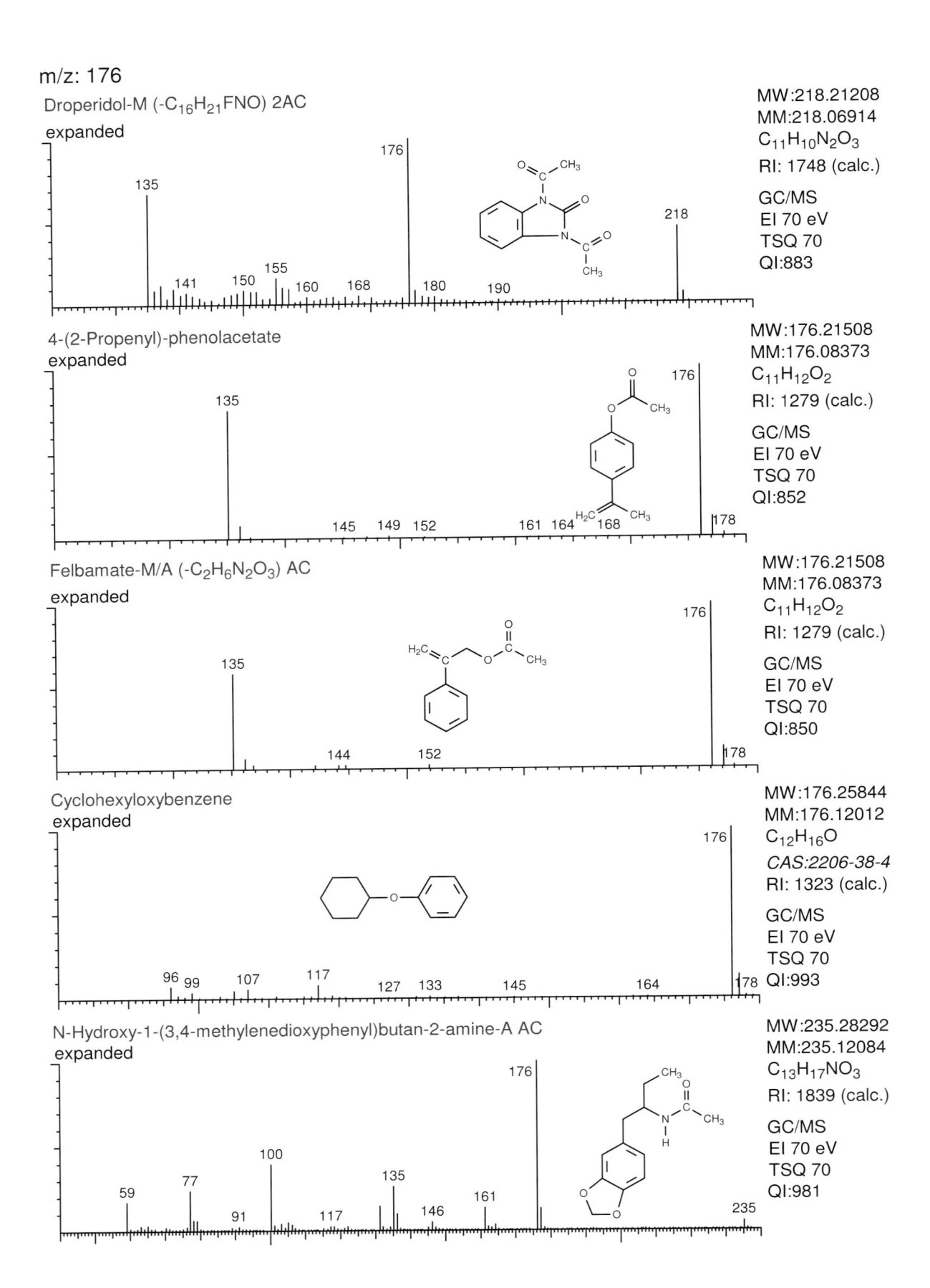

Droperidol-M (-C$_{16}$H$_{21}$FNO) 2AC
expanded

MW: 218.21208
MM: 218.06914
C$_{11}$H$_{10}$N$_2$O$_3$
RI: 1748 (calc.)

GC/MS
EI 70 eV
TSQ 70
QI: 883

4-(2-Propenyl)-phenolacetate
expanded

MW: 176.21508
MM: 176.08373
C$_{11}$H$_{12}$O$_2$
RI: 1279 (calc.)

GC/MS
EI 70 eV
TSQ 70
QI: 852

Felbamate-M/A (-C$_2$H$_6$N$_2$O$_3$) AC
expanded

MW: 176.21508
MM: 176.08373
C$_{11}$H$_{12}$O$_2$
RI: 1279 (calc.)

GC/MS
EI 70 eV
TSQ 70
QI: 850

Cyclohexyloxybenzene
expanded

MW: 176.25844
MM: 176.12012
C$_{12}$H$_{16}$O
CAS: 2206-38-4
RI: 1323 (calc.)

GC/MS
EI 70 eV
TSQ 70
QI: 993

N-Hydroxy-1-(3,4-methylenedioxyphenyl)butan-2-amine-A AC
expanded

MW: 235.28292
MM: 235.12084
C$_{13}$H$_{17}$NO$_3$
RI: 1839 (calc.)

GC/MS
EI 70 eV
TSQ 70
QI: 981

m/z: 176-177

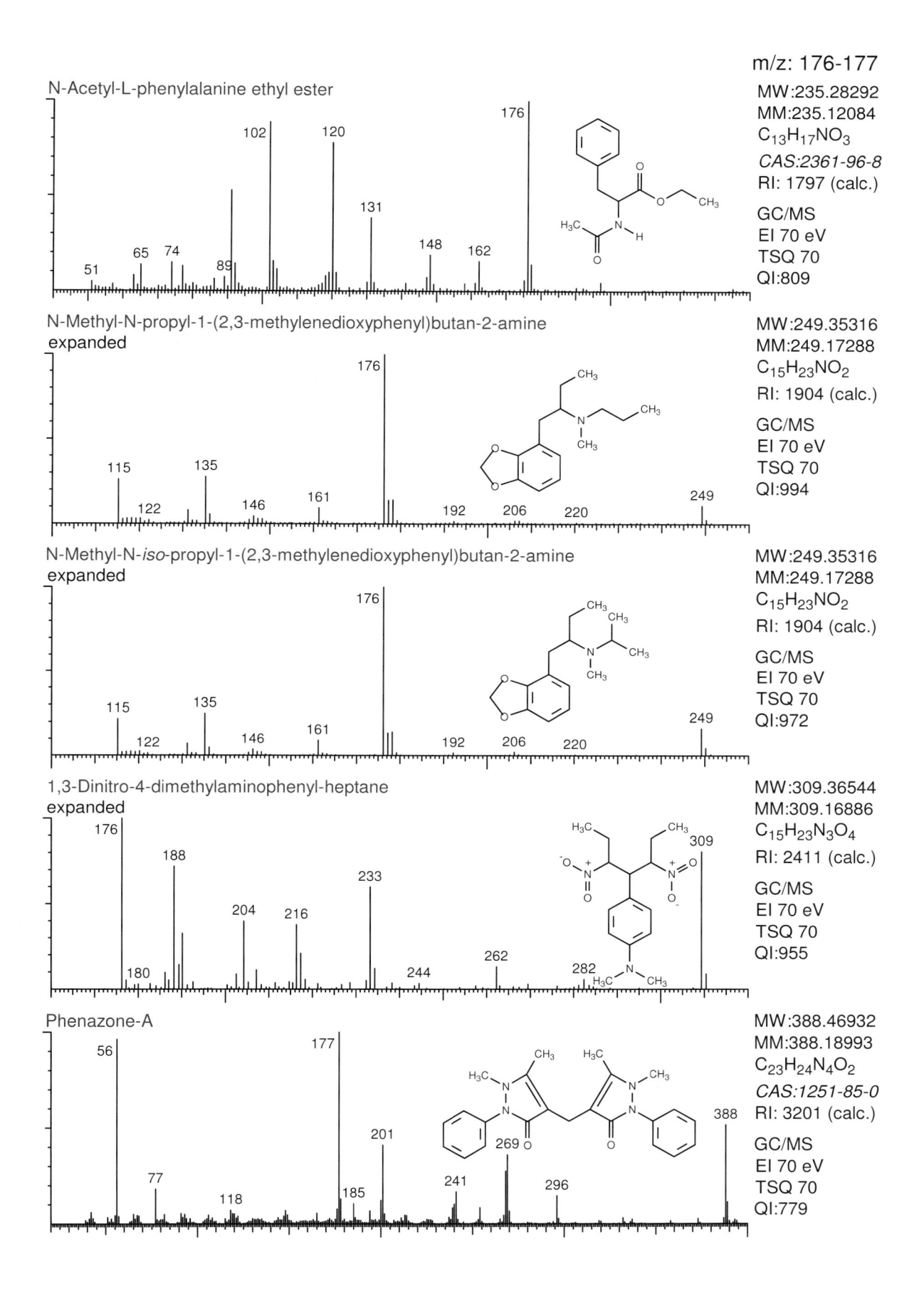

N-Acetyl-L-phenylalanine ethyl ester

MW: 235.28292
MM: 235.12084
$C_{13}H_{17}NO_3$
CAS: 2361-96-8
RI: 1797 (calc.)

GC/MS
EI 70 eV
TSQ 70
QI: 809

N-Methyl-N-propyl-1-(2,3-methylenedioxyphenyl)butan-2-amine
expanded

MW: 249.35316
MM: 249.17288
$C_{15}H_{23}NO_2$
RI: 1904 (calc.)

GC/MS
EI 70 eV
TSQ 70
QI: 994

N-Methyl-N-*iso*-propyl-1-(2,3-methylenedioxyphenyl)butan-2-amine
expanded

MW: 249.35316
MM: 249.17288
$C_{15}H_{23}NO_2$
RI: 1904 (calc.)

GC/MS
EI 70 eV
TSQ 70
QI: 972

1,3-Dinitro-4-dimethylaminophenyl-heptane
expanded

MW: 309.36544
MM: 309.16886
$C_{15}H_{23}N_3O_4$
RI: 2411 (calc.)

GC/MS
EI 70 eV
TSQ 70
QI: 955

Phenazone-A

MW: 388.46932
MM: 388.18993
$C_{23}H_{24}N_4O_2$
CAS: 1251-85-0
RI: 3201 (calc.)

GC/MS
EI 70 eV
TSQ 70
QI: 779

m/z: 177

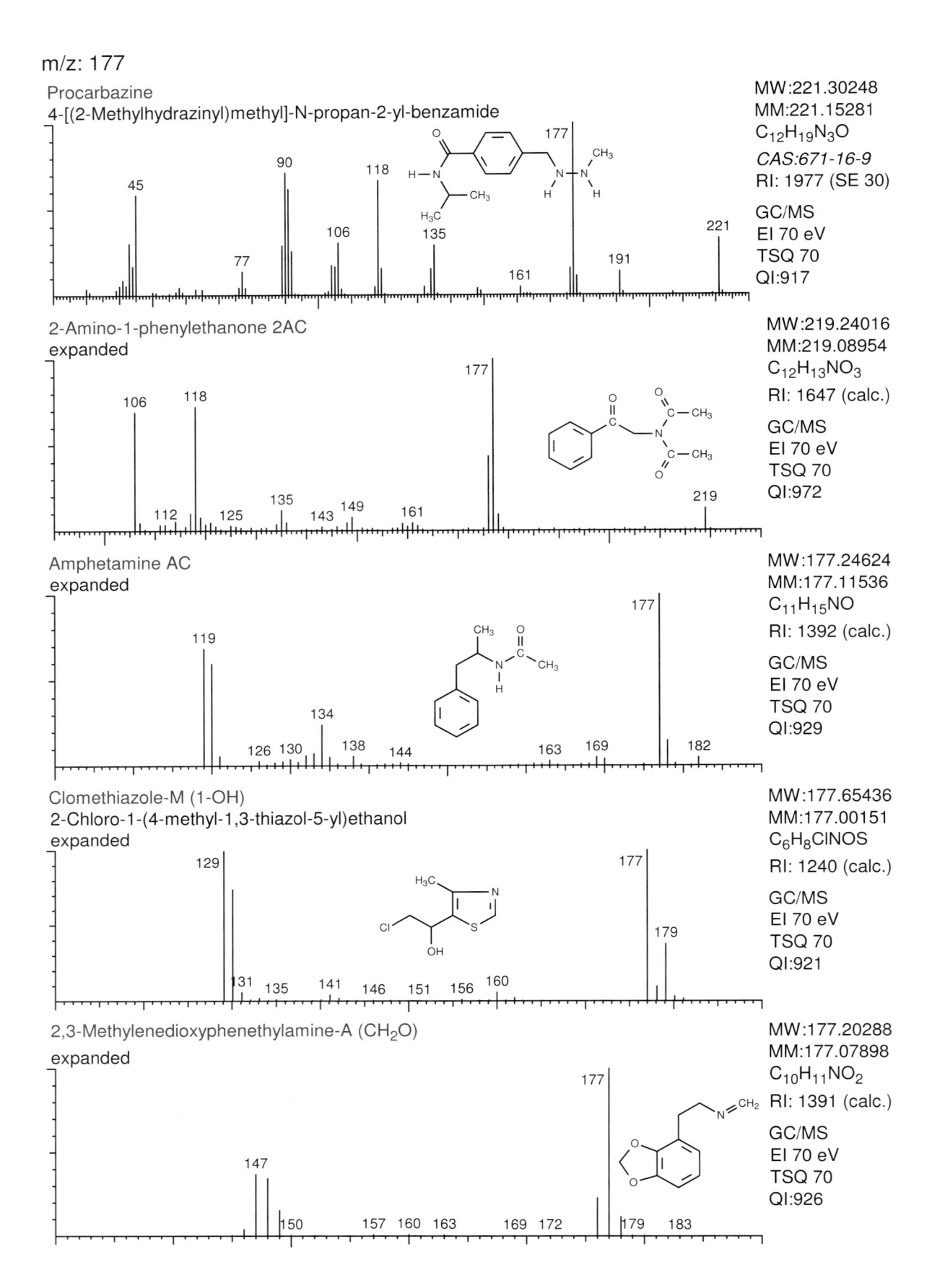

Procarbazine
4-[(2-Methylhydrazinyl)methyl]-N-propan-2-yl-benzamide

Peaks: 45, 77, 90, 106, 118, 135, 161, 177, 191, 221

MW:221.30248
MM:221.15281
C$_{12}$H$_{19}$N$_3$O
CAS:671-16-9
RI: 1977 (SE 30)

GC/MS
EI 70 eV
TSQ 70
QI:917

2-Amino-1-phenylethanone 2AC
expanded

Peaks: 106, 118, 112, 125, 135, 143, 149, 161, 177, 219

MW:219.24016
MM:219.08954
C$_{12}$H$_{13}$NO$_3$
RI: 1647 (calc.)

GC/MS
EI 70 eV
TSQ 70
QI:972

Amphetamine AC
expanded

Peaks: 119, 126, 130, 134, 138, 144, 163, 169, 177, 182

MW:177.24624
MM:177.11536
C$_{11}$H$_{15}$NO
RI: 1392 (calc.)

GC/MS
EI 70 eV
TSQ 70
QI:929

Clomethiazole-M (1-OH)
2-Chloro-1-(4-methyl-1,3-thiazol-5-yl)ethanol
expanded

Peaks: 129, 131, 135, 141, 146, 151, 156, 160, 177, 179

MW:177.65436
MM:177.00151
C$_6$H$_8$ClNOS
RI: 1240 (calc.)

GC/MS
EI 70 eV
TSQ 70
QI:921

2,3-Methylenedioxyphenethylamine-A (CH$_2$O)
expanded

Peaks: 147, 150, 157, 160, 163, 169, 172, 177, 179, 183

MW:177.20288
MM:177.07898
C$_{10}$H$_{11}$NO$_2$
RI: 1391 (calc.)

GC/MS
EI 70 eV
TSQ 70
QI:926

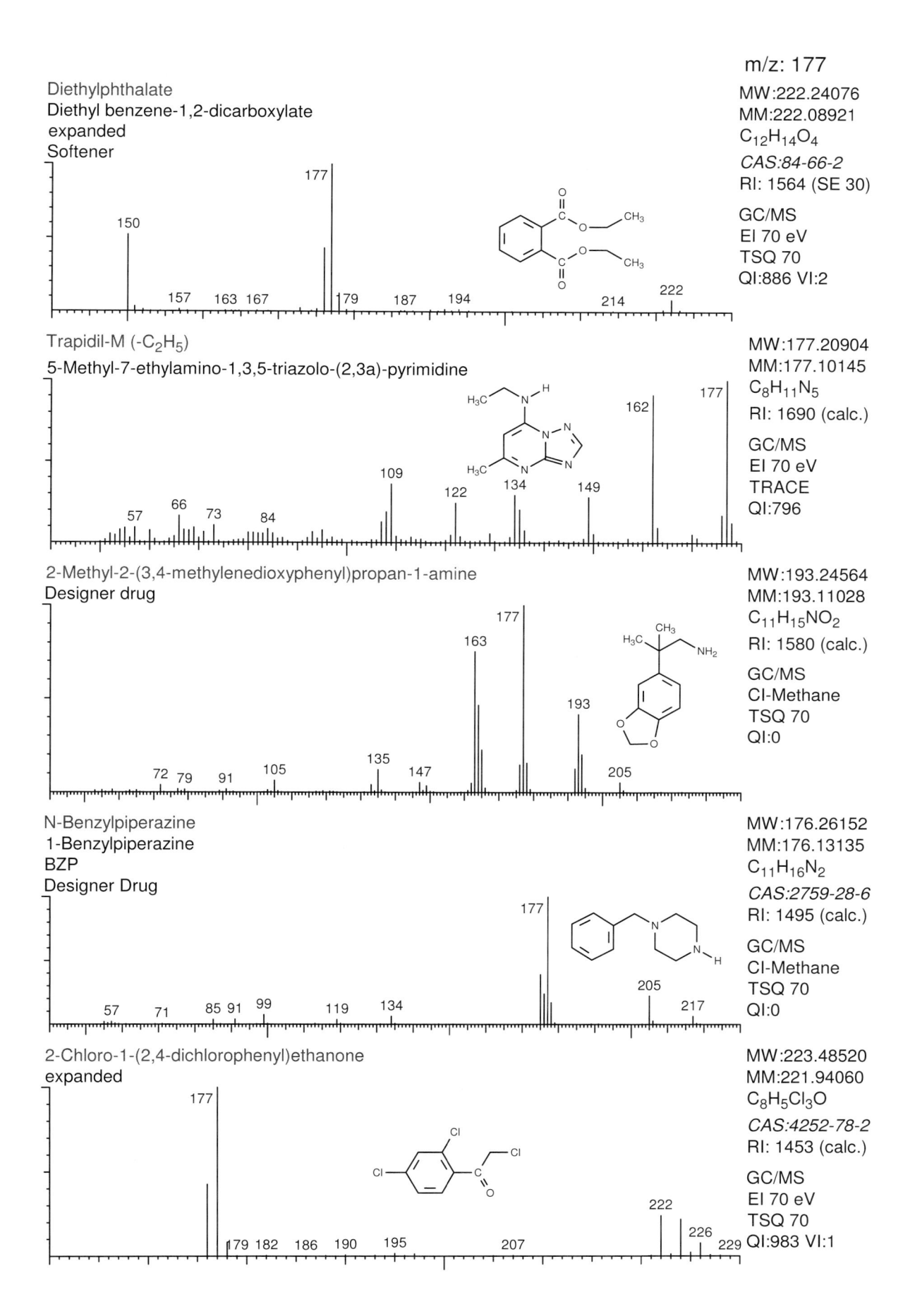

Diethylphthalate
Diethyl benzene-1,2-dicarboxylate
expanded
Softener

m/z: 177
MW:222.24076
MM:222.08921
$C_{12}H_{14}O_4$
CAS:84-66-2
RI: 1564 (SE 30)

GC/MS
EI 70 eV
TSQ 70
QI:886 VI:2

Trapidil-M (-C₂H₅)
5-Methyl-7-ethylamino-1,3,5-triazolo-(2,3a)-pyrimidine

MW:177.20904
MM:177.10145
$C_8H_{11}N_5$
RI: 1690 (calc.)

GC/MS
EI 70 eV
TRACE
QI:796

2-Methyl-2-(3,4-methylenedioxyphenyl)propan-1-amine
Designer drug

MW:193.24564
MM:193.11028
$C_{11}H_{15}NO_2$
RI: 1580 (calc.)

GC/MS
CI-Methane
TSQ 70
QI:0

N-Benzylpiperazine
1-Benzylpiperazine
BZP
Designer Drug

MW:176.26152
MM:176.13135
$C_{11}H_{16}N_2$
CAS:2759-28-6
RI: 1495 (calc.)

GC/MS
CI-Methane
TSQ 70
QI:0

2-Chloro-1-(2,4-dichlorophenyl)ethanone
expanded

MW:223.48520
MM:221.94060
$C_8H_5Cl_3O$
CAS:4252-78-2
RI: 1453 (calc.)

GC/MS
EI 70 eV
TSQ 70
QI:983 VI:1

m/z: 177

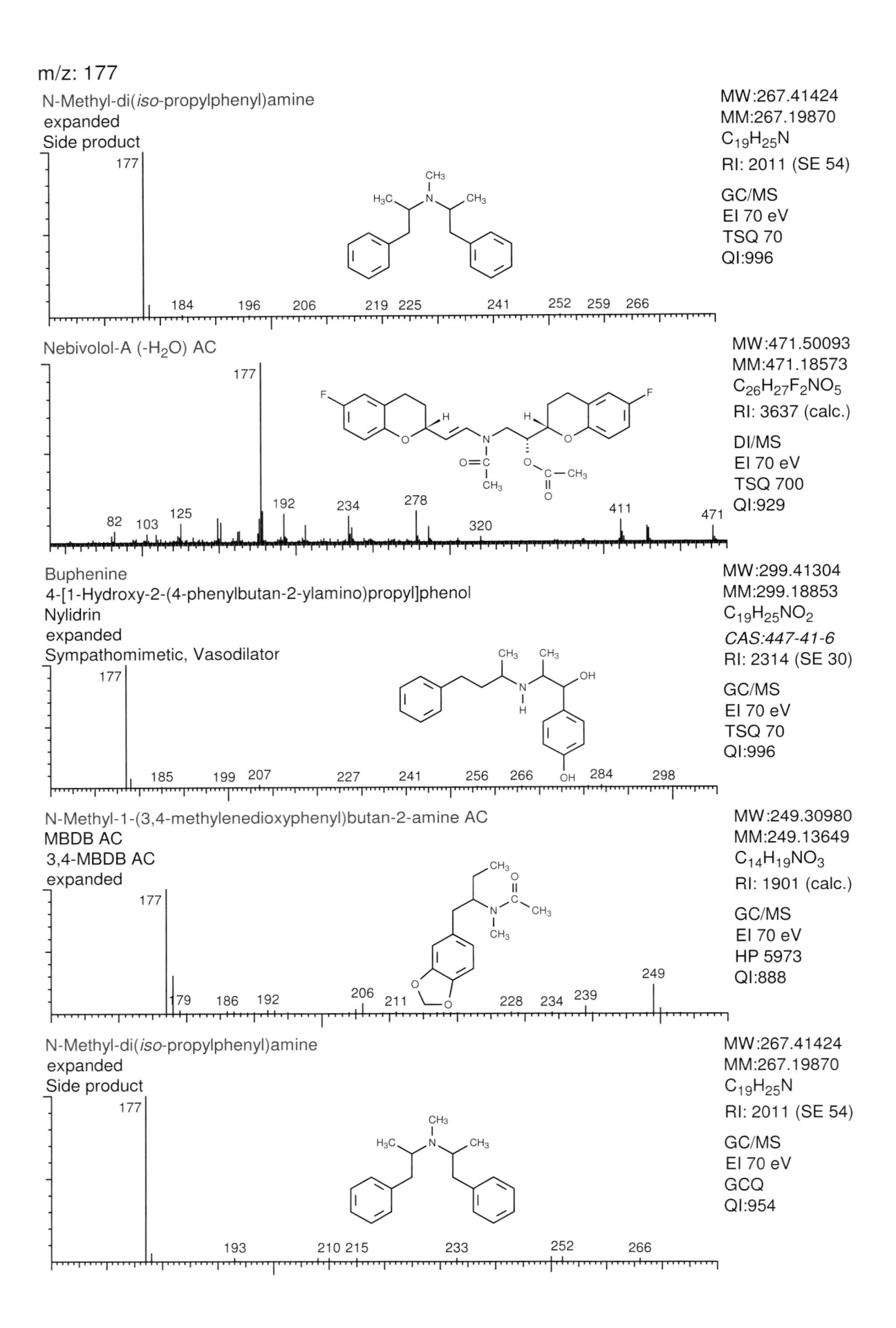

N-Methyl-di(*iso*-propylphenyl)amine
expanded
Side product

MW:267.41424
MM:267.19870
C$_{19}$H$_{25}$N
RI: 2011 (SE 54)

GC/MS
EI 70 eV
TSQ 70
QI:996

Nebivolol-A (-H$_2$O) AC

MW:471.50093
MM:471.18573
C$_{26}$H$_{27}$F$_2$NO$_5$
RI: 3637 (calc.)

DI/MS
EI 70 eV
TSQ 700
QI:929

Buphenine
4-[1-Hydroxy-2-(4-phenylbutan-2-ylamino)propyl]phenol
Nylidrin
expanded
Sympathomimetic, Vasodilator

MW:299.41304
MM:299.18853
C$_{19}$H$_{25}$NO$_2$
CAS:447-41-6
RI: 2314 (SE 30)

GC/MS
EI 70 eV
TSQ 70
QI:996

N-Methyl-1-(3,4-methylenedioxyphenyl)butan-2-amine AC
MBDB AC
3,4-MBDB AC
expanded

MW:249.30980
MM:249.13649
C$_{14}$H$_{19}$NO$_3$
RI: 1901 (calc.)

GC/MS
EI 70 eV
HP 5973
QI:888

N-Methyl-di(*iso*-propylphenyl)amine
expanded
Side product

MW:267.41424
MM:267.19870
C$_{19}$H$_{25}$N
RI: 2011 (SE 54)

GC/MS
EI 70 eV
GCQ
QI:954

N-Hydroxy BDB 2AC
expanded

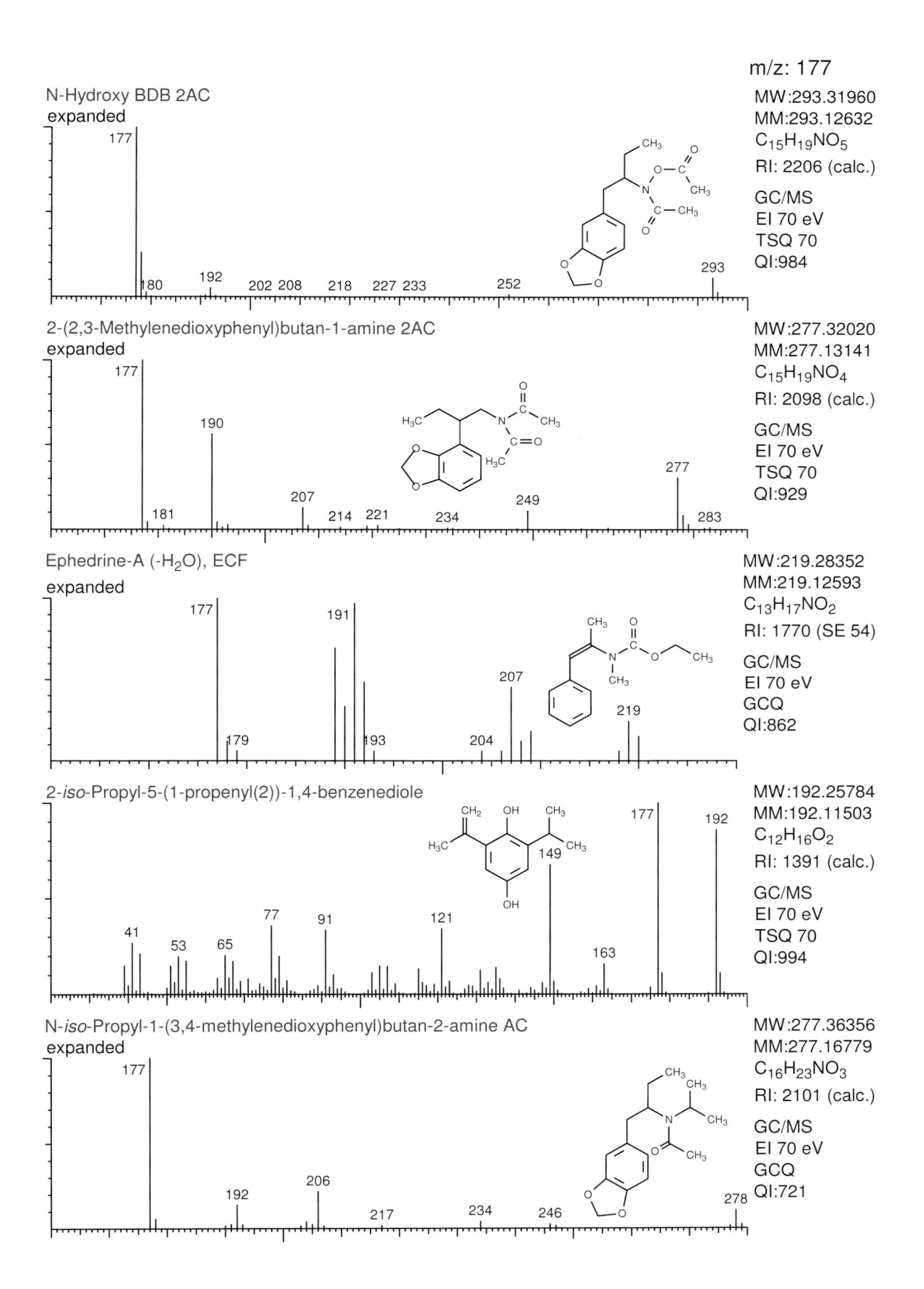

m/z: 177
MW: 293.31960
MM: 293.12632
C$_{15}$H$_{19}$NO$_5$
RI: 2206 (calc.)

GC/MS
EI 70 eV
TSQ 70
QI: 984

Peaks: 177, 180, 192, 202, 208, 218, 227, 233, 252, 293

2-(2,3-Methylenedioxyphenyl)butan-1-amine 2AC
expanded

MW: 277.32020
MM: 277.13141
C$_{15}$H$_{19}$NO$_4$
RI: 2098 (calc.)

GC/MS
EI 70 eV
TSQ 70
QI: 929

Peaks: 177, 181, 190, 207, 214, 221, 234, 249, 277, 283

Ephedrine-A (-H$_2$O), ECF
expanded

MW: 219.28352
MM: 219.12593
C$_{13}$H$_{17}$NO$_2$
RI: 1770 (SE 54)

GC/MS
EI 70 eV
GCQ
QI: 862

Peaks: 177, 179, 191, 193, 204, 207, 219

2-iso-Propyl-5-(1-propenyl(2))-1,4-benzenediole

MW: 192.25784
MM: 192.11503
C$_{12}$H$_{16}$O$_2$
RI: 1391 (calc.)

GC/MS
EI 70 eV
TSQ 70
QI: 994

Peaks: 41, 53, 65, 77, 91, 121, 149, 163, 177, 192

N-iso-Propyl-1-(3,4-methylenedioxyphenyl)butan-2-amine AC
expanded

MW: 277.36356
MM: 277.16779
C$_{16}$H$_{23}$NO$_3$
RI: 2101 (calc.)

GC/MS
EI 70 eV
GCQ
QI: 721

Peaks: 177, 192, 206, 217, 234, 246, 278

m/z: 177

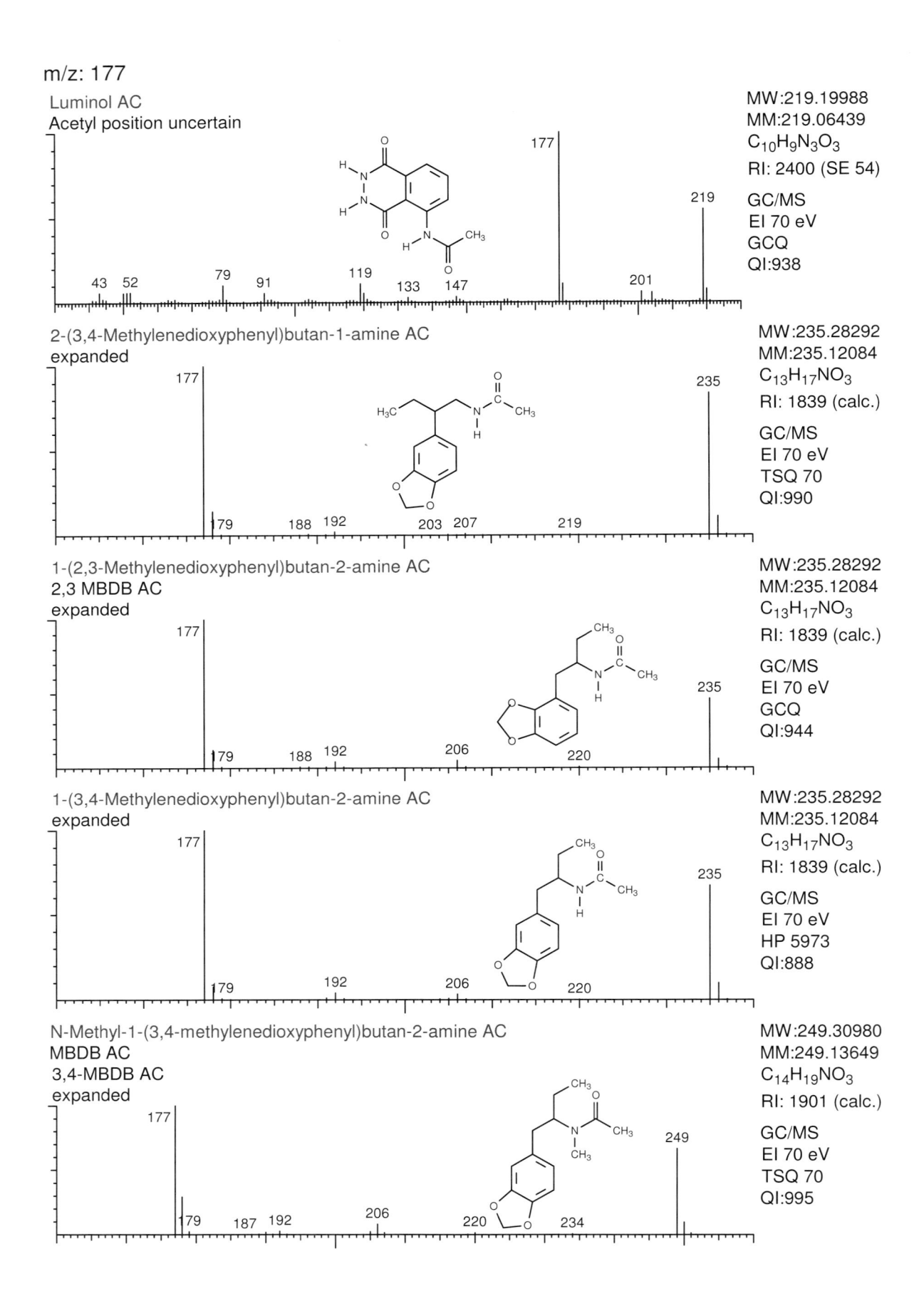

Luminol AC
Acetyl position uncertain

MW: 219.19988
MM: 219.06439
$C_{10}H_9N_3O_3$
RI: 2400 (SE 54)

GC/MS
EI 70 eV
GCQ
QI: 938

2-(3,4-Methylenedioxyphenyl)butan-1-amine AC
expanded

MW: 235.28292
MM: 235.12084
$C_{13}H_{17}NO_3$
RI: 1839 (calc.)

GC/MS
EI 70 eV
TSQ 70
QI: 990

1-(2,3-Methylenedioxyphenyl)butan-2-amine AC
2,3 MBDB AC
expanded

MW: 235.28292
MM: 235.12084
$C_{13}H_{17}NO_3$
RI: 1839 (calc.)

GC/MS
EI 70 eV
GCQ
QI: 944

1-(3,4-Methylenedioxyphenyl)butan-2-amine AC
expanded

MW: 235.28292
MM: 235.12084
$C_{13}H_{17}NO_3$
RI: 1839 (calc.)

GC/MS
EI 70 eV
HP 5973
QI: 888

N-Methyl-1-(3,4-methylenedioxyphenyl)butan-2-amine AC
MBDB AC
3,4-MBDB AC
expanded

MW: 249.30980
MM: 249.13649
$C_{14}H_{19}NO_3$
RI: 1901 (calc.)

GC/MS
EI 70 eV
TSQ 70
QI: 995

m/z: 177

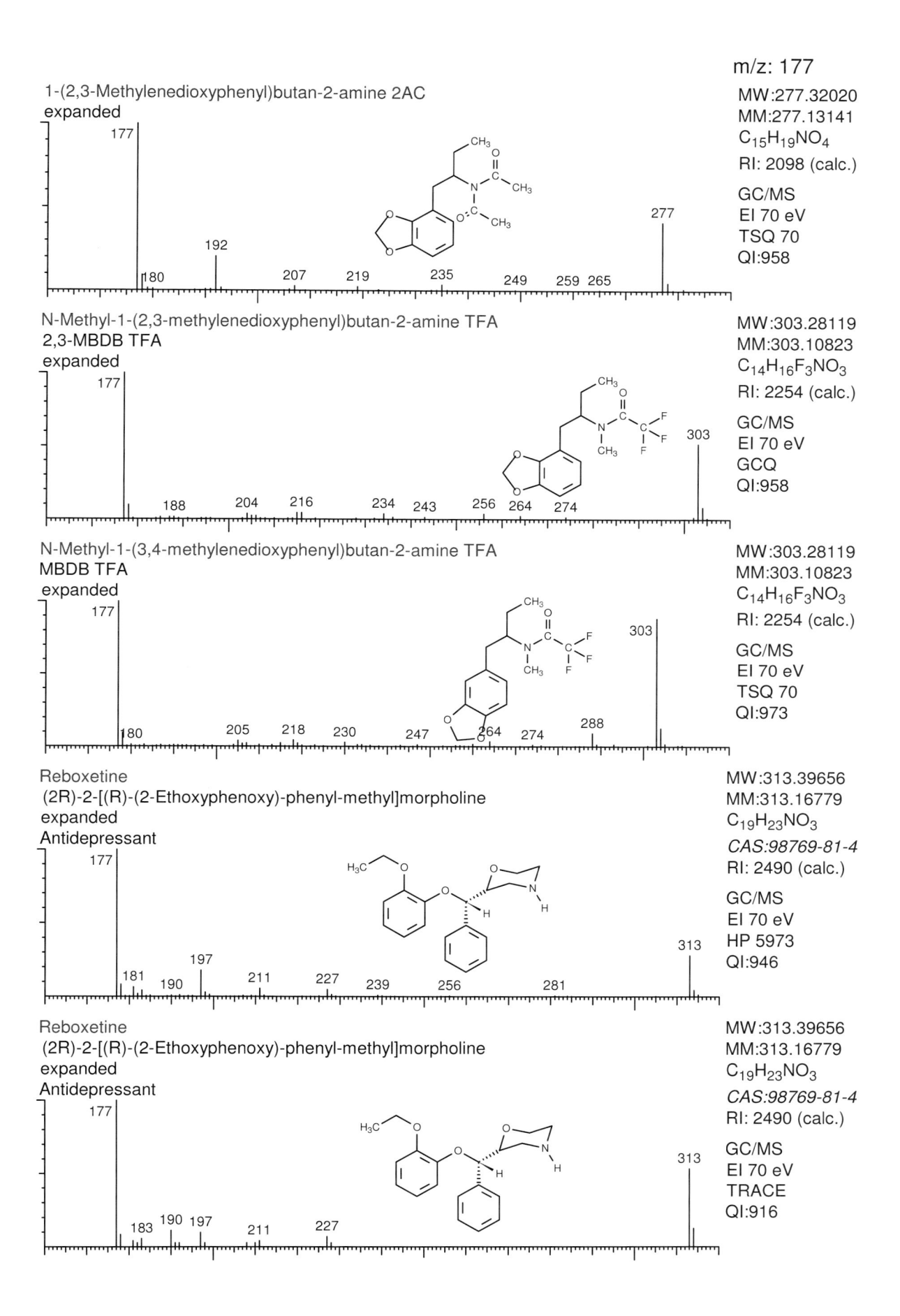

1-(2,3-Methylenedioxyphenyl)butan-2-amine 2AC
expanded

MW: 277.32020
MM: 277.13141
$C_{15}H_{19}NO_4$
RI: 2098 (calc.)

GC/MS
EI 70 eV
TSQ 70
QI: 958

N-Methyl-1-(2,3-methylenedioxyphenyl)butan-2-amine TFA
2,3-MBDB TFA
expanded

MW: 303.28119
MM: 303.10823
$C_{14}H_{16}F_3NO_3$
RI: 2254 (calc.)

GC/MS
EI 70 eV
GCQ
QI: 958

N-Methyl-1-(3,4-methylenedioxyphenyl)butan-2-amine TFA
MBDB TFA
expanded

MW: 303.28119
MM: 303.10823
$C_{14}H_{16}F_3NO_3$
RI: 2254 (calc.)

GC/MS
EI 70 eV
TSQ 70
QI: 973

Reboxetine
(2R)-2-[(R)-(2-Ethoxyphenoxy)-phenyl-methyl]morpholine
expanded
Antidepressant

MW: 313.39656
MM: 313.16779
$C_{19}H_{23}NO_3$
CAS: 98769-81-4
RI: 2490 (calc.)

GC/MS
EI 70 eV
HP 5973
QI: 946

Reboxetine
(2R)-2-[(R)-(2-Ethoxyphenoxy)-phenyl-methyl]morpholine
expanded
Antidepressant

MW: 313.39656
MM: 313.16779
$C_{19}H_{23}NO_3$
CAS: 98769-81-4
RI: 2490 (calc.)

GC/MS
EI 70 eV
TRACE
QI: 916

m/z: 177

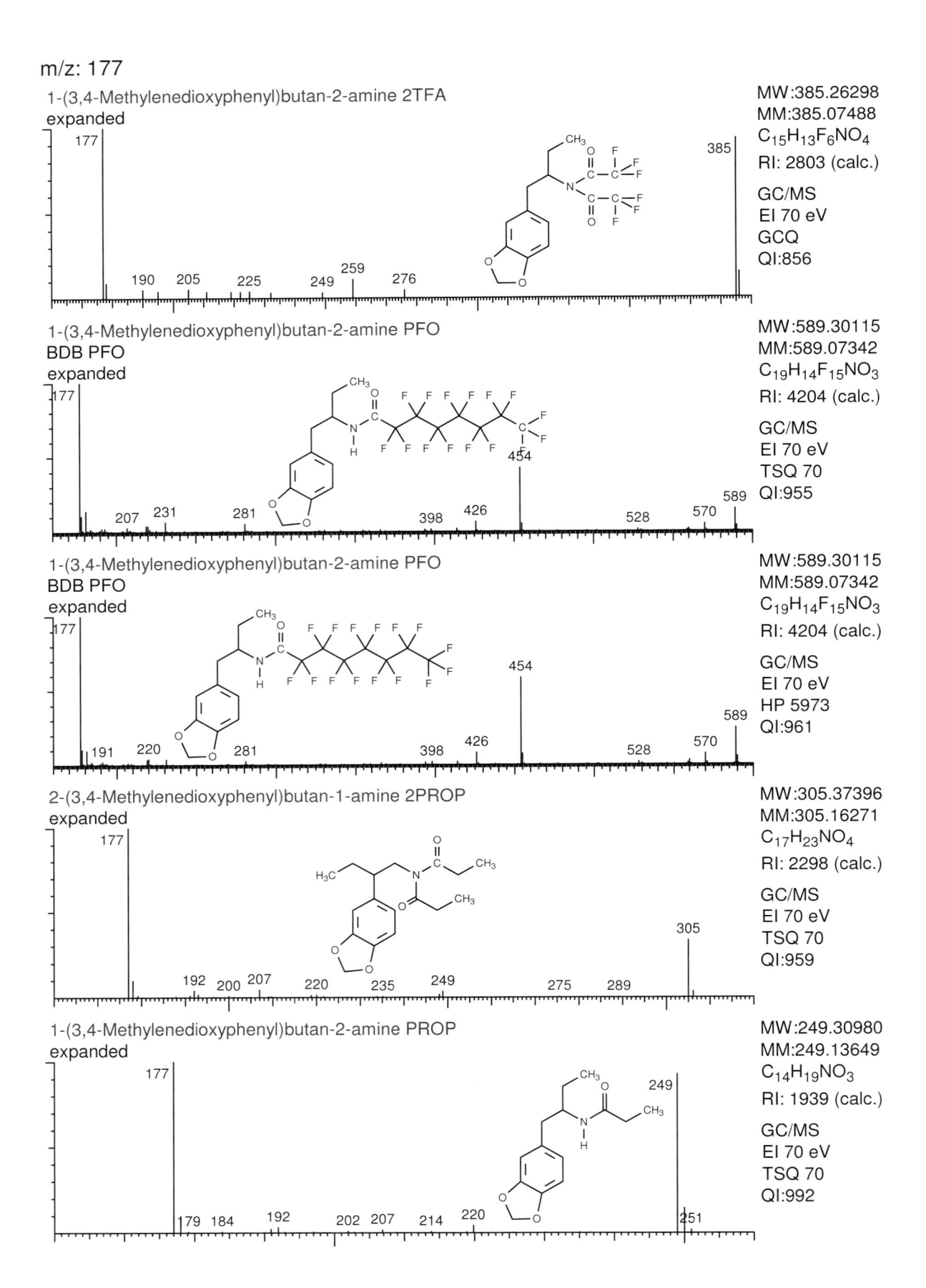

1-(3,4-Methylenedioxyphenyl)butan-2-amine 2TFA
expanded

MW: 385.26298
MM: 385.07488
$C_{15}H_{13}F_6NO_4$
RI: 2803 (calc.)

GC/MS
EI 70 eV
GCQ
QI: 856

Peaks: 177, 190, 205, 225, 249, 259, 276, 385

1-(3,4-Methylenedioxyphenyl)butan-2-amine PFO
BDB PFO
expanded

MW: 589.30115
MM: 589.07342
$C_{19}H_{14}F_{15}NO_3$
RI: 4204 (calc.)

GC/MS
EI 70 eV
TSQ 70
QI: 955

Peaks: 177, 207, 231, 281, 398, 426, 454, 528, 570, 589

1-(3,4-Methylenedioxyphenyl)butan-2-amine PFO
BDB PFO
expanded

MW: 589.30115
MM: 589.07342
$C_{19}H_{14}F_{15}NO_3$
RI: 4204 (calc.)

GC/MS
EI 70 eV
HP 5973
QI: 961

Peaks: 177, 191, 220, 281, 398, 426, 454, 528, 570, 589

2-(3,4-Methylenedioxyphenyl)butan-1-amine 2PROP
expanded

MW: 305.37396
MM: 305.16271
$C_{17}H_{23}NO_4$
RI: 2298 (calc.)

GC/MS
EI 70 eV
TSQ 70
QI: 959

Peaks: 177, 192, 200, 207, 220, 235, 249, 275, 289, 305

1-(3,4-Methylenedioxyphenyl)butan-2-amine PROP
expanded

MW: 249.30980
MM: 249.13649
$C_{14}H_{19}NO_3$
RI: 1939 (calc.)

GC/MS
EI 70 eV
TSQ 70
QI: 992

Peaks: 177, 179, 184, 192, 202, 207, 214, 220, 249, 251

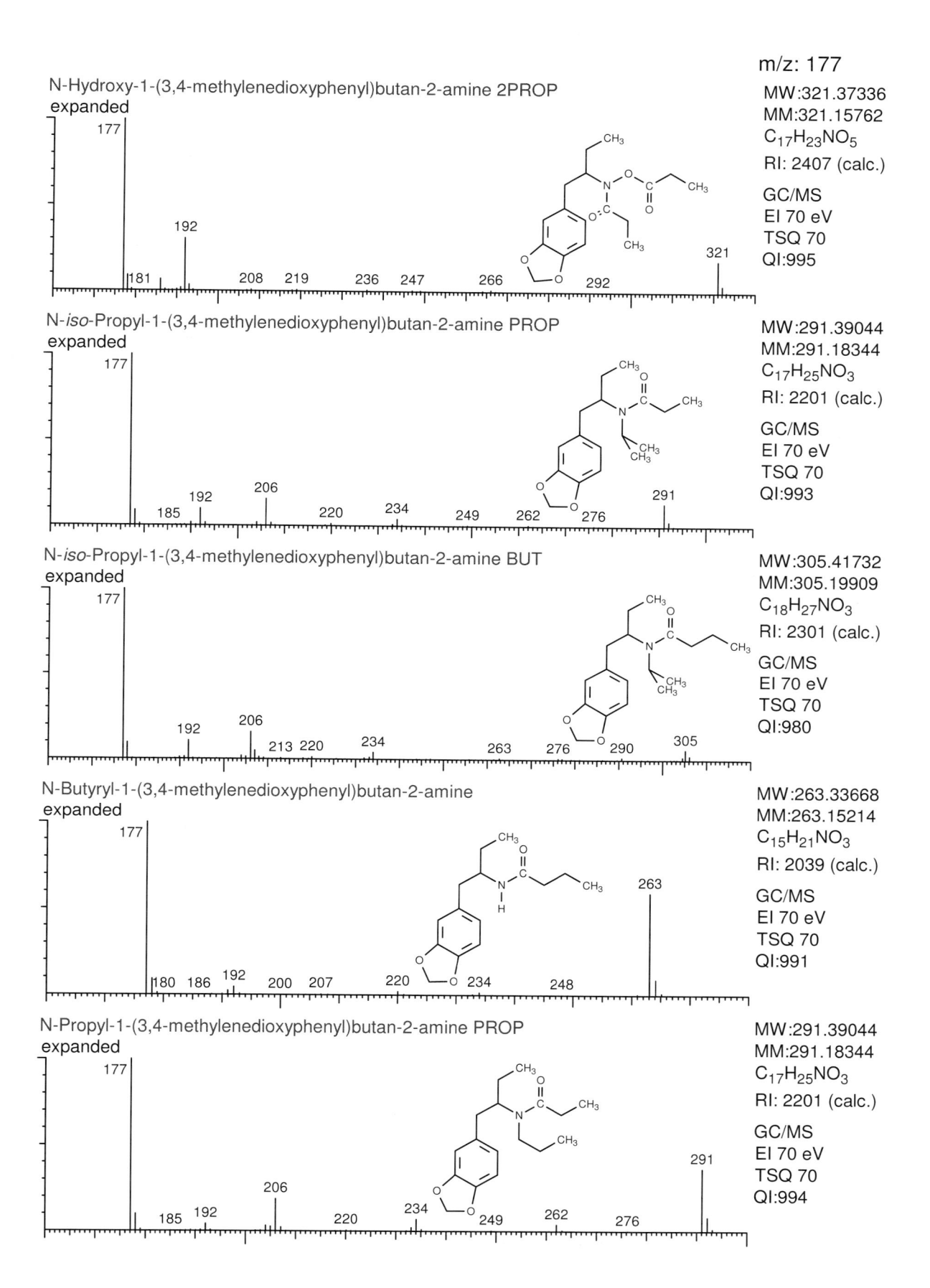

N-Hydroxy-1-(3,4-methylenedioxyphenyl)butan-2-amine 2PROP
expanded

m/z: 177
MW:321.37336
MM:321.15762
C$_{17}$H$_{23}$NO$_5$
RI: 2407 (calc.)

GC/MS
EI 70 eV
TSQ 70
QI:995

N-*iso*-Propyl-1-(3,4-methylenedioxyphenyl)butan-2-amine PROP
expanded

MW:291.39044
MM:291.18344
C$_{17}$H$_{25}$NO$_3$
RI: 2201 (calc.)

GC/MS
EI 70 eV
TSQ 70
QI:993

N-*iso*-Propyl-1-(3,4-methylenedioxyphenyl)butan-2-amine BUT
expanded

MW:305.41732
MM:305.19909
C$_{18}$H$_{27}$NO$_3$
RI: 2301 (calc.)

GC/MS
EI 70 eV
TSQ 70
QI:980

N-Butyryl-1-(3,4-methylenedioxyphenyl)butan-2-amine
expanded

MW:263.33668
MM:263.15214
C$_{15}$H$_{21}$NO$_3$
RI: 2039 (calc.)

GC/MS
EI 70 eV
TSQ 70
QI:991

N-Propyl-1-(3,4-methylenedioxyphenyl)butan-2-amine PROP
expanded

MW:291.39044
MM:291.18344
C$_{17}$H$_{25}$NO$_3$
RI: 2201 (calc.)

GC/MS
EI 70 eV
TSQ 70
QI:994

m/z: 177

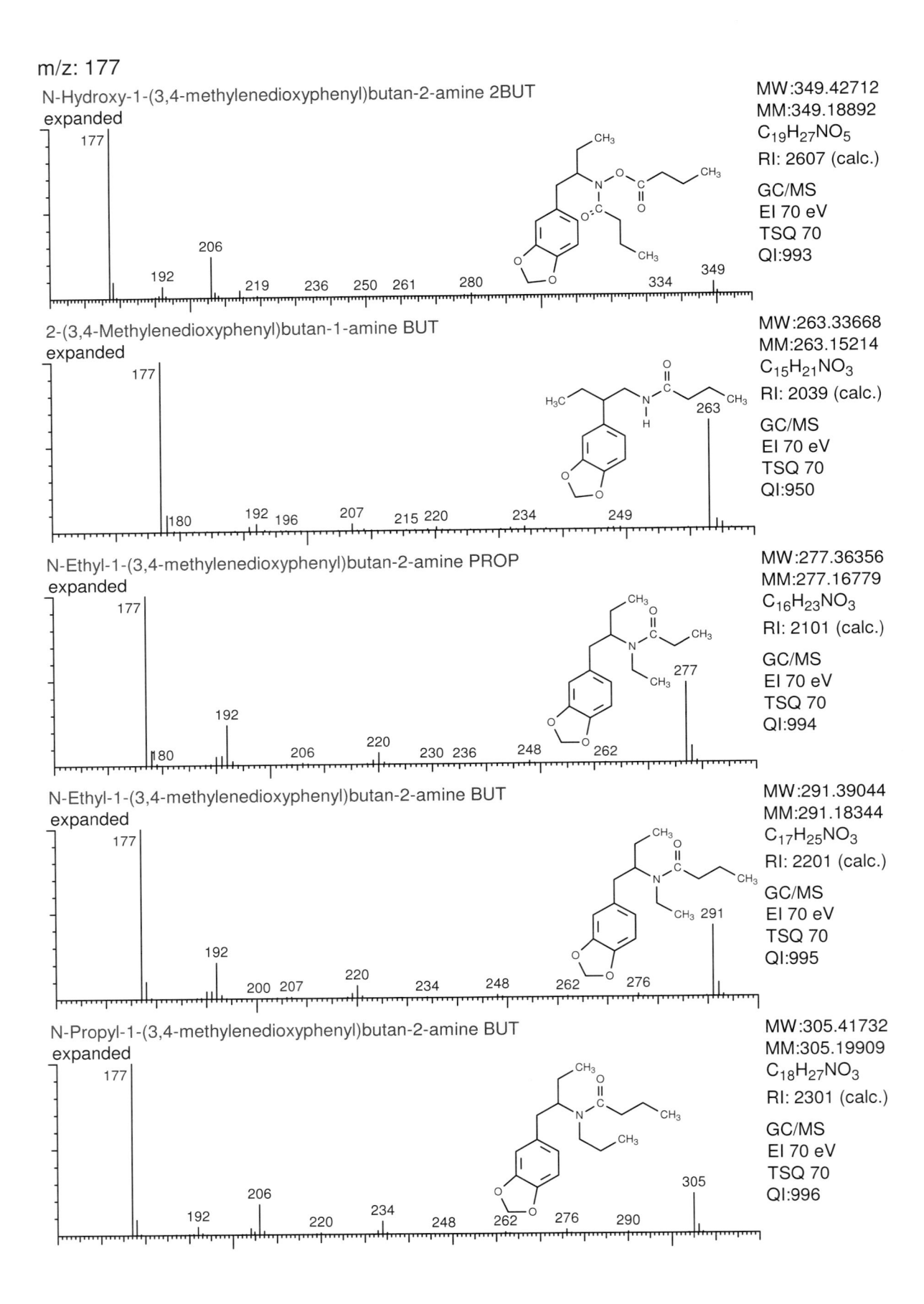

N-Hydroxy-1-(3,4-methylenedioxyphenyl)butan-2-amine 2BUT expanded

Peaks: 177, 192, 206, 219, 236, 250, 261, 280, 334, 349

MW: 349.42712
MM: 349.18892
$C_{19}H_{27}NO_5$
RI: 2607 (calc.)

GC/MS
EI 70 eV
TSQ 70
QI: 993

2-(3,4-Methylenedioxyphenyl)butan-1-amine BUT expanded

Peaks: 177, 180, 192, 196, 207, 215, 220, 234, 249, 263

MW: 263.33668
MM: 263.15214
$C_{15}H_{21}NO_3$
RI: 2039 (calc.)

GC/MS
EI 70 eV
TSQ 70
QI: 950

N-Ethyl-1-(3,4-methylenedioxyphenyl)butan-2-amine PROP expanded

Peaks: 177, 180, 192, 206, 220, 230, 236, 248, 262, 277

MW: 277.36356
MM: 277.16779
$C_{16}H_{23}NO_3$
RI: 2101 (calc.)

GC/MS
EI 70 eV
TSQ 70
QI: 994

N-Ethyl-1-(3,4-methylenedioxyphenyl)butan-2-amine BUT expanded

Peaks: 177, 192, 200, 207, 220, 234, 248, 262, 276, 291

MW: 291.39044
MM: 291.18344
$C_{17}H_{25}NO_3$
RI: 2201 (calc.)

GC/MS
EI 70 eV
TSQ 70
QI: 995

N-Propyl-1-(3,4-methylenedioxyphenyl)butan-2-amine BUT expanded

Peaks: 177, 192, 206, 220, 234, 248, 262, 276, 290, 305

MW: 305.41732
MM: 305.19909
$C_{18}H_{27}NO_3$
RI: 2301 (calc.)

GC/MS
EI 70 eV
TSQ 70
QI: 996

m/z: 177

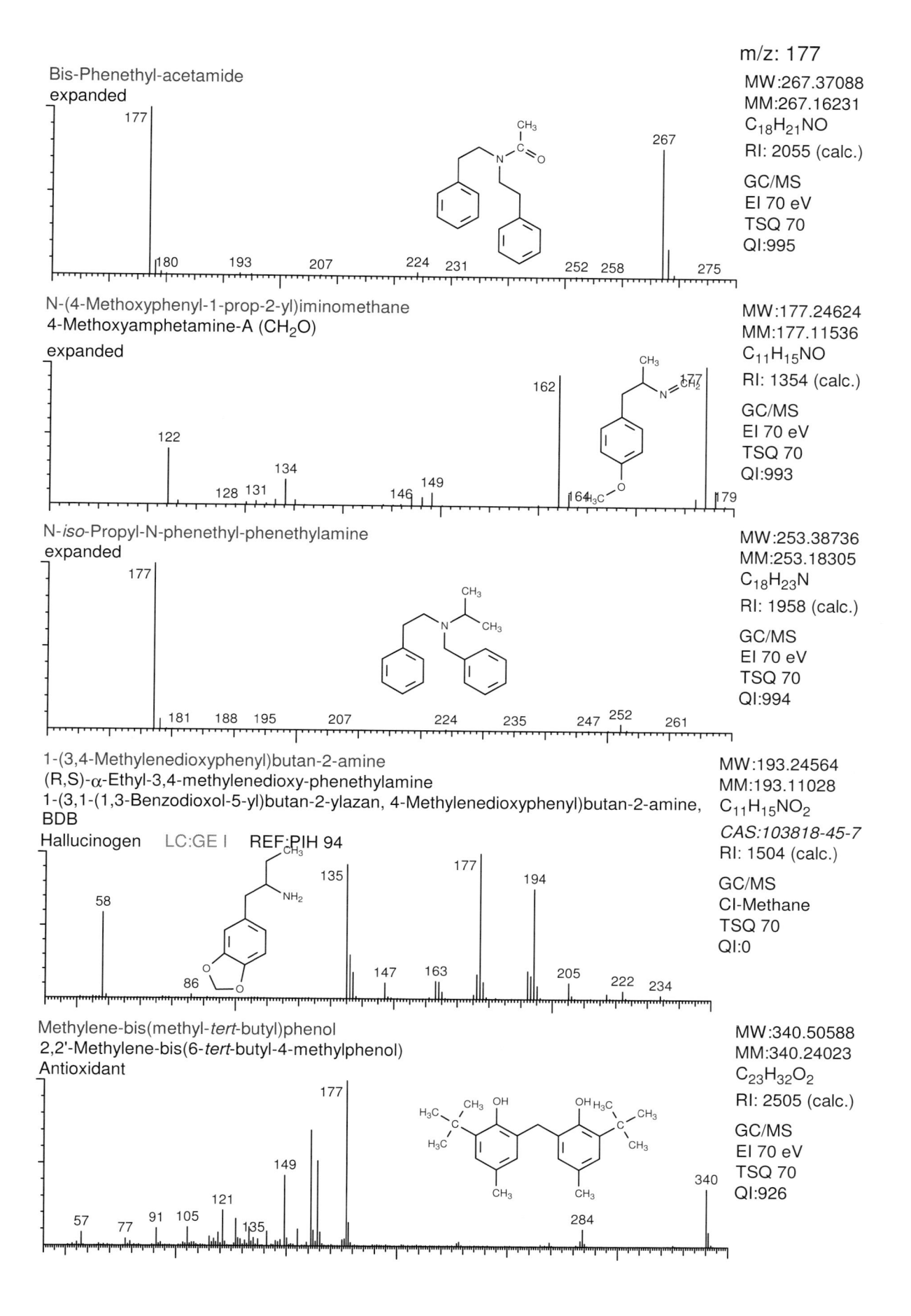

Bis-Phenethyl-acetamide
expanded

MW: 267.37088
MM: 267.16231
$C_{18}H_{21}NO$
RI: 2055 (calc.)

GC/MS
EI 70 eV
TSQ 70
QI: 995

N-(4-Methoxyphenyl-1-prop-2-yl)iminomethane
4-Methoxyamphetamine-A (CH₂O)
expanded

MW: 177.24624
MM: 177.11536
$C_{11}H_{15}NO$
RI: 1354 (calc.)

GC/MS
EI 70 eV
TSQ 70
QI: 993

N-iso-Propyl-N-phenethyl-phenethylamine
expanded

MW: 253.38736
MM: 253.18305
$C_{18}H_{23}N$
RI: 1958 (calc.)

GC/MS
EI 70 eV
TSQ 70
QI: 994

1-(3,4-Methylenedioxyphenyl)butan-2-amine
(R,S)-α-Ethyl-3,4-methylenedioxy-phenethylamine
1-(3,1-(1,3-Benzodioxol-5-yl)butan-2-ylazan, 4-Methylenedioxyphenyl)butan-2-amine, BDB
Hallucinogen   LC:GE I   REF:PIH 94

MW: 193.24564
MM: 193.11028
$C_{11}H_{15}NO_2$
CAS: 103818-45-7
RI: 1504 (calc.)

GC/MS
CI-Methane
TSQ 70
QI: 0

Methylene-bis(methyl-tert-butyl)phenol
2,2'-Methylene-bis(6-tert-butyl-4-methylphenol)
Antioxidant

MW: 340.50588
MM: 340.24023
$C_{23}H_{32}O_2$
RI: 2505 (calc.)

GC/MS
EI 70 eV
TSQ 70
QI: 926

m/z: 177

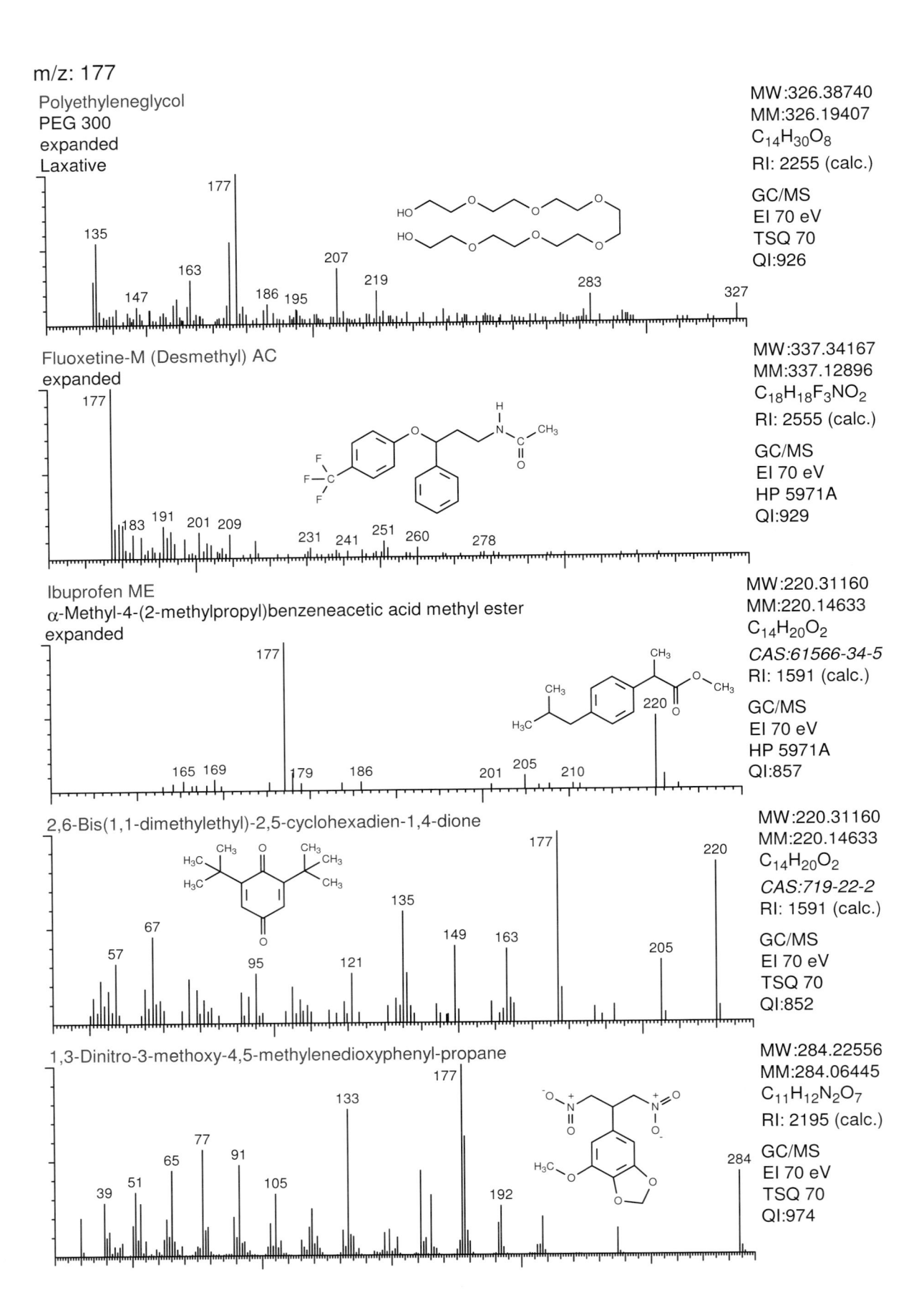

Polyethyleneglycol
PEG 300
expanded
Laxative

MW: 326.38740
MM: 326.19407
$C_{14}H_{30}O_8$
RI: 2255 (calc.)

GC/MS
EI 70 eV
TSQ 70
QI: 926

Fluoxetine-M (Desmethyl) AC
expanded

MW: 337.34167
MM: 337.12896
$C_{18}H_{18}F_3NO_2$
RI: 2555 (calc.)

GC/MS
EI 70 eV
HP 5971A
QI: 929

Ibuprofen ME
α-Methyl-4-(2-methylpropyl)benzeneacetic acid methyl ester
expanded

MW: 220.31160
MM: 220.14633
$C_{14}H_{20}O_2$
CAS: 61566-34-5
RI: 1591 (calc.)

GC/MS
EI 70 eV
HP 5971A
QI: 857

2,6-Bis(1,1-dimethylethyl)-2,5-cyclohexadien-1,4-dione

MW: 220.31160
MM: 220.14633
$C_{14}H_{20}O_2$
CAS: 719-22-2
RI: 1591 (calc.)

GC/MS
EI 70 eV
TSQ 70
QI: 852

1,3-Dinitro-3-methoxy-4,5-methylenedioxyphenyl-propane

MW: 284.22556
MM: 284.06445
$C_{11}H_{12}N_2O_7$
RI: 2195 (calc.)

GC/MS
EI 70 eV
TSQ 70
QI: 974

m/z: 177

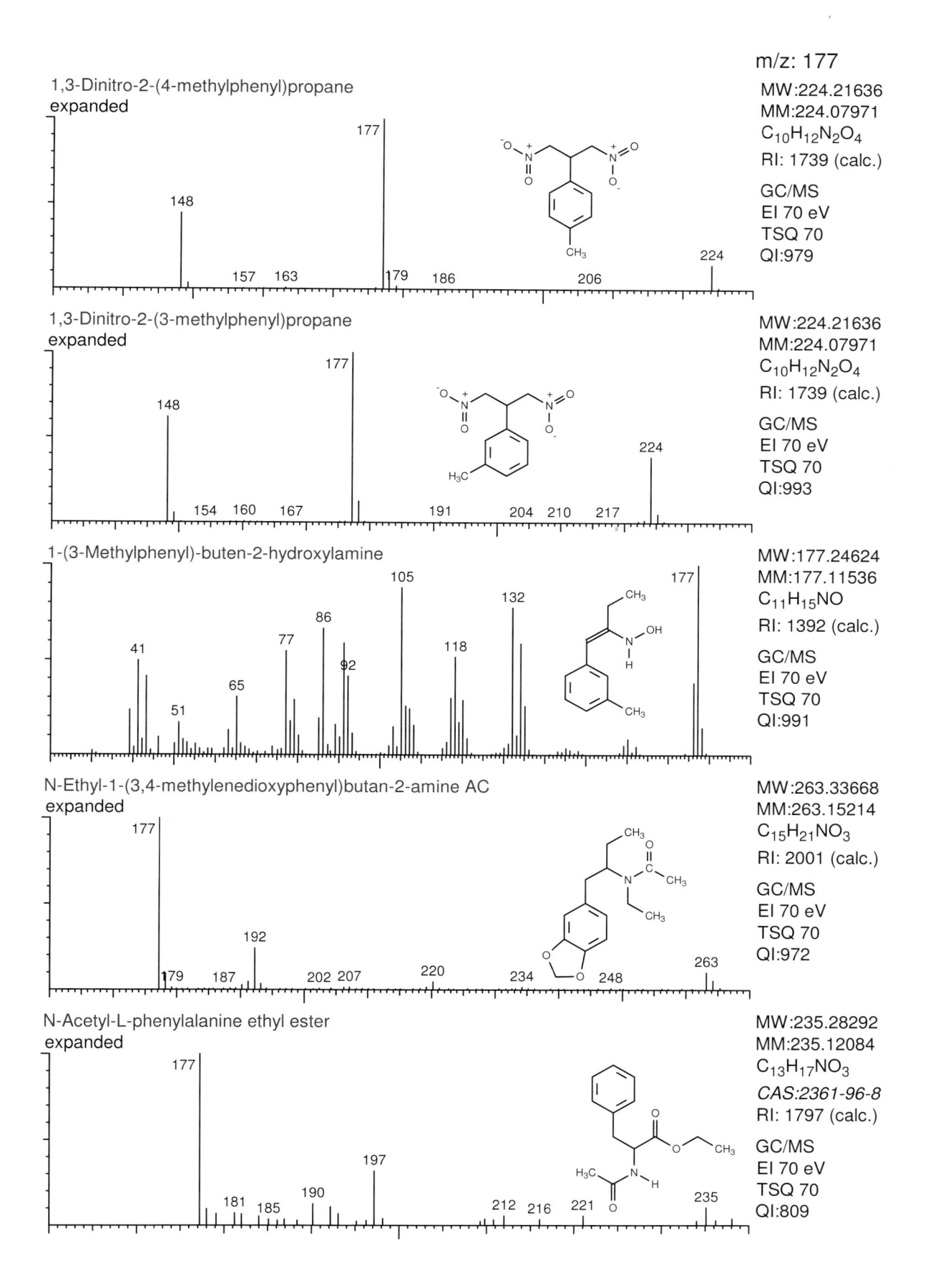

1,3-Dinitro-2-(4-methylphenyl)propane expanded

Peaks: 148, 157, 163, 177, 179, 186, 206, 224

MW: 224.21636
MM: 224.07971
$C_{10}H_{12}N_2O_4$
RI: 1739 (calc.)

GC/MS
EI 70 eV
TSQ 70
QI: 979

1,3-Dinitro-2-(3-methylphenyl)propane expanded

Peaks: 148, 154, 160, 167, 177, 191, 204, 210, 217, 224

MW: 224.21636
MM: 224.07971
$C_{10}H_{12}N_2O_4$
RI: 1739 (calc.)

GC/MS
EI 70 eV
TSQ 70
QI: 993

1-(3-Methylphenyl)-buten-2-hydroxylamine

Peaks: 41, 51, 65, 77, 86, 92, 105, 118, 132, 177

MW: 177.24624
MM: 177.11536
$C_{11}H_{15}NO$
RI: 1392 (calc.)

GC/MS
EI 70 eV
TSQ 70
QI: 991

N-Ethyl-1-(3,4-methylenedioxyphenyl)butan-2-amine AC expanded

Peaks: 177, 179, 187, 192, 202, 207, 220, 234, 248, 263

MW: 263.33668
MM: 263.15214
$C_{15}H_{21}NO_3$
RI: 2001 (calc.)

GC/MS
EI 70 eV
TSQ 70
QI: 972

N-Acetyl-L-phenylalanine ethyl ester expanded

Peaks: 177, 181, 185, 190, 197, 212, 216, 221, 235

MW: 235.28292
MM: 235.12084
$C_{13}H_{17}NO_3$
CAS: 2361-96-8
RI: 1797 (calc.)

GC/MS
EI 70 eV
TSQ 70
QI: 809

m/z: 177-178

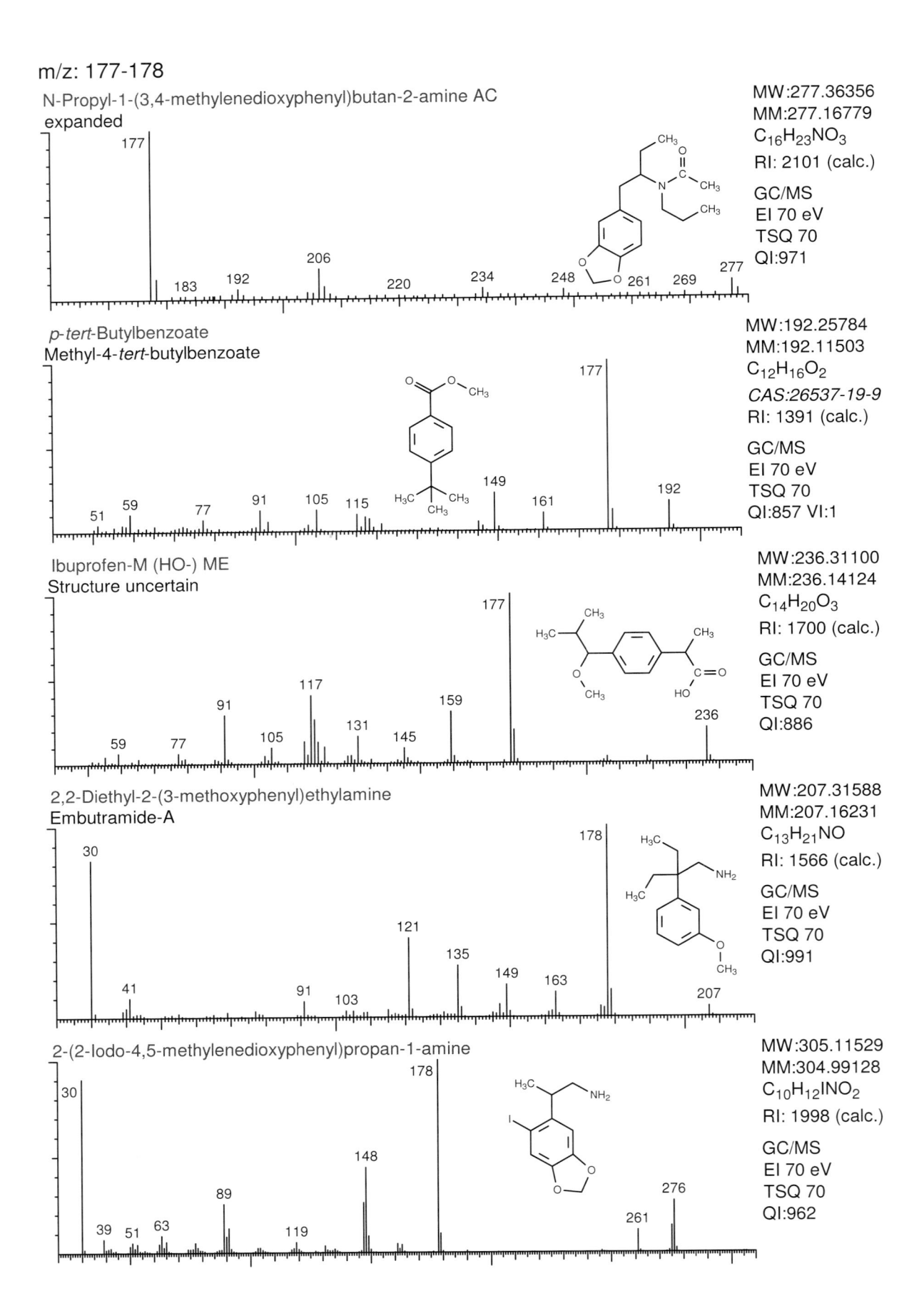

N-Propyl-1-(3,4-methylenedioxyphenyl)butan-2-amine AC
expanded

MW:277.36356
MM:277.16779
C$_{16}$H$_{23}$NO$_3$
RI: 2101 (calc.)

GC/MS
EI 70 eV
TSQ 70
QI:971

p-tert-Butylbenzoate
Methyl-4-*tert*-butylbenzoate

MW:192.25784
MM:192.11503
C$_{12}$H$_{16}$O$_2$
CAS:26537-19-9
RI: 1391 (calc.)

GC/MS
EI 70 eV
TSQ 70
QI:857 VI:1

Ibuprofen-M (HO-) ME
Structure uncertain

MW:236.31100
MM:236.14124
C$_{14}$H$_{20}$O$_3$
RI: 1700 (calc.)

GC/MS
EI 70 eV
TSQ 70
QI:886

2,2-Diethyl-2-(3-methoxyphenyl)ethylamine
Embutramide-A

MW:207.31588
MM:207.16231
C$_{13}$H$_{21}$NO
RI: 1566 (calc.)

GC/MS
EI 70 eV
TSQ 70
QI:991

2-(2-Iodo-4,5-methylenedioxyphenyl)propan-1-amine

MW:305.11529
MM:304.99128
C$_{10}$H$_{12}$INO$_2$
RI: 1998 (calc.)

GC/MS
EI 70 eV
TSQ 70
QI:962

m/z: 178

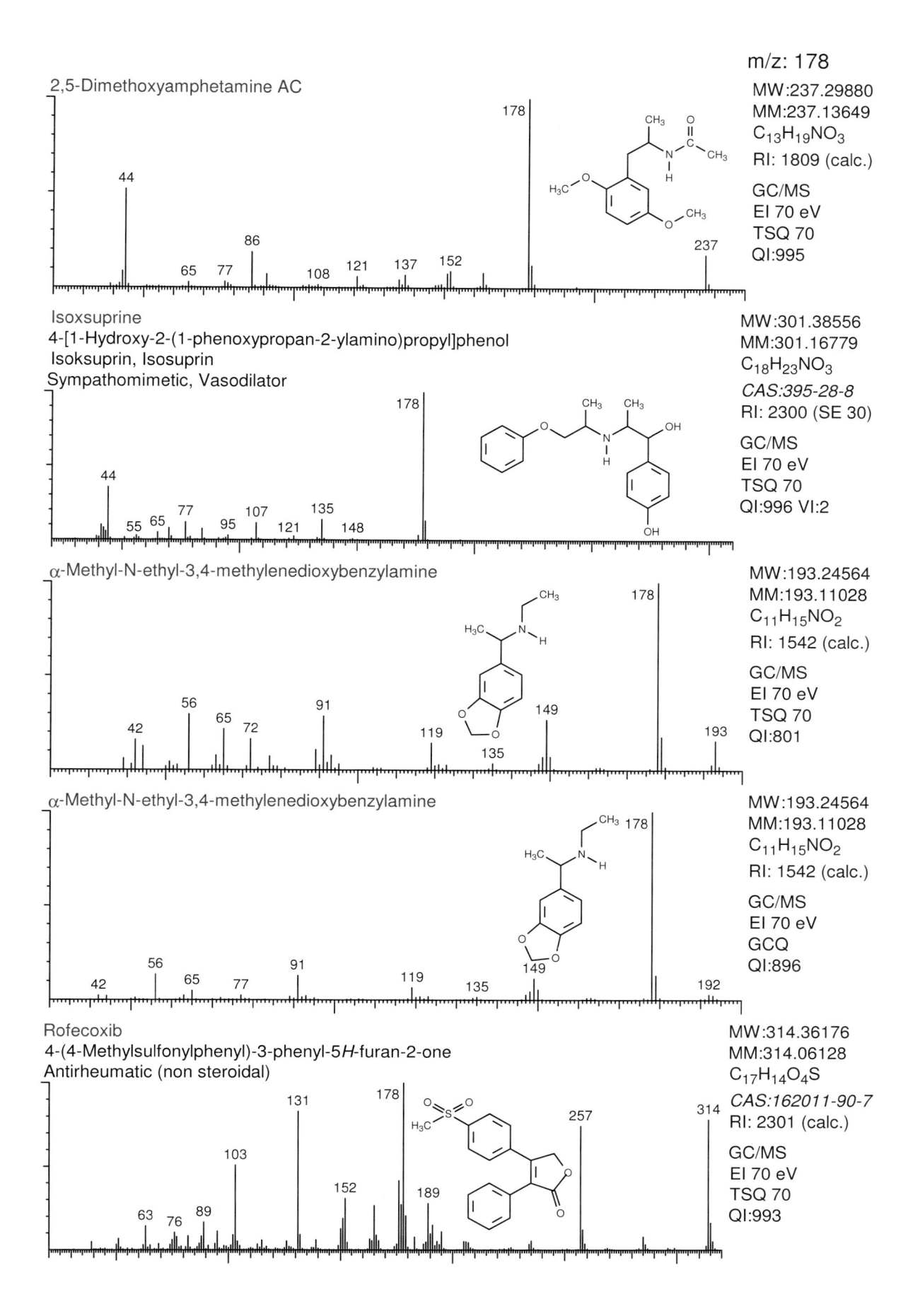

2,5-Dimethoxyamphetamine AC

MW: 237.29880
MM: 237.13649
$C_{13}H_{19}NO_3$
RI: 1809 (calc.)

GC/MS
EI 70 eV
TSQ 70
QI: 995

Isoxsuprine
4-[1-Hydroxy-2-(1-phenoxypropan-2-ylamino)propyl]phenol
Isoksuprin, Isosuprin
Sympathomimetic, Vasodilator

MW: 301.38556
MM: 301.16779
$C_{18}H_{23}NO_3$
CAS: 395-28-8
RI: 2300 (SE 30)

GC/MS
EI 70 eV
TSQ 70
QI: 996 VI:2

α-Methyl-N-ethyl-3,4-methylenedioxybenzylamine

MW: 193.24564
MM: 193.11028
$C_{11}H_{15}NO_2$
RI: 1542 (calc.)

GC/MS
EI 70 eV
TSQ 70
QI: 801

α-Methyl-N-ethyl-3,4-methylenedioxybenzylamine

MW: 193.24564
MM: 193.11028
$C_{11}H_{15}NO_2$
RI: 1542 (calc.)

GC/MS
EI 70 eV
GCQ
QI: 896

Rofecoxib
4-(4-Methylsulfonylphenyl)-3-phenyl-5H-furan-2-one
Antirheumatic (non steroidal)

MW: 314.36176
MM: 314.06128
$C_{17}H_{14}O_4S$
CAS: 162011-90-7
RI: 2301 (calc.)

GC/MS
EI 70 eV
TSQ 70
QI: 993

m/z: 178

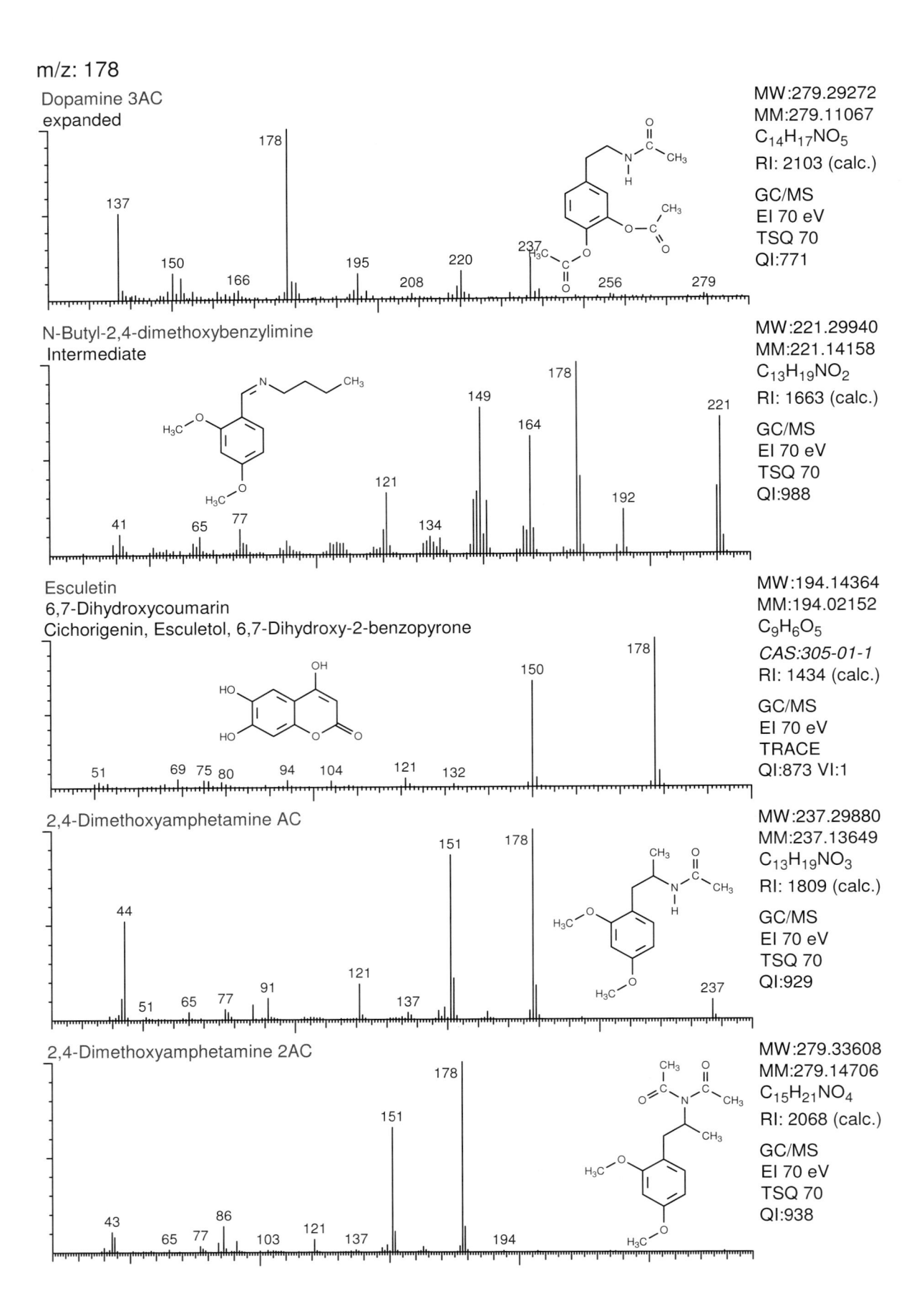

Dopamine 3AC expanded
Peaks: 137, 150, 166, 178, 195, 208, 220, 237, 256, 279

MW: 279.29272
MM: 279.11067
$C_{14}H_{17}NO_5$
RI: 2103 (calc.)

GC/MS
EI 70 eV
TSQ 70
QI: 771

N-Butyl-2,4-dimethoxybenzylimine Intermediate
Peaks: 41, 65, 77, 121, 134, 149, 164, 178, 192, 221

MW: 221.29940
MM: 221.14158
$C_{13}H_{19}NO_2$
RI: 1663 (calc.)

GC/MS
EI 70 eV
TSQ 70
QI: 988

Esculetin
6,7-Dihydroxycoumarin
Cichorigenin, Esculetol, 6,7-Dihydroxy-2-benzopyrone
Peaks: 51, 69, 75, 80, 94, 104, 121, 132, 150, 178

MW: 194.14364
MM: 194.02152
$C_9H_6O_5$
CAS: 305-01-1
RI: 1434 (calc.)

GC/MS
EI 70 eV
TRACE
QI: 873 VI: 1

2,4-Dimethoxyamphetamine AC
Peaks: 44, 51, 65, 77, 91, 121, 137, 151, 178, 237

MW: 237.29880
MM: 237.13649
$C_{13}H_{19}NO_3$
RI: 1809 (calc.)

GC/MS
EI 70 eV
TSQ 70
QI: 929

2,4-Dimethoxyamphetamine 2AC
Peaks: 43, 65, 77, 86, 103, 121, 137, 151, 178, 194

MW: 279.33608
MM: 279.14706
$C_{15}H_{21}NO_4$
RI: 2068 (calc.)

GC/MS
EI 70 eV
TSQ 70
QI: 938

m/z: 178

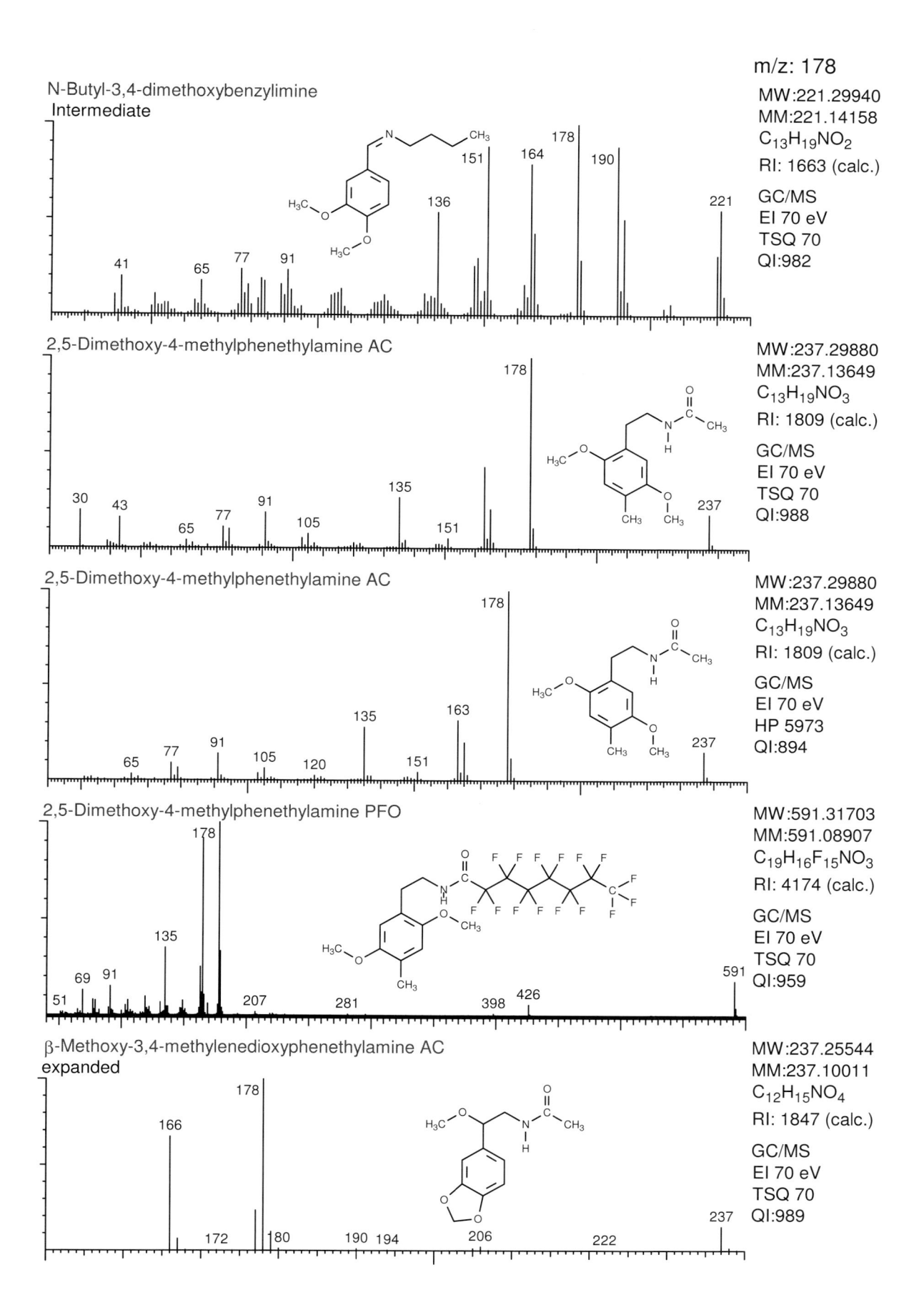

N-Butyl-3,4-dimethoxybenzylimine Intermediate

MW: 221.29940
MM: 221.14158
$C_{13}H_{19}NO_2$
RI: 1663 (calc.)

GC/MS
EI 70 eV
TSQ 70
QI: 982

Peaks: 41, 65, 77, 91, 136, 151, 164, 178, 190, 221

2,5-Dimethoxy-4-methylphenethylamine AC

MW: 237.29880
MM: 237.13649
$C_{13}H_{19}NO_3$
RI: 1809 (calc.)

GC/MS
EI 70 eV
TSQ 70
QI: 988

Peaks: 30, 43, 65, 77, 91, 105, 135, 151, 178, 237

2,5-Dimethoxy-4-methylphenethylamine AC

MW: 237.29880
MM: 237.13649
$C_{13}H_{19}NO_3$
RI: 1809 (calc.)

GC/MS
EI 70 eV
HP 5973
QI: 894

Peaks: 65, 77, 91, 105, 120, 135, 151, 163, 178, 237

2,5-Dimethoxy-4-methylphenethylamine PFO

MW: 591.31703
MM: 591.08907
$C_{19}H_{16}F_{15}NO_3$
RI: 4174 (calc.)

GC/MS
EI 70 eV
TSQ 70
QI: 959

Peaks: 51, 69, 91, 135, 178, 207, 281, 398, 426, 591

β-Methoxy-3,4-methylenedioxyphenethylamine AC expanded

MW: 237.25544
MM: 237.10011
$C_{12}H_{15}NO_4$
RI: 1847 (calc.)

GC/MS
EI 70 eV
TSQ 70
QI: 989

Peaks: 166, 172, 178, 180, 190, 194, 206, 222, 237

m/z: 178

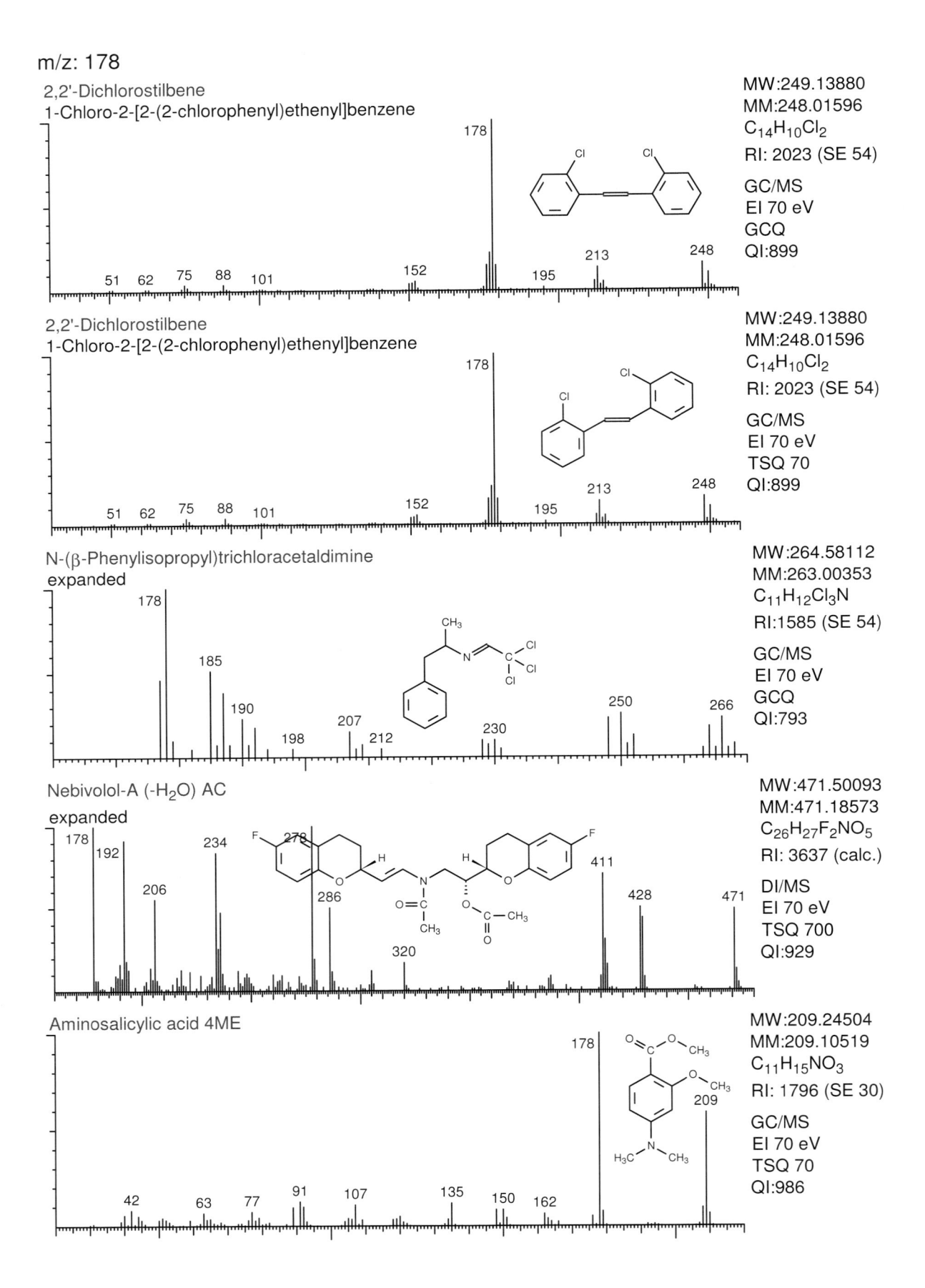

2,2'-Dichlorostilbene
1-Chloro-2-[2-(2-chlorophenyl)ethenyl]benzene

MW:249.13880
MM:248.01596
$C_{14}H_{10}Cl_2$
RI: 2023 (SE 54)

GC/MS
EI 70 eV
GCQ
QI:899

2,2'-Dichlorostilbene
1-Chloro-2-[2-(2-chlorophenyl)ethenyl]benzene

MW:249.13880
MM:248.01596
$C_{14}H_{10}Cl_2$
RI: 2023 (SE 54)

GC/MS
EI 70 eV
TSQ 70
QI:899

N-(β-Phenylisopropyl)trichloracetaldimine
expanded

MW:264.58112
MM:263.00353
$C_{11}H_{12}Cl_3N$
RI:1585 (SE 54)

GC/MS
EI 70 eV
GCQ
QI:793

Nebivolol-A (-H₂O) AC
expanded

MW:471.50093
MM:471.18573
$C_{26}H_{27}F_2NO_5$
RI: 3637 (calc.)

DI/MS
EI 70 eV
TSQ 700
QI:929

Aminosalicylic acid 4ME

MW:209.24504
MM:209.10519
$C_{11}H_{15}NO_3$
RI: 1796 (SE 30)

GC/MS
EI 70 eV
TSQ 70
QI:986

m/z: 178

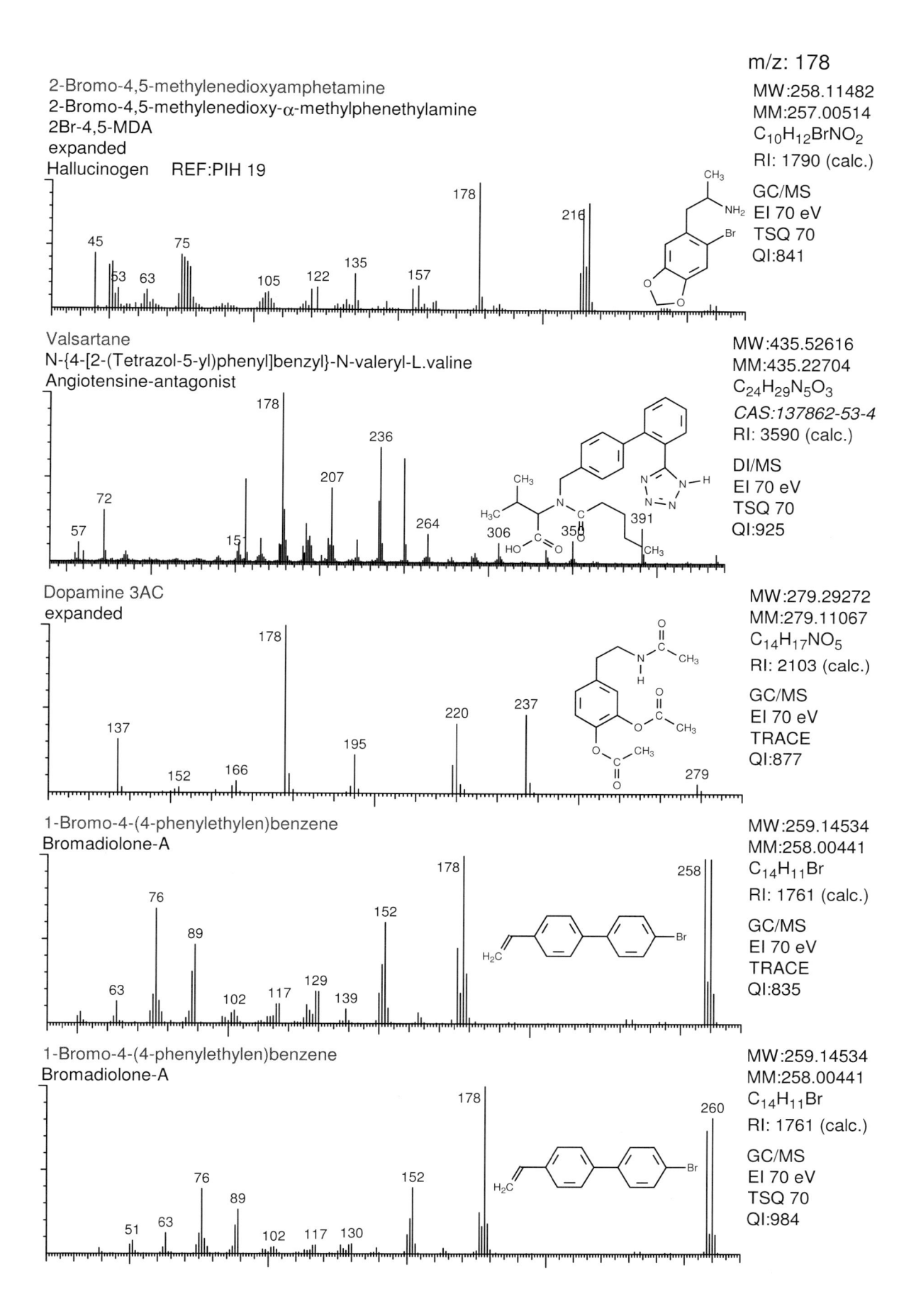

2-Bromo-4,5-methylenedioxyamphetamine
2-Bromo-4,5-methylenedioxy-α-methylphenethylamine
2Br-4,5-MDA
expanded
Hallucinogen   REF:PIH 19

MW:258.11482
MM:257.00514
$C_{10}H_{12}BrNO_2$
RI: 1790 (calc.)

GC/MS
EI 70 eV
TSQ 70
QI:841

Peaks: 45, 53, 63, 75, 105, 122, 135, 157, 178, 216

Valsartane
N-{4-[2-(Tetrazol-5-yl)phenyl]benzyl}-N-valeryl-L.valine
Angiotensine-antagonist

MW:435.52616
MM:435.22704
$C_{24}H_{29}N_5O_3$
CAS:137862-53-4
RI: 3590 (calc.)

DI/MS
EI 70 eV
TSQ 70
QI:925

Peaks: 57, 72, 15, 178, 207, 236, 264, 306, 355, 391

Dopamine 3AC
expanded

MW:279.29272
MM:279.11067
$C_{14}H_{17}NO_5$
RI: 2103 (calc.)

GC/MS
EI 70 eV
TRACE
QI:877

Peaks: 137, 152, 166, 178, 195, 220, 237, 279

1-Bromo-4-(4-phenylethylen)benzene
Bromadiolone-A

MW:259.14534
MM:258.00441
$C_{14}H_{11}Br$
RI: 1761 (calc.)

GC/MS
EI 70 eV
TRACE
QI:835

Peaks: 63, 76, 89, 102, 117, 129, 139, 152, 178, 258

1-Bromo-4-(4-phenylethylen)benzene
Bromadiolone-A

MW:259.14534
MM:258.00441
$C_{14}H_{11}Br$
RI: 1761 (calc.)

GC/MS
EI 70 eV
TSQ 70
QI:984

Peaks: 51, 63, 76, 89, 102, 117, 130, 152, 178, 260

m/z: 178

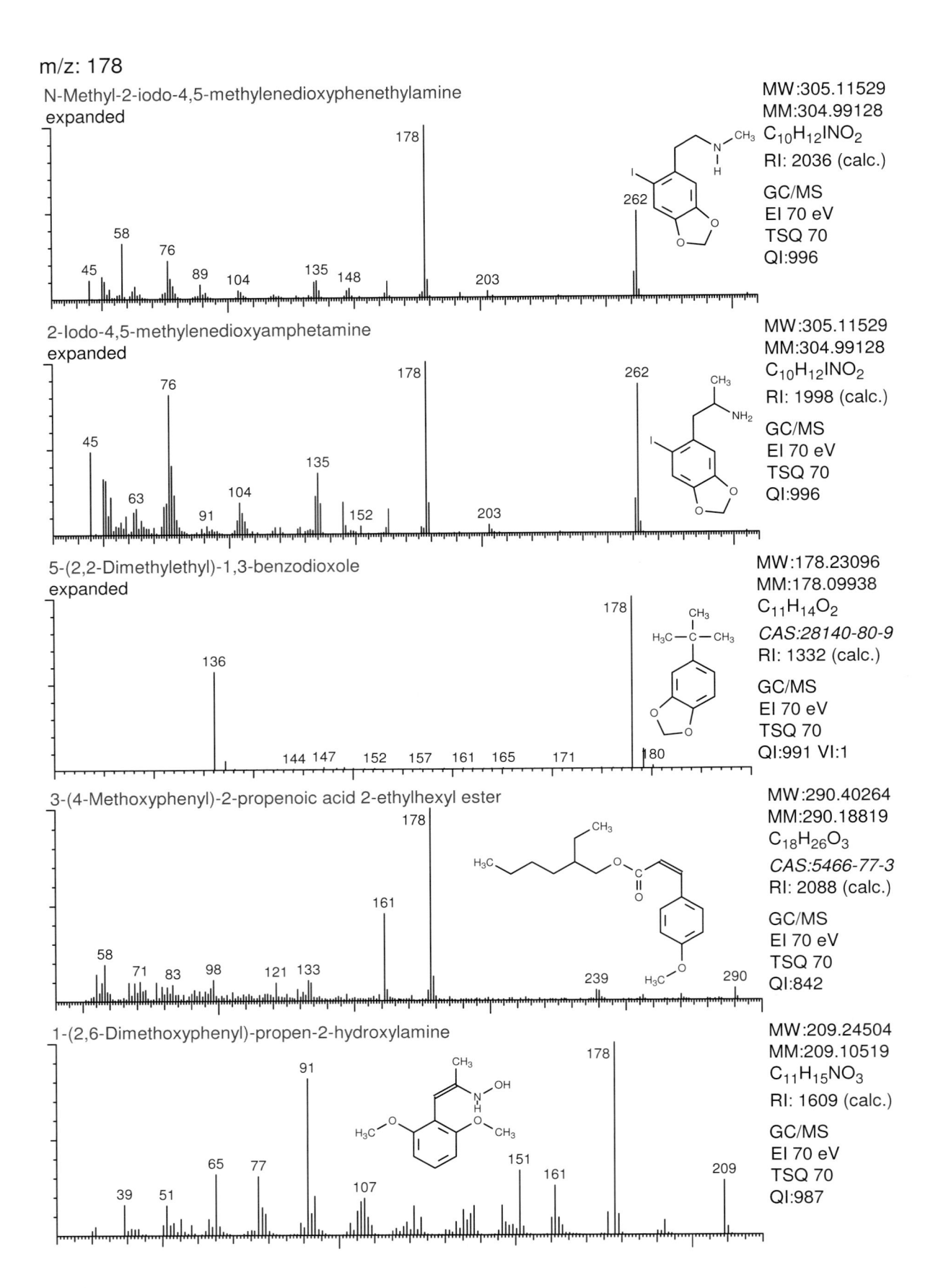

N-Methyl-2-iodo-4,5-methylenedioxyphenethylamine
expanded

MW:305.11529
MM:304.99128
C₁₀H₁₂INO₂
RI: 2036 (calc.)

GC/MS
EI 70 eV
TSQ 70
QI:996

Peaks: 45, 58, 76, 89, 104, 135, 148, 178, 203, 262

2-Iodo-4,5-methylenedioxyamphetamine
expanded

MW:305.11529
MM:304.99128
C₁₀H₁₂INO₂
RI: 1998 (calc.)

GC/MS
EI 70 eV
TSQ 70
QI:996

Peaks: 45, 63, 76, 91, 104, 135, 152, 178, 203, 262

5-(2,2-Dimethylethyl)-1,3-benzodioxole
expanded

MW:178.23096
MM:178.09938
C₁₁H₁₄O₂
CAS:28140-80-9
RI: 1332 (calc.)

GC/MS
EI 70 eV
TSQ 70
QI:991 VI:1

Peaks: 136, 144, 147, 152, 157, 161, 165, 171, 178, 180

3-(4-Methoxyphenyl)-2-propenoic acid 2-ethylhexyl ester

MW:290.40264
MM:290.18819
C₁₈H₂₆O₃
CAS:5466-77-3
RI: 2088 (calc.)

GC/MS
EI 70 eV
TSQ 70
QI:842

Peaks: 58, 71, 83, 98, 121, 133, 161, 178, 239, 290

1-(2,6-Dimethoxyphenyl)-propen-2-hydroxylamine

MW:209.24504
MM:209.10519
C₁₁H₁₅NO₃
RI: 1609 (calc.)

GC/MS
EI 70 eV
TSQ 70
QI:987

Peaks: 39, 51, 65, 77, 91, 107, 151, 161, 178, 209

m/z: 178-179

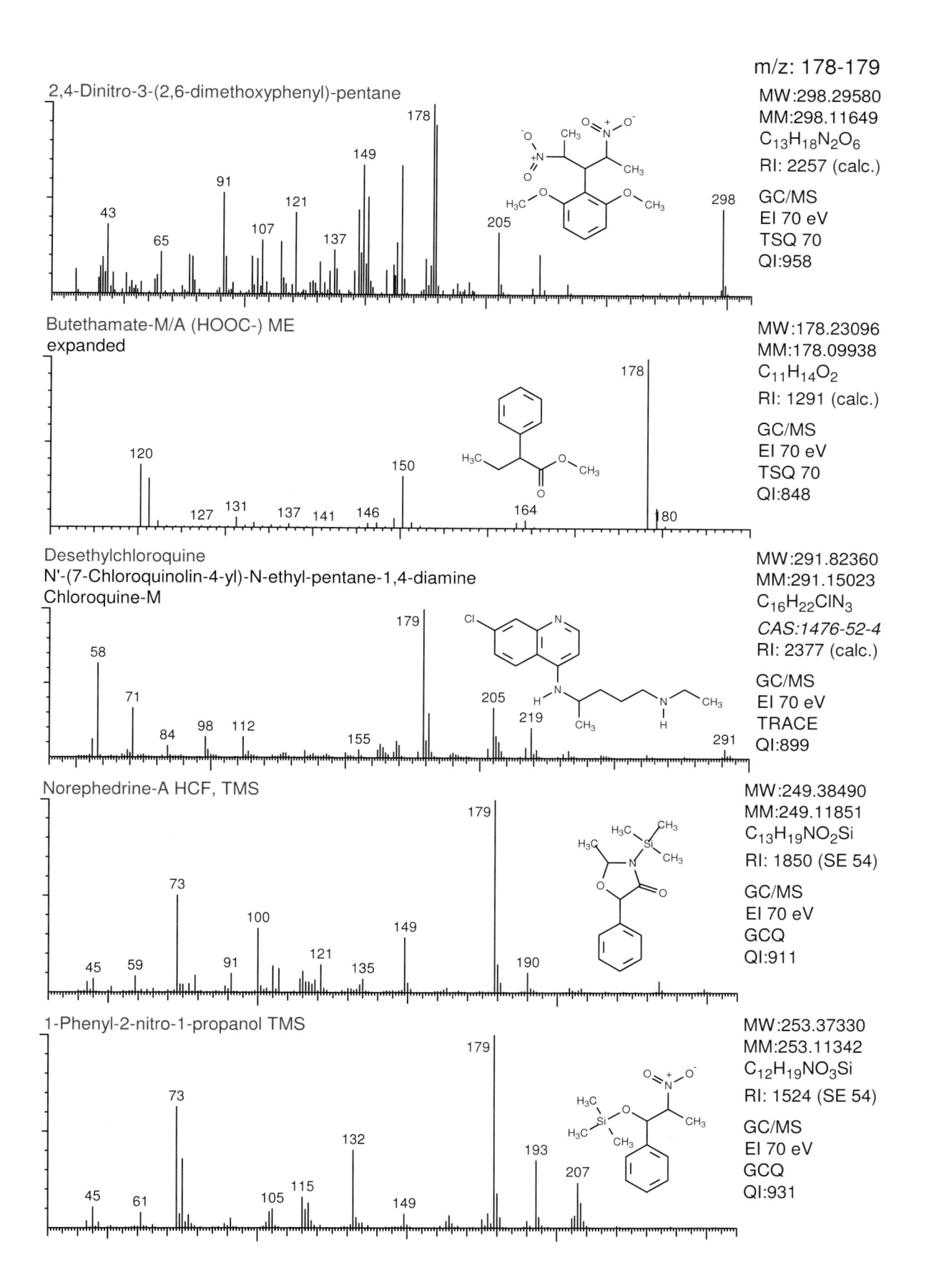

2,4-Dinitro-3-(2,6-dimethoxyphenyl)-pentane

MW: 298.29580
MM: 298.11649
$C_{13}H_{18}N_2O_6$
RI: 2257 (calc.)

GC/MS
EI 70 eV
TSQ 70
QI: 958

Butethamate-M/A (HOOC-) ME
expanded

MW: 178.23096
MM: 178.09938
$C_{11}H_{14}O_2$
RI: 1291 (calc.)

GC/MS
EI 70 eV
TSQ 70
QI: 848

Desethylchloroquine
N'-(7-Chloroquinolin-4-yl)-N-ethyl-pentane-1,4-diamine
Chloroquine-M

MW: 291.82360
MM: 291.15023
$C_{16}H_{22}ClN_3$
CAS: 1476-52-4
RI: 2377 (calc.)

GC/MS
EI 70 eV
TRACE
QI: 899

Norephedrine-A HCF, TMS

MW: 249.38490
MM: 249.11851
$C_{13}H_{19}NO_2Si$
RI: 1850 (SE 54)

GC/MS
EI 70 eV
GCQ
QI: 911

1-Phenyl-2-nitro-1-propanol TMS

MW: 253.37330
MM: 253.11342
$C_{12}H_{19}NO_3Si$
RI: 1524 (SE 54)

GC/MS
EI 70 eV
GCQ
QI: 931

m/z: 179

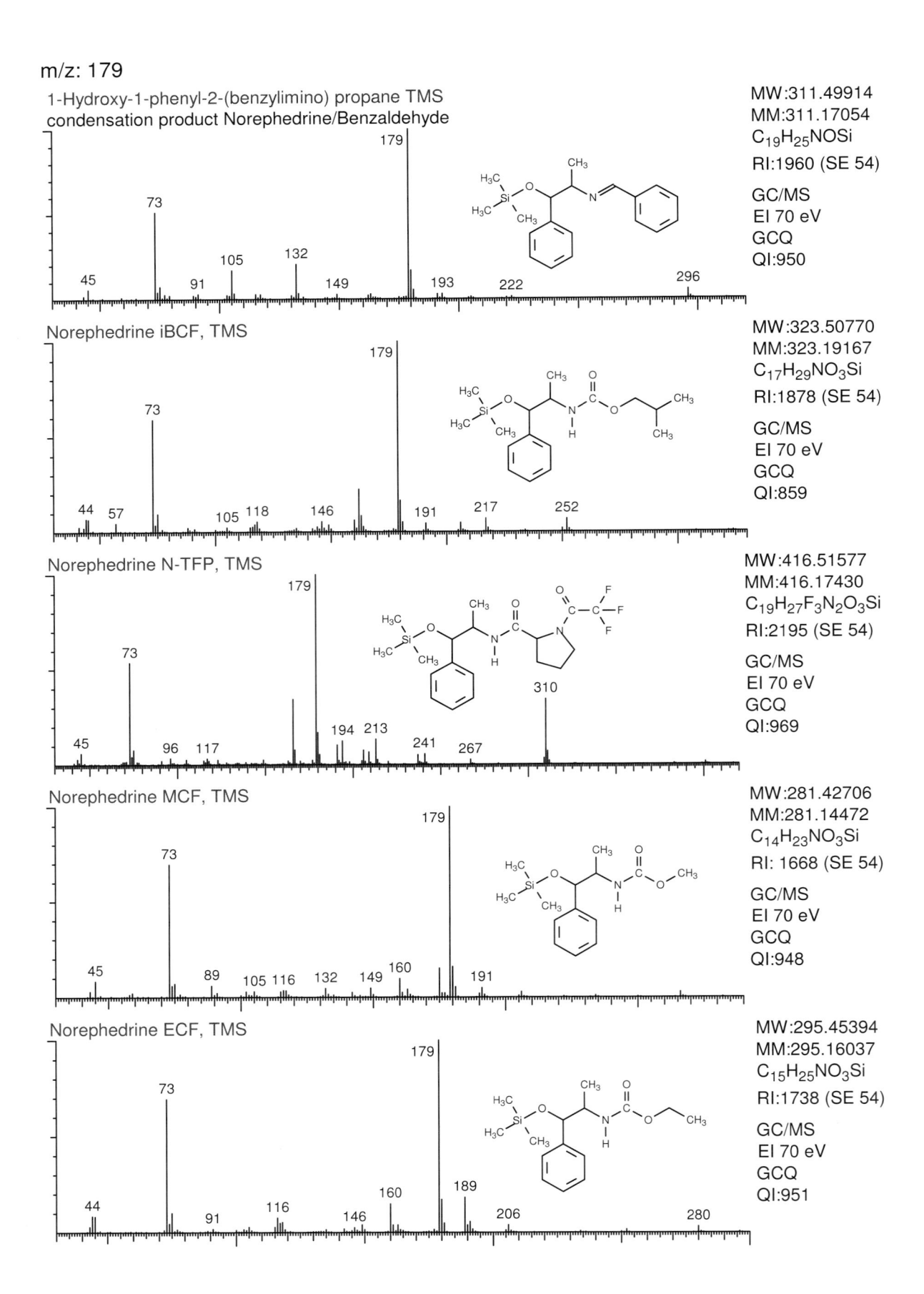

1-Hydroxy-1-phenyl-2-(benzylimino) propane TMS condensation product Norephedrine/Benzaldehyde

Peaks: 45, 73, 91, 105, 132, 149, 179, 193, 222, 296

MW:311.49914
MM:311.17054
$C_{19}H_{25}NOSi$
RI:1960 (SE 54)

GC/MS
EI 70 eV
GCQ
QI:950

Norephedrine iBCF, TMS

Peaks: 44, 57, 73, 105, 118, 146, 179, 191, 217, 252

MW:323.50770
MM:323.19167
$C_{17}H_{29}NO_3Si$
RI:1878 (SE 54)

GC/MS
EI 70 eV
GCQ
QI:859

Norephedrine N-TFP, TMS

Peaks: 45, 73, 96, 117, 179, 194, 213, 241, 267, 310

MW:416.51577
MM:416.17430
$C_{19}H_{27}F_3N_2O_3Si$
RI:2195 (SE 54)

GC/MS
EI 70 eV
GCQ
QI:969

Norephedrine MCF, TMS

Peaks: 45, 73, 89, 105, 116, 132, 149, 160, 179, 191

MW:281.42706
MM:281.14472
$C_{14}H_{23}NO_3Si$
RI: 1668 (SE 54)

GC/MS
EI 70 eV
GCQ
QI:948

Norephedrine ECF, TMS

Peaks: 44, 73, 91, 116, 146, 160, 179, 189, 206, 280

MW:295.45394
MM:295.16037
$C_{15}H_{25}NO_3Si$
RI:1738 (SE 54)

GC/MS
EI 70 eV
GCQ
QI:951

m/z: 179

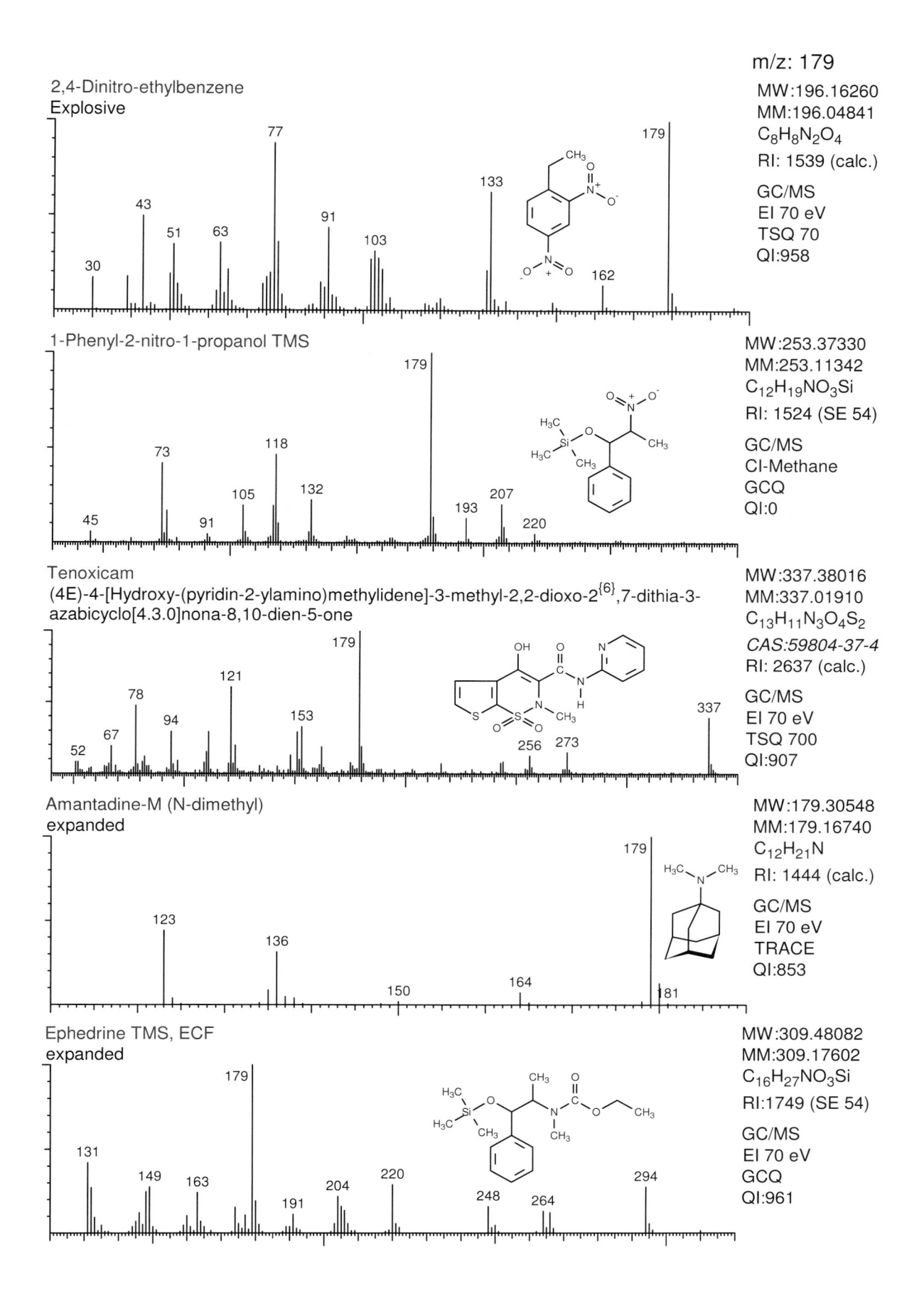

2,4-Dinitro-ethylbenzene
Explosive

MW:196.16260
MM:196.04841
$C_8H_8N_2O_4$
RI: 1539 (calc.)

GC/MS
EI 70 eV
TSQ 70
QI:958

Peaks: 30, 43, 51, 63, 77, 91, 103, 133, 162, 179

1-Phenyl-2-nitro-1-propanol TMS

MW:253.37330
MM:253.11342
$C_{12}H_{19}NO_3Si$
RI: 1524 (SE 54)

GC/MS
CI-Methane
GCQ
QI:0

Peaks: 45, 73, 91, 105, 118, 132, 179, 193, 207, 220

Tenoxicam
(4E)-4-[Hydroxy-(pyridin-2-ylamino)methylidene]-3-methyl-2,2-dioxo-2{6},7-dithia-3-azabicyclo[4.3.0]nona-8,10-dien-5-one

MW:337.38016
MM:337.01910
$C_{13}H_{11}N_3O_4S_2$
CAS:59804-37-4
RI: 2637 (calc.)

GC/MS
EI 70 eV
TSQ 700
QI:907

Peaks: 52, 67, 78, 94, 121, 153, 179, 256, 273, 337

Amantadine-M (N-dimethyl)
expanded

MW:179.30548
MM:179.16740
$C_{12}H_{21}N$
RI: 1444 (calc.)

GC/MS
EI 70 eV
TRACE
QI:853

Peaks: 123, 136, 150, 164, 179, 181

Ephedrine TMS, ECF
expanded

MW:309.48082
MM:309.17602
$C_{16}H_{27}NO_3Si$
RI:1749 (SE 54)

GC/MS
EI 70 eV
GCQ
QI:961

Peaks: 131, 149, 163, 179, 191, 204, 220, 248, 264, 294

m/z: 179

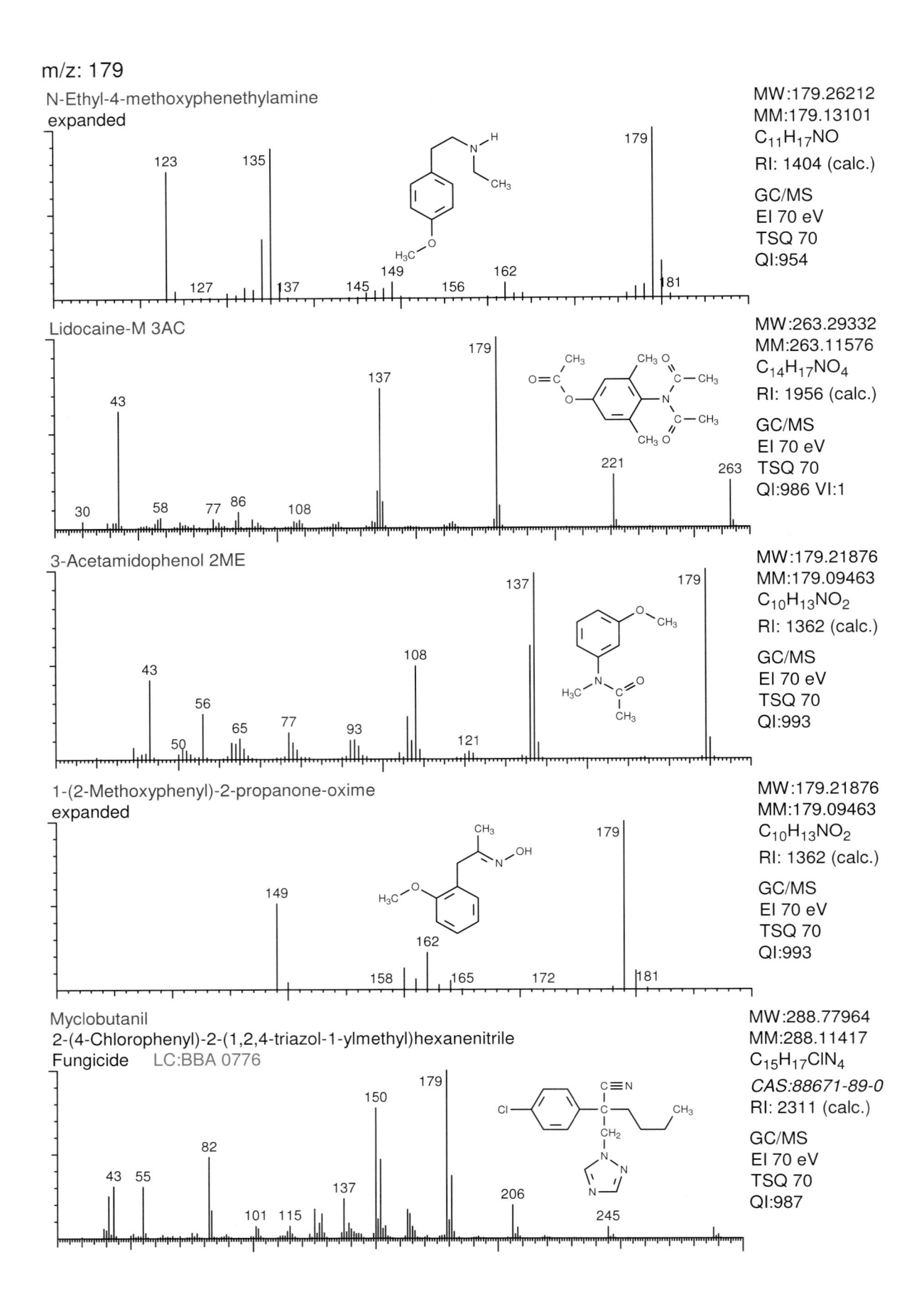

N-Ethyl-4-methoxyphenethylamine expanded

Peaks: 123, 135, 127, 137, 145, 149, 156, 162, 179, 181

MW: 179.26212
MM: 179.13101
$C_{11}H_{17}NO$
RI: 1404 (calc.)

GC/MS
EI 70 eV
TSQ 70
QI:954

Lidocaine-M 3AC

Peaks: 30, 43, 58, 77, 86, 108, 137, 179, 221, 263

MW: 263.29332
MM: 263.11576
$C_{14}H_{17}NO_4$
RI: 1956 (calc.)

GC/MS
EI 70 eV
TSQ 70
QI:986 VI:1

3-Acetamidophenol 2ME

Peaks: 43, 50, 56, 65, 77, 93, 108, 121, 137, 179

MW: 179.21876
MM: 179.09463
$C_{10}H_{13}NO_2$
RI: 1362 (calc.)

GC/MS
EI 70 eV
TSQ 70
QI:993

1-(2-Methoxyphenyl)-2-propanone-oxime expanded

Peaks: 149, 158, 162, 165, 172, 179, 181

MW: 179.21876
MM: 179.09463
$C_{10}H_{13}NO_2$
RI: 1362 (calc.)

GC/MS
EI 70 eV
TSQ 70
QI:993

Myclobutanil
2-(4-Chlorophenyl)-2-(1,2,4-triazol-1-ylmethyl)hexanenitrile
Fungicide   LC:BBA 0776

Peaks: 43, 55, 82, 101, 115, 137, 150, 179, 206, 245

MW: 288.77964
MM: 288.11417
$C_{15}H_{17}ClN_4$
CAS: 88671-89-0
RI: 2311 (calc.)

GC/MS
EI 70 eV
TSQ 70
QI:987

Cloxiquine AC
Cloxyquin AC

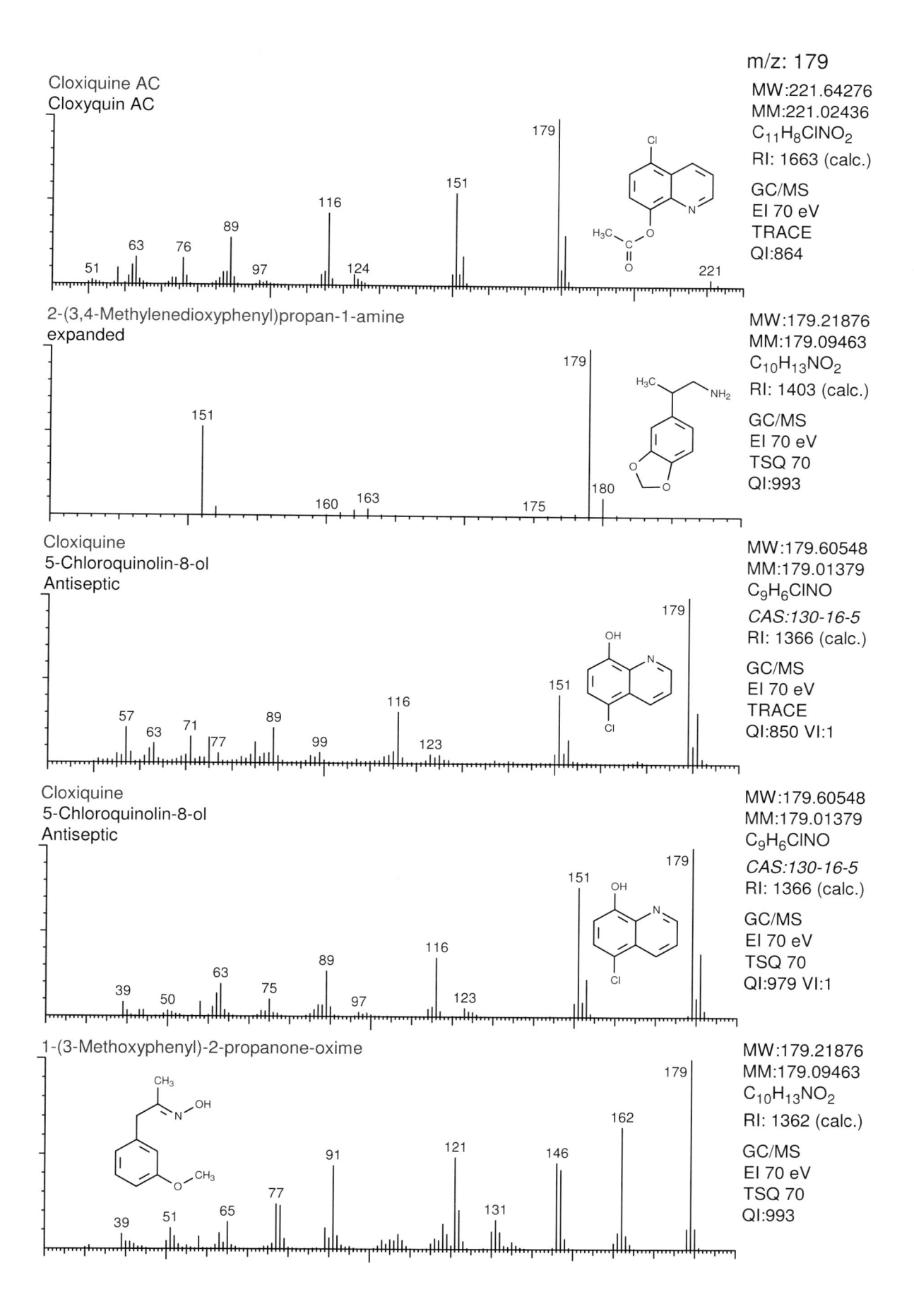

m/z: 179
MW: 221.64276
MM: 221.02436
C$_{11}$H$_8$ClNO$_2$
RI: 1663 (calc.)

GC/MS
EI 70 eV
TRACE
QI: 864

Peaks: 51, 63, 76, 89, 97, 116, 124, 151, 179, 221

2-(3,4-Methylenedioxyphenyl)propan-1-amine
expanded

MW: 179.21876
MM: 179.09463
C$_{10}$H$_{13}$NO$_2$
RI: 1403 (calc.)

GC/MS
EI 70 eV
TSQ 70
QI: 993

Peaks: 151, 160, 163, 175, 179, 180

Cloxiquine
5-Chloroquinolin-8-ol
Antiseptic

MW: 179.60548
MM: 179.01379
C$_9$H$_6$ClNO
CAS: 130-16-5
RI: 1366 (calc.)

GC/MS
EI 70 eV
TRACE
QI: 850 VI:1

Peaks: 57, 63, 71, 77, 89, 99, 116, 123, 151, 179

Cloxiquine
5-Chloroquinolin-8-ol
Antiseptic

MW: 179.60548
MM: 179.01379
C$_9$H$_6$ClNO
CAS: 130-16-5
RI: 1366 (calc.)

GC/MS
EI 70 eV
TSQ 70
QI: 979 VI:1

Peaks: 39, 50, 63, 75, 89, 97, 116, 123, 151, 179

1-(3-Methoxyphenyl)-2-propanone-oxime

MW: 179.21876
MM: 179.09463
C$_{10}$H$_{13}$NO$_2$
RI: 1362 (calc.)

GC/MS
EI 70 eV
TSQ 70
QI: 993

Peaks: 39, 51, 65, 77, 91, 121, 131, 146, 162, 179

m/z: 179

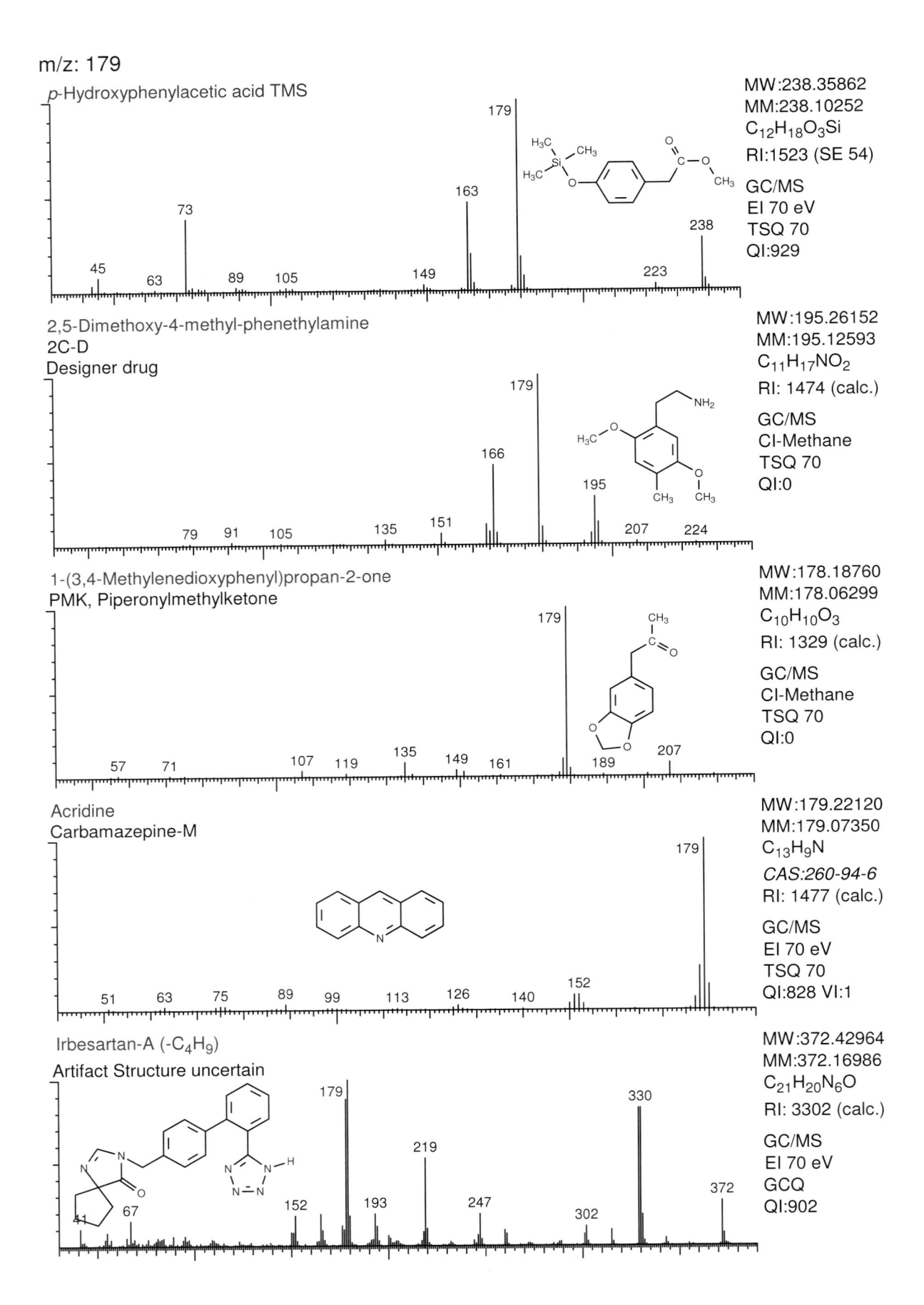

p-Hydroxyphenylacetic acid TMS

MW:238.35862
MM:238.10252
$C_{12}H_{18}O_3Si$
RI:1523 (SE 54)

GC/MS
EI 70 eV
TSQ 70
QI:929

2,5-Dimethoxy-4-methyl-phenethylamine
2C-D
Designer drug

MW:195.26152
MM:195.12593
$C_{11}H_{17}NO_2$
RI: 1474 (calc.)

GC/MS
CI-Methane
TSQ 70
QI:0

1-(3,4-Methylenedioxyphenyl)propan-2-one
PMK, Piperonylmethylketone

MW:178.18760
MM:178.06299
$C_{10}H_{10}O_3$
RI: 1329 (calc.)

GC/MS
CI-Methane
TSQ 70
QI:0

Acridine
Carbamazepine-M

MW:179.22120
MM:179.07350
$C_{13}H_9N$
CAS:260-94-6
RI: 1477 (calc.)

GC/MS
EI 70 eV
TSQ 70
QI:828 VI:1

Irbesartan-A (-C_4H_9)
Artifact Structure uncertain

MW:372.42964
MM:372.16986
$C_{21}H_{20}N_6O$
RI: 3302 (calc.)

GC/MS
EI 70 eV
GCQ
QI:902

m/z: 179

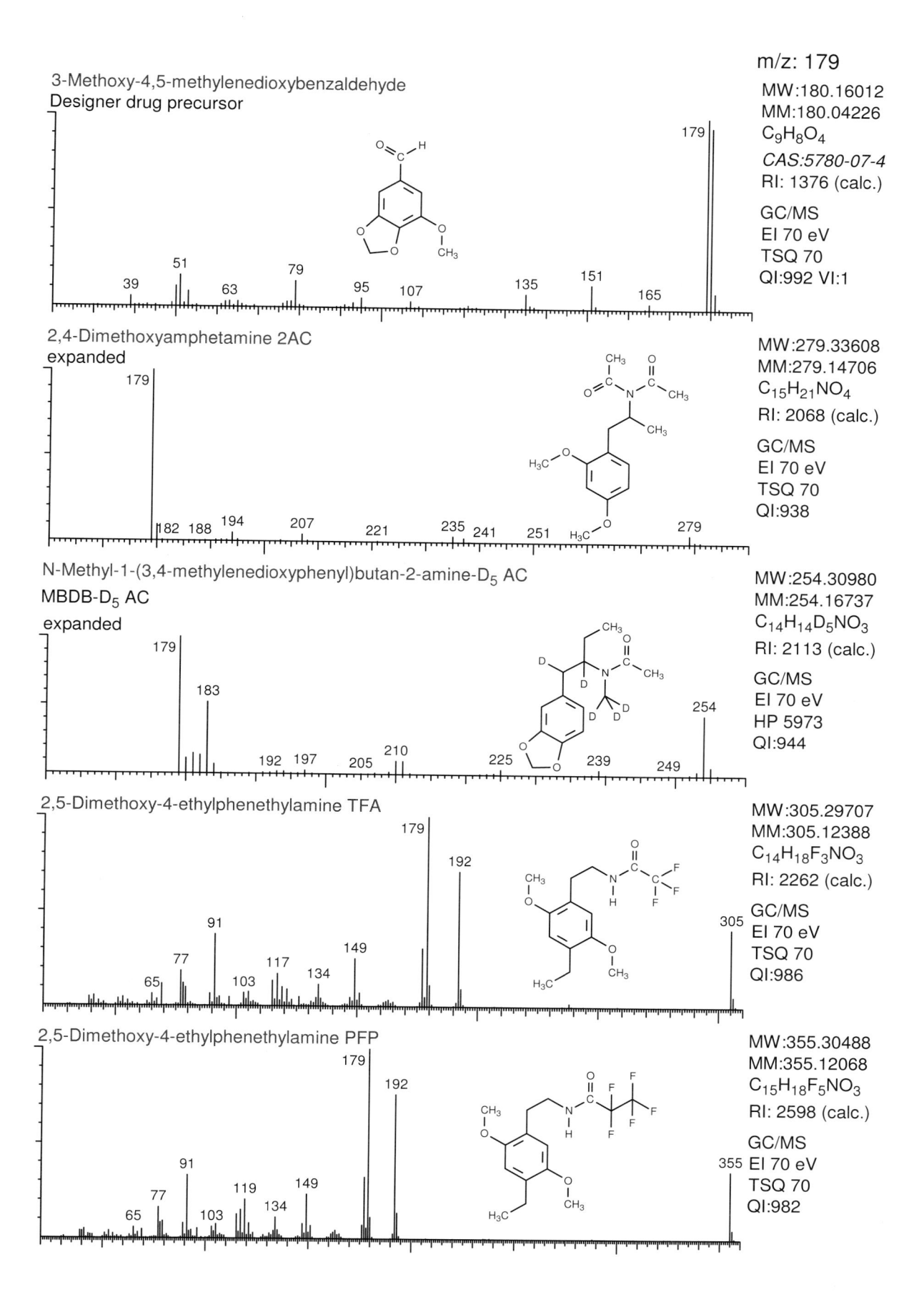

3-Methoxy-4,5-methylenedioxybenzaldehyde
Designer drug precursor

MW: 180.16012
MM: 180.04226
$C_9H_8O_4$
CAS: 5780-07-4
RI: 1376 (calc.)

GC/MS
EI 70 eV
TSQ 70
QI: 992 VI:1

Peaks: 39, 51, 63, 79, 95, 107, 135, 151, 165, 179

2,4-Dimethoxyamphetamine 2AC
expanded

MW: 279.33608
MM: 279.14706
$C_{15}H_{21}NO_4$
RI: 2068 (calc.)

GC/MS
EI 70 eV
TSQ 70
QI: 938

Peaks: 179, 182, 188, 194, 207, 221, 235, 241, 251, 279

N-Methyl-1-(3,4-methylenedioxyphenyl)butan-2-amine-D_5 AC
MBDB-D_5 AC
expanded

MW: 254.30980
MM: 254.16737
$C_{14}H_{14}D_5NO_3$
RI: 2113 (calc.)

GC/MS
EI 70 eV
HP 5973
QI: 944

Peaks: 179, 183, 192, 197, 205, 210, 225, 239, 249, 254

2,5-Dimethoxy-4-ethylphenethylamine TFA

MW: 305.29707
MM: 305.12388
$C_{14}H_{18}F_3NO_3$
RI: 2262 (calc.)

GC/MS
EI 70 eV
TSQ 70
QI: 986

Peaks: 65, 77, 91, 103, 117, 134, 149, 179, 192, 305

2,5-Dimethoxy-4-ethylphenethylamine PFP

MW: 355.30488
MM: 355.12068
$C_{15}H_{18}F_5NO_3$
RI: 2598 (calc.)

GC/MS
EI 70 eV
TSQ 70
QI: 982

Peaks: 65, 77, 91, 103, 119, 134, 149, 179, 192, 355

m/z: 179

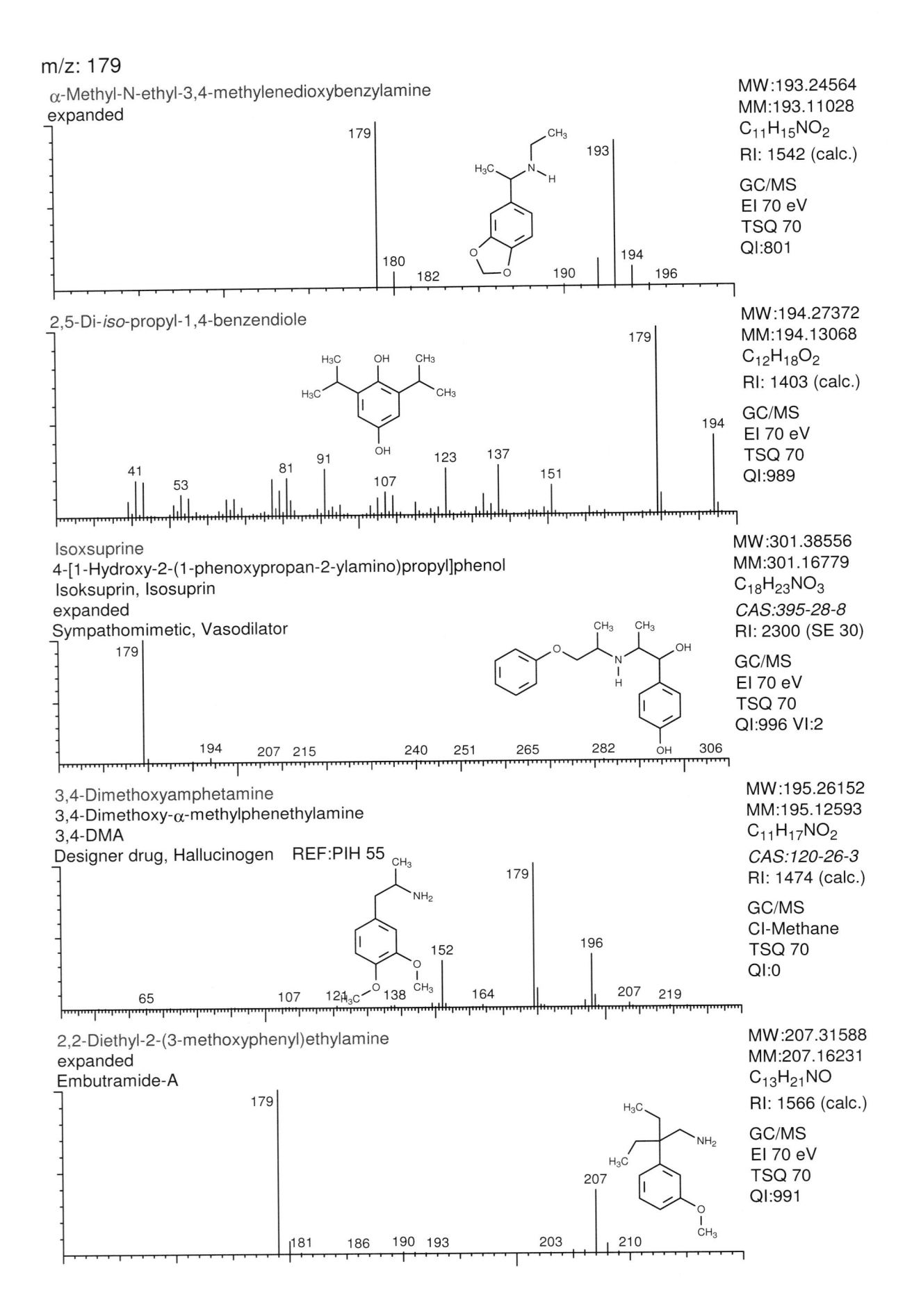

α-Methyl-N-ethyl-3,4-methylenedioxybenzylamine
expanded

MW: 193.24564
MM: 193.11028
C$_{11}$H$_{15}$NO$_2$
RI: 1542 (calc.)

GC/MS
EI 70 eV
TSQ 70
QI: 801

2,5-Di-*iso*-propyl-1,4-benzendiole

MW: 194.27372
MM: 194.13068
C$_{12}$H$_{18}$O$_2$
RI: 1403 (calc.)

GC/MS
EI 70 eV
TSQ 70
QI: 989

Isoxsuprine
4-[1-Hydroxy-2-(1-phenoxypropan-2-ylamino)propyl]phenol
Isoksuprin, Isosuprin
expanded
Sympathomimetic, Vasodilator

MW: 301.38556
MM: 301.16779
C$_{18}$H$_{23}$NO$_3$
CAS: 395-28-8
RI: 2300 (SE 30)

GC/MS
EI 70 eV
TSQ 70
QI: 996 VI:2

3,4-Dimethoxyamphetamine
3,4-Dimethoxy-α-methylphenethylamine
3,4-DMA
Designer drug, Hallucinogen   REF: PIH 55

MW: 195.26152
MM: 195.12593
C$_{11}$H$_{17}$NO$_2$
CAS: 120-26-3
RI: 1474 (calc.)

GC/MS
CI-Methane
TSQ 70
QI: 0

2,2-Diethyl-2-(3-methoxyphenyl)ethylamine
expanded
Embutramide-A

MW: 207.31588
MM: 207.16231
C$_{13}$H$_{21}$NO
RI: 1566 (calc.)

GC/MS
EI 70 eV
TSQ 70
QI: 991

m/z: 179

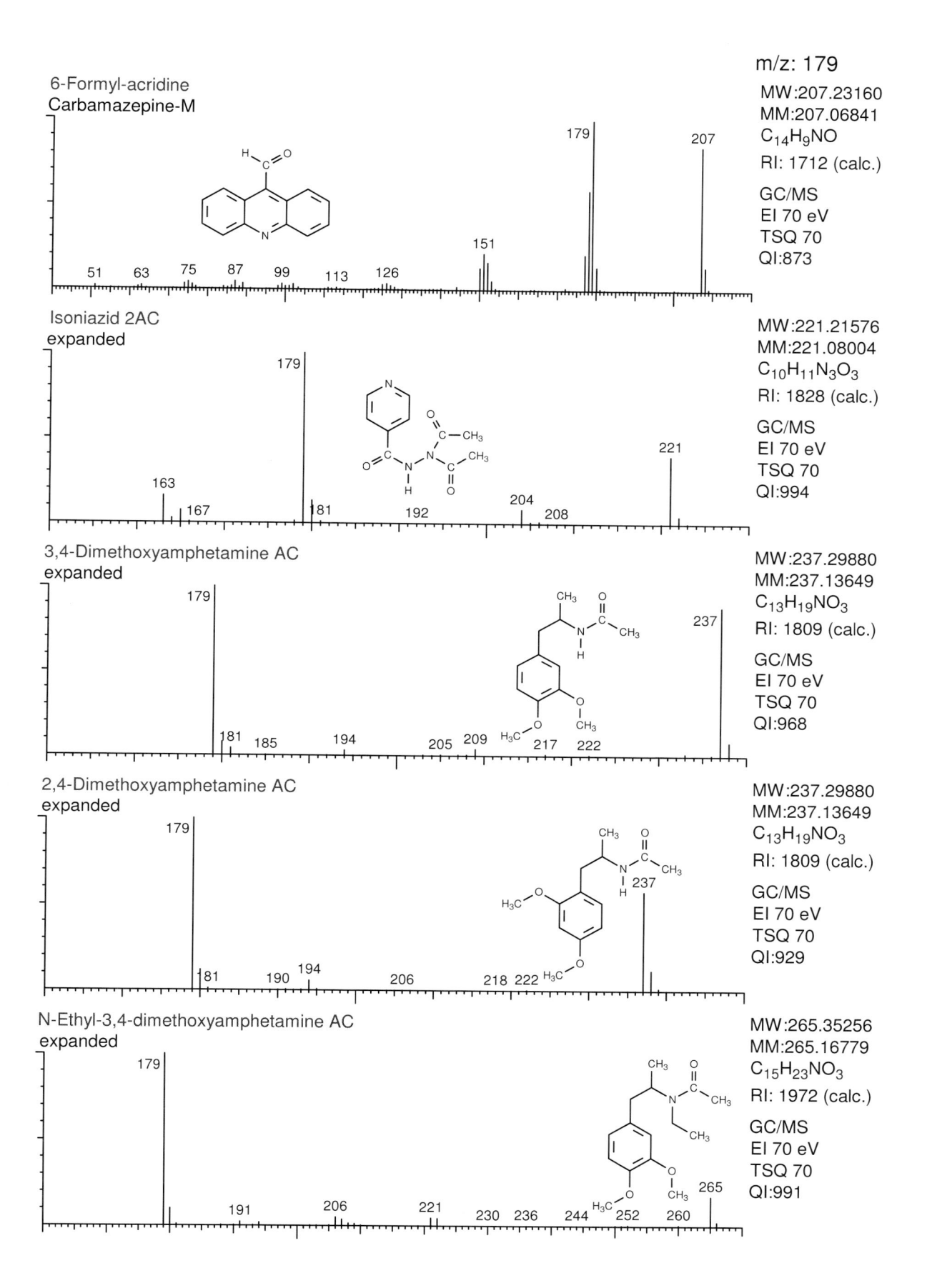

6-Formyl-acridine Carbamazepine-M

Peaks: 51, 63, 75, 87, 99, 113, 126, 151, 179, 207

MW: 207.23160
MM: 207.06841
$C_{14}H_9NO$
RI: 1712 (calc.)

GC/MS
EI 70 eV
TSQ 70
QI: 873

Isoniazid 2AC expanded

Peaks: 163, 167, 179, 181, 192, 204, 208, 221

MW: 221.21576
MM: 221.08004
$C_{10}H_{11}N_3O_3$
RI: 1828 (calc.)

GC/MS
EI 70 eV
TSQ 70
QI: 994

3,4-Dimethoxyamphetamine AC expanded

Peaks: 179, 181, 185, 194, 205, 209, 217, 222, 237

MW: 237.29880
MM: 237.13649
$C_{13}H_{19}NO_3$
RI: 1809 (calc.)

GC/MS
EI 70 eV
TSQ 70
QI: 968

2,4-Dimethoxyamphetamine AC expanded

Peaks: 179, 181, 190, 194, 206, 218, 222, 237

MW: 237.29880
MM: 237.13649
$C_{13}H_{19}NO_3$
RI: 1809 (calc.)

GC/MS
EI 70 eV
TSQ 70
QI: 929

N-Ethyl-3,4-dimethoxyamphetamine AC expanded

Peaks: 179, 191, 206, 221, 230, 236, 244, 252, 260, 265

MW: 265.35256
MM: 265.16779
$C_{15}H_{23}NO_3$
RI: 1972 (calc.)

GC/MS
EI 70 eV
TSQ 70
QI: 991

m/z: 179

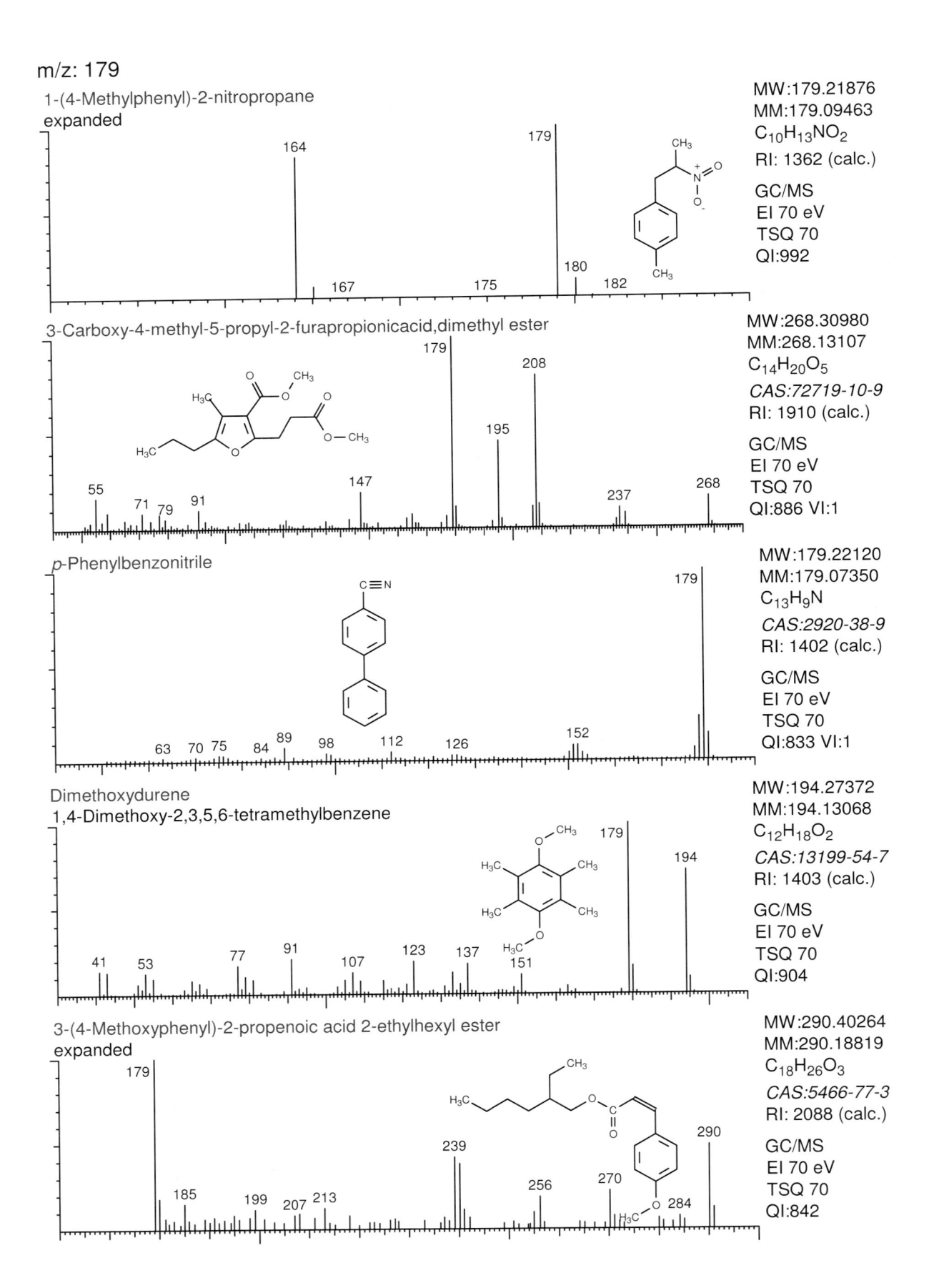

1-(4-Methylphenyl)-2-nitropropane
expanded

Peaks: 164, 179, 167, 175, 180, 182

MW: 179.21876
MM: 179.09463
$C_{10}H_{13}NO_2$
RI: 1362 (calc.)

GC/MS
EI 70 eV
TSQ 70
QI: 992

3-Carboxy-4-methyl-5-propyl-2-furapropionicacid, dimethyl ester

Peaks: 55, 71, 79, 91, 147, 179, 195, 208, 237, 268

MW: 268.30980
MM: 268.13107
$C_{14}H_{20}O_5$
CAS: 72719-10-9
RI: 1910 (calc.)

GC/MS
EI 70 eV
TSQ 70
QI: 886 VI:1

p-Phenylbenzonitrile

Peaks: 63, 70, 75, 84, 89, 98, 112, 126, 152, 179

MW: 179.22120
MM: 179.07350
$C_{13}H_9N$
CAS: 2920-38-9
RI: 1402 (calc.)

GC/MS
EI 70 eV
TSQ 70
QI: 833 VI:1

Dimethoxydurene
1,4-Dimethoxy-2,3,5,6-tetramethylbenzene

Peaks: 41, 53, 77, 91, 107, 123, 137, 151, 179, 194

MW: 194.27372
MM: 194.13068
$C_{12}H_{18}O_2$
CAS: 13199-54-7
RI: 1403 (calc.)

GC/MS
EI 70 eV
TSQ 70
QI: 904

3-(4-Methoxyphenyl)-2-propenoic acid 2-ethylhexyl ester
expanded

Peaks: 179, 185, 199, 207, 213, 239, 256, 270, 284, 290

MW: 290.40264
MM: 290.18819
$C_{18}H_{26}O_3$
CAS: 5466-77-3
RI: 2088 (calc.)

GC/MS
EI 70 eV
TSQ 70
QI: 842

m/z: 179-180

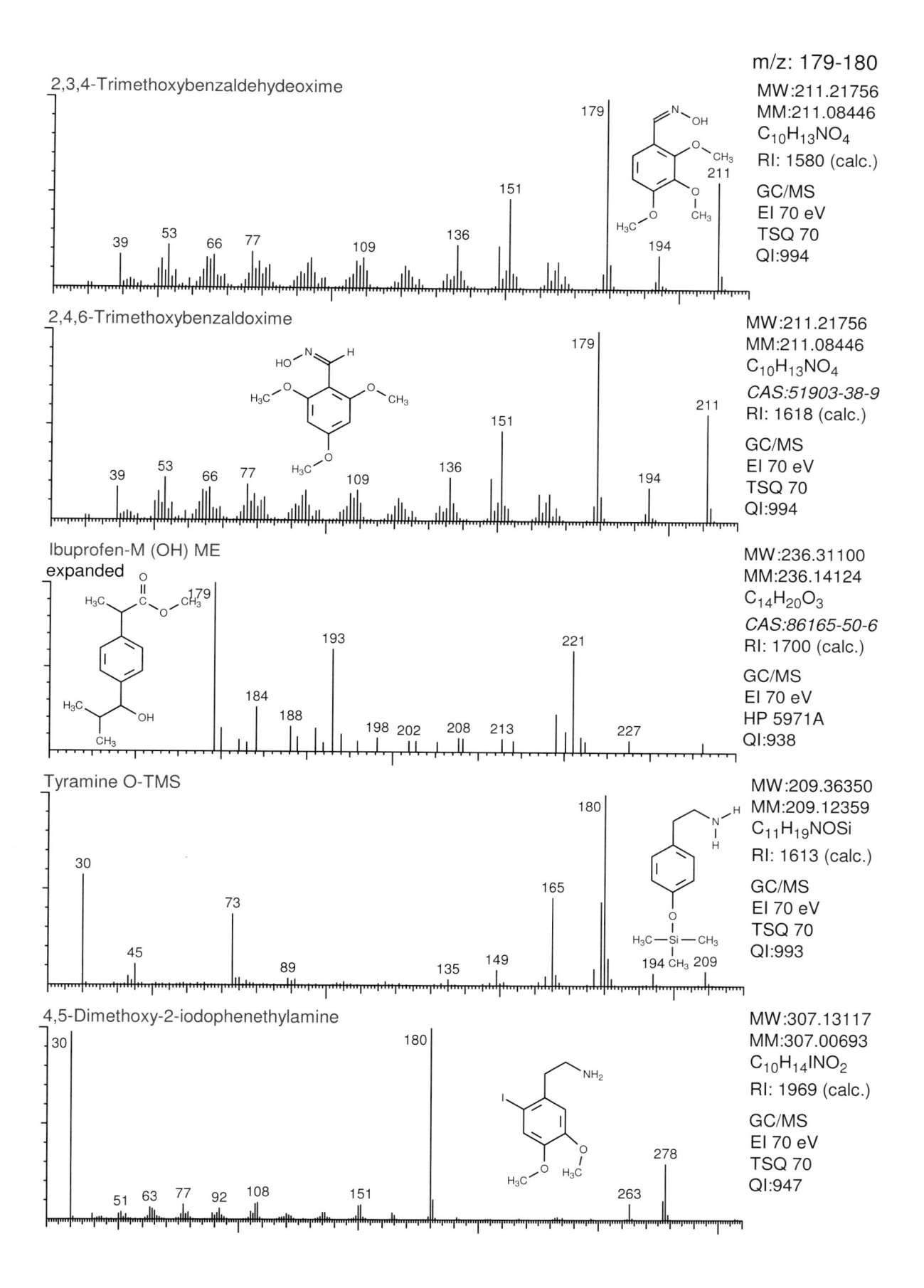

2,3,4-Trimethoxybenzaldehydeoxime

MW:211.21756
MM:211.08446
$C_{10}H_{13}NO_4$
RI: 1580 (calc.)

GC/MS
EI 70 eV
TSQ 70
QI:994

Peaks: 39, 53, 66, 77, 109, 136, 151, 179, 194, 211

2,4,6-Trimethoxybenzaldoxime

MW:211.21756
MM:211.08446
$C_{10}H_{13}NO_4$
CAS:51903-38-9
RI: 1618 (calc.)

GC/MS
EI 70 eV
TSQ 70
QI:994

Peaks: 39, 53, 66, 77, 109, 136, 151, 179, 194, 211

Ibuprofen-M (OH) ME expanded

MW:236.31100
MM:236.14124
$C_{14}H_{20}O_3$
CAS:86165-50-6
RI: 1700 (calc.)

GC/MS
EI 70 eV
HP 5971A
QI:938

Peaks: 179, 184, 188, 193, 198, 202, 208, 213, 221, 227

Tyramine O-TMS

MW:209.36350
MM:209.12359
$C_{11}H_{19}NOSi$
RI: 1613 (calc.)

GC/MS
EI 70 eV
TSQ 70
QI:993

Peaks: 30, 45, 73, 89, 135, 149, 165, 180, 194, 209

4,5-Dimethoxy-2-iodophenethylamine

MW:307.13117
MM:307.00693
$C_{10}H_{14}INO_2$
RI: 1969 (calc.)

GC/MS
EI 70 eV
TSQ 70
QI:947

Peaks: 30, 51, 63, 77, 92, 108, 151, 180, 263, 278

m/z: 180

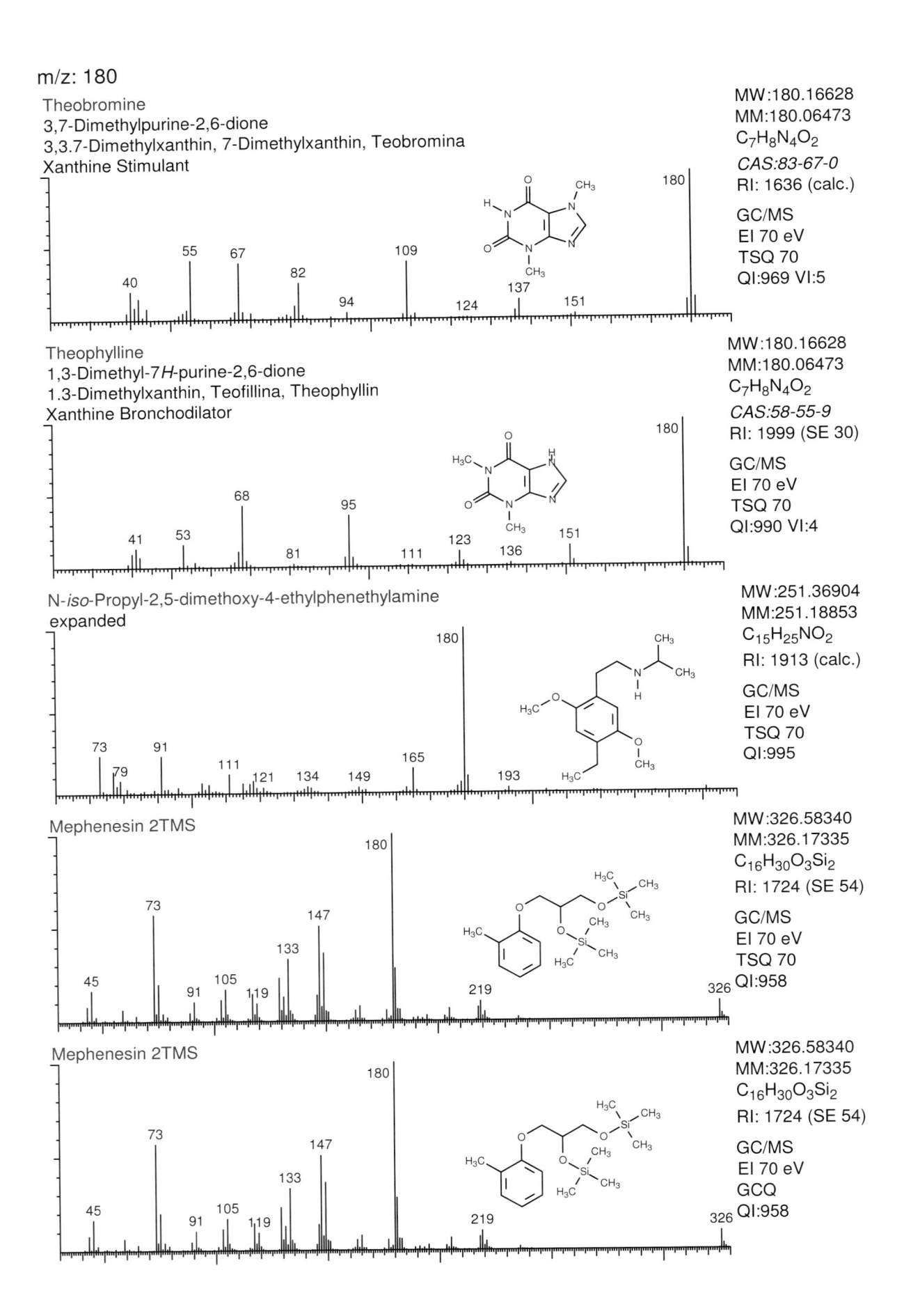

Theobromine
3,7-Dimethylpurine-2,6-dione
3,3.7-Dimethylxanthin, 7-Dimethylxanthin, Teobromina
Xanthine Stimulant

MW:180.16628
MM:180.06473
$C_7H_8N_4O_2$
CAS:83-67-0
RI: 1636 (calc.)

GC/MS
EI 70 eV
TSQ 70
QI:969 VI:5

Theophylline
1,3-Dimethyl-7H-purine-2,6-dione
1.3-Dimethylxanthin, Teofillina, Theophyllin
Xanthine Bronchodilator

MW:180.16628
MM:180.06473
$C_7H_8N_4O_2$
CAS:58-55-9
RI: 1999 (SE 30)

GC/MS
EI 70 eV
TSQ 70
QI:990 VI:4

N-iso-Propyl-2,5-dimethoxy-4-ethylphenethylamine
expanded

MW:251.36904
MM:251.18853
$C_{15}H_{25}NO_2$
RI: 1913 (calc.)

GC/MS
EI 70 eV
TSQ 70
QI:995

Mephenesin 2TMS

MW:326.58340
MM:326.17335
$C_{16}H_{30}O_3Si_2$
RI: 1724 (SE 54)

GC/MS
EI 70 eV
TSQ 70
QI:958

Mephenesin 2TMS

MW:326.58340
MM:326.17335
$C_{16}H_{30}O_3Si_2$
RI: 1724 (SE 54)

GC/MS
EI 70 eV
GCQ
QI:958

m/z: 180

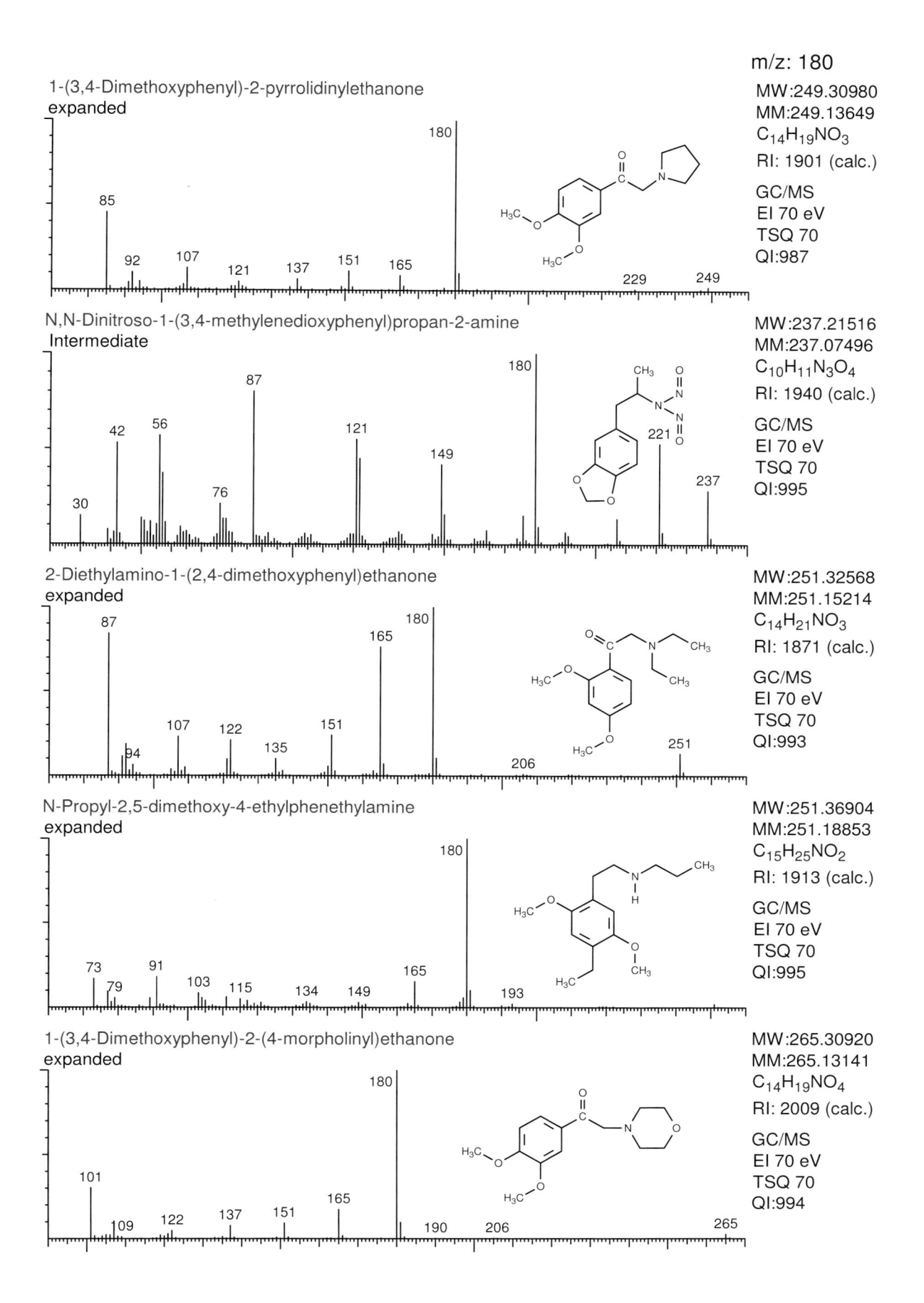

1-(3,4-Dimethoxyphenyl)-2-pyrrolidinylethanone
expanded

MW: 249.30980
MM: 249.13649
$C_{14}H_{19}NO_3$
RI: 1901 (calc.)

GC/MS
EI 70 eV
TSQ 70
QI: 987

Peaks: 85, 92, 107, 121, 137, 151, 165, 180, 229, 249

N,N-Dinitroso-1-(3,4-methylenedioxyphenyl)propan-2-amine
Intermediate

MW: 237.21516
MM: 237.07496
$C_{10}H_{11}N_3O_4$
RI: 1940 (calc.)

GC/MS
EI 70 eV
TSQ 70
QI: 995

Peaks: 30, 42, 56, 76, 87, 121, 149, 180, 221, 237

2-Diethylamino-1-(2,4-dimethoxyphenyl)ethanone
expanded

MW: 251.32568
MM: 251.15214
$C_{14}H_{21}NO_3$
RI: 1871 (calc.)

GC/MS
EI 70 eV
TSQ 70
QI: 993

Peaks: 87, 94, 107, 122, 135, 151, 165, 180, 206, 251

N-Propyl-2,5-dimethoxy-4-ethylphenethylamine
expanded

MW: 251.36904
MM: 251.18853
$C_{15}H_{25}NO_2$
RI: 1913 (calc.)

GC/MS
EI 70 eV
TSQ 70
QI: 995

Peaks: 73, 79, 91, 103, 115, 134, 149, 165, 180, 193

1-(3,4-Dimethoxyphenyl)-2-(4-morpholinyl)ethanone
expanded

MW: 265.30920
MM: 265.13141
$C_{14}H_{19}NO_4$
RI: 2009 (calc.)

GC/MS
EI 70 eV
TSQ 70
QI: 994

Peaks: 101, 109, 122, 137, 151, 165, 180, 190, 206, 265

m/z: 180

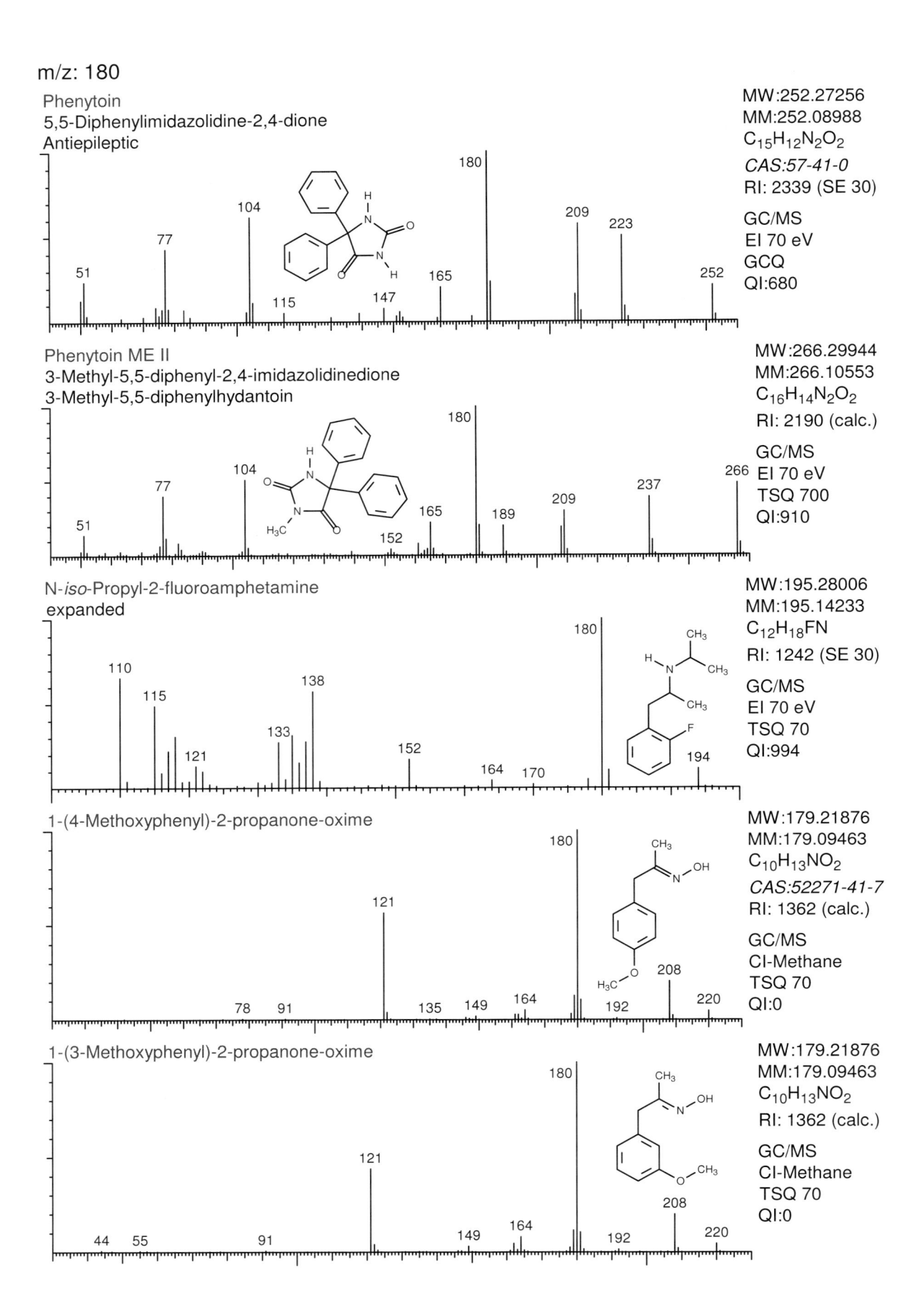

Phenytoin
5,5-Diphenylimidazolidine-2,4-dione
Antiepileptic

MW:252.27256
MM:252.08988
$C_{15}H_{12}N_2O_2$
CAS:57-41-0
RI: 2339 (SE 30)

GC/MS
EI 70 eV
GCQ
QI:680

Peaks: 51, 77, 104, 115, 147, 165, 180, 209, 223, 252

Phenytoin ME II
3-Methyl-5,5-diphenyl-2,4-imidazolidinedione
3-Methyl-5,5-diphenylhydantoin

MW:266.29944
MM:266.10553
$C_{16}H_{14}N_2O_2$
RI: 2190 (calc.)

GC/MS
EI 70 eV
TSQ 700
QI:910

Peaks: 51, 77, 104, 152, 165, 180, 189, 209, 237, 266

N-iso-Propyl-2-fluoroamphetamine
expanded

MW:195.28006
MM:195.14233
$C_{12}H_{18}FN$
RI: 1242 (SE 30)

GC/MS
EI 70 eV
TSQ 70
QI:994

Peaks: 110, 115, 121, 133, 138, 152, 164, 170, 180, 194

1-(4-Methoxyphenyl)-2-propanone-oxime

MW:179.21876
MM:179.09463
$C_{10}H_{13}NO_2$
CAS:52271-41-7
RI: 1362 (calc.)

GC/MS
CI-Methane
TSQ 70
QI:0

Peaks: 78, 91, 121, 135, 149, 164, 180, 192, 208, 220

1-(3-Methoxyphenyl)-2-propanone-oxime

MW:179.21876
MM:179.09463
$C_{10}H_{13}NO_2$
RI: 1362 (calc.)

GC/MS
CI-Methane
TSQ 70
QI:0

Peaks: 44, 55, 91, 121, 149, 164, 180, 192, 208, 220

m/z: 180

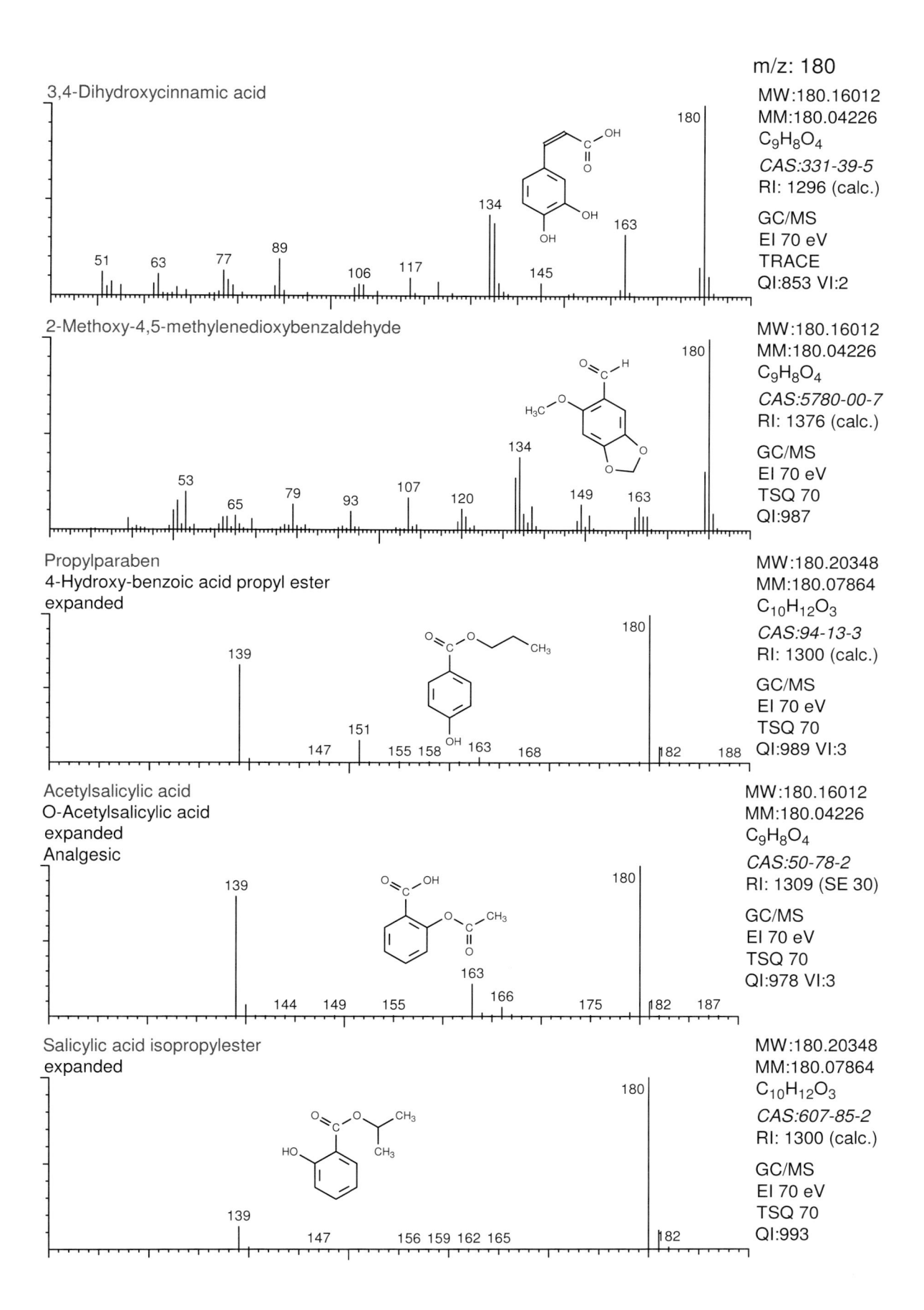

3,4-Dihydroxycinnamic acid

MW: 180.16012
MM: 180.04226
$C_9H_8O_4$
CAS: 331-39-5
RI: 1296 (calc.)

GC/MS
EI 70 eV
TRACE
QI: 853 VI: 2

2-Methoxy-4,5-methylenedioxybenzaldehyde

MW: 180.16012
MM: 180.04226
$C_9H_8O_4$
CAS: 5780-00-7
RI: 1376 (calc.)

GC/MS
EI 70 eV
TSQ 70
QI: 987

Propylparaben
4-Hydroxy-benzoic acid propyl ester
expanded

MW: 180.20348
MM: 180.07864
$C_{10}H_{12}O_3$
CAS: 94-13-3
RI: 1300 (calc.)

GC/MS
EI 70 eV
TSQ 70
QI: 989 VI: 3

Acetylsalicylic acid
O-Acetylsalicylic acid
expanded
Analgesic

MW: 180.16012
MM: 180.04226
$C_9H_8O_4$
CAS: 50-78-2
RI: 1309 (SE 30)

GC/MS
EI 70 eV
TSQ 70
QI: 978 VI: 3

Salicylic acid isopropylester
expanded

MW: 180.20348
MM: 180.07864
$C_{10}H_{12}O_3$
CAS: 607-85-2
RI: 1300 (calc.)

GC/MS
EI 70 eV
TSQ 70
QI: 993

m/z: 180

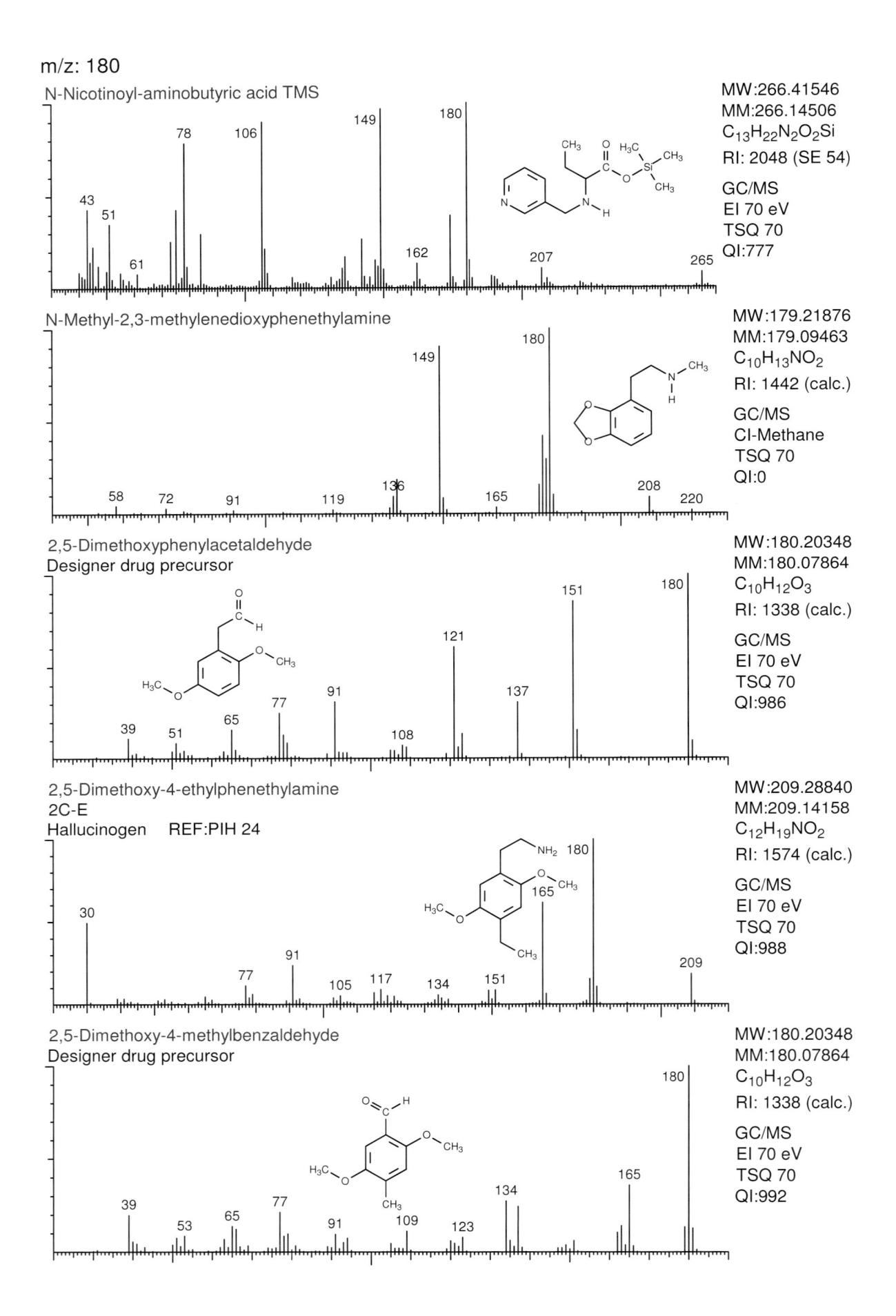

N-Nicotinoyl-aminobutyric acid TMS

MW: 266.41546
MM: 266.14506
C$_{13}$H$_{22}$N$_2$O$_2$Si
RI: 2048 (SE 54)

GC/MS
EI 70 eV
TSQ 70
QI: 777

Peaks: 43, 51, 61, 78, 106, 149, 162, 180, 207, 265

N-Methyl-2,3-methylenedioxyphenethylamine

MW: 179.21876
MM: 179.09463
C$_{10}$H$_{13}$NO$_2$
RI: 1442 (calc.)

GC/MS
CI-Methane
TSQ 70
QI: 0

Peaks: 58, 72, 91, 119, 136, 149, 165, 180, 208, 220

2,5-Dimethoxyphenylacetaldehyde
Designer drug precursor

MW: 180.20348
MM: 180.07864
C$_{10}$H$_{12}$O$_3$
RI: 1338 (calc.)

GC/MS
EI 70 eV
TSQ 70
QI: 986

Peaks: 39, 51, 65, 77, 91, 108, 121, 137, 151, 180

2,5-Dimethoxy-4-ethylphenethylamine
2C-E
Hallucinogen   REF: PIH 24

MW: 209.28840
MM: 209.14158
C$_{12}$H$_{19}$NO$_2$
RI: 1574 (calc.)

GC/MS
EI 70 eV
TSQ 70
QI: 988

Peaks: 30, 77, 91, 105, 117, 134, 151, 165, 180, 209

2,5-Dimethoxy-4-methylbenzaldehyde
Designer drug precursor

MW: 180.20348
MM: 180.07864
C$_{10}$H$_{12}$O$_3$
RI: 1338 (calc.)

GC/MS
EI 70 eV
TSQ 70
QI: 992

Peaks: 39, 53, 65, 77, 91, 109, 123, 134, 165, 180

m/z: 180

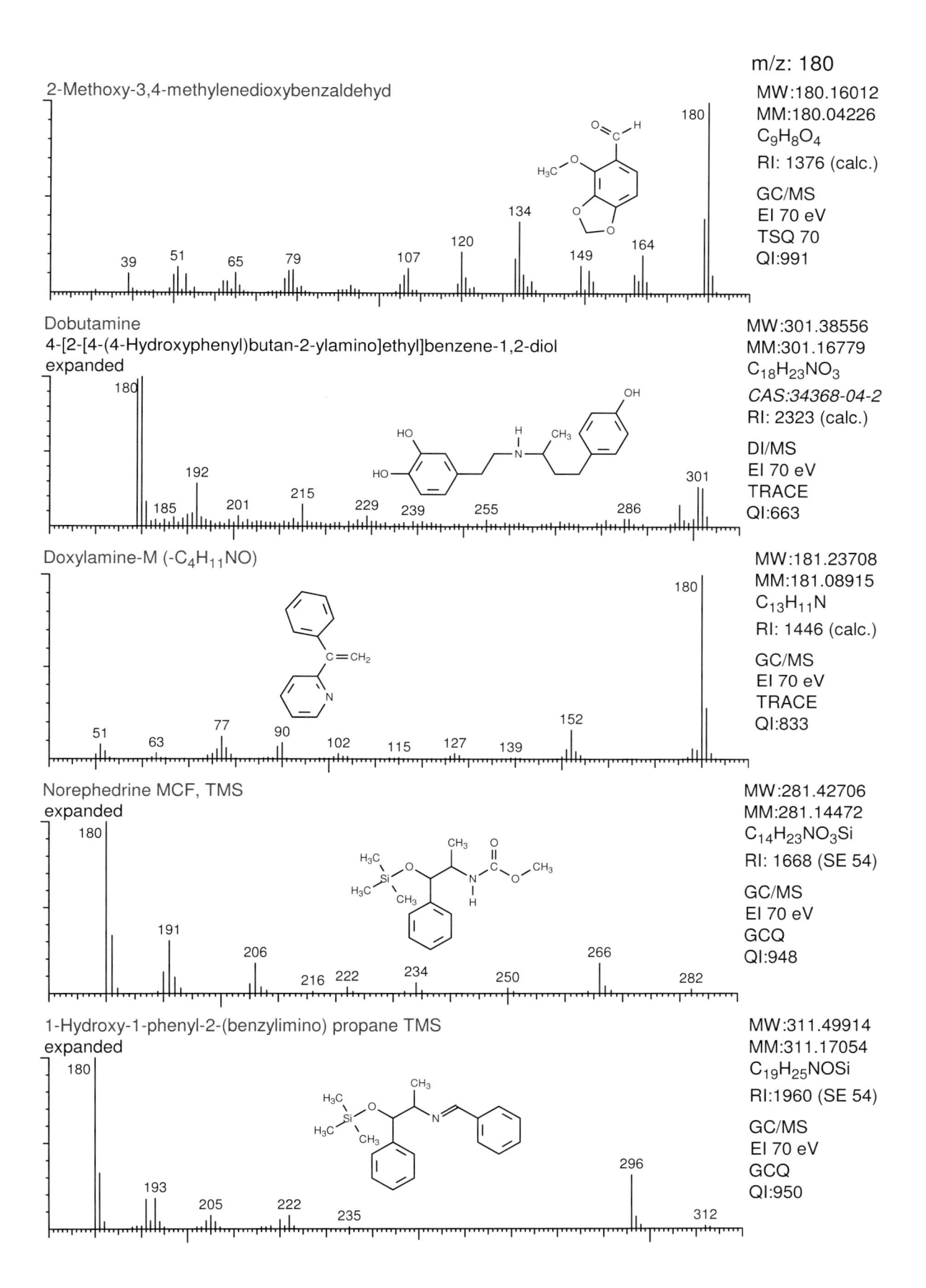

2-Methoxy-3,4-methylenedioxybenzaldehyd

Peaks: 39, 51, 65, 79, 107, 120, 134, 149, 164, 180

MW: 180.16012
MM: 180.04226
$C_9H_8O_4$
RI: 1376 (calc.)

GC/MS
EI 70 eV
TSQ 70
QI: 991

Dobutamine
4-[2-[4-(4-Hydroxyphenyl)butan-2-ylamino]ethyl]benzene-1,2-diol
expanded

Peaks: 180, 185, 192, 201, 215, 229, 239, 255, 286, 301

MW: 301.38556
MM: 301.16779
$C_{18}H_{23}NO_3$
CAS: 34368-04-2
RI: 2323 (calc.)

DI/MS
EI 70 eV
TRACE
QI: 663

Doxylamine-M (-C_4H_{11}NO)

Peaks: 51, 63, 77, 90, 102, 115, 127, 139, 152, 180

MW: 181.23708
MM: 181.08915
$C_{13}H_{11}N$
RI: 1446 (calc.)

GC/MS
EI 70 eV
TRACE
QI: 833

Norephedrine MCF, TMS
expanded

Peaks: 180, 191, 206, 216, 222, 234, 250, 266, 282

MW: 281.42706
MM: 281.14472
$C_{14}H_{23}NO_3Si$
RI: 1668 (SE 54)

GC/MS
EI 70 eV
GCQ
QI: 948

1-Hydroxy-1-phenyl-2-(benzylimino) propane TMS
expanded

Peaks: 180, 193, 205, 222, 235, 296, 312

MW: 311.49914
MM: 311.17054
$C_{19}H_{25}NOSi$
RI: 1960 (SE 54)

GC/MS
EI 70 eV
GCQ
QI: 950

m/z: 180

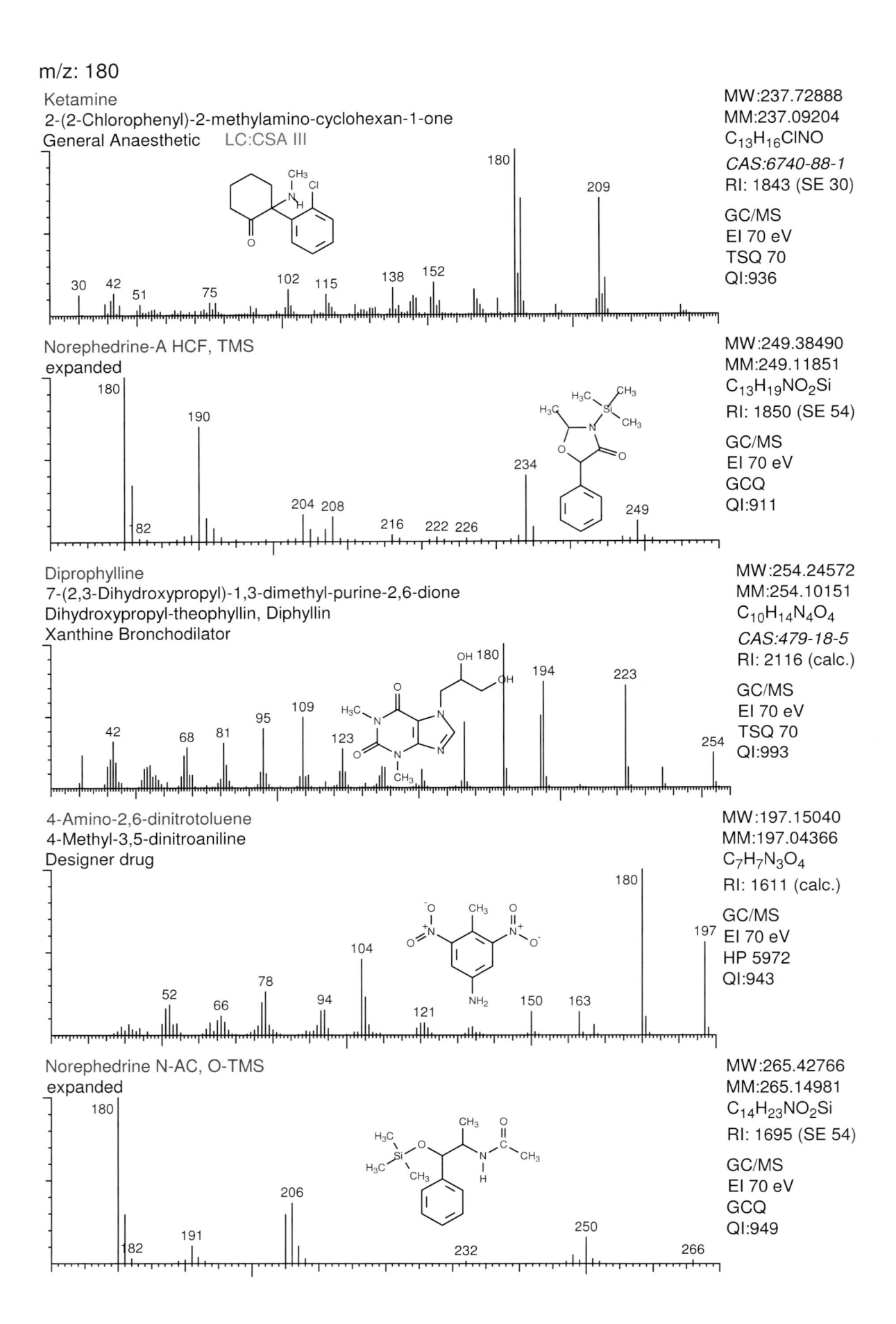

Ketamine
2-(2-Chlorophenyl)-2-methylamino-cyclohexan-1-one
General Anaesthetic   LC:CSA III

MW:237.72888
MM:237.09204
$C_{13}H_{16}ClNO$
CAS:6740-88-1
RI: 1843 (SE 30)

GC/MS
EI 70 eV
TSQ 70
QI:936

Norephedrine-A HCF, TMS
expanded

MW:249.38490
MM:249.11851
$C_{13}H_{19}NO_2Si$
RI: 1850 (SE 54)

GC/MS
EI 70 eV
GCQ
QI:911

Diprophylline
7-(2,3-Dihydroxypropyl)-1,3-dimethyl-purine-2,6-dione
Dihydroxypropyl-theophyllin, Diphyllin
Xanthine Bronchodilator

MW:254.24572
MM:254.10151
$C_{10}H_{14}N_4O_4$
CAS:479-18-5
RI: 2116 (calc.)

GC/MS
EI 70 eV
TSQ 70
QI:993

4-Amino-2,6-dinitrotoluene
4-Methyl-3,5-dinitroaniline
Designer drug

MW:197.15040
MM:197.04366
$C_7H_7N_3O_4$
RI: 1611 (calc.)

GC/MS
EI 70 eV
HP 5972
QI:943

Norephedrine N-AC, O-TMS
expanded

MW:265.42766
MM:265.14981
$C_{14}H_{23}NO_2Si$
RI: 1695 (SE 54)

GC/MS
EI 70 eV
GCQ
QI:949

m/z: 180

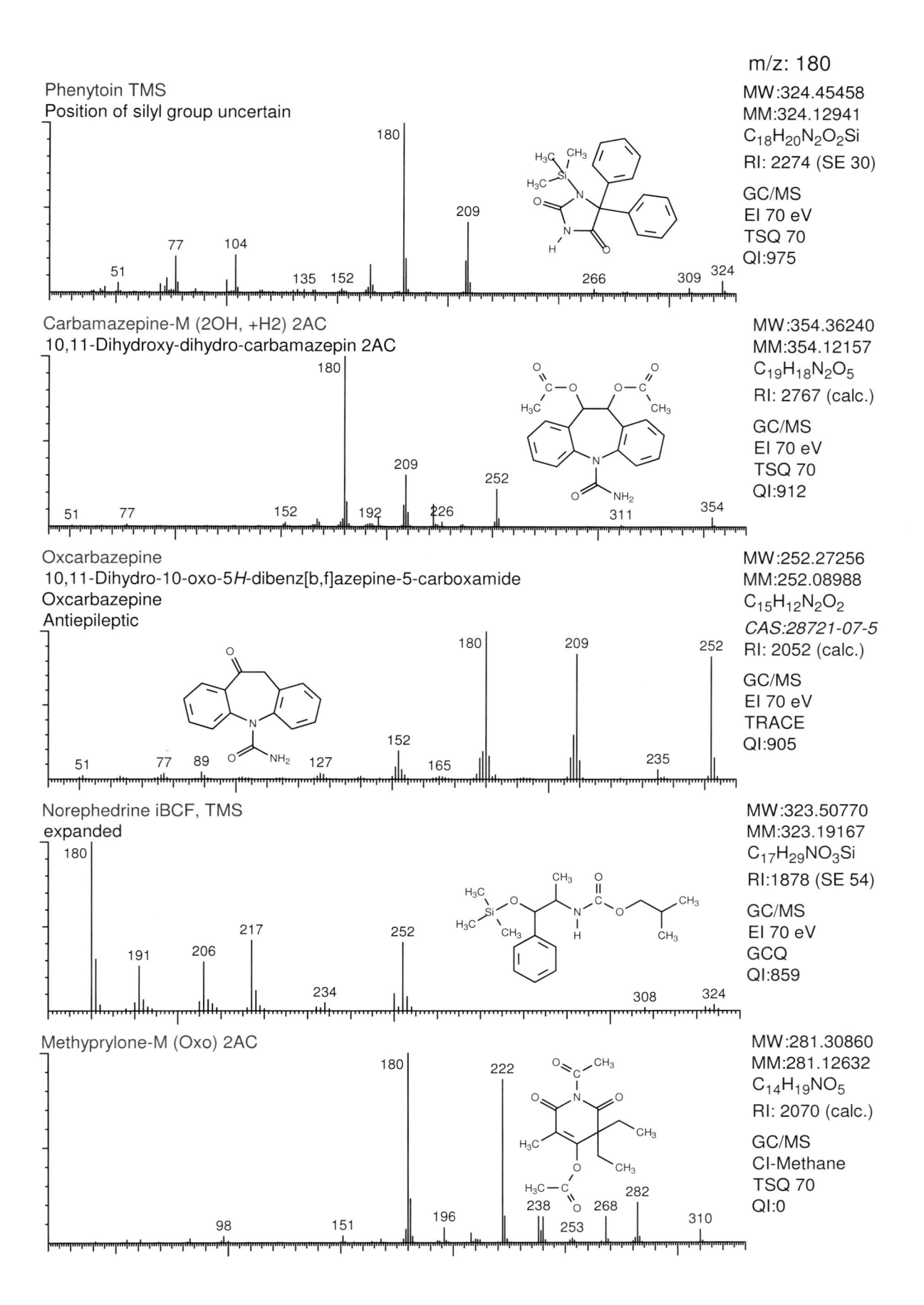

Phenytoin TMS
Position of silyl group uncertain

MW: 324.45458
MM: 324.12941
$C_{18}H_{20}N_2O_2Si$
RI: 2274 (SE 30)

GC/MS
EI 70 eV
TSQ 70
QI: 975

Peaks: 51, 77, 104, 135, 152, 180, 209, 266, 309, 324

Carbamazepine-M (2OH, +H2) 2AC
10,11-Dihydroxy-dihydro-carbamazepin 2AC

MW: 354.36240
MM: 354.12157
$C_{19}H_{18}N_2O_5$
RI: 2767 (calc.)

GC/MS
EI 70 eV
TSQ 70
QI: 912

Peaks: 51, 77, 152, 180, 192, 209, 226, 252, 311, 354

Oxcarbazepine
10,11-Dihydro-10-oxo-5H-dibenz[b,f]azepine-5-carboxamide
Oxcarbazepine
Antiepileptic

MW: 252.27256
MM: 252.08988
$C_{15}H_{12}N_2O_2$
CAS: 28721-07-5
RI: 2052 (calc.)

GC/MS
EI 70 eV
TRACE
QI: 905

Peaks: 51, 77, 89, 127, 152, 165, 180, 209, 235, 252

Norephedrine iBCF, TMS
expanded

MW: 323.50770
MM: 323.19167
$C_{17}H_{29}NO_3Si$
RI: 1878 (SE 54)

GC/MS
EI 70 eV
GCQ
QI: 859

Peaks: 180, 191, 206, 217, 234, 252, 308, 324

Methyprylone-M (Oxo) 2AC

MW: 281.30860
MM: 281.12632
$C_{14}H_{19}NO_5$
RI: 2070 (calc.)

GC/MS
CI-Methane
TSQ 70
QI: 0

Peaks: 98, 151, 180, 196, 222, 238, 253, 268, 282, 310

m/z: 180

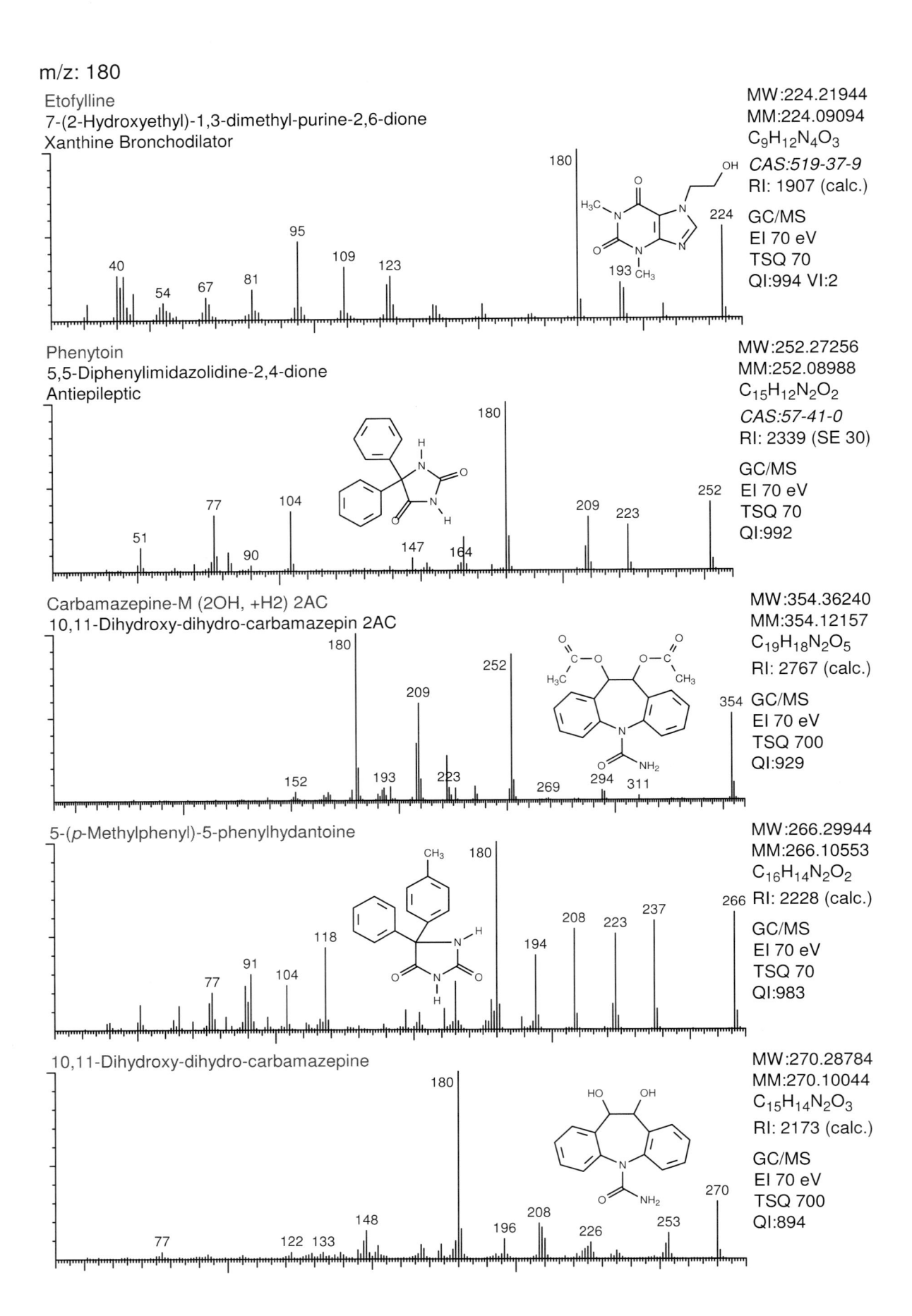

Etofylline
7-(2-Hydroxyethyl)-1,3-dimethyl-purine-2,6-dione
Xanthine Bronchodilator

MW:224.21944
MM:224.09094
$C_9H_{12}N_4O_3$
CAS:519-37-9
RI: 1907 (calc.)
GC/MS
EI 70 eV
TSQ 70
QI:994 VI:2

Phenytoin
5,5-Diphenylimidazolidine-2,4-dione
Antiepileptic

MW:252.27256
MM:252.08988
$C_{15}H_{12}N_2O_2$
CAS:57-41-0
RI: 2339 (SE 30)
GC/MS
EI 70 eV
TSQ 70
QI:992

Carbamazepine-M (2OH, +H2) 2AC
10,11-Dihydroxy-dihydro-carbamazepin 2AC

MW:354.36240
MM:354.12157
$C_{19}H_{18}N_2O_5$
RI: 2767 (calc.)
GC/MS
EI 70 eV
TSQ 700
QI:929

5-(*p*-Methylphenyl)-5-phenylhydantoine

MW:266.29944
MM:266.10553
$C_{16}H_{14}N_2O_2$
RI: 2228 (calc.)
GC/MS
EI 70 eV
TSQ 70
QI:983

10,11-Dihydroxy-dihydro-carbamazepine

MW:270.28784
MM:270.10044
$C_{15}H_{14}N_2O_3$
RI: 2173 (calc.)
GC/MS
EI 70 eV
TSQ 700
QI:894

m/z: 180

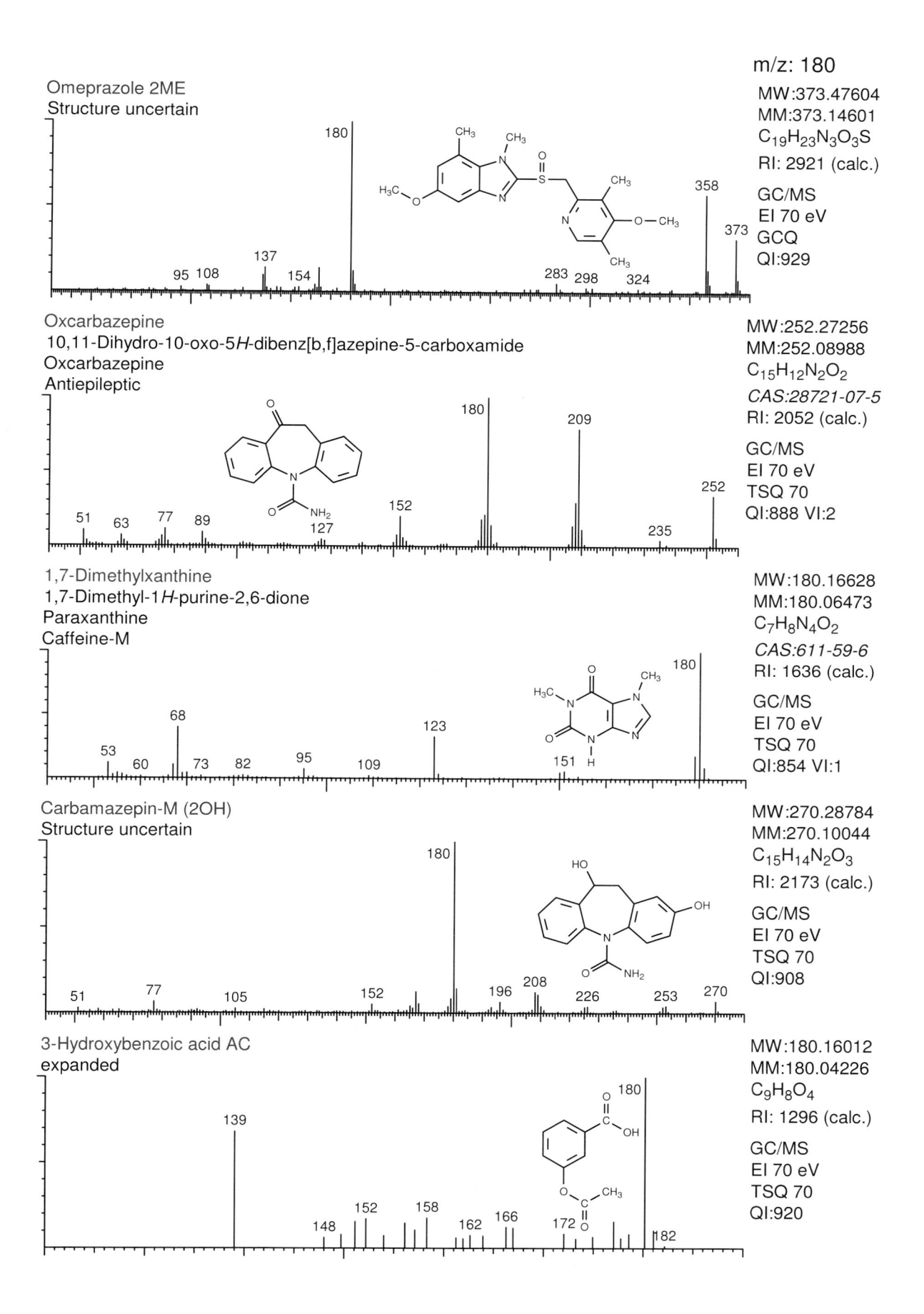

Omeprazole 2ME
Structure uncertain

MW: 373.47604
MM: 373.14601
$C_{19}H_{23}N_3O_3S$
RI: 2921 (calc.)

GC/MS
EI 70 eV
GCQ
QI:929

Peaks: 95, 108, 137, 154, 180, 283, 298, 324, 358, 373

Oxcarbazepine
10,11-Dihydro-10-oxo-5H-dibenz[b,f]azepine-5-carboxamide
Oxcarbazepine
Antiepileptic

MW: 252.27256
MM: 252.08988
$C_{15}H_{12}N_2O_2$
CAS: 28721-07-5
RI: 2052 (calc.)

GC/MS
EI 70 eV
TSQ 70
QI:888 VI:2

Peaks: 51, 63, 77, 89, 127, 152, 180, 209, 235, 252

1,7-Dimethylxanthine
1,7-Dimethyl-1H-purine-2,6-dione
Paraxanthine
Caffeine-M

MW: 180.16628
MM: 180.06473
$C_7H_8N_4O_2$
CAS: 611-59-6
RI: 1636 (calc.)

GC/MS
EI 70 eV
TSQ 70
QI:854 VI:1

Peaks: 53, 60, 68, 73, 82, 95, 109, 123, 151, 180

Carbamazepin-M (2OH)
Structure uncertain

MW: 270.28784
MM: 270.10044
$C_{15}H_{14}N_2O_3$
RI: 2173 (calc.)

GC/MS
EI 70 eV
TSQ 70
QI:908

Peaks: 51, 77, 105, 152, 180, 196, 208, 226, 253, 270

3-Hydroxybenzoic acid AC
expanded

MW: 180.16012
MM: 180.04226
$C_9H_8O_4$
RI: 1296 (calc.)

GC/MS
EI 70 eV
TSQ 70
QI:920

Peaks: 139, 148, 152, 158, 162, 166, 172, 180, 182

m/z: 180-181

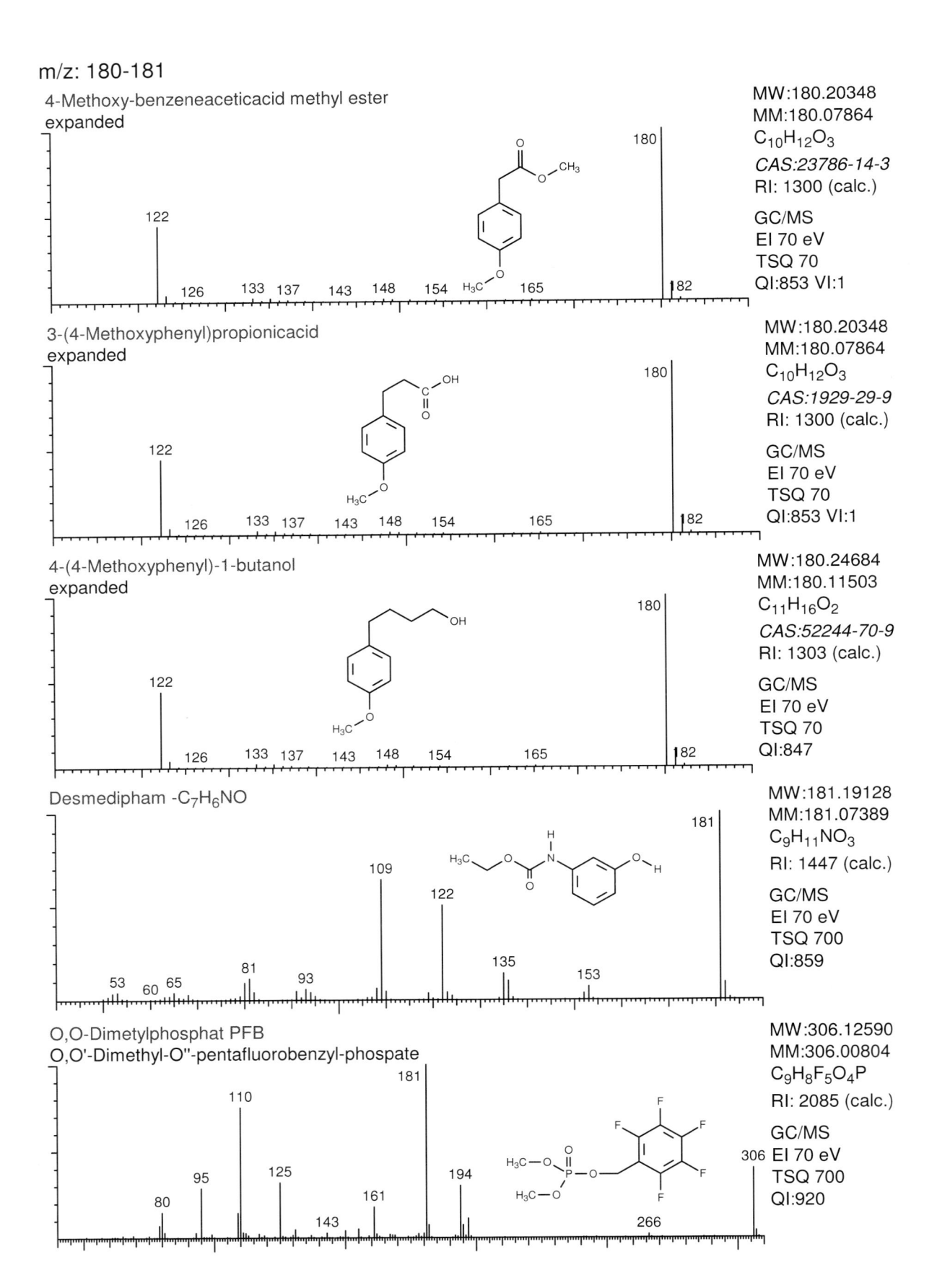

4-Methoxy-benzeneaceticacid methyl ester
expanded

Peaks: 122, 126, 133, 137, 143, 148, 154, 165, 180, 182

MW: 180.20348
MM: 180.07864
$C_{10}H_{12}O_3$
CAS: 23786-14-3
RI: 1300 (calc.)

GC/MS
EI 70 eV
TSQ 70
QI: 853 VI:1

3-(4-Methoxyphenyl)propionicacid
expanded

Peaks: 122, 126, 133, 137, 143, 148, 154, 165, 180, 182

MW: 180.20348
MM: 180.07864
$C_{10}H_{12}O_3$
CAS: 1929-29-9
RI: 1300 (calc.)

GC/MS
EI 70 eV
TSQ 70
QI: 853 VI:1

4-(4-Methoxyphenyl)-1-butanol
expanded

Peaks: 122, 126, 133, 137, 143, 148, 154, 165, 180, 182

MW: 180.24684
MM: 180.11503
$C_{11}H_{16}O_2$
CAS: 52244-70-9
RI: 1303 (calc.)

GC/MS
EI 70 eV
TSQ 70
QI: 847

Desmedipham -C_7H_6NO

Peaks: 53, 60, 65, 81, 93, 109, 122, 135, 153, 181

MW: 181.19128
MM: 181.07389
$C_9H_{11}NO_3$
RI: 1447 (calc.)

GC/MS
EI 70 eV
TSQ 700
QI: 859

O,O-Dimetylphosphat PFB
O,O'-Dimethyl-O''-pentafluorobenzyl-phospate

Peaks: 80, 95, 110, 125, 143, 161, 181, 194, 266, 306

MW: 306.12590
MM: 306.00804
$C_9H_8F_5O_4P$
RI: 2085 (calc.)

GC/MS
EI 70 eV
TSQ 700
QI: 920

2,4,6-Trimethoxyamphetamine TFA

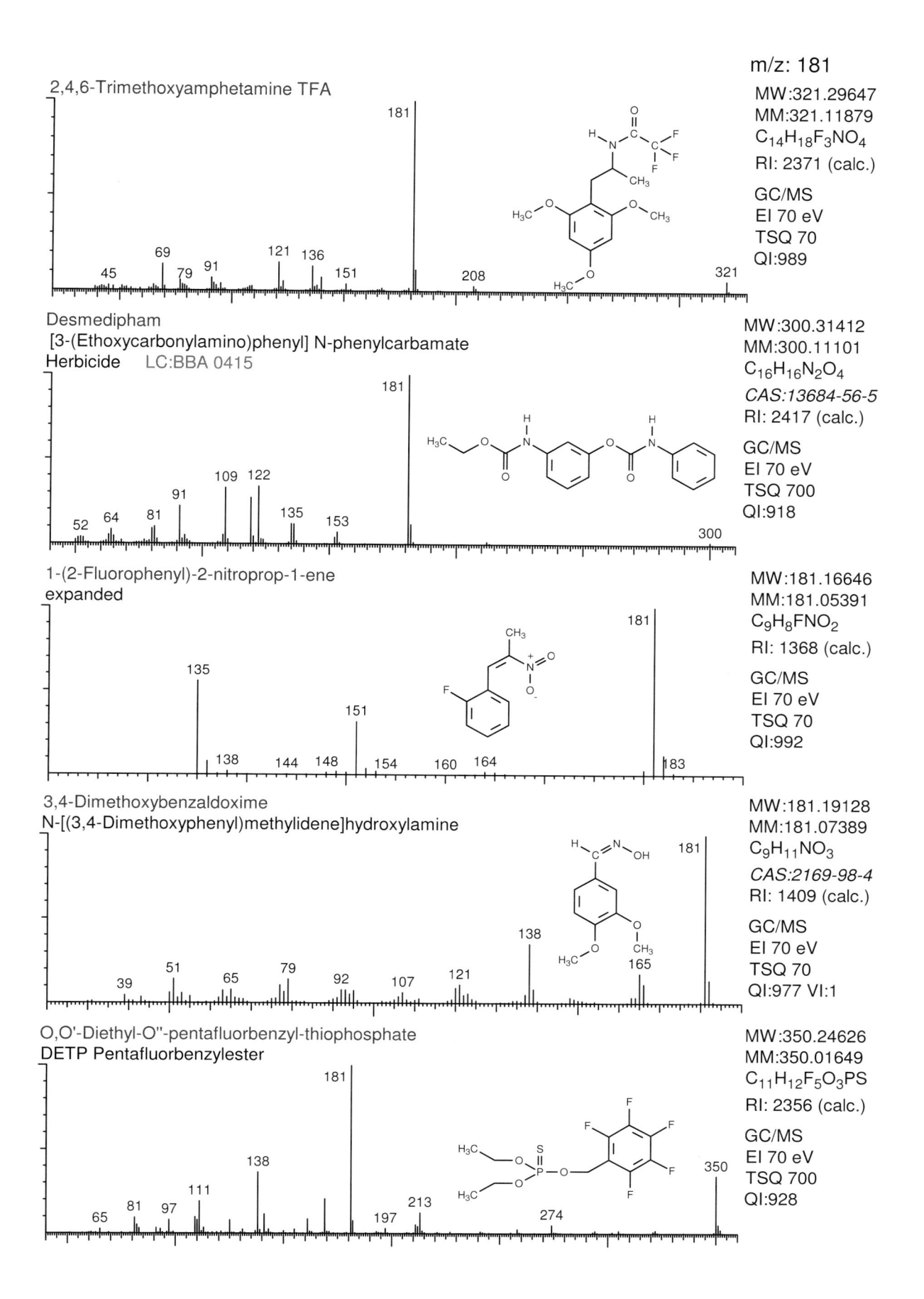

MW: 321.29647
MM: 321.11879
$C_{14}H_{18}F_3NO_4$
RI: 2371 (calc.)

GC/MS
EI 70 eV
TSQ 70
QI: 989

m/z: 181

Peaks: 45, 69, 79, 91, 121, 136, 151, 181, 208, 321

Desmedipham
[3-(Ethoxycarbonylamino)phenyl] N-phenylcarbamate
Herbicide   LC:BBA 0415

MW: 300.31412
MM: 300.11101
$C_{16}H_{16}N_2O_4$
CAS: 13684-56-5
RI: 2417 (calc.)

GC/MS
EI 70 eV
TSQ 700
QI: 918

Peaks: 52, 64, 81, 91, 109, 122, 135, 153, 181, 300

1-(2-Fluorophenyl)-2-nitroprop-1-ene
expanded

MW: 181.16646
MM: 181.05391
$C_9H_8FNO_2$
RI: 1368 (calc.)

GC/MS
EI 70 eV
TSQ 70
QI: 992

Peaks: 135, 138, 144, 148, 151, 154, 160, 164, 181, 183

3,4-Dimethoxybenzaldoxime
N-[(3,4-Dimethoxyphenyl)methylidene]hydroxylamine

MW: 181.19128
MM: 181.07389
$C_9H_{11}NO_3$
CAS: 2169-98-4
RI: 1409 (calc.)

GC/MS
EI 70 eV
TSQ 70
QI: 977 VI:1

Peaks: 39, 51, 65, 79, 92, 107, 121, 138, 165, 181

O,O'-Diethyl-O''-pentafluorbenzyl-thiophosphate
DETP Pentafluorbenzylester

MW: 350.24626
MM: 350.01649
$C_{11}H_{12}F_5O_3PS$
RI: 2356 (calc.)

GC/MS
EI 70 eV
TSQ 700
QI: 928

Peaks: 65, 81, 97, 111, 138, 181, 197, 213, 274, 350

m/z: 181

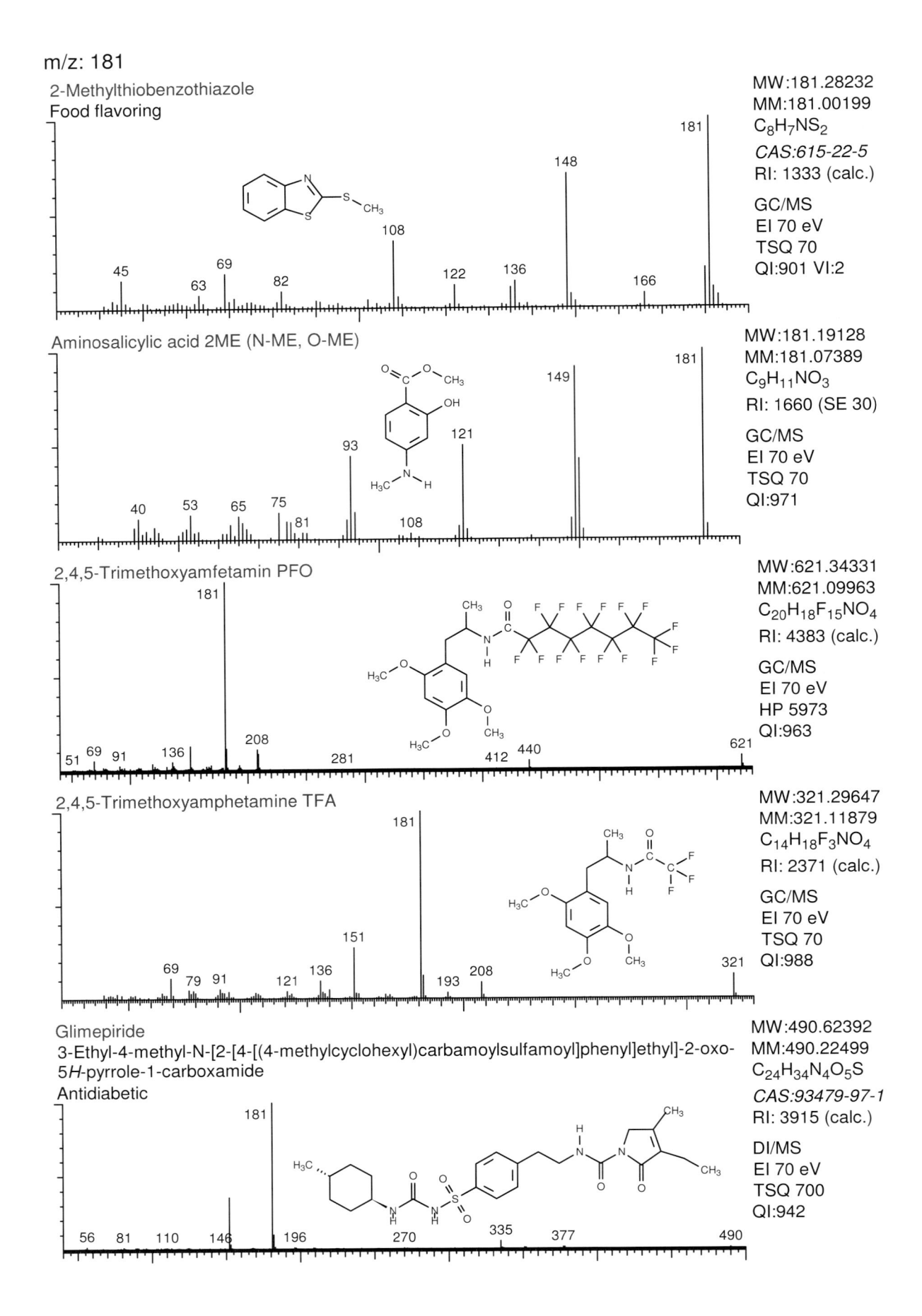

2-Methylthiobenzothiazole
Food flavoring

Peaks: 45, 63, 69, 82, 108, 122, 136, 148, 166, 181

MW: 181.28232
MM: 181.00199
$C_8H_7NS_2$
CAS: 615-22-5
RI: 1333 (calc.)

GC/MS
EI 70 eV
TSQ 70
QI: 901 VI: 2

Aminosalicylic acid 2ME (N-ME, O-ME)

Peaks: 40, 53, 65, 75, 81, 93, 108, 121, 149, 181

MW: 181.19128
MM: 181.07389
$C_9H_{11}NO_3$
RI: 1660 (SE 30)

GC/MS
EI 70 eV
TSQ 70
QI: 971

2,4,5-Trimethoxyamfetamin PFO

Peaks: 51, 69, 91, 136, 181, 208, 281, 412, 440, 621

MW: 621.34331
MM: 621.09963
$C_{20}H_{18}F_{15}NO_4$
RI: 4383 (calc.)

GC/MS
EI 70 eV
HP 5973
QI: 963

2,4,5-Trimethoxyamphetamine TFA

Peaks: 69, 79, 91, 121, 136, 151, 181, 193, 208, 321

MW: 321.29647
MM: 321.11879
$C_{14}H_{18}F_3NO_4$
RI: 2371 (calc.)

GC/MS
EI 70 eV
TSQ 70
QI: 988

Glimepiride
3-Ethyl-4-methyl-N-[2-[4-[(4-methylcyclohexyl)carbamoylsulfamoyl]phenyl]ethyl]-2-oxo-5H-pyrrole-1-carboxamide
Antidiabetic

Peaks: 56, 81, 110, 146, 181, 196, 270, 335, 377, 490

MW: 490.62392
MM: 490.22499
$C_{24}H_{34}N_4O_5S$
CAS: 93479-97-1
RI: 3915 (calc.)

DI/MS
EI 70 eV
TSQ 700
QI: 942

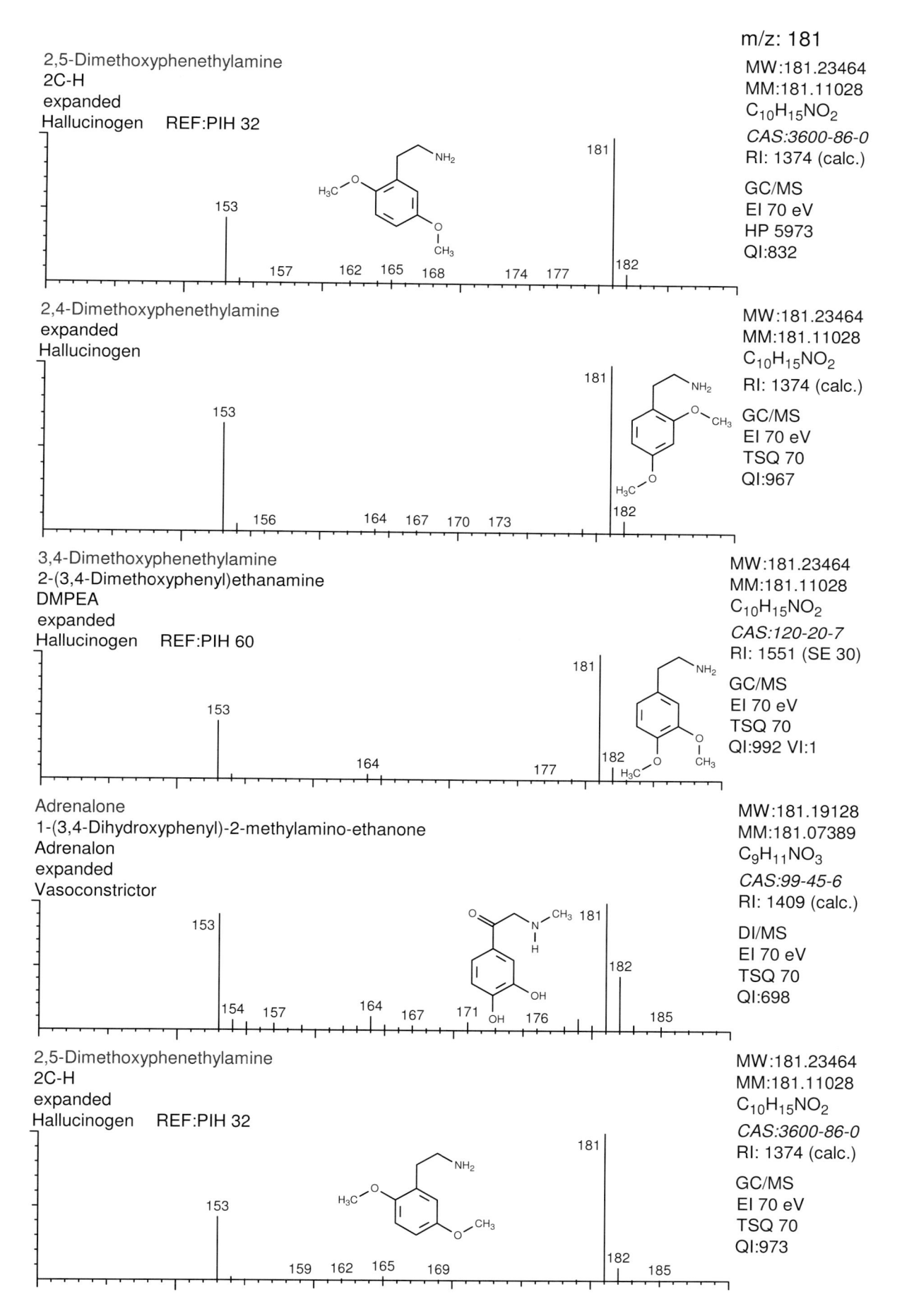

2,5-Dimethoxyphenethylamine
2C-H
expanded
Hallucinogen   REF:PIH 32

m/z: 181
MW:181.23464
MM:181.11028
$C_{10}H_{15}NO_2$
CAS:3600-86-0
RI: 1374 (calc.)

GC/MS
EI 70 eV
HP 5973
QI:832

2,4-Dimethoxyphenethylamine
expanded
Hallucinogen

MW:181.23464
MM:181.11028
$C_{10}H_{15}NO_2$
RI: 1374 (calc.)

GC/MS
EI 70 eV
TSQ 70
QI:967

3,4-Dimethoxyphenethylamine
2-(3,4-Dimethoxyphenyl)ethanamine
DMPEA
expanded
Hallucinogen   REF:PIH 60

MW:181.23464
MM:181.11028
$C_{10}H_{15}NO_2$
CAS:120-20-7
RI: 1551 (SE 30)

GC/MS
EI 70 eV
TSQ 70
QI:992 VI:1

Adrenalone
1-(3,4-Dihydroxyphenyl)-2-methylamino-ethanone
Adrenalon
expanded
Vasoconstrictor

MW:181.19128
MM:181.07389
$C_9H_{11}NO_3$
CAS:99-45-6
RI: 1409 (calc.)

DI/MS
EI 70 eV
TSQ 70
QI:698

2,5-Dimethoxyphenethylamine
2C-H
expanded
Hallucinogen   REF:PIH 32

MW:181.23464
MM:181.11028
$C_{10}H_{15}NO_2$
CAS:3600-86-0
RI: 1374 (calc.)

GC/MS
EI 70 eV
TSQ 70
QI:973

m/z: 181

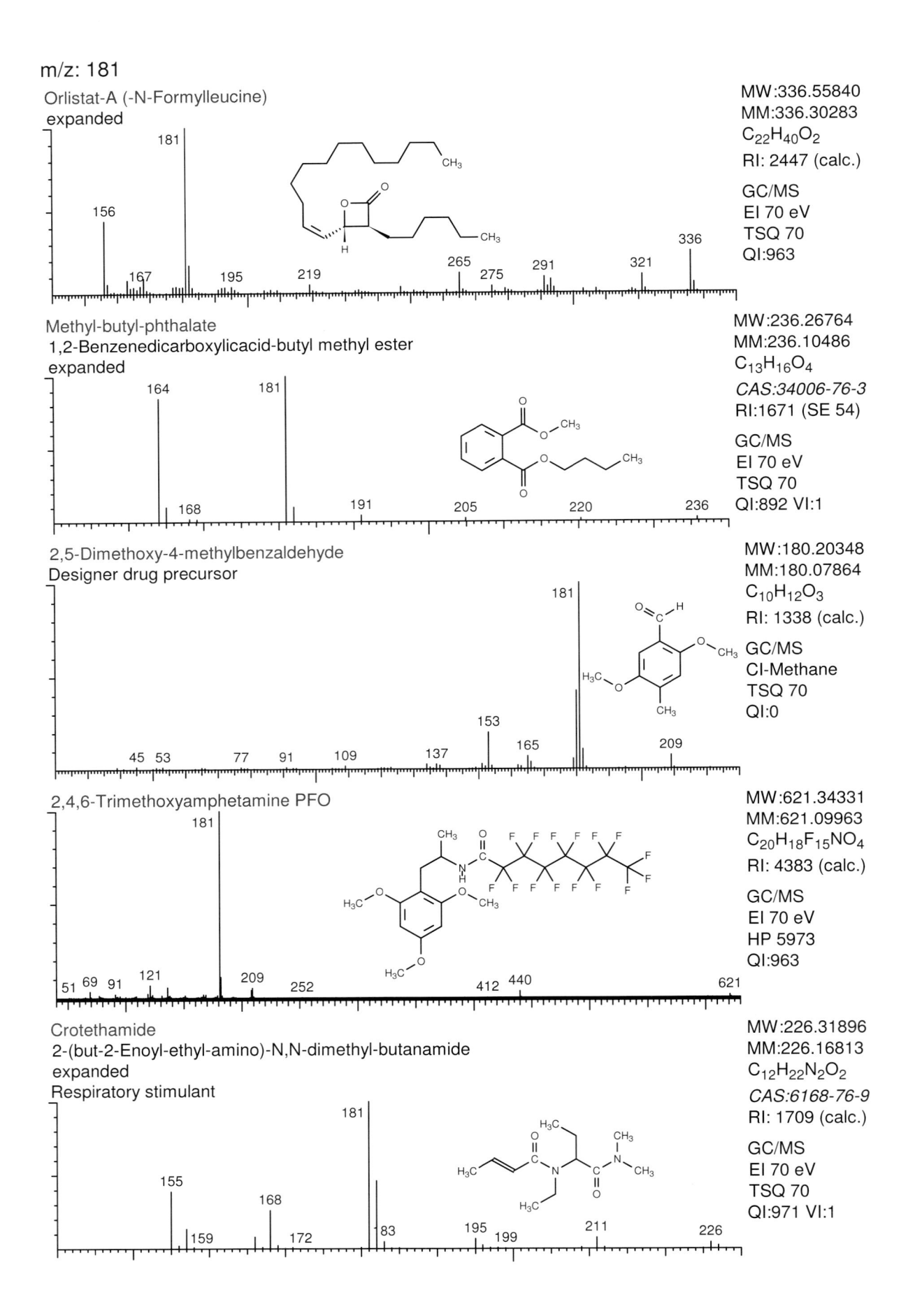

Orlistat-A (-N-Formylleucine)
expanded

MW: 336.55840
MM: 336.30283
$C_{22}H_{40}O_2$
RI: 2447 (calc.)

GC/MS
EI 70 eV
TSQ 70
QI: 963

Methyl-butyl-phthalate
1,2-Benzenedicarboxylicacid-butyl methyl ester
expanded

MW: 236.26764
MM: 236.10486
$C_{13}H_{16}O_4$
CAS: 34006-76-3
RI: 1671 (SE 54)

GC/MS
EI 70 eV
TSQ 70
QI: 892 VI:1

2,5-Dimethoxy-4-methylbenzaldehyde
Designer drug precursor

MW: 180.20348
MM: 180.07864
$C_{10}H_{12}O_3$
RI: 1338 (calc.)

GC/MS
CI-Methane
TSQ 70
QI: 0

2,4,6-Trimethoxyamphetamine PFO

MW: 621.34331
MM: 621.09963
$C_{20}H_{18}F_{15}NO_4$
RI: 4383 (calc.)

GC/MS
EI 70 eV
HP 5973
QI: 963

Crotethamide
2-(but-2-Enoyl-ethyl-amino)-N,N-dimethyl-butanamide
expanded
Respiratory stimulant

MW: 226.31896
MM: 226.16813
$C_{12}H_{22}N_2O_2$
CAS: 6168-76-9
RI: 1709 (calc.)

GC/MS
EI 70 eV
TSQ 70
QI: 971 VI:1

1,1-Diphenylprolinol AC
expanded

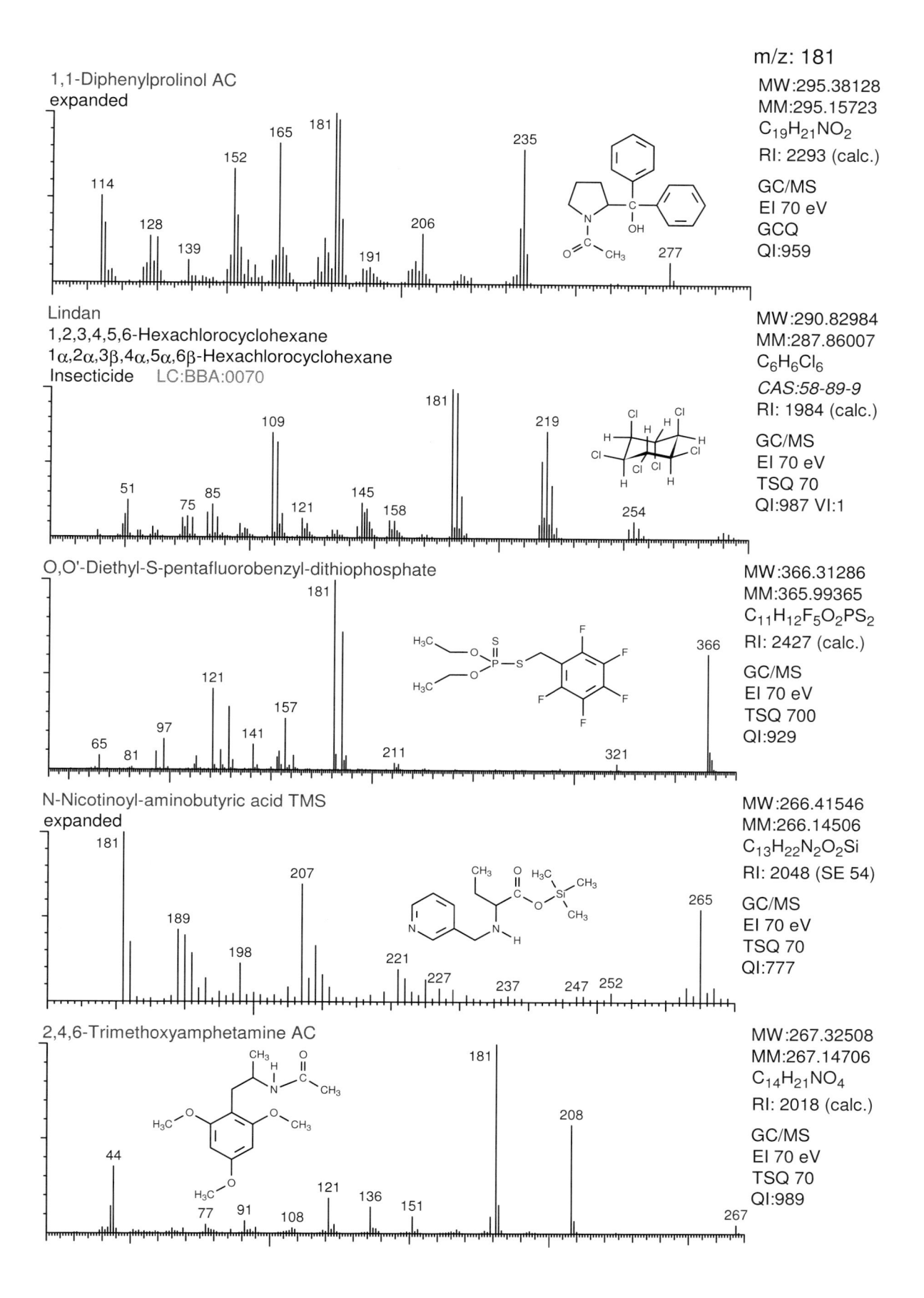

m/z: 181
MW: 295.38128
MM: 295.15723
$C_{19}H_{21}NO_2$
RI: 2293 (calc.)

GC/MS
EI 70 eV
GCQ
QI: 959

Lindan
1,2,3,4,5,6-Hexachlorocyclohexane
1α,2α,3β,4α,5α,6β-Hexachlorocyclohexane
Insecticide   LC:BBA:0070

MW: 290.82984
MM: 287.86007
$C_6H_6Cl_6$
CAS: 58-89-9
RI: 1984 (calc.)

GC/MS
EI 70 eV
TSQ 70
QI: 987 VI:1

O,O'-Diethyl-S-pentafluorobenzyl-dithiophosphate

MW: 366.31286
MM: 365.99365
$C_{11}H_{12}F_5O_2PS_2$
RI: 2427 (calc.)

GC/MS
EI 70 eV
TSQ 700
QI: 929

N-Nicotinoyl-aminobutyric acid TMS
expanded

MW: 266.41546
MM: 266.14506
$C_{13}H_{22}N_2O_2Si$
RI: 2048 (SE 54)

GC/MS
EI 70 eV
TSQ 70
QI: 777

2,4,6-Trimethoxyamphetamine AC

MW: 267.32508
MM: 267.14706
$C_{14}H_{21}NO_4$
RI: 2018 (calc.)

GC/MS
EI 70 eV
TSQ 70
QI: 989

m/z: 181

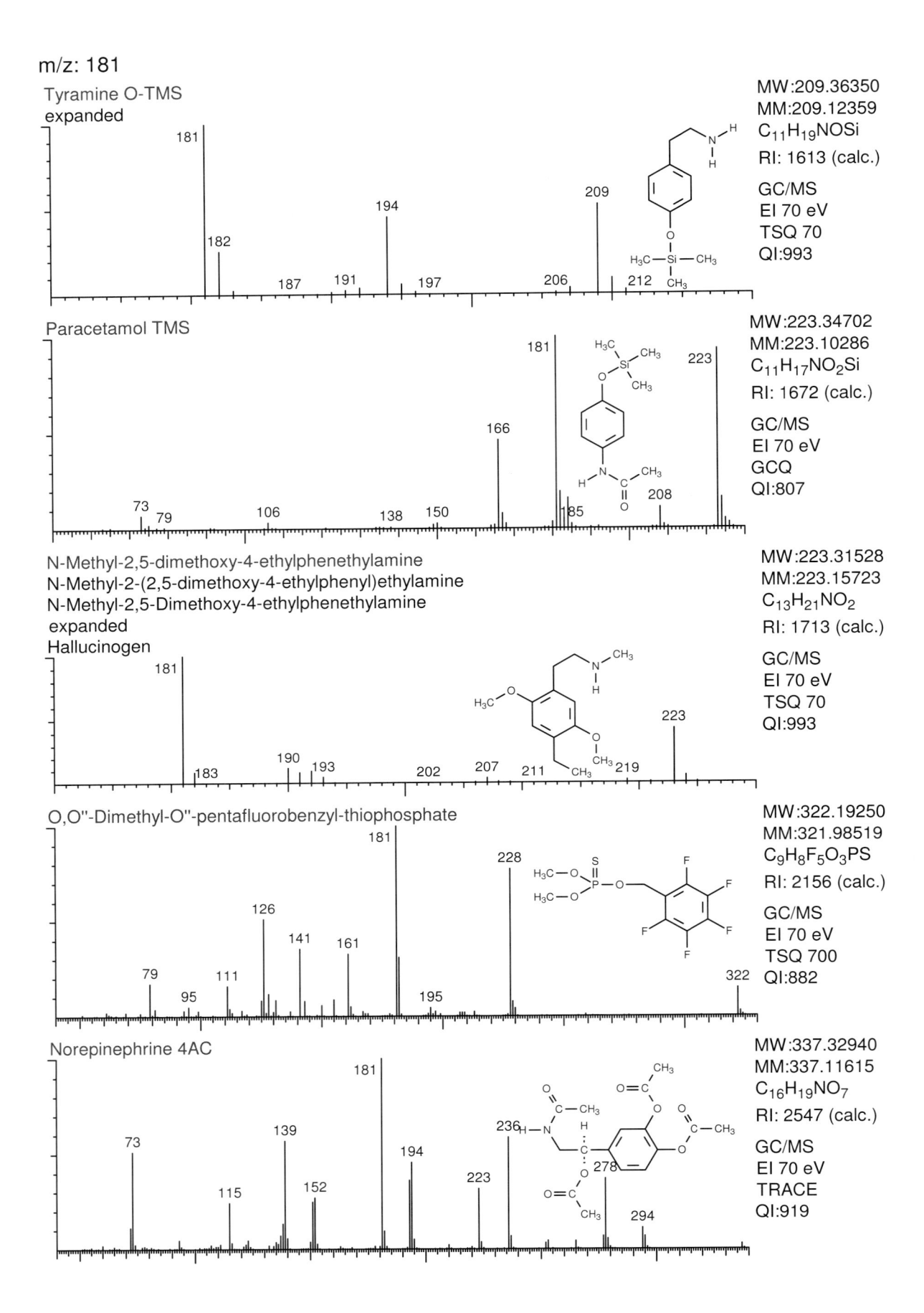

Tyramine O-TMS expanded

MW: 209.36350
MM: 209.12359
$C_{11}H_{19}NOSi$
RI: 1613 (calc.)

GC/MS
EI 70 eV
TSQ 70
QI: 993

Paracetamol TMS

MW: 223.34702
MM: 223.10286
$C_{11}H_{17}NO_2Si$
RI: 1672 (calc.)

GC/MS
EI 70 eV
GCQ
QI: 807

N-Methyl-2,5-dimethoxy-4-ethylphenethylamine
N-Methyl-2-(2,5-dimethoxy-4-phenyl)ethylamine
N-Methyl-2,5-Dimethoxy-4-ethylphenethylamine
expanded
Hallucinogen

MW: 223.31528
MM: 223.15723
$C_{13}H_{21}NO_2$
RI: 1713 (calc.)

GC/MS
EI 70 eV
TSQ 70
QI: 993

O,O''-Dimethyl-O''-pentafluorobenzyl-thiophosphate

MW: 322.19250
MM: 321.98519
$C_9H_8F_5O_3PS$
RI: 2156 (calc.)

GC/MS
EI 70 eV
TSQ 700
QI: 882

Norepinephrine 4AC

MW: 337.32940
MM: 337.11615
$C_{16}H_{19}NO_7$
RI: 2547 (calc.)

GC/MS
EI 70 eV
TRACE
QI: 919

Noradrenaline 4AC
expanded

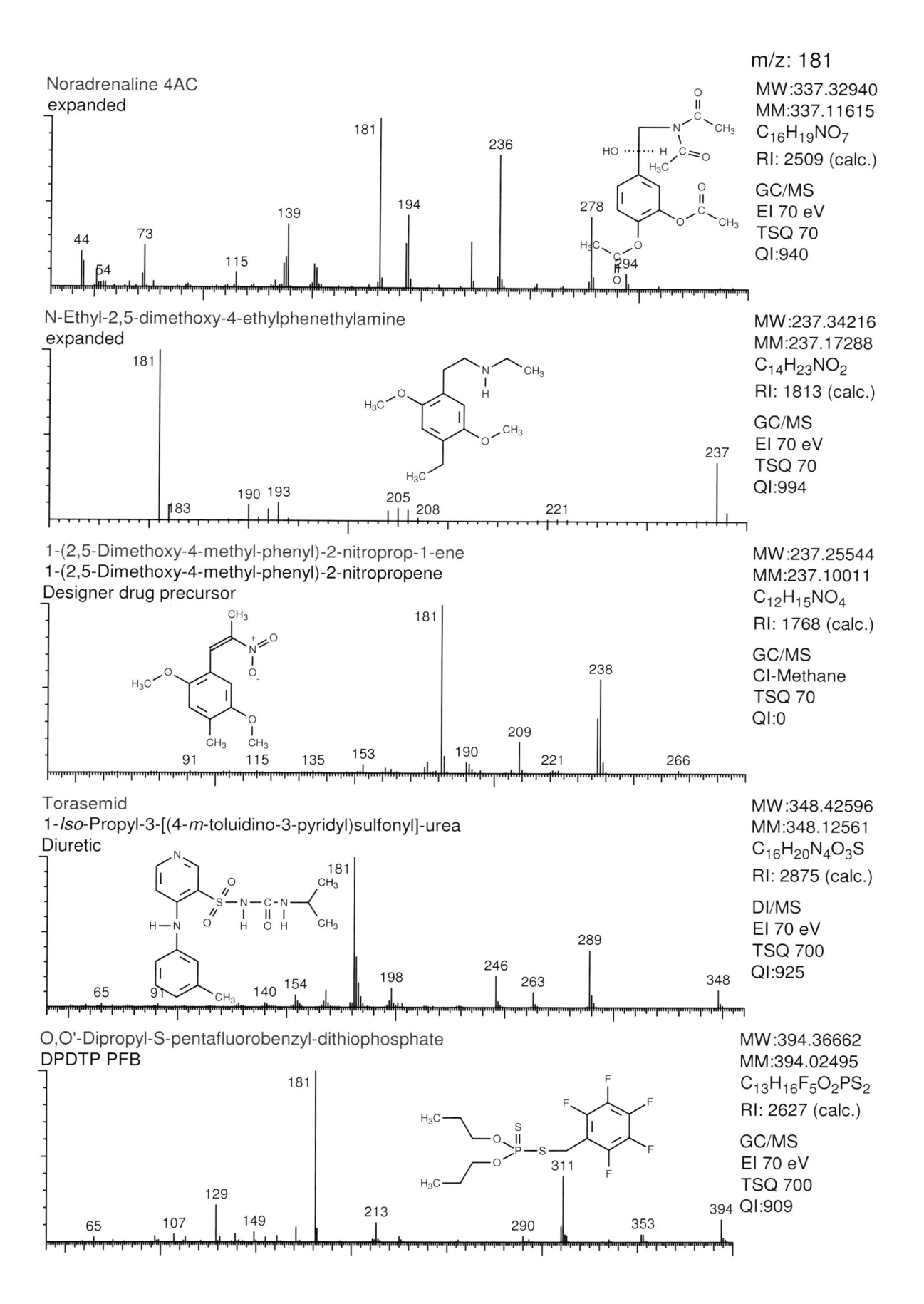

m/z: 181
MW: 337.32940
MM: 337.11615
C$_{16}$H$_{19}$NO$_7$
RI: 2509 (calc.)

GC/MS
EI 70 eV
TSQ 70
QI: 940

N-Ethyl-2,5-dimethoxy-4-ethylphenethylamine
expanded

MW: 237.34216
MM: 237.17288
C$_{14}$H$_{23}$NO$_2$
RI: 1813 (calc.)

GC/MS
EI 70 eV
TSQ 70
QI: 994

1-(2,5-Dimethoxy-4-methyl-phenyl)-2-nitroprop-1-ene
1-(2,5-Dimethoxy-4-methyl-phenyl)-2-nitropropene
Designer drug precursor

MW: 237.25544
MM: 237.10011
C$_{12}$H$_{15}$NO$_4$
RI: 1768 (calc.)

GC/MS
CI-Methane
TSQ 70
QI: 0

Torasemid
1-*Iso*-Propyl-3-[(4-*m*-toluidino-3-pyridyl)sulfonyl]-urea
Diuretic

MW: 348.42596
MM: 348.12561
C$_{16}$H$_{20}$N$_4$O$_3$S
RI: 2875 (calc.)

DI/MS
EI 70 eV
TSQ 700
QI: 925

O,O'-Dipropyl-S-pentafluorobenzyl-dithiophosphate
DPDTP PFB

MW: 394.36662
MM: 394.02495
C$_{13}$H$_{16}$F$_5$O$_2$PS$_2$
RI: 2627 (calc.)

GC/MS
EI 70 eV
TSQ 700
QI: 909

m/z: 181

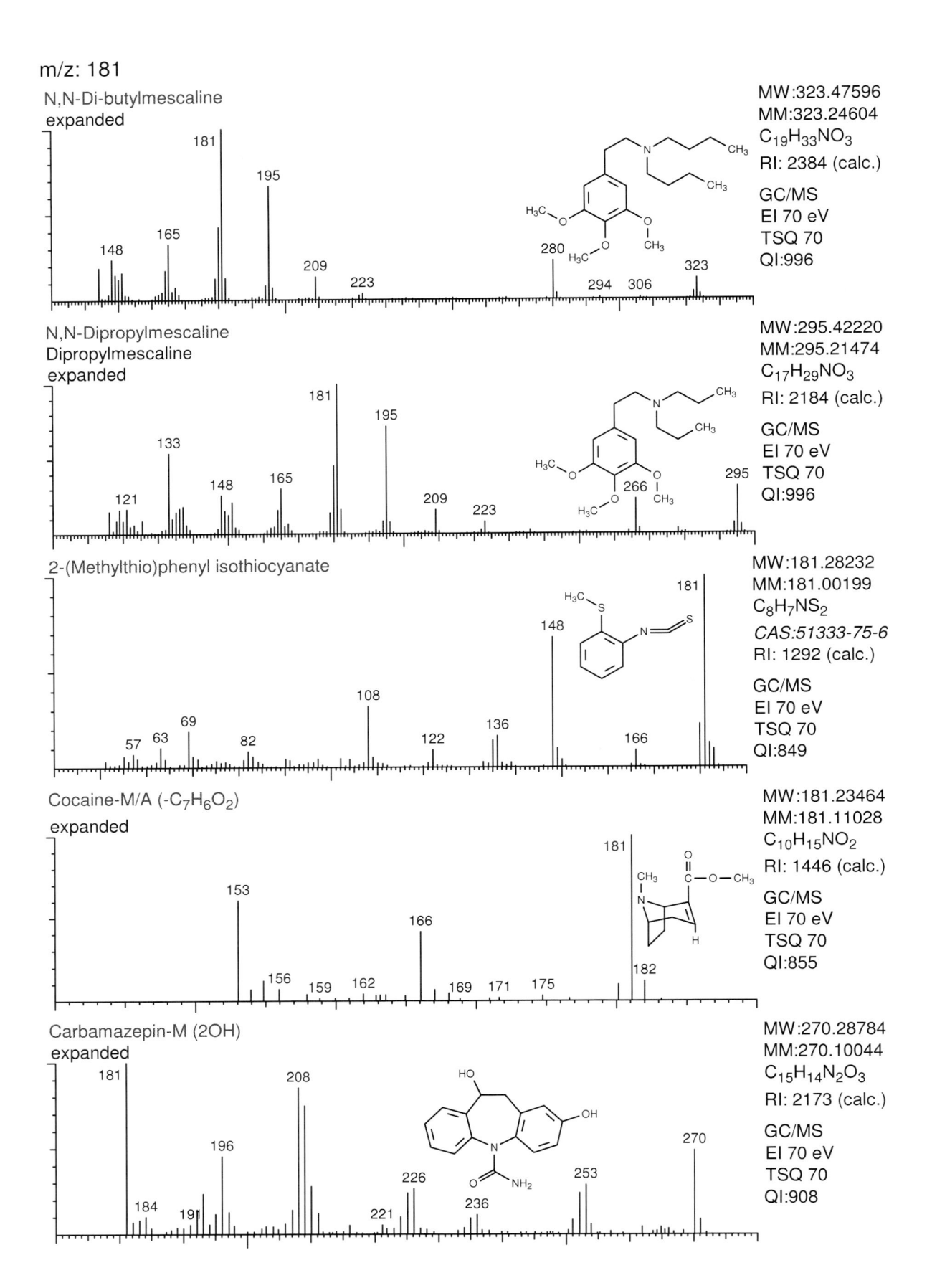

N,N-Di-butylmescaline expanded

MW:323.47596
MM:323.24604
$C_{19}H_{33}NO_3$
RI: 2384 (calc.)

GC/MS
EI 70 eV
TSQ 70
QI:996

N,N-Dipropylmescaline
Dipropylmescaline expanded

MW:295.42220
MM:295.21474
$C_{17}H_{29}NO_3$
RI: 2184 (calc.)

GC/MS
EI 70 eV
TSQ 70
QI:996

2-(Methylthio)phenyl isothiocyanate

MW:181.28232
MM:181.00199
$C_8H_7NS_2$
CAS:51333-75-6
RI: 1292 (calc.)

GC/MS
EI 70 eV
TSQ 70
QI:849

Cocaine-M/A (-$C_7H_6O_2$) expanded

MW:181.23464
MM:181.11028
$C_{10}H_{15}NO_2$
RI: 1446 (calc.)

GC/MS
EI 70 eV
TSQ 70
QI:855

Carbamazepin-M (2OH) expanded

MW:270.28784
MM:270.10044
$C_{15}H_{14}N_2O_3$
RI: 2173 (calc.)

GC/MS
EI 70 eV
TSQ 70
QI:908

m/z: 181-182

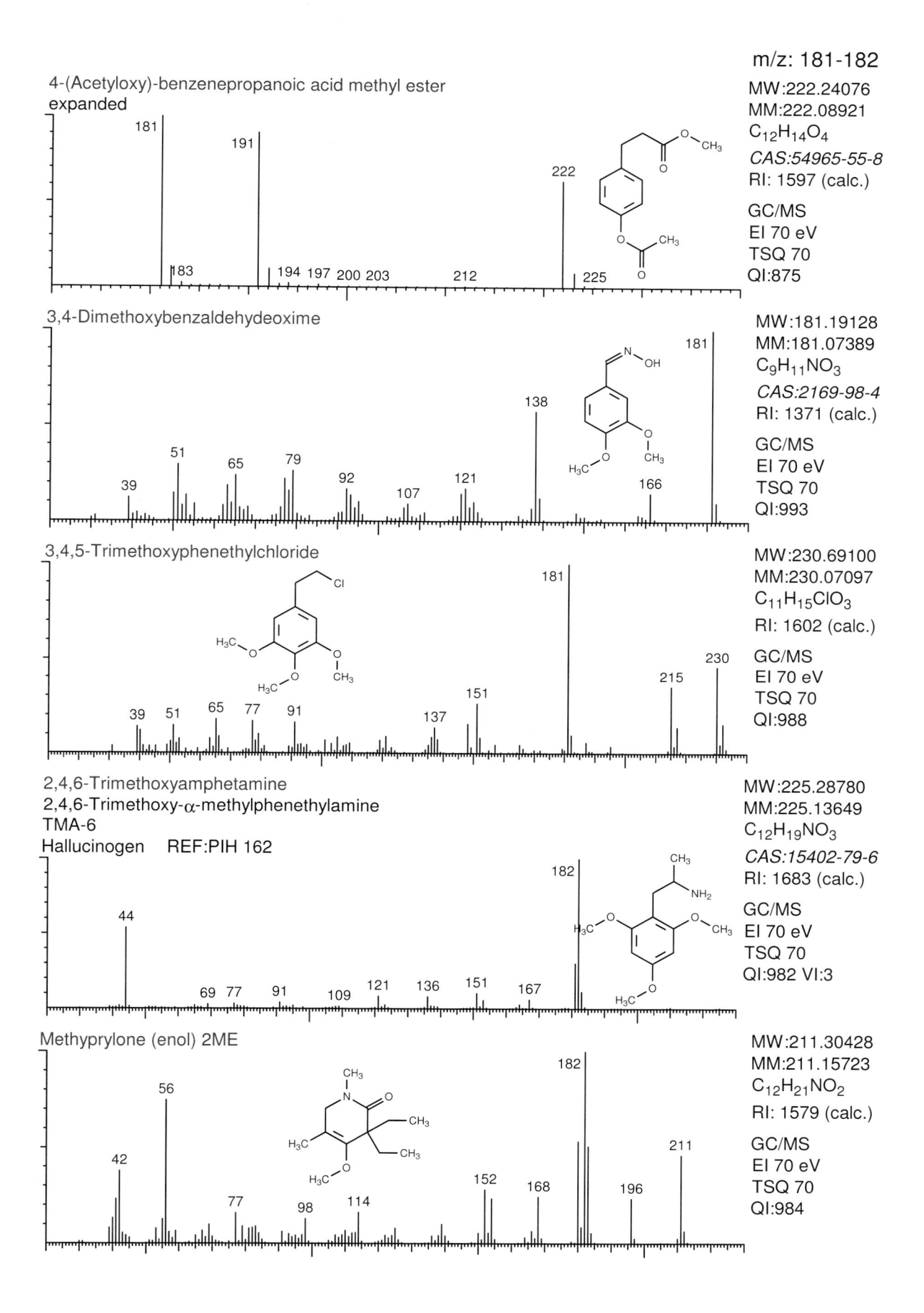

4-(Acetyloxy)-benzenepropanoic acid methyl ester expanded

MW:222.24076
MM:222.08921
$C_{12}H_{14}O_4$
CAS:54965-55-8
RI: 1597 (calc.)

GC/MS
EI 70 eV
TSQ 70
QI:875

3,4-Dimethoxybenzaldehydeoxime

MW:181.19128
MM:181.07389
$C_9H_{11}NO_3$
CAS:2169-98-4
RI: 1371 (calc.)

GC/MS
EI 70 eV
TSQ 70
QI:993

3,4,5-Trimethoxyphenethylchloride

MW:230.69100
MM:230.07097
$C_{11}H_{15}ClO_3$
RI: 1602 (calc.)

GC/MS
EI 70 eV
TSQ 70
QI:988

2,4,6-Trimethoxyamphetamine
2,4,6-Trimethoxy-α-methylphenethylamine
TMA-6
Hallucinogen   REF:PIH 162

MW:225.28780
MM:225.13649
$C_{12}H_{19}NO_3$
CAS:15402-79-6
RI: 1683 (calc.)

GC/MS
EI 70 eV
TSQ 70
QI:982 VI:3

Methyprylone (enol) 2ME

MW:211.30428
MM:211.15723
$C_{12}H_{21}NO_2$
RI: 1579 (calc.)

GC/MS
EI 70 eV
TSQ 70
QI:984

m/z: 182

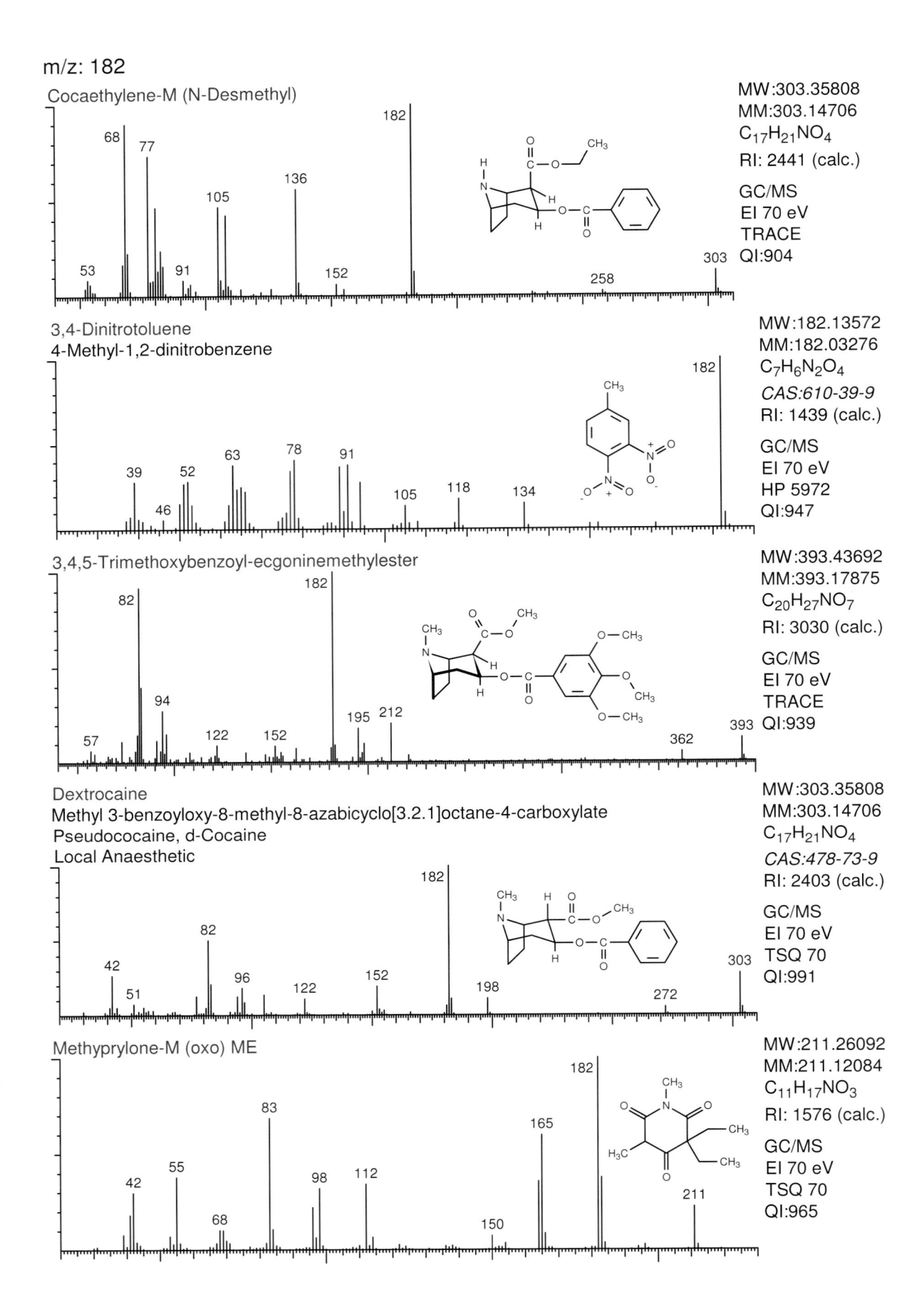

Cocaethylene-M (N-Desmethyl)

MW:303.35808
MM:303.14706
$C_{17}H_{21}NO_4$
RI: 2441 (calc.)

GC/MS
EI 70 eV
TRACE
QI:904

3,4-Dinitrotoluene
4-Methyl-1,2-dinitrobenzene

MW:182.13572
MM:182.03276
$C_7H_6N_2O_4$
CAS:610-39-9
RI: 1439 (calc.)

GC/MS
EI 70 eV
HP 5972
QI:947

3,4,5-Trimethoxybenzoyl-ecgoninemethylester

MW:393.43692
MM:393.17875
$C_{20}H_{27}NO_7$
RI: 3030 (calc.)

GC/MS
EI 70 eV
TRACE
QI:939

Dextrocaine
Methyl 3-benzoyloxy-8-methyl-8-azabicyclo[3.2.1]octane-4-carboxylate
Pseudococaine, d-Cocaine
Local Anaesthetic

MW:303.35808
MM:303.14706
$C_{17}H_{21}NO_4$
CAS:478-73-9
RI: 2403 (calc.)

GC/MS
EI 70 eV
TSQ 70
QI:991

Methyprylone-M (oxo) ME

MW:211.26092
MM:211.12084
$C_{11}H_{17}NO_3$
RI: 1576 (calc.)

GC/MS
EI 70 eV
TSQ 70
QI:965

m/z: 182

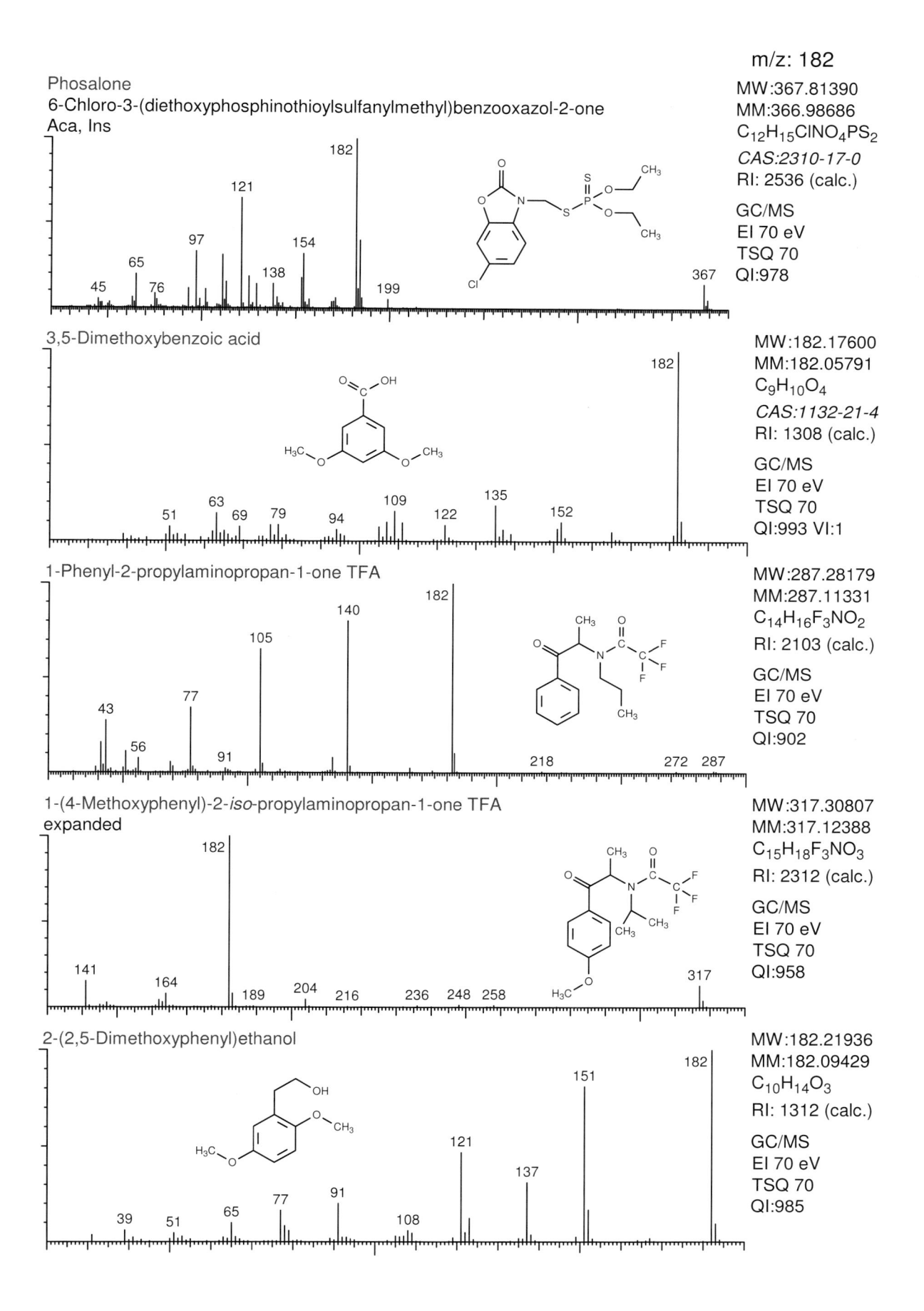

Phosalone
6-Chloro-3-(diethoxyphosphinothioylsulfanylmethyl)benzooxazol-2-one
Aca, Ins

MW: 367.81390
MM: 366.98686
$C_{12}H_{15}ClNO_4PS_2$
CAS: 2310-17-0
RI: 2536 (calc.)

GC/MS
EI 70 eV
TSQ 70
QI: 978

Peaks: 45, 65, 76, 97, 121, 138, 154, 182, 199, 367

3,5-Dimethoxybenzoic acid

MW: 182.17600
MM: 182.05791
$C_9H_{10}O_4$
CAS: 1132-21-4
RI: 1308 (calc.)

GC/MS
EI 70 eV
TSQ 70
QI: 993 VI:1

Peaks: 51, 63, 69, 79, 94, 109, 122, 135, 152, 182

1-Phenyl-2-propylaminopropan-1-one TFA

MW: 287.28179
MM: 287.11331
$C_{14}H_{16}F_3NO_2$
RI: 2103 (calc.)

GC/MS
EI 70 eV
TSQ 70
QI: 902

Peaks: 43, 56, 77, 91, 105, 140, 182, 218, 272, 287

1-(4-Methoxyphenyl)-2-iso-propylaminopropan-1-one TFA
expanded

MW: 317.30807
MM: 317.12388
$C_{15}H_{18}F_3NO_3$
RI: 2312 (calc.)

GC/MS
EI 70 eV
TSQ 70
QI: 958

Peaks: 141, 164, 182, 189, 204, 216, 236, 248, 258, 317

2-(2,5-Dimethoxyphenyl)ethanol

MW: 182.21936
MM: 182.09429
$C_{10}H_{14}O_3$
RI: 1312 (calc.)

GC/MS
EI 70 eV
TSQ 70
QI: 985

Peaks: 39, 51, 65, 77, 91, 108, 121, 137, 151, 182

m/z: 182

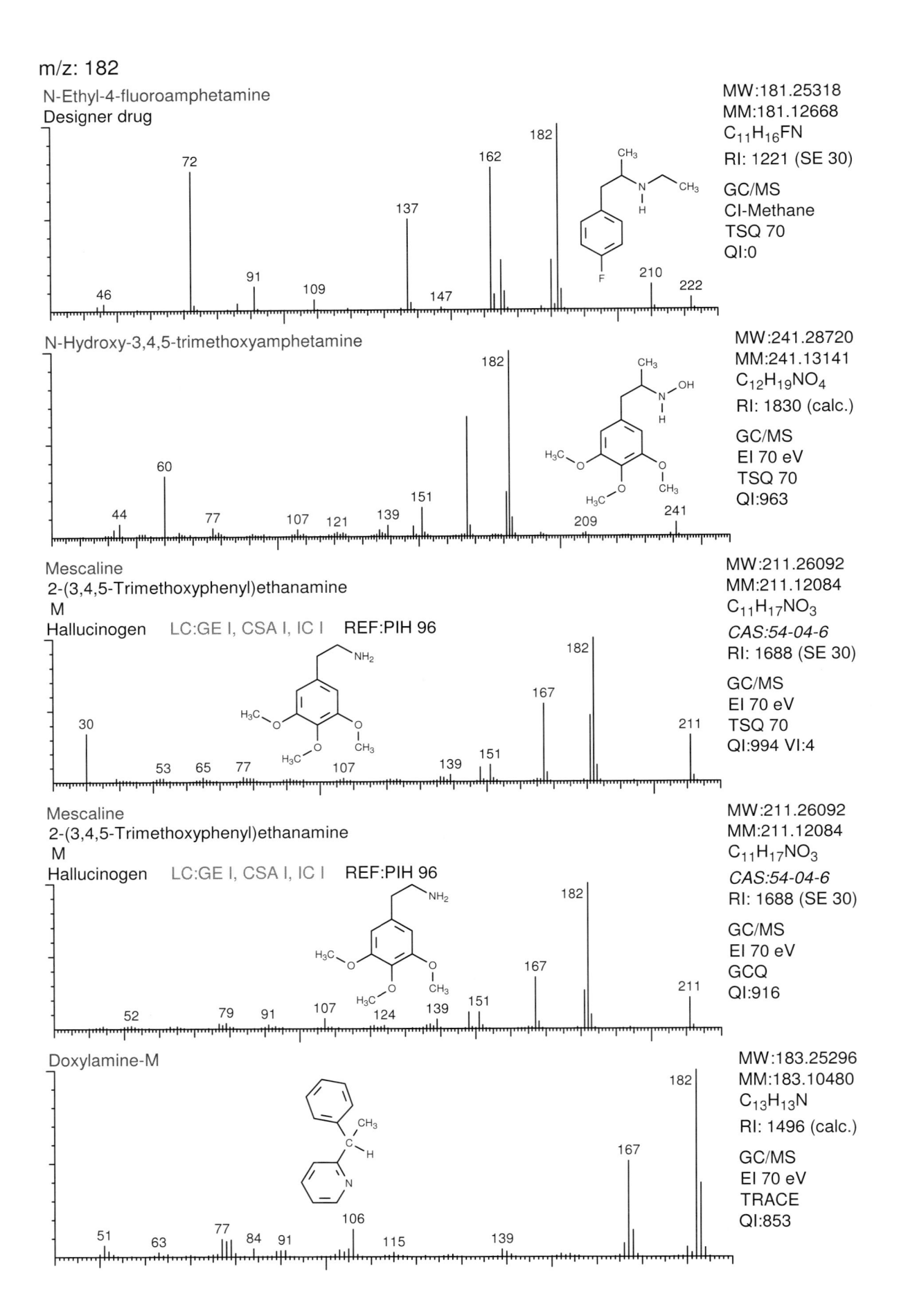

N-Ethyl-4-fluoroamphetamine
Designer drug

MW:181.25318
MM:181.12668
$C_{11}H_{16}FN$
RI: 1221 (SE 30)

GC/MS
CI-Methane
TSQ 70
QI:0

Peaks: 46, 72, 91, 109, 137, 147, 162, 182, 210, 222

N-Hydroxy-3,4,5-trimethoxyamphetamine

MW:241.28720
MM:241.13141
$C_{12}H_{19}NO_4$
RI: 1830 (calc.)

GC/MS
EI 70 eV
TSQ 70
QI:963

Peaks: 44, 60, 77, 107, 121, 139, 151, 182, 209, 241

Mescaline
2-(3,4,5-Trimethoxyphenyl)ethanamine
M
Hallucinogen   LC:GE I, CSA I, IC I   REF:PIH 96

MW:211.26092
MM:211.12084
$C_{11}H_{17}NO_3$
CAS:54-04-6
RI: 1688 (SE 30)

GC/MS
EI 70 eV
TSQ 70
QI:994 VI:4

Peaks: 30, 53, 65, 77, 107, 139, 151, 167, 182, 211

Mescaline
2-(3,4,5-Trimethoxyphenyl)ethanamine
M
Hallucinogen   LC:GE I, CSA I, IC I   REF:PIH 96

MW:211.26092
MM:211.12084
$C_{11}H_{17}NO_3$
CAS:54-04-6
RI: 1688 (SE 30)

GC/MS
EI 70 eV
GCQ
QI:916

Peaks: 52, 79, 91, 107, 124, 139, 151, 167, 182, 211

Doxylamine-M

MW:183.25296
MM:183.10480
$C_{13}H_{13}N$
RI: 1496 (calc.)

GC/MS
EI 70 eV
TRACE
QI:853

Peaks: 51, 63, 77, 84, 91, 106, 115, 139, 167, 182

m/z: 182

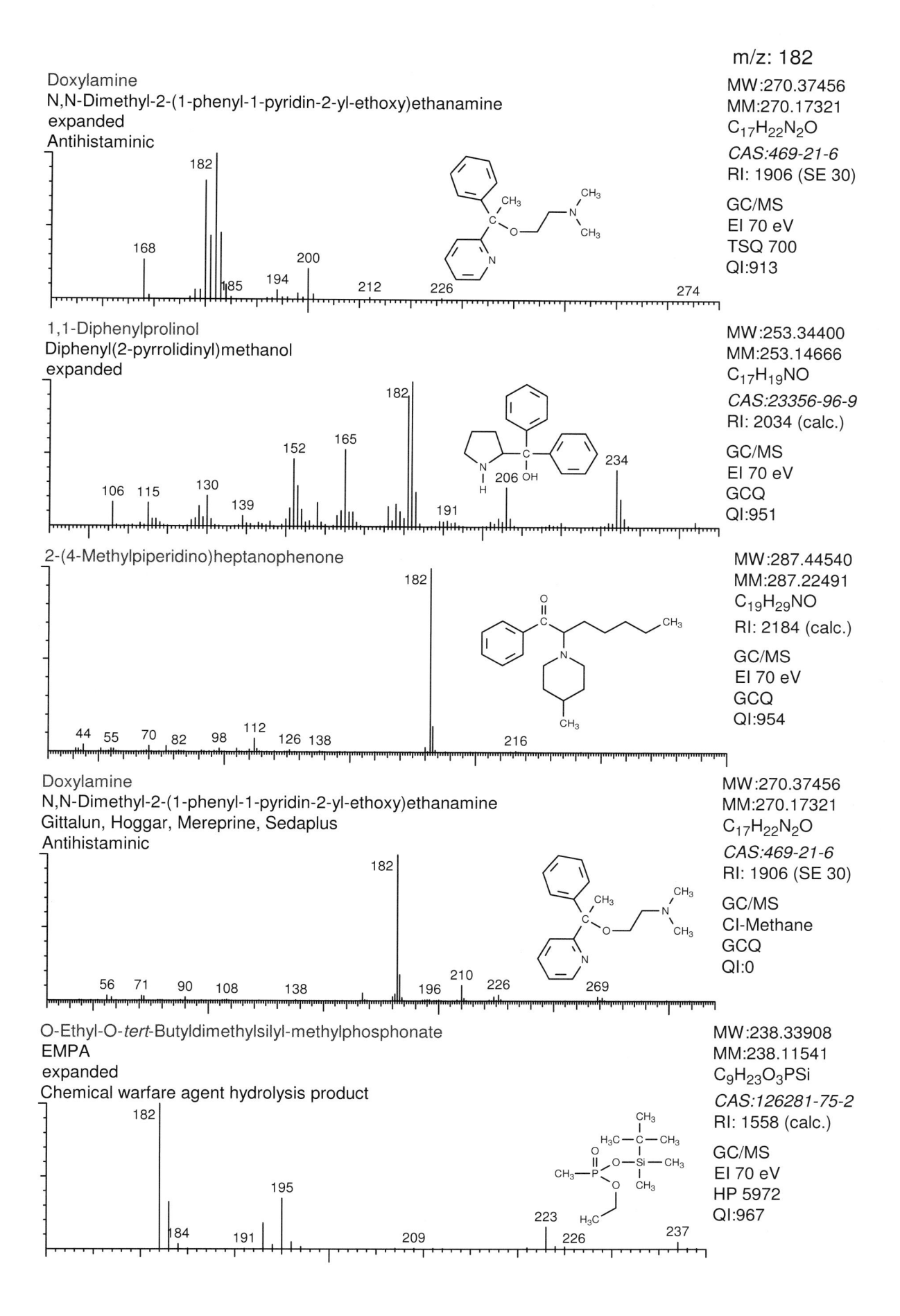

Doxylamine
N,N-Dimethyl-2-(1-phenyl-1-pyridin-2-yl-ethoxy)ethanamine
expanded
Antihistaminic

MW:270.37456
MM:270.17321
$C_{17}H_{22}N_2O$
CAS:469-21-6
RI: 1906 (SE 30)

GC/MS
EI 70 eV
TSQ 700
QI:913

1,1-Diphenylprolinol
Diphenyl(2-pyrrolidinyl)methanol
expanded

MW:253.34400
MM:253.14666
$C_{17}H_{19}NO$
CAS:23356-96-9
RI: 2034 (calc.)

GC/MS
EI 70 eV
GCQ
QI:951

2-(4-Methylpiperidino)heptanophenone

MW:287.44540
MM:287.22491
$C_{19}H_{29}NO$
RI: 2184 (calc.)

GC/MS
EI 70 eV
GCQ
QI:954

Doxylamine
N,N-Dimethyl-2-(1-phenyl-1-pyridin-2-yl-ethoxy)ethanamine
Gittalun, Hoggar, Mereprine, Sedaplus
Antihistaminic

MW:270.37456
MM:270.17321
$C_{17}H_{22}N_2O$
CAS:469-21-6
RI: 1906 (SE 30)

GC/MS
CI-Methane
GCQ
QI:0

O-Ethyl-O-*tert*-Butyldimethylsilyl-methylphosphonate
EMPA
expanded
Chemical warfare agent hydrolysis product

MW:238.33908
MM:238.11541
$C_9H_{23}O_3PSi$
CAS:126281-75-2
RI: 1558 (calc.)

GC/MS
EI 70 eV
HP 5972
QI:967

m/z: 182

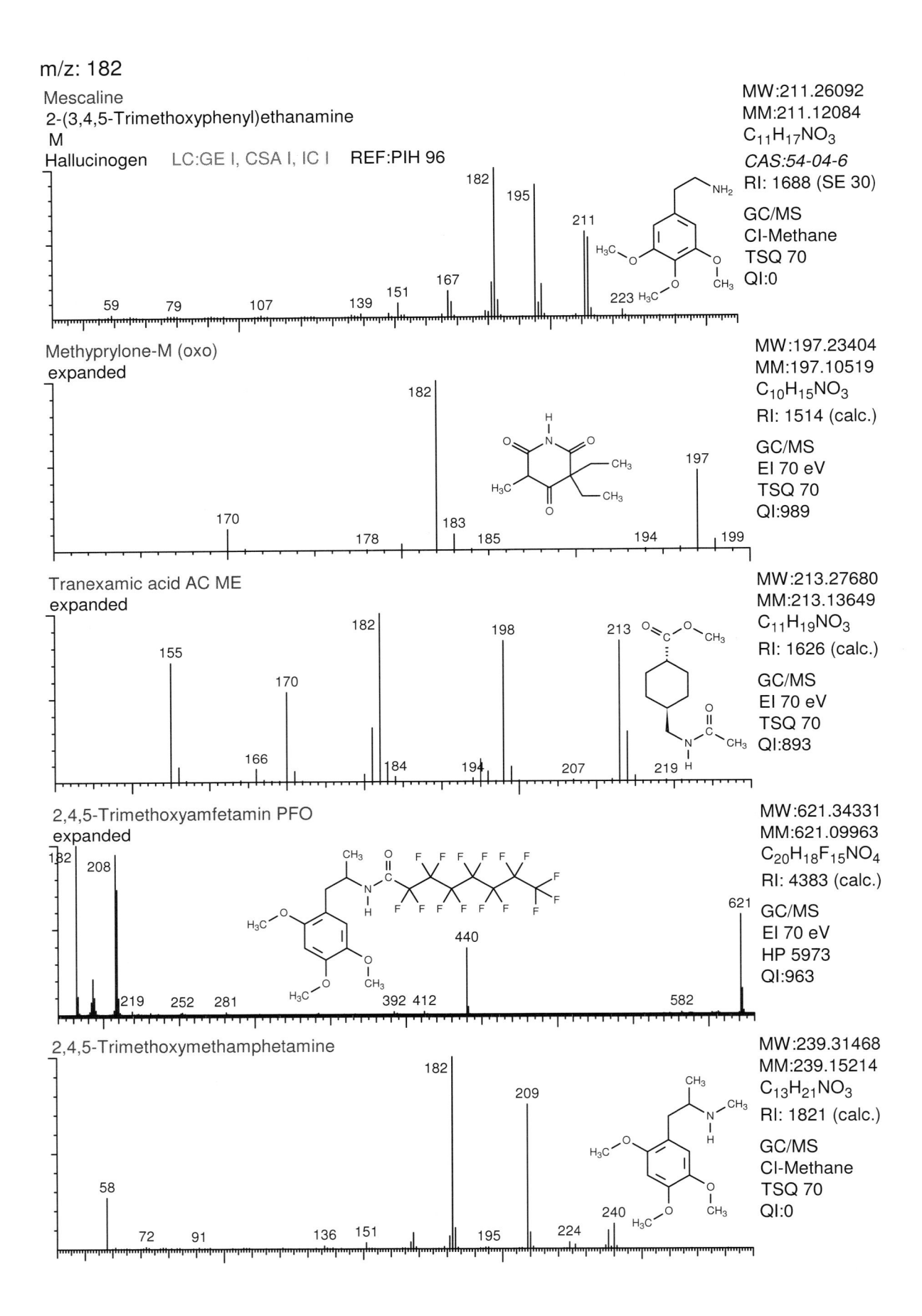

Mescaline
2-(3,4,5-Trimethoxyphenyl)ethanamine
M
Hallucinogen   LC:GE I, CSA I, IC I   REF:PIH 96

MW:211.26092
MM:211.12084
$C_{11}H_{17}NO_3$
CAS:54-04-6
RI: 1688 (SE 30)

GC/MS
CI-Methane
TSQ 70
QI:0

Methyprylone-M (oxo)
expanded

MW:197.23404
MM:197.10519
$C_{10}H_{15}NO_3$
RI: 1514 (calc.)

GC/MS
EI 70 eV
TSQ 70
QI:989

Tranexamic acid AC ME
expanded

MW:213.27680
MM:213.13649
$C_{11}H_{19}NO_3$
RI: 1626 (calc.)

GC/MS
EI 70 eV
TSQ 70
QI:893

2,4,5-Trimethoxyamfetamin PFO
expanded

MW:621.34331
MM:621.09963
$C_{20}H_{18}F_{15}NO_4$
RI: 4383 (calc.)

GC/MS
EI 70 eV
HP 5973
QI:963

2,4,5-Trimethoxymethamphetamine

MW:239.31468
MM:239.15214
$C_{13}H_{21}NO_3$
RI: 1821 (calc.)

GC/MS
CI-Methane
TSQ 70
QI:0

m/z: 182

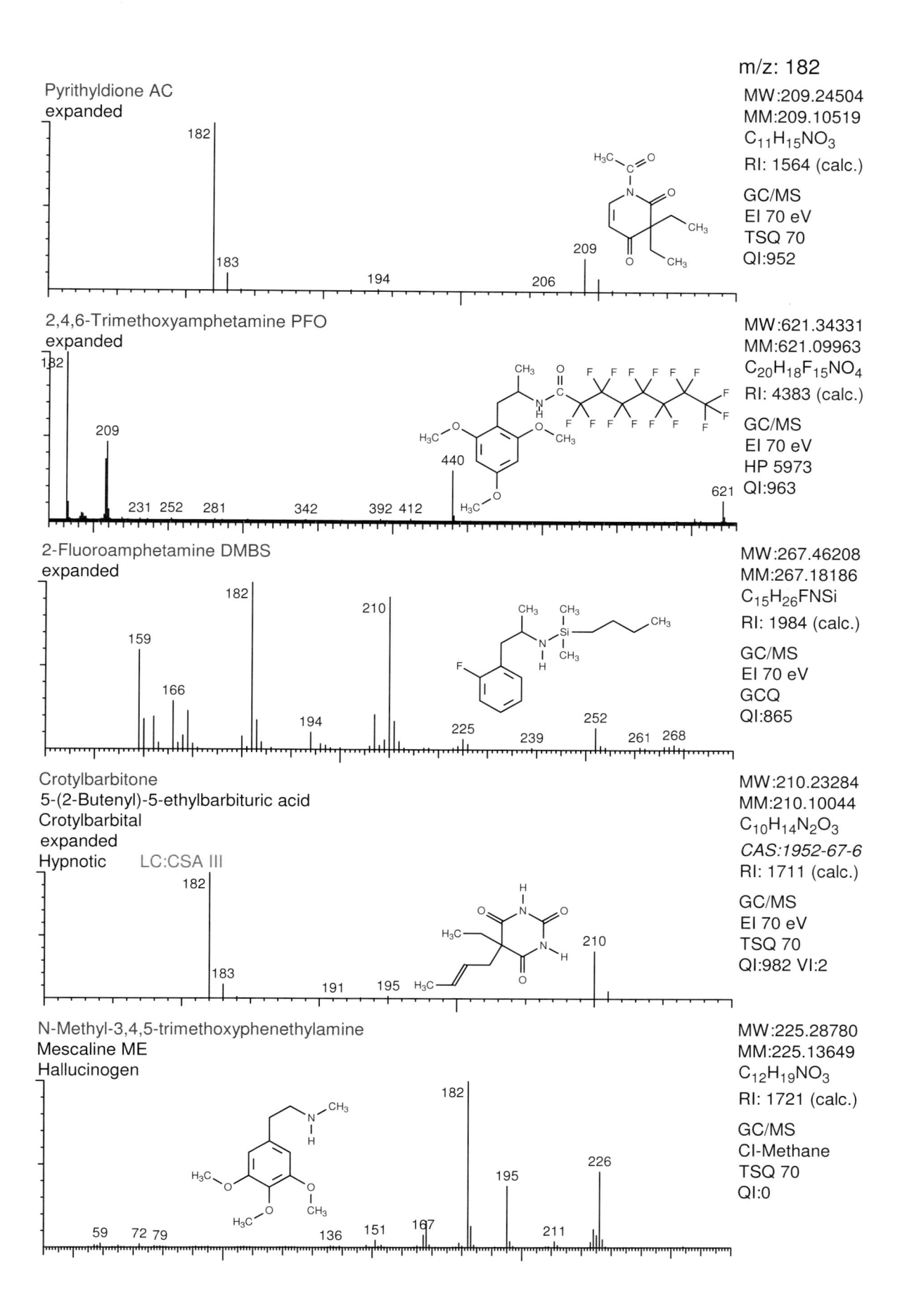

Pyrithyldione AC expanded

182, 183, 194, 206, 209

MW: 209.24504
MM: 209.10519
$C_{11}H_{15}NO_3$
RI: 1564 (calc.)

GC/MS
EI 70 eV
TSQ 70
QI: 952

2,4,6-Trimethoxyamphetamine PFO expanded

182, 209, 231, 252, 281, 342, 392, 412, 440, 621

MW: 621.34331
MM: 621.09963
$C_{20}H_{18}F_{15}NO_4$
RI: 4383 (calc.)

GC/MS
EI 70 eV
HP 5973
QI: 963

2-Fluoroamphetamine DMBS expanded

159, 166, 182, 194, 210, 225, 239, 252, 261, 268

MW: 267.46208
MM: 267.18186
$C_{15}H_{26}FNSi$
RI: 1984 (calc.)

GC/MS
EI 70 eV
GCQ
QI: 865

Crotylbarbitone
5-(2-Butenyl)-5-ethylbarbituric acid
Crotylbarbital
expanded
Hypnotic   LC:CSA III

182, 183, 191, 195, 210

MW: 210.23284
MM: 210.10044
$C_{10}H_{14}N_2O_3$
CAS: 1952-67-6
RI: 1711 (calc.)

GC/MS
EI 70 eV
TSQ 70
QI: 982 VI:2

N-Methyl-3,4,5-trimethoxyphenethylamine
Mescaline ME
Hallucinogen

59, 72, 79, 136, 151, 167, 182, 195, 211, 226

MW: 225.28780
MM: 225.13649
$C_{12}H_{19}NO_3$
RI: 1721 (calc.)

GC/MS
CI-Methane
TSQ 70
QI: 0

m/z: 182

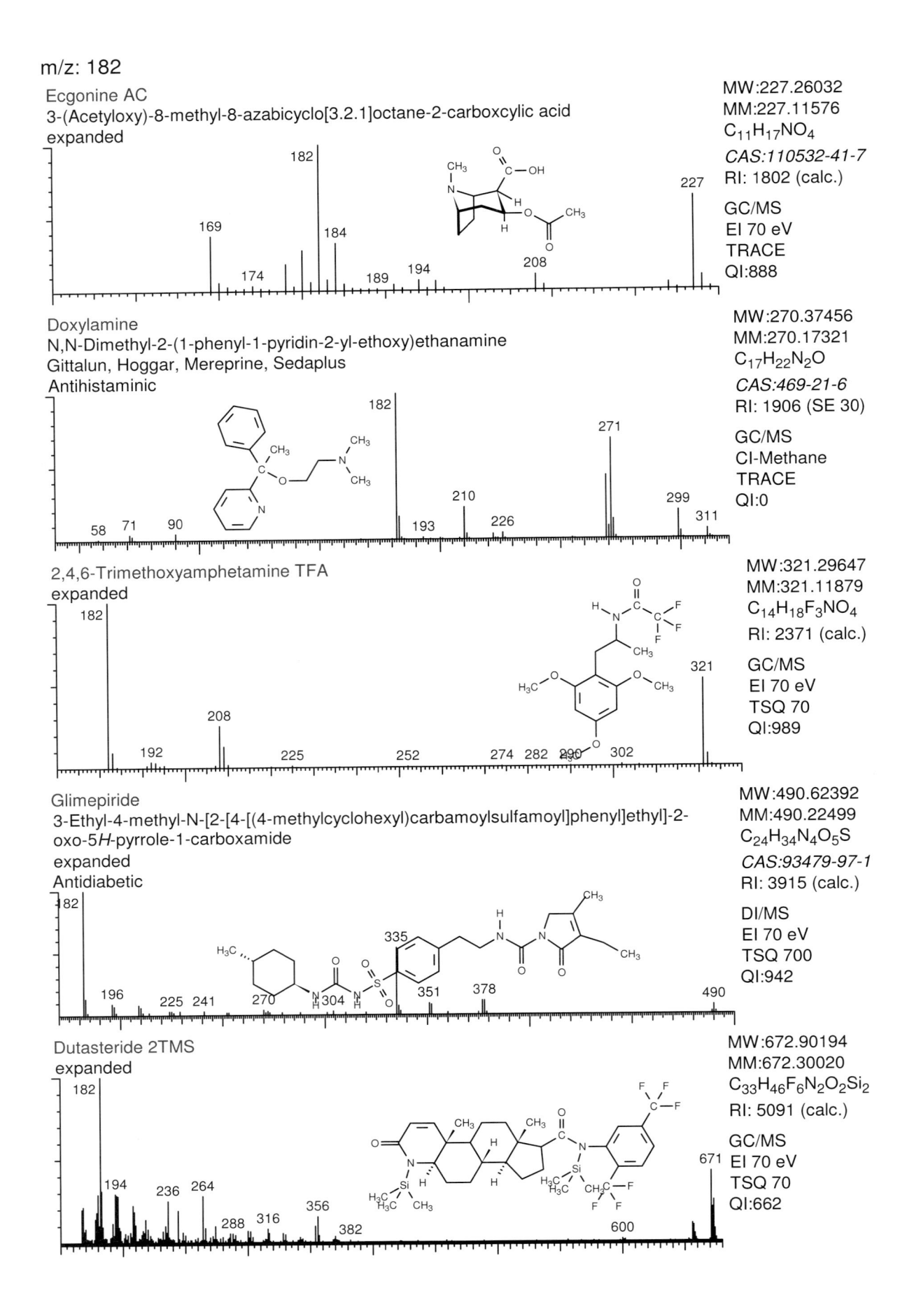

Ecgonine AC
3-(Acetyloxy)-8-methyl-8-azabicyclo[3.2.1]octane-2-carboxcylic acid
expanded

MW:227.26032
MM:227.11576
$C_{11}H_{17}NO_4$
CAS:110532-41-7
RI: 1802 (calc.)

GC/MS
EI 70 eV
TRACE
QI:888

Doxylamine
N,N-Dimethyl-2-(1-phenyl-1-pyridin-2-yl-ethoxy)ethanamine
Gittalun, Hoggar, Mereprine, Sedaplus
Antihistaminic

MW:270.37456
MM:270.17321
$C_{17}H_{22}N_2O$
CAS:469-21-6
RI: 1906 (SE 30)

GC/MS
CI-Methane
TRACE
QI:0

2,4,6-Trimethoxyamphetamine TFA
expanded

MW:321.29647
MM:321.11879
$C_{14}H_{18}F_3NO_4$
RI: 2371 (calc.)

GC/MS
EI 70 eV
TSQ 70
QI:989

Glimepiride
3-Ethyl-4-methyl-N-[2-[4-[(4-methylcyclohexyl)carbamoylsulfamoyl]phenyl]ethyl]-2-oxo-5H-pyrrole-1-carboxamide
expanded
Antidiabetic

MW:490.62392
MM:490.22499
$C_{24}H_{34}N_4O_5S$
CAS:93479-97-1
RI: 3915 (calc.)

DI/MS
EI 70 eV
TSQ 700
QI:942

Dutasteride 2TMS
expanded

MW:672.90194
MM:672.30020
$C_{33}H_{46}F_6N_2O_2Si_2$
RI: 5091 (calc.)

GC/MS
EI 70 eV
TSQ 70
QI:662

m/z: 182

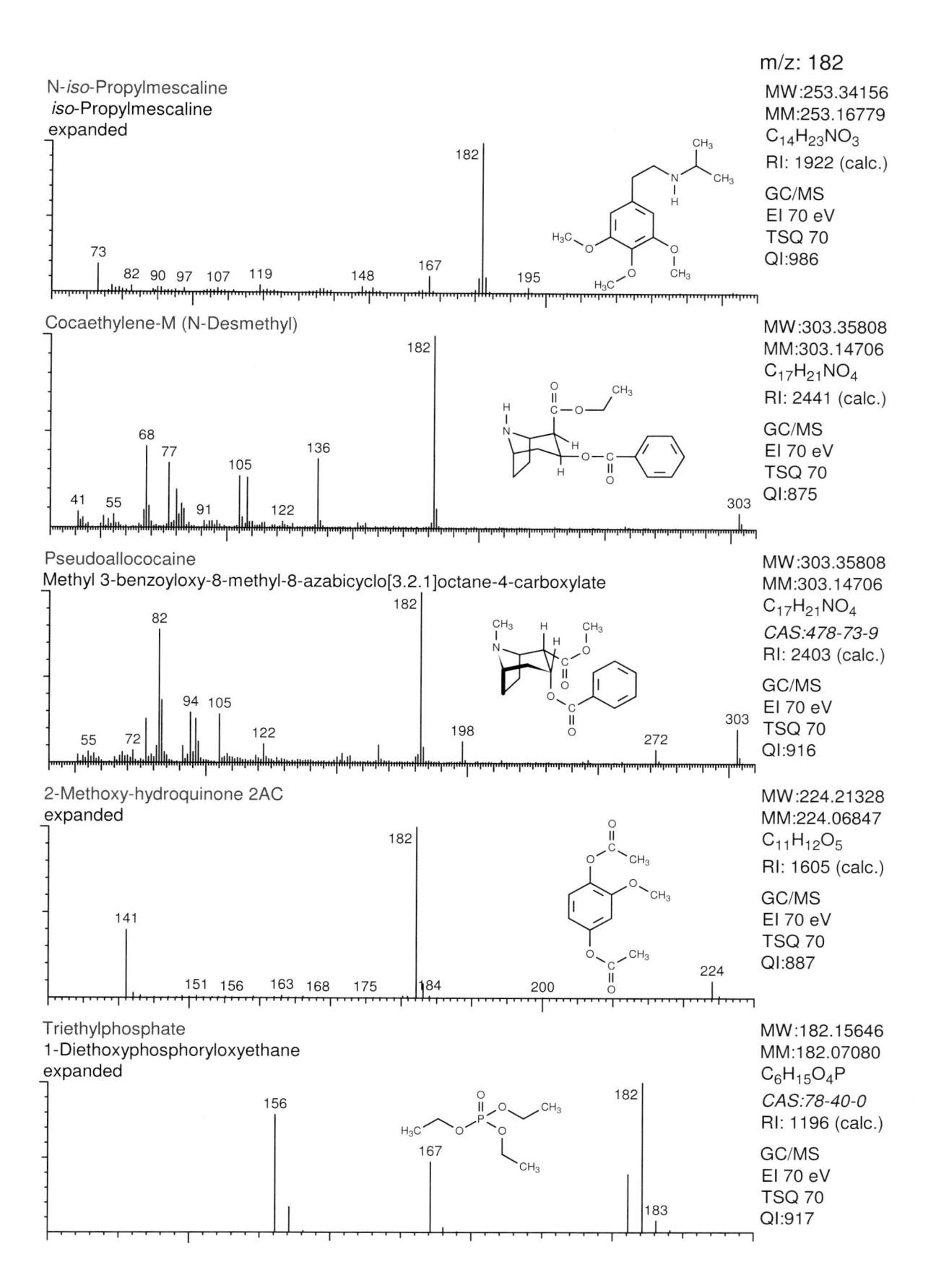

N-iso-Propylmescaline
iso-Propylmescaline
expanded

MW: 253.34156
MM: 253.16779
$C_{14}H_{23}NO_3$
RI: 1922 (calc.)

GC/MS
EI 70 eV
TSQ 70
QI: 986

Peaks: 73, 82, 90, 97, 107, 119, 148, 167, 182, 195

Cocaethylene-M (N-Desmethyl)

MW: 303.35808
MM: 303.14706
$C_{17}H_{21}NO_4$
RI: 2441 (calc.)

GC/MS
EI 70 eV
TSQ 70
QI: 875

Peaks: 41, 55, 68, 77, 91, 105, 122, 136, 182, 303

Pseudoallococaine
Methyl 3-benzoyloxy-8-methyl-8-azabicyclo[3.2.1]octane-4-carboxylate

MW: 303.35808
MM: 303.14706
$C_{17}H_{21}NO_4$
CAS: 478-73-9
RI: 2403 (calc.)

GC/MS
EI 70 eV
TSQ 70
QI: 916

Peaks: 55, 72, 82, 94, 105, 122, 182, 198, 272, 303

2-Methoxy-hydroquinone 2AC
expanded

MW: 224.21328
MM: 224.06847
$C_{11}H_{12}O_5$
RI: 1605 (calc.)

GC/MS
EI 70 eV
TSQ 70
QI: 887

Peaks: 141, 151, 156, 163, 168, 175, 182, 184, 200, 224

Triethylphosphate
1-Diethoxyphosphoryloxyethane
expanded

MW: 182.15646
MM: 182.07080
$C_6H_{15}O_4P$
CAS: 78-40-0
RI: 1196 (calc.)

GC/MS
EI 70 eV
TSQ 70
QI: 917

Peaks: 156, 167, 182, 183

m/z: 182

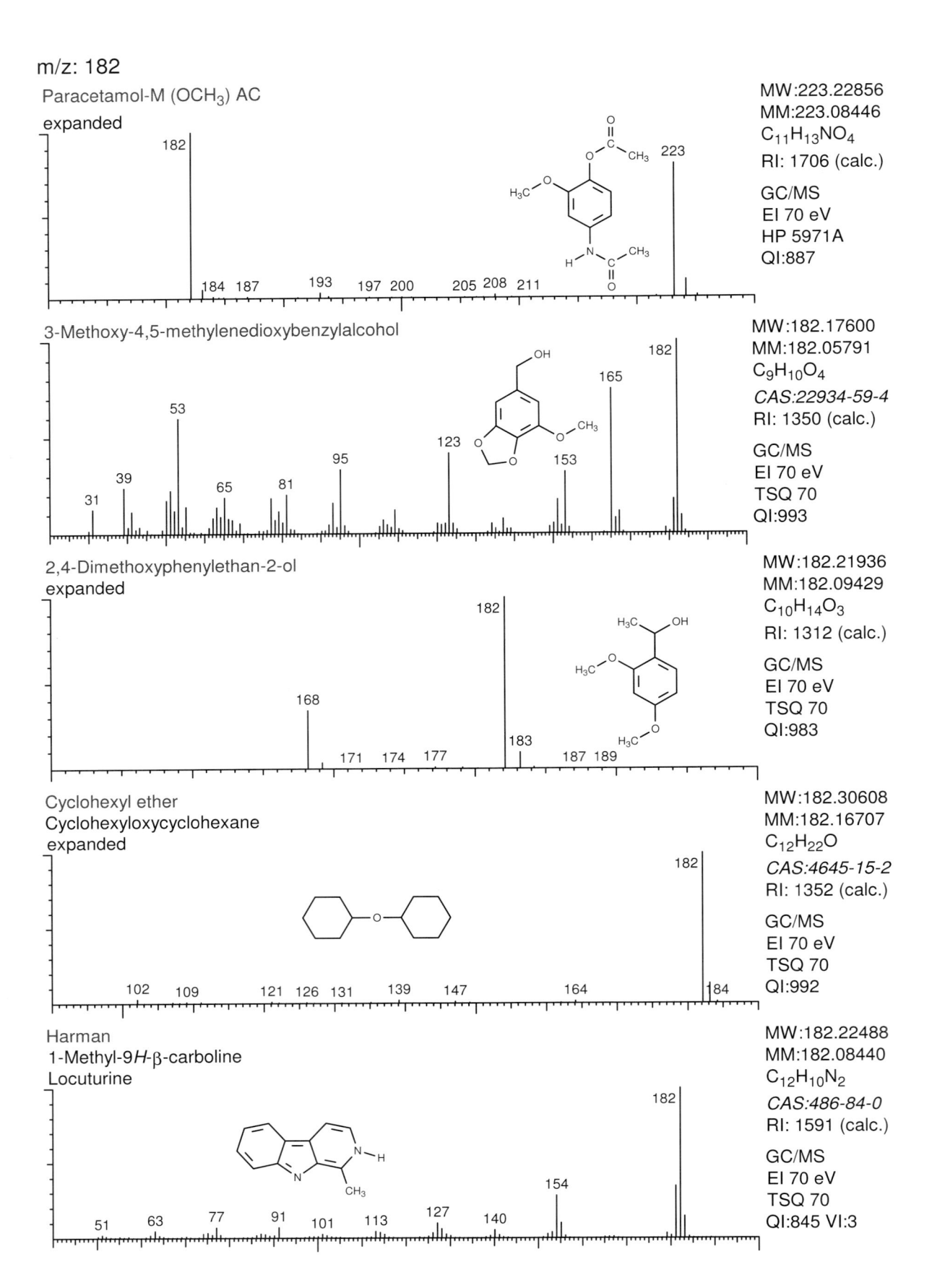

Paracetamol-M (OCH₃) AC
expanded

MW: 223.22856
MM: 223.08446
$C_{11}H_{13}NO_4$
RI: 1706 (calc.)

GC/MS
EI 70 eV
HP 5971A
QI: 887

3-Methoxy-4,5-methylenedioxybenzylalcohol

MW: 182.17600
MM: 182.05791
$C_9H_{10}O_4$
CAS: 22934-59-4
RI: 1350 (calc.)

GC/MS
EI 70 eV
TSQ 70
QI: 993

2,4-Dimethoxyphenylethan-2-ol
expanded

MW: 182.21936
MM: 182.09429
$C_{10}H_{14}O_3$
RI: 1312 (calc.)

GC/MS
EI 70 eV
TSQ 70
QI: 983

Cyclohexyl ether
Cyclohexyloxycyclohexane
expanded

MW: 182.30608
MM: 182.16707
$C_{12}H_{22}O$
CAS: 4645-15-2
RI: 1352 (calc.)

GC/MS
EI 70 eV
TSQ 70
QI: 992

Harman
1-Methyl-9H-β-carboline
Locuturine

MW: 182.22488
MM: 182.08440
$C_{12}H_{10}N_2$
CAS: 486-84-0
RI: 1591 (calc.)

GC/MS
EI 70 eV
TSQ 70
QI: 845 VI:3

m/z: 182-183

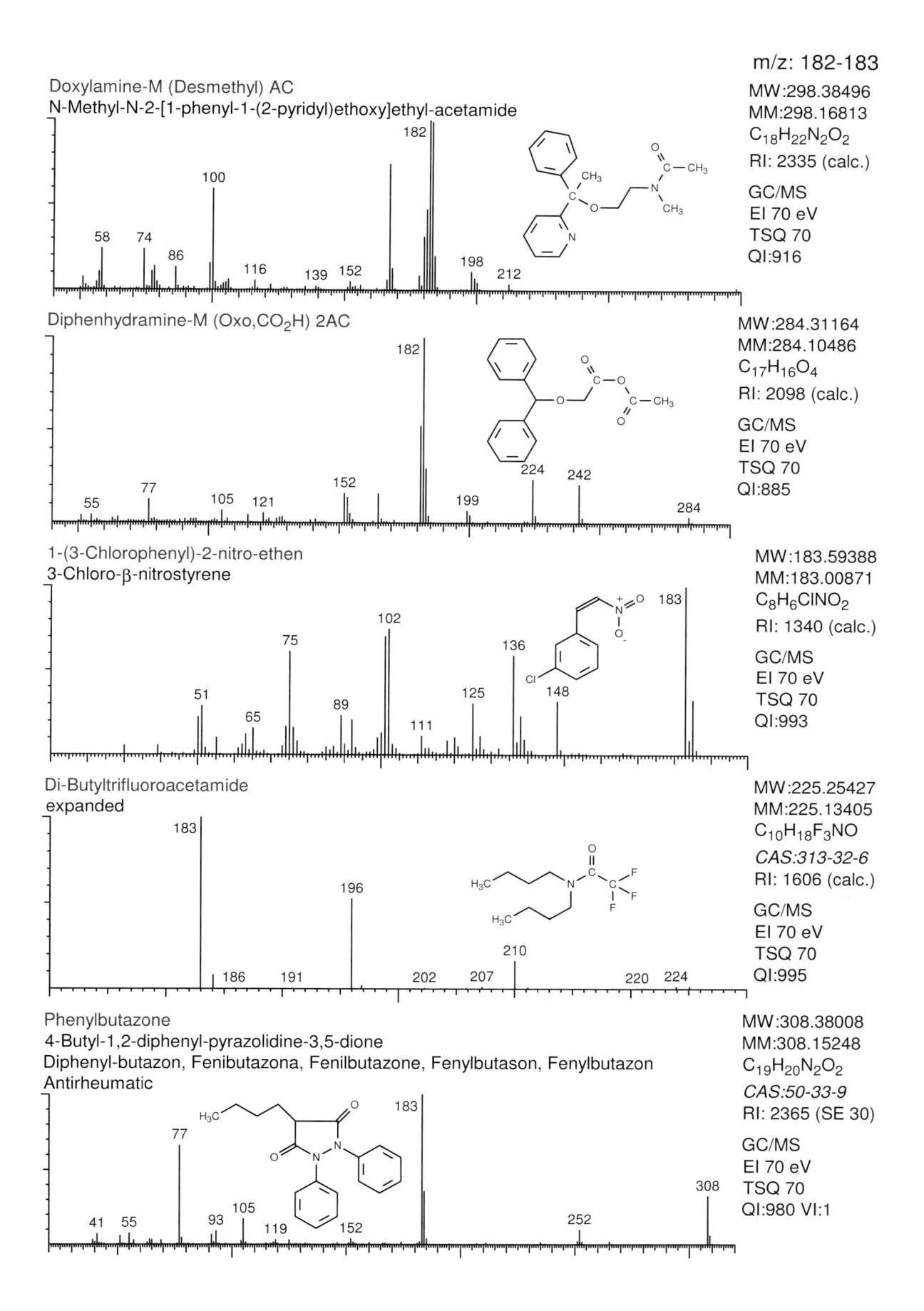

Doxylamine-M (Desmethyl) AC
N-Methyl-N-2-[1-phenyl-1-(2-pyridyl)ethoxy]ethyl-acetamide

MW: 298.38496
MM: 298.16813
$C_{18}H_{22}N_2O_2$
RI: 2335 (calc.)

GC/MS
EI 70 eV
TSQ 70
QI:916

Peaks: 58, 74, 86, 100, 116, 139, 152, 182, 198, 212

Diphenhydramine-M (Oxo,CO$_2$H) 2AC

MW: 284.31164
MM: 284.10486
$C_{17}H_{16}O_4$
RI: 2098 (calc.)

GC/MS
EI 70 eV
TSQ 70
QI:885

Peaks: 55, 77, 105, 121, 152, 182, 199, 224, 242, 284

1-(3-Chlorophenyl)-2-nitro-ethen
3-Chloro-β-nitrostyrene

MW: 183.59388
MM: 183.00871
$C_8H_6ClNO_2$
RI: 1340 (calc.)

GC/MS
EI 70 eV
TSQ 70
QI:993

Peaks: 51, 65, 75, 89, 102, 111, 125, 136, 148, 183

Di-Butyltrifluoroacetamide
expanded

MW: 225.25427
MM: 225.13405
$C_{10}H_{18}F_3NO$
CAS: 313-32-6
RI: 1606 (calc.)

GC/MS
EI 70 eV
TSQ 70
QI:995

Peaks: 183, 186, 191, 196, 202, 207, 210, 220, 224

Phenylbutazone
4-Butyl-1,2-diphenyl-pyrazolidine-3,5-dione
Diphenyl-butazon, Fenibutazona, Fenilbutazone, Fenylbutason, Fenylbutazon
Antirheumatic

MW: 308.38008
MM: 308.15248
$C_{19}H_{20}N_2O_2$
CAS: 50-33-9
RI: 2365 (SE 30)

GC/MS
EI 70 eV
TSQ 70
QI:980 VI:1

Peaks: 41, 55, 77, 93, 105, 119, 152, 183, 252, 308

m/z: 183

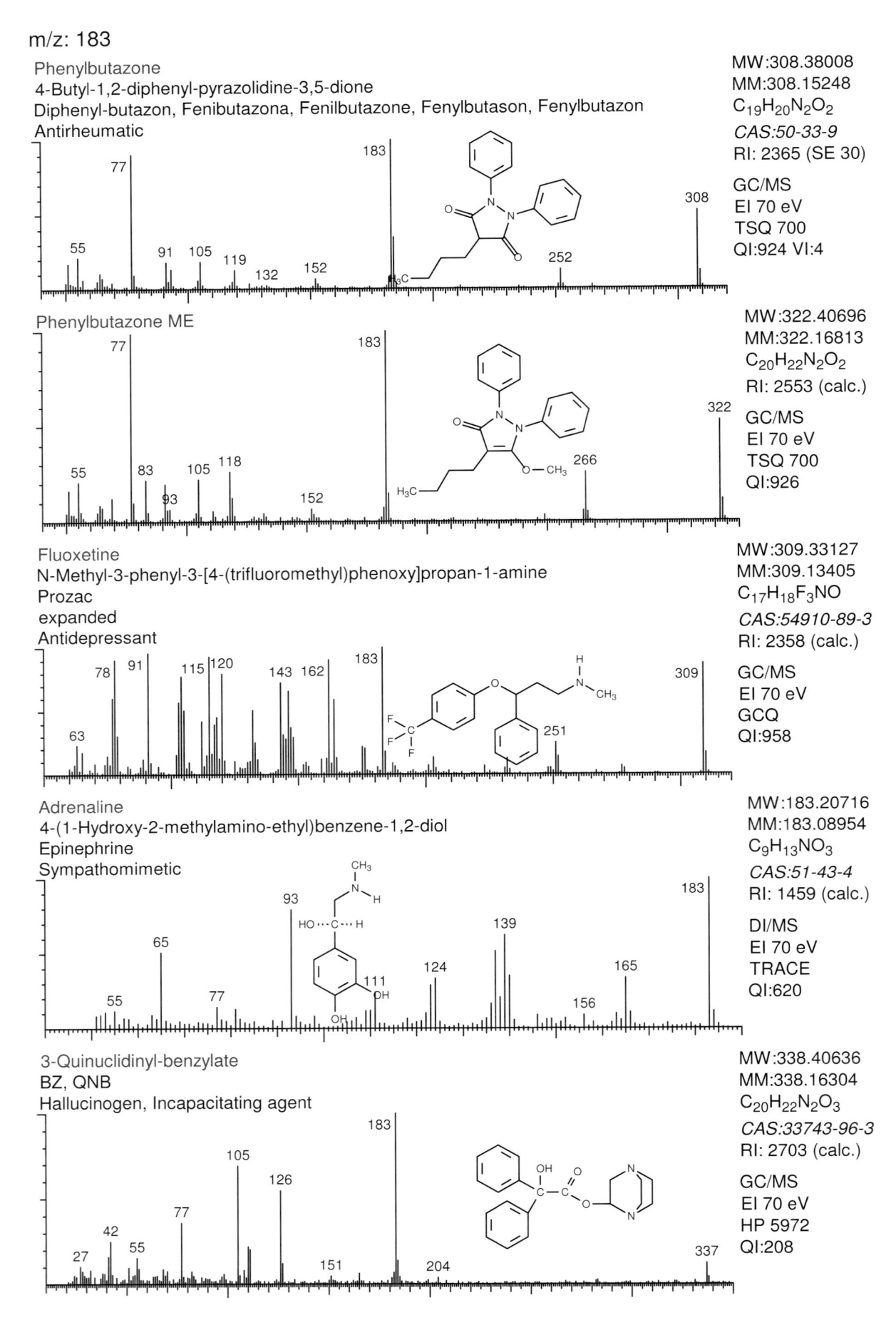

Phenylbutazone
4-Butyl-1,2-diphenyl-pyrazolidine-3,5-dione
Diphenyl-butazon, Fenibutazona, Fenilbutazone, Fenylbutason, Fenylbutazon
Antirheumatic

MW:308.38008
MM:308.15248
$C_{19}H_{20}N_2O_2$
CAS:50-33-9
RI: 2365 (SE 30)

GC/MS
EI 70 eV
TSQ 700
QI:924 VI:4

Phenylbutazone ME

MW:322.40696
MM:322.16813
$C_{20}H_{22}N_2O_2$
RI: 2553 (calc.)

GC/MS
EI 70 eV
TSQ 700
QI:926

Fluoxetine
N-Methyl-3-phenyl-3-[4-(trifluoromethyl)phenoxy]propan-1-amine
Prozac
expanded
Antidepressant

MW:309.33127
MM:309.13405
$C_{17}H_{18}F_3NO$
CAS:54910-89-3
RI: 2358 (calc.)

GC/MS
EI 70 eV
GCQ
QI:958

Adrenaline
4-(1-Hydroxy-2-methylamino-ethyl)benzene-1,2-diol
Epinephrine
Sympathomimetic

MW:183.20716
MM:183.08954
$C_9H_{13}NO_3$
CAS:51-43-4
RI: 1459 (calc.)

DI/MS
EI 70 eV
TRACE
QI:620

3-Quinuclidinyl-benzylate
BZ, QNB
Hallucinogen, Incapacitating agent

MW:338.40636
MM:338.16304
$C_{20}H_{22}N_2O_3$
CAS:33743-96-3
RI: 2703 (calc.)

GC/MS
EI 70 eV
HP 5972
QI:208

Tropin AC
expanded

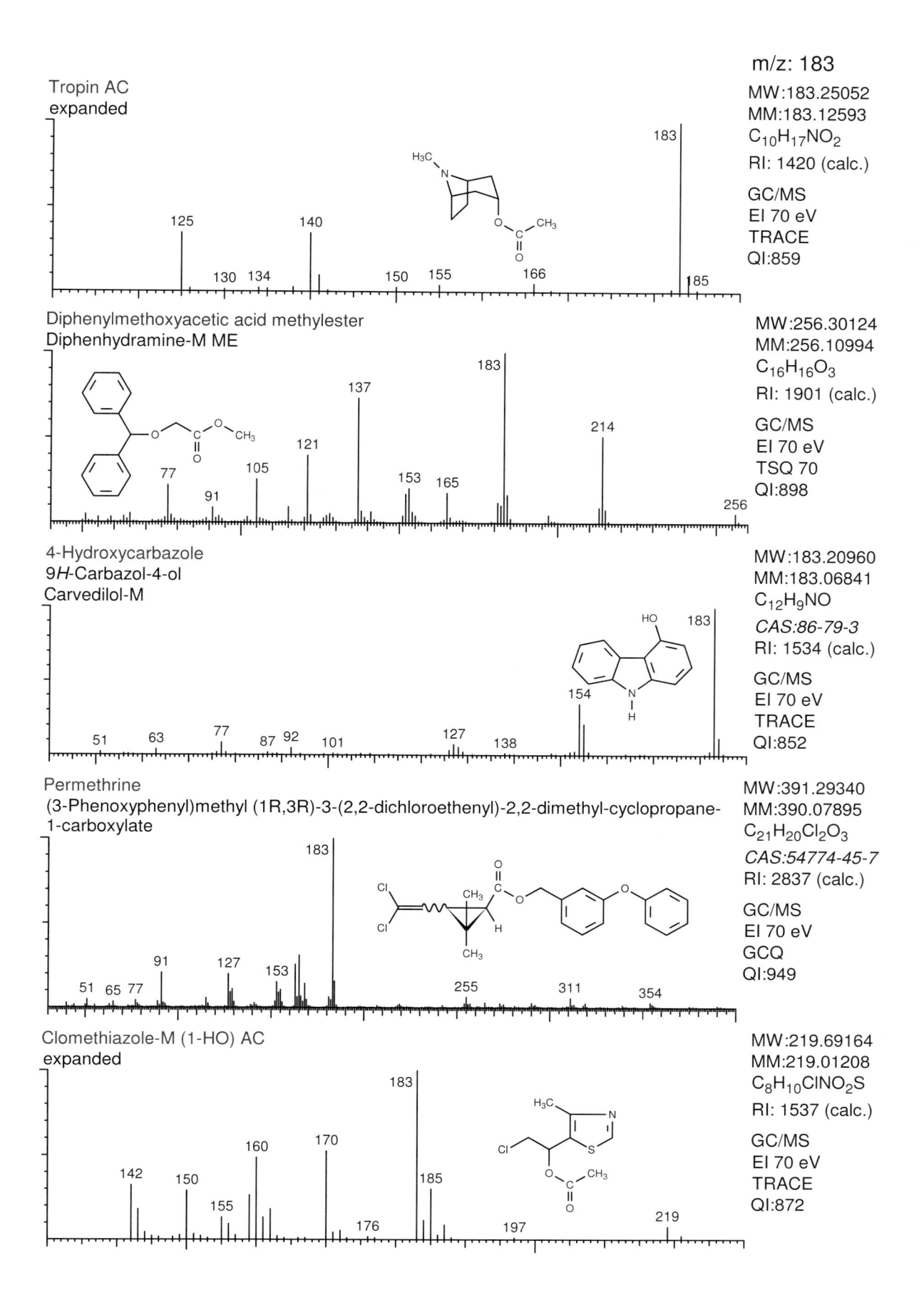

m/z: 183
MW:183.25052
MM:183.12593
$C_{10}H_{17}NO_2$
RI: 1420 (calc.)

GC/MS
EI 70 eV
TRACE
QI:859

Diphenylmethoxyacetic acid methylester
Diphenhydramine-M ME

MW:256.30124
MM:256.10994
$C_{16}H_{16}O_3$
RI: 1901 (calc.)

GC/MS
EI 70 eV
TSQ 70
QI:898

4-Hydroxycarbazole
9H-Carbazol-4-ol
Carvedilol-M

MW:183.20960
MM:183.06841
$C_{12}H_9NO$
CAS:86-79-3
RI: 1534 (calc.)

GC/MS
EI 70 eV
TRACE
QI:852

Permethrine
(3-Phenoxyphenyl)methyl (1R,3R)-3-(2,2-dichloroethenyl)-2,2-dimethyl-cyclopropane-1-carboxylate

MW:391.29340
MM:390.07895
$C_{21}H_{20}Cl_2O_3$
CAS:54774-45-7
RI: 2837 (calc.)

GC/MS
EI 70 eV
GCQ
QI:949

Clomethiazole-M (1-HO) AC
expanded

MW:219.69164
MM:219.01208
$C_8H_{10}ClNO_2S$
RI: 1537 (calc.)

GC/MS
EI 70 eV
TRACE
QI:872

m/z: 183

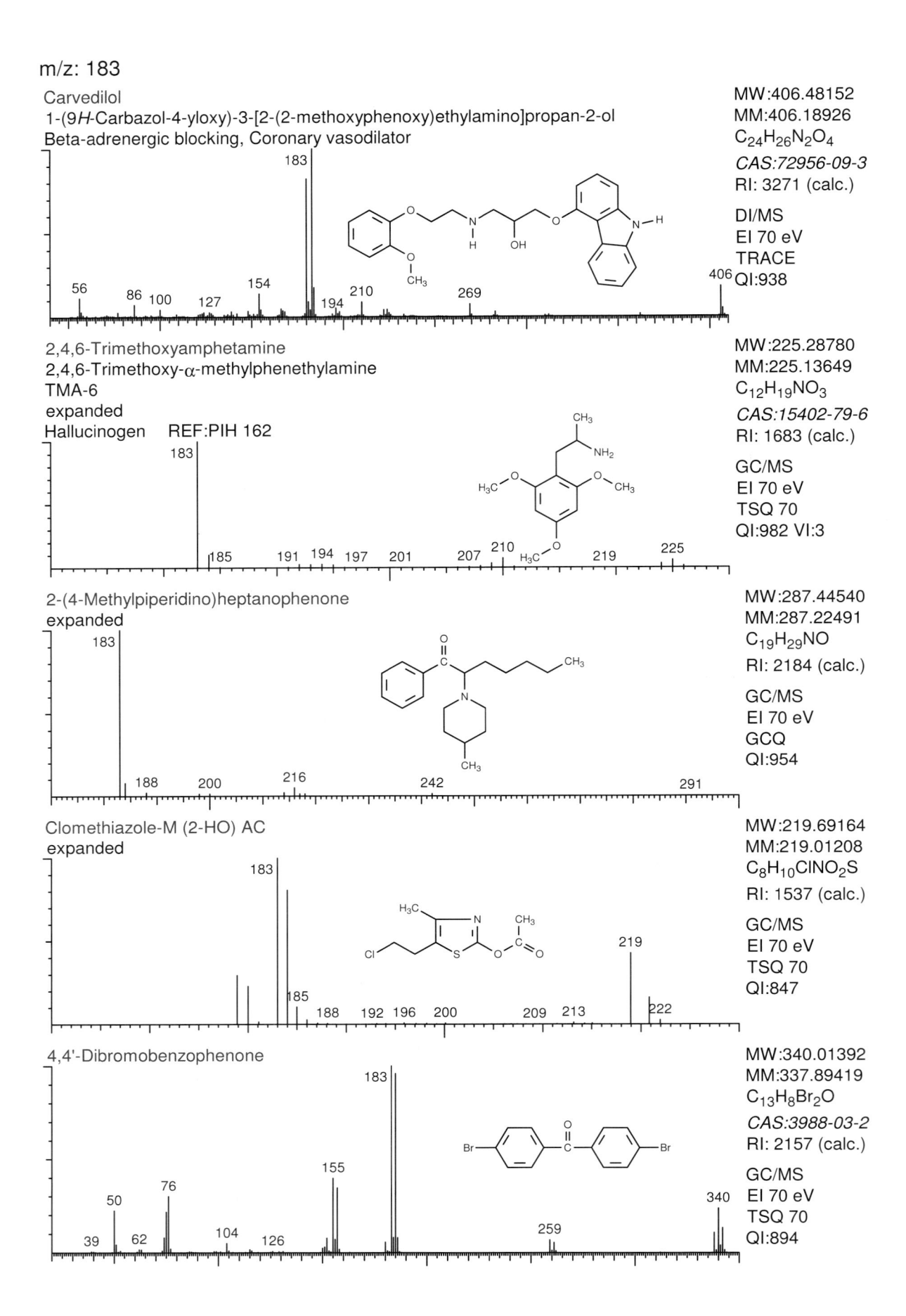

Carvedilol
1-(9H-Carbazol-4-yloxy)-3-[2-(2-methoxyphenoxy)ethylamino]propan-2-ol
Beta-adrenergic blocking, Coronary vasodilator

MW:406.48152
MM:406.18926
$C_{24}H_{26}N_2O_4$
CAS:72956-09-3
RI: 3271 (calc.)

DI/MS
EI 70 eV
TRACE
QI:938

2,4,6-Trimethoxyamphetamine
2,4,6-Trimethoxy-α-methylphenethylamine
TMA-6
expanded
Hallucinogen   REF:PIH 162

MW:225.28780
MM:225.13649
$C_{12}H_{19}NO_3$
CAS:15402-79-6
RI: 1683 (calc.)

GC/MS
EI 70 eV
TSQ 70
QI:982 VI:3

2-(4-Methylpiperidino)heptanophenone
expanded

MW:287.44540
MM:287.22491
$C_{19}H_{29}NO$
RI: 2184 (calc.)

GC/MS
EI 70 eV
GCQ
QI:954

Clomethiazole-M (2-HO) AC
expanded

MW:219.69164
MM:219.01208
$C_8H_{10}ClNO_2S$
RI: 1537 (calc.)

GC/MS
EI 70 eV
TSQ 70
QI:847

4,4'-Dibromobenzophenone

MW:340.01392
MM:337.89419
$C_{13}H_8Br_2O$
CAS:3988-03-2
RI: 2157 (calc.)

GC/MS
EI 70 eV
TSQ 70
QI:894

m/z: 183

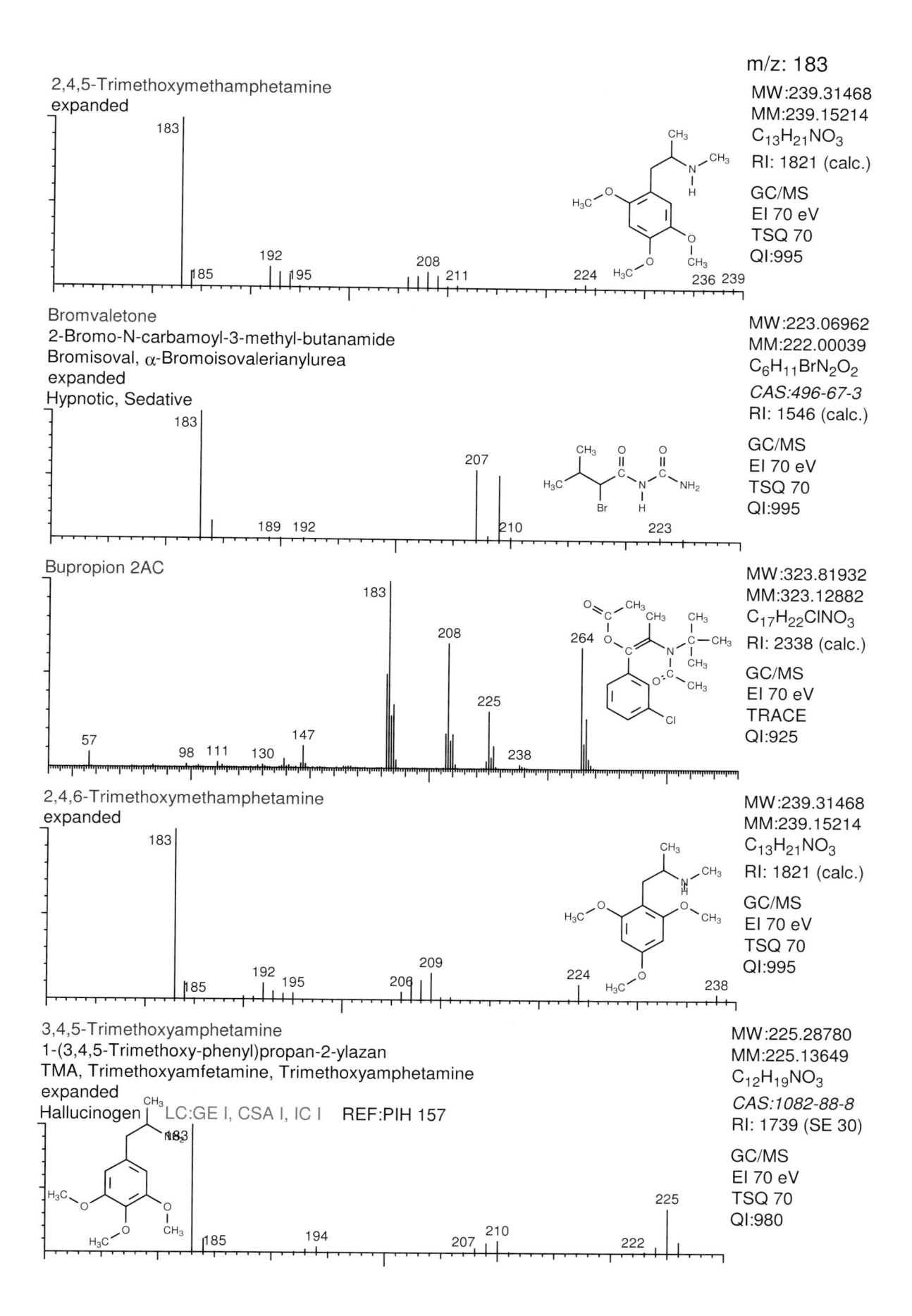

2,4,5-Trimethoxymethamphetamine expanded

Peaks: 183, 185, 192, 195, 208, 211, 224, 236, 239

MW: 239.31468
MM: 239.15214
$C_{13}H_{21}NO_3$
RI: 1821 (calc.)

GC/MS
EI 70 eV
TSQ 70
QI: 995

Bromvaletone
2-Bromo-N-carbamoyl-3-methyl-butanamide
Bromisoval, α-Bromoisovalerianylurea
expanded
Hypnotic, Sedative

Peaks: 183, 189, 192, 207, 210, 223

MW: 223.06962
MM: 222.00039
$C_6H_{11}BrN_2O_2$
CAS: 496-67-3
RI: 1546 (calc.)

GC/MS
EI 70 eV
TSQ 70
QI: 995

Bupropion 2AC

Peaks: 57, 98, 111, 130, 147, 183, 208, 225, 238, 264

MW: 323.81932
MM: 323.12882
$C_{17}H_{22}ClNO_3$
RI: 2338 (calc.)

GC/MS
EI 70 eV
TRACE
QI: 925

2,4,6-Trimethoxymethamphetamine expanded

Peaks: 183, 185, 192, 195, 206, 209, 224, 238

MW: 239.31468
MM: 239.15214
$C_{13}H_{21}NO_3$
RI: 1821 (calc.)

GC/MS
EI 70 eV
TSQ 70
QI: 995

3,4,5-Trimethoxyamphetamine
1-(3,4,5-Trimethoxy-phenyl)propan-2-ylazan
TMA, Trimethoxyamfetamine, Trimethoxyamphetamine
expanded
Hallucinogen   LC:GE I, CSA I, IC I   REF:PIH 157

Peaks: 183, 185, 194, 207, 210, 222, 225

MW: 225.28780
MM: 225.13649
$C_{12}H_{19}NO_3$
CAS: 1082-88-8
RI: 1739 (SE 30)

GC/MS
EI 70 eV
TSQ 70
QI: 980

m/z: 183

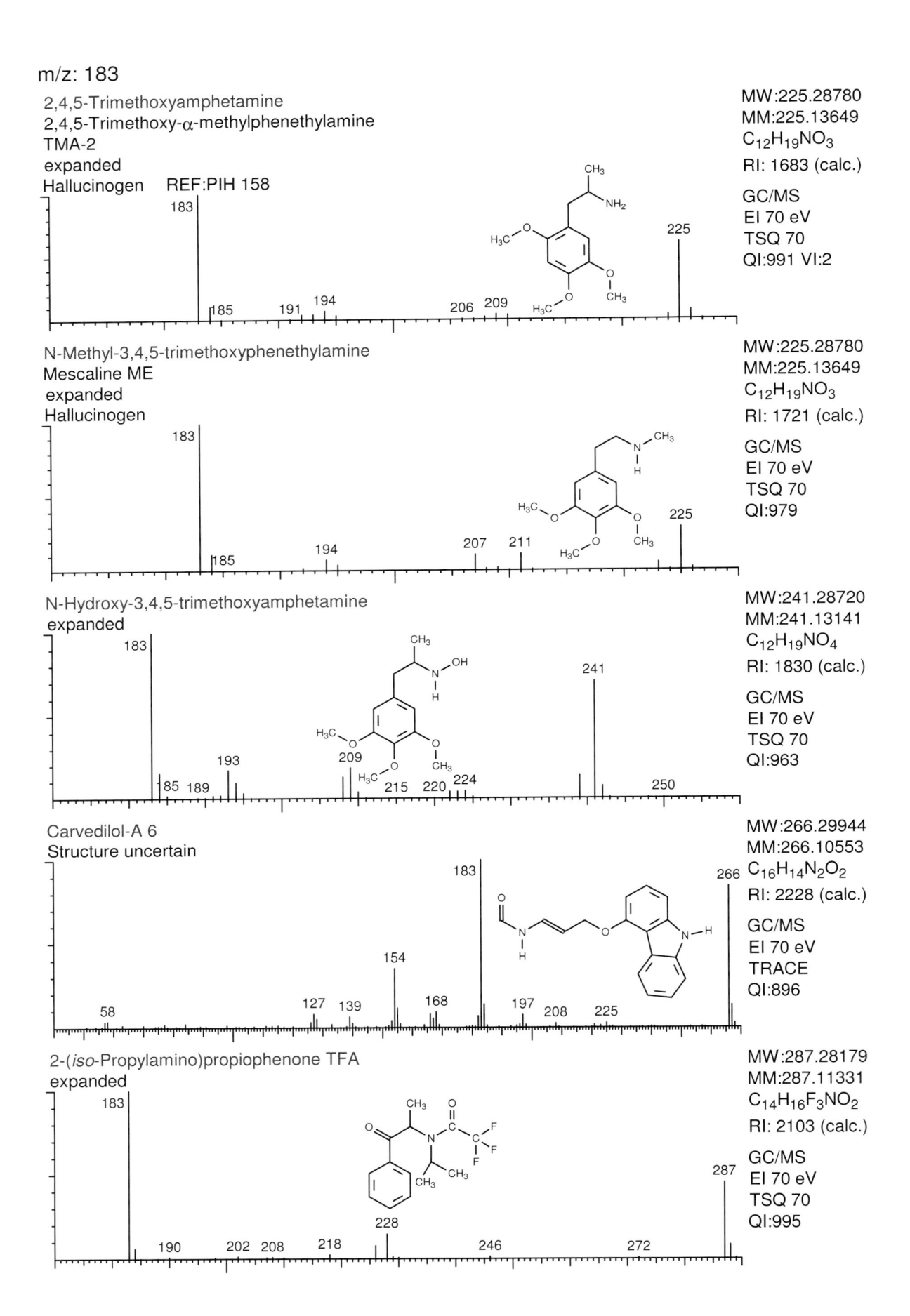

2,4,5-Trimethoxyamphetamine
2,4,5-Trimethoxy-α-methylphenethylamine
TMA-2
expanded
Hallucinogen   REF:PIH 158

MW:225.28780
MM:225.13649
$C_{12}H_{19}NO_3$
RI: 1683 (calc.)

GC/MS
EI 70 eV
TSQ 70
QI:991 VI:2

N-Methyl-3,4,5-trimethoxyphenethylamine
Mescaline ME
expanded
Hallucinogen

MW:225.28780
MM:225.13649
$C_{12}H_{19}NO_3$
RI: 1721 (calc.)

GC/MS
EI 70 eV
TSQ 70
QI:979

N-Hydroxy-3,4,5-trimethoxyamphetamine
expanded

MW:241.28720
MM:241.13141
$C_{12}H_{19}NO_4$
RI: 1830 (calc.)

GC/MS
EI 70 eV
TSQ 70
QI:963

Carvedilol-A 6
Structure uncertain

MW:266.29944
MM:266.10553
$C_{16}H_{14}N_2O_2$
RI: 2228 (calc.)

GC/MS
EI 70 eV
TRACE
QI:896

2-(iso-Propylamino)propiophenone TFA
expanded

MW:287.28179
MM:287.11331
$C_{14}H_{16}F_3NO_2$
RI: 2103 (calc.)

GC/MS
EI 70 eV
TSQ 70
QI:995

m/z: 183

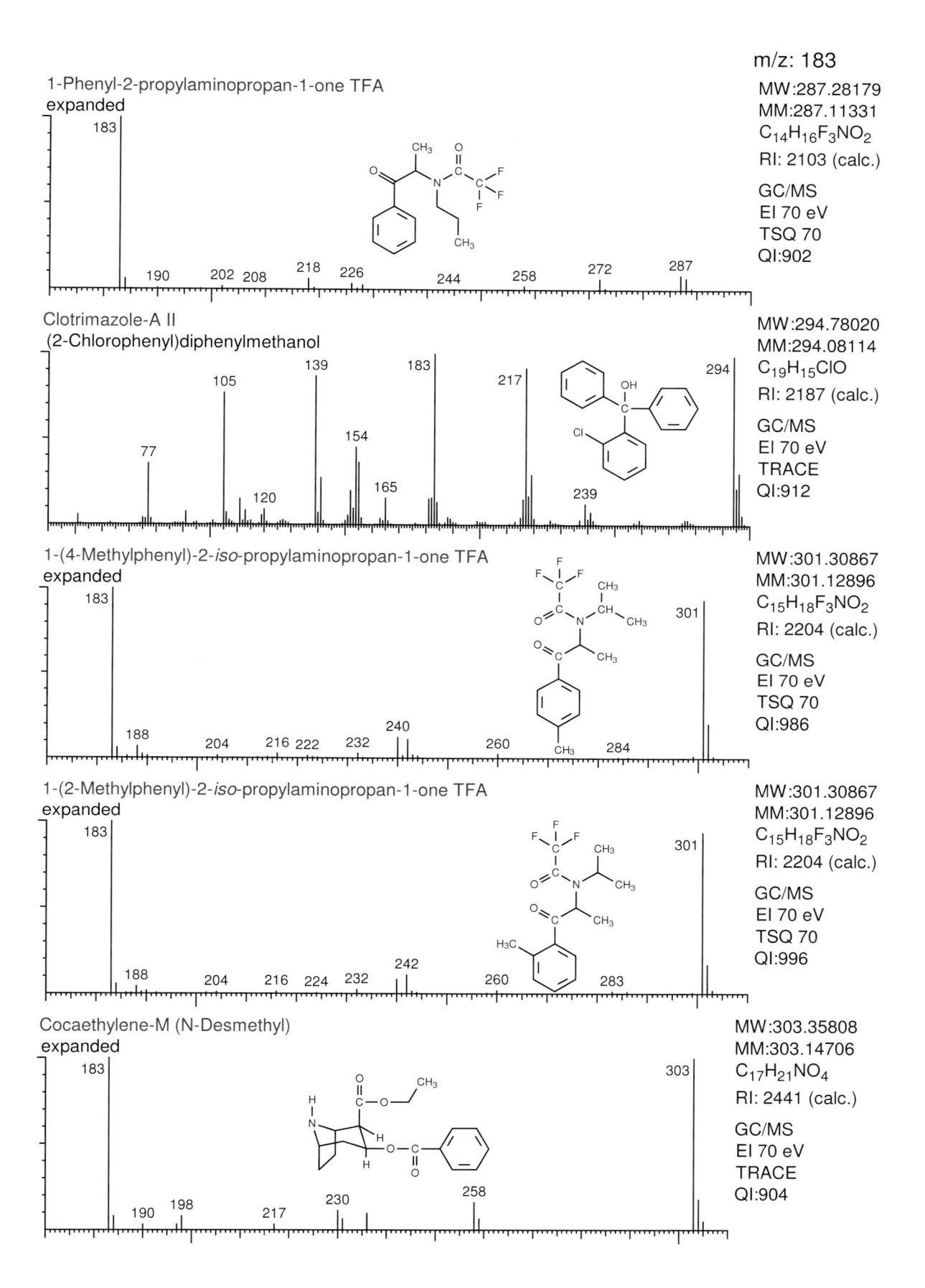

1-Phenyl-2-propylaminopropan-1-one TFA
expanded

Peaks: 183, 190, 202, 208, 218, 226, 244, 258, 272, 287

MW: 287.28179
MM: 287.11331
C$_{14}$H$_{16}$F$_3$NO$_2$
RI: 2103 (calc.)

GC/MS
EI 70 eV
TSQ 70
QI: 902

Clotrimazole-A II
(2-Chlorophenyl)diphenylmethanol

Peaks: 77, 105, 120, 139, 154, 165, 183, 217, 239, 294

MW: 294.78020
MM: 294.08114
C$_{19}$H$_{15}$ClO
RI: 2187 (calc.)

GC/MS
EI 70 eV
TRACE
QI: 912

1-(4-Methylphenyl)-2-iso-propylaminopropan-1-one TFA
expanded

Peaks: 183, 188, 204, 216, 222, 232, 240, 260, 284, 301

MW: 301.30867
MM: 301.12896
C$_{15}$H$_{18}$F$_3$NO$_2$
RI: 2204 (calc.)

GC/MS
EI 70 eV
TSQ 70
QI: 986

1-(2-Methylphenyl)-2-iso-propylaminopropan-1-one TFA
expanded

Peaks: 183, 188, 204, 216, 224, 232, 242, 260, 283, 301

MW: 301.30867
MM: 301.12896
C$_{15}$H$_{18}$F$_3$NO$_2$
RI: 2204 (calc.)

GC/MS
EI 70 eV
TSQ 70
QI: 996

Cocaethylene-M (N-Desmethyl)
expanded

Peaks: 183, 190, 198, 217, 230, 258, 303

MW: 303.35808
MM: 303.14706
C$_{17}$H$_{21}$NO$_4$
RI: 2441 (calc.)

GC/MS
EI 70 eV
TRACE
QI: 904

m/z: 183

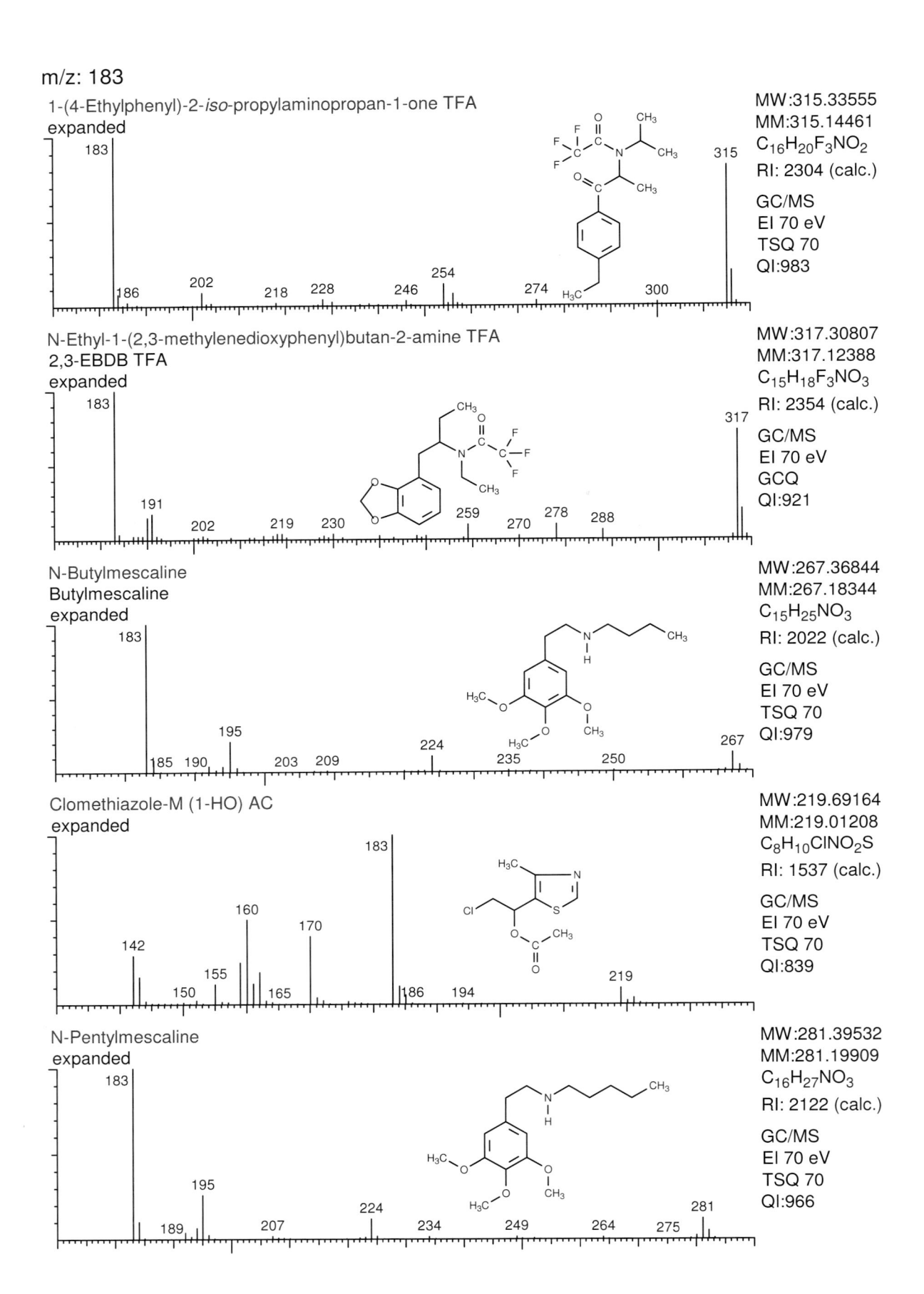

1-(4-Ethylphenyl)-2-*iso*-propylaminopropan-1-one TFA
expanded

Peaks: 183, 186, 202, 218, 228, 246, 254, 274, 300, 315

MW: 315.33555
MM: 315.14461
$C_{16}H_{20}F_3NO_2$
RI: 2304 (calc.)

GC/MS
EI 70 eV
TSQ 70
QI: 983

N-Ethyl-1-(2,3-methylenedioxyphenyl)butan-2-amine TFA
2,3-EBDB TFA
expanded

Peaks: 183, 191, 202, 219, 230, 259, 270, 278, 288, 317

MW: 317.30807
MM: 317.12388
$C_{15}H_{18}F_3NO_3$
RI: 2354 (calc.)

GC/MS
EI 70 eV
GCQ
QI: 921

N-Butylmescaline
Butylmescaline
expanded

Peaks: 183, 185, 190, 195, 203, 209, 224, 235, 250, 267

MW: 267.36844
MM: 267.18344
$C_{15}H_{25}NO_3$
RI: 2022 (calc.)

GC/MS
EI 70 eV
TSQ 70
QI: 979

Clomethiazole-M (1-HO) AC
expanded

Peaks: 142, 150, 155, 160, 165, 170, 183, 186, 194, 219

MW: 219.69164
MM: 219.01208
$C_8H_{10}ClNO_2S$
RI: 1537 (calc.)

GC/MS
EI 70 eV
TSQ 70
QI: 839

N-Pentylmescaline
expanded

Peaks: 183, 189, 195, 207, 224, 234, 249, 264, 275, 281

MW: 281.39532
MM: 281.19909
$C_{16}H_{27}NO_3$
RI: 2122 (calc.)

GC/MS
EI 70 eV
TSQ 70
QI: 966

m/z: 183

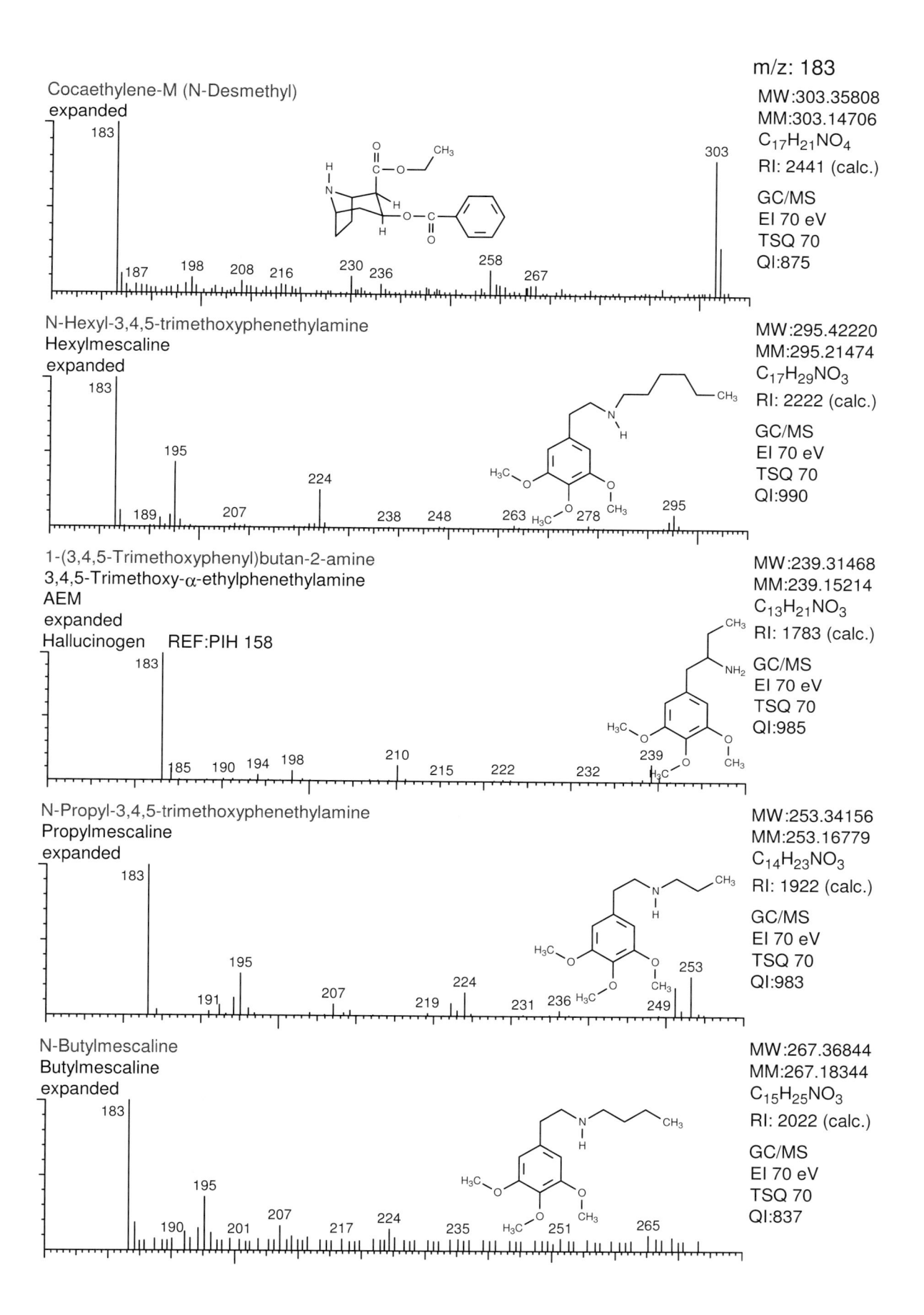

Cocaethylene-M (N-Desmethyl)
expanded

MW: 303.35808
MM: 303.14706
$C_{17}H_{21}NO_4$
RI: 2441 (calc.)

GC/MS
EI 70 eV
TSQ 70
QI: 875

N-Hexyl-3,4,5-trimethoxyphenethylamine
Hexylmescaline
expanded

MW: 295.42220
MM: 295.21474
$C_{17}H_{29}NO_3$
RI: 2222 (calc.)

GC/MS
EI 70 eV
TSQ 70
QI: 990

1-(3,4,5-Trimethoxyphenyl)butan-2-amine
3,4,5-Trimethoxy-α-ethylphenethylamine
AEM
expanded
Hallucinogen   REF: PIH 158

MW: 239.31468
MM: 239.15214
$C_{13}H_{21}NO_3$
RI: 1783 (calc.)

GC/MS
EI 70 eV
TSQ 70
QI: 985

N-Propyl-3,4,5-trimethoxyphenethylamine
Propylmescaline
expanded

MW: 253.34156
MM: 253.16779
$C_{14}H_{23}NO_3$
RI: 1922 (calc.)

GC/MS
EI 70 eV
TSQ 70
QI: 983

N-Butylmescaline
Butylmescaline
expanded

MW: 267.36844
MM: 267.18344
$C_{15}H_{25}NO_3$
RI: 2022 (calc.)

GC/MS
EI 70 eV
TSQ 70
QI: 837

m/z: 184

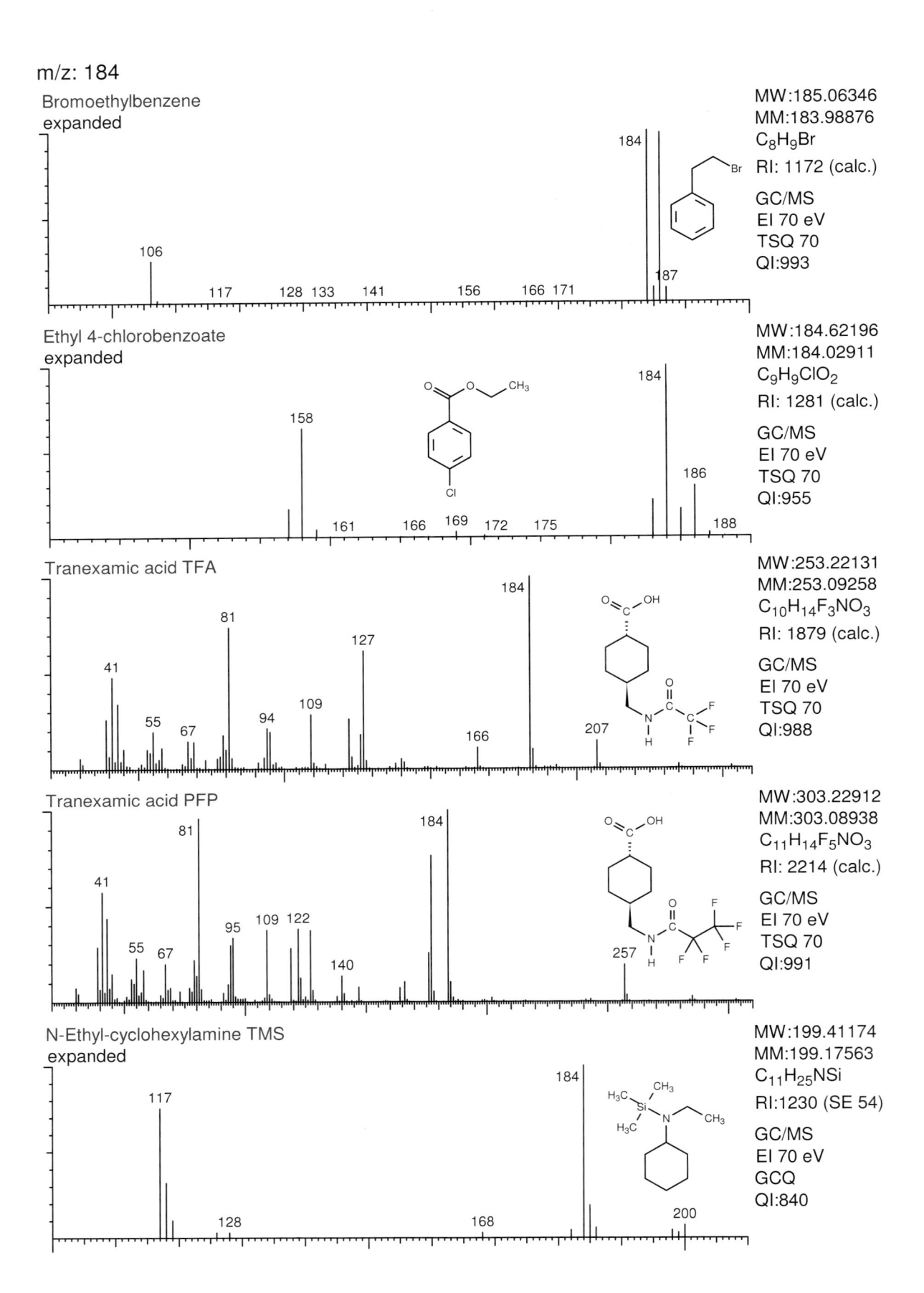

Bromoethylbenzene expanded

MW: 185.06346
MM: 183.98876
C$_8$H$_9$Br
RI: 1172 (calc.)

GC/MS
EI 70 eV
TSQ 70
QI: 993

Peaks: 106, 117, 128, 133, 141, 156, 166, 171, 184, 187

Ethyl 4-chlorobenzoate expanded

MW: 184.62196
MM: 184.02911
C$_9$H$_9$ClO$_2$
RI: 1281 (calc.)

GC/MS
EI 70 eV
TSQ 70
QI: 955

Peaks: 158, 161, 166, 169, 172, 175, 184, 186, 188

Tranexamic acid TFA

MW: 253.22131
MM: 253.09258
C$_{10}$H$_{14}$F$_3$NO$_3$
RI: 1879 (calc.)

GC/MS
EI 70 eV
TSQ 70
QI: 988

Peaks: 41, 55, 67, 81, 94, 109, 127, 166, 184, 207

Tranexamic acid PFP

MW: 303.22912
MM: 303.08938
C$_{11}$H$_{14}$F$_5$NO$_3$
RI: 2214 (calc.)

GC/MS
EI 70 eV
TSQ 70
QI: 991

Peaks: 41, 55, 67, 81, 95, 109, 122, 140, 184, 257

N-Ethyl-cyclohexylamine TMS expanded

MW: 199.41174
MM: 199.17563
C$_{11}$H$_{25}$NSi
RI: 1230 (SE 54)

GC/MS
EI 70 eV
GCQ
QI: 840

Peaks: 117, 128, 168, 184, 200

m/z: 184

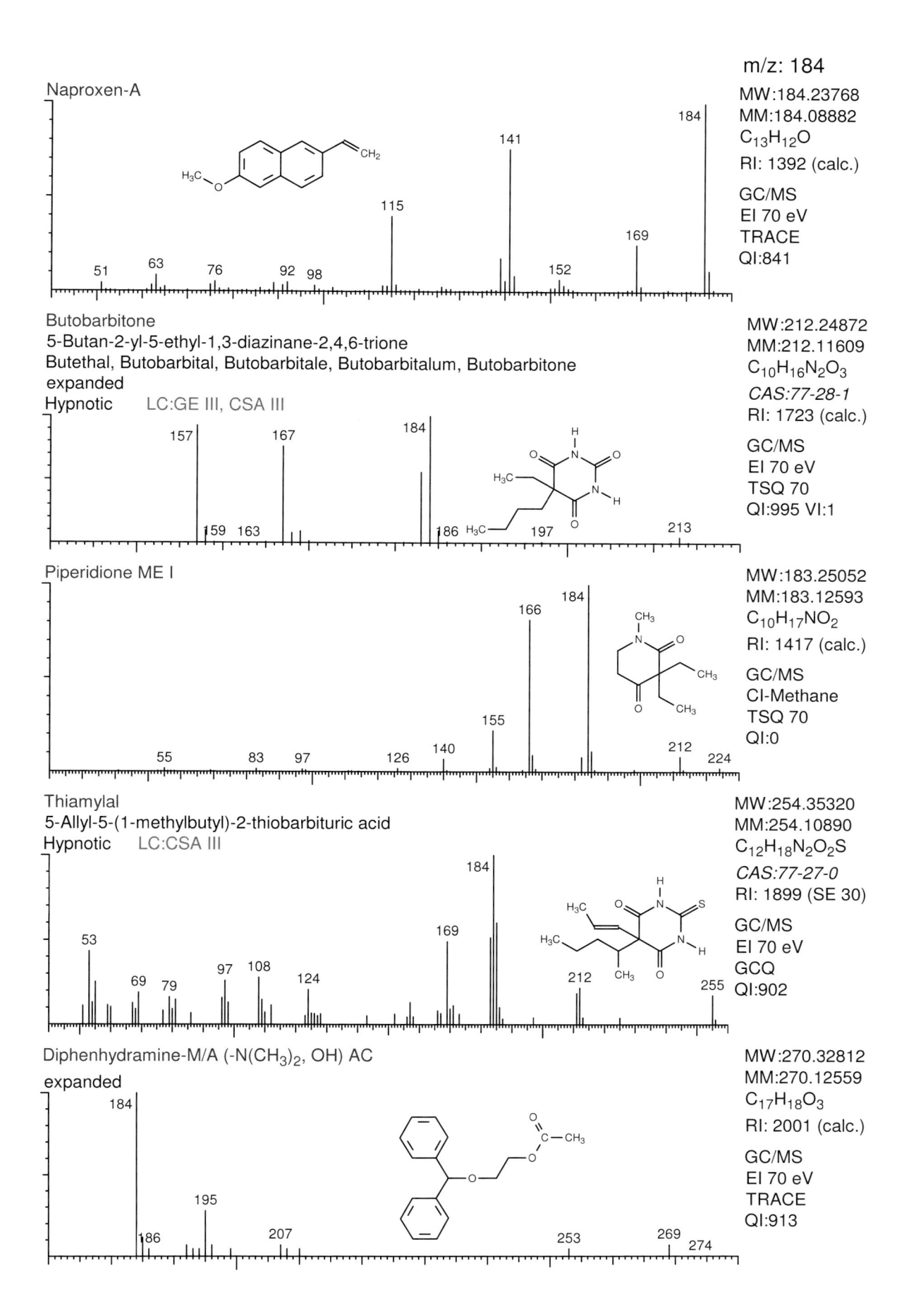

Naproxen-A

MW: 184.23768
MM: 184.08882
$C_{13}H_{12}O$
RI: 1392 (calc.)

GC/MS
EI 70 eV
TRACE
QI: 841

Peaks: 51, 63, 76, 92, 98, 115, 141, 152, 169, 184

Butobarbitone
5-Butan-2-yl-5-ethyl-1,3-diazinane-2,4,6-trione
Butethal, Butobarbital, Butobarbitale, Butobarbitalum, Butobarbitone
expanded
Hypnotic   LC:GE III, CSA III

MW: 212.24872
MM: 212.11609
$C_{10}H_{16}N_2O_3$
CAS: 77-28-1
RI: 1723 (calc.)

GC/MS
EI 70 eV
TSQ 70
QI: 995 VI:1

Peaks: 157, 159, 163, 167, 184, 186, 197, 213

Piperidione ME I

MW: 183.25052
MM: 183.12593
$C_{10}H_{17}NO_2$
RI: 1417 (calc.)

GC/MS
CI-Methane
TSQ 70
QI: 0

Peaks: 55, 83, 97, 126, 140, 155, 166, 184, 212, 224

Thiamylal
5-Allyl-5-(1-methylbutyl)-2-thiobarbituric acid
Hypnotic   LC:CSA III

MW: 254.35320
MM: 254.10890
$C_{12}H_{18}N_2O_2S$
CAS: 77-27-0
RI: 1899 (SE 30)

GC/MS
EI 70 eV
GCQ
QI: 902

Peaks: 53, 69, 79, 97, 108, 124, 169, 184, 212, 255

Diphenhydramine-M/A (-N(CH$_3$)$_2$, OH) AC
expanded

MW: 270.32812
MM: 270.12559
$C_{17}H_{18}O_3$
RI: 2001 (calc.)

GC/MS
EI 70 eV
TRACE
QI: 913

Peaks: 184, 186, 195, 207, 253, 269, 274

m/z: 184

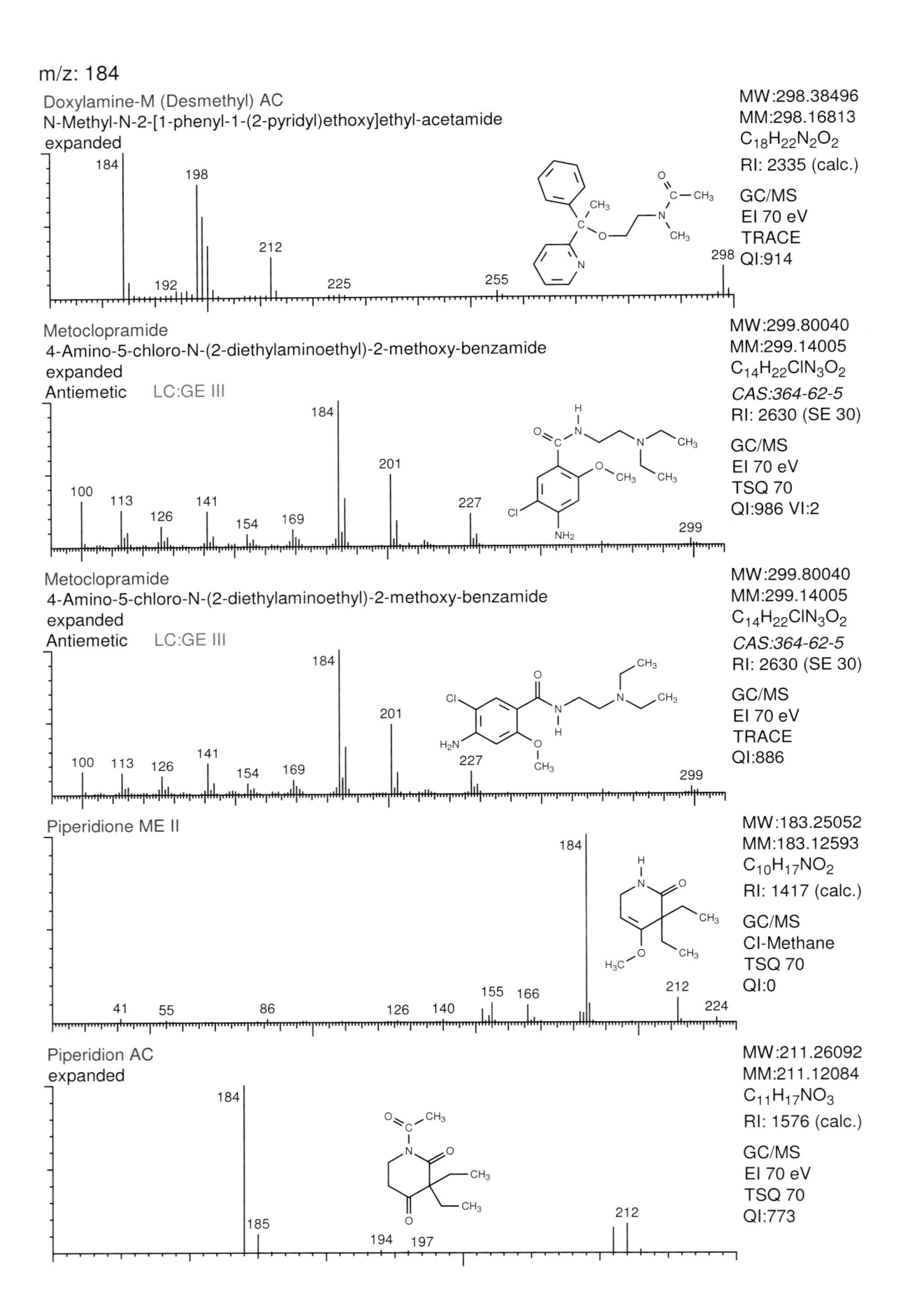

Doxylamine-M (Desmethyl) AC
N-Methyl-N-2-[1-phenyl-1-(2-pyridyl)ethoxy]ethyl-acetamide
expanded

MW:298.38496
MM:298.16813
$C_{18}H_{22}N_2O_2$
RI: 2335 (calc.)

GC/MS
EI 70 eV
TRACE
QI:914

Metoclopramide
4-Amino-5-chloro-N-(2-diethylaminoethyl)-2-methoxy-benzamide
expanded
Antiemetic   LC:GE III

MW:299.80040
MM:299.14005
$C_{14}H_{22}ClN_3O_2$
CAS:364-62-5
RI: 2630 (SE 30)

GC/MS
EI 70 eV
TSQ 70
QI:986 VI:2

Metoclopramide
4-Amino-5-chloro-N-(2-diethylaminoethyl)-2-methoxy-benzamide
expanded
Antiemetic   LC:GE III

MW:299.80040
MM:299.14005
$C_{14}H_{22}ClN_3O_2$
CAS:364-62-5
RI: 2630 (SE 30)

GC/MS
EI 70 eV
TRACE
QI:886

Piperidone ME II

MW:183.25052
MM:183.12593
$C_{10}H_{17}NO_2$
RI: 1417 (calc.)

GC/MS
CI-Methane
TSQ 70
QI:0

Piperidion AC
expanded

MW:211.26092
MM:211.12084
$C_{11}H_{17}NO_3$
RI: 1576 (calc.)

GC/MS
EI 70 eV
TSQ 70
QI:773

Metoclopramide AC
expanded

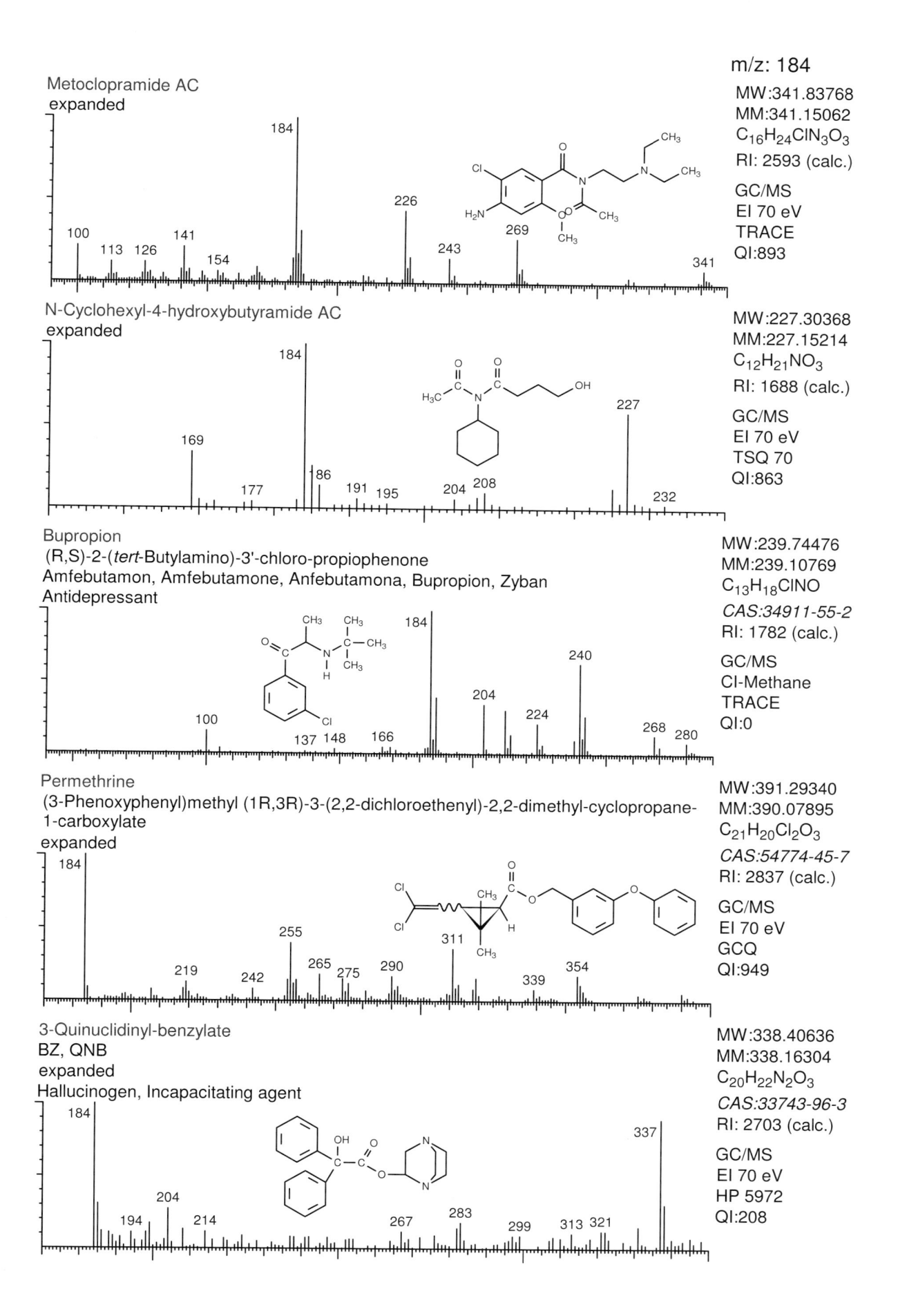

m/z: 184

MW: 341.83768
MM: 341.15062
C$_{16}$H$_{24}$ClN$_3$O$_3$
RI: 2593 (calc.)

GC/MS
EI 70 eV
TRACE
QI: 893

Peaks: 100, 113, 126, 141, 154, 184, 226, 243, 269, 341

N-Cyclohexyl-4-hydroxybutyramide AC
expanded

MW: 227.30368
MM: 227.15214
C$_{12}$H$_{21}$NO$_3$
RI: 1688 (calc.)

GC/MS
EI 70 eV
TSQ 70
QI: 863

Peaks: 169, 177, 184, 86, 191, 195, 204, 208, 227, 232

Bupropion
(R,S)-2-(*tert*-Butylamino)-3'-chloro-propiophenone
Amfebutamon, Amfebutamone, Anfebutamona, Bupropion, Zyban
Antidepressant

MW: 239.74476
MM: 239.10769
C$_{13}$H$_{18}$ClNO
CAS: 34911-55-2
RI: 1782 (calc.)

GC/MS
CI-Methane
TRACE
QI: 0

Peaks: 100, 137, 148, 166, 184, 204, 224, 240, 268, 280

Permethrine
(3-Phenoxyphenyl)methyl (1R,3R)-3-(2,2-dichloroethenyl)-2,2-dimethyl-cyclopropane-1-carboxylate
expanded

MW: 391.29340
MM: 390.07895
C$_{21}$H$_{20}$Cl$_2$O$_3$
CAS: 54774-45-7
RI: 2837 (calc.)

GC/MS
EI 70 eV
GCQ
QI: 949

Peaks: 184, 219, 242, 255, 265, 275, 290, 311, 339, 354

3-Quinuclidinyl-benzylate
BZ, QNB
expanded
Hallucinogen, Incapacitating agent

MW: 338.40636
MM: 338.16304
C$_{20}$H$_{22}$N$_2$O$_3$
CAS: 33743-96-3
RI: 2703 (calc.)

GC/MS
EI 70 eV
HP 5972
QI: 208

Peaks: 184, 194, 204, 214, 267, 283, 299, 313, 321, 337

m/z: 184

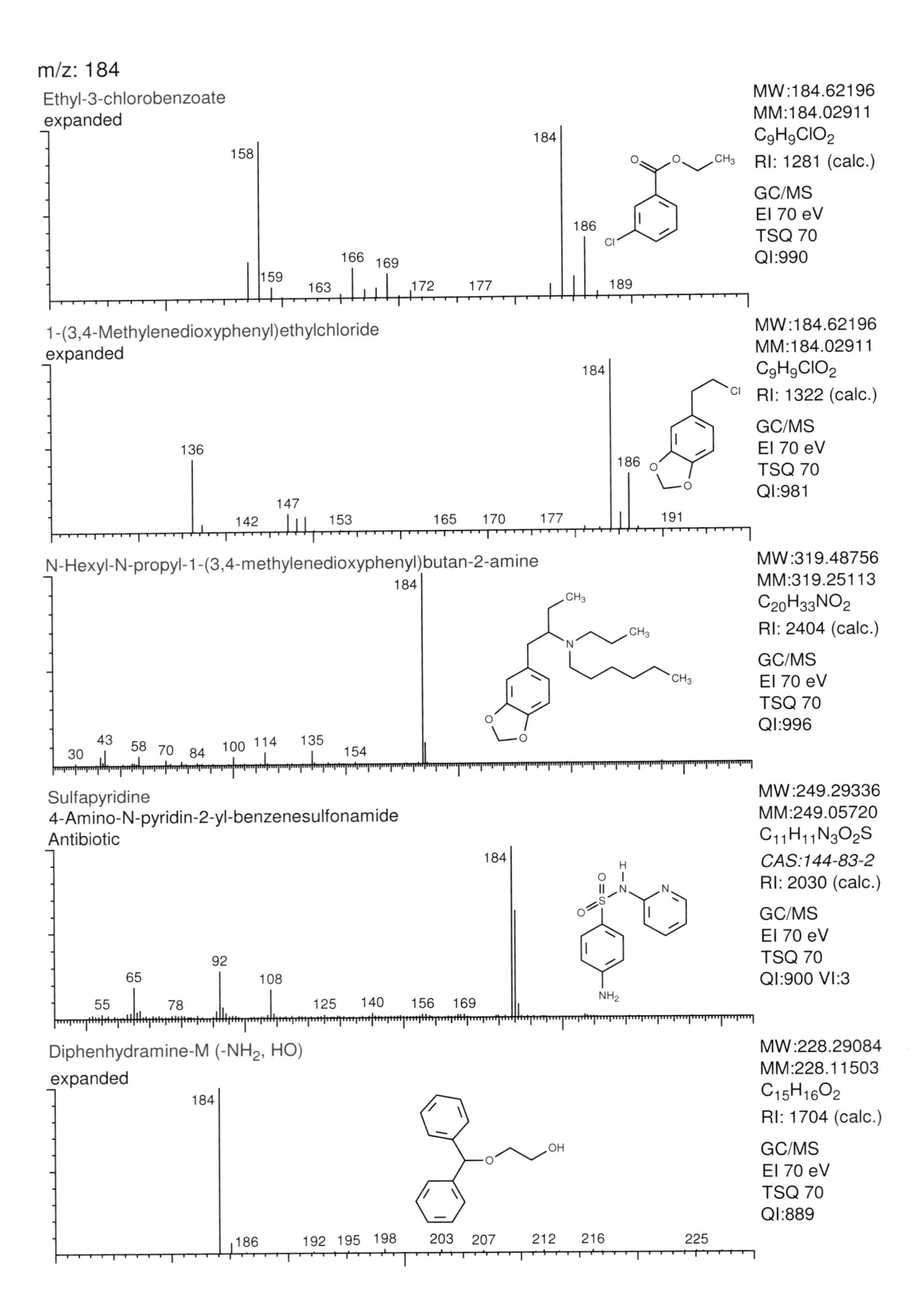

Ethyl-3-chlorobenzoate expanded

MW: 184.62196
MM: 184.02911
C$_9$H$_9$ClO$_2$
RI: 1281 (calc.)

GC/MS
EI 70 eV
TSQ 70
QI: 990

1-(3,4-Methylenedioxyphenyl)ethylchloride expanded

MW: 184.62196
MM: 184.02911
C$_9$H$_9$ClO$_2$
RI: 1322 (calc.)

GC/MS
EI 70 eV
TSQ 70
QI: 981

N-Hexyl-N-propyl-1-(3,4-methylenedioxyphenyl)butan-2-amine

MW: 319.48756
MM: 319.25113
C$_{20}$H$_{33}$NO$_2$
RI: 2404 (calc.)

GC/MS
EI 70 eV
TSQ 70
QI: 996

Sulfapyridine
4-Amino-N-pyridin-2-yl-benzenesulfonamide
Antibiotic

MW: 249.29336
MM: 249.05720
C$_{11}$H$_{11}$N$_3$O$_2$S
CAS: 144-83-2
RI: 2030 (calc.)

GC/MS
EI 70 eV
TSQ 70
QI: 900 VI:3

Diphenhydramine-M (-NH$_2$, HO) expanded

MW: 228.29084
MM: 228.11503
C$_{15}$H$_{16}$O$_2$
RI: 1704 (calc.)

GC/MS
EI 70 eV
TSQ 70
QI: 889

m/z: 184

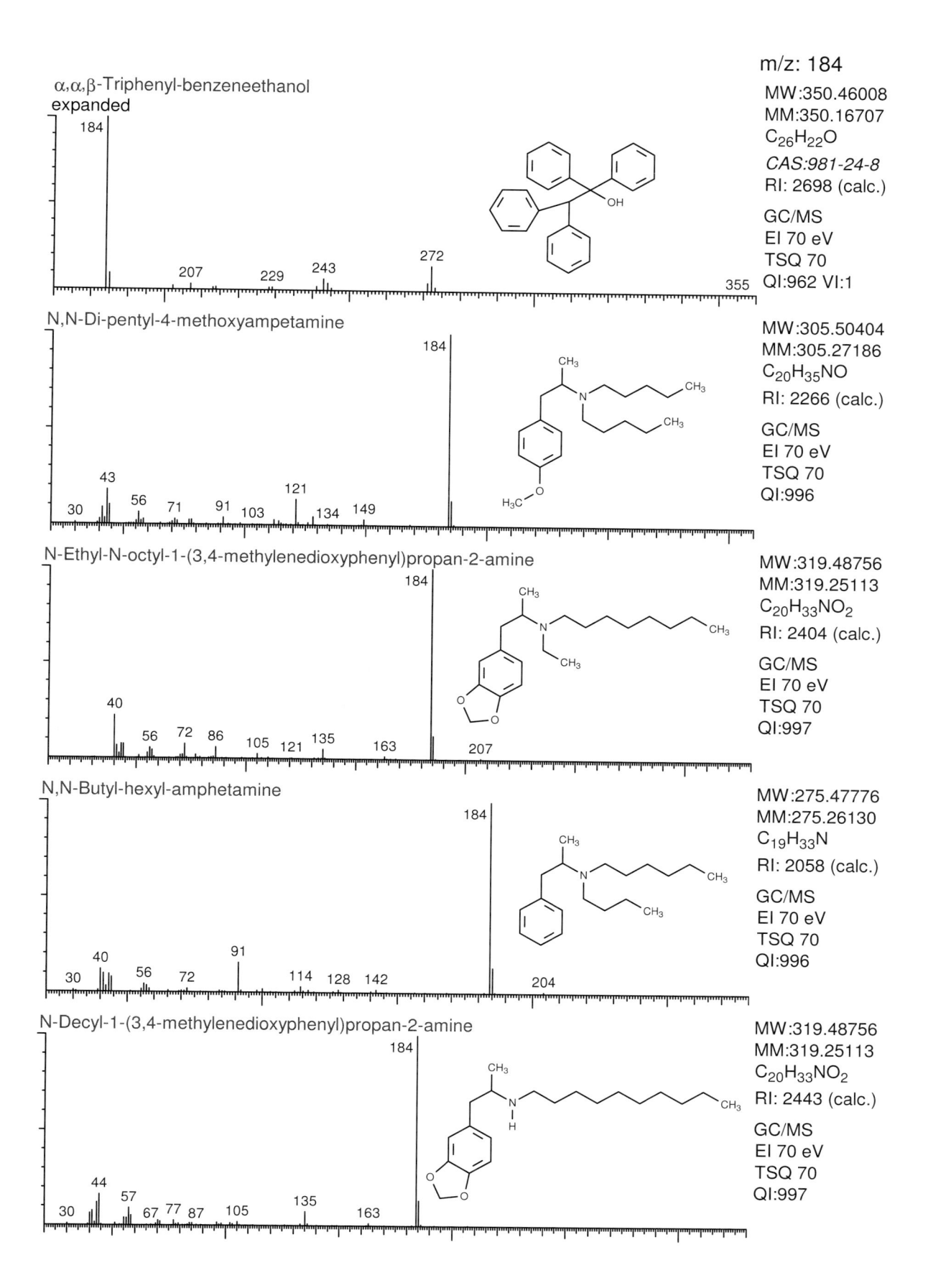

α,α,β-Triphenyl-benzeneethanol expanded
Peaks: 184, 207, 229, 243, 272, 355

MW: 350.46008
MM: 350.16707
$C_{26}H_{22}O$
CAS: 981-24-8
RI: 2698 (calc.)

GC/MS
EI 70 eV
TSQ 70
QI: 962 VI: 1

N,N-Di-pentyl-4-methoxyampetamine
Peaks: 30, 43, 56, 71, 91, 103, 121, 134, 149, 184

MW: 305.50404
MM: 305.27186
$C_{20}H_{35}NO$
RI: 2266 (calc.)

GC/MS
EI 70 eV
TSQ 70
QI: 996

N-Ethyl-N-octyl-1-(3,4-methylenedioxyphenyl)propan-2-amine
Peaks: 40, 56, 72, 86, 105, 121, 135, 163, 184, 207

MW: 319.48756
MM: 319.25113
$C_{20}H_{33}NO_2$
RI: 2404 (calc.)

GC/MS
EI 70 eV
TSQ 70
QI: 997

N,N-Butyl-hexyl-amphetamine
Peaks: 30, 40, 56, 72, 91, 114, 128, 142, 184, 204

MW: 275.47776
MM: 275.26130
$C_{19}H_{33}N$
RI: 2058 (calc.)

GC/MS
EI 70 eV
TSQ 70
QI: 996

N-Decyl-1-(3,4-methylenedioxyphenyl)propan-2-amine
Peaks: 30, 44, 57, 67, 77, 87, 105, 135, 163, 184

MW: 319.48756
MM: 319.25113
$C_{20}H_{33}NO_2$
RI: 2443 (calc.)

GC/MS
EI 70 eV
TSQ 70
QI: 997

m/z: 184

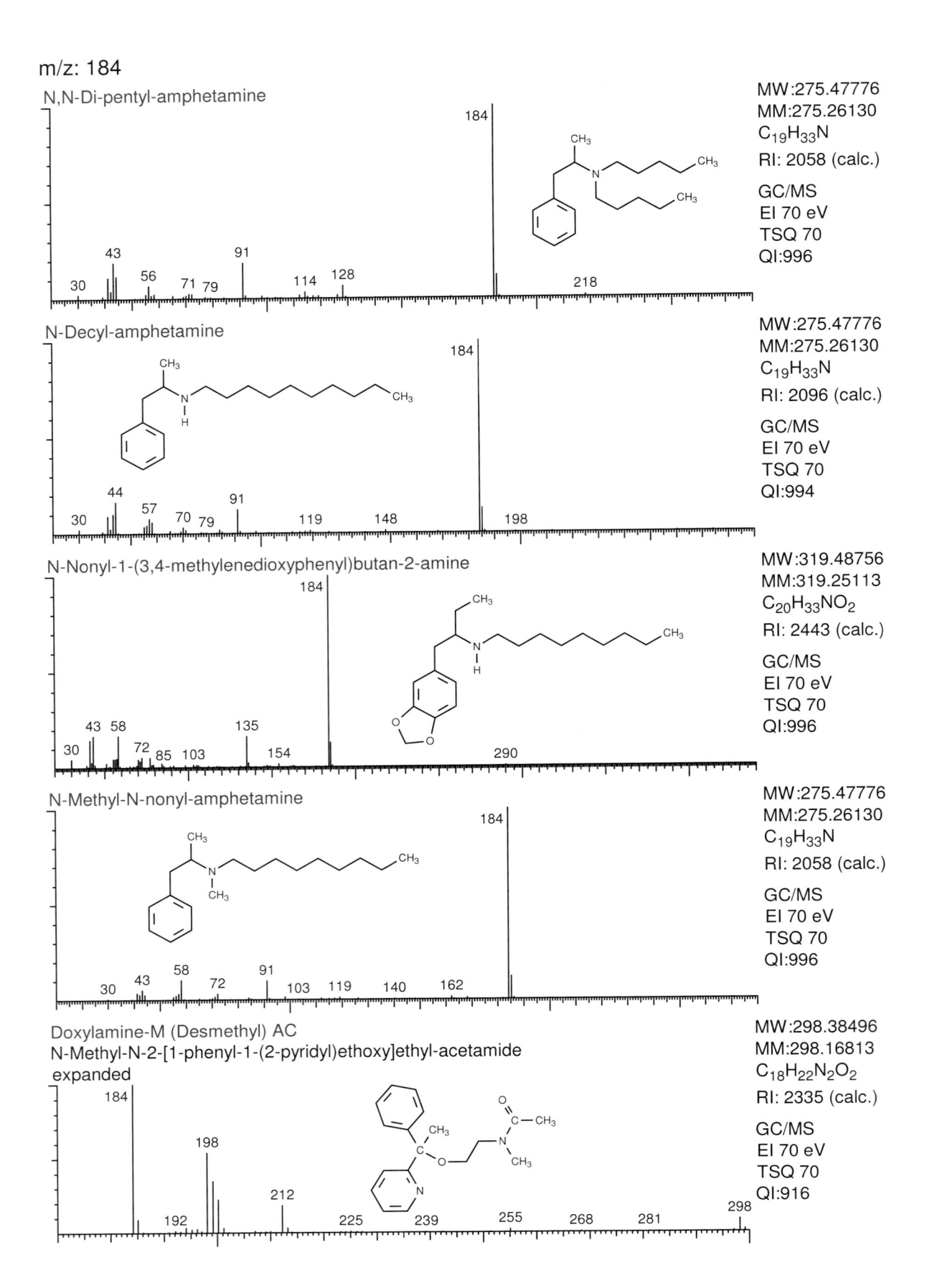

N,N-Di-pentyl-amphetamine

MW: 275.47776
MM: 275.26130
$C_{19}H_{33}N$
RI: 2058 (calc.)

GC/MS
EI 70 eV
TSQ 70
QI: 996

N-Decyl-amphetamine

MW: 275.47776
MM: 275.26130
$C_{19}H_{33}N$
RI: 2096 (calc.)

GC/MS
EI 70 eV
TSQ 70
QI: 994

N-Nonyl-1-(3,4-methylenedioxyphenyl)butan-2-amine

MW: 319.48756
MM: 319.25113
$C_{20}H_{33}NO_2$
RI: 2443 (calc.)

GC/MS
EI 70 eV
TSQ 70
QI: 996

N-Methyl-N-nonyl-amphetamine

MW: 275.47776
MM: 275.26130
$C_{19}H_{33}N$
RI: 2058 (calc.)

GC/MS
EI 70 eV
TSQ 70
QI: 996

Doxylamine-M (Desmethyl) AC
N-Methyl-N-2-[1-phenyl-1-(2-pyridyl)ethoxy]ethyl-acetamide
expanded

MW: 298.38496
MM: 298.16813
$C_{18}H_{22}N_2O_2$
RI: 2335 (calc.)

GC/MS
EI 70 eV
TSQ 70
QI: 916

m/z: 184-185

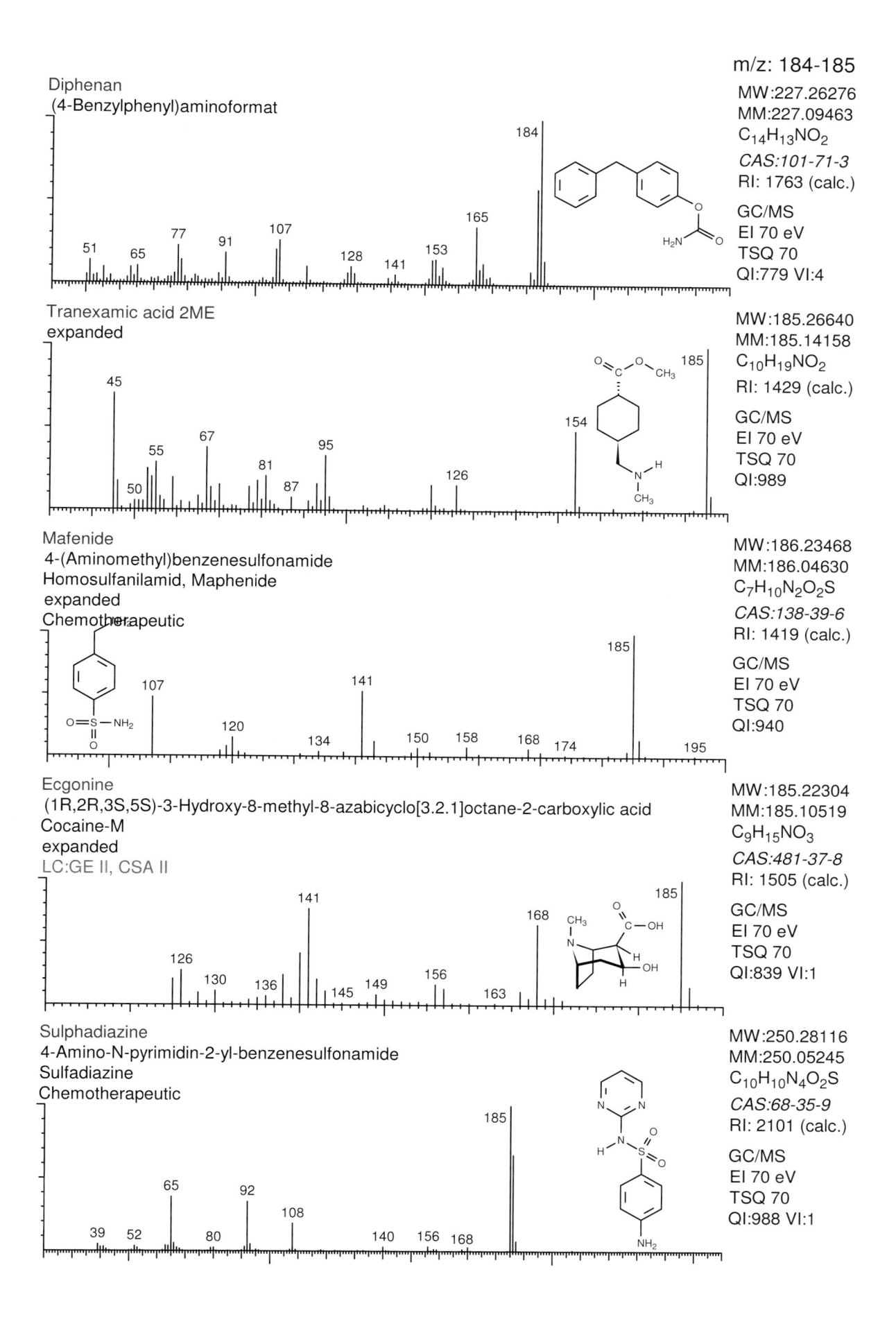

Diphenan
(4-Benzylphenyl)aminoformat

MW:227.26276
MM:227.09463
$C_{14}H_{13}NO_2$
CAS:101-71-3
RI: 1763 (calc.)

GC/MS
EI 70 eV
TSQ 70
QI:779 VI:4

Peaks: 51, 65, 77, 91, 107, 128, 141, 153, 165, 184

Tranexamic acid 2ME
expanded

MW:185.26640
MM:185.14158
$C_{10}H_{19}NO_2$
RI: 1429 (calc.)

GC/MS
EI 70 eV
TSQ 70
QI:989

Peaks: 45, 50, 55, 67, 81, 87, 95, 126, 154, 185

Mafenide
4-(Aminomethyl)benzenesulfonamide
Homosulfanilamid, Maphenide
expanded
Chemotherapeutic

MW:186.23468
MM:186.04630
$C_7H_{10}N_2O_2S$
CAS:138-39-6
RI: 1419 (calc.)

GC/MS
EI 70 eV
TSQ 70
QI:940

Peaks: 107, 120, 134, 141, 150, 158, 168, 174, 185, 195

Ecgonine
(1R,2R,3S,5S)-3-Hydroxy-8-methyl-8-azabicyclo[3.2.1]octane-2-carboxylic acid
Cocaine-M
expanded
LC:GE II, CSA II

MW:185.22304
MM:185.10519
$C_9H_{15}NO_3$
CAS:481-37-8
RI: 1505 (calc.)

GC/MS
EI 70 eV
TSQ 70
QI:839 VI:1

Peaks: 126, 130, 136, 141, 145, 149, 156, 163, 168, 185

Sulphadiazine
4-Amino-N-pyrimidin-2-yl-benzenesulfonamide
Sulfadiazine
Chemotherapeutic

MW:250.28116
MM:250.05245
$C_{10}H_{10}N_4O_2S$
CAS:68-35-9
RI: 2101 (calc.)

GC/MS
EI 70 eV
TSQ 70
QI:988 VI:1

Peaks: 39, 52, 65, 80, 92, 108, 140, 156, 168, 185

m/z: 185

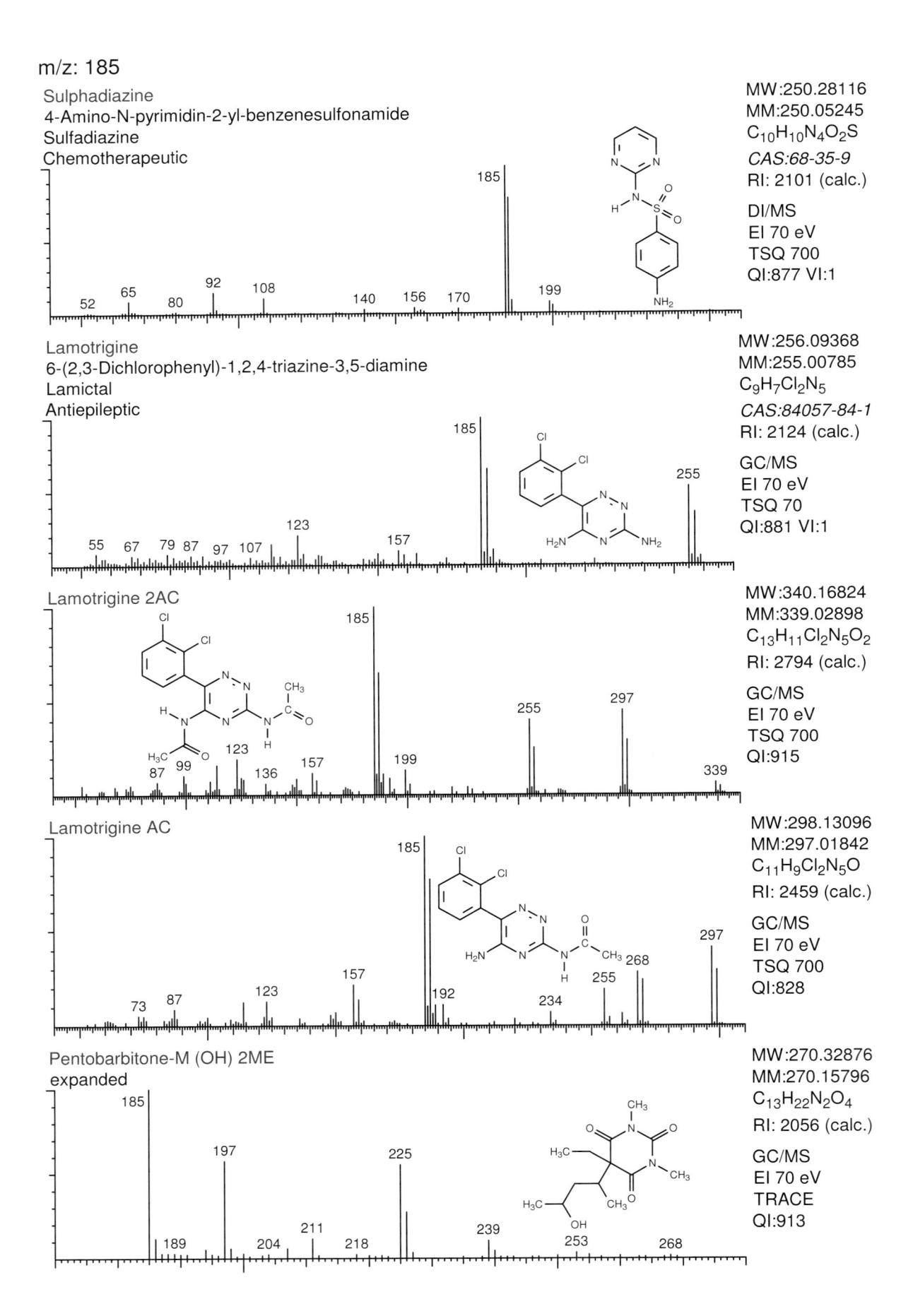

Sulphadiazine
4-Amino-N-pyrimidin-2-yl-benzenesulfonamide
Sulfadiazine
Chemotherapeutic

MW:250.28116
MM:250.05245
$C_{10}H_{10}N_4O_2S$
CAS:68-35-9
RI: 2101 (calc.)

DI/MS
EI 70 eV
TSQ 700
QI:877 VI:1

Lamotrigine
6-(2,3-Dichlorophenyl)-1,2,4-triazine-3,5-diamine
Lamictal
Antiepileptic

MW:256.09368
MM:255.00785
$C_9H_7Cl_2N_5$
CAS:84057-84-1
RI: 2124 (calc.)

GC/MS
EI 70 eV
TSQ 70
QI:881 VI:1

Lamotrigine 2AC

MW:340.16824
MM:339.02898
$C_{13}H_{11}Cl_2N_5O_2$
RI: 2794 (calc.)

GC/MS
EI 70 eV
TSQ 700
QI:915

Lamotrigine AC

MW:298.13096
MM:297.01842
$C_{11}H_9Cl_2N_5O$
RI: 2459 (calc.)

GC/MS
EI 70 eV
TSQ 700
QI:828

Pentobarbitone-M (OH) 2ME
expanded

MW:270.32876
MM:270.15796
$C_{13}H_{22}N_2O_4$
RI: 2056 (calc.)

GC/MS
EI 70 eV
TRACE
QI:913

m/z: 185

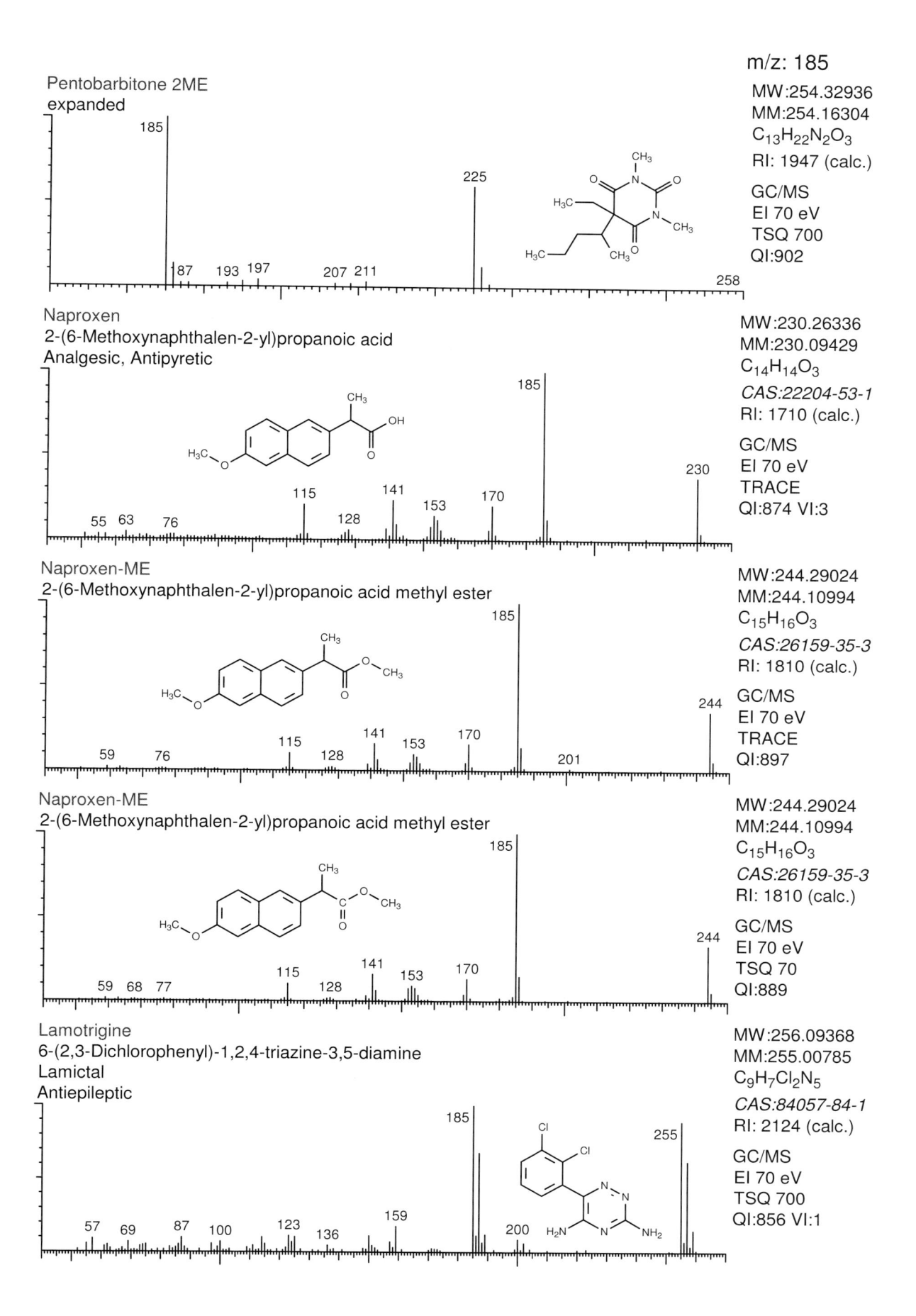

Pentobarbitone 2ME
expanded

Peaks: 87, 185, 193, 197, 207, 211, 225, 258

MW: 254.32936
MM: 254.16304
$C_{13}H_{22}N_2O_3$
RI: 1947 (calc.)

GC/MS
EI 70 eV
TSQ 700
QI: 902

Naproxen
2-(6-Methoxynaphthalen-2-yl)propanoic acid
Analgesic, Antipyretic

Peaks: 55, 63, 76, 115, 128, 141, 153, 170, 185, 230

MW: 230.26336
MM: 230.09429
$C_{14}H_{14}O_3$
CAS: 22204-53-1
RI: 1710 (calc.)

GC/MS
EI 70 eV
TRACE
QI: 874 VI: 3

Naproxen-ME
2-(6-Methoxynaphthalen-2-yl)propanoic acid methyl ester

Peaks: 59, 76, 115, 128, 141, 153, 170, 185, 201, 244

MW: 244.29024
MM: 244.10994
$C_{15}H_{16}O_3$
CAS: 26159-35-3
RI: 1810 (calc.)

GC/MS
EI 70 eV
TRACE
QI: 897

Naproxen-ME
2-(6-Methoxynaphthalen-2-yl)propanoic acid methyl ester

Peaks: 59, 68, 77, 115, 128, 141, 153, 170, 185, 244

MW: 244.29024
MM: 244.10994
$C_{15}H_{16}O_3$
CAS: 26159-35-3
RI: 1810 (calc.)

GC/MS
EI 70 eV
TSQ 70
QI: 889

Lamotrigine
6-(2,3-Dichlorophenyl)-1,2,4-triazine-3,5-diamine
Lamictal
Antiepileptic

Peaks: 57, 69, 87, 100, 123, 136, 159, 185, 200, 255

MW: 256.09368
MM: 255.00785
$C_9H_7Cl_2N_5$
CAS: 84057-84-1
RI: 2124 (calc.)

GC/MS
EI 70 eV
TSQ 700
QI: 856 VI: 1

m/z: 185

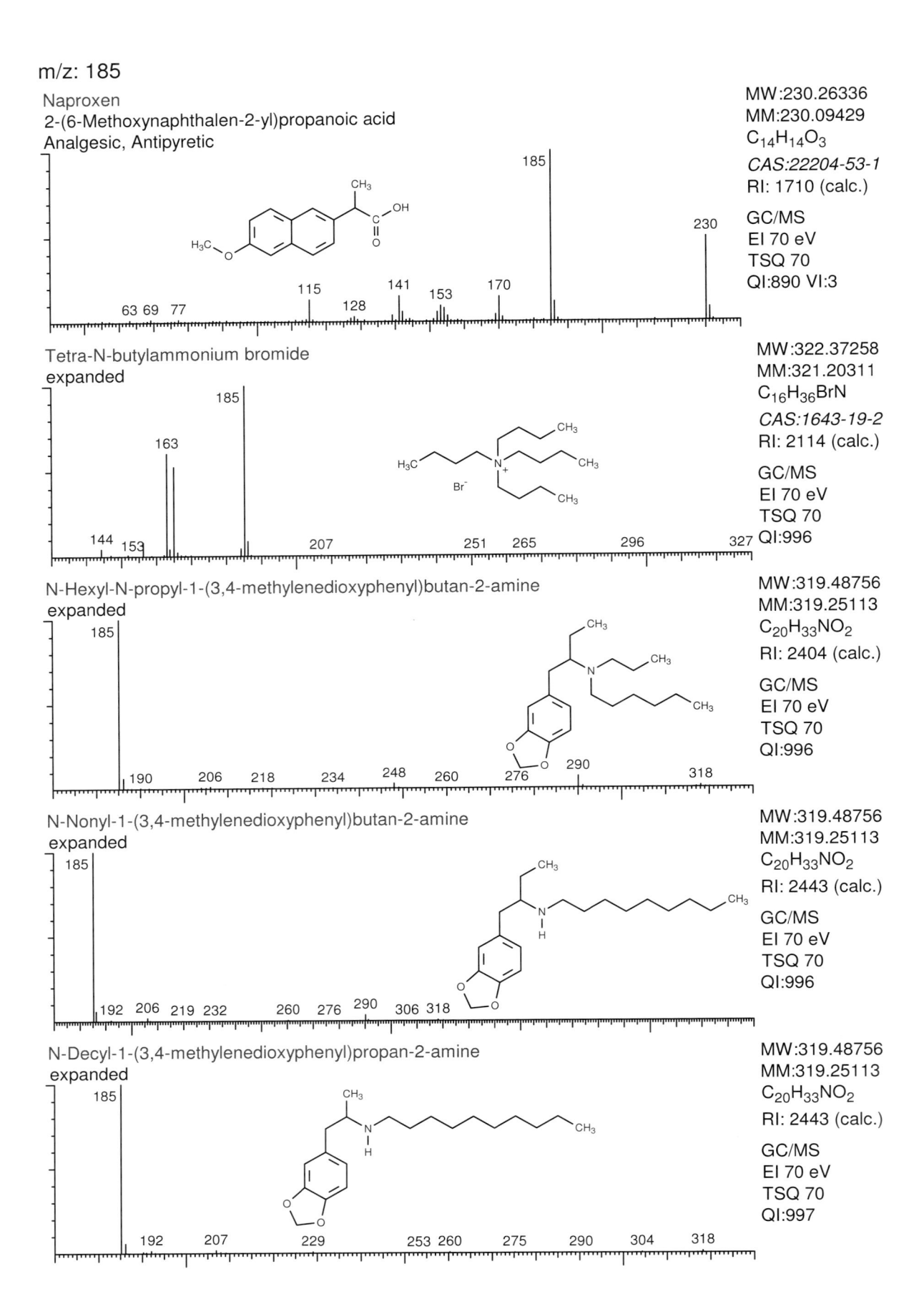

Naproxen
2-(6-Methoxynaphthalen-2-yl)propanoic acid
Analgesic, Antipyretic

MW:230.26336
MM:230.09429
$C_{14}H_{14}O_3$
CAS:22204-53-1
RI: 1710 (calc.)

GC/MS
EI 70 eV
TSQ 70
QI:890 VI:3

Tetra-N-butylammonium bromide
expanded

MW:322.37258
MM:321.20311
$C_{16}H_{36}BrN$
CAS:1643-19-2
RI: 2114 (calc.)

GC/MS
EI 70 eV
TSQ 70
QI:996

N-Hexyl-N-propyl-1-(3,4-methylenedioxyphenyl)butan-2-amine
expanded

MW:319.48756
MM:319.25113
$C_{20}H_{33}NO_2$
RI: 2404 (calc.)

GC/MS
EI 70 eV
TSQ 70
QI:996

N-Nonyl-1-(3,4-methylenedioxyphenyl)butan-2-amine
expanded

MW:319.48756
MM:319.25113
$C_{20}H_{33}NO_2$
RI: 2443 (calc.)

GC/MS
EI 70 eV
TSQ 70
QI:996

N-Decyl-1-(3,4-methylenedioxyphenyl)propan-2-amine
expanded

MW:319.48756
MM:319.25113
$C_{20}H_{33}NO_2$
RI: 2443 (calc.)

GC/MS
EI 70 eV
TSQ 70
QI:997

m/z: 185

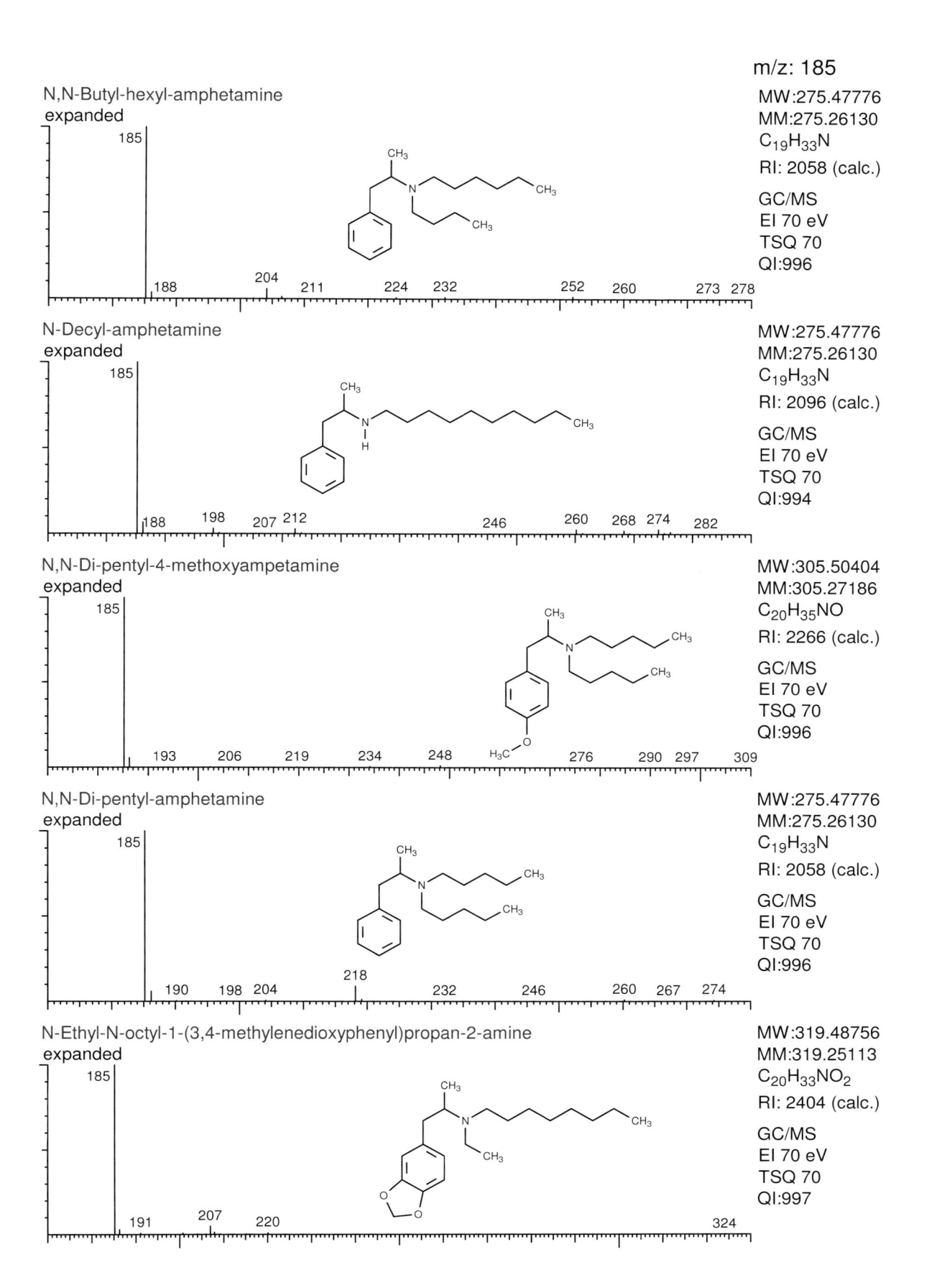

N,N-Butyl-hexyl-amphetamine
expanded

MW: 275.47776
MM: 275.26130
$C_{19}H_{33}N$
RI: 2058 (calc.)

GC/MS
EI 70 eV
TSQ 70
QI: 996

N-Decyl-amphetamine
expanded

MW: 275.47776
MM: 275.26130
$C_{19}H_{33}N$
RI: 2096 (calc.)

GC/MS
EI 70 eV
TSQ 70
QI: 994

N,N-Di-pentyl-4-methoxyampetamine
expanded

MW: 305.50404
MM: 305.27186
$C_{20}H_{35}NO$
RI: 2266 (calc.)

GC/MS
EI 70 eV
TSQ 70
QI: 996

N,N-Di-pentyl-amphetamine
expanded

MW: 275.47776
MM: 275.26130
$C_{19}H_{33}N$
RI: 2058 (calc.)

GC/MS
EI 70 eV
TSQ 70
QI: 996

N-Ethyl-N-octyl-1-(3,4-methylenedioxyphenyl)propan-2-amine
expanded

MW: 319.48756
MM: 319.25113
$C_{20}H_{33}NO_2$
RI: 2404 (calc.)

GC/MS
EI 70 eV
TSQ 70
QI: 997

m/z: 185-186

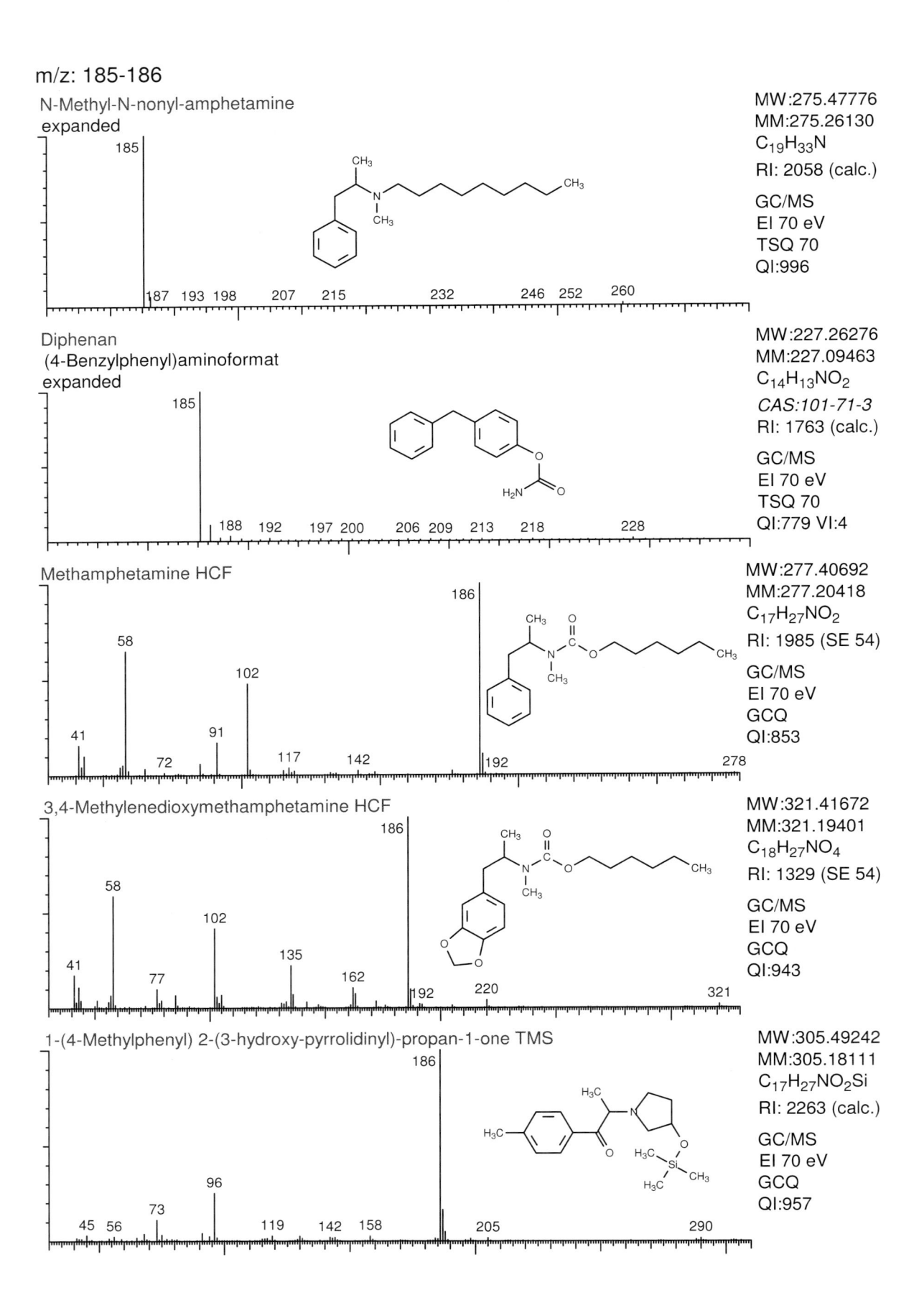

N-Methyl-N-nonyl-amphetamine expanded

MW: 275.47776
MM: 275.26130
$C_{19}H_{33}N$
RI: 2058 (calc.)

GC/MS
EI 70 eV
TSQ 70
QI: 996

Diphenan (4-Benzylphenyl)aminoformat expanded

MW: 227.26276
MM: 227.09463
$C_{14}H_{13}NO_2$
CAS: 101-71-3
RI: 1763 (calc.)

GC/MS
EI 70 eV
TSQ 70
QI: 779 VI:4

Methamphetamine HCF

MW: 277.40692
MM: 277.20418
$C_{17}H_{27}NO_2$
RI: 1985 (SE 54)

GC/MS
EI 70 eV
GCQ
QI: 853

3,4-Methylenedioxymethamphetamine HCF

MW: 321.41672
MM: 321.19401
$C_{18}H_{27}NO_4$
RI: 1329 (SE 54)

GC/MS
EI 70 eV
GCQ
QI: 943

1-(4-Methylphenyl) 2-(3-hydroxy-pyrrolidinyl)-propan-1-one TMS

MW: 305.49242
MM: 305.18111
$C_{17}H_{27}NO_2Si$
RI: 2263 (calc.)

GC/MS
EI 70 eV
GCQ
QI: 957

m/z: 186

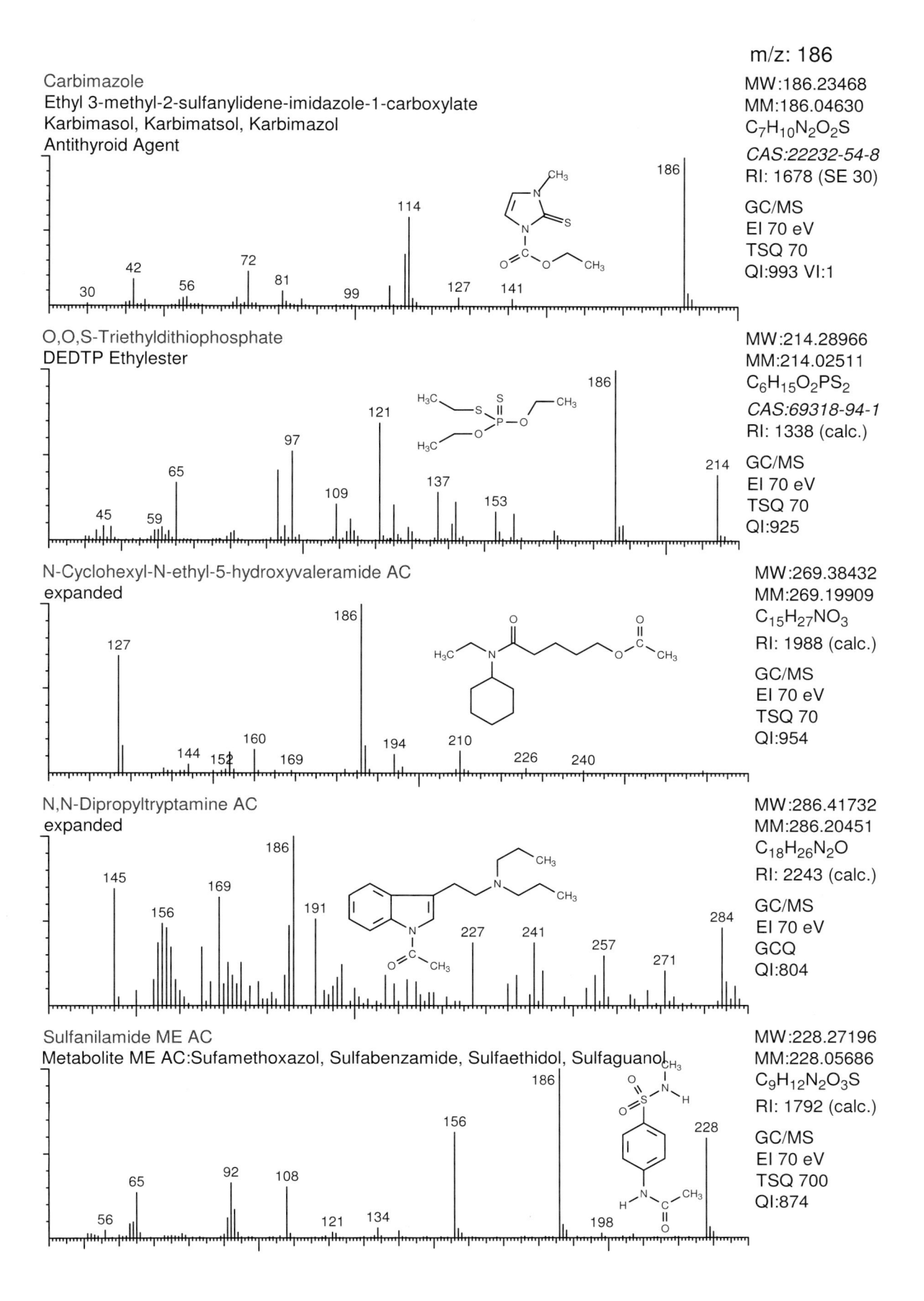

Carbimazole
Ethyl 3-methyl-2-sulfanylidene-imidazole-1-carboxylate
Karbimasol, Karbimatsol, Karbimazol
Antithyroid Agent

MW: 186.23468
MM: 186.04630
$C_7H_{10}N_2O_2S$
CAS: 22232-54-8
RI: 1678 (SE 30)

GC/MS
EI 70 eV
TSQ 70
QI: 993 VI: 1

Peaks: 30, 42, 56, 72, 81, 99, 114, 127, 141, 186

O,O,S-Triethyldithiophosphate
DEDTP Ethylester

MW: 214.28966
MM: 214.02511
$C_6H_{15}O_2PS_2$
CAS: 69318-94-1
RI: 1338 (calc.)

GC/MS
EI 70 eV
TSQ 70
QI: 925

Peaks: 45, 59, 65, 97, 109, 121, 137, 153, 186, 214

N-Cyclohexyl-N-ethyl-5-hydroxyvaleramide AC
expanded

MW: 269.38432
MM: 269.19909
$C_{15}H_{27}NO_3$
RI: 1988 (calc.)

GC/MS
EI 70 eV
TSQ 70
QI: 954

Peaks: 127, 144, 152, 160, 169, 186, 194, 210, 226, 240

N,N-Dipropyltryptamine AC
expanded

MW: 286.41732
MM: 286.20451
$C_{18}H_{26}N_2O$
RI: 2243 (calc.)

GC/MS
EI 70 eV
GCQ
QI: 804

Peaks: 145, 156, 169, 186, 191, 227, 241, 257, 271, 284

Sulfanilamide ME AC
Metabolite ME AC: Sufamethoxazol, Sulfabenzamide, Sulfaethidol, Sulfaguanol

MW: 228.27196
MM: 228.05686
$C_9H_{12}N_2O_3S$
RI: 1792 (calc.)

GC/MS
EI 70 eV
TSQ 700
QI: 874

Peaks: 56, 65, 92, 108, 121, 134, 156, 186, 198, 228

m/z: 186-187

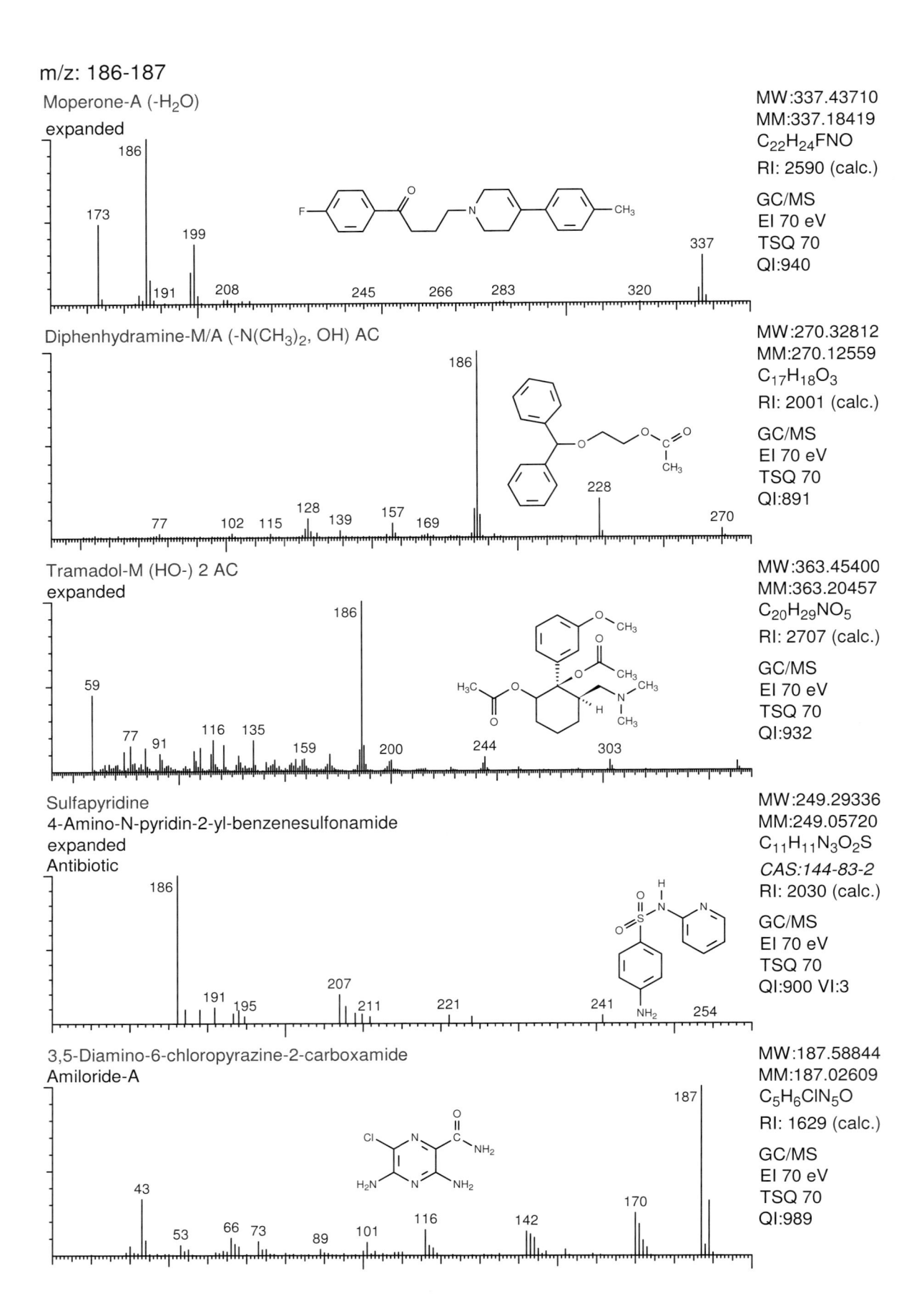

Moperone-A (-H₂O)
expanded

MW:337.43710
MM:337.18419
C$_{22}$H$_{24}$FNO
RI: 2590 (calc.)

GC/MS
EI 70 eV
TSQ 70
QI:940

Diphenhydramine-M/A (-N(CH₃)₂, OH) AC

MW:270.32812
MM:270.12559
C$_{17}$H$_{18}$O$_3$
RI: 2001 (calc.)

GC/MS
EI 70 eV
TSQ 70
QI:891

Tramadol-M (HO-) 2 AC
expanded

MW:363.45400
MM:363.20457
C$_{20}$H$_{29}$NO$_5$
RI: 2707 (calc.)

GC/MS
EI 70 eV
TSQ 70
QI:932

Sulfapyridine
4-Amino-N-pyridin-2-yl-benzenesulfonamide
expanded
Antibiotic

MW:249.29336
MM:249.05720
C$_{11}$H$_{11}$N$_3$O$_2$S
CAS:144-83-2
RI: 2030 (calc.)

GC/MS
EI 70 eV
TSQ 70
QI:900 VI:3

3,5-Diamino-6-chloropyrazine-2-carboxamide
Amiloride-A

MW:187.58844
MM:187.02609
C$_5$H$_6$ClN$_5$O
RI: 1629 (calc.)

GC/MS
EI 70 eV
TSQ 70
QI:989

m/z: 187

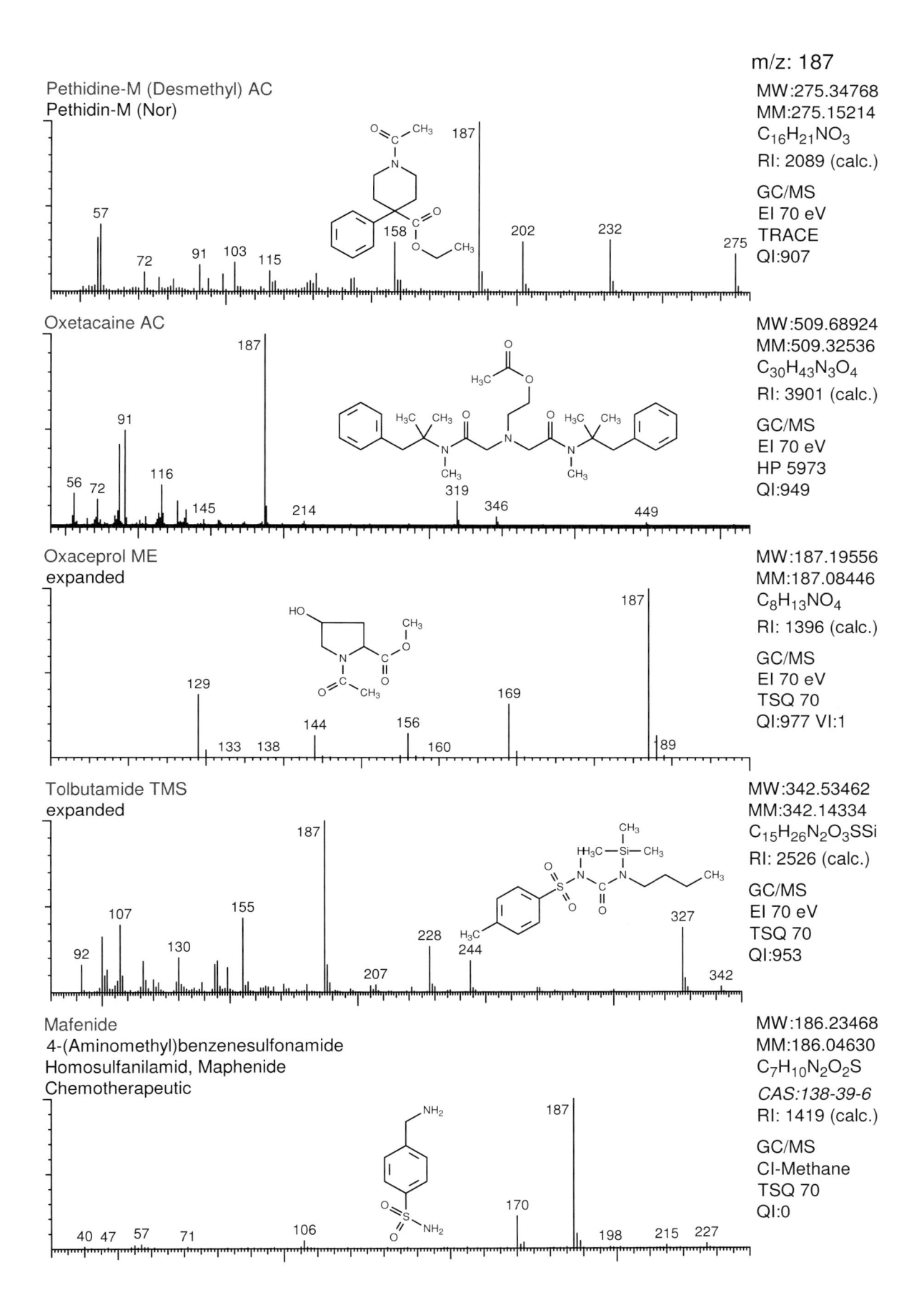

Pethidine-M (Desmethyl) AC
Pethidin-M (Nor)

MW: 275.34768
MM: 275.15214
$C_{16}H_{21}NO_3$
RI: 2089 (calc.)

GC/MS
EI 70 eV
TRACE
QI: 907

Peaks: 57, 72, 91, 103, 115, 158, 187, 202, 232, 275

Oxetacaine AC

MW: 509.68924
MM: 509.32536
$C_{30}H_{43}N_3O_4$
RI: 3901 (calc.)

GC/MS
EI 70 eV
HP 5973
QI: 949

Peaks: 56, 72, 91, 116, 145, 187, 214, 319, 346, 449

Oxaceprol ME
expanded

MW: 187.19556
MM: 187.08446
$C_8H_{13}NO_4$
RI: 1396 (calc.)

GC/MS
EI 70 eV
TSQ 70
QI: 977 VI:1

Peaks: 129, 133, 138, 144, 156, 160, 169, 187, 189

Tolbutamide TMS
expanded

MW: 342.53462
MM: 342.14334
$C_{15}H_{26}N_2O_3SSi$
RI: 2526 (calc.)

GC/MS
EI 70 eV
TSQ 70
QI: 953

Peaks: 92, 107, 130, 155, 187, 207, 228, 244, 327, 342

Mafenide
4-(Aminomethyl)benzenesulfonamide
Homosulfanilamid, Maphenide
Chemotherapeutic

MW: 186.23468
MM: 186.04630
$C_7H_{10}N_2O_2S$
CAS: 138-39-6
RI: 1419 (calc.)

GC/MS
CI-Methane
TSQ 70
QI: 0

Peaks: 40, 47, 57, 71, 106, 170, 187, 198, 215, 227

m/z: 187

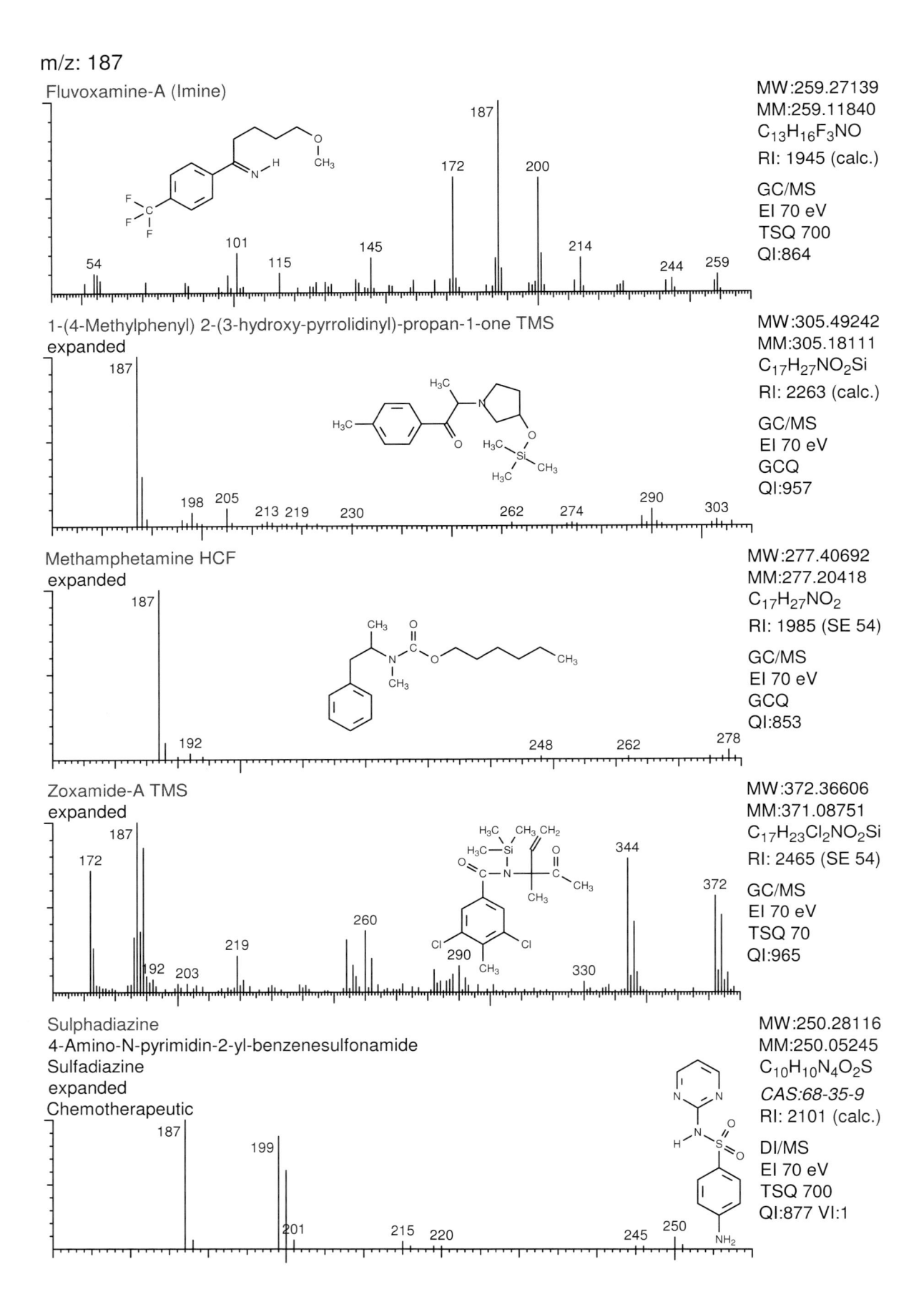

Fluvoxamine-A (Imine)

MW:259.27139
MM:259.11840
$C_{13}H_{16}F_3NO$
RI: 1945 (calc.)

GC/MS
EI 70 eV
TSQ 700
QI:864

Peaks: 54, 101, 115, 145, 172, 187, 200, 214, 244, 259

1-(4-Methylphenyl) 2-(3-hydroxy-pyrrolidinyl)-propan-1-one TMS
expanded

MW:305.49242
MM:305.18111
$C_{17}H_{27}NO_2Si$
RI: 2263 (calc.)

GC/MS
EI 70 eV
GCQ
QI:957

Peaks: 187, 198, 205, 213, 219, 230, 262, 274, 290, 303

Methamphetamine HCF
expanded

MW:277.40692
MM:277.20418
$C_{17}H_{27}NO_2$
RI: 1985 (SE 54)

GC/MS
EI 70 eV
GCQ
QI:853

Peaks: 187, 192, 248, 262, 278

Zoxamide-A TMS
expanded

MW:372.36606
MM:371.08751
$C_{17}H_{23}Cl_2NO_2Si$
RI: 2465 (SE 54)

GC/MS
EI 70 eV
TSQ 70
QI:965

Peaks: 172, 187, 192, 203, 219, 260, 290, 330, 344, 372

Sulphadiazine
4-Amino-N-pyrimidin-2-yl-benzenesulfonamide
Sulfadiazine
expanded
Chemotherapeutic

MW:250.28116
MM:250.05245
$C_{10}H_{10}N_4O_2S$
CAS:68-35-9
RI: 2101 (calc.)

DI/MS
EI 70 eV
TSQ 700
QI:877 VI:1

Peaks: 187, 199, 201, 215, 220, 245, 250

m/z: 187

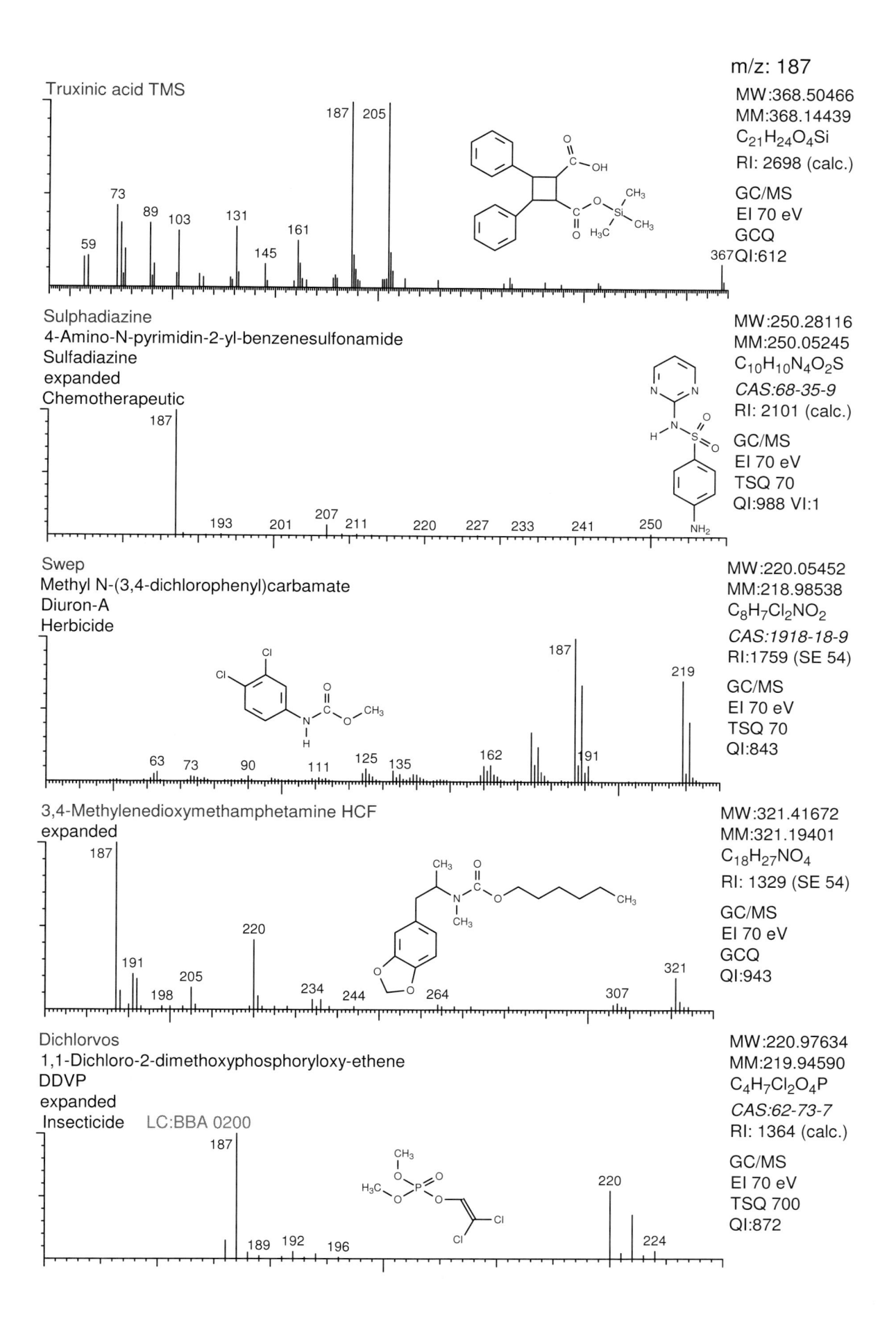

Truxinic acid TMS

MW: 368.50466
MM: 368.14439
C$_{21}$H$_{24}$O$_4$Si
RI: 2698 (calc.)

GC/MS
EI 70 eV
GCQ
QI: 612

Peaks: 59, 73, 89, 103, 131, 145, 161, 187, 205, 367

Sulphadiazine
4-Amino-N-pyrimidin-2-yl-benzenesulfonamide
Sulfadiazine
expanded
Chemotherapeutic

MW: 250.28116
MM: 250.05245
C$_{10}$H$_{10}$N$_4$O$_2$S
CAS: 68-35-9
RI: 2101 (calc.)

GC/MS
EI 70 eV
TSQ 70
QI: 988 VI: 1

Peaks: 187, 193, 201, 207, 211, 220, 227, 233, 241, 250

Swep
Methyl N-(3,4-dichlorophenyl)carbamate
Diuron-A
Herbicide

MW: 220.05452
MM: 218.98538
C$_8$H$_7$Cl$_2$NO$_2$
CAS: 1918-18-9
RI: 1759 (SE 54)

GC/MS
EI 70 eV
TSQ 70
QI: 843

Peaks: 63, 73, 90, 111, 125, 135, 162, 187, 191, 219

3,4-Methylenedioxymethamphetamine HCF
expanded

MW: 321.41672
MM: 321.19401
C$_{18}$H$_{27}$NO$_4$
RI: 1329 (SE 54)

GC/MS
EI 70 eV
GCQ
QI: 943

Peaks: 187, 191, 198, 205, 220, 234, 244, 264, 307, 321

Dichlorvos
1,1-Dichloro-2-dimethoxyphosphoryloxy-ethene
DDVP
expanded
Insecticide   LC: BBA 0200

MW: 220.97634
MM: 219.94590
C$_4$H$_7$Cl$_2$O$_4$P
CAS: 62-73-7
RI: 1364 (calc.)

GC/MS
EI 70 eV
TSQ 700
QI: 872

Peaks: 187, 189, 192, 196, 220, 224

m/z: 187-188

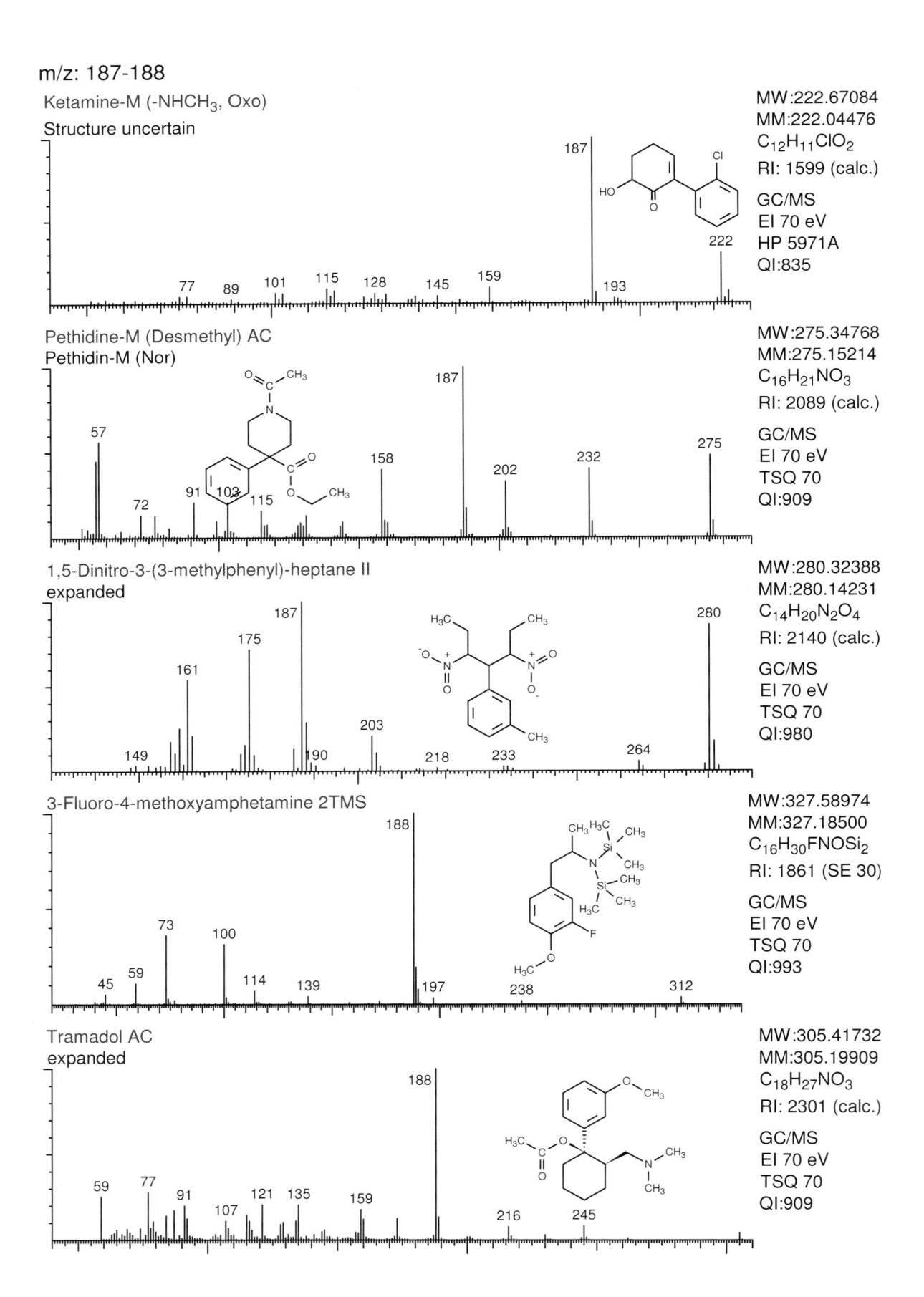

Ketamine-M (-NHCH₃, Oxo)
Structure uncertain

MW:222.67084
MM:222.04476
$C_{12}H_{11}ClO_2$
RI: 1599 (calc.)

GC/MS
EI 70 eV
HP 5971A
QI:835

Pethidine-M (Desmethyl) AC
Pethidin-M (Nor)

MW:275.34768
MM:275.15214
$C_{16}H_{21}NO_3$
RI: 2089 (calc.)

GC/MS
EI 70 eV
TSQ 70
QI:909

1,5-Dinitro-3-(3-methylphenyl)-heptane II
expanded

MW:280.32388
MM:280.14231
$C_{14}H_{20}N_2O_4$
RI: 2140 (calc.)

GC/MS
EI 70 eV
TSQ 70
QI:980

3-Fluoro-4-methoxyamphetamine 2TMS

MW:327.58974
MM:327.18500
$C_{16}H_{30}FNOSi_2$
RI: 1861 (SE 30)

GC/MS
EI 70 eV
TSQ 70
QI:993

Tramadol AC
expanded

MW:305.41732
MM:305.19909
$C_{18}H_{27}NO_3$
RI: 2301 (calc.)

GC/MS
EI 70 eV
TSQ 70
QI:909

m/z: 188

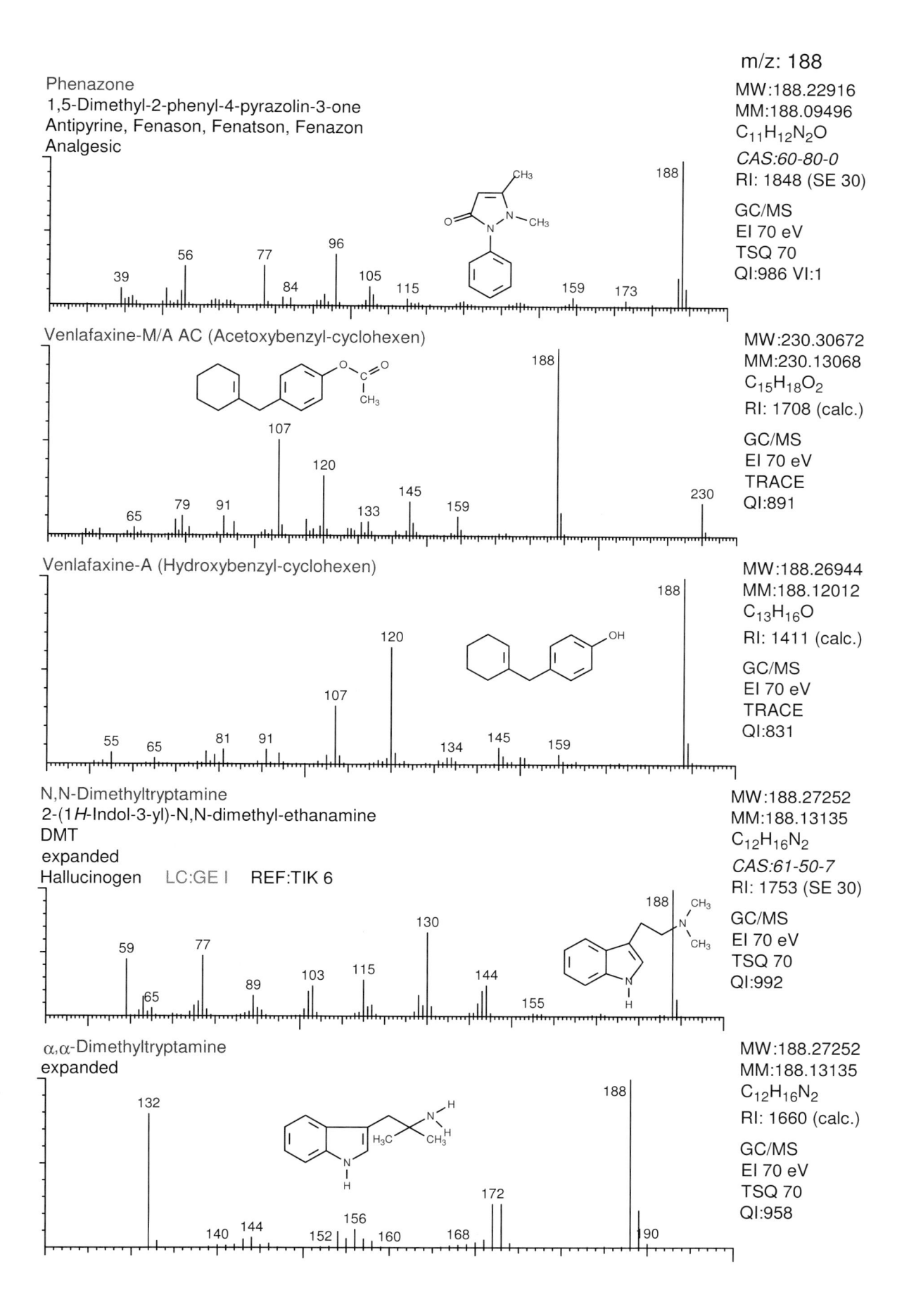

Phenazone
1,5-Dimethyl-2-phenyl-4-pyrazolin-3-one
Antipyrine, Fenason, Fenatson, Fenazon
Analgesic

MW: 188.22916
MM: 188.09496
$C_{11}H_{12}N_2O$
CAS: 60-80-0
RI: 1848 (SE 30)

GC/MS
EI 70 eV
TSQ 70
QI: 986 VI: 1

Peaks: 39, 56, 77, 84, 96, 105, 115, 159, 173, 188

Venlafaxine-M/A AC (Acetoxybenzyl-cyclohexen)

MW: 230.30672
MM: 230.13068
$C_{15}H_{18}O_2$
RI: 1708 (calc.)

GC/MS
EI 70 eV
TRACE
QI: 891

Peaks: 65, 79, 91, 107, 120, 133, 145, 159, 188, 230

Venlafaxine-A (Hydroxybenzyl-cyclohexen)

MW: 188.26944
MM: 188.12012
$C_{13}H_{16}O$
RI: 1411 (calc.)

GC/MS
EI 70 eV
TRACE
QI: 831

Peaks: 55, 65, 81, 91, 107, 120, 134, 145, 159, 188

N,N-Dimethyltryptamine
2-(1H-Indol-3-yl)-N,N-dimethyl-ethanamine
DMT
expanded
Hallucinogen   LC:GE I   REF:TIK 6

MW: 188.27252
MM: 188.13135
$C_{12}H_{16}N_2$
CAS: 61-50-7
RI: 1753 (SE 30)

GC/MS
EI 70 eV
TSQ 70
QI: 992

Peaks: 59, 65, 77, 89, 103, 115, 130, 144, 155, 188

α,α-Dimethyltryptamine
expanded

MW: 188.27252
MM: 188.13135
$C_{12}H_{16}N_2$
RI: 1660 (calc.)

GC/MS
EI 70 eV
TSQ 70
QI: 958

Peaks: 132, 140, 144, 152, 156, 160, 168, 172, 188, 190

m/z: 188

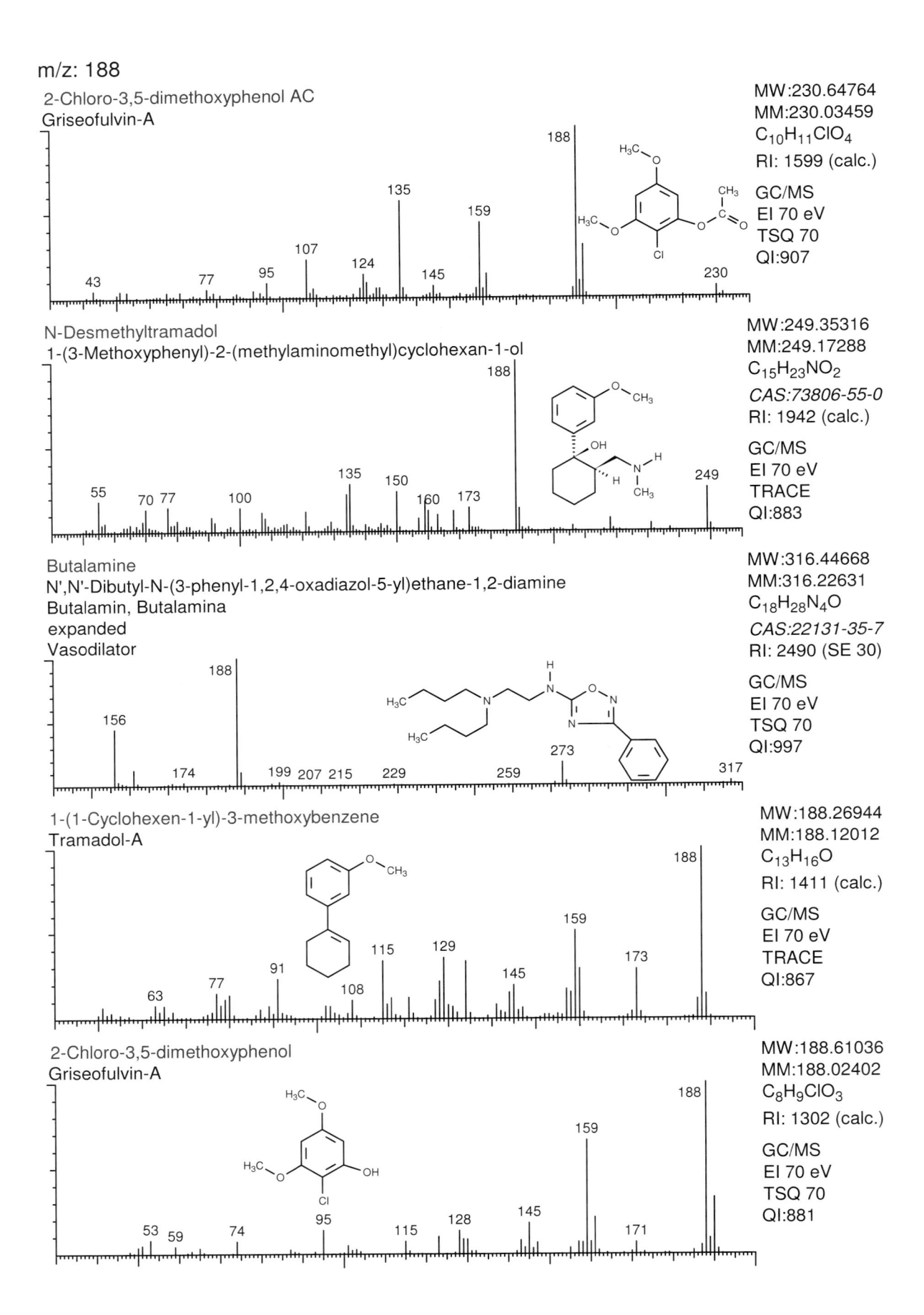

2-Chloro-3,5-dimethoxyphenol AC
Griseofulvin-A

MW:230.64764
MM:230.03459
$C_{10}H_{11}ClO_4$
RI: 1599 (calc.)

GC/MS
EI 70 eV
TSQ 70
QI:907

N-Desmethyltramadol
1-(3-Methoxyphenyl)-2-(methylaminomethyl)cyclohexan-1-ol

MW:249.35316
MM:249.17288
$C_{15}H_{23}NO_2$
CAS:73806-55-0
RI: 1942 (calc.)

GC/MS
EI 70 eV
TRACE
QI:883

Butalamine
N',N'-Dibutyl-N-(3-phenyl-1,2,4-oxadiazol-5-yl)ethane-1,2-diamine
Butalamin, Butalamina
expanded
Vasodilator

MW:316.44668
MM:316.22631
$C_{18}H_{28}N_4O$
CAS:22131-35-7
RI: 2490 (SE 30)

GC/MS
EI 70 eV
TSQ 70
QI:997

1-(1-Cyclohexen-1-yl)-3-methoxybenzene
Tramadol-A

MW:188.26944
MM:188.12012
$C_{13}H_{16}O$
RI: 1411 (calc.)

GC/MS
EI 70 eV
TRACE
QI:867

2-Chloro-3,5-dimethoxyphenol
Griseofulvin-A

MW:188.61036
MM:188.02402
$C_8H_9ClO_3$
RI: 1302 (calc.)

GC/MS
EI 70 eV
TSQ 70
QI:881

m/z: 188

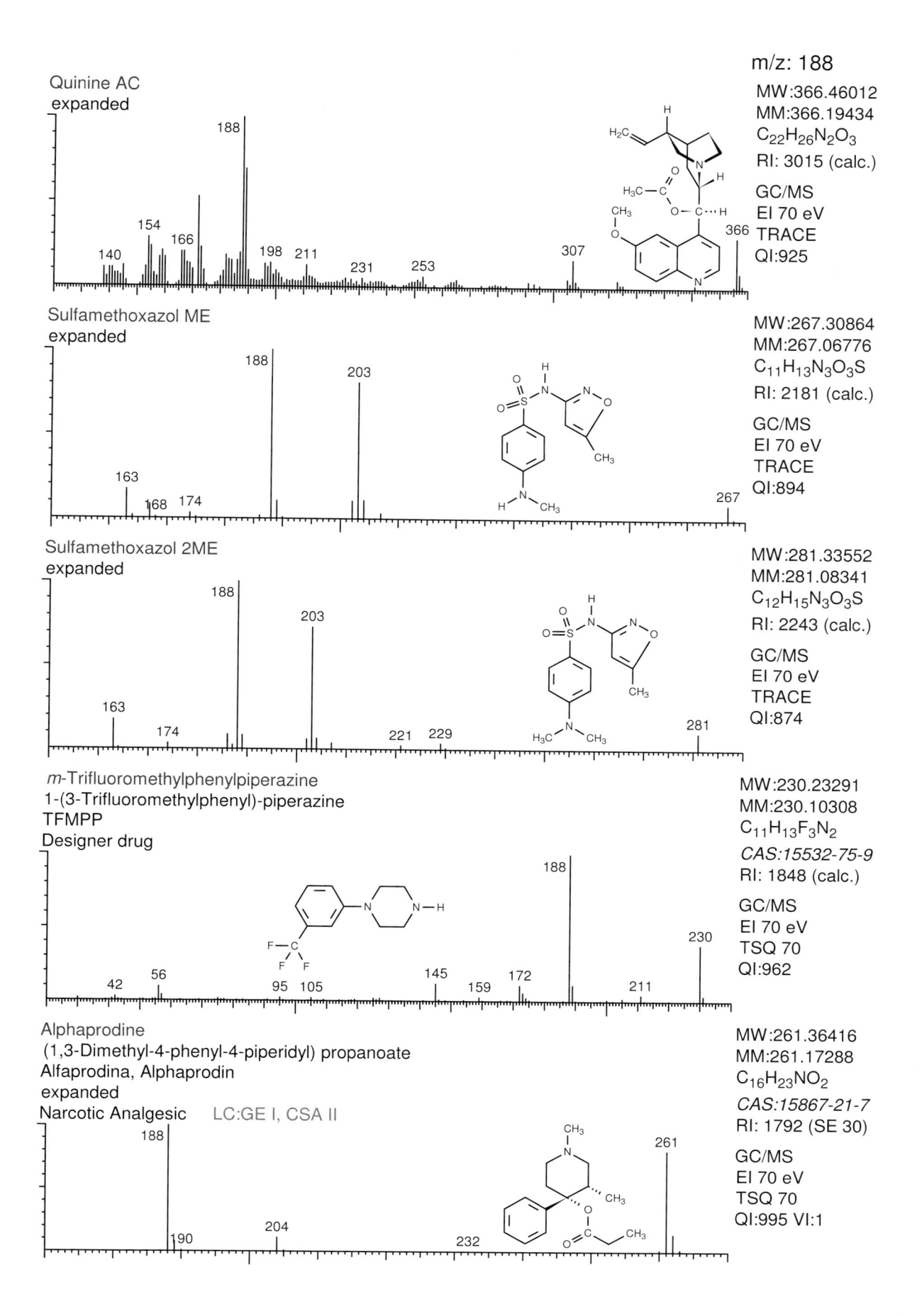

Quinine AC expanded

MW: 366.46012
MM: 366.19434
$C_{22}H_{26}N_2O_3$
RI: 3015 (calc.)

GC/MS
EI 70 eV
TRACE
QI: 925

Peaks: 140, 154, 166, 188, 198, 211, 231, 253, 307, 366

Sulfamethoxazol ME expanded

MW: 267.30864
MM: 267.06776
$C_{11}H_{13}N_3O_3S$
RI: 2181 (calc.)

GC/MS
EI 70 eV
TRACE
QI: 894

Peaks: 163, 168, 174, 188, 203, 267

Sulfamethoxazol 2ME expanded

MW: 281.33552
MM: 281.08341
$C_{12}H_{15}N_3O_3S$
RI: 2243 (calc.)

GC/MS
EI 70 eV
TRACE
QI: 874

Peaks: 163, 174, 188, 203, 221, 229, 281

m-Trifluoromethylphenylpiperazine
1-(3-Trifluoromethylphenyl)-piperazine
TFMPP
Designer drug

MW: 230.23291
MM: 230.10308
$C_{11}H_{13}F_3N_2$
CAS: 15532-75-9
RI: 1848 (calc.)

GC/MS
EI 70 eV
TSQ 70
QI: 962

Peaks: 42, 56, 95, 105, 145, 159, 172, 188, 211, 230

Alphaprodine
(1,3-Dimethyl-4-phenyl-4-piperidyl) propanoate
Alfaprodina, Alphaprodin
expanded
Narcotic Analgesic   LC:GE I, CSA II

MW: 261.36416
MM: 261.17288
$C_{16}H_{23}NO_2$
CAS: 15867-21-7
RI: 1792 (SE 30)

GC/MS
EI 70 eV
TSQ 70
QI: 995 VI:1

Peaks: 188, 190, 204, 232, 261

m/z: 188-189

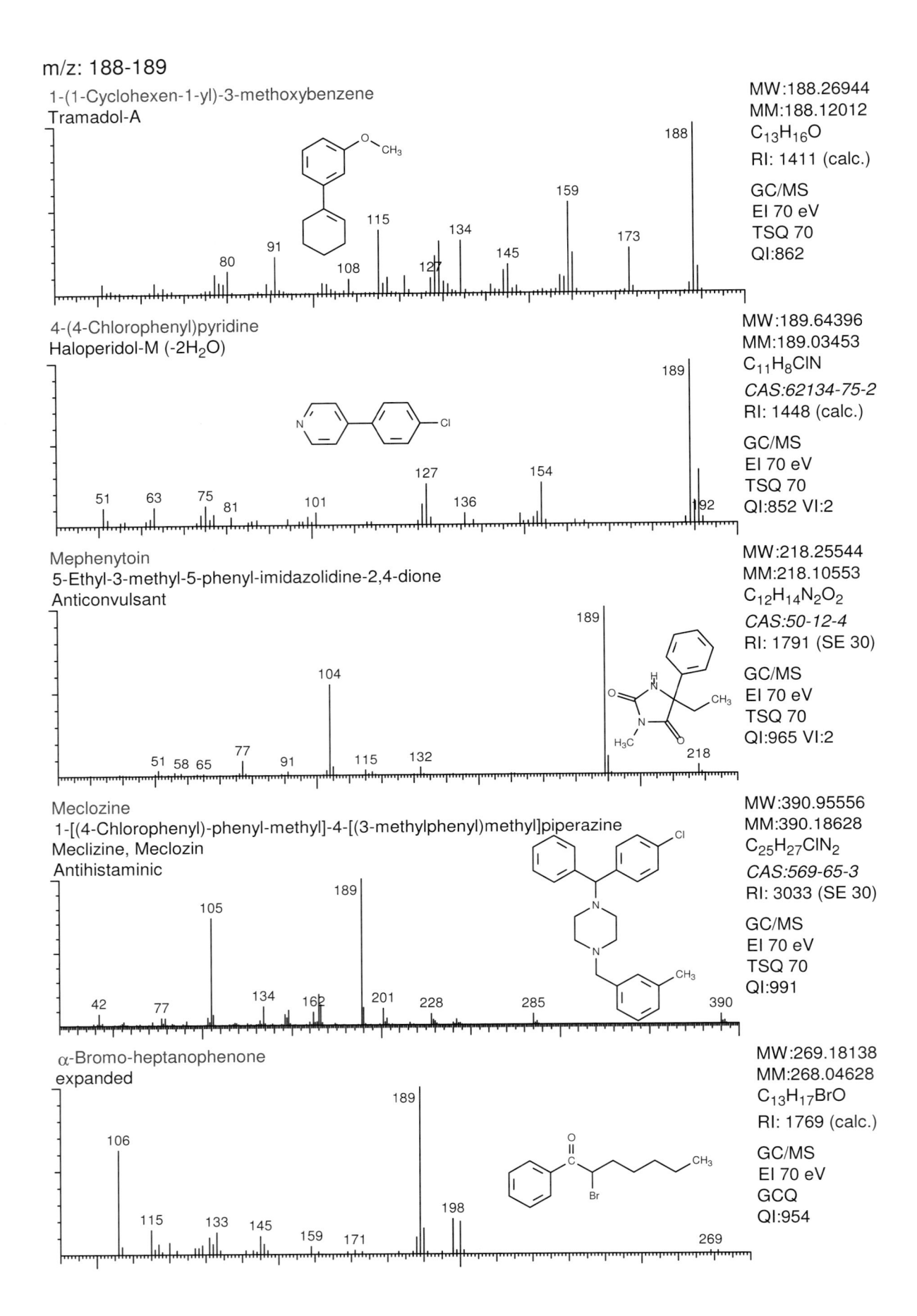

1-(1-Cyclohexen-1-yl)-3-methoxybenzene
Tramadol-A

MW:188.26944
MM:188.12012
$C_{13}H_{16}O$
RI: 1411 (calc.)

GC/MS
EI 70 eV
TSQ 70
QI:862

4-(4-Chlorophenyl)pyridine
Haloperidol-M (-2H$_2$O)

MW:189.64396
MM:189.03453
$C_{11}H_8ClN$
CAS:62134-75-2
RI: 1448 (calc.)

GC/MS
EI 70 eV
TSQ 70
QI:852 VI:2

Mephenytoin
5-Ethyl-3-methyl-5-phenyl-imidazolidine-2,4-dione
Anticonvulsant

MW:218.25544
MM:218.10553
$C_{12}H_{14}N_2O_2$
CAS:50-12-4
RI: 1791 (SE 30)

GC/MS
EI 70 eV
TSQ 70
QI:965 VI:2

Meclozine
1-[(4-Chlorophenyl)-phenyl-methyl]-4-[(3-methylphenyl)methyl]piperazine
Meclizine, Meclozin
Antihistaminic

MW:390.95556
MM:390.18628
$C_{25}H_{27}ClN_2$
CAS:569-65-3
RI: 3033 (SE 30)

GC/MS
EI 70 eV
TSQ 70
QI:991

α-Bromo-heptanophenone
expanded

MW:269.18138
MM:268.04628
$C_{13}H_{17}BrO$
RI: 1769 (calc.)

GC/MS
EI 70 eV
GCQ
QI:954

m/z: 189

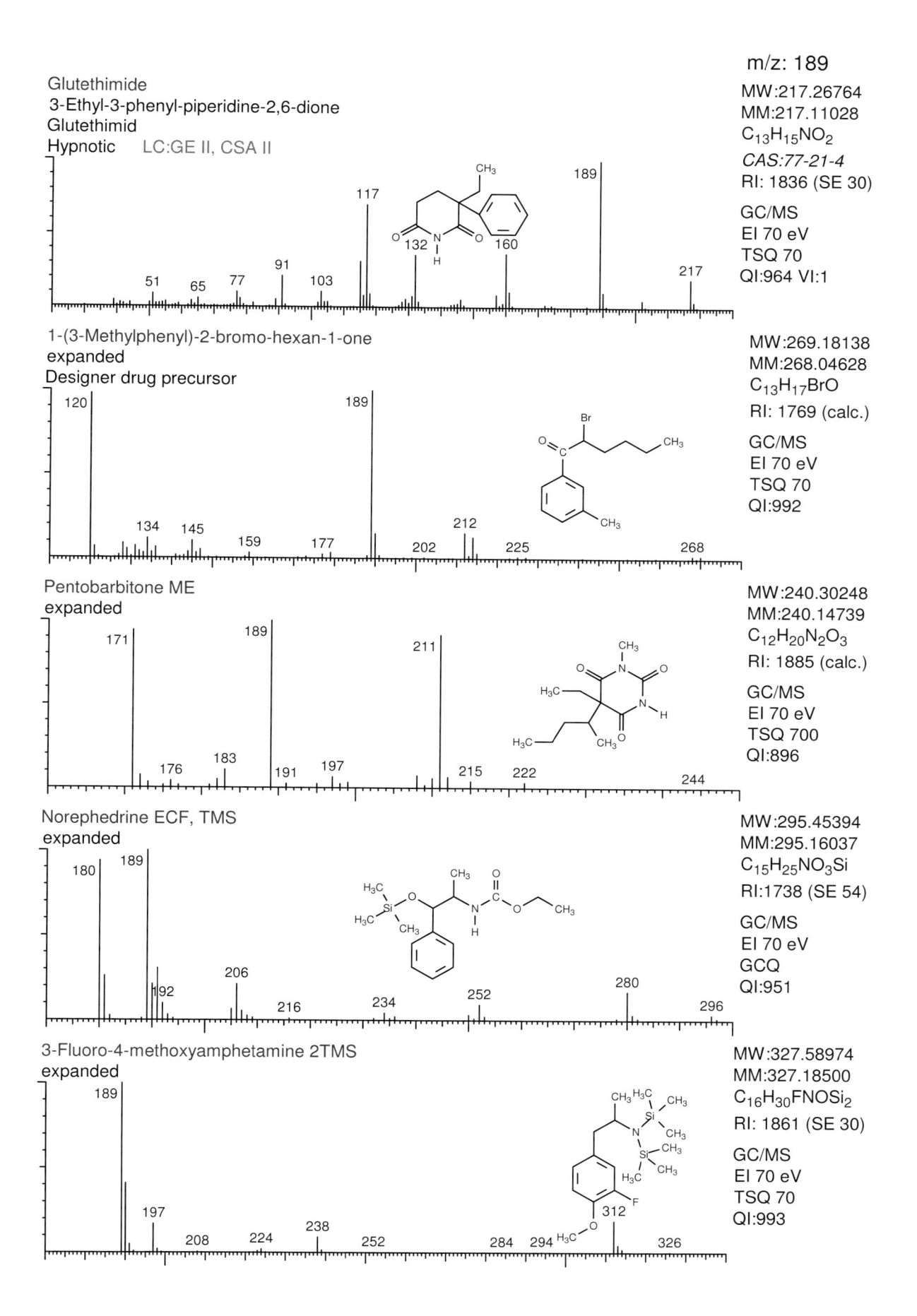

Glutethimide
3-Ethyl-3-phenyl-piperidine-2,6-dione
Glutethimid
Hypnotic   LC:GE II, CSA II

MW:217.26764
MM:217.11028
$C_{13}H_{15}NO_2$
CAS:77-21-4
RI: 1836 (SE 30)

GC/MS
EI 70 eV
TSQ 70
QI:964 VI:1

1-(3-Methylphenyl)-2-bromo-hexan-1-one
expanded
Designer drug precursor

MW:269.18138
MM:268.04628
$C_{13}H_{17}BrO$
RI: 1769 (calc.)

GC/MS
EI 70 eV
TSQ 70
QI:992

Pentobarbitone ME
expanded

MW:240.30248
MM:240.14739
$C_{12}H_{20}N_2O_3$
RI: 1885 (calc.)

GC/MS
EI 70 eV
TSQ 700
QI:896

Norephedrine ECF, TMS
expanded

MW:295.45394
MM:295.16037
$C_{15}H_{25}NO_3Si$
RI:1738 (SE 54)

GC/MS
EI 70 eV
GCQ
QI:951

3-Fluoro-4-methoxyamphetamine 2TMS
expanded

MW:327.58974
MM:327.18500
$C_{16}H_{30}FNOSi_2$
RI: 1861 (SE 30)

GC/MS
EI 70 eV
TSQ 70
QI:993

m/z: 189-190

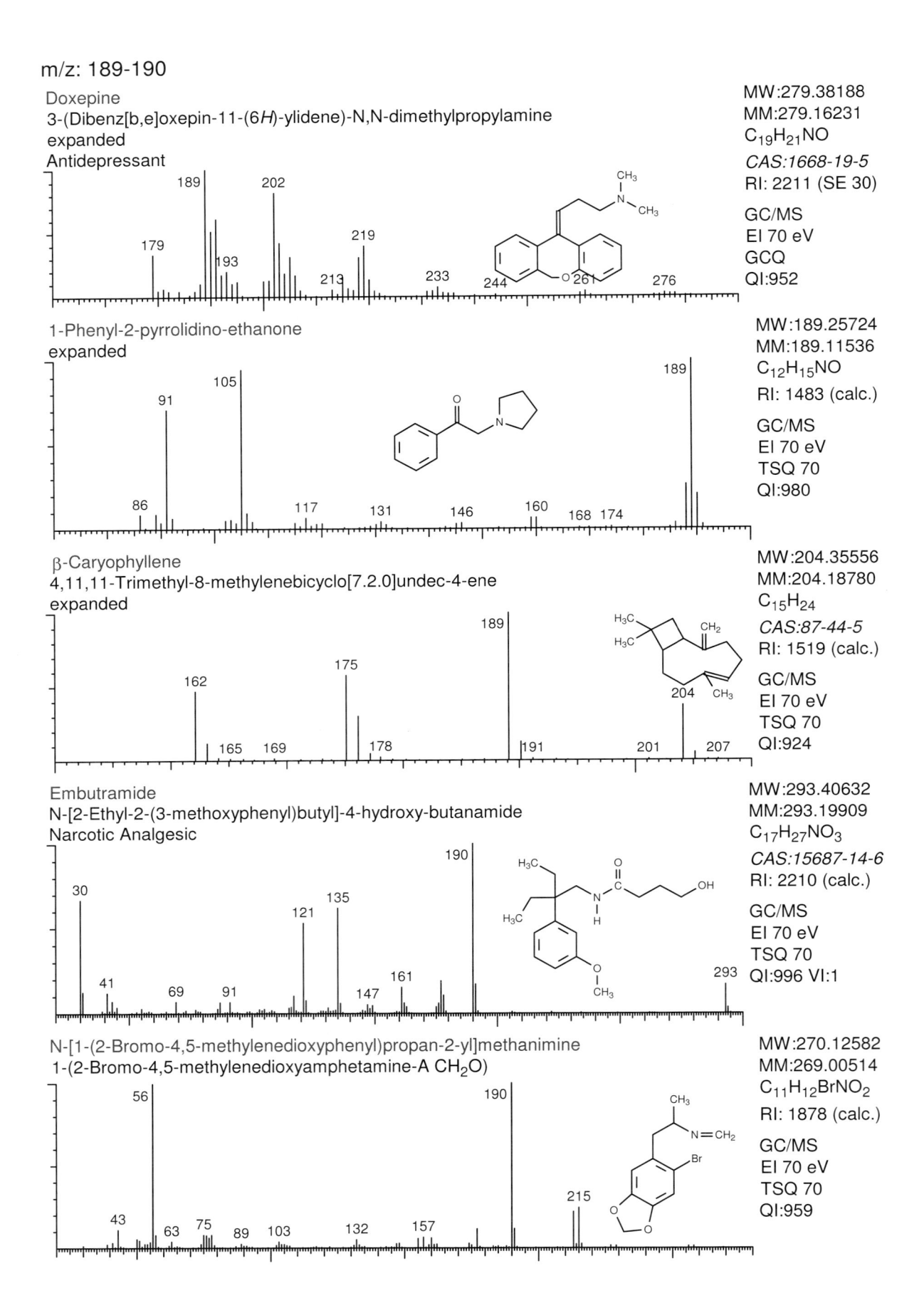

Doxepine
3-(Dibenz[b,e]oxepin-11-(6H)-ylidene)-N,N-dimethylpropylamine
expanded
Antidepressant

MW: 279.38188
MM: 279.16231
$C_{19}H_{21}NO$
CAS: 1668-19-5
RI: 2211 (SE 30)

GC/MS
EI 70 eV
GCQ
QI: 952

Peaks: 179, 189, 193, 202, 213, 219, 233, 244, 261, 276

1-Phenyl-2-pyrrolidino-ethanone
expanded

MW: 189.25724
MM: 189.11536
$C_{12}H_{15}NO$
RI: 1483 (calc.)

GC/MS
EI 70 eV
TSQ 70
QI: 980

Peaks: 86, 91, 105, 117, 131, 146, 160, 168, 174, 189

β-Caryophyllene
4,11,11-Trimethyl-8-methylenebicyclo[7.2.0]undec-4-ene
expanded

MW: 204.35556
MM: 204.18780
$C_{15}H_{24}$
CAS: 87-44-5
RI: 1519 (calc.)

GC/MS
EI 70 eV
TSQ 70
QI: 924

Peaks: 162, 165, 169, 175, 178, 189, 191, 201, 204, 207

Embutramide
N-[2-Ethyl-2-(3-methoxyphenyl)butyl]-4-hydroxy-butanamide
Narcotic Analgesic

MW: 293.40632
MM: 293.19909
$C_{17}H_{27}NO_3$
CAS: 15687-14-6
RI: 2210 (calc.)

GC/MS
EI 70 eV
TSQ 70
QI: 996 VI:1

Peaks: 30, 41, 69, 91, 121, 135, 147, 161, 190, 293

N-[1-(2-Bromo-4,5-methylenedioxyphenyl)propan-2-yl]methanimine
1-(2-Bromo-4,5-methylenedioxyamphetamine-A CH_2O)

MW: 270.12582
MM: 269.00514
$C_{11}H_{12}BrNO_2$
RI: 1878 (calc.)

GC/MS
EI 70 eV
TSQ 70
QI: 959

Peaks: 43, 56, 63, 75, 89, 103, 132, 157, 190, 215

m/z: 190

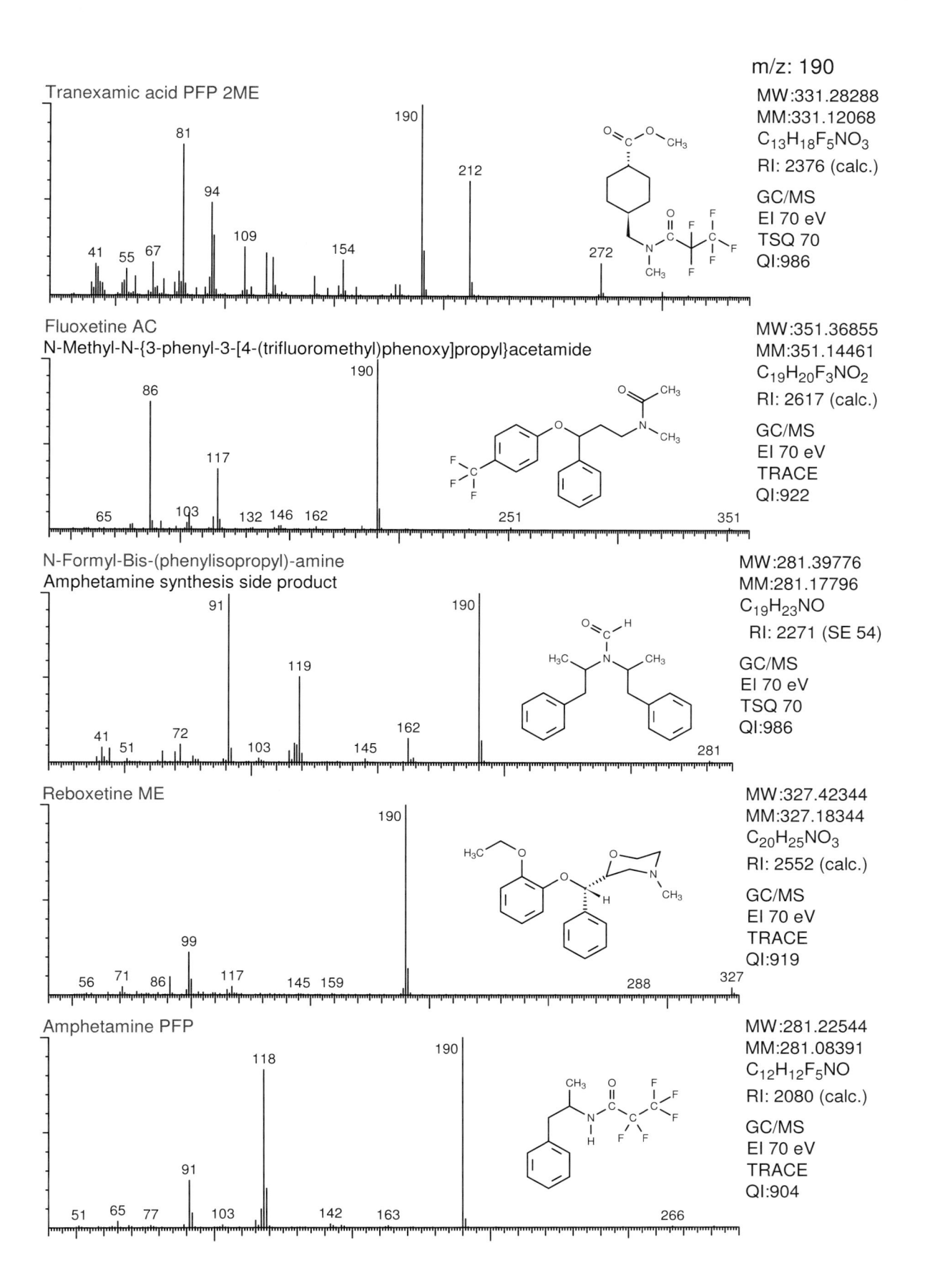

Tranexamic acid PFP 2ME

Peaks: 41, 55, 67, 81, 94, 109, 154, 190, 212, 272

MW: 331.28288
MM: 331.12068
$C_{13}H_{18}F_5NO_3$
RI: 2376 (calc.)

GC/MS
EI 70 eV
TSQ 70
QI:986

Fluoxetine AC
N-Methyl-N-{3-phenyl-3-[4-(trifluoromethyl)phenoxy]propyl}acetamide

Peaks: 65, 86, 103, 117, 132, 146, 162, 190, 251, 351

MW: 351.36855
MM: 351.14461
$C_{19}H_{20}F_3NO_2$
RI: 2617 (calc.)

GC/MS
EI 70 eV
TRACE
QI:922

N-Formyl-Bis-(phenylisopropyl)-amine
Amphetamine synthesis side product

Peaks: 41, 51, 72, 91, 103, 119, 145, 162, 190, 281

MW: 281.39776
MM: 281.17796
$C_{19}H_{23}NO$
RI: 2271 (SE 54)

GC/MS
EI 70 eV
TSQ 70
QI:986

Reboxetine ME

Peaks: 56, 71, 86, 99, 117, 145, 159, 190, 288, 327

MW: 327.42344
MM: 327.18344
$C_{20}H_{25}NO_3$
RI: 2552 (calc.)

GC/MS
EI 70 eV
TRACE
QI:919

Amphetamine PFP

Peaks: 51, 65, 77, 91, 103, 118, 142, 163, 190, 266

MW: 281.22544
MM: 281.08391
$C_{12}H_{12}F_5NO$
RI: 2080 (calc.)

GC/MS
EI 70 eV
TRACE
QI:904

m/z: 190

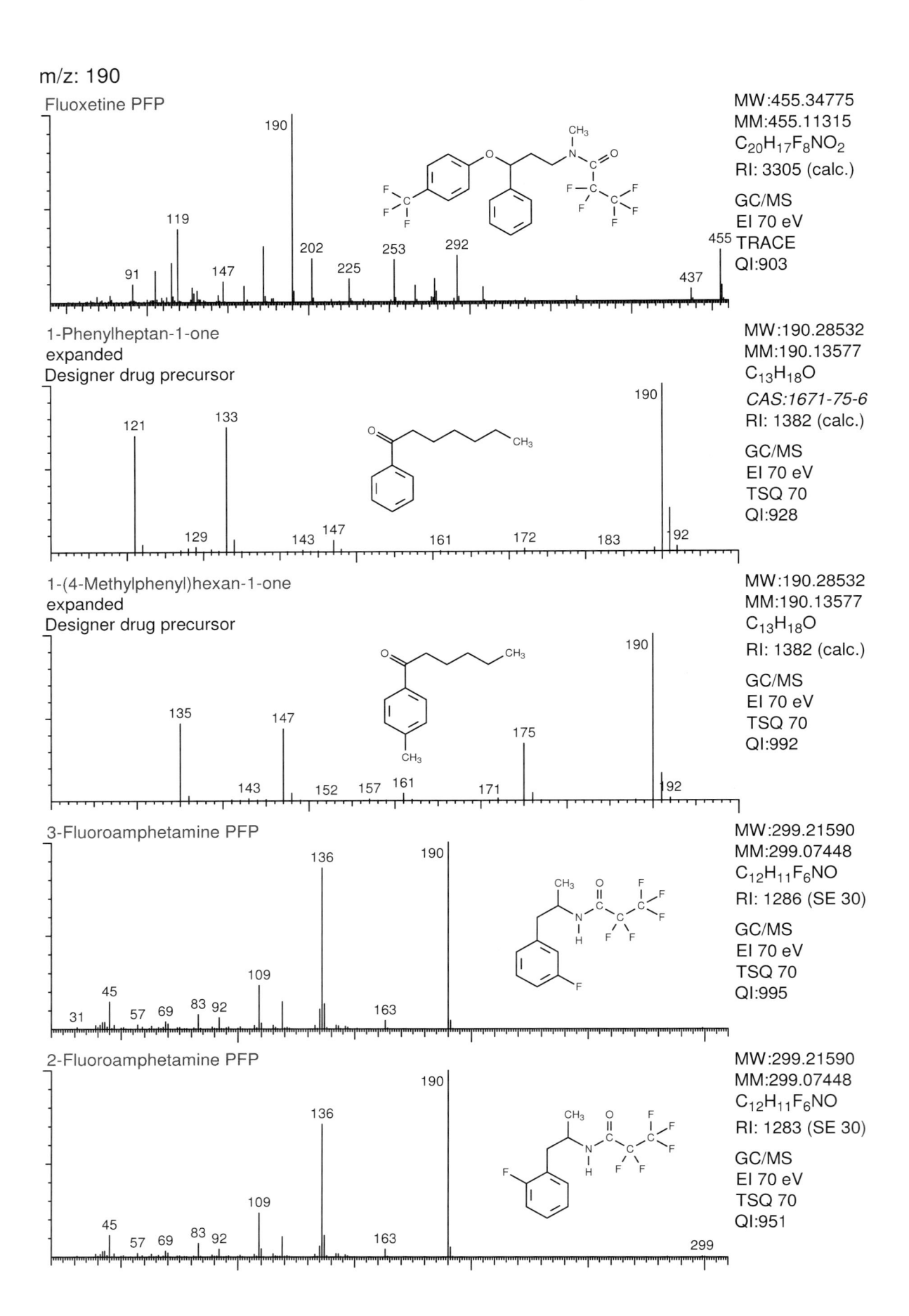

Fluoxetine PFP

Peaks: 91, 119, 147, 190, 202, 225, 253, 292, 437, 455

MW: 455.34775
MM: 455.11315
$C_{20}H_{17}F_8NO_2$
RI: 3305 (calc.)

GC/MS
EI 70 eV
TRACE
QI: 903

1-Phenylheptan-1-one expanded
Designer drug precursor

Peaks: 121, 129, 133, 143, 147, 161, 172, 183, 190, 192

MW: 190.28532
MM: 190.13577
$C_{13}H_{18}O$
CAS: 1671-75-6
RI: 1382 (calc.)

GC/MS
EI 70 eV
TSQ 70
QI: 928

1-(4-Methylphenyl)hexan-1-one expanded
Designer drug precursor

Peaks: 135, 143, 147, 152, 157, 161, 171, 175, 190, 192

MW: 190.28532
MM: 190.13577
$C_{13}H_{18}O$
RI: 1382 (calc.)

GC/MS
EI 70 eV
TSQ 70
QI: 992

3-Fluoroamphetamine PFP

Peaks: 31, 45, 57, 69, 83, 92, 109, 136, 163, 190

MW: 299.21590
MM: 299.07448
$C_{12}H_{11}F_6NO$
RI: 1286 (SE 30)

GC/MS
EI 70 eV
TSQ 70
QI: 995

2-Fluoroamphetamine PFP

Peaks: 45, 57, 69, 83, 92, 109, 136, 163, 190, 299

MW: 299.21590
MM: 299.07448
$C_{12}H_{11}F_6NO$
RI: 1283 (SE 30)

GC/MS
EI 70 eV
TSQ 70
QI: 951

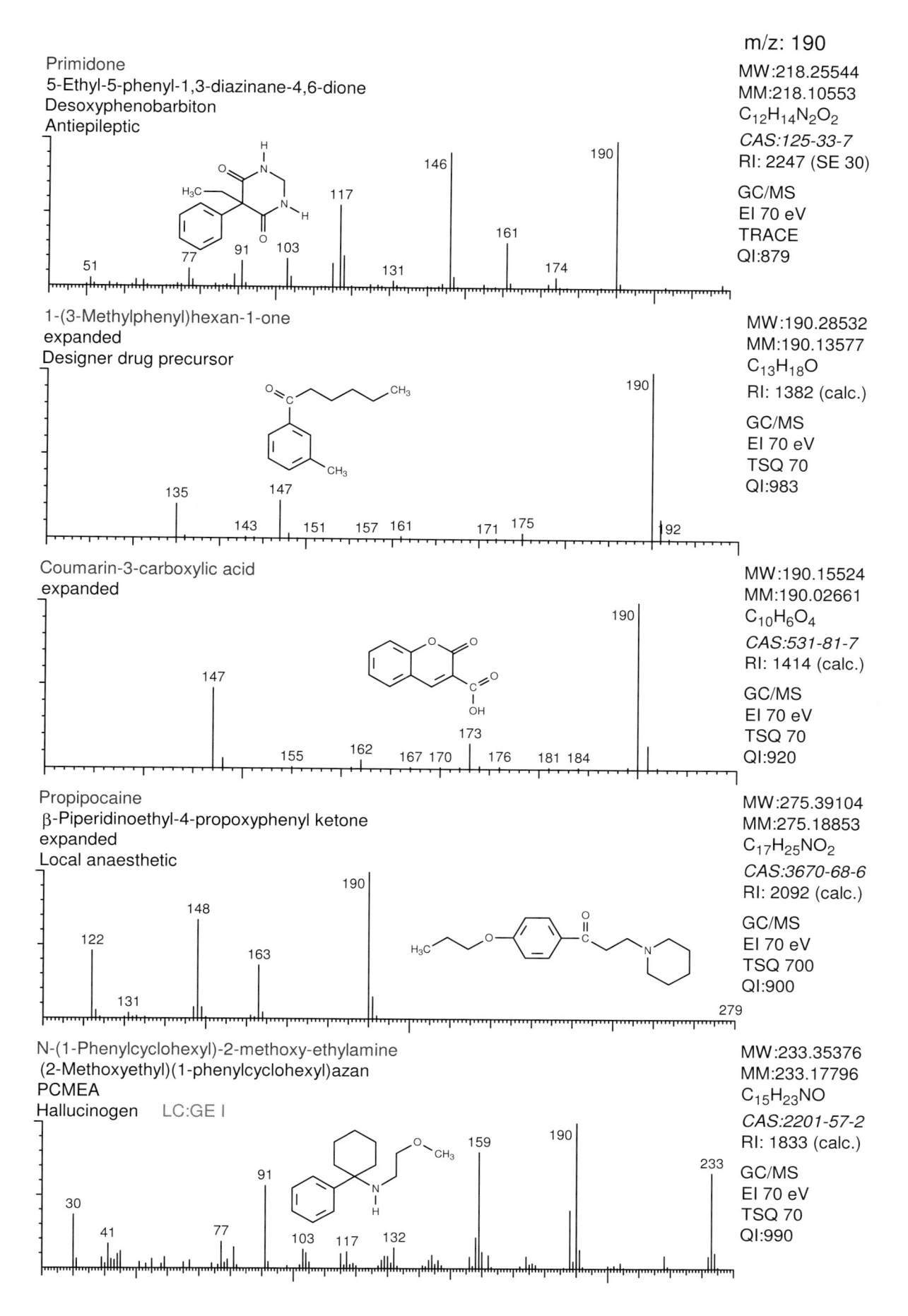

Primidone
5-Ethyl-5-phenyl-1,3-diazinane-4,6-dione
Desoxyphenobarbiton
Antiepileptic

m/z: 190
MW: 218.25544
MM: 218.10553
$C_{12}H_{14}N_2O_2$
CAS: 125-33-7
RI: 2247 (SE 30)

GC/MS
EI 70 eV
TRACE
QI: 879

Peaks: 51, 77, 91, 103, 117, 131, 146, 161, 174, 190

1-(3-Methylphenyl)hexan-1-one
expanded
Designer drug precursor

MW: 190.28532
MM: 190.13577
$C_{13}H_{18}O$
RI: 1382 (calc.)

GC/MS
EI 70 eV
TSQ 70
QI: 983

Peaks: 135, 143, 147, 151, 157, 161, 171, 175, 190, 192

Coumarin-3-carboxylic acid
expanded

MW: 190.15524
MM: 190.02661
$C_{10}H_6O_4$
CAS: 531-81-7
RI: 1414 (calc.)

GC/MS
EI 70 eV
TSQ 70
QI: 920

Peaks: 147, 155, 162, 167, 170, 173, 176, 181, 184, 190

Propipocaine
β-Piperidinoethyl-4-propoxyphenyl ketone
expanded
Local anaesthetic

MW: 275.39104
MM: 275.18853
$C_{17}H_{25}NO_2$
CAS: 3670-68-6
RI: 2092 (calc.)

GC/MS
EI 70 eV
TSQ 700
QI: 900

Peaks: 122, 131, 148, 163, 190, 279

N-(1-Phenylcyclohexyl)-2-methoxy-ethylamine
(2-Methoxyethyl)(1-phenylcyclohexyl)azan
PCMEA
Hallucinogen   LC:GE I

MW: 233.35376
MM: 233.17796
$C_{15}H_{23}NO$
CAS: 2201-57-2
RI: 1833 (calc.)

GC/MS
EI 70 eV
TSQ 70
QI: 990

Peaks: 30, 41, 77, 91, 103, 117, 132, 159, 190, 233

m/z: 190

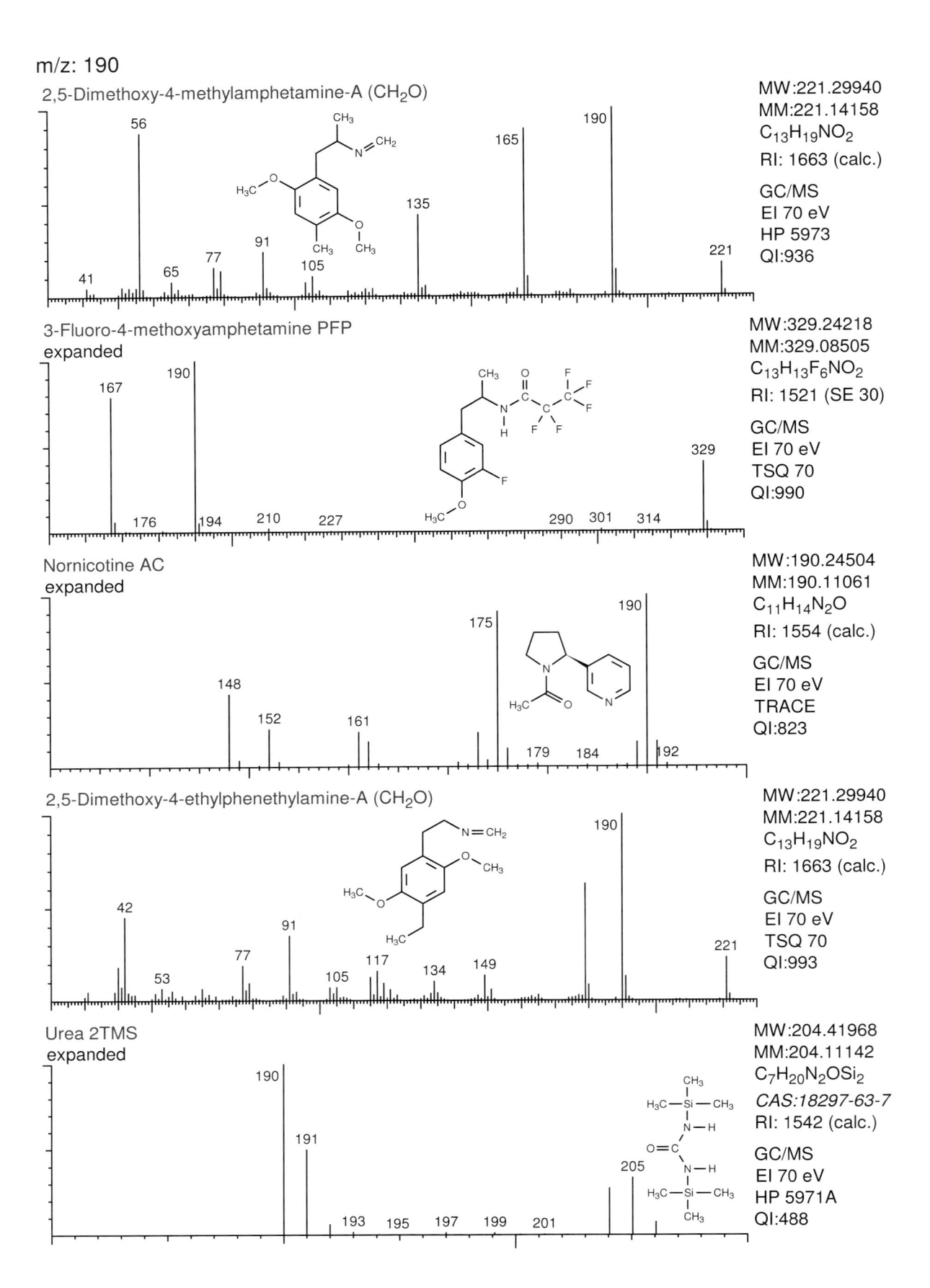

2,5-Dimethoxy-4-methylamphetamine-A (CH₂O)

MW: 221.29940
MM: 221.14158
$C_{13}H_{19}NO_2$
RI: 1663 (calc.)

GC/MS
EI 70 eV
HP 5973
QI: 936

Peaks: 41, 56, 65, 77, 91, 105, 135, 165, 190, 221

3-Fluoro-4-methoxyamphetamine PFP expanded

MW: 329.24218
MM: 329.08505
$C_{13}H_{13}F_6NO_2$
RI: 1521 (SE 30)

GC/MS
EI 70 eV
TSQ 70
QI: 990

Peaks: 167, 176, 190, 194, 210, 227, 290, 301, 314, 329

Nornicotine AC expanded

MW: 190.24504
MM: 190.11061
$C_{11}H_{14}N_2O$
RI: 1554 (calc.)

GC/MS
EI 70 eV
TRACE
QI: 823

Peaks: 148, 152, 161, 175, 179, 184, 190, 192

2,5-Dimethoxy-4-ethylphenethylamine-A (CH₂O)

MW: 221.29940
MM: 221.14158
$C_{13}H_{19}NO_2$
RI: 1663 (calc.)

GC/MS
EI 70 eV
TSQ 70
QI: 993

Peaks: 42, 53, 77, 91, 105, 117, 134, 149, 190, 221

Urea 2TMS expanded

MW: 204.41968
MM: 204.11142
$C_7H_{20}N_2OSi_2$
CAS: 18297-63-7
RI: 1542 (calc.)

GC/MS
EI 70 eV
HP 5971A
QI: 488

Peaks: 190, 191, 193, 195, 197, 199, 201, 205

m/z: 190

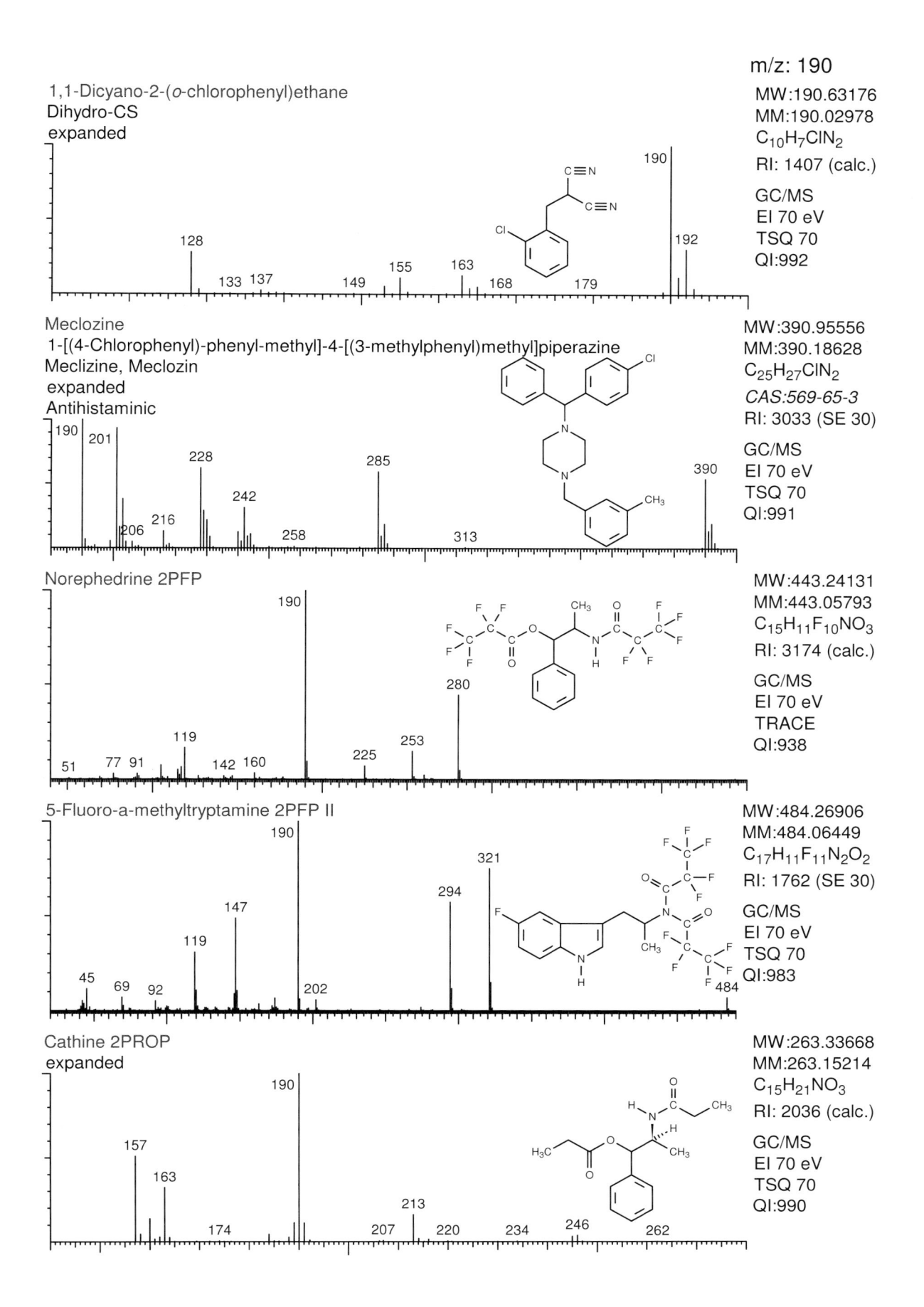

1,1-Dicyano-2-(o-chlorophenyl)ethane
Dihydro-CS
expanded

MW: 190.63176
MM: 190.02978
$C_{10}H_7ClN_2$
RI: 1407 (calc.)

GC/MS
EI 70 eV
TSQ 70
QI: 992

Peaks: 128, 133, 137, 149, 155, 163, 168, 179, 190, 192

Meclozine
1-[(4-Chlorophenyl)-phenyl-methyl]-4-[(3-methylphenyl)methyl]piperazine
Meclizine, Meclozin
expanded
Antihistaminic

MW: 390.95556
MM: 390.18628
$C_{25}H_{27}ClN_2$
CAS: 569-65-3
RI: 3033 (SE 30)

GC/MS
EI 70 eV
TSQ 70
QI: 991

Peaks: 190, 201, 206, 216, 228, 242, 258, 285, 313, 390

Norephedrine 2PFP

MW: 443.24131
MM: 443.05793
$C_{15}H_{11}F_{10}NO_3$
RI: 3174 (calc.)

GC/MS
EI 70 eV
TRACE
QI: 938

Peaks: 51, 77, 91, 119, 142, 160, 190, 225, 253, 280

5-Fluoro-a-methyltryptamine 2PFP II

MW: 484.26906
MM: 484.06449
$C_{17}H_{11}F_{11}N_2O_2$
RI: 1762 (SE 30)

GC/MS
EI 70 eV
TSQ 70
QI: 983

Peaks: 45, 69, 92, 119, 147, 190, 202, 294, 321, 484

Cathine 2PROP
expanded

MW: 263.33668
MM: 263.15214
$C_{15}H_{21}NO_3$
RI: 2036 (calc.)

GC/MS
EI 70 eV
TSQ 70
QI: 990

Peaks: 157, 163, 174, 190, 207, 213, 220, 234, 246, 262

m/z: 190

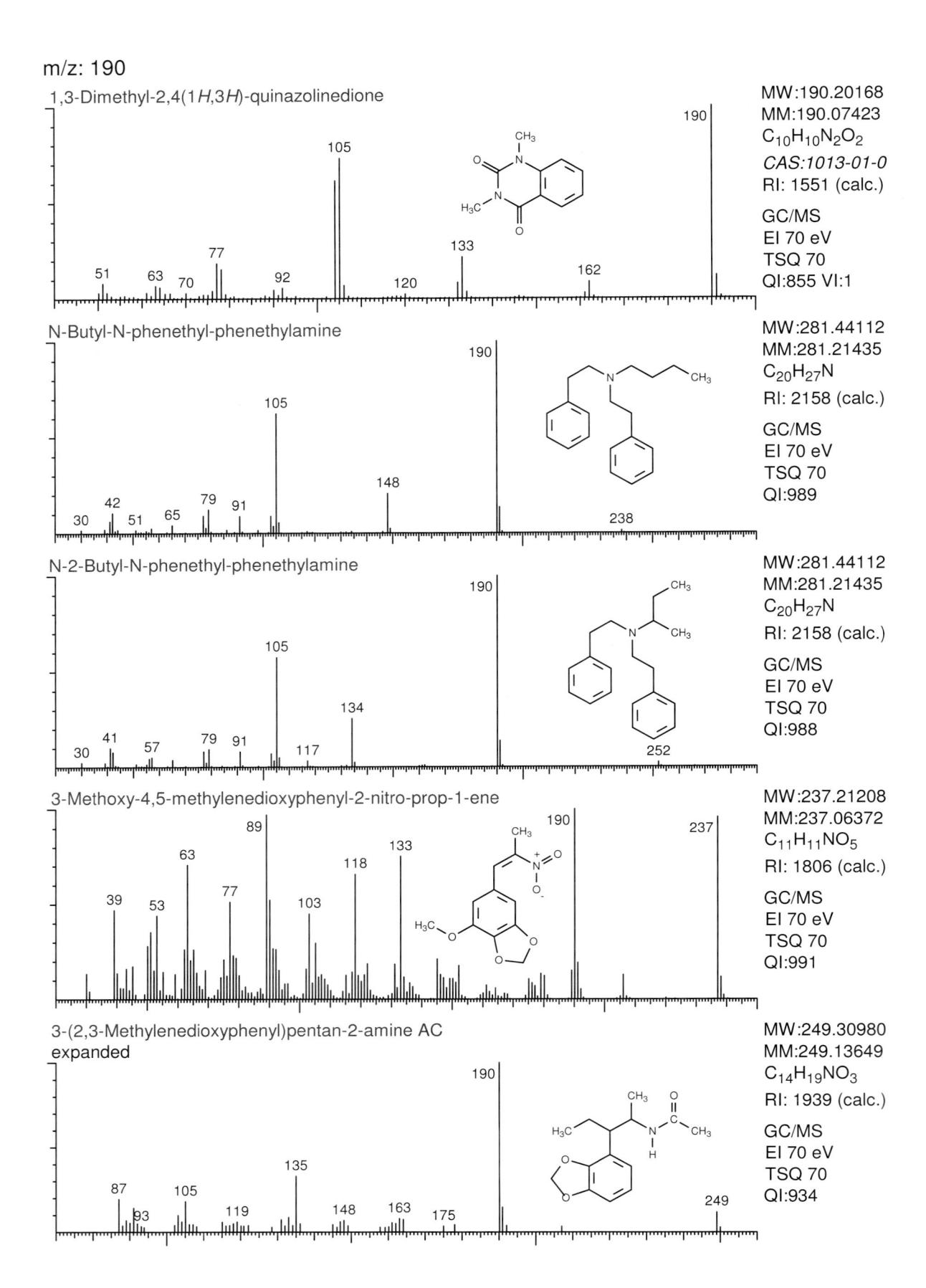

1,3-Dimethyl-2,4(1*H*,3*H*)-quinazolinedione

MW:190.20168
MM:190.07423
C$_{10}$H$_{10}$N$_2$O$_2$
CAS:1013-01-0
RI: 1551 (calc.)

GC/MS
EI 70 eV
TSQ 70
QI:855 VI:1

N-Butyl-N-phenethyl-phenethylamine

MW:281.44112
MM:281.21435
C$_{20}$H$_{27}$N
RI: 2158 (calc.)

GC/MS
EI 70 eV
TSQ 70
QI:989

N-2-Butyl-N-phenethyl-phenethylamine

MW:281.44112
MM:281.21435
C$_{20}$H$_{27}$N
RI: 2158 (calc.)

GC/MS
EI 70 eV
TSQ 70
QI:988

3-Methoxy-4,5-methylenedioxyphenyl-2-nitro-prop-1-ene

MW:237.21208
MM:237.06372
C$_{11}$H$_{11}$NO$_5$
RI: 1806 (calc.)

GC/MS
EI 70 eV
TSQ 70
QI:991

3-(2,3-Methylenedioxyphenyl)pentan-2-amine AC
expanded

MW:249.30980
MM:249.13649
C$_{14}$H$_{19}$NO$_3$
RI: 1939 (calc.)

GC/MS
EI 70 eV
TSQ 70
QI:934

m/z: 190-191

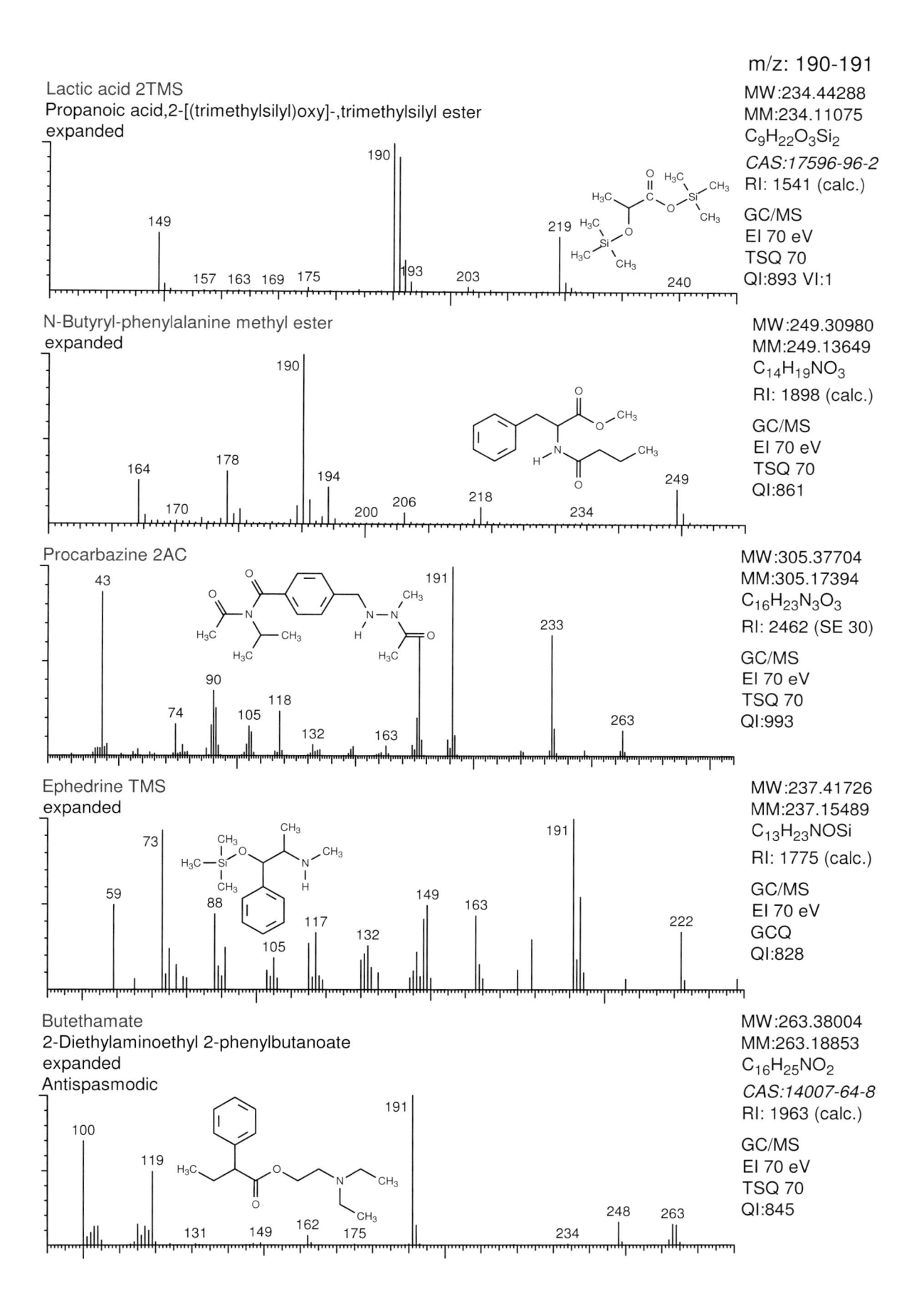

Lactic acid 2TMS
Propanoic acid,2-[(trimethylsilyl)oxy]-,trimethylsilyl ester
expanded

MW:234.44288
MM:234.11075
$C_9H_{22}O_3Si_2$
CAS:17596-96-2
RI: 1541 (calc.)

GC/MS
EI 70 eV
TSQ 70
QI:893 VI:1

N-Butyryl-phenylalanine methyl ester
expanded

MW:249.30980
MM:249.13649
$C_{14}H_{19}NO_3$
RI: 1898 (calc.)

GC/MS
EI 70 eV
TSQ 70
QI:861

Procarbazine 2AC

MW:305.37704
MM:305.17394
$C_{16}H_{23}N_3O_3$
RI: 2462 (SE 30)

GC/MS
EI 70 eV
TSQ 70
QI:993

Ephedrine TMS
expanded

MW:237.41726
MM:237.15489
$C_{13}H_{23}NOSi$
RI: 1775 (calc.)

GC/MS
EI 70 eV
GCQ
QI:828

Butethamate
2-Diethylaminoethyl 2-phenylbutanoate
expanded
Antispasmodic

MW:263.38004
MM:263.18853
$C_{16}H_{25}NO_2$
CAS:14007-64-8
RI: 1963 (calc.)

GC/MS
EI 70 eV
TSQ 70
QI:845

m/z: 191

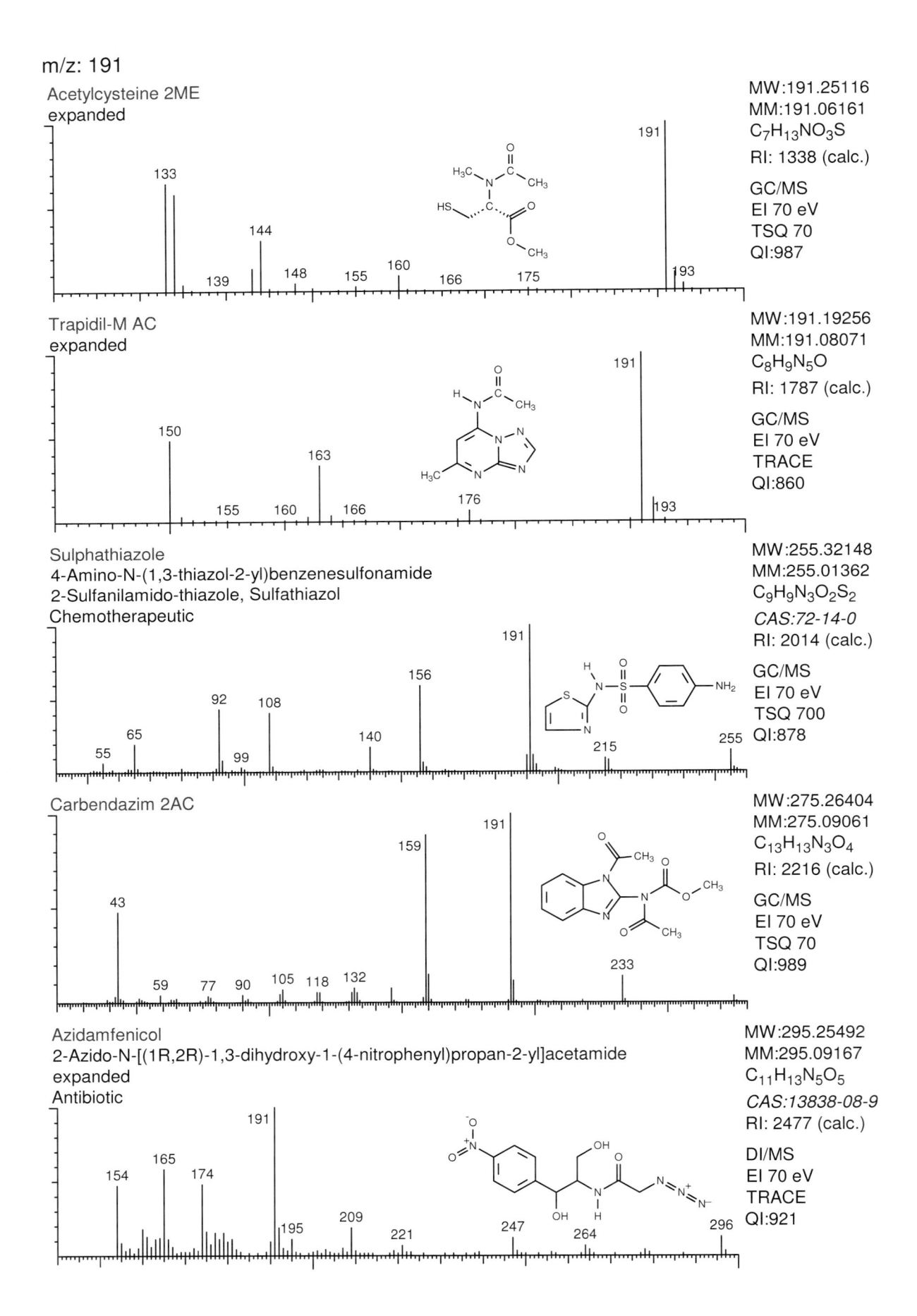

Acetylcysteine 2ME expanded

MW:191.25116
MM:191.06161
$C_7H_{13}NO_3S$
RI: 1338 (calc.)

GC/MS
EI 70 eV
TSQ 70
QI:987

Trapidil-M AC expanded

MW:191.19256
MM:191.08071
$C_8H_9N_5O$
RI: 1787 (calc.)

GC/MS
EI 70 eV
TRACE
QI:860

Sulphathiazole
4-Amino-N-(1,3-thiazol-2-yl)benzenesulfonamide
2-Sulfanilamido-thiazole, Sulfathiazol
Chemotherapeutic

MW:255.32148
MM:255.01362
$C_9H_9N_3O_2S_2$
CAS:72-14-0
RI: 2014 (calc.)

GC/MS
EI 70 eV
TSQ 700
QI:878

Carbendazim 2AC

MW:275.26404
MM:275.09061
$C_{13}H_{13}N_3O_4$
RI: 2216 (calc.)

GC/MS
EI 70 eV
TSQ 70
QI:989

Azidamfenicol
2-Azido-N-[(1R,2R)-1,3-dihydroxy-1-(4-nitrophenyl)propan-2-yl]acetamide
expanded
Antibiotic

MW:295.25492
MM:295.09167
$C_{11}H_{13}N_5O_5$
CAS:13838-08-9
RI: 2477 (calc.)

DI/MS
EI 70 eV
TRACE
QI:921

m/z: 191

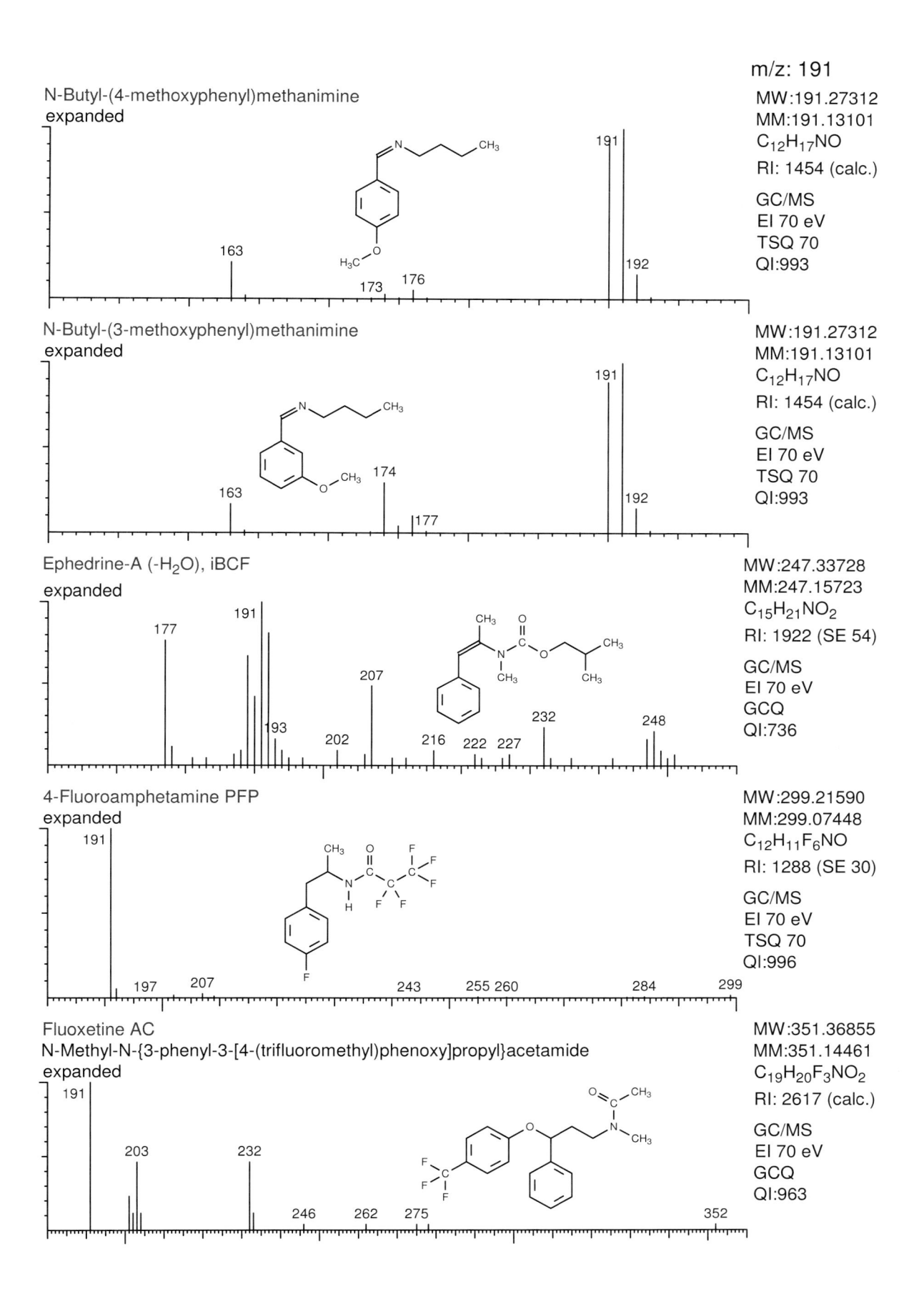

N-Butyl-(4-methoxyphenyl)methanimine
expanded

MW: 191.27312
MM: 191.13101
$C_{12}H_{17}NO$
RI: 1454 (calc.)

GC/MS
EI 70 eV
TSQ 70
QI: 993

Peaks: 163, 173, 176, 191, 192

N-Butyl-(3-methoxyphenyl)methanimine
expanded

MW: 191.27312
MM: 191.13101
$C_{12}H_{17}NO$
RI: 1454 (calc.)

GC/MS
EI 70 eV
TSQ 70
QI: 993

Peaks: 163, 174, 177, 191, 192

Ephedrine-A (-H₂O), iBCF
expanded

MW: 247.33728
MM: 247.15723
$C_{15}H_{21}NO_2$
RI: 1922 (SE 54)

GC/MS
EI 70 eV
GCQ
QI: 736

Peaks: 177, 191, 193, 202, 207, 216, 222, 227, 232, 248

4-Fluoroamphetamine PFP
expanded

MW: 299.21590
MM: 299.07448
$C_{12}H_{11}F_6NO$
RI: 1288 (SE 30)

GC/MS
EI 70 eV
TSQ 70
QI: 996

Peaks: 191, 197, 207, 243, 255, 260, 284, 299

Fluoxetine AC
N-Methyl-N-{3-phenyl-3-[4-(trifluoromethyl)phenoxy]propyl}acetamide
expanded

MW: 351.36855
MM: 351.14461
$C_{19}H_{20}F_3NO_2$
RI: 2617 (calc.)

GC/MS
EI 70 eV
GCQ
QI: 963

Peaks: 191, 203, 232, 246, 262, 275, 352

m/z: 191

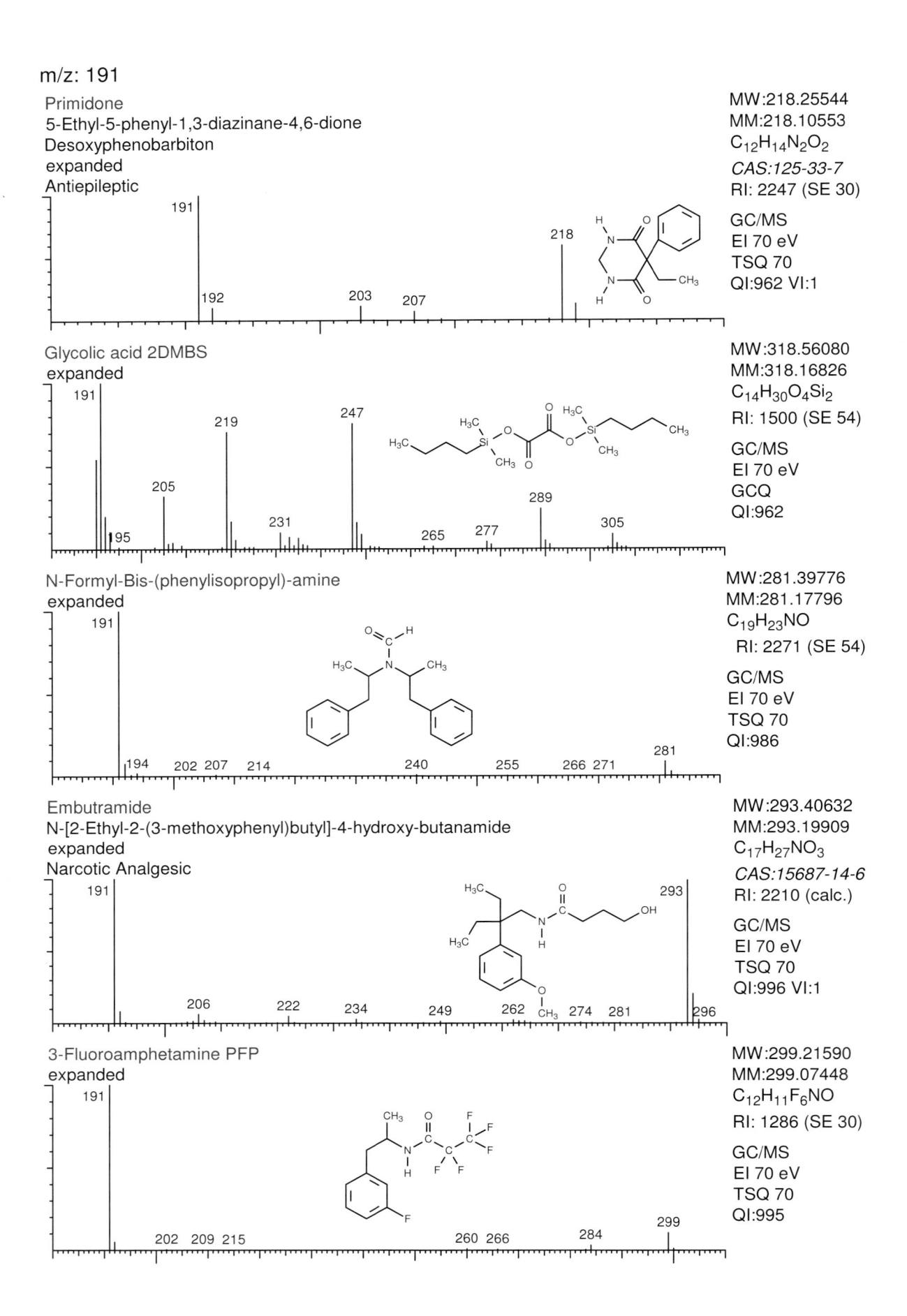

Primidone
5-Ethyl-5-phenyl-1,3-diazinane-4,6-dione
Desoxyphenobarbiton
expanded
Antiepileptic

MW:218.25544
MM:218.10553
$C_{12}H_{14}N_2O_2$
CAS:125-33-7
RI: 2247 (SE 30)

GC/MS
EI 70 eV
TSQ 70
QI:962 VI:1

Glycolic acid 2DMBS
expanded

MW:318.56080
MM:318.16826
$C_{14}H_{30}O_4Si_2$
RI: 1500 (SE 54)

GC/MS
EI 70 eV
GCQ
QI:962

N-Formyl-Bis-(phenylisopropyl)-amine
expanded

MW:281.39776
MM:281.17796
$C_{19}H_{23}NO$
RI: 2271 (SE 54)

GC/MS
EI 70 eV
TSQ 70
QI:986

Embutramide
N-[2-Ethyl-2-(3-methoxyphenyl)butyl]-4-hydroxy-butanamide
expanded
Narcotic Analgesic

MW:293.40632
MM:293.19909
$C_{17}H_{27}NO_3$
CAS:15687-14-6
RI: 2210 (calc.)

GC/MS
EI 70 eV
TSQ 70
QI:996 VI:1

3-Fluoroamphetamine PFP
expanded

MW:299.21590
MM:299.07448
$C_{12}H_{11}F_6NO$
RI: 1286 (SE 30)

GC/MS
EI 70 eV
TSQ 70
QI:995

m/z: 191

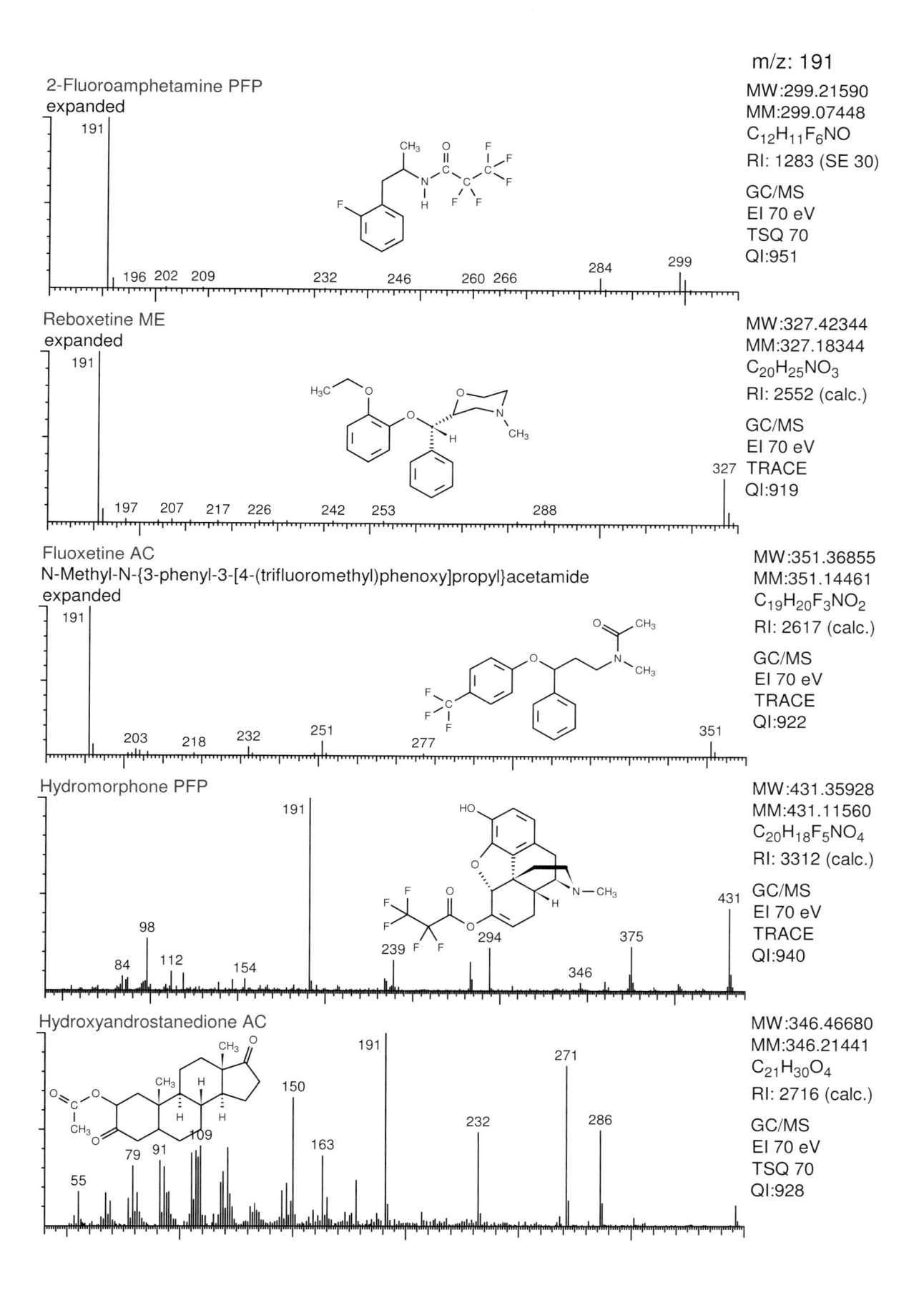

2-Fluoroamphetamine PFP expanded

MW: 299.21590
MM: 299.07448
$C_{12}H_{11}F_6NO$
RI: 1283 (SE 30)

GC/MS
EI 70 eV
TSQ 70
QI: 951

Peaks: 191, 196, 202, 209, 232, 246, 260, 266, 284, 299

Reboxetine ME expanded

MW: 327.42344
MM: 327.18344
$C_{20}H_{25}NO_3$
RI: 2552 (calc.)

GC/MS
EI 70 eV
TRACE
QI: 919

Peaks: 191, 197, 207, 217, 226, 242, 253, 288, 327

Fluoxetine AC
N-Methyl-N-{3-phenyl-3-[4-(trifluoromethyl)phenoxy]propyl}acetamide
expanded

MW: 351.36855
MM: 351.14461
$C_{19}H_{20}F_3NO_2$
RI: 2617 (calc.)

GC/MS
EI 70 eV
TRACE
QI: 922

Peaks: 191, 203, 218, 232, 251, 277, 351

Hydromorphone PFP

MW: 431.35928
MM: 431.11560
$C_{20}H_{18}F_5NO_4$
RI: 3312 (calc.)

GC/MS
EI 70 eV
TRACE
QI: 940

Peaks: 84, 98, 112, 154, 191, 239, 294, 346, 375, 431

Hydroxyandrostanedione AC

MW: 346.46680
MM: 346.21441
$C_{21}H_{30}O_4$
RI: 2716 (calc.)

GC/MS
EI 70 eV
TSQ 70
QI: 928

Peaks: 55, 79, 91, 109, 150, 163, 191, 232, 271, 286

m/z: 191

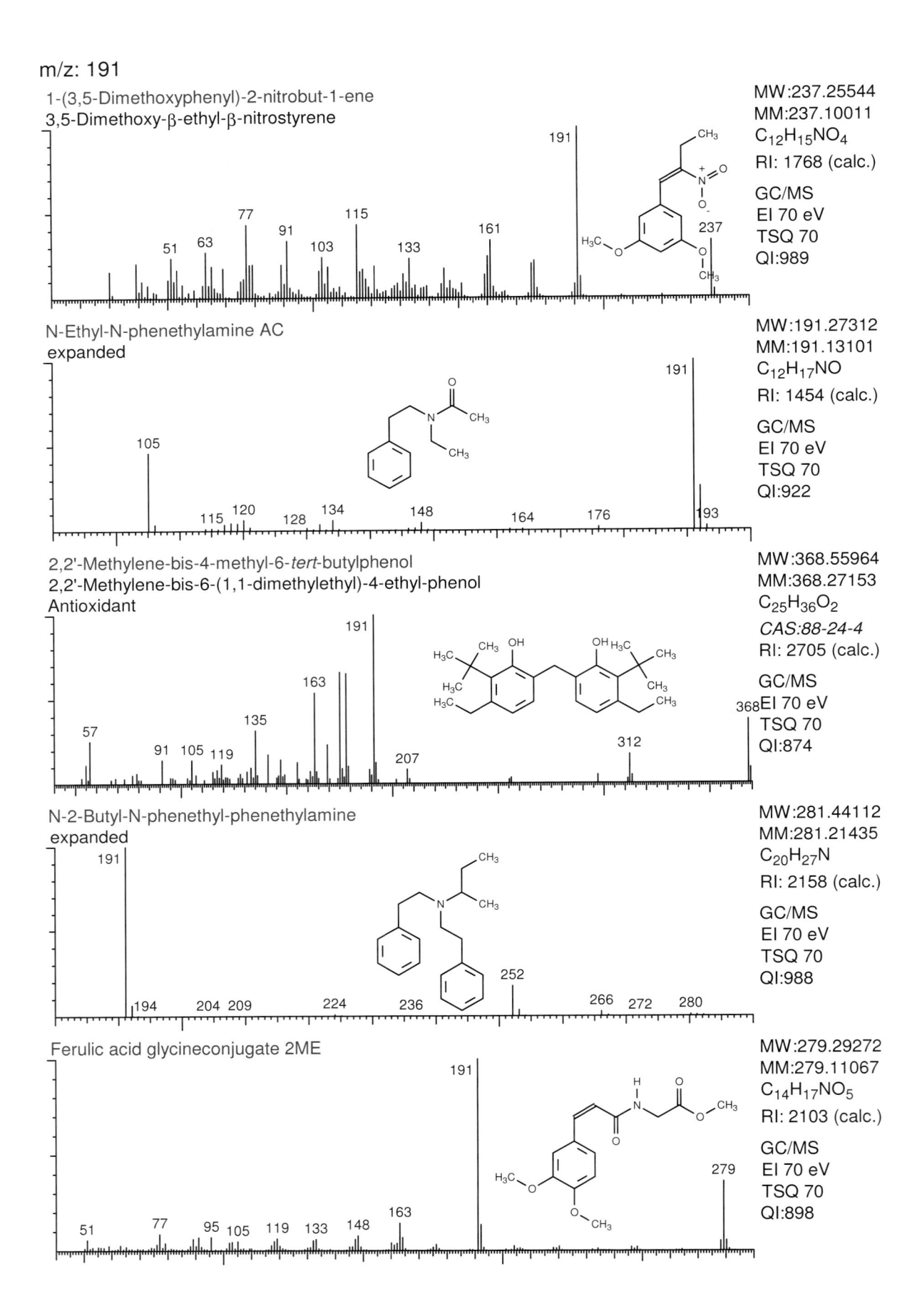

1-(3,5-Dimethoxyphenyl)-2-nitrobut-1-ene
3,5-Dimethoxy-β-ethyl-β-nitrostyrene

MW:237.25544
MM:237.10011
C$_{12}$H$_{15}$NO$_4$
RI: 1768 (calc.)

GC/MS
EI 70 eV
TSQ 70
QI:989

N-Ethyl-N-phenethylamine AC
expanded

MW:191.27312
MM:191.13101
C$_{12}$H$_{17}$NO
RI: 1454 (calc.)

GC/MS
EI 70 eV
TSQ 70
QI:922

2,2'-Methylene-bis-4-methyl-6-*tert*-butylphenol
2,2'-Methylene-bis-6-(1,1-dimethylethyl)-4-ethyl-phenol
Antioxidant

MW:368.55964
MM:368.27153
C$_{25}$H$_{36}$O$_2$
CAS:88-24-4
RI: 2705 (calc.)

GC/MS
EI 70 eV
TSQ 70
QI:874

N-2-Butyl-N-phenethyl-phenethylamine
expanded

MW:281.44112
MM:281.21435
C$_{20}$H$_{27}$N
RI: 2158 (calc.)

GC/MS
EI 70 eV
TSQ 70
QI:988

Ferulic acid glycineconjugate 2ME

MW:279.29272
MM:279.11067
C$_{14}$H$_{17}$NO$_5$
RI: 2103 (calc.)

GC/MS
EI 70 eV
TSQ 70
QI:898

m/z: 191-192

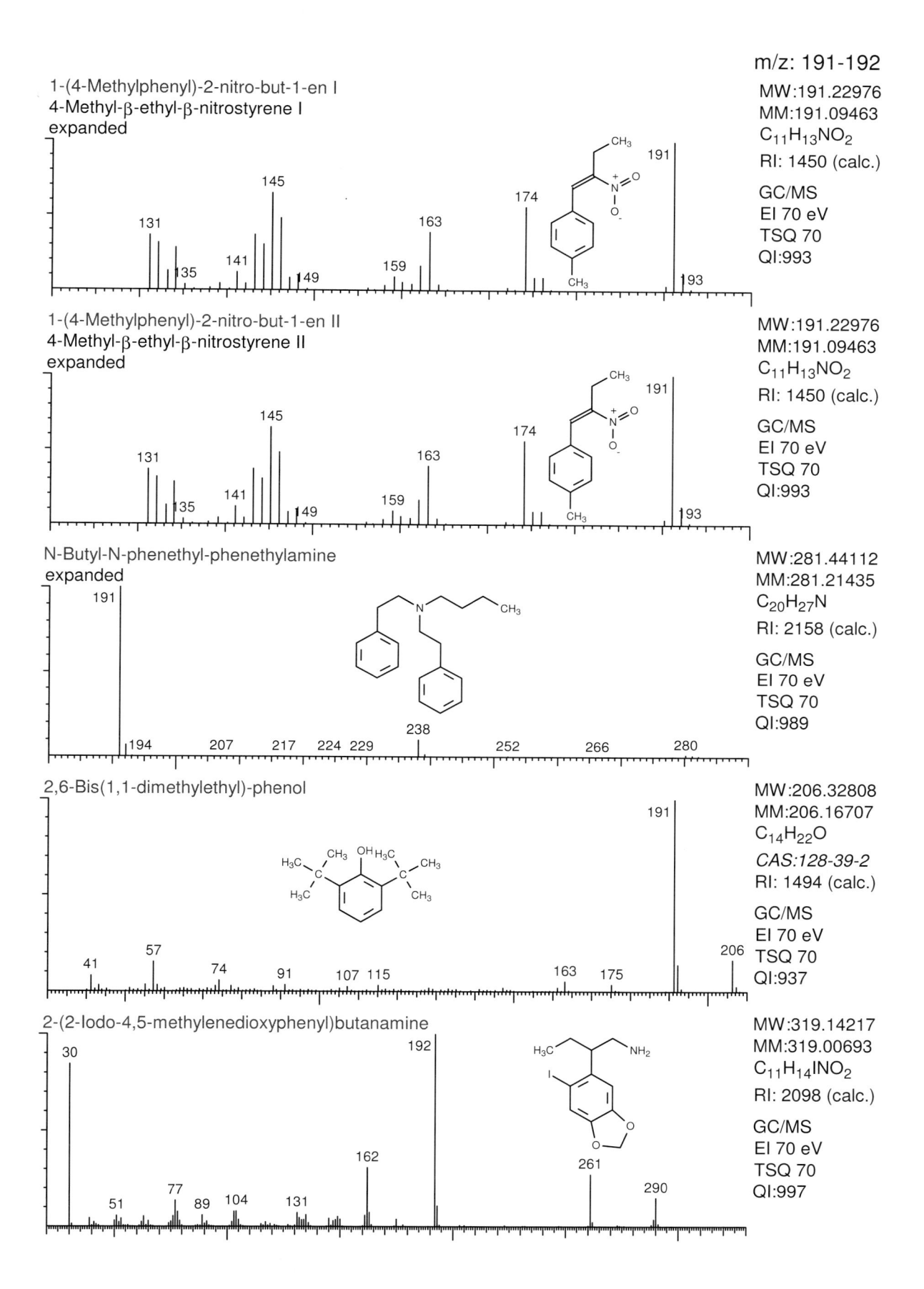

1-(4-Methylphenyl)-2-nitro-but-1-en I
4-Methyl-β-ethyl-β-nitrostyrene I
expanded

MW: 191.22976
MM: 191.09463
$C_{11}H_{13}NO_2$
RI: 1450 (calc.)

GC/MS
EI 70 eV
TSQ 70
QI: 993

1-(4-Methylphenyl)-2-nitro-but-1-en II
4-Methyl-β-ethyl-β-nitrostyrene II
expanded

MW: 191.22976
MM: 191.09463
$C_{11}H_{13}NO_2$
RI: 1450 (calc.)

GC/MS
EI 70 eV
TSQ 70
QI: 993

N-Butyl-N-phenethyl-phenethylamine
expanded

MW: 281.44112
MM: 281.21435
$C_{20}H_{27}N$
RI: 2158 (calc.)

GC/MS
EI 70 eV
TSQ 70
QI: 989

2,6-Bis(1,1-dimethylethyl)-phenol

MW: 206.32808
MM: 206.16707
$C_{14}H_{22}O$
CAS: 128-39-2
RI: 1494 (calc.)

GC/MS
EI 70 eV
TSQ 70
QI: 937

2-(2-Iodo-4,5-methylenedioxyphenyl)butanamine

MW: 319.14217
MM: 319.00693
$C_{11}H_{14}INO_2$
RI: 2098 (calc.)

GC/MS
EI 70 eV
TSQ 70
QI: 997

m/z: 192

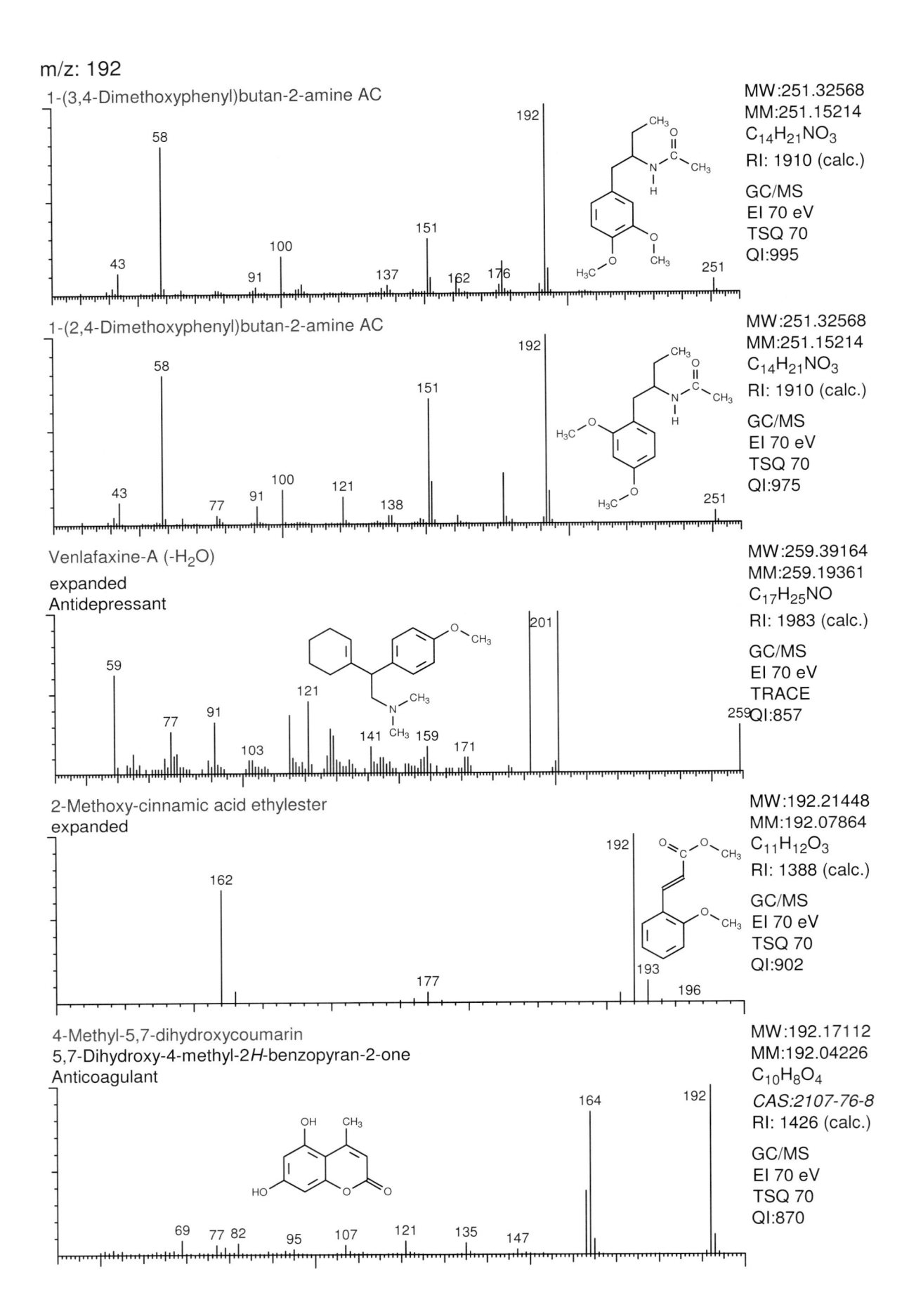

1-(3,4-Dimethoxyphenyl)butan-2-amine AC

MW:251.32568
MM:251.15214
$C_{14}H_{21}NO_3$
RI: 1910 (calc.)

GC/MS
EI 70 eV
TSQ 70
QI:995

Peaks: 43, 58, 91, 100, 137, 151, 162, 176, 192, 251

1-(2,4-Dimethoxyphenyl)butan-2-amine AC

MW:251.32568
MM:251.15214
$C_{14}H_{21}NO_3$
RI: 1910 (calc.)

GC/MS
EI 70 eV
TSQ 70
QI:975

Peaks: 43, 58, 77, 91, 100, 121, 138, 151, 192, 251

Venlafaxine-A (-H₂O) expanded
Antidepressant

MW:259.39164
MM:259.19361
$C_{17}H_{25}NO$
RI: 1983 (calc.)

GC/MS
EI 70 eV
TRACE
QI:857

Peaks: 59, 77, 91, 103, 121, 141, 159, 171, 201, 259

2-Methoxy-cinnamic acid ethylester
expanded

MW:192.21448
MM:192.07864
$C_{11}H_{12}O_3$
RI: 1388 (calc.)

GC/MS
EI 70 eV
TSQ 70
QI:902

Peaks: 162, 177, 192, 193, 196

4-Methyl-5,7-dihydroxycoumarin
5,7-Dihydroxy-4-methyl-2H-benzopyran-2-one
Anticoagulant

MW:192.17112
MM:192.04226
$C_{10}H_8O_4$
CAS:2107-76-8
RI: 1426 (calc.)

GC/MS
EI 70 eV
TSQ 70
QI:870

Peaks: 69, 77, 82, 95, 107, 121, 135, 147, 164, 192

m/z: 192

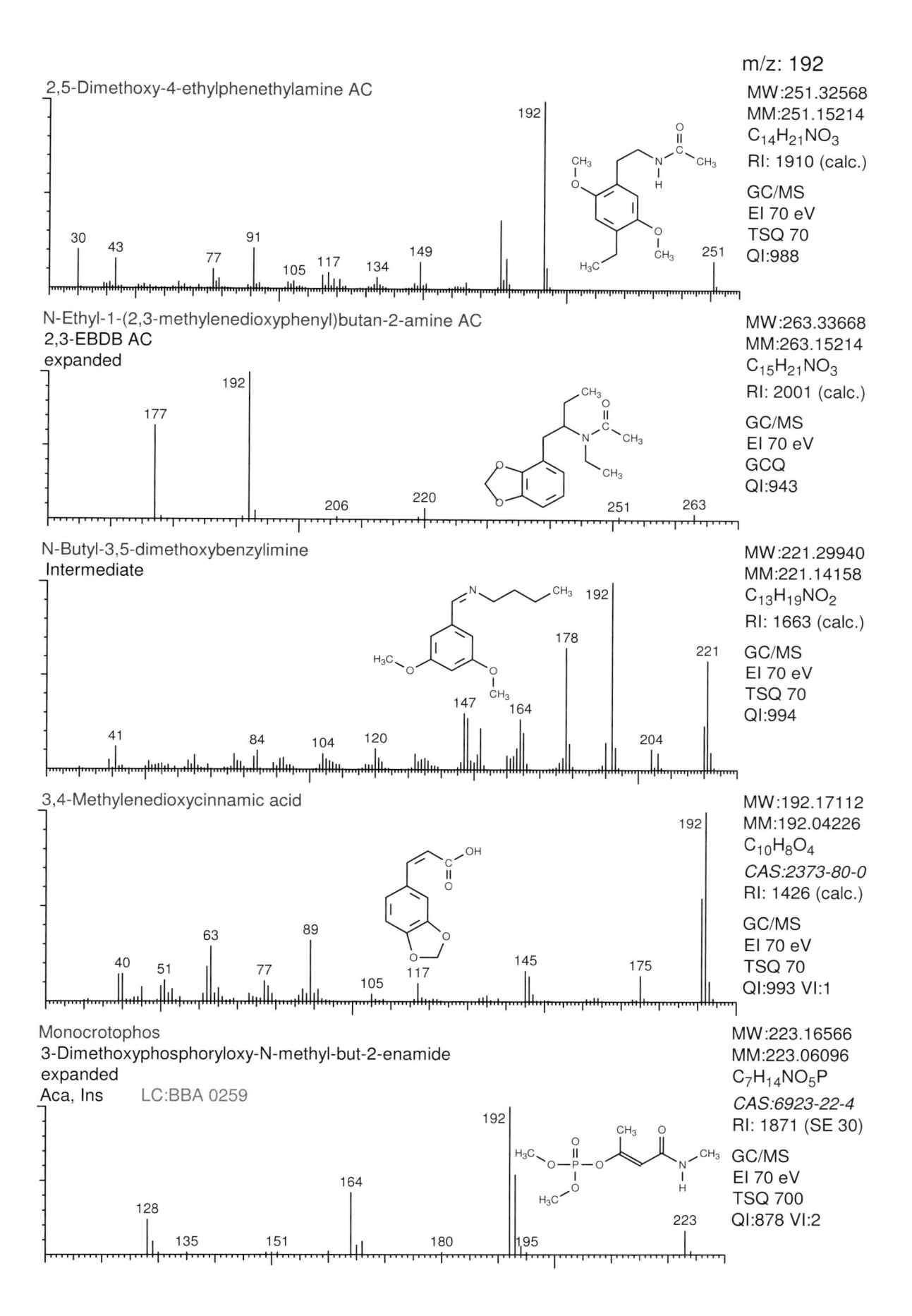

2,5-Dimethoxy-4-ethylphenethylamine AC

MW: 251.32568
MM: 251.15214
$C_{14}H_{21}NO_3$
RI: 1910 (calc.)

GC/MS
EI 70 eV
TSQ 70
QI: 988

N-Ethyl-1-(2,3-methylenedioxyphenyl)butan-2-amine AC
2,3-EBDB AC
expanded

MW: 263.33668
MM: 263.15214
$C_{15}H_{21}NO_3$
RI: 2001 (calc.)

GC/MS
EI 70 eV
GCQ
QI: 943

N-Butyl-3,5-dimethoxybenzylimine
Intermediate

MW: 221.29940
MM: 221.14158
$C_{13}H_{19}NO_2$
RI: 1663 (calc.)

GC/MS
EI 70 eV
TSQ 70
QI: 994

3,4-Methylenedioxycinnamic acid

MW: 192.17112
MM: 192.04226
$C_{10}H_8O_4$
CAS: 2373-80-0
RI: 1426 (calc.)

GC/MS
EI 70 eV
TSQ 70
QI: 993 VI: 1

Monocrotophos
3-Dimethoxyphosphoryloxy-N-methyl-but-2-enamide
expanded
Aca, Ins   LC: BBA 0259

MW: 223.16566
MM: 223.06096
$C_7H_{14}NO_5P$
CAS: 6923-22-4
RI: 1871 (SE 30)

GC/MS
EI 70 eV
TSQ 700
QI: 878 VI: 2

m/z: 192

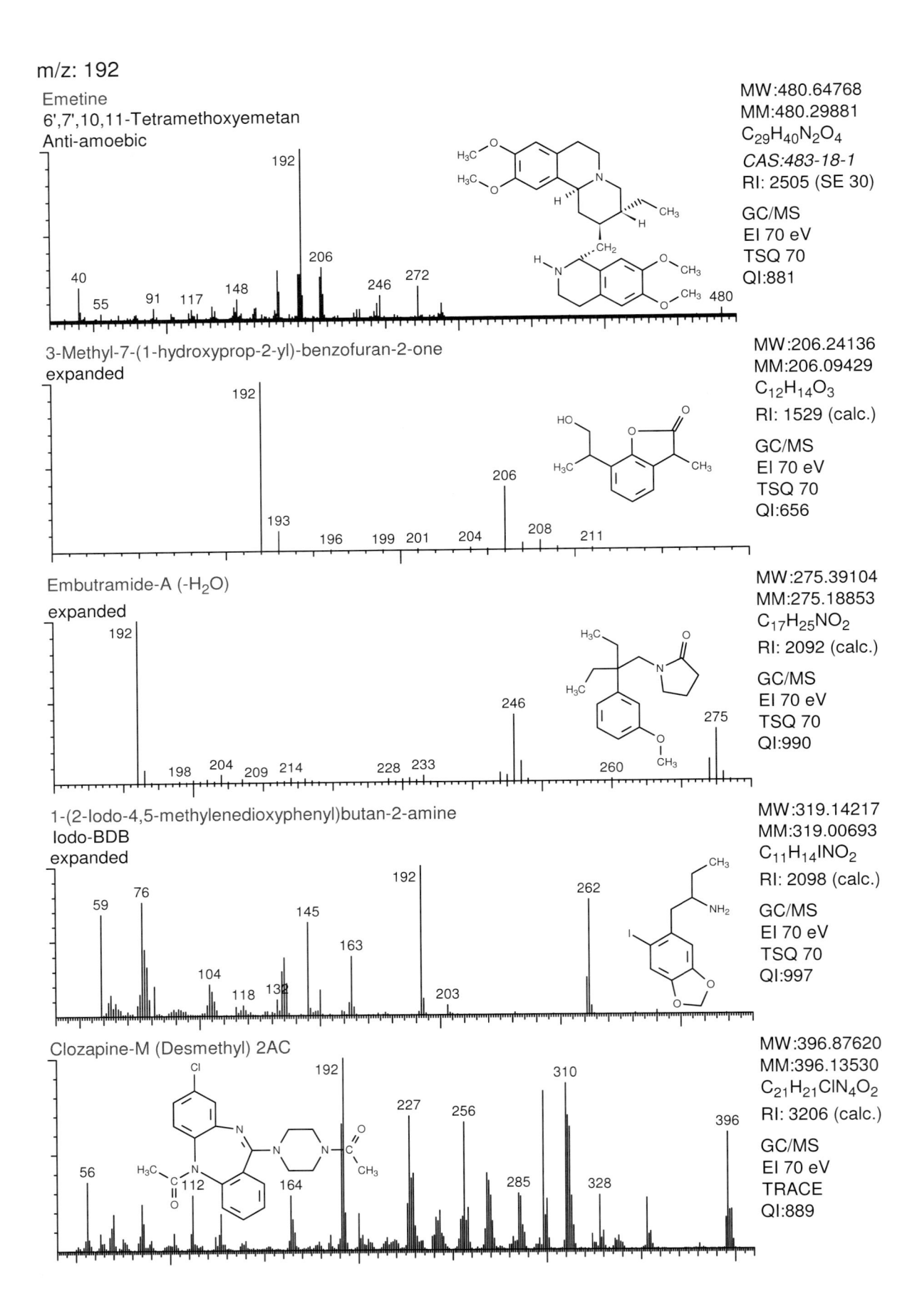

Emetine
6',7',10,11-Tetramethoxyemetan
Anti-amoebic

MW:480.64768
MM:480.29881
$C_{29}H_{40}N_2O_4$
CAS:483-18-1
RI: 2505 (SE 30)

GC/MS
EI 70 eV
TSQ 70
QI:881

Peaks: 40, 55, 91, 117, 148, 192, 206, 246, 272, 480

3-Methyl-7-(1-hydroxyprop-2-yl)-benzofuran-2-one
expanded

MW:206.24136
MM:206.09429
$C_{12}H_{14}O_3$
RI: 1529 (calc.)

GC/MS
EI 70 eV
TSQ 70
QI:656

Peaks: 192, 193, 196, 199, 201, 204, 206, 208, 211

Embutramide-A (-H₂O)
expanded

MW:275.39104
MM:275.18853
$C_{17}H_{25}NO_2$
RI: 2092 (calc.)

GC/MS
EI 70 eV
TSQ 70
QI:990

Peaks: 192, 198, 204, 209, 214, 228, 233, 246, 260, 275

1-(2-Iodo-4,5-methylenedioxyphenyl)butan-2-amine
Iodo-BDB
expanded

MW:319.14217
MM:319.00693
$C_{11}H_{14}INO_2$
RI: 2098 (calc.)

GC/MS
EI 70 eV
TSQ 70
QI:997

Peaks: 59, 76, 104, 118, 132, 145, 163, 192, 203, 262

Clozapine-M (Desmethyl) 2AC

MW:396.87620
MM:396.13530
$C_{21}H_{21}ClN_4O_2$
RI: 3206 (calc.)

GC/MS
EI 70 eV
TRACE
QI:889

Peaks: 56, 112, 164, 192, 227, 256, 285, 310, 328, 396

m/z: 192

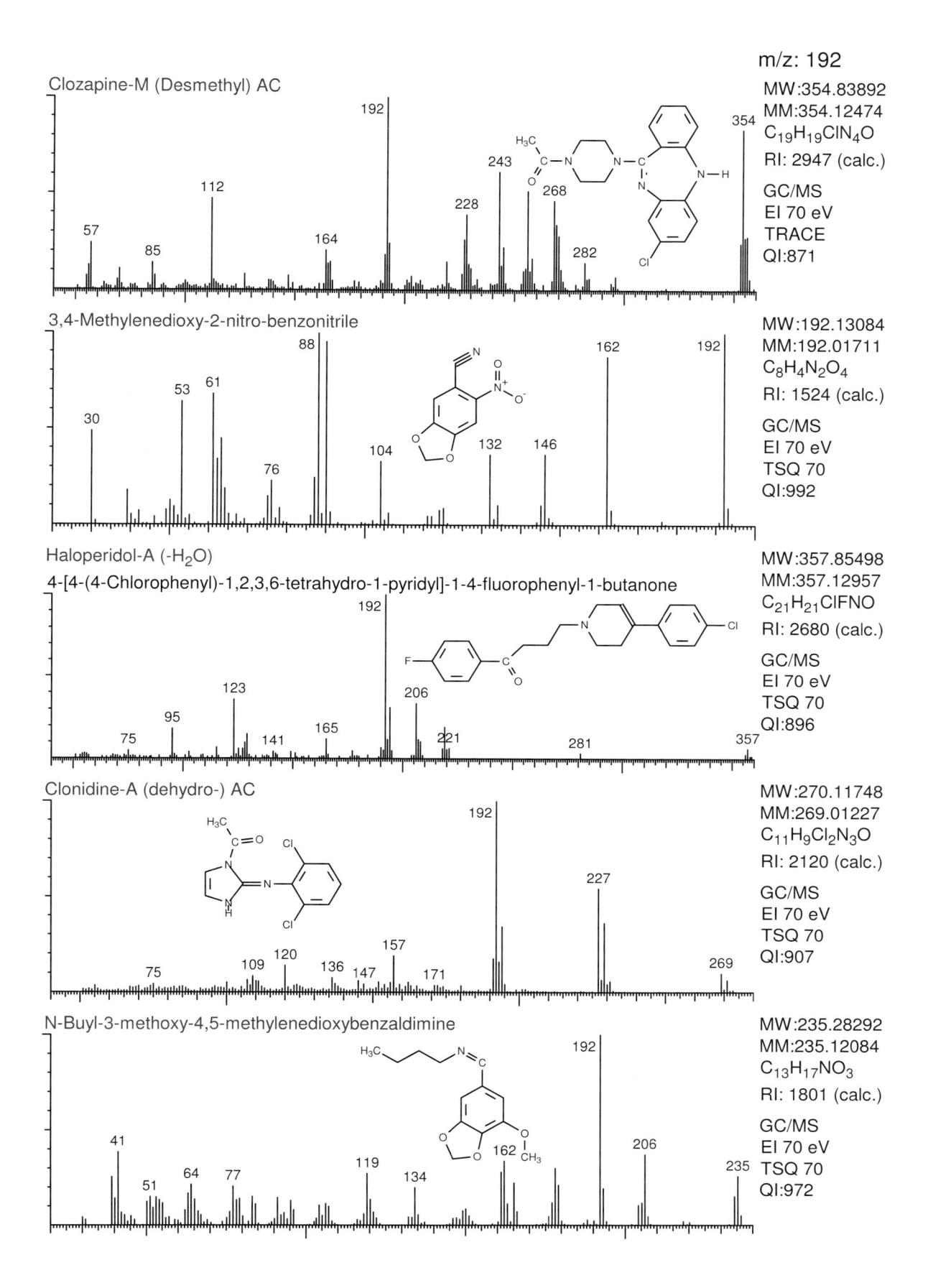

Clozapine-M (Desmethyl) AC

MW: 354.83892
MM: 354.12474
$C_{19}H_{19}ClN_4O$
RI: 2947 (calc.)

GC/MS
EI 70 eV
TRACE
QI:871

Peaks: 57, 85, 112, 164, 192, 228, 243, 268, 282, 354

3,4-Methylenedioxy-2-nitro-benzonitrile

MW: 192.13084
MM: 192.01711
$C_8H_4N_2O_4$
RI: 1524 (calc.)

GC/MS
EI 70 eV
TSQ 70
QI:992

Peaks: 30, 53, 61, 76, 88, 104, 132, 146, 162, 192

Haloperidol-A (-H₂O)
4-[4-(4-Chlorophenyl)-1,2,3,6-tetrahydro-1-pyridyl]-1-4-fluorophenyl-1-butanone

MW: 357.85498
MM: 357.12957
$C_{21}H_{21}ClFNO$
RI: 2680 (calc.)

GC/MS
EI 70 eV
TSQ 70
QI:896

Peaks: 75, 95, 123, 141, 165, 192, 206, 221, 281, 357

Clonidine-A (dehydro-) AC

MW: 270.11748
MM: 269.01227
$C_{11}H_9Cl_2N_3O$
RI: 2120 (calc.)

GC/MS
EI 70 eV
TSQ 70
QI:907

Peaks: 75, 109, 120, 136, 147, 157, 171, 192, 227, 269

N-Buyl-3-methoxy-4,5-methylenedioxybenzaldimine

MW: 235.28292
MM: 235.12084
$C_{13}H_{17}NO_3$
RI: 1801 (calc.)

GC/MS
EI 70 eV
TSQ 70
QI:972

Peaks: 41, 51, 64, 77, 119, 134, 162, 192, 206, 235

m/z: 192

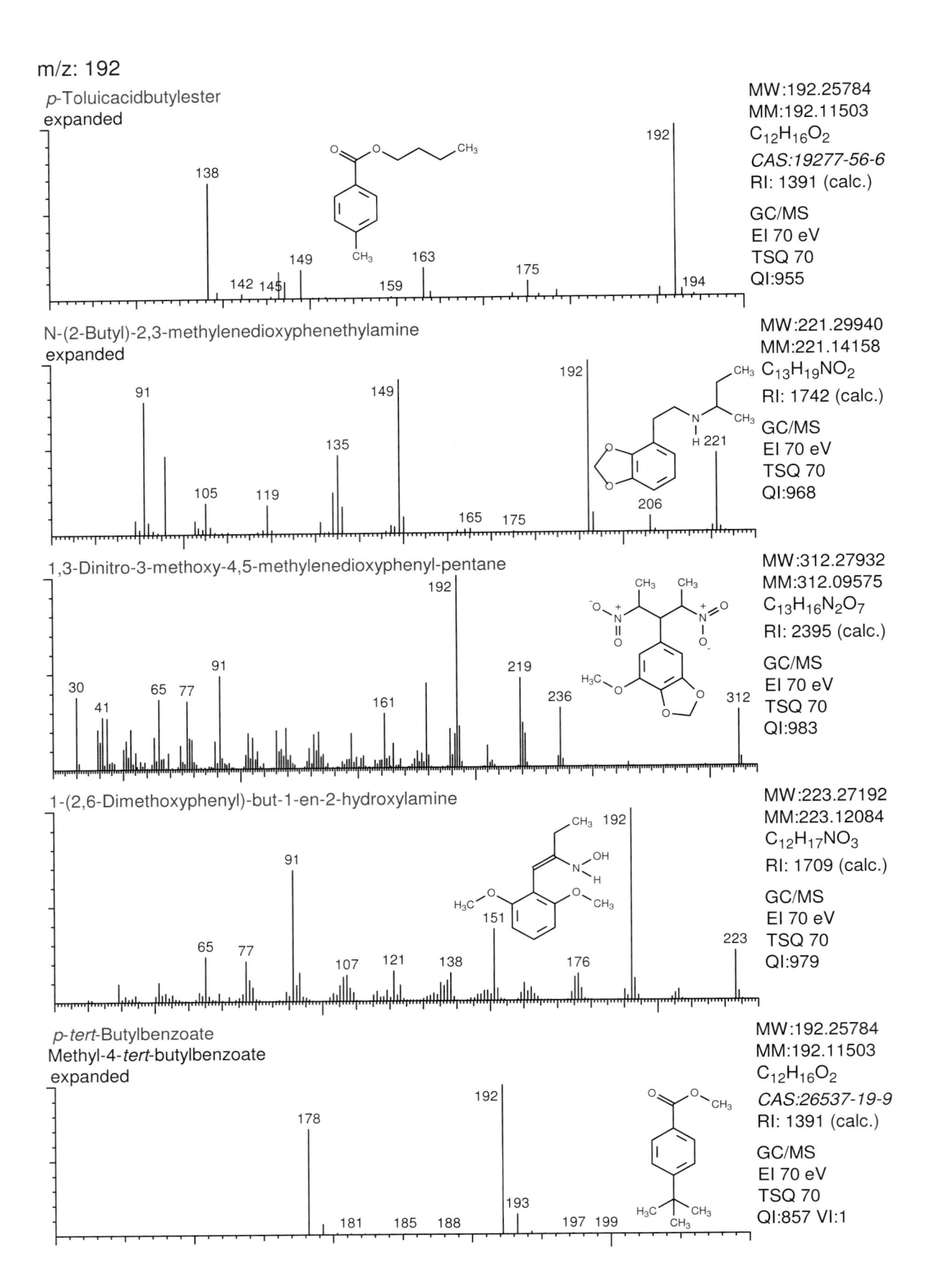

p-Toluicacidbutylester expanded

MW:192.25784
MM:192.11503
$C_{12}H_{16}O_2$
CAS:19277-56-6
RI: 1391 (calc.)

GC/MS
EI 70 eV
TSQ 70
QI:955

N-(2-Butyl)-2,3-methylenedioxyphenethylamine expanded

MW:221.29940
MM:221.14158
$C_{13}H_{19}NO_2$
RI: 1742 (calc.)

GC/MS
EI 70 eV
TSQ 70
QI:968

1,3-Dinitro-3-methoxy-4,5-methylenedioxyphenyl-pentane

MW:312.27932
MM:312.09575
$C_{13}H_{16}N_2O_7$
RI: 2395 (calc.)

GC/MS
EI 70 eV
TSQ 70
QI:983

1-(2,6-Dimethoxyphenyl)-but-1-en-2-hydroxylamine

MW:223.27192
MM:223.12084
$C_{12}H_{17}NO_3$
RI: 1709 (calc.)

GC/MS
EI 70 eV
TSQ 70
QI:979

p-tert-Butylbenzoate
Methyl-4-*tert*-butylbenzoate expanded

MW:192.25784
MM:192.11503
$C_{12}H_{16}O_2$
CAS:26537-19-9
RI: 1391 (calc.)

GC/MS
EI 70 eV
TSQ 70
QI:857 VI:1

m/z: 193

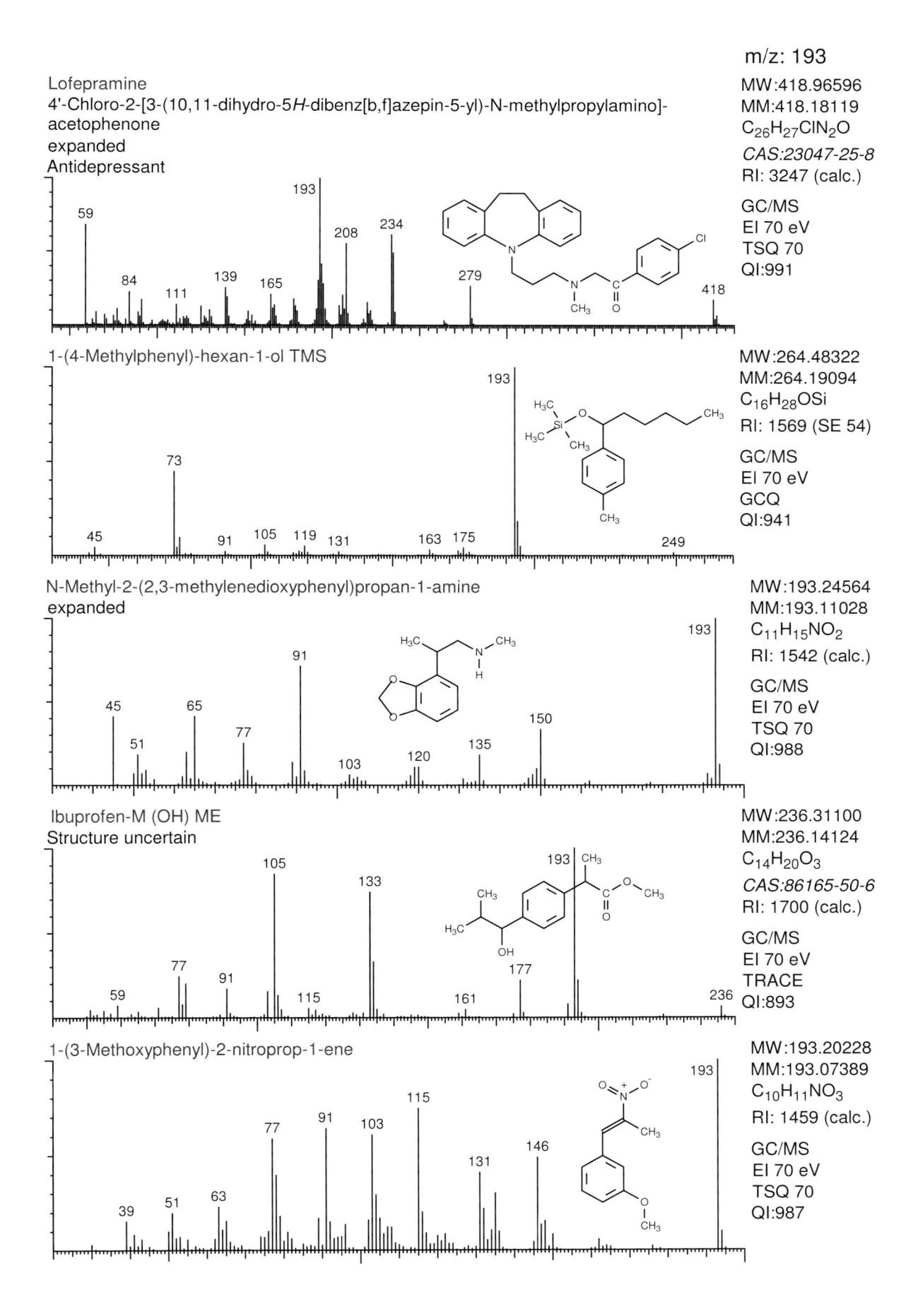

Lofepramine
4'-Chloro-2-[3-(10,11-dihydro-5H-dibenz[b,f]azepin-5-yl)-N-methylpropylamino]-acetophenone
expanded
Antidepressant

MW: 418.96596
MM: 418.18119
$C_{26}H_{27}ClN_2O$
CAS: 23047-25-8
RI: 3247 (calc.)

GC/MS
EI 70 eV
TSQ 70
QI: 991

Peaks: 59, 84, 111, 139, 165, 193, 208, 234, 279, 418

1-(4-Methylphenyl)-hexan-1-ol TMS

MW: 264.48322
MM: 264.19094
$C_{16}H_{28}OSi$
RI: 1569 (SE 54)

GC/MS
EI 70 eV
GCQ
QI: 941

Peaks: 45, 73, 91, 105, 119, 131, 163, 175, 193, 249

N-Methyl-2-(2,3-methylenedioxyphenyl)propan-1-amine
expanded

MW: 193.24564
MM: 193.11028
$C_{11}H_{15}NO_2$
RI: 1542 (calc.)

GC/MS
EI 70 eV
TSQ 70
QI: 988

Peaks: 45, 51, 65, 77, 91, 103, 120, 135, 150, 193

Ibuprofen-M (OH) ME
Structure uncertain

MW: 236.31100
MM: 236.14124
$C_{14}H_{20}O_3$
CAS: 86165-50-6
RI: 1700 (calc.)

GC/MS
EI 70 eV
TRACE
QI: 893

Peaks: 59, 77, 91, 105, 115, 133, 161, 177, 193, 236

1-(3-Methoxyphenyl)-2-nitroprop-1-ene

MW: 193.20228
MM: 193.07389
$C_{10}H_{11}NO_3$
RI: 1459 (calc.)

GC/MS
EI 70 eV
TSQ 70
QI: 987

Peaks: 39, 51, 63, 77, 91, 103, 115, 131, 146, 193

m/z: 193

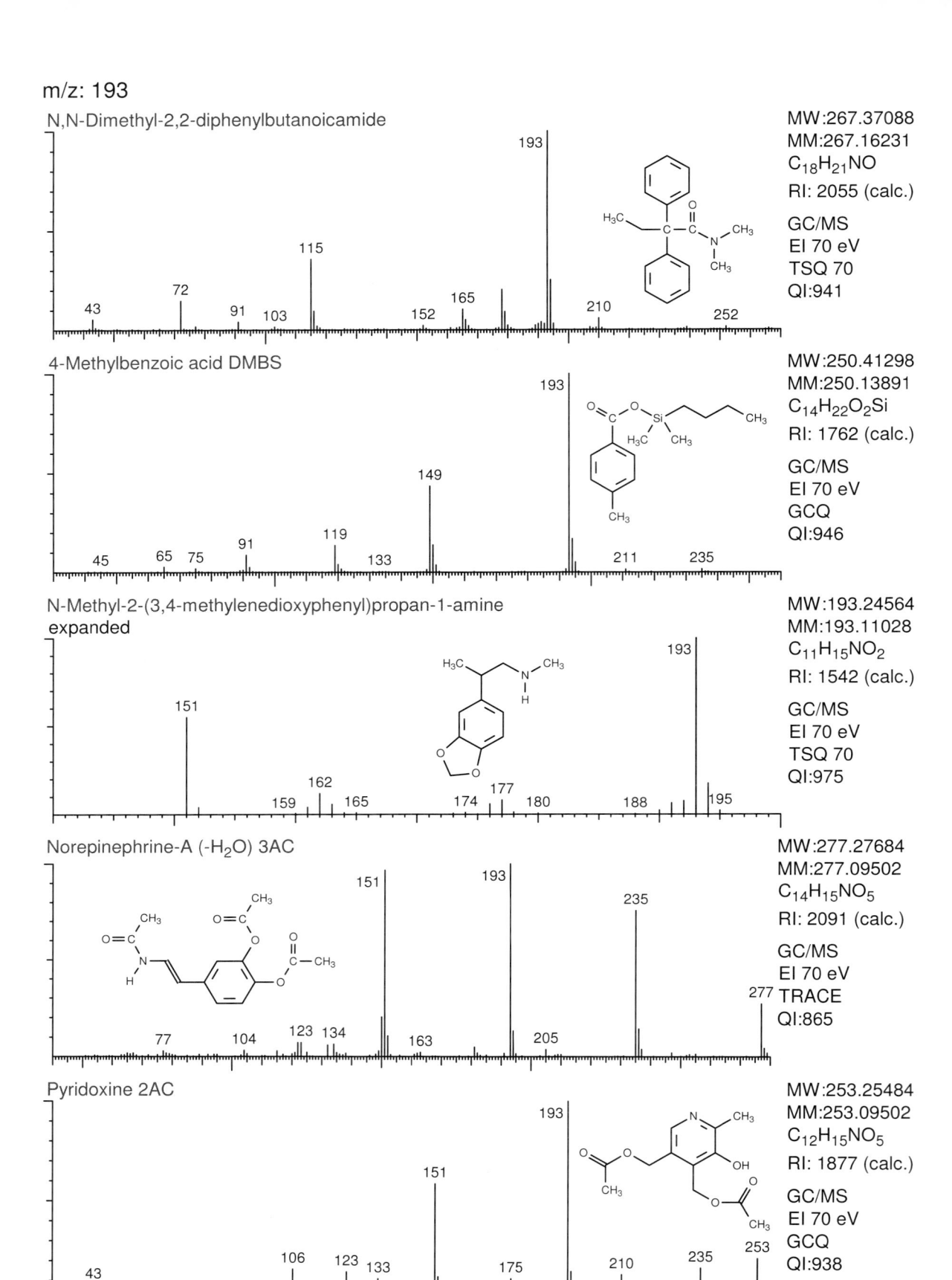

N,N-Dimethyl-2,2-diphenylbutanoicamide

MW: 267.37088
MM: 267.16231
$C_{18}H_{21}NO$
RI: 2055 (calc.)

GC/MS
EI 70 eV
TSQ 70
QI: 941

Peaks: 43, 72, 91, 103, 115, 152, 165, 193, 210, 252

4-Methylbenzoic acid DMBS

MW: 250.41298
MM: 250.13891
$C_{14}H_{22}O_2Si$
RI: 1762 (calc.)

GC/MS
EI 70 eV
GCQ
QI: 946

Peaks: 45, 65, 75, 91, 119, 133, 149, 193, 211, 235

N-Methyl-2-(3,4-methylenedioxyphenyl)propan-1-amine
expanded

MW: 193.24564
MM: 193.11028
$C_{11}H_{15}NO_2$
RI: 1542 (calc.)

GC/MS
EI 70 eV
TSQ 70
QI: 975

Peaks: 151, 159, 162, 165, 174, 177, 180, 188, 193, 195

Norepinephrine-A (-H₂O) 3AC

MW: 277.27684
MM: 277.09502
$C_{14}H_{15}NO_5$
RI: 2091 (calc.)

GC/MS
EI 70 eV
TRACE
QI: 865

Peaks: 77, 104, 123, 134, 151, 163, 193, 205, 235, 277

Pyridoxine 2AC

MW: 253.25484
MM: 253.09502
$C_{12}H_{15}NO_5$
RI: 1877 (calc.)

GC/MS
EI 70 eV
GCQ
QI: 938

Peaks: 43, 106, 123, 133, 151, 175, 193, 210, 235, 253

m/z: 193

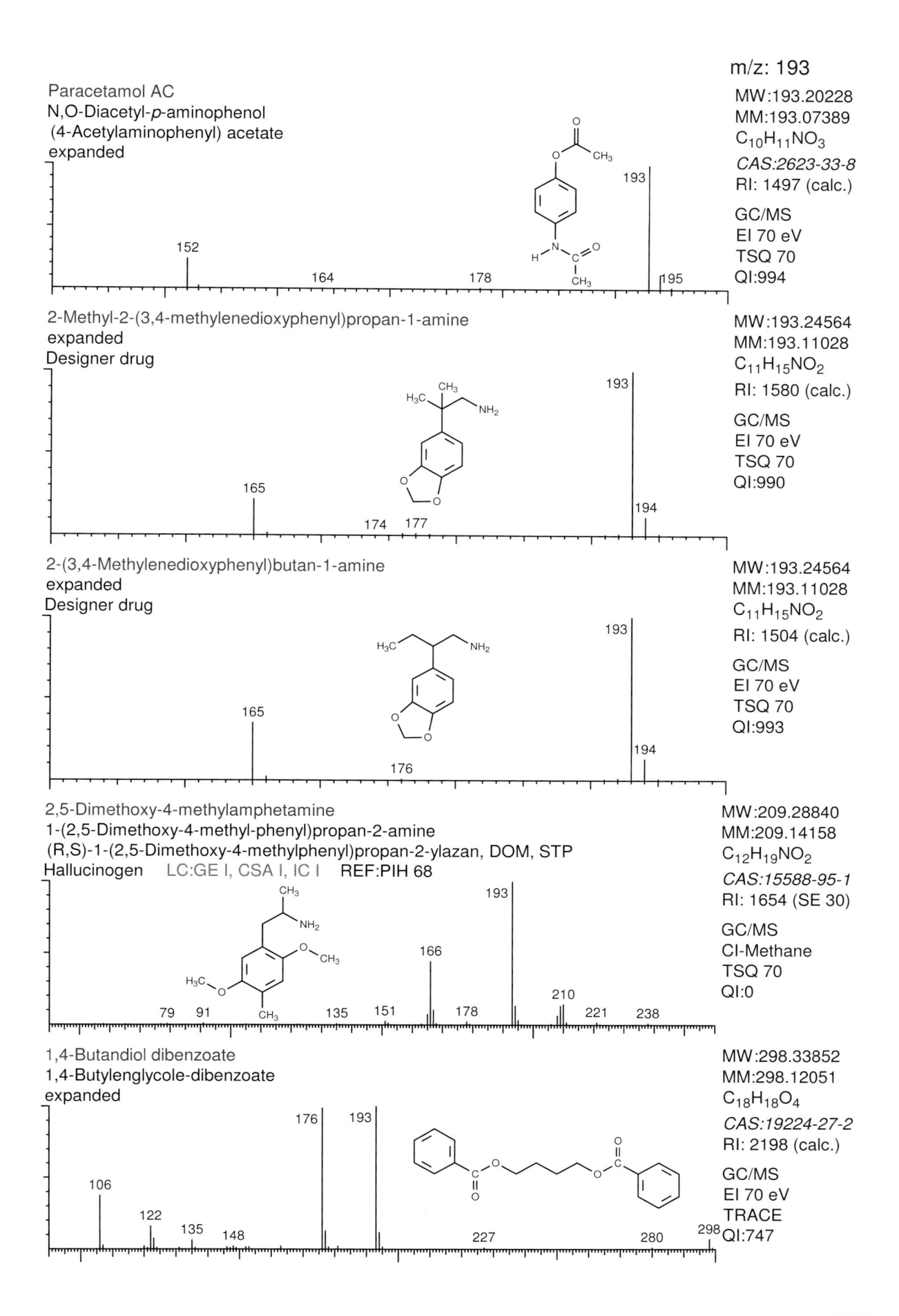

Paracetamol AC
N,O-Diacetyl-*p*-aminophenol
(4-Acetylaminophenyl) acetate
expanded

Peaks: 152, 164, 178, 193, 195

MW: 193.20228
MM: 193.07389
$C_{10}H_{11}NO_3$
CAS: 2623-33-8
RI: 1497 (calc.)

GC/MS
EI 70 eV
TSQ 70
QI: 994

2-Methyl-2-(3,4-methylenedioxyphenyl)propan-1-amine
expanded
Designer drug

Peaks: 165, 174, 177, 193, 194

MW: 193.24564
MM: 193.11028
$C_{11}H_{15}NO_2$
RI: 1580 (calc.)

GC/MS
EI 70 eV
TSQ 70
QI: 990

2-(3,4-Methylenedioxyphenyl)butan-1-amine
expanded
Designer drug

Peaks: 165, 176, 193, 194

MW: 193.24564
MM: 193.11028
$C_{11}H_{15}NO_2$
RI: 1504 (calc.)

GC/MS
EI 70 eV
TSQ 70
QI: 993

2,5-Dimethoxy-4-methylamphetamine
1-(2,5-Dimethoxy-4-methyl-phenyl)propan-2-amine
(R,S)-1-(2,5-Dimethoxy-4-methylphenyl)propan-2-ylazan, DOM, STP
Hallucinogen   LC:GE I, CSA I, IC I   REF:PIH 68

Peaks: 79, 91, 135, 151, 166, 178, 193, 210, 221, 238

MW: 209.28840
MM: 209.14158
$C_{12}H_{19}NO_2$
CAS: 15588-95-1
RI: 1654 (SE 30)

GC/MS
CI-Methane
TSQ 70
QI: 0

1,4-Butandiol dibenzoate
1,4-Butylenglycole-dibenzoate
expanded

Peaks: 106, 122, 135, 148, 176, 193, 227, 280, 298

MW: 298.33852
MM: 298.12051
$C_{18}H_{18}O_4$
CAS: 19224-27-2
RI: 2198 (calc.)

GC/MS
EI 70 eV
TRACE
QI: 747

m/z: 193

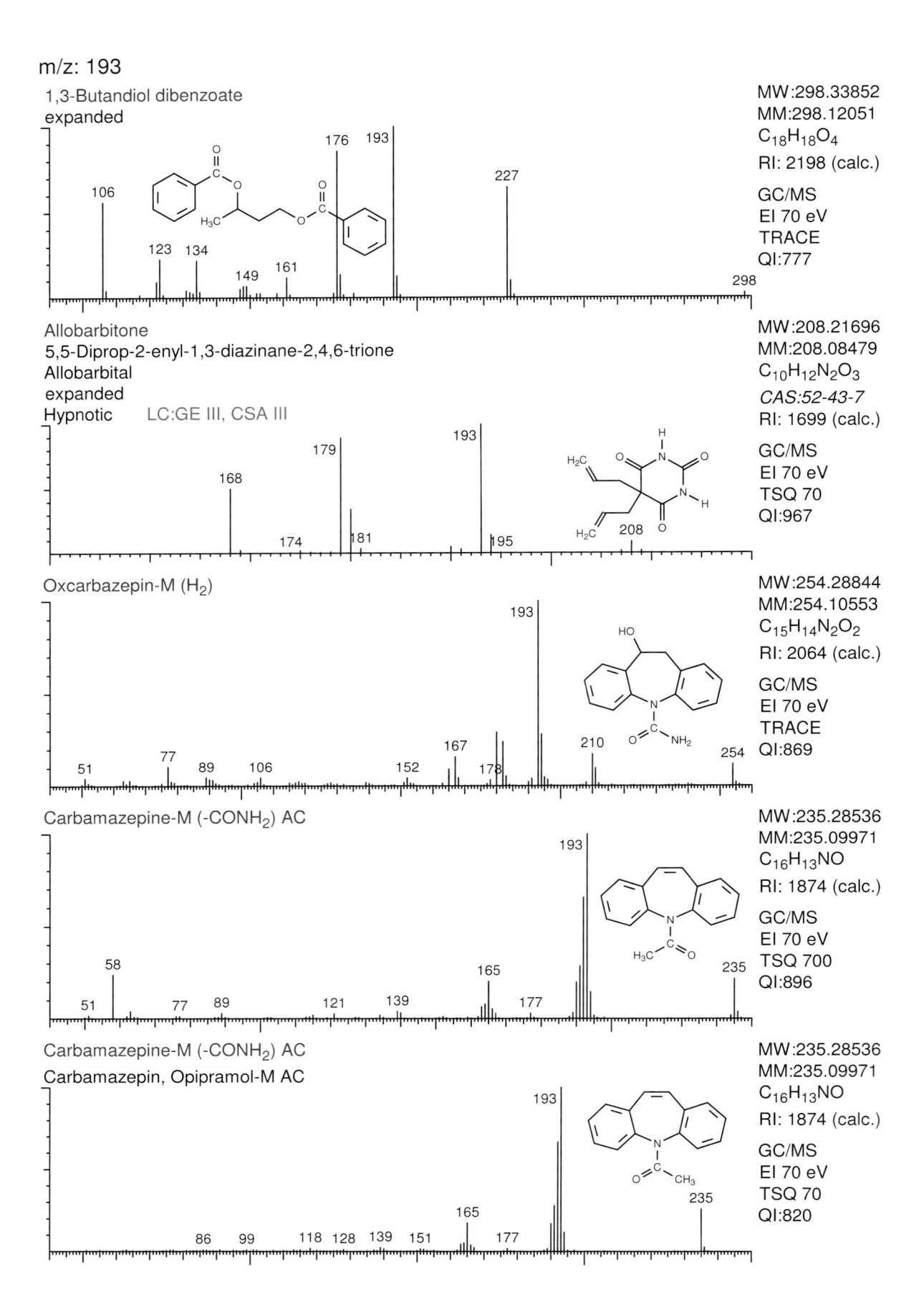

1,3-Butandiol dibenzoate
expanded

MW: 298.33852
MM: 298.12051
$C_{18}H_{18}O_4$
RI: 2198 (calc.)

GC/MS
EI 70 eV
TRACE
QI: 777

Peaks: 106, 123, 134, 149, 161, 176, 193, 227, 298

Allobarbitone
5,5-Diprop-2-enyl-1,3-diazinane-2,4,6-trione
Allobarbital
expanded
Hypnotic   LC: GE III, CSA III

MW: 208.21696
MM: 208.08479
$C_{10}H_{12}N_2O_3$
CAS: 52-43-7
RI: 1699 (calc.)

GC/MS
EI 70 eV
TSQ 70
QI: 967

Peaks: 168, 174, 179, 181, 193, 195, 208

Oxcarbazepin-M (H_2)

MW: 254.28844
MM: 254.10553
$C_{15}H_{14}N_2O_2$
RI: 2064 (calc.)

GC/MS
EI 70 eV
TRACE
QI: 869

Peaks: 51, 77, 89, 106, 152, 167, 178, 193, 210, 254

Carbamazepine-M (-CONH$_2$) AC

MW: 235.28536
MM: 235.09971
$C_{16}H_{13}NO$
RI: 1874 (calc.)

GC/MS
EI 70 eV
TSQ 700
QI: 896

Peaks: 51, 58, 77, 89, 121, 139, 165, 177, 193, 235

Carbamazepine-M (-CONH$_2$) AC
Carbamazepin, Opipramol-M AC

MW: 235.28536
MM: 235.09971
$C_{16}H_{13}NO$
RI: 1874 (calc.)

GC/MS
EI 70 eV
TSQ 70
QI: 820

Peaks: 86, 99, 118, 128, 139, 151, 165, 177, 193, 235

m/z: 193

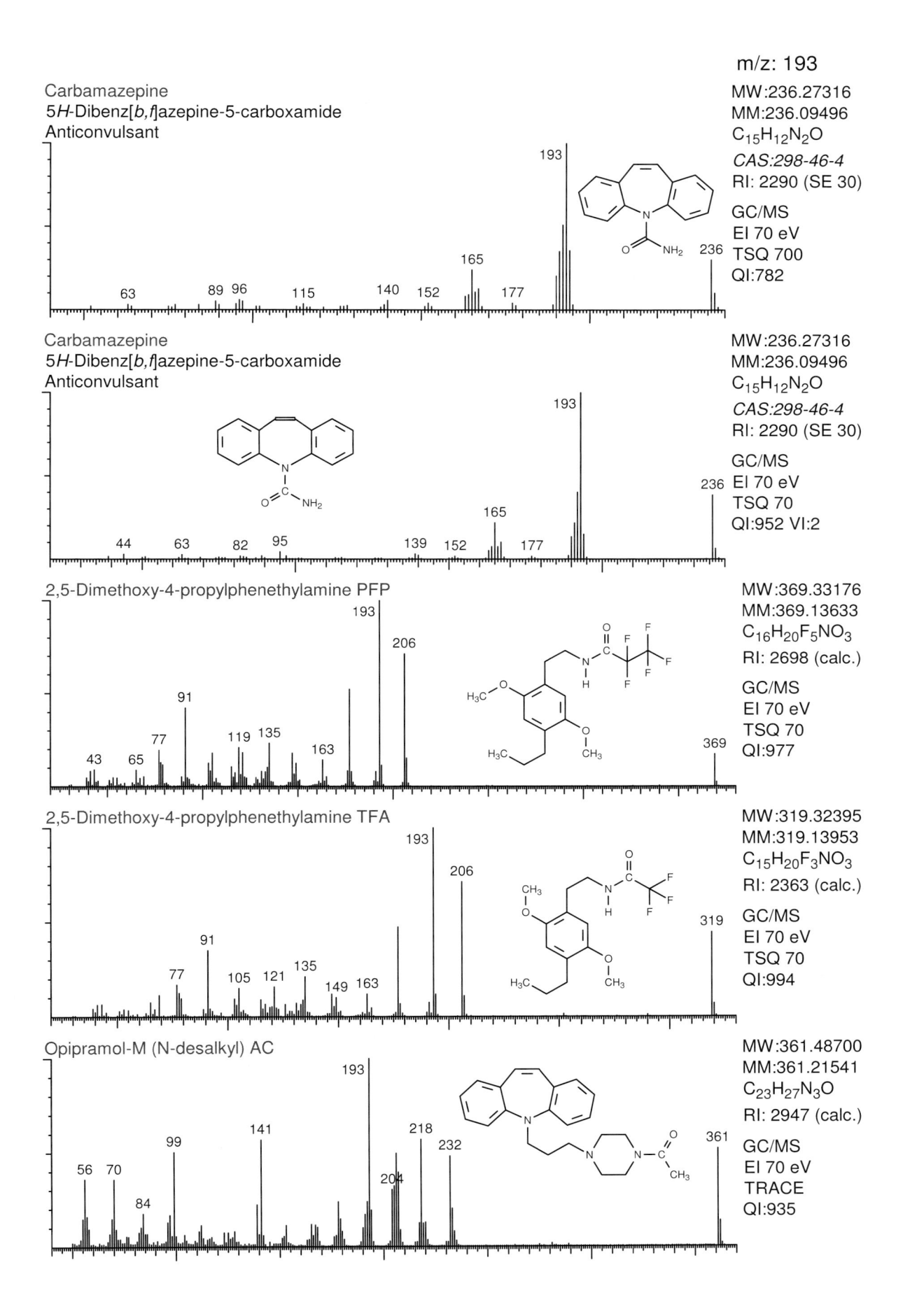

Carbamazepine
5H-Dibenz[b,f]azepine-5-carboxamide
Anticonvulsant

MW:236.27316
MM:236.09496
$C_{15}H_{12}N_2O$
CAS:298-46-4
RI: 2290 (SE 30)

GC/MS
EI 70 eV
TSQ 700
QI:782

Peaks: 63, 89, 96, 115, 140, 152, 165, 177, 193, 236

Carbamazepine
5H-Dibenz[b,f]azepine-5-carboxamide
Anticonvulsant

MW:236.27316
MM:236.09496
$C_{15}H_{12}N_2O$
CAS:298-46-4
RI: 2290 (SE 30)

GC/MS
EI 70 eV
TSQ 70
QI:952 VI:2

Peaks: 44, 63, 82, 95, 139, 152, 165, 177, 193, 236

2,5-Dimethoxy-4-propylphenethylamine PFP

MW:369.33176
MM:369.13633
$C_{16}H_{20}F_5NO_3$
RI: 2698 (calc.)

GC/MS
EI 70 eV
TSQ 70
QI:977

Peaks: 43, 65, 77, 91, 119, 135, 163, 193, 206, 369

2,5-Dimethoxy-4-propylphenethylamine TFA

MW:319.32395
MM:319.13953
$C_{15}H_{20}F_3NO_3$
RI: 2363 (calc.)

GC/MS
EI 70 eV
TSQ 70
QI:994

Peaks: 77, 91, 105, 121, 135, 149, 163, 193, 206, 319

Opipramol-M (N-desalkyl) AC

MW:361.48700
MM:361.21541
$C_{23}H_{27}N_3O$
RI: 2947 (calc.)

GC/MS
EI 70 eV
TRACE
QI:935

Peaks: 56, 70, 84, 99, 141, 193, 204, 218, 232, 361

m/z: 193

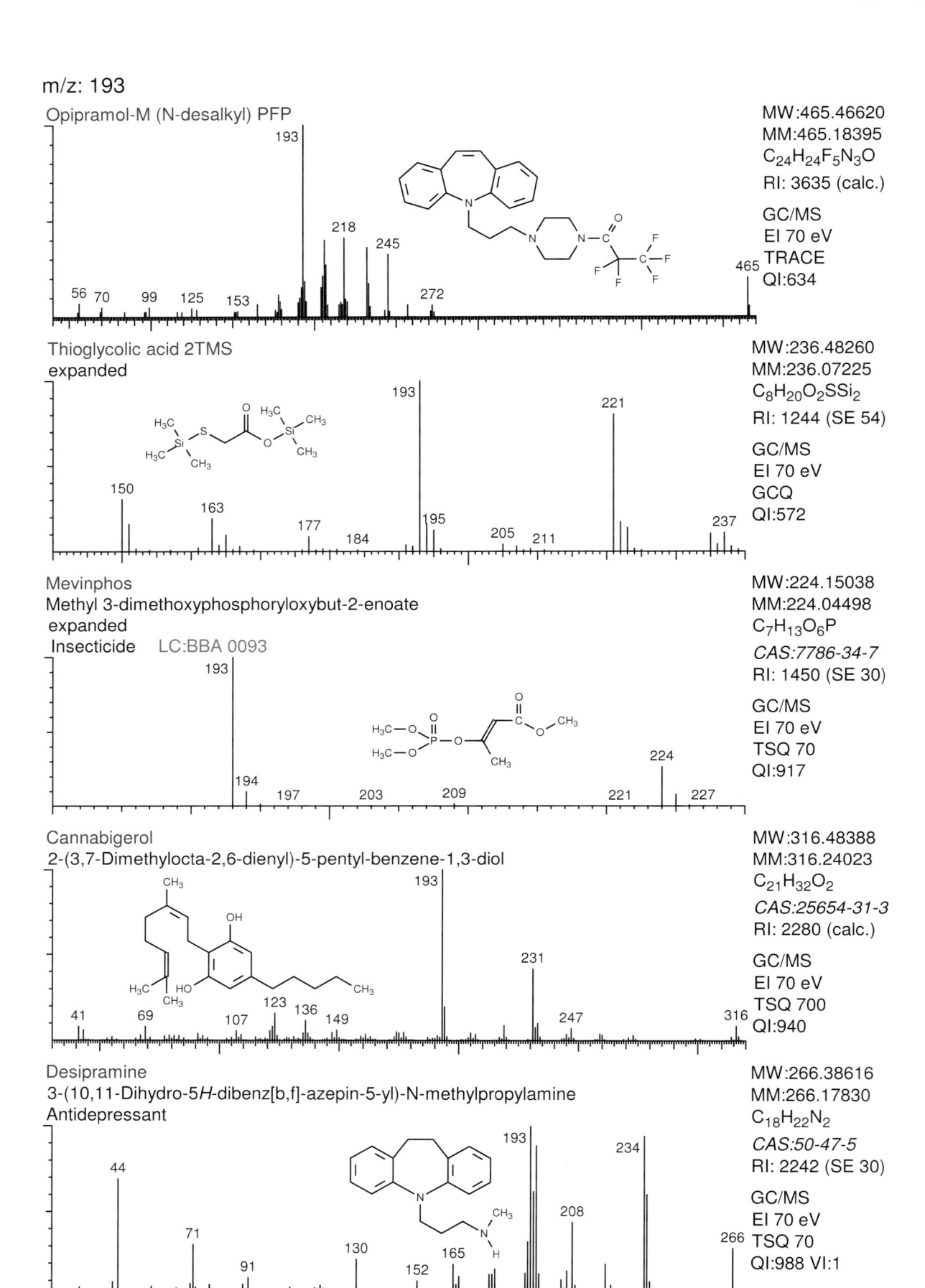

Opipramol-M (N-desalkyl) PFP

MW: 465.46620
MM: 465.18395
$C_{24}H_{24}F_5N_3O$
RI: 3635 (calc.)

GC/MS
EI 70 eV
TRACE
QI: 634

Thioglycolic acid 2TMS
expanded

MW: 236.48260
MM: 236.07225
$C_8H_{20}O_2SSi_2$
RI: 1244 (SE 54)

GC/MS
EI 70 eV
GCQ
QI: 572

Mevinphos
Methyl 3-dimethoxyphosphoryloxybut-2-enoate
expanded
Insecticide   LC:BBA 0093

MW: 224.15038
MM: 224.04498
$C_7H_{13}O_6P$
CAS: 7786-34-7
RI: 1450 (SE 30)

GC/MS
EI 70 eV
TSQ 70
QI: 917

Cannabigerol
2-(3,7-Dimethylocta-2,6-dienyl)-5-pentyl-benzene-1,3-diol

MW: 316.48388
MM: 316.24023
$C_{21}H_{32}O_2$
CAS: 25654-31-3
RI: 2280 (calc.)

GC/MS
EI 70 eV
TSQ 700
QI: 940

Desipramine
3-(10,11-Dihydro-5H-dibenz[b,f]-azepin-5-yl)-N-methylpropylamine
Antidepressant

MW: 266.38616
MM: 266.17830
$C_{18}H_{22}N_2$
CAS: 50-47-5
RI: 2242 (SE 30)

GC/MS
EI 70 eV
TSQ 70
QI: 988 VI:1

m/z: 193

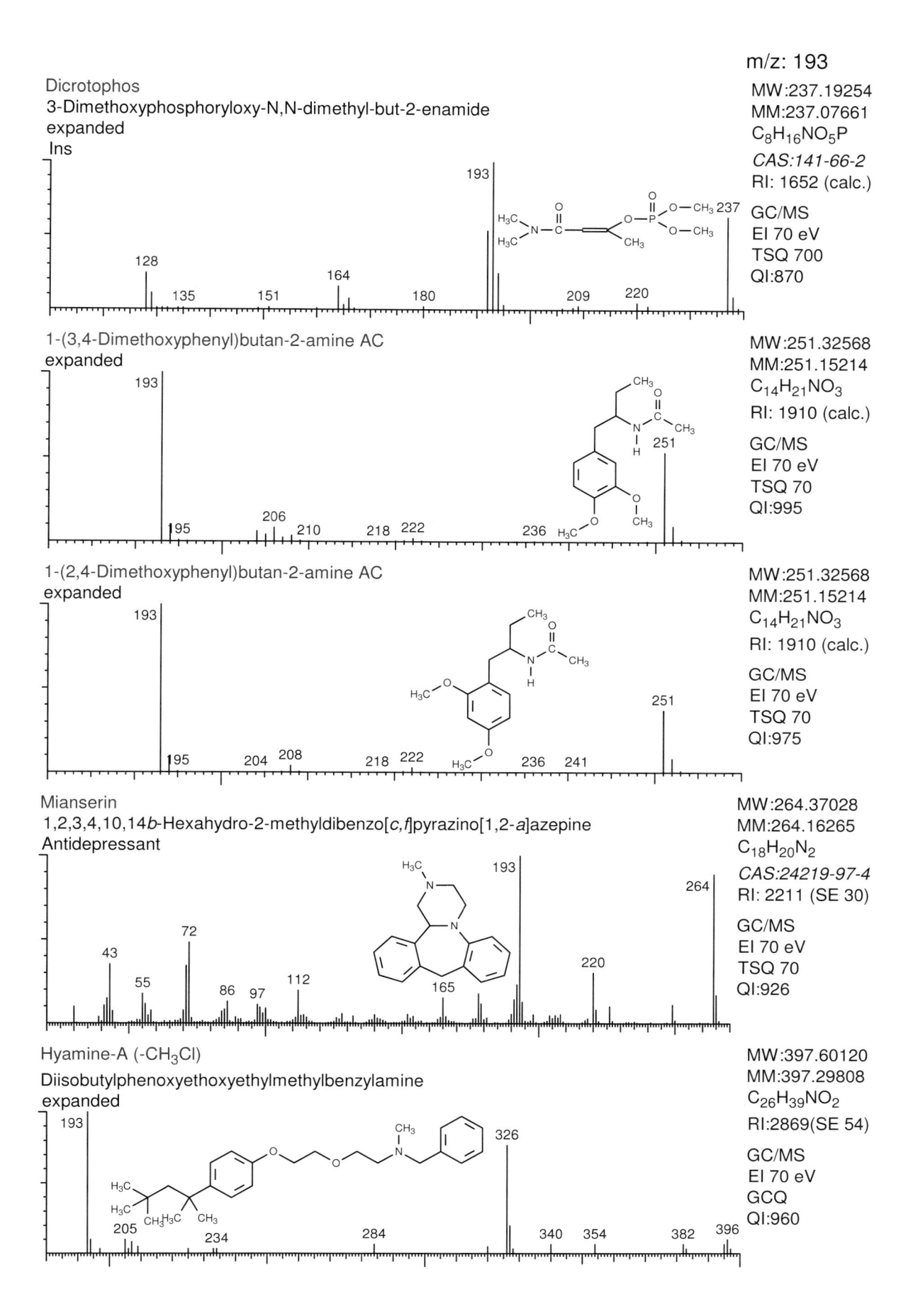

Dicrotophos
3-Dimethoxyphosphoryloxy-N,N-dimethyl-but-2-enamide
expanded
Ins

MW: 237.19254
MM: 237.07661
$C_8H_{16}NO_5P$
CAS: 141-66-2
RI: 1652 (calc.)

GC/MS
EI 70 eV
TSQ 700
QI: 870

1-(3,4-Dimethoxyphenyl)butan-2-amine AC
expanded

MW: 251.32568
MM: 251.15214
$C_{14}H_{21}NO_3$
RI: 1910 (calc.)

GC/MS
EI 70 eV
TSQ 70
QI: 995

1-(2,4-Dimethoxyphenyl)butan-2-amine AC
expanded

MW: 251.32568
MM: 251.15214
$C_{14}H_{21}NO_3$
RI: 1910 (calc.)

GC/MS
EI 70 eV
TSQ 70
QI: 975

Mianserin
1,2,3,4,10,14b-Hexahydro-2-methyldibenzo[c,f]pyrazino[1,2-a]azepine
Antidepressant

MW: 264.37028
MM: 264.16265
$C_{18}H_{20}N_2$
CAS: 24219-97-4
RI: 2211 (SE 30)

GC/MS
EI 70 eV
TSQ 70
QI: 926

Hyamine-A (-CH₃Cl)
Diisobutylphenoxyethoxyethylmethylbenzylamine
expanded

MW: 397.60120
MM: 397.29808
$C_{26}H_{39}NO_2$
RI: 2869 (SE 54)

GC/MS
EI 70 eV
GCQ
QI: 960

m/z: 193

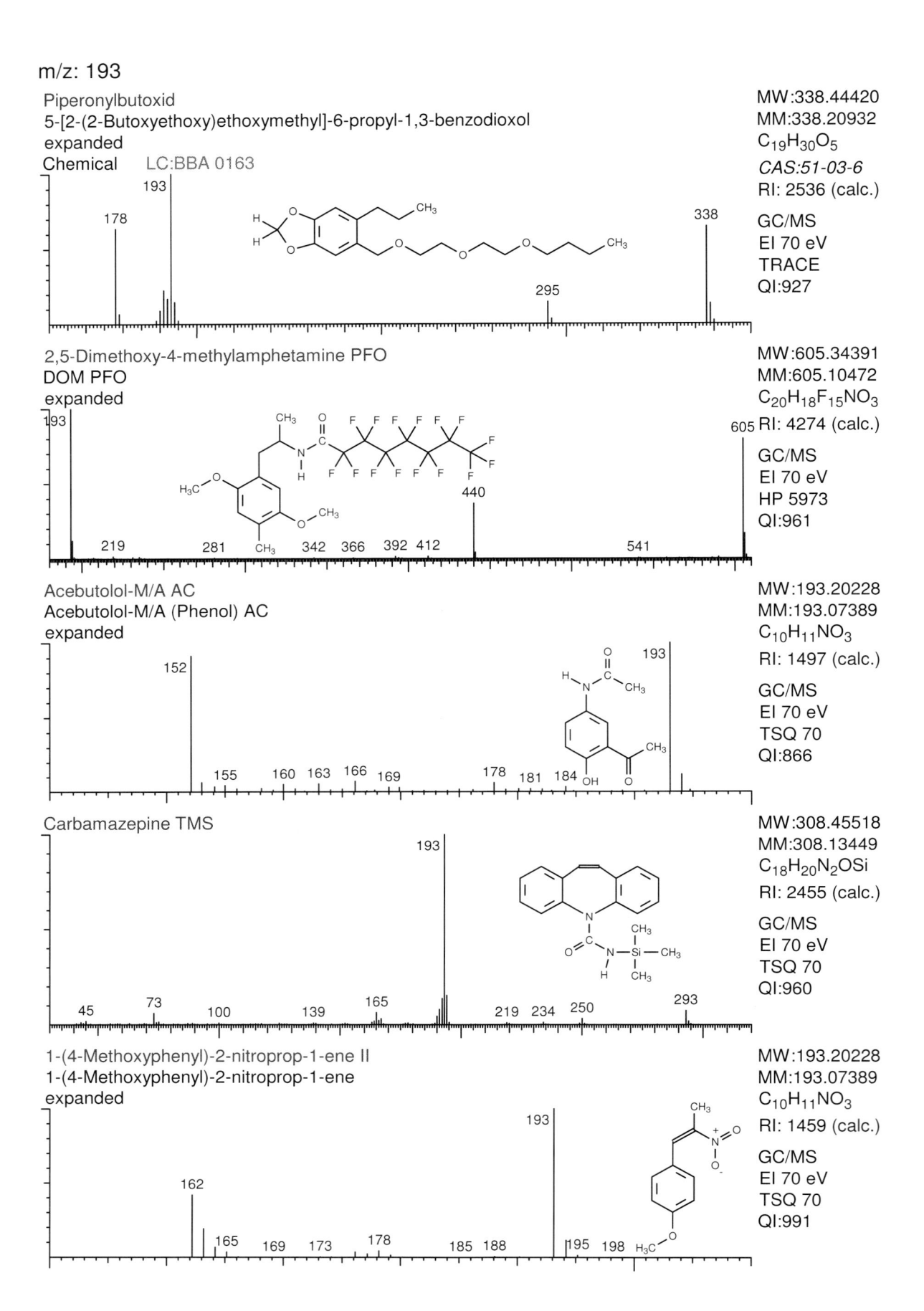

Piperonylbutoxid
5-[2-(2-Butoxyethoxy)ethoxymethyl]-6-propyl-1,3-benzodioxol
expanded
Chemical   LC:BBA 0163

MW:338.44420
MM:338.20932
$C_{19}H_{30}O_5$
CAS:51-03-6
RI: 2536 (calc.)

GC/MS
EI 70 eV
TRACE
QI:927

2,5-Dimethoxy-4-methylamphetamine PFO
DOM PFO
expanded

MW:605.34391
MM:605.10472
$C_{20}H_{18}F_{15}NO_3$
RI: 4274 (calc.)

GC/MS
EI 70 eV
HP 5973
QI:961

Acebutolol-M/A AC
Acebutolol-M/A (Phenol) AC
expanded

MW:193.20228
MM:193.07389
$C_{10}H_{11}NO_3$
RI: 1497 (calc.)

GC/MS
EI 70 eV
TSQ 70
QI:866

Carbamazepine TMS

MW:308.45518
MM:308.13449
$C_{18}H_{20}N_2OSi$
RI: 2455 (calc.)

GC/MS
EI 70 eV
TSQ 70
QI:960

1-(4-Methoxyphenyl)-2-nitroprop-1-ene II
1-(4-Methoxyphenyl)-2-nitroprop-1-ene
expanded

MW:193.20228
MM:193.07389
$C_{10}H_{11}NO_3$
RI: 1459 (calc.)

GC/MS
EI 70 eV
TSQ 70
QI:991

m/z: 193

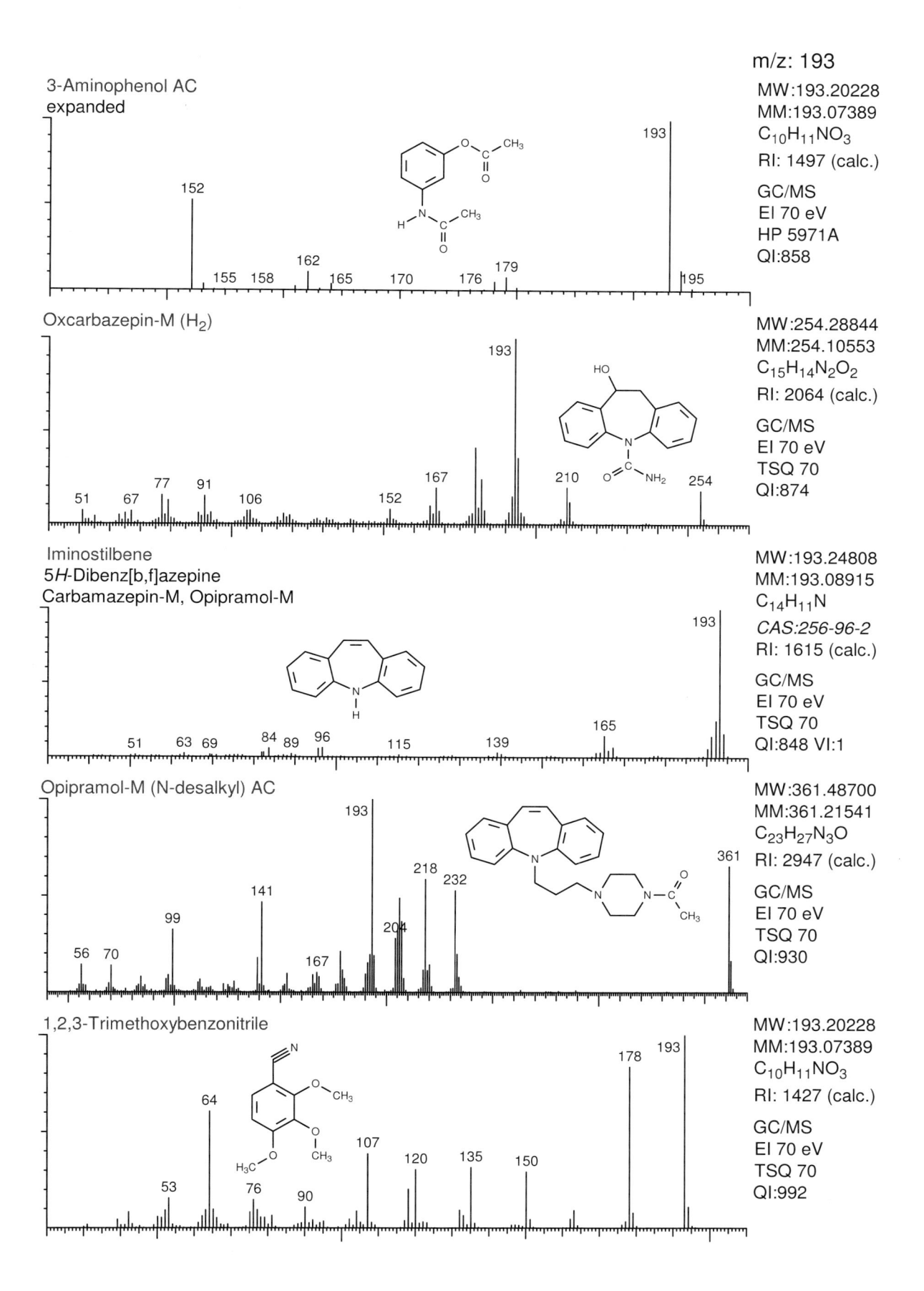

3-Aminophenol AC expanded

Peaks: 152, 155, 158, 162, 165, 170, 176, 179, 193, 195

MW: 193.20228
MM: 193.07389
$C_{10}H_{11}NO_3$
RI: 1497 (calc.)

GC/MS
EI 70 eV
HP 5971A
QI: 858

Oxcarbazepin-M (H₂)

Peaks: 51, 67, 77, 91, 106, 152, 167, 193, 210, 254

MW: 254.28844
MM: 254.10553
$C_{15}H_{14}N_2O_2$
RI: 2064 (calc.)

GC/MS
EI 70 eV
TSQ 70
QI: 874

Iminostilbene
5H-Dibenz[b,f]azepine
Carbamazepin-M, Opipramol-M

Peaks: 51, 63, 69, 84, 89, 96, 115, 139, 165, 193

MW: 193.24808
MM: 193.08915
$C_{14}H_{11}N$
CAS: 256-96-2
RI: 1615 (calc.)

GC/MS
EI 70 eV
TSQ 70
QI: 848 VI:1

Opipramol-M (N-desalkyl) AC

Peaks: 56, 70, 99, 141, 167, 193, 204, 218, 232, 361

MW: 361.48700
MM: 361.21541
$C_{23}H_{27}N_3O$
RI: 2947 (calc.)

GC/MS
EI 70 eV
TSQ 70
QI: 930

1,2,3-Trimethoxybenzonitrile

Peaks: 53, 64, 76, 90, 107, 120, 135, 150, 178, 193

MW: 193.20228
MM: 193.07389
$C_{10}H_{11}NO_3$
RI: 1427 (calc.)

GC/MS
EI 70 eV
TSQ 70
QI: 992

m/z: 193-194

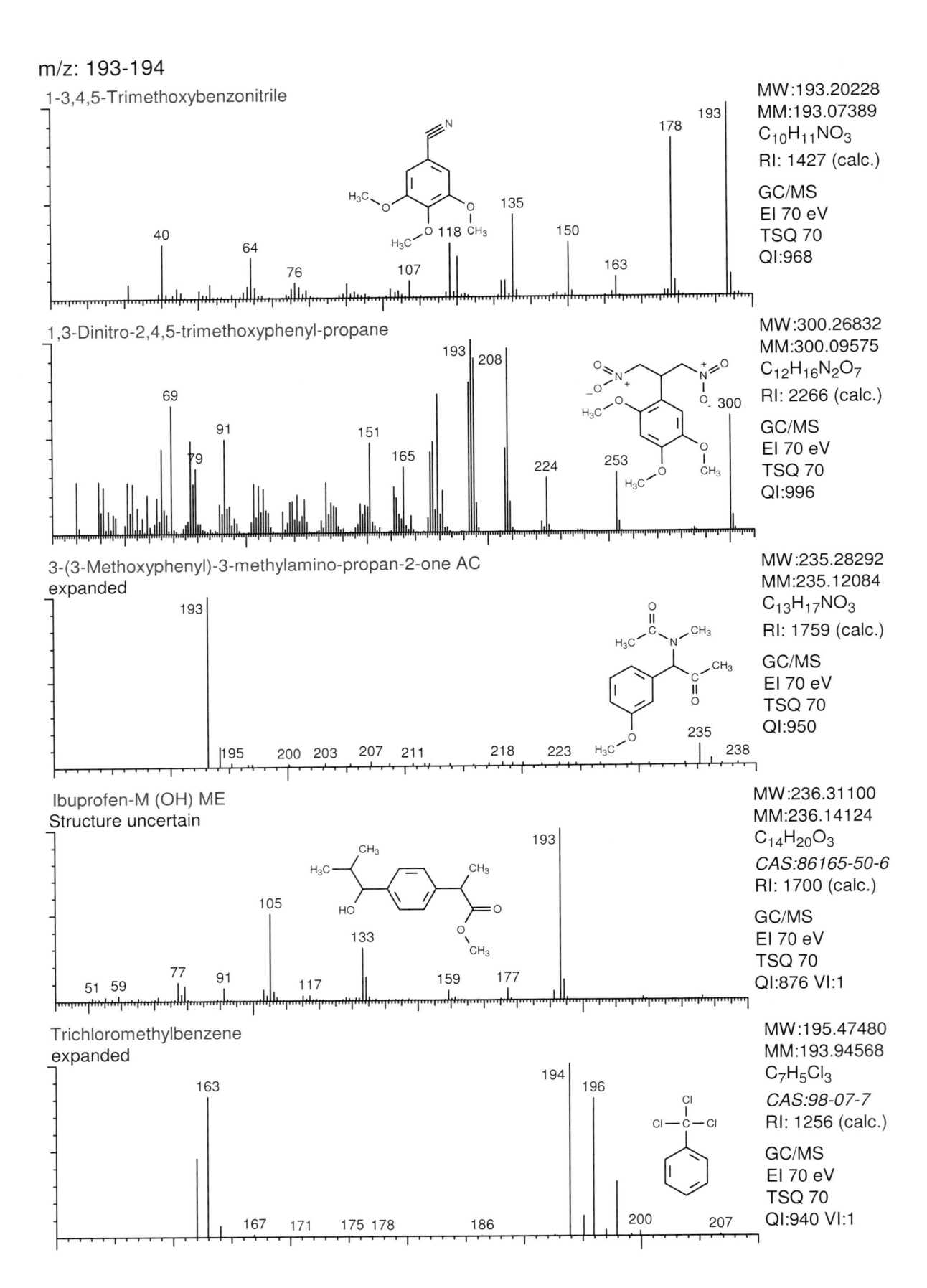

1-3,4,5-Trimethoxybenzonitrile

MW: 193.20228
MM: 193.07389
$C_{10}H_{11}NO_3$
RI: 1427 (calc.)

GC/MS
EI 70 eV
TSQ 70
QI:968

Peaks: 40, 64, 76, 107, 118, 135, 150, 163, 178, 193

1,3-Dinitro-2,4,5-trimethoxyphenyl-propane

MW: 300.26832
MM: 300.09575
$C_{12}H_{16}N_2O_7$
RI: 2266 (calc.)

GC/MS
EI 70 eV
TSQ 70
QI:996

Peaks: 69, 79, 91, 151, 165, 193, 208, 224, 253, 300

3-(3-Methoxyphenyl)-3-methylamino-propan-2-one AC
expanded

MW: 235.28292
MM: 235.12084
$C_{13}H_{17}NO_3$
RI: 1759 (calc.)

GC/MS
EI 70 eV
TSQ 70
QI:950

Peaks: 193, 195, 200, 203, 207, 211, 218, 223, 235, 238

Ibuprofen-M (OH) ME
Structure uncertain

MW: 236.31100
MM: 236.14124
$C_{14}H_{20}O_3$
CAS: 86165-50-6
RI: 1700 (calc.)

GC/MS
EI 70 eV
TSQ 70
QI:876 VI:1

Peaks: 51, 59, 77, 91, 105, 117, 133, 159, 177, 193

Trichloromethylbenzene
expanded

MW: 195.47480
MM: 193.94568
$C_7H_5Cl_3$
CAS: 98-07-7
RI: 1256 (calc.)

GC/MS
EI 70 eV
TSQ 70
QI:940 VI:1

Peaks: 163, 167, 171, 175, 178, 186, 194, 196, 200, 207

m/z: 194

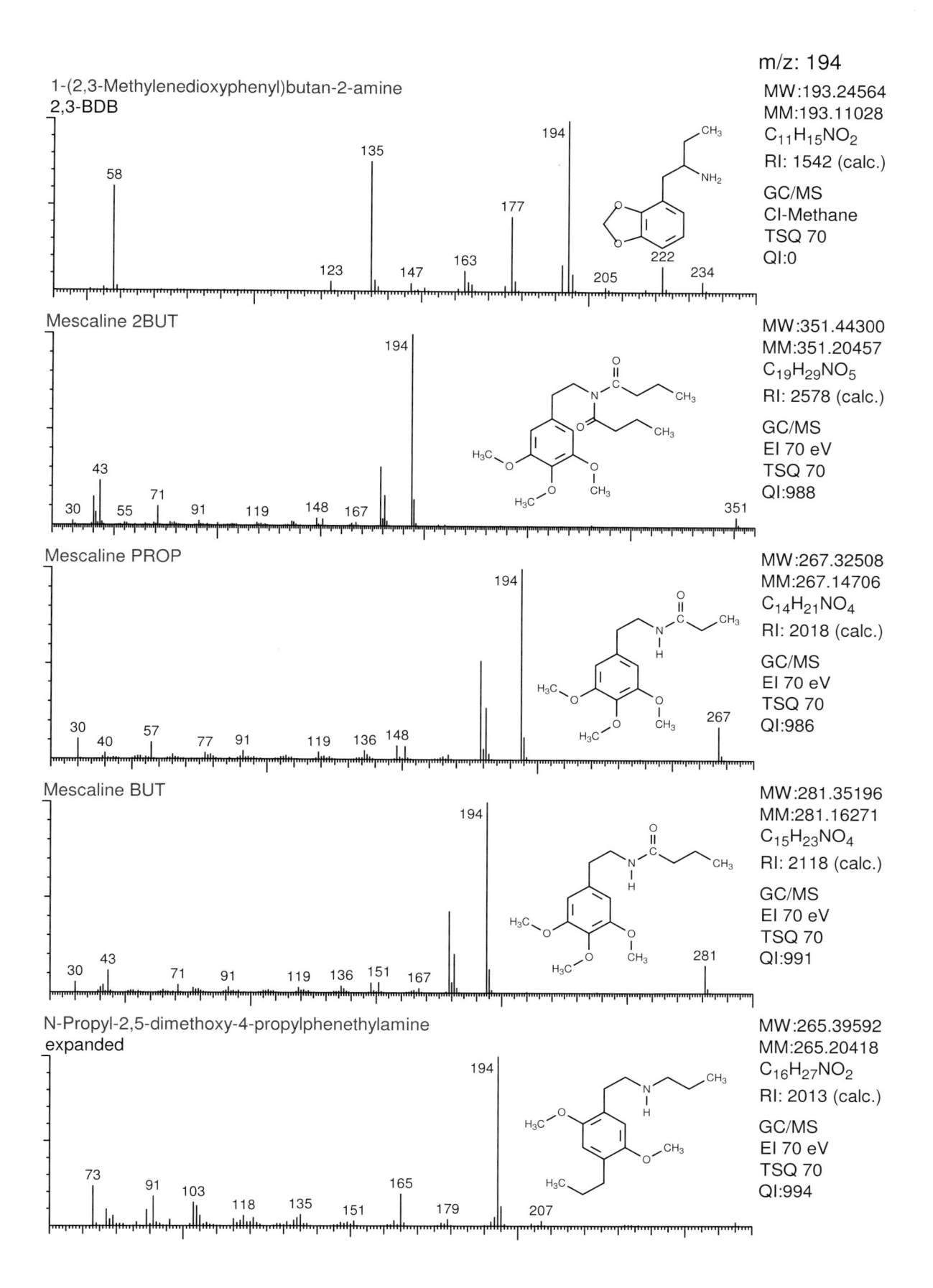

1-(2,3-Methylenedioxyphenyl)butan-2-amine
2,3-BDB

Peaks: 58, 123, 135, 147, 163, 177, 194, 205, 222, 234

MW: 193.24564
MM: 193.11028
$C_{11}H_{15}NO_2$
RI: 1542 (calc.)

GC/MS
CI-Methane
TSQ 70
QI:0

Mescaline 2BUT

Peaks: 30, 43, 55, 71, 91, 119, 148, 167, 194, 351

MW: 351.44300
MM: 351.20457
$C_{19}H_{29}NO_5$
RI: 2578 (calc.)

GC/MS
EI 70 eV
TSQ 70
QI:988

Mescaline PROP

Peaks: 30, 40, 57, 77, 91, 119, 136, 148, 194, 267

MW: 267.32508
MM: 267.14706
$C_{14}H_{21}NO_4$
RI: 2018 (calc.)

GC/MS
EI 70 eV
TSQ 70
QI:986

Mescaline BUT

Peaks: 30, 43, 71, 91, 119, 136, 151, 167, 194, 281

MW: 281.35196
MM: 281.16271
$C_{15}H_{23}NO_4$
RI: 2118 (calc.)

GC/MS
EI 70 eV
TSQ 70
QI:991

N-Propyl-2,5-dimethoxy-4-propylphenethylamine
expanded

Peaks: 73, 91, 103, 118, 135, 151, 165, 179, 194, 207

MW: 265.39592
MM: 265.20418
$C_{16}H_{27}NO_2$
RI: 2013 (calc.)

GC/MS
EI 70 eV
TSQ 70
QI:994

m/z: 194

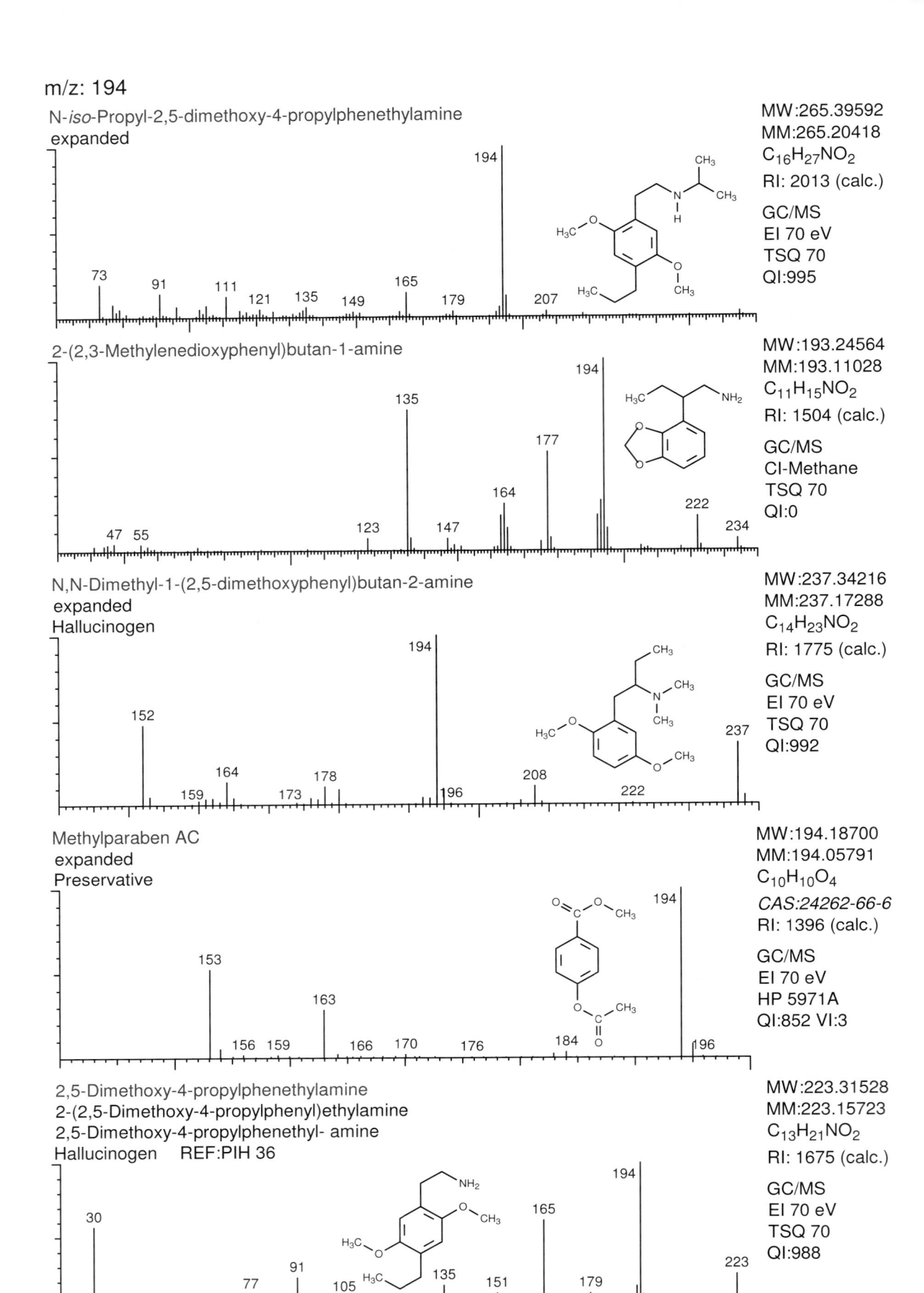

N-iso-Propyl-2,5-dimethoxy-4-propylphenethylamine
expanded

MW:265.39592
MM:265.20418
$C_{16}H_{27}NO_2$
RI: 2013 (calc.)

GC/MS
EI 70 eV
TSQ 70
QI:995

2-(2,3-Methylenedioxyphenyl)butan-1-amine

MW:193.24564
MM:193.11028
$C_{11}H_{15}NO_2$
RI: 1504 (calc.)

GC/MS
CI-Methane
TSQ 70
QI:0

N,N-Dimethyl-1-(2,5-dimethoxyphenyl)butan-2-amine
expanded
Hallucinogen

MW:237.34216
MM:237.17288
$C_{14}H_{23}NO_2$
RI: 1775 (calc.)

GC/MS
EI 70 eV
TSQ 70
QI:992

Methylparaben AC
expanded
Preservative

MW:194.18700
MM:194.05791
$C_{10}H_{10}O_4$
CAS:24262-66-6
RI: 1396 (calc.)

GC/MS
EI 70 eV
HP 5971A
QI:852 VI:3

2,5-Dimethoxy-4-propylphenethylamine
2-(2,5-Dimethoxy-4-propylphenyl)ethylamine
2,5-Dimethoxy-4-propylphenethyl- amine
Hallucinogen   REF:PIH 36

MW:223.31528
MM:223.15723
$C_{13}H_{21}NO_2$
RI: 1675 (calc.)

GC/MS
EI 70 eV
TSQ 70
QI:988

m/z: 194

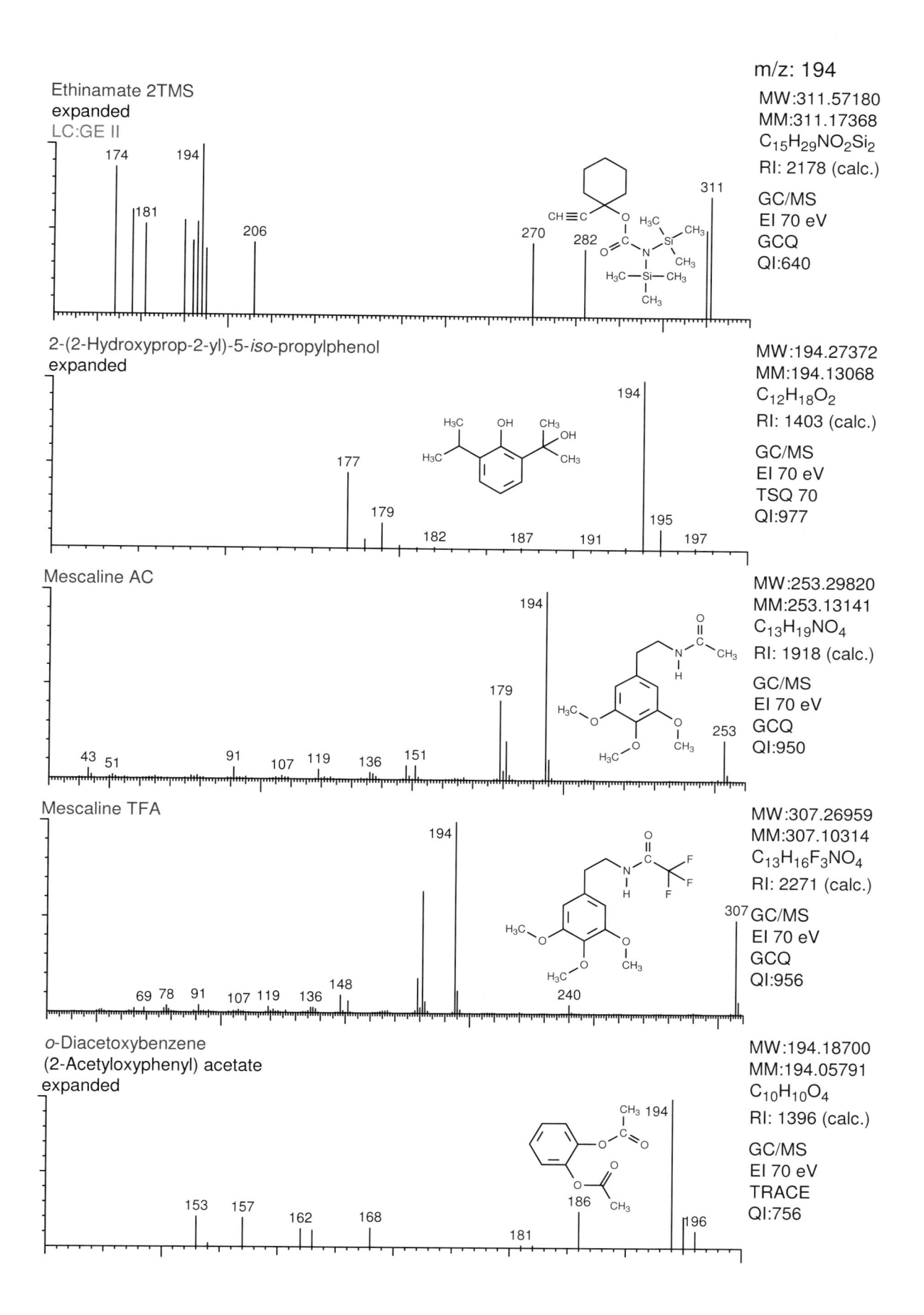

Ethinamate 2TMS expanded
LC:GE II
Peaks: 174, 181, 194, 206, 270, 282, 311

MW: 311.57180
MM: 311.17368
$C_{15}H_{29}NO_2Si_2$
RI: 2178 (calc.)

GC/MS
EI 70 eV
GCQ
QI:640

2-(2-Hydroxyprop-2-yl)-5-*iso*-propylphenol expanded
Peaks: 177, 179, 182, 187, 191, 194, 195, 197

MW: 194.27372
MM: 194.13068
$C_{12}H_{18}O_2$
RI: 1403 (calc.)

GC/MS
EI 70 eV
TSQ 70
QI:977

Mescaline AC
Peaks: 43, 51, 91, 107, 119, 136, 151, 179, 194, 253

MW: 253.29820
MM: 253.13141
$C_{13}H_{19}NO_4$
RI: 1918 (calc.)

GC/MS
EI 70 eV
GCQ
QI:950

Mescaline TFA
Peaks: 69, 78, 91, 107, 119, 136, 148, 194, 240, 307

MW: 307.26959
MM: 307.10314
$C_{13}H_{16}F_3NO_4$
RI: 2271 (calc.)

GC/MS
EI 70 eV
GCQ
QI:956

***o*-Diacetoxybenzene (2-Acetyloxyphenyl) acetate expanded**
Peaks: 153, 157, 162, 168, 181, 186, 194, 196

MW: 194.18700
MM: 194.05791
$C_{10}H_{10}O_4$
RI: 1396 (calc.)

GC/MS
EI 70 eV
TRACE
QI:756

m/z: 194

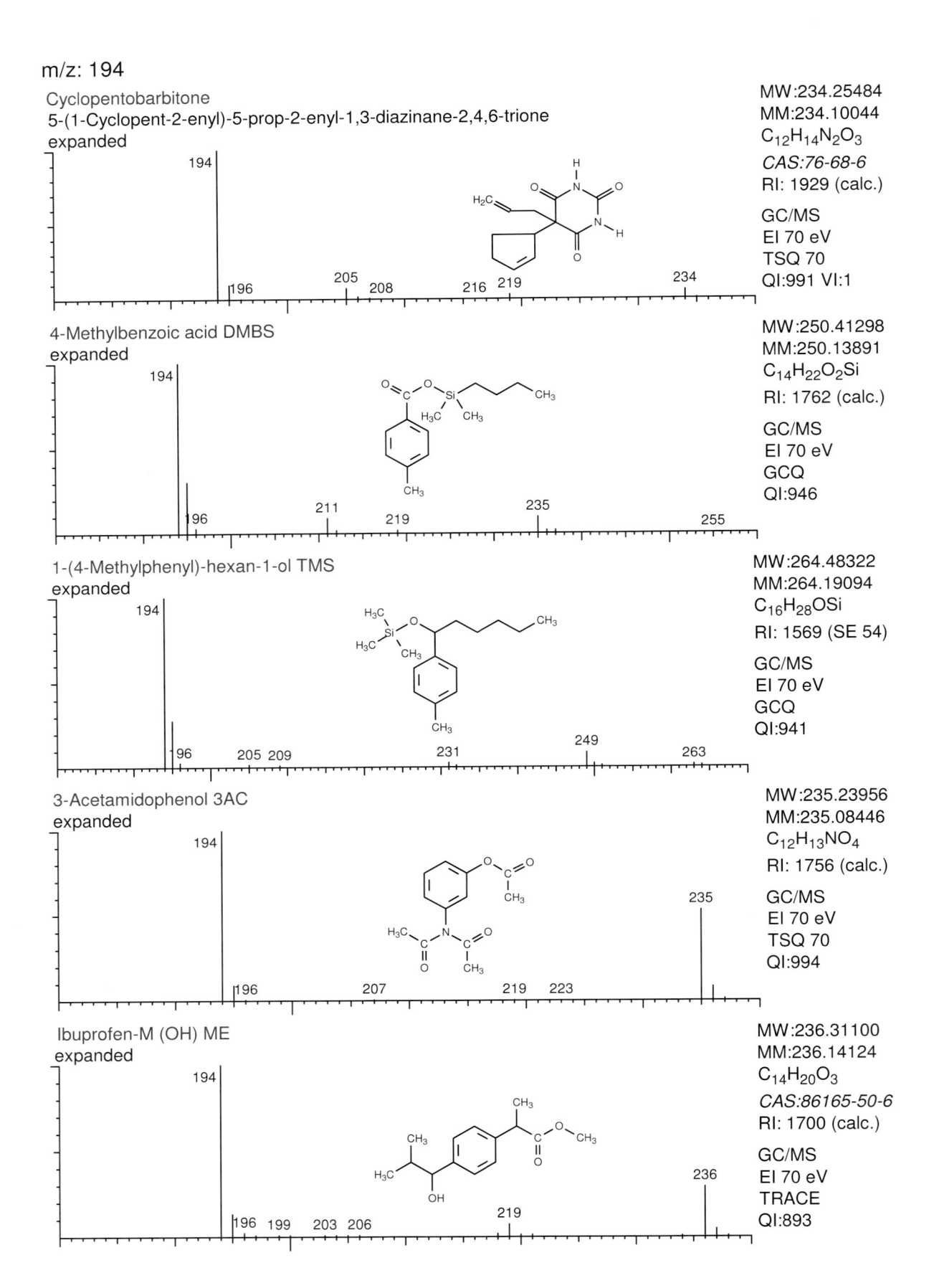

Cyclopentobarbitone
5-(1-Cyclopent-2-enyl)-5-prop-2-enyl-1,3-diazinane-2,4,6-trione
expanded

194, 196, 205, 208, 216, 219, 234

MW:234.25484
MM:234.10044
$C_{12}H_{14}N_2O_3$
CAS:76-68-6
RI: 1929 (calc.)

GC/MS
EI 70 eV
TSQ 70
QI:991 VI:1

4-Methylbenzoic acid DMBS
expanded

194, 196, 211, 219, 235, 255

MW:250.41298
MM:250.13891
$C_{14}H_{22}O_2Si$
RI: 1762 (calc.)

GC/MS
EI 70 eV
GCQ
QI:946

1-(4-Methylphenyl)-hexan-1-ol TMS
expanded

194, 196, 205, 209, 231, 249, 263

MW:264.48322
MM:264.19094
$C_{16}H_{28}OSi$
RI: 1569 (SE 54)

GC/MS
EI 70 eV
GCQ
QI:941

3-Acetamidophenol 3AC
expanded

194, 196, 207, 219, 223, 235

MW:235.23956
MM:235.08446
$C_{12}H_{13}NO_4$
RI: 1756 (calc.)

GC/MS
EI 70 eV
TSQ 70
QI:994

Ibuprofen-M (OH) ME
expanded

194, 196, 199, 203, 206, 219, 236

MW:236.31100
MM:236.14124
$C_{14}H_{20}O_3$
CAS:86165-50-6
RI: 1700 (calc.)

GC/MS
EI 70 eV
TRACE
QI:893

m/z: 194

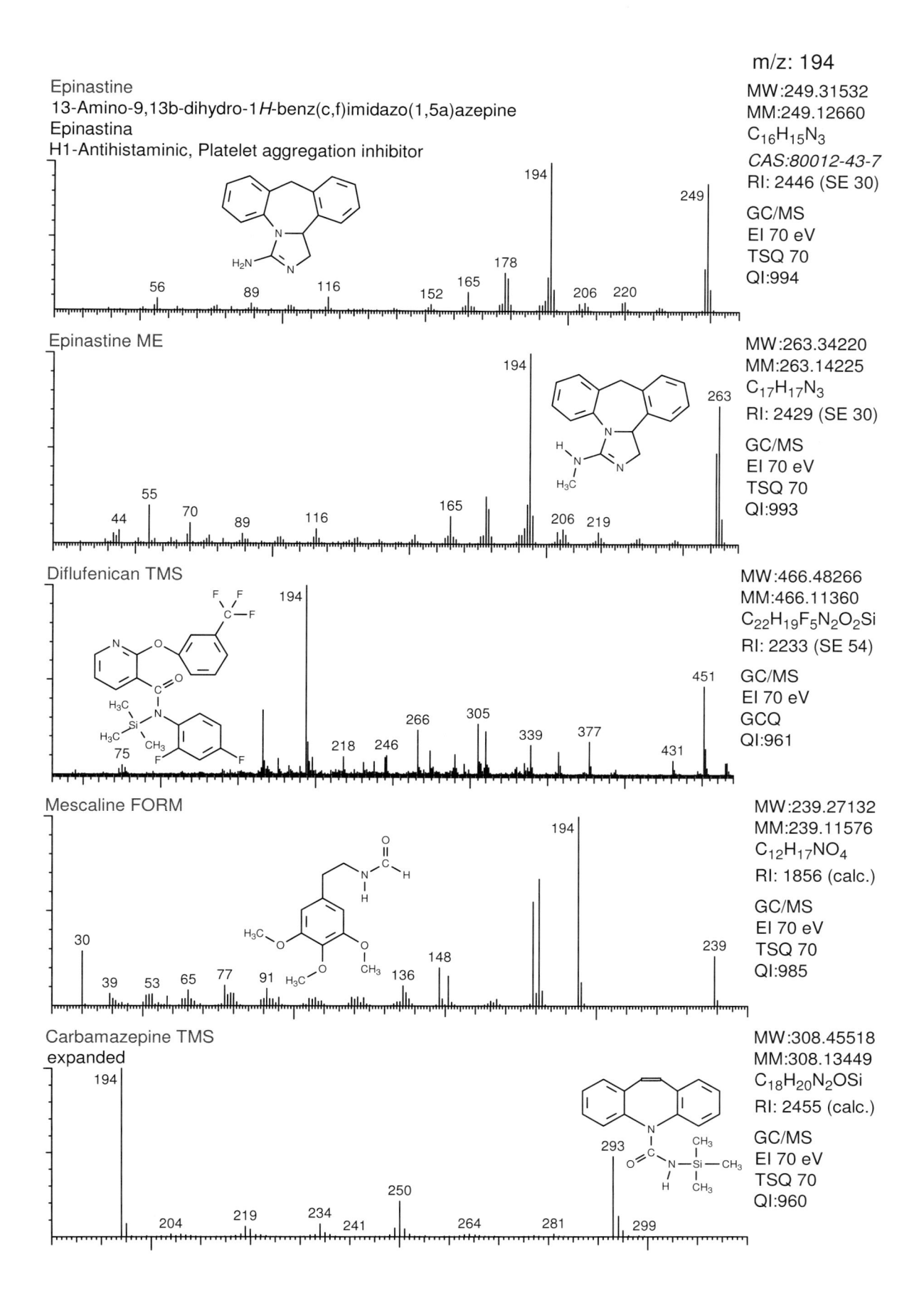

Epinastine
13-Amino-9,13b-dihydro-1H-benz(c,f)imidazo(1,5a)azepine
Epinastina
H1-Antihistaminic, Platelet aggregation inhibitor

MW: 249.31532
MM: 249.12660
$C_{16}H_{15}N_3$
CAS: 80012-43-7
RI: 2446 (SE 30)

GC/MS
EI 70 eV
TSQ 70
QI: 994

Peaks: 56, 89, 116, 152, 165, 178, 194, 206, 220, 249

Epinastine ME

MW: 263.34220
MM: 263.14225
$C_{17}H_{17}N_3$
RI: 2429 (SE 30)

GC/MS
EI 70 eV
TSQ 70
QI: 993

Peaks: 44, 55, 70, 89, 116, 165, 194, 206, 219, 263

Diflufenican TMS

MW: 466.48266
MM: 466.11360
$C_{22}H_{19}F_5N_2O_2Si$
RI: 2233 (SE 54)

GC/MS
EI 70 eV
GCQ
QI: 961

Peaks: 75, 194, 218, 246, 266, 305, 339, 377, 431, 451

Mescaline FORM

MW: 239.27132
MM: 239.11576
$C_{12}H_{17}NO_4$
RI: 1856 (calc.)

GC/MS
EI 70 eV
TSQ 70
QI: 985

Peaks: 30, 39, 53, 65, 77, 91, 136, 148, 194, 239

Carbamazepine TMS
expanded

MW: 308.45518
MM: 308.13449
$C_{18}H_{20}N_2OSi$
RI: 2455 (calc.)

GC/MS
EI 70 eV
TSQ 70
QI: 960

Peaks: 194, 204, 219, 234, 241, 250, 264, 281, 293, 299

m/z: 194

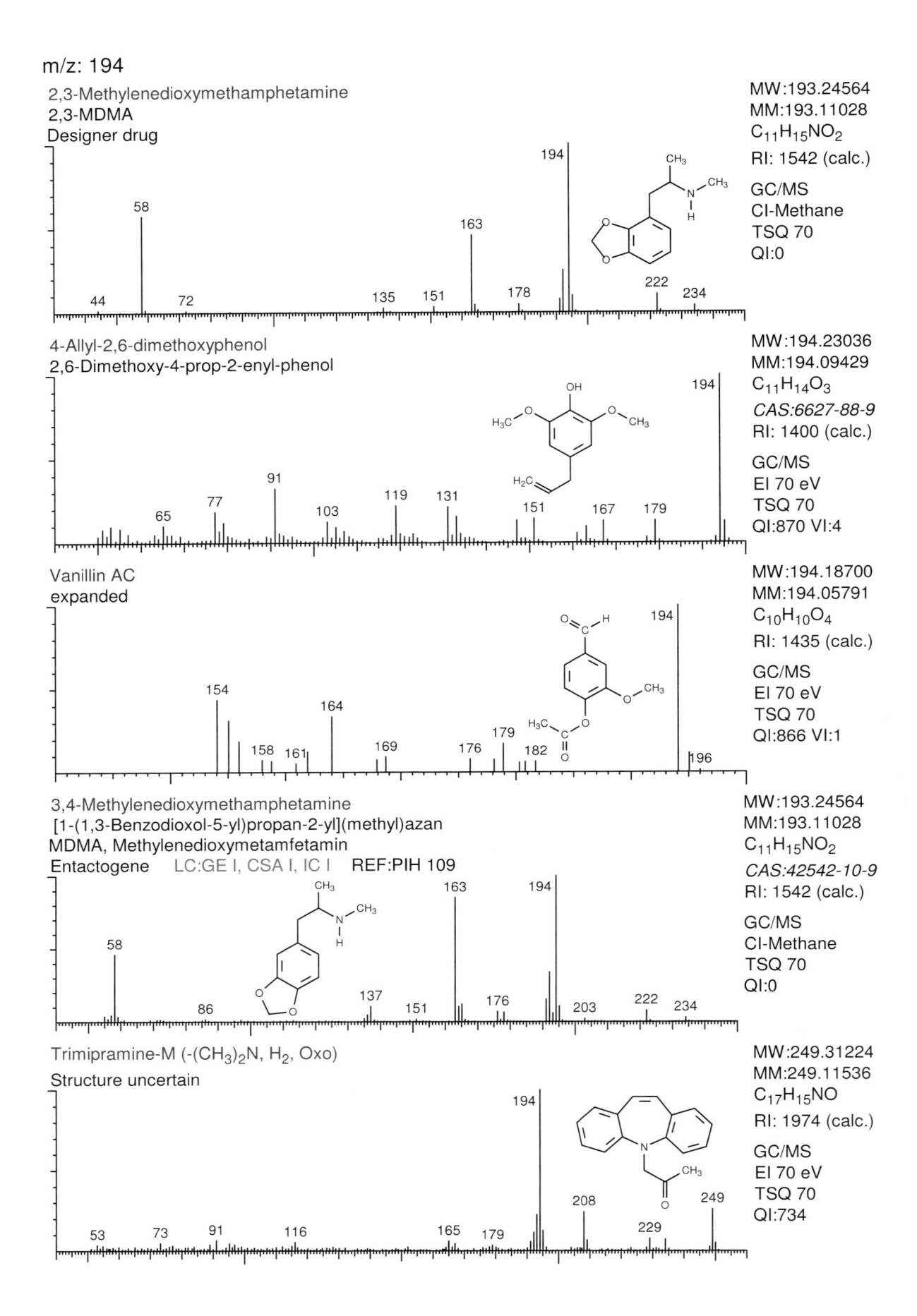

2,3-Methylenedioxymethamphetamine
2,3-MDMA
Designer drug

MW:193.24564
MM:193.11028
$C_{11}H_{15}NO_2$
RI: 1542 (calc.)

GC/MS
CI-Methane
TSQ 70
QI:0

Peaks: 44, 58, 72, 135, 151, 163, 178, 194, 222, 234

4-Allyl-2,6-dimethoxyphenol
2,6-Dimethoxy-4-prop-2-enyl-phenol

MW:194.23036
MM:194.09429
$C_{11}H_{14}O_3$
CAS:6627-88-9
RI: 1400 (calc.)

GC/MS
EI 70 eV
TSQ 70
QI:870 VI:4

Peaks: 65, 77, 91, 103, 119, 131, 151, 167, 179, 194

Vanillin AC
expanded

MW:194.18700
MM:194.05791
$C_{10}H_{10}O_4$
RI: 1435 (calc.)

GC/MS
EI 70 eV
TSQ 70
QI:866 VI:1

Peaks: 154, 158, 161, 164, 169, 176, 179, 182, 194, 196

3,4-Methylenedioxymethamphetamine
[1-(1,3-Benzodioxol-5-yl)propan-2-yl](methyl)azan
MDMA, Methylenedioxymetamfetamin
Entactogene   LC:GE I, CSA I, IC I   REF:PIH 109

MW:193.24564
MM:193.11028
$C_{11}H_{15}NO_2$
CAS:42542-10-9
RI: 1542 (calc.)

GC/MS
CI-Methane
TSQ 70
QI:0

Peaks: 58, 86, 137, 151, 163, 176, 194, 203, 222, 234

Trimipramine-M (-(CH$_3$)$_2$N, H$_2$, Oxo)
Structure uncertain

MW:249.31224
MM:249.11536
$C_{17}H_{15}NO$
RI: 1974 (calc.)

GC/MS
EI 70 eV
TSQ 70
QI:734

Peaks: 53, 73, 91, 116, 165, 179, 194, 208, 229, 249

m/z: 194

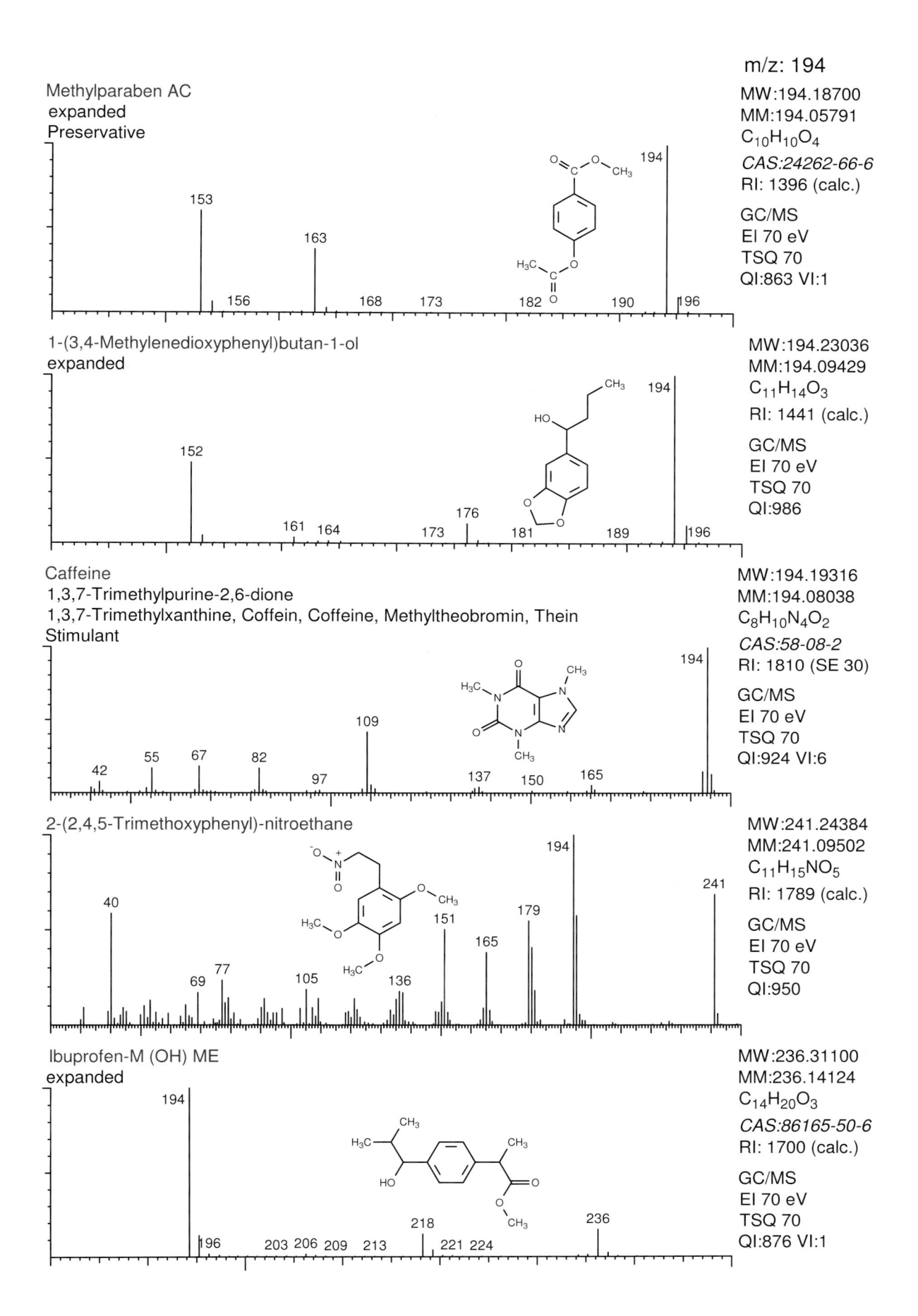

Methylparaben AC expanded
Preservative

Peaks: 153, 156, 163, 168, 173, 182, 190, 194, 196

MW: 194.18700
MM: 194.05791
$C_{10}H_{10}O_4$
CAS: 24262-66-6
RI: 1396 (calc.)

GC/MS
EI 70 eV
TSQ 70
QI: 863 VI: 1

1-(3,4-Methylenedioxyphenyl)butan-1-ol expanded

Peaks: 152, 161, 164, 173, 176, 181, 189, 194, 196

MW: 194.23036
MM: 194.09429
$C_{11}H_{14}O_3$
RI: 1441 (calc.)

GC/MS
EI 70 eV
TSQ 70
QI: 986

Caffeine
1,3,7-Trimethylpurine-2,6-dione
1,3,7-Trimethylxanthine, Coffein, Coffeine, Methyltheobromin, Thein
Stimulant

Peaks: 42, 55, 67, 82, 97, 109, 137, 150, 165, 194

MW: 194.19316
MM: 194.08038
$C_8H_{10}N_4O_2$
CAS: 58-08-2
RI: 1810 (SE 30)

GC/MS
EI 70 eV
TSQ 70
QI: 924 VI: 6

2-(2,4,5-Trimethoxyphenyl)-nitroethane

Peaks: 40, 69, 77, 105, 136, 151, 165, 179, 194, 241

MW: 241.24384
MM: 241.09502
$C_{11}H_{15}NO_5$
RI: 1789 (calc.)

GC/MS
EI 70 eV
TSQ 70
QI: 950

Ibuprofen-M (OH) ME expanded

Peaks: 194, 196, 203, 206, 209, 213, 218, 221, 224, 236

MW: 236.31100
MM: 236.14124
$C_{14}H_{20}O_3$
CAS: 86165-50-6
RI: 1700 (calc.)

GC/MS
EI 70 eV
TSQ 70
QI: 876 VI: 1

m/z: 195

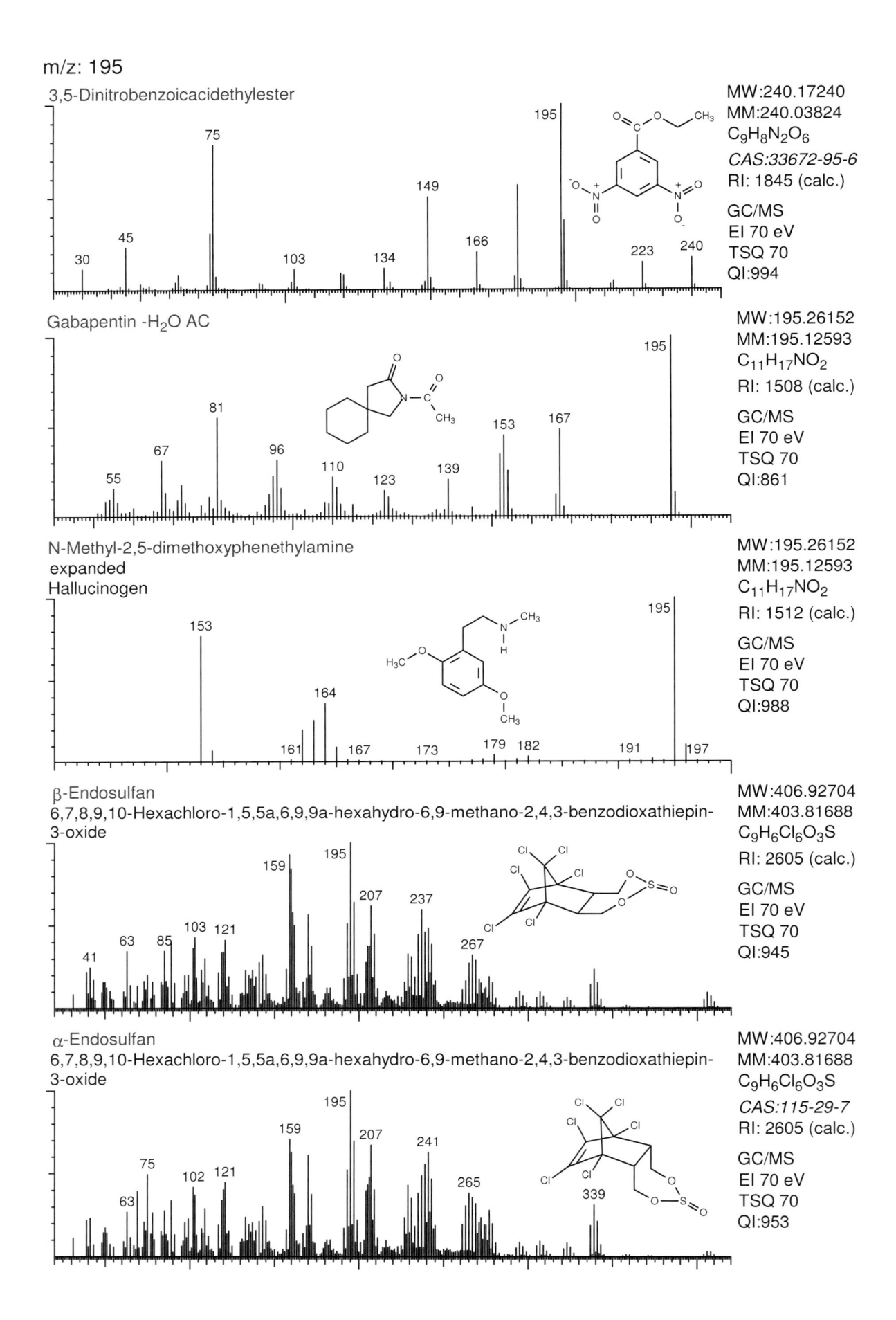

3,5-Dinitrobenzoicacidethylester

MW: 240.17240
MM: 240.03824
$C_9H_8N_2O_6$
CAS: 33672-95-6
RI: 1845 (calc.)

GC/MS
EI 70 eV
TSQ 70
QI: 994

Peaks: 30, 45, 75, 103, 134, 149, 166, 195, 223, 240

Gabapentin -H$_2$O AC

MW: 195.26152
MM: 195.12593
$C_{11}H_{17}NO_2$
RI: 1508 (calc.)

GC/MS
EI 70 eV
TSQ 70
QI: 861

Peaks: 55, 67, 81, 96, 110, 123, 139, 153, 167, 195

N-Methyl-2,5-dimethoxyphenethylamine
expanded
Hallucinogen

MW: 195.26152
MM: 195.12593
$C_{11}H_{17}NO_2$
RI: 1512 (calc.)

GC/MS
EI 70 eV
TSQ 70
QI: 988

Peaks: 153, 161, 164, 167, 173, 179, 182, 191, 195, 197

β-Endosulfan
6,7,8,9,10-Hexachloro-1,5,5a,6,9,9a-hexahydro-6,9-methano-2,4,3-benzodioxathiepin-3-oxide

MW: 406.92704
MM: 403.81688
$C_9H_6Cl_6O_3S$
RI: 2605 (calc.)

GC/MS
EI 70 eV
TSQ 70
QI: 945

Peaks: 41, 63, 85, 103, 121, 159, 195, 207, 237, 267

α-Endosulfan
6,7,8,9,10-Hexachloro-1,5,5a,6,9,9a-hexahydro-6,9-methano-2,4,3-benzodioxathiepin-3-oxide

MW: 406.92704
MM: 403.81688
$C_9H_6Cl_6O_3S$
CAS: 115-29-7
RI: 2605 (calc.)

GC/MS
EI 70 eV
TSQ 70
QI: 953

Peaks: 63, 75, 102, 121, 159, 195, 207, 241, 265, 339

Methyprylone-M (OH) -H₂O ME
expanded

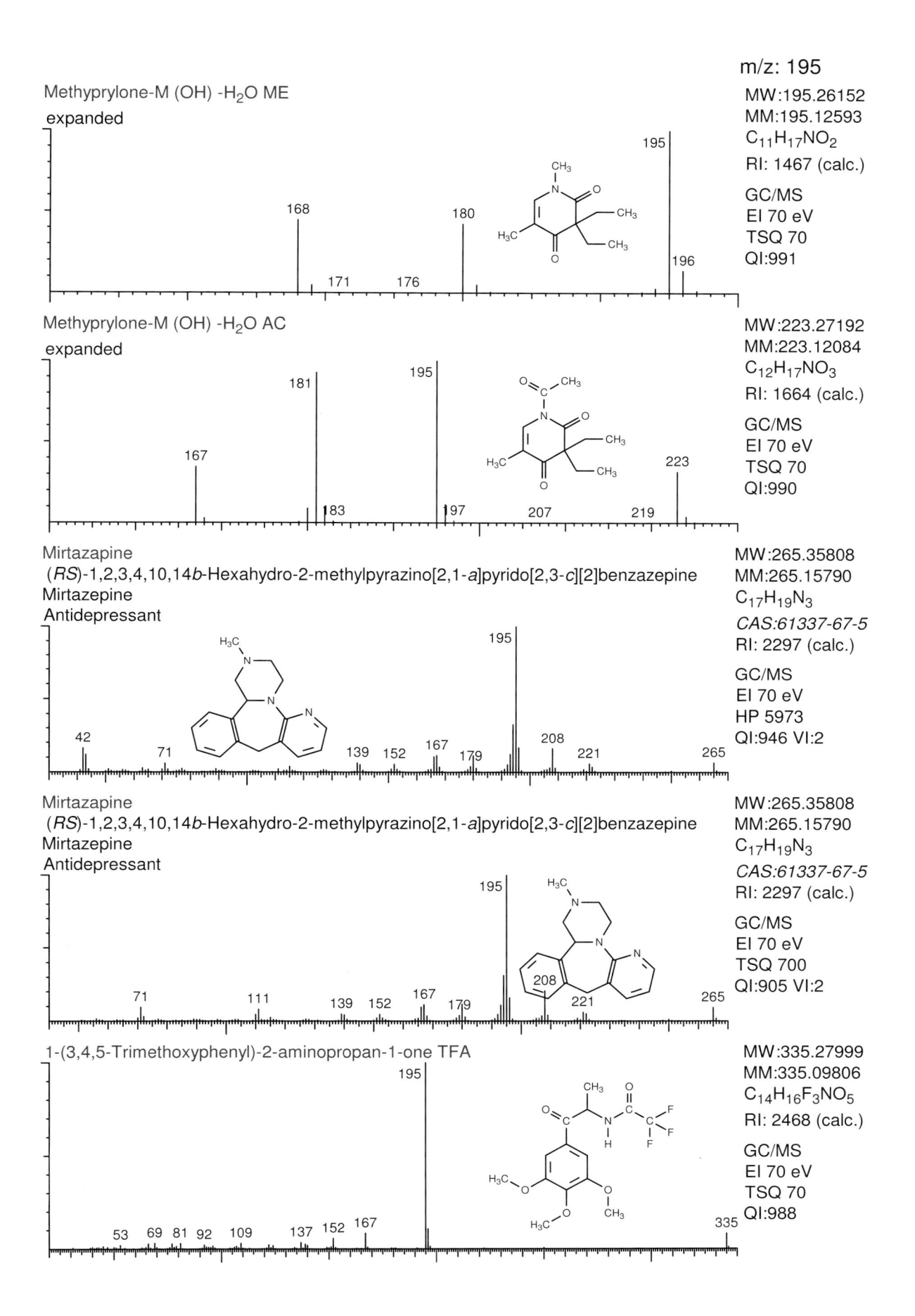

m/z: 195
MW:195.26152
MM:195.12593
$C_{11}H_{17}NO_2$
RI: 1467 (calc.)

GC/MS
EI 70 eV
TSQ 70
QI:991

Methyprylone-M (OH) -H₂O AC
expanded

MW:223.27192
MM:223.12084
$C_{12}H_{17}NO_3$
RI: 1664 (calc.)

GC/MS
EI 70 eV
TSQ 70
QI:990

Mirtazapine
(RS)-1,2,3,4,10,14b-Hexahydro-2-methylpyrazino[2,1-a]pyrido[2,3-c][2]benzazepine
Mirtazepine
Antidepressant

MW:265.35808
MM:265.15790
$C_{17}H_{19}N_3$
CAS:61337-67-5
RI: 2297 (calc.)

GC/MS
EI 70 eV
HP 5973
QI:946 VI:2

Mirtazapine
(RS)-1,2,3,4,10,14b-Hexahydro-2-methylpyrazino[2,1-a]pyrido[2,3-c][2]benzazepine
Mirtazepine
Antidepressant

MW:265.35808
MM:265.15790
$C_{17}H_{19}N_3$
CAS:61337-67-5
RI: 2297 (calc.)

GC/MS
EI 70 eV
TSQ 700
QI:905 VI:2

1-(3,4,5-Trimethoxyphenyl)-2-aminopropan-1-one TFA

MW:335.27999
MM:335.09806
$C_{14}H_{16}F_3NO_5$
RI: 2468 (calc.)

GC/MS
EI 70 eV
TSQ 70
QI:988

m/z: 195

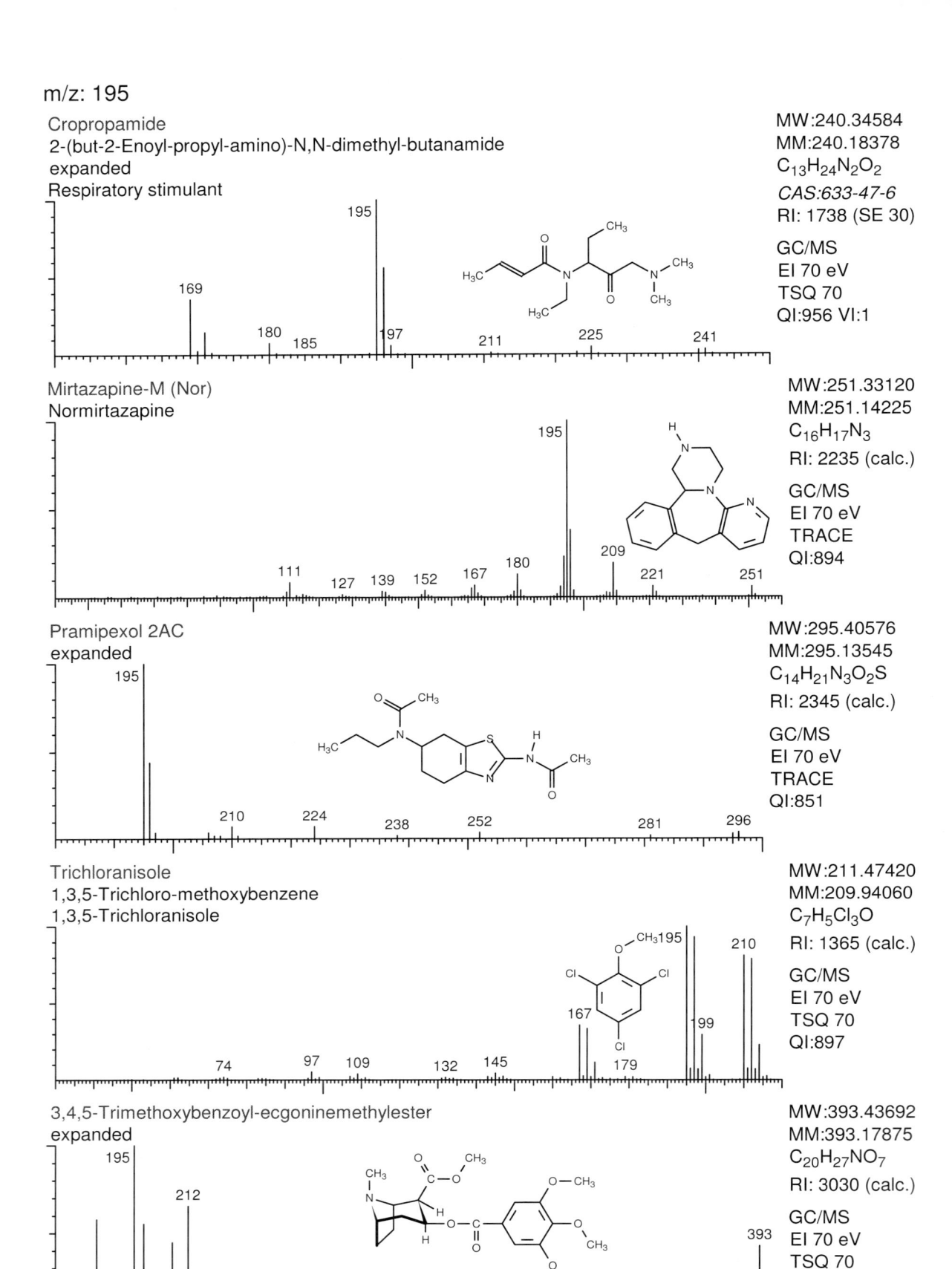

Cropropamide
2-(but-2-Enoyl-propyl-amino)-N,N-dimethyl-butanamide
expanded
Respiratory stimulant

MW:240.34584
MM:240.18378
$C_{13}H_{24}N_2O_2$
CAS:633-47-6
RI: 1738 (SE 30)

GC/MS
EI 70 eV
TSQ 70
QI:956 VI:1

Peaks: 169, 180, 185, 195, 197, 211, 225, 241

Mirtazapine-M (Nor)
Normirtazapine

MW:251.33120
MM:251.14225
$C_{16}H_{17}N_3$
RI: 2235 (calc.)

GC/MS
EI 70 eV
TRACE
QI:894

Peaks: 111, 127, 139, 152, 167, 180, 195, 209, 221, 251

Pramipexol 2AC
expanded

MW:295.40576
MM:295.13545
$C_{14}H_{21}N_3O_2S$
RI: 2345 (calc.)

GC/MS
EI 70 eV
TRACE
QI:851

Peaks: 195, 210, 224, 238, 252, 281, 296

Trichloranisole
1,3,5-Trichloro-methoxybenzene
1,3,5-Trichloranisole

MW:211.47420
MM:209.94060
$C_7H_5Cl_3O$
RI: 1365 (calc.)

GC/MS
EI 70 eV
TSQ 70
QI:897

Peaks: 74, 97, 109, 132, 145, 167, 179, 195, 199, 210

3,4,5-Trimethoxybenzoyl-ecgoninemethylester
expanded

MW:393.43692
MM:393.17875
$C_{20}H_{27}NO_7$
RI: 3030 (calc.)

GC/MS
EI 70 eV
TSQ 70
QI:918

Peaks: 195, 201, 212, 251, 266, 281, 316, 326, 362, 393

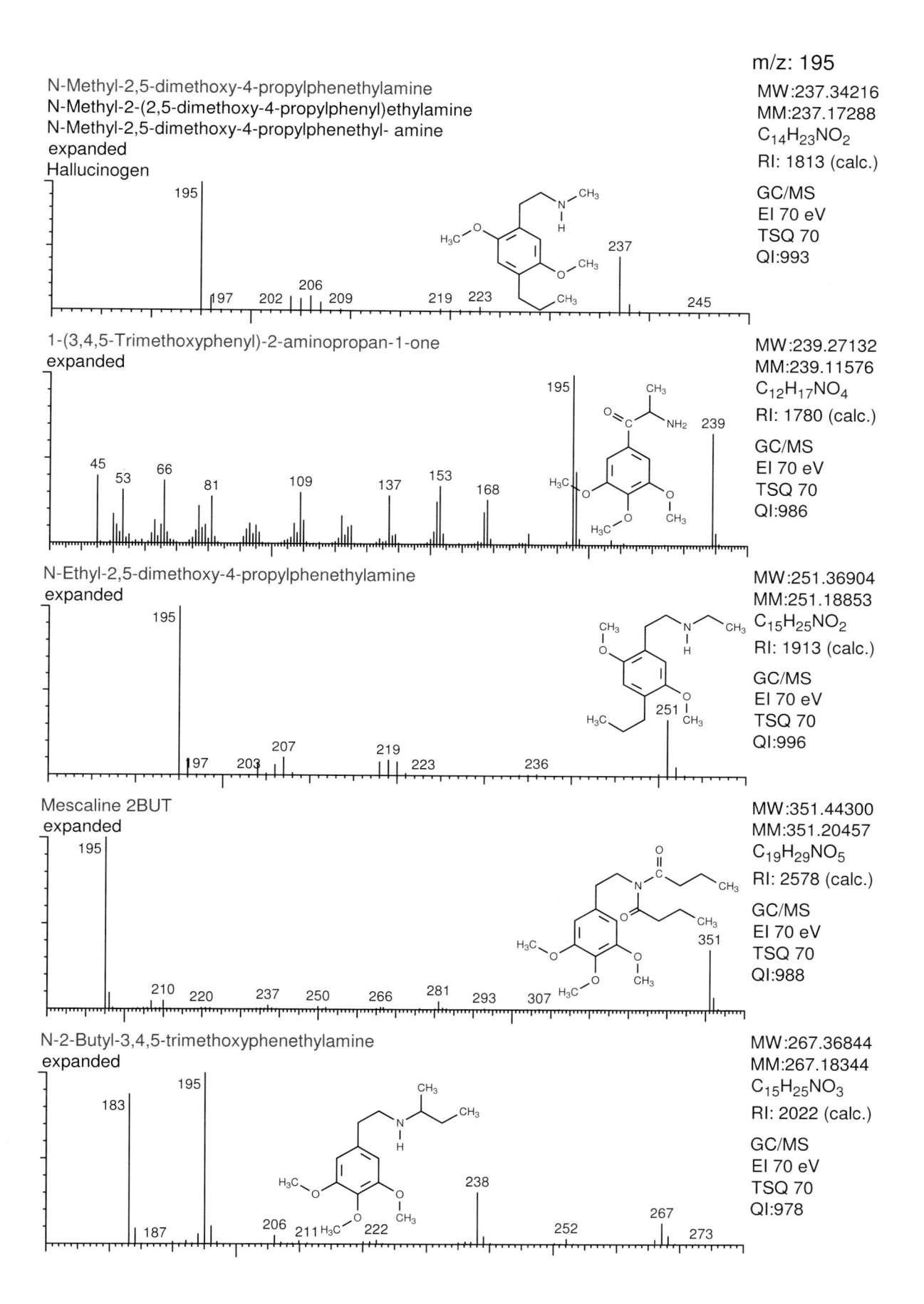

N-Methyl-2,5-dimethoxy-4-propylphenethylamine
N-Methyl-2-(2,5-dimethoxy-4-propylphenyl)ethylamine
N-Methyl-2,5-dimethoxy-4-propylphenethyl- amine
expanded
Hallucinogen

m/z: 195
MW: 237.34216
MM: 237.17288
$C_{14}H_{23}NO_2$
RI: 1813 (calc.)

GC/MS
EI 70 eV
TSQ 70
QI: 993

1-(3,4,5-Trimethoxyphenyl)-2-aminopropan-1-one
expanded

MW: 239.27132
MM: 239.11576
$C_{12}H_{17}NO_4$
RI: 1780 (calc.)

GC/MS
EI 70 eV
TSQ 70
QI: 986

N-Ethyl-2,5-dimethoxy-4-propylphenethylamine
expanded

MW: 251.36904
MM: 251.18853
$C_{15}H_{25}NO_2$
RI: 1913 (calc.)

GC/MS
EI 70 eV
TSQ 70
QI: 996

Mescaline 2BUT
expanded

MW: 351.44300
MM: 351.20457
$C_{19}H_{29}NO_5$
RI: 2578 (calc.)

GC/MS
EI 70 eV
TSQ 70
QI: 988

N-2-Butyl-3,4,5-trimethoxyphenethylamine
expanded

MW: 267.36844
MM: 267.18344
$C_{15}H_{25}NO_3$
RI: 2022 (calc.)

GC/MS
EI 70 eV
TSQ 70
QI: 978

m/z: 195

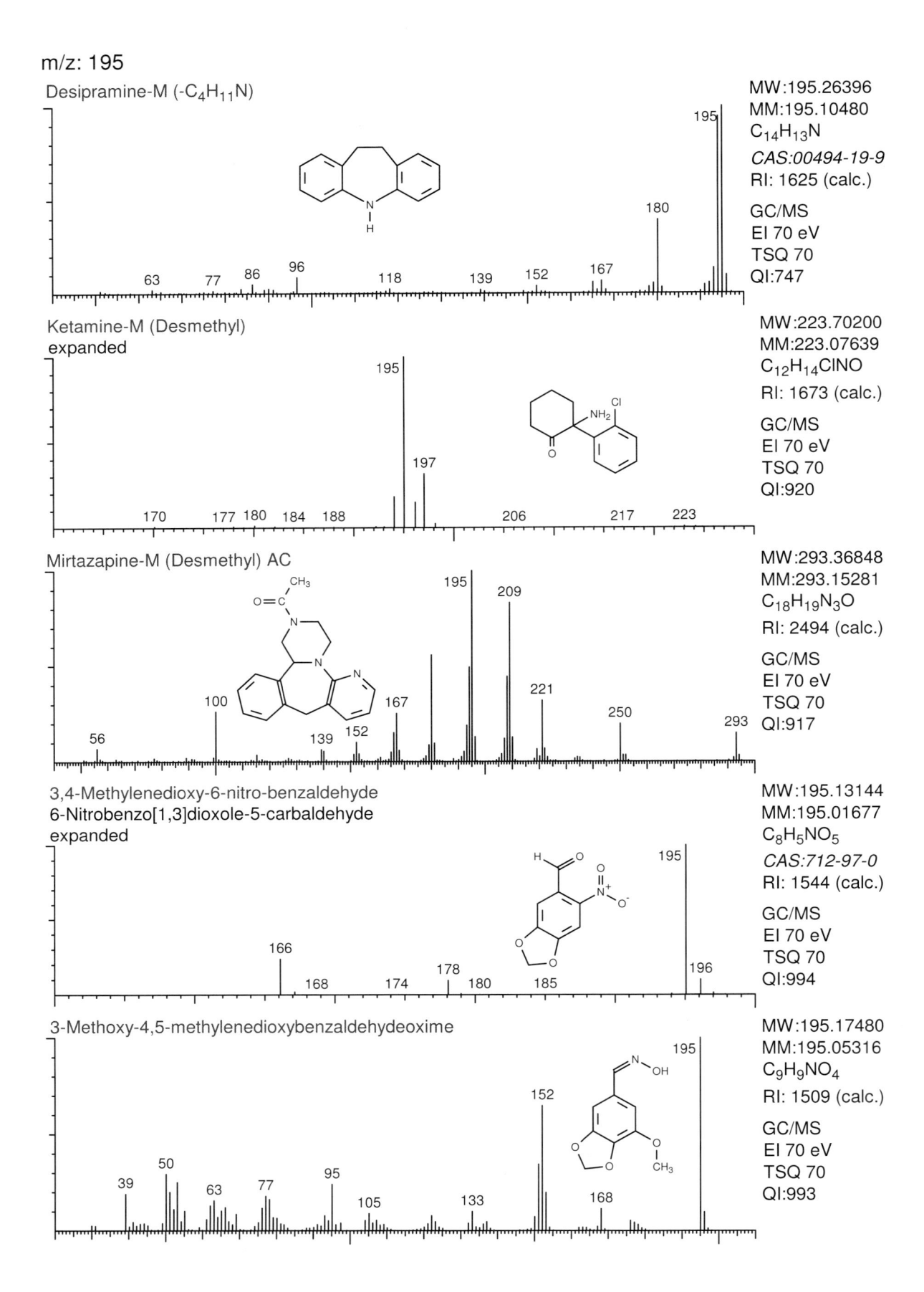

Desipramine-M (-C4H11N)

MW:195.26396
MM:195.10480
C14H13N
CAS:00494-19-9
RI: 1625 (calc.)

GC/MS
EI 70 eV
TSQ 70
QI:747

Ketamine-M (Desmethyl) expanded

MW:223.70200
MM:223.07639
C12H14ClNO
RI: 1673 (calc.)

GC/MS
EI 70 eV
TSQ 70
QI:920

Mirtazapine-M (Desmethyl) AC

MW:293.36848
MM:293.15281
C18H19N3O
RI: 2494 (calc.)

GC/MS
EI 70 eV
TSQ 70
QI:917

3,4-Methylenedioxy-6-nitro-benzaldehyde
6-Nitrobenzo[1,3]dioxole-5-carbaldehyde
expanded

MW:195.13144
MM:195.01677
C8H5NO5
CAS:712-97-0
RI: 1544 (calc.)

GC/MS
EI 70 eV
TSQ 70
QI:994

3-Methoxy-4,5-methylenedioxybenzaldehydeoxime

MW:195.17480
MM:195.05316
C9H9NO4
RI: 1509 (calc.)

GC/MS
EI 70 eV
TSQ 70
QI:993

m/z: 195-196

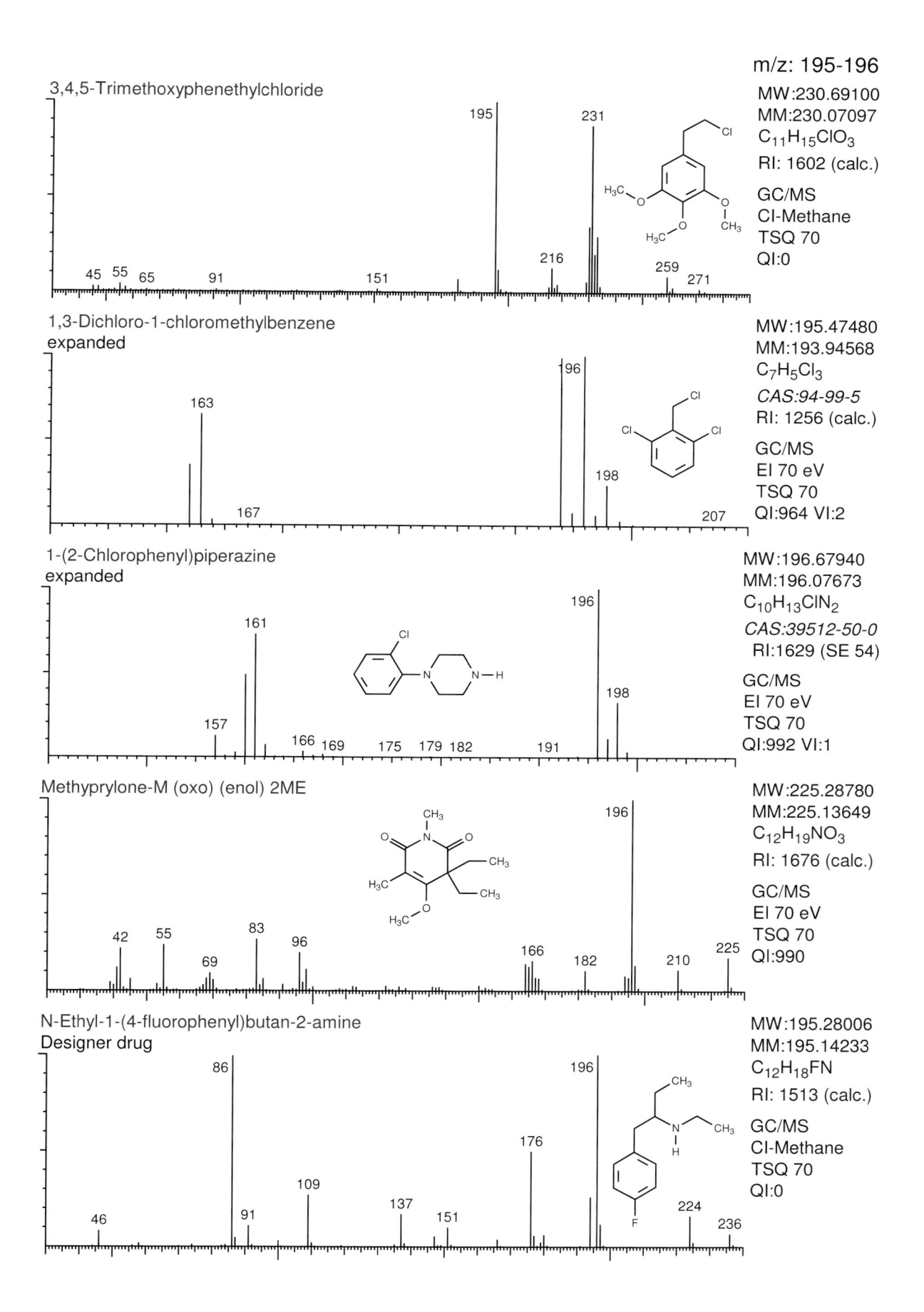

3,4,5-Trimethoxyphenethylchloride

MW: 230.69100
MM: 230.07097
$C_{11}H_{15}ClO_3$
RI: 1602 (calc.)

GC/MS
CI-Methane
TSQ 70
QI:0

1,3-Dichloro-1-chloromethylbenzene expanded

MW: 195.47480
MM: 193.94568
$C_7H_5Cl_3$
CAS: 94-99-5
RI: 1256 (calc.)

GC/MS
EI 70 eV
TSQ 70
QI:964 VI:2

1-(2-Chlorophenyl)piperazine expanded

MW: 196.67940
MM: 196.07673
$C_{10}H_{13}ClN_2$
CAS: 39512-50-0
RI: 1629 (SE 54)

GC/MS
EI 70 eV
TSQ 70
QI:992 VI:1

Methyprylone-M (oxo) (enol) 2ME

MW: 225.28780
MM: 225.13649
$C_{12}H_{19}NO_3$
RI: 1676 (calc.)

GC/MS
EI 70 eV
TSQ 70
QI:990

N-Ethyl-1-(4-fluorophenyl)butan-2-amine
Designer drug

MW: 195.28006
MM: 195.14233
$C_{12}H_{18}FN$
RI: 1513 (calc.)

GC/MS
CI-Methane
TSQ 70
QI:0

m/z: 196

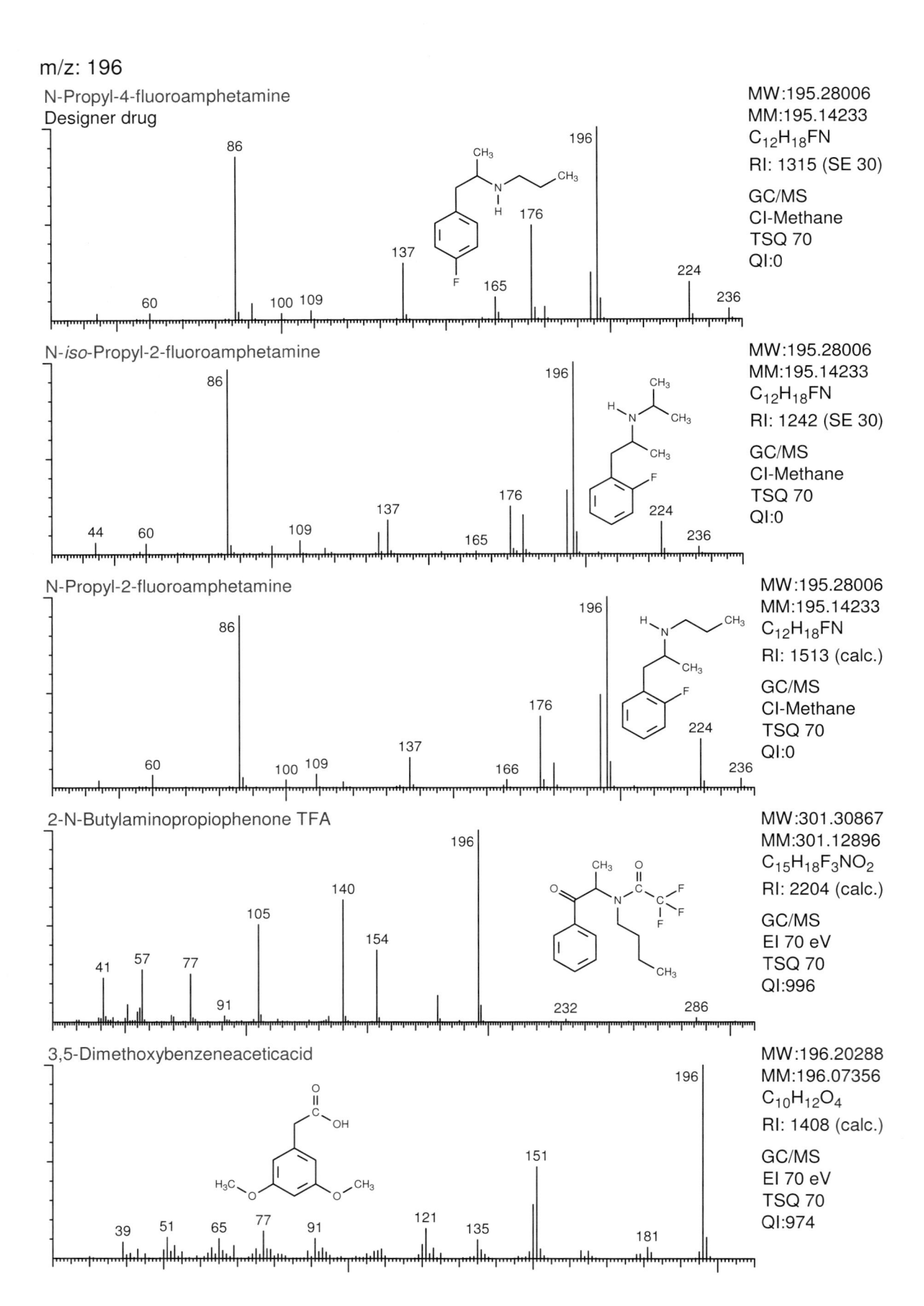

N-Propyl-4-fluoroamphetamine
Designer drug

Peaks: 60, 86, 100, 109, 137, 165, 176, 196, 224, 236

MW: 195.28006
MM: 195.14233
C$_{12}$H$_{18}$FN
RI: 1315 (SE 30)

GC/MS
CI-Methane
TSQ 70
QI:0

N-iso-Propyl-2-fluoroamphetamine

Peaks: 44, 60, 86, 109, 137, 165, 176, 196, 224, 236

MW: 195.28006
MM: 195.14233
C$_{12}$H$_{18}$FN
RI: 1242 (SE 30)

GC/MS
CI-Methane
TSQ 70
QI:0

N-Propyl-2-fluoroamphetamine

Peaks: 60, 86, 100, 109, 137, 166, 176, 196, 224, 236

MW: 195.28006
MM: 195.14233
C$_{12}$H$_{18}$FN
RI: 1513 (calc.)

GC/MS
CI-Methane
TSQ 70
QI:0

2-N-Butylaminopropiophenone TFA

Peaks: 41, 57, 77, 91, 105, 140, 154, 196, 232, 286

MW: 301.30867
MM: 301.12896
C$_{15}$H$_{18}$F$_3$NO$_2$
RI: 2204 (calc.)

GC/MS
EI 70 eV
TSQ 70
QI:996

3,5-Dimethoxybenzeneaceticacid

Peaks: 39, 51, 65, 77, 91, 121, 135, 151, 181, 196

MW: 196.20288
MM: 196.07356
C$_{10}$H$_{12}$O$_4$
RI: 1408 (calc.)

GC/MS
EI 70 eV
TSQ 70
QI:974

m/z: 196

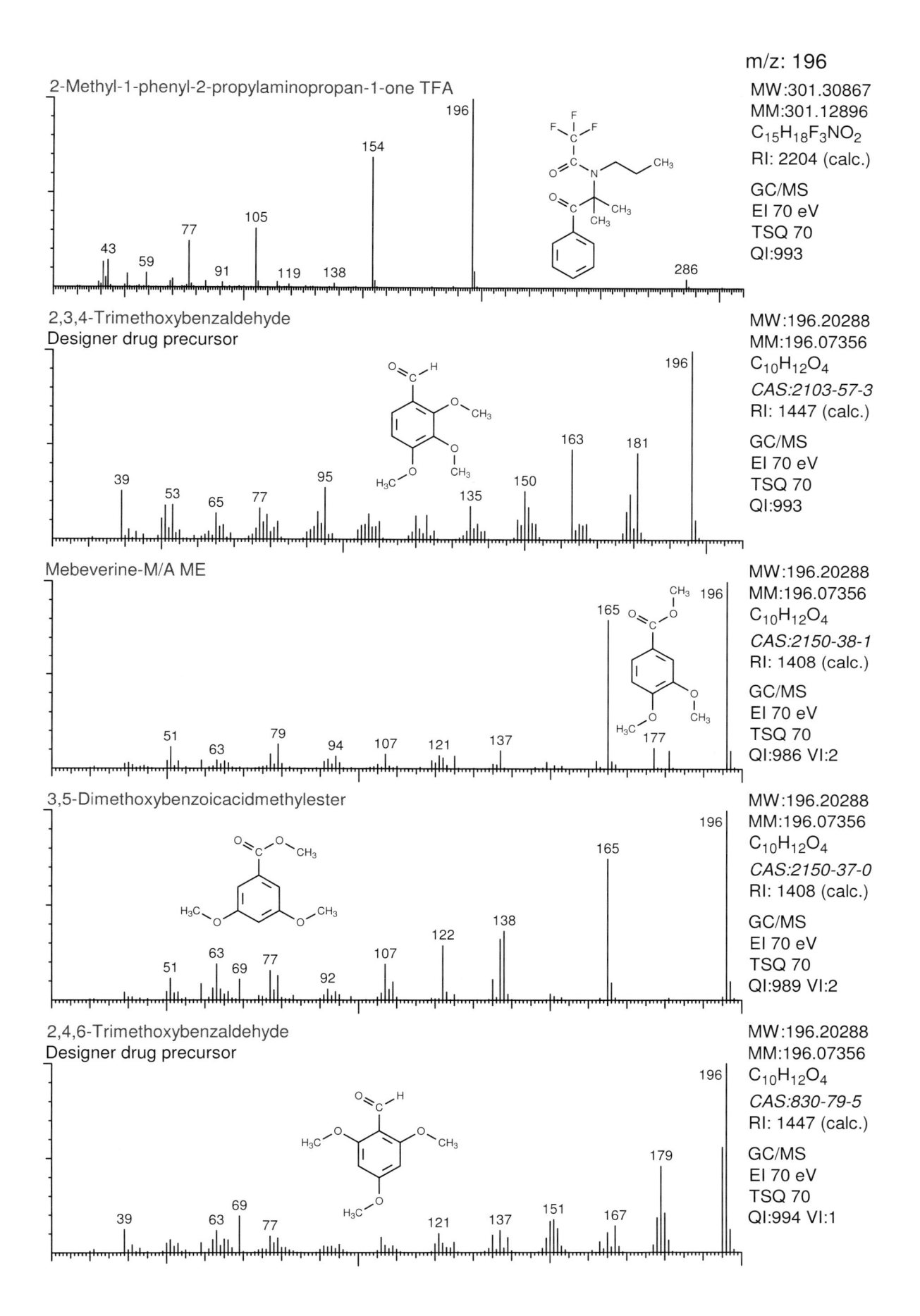

2-Methyl-1-phenyl-2-propylaminopropan-1-one TFA

Peaks: 43, 59, 77, 91, 105, 119, 138, 154, 196, 286

MW: 301.30867
MM: 301.12896
$C_{15}H_{18}F_3NO_2$
RI: 2204 (calc.)

GC/MS
EI 70 eV
TSQ 70
QI: 993

2,3,4-Trimethoxybenzaldehyde
Designer drug precursor

Peaks: 39, 53, 65, 77, 95, 135, 150, 163, 181, 196

MW: 196.20288
MM: 196.07356
$C_{10}H_{12}O_4$
CAS: 2103-57-3
RI: 1447 (calc.)

GC/MS
EI 70 eV
TSQ 70
QI: 993

Mebeverine-M/A ME

Peaks: 51, 63, 79, 94, 107, 121, 137, 165, 177, 196

MW: 196.20288
MM: 196.07356
$C_{10}H_{12}O_4$
CAS: 2150-38-1
RI: 1408 (calc.)

GC/MS
EI 70 eV
TSQ 70
QI: 986 VI: 2

3,5-Dimethoxybenzoicacidmethylester

Peaks: 51, 63, 69, 77, 92, 107, 122, 138, 165, 196

MW: 196.20288
MM: 196.07356
$C_{10}H_{12}O_4$
CAS: 2150-37-0
RI: 1408 (calc.)

GC/MS
EI 70 eV
TSQ 70
QI: 989 VI: 2

2,4,6-Trimethoxybenzaldehyde
Designer drug precursor

Peaks: 39, 63, 69, 77, 121, 137, 151, 167, 179, 196

MW: 196.20288
MM: 196.07356
$C_{10}H_{12}O_4$
CAS: 830-79-5
RI: 1447 (calc.)

GC/MS
EI 70 eV
TSQ 70
QI: 994 VI: 1

m/z: 196

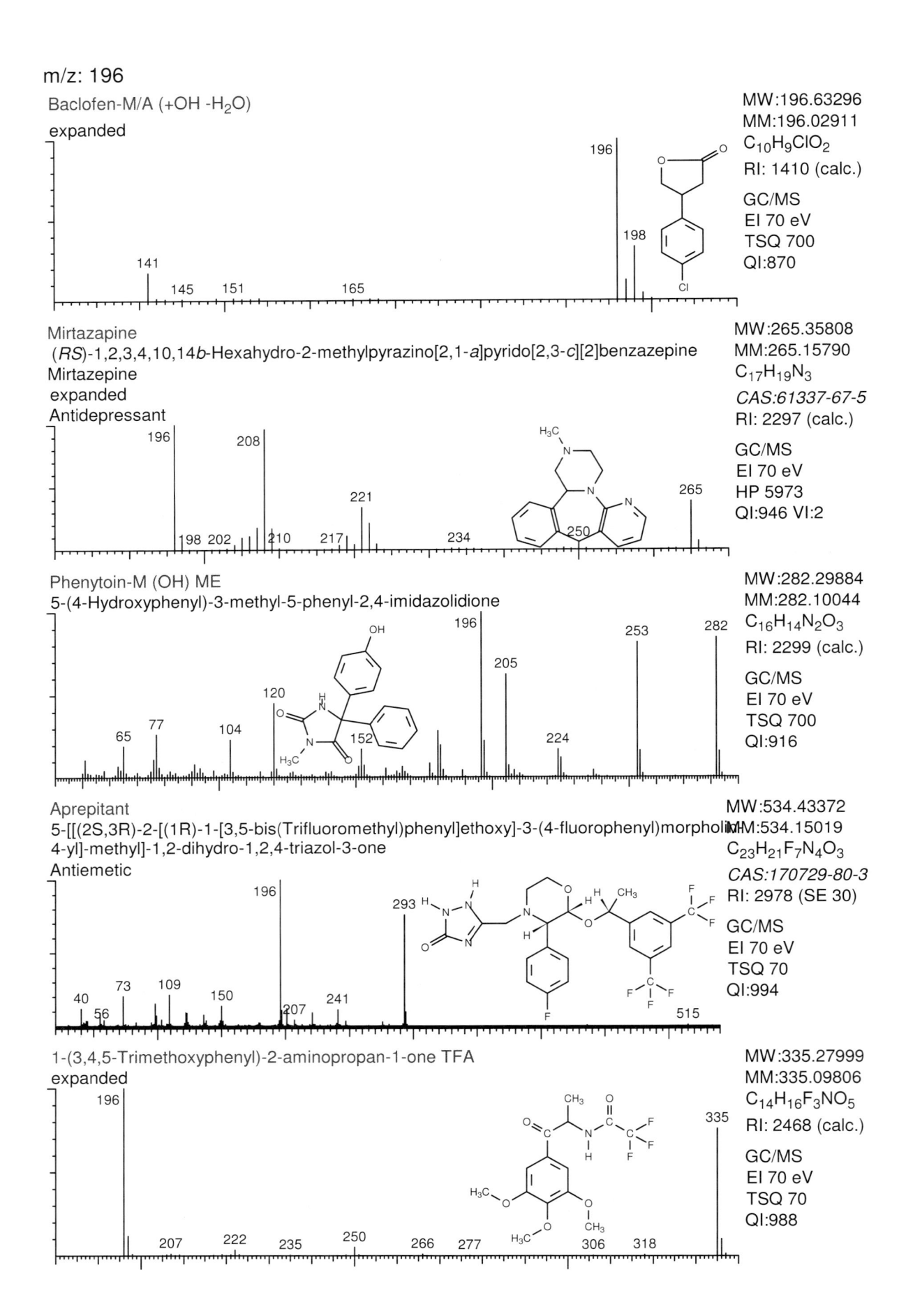

Baclofen-M/A (+OH -H₂O)
expanded

MW:196.63296
MM:196.02911
$C_{10}H_9ClO_2$
RI: 1410 (calc.)

GC/MS
EI 70 eV
TSQ 700
QI:870

Mirtazapine
(RS)-1,2,3,4,10,14b-Hexahydro-2-methylpyrazino[2,1-a]pyrido[2,3-c][2]benzazepine
Mirtazepine
expanded
Antidepressant

MW:265.35808
MM:265.15790
$C_{17}H_{19}N_3$
CAS:61337-67-5
RI: 2297 (calc.)

GC/MS
EI 70 eV
HP 5973
QI:946 VI:2

Phenytoin-M (OH) ME
5-(4-Hydroxyphenyl)-3-methyl-5-phenyl-2,4-imidazolidione

MW:282.29884
MM:282.10044
$C_{16}H_{14}N_2O_3$
RI: 2299 (calc.)

GC/MS
EI 70 eV
TSQ 700
QI:916

Aprepitant
5-[[(2S,3R)-2-[(1R)-1-[3,5-bis(Trifluoromethyl)phenyl]ethoxy]-3-(4-fluorophenyl)morpholin-4-yl]-methyl]-1,2-dihydro-1,2,4-triazol-3-one
Antiemetic

MW:534.43372
MM:534.15019
$C_{23}H_{21}F_7N_4O_3$
CAS:170729-80-3
RI: 2978 (SE 30)

GC/MS
EI 70 eV
TSQ 70
QI:994

1-(3,4,5-Trimethoxyphenyl)-2-aminopropan-1-one TFA
expanded

MW:335.27999
MM:335.09806
$C_{14}H_{16}F_3NO_5$
RI: 2468 (calc.)

GC/MS
EI 70 eV
TSQ 70
QI:988

m/z: 196-197

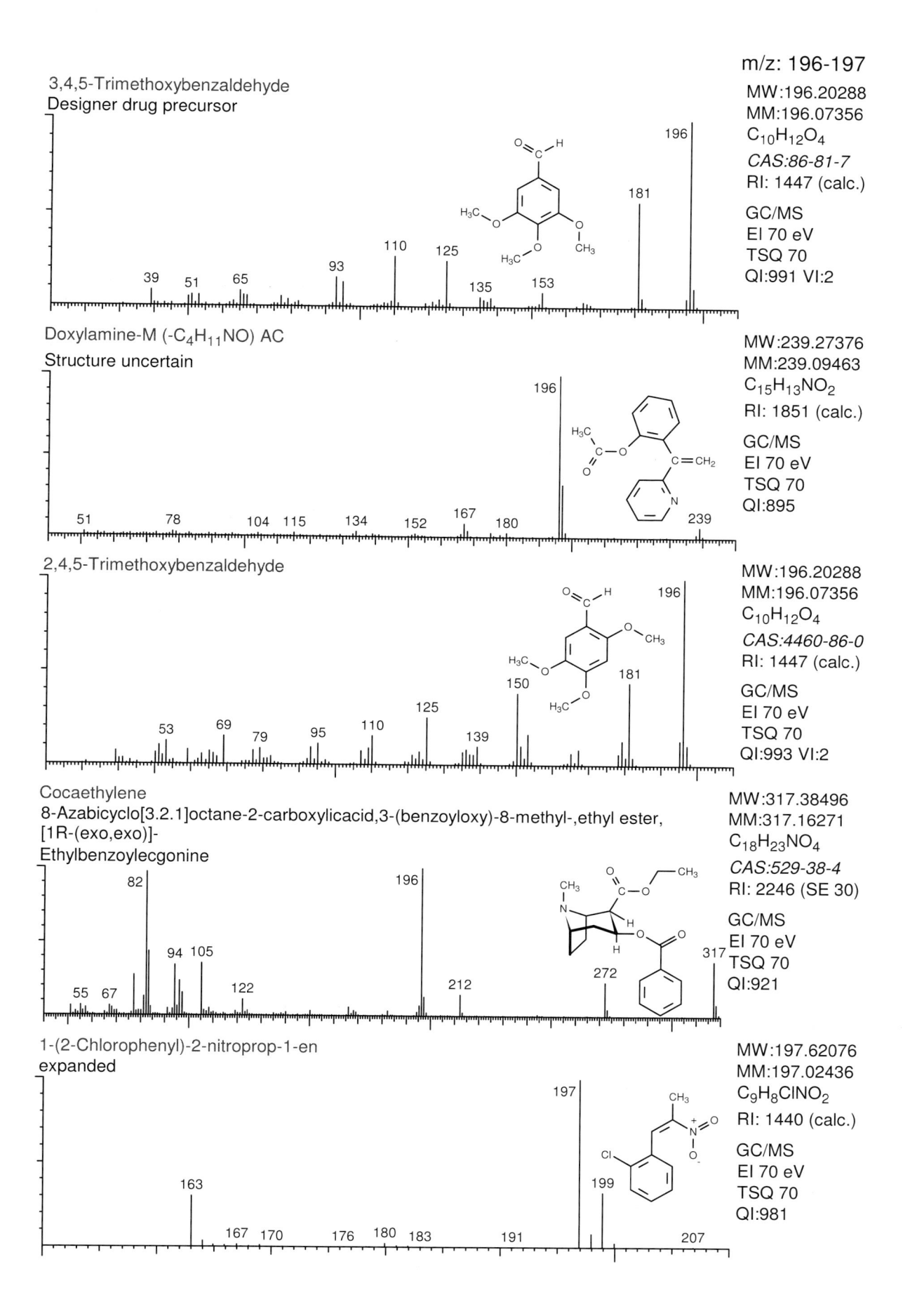

3,4,5-Trimethoxybenzaldehyde
Designer drug precursor

MW:196.20288
MM:196.07356
$C_{10}H_{12}O_4$
CAS:86-81-7
RI: 1447 (calc.)

GC/MS
EI 70 eV
TSQ 70
QI:991 VI:2

Doxylamine-M (-C_4H_{11}NO) AC
Structure uncertain

MW:239.27376
MM:239.09463
$C_{15}H_{13}NO_2$
RI: 1851 (calc.)

GC/MS
EI 70 eV
TSQ 70
QI:895

2,4,5-Trimethoxybenzaldehyde

MW:196.20288
MM:196.07356
$C_{10}H_{12}O_4$
CAS:4460-86-0
RI: 1447 (calc.)

GC/MS
EI 70 eV
TSQ 70
QI:993 VI:2

Cocaethylene
8-Azabicyclo[3.2.1]octane-2-carboxylicacid,3-(benzoyloxy)-8-methyl-,ethyl ester, [1R-(exo,exo)]-
Ethylbenzoylecgonine

MW:317.38496
MM:317.16271
$C_{18}H_{23}NO_4$
CAS:529-38-4
RI: 2246 (SE 30)

GC/MS
EI 70 eV
TSQ 70
QI:921

1-(2-Chlorophenyl)-2-nitroprop-1-en
expanded

MW:197.62076
MM:197.02436
$C_9H_8ClNO_2$
RI: 1440 (calc.)

GC/MS
EI 70 eV
TSQ 70
QI:981

m/z: 197

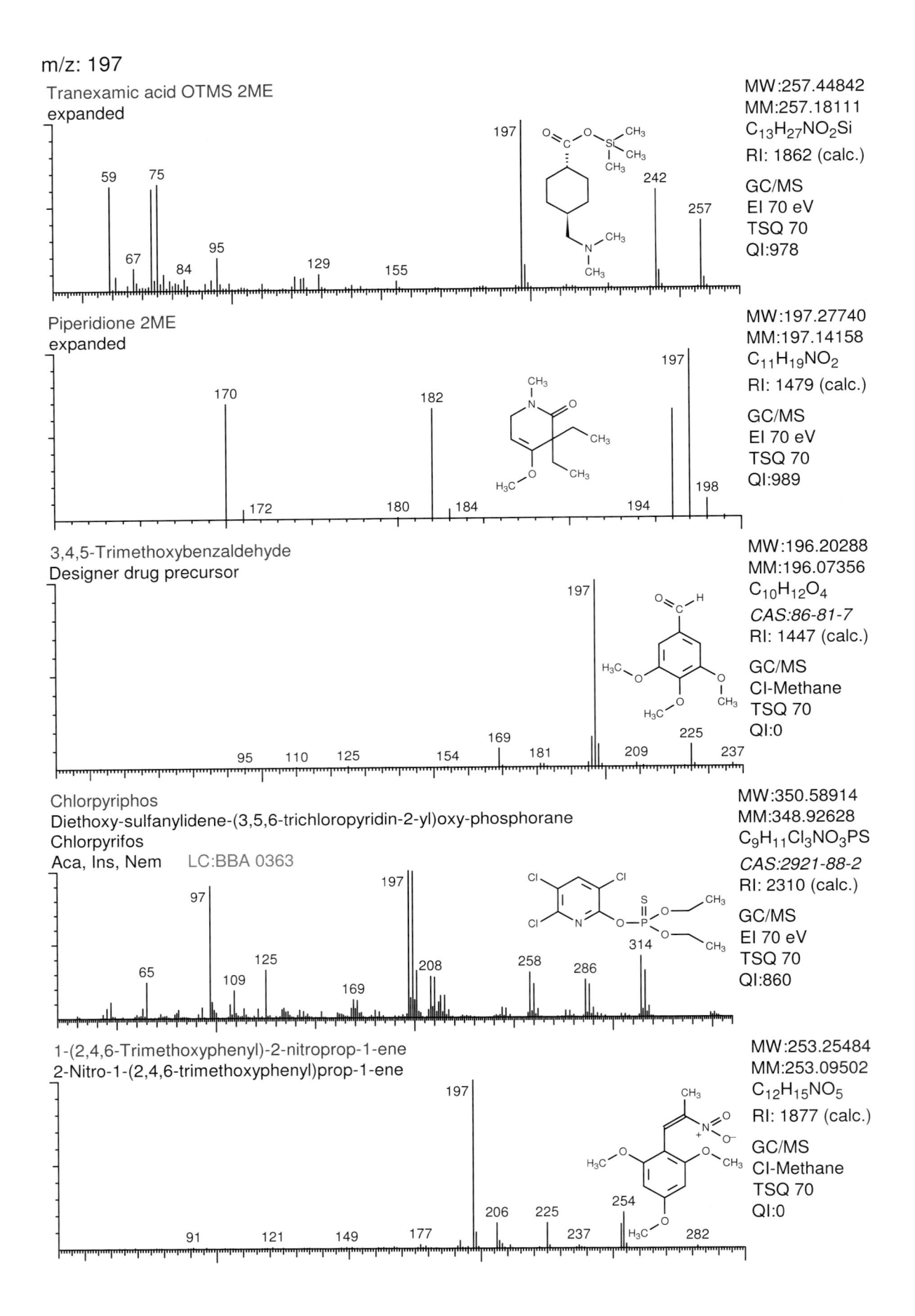

Tranexamic acid OTMS 2ME
expanded

MW:257.44842
MM:257.18111
$C_{13}H_{27}NO_2Si$
RI: 1862 (calc.)

GC/MS
EI 70 eV
TSQ 70
QI:978

Piperidione 2ME
expanded

MW:197.27740
MM:197.14158
$C_{11}H_{19}NO_2$
RI: 1479 (calc.)

GC/MS
EI 70 eV
TSQ 70
QI:989

3,4,5-Trimethoxybenzaldehyde
Designer drug precursor

MW:196.20288
MM:196.07356
$C_{10}H_{12}O_4$
CAS:86-81-7
RI: 1447 (calc.)

GC/MS
CI-Methane
TSQ 70
QI:0

Chlorpyriphos
Diethoxy-sulfanylidene-(3,5,6-trichloropyridin-2-yl)oxy-phosphorane
Chlorpyrifos
Aca, Ins, Nem   LC:BBA 0363

MW:350.58914
MM:348.92628
$C_9H_{11}Cl_3NO_3PS$
CAS:2921-88-2
RI: 2310 (calc.)

GC/MS
EI 70 eV
TSQ 70
QI:860

1-(2,4,6-Trimethoxyphenyl)-2-nitroprop-1-ene
2-Nitro-1-(2,4,6-trimethoxyphenyl)prop-1-ene

MW:253.25484
MM:253.09502
$C_{12}H_{15}NO_5$
RI: 1877 (calc.)

GC/MS
CI-Methane
TSQ 70
QI:0

m/z: 197-198

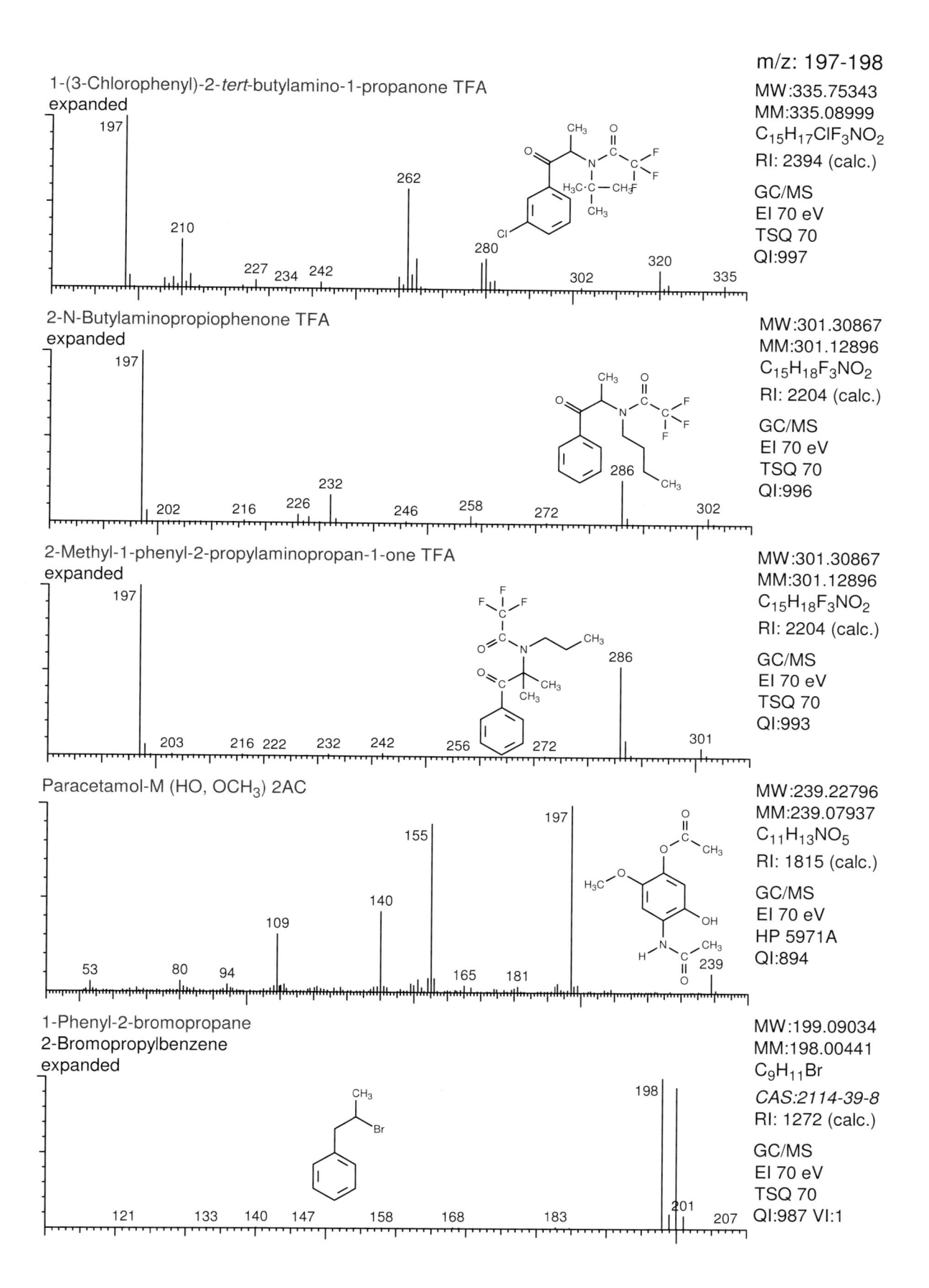

1-(3-Chlorophenyl)-2-*tert*-butylamino-1-propanone TFA
expanded

Peaks: 197, 210, 227, 234, 242, 262, 280, 302, 320, 335

MW: 335.75343
MM: 335.08999
$C_{15}H_{17}ClF_3NO_2$
RI: 2394 (calc.)

GC/MS
EI 70 eV
TSQ 70
QI: 997

2-N-Butylaminopropiophenone TFA
expanded

Peaks: 197, 202, 216, 226, 232, 246, 258, 272, 286, 302

MW: 301.30867
MM: 301.12896
$C_{15}H_{18}F_3NO_2$
RI: 2204 (calc.)

GC/MS
EI 70 eV
TSQ 70
QI: 996

2-Methyl-1-phenyl-2-propylaminopropan-1-one TFA
expanded

Peaks: 197, 203, 216, 222, 232, 242, 256, 272, 286, 301

MW: 301.30867
MM: 301.12896
$C_{15}H_{18}F_3NO_2$
RI: 2204 (calc.)

GC/MS
EI 70 eV
TSQ 70
QI: 993

Paracetamol-M (HO, OCH₃) 2AC

Peaks: 53, 80, 94, 109, 140, 155, 165, 181, 197, 239

MW: 239.22796
MM: 239.07937
$C_{11}H_{13}NO_5$
RI: 1815 (calc.)

GC/MS
EI 70 eV
HP 5971A
QI: 894

1-Phenyl-2-bromopropane
2-Bromopropylbenzene
expanded

Peaks: 121, 133, 140, 147, 158, 168, 183, 198, 201, 207

MW: 199.09034
MM: 198.00441
$C_9H_{11}Br$
CAS: 2114-39-8
RI: 1272 (calc.)

GC/MS
EI 70 eV
TSQ 70
QI: 987 VI: 1

m/z: 198

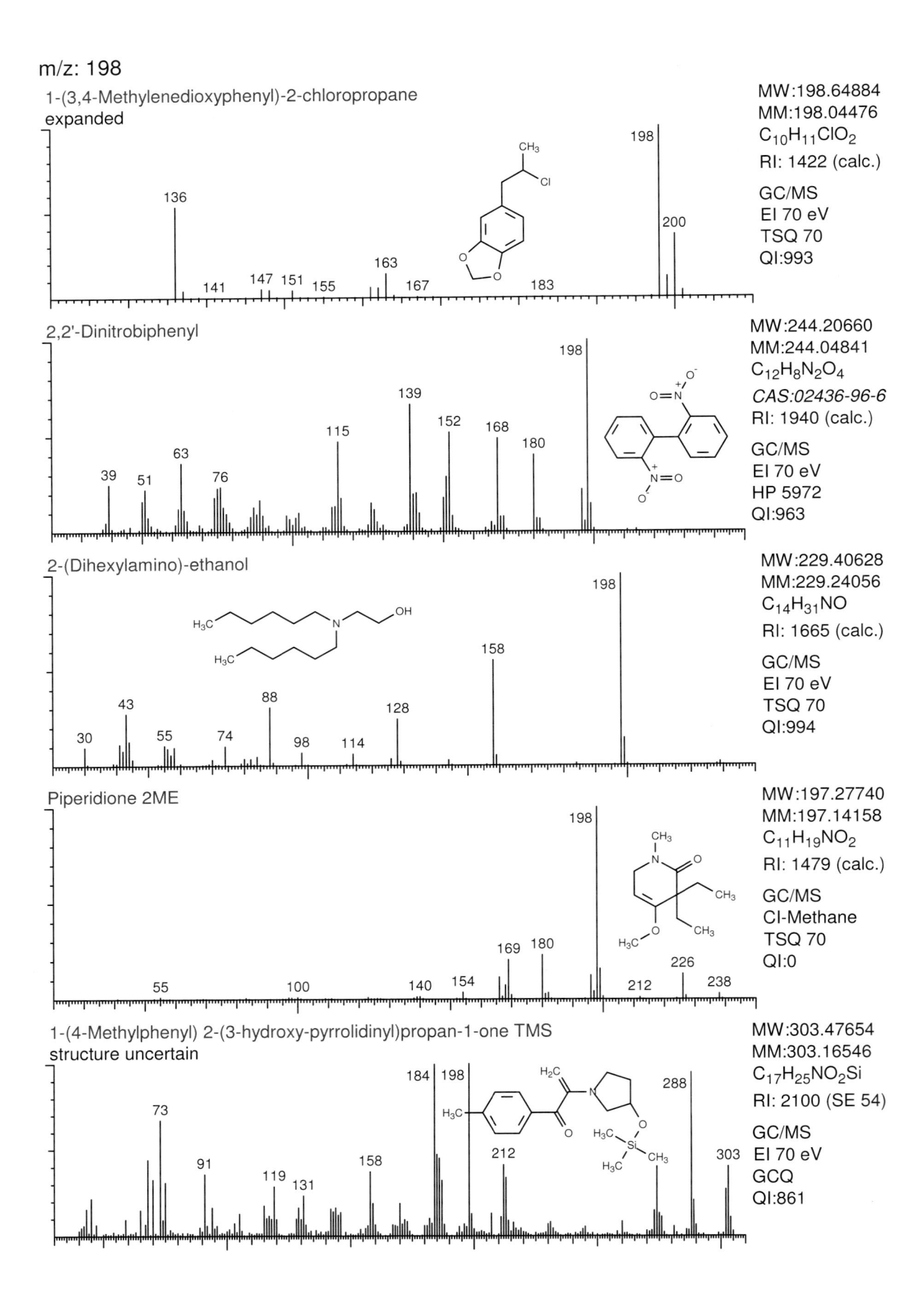

1-(3,4-Methylenedioxyphenyl)-2-chloropropane
expanded

MW:198.64884
MM:198.04476
$C_{10}H_{11}ClO_2$
RI: 1422 (calc.)

GC/MS
EI 70 eV
TSQ 70
QI:993

Peaks: 136, 141, 147, 151, 155, 163, 167, 183, 198, 200

2,2'-Dinitrobiphenyl

MW:244.20660
MM:244.04841
$C_{12}H_8N_2O_4$
CAS:02436-96-6
RI: 1940 (calc.)

GC/MS
EI 70 eV
HP 5972
QI:963

Peaks: 39, 51, 63, 76, 115, 139, 152, 168, 180, 198

2-(Dihexylamino)-ethanol

MW:229.40628
MM:229.24056
$C_{14}H_{31}NO$
RI: 1665 (calc.)

GC/MS
EI 70 eV
TSQ 70
QI:994

Peaks: 30, 43, 55, 74, 88, 98, 114, 128, 158, 198

Piperidione 2ME

MW:197.27740
MM:197.14158
$C_{11}H_{19}NO_2$
RI: 1479 (calc.)

GC/MS
CI-Methane
TSQ 70
QI:0

Peaks: 55, 100, 140, 154, 169, 180, 198, 212, 226, 238

1-(4-Methylphenyl) 2-(3-hydroxy-pyrrolidinyl)propan-1-one TMS
structure uncertain

MW:303.47654
MM:303.16546
$C_{17}H_{25}NO_2Si$
RI: 2100 (SE 54)

GC/MS
EI 70 eV
GCQ
QI:861

Peaks: 73, 91, 119, 131, 158, 184, 198, 212, 288, 303

m/z: 198

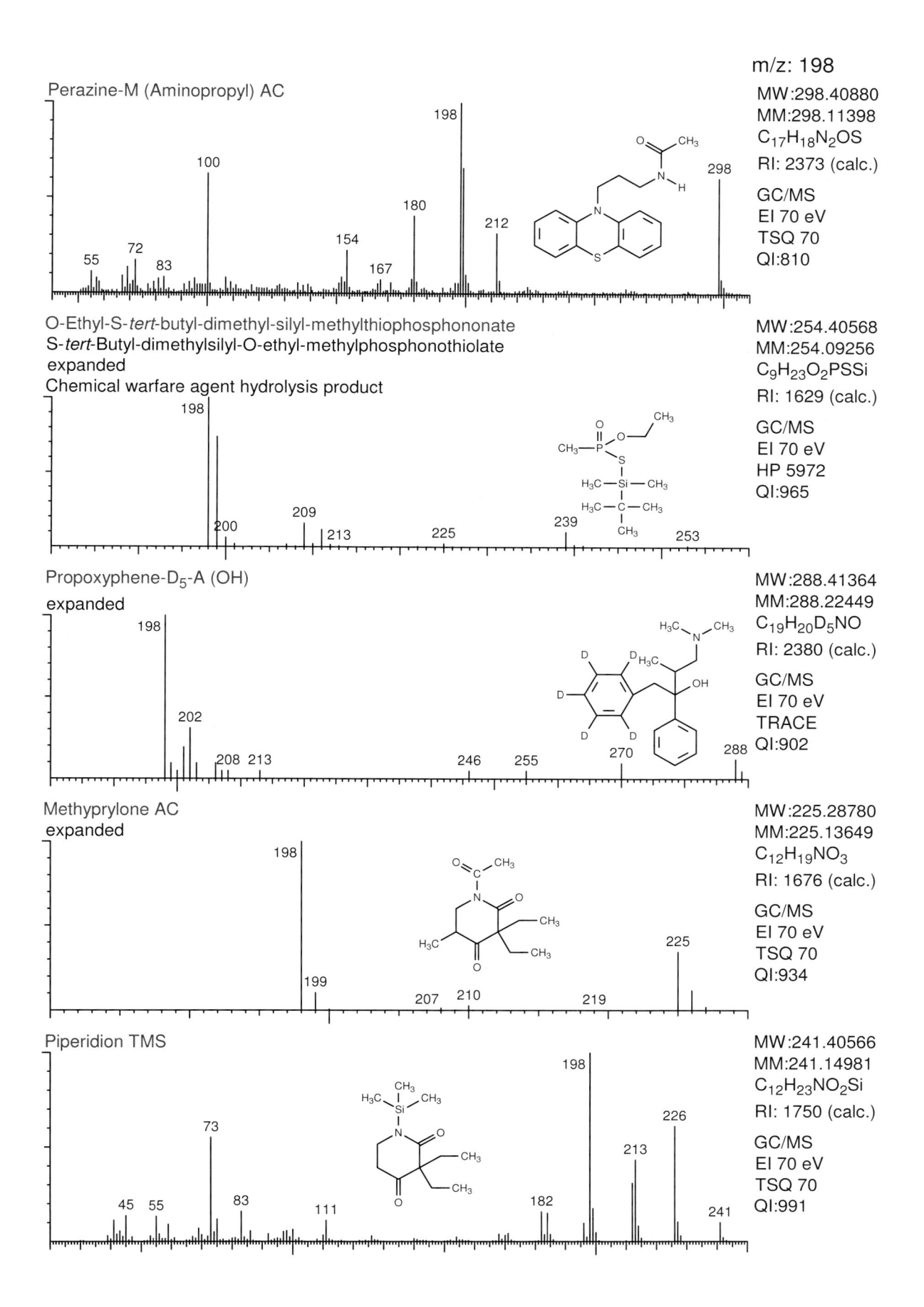

Perazine-M (Aminopropyl) AC

MW: 298.40880
MM: 298.11398
$C_{17}H_{18}N_2OS$
RI: 2373 (calc.)

GC/MS
EI 70 eV
TSQ 70
QI: 810

O-Ethyl-S-*tert*-butyl-dimethyl-silyl-methylthiophosphononate
S-*tert*-Butyl-dimethylsilyl-O-ethyl-methylphosphonothiolate
expanded
Chemical warfare agent hydrolysis product

MW: 254.40568
MM: 254.09256
$C_9H_{23}O_2PSSi$
RI: 1629 (calc.)

GC/MS
EI 70 eV
HP 5972
QI: 965

Propoxyphene-D$_5$-A (OH)
expanded

MW: 288.41364
MM: 288.22449
$C_{19}H_{20}D_5NO$
RI: 2380 (calc.)

GC/MS
EI 70 eV
TRACE
QI: 902

Methyprylone AC
expanded

MW: 225.28780
MM: 225.13649
$C_{12}H_{19}NO_3$
RI: 1676 (calc.)

GC/MS
EI 70 eV
TSQ 70
QI: 934

Piperidion TMS

MW: 241.40566
MM: 241.14981
$C_{12}H_{23}NO_2Si$
RI: 1750 (calc.)

GC/MS
EI 70 eV
TSQ 70
QI: 991

m/z: 198

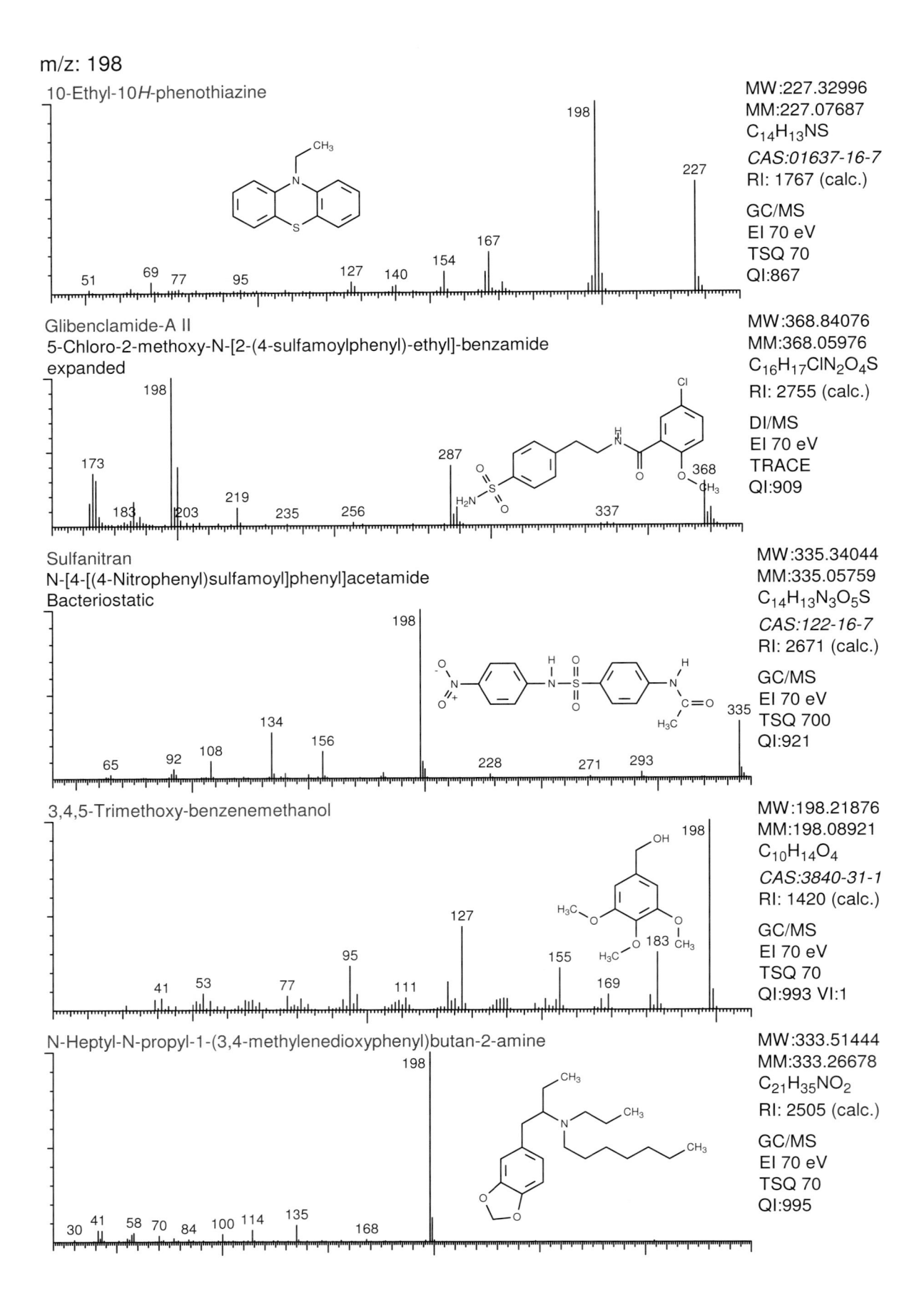

10-Ethyl-10H-phenothiazine

MW:227.32996
MM:227.07687
C$_{14}$H$_{13}$NS
CAS:01637-16-7
RI: 1767 (calc.)

GC/MS
EI 70 eV
TSQ 70
QI:867

Glibenclamide-A II
5-Chloro-2-methoxy-N-[2-(4-sulfamoylphenyl)-ethyl]-benzamide
expanded

MW:368.84076
MM:368.05976
C$_{16}$H$_{17}$ClN$_2$O$_4$S
RI: 2755 (calc.)

DI/MS
EI 70 eV
TRACE
QI:909

Sulfanitran
N-[4-[(4-Nitrophenyl)sulfamoyl]phenyl]acetamide
Bacteriostatic

MW:335.34044
MM:335.05759
C$_{14}$H$_{13}$N$_3$O$_5$S
CAS:122-16-7
RI: 2671 (calc.)

GC/MS
EI 70 eV
TSQ 700
QI:921

3,4,5-Trimethoxy-benzenemethanol

MW:198.21876
MM:198.08921
C$_{10}$H$_{14}$O$_4$
CAS:3840-31-1
RI: 1420 (calc.)

GC/MS
EI 70 eV
TSQ 70
QI:993 VI:1

N-Heptyl-N-propyl-1-(3,4-methylenedioxyphenyl)butan-2-amine

MW:333.51444
MM:333.26678
C$_{21}$H$_{35}$NO$_2$
RI: 2505 (calc.)

GC/MS
EI 70 eV
TSQ 70
QI:995

m/z: 198

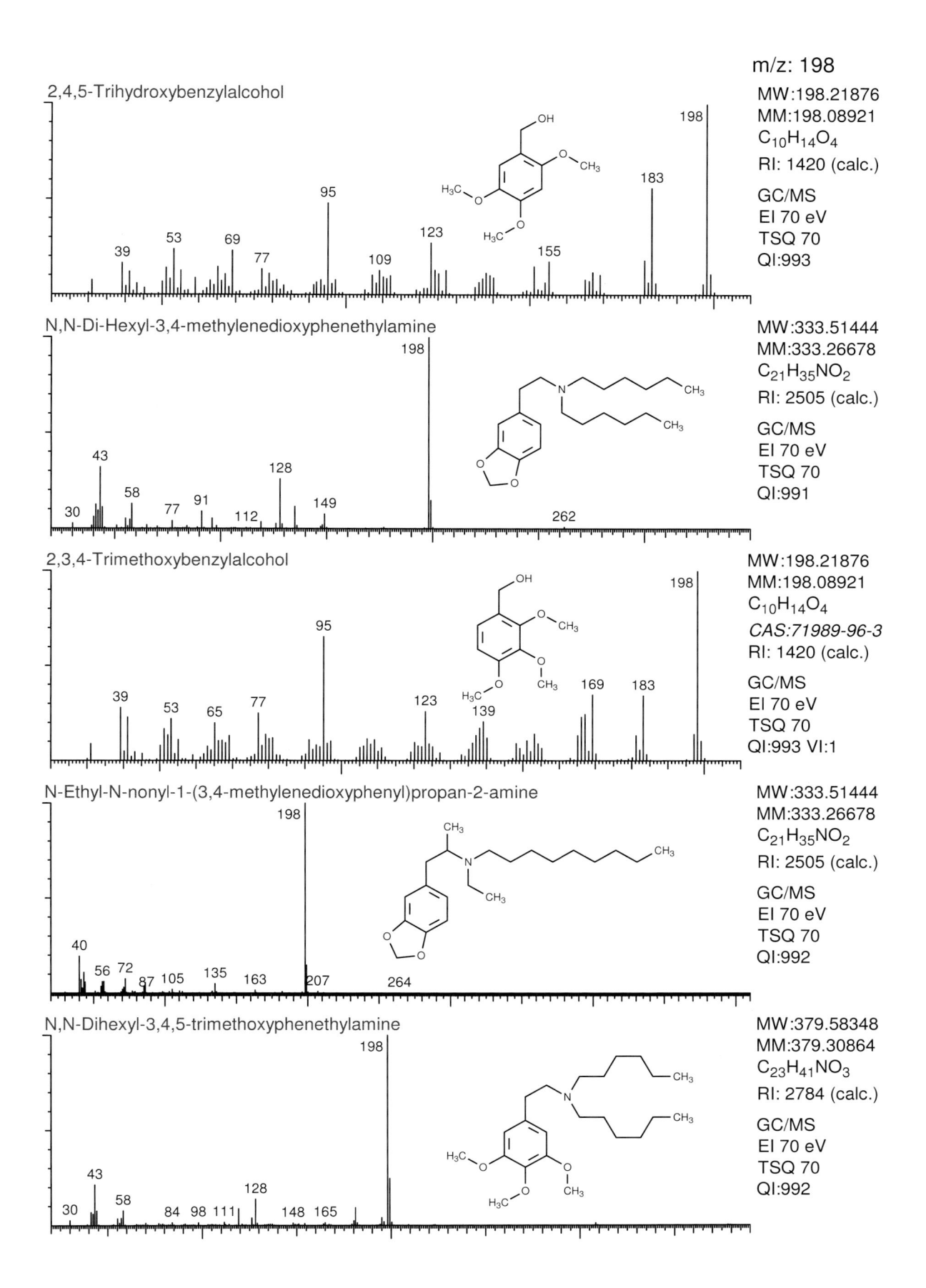

2,4,5-Trihydroxybenzylalcohol

MW: 198.21876
MM: 198.08921
$C_{10}H_{14}O_4$
RI: 1420 (calc.)

GC/MS
EI 70 eV
TSQ 70
QI: 993

N,N-Di-Hexyl-3,4-methylenedioxyphenethylamine

MW: 333.51444
MM: 333.26678
$C_{21}H_{35}NO_2$
RI: 2505 (calc.)

GC/MS
EI 70 eV
TSQ 70
QI: 991

2,3,4-Trimethoxybenzylalcohol

MW: 198.21876
MM: 198.08921
$C_{10}H_{14}O_4$
CAS: 71989-96-3
RI: 1420 (calc.)

GC/MS
EI 70 eV
TSQ 70
QI: 993 VI:1

N-Ethyl-N-nonyl-1-(3,4-methylenedioxyphenyl)propan-2-amine

MW: 333.51444
MM: 333.26678
$C_{21}H_{35}NO_2$
RI: 2505 (calc.)

GC/MS
EI 70 eV
TSQ 70
QI: 992

N,N-Dihexyl-3,4,5-trimethoxyphenethylamine

MW: 379.58348
MM: 379.30864
$C_{23}H_{41}NO_3$
RI: 2784 (calc.)

GC/MS
EI 70 eV
TSQ 70
QI: 992

m/z: 198-199

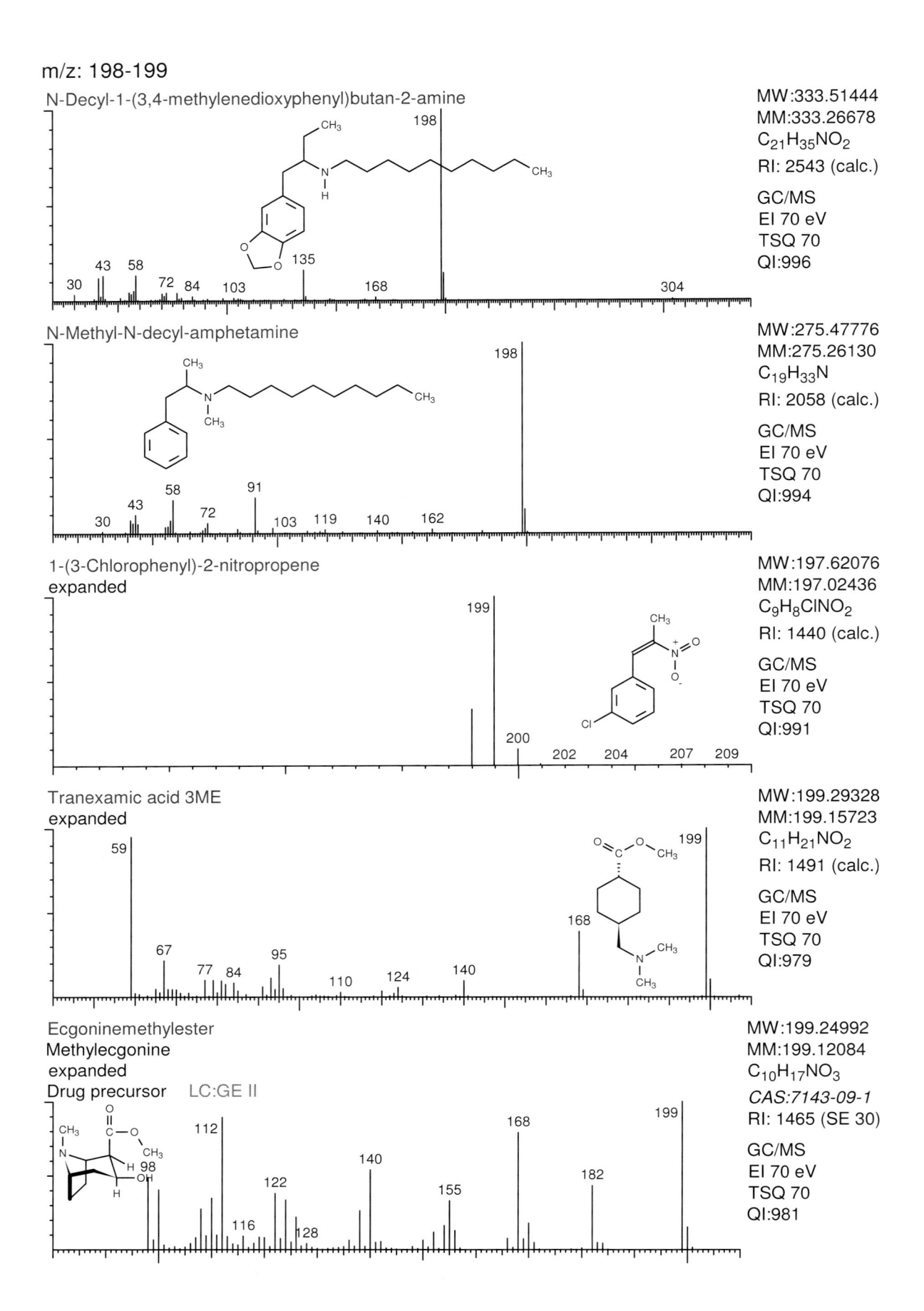

N-Decyl-1-(3,4-methylenedioxyphenyl)butan-2-amine

MW:333.51444
MM:333.26678
$C_{21}H_{35}NO_2$
RI: 2543 (calc.)

GC/MS
EI 70 eV
TSQ 70
QI:996

Peaks: 30, 43, 58, 72, 84, 103, 135, 168, 198, 304

N-Methyl-N-decyl-amphetamine

MW:275.47776
MM:275.26130
$C_{19}H_{33}N$
RI: 2058 (calc.)

GC/MS
EI 70 eV
TSQ 70
QI:994

Peaks: 30, 43, 58, 72, 91, 103, 119, 140, 162, 198

1-(3-Chlorophenyl)-2-nitropropene
expanded

MW:197.62076
MM:197.02436
$C_9H_8ClNO_2$
RI: 1440 (calc.)

GC/MS
EI 70 eV
TSQ 70
QI:991

Peaks: 199, 200

Tranexamic acid 3ME
expanded

MW:199.29328
MM:199.15723
$C_{11}H_{21}NO_2$
RI: 1491 (calc.)

GC/MS
EI 70 eV
TSQ 70
QI:979

Peaks: 59, 67, 77, 84, 95, 110, 124, 140, 168, 199

Ecgoninemethylester
Methylecgonine
expanded
Drug precursor   LC:GE II

MW:199.24992
MM:199.12084
$C_{10}H_{17}NO_3$
CAS:7143-09-1
RI: 1465 (SE 30)

GC/MS
EI 70 eV
TSQ 70
QI:981

Peaks: 98, 112, 116, 122, 128, 140, 155, 168, 182, 199

m/z: 199

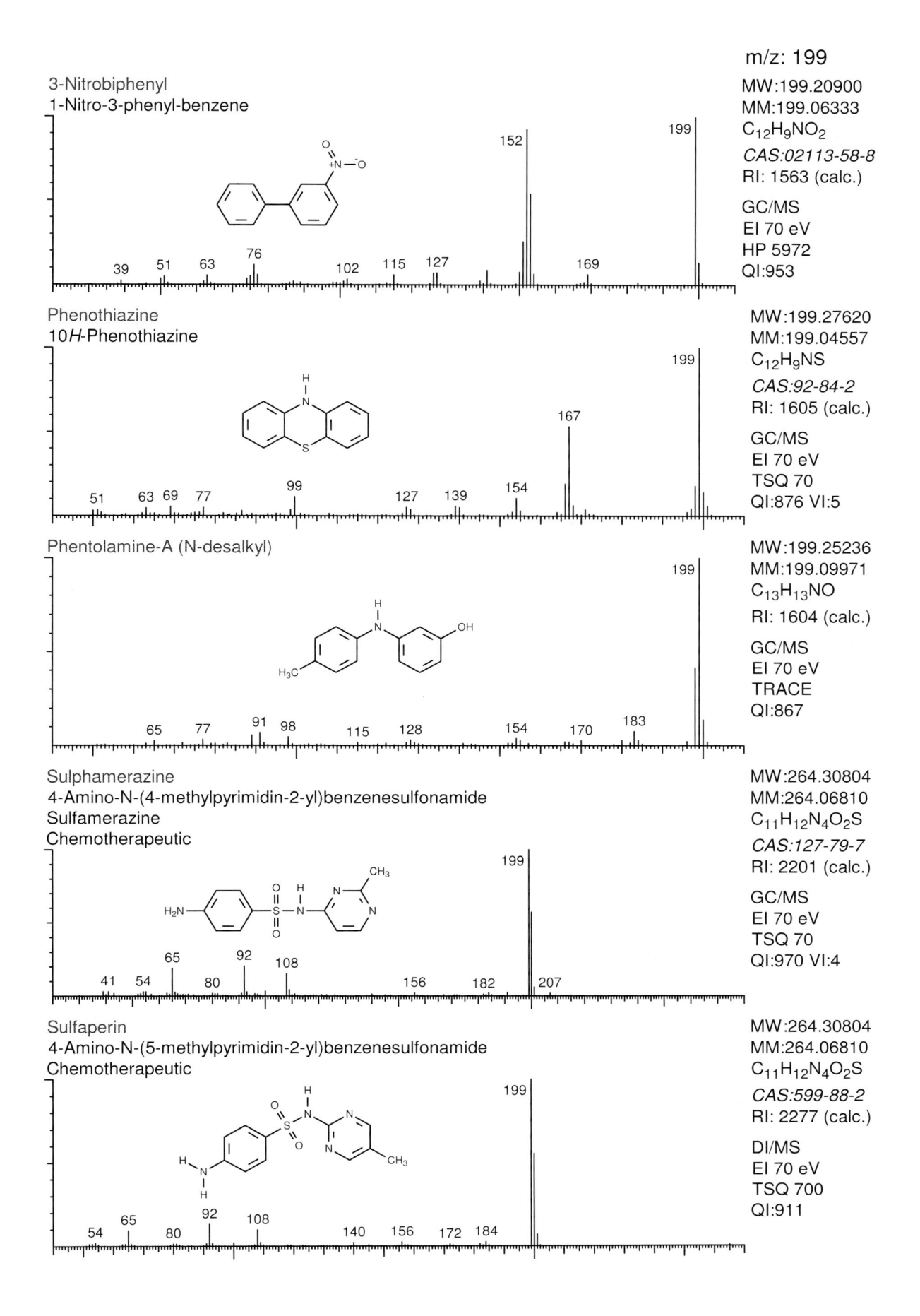

3-Nitrobiphenyl
1-Nitro-3-phenyl-benzene

MW:199.20900
MM:199.06333
$C_{12}H_9NO_2$
CAS:02113-58-8
RI: 1563 (calc.)

GC/MS
EI 70 eV
HP 5972
QI:953

Peaks: 39, 51, 63, 76, 102, 115, 127, 152, 169, 199

Phenothiazine
10H-Phenothiazine

MW:199.27620
MM:199.04557
$C_{12}H_9NS$
CAS:92-84-2
RI: 1605 (calc.)

GC/MS
EI 70 eV
TSQ 70
QI:876 VI:5

Peaks: 51, 63, 69, 77, 99, 127, 139, 154, 167, 199

Phentolamine-A (N-desalkyl)

MW:199.25236
MM:199.09971
$C_{13}H_{13}NO$
RI: 1604 (calc.)

GC/MS
EI 70 eV
TRACE
QI:867

Peaks: 65, 77, 91, 98, 115, 128, 154, 170, 183, 199

Sulphamerazine
4-Amino-N-(4-methylpyrimidin-2-yl)benzenesulfonamide
Sulfamerazine
Chemotherapeutic

MW:264.30804
MM:264.06810
$C_{11}H_{12}N_4O_2S$
CAS:127-79-7
RI: 2201 (calc.)

GC/MS
EI 70 eV
TSQ 70
QI:970 VI:4

Peaks: 41, 54, 65, 80, 92, 108, 156, 182, 199, 207

Sulfaperin
4-Amino-N-(5-methylpyrimidin-2-yl)benzenesulfonamide
Chemotherapeutic

MW:264.30804
MM:264.06810
$C_{11}H_{12}N_4O_2S$
CAS:599-88-2
RI: 2277 (calc.)

DI/MS
EI 70 eV
TSQ 700
QI:911

Peaks: 54, 65, 80, 92, 108, 140, 156, 172, 184, 199

m/z: 199

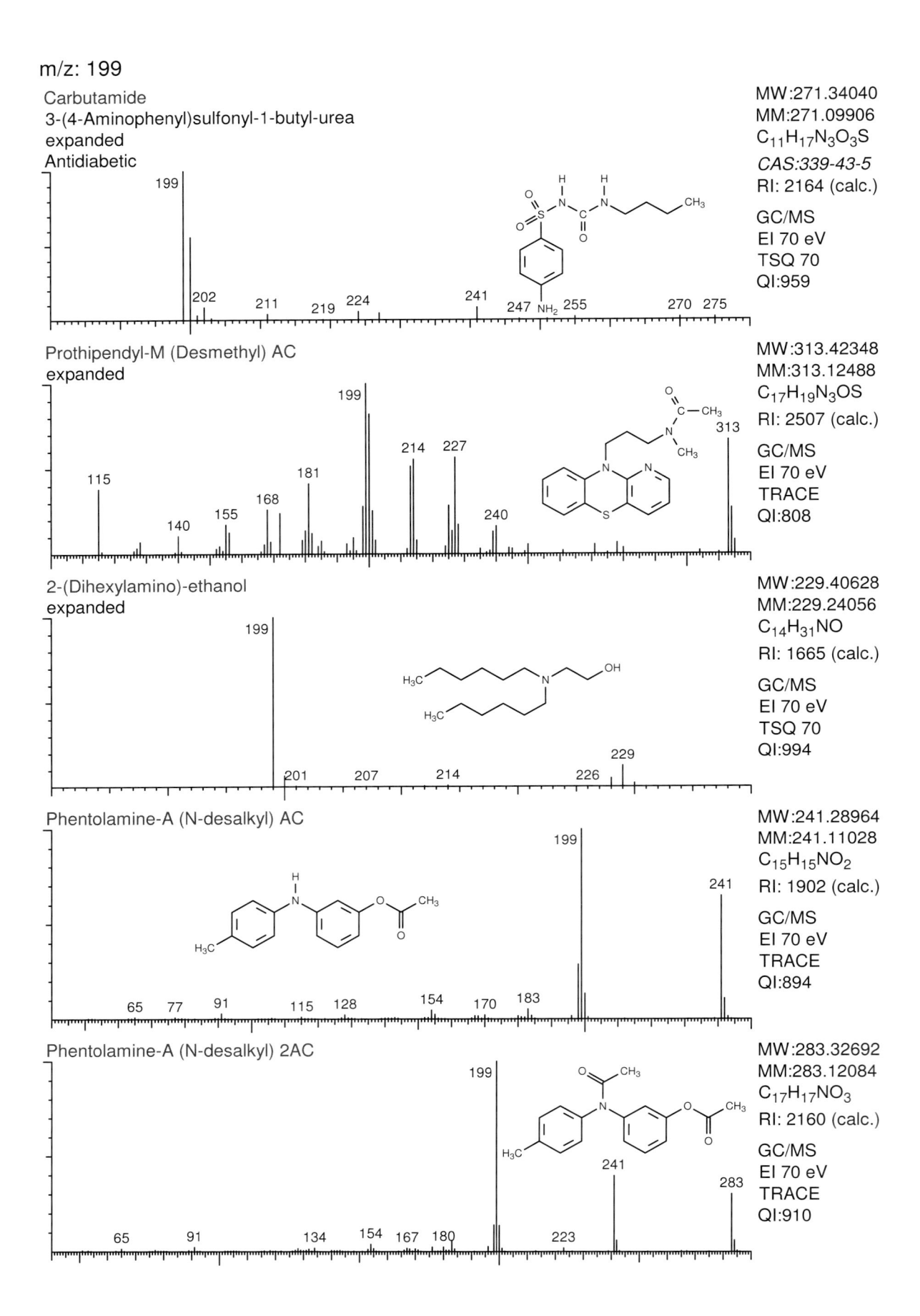

Carbutamide
3-(4-Aminophenyl)sulfonyl-1-butyl-urea
expanded
Antidiabetic

MW:271.34040
MM:271.09906
$C_{11}H_{17}N_3O_3S$
CAS:339-43-5
RI: 2164 (calc.)

GC/MS
EI 70 eV
TSQ 70
QI:959

Peaks: 199, 202, 211, 219, 224, 241, 247, 255, 270, 275

Prothipendyl-M (Desmethyl) AC
expanded

MW:313.42348
MM:313.12488
$C_{17}H_{19}N_3OS$
RI: 2507 (calc.)

GC/MS
EI 70 eV
TRACE
QI:808

Peaks: 115, 140, 155, 168, 181, 199, 214, 227, 240, 313

2-(Dihexylamino)-ethanol
expanded

MW:229.40628
MM:229.24056
$C_{14}H_{31}NO$
RI: 1665 (calc.)

GC/MS
EI 70 eV
TSQ 70
QI:994

Peaks: 199, 201, 207, 214, 226, 229

Phentolamine-A (N-desalkyl) AC

MW:241.28964
MM:241.11028
$C_{15}H_{15}NO_2$
RI: 1902 (calc.)

GC/MS
EI 70 eV
TRACE
QI:894

Peaks: 65, 77, 91, 115, 128, 154, 170, 183, 199, 241

Phentolamine-A (N-desalkyl) 2AC

MW:283.32692
MM:283.12084
$C_{17}H_{17}NO_3$
RI: 2160 (calc.)

GC/MS
EI 70 eV
TRACE
QI:910

Peaks: 65, 91, 134, 154, 167, 180, 199, 223, 241, 283

m/z: 199

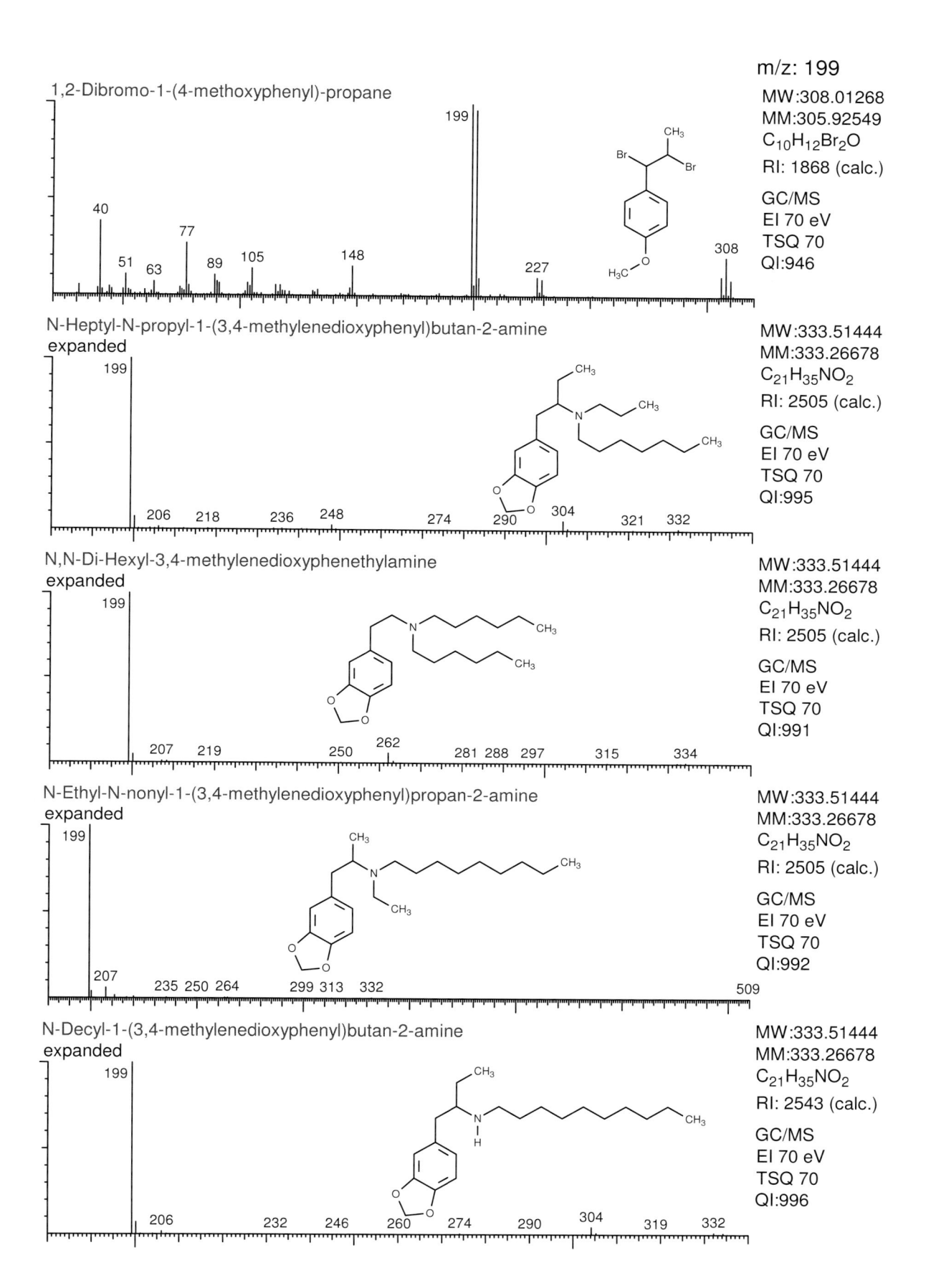

1,2-Dibromo-1-(4-methoxyphenyl)-propane

MW:308.01268
MM:305.92549
C$_{10}$H$_{12}$Br$_2$O
RI: 1868 (calc.)

GC/MS
EI 70 eV
TSQ 70
QI:946

N-Heptyl-N-propyl-1-(3,4-methylenedioxyphenyl)butan-2-amine expanded

MW:333.51444
MM:333.26678
C$_{21}$H$_{35}$NO$_2$
RI: 2505 (calc.)

GC/MS
EI 70 eV
TSQ 70
QI:995

N,N-Di-Hexyl-3,4-methylenedioxyphenethylamine expanded

MW:333.51444
MM:333.26678
C$_{21}$H$_{35}$NO$_2$
RI: 2505 (calc.)

GC/MS
EI 70 eV
TSQ 70
QI:991

N-Ethyl-N-nonyl-1-(3,4-methylenedioxyphenyl)propan-2-amine expanded

MW:333.51444
MM:333.26678
C$_{21}$H$_{35}$NO$_2$
RI: 2505 (calc.)

GC/MS
EI 70 eV
TSQ 70
QI:992

N-Decyl-1-(3,4-methylenedioxyphenyl)butan-2-amine expanded

MW:333.51444
MM:333.26678
C$_{21}$H$_{35}$NO$_2$
RI: 2543 (calc.)

GC/MS
EI 70 eV
TSQ 70
QI:996

m/z: 199-200

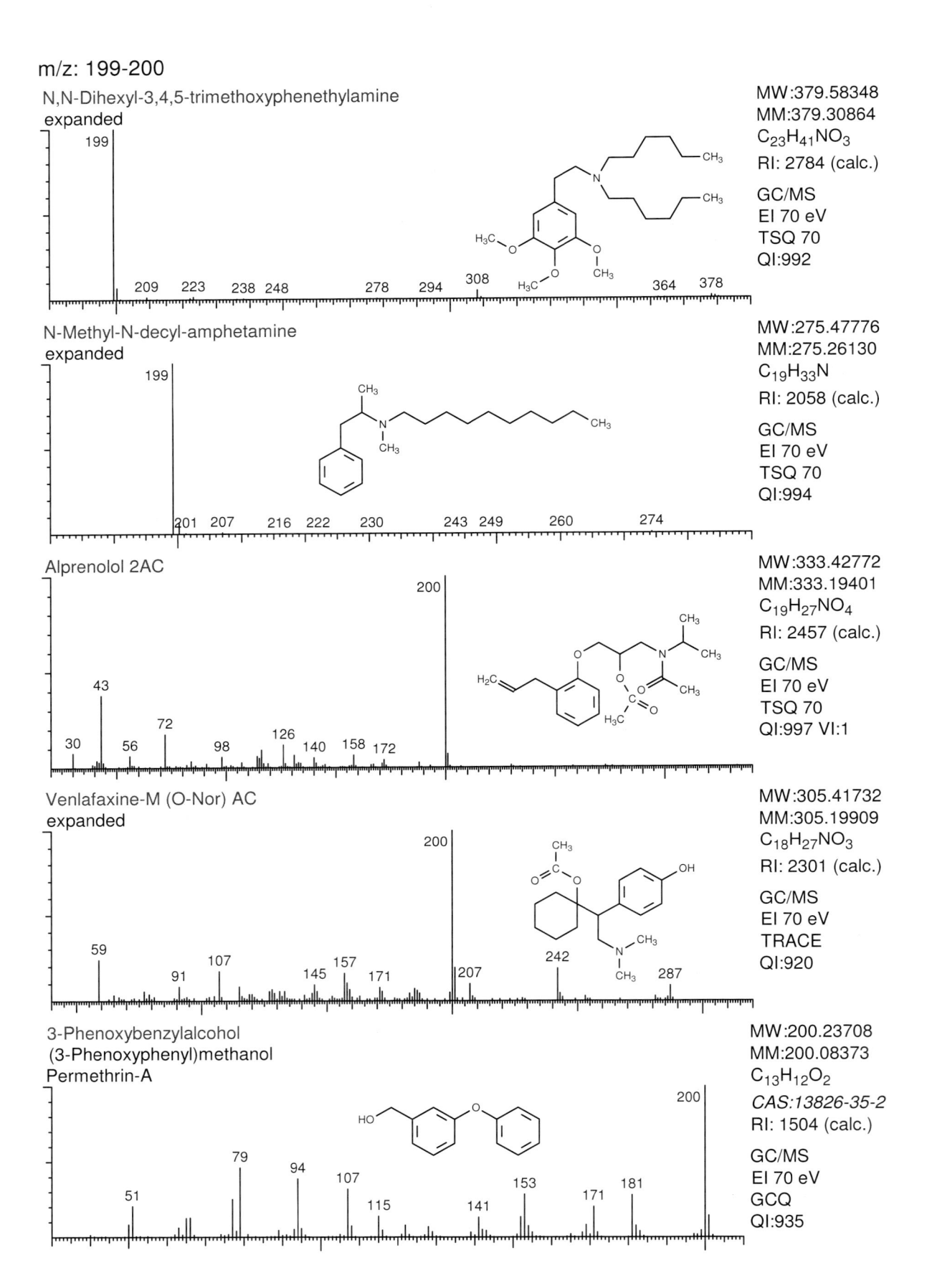

N,N-Dihexyl-3,4,5-trimethoxyphenethylamine expanded

MW:379.58348
MM:379.30864
C$_{23}$H$_{41}$NO$_3$
RI: 2784 (calc.)

GC/MS
EI 70 eV
TSQ 70
QI:992

N-Methyl-N-decyl-amphetamine expanded

MW:275.47776
MM:275.26130
C$_{19}$H$_{33}$N
RI: 2058 (calc.)

GC/MS
EI 70 eV
TSQ 70
QI:994

Alprenolol 2AC

MW:333.42772
MM:333.19401
C$_{19}$H$_{27}$NO$_4$
RI: 2457 (calc.)

GC/MS
EI 70 eV
TSQ 70
QI:997 VI:1

Venlafaxine-M (O-Nor) AC expanded

MW:305.41732
MM:305.19909
C$_{18}$H$_{27}$NO$_3$
RI: 2301 (calc.)

GC/MS
EI 70 eV
TRACE
QI:920

3-Phenoxybenzylalcohol
(3-Phenoxyphenyl)methanol
Permethrin-A

MW:200.23708
MM:200.08373
C$_{13}$H$_{12}$O$_2$
CAS:13826-35-2
RI: 1504 (calc.)

GC/MS
EI 70 eV
GCQ
QI:935

m/z: 200

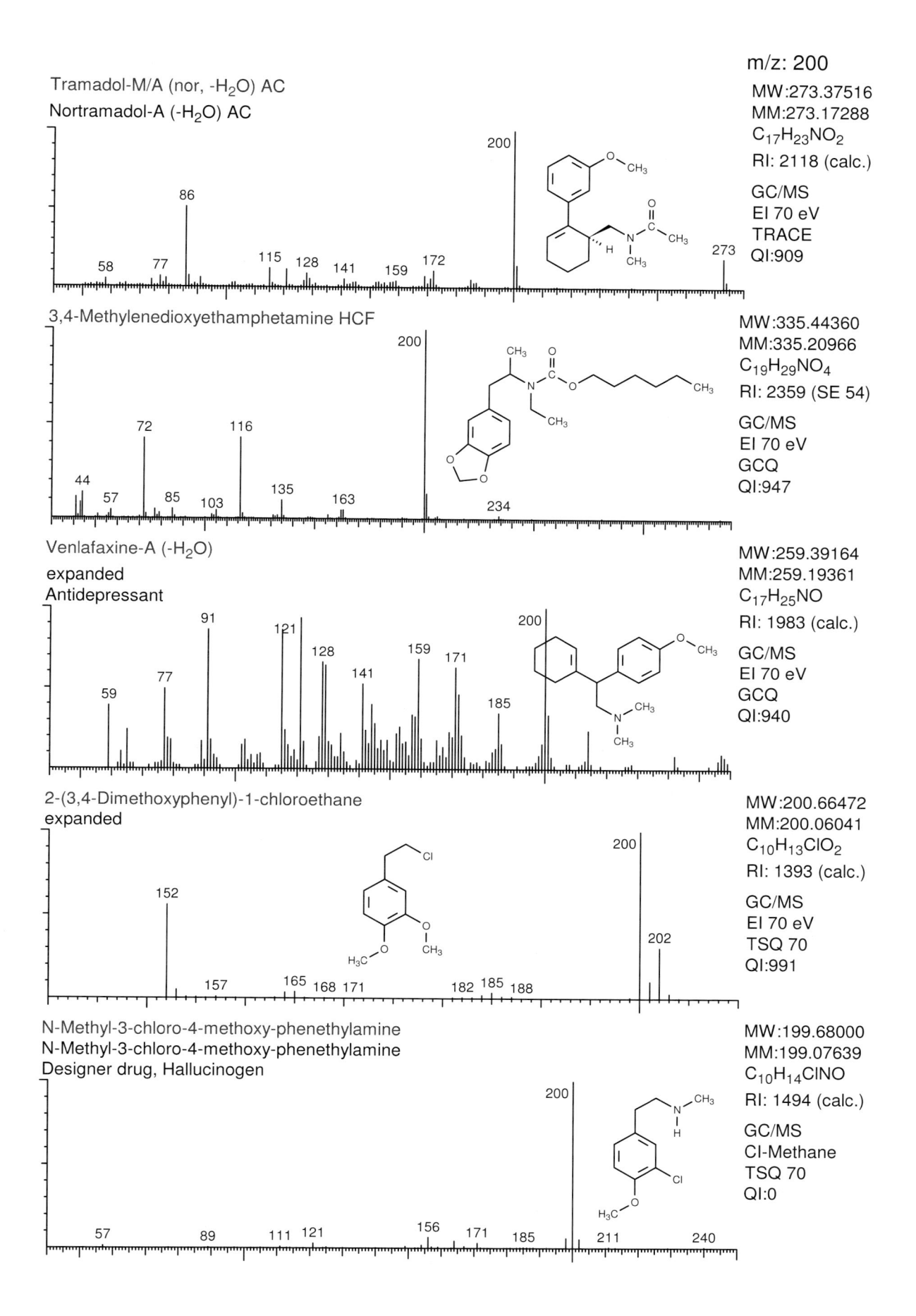

Tramadol-M/A (nor, -H₂O) AC
Nortramadol-A (-H₂O) AC

Peaks: 58, 77, 86, 115, 128, 141, 159, 172, 200, 273

MW: 273.37516
MM: 273.17288
$C_{17}H_{23}NO_2$
RI: 2118 (calc.)

GC/MS
EI 70 eV
TRACE
QI: 909

3,4-Methylenedioxyethamphetamine HCF

Peaks: 44, 57, 72, 85, 103, 116, 135, 163, 200, 234

MW: 335.44360
MM: 335.20966
$C_{19}H_{29}NO_4$
RI: 2359 (SE 54)

GC/MS
EI 70 eV
GCQ
QI: 947

Venlafaxine-A (-H₂O)
expanded
Antidepressant

Peaks: 59, 77, 91, 121, 128, 141, 159, 171, 185, 200

MW: 259.39164
MM: 259.19361
$C_{17}H_{25}NO$
RI: 1983 (calc.)

GC/MS
EI 70 eV
GCQ
QI: 940

2-(3,4-Dimethoxyphenyl)-1-chloroethane
expanded

Peaks: 152, 157, 165, 168, 171, 182, 185, 188, 200, 202

MW: 200.66472
MM: 200.06041
$C_{10}H_{13}ClO_2$
RI: 1393 (calc.)

GC/MS
EI 70 eV
TSQ 70
QI: 991

N-Methyl-3-chloro-4-methoxy-phenethylamine
N-Methyl-3-chloro-4-methoxy-phenethylamine
Designer drug, Hallucinogen

Peaks: 57, 89, 111, 121, 156, 171, 185, 200, 211, 240

MW: 199.68000
MM: 199.07639
$C_{10}H_{14}ClNO$
RI: 1494 (calc.)

GC/MS
CI-Methane
TSQ 70
QI: 0

m/z: 200

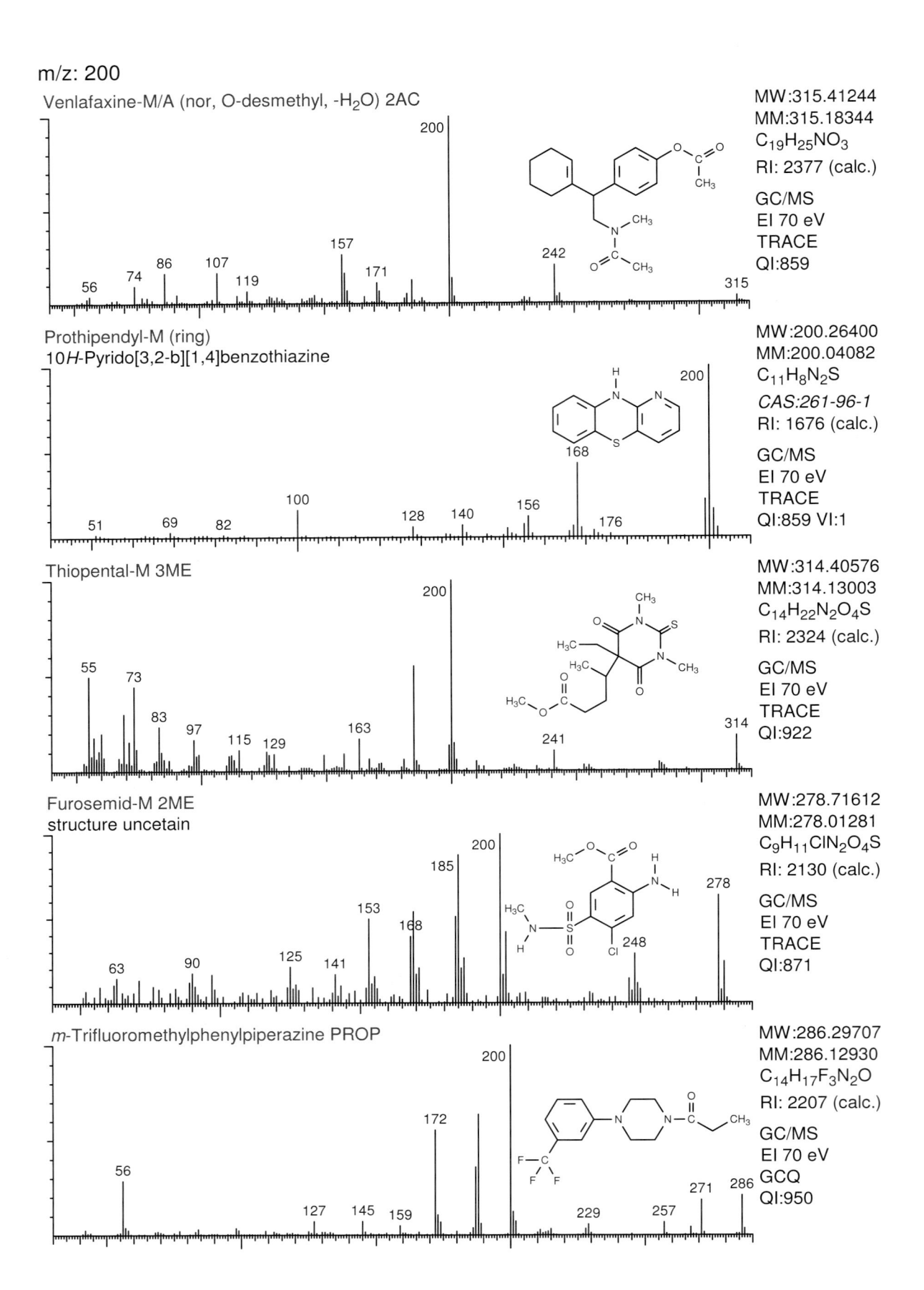

Venlafaxine-M/A (nor, O-desmethyl, -H₂O) 2AC

MW:315.41244
MM:315.18344
$C_{19}H_{25}NO_3$
RI: 2377 (calc.)

GC/MS
EI 70 eV
TRACE
QI:859

Prothipendyl-M (ring)
10H-Pyrido[3,2-b][1,4]benzothiazine

MW:200.26400
MM:200.04082
$C_{11}H_8N_2S$
CAS:261-96-1
RI: 1676 (calc.)

GC/MS
EI 70 eV
TRACE
QI:859 VI:1

Thiopental-M 3ME

MW:314.40576
MM:314.13003
$C_{14}H_{22}N_2O_4S$
RI: 2324 (calc.)

GC/MS
EI 70 eV
TRACE
QI:922

Furosemid-M 2ME
structure uncetain

MW:278.71612
MM:278.01281
$C_9H_{11}ClN_2O_4S$
RI: 2130 (calc.)

GC/MS
EI 70 eV
TRACE
QI:871

m-Trifluoromethylphenylpiperazine PROP

MW:286.29707
MM:286.12930
$C_{14}H_{17}F_3N_2O$
RI: 2207 (calc.)

GC/MS
EI 70 eV
GCQ
QI:950

m/z: 200

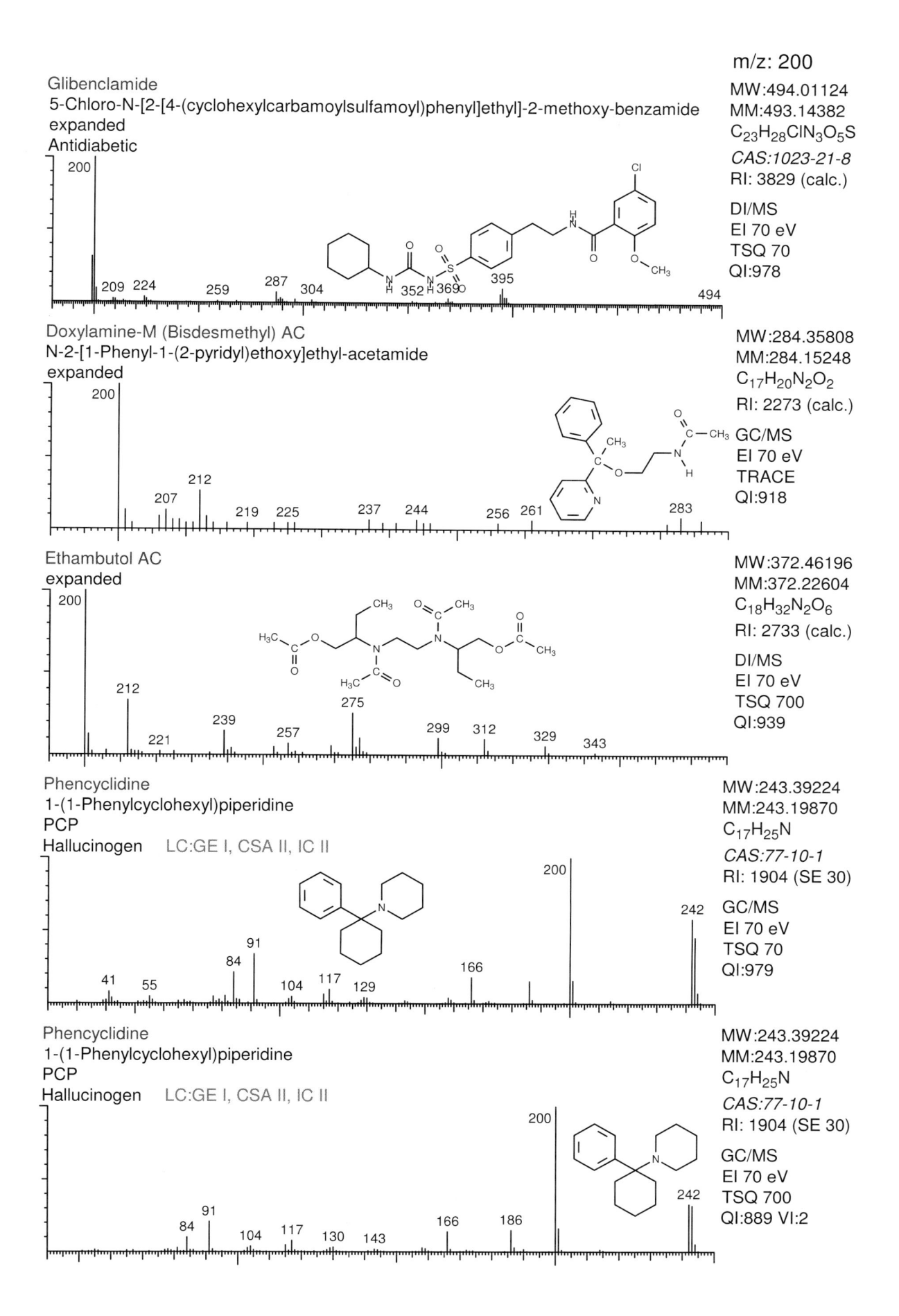

Glibenclamide
5-Chloro-N-[2-[4-(cyclohexylcarbamoylsulfamoyl)phenyl]ethyl]-2-methoxy-benzamide
expanded
Antidiabetic

MW: 494.01124
MM: 493.14382
$C_{23}H_{28}ClN_3O_5S$
CAS: 1023-21-8
RI: 3829 (calc.)

DI/MS
EI 70 eV
TSQ 70
QI: 978

Peaks: 200, 209, 224, 259, 287, 304, 352, 369, 395, 494

Doxylamine-M (Bisdesmethyl) AC
N-2-[1-Phenyl-1-(2-pyridyl)ethoxy]ethyl-acetamide
expanded

MW: 284.35808
MM: 284.15248
$C_{17}H_{20}N_2O_2$
RI: 2273 (calc.)

GC/MS
EI 70 eV
TRACE
QI: 918

Peaks: 200, 207, 212, 219, 225, 237, 244, 256, 261, 283

Ethambutol AC
expanded

MW: 372.46196
MM: 372.22604
$C_{18}H_{32}N_2O_6$
RI: 2733 (calc.)

DI/MS
EI 70 eV
TSQ 700
QI: 939

Peaks: 200, 212, 221, 239, 257, 275, 299, 312, 329, 343

Phencyclidine
1-(1-Phenylcyclohexyl)piperidine
PCP
Hallucinogen   LC: GE I, CSA II, IC II

MW: 243.39224
MM: 243.19870
$C_{17}H_{25}N$
CAS: 77-10-1
RI: 1904 (SE 30)

GC/MS
EI 70 eV
TSQ 70
QI: 979

Peaks: 41, 55, 84, 91, 104, 117, 129, 166, 200, 242

Phencyclidine
1-(1-Phenylcyclohexyl)piperidine
PCP
Hallucinogen   LC: GE I, CSA II, IC II

MW: 243.39224
MM: 243.19870
$C_{17}H_{25}N$
CAS: 77-10-1
RI: 1904 (SE 30)

GC/MS
EI 70 eV
TSQ 700
QI: 889 VI: 2

Peaks: 84, 91, 104, 117, 130, 143, 166, 186, 200, 242

1237

m/z: 200

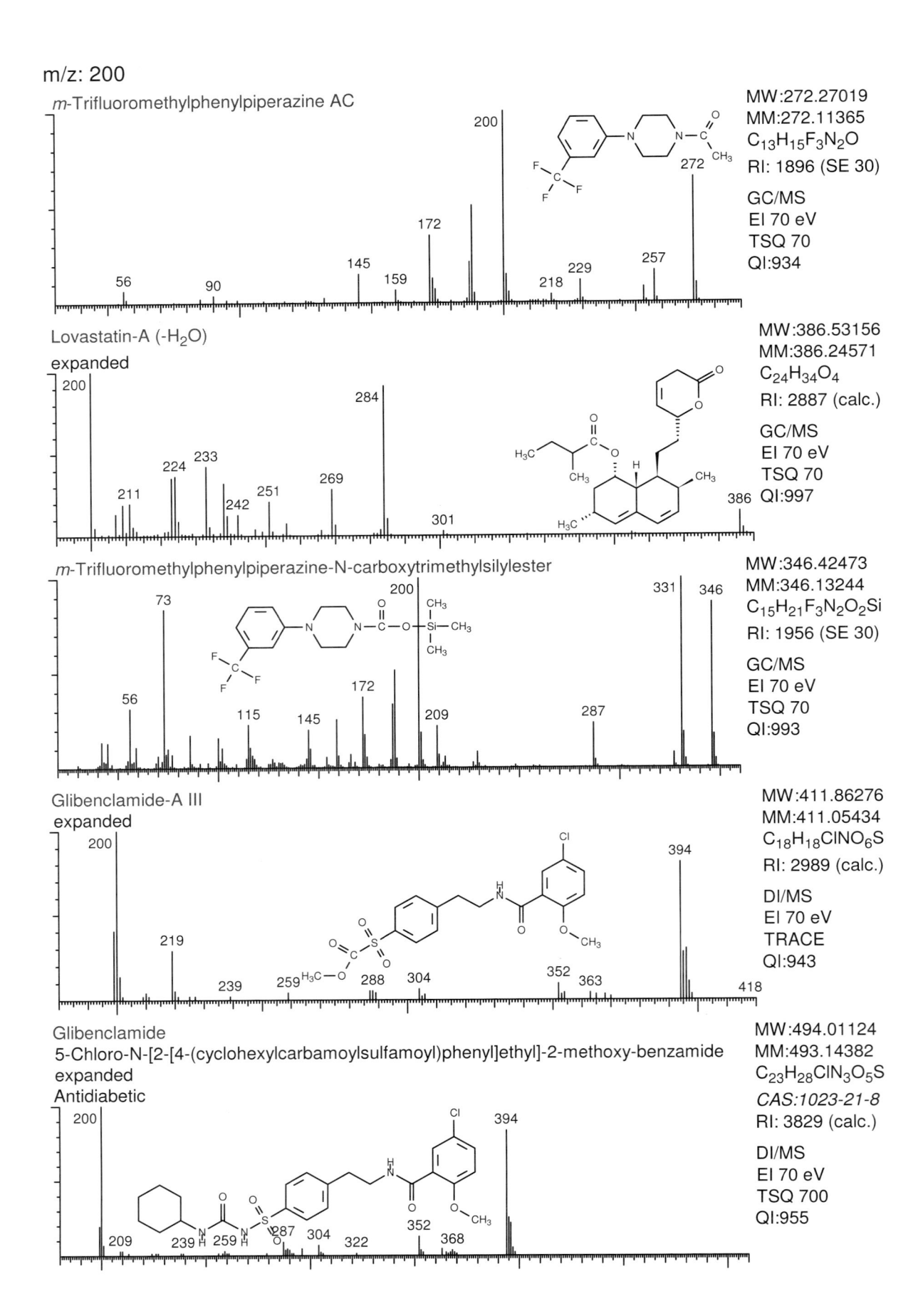

m-Trifluoromethylphenylpiperazine AC

MW: 272.27019
MM: 272.11365
$C_{13}H_{15}F_3N_2O$
RI: 1896 (SE 30)

GC/MS
EI 70 eV
TSQ 70
QI: 934

Lovastatin-A (-H₂O)
expanded

MW: 386.53156
MM: 386.24571
$C_{24}H_{34}O_4$
RI: 2887 (calc.)

GC/MS
EI 70 eV
TSQ 70
QI: 997

m-Trifluoromethylphenylpiperazine-N-carboxytrimethylsilylester

MW: 346.42473
MM: 346.13244
$C_{15}H_{21}F_3N_2O_2Si$
RI: 1956 (SE 30)

GC/MS
EI 70 eV
TSQ 70
QI: 993

Glibenclamide-A III
expanded

MW: 411.86276
MM: 411.05434
$C_{18}H_{18}ClNO_6S$
RI: 2989 (calc.)

DI/MS
EI 70 eV
TRACE
QI: 943

Glibenclamide
5-Chloro-N-[2-[4-(cyclohexylcarbamoylsulfamoyl)phenyl]ethyl]-2-methoxy-benzamide
expanded
Antidiabetic

MW: 494.01124
MM: 493.14382
$C_{23}H_{28}ClN_3O_5S$
CAS: 1023-21-8
RI: 3829 (calc.)

DI/MS
EI 70 eV
TSQ 700
QI: 955

m/z: 200-201

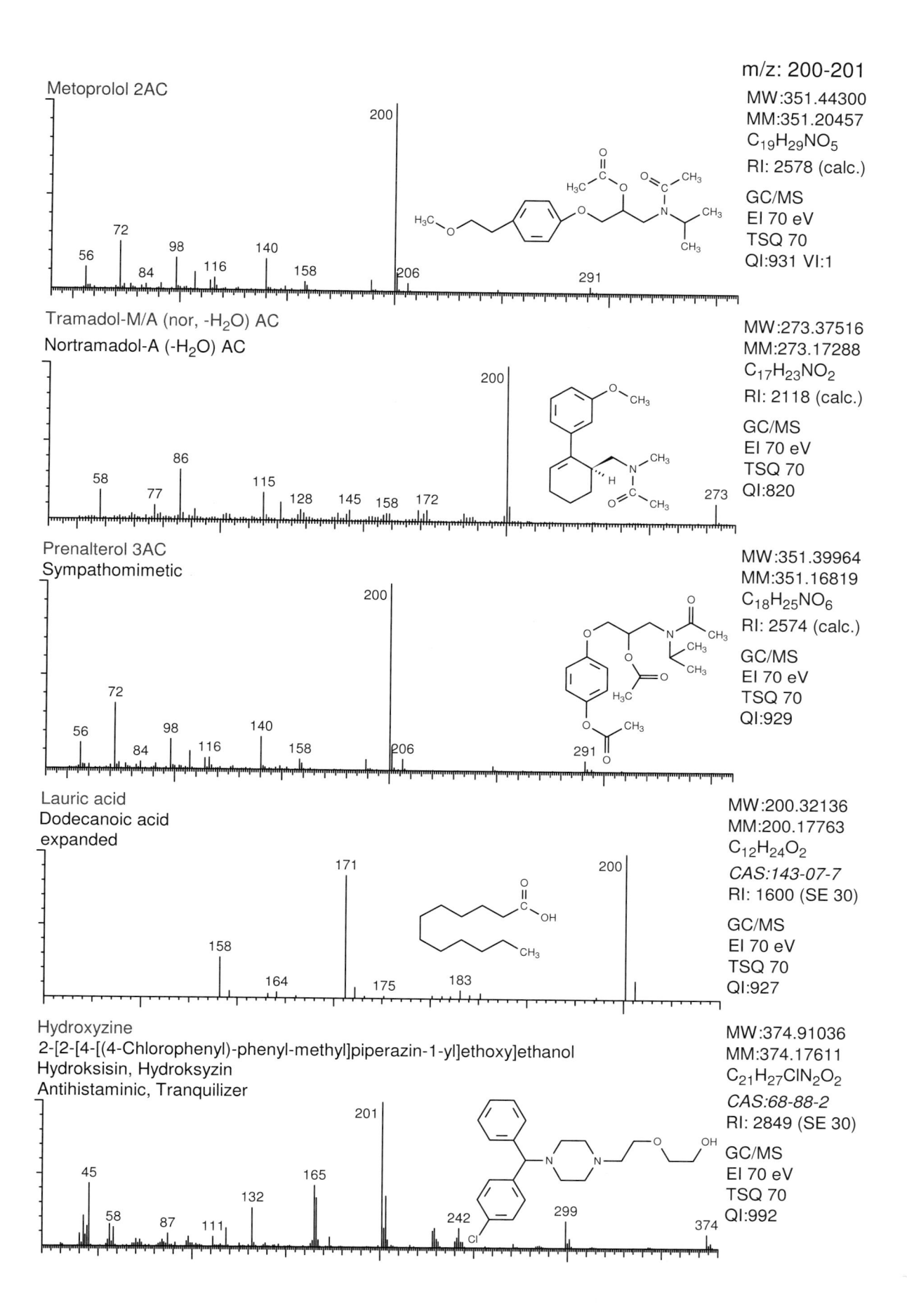

Metoprolol 2AC

MW: 351.44300
MM: 351.20457
$C_{19}H_{29}NO_5$
RI: 2578 (calc.)

GC/MS
EI 70 eV
TSQ 70
QI: 931 VI:1

Tramadol-M/A (nor, -H₂O) AC
Nortramadol-A (-H₂O) AC

MW: 273.37516
MM: 273.17288
$C_{17}H_{23}NO_2$
RI: 2118 (calc.)

GC/MS
EI 70 eV
TSQ 70
QI: 820

Prenalterol 3AC
Sympathomimetic

MW: 351.39964
MM: 351.16819
$C_{18}H_{25}NO_6$
RI: 2574 (calc.)

GC/MS
EI 70 eV
TSQ 70
QI: 929

Lauric acid
Dodecanoic acid
expanded

MW: 200.32136
MM: 200.17763
$C_{12}H_{24}O_2$
CAS: 143-07-7
RI: 1600 (SE 30)

GC/MS
EI 70 eV
TSQ 70
QI: 927

Hydroxyzine
2-[2-[4-[(4-Chlorophenyl)-phenyl-methyl]piperazin-1-yl]ethoxy]ethanol
Hydroksisin, Hydroksyzin
Antihistaminic, Tranquilizer

MW: 374.91036
MM: 374.17611
$C_{21}H_{27}ClN_2O_2$
CAS: 68-88-2
RI: 2849 (SE 30)

GC/MS
EI 70 eV
TSQ 70
QI: 992

m/z: 201

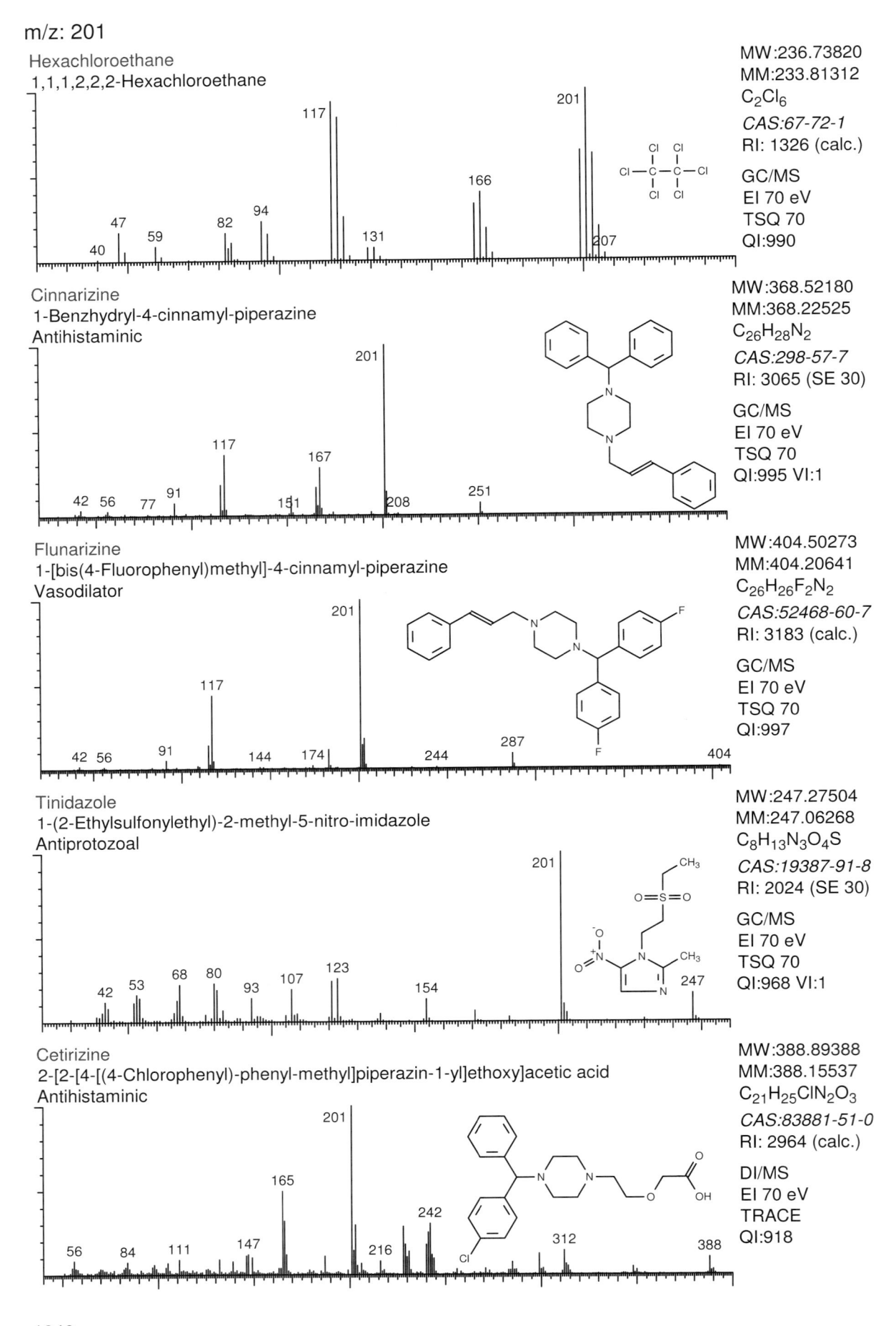

Hexachloroethane
1,1,1,2,2,2-Hexachloroethane

MW:236.73820
MM:233.81312
C$_2$Cl$_6$
CAS:67-72-1
RI: 1326 (calc.)

GC/MS
EI 70 eV
TSQ 70
QI:990

Cinnarizine
1-Benzhydryl-4-cinnamyl-piperazine
Antihistaminic

MW:368.52180
MM:368.22525
C$_{26}$H$_{28}$N$_2$
CAS:298-57-7
RI: 3065 (SE 30)

GC/MS
EI 70 eV
TSQ 70
QI:995 VI:1

Flunarizine
1-[bis(4-Fluorophenyl)methyl]-4-cinnamyl-piperazine
Vasodilator

MW:404.50273
MM:404.20641
C$_{26}$H$_{26}$F$_2$N$_2$
CAS:52468-60-7
RI: 3183 (calc.)

GC/MS
EI 70 eV
TSQ 70
QI:997

Tinidazole
1-(2-Ethylsulfonylethyl)-2-methyl-5-nitro-imidazole
Antiprotozoal

MW:247.27504
MM:247.06268
C$_8$H$_{13}$N$_3$O$_4$S
CAS:19387-91-8
RI: 2024 (SE 30)

GC/MS
EI 70 eV
TSQ 70
QI:968 VI:1

Cetirizine
2-[2-[4-[(4-Chlorophenyl)-phenyl-methyl]piperazin-1-yl]ethoxy]acetic acid
Antihistaminic

MW:388.89388
MM:388.15537
C$_{21}$H$_{25}$ClN$_2$O$_3$
CAS:83881-51-0
RI: 2964 (calc.)

DI/MS
EI 70 eV
TRACE
QI:918

m/z: 201

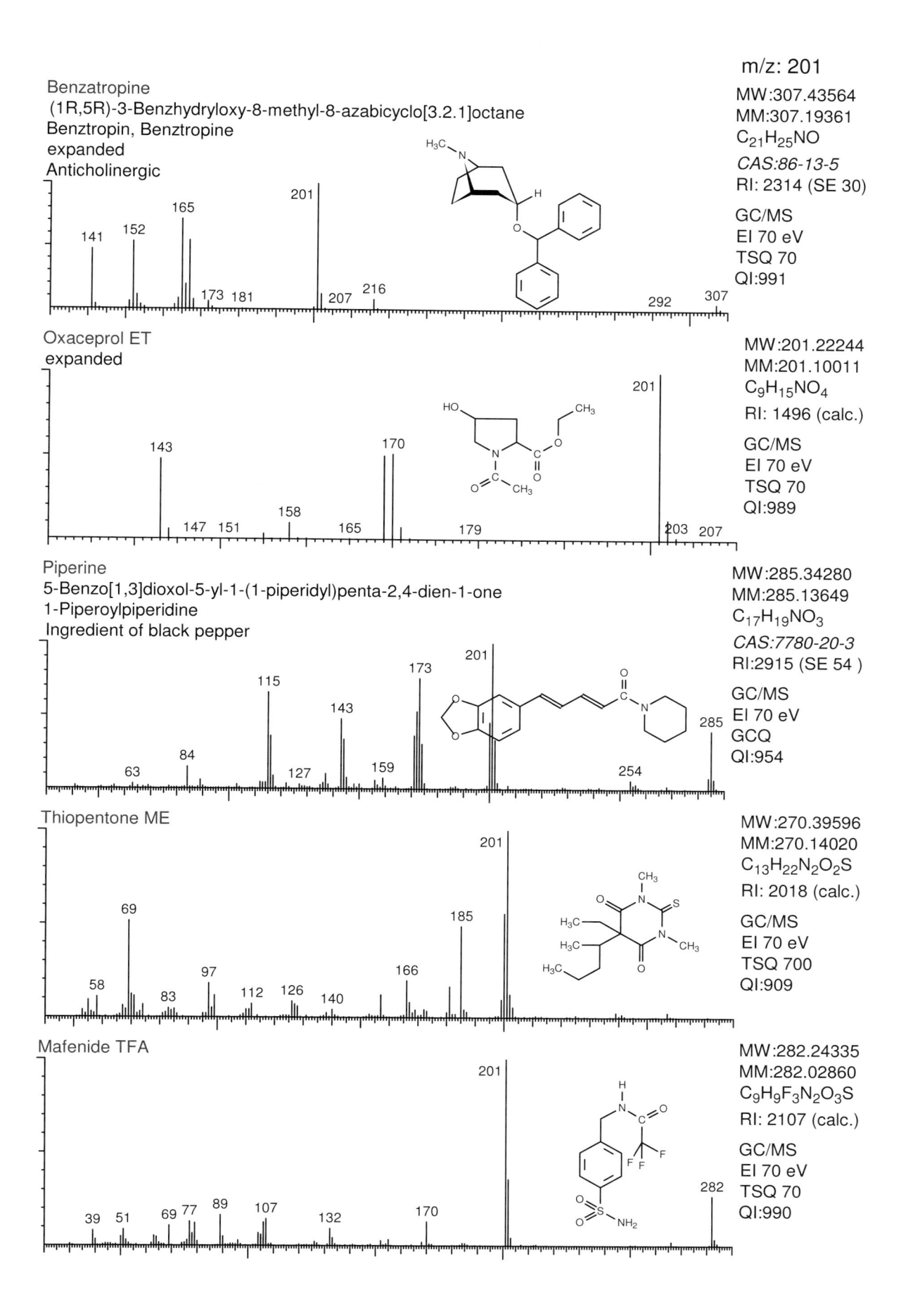

Benzatropine
(1R,5R)-3-Benzhydryloxy-8-methyl-8-azabicyclo[3.2.1]octane
Benztropin, Benztropine
expanded
Anticholinergic

MW:307.43564
MM:307.19361
$C_{21}H_{25}NO$
CAS:86-13-5
RI: 2314 (SE 30)

GC/MS
EI 70 eV
TSQ 70
QI:991

Peaks: 141, 152, 165, 173, 181, 201, 207, 216, 292, 307

Oxaceprol ET
expanded

MW:201.22244
MM:201.10011
$C_9H_{15}NO_4$
RI: 1496 (calc.)

GC/MS
EI 70 eV
TSQ 70
QI:989

Peaks: 143, 147, 151, 158, 165, 170, 179, 201, 203, 207

Piperine
5-Benzo[1,3]dioxol-5-yl-1-(1-piperidyl)penta-2,4-dien-1-one
1-Piperoylpiperidine
Ingredient of black pepper

MW:285.34280
MM:285.13649
$C_{17}H_{19}NO_3$
CAS:7780-20-3
RI:2915 (SE 54)

GC/MS
EI 70 eV
GCQ
QI:954

Peaks: 63, 84, 115, 127, 143, 159, 173, 201, 254, 285

Thiopentone ME

MW:270.39596
MM:270.14020
$C_{13}H_{22}N_2O_2S$
RI: 2018 (calc.)

GC/MS
EI 70 eV
TSQ 700
QI:909

Peaks: 58, 69, 83, 97, 112, 126, 140, 166, 185, 201

Mafenide TFA

MW:282.24335
MM:282.02860
$C_9H_9F_3N_2O_3S$
RI: 2107 (calc.)

GC/MS
EI 70 eV
TSQ 70
QI:990

Peaks: 39, 51, 69, 77, 89, 107, 132, 170, 201, 282

m/z: 201

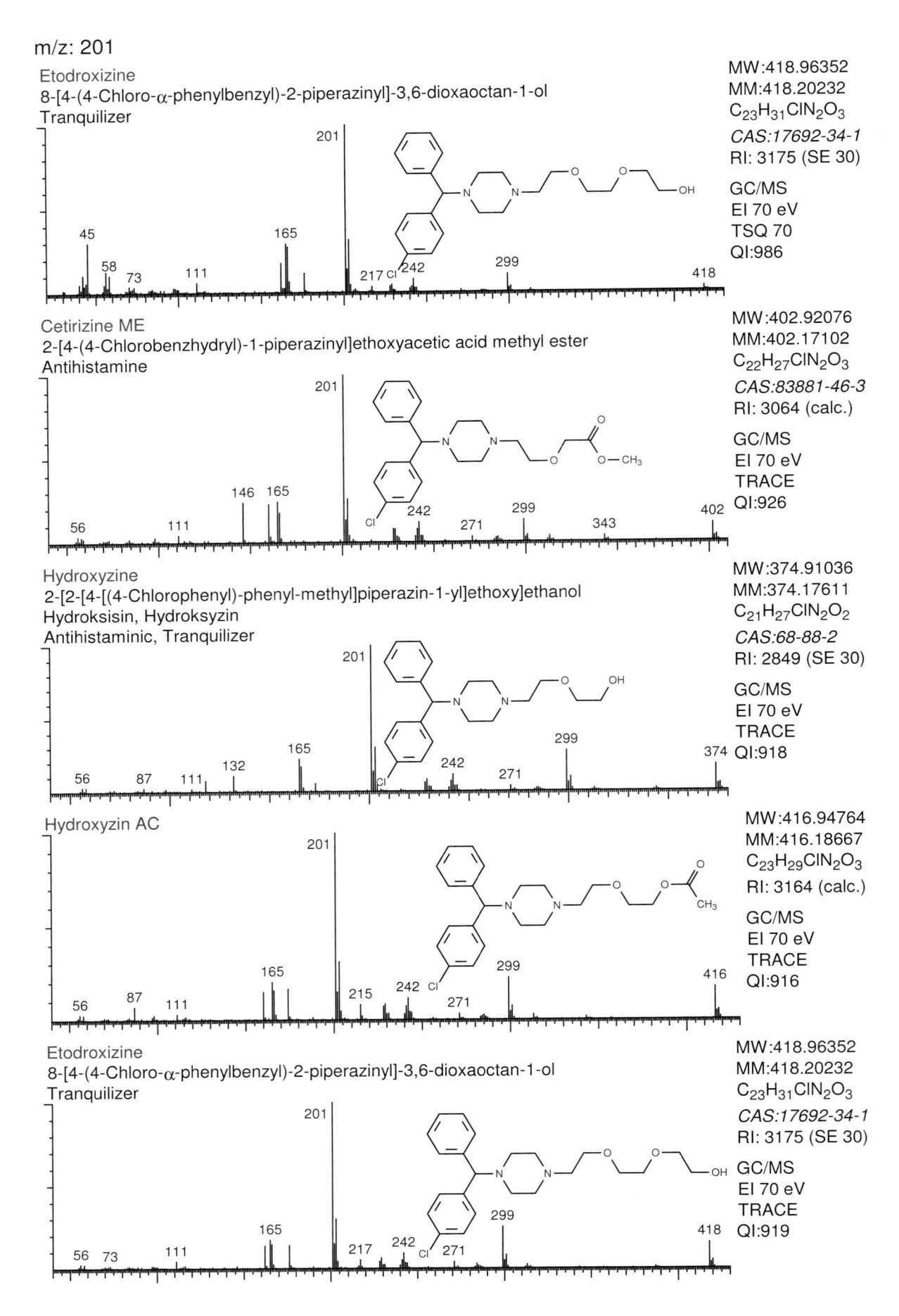

Etodroxizine
8-[4-(4-Chloro-α-phenylbenzyl)-2-piperazinyl]-3,6-dioxaoctan-1-ol
Tranquilizer

MW:418.96352
MM:418.20232
$C_{23}H_{31}ClN_2O_3$
CAS:17692-34-1
RI: 3175 (SE 30)

GC/MS
EI 70 eV
TSQ 70
QI:986

Cetirizine ME
2-[4-(4-Chlorobenzhydryl)-1-piperazinyl]ethoxyacetic acid methyl ester
Antihistamine

MW:402.92076
MM:402.17102
$C_{22}H_{27}ClN_2O_3$
CAS:83881-46-3
RI: 3064 (calc.)

GC/MS
EI 70 eV
TRACE
QI:926

Hydroxyzine
2-[2-[4-[(4-Chlorophenyl)-phenyl-methyl]piperazin-1-yl]ethoxy]ethanol
Hydroksisin, Hydroksyzin
Antihistaminic, Tranquilizer

MW:374.91036
MM:374.17611
$C_{21}H_{27}ClN_2O_2$
CAS:68-88-2
RI: 2849 (SE 30)

GC/MS
EI 70 eV
TRACE
QI:918

Hydroxyzin AC

MW:416.94764
MM:416.18667
$C_{23}H_{29}ClN_2O_3$
RI: 3164 (calc.)

GC/MS
EI 70 eV
TRACE
QI:916

Etodroxizine
8-[4-(4-Chloro-α-phenylbenzyl)-2-piperazinyl]-3,6-dioxaoctan-1-ol
Tranquilizer

MW:418.96352
MM:418.20232
$C_{23}H_{31}ClN_2O_3$
CAS:17692-34-1
RI: 3175 (SE 30)

GC/MS
EI 70 eV
TRACE
QI:919

m/z: 201

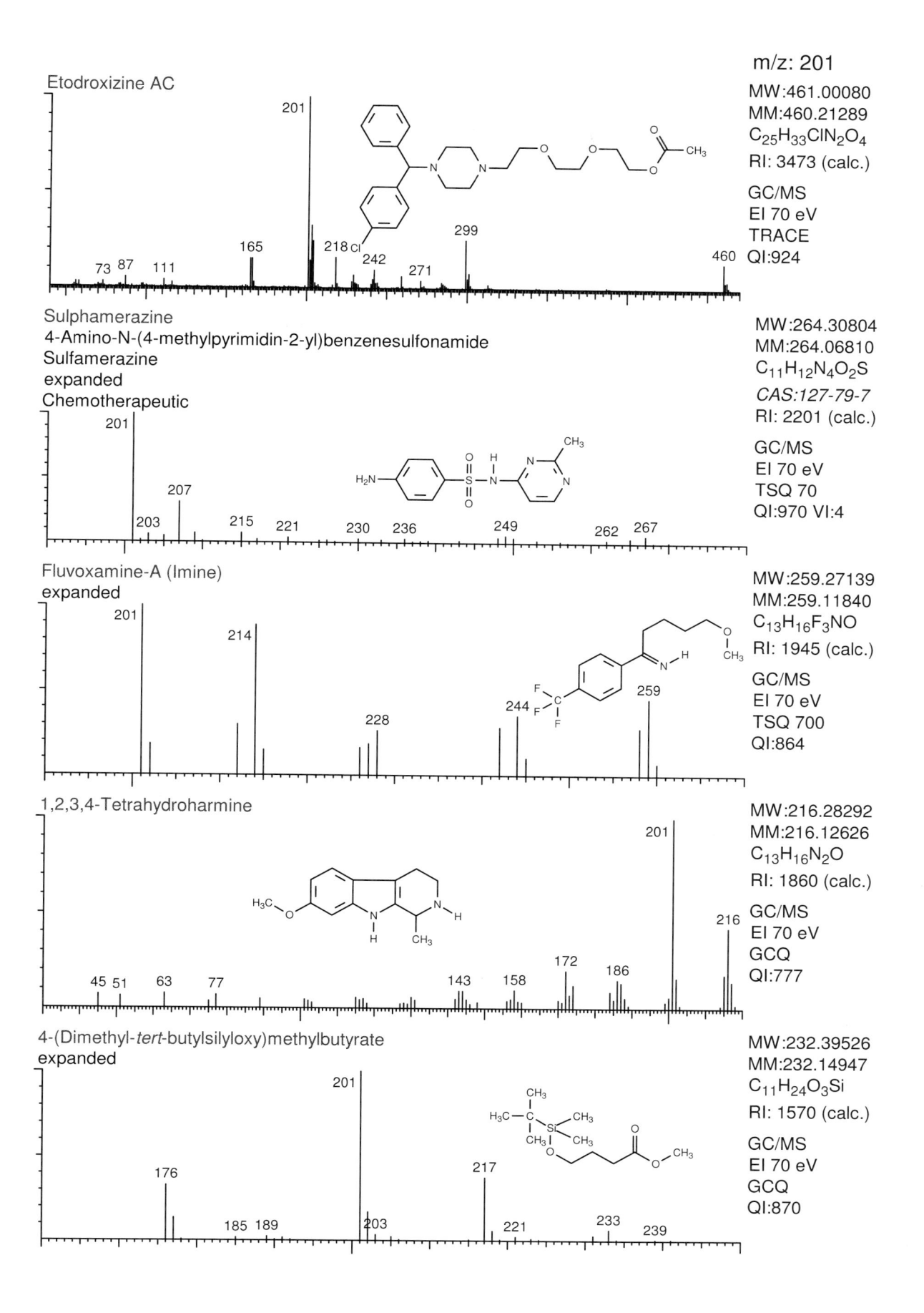

Etodroxizine AC

MW: 461.00080
MM: 460.21289
C$_{25}$H$_{33}$ClN$_2$O$_4$
RI: 3473 (calc.)

GC/MS
EI 70 eV
TRACE
QI: 924

Peaks: 73, 87, 111, 165, 201, 218, 242, 271, 299, 460

Sulphamerazine
4-Amino-N-(4-methylpyrimidin-2-yl)benzenesulfonamide
Sulfamerazine
expanded
Chemotherapeutic

MW: 264.30804
MM: 264.06810
C$_{11}$H$_{12}$N$_4$O$_2$S
CAS: 127-79-7
RI: 2201 (calc.)

GC/MS
EI 70 eV
TSQ 70
QI: 970 VI: 4

Peaks: 201, 203, 207, 215, 221, 230, 236, 249, 262, 267

Fluvoxamine-A (Imine)
expanded

MW: 259.27139
MM: 259.11840
C$_{13}$H$_{16}$F$_3$NO
RI: 1945 (calc.)

GC/MS
EI 70 eV
TSQ 700
QI: 864

Peaks: 201, 214, 228, 244, 259

1,2,3,4-Tetrahydroharmine

MW: 216.28292
MM: 216.12626
C$_{13}$H$_{16}$N$_2$O
RI: 1860 (calc.)

GC/MS
EI 70 eV
GCQ
QI: 777

Peaks: 45, 51, 63, 77, 143, 158, 172, 186, 201, 216

4-(Dimethyl-tert-butylsilyloxy)methylbutyrate
expanded

MW: 232.39526
MM: 232.14947
C$_{11}$H$_{24}$O$_3$Si
RI: 1570 (calc.)

GC/MS
EI 70 eV
GCQ
QI: 870

Peaks: 176, 185, 189, 201, 203, 217, 221, 233, 239

m/z: 201

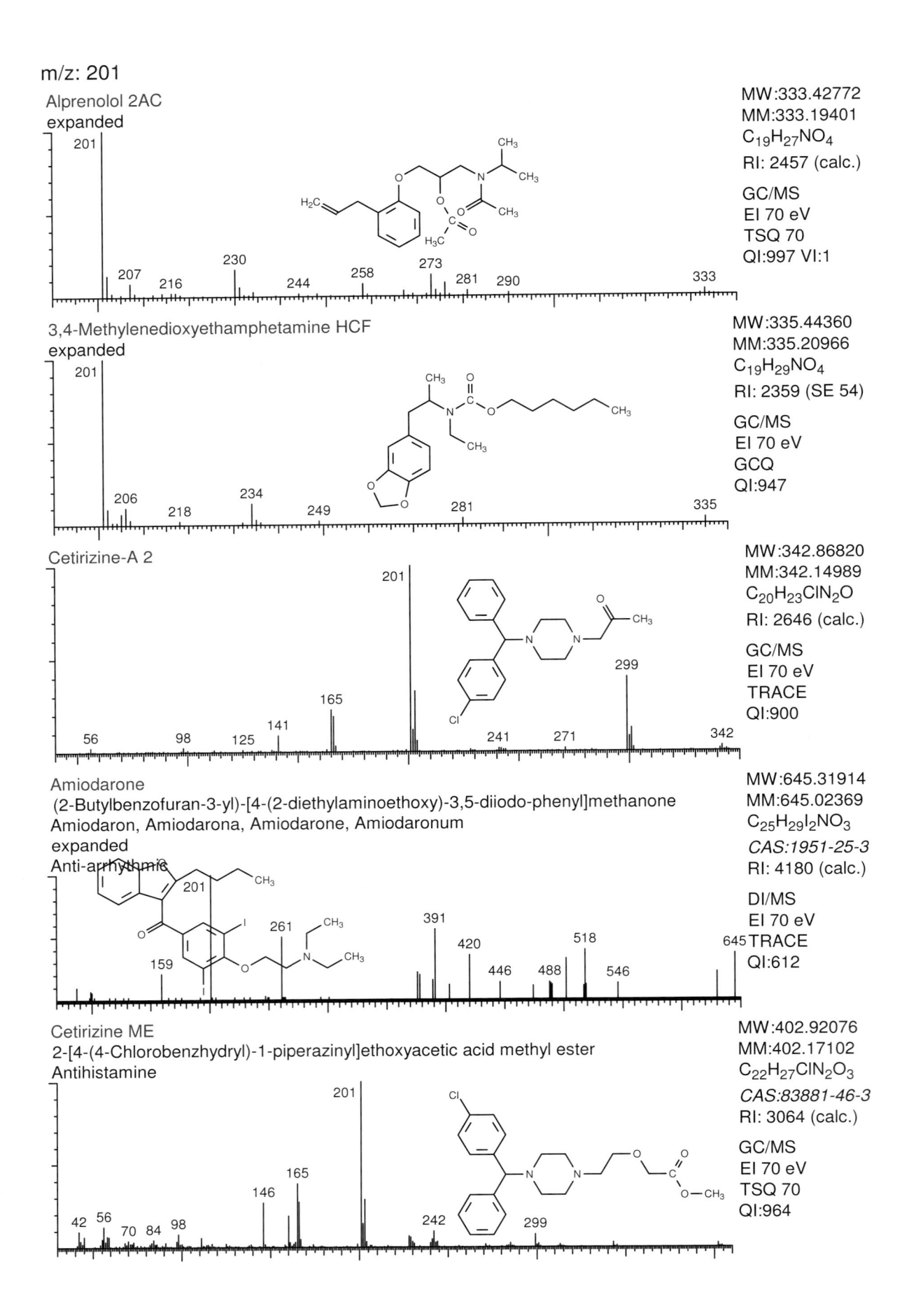

Alprenolol 2AC
expanded

MW: 333.42772
MM: 333.19401
$C_{19}H_{27}NO_4$
RI: 2457 (calc.)

GC/MS
EI 70 eV
TSQ 70
QI: 997 VI: 1

3,4-Methylenedioxyethamphetamine HCF
expanded

MW: 335.44360
MM: 335.20966
$C_{19}H_{29}NO_4$
RI: 2359 (SE 54)

GC/MS
EI 70 eV
GCQ
QI: 947

Cetirizine-A 2

MW: 342.86820
MM: 342.14989
$C_{20}H_{23}ClN_2O$
RI: 2646 (calc.)

GC/MS
EI 70 eV
TRACE
QI: 900

Amiodarone
(2-Butylbenzofuran-3-yl)-[4-(2-diethylaminoethoxy)-3,5-diiodo-phenyl]methanone
Amiodaron, Amiodarona, Amiodarone, Amiodaronum
expanded
Anti-arrhythmic

MW: 645.31914
MM: 645.02369
$C_{25}H_{29}I_2NO_3$
CAS: 1951-25-3
RI: 4180 (calc.)

DI/MS
EI 70 eV
TRACE
QI: 612

Cetirizine ME
2-[4-(4-Chlorobenzhydryl)-1-piperazinyl]ethoxyacetic acid methyl ester
Antihistamine

MW: 402.92076
MM: 402.17102
$C_{22}H_{27}ClN_2O_3$
CAS: 83881-46-3
RI: 3064 (calc.)

GC/MS
EI 70 eV
TSQ 70
QI: 964

Metoprolol 2AC expanded

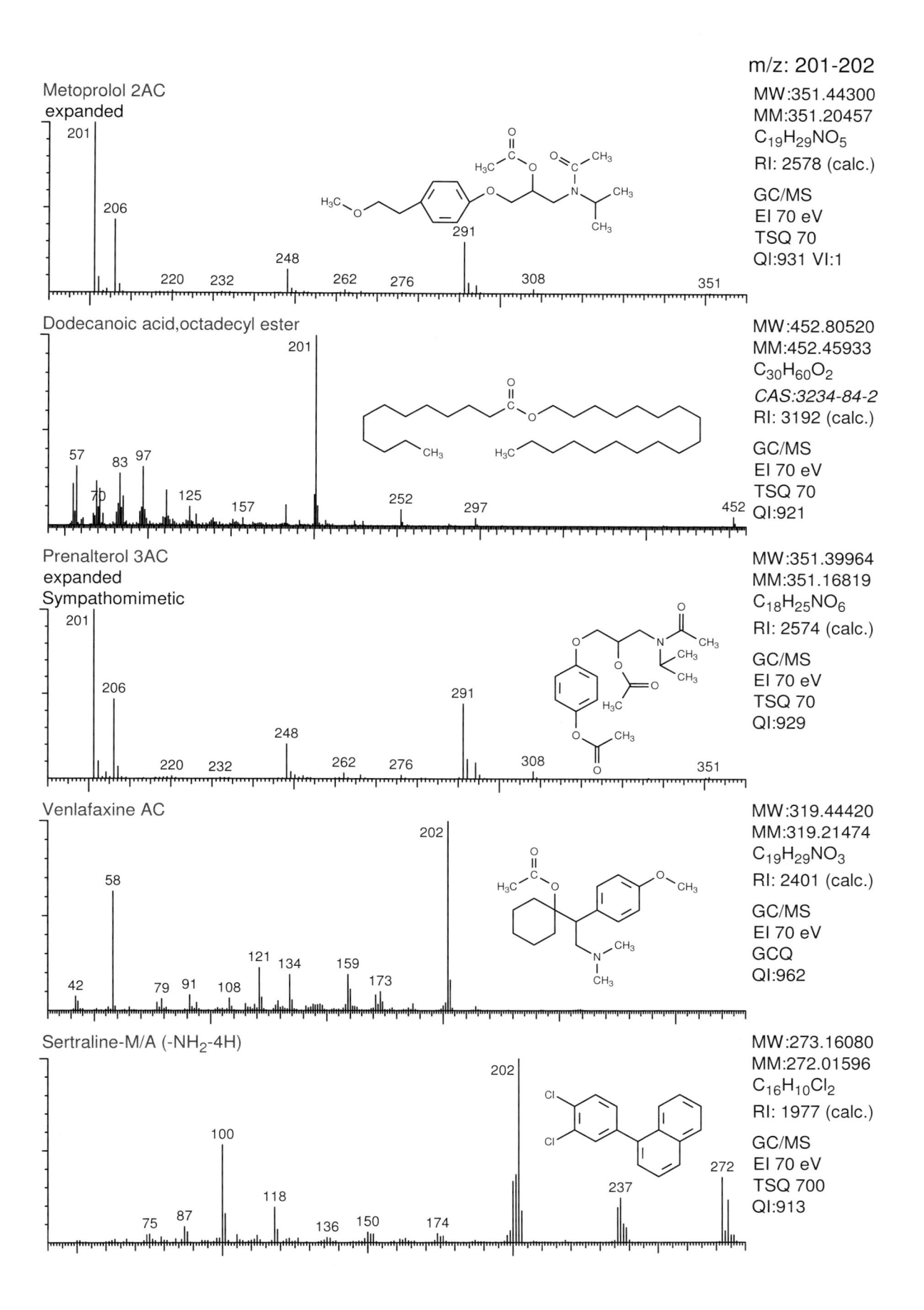

MW:351.44300
MM:351.20457
$C_{19}H_{29}NO_5$
RI: 2578 (calc.)

GC/MS
EI 70 eV
TSQ 70
QI:931 VI:1

m/z: 201-202

Dodecanoic acid, octadecyl ester

MW:452.80520
MM:452.45933
$C_{30}H_{60}O_2$
CAS:3234-84-2
RI: 3192 (calc.)

GC/MS
EI 70 eV
TSQ 70
QI:921

Prenalterol 3AC expanded
Sympathomimetic

MW:351.39964
MM:351.16819
$C_{18}H_{25}NO_6$
RI: 2574 (calc.)

GC/MS
EI 70 eV
TSQ 70
QI:929

Venlafaxine AC

MW:319.44420
MM:319.21474
$C_{19}H_{29}NO_3$
RI: 2401 (calc.)

GC/MS
EI 70 eV
GCQ
QI:962

Sertraline-M/A (-NH_2-4H)

MW:273.16080
MM:272.01596
$C_{16}H_{10}Cl_2$
RI: 1977 (calc.)

GC/MS
EI 70 eV
TSQ 700
QI:913

m/z: 202

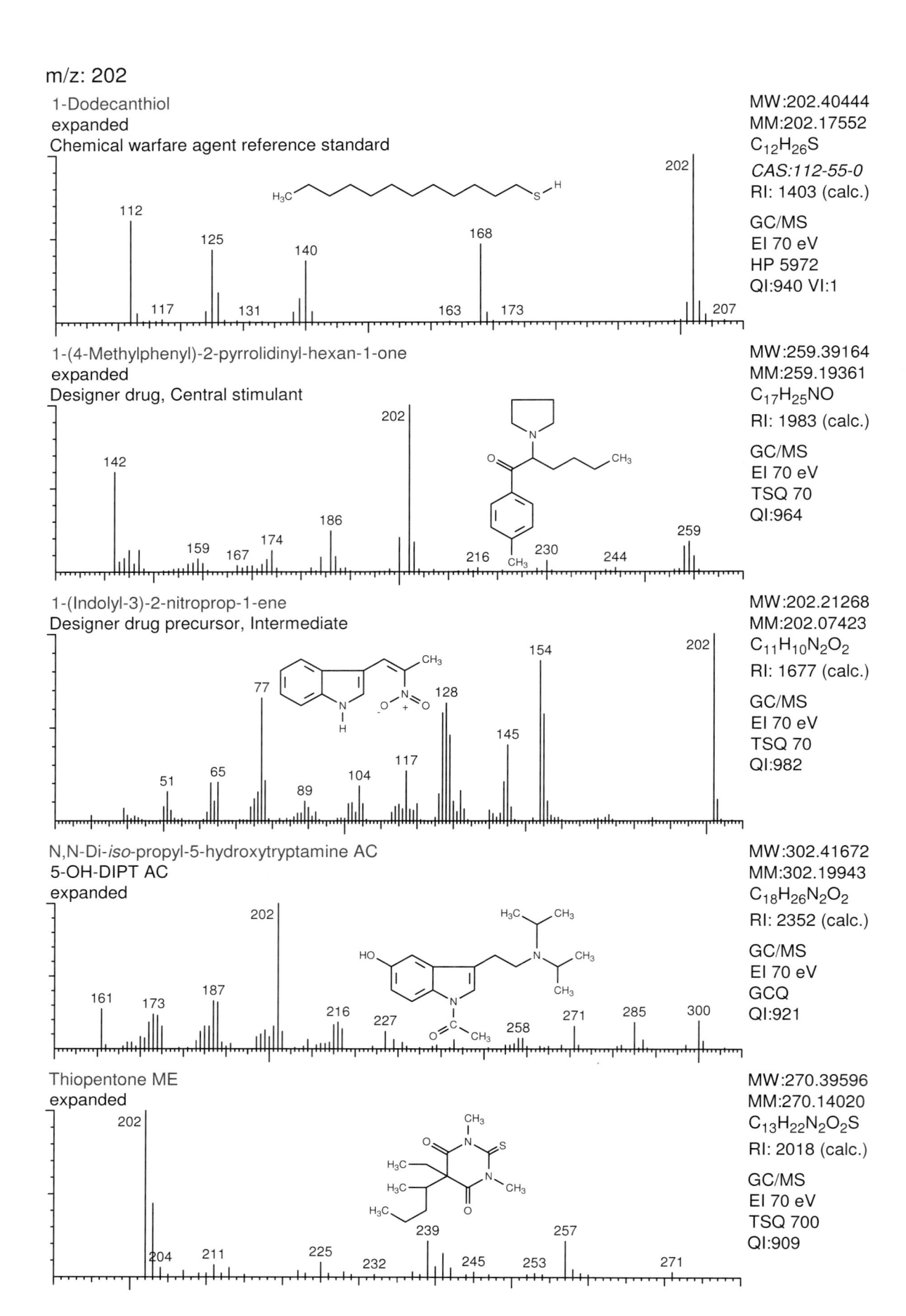

1-Dodecanthiol
expanded
Chemical warfare agent reference standard

MW:202.40444
MM:202.17552
$C_{12}H_{26}S$
CAS:112-55-0
RI: 1403 (calc.)

GC/MS
EI 70 eV
HP 5972
QI:940 VI:1

Peaks: 112, 117, 125, 131, 140, 163, 168, 173, 202, 207

1-(4-Methylphenyl)-2-pyrrolidinyl-hexan-1-one
expanded
Designer drug, Central stimulant

MW:259.39164
MM:259.19361
$C_{17}H_{25}NO$
RI: 1983 (calc.)

GC/MS
EI 70 eV
TSQ 70
QI:964

Peaks: 142, 159, 167, 174, 186, 202, 216, 230, 244, 259

1-(Indolyl-3)-2-nitroprop-1-ene
Designer drug precursor, Intermediate

MW:202.21268
MM:202.07423
$C_{11}H_{10}N_2O_2$
RI: 1677 (calc.)

GC/MS
EI 70 eV
TSQ 70
QI:982

Peaks: 51, 65, 77, 89, 104, 117, 128, 145, 154, 202

N,N-Di-*iso*-propyl-5-hydroxytryptamine AC
5-OH-DIPT AC
expanded

MW:302.41672
MM:302.19943
$C_{18}H_{26}N_2O_2$
RI: 2352 (calc.)

GC/MS
EI 70 eV
GCQ
QI:921

Peaks: 161, 173, 187, 202, 216, 227, 258, 271, 285, 300

Thiopentone ME
expanded

MW:270.39596
MM:270.14020
$C_{13}H_{22}N_2O_2S$
RI: 2018 (calc.)

GC/MS
EI 70 eV
TSQ 700
QI:909

Peaks: 202, 204, 211, 225, 232, 239, 245, 253, 257, 271

m/z: 202

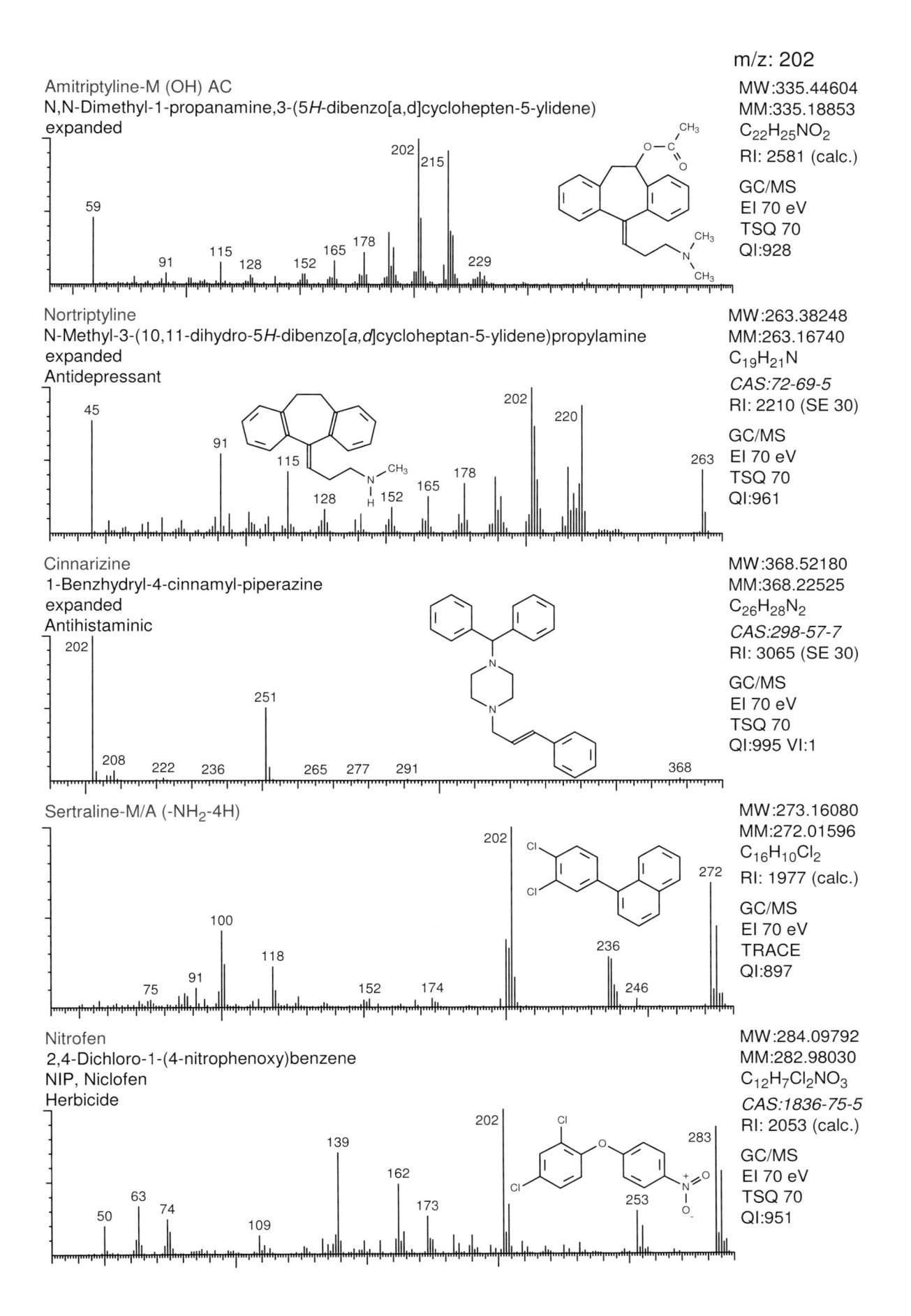

Amitriptyline-M (OH) AC
N,N-Dimethyl-1-propanamine,3-(5H-dibenzo[a,d]cyclohepten-5-ylidene)
expanded

MW:335.44604
MM:335.18853
$C_{22}H_{25}NO_2$
RI: 2581 (calc.)

GC/MS
EI 70 eV
TSQ 70
QI:928

Nortriptyline
N-Methyl-3-(10,11-dihydro-5H-dibenzo[a,d]cycloheptan-5-ylidene)propylamine
expanded
Antidepressant

MW:263.38248
MM:263.16740
$C_{19}H_{21}N$
CAS:72-69-5
RI: 2210 (SE 30)

GC/MS
EI 70 eV
TSQ 70
QI:961

Cinnarizine
1-Benzhydryl-4-cinnamyl-piperazine
expanded
Antihistaminic

MW:368.52180
MM:368.22525
$C_{26}H_{28}N_2$
CAS:298-57-7
RI: 3065 (SE 30)

GC/MS
EI 70 eV
TSQ 70
QI:995 VI:1

Sertraline-M/A (-NH$_2$-4H)

MW:273.16080
MM:272.01596
$C_{16}H_{10}Cl_2$
RI: 1977 (calc.)

GC/MS
EI 70 eV
TRACE
QI:897

Nitrofen
2,4-Dichloro-1-(4-nitrophenoxy)benzene
NIP, Niclofen
Herbicide

MW:284.09792
MM:282.98030
$C_{12}H_7Cl_2NO_3$
CAS:1836-75-5
RI: 2053 (calc.)

GC/MS
EI 70 eV
TSQ 70
QI:951

m/z: 202

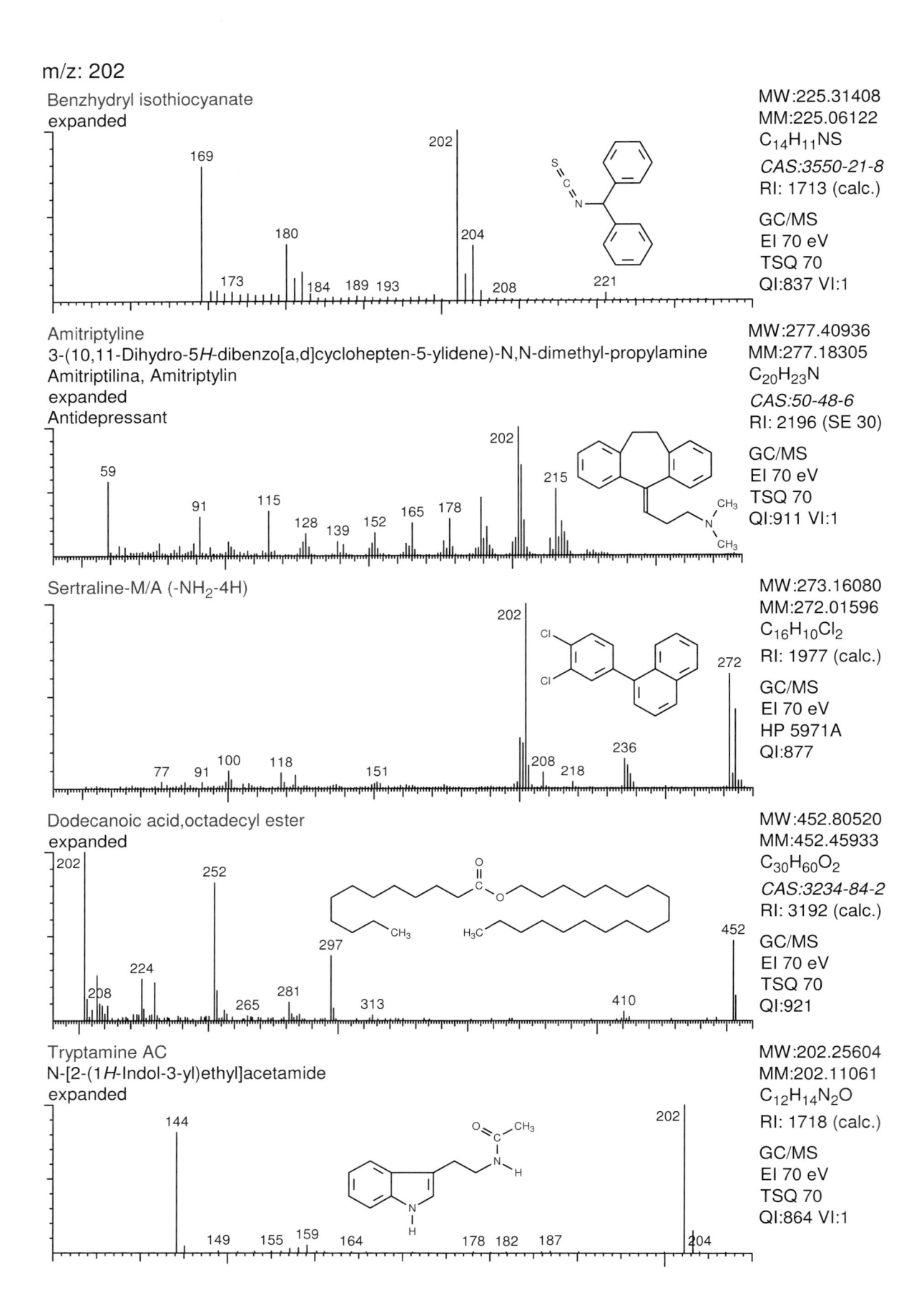

Benzhydryl isothiocyanate
expanded

Peaks: 169, 180, 173, 184, 189, 193, 202, 204, 208, 221

MW: 225.31408
MM: 225.06122
$C_{14}H_{11}NS$
CAS: 3550-21-8
RI: 1713 (calc.)

GC/MS
EI 70 eV
TSQ 70
QI: 837 VI: 1

Amitriptyline
3-(10,11-Dihydro-5H-dibenzo[a,d]cyclohepten-5-ylidene)-N,N-dimethyl-propylamine
Amitriptilina, Amitriptylin
expanded
Antidepressant

Peaks: 59, 91, 115, 128, 139, 152, 165, 178, 202, 215

MW: 277.40936
MM: 277.18305
$C_{20}H_{23}N$
CAS: 50-48-6
RI: 2196 (SE 30)

GC/MS
EI 70 eV
TSQ 70
QI: 911 VI: 1

Sertraline-M/A (-NH$_2$-4H)

Peaks: 77, 91, 100, 118, 151, 202, 208, 218, 236, 272

MW: 273.16080
MM: 272.01596
$C_{16}H_{10}Cl_2$
RI: 1977 (calc.)

GC/MS
EI 70 eV
HP 5971A
QI: 877

Dodecanoic acid, octadecyl ester
expanded

Peaks: 202, 208, 224, 252, 265, 281, 297, 313, 410, 452

MW: 452.80520
MM: 452.45933
$C_{30}H_{60}O_2$
CAS: 3234-84-2
RI: 3192 (calc.)

GC/MS
EI 70 eV
TSQ 70
QI: 921

Tryptamine AC
N-[2-(1H-Indol-3-yl)ethyl]acetamide
expanded

Peaks: 144, 149, 155, 159, 164, 178, 182, 187, 202, 204

MW: 202.25604
MM: 202.11061
$C_{12}H_{14}N_2O$
RI: 1718 (calc.)

GC/MS
EI 70 eV
TSQ 70
QI: 864 VI: 1

m/z: 203

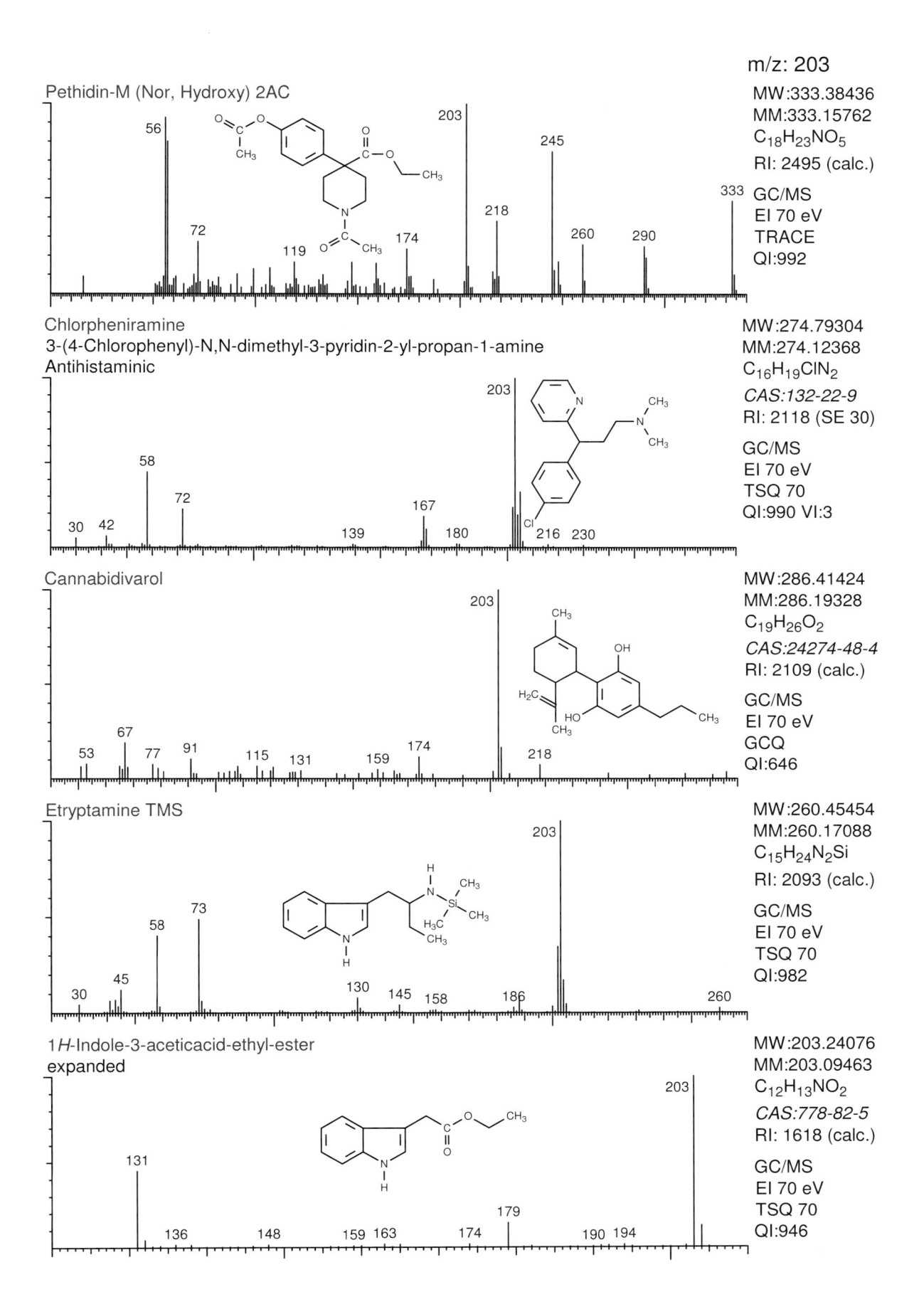

Pethidin-M (Nor, Hydroxy) 2AC

MW: 333.38436
MM: 333.15762
$C_{18}H_{23}NO_5$
RI: 2495 (calc.)

GC/MS
EI 70 eV
TRACE
QI: 992

Peaks: 56, 72, 119, 174, 203, 218, 245, 260, 290, 333

Chlorpheniramine
3-(4-Chlorophenyl)-N,N-dimethyl-3-pyridin-2-yl-propan-1-amine
Antihistaminic

MW: 274.79304
MM: 274.12368
$C_{16}H_{19}ClN_2$
CAS: 132-22-9
RI: 2118 (SE 30)

GC/MS
EI 70 eV
TSQ 70
QI: 990 VI: 3

Peaks: 30, 42, 58, 72, 139, 167, 180, 203, 216, 230

Cannabidivarol

MW: 286.41424
MM: 286.19328
$C_{19}H_{26}O_2$
CAS: 24274-48-4
RI: 2109 (calc.)

GC/MS
EI 70 eV
GCQ
QI: 646

Peaks: 53, 67, 77, 91, 115, 131, 159, 174, 203, 218

Etryptamine TMS

MW: 260.45454
MM: 260.17088
$C_{15}H_{24}N_2Si$
RI: 2093 (calc.)

GC/MS
EI 70 eV
TSQ 70
QI: 982

Peaks: 30, 45, 58, 73, 130, 145, 158, 186, 203, 260

1H-Indole-3-aceticacid-ethyl-ester
expanded

MW: 203.24076
MM: 203.09463
$C_{12}H_{13}NO_2$
CAS: 778-82-5
RI: 1618 (calc.)

GC/MS
EI 70 eV
TSQ 70
QI: 946

Peaks: 131, 136, 148, 159, 163, 174, 179, 190, 194, 203

m/z: 203

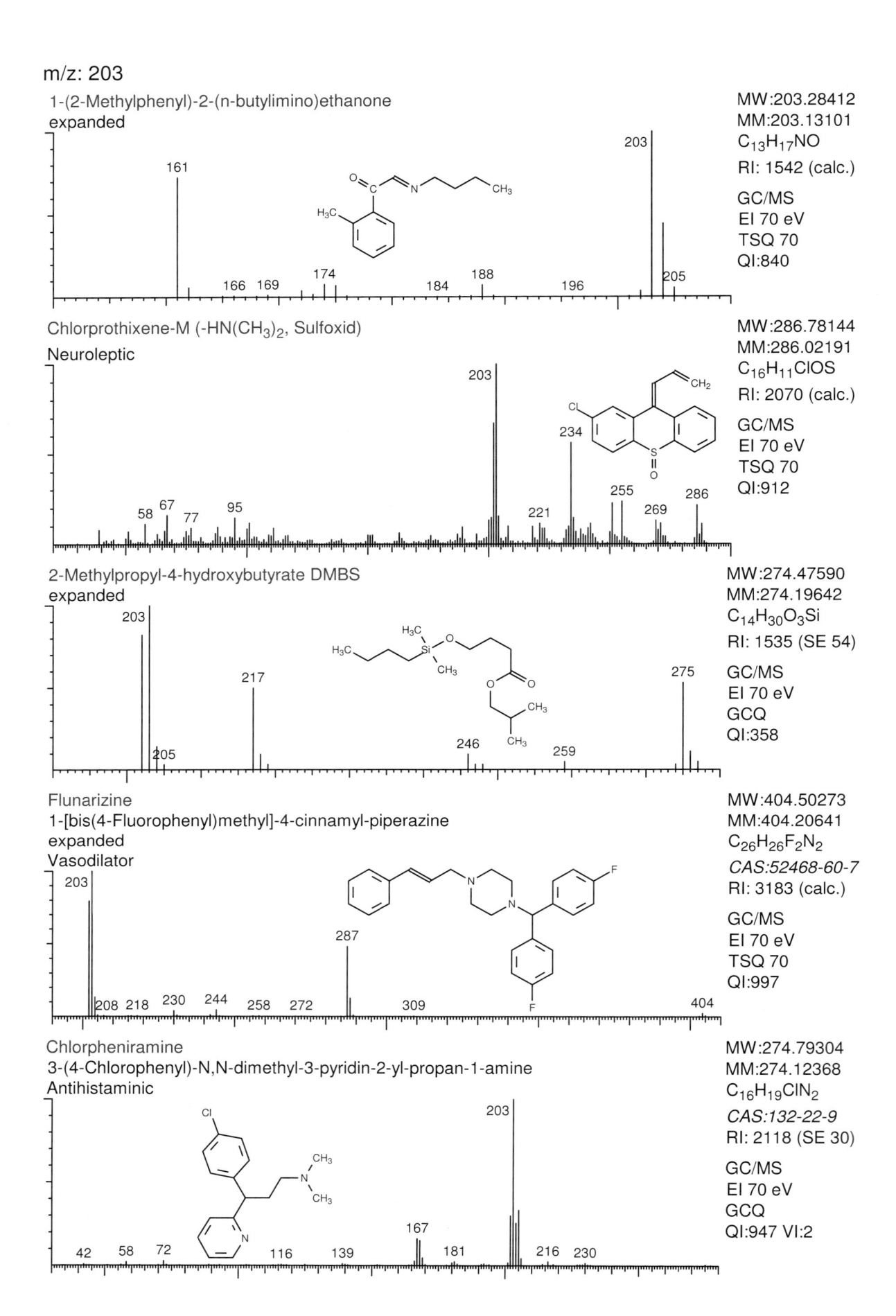

1-(2-Methylphenyl)-2-(n-butylimino)ethanone
expanded

MW:203.28412
MM:203.13101
$C_{13}H_{17}NO$
RI: 1542 (calc.)

GC/MS
EI 70 eV
TSQ 70
QI:840

Chlorprothixene-M (-HN(CH$_3$)$_2$, Sulfoxid)
Neuroleptic

MW:286.78144
MM:286.02191
$C_{16}H_{11}ClOS$
RI: 2070 (calc.)

GC/MS
EI 70 eV
TSQ 70
QI:912

2-Methylpropyl-4-hydroxybutyrate DMBS
expanded

MW:274.47590
MM:274.19642
$C_{14}H_{30}O_3Si$
RI: 1535 (SE 54)

GC/MS
EI 70 eV
GCQ
QI:358

Flunarizine
1-[bis(4-Fluorophenyl)methyl]-4-cinnamyl-piperazine
expanded
Vasodilator

MW:404.50273
MM:404.20641
$C_{26}H_{26}F_2N_2$
CAS:52468-60-7
RI: 3183 (calc.)

GC/MS
EI 70 eV
TSQ 70
QI:997

Chlorpheniramine
3-(4-Chlorophenyl)-N,N-dimethyl-3-pyridin-2-yl-propan-1-amine
Antihistaminic

MW:274.79304
MM:274.12368
$C_{16}H_{19}ClN_2$
CAS:132-22-9
RI: 2118 (SE 30)

GC/MS
EI 70 eV
GCQ
QI:947 VI:2

Venlafaxine AC expanded

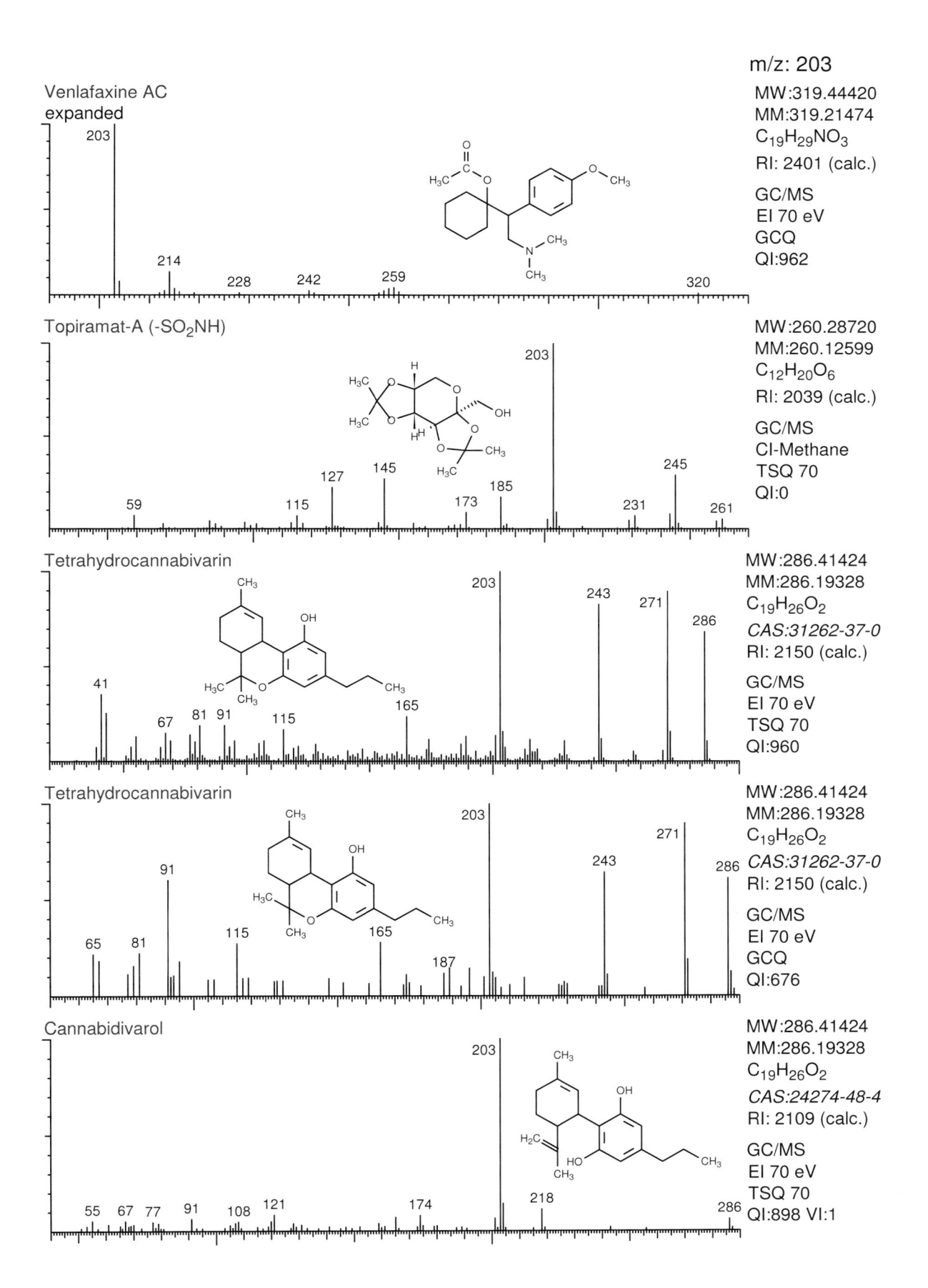

m/z: 203
MW: 319.44420
MM: 319.21474
$C_{19}H_{29}NO_3$
RI: 2401 (calc.)

GC/MS
EI 70 eV
GCQ
QI: 962

Peaks: 203, 214, 228, 242, 259, 320

Topiramat-A (-SO₂NH)

MW: 260.28720
MM: 260.12599
$C_{12}H_{20}O_6$
RI: 2039 (calc.)

GC/MS
CI-Methane
TSQ 70
QI: 0

Peaks: 59, 115, 127, 145, 173, 185, 203, 231, 245, 261

Tetrahydrocannabivarin

MW: 286.41424
MM: 286.19328
$C_{19}H_{26}O_2$
CAS: 31262-37-0
RI: 2150 (calc.)

GC/MS
EI 70 eV
TSQ 70
QI: 960

Peaks: 41, 67, 81, 91, 115, 165, 203, 243, 271, 286

Tetrahydrocannabivarin

MW: 286.41424
MM: 286.19328
$C_{19}H_{26}O_2$
CAS: 31262-37-0
RI: 2150 (calc.)

GC/MS
EI 70 eV
GCQ
QI: 676

Peaks: 65, 81, 91, 115, 165, 187, 203, 243, 271, 286

Cannabidivarol

MW: 286.41424
MM: 286.19328
$C_{19}H_{26}O_2$
CAS: 24274-48-4
RI: 2109 (calc.)

GC/MS
EI 70 eV
TSQ 70
QI: 898 VI: 1

Peaks: 55, 67, 77, 91, 108, 121, 174, 203, 218, 286

m/z: 203-204

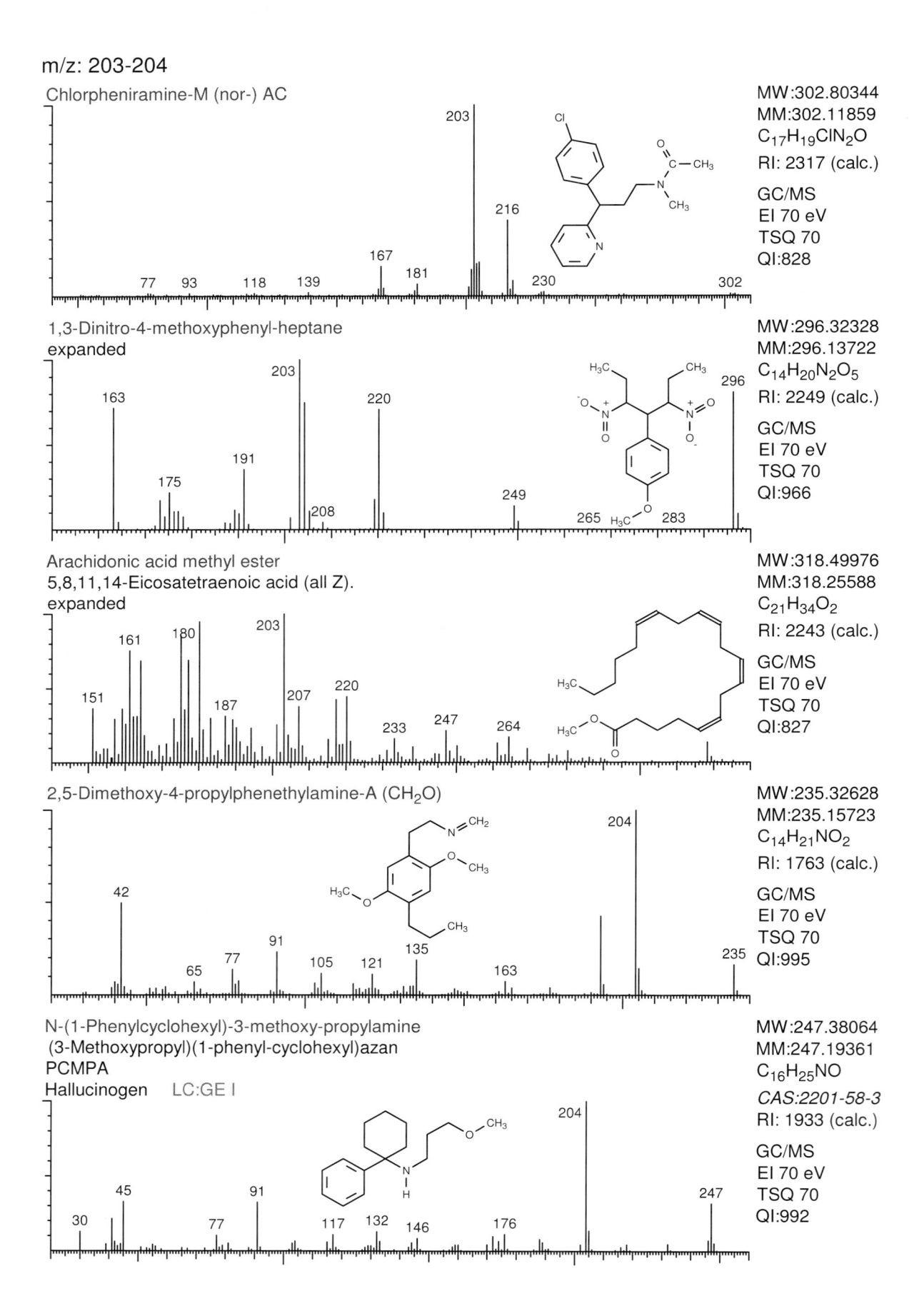

Chlorpheniramine-M (nor-) AC

MW:302.80344
MM:302.11859
$C_{17}H_{19}ClN_2O$
RI: 2317 (calc.)

GC/MS
EI 70 eV
TSQ 70
QI:828

Peaks: 77, 93, 118, 139, 167, 181, 203, 216, 230, 302

1,3-Dinitro-4-methoxyphenyl-heptane
expanded

MW:296.32328
MM:296.13722
$C_{14}H_{20}N_2O_5$
RI: 2249 (calc.)

GC/MS
EI 70 eV
TSQ 70
QI:966

Peaks: 163, 175, 191, 203, 208, 220, 249, 265, 283, 296

Arachidonic acid methyl ester
5,8,11,14-Eicosatetraenoic acid (all Z).
expanded

MW:318.49976
MM:318.25588
$C_{21}H_{34}O_2$
RI: 2243 (calc.)

GC/MS
EI 70 eV
TSQ 70
QI:827

Peaks: 151, 161, 180, 187, 203, 207, 220, 233, 247, 264

2,5-Dimethoxy-4-propylphenethylamine-A (CH_2O)

MW:235.32628
MM:235.15723
$C_{14}H_{21}NO_2$
RI: 1763 (calc.)

GC/MS
EI 70 eV
TSQ 70
QI:995

Peaks: 42, 65, 77, 91, 105, 121, 135, 163, 204, 235

N-(1-Phenylcyclohexyl)-3-methoxy-propylamine
(3-Methoxypropyl)(1-phenyl-cyclohexyl)azan
PCMPA
Hallucinogen   LC:GE I

MW:247.38064
MM:247.19361
$C_{16}H_{25}NO$
CAS:2201-58-3
RI: 1933 (calc.)

GC/MS
EI 70 eV
TSQ 70
QI:992

Peaks: 30, 45, 77, 91, 117, 132, 146, 176, 204, 247

m/z: 204

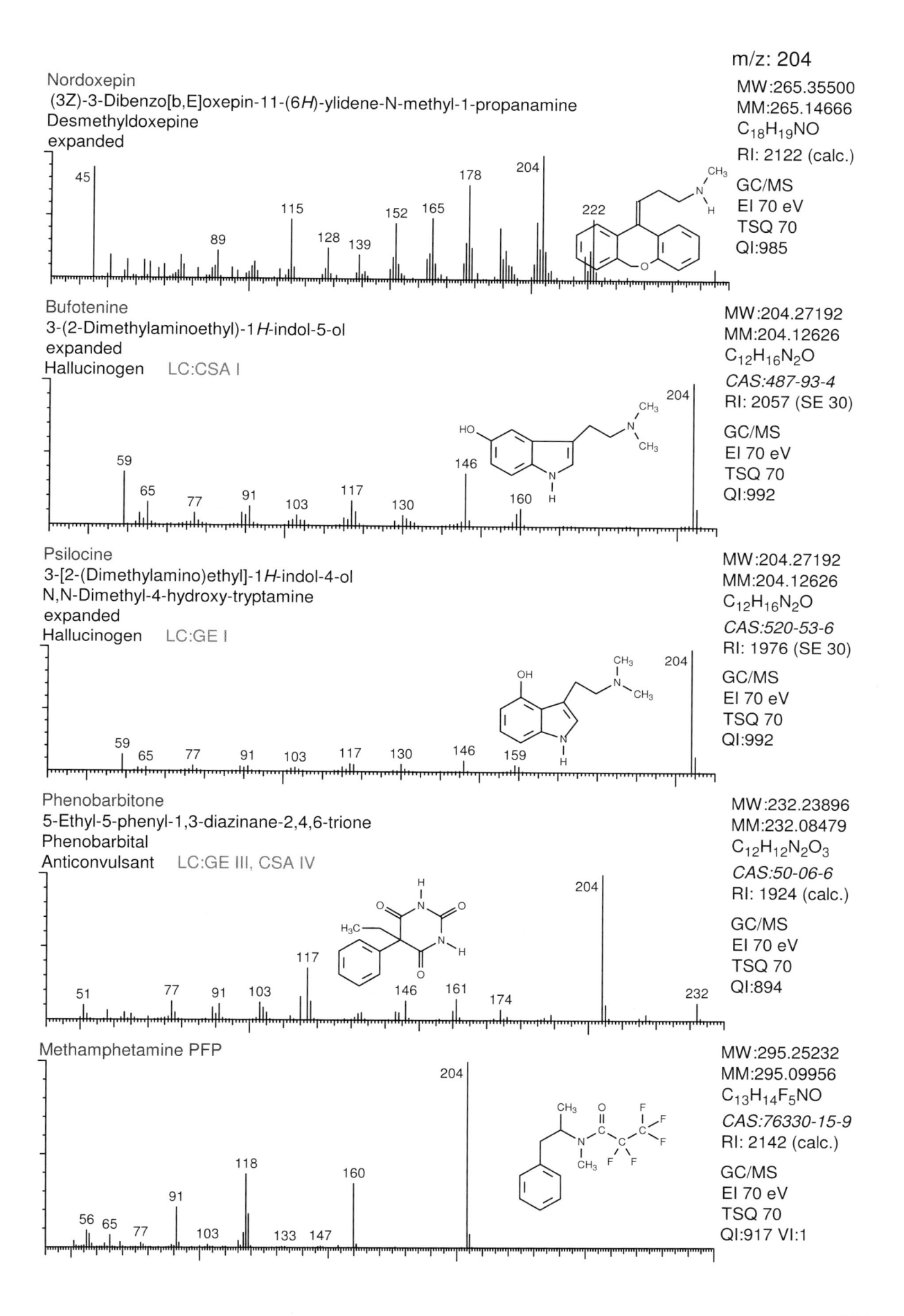

Nordoxepin
(3Z)-3-Dibenzo[b,E]oxepin-11-(6H)-ylidene-N-methyl-1-propanamine
Desmethyldoxepine
expanded

MW:265.35500
MM:265.14666
$C_{18}H_{19}NO$
RI: 2122 (calc.)

GC/MS
EI 70 eV
TSQ 70
QI:985

Peaks: 45, 89, 115, 128, 139, 152, 165, 178, 204, 222

Bufotenine
3-(2-Dimethylaminoethyl)-1H-indol-5-ol
expanded
Hallucinogen   LC:CSA I

MW:204.27192
MM:204.12626
$C_{12}H_{16}N_2O$
CAS:487-93-4
RI: 2057 (SE 30)

GC/MS
EI 70 eV
TSQ 70
QI:992

Peaks: 59, 65, 77, 91, 103, 117, 130, 146, 160, 204

Psilocine
3-[2-(Dimethylamino)ethyl]-1H-indol-4-ol
N,N-Dimethyl-4-hydroxy-tryptamine
expanded
Hallucinogen   LC:GE I

MW:204.27192
MM:204.12626
$C_{12}H_{16}N_2O$
CAS:520-53-6
RI: 1976 (SE 30)

GC/MS
EI 70 eV
TSQ 70
QI:992

Peaks: 59, 65, 77, 91, 103, 117, 130, 146, 159, 204

Phenobarbitone
5-Ethyl-5-phenyl-1,3-diazinane-2,4,6-trione
Phenobarbital
Anticonvulsant   LC:GE III, CSA IV

MW:232.23896
MM:232.08479
$C_{12}H_{12}N_2O_3$
CAS:50-06-6
RI: 1924 (calc.)

GC/MS
EI 70 eV
TSQ 70
QI:894

Peaks: 51, 77, 91, 103, 117, 146, 161, 174, 204, 232

Methamphetamine PFP

MW:295.25232
MM:295.09956
$C_{13}H_{14}F_5NO$
CAS:76330-15-9
RI: 2142 (calc.)

GC/MS
EI 70 eV
TSQ 70
QI:917 VI:1

Peaks: 56, 65, 77, 91, 103, 118, 133, 147, 160, 204

m/z: 204

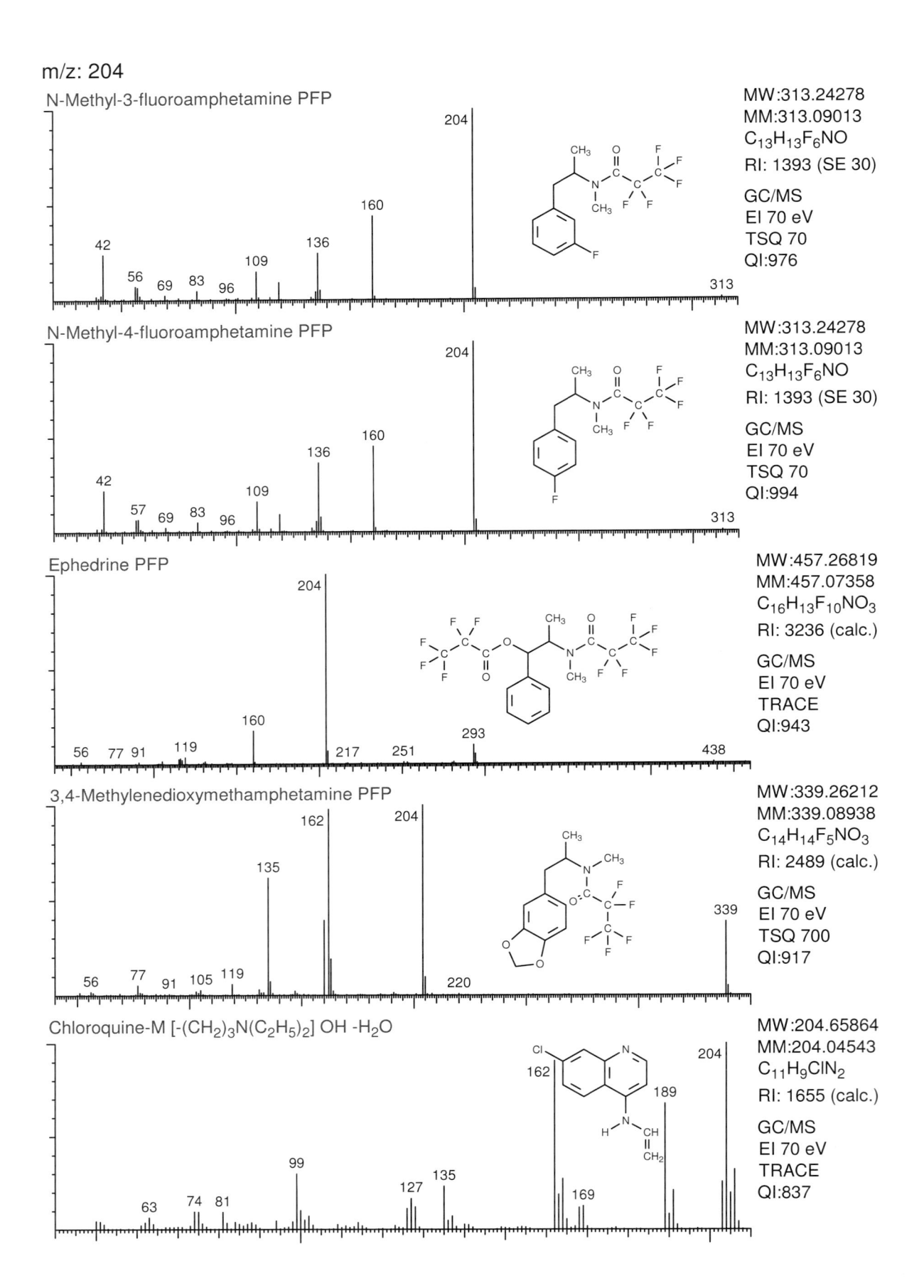

N-Methyl-3-fluoroamphetamine PFP

MW:313.24278
MM:313.09013
$C_{13}H_{13}F_6NO$
RI: 1393 (SE 30)

GC/MS
EI 70 eV
TSQ 70
QI:976

N-Methyl-4-fluoroamphetamine PFP

MW:313.24278
MM:313.09013
$C_{13}H_{13}F_6NO$
RI: 1393 (SE 30)

GC/MS
EI 70 eV
TSQ 70
QI:994

Ephedrine PFP

MW:457.26819
MM:457.07358
$C_{16}H_{13}F_{10}NO_3$
RI: 3236 (calc.)

GC/MS
EI 70 eV
TRACE
QI:943

3,4-Methylenedioxymethamphetamine PFP

MW:339.26212
MM:339.08938
$C_{14}H_{14}F_5NO_3$
RI: 2489 (calc.)

GC/MS
EI 70 eV
TSQ 700
QI:917

Chloroquine-M [-(CH$_2$)$_3$N(C$_2$H$_5$)$_2$] OH -H$_2$O

MW:204.65864
MM:204.04543
$C_{11}H_9ClN_2$
RI: 1655 (calc.)

GC/MS
EI 70 eV
TRACE
QI:837

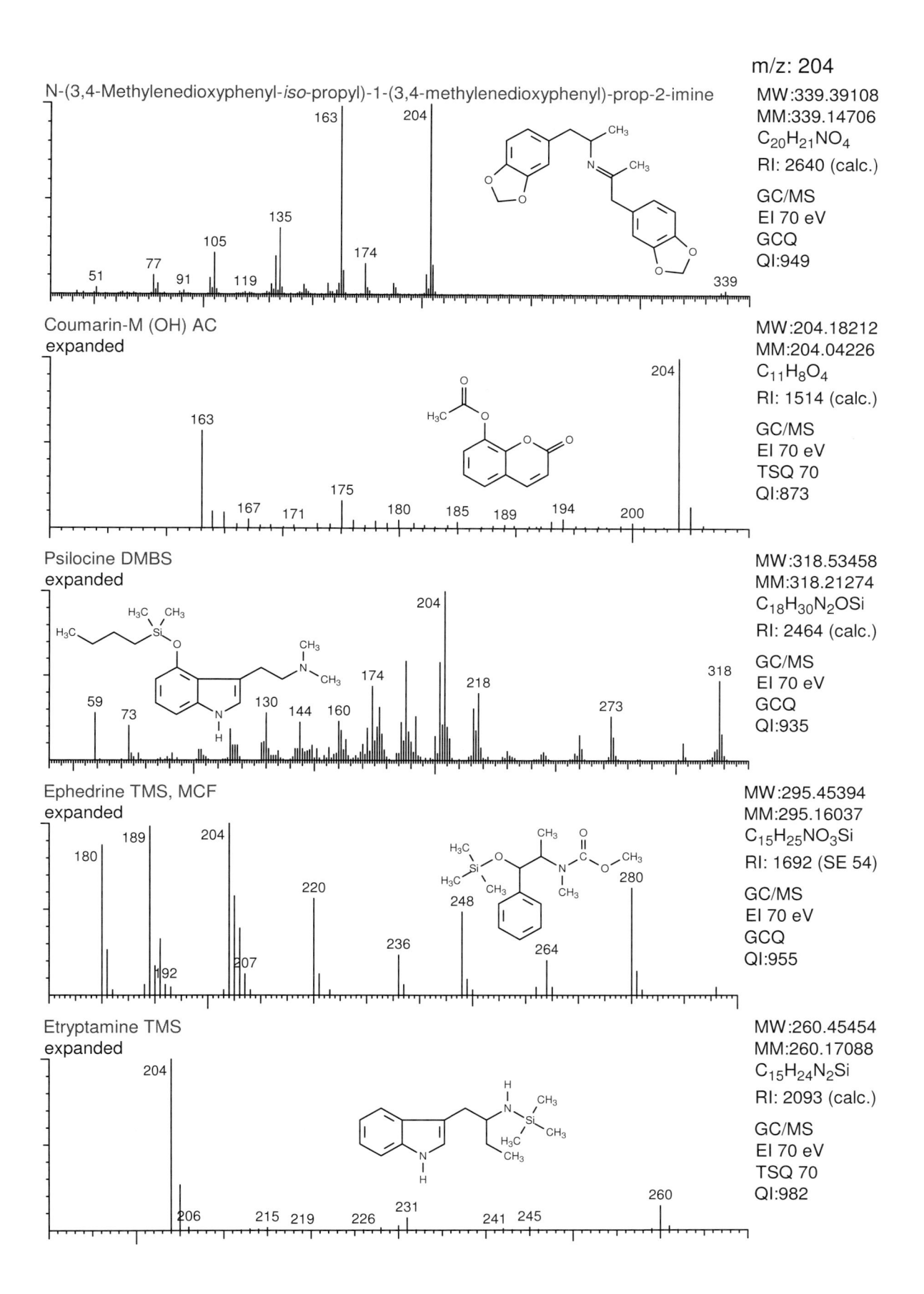

N-(3,4-Methylenedioxyphenyl-*iso*-propyl)-1-(3,4-methylenedioxyphenyl)-prop-2-imine

m/z: 204

MW: 339.39108
MM: 339.14706
$C_{20}H_{21}NO_4$
RI: 2640 (calc.)

GC/MS
EI 70 eV
GCQ
QI: 949

Peaks: 51, 77, 91, 105, 119, 135, 163, 174, 204, 339

Coumarin-M (OH) AC
expanded

MW: 204.18212
MM: 204.04226
$C_{11}H_8O_4$
RI: 1514 (calc.)

GC/MS
EI 70 eV
TSQ 70
QI: 873

Peaks: 163, 167, 171, 175, 180, 185, 189, 194, 200, 204

Psilocine DMBS
expanded

MW: 318.53458
MM: 318.21274
$C_{18}H_{30}N_2OSi$
RI: 2464 (calc.)

GC/MS
EI 70 eV
GCQ
QI: 935

Peaks: 59, 73, 130, 144, 160, 174, 204, 218, 273, 318

Ephedrine TMS, MCF
expanded

MW: 295.45394
MM: 295.16037
$C_{15}H_{25}NO_3Si$
RI: 1692 (SE 54)

GC/MS
EI 70 eV
GCQ
QI: 955

Peaks: 180, 189, 192, 204, 207, 220, 236, 248, 264, 280

Etryptamine TMS
expanded

MW: 260.45454
MM: 260.17088
$C_{15}H_{24}N_2Si$
RI: 2093 (calc.)

GC/MS
EI 70 eV
TSQ 70
QI: 982

Peaks: 204, 206, 215, 219, 226, 231, 241, 245, 260

m/z: 204

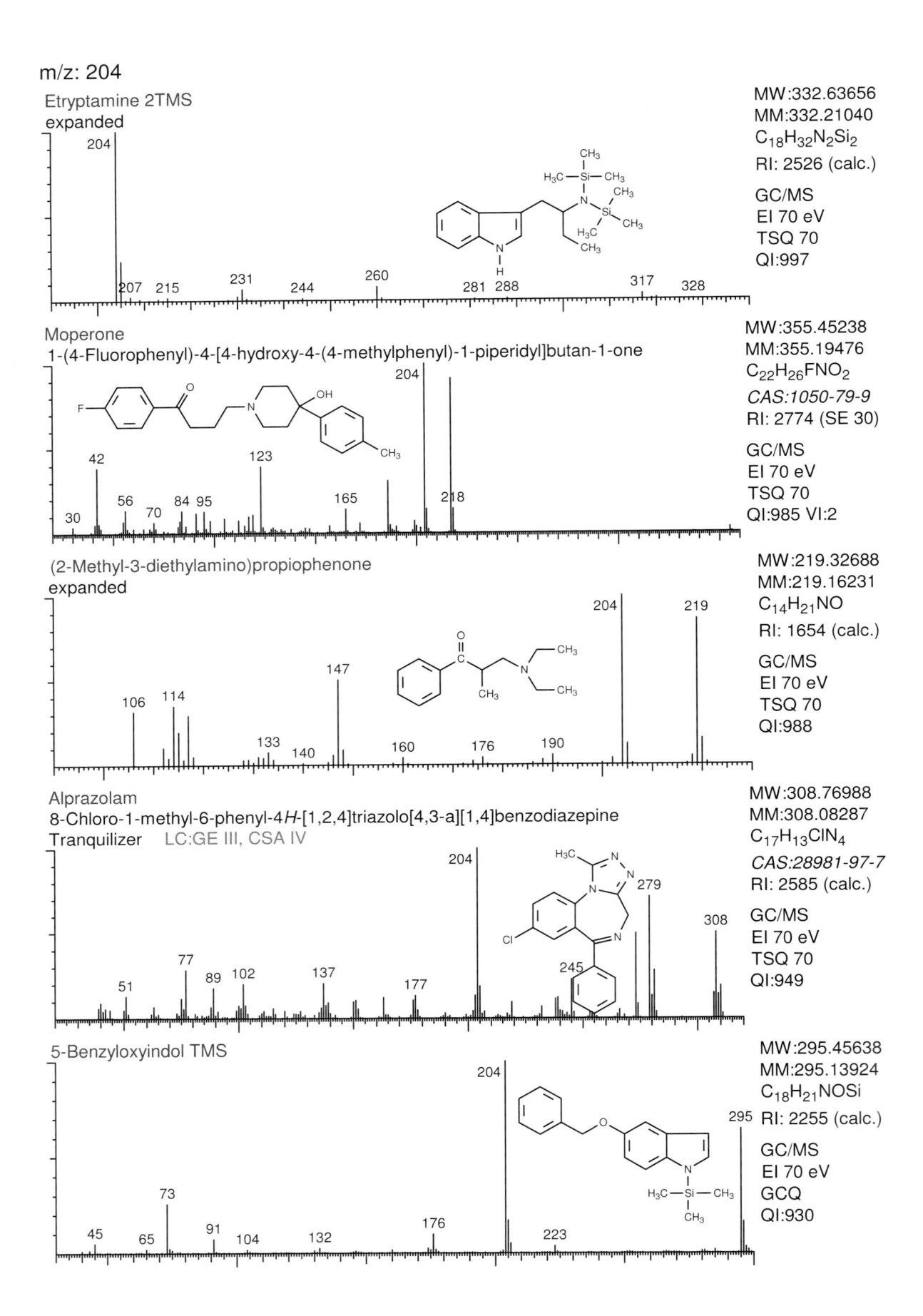

Etryptamine 2TMS
expanded

MW: 332.63656
MM: 332.21040
C$_{18}$H$_{32}$N$_2$Si$_2$
RI: 2526 (calc.)

GC/MS
EI 70 eV
TSQ 70
QI: 997

Peaks: 204, 207, 215, 231, 244, 260, 281, 288, 317, 328

Moperone
1-(4-Fluorophenyl)-4-[4-hydroxy-4-(4-methylphenyl)-1-piperidyl]butan-1-one

MW: 355.45238
MM: 355.19476
C$_{22}$H$_{26}$FNO$_2$
CAS: 1050-79-9
RI: 2774 (SE 30)

GC/MS
EI 70 eV
TSQ 70
QI: 985 VI:2

Peaks: 30, 42, 56, 70, 84, 95, 123, 165, 204, 218

(2-Methyl-3-diethylamino)propiophenone
expanded

MW: 219.32688
MM: 219.16231
C$_{14}$H$_{21}$NO
RI: 1654 (calc.)

GC/MS
EI 70 eV
TSQ 70
QI: 988

Peaks: 106, 114, 133, 140, 147, 160, 176, 190, 204, 219

Alprazolam
8-Chloro-1-methyl-6-phenyl-4H-[1,2,4]triazolo[4,3-a][1,4]benzodiazepine
Tranquilizer   LC:GE III, CSA IV

MW: 308.76988
MM: 308.08287
C$_{17}$H$_{13}$ClN$_4$
CAS: 28981-97-7
RI: 2585 (calc.)

GC/MS
EI 70 eV
TSQ 70
QI: 949

Peaks: 51, 77, 89, 102, 137, 177, 204, 245, 279, 308

5-Benzyloxyindol TMS

MW: 295.45638
MM: 295.13924
C$_{18}$H$_{21}$NOSi
RI: 2255 (calc.)

GC/MS
EI 70 eV
GCQ
QI: 930

Peaks: 45, 65, 73, 91, 104, 132, 176, 204, 223, 295

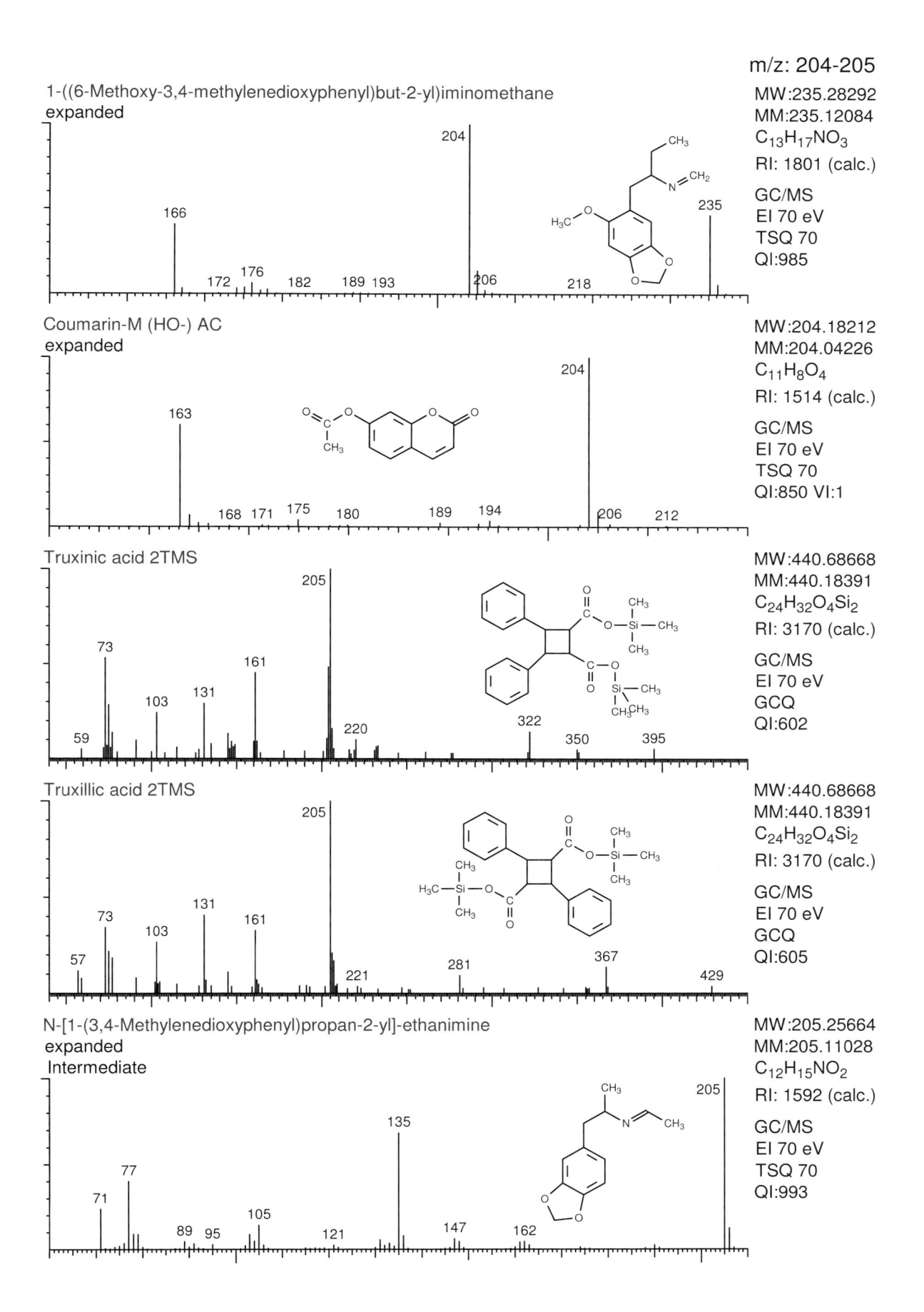

1-((6-Methoxy-3,4-methylenedioxyphenyl)but-2-yl)iminomethane
expanded

m/z: 204-205
MW: 235.28292
MM: 235.12084
C$_{13}$H$_{17}$NO$_3$
RI: 1801 (calc.)

GC/MS
EI 70 eV
TSQ 70
QI: 985

Coumarin-M (HO-) AC
expanded

MW: 204.18212
MM: 204.04226
C$_{11}$H$_8$O$_4$
RI: 1514 (calc.)

GC/MS
EI 70 eV
TSQ 70
QI: 850 VI:1

Truxinic acid 2TMS

MW: 440.68668
MM: 440.18391
C$_{24}$H$_{32}$O$_4$Si$_2$
RI: 3170 (calc.)

GC/MS
EI 70 eV
GCQ
QI: 602

Truxillic acid 2TMS

MW: 440.68668
MM: 440.18391
C$_{24}$H$_{32}$O$_4$Si$_2$
RI: 3170 (calc.)

GC/MS
EI 70 eV
GCQ
QI: 605

N-[1-(3,4-Methylenedioxyphenyl)propan-2-yl]-ethanimine
expanded
Intermediate

MW: 205.25664
MM: 205.11028
C$_{12}$H$_{15}$NO$_2$
RI: 1592 (calc.)

GC/MS
EI 70 eV
TSQ 70
QI: 993

m/z: 205

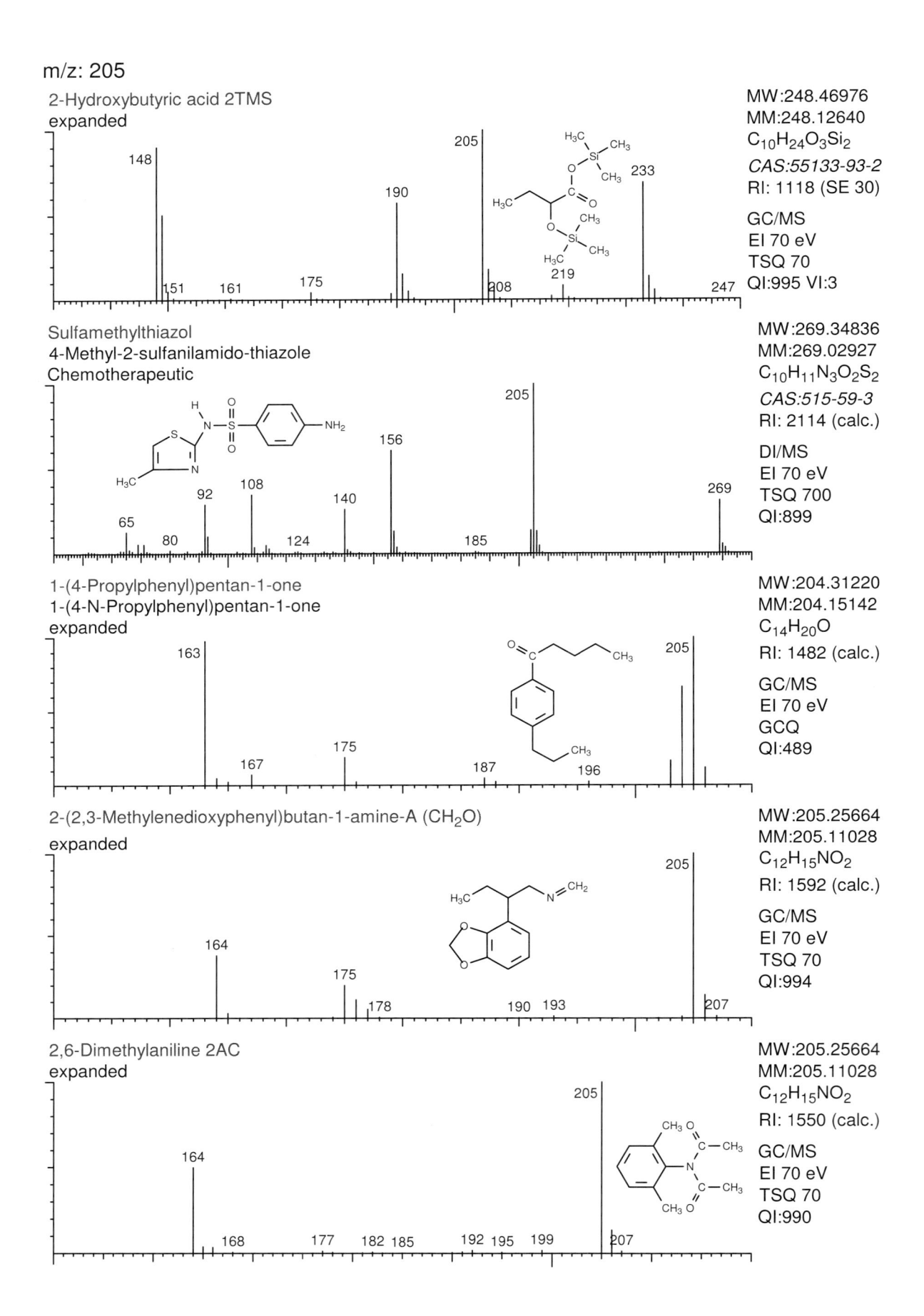

2-Hydroxybutyric acid 2TMS
expanded

Peaks: 148, 151, 161, 175, 190, 205, 208, 219, 233, 247

MW: 248.46976
MM: 248.12640
$C_{10}H_{24}O_3Si_2$
CAS: 55133-93-2
RI: 1118 (SE 30)

GC/MS
EI 70 eV
TSQ 70
QI: 995 VI: 3

Sulfamethylthiazol
4-Methyl-2-sulfanilamido-thiazole
Chemotherapeutic

Peaks: 65, 80, 92, 108, 124, 140, 156, 185, 205, 269

MW: 269.34836
MM: 269.02927
$C_{10}H_{11}N_3O_2S_2$
CAS: 515-59-3
RI: 2114 (calc.)

DI/MS
EI 70 eV
TSQ 700
QI: 899

1-(4-Propylphenyl)pentan-1-one
1-(4-N-Propylphenyl)pentan-1-one
expanded

Peaks: 163, 167, 175, 187, 196, 205

MW: 204.31220
MM: 204.15142
$C_{14}H_{20}O$
RI: 1482 (calc.)

GC/MS
EI 70 eV
GCQ
QI: 489

2-(2,3-Methylenedioxyphenyl)butan-1-amine-A (CH_2O)
expanded

Peaks: 164, 175, 178, 190, 193, 205, 207

MW: 205.25664
MM: 205.11028
$C_{12}H_{15}NO_2$
RI: 1592 (calc.)

GC/MS
EI 70 eV
TSQ 70
QI: 994

2,6-Dimethylaniline 2AC
expanded

Peaks: 164, 168, 177, 182, 185, 192, 195, 199, 205, 207

MW: 205.25664
MM: 205.11028
$C_{12}H_{15}NO_2$
RI: 1550 (calc.)

GC/MS
EI 70 eV
TSQ 70
QI: 990

m/z: 205

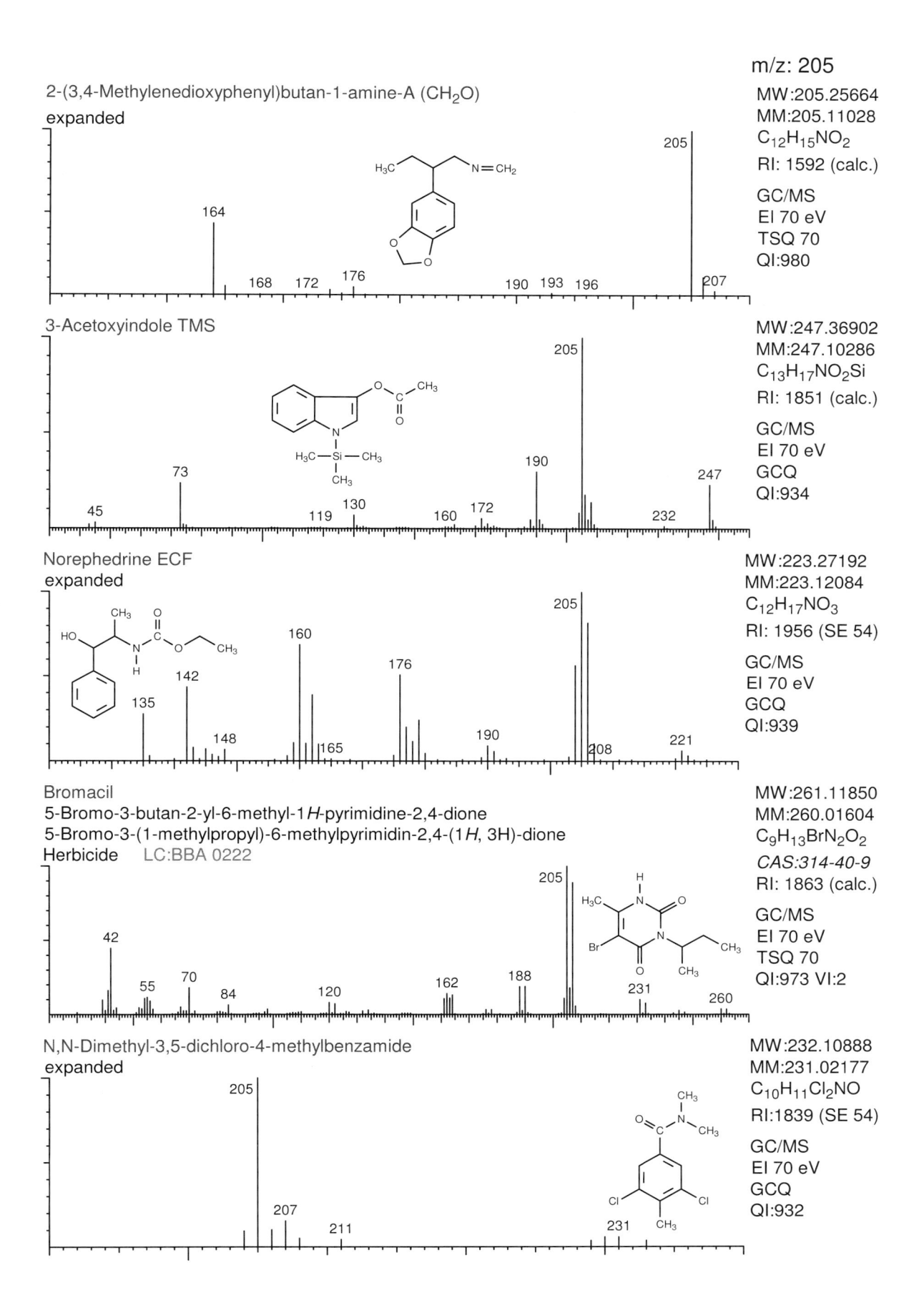

2-(3,4-Methylenedioxyphenyl)butan-1-amine-A (CH_2O)
expanded

MW:205.25664
MM:205.11028
$C_{12}H_{15}NO_2$
RI: 1592 (calc.)

GC/MS
EI 70 eV
TSQ 70
QI:980

3-Acetoxyindole TMS

MW:247.36902
MM:247.10286
$C_{13}H_{17}NO_2Si$
RI: 1851 (calc.)

GC/MS
EI 70 eV
GCQ
QI:934

Norephedrine ECF
expanded

MW:223.27192
MM:223.12084
$C_{12}H_{17}NO_3$
RI: 1956 (SE 54)

GC/MS
EI 70 eV
GCQ
QI:939

Bromacil
5-Bromo-3-butan-2-yl-6-methyl-1H-pyrimidine-2,4-dione
5-Bromo-3-(1-methylpropyl)-6-methylpyrimidin-2,4-(1H, 3H)-dione
Herbicide   LC:BBA 0222

MW:261.11850
MM:260.01604
$C_9H_{13}BrN_2O_2$
CAS:314-40-9
RI: 1863 (calc.)

GC/MS
EI 70 eV
TSQ 70
QI:973 VI:2

N,N-Dimethyl-3,5-dichloro-4-methylbenzamide
expanded

MW:232.10888
MM:231.02177
$C_{10}H_{11}Cl_2NO$
RI:1839 (SE 54)

GC/MS
EI 70 eV
GCQ
QI:932

m/z: 205

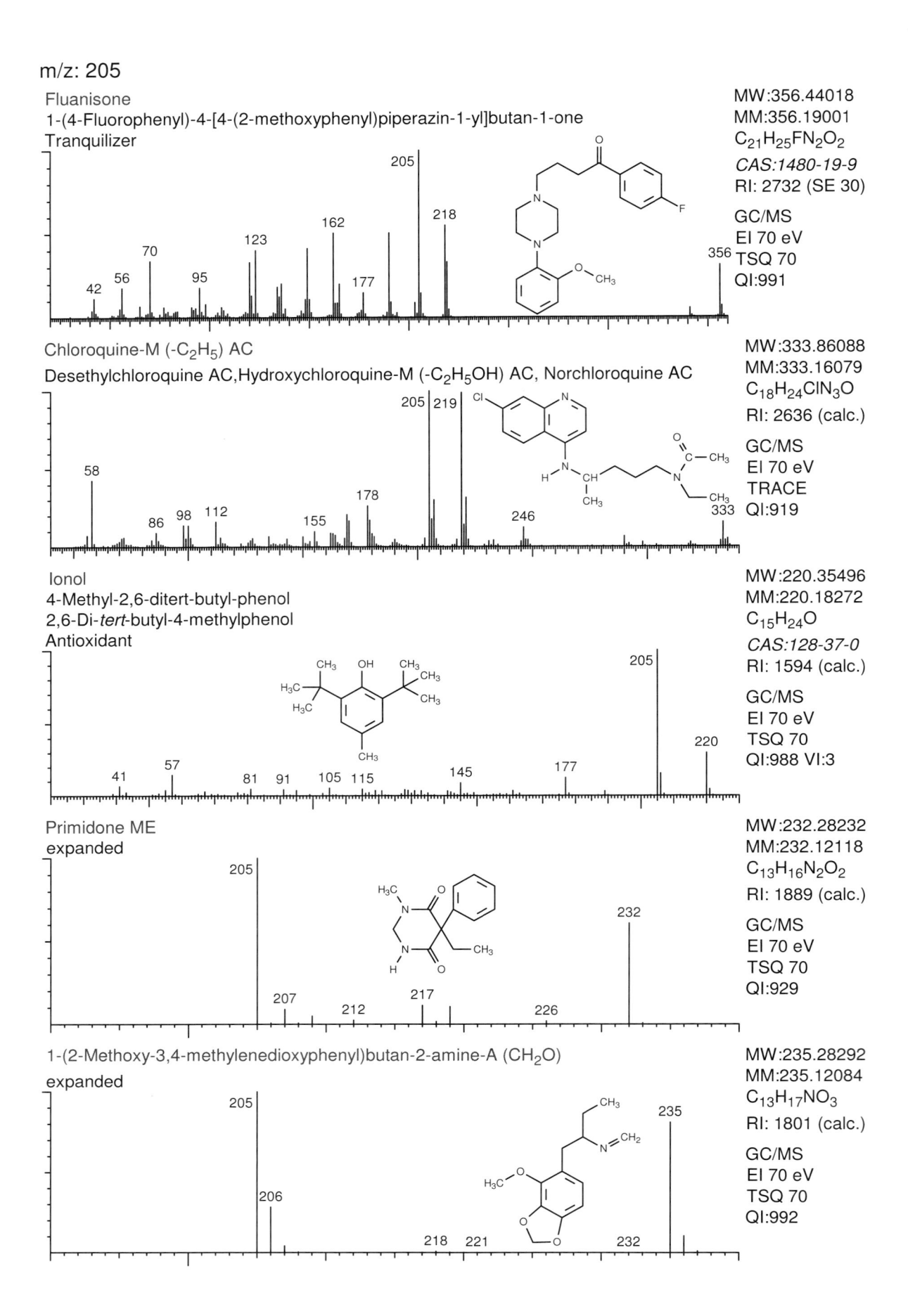

Fluanisone
1-(4-Fluorophenyl)-4-[4-(2-methoxyphenyl)piperazin-1-yl]butan-1-one
Tranquilizer

MW:356.44018
MM:356.19001
$C_{21}H_{25}FN_2O_2$
CAS:1480-19-9
RI: 2732 (SE 30)

GC/MS
EI 70 eV
TSQ 70
QI:991

Chloroquine-M (-C$_2$H$_5$) AC
Desethylchloroquine AC, Hydroxychloroquine-M (-C$_2$H$_5$OH) AC, Norchloroquine AC

MW:333.86088
MM:333.16079
$C_{18}H_{24}ClN_3O$
RI: 2636 (calc.)

GC/MS
EI 70 eV
TRACE
QI:919

Ionol
4-Methyl-2,6-ditert-butyl-phenol
2,6-Di-*tert*-butyl-4-methylphenol
Antioxidant

MW:220.35496
MM:220.18272
$C_{15}H_{24}O$
CAS:128-37-0
RI: 1594 (calc.)

GC/MS
EI 70 eV
TSQ 70
QI:988 VI:3

Primidone ME
expanded

MW:232.28232
MM:232.12118
$C_{13}H_{16}N_2O_2$
RI: 1889 (calc.)

GC/MS
EI 70 eV
TSQ 70
QI:929

1-(2-Methoxy-3,4-methylenedioxyphenyl)butan-2-amine-A (CH$_2$O)
expanded

MW:235.28292
MM:235.12084
$C_{13}H_{17}NO_3$
RI: 1801 (calc.)

GC/MS
EI 70 eV
TSQ 70
QI:992

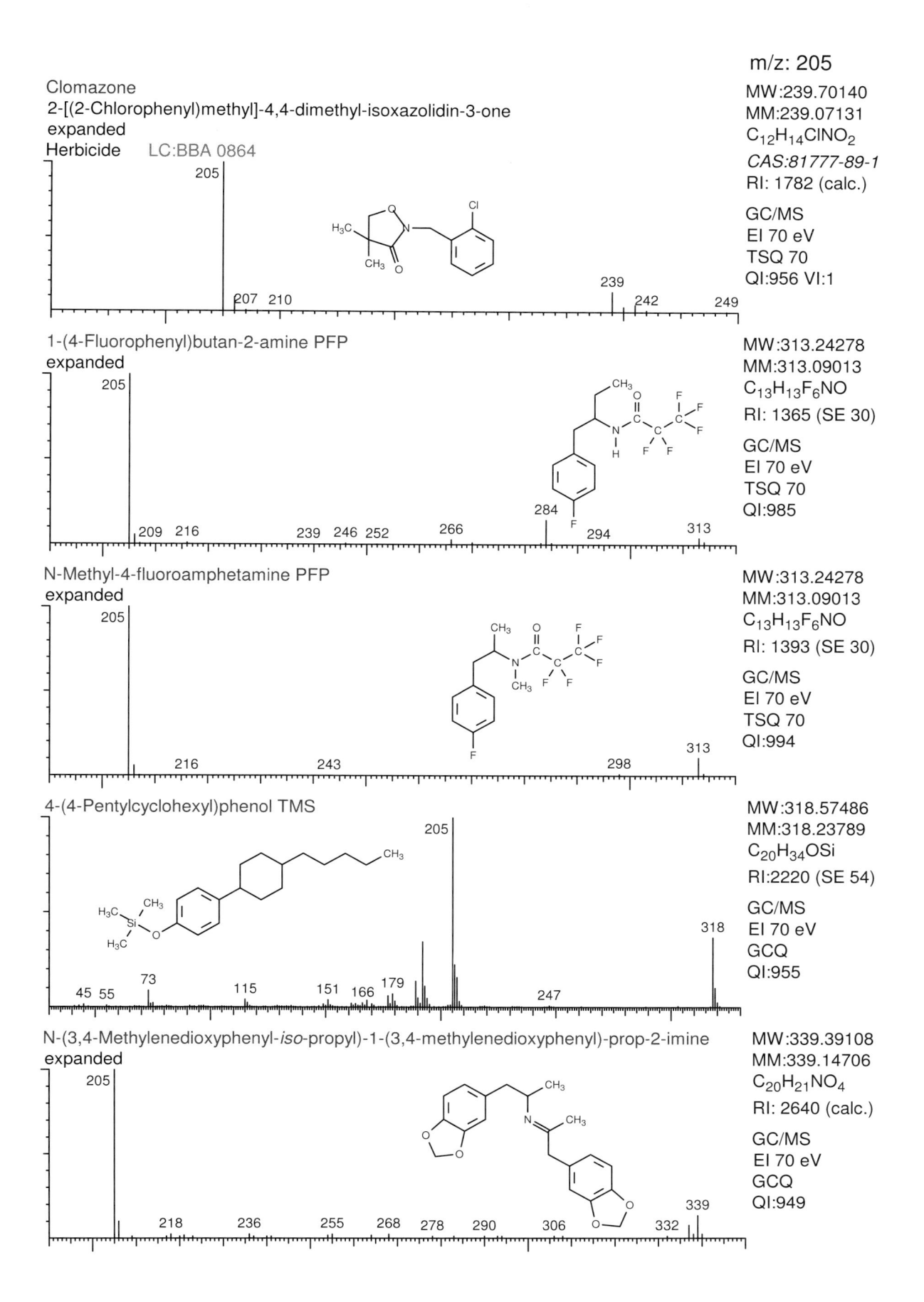

Clomazone
2-[(2-Chlorophenyl)methyl]-4,4-dimethyl-isoxazolidin-3-one
expanded
Herbicide LC:BBA 0864

m/z: 205
MW:239.70140
MM:239.07131
$C_{12}H_{14}ClNO_2$
CAS:81777-89-1
RI: 1782 (calc.)

GC/MS
EI 70 eV
TSQ 70
QI:956 VI:1

1-(4-Fluorophenyl)butan-2-amine PFP
expanded

MW:313.24278
MM:313.09013
$C_{13}H_{13}F_6NO$
RI: 1365 (SE 30)

GC/MS
EI 70 eV
TSQ 70
QI:985

N-Methyl-4-fluoroamphetamine PFP
expanded

MW:313.24278
MM:313.09013
$C_{13}H_{13}F_6NO$
RI: 1393 (SE 30)

GC/MS
EI 70 eV
TSQ 70
QI:994

4-(4-Pentylcyclohexyl)phenol TMS

MW:318.57486
MM:318.23789
$C_{20}H_{34}OSi$
RI:2220 (SE 54)

GC/MS
EI 70 eV
GCQ
QI:955

N-(3,4-Methylenedioxyphenyl-iso-propyl)-1-(3,4-methylenedioxyphenyl)-prop-2-imine
expanded

MW:339.39108
MM:339.14706
$C_{20}H_{21}NO_4$
RI: 2640 (calc.)

GC/MS
EI 70 eV
GCQ
QI:949

m/z: 205-206

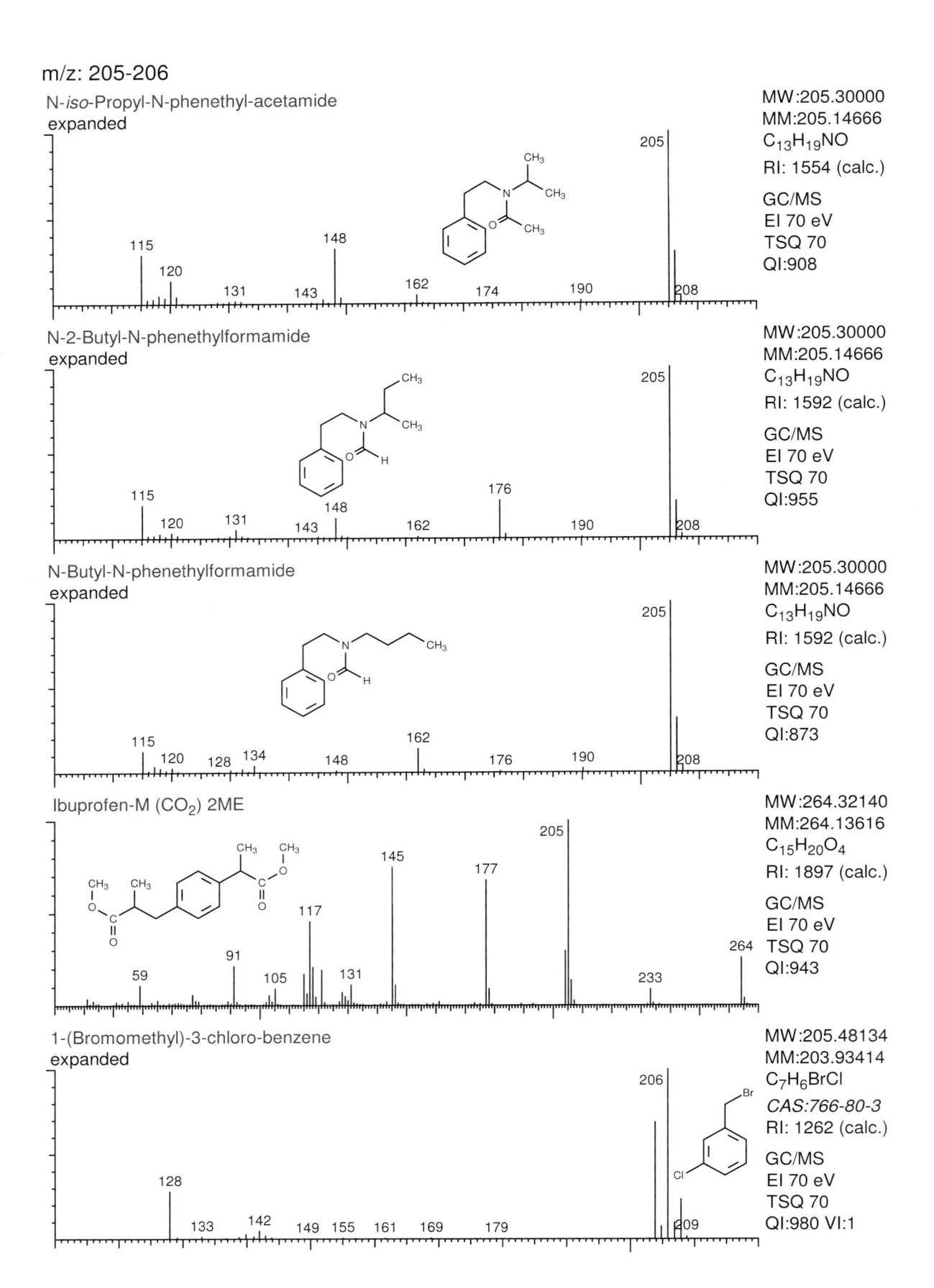

N-iso-Propyl-N-phenethyl-acetamide expanded

MW: 205.30000
MM: 205.14666
$C_{13}H_{19}NO$
RI: 1554 (calc.)

GC/MS
EI 70 eV
TSQ 70
QI: 908

N-2-Butyl-N-phenethylformamide expanded

MW: 205.30000
MM: 205.14666
$C_{13}H_{19}NO$
RI: 1592 (calc.)

GC/MS
EI 70 eV
TSQ 70
QI: 955

N-Butyl-N-phenethylformamide expanded

MW: 205.30000
MM: 205.14666
$C_{13}H_{19}NO$
RI: 1592 (calc.)

GC/MS
EI 70 eV
TSQ 70
QI: 873

Ibuprofen-M (CO_2) 2ME

MW: 264.32140
MM: 264.13616
$C_{15}H_{20}O_4$
RI: 1897 (calc.)

GC/MS
EI 70 eV
TSQ 70
QI: 943

1-(Bromomethyl)-3-chloro-benzene expanded

MW: 205.48134
MM: 203.93414
C_7H_6BrCl
CAS: 766-80-3
RI: 1262 (calc.)

GC/MS
EI 70 eV
TSQ 70
QI: 980 VI:1

m/z: 206

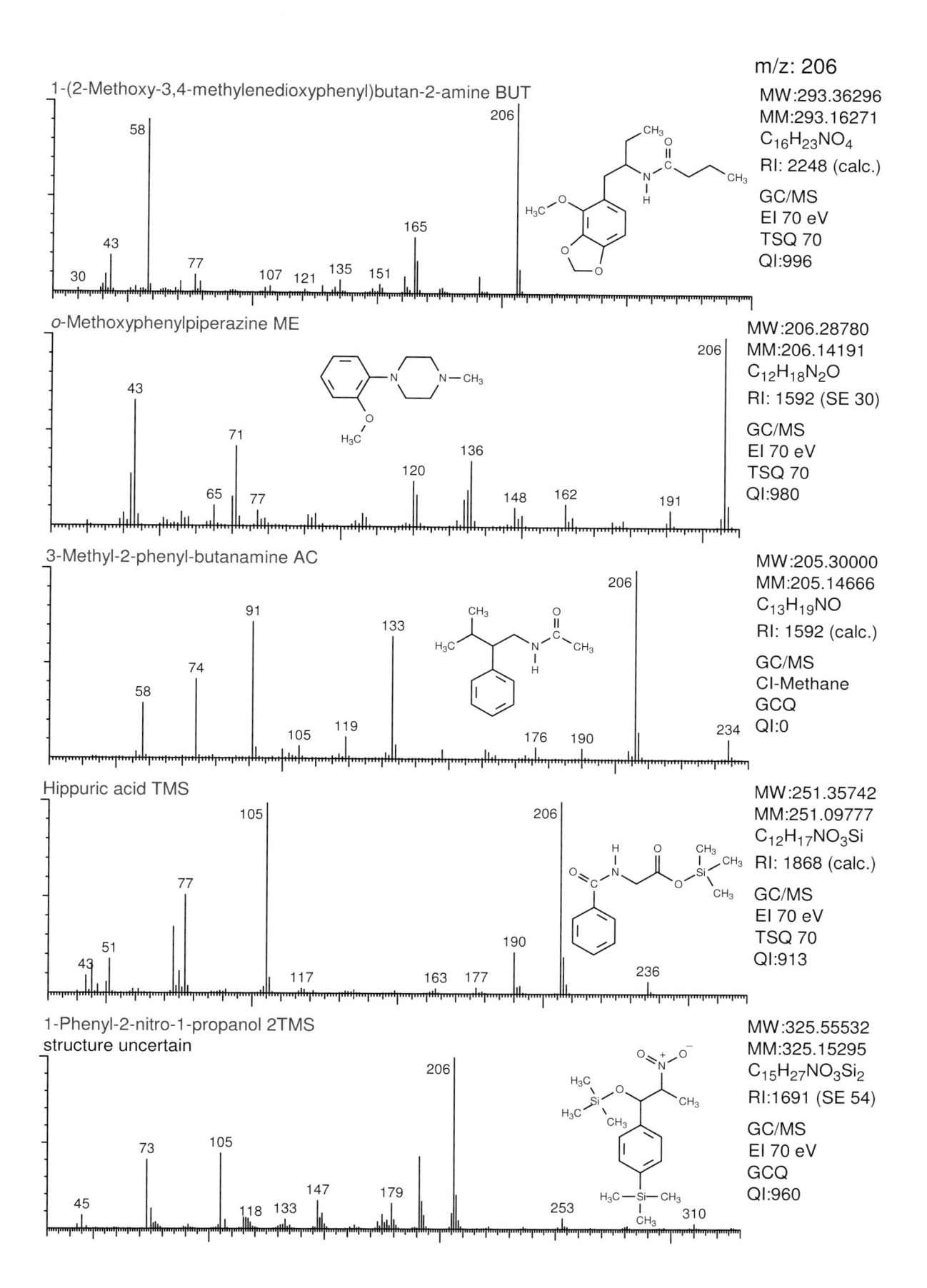

1-(2-Methoxy-3,4-methylenedioxyphenyl)butan-2-amine BUT

MW: 293.36296
MM: 293.16271
$C_{16}H_{23}NO_4$
RI: 2248 (calc.)

GC/MS
EI 70 eV
TSQ 70
QI: 996

o-Methoxyphenylpiperazine ME

MW: 206.28780
MM: 206.14191
$C_{12}H_{18}N_2O$
RI: 1592 (SE 30)

GC/MS
EI 70 eV
TSQ 70
QI: 980

3-Methyl-2-phenyl-butanamine AC

MW: 205.30000
MM: 205.14666
$C_{13}H_{19}NO$
RI: 1592 (calc.)

GC/MS
CI-Methane
GCQ
QI: 0

Hippuric acid TMS

MW: 251.35742
MM: 251.09777
$C_{12}H_{17}NO_3Si$
RI: 1868 (calc.)

GC/MS
EI 70 eV
TSQ 70
QI: 913

1-Phenyl-2-nitro-1-propanol 2TMS
structure uncertain

MW: 325.55532
MM: 325.15295
$C_{15}H_{27}NO_3Si_2$
RI: 1691 (SE 54)

GC/MS
EI 70 eV
GCQ
QI: 960

m/z: 206

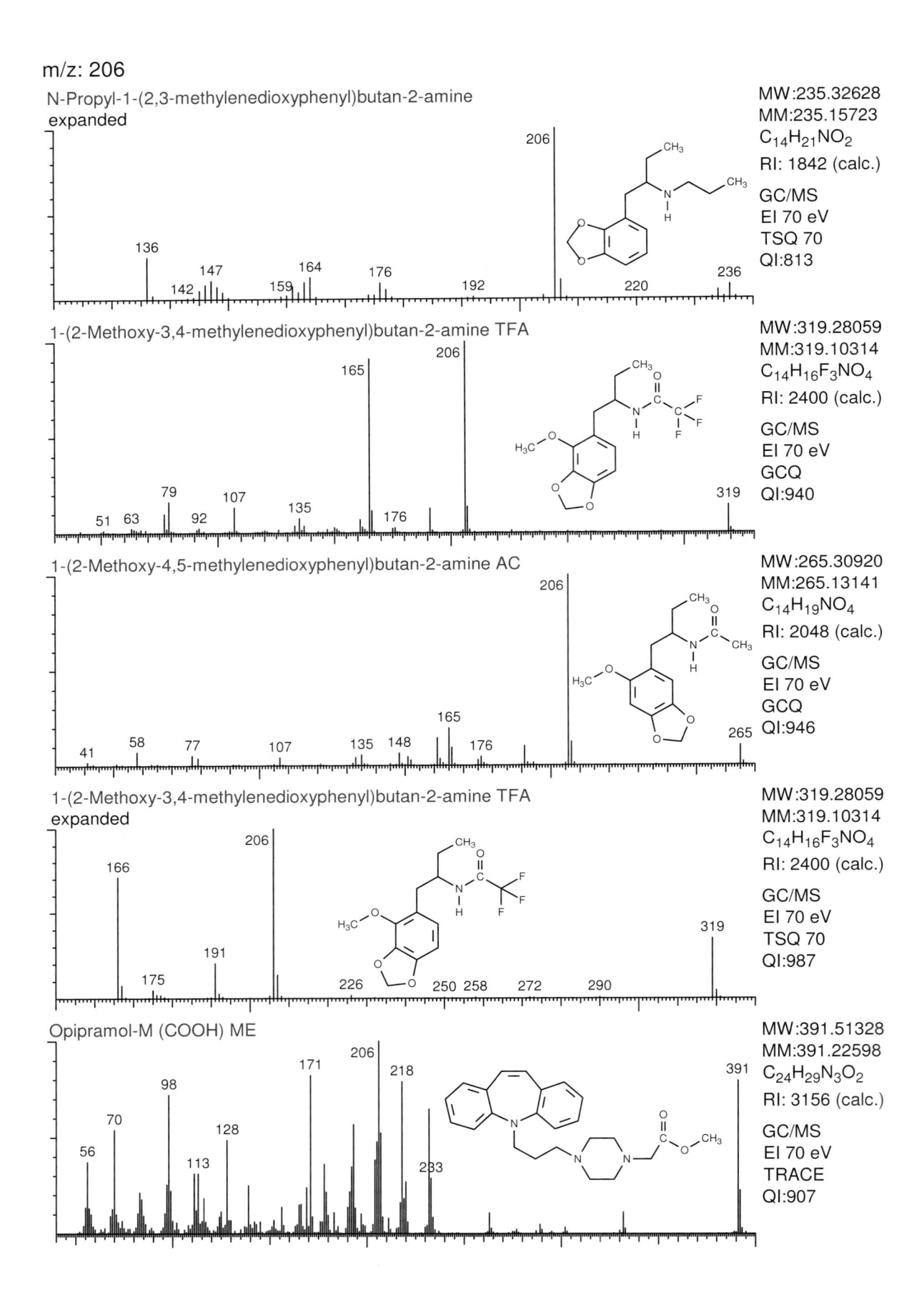

N-Propyl-1-(2,3-methylenedioxyphenyl)butan-2-amine expanded

MW:235.32628
MM:235.15723
$C_{14}H_{21}NO_2$
RI: 1842 (calc.)

GC/MS
EI 70 eV
TSQ 70
QI:813

1-(2-Methoxy-3,4-methylenedioxyphenyl)butan-2-amine TFA

MW:319.28059
MM:319.10314
$C_{14}H_{16}F_3NO_4$
RI: 2400 (calc.)

GC/MS
EI 70 eV
GCQ
QI:940

1-(2-Methoxy-4,5-methylenedioxyphenyl)butan-2-amine AC

MW:265.30920
MM:265.13141
$C_{14}H_{19}NO_4$
RI: 2048 (calc.)

GC/MS
EI 70 eV
GCQ
QI:946

1-(2-Methoxy-3,4-methylenedioxyphenyl)butan-2-amine TFA expanded

MW:319.28059
MM:319.10314
$C_{14}H_{16}F_3NO_4$
RI: 2400 (calc.)

GC/MS
EI 70 eV
TSQ 70
QI:987

Opipramol-M (COOH) ME

MW:391.51328
MM:391.22598
$C_{24}H_{29}N_3O_2$
RI: 3156 (calc.)

GC/MS
EI 70 eV
TRACE
QI:907

m/z: 206

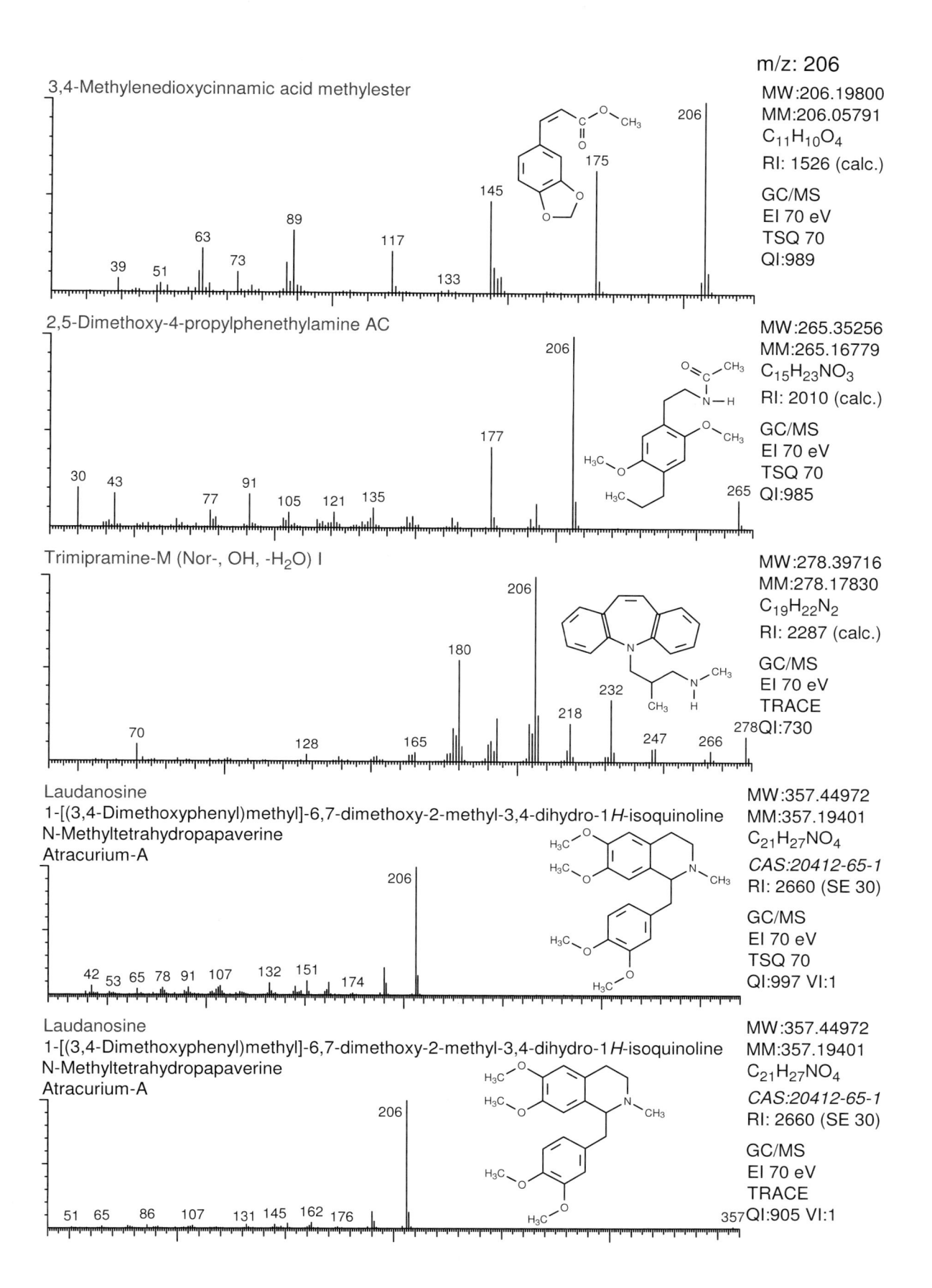

3,4-Methylenedioxycinnamic acid methylester

MW: 206.19800
MM: 206.05791
$C_{11}H_{10}O_4$
RI: 1526 (calc.)

GC/MS
EI 70 eV
TSQ 70
QI: 989

2,5-Dimethoxy-4-propylphenethylamine AC

MW: 265.35256
MM: 265.16779
$C_{15}H_{23}NO_3$
RI: 2010 (calc.)

GC/MS
EI 70 eV
TSQ 70
QI: 985

Trimipramine-M (Nor-, OH, -H₂O) I

MW: 278.39716
MM: 278.17830
$C_{19}H_{22}N_2$
RI: 2287 (calc.)

GC/MS
EI 70 eV
TRACE
QI: 730

Laudanosine
1-[(3,4-Dimethoxyphenyl)methyl]-6,7-dimethoxy-2-methyl-3,4-dihydro-1H-isoquinoline
N-Methyltetrahydropapaverine
Atracurium-A

MW: 357.44972
MM: 357.19401
$C_{21}H_{27}NO_4$
CAS: 20412-65-1
RI: 2660 (SE 30)

GC/MS
EI 70 eV
TSQ 70
QI: 997 VI: 1

Laudanosine
1-[(3,4-Dimethoxyphenyl)methyl]-6,7-dimethoxy-2-methyl-3,4-dihydro-1H-isoquinoline
N-Methyltetrahydropapaverine
Atracurium-A

MW: 357.44972
MM: 357.19401
$C_{21}H_{27}NO_4$
CAS: 20412-65-1
RI: 2660 (SE 30)

GC/MS
EI 70 eV
TRACE
QI: 905 VI: 1

m/z: 206

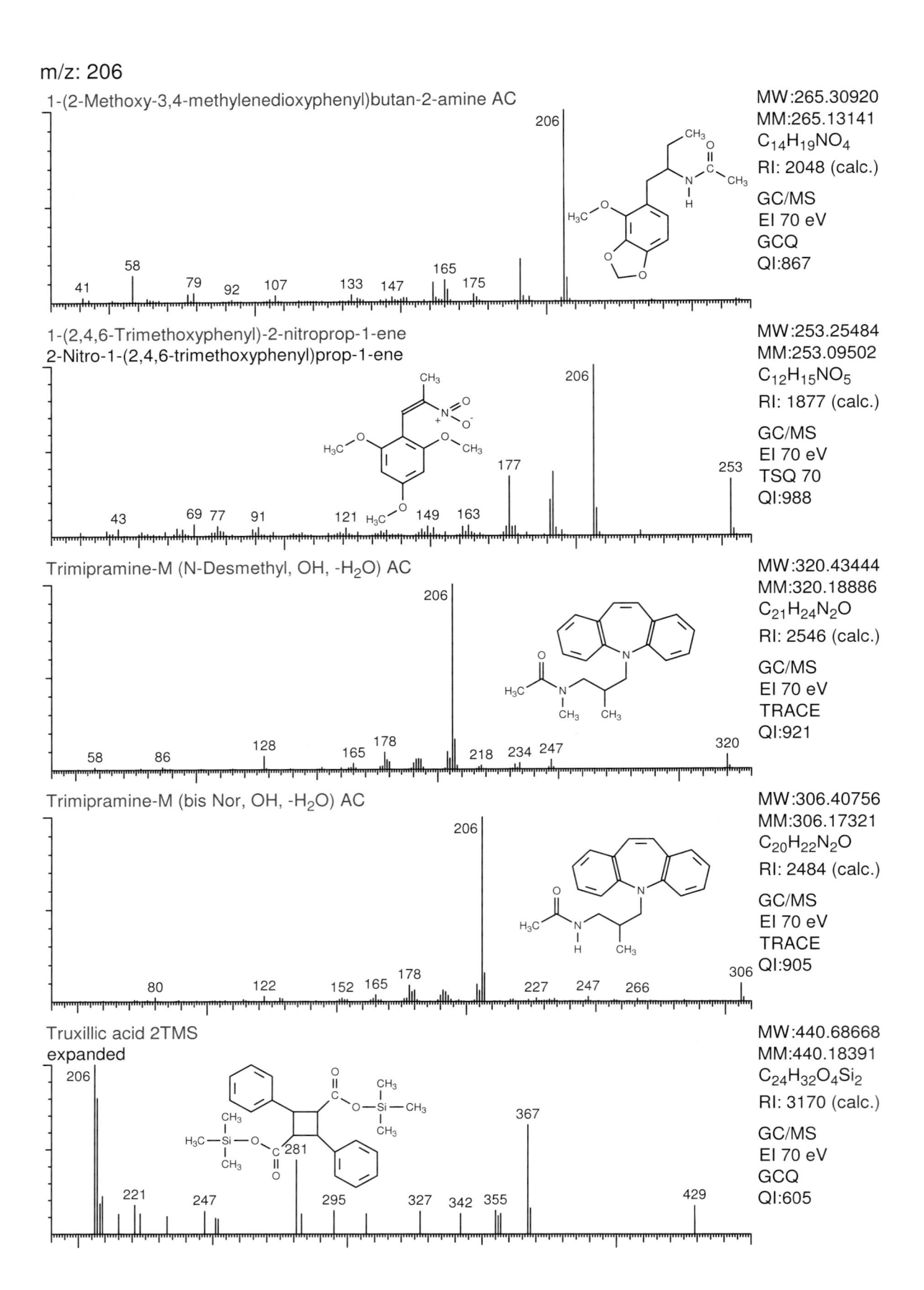

1-(2-Methoxy-3,4-methylenedioxyphenyl)butan-2-amine AC

Peaks: 41, 58, 79, 92, 107, 133, 147, 165, 175, 206

MW: 265.30920
MM: 265.13141
$C_{14}H_{19}NO_4$
RI: 2048 (calc.)

GC/MS
EI 70 eV
GCQ
QI: 867

1-(2,4,6-Trimethoxyphenyl)-2-nitroprop-1-ene
2-Nitro-1-(2,4,6-trimethoxyphenyl)prop-1-ene

Peaks: 43, 69, 77, 91, 121, 149, 163, 177, 206, 253

MW: 253.25484
MM: 253.09502
$C_{12}H_{15}NO_5$
RI: 1877 (calc.)

GC/MS
EI 70 eV
TSQ 70
QI: 988

Trimipramine-M (N-Desmethyl, OH, -H₂O) AC

Peaks: 58, 86, 128, 165, 178, 206, 218, 234, 247, 320

MW: 320.43444
MM: 320.18886
$C_{21}H_{24}N_2O$
RI: 2546 (calc.)

GC/MS
EI 70 eV
TRACE
QI: 921

Trimipramine-M (bis Nor, OH, -H₂O) AC

Peaks: 80, 122, 152, 165, 178, 206, 227, 247, 266, 306

MW: 306.40756
MM: 306.17321
$C_{20}H_{22}N_2O$
RI: 2484 (calc.)

GC/MS
EI 70 eV
TRACE
QI: 905

Truxillic acid 2TMS
expanded

Peaks: 206, 221, 247, 281, 295, 327, 342, 355, 367, 429

MW: 440.68668
MM: 440.18391
$C_{24}H_{32}O_4Si_2$
RI: 3170 (calc.)

GC/MS
EI 70 eV
GCQ
QI: 605

m/z: 206

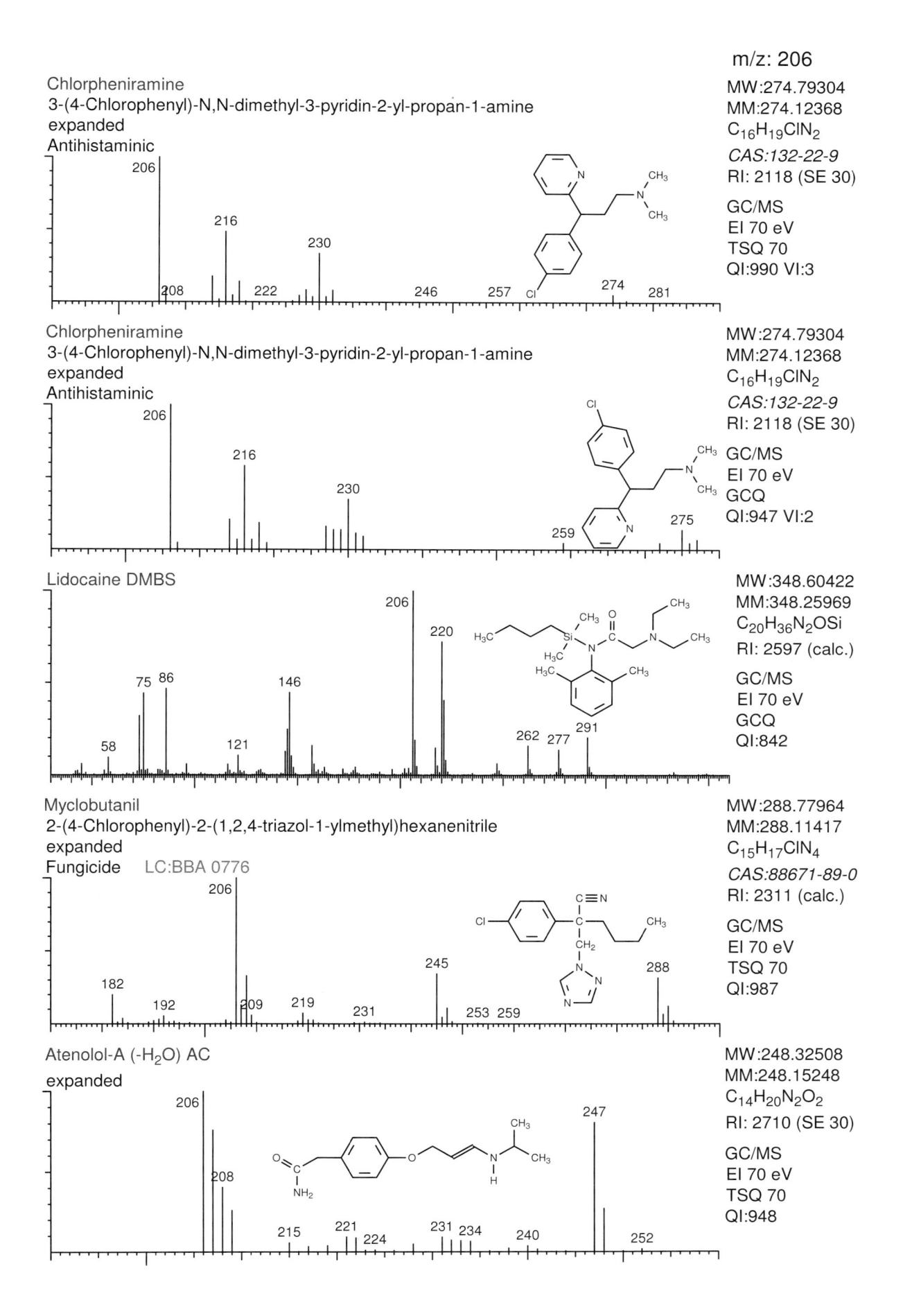

Chlorpheniramine
3-(4-Chlorophenyl)-N,N-dimethyl-3-pyridin-2-yl-propan-1-amine
expanded
Antihistaminic

MW: 274.79304
MM: 274.12368
$C_{16}H_{19}ClN_2$
CAS: 132-22-9
RI: 2118 (SE 30)

GC/MS
EI 70 eV
TSQ 70
QI: 990 VI: 3

Peaks: 206, 208, 216, 222, 230, 246, 257, 274, 281

Chlorpheniramine
3-(4-Chlorophenyl)-N,N-dimethyl-3-pyridin-2-yl-propan-1-amine
expanded
Antihistaminic

MW: 274.79304
MM: 274.12368
$C_{16}H_{19}ClN_2$
CAS: 132-22-9
RI: 2118 (SE 30)

GC/MS
EI 70 eV
GCQ
QI: 947 VI: 2

Peaks: 206, 216, 230, 259, 275

Lidocaine DMBS

MW: 348.60422
MM: 348.25969
$C_{20}H_{36}N_2OSi$
RI: 2597 (calc.)

GC/MS
EI 70 eV
GCQ
QI: 842

Peaks: 58, 75, 86, 121, 146, 206, 220, 262, 277, 291

Myclobutanil
2-(4-Chlorophenyl)-2-(1,2,4-triazol-1-ylmethyl)hexanenitrile
expanded
Fungicide   LC: BBA 0776

MW: 288.77964
MM: 288.11417
$C_{15}H_{17}ClN_4$
CAS: 88671-89-0
RI: 2311 (calc.)

GC/MS
EI 70 eV
TSQ 70
QI: 987

Peaks: 182, 192, 206, 209, 219, 231, 245, 253, 259, 288

Atenolol-A (-H$_2$O) AC
expanded

MW: 248.32508
MM: 248.15248
$C_{14}H_{20}N_2O_2$
RI: 2710 (SE 30)

GC/MS
EI 70 eV
TSQ 70
QI: 948

Peaks: 206, 208, 215, 221, 224, 231, 234, 240, 247, 252

m/z: 206

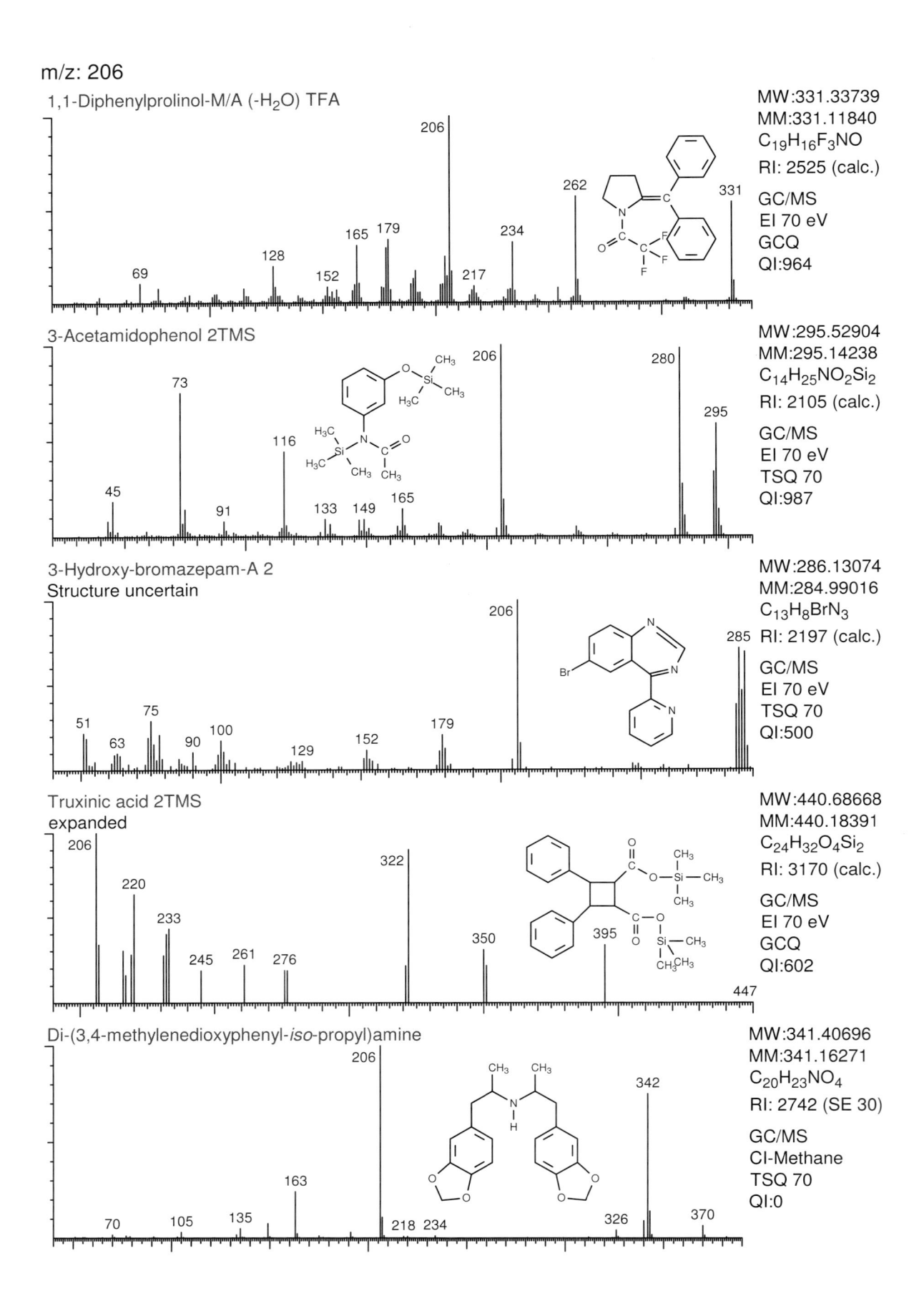

1,1-Diphenylprolinol-M/A (-H₂O) TFA

MW:331.33739
MM:331.11840
$C_{19}H_{16}F_3NO$
RI: 2525 (calc.)

GC/MS
EI 70 eV
GCQ
QI:964

Peaks: 69, 128, 152, 165, 179, 206, 217, 234, 262, 331

3-Acetamidophenol 2TMS

MW:295.52904
MM:295.14238
$C_{14}H_{25}NO_2Si_2$
RI: 2105 (calc.)

GC/MS
EI 70 eV
TSQ 70
QI:987

Peaks: 45, 73, 91, 116, 133, 149, 165, 206, 280, 295

3-Hydroxy-bromazepam-A 2
Structure uncertain

MW:286.13074
MM:284.99016
$C_{13}H_8BrN_3$
RI: 2197 (calc.)

GC/MS
EI 70 eV
TSQ 70
QI:500

Peaks: 51, 63, 75, 90, 100, 129, 152, 179, 206, 285

Truxinic acid 2TMS
expanded

MW:440.68668
MM:440.18391
$C_{24}H_{32}O_4Si_2$
RI: 3170 (calc.)

GC/MS
EI 70 eV
GCQ
QI:602

Peaks: 206, 220, 233, 245, 261, 276, 322, 350, 395, 447

Di-(3,4-methylenedioxyphenyl-*iso*-propyl)amine

MW:341.40696
MM:341.16271
$C_{20}H_{23}NO_4$
RI: 2742 (SE 30)

GC/MS
CI-Methane
TSQ 70
QI:0

Peaks: 70, 105, 135, 163, 206, 218, 234, 326, 342, 370

m/z: 206

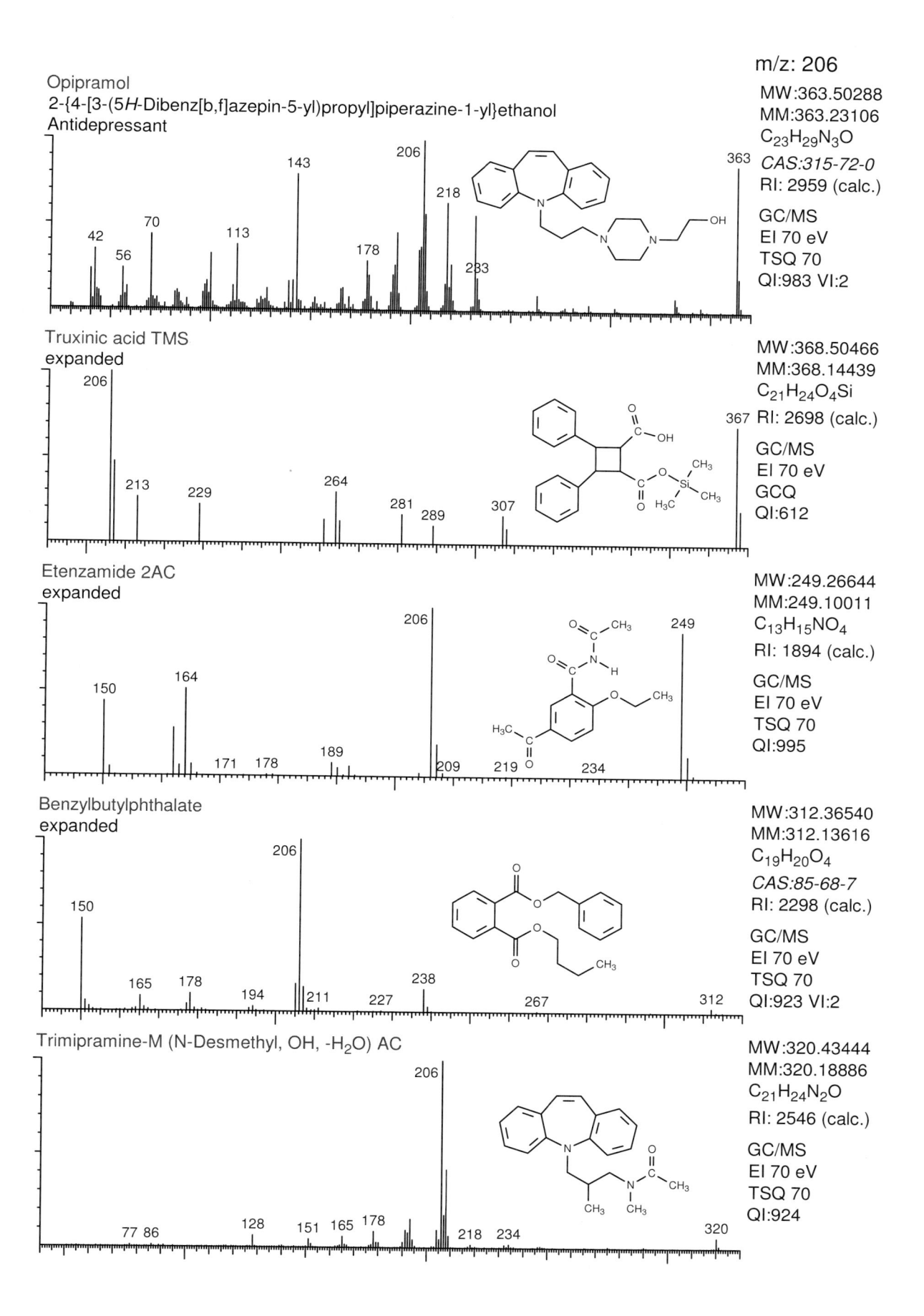

Opipramol
2-{4-[3-(5H-Dibenz[b,f]azepin-5-yl)propyl]piperazine-1-yl}ethanol
Antidepressant

MW: 363.50288
MM: 363.23106
$C_{23}H_{29}N_3O$
CAS: 315-72-0
RI: 2959 (calc.)

GC/MS
EI 70 eV
TSQ 70
QI: 983 VI: 2

Truxinic acid TMS
expanded

MW: 368.50466
MM: 368.14439
$C_{21}H_{24}O_4Si$
RI: 2698 (calc.)

GC/MS
EI 70 eV
GCQ
QI: 612

Etenzamide 2AC
expanded

MW: 249.26644
MM: 249.10011
$C_{13}H_{15}NO_4$
RI: 1894 (calc.)

GC/MS
EI 70 eV
TSQ 70
QI: 995

Benzylbutylphthalate
expanded

MW: 312.36540
MM: 312.13616
$C_{19}H_{20}O_4$
CAS: 85-68-7
RI: 2298 (calc.)

GC/MS
EI 70 eV
TSQ 70
QI: 923 VI: 2

Trimipramine-M (N-Desmethyl, OH, -H₂O) AC

MW: 320.43444
MM: 320.18886
$C_{21}H_{24}N_2O$
RI: 2546 (calc.)

GC/MS
EI 70 eV
TSQ 70
QI: 924

m/z: 207

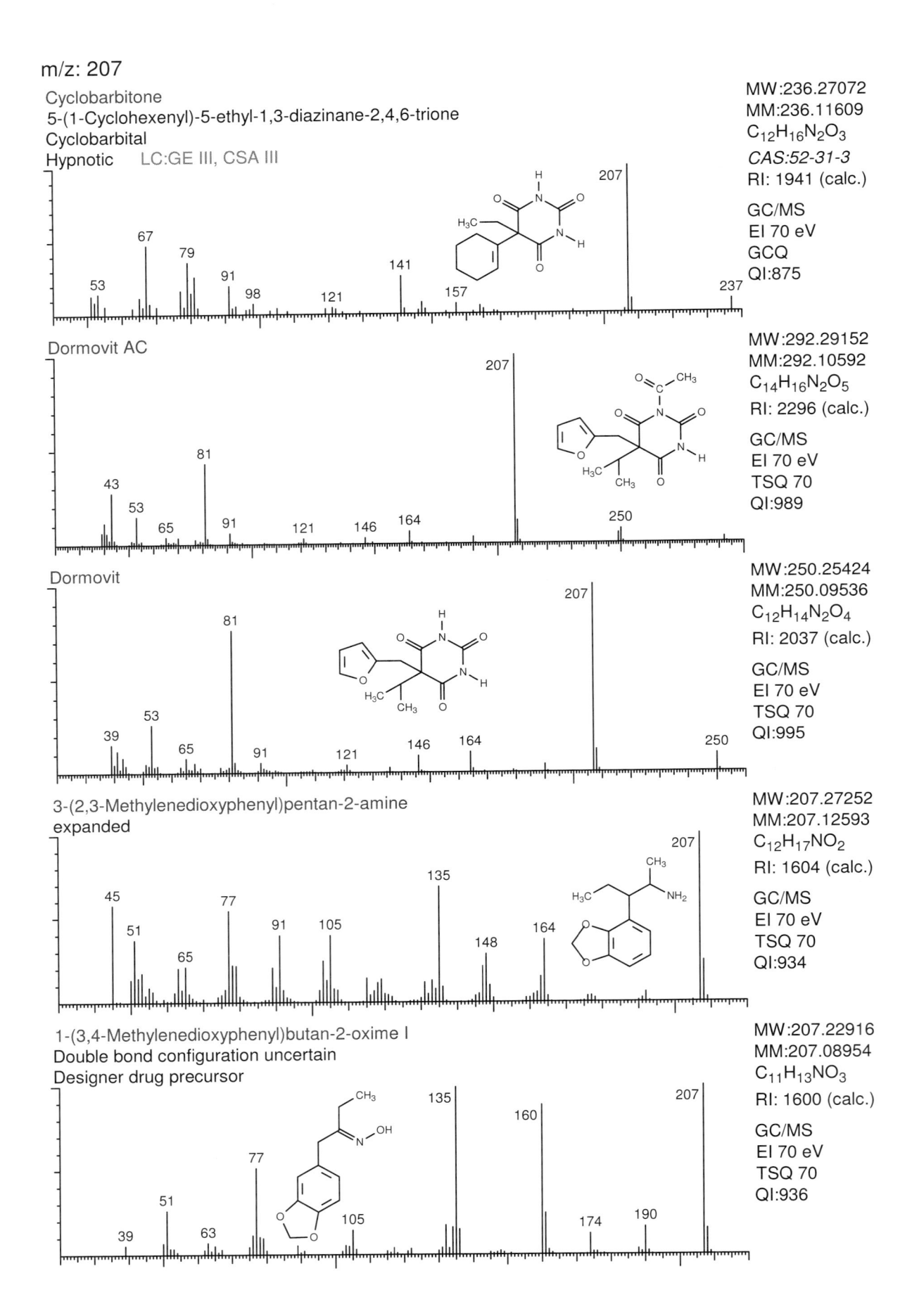

Cyclobarbitone
5-(1-Cyclohexenyl)-5-ethyl-1,3-diazinane-2,4,6-trione
Cyclobarbital
Hypnotic   LC:GE III, CSA III

MW: 236.27072
MM: 236.11609
$C_{12}H_{16}N_2O_3$
CAS: 52-31-3
RI: 1941 (calc.)

GC/MS
EI 70 eV
GCQ
QI: 875

Dormovit AC

MW: 292.29152
MM: 292.10592
$C_{14}H_{16}N_2O_5$
RI: 2296 (calc.)

GC/MS
EI 70 eV
TSQ 70
QI: 989

Dormovit

MW: 250.25424
MM: 250.09536
$C_{12}H_{14}N_2O_4$
RI: 2037 (calc.)

GC/MS
EI 70 eV
TSQ 70
QI: 995

3-(2,3-Methylenedioxyphenyl)pentan-2-amine
expanded

MW: 207.27252
MM: 207.12593
$C_{12}H_{17}NO_2$
RI: 1604 (calc.)

GC/MS
EI 70 eV
TSQ 70
QI: 934

1-(3,4-Methylenedioxyphenyl)butan-2-oxime I
Double bond configuration uncertain
Designer drug precursor

MW: 207.22916
MM: 207.08954
$C_{11}H_{13}NO_3$
RI: 1600 (calc.)

GC/MS
EI 70 eV
TSQ 70
QI: 936

m/z: 207

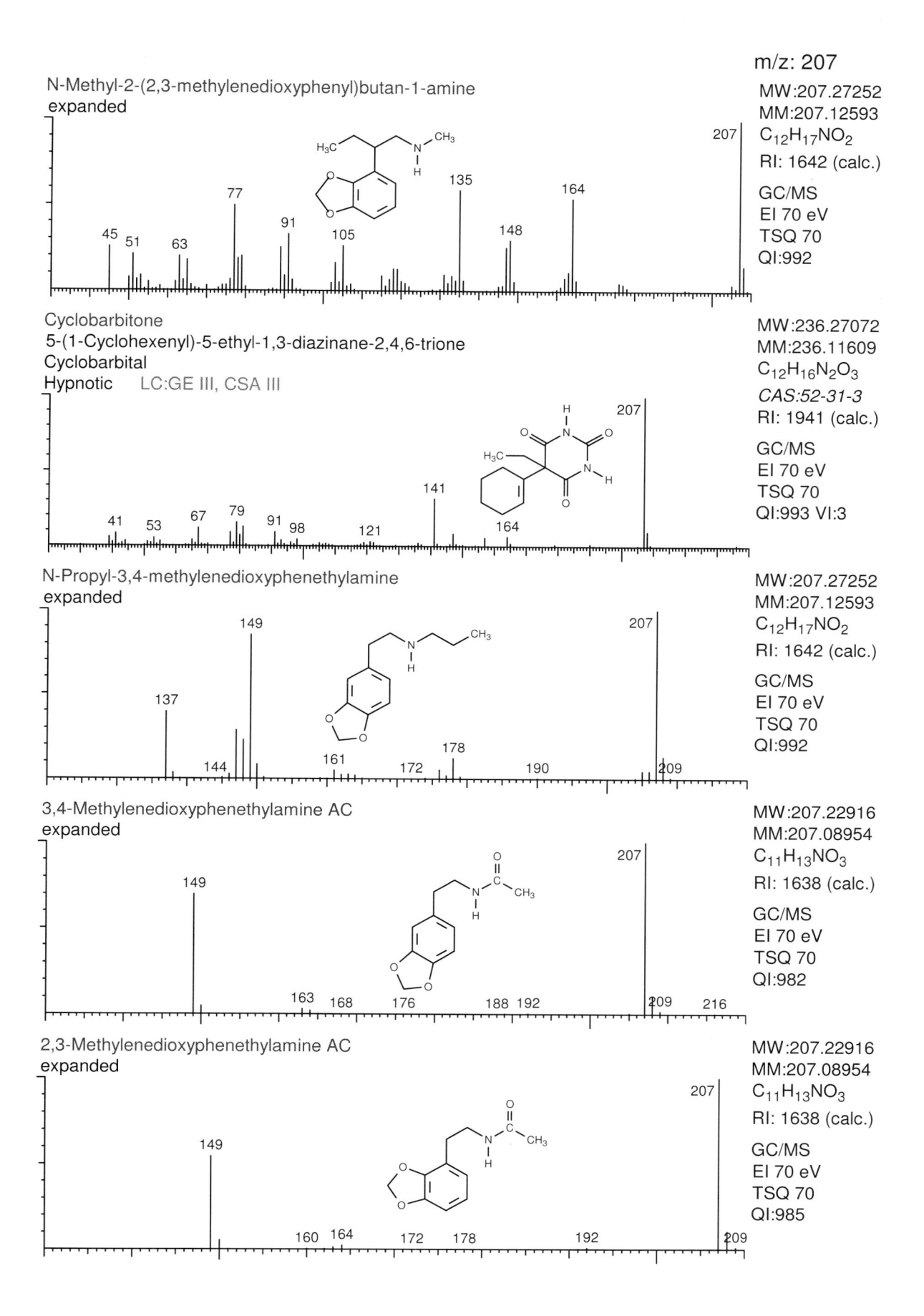

N-Methyl-2-(2,3-methylenedioxyphenyl)butan-1-amine
expanded

MW: 207.27252
MM: 207.12593
$C_{12}H_{17}NO_2$
RI: 1642 (calc.)

GC/MS
EI 70 eV
TSQ 70
QI: 992

Peaks: 45, 51, 63, 77, 91, 105, 135, 148, 164, 207

Cyclobarbitone
5-(1-Cyclohexenyl)-5-ethyl-1,3-diazinane-2,4,6-trione
Cyclobarbital
Hypnotic   LC: GE III, CSA III

MW: 236.27072
MM: 236.11609
$C_{12}H_{16}N_2O_3$
CAS: 52-31-3
RI: 1941 (calc.)

GC/MS
EI 70 eV
TSQ 70
QI: 993 VI:3

Peaks: 41, 53, 67, 79, 91, 98, 121, 141, 164, 207

N-Propyl-3,4-methylenedioxyphenethylamine
expanded

MW: 207.27252
MM: 207.12593
$C_{12}H_{17}NO_2$
RI: 1642 (calc.)

GC/MS
EI 70 eV
TSQ 70
QI: 992

Peaks: 137, 149, 144, 161, 172, 178, 190, 207, 209

3,4-Methylenedioxyphenethylamine AC
expanded

MW: 207.22916
MM: 207.08954
$C_{11}H_{13}NO_3$
RI: 1638 (calc.)

GC/MS
EI 70 eV
TSQ 70
QI: 982

Peaks: 149, 163, 168, 176, 188, 192, 207, 209, 216

2,3-Methylenedioxyphenethylamine AC
expanded

MW: 207.22916
MM: 207.08954
$C_{11}H_{13}NO_3$
RI: 1638 (calc.)

GC/MS
EI 70 eV
TSQ 70
QI: 985

Peaks: 149, 160, 164, 172, 178, 192, 207, 209

m/z: 207

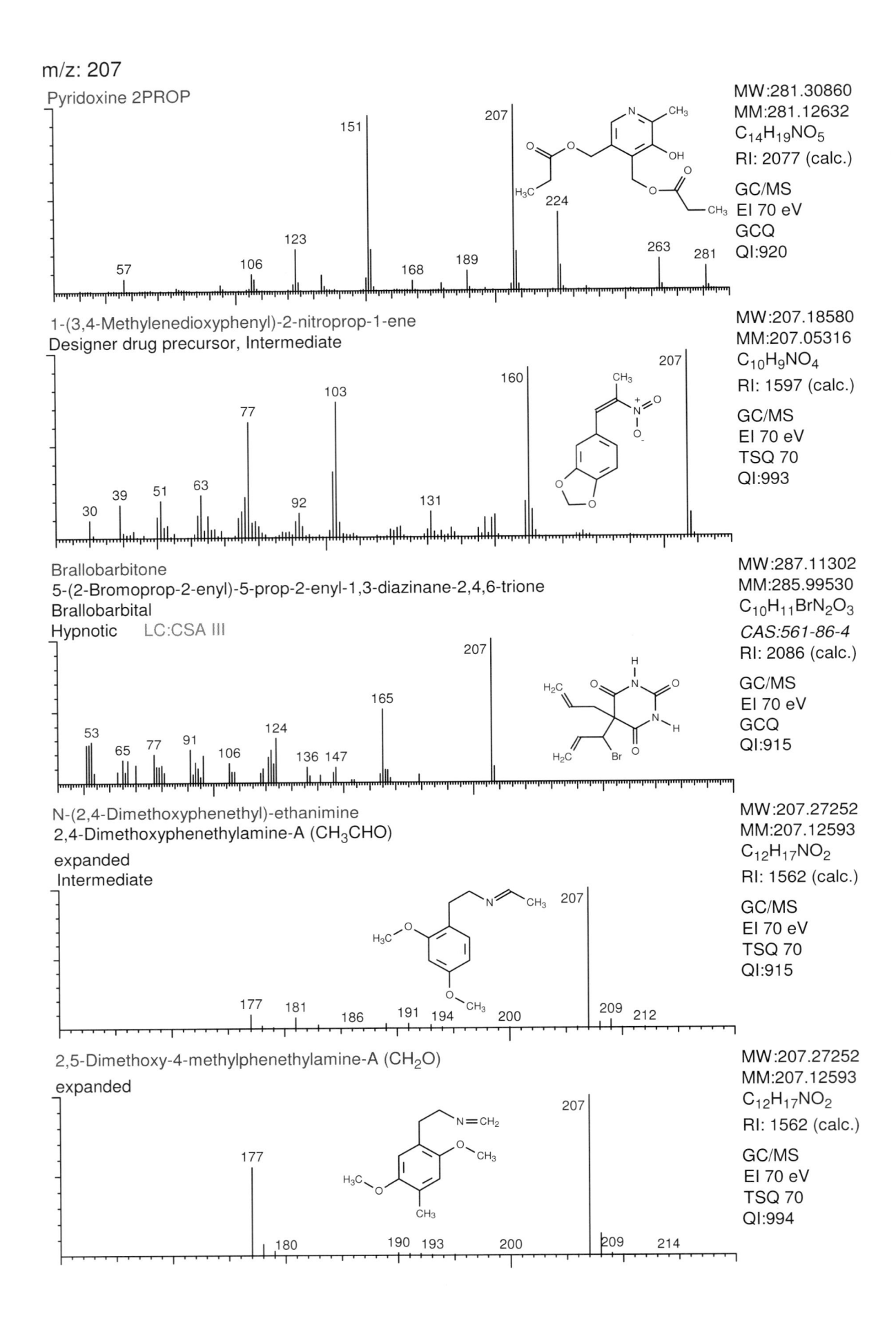

Pyridoxine 2PROP

MW:281.30860
MM:281.12632
$C_{14}H_{19}NO_5$
RI: 2077 (calc.)

GC/MS
EI 70 eV
GCQ
QI:920

Peaks: 57, 106, 123, 151, 168, 189, 207, 224, 263, 281

1-(3,4-Methylenedioxyphenyl)-2-nitroprop-1-ene
Designer drug precursor, Intermediate

MW:207.18580
MM:207.05316
$C_{10}H_9NO_4$
RI: 1597 (calc.)

GC/MS
EI 70 eV
TSQ 70
QI:993

Peaks: 30, 39, 51, 63, 77, 92, 103, 131, 160, 207

Brallobarbitone
5-(2-Bromoprop-2-enyl)-5-prop-2-enyl-1,3-diazinane-2,4,6-trione
Brallobarbital
Hypnotic   LC:CSA III

MW:287.11302
MM:285.99530
$C_{10}H_{11}BrN_2O_3$
CAS:561-86-4
RI: 2086 (calc.)

GC/MS
EI 70 eV
GCQ
QI:915

Peaks: 53, 65, 77, 91, 106, 124, 136, 147, 165, 207

N-(2,4-Dimethoxyphenethyl)-ethanimine
2,4-Dimethoxyphenethylamine-A (CH₃CHO)
expanded
Intermediate

MW:207.27252
MM:207.12593
$C_{12}H_{17}NO_2$
RI: 1562 (calc.)

GC/MS
EI 70 eV
TSQ 70
QI:915

Peaks: 177, 181, 186, 191, 194, 200, 207, 209, 212

2,5-Dimethoxy-4-methylphenethylamine-A (CH₂O)
expanded

MW:207.27252
MM:207.12593
$C_{12}H_{17}NO_2$
RI: 1562 (calc.)

GC/MS
EI 70 eV
TSQ 70
QI:994

Peaks: 177, 180, 190, 193, 200, 207, 209, 214

m/z: 207

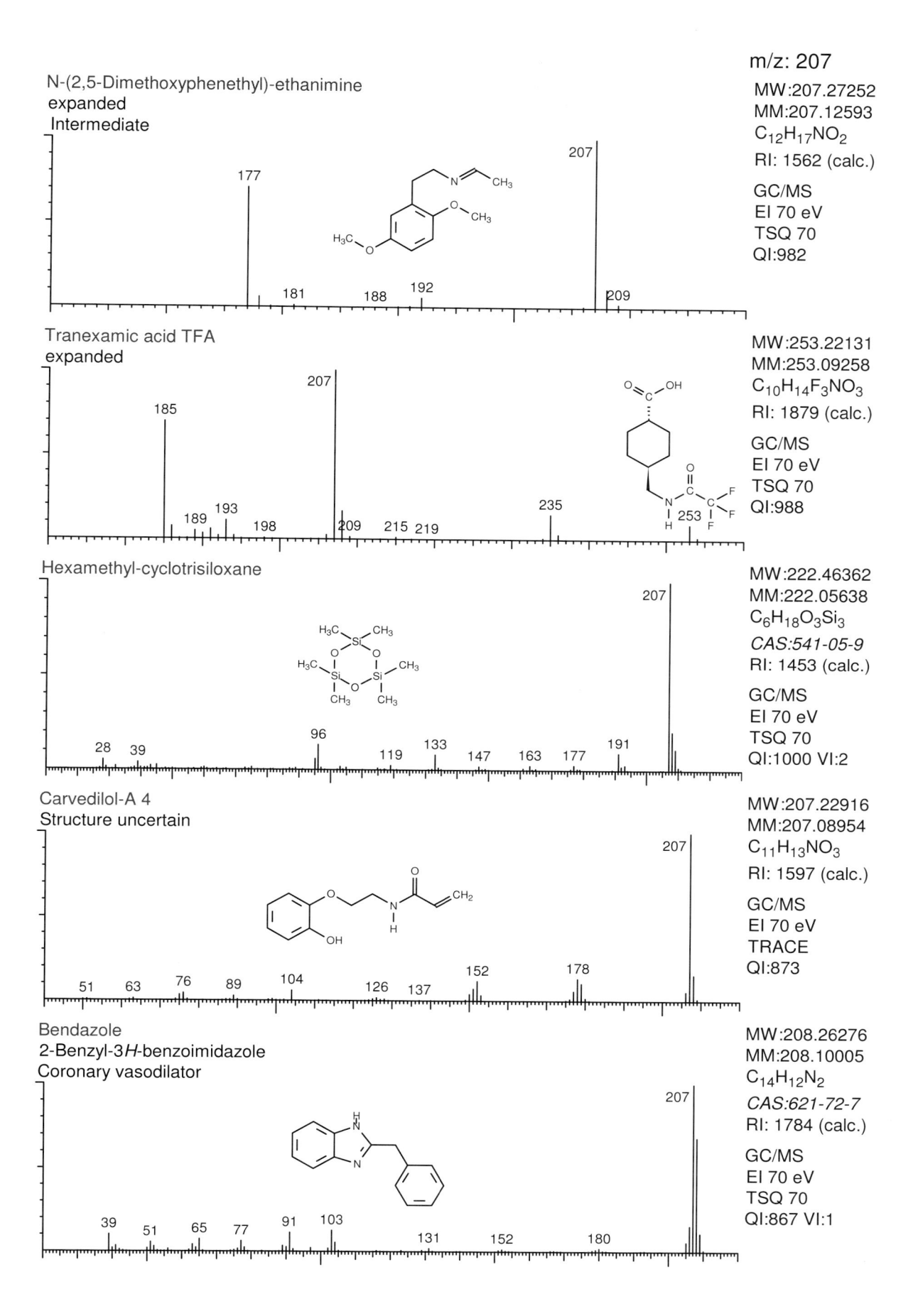

N-(2,5-Dimethoxyphenethyl)-ethanimine
expanded
Intermediate

Peaks: 177, 181, 188, 192, 207, 209

MW: 207.27252
MM: 207.12593
$C_{12}H_{17}NO_2$
RI: 1562 (calc.)

GC/MS
EI 70 eV
TSQ 70
QI: 982

Tranexamic acid TFA
expanded

Peaks: 185, 189, 193, 198, 207, 209, 215, 219, 235, 253

MW: 253.22131
MM: 253.09258
$C_{10}H_{14}F_3NO_3$
RI: 1879 (calc.)

GC/MS
EI 70 eV
TSQ 70
QI: 988

Hexamethyl-cyclotrisiloxane

Peaks: 28, 39, 96, 119, 133, 147, 163, 177, 191, 207

MW: 222.46362
MM: 222.05638
$C_6H_{18}O_3Si_3$
CAS: 541-05-9
RI: 1453 (calc.)

GC/MS
EI 70 eV
TSQ 70
QI: 1000 VI:2

Carvedilol-A 4
Structure uncertain

Peaks: 51, 63, 76, 89, 104, 126, 137, 152, 178, 207

MW: 207.22916
MM: 207.08954
$C_{11}H_{13}NO_3$
RI: 1597 (calc.)

GC/MS
EI 70 eV
TRACE
QI: 873

Bendazole
2-Benzyl-3H-benzoimidazole
Coronary vasodilator

Peaks: 39, 51, 65, 77, 91, 103, 131, 152, 180, 207

MW: 208.26276
MM: 208.10005
$C_{14}H_{12}N_2$
CAS: 621-72-7
RI: 1784 (calc.)

GC/MS
EI 70 eV
TSQ 70
QI: 867 VI:1

m/z: 207

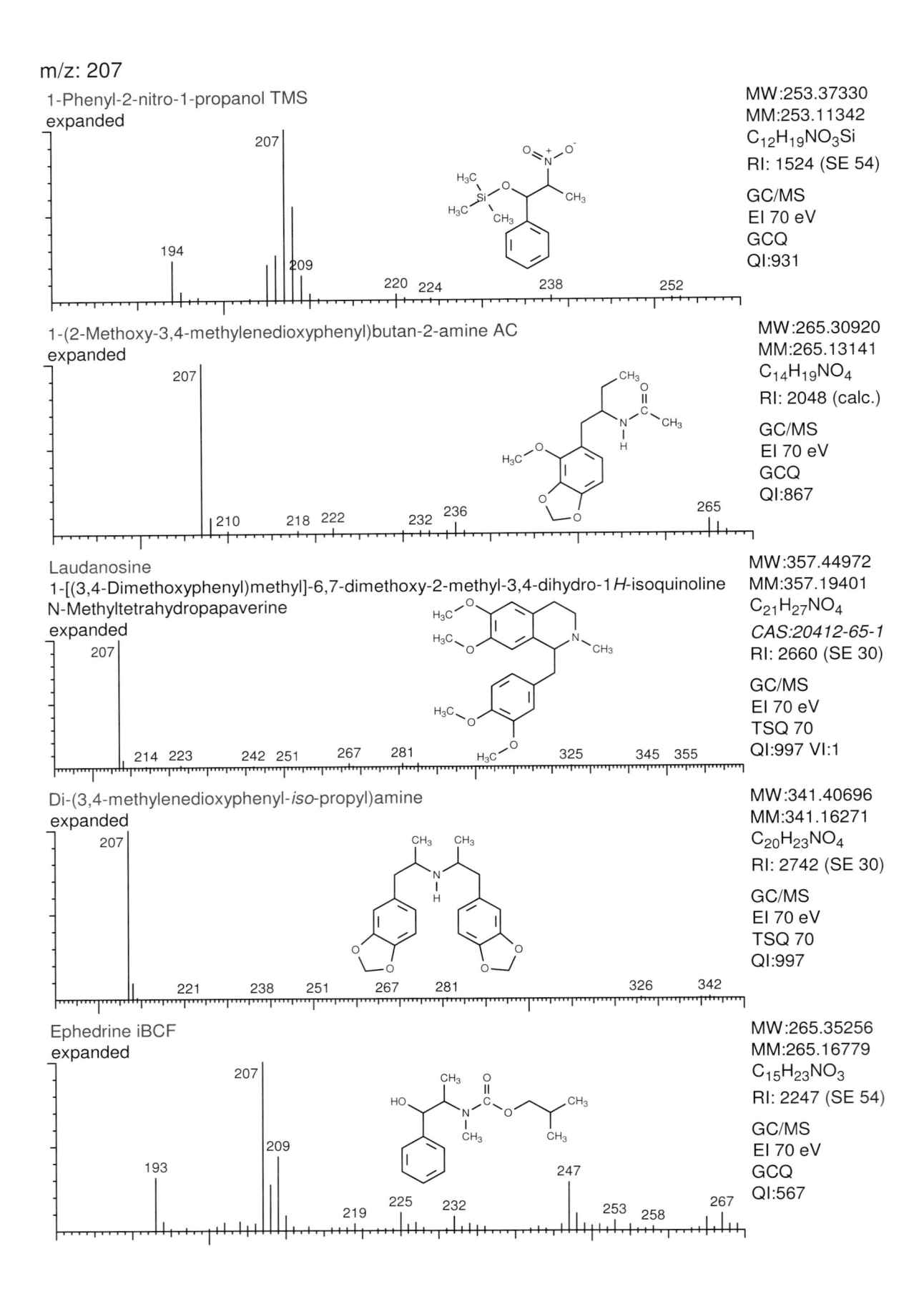

1-Phenyl-2-nitro-1-propanol TMS
expanded

MW: 253.37330
MM: 253.11342
$C_{12}H_{19}NO_3Si$
RI: 1524 (SE 54)

GC/MS
EI 70 eV
GCQ
QI: 931

1-(2-Methoxy-3,4-methylenedioxyphenyl)butan-2-amine AC
expanded

MW: 265.30920
MM: 265.13141
$C_{14}H_{19}NO_4$
RI: 2048 (calc.)

GC/MS
EI 70 eV
GCQ
QI: 867

Laudanosine
1-[(3,4-Dimethoxyphenyl)methyl]-6,7-dimethoxy-2-methyl-3,4-dihydro-1H-isoquinoline
N-Methyltetrahydropapaverine
expanded

MW: 357.44972
MM: 357.19401
$C_{21}H_{27}NO_4$
CAS: 20412-65-1
RI: 2660 (SE 30)

GC/MS
EI 70 eV
TSQ 70
QI: 997 VI:1

Di-(3,4-methylenedioxyphenyl-iso-propyl)amine
expanded

MW: 341.40696
MM: 341.16271
$C_{20}H_{23}NO_4$
RI: 2742 (SE 30)

GC/MS
EI 70 eV
TSQ 70
QI: 997

Ephedrine iBCF
expanded

MW: 265.35256
MM: 265.16779
$C_{15}H_{23}NO_3$
RI: 2247 (SE 54)

GC/MS
EI 70 eV
GCQ
QI: 567

m/z: 207

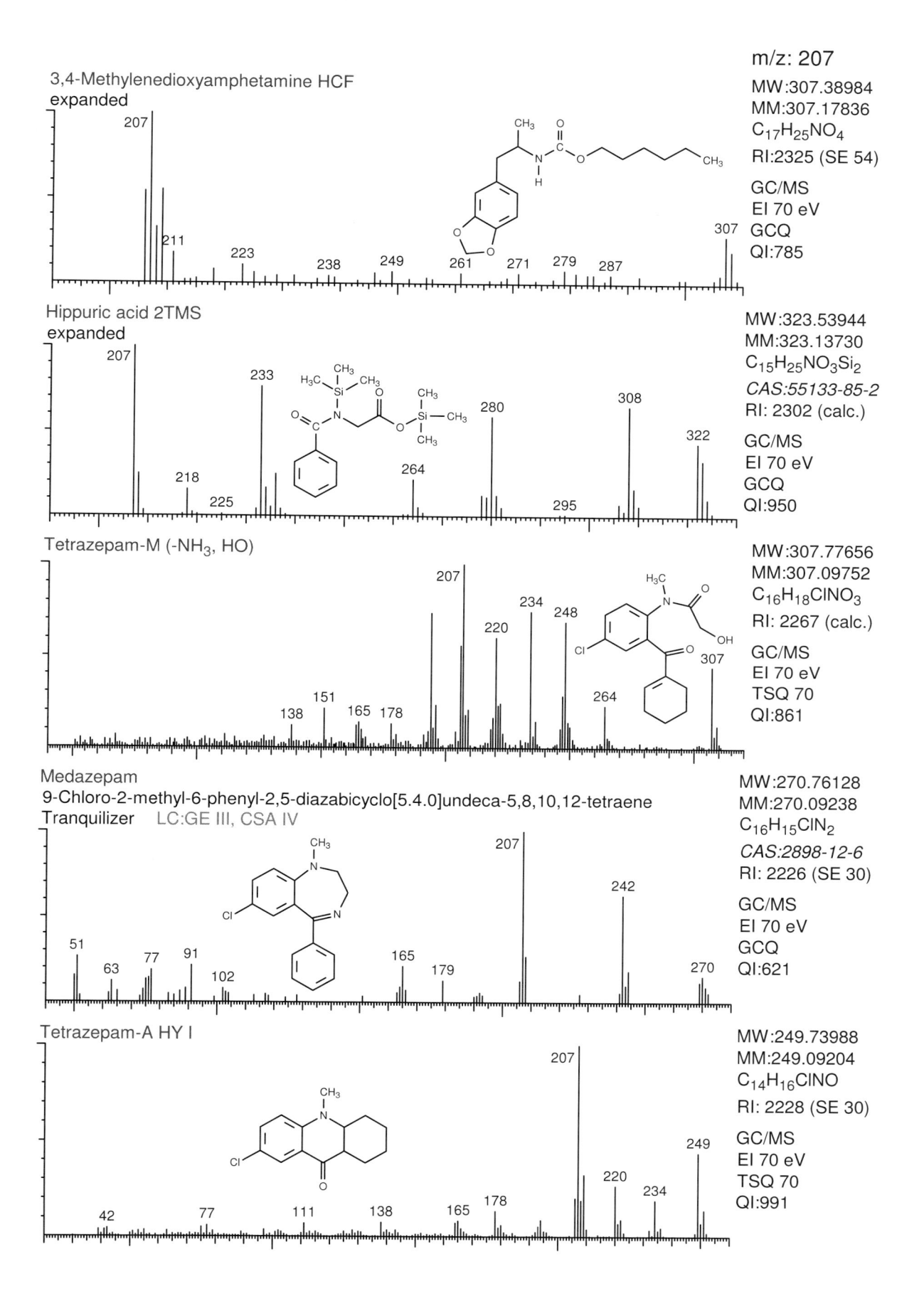

3,4-Methylenedioxyamphetamine HCF expanded

MW: 307.38984
MM: 307.17836
C$_{17}$H$_{25}$NO$_4$
RI: 2325 (SE 54)

GC/MS
EI 70 eV
GCQ
QI: 785

Hippuric acid 2TMS expanded

MW: 323.53944
MM: 323.13730
C$_{15}$H$_{25}$NO$_3$Si$_2$
CAS: 55133-85-2
RI: 2302 (calc.)

GC/MS
EI 70 eV
GCQ
QI: 950

Tetrazepam-M (-NH$_3$, HO)

MW: 307.77656
MM: 307.09752
C$_{16}$H$_{18}$ClNO$_3$
RI: 2267 (calc.)

GC/MS
EI 70 eV
TSQ 70
QI: 861

Medazepam
9-Chloro-2-methyl-6-phenyl-2,5-diazabicyclo[5.4.0]undeca-5,8,10,12-tetraene
Tranquilizer   LC: GE III, CSA IV

MW: 270.76128
MM: 270.09238
C$_{16}$H$_{15}$ClN$_2$
CAS: 2898-12-6
RI: 2226 (SE 30)

GC/MS
EI 70 eV
GCQ
QI: 621

Tetrazepam-A HY I

MW: 249.73988
MM: 249.09204
C$_{14}$H$_{16}$ClNO
RI: 2228 (SE 30)

GC/MS
EI 70 eV
TSQ 70
QI: 991

m/z: 207

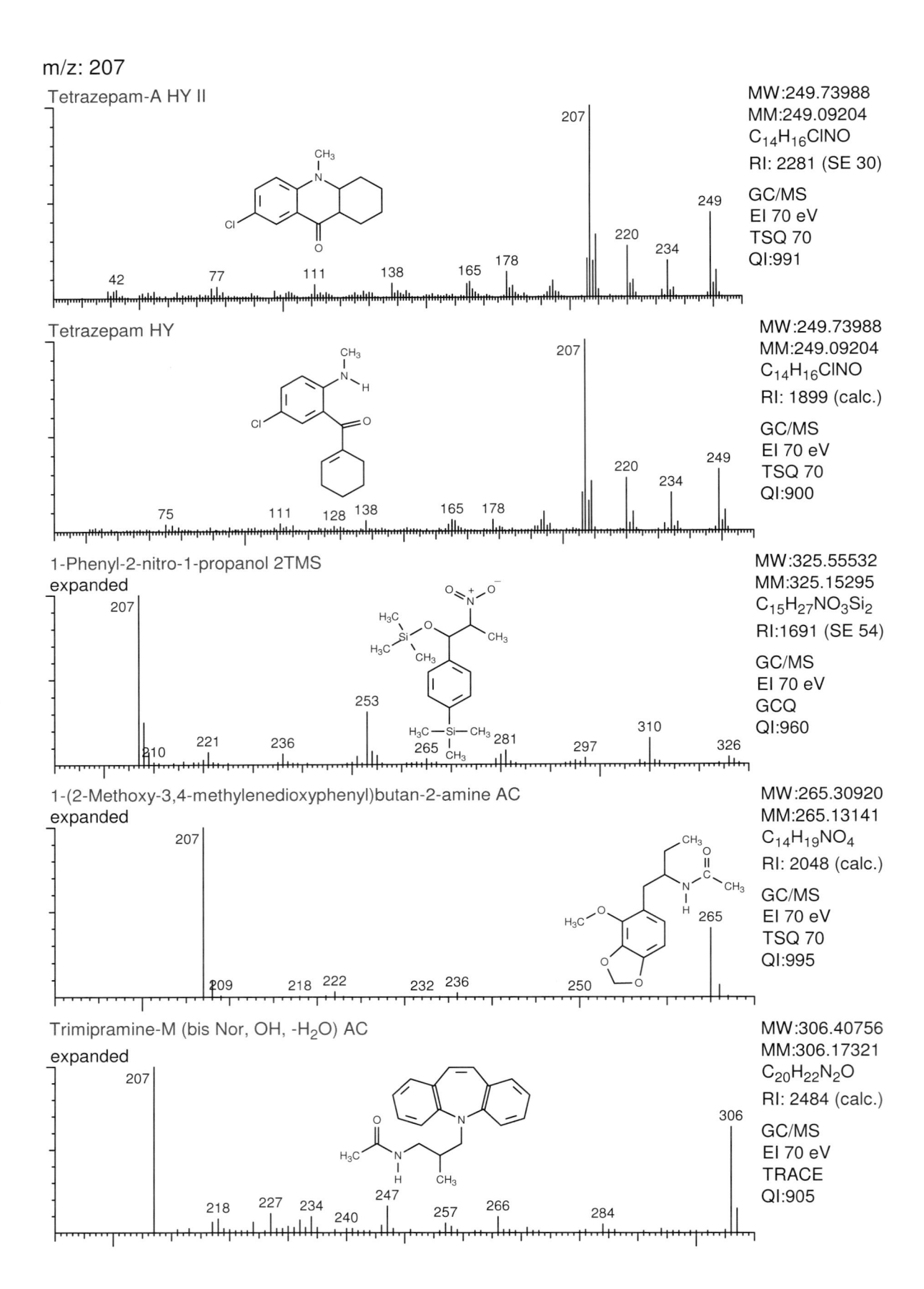

Tetrazepam-A HY II

MW:249.73988
MM:249.09204
$C_{14}H_{16}ClNO$
RI: 2281 (SE 30)

GC/MS
EI 70 eV
TSQ 70
QI:991

Tetrazepam HY

MW:249.73988
MM:249.09204
$C_{14}H_{16}ClNO$
RI: 1899 (calc.)

GC/MS
EI 70 eV
TSQ 70
QI:900

1-Phenyl-2-nitro-1-propanol 2TMS
expanded

MW:325.55532
MM:325.15295
$C_{15}H_{27}NO_3Si_2$
RI:1691 (SE 54)

GC/MS
EI 70 eV
GCQ
QI:960

1-(2-Methoxy-3,4-methylenedioxyphenyl)butan-2-amine AC
expanded

MW:265.30920
MM:265.13141
$C_{14}H_{19}NO_4$
RI: 2048 (calc.)

GC/MS
EI 70 eV
TSQ 70
QI:995

Trimipramine-M (bis Nor, OH, -H₂O) AC
expanded

MW:306.40756
MM:306.17321
$C_{20}H_{22}N_2O$
RI: 2484 (calc.)

GC/MS
EI 70 eV
TRACE
QI:905

m/z: 207

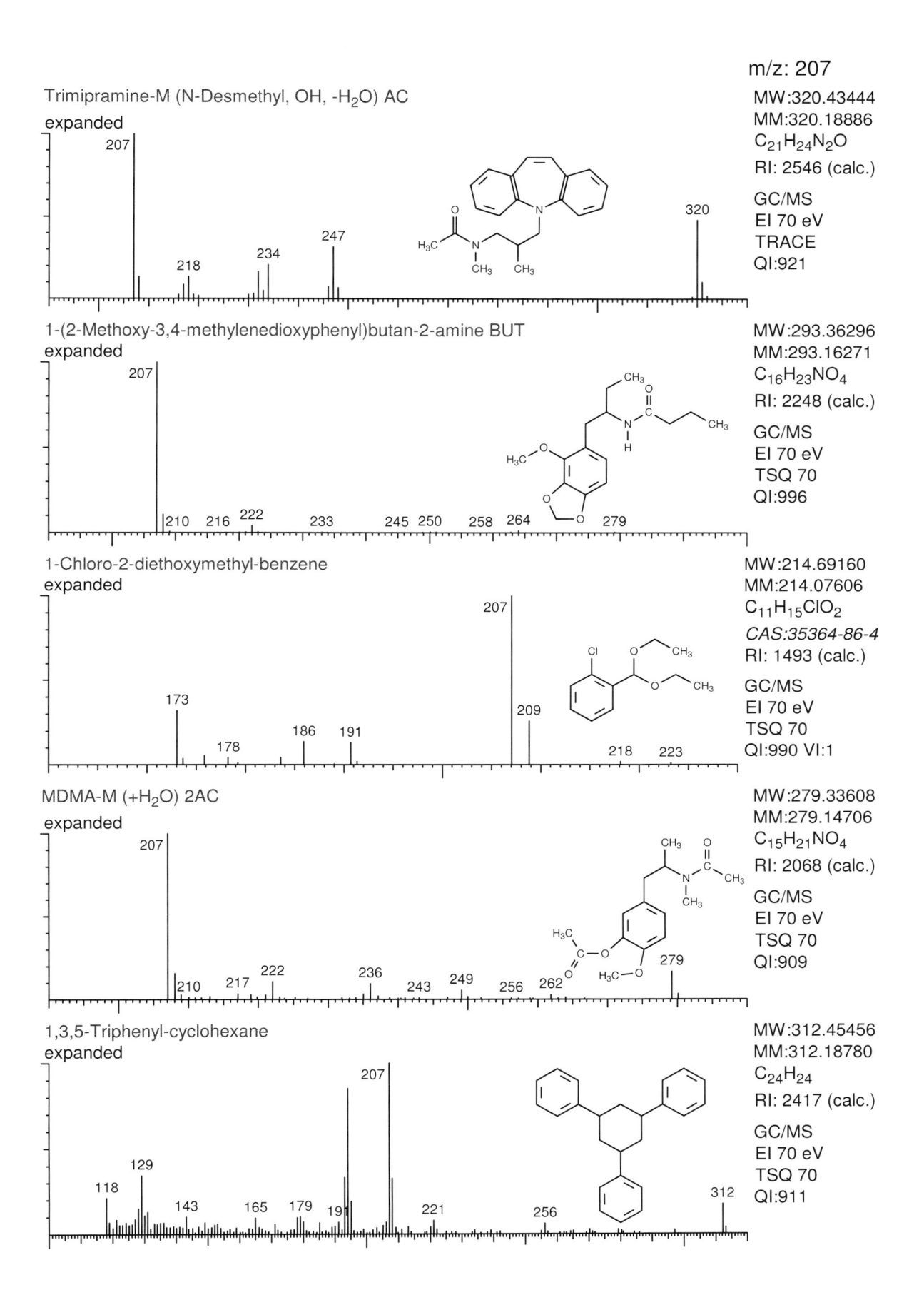

Trimipramine-M (N-Desmethyl, OH, -H₂O) AC
expanded

Peaks: 207, 218, 234, 247, 320

MW: 320.43444
MM: 320.18886
$C_{21}H_{24}N_2O$
RI: 2546 (calc.)

GC/MS
EI 70 eV
TRACE
QI:921

1-(2-Methoxy-3,4-methylenedioxyphenyl)butan-2-amine BUT
expanded

Peaks: 207, 210, 216, 222, 233, 245, 250, 258, 264, 279

MW: 293.36296
MM: 293.16271
$C_{16}H_{23}NO_4$
RI: 2248 (calc.)

GC/MS
EI 70 eV
TSQ 70
QI:996

1-Chloro-2-diethoxymethyl-benzene
expanded

Peaks: 173, 178, 186, 191, 207, 209, 218, 223

MW: 214.69160
MM: 214.07606
$C_{11}H_{15}ClO_2$
CAS:35364-86-4
RI: 1493 (calc.)

GC/MS
EI 70 eV
TSQ 70
QI:990 VI:1

MDMA-M (+H₂O) 2AC
expanded

Peaks: 207, 210, 217, 222, 236, 243, 249, 256, 262, 279

MW: 279.33608
MM: 279.14706
$C_{15}H_{21}NO_4$
RI: 2068 (calc.)

GC/MS
EI 70 eV
TSQ 70
QI:909

1,3,5-Triphenyl-cyclohexane
expanded

Peaks: 118, 129, 143, 165, 179, 191, 207, 221, 256, 312

MW: 312.45456
MM: 312.18780
$C_{24}H_{24}$
RI: 2417 (calc.)

GC/MS
EI 70 eV
TSQ 70
QI:911

m/z: 207-208

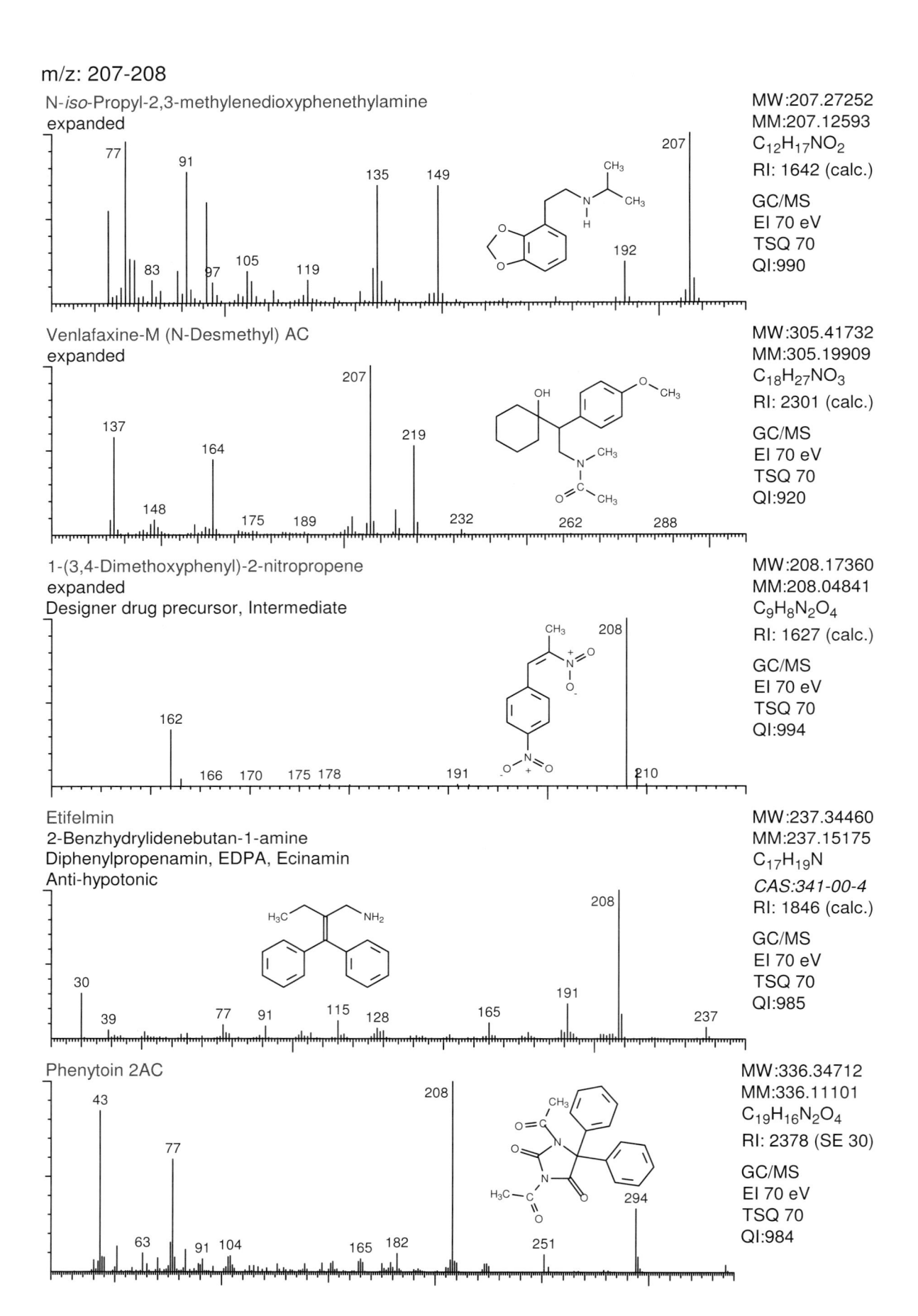

N-*iso*-Propyl-2,3-methylenedioxyphenethylamine
expanded

MW: 207.27252
MM: 207.12593
C$_{12}$H$_{17}$NO$_2$
RI: 1642 (calc.)

GC/MS
EI 70 eV
TSQ 70
QI: 990

Peaks: 77, 83, 91, 97, 105, 119, 135, 149, 192, 207

Venlafaxine-M (N-Desmethyl) AC
expanded

MW: 305.41732
MM: 305.19909
C$_{18}$H$_{27}$NO$_3$
RI: 2301 (calc.)

GC/MS
EI 70 eV
TSQ 70
QI: 920

Peaks: 137, 148, 164, 175, 189, 207, 219, 232, 262, 288

1-(3,4-Dimethoxyphenyl)-2-nitropropene
expanded
Designer drug precursor, Intermediate

MW: 208.17360
MM: 208.04841
C$_9$H$_8$N$_2$O$_4$
RI: 1627 (calc.)

GC/MS
EI 70 eV
TSQ 70
QI: 994

Peaks: 162, 166, 170, 175, 178, 191, 208, 210

Etifelmin
2-Benzhydrylidenebutan-1-amine
Diphenylpropenamin, EDPA, Ecinamin
Anti-hypotonic

MW: 237.34460
MM: 237.15175
C$_{17}$H$_{19}$N
CAS: 341-00-4
RI: 1846 (calc.)

GC/MS
EI 70 eV
TSQ 70
QI: 985

Peaks: 30, 39, 77, 91, 115, 128, 165, 191, 208, 237

Phenytoin 2AC

MW: 336.34712
MM: 336.11101
C$_{19}$H$_{16}$N$_2$O$_4$
RI: 2378 (SE 30)

GC/MS
EI 70 eV
TSQ 70
QI: 984

Peaks: 43, 63, 77, 91, 104, 165, 182, 208, 251, 294

m/z: 208

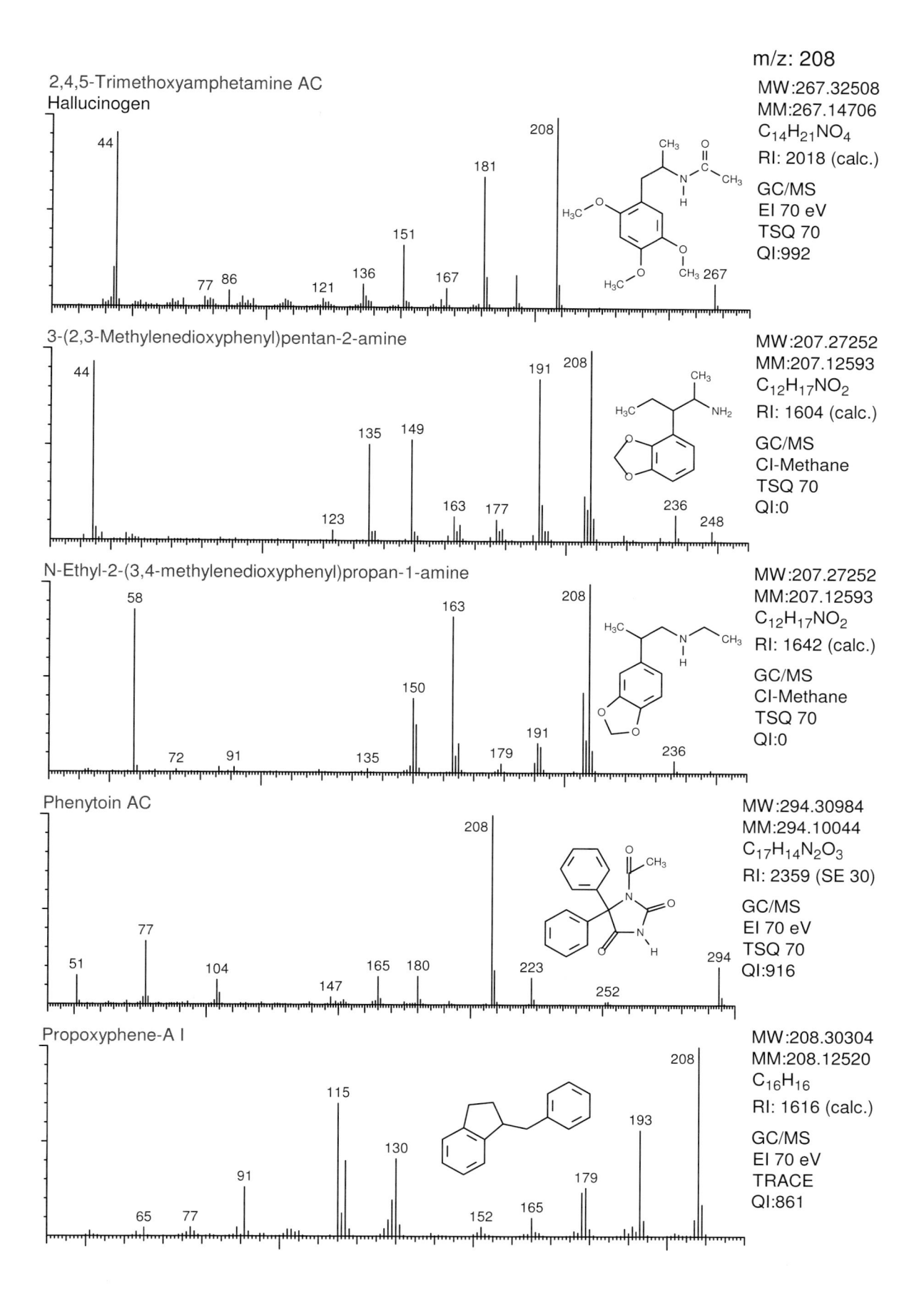

2,4,5-Trimethoxyamphetamine AC
Hallucinogen

Peaks: 44, 77, 86, 121, 136, 151, 167, 181, 208, 267

MW: 267.32508
MM: 267.14706
$C_{14}H_{21}NO_4$
RI: 2018 (calc.)

GC/MS
EI 70 eV
TSQ 70
QI: 992

3-(2,3-Methylenedioxyphenyl)pentan-2-amine

Peaks: 44, 123, 135, 149, 163, 177, 191, 208, 236, 248

MW: 207.27252
MM: 207.12593
$C_{12}H_{17}NO_2$
RI: 1604 (calc.)

GC/MS
CI-Methane
TSQ 70
QI: 0

N-Ethyl-2-(3,4-methylenedioxyphenyl)propan-1-amine

Peaks: 58, 72, 91, 135, 150, 163, 179, 191, 208, 236

MW: 207.27252
MM: 207.12593
$C_{12}H_{17}NO_2$
RI: 1642 (calc.)

GC/MS
CI-Methane
TSQ 70
QI: 0

Phenytoin AC

Peaks: 51, 77, 104, 147, 165, 180, 208, 223, 252, 294

MW: 294.30984
MM: 294.10044
$C_{17}H_{14}N_2O_3$
RI: 2359 (SE 30)

GC/MS
EI 70 eV
TSQ 70
QI: 916

Propoxyphene-A I

Peaks: 65, 77, 91, 115, 130, 152, 165, 179, 193, 208

MW: 208.30304
MM: 208.12520
$C_{16}H_{16}$
RI: 1616 (calc.)

GC/MS
EI 70 eV
TRACE
QI: 861

m/z: 208

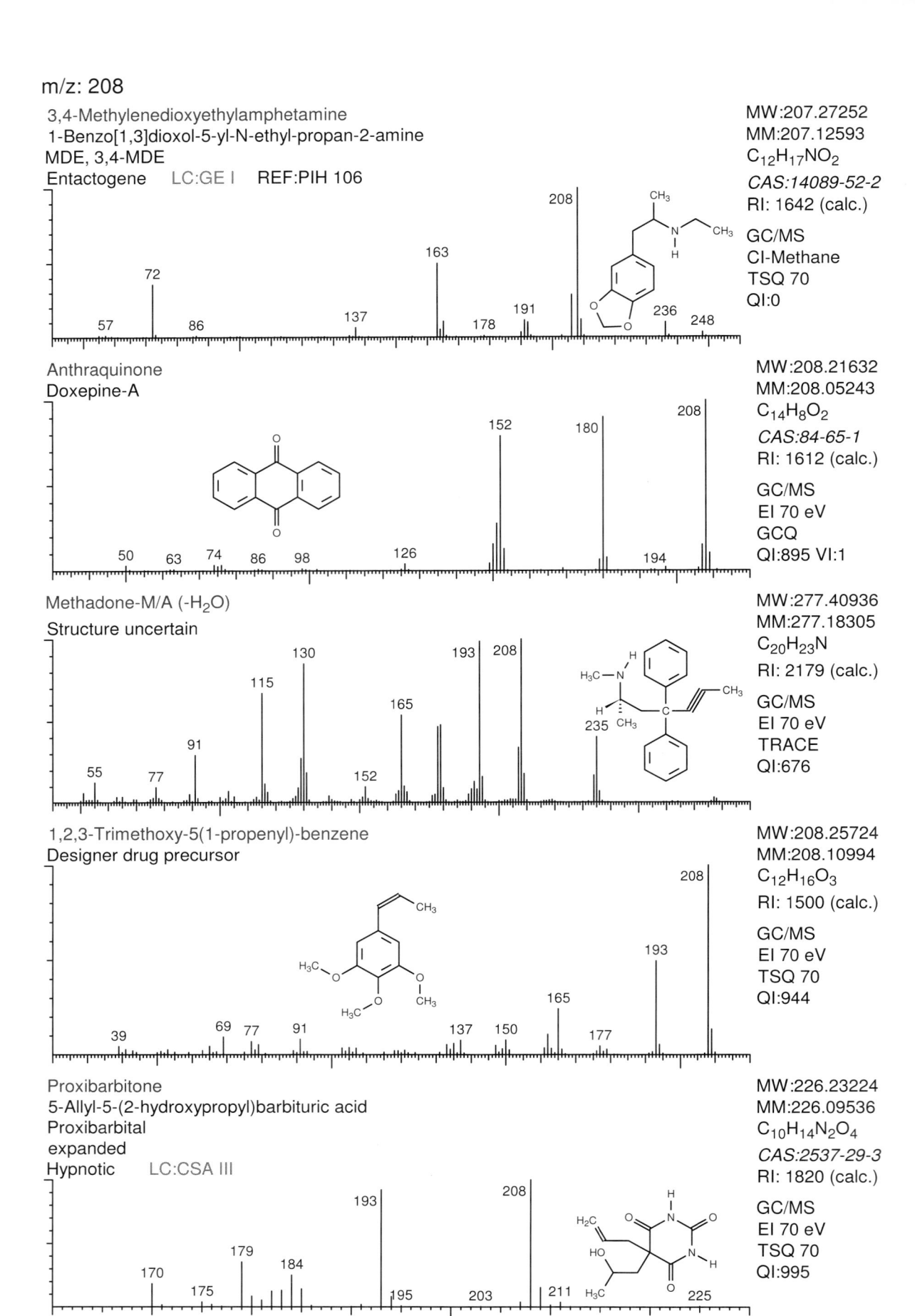

3,4-Methylenedioxyethylamphetamine
1-Benzo[1,3]dioxol-5-yl-N-ethyl-propan-2-amine
MDE, 3,4-MDE
Entactogene   LC:GE I   REF:PIH 106

MW:207.27252
MM:207.12593
$C_{12}H_{17}NO_2$
CAS:14089-52-2
RI: 1642 (calc.)

GC/MS
CI-Methane
TSQ 70
QI:0

Anthraquinone
Doxepine-A

MW:208.21632
MM:208.05243
$C_{14}H_8O_2$
CAS:84-65-1
RI: 1612 (calc.)

GC/MS
EI 70 eV
GCQ
QI:895 VI:1

Methadone-M/A (-H$_2$O)
Structure uncertain

MW:277.40936
MM:277.18305
$C_{20}H_{23}N$
RI: 2179 (calc.)

GC/MS
EI 70 eV
TRACE
QI:676

1,2,3-Trimethoxy-5(1-propenyl)-benzene
Designer drug precursor

MW:208.25724
MM:208.10994
$C_{12}H_{16}O_3$
RI: 1500 (calc.)

GC/MS
EI 70 eV
TSQ 70
QI:944

Proxibarbitone
5-Allyl-5-(2-hydroxypropyl)barbituric acid
Proxibarbital
expanded
Hypnotic   LC:CSA III

MW:226.23224
MM:226.09536
$C_{10}H_{14}N_2O_4$
CAS:2537-29-3
RI: 1820 (calc.)

GC/MS
EI 70 eV
TSQ 70
QI:995

m/z: 208

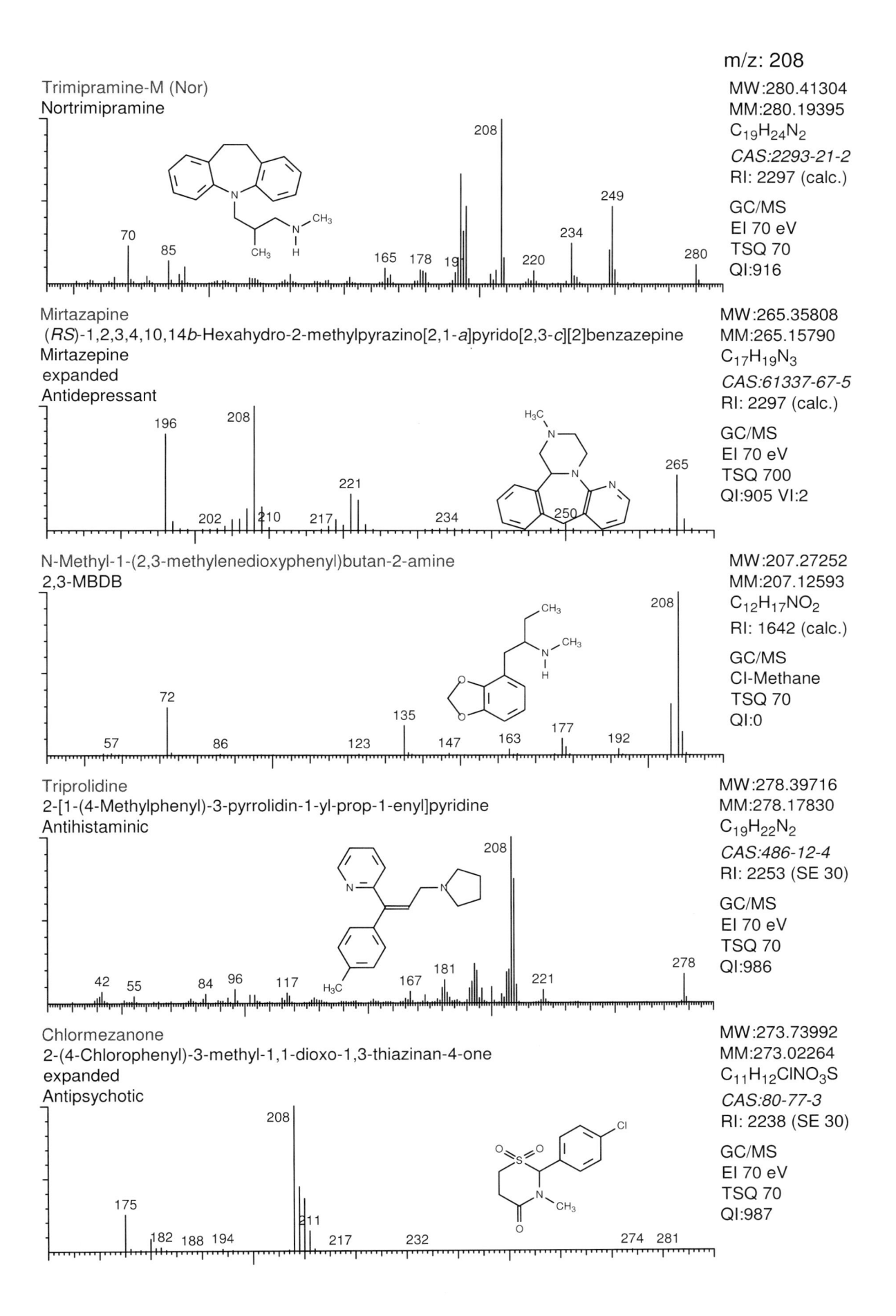

Trimipramine-M (Nor)
Nortrimipramine

MW: 280.41304
MM: 280.19395
C₁₉H₂₄N₂
CAS: 2293-21-2
RI: 2297 (calc.)

GC/MS
EI 70 eV
TSQ 70
QI: 916

Peaks: 70, 85, 165, 178, 19_, 208, 220, 234, 249, 280

Mirtazapine
(*RS*)-1,2,3,4,10,14*b*-Hexahydro-2-methylpyrazino[2,1-*a*]pyrido[2,3-*c*][2]benzazepine
Mirtazepine
expanded
Antidepressant

MW: 265.35808
MM: 265.15790
C₁₇H₁₉N₃
CAS: 61337-67-5
RI: 2297 (calc.)

GC/MS
EI 70 eV
TSQ 700
QI: 905 VI:2

Peaks: 196, 202, 208, 210, 217, 221, 234, 250, 265

N-Methyl-1-(2,3-methylenedioxyphenyl)butan-2-amine
2,3-MBDB

MW: 207.27252
MM: 207.12593
C₁₂H₁₇NO₂
RI: 1642 (calc.)

GC/MS
CI-Methane
TSQ 70
QI: 0

Peaks: 57, 72, 86, 123, 135, 147, 163, 177, 192, 208

Triprolidine
2-[1-(4-Methylphenyl)-3-pyrrolidin-1-yl-prop-1-enyl]pyridine
Antihistaminic

MW: 278.39716
MM: 278.17830
C₁₉H₂₂N₂
CAS: 486-12-4
RI: 2253 (SE 30)

GC/MS
EI 70 eV
TSQ 70
QI: 986

Peaks: 42, 55, 84, 96, 117, 167, 181, 208, 221, 278

Chlormezanone
2-(4-Chlorophenyl)-3-methyl-1,1-dioxo-1,3-thiazinan-4-one
expanded
Antipsychotic

MW: 273.73992
MM: 273.02264
C₁₁H₁₂ClNO₃S
CAS: 80-77-3
RI: 2238 (SE 30)

GC/MS
EI 70 eV
TSQ 70
QI: 987

Peaks: 175, 182, 188, 194, 208, 211, 217, 232, 274, 281

m/z: 208

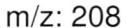

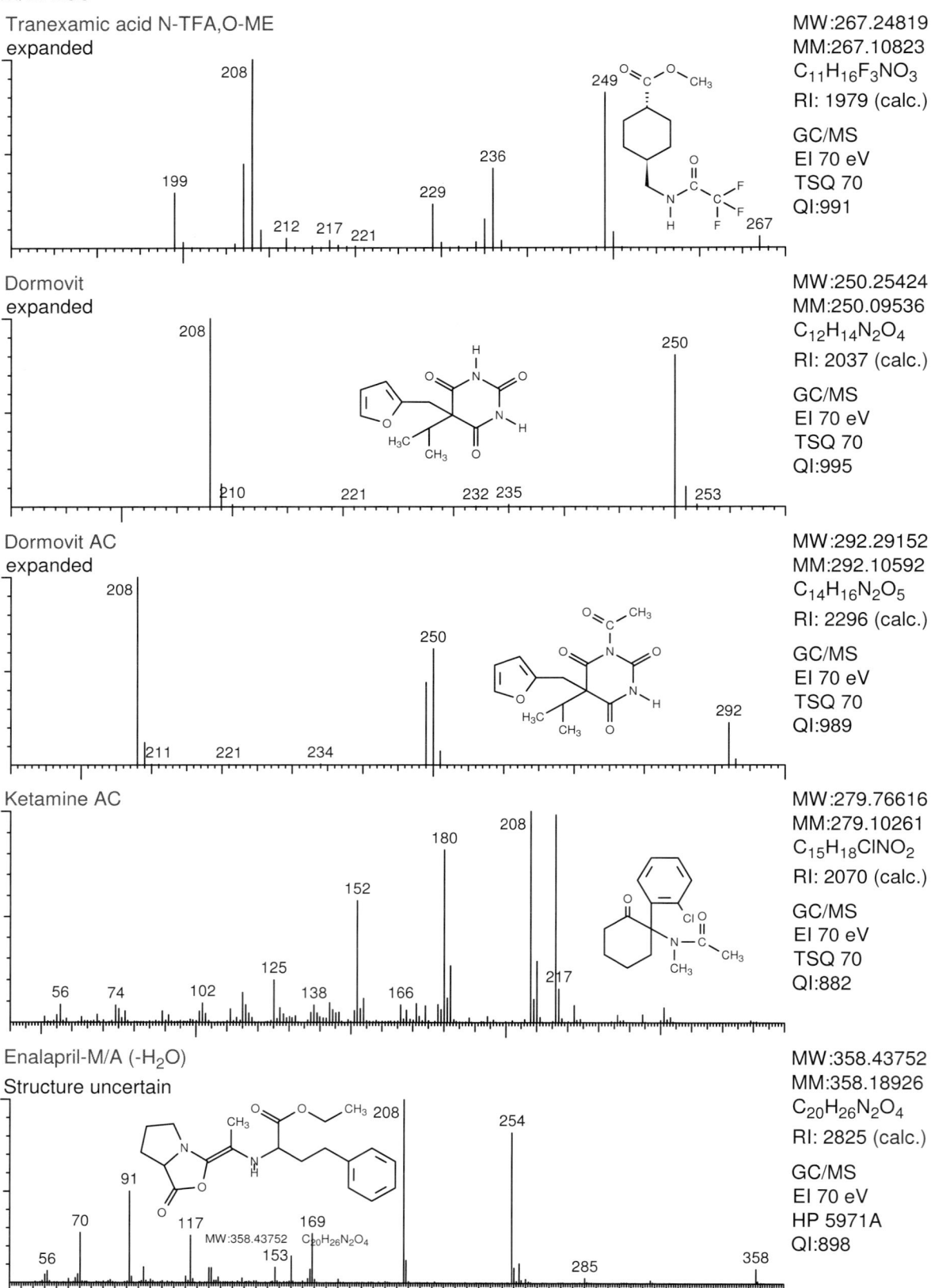

Tranexamic acid N-TFA,O-ME
expanded

MW: 267.24819
MM: 267.10823
$C_{11}H_{16}F_3NO_3$
RI: 1979 (calc.)

GC/MS
EI 70 eV
TSQ 70
QI: 991

Dormovit
expanded

MW: 250.25424
MM: 250.09536
$C_{12}H_{14}N_2O_4$
RI: 2037 (calc.)

GC/MS
EI 70 eV
TSQ 70
QI: 995

Dormovit AC
expanded

MW: 292.29152
MM: 292.10592
$C_{14}H_{16}N_2O_5$
RI: 2296 (calc.)

GC/MS
EI 70 eV
TSQ 70
QI: 989

Ketamine AC

MW: 279.76616
MM: 279.10261
$C_{15}H_{18}ClNO_2$
RI: 2070 (calc.)

GC/MS
EI 70 eV
TSQ 70
QI: 882

Enalapril-M/A (-H$_2$O)
Structure uncertain

MW: 358.43752
MM: 358.18926
$C_{20}H_{26}N_2O_4$
RI: 2825 (calc.)

GC/MS
EI 70 eV
HP 5971A
QI: 898

m/z: 208

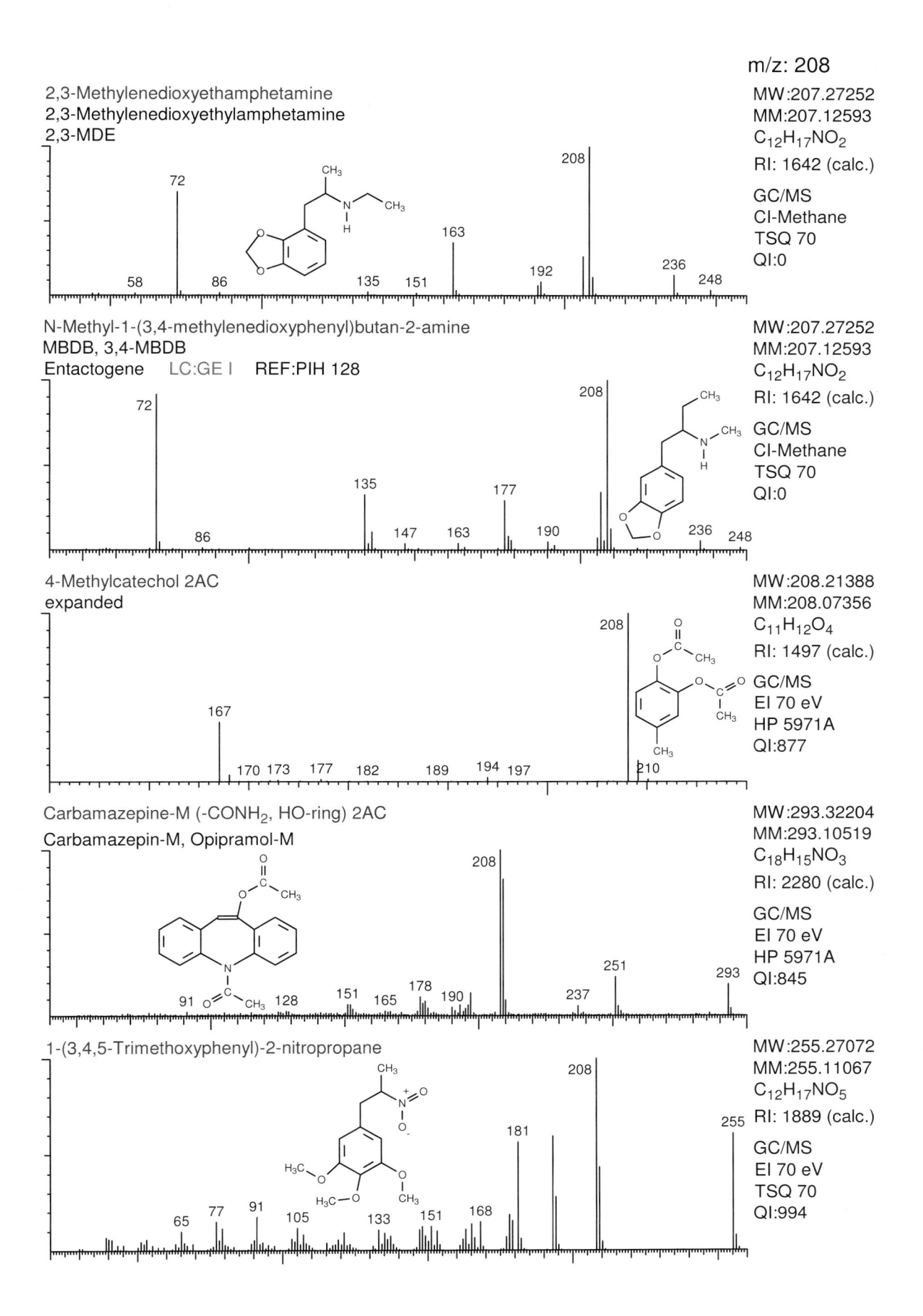

2,3-Methylenedioxyethamphetamine
2,3-Methylenedioxyethylamphetamine
2,3-MDE

MW: 207.27252
MM: 207.12593
$C_{12}H_{17}NO_2$
RI: 1642 (calc.)

GC/MS
CI-Methane
TSQ 70
QI:0

N-Methyl-1-(3,4-methylenedioxyphenyl)butan-2-amine
MBDB, 3,4-MBDB
Entactogene   LC:GE I   REF:PIH 128

MW: 207.27252
MM: 207.12593
$C_{12}H_{17}NO_2$
RI: 1642 (calc.)

GC/MS
CI-Methane
TSQ 70
QI:0

4-Methylcatechol 2AC
expanded

MW: 208.21388
MM: 208.07356
$C_{11}H_{12}O_4$
RI: 1497 (calc.)

GC/MS
EI 70 eV
HP 5971A
QI:877

Carbamazepine-M (-CONH₂, HO-ring) 2AC
Carbamazepin-M, Opipramol-M

MW: 293.32204
MM: 293.10519
$C_{18}H_{15}NO_3$
RI: 2280 (calc.)

GC/MS
EI 70 eV
HP 5971A
QI:845

1-(3,4,5-Trimethoxyphenyl)-2-nitropropane

MW: 255.27072
MM: 255.11067
$C_{12}H_{17}NO_5$
RI: 1889 (calc.)

GC/MS
EI 70 eV
TSQ 70
QI:994

m/z: 208-209

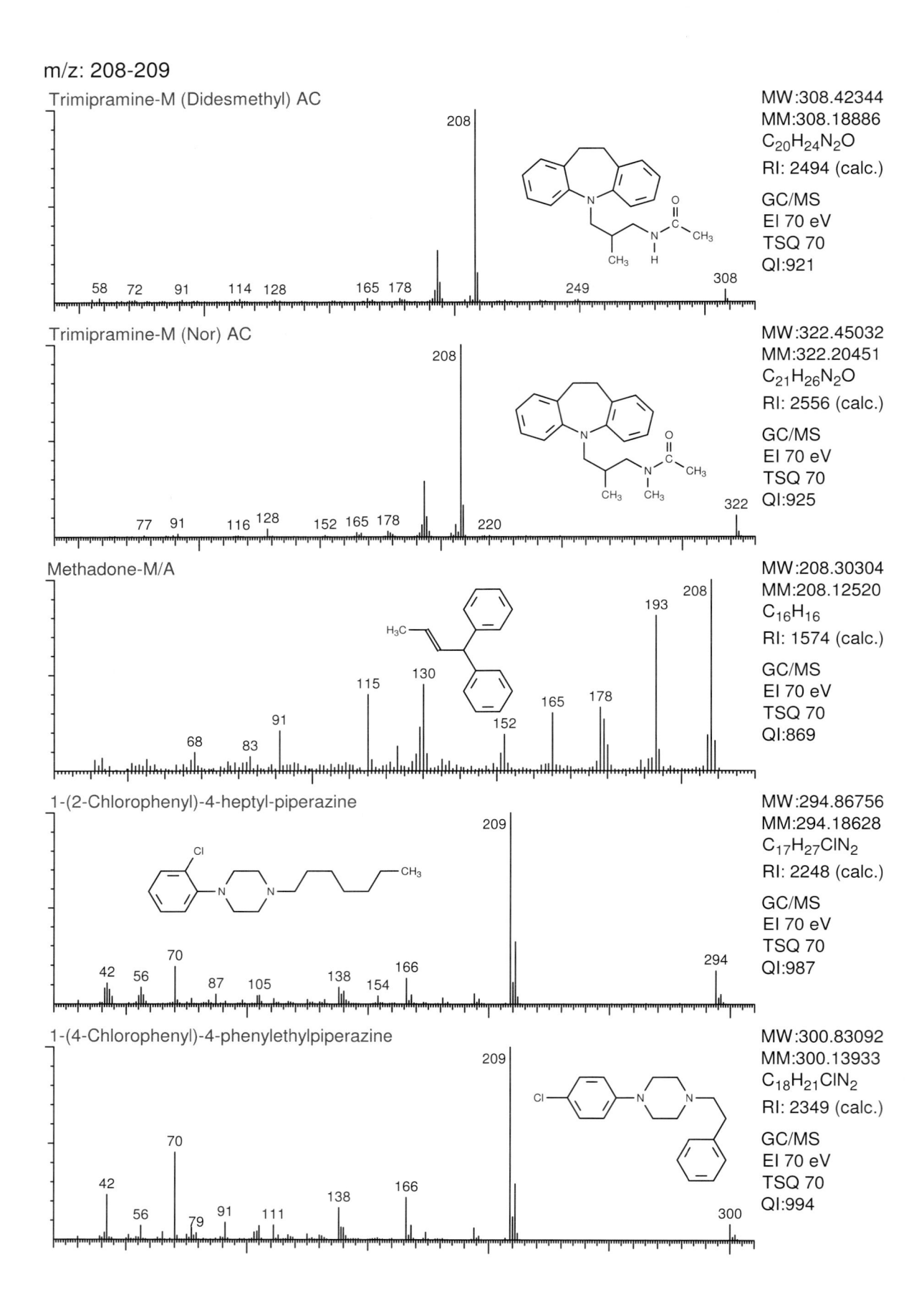

Trimipramine-M (Didesmethyl) AC

MW:308.42344
MM:308.18886
C$_{20}$H$_{24}$N$_2$O
RI: 2494 (calc.)

GC/MS
EI 70 eV
TSQ 70
QI:921

Trimipramine-M (Nor) AC

MW:322.45032
MM:322.20451
C$_{21}$H$_{26}$N$_2$O
RI: 2556 (calc.)

GC/MS
EI 70 eV
TSQ 70
QI:925

Methadone-M/A

MW:208.30304
MM:208.12520
C$_{16}$H$_{16}$
RI: 1574 (calc.)

GC/MS
EI 70 eV
TSQ 70
QI:869

1-(2-Chlorophenyl)-4-heptyl-piperazine

MW:294.86756
MM:294.18628
C$_{17}$H$_{27}$ClN$_2$
RI: 2248 (calc.)

GC/MS
EI 70 eV
TSQ 70
QI:987

1-(4-Chlorophenyl)-4-phenylethylpiperazine

MW:300.83092
MM:300.13933
C$_{18}$H$_{21}$ClN$_2$
RI: 2349 (calc.)

GC/MS
EI 70 eV
TSQ 70
QI:994

1-(4-Chlorophenyl)-4-propyl-piperazine

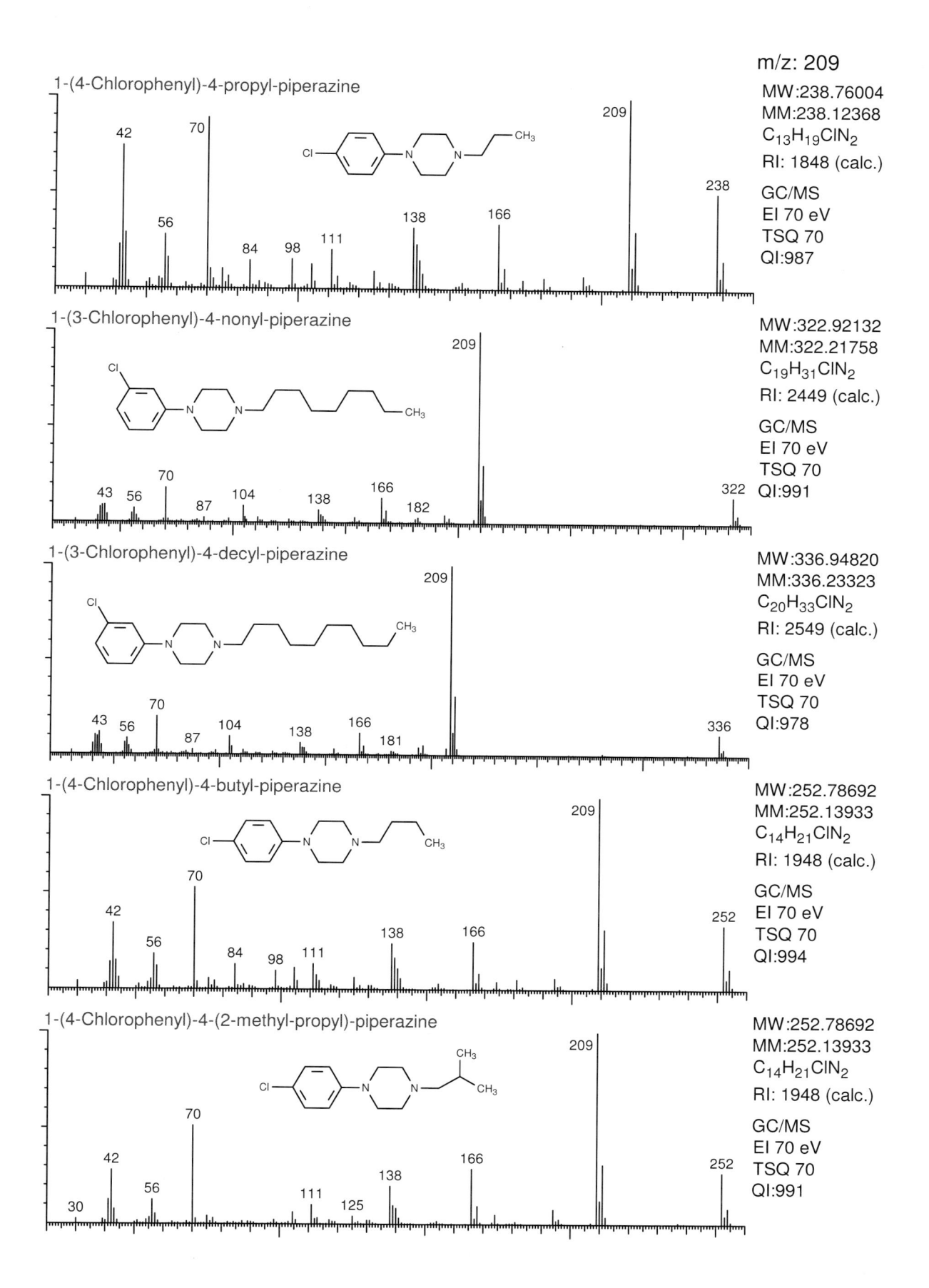

m/z: 209
MW: 238.76004
MM: 238.12368
$C_{13}H_{19}ClN_2$
RI: 1848 (calc.)

GC/MS
EI 70 eV
TSQ 70
QI: 987

Peaks: 42, 56, 70, 84, 98, 111, 138, 166, 209, 238

1-(3-Chlorophenyl)-4-nonyl-piperazine

MW: 322.92132
MM: 322.21758
$C_{19}H_{31}ClN_2$
RI: 2449 (calc.)

GC/MS
EI 70 eV
TSQ 70
QI: 991

Peaks: 43, 56, 70, 87, 104, 138, 166, 182, 209, 322

1-(3-Chlorophenyl)-4-decyl-piperazine

MW: 336.94820
MM: 336.23323
$C_{20}H_{33}ClN_2$
RI: 2549 (calc.)

GC/MS
EI 70 eV
TSQ 70
QI: 978

Peaks: 43, 56, 70, 87, 104, 138, 166, 181, 209, 336

1-(4-Chlorophenyl)-4-butyl-piperazine

MW: 252.78692
MM: 252.13933
$C_{14}H_{21}ClN_2$
RI: 1948 (calc.)

GC/MS
EI 70 eV
TSQ 70
QI: 994

Peaks: 42, 56, 70, 84, 98, 111, 138, 166, 209, 252

1-(4-Chlorophenyl)-4-(2-methyl-propyl)-piperazine

MW: 252.78692
MM: 252.13933
$C_{14}H_{21}ClN_2$
RI: 1948 (calc.)

GC/MS
EI 70 eV
TSQ 70
QI: 991

Peaks: 30, 42, 56, 70, 111, 125, 138, 166, 209, 252

m/z: 209

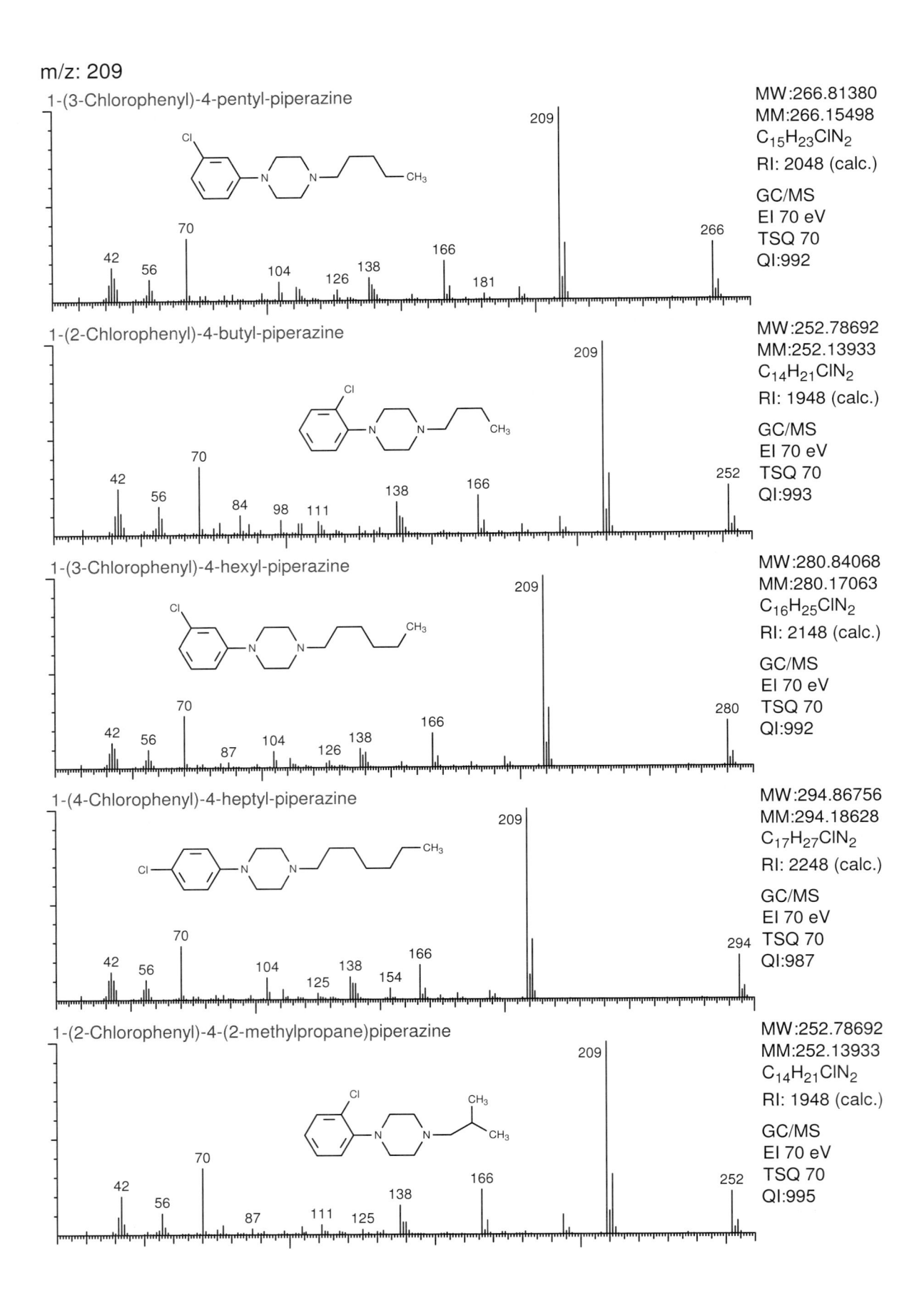

1-(3-Chlorophenyl)-4-pentyl-piperazine

MW: 266.81380
MM: 266.15498
$C_{15}H_{23}ClN_2$
RI: 2048 (calc.)

GC/MS
EI 70 eV
TSQ 70
QI: 992

1-(2-Chlorophenyl)-4-butyl-piperazine

MW: 252.78692
MM: 252.13933
$C_{14}H_{21}ClN_2$
RI: 1948 (calc.)

GC/MS
EI 70 eV
TSQ 70
QI: 993

1-(3-Chlorophenyl)-4-hexyl-piperazine

MW: 280.84068
MM: 280.17063
$C_{16}H_{25}ClN_2$
RI: 2148 (calc.)

GC/MS
EI 70 eV
TSQ 70
QI: 992

1-(4-Chlorophenyl)-4-heptyl-piperazine

MW: 294.86756
MM: 294.18628
$C_{17}H_{27}ClN_2$
RI: 2248 (calc.)

GC/MS
EI 70 eV
TSQ 70
QI: 987

1-(2-Chlorophenyl)-4-(2-methylpropane)piperazine

MW: 252.78692
MM: 252.13933
$C_{14}H_{21}ClN_2$
RI: 1948 (calc.)

GC/MS
EI 70 eV
TSQ 70
QI: 995

1-(3-Chlorophenyl)-4-butyl-piperazine

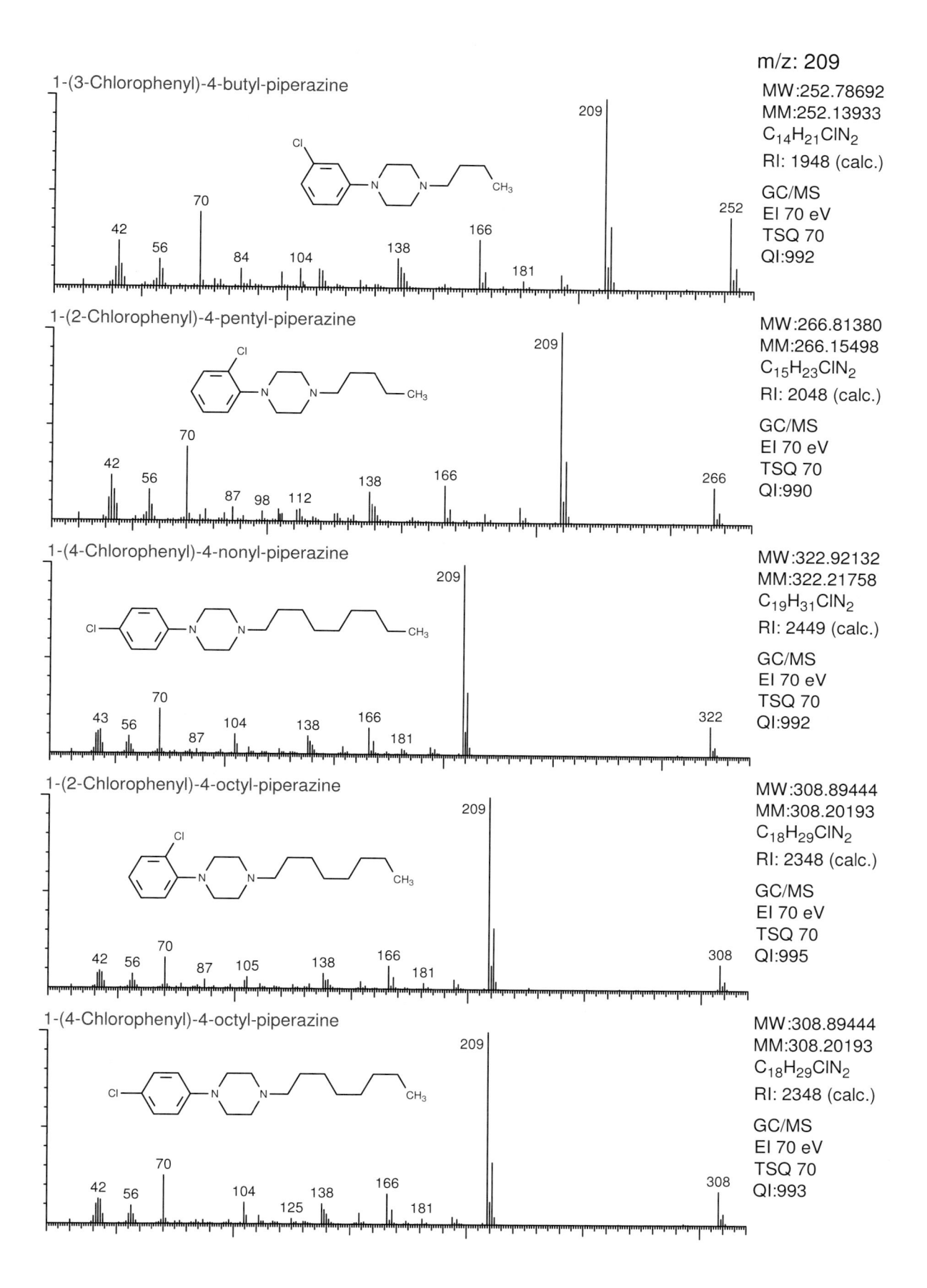

m/z: 209
MW: 252.78692
MM: 252.13933
$C_{14}H_{21}ClN_2$
RI: 1948 (calc.)

GC/MS
EI 70 eV
TSQ 70
QI: 992

1-(2-Chlorophenyl)-4-pentyl-piperazine

MW: 266.81380
MM: 266.15498
$C_{15}H_{23}ClN_2$
RI: 2048 (calc.)

GC/MS
EI 70 eV
TSQ 70
QI: 990

1-(4-Chlorophenyl)-4-nonyl-piperazine

MW: 322.92132
MM: 322.21758
$C_{19}H_{31}ClN_2$
RI: 2449 (calc.)

GC/MS
EI 70 eV
TSQ 70
QI: 992

1-(2-Chlorophenyl)-4-octyl-piperazine

MW: 308.89444
MM: 308.20193
$C_{18}H_{29}ClN_2$
RI: 2348 (calc.)

GC/MS
EI 70 eV
TSQ 70
QI: 995

1-(4-Chlorophenyl)-4-octyl-piperazine

MW: 308.89444
MM: 308.20193
$C_{18}H_{29}ClN_2$
RI: 2348 (calc.)

GC/MS
EI 70 eV
TSQ 70
QI: 993

m/z: 209

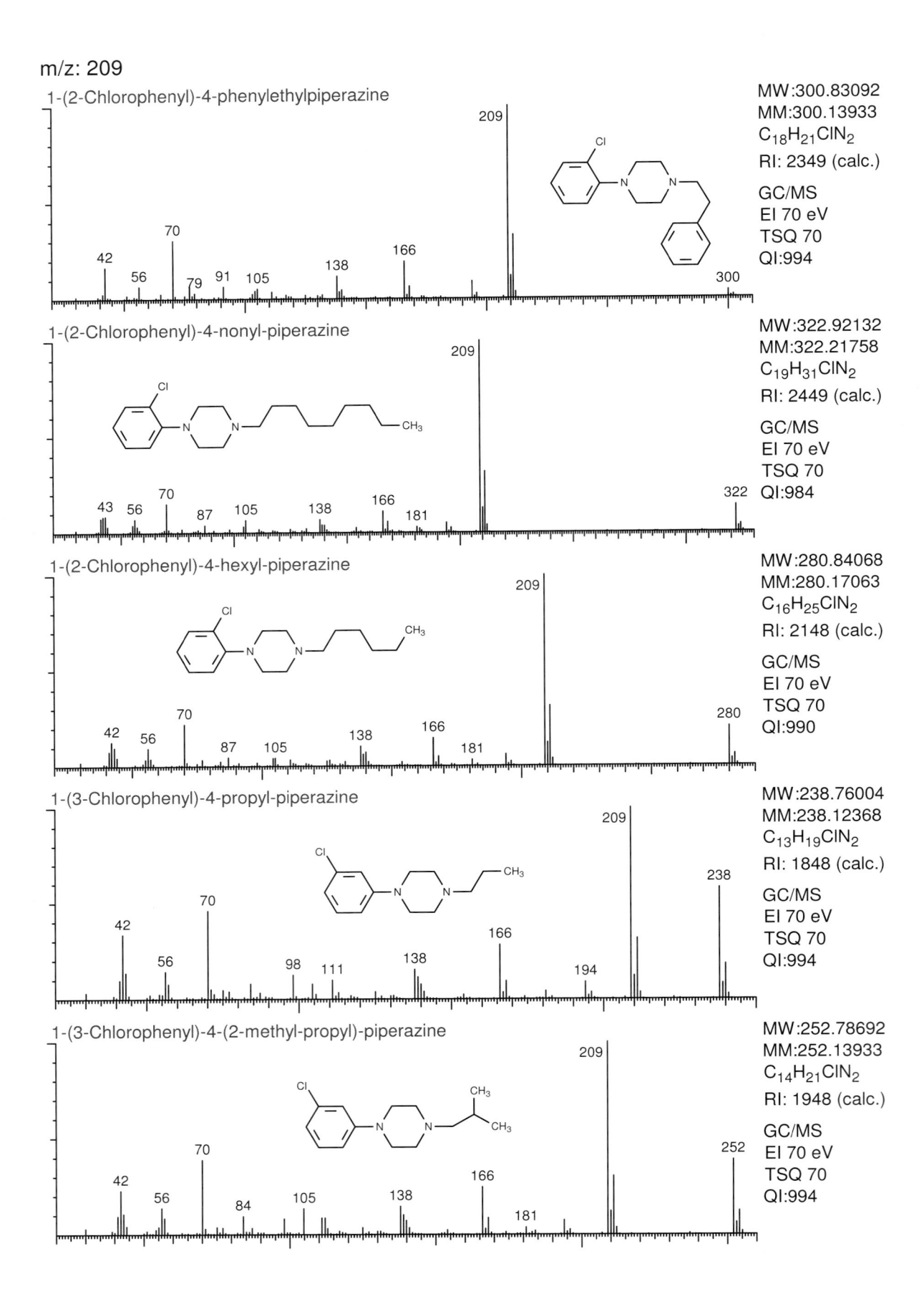

1-(2-Chlorophenyl)-4-phenylethylpiperazine

MW:300.83092
MM:300.13933
$C_{18}H_{21}ClN_2$
RI: 2349 (calc.)

GC/MS
EI 70 eV
TSQ 70
QI:994

1-(2-Chlorophenyl)-4-nonyl-piperazine

MW:322.92132
MM:322.21758
$C_{19}H_{31}ClN_2$
RI: 2449 (calc.)

GC/MS
EI 70 eV
TSQ 70
QI:984

1-(2-Chlorophenyl)-4-hexyl-piperazine

MW:280.84068
MM:280.17063
$C_{16}H_{25}ClN_2$
RI: 2148 (calc.)

GC/MS
EI 70 eV
TSQ 70
QI:990

1-(3-Chlorophenyl)-4-propyl-piperazine

MW:238.76004
MM:238.12368
$C_{13}H_{19}ClN_2$
RI: 1848 (calc.)

GC/MS
EI 70 eV
TSQ 70
QI:994

1-(3-Chlorophenyl)-4-(2-methyl-propyl)-piperazine

MW:252.78692
MM:252.13933
$C_{14}H_{21}ClN_2$
RI: 1948 (calc.)

GC/MS
EI 70 eV
TSQ 70
QI:994

m/z: 209

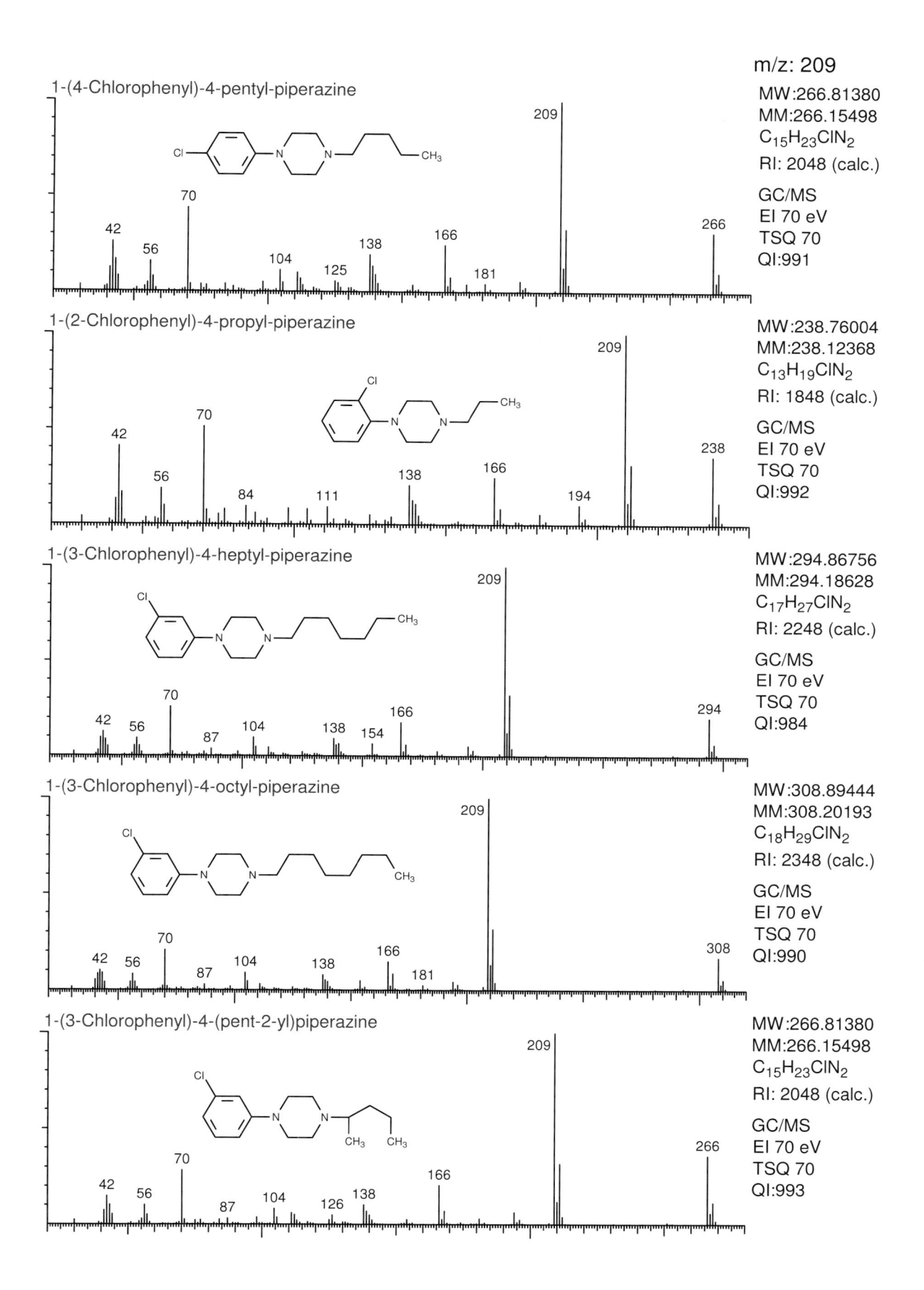

1-(4-Chlorophenyl)-4-pentyl-piperazine

MW: 266.81380
MM: 266.15498
$C_{15}H_{23}ClN_2$
RI: 2048 (calc.)

GC/MS
EI 70 eV
TSQ 70
QI: 991

Peaks: 42, 56, 70, 104, 125, 138, 166, 181, 209, 266

1-(2-Chlorophenyl)-4-propyl-piperazine

MW: 238.76004
MM: 238.12368
$C_{13}H_{19}ClN_2$
RI: 1848 (calc.)

GC/MS
EI 70 eV
TSQ 70
QI: 992

Peaks: 42, 56, 70, 84, 111, 138, 166, 194, 209, 238

1-(3-Chlorophenyl)-4-heptyl-piperazine

MW: 294.86756
MM: 294.18628
$C_{17}H_{27}ClN_2$
RI: 2248 (calc.)

GC/MS
EI 70 eV
TSQ 70
QI: 984

Peaks: 42, 56, 70, 87, 104, 138, 154, 166, 209, 294

1-(3-Chlorophenyl)-4-octyl-piperazine

MW: 308.89444
MM: 308.20193
$C_{18}H_{29}ClN_2$
RI: 2348 (calc.)

GC/MS
EI 70 eV
TSQ 70
QI: 990

Peaks: 42, 56, 70, 87, 104, 138, 166, 181, 209, 308

1-(3-Chlorophenyl)-4-(pent-2-yl)piperazine

MW: 266.81380
MM: 266.15498
$C_{15}H_{23}ClN_2$
RI: 2048 (calc.)

GC/MS
EI 70 eV
TSQ 70
QI: 993

Peaks: 42, 56, 70, 87, 104, 126, 138, 166, 209, 266

m/z: 209

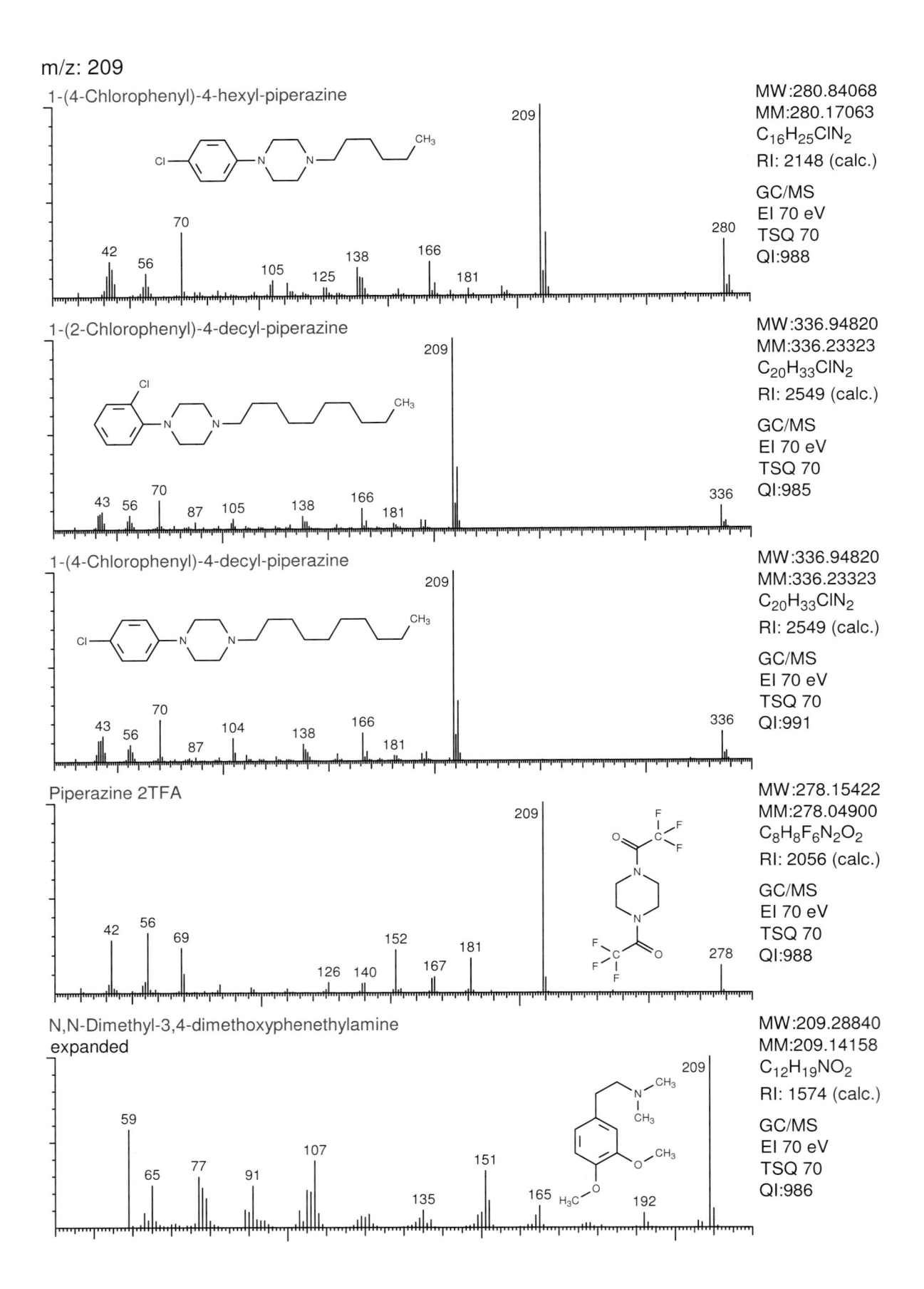

1-(4-Chlorophenyl)-4-hexyl-piperazine

MW:280.84068
MM:280.17063
C$_{16}$H$_{25}$ClN$_2$
RI: 2148 (calc.)

GC/MS
EI 70 eV
TSQ 70
QI:988

Peaks: 42, 56, 70, 105, 125, 138, 166, 181, 209, 280

1-(2-Chlorophenyl)-4-decyl-piperazine

MW:336.94820
MM:336.23323
C$_{20}$H$_{33}$ClN$_2$
RI: 2549 (calc.)

GC/MS
EI 70 eV
TSQ 70
QI:985

Peaks: 43, 56, 70, 87, 105, 138, 166, 181, 209, 336

1-(4-Chlorophenyl)-4-decyl-piperazine

MW:336.94820
MM:336.23323
C$_{20}$H$_{33}$ClN$_2$
RI: 2549 (calc.)

GC/MS
EI 70 eV
TSQ 70
QI:991

Peaks: 43, 56, 70, 87, 104, 138, 166, 181, 209, 336

Piperazine 2TFA

MW:278.15422
MM:278.04900
C$_8$H$_8$F$_6$N$_2$O$_2$
RI: 2056 (calc.)

GC/MS
EI 70 eV
TSQ 70
QI:988

Peaks: 42, 56, 69, 126, 140, 152, 167, 181, 209, 278

N,N-Dimethyl-3,4-dimethoxyphenethylamine
expanded

MW:209.28840
MM:209.14158
C$_{12}$H$_{19}$NO$_2$
RI: 1574 (calc.)

GC/MS
EI 70 eV
TSQ 70
QI:986

Peaks: 59, 65, 77, 91, 107, 135, 151, 165, 192, 209

m/z: 209

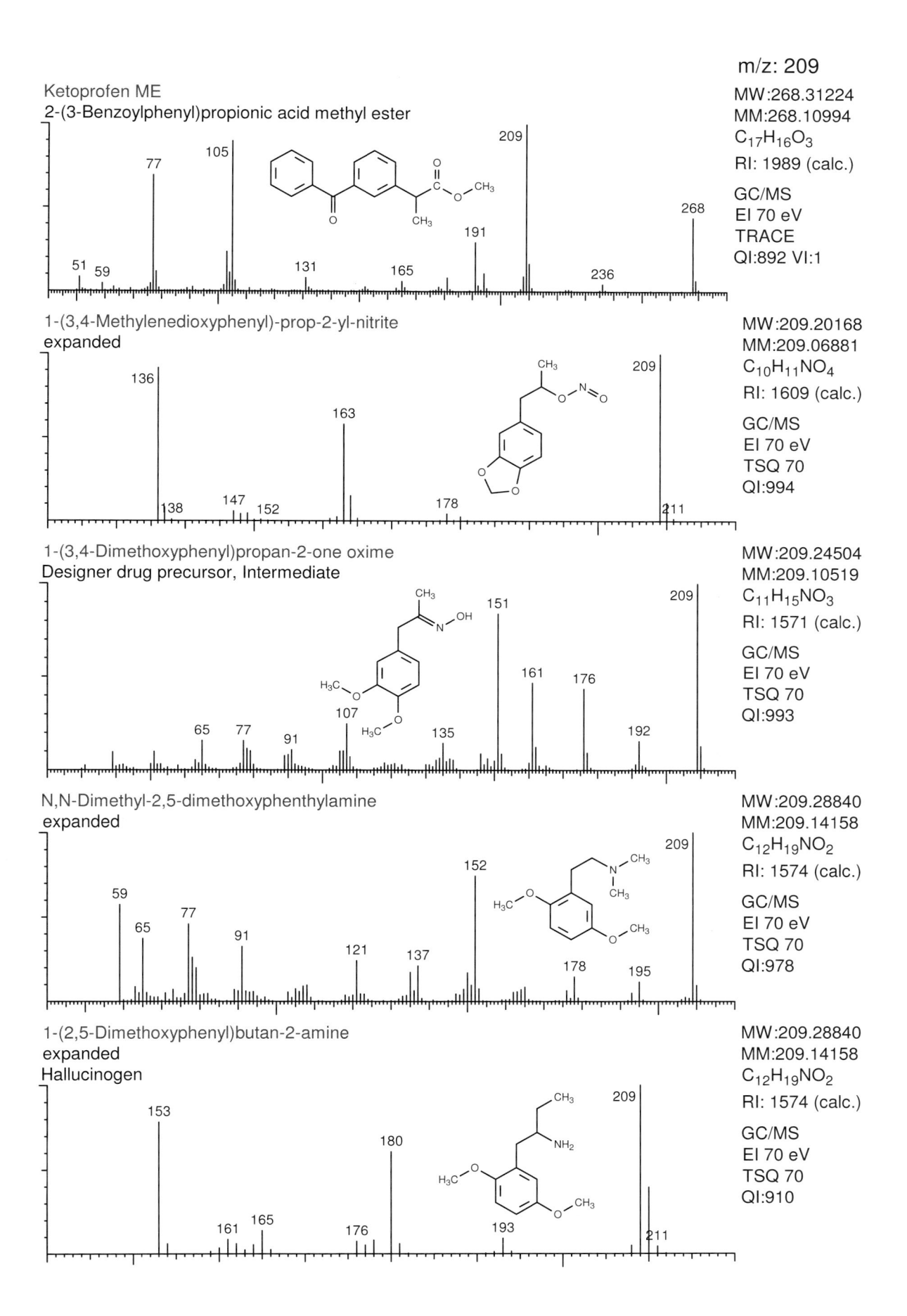

Ketoprofen ME
2-(3-Benzoylphenyl)propionic acid methyl ester

Peaks: 51, 59, 77, 105, 131, 165, 191, 209, 236, 268

MW: 268.31224
MM: 268.10994
$C_{17}H_{16}O_3$
RI: 1989 (calc.)

GC/MS
EI 70 eV
TRACE
QI:892 VI:1

1-(3,4-Methylenedioxyphenyl)-prop-2-yl-nitrite
expanded

Peaks: 136, 138, 147, 152, 163, 178, 209, 211

MW: 209.20168
MM: 209.06881
$C_{10}H_{11}NO_4$
RI: 1609 (calc.)

GC/MS
EI 70 eV
TSQ 70
QI:994

1-(3,4-Dimethoxyphenyl)propan-2-one oxime
Designer drug precursor, Intermediate

Peaks: 65, 77, 91, 107, 135, 151, 161, 176, 192, 209

MW: 209.24504
MM: 209.10519
$C_{11}H_{15}NO_3$
RI: 1571 (calc.)

GC/MS
EI 70 eV
TSQ 70
QI:993

N,N-Dimethyl-2,5-dimethoxyphenthylamine
expanded

Peaks: 59, 65, 77, 91, 121, 137, 152, 178, 195, 209

MW: 209.28840
MM: 209.14158
$C_{12}H_{19}NO_2$
RI: 1574 (calc.)

GC/MS
EI 70 eV
TSQ 70
QI:978

1-(2,5-Dimethoxyphenyl)butan-2-amine
expanded
Hallucinogen

Peaks: 153, 161, 165, 176, 180, 193, 209, 211

MW: 209.28840
MM: 209.14158
$C_{12}H_{19}NO_2$
RI: 1574 (calc.)

GC/MS
EI 70 eV
TSQ 70
QI:910

m/z: 209

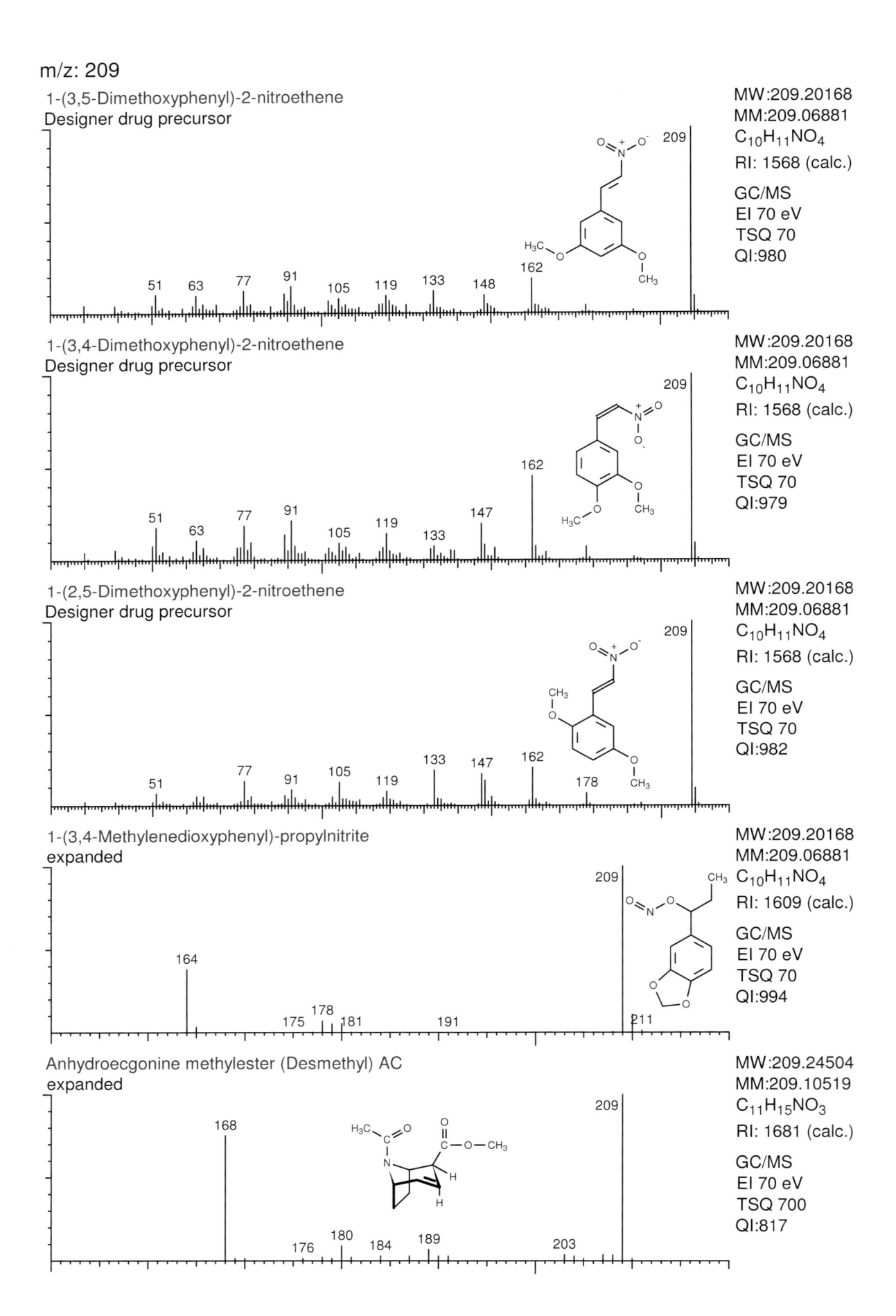

1-(3,5-Dimethoxyphenyl)-2-nitroethene
Designer drug precursor

MW: 209.20168
MM: 209.06881
C$_{10}$H$_{11}$NO$_4$
RI: 1568 (calc.)

GC/MS
EI 70 eV
TSQ 70
QI: 980

Peaks: 51, 63, 77, 91, 105, 119, 133, 148, 162, 209

1-(3,4-Dimethoxyphenyl)-2-nitroethene
Designer drug precursor

MW: 209.20168
MM: 209.06881
C$_{10}$H$_{11}$NO$_4$
RI: 1568 (calc.)

GC/MS
EI 70 eV
TSQ 70
QI: 979

Peaks: 51, 63, 77, 91, 105, 119, 133, 147, 162, 209

1-(2,5-Dimethoxyphenyl)-2-nitroethene
Designer drug precursor

MW: 209.20168
MM: 209.06881
C$_{10}$H$_{11}$NO$_4$
RI: 1568 (calc.)

GC/MS
EI 70 eV
TSQ 70
QI: 982

Peaks: 51, 77, 91, 105, 119, 133, 147, 162, 178, 209

1-(3,4-Methylenedioxyphenyl)-propylnitrite
expanded

MW: 209.20168
MM: 209.06881
C$_{10}$H$_{11}$NO$_4$
RI: 1609 (calc.)

GC/MS
EI 70 eV
TSQ 70
QI: 994

Peaks: 164, 175, 178, 181, 191, 209, 211

Anhydroecgonine methylester (Desmethyl) AC
expanded

MW: 209.24504
MM: 209.10519
C$_{11}$H$_{15}$NO$_3$
RI: 1681 (calc.)

GC/MS
EI 70 eV
TSQ 700
QI: 817

Peaks: 168, 176, 180, 184, 189, 203, 209

m/z: 209

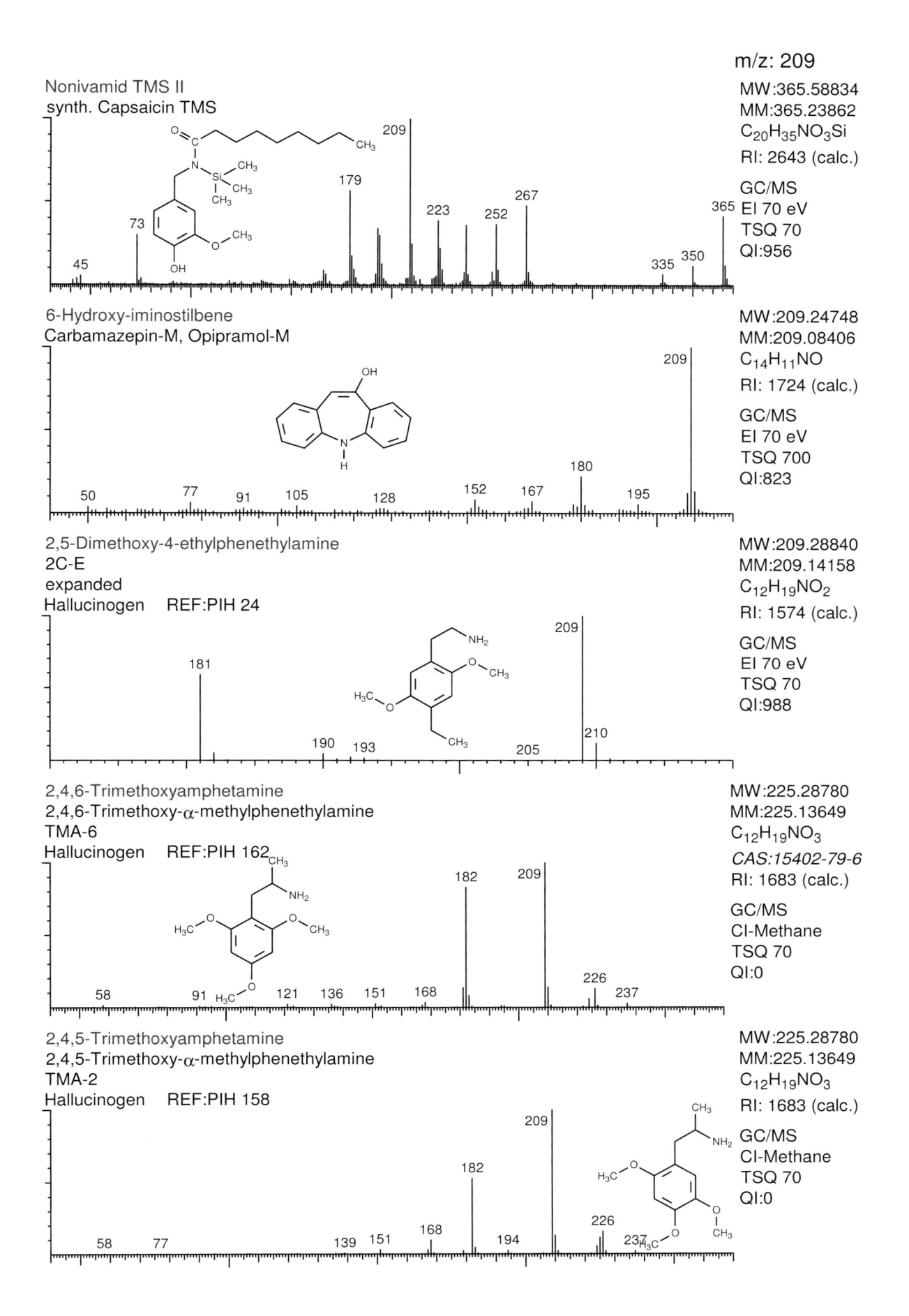

Nonivamid TMS II
synth. Capsaicin TMS

MW:365.58834
MM:365.23862
$C_{20}H_{35}NO_3Si$
RI: 2643 (calc.)

GC/MS
EI 70 eV
TSQ 70
QI:956

Peaks: 45, 73, 179, 209, 223, 252, 267, 335, 350, 365

6-Hydroxy-iminostilbene
Carbamazepin-M, Opipramol-M

MW:209.24748
MM:209.08406
$C_{14}H_{11}NO$
RI: 1724 (calc.)

GC/MS
EI 70 eV
TSQ 700
QI:823

Peaks: 50, 77, 91, 105, 128, 152, 167, 180, 195, 209

2,5-Dimethoxy-4-ethylphenethylamine
2C-E
expanded
Hallucinogen   REF:PIH 24

MW:209.28840
MM:209.14158
$C_{12}H_{19}NO_2$
RI: 1574 (calc.)

GC/MS
EI 70 eV
TSQ 70
QI:988

Peaks: 181, 190, 193, 205, 209, 210

2,4,6-Trimethoxyamphetamine
2,4,6-Trimethoxy-α-methylphenethylamine
TMA-6
Hallucinogen   REF:PIH 162

MW:225.28780
MM:225.13649
$C_{12}H_{19}NO_3$
CAS:15402-79-6
RI: 1683 (calc.)

GC/MS
CI-Methane
TSQ 70
QI:0

Peaks: 58, 91, 121, 136, 151, 168, 182, 209, 226, 237

2,4,5-Trimethoxyamphetamine
2,4,5-Trimethoxy-α-methylphenethylamine
TMA-2
Hallucinogen   REF:PIH 158

MW:225.28780
MM:225.13649
$C_{12}H_{19}NO_3$
RI: 1683 (calc.)

GC/MS
CI-Methane
TSQ 70
QI:0

Peaks: 58, 77, 139, 151, 168, 182, 194, 209, 226, 237

m/z: 209

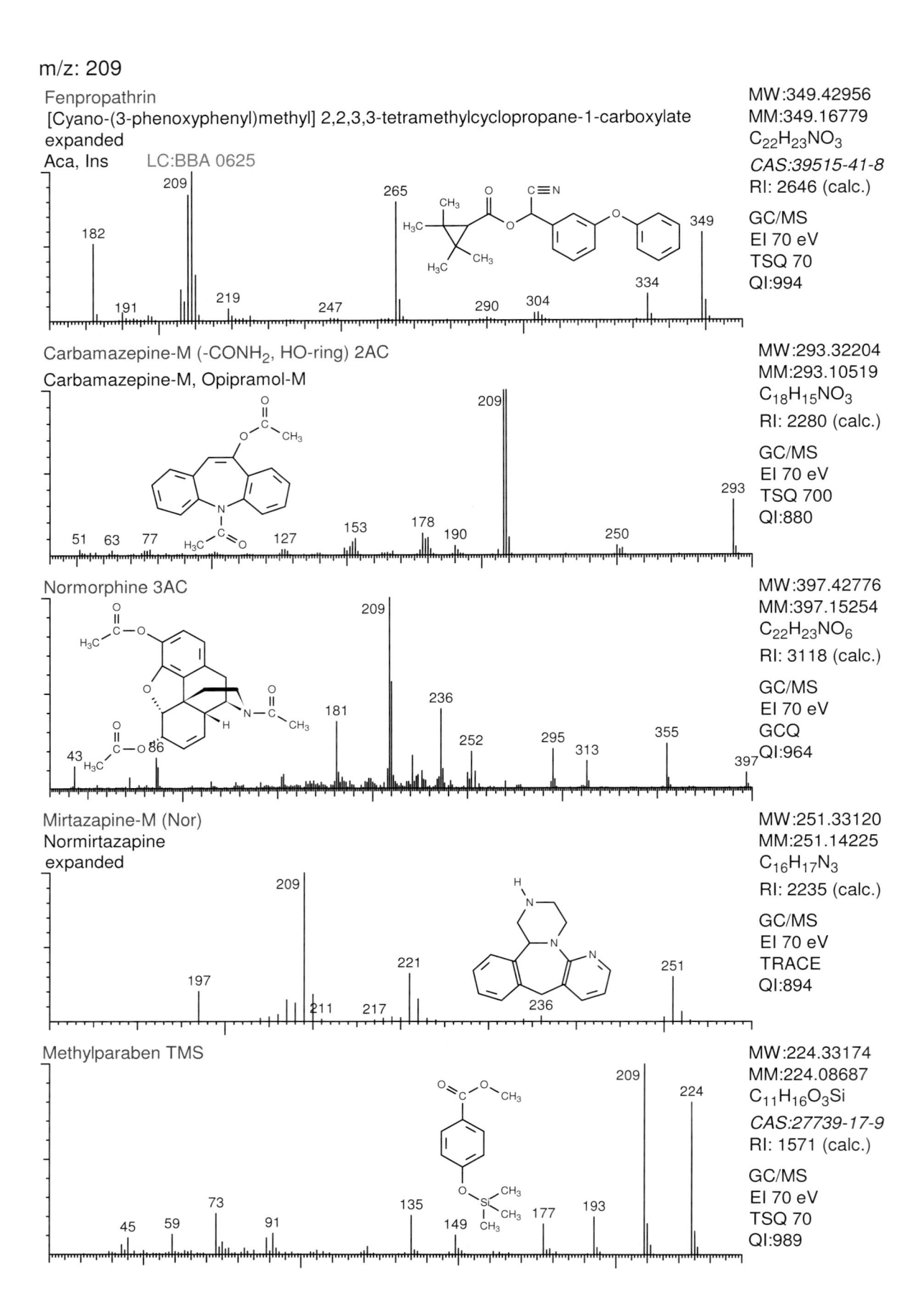

Fenpropathrin
[Cyano-(3-phenoxyphenyl)methyl] 2,2,3,3-tetramethylcyclopropane-1-carboxylate
expanded
Aca, Ins   LC:BBA 0625

MW:349.42956
MM:349.16779
$C_{22}H_{23}NO_3$
CAS:39515-41-8
RI: 2646 (calc.)

GC/MS
EI 70 eV
TSQ 70
QI:994

Peaks: 182, 191, 209, 219, 247, 265, 290, 304, 334, 349

Carbamazepine-M (-CONH$_2$, HO-ring) 2AC
Carbamazepine-M, Opipramol-M

MW:293.32204
MM:293.10519
$C_{18}H_{15}NO_3$
RI: 2280 (calc.)

GC/MS
EI 70 eV
TSQ 700
QI:880

Peaks: 51, 63, 77, 127, 153, 178, 190, 209, 250, 293

Normorphine 3AC

MW:397.42776
MM:397.15254
$C_{22}H_{23}NO_6$
RI: 3118 (calc.)

GC/MS
EI 70 eV
GCQ
QI:964

Peaks: 43, 86, 181, 209, 236, 252, 295, 313, 355, 397

Mirtazapine-M (Nor)
Normirtazapine
expanded

MW:251.33120
MM:251.14225
$C_{16}H_{17}N_3$
RI: 2235 (calc.)

GC/MS
EI 70 eV
TRACE
QI:894

Peaks: 197, 209, 211, 217, 221, 236, 251

Methylparaben TMS

MW:224.33174
MM:224.08687
$C_{11}H_{16}O_3Si$
CAS:27739-17-9
RI: 1571 (calc.)

GC/MS
EI 70 eV
TSQ 70
QI:989

Peaks: 45, 59, 73, 91, 135, 149, 177, 193, 209, 224

m/z: 209

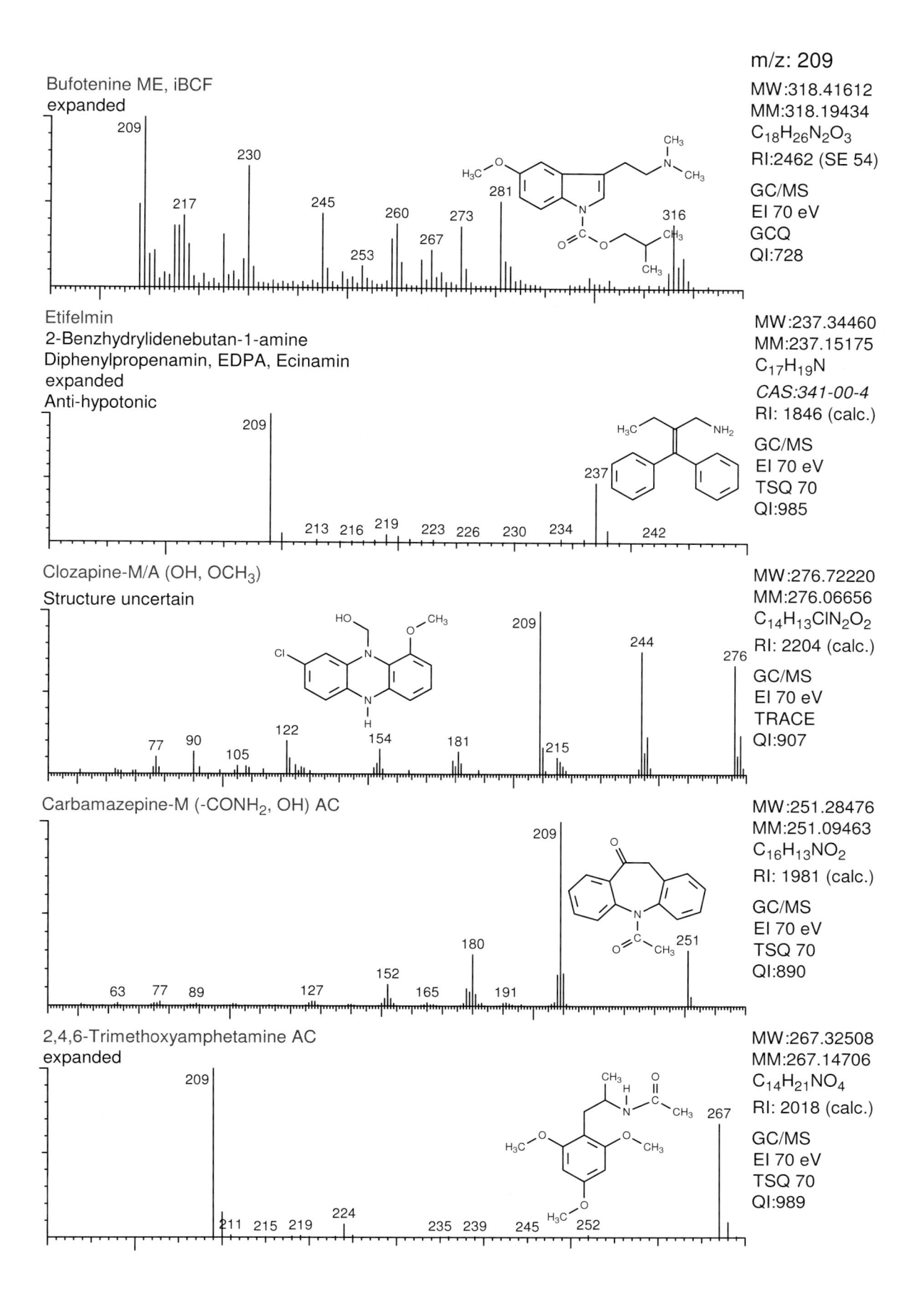

Bufotenine ME, iBCF
expanded

MW: 318.41612
MM: 318.19434
$C_{18}H_{26}N_2O_3$
RI: 2462 (SE 54)

GC/MS
EI 70 eV
GCQ
QI: 728

Etifelmin
2-Benzhydrylidenebutan-1-amine
Diphenylpropenamin, EDPA, Ecinamin
expanded
Anti-hypotonic

MW: 237.34460
MM: 237.15175
$C_{17}H_{19}N$
CAS: 341-00-4
RI: 1846 (calc.)

GC/MS
EI 70 eV
TSQ 70
QI: 985

Clozapine-M/A (OH, OCH$_3$)
Structure uncertain

MW: 276.72220
MM: 276.06656
$C_{14}H_{13}ClN_2O_2$
RI: 2204 (calc.)

GC/MS
EI 70 eV
TRACE
QI: 907

Carbamazepine-M (-CONH$_2$, OH) AC

MW: 251.28476
MM: 251.09463
$C_{16}H_{13}NO_2$
RI: 1981 (calc.)

GC/MS
EI 70 eV
TSQ 70
QI: 890

2,4,6-Trimethoxyamphetamine AC
expanded

MW: 267.32508
MM: 267.14706
$C_{14}H_{21}NO_4$
RI: 2018 (calc.)

GC/MS
EI 70 eV
TSQ 70
QI: 989

m/z: 209

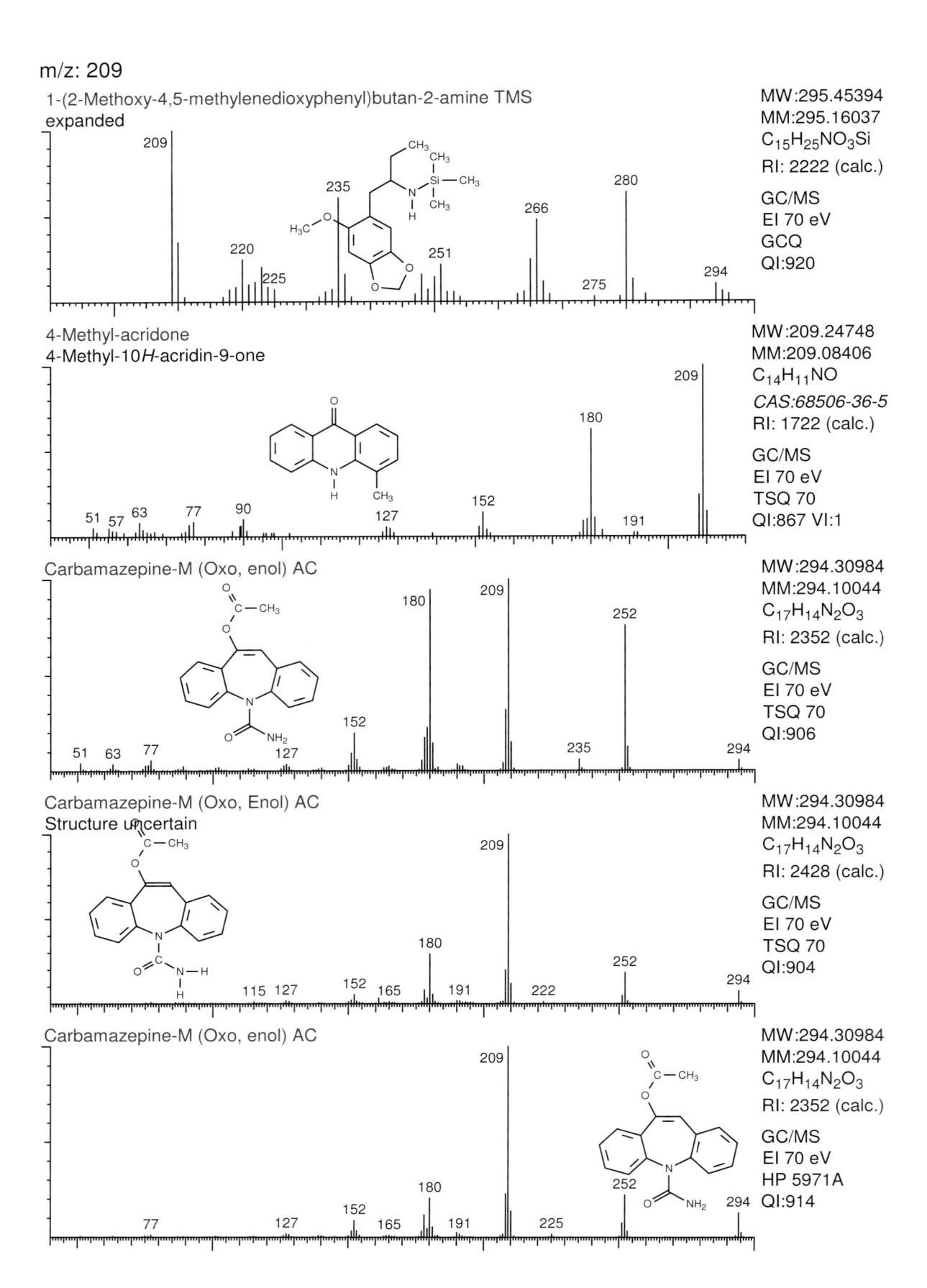

1-(2-Methoxy-4,5-methylenedioxyphenyl)butan-2-amine TMS
expanded

MW:295.45394
MM:295.16037
C$_{15}$H$_{25}$NO$_3$Si
RI: 2222 (calc.)

GC/MS
EI 70 eV
GCQ
QI:920

4-Methyl-acridone
4-Methyl-10H-acridin-9-one

MW:209.24748
MM:209.08406
C$_{14}$H$_{11}$NO
CAS:68506-36-5
RI: 1722 (calc.)

GC/MS
EI 70 eV
TSQ 70
QI:867 VI:1

Carbamazepine-M (Oxo, enol) AC

MW:294.30984
MM:294.10044
C$_{17}$H$_{14}$N$_2$O$_3$
RI: 2352 (calc.)

GC/MS
EI 70 eV
TSQ 70
QI:906

Carbamazepine-M (Oxo, Enol) AC
Structure uncertain

MW:294.30984
MM:294.10044
C$_{17}$H$_{14}$N$_2$O$_3$
RI: 2428 (calc.)

GC/MS
EI 70 eV
TSQ 70
QI:904

Carbamazepine-M (Oxo, enol) AC

MW:294.30984
MM:294.10044
C$_{17}$H$_{14}$N$_2$O$_3$
RI: 2352 (calc.)

GC/MS
EI 70 eV
HP 5971A
QI:914

Carbamazepine-M (OH) AC

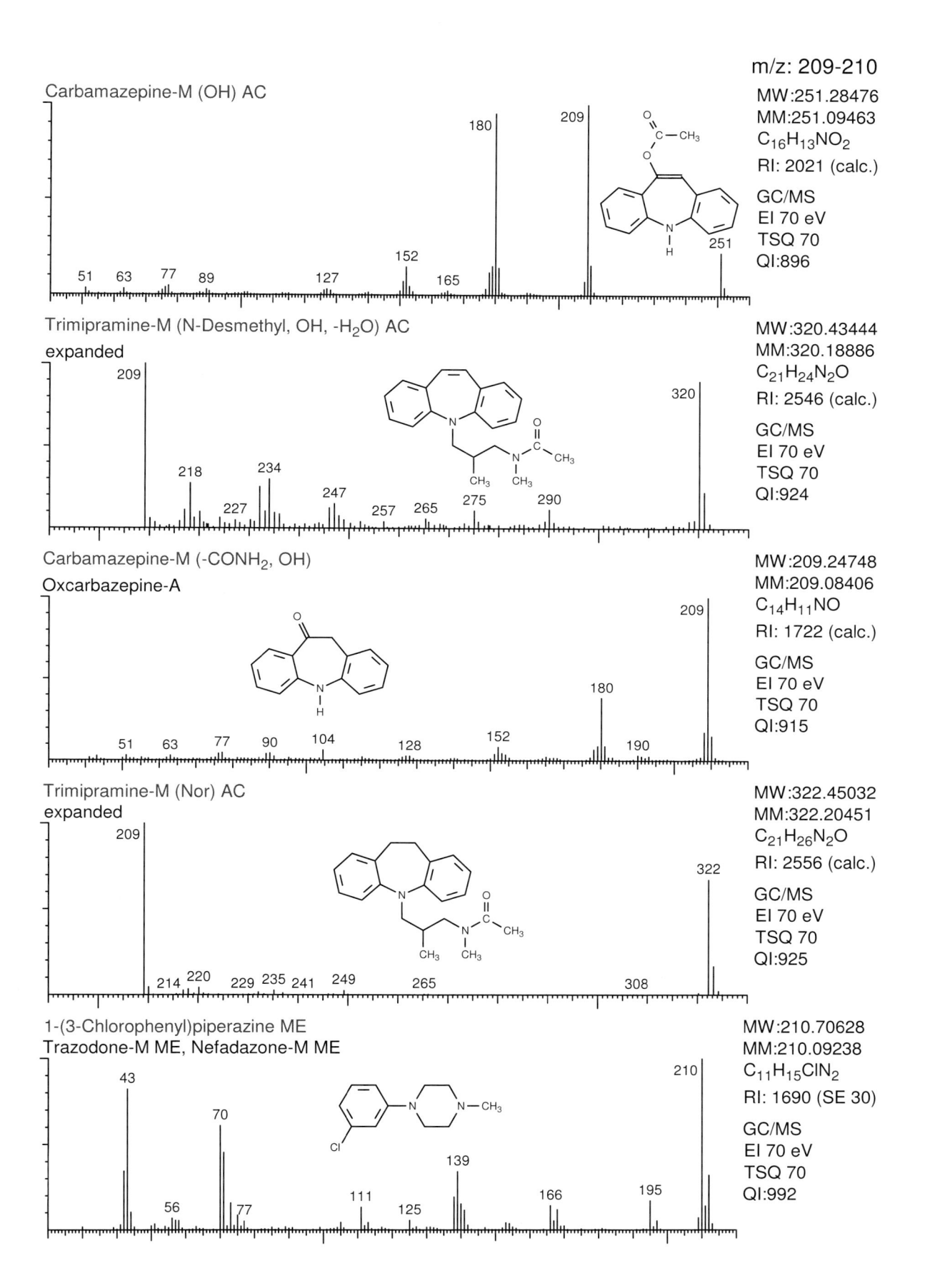

m/z: 209-210
MW: 251.28476
MM: 251.09463
$C_{16}H_{13}NO_2$
RI: 2021 (calc.)

GC/MS
EI 70 eV
TSQ 70
QI: 896

Trimipramine-M (N-Desmethyl, OH, -H$_2$O) AC
expanded

MW: 320.43444
MM: 320.18886
$C_{21}H_{24}N_2O$
RI: 2546 (calc.)

GC/MS
EI 70 eV
TSQ 70
QI: 924

Carbamazepine-M (-CONH$_2$, OH)
Oxcarbazepine-A

MW: 209.24748
MM: 209.08406
$C_{14}H_{11}NO$
RI: 1722 (calc.)

GC/MS
EI 70 eV
TSQ 70
QI: 915

Trimipramine-M (Nor) AC
expanded

MW: 322.45032
MM: 322.20451
$C_{21}H_{26}N_2O$
RI: 2556 (calc.)

GC/MS
EI 70 eV
TSQ 70
QI: 925

1-(3-Chlorophenyl)piperazine ME
Trazodone-M ME, Nefadazone-M ME

MW: 210.70628
MM: 210.09238
$C_{11}H_{15}ClN_2$
RI: 1690 (SE 30)

GC/MS
EI 70 eV
TSQ 70
QI: 992

m/z: 210

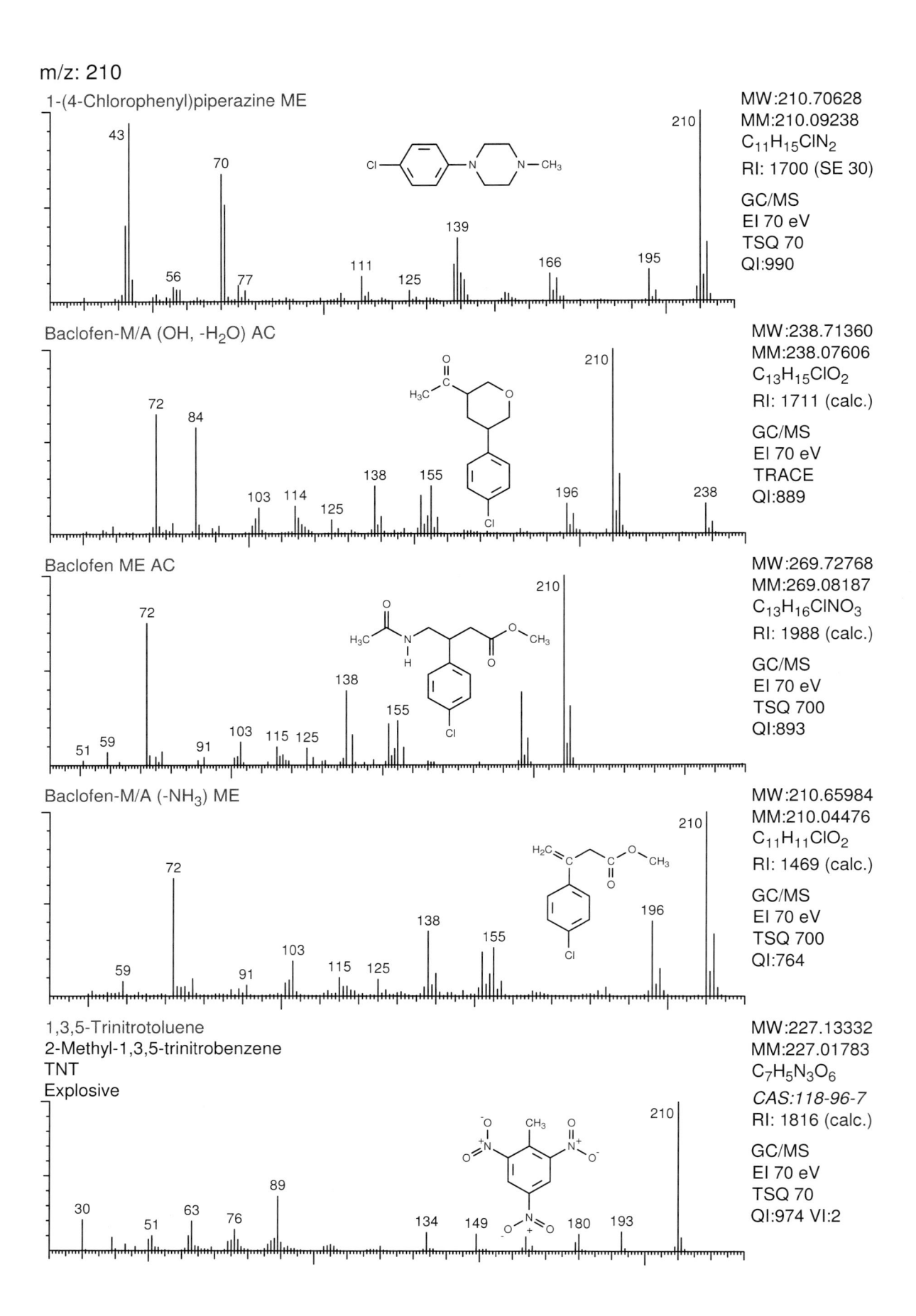

1-(4-Chlorophenyl)piperazine ME

MW:210.70628
MM:210.09238
$C_{11}H_{15}ClN_2$
RI: 1700 (SE 30)

GC/MS
EI 70 eV
TSQ 70
QI:990

Baclofen-M/A (OH, -H₂O) AC

MW:238.71360
MM:238.07606
$C_{13}H_{15}ClO_2$
RI: 1711 (calc.)

GC/MS
EI 70 eV
TRACE
QI:889

Baclofen ME AC

MW:269.72768
MM:269.08187
$C_{13}H_{16}ClNO_3$
RI: 1988 (calc.)

GC/MS
EI 70 eV
TSQ 700
QI:893

Baclofen-M/A (-NH₃) ME

MW:210.65984
MM:210.04476
$C_{11}H_{11}ClO_2$
RI: 1469 (calc.)

GC/MS
EI 70 eV
TSQ 700
QI:764

1,3,5-Trinitrotoluene
2-Methyl-1,3,5-trinitrobenzene
TNT
Explosive

MW:227.13332
MM:227.01783
$C_7H_5N_3O_6$
CAS:118-96-7
RI: 1816 (calc.)

GC/MS
EI 70 eV
TSQ 70
QI:974 VI:2

m/z: 210

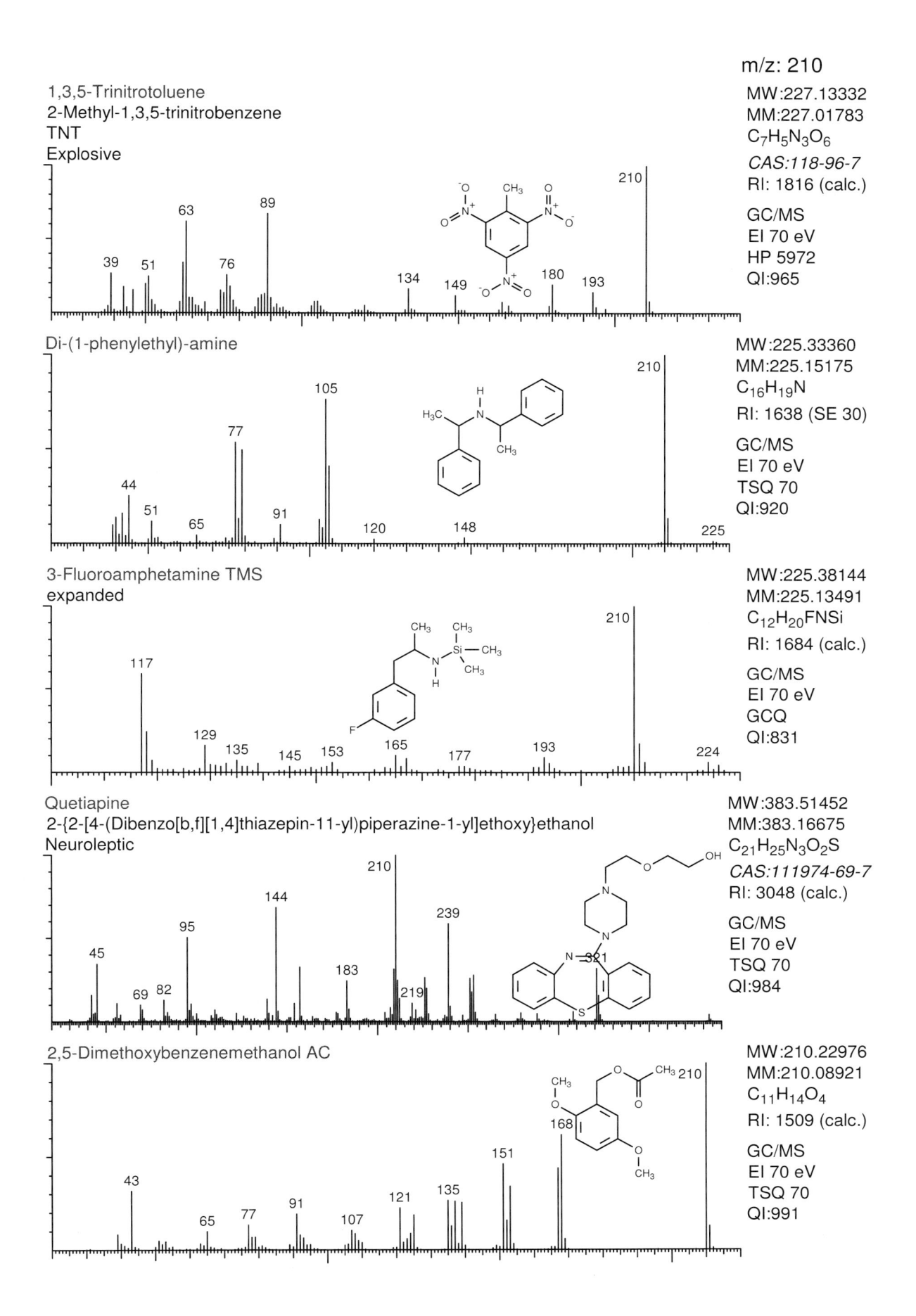

1,3,5-Trinitrotoluene
2-Methyl-1,3,5-trinitrobenzene
TNT
Explosive

MW: 227.13332
MM: 227.01783
$C_7H_5N_3O_6$
CAS: 118-96-7
RI: 1816 (calc.)

GC/MS
EI 70 eV
HP 5972
QI: 965

Di-(1-phenylethyl)-amine

MW: 225.33360
MM: 225.15175
$C_{16}H_{19}N$
RI: 1638 (SE 30)

GC/MS
EI 70 eV
TSQ 70
QI: 920

3-Fluoroamphetamine TMS
expanded

MW: 225.38144
MM: 225.13491
$C_{12}H_{20}FNSi$
RI: 1684 (calc.)

GC/MS
EI 70 eV
GCQ
QI: 831

Quetiapine
2-{2-[4-(Dibenzo[b,f][1,4]thiazepin-11-yl)piperazin-1-yl]ethoxy}ethanol
Neuroleptic

MW: 383.51452
MM: 383.16675
$C_{21}H_{25}N_3O_2S$
CAS: 111974-69-7
RI: 3048 (calc.)

GC/MS
EI 70 eV
TSQ 70
QI: 984

2,5-Dimethoxybenzenemethanol AC

MW: 210.22976
MM: 210.08921
$C_{11}H_{14}O_4$
RI: 1509 (calc.)

GC/MS
EI 70 eV
TSQ 70
QI: 991

m/z: 210

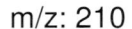

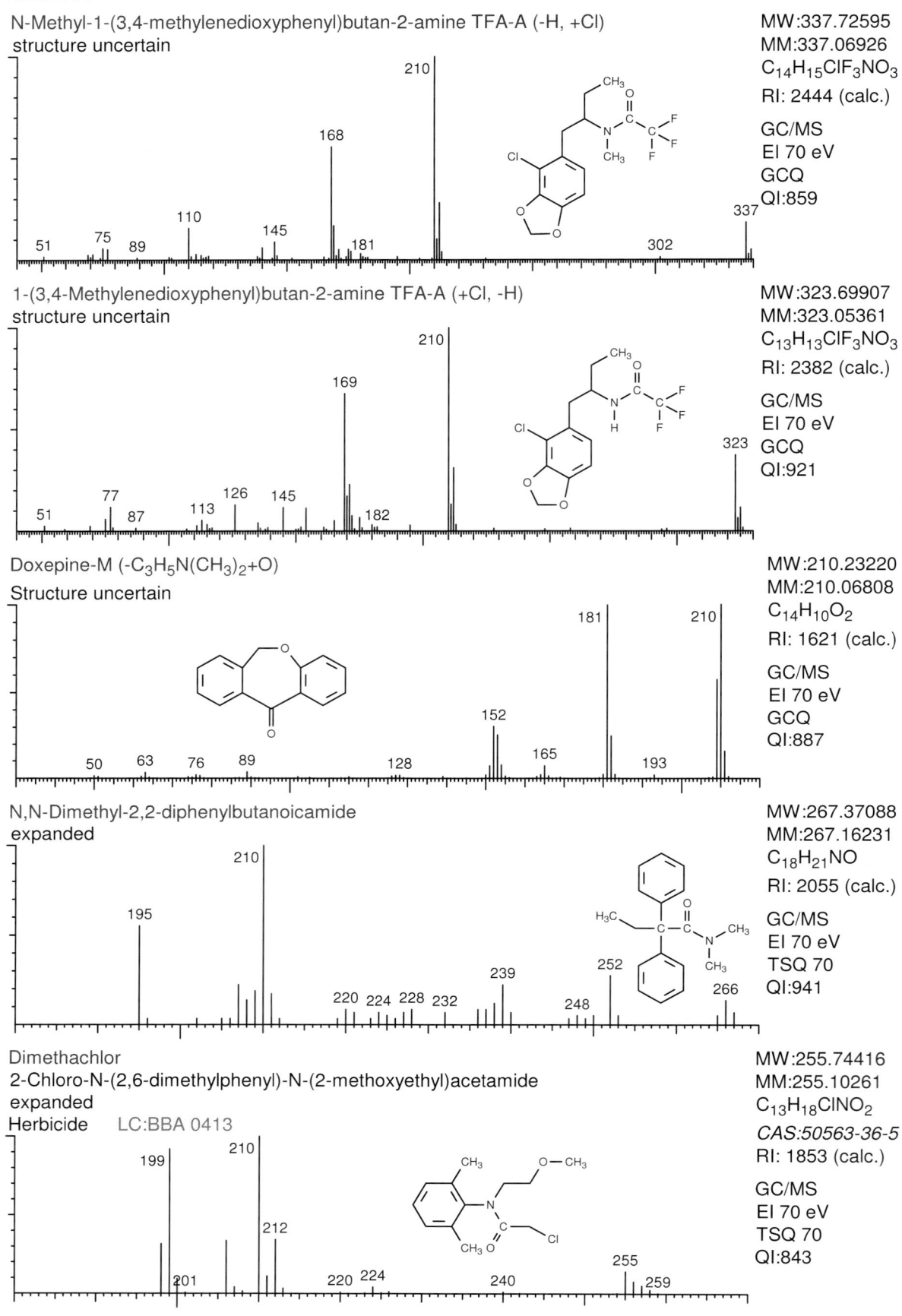

N-Methyl-1-(3,4-methylenedioxyphenyl)butan-2-amine TFA-A (-H, +Cl)
structure uncertain

Peaks: 51, 75, 89, 110, 145, 168, 181, 210, 302, 337

MW: 337.72595
MM: 337.06926
$C_{14}H_{15}ClF_3NO_3$
RI: 2444 (calc.)

GC/MS
EI 70 eV
GCQ
QI: 859

1-(3,4-Methylenedioxyphenyl)butan-2-amine TFA-A (+Cl, -H)
structure uncertain

Peaks: 51, 77, 87, 113, 126, 145, 169, 182, 210, 323

MW: 323.69907
MM: 323.05361
$C_{13}H_{13}ClF_3NO_3$
RI: 2382 (calc.)

GC/MS
EI 70 eV
GCQ
QI: 921

Doxepine-M (-$C_3H_5N(CH_3)_2$+O)
Structure uncertain

Peaks: 50, 63, 76, 89, 128, 152, 165, 181, 193, 210

MW: 210.23220
MM: 210.06808
$C_{14}H_{10}O_2$
RI: 1621 (calc.)

GC/MS
EI 70 eV
GCQ
QI: 887

N,N-Dimethyl-2,2-diphenylbutanoicamide
expanded

Peaks: 195, 210, 220, 224, 228, 232, 239, 248, 252, 266

MW: 267.37088
MM: 267.16231
$C_{18}H_{21}NO$
RI: 2055 (calc.)

GC/MS
EI 70 eV
TSQ 70
QI: 941

Dimethachlor
2-Chloro-N-(2,6-dimethylphenyl)-N-(2-methoxyethyl)acetamide
expanded
Herbicide   LC:BBA 0413

Peaks: 199, 201, 210, 212, 220, 224, 240, 255, 259

MW: 255.74416
MM: 255.10261
$C_{13}H_{18}ClNO_2$
CAS: 50563-36-5
RI: 1853 (calc.)

GC/MS
EI 70 eV
TSQ 70
QI: 843

m/z: 210

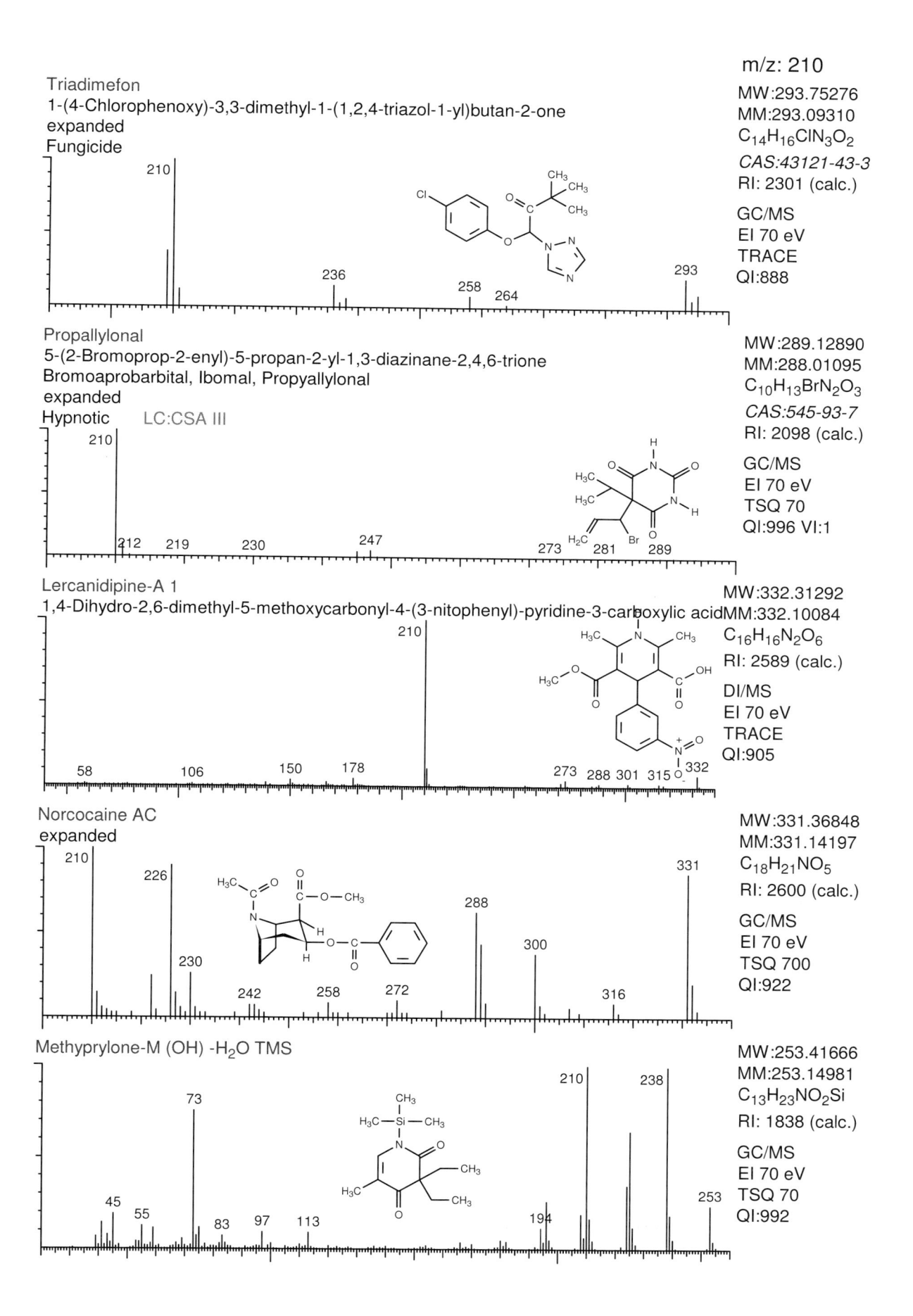

Triadimefon
1-(4-Chlorophenoxy)-3,3-dimethyl-1-(1,2,4-triazol-1-yl)butan-2-one
expanded
Fungicide

MW:293.75276
MM:293.09310
$C_{14}H_{16}ClN_3O_2$
CAS:43121-43-3
RI: 2301 (calc.)

GC/MS
EI 70 eV
TRACE
QI:888

Peaks: 210, 236, 258, 264, 293

Propallylonal
5-(2-Bromoprop-2-enyl)-5-propan-2-yl-1,3-diazinane-2,4,6-trione
Bromoaprobarbital, Ibomal, Propyallylonal
expanded
Hypnotic   LC:CSA III

MW:289.12890
MM:288.01095
$C_{10}H_{13}BrN_2O_3$
CAS:545-93-7
RI: 2098 (calc.)

GC/MS
EI 70 eV
TSQ 70
QI:996 VI:1

Peaks: 210, 212, 219, 230, 247, 273, 281, 289

Lercanidipine-A 1
1,4-Dihydro-2,6-dimethyl-5-methoxycarbonyl-4-(3-nitrophenyl)-pyridine-3-carboxylic acid

MW:332.31292
MM:332.10084
$C_{16}H_{16}N_2O_6$
RI: 2589 (calc.)

DI/MS
EI 70 eV
TRACE
QI:905

Peaks: 58, 106, 150, 178, 210, 273, 288, 301, 315, 332

Norcocaine AC
expanded

MW:331.36848
MM:331.14197
$C_{18}H_{21}NO_5$
RI: 2600 (calc.)

GC/MS
EI 70 eV
TSQ 700
QI:922

Peaks: 210, 226, 230, 242, 258, 272, 288, 300, 316, 331

Methyprylone-M (OH) -H₂O TMS

MW:253.41666
MM:253.14981
$C_{13}H_{23}NO_2Si$
RI: 1838 (calc.)

GC/MS
EI 70 eV
TSQ 70
QI:992

Peaks: 45, 55, 73, 83, 97, 113, 194, 210, 238, 253

m/z: 210

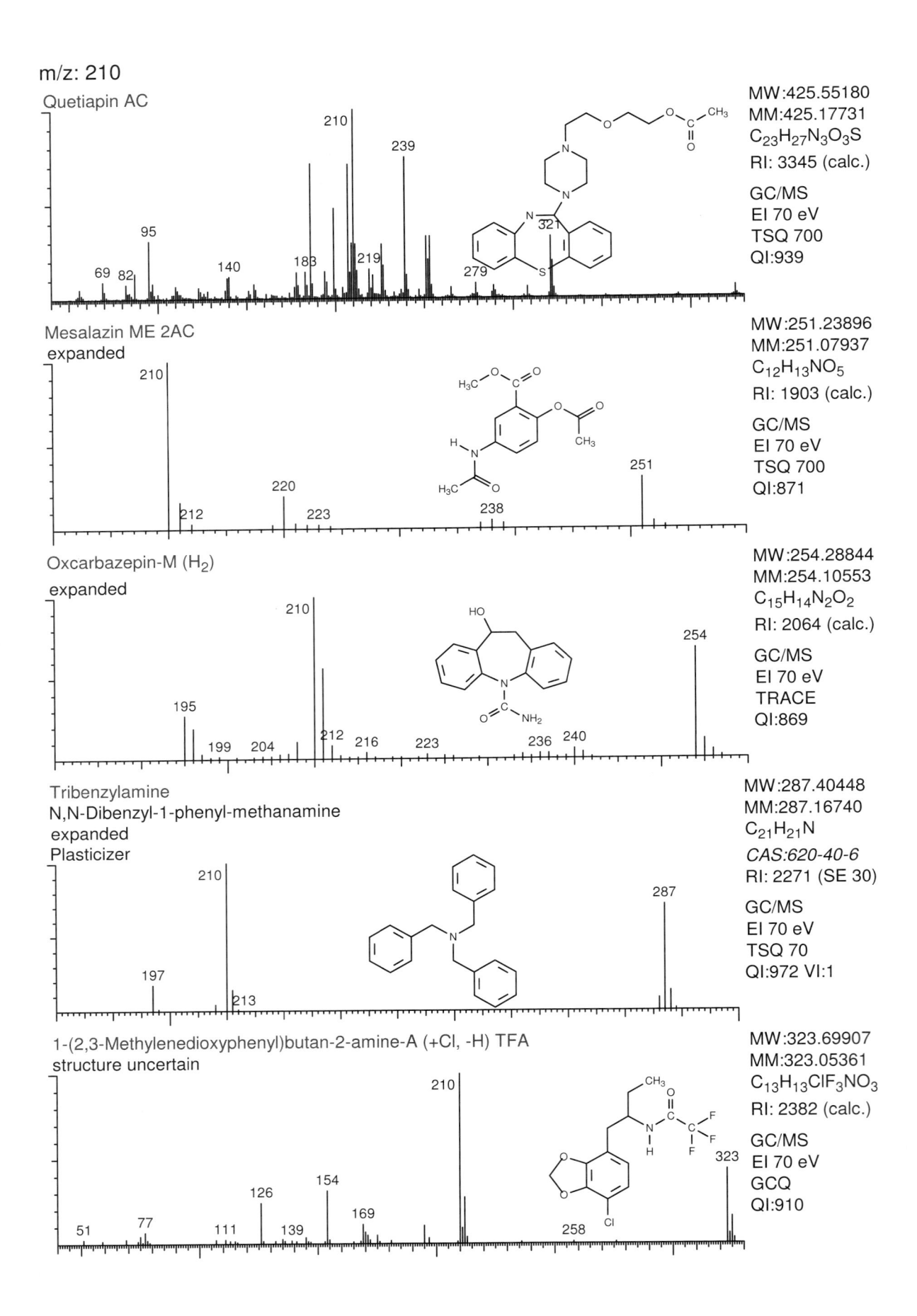

Quetiapin AC

MW:425.55180
MM:425.17731
$C_{23}H_{27}N_3O_3S$
RI: 3345 (calc.)

GC/MS
EI 70 eV
TSQ 700
QI:939

Mesalazin ME 2AC
expanded

MW:251.23896
MM:251.07937
$C_{12}H_{13}NO_5$
RI: 1903 (calc.)

GC/MS
EI 70 eV
TSQ 700
QI:871

Oxcarbazepin-M (H$_2$)
expanded

MW:254.28844
MM:254.10553
$C_{15}H_{14}N_2O_2$
RI: 2064 (calc.)

GC/MS
EI 70 eV
TRACE
QI:869

Tribenzylamine
N,N-Dibenzyl-1-phenyl-methanamine
expanded
Plasticizer

MW:287.40448
MM:287.16740
$C_{21}H_{21}N$
CAS:620-40-6
RI: 2271 (SE 30)

GC/MS
EI 70 eV
TSQ 70
QI:972 VI:1

1-(2,3-Methylenedioxyphenyl)butan-2-amine-A (+Cl, -H) TFA
structure uncertain

MW:323.69907
MM:323.05361
$C_{13}H_{13}ClF_3NO_3$
RI: 2382 (calc.)

GC/MS
EI 70 eV
GCQ
QI:910

m/z: 210-211

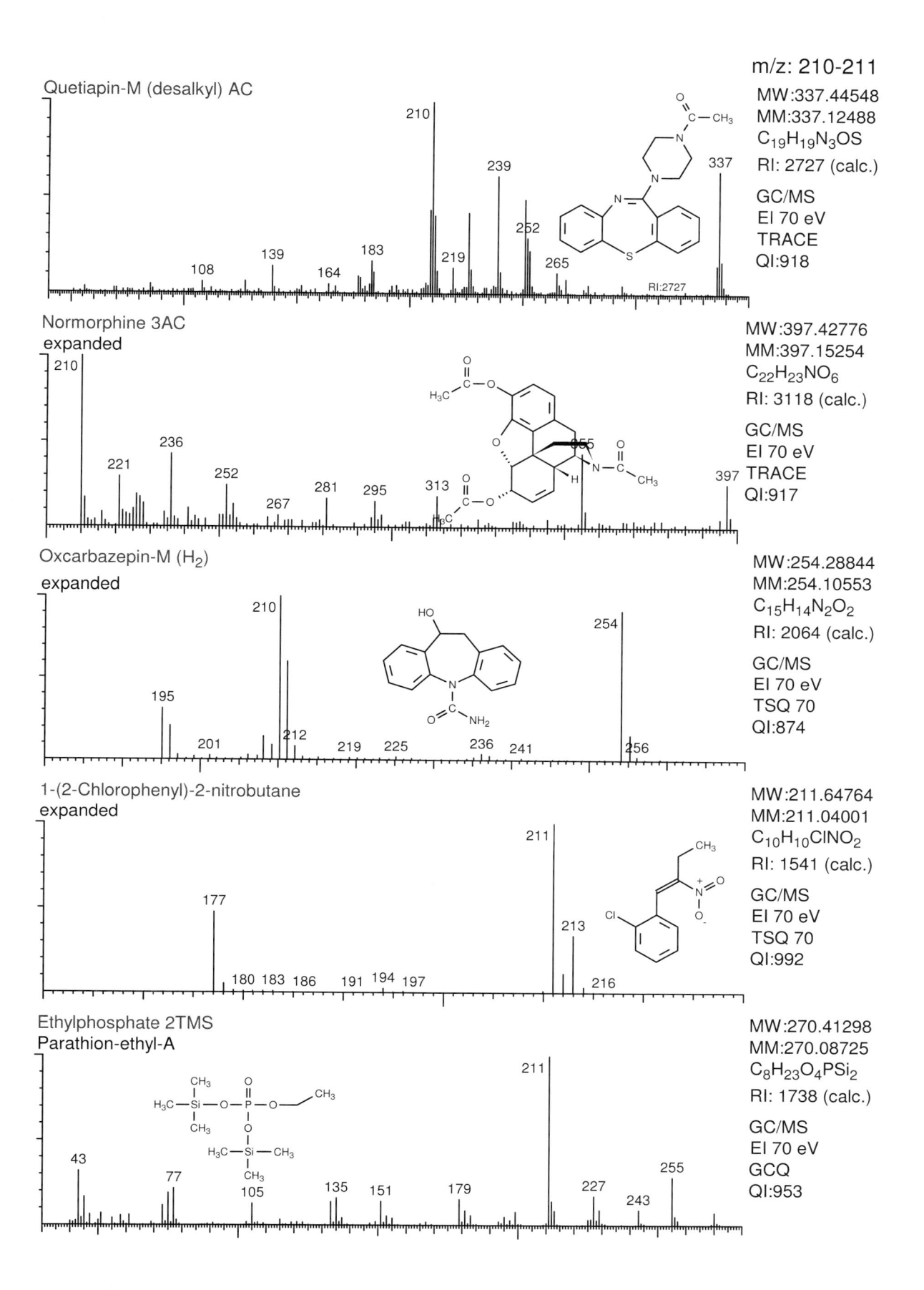

Quetiapin-M (desalkyl) AC
MW: 337.44548
MM: 337.12488
$C_{19}H_{19}N_3OS$
RI: 2727 (calc.)

GC/MS
EI 70 eV
TRACE
QI: 918

Normorphine 3AC
expanded
MW: 397.42776
MM: 397.15254
$C_{22}H_{23}NO_6$
RI: 3118 (calc.)

GC/MS
EI 70 eV
TRACE
QI: 917

Oxcarbazepin-M (H$_2$)
expanded
MW: 254.28844
MM: 254.10553
$C_{15}H_{14}N_2O_2$
RI: 2064 (calc.)

GC/MS
EI 70 eV
TSQ 70
QI: 874

1-(2-Chlorophenyl)-2-nitrobutane
expanded
MW: 211.64764
MM: 211.04001
$C_{10}H_{10}ClNO_2$
RI: 1541 (calc.)

GC/MS
EI 70 eV
TSQ 70
QI: 992

Ethylphosphate 2TMS
Parathion-ethyl-A
MW: 270.41298
MM: 270.08725
$C_8H_{23}O_4PSi_2$
RI: 1738 (calc.)

GC/MS
EI 70 eV
GCQ
QI: 953

m/z: 211

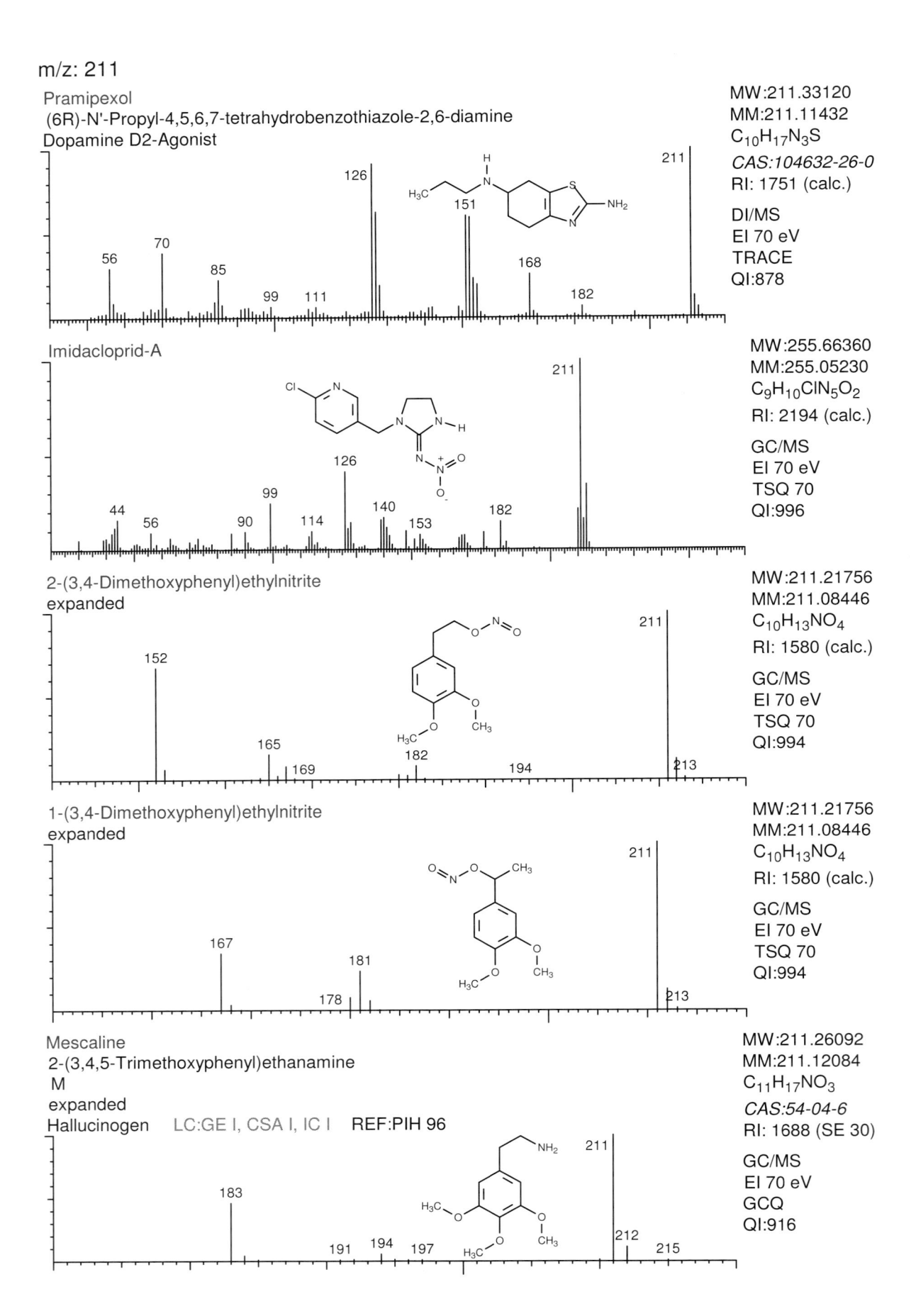

Pramipexol
(6R)-N'-Propyl-4,5,6,7-tetrahydrobenzothiazole-2,6-diamine
Dopamine D2-Agonist

MW:211.33120
MM:211.11432
$C_{10}H_{17}N_3S$
CAS:104632-26-0
RI: 1751 (calc.)

DI/MS
EI 70 eV
TRACE
QI:878

Peaks: 56, 70, 85, 99, 111, 126, 151, 168, 182, 211

Imidacloprid-A

MW:255.66360
MM:255.05230
$C_9H_{10}ClN_5O_2$
RI: 2194 (calc.)

GC/MS
EI 70 eV
TSQ 70
QI:996

Peaks: 44, 56, 90, 99, 114, 126, 140, 153, 182, 211

2-(3,4-Dimethoxyphenyl)ethylnitrite
expanded

MW:211.21756
MM:211.08446
$C_{10}H_{13}NO_4$
RI: 1580 (calc.)

GC/MS
EI 70 eV
TSQ 70
QI:994

Peaks: 152, 165, 169, 182, 194, 211, 213

1-(3,4-Dimethoxyphenyl)ethylnitrite
expanded

MW:211.21756
MM:211.08446
$C_{10}H_{13}NO_4$
RI: 1580 (calc.)

GC/MS
EI 70 eV
TSQ 70
QI:994

Peaks: 167, 178, 181, 211, 213

Mescaline
2-(3,4,5-Trimethoxyphenyl)ethanamine
M
expanded
Hallucinogen   LC:GE I, CSA I, IC I   REF:PIH 96

MW:211.26092
MM:211.12084
$C_{11}H_{17}NO_3$
CAS:54-04-6
RI: 1688 (SE 30)

GC/MS
EI 70 eV
GCQ
QI:916

Peaks: 183, 191, 194, 197, 211, 212, 215

m/z: 211

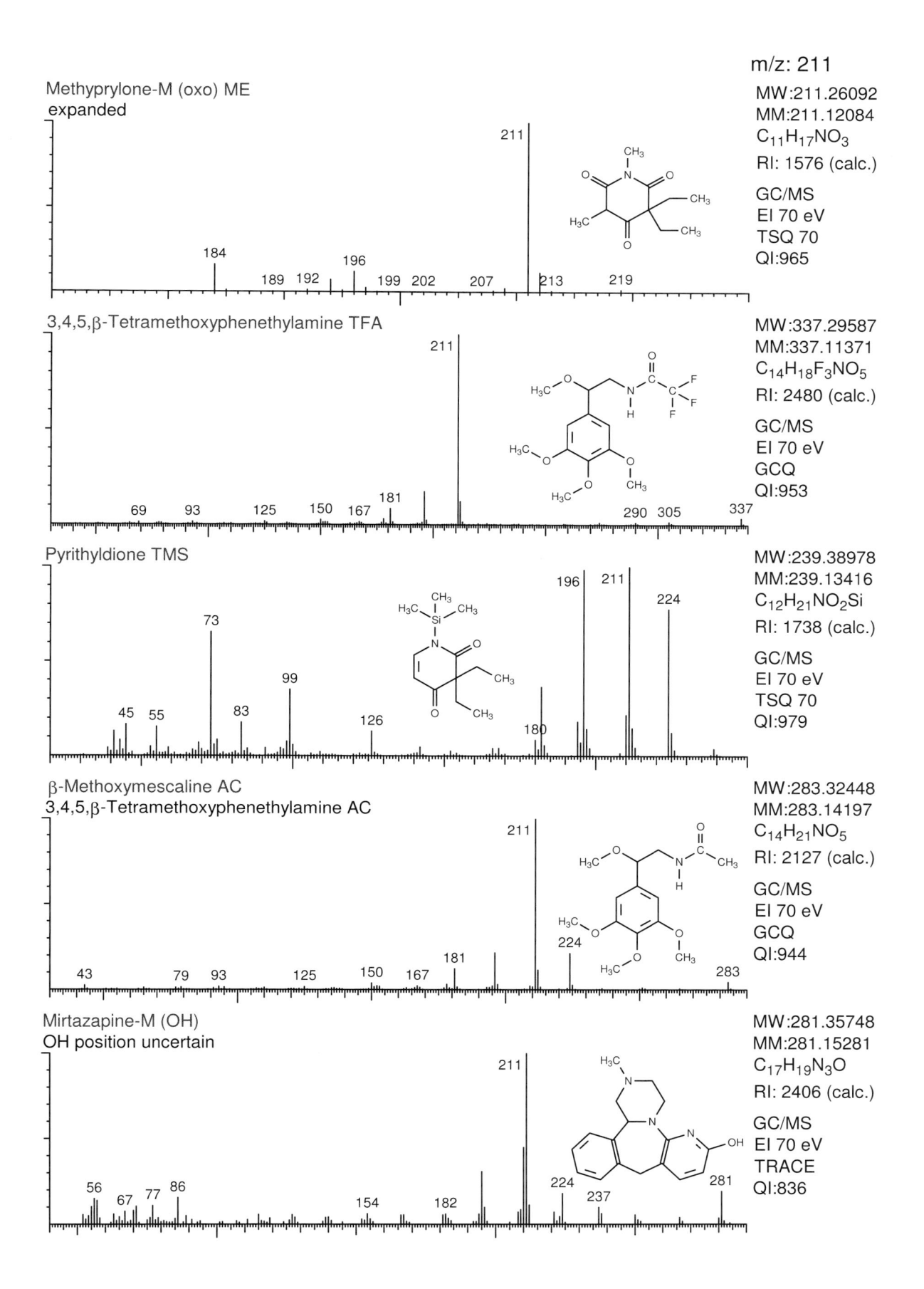

Methyprylone-M (oxo) ME
expanded

MW: 211.26092
MM: 211.12084
C₁₁H₁₇NO₃
RI: 1576 (calc.)

GC/MS
EI 70 eV
TSQ 70
QI: 965

Peaks: 184, 189, 192, 196, 199, 202, 207, 211, 213, 219

3,4,5,β-Tetramethoxyphenethylamine TFA

MW: 337.29587
MM: 337.11371
C₁₄H₁₈F₃NO₅
RI: 2480 (calc.)

GC/MS
EI 70 eV
GCQ
QI: 953

Peaks: 69, 93, 125, 150, 167, 181, 211, 290, 305, 337

Pyrithyldione TMS

MW: 239.38978
MM: 239.13416
C₁₂H₂₁NO₂Si
RI: 1738 (calc.)

GC/MS
EI 70 eV
TSQ 70
QI: 979

Peaks: 45, 55, 73, 83, 99, 126, 180, 196, 211, 224

β-Methoxymescaline AC
3,4,5,β-Tetramethoxyphenethylamine AC

MW: 283.32448
MM: 283.14197
C₁₄H₂₁NO₅
RI: 2127 (calc.)

GC/MS
EI 70 eV
GCQ
QI: 944

Peaks: 43, 79, 93, 125, 150, 167, 181, 211, 224, 283

Mirtazapine-M (OH)
OH position uncertain

MW: 281.35748
MM: 281.15281
C₁₇H₁₉N₃O
RI: 2406 (calc.)

GC/MS
EI 70 eV
TRACE
QI: 836

Peaks: 56, 67, 77, 86, 154, 182, 211, 224, 237, 281

m/z: 211

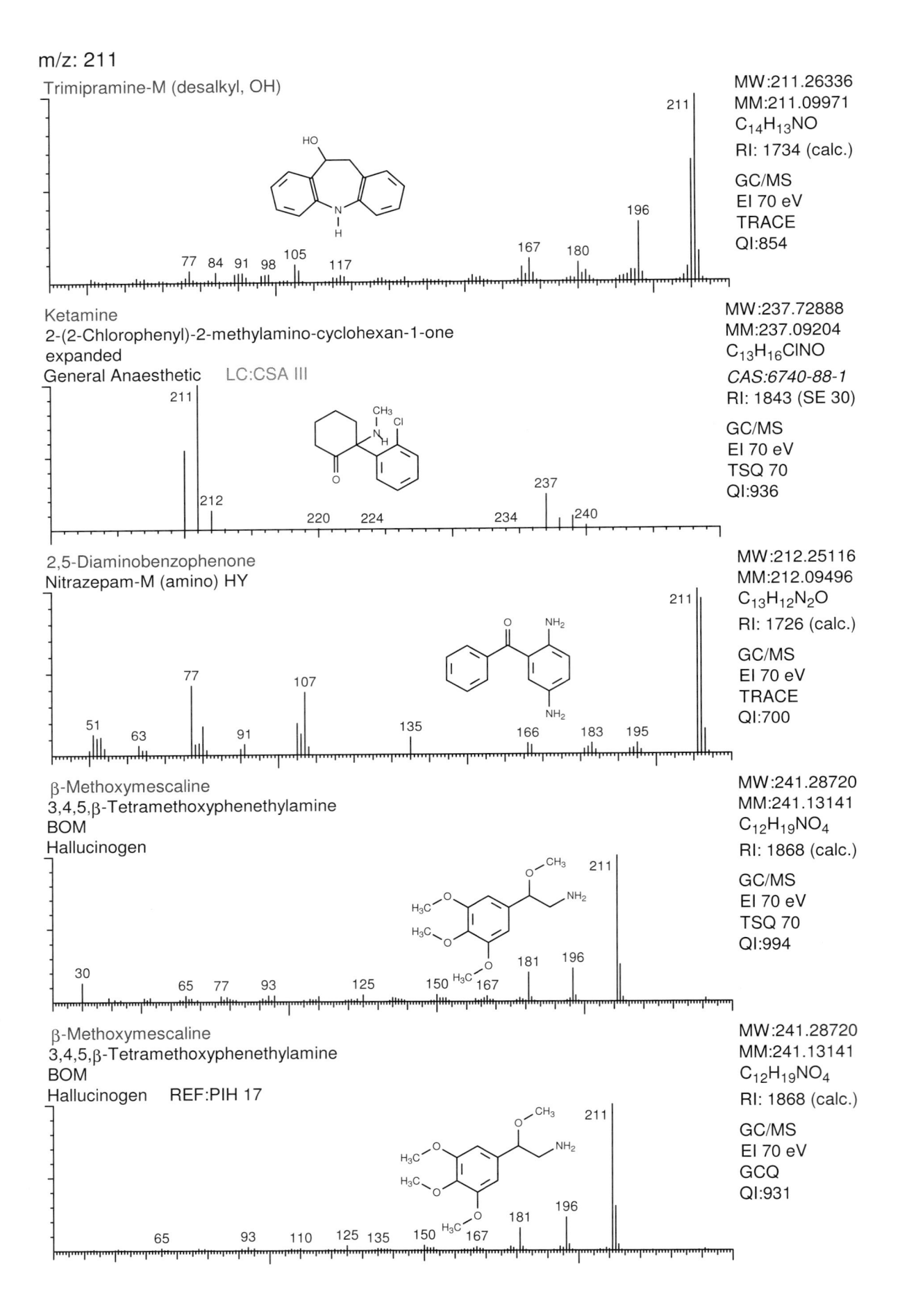

Trimipramine-M (desalkyl, OH)

MW:211.26336
MM:211.09971
C$_{14}$H$_{13}$NO
RI: 1734 (calc.)

GC/MS
EI 70 eV
TRACE
QI:854

Ketamine
2-(2-Chlorophenyl)-2-methylamino-cyclohexan-1-one
expanded
General Anaesthetic   LC:CSA III

MW:237.72888
MM:237.09204
C$_{13}$H$_{16}$ClNO
CAS:6740-88-1
RI: 1843 (SE 30)

GC/MS
EI 70 eV
TSQ 70
QI:936

2,5-Diaminobenzophenone
Nitrazepam-M (amino) HY

MW:212.25116
MM:212.09496
C$_{13}$H$_{12}$N$_2$O
RI: 1726 (calc.)

GC/MS
EI 70 eV
TRACE
QI:700

β-Methoxymescaline
3,4,5,β-Tetramethoxyphenethylamine
BOM
Hallucinogen

MW:241.28720
MM:241.13141
C$_{12}$H$_{19}$NO$_4$
RI: 1868 (calc.)

GC/MS
EI 70 eV
TSQ 70
QI:994

β-Methoxymescaline
3,4,5,β-Tetramethoxyphenethylamine
BOM
Hallucinogen   REF:PIH 17

MW:241.28720
MM:241.13141
C$_{12}$H$_{19}$NO$_4$
RI: 1868 (calc.)

GC/MS
EI 70 eV
GCQ
QI:931

m/z: 211

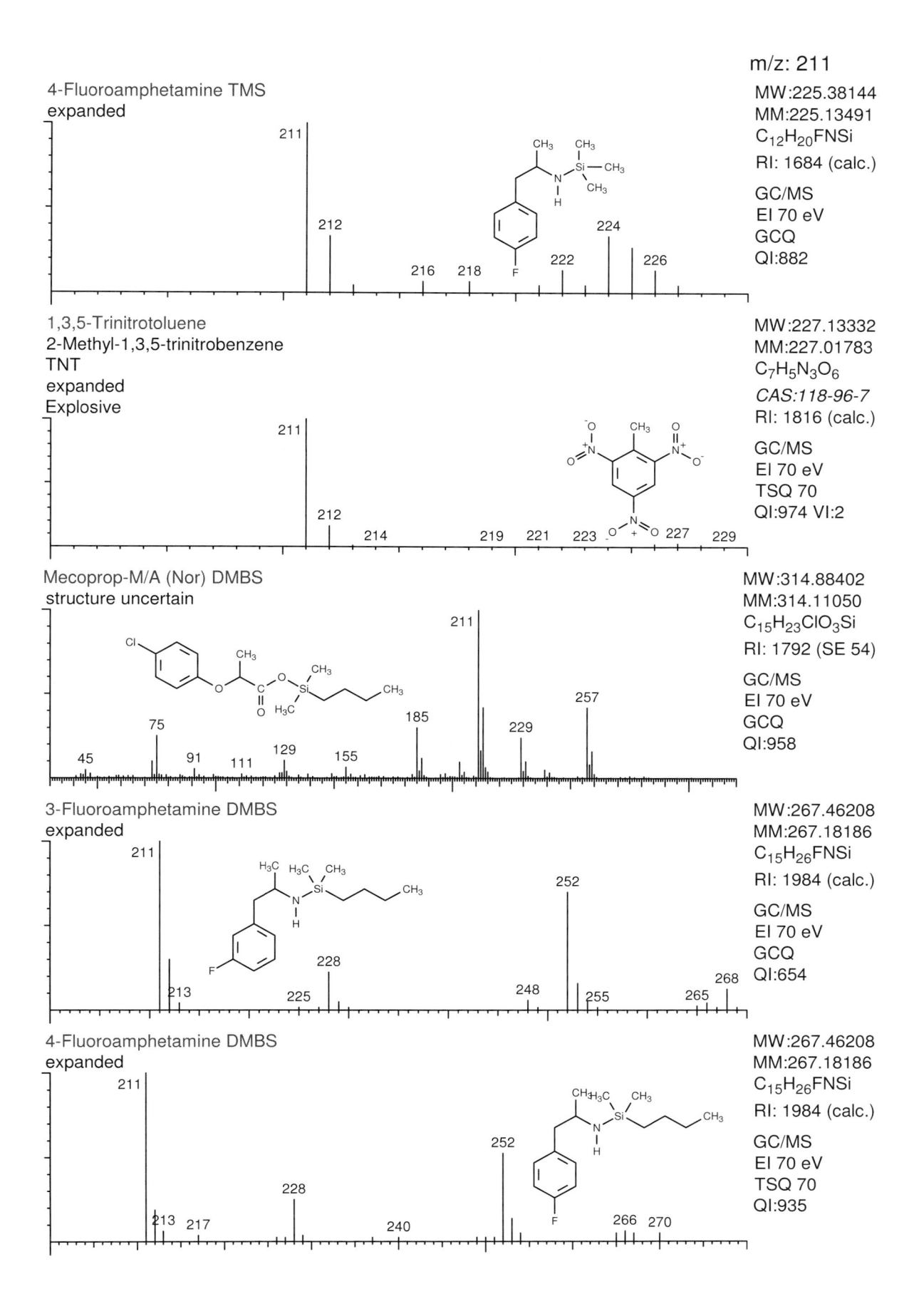

4-Fluoroamphetamine TMS
expanded

MW: 225.38144
MM: 225.13491
$C_{12}H_{20}FNSi$
RI: 1684 (calc.)

GC/MS
EI 70 eV
GCQ
QI: 882

Peaks: 211, 212, 216, 218, 222, 224, 226

1,3,5-Trinitrotoluene
2-Methyl-1,3,5-trinitrobenzene
TNT
expanded
Explosive

MW: 227.13332
MM: 227.01783
$C_7H_5N_3O_6$
CAS: 118-96-7
RI: 1816 (calc.)

GC/MS
EI 70 eV
TSQ 70
QI: 974 VI: 2

Peaks: 211, 212, 214, 219, 221, 223, 227, 229

Mecoprop-M/A (Nor) DMBS
structure uncertain

MW: 314.88402
MM: 314.11050
$C_{15}H_{23}ClO_3Si$
RI: 1792 (SE 54)

GC/MS
EI 70 eV
GCQ
QI: 958

Peaks: 45, 75, 91, 111, 129, 155, 185, 211, 229, 257

3-Fluoroamphetamine DMBS
expanded

MW: 267.46208
MM: 267.18186
$C_{15}H_{26}FNSi$
RI: 1984 (calc.)

GC/MS
EI 70 eV
GCQ
QI: 654

Peaks: 211, 213, 225, 228, 248, 252, 255, 265, 268

4-Fluoroamphetamine DMBS
expanded

MW: 267.46208
MM: 267.18186
$C_{15}H_{26}FNSi$
RI: 1984 (calc.)

GC/MS
EI 70 eV
TSQ 70
QI: 935

Peaks: 211, 213, 217, 228, 240, 252, 266, 270

m/z: 211

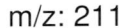

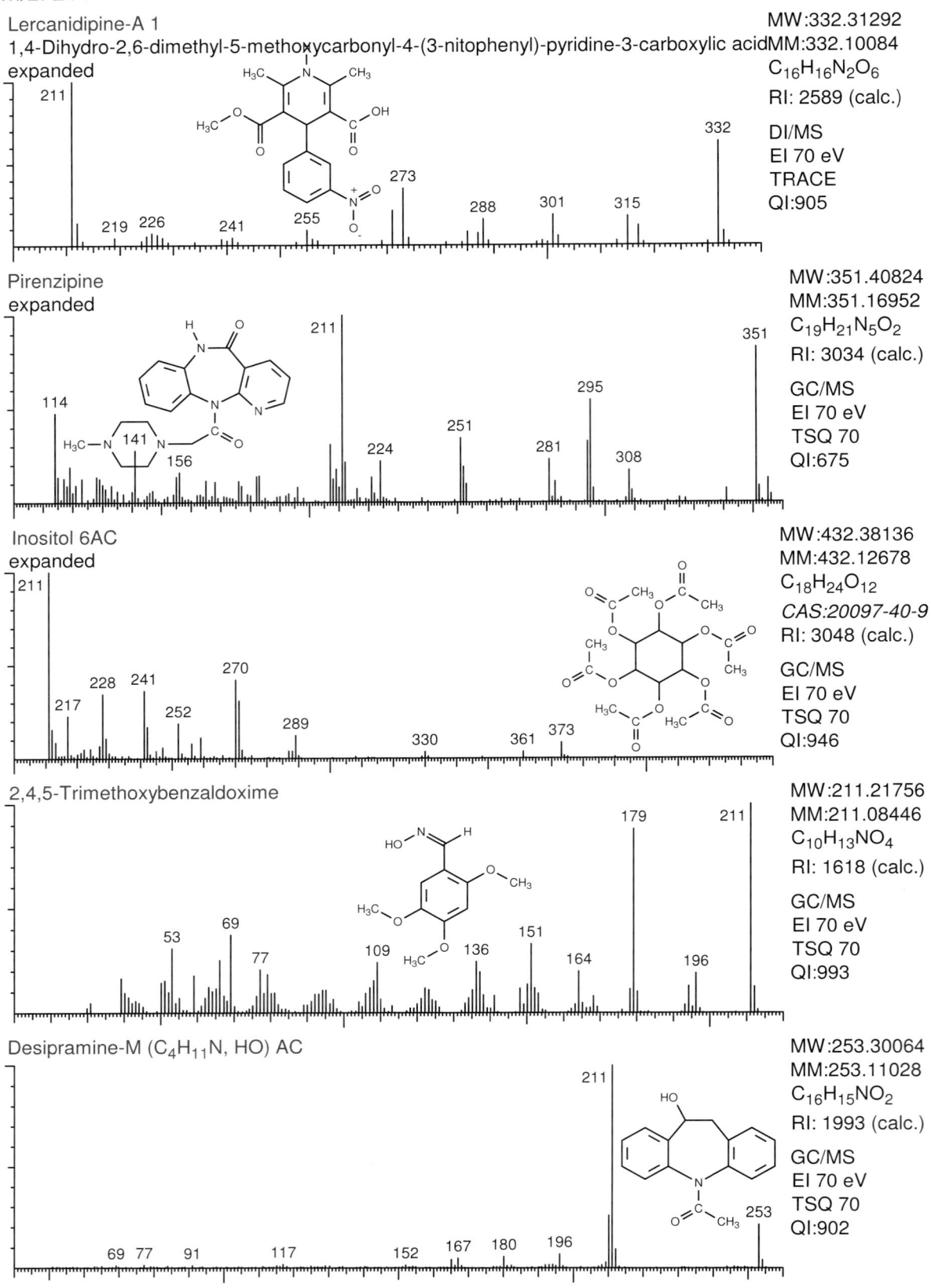

Lercanidipine-A 1
1,4-Dihydro-2,6-dimethyl-5-methoxycarbonyl-4-(3-nitophenyl)-pyridine-3-carboxylic acid
expanded

MW: 332.31292
MM: 332.10084
$C_{16}H_{16}N_2O_6$
RI: 2589 (calc.)

DI/MS
EI 70 eV
TRACE
QI: 905

Peaks: 211, 219, 226, 241, 255, 273, 288, 301, 315, 332

Pirenzipine
expanded

MW: 351.40824
MM: 351.16952
$C_{19}H_{21}N_5O_2$
RI: 3034 (calc.)

GC/MS
EI 70 eV
TSQ 70
QI: 675

Peaks: 114, 141, 156, 211, 224, 251, 281, 295, 308, 351

Inositol 6AC
expanded

MW: 432.38136
MM: 432.12678
$C_{18}H_{24}O_{12}$
CAS: 20097-40-9
RI: 3048 (calc.)

GC/MS
EI 70 eV
TSQ 70
QI: 946

Peaks: 211, 217, 228, 241, 252, 270, 289, 330, 361, 373

2,4,5-Trimethoxybenzaldoxime

MW: 211.21756
MM: 211.08446
$C_{10}H_{13}NO_4$
RI: 1618 (calc.)

GC/MS
EI 70 eV
TSQ 70
QI: 993

Peaks: 53, 69, 77, 109, 136, 151, 164, 179, 196, 211

Desipramine-M ($C_4H_{11}N$, HO) AC

MW: 253.30064
MM: 253.11028
$C_{16}H_{15}NO_2$
RI: 1993 (calc.)

GC/MS
EI 70 eV
TSQ 70
QI: 902

Peaks: 69, 77, 91, 117, 152, 167, 180, 196, 211, 253

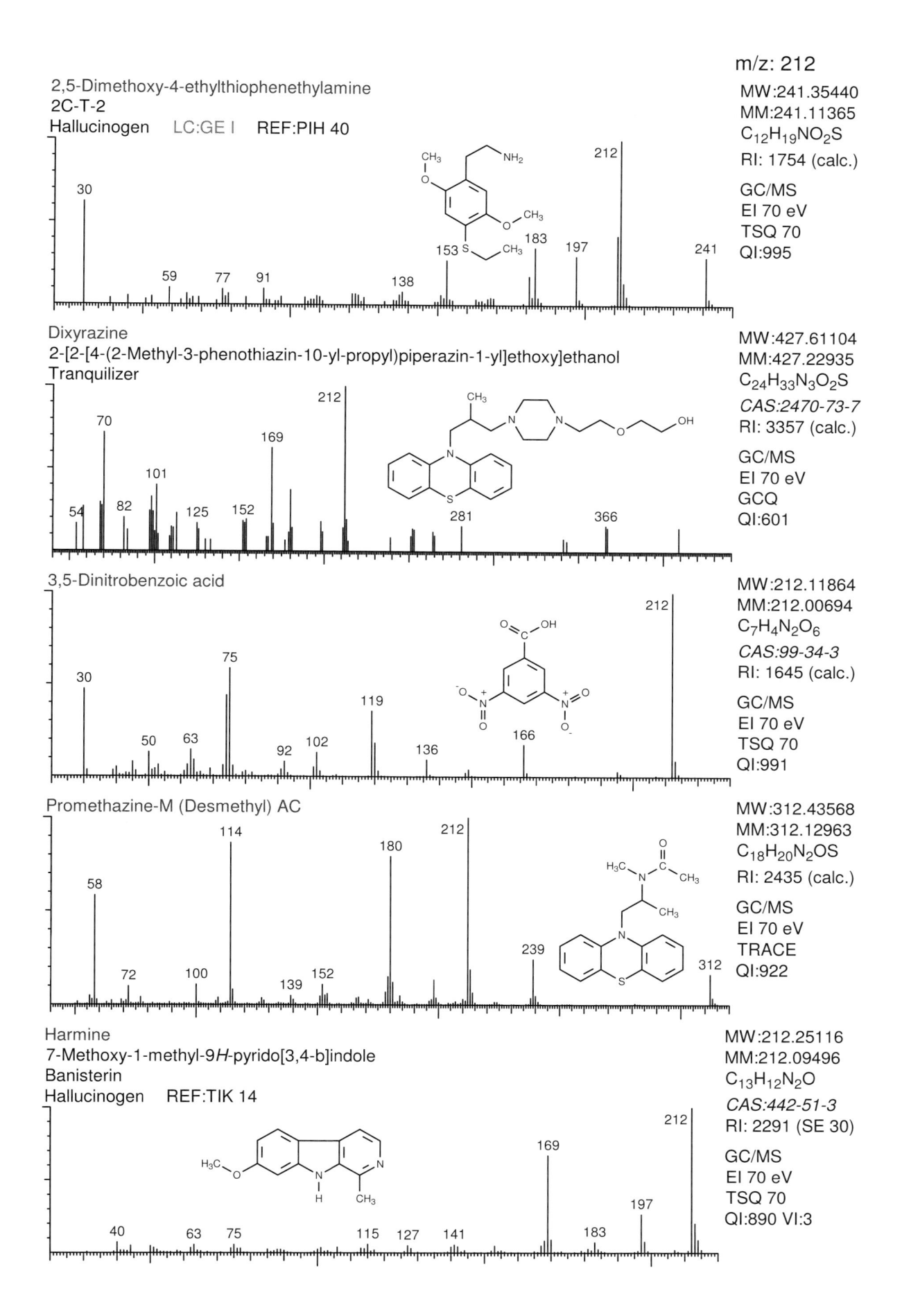

2,5-Dimethoxy-4-ethylthiophenethylamine
2C-T-2
Hallucinogen LC:GE I REF:PIH 40

m/z: 212
MW:241.35440
MM:241.11365
$C_{12}H_{19}NO_2S$
RI: 1754 (calc.)

GC/MS
EI 70 eV
TSQ 70
QI:995

Peaks: 30, 59, 77, 91, 138, 153, 183, 197, 212, 241

Dixyrazine
2-[2-[4-(2-Methyl-3-phenothiazin-10-yl-propyl)piperazin-1-yl]ethoxy]ethanol
Tranquilizer

MW:427.61104
MM:427.22935
$C_{24}H_{33}N_3O_2S$
CAS:2470-73-7
RI: 3357 (calc.)

GC/MS
EI 70 eV
GCQ
QI:601

Peaks: 54, 70, 82, 101, 125, 152, 169, 212, 281, 366

3,5-Dinitrobenzoic acid

MW:212.11864
MM:212.00694
$C_7H_4N_2O_6$
CAS:99-34-3
RI: 1645 (calc.)

GC/MS
EI 70 eV
TSQ 70
QI:991

Peaks: 30, 50, 63, 75, 92, 102, 119, 136, 166, 212

Promethazine-M (Desmethyl) AC

MW:312.43568
MM:312.12963
$C_{18}H_{20}N_2OS$
RI: 2435 (calc.)

GC/MS
EI 70 eV
TRACE
QI:922

Peaks: 58, 72, 100, 114, 139, 152, 180, 212, 239, 312

Harmine
7-Methoxy-1-methyl-9H-pyrido[3,4-b]indole
Banisterin
Hallucinogen REF:TIK 14

MW:212.25116
MM:212.09496
$C_{13}H_{12}N_2O$
CAS:442-51-3
RI: 2291 (SE 30)

GC/MS
EI 70 eV
TSQ 70
QI:890 VI:3

Peaks: 40, 63, 75, 115, 127, 141, 169, 183, 197, 212

m/z: 212

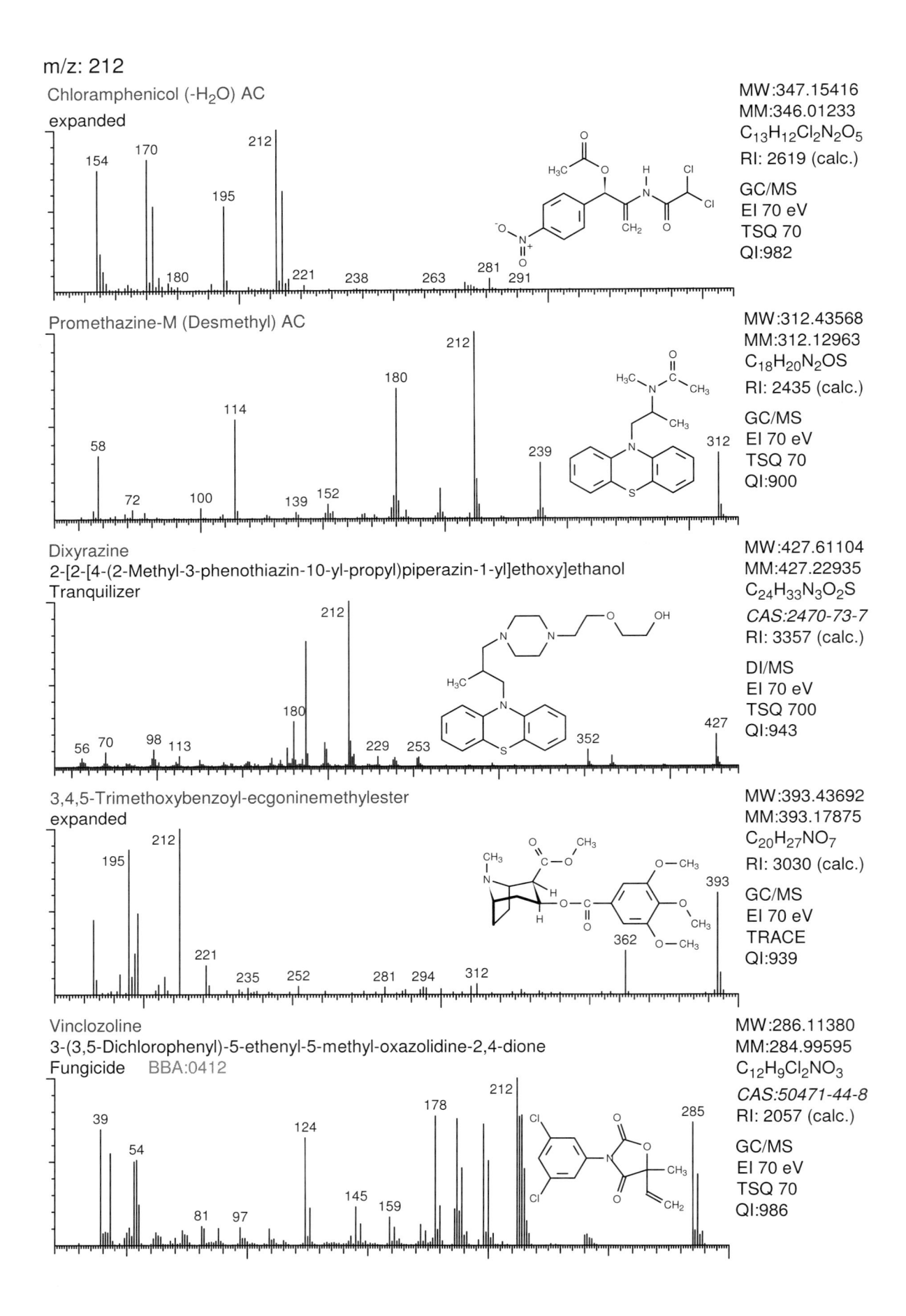

Chloramphenicol (-H₂O) AC
expanded

MW:347.15416
MM:346.01233
$C_{13}H_{12}Cl_2N_2O_5$
RI: 2619 (calc.)

GC/MS
EI 70 eV
TSQ 70
QI:982

Promethazine-M (Desmethyl) AC

MW:312.43568
MM:312.12963
$C_{18}H_{20}N_2OS$
RI: 2435 (calc.)

GC/MS
EI 70 eV
TSQ 70
QI:900

Dixyrazine
2-[2-[4-(2-Methyl-3-phenothiazin-10-yl-propyl)piperazin-1-yl]ethoxy]ethanol
Tranquilizer

MW:427.61104
MM:427.22935
$C_{24}H_{33}N_3O_2S$
CAS:2470-73-7
RI: 3357 (calc.)

DI/MS
EI 70 eV
TSQ 700
QI:943

3,4,5-Trimethoxybenzoyl-ecgoninemethylester
expanded

MW:393.43692
MM:393.17875
$C_{20}H_{27}NO_7$
RI: 3030 (calc.)

GC/MS
EI 70 eV
TRACE
QI:939

Vinclozoline
3-(3,5-Dichlorophenyl)-5-ethenyl-5-methyl-oxazolidine-2,4-dione
Fungicide   BBA:0412

MW:286.11380
MM:284.99595
$C_{12}H_9Cl_2NO_3$
CAS:50471-44-8
RI: 2057 (calc.)

GC/MS
EI 70 eV
TSQ 70
QI:986

Methyprylone TMS

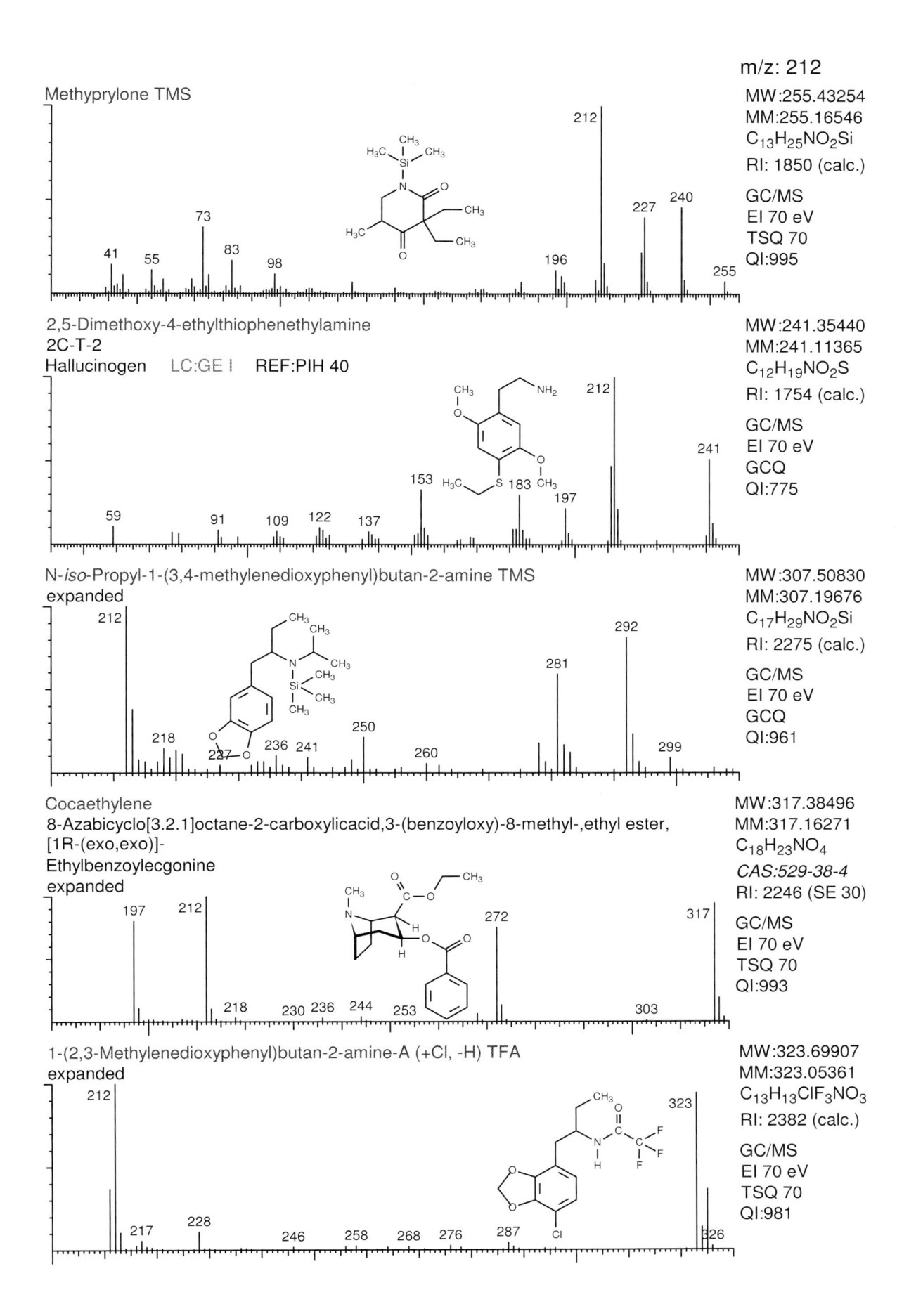

m/z: 212
MW: 255.43254
MM: 255.16546
$C_{13}H_{25}NO_2Si$
RI: 1850 (calc.)

GC/MS
EI 70 eV
TSQ 70
QI: 995

Peaks: 41, 55, 73, 83, 98, 196, 212, 227, 240, 255

2,5-Dimethoxy-4-ethylthiophenethylamine
2C-T-2
Hallucinogen   LC:GE I   REF:PIH 40

MW: 241.35440
MM: 241.11365
$C_{12}H_{19}NO_2S$
RI: 1754 (calc.)

GC/MS
EI 70 eV
GCQ
QI: 775

Peaks: 59, 91, 109, 122, 137, 153, 183, 197, 212, 241

N-iso-Propyl-1-(3,4-methylenedioxyphenyl)butan-2-amine TMS
expanded

MW: 307.50830
MM: 307.19676
$C_{17}H_{29}NO_2Si$
RI: 2275 (calc.)

GC/MS
EI 70 eV
GCQ
QI: 961

Peaks: 212, 218, 227, 236, 241, 250, 260, 281, 292, 299

Cocaethylene
8-Azabicyclo[3.2.1]octane-2-carboxylicacid,3-(benzoyloxy)-8-methyl-,ethyl ester, [1R-(exo,exo)]-
Ethylbenzoylecgonine
expanded

MW: 317.38496
MM: 317.16271
$C_{18}H_{23}NO_4$
CAS: 529-38-4
RI: 2246 (SE 30)

GC/MS
EI 70 eV
TSQ 70
QI: 993

Peaks: 197, 212, 218, 230, 236, 244, 253, 272, 303, 317

1-(2,3-Methylenedioxyphenyl)butan-2-amine-A (+Cl, -H) TFA
expanded

MW: 323.69907
MM: 323.05361
$C_{13}H_{13}ClF_3NO_3$
RI: 2382 (calc.)

GC/MS
EI 70 eV
TSQ 70
QI: 981

Peaks: 212, 217, 228, 246, 258, 268, 276, 287, 323, 326

m/z: 212

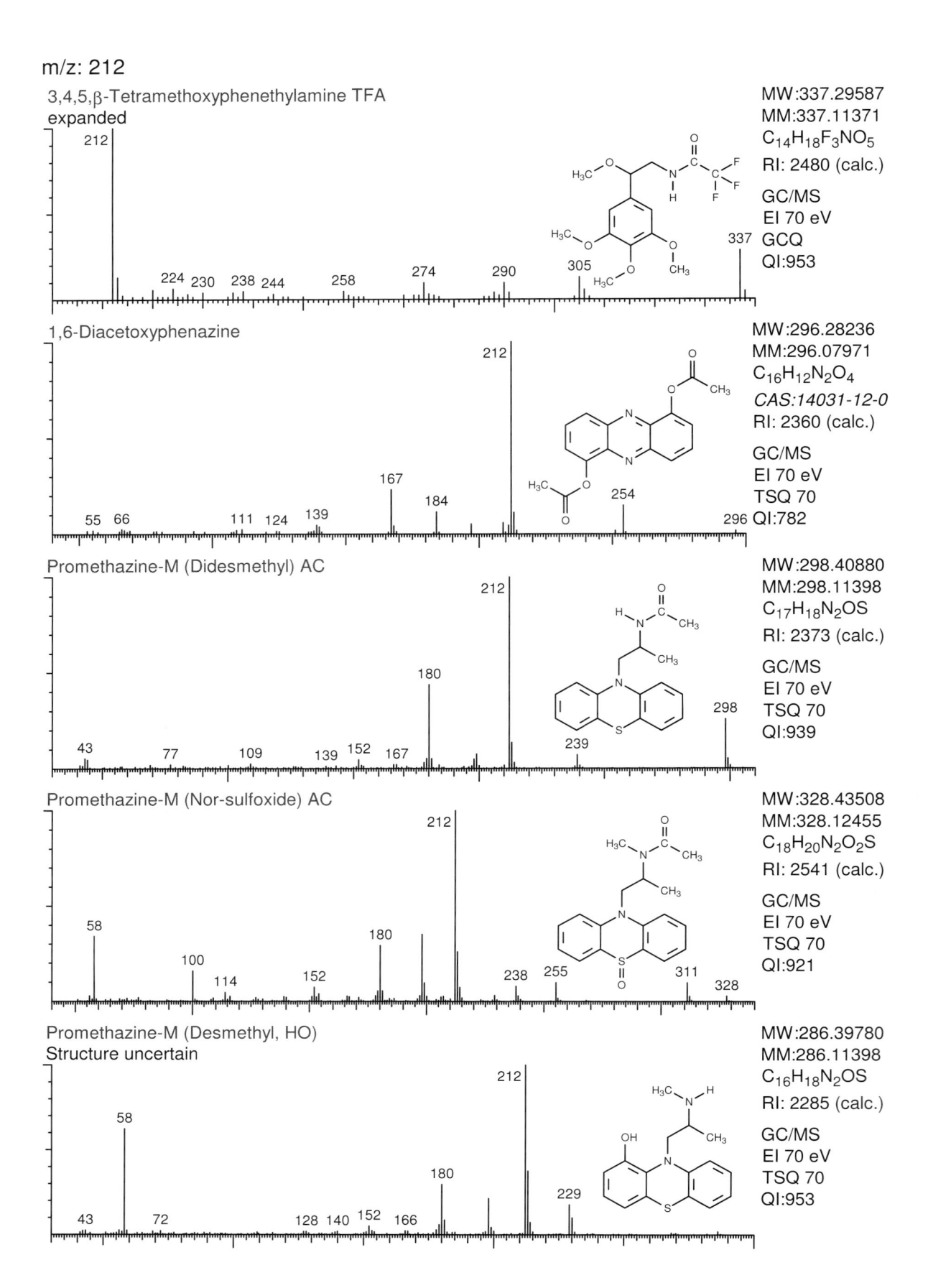

3,4,5,β-Tetramethoxyphenethylamine TFA
expanded

MW: 337.29587
MM: 337.11371
$C_{14}H_{18}F_3NO_5$
RI: 2480 (calc.)

GC/MS
EI 70 eV
GCQ
QI: 953

Peaks: 212, 224, 230, 238, 244, 258, 274, 290, 305, 337

1,6-Diacetoxyphenazine

MW: 296.28236
MM: 296.07971
$C_{16}H_{12}N_2O_4$
CAS: 14031-12-0
RI: 2360 (calc.)

GC/MS
EI 70 eV
TSQ 70
QI: 782

Peaks: 55, 66, 111, 124, 139, 167, 184, 212, 254, 296

Promethazine-M (Didesmethyl) AC

MW: 298.40880
MM: 298.11398
$C_{17}H_{18}N_2OS$
RI: 2373 (calc.)

GC/MS
EI 70 eV
TSQ 70
QI: 939

Peaks: 43, 77, 109, 139, 152, 167, 180, 212, 239, 298

Promethazine-M (Nor-sulfoxide) AC

MW: 328.43508
MM: 328.12455
$C_{18}H_{20}N_2O_2S$
RI: 2541 (calc.)

GC/MS
EI 70 eV
TSQ 70
QI: 921

Peaks: 58, 100, 114, 152, 180, 212, 238, 255, 311, 328

Promethazine-M (Desmethyl, HO)
Structure uncertain

MW: 286.39780
MM: 286.11398
$C_{16}H_{18}N_2OS$
RI: 2285 (calc.)

GC/MS
EI 70 eV
TSQ 70
QI: 953

Peaks: 43, 58, 72, 128, 140, 152, 166, 180, 212, 229

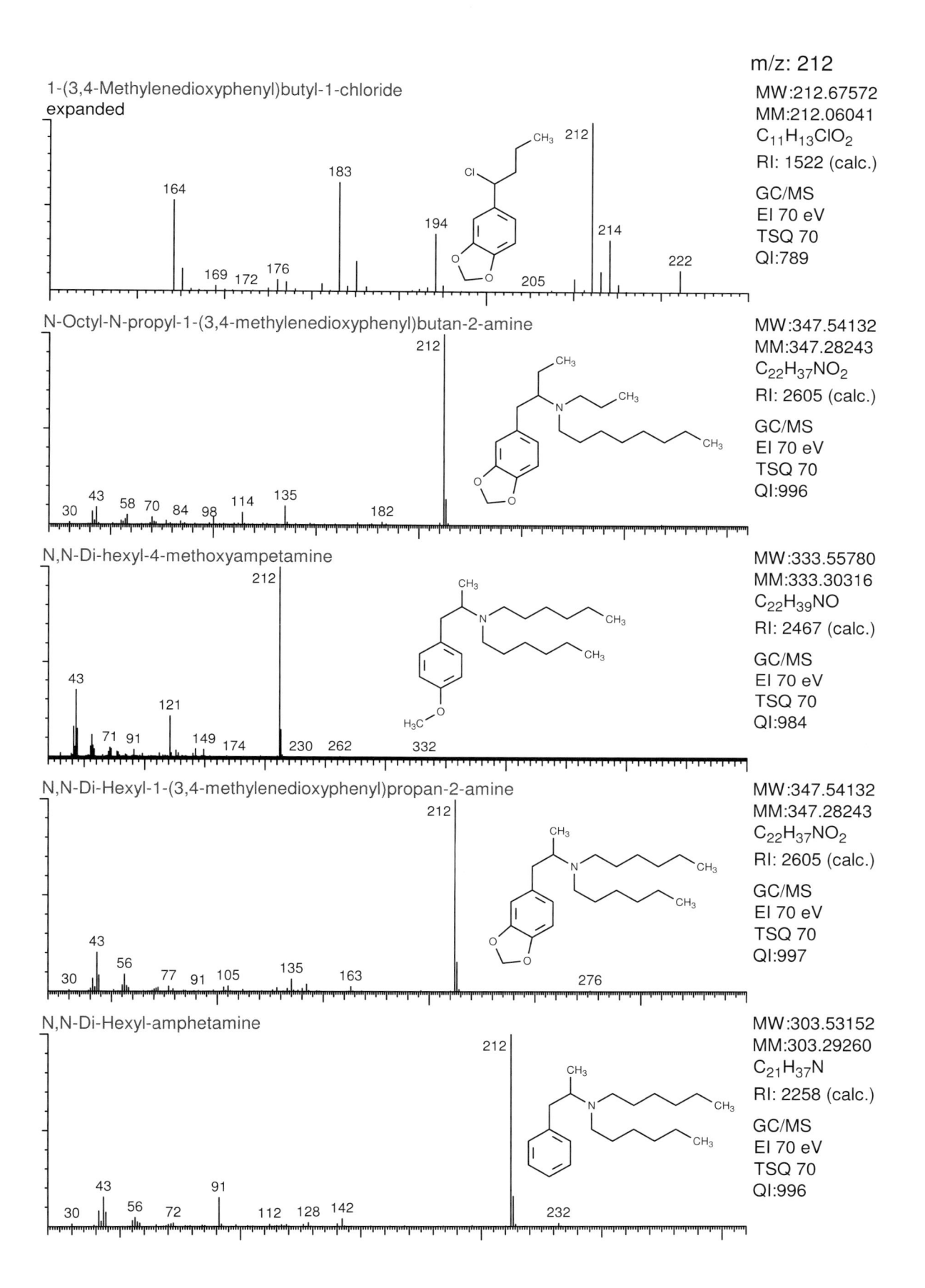

1-(3,4-Methylenedioxyphenyl)butyl-1-chloride
expanded

Peaks: 164, 169, 172, 176, 183, 194, 205, 212, 214, 222

m/z: 212
MW: 212.67572
MM: 212.06041
$C_{11}H_{13}ClO_2$
RI: 1522 (calc.)

GC/MS
EI 70 eV
TSQ 70
QI: 789

N-Octyl-N-propyl-1-(3,4-methylenedioxyphenyl)butan-2-amine

Peaks: 30, 43, 58, 70, 84, 98, 114, 135, 182, 212

MW: 347.54132
MM: 347.28243
$C_{22}H_{37}NO_2$
RI: 2605 (calc.)

GC/MS
EI 70 eV
TSQ 70
QI: 996

N,N-Di-hexyl-4-methoxyampetamine

Peaks: 43, 71, 91, 121, 149, 174, 212, 230, 262, 332

MW: 333.55780
MM: 333.30316
$C_{22}H_{39}NO$
RI: 2467 (calc.)

GC/MS
EI 70 eV
TSQ 70
QI: 984

N,N-Di-Hexyl-1-(3,4-methylenedioxyphenyl)propan-2-amine

Peaks: 30, 43, 56, 77, 91, 105, 135, 163, 212, 276

MW: 347.54132
MM: 347.28243
$C_{22}H_{37}NO_2$
RI: 2605 (calc.)

GC/MS
EI 70 eV
TSQ 70
QI: 997

N,N-Di-Hexyl-amphetamine

Peaks: 30, 43, 56, 72, 91, 112, 128, 142, 212, 232

MW: 303.53152
MM: 303.29260
$C_{21}H_{37}N$
RI: 2258 (calc.)

GC/MS
EI 70 eV
TSQ 70
QI: 996

m/z: 213

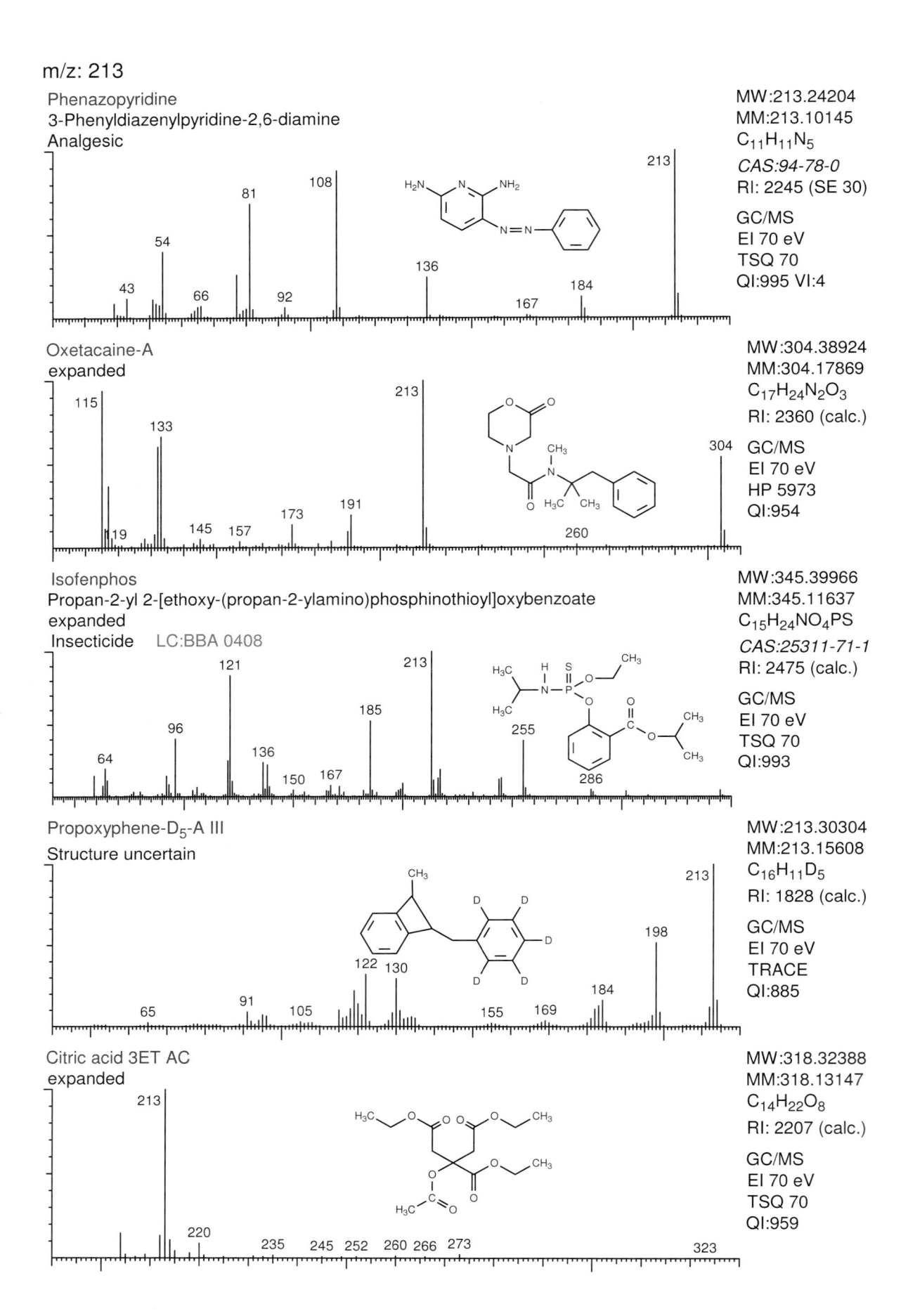

Phenazopyridine
3-Phenyldiazenylpyridine-2,6-diamine
Analgesic

MW:213.24204
MM:213.10145
$C_{11}H_{11}N_5$
CAS:94-78-0
RI: 2245 (SE 30)

GC/MS
EI 70 eV
TSQ 70
QI:995 VI:4

Oxetacaine-A
expanded

MW:304.38924
MM:304.17869
$C_{17}H_{24}N_2O_3$
RI: 2360 (calc.)

GC/MS
EI 70 eV
HP 5973
QI:954

Isofenphos
Propan-2-yl 2-[ethoxy-(propan-2-ylamino)phosphinothioyl]oxybenzoate
expanded
Insecticide   LC:BBA 0408

MW:345.39966
MM:345.11637
$C_{15}H_{24}NO_4PS$
CAS:25311-71-1
RI: 2475 (calc.)

GC/MS
EI 70 eV
TSQ 70
QI:993

Propoxyphene-D_5-A III
Structure uncertain

MW:213.30304
MM:213.15608
$C_{16}H_{11}D_5$
RI: 1828 (calc.)

GC/MS
EI 70 eV
TRACE
QI:885

Citric acid 3ET AC
expanded

MW:318.32388
MM:318.13147
$C_{14}H_{22}O_8$
RI: 2207 (calc.)

GC/MS
EI 70 eV
TSQ 70
QI:959

m/z: 213

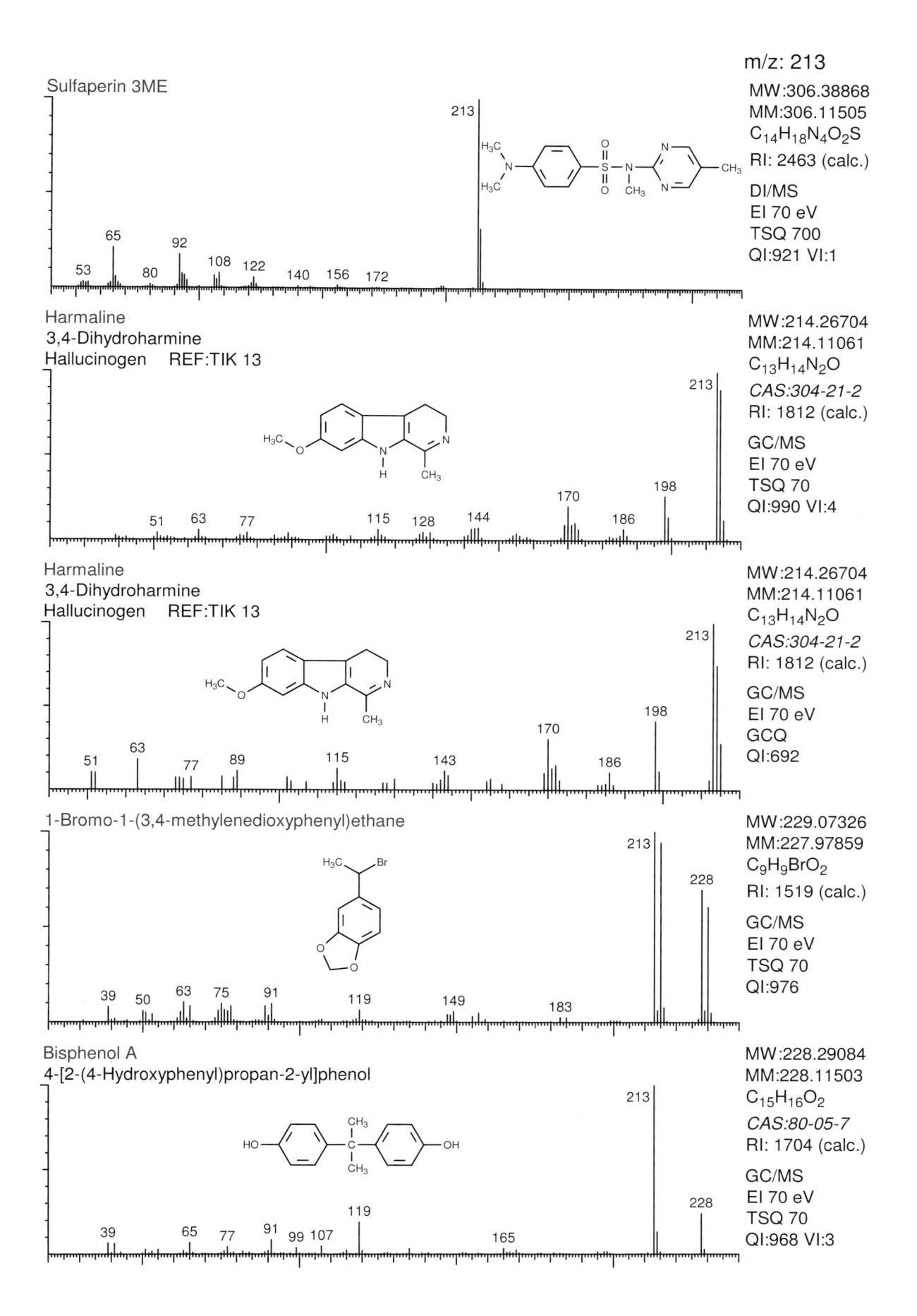

Sulfaperin 3ME

MW: 306.38868
MM: 306.11505
$C_{14}H_{18}N_4O_2S$
RI: 2463 (calc.)

DI/MS
EI 70 eV
TSQ 700
QI:921 VI:1

Harmaline
3,4-Dihydroharmine
Hallucinogen   REF:TIK 13

MW: 214.26704
MM: 214.11061
$C_{13}H_{14}N_2O$
CAS:304-21-2
RI: 1812 (calc.)

GC/MS
EI 70 eV
TSQ 70
QI:990 VI:4

Harmaline
3,4-Dihydroharmine
Hallucinogen   REF:TIK 13

MW: 214.26704
MM: 214.11061
$C_{13}H_{14}N_2O$
CAS:304-21-2
RI: 1812 (calc.)

GC/MS
EI 70 eV
GCQ
QI:692

1-Bromo-1-(3,4-methylenedioxyphenyl)ethane

MW: 229.07326
MM: 227.97859
$C_9H_9BrO_2$
RI: 1519 (calc.)

GC/MS
EI 70 eV
TSQ 70
QI:976

Bisphenol A
4-[2-(4-Hydroxyphenyl)propan-2-yl]phenol

MW: 228.29084
MM: 228.11503
$C_{15}H_{16}O_2$
CAS:80-05-7
RI: 1704 (calc.)

GC/MS
EI 70 eV
TSQ 70
QI:968 VI:3

m/z: 213

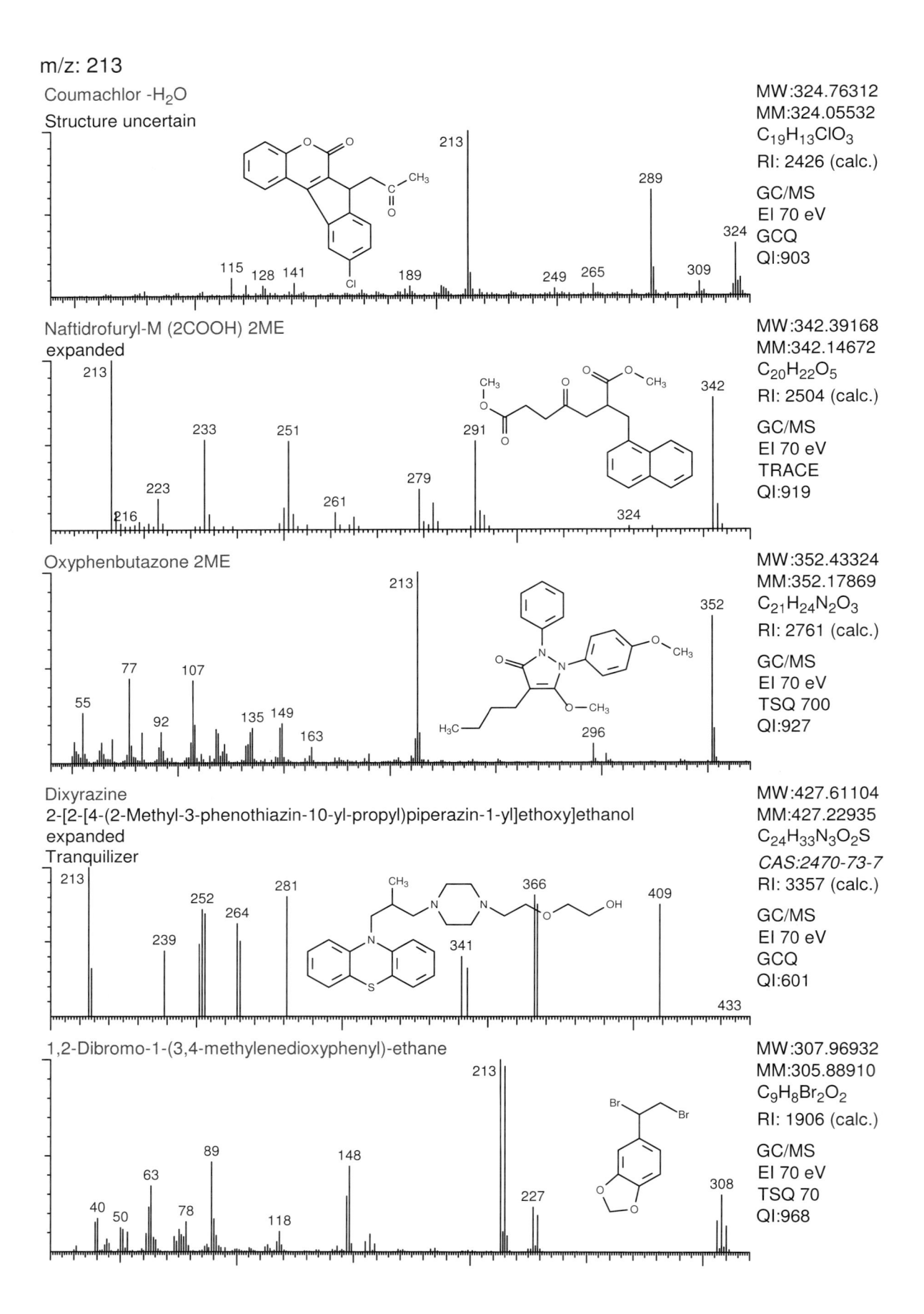

Coumachlor -H₂O
Structure uncertain

MW:324.76312
MM:324.05532
$C_{19}H_{13}ClO_3$
RI: 2426 (calc.)

GC/MS
EI 70 eV
GCQ
QI:903

Naftidrofuryl-M (2COOH) 2ME
expanded

MW:342.39168
MM:342.14672
$C_{20}H_{22}O_5$
RI: 2504 (calc.)

GC/MS
EI 70 eV
TRACE
QI:919

Oxyphenbutazone 2ME

MW:352.43324
MM:352.17869
$C_{21}H_{24}N_2O_3$
RI: 2761 (calc.)

GC/MS
EI 70 eV
TSQ 700
QI:927

Dixyrazine
2-[2-[4-(2-Methyl-3-phenothiazin-10-yl-propyl)piperazin-1-yl]ethoxy]ethanol
expanded
Tranquilizer

MW:427.61104
MM:427.22935
$C_{24}H_{33}N_3O_2S$
CAS:2470-73-7
RI: 3357 (calc.)

GC/MS
EI 70 eV
GCQ
QI:601

1,2-Dibromo-1-(3,4-methylenedioxyphenyl)-ethane

MW:307.96932
MM:305.88910
$C_9H_8Br_2O_2$
RI: 1906 (calc.)

GC/MS
EI 70 eV
TSQ 70
QI:968

m/z: 213

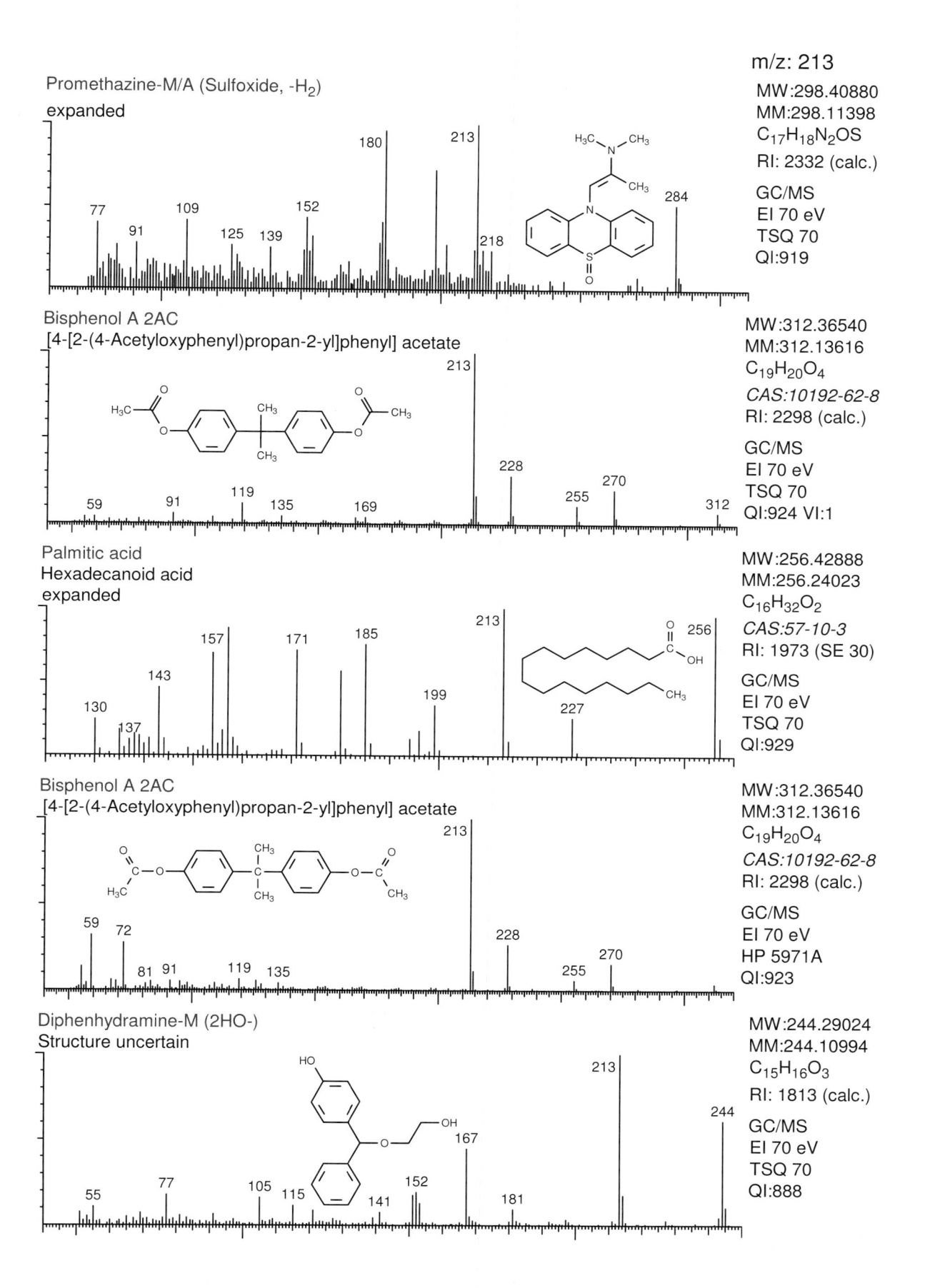

Promethazine-M/A (Sulfoxide, -H₂)
expanded

MW: 298.40880
MM: 298.11398
$C_{17}H_{18}N_2OS$
RI: 2332 (calc.)

GC/MS
EI 70 eV
TSQ 70
QI: 919

Peaks: 77, 91, 109, 125, 139, 152, 180, 213, 218, 284

Bisphenol A 2AC
[4-[2-(4-Acetyloxyphenyl)propan-2-yl]phenyl] acetate

MW: 312.36540
MM: 312.13616
$C_{19}H_{20}O_4$
CAS: 10192-62-8
RI: 2298 (calc.)

GC/MS
EI 70 eV
TSQ 70
QI: 924 VI:1

Peaks: 59, 91, 119, 135, 169, 213, 228, 255, 270, 312

Palmitic acid
Hexadecanoid acid
expanded

MW: 256.42888
MM: 256.24023
$C_{16}H_{32}O_2$
CAS: 57-10-3
RI: 1973 (SE 30)

GC/MS
EI 70 eV
TSQ 70
QI: 929

Peaks: 130, 137, 143, 157, 171, 185, 199, 213, 227, 256

Bisphenol A 2AC
[4-[2-(4-Acetyloxyphenyl)propan-2-yl]phenyl] acetate

MW: 312.36540
MM: 312.13616
$C_{19}H_{20}O_4$
CAS: 10192-62-8
RI: 2298 (calc.)

GC/MS
EI 70 eV
HP 5971A
QI: 923

Peaks: 59, 72, 81, 91, 119, 135, 213, 228, 255, 270

Diphenhydramine-M (2HO-)
Structure uncertain

MW: 244.29024
MM: 244.10994
$C_{15}H_{16}O_3$
RI: 1813 (calc.)

GC/MS
EI 70 eV
TSQ 70
QI: 888

Peaks: 55, 77, 105, 115, 141, 152, 167, 181, 213, 244

m/z: 213

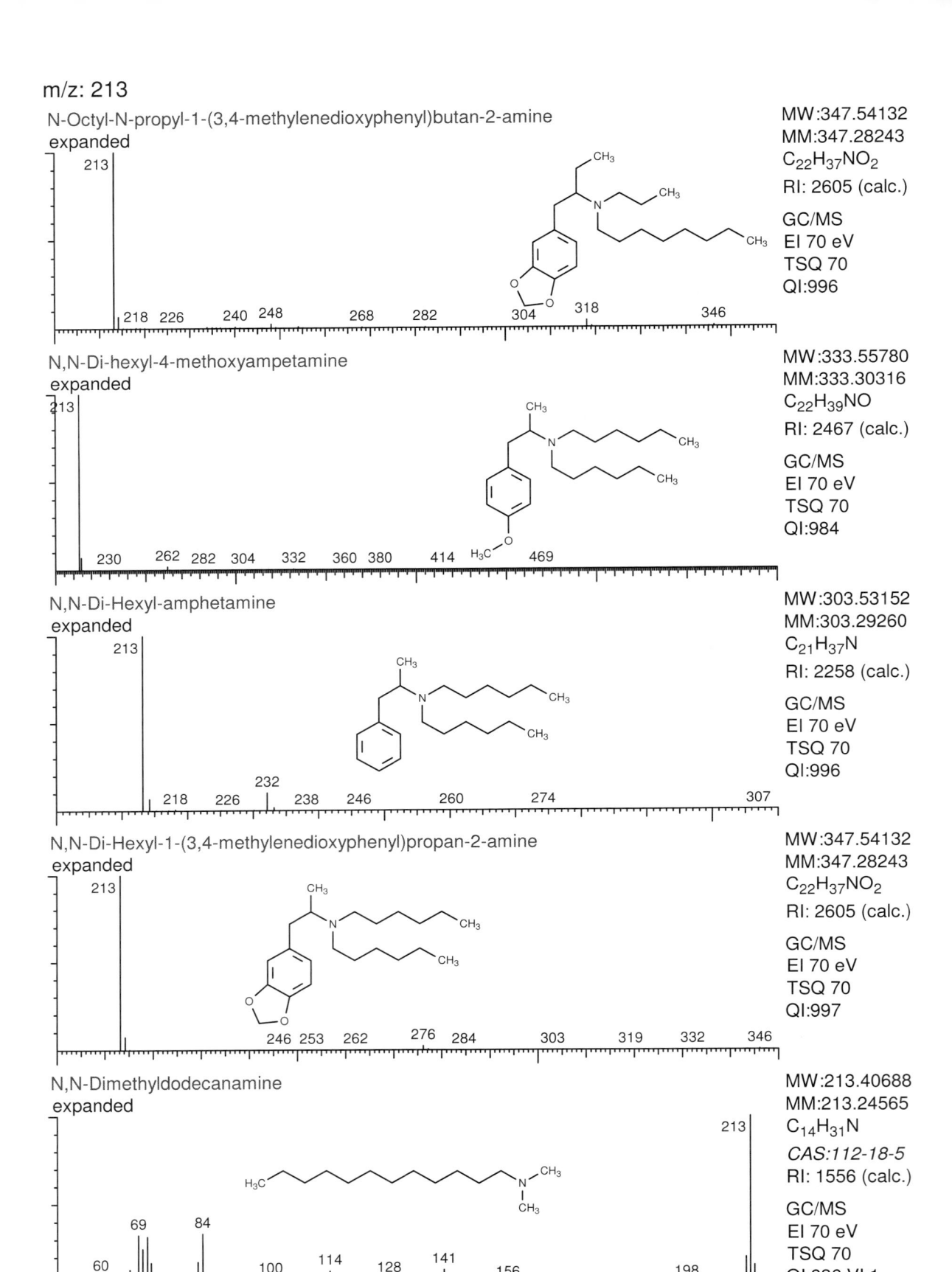

N-Octyl-N-propyl-1-(3,4-methylenedioxyphenyl)butan-2-amine
expanded

MW: 347.54132
MM: 347.28243
$C_{22}H_{37}NO_2$
RI: 2605 (calc.)

GC/MS
EI 70 eV
TSQ 70
QI: 996

N,N-Di-hexyl-4-methoxyampetamine
expanded

MW: 333.55780
MM: 333.30316
$C_{22}H_{39}NO$
RI: 2467 (calc.)

GC/MS
EI 70 eV
TSQ 70
QI: 984

N,N-Di-Hexyl-amphetamine
expanded

MW: 303.53152
MM: 303.29260
$C_{21}H_{37}N$
RI: 2258 (calc.)

GC/MS
EI 70 eV
TSQ 70
QI: 996

N,N-Di-Hexyl-1-(3,4-methylenedioxyphenyl)propan-2-amine
expanded

MW: 347.54132
MM: 347.28243
$C_{22}H_{37}NO_2$
RI: 2605 (calc.)

GC/MS
EI 70 eV
TSQ 70
QI: 997

N,N-Dimethyldodecanamine
expanded

MW: 213.40688
MM: 213.24565
$C_{14}H_{31}N$
CAS: 112-18-5
RI: 1556 (calc.)

GC/MS
EI 70 eV
TSQ 70
QI: 936 VI:1

m/z: 214

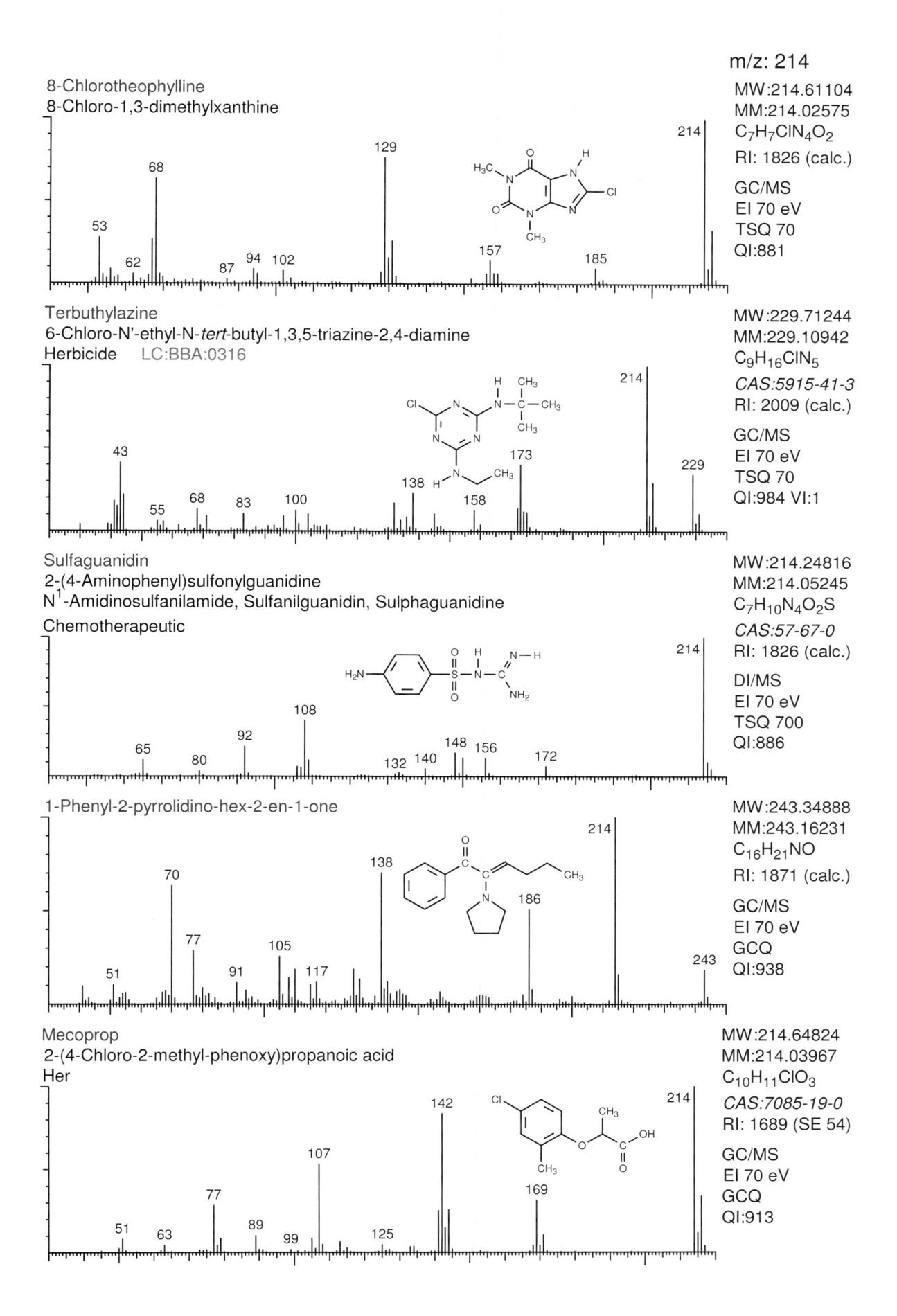

8-Chlorotheophylline
8-Chloro-1,3-dimethylxanthine

MW: 214.61104
MM: 214.02575
$C_7H_7ClN_4O_2$
RI: 1826 (calc.)

GC/MS
EI 70 eV
TSQ 70
QI: 881

Peaks: 53, 62, 68, 87, 94, 102, 129, 157, 185, 214

Terbuthylazine
6-Chloro-N'-ethyl-N-*tert*-butyl-1,3,5-triazine-2,4-diamine
Herbicide   LC:BBA:0316

MW: 229.71244
MM: 229.10942
$C_9H_{16}ClN_5$
CAS: 5915-41-3
RI: 2009 (calc.)

GC/MS
EI 70 eV
TSQ 70
QI: 984 VI: 1

Peaks: 43, 55, 68, 83, 100, 138, 158, 173, 214, 229

Sulfaguanidin
2-(4-Aminophenyl)sulfonylguanidine
N^1-Amidinosulfanilamide, Sulfanilguanidin, Sulphaguanidine
Chemotherapeutic

MW: 214.24816
MM: 214.05245
$C_7H_{10}N_4O_2S$
CAS: 57-67-0
RI: 1826 (calc.)

DI/MS
EI 70 eV
TSQ 700
QI: 886

Peaks: 65, 80, 92, 108, 132, 140, 148, 156, 172, 214

1-Phenyl-2-pyrrolidino-hex-2-en-1-one

MW: 243.34888
MM: 243.16231
$C_{16}H_{21}NO$
RI: 1871 (calc.)

GC/MS
EI 70 eV
GCQ
QI: 938

Peaks: 51, 70, 77, 91, 105, 117, 138, 186, 214, 243

Mecoprop
2-(4-Chloro-2-methyl-phenoxy)propanoic acid
Her

MW: 214.64824
MM: 214.03967
$C_{10}H_{11}ClO_3$
CAS: 7085-19-0
RI: 1689 (SE 54)

GC/MS
EI 70 eV
GCQ
QI: 913

Peaks: 51, 63, 77, 89, 99, 107, 125, 142, 169, 214

m/z: 214

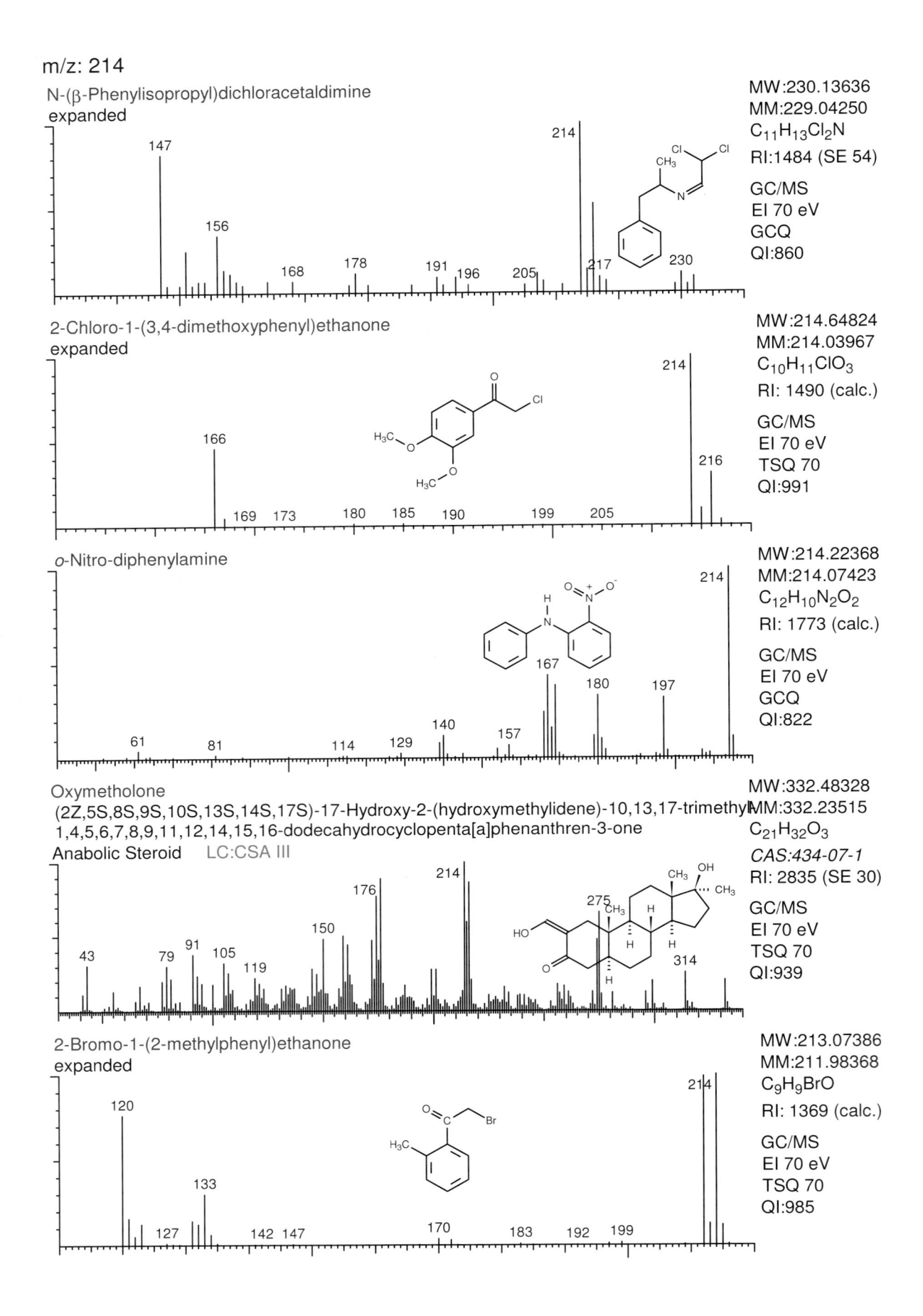

N-(β-Phenylisopropyl)dichloracetaldimine
expanded

MW: 230.13636
MM: 229.04250
$C_{11}H_{13}Cl_2N$
RI: 1484 (SE 54)

GC/MS
EI 70 eV
GCQ
QI: 860

Peaks: 147, 156, 168, 178, 191, 196, 205, 214, 217, 230

2-Chloro-1-(3,4-dimethoxyphenyl)ethanone
expanded

MW: 214.64824
MM: 214.03967
$C_{10}H_{11}ClO_3$
RI: 1490 (calc.)

GC/MS
EI 70 eV
TSQ 70
QI: 991

Peaks: 166, 169, 173, 180, 185, 190, 199, 205, 214, 216

o-Nitro-diphenylamine

MW: 214.22368
MM: 214.07423
$C_{12}H_{10}N_2O_2$
RI: 1773 (calc.)

GC/MS
EI 70 eV
GCQ
QI: 822

Peaks: 61, 81, 114, 129, 140, 157, 167, 180, 197, 214

Oxymetholone
(2Z,5S,8S,9S,10S,13S,14S,17S)-17-Hydroxy-2-(hydroxymethylidene)-10,13,17-trimethyl-1,4,5,6,7,8,9,11,12,14,15,16-dodecahydrocyclopenta[a]phenanthren-3-one
Anabolic Steroid   LC:CSA III

MW: 332.48328
MM: 332.23515
$C_{21}H_{32}O_3$
CAS: 434-07-1
RI: 2835 (SE 30)

GC/MS
EI 70 eV
TSQ 70
QI: 939

Peaks: 43, 79, 91, 105, 119, 150, 176, 214, 275, 314

2-Bromo-1-(2-methylphenyl)ethanone
expanded

MW: 213.07386
MM: 211.98368
C_9H_9BrO
RI: 1369 (calc.)

GC/MS
EI 70 eV
TSQ 70
QI: 985

Peaks: 120, 127, 133, 142, 147, 170, 183, 192, 199, 214

m/z: 214

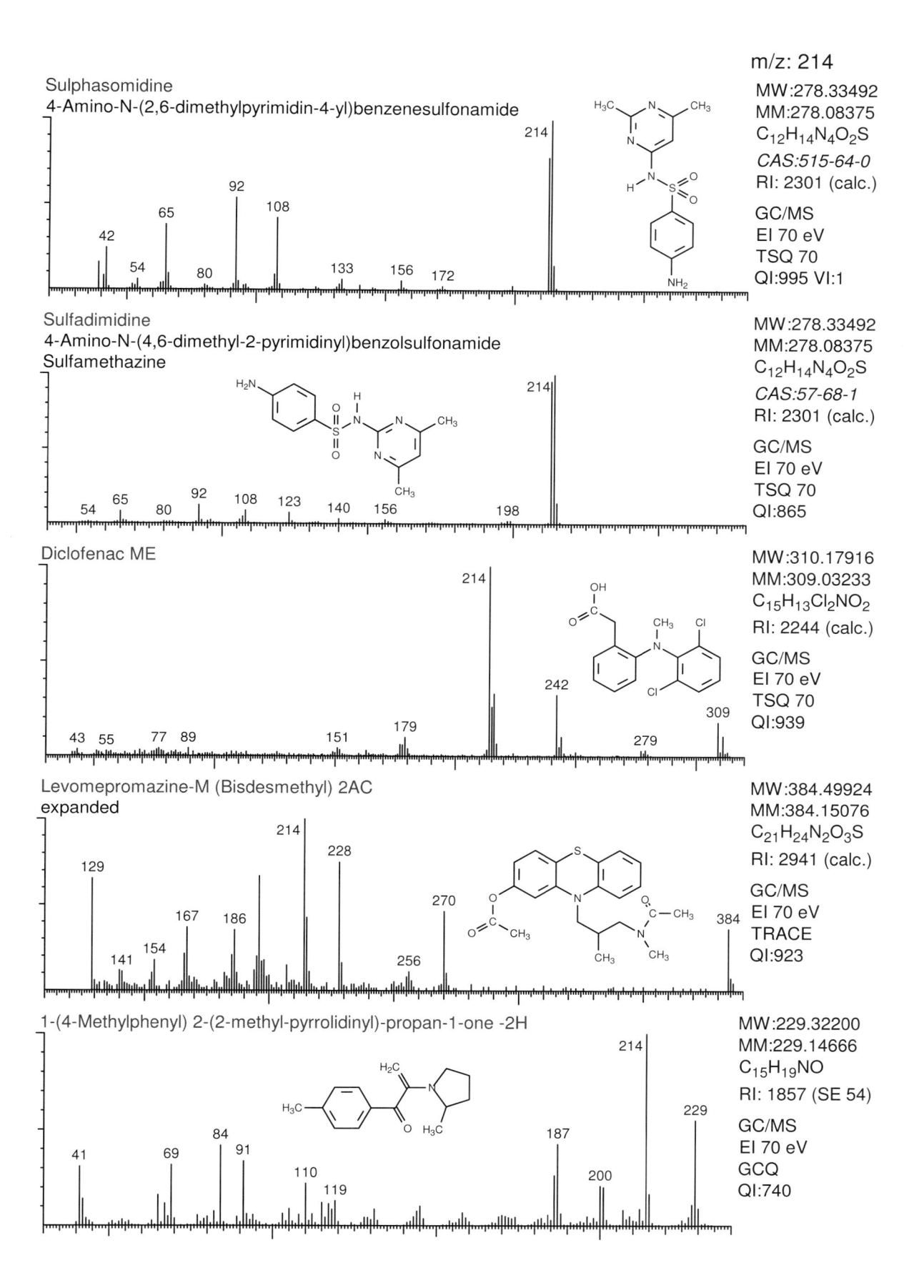

Sulphasomidine
4-Amino-N-(2,6-dimethylpyrimidin-4-yl)benzenesulfonamide

Peaks: 42, 54, 65, 80, 92, 108, 133, 156, 172, 214

MW: 278.33492
MM: 278.08375
$C_{12}H_{14}N_4O_2S$
CAS: 515-64-0
RI: 2301 (calc.)

GC/MS
EI 70 eV
TSQ 70
QI: 995 VI: 1

Sulfadimidine
4-Amino-N-(4,6-dimethyl-2-pyrimidinyl)benzolsulfonamide
Sulfamethazine

Peaks: 54, 65, 80, 92, 108, 123, 140, 156, 198, 214

MW: 278.33492
MM: 278.08375
$C_{12}H_{14}N_4O_2S$
CAS: 57-68-1
RI: 2301 (calc.)

GC/MS
EI 70 eV
TSQ 70
QI: 865

Diclofenac ME

Peaks: 43, 55, 77, 89, 151, 179, 214, 242, 279, 309

MW: 310.17916
MM: 309.03233
$C_{15}H_{13}Cl_2NO_2$
RI: 2244 (calc.)

GC/MS
EI 70 eV
TSQ 70
QI: 939

Levomepromazine-M (Bisdesmethyl) 2AC
expanded

Peaks: 129, 141, 154, 167, 186, 214, 228, 256, 270, 384

MW: 384.49924
MM: 384.15076
$C_{21}H_{24}N_2O_3S$
RI: 2941 (calc.)

GC/MS
EI 70 eV
TRACE
QI: 923

1-(4-Methylphenyl) 2-(2-methyl-pyrrolidinyl)-propan-1-one -2H

Peaks: 41, 69, 84, 91, 110, 119, 187, 200, 214, 229

MW: 229.32200
MM: 229.14666
$C_{15}H_{19}NO$
RI: 1857 (SE 54)

GC/MS
EI 70 eV
GCQ
QI: 740

m/z: 214

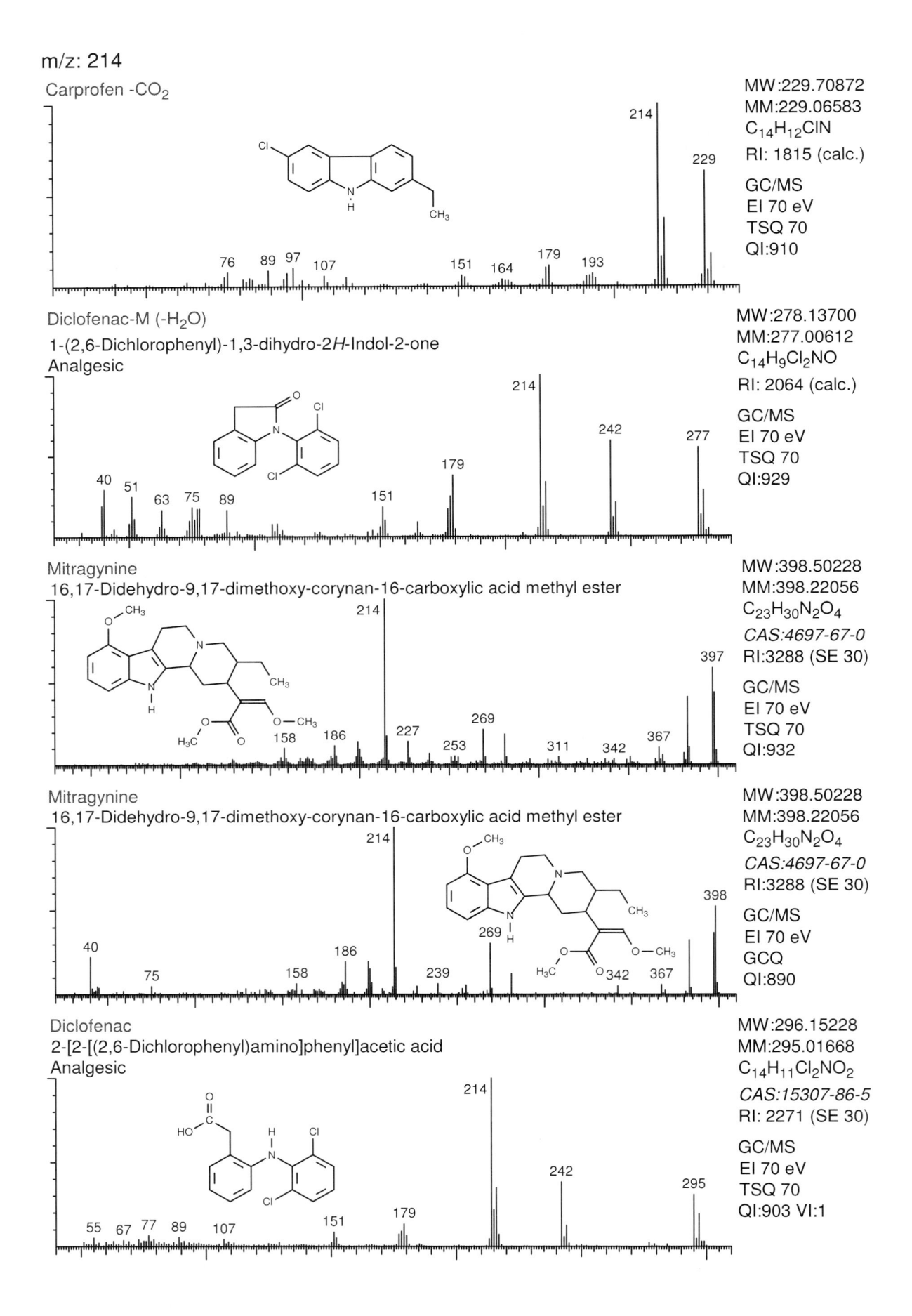

Carprofen -CO₂

MW:229.70872
MM:229.06583
$C_{14}H_{12}ClN$
RI: 1815 (calc.)

GC/MS
EI 70 eV
TSQ 70
QI:910

Diclofenac-M (-H₂O)
1-(2,6-Dichlorophenyl)-1,3-dihydro-2H-Indol-2-one
Analgesic

MW:278.13700
MM:277.00612
$C_{14}H_9Cl_2NO$
RI: 2064 (calc.)

GC/MS
EI 70 eV
TSQ 70
QI:929

Mitragynine
16,17-Didehydro-9,17-dimethoxy-corynan-16-carboxylic acid methyl ester

MW:398.50228
MM:398.22056
$C_{23}H_{30}N_2O_4$
CAS:4697-67-0
RI:3288 (SE 30)

GC/MS
EI 70 eV
TSQ 70
QI:932

Mitragynine
16,17-Didehydro-9,17-dimethoxy-corynan-16-carboxylic acid methyl ester

MW:398.50228
MM:398.22056
$C_{23}H_{30}N_2O_4$
CAS:4697-67-0
RI:3288 (SE 30)

GC/MS
EI 70 eV
GCQ
QI:890

Diclofenac
2-[2-[(2,6-Dichlorophenyl)amino]phenyl]acetic acid
Analgesic

MW:296.15228
MM:295.01668
$C_{14}H_{11}Cl_2NO_2$
CAS:15307-86-5
RI: 2271 (SE 30)

GC/MS
EI 70 eV
TSQ 70
QI:903 VI:1

m/z: 215

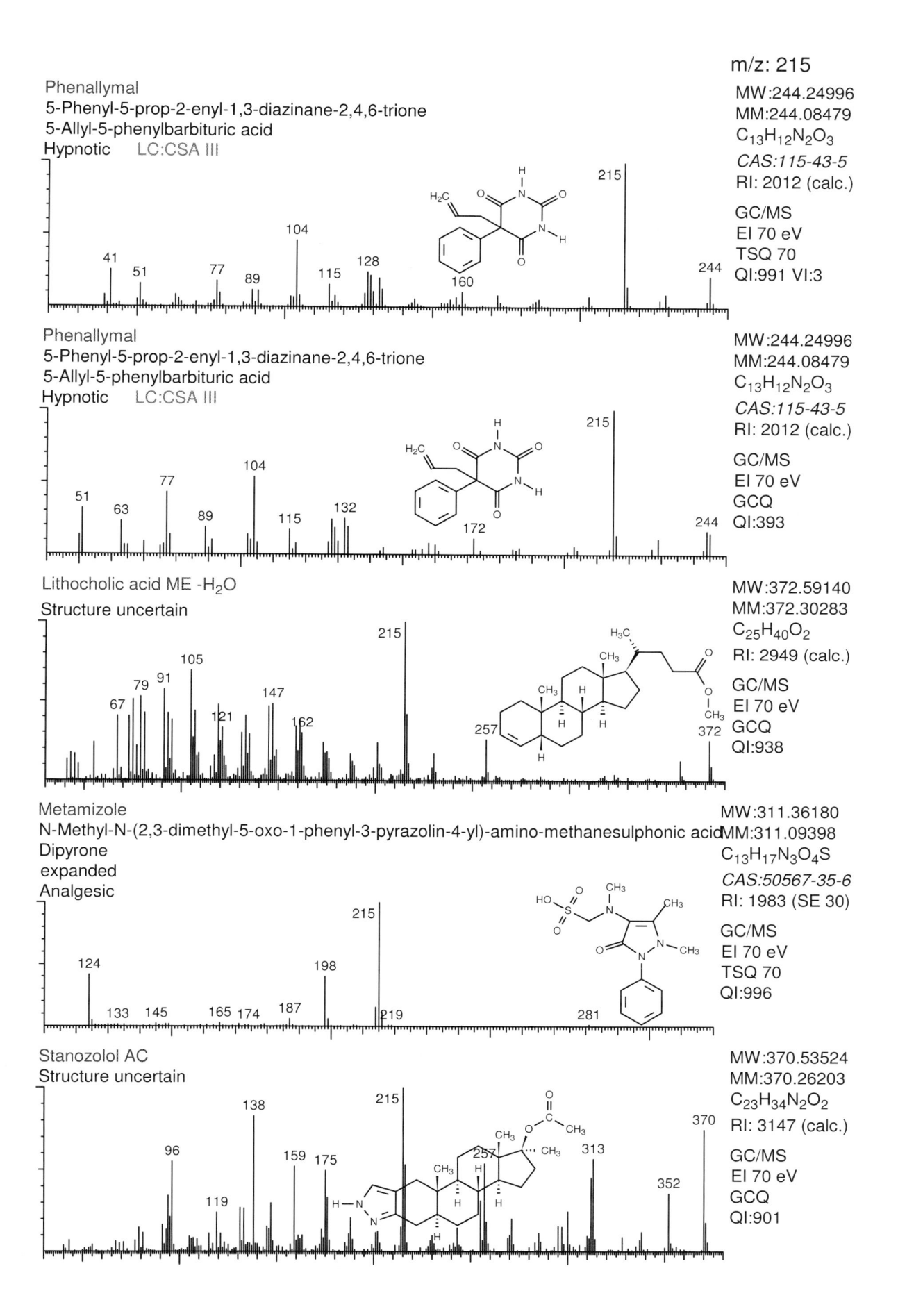

Phenallymal
5-Phenyl-5-prop-2-enyl-1,3-diazinane-2,4,6-trione
5-Allyl-5-phenylbarbituric acid
Hypnotic   LC:CSA III

MW:244.24996
MM:244.08479
$C_{13}H_{12}N_2O_3$
CAS:115-43-5
RI: 2012 (calc.)

GC/MS
EI 70 eV
TSQ 70
QI:991 VI:3

Peaks: 41, 51, 77, 89, 104, 115, 128, 160, 215, 244

Phenallymal
5-Phenyl-5-prop-2-enyl-1,3-diazinane-2,4,6-trione
5-Allyl-5-phenylbarbituric acid
Hypnotic   LC:CSA III

MW:244.24996
MM:244.08479
$C_{13}H_{12}N_2O_3$
CAS:115-43-5
RI: 2012 (calc.)

GC/MS
EI 70 eV
GCQ
QI:393

Peaks: 51, 63, 77, 89, 104, 115, 132, 172, 215, 244

Lithocholic acid ME -H₂O
Structure uncertain

MW:372.59140
MM:372.30283
$C_{25}H_{40}O_2$
RI: 2949 (calc.)

GC/MS
EI 70 eV
GCQ
QI:938

Peaks: 67, 79, 91, 105, 121, 147, 162, 215, 257, 372

Metamizole
N-Methyl-N-(2,3-dimethyl-5-oxo-1-phenyl-3-pyrazolin-4-yl)-amino-methanesulphonic acid
Dipyrone
expanded
Analgesic

MW:311.36180
MM:311.09398
$C_{13}H_{17}N_3O_4S$
CAS:50567-35-6
RI: 1983 (SE 30)

GC/MS
EI 70 eV
TSQ 70
QI:996

Peaks: 124, 133, 145, 165, 174, 187, 198, 215, 219, 281

Stanozolol AC
Structure uncertain

MW:370.53524
MM:370.26203
$C_{23}H_{34}N_2O_2$
RI: 3147 (calc.)

GC/MS
EI 70 eV
GCQ
QI:901

Peaks: 96, 119, 138, 159, 175, 215, 257, 313, 352, 370

m/z: 215

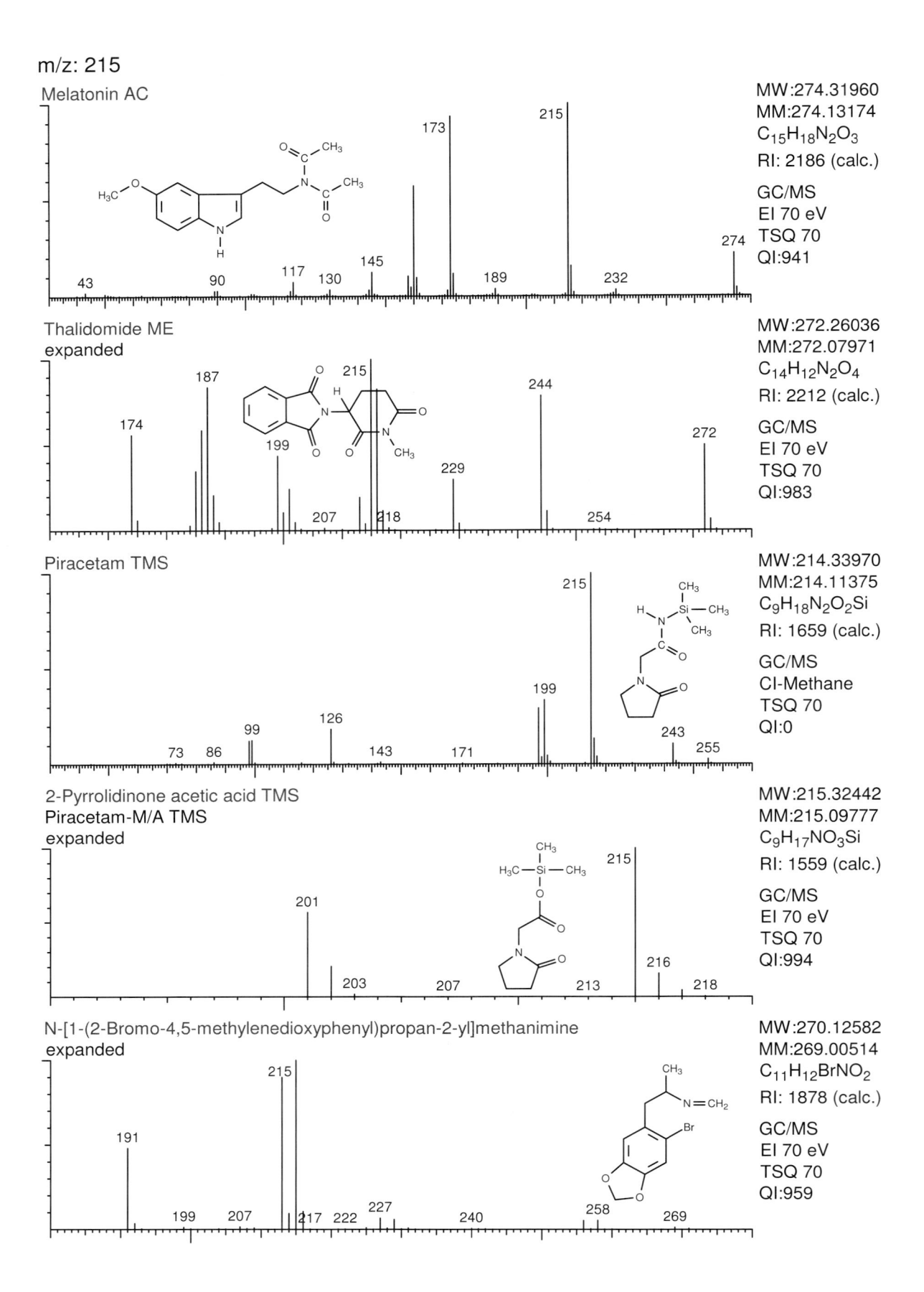

Melatonin AC

Peaks: 43, 90, 117, 130, 145, 173, 189, 215, 232, 274

MW: 274.31960
MM: 274.13174
$C_{15}H_{18}N_2O_3$
RI: 2186 (calc.)

GC/MS
EI 70 eV
TSQ 70
QI: 941

Thalidomide ME expanded

Peaks: 174, 187, 199, 207, 215, 218, 229, 244, 254, 272

MW: 272.26036
MM: 272.07971
$C_{14}H_{12}N_2O_4$
RI: 2212 (calc.)

GC/MS
EI 70 eV
TSQ 70
QI: 983

Piracetam TMS

Peaks: 73, 86, 99, 126, 143, 171, 199, 215, 243, 255

MW: 214.33970
MM: 214.11375
$C_9H_{18}N_2O_2Si$
RI: 1659 (calc.)

GC/MS
CI-Methane
TSQ 70
QI: 0

2-Pyrrolidinone acetic acid TMS
Piracetam-M/A TMS expanded

Peaks: 201, 203, 207, 213, 215, 216, 218

MW: 215.32442
MM: 215.09777
$C_9H_{17}NO_3Si$
RI: 1559 (calc.)

GC/MS
EI 70 eV
TSQ 70
QI: 994

N-[1-(2-Bromo-4,5-methylenedioxyphenyl)propan-2-yl]methanimine expanded

Peaks: 191, 199, 207, 215, 217, 222, 227, 240, 258, 269

MW: 270.12582
MM: 269.00514
$C_{11}H_{12}BrNO_2$
RI: 1878 (calc.)

GC/MS
EI 70 eV
TSQ 70
QI: 959

m/z: 215

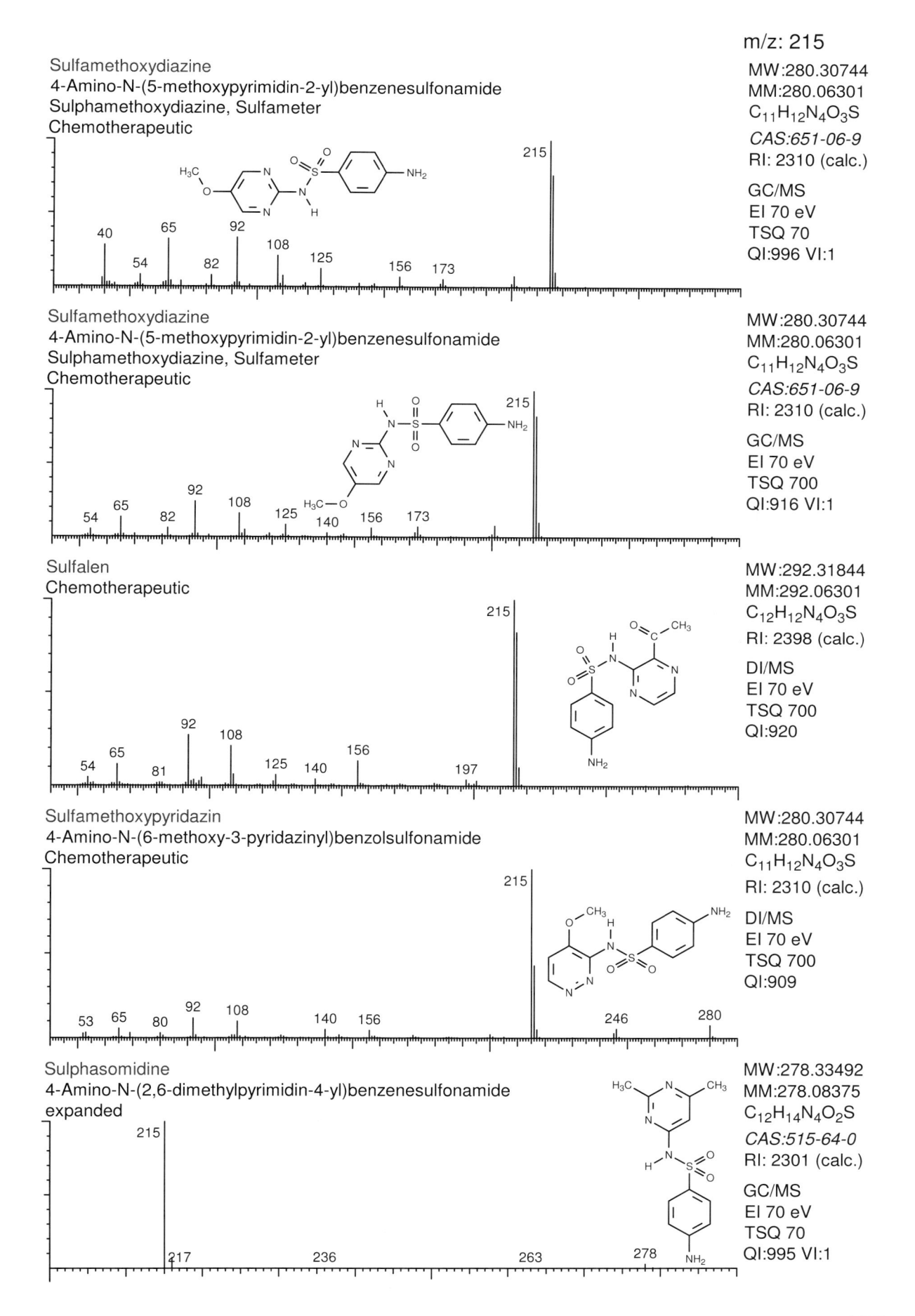

Sulfamethoxydiazine
4-Amino-N-(5-methoxypyrimidin-2-yl)benzenesulfonamide
Sulphamethoxydiazine, Sulfameter
Chemotherapeutic

MW:280.30744
MM:280.06301
$C_{11}H_{12}N_4O_3S$
CAS:651-06-9
RI: 2310 (calc.)

GC/MS
EI 70 eV
TSQ 70
QI:996 VI:1

Sulfamethoxydiazine
4-Amino-N-(5-methoxypyrimidin-2-yl)benzenesulfonamide
Sulphamethoxydiazine, Sulfameter
Chemotherapeutic

MW:280.30744
MM:280.06301
$C_{11}H_{12}N_4O_3S$
CAS:651-06-9
RI: 2310 (calc.)

GC/MS
EI 70 eV
TSQ 700
QI:916 VI:1

Sulfalen
Chemotherapeutic

MW:292.31844
MM:292.06301
$C_{12}H_{12}N_4O_3S$
RI: 2398 (calc.)

DI/MS
EI 70 eV
TSQ 700
QI:920

Sulfamethoxypyridazin
4-Amino-N-(6-methoxy-3-pyridazinyl)benzolsulfonamide
Chemotherapeutic

MW:280.30744
MM:280.06301
$C_{11}H_{12}N_4O_3S$
RI: 2310 (calc.)

DI/MS
EI 70 eV
TSQ 700
QI:909

Sulphasomidine
4-Amino-N-(2,6-dimethylpyrimidin-4-yl)benzenesulfonamide
expanded

MW:278.33492
MM:278.08375
$C_{12}H_{14}N_4O_2S$
CAS:515-64-0
RI: 2301 (calc.)

GC/MS
EI 70 eV
TSQ 70
QI:995 VI:1

m/z: 215

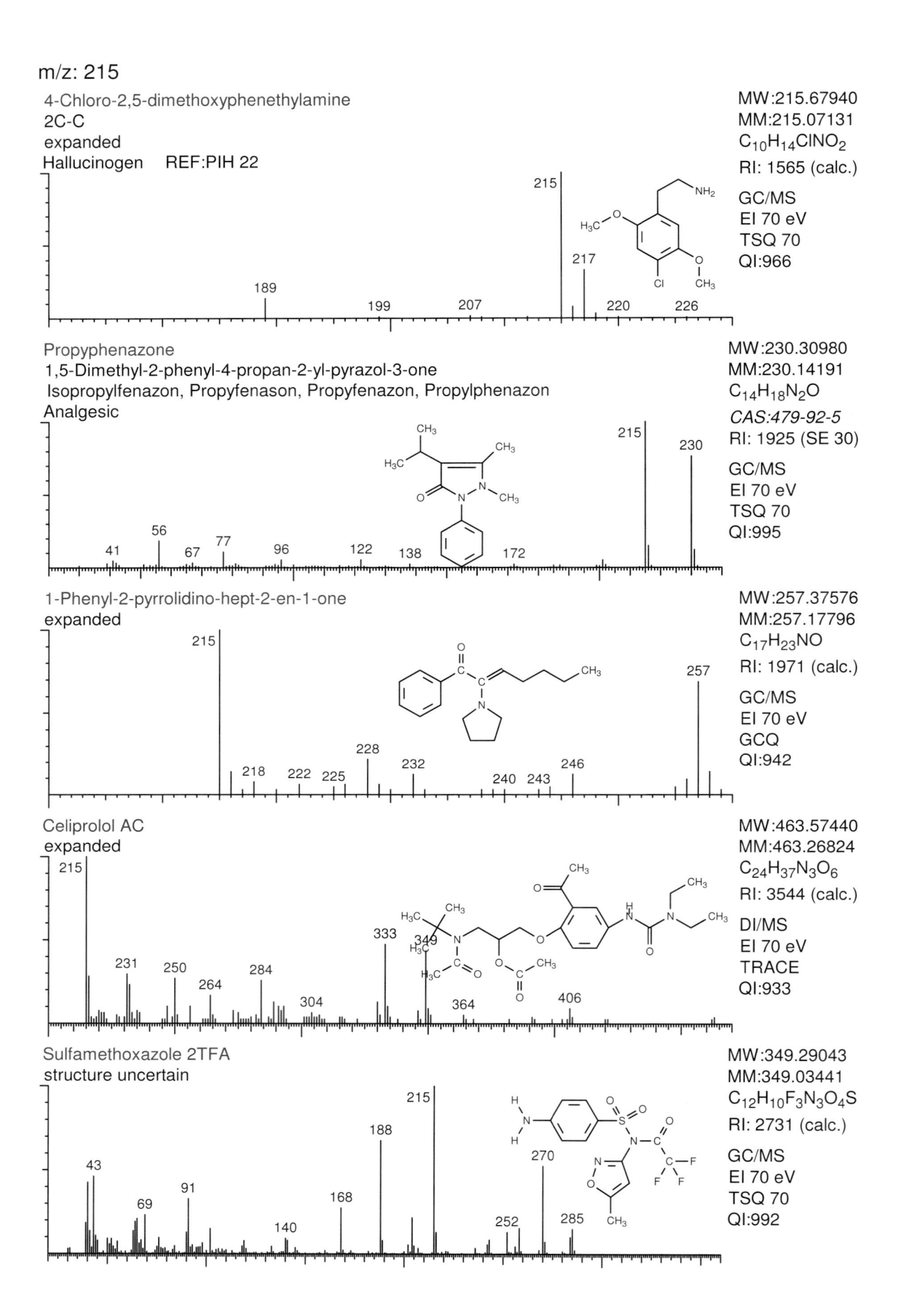

4-Chloro-2,5-dimethoxyphenethylamine
2C-C
expanded
Hallucinogen   REF:PIH 22

MW:215.67940
MM:215.07131
$C_{10}H_{14}ClNO_2$
RI: 1565 (calc.)

GC/MS
EI 70 eV
TSQ 70
QI:966

Peaks: 189, 199, 207, 215, 217, 220, 226

Propyphenazone
1,5-Dimethyl-2-phenyl-4-propan-2-yl-pyrazol-3-one
Isopropylfenazon, Propyfenason, Propyfenazon, Propylphenazon
Analgesic

MW:230.30980
MM:230.14191
$C_{14}H_{18}N_2O$
CAS:479-92-5
RI: 1925 (SE 30)

GC/MS
EI 70 eV
TSQ 70
QI:995

Peaks: 41, 56, 67, 77, 96, 122, 138, 172, 215, 230

1-Phenyl-2-pyrrolidino-hept-2-en-1-one
expanded

MW:257.37576
MM:257.17796
$C_{17}H_{23}NO$
RI: 1971 (calc.)

GC/MS
EI 70 eV
GCQ
QI:942

Peaks: 215, 218, 222, 225, 228, 232, 240, 243, 246, 257

Celiprolol AC
expanded

MW:463.57440
MM:463.26824
$C_{24}H_{37}N_3O_6$
RI: 3544 (calc.)

DI/MS
EI 70 eV
TRACE
QI:933

Peaks: 215, 231, 250, 264, 284, 304, 333, 349, 364, 406

Sulfamethoxazole 2TFA
structure uncertain

MW:349.29043
MM:349.03441
$C_{12}H_{10}F_3N_3O_4S$
RI: 2731 (calc.)

GC/MS
EI 70 eV
TSQ 70
QI:992

Peaks: 43, 69, 91, 140, 168, 188, 215, 252, 270, 285

m/z: 216

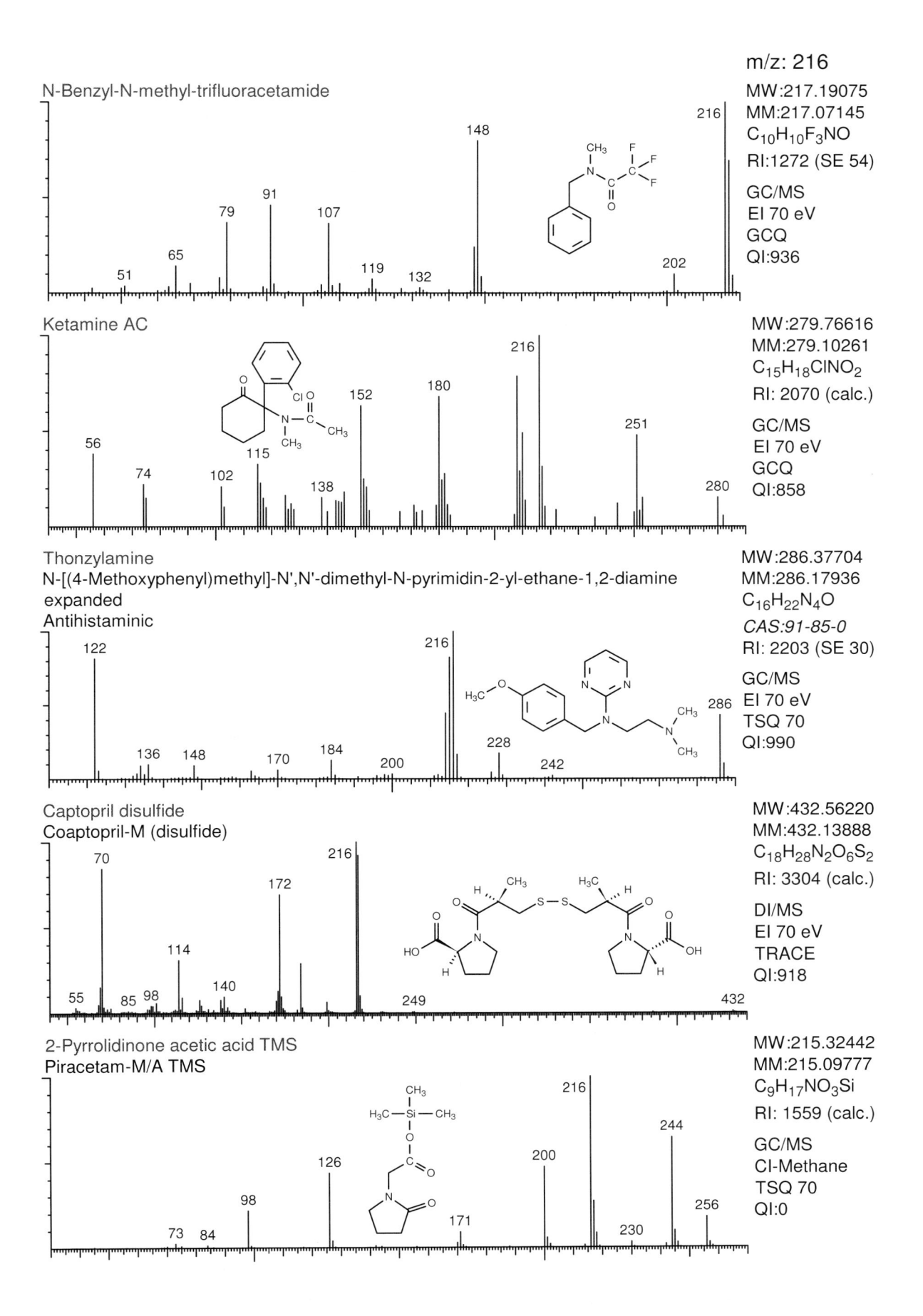

N-Benzyl-N-methyl-trifluoracetamide

MW: 217.19075
MM: 217.07145
$C_{10}H_{10}F_3NO$
RI: 1272 (SE 54)

GC/MS
EI 70 eV
GCQ
QI: 936

Ketamine AC

MW: 279.76616
MM: 279.10261
$C_{15}H_{18}ClNO_2$
RI: 2070 (calc.)

GC/MS
EI 70 eV
GCQ
QI: 858

Thonzylamine
N-[(4-Methoxyphenyl)methyl]-N',N'-dimethyl-N-pyrimidin-2-yl-ethane-1,2-diamine
expanded
Antihistaminic

MW: 286.37704
MM: 286.17936
$C_{16}H_{22}N_4O$
CAS: 91-85-0
RI: 2203 (SE 30)

GC/MS
EI 70 eV
TSQ 70
QI: 990

Captopril disulfide
Coaptopril-M (disulfide)

MW: 432.56220
MM: 432.13888
$C_{18}H_{28}N_2O_6S_2$
RI: 3304 (calc.)

DI/MS
EI 70 eV
TRACE
QI: 918

2-Pyrrolidinone acetic acid TMS
Piracetam-M/A TMS

MW: 215.32442
MM: 215.09777
$C_9H_{17}NO_3Si$
RI: 1559 (calc.)

GC/MS
CI-Methane
TSQ 70
QI: 0

m/z: 216

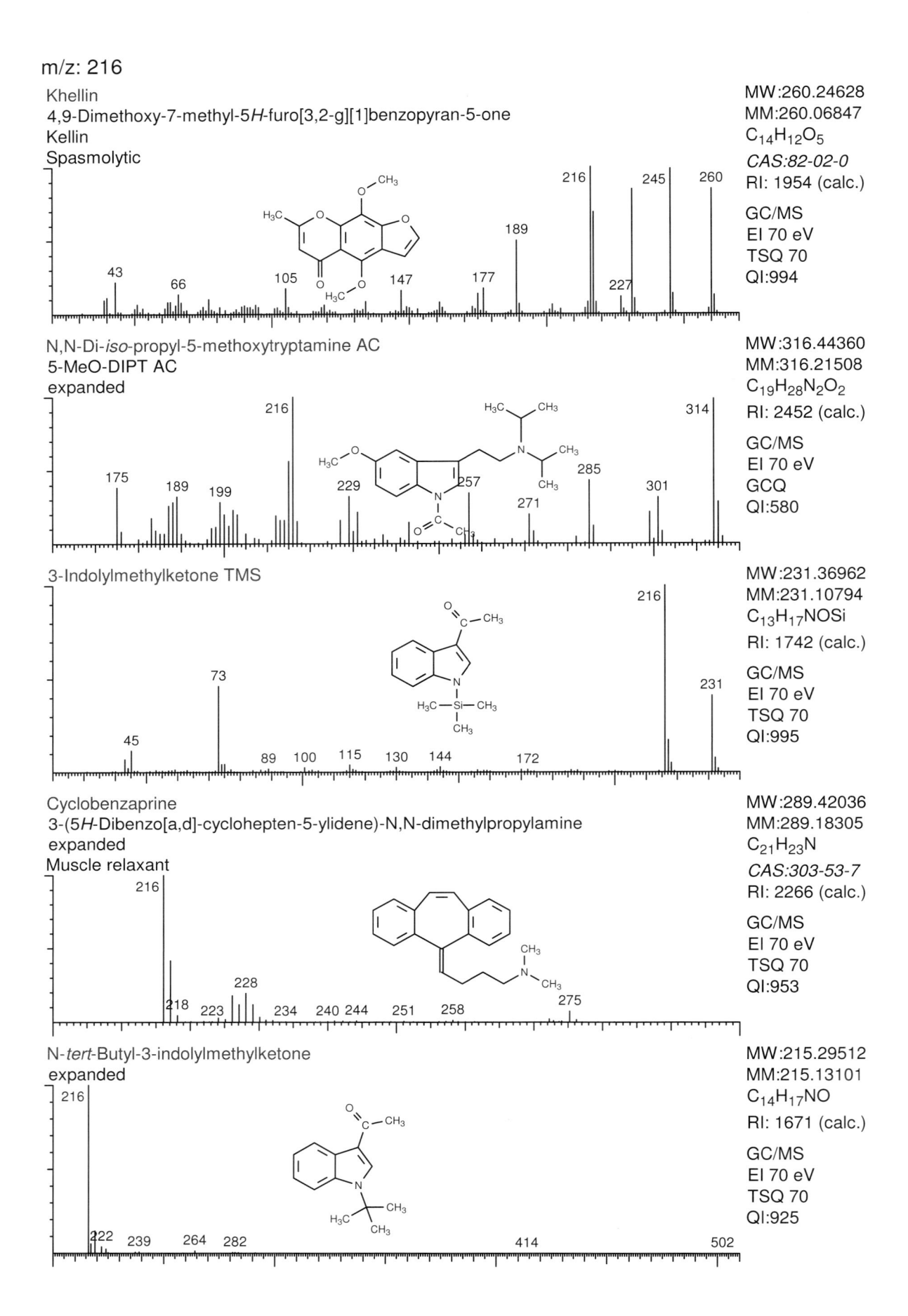

Khellin
4,9-Dimethoxy-7-methyl-5*H*-furo[3,2-g][1]benzopyran-5-one
Kellin
Spasmolytic

MW:260.24628
MM:260.06847
$C_{14}H_{12}O_5$
CAS:82-02-0
RI: 1954 (calc.)

GC/MS
EI 70 eV
TSQ 70
QI:994

N,N-Di-*iso*-propyl-5-methoxytryptamine AC
5-MeO-DIPT AC
expanded

MW:316.44360
MM:316.21508
$C_{19}H_{28}N_2O_2$
RI: 2452 (calc.)

GC/MS
EI 70 eV
GCQ
QI:580

3-Indolylmethylketone TMS

MW:231.36962
MM:231.10794
$C_{13}H_{17}NOSi$
RI: 1742 (calc.)

GC/MS
EI 70 eV
TSQ 70
QI:995

Cyclobenzaprine
3-(5*H*-Dibenzo[a,d]-cyclohepten-5-ylidene)-N,N-dimethylpropylamine
expanded
Muscle relaxant

MW:289.42036
MM:289.18305
$C_{21}H_{23}N$
CAS:303-53-7
RI: 2266 (calc.)

GC/MS
EI 70 eV
TSQ 70
QI:953

N-*tert*-Butyl-3-indolylmethylketone
expanded

MW:215.29512
MM:215.13101
$C_{14}H_{17}NO$
RI: 1671 (calc.)

GC/MS
EI 70 eV
TSQ 70
QI:925

m/z: 217

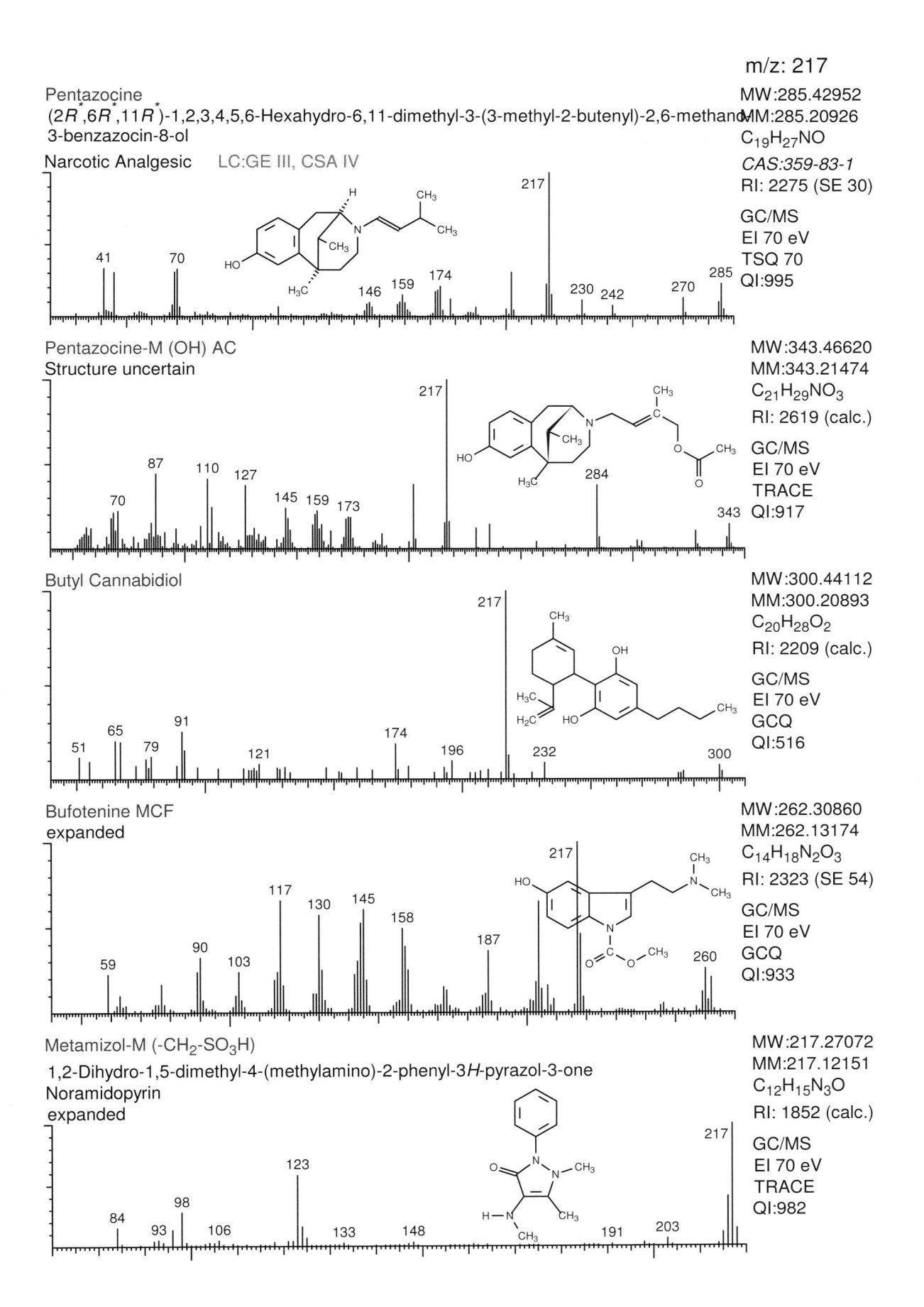

Pentazocine
(2R*,6R*,11R*)-1,2,3,4,5,6-Hexahydro-6,11-dimethyl-3-(3-methyl-2-butenyl)-2,6-methano-3-benzazocin-8-ol
Narcotic Analgesic LC:GE III, CSA IV

MW:285.42952
MM:285.20926
$C_{19}H_{27}NO$
CAS:359-83-1
RI: 2275 (SE 30)
GC/MS
EI 70 eV
TSQ 70
QI:995

Peaks: 41, 70, 146, 159, 174, 217, 230, 242, 270, 285

Pentazocine-M (OH) AC
Structure uncertain

MW:343.46620
MM:343.21474
$C_{21}H_{29}NO_3$
RI: 2619 (calc.)
GC/MS
EI 70 eV
TRACE
QI:917

Peaks: 70, 87, 110, 127, 145, 159, 173, 217, 284, 343

Butyl Cannabidiol

MW:300.44112
MM:300.20893
$C_{20}H_{28}O_2$
RI: 2209 (calc.)
GC/MS
EI 70 eV
GCQ
QI:516

Peaks: 51, 65, 79, 91, 121, 174, 196, 217, 232, 300

Bufotenine MCF
expanded

MW:262.30860
MM:262.13174
$C_{14}H_{18}N_2O_3$
RI: 2323 (SE 54)
GC/MS
EI 70 eV
GCQ
QI:933

Peaks: 59, 90, 103, 117, 130, 145, 158, 187, 217, 260

Metamizol-M (-CH$_2$-SO$_3$H)
1,2-Dihydro-1,5-dimethyl-4-(methylamino)-2-phenyl-3H-pyrazol-3-one
Noramidopyrin
expanded

MW:217.27072
MM:217.12151
$C_{12}H_{15}N_3O$
RI: 1852 (calc.)
GC/MS
EI 70 eV
TRACE
QI:982

Peaks: 84, 93, 98, 106, 123, 133, 148, 191, 203, 217

m/z: 217

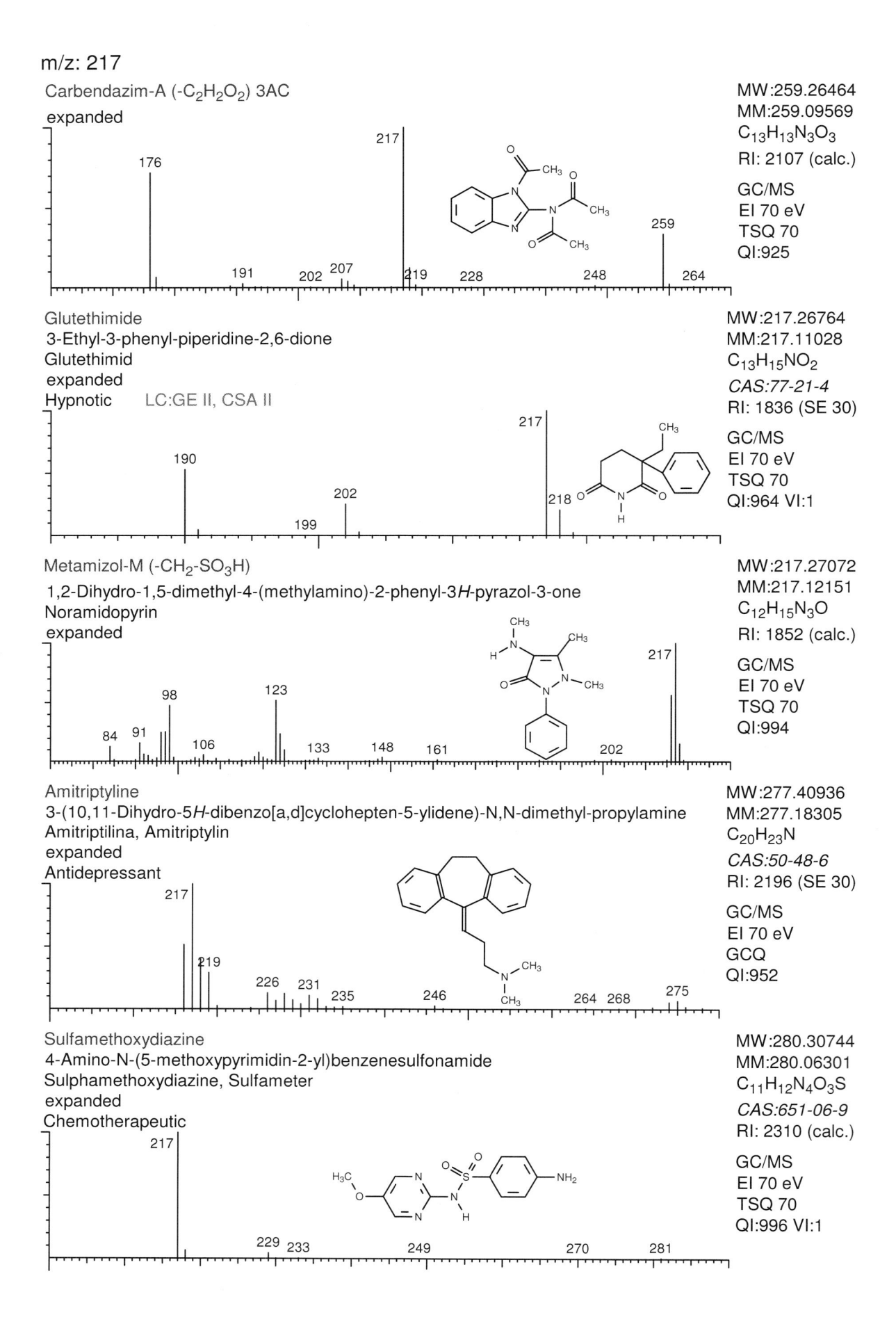

Carbendazim-A (-C₂H₂O₂) 3AC
expanded

MW:259.26464
MM:259.09569
$C_{13}H_{13}N_3O_3$
RI: 2107 (calc.)

GC/MS
EI 70 eV
TSQ 70
QI:925

Glutethimide
3-Ethyl-3-phenyl-piperidine-2,6-dione
Glutethimid
expanded
Hypnotic   LC:GE II, CSA II

MW:217.26764
MM:217.11028
$C_{13}H_{15}NO_2$
CAS:77-21-4
RI: 1836 (SE 30)

GC/MS
EI 70 eV
TSQ 70
QI:964 VI:1

Metamizol-M (-CH₂-SO₃H)
1,2-Dihydro-1,5-dimethyl-4-(methylamino)-2-phenyl-3H-pyrazol-3-one
Noramidopyrin
expanded

MW:217.27072
MM:217.12151
$C_{12}H_{15}N_3O$
RI: 1852 (calc.)

GC/MS
EI 70 eV
TSQ 70
QI:994

Amitriptyline
3-(10,11-Dihydro-5H-dibenzo[a,d]cyclohepten-5-ylidene)-N,N-dimethyl-propylamine
Amitriptilina, Amitriptylin
expanded
Antidepressant

MW:277.40936
MM:277.18305
$C_{20}H_{23}N$
CAS:50-48-6
RI: 2196 (SE 30)

GC/MS
EI 70 eV
GCQ
QI:952

Sulfamethoxydiazine
4-Amino-N-(5-methoxypyrimidin-2-yl)benzenesulfonamide
Sulphamethoxydiazine, Sulfameter
expanded
Chemotherapeutic

MW:280.30744
MM:280.06301
$C_{11}H_{12}N_4O_3S$
CAS:651-06-9
RI: 2310 (calc.)

GC/MS
EI 70 eV
TSQ 70
QI:996 VI:1

m/z: 217

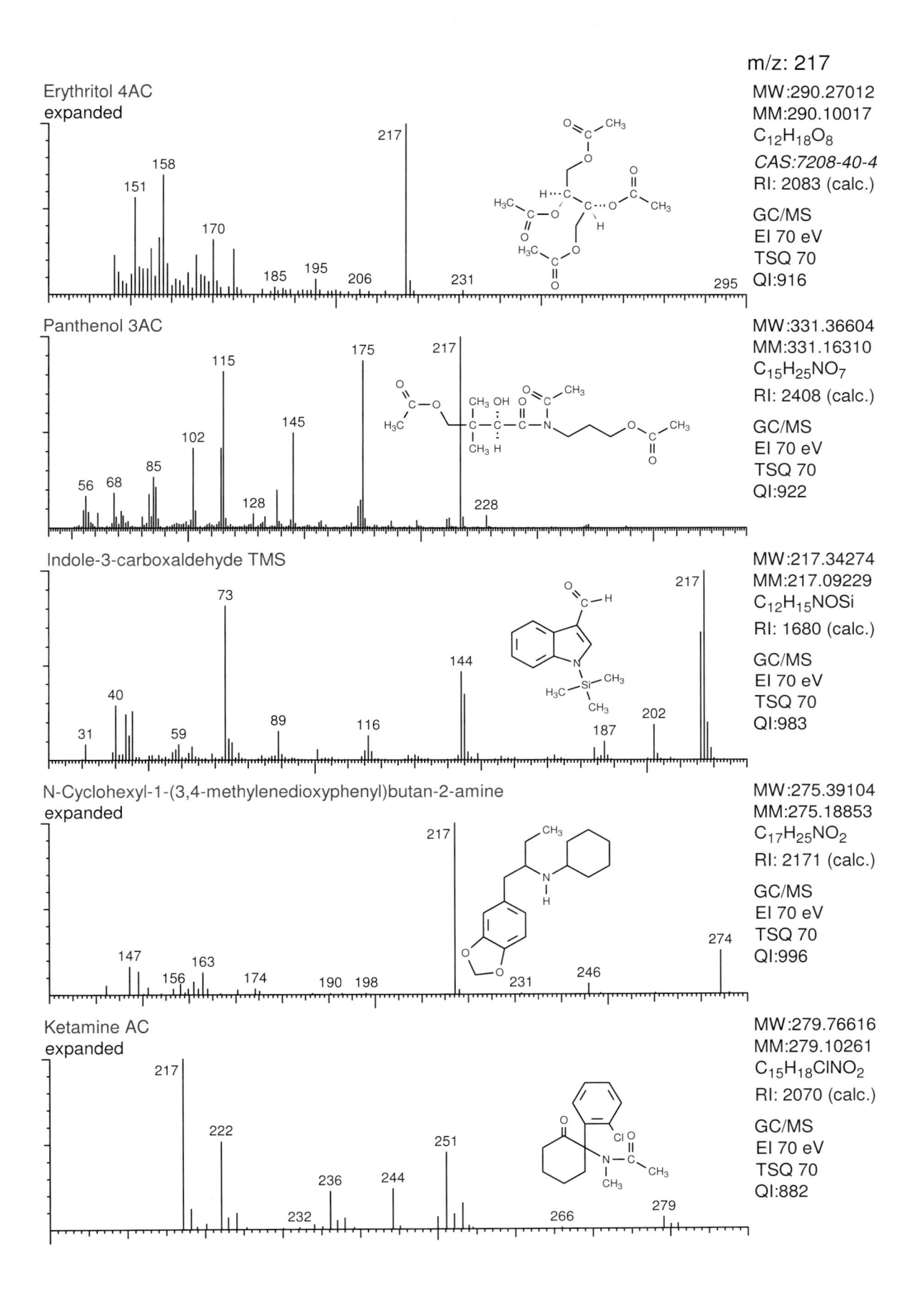

Erythritol 4AC expanded

Peaks: 151, 158, 170, 185, 195, 206, 217, 231, 295

MW: 290.27012
MM: 290.10017
$C_{12}H_{18}O_8$
CAS: 7208-40-4
RI: 2083 (calc.)

GC/MS
EI 70 eV
TSQ 70
QI: 916

Panthenol 3AC

Peaks: 56, 68, 85, 102, 115, 128, 145, 175, 217, 228

MW: 331.36604
MM: 331.16310
$C_{15}H_{25}NO_7$
RI: 2408 (calc.)

GC/MS
EI 70 eV
TSQ 70
QI: 922

Indole-3-carboxaldehyde TMS

Peaks: 31, 40, 59, 73, 89, 116, 144, 187, 202, 217

MW: 217.34274
MM: 217.09229
$C_{12}H_{15}NOSi$
RI: 1680 (calc.)

GC/MS
EI 70 eV
TSQ 70
QI: 983

N-Cyclohexyl-1-(3,4-methylenedioxyphenyl)butan-2-amine expanded

Peaks: 147, 156, 163, 174, 190, 198, 217, 231, 246, 274

MW: 275.39104
MM: 275.18853
$C_{17}H_{25}NO_2$
RI: 2171 (calc.)

GC/MS
EI 70 eV
TSQ 70
QI: 996

Ketamine AC expanded

Peaks: 217, 222, 232, 236, 244, 251, 266, 279

MW: 279.76616
MM: 279.10261
$C_{15}H_{18}ClNO_2$
RI: 2070 (calc.)

GC/MS
EI 70 eV
TSQ 70
QI: 882

m/z: 218

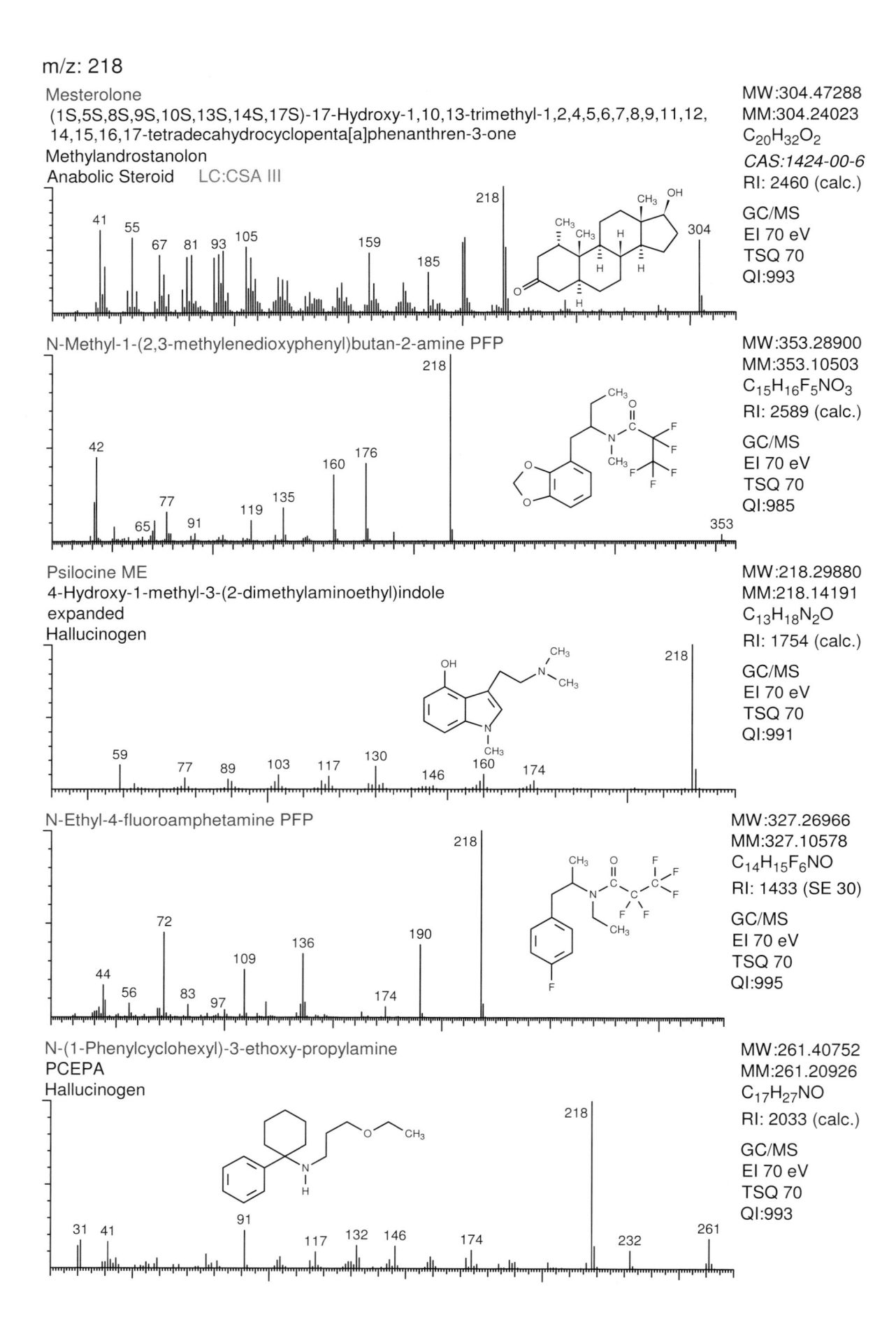

Mesterolone
(1S,5S,8S,9S,10S,13S,14S,17S)-17-Hydroxy-1,10,13-trimethyl-1,2,4,5,6,7,8,9,11,12,
14,15,16,17-tetradecahydrocyclopenta[a]phenanthren-3-one
Methylandrostanolon
Anabolic Steroid   LC:CSA III

MW:304.47288
MM:304.24023
$C_{20}H_{32}O_2$
CAS:1424-00-6
RI: 2460 (calc.)

GC/MS
EI 70 eV
TSQ 70
QI:993

N-Methyl-1-(2,3-methylenedioxyphenyl)butan-2-amine PFP

MW:353.28900
MM:353.10503
$C_{15}H_{16}F_5NO_3$
RI: 2589 (calc.)

GC/MS
EI 70 eV
TSQ 70
QI:985

Psilocine ME
4-Hydroxy-1-methyl-3-(2-dimethylaminoethyl)indole
expanded
Hallucinogen

MW:218.29880
MM:218.14191
$C_{13}H_{18}N_2O$
RI: 1754 (calc.)

GC/MS
EI 70 eV
TSQ 70
QI:991

N-Ethyl-4-fluoroamphetamine PFP

MW:327.26966
MM:327.10578
$C_{14}H_{15}F_6NO$
RI: 1433 (SE 30)

GC/MS
EI 70 eV
TSQ 70
QI:995

N-(1-Phenylcyclohexyl)-3-ethoxy-propylamine
PCEPA
Hallucinogen

MW:261.40752
MM:261.20926
$C_{17}H_{27}NO$
RI: 2033 (calc.)

GC/MS
EI 70 eV
TSQ 70
QI:993

m/z: 218

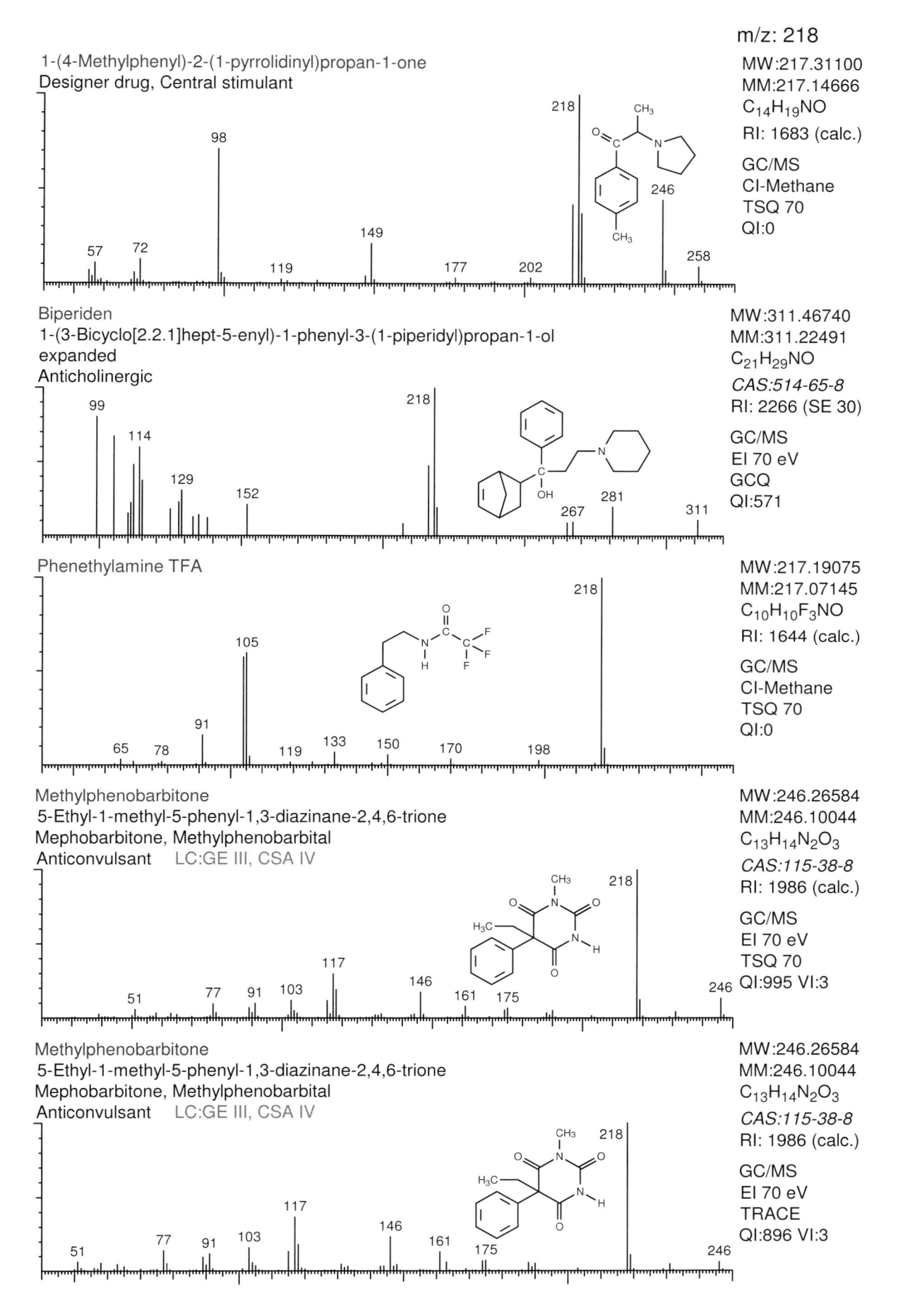

1-(4-Methylphenyl)-2-(1-pyrrolidinyl)propan-1-one
Designer drug, Central stimulant

MW: 217.31100
MM: 217.14666
$C_{14}H_{19}NO$
RI: 1683 (calc.)

GC/MS
CI-Methane
TSQ 70
QI:0

Peaks: 57, 72, 98, 119, 149, 177, 202, 218, 246, 258

Biperiden
1-(3-Bicyclo[2.2.1]hept-5-enyl)-1-phenyl-3-(1-piperidyl)propan-1-ol
expanded
Anticholinergic

MW: 311.46740
MM: 311.22491
$C_{21}H_{29}NO$
CAS: 514-65-8
RI: 2266 (SE 30)

GC/MS
EI 70 eV
GCQ
QI:571

Peaks: 99, 114, 129, 152, 218, 267, 281, 311

Phenethylamine TFA

MW: 217.19075
MM: 217.07145
$C_{10}H_{10}F_3NO$
RI: 1644 (calc.)

GC/MS
CI-Methane
TSQ 70
QI:0

Peaks: 65, 78, 91, 105, 119, 133, 150, 170, 198, 218

Methylphenobarbitone
5-Ethyl-1-methyl-5-phenyl-1,3-diazinane-2,4,6-trione
Mephobarbitone, Methylphenobarbital
Anticonvulsant   LC:GE III, CSA IV

MW: 246.26584
MM: 246.10044
$C_{13}H_{14}N_2O_3$
CAS: 115-38-8
RI: 1986 (calc.)

GC/MS
EI 70 eV
TSQ 70
QI:995 VI:3

Peaks: 51, 77, 91, 103, 117, 146, 161, 175, 218, 246

Methylphenobarbitone
5-Ethyl-1-methyl-5-phenyl-1,3-diazinane-2,4,6-trione
Mephobarbitone, Methylphenobarbital
Anticonvulsant   LC:GE III, CSA IV

MW: 246.26584
MM: 246.10044
$C_{13}H_{14}N_2O_3$
CAS: 115-38-8
RI: 1986 (calc.)

GC/MS
EI 70 eV
TRACE
QI:896 VI:3

Peaks: 51, 77, 91, 103, 117, 146, 161, 175, 218, 246

m/z: 218

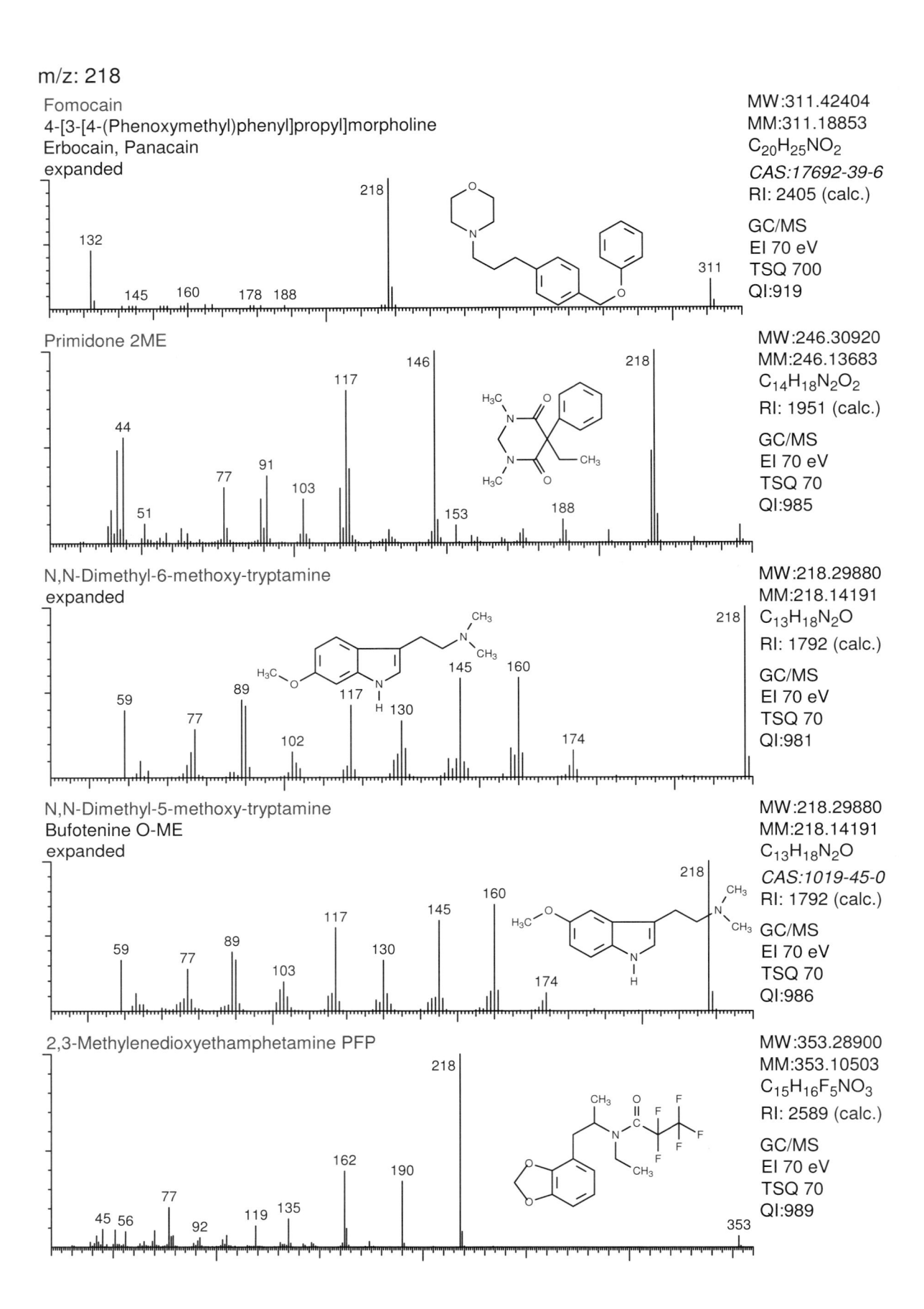

Fomocain
4-[3-[4-(Phenoxymethyl)phenyl]propyl]morpholine
Erbocain, Panacain
expanded

MW:311.42404
MM:311.18853
$C_{20}H_{25}NO_2$
CAS:17692-39-6
RI: 2405 (calc.)

GC/MS
EI 70 eV
TSQ 700
QI:919

Primidone 2ME

MW:246.30920
MM:246.13683
$C_{14}H_{18}N_2O_2$
RI: 1951 (calc.)

GC/MS
EI 70 eV
TSQ 70
QI:985

N,N-Dimethyl-6-methoxy-tryptamine
expanded

MW:218.29880
MM:218.14191
$C_{13}H_{18}N_2O$
RI: 1792 (calc.)

GC/MS
EI 70 eV
TSQ 70
QI:981

N,N-Dimethyl-5-methoxy-tryptamine
Bufotenine O-ME
expanded

MW:218.29880
MM:218.14191
$C_{13}H_{18}N_2O$
CAS:1019-45-0
RI: 1792 (calc.)

GC/MS
EI 70 eV
TSQ 70
QI:986

2,3-Methylenedioxyethamphetamine PFP

MW:353.28900
MM:353.10503
$C_{15}H_{16}F_5NO_3$
RI: 2589 (calc.)

GC/MS
EI 70 eV
TSQ 70
QI:989

m/z: 218

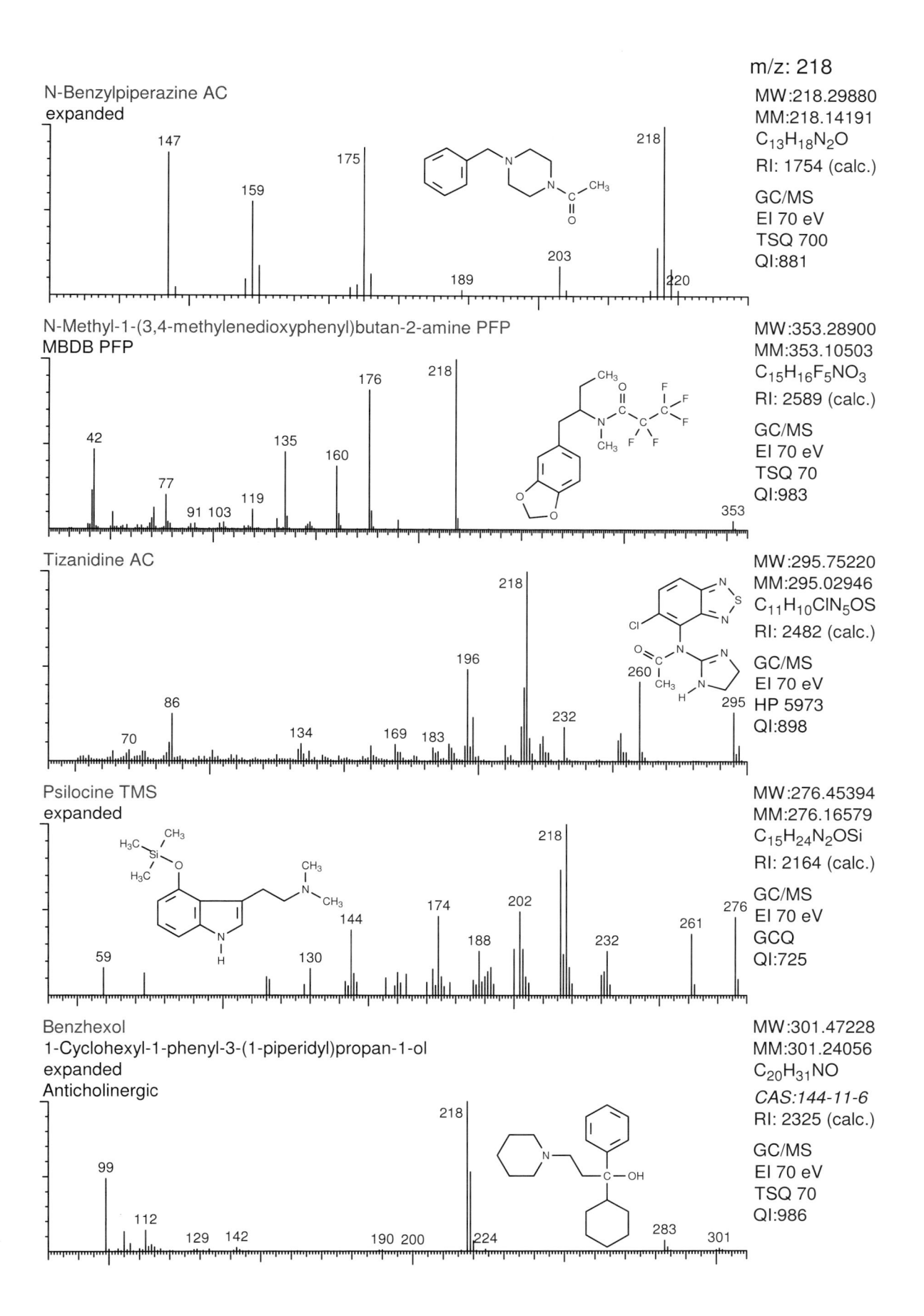

N-Benzylpiperazine AC
expanded

Peaks: 147, 159, 175, 189, 203, 218, 220

MW: 218.29880
MM: 218.14191
$C_{13}H_{18}N_2O$
RI: 1754 (calc.)

GC/MS
EI 70 eV
TSQ 700
QI: 881

N-Methyl-1-(3,4-methylenedioxyphenyl)butan-2-amine PFP
MBDB PFP

Peaks: 42, 77, 91, 103, 119, 135, 160, 176, 218, 353

MW: 353.28900
MM: 353.10503
$C_{15}H_{16}F_5NO_3$
RI: 2589 (calc.)

GC/MS
EI 70 eV
TSQ 70
QI: 983

Tizanidine AC

Peaks: 70, 86, 134, 169, 183, 196, 218, 232, 260, 295

MW: 295.75220
MM: 295.02946
$C_{11}H_{10}ClN_5OS$
RI: 2482 (calc.)

GC/MS
EI 70 eV
HP 5973
QI: 898

Psilocine TMS
expanded

Peaks: 59, 130, 144, 174, 188, 202, 218, 232, 261, 276

MW: 276.45394
MM: 276.16579
$C_{15}H_{24}N_2OSi$
RI: 2164 (calc.)

GC/MS
EI 70 eV
GCQ
QI: 725

Benzhexol
1-Cyclohexyl-1-phenyl-3-(1-piperidyl)propan-1-ol
expanded
Anticholinergic

Peaks: 99, 112, 129, 142, 190, 200, 218, 224, 283, 301

MW: 301.47228
MM: 301.24056
$C_{20}H_{31}NO$
CAS: 144-11-6
RI: 2325 (calc.)

GC/MS
EI 70 eV
TSQ 70
QI: 986

m/z: 218

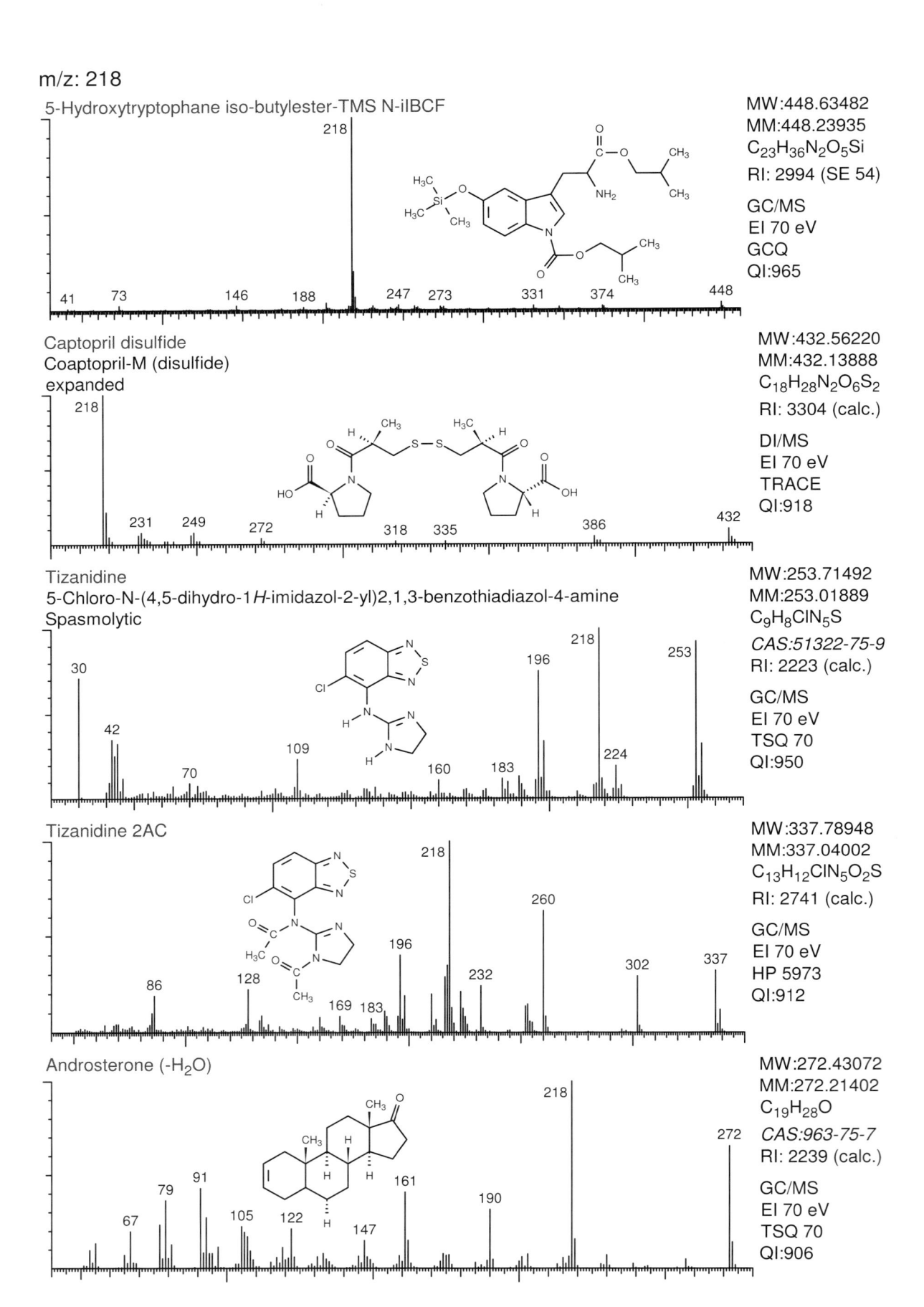

5-Hydroxytryptophane iso-butylester-TMS N-iIBCF

Peaks: 41, 73, 146, 188, 218, 247, 273, 331, 374, 448

MW: 448.63482
MM: 448.23935
$C_{23}H_{36}N_2O_5Si$
RI: 2994 (SE 54)

GC/MS
EI 70 eV
GCQ
QI: 965

Captopril disulfide
Coaptopril-M (disulfide)
expanded

Peaks: 218, 231, 249, 272, 318, 335, 386, 432

MW: 432.56220
MM: 432.13888
$C_{18}H_{28}N_2O_6S_2$
RI: 3304 (calc.)

DI/MS
EI 70 eV
TRACE
QI: 918

Tizanidine
5-Chloro-N-(4,5-dihydro-1H-imidazol-2-yl)2,1,3-benzothiadiazol-4-amine
Spasmolytic

Peaks: 30, 42, 70, 109, 160, 183, 196, 218, 224, 253

MW: 253.71492
MM: 253.01889
$C_9H_8ClN_5S$
CAS: 51322-75-9
RI: 2223 (calc.)

GC/MS
EI 70 eV
TSQ 70
QI: 950

Tizanidine 2AC

Peaks: 86, 128, 169, 183, 196, 218, 232, 260, 302, 337

MW: 337.78948
MM: 337.04002
$C_{13}H_{12}ClN_5O_2S$
RI: 2741 (calc.)

GC/MS
EI 70 eV
HP 5973
QI: 912

Androsterone (-H$_2$O)

Peaks: 67, 79, 91, 105, 122, 147, 161, 190, 218, 272

MW: 272.43072
MM: 272.21402
$C_{19}H_{28}O$
CAS: 963-75-7
RI: 2239 (calc.)

GC/MS
EI 70 eV
TSQ 70
QI: 906

m/z: 218

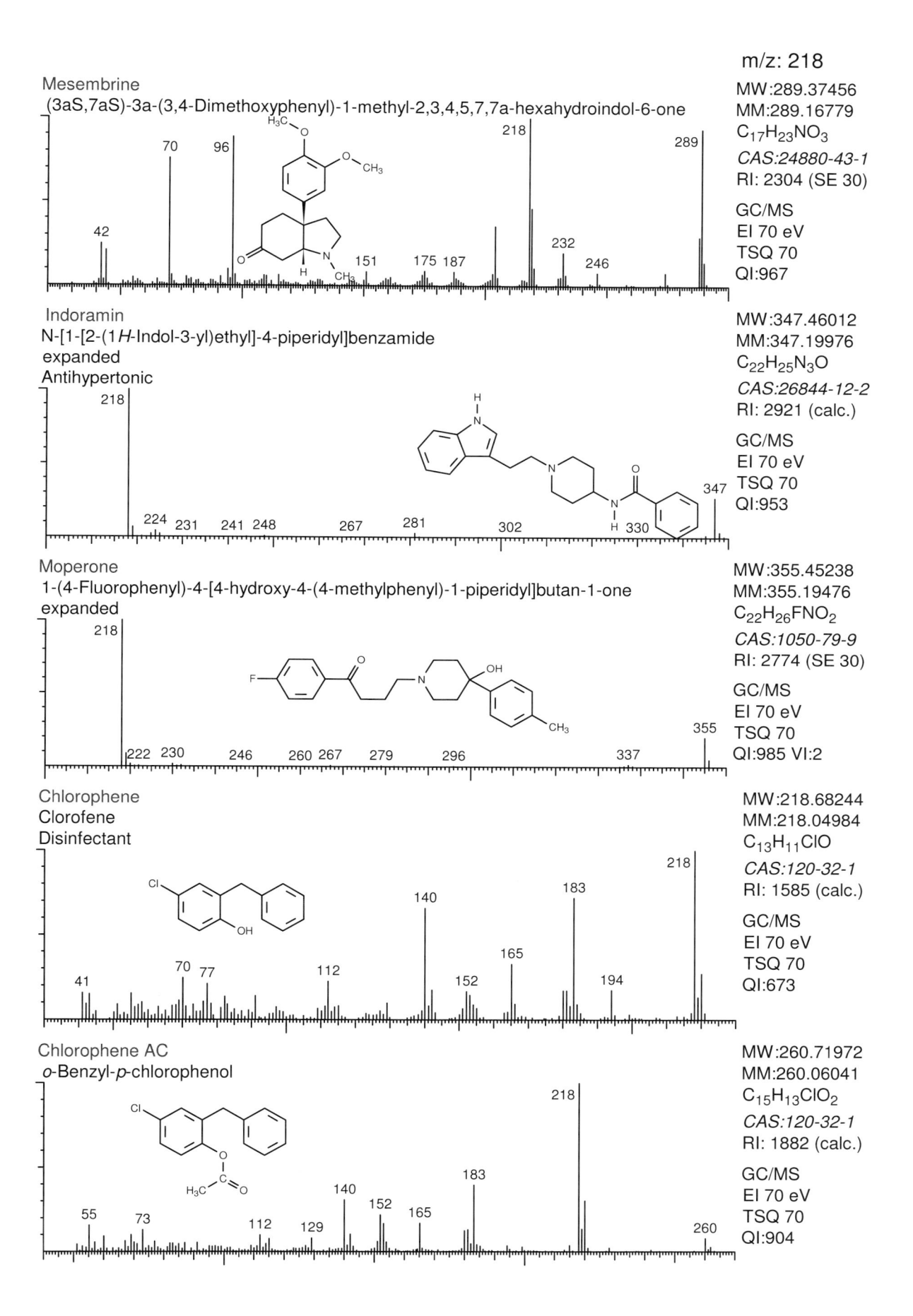

Mesembrine
(3aS,7aS)-3a-(3,4-Dimethoxyphenyl)-1-methyl-2,3,4,5,7,7a-hexahydroindol-6-one

MW: 289.37456
MM: 289.16779
$C_{17}H_{23}NO_3$
CAS: 24880-43-1
RI: 2304 (SE 30)

GC/MS
EI 70 eV
TSQ 70
QI: 967

Peaks: 42, 70, 96, 151, 175, 187, 218, 232, 246, 289

Indoramin
N-[1-[2-(1H-Indol-3-yl)ethyl]-4-piperidyl]benzamide
expanded
Antihypertonic

MW: 347.46012
MM: 347.19976
$C_{22}H_{25}N_3O$
CAS: 26844-12-2
RI: 2921 (calc.)

GC/MS
EI 70 eV
TSQ 70
QI: 953

Peaks: 218, 224, 231, 241, 248, 267, 281, 302, 330, 347

Moperone
1-(4-Fluorophenyl)-4-[4-hydroxy-4-(4-methylphenyl)-1-piperidyl]butan-1-one
expanded

MW: 355.45238
MM: 355.19476
$C_{22}H_{26}FNO_2$
CAS: 1050-79-9
RI: 2774 (SE 30)

GC/MS
EI 70 eV
TSQ 70
QI: 985 VI: 2

Peaks: 218, 222, 230, 246, 260, 267, 279, 296, 337, 355

Chlorophene
Clorofene
Disinfectant

MW: 218.68244
MM: 218.04984
$C_{13}H_{11}ClO$
CAS: 120-32-1
RI: 1585 (calc.)

GC/MS
EI 70 eV
TSQ 70
QI: 673

Peaks: 41, 70, 77, 112, 140, 152, 165, 183, 194, 218

Chlorophene AC
o-Benzyl-p-chlorophenol

MW: 260.71972
MM: 260.06041
$C_{15}H_{13}ClO_2$
CAS: 120-32-1
RI: 1882 (calc.)

GC/MS
EI 70 eV
TSQ 70
QI: 904

Peaks: 55, 73, 112, 129, 140, 152, 165, 183, 218, 260

m/z: 218-219

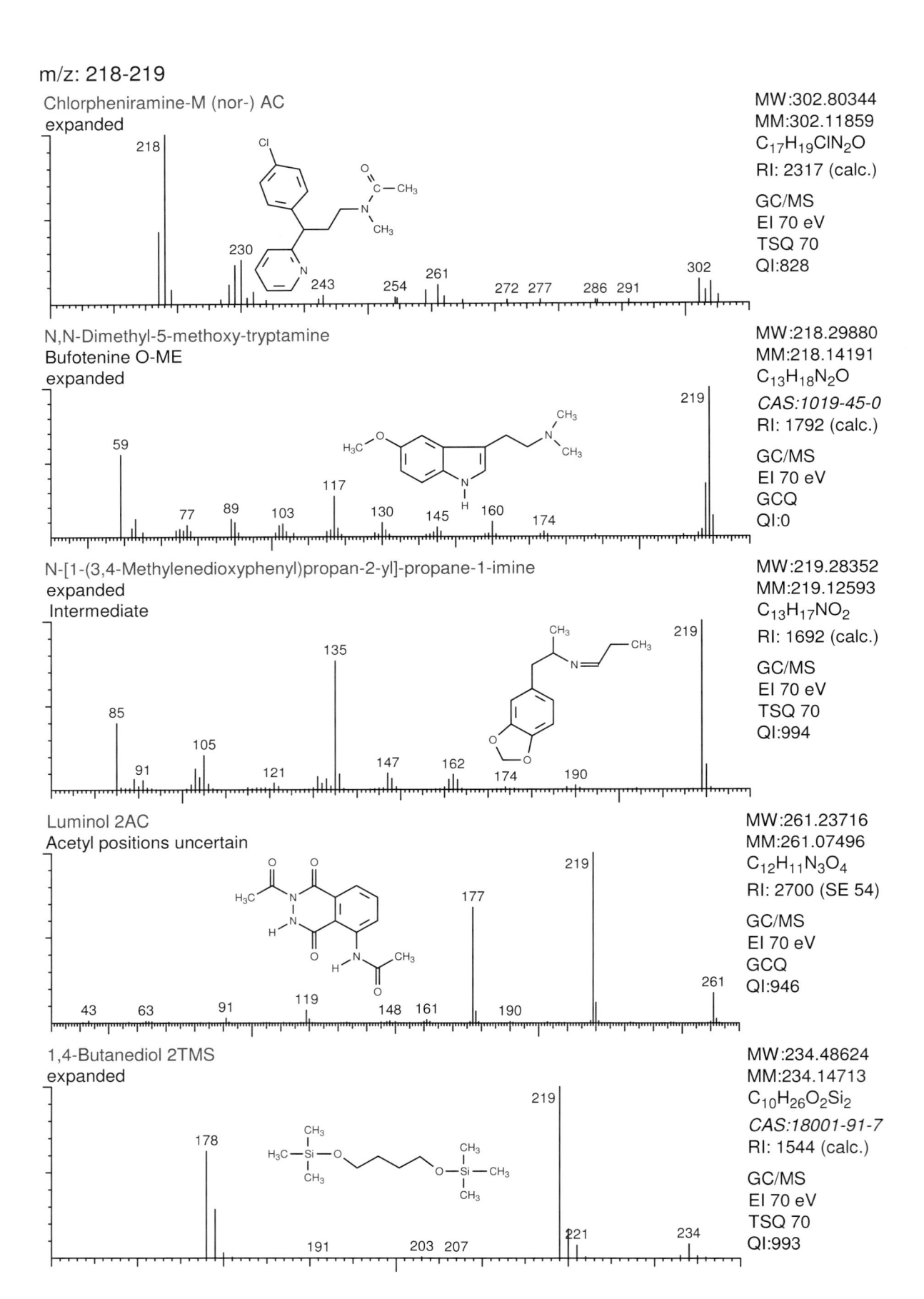

Chlorpheniramine-M (nor-) AC
expanded

MW:302.80344
MM:302.11859
C$_{17}$H$_{19}$ClN$_2$O
RI: 2317 (calc.)

GC/MS
EI 70 eV
TSQ 70
QI:828

N,N-Dimethyl-5-methoxy-tryptamine
Bufotenine O-ME
expanded

MW:218.29880
MM:218.14191
C$_{13}$H$_{18}$N$_2$O
CAS:1019-45-0
RI: 1792 (calc.)

GC/MS
EI 70 eV
GCQ
QI:0

N-[1-(3,4-Methylenedioxyphenyl)propan-2-yl]-propane-1-imine
expanded
Intermediate

MW:219.28352
MM:219.12593
C$_{13}$H$_{17}$NO$_2$
RI: 1692 (calc.)

GC/MS
EI 70 eV
TSQ 70
QI:994

Luminol 2AC
Acetyl positions uncertain

MW:261.23716
MM:261.07496
C$_{12}$H$_{11}$N$_3$O$_4$
RI: 2700 (SE 54)

GC/MS
EI 70 eV
GCQ
QI:946

1,4-Butanediol 2TMS
expanded

MW:234.48624
MM:234.14713
C$_{10}$H$_{26}$O$_2$Si$_2$
CAS:18001-91-7
RI: 1544 (calc.)

GC/MS
EI 70 eV
TSQ 70
QI:993

m/z: 219

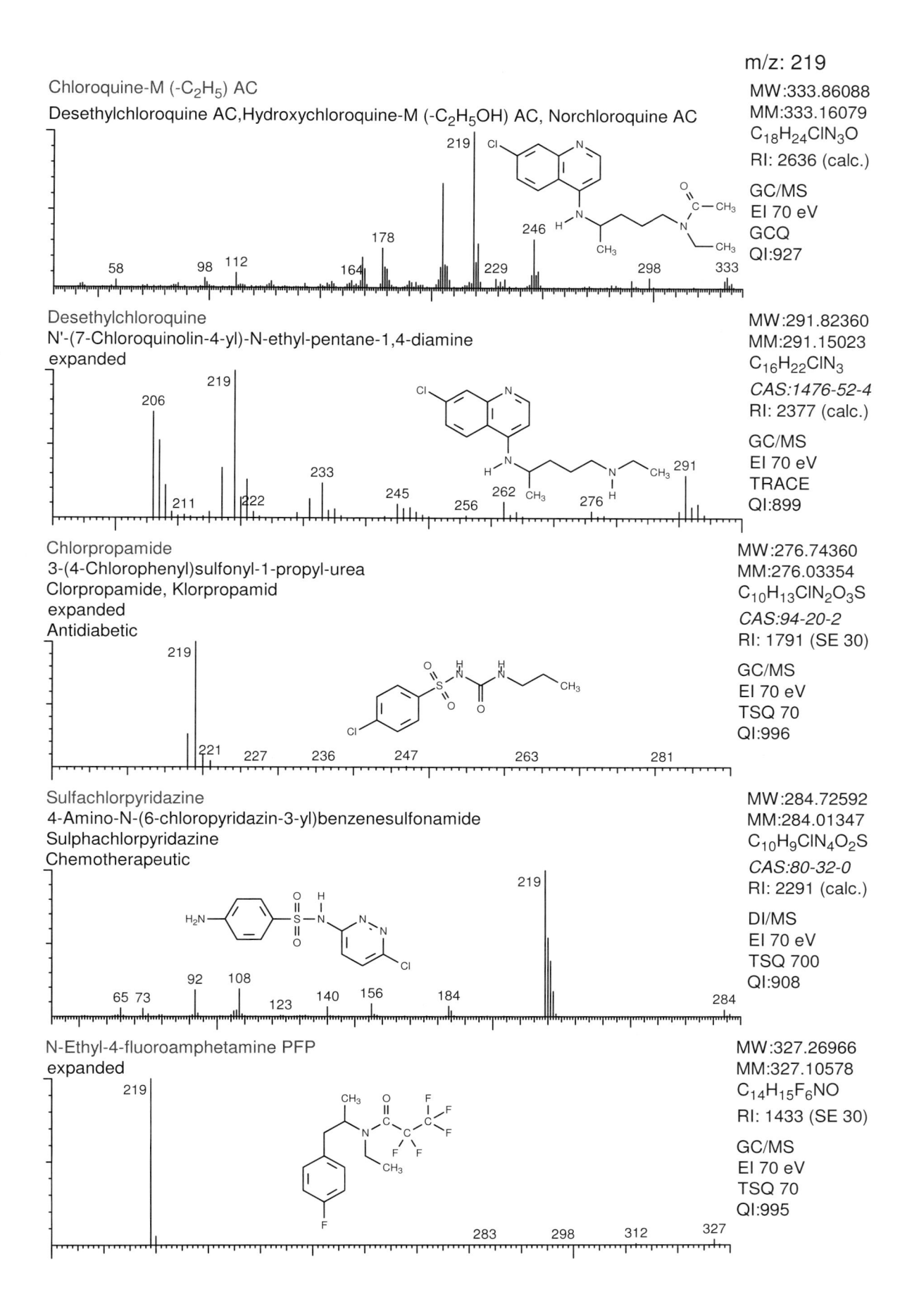

Chloroquine-M (-C₂H₅) AC
Desethylchloroquine AC, Hydroxychloroquine-M (-C₂H₅OH) AC, Norchloroquine AC

MW: 333.86088
MM: 333.16079
$C_{18}H_{24}ClN_3O$
RI: 2636 (calc.)

GC/MS
EI 70 eV
GCQ
QI: 927

Peaks: 58, 98, 112, 164, 178, 219, 229, 246, 298, 333

Desethylchloroquine
N'-(7-Chloroquinolin-4-yl)-N-ethyl-pentane-1,4-diamine
expanded

MW: 291.82360
MM: 291.15023
$C_{16}H_{22}ClN_3$
CAS: 1476-52-4
RI: 2377 (calc.)

GC/MS
EI 70 eV
TRACE
QI: 899

Peaks: 206, 211, 219, 222, 233, 245, 256, 262, 276, 291

Chlorpropamide
3-(4-Chlorophenyl)sulfonyl-1-propyl-urea
Clorpropamide, Klorpropamid
expanded
Antidiabetic

MW: 276.74360
MM: 276.03354
$C_{10}H_{13}ClN_2O_3S$
CAS: 94-20-2
RI: 1791 (SE 30)

GC/MS
EI 70 eV
TSQ 70
QI: 996

Peaks: 219, 221, 227, 236, 247, 263, 281

Sulfachlorpyridazine
4-Amino-N-(6-chloropyridazin-3-yl)benzenesulfonamide
Sulphachlorpyridazine
Chemotherapeutic

MW: 284.72592
MM: 284.01347
$C_{10}H_9ClN_4O_2S$
CAS: 80-32-0
RI: 2291 (calc.)

DI/MS
EI 70 eV
TSQ 700
QI: 908

Peaks: 65, 73, 92, 108, 123, 140, 156, 184, 219, 284

N-Ethyl-4-fluoroamphetamine PFP
expanded

MW: 327.26966
MM: 327.10578
$C_{14}H_{15}F_6NO$
RI: 1433 (SE 30)

GC/MS
EI 70 eV
TSQ 70
QI: 995

Peaks: 219, 283, 298, 312, 327

m/z: 219

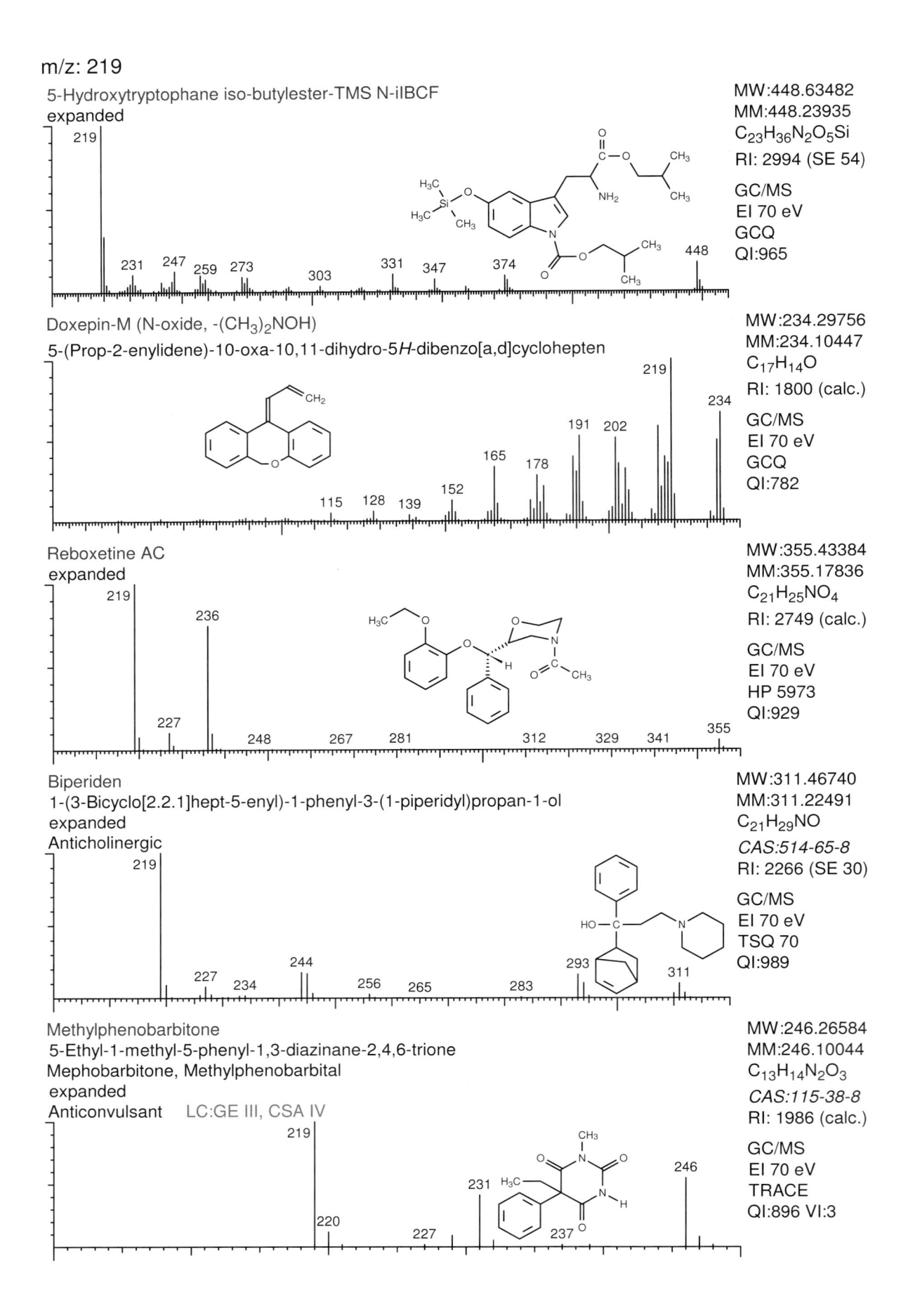

5-Hydroxytryptophane iso-butylester-TMS N-iIBCF
expanded

MW:448.63482
MM:448.23935
$C_{23}H_{36}N_2O_5Si$
RI: 2994 (SE 54)

GC/MS
EI 70 eV
GCQ
QI:965

Doxepin-M (N-oxide, -(CH₃)₂NOH)
5-(Prop-2-enylidene)-10-oxa-10,11-dihydro-5H-dibenzo[a,d]cyclohepten

MW:234.29756
MM:234.10447
$C_{17}H_{14}O$
RI: 1800 (calc.)

GC/MS
EI 70 eV
GCQ
QI:782

Reboxetine AC
expanded

MW:355.43384
MM:355.17836
$C_{21}H_{25}NO_4$
RI: 2749 (calc.)

GC/MS
EI 70 eV
HP 5973
QI:929

Biperiden
1-(3-Bicyclo[2.2.1]hept-5-enyl)-1-phenyl-3-(1-piperidyl)propan-1-ol
expanded
Anticholinergic

MW:311.46740
MM:311.22491
$C_{21}H_{29}NO$
CAS:514-65-8
RI: 2266 (SE 30)

GC/MS
EI 70 eV
TSQ 70
QI:989

Methylphenobarbitone
5-Ethyl-1-methyl-5-phenyl-1,3-diazinane-2,4,6-trione
Mephobarbitone, Methylphenobarbital
expanded
Anticonvulsant   LC:GE III, CSA IV

MW:246.26584
MM:246.10044
$C_{13}H_{14}N_2O_3$
CAS:115-38-8
RI: 1986 (calc.)

GC/MS
EI 70 eV
TRACE
QI:896 VI:3

m/z: 219

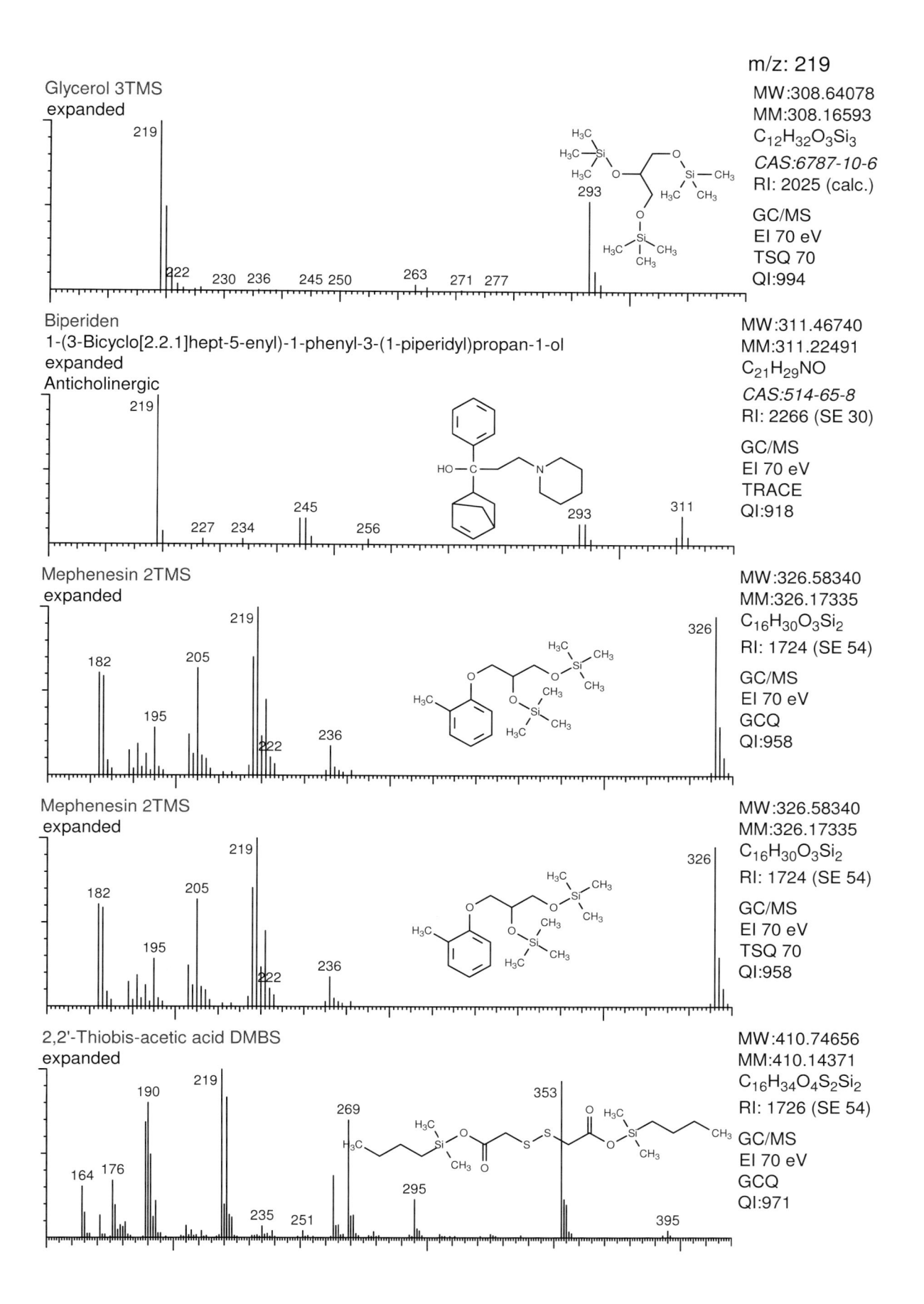

Glycerol 3TMS
expanded

MW:308.64078
MM:308.16593
$C_{12}H_{32}O_3Si_3$
CAS:6787-10-6
RI: 2025 (calc.)

GC/MS
EI 70 eV
TSQ 70
QI:994

Biperiden
1-(3-Bicyclo[2.2.1]hept-5-enyl)-1-phenyl-3-(1-piperidyl)propan-1-ol
expanded
Anticholinergic

MW:311.46740
MM:311.22491
$C_{21}H_{29}NO$
CAS:514-65-8
RI: 2266 (SE 30)

GC/MS
EI 70 eV
TRACE
QI:918

Mephenesin 2TMS
expanded

MW:326.58340
MM:326.17335
$C_{16}H_{30}O_3Si_2$
RI: 1724 (SE 54)

GC/MS
EI 70 eV
GCQ
QI:958

Mephenesin 2TMS
expanded

MW:326.58340
MM:326.17335
$C_{16}H_{30}O_3Si_2$
RI: 1724 (SE 54)

GC/MS
EI 70 eV
TSQ 70
QI:958

2,2'-Thiobis-acetic acid DMBS
expanded

MW:410.74656
MM:410.14371
$C_{16}H_{34}O_4S_2Si_2$
RI: 1726 (SE 54)

GC/MS
EI 70 eV
GCQ
QI:971

m/z: 219

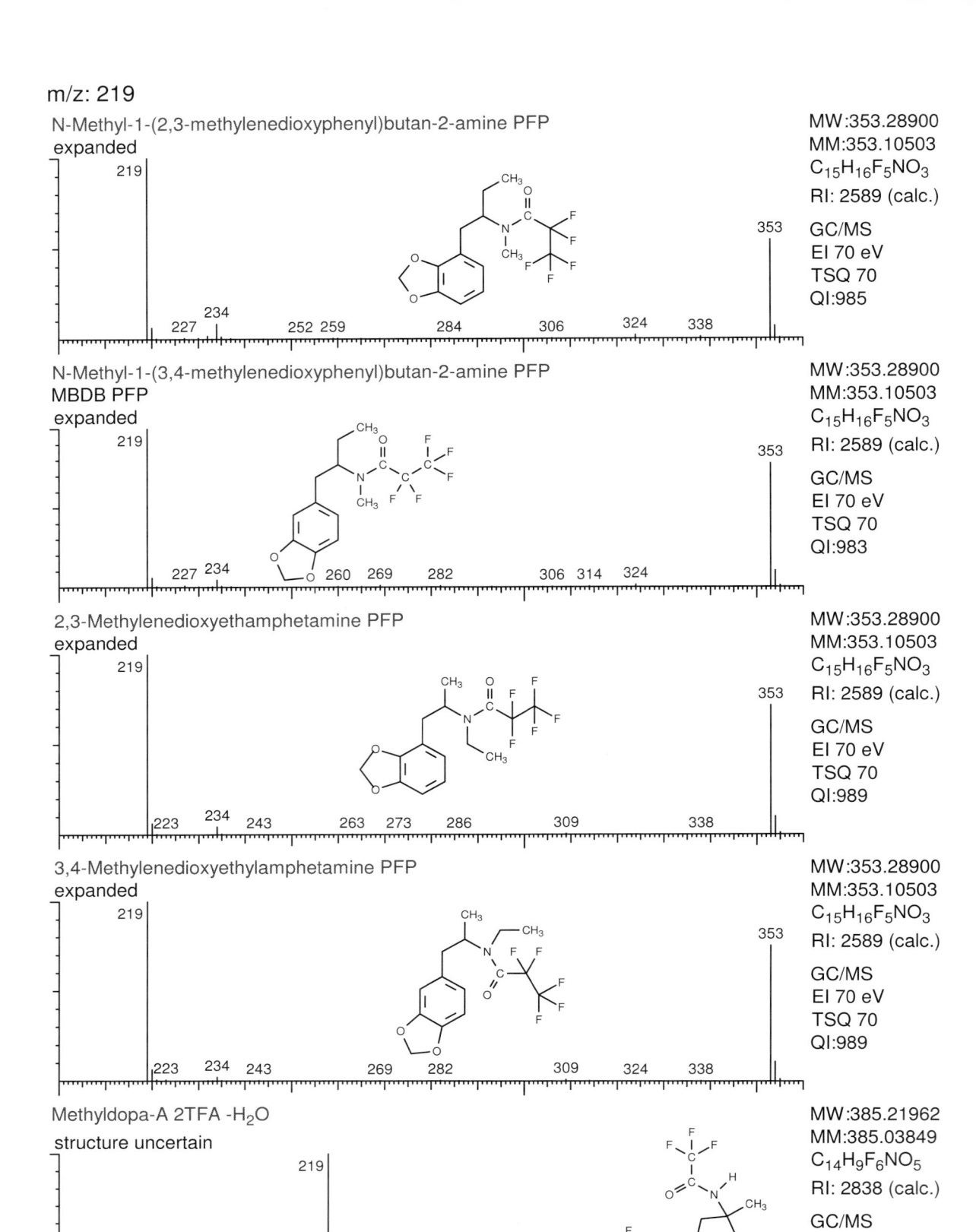

N-Methyl-1-(2,3-methylenedioxyphenyl)butan-2-amine PFP
expanded

219
227 234 252 259 284 306 324 338 353

MW:353.28900
MM:353.10503
$C_{15}H_{16}F_5NO_3$
RI: 2589 (calc.)

GC/MS
EI 70 eV
TSQ 70
QI:985

N-Methyl-1-(3,4-methylenedioxyphenyl)butan-2-amine PFP
MBDB PFP
expanded

219
227 234 260 269 282 306 314 324 353

MW:353.28900
MM:353.10503
$C_{15}H_{16}F_5NO_3$
RI: 2589 (calc.)

GC/MS
EI 70 eV
TSQ 70
QI:983

2,3-Methylenedioxyethamphetamine PFP
expanded

219
223 234 243 263 273 286 309 338 353

MW:353.28900
MM:353.10503
$C_{15}H_{16}F_5NO_3$
RI: 2589 (calc.)

GC/MS
EI 70 eV
TSQ 70
QI:989

3,4-Methylenedioxyethylamphetamine PFP
expanded

219
223 234 243 269 282 309 324 338 353

MW:353.28900
MM:353.10503
$C_{15}H_{16}F_5NO_3$
RI: 2589 (calc.)

GC/MS
EI 70 eV
TSQ 70
QI:989

Methyldopa-A 2TFA -H$_2$O
structure uncertain

51 69 110 138 163 219 232 287 315 385

MW:385.21962
MM:385.03849
$C_{14}H_9F_6NO_5$
RI: 2838 (calc.)

GC/MS
EI 70 eV
TSQ 70
QI:987

m/z: 219-220

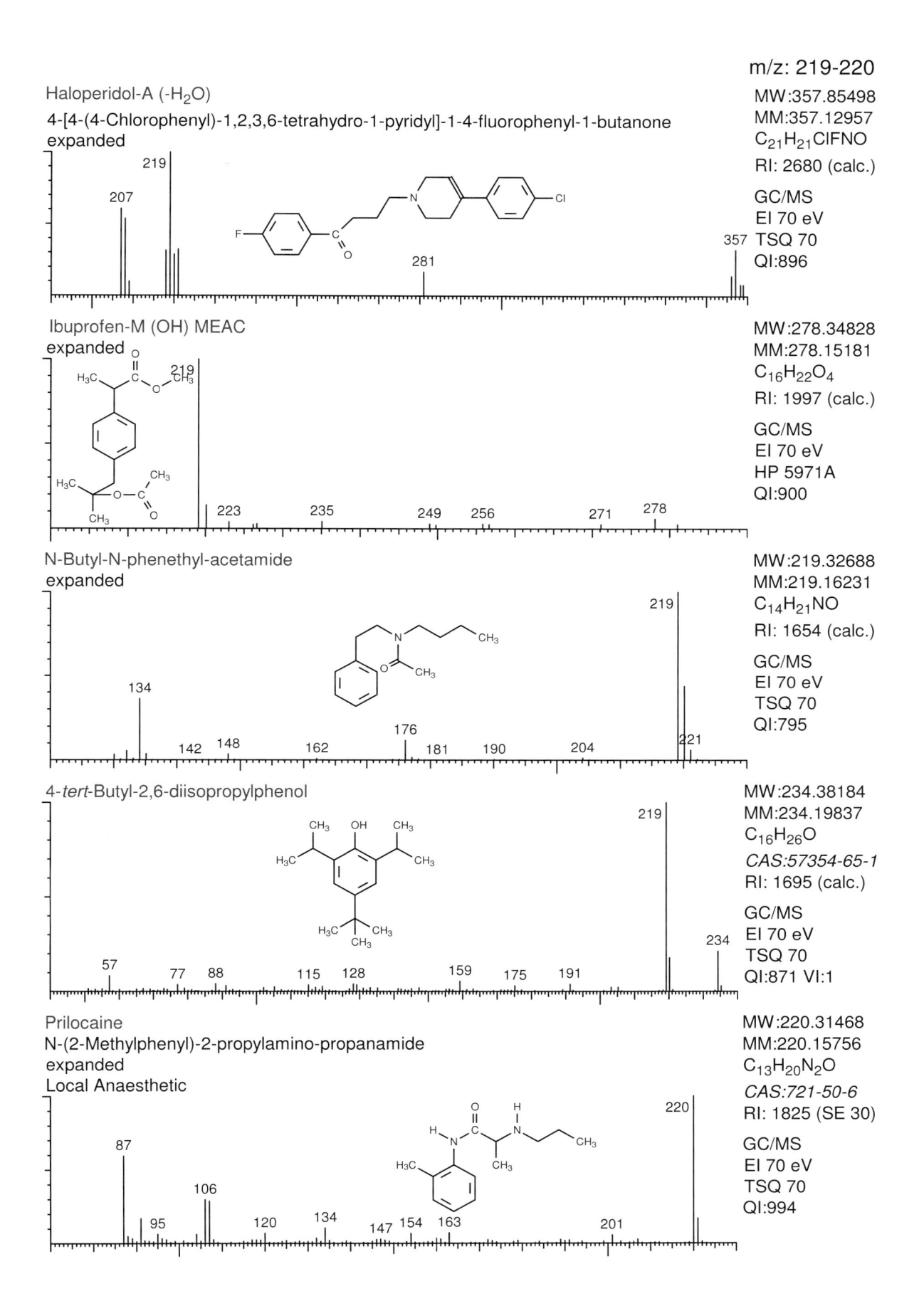

Haloperidol-A (-H₂O)
4-[4-(4-Chlorophenyl)-1,2,3,6-tetrahydro-1-pyridyl]-1-4-fluorophenyl-1-butanone
expanded

MW: 357.85498
MM: 357.12957
$C_{21}H_{21}ClFNO$
RI: 2680 (calc.)

GC/MS
EI 70 eV
TSQ 70
QI: 896

Ibuprofen-M (OH) MEAC
expanded

MW: 278.34828
MM: 278.15181
$C_{16}H_{22}O_4$
RI: 1997 (calc.)

GC/MS
EI 70 eV
HP 5971A
QI: 900

N-Butyl-N-phenethyl-acetamide
expanded

MW: 219.32688
MM: 219.16231
$C_{14}H_{21}NO$
RI: 1654 (calc.)

GC/MS
EI 70 eV
TSQ 70
QI: 795

4-tert-Butyl-2,6-diisopropylphenol

MW: 234.38184
MM: 234.19837
$C_{16}H_{26}O$
CAS: 57354-65-1
RI: 1695 (calc.)

GC/MS
EI 70 eV
TSQ 70
QI: 871 VI:1

Prilocaine
N-(2-Methylphenyl)-2-propylamino-propanamide
expanded
Local Anaesthetic

MW: 220.31468
MM: 220.15756
$C_{13}H_{20}N_2O$
CAS: 721-50-6
RI: 1825 (SE 30)

GC/MS
EI 70 eV
TSQ 70
QI: 994

m/z: 220

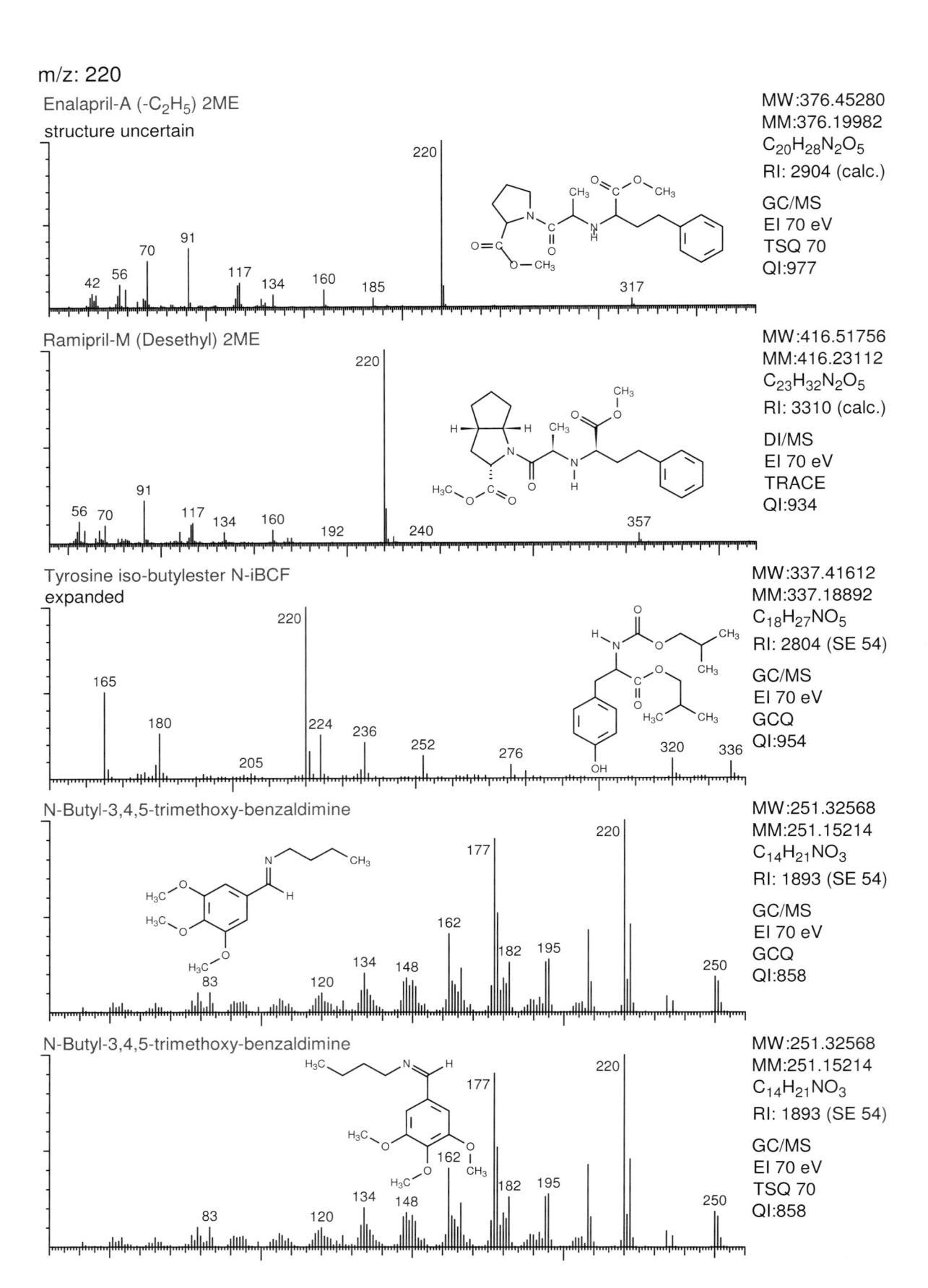

Enalapril-A (-C₂H₅) 2ME
structure uncertain

MW:376.45280
MM:376.19982
$C_{20}H_{28}N_2O_5$
RI: 2904 (calc.)

GC/MS
EI 70 eV
TSQ 70
QI:977

Ramipril-M (Desethyl) 2ME

MW:416.51756
MM:416.23112
$C_{23}H_{32}N_2O_5$
RI: 3310 (calc.)

DI/MS
EI 70 eV
TRACE
QI:934

Tyrosine iso-butylester N-iBCF
expanded

MW:337.41612
MM:337.18892
$C_{18}H_{27}NO_5$
RI: 2804 (SE 54)

GC/MS
EI 70 eV
GCQ
QI:954

N-Butyl-3,4,5-trimethoxy-benzaldimine

MW:251.32568
MM:251.15214
$C_{14}H_{21}NO_3$
RI: 1893 (SE 54)

GC/MS
EI 70 eV
GCQ
QI:858

N-Butyl-3,4,5-trimethoxy-benzaldimine

MW:251.32568
MM:251.15214
$C_{14}H_{21}NO_3$
RI: 1893 (SE 54)

GC/MS
EI 70 eV
TSQ 70
QI:858

m/z: 220

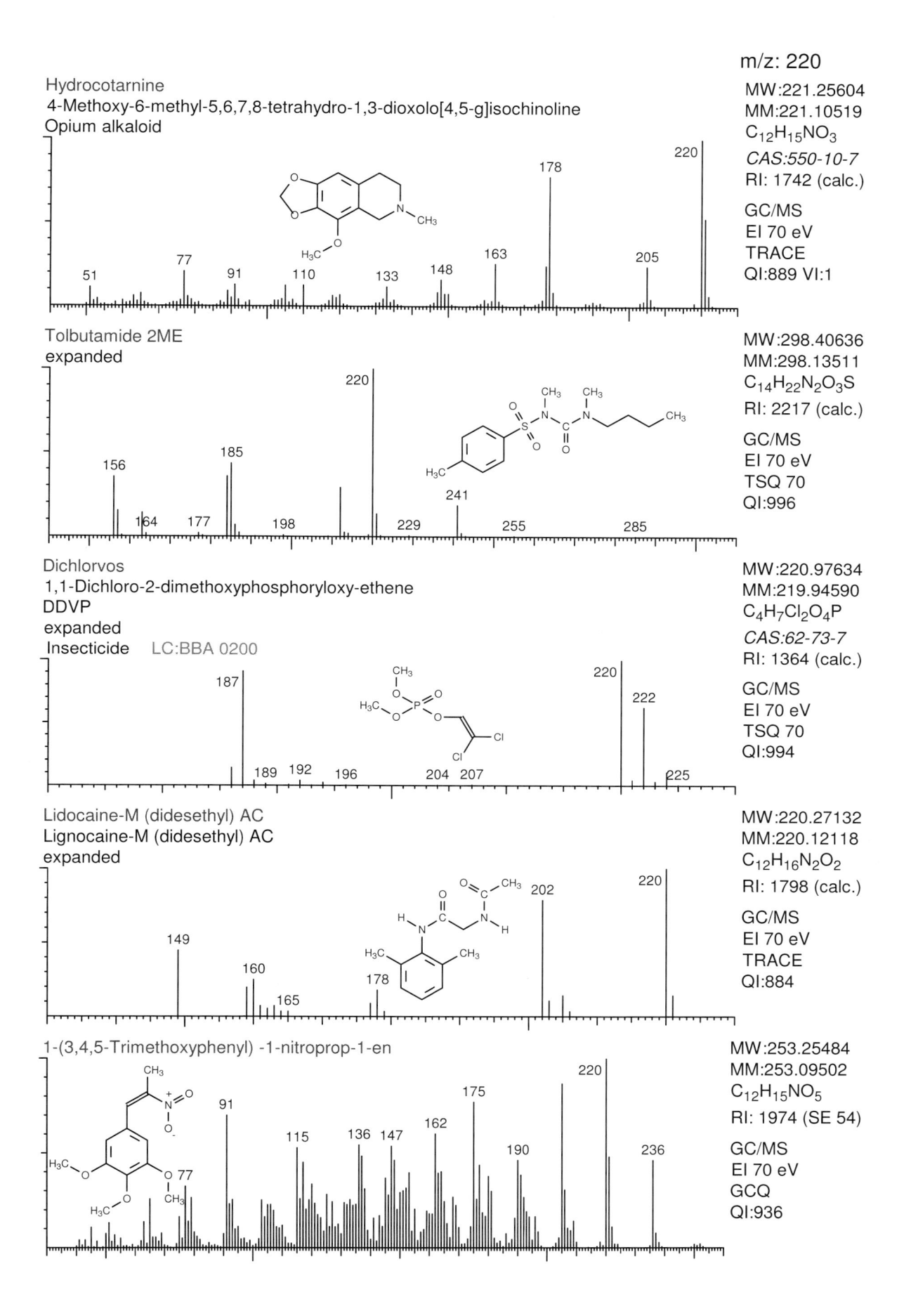

Hydrocotarnine
4-Methoxy-6-methyl-5,6,7,8-tetrahydro-1,3-dioxolo[4,5-g]isochinoline
Opium alkaloid

Peaks: 51, 77, 91, 110, 133, 148, 163, 178, 205, 220

MW:221.25604
MM:221.10519
$C_{12}H_{15}NO_3$
CAS:550-10-7
RI: 1742 (calc.)

GC/MS
EI 70 eV
TRACE
QI:889 VI:1

Tolbutamide 2ME
expanded

Peaks: 156, 164, 177, 185, 198, 220, 229, 241, 255, 285

MW:298.40636
MM:298.13511
$C_{14}H_{22}N_2O_3S$
RI: 2217 (calc.)

GC/MS
EI 70 eV
TSQ 70
QI:996

Dichlorvos
1,1-Dichloro-2-dimethoxyphosphoryloxy-ethene
DDVP
expanded
Insecticide   LC:BBA 0200

Peaks: 187, 189, 192, 196, 204, 207, 220, 222, 225

MW:220.97634
MM:219.94590
$C_4H_7Cl_2O_4P$
CAS:62-73-7
RI: 1364 (calc.)

GC/MS
EI 70 eV
TSQ 70
QI:994

Lidocaine-M (didesethyl) AC
Lignocaine-M (didesethyl) AC
expanded

Peaks: 149, 160, 165, 178, 202, 220

MW:220.27132
MM:220.12118
$C_{12}H_{16}N_2O_2$
RI: 1798 (calc.)

GC/MS
EI 70 eV
TRACE
QI:884

1-(3,4,5-Trimethoxyphenyl)-1-nitroprop-1-en

Peaks: 77, 91, 115, 136, 147, 162, 175, 190, 220, 236

MW:253.25484
MM:253.09502
$C_{12}H_{15}NO_5$
RI: 1974 (SE 54)

GC/MS
EI 70 eV
GCQ
QI:936

m/z: 220

Narcotine
[S-(R*,S*)]-6,7-Dimethoxy-3-(5,6,7,8-tetrahydro-4-methoxy-6-methyl-1,3-dioxolo-[4,5-g]-isoquinolin-5-yl)-1-(3H)-isobenzofuranone
Narcotin, Narkotin, Noscapine, Noskapin
Antitussive

MW:413.42716
MM:413.14745
$C_{22}H_{23}NO_7$
CAS:128-62-1
RI: 3196 (calc.)

GC/MS
EI 70 eV
TSQ 70
QI:997 VI:1

Peaks: 30, 42, 63, 77, 91, 118, 147, 176, 193, 220

Procarbazine-A (-2H)

MW:219.28660
MM:219.13716
$C_{12}H_{17}N_3O$
RI: 2095 (SE 30)

GC/MS
CI-Methane
TSQ 70
QI:0

Peaks: 41, 55, 135, 161, 177, 191, 220, 234, 248, 260

Narcotine
[S-(R*,S*)]-6,7-Dimethoxy-3-(5,6,7,8-tetrahydro-4-methoxy-6-methyl-1,3-dioxolo-[4,5-g]-isoquinolin-5-yl)-1-(3H)-isobenzofuranone
Narcotin, Narkotin, Noscapine, Noskapin
Antitussive

MW:413.42716
MM:413.14745
$C_{22}H_{23}NO_7$
CAS:128-62-1
RI: 3196 (calc.)

GC/MS
EI 70 eV
TSQ 700
QI:1000 VI:2

Peaks: 18, 42, 63, 77, 91, 118, 147, 178, 220, 412

Bromazepam-M/A 1 (4 oxo)

MW:330.14054
MM:328.97999
$C_{14}H_8BrN_3O_2$
RI: 2539 (calc.)

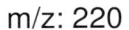

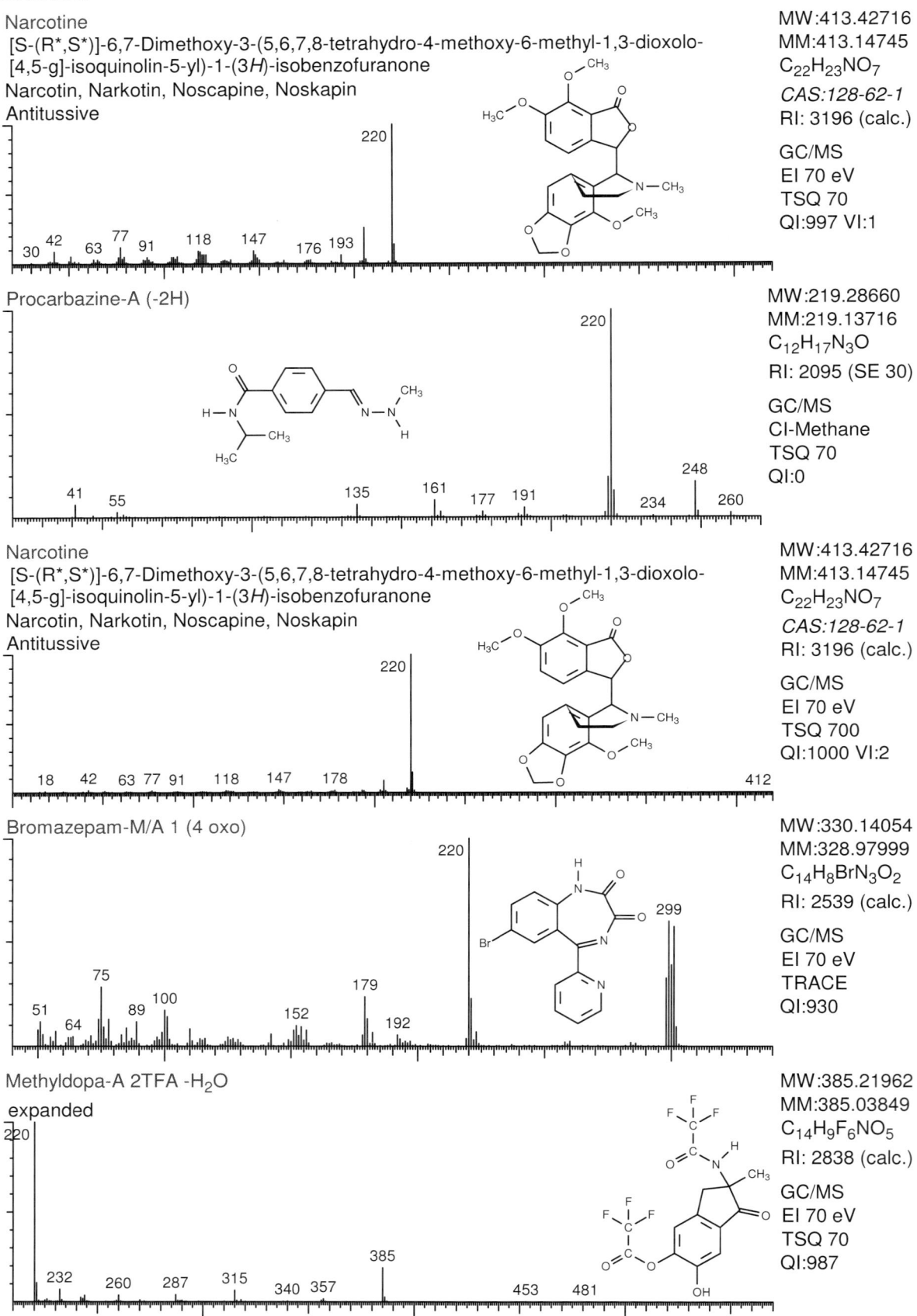

GC/MS
EI 70 eV
TRACE
QI:930

Peaks: 51, 64, 75, 89, 100, 152, 179, 192, 220, 299

Methyldopa-A 2TFA -H₂O
expanded

MW:385.21962
MM:385.03849
$C_{14}H_9F_6NO_5$
RI: 2838 (calc.)

GC/MS
EI 70 eV
TSQ 70
QI:987

Peaks: 220, 232, 260, 287, 315, 340, 357, 385, 453, 481

m/z: 220-221

Ibuprofen ME
α-Methyl-4-(2-methylpropyl)benzeneacetic acid methyl ester
expanded

MW:220.31160
MM:220.14633
$C_{14}H_{20}O_2$
CAS:61566-34-5
RI: 1591 (calc.)

GC/MS
EI 70 eV
TSQ 70
QI:937 VI:2

N,N-Dimethyl-2-(2,3-methylenedioxyphenyl)butan-1-amine
expanded

MW:221.29940
MM:221.14158
$C_{13}H_{19}NO_2$
RI: 1704 (calc.)

GC/MS
EI 70 eV
TSQ 70
QI:995

Chlorprothixene
3-(2-Chlorothioxanthen-9-ylidene)-N,N-dimethyl-propan-1-amine
Chloroprothixen, Klorprotixen
expanded
Tranquilizer

MW:315.86636
MM:315.08485
$C_{18}H_{18}ClNS$
CAS:113-59-7
RI: 2487 (SE 30)

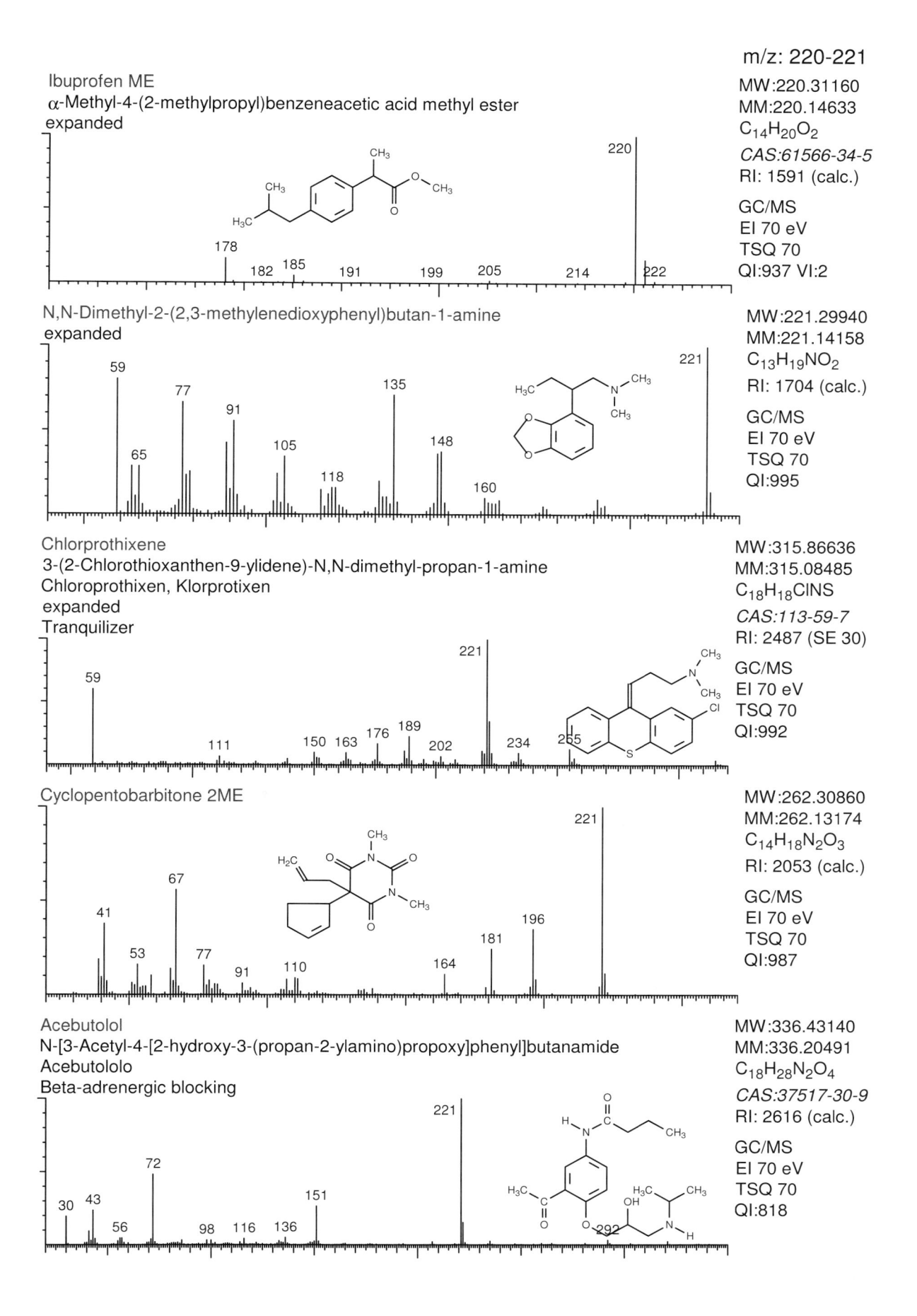

GC/MS
EI 70 eV
TSQ 70
QI:992

Cyclopentobarbitone 2ME

MW:262.30860
MM:262.13174
$C_{14}H_{18}N_2O_3$
RI: 2053 (calc.)

GC/MS
EI 70 eV
TSQ 70
QI:987

Acebutolol
N-[3-Acetyl-4-[2-hydroxy-3-(propan-2-ylamino)propoxy]phenyl]butanamide
Acebutololo
Beta-adrenergic blocking

MW:336.43140
MM:336.20491
$C_{18}H_{28}N_2O_4$
CAS:37517-30-9
RI: 2616 (calc.)

GC/MS
EI 70 eV
TSQ 70
QI:818

m/z: 221

Hexobarbitone
5-(1-Cyclohexenyl)-1,5-dimethyl-1,3-diazinane-2,4,6-trione
Hexobarbital, Enhexymal, 5-(Cyclohex-1-enyl)-1,5-dimethylbarbituric acid
Narcotic   LC:CSA III

MW:236.27072
MM:236.11609
$C_{12}H_{16}N_2O_3$
CAS:56-29-1
RI: 1903 (calc.)

GC/MS
EI 70 eV
TSQ 70
QI:995 VI:1

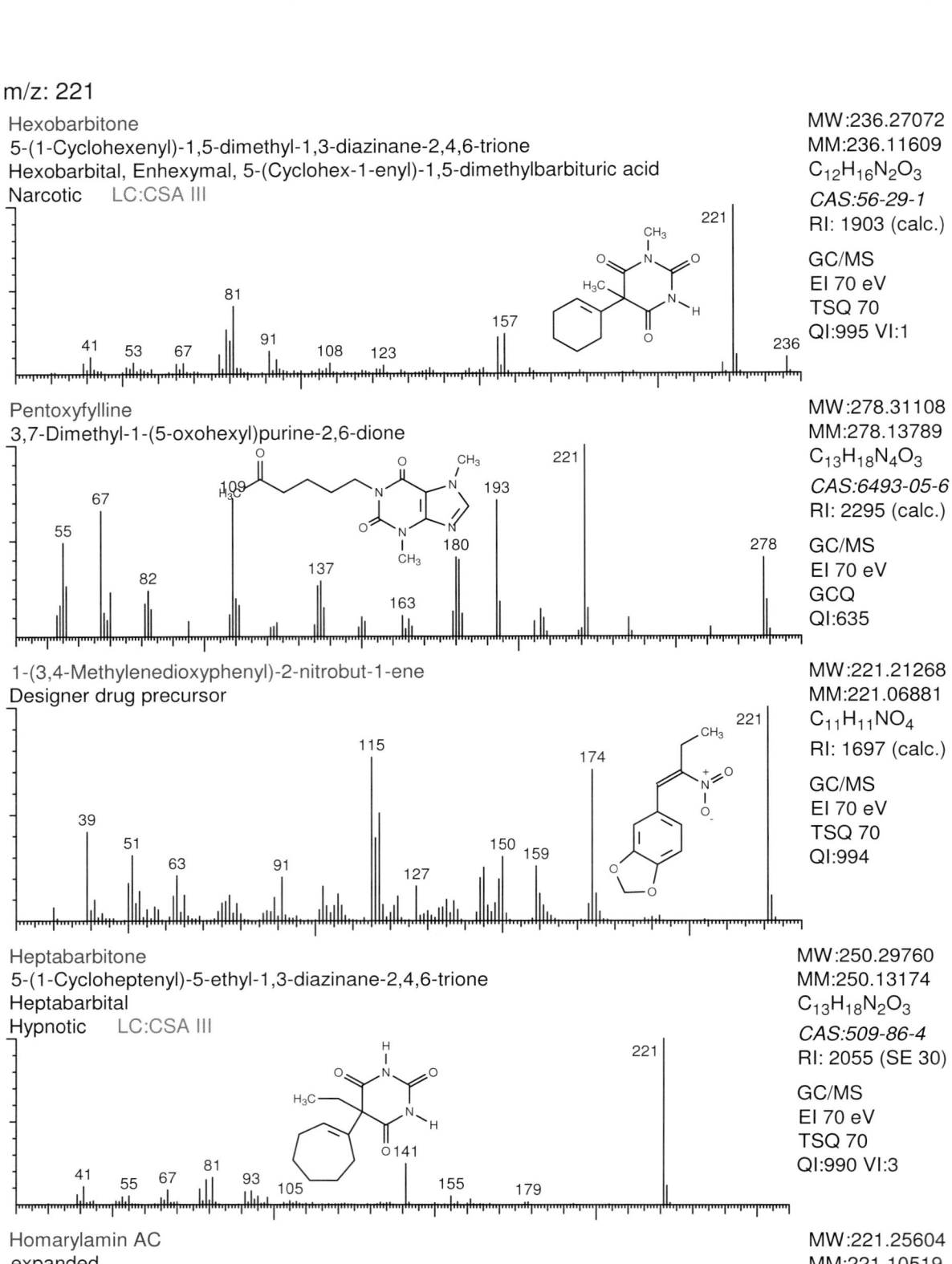

Pentoxyfylline
3,7-Dimethyl-1-(5-oxohexyl)purine-2,6-dione

MW:278.31108
MM:278.13789
$C_{13}H_{18}N_4O_3$
CAS:6493-05-6
RI: 2295 (calc.)

GC/MS
EI 70 eV
GCQ
QI:635

1-(3,4-Methylenedioxyphenyl)-2-nitrobut-1-ene
Designer drug precursor

MW:221.21268
MM:221.06881
$C_{11}H_{11}NO_4$
RI: 1697 (calc.)

GC/MS
EI 70 eV
TSQ 70
QI:994

Heptabarbitone
5-(1-Cycloheptenyl)-5-ethyl-1,3-diazinane-2,4,6-trione
Heptabarbital
Hypnotic   LC:CSA III

MW:250.29760
MM:250.13174
$C_{13}H_{18}N_2O_3$
CAS:509-86-4
RI: 2055 (SE 30)

GC/MS
EI 70 eV
TSQ 70
QI:990 VI:3

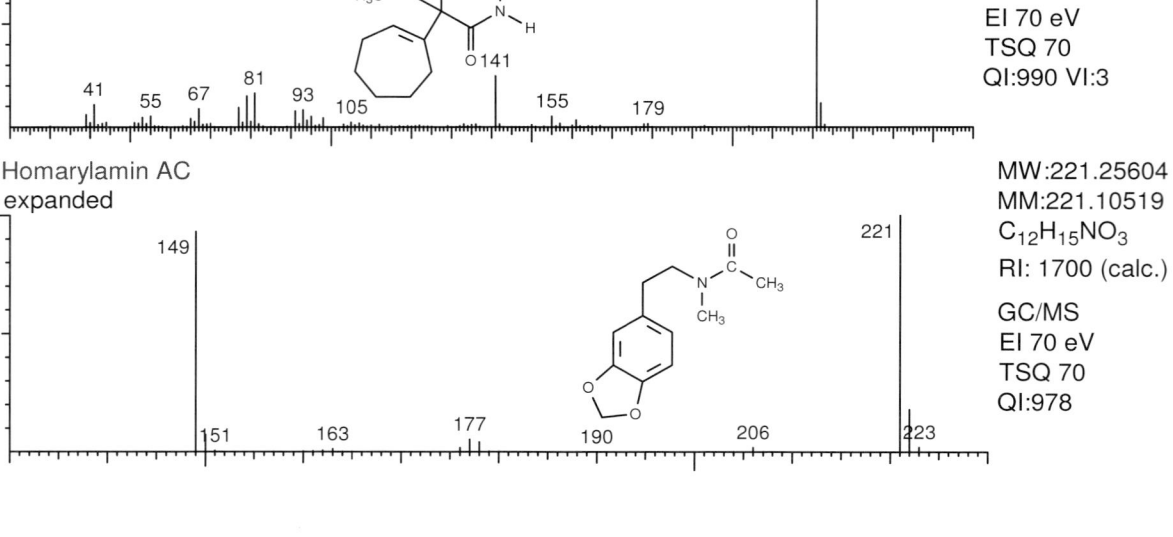

Homarylamin AC
expanded

MW:221.25604
MM:221.10519
$C_{12}H_{15}NO_3$
RI: 1700 (calc.)

GC/MS
EI 70 eV
TSQ 70
QI:978

m/z: 221

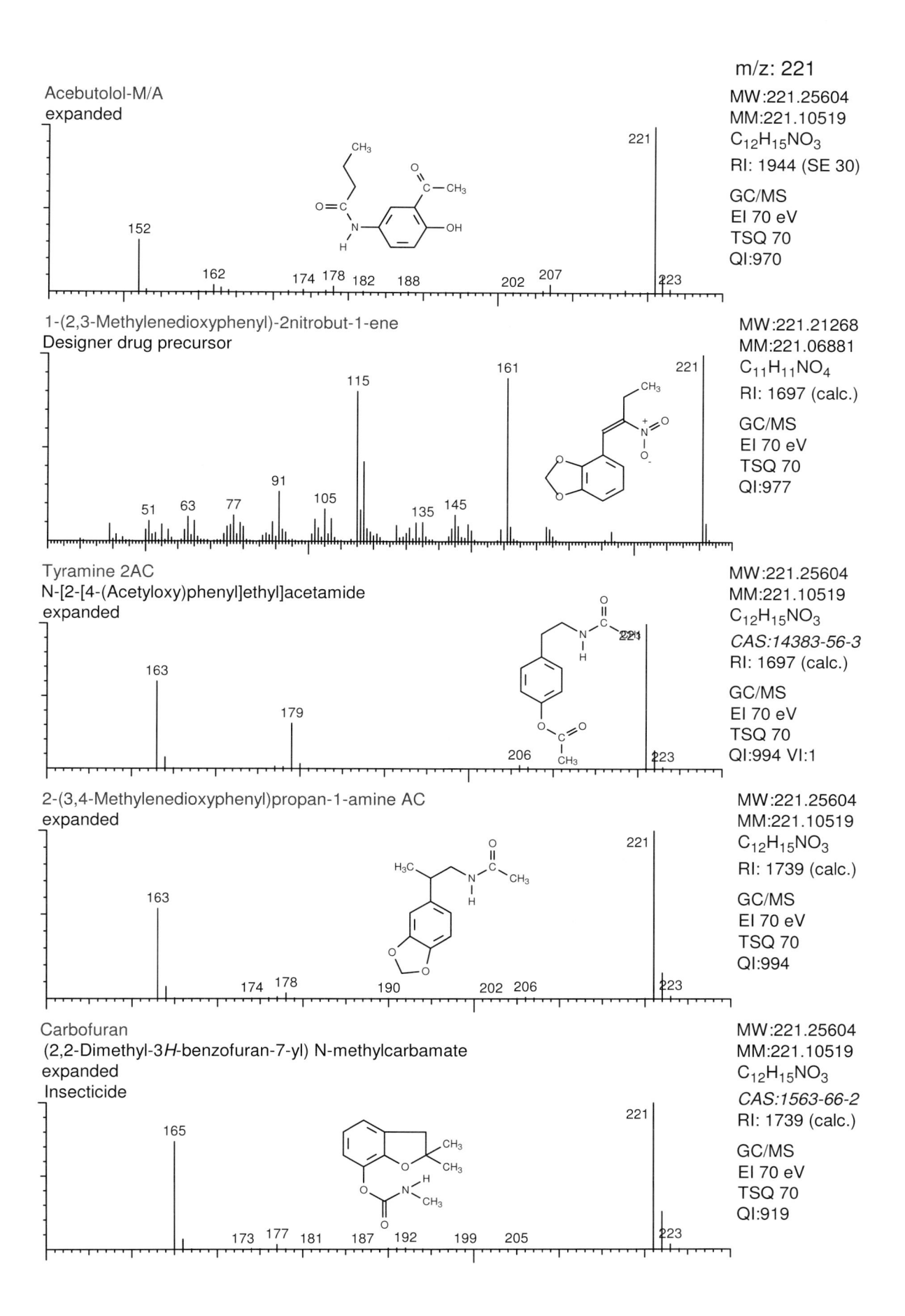

Acebutolol-M/A expanded

MW:221.25604
MM:221.10519
$C_{12}H_{15}NO_3$
RI: 1944 (SE 30)

GC/MS
EI 70 eV
TSQ 70
QI:970

Peaks: 152, 162, 174, 178, 182, 188, 202, 207, 221, 223

1-(2,3-Methylenedioxyphenyl)-2nitrobut-1-ene
Designer drug precursor

MW:221.21268
MM:221.06881
$C_{11}H_{11}NO_4$
RI: 1697 (calc.)

GC/MS
EI 70 eV
TSQ 70
QI:977

Peaks: 51, 63, 77, 91, 105, 115, 135, 145, 161, 221

Tyramine 2AC
N-[2-[4-(Acetyloxy)phenyl]ethyl]acetamide
expanded

MW:221.25604
MM:221.10519
$C_{12}H_{15}NO_3$
CAS:14383-56-3
RI: 1697 (calc.)

GC/MS
EI 70 eV
TSQ 70
QI:994 VI:1

Peaks: 163, 179, 206, 221, 223

2-(3,4-Methylenedioxyphenyl)propan-1-amine AC
expanded

MW:221.25604
MM:221.10519
$C_{12}H_{15}NO_3$
RI: 1739 (calc.)

GC/MS
EI 70 eV
TSQ 70
QI:994

Peaks: 163, 174, 178, 190, 202, 206, 221, 223

Carbofuran
(2,2-Dimethyl-3H-benzofuran-7-yl) N-methylcarbamate
expanded
Insecticide

MW:221.25604
MM:221.10519
$C_{12}H_{15}NO_3$
CAS:1563-66-2
RI: 1739 (calc.)

GC/MS
EI 70 eV
TSQ 70
QI:919

Peaks: 165, 173, 177, 181, 187, 192, 199, 205, 221, 223

m/z: 221

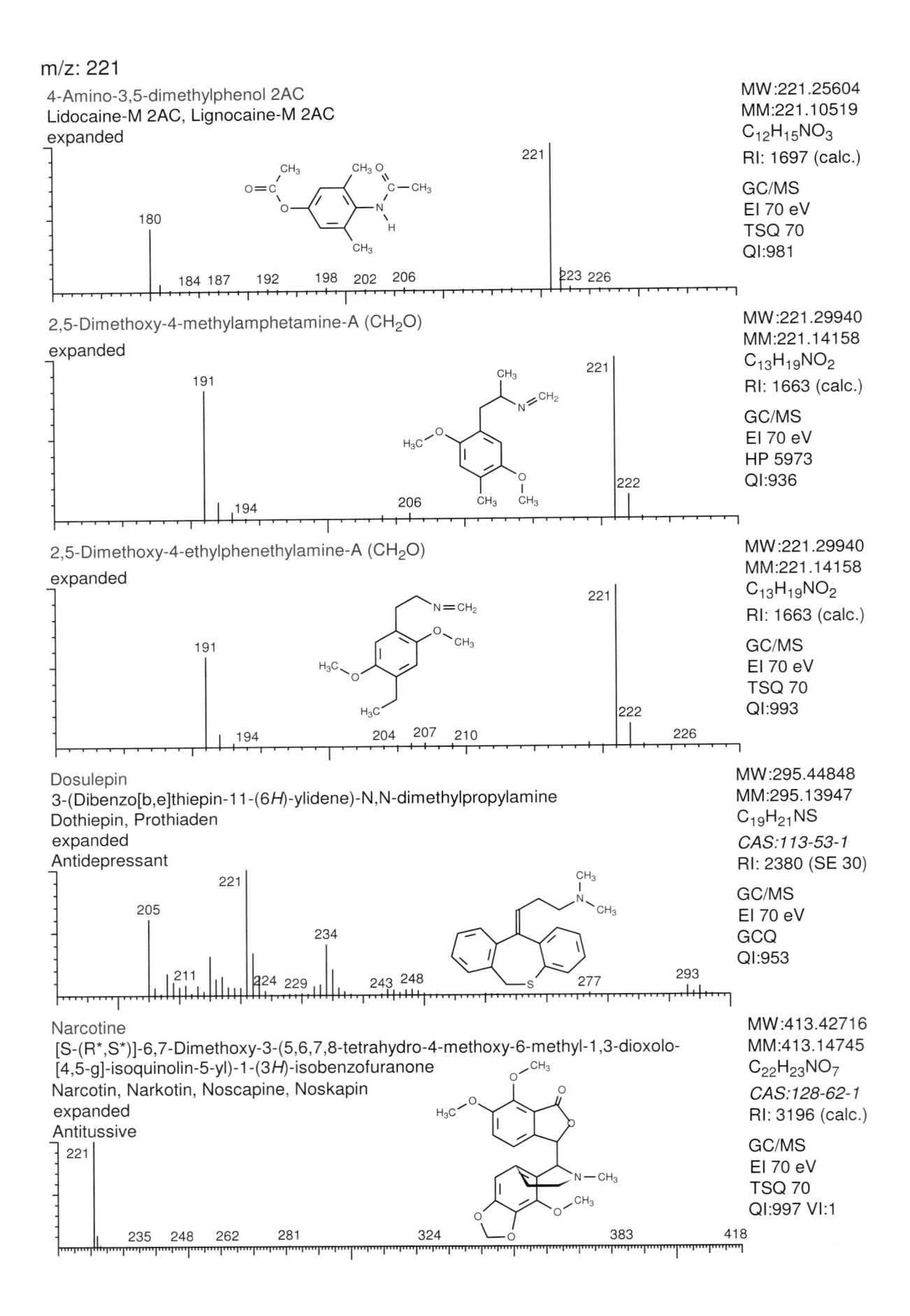

4-Amino-3,5-dimethylphenol 2AC
Lidocaine-M 2AC, Lignocaine-M 2AC
expanded

MW:221.25604
MM:221.10519
$C_{12}H_{15}NO_3$
RI: 1697 (calc.)

GC/MS
EI 70 eV
TSQ 70
QI:981

2,5-Dimethoxy-4-methylamphetamine-A (CH_2O)
expanded

MW:221.29940
MM:221.14158
$C_{13}H_{19}NO_2$
RI: 1663 (calc.)

GC/MS
EI 70 eV
HP 5973
QI:936

2,5-Dimethoxy-4-ethylphenethylamine-A (CH_2O)
expanded

MW:221.29940
MM:221.14158
$C_{13}H_{19}NO_2$
RI: 1663 (calc.)

GC/MS
EI 70 eV
TSQ 70
QI:993

Dosulepin
3-(Dibenzo[b,e]thiepin-11-(6H)-ylidene)-N,N-dimethylpropylamine
Dothiepin, Prothiaden
expanded
Antidepressant

MW:295.44848
MM:295.13947
$C_{19}H_{21}NS$
CAS:113-53-1
RI: 2380 (SE 30)

GC/MS
EI 70 eV
GCQ
QI:953

Narcotine
[S-(R*,S*)]-6,7-Dimethoxy-3-(5,6,7,8-tetrahydro-4-methoxy-6-methyl-1,3-dioxolo-[4,5-g]-isoquinolin-5-yl)-1-(3H)-isobenzofuranone
Narcotin, Narkotin, Noscapine, Noskapin
expanded
Antitussive

MW:413.42716
MM:413.14745
$C_{22}H_{23}NO_7$
CAS:128-62-1
RI: 3196 (calc.)

GC/MS
EI 70 eV
TSQ 70
QI:997 VI:1

m/z: 221

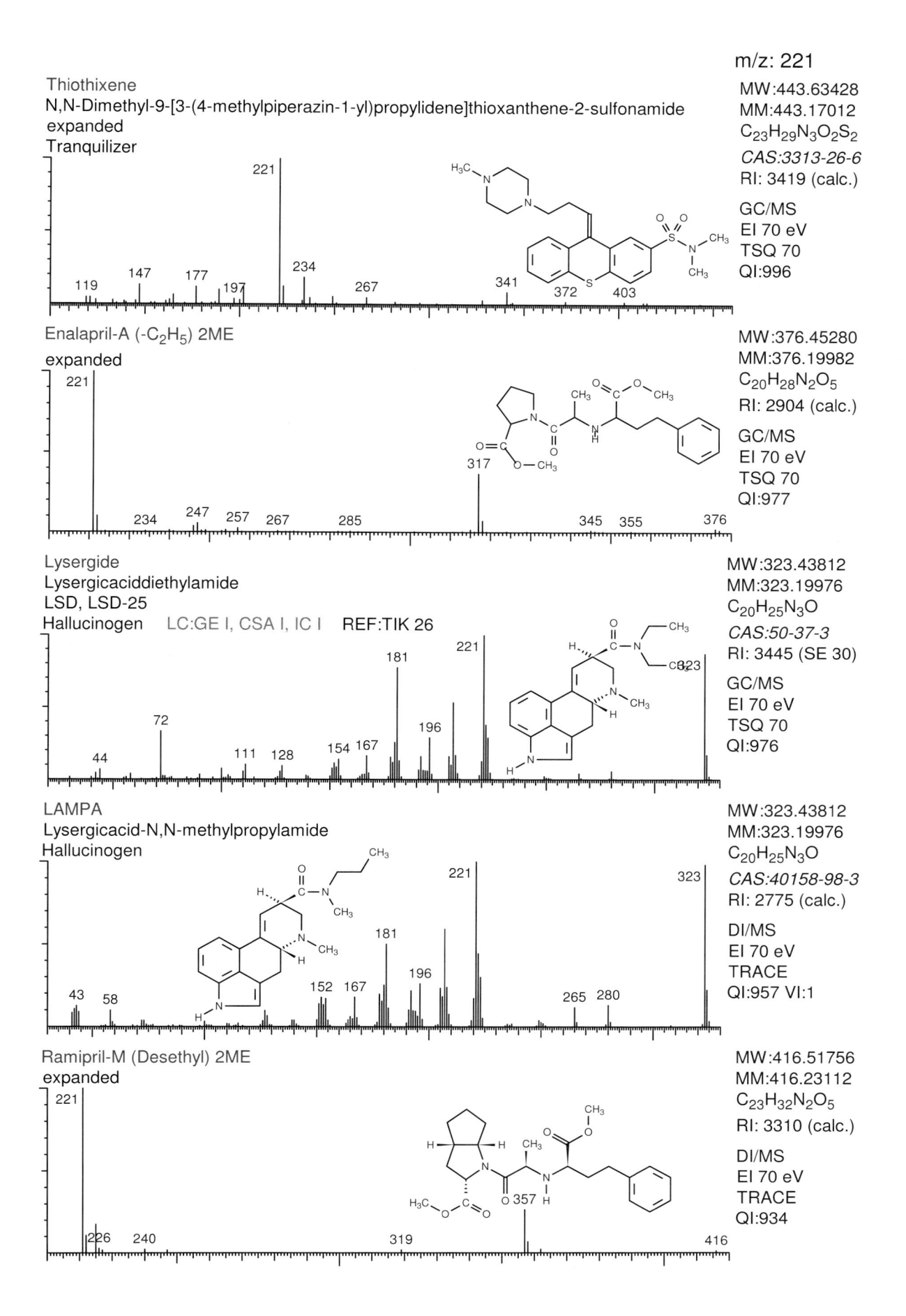

Thiothixene
N,N-Dimethyl-9-[3-(4-methylpiperazin-1-yl)propylidene]thioxanthene-2-sulfonamide
expanded
Tranquilizer

MW:443.63428
MM:443.17012
C₂₃H₂₉N₃O₂S₂
CAS:3313-26-6
RI: 3419 (calc.)

GC/MS
EI 70 eV
TSQ 70
QI:996

Enalapril-A (-C₂H₅) 2ME
expanded

MW:376.45280
MM:376.19982
C₂₀H₂₈N₂O₅
RI: 2904 (calc.)

GC/MS
EI 70 eV
TSQ 70
QI:977

Lysergide
Lysergicaciddiethylamide
LSD, LSD-25
Hallucinogen   LC:GE I, CSA I, IC I   REF:TIK 26

MW:323.43812
MM:323.19976
C₂₀H₂₅N₃O
CAS:50-37-3
RI: 3445 (SE 30)

GC/MS
EI 70 eV
TSQ 70
QI:976

LAMPA
Lysergicacid-N,N-methylpropylamide
Hallucinogen

MW:323.43812
MM:323.19976
C₂₀H₂₅N₃O
CAS:40158-98-3
RI: 2775 (calc.)

DI/MS
EI 70 eV
TRACE
QI:957 VI:1

Ramipril-M (Desethyl) 2ME
expanded

MW:416.51756
MM:416.23112
C₂₃H₃₂N₂O₅
RI: 3310 (calc.)

DI/MS
EI 70 eV
TRACE
QI:934

m/z: 221

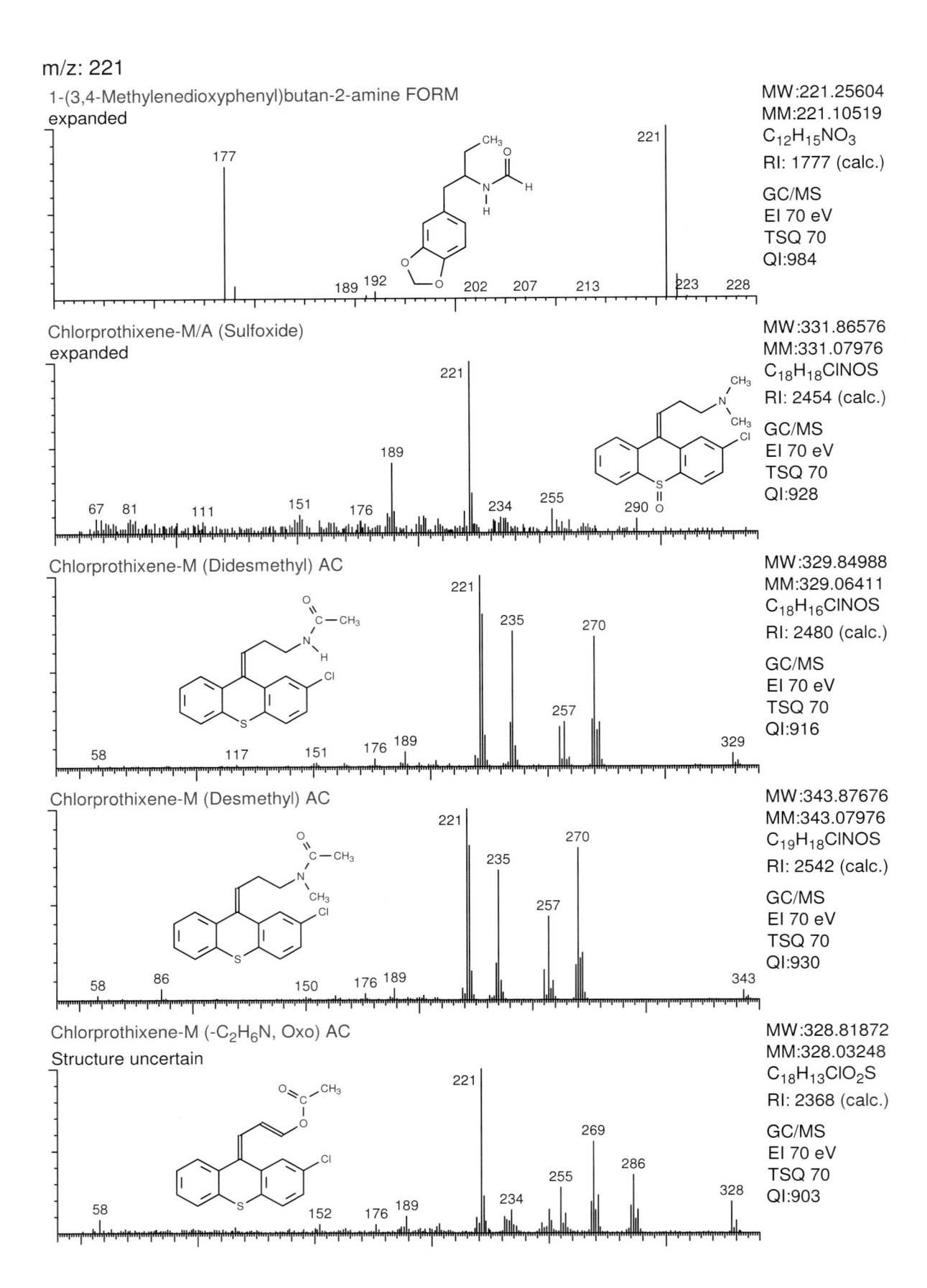

1-(3,4-Methylenedioxyphenyl)butan-2-amine FORM
expanded

MW:221.25604
MM:221.10519
$C_{12}H_{15}NO_3$
RI: 1777 (calc.)

GC/MS
EI 70 eV
TSQ 70
QI:984

Chlorprothixene-M/A (Sulfoxide)
expanded

MW:331.86576
MM:331.07976
$C_{18}H_{18}ClNOS$
RI: 2454 (calc.)

GC/MS
EI 70 eV
TSQ 70
QI:928

Chlorprothixene-M (Didesmethyl) AC

MW:329.84988
MM:329.06411
$C_{18}H_{16}ClNOS$
RI: 2480 (calc.)

GC/MS
EI 70 eV
TSQ 70
QI:916

Chlorprothixene-M (Desmethyl) AC

MW:343.87676
MM:343.07976
$C_{19}H_{18}ClNOS$
RI: 2542 (calc.)

GC/MS
EI 70 eV
TSQ 70
QI:930

Chlorprothixene-M ($-C_2H_6N$, Oxo) AC
Structure uncertain

MW:328.81872
MM:328.03248
$C_{18}H_{13}ClO_2S$
RI: 2368 (calc.)

GC/MS
EI 70 eV
TSQ 70
QI:903

m/z: 221

Methazolamide
N-(3-Methyl-5-sulfamoyl-1,3,4-thiadiazol-2-ylidene)acetamide
Carbonic Anhydrase Inh.

MW: 236.27568
MM: 236.00378
$C_5H_8N_4O_3S_2$
CAS: 554-57-4
RI: 1843 (calc.)

GC/MS
EI 70 eV
TSQ 70
QI: 721

Peaks: 55, 69, 83, 91, 131, 147, 161, 193, 221, 236

3,5-di-*tert*-Butyl-4-hydroxybenzyl alcohol

MW: 236.35436
MM: 236.17763
$C_{15}H_{24}O_2$
CAS: 88-26-6
RI: 1703 (calc.)

GC/MS
EI 70 eV
TSQ 70
QI: 891 VI:1

Peaks: 57, 91, 115, 131, 147, 161, 193, 205, 221, 236

N-Acetyl-L-phenylalanine methyl ester
expanded

MW: 221.25604
MM: 221.10519
$C_{12}H_{15}NO_3$
CAS: 3618-96-0
RI: 1697 (calc.)

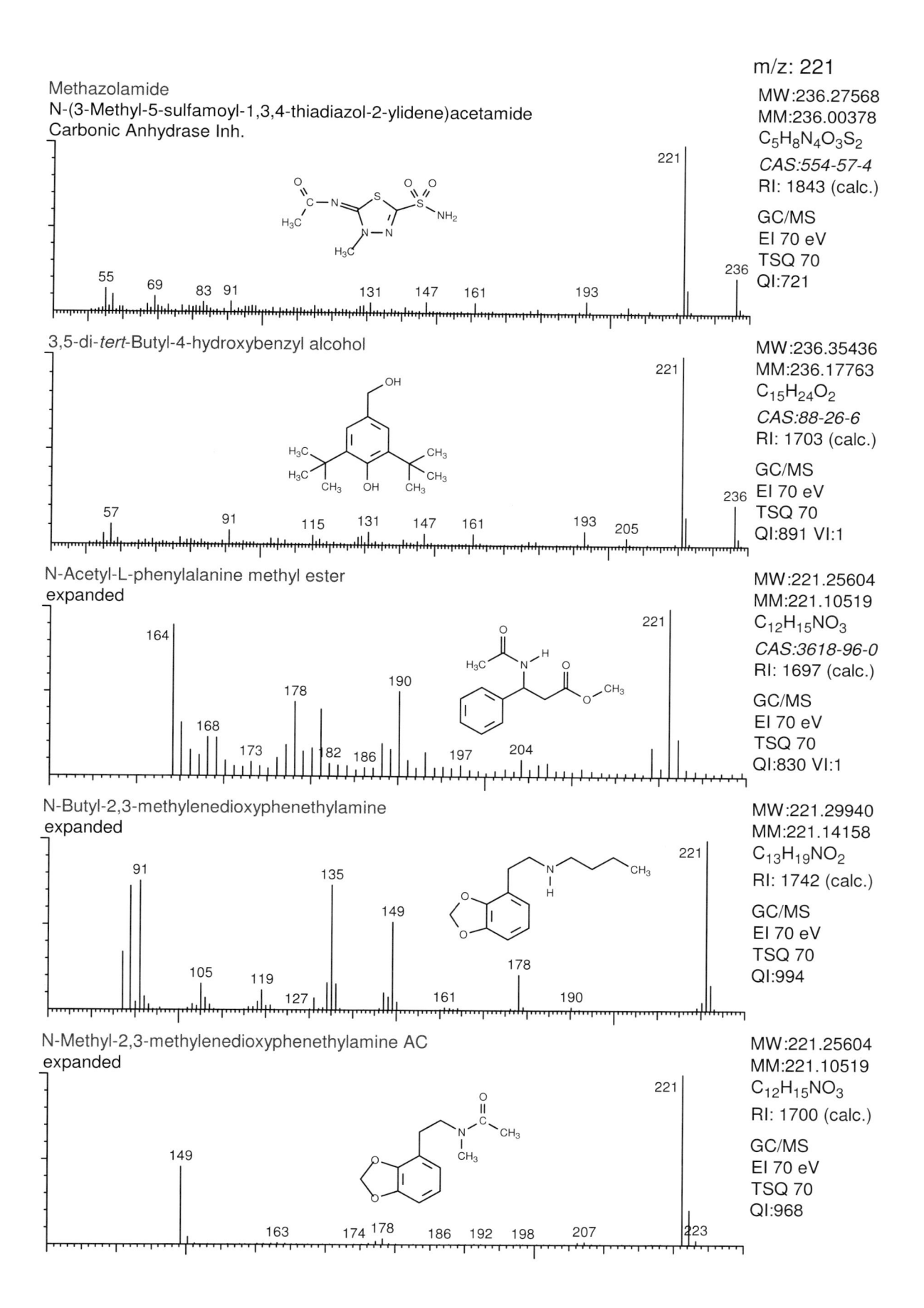

GC/MS
EI 70 eV
TSQ 70
QI: 830 VI:1

Peaks: 164, 168, 173, 178, 182, 186, 190, 197, 204, 221

N-Butyl-2,3-methylenedioxyphenethylamine
expanded

MW: 221.29940
MM: 221.14158
$C_{13}H_{19}NO_2$
RI: 1742 (calc.)

GC/MS
EI 70 eV
TSQ 70
QI: 994

Peaks: 91, 105, 119, 127, 135, 149, 161, 178, 190, 221

N-Methyl-2,3-methylenedioxyphenethylamine AC
expanded

MW: 221.25604
MM: 221.10519
$C_{12}H_{15}NO_3$
RI: 1700 (calc.)

GC/MS
EI 70 eV
TSQ 70
QI: 968

Peaks: 149, 163, 174, 178, 186, 192, 198, 207, 221, 223

m/z: 222

Propylparaben AC
4-Acetoxy-benzoic acid propyl ester
expanded

MW:222.24076
MM:222.08921
$C_{12}H_{14}O_4$
RI: 1597 (calc.)

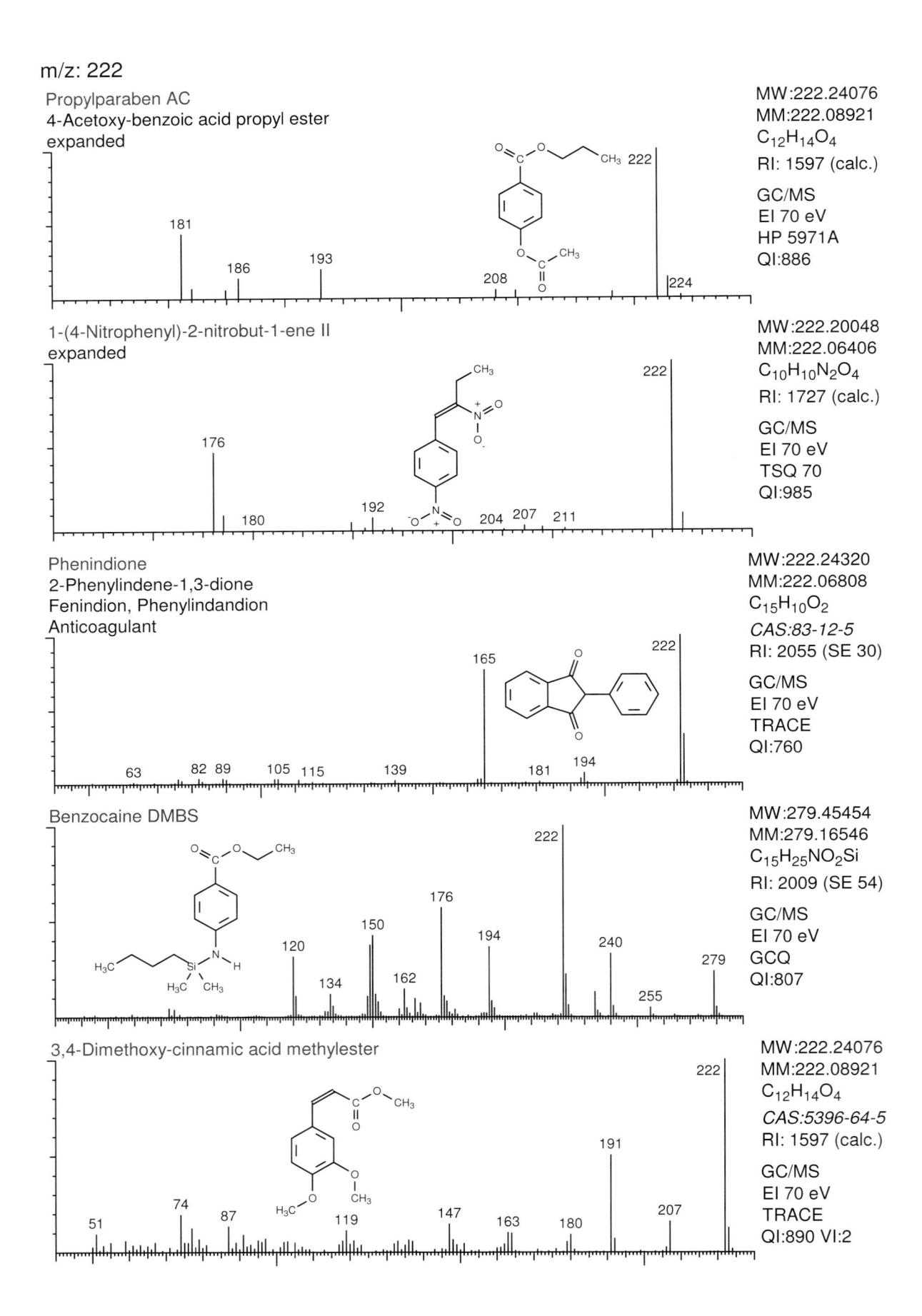

GC/MS
EI 70 eV
HP 5971A
QI:886

Peaks: 181, 186, 193, 208, 222, 224

1-(4-Nitrophenyl)-2-nitrobut-1-ene II
expanded

MW:222.20048
MM:222.06406
$C_{10}H_{10}N_2O_4$
RI: 1727 (calc.)

GC/MS
EI 70 eV
TSQ 70
QI:985

Peaks: 176, 180, 192, 204, 207, 211, 222

Phenindione
2-Phenylindene-1,3-dione
Fenindion, Phenylindandion
Anticoagulant

MW:222.24320
MM:222.06808
$C_{15}H_{10}O_2$
CAS:83-12-5
RI: 2055 (SE 30)

GC/MS
EI 70 eV
TRACE
QI:760

Peaks: 63, 82, 89, 105, 115, 139, 165, 181, 194, 222

Benzocaine DMBS

MW:279.45454
MM:279.16546
$C_{15}H_{25}NO_2Si$
RI: 2009 (SE 54)

GC/MS
EI 70 eV
GCQ
QI:807

Peaks: 120, 134, 150, 162, 176, 194, 222, 240, 255, 279

3,4-Dimethoxy-cinnamic acid methylester

MW:222.24076
MM:222.08921
$C_{12}H_{14}O_4$
CAS:5396-64-5
RI: 1597 (calc.)

GC/MS
EI 70 eV
TRACE
QI:890 VI:2

Peaks: 51, 74, 87, 119, 147, 163, 180, 191, 207, 222

m/z: 222

Tranexamic acid N-TFA, 2ME
expanded

Peaks: 213, 222, 224, 230, 234, 243, 250, 263, 267, 281

MW: 281.27507
MM: 281.12388
$C_{12}H_{18}F_3NO_3$
RI: 2041 (calc.)

GC/MS
EI 70 eV
TSQ 70
QI: 993

Tranexamic acid 2TFA ME
expanded

Peaks: 222, 234, 250, 263, 281, 367

MW: 363.25686
MM: 363.09053
$C_{13}H_{15}F_6NO_4$
RI: 2590 (calc.)

GC/MS
EI 70 eV
TSQ 70
QI: 997

Etamivan
N,N-Diethyl-4-hydroxy-3-methoxy-benzamide
expanded
Central stimulant

Peaks: 152, 162, 166, 176, 180, 190, 194, 208, 222, 224

MW: 223.27192
MM: 223.12084
$C_{12}H_{17}NO_3$
CAS: 304-84-7
RI: 1671 (calc.)

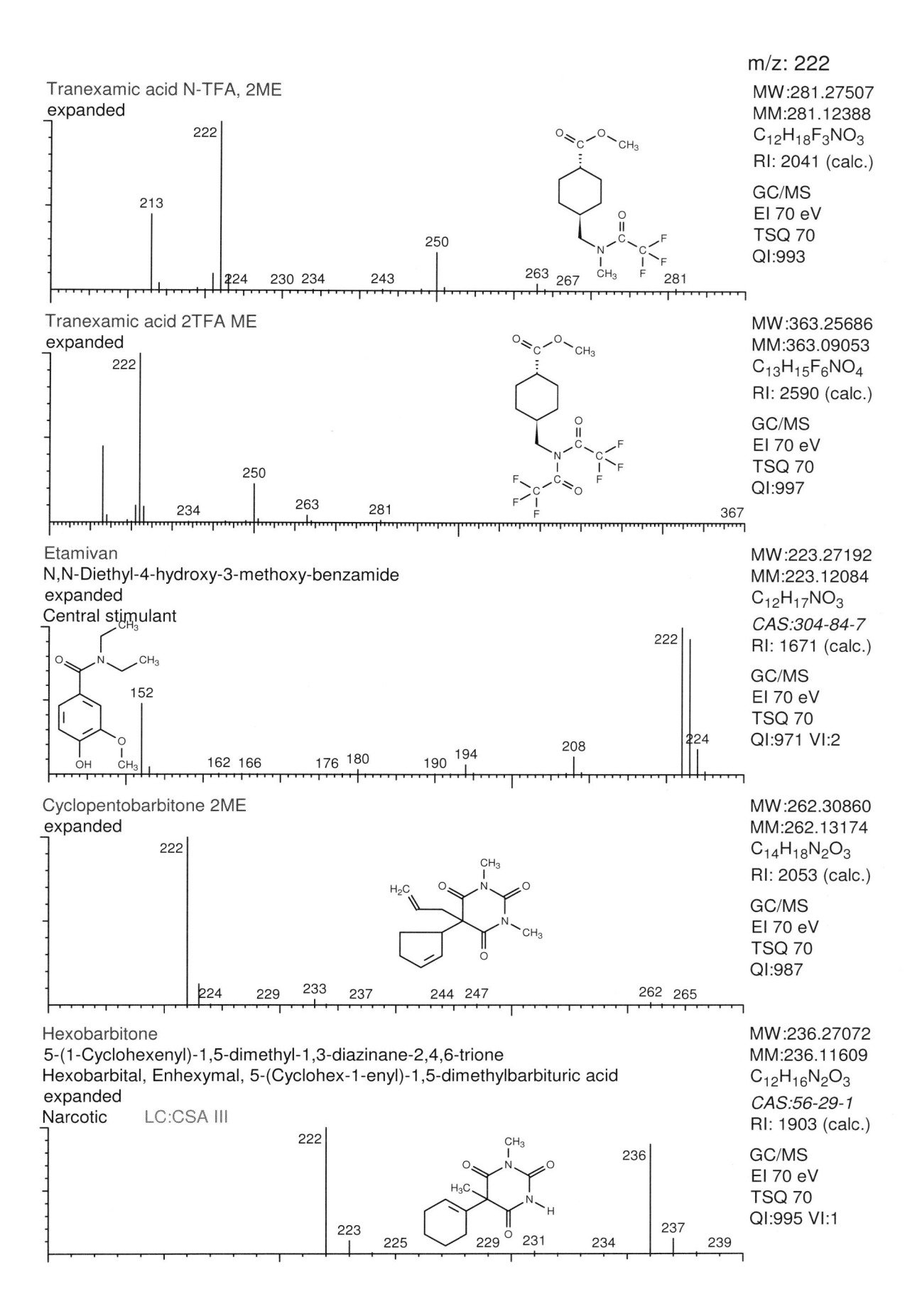

GC/MS
EI 70 eV
TSQ 70
QI: 971 VI: 2

Cyclopentobarbitone 2ME
expanded

Peaks: 222, 224, 229, 233, 237, 244, 247, 262, 265

MW: 262.30860
MM: 262.13174
$C_{14}H_{18}N_2O_3$
RI: 2053 (calc.)

GC/MS
EI 70 eV
TSQ 70
QI: 987

Hexobarbitone
5-(1-Cyclohexenyl)-1,5-dimethyl-1,3-diazinane-2,4,6-trione
Hexobarbital, Enhexymal, 5-(Cyclohex-1-enyl)-1,5-dimethylbarbituric acid
expanded
Narcotic   LC:CSA III

Peaks: 222, 223, 225, 229, 231, 234, 236, 237, 239

MW: 236.27072
MM: 236.11609
$C_{12}H_{16}N_2O_3$
CAS: 56-29-1
RI: 1903 (calc.)

GC/MS
EI 70 eV
TSQ 70
QI: 995 VI: 1

m/z: 222

Clonidine 2ME

MW: 258.14984
MM: 257.04865
$C_{11}H_{13}Cl_2N_3$
RI: 1998 (calc.)

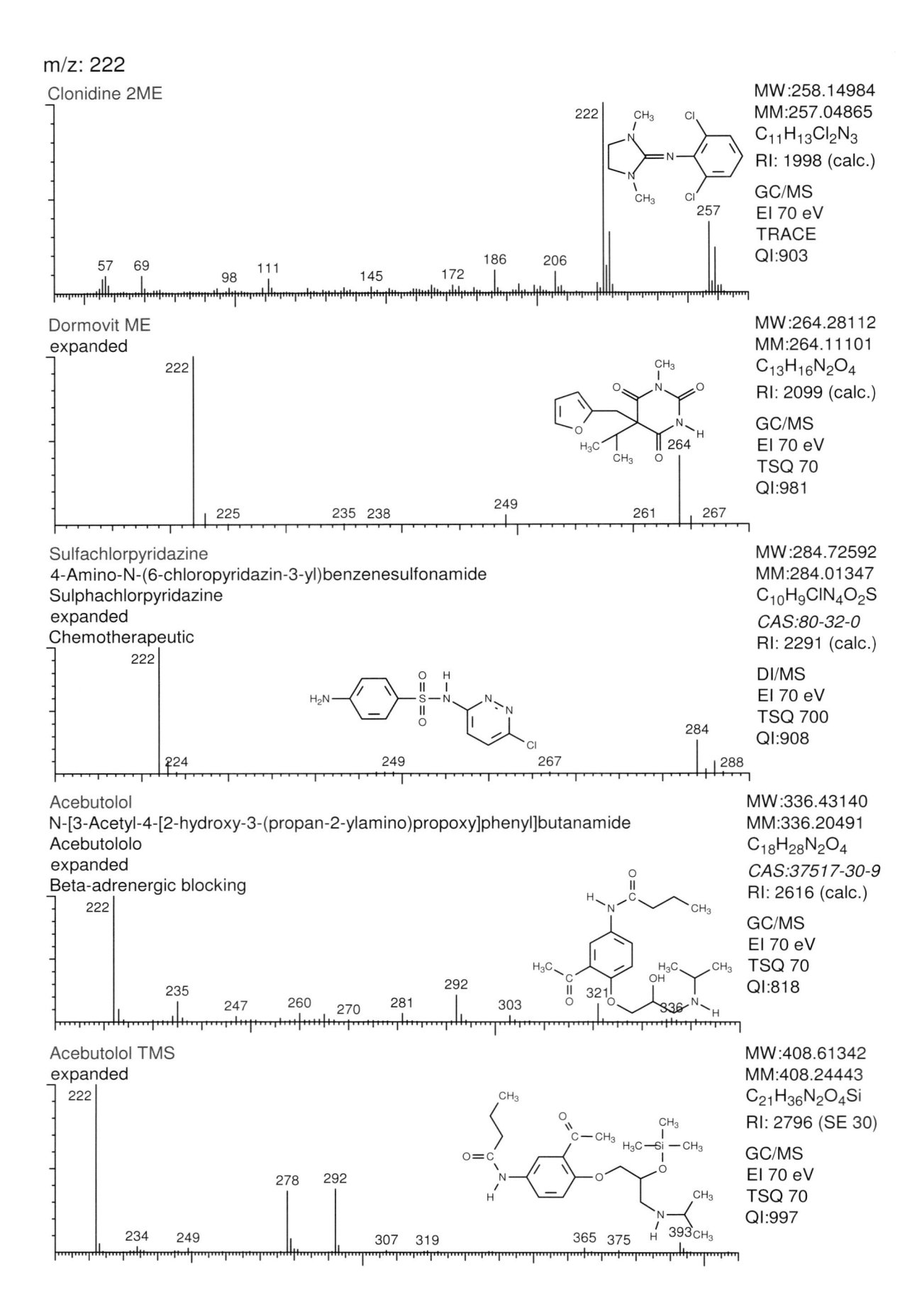

GC/MS
EI 70 eV
TRACE
QI:903

Peaks: 57, 69, 98, 111, 145, 172, 186, 206, 222, 257

Dormovit ME
expanded

MW: 264.28112
MM: 264.11101
$C_{13}H_{16}N_2O_4$
RI: 2099 (calc.)

GC/MS
EI 70 eV
TSQ 70
QI:981

Peaks: 222, 225, 235, 238, 249, 261, 264, 267

Sulfachlorpyridazine
4-Amino-N-(6-chloropyridazin-3-yl)benzenesulfonamide
Sulphachlorpyridazine
expanded
Chemotherapeutic

MW: 284.72592
MM: 284.01347
$C_{10}H_9ClN_4O_2S$
CAS: 80-32-0
RI: 2291 (calc.)

DI/MS
EI 70 eV
TSQ 700
QI:908

Peaks: 222, 224, 249, 267, 284, 288

Acebutolol
N-[3-Acetyl-4-[2-hydroxy-3-(propan-2-ylamino)propoxy]phenyl]butanamide
Acebutololo
expanded
Beta-adrenergic blocking

MW: 336.43140
MM: 336.20491
$C_{18}H_{28}N_2O_4$
CAS: 37517-30-9
RI: 2616 (calc.)

GC/MS
EI 70 eV
TSQ 70
QI:818

Peaks: 222, 235, 247, 260, 270, 281, 292, 303, 321, 336

Acebutolol TMS
expanded

MW: 408.61342
MM: 408.24443
$C_{21}H_{36}N_2O_4Si$
RI: 2796 (SE 30)

GC/MS
EI 70 eV
TSQ 70
QI:997

Peaks: 222, 234, 249, 278, 292, 307, 319, 365, 375, 393

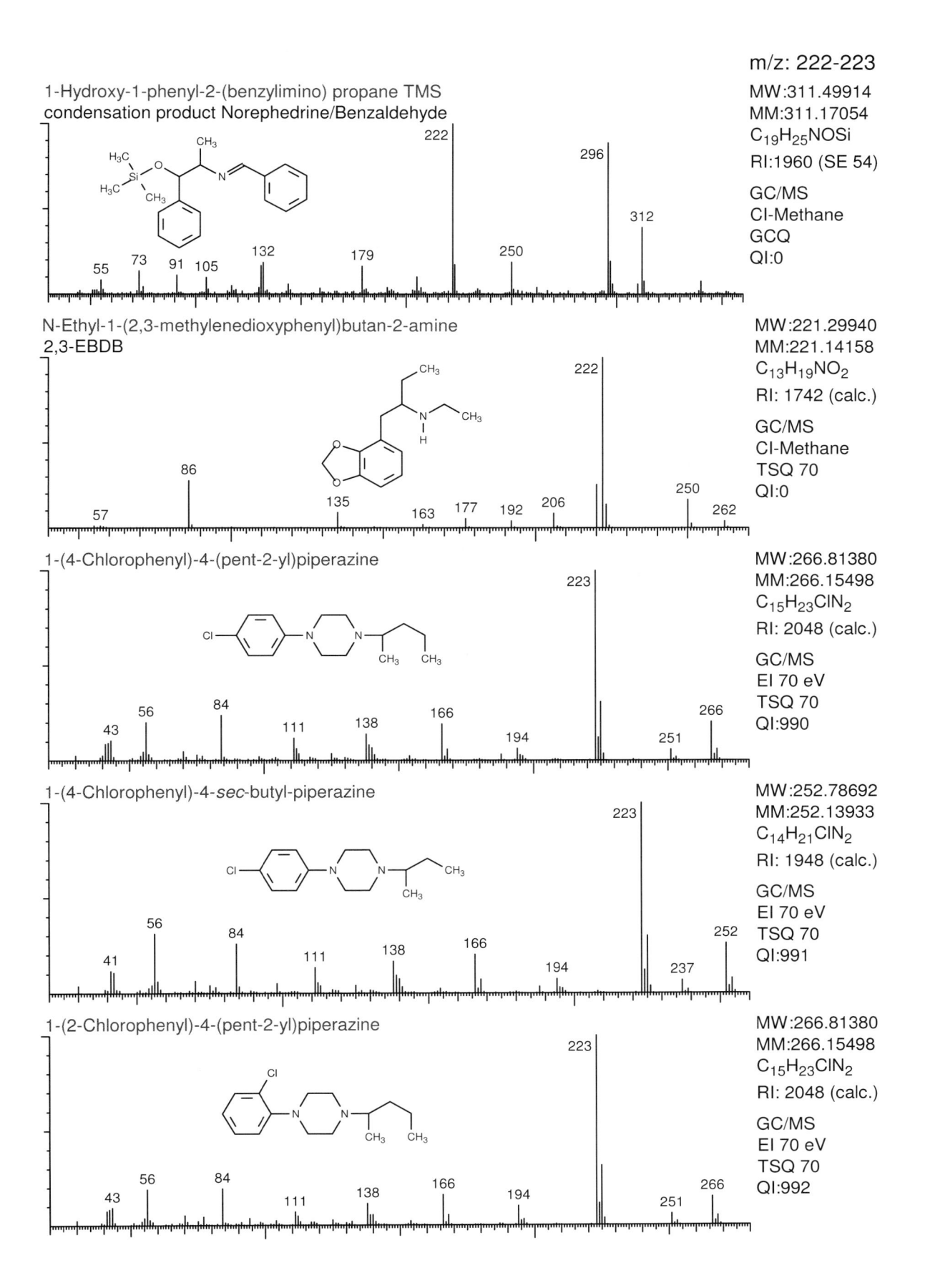

1-Hydroxy-1-phenyl-2-(benzylimino) propane TMS condensation product Norephedrine/Benzaldehyde

m/z: 222-223
MW: 311.49914
MM: 311.17054
$C_{19}H_{25}NOSi$
RI: 1960 (SE 54)

GC/MS
CI-Methane
GCQ
QI: 0

Peaks: 55, 73, 91, 105, 132, 179, 222, 250, 296, 312

N-Ethyl-1-(2,3-methylenedioxyphenyl)butan-2-amine 2,3-EBDB

MW: 221.29940
MM: 221.14158
$C_{13}H_{19}NO_2$
RI: 1742 (calc.)

GC/MS
CI-Methane
TSQ 70
QI: 0

Peaks: 57, 86, 135, 163, 177, 192, 206, 222, 250, 262

1-(4-Chlorophenyl)-4-(pent-2-yl)piperazine

MW: 266.81380
MM: 266.15498
$C_{15}H_{23}ClN_2$
RI: 2048 (calc.)

GC/MS
EI 70 eV
TSQ 70
QI: 990

Peaks: 43, 56, 84, 111, 138, 166, 194, 223, 251, 266

1-(4-Chlorophenyl)-4-*sec*-butyl-piperazine

MW: 252.78692
MM: 252.13933
$C_{14}H_{21}ClN_2$
RI: 1948 (calc.)

GC/MS
EI 70 eV
TSQ 70
QI: 991

Peaks: 41, 56, 84, 111, 138, 166, 194, 223, 237, 252

1-(2-Chlorophenyl)-4-(pent-2-yl)piperazine

MW: 266.81380
MM: 266.15498
$C_{15}H_{23}ClN_2$
RI: 2048 (calc.)

GC/MS
EI 70 eV
TSQ 70
QI: 992

Peaks: 43, 56, 84, 111, 138, 166, 194, 223, 251, 266

m/z: 223

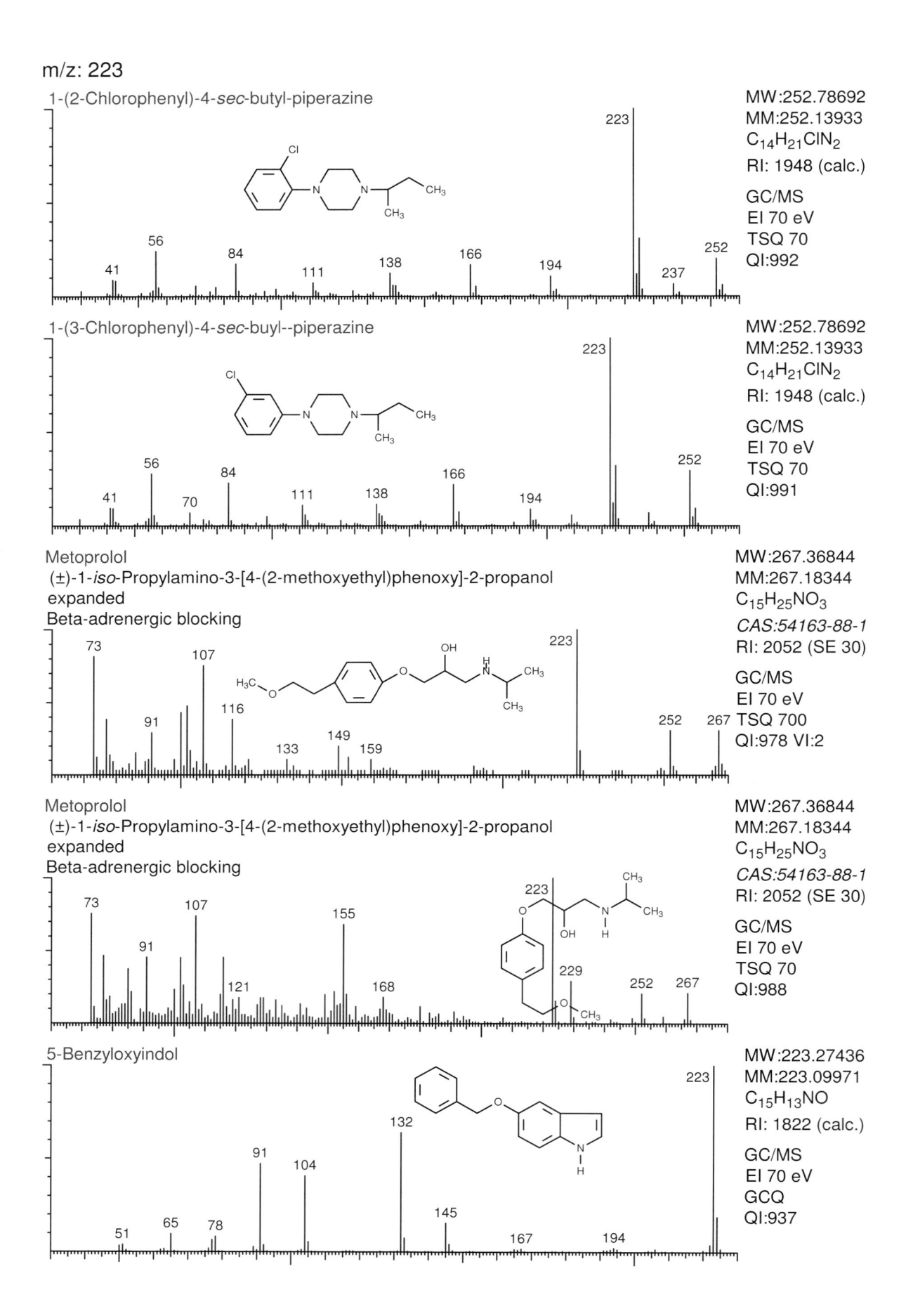

1-(2-Chlorophenyl)-4-sec-butyl-piperazine

MW: 252.78692
MM: 252.13933
$C_{14}H_{21}ClN_2$
RI: 1948 (calc.)

GC/MS
EI 70 eV
TSQ 70
QI: 992

Peaks: 41, 56, 84, 111, 138, 166, 194, 223, 237, 252

1-(3-Chlorophenyl)-4-sec-buyl--piperazine

MW: 252.78692
MM: 252.13933
$C_{14}H_{21}ClN_2$
RI: 1948 (calc.)

GC/MS
EI 70 eV
TSQ 70
QI: 991

Peaks: 41, 56, 70, 84, 111, 138, 166, 194, 223, 252

Metoprolol
(±)-1-*iso*-Propylamino-3-[4-(2-methoxyethyl)phenoxy]-2-propanol
expanded
Beta-adrenergic blocking

MW: 267.36844
MM: 267.18344
$C_{15}H_{25}NO_3$
CAS: 54163-88-1
RI: 2052 (SE 30)

GC/MS
EI 70 eV
TSQ 700
QI: 978 VI:2

Peaks: 73, 91, 107, 116, 133, 149, 159, 223, 252, 267

Metoprolol
(±)-1-*iso*-Propylamino-3-[4-(2-methoxyethyl)phenoxy]-2-propanol
expanded
Beta-adrenergic blocking

MW: 267.36844
MM: 267.18344
$C_{15}H_{25}NO_3$
CAS: 54163-88-1
RI: 2052 (SE 30)

GC/MS
EI 70 eV
TSQ 70
QI: 988

Peaks: 73, 91, 107, 121, 155, 168, 223, 229, 252, 267

5-Benzyloxyindol

MW: 223.27436
MM: 223.09971
$C_{15}H_{13}NO$
RI: 1822 (calc.)

GC/MS
EI 70 eV
GCQ
QI: 937

Peaks: 51, 65, 78, 91, 104, 132, 145, 167, 194, 223

m/z: 223

1-(2,5-Dimethoxyphenyl)-2-nitroprop-1-ene
Designer drug precursor

MW: 223.22856
MM: 223.08446
$C_{11}H_{13}NO_4$
RI: 1668 (calc.)

GC/MS
EI 70 eV
TSQ 70
QI: 992

Peaks: 65, 77, 91, 119, 133, 147, 161, 176, 192, 223

1-(3,4-Dimethoxyphenyl)-2-nitroprop-1-ene
Designer drug precursor

MW: 223.22856
MM: 223.08446
$C_{11}H_{13}NO_4$
RI: 1668 (calc.)

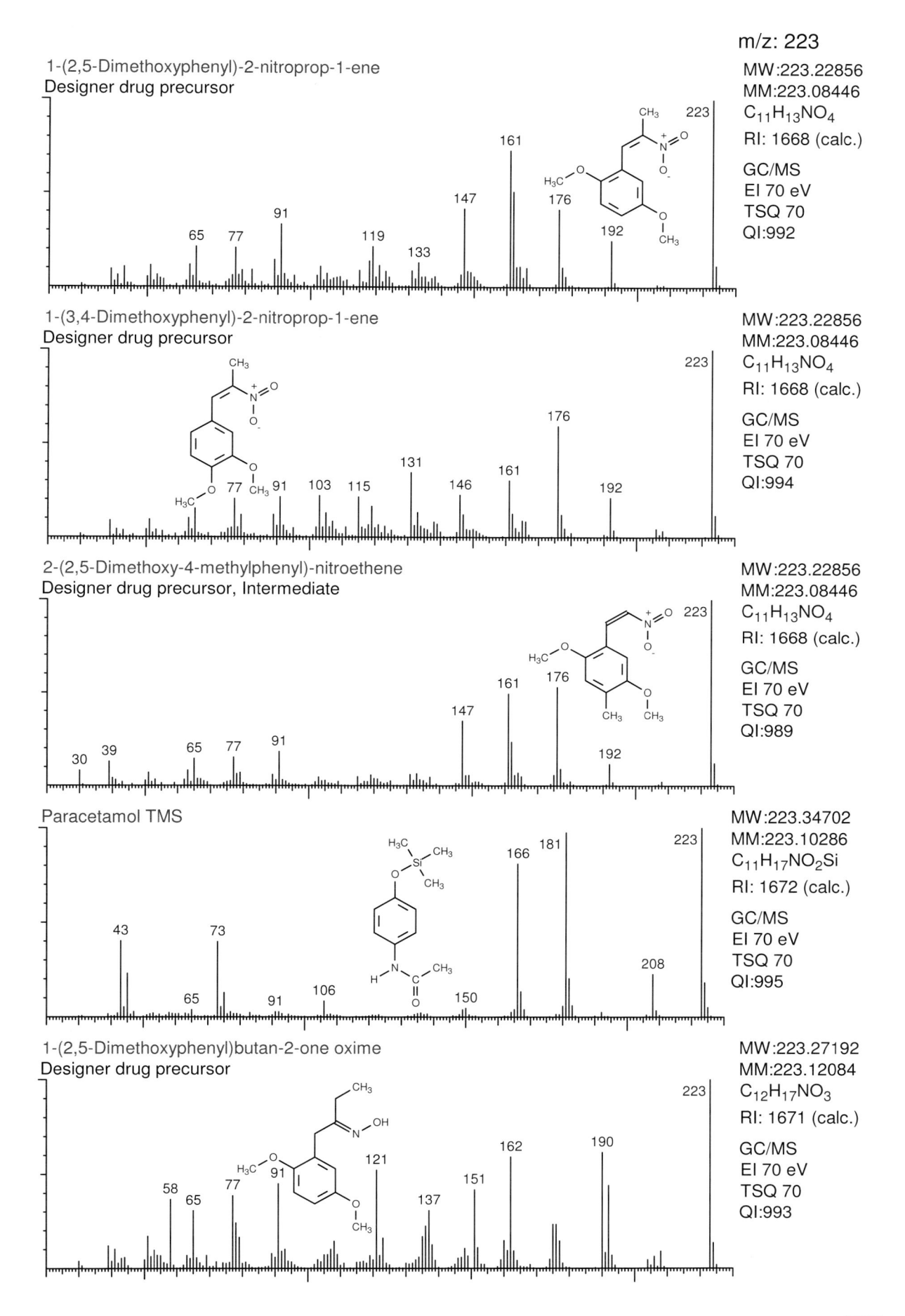

GC/MS
EI 70 eV
TSQ 70
QI: 994

Peaks: 77, 91, 103, 115, 131, 146, 161, 176, 192, 223

2-(2,5-Dimethoxy-4-methylphenyl)-nitroethene
Designer drug precursor, Intermediate

MW: 223.22856
MM: 223.08446
$C_{11}H_{13}NO_4$
RI: 1668 (calc.)

GC/MS
EI 70 eV
TSQ 70
QI: 989

Peaks: 30, 39, 65, 77, 91, 147, 161, 176, 192, 223

Paracetamol TMS

MW: 223.34702
MM: 223.10286
$C_{11}H_{17}NO_2Si$
RI: 1672 (calc.)

GC/MS
EI 70 eV
TSQ 70
QI: 995

Peaks: 43, 65, 73, 91, 106, 150, 166, 181, 208, 223

1-(2,5-Dimethoxyphenyl)butan-2-one oxime
Designer drug precursor

MW: 223.27192
MM: 223.12084
$C_{12}H_{17}NO_3$
RI: 1671 (calc.)

GC/MS
EI 70 eV
TSQ 70
QI: 993

Peaks: 58, 65, 77, 91, 121, 137, 151, 162, 190, 223

m/z: 223

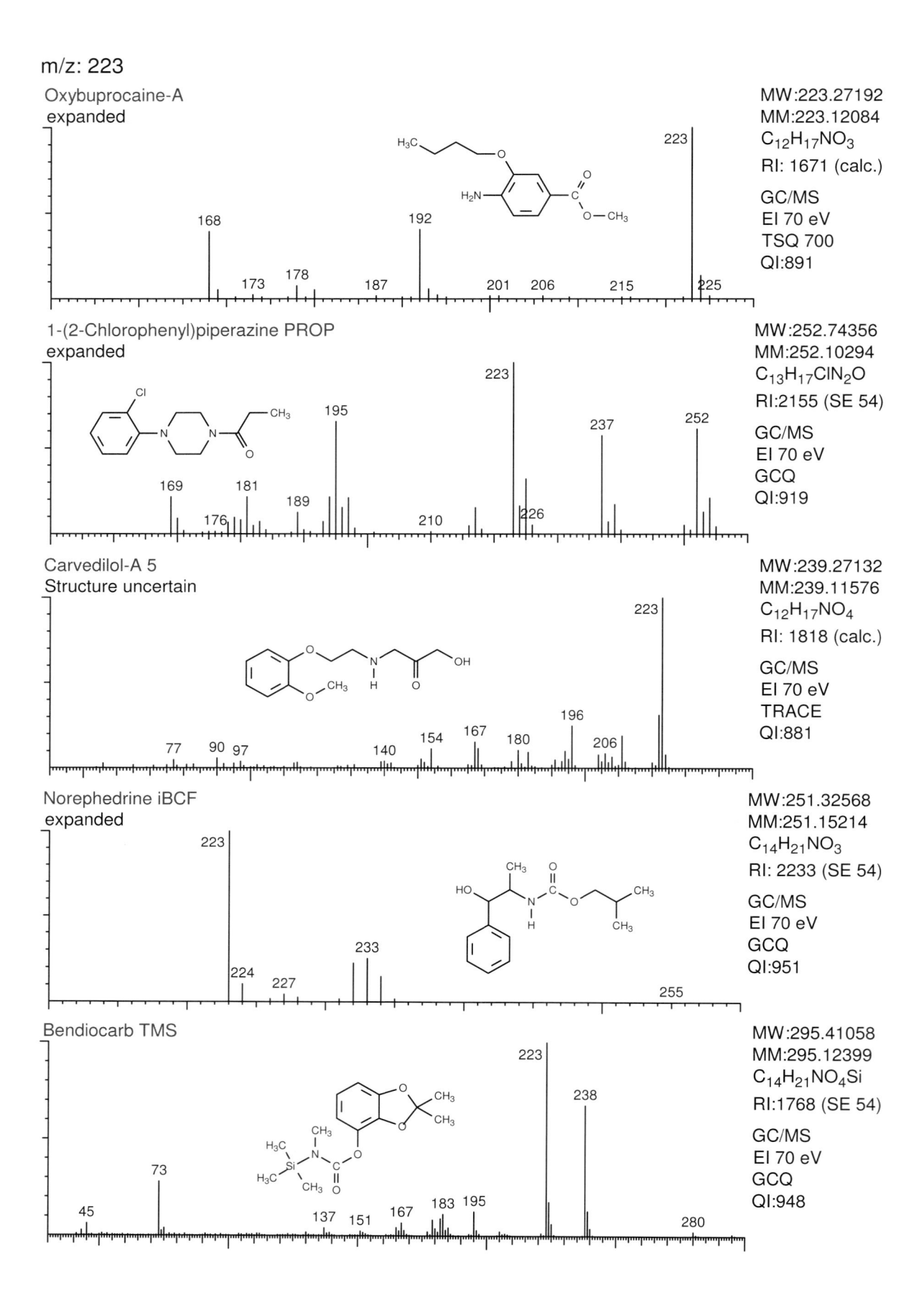

Oxybuprocaine-A expanded

MW: 223.27192
MM: 223.12084
$C_{12}H_{17}NO_3$
RI: 1671 (calc.)

GC/MS
EI 70 eV
TSQ 700
QI: 891

1-(2-Chlorophenyl)piperazine PROP expanded

MW: 252.74356
MM: 252.10294
$C_{13}H_{17}ClN_2O$
RI: 2155 (SE 54)

GC/MS
EI 70 eV
GCQ
QI: 919

Carvedilol-A 5 Structure uncertain

MW: 239.27132
MM: 239.11576
$C_{12}H_{17}NO_4$
RI: 1818 (calc.)

GC/MS
EI 70 eV
TRACE
QI: 881

Norephedrine iBCF expanded

MW: 251.32568
MM: 251.15214
$C_{14}H_{21}NO_3$
RI: 2233 (SE 54)

GC/MS
EI 70 eV
GCQ
QI: 951

Bendiocarb TMS

MW: 295.41058
MM: 295.12399
$C_{14}H_{21}NO_4Si$
RI: 1768 (SE 54)

GC/MS
EI 70 eV
GCQ
QI: 948

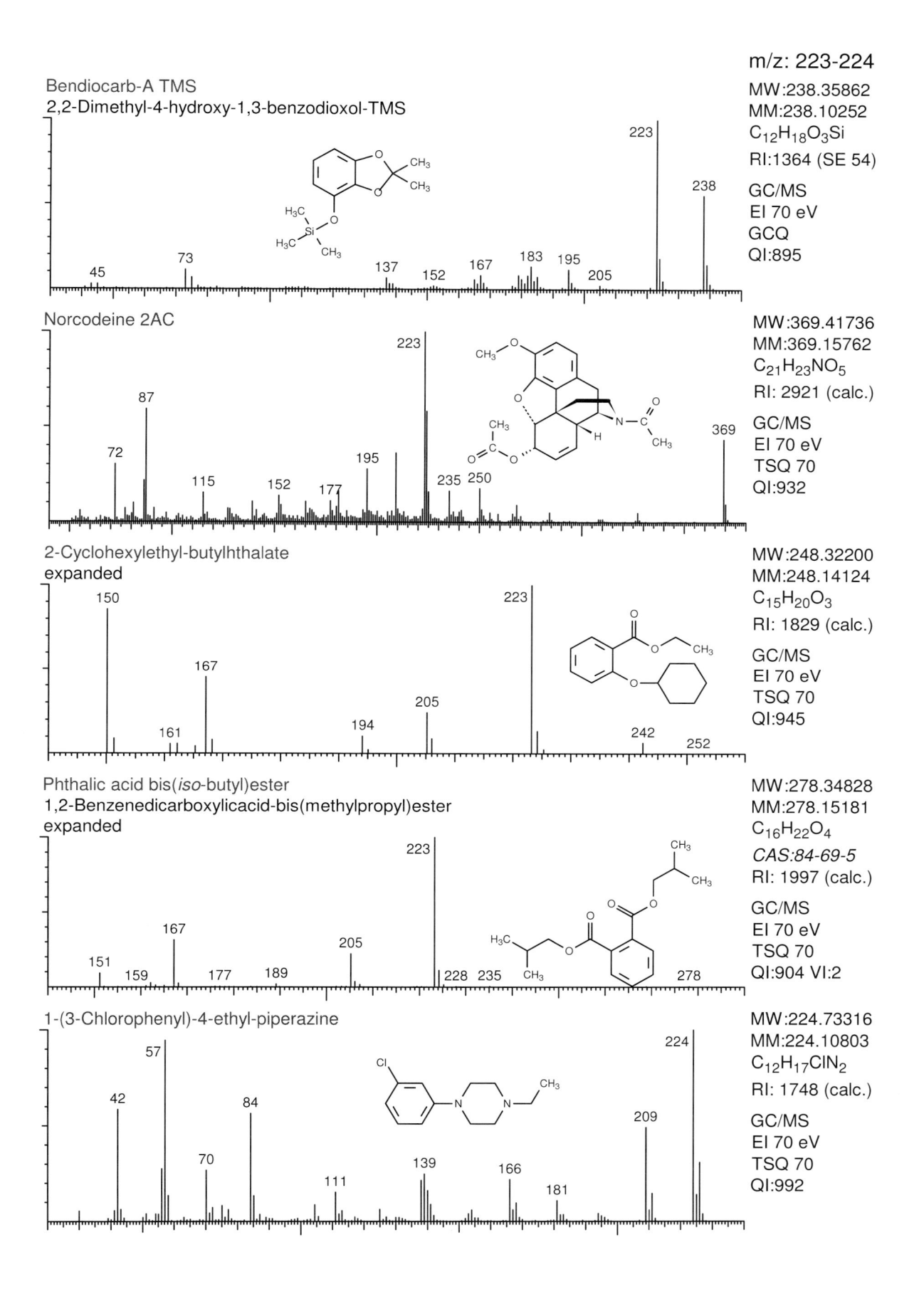

Bendiocarb-A TMS
2,2-Dimethyl-4-hydroxy-1,3-benzodioxol-TMS

m/z: 223-224
MW:238.35862
MM:238.10252
$C_{12}H_{18}O_3Si$
RI:1364 (SE 54)

GC/MS
EI 70 eV
GCQ
QI:895

Peaks: 45, 73, 137, 152, 167, 183, 195, 205, 223, 238

Norcodeine 2AC

MW:369.41736
MM:369.15762
$C_{21}H_{23}NO_5$
RI: 2921 (calc.)

GC/MS
EI 70 eV
TSQ 70
QI:932

Peaks: 72, 87, 115, 152, 177, 195, 223, 235, 250, 369

2-Cyclohexylethyl-butylhthalate
expanded

MW:248.32200
MM:248.14124
$C_{15}H_{20}O_3$
RI: 1829 (calc.)

GC/MS
EI 70 eV
TSQ 70
QI:945

Peaks: 150, 161, 167, 194, 205, 223, 242, 252

Phthalic acid bis(*iso*-butyl)ester
1,2-Benzenedicarboxylicacid-bis(methylpropyl)ester
expanded

MW:278.34828
MM:278.15181
$C_{16}H_{22}O_4$
CAS:84-69-5
RI: 1997 (calc.)

GC/MS
EI 70 eV
TSQ 70
QI:904 VI:2

Peaks: 151, 159, 167, 177, 189, 205, 223, 228, 235, 278

1-(3-Chlorophenyl)-4-ethyl-piperazine

MW:224.73316
MM:224.10803
$C_{12}H_{17}ClN_2$
RI: 1748 (calc.)

GC/MS
EI 70 eV
TSQ 70
QI:992

Peaks: 42, 57, 70, 84, 111, 139, 166, 181, 209, 224

m/z: 224

Fluconazole
2,4-Difluoro-2,2-bis(1H-1,2,4-triazol-1-ylmethyl)benzylalkohol

MW:306.27493
MM:306.10407
$C_{13}H_{12}F_2N_6O$
CAS:86386-73-4
RI: 2669 (calc.)

GC/MS
EI 70 eV
TSQ 700
QI:924

Coffein-M (8-OH) ME
1,3,7-Trimethyl-3,7-dihydro-8-methoxy-2H-purine-2,6-(1H)-dione

MW:224.21944
MM:224.09094
$C_9H_{12}N_4O_3$
RI: 1907 (calc.)

GC/MS
EI 70 eV
TRACE
QI:882

Fluconazole AC

MW:348.31221
MM:348.11463
$C_{15}H_{14}F_2N_6O_2$
RI: 2966 (calc.)

GC/MS
EI 70 eV
TSQ 700
QI:911

Fluconazole-M (OH) AC
Structure uncertain

MW:406.34889
MM:406.12011
$C_{17}H_{16}F_2N_6O_4$
RI: 3371 (calc.)

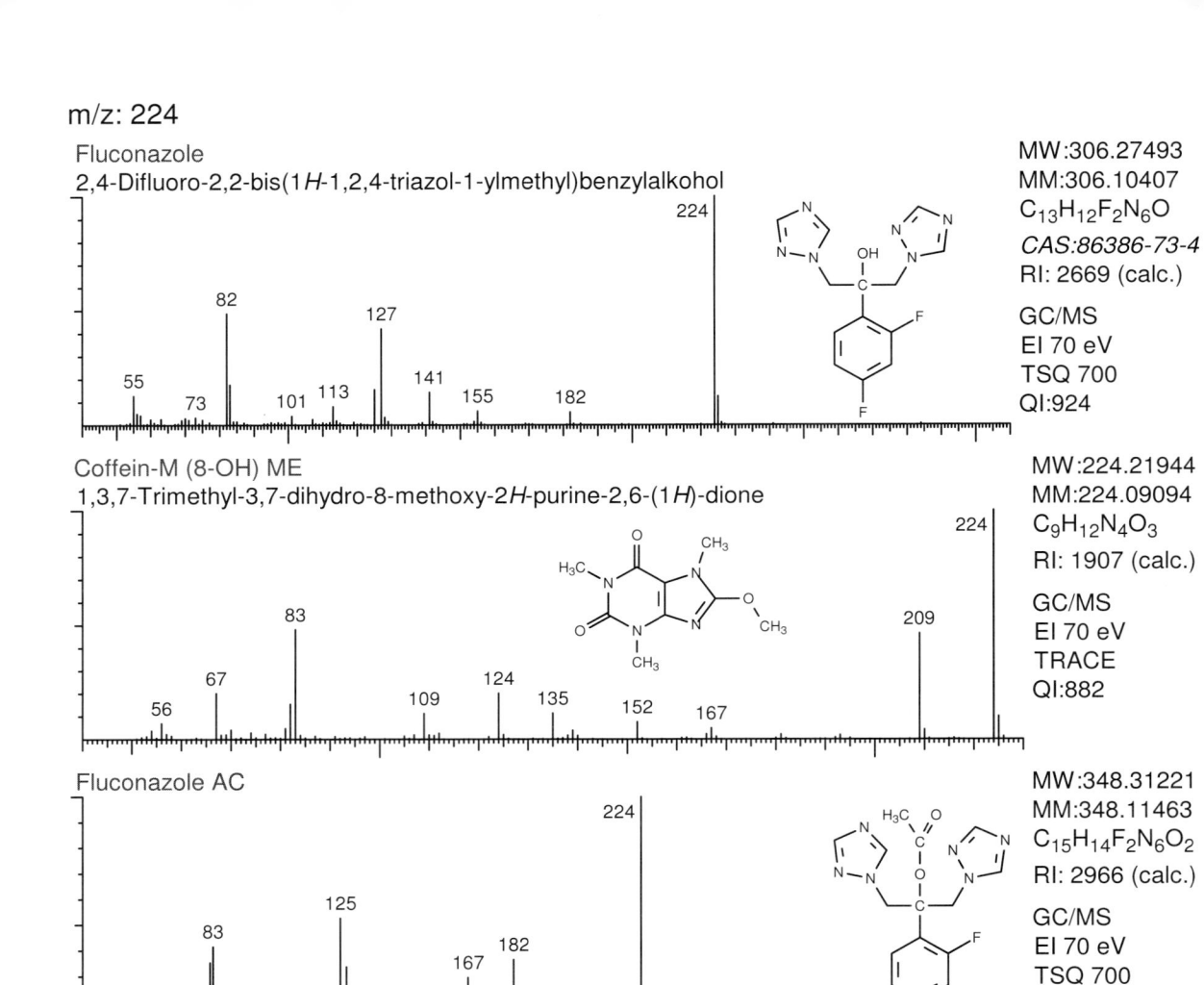

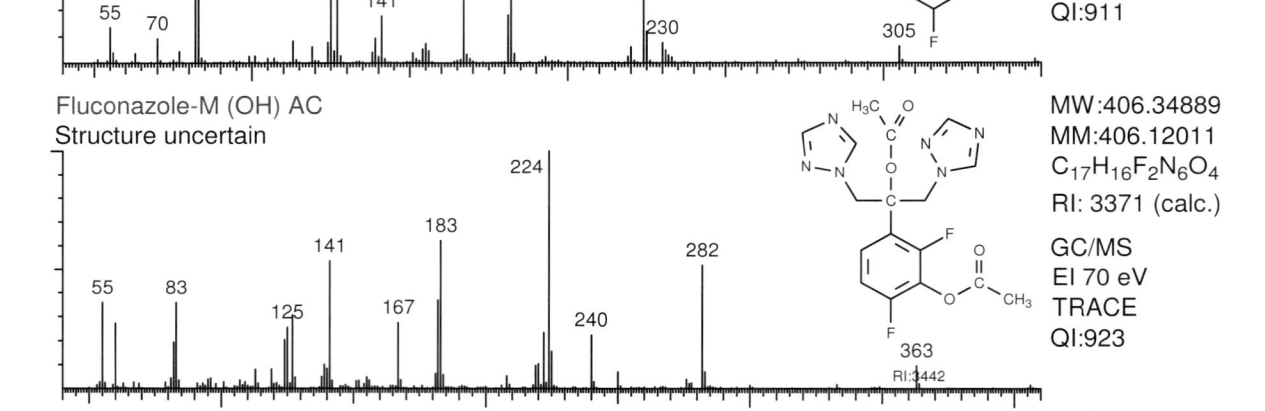

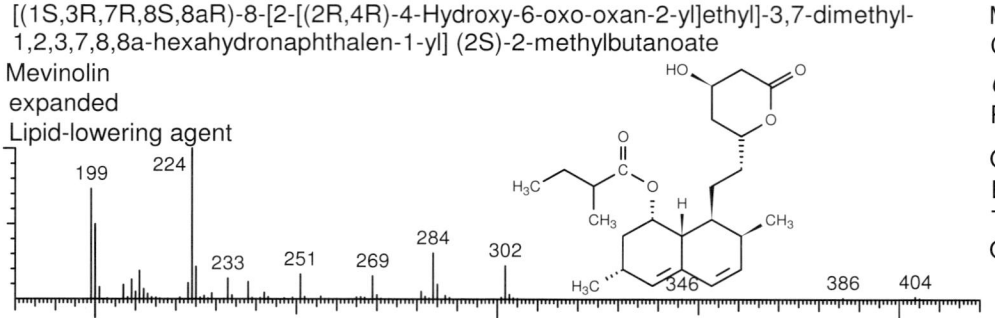

GC/MS
EI 70 eV
TRACE
QI:923

Lovastatin
[(1S,3R,7R,8S,8aR)-8-[2-[(2R,4R)-4-Hydroxy-6-oxo-oxan-2-yl]ethyl]-3,7-dimethyl-1,2,3,7,8,8a-hexahydronaphthalen-1-yl] (2S)-2-methylbutanoate
Mevinolin
expanded
Lipid-lowering agent

MW:404.54684
MM:404.25627
$C_{24}H_{36}O_5$
CAS:75330-75-5
RI: 3008 (calc.)

GC/MS
EI 70 eV
TSQ 70
QI:983

m/z: 224

Trimipramine-M (nor OH) AC
Structure uncertain

MW: 338.44972
MM: 338.19943
$C_{21}H_{26}N_2O_2$
RI: 2665 (calc.)

GC/MS
EI 70 eV
TRACE
QI: 927

β-Methoxymescaline AC
3,4,5,β-Tetramethoxyphenethylamine AC
expanded

MW: 283.32448
MM: 283.14197
$C_{14}H_{21}NO_5$
RI: 2127 (calc.)

GC/MS
EI 70 eV
GCQ
QI: 944

2-(2,5-Dimethoxy-4-methylphenyl)-nitroethene
Designer drug precursor, Intermediate

MW: 223.22856
MM: 223.08446
$C_{11}H_{13}NO_4$
RI: 1668 (calc.)

GC/MS
CI-Methane
TSQ 70
QI: 0

Lercanidipine-A1 ME
5-(Methoxycarbonyl)-2,6-dimethyl-4-(3-nitrophenyl)-1,4-dihydropyridin-3-acetic acid methyl ester

MW: 346.33980
MM: 346.11649
$C_{17}H_{18}N_2O_6$
RI: 2689 (calc.)

GC/MS
EI 70 eV
TRACE
QI: 921

Ethacridine
7-Ethoxyacridine-3,9-diamine
Disinfectant

MW: 253.30372
MM: 253.12151
$C_{15}H_{15}N_3O$
CAS: 442-16-0
RI: 2129 (calc.)

GC/MS
EI 70 eV
TSQ 70
QI: 991 VI: 1

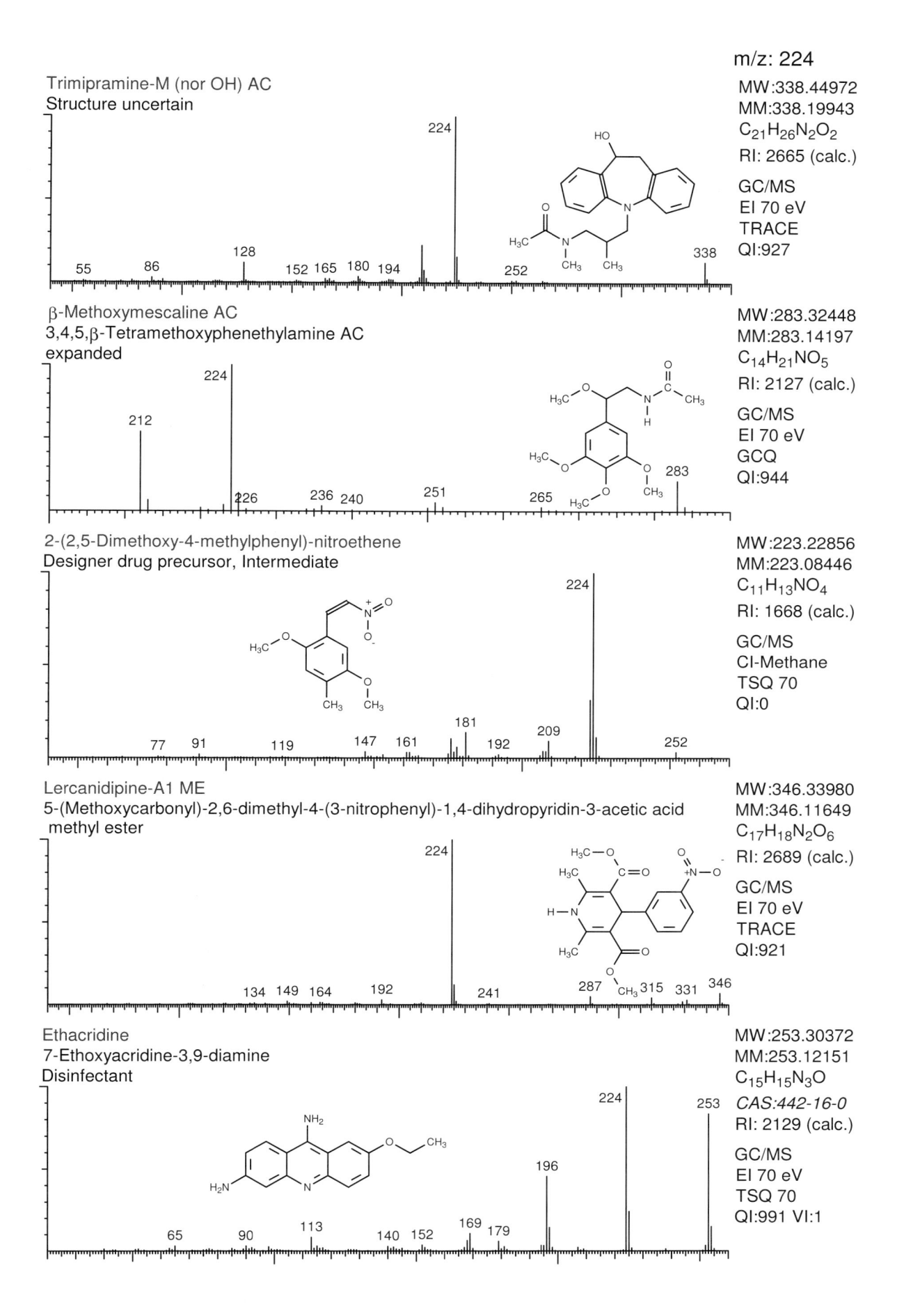

m/z: 224

Nor-Flunitrazepam
5-(2-Fluorophenyl)-2,3-dihydro-7-nitro-1H-1,4-benzodiazepine-2-one
Desmethylflunitrazepam
Hypnotic

MW:299.26122
MM:299.07062
$C_{15}H_{10}FN_3O_3$
RI: 2476 (calc.)

GC/MS
EI 70 eV
TSQ 70
QI:985

2,5-Dimethoxy-4-ethylthiophenethylamine AC
2C-T-2 AC

MW:283.39168
MM:283.12421
$C_{14}H_{21}NO_3S$
RI: 2089 (calc.)

GC/MS
EI 70 eV
GCQ
QI:792

2,5-Dimethoxy-4-ethylthiophenethylamine 2AC
2C-T-2 2AC

MW:325.42896
MM:325.13478
$C_{16}H_{23}NO_4S$
RI: 2348 (calc.)

GC/MS
EI 70 eV
GCQ
QI:701

Diphenhydramine-M (Oxo,CO_2H) 2AC
expanded

MW:284.31164
MM:284.10486
$C_{17}H_{16}O_4$
RI: 2098 (calc.)

GC/MS
EI 70 eV
TSQ 70
QI:885

1,3,7,9-Tetramethyluric acid
1,3,7,9-Tetramethyl-7,9-dihydro-3H-purine-2,6,8-trione

MW:224.21944
MM:224.09094
$C_9H_{12}N_4O_3$
CAS:2309-49-1
RI: 1907 (calc.)

GC/MS
EI 70 eV
TSQ 70
QI:875 VI:1

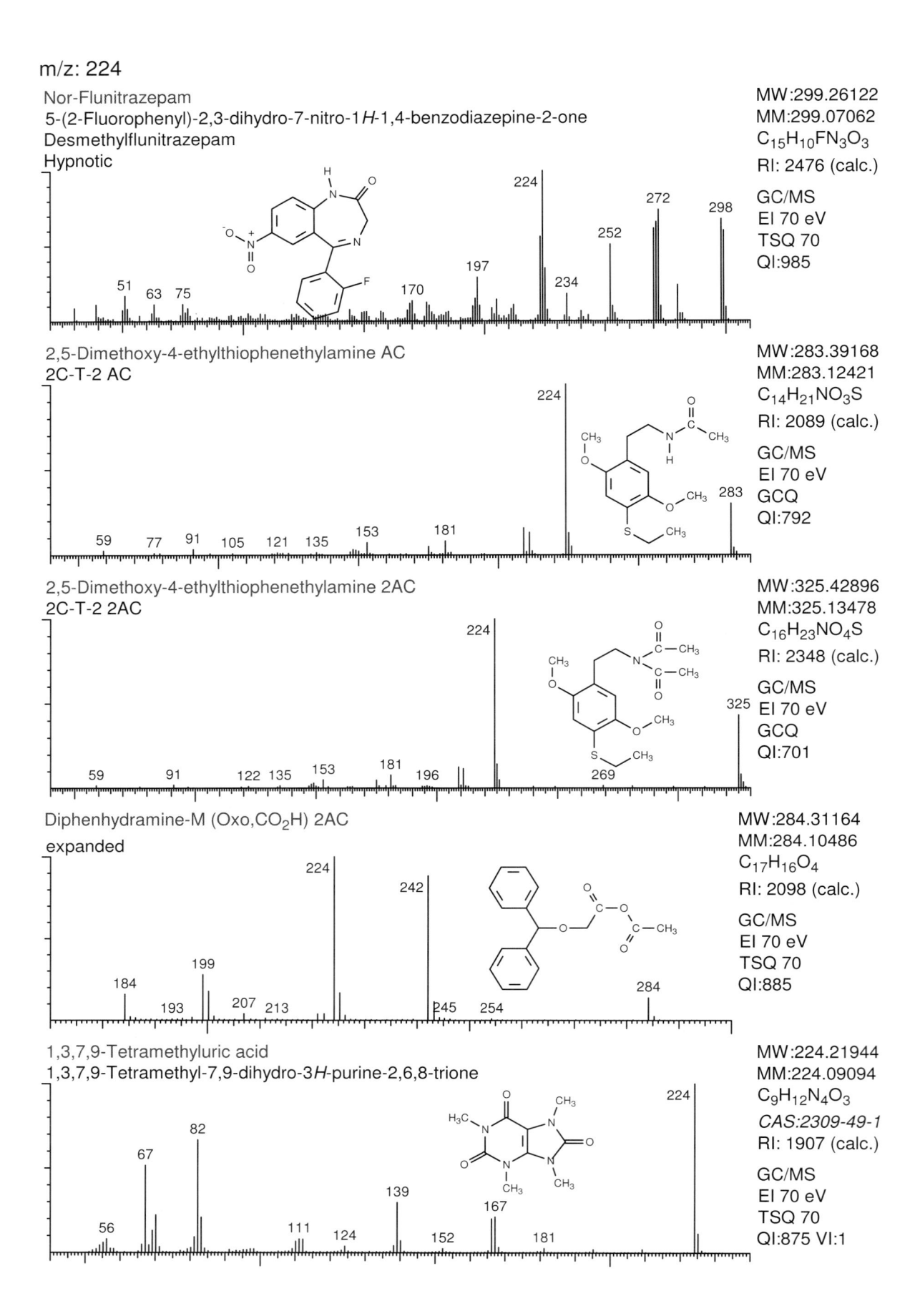

Drometrizole AC

m/z: 225
MW: 267.28724
MM: 267.10078
$C_{15}H_{13}N_3O_2$
RI: 2224 (calc.)

GC/MS
EI 70 eV
TSQ 70
QI:984

Peaks: 43, 51, 65, 77, 93, 154, 168, 196, 225, 267

Levacylmethadol
[(3S,6S)-6-Dimethylamino-4,4-diphenylheptan-3-yl]acetate
LAAM
expanded
Narcotic Analgesic   LC:GE III

MW: 353.50468
MM: 353.23548
$C_{23}H_{31}NO_2$
RI: 2664 (calc.)

GC/MS
EI 70 eV
TSQ 70
QI:997

Peaks: 73, 91, 105, 129, 147, 165, 178, 225, 265, 338

Drometrizole
2-Benzotriazol-2-yl-4-methyl-phenol
2-(2-Hydroxy-5-methylphenyl)-2H-benzotriazol, Drometrizol
UV-Filter

MW: 225.24996
MM: 225.09021
$C_{13}H_{11}N_3O$
CAS: 2440-22-4
RI: 1927 (calc.)

GC/MS
EI 70 eV
TSQ 70
QI:994 VI:1

Peaks: 39, 51, 66, 78, 93, 113, 154, 168, 196, 225

Methyprylone-M (oxo) (enol) 2ME
expanded

MW: 225.28780
MM: 225.13649
$C_{12}H_{19}NO_3$
RI: 1676 (calc.)

GC/MS
EI 70 eV
TSQ 70
QI:990

Peaks: 197, 207, 210, 213, 219, 225, 226

Mecoprop DMBS

MW: 328.91090
MM: 328.12615
$C_{16}H_{25}ClO_3Si$
RI: 1866 (SE 54)

GC/MS
EI 70 eV
GCQ
QI:781

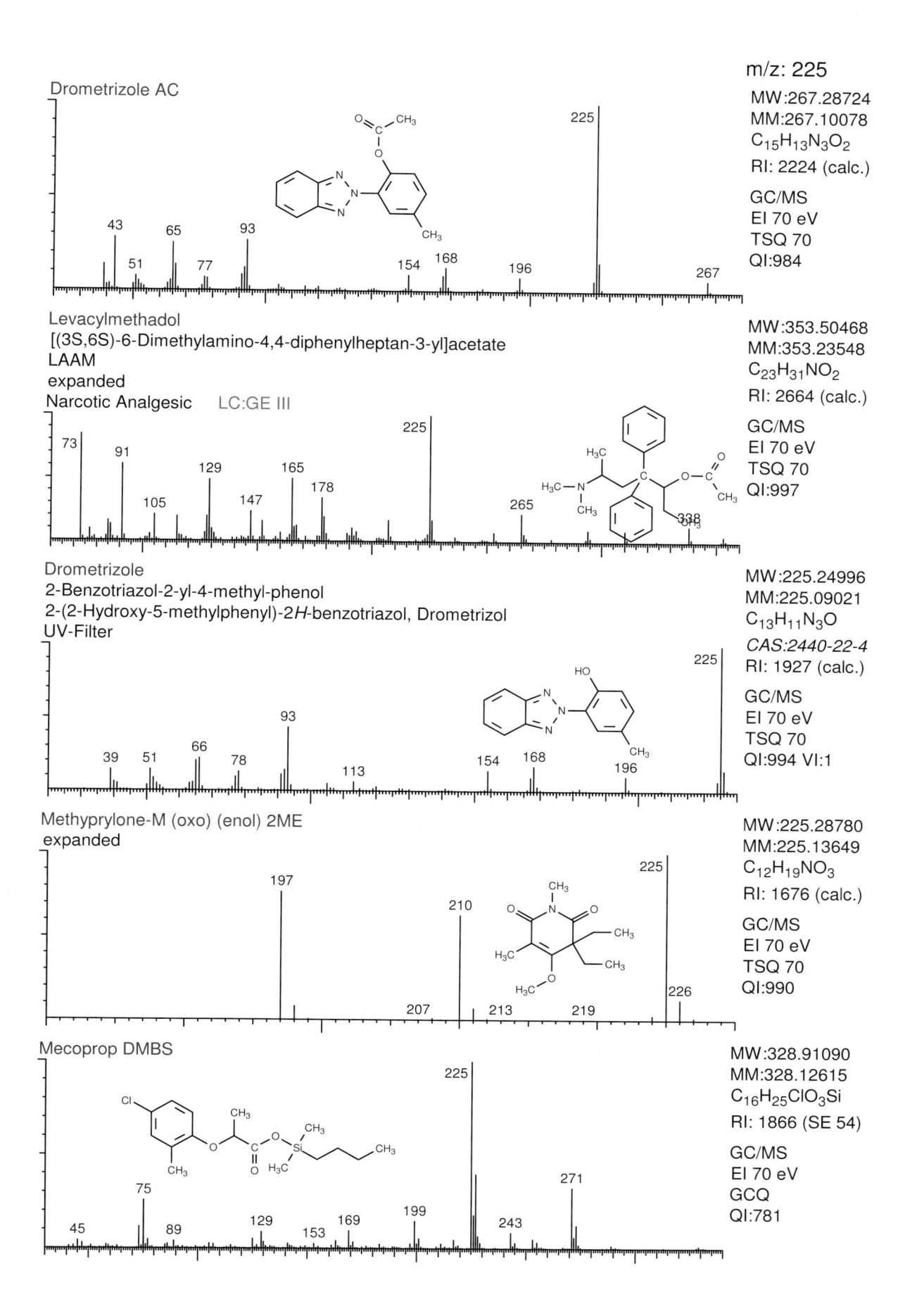

Peaks: 45, 75, 89, 129, 153, 169, 199, 225, 243, 271

m/z: 225

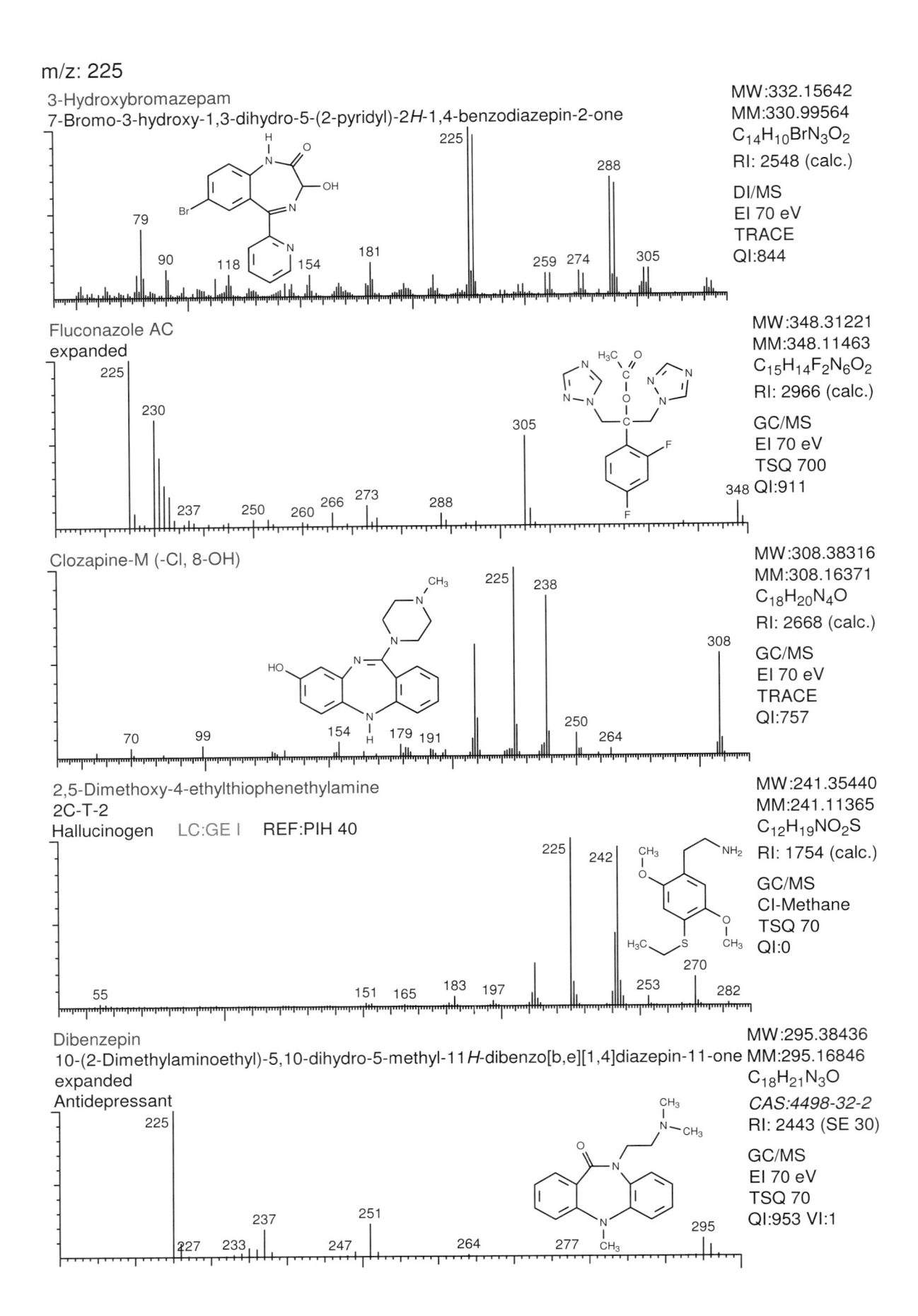

3-Hydroxybromazepam
7-Bromo-3-hydroxy-1,3-dihydro-5-(2-pyridyl)-2H-1,4-benzodiazepin-2-one

MW:332.15642
MM:330.99564
$C_{14}H_{10}BrN_3O_2$
RI: 2548 (calc.)

DI/MS
EI 70 eV
TRACE
QI:844

Fluconazole AC
expanded

MW:348.31221
MM:348.11463
$C_{15}H_{14}F_2N_6O_2$
RI: 2966 (calc.)

GC/MS
EI 70 eV
TSQ 700
QI:911

Clozapine-M (-Cl, 8-OH)

MW:308.38316
MM:308.16371
$C_{18}H_{20}N_4O$
RI: 2668 (calc.)

GC/MS
EI 70 eV
TRACE
QI:757

2,5-Dimethoxy-4-ethylthiophenethylamine
2C-T-2
Hallucinogen   LC:GE I   REF:PIH 40

MW:241.35440
MM:241.11365
$C_{12}H_{19}NO_2S$
RI: 1754 (calc.)

GC/MS
CI-Methane
TSQ 70
QI:0

Dibenzepin
10-(2-Dimethylaminoethyl)-5,10-dihydro-5-methyl-11H-dibenzo[b,e][1,4]diazepin-11-one
expanded
Antidepressant

MW:295.38436
MM:295.16846
$C_{18}H_{21}N_3O$
CAS:4498-32-2
RI: 2443 (SE 30)

GC/MS
EI 70 eV
TSQ 70
QI:953 VI:1

Trimipramine-M (nor OH) AC
expanded

m/z: 225
MW: 338.44972
MM: 338.19943
$C_{21}H_{26}N_2O_2$
RI: 2665 (calc.)

GC/MS
EI 70 eV
TRACE
QI:927

Lercanidipine-A1 ME
5-(Methoxycarbonyl)-2,6-dimethyl-4-(3-nitrophenyl)-1,4-dihydropyridin-3-acetic acid methyl ester
expanded

MW: 346.33980
MM: 346.11649
$C_{17}H_{18}N_2O_6$
RI: 2689 (calc.)

GC/MS
EI 70 eV
TRACE
QI:921

2,5-Dimethoxy-4-propylthiophenethylamine TFA
2C-T-7 TFA
Hallucinogen

MW: 351.38995
MM: 351.11160
$C_{15}H_{20}F_3NO_3S$
RI: 2542 (calc.)

GC/MS
EI 70 eV
GCQ
QI:730

Chloramphenicol 2TMS

MW: 467.49620
MM: 466.09138
$C_{17}H_{28}Cl_2N_2O_5Si_2$
CAS: 21196-84-9
RI: 3424 (calc.)

GC/MS
CI-Methane
TSQ 70
QI:0

1-(2,6-Dimethoxyphenyl)-2-nitro-propane
expanded

MW: 225.24444
MM: 225.10011
$C_{11}H_{15}NO_4$
RI: 1680 (calc.)

GC/MS
EI 70 eV
TSQ 70
QI:976

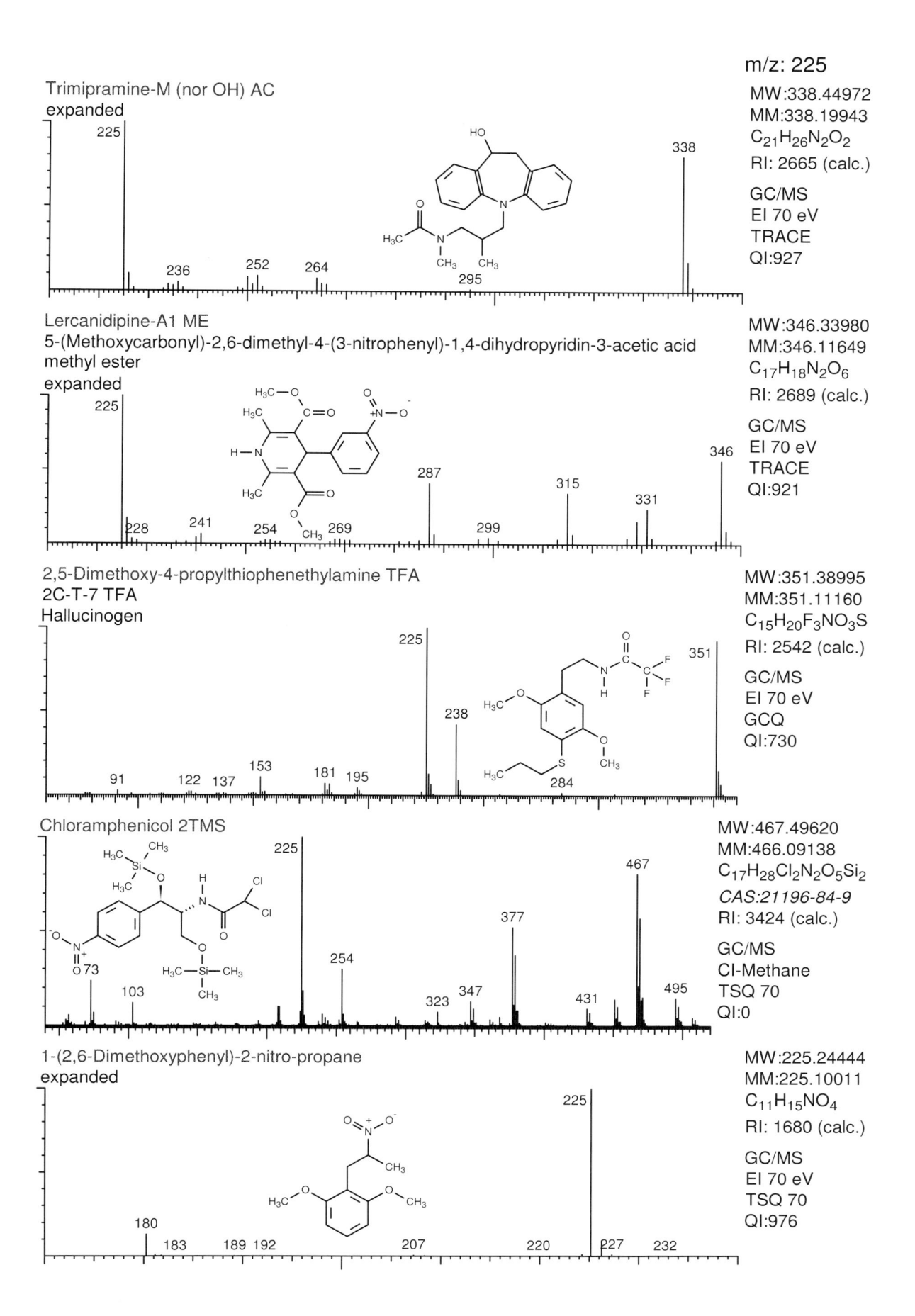

m/z: 226

Metoclopramide-M (desethyl) 2AC

Peaks: 58, 78, 90, 113, 143, 184, 226, 242, 268, 312

MW: 355.82120
MM: 355.12988
$C_{16}H_{22}ClN_3O_4$
RI: 2766 (calc.)

GC/MS
EI 70 eV
TRACE
QI: 891

Diphenylaceticacidmethylester
expanded

Peaks: 168, 176, 181, 185, 191, 195, 210, 214, 226, 228

MW: 226.27496
MM: 226.09938
$C_{15}H_{14}O_2$
RI: 1692 (calc.)

GC/MS
EI 70 eV
GCQ
QI: 931

2,5-Dimethoxy-4-propylthiophenethylamine
2C-T-7
Hallucinogen   LC:GE I   REF:PIH 43

Peaks: 30, 91, 110, 121, 138, 153, 169, 183, 226, 255

MW: 255.38128
MM: 255.12930
$C_{13}H_{21}NO_2S$
RI: 1854 (calc.)

GC/MS
EI 70 eV
TSQ 70
QI: 992

2,5-Dimethoxy-4-propylthiophenethylamine
2C-T-7
Hallucinogen   LC:GE I   REF:PIH 43

Peaks: 77, 91, 109, 121, 138, 153, 169, 183, 226, 255

MW: 255.38128
MM: 255.12930
$C_{13}H_{21}NO_2S$
RI: 1854 (calc.)

GC/MS
EI 70 eV
GCQ
QI: 756

Diphenhydramine-M (-C₄H₁₀N) AC
expanded

Peaks: 185, 190, 193, 196, 199, 203, 207, 210, 226, 228

MW: 226.27496
MM: 226.09938
$C_{15}H_{14}O_2$
CAS: 954-67-6
RI: 1692 (calc.)

GC/MS
EI 70 eV
TSQ 70
QI: 877 VI:1

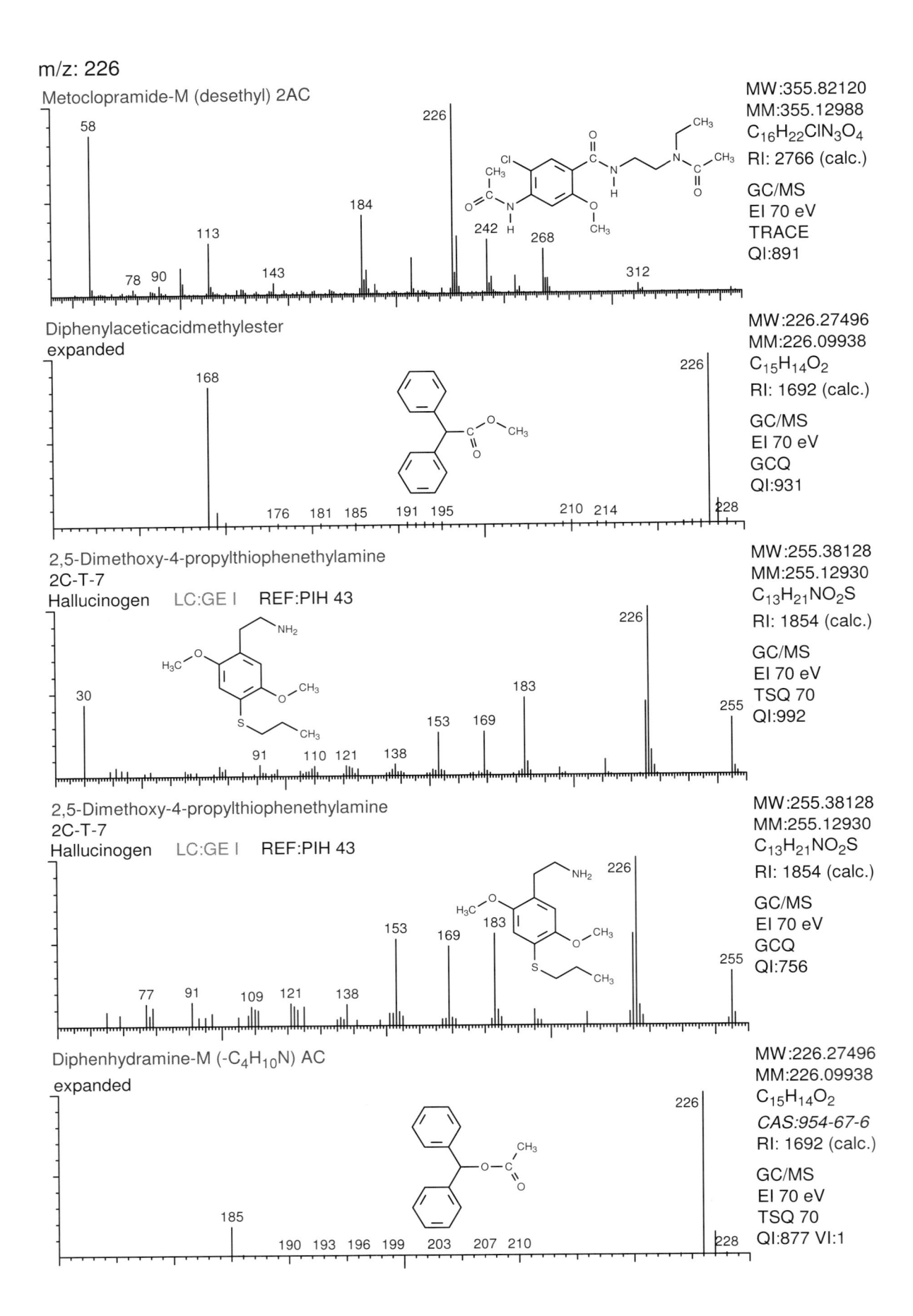

m/z: 226

Methyprylone-M (oxo) TMS

MW: 269.41606
MM: 269.14472
$C_{13}H_{23}NO_3Si$
RI: 1947 (calc.)

GC/MS
EI 70 eV
TSQ 70
QI: 954

Peaks: 41, 55, 73, 83, 98, 208, 226, 240, 254, 269

Chloramphenicol 2TMS
expanded

MW: 467.49620
MM: 466.09138
$C_{17}H_{28}Cl_2N_2O_5Si_2$
CAS: 21196-84-9
RI: 3424 (calc.)

GC/MS
EI 70 eV
TSQ 70
QI: 998

Peaks: 226, 242, 265, 280, 297, 314, 331, 361, 383, 451

Nefopam
3-Methyl-7-phenyl-6-oxa-3-azabicyclo[6.4.0]dodeca-8,10,12-triene
expanded
Analgesic

MW: 253.34400
MM: 253.14666
$C_{17}H_{19}NO$
CAS: 13669-70-0
RI: 2024 (SE 30)

GC/MS
EI 70 eV
TSQ 70
QI: 854

Peaks: 226, 227, 234, 238, 250, 253, 256

Drometrizole AC
expanded

MW: 267.28724
MM: 267.10078
$C_{15}H_{13}N_3O_2$
RI: 2224 (calc.)

GC/MS
EI 70 eV
TSQ 70
QI: 984

Peaks: 226, 228, 238, 252, 267, 270

N-Nonyl-N-propyl-1-(3,4-Methylenedioxyphenyl)butan-2-amine

MW: 361.56820
MM: 361.29808
$C_{23}H_{39}NO_2$
RI: 2705 (calc.)

GC/MS
EI 70 eV
TSQ 70
QI: 996

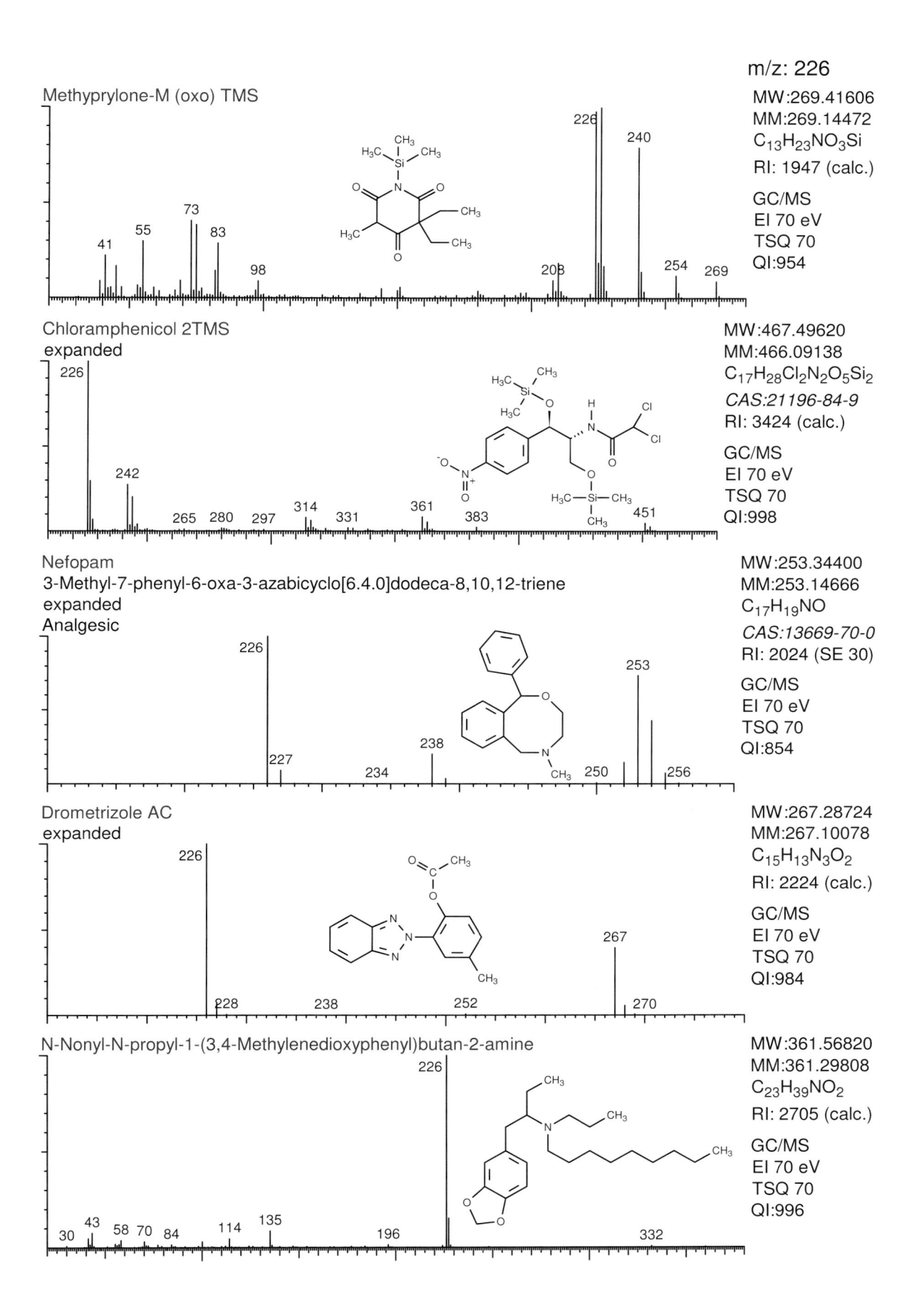

Peaks: 30, 43, 58, 70, 84, 114, 135, 196, 226, 332

m/z: 226-227

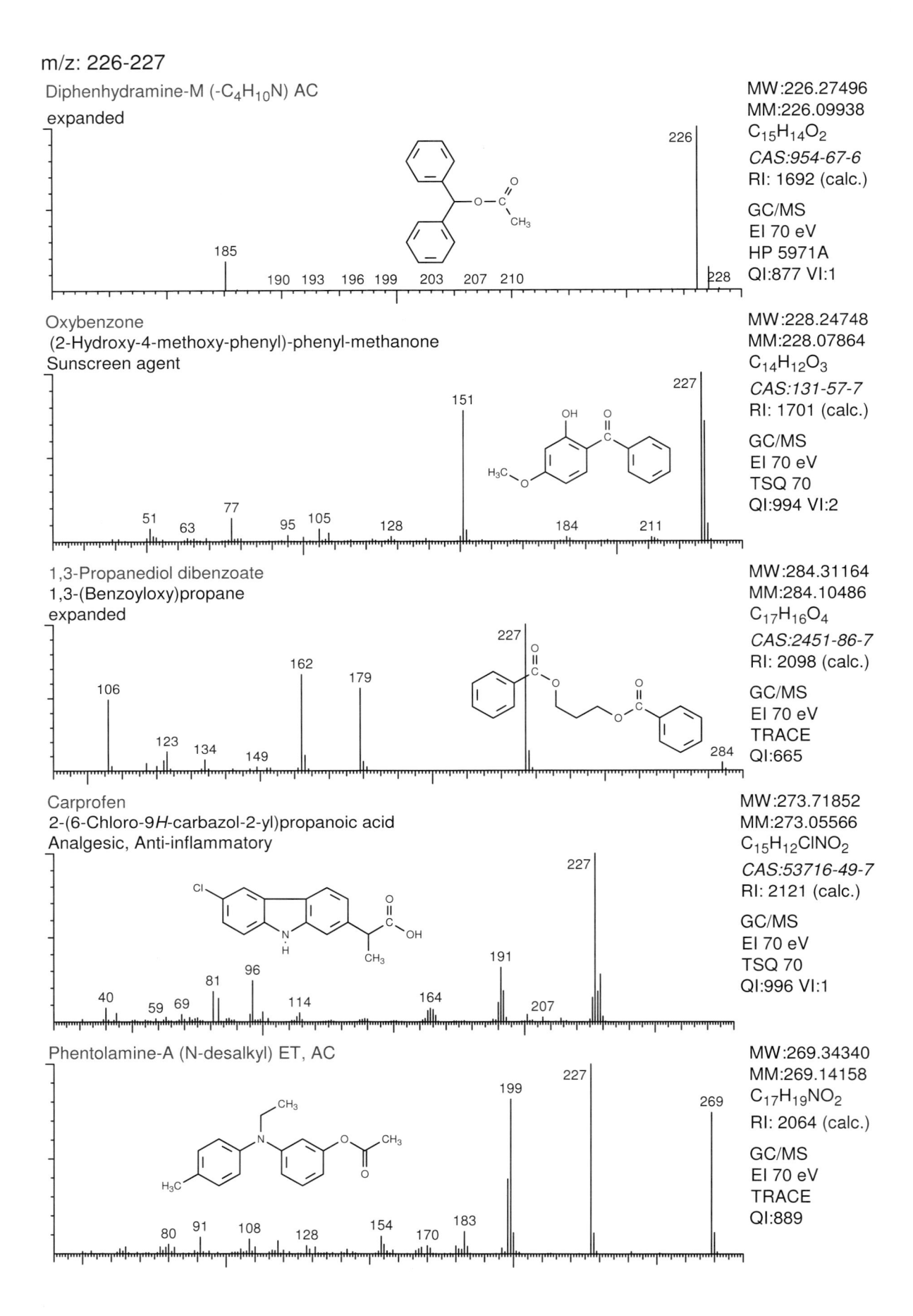

Diphenhydramine-M (-C$_4$H$_{10}$N) AC
expanded

MW:226.27496
MM:226.09938
C$_{15}$H$_{14}$O$_2$
CAS:954-67-6
RI: 1692 (calc.)

GC/MS
EI 70 eV
HP 5971A
QI:877 VI:1

Oxybenzone
(2-Hydroxy-4-methoxy-phenyl)-phenyl-methanone
Sunscreen agent

MW:228.24748
MM:228.07864
C$_{14}$H$_{12}$O$_3$
CAS:131-57-7
RI: 1701 (calc.)

GC/MS
EI 70 eV
TSQ 70
QI:994 VI:2

1,3-Propanediol dibenzoate
1,3-(Benzoyloxy)propane
expanded

MW:284.31164
MM:284.10486
C$_{17}$H$_{16}$O$_4$
CAS:2451-86-7
RI: 2098 (calc.)

GC/MS
EI 70 eV
TRACE
QI:665

Carprofen
2-(6-Chloro-9*H*-carbazol-2-yl)propanoic acid
Analgesic, Anti-inflammatory

MW:273.71852
MM:273.05566
C$_{15}$H$_{12}$ClNO$_2$
CAS:53716-49-7
RI: 2121 (calc.)

GC/MS
EI 70 eV
TSQ 70
QI:996 VI:1

Phentolamine-A (N-desalkyl) ET, AC

MW:269.34340
MM:269.14158
C$_{17}$H$_{19}$NO$_2$
RI: 2064 (calc.)

GC/MS
EI 70 eV
TRACE
QI:889

m/z: 227

Ametryne
N'-Ethyl-6-methylsulfanyl-N-propan-2-yl-1,3,5-triazine-2,4-diamine
Herbicide

MW: 227.33368
MM: 227.12047
$C_9H_{17}N_5S$
CAS: 834-12-8
RI: 1998 (calc.)

GC/MS
EI 70 eV
TSQ 70
QI: 995

Peaks: 43, 58, 68, 99, 122, 155, 170, 185, 212, 227

Disilicicacid-hexamethylester

MW: 258.37572
MM: 258.05911
$C_6H_{18}O_7Si_2$
CAS: 4371-91-9
RI: 1688 (calc.)

GC/MS
EI 70 eV
TSQ 70
QI: 445 VI:1

Peaks: 91, 98, 107, 121, 137, 151, 167, 181, 197, 227

Methoxychlor
1-Methoxy-4-[2,2,2-trichloro-1-(4-methoxyphenyl)ethyl]benzene
Insecticide   LC:BBA 0080

MW: 345.65200
MM: 344.01376
$C_{16}H_{15}Cl_3O_2$
CAS: 72-43-5
RI: 2417 (SE 30)

GC/MS
EI 70 eV
TSQ 70
QI: 989 VI:2

Peaks: 63, 114, 132, 152, 169, 196, 227, 238, 274, 344

Oxymorphone-D₃ 3PFP

MW: 742.39163
MM: 742.08725
$C_{26}H_{13}D_3F_{15}NO_7$
RI: 5480 (calc.)

GC/MS
EI 70 eV
TRACE
QI: 930

Peaks: 101, 143, 178, 227, 242, 285, 319, 431, 595, 742

Palmitic acid ME
Methyl hexadecanoate
Hexadecanoic acid methylester
expanded

MW: 270.45576
MM: 270.25588
$C_{17}H_{34}O_2$
CAS: 112-39-0
RI: 1891 (calc.)

GC/MS
EI 70 eV
HP 5971A
QI: 909

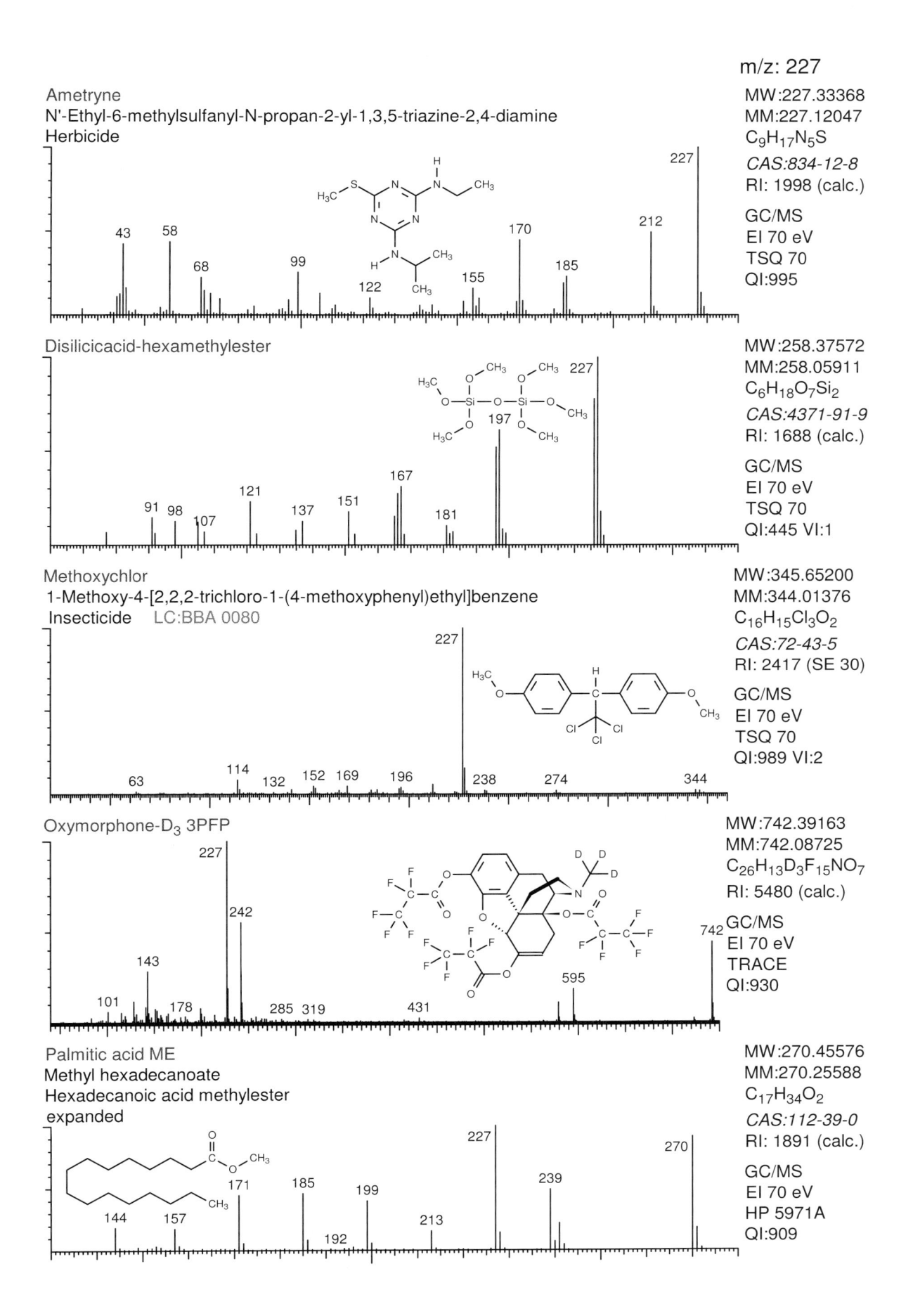

Peaks: 144, 157, 171, 185, 192, 199, 213, 227, 239, 270

m/z: 227-228

Sertraline-M (Oxo)

MW: 291.17608
MM: 290.02652
$C_{16}H_{12}Cl_2O$
RI: 2093 (calc.)

GC/MS
EI 70 eV
TSQ 70
QI: 879

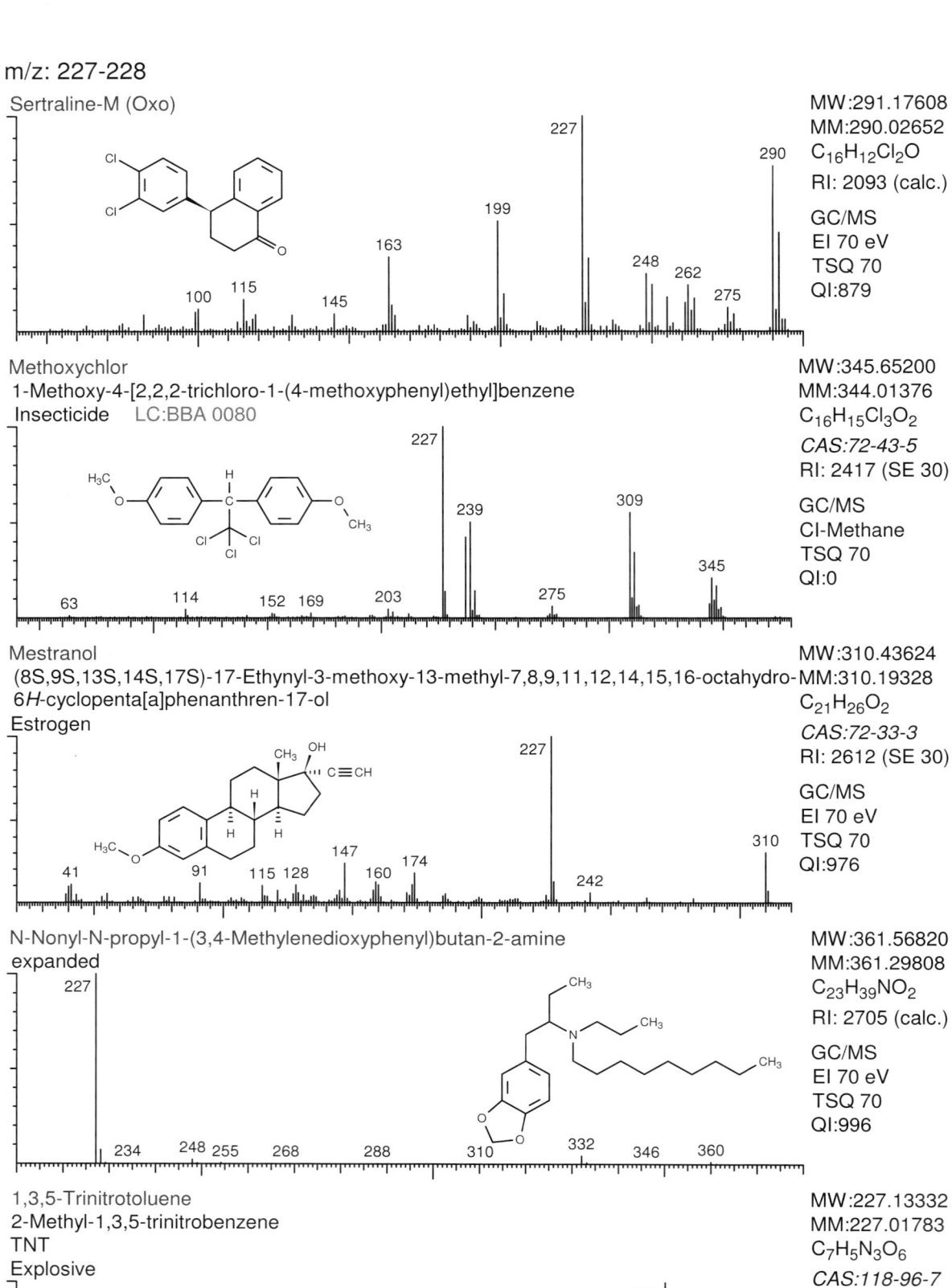

Methoxychlor
1-Methoxy-4-[2,2,2-trichloro-1-(4-methoxyphenyl)ethyl]benzene
Insecticide   LC:BBA 0080

MW: 345.65200
MM: 344.01376
$C_{16}H_{15}Cl_3O_2$
CAS: 72-43-5
RI: 2417 (SE 30)

GC/MS
CI-Methane
TSQ 70
QI: 0

Mestranol
(8S,9S,13S,14S,17S)-17-Ethynyl-3-methoxy-13-methyl-7,8,9,11,12,14,15,16-octahydro-
6H-cyclopenta[a]phenanthren-17-ol
Estrogen

MW: 310.43624
MM: 310.19328
$C_{21}H_{26}O_2$
CAS: 72-33-3
RI: 2612 (SE 30)

GC/MS
EI 70 eV
TSQ 70
QI: 976

N-Nonyl-N-propyl-1-(3,4-Methylenedioxyphenyl)butan-2-amine
expanded

MW: 361.56820
MM: 361.29808
$C_{23}H_{39}NO_2$
RI: 2705 (calc.)

GC/MS
EI 70 eV
TSQ 70
QI: 996

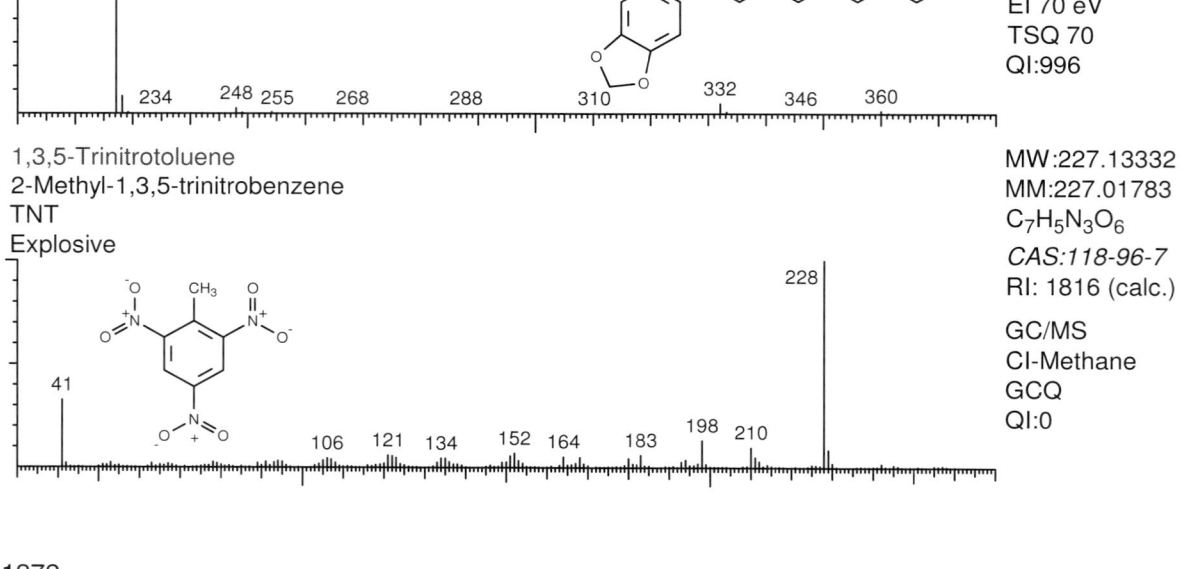

1,3,5-Trinitrotoluene
2-Methyl-1,3,5-trinitrobenzene
TNT
Explosive

MW: 227.13332
MM: 227.01783
$C_7H_5N_3O_6$
CAS: 118-96-7
RI: 1816 (calc.)

GC/MS
CI-Methane
GCQ
QI: 0

m/z: 228

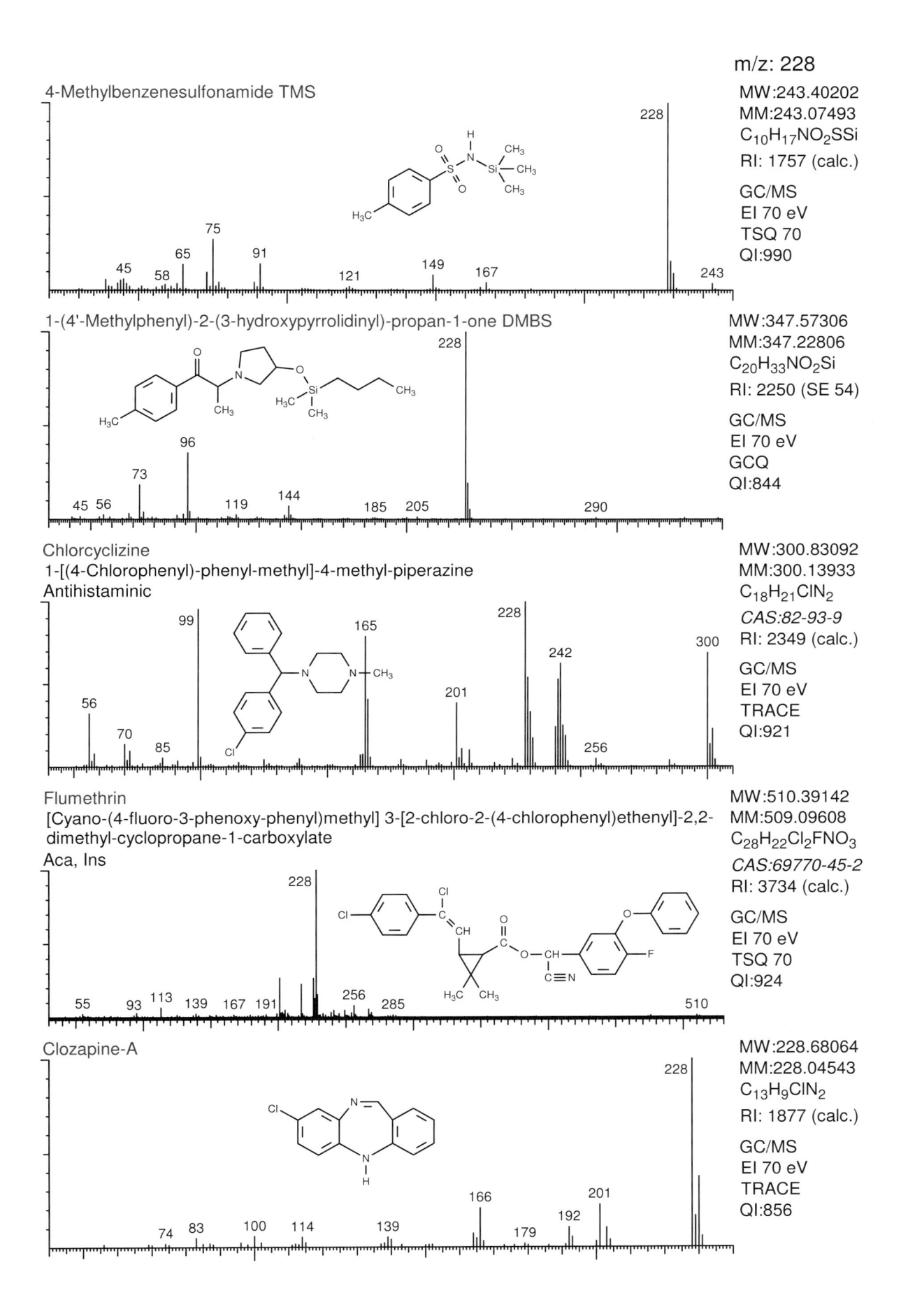

4-Methylbenzenesulfonamide TMS

MW: 243.40202
MM: 243.07493
$C_{10}H_{17}NO_2SSi$
RI: 1757 (calc.)

GC/MS
EI 70 eV
TSQ 70
QI: 990

1-(4'-Methylphenyl)-2-(3-hydroxypyrrolidinyl)-propan-1-one DMBS

MW: 347.57306
MM: 347.22806
$C_{20}H_{33}NO_2Si$
RI: 2250 (SE 54)

GC/MS
EI 70 eV
GCQ
QI: 844

Chlorcyclizine
1-[(4-Chlorophenyl)-phenyl-methyl]-4-methyl-piperazine
Antihistaminic

MW: 300.83092
MM: 300.13933
$C_{18}H_{21}ClN_2$
CAS: 82-93-9
RI: 2349 (calc.)

GC/MS
EI 70 eV
TRACE
QI: 921

Flumethrin
[Cyano-(4-fluoro-3-phenoxy-phenyl)methyl] 3-[2-chloro-2-(4-chlorophenyl)ethenyl]-2,2-dimethyl-cyclopropane-1-carboxylate
Aca, Ins

MW: 510.39142
MM: 509.09608
$C_{28}H_{22}Cl_2FNO_3$
CAS: 69770-45-2
RI: 3734 (calc.)

GC/MS
EI 70 eV
TSQ 70
QI: 924

Clozapine-A

MW: 228.68064
MM: 228.04543
$C_{13}H_9ClN_2$
RI: 1877 (calc.)

GC/MS
EI 70 eV
TRACE
QI: 856

m/z: 228

Testosterone isocaproate
expanded

peaks: 213, 228, 245, 255, 270, 288, 301, 344, 355, 386

MW:386.57492
MM:386.28210
$C_{25}H_{38}O_3$
CAS:15262-86-9
RI: 2893 (calc.)

GC/MS
EI 70 eV
TSQ 70
QI:921

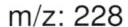

Methoxychlor
1-Methoxy-4-[2,2,2-trichloro-1-(4-methoxyphenyl)ethyl]benzene
expanded
Insecticide   LC:BBA 0080

peaks: 228, 231, 238, 245, 259, 274, 281, 309, 319, 344

MW:345.65200
MM:344.01376
$C_{16}H_{15}Cl_3O_2$
CAS:72-43-5
RI: 2417 (SE 30)

GC/MS
EI 70 eV
TSQ 70
QI:989 VI:2

Nalbuphine-M (N-desalkyl-) 3AC

peaks: 87, 115, 184, 201, 228, 241, 296, 329, 373, 415

MW:415.44304
MM:415.16310
$C_{22}H_{25}NO_7$
RI: 3200 (calc.)

GC/MS
EI 70 eV
TSQ 70
QI:837

Diphenhydramine-M/A (-N(CH$_3$)$_2$, OH) AC
expanded

peaks: 187, 192, 199, 210, 215, 220, 228, 235, 256, 270

MW:270.32812
MM:270.12559
$C_{17}H_{18}O_3$
RI: 2001 (calc.)

GC/MS
EI 70 eV
TSQ 70
QI:891

Diclofenac-A (-H$_2$O) ME
structure uncertain

peaks: 50, 63, 75, 92, 109, 164, 200, 228, 263, 291

MW:292.16388
MM:291.02177
$C_{15}H_{11}Cl_2NO$
RI: 2164 (calc.)

GC/MS
EI 70 eV
TSQ 70
QI:920

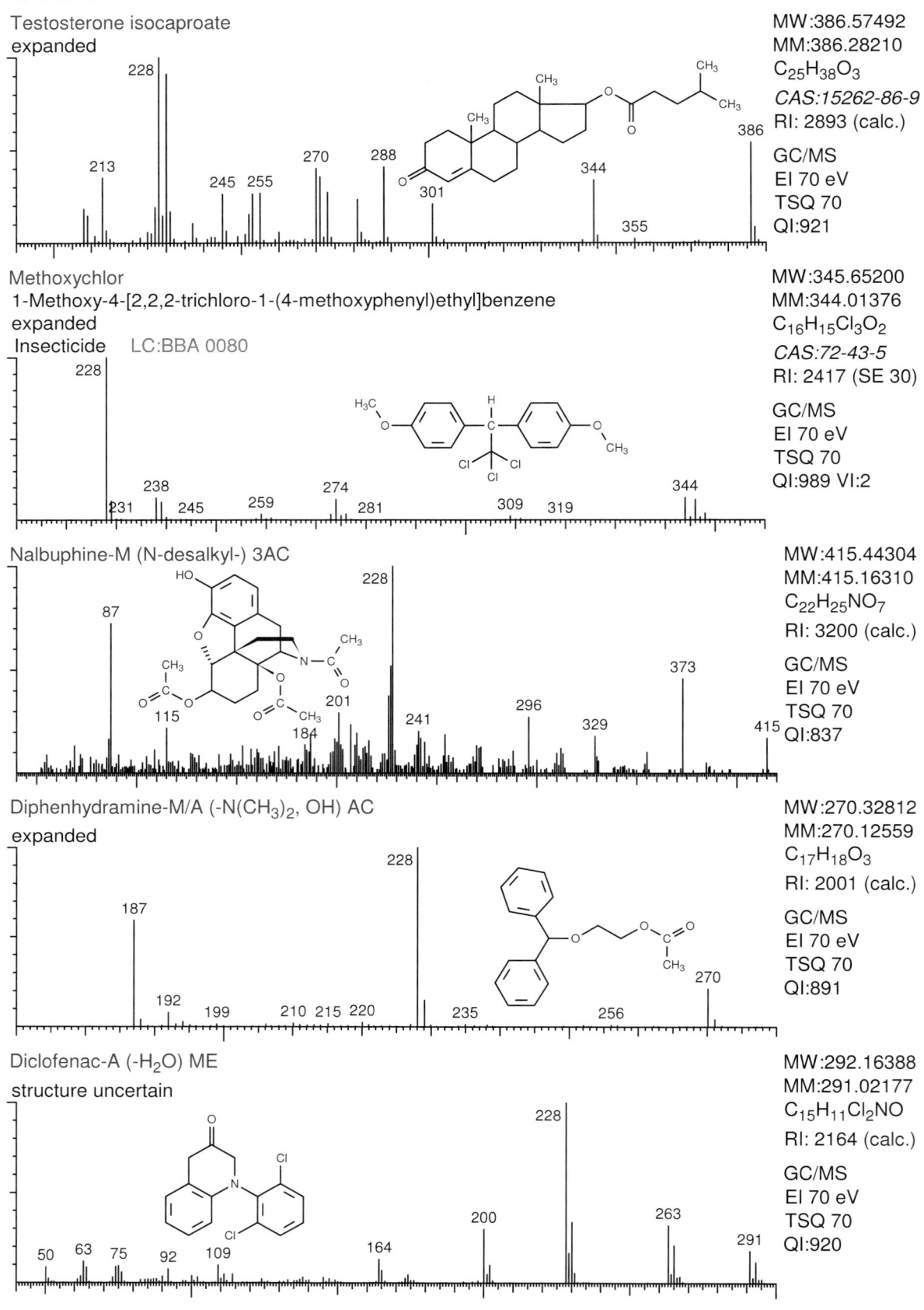

m/z: 228-229

Panthenol 3AC
expanded

MW: 331.36604
MM: 331.16310
$C_{15}H_{25}NO_7$
RI: 2408 (calc.)

GC/MS
EI 70 eV
TSQ 70
QI: 922

Promethazine-M (Desmethyl, HO)
expanded

MW: 286.39780
MM: 286.11398
$C_{16}H_{18}N_2OS$
RI: 2285 (calc.)

GC/MS
EI 70 eV
TSQ 70
QI: 953

Fulvestrant-A (-C$_5$H$_7$F$_5$SO) 2TMS
expanded

MW: 540.97744
MM: 540.38189
$C_{33}H_{56}O_2Si_2$
RI: 4037 (calc.)

GC/MS
EI 70 eV
TSQ 70
QI: 956

Levomepromazine-M (Nor)

MW: 314.45156
MM: 314.14528
$C_{18}H_{22}N_2OS$
RI: 2485 (calc.)

GC/MS
EI 70 eV
TRACE
QI: 918

Oximetholon-A
Structure uncertain

MW: 302.45700
MM: 302.22458
$C_{20}H_{30}O_2$
RI: 2448 (calc.)

GC/MS
EI 70 eV
TSQ 70
QI: 937

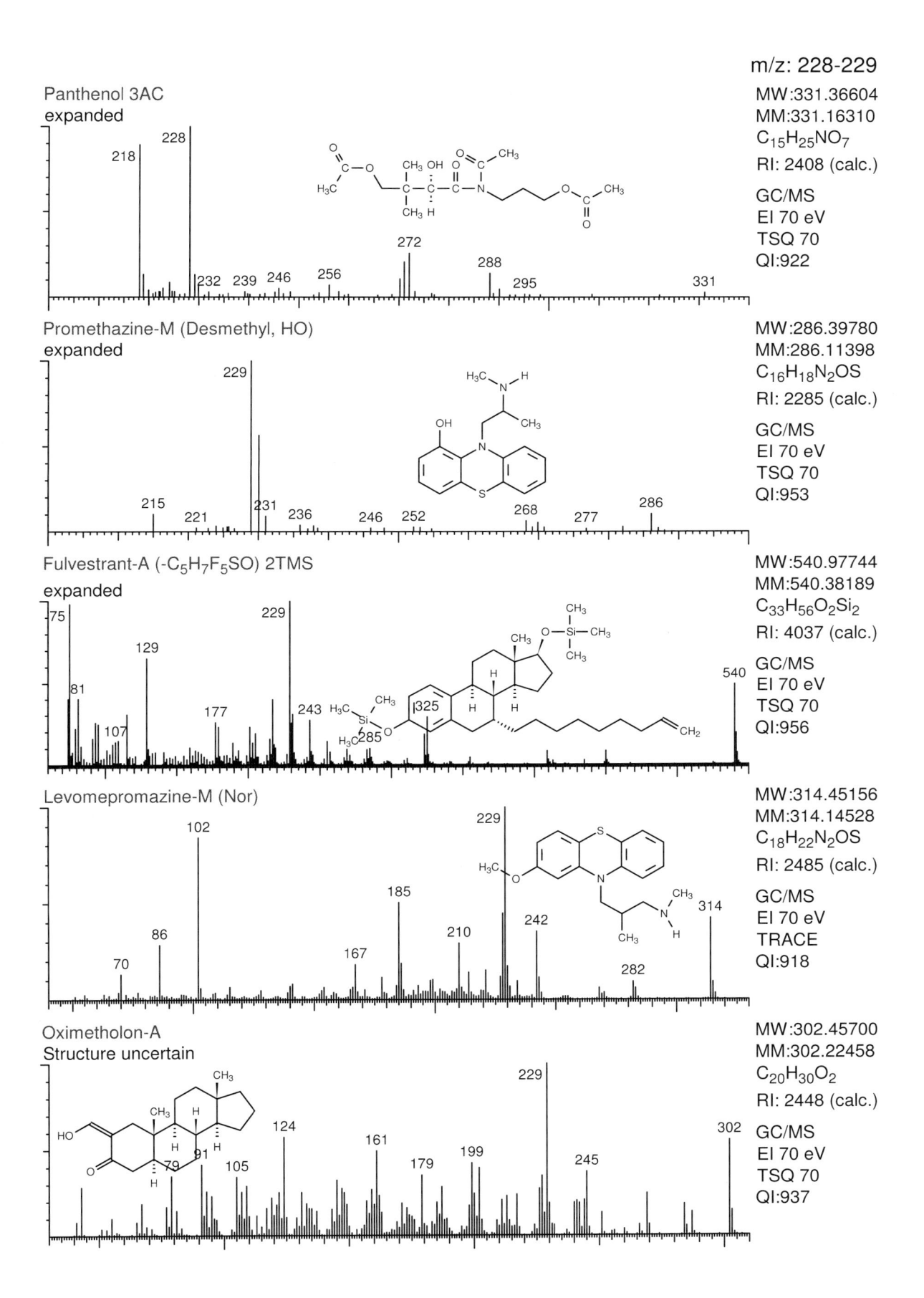

m/z: 229

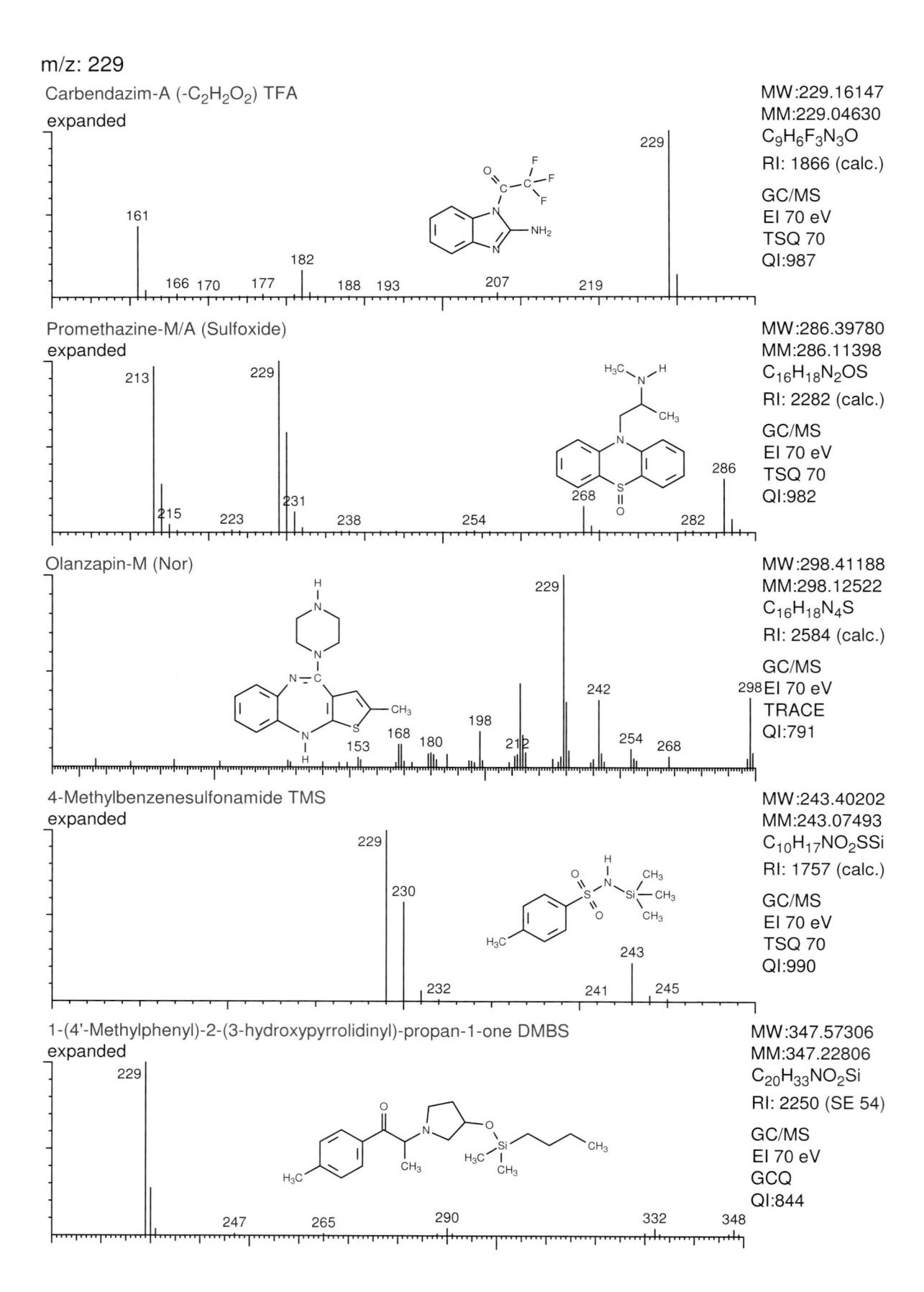

Carbendazim-A (-C₂H₂O₂) TFA
expanded

MW:229.16147
MM:229.04630
$C_9H_6F_3N_3O$
RI: 1866 (calc.)

GC/MS
EI 70 eV
TSQ 70
QI:987

Promethazine-M/A (Sulfoxide)
expanded

MW:286.39780
MM:286.11398
$C_{16}H_{18}N_2OS$
RI: 2282 (calc.)

GC/MS
EI 70 eV
TSQ 70
QI:982

Olanzapin-M (Nor)

MW:298.41188
MM:298.12522
$C_{16}H_{18}N_4S$
RI: 2584 (calc.)

GC/MS
EI 70 eV
TRACE
QI:791

4-Methylbenzenesulfonamide TMS
expanded

MW:243.40202
MM:243.07493
$C_{10}H_{17}NO_2SSi$
RI: 1757 (calc.)

GC/MS
EI 70 eV
TSQ 70
QI:990

1-(4'-Methylphenyl)-2-(3-hydroxypyrrolidinyl)-propan-1-one DMBS
expanded

MW:347.57306
MM:347.22806
$C_{20}H_{33}NO_2Si$
RI: 2250 (SE 54)

GC/MS
EI 70 eV
GCQ
QI:844

m/z: 229

Clonidine
N-(2,6-Dichlorophenyl)-4,5-dihydro-1H-imidazol-2-amine
Alpha-2-Rezeptoragonist, Antihypertonic

MW: 230.09608
MM: 229.01735
$C_9H_9Cl_2N_3$
CAS: 4205-90-7
RI: 1874 (calc.)

GC/MS
EI 70 eV
TRACE
QI: 895 VI: 4

Brolamfetamine PFO
DOB PFO

MW: 670.21309
MM: 668.99958
$C_{19}H_{15}BrF_{15}NO_3$
RI: 4561 (calc.)

GC/MS
EI 70 eV
HP 5973
QI: 964

Hydroxychloroquine-M (-N($C_2H_5)_2$, -2H)

MW: 244.72340
MM: 244.07673
$C_{14}H_{13}ClN_2$
RI: 1946 (calc.)

GC/MS
EI 70 eV
TRACE
QI: 881

Flumethrin
[Cyano-(4-fluoro-3-phenoxy-phenyl)methyl] 3-[2-chloro-2-(4-chlorophenyl)ethenyl]-2,2-dimethyl-cyclopropane-1-carboxylate
expanded
Aca, Ins

MW: 510.39142
MM: 509.09608
$C_{28}H_{22}Cl_2FNO_3$
CAS: 69770-45-2
RI: 3734 (calc.)

GC/MS
EI 70 eV
TSQ 70
QI: 924

Flumazenil

MW: 303.29298
MM: 303.10192
$C_{15}H_{14}FN_3O_3$
CAS: 78755-81-4
RI: 2454 (calc.)

GC/MS
EI 70 eV
TSQ 70
QI: 992 VI: 2

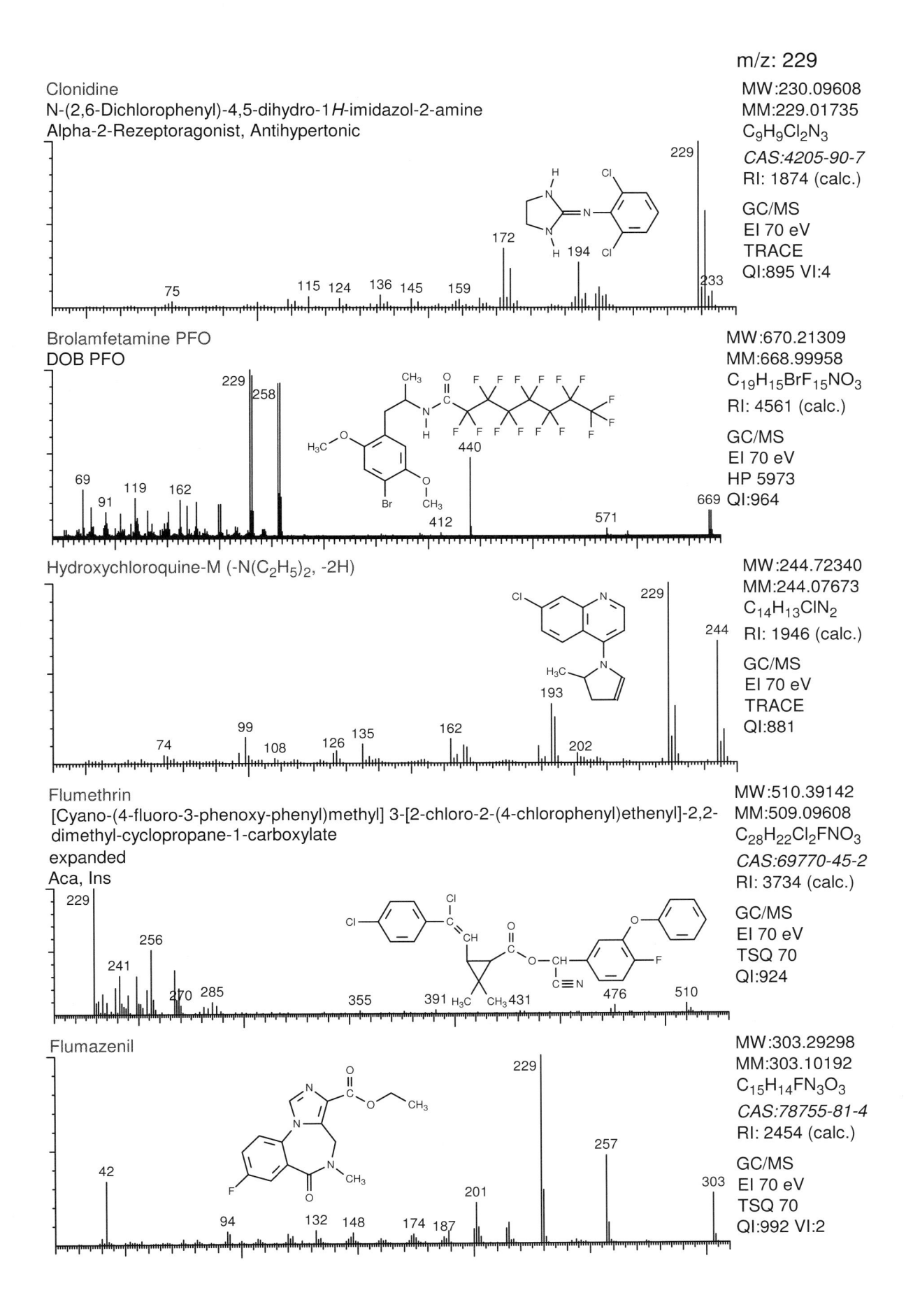

m/z: 229-230

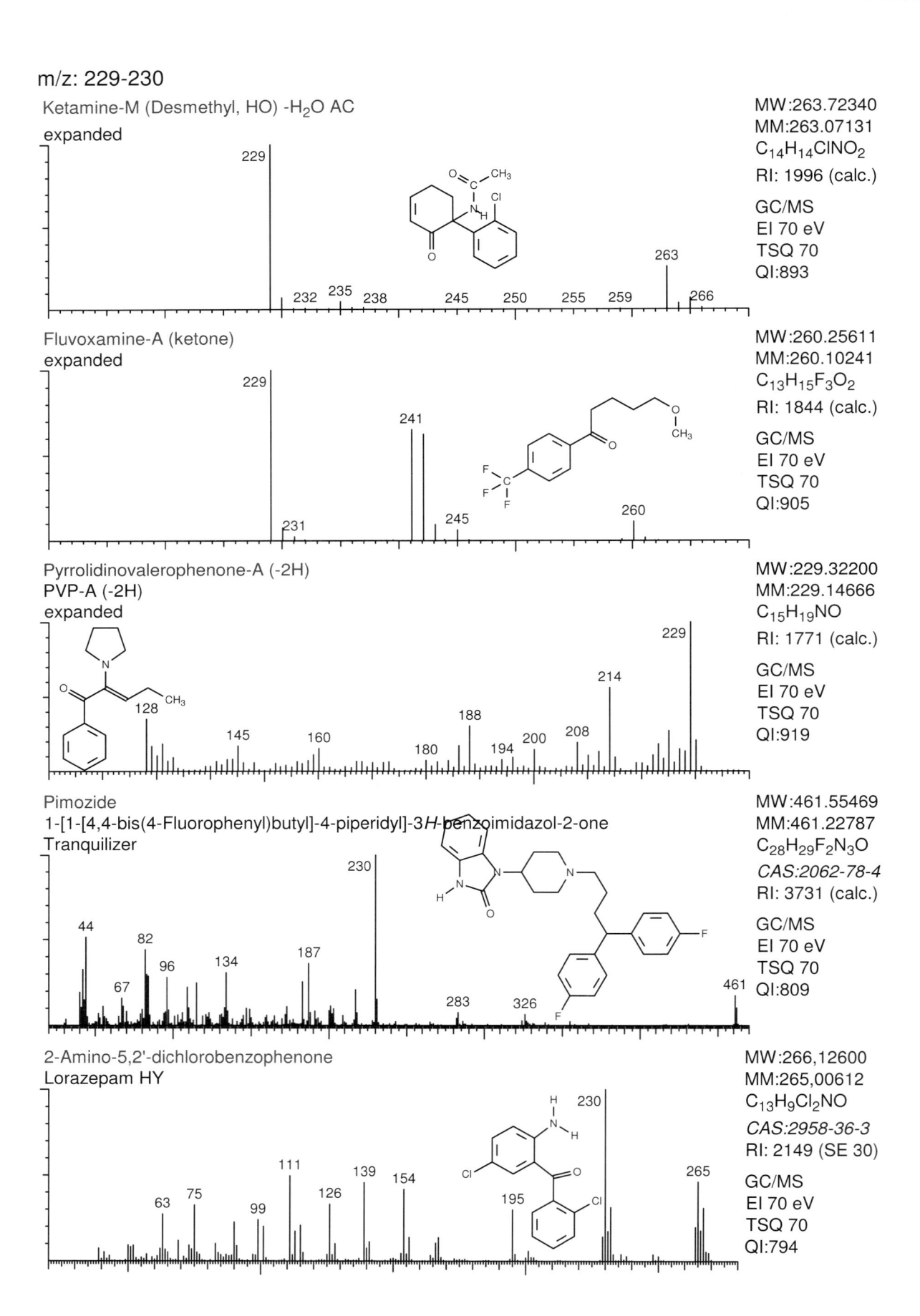

Ketamine-M (Desmethyl, HO) -H₂O AC
expanded

MW:263.72340
MM:263.07131
$C_{14}H_{14}ClNO_2$
RI: 1996 (calc.)

GC/MS
EI 70 eV
TSQ 70
QI:893

Fluvoxamine-A (ketone)
expanded

MW:260.25611
MM:260.10241
$C_{13}H_{15}F_3O_2$
RI: 1844 (calc.)

GC/MS
EI 70 eV
TSQ 70
QI:905

Pyrrolidinovalerophenone-A (-2H)
PVP-A (-2H)
expanded

MW:229.32200
MM:229.14666
$C_{15}H_{19}NO$
RI: 1771 (calc.)

GC/MS
EI 70 eV
TSQ 70
QI:919

Pimozide
1-[1-[4,4-bis(4-Fluorophenyl)butyl]-4-piperidyl]-3H-benzoimidazol-2-one
Tranquilizer

MW:461.55469
MM:461.22787
$C_{28}H_{29}F_2N_3O$
CAS:2062-78-4
RI: 3731 (calc.)

GC/MS
EI 70 eV
TSQ 70
QI:809

2-Amino-5,2'-dichlorobenzophenone
Lorazepam HY

MW:266,12600
MM:265,00612
$C_{13}H_9Cl_2NO$
CAS:2958-36-3
RI: 2149 (SE 30)

GC/MS
EI 70 eV
TSQ 70
QI:794

m/z: 230

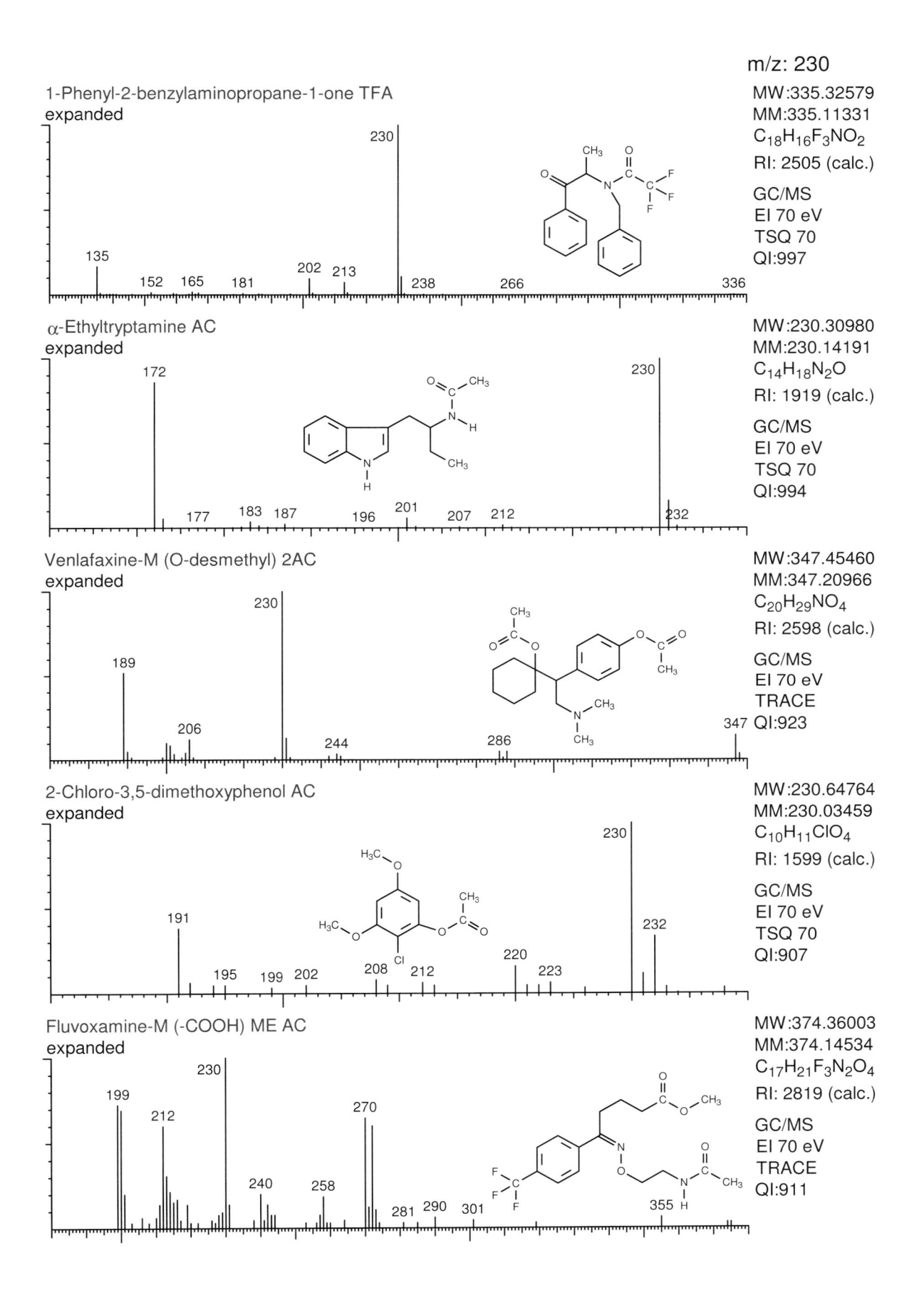

1-Phenyl-2-benzylaminopropane-1-one TFA
expanded

MW: 335.32579
MM: 335.11331
$C_{18}H_{16}F_3NO_2$
RI: 2505 (calc.)

GC/MS
EI 70 eV
TSQ 70
QI: 997

Peaks: 135, 152, 165, 181, 202, 213, 230, 238, 266, 336

α-Ethyltryptamine AC
expanded

MW: 230.30980
MM: 230.14191
$C_{14}H_{18}N_2O$
RI: 1919 (calc.)

GC/MS
EI 70 eV
TSQ 70
QI: 994

Peaks: 172, 177, 183, 187, 196, 201, 207, 212, 230, 232

Venlafaxine-M (O-desmethyl) 2AC
expanded

MW: 347.45460
MM: 347.20966
$C_{20}H_{29}NO_4$
RI: 2598 (calc.)

GC/MS
EI 70 eV
TRACE
QI: 923

Peaks: 189, 206, 230, 244, 286, 347

2-Chloro-3,5-dimethoxyphenol AC
expanded

MW: 230.64764
MM: 230.03459
$C_{10}H_{11}ClO_4$
RI: 1599 (calc.)

GC/MS
EI 70 eV
TSQ 70
QI: 907

Peaks: 191, 195, 199, 202, 208, 212, 220, 223, 230, 232

Fluvoxamine-M (-COOH) ME AC
expanded

MW: 374.36003
MM: 374.14534
$C_{17}H_{21}F_3N_2O_4$
RI: 2819 (calc.)

GC/MS
EI 70 eV
TRACE
QI: 911

Peaks: 199, 212, 230, 240, 258, 270, 281, 290, 301, 355

m/z: 230

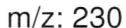

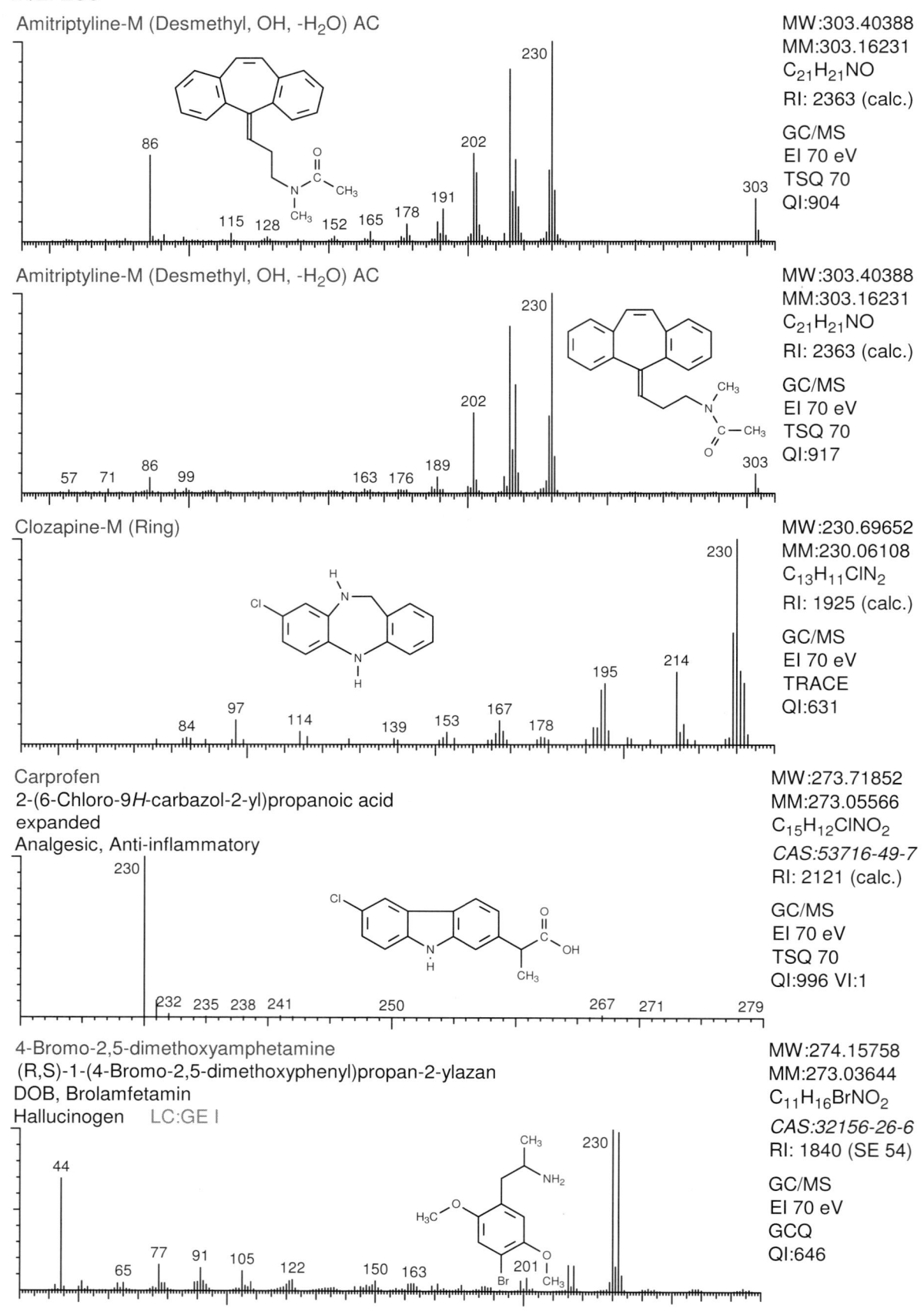

Amitriptyline-M (Desmethyl, OH, -H₂O) AC

MW:303.40388
MM:303.16231
$C_{21}H_{21}NO$
RI: 2363 (calc.)

GC/MS
EI 70 eV
TSQ 70
QI:904

Amitriptyline-M (Desmethyl, OH, -H₂O) AC

MW:303.40388
MM:303.16231
$C_{21}H_{21}NO$
RI: 2363 (calc.)

GC/MS
EI 70 eV
TSQ 70
QI:917

Clozapine-M (Ring)

MW:230.69652
MM:230.06108
$C_{13}H_{11}ClN_2$
RI: 1925 (calc.)

GC/MS
EI 70 eV
TRACE
QI:631

Carprofen
2-(6-Chloro-9H-carbazol-2-yl)propanoic acid
expanded
Analgesic, Anti-inflammatory

MW:273.71852
MM:273.05566
$C_{15}H_{12}ClNO_2$
CAS:53716-49-7
RI: 2121 (calc.)

GC/MS
EI 70 eV
TSQ 70
QI:996 VI:1

4-Bromo-2,5-dimethoxyamphetamine
(R,S)-1-(4-Bromo-2,5-dimethoxyphenyl)propan-2-ylazan
DOB, Brolamfetamin
Hallucinogen   LC:GE I

MW:274.15758
MM:273.03644
$C_{11}H_{16}BrNO_2$
CAS:32156-26-6
RI: 1840 (SE 54)

GC/MS
EI 70 eV
GCQ
QI:646

m/z: 230

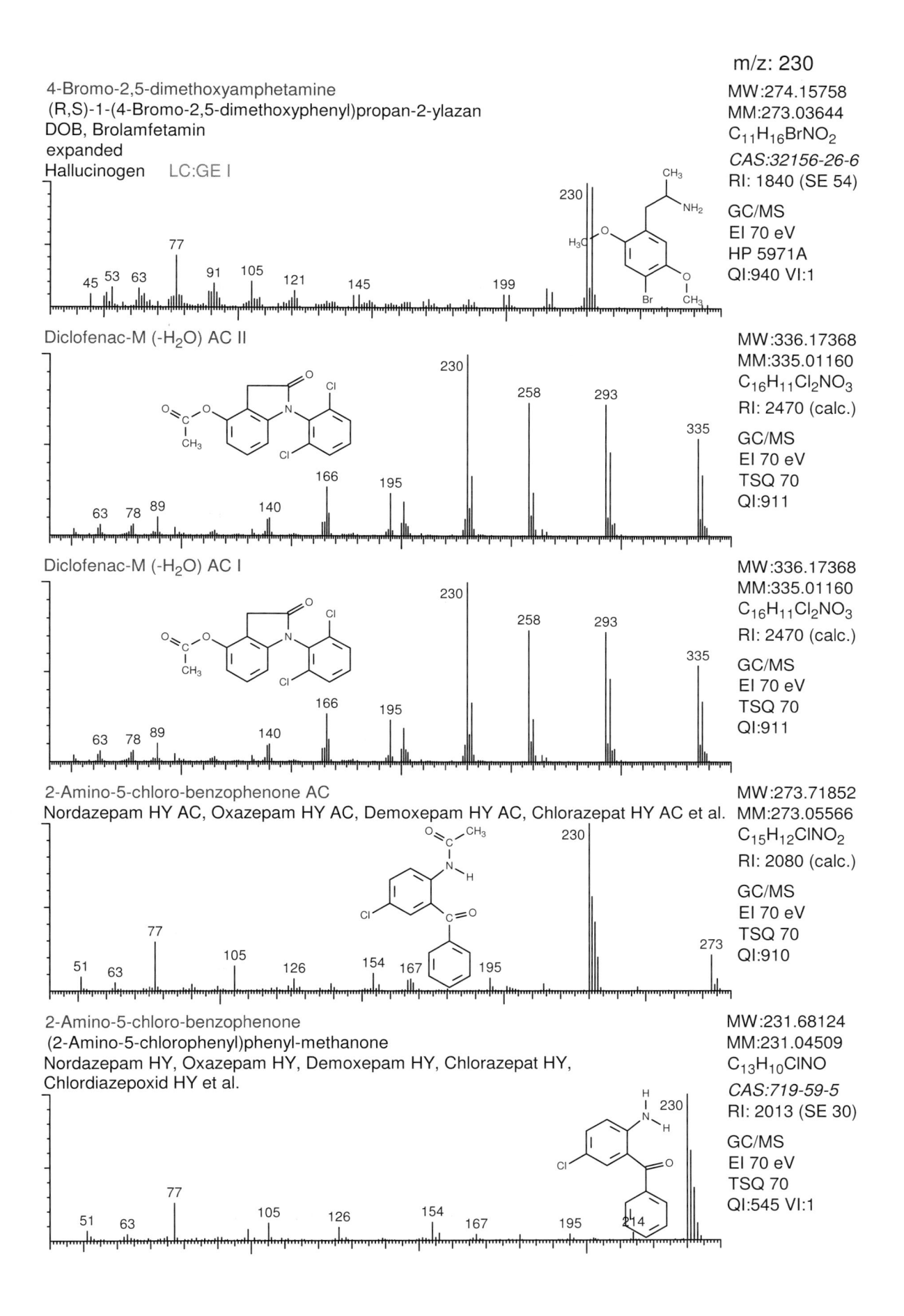

4-Bromo-2,5-dimethoxyamphetamine
(R,S)-1-(4-Bromo-2,5-dimethoxyphenyl)propan-2-ylazan
DOB, Brolamfetamin
expanded
Hallucinogen   LC:GE I

MW:274.15758
MM:273.03644
$C_{11}H_{16}BrNO_2$
CAS:32156-26-6
RI: 1840 (SE 54)

GC/MS
EI 70 eV
HP 5971A
QI:940 VI:1

Peaks: 45, 53, 63, 77, 91, 105, 121, 145, 199, 230

Diclofenac-M (-H$_2$O) AC II

MW:336.17368
MM:335.01160
$C_{16}H_{11}Cl_2NO_3$
RI: 2470 (calc.)

GC/MS
EI 70 eV
TSQ 70
QI:911

Peaks: 63, 78, 89, 140, 166, 195, 230, 258, 293, 335

Diclofenac-M (-H$_2$O) AC I

MW:336.17368
MM:335.01160
$C_{16}H_{11}Cl_2NO_3$
RI: 2470 (calc.)

GC/MS
EI 70 eV
TSQ 70
QI:911

Peaks: 63, 78, 89, 140, 166, 195, 230, 258, 293, 335

2-Amino-5-chloro-benzophenone AC
Nordazepam HY AC, Oxazepam HY AC, Demoxepam HY AC, Chlorazepat HY AC et al.

MW:273.71852
MM:273.05566
$C_{15}H_{12}ClNO_2$
RI: 2080 (calc.)

GC/MS
EI 70 eV
TSQ 70
QI:910

Peaks: 51, 63, 77, 105, 126, 154, 167, 195, 230, 273

2-Amino-5-chloro-benzophenone
(2-Amino-5-chlorophenyl)phenyl-methanone
Nordazepam HY, Oxazepam HY, Demoxepam HY, Chlorazepat HY,
Chlordiazepoxid HY et al.

MW:231.68124
MM:231.04509
$C_{13}H_{10}ClNO$
CAS:719-59-5
RI: 2013 (SE 30)

GC/MS
EI 70 eV
TSQ 70
QI:545 VI:1

Peaks: 51, 63, 77, 105, 126, 154, 167, 195, 214, 230

m/z: 230-231

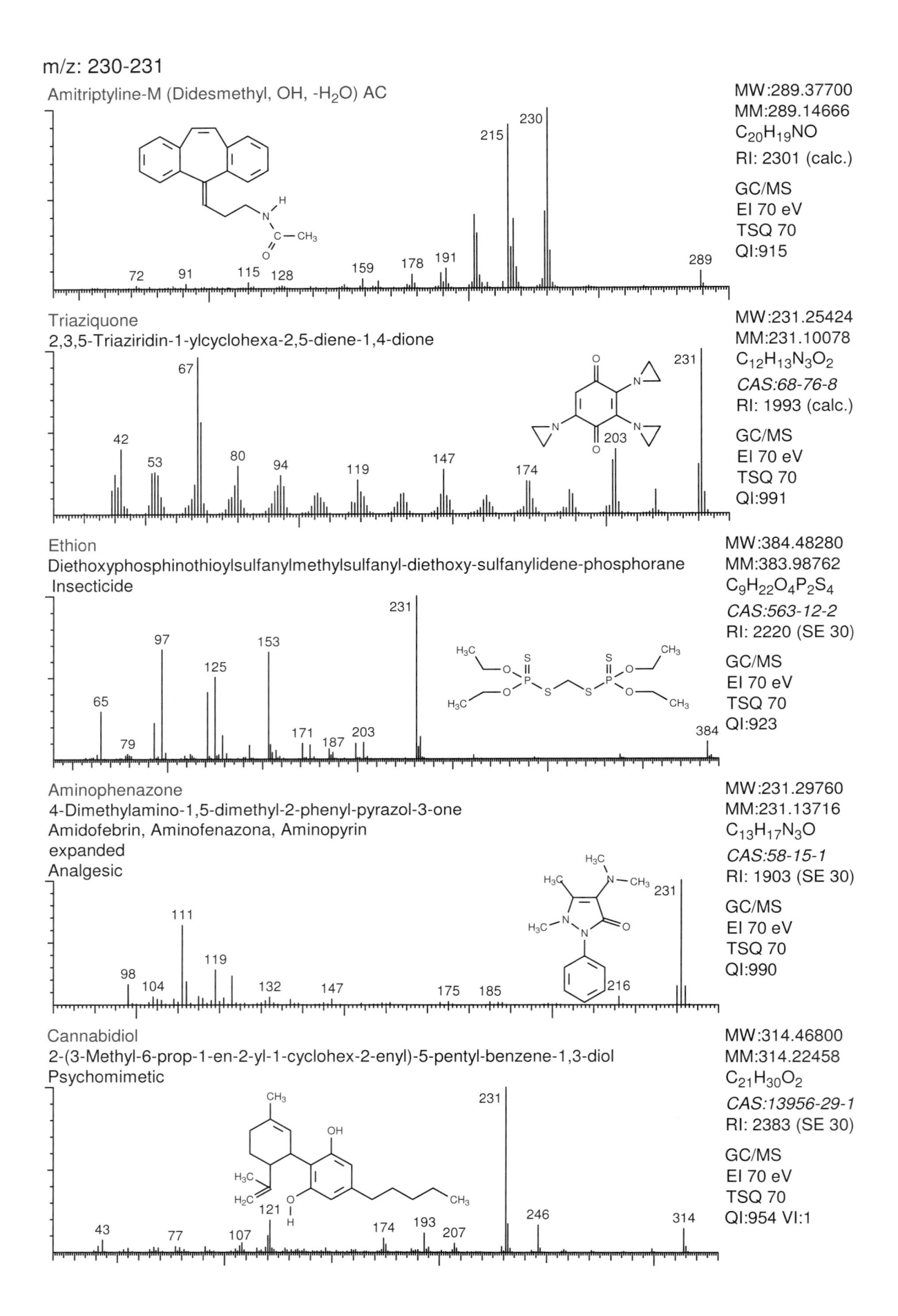

Amitriptyline-M (Didesmethyl, OH, -H₂O) AC

MW:289.37700
MM:289.14666
$C_{20}H_{19}NO$
RI: 2301 (calc.)

GC/MS
EI 70 eV
TSQ 70
QI:915

Triaziquone
2,3,5-Triaziridin-1-ylcyclohexa-2,5-diene-1,4-dione

MW:231.25424
MM:231.10078
$C_{12}H_{13}N_3O_2$
CAS:68-76-8
RI: 1993 (calc.)

GC/MS
EI 70 eV
TSQ 70
QI:991

Ethion
Diethoxyphosphinothioylsulfanylmethylsulfanyl-diethoxy-sulfanylidene-phosphorane
Insecticide

MW:384.48280
MM:383.98762
$C_9H_{22}O_4P_2S_4$
CAS:563-12-2
RI: 2220 (SE 30)

GC/MS
EI 70 eV
TSQ 70
QI:923

Aminophenazone
4-Dimethylamino-1,5-dimethyl-2-phenyl-pyrazol-3-one
Amidofebrin, Aminofenazona, Aminopyrin
expanded
Analgesic

MW:231.29760
MM:231.13716
$C_{13}H_{17}N_3O$
CAS:58-15-1
RI: 1903 (SE 30)

GC/MS
EI 70 eV
TSQ 70
QI:990

Cannabidiol
2-(3-Methyl-6-prop-1-en-2-yl-1-cyclohex-2-enyl)-5-pentyl-benzene-1,3-diol
Psychomimetic

MW:314.46800
MM:314.22458
$C_{21}H_{30}O_2$
CAS:13956-29-1
RI: 2383 (SE 30)

GC/MS
EI 70 eV
TSQ 70
QI:954 VI:1

m/z: 231

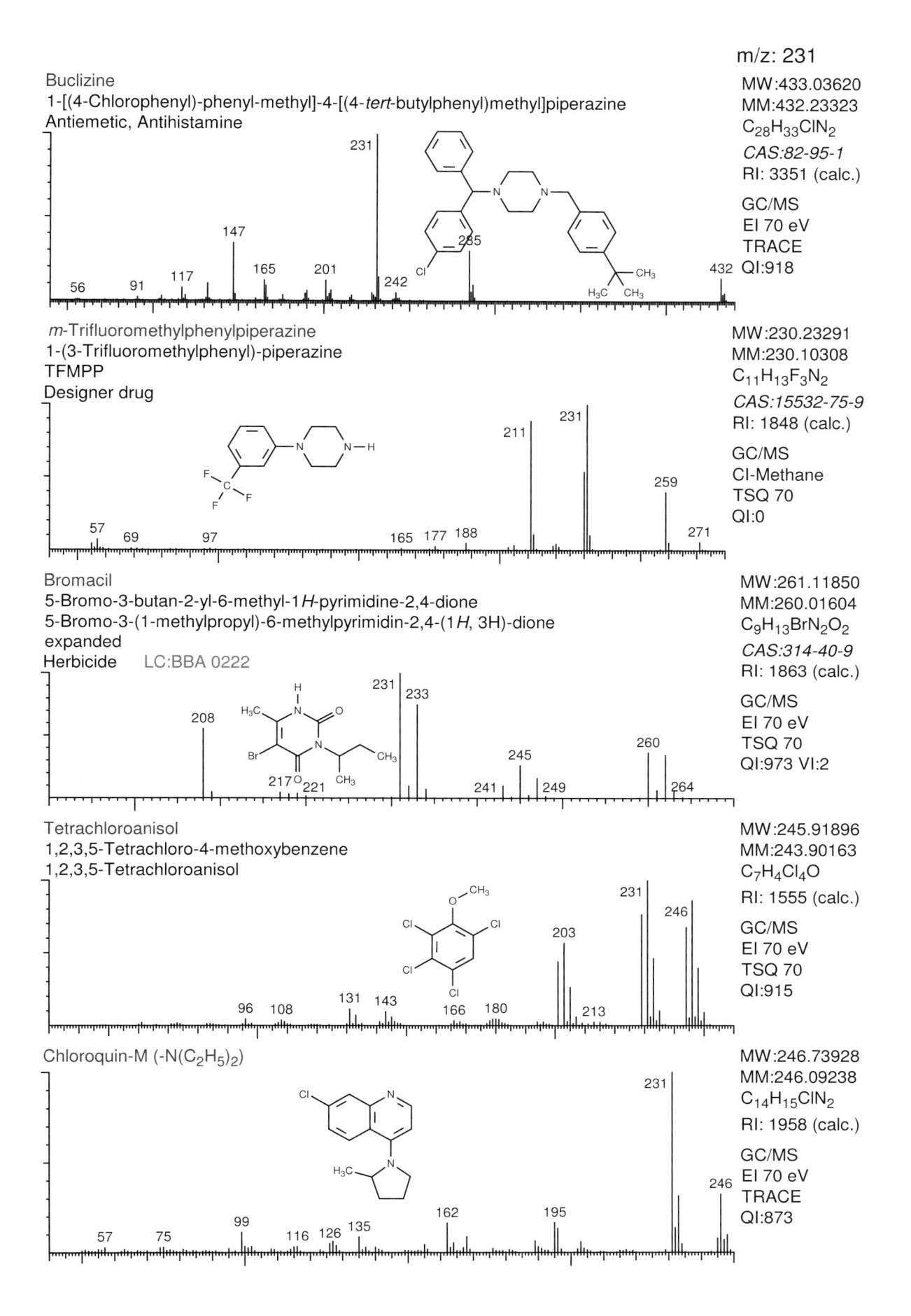

Buclizine
1-[(4-Chlorophenyl)-phenyl-methyl]-4-[(4-*tert*-butylphenyl)methyl]piperazine
Antiemetic, Antihistamine

MW: 433.03620
MM: 432.23323
$C_{28}H_{33}ClN_2$
CAS: 82-95-1
RI: 3351 (calc.)

GC/MS
EI 70 eV
TRACE
QI: 918

Peaks: 56, 91, 117, 147, 165, 201, 231, 242, 285, 432

m-Trifluoromethylphenylpiperazine
1-(3-Trifluoromethylphenyl)-piperazine
TFMPP
Designer drug

MW: 230.23291
MM: 230.10308
$C_{11}H_{13}F_3N_2$
CAS: 15532-75-9
RI: 1848 (calc.)

GC/MS
CI-Methane
TSQ 70
QI: 0

Peaks: 57, 69, 97, 165, 177, 188, 211, 231, 259, 271

Bromacil
5-Bromo-3-butan-2-yl-6-methyl-1*H*-pyrimidine-2,4-dione
5-Bromo-3-(1-methylpropyl)-6-methylpyrimidin-2,4-(1*H*, 3H)-dione
expanded
Herbicide   LC: BBA 0222

MW: 261.11850
MM: 260.01604
$C_9H_{13}BrN_2O_2$
CAS: 314-40-9
RI: 1863 (calc.)

GC/MS
EI 70 eV
TSQ 70
QI: 973 VI: 2

Peaks: 208, 217, 221, 231, 233, 241, 245, 249, 260, 264

Tetrachloroanisol
1,2,3,5-Tetrachloro-4-methoxybenzene
1,2,3,5-Tetrachloroanisol

MW: 245.91896
MM: 243.90163
$C_7H_4Cl_4O$
RI: 1555 (calc.)

GC/MS
EI 70 eV
TSQ 70
QI: 915

Peaks: 96, 108, 131, 143, 166, 180, 203, 213, 231, 246

Chloroquin-M (-N(C_2H_5)$_2$)

MW: 246.73928
MM: 246.09238
$C_{14}H_{15}ClN_2$
RI: 1958 (calc.)

GC/MS
EI 70 eV
TRACE
QI: 873

Peaks: 57, 75, 99, 116, 126, 135, 162, 195, 231, 246

m/z: 231

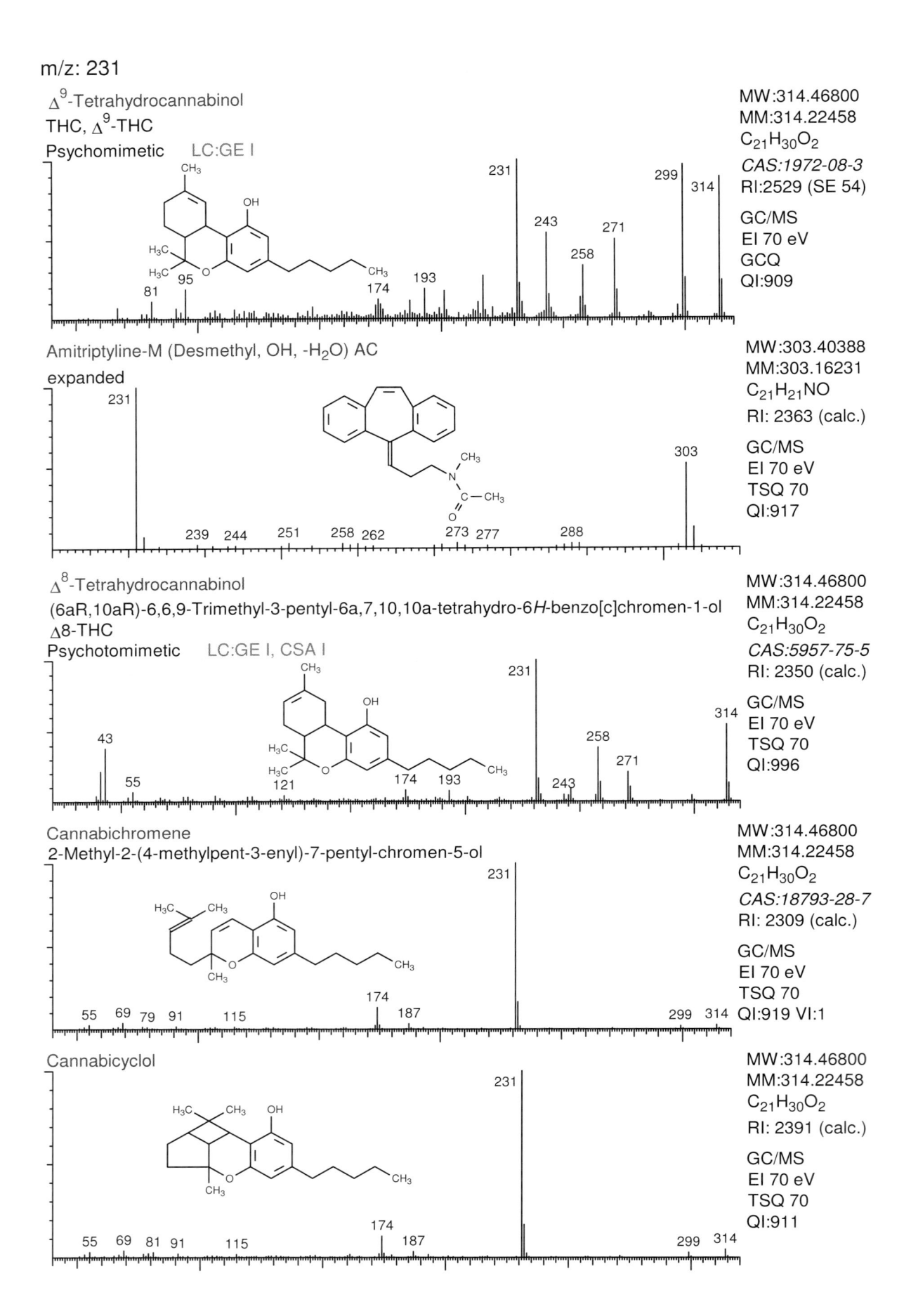

Δ⁹-Tetrahydrocannabinol
THC, Δ⁹-THC
Psychomimetic LC:GE I

MW:314.46800
MM:314.22458
$C_{21}H_{30}O_2$
CAS:1972-08-3
RI:2529 (SE 54)

GC/MS
EI 70 eV
GCQ
QI:909

Peaks: 81, 95, 174, 193, 231, 243, 258, 271, 299, 314

Amitriptyline-M (Desmethyl, OH, -H₂O) AC
expanded

MW:303.40388
MM:303.16231
$C_{21}H_{21}NO$
RI: 2363 (calc.)

GC/MS
EI 70 eV
TSQ 70
QI:917

Peaks: 231, 239, 244, 251, 258, 262, 273, 277, 288, 303

Δ⁸-Tetrahydrocannabinol
(6aR,10aR)-6,6,9-Trimethyl-3-pentyl-6a,7,10,10a-tetrahydro-6H-benzo[c]chromen-1-ol
Δ8-THC
Psychotomimetic LC:GE I, CSA I

MW:314.46800
MM:314.22458
$C_{21}H_{30}O_2$
CAS:5957-75-5
RI: 2350 (calc.)

GC/MS
EI 70 eV
TSQ 70
QI:996

Peaks: 43, 55, 121, 174, 193, 231, 243, 258, 271, 314

Cannabichromene
2-Methyl-2-(4-methylpent-3-enyl)-7-pentyl-chromen-5-ol

MW:314.46800
MM:314.22458
$C_{21}H_{30}O_2$
CAS:18793-28-7
RI: 2309 (calc.)

GC/MS
EI 70 eV
TSQ 70
QI:919 VI:1

Peaks: 55, 69, 79, 91, 115, 174, 187, 231, 299, 314

Cannabicyclol

MW:314.46800
MM:314.22458
$C_{21}H_{30}O_2$
RI: 2391 (calc.)

GC/MS
EI 70 eV
TSQ 70
QI:911

Peaks: 55, 69, 81, 91, 115, 174, 187, 231, 299, 314

Amitriptyline-M (Didesmethyl, OH, -H₂O) AC
expanded

m/z: 231-232
MW: 289.37700
MM: 289.14666
C₂₀H₁₉NO
RI: 2301 (calc.)

GC/MS
EI 70 eV
TSQ 70
QI: 915

Peaks: 231, 233, 241, 246, 250, 256, 267, 274, 281, 289

N-[1-(5-Fluoro-2-methoxyphenyl)prop-2-yl]carbaminic acid O,N-2TMS

MW: 371.59954
MM: 371.17483
C₁₇H₃₀FNO₃Si₂
RI: 1826 (SE 30)

GC/MS
EI 70 eV
TSQ 70
QI: 994

Peaks: 45, 59, 73, 100, 116, 139, 167, 188, 232, 356

1-(4-Methylphenyl)-2-pyrrolidinyl-butan-1-one
4-MPBP

MW: 231.33788
MM: 231.16231
C₁₅H₂₁NO
RI: 1831 (SE 54)

GC/MS
CI-Methane
TSQ 70
QI: 0

Peaks: 55, 70, 91, 112, 163, 189, 202, 232, 260, 272

N,N-Di-iso-propyl-5-methoxytryptamine TMS
5-MeO-DIPT TMS
expanded

MW: 346.58834
MM: 346.24404
C₂₀H₃₄N₂OSi
RI: 2626 (calc.)

GC/MS
EI 70 eV
GCQ
QI: 960

Peaks: 115, 130, 145, 160, 174, 186, 202, 232, 246, 346

Primidone 2AC
expanded

MW: 302.33000
MM: 302.12666
C₁₆H₁₈N₂O₄
RI: 2345 (calc.)

GC/MS
EI 70 eV
TSQ 70
QI: 984

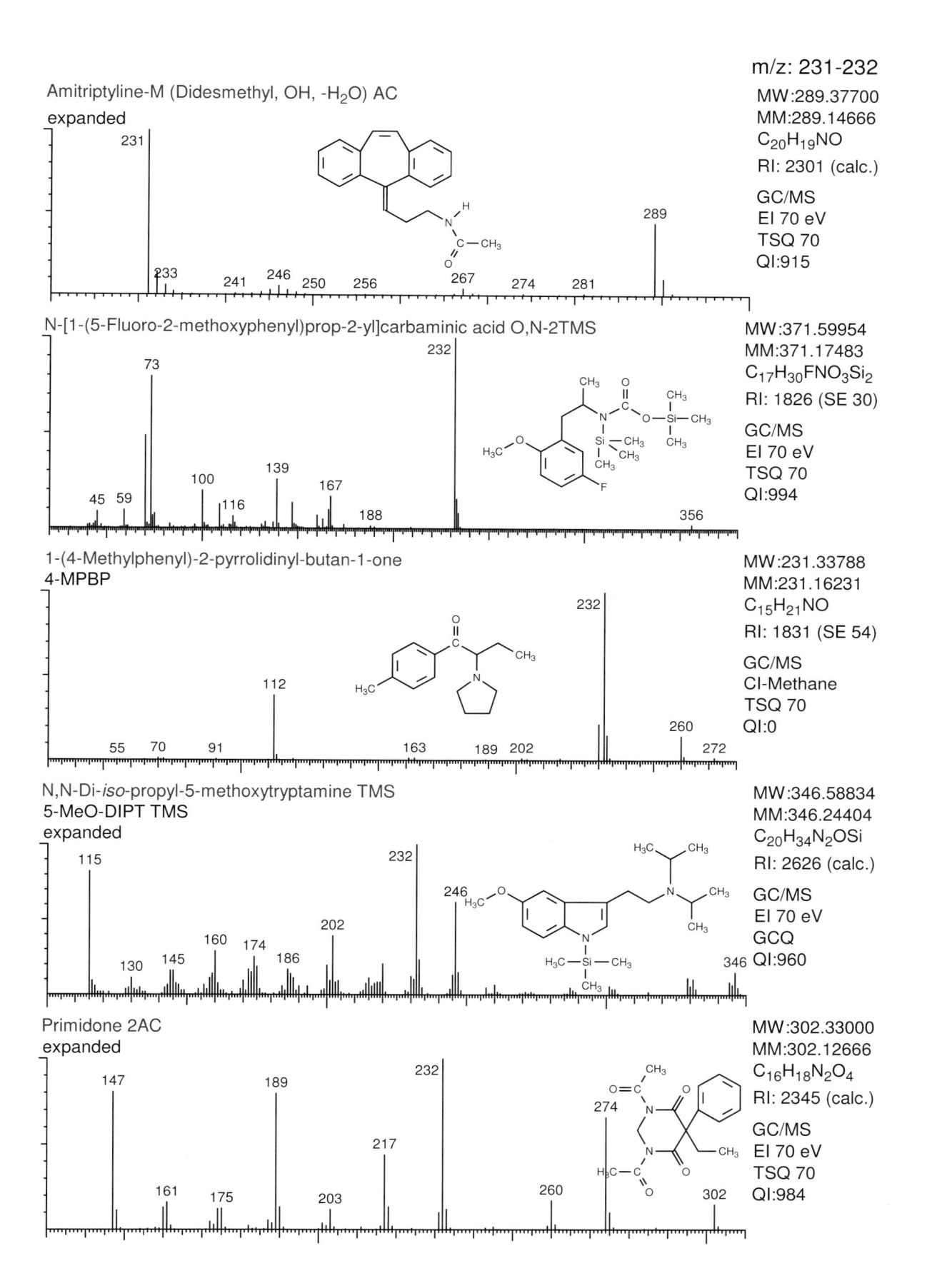

Peaks: 147, 161, 175, 189, 203, 217, 232, 260, 274, 302

m/z: 232

Bufotenine 2ME expanded

MW:232.32568
MM:232.15756
$C_{14}H_{20}N_2O$
RI: 1953 (SE 30)

GC/MS
EI 70 eV
TSQ 70
QI:988

Psilocine 2ME expanded

MW:232.32568
MM:232.15756
$C_{14}H_{20}N_2O$
RI: 1920 (SE 30)

GC/MS
EI 70 eV
GCQ
QI:885

Amitriptyline-M (Desmethyl) AC
N-Acetylnortriptyline

MW:305.41976
MM:305.17796
$C_{21}H_{23}NO$
RI: 2372 (calc.)

GC/MS
EI 70 eV
TSQ 70
QI:916

4-Bromo-2,5-dimethoxyamphetamine
(R,S)-1-(4-Bromo-2,5-dimethoxyphenyl)propan-2-ylazan
DOB, Brolamfetamin
expanded
Hallucinogen   LC:GE I

MW:274.15758
MM:273.03644
$C_{11}H_{16}BrNO_2$
CAS:32156-26-6
RI: 1840 (SE 54)

GC/MS
EI 70 eV
TSQ 70
QI:985

4-Bromo-2,5-dimethoxyphenethylamine
2C-B, BDMPEA
Hallucinogen   LC:GE I   REF:PIH 20

MW:260.13070
MM:259.02079
$C_{10}H_{14}BrNO_2$
CAS:66142-81-2
RI: 1761 (calc.)

GC/MS
EI 70 eV
HP 5973
QI:882 VI:1

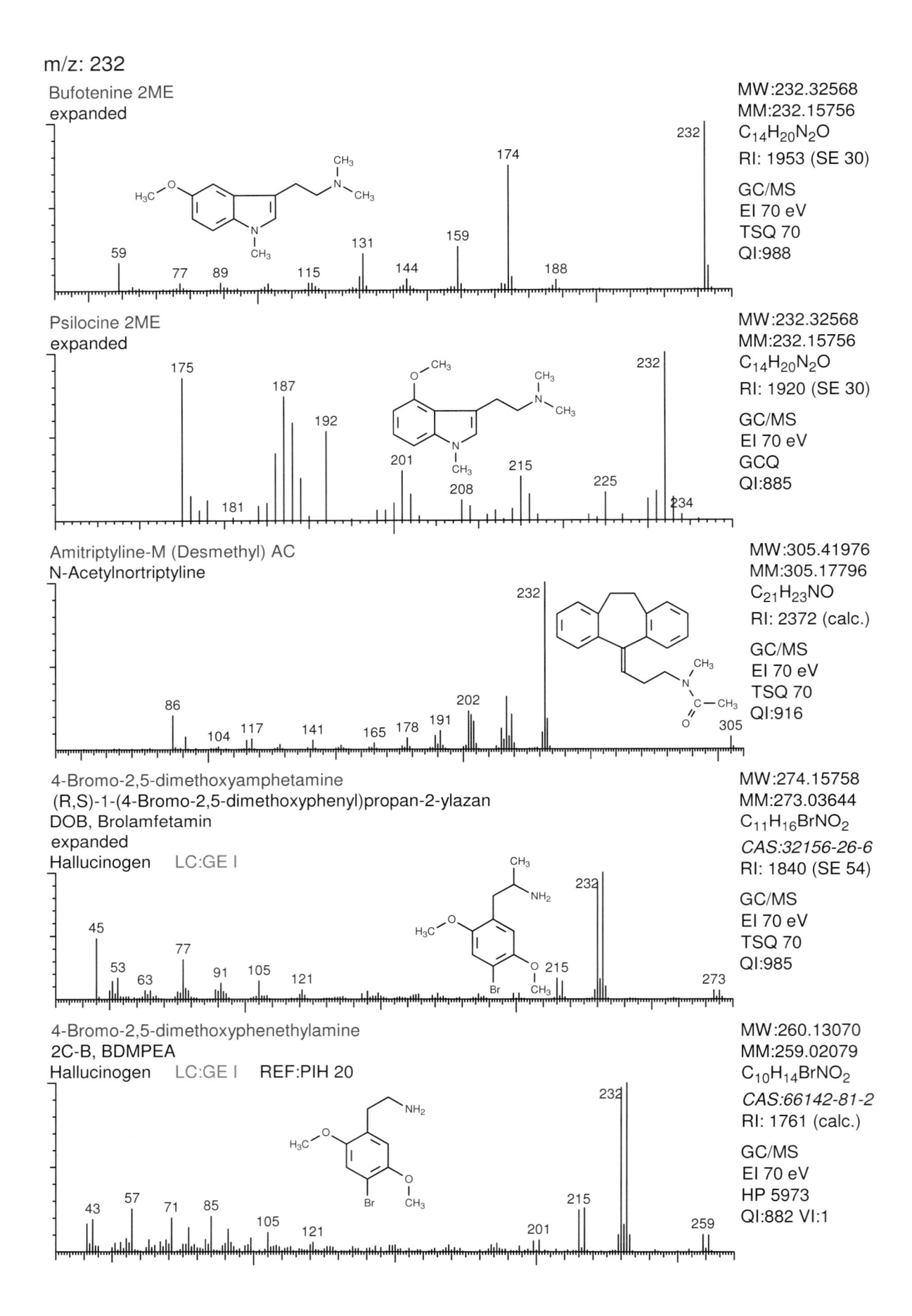

m/z: 232

Quinine-M (N-oxide) AC
expanded

MW:382.45952
MM:382.18926
$C_{22}H_{26}N_2O_4$
RI: 3009 (calc.)

GC/MS
EI 70 eV
TSQ 70
QI:938

Captopril-M (disulfide) 2ME
expanded

MW:460.61596
MM:460.17018
$C_{20}H_{32}N_2O_6S_2$
RI: 3351 (calc.)

GC/MS
EI 70 eV
TRACE
QI:939

Cannabidiol
2-(3-Methyl-6-prop-1-en-2-yl-1-cyclohex-2-enyl)-5-pentyl-benzene-1,3-diol
expanded
Psychomimetic

MW:314.46800
MM:314.22458
$C_{21}H_{30}O_2$
CAS:13956-29-1
RI: 2383 (SE 30)

GC/MS
EI 70 eV
TSQ 70
QI:954 VI:1

Furosemide
4-Chloro-2-(2-furylmethylamino)-5-sulfamoyl-benzoic acid
expanded
Diuretic

MW:330.74852
MM:330.00772
$C_{12}H_{11}ClN_2O_5S$
CAS:54-31-9
RI: 2468 (calc.)

DI/MS
EI 70 eV
TSQ 70
QI:931

Cannabicyclol
expanded

MW:314.46800
MM:314.22458
$C_{21}H_{30}O_2$
RI: 2391 (calc.)

GC/MS
EI 70 eV
TSQ 70
QI:911

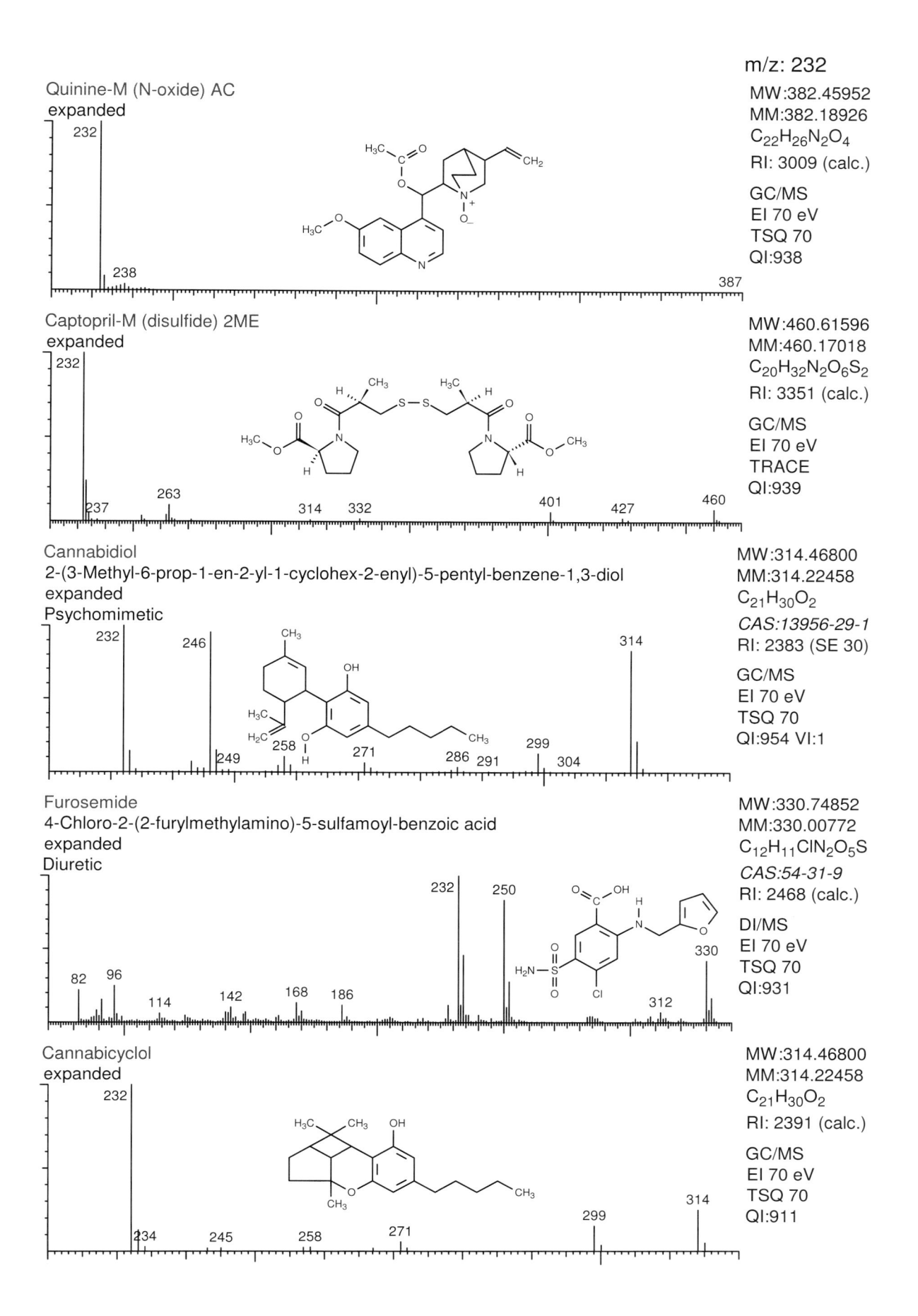

m/z: 232-233

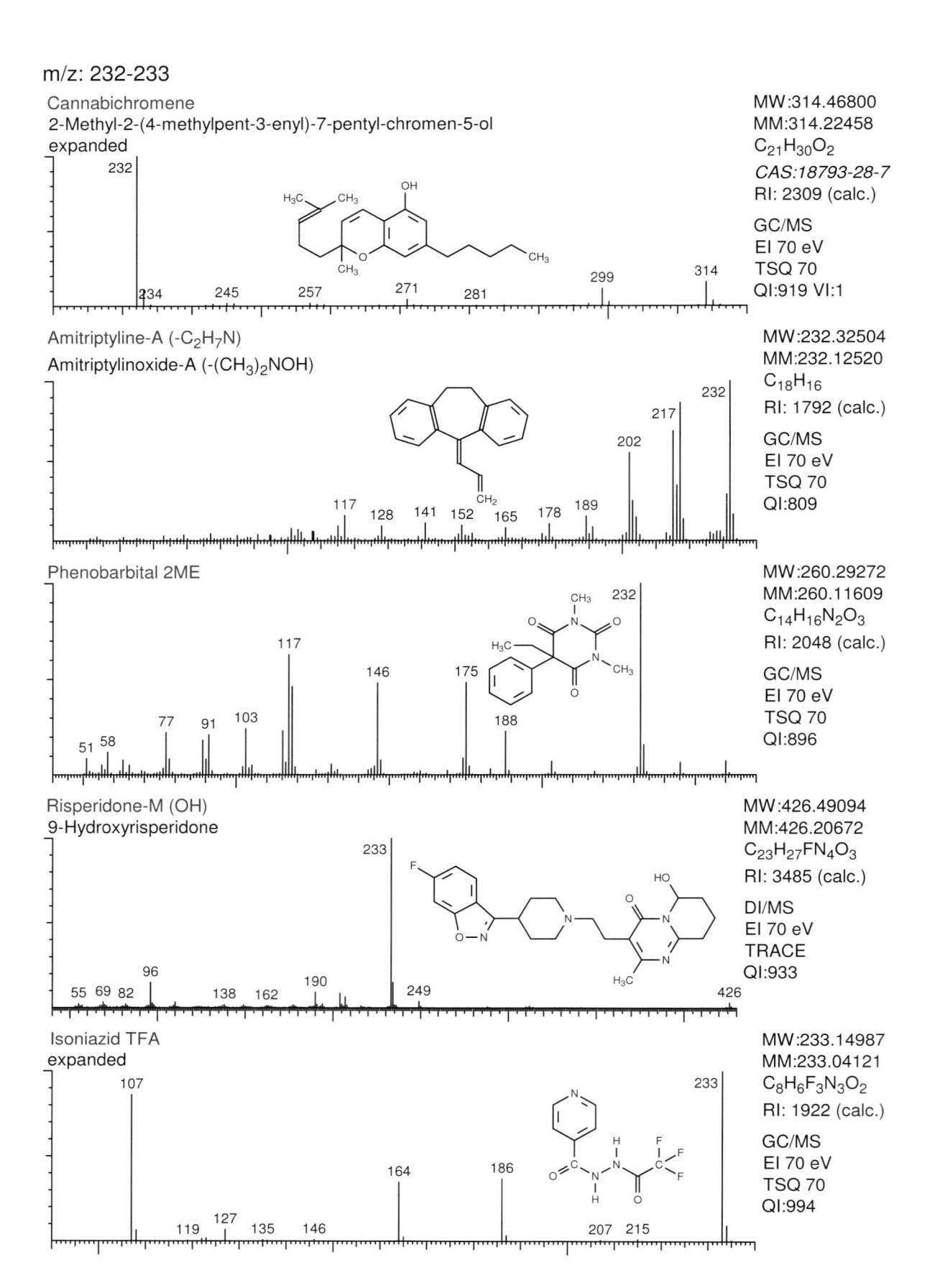

Cannabichromene
2-Methyl-2-(4-methylpent-3-enyl)-7-pentyl-chromen-5-ol
expanded

MW: 314.46800
MM: 314.22458
$C_{21}H_{30}O_2$
CAS: 18793-28-7
RI: 2309 (calc.)

GC/MS
EI 70 eV
TSQ 70
QI:919 VI:1

Peaks: 232, 234, 245, 257, 271, 281, 299, 314

Amitriptyline-A (-C_2H_7N)
Amitriptylinoxide-A (-(CH_3)$_2$NOH)

MW: 232.32504
MM: 232.12520
$C_{18}H_{16}$
RI: 1792 (calc.)

GC/MS
EI 70 eV
TSQ 70
QI:809

Peaks: 117, 128, 141, 152, 165, 178, 189, 202, 217, 232

Phenobarbital 2ME

MW: 260.29272
MM: 260.11609
$C_{14}H_{16}N_2O_3$
RI: 2048 (calc.)

GC/MS
EI 70 eV
TSQ 70
QI:896

Peaks: 51, 58, 77, 91, 103, 117, 146, 175, 188, 232

Risperidone-M (OH)
9-Hydroxyrisperidone

MW: 426.49094
MM: 426.20672
$C_{23}H_{27}FN_4O_3$
RI: 3485 (calc.)

DI/MS
EI 70 eV
TRACE
QI:933

Peaks: 55, 69, 82, 96, 138, 162, 190, 233, 249, 426

Isoniazid TFA
expanded

MW: 233.14987
MM: 233.04121
$C_8H_6F_3N_3O_2$
RI: 1922 (calc.)

GC/MS
EI 70 eV
TSQ 70
QI:994

Peaks: 107, 119, 127, 135, 146, 164, 186, 207, 215, 233

m/z: 233

N-[1-(3,4-Methylenedioxyphenyl)propan-2-yl]butane-1-imine
expanded
Intermediate

MW: 233.31040
MM: 233.14158
$C_{14}H_{19}NO_2$
RI: 1792 (calc.)

GC/MS
EI 70 eV
TSQ 70
QI: 995

Peaks: 99, 105, 121, 135, 147, 162, 174, 190, 218, 233

γ-Hydroxybutyric acid 2TMS
4-Hydroxy-butyric acid 2TMS
GHB 2TMS
expanded

MW: 248.46976
MM: 248.12640
$C_{10}H_{24}O_3Si_2$
RI: 1227 (SE 30)

GC/MS
EI 70 eV
GCQ
QI: 950

Peaks: 150, 159, 167, 177, 191, 204, 217, 233, 237, 249

Risperidone
3-[2-[4-(6-Fluorobenzo[d]isoxazol-3-yl)-1-piperidyl]ethyl]-4-methyl-1,5-diazabicyclo-[4.4.0]-deca-3,5-dien-2-one
Antipsychotic

MW: 410.49154
MM: 410.21180
$C_{23}H_{27}FN_4O_2$
CAS: 106266-06-2
RI: 3376 (calc.)

DI/MS
EI 70 eV
TSQ 70
QI: 961

Peaks: 42, 58, 82, 96, 123, 162, 190, 233, 268, 410

Carbendazim 2AC
expanded

MW: 275.26404
MM: 275.09061
$C_{13}H_{13}N_3O_4$
RI: 2216 (calc.)

GC/MS
EI 70 eV
TSQ 70
QI: 989

Peaks: 192, 201, 207, 218, 233, 235, 250, 257, 264, 275

Flusilazol
bis(4-Fluorophenyl)-methyl-(1,2,4-triazol-1-ylmethyl)silane
Fungicide   LC: BBA 0769

MW: 315.39763
MM: 315.10033
$C_{16}H_{15}F_2N_3Si$
CAS: 85509-19-9
RI: 2512 (calc.)

GC/MS
EI 70 eV
TSQ 70
QI: 996 VI: 1

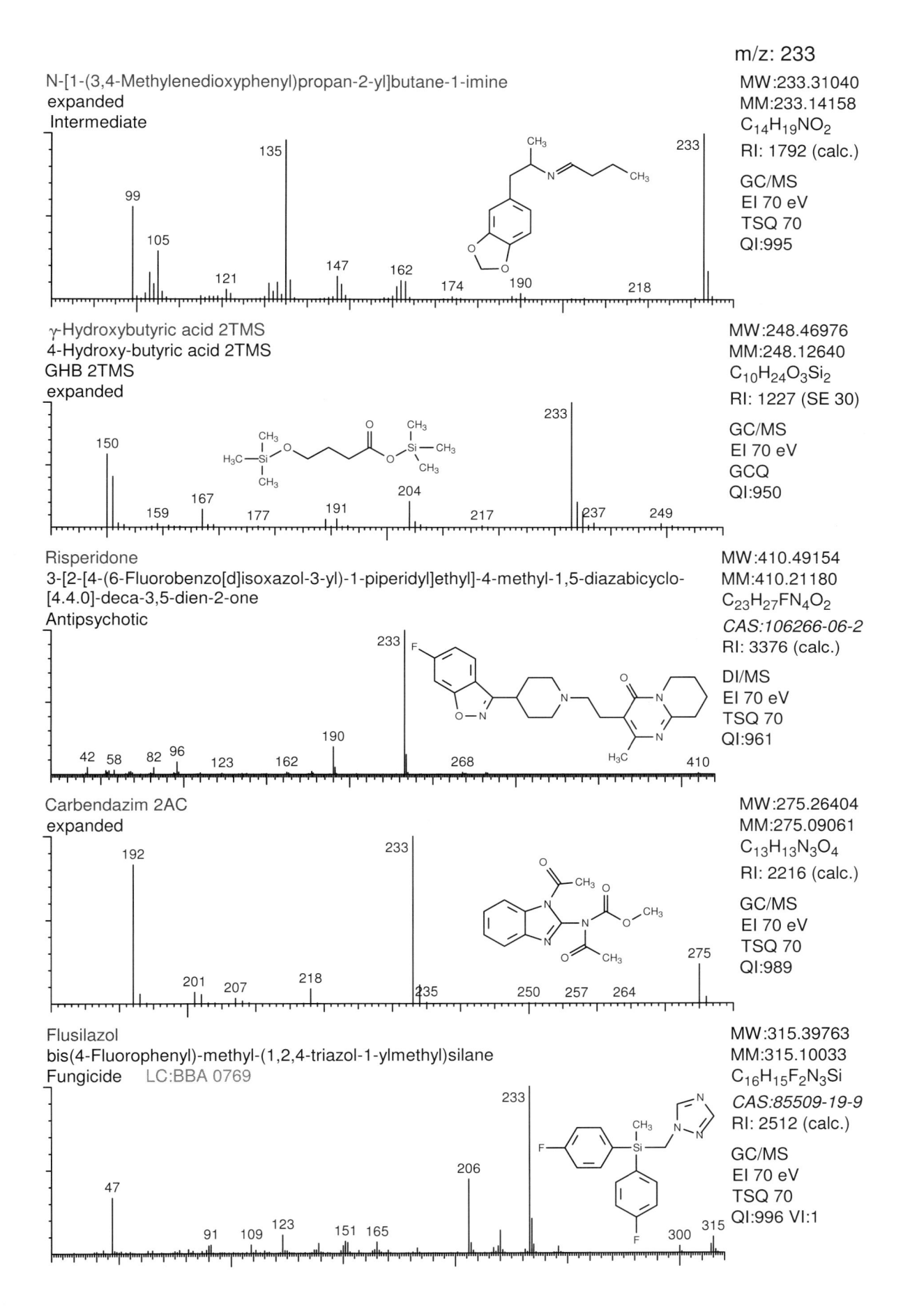

Peaks: 47, 91, 109, 123, 151, 165, 206, 233, 300, 315

m/z: 233

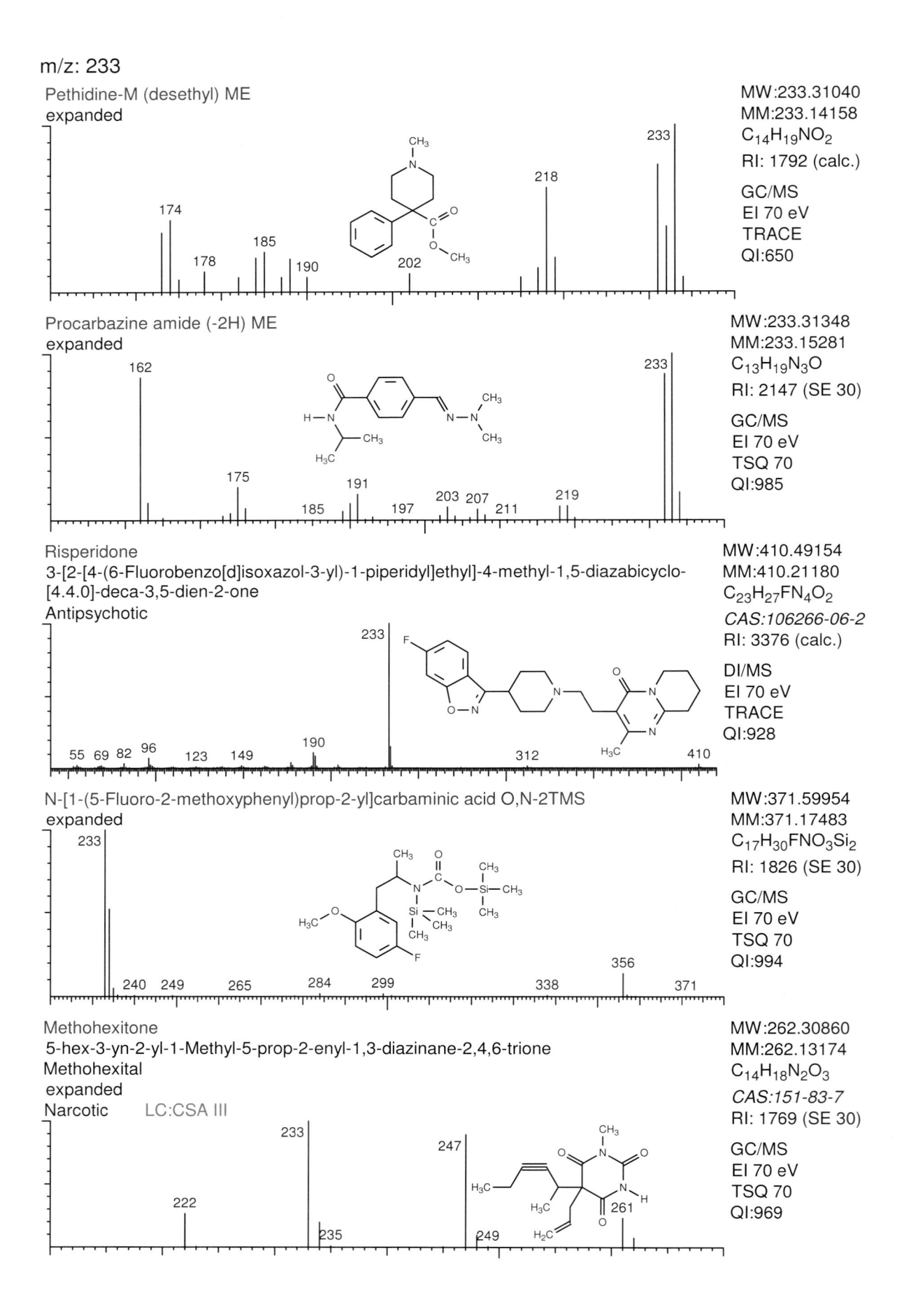

Pethidine-M (desethyl) ME
expanded

Peaks: 174, 178, 185, 190, 202, 218, 233

MW:233.31040
MM:233.14158
$C_{14}H_{19}NO_2$
RI: 1792 (calc.)

GC/MS
EI 70 eV
TRACE
QI:650

Procarbazine amide (-2H) ME
expanded

Peaks: 162, 175, 185, 191, 197, 203, 207, 211, 219, 233

MW:233.31348
MM:233.15281
$C_{13}H_{19}N_3O$
RI: 2147 (SE 30)

GC/MS
EI 70 eV
TSQ 70
QI:985

Risperidone
3-[2-[4-(6-Fluorobenzo[d]isoxazol-3-yl)-1-piperidyl]ethyl]-4-methyl-1,5-diazabicyclo-[4.4.0]-deca-3,5-dien-2-one
Antipsychotic

Peaks: 55, 69, 82, 96, 123, 149, 190, 233, 312, 410

MW:410.49154
MM:410.21180
$C_{23}H_{27}FN_4O_2$
CAS:106266-06-2
RI: 3376 (calc.)

DI/MS
EI 70 eV
TRACE
QI:928

N-[1-(5-Fluoro-2-methoxyphenyl)prop-2-yl]carbaminic acid O,N-2TMS
expanded

Peaks: 233, 240, 249, 265, 284, 299, 338, 356, 371

MW:371.59954
MM:371.17483
$C_{17}H_{30}FNO_3Si_2$
RI: 1826 (SE 30)

GC/MS
EI 70 eV
TSQ 70
QI:994

Methohexitone
5-hex-3-yn-2-yl-1-Methyl-5-prop-2-enyl-1,3-diazinane-2,4,6-trione
Methohexital
expanded
Narcotic   LC:CSA III

Peaks: 222, 233, 235, 247, 249, 261

MW:262.30860
MM:262.13174
$C_{14}H_{18}N_2O_3$
CAS:151-83-7
RI: 1769 (SE 30)

GC/MS
EI 70 eV
TSQ 70
QI:969

m/z: 233

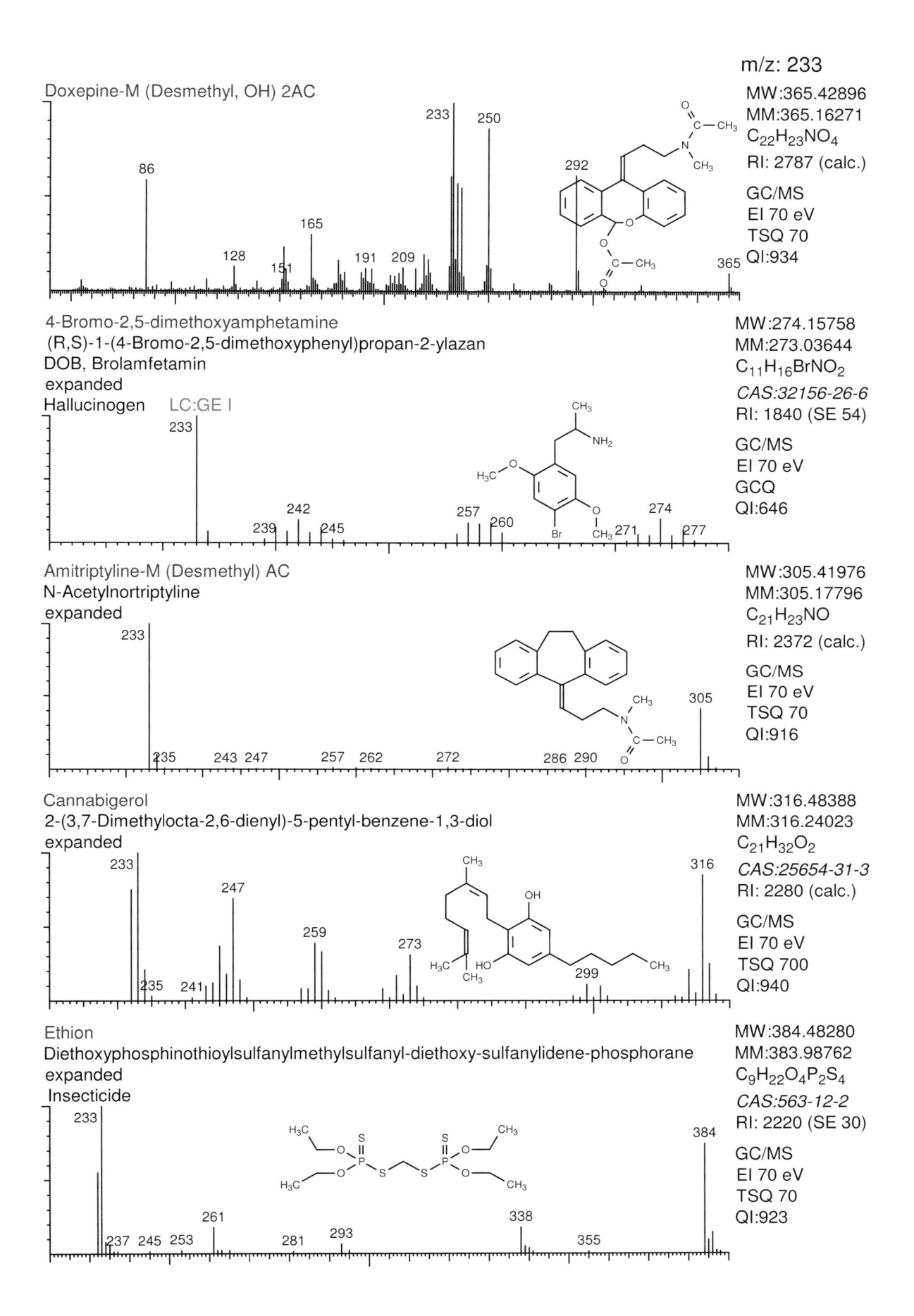

Doxepine-M (Desmethyl, OH) 2AC

MW: 365.42896
MM: 365.16271
C$_{22}$H$_{23}$NO$_4$
RI: 2787 (calc.)

GC/MS
EI 70 eV
TSQ 70
QI: 934

4-Bromo-2,5-dimethoxyamphetamine
(R,S)-1-(4-Bromo-2,5-dimethoxyphenyl)propan-2-ylazan
DOB, Brolamfetamin
expanded
Hallucinogen   LC:GE I

MW: 274.15758
MM: 273.03644
C$_{11}$H$_{16}$BrNO$_2$
CAS: 32156-26-6
RI: 1840 (SE 54)

GC/MS
EI 70 eV
GCQ
QI: 646

Amitriptyline-M (Desmethyl) AC
N-Acetylnortriptyline
expanded

MW: 305.41976
MM: 305.17796
C$_{21}$H$_{23}$NO
RI: 2372 (calc.)

GC/MS
EI 70 eV
TSQ 70
QI: 916

Cannabigerol
2-(3,7-Dimethylocta-2,6-dienyl)-5-pentyl-benzene-1,3-diol
expanded

MW: 316.48388
MM: 316.24023
C$_{21}$H$_{32}$O$_2$
CAS: 25654-31-3
RI: 2280 (calc.)

GC/MS
EI 70 eV
TSQ 700
QI: 940

Ethion
Diethoxyphosphinothioylsulfanylmethylsulfanyl-diethoxy-sulfanylidene-phosphorane
expanded
Insecticide

MW: 384.48280
MM: 383.98762
C$_9$H$_{22}$O$_4$P$_2$S$_4$
CAS: 563-12-2
RI: 2220 (SE 30)

GC/MS
EI 70 eV
TSQ 70
QI: 923

m/z: 233-234

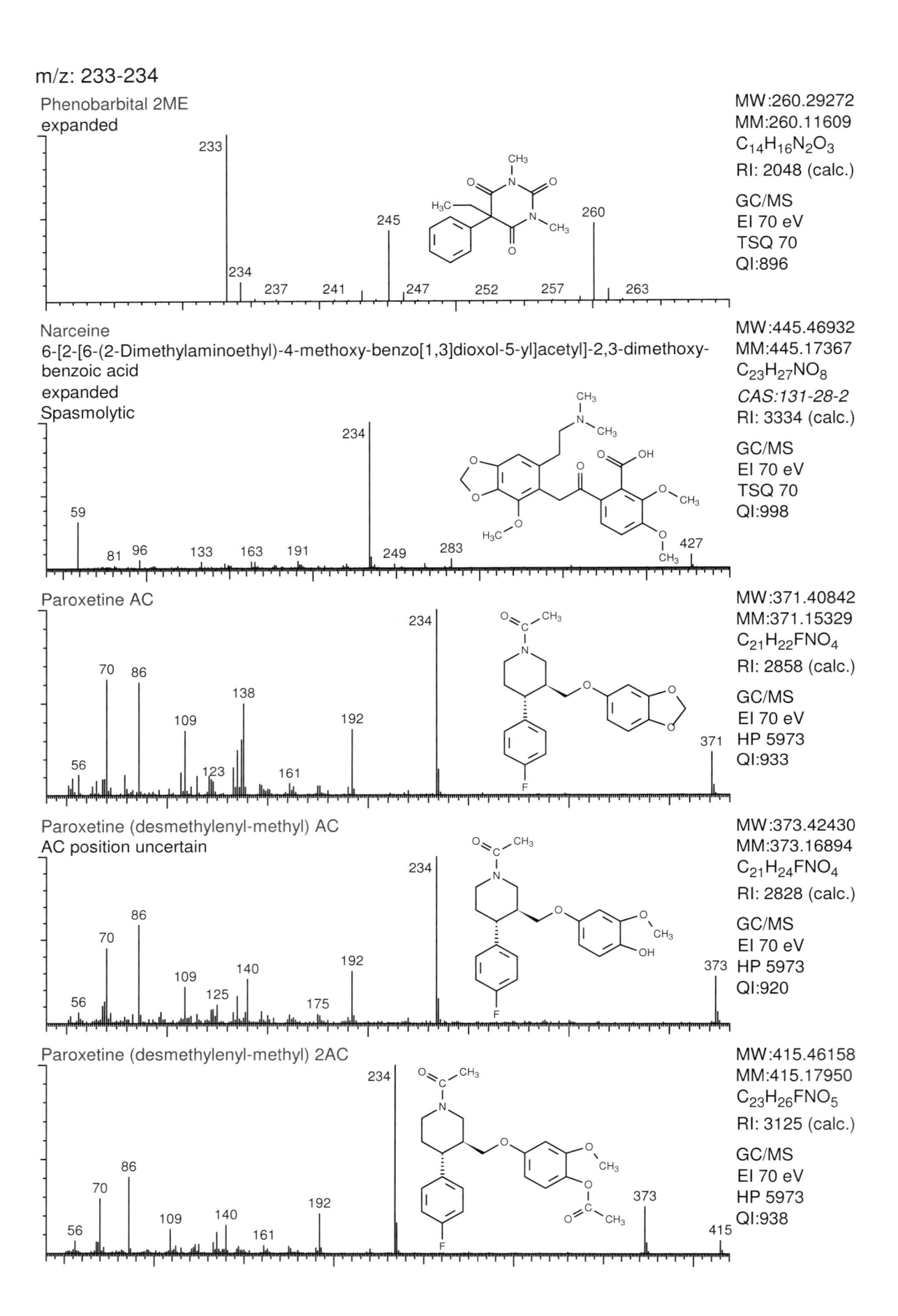

Phenobarbital 2ME
expanded

MW:260.29272
MM:260.11609
$C_{14}H_{16}N_2O_3$
RI: 2048 (calc.)

GC/MS
EI 70 eV
TSQ 70
QI:896

Narceine
6-[2-[6-(2-Dimethylaminoethyl)-4-methoxy-benzo[1,3]dioxol-5-yl]acetyl]-2,3-dimethoxy-benzoic acid
expanded
Spasmolytic

MW:445.46932
MM:445.17367
$C_{23}H_{27}NO_8$
CAS:131-28-2
RI: 3334 (calc.)

GC/MS
EI 70 eV
TSQ 70
QI:998

Paroxetine AC

MW:371.40842
MM:371.15329
$C_{21}H_{22}FNO_4$
RI: 2858 (calc.)

GC/MS
EI 70 eV
HP 5973
QI:933

Paroxetine (desmethylenyl-methyl) AC
AC position uncertain

MW:373.42430
MM:373.16894
$C_{21}H_{24}FNO_4$
RI: 2828 (calc.)

GC/MS
EI 70 eV
HP 5973
QI:920

Paroxetine (desmethylenyl-methyl) 2AC

MW:415.46158
MM:415.17950
$C_{23}H_{26}FNO_5$
RI: 3125 (calc.)

GC/MS
EI 70 eV
HP 5973
QI:938

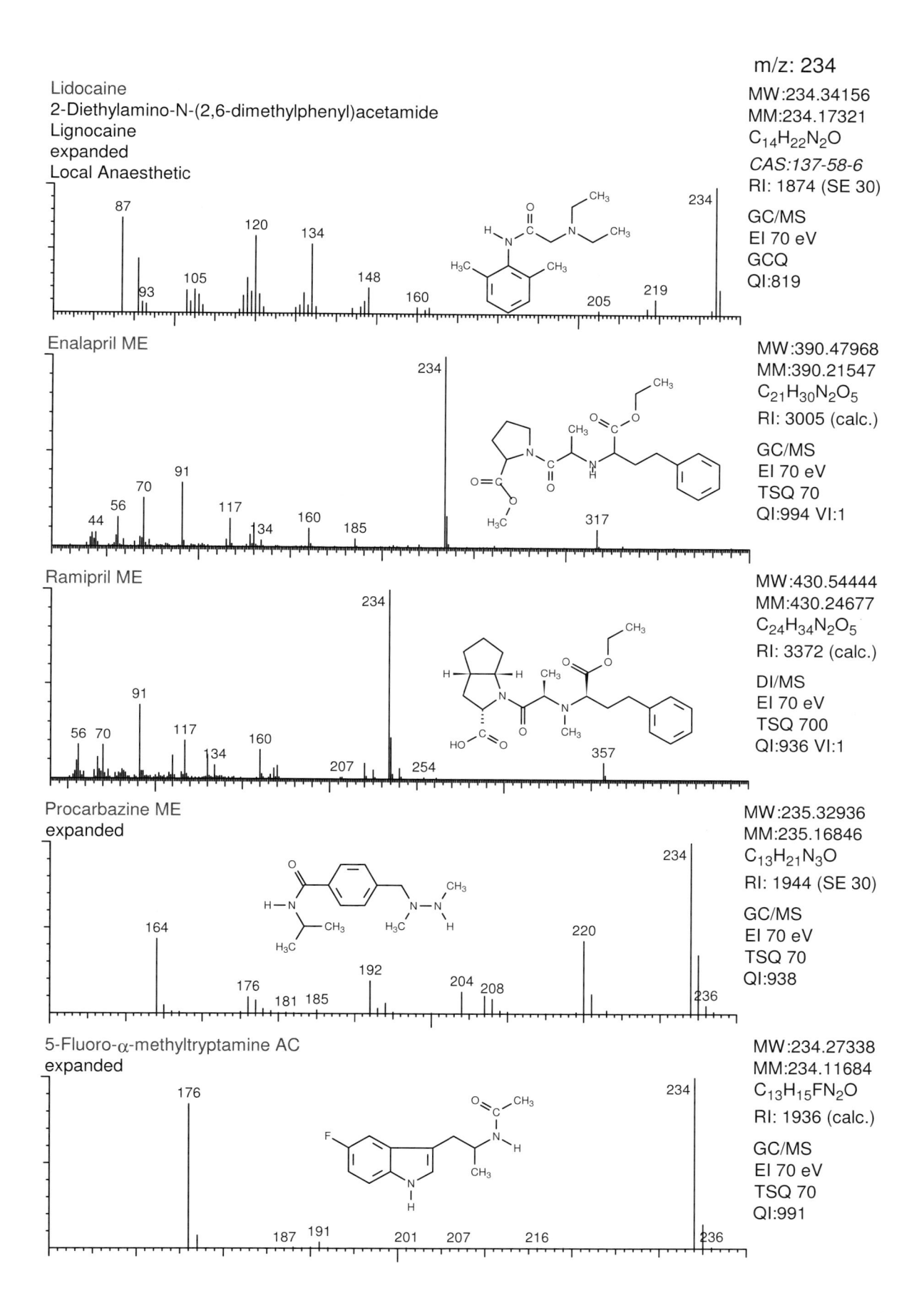

Lidocaine
2-Diethylamino-N-(2,6-dimethylphenyl)acetamide
Lignocaine
expanded
Local Anaesthetic

m/z: 234
MW: 234.34156
MM: 234.17321
$C_{14}H_{22}N_2O$
CAS: 137-58-6
RI: 1874 (SE 30)

GC/MS
EI 70 eV
GCQ
QI: 819

Peaks: 87, 93, 105, 120, 134, 148, 160, 205, 219, 234

Enalapril ME

MW: 390.47968
MM: 390.21547
$C_{21}H_{30}N_2O_5$
RI: 3005 (calc.)

GC/MS
EI 70 eV
TSQ 70
QI: 994 VI:1

Peaks: 44, 56, 70, 91, 117, 134, 160, 185, 234, 317

Ramipril ME

MW: 430.54444
MM: 430.24677
$C_{24}H_{34}N_2O_5$
RI: 3372 (calc.)

DI/MS
EI 70 eV
TSQ 700
QI: 936 VI:1

Peaks: 56, 70, 91, 117, 134, 160, 207, 234, 254, 357

Procarbazine ME
expanded

MW: 235.32936
MM: 235.16846
$C_{13}H_{21}N_3O$
RI: 1944 (SE 30)

GC/MS
EI 70 eV
TSQ 70
QI: 938

Peaks: 164, 176, 181, 185, 192, 204, 208, 220, 234, 236

5-Fluoro-α-methyltryptamine AC
expanded

MW: 234.27338
MM: 234.11684
$C_{13}H_{15}FN_2O$
RI: 1936 (calc.)

GC/MS
EI 70 eV
TSQ 70
QI: 991

Peaks: 176, 187, 191, 201, 207, 216, 234, 236

m/z: 234

Doxepine-M AC

MW:293.36540
MM:293.14158
$C_{19}H_{19}NO_2$
RI: 2319 (calc.)

GC/MS
EI 70 eV
TRACE
QI:918

Valerophenone TMS
expanded

MW:234.41358
MM:234.14399
$C_{14}H_{22}OSi$
RI: 1654 (calc.)

GC/MS
EI 70 eV
TSQ 70
QI:926

Doxepine-M (Desmethyl) AC
5-(3-Acetyl(methyl)aminopropylidene)-10-oxa-10,11-dihydro-5H-dibenzo[a,d]-cycloheptene

MW:307.39228
MM:307.15723
$C_{20}H_{21}NO_2$
CAS:148324-75-8
RI: 2381 (calc.)

GC/MS
EI 70 eV
TRACE
QI:921

Doxepin-M (N-oxide, -(CH$_3$)$_2$NOH)
5-(Prop-2-enylidene)-10-oxa-10,11-dihydro-5H-dibenzo[a,d]cyclohepten

MW:234.29756
MM:234.10447
$C_{17}H_{14}O$
RI: 1800 (calc.)

GC/MS
EI 70 eV
TRACE
QI:813

Sparteine
Dodecahydro-7,14-methano-2H,6H-dipyrido[1,2-a:1'-2'-e][1,5]diazocine
D-Spartein, Pachycarpin
expanded
Oxytoxic

MW:234.38492
MM:234.20960
$C_{15}H_{26}N_2$
CAS:90-39-1
RI: 1801 (SE 30)

GC/MS
EI 70 eV
TSQ 70
QI:995

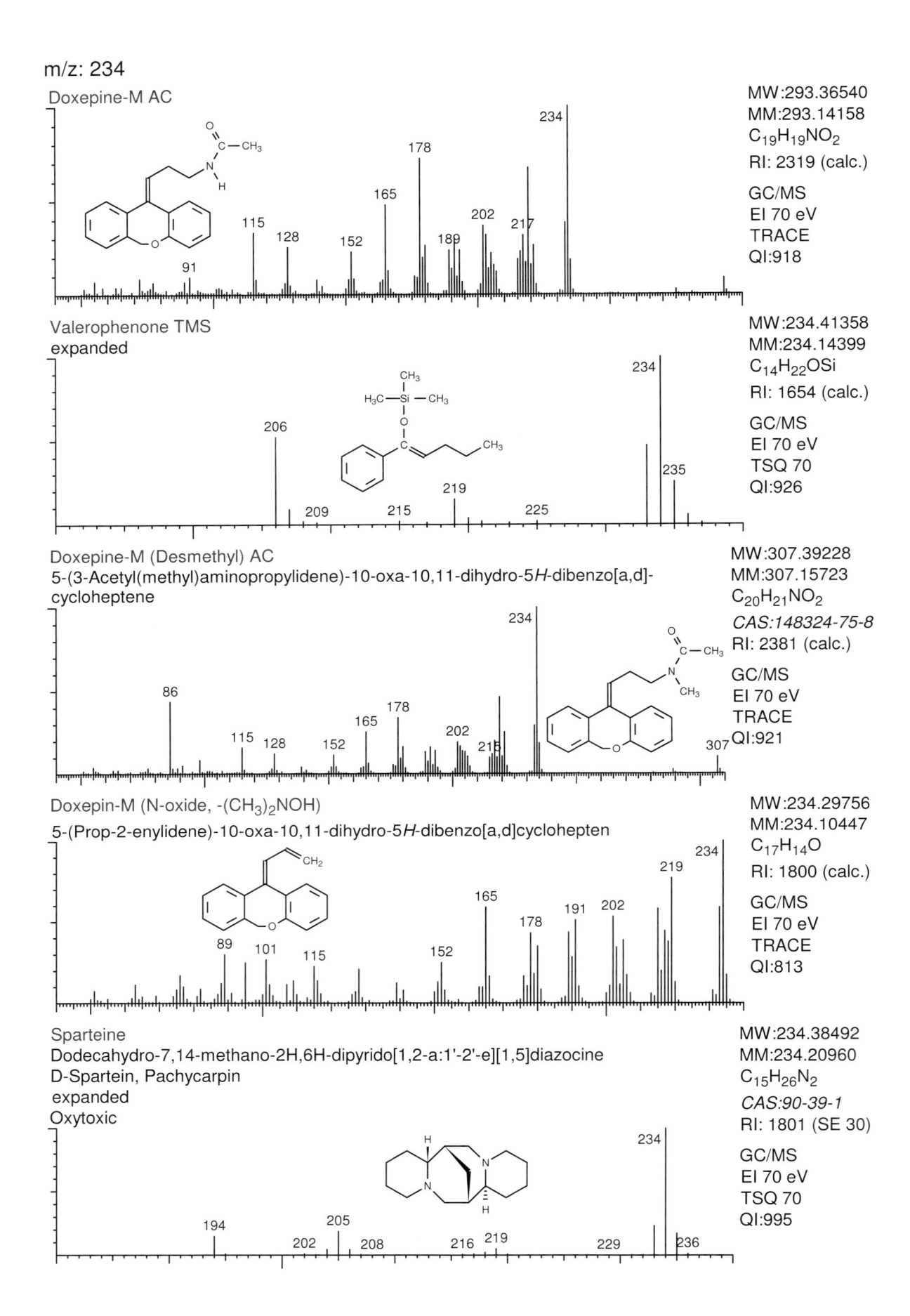

m/z: 234

Luminol DMBS
DMBS positions uncertain

MW: 291.42526
MM: 291.14030
$C_{14}H_{21}N_3O_2Si$
RI: 2566 (SE 54)

GC/MS
EI 70 eV
GCQ
QI: 934

Ramipril-M (Desethyl) 3ME
Ramiprilat 3M

MW: 430.54444
MM: 430.24677
$C_{24}H_{34}N_2O_5$
RI: 3372 (calc.)

DI/MS
EI 70 eV
TRACE
QI: 932

γ-Hydroxybutyric acid 2TMS
4-Hydroxy-butyric acid 2TMS
GHB 2TMS
expanded

MW: 248.46976
MM: 248.12640
$C_{10}H_{24}O_3Si_2$
RI: 1227 (SE 30)

GC/MS
EI 70 eV
TSQ 70
QI: 988

Risperidone
3-[2-[4-(6-Fluorobenzo[d]isoxazol-3-yl)-1-piperidyl]ethyl]-4-methyl-1,5-diazabicyclo-[4.4.0]-deca-3,5-dien-2-one
expanded
Antipsychotic

MW: 410.49154
MM: 410.21180
$C_{23}H_{27}FN_4O_2$
CAS: 106266-06-2
RI: 3376 (calc.)

DI/MS
EI 70 eV
TSQ 70
QI: 961

Chlorprothixene-M (-(CH$_3$)$_2$N, -2H)
Structure uncertain

MW: 270.78204
MM: 270.02700
$C_{16}H_{11}ClS$
RI: 1962 (calc.)

GC/MS
EI 70 eV
TSQ 70
QI: 590

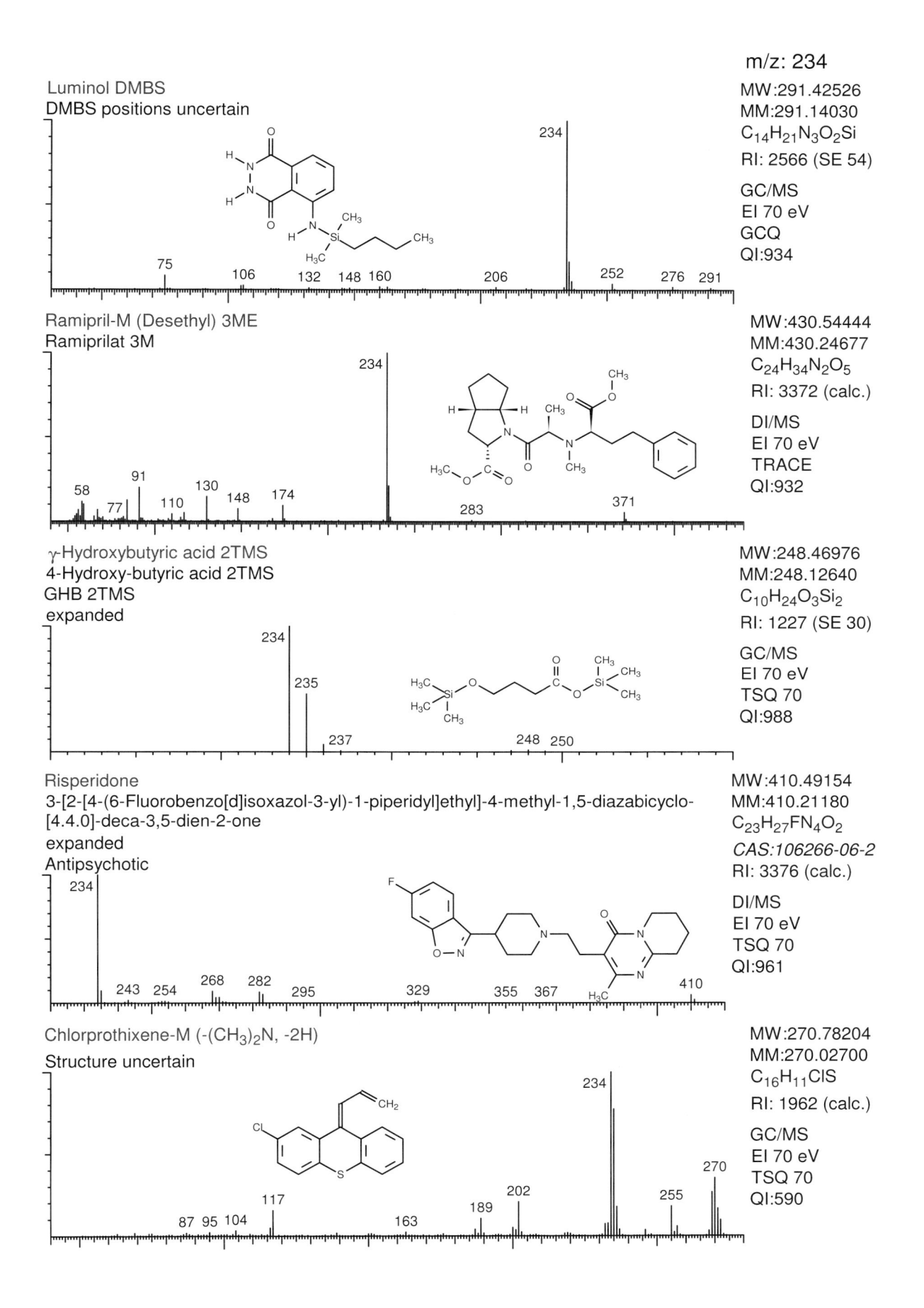

m/z: 234

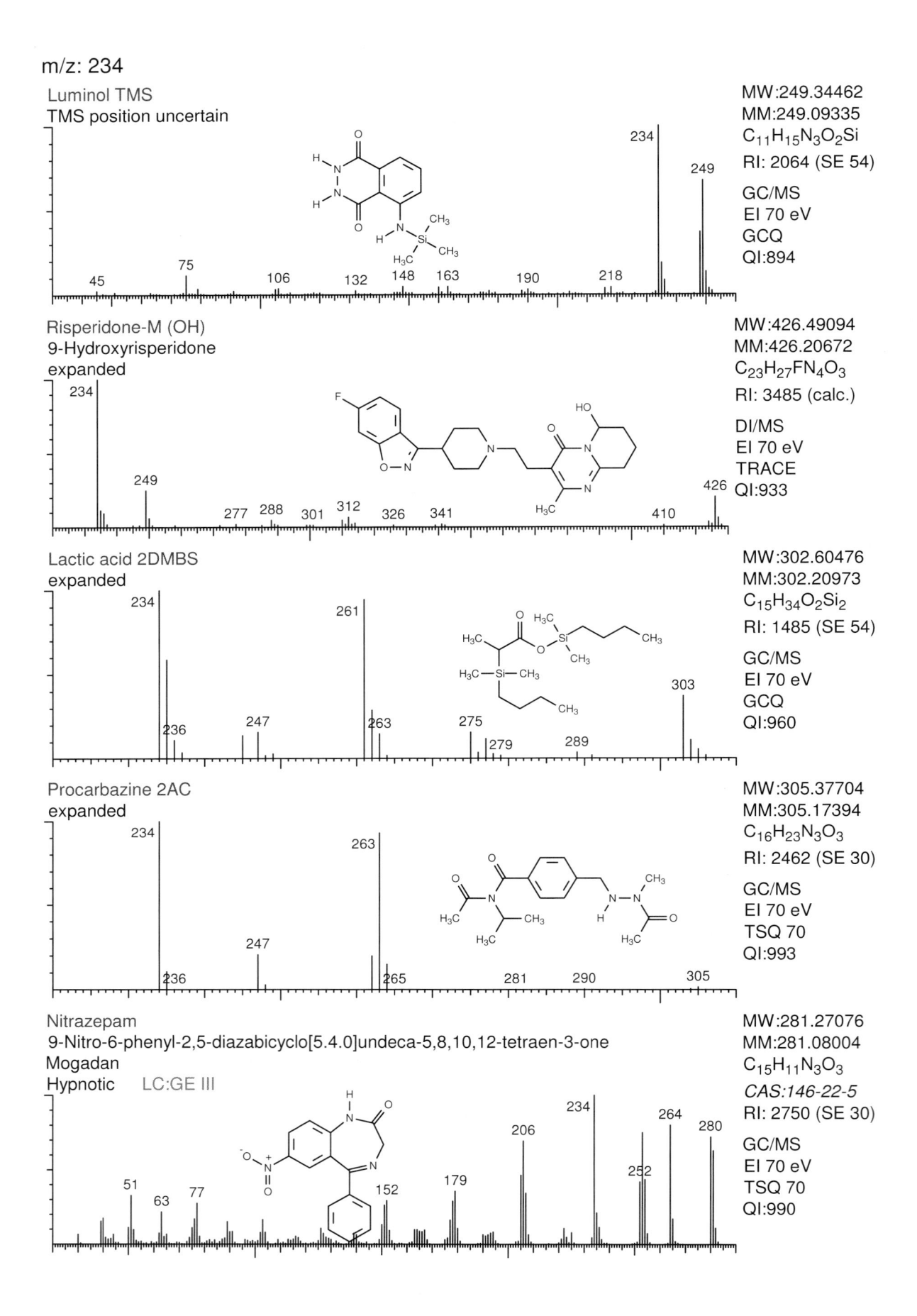

Luminol TMS
TMS position uncertain

MW:249.34462
MM:249.09335
$C_{11}H_{15}N_3O_2Si$
RI: 2064 (SE 54)

GC/MS
EI 70 eV
GCQ
QI:894

Risperidone-M (OH)
9-Hydroxyrisperidone
expanded

MW:426.49094
MM:426.20672
$C_{23}H_{27}FN_4O_3$
RI: 3485 (calc.)

DI/MS
EI 70 eV
TRACE
QI:933

Lactic acid 2DMBS
expanded

MW:302.60476
MM:302.20973
$C_{15}H_{34}O_2Si_2$
RI: 1485 (SE 54)

GC/MS
EI 70 eV
GCQ
QI:960

Procarbazine 2AC
expanded

MW:305.37704
MM:305.17394
$C_{16}H_{23}N_3O_3$
RI: 2462 (SE 30)

GC/MS
EI 70 eV
TSQ 70
QI:993

Nitrazepam
9-Nitro-6-phenyl-2,5-diazabicyclo[5.4.0]undeca-5,8,10,12-tetraen-3-one
Mogadan
Hypnotic   LC:GE III

MW:281.27076
MM:281.08004
$C_{15}H_{11}N_3O_3$
CAS:146-22-5
RI: 2750 (SE 30)

GC/MS
EI 70 eV
TSQ 70
QI:990

1396

m/z: 234

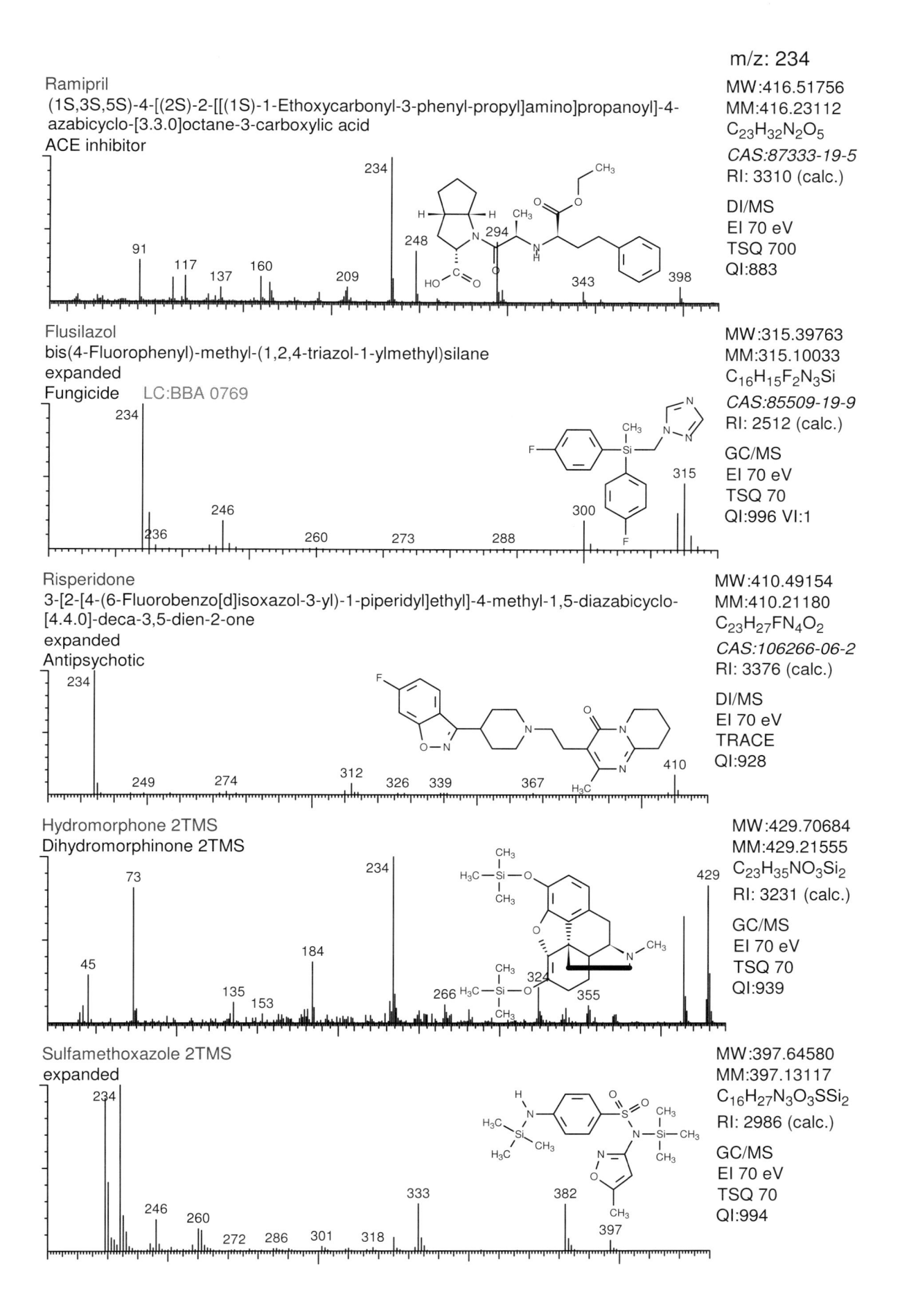

Ramipril
(1S,3S,5S)-4-[(2S)-2-[[(1S)-1-Ethoxycarbonyl-3-phenyl-propyl]amino]propanoyl]-4-azabicyclo-[3.3.0]octane-3-carboxylic acid
ACE inhibitor

MW: 416.51756
MM: 416.23112
$C_{23}H_{32}N_2O_5$
CAS: 87333-19-5
RI: 3310 (calc.)

DI/MS
EI 70 eV
TSQ 700
QI: 883

Peaks: 91, 117, 137, 160, 209, 234, 248, 294, 343, 398

Flusilazol
bis(4-Fluorophenyl)-methyl-(1,2,4-triazol-1-ylmethyl)silane
expanded
Fungicide   LC: BBA 0769

MW: 315.39763
MM: 315.10033
$C_{16}H_{15}F_2N_3Si$
CAS: 85509-19-9
RI: 2512 (calc.)

GC/MS
EI 70 eV
TSQ 70
QI: 996 VI: 1

Peaks: 234, 236, 246, 260, 273, 288, 300, 315

Risperidone
3-[2-[4-(6-Fluorobenzo[d]isoxazol-3-yl)-1-piperidyl]ethyl]-4-methyl-1,5-diazabicyclo-[4.4.0]-deca-3,5-dien-2-one
expanded
Antipsychotic

MW: 410.49154
MM: 410.21180
$C_{23}H_{27}FN_4O_2$
CAS: 106266-06-2
RI: 3376 (calc.)

DI/MS
EI 70 eV
TRACE
QI: 928

Peaks: 234, 249, 274, 312, 326, 339, 367, 410

Hydromorphone 2TMS
Dihydromorphinone 2TMS

MW: 429.70684
MM: 429.21555
$C_{23}H_{35}NO_3Si_2$
RI: 3231 (calc.)

GC/MS
EI 70 eV
TSQ 70
QI: 939

Peaks: 45, 73, 135, 153, 184, 234, 266, 324, 355, 429

Sulfamethoxazole 2TMS
expanded

MW: 397.64580
MM: 397.13117
$C_{16}H_{27}N_3O_3SSi_2$
RI: 2986 (calc.)

GC/MS
EI 70 eV
TSQ 70
QI: 994

Peaks: 234, 246, 260, 272, 286, 301, 318, 333, 382, 397

m/z: 234-235

Doxepin-M (N-oxide, -(CH3)2NOH)
5-(Prop-2-enylidene)-10-oxa-10,11-dihydro-5H-dibenzo[a,d]cyclohepten

MW:234.29756
MM:234.10447
C$_{17}$H$_{14}$O
RI: 1800 (calc.)

GC/MS
EI 70 eV
TSQ 70
QI:888

Methohexitone ME

MW:276.33548
MM:276.14739
C$_{15}$H$_{20}$N$_2$O$_3$
RI: 1716 (SE 30)

GC/MS
EI 70 eV
TSQ 70
QI:886

Dormovit 2ME

MW:278.30800
MM:278.12666
C$_{14}$H$_{18}$N$_2$O$_4$
RI: 2161 (calc.)

GC/MS
EI 70 eV
TSQ 70
QI:986

Hexobarbitone ME
Narcotic

MW:250.29760
MM:250.13174
C$_{13}$H$_{18}$N$_2$O$_3$
RI: 1965 (calc.)

GC/MS
EI 70 eV
TSQ 70
QI:829

2-Methyl-2-(3,4-methylenedioxyphenyl)propan-1-amine AC
expanded

MW:235.28292
MM:235.12084
C$_{13}$H$_{17}$NO$_3$
RI: 1839 (calc.)

GC/MS
EI 70 eV
GCQ
QI:941

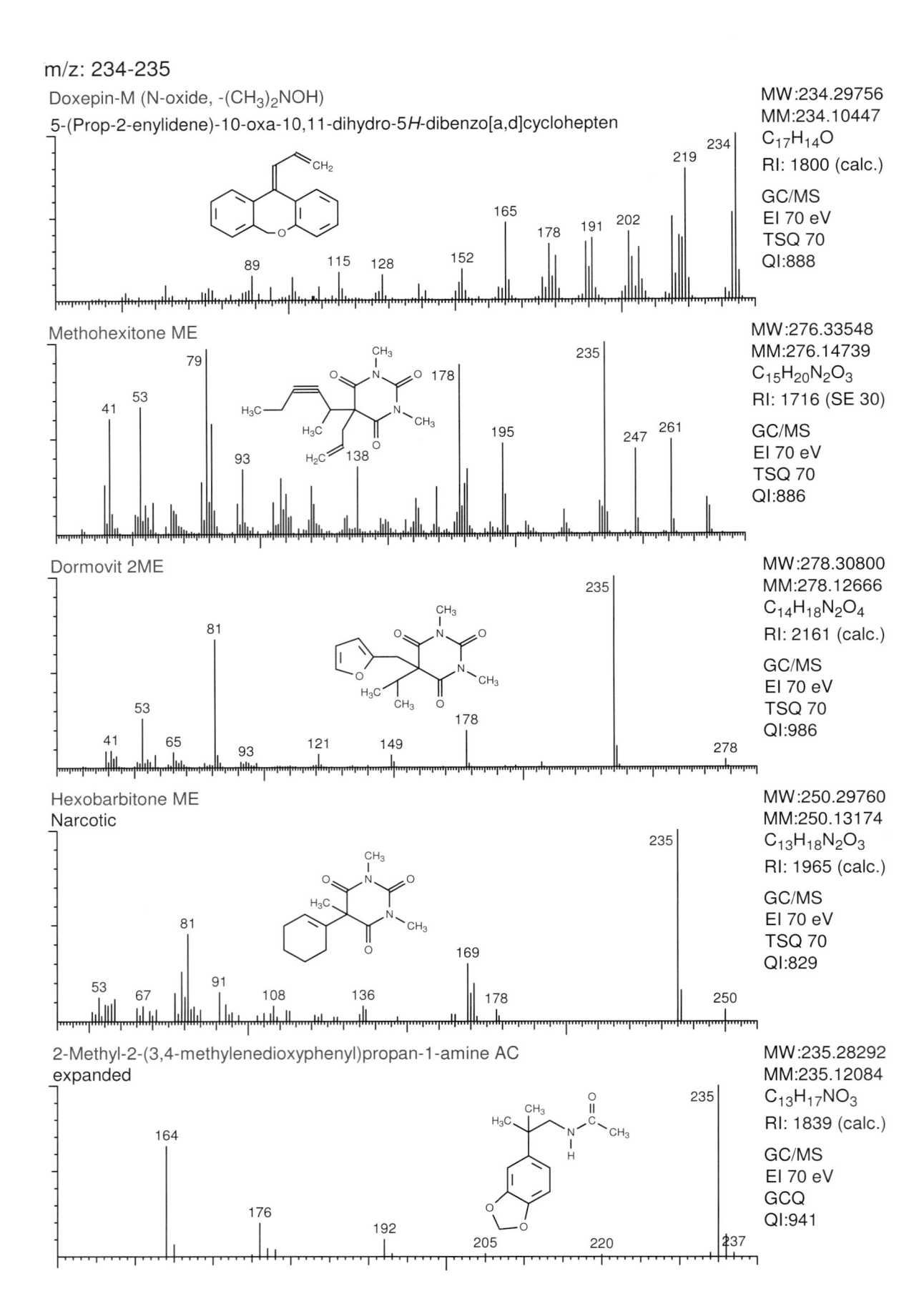

m/z: 235

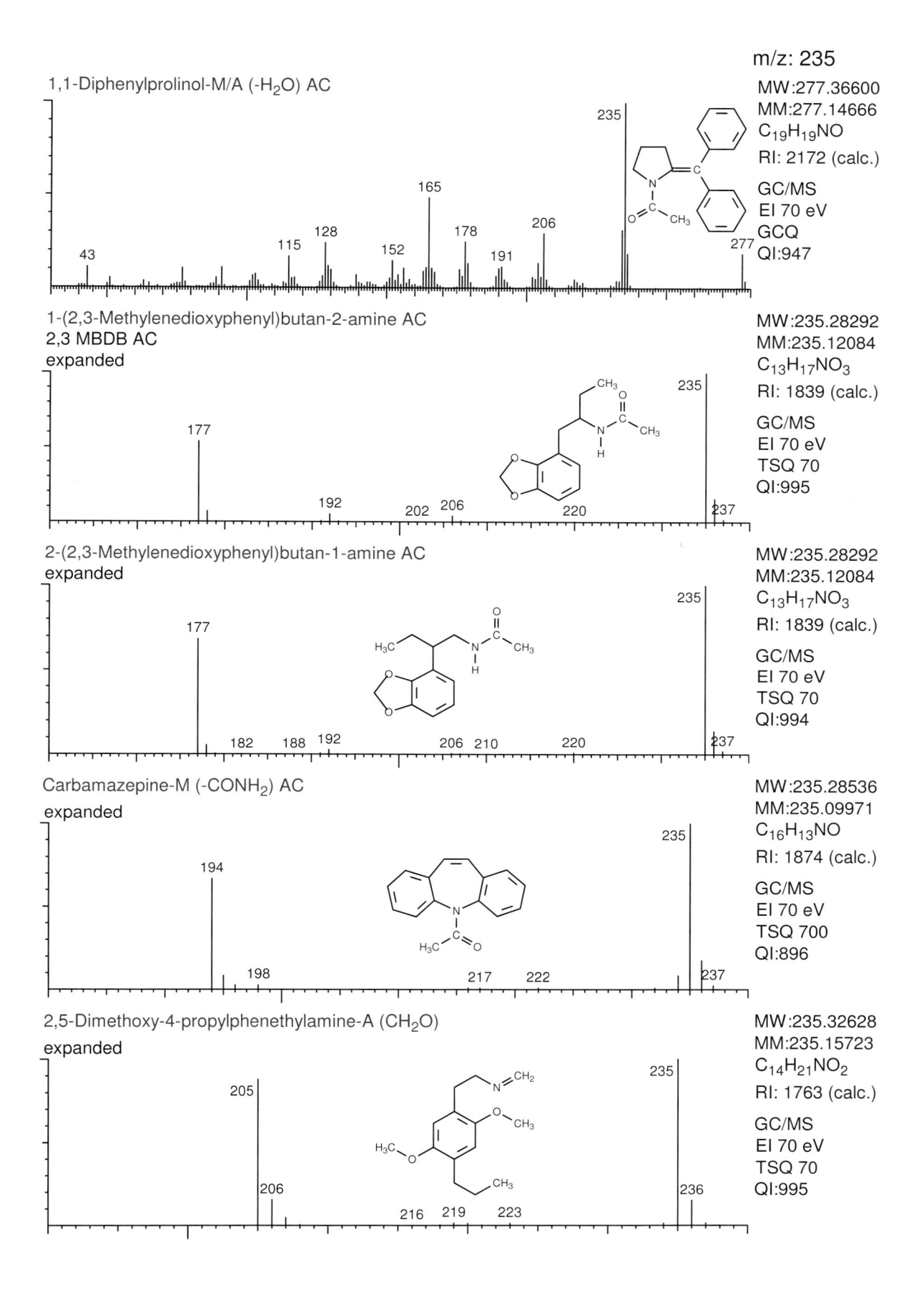

1,1-Diphenylprolinol-M/A (-H₂O) AC

Peaks: 43, 115, 128, 152, 165, 178, 191, 206, 235, 277

MW: 277.36600
MM: 277.14666
$C_{19}H_{19}NO$
RI: 2172 (calc.)

GC/MS
EI 70 eV
GCQ
QI: 947

1-(2,3-Methylenedioxyphenyl)butan-2-amine AC
2,3 MBDB AC
expanded

Peaks: 177, 192, 202, 206, 220, 235, 237

MW: 235.28292
MM: 235.12084
$C_{13}H_{17}NO_3$
RI: 1839 (calc.)

GC/MS
EI 70 eV
TSQ 70
QI: 995

2-(2,3-Methylenedioxyphenyl)butan-1-amine AC
expanded

Peaks: 177, 182, 188, 192, 206, 210, 220, 235, 237

MW: 235.28292
MM: 235.12084
$C_{13}H_{17}NO_3$
RI: 1839 (calc.)

GC/MS
EI 70 eV
TSQ 70
QI: 994

Carbamazepine-M (-CONH₂) AC
expanded

Peaks: 194, 198, 217, 222, 235, 237

MW: 235.28536
MM: 235.09971
$C_{16}H_{13}NO$
RI: 1874 (calc.)

GC/MS
EI 70 eV
TSQ 700
QI: 896

2,5-Dimethoxy-4-propylphenethylamine-A (CH₂O)
expanded

Peaks: 205, 206, 216, 219, 223, 235, 236

MW: 235.32628
MM: 235.15723
$C_{14}H_{21}NO_2$
RI: 1763 (calc.)

GC/MS
EI 70 eV
TSQ 70
QI: 995

m/z: 235

Zolpidem
N,N-Dimethyl-2-[3-methyl-8-(4-methylphenyl)-1,7-diazabicyclo[4.3.0]nona-2,4,6,8-tetraen-9-yl]acetamide
Hypnotic, Sedative   LC:GE III, CSA IV

MW:307.39536
MM:307.16846
$C_{19}H_{21}N_3O$
CAS:82626-48-0
RI: 2508 (calc.)

GC/MS
EI 70 eV
TRACE
QI:923 VI:2

Zolpidem
N,N-Dimethyl-2-[3-methyl-8-(4-methylphenyl)-1,7-diazabicyclo[4.3.0]nona-2,4,6,8-tetraen-9-yl]acetamide
Hypnotic, Sedative   LC:GE III, CSA IV

MW:307.39536
MM:307.16846
$C_{19}H_{21}N_3O$
CAS:82626-48-0
RI: 2508 (calc.)

GC/MS
EI 70 eV
TSQ 70
QI:994 VI:1

Luminol DMBS
expanded

MW:291.42526
MM:291.14030
$C_{14}H_{21}N_3O_2Si$
RI: 2566 (SE 54)

GC/MS
EI 70 eV
GCQ
QI:934

Zolpidem
N,N-Dimethyl-2-[3-methyl-8-(4-methylphenyl)-1,7-diazabicyclo[4.3.0]nona-2,4,6,8-tetraen-9-yl]acetamide
Hypnotic, Sedative   LC:GE III, CSA IV

MW:307.39536
MM:307.16846
$C_{19}H_{21}N_3O$
CAS:82626-48-0
RI: 2508 (calc.)

GC/MS
EI 70 eV
HP 5973
QI:935 VI:2

o,p'-DDT
1-Chloro-2-[2,2,2-trichloro-1-(4-chlorophenyl)ethyl]benzene

MW:354.48896
MM:351.91469
$C_{14}H_9Cl_5$
CAS:789-02-6
RI: 2338 (calc.)

GC/MS
EI 70 eV
TSQ 70
QI:984 VI:2

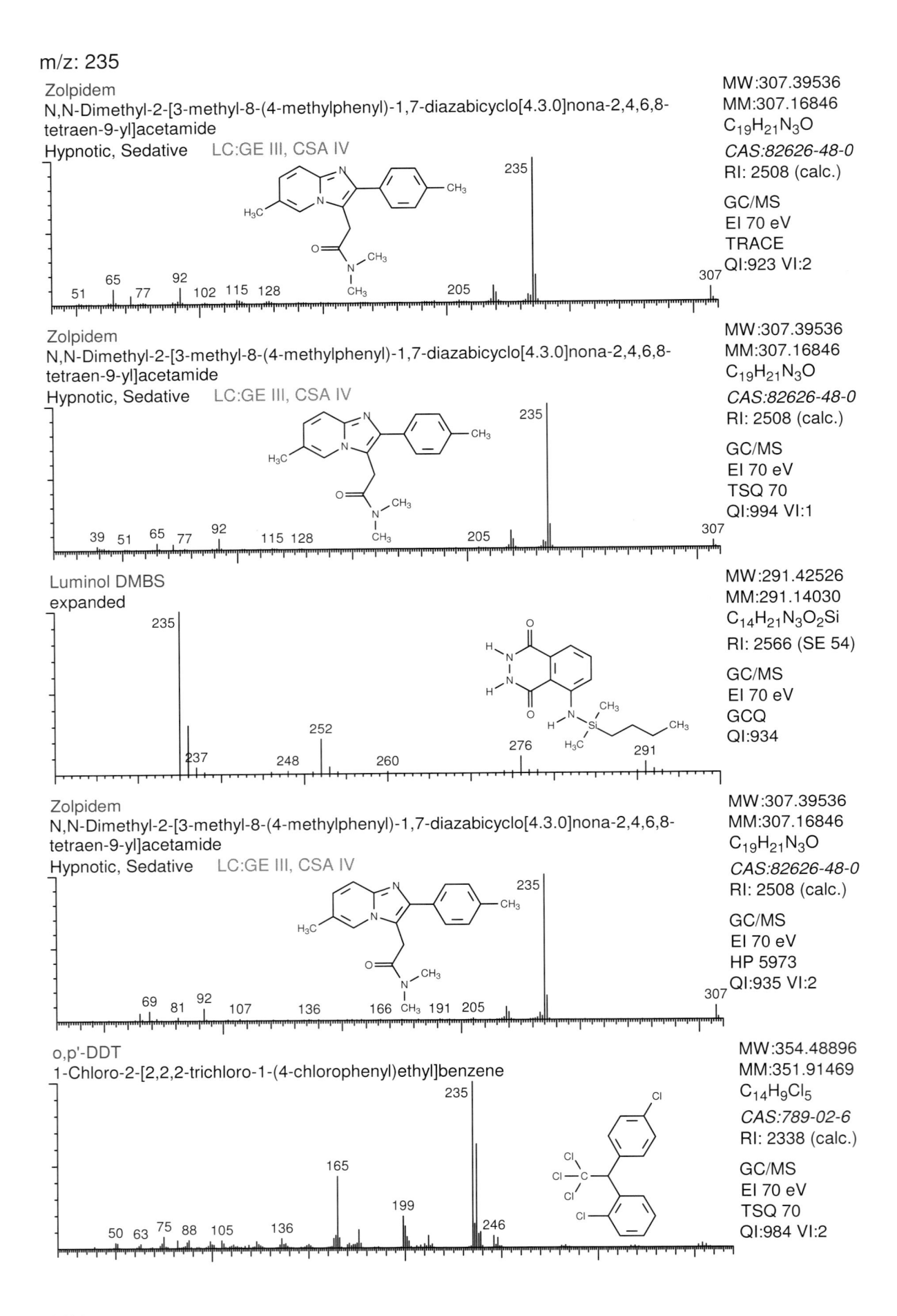

m/z: 235

2-Oxo-3-hydroxy-LAMPA-M/A (-H₂O)
Structure uncertain

MW: 337.42164
MM: 337.17903
$C_{20}H_{23}N_3O_2$
RI: 2875 (calc.)

GC/MS
EI 70 eV
TRACE
QI: 914

Methaqualone
2-Methyl-3-(2-methylphenyl)quinazolin-4-one
Metakvalon
Hypnotic, Sedative   LC:GE III, CSA I, IC II

MW: 250.30004
MM: 250.11061
$C_{16}H_{14}N_2O$
CAS: 72-44-6
RI: 2125 (SE 30)

GC/MS
EI 70 eV
TSQ 70
QI: 986 VI:3

Methaqualone
2-Methyl-3-(2-methylphenyl)quinazolin-4-one
Metakvalon
Hypnotic, Sedative   LC:GE III, CSA I, IC II

MW: 250.30004
MM: 250.11061
$C_{16}H_{14}N_2O$
CAS: 72-44-6
RI: 2125 (SE 30)

GC/MS
EI 70 eV
GCQ
QI: 899 VI:2

Norepinephrine-A (-H₂O) 3AC
expanded

MW: 277.27684
MM: 277.09502
$C_{14}H_{15}NO_5$
RI: 2091 (calc.)

GC/MS
EI 70 eV
TSQ 70
QI: 975

Doxepine-M AC
expanded

MW: 293.36540
MM: 293.14158
$C_{19}H_{19}NO_2$
RI: 2319 (calc.)

GC/MS
EI 70 eV
TRACE
QI: 918

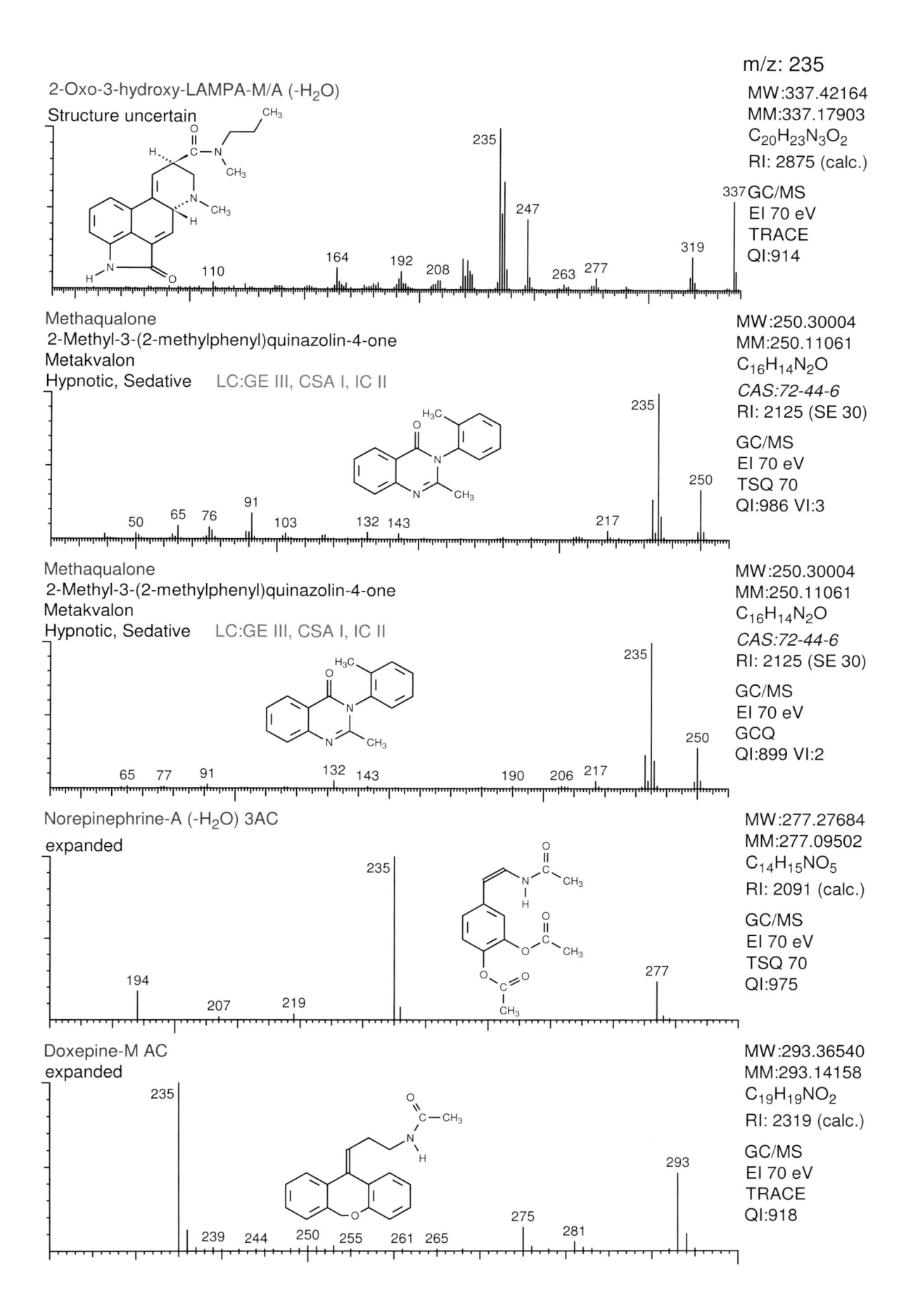

m/z: 235

Zolpidem-M (COOH) ME

MW:294.35320
MM:294.13683
$C_{18}H_{18}N_2O_2$
RI: 2345 (calc.)

GC/MS
EI 70 eV
TRACE
QI:912

Peaks: 57, 65, 83, 92, 103, 117, 145, 159, 235, 294

Doxepine-M (Desmethyl) AC
5-(3-Acetyl(methyl)aminopropylidene)-10-oxa-10,11-dihydro-5H-dibenzo[a,d]-cycloheptene
expanded

MW:307.39228
MM:307.15723
$C_{20}H_{21}NO_2$
CAS:148324-75-8
RI: 2381 (calc.)

GC/MS
EI 70 eV
TRACE
QI:921

Peaks: 235, 237, 241, 246, 251, 264, 281, 289, 307

Enalapril ME
expanded

MW:390.47968
MM:390.21547
$C_{21}H_{30}N_2O_5$
RI: 3005 (calc.)

GC/MS
EI 70 eV
TSQ 70
QI:994 VI:1

Peaks: 235, 246, 261, 271, 281, 299, 317, 331, 359, 390

Ramipril-M (Desethyl) 3ME
Ramiprilat 3M
expanded

MW:430.54444
MM:430.24677
$C_{24}H_{34}N_2O_5$
RI: 3372 (calc.)

DI/MS
EI 70 eV
TRACE
QI:932

Peaks: 235, 283, 314, 371, 399, 430

2,6-Bis(1,1-dimethylethyl)-4-(methoxymethyl)phenol

MW:250.38124
MM:250.19328
$C_{16}H_{26}O_2$
CAS:87-97-8
RI: 1803 (calc.)

GC/MS
EI 70 eV
TSQ 70
QI:895 VI:1

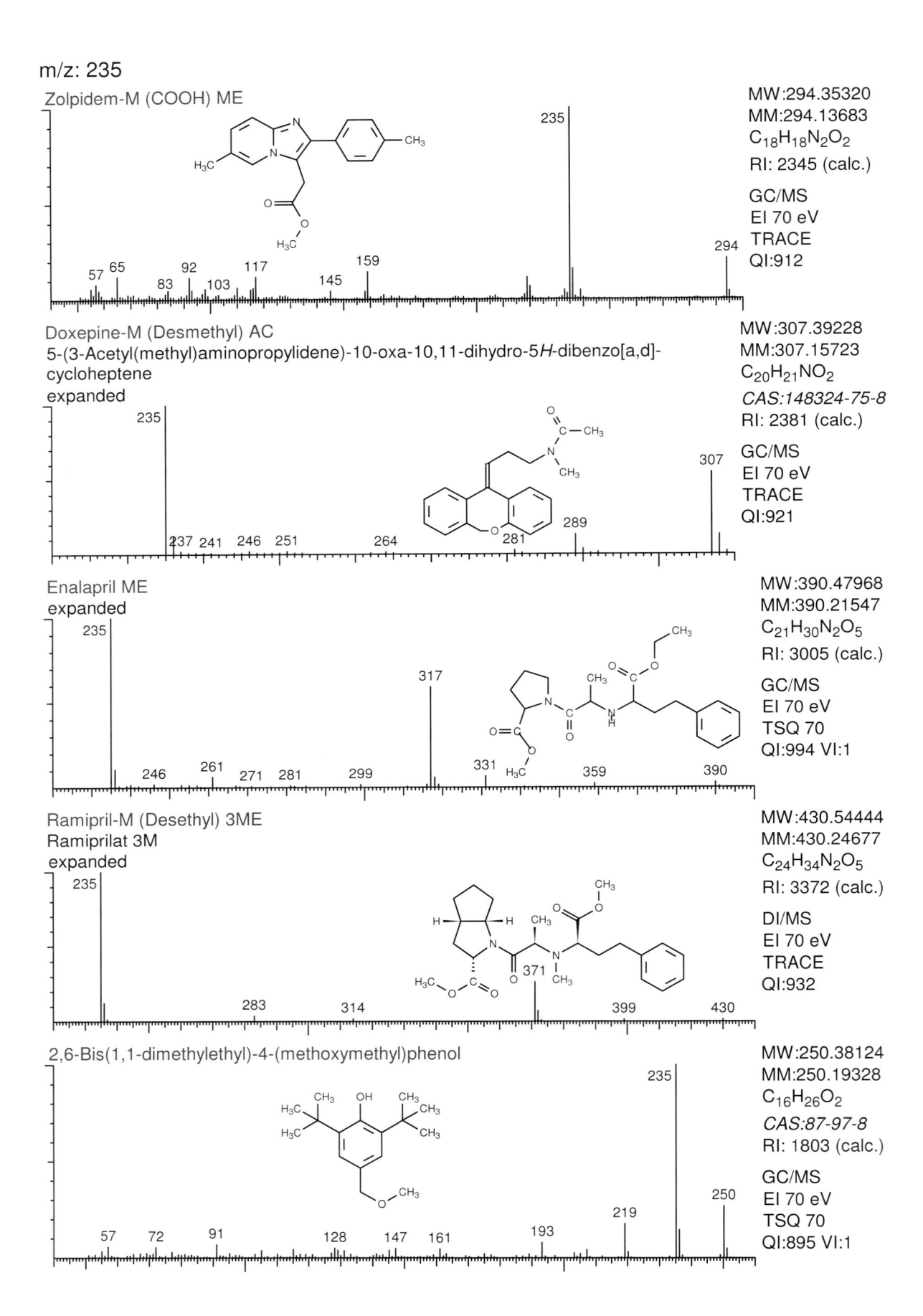

Peaks: 57, 72, 91, 128, 147, 161, 193, 219, 235, 250

Sulfametrol ME
structure uncertain

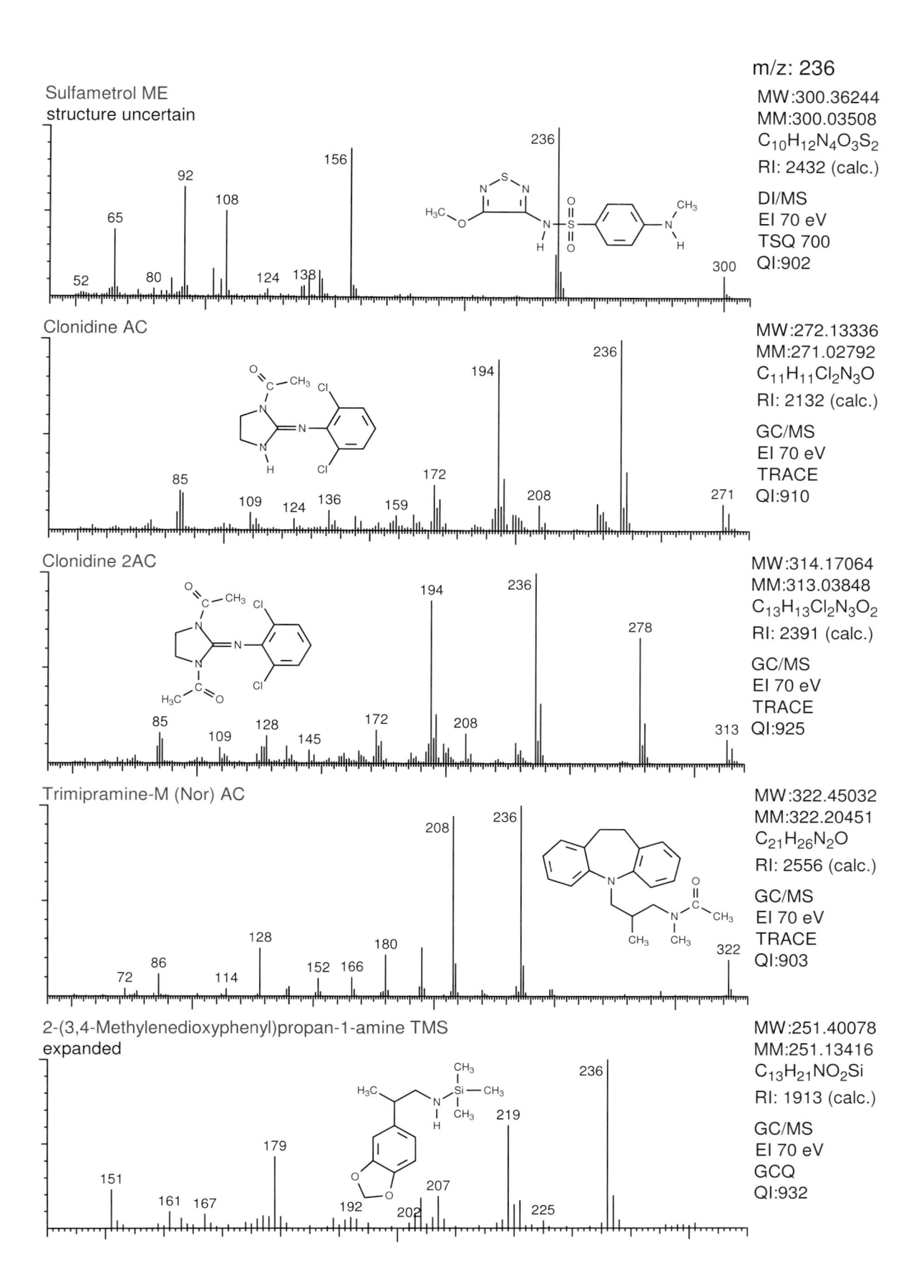

m/z: 236
MW: 300.36244
MM: 300.03508
$C_{10}H_{12}N_4O_3S_2$
RI: 2432 (calc.)

DI/MS
EI 70 eV
TSQ 700
QI: 902

Peaks: 52, 65, 80, 92, 108, 124, 138, 156, 236, 300

Clonidine AC

MW: 272.13336
MM: 271.02792
$C_{11}H_{11}Cl_2N_3O$
RI: 2132 (calc.)

GC/MS
EI 70 eV
TRACE
QI: 910

Peaks: 85, 109, 124, 136, 159, 172, 194, 208, 236, 271

Clonidine 2AC

MW: 314.17064
MM: 313.03848
$C_{13}H_{13}Cl_2N_3O_2$
RI: 2391 (calc.)

GC/MS
EI 70 eV
TRACE
QI: 925

Peaks: 85, 109, 128, 145, 172, 194, 208, 236, 278, 313

Trimipramine-M (Nor) AC

MW: 322.45032
MM: 322.20451
$C_{21}H_{26}N_2O$
RI: 2556 (calc.)

GC/MS
EI 70 eV
TRACE
QI: 903

Peaks: 72, 86, 114, 128, 152, 166, 180, 208, 236, 322

2-(3,4-Methylenedioxyphenyl)propan-1-amine TMS
expanded

MW: 251.40078
MM: 251.13416
$C_{13}H_{21}NO_2Si$
RI: 1913 (calc.)

GC/MS
EI 70 eV
GCQ
QI: 932

Peaks: 151, 161, 167, 179, 192, 202, 207, 219, 225, 236

m/z: 236

Tyrosine iso-butylester
expanded

MW: 237.29880
MM: 237.13649
$C_{13}H_{19}NO_3$
RI: 2438 (SE 54)

GC/MS
EI 70 eV
GCQ
QI: 928

Viridicatin
3-Hydroxy-4-phenyl-1H-quinolin-2-one

MW: 237.25788
MM: 237.07898
$C_{15}H_{11}NO_2$
CAS: 129-24-8
RI: 2475 (SE 54)

GC/MS
EI 70 eV
TSQ 70
QI: 934

Methadone-M/A (-H₂O)
expanded

MW: 277.40936
MM: 277.18305
$C_{20}H_{23}N$
RI: 2179 (calc.)

GC/MS
EI 70 eV
TRACE
QI: 676

Ticlopidine-M (Didehydro, sulfon)
expanded

MW: 293.77352
MM: 293.02773
$C_{14}H_{12}ClNO_2S$
RI: 2168 (calc.)

GC/MS
EI 70 eV
TRACE
QI: 792

Zolpidem
N,N-Dimethyl-2-[3-methyl-8-(4-methylphenyl)-1,7-diazabicyclo[4.3.0]nona-2,4,6,8-tetraen-9-yl]-acetamide
expanded
Hypnotic, Sedative   LC:GE III, CSA IV

MW: 307.39536
MM: 307.16846
$C_{19}H_{21}N_3O$
CAS: 82626-48-0
RI: 2508 (calc.)

GC/MS
EI 70 eV
TSQ 70
QI: 994 VI:1

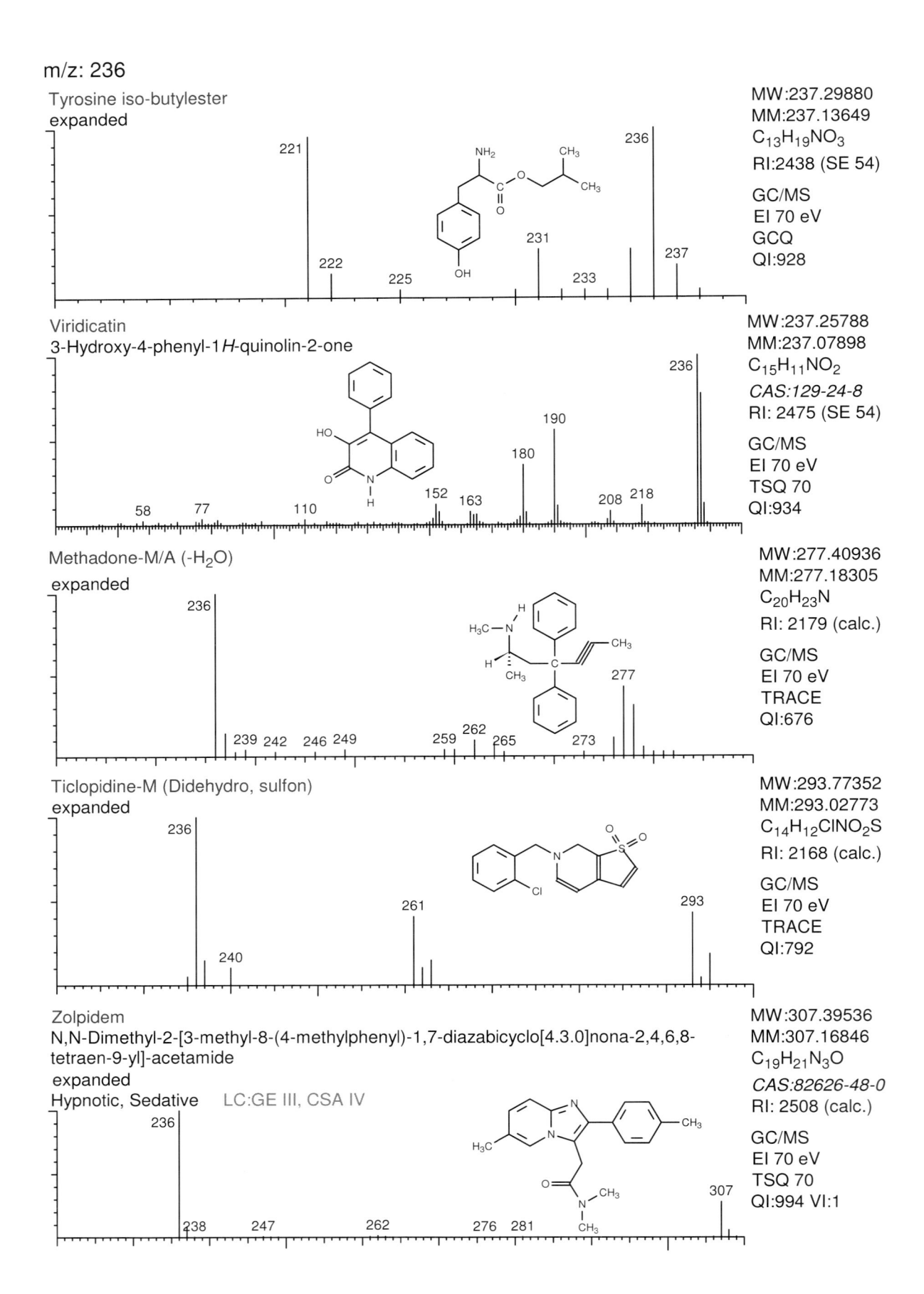

m/z: 236

Zolpidem
N,N-Dimethyl-2-[3-methyl-8-(4-methylphenyl)-1,7-diazabicyclo[4.3.0]nona-2,4,6,8-tetraen-9-yl]-acetamide
expanded
Hypnotic, Sedative   LC:GE III, CSA IV

MW:307.39536
MM:307.16846
$C_{19}H_{21}N_3O$
CAS:82626-48-0
RI: 2508 (calc.)

GC/MS
EI 70 eV
HP 5973
QI:935 VI:2

Peaks: 236, 245, 252, 262, 267, 276, 281, 285, 299, 307

Zolpidem
N,N-Dimethyl-2-[3-methyl-8-(4-methylphenyl)-1,7-diazabicyclo[4.3.0]nona-2,4,6,8-tetraen-9-yl]acetamide
expanded
Hypnotic, Sedative   LC:GE III, CSA IV

MW:307.39536
MM:307.16846
$C_{19}H_{21}N_3O$
CAS:82626-48-0
RI: 2508 (calc.)

GC/MS
EI 70 eV
TRACE
QI:923 VI:2

Peaks: 236, 240, 247, 262, 268, 307

Bromazepam
9-Bromo-6-pyridin-2-yl-2,5-diazabicyclo[5.4.0]undeca-5,8,10,12-tetraen-3-one
Lectopam
Tranquilizer   LC:GE III, CSA IV

MW:316.15702
MM:315.00072
$C_{14}H_{10}BrN_3O$
CAS:1812-30-2
RI: 2663 (SE 30)

GC/MS
EI 70 eV
TSQ 70
QI:737

Peaks: 51, 63, 78, 90, 104, 179, 208, 236, 288, 317

3,4-Methylenedioxyphenylethyl-morpholine

MW:235.28292
MM:235.12084
$C_{13}H_{17}NO_3$
RI: 1842 (calc.)

GC/MS
CI-Methane
TSQ 70
QI:0

Peaks: 47, 55, 71, 100, 135, 149, 177, 236, 264, 276

3,5-di-*tert*-Butyl-4-hydroxybenzyl alcohol
expanded

MW:236.35436
MM:236.17763
$C_{15}H_{24}O_2$
CAS:88-26-6
RI: 1703 (calc.)

GC/MS
EI 70 eV
TSQ 70
QI:891 VI:1

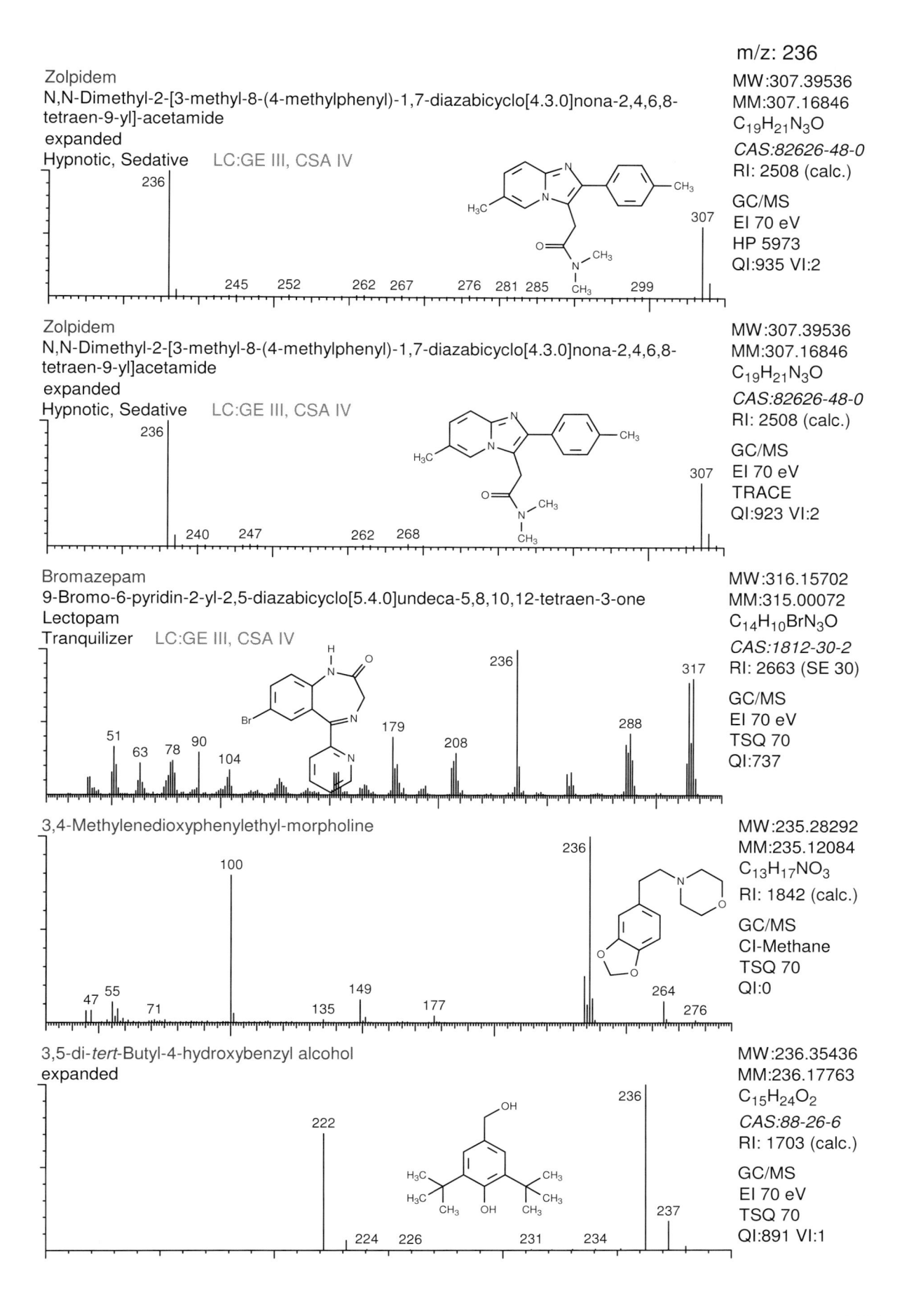

Peaks: 222, 224, 226, 231, 234, 236, 237

m/z: 236-237

Methyl-9-Z-hexadecenoate
9-Hexadecenoic acid methyl ester,(Z)-
expanded

MW:268.43988
MM:268.24023
$C_{17}H_{32}O_2$
CAS:1120-25-8
RI: 1879 (calc.)

GC/MS
EI 70 eV
TSQ 70
QI:940

Ibuprofen-M (HO-) ME
expanded

MW:236.31100
MM:236.14124
$C_{14}H_{20}O_3$
RI: 1700 (calc.)

GC/MS
EI 70 eV
TSQ 70
QI:886

Prilocaine-M (OH)
structure uncertaine

MW:236.31408
MM:236.15248
$C_{13}H_{20}N_2O_2$
RI: 1910 (calc.)

GC/MS
CI-Methane
TSQ 70
QI:0

Pinacolyl-*tert*-butyldimethylsilyl-methylphosphonate
Soman hydrolysis product TBDMS
expanded
Chemical warfare agent hydrolysis product

MW:294.44660
MM:294.17801
$C_{13}H_{31}O_3PSi$
CAS:126281-77-4
RI: 1959 (calc.)

GC/MS
EI 70 eV
HP 5972
QI:970 VI:1

1-(2,5-Dimethoxyphenyl)-2-nitrobut-1-ene
Designer drug precursor

MW:237.25544
MM:237.10011
$C_{12}H_{15}NO_4$
RI: 1768 (calc.)

GC/MS
EI 70 eV
TSQ 70
QI:995

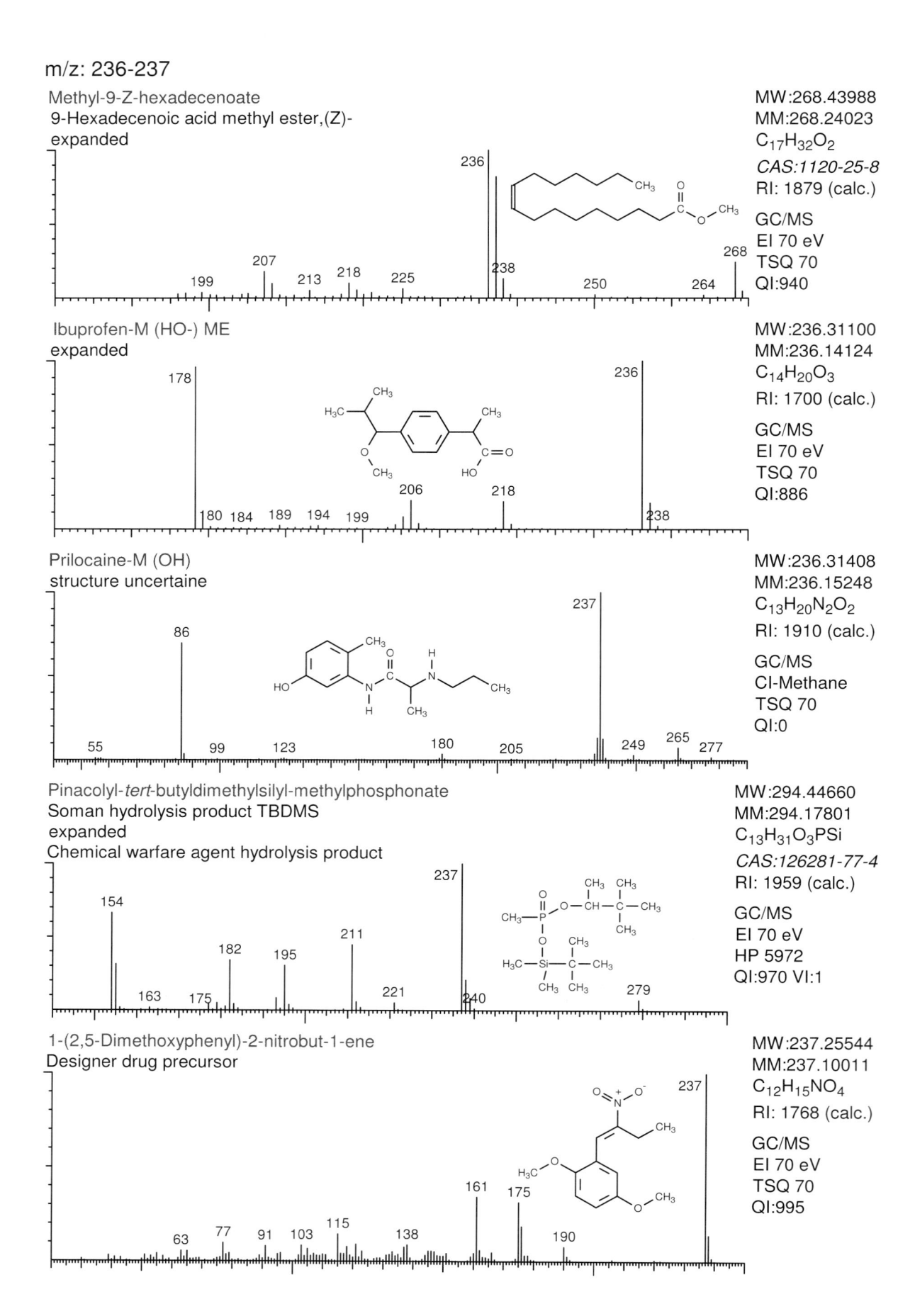

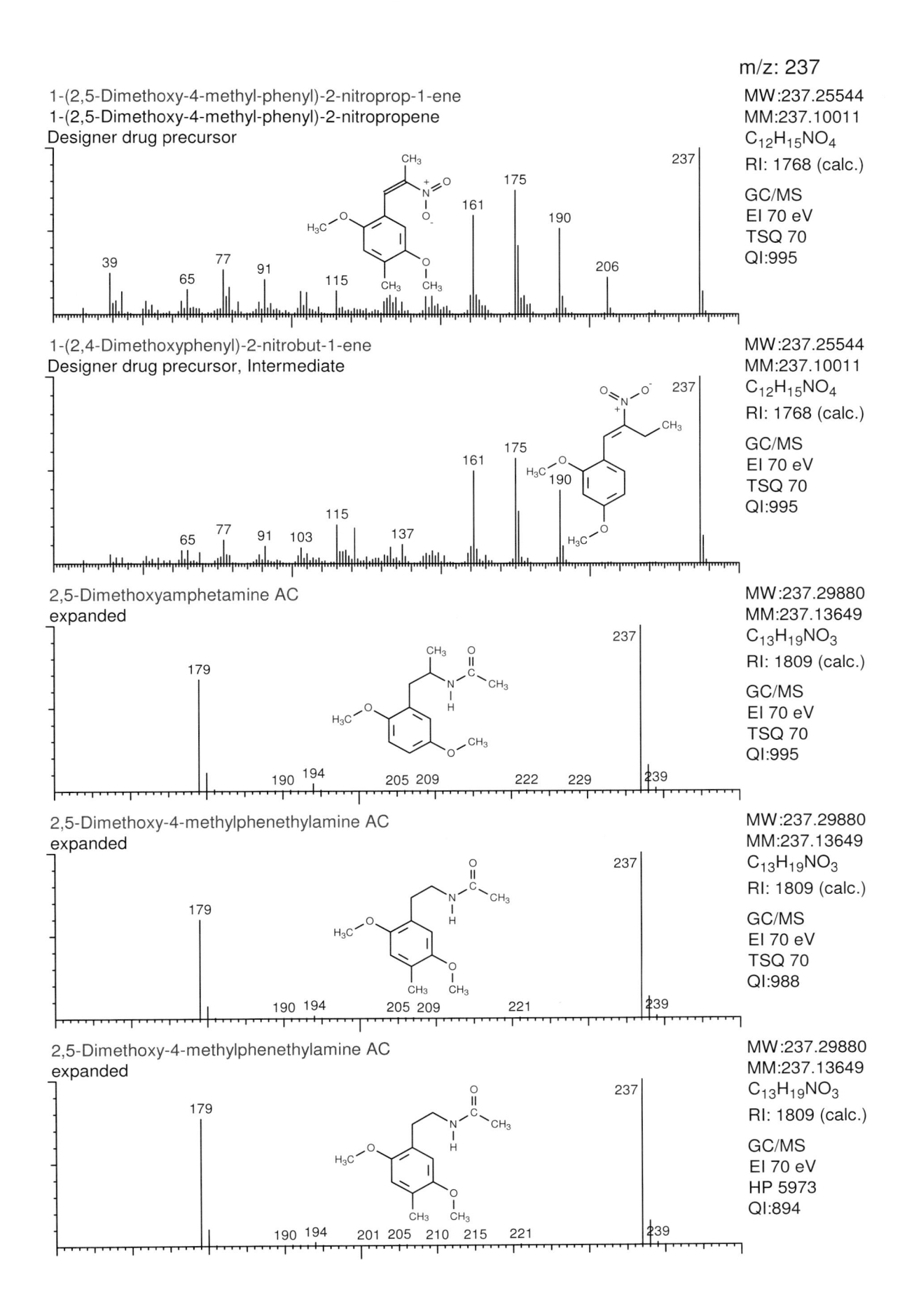

1-(2,5-Dimethoxy-4-methyl-phenyl)-2-nitroprop-1-ene
1-(2,5-Dimethoxy-4-methyl-phenyl)-2-nitropropene
Designer drug precursor

m/z: 237
MW: 237.25544
MM: 237.10011
$C_{12}H_{15}NO_4$
RI: 1768 (calc.)

GC/MS
EI 70 eV
TSQ 70
QI: 995

1-(2,4-Dimethoxyphenyl)-2-nitrobut-1-ene
Designer drug precursor, Intermediate

MW: 237.25544
MM: 237.10011
$C_{12}H_{15}NO_4$
RI: 1768 (calc.)

GC/MS
EI 70 eV
TSQ 70
QI: 995

2,5-Dimethoxyamphetamine AC
expanded

MW: 237.29880
MM: 237.13649
$C_{13}H_{19}NO_3$
RI: 1809 (calc.)

GC/MS
EI 70 eV
TSQ 70
QI: 995

2,5-Dimethoxy-4-methylphenethylamine AC
expanded

MW: 237.29880
MM: 237.13649
$C_{13}H_{19}NO_3$
RI: 1809 (calc.)

GC/MS
EI 70 eV
TSQ 70
QI: 988

2,5-Dimethoxy-4-methylphenethylamine AC
expanded

MW: 237.29880
MM: 237.13649
$C_{13}H_{19}NO_3$
RI: 1809 (calc.)

GC/MS
EI 70 eV
HP 5973
QI: 894

m/z: 237

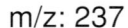

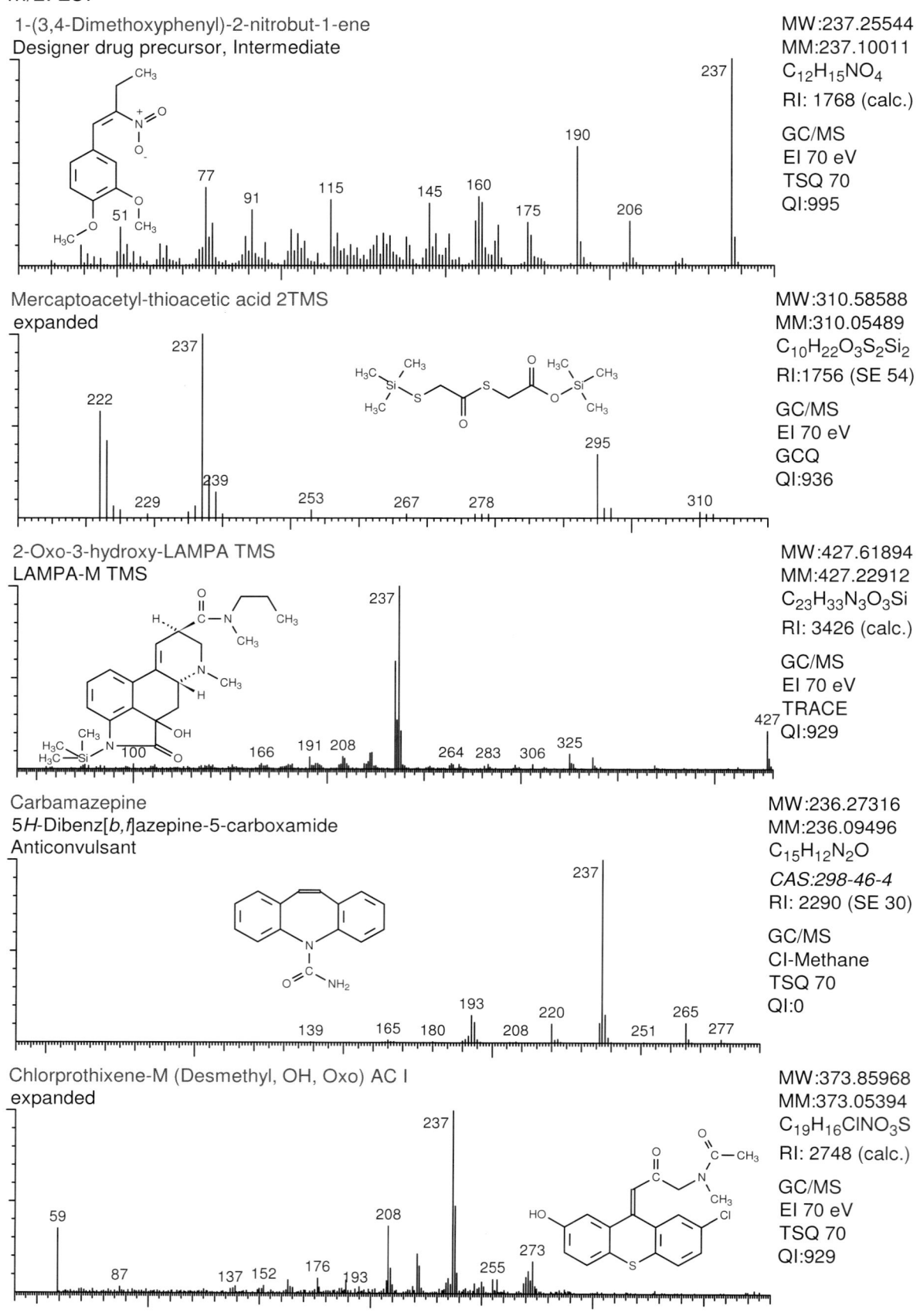

1-(3,4-Dimethoxyphenyl)-2-nitrobut-1-ene
Designer drug precursor, Intermediate

MW:237.25544
MM:237.10011
$C_{12}H_{15}NO_4$
RI: 1768 (calc.)

GC/MS
EI 70 eV
TSQ 70
QI:995

Mercaptoacetyl-thioacetic acid 2TMS
expanded

MW:310.58588
MM:310.05489
$C_{10}H_{22}O_3S_2Si_2$
RI:1756 (SE 54)

GC/MS
EI 70 eV
GCQ
QI:936

2-Oxo-3-hydroxy-LAMPA TMS
LAMPA-M TMS

MW:427.61894
MM:427.22912
$C_{23}H_{33}N_3O_3Si$
RI: 3426 (calc.)

GC/MS
EI 70 eV
TRACE
QI:929

Carbamazepine
5H-Dibenz[b,f]azepine-5-carboxamide
Anticonvulsant

MW:236.27316
MM:236.09496
$C_{15}H_{12}N_2O$
CAS:298-46-4
RI: 2290 (SE 30)

GC/MS
CI-Methane
TSQ 70
QI:0

Chlorprothixene-M (Desmethyl, OH, Oxo) AC I
expanded

MW:373.85968
MM:373.05394
$C_{19}H_{16}ClNO_3S$
RI: 2748 (calc.)

GC/MS
EI 70 eV
TSQ 70
QI:929

m/z: 237-238

6-Chloro-2-methyl-4-(2'-fluorophenyl)chinazoline
Ethylloflazepate A, Fludiazepam-M (nor) A, Flurazepam-M (desalkyl) A

MW: 272,70898
MM: 272,05165
$C_{15}H_{10}ClFN_2$
RI: 2038 (SE 30)

GC/MS
EI 70 eV
TSQ 70
QI:669

Peaks: 50, 75, 84, 110, 136, 151, 177, 195, 237, 271

Sulfametrol ME
expanded

MW: 300.36244
MM: 300.03508
$C_{10}H_{12}N_4O_3S_2$
RI: 2432 (calc.)

DI/MS
EI 70 eV
TSQ 700
QI:902

Peaks: 237, 239, 247, 258, 265, 281, 300

2-Oxo-3-hydroxy-LAMPA
2-Oxo-3-Hydroxy-lysergicacid-N,N-methylpropylamide
LAMPA-M

MW: 355.43692
MM: 355.18959
$C_{20}H_{25}N_3O_3$
RI: 2993 (calc.)

DI/MS
EI 70 eV
TRACE
QI:859

Peaks: 73, 100, 129, 156, 184, 209, 237, 253, 339, 355

Loperamid-A
Structure uncertain

MW: 401.93540
MM: 401.15464
$C_{26}H_{24}ClNO$
RI: 3064 (calc.)

GC/MS
EI 70 eV
TSQ 70
QI:945

Peaks: 42, 77, 91, 115, 165, 193, 209, 238, 250, 401

Prenylamine
N-(3,3-Diphenylpropyl)-1-phenyl-propan-2-amine
Anti-anginal

MW: 329.48512
MM: 329.21435
$C_{24}H_{27}N$
CAS: 390-64-7
RI: 2557 (SE 30)

GC/MS
EI 70 eV
TSQ 70
QI:932

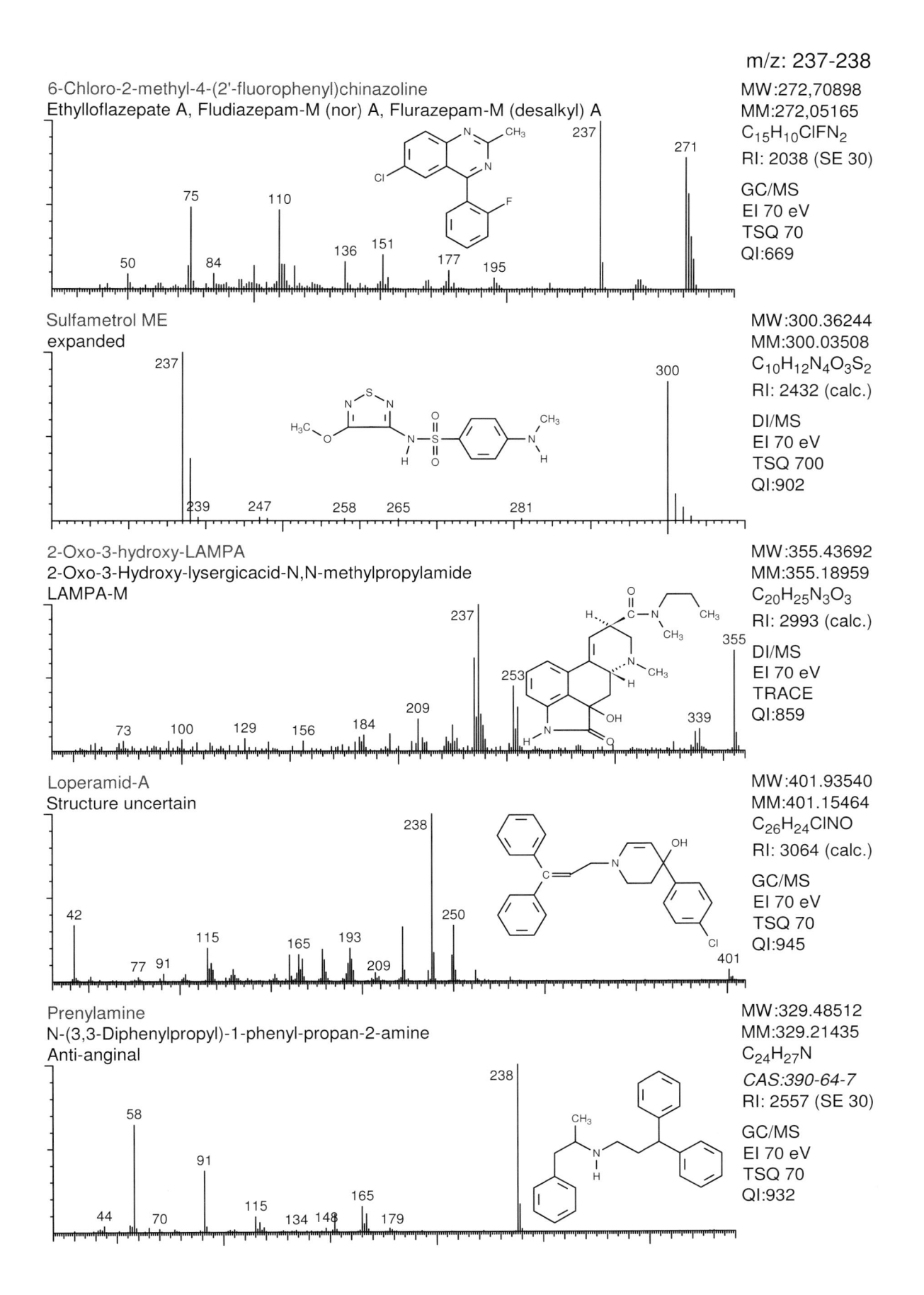

Peaks: 44, 58, 70, 91, 115, 134, 148, 165, 179, 238

m/z: 238

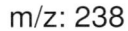

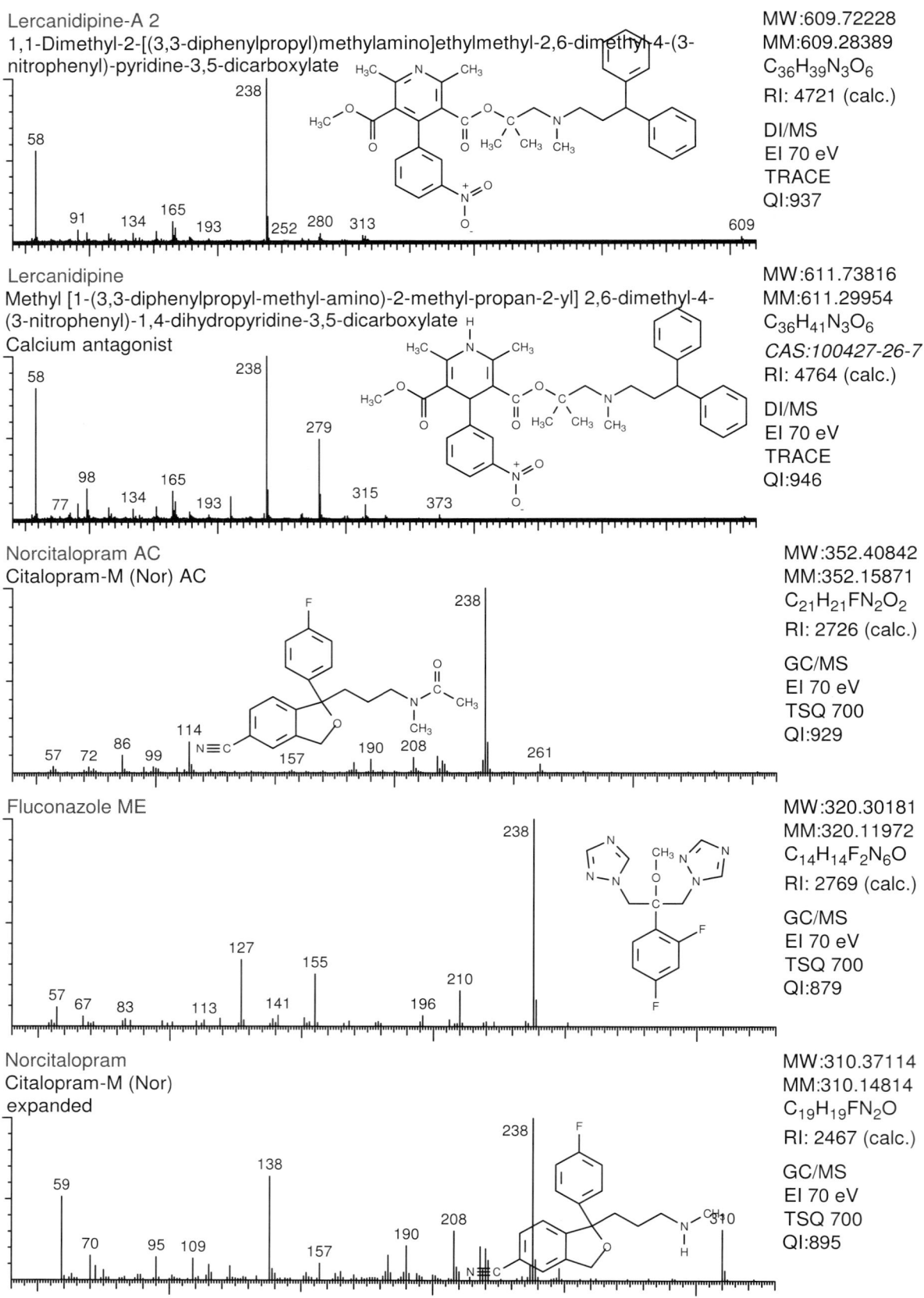

Lercanidipine-A 2
1,1-Dimethyl-2-[(3,3-diphenylpropyl)methylamino]ethylmethyl-2,6-dimethyl-4-(3-nitrophenyl)-pyridine-3,5-dicarboxylate

MW:609.72228
MM:609.28389
$C_{36}H_{39}N_3O_6$
RI: 4721 (calc.)

DI/MS
EI 70 eV
TRACE
QI:937

Lercanidipine
Methyl [1-(3,3-diphenylpropyl-methyl-amino)-2-methyl-propan-2-yl] 2,6-dimethyl-4-(3-nitrophenyl)-1,4-dihydropyridine-3,5-dicarboxylate
Calcium antagonist

MW:611.73816
MM:611.29954
$C_{36}H_{41}N_3O_6$
CAS:100427-26-7
RI: 4764 (calc.)

DI/MS
EI 70 eV
TRACE
QI:946

Norcitalopram AC
Citalopram-M (Nor) AC

MW:352.40842
MM:352.15871
$C_{21}H_{21}FN_2O_2$
RI: 2726 (calc.)

GC/MS
EI 70 eV
TSQ 700
QI:929

Fluconazole ME

MW:320.30181
MM:320.11972
$C_{14}H_{14}F_2N_6O$
RI: 2769 (calc.)

GC/MS
EI 70 eV
TSQ 700
QI:879

Norcitalopram
Citalopram-M (Nor)
expanded

MW:310.37114
MM:310.14814
$C_{19}H_{19}FN_2O$
RI: 2467 (calc.)

GC/MS
EI 70 eV
TSQ 700
QI:895

Pirimicarb
(2-Dimethylamino-5,6-dimethyl-pyrimidin-4-yl) N,N-dimethylcarbamate
Pyrimicarbe
expanded
Insecticide   LC:BBA 0309

m/z: 238
MW:238.28968
MM:238.14298
$C_{11}H_{18}N_4O_2$
CAS:23103-98-2
RI: 1977 (calc.)

GC/MS
EI 70 eV
TSQ 70
QI:995

2,5-Dimethoxy-4-propylthiophenethylamine 2AC
2C-T-7
LC:GE I

MW:339.45584
MM:339.15043
$C_{17}H_{25}NO_4S$
RI: 2448 (calc.)

GC/MS
EI 70 eV
GCQ
QI:628

Ketamine
2-(2-Chlorophenyl)-2-methylamino-cyclohexan-1-one
expanded
General Anaesthetic   LC:CSA III

MW:237.72888
MM:237.09204
$C_{13}H_{16}ClNO$
CAS:6740-88-1
RI: 1843 (SE 30)

GC/MS
EI 70 eV
GCQ
QI:899

7-Hydroxyflavone
4-Hydroxy-2-phenyl-chromen-7-one

MW:238.24260
MM:238.06299
$C_{15}H_{10}O_3$
CAS:6665-86-7
RI: 2569 (SE 30)

GC/MS
EI 70 eV
TSQ 70
QI:989

Felodipine
Methyl ethyl 4-(2,3-dichlorophenyl)-2,6-dimethyl-1,4-dihydropyridine-3,5-dicarboxylate
Antihypertonic (Ca ant.)

MW:384.25860
MM:383.06911
$C_{18}H_{19}Cl_2NO_4$
CAS:72509-76-3
RI: 2793 (calc.)

GC/MS
EI 70 eV
TSQ 70
QI:945 VI:1

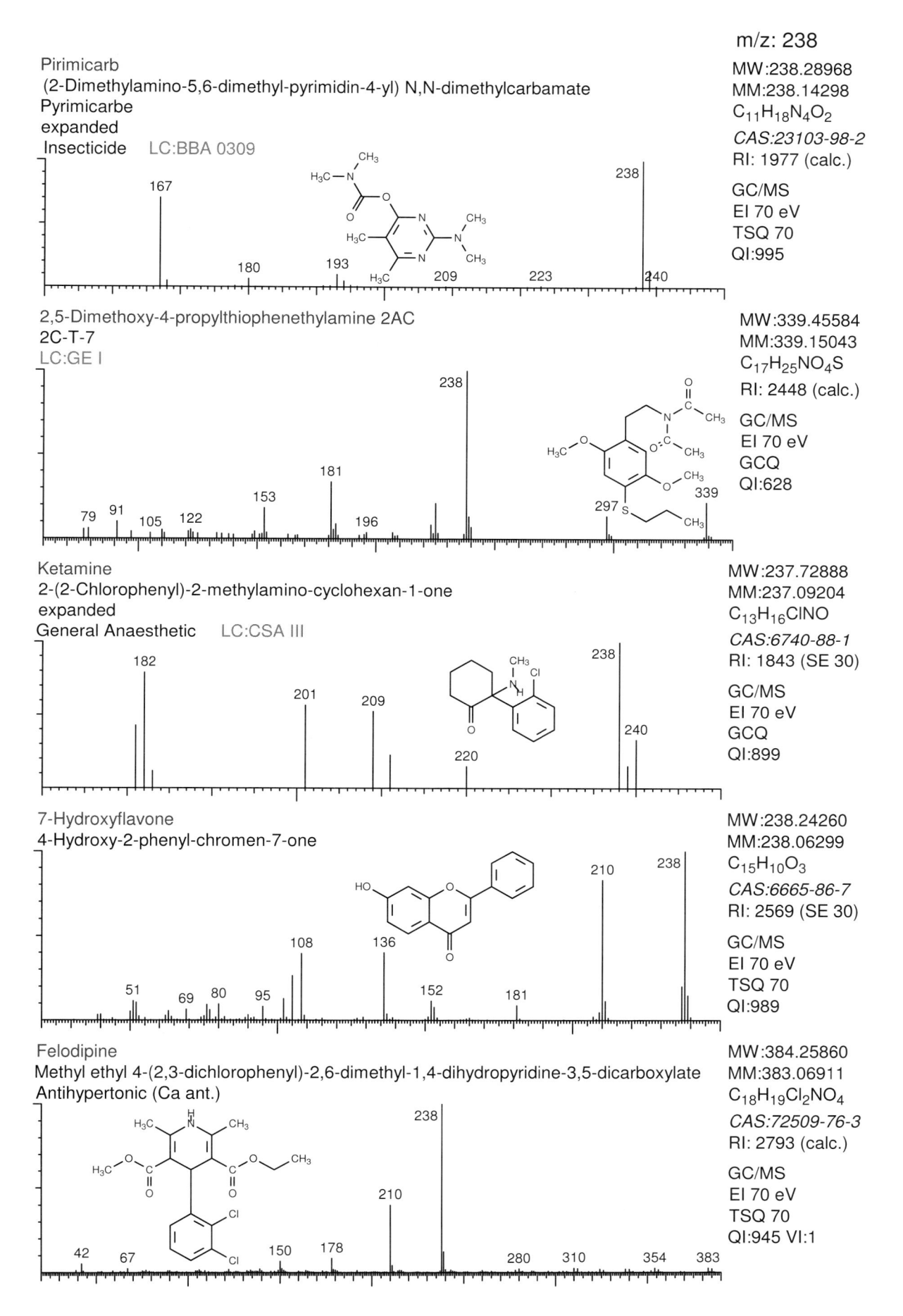

m/z: 238

Nitrendipine
Methyl ethyl 2,6-dimethyl-4-(3-nitrophenyl)-1,4-dihydropyridine-3,5-dicarboxylate
Coronary vasodilator

MW:360.36668
MM:360.13214
$C_{18}H_{20}N_2O_6$
CAS:39562-70-4
RI: 2789 (calc.)

GC/MS
EI 70 eV
TSQ 70
QI:981

Citalopram-M (Didesmethyl) AC
Didesmethylcitalopram AC

MW:338.38154
MM:338.14306
$C_{20}H_{19}FN_2O_2$
RI: 2664 (calc.)

GC/MS
EI 70 eV
TRACE
QI:753

Methyprylone-M (Oxo) 2AC
expanded

MW:281.30860
MM:281.12632
$C_{14}H_{19}NO_5$
RI: 2070 (calc.)

GC/MS
EI 70 eV
TSQ 70
QI:992

Citalopram-M (Didesmethyl)

MW:296.34426
MM:296.13249
$C_{18}H_{17}FN_2O$
RI: 2405 (calc.)

GC/MS
EI 70 eV
TRACE
QI:838

Citalopram-M/A (N-oxid)

MW:279.31370
MM:279.10594
$C_{18}H_{14}FNO$
RI: 2146 (calc.)

GC/MS
EI 70 eV
TRACE
QI:916

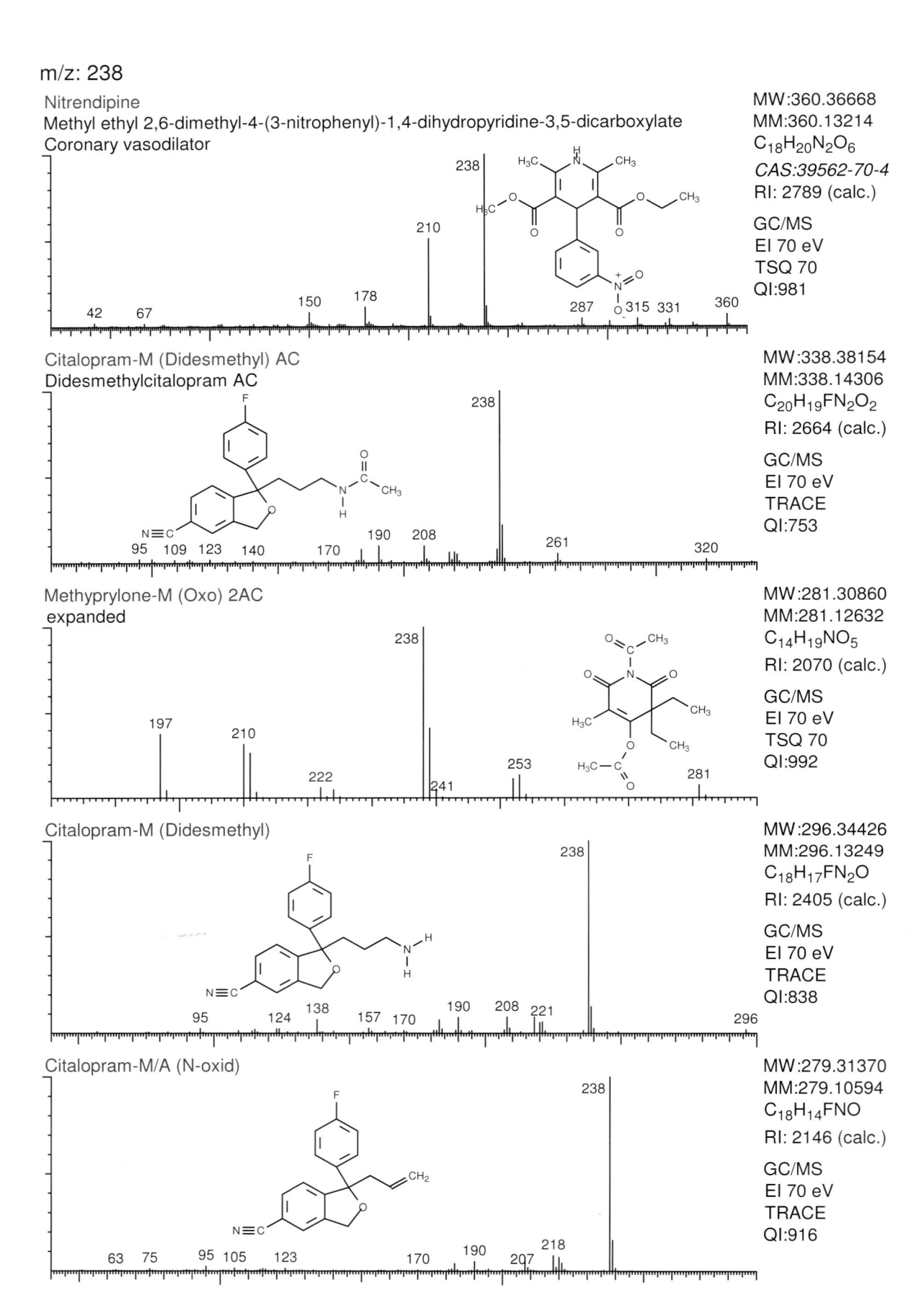

m/z: 238

Loperamide
4-[4-(4-Chlorophenyl)-4-hydroxy-1-piperidyl]-N,N-dimethyl-2,2-diphenyl-butanamide
Antiperistaltic

MW:477.04600
MM:476.22306
$C_{29}H_{33}ClN_2O_2$
CAS:53179-11-6
RI: 3656 (calc.)

GC/MS
EI 70 eV
TSQ 70
QI:877

Peaks: 42, 56, 72, 91, 115, 139, 165, 206, 238, 266

Sigmodal
5-(2-Bromoprop-2-enyl)-5-pentan-2-yl-1,3-diazinane-2,4,6-trione
Butallylonal
expanded
Hypnotic   LC:CSA III

MW:317.18266
MM:316.04225
$C_{12}H_{17}BrN_2O_3$
CAS:1216-40-6
RI: 2298 (calc.)

GC/MS
EI 70 eV
TSQ 70
QI:997

Peaks: 238, 247, 275, 287, 295, 317

Citalopram-M (desamino) COOH ME
Structure uncertain

MW:325.33938
MM:325.11142
$C_{19}H_{16}FNO_3$
RI: 2464 (calc.)

GC/MS
EI 70 eV
TRACE
QI:790

Peaks: 83, 95, 123, 156, 170, 183, 208, 238, 248, 294

Baclofen-M/A (OH, -H₂O) AC
expanded

MW:238.71360
MM:238.07606
$C_{13}H_{15}ClO_2$
RI: 1711 (calc.)

GC/MS
EI 70 eV
TRACE
QI:889

Peaks: 213, 216, 219, 222, 228, 231, 234, 238, 240

2,5-Dimethoxy-4-propylthiophenethylamine AC
2C-T-7
Hallucinogen   LC:GE I

MW:297.41856
MM:297.13986
$C_{15}H_{23}NO_3S$
RI: 2189 (calc.)

GC/MS
EI 70 eV
GCQ
QI:734

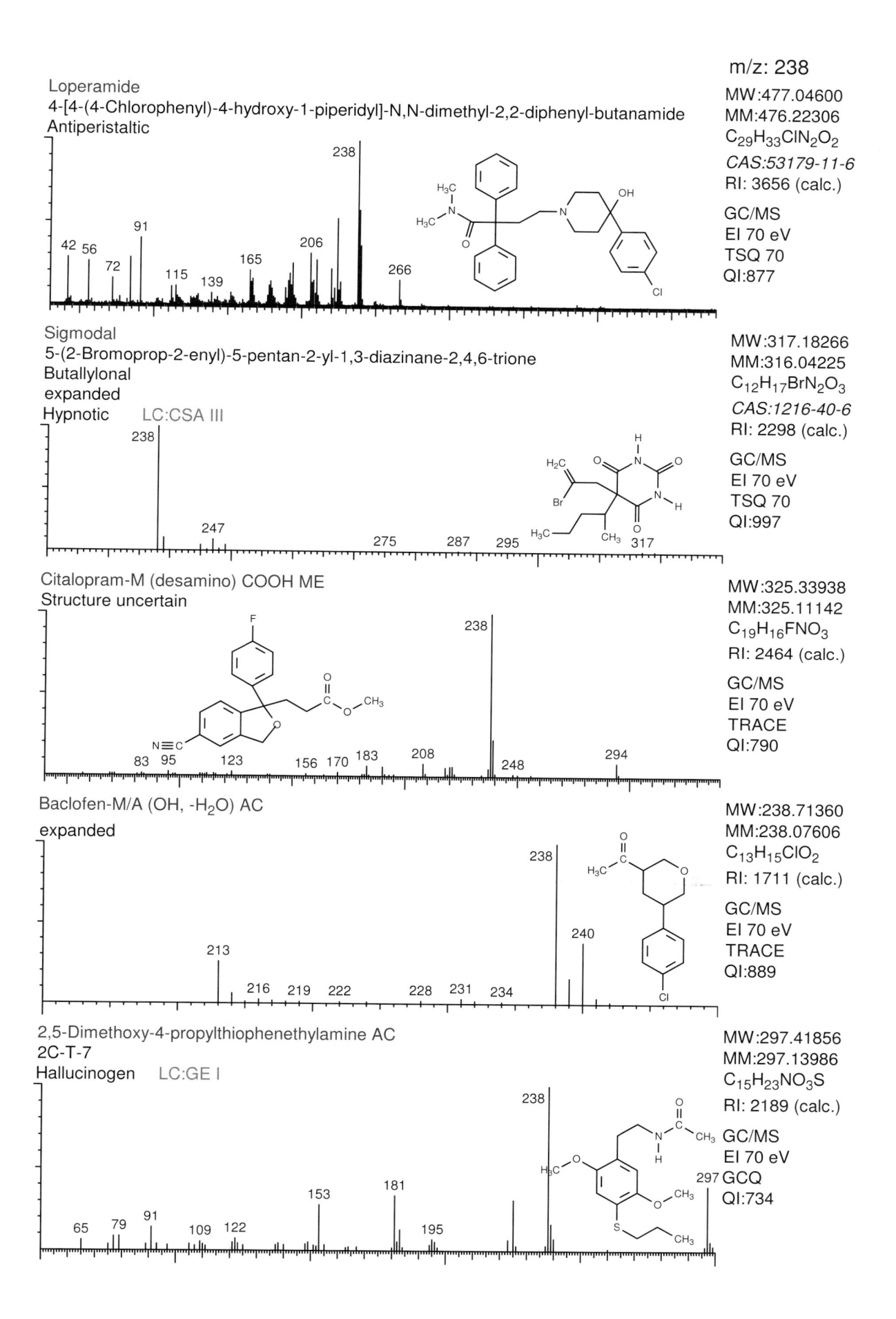

Peaks: 65, 79, 91, 109, 122, 153, 181, 195, 238, 297

m/z: 238

Citalopram-N-oxide expanded

Peaks: 59, 71, 95, 109, 123, 190, 208, 238, 310, 324

MW:340.39742
MM:340.15871
$C_{20}H_{21}FN_2O_2$
RI: 2638 (calc.)

GC/MS
EI 70 eV
TSQ 700
QI:746

2-Oxo-3-hydroxy-LAMPA TMS
LAMPA-M TMS expanded

Peaks: 238, 253, 264, 283, 297, 306, 325, 337, 369, 427

MW:427.61894
MM:427.22912
$C_{23}H_{33}N_3O_3Si$
RI: 3426 (calc.)

GC/MS
EI 70 eV
TRACE
QI:929

Cathine 2TFP expanded

Peaks: 238, 250, 287, 309, 327, 343, 371, 538

MW:537.45914
MM:537.16984
$C_{23}H_{25}F_6N_3O_5$
RI: 2877 (SE 54)

GC/MS
EI 70 eV
GCQ
QI:976

trans-Cinnamoylcocaine expanded

Peaks: 183, 198, 207, 226, 238, 252, 270, 284, 298, 329

MW:329.39596
MM:329.16271
$C_{19}H_{23}NO_4$
RI: 2521 (SE 30)

GC/MS
EI 70 eV
TSQ 70
QI:978

cis-Cinnamoylcocaine expanded

Peaks: 183, 198, 207, 226, 238, 252, 270, 284, 298, 329

MW:329.39596
MM:329.16271
$C_{19}H_{23}NO_4$
RI: 2385 (SE 30)

GC/MS
EI 70 eV
TSQ 70
QI:985

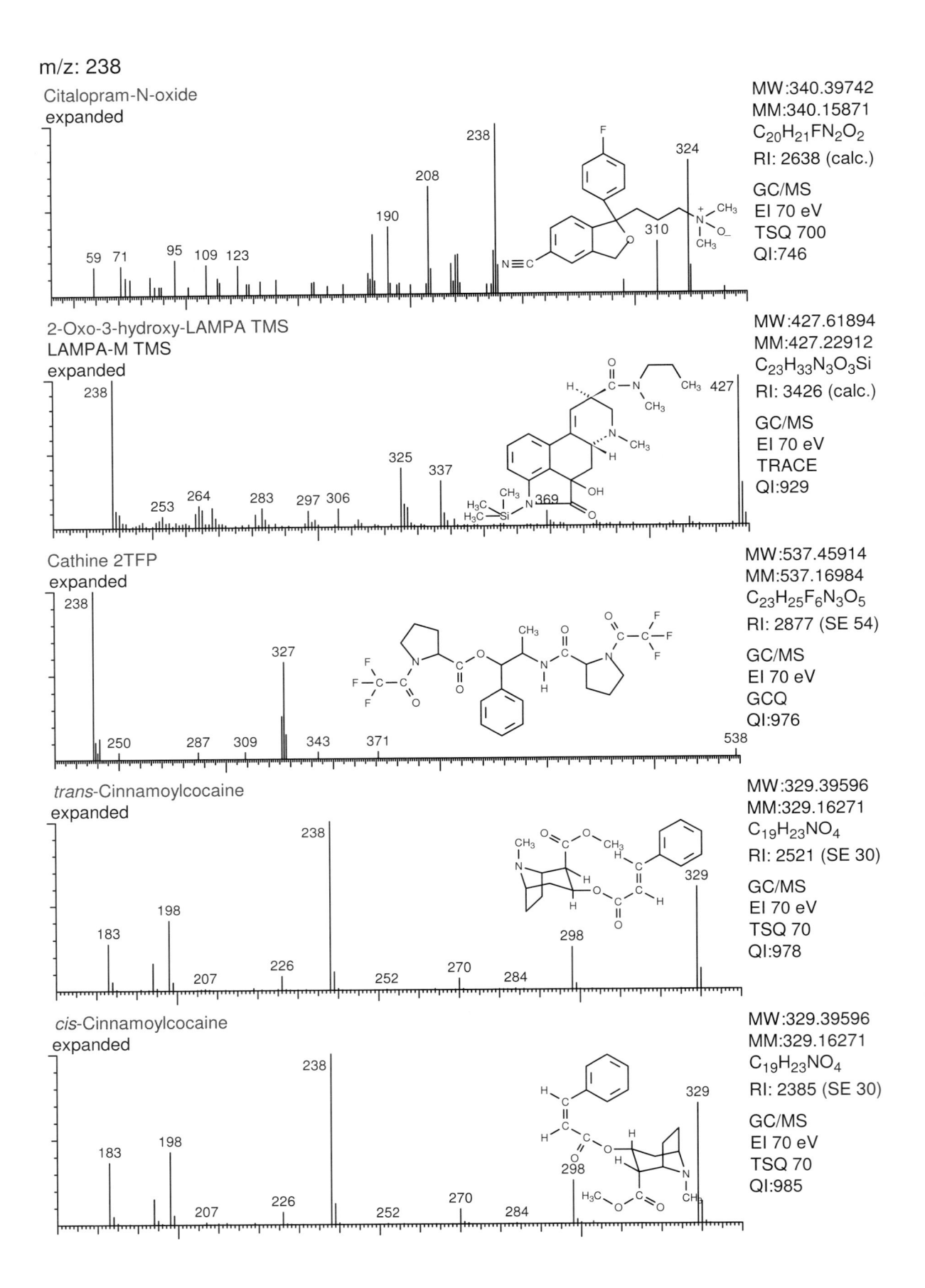

Norcitalopram AC
Citalopram-M (Nor) AC

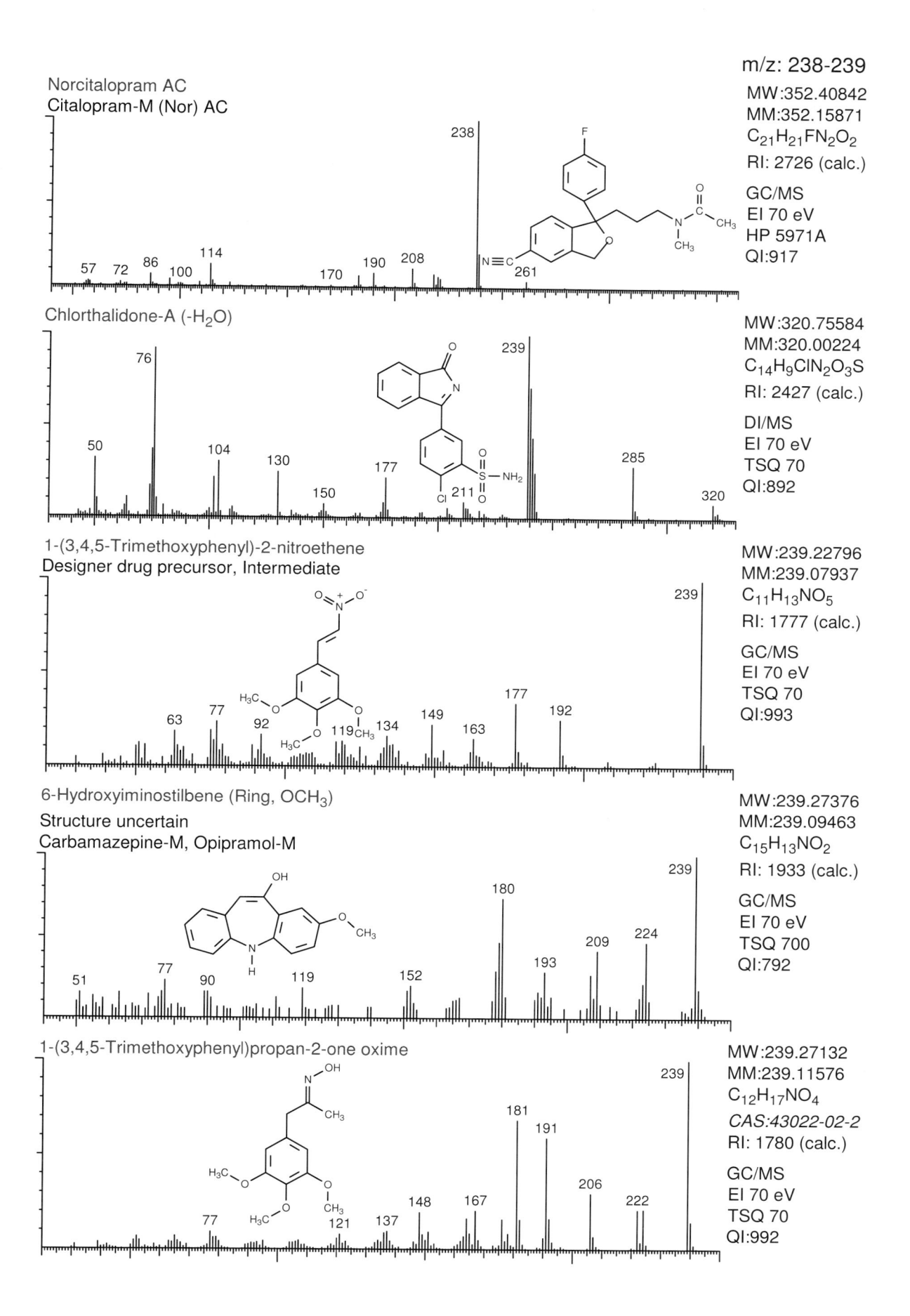

m/z: 238-239
MW: 352.40842
MM: 352.15871
$C_{21}H_{21}FN_2O_2$
RI: 2726 (calc.)

GC/MS
EI 70 eV
HP 5971A
QI: 917

Peaks: 57, 72, 86, 100, 114, 170, 190, 208, 238, 261

Chlorthalidone-A (-H₂O)

MW: 320.75584
MM: 320.00224
$C_{14}H_9ClN_2O_3S$
RI: 2427 (calc.)

DI/MS
EI 70 eV
TSQ 70
QI: 892

Peaks: 50, 76, 104, 130, 150, 177, 211, 239, 285, 320

1-(3,4,5-Trimethoxyphenyl)-2-nitroethene
Designer drug precursor, Intermediate

MW: 239.22796
MM: 239.07937
$C_{11}H_{13}NO_5$
RI: 1777 (calc.)

GC/MS
EI 70 eV
TSQ 70
QI: 993

Peaks: 63, 77, 92, 119, 134, 149, 163, 177, 192, 239

6-Hydroxyiminostilbene (Ring, OCH₃)
Structure uncertain
Carbamazepine-M, Opipramol-M

MW: 239.27376
MM: 239.09463
$C_{15}H_{13}NO_2$
RI: 1933 (calc.)

GC/MS
EI 70 eV
TSQ 700
QI: 792

Peaks: 51, 77, 90, 119, 152, 180, 193, 209, 224, 239

1-(3,4,5-Trimethoxyphenyl)propan-2-one oxime

MW: 239.27132
MM: 239.11576
$C_{12}H_{17}NO_4$
CAS: 43022-02-2
RI: 1780 (calc.)

GC/MS
EI 70 eV
TSQ 70
QI: 992

Peaks: 77, 121, 137, 148, 167, 181, 191, 206, 222, 239

m/z: 239

1-(3,4,5-Trimethoxyphenyl)-propan-2-on-oxime TFA

MW:335.27999
MM:335.09806
$C_{14}H_{16}F_3NO_5$
RI: 2430 (calc.)

GC/MS
EI 70 eV
TSQ 70
QI:961

Paracetamol-M (HO, OCH₃) 2AC
expanded

MW:239.22796
MM:239.07937
$C_{11}H_{13}NO_5$
RI: 1815 (calc.)

GC/MS
EI 70 eV
HP 5971A
QI:894

6-Chloro-4-phenylchinazoline
7-Chlorobezodiazepine-A HY

MW:240.69164
MM:240.04543
$C_{14}H_9ClN_2$
RI: 1930 (calc.)

GC/MS
EI 70 eV
TSQ 70
QI:639

Promethazine-M (Desmethyl) AC
expanded

MW:312.43568
MM:312.12963
$C_{18}H_{20}N_2OS$
RI: 2435 (calc.)

GC/MS
EI 70 eV
TRACE
QI:922

Haloperidol
4-[4-(4-Chlorophenyl)-4-hydroxy-1-piperidyl]-1-(4-fluorophenyl)butan-1-one
expanded
Neuroleptic

MW:375.87026
MM:375.14014
$C_{21}H_{23}ClFNO_2$
CAS:52-86-8
RI: 2942 (SE 30)

GC/MS
EI 70 eV
TSQ 70
QI:992

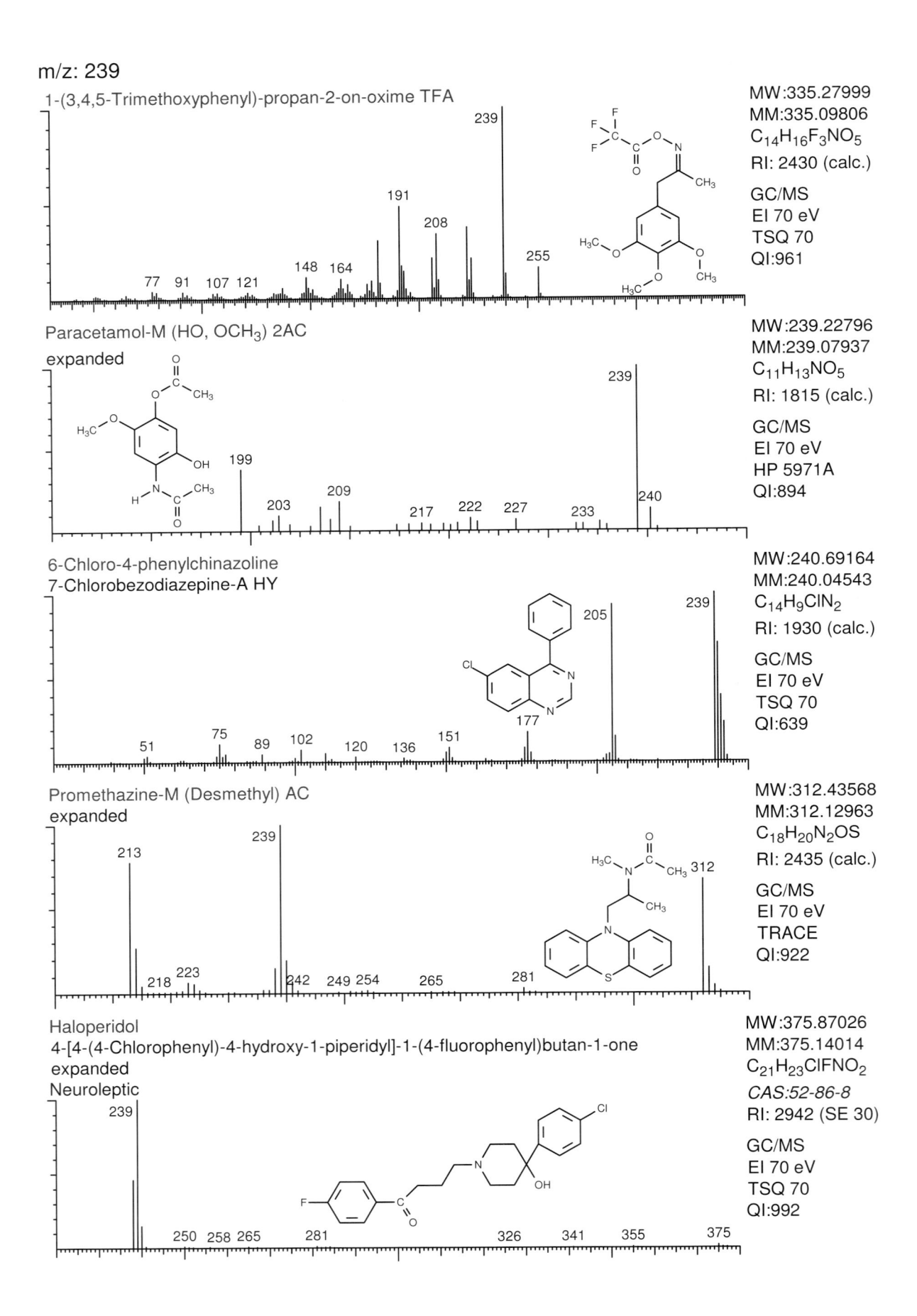

m/z: 239

o,p'-DDT
1-Chloro-2-[2,2,2-trichloro-1-(4-chlorophenyl)ethyl]benzene
expanded

MW: 354.48896
MM: 351.91469
$C_{14}H_9Cl_5$
CAS: 789-02-6
RI: 2338 (calc.)

GC/MS
EI 70 eV
TSQ 70
QI: 984 VI:2

Peaks: 239, 246, 258, 283, 319, 354, 361

Prenylamine
N-(3,3-Diphenylpropyl)-1-phenyl-propan-2-amine
expanded
Anti-anginal

MW: 329.48512
MM: 329.21435
$C_{24}H_{27}N$
CAS: 390-64-7
RI: 2557 (SE 30)

GC/MS
EI 70 eV
TSQ 70
QI: 932

Peaks: 239, 242, 256, 265, 271, 284, 314, 330

Norcitalopram AC
Citalopram-M (Nor) AC
expanded

MW: 352.40842
MM: 352.15871
$C_{21}H_{21}FN_2O_2$
RI: 2726 (calc.)

GC/MS
EI 70 eV
TSQ 700
QI: 929

Peaks: 239, 246, 261, 268, 279, 291, 309, 323, 334, 352

Citalopram-M (Didesmethyl) AC
Didesmethylcitalopram AC
expanded

MW: 338.38154
MM: 338.14306
$C_{20}H_{19}FN_2O_2$
RI: 2664 (calc.)

GC/MS
EI 70 eV
TRACE
QI: 753

Peaks: 239, 248, 261, 320, 338

6-Chloro-4-(2-chlorophenyl)chinazoline
Lorazepam-A

MW: 275,13640
MM: 274,00645
$C_{14}H_8Cl_2N_2$
RI: 2131 (SE 30)

GC/MS
EI 70 eV
TSQ 70
QI: 646

Peaks: 50, 75, 110, 137, 149, 161, 178, 203, 239, 274

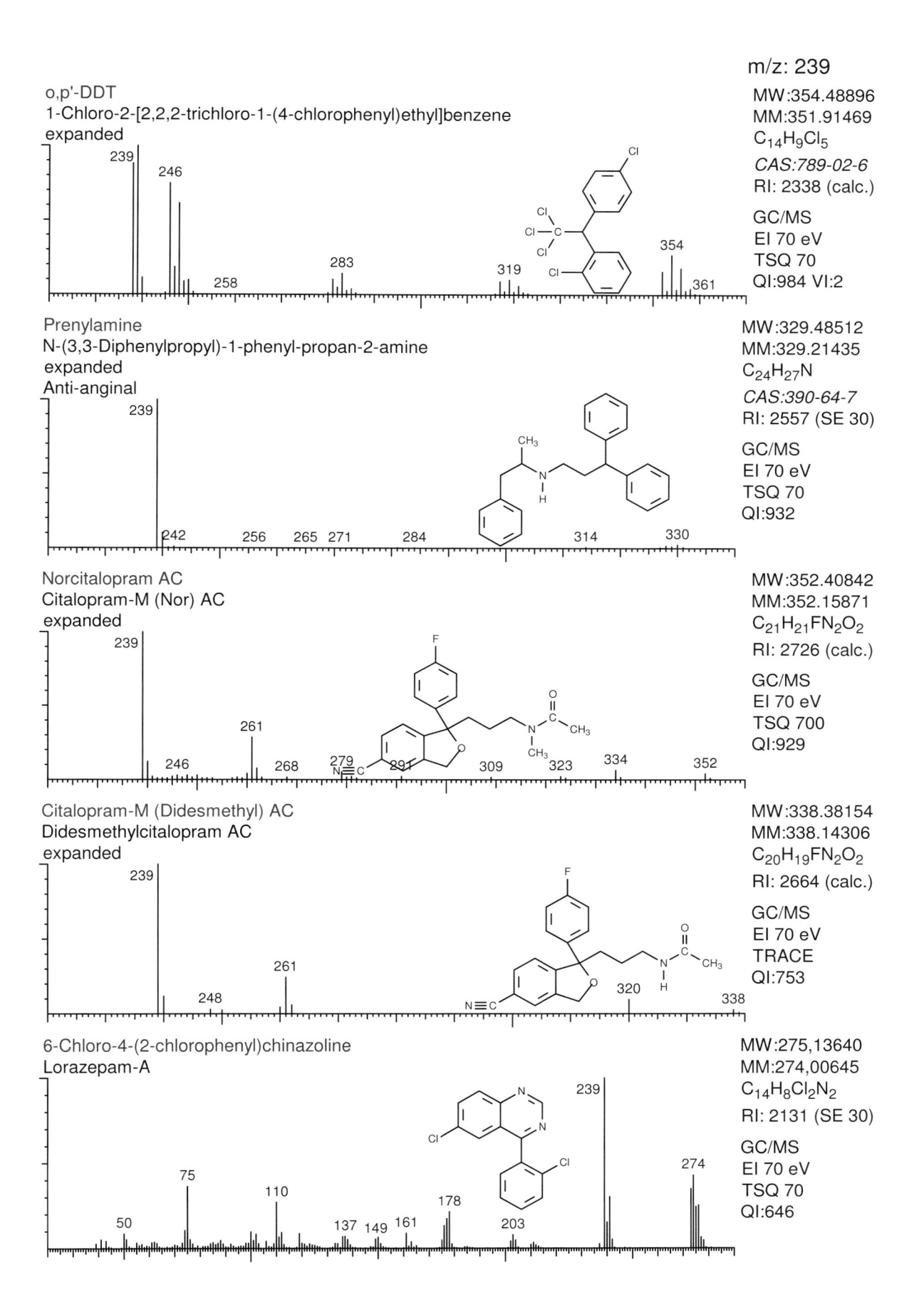

1417

m/z: 239

Lorazepam-A (-H₂O)

MW:303.14680
MM:302.00137
$C_{15}H_8Cl_2N_2O$
CAS:846-49-1
RI: 2402 (SE 30)

GC/MS
EI 70 eV
TSQ 70
QI:906

Lercanidipine-A 2
1,1-Dimethyl-2-[(3,3-diphenylpropyl)methylamino]ethylmethyl-2,6-dimethyl-4-(3-nitrophenyl)-pyridine-3,5-dicarboxylate
expanded

MW:609.72228
MM:609.28389
$C_{36}H_{39}N_3O_6$
RI: 4721 (calc.)

DI/MS
EI 70 eV
TRACE
QI:937

6-Hydroxyiminostilbene (Ring OCH₃) AC

MW:281.31104
MM:281.10519
$C_{17}H_{15}NO_3$
RI: 2230 (calc.)

GC/MS
EI 70 eV
TSQ 700
QI:905

Dehydroabietic acid
(1R,4aS,10aS)-1,4-Dimethyl-7-propan-2-yl-2,3,4,9,10,10a-hexahydrophenanthrene-1-carboxylic acid

MW:300.44112
MM:300.20893
$C_{20}H_{28}O_2$
CAS:1740-19-8
RI: 2288 (calc.)

GC/MS
EI 70 eV
TSQ 70
QI:956 VI:1

Ketoprofen-M (OH) 2ME I
Structure uncertain

MW:298.33852
MM:298.12051
$C_{18}H_{18}O_4$
RI: 2198 (calc.)

GC/MS
EI 70 eV
TRACE
QI:909

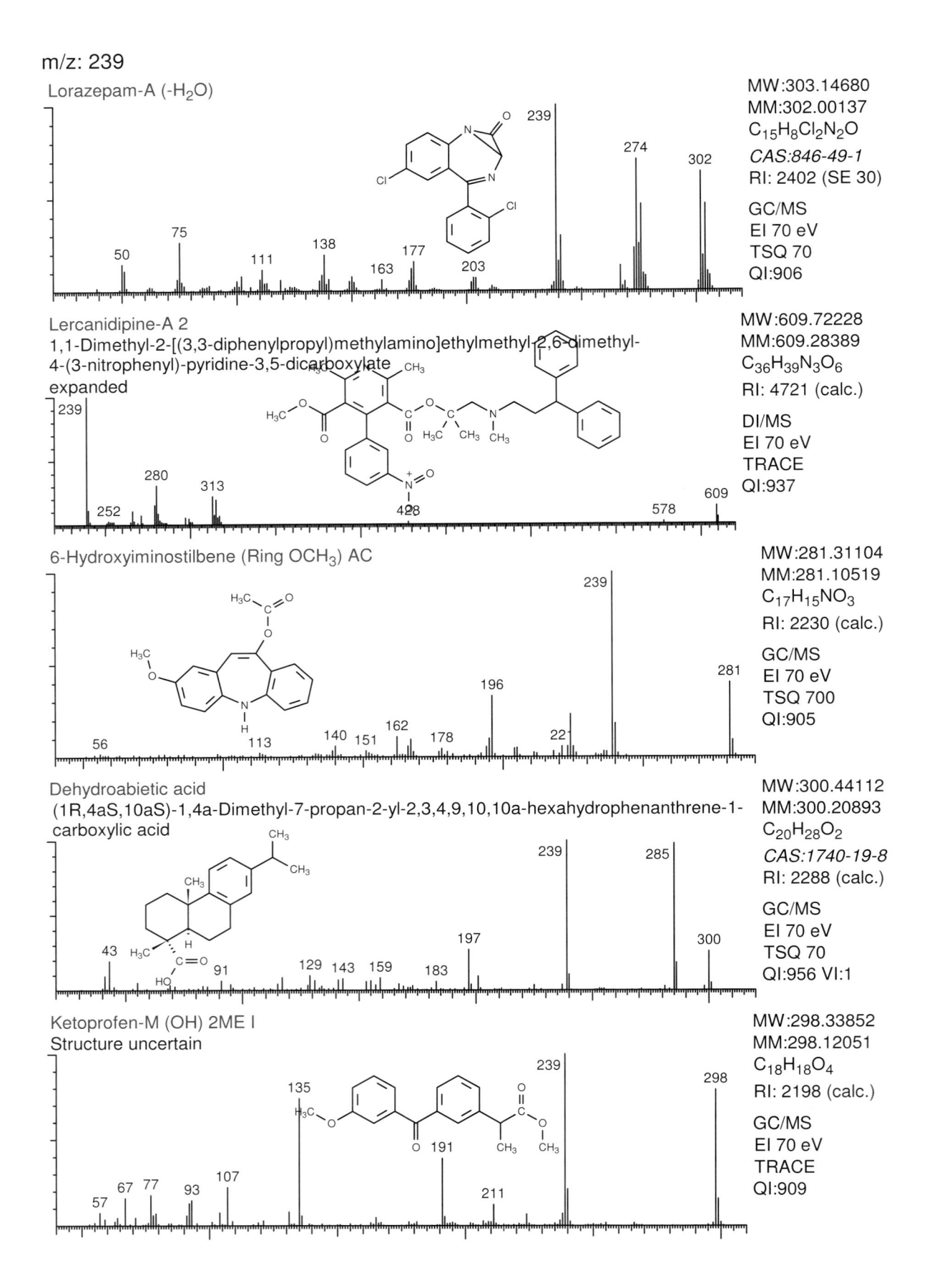

m/z: 239

Felodipine
Methyl ethyl 4-(2,3-dichlorophenyl)-2,6-dimethyl-1,4-dihydropyridine-3,5-dicarboxylate
expanded
Antihypertonic (Ca ant.)

MW:384.25860
MM:383.06911
$C_{18}H_{19}Cl_2NO_4$
CAS:72509-76-3
RI: 2793 (calc.)

GC/MS
EI 70 eV
TSQ 70
QI:945 VI:1

Norephedrine N-TFP
expanded

MW:344.33375
MM:344.13478
$C_{16}H_{19}F_3N_2O_3$
RI:2261 (SE 54)

GC/MS
EI 70 eV
GCQ
QI:965

Nitrendipine
Methyl ethyl 2,6-dimethyl-4-(3-nitrophenyl)-1,4-dihydropyridine-3,5-dicarboxylate
expanded
Coronary vasodilator

MW:360.36668
MM:360.13214
$C_{18}H_{20}N_2O_6$
CAS:39562-70-4
RI: 2789 (calc.)

GC/MS
EI 70 eV
TSQ 70
QI:981

Doxylamine-M (-C_4H_{11}NO) AC
expanded

MW:239.27376
MM:239.09463
$C_{15}H_{13}NO_2$
RI: 1851 (calc.)

GC/MS
EI 70 eV
TSQ 70
QI:895

Norcitalopram AC
Citalopram-M (Nor) AC
expanded

MW:352.40842
MM:352.15871
$C_{21}H_{21}FN_2O_2$
RI: 2726 (calc.)

GC/MS
EI 70 eV
HP 5971A
QI:917

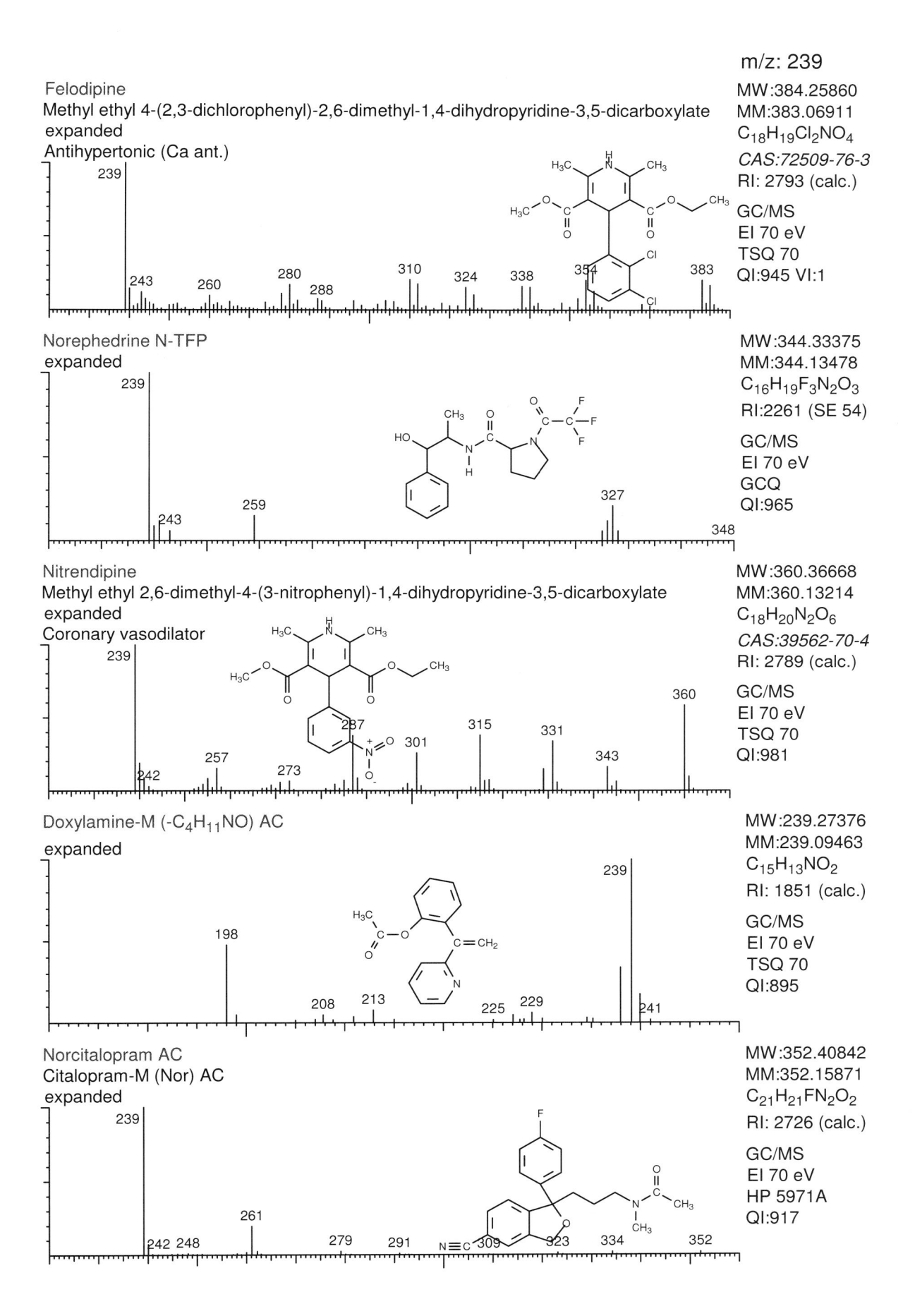

1419

m/z: 239-240

1-(2,6-Dimethoxyphenyl)-2-nitrobutane expanded

MW:239.27132
MM:239.11576
$C_{12}H_{17}NO_4$
RI: 1780 (calc.)

GC/MS
EI 70 eV
TSQ 70
QI:988

Peaks: 193, 197, 201, 207, 211, 216, 225, 234, 239, 241

Palmitic acid glycerol ester 2AC expanded

MW:414.58288
MM:414.29814
$C_{23}H_{42}O_6$
CAS:55268-70-7
RI: 2903 (calc.)

GC/MS
EI 70 eV
TSQ 70
QI:943

Peaks: 160, 177, 199, 213, 239, 255, 270, 283, 311, 354

Indole-3-carboxaldehyde TFA

MW:241.16939
MM:241.03506
$C_{11}H_6F_3NO_2$
RI: 1858 (calc.)

GC/MS
EI 70 eV
TSQ 70
QI:874

Peaks: 39, 50, 69, 89, 116, 143, 170, 190, 212, 240

3-Indolylmethylketone TFA

MW:255.19627
MM:255.05071
$C_{12}H_8F_3NO_2$
RI: 1920 (calc.)

GC/MS
EI 70 eV
TSQ 70
QI:941

Peaks: 43, 69, 88, 115, 143, 170, 184, 212, 240, 255

Trisalicylate
Trisalicylide

MW:360.32268
MM:360.06339
$C_{21}H_{12}O_6$
CAS:5981-18-0
RI: 2734 (calc.)

GC/MS
EI 70 eV
TSQ 70
QI:988

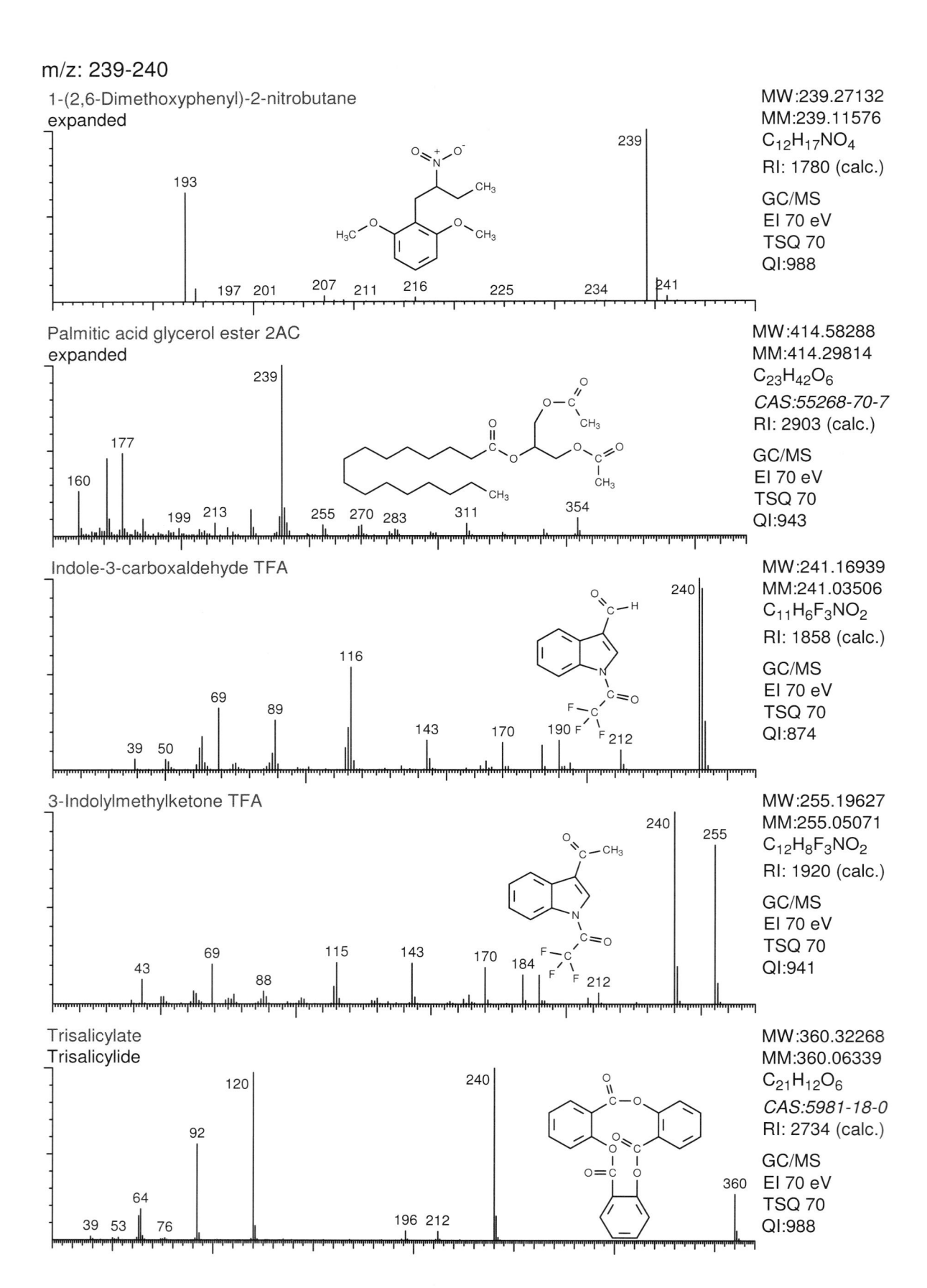

Peaks: 39, 53, 64, 76, 92, 120, 196, 212, 240, 360

Ethylecgonine TMS
expanded

Peaks: 98, 108, 122, 140, 169, 184, 196, 212, 240, 285

m/z: 240
MW: 285.45882
MM: 285.17602
$C_{14}H_{27}NO_3Si$
RI: 2177 (calc.)

GC/MS
EI 70 eV
TSQ 70
QI:983

Dehydrochloromethyltestosterone
4-Chloro-17β-hydroxy-17α-methylandrosta-1,4-dien-3-one
expanded
Androgen LC:CSA III

Peaks: 165, 179, 185, 199, 212, 225, 240, 265, 281, 334

MW: 334.88588
MM: 334.16996
$C_{20}H_{27}ClO_2$
CAS: 2446-23-3
RI: 2932 (SE 30)

GC/MS
EI 70 eV
TSQ 70
QI:992

1-(2-Methoxy-3,4-methylenedioxyphenyl)butan-2-amine TFA-A (-H, +Cl)
structure uncertain

Peaks: 51, 63, 77, 113, 141, 169, 199, 206, 240, 353

MW: 353.72535
MM: 353.06417
$C_{14}H_{15}ClF_3NO_4$
RI: 2591 (calc.)

GC/MS
EI 70 eV
GCQ
QI:813

N,N,N',N'-Tetramethylbenzidine
4-(4-Dimethylaminophenyl)-N,N-dimethyl-aniline

Peaks: 43, 105, 120, 152, 165, 180, 195, 210, 224, 240

MW: 240.34828
MM: 240.16265
$C_{16}H_{20}N_2$
CAS: 366-29-0
RI: 2465 (SE 54)

GC/MS
EI 70 eV
TSQ 70
QI:941

3,3',5,5'-Tetramethylbenzidine
4-(4-Amino-3,5-dimethyl-phenyl)-2,6-dimethyl-aniline

Peaks: 43, 105, 120, 152, 165, 180, 195, 210, 224, 240

MW: 240.34828
MM: 240.16265
$C_{16}H_{20}N_2$
RI: 2465 (SE 54)

GC/MS
EI 70 eV
GCQ
QI:941

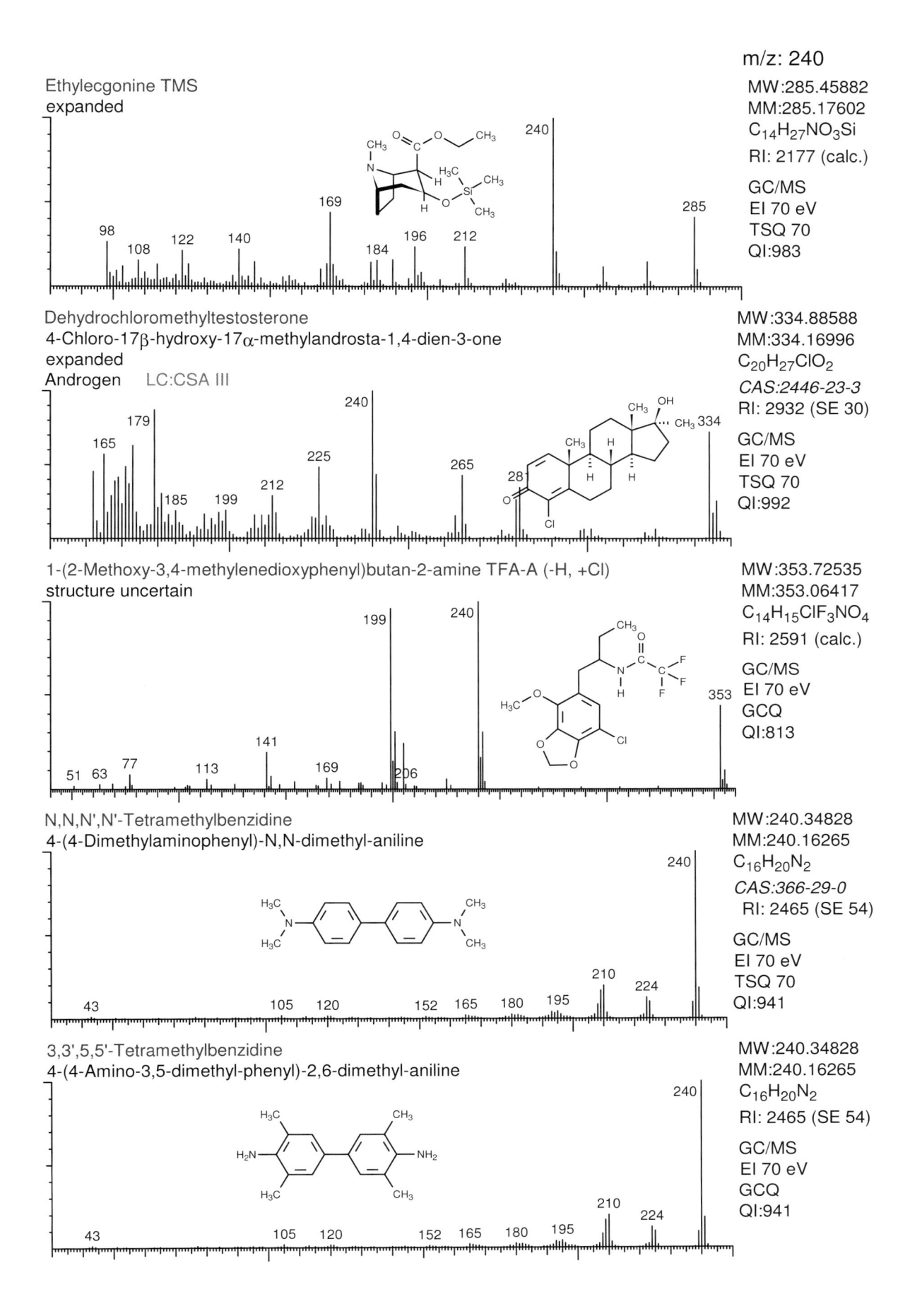

m/z: 240

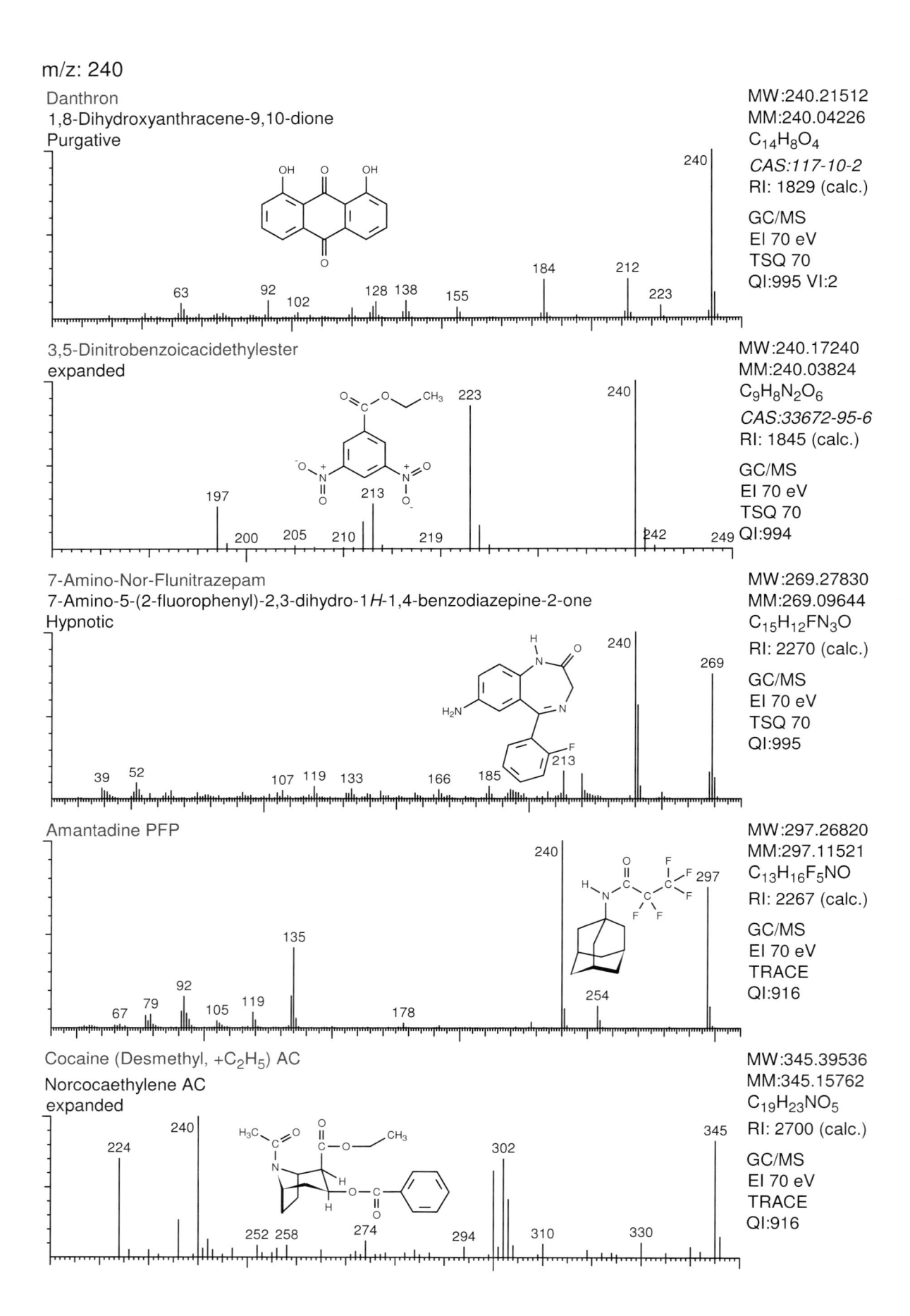

Danthron
1,8-Dihydroxyanthracene-9,10-dione
Purgative

MW:240.21512
MM:240.04226
$C_{14}H_8O_4$
CAS:117-10-2
RI: 1829 (calc.)

GC/MS
EI 70 eV
TSQ 70
QI:995 VI:2

3,5-Dinitrobenzoicacidethylester
expanded

MW:240.17240
MM:240.03824
$C_9H_8N_2O_6$
CAS:33672-95-6
RI: 1845 (calc.)

GC/MS
EI 70 eV
TSQ 70
QI:994

7-Amino-Nor-Flunitrazepam
7-Amino-5-(2-fluorophenyl)-2,3-dihydro-1H-1,4-benzodiazepine-2-one
Hypnotic

MW:269.27830
MM:269.09644
$C_{15}H_{12}FN_3O$
RI: 2270 (calc.)

GC/MS
EI 70 eV
TSQ 70
QI:995

Amantadine PFP

MW:297.26820
MM:297.11521
$C_{13}H_{16}F_5NO$
RI: 2267 (calc.)

GC/MS
EI 70 eV
TRACE
QI:916

Cocaine (Desmethyl, +C_2H_5) AC
Norcocaethylene AC
expanded

MW:345.39536
MM:345.15762
$C_{19}H_{23}NO_5$
RI: 2700 (calc.)

GC/MS
EI 70 eV
TRACE
QI:916

m/z: 240-241

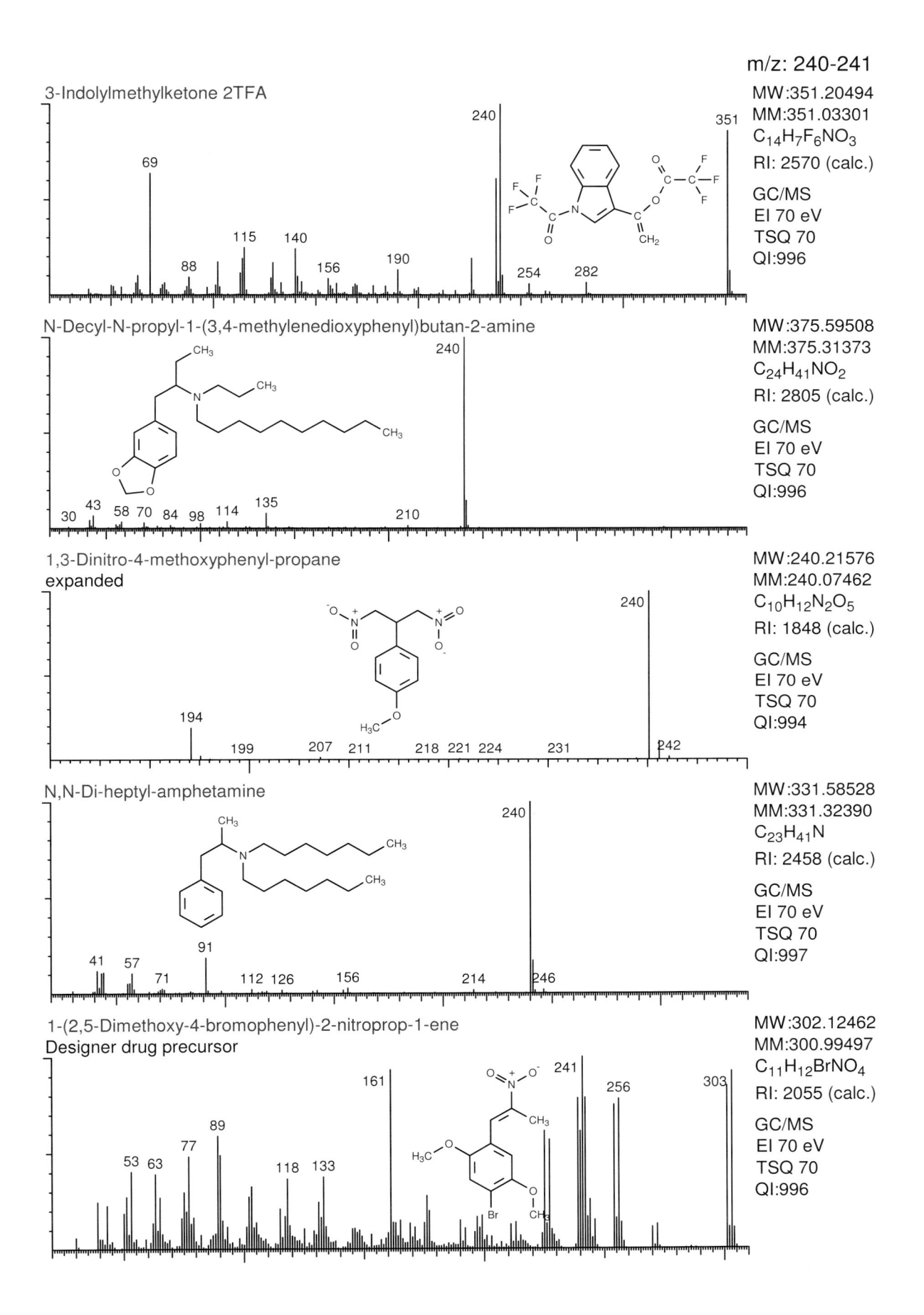

3-Indolylmethylketone 2TFA

Peaks: 69, 88, 115, 140, 156, 190, 240, 254, 282, 351

MW: 351.20494
MM: 351.03301
$C_{14}H_7F_6NO_3$
RI: 2570 (calc.)

GC/MS
EI 70 eV
TSQ 70
QI: 996

N-Decyl-N-propyl-1-(3,4-methylenedioxyphenyl)butan-2-amine

Peaks: 30, 43, 58, 70, 84, 98, 114, 135, 210, 240

MW: 375.59508
MM: 375.31373
$C_{24}H_{41}NO_2$
RI: 2805 (calc.)

GC/MS
EI 70 eV
TSQ 70
QI: 996

1,3-Dinitro-4-methoxyphenyl-propane
expanded

Peaks: 194, 199, 207, 211, 218, 221, 224, 231, 240, 242

MW: 240.21576
MM: 240.07462
$C_{10}H_{12}N_2O_5$
RI: 1848 (calc.)

GC/MS
EI 70 eV
TSQ 70
QI: 994

N,N-Di-heptyl-amphetamine

Peaks: 41, 57, 71, 91, 112, 126, 156, 214, 240, 246

MW: 331.58528
MM: 331.32390
$C_{23}H_{41}N$
RI: 2458 (calc.)

GC/MS
EI 70 eV
TSQ 70
QI: 997

1-(2,5-Dimethoxy-4-bromophenyl)-2-nitroprop-1-ene
Designer drug precursor

Peaks: 53, 63, 77, 89, 118, 133, 161, 241, 256, 303

MW: 302.12462
MM: 300.99497
$C_{11}H_{12}BrNO_4$
RI: 2055 (calc.)

GC/MS
EI 70 eV
TSQ 70
QI: 996

m/z: 241

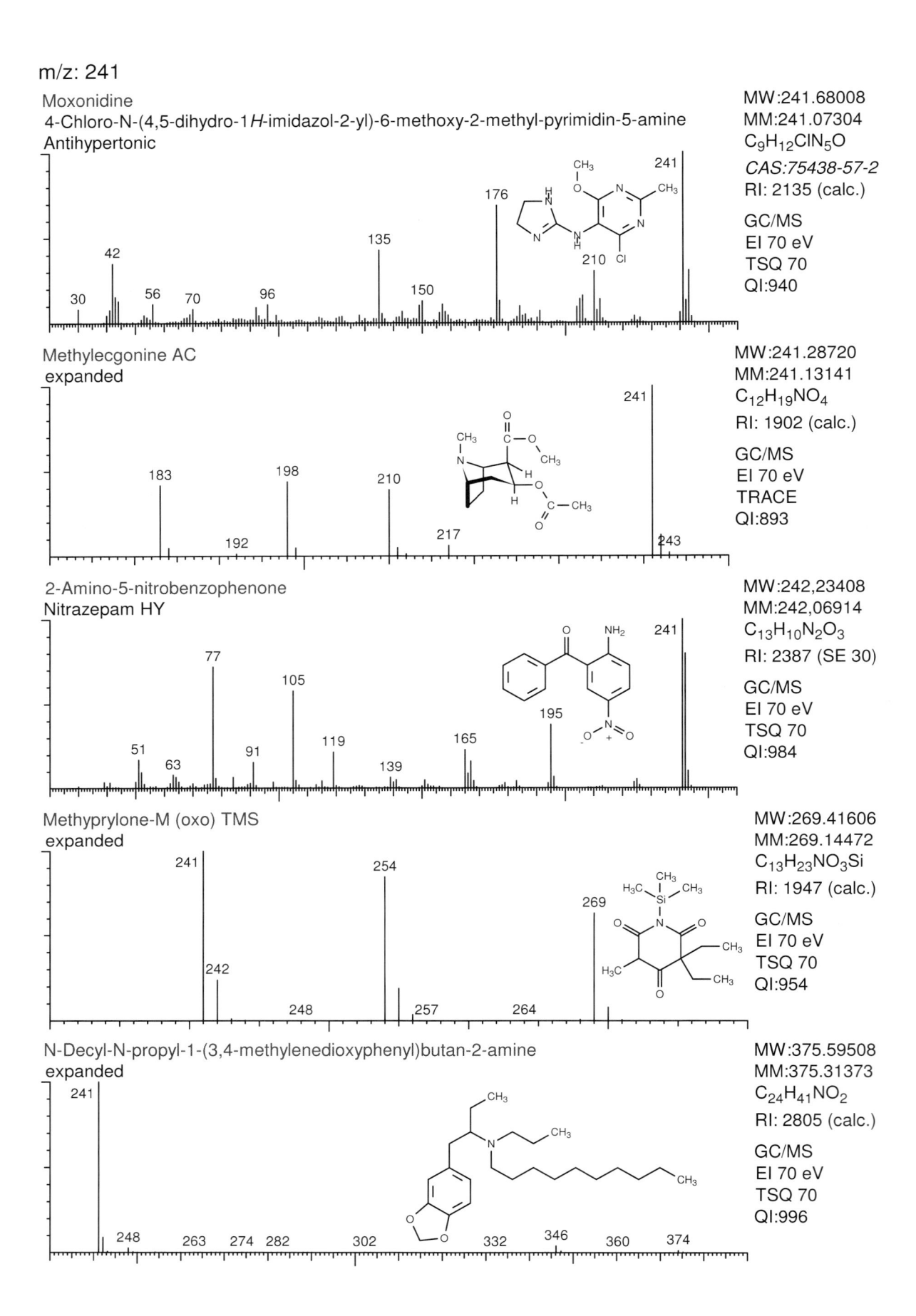

Moxonidine
4-Chloro-N-(4,5-dihydro-1H-imidazol-2-yl)-6-methoxy-2-methyl-pyrimidin-5-amine
Antihypertonic

MW: 241.68008
MM: 241.07304
$C_9H_{12}ClN_5O$
CAS: 75438-57-2
RI: 2135 (calc.)

GC/MS
EI 70 eV
TSQ 70
QI: 940

Peaks: 30, 42, 56, 70, 96, 135, 150, 176, 210, 241

Methylecgonine AC
expanded

MW: 241.28720
MM: 241.13141
$C_{12}H_{19}NO_4$
RI: 1902 (calc.)

GC/MS
EI 70 eV
TRACE
QI: 893

Peaks: 183, 192, 198, 210, 217, 241, 243

2-Amino-5-nitrobenzophenone
Nitrazepam HY

MW: 242.23408
MM: 242.06914
$C_{13}H_{10}N_2O_3$
RI: 2387 (SE 30)

GC/MS
EI 70 eV
TSQ 70
QI: 984

Peaks: 51, 63, 77, 91, 105, 119, 139, 165, 195, 241

Methyprylone-M (oxo) TMS
expanded

MW: 269.41606
MM: 269.14472
$C_{13}H_{23}NO_3Si$
RI: 1947 (calc.)

GC/MS
EI 70 eV
TSQ 70
QI: 954

Peaks: 241, 242, 248, 254, 257, 264, 269

N-Decyl-N-propyl-1-(3,4-methylenedioxyphenyl)butan-2-amine
expanded

MW: 375.59508
MM: 375.31373
$C_{24}H_{41}NO_2$
RI: 2805 (calc.)

GC/MS
EI 70 eV
TSQ 70
QI: 996

Peaks: 241, 248, 263, 274, 282, 302, 332, 346, 360, 374

N,N-Di-heptyl-amphetamine
expanded

m/z: 241-242
MW: 331.58528
MM: 331.32390
C$_{23}$H$_{41}$N
RI: 2458 (calc.)

GC/MS
EI 70 eV
TSQ 70
QI: 997

trans-1,2-Dibromocyclohexane
expanded

MW: 241.95340
MM: 239.91492
C$_6$H$_{10}$Br$_2$
CAS: 7429-37-0
RI: 1387 (calc.)

GC/MS
EI 70 eV
TSQ 70
QI: 990

4-Bromo-2,5-dimethoxyphenethylamine PFO
2C-B PFO, BDMPEA PFO

MW: 656.18621
MM: 654.98393
C$_{18}$H$_{13}$BrF$_{15}$NO$_3$
RI: 4461 (calc.)

GC/MS
EI 70 eV
TSQ 70
QI: 916

Levomepromazine-M/A (sulfoxide)

MW: 344.47784
MM: 344.15585
C$_{19}$H$_{24}$N$_2$O$_2$S
RI: 2977 (SE 30)

GC/MS
EI 70 eV
TSQ 70
QI: 929

Aprepitant 2TMS

MW: 678.79776
MM: 678.22924
C$_{29}$H$_{37}$F$_7$N$_4$O$_3$Si$_2$
RI: 2641 (SE 30)

GC/MS
EI 70 eV
TSQ 70
QI: 980

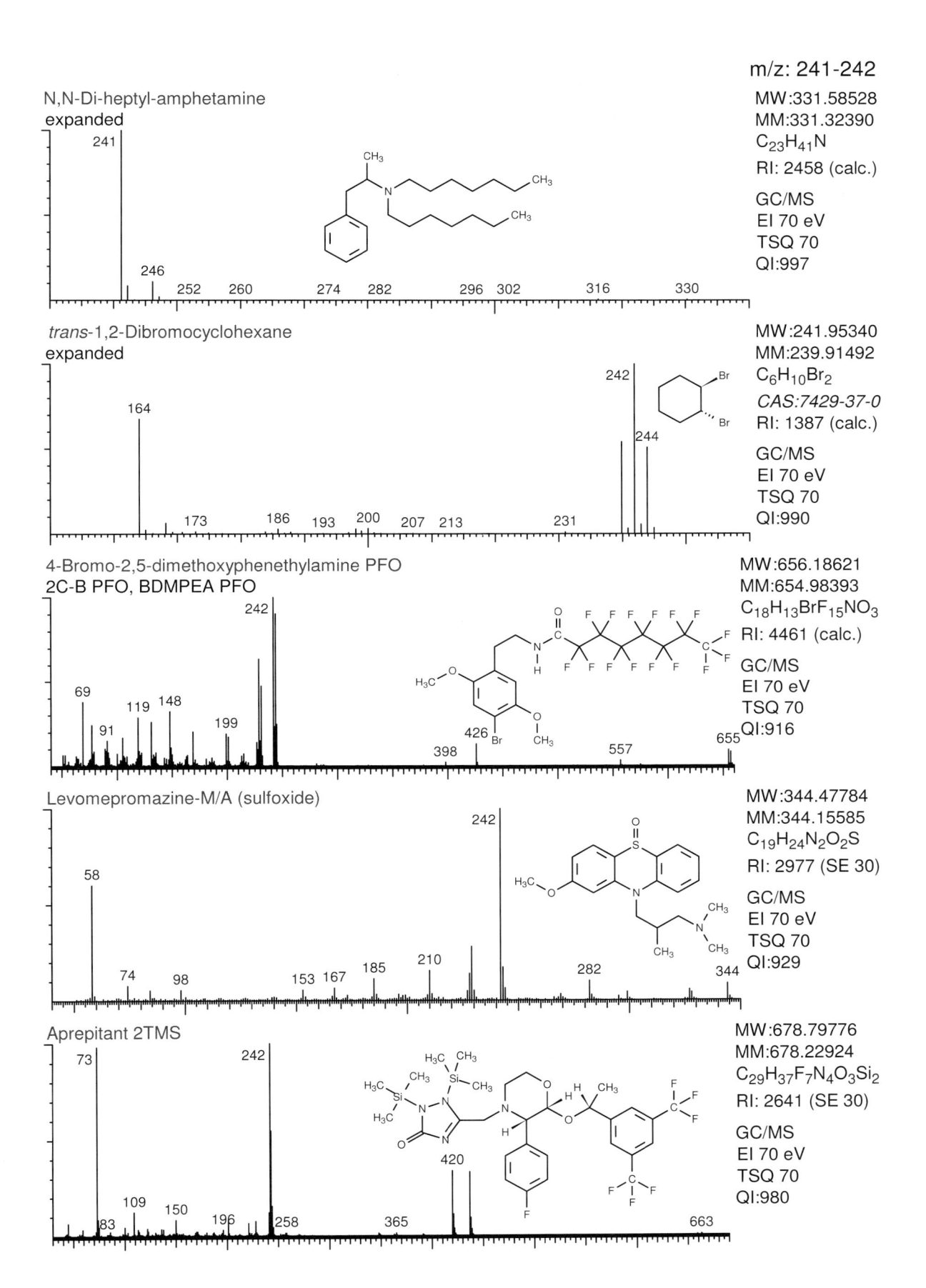

m/z: 242

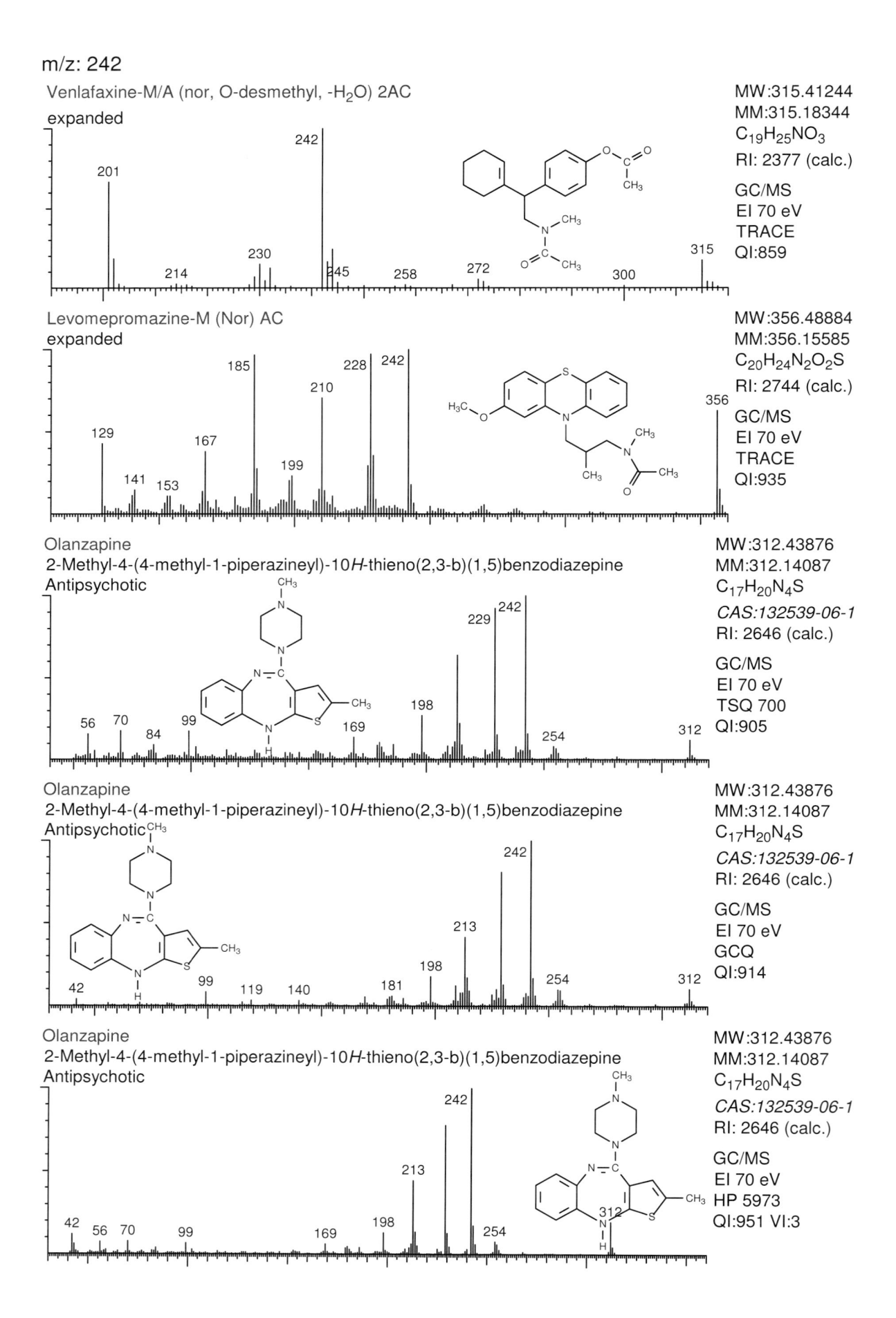

Venlafaxine-M/A (nor, O-desmethyl, -H₂O) 2AC
expanded

MW:315.41244
MM:315.18344
C₁₉H₂₅NO₃
RI: 2377 (calc.)

GC/MS
EI 70 eV
TRACE
QI:859

Levomepromazine-M (Nor) AC
expanded

MW:356.48884
MM:356.15585
C₂₀H₂₄N₂O₂S
RI: 2744 (calc.)

GC/MS
EI 70 eV
TRACE
QI:935

Olanzapine
2-Methyl-4-(4-methyl-1-piperazineyl)-10H-thieno(2,3-b)(1,5)benzodiazepine
Antipsychotic

MW:312.43876
MM:312.14087
C₁₇H₂₀N₄S
CAS:132539-06-1
RI: 2646 (calc.)

GC/MS
EI 70 eV
TSQ 700
QI:905

Olanzapine
2-Methyl-4-(4-methyl-1-piperazineyl)-10H-thieno(2,3-b)(1,5)benzodiazepine
Antipsychotic

MW:312.43876
MM:312.14087
C₁₇H₂₀N₄S
CAS:132539-06-1
RI: 2646 (calc.)

GC/MS
EI 70 eV
GCQ
QI:914

Olanzapine
2-Methyl-4-(4-methyl-1-piperazineyl)-10H-thieno(2,3-b)(1,5)benzodiazepine
Antipsychotic

MW:312.43876
MM:312.14087
C₁₇H₂₀N₄S
CAS:132539-06-1
RI: 2646 (calc.)

GC/MS
EI 70 eV
HP 5973
QI:951 VI:3

m/z: 242

4-Bromo-2,5-dichlorophenol
Bromophos-A

MW: 241.89862
MM: 239.87443
C$_6$H$_3$BrCl$_2$O
CAS: 1940-42-7
RI: 1461 (calc.)

GC/MS
EI 70 eV
TSQ 70
QI: 978

Peaks: 45, 53, 62, 73, 97, 107, 121, 133, 178, 242

Nordazepam
9-Chloro-6-phenyl-2,5-diazabicyclo[5.4.0]undeca-5,8,10,12-tetraen-3-one
Tranquilizer   LC:GE III, CSA IV

MW: 270.71792
MM: 270.05599
C$_{15}$H$_{11}$ClN$_2$O
CAS: 1088-11-5
RI: 2508 (SE 30)

GC/MS
EI 70 eV
TSQ 70
QI: 844

Peaks: 39, 51, 63, 77, 89, 103, 151, 207, 242, 270

Hydroxychloroquine-M (-N(C$_2$H$_5$)$_2$, -4H)

MW: 242.70752
MM: 242.06108
C$_{14}$H$_{11}$ClN$_2$
RI: 1934 (calc.)

GC/MS
EI 70 eV
TRACE
QI: 563

Peaks: 80, 89, 103, 126, 135, 166, 192, 206, 227, 242

Nordazepam
9-Chloro-6-phenyl-2,5-diazabicyclo[5.4.0]undeca-5,8,10,12-tetraen-3-one
Tranquilizer   LC:GE III, CSA IV

MW: 270.71792
MM: 270.05599
C$_{15}$H$_{11}$ClN$_2$O
CAS: 1088-11-5
RI: 2508 (SE 30)

GC/MS
EI 70 eV
TSQ 70
QI: 672

Peaks: 77, 89, 103, 138, 151, 163, 178, 214, 242, 269

2-Bromo-1-(3,4-methylenedioxyphenyl)ethanone
expanded

MW: 243.05678
MM: 241.95786
C$_9$H$_7$BrO$_3$
RI: 1616 (calc.)

GC/MS
EI 70 eV
TSQ 70
QI: 995

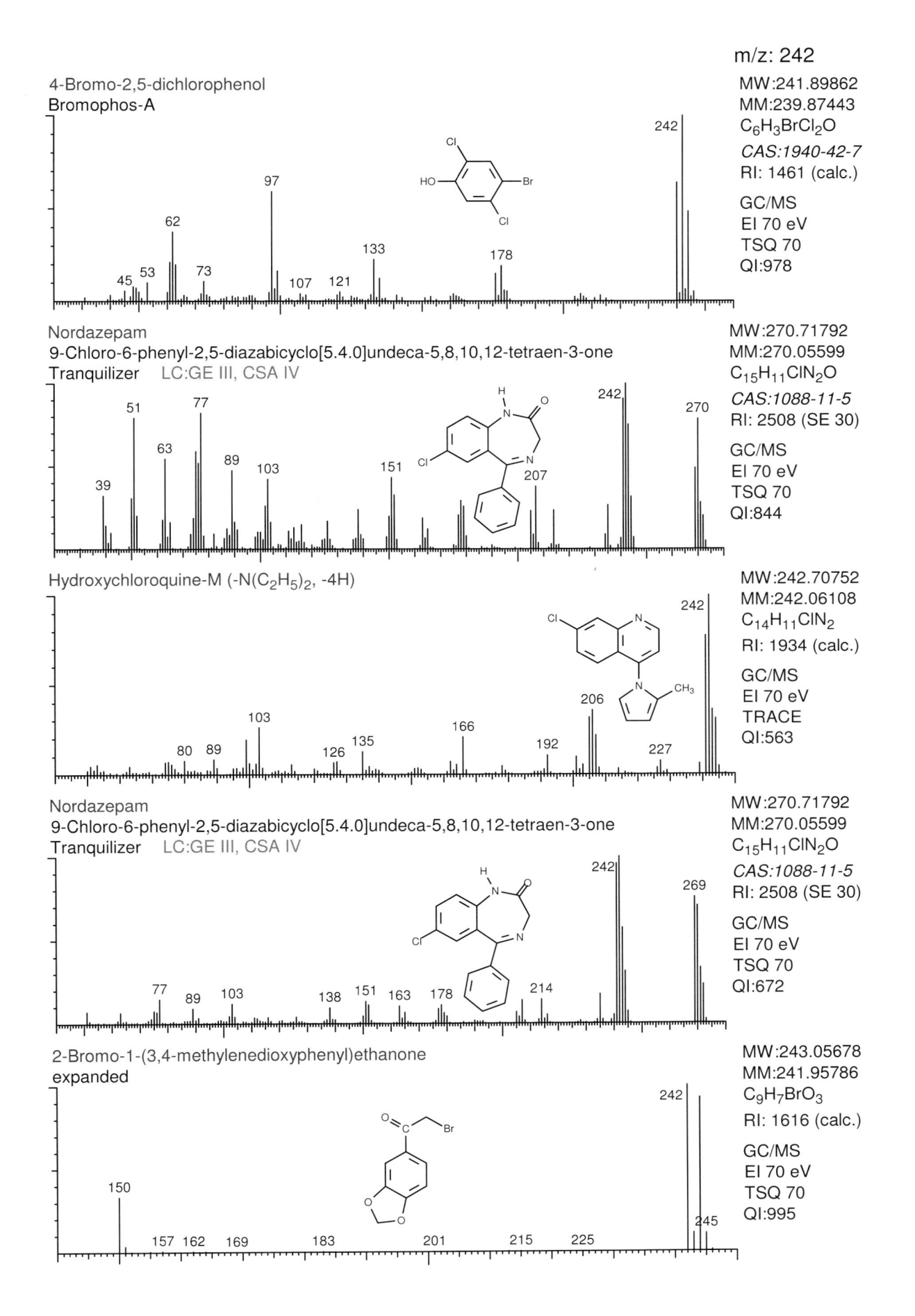

Peaks: 150, 157, 162, 169, 183, 201, 215, 225, 242, 245

m/z: 242

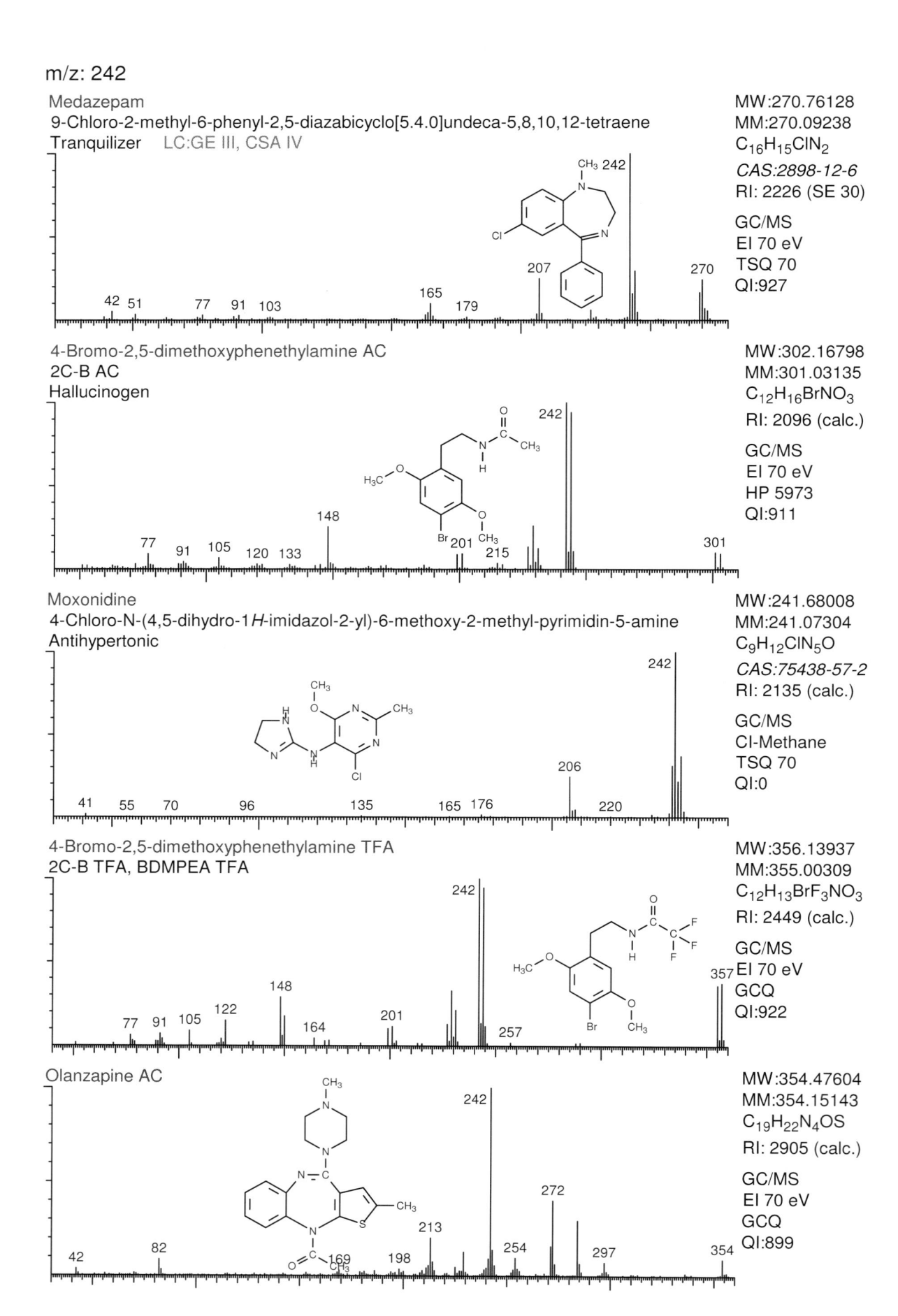

Medazepam
9-Chloro-2-methyl-6-phenyl-2,5-diazabicyclo[5.4.0]undeca-5,8,10,12-tetraene
Tranquilizer   LC:GE III, CSA IV

MW:270.76128
MM:270.09238
$C_{16}H_{15}ClN_2$
CAS:2898-12-6
RI: 2226 (SE 30)

GC/MS
EI 70 eV
TSQ 70
QI:927

4-Bromo-2,5-dimethoxyphenethylamine AC
2C-B AC
Hallucinogen

MW:302.16798
MM:301.03135
$C_{12}H_{16}BrNO_3$
RI: 2096 (calc.)

GC/MS
EI 70 eV
HP 5973
QI:911

Moxonidine
4-Chloro-N-(4,5-dihydro-1H-imidazol-2-yl)-6-methoxy-2-methyl-pyrimidin-5-amine
Antihypertonic

MW:241.68008
MM:241.07304
$C_9H_{12}ClN_5O$
CAS:75438-57-2
RI: 2135 (calc.)

GC/MS
CI-Methane
TSQ 70
QI:0

4-Bromo-2,5-dimethoxyphenethylamine TFA
2C-B TFA, BDMPEA TFA

MW:356.13937
MM:355.00309
$C_{12}H_{13}BrF_3NO_3$
RI: 2449 (calc.)

GC/MS
EI 70 eV
GCQ
QI:922

Olanzapine AC

MW:354.47604
MM:354.15143
$C_{19}H_{22}N_4OS$
RI: 2905 (calc.)

GC/MS
EI 70 eV
GCQ
QI:899

1428

Cetirizine ME
2-[4-(4-Chlorobenzhydryl)-1-piperazinyl]ethoxyacetic acid methyl ester
expanded
Antihistamine

MW:402.92076
MM:402.17102
$C_{22}H_{27}ClN_2O_3$
CAS:83881-46-3
RI: 3064 (calc.)

GC/MS
EI 70 eV
TSQ 70
QI:964

m/z: 242-243

Glucose 5AC
α-D-Glucopyranose,pentaacete
expanded

MW:390.34408
MM:390.11621
$C_{16}H_{22}O_{11}$
CAS:4163-65-9
RI: 2751 (calc.)

GC/MS
EI 70 eV
HP 5971A
QI:939

Nordazepam
9-Chloro-6-phenyl-2,5-diazabicyclo[5.4.0]undeca-5,8,10,12-tetraen-3-one
Tranquilizer   LC:GE III, CSA IV

MW:270.71792
MM:270.05599
$C_{15}H_{11}ClN_2O$
CAS:1088-11-5
RI: 2508 (SE 30)

GC/MS
EI 70 eV
TSQ 70
QI:714 VI:1

Tryptophane iso-butylester N-iBCF
expanded

MW:360.45340
MM:360.20491
$C_{20}H_{28}N_2O_4$
RI: 2730 (SE 54)

GC/MS
EI 70 eV
GCQ
QI:960

Ephedrine 2TFA
expanded

MW:357.25258
MM:357.07996
$C_{14}H_{13}F_6NO_3$
CAS:50-98-6
RI: 2565 (calc.)

GC/MS
EI 70 eV
TSQ 70
QI:933

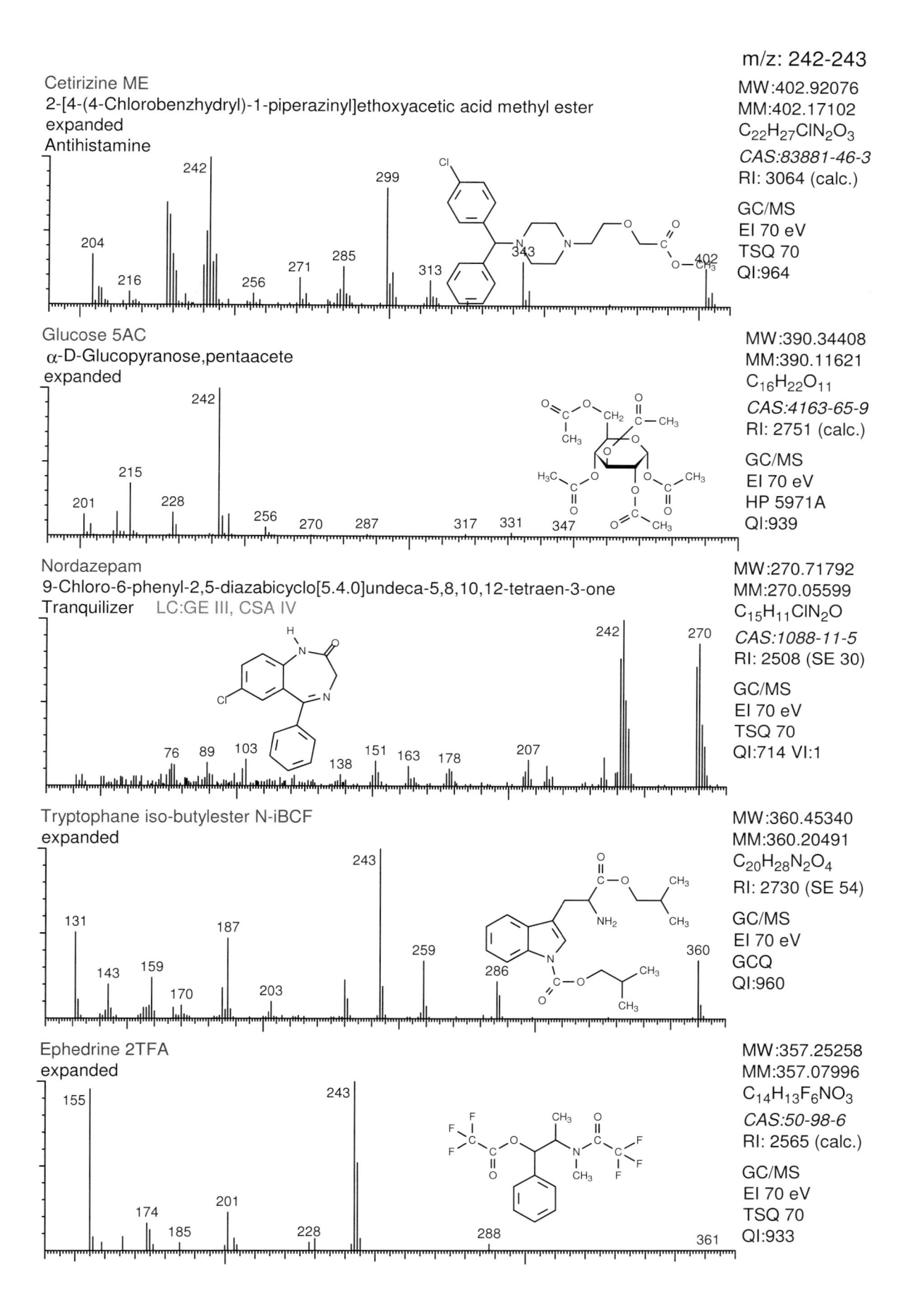

m/z: 243

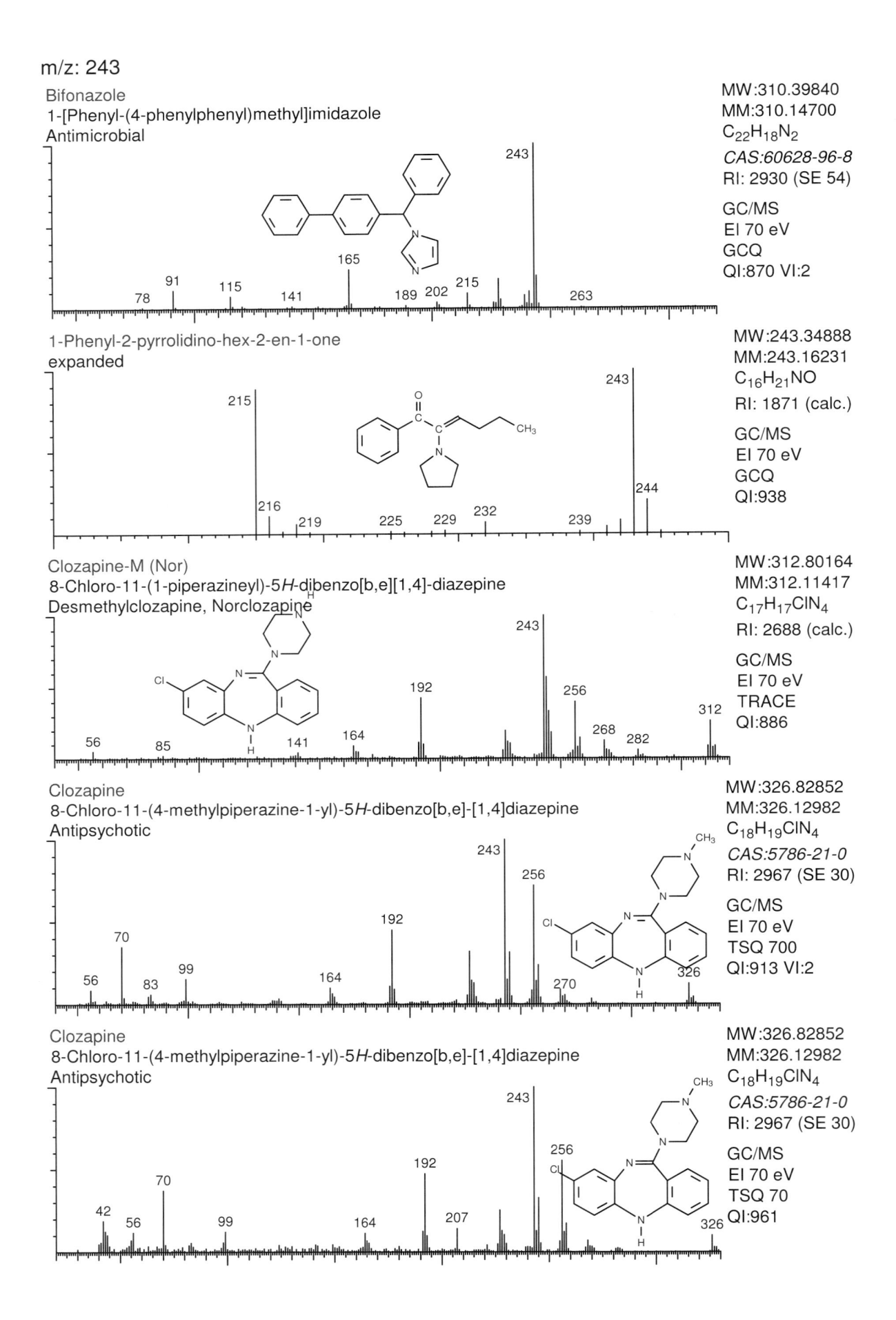

Bifonazole
1-[Phenyl-(4-phenylphenyl)methyl]imidazole
Antimicrobial

MW:310.39840
MM:310.14700
$C_{22}H_{18}N_2$
CAS:60628-96-8
RI: 2930 (SE 54)

GC/MS
EI 70 eV
GCQ
QI:870 VI:2

1-Phenyl-2-pyrrolidino-hex-2-en-1-one
expanded

MW:243.34888
MM:243.16231
$C_{16}H_{21}NO$
RI: 1871 (calc.)

GC/MS
EI 70 eV
GCQ
QI:938

Clozapine-M (Nor)
8-Chloro-11-(1-piperazineyl)-5H-dibenzo[b,e][1,4]-diazepine
Desmethylclozapine, Norclozapine

MW:312.80164
MM:312.11417
$C_{17}H_{17}ClN_4$
RI: 2688 (calc.)

GC/MS
EI 70 eV
TRACE
QI:886

Clozapine
8-Chloro-11-(4-methylpiperazine-1-yl)-5H-dibenzo[b,e]-[1,4]diazepine
Antipsychotic

MW:326.82852
MM:326.12982
$C_{18}H_{19}ClN_4$
CAS:5786-21-0
RI: 2967 (SE 30)

GC/MS
EI 70 eV
TSQ 700
QI:913 VI:2

Clozapine
8-Chloro-11-(4-methylpiperazine-1-yl)-5H-dibenzo[b,e]-[1,4]diazepine
Antipsychotic

MW:326.82852
MM:326.12982
$C_{18}H_{19}ClN_4$
CAS:5786-21-0
RI: 2967 (SE 30)

GC/MS
EI 70 eV
TSQ 70
QI:961

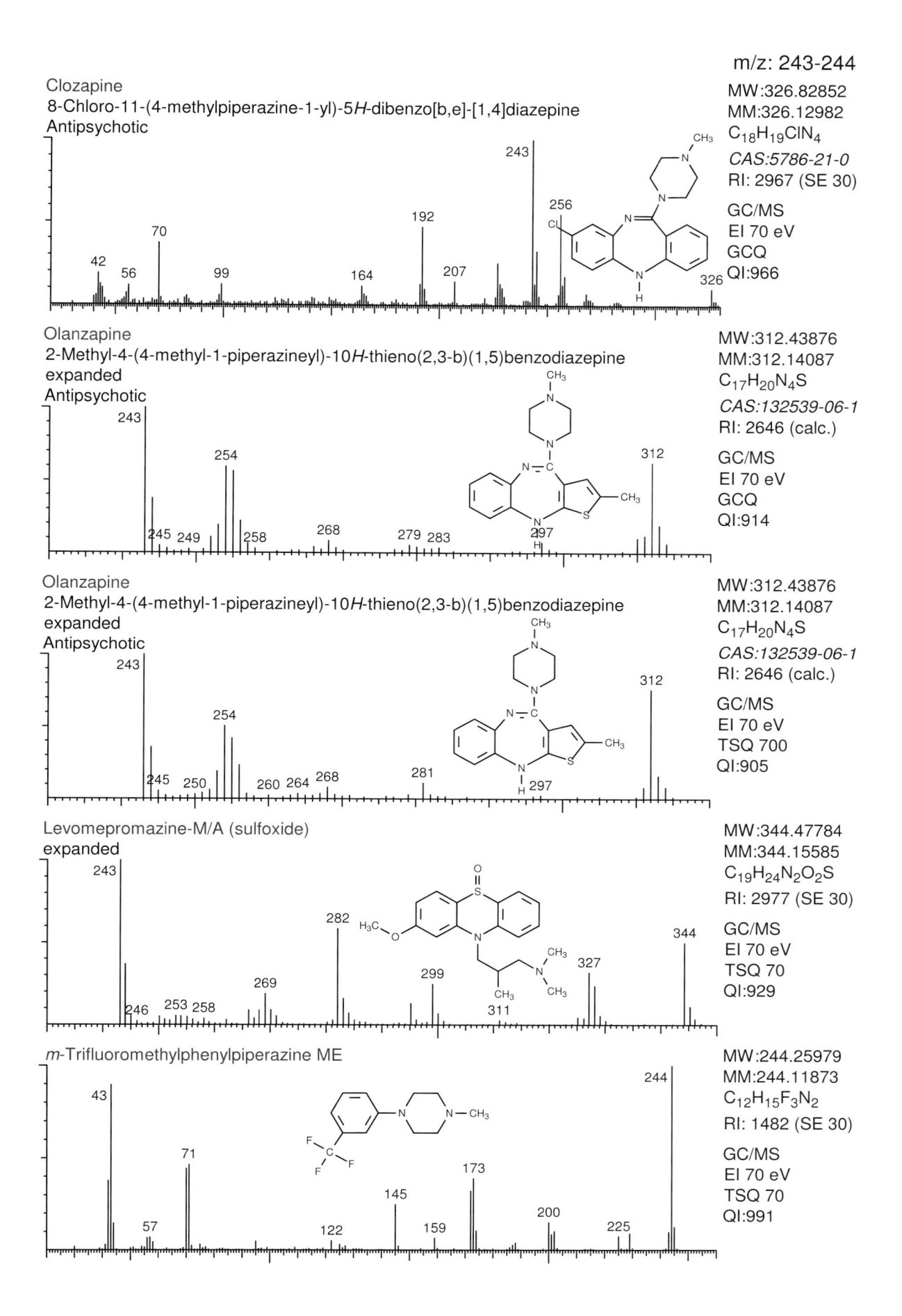

Clozapine
8-Chloro-11-(4-methylpiperazine-1-yl)-5H-dibenzo[b,e]-[1,4]diazepine
Antipsychotic

m/z: 243-244
MW:326.82852
MM:326.12982
$C_{18}H_{19}ClN_4$
CAS:5786-21-0
RI: 2967 (SE 30)

GC/MS
EI 70 eV
GCQ
QI:966

Olanzapine
2-Methyl-4-(4-methyl-1-piperazineyl)-10H-thieno(2,3-b)(1,5)benzodiazepine
expanded
Antipsychotic

MW:312.43876
MM:312.14087
$C_{17}H_{20}N_4S$
CAS:132539-06-1
RI: 2646 (calc.)

GC/MS
EI 70 eV
GCQ
QI:914

Olanzapine
2-Methyl-4-(4-methyl-1-piperazineyl)-10H-thieno(2,3-b)(1,5)benzodiazepine
expanded
Antipsychotic

MW:312.43876
MM:312.14087
$C_{17}H_{20}N_4S$
CAS:132539-06-1
RI: 2646 (calc.)

GC/MS
EI 70 eV
TSQ 700
QI:905

Levomepromazine-M/A (sulfoxide)
expanded

MW:344.47784
MM:344.15585
$C_{19}H_{24}N_2O_2S$
RI: 2977 (SE 30)

GC/MS
EI 70 eV
TSQ 70
QI:929

m-Trifluoromethylphenylpiperazine ME

MW:244.25979
MM:244.11873
$C_{12}H_{15}F_3N_2$
RI: 1482 (SE 30)

GC/MS
EI 70 eV
TSQ 70
QI:991

m/z: 244

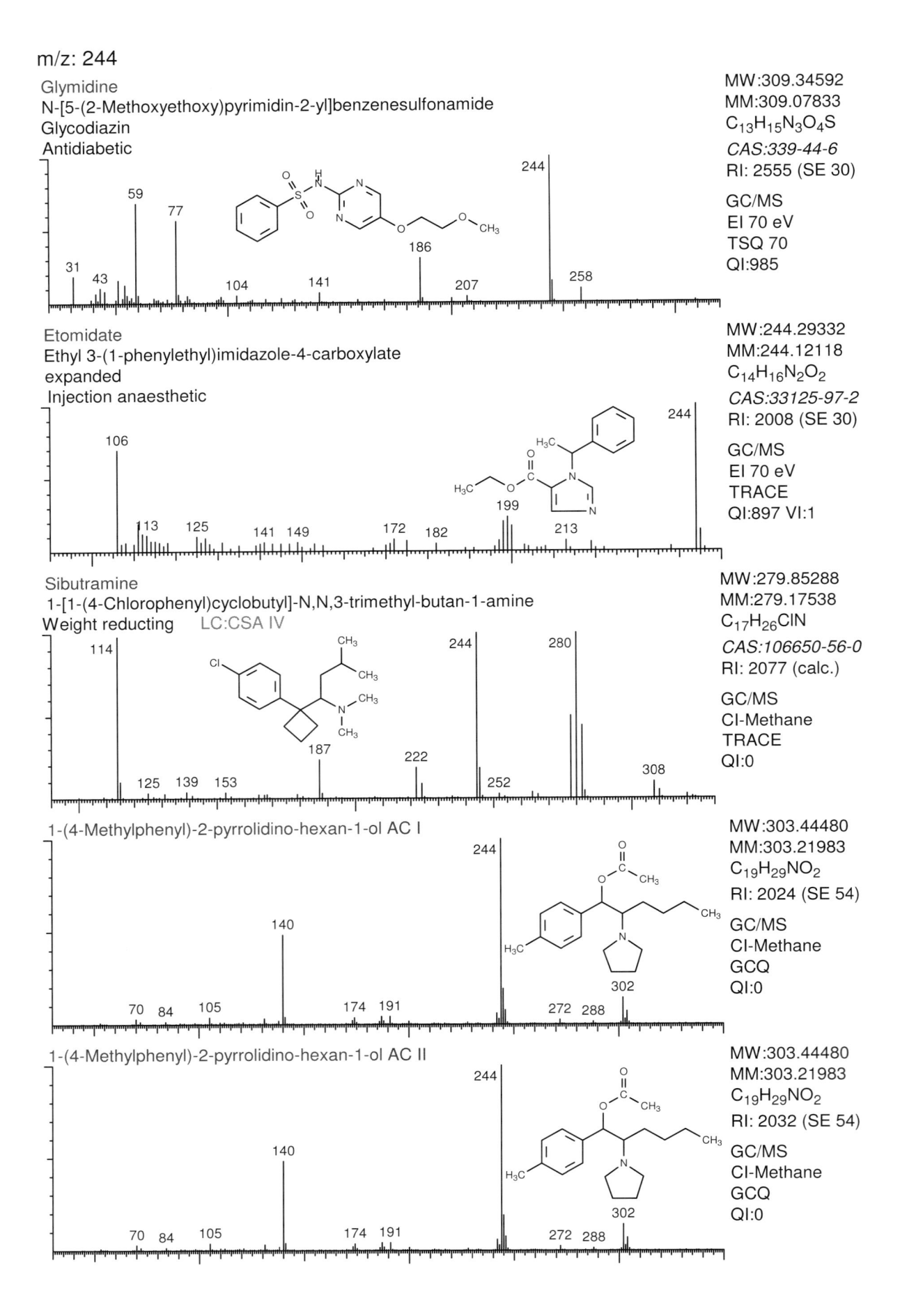

Glymidine
N-[5-(2-Methoxyethoxy)pyrimidin-2-yl]benzenesulfonamide
Glycodiazin
Antidiabetic

MW:309.34592
MM:309.07833
$C_{13}H_{15}N_3O_4S$
CAS:339-44-6
RI: 2555 (SE 30)

GC/MS
EI 70 eV
TSQ 70
QI:985

Etomidate
Ethyl 3-(1-phenylethyl)imidazole-4-carboxylate
expanded
Injection anaesthetic

MW:244.29332
MM:244.12118
$C_{14}H_{16}N_2O_2$
CAS:33125-97-2
RI: 2008 (SE 30)

GC/MS
EI 70 eV
TRACE
QI:897 VI:1

Sibutramine
1-[1-(4-Chlorophenyl)cyclobutyl]-N,N,3-trimethyl-butan-1-amine
Weight reducing   LC:CSA IV

MW:279.85288
MM:279.17538
$C_{17}H_{26}ClN$
CAS:106650-56-0
RI: 2077 (calc.)

GC/MS
CI-Methane
TRACE
QI:0

1-(4-Methylphenyl)-2-pyrrolidino-hexan-1-ol AC I

MW:303.44480
MM:303.21983
$C_{19}H_{29}NO_2$
RI: 2024 (SE 54)

GC/MS
CI-Methane
GCQ
QI:0

1-(4-Methylphenyl)-2-pyrrolidino-hexan-1-ol AC II

MW:303.44480
MM:303.21983
$C_{19}H_{29}NO_2$
RI: 2032 (SE 54)

GC/MS
CI-Methane
GCQ
QI:0

m/z: 244

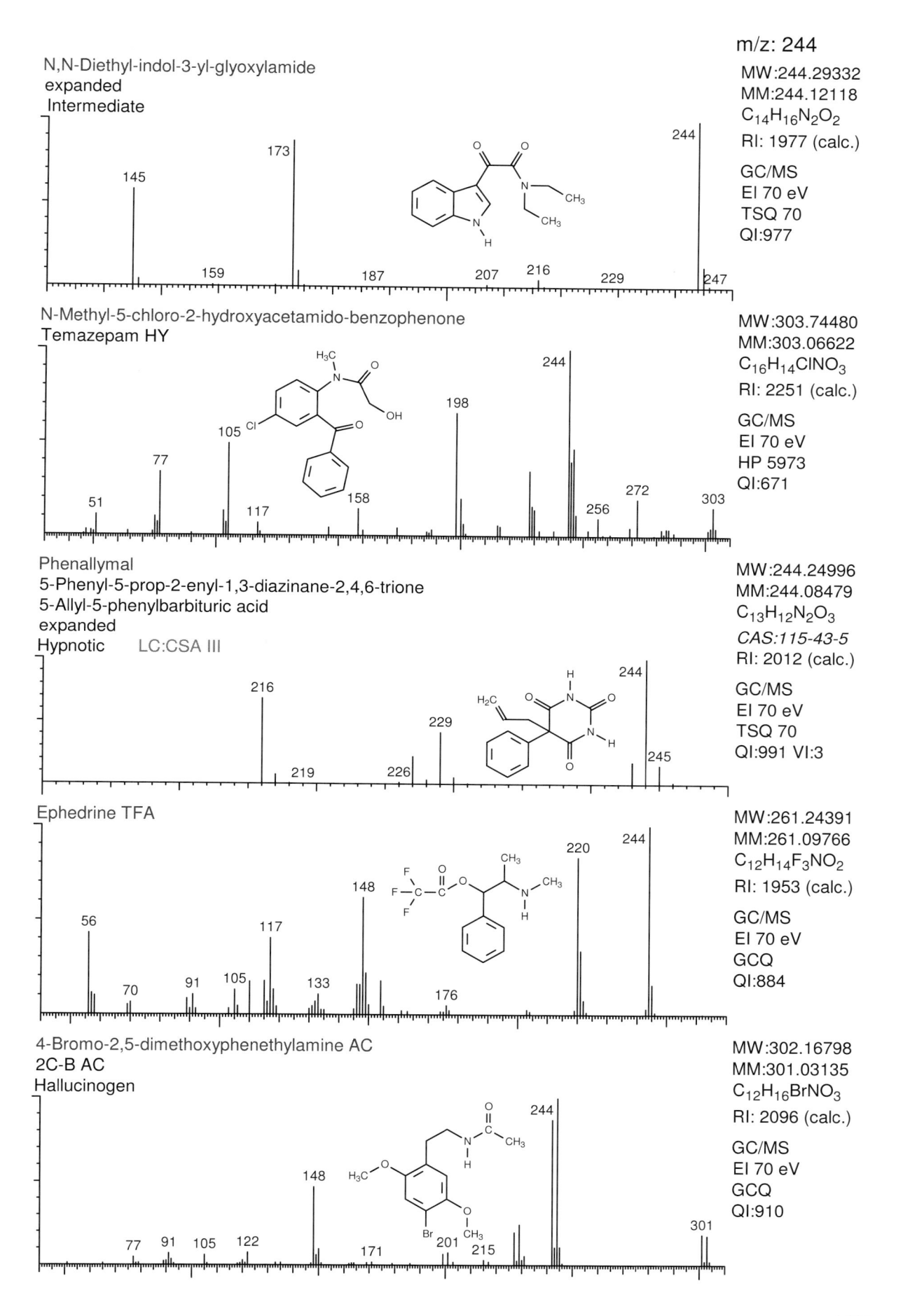

N,N-Diethyl-indol-3-yl-glyoxylamide
expanded
Intermediate

MW: 244.29332
MM: 244.12118
$C_{14}H_{16}N_2O_2$
RI: 1977 (calc.)

GC/MS
EI 70 eV
TSQ 70
QI: 977

Peaks: 145, 159, 173, 187, 207, 216, 229, 244, 247

N-Methyl-5-chloro-2-hydroxyacetamido-benzophenone
Temazepam HY

MW: 303.74480
MM: 303.06622
$C_{16}H_{14}ClNO_3$
RI: 2251 (calc.)

GC/MS
EI 70 eV
HP 5973
QI: 671

Peaks: 51, 77, 105, 117, 158, 198, 244, 256, 272, 303

Phenallymal
5-Phenyl-5-prop-2-enyl-1,3-diazinane-2,4,6-trione
5-Allyl-5-phenylbarbituric acid
expanded
Hypnotic   LC:CSA III

MW: 244.24996
MM: 244.08479
$C_{13}H_{12}N_2O_3$
CAS: 115-43-5
RI: 2012 (calc.)

GC/MS
EI 70 eV
TSQ 70
QI: 991 VI: 3

Peaks: 216, 219, 226, 229, 244, 245

Ephedrine TFA

MW: 261.24391
MM: 261.09766
$C_{12}H_{14}F_3NO_2$
RI: 1953 (calc.)

GC/MS
EI 70 eV
GCQ
QI: 884

Peaks: 56, 70, 91, 105, 117, 133, 148, 176, 220, 244

4-Bromo-2,5-dimethoxyphenethylamine AC
2C-B AC
Hallucinogen

MW: 302.16798
MM: 301.03135
$C_{12}H_{16}BrNO_3$
RI: 2096 (calc.)

GC/MS
EI 70 eV
GCQ
QI: 910

Peaks: 77, 91, 105, 122, 148, 171, 201, 215, 244, 301

m/z: 244

4-Bromo-2,5-dimethoxyphenethylamine TFA
2C-B TFA, BDMPEA TFA

MW: 356.13937
MM: 355.00309
$C_{12}H_{13}BrF_3NO_3$
RI: 2449 (calc.)

GC/MS
EI 70 eV
TSQ 70
QI: 986

Peaks: 53, 77, 91, 105, 126, 148, 201, 229, 244, 355

4-Bromo-2,5-dimethoxyphenethylamine PFO
2C-B PFO, BDMPEA PFO

MW: 656.18621
MM: 654.98393
$C_{18}H_{13}BrF_{15}NO_3$
RI: 4461 (calc.)

GC/MS
EI 70 eV
HP 5973
QI: 948

Peaks: 69, 91, 119, 148, 199, 244, 398, 426, 557, 657

Chloramphenicol TMS
expanded

MW: 395.31418
MM: 394.05185
$C_{14}H_{20}Cl_2N_2O_5Si$
CAS: 31068-41-4
RI: 2800 (calc.)

GC/MS
EI 70 eV
TSQ 70
QI: 997

Peaks: 244, 252, 267, 276, 293, 311, 331, 349, 361, 379

Bifonazole
1-[Phenyl-(4-phenylphenyl)methyl]imidazole
expanded
Antimicrobial

MW: 310.39840
MM: 310.14700
$C_{22}H_{18}N_2$
CAS: 60628-96-8
RI: 2930 (SE 54)

GC/MS
EI 70 eV
GCQ
QI: 870 VI:2

Peaks: 244, 246, 253, 257, 263, 280, 290, 296, 307, 311

Oxazepam 2AC I
expanded

MW: 370.79188
MM: 370.07203
$C_{19}H_{15}ClN_2O_4$
RI: 2836 (calc.)

GC/MS
EI 70 eV
TSQ 70
QI: 985

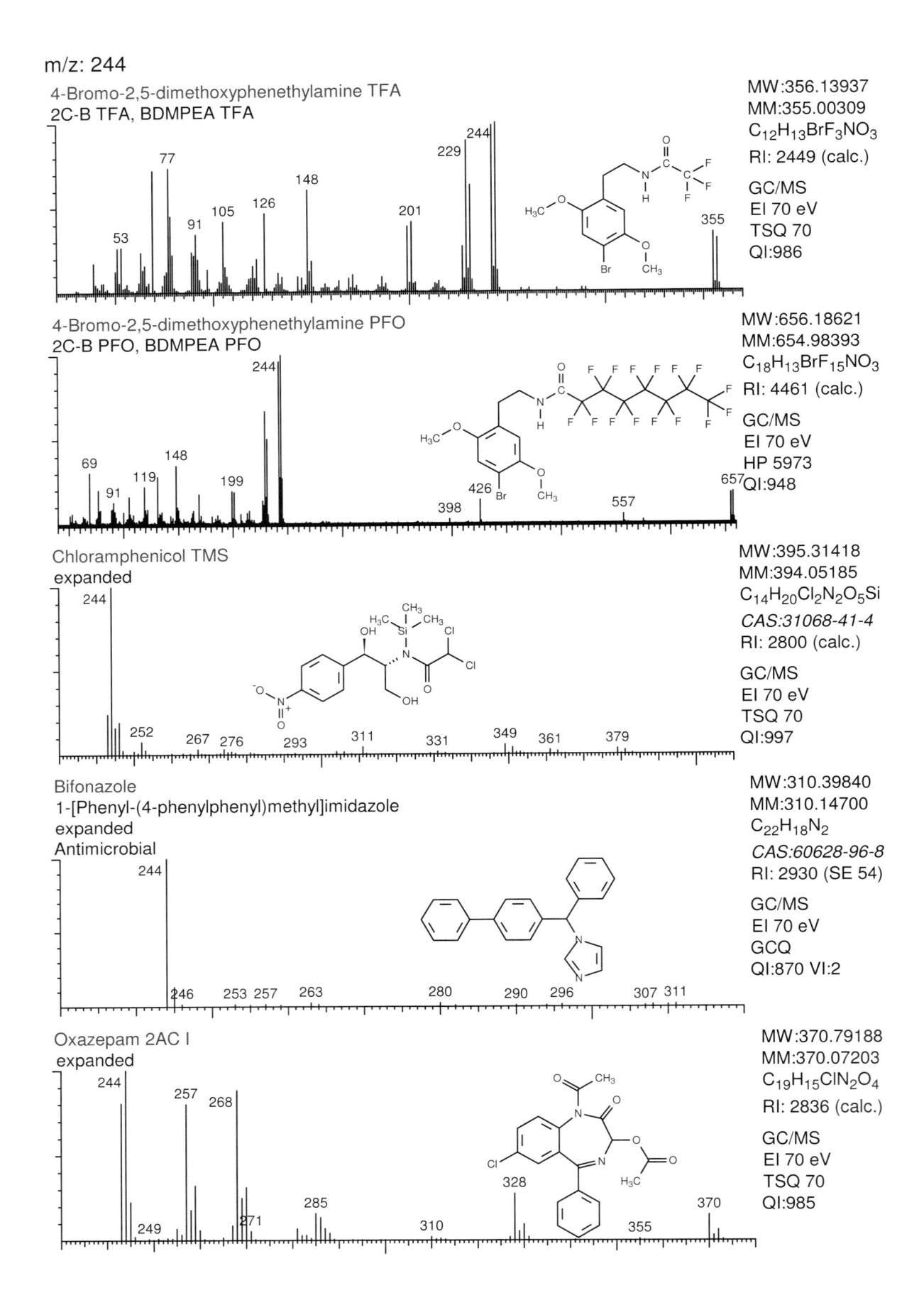

Peaks: 244, 249, 257, 268, 271, 285, 310, 328, 355, 370

m/z: 244

Diclofenac-M 2ME
Structure uncertain

MW: 340.20544
MM: 339.04290
$C_{16}H_{15}Cl_2NO_3$
RI: 2453 (calc.)

GC/MS
EI 70 eV
TRACE
QI:931

Diclofenac TMS
expanded

MW: 368.33430
MM: 367.05621
$C_{17}H_{19}Cl_2NO_2Si$
RI: 2264 (SE 30)

GC/MS
EI 70 eV
TSQ 70
QI:989

N,N-Di-iso-propyl-5-hydroxytryptamine 2AC
5-OH-DIPT 2AC
expanded

MW: 344.45400
MM: 344.20999
$C_{20}H_{28}N_2O_3$
RI: 2649 (calc.)

GC/MS
EI 70 eV
GCQ
QI:807

Levomepromazine-M (Desmethyl, HO) 2AC
expanded

MW: 414.52552
MM: 414.16133
$C_{22}H_{26}N_2O_4S$
RI: 3150 (calc.)

GC/MS
EI 70 eV
HP 5971A
QI:878

Triphenylmethane

MW: 244.33604
MM: 244.12520
$C_{19}H_{16}$
CAS: 519-73-3
RI: 1887 (calc.)

GC/MS
EI 70 eV
TSQ 70
QI:955

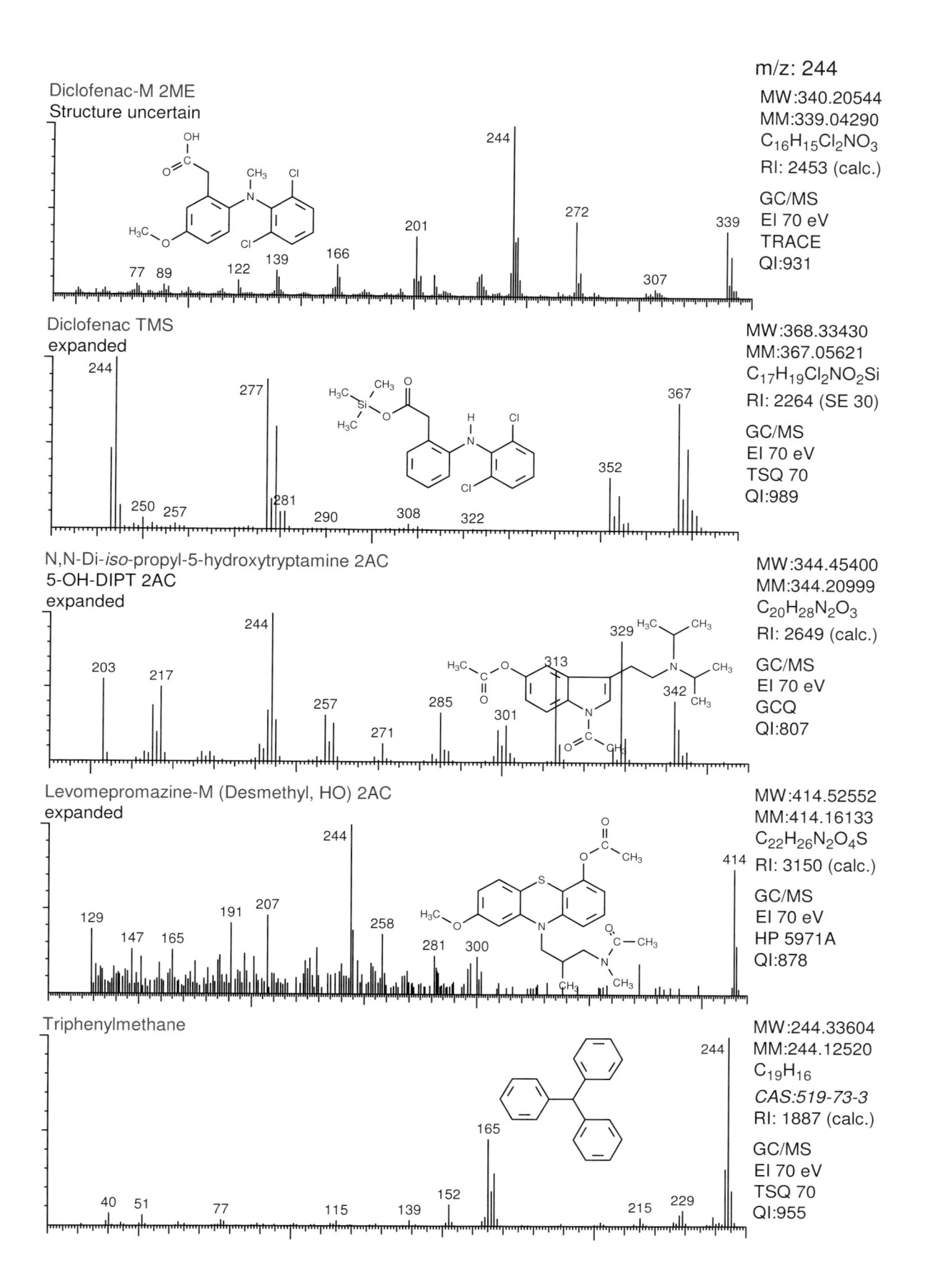

m/z: 244-245

Tryptamine 2AC
expanded

MW:244.29332
MM:244.12118
$C_{14}H_{16}N_2O_2$
RI: 1977 (calc.)

GC/MS
EI 70 eV
TSQ 70
QI:787 VI:1

Peaks: 144, 159, 174, 187, 201, 207, 218, 230, 244, 248

Etomidate
Ethyl 3-(1-phenylethyl)imidazole-4-carboxylate
expanded
Injection anaesthetic

MW:244.29332
MM:244.12118
$C_{14}H_{16}N_2O_2$
CAS:33125-97-2
RI: 2008 (SE 30)

GC/MS
EI 70 eV
TSQ 70
QI:898

Peaks: 106, 115, 128, 135, 143, 154, 170, 199, 215, 244

4-Bromo-2,5-dimethoxyphenethylamine PFO
2C-B PFO, BDMPEA PFO
expanded

MW:656.18621
MM:654.98393
$C_{18}H_{13}BrF_{15}NO_3$
RI: 4461 (calc.)

GC/MS
EI 70 eV
TSQ 70
QI:916

Peaks: 245, 259, 281, 328, 378, 398, 426, 514, 557, 655

Tropacocaine
(8-Methyl-8-azabicyclo[3.2.1]oct-3-yl) benzoate
Benzoyl-pseudotropein
expanded
Local Anaesthetic

MW:245.32140
MM:245.14158
$C_{15}H_{19}NO_2$
CAS:537-26-8
RI: 1950 (SE 30)

GC/MS
EI 70 eV
TSQ 70
QI:995 VI:2

Peaks: 125, 131, 140, 160, 172, 201, 217, 230, 245, 248

Fentanyl
N-(1-Phenethyl-4-piperidyl)-N-phenyl-propanamide
Narcotic Analgesic   LC:GE III, CSA II, IC I

MW:336.47720
MM:336.22016
$C_{22}H_{28}N_2O$
CAS:437-38-7
RI: 2650 (SE 30)

GC/MS
EI 70 eV
TSQ 70
QI:928 VI:1

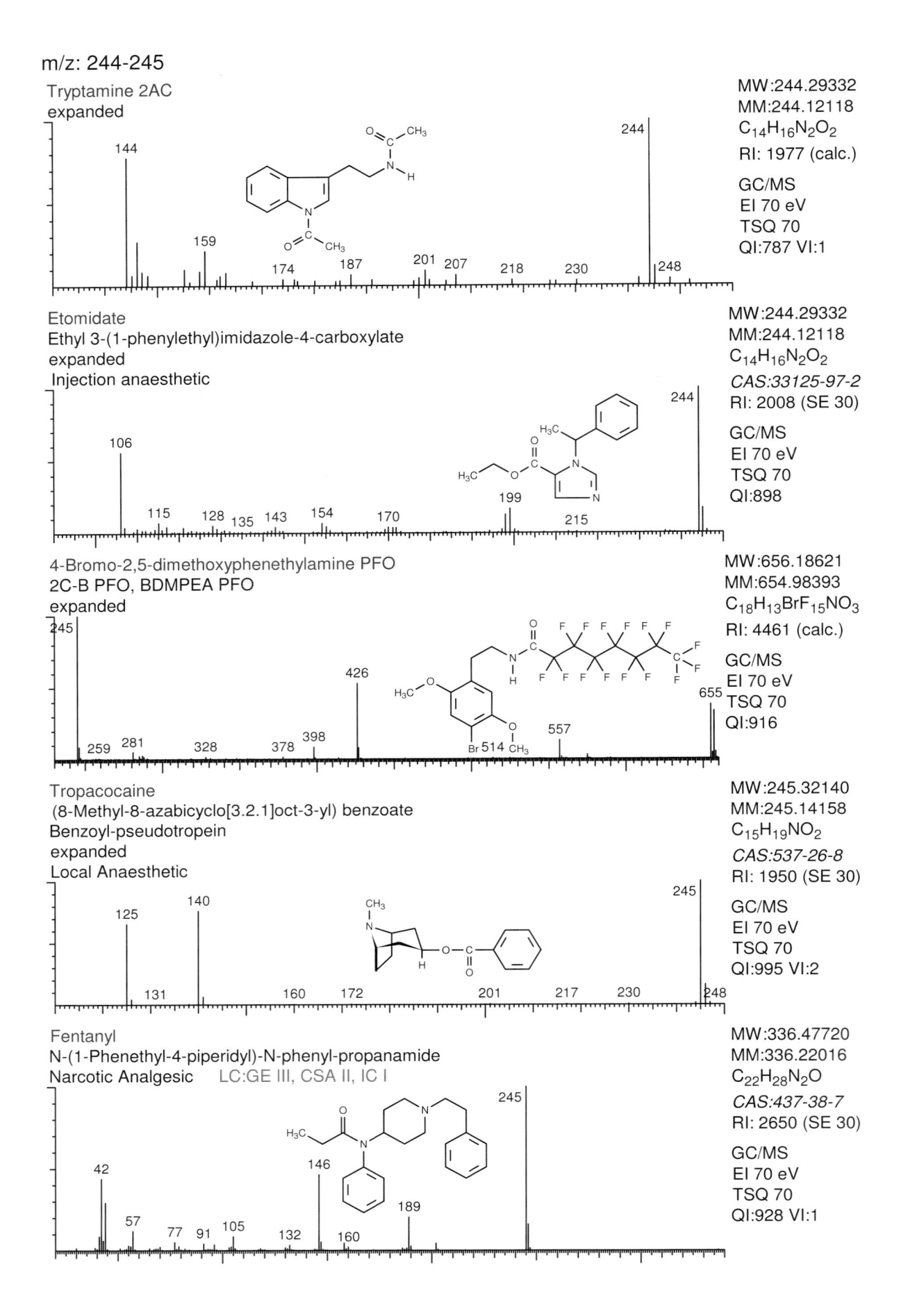

Peaks: 42, 57, 77, 91, 105, 132, 146, 160, 189, 245

m/z: 245

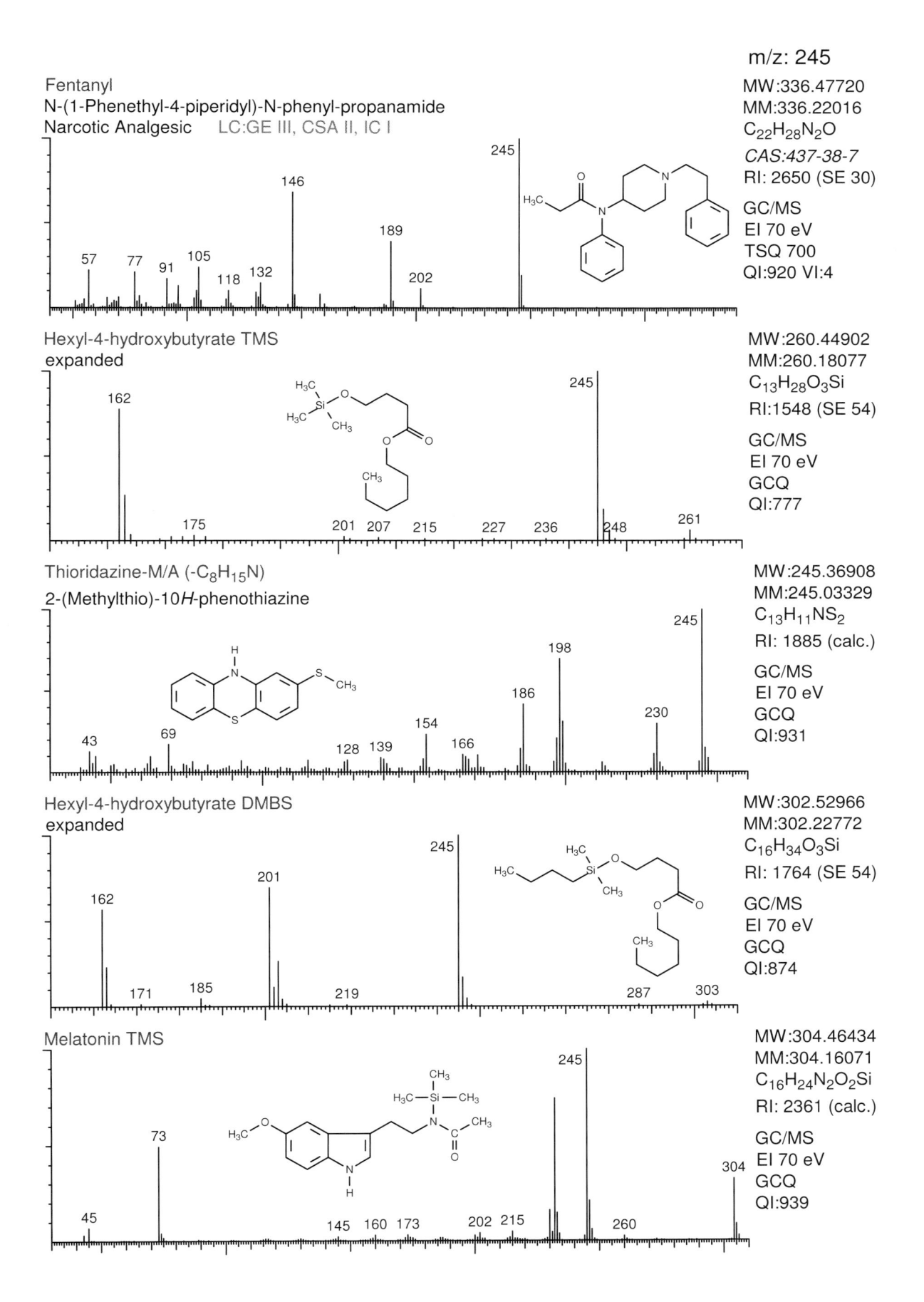

Fentanyl
N-(1-Phenethyl-4-piperidyl)-N-phenyl-propanamide
Narcotic Analgesic   LC:GE III, CSA II, IC I

MW:336.47720
MM:336.22016
$C_{22}H_{28}N_2O$
CAS:437-38-7
RI: 2650 (SE 30)

GC/MS
EI 70 eV
TSQ 700
QI:920 VI:4

Peaks: 57, 77, 91, 105, 118, 132, 146, 189, 202, 245

Hexyl-4-hydroxybutyrate TMS
expanded

MW:260.44902
MM:260.18077
$C_{13}H_{28}O_3Si$
RI:1548 (SE 54)

GC/MS
EI 70 eV
GCQ
QI:777

Peaks: 162, 175, 201, 207, 215, 227, 236, 245, 248, 261

Thioridazine-M/A ($-C_8H_{15}N$)
2-(Methylthio)-10H-phenothiazine

MW:245.36908
MM:245.03329
$C_{13}H_{11}NS_2$
RI: 1885 (calc.)

GC/MS
EI 70 eV
GCQ
QI:931

Peaks: 43, 69, 128, 139, 154, 166, 186, 198, 230, 245

Hexyl-4-hydroxybutyrate DMBS
expanded

MW:302.52966
MM:302.22772
$C_{16}H_{34}O_3Si$
RI: 1764 (SE 54)

GC/MS
EI 70 eV
GCQ
QI:874

Peaks: 162, 171, 185, 201, 219, 245, 287, 303

Melatonin TMS

MW:304.46434
MM:304.16071
$C_{16}H_{24}N_2O_2Si$
RI: 2361 (calc.)

GC/MS
EI 70 eV
GCQ
QI:939

Peaks: 45, 73, 145, 160, 173, 202, 215, 245, 260, 304

m/z: 245

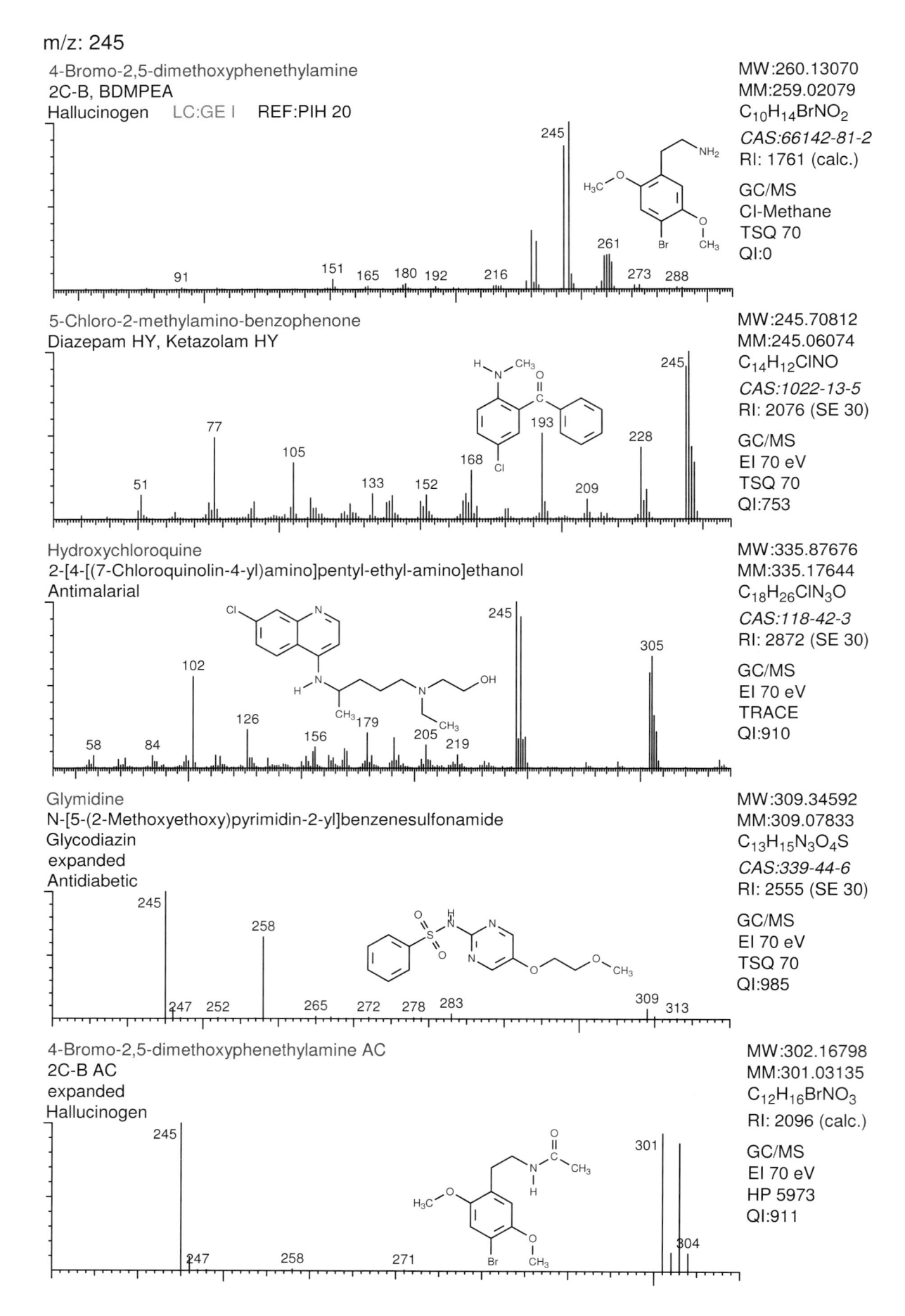

4-Bromo-2,5-dimethoxyphenethylamine
2C-B, BDMPEA
Hallucinogen LC:GE I REF:PIH 20

MW:260.13070
MM:259.02079
$C_{10}H_{14}BrNO_2$
CAS:66142-81-2
RI: 1761 (calc.)

GC/MS
CI-Methane
TSQ 70
QI:0

Peaks: 91, 151, 165, 180, 192, 216, 245, 261, 273, 288

5-Chloro-2-methylamino-benzophenone
Diazepam HY, Ketazolam HY

MW:245.70812
MM:245.06074
$C_{14}H_{12}ClNO$
CAS:1022-13-5
RI: 2076 (SE 30)

GC/MS
EI 70 eV
TSQ 70
QI:753

Peaks: 51, 77, 105, 133, 152, 168, 193, 209, 228, 245

Hydroxychloroquine
2-[4-[(7-Chloroquinolin-4-yl)amino]pentyl-ethyl-amino]ethanol
Antimalarial

MW:335.87676
MM:335.17644
$C_{18}H_{26}ClN_3O$
CAS:118-42-3
RI: 2872 (SE 30)

GC/MS
EI 70 eV
TRACE
QI:910

Peaks: 58, 84, 102, 126, 156, 179, 205, 219, 245, 305

Glymidine
N-[5-(2-Methoxyethoxy)pyrimidin-2-yl]benzenesulfonamide
Glycodiazin
expanded
Antidiabetic

MW:309.34592
MM:309.07833
$C_{13}H_{15}N_3O_4S$
CAS:339-44-6
RI: 2555 (SE 30)

GC/MS
EI 70 eV
TSQ 70
QI:985

Peaks: 245, 247, 252, 258, 265, 272, 278, 283, 309, 313

4-Bromo-2,5-dimethoxyphenethylamine AC
2C-B AC
expanded
Hallucinogen

MW:302.16798
MM:301.03135
$C_{12}H_{16}BrNO_3$
RI: 2096 (calc.)

GC/MS
EI 70 eV
HP 5973
QI:911

Peaks: 245, 247, 258, 271, 301, 304

m/z: 245-246

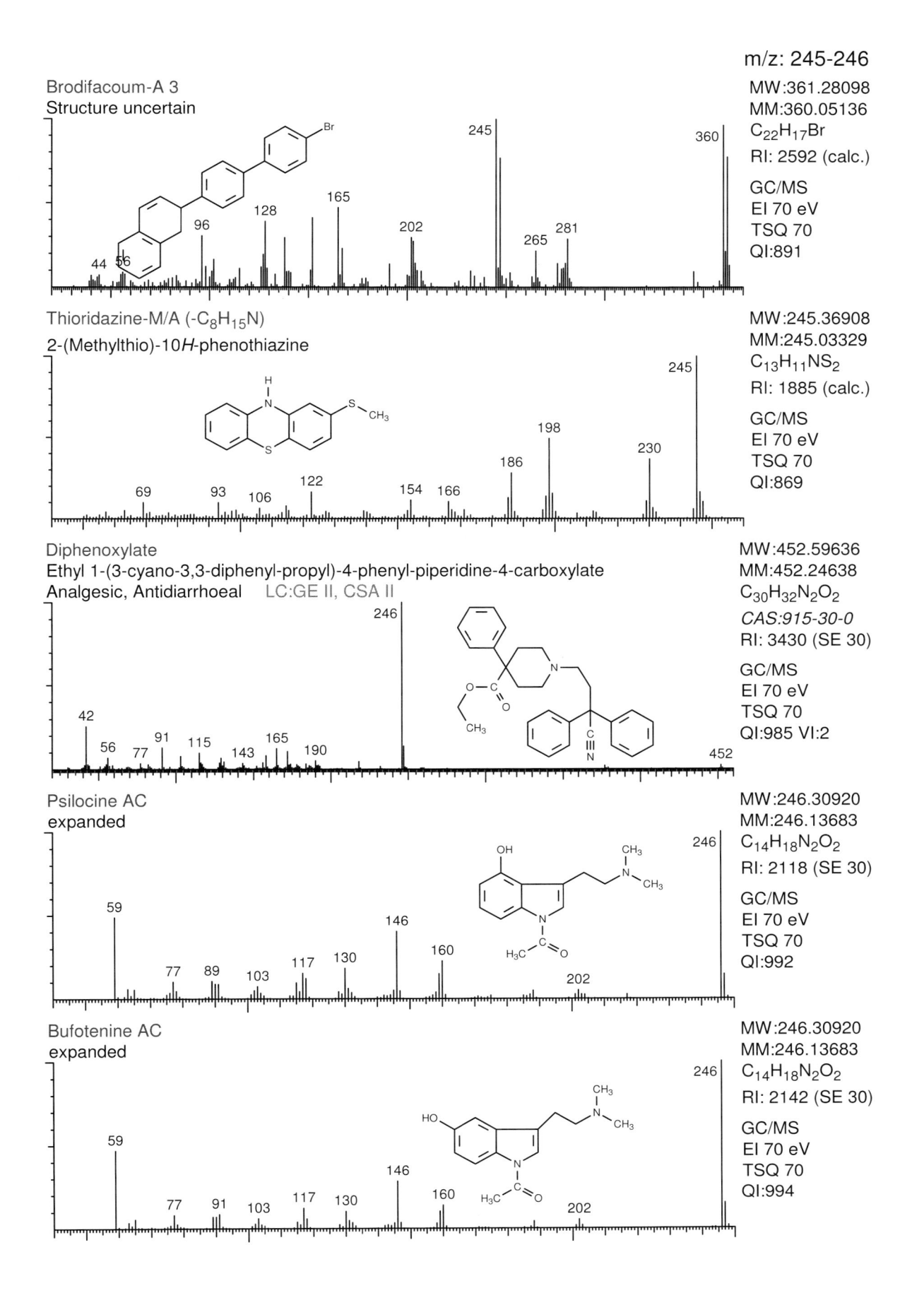

Brodifacoum-A 3
Structure uncertain

MW: 361.28098
MM: 360.05136
C$_{22}$H$_{17}$Br
RI: 2592 (calc.)

GC/MS
EI 70 eV
TSQ 70
QI: 891

Peaks: 44, 56, 96, 128, 165, 202, 245, 265, 281, 360

Thioridazine-M/A (-C$_8$H$_{15}$N)
2-(Methylthio)-10H-phenothiazine

MW: 245.36908
MM: 245.03329
C$_{13}$H$_{11}$NS$_2$
RI: 1885 (calc.)

GC/MS
EI 70 eV
TSQ 70
QI: 869

Peaks: 69, 93, 106, 122, 154, 166, 186, 198, 230, 245

Diphenoxylate
Ethyl 1-(3-cyano-3,3-diphenyl-propyl)-4-phenyl-piperidine-4-carboxylate
Analgesic, Antidiarrhoeal   LC:GE II, CSA II

MW: 452.59636
MM: 452.24638
C$_{30}$H$_{32}$N$_2$O$_2$
CAS: 915-30-0
RI: 3430 (SE 30)

GC/MS
EI 70 eV
TSQ 70
QI: 985 VI:2

Peaks: 42, 56, 77, 91, 115, 143, 165, 190, 246, 452

Psilocine AC
expanded

MW: 246.30920
MM: 246.13683
C$_{14}$H$_{18}$N$_2$O$_2$
RI: 2118 (SE 30)

GC/MS
EI 70 eV
TSQ 70
QI: 992

Peaks: 59, 77, 89, 103, 117, 130, 146, 160, 202, 246

Bufotenine AC
expanded

MW: 246.30920
MM: 246.13683
C$_{14}$H$_{18}$N$_2$O$_2$
RI: 2142 (SE 30)

GC/MS
EI 70 eV
TSQ 70
QI: 994

Peaks: 59, 77, 91, 103, 117, 130, 146, 160, 202, 246

m/z: 246

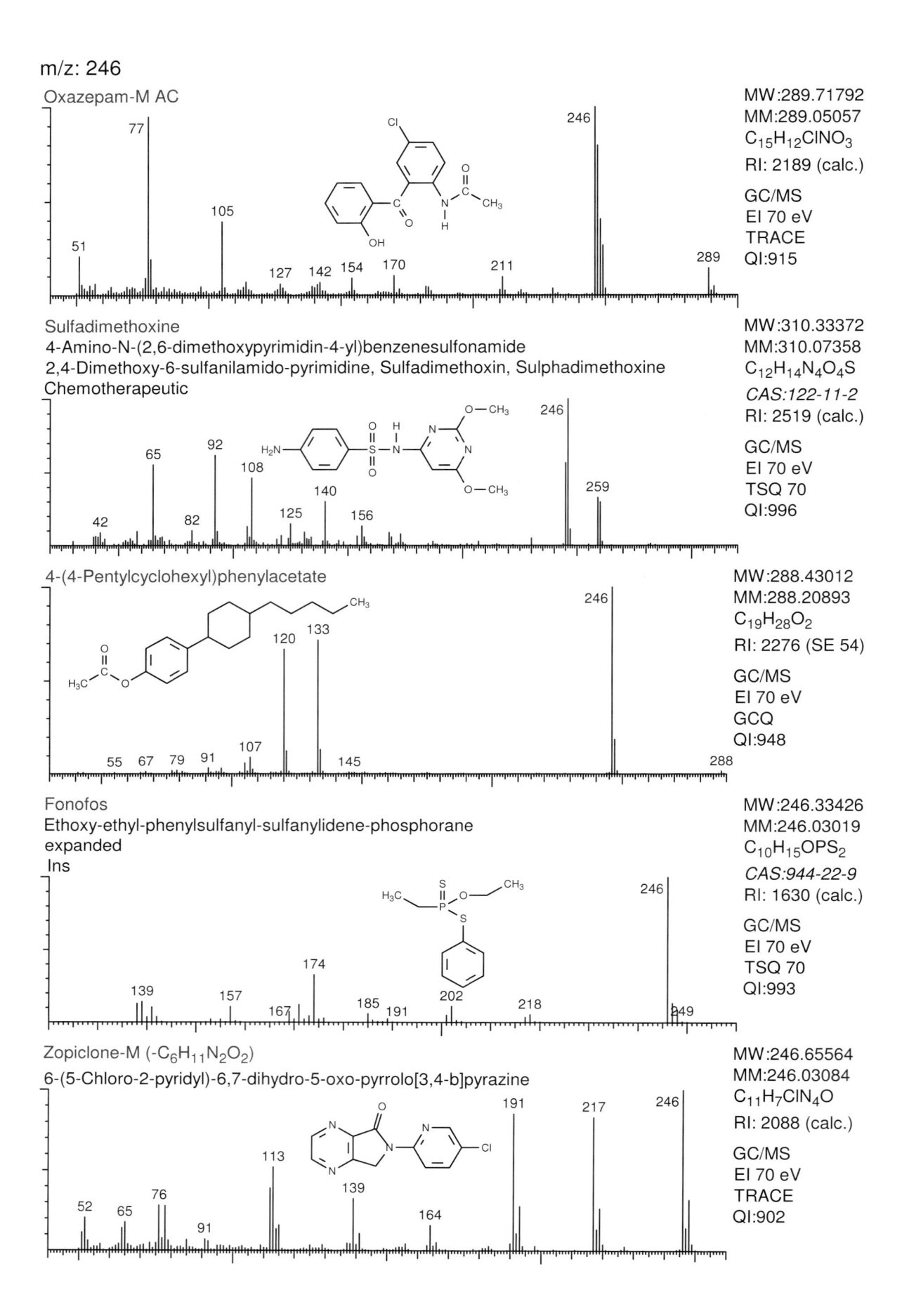

Oxazepam-M AC

MW: 289.71792
MM: 289.05057
$C_{15}H_{12}ClNO_3$
RI: 2189 (calc.)

GC/MS
EI 70 eV
TRACE
QI: 915

Peaks: 51, 77, 105, 127, 142, 154, 170, 211, 246, 289

Sulfadimethoxine
4-Amino-N-(2,6-dimethoxypyrimidin-4-yl)benzenesulfonamide
2,4-Dimethoxy-6-sulfanilamido-pyrimidine, Sulfadimethoxin, Sulphadimethoxine
Chemotherapeutic

MW: 310.33372
MM: 310.07358
$C_{12}H_{14}N_4O_4S$
CAS: 122-11-2
RI: 2519 (calc.)

GC/MS
EI 70 eV
TSQ 70
QI: 996

Peaks: 42, 65, 82, 92, 108, 125, 140, 156, 246, 259

4-(4-Pentylcyclohexyl)phenylacetate

MW: 288.43012
MM: 288.20893
$C_{19}H_{28}O_2$
RI: 2276 (SE 54)

GC/MS
EI 70 eV
GCQ
QI: 948

Peaks: 55, 67, 79, 91, 107, 120, 133, 145, 246, 288

Fonofos
Ethoxy-ethyl-phenylsulfanyl-sulfanylidene-phosphorane
expanded
Ins

MW: 246.33426
MM: 246.03019
$C_{10}H_{15}OPS_2$
CAS: 944-22-9
RI: 1630 (calc.)

GC/MS
EI 70 eV
TSQ 70
QI: 993

Peaks: 139, 157, 167, 174, 185, 191, 202, 218, 246, 249

Zopiclone-M (-$C_6H_{11}N_2O_2$)
6-(5-Chloro-2-pyridyl)-6,7-dihydro-5-oxo-pyrrolo[3,4-b]pyrazine

MW: 246.65564
MM: 246.03084
$C_{11}H_7ClN_4O$
RI: 2088 (calc.)

GC/MS
EI 70 eV
TRACE
QI: 902

Peaks: 52, 65, 76, 91, 113, 139, 164, 191, 217, 246

m/z: 246

Zopiclone-M (Nor)
MW: 374.78644
MM: 374.08942
$C_{16}H_{15}ClN_6O_3$
RI: 3204 (calc.)

GC/MS
EI 70 eV
HP 5973
QI: 965

Peaks: 41, 52, 65, 76, 113, 139, 164, 191, 217, 246

Zopiclone-M ($-C_6H_{11}N_2O_2$)
6-(5-Chloro-2-pyridyl)-6,7-dihydro-5-oxo-pyrrolo[3,4-b]pyrazine
Zopiclone-M

MW: 246.65564
MM: 246.03084
$C_{11}H_7ClN_4O$
RI: 2088 (calc.)

GC/MS
EI 70 eV
TSQ 70
QI: 989

Peaks: 41, 52, 65, 78, 113, 139, 164, 191, 217, 246

Chlorprothixene-M/A
9H-Thioxanthen-9-one,2-chloro-
Structure uncertain

MW: 246.71668
MM: 245.99061
$C_{13}H_7ClOS$
RI: 1782 (calc.)

GC/MS
EI 70 eV
TSQ 70
QI: 888

Peaks: 69, 82, 91, 108, 139, 173, 183, 218, 231, 246

Methylphenobarbitone
5-Ethyl-1-methyl-5-phenyl-1,3-diazinane-2,4,6-trione
Mephobarbitone, Methylphenobarbital
expanded
Anticonvulsant   LC:GE III, CSA IV

MW: 246.26584
MM: 246.10044
$C_{13}H_{14}N_2O_3$
CAS: 115-38-8
RI: 1986 (calc.)

GC/MS
EI 70 eV
TSQ 70
QI: 995 VI:3

Peaks: 219, 220, 227, 231, 235, 246, 247

Sulfadimethoxine
4-Amino-N-(2,6-dimethoxypyrimidin-4-yl)benzenesulfonamide
2,4-Dimethoxy-6-sulfanilamido-pyrimidine, Sulfadimethoxin, Sulphadimethoxine
Chemotherapeutic

MW: 310.33372
MM: 310.07358
$C_{12}H_{14}N_4O_4S$
CAS: 122-11-2
RI: 2519 (calc.)

DI/MS
EI 70 eV
TSQ 700
QI: 920 VI:1

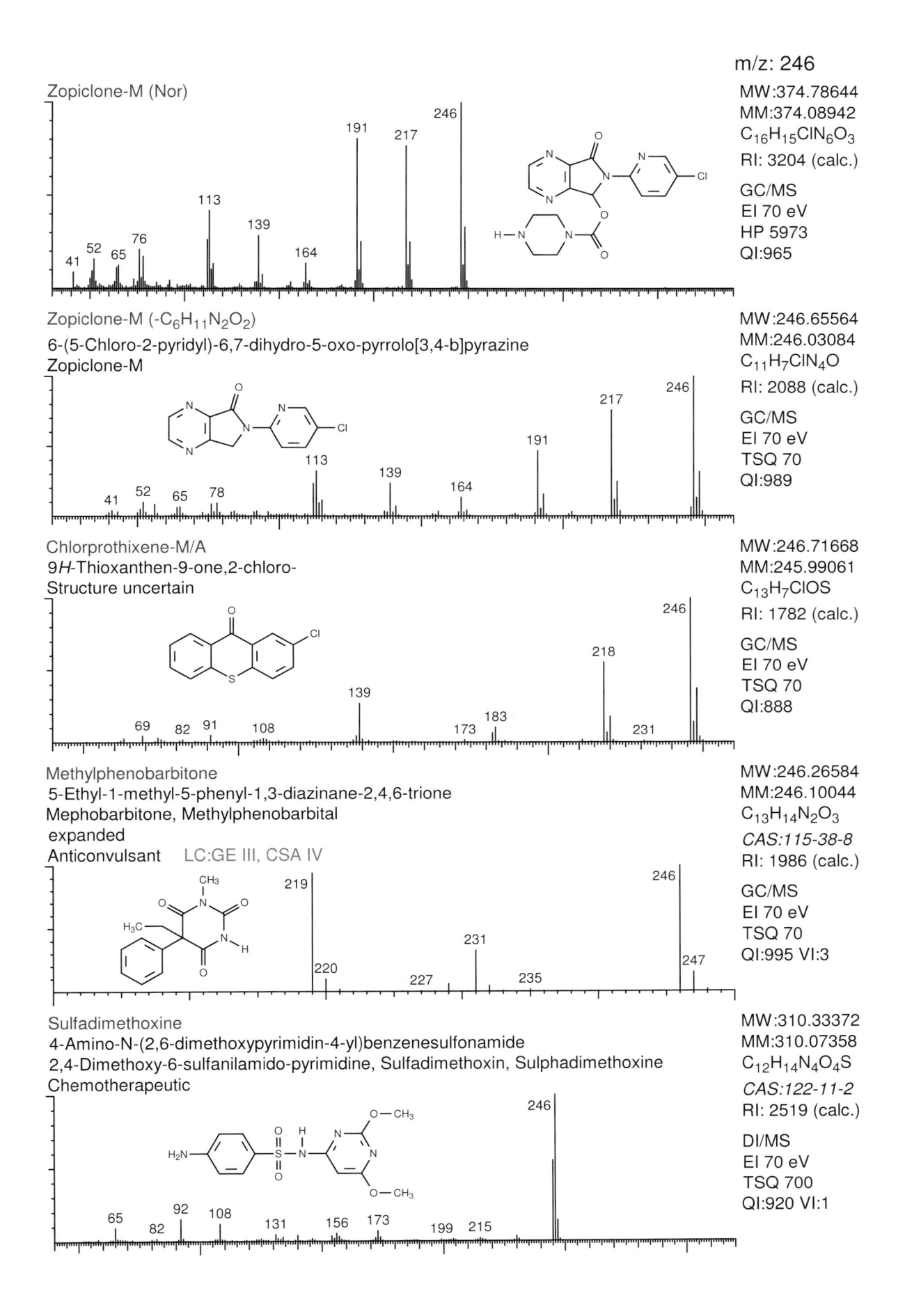

Peaks: 65, 82, 92, 108, 131, 156, 173, 199, 215, 246

m/z: 246

Lupanine-M (OH) AC
Sparteine-M

MW:306.40512
MM:306.19434
$C_{17}H_{26}N_2O_3$
RI: 2524 (calc.)

GC/MS
EI 70 eV
TRACE
QI:916

Clorazepate-M AC

MW:331.75520
MM:331.06114
$C_{17}H_{14}ClNO_4$
RI: 2486 (calc.)

GC/MS
EI 70 eV
TSQ 70
QI:927

Fentanyl
N-(1-Phenethyl-4-piperidyl)-N-phenyl-propanamide
expanded
Narcotic Analgesic   LC:GE III, CSA II, IC I

MW:336.47720
MM:336.22016
$C_{22}H_{28}N_2O$
CAS:437-38-7
RI: 2650 (SE 30)

GC/MS
EI 70 eV
TSQ 700
QI:920 VI:4

Fentanyl
N-(1-Phenethyl-4-piperidyl)-N-phenyl-propanamide
expanded
Narcotic Analgesic   LC:GE III, CSA II, IC I

MW:336.47720
MM:336.22016
$C_{22}H_{28}N_2O$
CAS:437-38-7
RI: 2650 (SE 30)

GC/MS
EI 70 eV
TSQ 70
QI:928 VI:1

Bromazepam-M/A (3-OH)

MW:317.18510
MM:316.02112
$C_{15}H_{13}BrN_2O$
RI: 2342 (calc.)

GC/MS
EI 70 eV
TRACE
QI:776

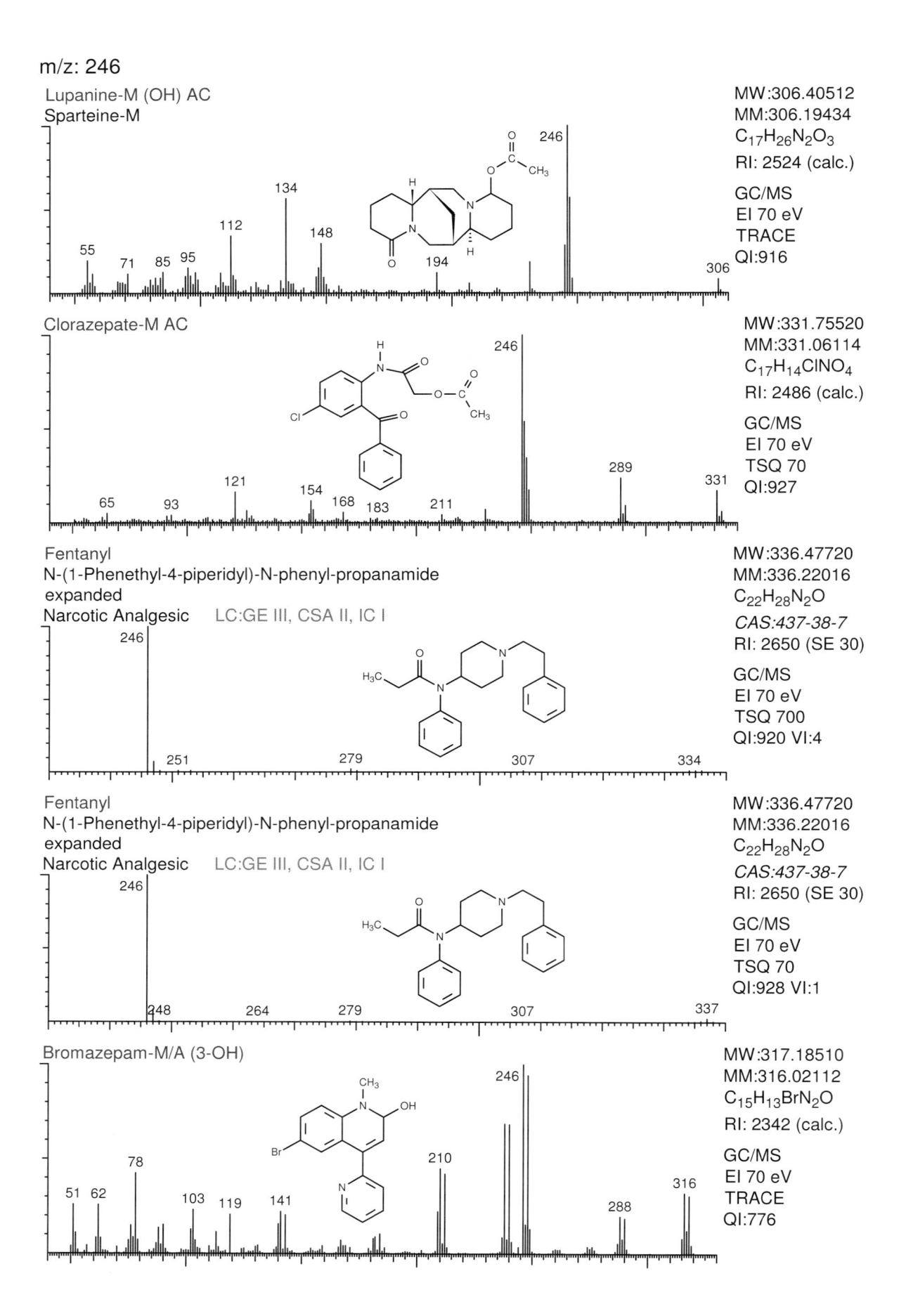

m/z: 246-247

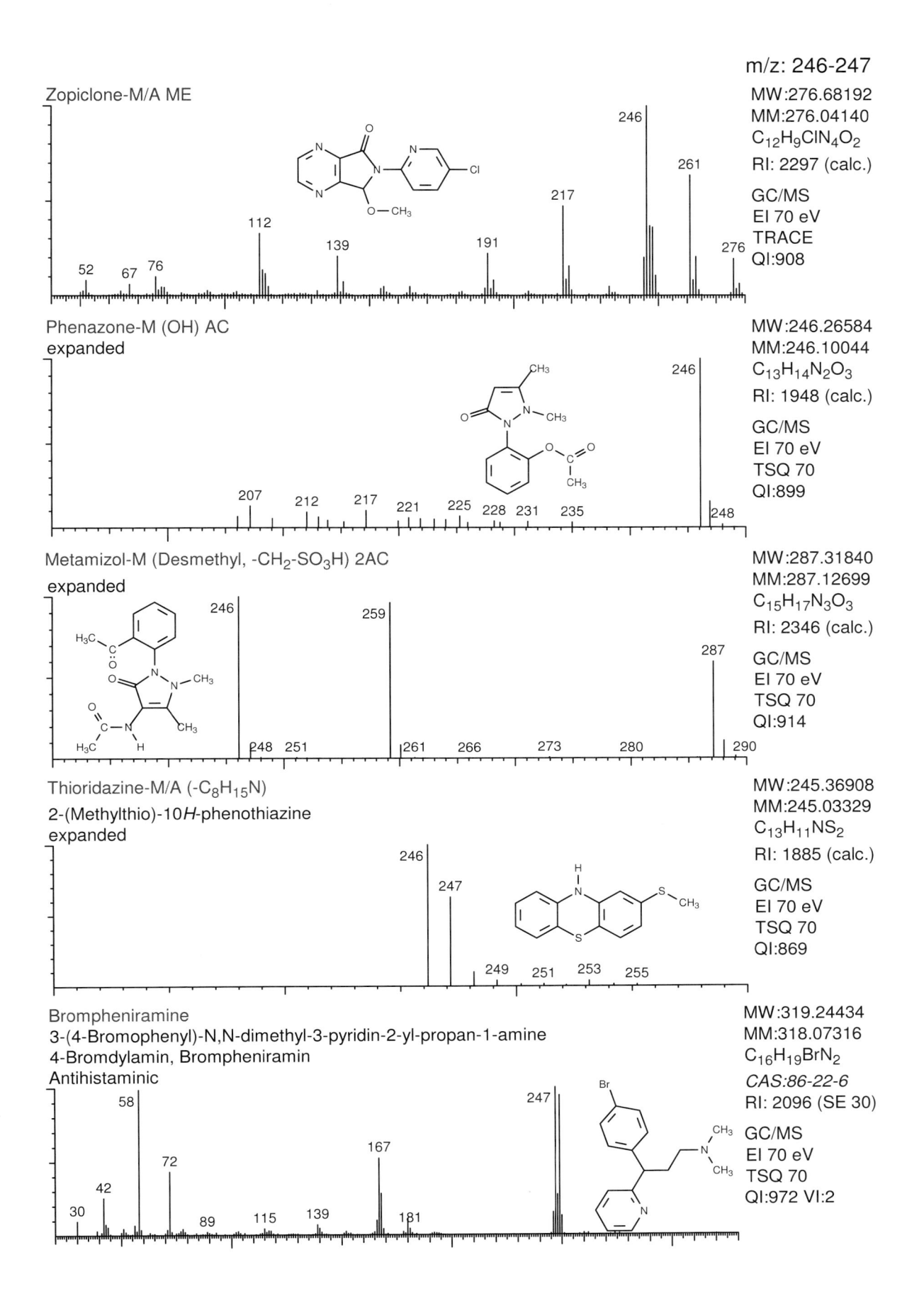

Zopiclone-M/A ME

MW: 276.68192
MM: 276.04140
$C_{12}H_9ClN_4O_2$
RI: 2297 (calc.)

GC/MS
EI 70 eV
TRACE
QI: 908

Peaks: 52, 67, 76, 112, 139, 191, 217, 246, 261, 276

Phenazone-M (OH) AC
expanded

MW: 246.26584
MM: 246.10044
$C_{13}H_{14}N_2O_3$
RI: 1948 (calc.)

GC/MS
EI 70 eV
TSQ 70
QI: 899

Peaks: 207, 212, 217, 221, 225, 228, 231, 235, 246, 248

Metamizol-M (Desmethyl, -CH$_2$-SO$_3$H) 2AC
expanded

MW: 287.31840
MM: 287.12699
$C_{15}H_{17}N_3O_3$
RI: 2346 (calc.)

GC/MS
EI 70 eV
TSQ 70
QI: 914

Peaks: 246, 248, 251, 259, 261, 266, 273, 280, 287, 290

Thioridazine-M/A (-C$_8$H$_{15}$N)
2-(Methylthio)-10H-phenothiazine
expanded

MW: 245.36908
MM: 245.03329
$C_{13}H_{11}NS_2$
RI: 1885 (calc.)

GC/MS
EI 70 eV
TSQ 70
QI: 869

Peaks: 246, 247, 249, 251, 253, 255

Brompheniramine
3-(4-Bromophenyl)-N,N-dimethyl-3-pyridin-2-yl-propan-1-amine
4-Bromdylamin, Brompheniramin
Antihistaminic

MW: 319.24434
MM: 318.07316
$C_{16}H_{19}BrN_2$
CAS: 86-22-6
RI: 2096 (SE 30)

GC/MS
EI 70 eV
TSQ 70
QI: 972 VI: 2

Peaks: 30, 42, 58, 72, 89, 115, 139, 167, 181, 247

1443

m/z: 247

Hydroxychloroquine AC

MW:377.91404
MM:377.18700
$C_{20}H_{28}ClN_3O_2$
RI: 2945 (calc.)

GC/MS
EI 70 eV
TRACE
QI:922

Peaks: 58, 69, 87, 99, 112, 144, 179, 219, 247, 304

Tinidazole
1-(2-Ethylsulfonylethyl)-2-methyl-5-nitro-imidazole
expanded
Antiprotozoal

MW:247.27504
MM:247.06268
$C_8H_{13}N_3O_4S$
CAS:19387-91-8
RI: 2024 (SE 30)

GC/MS
EI 70 eV
TSQ 70
QI:968 VI:1

Peaks: 202, 205, 213, 217, 227, 230, 239, 247, 249, 256

Coumarin-3-carboylic acid DMBS

MW:304.41790
MM:304.11309
$C_{16}H_{20}O_4Si$
RI: 2185 (calc.)

GC/MS
EI 70 eV
TSQ 70
QI:956

Peaks: 63, 75, 89, 101, 115, 145, 173, 203, 247, 289

Coumarin-3-carboxylic acid TMS

MW:262.33726
MM:262.06614
$C_{13}H_{14}O_4Si$
RI: 1885 (calc.)

GC/MS
EI 70 eV
TSQ 70
QI:860

Peaks: 45, 63, 75, 89, 101, 115, 175, 193, 203, 247

Epinastine-A (-2H)

MW:247.29944
MM:247.11095
$C_{16}H_{13}N_3$
RI: 2492 (SE 30)

GC/MS
EI 70 eV
TSQ 70
QI:980

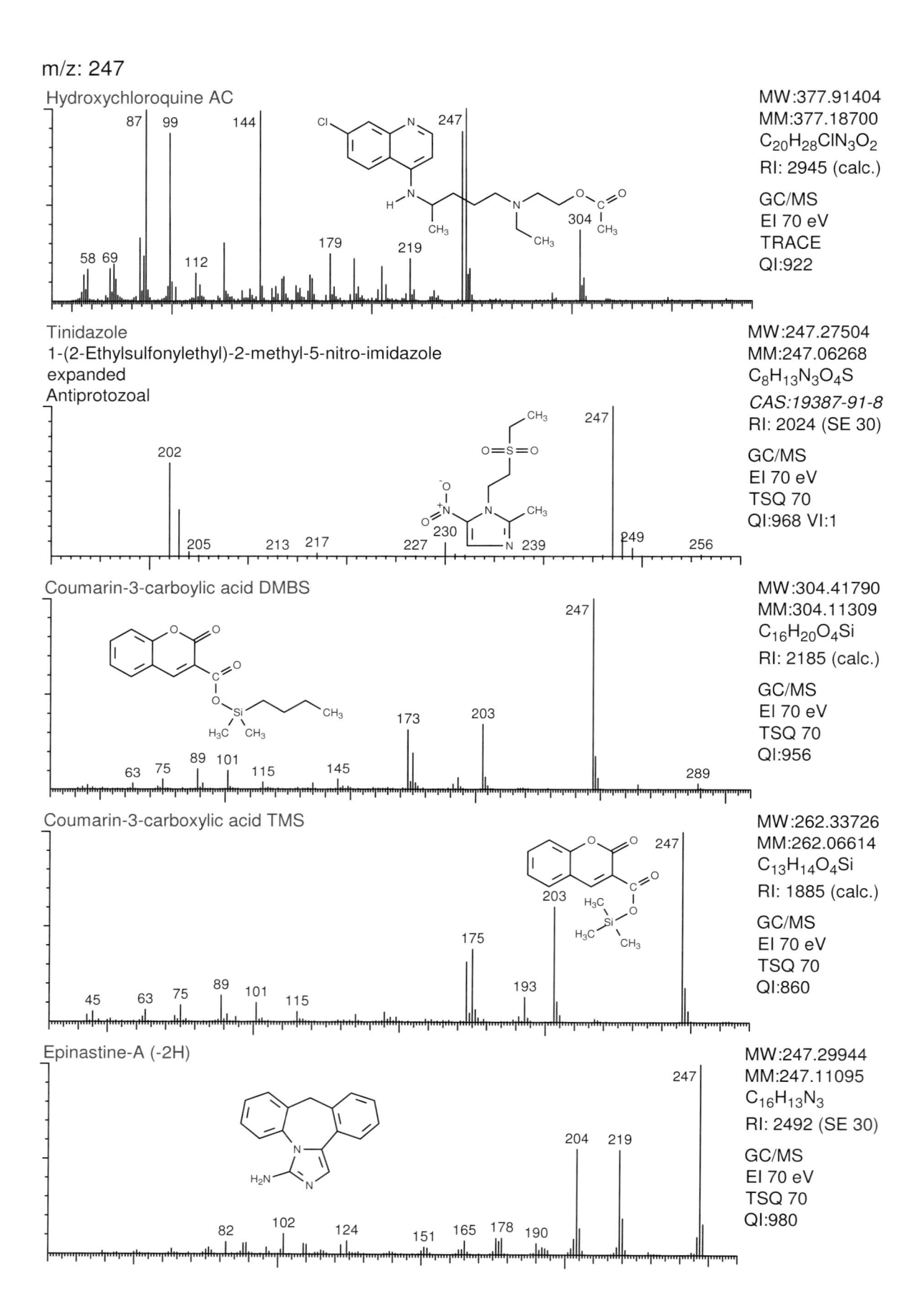

Peaks: 82, 102, 124, 151, 165, 178, 190, 204, 219, 247

m/z: 247

3-Acetoxyindole TMS
expanded

MW: 247.36902
MM: 247.10286
$C_{13}H_{17}NO_2Si$
RI: 1851 (calc.)

GC/MS
EI 70 eV
GCQ
QI: 934

Peaks: 206, 209, 218, 232, 247, 249

N-(1-Phenylcyclohexyl)-2-ethoxy-ethylamine
PC2EEA
expanded
Designer drug

MW: 247.38064
MM: 247.19361
$C_{16}H_{25}NO$
RI: 1933 (calc.)

GC/MS
EI 70 eV
TSQ 70
QI: 988

Peaks: 205, 218, 221, 232, 247, 249

Zopiclone
[8-(5-Chloropyridin-2-yl)-7-oxo-2,5,8-triazabicyclo[4.3.0]nona-1,3,5-trien-9-yl] 4-methyl-piperazine-1-carboxylate
expanded
Hypnotic

MW: 388.81332
MM: 388.10507
$C_{17}H_{17}ClN_6O_3$
CAS: 43200-80-2
RI: 3266 (calc.)

GC/MS
EI 70 eV
HP 5973
QI: 967

Peaks: 247, 251, 261, 274, 282, 315, 327, 342, 356, 386

Zopiclone
[8-(5-Chloropyridin-2-yl)-7-oxo-2,5,8-triazabicyclo[4.3.0]nona-1,3,5-trien-9-yl] 4-methyl-piperazine-1-carboxylate
expanded
Hypnotic

MW: 388.81332
MM: 388.10507
$C_{17}H_{17}ClN_6O_3$
CAS: 43200-80-2
RI: 3266 (calc.)

GC/MS
EI 70 eV
TSQ 70
QI: 969

Peaks: 247, 251, 261, 274, 287, 301, 327, 341, 355, 380

Zopiclone
[8-(5-Chloropyridin-2-yl)-7-oxo-2,5,8-triazabicyclo[4.3.0]nona-1,3,5-trien-9-yl] 4-methyl-piperazine-1-carboxylate
expanded
Hypnotic

MW: 388.81332
MM: 388.10507
$C_{17}H_{17}ClN_6O_3$
CAS: 43200-80-2
RI: 3266 (calc.)

GC/MS
EI 70 eV
TRACE
QI: 942 VI: 1

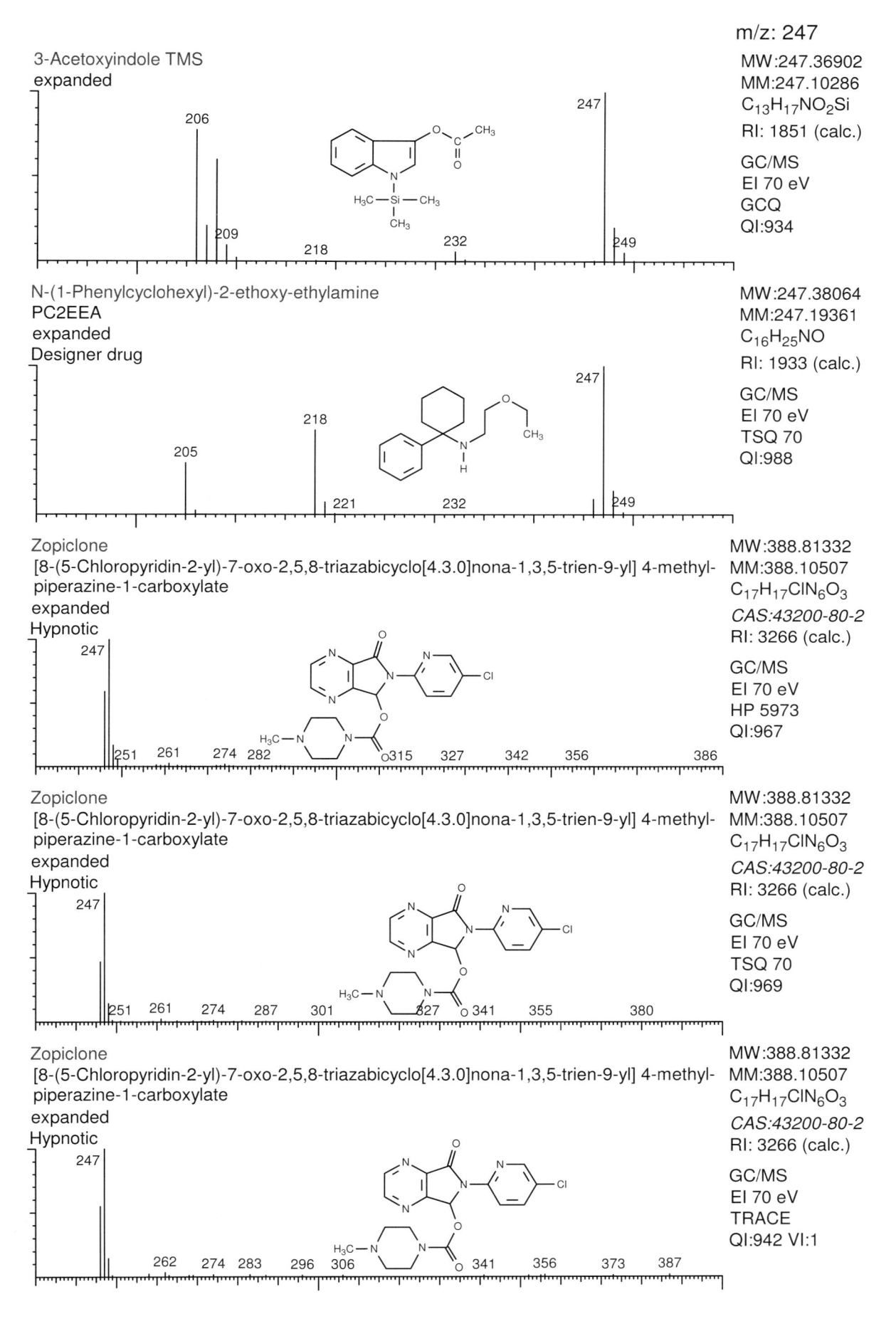

Peaks: 247, 262, 274, 283, 296, 306, 341, 356, 373, 387

m/z: 247

2-(2-Amino-5-bromobenzoyl)pyridine AC

MW: 319.15762
MM: 318.00039
$C_{14}H_{11}BrN_2O_2$
RI: 2406 (SE 30)

GC/MS
EI 70 eV
TSQ 70
QI: 924

Chlorprothixene-M (Desmethyl, OH, H$_2$) 2AC
Structure uncertain

MW: 403.92932
MM: 403.10089
$C_{21}H_{22}ClNO_3S$
RI: 2960 (calc.)

GC/MS
EI 70 eV
HP 5971A
QI: 890

1-(3-Methoxyphenyl)-1-methylamino-propan-2-one TFA
expanded

MW: 289.25431
MM: 289.09258
$C_{13}H_{14}F_3NO_3$
RI: 2112 (calc.)

GC/MS
EI 70 eV
TSQ 70
QI: 992

Diphenoxylate
Ethyl 1-(3-cyano-3,3-diphenyl-propyl)-4-phenyl-piperidine-4-carboxylate
expanded
Analgesic, Antidiarrhoeal   LC:GE II, CSA II

MW: 452.59636
MM: 452.24638
$C_{30}H_{32}N_2O_2$
CAS: 915-30-0
RI: 3430 (SE 30)

GC/MS
EI 70 eV
TSQ 70
QI: 985 VI: 2

Verapamil-M (N-desalkyl) AC

MW: 332.44300
MM: 332.20999
$C_{19}H_{28}N_2O_3$
RI: 2487 (calc.)

GC/MS
EI 70 eV
TSQ 70
QI: 927

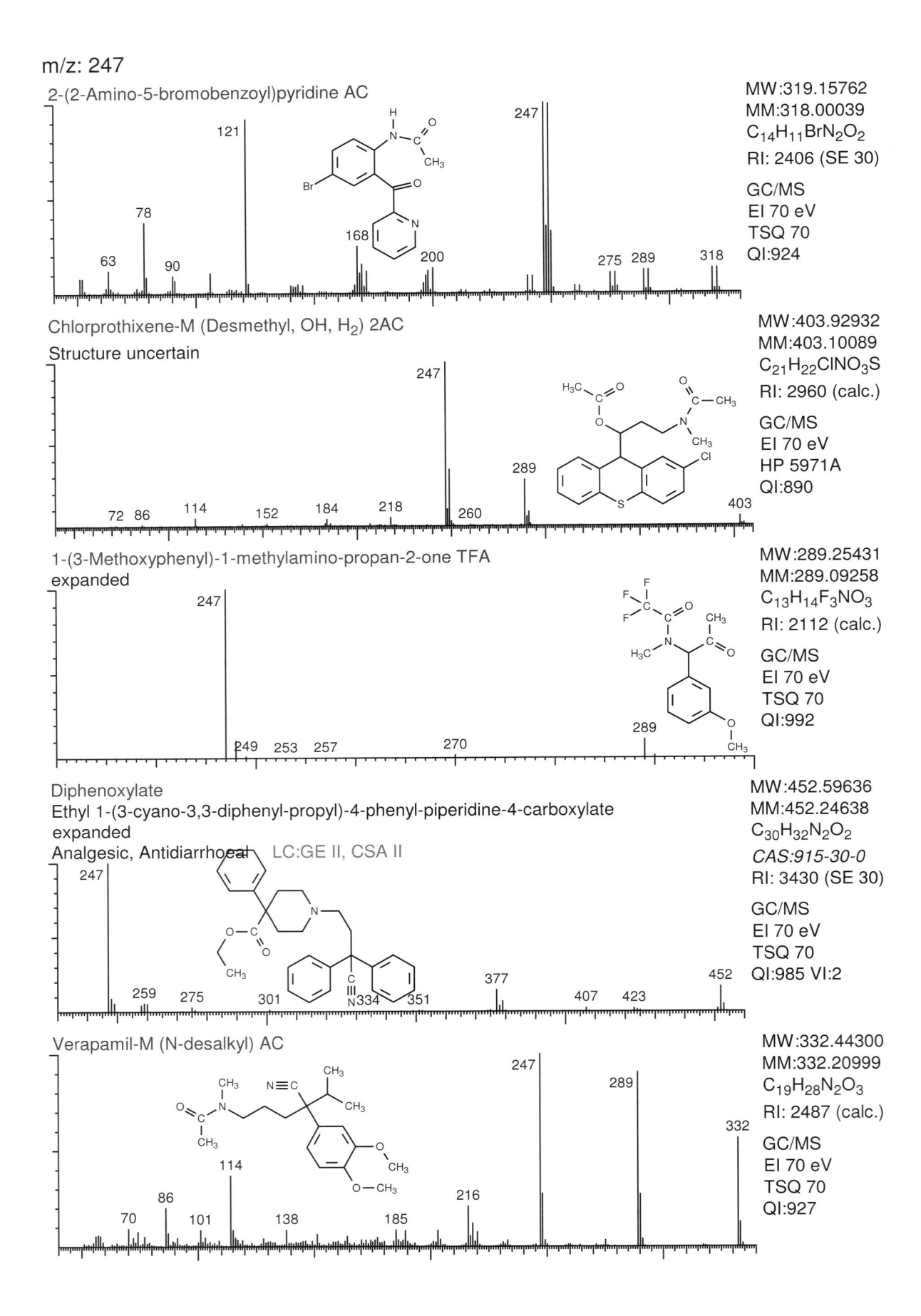

m/z: 248

Zaleplon
N-[3-(7-Cyano-1,5,9-triazabicyclo[4.3.0]nona-2,4,6,8-tetraen-2-yl)phenyl]-N-ethyl-acetamide
Benzodiazepine antagonist, Hypnotic, Sedative   LC:CSA IV

MW:305.33920
MM:305.12766
$C_{17}H_{15}N_5O$
CAS:151319-34-5
RI: 2594 (calc.)

GC/MS
EI 70 eV
TSQ 70
QI:957 VI:2

Peaks: 43, 70, 130, 165, 194, 219, 248, 263, 277, 305

Fludioxonil
4-(2,2-Difluorobenzo[1,3]dioxol-4-yl)-1H-pyrrole-3-carbonitrile
Fungicide   LC:BBA 0887

MW:248.18873
MM:248.03973
$C_{12}H_6F_2N_2O_2$
CAS:131341-86-1
RI: 1998 (calc.)

GC/MS
EI 70 eV
TSQ 70
QI:995

Peaks: 40, 50, 63, 77, 91, 100, 127, 154, 182, 248

Lidocaine-M (-C₂H₅) AC
Lignocaine-M (desethyl) AC
expanded

MW:248.32508
MM:248.15248
$C_{14}H_{20}N_2O_2$
RI: 1960 (calc.)

GC/MS
EI 70 eV
TSQ 70
QI:991

Peaks: 129, 136, 148, 163, 177, 191, 203, 218, 230, 248

1-(2-Methoxy-3,4-methylenedioxyphenyl)butan-2-amine TMS
expanded

MW:295.45394
MM:295.16037
$C_{15}H_{25}NO_3Si$
RI: 2222 (calc.)

GC/MS
EI 70 eV
GCQ
QI:955

Peaks: 131, 135, 165, 179, 208, 220, 236, 248, 266, 280

2,2'-Dichlorostilbene
1-Chloro-2-[2-(2-chlorophenyl)ethenyl]benzene
expanded

MW:249.13880
MM:248.01596
$C_{14}H_{10}Cl_2$
RI: 2023 (SE 54)

GC/MS
EI 70 eV
TSQ 70
QI:899

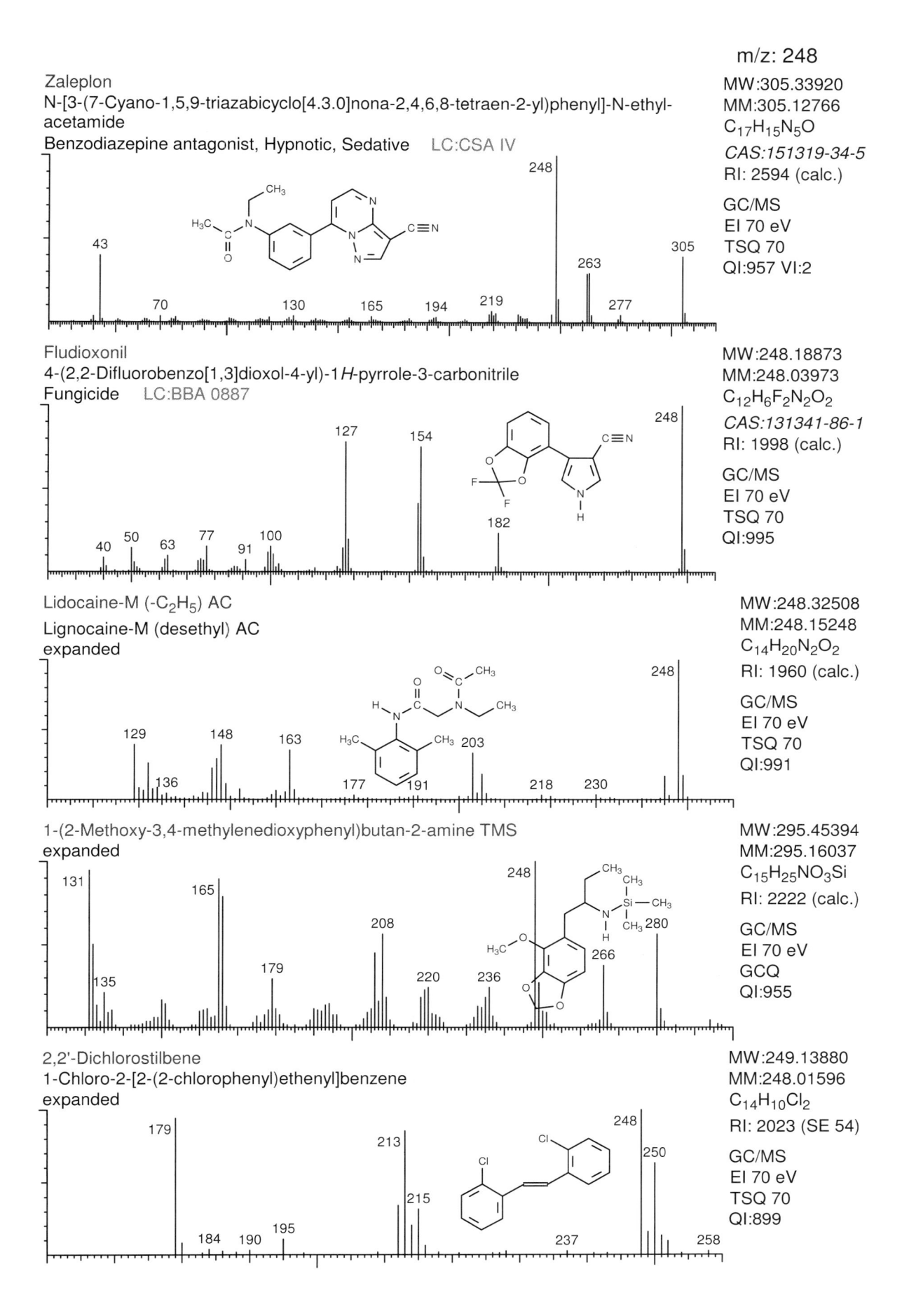

Peaks: 179, 184, 190, 195, 213, 215, 237, 248, 250, 258

m/z: 248

2,2'-Dichlorostilbene
1-Chloro-2-[2-(2-chlorophenyl)ethenyl]benzene
expanded

MW:249.13880
MM:248.01596
$C_{14}H_{10}Cl_2$
RI: 2023 (SE 54)

GC/MS
EI 70 eV
GCQ
QI:899

Amitriptyline-M (OH, N-Oxide, -(CH₃)₂NOH) AC I

MW:290.36172
MM:290.13068
$C_{20}H_{18}O_2$
RI: 2198 (calc.)

GC/MS
EI 70 eV
TSQ 70
QI:879

Sulfaclomide
4-Amino-N-(5-chloro-2,6-dimethyl-pyrimidin-4-yl)benzenesulfonamide
Sulfachlorin, Sulphaclomide
Chemotherapeutic

MW:312.77968
MM:312.04477
$C_{12}H_{13}ClN_4O_2S$
CAS:4015-18-3
RI: 2492 (calc.)

DI/MS
EI 70 eV
TSQ 700
QI:920

Chloroquine-M (-C₂H₅) AC
expanded

MW:333.86088
MM:333.16079
$C_{18}H_{24}ClN_3O$
RI: 2636 (calc.)

GC/MS
EI 70 eV
GCQ
QI:927

Terfenadine-M

MW:249.35560
MM:249.15175
$C_{18}H_{19}N$
RI: 2013 (calc.)

GC/MS
EI 70 eV
TRACE
QI:799

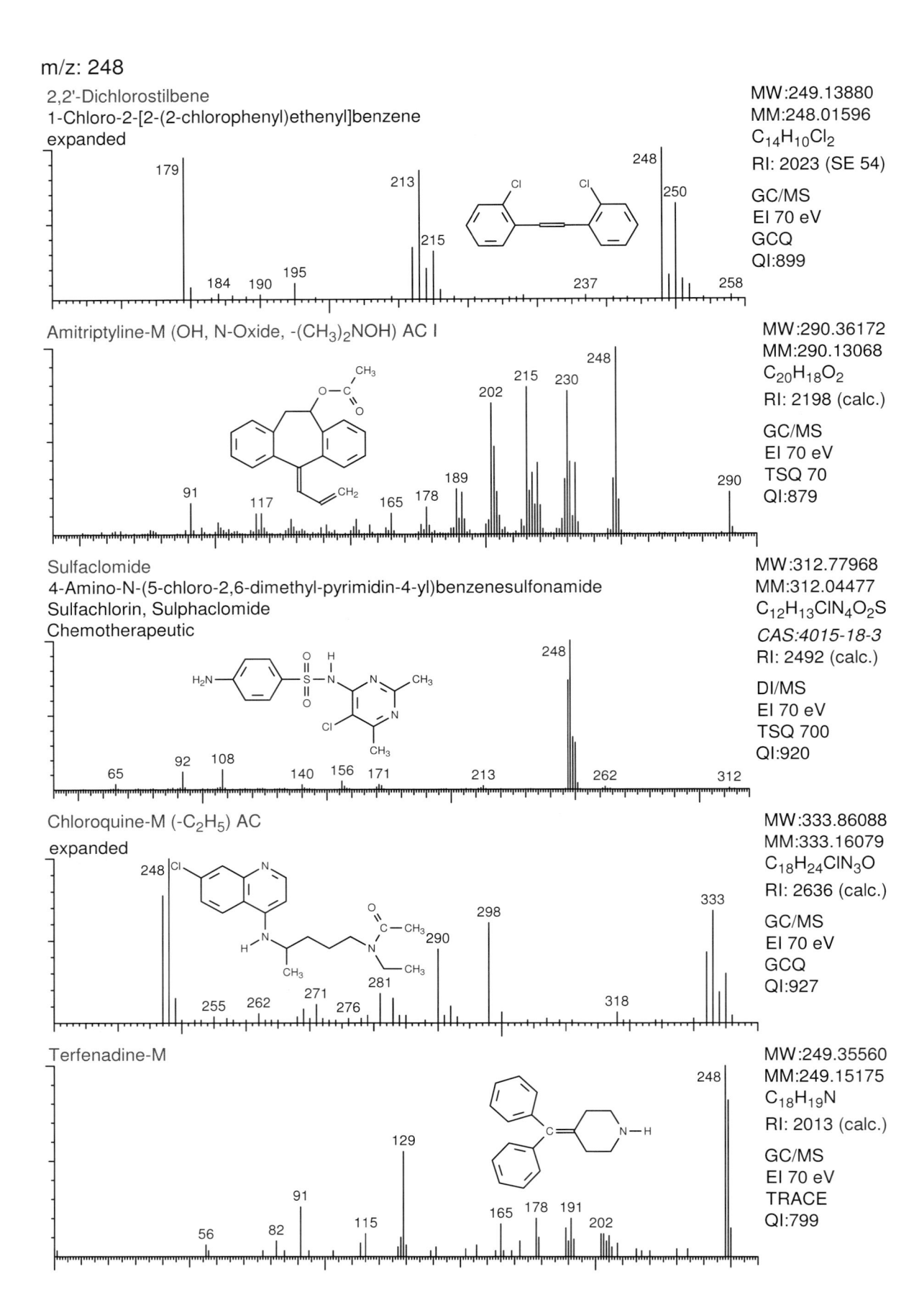

m/z: 248

Coumarin-3-carboylic acid DMBS
expanded

MW: 304.41790
MM: 304.11309
C$_{16}$H$_{20}$O$_4$Si
RI: 2185 (calc.)

GC/MS
EI 70 eV
TSQ 70
QI: 956

Ramipril 2ME

MW: 444.57132
MM: 444.26242
C$_{25}$H$_{36}$N$_2$O$_5$
RI: 3472 (calc.)

DI/MS
EI 70 eV
TSQ 700
QI: 930 VI:1

Zaleplon
N-[3-(7-Cyano-1,5,9-triazabicyclo[4.3.0]nona-2,4,6,8-tetraen-2-yl)phenyl]-N-ethyl-acetamide
Benzodiazepine antagonist, Hypnotic, Sedative LC:CSA IV

MW: 305.33920
MM: 305.12766
C$_{17}$H$_{15}$N$_5$O
CAS: 151319-34-5
RI: 2594 (calc.)

GC/MS
EI 70 eV
TRACE
QI: 909

Lupanine-M (OH) AC
expanded

MW: 306.40512
MM: 306.19434
C$_{17}$H$_{26}$N$_2$O$_3$
RI: 2524 (calc.)

GC/MS
EI 70 eV
TRACE
QI: 916

o-Iodobenzoic acid
2-Iodobenzoic acid

MW: 248.01997
MM: 247.93343
C$_7$H$_5$IO$_2$
CAS: 88-67-5
RI: 1485 (calc.)

GC/MS
EI 70 eV
TSQ 70
QI: 995 VI:4

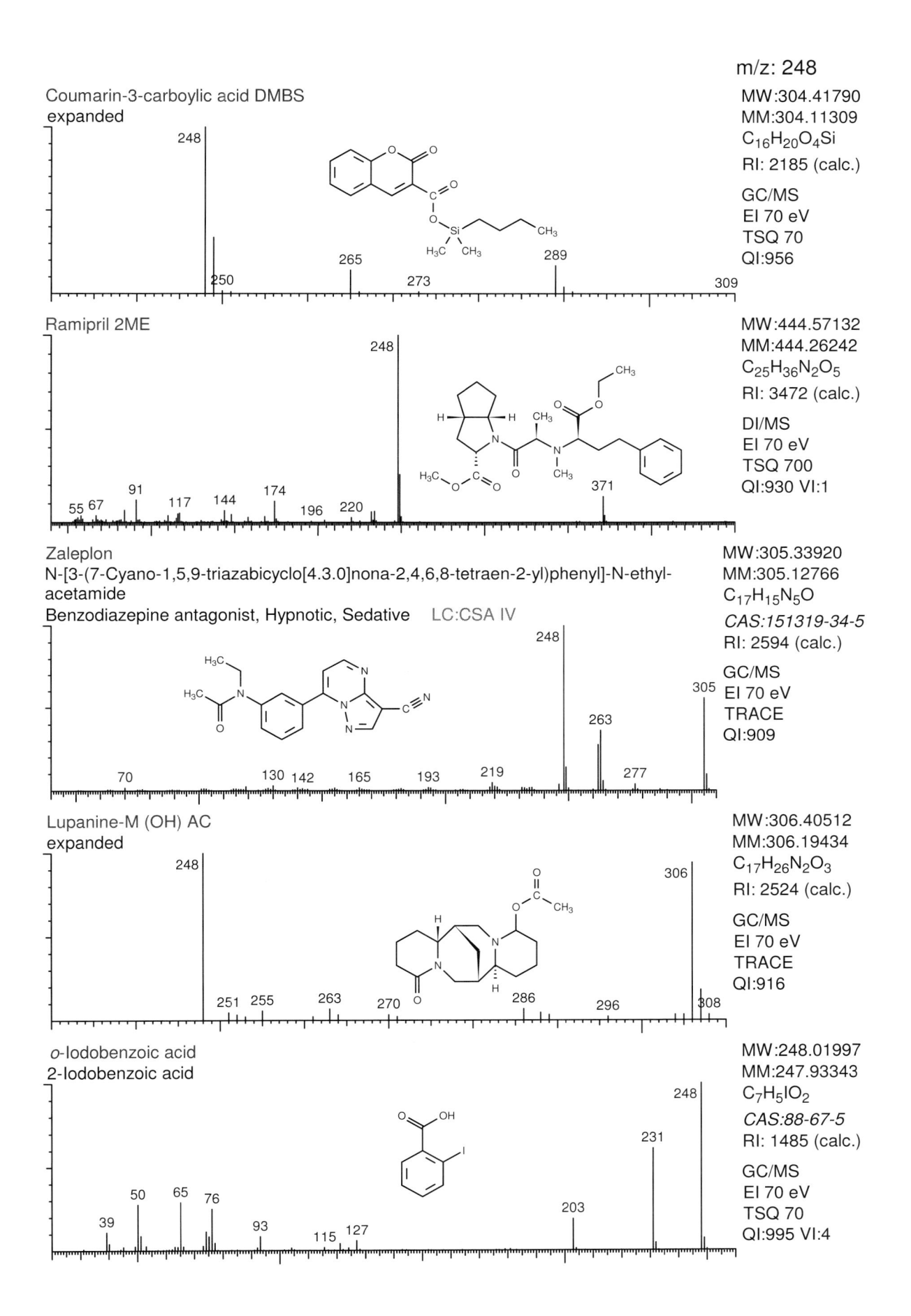

m/z: 248-249

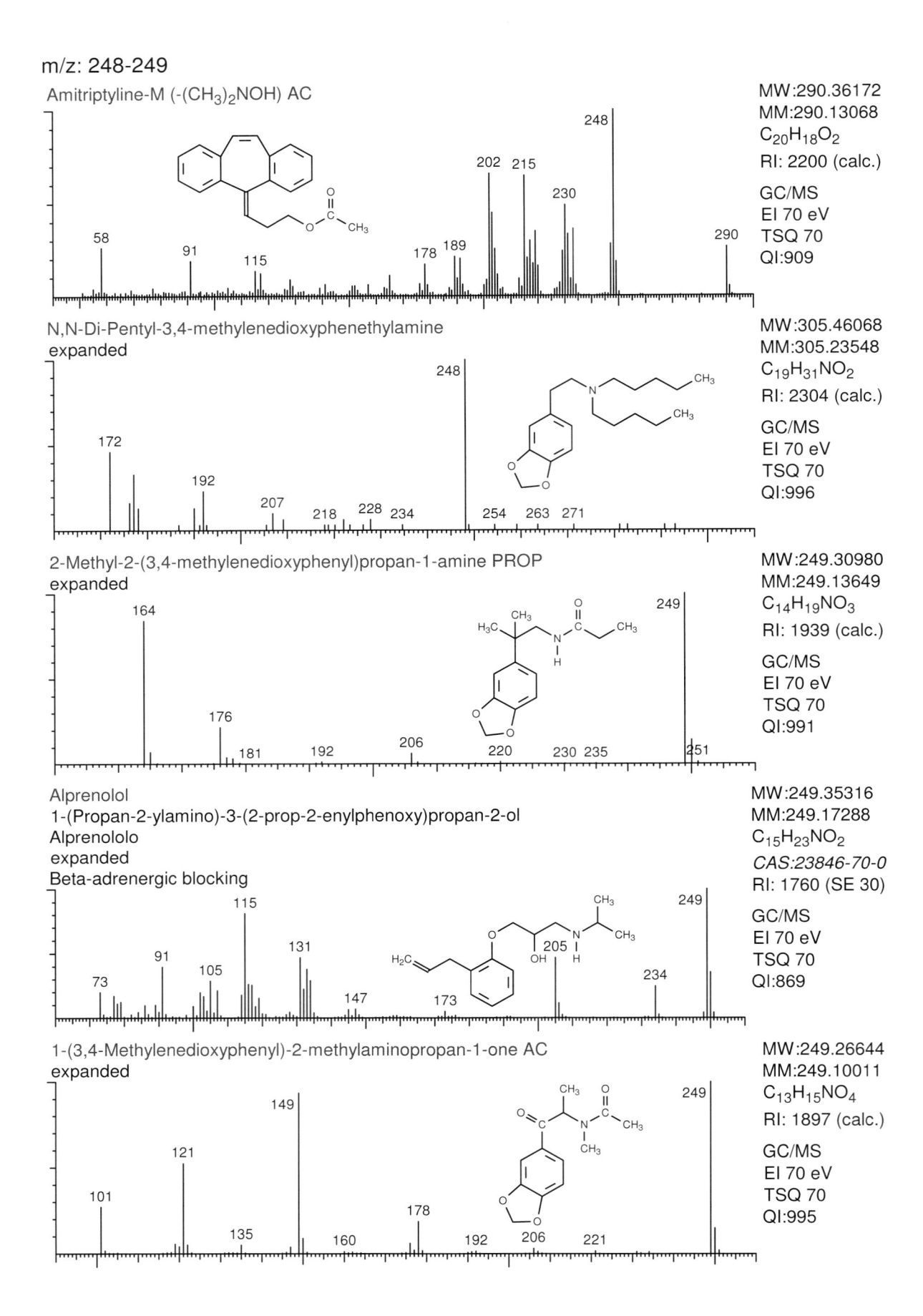

Amitriptyline-M (-(CH₃)₂NOH) AC

MW:290.36172
MM:290.13068
C₂₀H₁₈O₂
RI: 2200 (calc.)

GC/MS
EI 70 eV
TSQ 70
QI:909

N,N-Di-Pentyl-3,4-methylenedioxyphenethylamine
expanded

MW:305.46068
MM:305.23548
C₁₉H₃₁NO₂
RI: 2304 (calc.)

GC/MS
EI 70 eV
TSQ 70
QI:996

2-Methyl-2-(3,4-methylenedioxyphenyl)propan-1-amine PROP
expanded

MW:249.30980
MM:249.13649
C₁₄H₁₉NO₃
RI: 1939 (calc.)

GC/MS
EI 70 eV
TSQ 70
QI:991

Alprenolol
1-(Propan-2-ylamino)-3-(2-prop-2-enylphenoxy)propan-2-ol
Alprenololo
expanded
Beta-adrenergic blocking

MW:249.35316
MM:249.17288
C₁₅H₂₃NO₂
CAS:23846-70-0
RI: 1760 (SE 30)

GC/MS
EI 70 eV
TSQ 70
QI:869

1-(3,4-Methylenedioxyphenyl)-2-methylaminopropan-1-one AC
expanded

MW:249.26644
MM:249.10011
C₁₃H₁₅NO₄
RI: 1897 (calc.)

GC/MS
EI 70 eV
TSQ 70
QI:995

m/z: 249

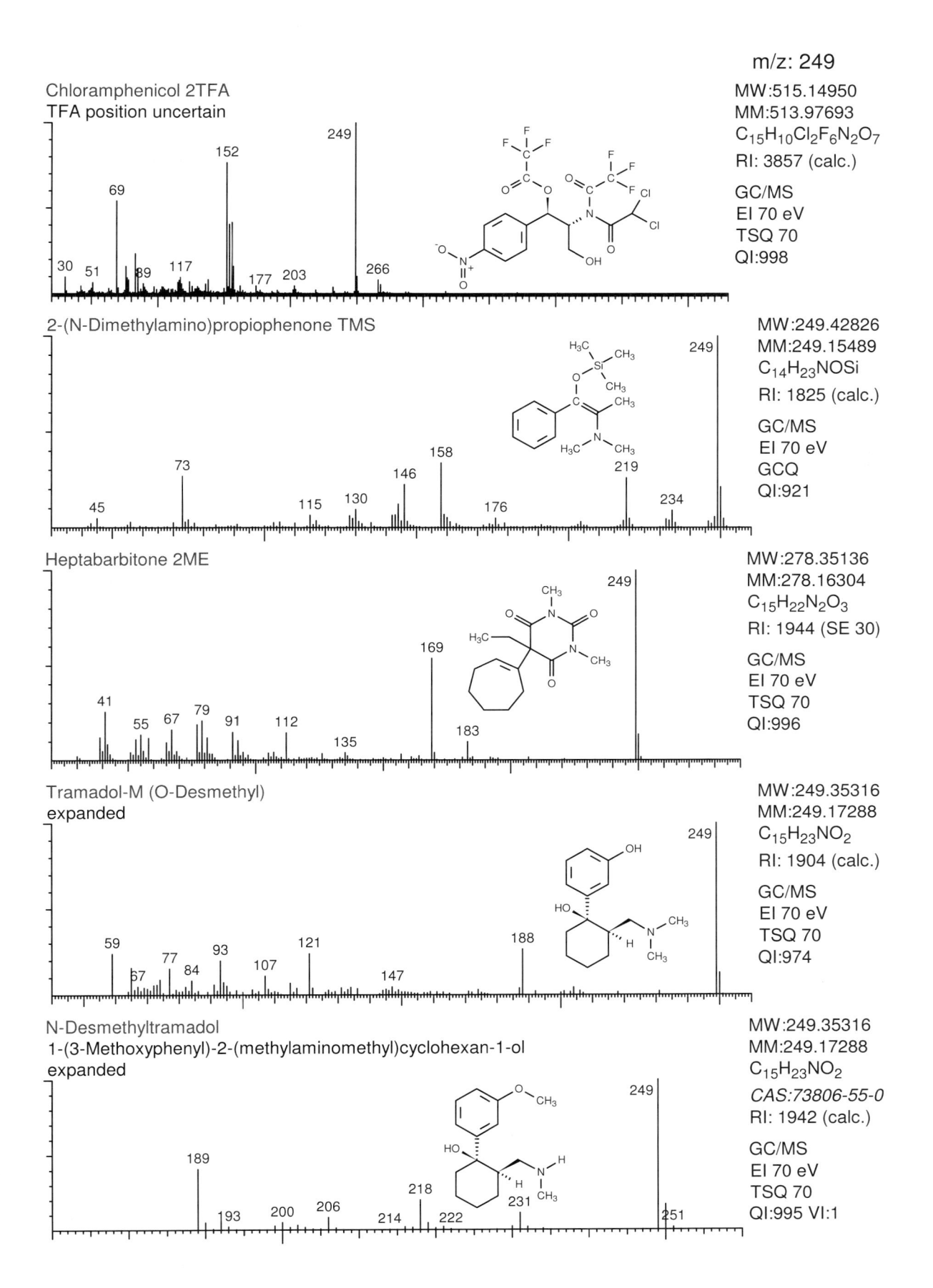

Chloramphenicol 2TFA
TFA position uncertain

MW: 515.14950
MM: 513.97693
$C_{15}H_{10}Cl_2F_6N_2O_7$
RI: 3857 (calc.)

GC/MS
EI 70 eV
TSQ 70
QI: 998

2-(N-Dimethylamino)propiophenone TMS

MW: 249.42826
MM: 249.15489
$C_{14}H_{23}NOSi$
RI: 1825 (calc.)

GC/MS
EI 70 eV
GCQ
QI: 921

Heptabarbitone 2ME

MW: 278.35136
MM: 278.16304
$C_{15}H_{22}N_2O_3$
RI: 1944 (SE 30)

GC/MS
EI 70 eV
TSQ 70
QI: 996

Tramadol-M (O-Desmethyl)
expanded

MW: 249.35316
MM: 249.17288
$C_{15}H_{23}NO_2$
RI: 1904 (calc.)

GC/MS
EI 70 eV
TSQ 70
QI: 974

N-Desmethyltramadol
1-(3-Methoxyphenyl)-2-(methylaminomethyl)cyclohexan-1-ol
expanded

MW: 249.35316
MM: 249.17288
$C_{15}H_{23}NO_2$
CAS: 73806-55-0
RI: 1942 (calc.)

GC/MS
EI 70 eV
TSQ 70
QI: 995 VI:1

m/z: 249

Metalaxyl
Methyl 2-[(2,6-dimethylphenyl)-(2-methoxyacetyl)amino]propanoate
expanded
Fungicide   LC:BBA 0517

MW:279.33608
MM:279.14706
$C_{15}H_{21}NO_4$
CAS:57837-19-1
RI: 2068 (calc.)

GC/MS
EI 70 eV
TSQ 70
QI:866

2-(2-Amino-5-bromo-benzoyl)pyridine
Bromazepam HY

MW:277.12034
MM:275.98982
$C_{12}H_9BrN_2O$
CAS:1563-56-0
RI: 2228 (SE 30)

GC/MS
EI 70 eV
TSQ 70
QI:786

2-(2-Amino-5-bromo-benzoyl)pyridine
Bromazepam HY

MW:277.12034
MM:275.98982
$C_{12}H_9BrN_2O$
CAS:1563-56-0
RI: 2228 (SE 30)

GC/MS
EI 70 eV
TSQ 70
QI:911

2-Amino-5-chloro-2'-fluorobenzophenone
Ethylloflazepate HY, Fludiazepam-M (nor-) HY, Flurazepam-M (desalkyl) HY,
Quazepam-M (desalkyl-oxo) HY

MW:249.67170
MM:249.03567
$C_{13}H_9ClFNO$
CAS:784-38-3
RI: 2010 (SE 30)

GC/MS
EI 70 eV
TSQ 70
QI:751

Sulfaqinoxaline ME
4-Amino-N-2-qinoxalinylbenzenesulfonamide
Chemotherapeutic

MW:314.36792
MM:314.08375
$C_{15}H_{14}N_4O_2S$
RI: 2650 (calc.)

GC/MS
EI 70 eV
GCQ
QI:958

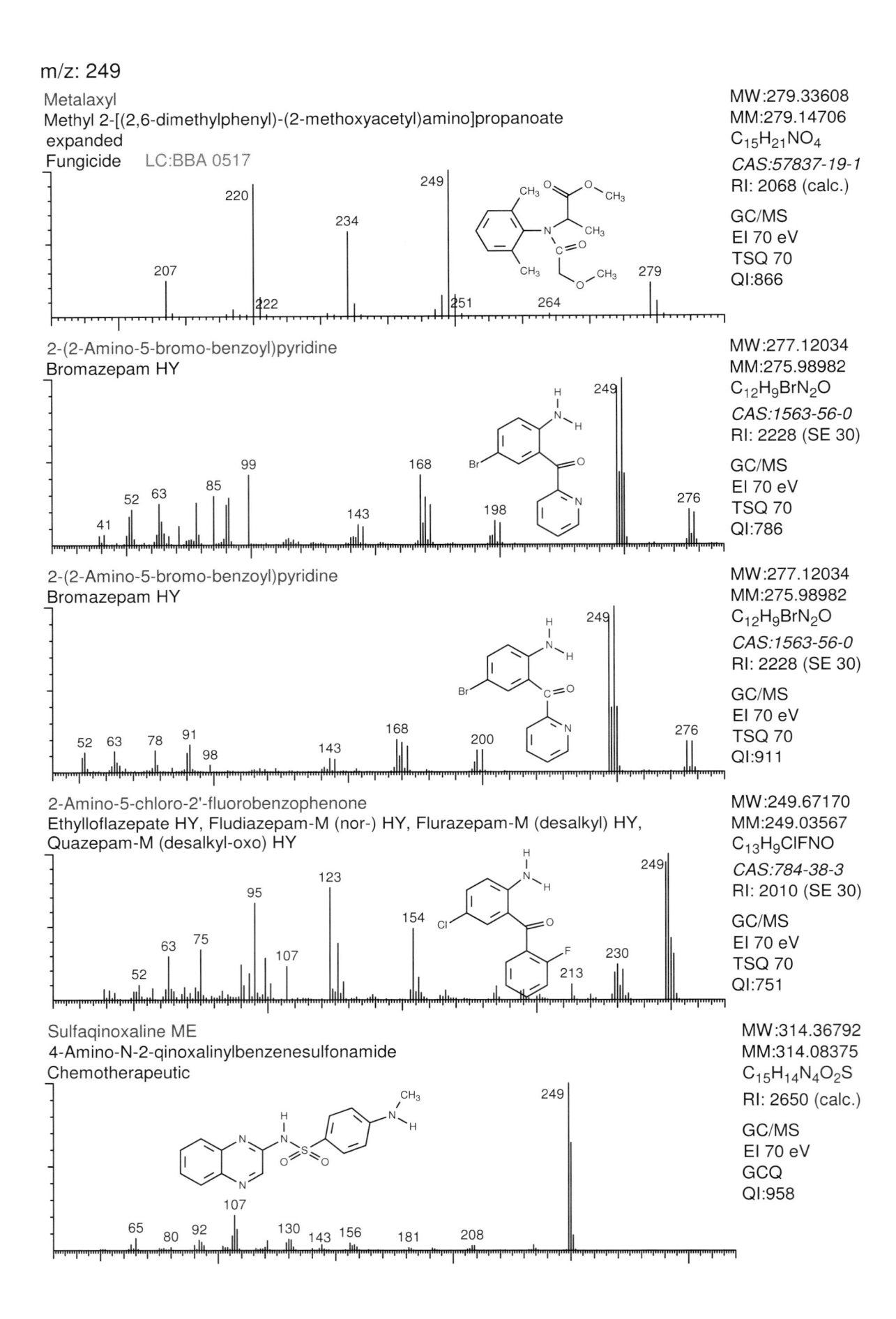

m/z: 249-250

Zopiclone-M (Nor)
expanded

MW:374.78644
MM:374.08942
$C_{16}H_{15}ClN_6O_3$
RI: 3204 (calc.)

GC/MS
EI 70 eV
HP 5973
QI:965

Hydroxylidocaine
2-Diethylamino-N-(3-hydroxy-2,6-dimethyl-phenyl)acetamide
expanded

MW:250.34096
MM:250.16813
$C_{14}H_{22}N_2O_2$
CAS:34604-55-2
RI: 1972 (calc.)

GC/MS
EI 70 eV
TSQ 70
QI:901

Fenethylline
1,3-Dimethyl-7-[2-(1-phenylpropan-2-ylamino)ethyl]purine-2,6-dione
Xanthine Stimulant   LC:GE III, CSA I, IC: II

MW:341.41312
MM:341.18518
$C_{18}H_{23}N_5O_2$
CAS:3736-08-1
RI: 2909 (calc.)

GC/MS
CI-Methane
TSQ 70
QI:0

Piroxicam ME (OCH₃)

MW:345.37892
MM:345.07833
$C_{16}H_{15}N_3O_4S$
RI: 2753 (calc.)

GC/MS
EI 70 eV
TSQ 700
QI:931

Sulfametrol 2ME
structure uncertain

MW:314.38932
MM:314.05073
$C_{11}H_{14}N_4O_3S_2$
RI: 2494 (calc.)

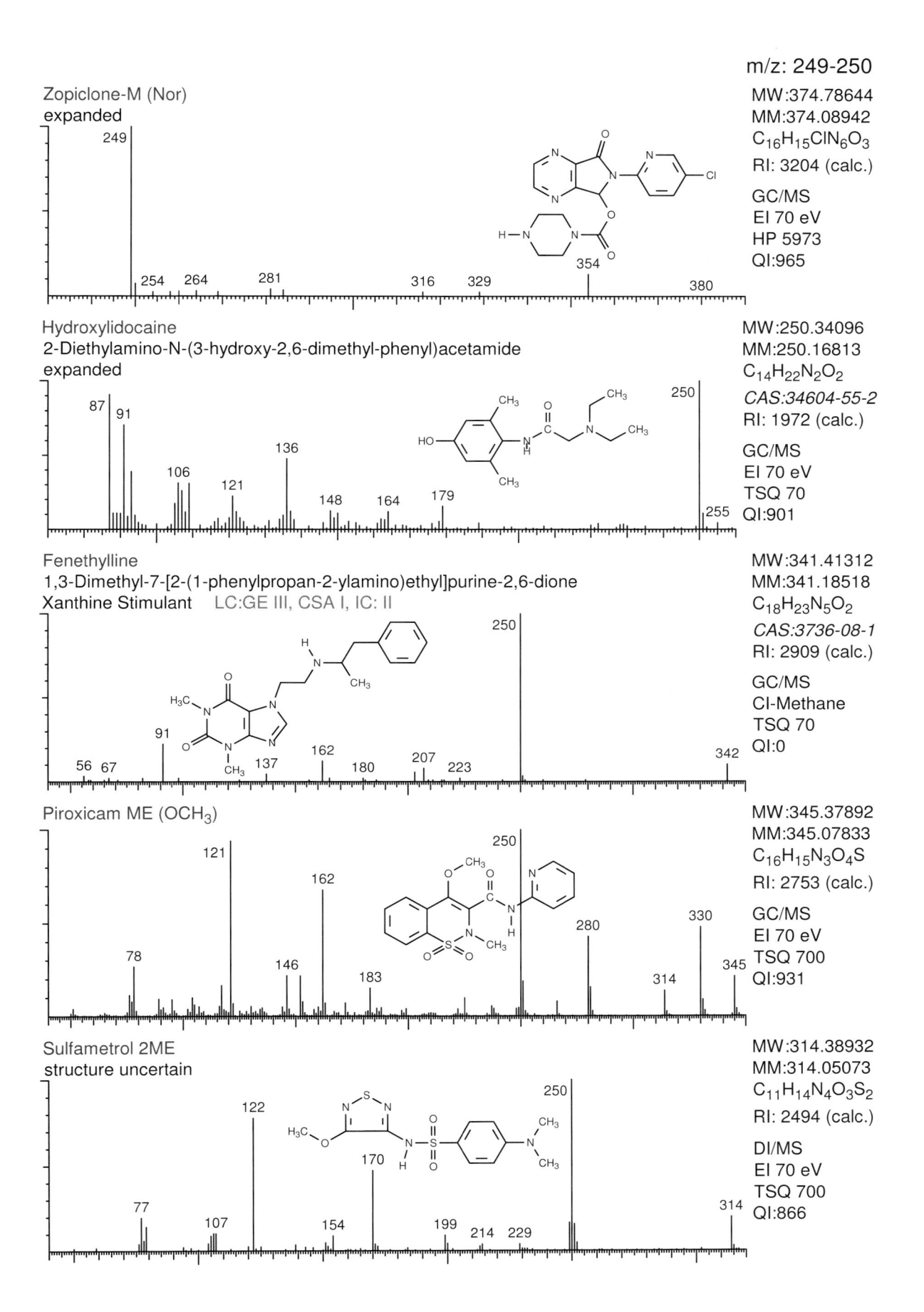

DI/MS
EI 70 eV
TSQ 700
QI:866

m/z: 250

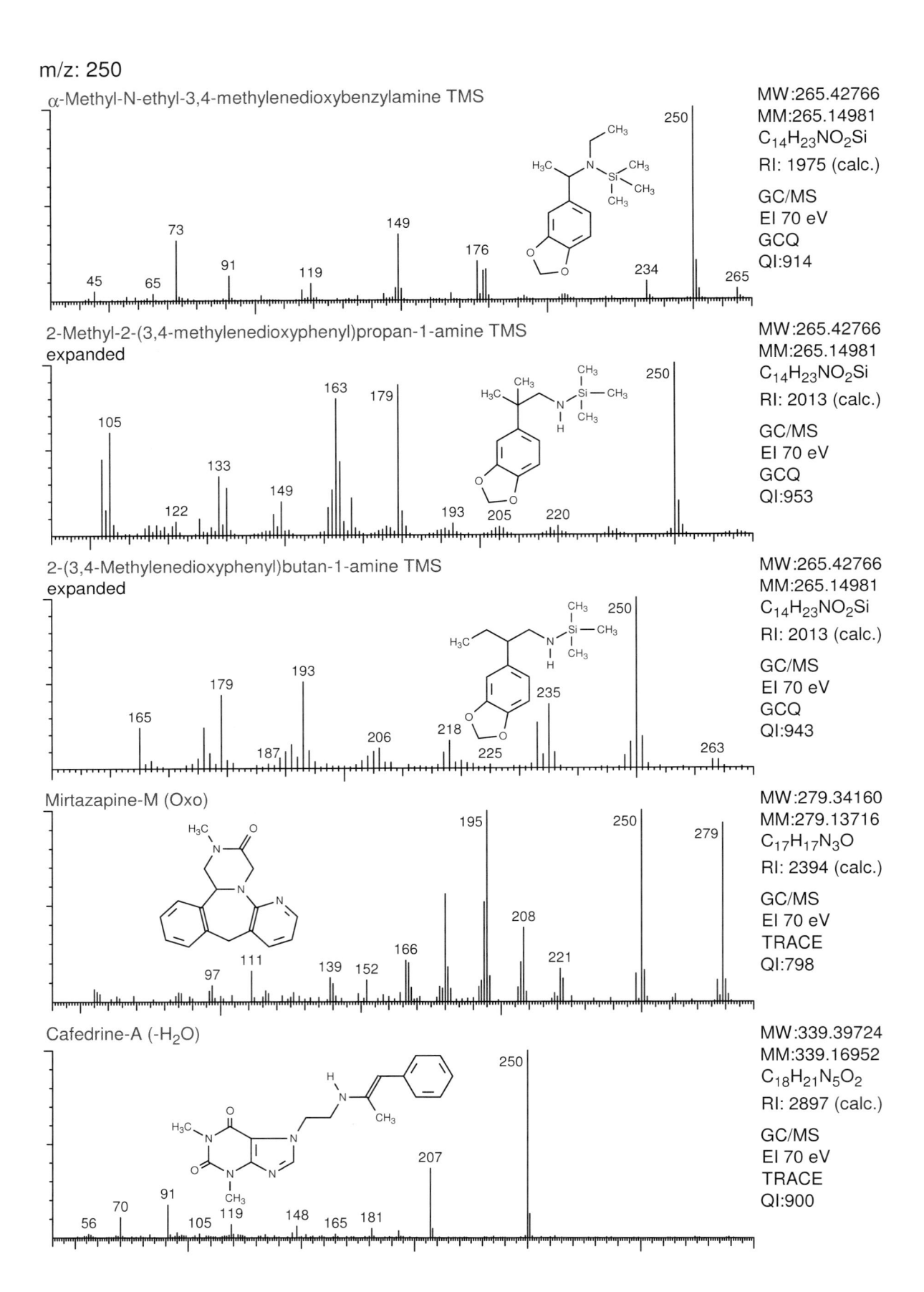

α-Methyl-N-ethyl-3,4-methylenedioxybenzylamine TMS

MW:265.42766
MM:265.14981
C$_{14}$H$_{23}$NO$_2$Si
RI: 1975 (calc.)

GC/MS
EI 70 eV
GCQ
QI:914

2-Methyl-2-(3,4-methylenedioxyphenyl)propan-1-amine TMS expanded

MW:265.42766
MM:265.14981
C$_{14}$H$_{23}$NO$_2$Si
RI: 2013 (calc.)

GC/MS
EI 70 eV
GCQ
QI:953

2-(3,4-Methylenedioxyphenyl)butan-1-amine TMS expanded

MW:265.42766
MM:265.14981
C$_{14}$H$_{23}$NO$_2$Si
RI: 2013 (calc.)

GC/MS
EI 70 eV
GCQ
QI:943

Mirtazapine-M (Oxo)

MW:279.34160
MM:279.13716
C$_{17}$H$_{17}$N$_3$O
RI: 2394 (calc.)

GC/MS
EI 70 eV
TRACE
QI:798

Cafedrine-A (-H$_2$O)

MW:339.39724
MM:339.16952
C$_{18}$H$_{21}$N$_5$O$_2$
RI: 2897 (calc.)

GC/MS
EI 70 eV
TRACE
QI:900

m/z: 250

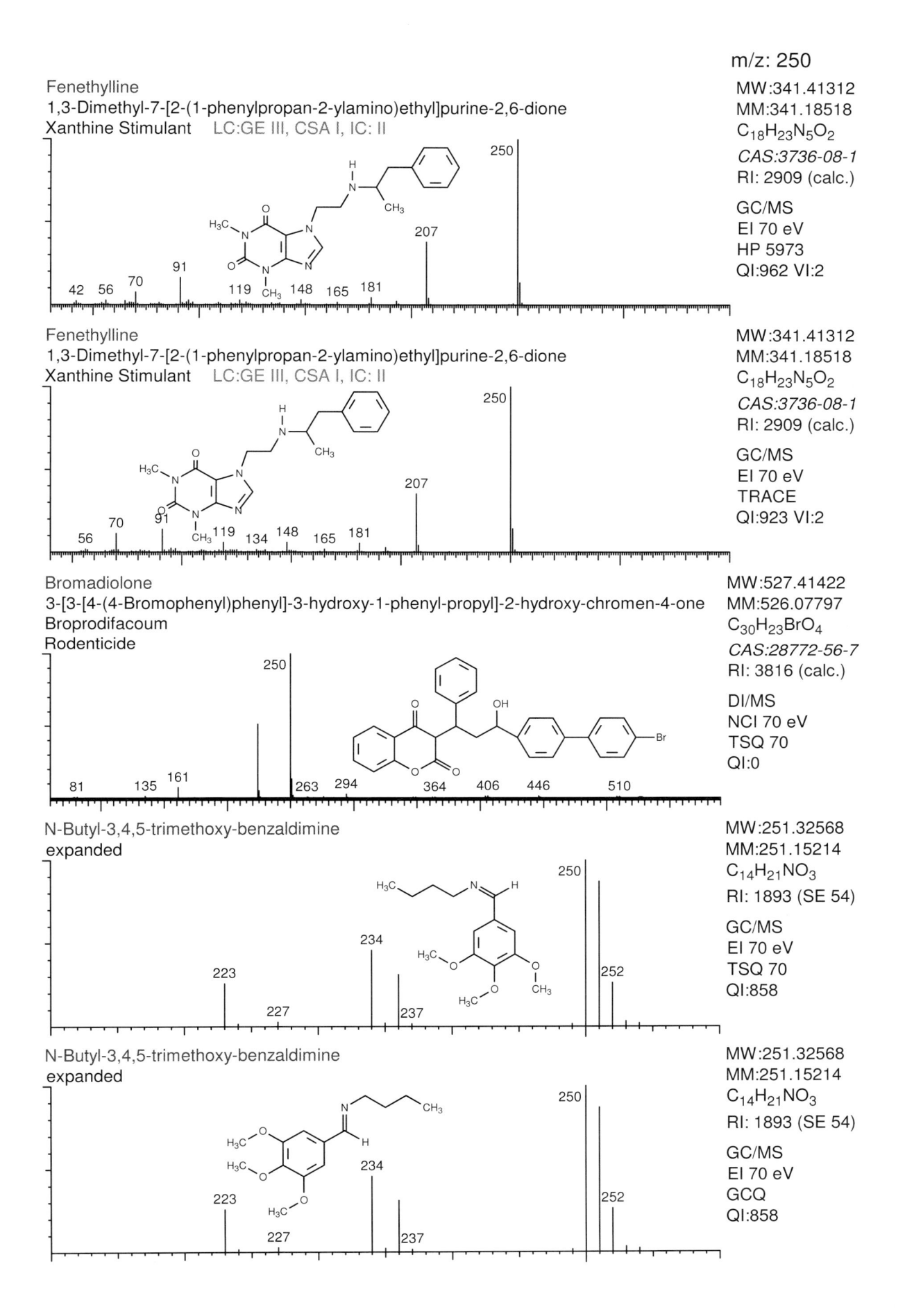

Fenethylline
1,3-Dimethyl-7-[2-(1-phenylpropan-2-ylamino)ethyl]purine-2,6-dione
Xanthine Stimulant   LC:GE III, CSA I, IC: II

Peaks: 42, 56, 70, 91, 119, 148, 165, 181, 207, 250

MW:341.41312
MM:341.18518
$C_{18}H_{23}N_5O_2$
CAS:3736-08-1
RI: 2909 (calc.)

GC/MS
EI 70 eV
HP 5973
QI:962 VI:2

Fenethylline
1,3-Dimethyl-7-[2-(1-phenylpropan-2-ylamino)ethyl]purine-2,6-dione
Xanthine Stimulant   LC:GE III, CSA I, IC: II

Peaks: 56, 70, 91, 119, 134, 148, 165, 181, 207, 250

MW:341.41312
MM:341.18518
$C_{18}H_{23}N_5O_2$
CAS:3736-08-1
RI: 2909 (calc.)

GC/MS
EI 70 eV
TRACE
QI:923 VI:2

Bromadiolone
3-[3-[4-(4-Bromophenyl)phenyl]-3-hydroxy-1-phenyl-propyl]-2-hydroxy-chromen-4-one
Broprodifacoum
Rodenticide

Peaks: 81, 135, 161, 250, 263, 294, 364, 406, 446, 510

MW:527.41422
MM:526.07797
$C_{30}H_{23}BrO_4$
CAS:28772-56-7
RI: 3816 (calc.)

DI/MS
NCI 70 eV
TSQ 70
QI:0

N-Butyl-3,4,5-trimethoxy-benzaldimine
expanded

Peaks: 223, 227, 234, 237, 250, 252

MW:251.32568
MM:251.15214
$C_{14}H_{21}NO_3$
RI: 1893 (SE 54)

GC/MS
EI 70 eV
TSQ 70
QI:858

N-Butyl-3,4,5-trimethoxy-benzaldimine
expanded

Peaks: 223, 227, 234, 237, 250, 252

MW:251.32568
MM:251.15214
$C_{14}H_{21}NO_3$
RI: 1893 (SE 54)

GC/MS
EI 70 eV
GCQ
QI:858

m/z: 250

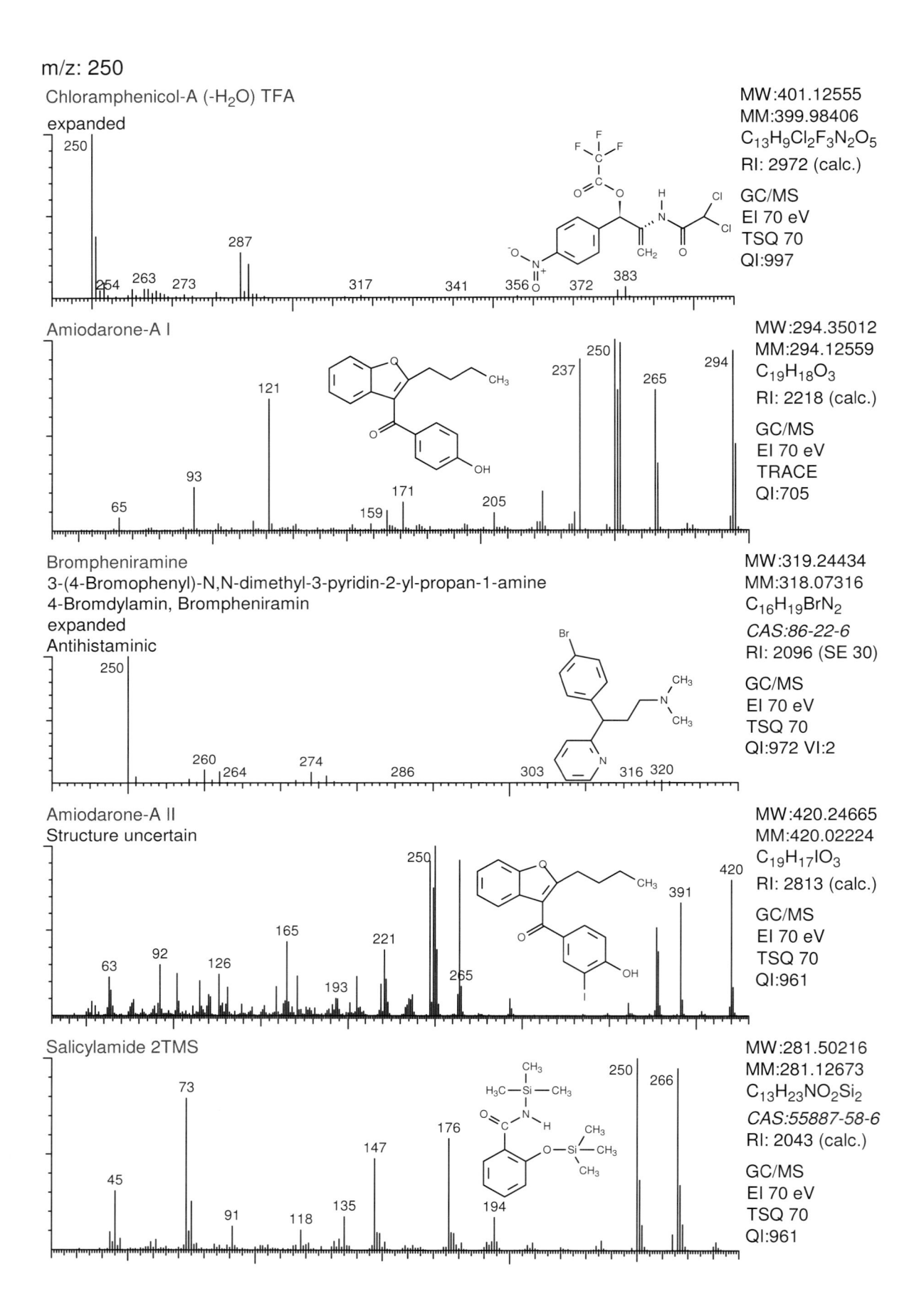

Chloramphenicol-A (-H₂O) TFA
expanded

MW:401.12555
MM:399.98406
$C_{13}H_9Cl_2F_3N_2O_5$
RI: 2972 (calc.)

GC/MS
EI 70 eV
TSQ 70
QI:997

Peaks: 250, 254, 263, 273, 287, 317, 341, 356, 372, 383

Amiodarone-A I

MW:294.35012
MM:294.12559
$C_{19}H_{18}O_3$
RI: 2218 (calc.)

GC/MS
EI 70 eV
TRACE
QI:705

Peaks: 65, 93, 121, 159, 171, 205, 237, 250, 265, 294

Brompheniramine
3-(4-Bromophenyl)-N,N-dimethyl-3-pyridin-2-yl-propan-1-amine
4-Bromdylamin, Brompheniramin
expanded
Antihistaminic

MW:319.24434
MM:318.07316
$C_{16}H_{19}BrN_2$
CAS:86-22-6
RI: 2096 (SE 30)

GC/MS
EI 70 eV
TSQ 70
QI:972 VI:2

Peaks: 250, 260, 264, 274, 286, 303, 316, 320

Amiodarone-A II
Structure uncertain

MW:420.24665
MM:420.02224
$C_{19}H_{17}IO_3$
RI: 2813 (calc.)

GC/MS
EI 70 eV
TSQ 70
QI:961

Peaks: 63, 92, 126, 165, 193, 221, 250, 265, 391, 420

Salicylamide 2TMS

MW:281.50216
MM:281.12673
$C_{13}H_{23}NO_2Si_2$
CAS:55887-58-6
RI: 2043 (calc.)

GC/MS
EI 70 eV
TSQ 70
QI:961

Peaks: 45, 73, 91, 118, 135, 147, 176, 194, 250, 266

m/z: 250

Chloramphenicol 2TFA
expanded

MW:515.14950
MM:513.97693
$C_{15}H_{10}Cl_2F_6N_2O_7$
RI: 3857 (calc.)

GC/MS
EI 70 eV
TSQ 70
QI:998

Cafedrine-A (-H₂O) AC

MW:381.43452
MM:381.18009
$C_{20}H_{23}N_5O_3$
RI: 3156 (calc.)

GC/MS
EI 70 eV
TRACE
QI:897

Cafedrine AC (O)

MW:399.44980
MM:399.19065
$C_{20}H_{25}N_5O_4$
RI: 3315 (calc.)

GC/MS
EI 70 eV
TRACE
QI:941

Fenethylline AC

MW:383.45040
MM:383.19574
$C_{20}H_{25}N_5O_3$
RI: 3168 (calc.)

GC/MS
EI 70 eV
TRACE
QI:928

Trimipramine
(RS)-5-(3-Dimethylamino-2-methyl-propyl)-10,11-dihydro-5H-dibenz[b,f]azepine
Trimeprimin, Trimeproprimin, Trimipramin
expanded
Antidepressant

MW:294.43992
MM:294.20960
$C_{20}H_{26}N_2$
CAS:739-71-9
RI: 2201 (SE 30)

GC/MS
EI 70 eV
TRACE
QI:908 VI:1

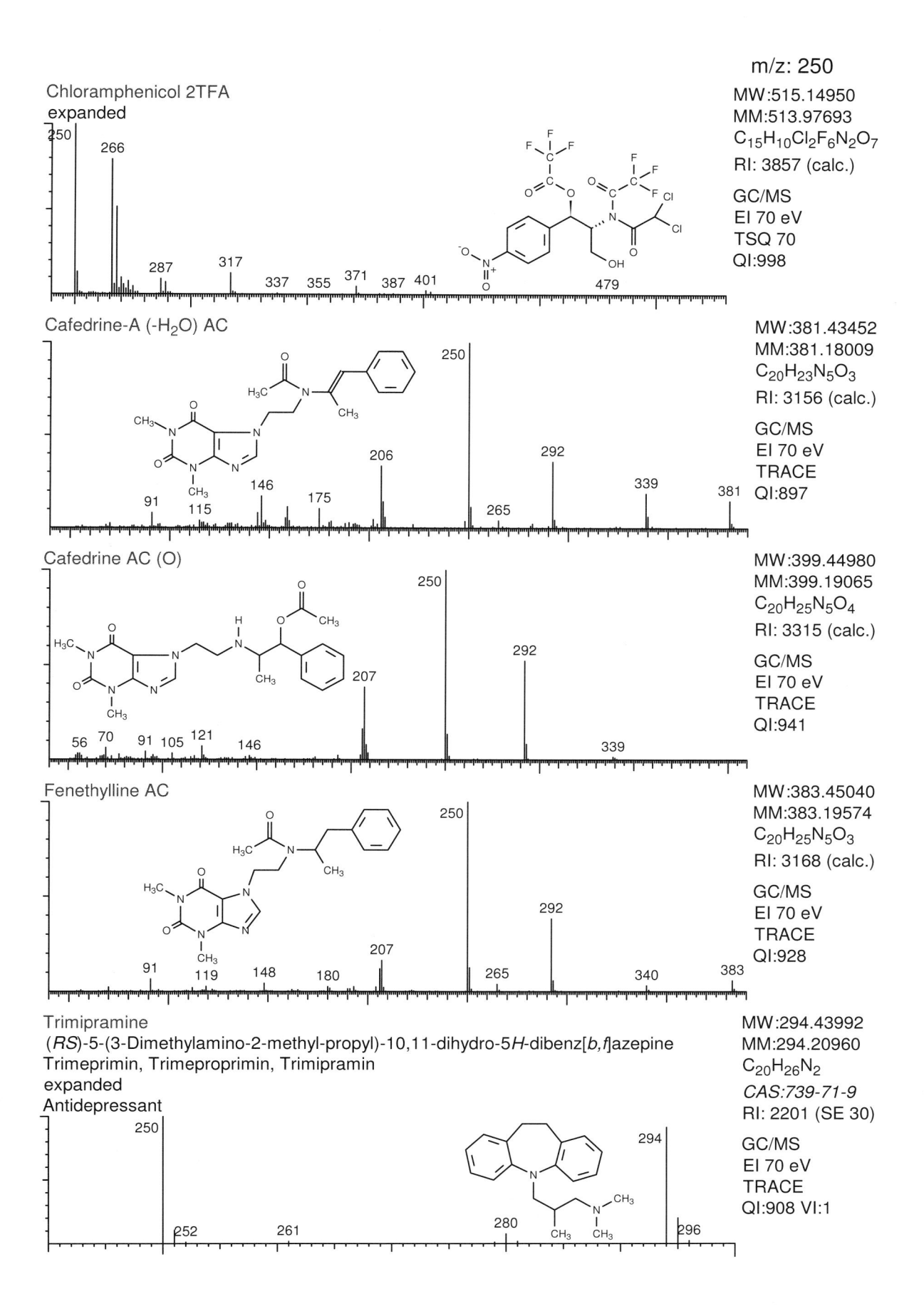

m/z: 250

2-(2-Amino-5-bromobenzoyl)pyridine 2AC
Bromazepam HY 2AC
expanded

MW: 361,19490
MM: 360,01095
$C_{16}H_{13}BrN_2O_3$
RI: 2463 (SE 30)

GC/MS
EI 70 eV
TSQ 70
QI: 966

2-(2-Amino-5-bromobenzoyl)pyridine AC
Bromazepam HY AC
expanded

MW: 319,15762
MM: 318,00039
$C_{14}H_{11}BrN_2O_2$
RI: 2406 (SE 30)

GC/MS
EI 70 eV
TSQ 70
QI: 993

Mirtazapine-M (Nor)
Normirtazapine

MW: 251.33120
MM: 251.14225
$C_{16}H_{17}N_3$
RI: 2235 (calc.)

GC/MS
EI 70 eV
TSQ 70
QI: 846

Mirtazapine-M (Desmethyl) AC
expanded

MW: 293.36848
MM: 293.15281
$C_{18}H_{19}N_3O$
RI: 2494 (calc.)

GC/MS
EI 70 eV
TSQ 70
QI: 917

Cafedrine-A (-H$_2$O)

MW: 339.39724
MM: 339.16952
$C_{18}H_{21}N_5O_2$
RI: 2897 (calc.)

GC/MS
EI 70 eV
TSQ 70
QI: 956

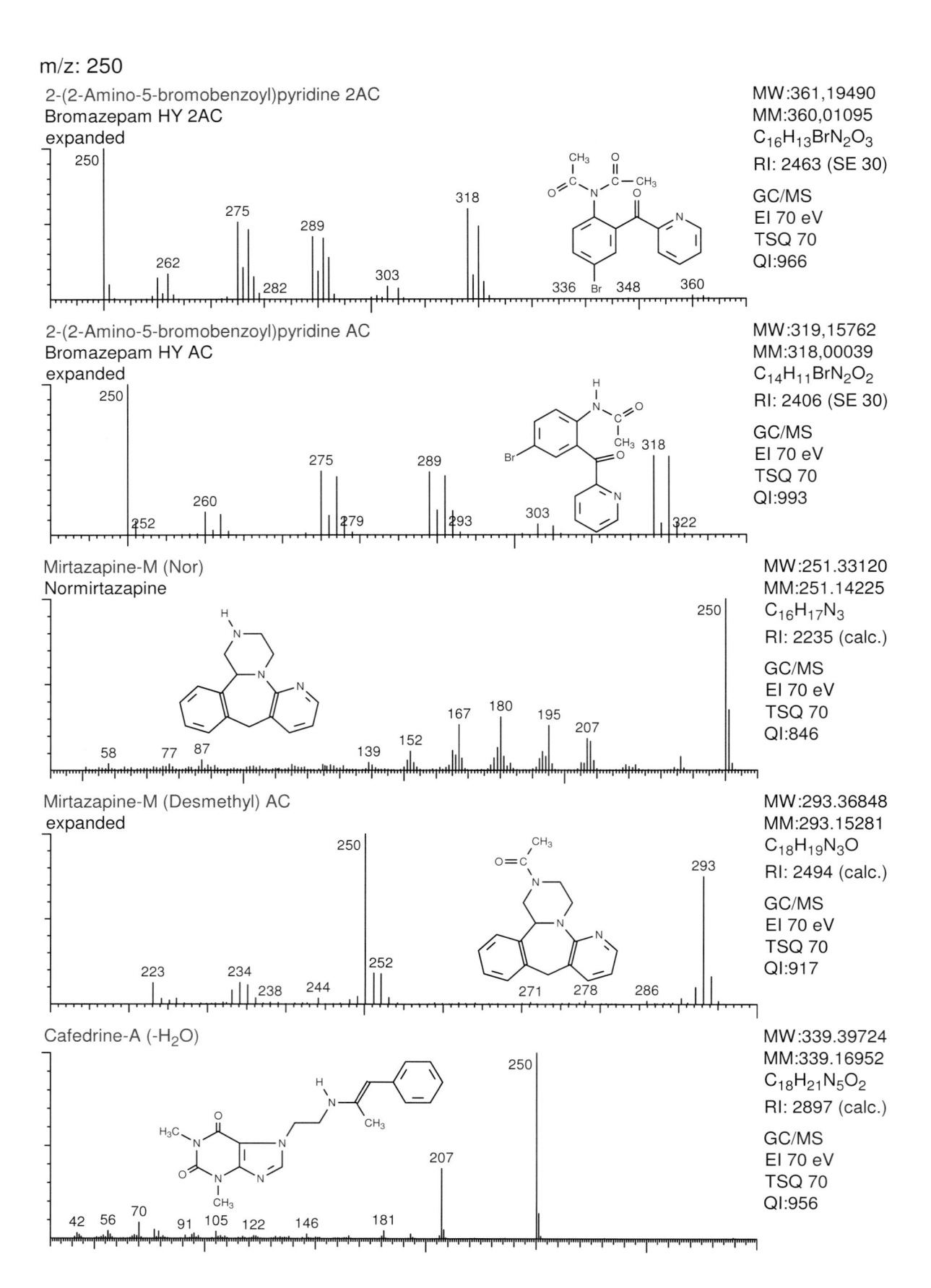

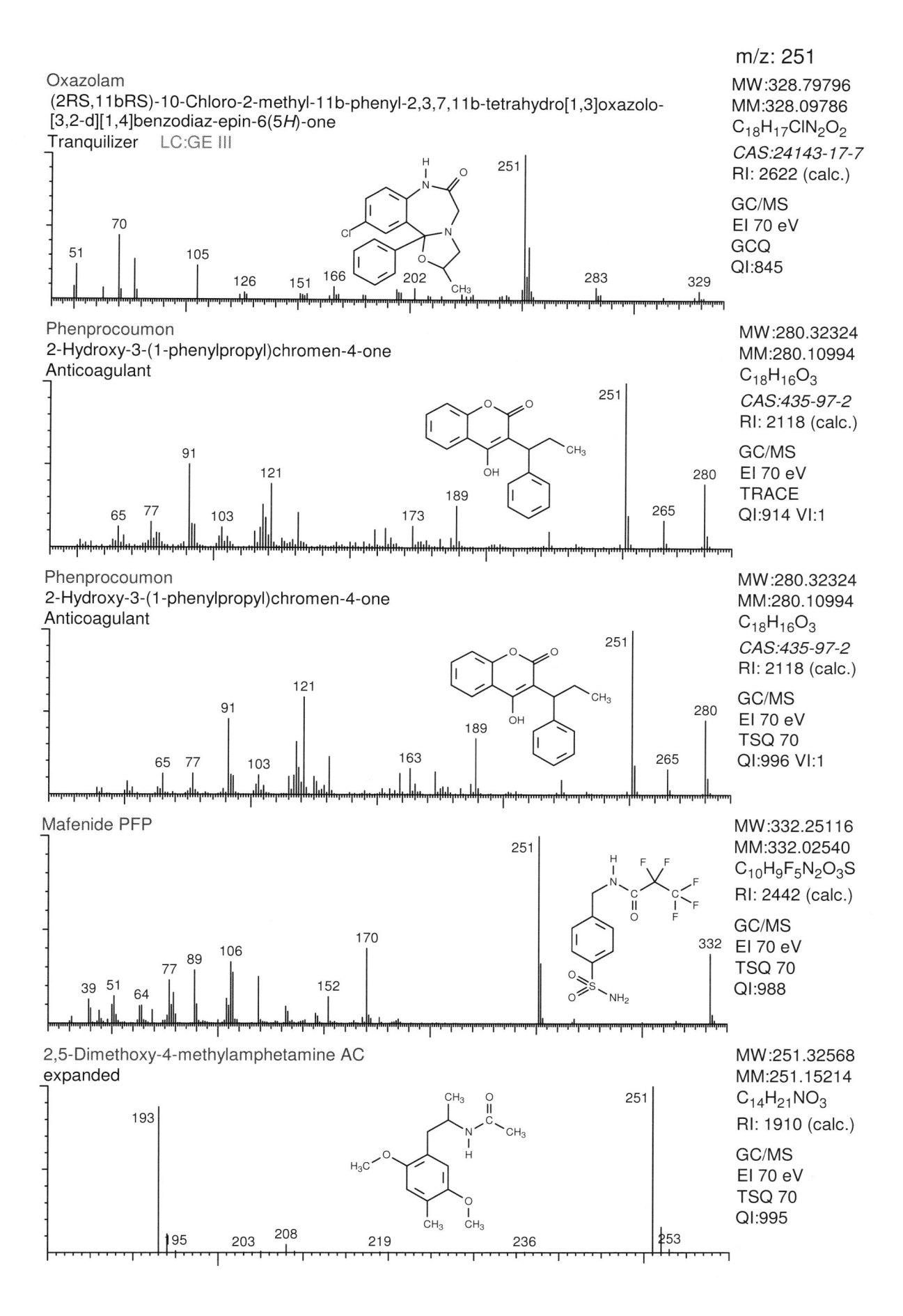

Oxazolam
(2RS,11bRS)-10-Chloro-2-methyl-11b-phenyl-2,3,7,11b-tetrahydro[1,3]oxazolo-[3,2-d][1,4]benzodiaz-epin-6(5H)-one
Tranquilizer LC:GE III

m/z: 251
MW:328.79796
MM:328.09786
$C_{18}H_{17}ClN_2O_2$
CAS:24143-17-7
RI: 2622 (calc.)

GC/MS
EI 70 eV
GCQ
QI:845

Phenprocoumon
2-Hydroxy-3-(1-phenylpropyl)chromen-4-one
Anticoagulant

MW:280.32324
MM:280.10994
$C_{18}H_{16}O_3$
CAS:435-97-2
RI: 2118 (calc.)

GC/MS
EI 70 eV
TRACE
QI:914 VI:1

Phenprocoumon
2-Hydroxy-3-(1-phenylpropyl)chromen-4-one
Anticoagulant

MW:280.32324
MM:280.10994
$C_{18}H_{16}O_3$
CAS:435-97-2
RI: 2118 (calc.)

GC/MS
EI 70 eV
TSQ 70
QI:996 VI:1

Mafenide PFP

MW:332.25116
MM:332.02540
$C_{10}H_9F_5N_2O_3S$
RI: 2442 (calc.)

GC/MS
EI 70 eV
TSQ 70
QI:988

2,5-Dimethoxy-4-methylamphetamine AC
expanded

MW:251.32568
MM:251.15214
$C_{14}H_{21}NO_3$
RI: 1910 (calc.)

GC/MS
EI 70 eV
TSQ 70
QI:995

1459

m/z: 251

2,5-Dimethoxy-4-ethylphenethylamine AC
expanded

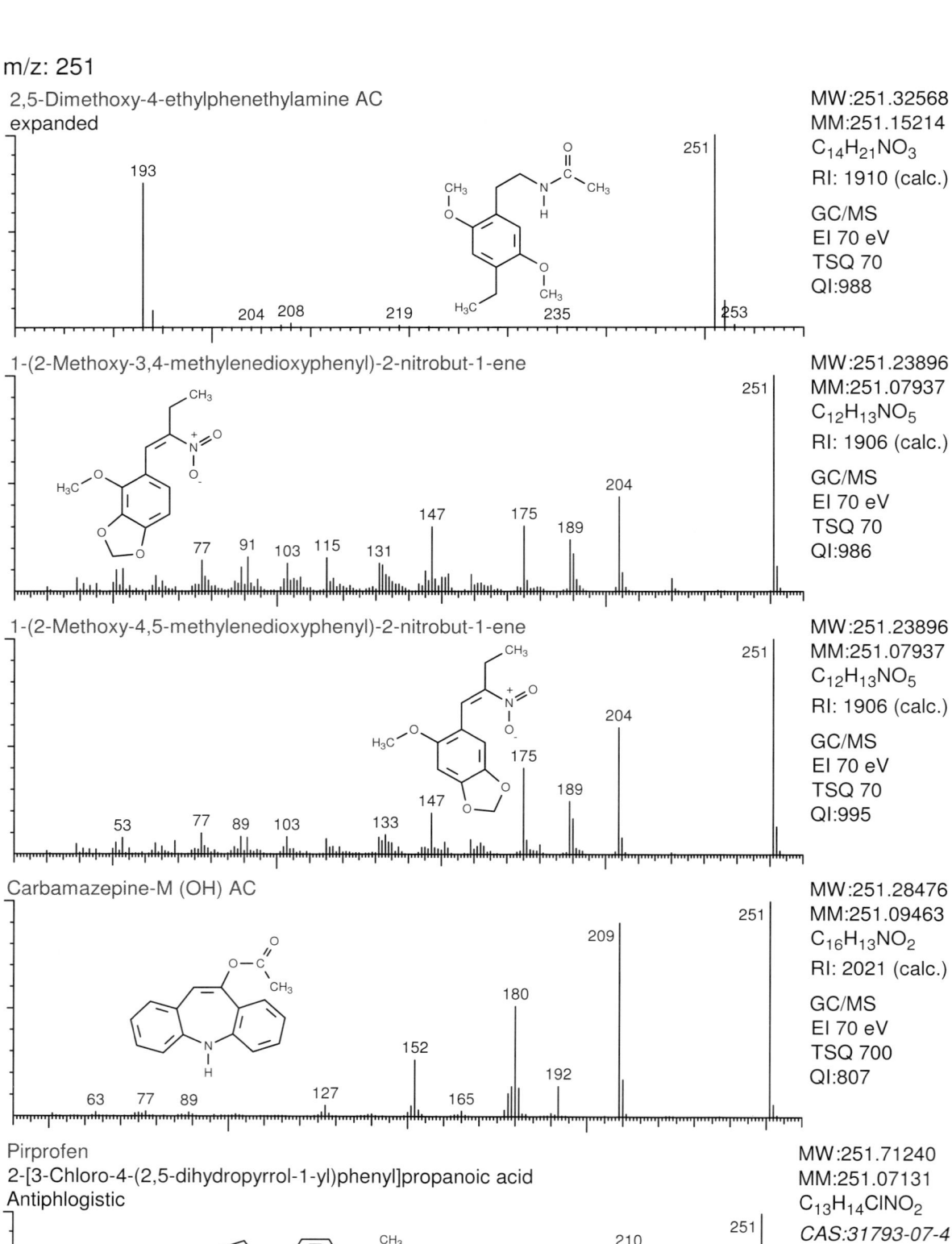

MW:251.32568
MM:251.15214
$C_{14}H_{21}NO_3$
RI: 1910 (calc.)

GC/MS
EI 70 eV
TSQ 70
QI:988

1-(2-Methoxy-3,4-methylenedioxyphenyl)-2-nitrobut-1-ene

MW:251.23896
MM:251.07937
$C_{12}H_{13}NO_5$
RI: 1906 (calc.)

GC/MS
EI 70 eV
TSQ 70
QI:986

1-(2-Methoxy-4,5-methylenedioxyphenyl)-2-nitrobut-1-ene

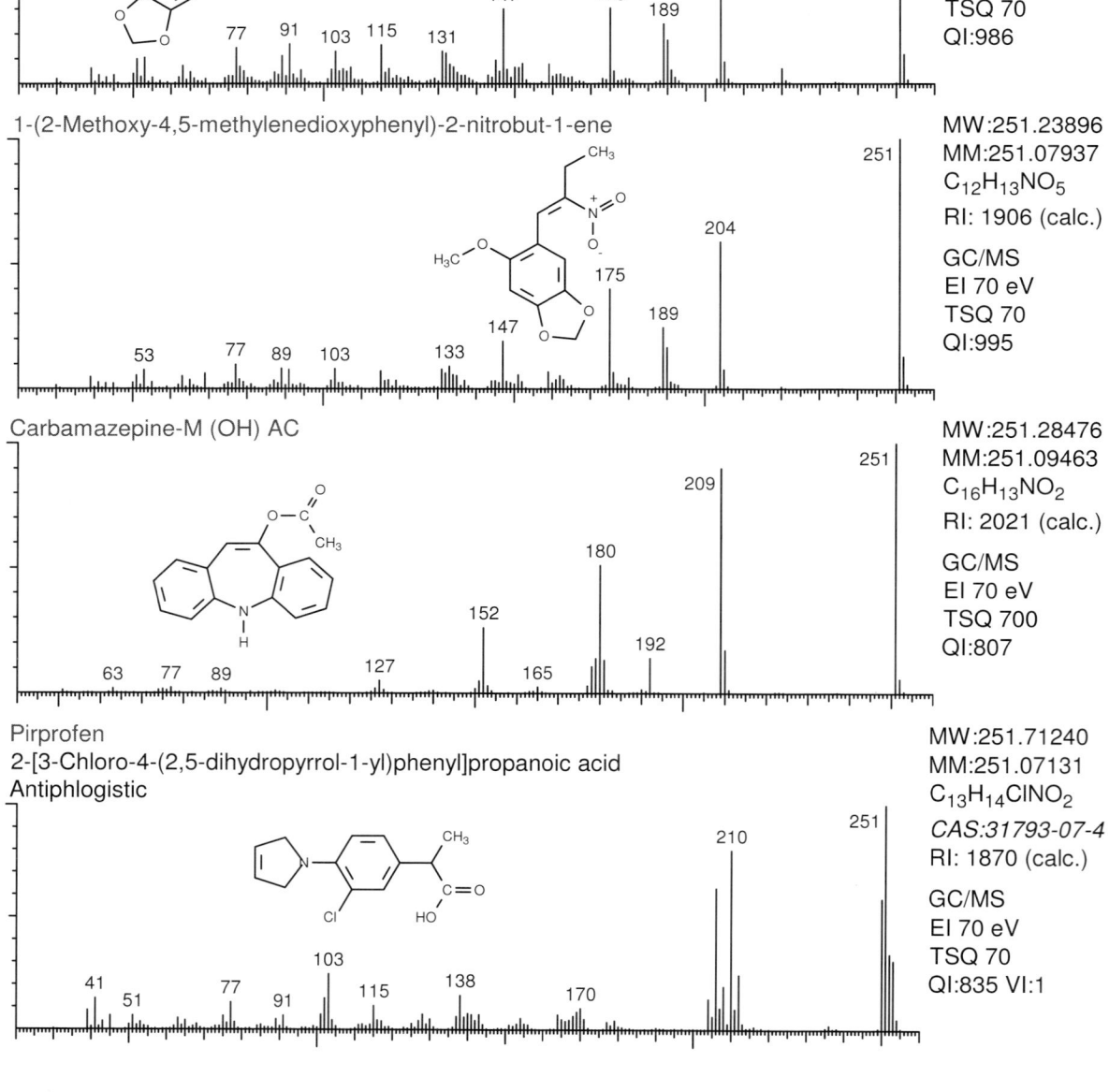

MW:251.23896
MM:251.07937
$C_{12}H_{13}NO_5$
RI: 1906 (calc.)

GC/MS
EI 70 eV
TSQ 70
QI:995

Carbamazepine-M (OH) AC

MW:251.28476
MM:251.09463
$C_{16}H_{13}NO_2$
RI: 2021 (calc.)

GC/MS
EI 70 eV
TSQ 700
QI:807

Pirprofen
2-[3-Chloro-4-(2,5-dihydropyrrol-1-yl)phenyl]propanoic acid
Antiphlogistic

MW:251.71240
MM:251.07131
$C_{13}H_{14}ClNO_2$
CAS:31793-07-4
RI: 1870 (calc.)

GC/MS
EI 70 eV
TSQ 70
QI:835 VI:1

m/z: 251

Carbamazepine-M (OH) AC
expanded

MW: 251.28476
MM: 251.09463
$C_{16}H_{13}NO_2$
RI: 2021 (calc.)

GC/MS
EI 70 eV
TSQ 70
QI: 896

Peaks: 210, 213, 218, 222, 233, 251, 253

Amiodarone-A I

MW: 294.35012
MM: 294.12559
$C_{19}H_{18}O_3$
RI: 2218 (calc.)

GC/MS
EI 70 eV
TSQ 70
QI: 937

Peaks: 55, 65, 93, 121, 165, 205, 223, 251, 265, 294

Fenethylline
1,3-Dimethyl-7-[2-(1-phenylpropan-2-ylamino)ethyl]purine-2,6-dione
expanded
Xanthine Stimulant   LC:GE III, CSA I, IC: II

MW: 341.41312
MM: 341.18518
$C_{18}H_{23}N_5O_2$
CAS: 3736-08-1
RI: 2909 (calc.)

GC/MS
EI 70 eV
HP 5973
QI: 962 VI: 2

Peaks: 251, 253, 267, 272, 281, 297, 311, 320, 326, 340

Cafedrine-A (-H₂O)
expanded

MW: 339.39724
MM: 339.16952
$C_{18}H_{21}N_5O_2$
RI: 2897 (calc.)

GC/MS
EI 70 eV
TRACE
QI: 900

Peaks: 251, 256, 262, 277, 287, 299, 312, 324, 339

Sulfaclomide
4-Amino-N-(5-chloro-2,6-dimethyl-pyrimidin-4-yl)benzenesulfonamide
Sulfachlorin, Sulphaclomide
expanded
Chemotherapeutic

MW: 312.77968
MM: 312.04477
$C_{12}H_{13}ClN_4O_2S$
CAS: 4015-18-3
RI: 2492 (calc.)

DI/MS
EI 70 eV
TSQ 700
QI: 920

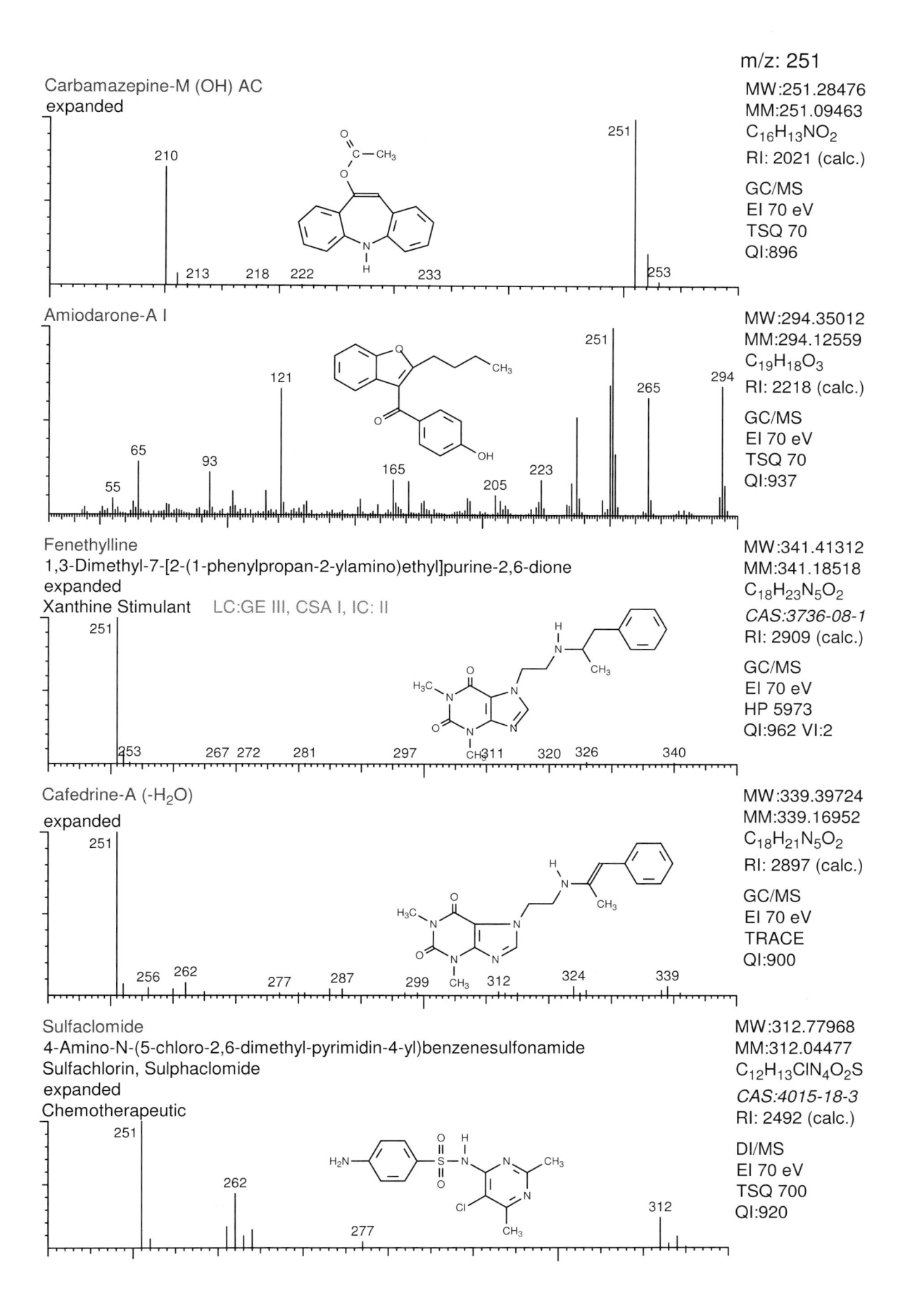

Peaks: 251, 262, 277, 312

m/z: 251

α-Methyl-N-ethyl-3,4-methylenedioxybenzylamine TMS
expanded

MW: 265.42766
MM: 265.14981
$C_{14}H_{23}NO_2Si$
RI: 1975 (calc.)

GC/MS
EI 70 eV
GCQ
QI: 914

Carbamazepine-M (-CONH₂, HO-ring) 2AC
expanded

MW: 293.32204
MM: 293.10519
$C_{18}H_{15}NO_3$
RI: 2280 (calc.)

GC/MS
EI 70 eV
HP 5971A
QI: 845

Loperamid-A
expanded

MW: 401.93540
MM: 401.15464
$C_{26}H_{24}ClNO$
RI: 3064 (calc.)

GC/MS
EI 70 eV
TSQ 70
QI: 945

1-(2-Methoxy-3,4-methylenedioxyphenyl)butan-2-amine FORM
expanded

MW: 251.28232
MM: 251.11576
$C_{13}H_{17}NO_4$
RI: 1986 (calc.)

GC/MS
EI 70 eV
TSQ 70
QI: 989

Nevirapine
11-Cyclopropyl-5,11-dihydro-4-methyl-6H-dipyrido[3,2-b:2',3'-f][l,4]diazepin-6-one
Antiviral HIV-1

MW: 266.30252
MM: 266.11676
$C_{15}H_{14}N_4O$
CAS: 129618-40-2
RI: 2365 (calc.)

GC/MS
EI 70 eV
TSQ 70
QI: 877 VI: 1

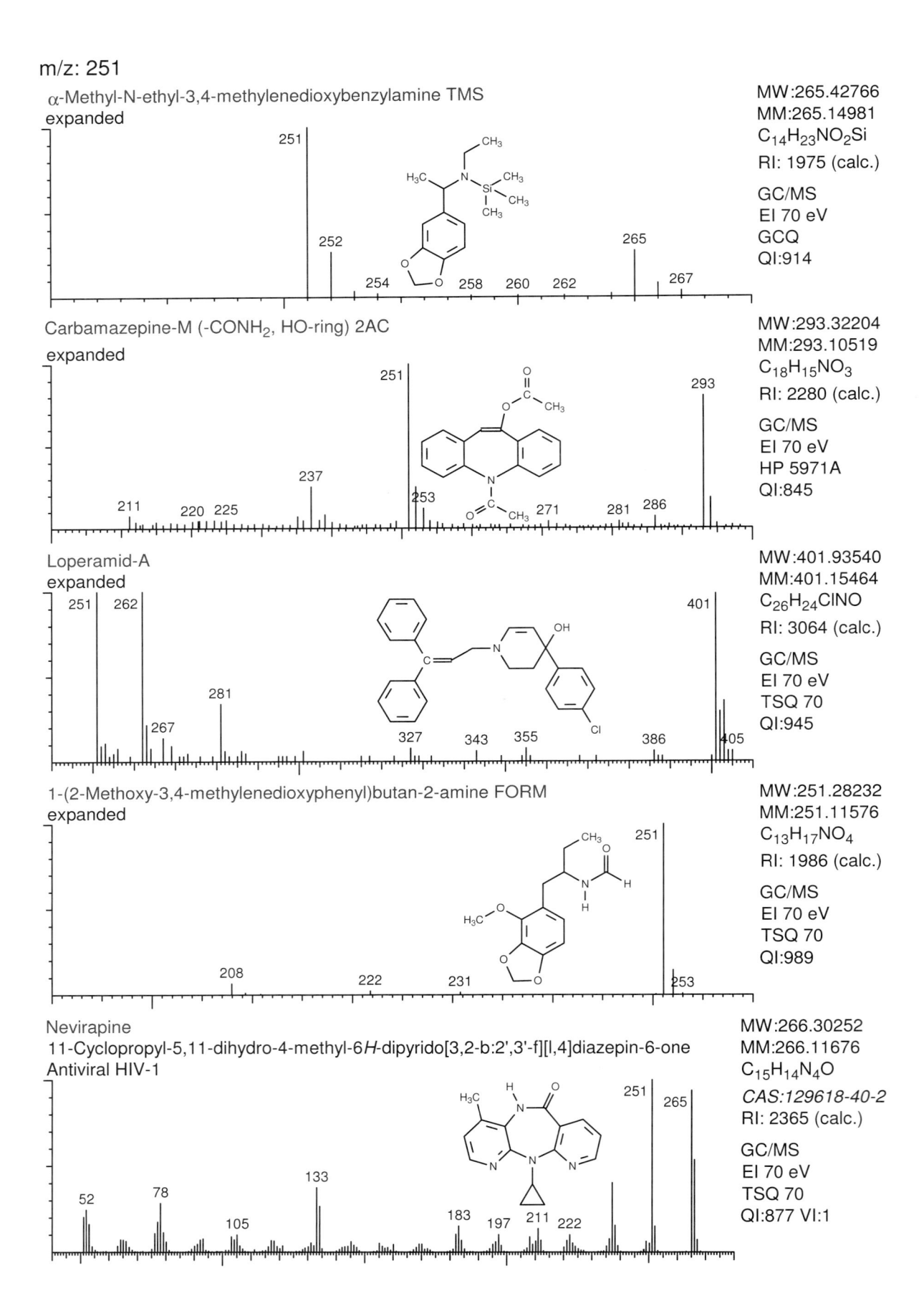

m/z: 252

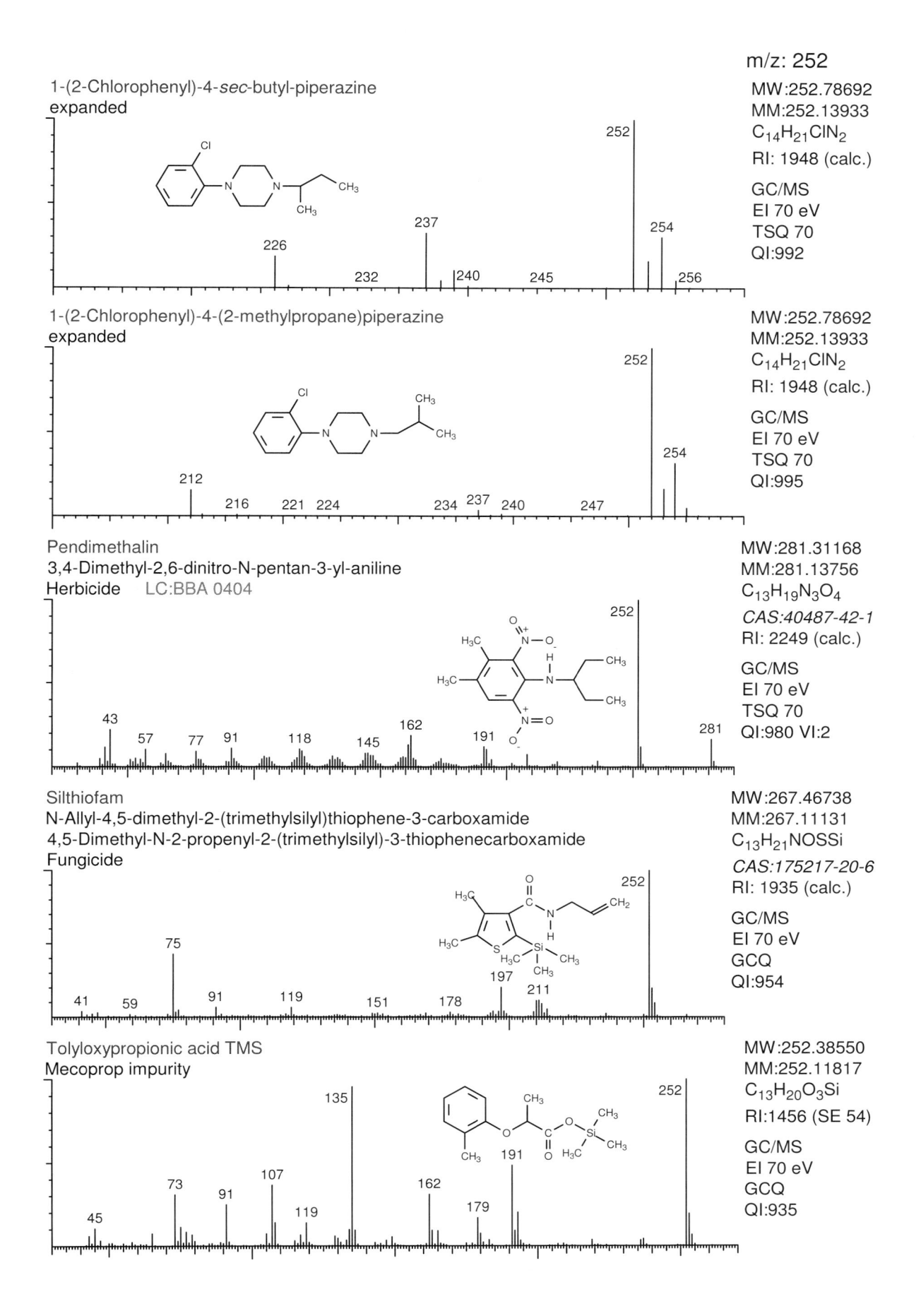

1-(2-Chlorophenyl)-4-sec-butyl-piperazine
expanded

MW: 252.78692
MM: 252.13933
$C_{14}H_{21}ClN_2$
RI: 1948 (calc.)

GC/MS
EI 70 eV
TSQ 70
QI: 992

1-(2-Chlorophenyl)-4-(2-methylpropane)piperazine
expanded

MW: 252.78692
MM: 252.13933
$C_{14}H_{21}ClN_2$
RI: 1948 (calc.)

GC/MS
EI 70 eV
TSQ 70
QI: 995

Pendimethalin
3,4-Dimethyl-2,6-dinitro-N-pentan-3-yl-aniline
Herbicide   LC:BBA 0404

MW: 281.31168
MM: 281.13756
$C_{13}H_{19}N_3O_4$
CAS: 40487-42-1
RI: 2249 (calc.)

GC/MS
EI 70 eV
TSQ 70
QI: 980 VI:2

Silthiofam
N-Allyl-4,5-dimethyl-2-(trimethylsilyl)thiophene-3-carboxamide
4,5-Dimethyl-N-2-propenyl-2-(trimethylsilyl)-3-thiophenecarboxamide
Fungicide

MW: 267.46738
MM: 267.11131
$C_{13}H_{21}NOSSi$
CAS: 175217-20-6
RI: 1935 (calc.)

GC/MS
EI 70 eV
GCQ
QI: 954

Tolyloxypropionic acid TMS
Mecoprop impurity

MW: 252.38550
MM: 252.11817
$C_{13}H_{20}O_3Si$
RI: 1456 (SE 54)

GC/MS
EI 70 eV
GCQ
QI: 935

m/z: 252

Carbamazepin-10,11-epoxide
Carbamazepine-M

MW: 252.27256
MM: 252.08988
$C_{15}H_{12}N_2O_2$
RI: 2093 (calc.)

GC/MS
EI 70 eV
TSQ 700
QI: 898

4-Methylthio-benzylmethylketone (Enol) TMS

MW: 252.45270
MM: 252.10041
$C_{13}H_{20}OSSi$
RI: 1733 (calc.)

GC/MS
EI 70 eV
GCQ
QI: 900

7-Hydroxyflavone ME

MW: 252.26948
MM: 252.07864
$C_{16}H_{12}O_3$
RI: 2470 (SE 30)

GC/MS
EI 70 eV
TSQ 70
QI: 988

Carbamazepine-M (2OH, +H2) 2AC
10,11-Dihydroxy-dihydro-carbamazepin 2AC
expanded

MW: 354.36240
MM: 354.12157
$C_{19}H_{18}N_2O_5$
RI: 2767 (calc.)

GC/MS
EI 70 eV
TSQ 70
QI: 912

Trenbolone acetate
(13-Methyl-3-oxo-2,6,7,8,14,15,16,17-octahydro-1H-cyclopenta[a]phenanthren-17-yl) acetate
Anabolic Steroid

MW: 312.40876
MM: 312.17254
$C_{20}H_{24}O_3$
CAS: 10161-34-9
RI: 2612 (SE 54)

GC/MS
EI 70 eV
GCQ
QI: 906

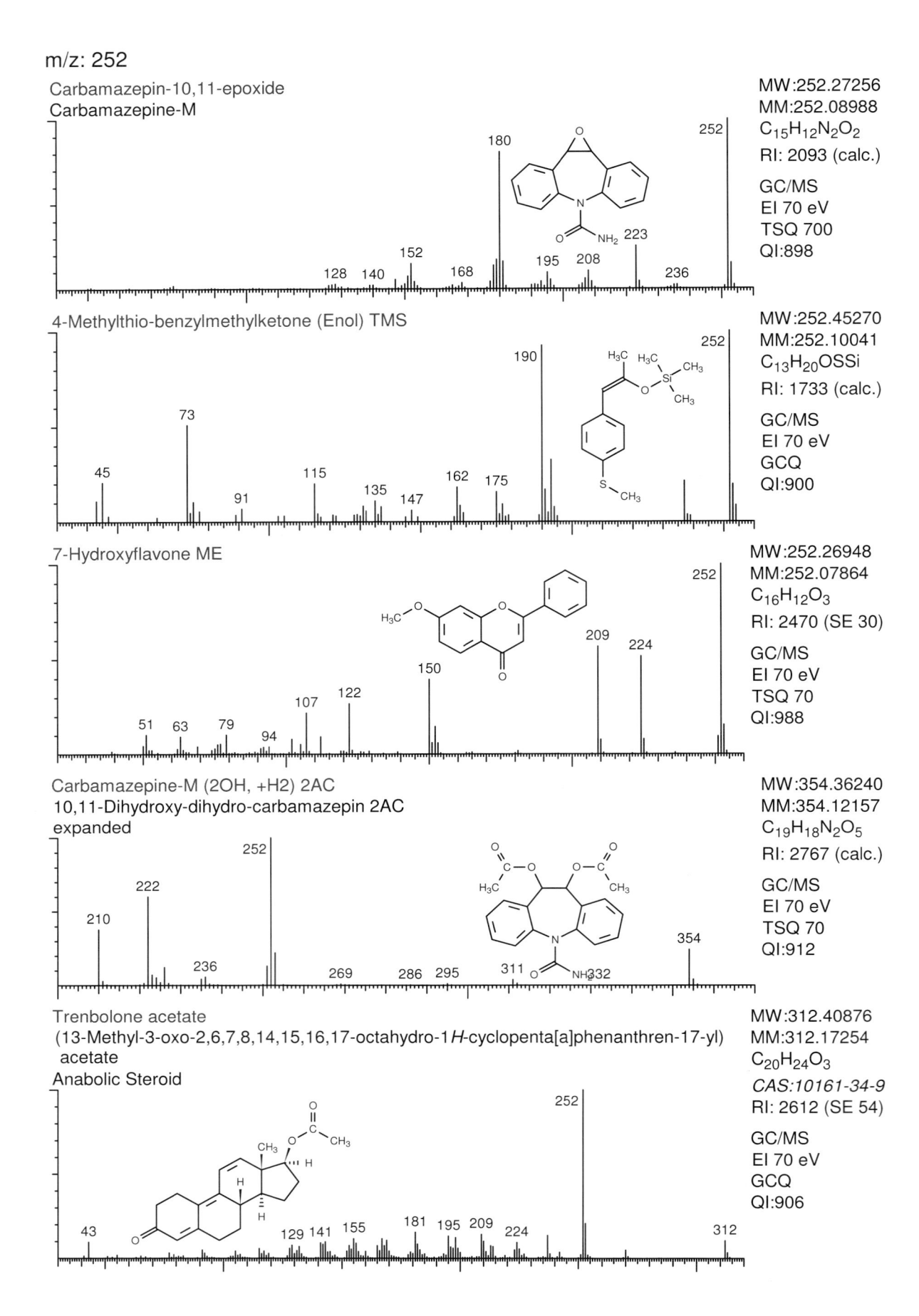

m/z: 252-253

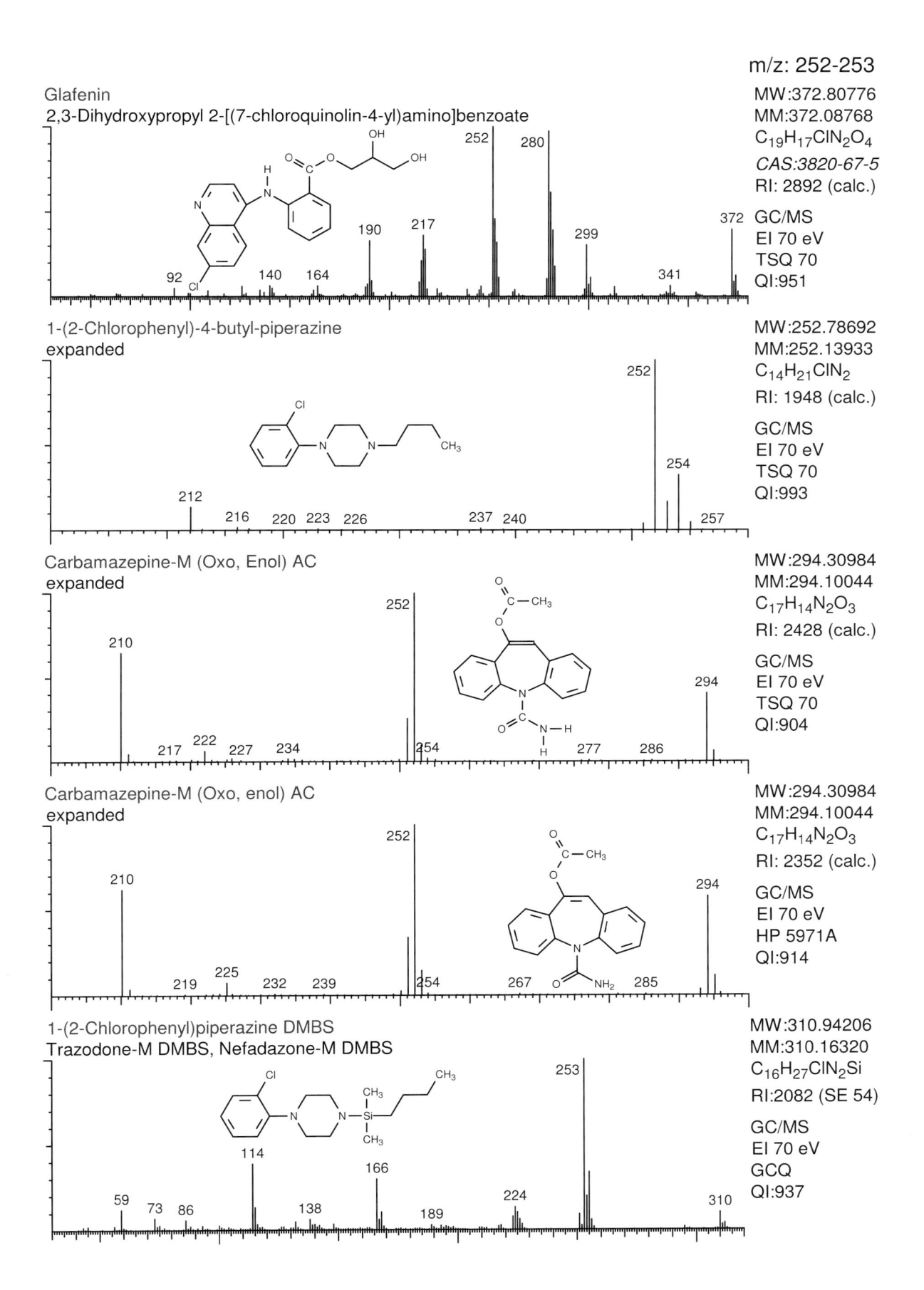

Glafenin
2,3-Dihydroxypropyl 2-[(7-chloroquinolin-4-yl)amino]benzoate

MW:372.80776
MM:372.08768
$C_{19}H_{17}ClN_2O_4$
CAS:3820-67-5
RI: 2892 (calc.)

GC/MS
EI 70 eV
TSQ 70
QI:951

1-(2-Chlorophenyl)-4-butyl-piperazine
expanded

MW:252.78692
MM:252.13933
$C_{14}H_{21}ClN_2$
RI: 1948 (calc.)

GC/MS
EI 70 eV
TSQ 70
QI:993

Carbamazepine-M (Oxo, Enol) AC
expanded

MW:294.30984
MM:294.10044
$C_{17}H_{14}N_2O_3$
RI: 2428 (calc.)

GC/MS
EI 70 eV
TSQ 70
QI:904

Carbamazepine-M (Oxo, enol) AC
expanded

MW:294.30984
MM:294.10044
$C_{17}H_{14}N_2O_3$
RI: 2352 (calc.)

GC/MS
EI 70 eV
HP 5971A
QI:914

1-(2-Chlorophenyl)piperazine DMBS
Trazodone-M DMBS, Nefadazone-M DMBS

MW:310.94206
MM:310.16320
$C_{16}H_{27}ClN_2Si$
RI:2082 (SE 54)

GC/MS
EI 70 eV
GCQ
QI:937

m/z: 253

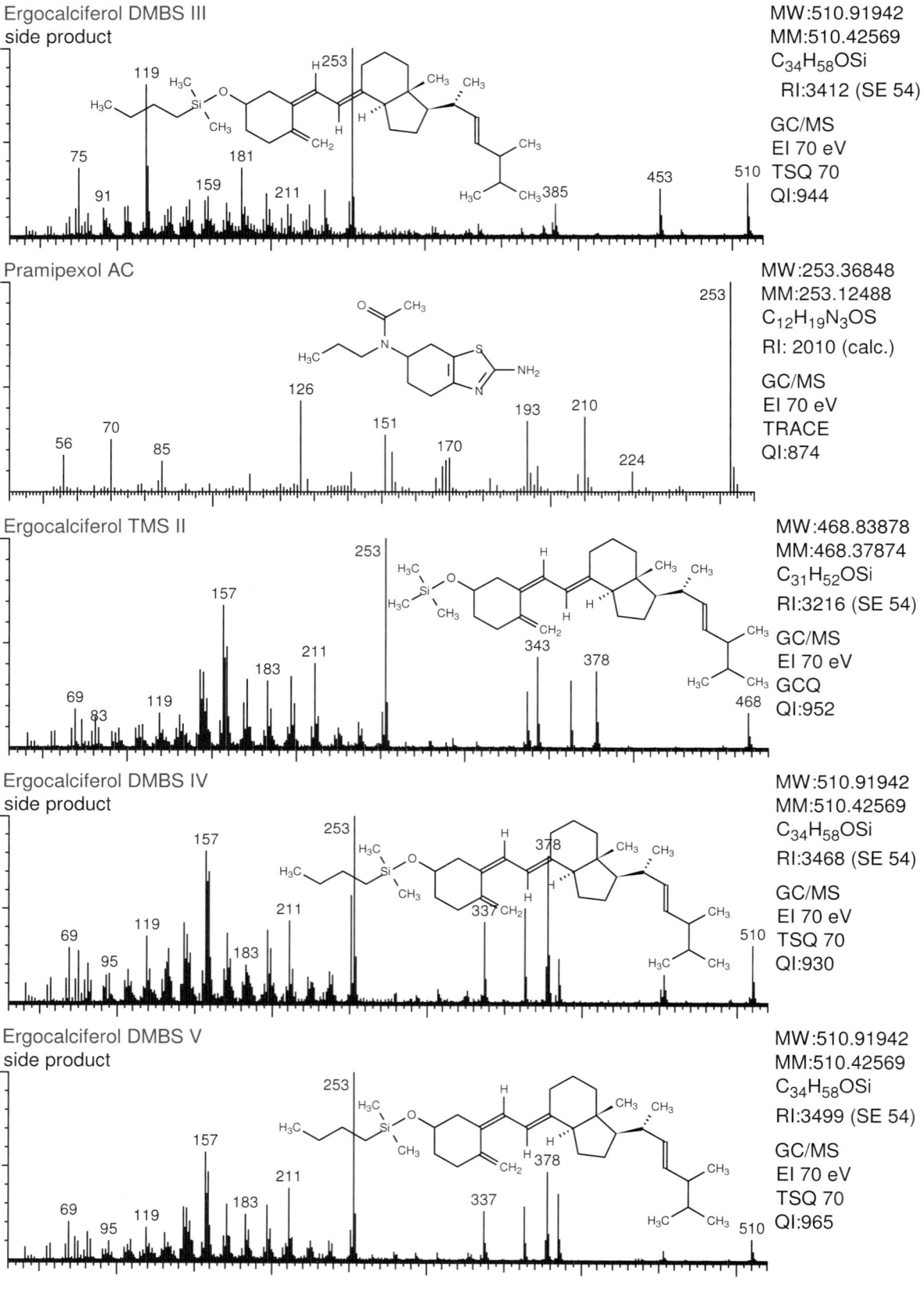

Ergocalciferol DMBS III side product

MW: 510.91942
MM: 510.42569
$C_{34}H_{58}OSi$
RI: 3412 (SE 54)

GC/MS
EI 70 eV
TSQ 70
QI: 944

Peaks: 75, 91, 119, 159, 181, 211, 253, 385, 453, 510

Pramipexol AC

MW: 253.36848
MM: 253.12488
$C_{12}H_{19}N_3OS$
RI: 2010 (calc.)

GC/MS
EI 70 eV
TRACE
QI: 874

Peaks: 56, 70, 85, 126, 151, 170, 193, 210, 224, 253

Ergocalciferol TMS II

MW: 468.83878
MM: 468.37874
$C_{31}H_{52}OSi$
RI: 3216 (SE 54)

GC/MS
EI 70 eV
GCQ
QI: 952

Peaks: 69, 83, 119, 157, 183, 211, 253, 343, 378, 468

Ergocalciferol DMBS IV side product

MW: 510.91942
MM: 510.42569
$C_{34}H_{58}OSi$
RI: 3468 (SE 54)

GC/MS
EI 70 eV
TSQ 70
QI: 930

Peaks: 69, 95, 119, 157, 183, 211, 253, 337, 378, 510

Ergocalciferol DMBS V side product

MW: 510.91942
MM: 510.42569
$C_{34}H_{58}OSi$
RI: 3499 (SE 54)

GC/MS
EI 70 eV
TSQ 70
QI: 965

Peaks: 69, 95, 119, 157, 183, 211, 253, 337, 378, 510

m/z: 253

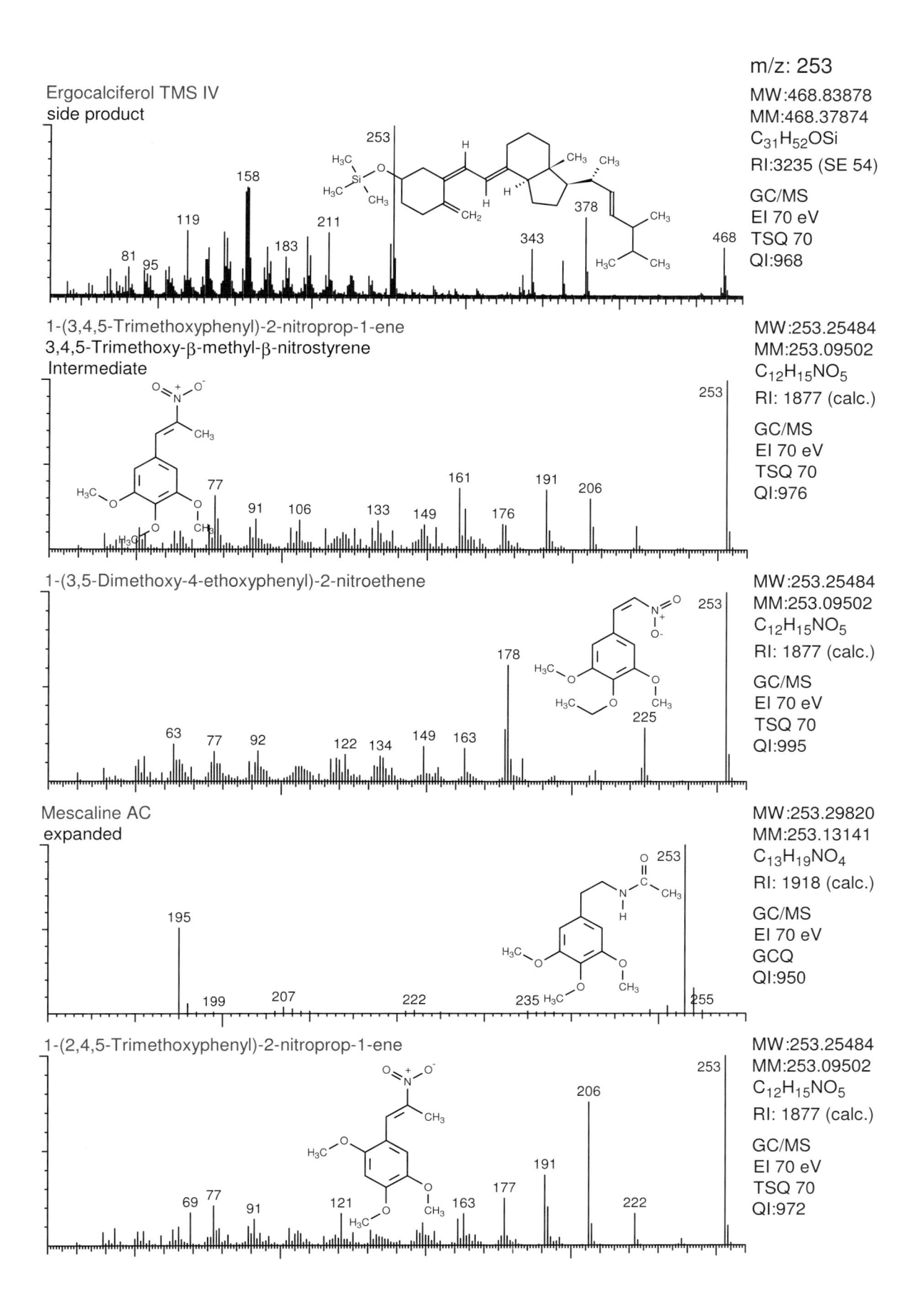

Ergocalciferol TMS IV side product

MW: 468.83878
MM: 468.37874
$C_{31}H_{52}OSi$
RI: 3235 (SE 54)

GC/MS
EI 70 eV
TSQ 70
QI: 968

Peaks: 81, 95, 119, 158, 183, 211, 253, 343, 378, 468

1-(3,4,5-Trimethoxyphenyl)-2-nitroprop-1-ene
3,4,5-Trimethoxy-β-methyl-β-nitrostyrene
Intermediate

MW: 253.25484
MM: 253.09502
$C_{12}H_{15}NO_5$
RI: 1877 (calc.)

GC/MS
EI 70 eV
TSQ 70
QI: 976

Peaks: 77, 91, 106, 133, 149, 161, 176, 191, 206, 253

1-(3,5-Dimethoxy-4-ethoxyphenyl)-2-nitroethene

MW: 253.25484
MM: 253.09502
$C_{12}H_{15}NO_5$
RI: 1877 (calc.)

GC/MS
EI 70 eV
TSQ 70
QI: 995

Peaks: 63, 77, 92, 122, 134, 149, 163, 178, 225, 253

Mescaline AC expanded

MW: 253.29820
MM: 253.13141
$C_{13}H_{19}NO_4$
RI: 1918 (calc.)

GC/MS
EI 70 eV
GCQ
QI: 950

Peaks: 195, 199, 207, 222, 235, 253, 255

1-(2,4,5-Trimethoxyphenyl)-2-nitroprop-1-ene

MW: 253.25484
MM: 253.09502
$C_{12}H_{15}NO_5$
RI: 1877 (calc.)

GC/MS
EI 70 eV
TSQ 70
QI: 972

Peaks: 69, 77, 91, 121, 163, 177, 191, 206, 222, 253

m/z: 253

Mirtazapine-M (OH) AC
Structure uncertain

MW: 323.39476
MM: 323.16338
$C_{19}H_{21}N_3O_2$
RI: 2703 (calc.)

GC/MS
EI 70 eV
TRACE
QI: 916

6-Chloro-2-methyl-4-phenylchinazoline
Oxazepam-M/A

MW: 254.71852
MM: 254.06108
$C_{15}H_{11}ClN_2$
RI: 2030 (calc.)

GC/MS
EI 70 eV
TSQ 70
QI: 636

Cholic acid-A (-2H$_2$O) TMS

MW: 458.75694
MM: 458.32162
$C_{28}H_{46}O_3Si$
RI: 3517 (calc.)

GC/MS
EI 70 eV
GCQ
QI: 719

Pyridoxine 2AC
expanded

MW: 253.25484
MM: 253.09502
$C_{12}H_{15}NO_5$
RI: 1877 (calc.)

GC/MS
EI 70 eV
GCQ
QI: 938

Pyridoxine 3AC
Vitamin B6 acetate
expanded

MW: 295.29212
MM: 295.10559
$C_{14}H_{17}NO_6$
RI: 2174 (calc.)

GC/MS
EI 70 eV
TSQ 700
QI: 982

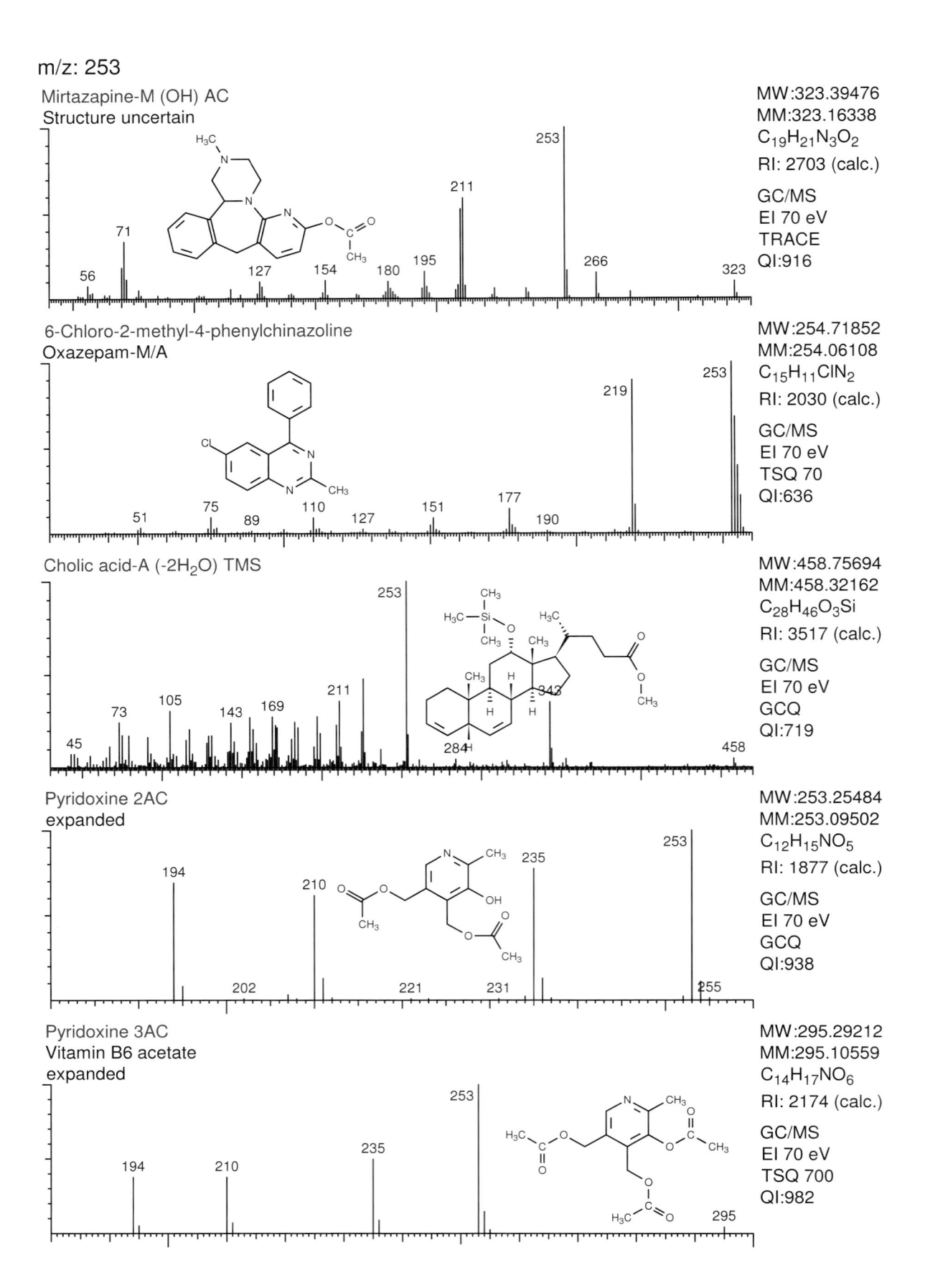

m/z: 253

2,2'-Thiobis-acetic acid 2TMS expanded

MW: 326.58528
MM: 326.04980
$C_{10}H_{22}O_4S_2Si_2$
RI: 1726 (SE 54)

GC/MS
EI 70 eV
GCQ
QI: 883

Methyprylone-M (OH) -H₂O TMS expanded

MW: 253.41666
MM: 253.14981
$C_{13}H_{23}NO_2Si$
RI: 1838 (calc.)

GC/MS
EI 70 eV
TSQ 70
QI: 992

1-(4-Chlorophenyl)piperazine DMBS

MW: 310.94206
MM: 310.16320
$C_{16}H_{27}ClN_2Si$
RI: 2226 (SE 54)

GC/MS
EI 70 eV
GCQ
QI: 933

1-(3-Chlorophenyl)piperazine DMBS
Trazodone-M DMBS, Nefadazone-M DMBS

MW: 310.94206
MM: 310.16320
$C_{16}H_{27}ClN_2Si$
RI: 2215 (SE 54)

GC/MS
EI 70 eV
GCQ
QI: 905

Dibenzepin-M 2AC

MW: 381.43144
MM: 381.16886
$C_{21}H_{23}N_3O_4$
RI: 3030 (calc.)

GC/MS
EI 70 eV
TRACE
QI: 938

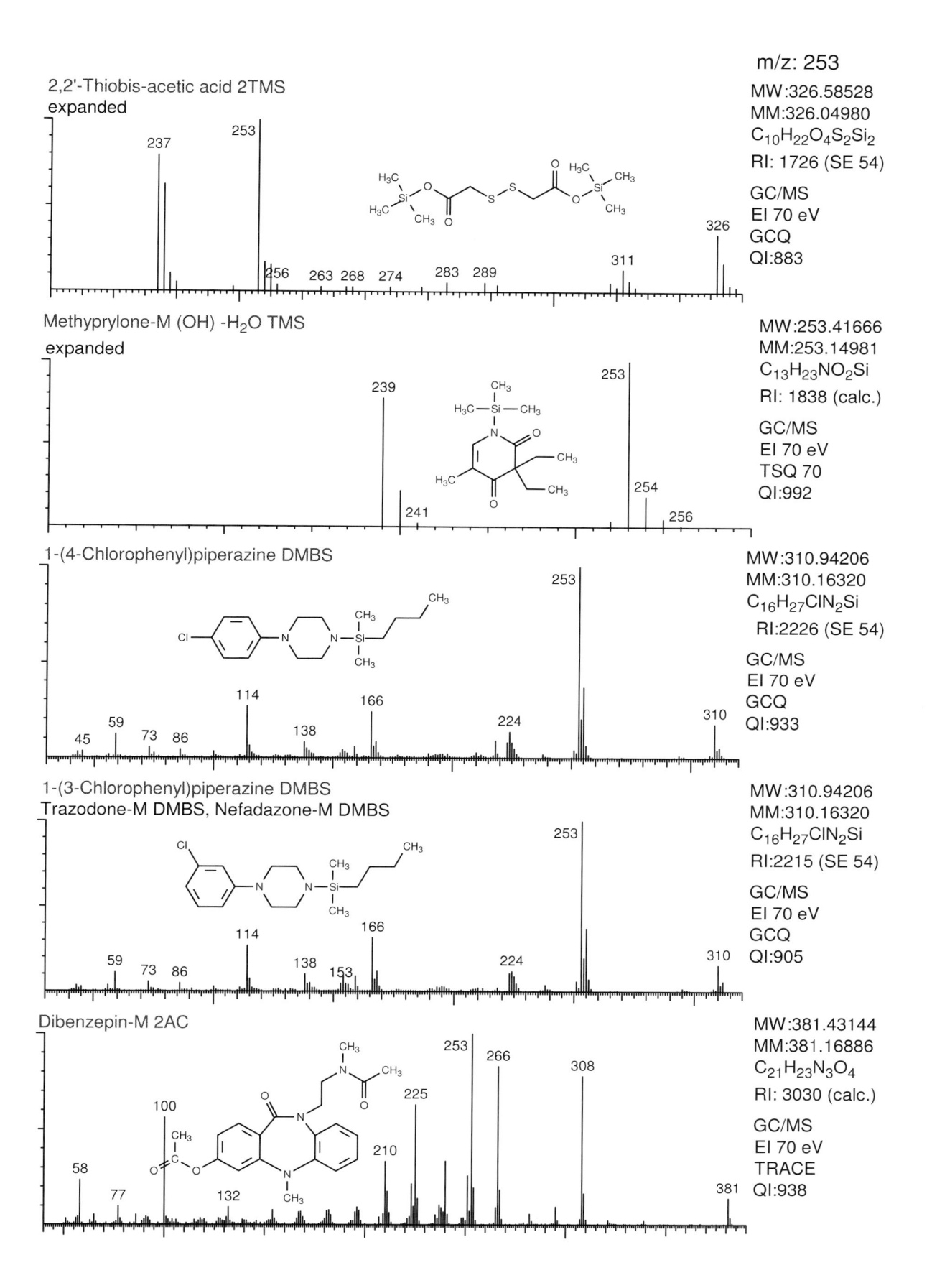

m/z: 253

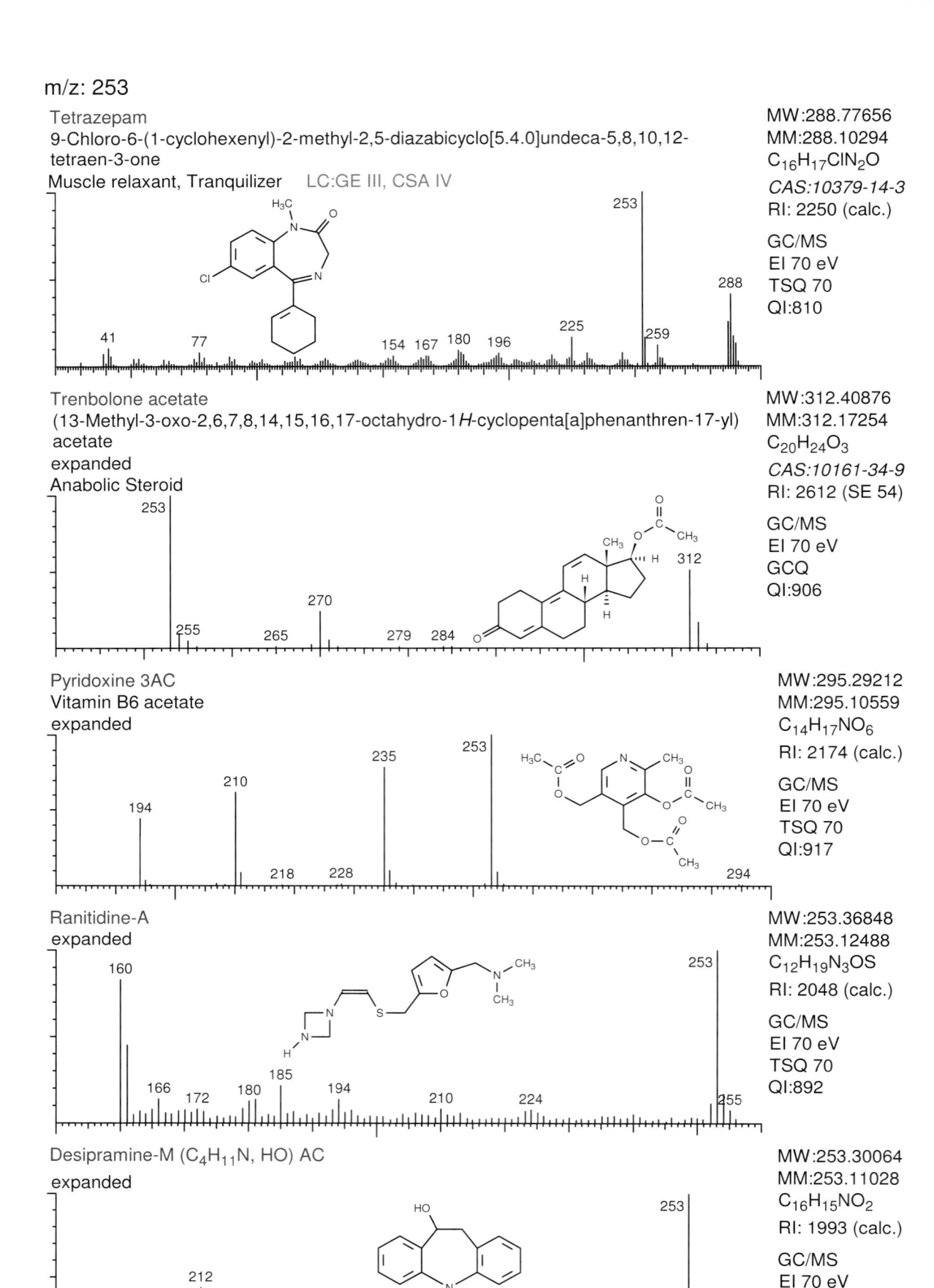

Tetrazepam
9-Chloro-6-(1-cyclohexenyl)-2-methyl-2,5-diazabicyclo[5.4.0]undeca-5,8,10,12-tetraen-3-one
Muscle relaxant, Tranquilizer   LC:GE III, CSA IV

MW:288.77656
MM:288.10294
$C_{16}H_{17}ClN_2O$
CAS:10379-14-3
RI: 2250 (calc.)

GC/MS
EI 70 eV
TSQ 70
QI:810

Peaks: 41, 77, 154, 167, 180, 196, 225, 253, 259, 288

Trenbolone acetate
(13-Methyl-3-oxo-2,6,7,8,14,15,16,17-octahydro-1H-cyclopenta[a]phenanthren-17-yl) acetate
expanded
Anabolic Steroid

MW:312.40876
MM:312.17254
$C_{20}H_{24}O_3$
CAS:10161-34-9
RI: 2612 (SE 54)

GC/MS
EI 70 eV
GCQ
QI:906

Peaks: 253, 255, 265, 270, 279, 284, 312

Pyridoxine 3AC
Vitamin B6 acetate
expanded

MW:295.29212
MM:295.10559
$C_{14}H_{17}NO_6$
RI: 2174 (calc.)

GC/MS
EI 70 eV
TSQ 70
QI:917

Peaks: 194, 210, 218, 228, 235, 253, 294

Ranitidine-A
expanded

MW:253.36848
MM:253.12488
$C_{12}H_{19}N_3OS$
RI: 2048 (calc.)

GC/MS
EI 70 eV
TSQ 70
QI:892

Peaks: 160, 166, 172, 180, 185, 194, 210, 224, 253, 255

Desipramine-M ($C_4H_{11}N$, HO) AC
expanded

MW:253.30064
MM:253.11028
$C_{16}H_{15}NO_2$
RI: 1993 (calc.)

GC/MS
EI 70 eV
TSQ 70
QI:902

Peaks: 212, 215, 224, 231, 235, 238, 246, 249, 253, 255

m/z: 253-254

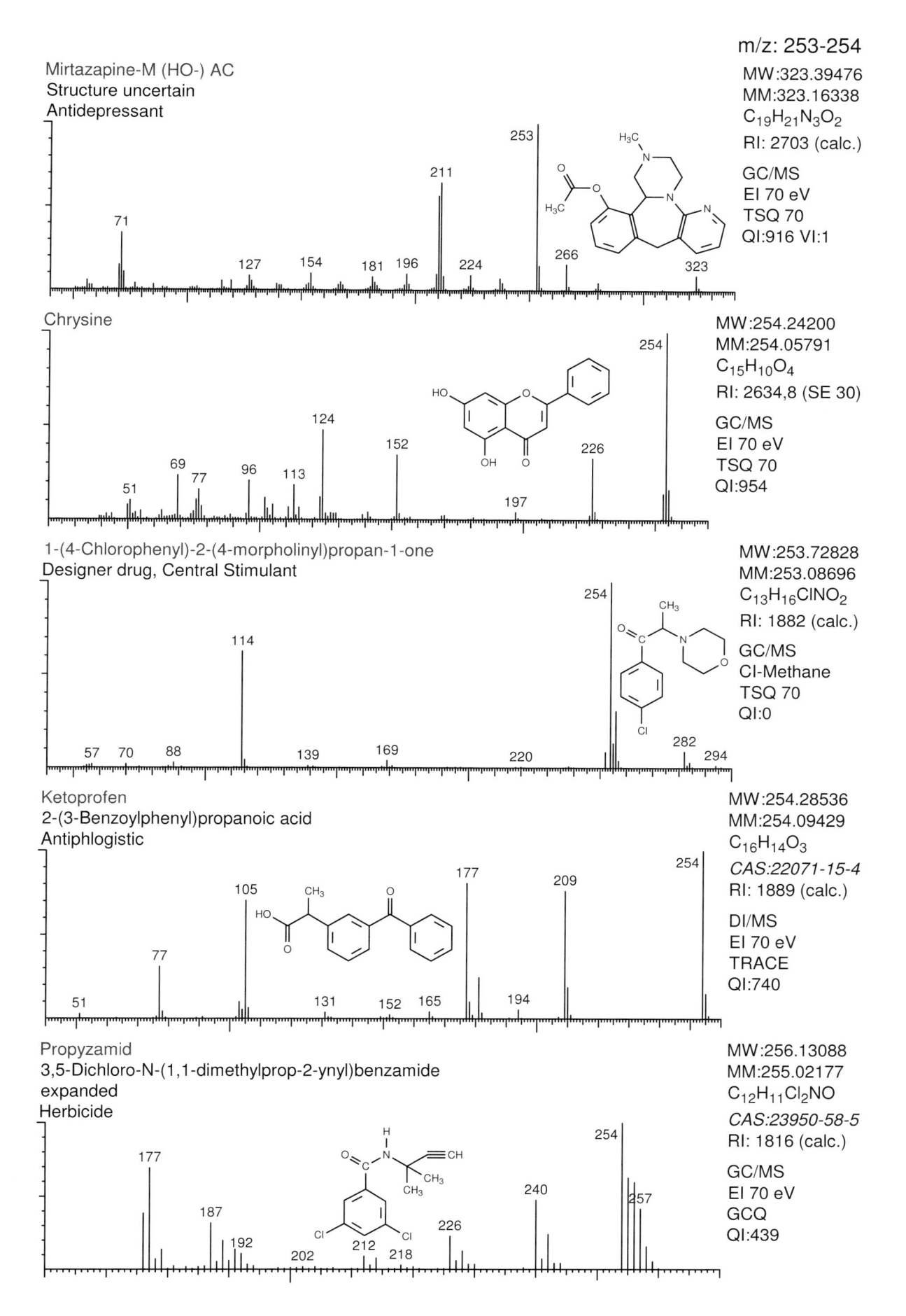

Mirtazapine-M (HO-) AC
Structure uncertain
Antidepressant

MW: 323.39476
MM: 323.16338
$C_{19}H_{21}N_3O_2$
RI: 2703 (calc.)

GC/MS
EI 70 eV
TSQ 70
QI:916 VI:1

Peaks: 71, 127, 154, 181, 196, 211, 224, 253, 266, 323

Chrysine

MW: 254.24200
MM: 254.05791
$C_{15}H_{10}O_4$
RI: 2634,8 (SE 30)

GC/MS
EI 70 eV
TSQ 70
QI:954

Peaks: 51, 69, 77, 96, 113, 124, 152, 197, 226, 254

1-(4-Chlorophenyl)-2-(4-morpholinyl)propan-1-one
Designer drug, Central Stimulant

MW: 253.72828
MM: 253.08696
$C_{13}H_{16}ClNO_2$
RI: 1882 (calc.)

GC/MS
CI-Methane
TSQ 70
QI:0

Peaks: 57, 70, 88, 114, 139, 169, 220, 254, 282, 294

Ketoprofen
2-(3-Benzoylphenyl)propanoic acid
Antiphlogistic

MW: 254.28536
MM: 254.09429
$C_{16}H_{14}O_3$
CAS: 22071-15-4
RI: 1889 (calc.)

DI/MS
EI 70 eV
TRACE
QI:740

Peaks: 51, 77, 105, 131, 152, 165, 177, 194, 209, 254

Propyzamid
3,5-Dichloro-N-(1,1-dimethylprop-2-ynyl)benzamide
expanded
Herbicide

MW: 256.13088
MM: 255.02177
$C_{12}H_{11}Cl_2NO$
CAS: 23950-58-5
RI: 1816 (calc.)

GC/MS
EI 70 eV
GCQ
QI:439

Peaks: 177, 187, 192, 202, 212, 218, 226, 240, 254, 257

m/z: 254

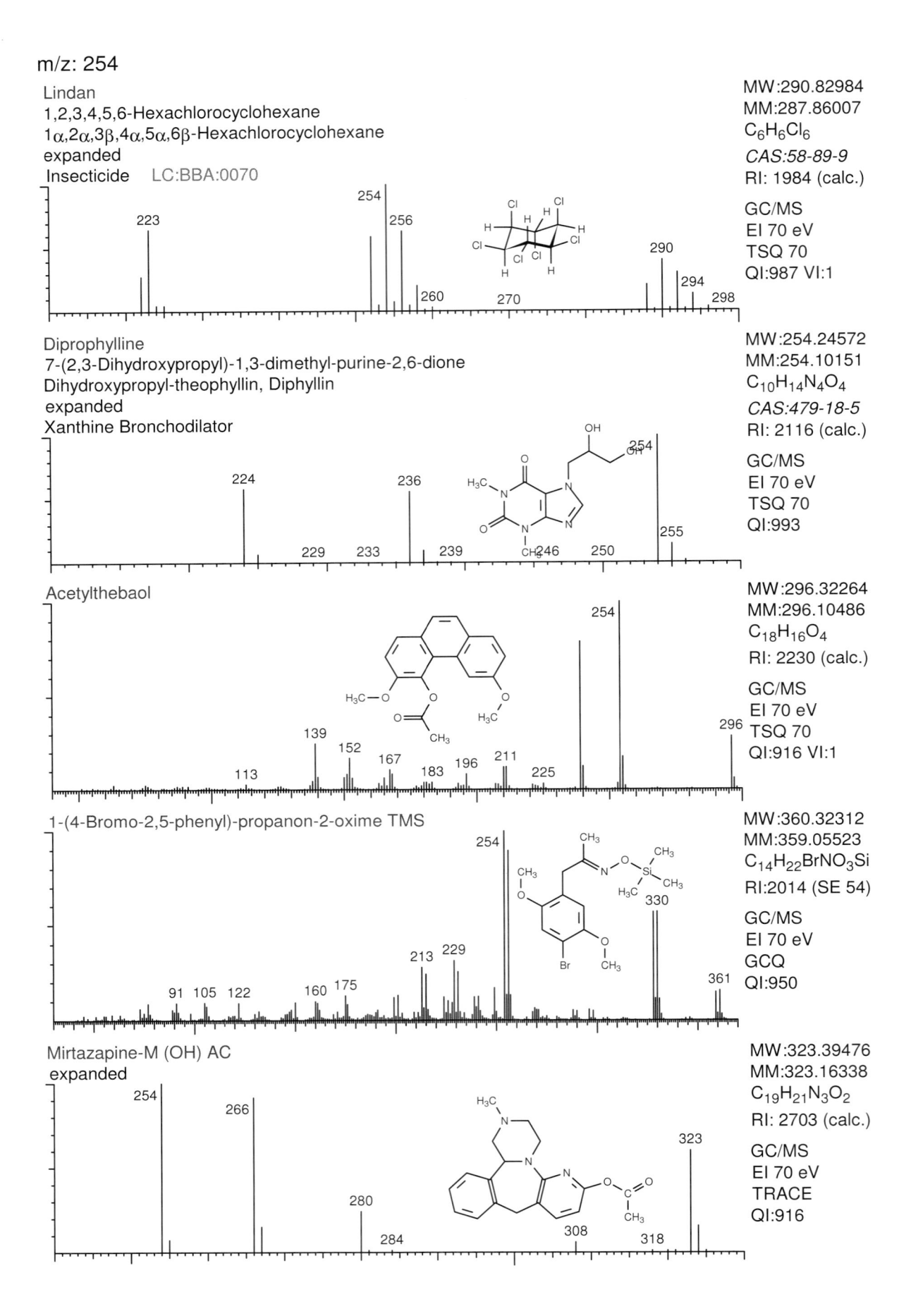

Lindan
1,2,3,4,5,6-Hexachlorocyclohexane
1α,2α,3β,4α,5α,6β-Hexachlorocyclohexane
expanded
Insecticide   LC:BBA:0070

MW:290.82984
MM:287.86007
$C_6H_6Cl_6$
CAS:58-89-9
RI: 1984 (calc.)

GC/MS
EI 70 eV
TSQ 70
QI:987 VI:1

Peaks: 223, 254, 256, 260, 270, 290, 294, 298

Diprophylline
7-(2,3-Dihydroxypropyl)-1,3-dimethyl-purine-2,6-dione
Dihydroxypropyl-theophyllin, Diphyllin
expanded
Xanthine Bronchodilator

MW:254.24572
MM:254.10151
$C_{10}H_{14}N_4O_4$
CAS:479-18-5
RI: 2116 (calc.)

GC/MS
EI 70 eV
TSQ 70
QI:993

Peaks: 224, 229, 233, 236, 239, 246, 250, 254, 255

Acetylthebaol

MW:296.32264
MM:296.10486
$C_{18}H_{16}O_4$
RI: 2230 (calc.)

GC/MS
EI 70 eV
TSQ 70
QI:916 VI:1

Peaks: 113, 139, 152, 167, 183, 196, 211, 225, 254, 296

1-(4-Bromo-2,5-phenyl)-propanon-2-oxime TMS

MW:360.32312
MM:359.05523
$C_{14}H_{22}BrNO_3Si$
RI:2014 (SE 54)

GC/MS
EI 70 eV
GCQ
QI:950

Peaks: 91, 105, 122, 160, 175, 213, 229, 254, 330, 361

Mirtazapine-M (OH) AC
expanded

MW:323.39476
MM:323.16338
$C_{19}H_{21}N_3O_2$
RI: 2703 (calc.)

GC/MS
EI 70 eV
TRACE
QI:916

Peaks: 254, 266, 280, 284, 308, 318, 323

Olanzapin-M (Nor)2AC

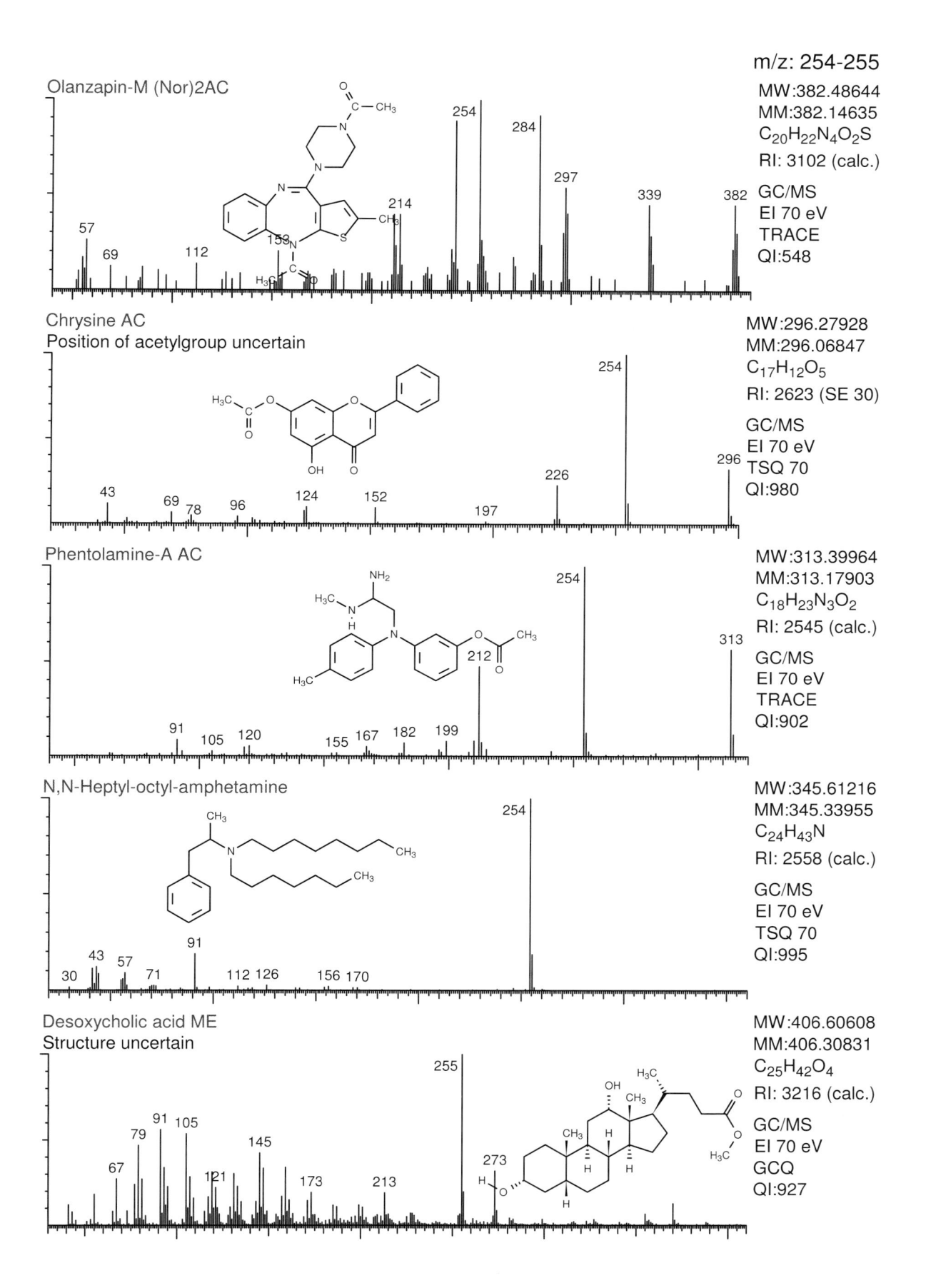

m/z: 254-255
MW: 382.48644
MM: 382.14635
$C_{20}H_{22}N_4O_2S$
RI: 3102 (calc.)

GC/MS
EI 70 eV
TRACE
QI:548

Peaks: 57, 69, 112, 153, 214, 254, 284, 297, 339, 382

Chrysine AC
Position of acetylgroup uncertain

MW: 296.27928
MM: 296.06847
$C_{17}H_{12}O_5$
RI: 2623 (SE 30)

GC/MS
EI 70 eV
TSQ 70
QI:980

Peaks: 43, 69, 78, 96, 124, 152, 197, 226, 254, 296

Phentolamine-A AC

MW: 313.39964
MM: 313.17903
$C_{18}H_{23}N_3O_2$
RI: 2545 (calc.)

GC/MS
EI 70 eV
TRACE
QI:902

Peaks: 91, 105, 120, 155, 167, 182, 199, 212, 254, 313

N,N-Heptyl-octyl-amphetamine

MW: 345.61216
MM: 345.33955
$C_{24}H_{43}N$
RI: 2558 (calc.)

GC/MS
EI 70 eV
TSQ 70
QI:995

Peaks: 30, 43, 57, 71, 91, 112, 126, 156, 170, 254

Desoxycholic acid ME
Structure uncertain

MW: 406.60608
MM: 406.30831
$C_{25}H_{42}O_4$
RI: 3216 (calc.)

GC/MS
EI 70 eV
GCQ
QI:927

Peaks: 67, 79, 91, 105, 121, 145, 173, 213, 255, 273

m/z: 255

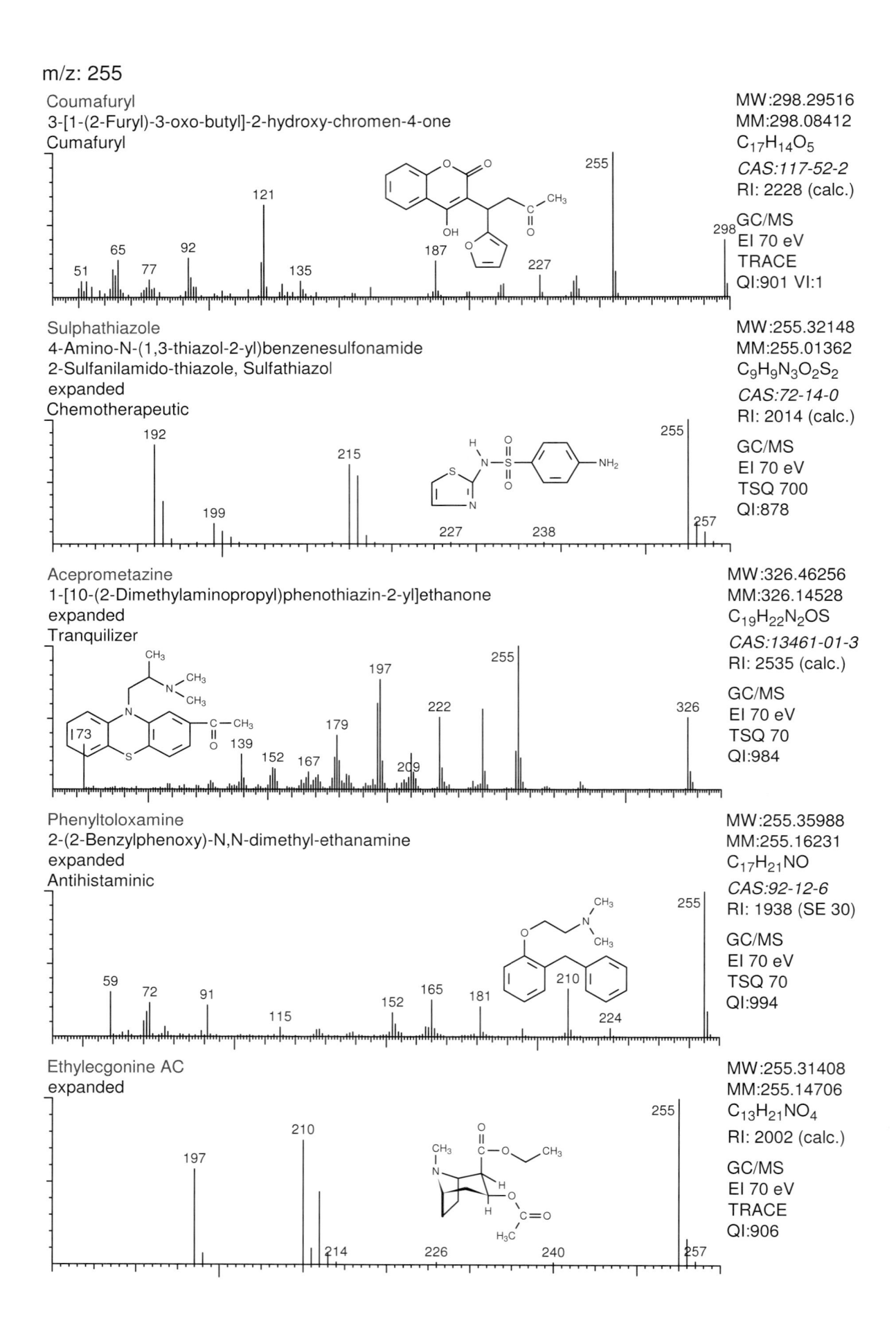

Coumafuryl
3-[1-(2-Furyl)-3-oxo-butyl]-2-hydroxy-chromen-4-one
Cumafuryl

MW:298.29516
MM:298.08412
$C_{17}H_{14}O_5$
CAS:117-52-2
RI: 2228 (calc.)

GC/MS
EI 70 eV
TRACE
QI:901 VI:1

Peaks: 51, 65, 77, 92, 121, 135, 187, 227, 255, 298

Sulphathiazole
4-Amino-N-(1,3-thiazol-2-yl)benzenesulfonamide
2-Sulfanilamido-thiazole, Sulfathiazol
expanded
Chemotherapeutic

MW:255.32148
MM:255.01362
$C_9H_9N_3O_2S_2$
CAS:72-14-0
RI: 2014 (calc.)

GC/MS
EI 70 eV
TSQ 700
QI:878

Peaks: 192, 199, 215, 227, 238, 255, 257

Aceprometazine
1-[10-(2-Dimethylaminopropyl)phenothiazin-2-yl]ethanone
expanded
Tranquilizer

MW:326.46256
MM:326.14528
$C_{19}H_{22}N_2OS$
CAS:13461-01-3
RI: 2535 (calc.)

GC/MS
EI 70 eV
TSQ 70
QI:984

Peaks: 73, 139, 152, 167, 179, 197, 209, 222, 255, 326

Phenyltoloxamine
2-(2-Benzylphenoxy)-N,N-dimethyl-ethanamine
expanded
Antihistaminic

MW:255.35988
MM:255.16231
$C_{17}H_{21}NO$
CAS:92-12-6
RI: 1938 (SE 30)

GC/MS
EI 70 eV
TSQ 70
QI:994

Peaks: 59, 72, 91, 115, 152, 165, 181, 210, 224, 255

Ethylecgonine AC
expanded

MW:255.31408
MM:255.14706
$C_{13}H_{21}NO_4$
RI: 2002 (calc.)

GC/MS
EI 70 eV
TRACE
QI:906

Peaks: 197, 210, 214, 226, 240, 255, 257

m/z: 255

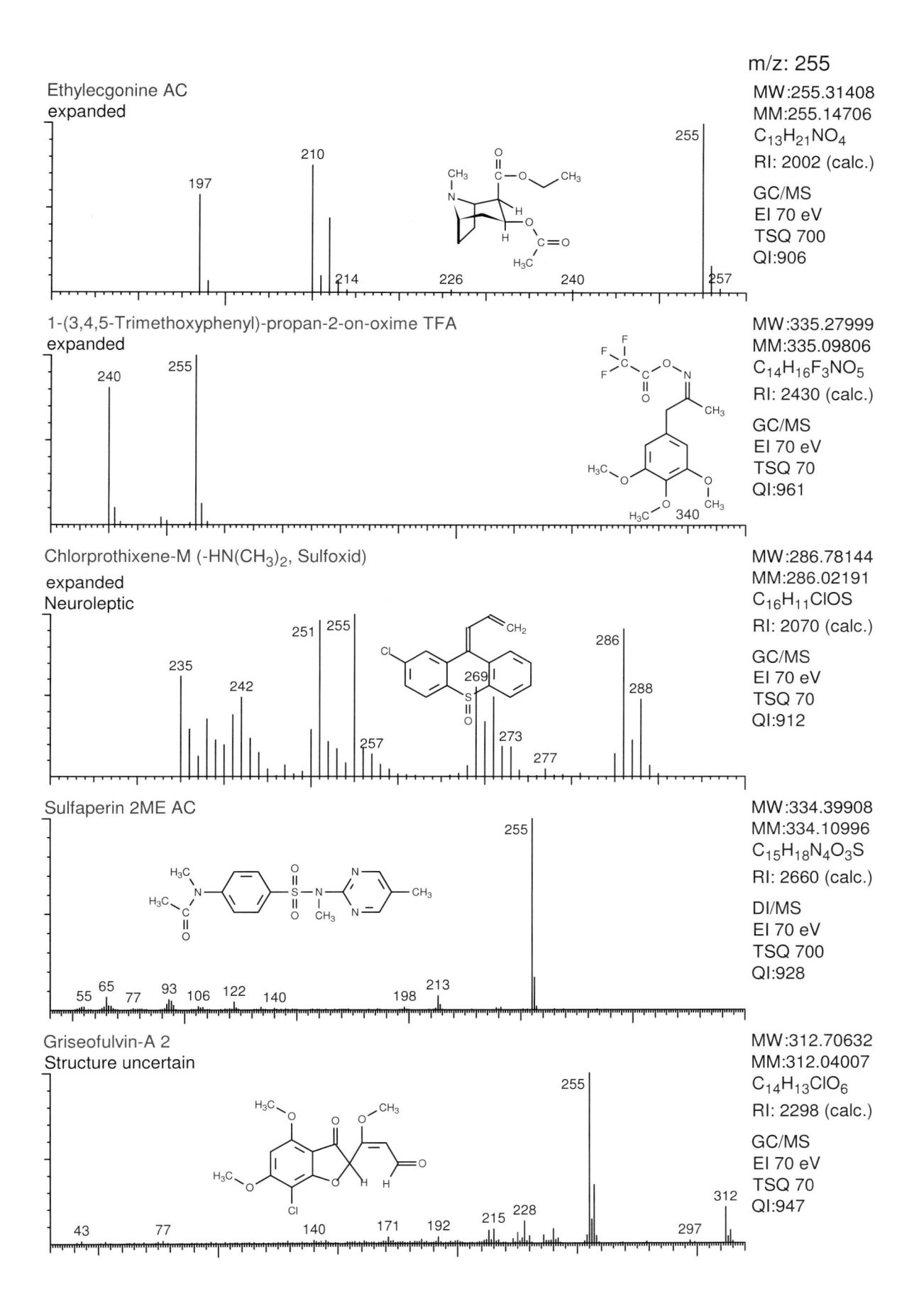

Ethylecgonine AC expanded

MW: 255.31408
MM: 255.14706
$C_{13}H_{21}NO_4$
RI: 2002 (calc.)

GC/MS
EI 70 eV
TSQ 700
QI: 906

1-(3,4,5-Trimethoxyphenyl)-propan-2-on-oxime TFA expanded

MW: 335.27999
MM: 335.09806
$C_{14}H_{16}F_3NO_5$
RI: 2430 (calc.)

GC/MS
EI 70 eV
TSQ 70
QI: 961

Chlorprothixene-M (-HN(CH$_3$)$_2$, Sulfoxid) expanded
Neuroleptic

MW: 286.78144
MM: 286.02191
$C_{16}H_{11}ClOS$
RI: 2070 (calc.)

GC/MS
EI 70 eV
TSQ 70
QI: 912

Sulfaperin 2ME AC

MW: 334.39908
MM: 334.10996
$C_{15}H_{18}N_4O_3S$
RI: 2660 (calc.)

DI/MS
EI 70 eV
TSQ 700
QI: 928

Griseofulvin-A 2
Structure uncertain

MW: 312.70632
MM: 312.04007
$C_{14}H_{13}ClO_6$
RI: 2298 (calc.)

GC/MS
EI 70 eV
TSQ 70
QI: 947

m/z: 255

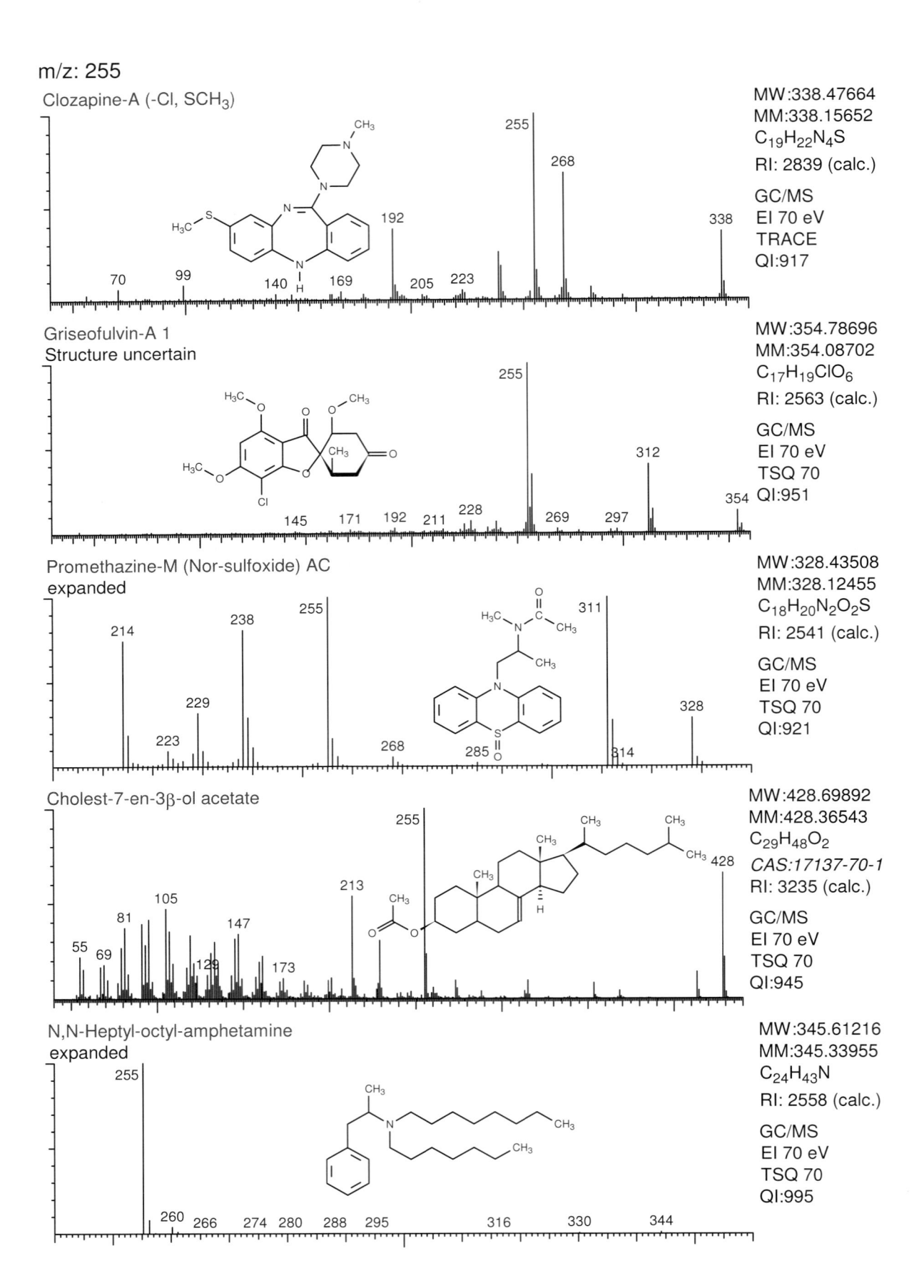

Clozapine-A (-Cl, SCH₃)

MW:338.47664
MM:338.15652
$C_{19}H_{22}N_4S$
RI: 2839 (calc.)

GC/MS
EI 70 eV
TRACE
QI:917

Griseofulvin-A 1
Structure uncertain

MW:354.78696
MM:354.08702
$C_{17}H_{19}ClO_6$
RI: 2563 (calc.)

GC/MS
EI 70 eV
TSQ 70
QI:951

Promethazine-M (Nor-sulfoxide) AC
expanded

MW:328.43508
MM:328.12455
$C_{18}H_{20}N_2O_2S$
RI: 2541 (calc.)

GC/MS
EI 70 eV
TSQ 70
QI:921

Cholest-7-en-3β-ol acetate

MW:428.69892
MM:428.36543
$C_{29}H_{48}O_2$
CAS:17137-70-1
RI: 3235 (calc.)

GC/MS
EI 70 eV
TSQ 70
QI:945

N,N-Heptyl-octyl-amphetamine
expanded

MW:345.61216
MM:345.33955
$C_{24}H_{43}N$
RI: 2558 (calc.)

GC/MS
EI 70 eV
TSQ 70
QI:995

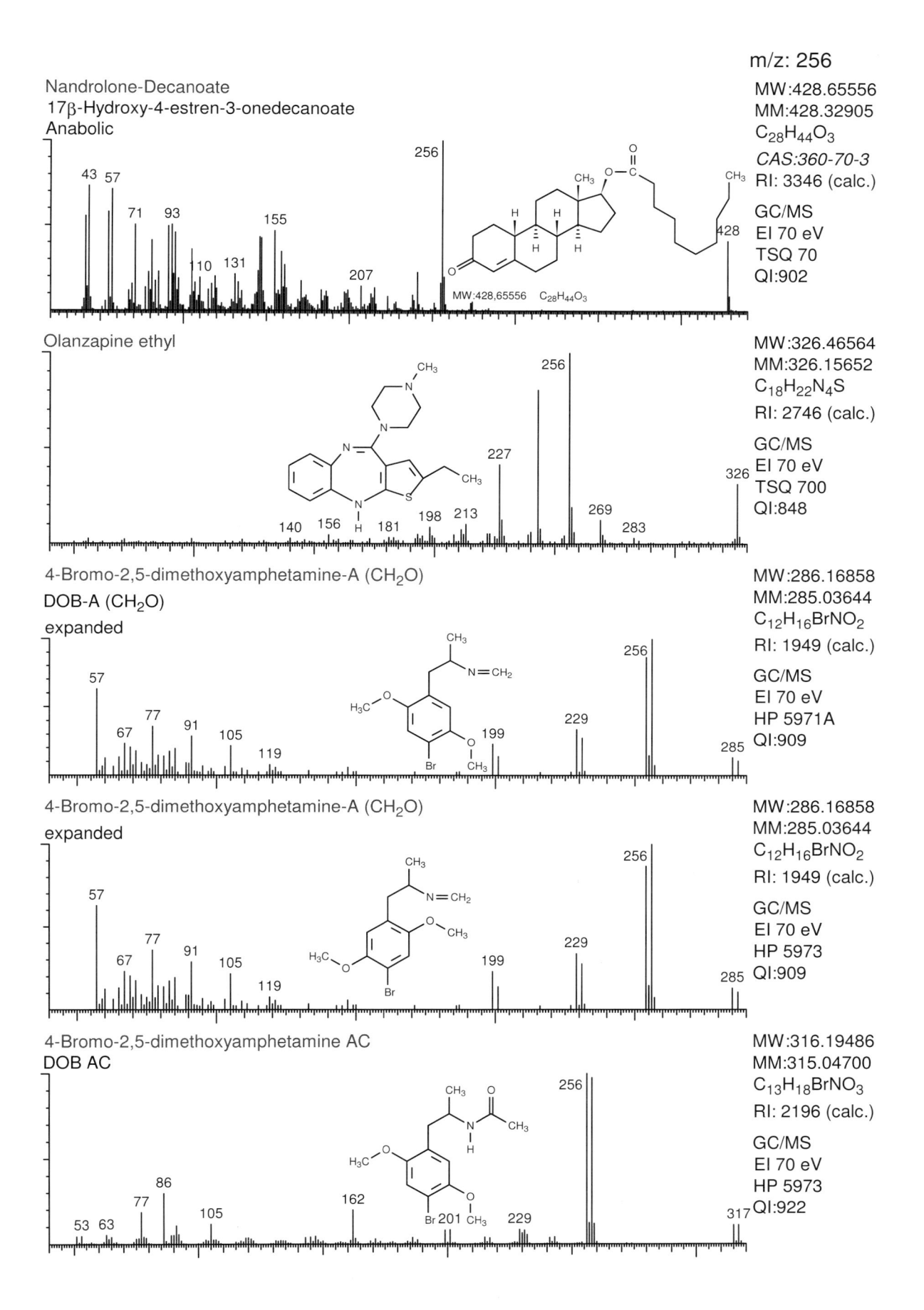

Nandrolone-Decanoate
17β-Hydroxy-4-estren-3-onedecanoate
Anabolic

m/z: 256
MW: 428.65556
MM: 428.32905
$C_{28}H_{44}O_3$
CAS: 360-70-3
RI: 3346 (calc.)

GC/MS
EI 70 eV
TSQ 70
QI: 902

Olanzapine ethyl

MW: 326.46564
MM: 326.15652
$C_{18}H_{22}N_4S$
RI: 2746 (calc.)

GC/MS
EI 70 eV
TSQ 700
QI: 848

4-Bromo-2,5-dimethoxyamphetamine-A (CH_2O)
DOB-A (CH_2O)
expanded

MW: 286.16858
MM: 285.03644
$C_{12}H_{16}BrNO_2$
RI: 1949 (calc.)

GC/MS
EI 70 eV
HP 5971A
QI: 909

4-Bromo-2,5-dimethoxyamphetamine-A (CH_2O)
expanded

MW: 286.16858
MM: 285.03644
$C_{12}H_{16}BrNO_2$
RI: 1949 (calc.)

GC/MS
EI 70 eV
HP 5973
QI: 909

4-Bromo-2,5-dimethoxyamphetamine AC
DOB AC

MW: 316.19486
MM: 315.04700
$C_{13}H_{18}BrNO_3$
RI: 2196 (calc.)

GC/MS
EI 70 eV
HP 5973
QI: 922

m/z: 256-257

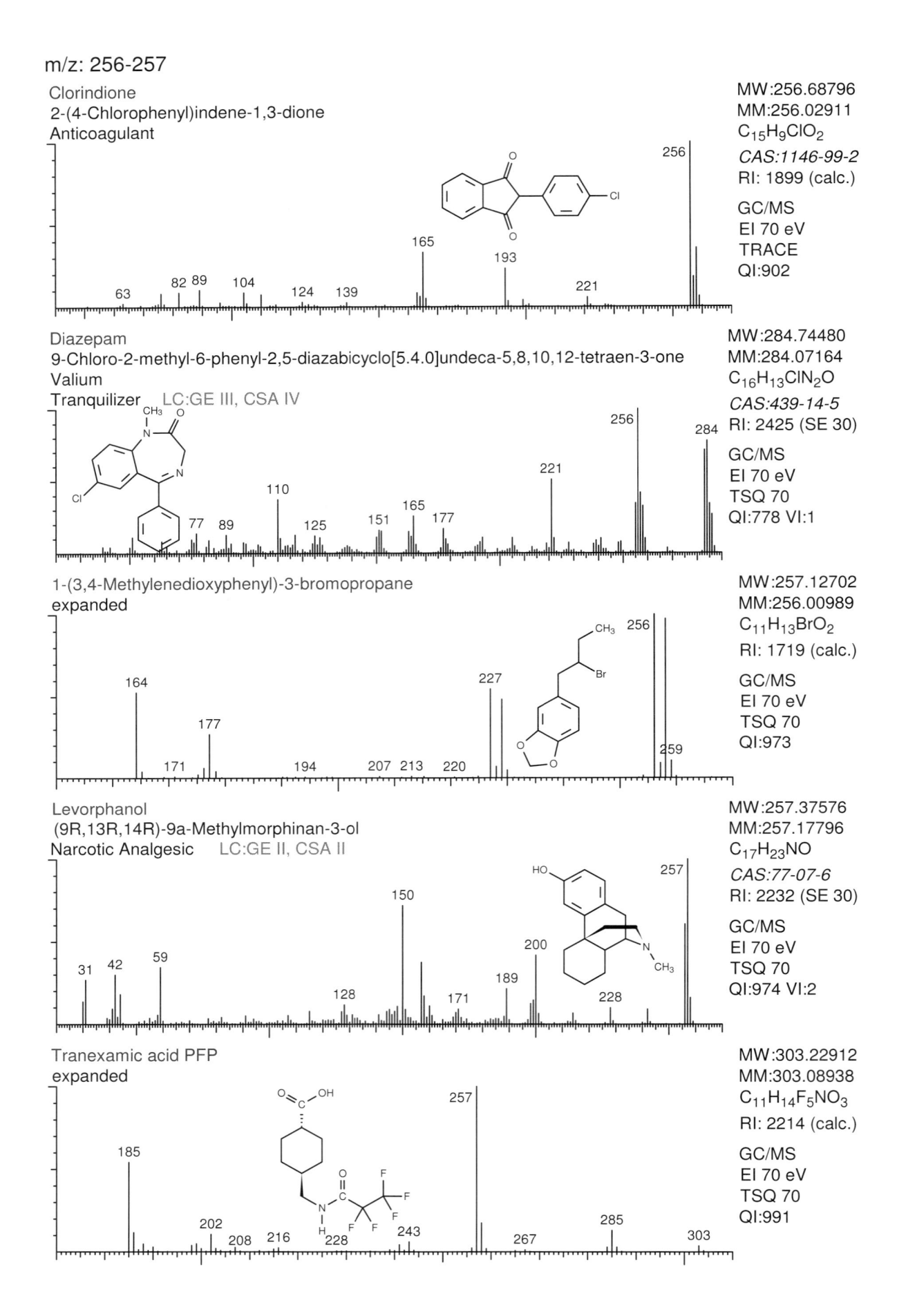

Clorindione
2-(4-Chlorophenyl)indene-1,3-dione
Anticoagulant

MW:256.68796
MM:256.02911
$C_{15}H_9ClO_2$
CAS:1146-99-2
RI: 1899 (calc.)

GC/MS
EI 70 eV
TRACE
QI:902

Peaks: 63, 82, 89, 104, 124, 139, 165, 193, 221, 256

Diazepam
9-Chloro-2-methyl-6-phenyl-2,5-diazabicyclo[5.4.0]undeca-5,8,10,12-tetraen-3-one
Valium
Tranquilizer   LC:GE III, CSA IV

MW:284.74480
MM:284.07164
$C_{16}H_{13}ClN_2O$
CAS:439-14-5
RI: 2425 (SE 30)

GC/MS
EI 70 eV
TSQ 70
QI:778 VI:1

Peaks: 77, 89, 110, 125, 151, 165, 177, 221, 256, 284

1-(3,4-Methylenedioxyphenyl)-3-bromopropane
expanded

MW:257.12702
MM:256.00989
$C_{11}H_{13}BrO_2$
RI: 1719 (calc.)

GC/MS
EI 70 eV
TSQ 70
QI:973

Peaks: 164, 171, 177, 194, 207, 213, 220, 227, 256, 259

Levorphanol
(9R,13R,14R)-9a-Methylmorphinan-3-ol
Narcotic Analgesic   LC:GE II, CSA II

MW:257.37576
MM:257.17796
$C_{17}H_{23}NO$
CAS:77-07-6
RI: 2232 (SE 30)

GC/MS
EI 70 eV
TSQ 70
QI:974 VI:2

Peaks: 31, 42, 59, 128, 150, 171, 189, 200, 228, 257

Tranexamic acid PFP
expanded

MW:303.22912
MM:303.08938
$C_{11}H_{14}F_5NO_3$
RI: 2214 (calc.)

GC/MS
EI 70 eV
TSQ 70
QI:991

Peaks: 185, 202, 208, 216, 228, 243, 257, 267, 285, 303

Enalapril-M/A (-H₂O)
expanded

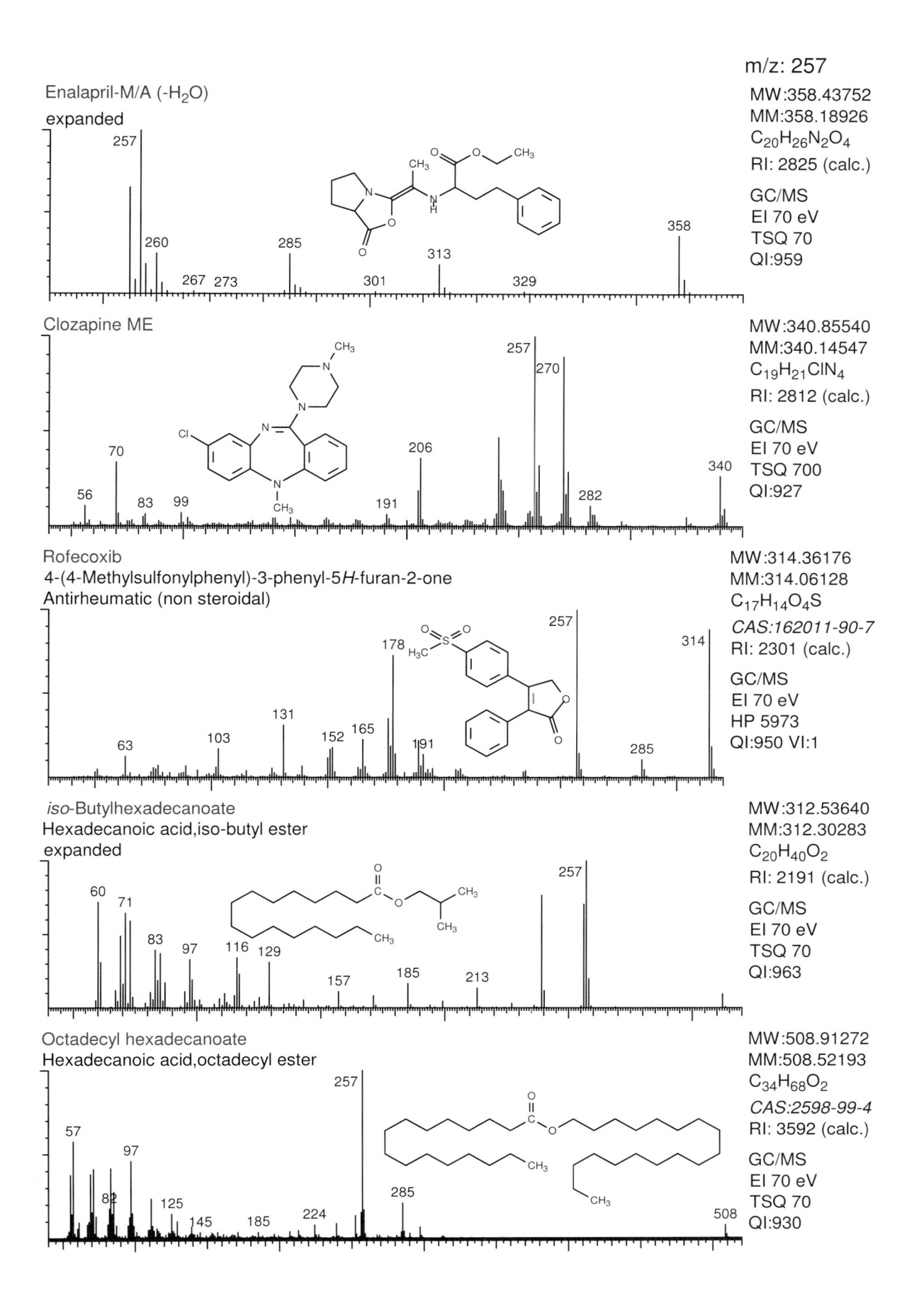

m/z: 257
MW: 358.43752
MM: 358.18926
$C_{20}H_{26}N_2O_4$
RI: 2825 (calc.)

GC/MS
EI 70 eV
TSQ 70
QI:959

Peaks: 257, 260, 267, 273, 285, 301, 313, 329, 358

Clozapine ME

MW: 340.85540
MM: 340.14547
$C_{19}H_{21}ClN_4$
RI: 2812 (calc.)

GC/MS
EI 70 eV
TSQ 700
QI:927

Peaks: 56, 70, 83, 99, 191, 206, 257, 270, 282, 340

Rofecoxib
4-(4-Methylsulfonylphenyl)-3-phenyl-5H-furan-2-one
Antirheumatic (non steroidal)

MW: 314.36176
MM: 314.06128
$C_{17}H_{14}O_4S$
CAS:162011-90-7
RI: 2301 (calc.)

GC/MS
EI 70 eV
HP 5973
QI:950 VI:1

Peaks: 63, 103, 131, 152, 165, 178, 191, 257, 285, 314

iso-Butylhexadecanoate
Hexadecanoic acid, iso-butyl ester
expanded

MW: 312.53640
MM: 312.30283
$C_{20}H_{40}O_2$
RI: 2191 (calc.)

GC/MS
EI 70 eV
TSQ 70
QI:963

Peaks: 60, 71, 83, 97, 116, 129, 157, 185, 213, 257

Octadecyl hexadecanoate
Hexadecanoic acid, octadecyl ester

MW: 508.91272
MM: 508.52193
$C_{34}H_{68}O_2$
CAS:2598-99-4
RI: 3592 (calc.)

GC/MS
EI 70 eV
TSQ 70
QI:930

Peaks: 57, 82, 97, 125, 145, 185, 224, 257, 285, 508

m/z: 257-258

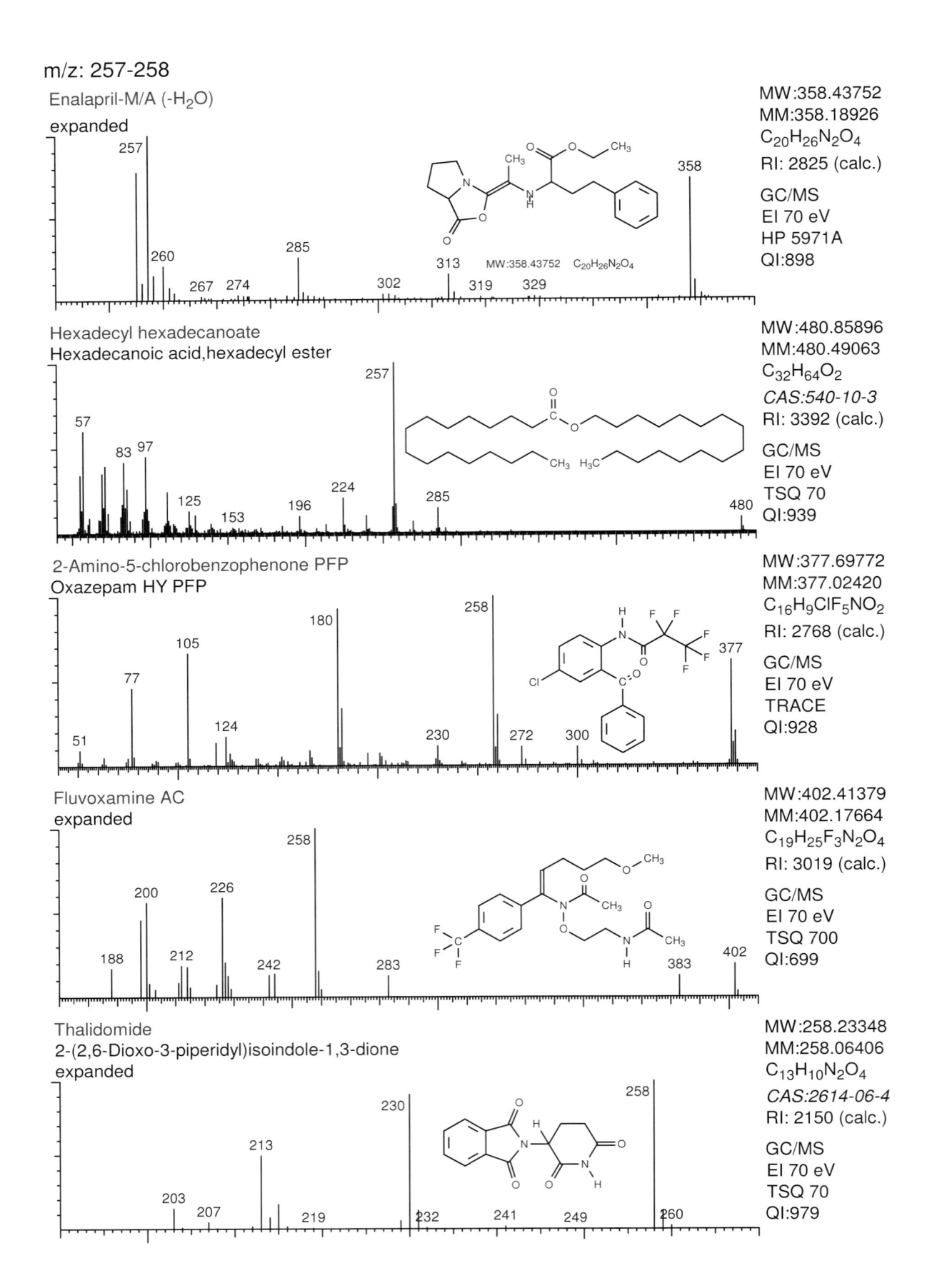

Enalapril-M/A (-H₂O)
expanded

MW:358.43752
MM:358.18926
$C_{20}H_{26}N_2O_4$
RI: 2825 (calc.)

GC/MS
EI 70 eV
HP 5971A
QI:898

Hexadecyl hexadecanoate
Hexadecanoic acid, hexadecyl ester

MW:480.85896
MM:480.49063
$C_{32}H_{64}O_2$
CAS:540-10-3
RI: 3392 (calc.)

GC/MS
EI 70 eV
TSQ 70
QI:939

2-Amino-5-chlorobenzophenone PFP
Oxazepam HY PFP

MW:377.69772
MM:377.02420
$C_{16}H_9ClF_5NO_2$
RI: 2768 (calc.)

GC/MS
EI 70 eV
TRACE
QI:928

Fluvoxamine AC
expanded

MW:402.41379
MM:402.17664
$C_{19}H_{25}F_3N_2O_4$
RI: 3019 (calc.)

GC/MS
EI 70 eV
TSQ 700
QI:699

Thalidomide
2-(2,6-Dioxo-3-piperidyl)isoindole-1,3-dione
expanded

MW:258.23348
MM:258.06406
$C_{13}H_{10}N_2O_4$
CAS:2614-06-4
RI: 2150 (calc.)

GC/MS
EI 70 eV
TSQ 70
QI:979

m/z: 258

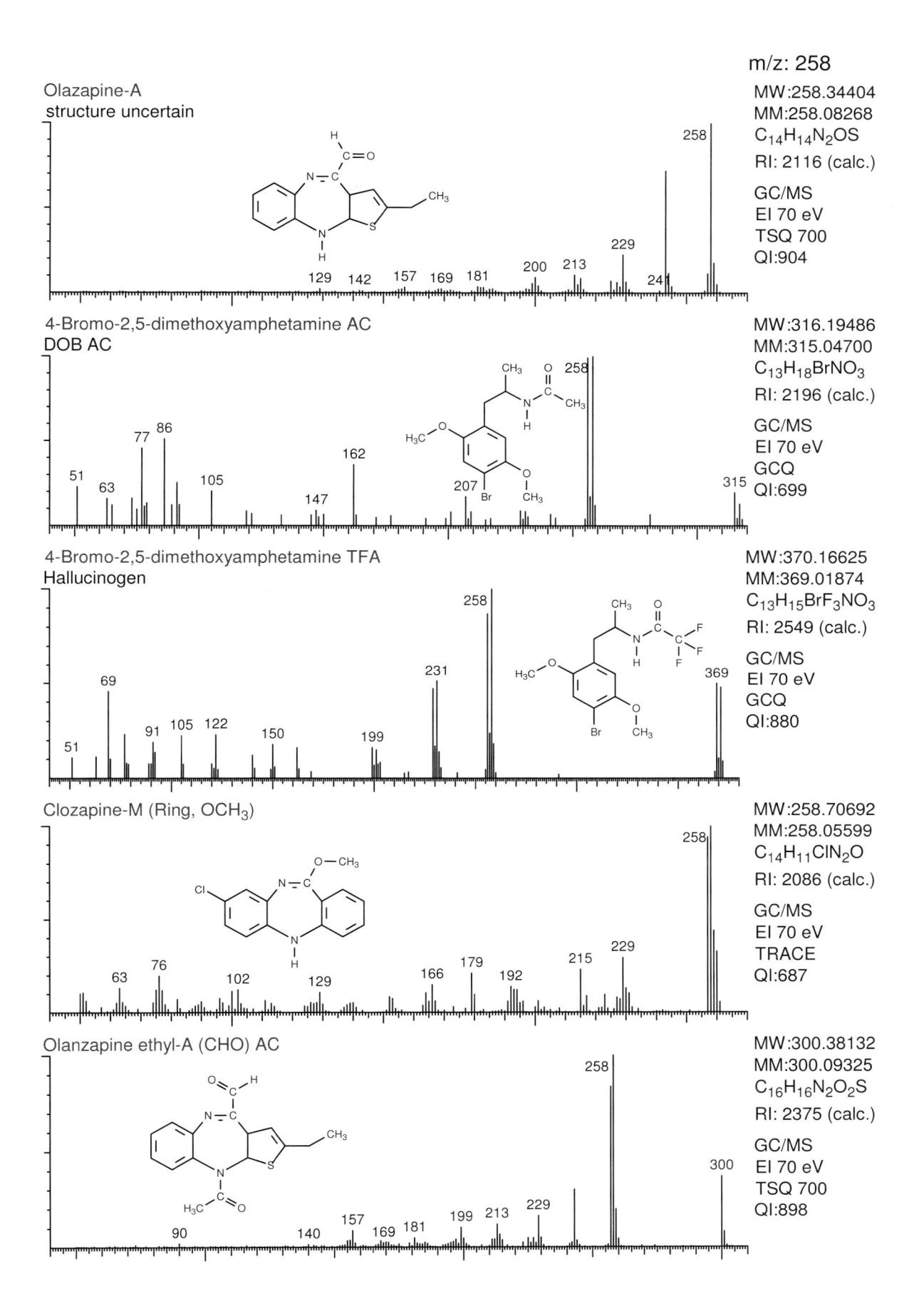

Olazapine-A
structure uncertain

MW:258.34404
MM:258.08268
$C_{14}H_{14}N_2OS$
RI: 2116 (calc.)

GC/MS
EI 70 eV
TSQ 700
QI:904

129 142 157 169 181 200 213 229 241 258

4-Bromo-2,5-dimethoxyamphetamine AC
DOB AC

MW:316.19486
MM:315.04700
$C_{13}H_{18}BrNO_3$
RI: 2196 (calc.)

GC/MS
EI 70 eV
GCQ
QI:699

51 63 77 86 105 147 162 207 258 315

4-Bromo-2,5-dimethoxyamphetamine TFA
Hallucinogen

MW:370.16625
MM:369.01874
$C_{13}H_{15}BrF_3NO_3$
RI: 2549 (calc.)

GC/MS
EI 70 eV
GCQ
QI:880

51 69 91 105 122 150 199 231 258 369

Clozapine-M (Ring, OCH$_3$)

MW:258.70692
MM:258.05599
$C_{14}H_{11}ClN_2O$
RI: 2086 (calc.)

GC/MS
EI 70 eV
TRACE
QI:687

63 76 102 129 166 179 192 215 229 258

Olanzapine ethyl-A (CHO) AC

MW:300.38132
MM:300.09325
$C_{16}H_{16}N_2O_2S$
RI: 2375 (calc.)

GC/MS
EI 70 eV
TSQ 700
QI:898

90 140 157 169 181 199 213 229 258 300

m/z: 258

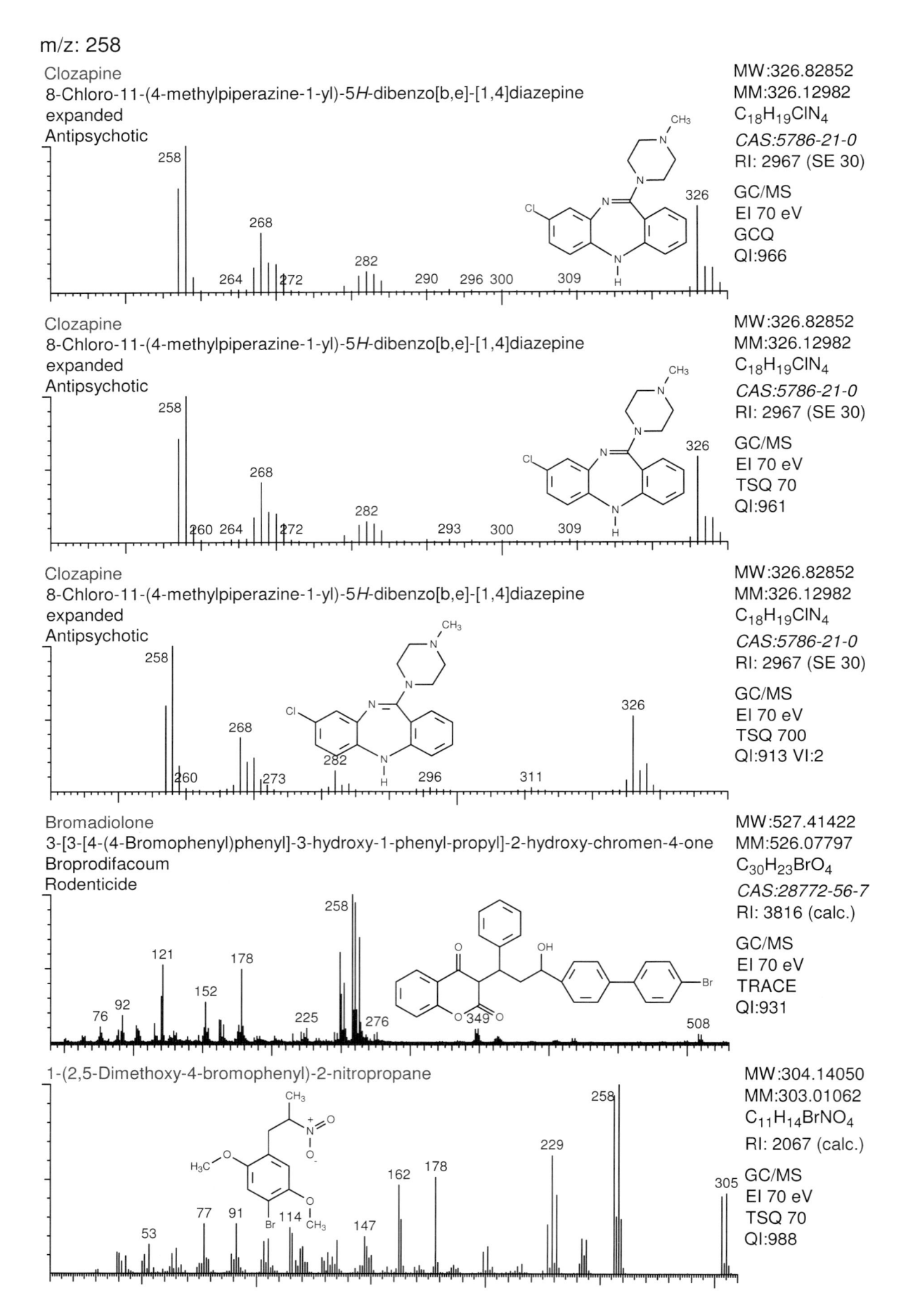

Clozapine
8-Chloro-11-(4-methylpiperazine-1-yl)-5H-dibenzo[b,e]-[1,4]diazepine
expanded
Antipsychotic

MW:326.82852
MM:326.12982
$C_{18}H_{19}ClN_4$
CAS:5786-21-0
RI: 2967 (SE 30)

GC/MS
EI 70 eV
GCQ
QI:966

Clozapine
8-Chloro-11-(4-methylpiperazine-1-yl)-5H-dibenzo[b,e]-[1,4]diazepine
expanded
Antipsychotic

MW:326.82852
MM:326.12982
$C_{18}H_{19}ClN_4$
CAS:5786-21-0
RI: 2967 (SE 30)

GC/MS
EI 70 eV
TSQ 70
QI:961

Clozapine
8-Chloro-11-(4-methylpiperazine-1-yl)-5H-dibenzo[b,e]-[1,4]diazepine
expanded
Antipsychotic

MW:326.82852
MM:326.12982
$C_{18}H_{19}ClN_4$
CAS:5786-21-0
RI: 2967 (SE 30)

GC/MS
EI 70 eV
TSQ 700
QI:913 VI:2

Bromadiolone
3-[3-[4-(4-Bromophenyl)phenyl]-3-hydroxy-1-phenyl-propyl]-2-hydroxy-chromen-4-one
Broprodifacoum
Rodenticide

MW:527.41422
MM:526.07797
$C_{30}H_{23}BrO_4$
CAS:28772-56-7
RI: 3816 (calc.)

GC/MS
EI 70 eV
TRACE
QI:931

1-(2,5-Dimethoxy-4-bromophenyl)-2-nitropropane

MW:304.14050
MM:303.01062
$C_{11}H_{14}BrNO_4$
RI: 2067 (calc.)

GC/MS
EI 70 eV
TSQ 70
QI:988

m/z: 258-259

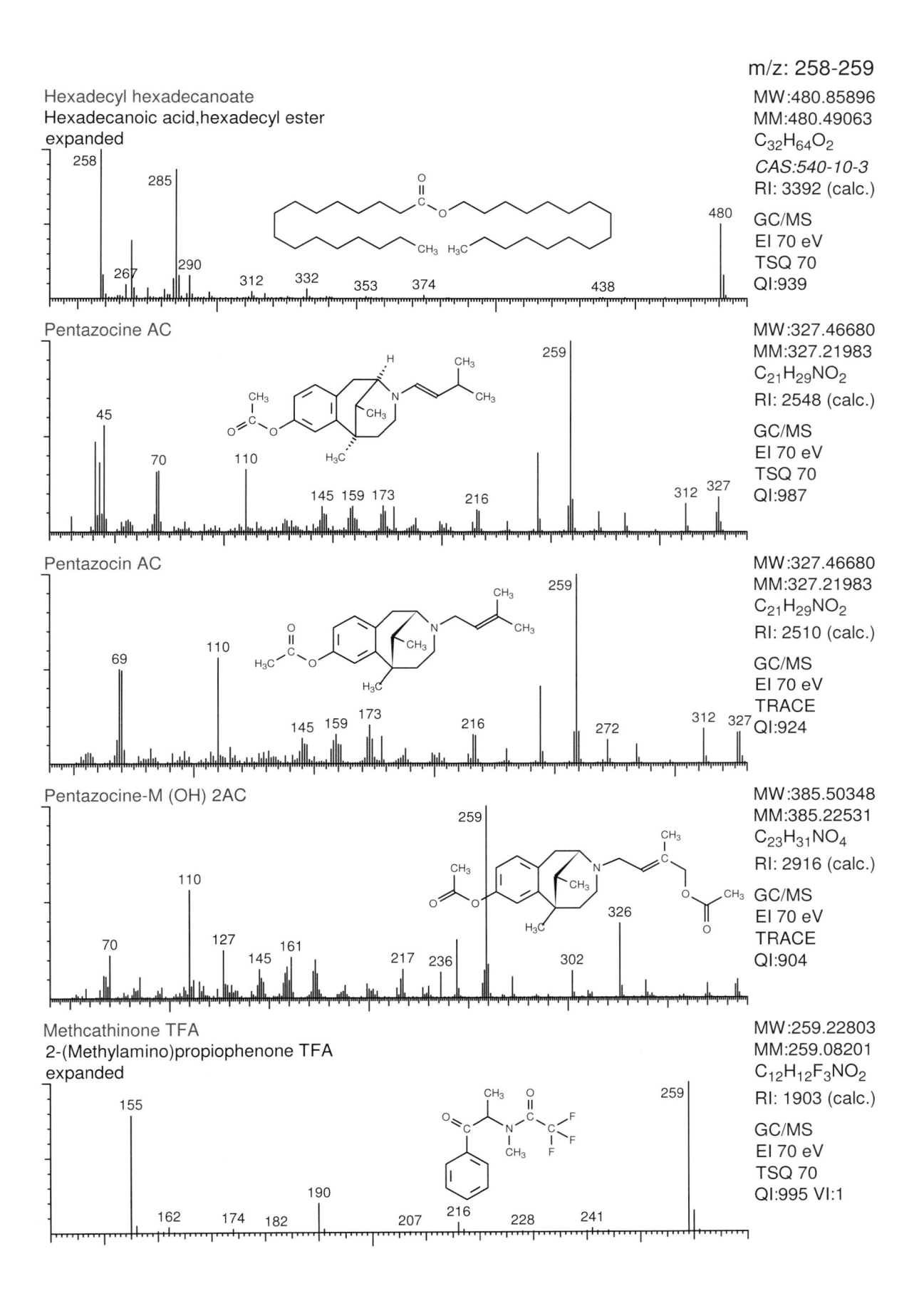

Hexadecyl hexadecanoate
Hexadecanoic acid, hexadecyl ester
expanded

MW: 480.85896
MM: 480.49063
$C_{32}H_{64}O_2$
CAS: 540-10-3
RI: 3392 (calc.)

GC/MS
EI 70 eV
TSQ 70
QI: 939

Pentazocine AC

MW: 327.46680
MM: 327.21983
$C_{21}H_{29}NO_2$
RI: 2548 (calc.)

GC/MS
EI 70 eV
TSQ 70
QI: 987

Pentazocin AC

MW: 327.46680
MM: 327.21983
$C_{21}H_{29}NO_2$
RI: 2510 (calc.)

GC/MS
EI 70 eV
TRACE
QI: 924

Pentazocine-M (OH) 2AC

MW: 385.50348
MM: 385.22531
$C_{23}H_{31}NO_4$
RI: 2916 (calc.)

GC/MS
EI 70 eV
TRACE
QI: 904

Methcathinone TFA
2-(Methylamino)propiophenone TFA
expanded

MW: 259.22803
MM: 259.08201
$C_{12}H_{12}F_3NO_2$
RI: 1903 (calc.)

GC/MS
EI 70 eV
TSQ 70
QI: 995 VI:1

m/z: 259

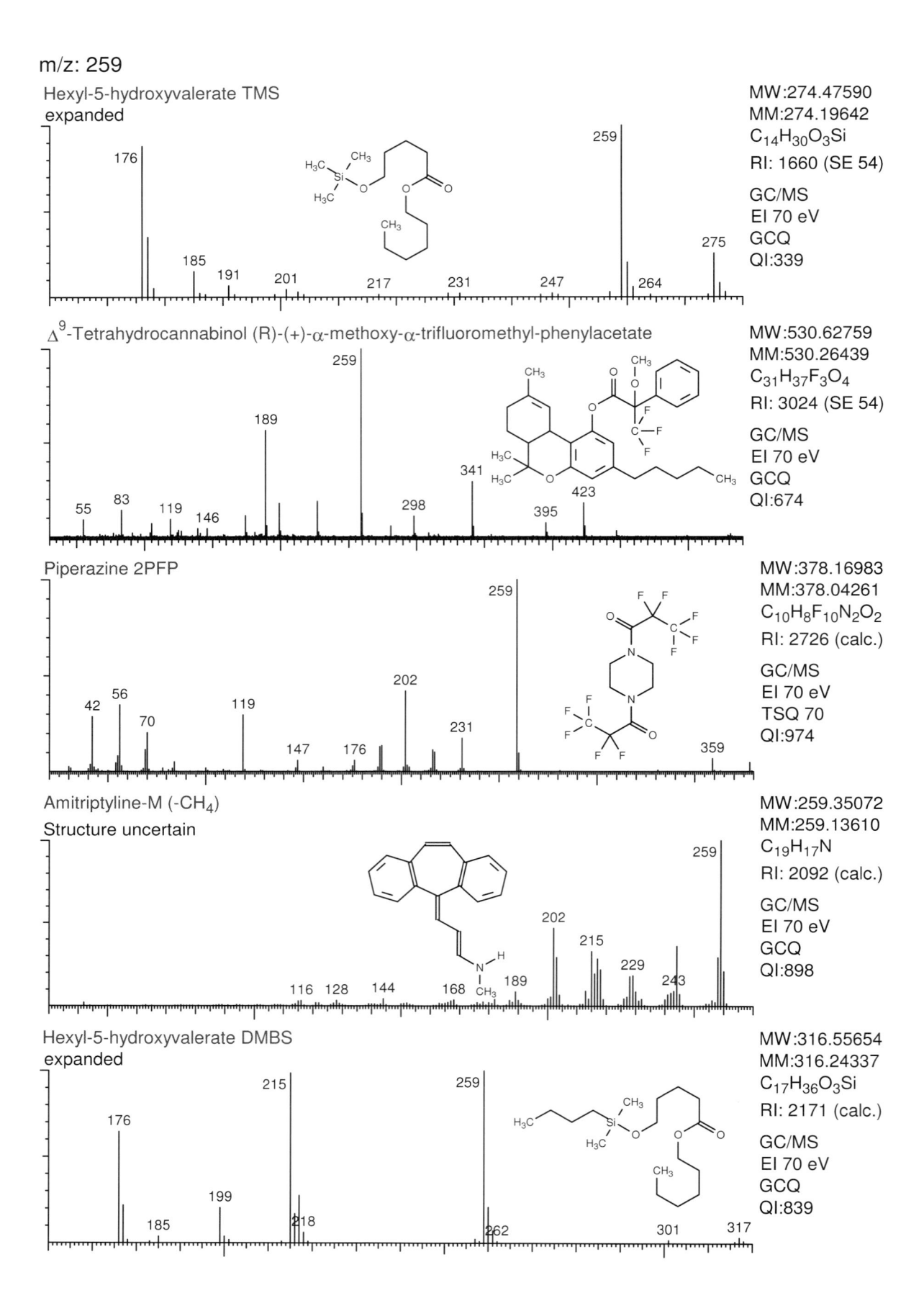

Hexyl-5-hydroxyvalerate TMS expanded

MW: 274.47590
MM: 274.19642
$C_{14}H_{30}O_3Si$
RI: 1660 (SE 54)

GC/MS
EI 70 eV
GCQ
QI: 339

Δ^9-Tetrahydrocannabinol (R)-(+)-α-methoxy-α-trifluoromethyl-phenylacetate

MW: 530.62759
MM: 530.26439
$C_{31}H_{37}F_3O_4$
RI: 3024 (SE 54)

GC/MS
EI 70 eV
GCQ
QI: 674

Piperazine 2PFP

MW: 378.16983
MM: 378.04261
$C_{10}H_8F_{10}N_2O_2$
RI: 2726 (calc.)

GC/MS
EI 70 eV
TSQ 70
QI: 974

Amitriptyline-M (-CH$_4$)
Structure uncertain

MW: 259.35072
MM: 259.13610
$C_{19}H_{17}N$
RI: 2092 (calc.)

GC/MS
EI 70 eV
GCQ
QI: 898

Hexyl-5-hydroxyvalerate DMBS expanded

MW: 316.55654
MM: 316.24337
$C_{17}H_{36}O_3Si$
RI: 2171 (calc.)

GC/MS
EI 70 eV
GCQ
QI: 839

m/z: 259

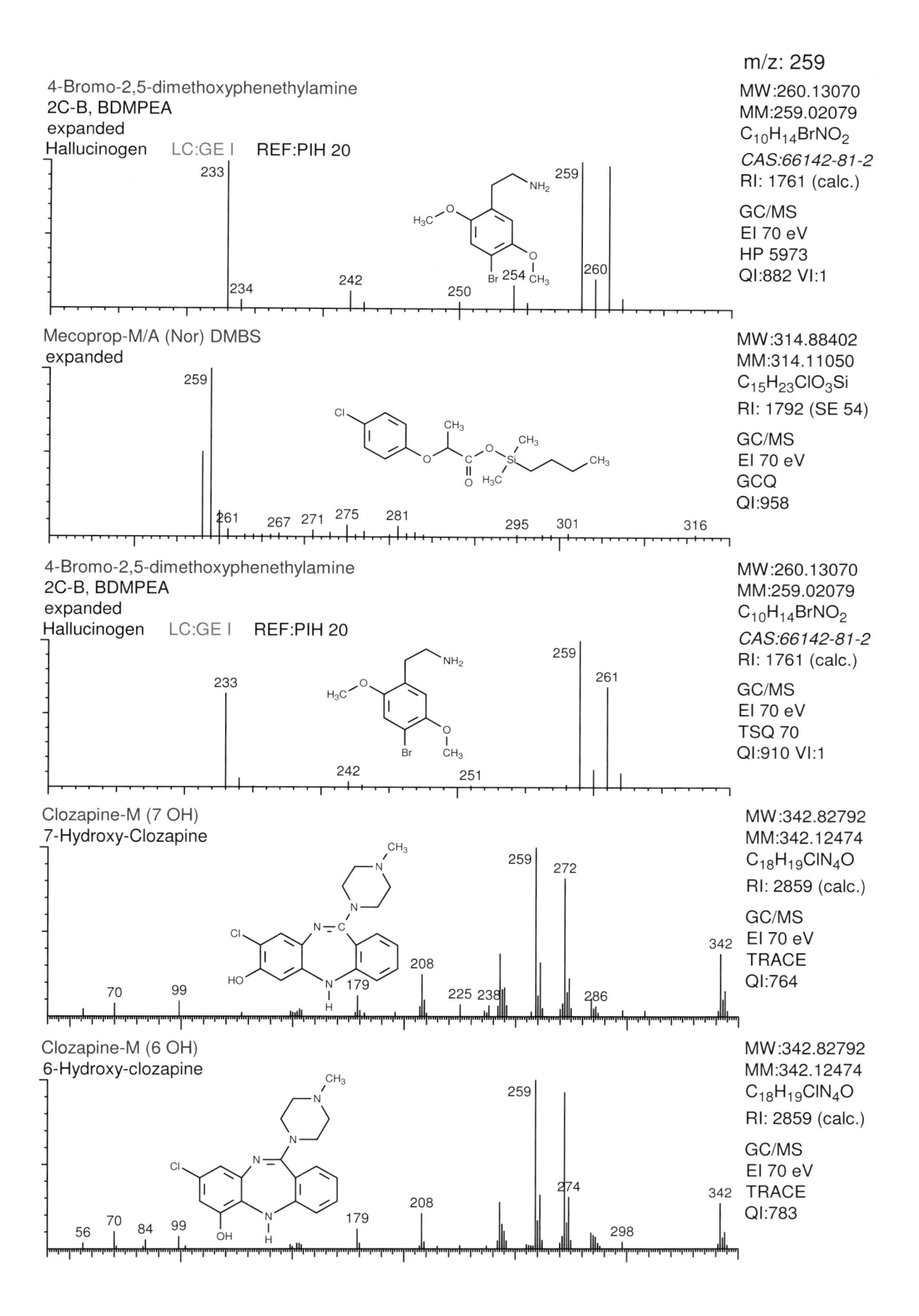

4-Bromo-2,5-dimethoxyphenethylamine
2C-B, BDMPEA
expanded
Hallucinogen LC:GE I REF:PIH 20

MW:260.13070
MM:259.02079
$C_{10}H_{14}BrNO_2$
CAS:66142-81-2
RI: 1761 (calc.)

GC/MS
EI 70 eV
HP 5973
QI:882 VI:1

Peaks: 233, 234, 242, 250, 254, 259, 260

Mecoprop-M/A (Nor) DMBS
expanded

MW:314.88402
MM:314.11050
$C_{15}H_{23}ClO_3Si$
RI: 1792 (SE 54)

GC/MS
EI 70 eV
GCQ
QI:958

Peaks: 259, 261, 267, 271, 275, 281, 295, 301, 316

4-Bromo-2,5-dimethoxyphenethylamine
2C-B, BDMPEA
expanded
Hallucinogen LC:GE I REF:PIH 20

MW:260.13070
MM:259.02079
$C_{10}H_{14}BrNO_2$
CAS:66142-81-2
RI: 1761 (calc.)

GC/MS
EI 70 eV
TSQ 70
QI:910 VI:1

Peaks: 233, 242, 251, 259, 261

Clozapine-M (7 OH)
7-Hydroxy-Clozapine

MW:342.82792
MM:342.12474
$C_{18}H_{19}ClN_4O$
RI: 2859 (calc.)

GC/MS
EI 70 eV
TRACE
QI:764

Peaks: 70, 99, 179, 208, 225, 238, 259, 272, 286, 342

Clozapine-M (6 OH)
6-Hydroxy-clozapine

MW:342.82792
MM:342.12474
$C_{18}H_{19}ClN_4O$
RI: 2859 (calc.)

GC/MS
EI 70 eV
TRACE
QI:783

Peaks: 56, 70, 84, 99, 179, 208, 259, 274, 298, 342

m/z: 259

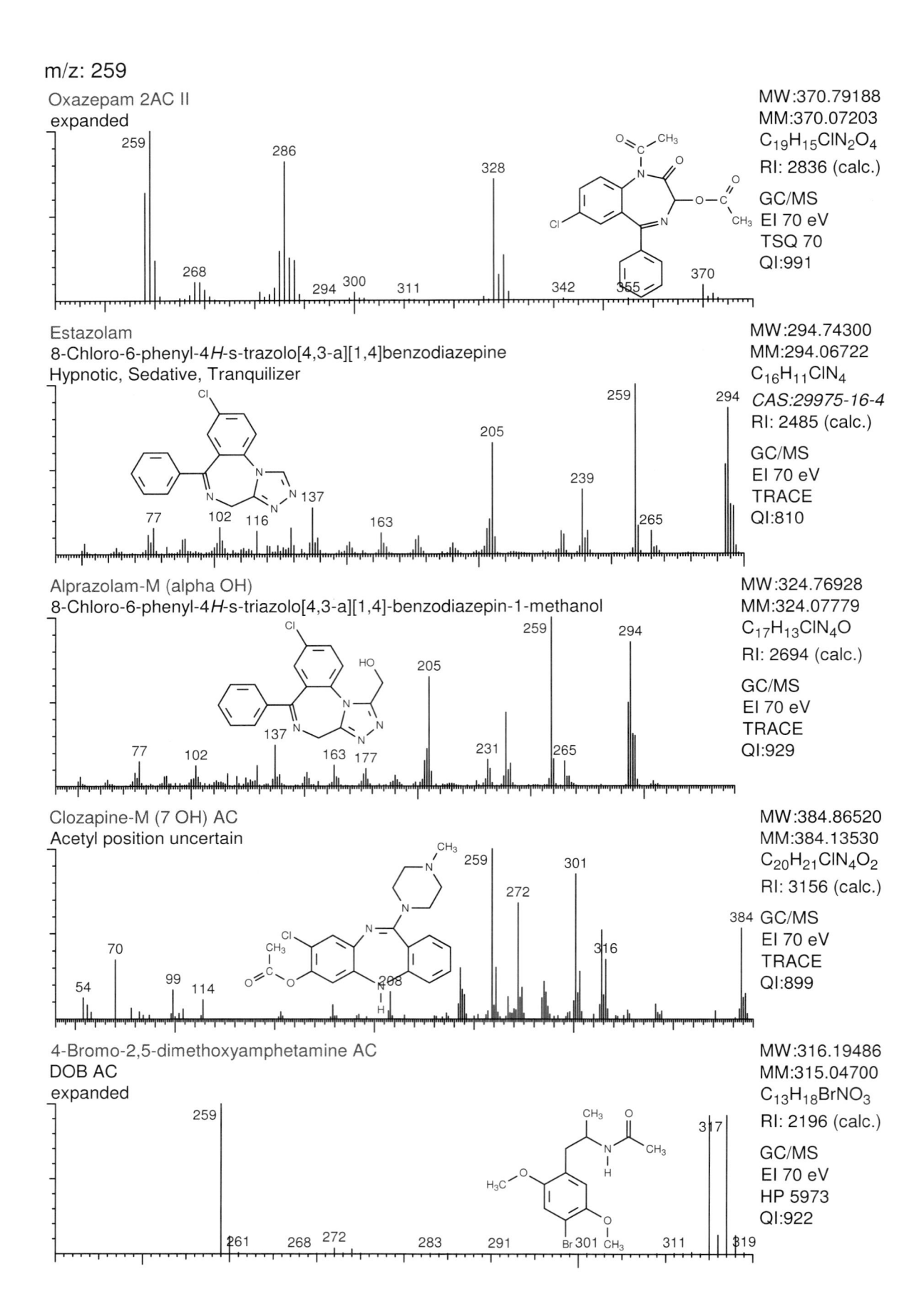

Oxazepam 2AC II
expanded

MW:370.79188
MM:370.07203
$C_{19}H_{15}ClN_2O_4$
RI: 2836 (calc.)

GC/MS
EI 70 eV
TSQ 70
QI:991

Estazolam
8-Chloro-6-phenyl-4H-s-trazolo[4,3-a][1,4]benzodiazepine
Hypnotic, Sedative, Tranquilizer

MW:294.74300
MM:294.06722
$C_{16}H_{11}ClN_4$
CAS:29975-16-4
RI: 2485 (calc.)

GC/MS
EI 70 eV
TRACE
QI:810

Alprazolam-M (alpha OH)
8-Chloro-6-phenyl-4H-s-triazolo[4,3-a][1,4]-benzodiazepin-1-methanol

MW:324.76928
MM:324.07779
$C_{17}H_{13}ClN_4O$
RI: 2694 (calc.)

GC/MS
EI 70 eV
TRACE
QI:929

Clozapine-M (7 OH) AC
Acetyl position uncertain

MW:384.86520
MM:384.13530
$C_{20}H_{21}ClN_4O_2$
RI: 3156 (calc.)

GC/MS
EI 70 eV
TRACE
QI:899

4-Bromo-2,5-dimethoxyamphetamine AC
DOB AC
expanded

MW:316.19486
MM:315.04700
$C_{13}H_{18}BrNO_3$
RI: 2196 (calc.)

GC/MS
EI 70 eV
HP 5973
QI:922

m/z: 259-260

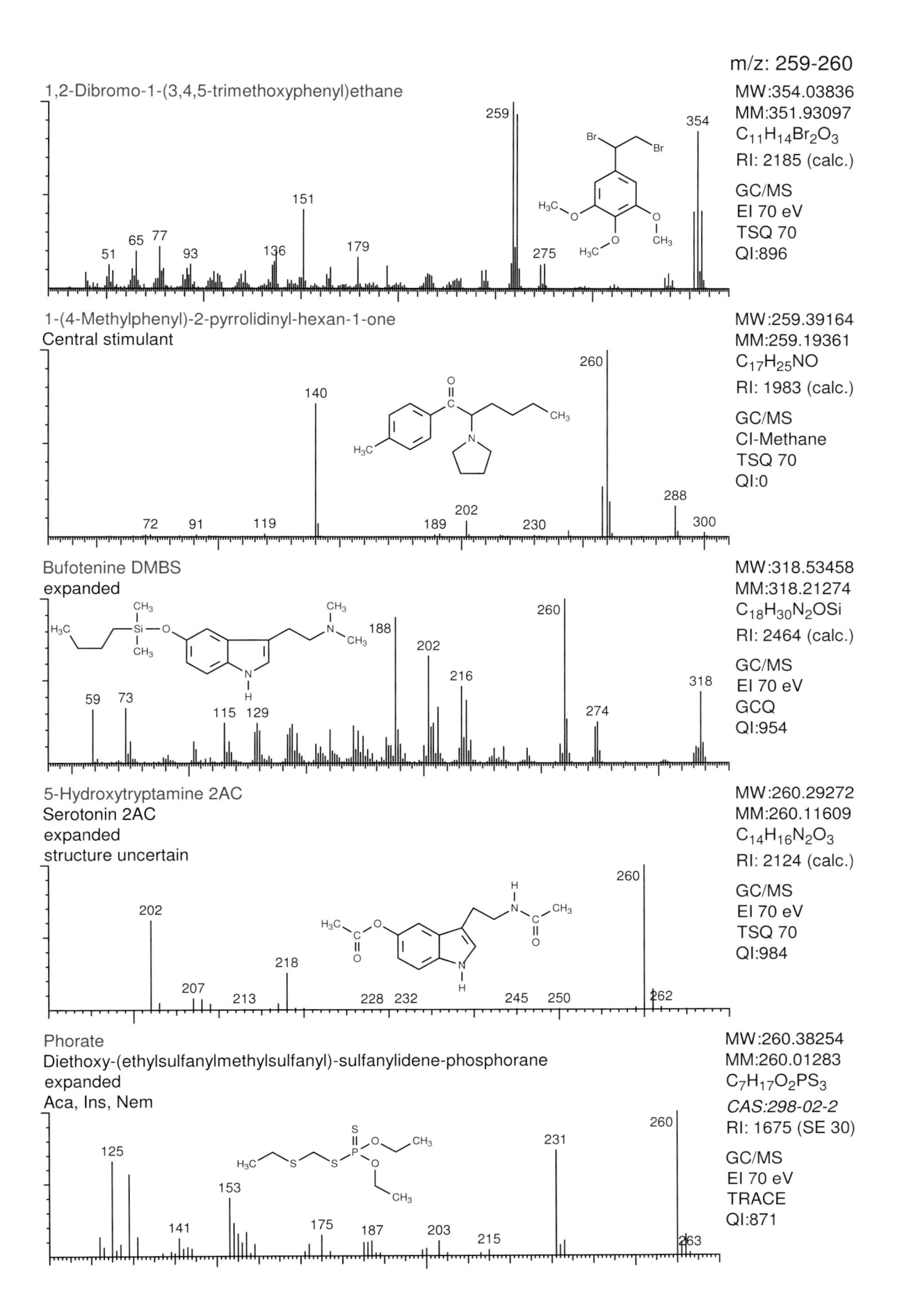

1,2-Dibromo-1-(3,4,5-trimethoxyphenyl)ethane

MW: 354.03836
MM: 351.93097
$C_{11}H_{14}Br_2O_3$
RI: 2185 (calc.)

GC/MS
EI 70 eV
TSQ 70
QI: 896

1-(4-Methylphenyl)-2-pyrrolidinyl-hexan-1-one
Central stimulant

MW: 259.39164
MM: 259.19361
$C_{17}H_{25}NO$
RI: 1983 (calc.)

GC/MS
CI-Methane
TSQ 70
QI: 0

Bufotenine DMBS
expanded

MW: 318.53458
MM: 318.21274
$C_{18}H_{30}N_2OSi$
RI: 2464 (calc.)

GC/MS
EI 70 eV
GCQ
QI: 954

5-Hydroxytryptamine 2AC
Serotonin 2AC
expanded
structure uncertain

MW: 260.29272
MM: 260.11609
$C_{14}H_{16}N_2O_3$
RI: 2124 (calc.)

GC/MS
EI 70 eV
TSQ 70
QI: 984

Phorate
Diethoxy-(ethylsulfanylmethylsulfanyl)-sulfanylidene-phosphorane
expanded
Aca, Ins, Nem

MW: 260.38254
MM: 260.01283
$C_7H_{17}O_2PS_3$
CAS: 298-02-2
RI: 1675 (SE 30)

GC/MS
EI 70 eV
TRACE
QI: 871

m/z: 260

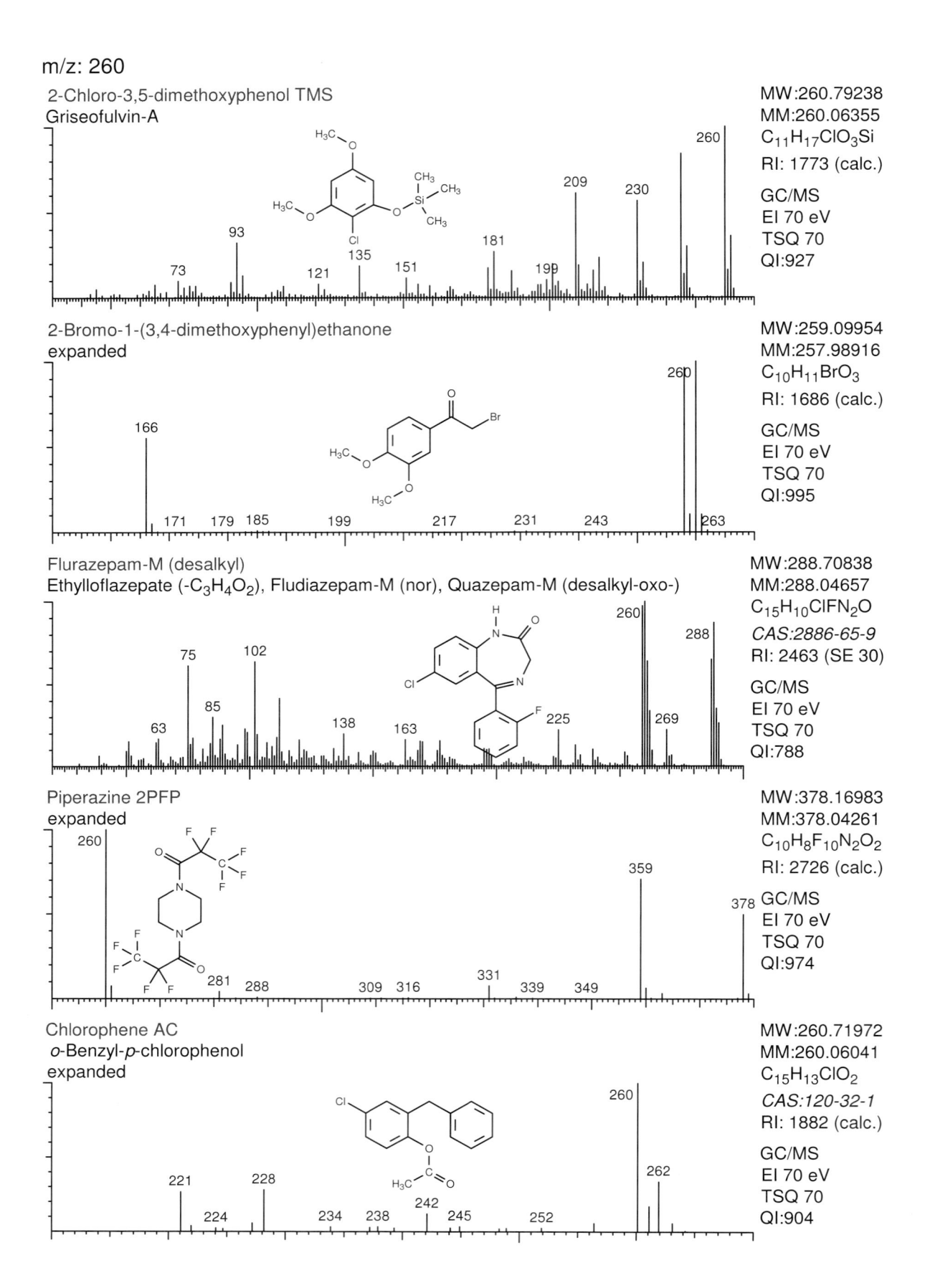

2-Chloro-3,5-dimethoxyphenol TMS
Griseofulvin-A

MW:260.79238
MM:260.06355
$C_{11}H_{17}ClO_3Si$
RI: 1773 (calc.)

GC/MS
EI 70 eV
TSQ 70
QI:927

2-Bromo-1-(3,4-dimethoxyphenyl)ethanone
expanded

MW:259.09954
MM:257.98916
$C_{10}H_{11}BrO_3$
RI: 1686 (calc.)

GC/MS
EI 70 eV
TSQ 70
QI:995

Flurazepam-M (desalkyl)
Ethylloflazepate (-$C_3H_4O_2$), Fludiazepam-M (nor), Quazepam-M (desalkyl-oxo-)

MW:288.70838
MM:288.04657
$C_{15}H_{10}ClFN_2O$
CAS:2886-65-9
RI: 2463 (SE 30)

GC/MS
EI 70 eV
TSQ 70
QI:788

Piperazine 2PFP
expanded

MW:378.16983
MM:378.04261
$C_{10}H_8F_{10}N_2O_2$
RI: 2726 (calc.)

GC/MS
EI 70 eV
TSQ 70
QI:974

Chlorophene AC
o-Benzyl-p-chlorophenol
expanded

MW:260.71972
MM:260.06041
$C_{15}H_{13}ClO_2$
CAS:120-32-1
RI: 1882 (calc.)

GC/MS
EI 70 eV
TSQ 70
QI:904

m/z: 261

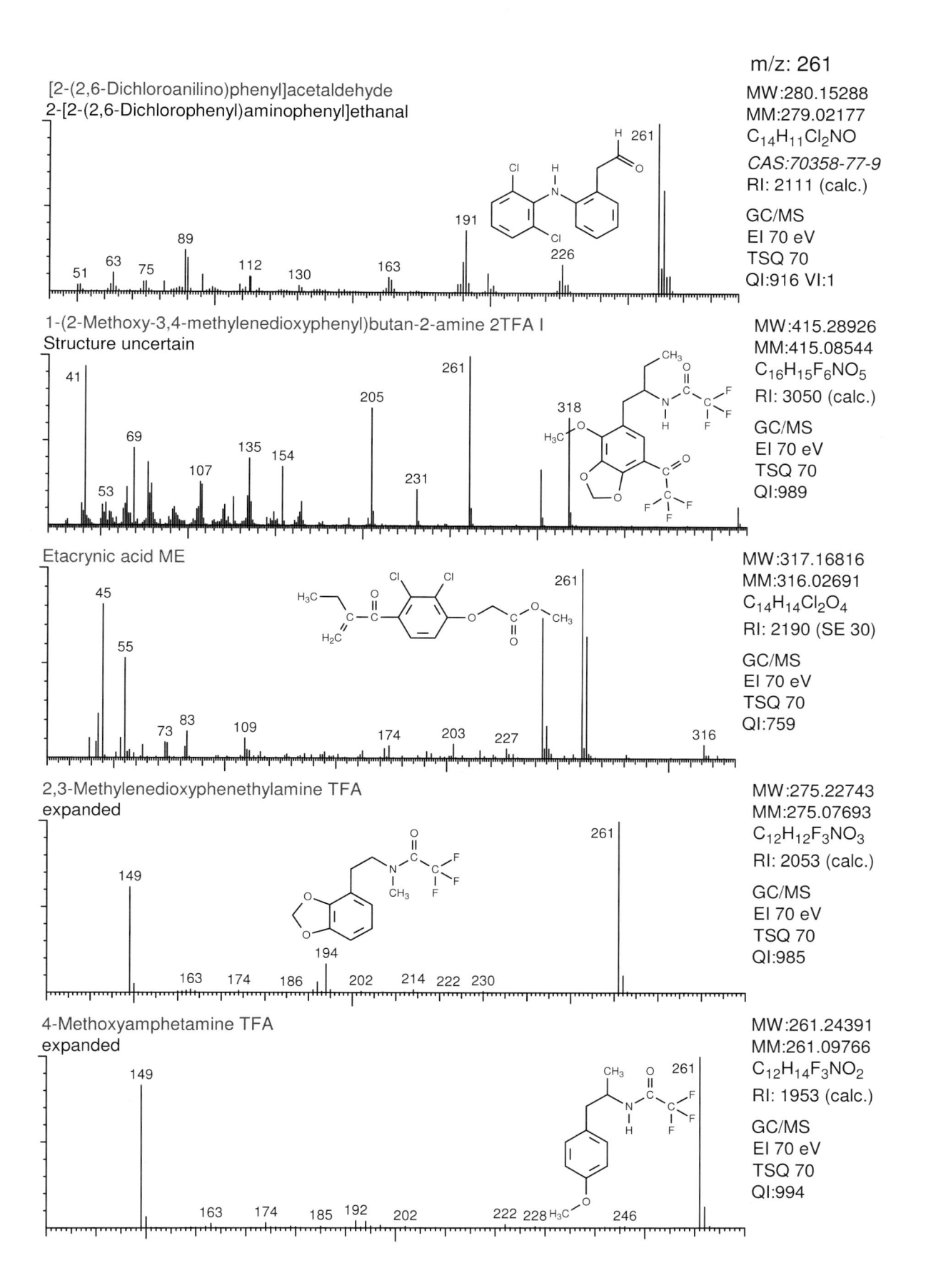

[2-(2,6-Dichloroanilino)phenyl]acetaldehyde
2-[2-(2,6-Dichlorophenyl)aminophenyl]ethanal

MW: 280.15288
MM: 279.02177
$C_{14}H_{11}Cl_2NO$
CAS: 70358-77-9
RI: 2111 (calc.)

GC/MS
EI 70 eV
TSQ 70
QI: 916 VI: 1

1-(2-Methoxy-3,4-methylenedioxyphenyl)butan-2-amine 2TFA I
Structure uncertain

MW: 415.28926
MM: 415.08544
$C_{16}H_{15}F_6NO_5$
RI: 3050 (calc.)

GC/MS
EI 70 eV
TSQ 70
QI: 989

Etacrynic acid ME

MW: 317.16816
MM: 316.02691
$C_{14}H_{14}Cl_2O_4$
RI: 2190 (SE 30)

GC/MS
EI 70 eV
TSQ 70
QI: 759

2,3-Methylenedioxyphenethylamine TFA
expanded

MW: 275.22743
MM: 275.07693
$C_{12}H_{12}F_3NO_3$
RI: 2053 (calc.)

GC/MS
EI 70 eV
TSQ 70
QI: 985

4-Methoxyamphetamine TFA
expanded

MW: 261.24391
MM: 261.09766
$C_{12}H_{14}F_3NO_2$
RI: 1953 (calc.)

GC/MS
EI 70 eV
TSQ 70
QI: 994

m/z: 261

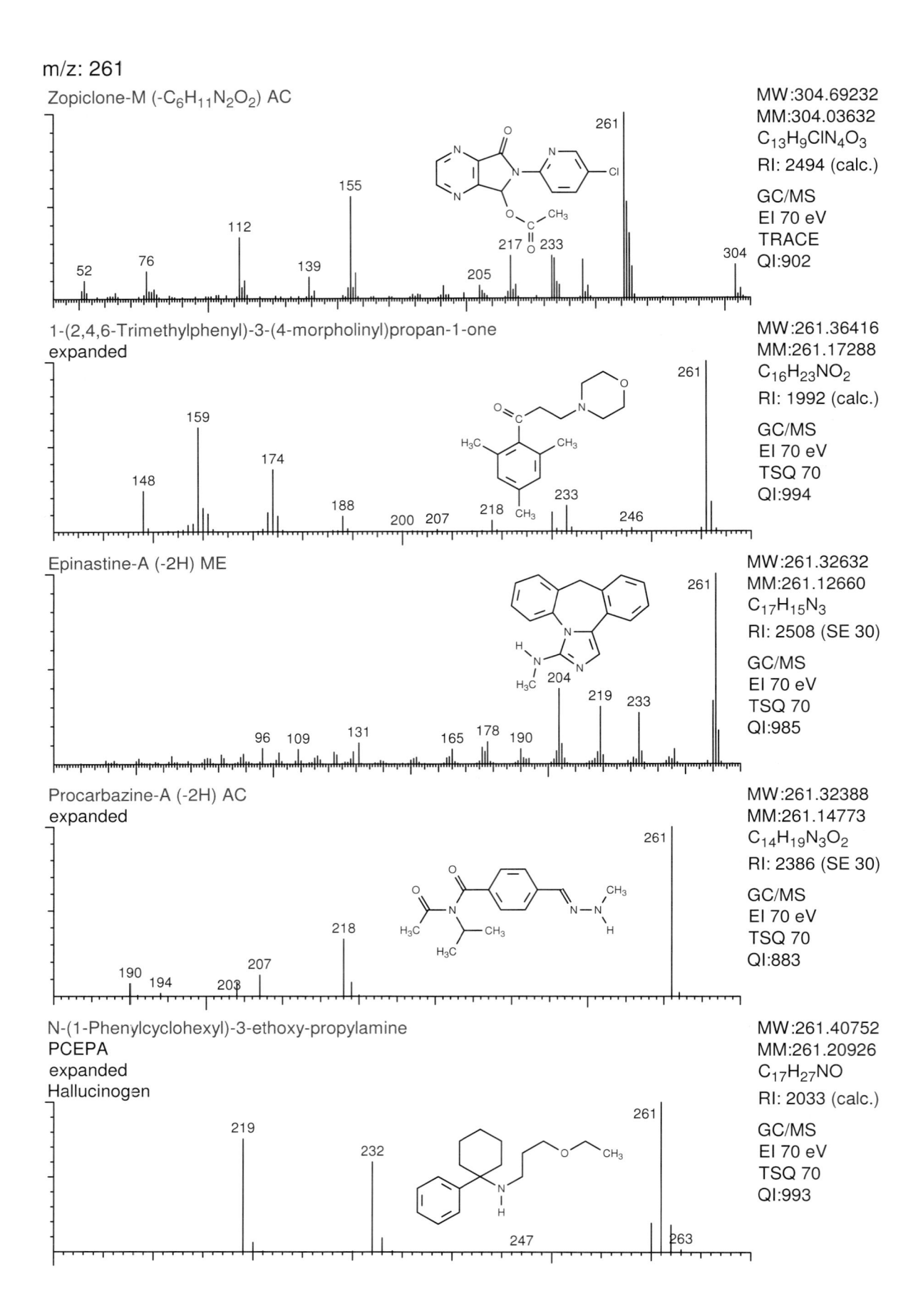

Zopiclone-M (-C₆H₁₁N₂O₂) AC

MW:304.69232
MM:304.03632
$C_{13}H_9ClN_4O_3$
RI: 2494 (calc.)

GC/MS
EI 70 eV
TRACE
QI:902

Peaks: 52, 76, 112, 139, 155, 205, 217, 233, 261, 304

1-(2,4,6-Trimethylphenyl)-3-(4-morpholinyl)propan-1-one
expanded

MW:261.36416
MM:261.17288
$C_{16}H_{23}NO_2$
RI: 1992 (calc.)

GC/MS
EI 70 eV
TSQ 70
QI:994

Peaks: 148, 159, 174, 188, 200, 207, 218, 233, 246, 261

Epinastine-A (-2H) ME

MW:261.32632
MM:261.12660
$C_{17}H_{15}N_3$
RI: 2508 (SE 30)

GC/MS
EI 70 eV
TSQ 70
QI:985

Peaks: 96, 109, 131, 165, 178, 190, 204, 219, 233, 261

Procarbazine-A (-2H) AC
expanded

MW:261.32388
MM:261.14773
$C_{14}H_{19}N_3O_2$
RI: 2386 (SE 30)

GC/MS
EI 70 eV
TSQ 70
QI:883

Peaks: 190, 194, 203, 207, 218, 261

N-(1-Phenylcyclohexyl)-3-ethoxy-propylamine
PCEPA
expanded
Hallucinogen

MW:261.40752
MM:261.20926
$C_{17}H_{27}NO$
RI: 2033 (calc.)

GC/MS
EI 70 eV
TSQ 70
QI:993

Peaks: 219, 232, 247, 261, 263

m/z: 261

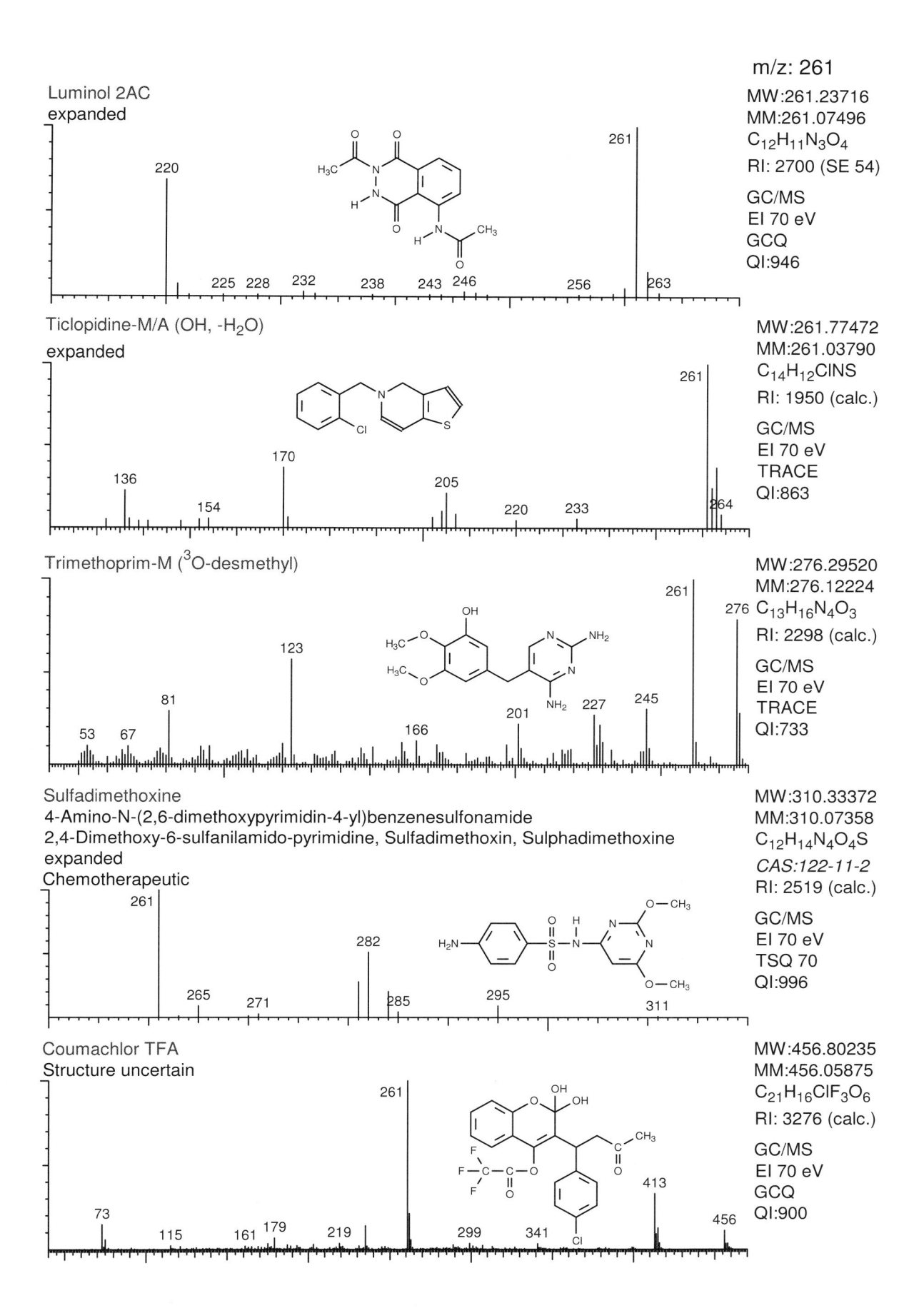

Luminol 2AC
expanded

MW: 261.23716
MM: 261.07496
$C_{12}H_{11}N_3O_4$
RI: 2700 (SE 54)

GC/MS
EI 70 eV
GCQ
QI: 946

Ticlopidine-M/A (OH, -H₂O)
expanded

MW: 261.77472
MM: 261.03790
$C_{14}H_{12}ClNS$
RI: 1950 (calc.)

GC/MS
EI 70 eV
TRACE
QI: 863

Trimethoprim-M (³O-desmethyl)

MW: 276.29520
MM: 276.12224
$C_{13}H_{16}N_4O_3$
RI: 2298 (calc.)

GC/MS
EI 70 eV
TRACE
QI: 733

Sulfadimethoxine
4-Amino-N-(2,6-dimethoxypyrimidin-4-yl)benzenesulfonamide
2,4-Dimethoxy-6-sulfanilamido-pyrimidine, Sulfadimethoxin, Sulphadimethoxine
expanded
Chemotherapeutic

MW: 310.33372
MM: 310.07358
$C_{12}H_{14}N_4O_4S$
CAS: 122-11-2
RI: 2519 (calc.)

GC/MS
EI 70 eV
TSQ 70
QI: 996

Coumachlor TFA
Structure uncertain

MW: 456.80235
MM: 456.05875
$C_{21}H_{16}ClF_3O_6$
RI: 3276 (calc.)

GC/MS
EI 70 eV
GCQ
QI: 900

m/z: 261-262

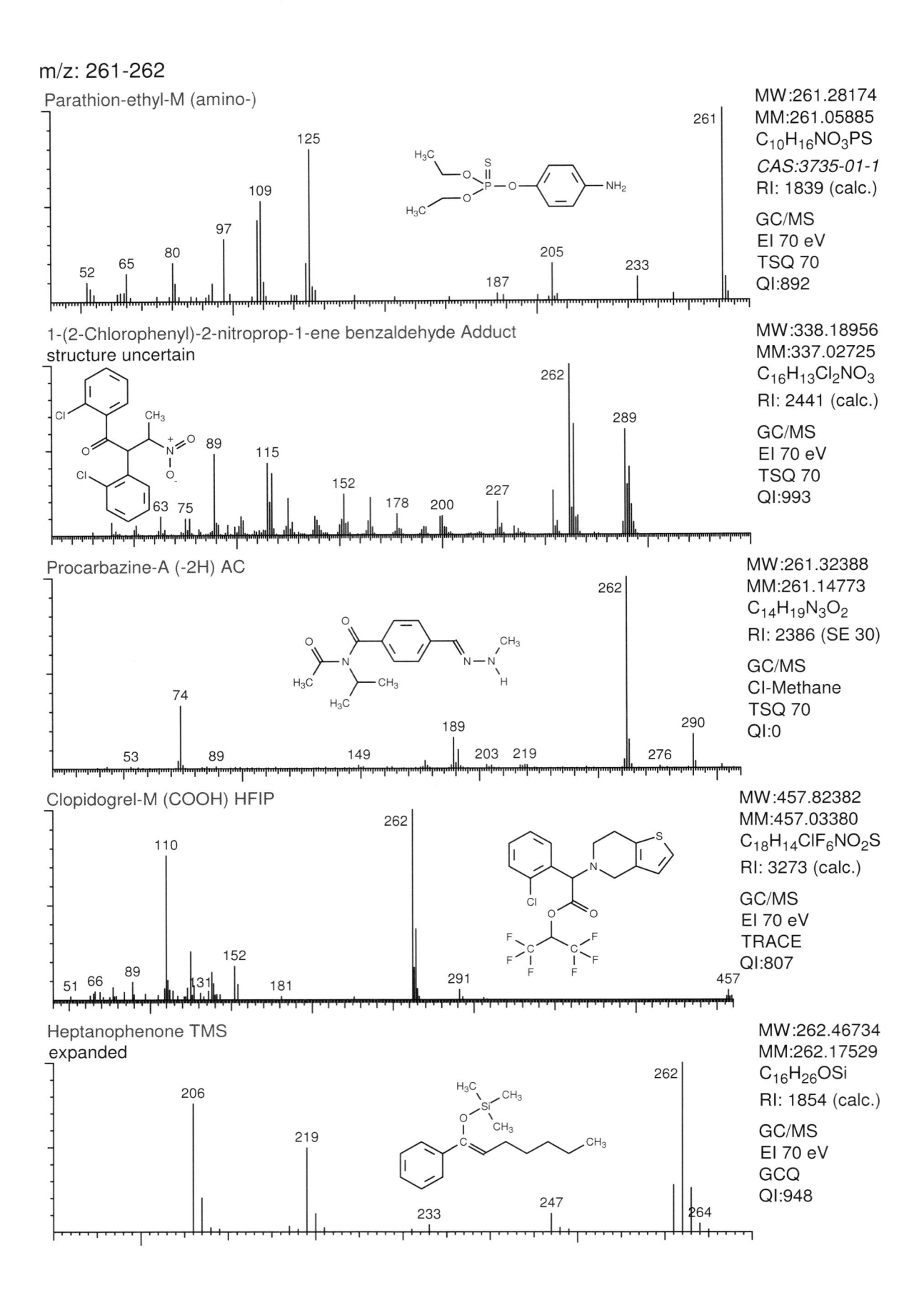

Parathion-ethyl-M (amino-)

MW:261.28174
MM:261.05885
C$_{10}$H$_{16}$NO$_3$PS
CAS:3735-01-1
RI: 1839 (calc.)

GC/MS
EI 70 eV
TSQ 70
QI:892

1-(2-Chlorophenyl)-2-nitroprop-1-ene benzaldehyde Adduct structure uncertain

MW:338.18956
MM:337.02725
C$_{16}$H$_{13}$Cl$_2$NO$_3$
RI: 2441 (calc.)

GC/MS
EI 70 eV
TSQ 70
QI:993

Procarbazine-A (-2H) AC

MW:261.32388
MM:261.14773
C$_{14}$H$_{19}$N$_3$O$_2$
RI: 2386 (SE 30)

GC/MS
CI-Methane
TSQ 70
QI:0

Clopidogrel-M (COOH) HFIP

MW:457.82382
MM:457.03380
C$_{18}$H$_{14}$ClF$_6$NO$_2$S
RI: 3273 (calc.)

GC/MS
EI 70 eV
TRACE
QI:807

Heptanophenone TMS expanded

MW:262.46734
MM:262.17529
C$_{16}$H$_{26}$OSi
RI: 1854 (calc.)

GC/MS
EI 70 eV
GCQ
QI:948

m/z: 262

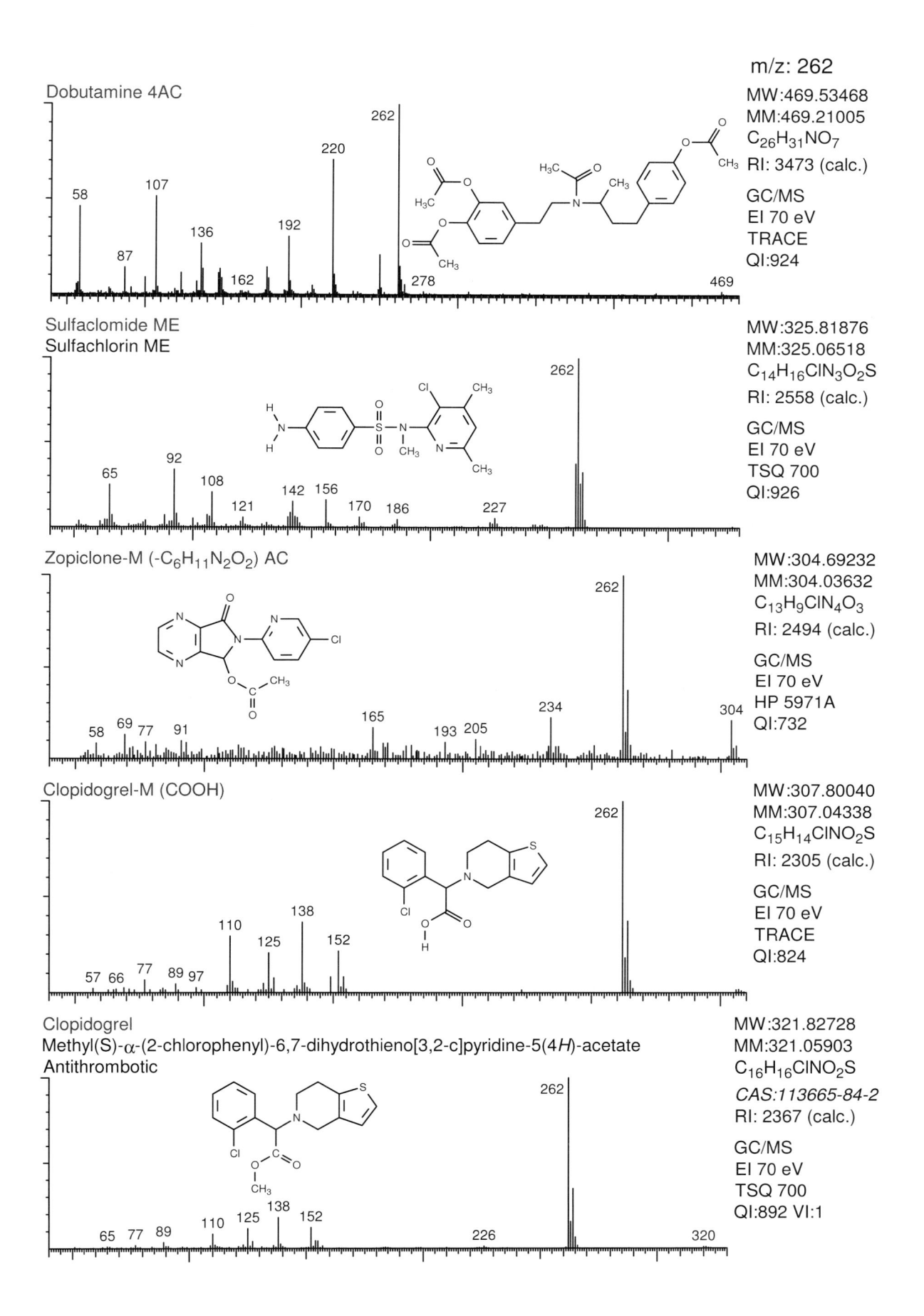

Dobutamine 4AC

MW: 469.53468
MM: 469.21005
$C_{26}H_{31}NO_7$
RI: 3473 (calc.)

GC/MS
EI 70 eV
TRACE
QI:924

Sulfaclomide ME
Sulfachlorin ME

MW: 325.81876
MM: 325.06518
$C_{14}H_{16}ClN_3O_2S$
RI: 2558 (calc.)

GC/MS
EI 70 eV
TSQ 700
QI:926

Zopiclone-M (-$C_6H_{11}N_2O_2$) AC

MW: 304.69232
MM: 304.03632
$C_{13}H_9ClN_4O_3$
RI: 2494 (calc.)

GC/MS
EI 70 eV
HP 5971A
QI:732

Clopidogrel-M (COOH)

MW: 307.80040
MM: 307.04338
$C_{15}H_{14}ClNO_2S$
RI: 2305 (calc.)

GC/MS
EI 70 eV
TRACE
QI:824

Clopidogrel
Methyl(S)-α-(2-chlorophenyl)-6,7-dihydrothieno[3,2-c]pyridine-5(4H)-acetate
Antithrombotic

MW: 321.82728
MM: 321.05903
$C_{16}H_{16}ClNO_2S$
CAS:113665-84-2
RI: 2367 (calc.)

GC/MS
EI 70 eV
TSQ 700
QI:892 VI:1

m/z: 262

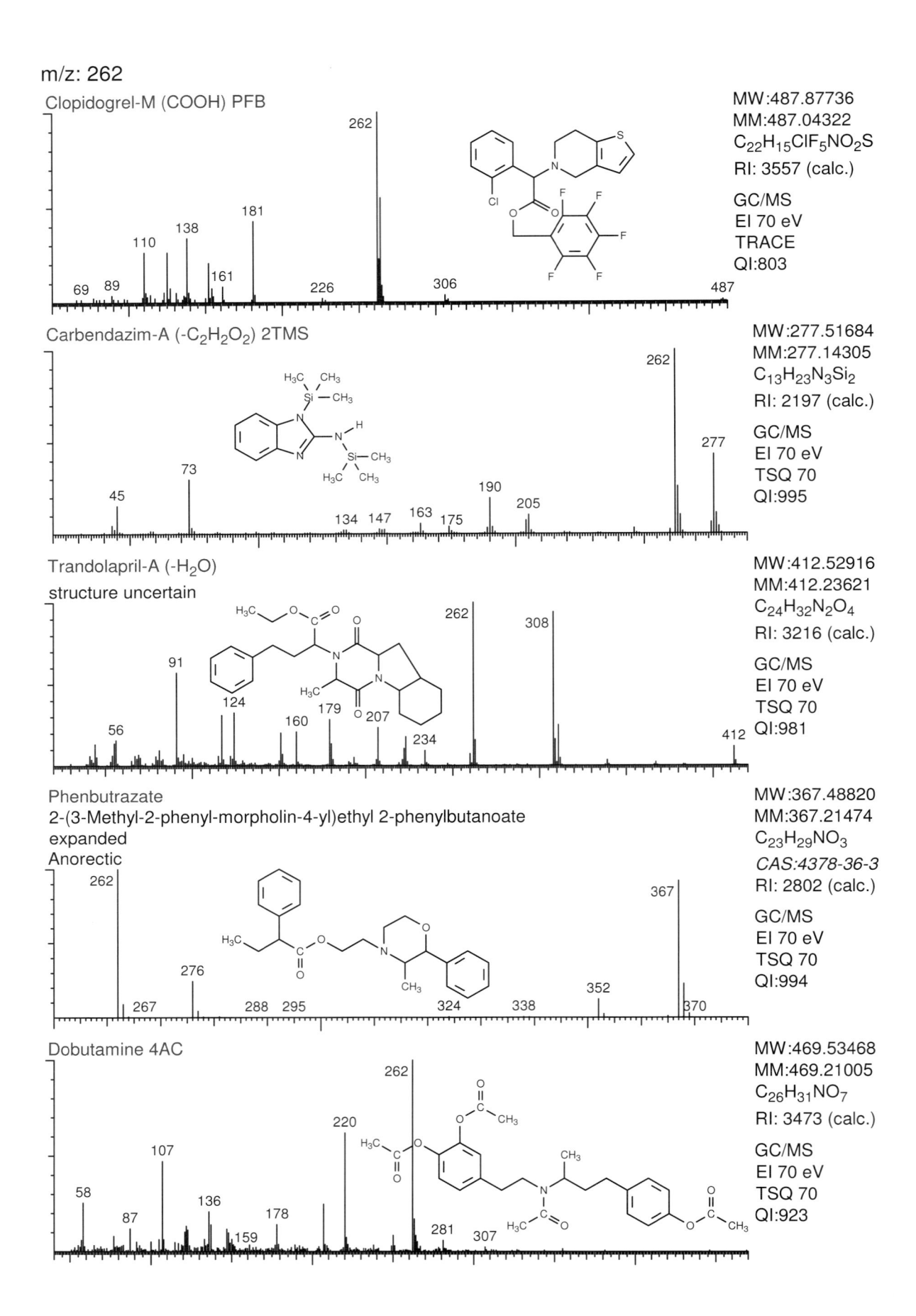

Clopidogrel-M (COOH) PFB

MW: 487.87736
MM: 487.04322
$C_{22}H_{15}ClF_5NO_2S$
RI: 3557 (calc.)

GC/MS
EI 70 eV
TRACE
QI: 803

Carbendazim-A ($-C_2H_2O_2$) 2TMS

MW: 277.51684
MM: 277.14305
$C_{13}H_{23}N_3Si_2$
RI: 2197 (calc.)

GC/MS
EI 70 eV
TSQ 70
QI: 995

Trandolapril-A ($-H_2O$)
structure uncertain

MW: 412.52916
MM: 412.23621
$C_{24}H_{32}N_2O_4$
RI: 3216 (calc.)

GC/MS
EI 70 eV
TSQ 70
QI: 981

Phenbutrazate
2-(3-Methyl-2-phenyl-morpholin-4-yl)ethyl 2-phenylbutanoate
expanded
Anorectic

MW: 367.48820
MM: 367.21474
$C_{23}H_{29}NO_3$
CAS: 4378-36-3
RI: 2802 (calc.)

GC/MS
EI 70 eV
TSQ 70
QI: 994

Dobutamine 4AC

MW: 469.53468
MM: 469.21005
$C_{26}H_{31}NO_7$
RI: 3473 (calc.)

GC/MS
EI 70 eV
TSQ 70
QI: 923

m/z: 262-263

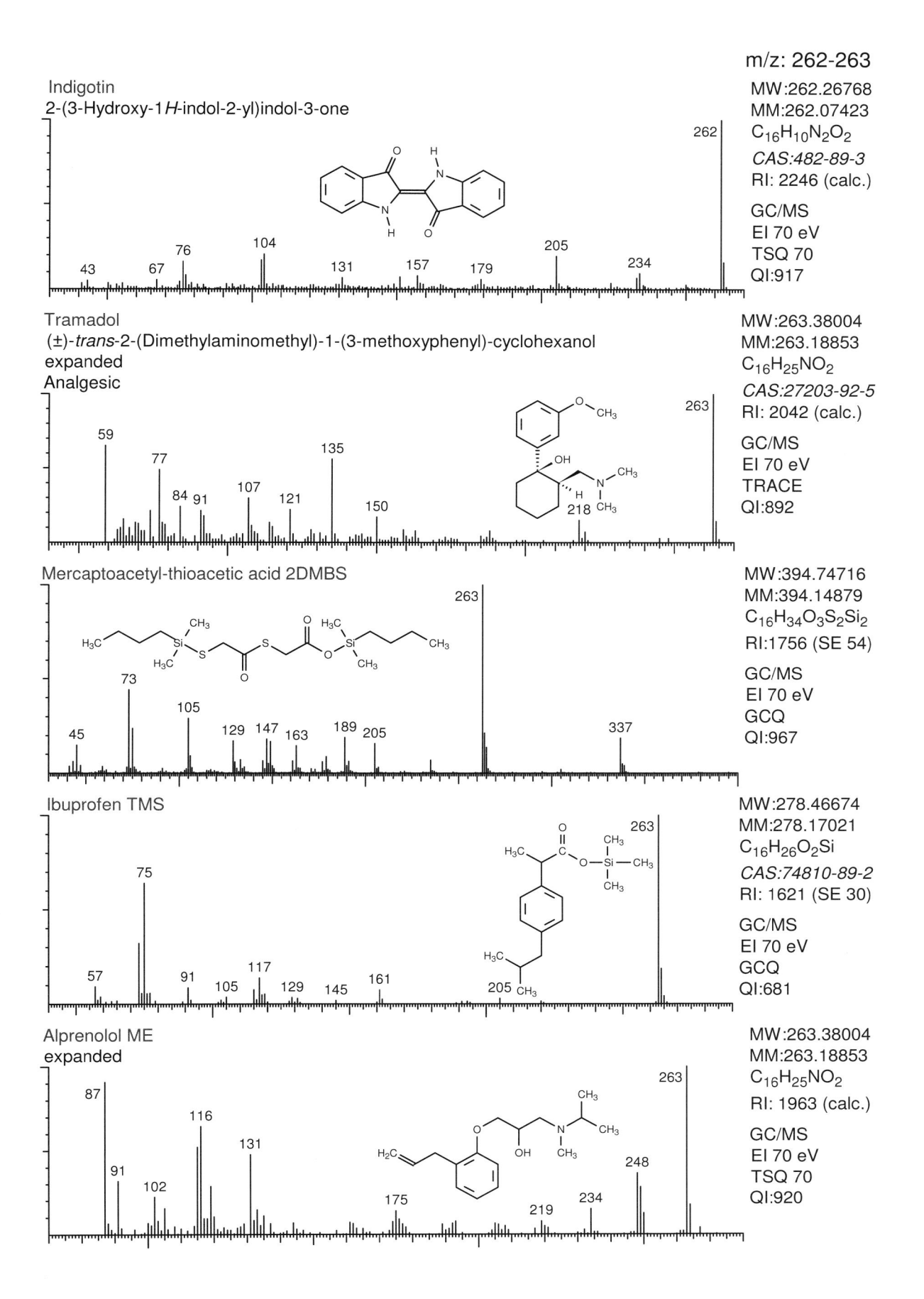

Indigotin
2-(3-Hydroxy-1H-indol-2-yl)indol-3-one

MW: 262.26768
MM: 262.07423
$C_{16}H_{10}N_2O_2$
CAS: 482-89-3
RI: 2246 (calc.)

GC/MS
EI 70 eV
TSQ 70
QI: 917

Tramadol
(±)-trans-2-(Dimethylaminomethyl)-1-(3-methoxyphenyl)-cyclohexanol
expanded
Analgesic

MW: 263.38004
MM: 263.18853
$C_{16}H_{25}NO_2$
CAS: 27203-92-5
RI: 2042 (calc.)

GC/MS
EI 70 eV
TRACE
QI: 892

Mercaptoacetyl-thioacetic acid 2DMBS

MW: 394.74716
MM: 394.14879
$C_{16}H_{34}O_3S_2Si_2$
RI: 1756 (SE 54)

GC/MS
EI 70 eV
GCQ
QI: 967

Ibuprofen TMS

MW: 278.46674
MM: 278.17021
$C_{16}H_{26}O_2Si$
CAS: 74810-89-2
RI: 1621 (SE 30)

GC/MS
EI 70 eV
GCQ
QI: 681

Alprenolol ME
expanded

MW: 263.38004
MM: 263.18853
$C_{16}H_{25}NO_2$
RI: 1963 (calc.)

GC/MS
EI 70 eV
TSQ 70
QI: 920

m/z: 263

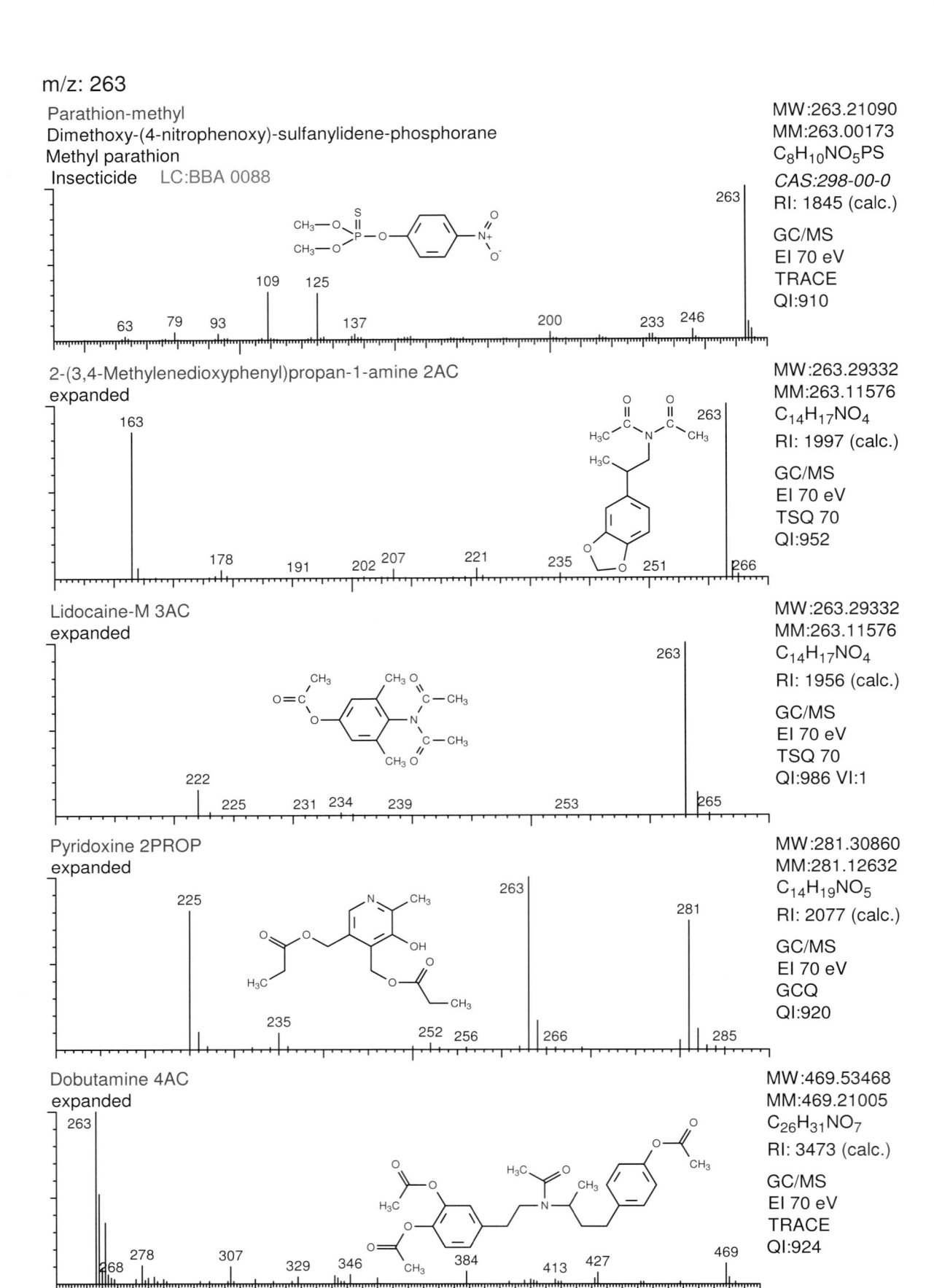

Parathion-methyl
Dimethoxy-(4-nitrophenoxy)-sulfanylidene-phosphorane
Methyl parathion
Insecticide   LC:BBA 0088

MW:263.21090
MM:263.00173
$C_8H_{10}NO_5PS$
CAS:298-00-0
RI: 1845 (calc.)

GC/MS
EI 70 eV
TRACE
QI:910

2-(3,4-Methylenedioxyphenyl)propan-1-amine 2AC
expanded

MW:263.29332
MM:263.11576
$C_{14}H_{17}NO_4$
RI: 1997 (calc.)

GC/MS
EI 70 eV
TSQ 70
QI:952

Lidocaine-M 3AC
expanded

MW:263.29332
MM:263.11576
$C_{14}H_{17}NO_4$
RI: 1956 (calc.)

GC/MS
EI 70 eV
TSQ 70
QI:986 VI:1

Pyridoxine 2PROP
expanded

MW:281.30860
MM:281.12632
$C_{14}H_{19}NO_5$
RI: 2077 (calc.)

GC/MS
EI 70 eV
GCQ
QI:920

Dobutamine 4AC
expanded

MW:469.53468
MM:469.21005
$C_{26}H_{31}NO_7$
RI: 3473 (calc.)

GC/MS
EI 70 eV
TRACE
QI:924

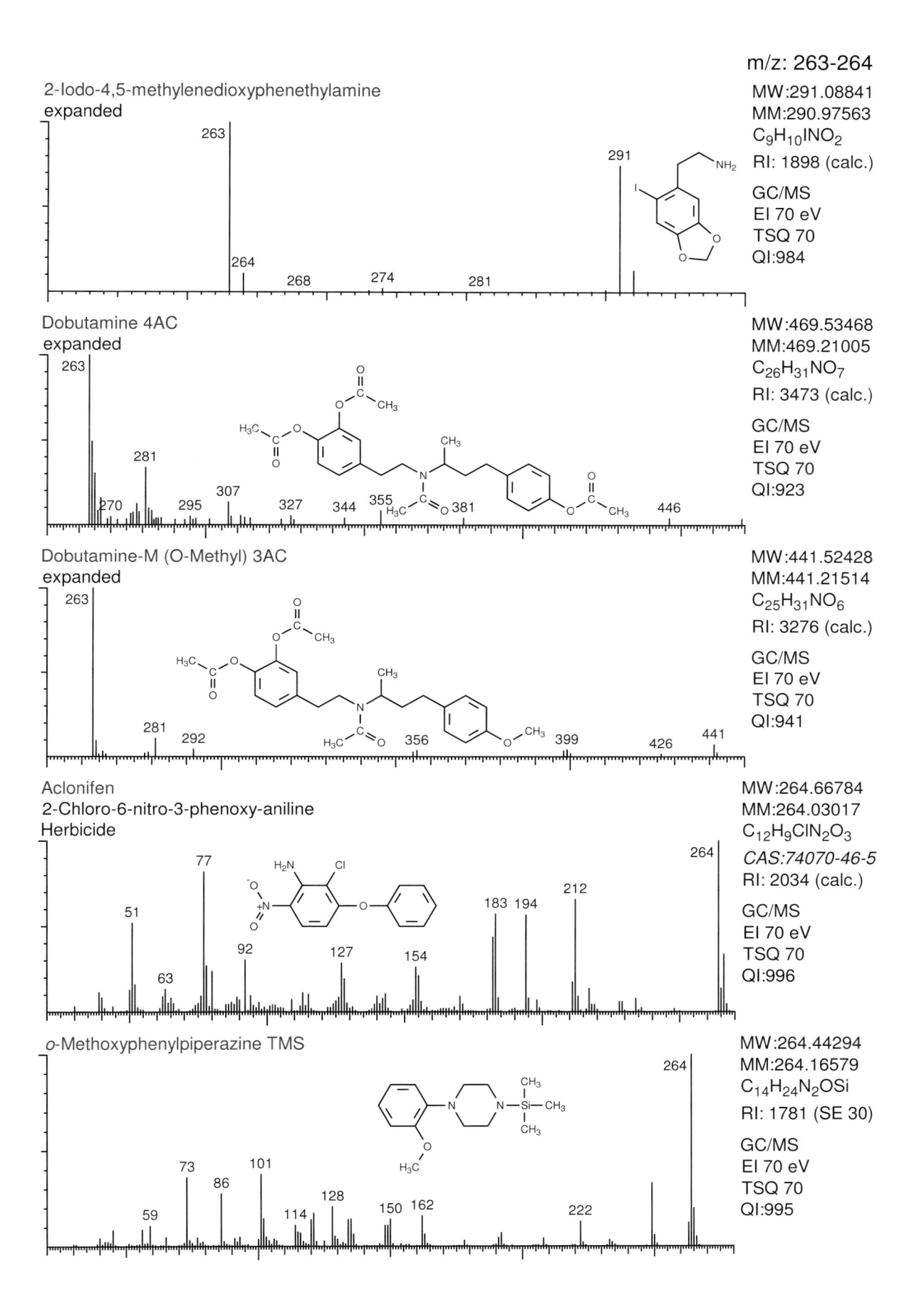

2-Iodo-4,5-methylenedioxyphenethylamine
expanded

MW: 291.08841
MM: 290.97563
$C_9H_{10}INO_2$
RI: 1898 (calc.)

GC/MS
EI 70 eV
TSQ 70
QI: 984

m/z: 263-264

Dobutamine 4AC
expanded

MW: 469.53468
MM: 469.21005
$C_{26}H_{31}NO_7$
RI: 3473 (calc.)

GC/MS
EI 70 eV
TSQ 70
QI: 923

Dobutamine-M (O-Methyl) 3AC
expanded

MW: 441.52428
MM: 441.21514
$C_{25}H_{31}NO_6$
RI: 3276 (calc.)

GC/MS
EI 70 eV
TSQ 70
QI: 941

Aclonifen
2-Chloro-6-nitro-3-phenoxy-aniline
Herbicide

MW: 264.66784
MM: 264.03017
$C_{12}H_9ClN_2O_3$
CAS: 74070-46-5
RI: 2034 (calc.)

GC/MS
EI 70 eV
TSQ 70
QI: 996

o-Methoxyphenylpiperazine TMS

MW: 264.44294
MM: 264.16579
$C_{14}H_{24}N_2OSi$
RI: 1781 (SE 30)

GC/MS
EI 70 eV
TSQ 70
QI: 995

m/z: 264

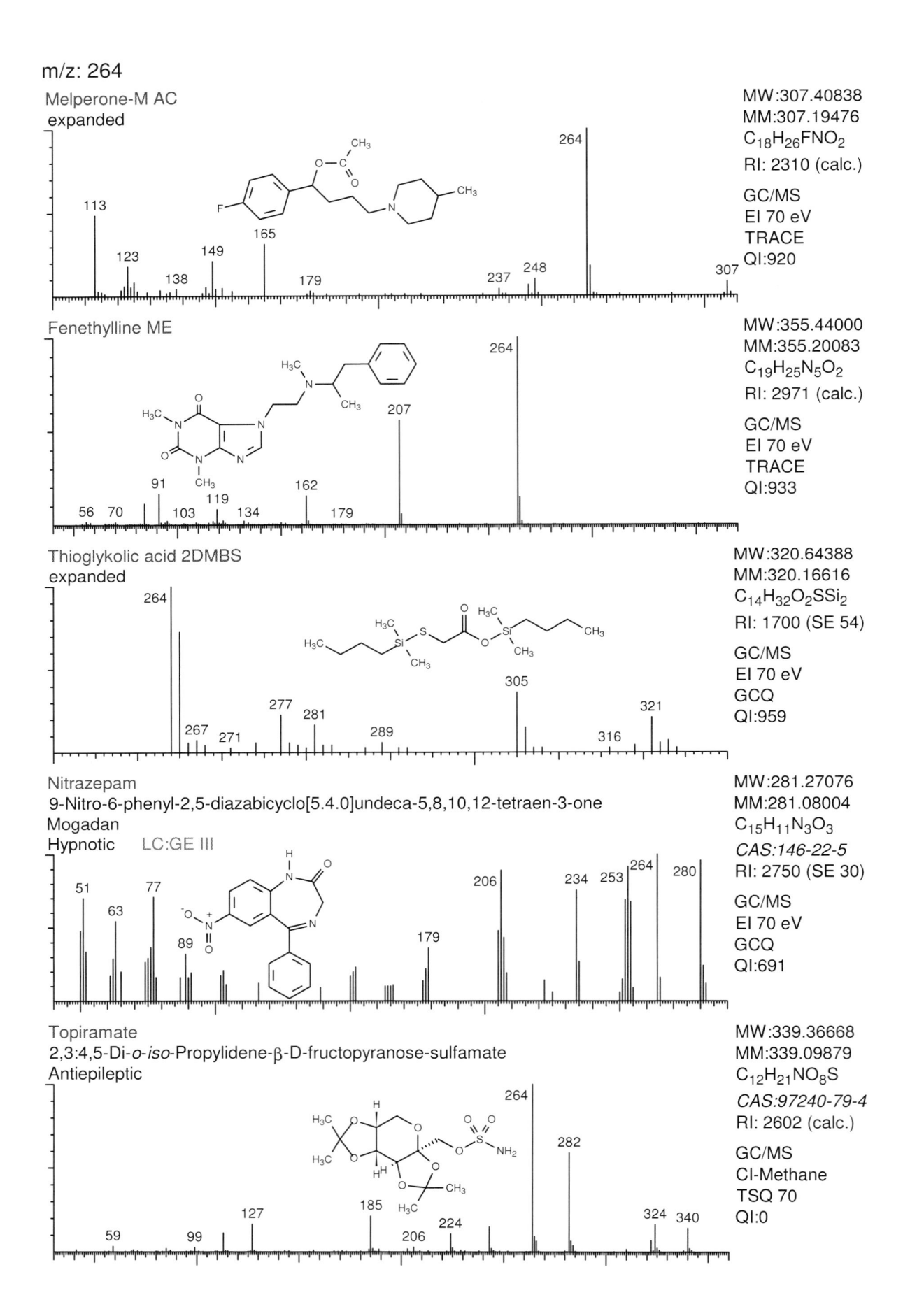

Melperone-M AC expanded

MW: 307.40838
MM: 307.19476
$C_{18}H_{26}FNO_2$
RI: 2310 (calc.)

GC/MS
EI 70 eV
TRACE
QI:920

Peaks: 113, 123, 138, 149, 165, 179, 237, 248, 264, 307

Fenethylline ME

MW: 355.44000
MM: 355.20083
$C_{19}H_{25}N_5O_2$
RI: 2971 (calc.)

GC/MS
EI 70 eV
TRACE
QI:933

Peaks: 56, 70, 91, 103, 119, 134, 162, 179, 207, 264

Thioglykolic acid 2DMBS expanded

MW: 320.64388
MM: 320.16616
$C_{14}H_{32}O_2SSi_2$
RI: 1700 (SE 54)

GC/MS
EI 70 eV
GCQ
QI:959

Peaks: 264, 267, 271, 277, 281, 289, 305, 316, 321

Nitrazepam
9-Nitro-6-phenyl-2,5-diazabicyclo[5.4.0]undeca-5,8,10,12-tetraen-3-one
Mogadan
Hypnotic   LC:GE III

MW: 281.27076
MM: 281.08004
$C_{15}H_{11}N_3O_3$
CAS:146-22-5
RI: 2750 (SE 30)

GC/MS
EI 70 eV
GCQ
QI:691

Peaks: 51, 63, 77, 89, 179, 206, 234, 253, 264, 280

Topiramate
2,3:4,5-Di-*o*-*iso*-Propylidene-β-D-fructopyranose-sulfamate
Antiepileptic

MW: 339.36668
MM: 339.09879
$C_{12}H_{21}NO_8S$
CAS:97240-79-4
RI: 2602 (calc.)

GC/MS
CI-Methane
TSQ 70
QI:0

Peaks: 59, 99, 127, 185, 206, 224, 264, 282, 324, 340

m/z: 264

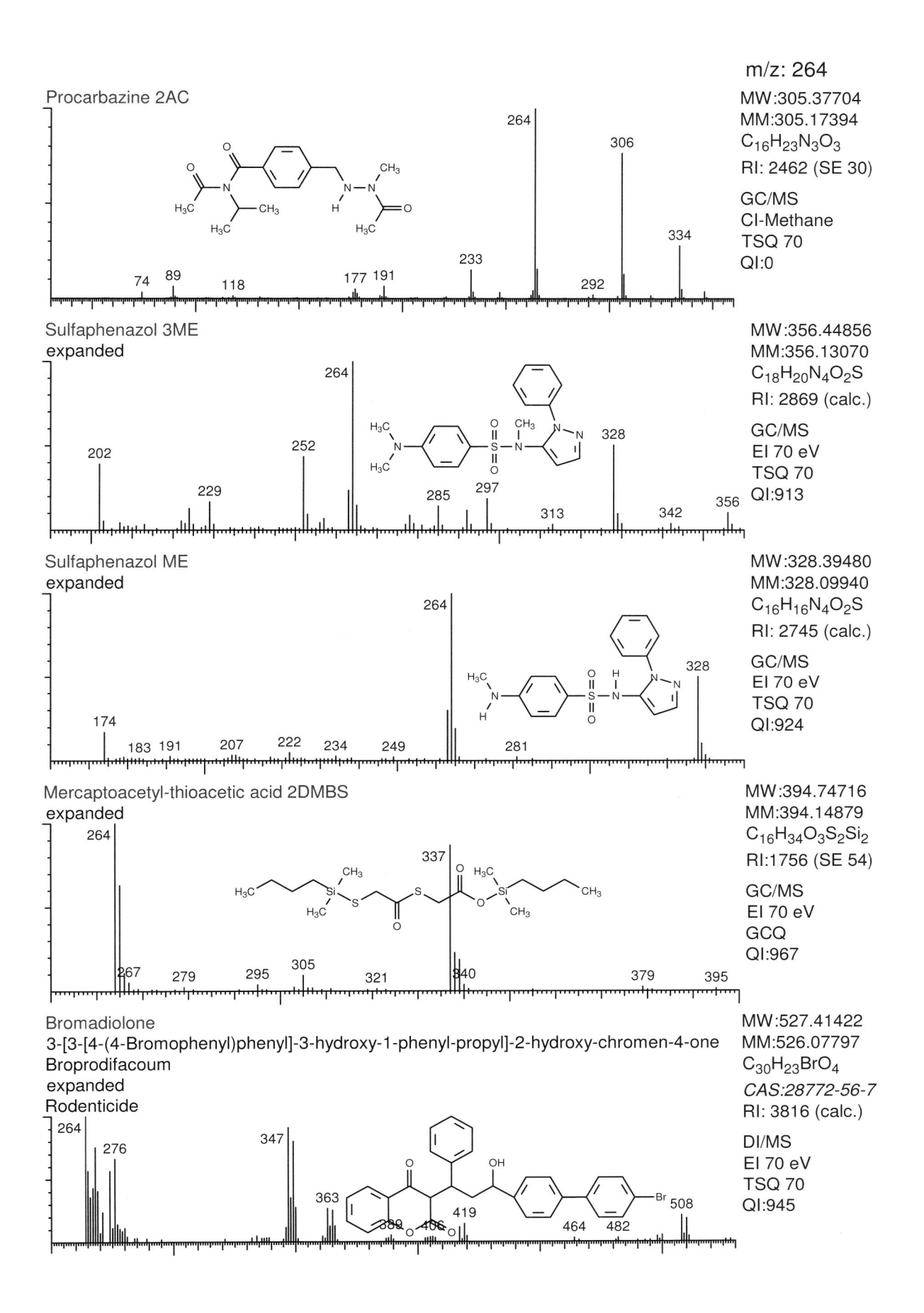

Procarbazine 2AC

MW: 305.37704
MM: 305.17394
C$_{16}$H$_{23}$N$_3$O$_3$
RI: 2462 (SE 30)

GC/MS
CI-Methane
TSQ 70
QI:0

Peaks: 74, 89, 118, 177, 191, 233, 264, 292, 306, 334

Sulfaphenazol 3ME
expanded

MW: 356.44856
MM: 356.13070
C$_{18}$H$_{20}$N$_4$O$_2$S
RI: 2869 (calc.)

GC/MS
EI 70 eV
TSQ 70
QI:913

Peaks: 202, 229, 252, 264, 285, 297, 313, 328, 342, 356

Sulfaphenazol ME
expanded

MW: 328.39480
MM: 328.09940
C$_{16}$H$_{16}$N$_4$O$_2$S
RI: 2745 (calc.)

GC/MS
EI 70 eV
TSQ 70
QI:924

Peaks: 174, 183, 191, 207, 222, 234, 249, 264, 281, 328

Mercaptoacetyl-thioacetic acid 2DMBS
expanded

MW: 394.74716
MM: 394.14879
C$_{16}$H$_{34}$O$_3$S$_2$Si$_2$
RI: 1756 (SE 54)

GC/MS
EI 70 eV
GCQ
QI:967

Peaks: 264, 267, 279, 295, 305, 321, 337, 340, 379, 395

Bromadiolone
3-[3-[4-(4-Bromophenyl)phenyl]-3-hydroxy-1-phenyl-propyl]-2-hydroxy-chromen-4-one
Broprodifacoum
expanded
Rodenticide

MW: 527.41422
MM: 526.07797
C$_{30}$H$_{23}$BrO$_4$
CAS: 28772-56-7
RI: 3816 (calc.)

DI/MS
EI 70 eV
TSQ 70
QI:945

Peaks: 264, 276, 347, 363, 419, 464, 482, 508

m/z: 264-265

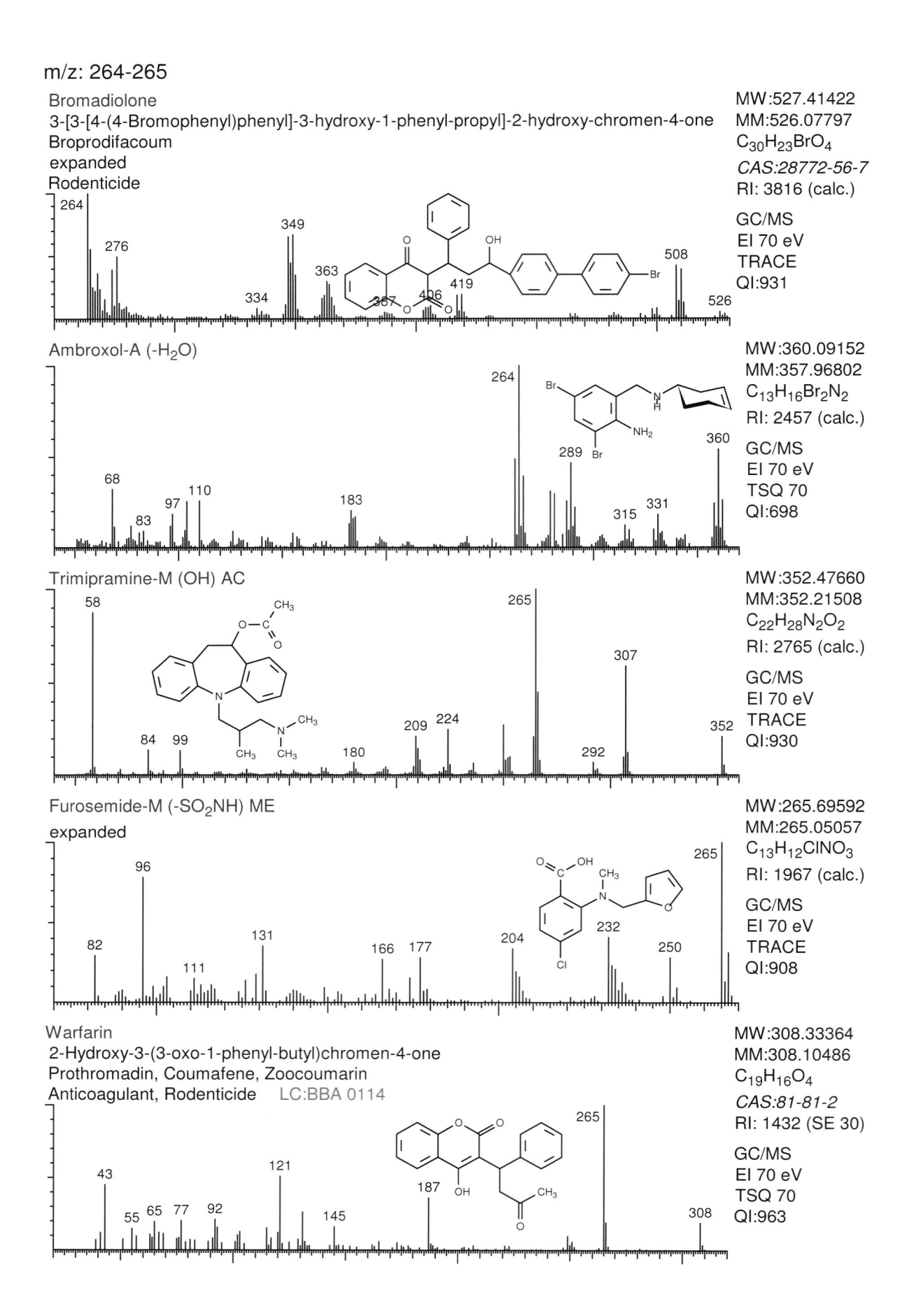

Bromadiolone
3-[3-[4-(4-Bromophenyl)phenyl]-3-hydroxy-1-phenyl-propyl]-2-hydroxy-chromen-4-one
Broprodifacoum
expanded
Rodenticide

MW:527.41422
MM:526.07797
$C_{30}H_{23}BrO_4$
CAS:28772-56-7
RI: 3816 (calc.)

GC/MS
EI 70 eV
TRACE
QI:931

Ambroxol-A (-H₂O)

MW:360.09152
MM:357.96802
$C_{13}H_{16}Br_2N_2$
RI: 2457 (calc.)

GC/MS
EI 70 eV
TSQ 70
QI:698

Trimipramine-M (OH) AC

MW:352.47660
MM:352.21508
$C_{22}H_{28}N_2O_2$
RI: 2765 (calc.)

GC/MS
EI 70 eV
TRACE
QI:930

Furosemide-M (-SO₂NH) ME
expanded

MW:265.69592
MM:265.05057
$C_{13}H_{12}ClNO_3$
RI: 1967 (calc.)

GC/MS
EI 70 eV
TRACE
QI:908

Warfarin
2-Hydroxy-3-(3-oxo-1-phenyl-butyl)chromen-4-one
Prothromadin, Coumafene, Zoocoumarin
Anticoagulant, Rodenticide   LC:BBA 0114

MW:308.33364
MM:308.10486
$C_{19}H_{16}O_4$
CAS:81-81-2
RI: 1432 (SE 30)

GC/MS
EI 70 eV
TSQ 70
QI:963

1500

m/z: 265

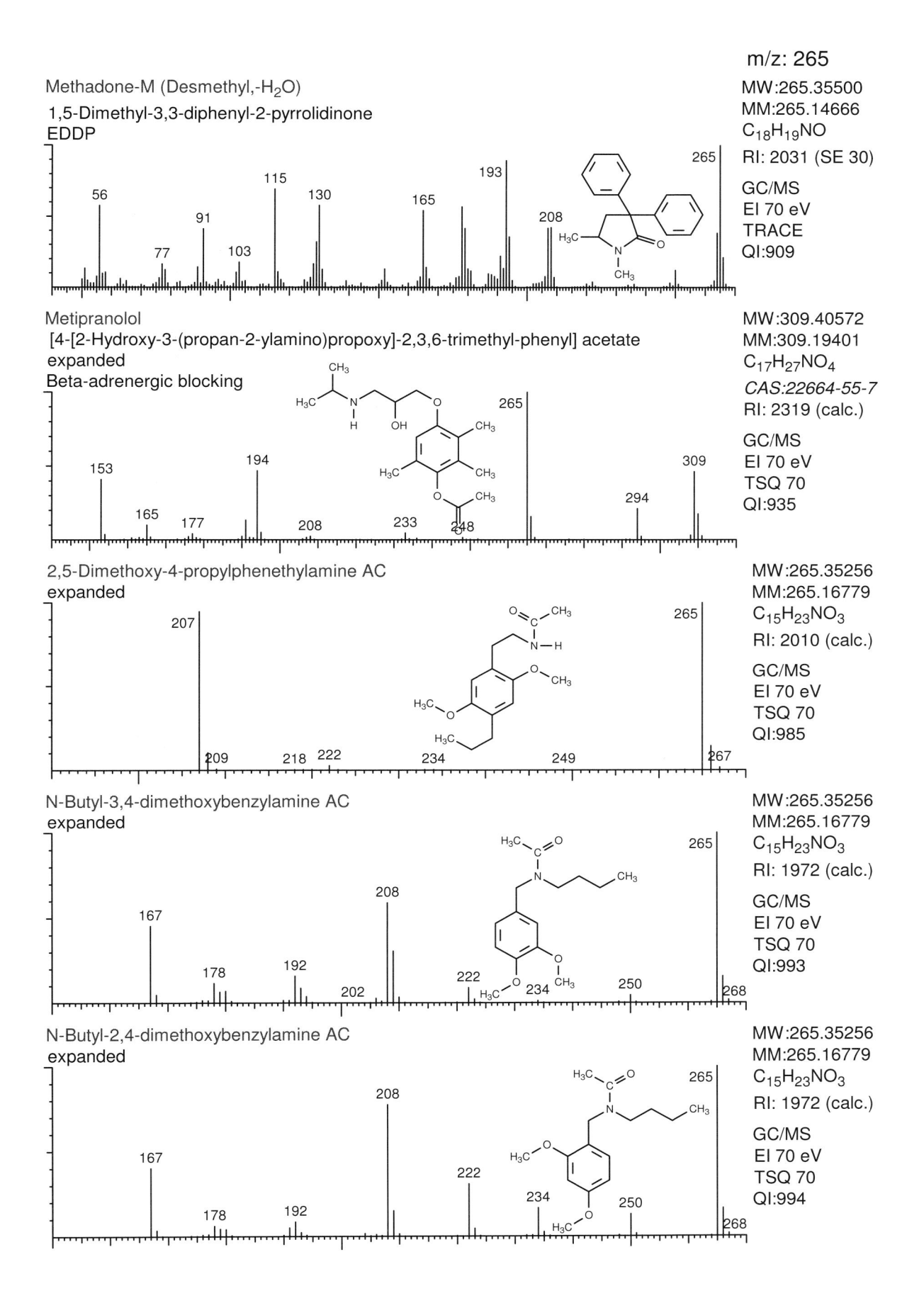

Methadone-M (Desmethyl,-H$_2$O)
1,5-Dimethyl-3,3-diphenyl-2-pyrrolidinone
EDDP

MW: 265.35500
MM: 265.14666
C$_{18}$H$_{19}$NO
RI: 2031 (SE 30)

GC/MS
EI 70 eV
TRACE
QI: 909

Peaks: 56, 77, 91, 103, 115, 130, 165, 193, 208, 265

Metipranolol
[4-[2-Hydroxy-3-(propan-2-ylamino)propoxy]-2,3,6-trimethyl-phenyl] acetate
expanded
Beta-adrenergic blocking

MW: 309.40572
MM: 309.19401
C$_{17}$H$_{27}$NO$_4$
CAS: 22664-55-7
RI: 2319 (calc.)

GC/MS
EI 70 eV
TSQ 70
QI: 935

Peaks: 153, 165, 177, 194, 208, 233, 248, 265, 294, 309

2,5-Dimethoxy-4-propylphenethylamine AC
expanded

MW: 265.35256
MM: 265.16779
C$_{15}$H$_{23}$NO$_3$
RI: 2010 (calc.)

GC/MS
EI 70 eV
TSQ 70
QI: 985

Peaks: 207, 209, 218, 222, 234, 249, 265, 267

N-Butyl-3,4-dimethoxybenzylamine AC
expanded

MW: 265.35256
MM: 265.16779
C$_{15}$H$_{23}$NO$_3$
RI: 1972 (calc.)

GC/MS
EI 70 eV
TSQ 70
QI: 993

Peaks: 167, 178, 192, 202, 208, 222, 234, 250, 265, 268

N-Butyl-2,4-dimethoxybenzylamine AC
expanded

MW: 265.35256
MM: 265.16779
C$_{15}$H$_{23}$NO$_3$
RI: 1972 (calc.)

GC/MS
EI 70 eV
TSQ 70
QI: 994

Peaks: 167, 178, 192, 208, 222, 234, 250, 265, 268

m/z: 265

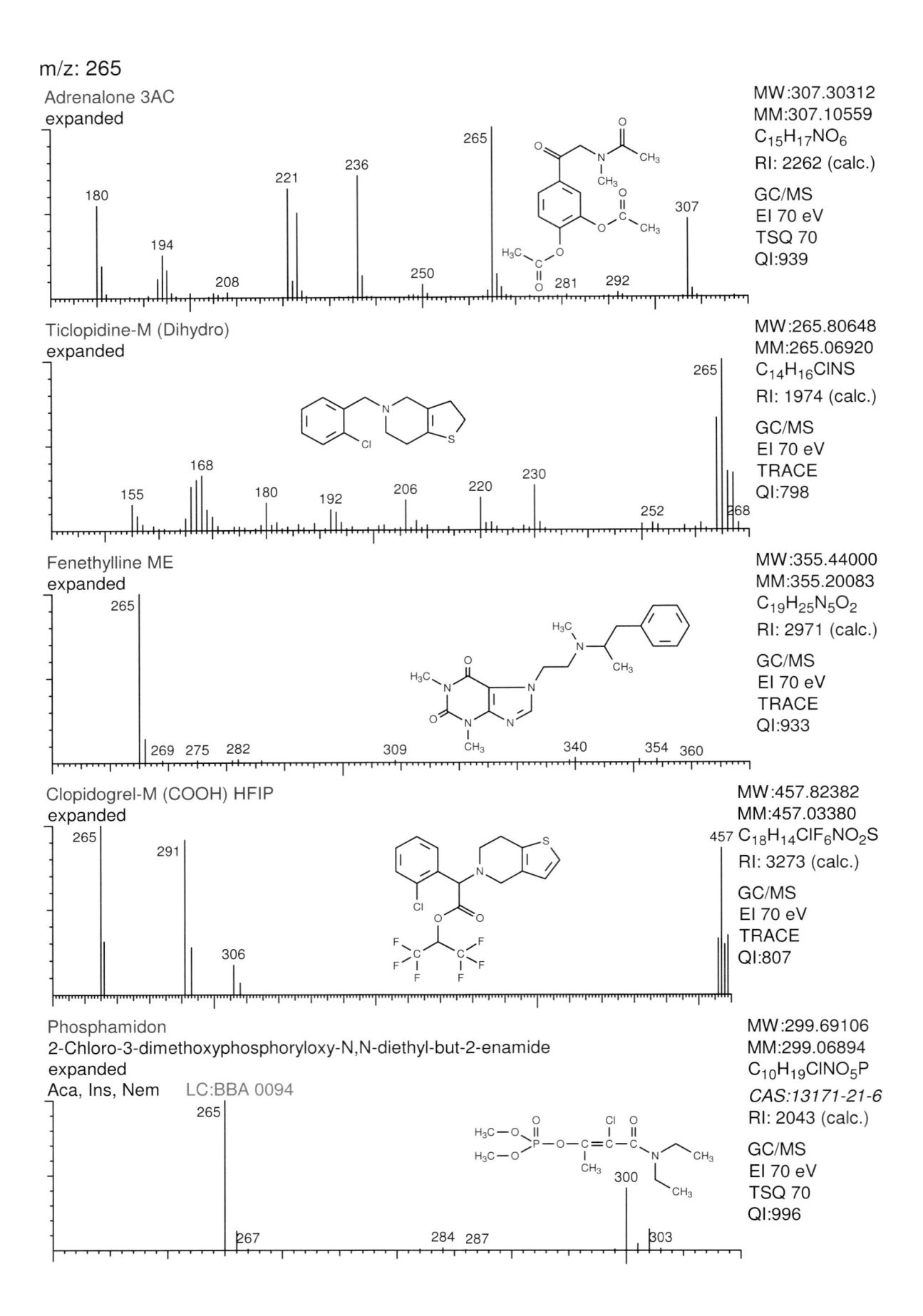

Adrenalone 3AC expanded

Peaks: 180, 194, 208, 221, 236, 250, 265, 281, 292, 307

MW: 307.30312
MM: 307.10559
$C_{15}H_{17}NO_6$
RI: 2262 (calc.)

GC/MS
EI 70 eV
TSQ 70
QI: 939

Ticlopidine-M (Dihydro) expanded

Peaks: 155, 168, 180, 192, 206, 220, 230, 252, 265, 268

MW: 265.80648
MM: 265.06920
$C_{14}H_{16}ClNS$
RI: 1974 (calc.)

GC/MS
EI 70 eV
TRACE
QI: 798

Fenethylline ME expanded

Peaks: 265, 269, 275, 282, 309, 340, 354, 360

MW: 355.44000
MM: 355.20083
$C_{19}H_{25}N_5O_2$
RI: 2971 (calc.)

GC/MS
EI 70 eV
TRACE
QI: 933

Clopidogrel-M (COOH) HFIP expanded

Peaks: 265, 291, 306, 457

MW: 457.82382
MM: 457.03380
$C_{18}H_{14}ClF_6NO_2S$
RI: 3273 (calc.)

GC/MS
EI 70 eV
TRACE
QI: 807

Phosphamidon
2-Chloro-3-dimethoxyphosphoryloxy-N,N-diethyl-but-2-enamide
expanded
Aca, Ins, Nem   LC:BBA 0094

Peaks: 265, 267, 284, 287, 300, 303

MW: 299.69106
MM: 299.06894
$C_{10}H_{19}ClNO_5P$
CAS: 13171-21-6
RI: 2043 (calc.)

GC/MS
EI 70 eV
TSQ 70
QI: 996

m/z: 265

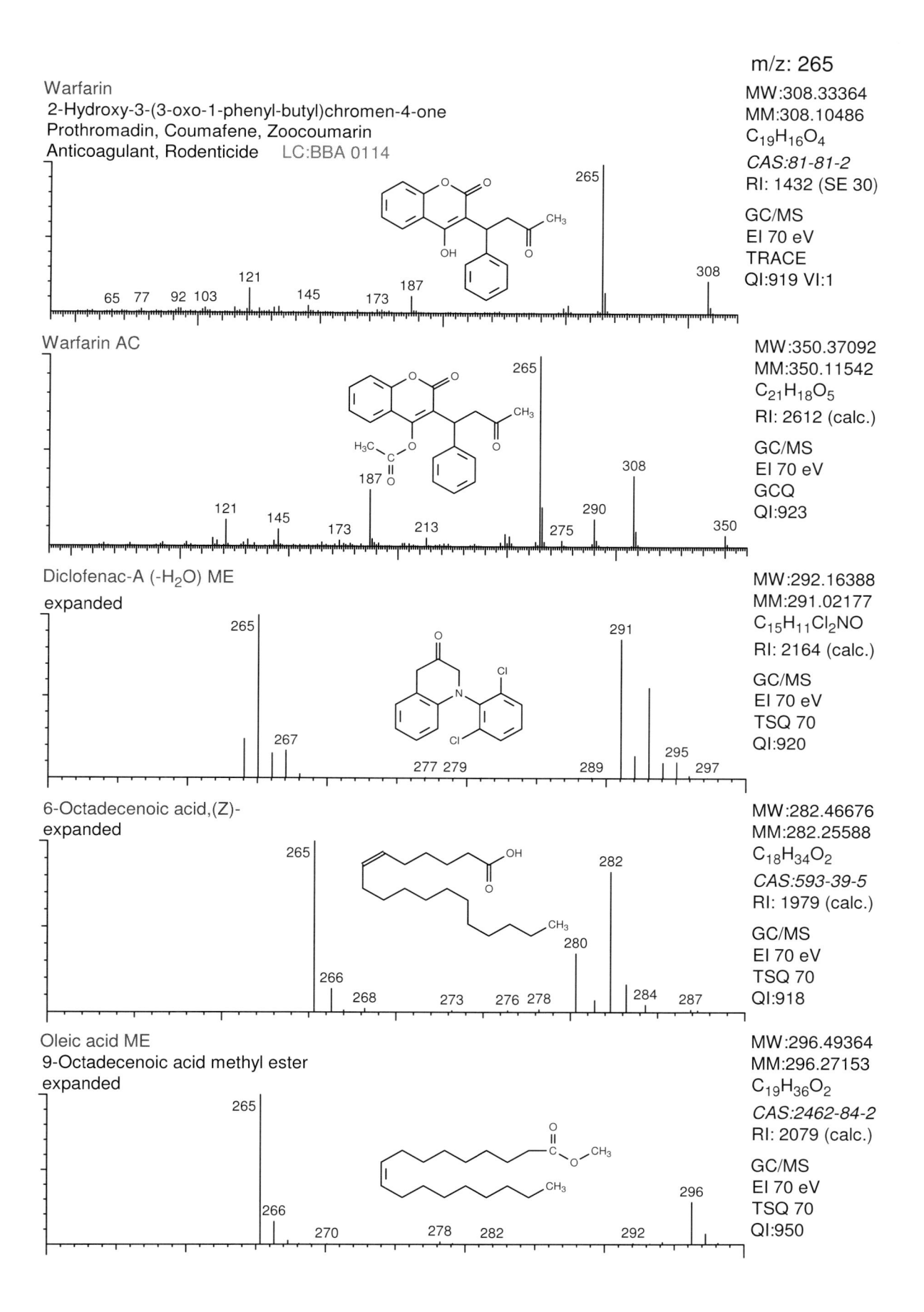

Warfarin
2-Hydroxy-3-(3-oxo-1-phenyl-butyl)chromen-4-one
Prothromadin, Coumafene, Zoocoumarin
Anticoagulant, Rodenticide LC:BBA 0114

MW:308.33364
MM:308.10486
$C_{19}H_{16}O_4$
CAS:81-81-2
RI: 1432 (SE 30)

GC/MS
EI 70 eV
TRACE
QI:919 VI:1

Peaks: 65, 77, 92, 103, 121, 145, 173, 187, 265, 308

Warfarin AC

MW:350.37092
MM:350.11542
$C_{21}H_{18}O_5$
RI: 2612 (calc.)

GC/MS
EI 70 eV
GCQ
QI:923

Peaks: 121, 145, 173, 187, 213, 265, 275, 290, 308, 350

Diclofenac-A (-H₂O) ME
expanded

MW:292.16388
MM:291.02177
$C_{15}H_{11}Cl_2NO$
RI: 2164 (calc.)

GC/MS
EI 70 eV
TSQ 70
QI:920

Peaks: 265, 267, 277, 279, 289, 291, 295, 297

6-Octadecenoic acid,(Z)-
expanded

MW:282.46676
MM:282.25588
$C_{18}H_{34}O_2$
CAS:593-39-5
RI: 1979 (calc.)

GC/MS
EI 70 eV
TSQ 70
QI:918

Peaks: 265, 266, 268, 273, 276, 278, 280, 282, 284, 287

Oleic acid ME
9-Octadecenoic acid methyl ester
expanded

MW:296.49364
MM:296.27153
$C_{19}H_{36}O_2$
CAS:2462-84-2
RI: 2079 (calc.)

GC/MS
EI 70 eV
TSQ 70
QI:950

Peaks: 265, 266, 270, 278, 282, 292, 296

m/z: 266

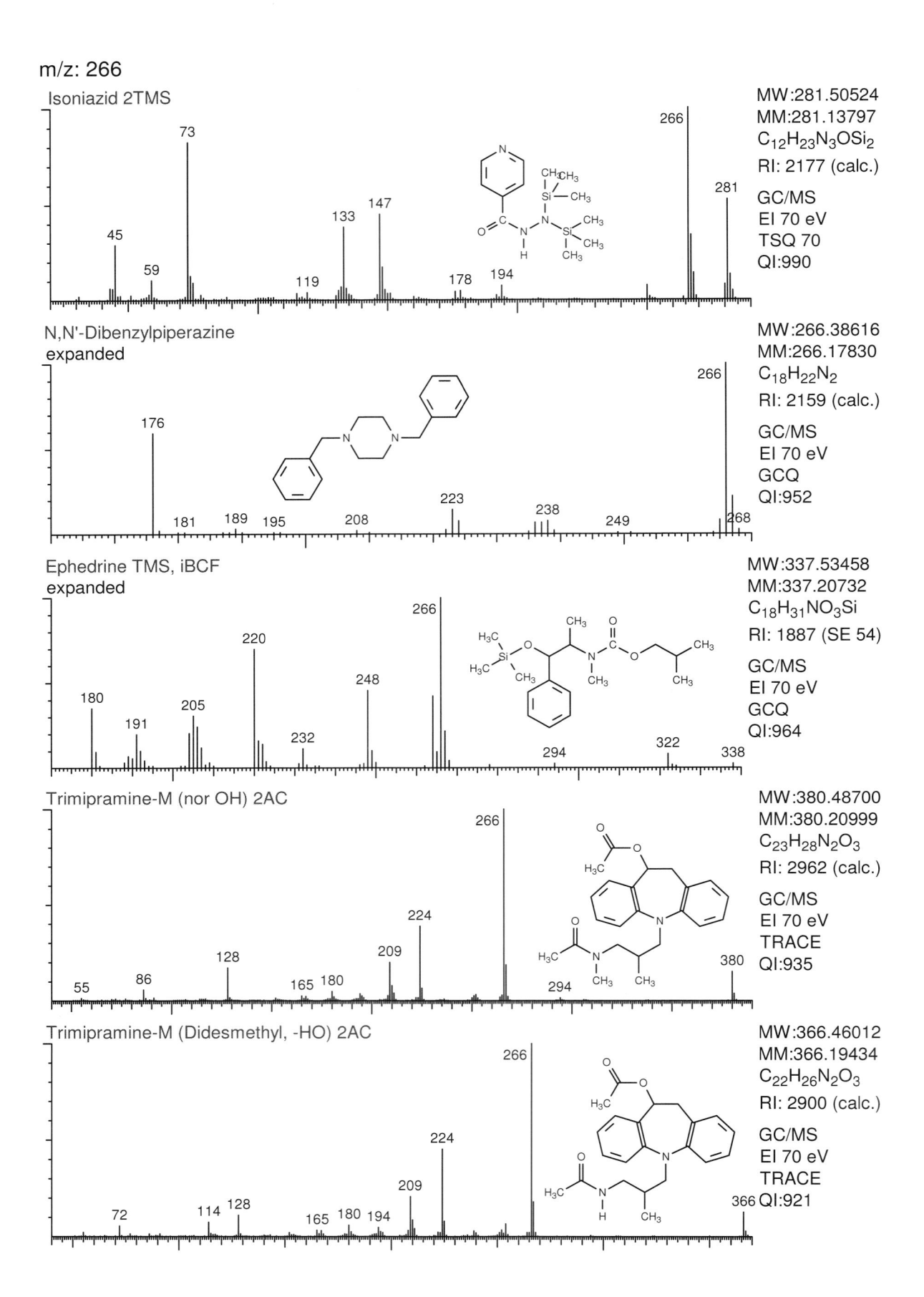

Isoniazid 2TMS

MW:281.50524
MM:281.13797
$C_{12}H_{23}N_3OSi_2$
RI: 2177 (calc.)

GC/MS
EI 70 eV
TSQ 70
QI:990

N,N'-Dibenzylpiperazine expanded

MW:266.38616
MM:266.17830
$C_{18}H_{22}N_2$
RI: 2159 (calc.)

GC/MS
EI 70 eV
GCQ
QI:952

Ephedrine TMS, iBCF expanded

MW:337.53458
MM:337.20732
$C_{18}H_{31}NO_3Si$
RI: 1887 (SE 54)

GC/MS
EI 70 eV
GCQ
QI:964

Trimipramine-M (nor OH) 2AC

MW:380.48700
MM:380.20999
$C_{23}H_{28}N_2O_3$
RI: 2962 (calc.)

GC/MS
EI 70 eV
TRACE
QI:935

Trimipramine-M (Didesmethyl, -HO) 2AC

MW:366.46012
MM:366.19434
$C_{22}H_{26}N_2O_3$
RI: 2900 (calc.)

GC/MS
EI 70 eV
TRACE
QI:921

m/z: 266

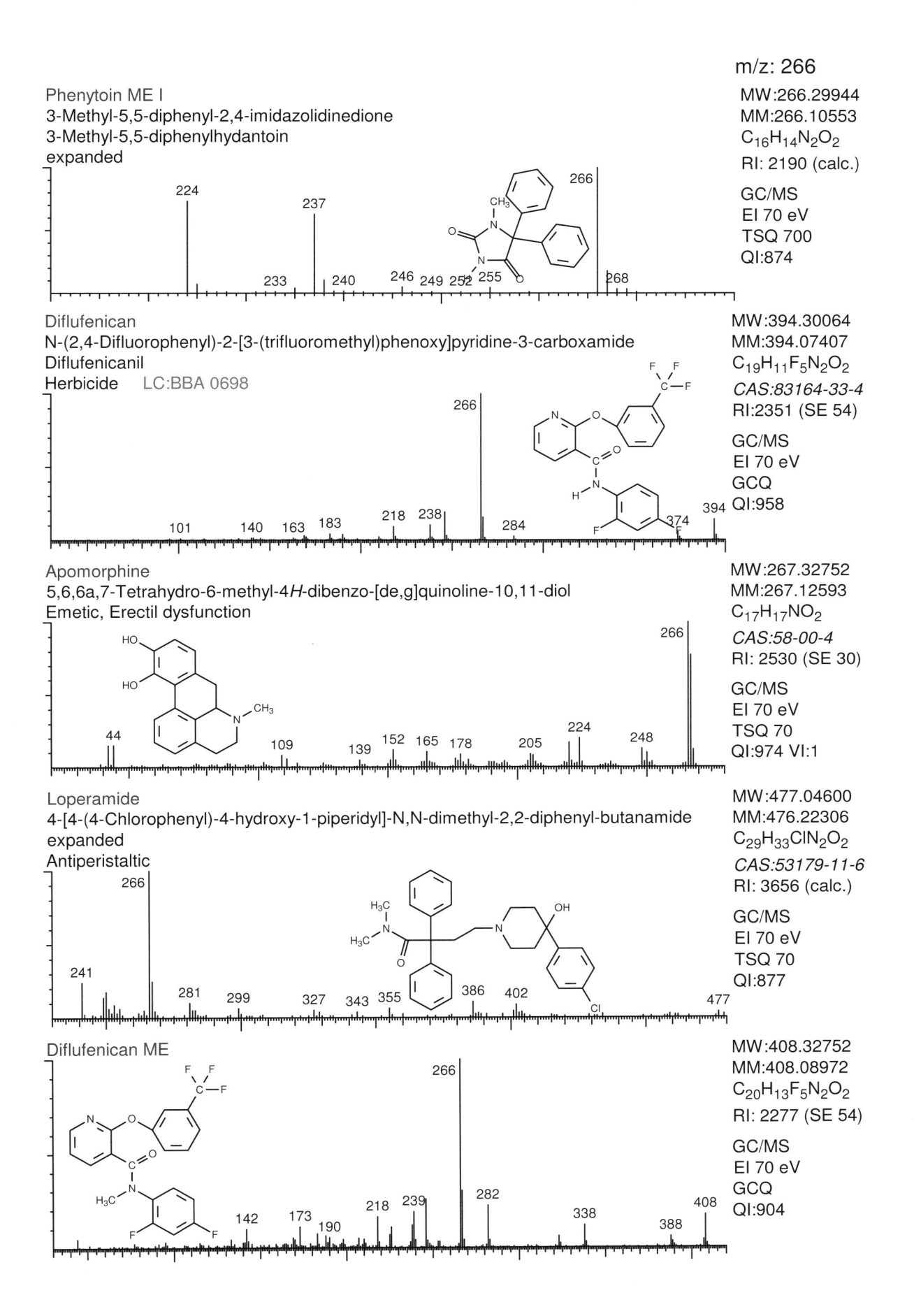

Phenytoin ME I
3-Methyl-5,5-diphenyl-2,4-imidazolidinedione
3-Methyl-5,5-diphenylhydantoin
expanded

MW:266.29944
MM:266.10553
$C_{16}H_{14}N_2O_2$
RI: 2190 (calc.)

GC/MS
EI 70 eV
TSQ 700
QI:874

Diflufenican
N-(2,4-Difluorophenyl)-2-[3-(trifluoromethyl)phenoxy]pyridine-3-carboxamide
Diflufenicanil
Herbicide   LC:BBA 0698

MW:394.30064
MM:394.07407
$C_{19}H_{11}F_5N_2O_2$
CAS:83164-33-4
RI:2351 (SE 54)

GC/MS
EI 70 eV
GCQ
QI:958

Apomorphine
5,6,6a,7-Tetrahydro-6-methyl-4H-dibenzo-[de,g]quinoline-10,11-diol
Emetic, Erectil dysfunction

MW:267.32752
MM:267.12593
$C_{17}H_{17}NO_2$
CAS:58-00-4
RI: 2530 (SE 30)

GC/MS
EI 70 eV
TSQ 70
QI:974 VI:1

Loperamide
4-[4-(4-Chlorophenyl)-4-hydroxy-1-piperidyl]-N,N-dimethyl-2,2-diphenyl-butanamide
expanded
Antiperistaltic

MW:477.04600
MM:476.22306
$C_{29}H_{33}ClN_2O_2$
CAS:53179-11-6
RI: 3656 (calc.)

GC/MS
EI 70 eV
TSQ 70
QI:877

Diflufenican ME

MW:408.32752
MM:408.08972
$C_{20}H_{13}F_5N_2O_2$
RI: 2277 (SE 54)

GC/MS
EI 70 eV
GCQ
QI:904

m/z: 266

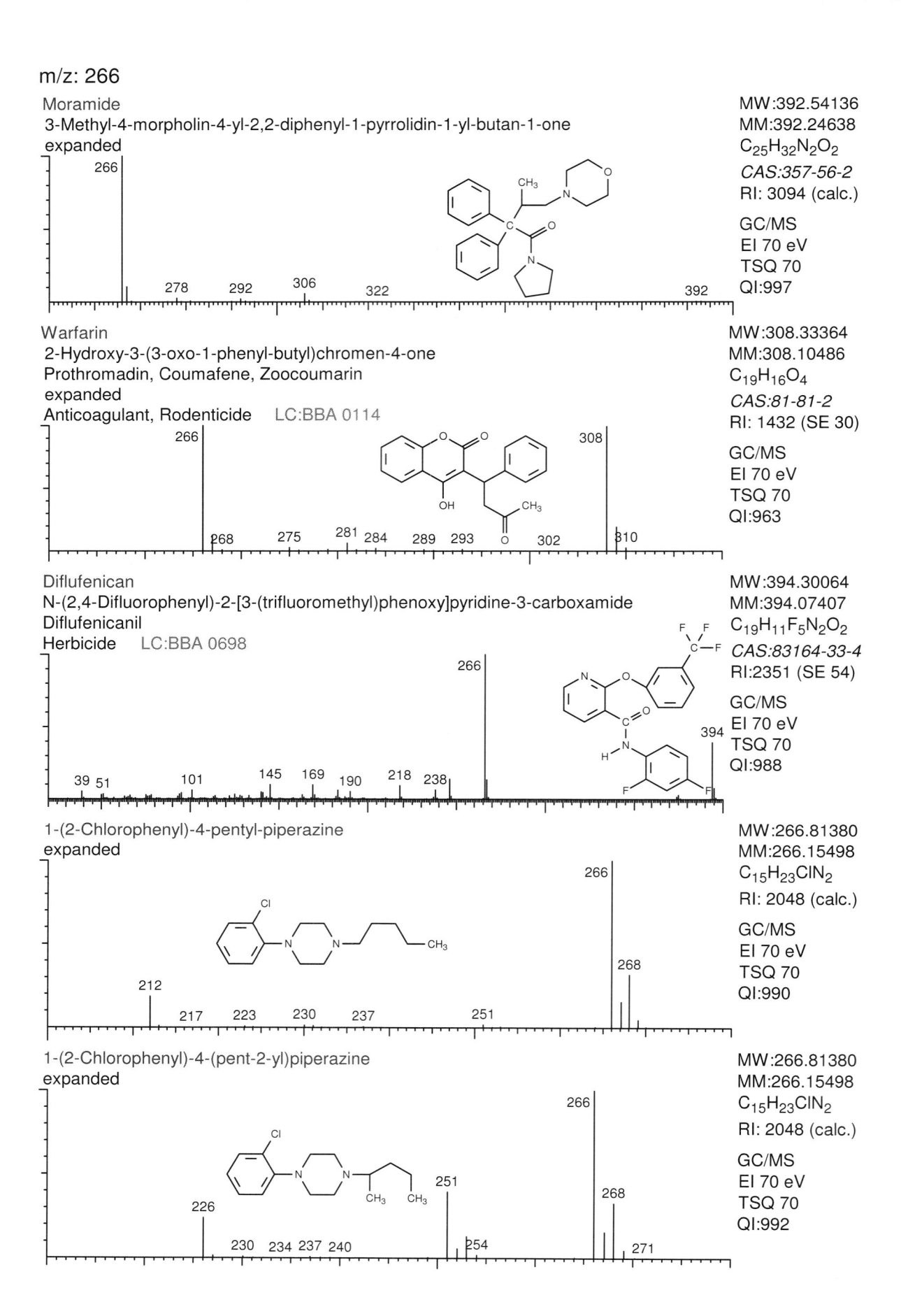

Moramide
3-Methyl-4-morpholin-4-yl-2,2-diphenyl-1-pyrrolidin-1-yl-butan-1-one
expanded

MW:392.54136
MM:392.24638
$C_{25}H_{32}N_2O_2$
CAS:357-56-2
RI: 3094 (calc.)

GC/MS
EI 70 eV
TSQ 70
QI:997

Peaks: 266, 278, 292, 306, 322, 392

Warfarin
2-Hydroxy-3-(3-oxo-1-phenyl-butyl)chromen-4-one
Prothromadin, Coumafene, Zoocoumarin
expanded
Anticoagulant, Rodenticide   LC:BBA 0114

MW:308.33364
MM:308.10486
$C_{19}H_{16}O_4$
CAS:81-81-2
RI: 1432 (SE 30)

GC/MS
EI 70 eV
TSQ 70
QI:963

Peaks: 266, 268, 275, 281, 284, 289, 293, 302, 308, 310

Diflufenican
N-(2,4-Difluorophenyl)-2-[3-(trifluoromethyl)phenoxy]pyridine-3-carboxamide
Diflufenicanil
Herbicide   LC:BBA 0698

MW:394.30064
MM:394.07407
$C_{19}H_{11}F_5N_2O_2$
CAS:83164-33-4
RI:2351 (SE 54)

GC/MS
EI 70 eV
TSQ 70
QI:988

Peaks: 39, 51, 101, 145, 169, 190, 218, 238, 266, 394

1-(2-Chlorophenyl)-4-pentyl-piperazine
expanded

MW:266.81380
MM:266.15498
$C_{15}H_{23}ClN_2$
RI: 2048 (calc.)

GC/MS
EI 70 eV
TSQ 70
QI:990

Peaks: 212, 217, 223, 230, 237, 251, 266, 268

1-(2-Chlorophenyl)-4-(pent-2-yl)piperazine
expanded

MW:266.81380
MM:266.15498
$C_{15}H_{23}ClN_2$
RI: 2048 (calc.)

GC/MS
EI 70 eV
TSQ 70
QI:992

Peaks: 226, 230, 234, 237, 240, 251, 254, 266, 268, 271

m/z: 266

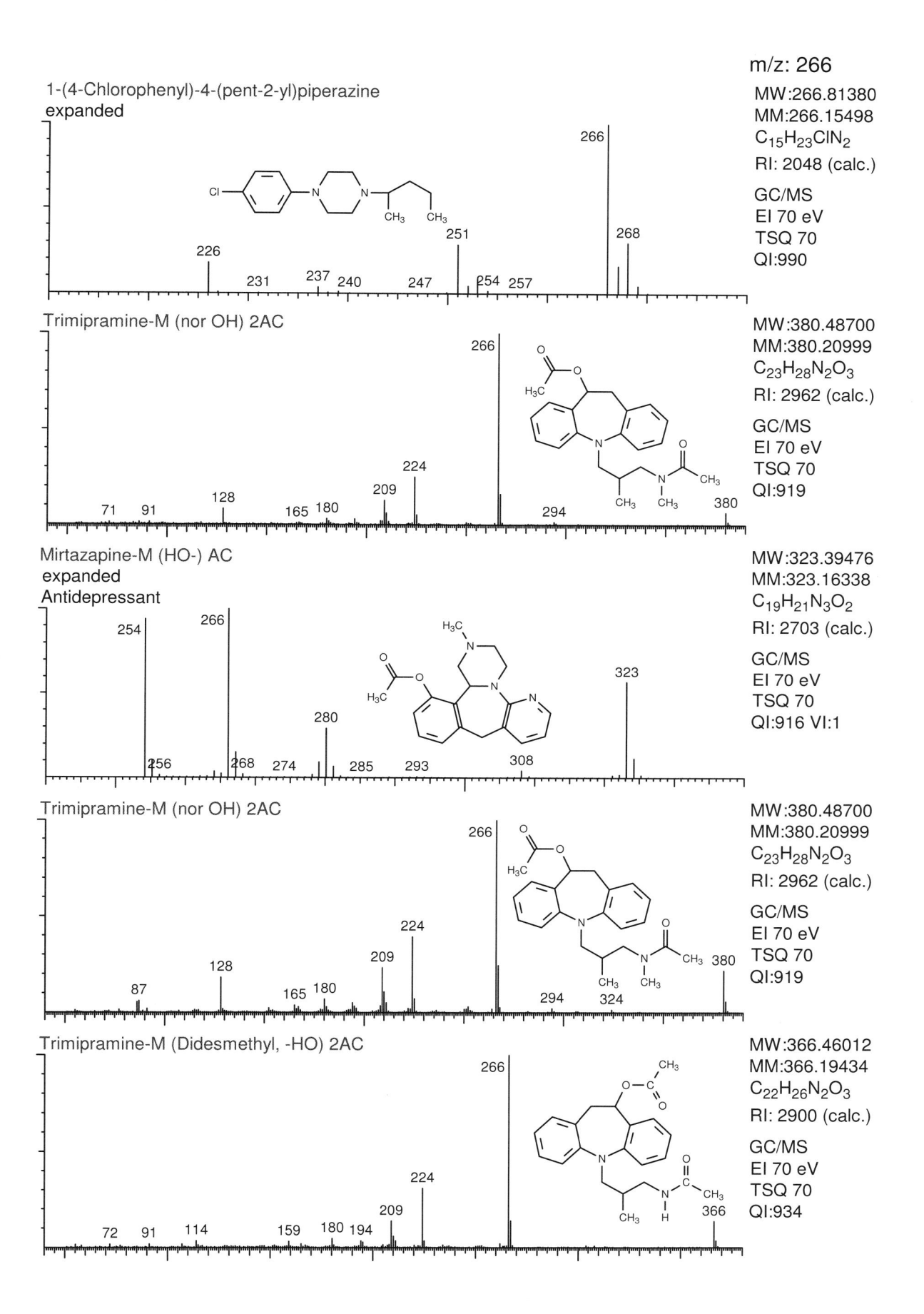

1-(4-Chlorophenyl)-4-(pent-2-yl)piperazine expanded

MW: 266.81380
MM: 266.15498
$C_{15}H_{23}ClN_2$
RI: 2048 (calc.)

GC/MS
EI 70 eV
TSQ 70
QI: 990

Peaks: 226, 231, 237, 240, 247, 251, 254, 257, 266, 268

Trimipramine-M (nor OH) 2AC

MW: 380.48700
MM: 380.20999
$C_{23}H_{28}N_2O_3$
RI: 2962 (calc.)

GC/MS
EI 70 eV
TSQ 70
QI: 919

Peaks: 71, 91, 128, 165, 180, 209, 224, 266, 294, 380

Mirtazapine-M (HO-) AC expanded
Antidepressant

MW: 323.39476
MM: 323.16338
$C_{19}H_{21}N_3O_2$
RI: 2703 (calc.)

GC/MS
EI 70 eV
TSQ 70
QI: 916 VI:1

Peaks: 254, 256, 266, 268, 274, 280, 285, 293, 308, 323

Trimipramine-M (nor OH) 2AC

MW: 380.48700
MM: 380.20999
$C_{23}H_{28}N_2O_3$
RI: 2962 (calc.)

GC/MS
EI 70 eV
TSQ 70
QI: 919

Peaks: 87, 128, 165, 180, 209, 224, 266, 294, 324, 380

Trimipramine-M (Didesmethyl, -HO) 2AC

MW: 366.46012
MM: 366.19434
$C_{22}H_{26}N_2O_3$
RI: 2900 (calc.)

GC/MS
EI 70 eV
TSQ 70
QI: 934

Peaks: 72, 91, 114, 159, 180, 194, 209, 224, 266, 366

1507

m/z: 267

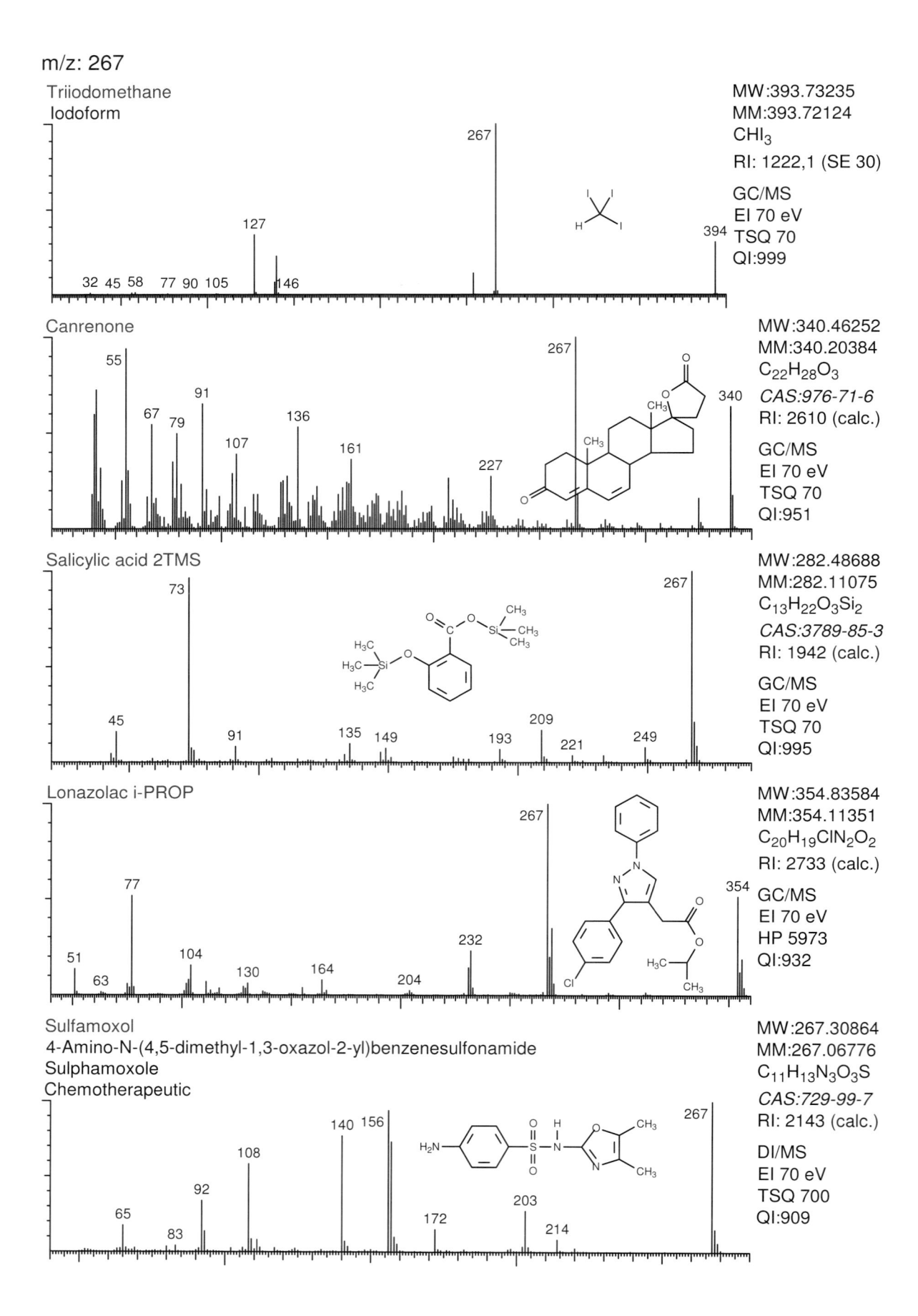

Triiodomethane / Iodoform

MW: 393.73235
MM: 393.72124
CHI₃
RI: 1222,1 (SE 30)

GC/MS
EI 70 eV
TSQ 70
QI: 999

Peaks: 32, 45, 58, 77, 90, 105, 127, 146, 267, 394

Canrenone

MW: 340.46252
MM: 340.20384
C₂₂H₂₈O₃
CAS: 976-71-6
RI: 2610 (calc.)

GC/MS
EI 70 eV
TSQ 70
QI: 951

Peaks: 55, 67, 79, 91, 107, 136, 161, 227, 267, 340

Salicylic acid 2TMS

MW: 282.48688
MM: 282.11075
C₁₃H₂₂O₃Si₂
CAS: 3789-85-3
RI: 1942 (calc.)

GC/MS
EI 70 eV
TSQ 70
QI: 995

Peaks: 45, 73, 91, 135, 149, 193, 209, 221, 249, 267

Lonazolac i-PROP

MW: 354.83584
MM: 354.11351
C₂₀H₁₉ClN₂O₂
RI: 2733 (calc.)

GC/MS
EI 70 eV
HP 5973
QI: 932

Peaks: 51, 63, 77, 104, 130, 164, 204, 232, 267, 354

Sulfamoxol
4-Amino-N-(4,5-dimethyl-1,3-oxazol-2-yl)benzenesulfonamide
Sulphamoxole
Chemotherapeutic

MW: 267.30864
MM: 267.06776
C₁₁H₁₃N₃O₃S
CAS: 729-99-7
RI: 2143 (calc.)

DI/MS
EI 70 eV
TSQ 700
QI: 909

Peaks: 65, 83, 92, 108, 140, 156, 172, 203, 214, 267

m/z: 267

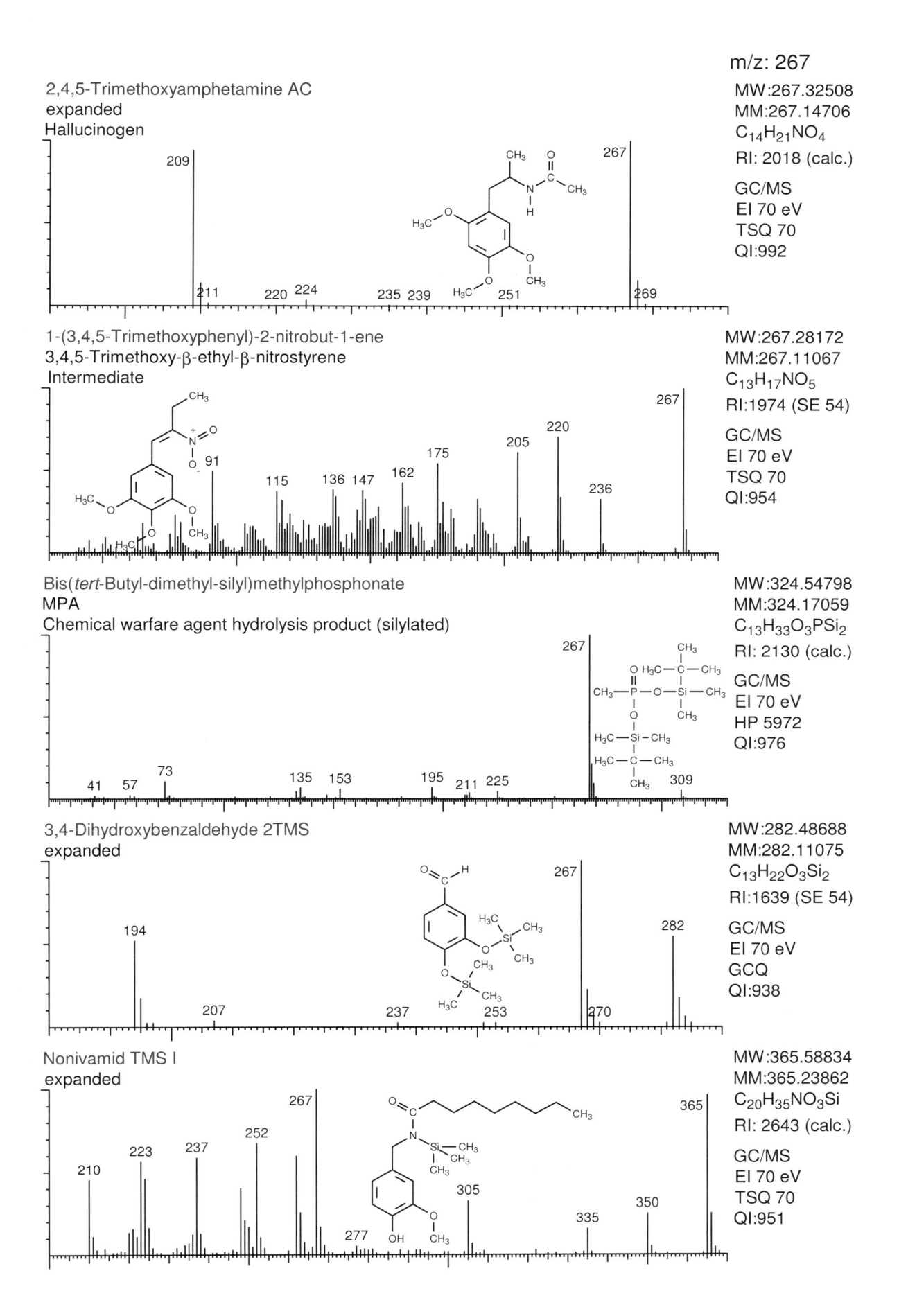

2,4,5-Trimethoxyamphetamine AC
expanded
Hallucinogen

MW: 267.32508
MM: 267.14706
$C_{14}H_{21}NO_4$
RI: 2018 (calc.)

GC/MS
EI 70 eV
TSQ 70
QI: 992

Peaks: 209, 211, 220, 224, 235, 239, 251, 267, 269

1-(3,4,5-Trimethoxyphenyl)-2-nitrobut-1-ene
3,4,5-Trimethoxy-β-ethyl-β-nitrostyrene
Intermediate

MW: 267.28172
MM: 267.11067
$C_{13}H_{17}NO_5$
RI: 1974 (SE 54)

GC/MS
EI 70 eV
TSQ 70
QI: 954

Peaks: 91, 115, 136, 147, 162, 175, 205, 220, 236, 267

Bis(*tert*-Butyl-dimethyl-silyl)methylphosphonate
MPA
Chemical warfare agent hydrolysis product (silylated)

MW: 324.54798
MM: 324.17059
$C_{13}H_{33}O_3PSi_2$
RI: 2130 (calc.)

GC/MS
EI 70 eV
HP 5972
QI: 976

Peaks: 41, 57, 73, 135, 153, 195, 211, 225, 267, 309

3,4-Dihydroxybenzaldehyde 2TMS
expanded

MW: 282.48688
MM: 282.11075
$C_{13}H_{22}O_3Si_2$
RI: 1639 (SE 54)

GC/MS
EI 70 eV
GCQ
QI: 938

Peaks: 194, 207, 237, 253, 267, 270, 282

Nonivamid TMS I
expanded

MW: 365.58834
MM: 365.23862
$C_{20}H_{35}NO_3Si$
RI: 2643 (calc.)

GC/MS
EI 70 eV
TSQ 70
QI: 951

Peaks: 210, 223, 237, 252, 267, 277, 305, 335, 350, 365

1509

m/z: 267

Trimipramine-M (Didesmethyl, -HO) 2AC expanded

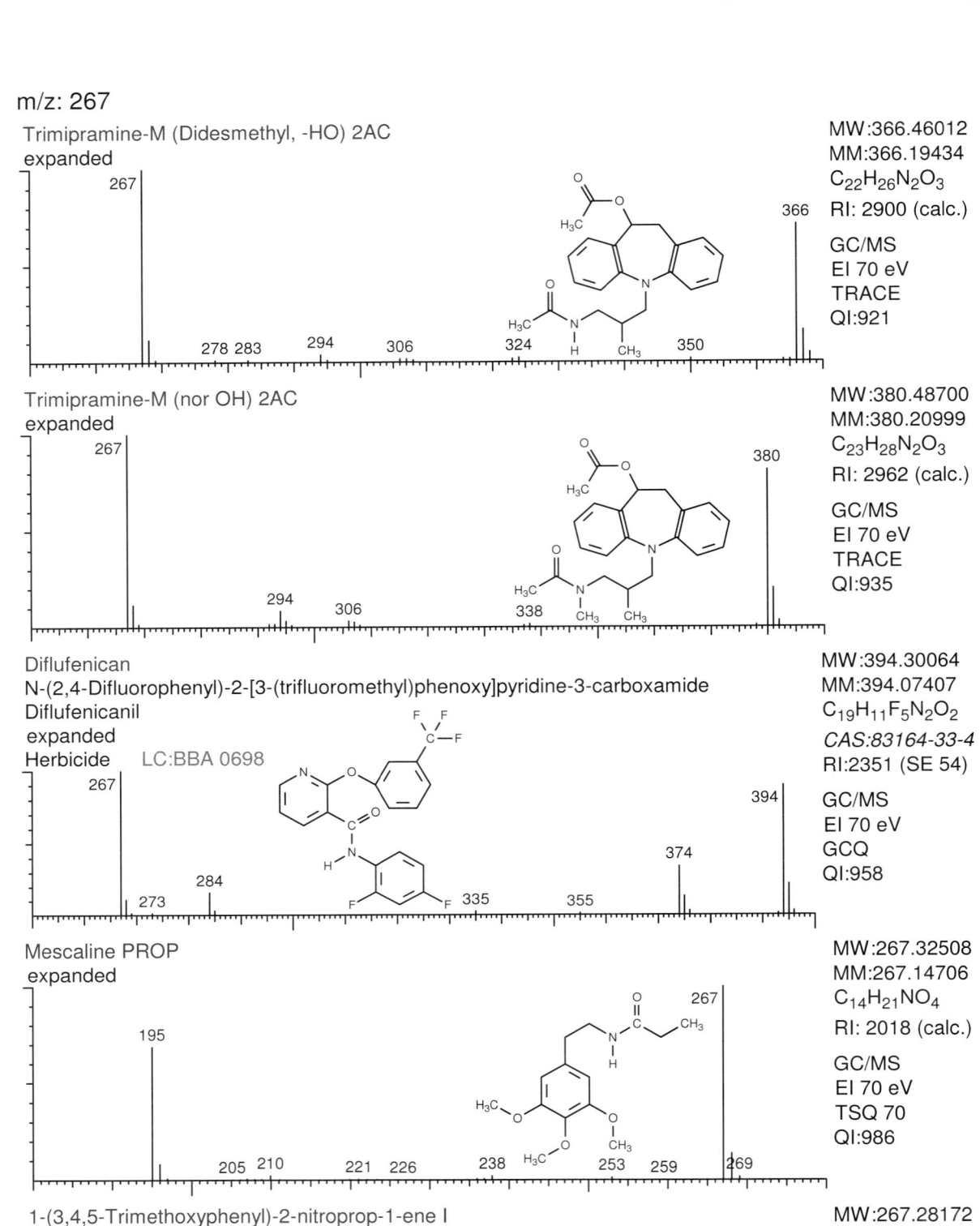

MW:366.46012
MM:366.19434
$C_{22}H_{26}N_2O_3$
RI: 2900 (calc.)

GC/MS
EI 70 eV
TRACE
QI:921

Peaks: 267, 278, 283, 294, 306, 324, 350, 366

Trimipramine-M (nor OH) 2AC expanded

MW:380.48700
MM:380.20999
$C_{23}H_{28}N_2O_3$
RI: 2962 (calc.)

GC/MS
EI 70 eV
TRACE
QI:935

Peaks: 267, 294, 306, 338, 380

Diflufenican
N-(2,4-Difluorophenyl)-2-[3-(trifluoromethyl)phenoxy]pyridine-3-carboxamide
Diflufenicanil
expanded
Herbicide   LC:BBA 0698

MW:394.30064
MM:394.07407
$C_{19}H_{11}F_5N_2O_2$
CAS:83164-33-4
RI:2351 (SE 54)

GC/MS
EI 70 eV
GCQ
QI:958

Peaks: 267, 273, 284, 335, 355, 374, 394

Mescaline PROP expanded

MW:267.32508
MM:267.14706
$C_{14}H_{21}NO_4$
RI: 2018 (calc.)

GC/MS
EI 70 eV
TSQ 70
QI:986

Peaks: 195, 205, 210, 221, 226, 238, 253, 259, 267, 269

1-(3,4,5-Trimethoxyphenyl)-2-nitroprop-1-ene I
3,4,5-Trimethoxy-β-methyl-β-nitrostyrene
Intermediate

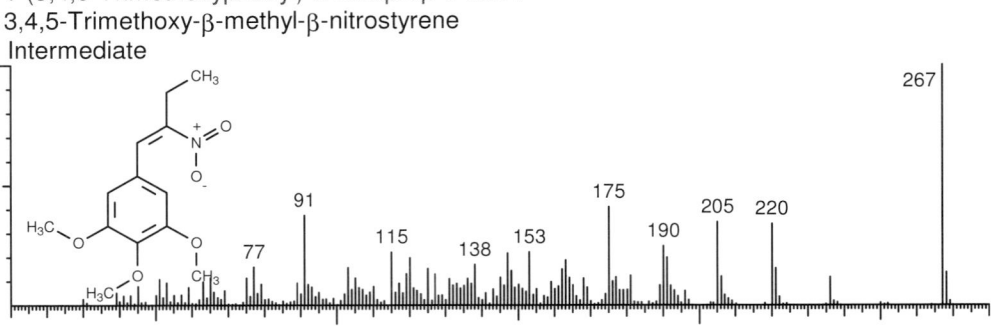

MW:267.28172
MM:267.11067
$C_{13}H_{17}NO_5$
RI: 1977 (calc.)

GC/MS
EI 70 eV
TSQ 70
QI:995

Peaks: 77, 91, 115, 138, 153, 175, 190, 205, 220, 267

m/z: 267

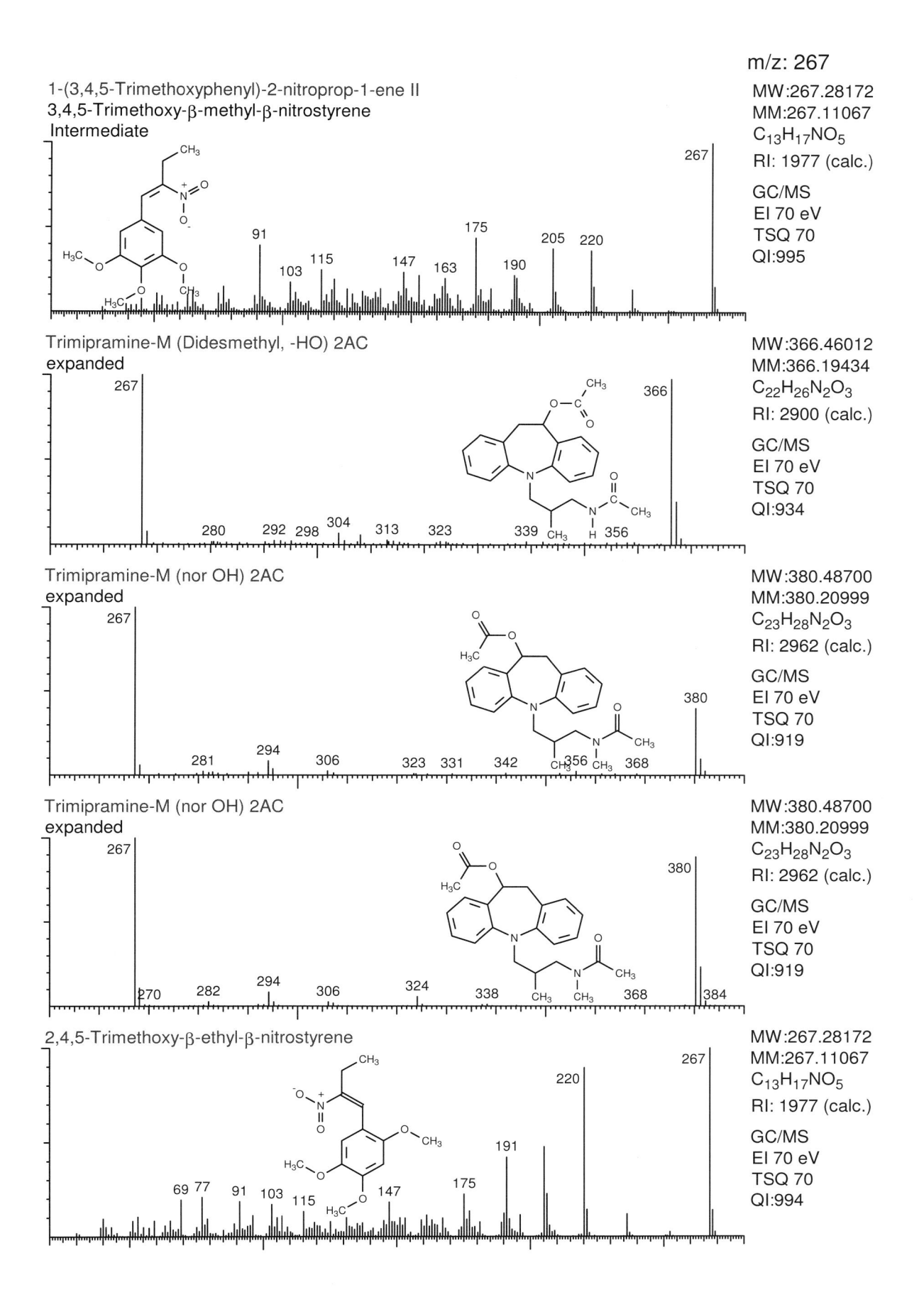

1-(3,4,5-Trimethoxyphenyl)-2-nitroprop-1-ene II
3,4,5-Trimethoxy-β-methyl-β-nitrostyrene
Intermediate

MW: 267.28172
MM: 267.11067
$C_{13}H_{17}NO_5$
RI: 1977 (calc.)

GC/MS
EI 70 eV
TSQ 70
QI: 995

Peaks: 91, 103, 115, 147, 163, 175, 190, 205, 220, 267

Trimipramine-M (Didesmethyl, -HO) 2AC
expanded

MW: 366.46012
MM: 366.19434
$C_{22}H_{26}N_2O_3$
RI: 2900 (calc.)

GC/MS
EI 70 eV
TSQ 70
QI: 934

Peaks: 267, 280, 292, 298, 304, 313, 323, 339, 356, 366

Trimipramine-M (nor OH) 2AC
expanded

MW: 380.48700
MM: 380.20999
$C_{23}H_{28}N_2O_3$
RI: 2962 (calc.)

GC/MS
EI 70 eV
TSQ 70
QI: 919

Peaks: 267, 281, 294, 306, 323, 331, 342, 356, 368, 380

Trimipramine-M (nor OH) 2AC
expanded

MW: 380.48700
MM: 380.20999
$C_{23}H_{28}N_2O_3$
RI: 2962 (calc.)

GC/MS
EI 70 eV
TSQ 70
QI: 919

Peaks: 267, 270, 282, 294, 306, 324, 338, 368, 380, 384

2,4,5-Trimethoxy-β-ethyl-β-nitrostyrene

MW: 267.28172
MM: 267.11067
$C_{13}H_{17}NO_5$
RI: 1977 (calc.)

GC/MS
EI 70 eV
TSQ 70
QI: 994

Peaks: 69, 77, 91, 103, 115, 147, 175, 191, 220, 267

m/z: 267-268

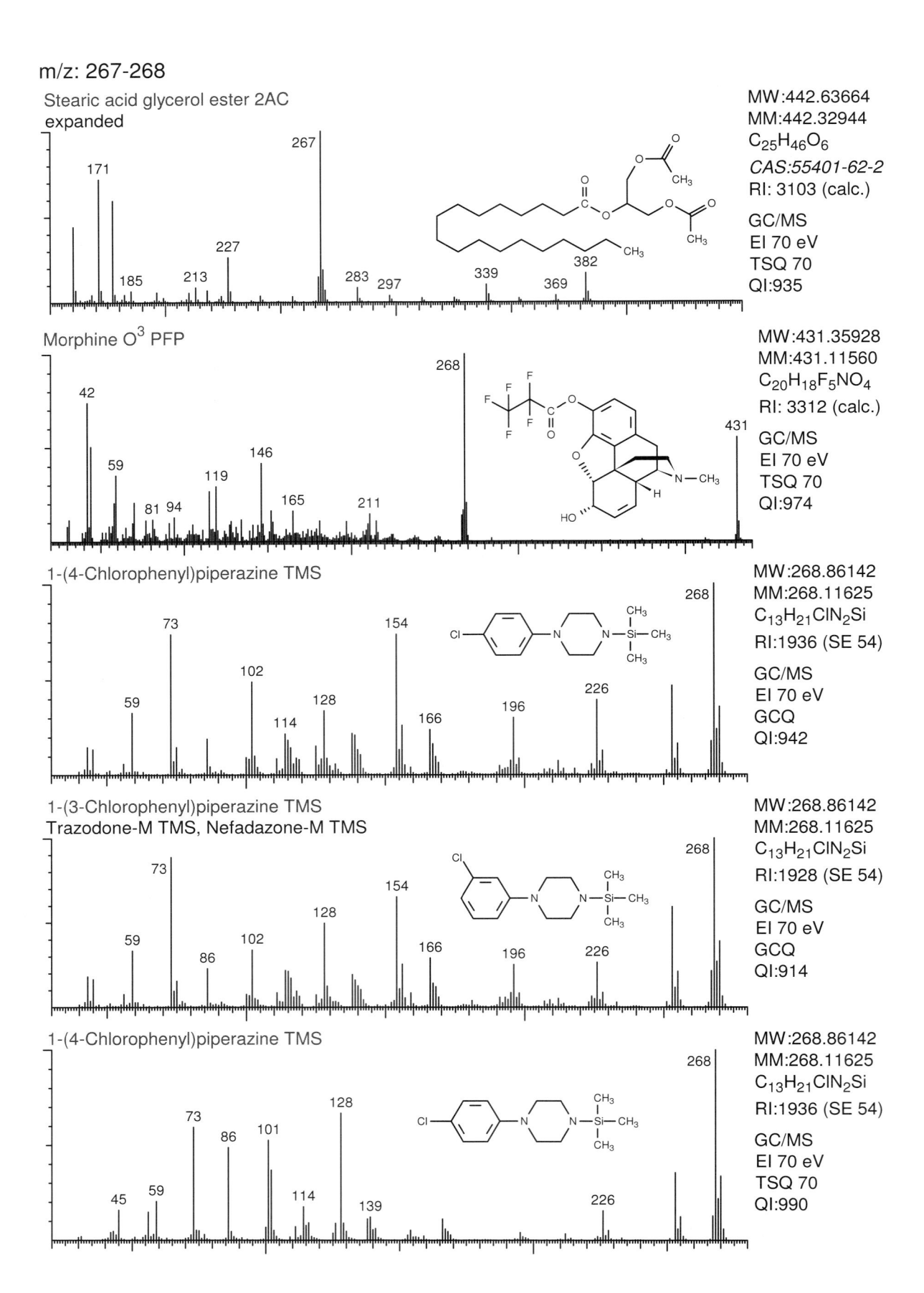

Stearic acid glycerol ester 2AC expanded

MW:442.63664
MM:442.32944
$C_{25}H_{46}O_6$
CAS:55401-62-2
RI: 3103 (calc.)

GC/MS
EI 70 eV
TSQ 70
QI:935

Peaks: 171, 227, 267, 185, 213, 283, 297, 339, 369, 382

Morphine O³ PFP

MW:431.35928
MM:431.11560
$C_{20}H_{18}F_5NO_4$
RI: 3312 (calc.)

GC/MS
EI 70 eV
TSQ 70
QI:974

Peaks: 42, 59, 81, 94, 119, 146, 165, 211, 268, 431

1-(4-Chlorophenyl)piperazine TMS

MW:268.86142
MM:268.11625
$C_{13}H_{21}ClN_2Si$
RI:1936 (SE 54)

GC/MS
EI 70 eV
GCQ
QI:942

Peaks: 59, 73, 102, 114, 128, 154, 166, 196, 226, 268

1-(3-Chlorophenyl)piperazine TMS
Trazodone-M TMS, Nefadazone-M TMS

MW:268.86142
MM:268.11625
$C_{13}H_{21}ClN_2Si$
RI:1928 (SE 54)

GC/MS
EI 70 eV
GCQ
QI:914

Peaks: 59, 73, 86, 102, 128, 154, 166, 196, 226, 268

1-(4-Chlorophenyl)piperazine TMS

MW:268.86142
MM:268.11625
$C_{13}H_{21}ClN_2Si$
RI:1936 (SE 54)

GC/MS
EI 70 eV
TSQ 70
QI:990

Peaks: 45, 59, 73, 86, 101, 114, 128, 139, 226, 268

m/z: 268

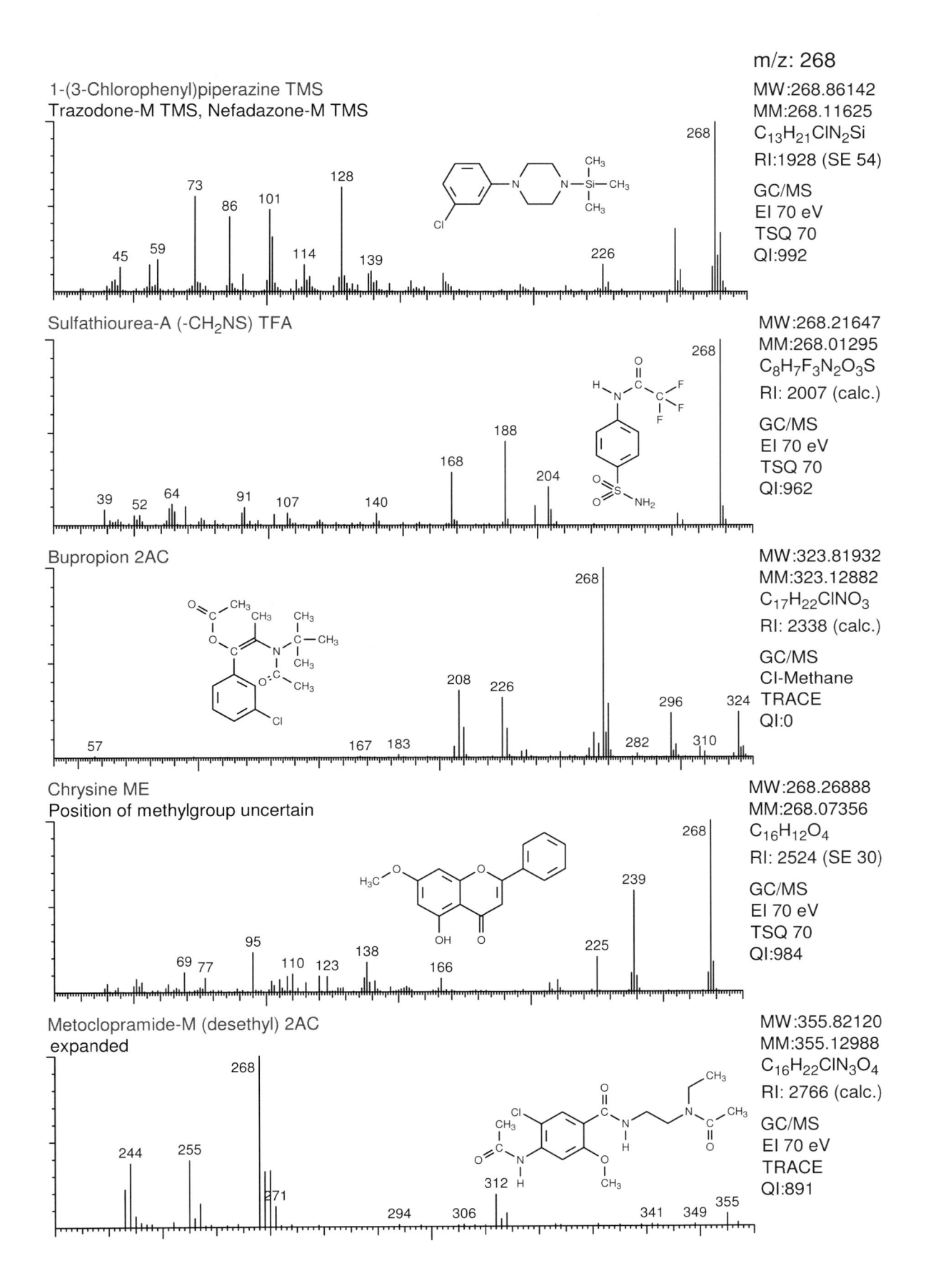

1-(3-Chlorophenyl)piperazine TMS
Trazodone-M TMS, Nefadazone-M TMS

MW: 268.86142
MM: 268.11625
$C_{13}H_{21}ClN_2Si$
RI: 1928 (SE 54)

GC/MS
EI 70 eV
TSQ 70
QI: 992

Peaks: 45, 59, 73, 86, 101, 114, 128, 139, 226, 268

Sulfathiourea-A (-CH₂NS) TFA

MW: 268.21647
MM: 268.01295
$C_8H_7F_3N_2O_3S$
RI: 2007 (calc.)

GC/MS
EI 70 eV
TSQ 70
QI: 962

Peaks: 39, 52, 64, 91, 107, 140, 168, 188, 204, 268

Bupropion 2AC

MW: 323.81932
MM: 323.12882
$C_{17}H_{22}ClNO_3$
RI: 2338 (calc.)

GC/MS
CI-Methane
TRACE
QI: 0

Peaks: 57, 167, 183, 208, 226, 268, 282, 296, 310, 324

Chrysine ME
Position of methylgroup uncertain

MW: 268.26888
MM: 268.07356
$C_{16}H_{12}O_4$
RI: 2524 (SE 30)

GC/MS
EI 70 eV
TSQ 70
QI: 984

Peaks: 69, 77, 95, 110, 123, 138, 166, 225, 239, 268

Metoclopramide-M (desethyl) 2AC
expanded

MW: 355.82120
MM: 355.12988
$C_{16}H_{22}ClN_3O_4$
RI: 2766 (calc.)

GC/MS
EI 70 eV
TRACE
QI: 891

Peaks: 244, 255, 268, 271, 294, 306, 312, 341, 349, 355

m/z: 268

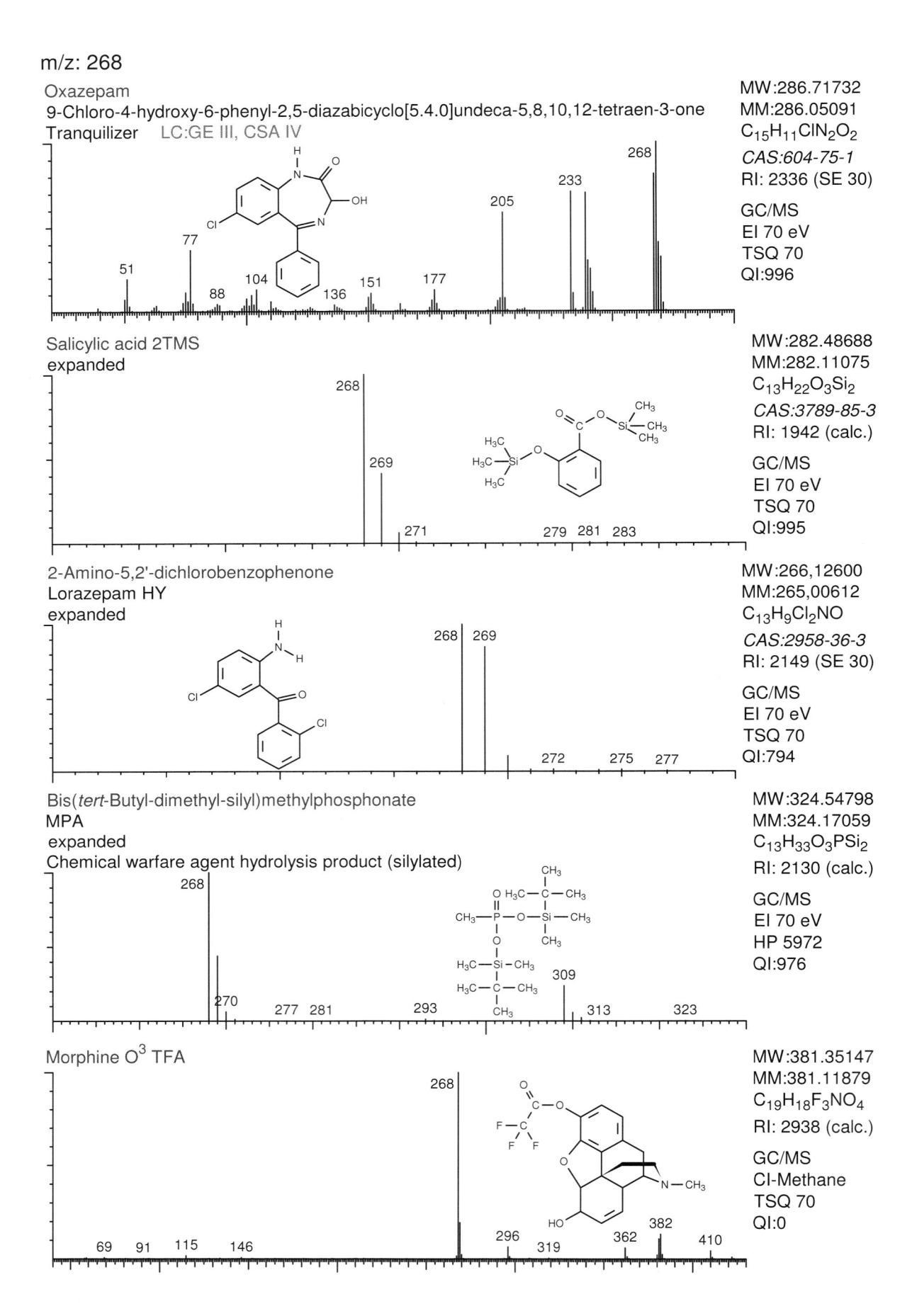

Oxazepam
9-Chloro-4-hydroxy-6-phenyl-2,5-diazabicyclo[5.4.0]undeca-5,8,10,12-tetraen-3-one
Tranquilizer LC:GE III, CSA IV

MW:286.71732
MM:286.05091
$C_{15}H_{11}ClN_2O_2$
CAS:604-75-1
RI: 2336 (SE 30)

GC/MS
EI 70 eV
TSQ 70
QI:996

Salicylic acid 2TMS
expanded

MW:282.48688
MM:282.11075
$C_{13}H_{22}O_3Si_2$
CAS:3789-85-3
RI: 1942 (calc.)

GC/MS
EI 70 eV
TSQ 70
QI:995

2-Amino-5,2'-dichlorobenzophenone
Lorazepam HY
expanded

MW:266,12600
MM:265,00612
$C_{13}H_9Cl_2NO$
CAS:2958-36-3
RI: 2149 (SE 30)

GC/MS
EI 70 eV
TSQ 70
QI:794

Bis(tert-Butyl-dimethyl-silyl)methylphosphonate
MPA
expanded
Chemical warfare agent hydrolysis product (silylated)

MW:324.54798
MM:324.17059
$C_{13}H_{33}O_3PSi_2$
RI: 2130 (calc.)

GC/MS
EI 70 eV
HP 5972
QI:976

Morphine O^3 TFA

MW:381.35147
MM:381.11879
$C_{19}H_{18}F_3NO_4$
RI: 2938 (calc.)

GC/MS
CI-Methane
TSQ 70
QI:0

m/z: 268

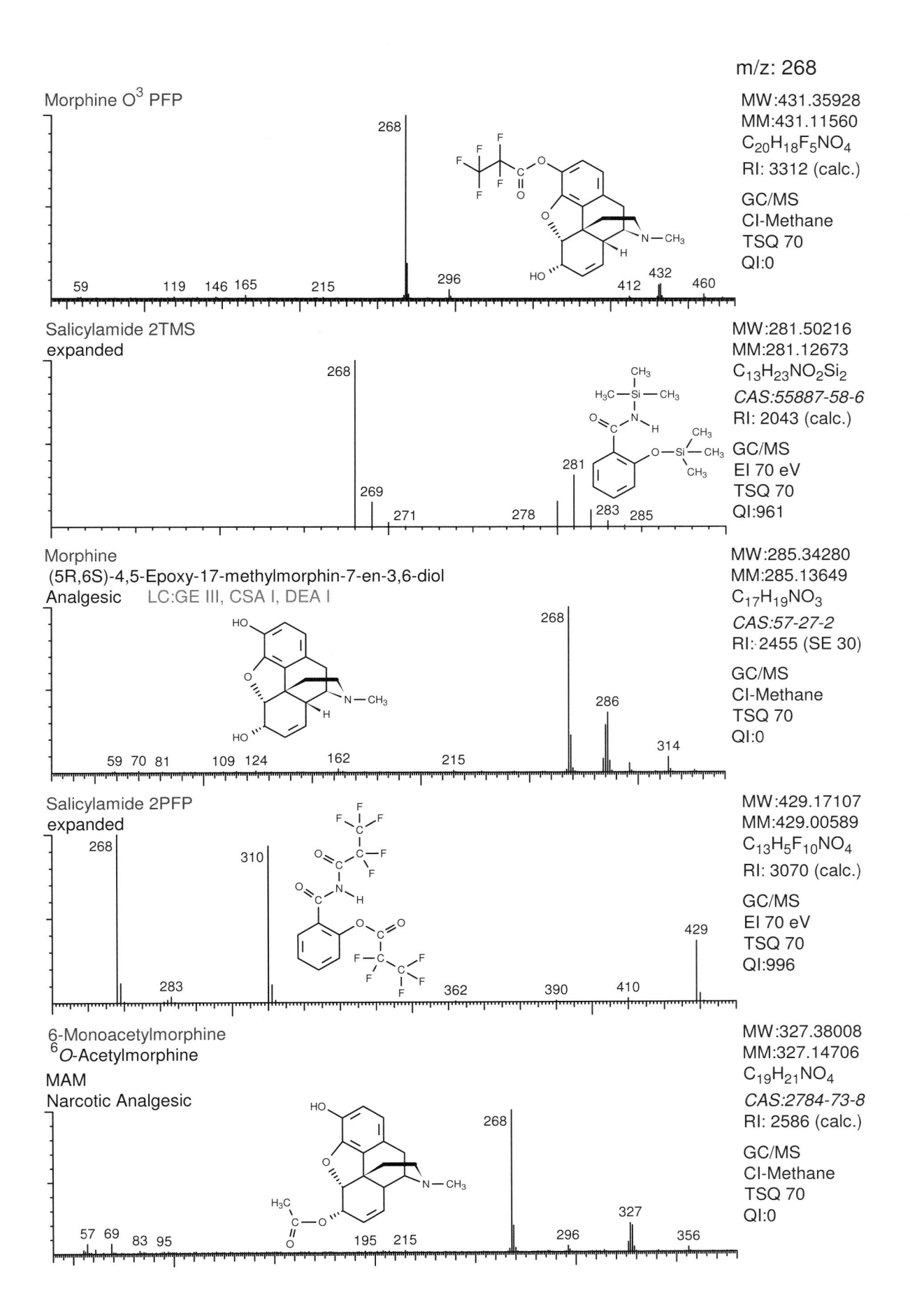

Morphine O³ PFP

MW: 431.35928
MM: 431.11560
$C_{20}H_{18}F_5NO_4$
RI: 3312 (calc.)

GC/MS
CI-Methane
TSQ 70
QI:0

Salicylamide 2TMS
expanded

MW: 281.50216
MM: 281.12673
$C_{13}H_{23}NO_2Si_2$
CAS: 55887-58-6
RI: 2043 (calc.)

GC/MS
EI 70 eV
TSQ 70
QI:961

Morphine
(5R,6S)-4,5-Epoxy-17-methylmorphin-7-en-3,6-diol
Analgesic   LC: GE III, CSA I, DEA I

MW: 285.34280
MM: 285.13649
$C_{17}H_{19}NO_3$
CAS: 57-27-2
RI: 2455 (SE 30)

GC/MS
CI-Methane
TSQ 70
QI:0

Salicylamide 2PFP
expanded

MW: 429.17107
MM: 429.00589
$C_{13}H_5F_{10}NO_4$
RI: 3070 (calc.)

GC/MS
EI 70 eV
TSQ 70
QI:996

6-Monoacetylmorphine
⁶O-Acetylmorphine
MAM
Narcotic Analgesic

MW: 327.38008
MM: 327.14706
$C_{19}H_{21}NO_4$
CAS: 2784-73-8
RI: 2586 (calc.)

GC/MS
CI-Methane
TSQ 70
QI:0

m/z: 268

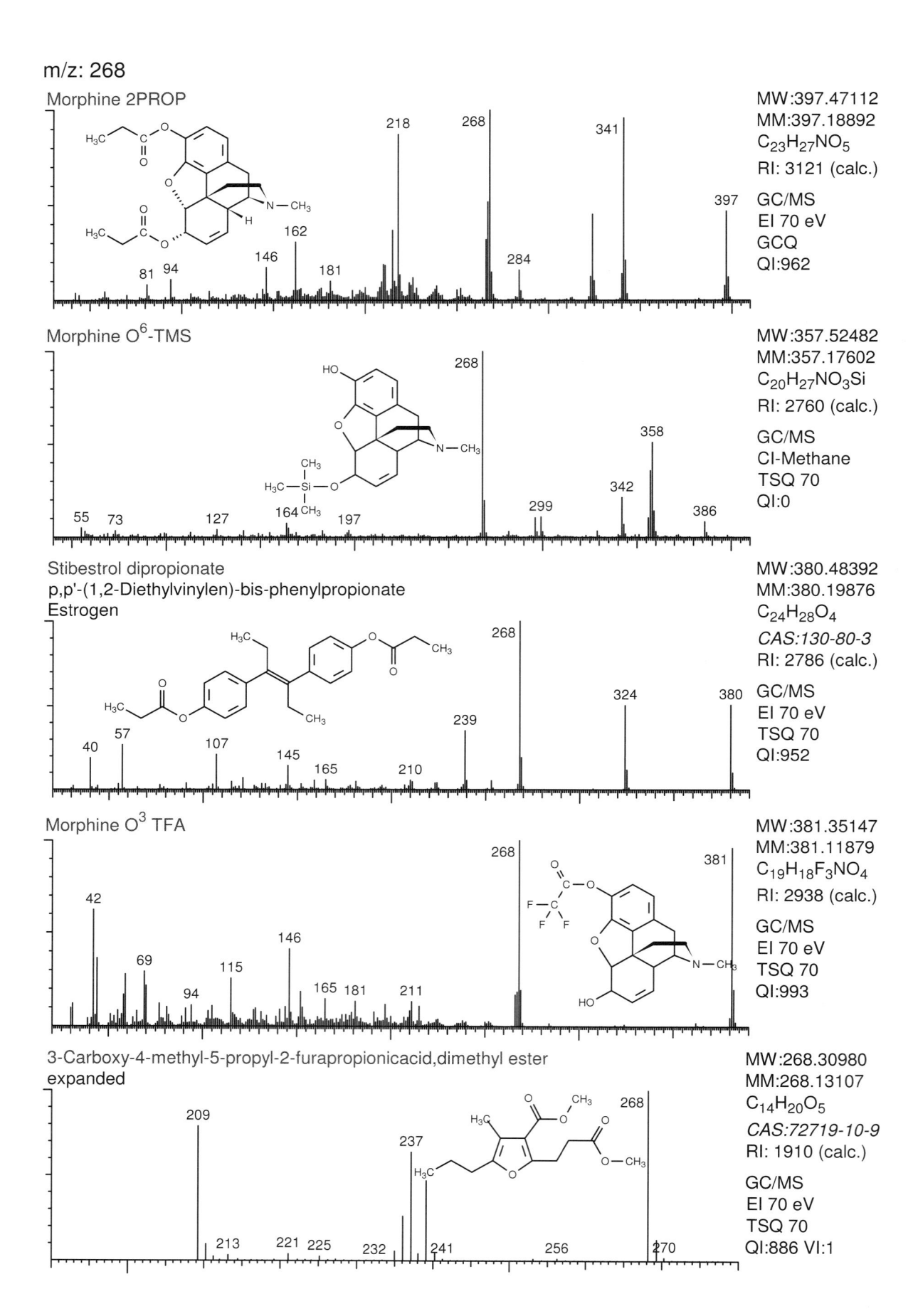

Morphine 2PROP

Peaks: 81, 94, 146, 162, 181, 218, 268, 284, 341, 397

MW: 397.47112
MM: 397.18892
$C_{23}H_{27}NO_5$
RI: 3121 (calc.)

GC/MS
EI 70 eV
GCQ
QI: 962

Morphine O^6-TMS

Peaks: 55, 73, 127, 164, 197, 268, 299, 342, 358, 386

MW: 357.52482
MM: 357.17602
$C_{20}H_{27}NO_3Si$
RI: 2760 (calc.)

GC/MS
CI-Methane
TSQ 70
QI: 0

Stibestrol dipropionate
p,p'-(1,2-Diethylvinylen)-bis-phenylpropionate
Estrogen

Peaks: 40, 57, 107, 145, 165, 210, 239, 268, 324, 380

MW: 380.48392
MM: 380.19876
$C_{24}H_{28}O_4$
CAS: 130-80-3
RI: 2786 (calc.)

GC/MS
EI 70 eV
TSQ 70
QI: 952

Morphine O^3 TFA

Peaks: 42, 69, 94, 115, 146, 165, 181, 211, 268, 381

MW: 381.35147
MM: 381.11879
$C_{19}H_{18}F_3NO_4$
RI: 2938 (calc.)

GC/MS
EI 70 eV
TSQ 70
QI: 993

3-Carboxy-4-methyl-5-propyl-2-furapropionicacid, dimethyl ester
expanded

Peaks: 209, 213, 221, 225, 232, 237, 241, 256, 268, 270

MW: 268.30980
MM: 268.13107
$C_{14}H_{20}O_5$
CAS: 72719-10-9
RI: 1910 (calc.)

GC/MS
EI 70 eV
TSQ 70
QI: 886 VI:1

m/z: 268-269

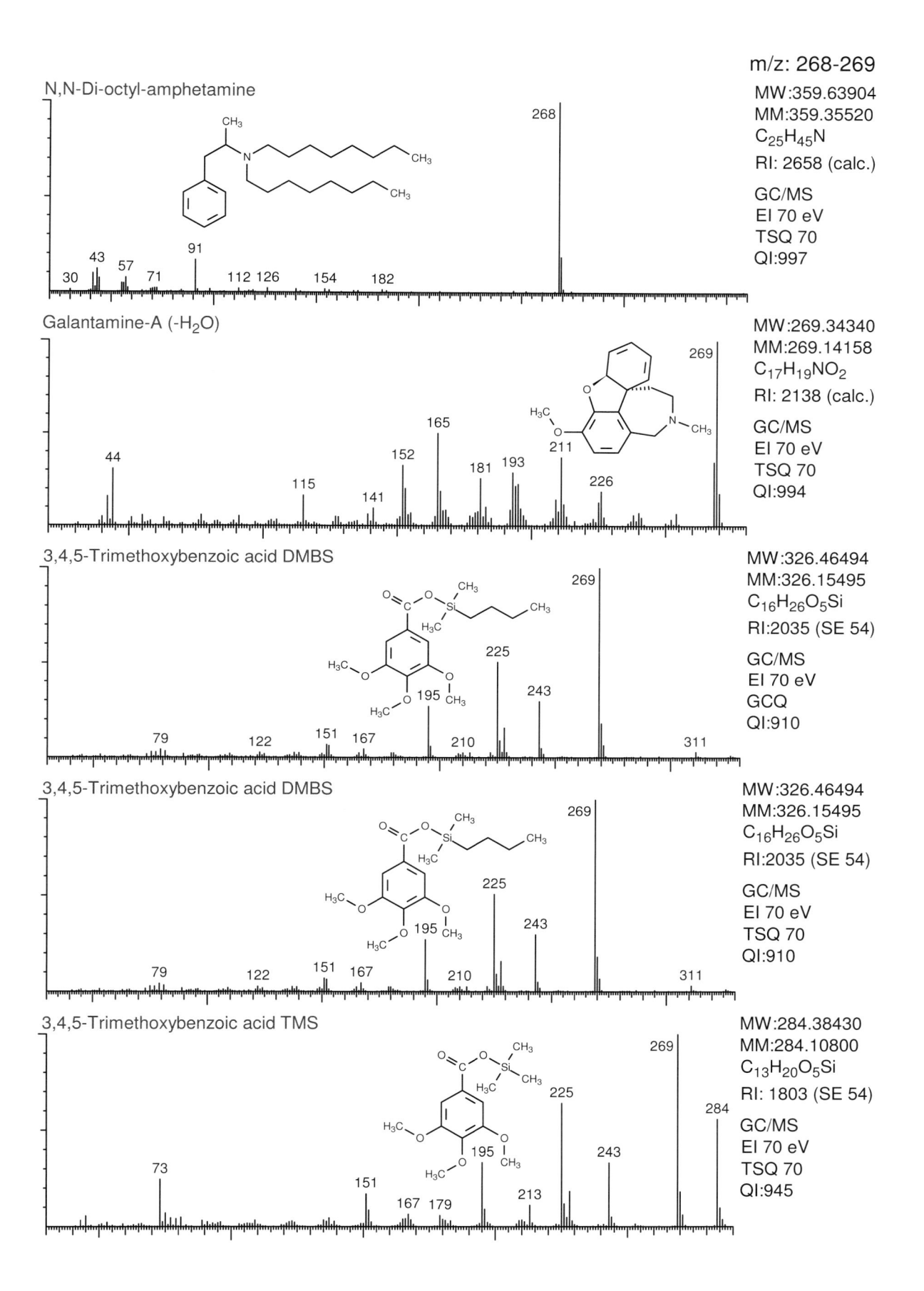

N,N-Di-octyl-amphetamine

MW: 359.63904
MM: 359.35520
$C_{25}H_{45}N$
RI: 2658 (calc.)

GC/MS
EI 70 eV
TSQ 70
QI: 997

Galantamine-A (-H₂O)

MW: 269.34340
MM: 269.14158
$C_{17}H_{19}NO_2$
RI: 2138 (calc.)

GC/MS
EI 70 eV
TSQ 70
QI: 994

3,4,5-Trimethoxybenzoic acid DMBS

MW: 326.46494
MM: 326.15495
$C_{16}H_{26}O_5Si$
RI: 2035 (SE 54)

GC/MS
EI 70 eV
GCQ
QI: 910

3,4,5-Trimethoxybenzoic acid DMBS

MW: 326.46494
MM: 326.15495
$C_{16}H_{26}O_5Si$
RI: 2035 (SE 54)

GC/MS
EI 70 eV
TSQ 70
QI: 910

3,4,5-Trimethoxybenzoic acid TMS

MW: 284.38430
MM: 284.10800
$C_{13}H_{20}O_5Si$
RI: 1803 (SE 54)

GC/MS
EI 70 eV
TSQ 70
QI: 945

m/z: 269

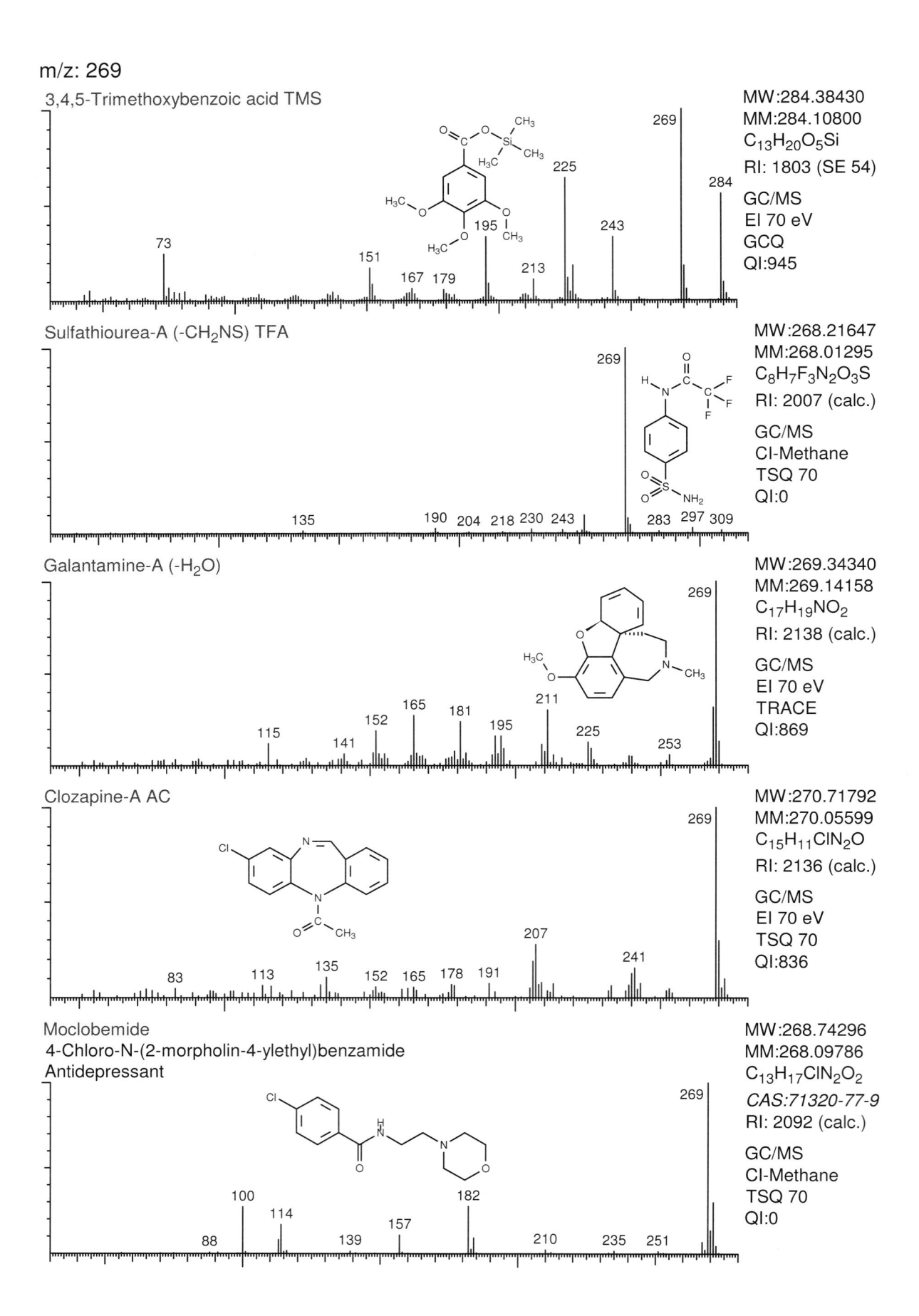

3,4,5-Trimethoxybenzoic acid TMS

MW: 284.38430
MM: 284.10800
$C_{13}H_{20}O_5Si$
RI: 1803 (SE 54)

GC/MS
EI 70 eV
GCQ
QI: 945

Peaks: 73, 151, 167, 179, 195, 213, 225, 243, 269, 284

Sulfathiourea-A (-CH₂NS) TFA

MW: 268.21647
MM: 268.01295
$C_8H_7F_3N_2O_3S$
RI: 2007 (calc.)

GC/MS
CI-Methane
TSQ 70
QI: 0

Peaks: 135, 190, 204, 218, 230, 243, 269, 283, 297, 309

Galantamine-A (-H₂O)

MW: 269.34340
MM: 269.14158
$C_{17}H_{19}NO_2$
RI: 2138 (calc.)

GC/MS
EI 70 eV
TRACE
QI: 869

Peaks: 115, 141, 152, 165, 181, 195, 211, 225, 253, 269

Clozapine-A AC

MW: 270.71792
MM: 270.05599
$C_{15}H_{11}ClN_2O$
RI: 2136 (calc.)

GC/MS
EI 70 eV
TSQ 70
QI: 836

Peaks: 83, 113, 135, 152, 165, 178, 191, 207, 241, 269

Moclobemide
4-Chloro-N-(2-morpholin-4-ylethyl)benzamide
Antidepressant

MW: 268.74296
MM: 268.09786
$C_{13}H_{17}ClN_2O_2$
CAS: 71320-77-9
RI: 2092 (calc.)

GC/MS
CI-Methane
TSQ 70
QI: 0

Peaks: 88, 100, 114, 139, 157, 182, 210, 235, 251, 269

m/z: 269-270

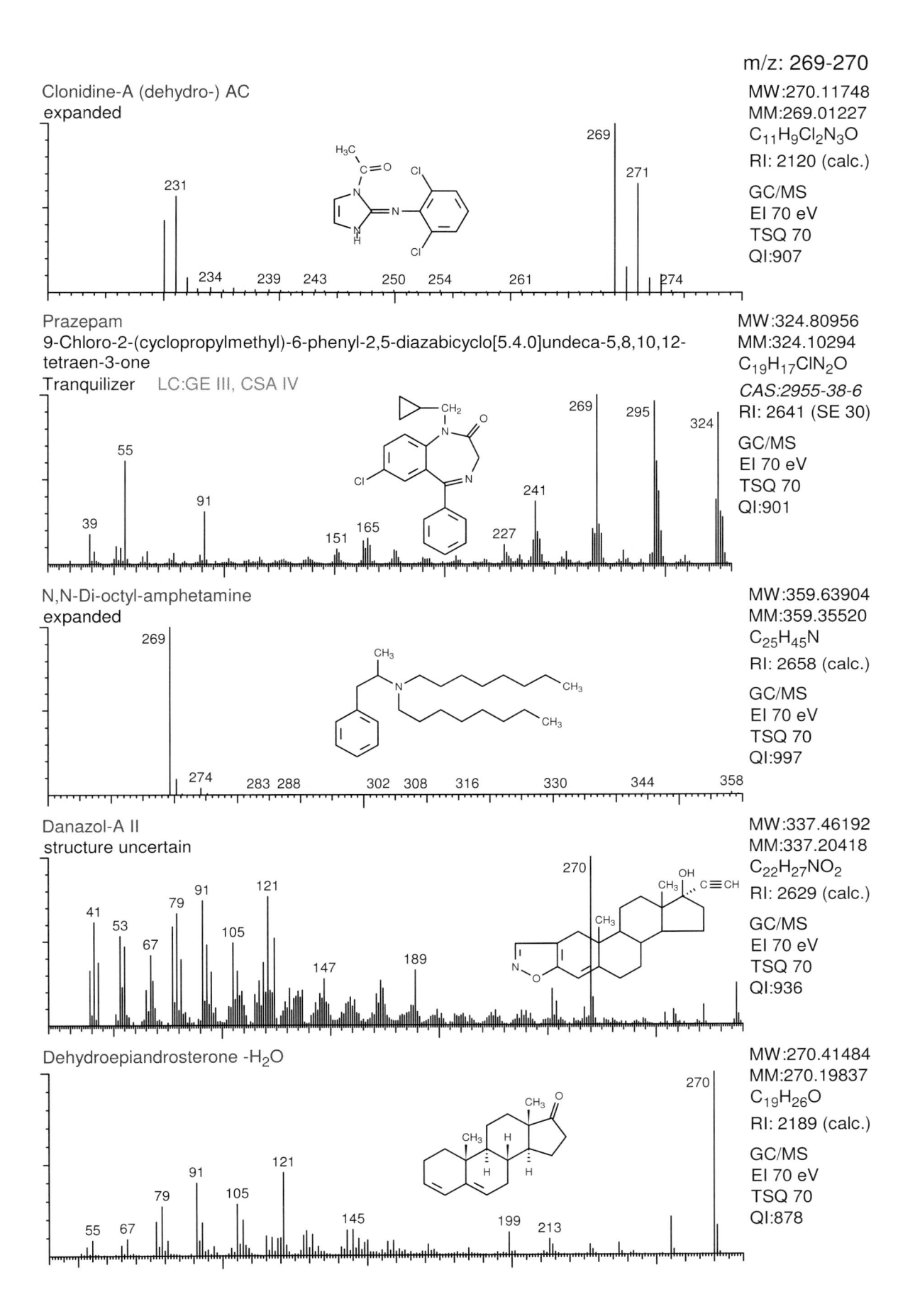

Clonidine-A (dehydro-) AC
expanded

MW: 270.11748
MM: 269.01227
$C_{11}H_9Cl_2N_3O$
RI: 2120 (calc.)

GC/MS
EI 70 eV
TSQ 70
QI: 907

Prazepam
9-Chloro-2-(cyclopropylmethyl)-6-phenyl-2,5-diazabicyclo[5.4.0]undeca-5,8,10,12-tetraen-3-one
Tranquilizer   LC:GE III, CSA IV

MW: 324.80956
MM: 324.10294
$C_{19}H_{17}ClN_2O$
CAS: 2955-38-6
RI: 2641 (SE 30)

GC/MS
EI 70 eV
TSQ 70
QI: 901

N,N-Di-octyl-amphetamine
expanded

MW: 359.63904
MM: 359.35520
$C_{25}H_{45}N$
RI: 2658 (calc.)

GC/MS
EI 70 eV
TSQ 70
QI: 997

Danazol-A II
structure uncertain

MW: 337.46192
MM: 337.20418
$C_{22}H_{27}NO_2$
RI: 2629 (calc.)

GC/MS
EI 70 eV
TSQ 70
QI: 936

Dehydroepiandrosterone -H_2O

MW: 270.41484
MM: 270.19837
$C_{19}H_{26}O$
RI: 2189 (calc.)

GC/MS
EI 70 eV
TSQ 70
QI: 878

m/z: 270

Sulfamethizole
N'-Amino-N-(5-methyl-1,3,4-thiadiazol-2-yl)benzene-sulfonamide
Sulfa-methyl-thiodiazol, Sulfamethidol, Sulpha-methizole
Chemotherapeutic

MW:270.33616
MM:270.02452
$C_9H_{10}N_4O_2S_2$
CAS:144-82-1
RI: 2185 (calc.)

DI/MS
EI 70 eV
TSQ 700
QI:913

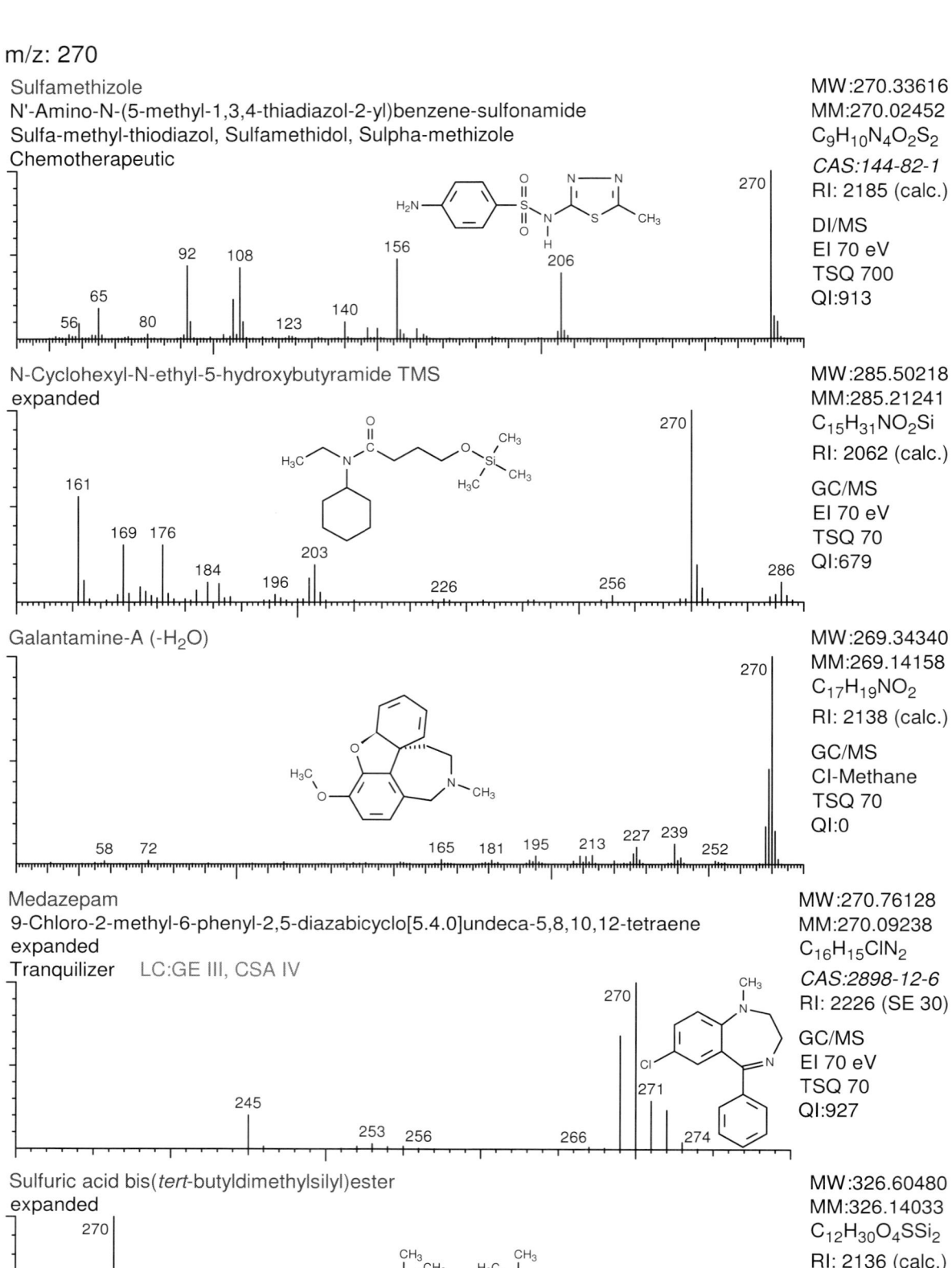

N-Cyclohexyl-N-ethyl-5-hydroxybutyramide TMS
expanded

MW:285.50218
MM:285.21241
$C_{15}H_{31}NO_2Si$
RI: 2062 (calc.)

GC/MS
EI 70 eV
TSQ 70
QI:679

Galantamine-A (-H$_2$O)

MW:269.34340
MM:269.14158
$C_{17}H_{19}NO_2$
RI: 2138 (calc.)

GC/MS
CI-Methane
TSQ 70
QI:0

Medazepam
9-Chloro-2-methyl-6-phenyl-2,5-diazabicyclo[5.4.0]undeca-5,8,10,12-tetraene
expanded
Tranquilizer   LC:GE III, CSA IV

MW:270.76128
MM:270.09238
$C_{16}H_{15}ClN_2$
CAS:2898-12-6
RI: 2226 (SE 30)

GC/MS
EI 70 eV
TSQ 70
QI:927

Sulfuric acid bis(*tert*-butyldimethylsilyl)ester
expanded

MW:326.60480
MM:326.14033
$C_{12}H_{30}O_4SSi_2$
RI: 2136 (calc.)

GC/MS
EI 70 eV
HP 5972
QI:973

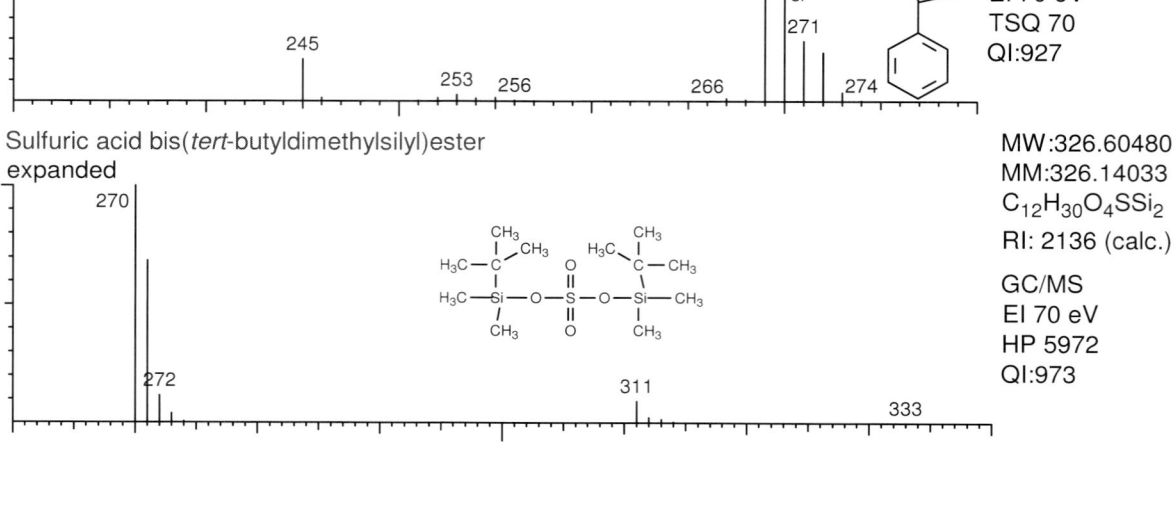

m/z: 270

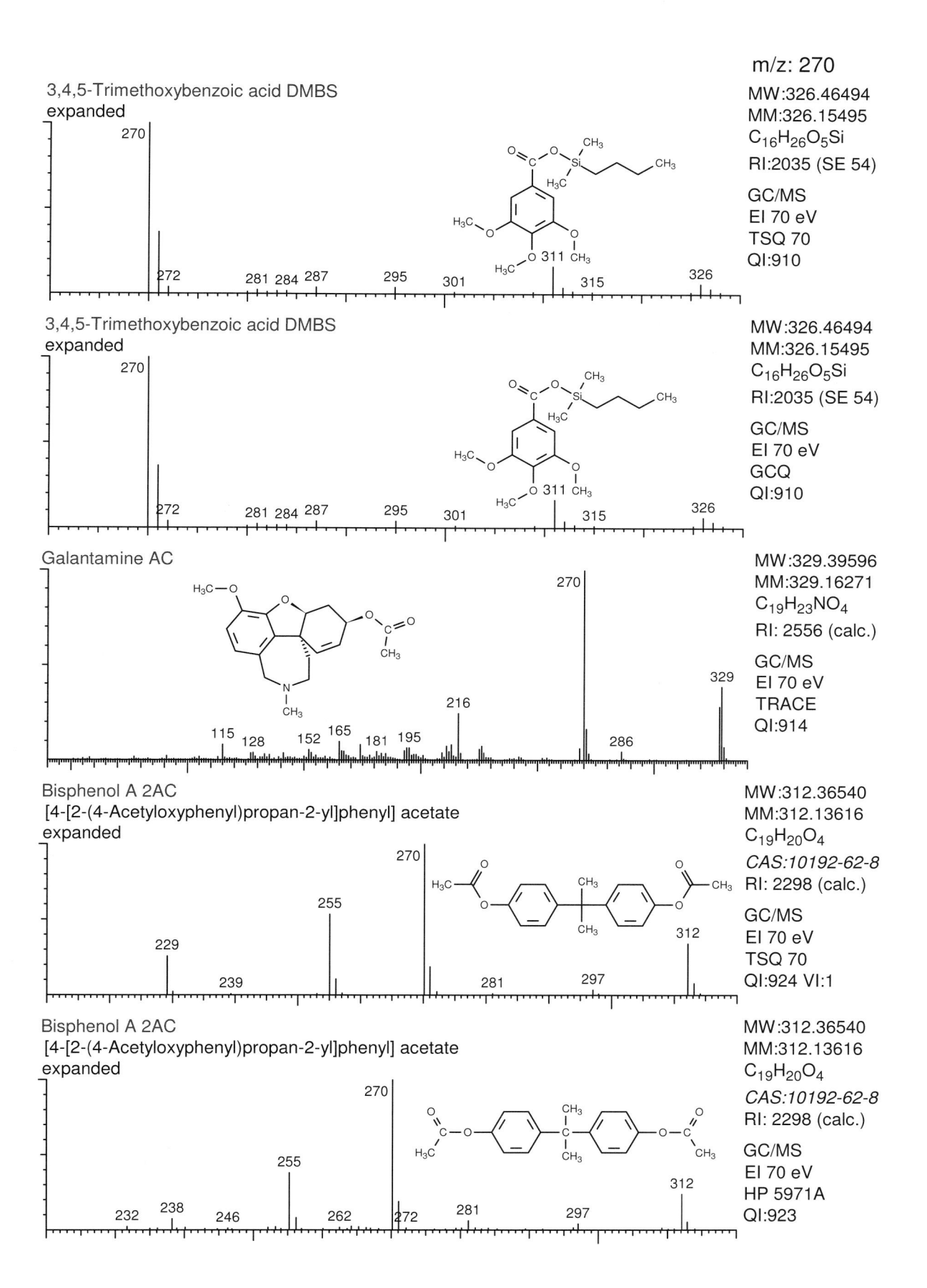

3,4,5-Trimethoxybenzoic acid DMBS expanded

MW: 326.46494
MM: 326.15495
$C_{16}H_{26}O_5Si$
RI: 2035 (SE 54)

GC/MS
EI 70 eV
TSQ 70
QI: 910

Peaks: 270, 272, 281, 284, 287, 295, 301, 311, 315, 326

3,4,5-Trimethoxybenzoic acid DMBS expanded

MW: 326.46494
MM: 326.15495
$C_{16}H_{26}O_5Si$
RI: 2035 (SE 54)

GC/MS
EI 70 eV
GCQ
QI: 910

Peaks: 270, 272, 281, 284, 287, 295, 301, 311, 315, 326

Galantamine AC

MW: 329.39596
MM: 329.16271
$C_{19}H_{23}NO_4$
RI: 2556 (calc.)

GC/MS
EI 70 eV
TRACE
QI: 914

Peaks: 115, 128, 152, 165, 181, 195, 216, 270, 286, 329

Bisphenol A 2AC
[4-[2-(4-Acetyloxyphenyl)propan-2-yl]phenyl] acetate expanded

MW: 312.36540
MM: 312.13616
$C_{19}H_{20}O_4$
CAS: 10192-62-8
RI: 2298 (calc.)

GC/MS
EI 70 eV
TSQ 70
QI: 924 VI:1

Peaks: 229, 239, 255, 270, 281, 297, 312

Bisphenol A 2AC
[4-[2-(4-Acetyloxyphenyl)propan-2-yl]phenyl] acetate expanded

MW: 312.36540
MM: 312.13616
$C_{19}H_{20}O_4$
CAS: 10192-62-8
RI: 2298 (calc.)

GC/MS
EI 70 eV
HP 5971A
QI: 923

Peaks: 232, 238, 246, 255, 262, 270, 272, 281, 297, 312

m/z: 270-271

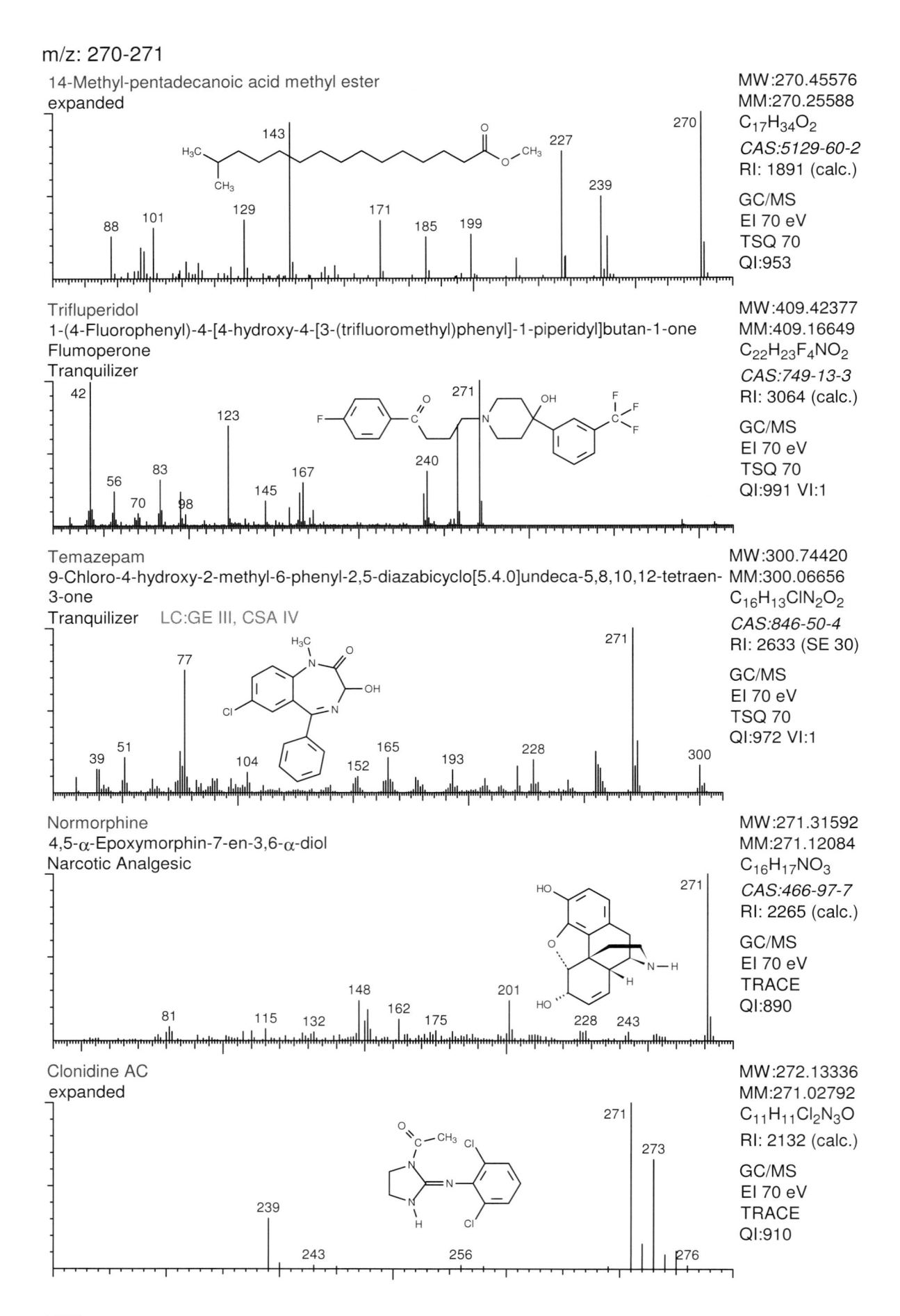

14-Methyl-pentadecanoic acid methyl ester
expanded

MW:270.45576
MM:270.25588
$C_{17}H_{34}O_2$
CAS:5129-60-2
RI: 1891 (calc.)

GC/MS
EI 70 eV
TSQ 70
QI:953

Peaks: 88, 101, 129, 143, 171, 185, 199, 227, 239, 270

Trifluperidol
1-(4-Fluorophenyl)-4-[4-hydroxy-4-[3-(trifluoromethyl)phenyl]-1-piperidyl]butan-1-one
Flumoperone
Tranquilizer

MW:409.42377
MM:409.16649
$C_{22}H_{23}F_4NO_2$
CAS:749-13-3
RI: 3064 (calc.)

GC/MS
EI 70 eV
TSQ 70
QI:991 VI:1

Peaks: 42, 56, 70, 83, 98, 123, 145, 167, 240, 271

Temazepam
9-Chloro-4-hydroxy-2-methyl-6-phenyl-2,5-diazabicyclo[5.4.0]undeca-5,8,10,12-tetraen-3-one
Tranquilizer   LC:GE III, CSA IV

MW:300.74420
MM:300.06656
$C_{16}H_{13}ClN_2O_2$
CAS:846-50-4
RI: 2633 (SE 30)

GC/MS
EI 70 eV
TSQ 70
QI:972 VI:1

Peaks: 39, 51, 77, 104, 152, 165, 193, 228, 271, 300

Normorphine
4,5-α-Epoxymorphin-7-en-3,6-α-diol
Narcotic Analgesic

MW:271.31592
MM:271.12084
$C_{16}H_{17}NO_3$
CAS:466-97-7
RI: 2265 (calc.)

GC/MS
EI 70 eV
TRACE
QI:890

Peaks: 81, 115, 132, 148, 162, 175, 201, 228, 243, 271

Clonidine AC
expanded

MW:272.13336
MM:271.02792
$C_{11}H_{11}Cl_2N_3O$
RI: 2132 (calc.)

GC/MS
EI 70 eV
TRACE
QI:910

Peaks: 239, 243, 256, 271, 273, 276

m/z: 271

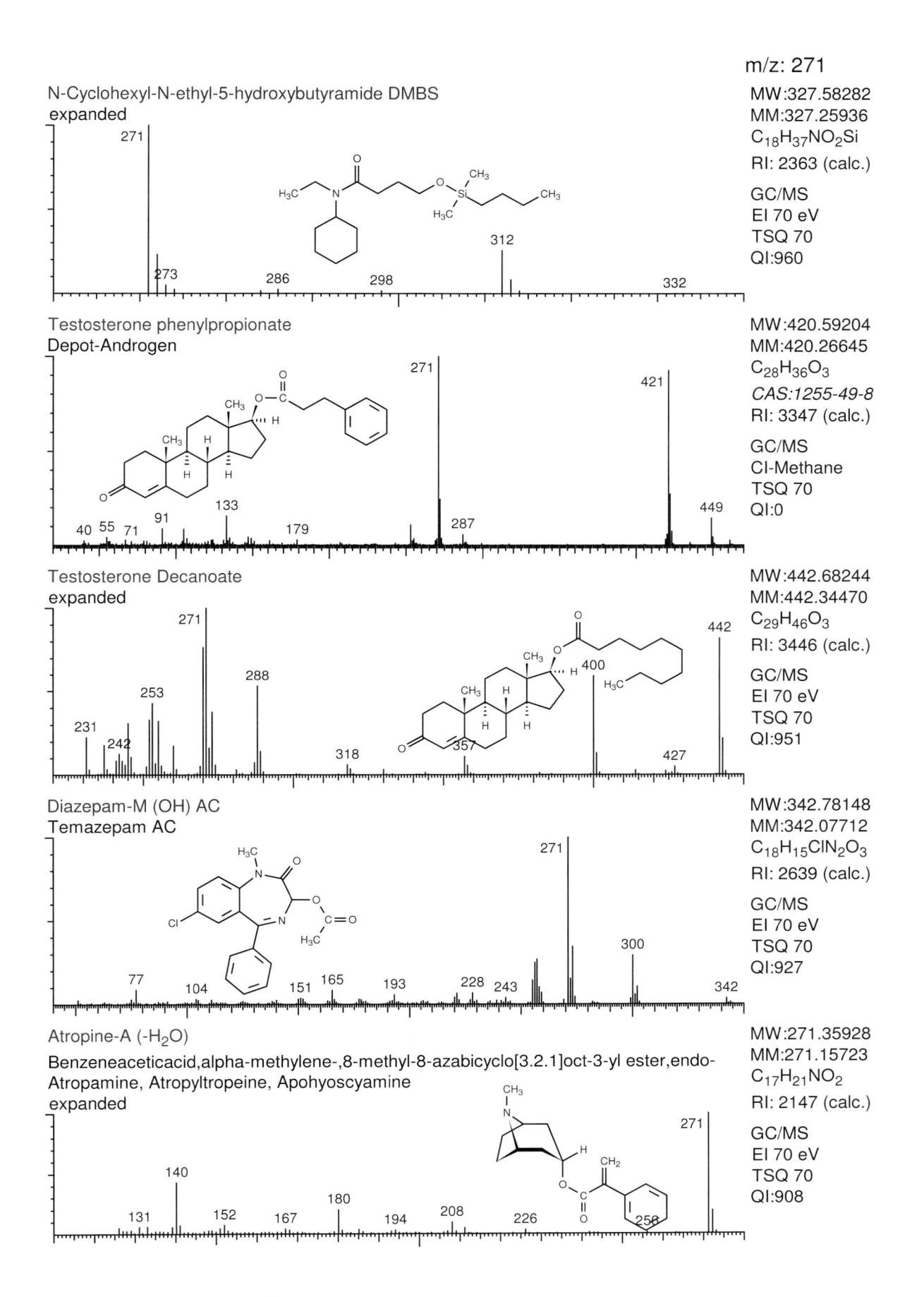

N-Cyclohexyl-N-ethyl-5-hydroxybutyramide DMBS
expanded

MW: 327.58282
MM: 327.25936
$C_{18}H_{37}NO_2Si$
RI: 2363 (calc.)

GC/MS
EI 70 eV
TSQ 70
QI: 960

Peaks: 271, 273, 286, 298, 312, 332

Testosterone phenylpropionate
Depot-Androgen

MW: 420.59204
MM: 420.26645
$C_{28}H_{36}O_3$
CAS: 1255-49-8
RI: 3347 (calc.)

GC/MS
CI-Methane
TSQ 70
QI: 0

Peaks: 40, 55, 71, 91, 133, 179, 271, 287, 421, 449

Testosterone Decanoate
expanded

MW: 442.68244
MM: 442.34470
$C_{29}H_{46}O_3$
RI: 3446 (calc.)

GC/MS
EI 70 eV
TSQ 70
QI: 951

Peaks: 231, 242, 253, 271, 288, 318, 357, 400, 427, 442

Diazepam-M (OH) AC
Temazepam AC

MW: 342.78148
MM: 342.07712
$C_{18}H_{15}ClN_2O_3$
RI: 2639 (calc.)

GC/MS
EI 70 eV
TSQ 70
QI: 927

Peaks: 77, 104, 151, 165, 193, 228, 243, 271, 300, 342

Atropine-A (-H$_2$O)
Benzeneaceticacid, alpha-methylene-, 8-methyl-8-azabicyclo[3.2.1]oct-3-yl ester, endo-
Atropamine, Atropyltropeine, Apohyoscyamine
expanded

MW: 271.35928
MM: 271.15723
$C_{17}H_{21}NO_2$
RI: 2147 (calc.)

GC/MS
EI 70 eV
TSQ 70
QI: 908

Peaks: 131, 140, 152, 167, 180, 194, 208, 226, 256, 271

m/z: 272

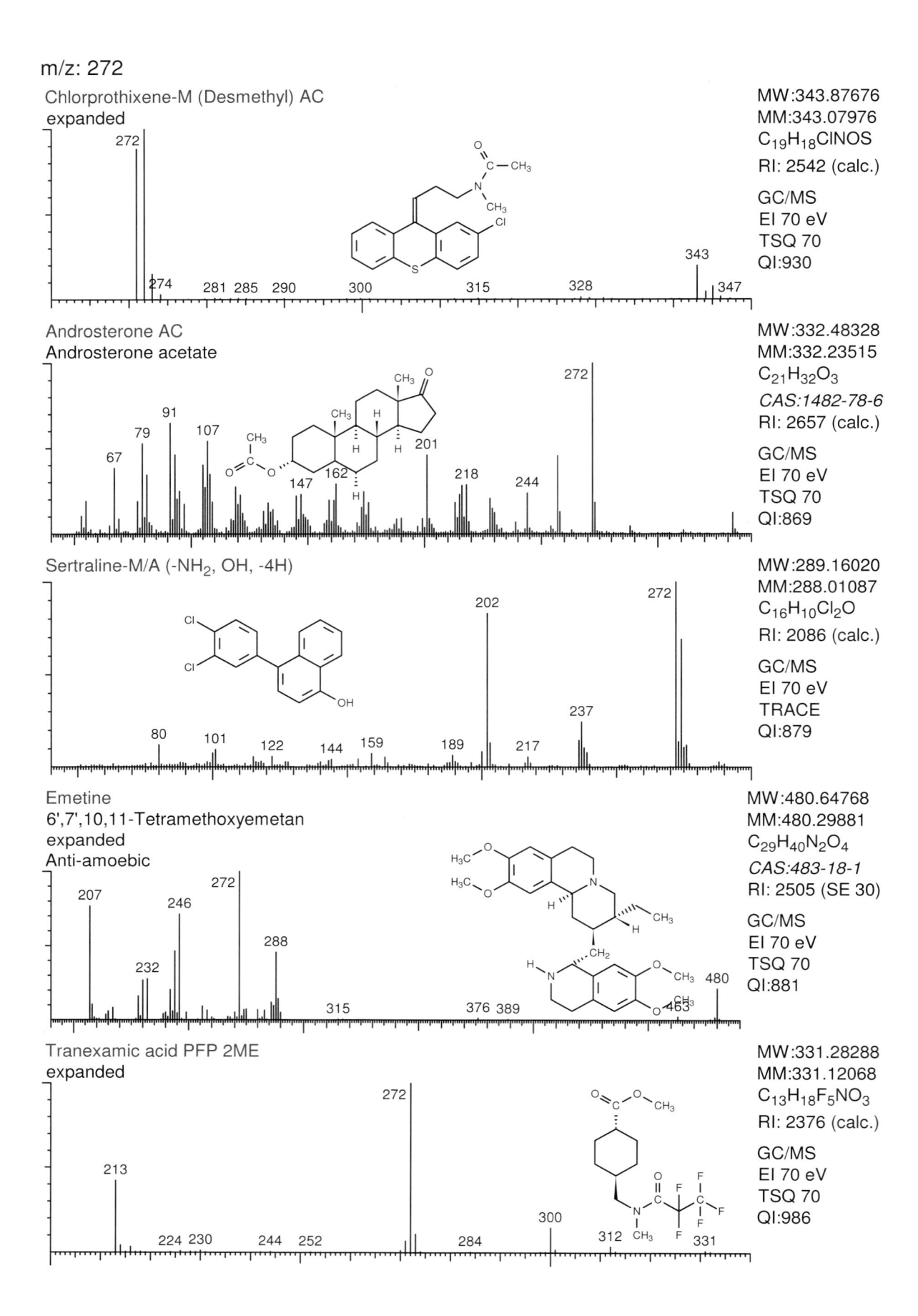

Chlorprothixene-M (Desmethyl) AC
expanded

MW: 343.87676
MM: 343.07976
$C_{19}H_{18}ClNOS$
RI: 2542 (calc.)

GC/MS
EI 70 eV
TSQ 70
QI: 930

Androsterone AC
Androsterone acetate

MW: 332.48328
MM: 332.23515
$C_{21}H_{32}O_3$
CAS: 1482-78-6
RI: 2657 (calc.)

GC/MS
EI 70 eV
TSQ 70
QI: 869

Sertraline-M/A (-NH2, OH, -4H)

MW: 289.16020
MM: 288.01087
$C_{16}H_{10}Cl_2O$
RI: 2086 (calc.)

GC/MS
EI 70 eV
TRACE
QI: 879

Emetine
6',7',10,11-Tetramethoxyemetan
expanded
Anti-amoebic

MW: 480.64768
MM: 480.29881
$C_{29}H_{40}N_2O_4$
CAS: 483-18-1
RI: 2505 (SE 30)

GC/MS
EI 70 eV
TSQ 70
QI: 881

Tranexamic acid PFP 2ME
expanded

MW: 331.28288
MM: 331.12068
$C_{13}H_{18}F_5NO_3$
RI: 2376 (calc.)

GC/MS
EI 70 eV
TSQ 70
QI: 986

m/z: 272

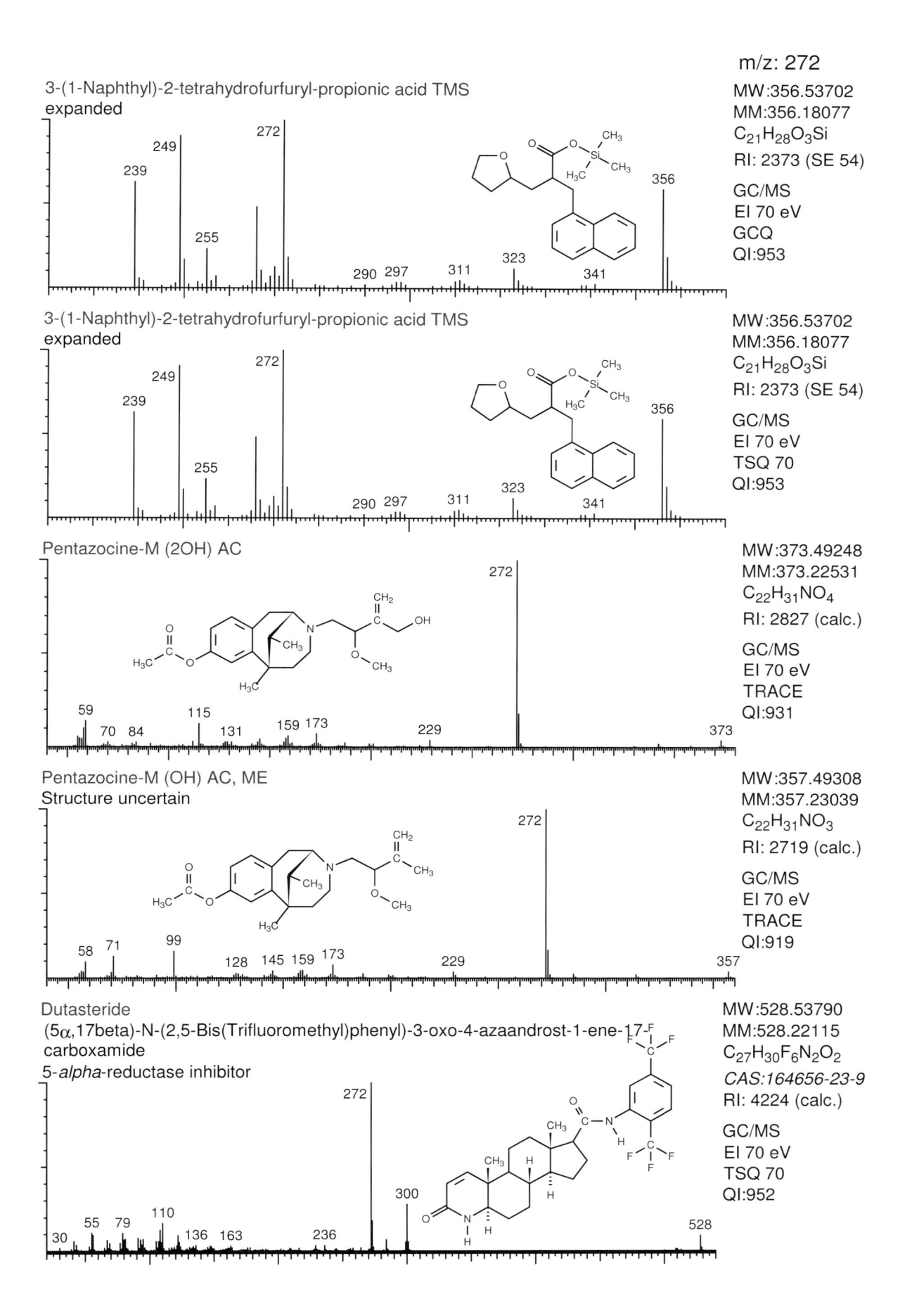

3-(1-Naphthyl)-2-tetrahydrofurfuryl-propionic acid TMS
expanded

MW: 356.53702
MM: 356.18077
$C_{21}H_{28}O_3Si$
RI: 2373 (SE 54)

GC/MS
EI 70 eV
GCQ
QI: 953

3-(1-Naphthyl)-2-tetrahydrofurfuryl-propionic acid TMS
expanded

MW: 356.53702
MM: 356.18077
$C_{21}H_{28}O_3Si$
RI: 2373 (SE 54)

GC/MS
EI 70 eV
TSQ 70
QI: 953

Pentazocine-M (2OH) AC

MW: 373.49248
MM: 373.22531
$C_{22}H_{31}NO_4$
RI: 2827 (calc.)

GC/MS
EI 70 eV
TRACE
QI: 931

Pentazocine-M (OH) AC, ME
Structure uncertain

MW: 357.49308
MM: 357.23039
$C_{22}H_{31}NO_3$
RI: 2719 (calc.)

GC/MS
EI 70 eV
TRACE
QI: 919

Dutasteride
(5α,17beta)-N-(2,5-Bis(Trifluoromethyl)phenyl)-3-oxo-4-azaandrost-1-ene-17-carboxamide
5-alpha-reductase inhibitor

MW: 528.53790
MM: 528.22115
$C_{27}H_{30}F_6N_2O_2$
CAS: 164656-23-9
RI: 4224 (calc.)

GC/MS
EI 70 eV
TSQ 70
QI: 952

m/z: 272

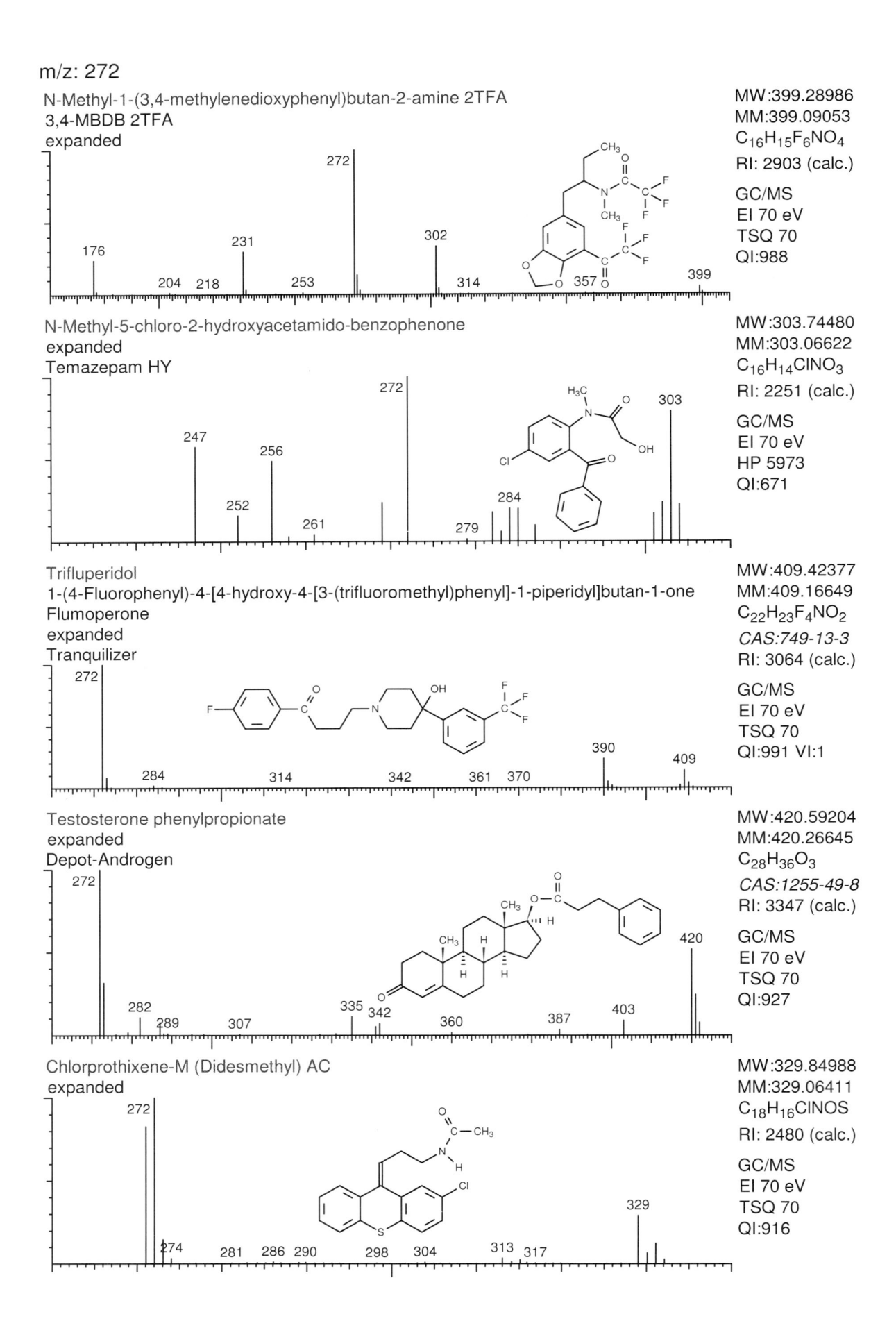

N-Methyl-1-(3,4-methylenedioxyphenyl)butan-2-amine 2TFA
3,4-MBDB 2TFA
expanded

MW:399.28986
MM:399.09053
C$_{16}$H$_{15}$F$_6$NO$_4$
RI: 2903 (calc.)

GC/MS
EI 70 eV
TSQ 70
QI:988

N-Methyl-5-chloro-2-hydroxyacetamido-benzophenone
expanded
Temazepam HY

MW:303.74480
MM:303.06622
C$_{16}$H$_{14}$ClNO$_3$
RI: 2251 (calc.)

GC/MS
EI 70 eV
HP 5973
QI:671

Trifluperidol
1-(4-Fluorophenyl)-4-[4-hydroxy-4-[3-(trifluoromethyl)phenyl]-1-piperidyl]butan-1-one
Flumoperone
expanded
Tranquilizer

MW:409.42377
MM:409.16649
C$_{22}$H$_{23}$F$_4$NO$_2$
CAS:749-13-3
RI: 3064 (calc.)

GC/MS
EI 70 eV
TSQ 70
QI:991 VI:1

Testosterone phenylpropionate
expanded
Depot-Androgen

MW:420.59204
MM:420.26645
C$_{28}$H$_{36}$O$_3$
CAS:1255-49-8
RI: 3347 (calc.)

GC/MS
EI 70 eV
TSQ 70
QI:927

Chlorprothixene-M (Didesmethyl) AC
expanded

MW:329.84988
MM:329.06411
C$_{18}$H$_{16}$ClNOS
RI: 2480 (calc.)

GC/MS
EI 70 eV
TSQ 70
QI:916

m/z: 272-273

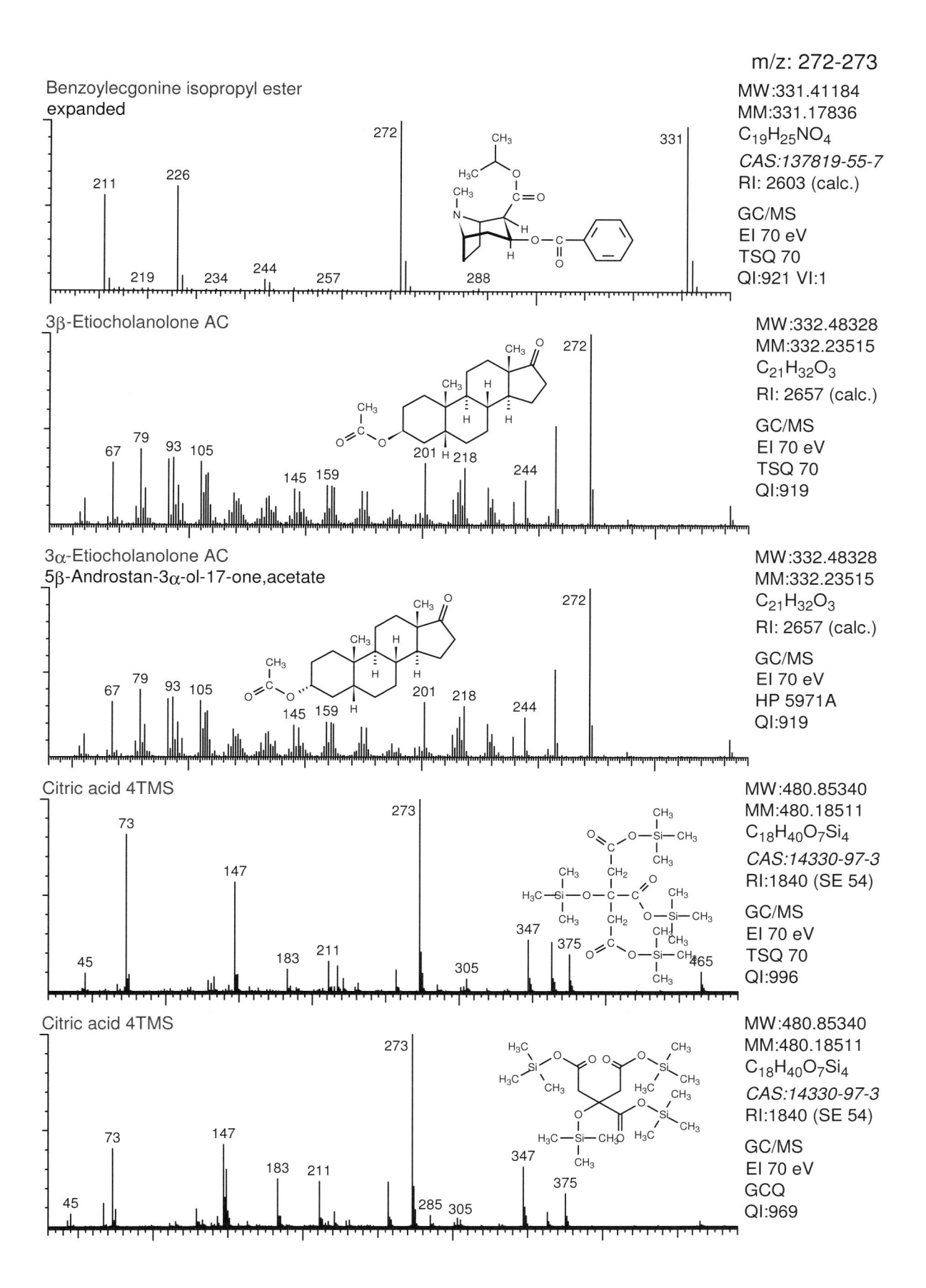

Benzoylecgonine isopropyl ester expanded

Peaks: 211, 226, 219, 234, 244, 257, 272, 288, 331

MW: 331.41184
MM: 331.17836
$C_{19}H_{25}NO_4$
CAS: 137819-55-7
RI: 2603 (calc.)

GC/MS
EI 70 eV
TSQ 70
QI: 921 VI: 1

3β-Etiocholanolone AC

Peaks: 67, 79, 93, 105, 145, 159, 201, 218, 244, 272

MW: 332.48328
MM: 332.23515
$C_{21}H_{32}O_3$
RI: 2657 (calc.)

GC/MS
EI 70 eV
TSQ 70
QI: 919

3α-Etiocholanolone AC
5β-Androstan-3α-ol-17-one, acetate

Peaks: 67, 79, 93, 105, 145, 159, 201, 218, 244, 272

MW: 332.48328
MM: 332.23515
$C_{21}H_{32}O_3$
RI: 2657 (calc.)

GC/MS
EI 70 eV
HP 5971A
QI: 919

Citric acid 4TMS

Peaks: 45, 73, 147, 183, 211, 273, 305, 347, 375, 465

MW: 480.85340
MM: 480.18511
$C_{18}H_{40}O_7Si_4$
CAS: 14330-97-3
RI: 1840 (SE 54)

GC/MS
EI 70 eV
TSQ 70
QI: 996

Citric acid 4TMS

Peaks: 45, 73, 147, 183, 211, 273, 285, 305, 347, 375

MW: 480.85340
MM: 480.18511
$C_{18}H_{40}O_7Si_4$
CAS: 14330-97-3
RI: 1840 (SE 54)

GC/MS
EI 70 eV
GCQ
QI: 969

m/z: 273

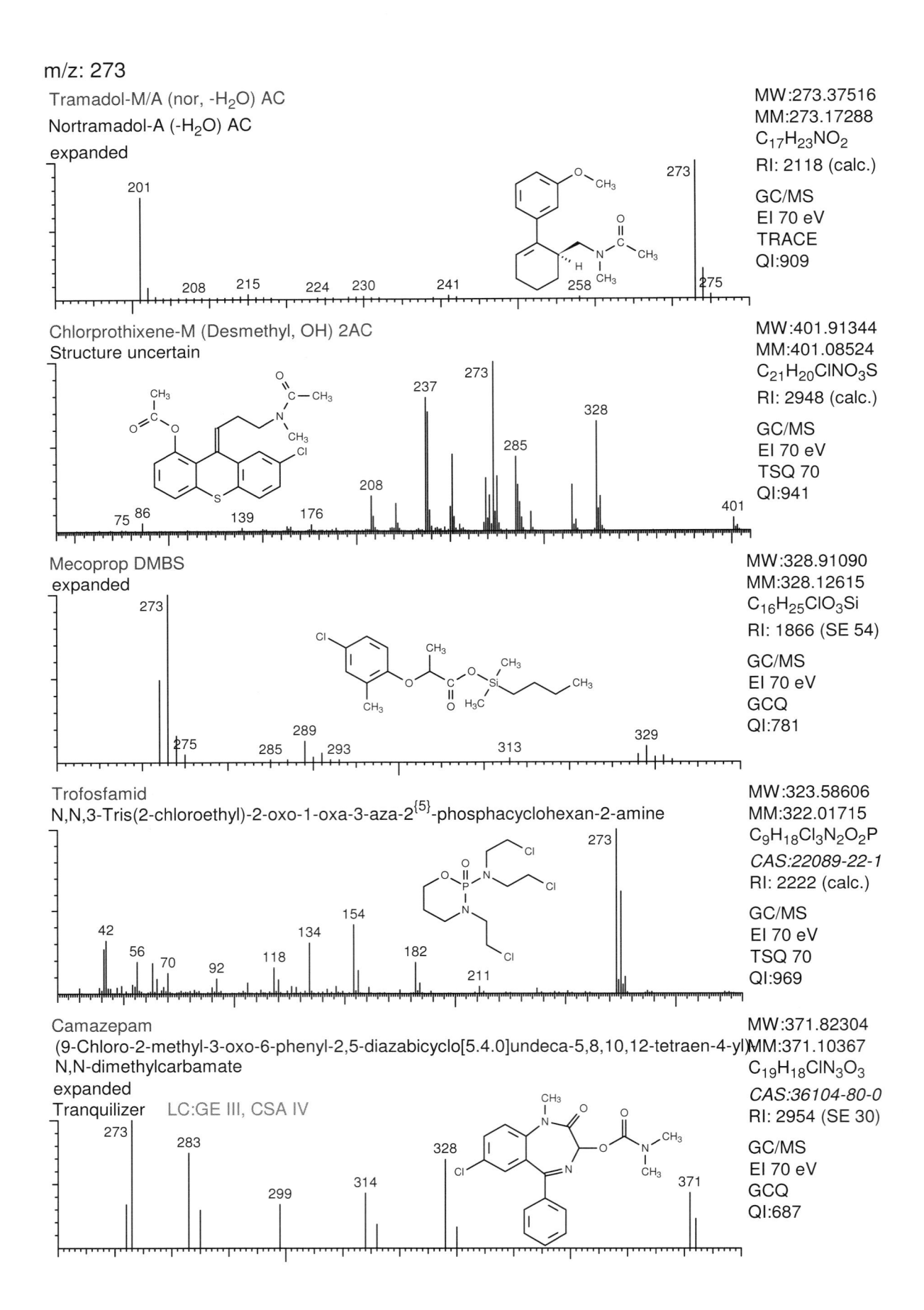

Tramadol-M/A (nor, -H₂O) AC
Nortramadol-A (-H₂O) AC
expanded

MW:273.37516
MM:273.17288
C$_{17}$H$_{23}$NO$_2$
RI: 2118 (calc.)

GC/MS
EI 70 eV
TRACE
QI:909

Peaks: 201, 208, 215, 224, 230, 241, 258, 273, 275

Chlorprothixene-M (Desmethyl, OH) 2AC
Structure uncertain

MW:401.91344
MM:401.08524
C$_{21}$H$_{20}$ClNO$_3$S
RI: 2948 (calc.)

GC/MS
EI 70 eV
TSQ 70
QI:941

Peaks: 75, 86, 139, 176, 208, 237, 273, 285, 328, 401

Mecoprop DMBS
expanded

MW:328.91090
MM:328.12615
C$_{16}$H$_{25}$ClO$_3$Si
RI: 1866 (SE 54)

GC/MS
EI 70 eV
GCQ
QI:781

Peaks: 273, 275, 285, 289, 293, 313, 329

Trofosfamid
N,N,3-Tris(2-chloroethyl)-2-oxo-1-oxa-3-aza-2$^{\{5\}}$-phosphacyclohexan-2-amine

MW:323.58606
MM:322.01715
C$_9$H$_{18}$Cl$_3$N$_2$O$_2$P
CAS:22089-22-1
RI: 2222 (calc.)

GC/MS
EI 70 eV
TSQ 70
QI:969

Peaks: 42, 56, 70, 92, 118, 134, 154, 182, 211, 273

Camazepam
(9-Chloro-2-methyl-3-oxo-6-phenyl-2,5-diazabicyclo[5.4.0]undeca-5,8,10,12-tetraen-4-yl) N,N-dimethylcarbamate
expanded
Tranquilizer   LC:GE III, CSA IV

MW:371.82304
MM:371.10367
C$_{19}$H$_{18}$ClN$_3$O$_3$
CAS:36104-80-0
RI: 2954 (SE 30)

GC/MS
EI 70 eV
GCQ
QI:687

Peaks: 273, 283, 299, 314, 328, 371

Flurazepam-M (-2C₂H₅) AC

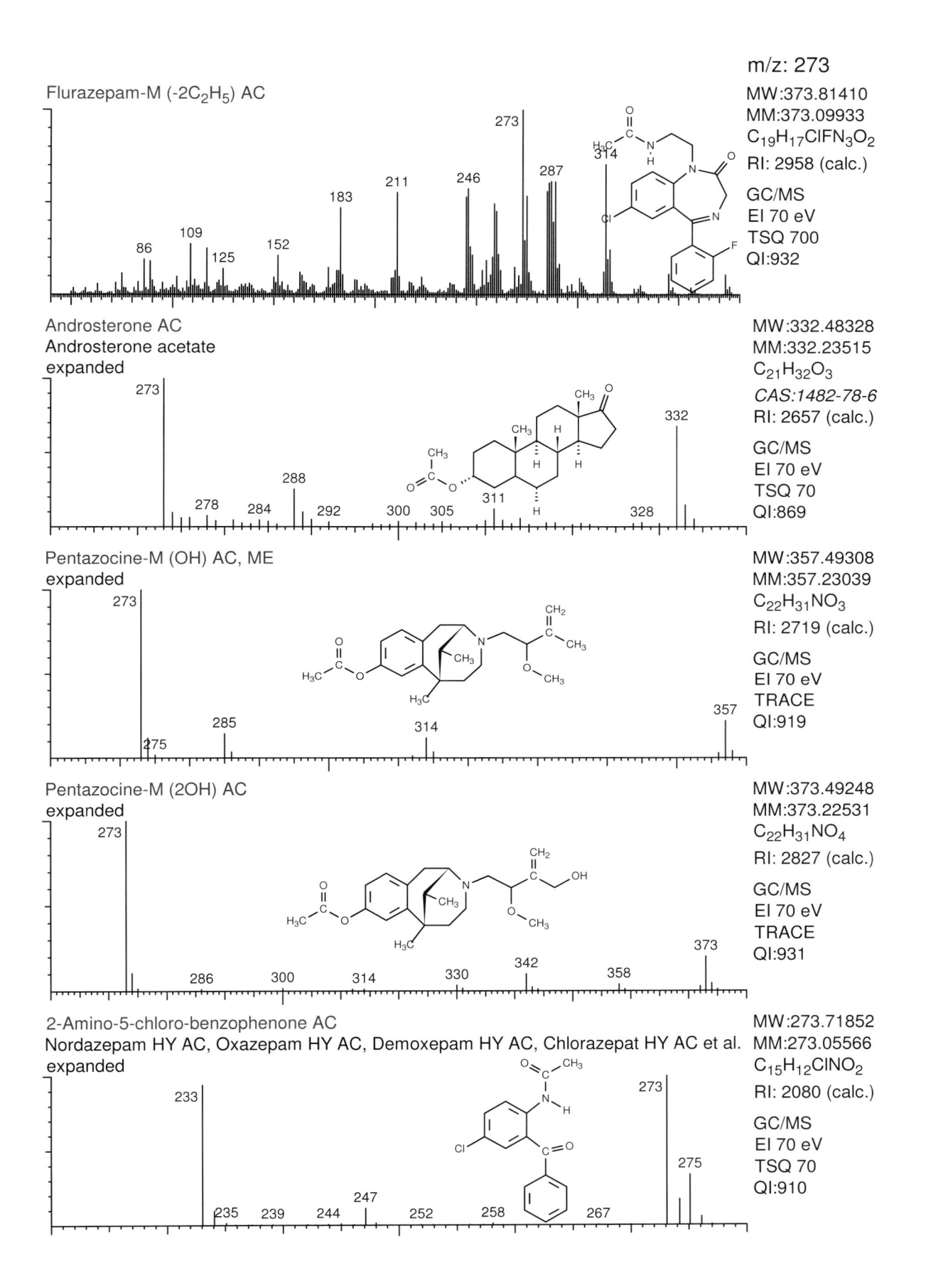

m/z: 273
MW: 373.81410
MM: 373.09933
$C_{19}H_{17}ClFN_3O_2$
RI: 2958 (calc.)

GC/MS
EI 70 eV
TSQ 700
QI: 932

Peaks: 86, 109, 125, 152, 183, 211, 246, 273, 287, 314

Androsterone AC
Androsterone acetate
expanded

MW: 332.48328
MM: 332.23515
$C_{21}H_{32}O_3$
CAS: 1482-78-6
RI: 2657 (calc.)

GC/MS
EI 70 eV
TSQ 70
QI: 869

Peaks: 273, 278, 284, 288, 292, 300, 305, 311, 328, 332

Pentazocine-M (OH) AC, ME
expanded

MW: 357.49308
MM: 357.23039
$C_{22}H_{31}NO_3$
RI: 2719 (calc.)

GC/MS
EI 70 eV
TRACE
QI: 919

Peaks: 273, 275, 285, 314, 357

Pentazocine-M (2OH) AC
expanded

MW: 373.49248
MM: 373.22531
$C_{22}H_{31}NO_4$
RI: 2827 (calc.)

GC/MS
EI 70 eV
TRACE
QI: 931

Peaks: 273, 286, 300, 314, 330, 342, 358, 373

2-Amino-5-chloro-benzophenone AC
Nordazepam HY AC, Oxazepam HY AC, Demoxepam HY AC, Chlorazepat HY AC et al.
expanded

MW: 273.71852
MM: 273.05566
$C_{15}H_{12}ClNO_2$
RI: 2080 (calc.)

GC/MS
EI 70 eV
TSQ 70
QI: 910

Peaks: 233, 235, 239, 244, 247, 252, 258, 267, 273, 275

m/z: 273-274

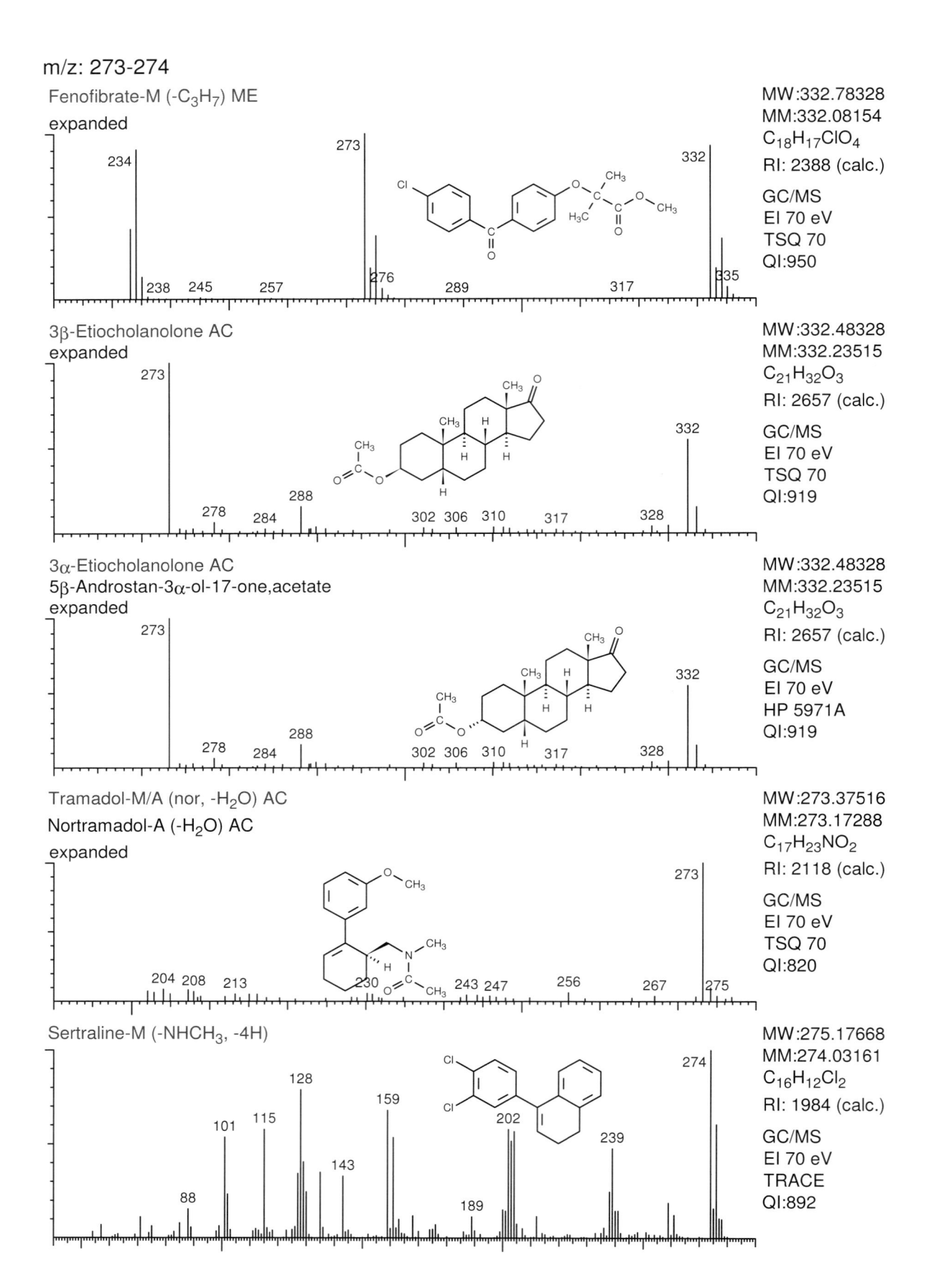

Fenofibrate-M (-C$_3$H$_7$) ME
expanded

234, 238, 245, 257, 273, 276, 289, 317, 332, 335

MW:332.78328
MM:332.08154
C$_{18}$H$_{17}$ClO$_4$
RI: 2388 (calc.)

GC/MS
EI 70 eV
TSQ 70
QI:950

3β-Etiocholanolone AC
expanded

273, 278, 284, 288, 302, 306, 310, 317, 328, 332

MW:332.48328
MM:332.23515
C$_{21}$H$_{32}$O$_3$
RI: 2657 (calc.)

GC/MS
EI 70 eV
TSQ 70
QI:919

3α-Etiocholanolone AC
5β-Androstan-3α-ol-17-one,acetate
expanded

273, 278, 284, 288, 302, 306, 310, 317, 328, 332

MW:332.48328
MM:332.23515
C$_{21}$H$_{32}$O$_3$
RI: 2657 (calc.)

GC/MS
EI 70 eV
HP 5971A
QI:919

Tramadol-M/A (nor, -H$_2$O) AC
Nortramadol-A (-H$_2$O) AC
expanded

204, 208, 213, 230, 243, 247, 256, 267, 273, 275

MW:273.37516
MM:273.17288
C$_{17}$H$_{23}$NO$_2$
RI: 2118 (calc.)

GC/MS
EI 70 eV
TSQ 70
QI:820

Sertraline-M (-NHCH$_3$, -4H)

88, 101, 115, 128, 143, 159, 189, 202, 239, 274

MW:275.17668
MM:274.03161
C$_{16}$H$_{12}$Cl$_2$
RI: 1984 (calc.)

GC/MS
EI 70 eV
TRACE
QI:892

m/z: 274

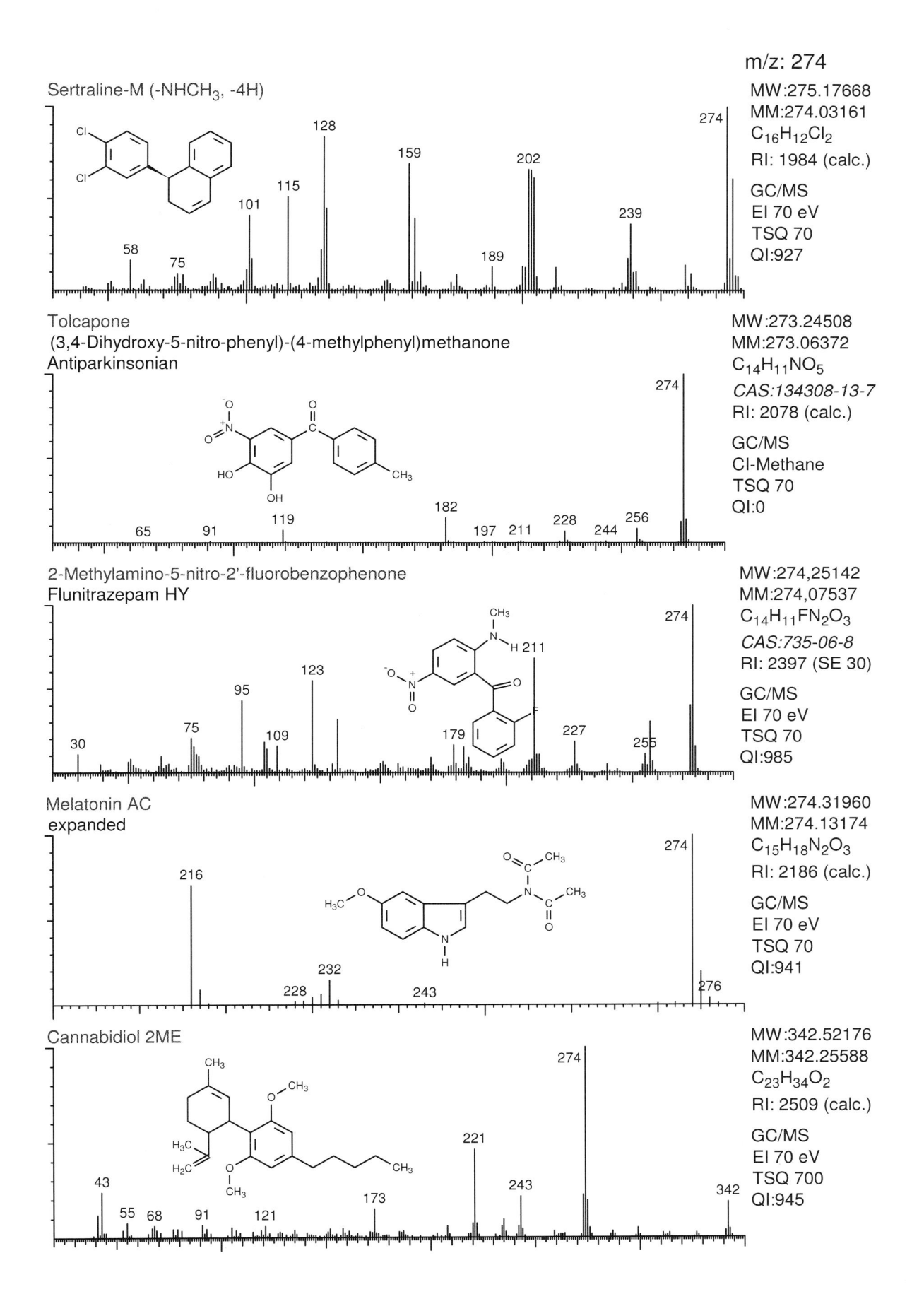

Sertraline-M (-NHCH₃, -4H)

MW: 275.17668
MM: 274.03161
$C_{16}H_{12}Cl_2$
RI: 1984 (calc.)

GC/MS
EI 70 eV
TSQ 70
QI: 927

Peaks: 58, 75, 101, 115, 128, 159, 189, 202, 239, 274

Tolcapone
(3,4-Dihydroxy-5-nitro-phenyl)-(4-methylphenyl)methanone
Antiparkinsonian

MW: 273.24508
MM: 273.06372
$C_{14}H_{11}NO_5$
CAS: 134308-13-7
RI: 2078 (calc.)

GC/MS
CI-Methane
TSQ 70
QI: 0

Peaks: 65, 91, 119, 182, 197, 211, 228, 244, 256, 274

2-Methylamino-5-nitro-2'-fluorobenzophenone
Flunitrazepam HY

MW: 274,25142
MM: 274,07537
$C_{14}H_{11}FN_2O_3$
CAS: 735-06-8
RI: 2397 (SE 30)

GC/MS
EI 70 eV
TSQ 70
QI: 985

Peaks: 30, 75, 95, 109, 123, 179, 211, 227, 255, 274

Melatonin AC
expanded

MW: 274.31960
MM: 274.13174
$C_{15}H_{18}N_2O_3$
RI: 2186 (calc.)

GC/MS
EI 70 eV
TSQ 70
QI: 941

Peaks: 216, 228, 232, 243, 274, 276

Cannabidiol 2ME

MW: 342.52176
MM: 342.25588
$C_{23}H_{34}O_2$
RI: 2509 (calc.)

GC/MS
EI 70 eV
TSQ 700
QI: 945

Peaks: 43, 55, 68, 91, 121, 173, 221, 243, 274, 342

1531

m/z: 274

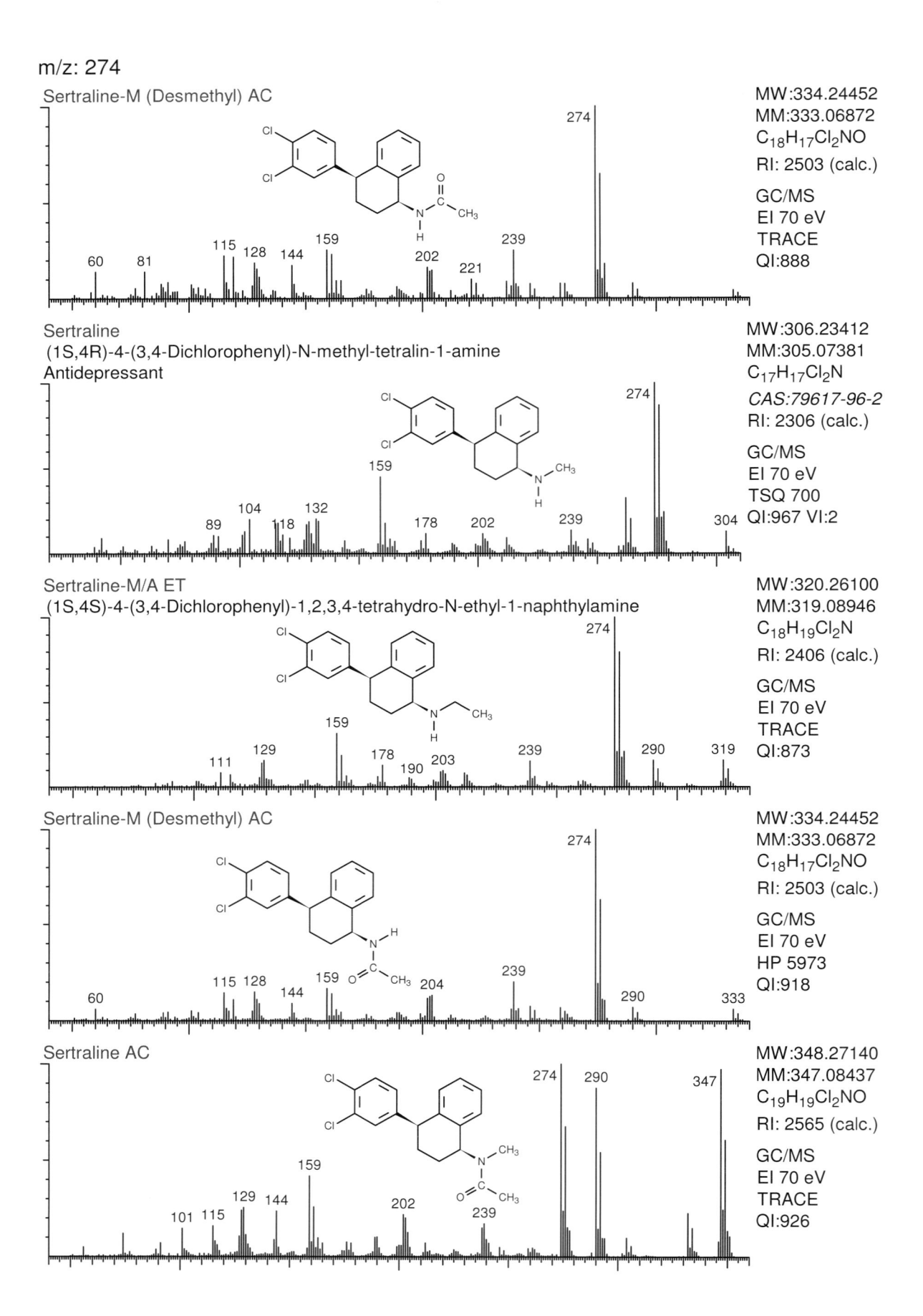

Sertraline-M (Desmethyl) AC

MW:334.24452
MM:333.06872
$C_{18}H_{17}Cl_2NO$
RI: 2503 (calc.)

GC/MS
EI 70 eV
TRACE
QI:888

Sertraline
(1S,4R)-4-(3,4-Dichlorophenyl)-N-methyl-tetralin-1-amine
Antidepressant

MW:306.23412
MM:305.07381
$C_{17}H_{17}Cl_2N$
CAS:79617-96-2
RI: 2306 (calc.)

GC/MS
EI 70 eV
TSQ 700
QI:967 VI:2

Sertraline-M/A ET
(1S,4S)-4-(3,4-Dichlorophenyl)-1,2,3,4-tetrahydro-N-ethyl-1-naphthylamine

MW:320.26100
MM:319.08946
$C_{18}H_{19}Cl_2N$
RI: 2406 (calc.)

GC/MS
EI 70 eV
TRACE
QI:873

Sertraline-M (Desmethyl) AC

MW:334.24452
MM:333.06872
$C_{18}H_{17}Cl_2NO$
RI: 2503 (calc.)

GC/MS
EI 70 eV
HP 5973
QI:918

Sertraline AC

MW:348.27140
MM:347.08437
$C_{19}H_{19}Cl_2NO$
RI: 2565 (calc.)

GC/MS
EI 70 eV
TRACE
QI:926

m/z: 274-275

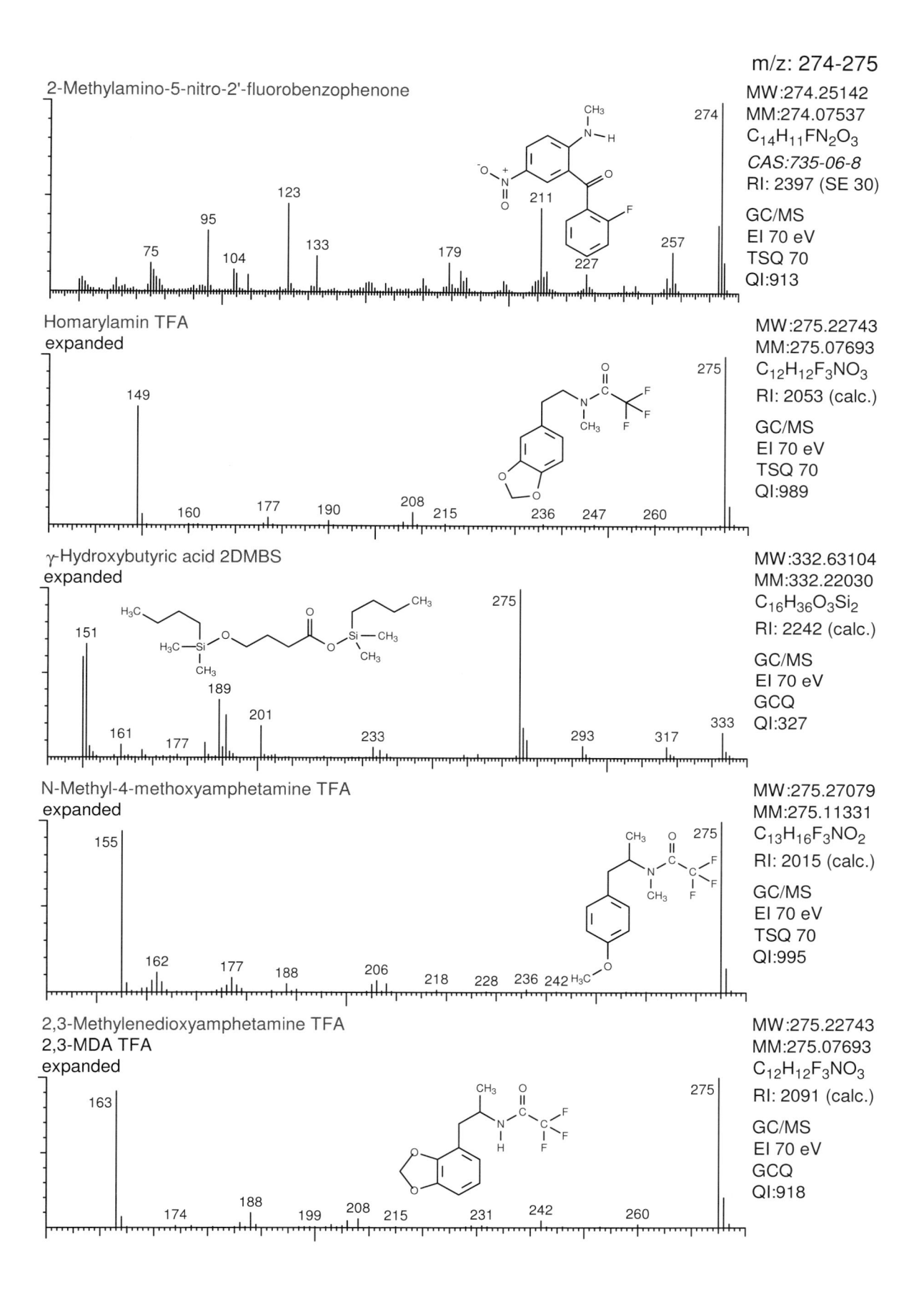

2-Methylamino-5-nitro-2'-fluorobenzophenone

MW: 274.25142
MM: 274.07537
$C_{14}H_{11}FN_2O_3$
CAS: 735-06-8
RI: 2397 (SE 30)

GC/MS
EI 70 eV
TSQ 70
QI: 913

Peaks: 75, 95, 104, 123, 133, 179, 211, 227, 257, 274

Homarylamin TFA
expanded

MW: 275.22743
MM: 275.07693
$C_{12}H_{12}F_3NO_3$
RI: 2053 (calc.)

GC/MS
EI 70 eV
TSQ 70
QI: 989

Peaks: 149, 160, 177, 190, 208, 215, 236, 247, 260, 275

γ-Hydroxybutyric acid 2DMBS
expanded

MW: 332.63104
MM: 332.22030
$C_{16}H_{36}O_3Si_2$
RI: 2242 (calc.)

GC/MS
EI 70 eV
GCQ
QI: 327

Peaks: 151, 161, 177, 189, 201, 233, 275, 293, 317, 333

N-Methyl-4-methoxyamphetamine TFA
expanded

MW: 275.27079
MM: 275.11331
$C_{13}H_{16}F_3NO_2$
RI: 2015 (calc.)

GC/MS
EI 70 eV
TSQ 70
QI: 995

Peaks: 155, 162, 177, 188, 206, 218, 228, 236, 242, 275

2,3-Methylenedioxyamphetamine TFA
2,3-MDA TFA
expanded

MW: 275.22743
MM: 275.07693
$C_{12}H_{12}F_3NO_3$
RI: 2091 (calc.)

GC/MS
EI 70 eV
GCQ
QI: 918

Peaks: 163, 174, 188, 199, 208, 215, 231, 242, 260, 275

m/z: 275

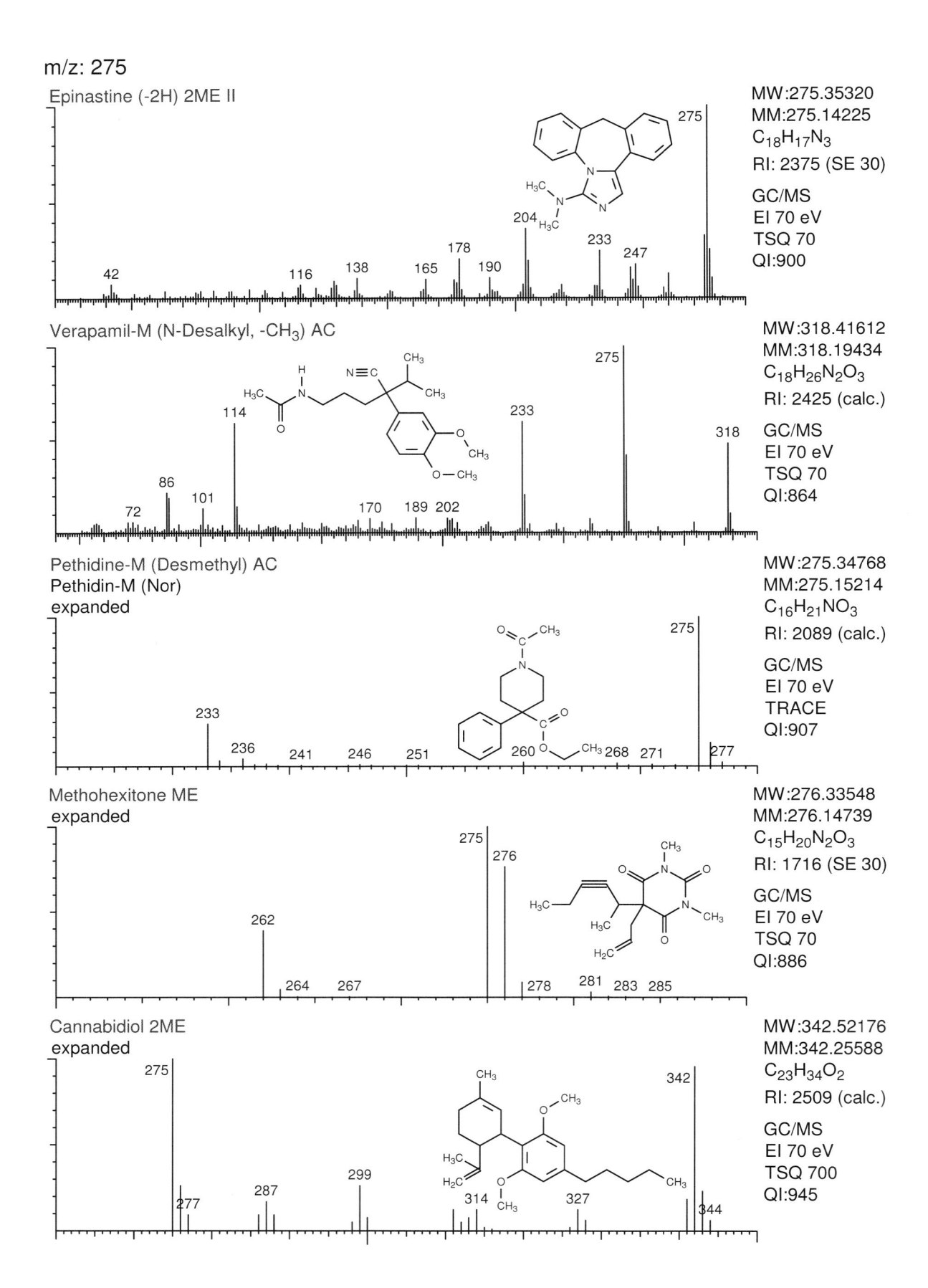

Epinastine (-2H) 2ME II

MW:275.35320
MM:275.14225
$C_{18}H_{17}N_3$
RI: 2375 (SE 30)

GC/MS
EI 70 eV
TSQ 70
QI:900

Verapamil-M (N-Desalkyl, -CH₃) AC

MW:318.41612
MM:318.19434
$C_{18}H_{26}N_2O_3$
RI: 2425 (calc.)

GC/MS
EI 70 eV
TSQ 70
QI:864

Pethidine-M (Desmethyl) AC
Pethidin-M (Nor)
expanded

MW:275.34768
MM:275.15214
$C_{16}H_{21}NO_3$
RI: 2089 (calc.)

GC/MS
EI 70 eV
TRACE
QI:907

Methohexitone ME
expanded

MW:276.33548
MM:276.14739
$C_{15}H_{20}N_2O_3$
RI: 1716 (SE 30)

GC/MS
EI 70 eV
TSQ 70
QI:886

Cannabidiol 2ME
expanded

MW:342.52176
MM:342.25588
$C_{23}H_{34}O_2$
RI: 2509 (calc.)

GC/MS
EI 70 eV
TSQ 700
QI:945

1-(Indolyl-3)-2-nitroprop-1-ene TMS
expanded

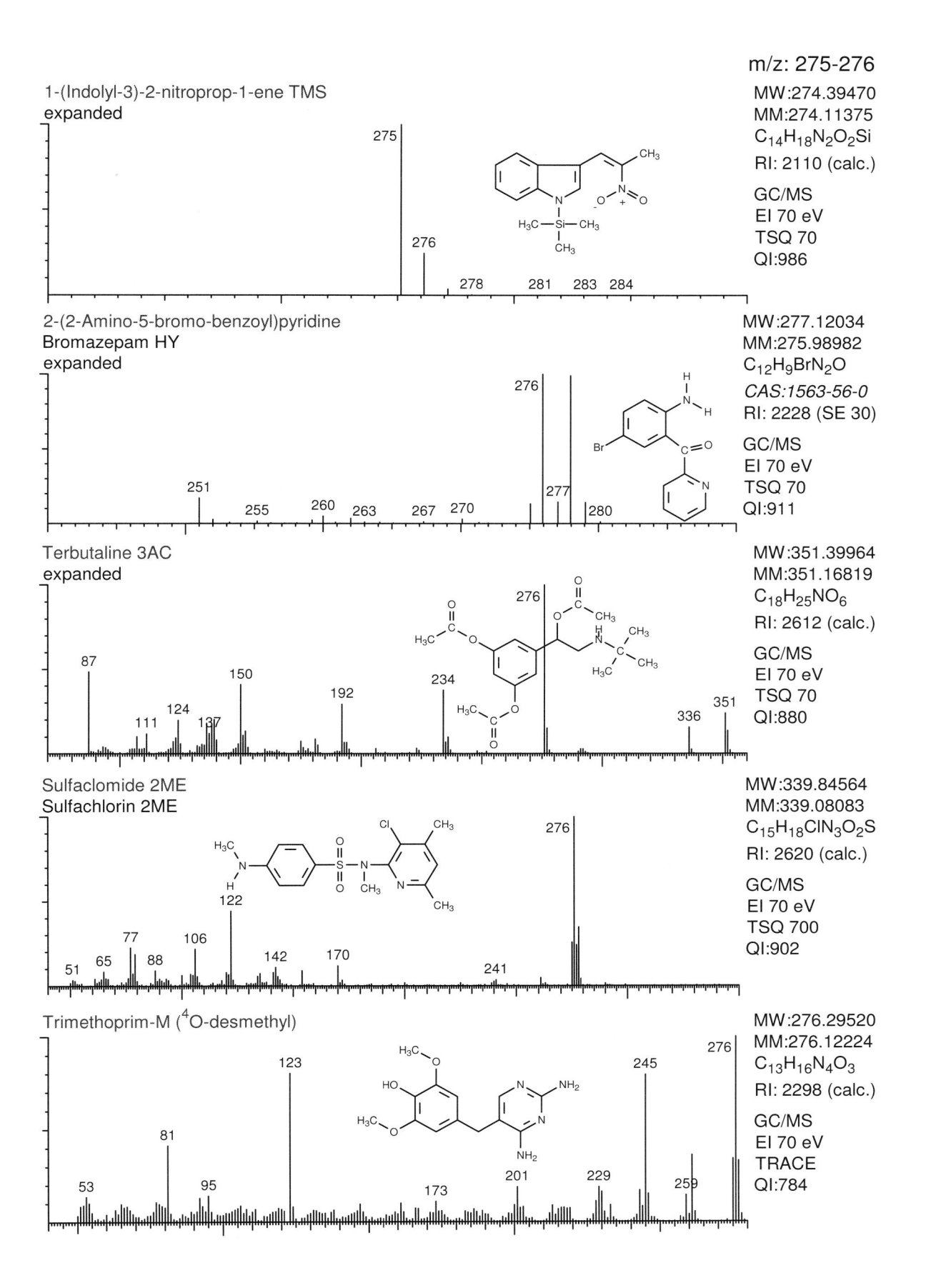

m/z: 275-276
MW: 274.39470
MM: 274.11375
$C_{14}H_{18}N_2O_2Si$
RI: 2110 (calc.)

GC/MS
EI 70 eV
TSQ 70
QI: 986

2-(2-Amino-5-bromo-benzoyl)pyridine
Bromazepam HY
expanded

MW: 277.12034
MM: 275.98982
$C_{12}H_9BrN_2O$
CAS: 1563-56-0
RI: 2228 (SE 30)

GC/MS
EI 70 eV
TSQ 70
QI: 911

Terbutaline 3AC
expanded

MW: 351.39964
MM: 351.16819
$C_{18}H_{25}NO_6$
RI: 2612 (calc.)

GC/MS
EI 70 eV
TSQ 70
QI: 880

Sulfaclomide 2ME
Sulfachlorin 2ME

MW: 339.84564
MM: 339.08083
$C_{15}H_{18}ClN_3O_2S$
RI: 2620 (calc.)

GC/MS
EI 70 eV
TSQ 700
QI: 902

Trimethoprim-M (^{4}O-desmethyl)

MW: 276.29520
MM: 276.12224
$C_{13}H_{16}N_4O_3$
RI: 2298 (calc.)

GC/MS
EI 70 eV
TRACE
QI: 784

m/z: 276

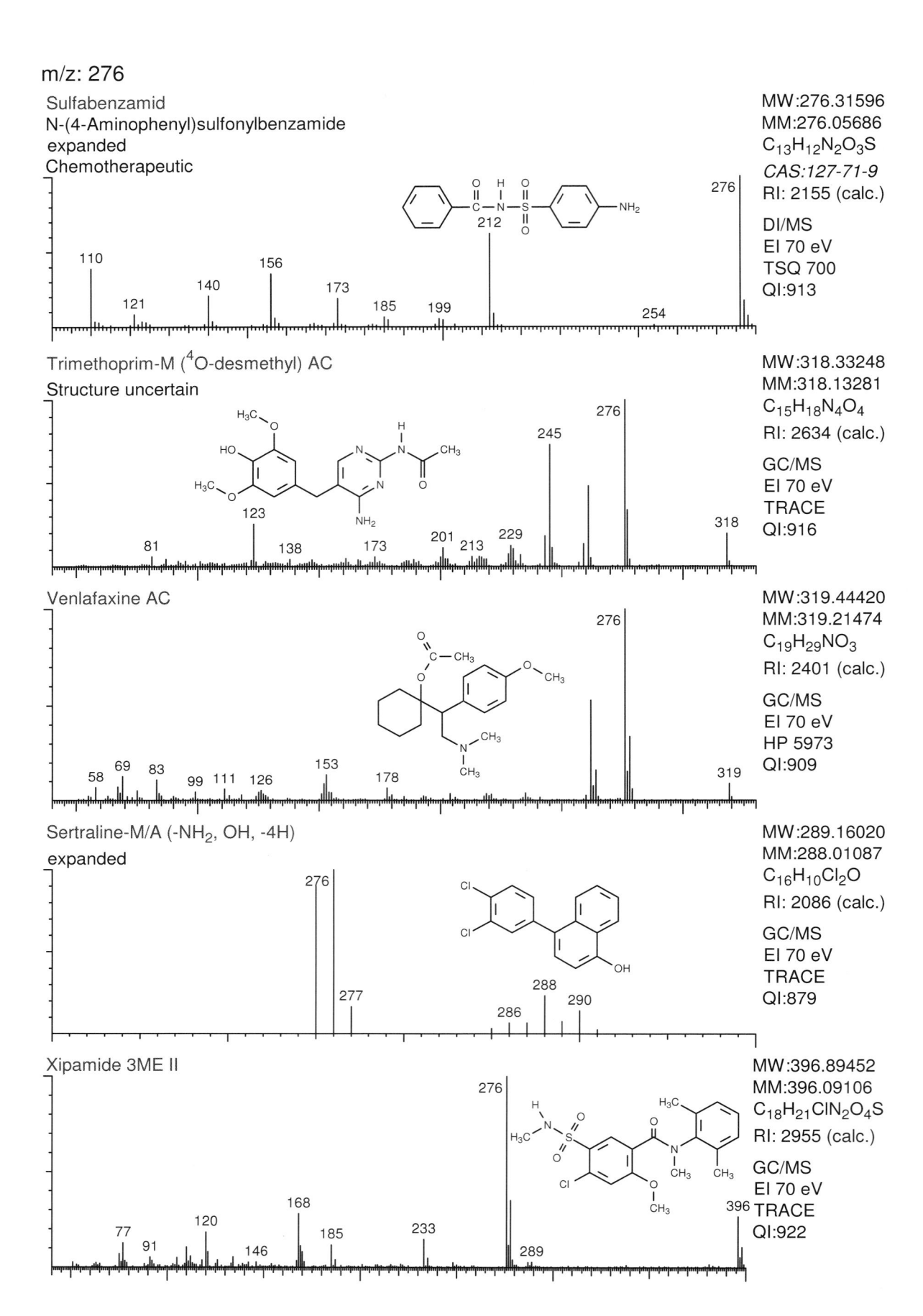

Sulfabenzamid
N-(4-Aminophenyl)sulfonylbenzamide
expanded
Chemotherapeutic

MW:276.31596
MM:276.05686
$C_{13}H_{12}N_2O_3S$
CAS:127-71-9
RI: 2155 (calc.)

DI/MS
EI 70 eV
TSQ 700
QI:913

Trimethoprim-M (^{4}O-desmethyl) AC
Structure uncertain

MW:318.33248
MM:318.13281
$C_{15}H_{18}N_4O_4$
RI: 2634 (calc.)

GC/MS
EI 70 eV
TRACE
QI:916

Venlafaxine AC

MW:319.44420
MM:319.21474
$C_{19}H_{29}NO_3$
RI: 2401 (calc.)

GC/MS
EI 70 eV
HP 5973
QI:909

Sertraline-M/A (-NH$_2$, OH, -4H)
expanded

MW:289.16020
MM:288.01087
$C_{16}H_{10}Cl_2O$
RI: 2086 (calc.)

GC/MS
EI 70 eV
TRACE
QI:879

Xipamide 3ME II

MW:396.89452
MM:396.09106
$C_{18}H_{21}ClN_2O_4S$
RI: 2955 (calc.)

GC/MS
EI 70 eV
TRACE
QI:922

m/z: 276-277

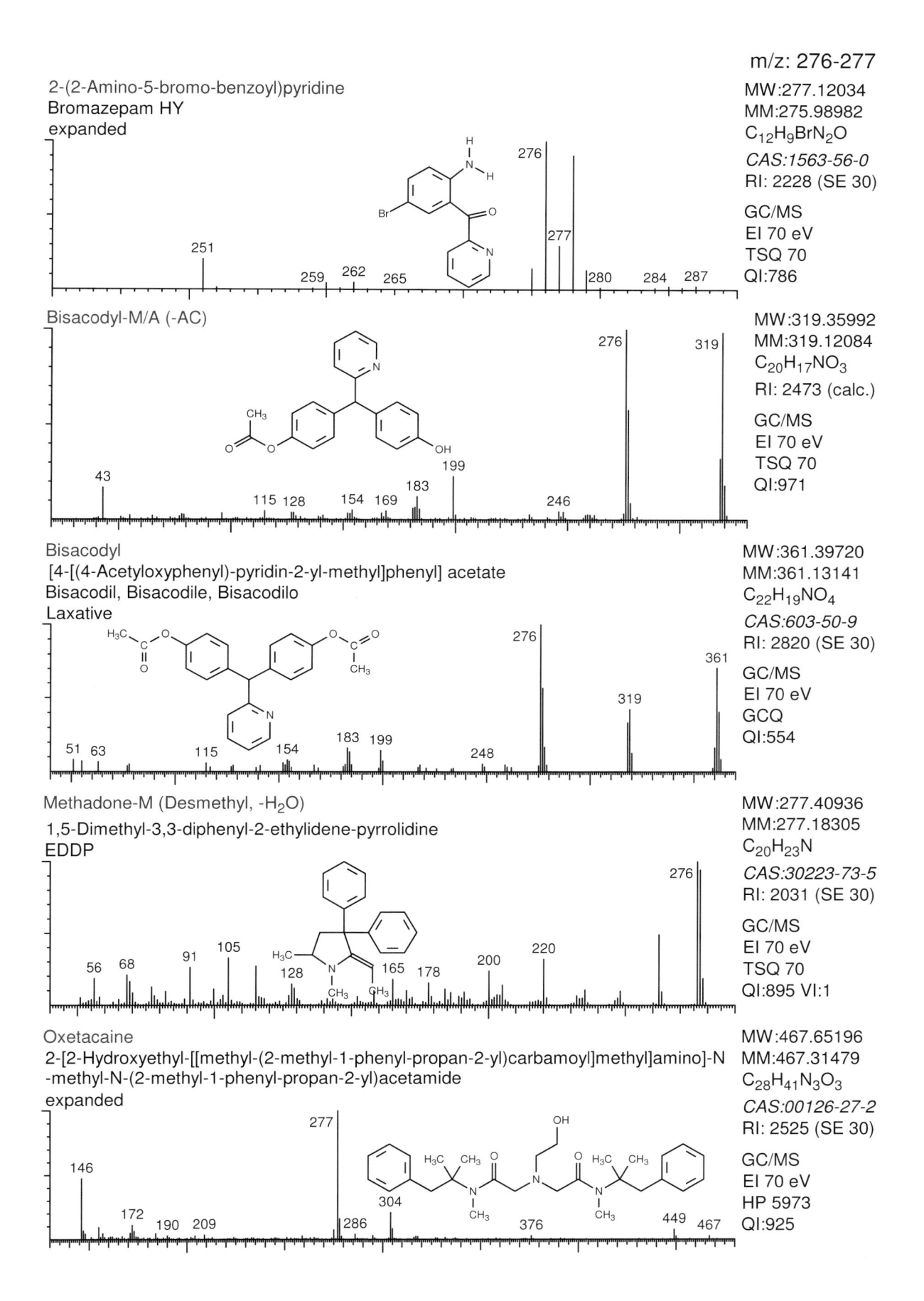

2-(2-Amino-5-bromo-benzoyl)pyridine
Bromazepam HY
expanded

MW:277.12034
MM:275.98982
$C_{12}H_9BrN_2O$
CAS:1563-56-0
RI: 2228 (SE 30)

GC/MS
EI 70 eV
TSQ 70
QI:786

Bisacodyl-M/A (-AC)

MW:319.35992
MM:319.12084
$C_{20}H_{17}NO_3$
RI: 2473 (calc.)

GC/MS
EI 70 eV
TSQ 70
QI:971

Bisacodyl
[4-[(4-Acetyloxyphenyl)-pyridin-2-yl-methyl]phenyl] acetate
Bisacodil, Bisacodile, Bisacodilo
Laxative

MW:361.39720
MM:361.13141
$C_{22}H_{19}NO_4$
CAS:603-50-9
RI: 2820 (SE 30)

GC/MS
EI 70 eV
GCQ
QI:554

Methadone-M (Desmethyl, -H₂O)
1,5-Dimethyl-3,3-diphenyl-2-ethylidene-pyrrolidine
EDDP

MW:277.40936
MM:277.18305
$C_{20}H_{23}N$
CAS:30223-73-5
RI: 2031 (SE 30)

GC/MS
EI 70 eV
TSQ 70
QI:895 VI:1

Oxetacaine
2-[2-Hydroxyethyl-[[methyl-(2-methyl-1-phenyl-propan-2-yl)carbamoyl]methyl]amino]-N
-methyl-N-(2-methyl-1-phenyl-propan-2-yl)acetamide
expanded

MW:467.65196
MM:467.31479
$C_{28}H_{41}N_3O_3$
CAS:00126-27-2
RI: 2525 (SE 30)

GC/MS
EI 70 eV
HP 5973
QI:925

m/z: 277

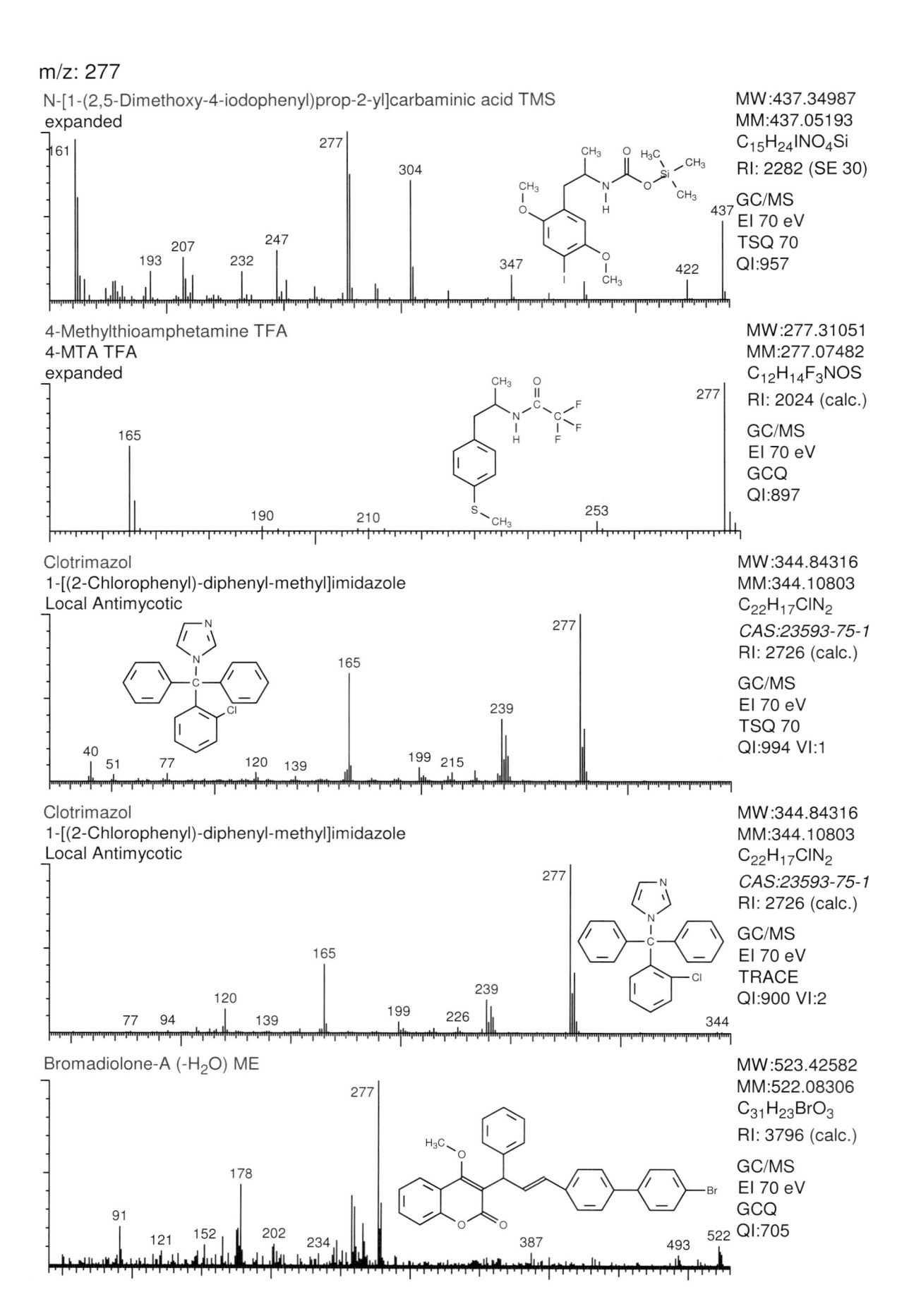

N-[1-(2,5-Dimethoxy-4-iodophenyl)prop-2-yl]carbaminic acid TMS
expanded

MW: 437.34987
MM: 437.05193
$C_{15}H_{24}INO_4Si$
RI: 2282 (SE 30)

GC/MS
EI 70 eV
TSQ 70
QI: 957

Peaks: 161, 193, 207, 232, 247, 277, 304, 347, 422, 437

4-Methylthioamphetamine TFA
4-MTA TFA
expanded

MW: 277.31051
MM: 277.07482
$C_{12}H_{14}F_3NOS$
RI: 2024 (calc.)

GC/MS
EI 70 eV
GCQ
QI: 897

Peaks: 165, 190, 210, 253, 277

Clotrimazol
1-[(2-Chlorophenyl)-diphenyl-methyl]imidazole
Local Antimycotic

MW: 344.84316
MM: 344.10803
$C_{22}H_{17}ClN_2$
CAS: 23593-75-1
RI: 2726 (calc.)

GC/MS
EI 70 eV
TSQ 70
QI: 994 VI:1

Peaks: 40, 51, 77, 120, 139, 165, 199, 215, 239, 277

Clotrimazol
1-[(2-Chlorophenyl)-diphenyl-methyl]imidazole
Local Antimycotic

MW: 344.84316
MM: 344.10803
$C_{22}H_{17}ClN_2$
CAS: 23593-75-1
RI: 2726 (calc.)

GC/MS
EI 70 eV
TRACE
QI: 900 VI:2

Peaks: 77, 94, 120, 139, 165, 199, 226, 239, 277, 344

Bromadiolone-A (-H₂O) ME

MW: 523.42582
MM: 522.08306
$C_{31}H_{23}BrO_3$
RI: 3796 (calc.)

GC/MS
EI 70 eV
GCQ
QI: 705

Peaks: 91, 121, 152, 178, 202, 234, 277, 387, 493, 522

m/z: 277

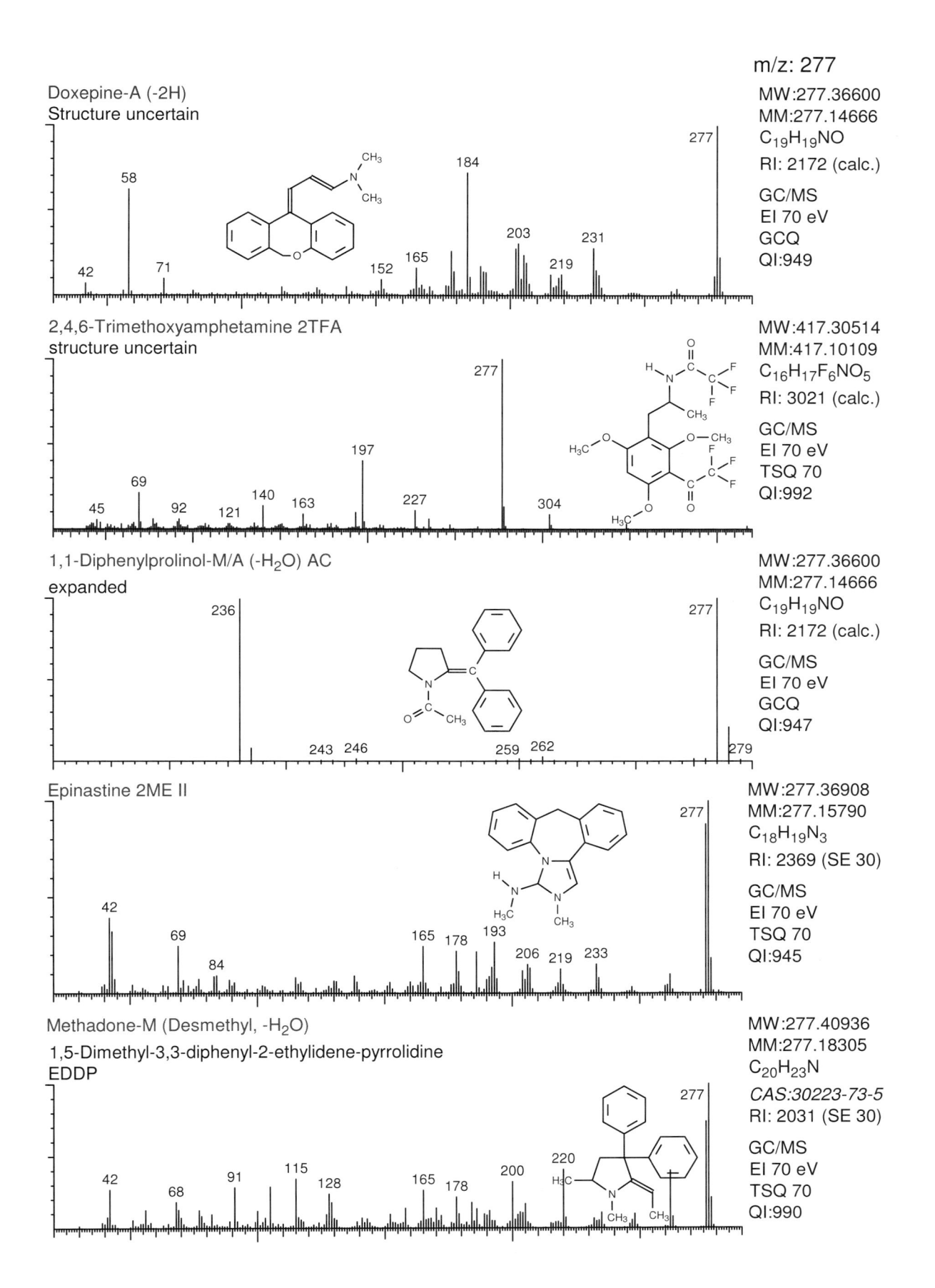

Doxepine-A (-2H)
Structure uncertain

MW: 277.36600
MM: 277.14666
$C_{19}H_{19}NO$
RI: 2172 (calc.)

GC/MS
EI 70 eV
GCQ
QI: 949

Peaks: 42, 58, 71, 152, 165, 184, 203, 219, 231, 277

2,4,6-Trimethoxyamphetamine 2TFA
structure uncertain

MW: 417.30514
MM: 417.10109
$C_{16}H_{17}F_6NO_5$
RI: 3021 (calc.)

GC/MS
EI 70 eV
TSQ 70
QI: 992

Peaks: 45, 69, 92, 121, 140, 163, 197, 227, 277, 304

1,1-Diphenylprolinol-M/A (-H₂O) AC
expanded

MW: 277.36600
MM: 277.14666
$C_{19}H_{19}NO$
RI: 2172 (calc.)

GC/MS
EI 70 eV
GCQ
QI: 947

Peaks: 236, 243, 246, 259, 262, 277, 279

Epinastine 2ME II

MW: 277.36908
MM: 277.15790
$C_{18}H_{19}N_3$
RI: 2369 (SE 30)

GC/MS
EI 70 eV
TSQ 70
QI: 945

Peaks: 42, 69, 84, 165, 178, 193, 206, 219, 233, 277

Methadone-M (Desmethyl, -H₂O)
1,5-Dimethyl-3,3-diphenyl-2-ethylidene-pyrrolidine
EDDP

MW: 277.40936
MM: 277.18305
$C_{20}H_{23}N$
CAS: 30223-73-5
RI: 2031 (SE 30)

GC/MS
EI 70 eV
TSQ 70
QI: 990

Peaks: 42, 68, 91, 115, 128, 165, 178, 200, 220, 277

m/z: 277

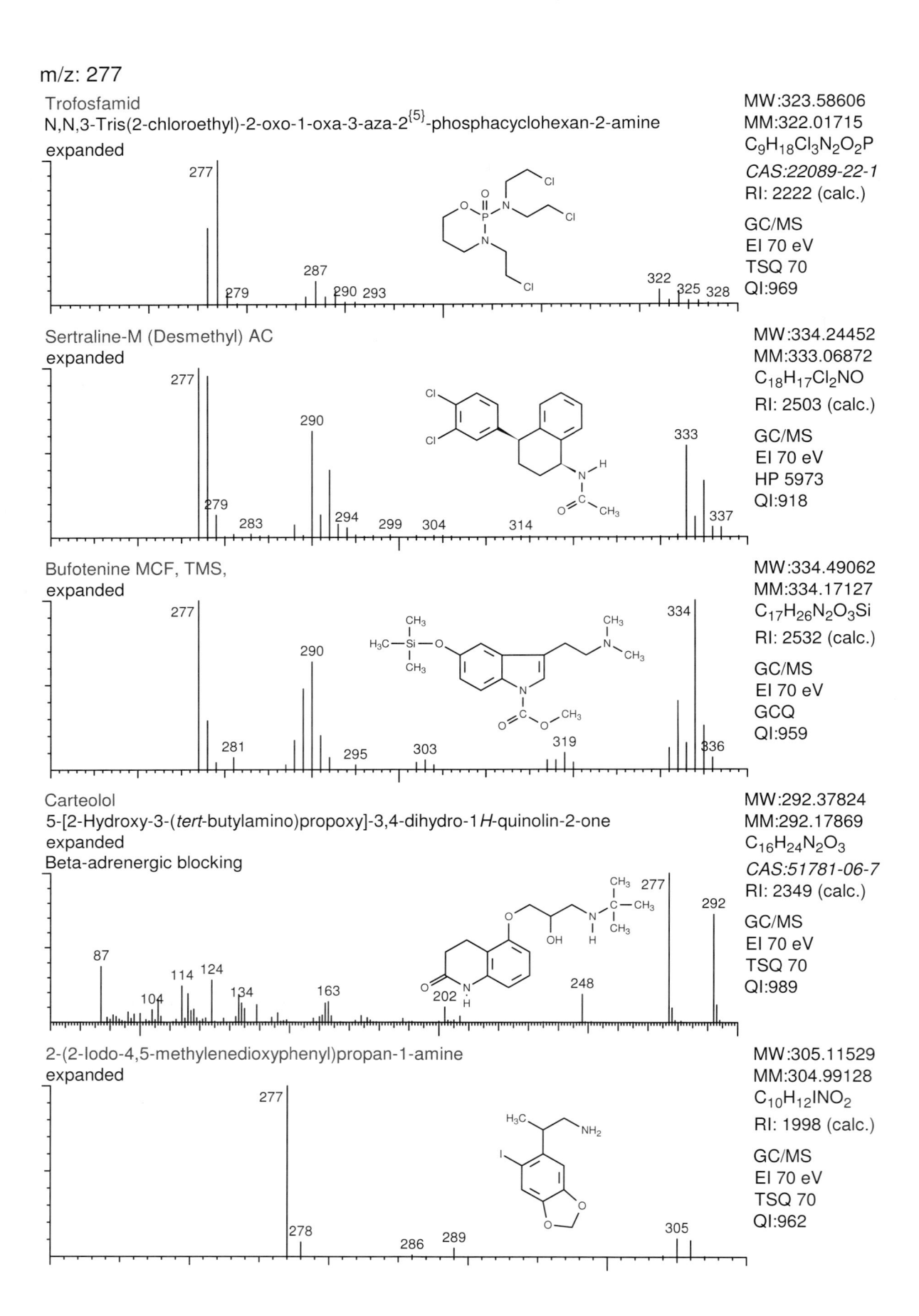

Trofosfamid
N,N,3-Tris(2-chloroethyl)-2-oxo-1-oxa-3-aza-2$^{\{5\}}$-phosphacyclohexan-2-amine
expanded

MW: 323.58606
MM: 322.01715
$C_9H_{18}Cl_3N_2O_2P$
CAS: 22089-22-1
RI: 2222 (calc.)

GC/MS
EI 70 eV
TSQ 70
QI: 969

Sertraline-M (Desmethyl) AC
expanded

MW: 334.24452
MM: 333.06872
$C_{18}H_{17}Cl_2NO$
RI: 2503 (calc.)

GC/MS
EI 70 eV
HP 5973
QI: 918

Bufotenine MCF, TMS,
expanded

MW: 334.49062
MM: 334.17127
$C_{17}H_{26}N_2O_3Si$
RI: 2532 (calc.)

GC/MS
EI 70 eV
GCQ
QI: 959

Carteolol
5-[2-Hydroxy-3-(*tert*-butylamino)propoxy]-3,4-dihydro-1*H*-quinolin-2-one
expanded
Beta-adrenergic blocking

MW: 292.37824
MM: 292.17869
$C_{16}H_{24}N_2O_3$
CAS: 51781-06-7
RI: 2349 (calc.)

GC/MS
EI 70 eV
TSQ 70
QI: 989

2-(2-Iodo-4,5-methylenedioxyphenyl)propan-1-amine
expanded

MW: 305.11529
MM: 304.99128
$C_{10}H_{12}INO_2$
RI: 1998 (calc.)

GC/MS
EI 70 eV
TSQ 70
QI: 962

m/z: 277-278

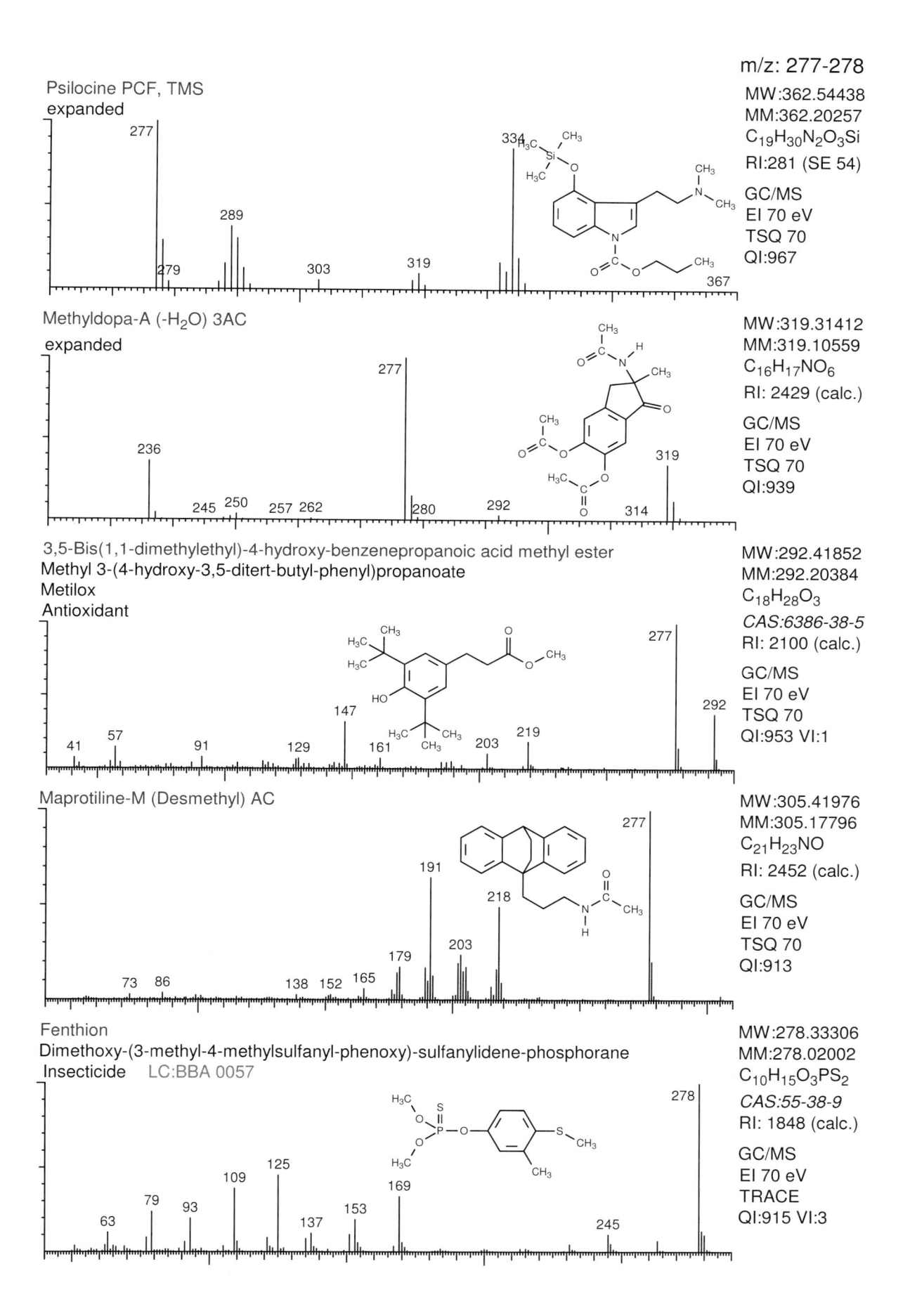

Psilocine PCF, TMS
expanded

Peaks: 277, 279, 289, 303, 319, 334, 367

MW:362.54438
MM:362.20257
$C_{19}H_{30}N_2O_3Si$
RI:281 (SE 54)

GC/MS
EI 70 eV
TSQ 70
QI:967

Methyldopa-A (-H₂O) 3AC
expanded

Peaks: 236, 245, 250, 257, 262, 277, 280, 292, 314, 319

MW:319.31412
MM:319.10559
$C_{16}H_{17}NO_6$
RI: 2429 (calc.)

GC/MS
EI 70 eV
TSQ 70
QI:939

3,5-Bis(1,1-dimethylethyl)-4-hydroxy-benzenepropanoic acid methyl ester
Methyl 3-(4-hydroxy-3,5-ditert-butyl-phenyl)propanoate
Metilox
Antioxidant

Peaks: 41, 57, 91, 129, 147, 161, 203, 219, 277, 292

MW:292.41852
MM:292.20384
$C_{18}H_{28}O_3$
CAS:6386-38-5
RI: 2100 (calc.)

GC/MS
EI 70 eV
TSQ 70
QI:953 VI:1

Maprotiline-M (Desmethyl) AC

Peaks: 73, 86, 138, 152, 165, 179, 191, 203, 218, 277

MW:305.41976
MM:305.17796
$C_{21}H_{23}NO$
RI: 2452 (calc.)

GC/MS
EI 70 eV
TSQ 70
QI:913

Fenthion
Dimethoxy-(3-methyl-4-methylsulfanyl-phenoxy)-sulfanylidene-phosphorane
Insecticide   LC:BBA 0057

Peaks: 63, 79, 93, 109, 125, 137, 153, 169, 245, 278

MW:278.33306
MM:278.02002
$C_{10}H_{15}O_3PS_2$
CAS:55-38-9
RI: 1848 (calc.)

GC/MS
EI 70 eV
TRACE
QI:915 VI:3

m/z: 278

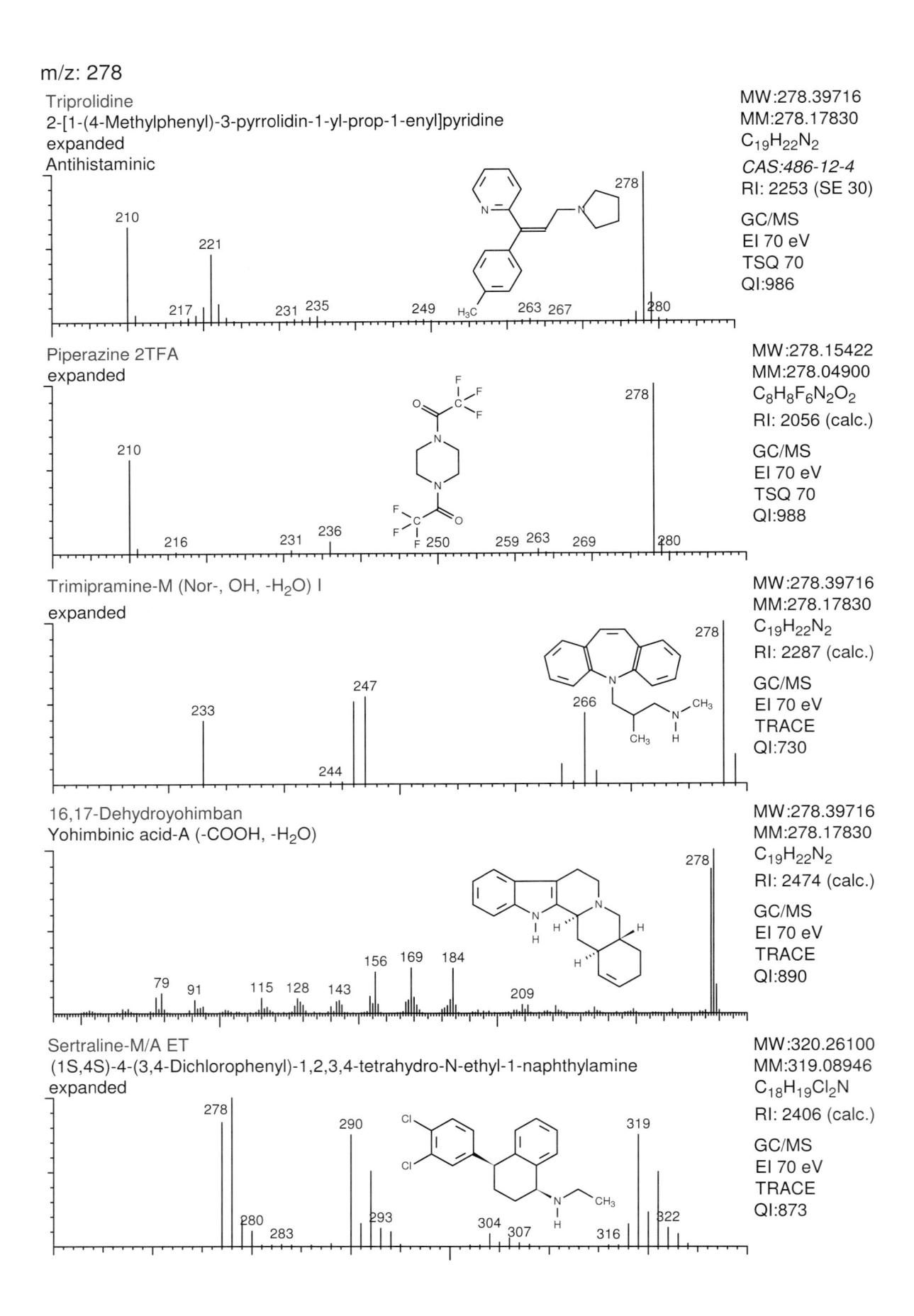

Triprolidine
2-[1-(4-Methylphenyl)-3-pyrrolidin-1-yl-prop-1-enyl]pyridine
expanded
Antihistaminic

MW:278.39716
MM:278.17830
$C_{19}H_{22}N_2$
CAS:486-12-4
RI: 2253 (SE 30)

GC/MS
EI 70 eV
TSQ 70
QI:986

Peaks: 210, 221, 217, 231, 235, 249, 263, 267, 278, 280

Piperazine 2TFA
expanded

MW:278.15422
MM:278.04900
$C_8H_8F_6N_2O_2$
RI: 2056 (calc.)

GC/MS
EI 70 eV
TSQ 70
QI:988

Peaks: 210, 216, 231, 236, 250, 259, 263, 269, 278, 280

Trimipramine-M (Nor-, OH, -H₂O) I
expanded

MW:278.39716
MM:278.17830
$C_{19}H_{22}N_2$
RI: 2287 (calc.)

GC/MS
EI 70 eV
TRACE
QI:730

Peaks: 233, 244, 247, 266, 278

16,17-Dehydroyohimban
Yohimbinic acid-A (-COOH, -H₂O)

MW:278.39716
MM:278.17830
$C_{19}H_{22}N_2$
RI: 2474 (calc.)

GC/MS
EI 70 eV
TRACE
QI:890

Peaks: 79, 91, 115, 128, 143, 156, 169, 184, 209, 278

Sertraline-M/A ET
(1S,4S)-4-(3,4-Dichlorophenyl)-1,2,3,4-tetrahydro-N-ethyl-1-naphthylamine
expanded

MW:320.26100
MM:319.08946
$C_{18}H_{19}Cl_2N$
RI: 2406 (calc.)

GC/MS
EI 70 eV
TRACE
QI:873

Peaks: 278, 280, 283, 290, 293, 304, 307, 316, 319, 322

m/z: 278

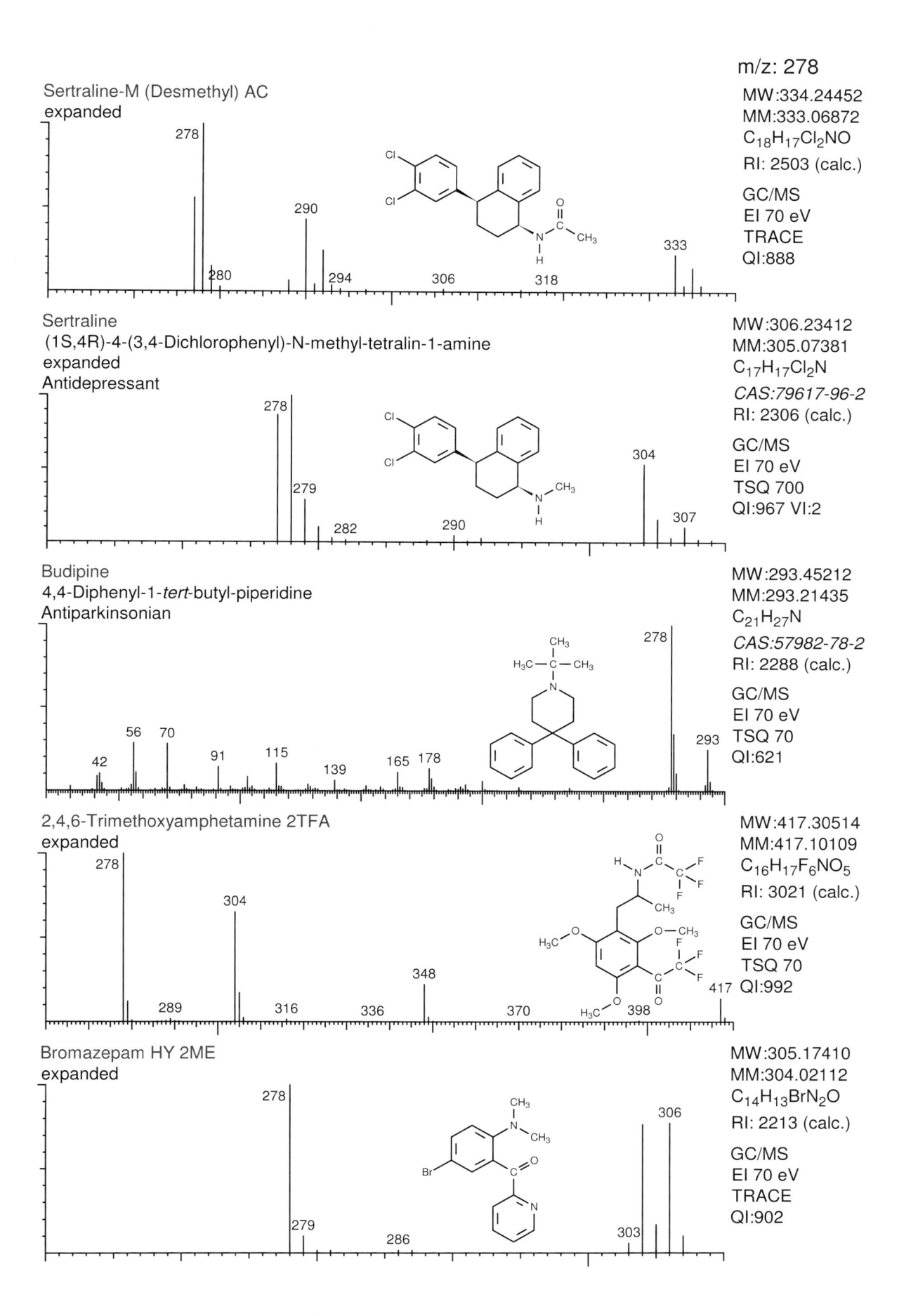

Sertraline-M (Desmethyl) AC
expanded

MW: 334.24452
MM: 333.06872
$C_{18}H_{17}Cl_2NO$
RI: 2503 (calc.)

GC/MS
EI 70 eV
TRACE
QI: 888

Sertraline
(1S,4R)-4-(3,4-Dichlorophenyl)-N-methyl-tetralin-1-amine
expanded
Antidepressant

MW: 306.23412
MM: 305.07381
$C_{17}H_{17}Cl_2N$
CAS: 79617-96-2
RI: 2306 (calc.)

GC/MS
EI 70 eV
TSQ 700
QI: 967 VI: 2

Budipine
4,4-Diphenyl-1-*tert*-butyl-piperidine
Antiparkinsonian

MW: 293.45212
MM: 293.21435
$C_{21}H_{27}N$
CAS: 57982-78-2
RI: 2288 (calc.)

GC/MS
EI 70 eV
TSQ 70
QI: 621

2,4,6-Trimethoxyamphetamine 2TFA
expanded

MW: 417.30514
MM: 417.10109
$C_{16}H_{17}F_6NO_5$
RI: 3021 (calc.)

GC/MS
EI 70 eV
TSQ 70
QI: 992

Bromazepam HY 2ME
expanded

MW: 305.17410
MM: 304.02112
$C_{14}H_{13}BrN_2O$
RI: 2213 (calc.)

GC/MS
EI 70 eV
TRACE
QI: 902

m/z: 278-279

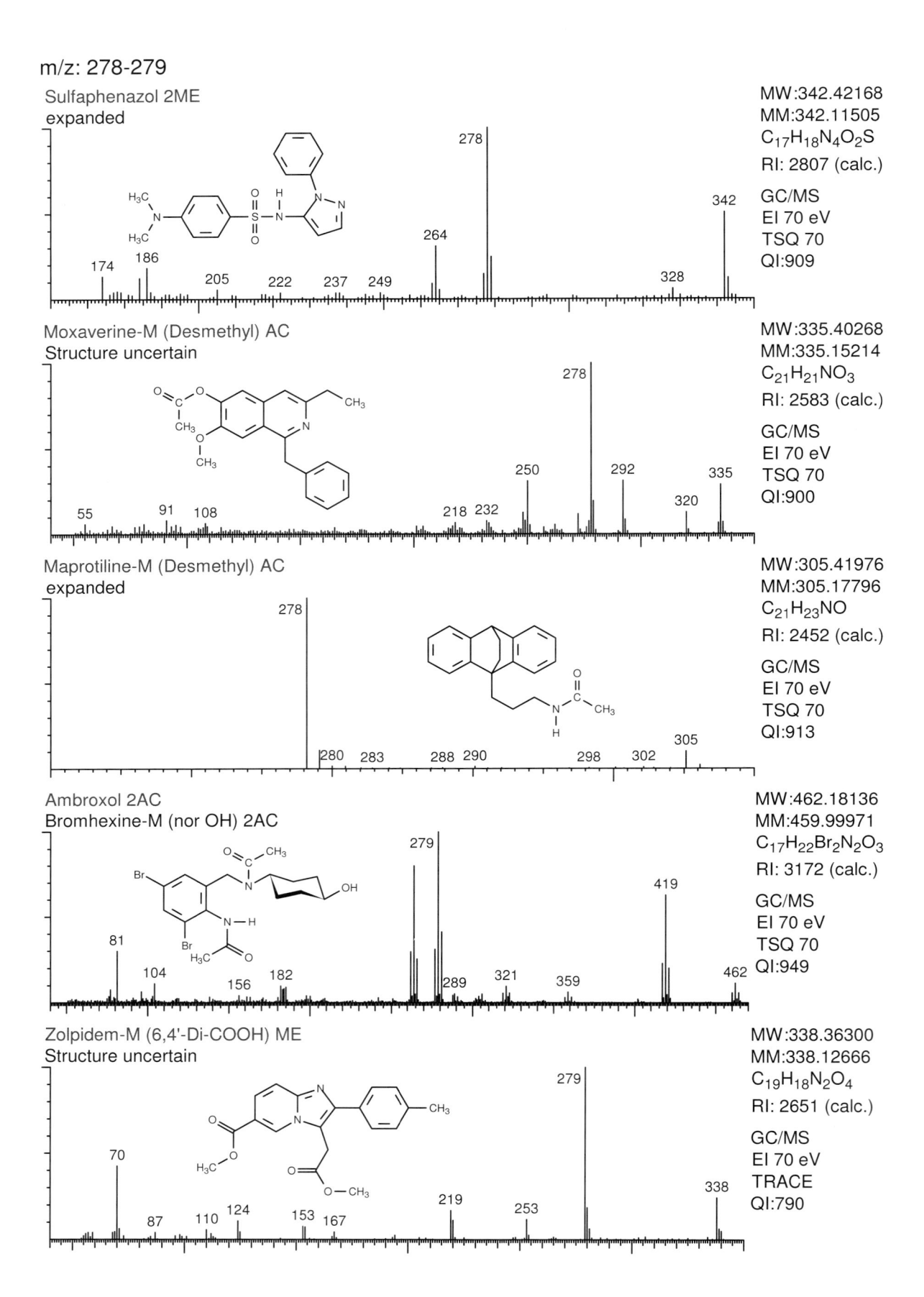

Sulfaphenazol 2ME
expanded

Peaks: 174, 186, 205, 222, 237, 249, 264, 278, 328, 342

MW: 342.42168
MM: 342.11505
$C_{17}H_{18}N_4O_2S$
RI: 2807 (calc.)

GC/MS
EI 70 eV
TSQ 70
QI:909

Moxaverine-M (Desmethyl) AC
Structure uncertain

Peaks: 55, 91, 108, 218, 232, 250, 278, 292, 320, 335

MW: 335.40268
MM: 335.15214
$C_{21}H_{21}NO_3$
RI: 2583 (calc.)

GC/MS
EI 70 eV
TSQ 70
QI:900

Maprotiline-M (Desmethyl) AC
expanded

Peaks: 278, 280, 283, 288, 290, 298, 302, 305

MW: 305.41976
MM: 305.17796
$C_{21}H_{23}NO$
RI: 2452 (calc.)

GC/MS
EI 70 eV
TSQ 70
QI:913

Ambroxol 2AC
Bromhexine-M (nor OH) 2AC

Peaks: 81, 104, 156, 182, 279, 289, 321, 359, 419, 462

MW: 462.18136
MM: 459.99971
$C_{17}H_{22}Br_2N_2O_3$
RI: 3172 (calc.)

GC/MS
EI 70 eV
TSQ 70
QI:949

Zolpidem-M (6,4'-Di-COOH) ME
Structure uncertain

Peaks: 70, 87, 110, 124, 153, 167, 219, 253, 279, 338

MW: 338.36300
MM: 338.12666
$C_{19}H_{18}N_2O_4$
RI: 2651 (calc.)

GC/MS
EI 70 eV
TRACE
QI:790

m/z: 279

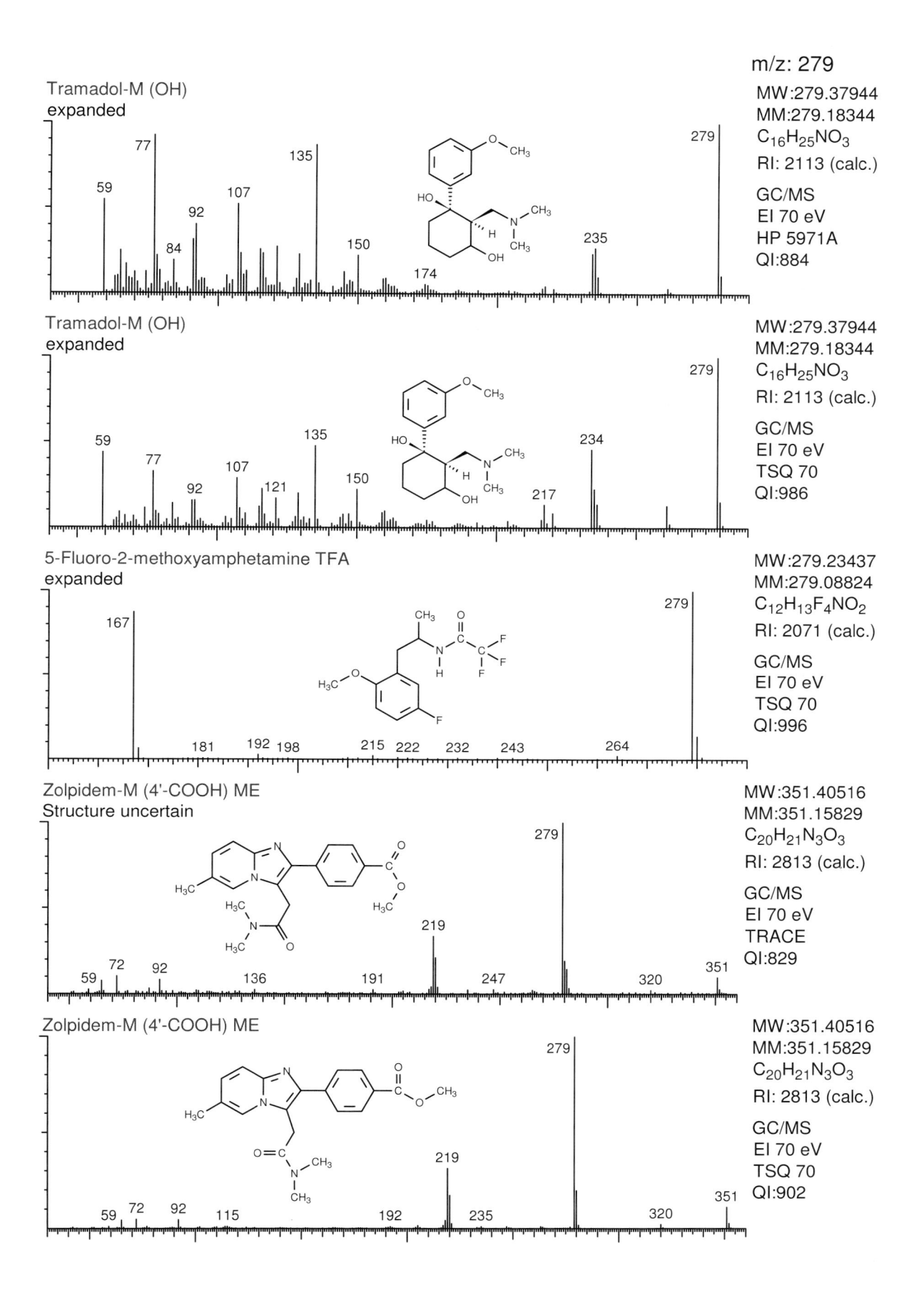

Tramadol-M (OH) expanded

59, 77, 84, 92, 107, 135, 150, 174, 235, 279

MW:279.37944
MM:279.18344
$C_{16}H_{25}NO_3$
RI: 2113 (calc.)

GC/MS
EI 70 eV
HP 5971A
QI:884

Tramadol-M (OH) expanded

59, 77, 92, 107, 121, 135, 150, 217, 234, 279

MW:279.37944
MM:279.18344
$C_{16}H_{25}NO_3$
RI: 2113 (calc.)

GC/MS
EI 70 eV
TSQ 70
QI:986

5-Fluoro-2-methoxyamphetamine TFA expanded

167, 181, 192, 198, 215, 222, 232, 243, 264, 279

MW:279.23437
MM:279.08824
$C_{12}H_{13}F_4NO_2$
RI: 2071 (calc.)

GC/MS
EI 70 eV
TSQ 70
QI:996

Zolpidem-M (4'-COOH) ME
Structure uncertain

59, 72, 92, 136, 191, 219, 247, 279, 320, 351

MW:351.40516
MM:351.15829
$C_{20}H_{21}N_3O_3$
RI: 2813 (calc.)

GC/MS
EI 70 eV
TRACE
QI:829

Zolpidem-M (4'-COOH) ME

59, 72, 92, 115, 192, 219, 235, 279, 320, 351

MW:351.40516
MM:351.15829
$C_{20}H_{21}N_3O_3$
RI: 2813 (calc.)

GC/MS
EI 70 eV
TSQ 70
QI:902

m/z: 279

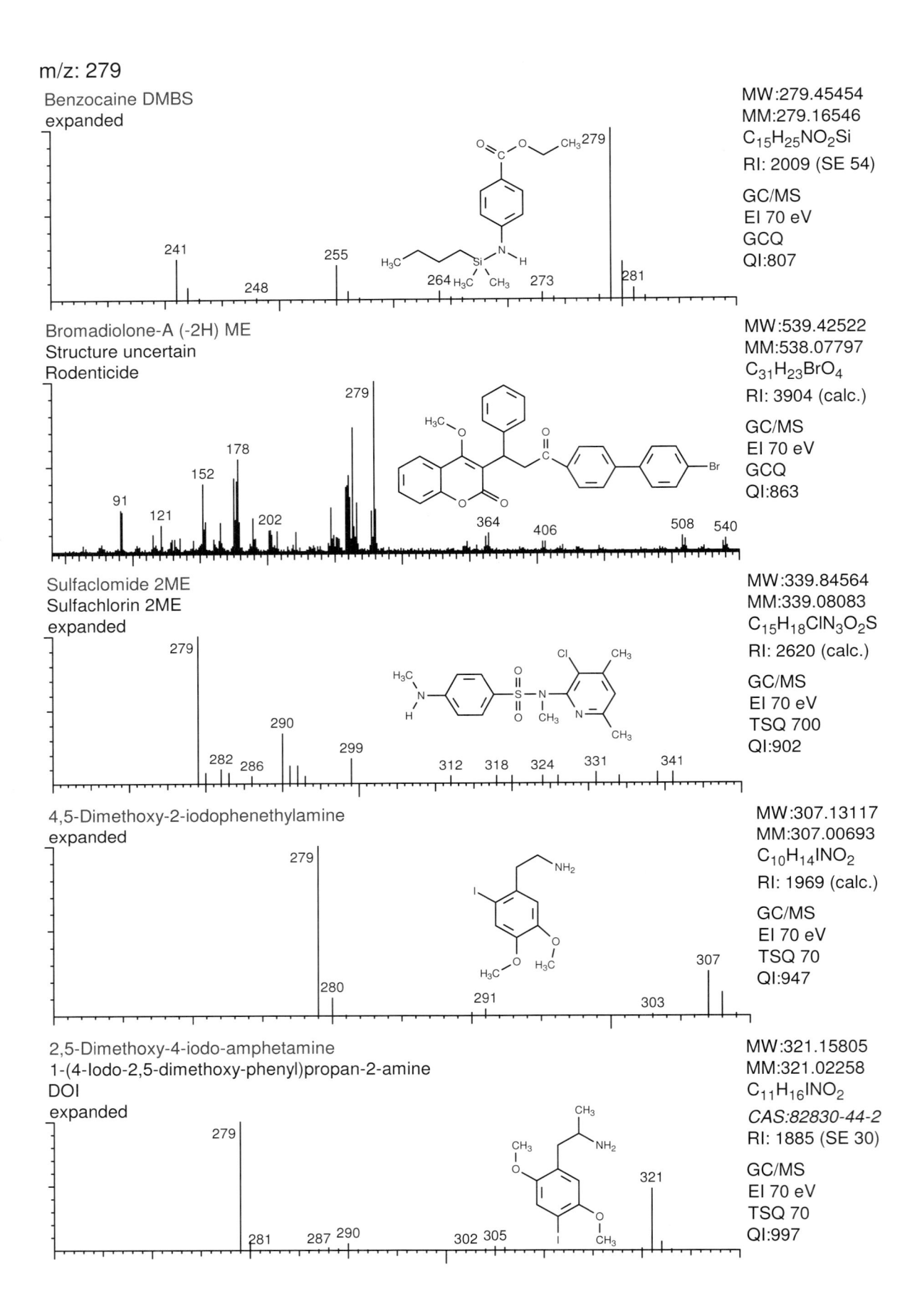

Benzocaine DMBS
expanded

MW:279.45454
MM:279.16546
$C_{15}H_{25}NO_2Si$
RI: 2009 (SE 54)

GC/MS
EI 70 eV
GCQ
QI:807

Bromadiolone-A (-2H) ME
Structure uncertain
Rodenticide

MW:539.42522
MM:538.07797
$C_{31}H_{23}BrO_4$
RI: 3904 (calc.)

GC/MS
EI 70 eV
GCQ
QI:863

Sulfaclomide 2ME
Sulfachlorin 2ME
expanded

MW:339.84564
MM:339.08083
$C_{15}H_{18}ClN_3O_2S$
RI: 2620 (calc.)

GC/MS
EI 70 eV
TSQ 700
QI:902

4,5-Dimethoxy-2-iodophenethylamine
expanded

MW:307.13117
MM:307.00693
$C_{10}H_{14}INO_2$
RI: 1969 (calc.)

GC/MS
EI 70 eV
TSQ 70
QI:947

2,5-Dimethoxy-4-iodo-amphetamine
1-(4-Iodo-2,5-dimethoxy-phenyl)propan-2-amine
DOI
expanded

MW:321.15805
MM:321.02258
$C_{11}H_{16}INO_2$
CAS:82830-44-2
RI: 1885 (SE 30)

GC/MS
EI 70 eV
TSQ 70
QI:997

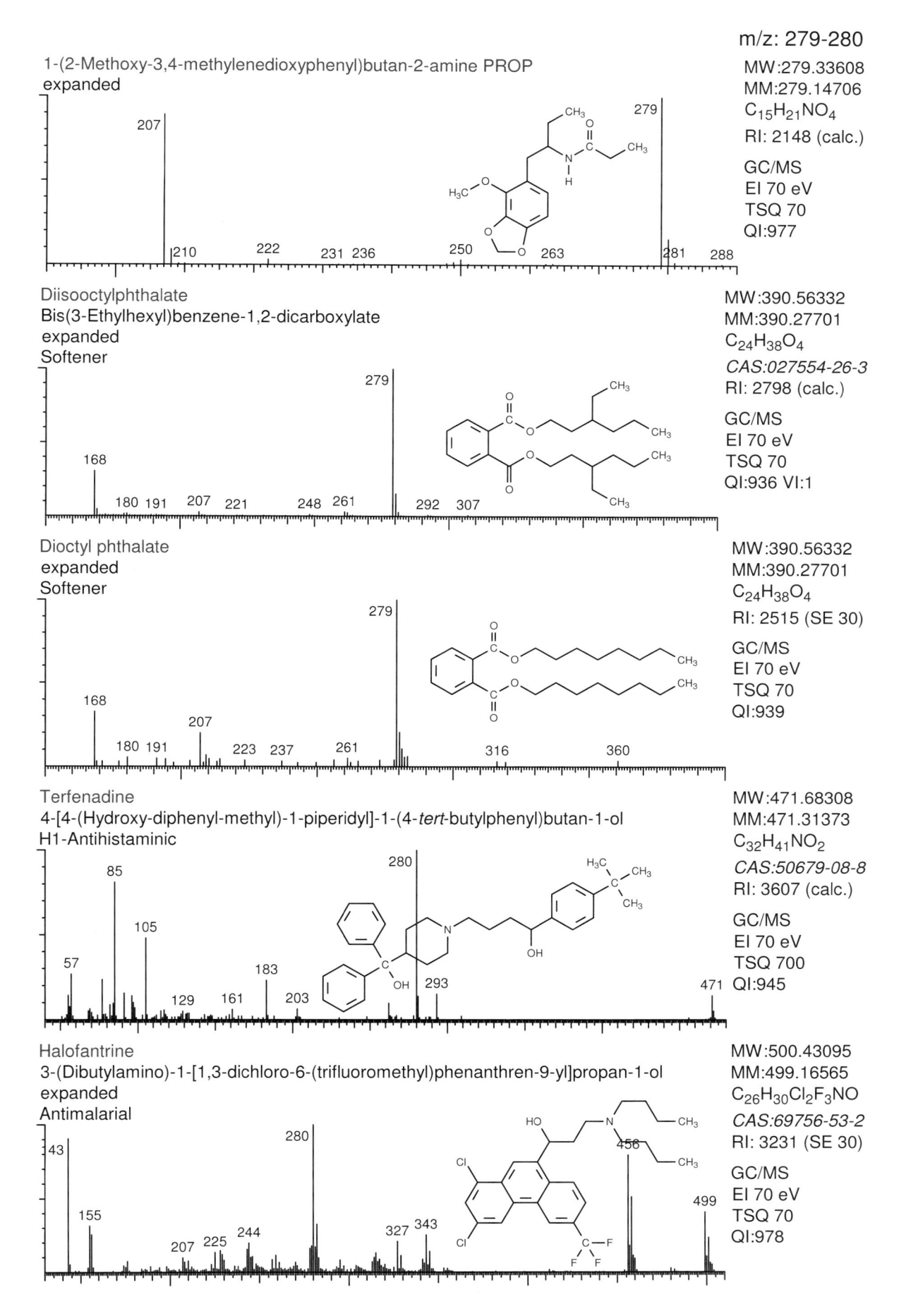

1-(2-Methoxy-3,4-methylenedioxyphenyl)butan-2-amine PROP
expanded

m/z: 279-280
MW: 279.33608
MM: 279.14706
$C_{15}H_{21}NO_4$
RI: 2148 (calc.)

GC/MS
EI 70 eV
TSQ 70
QI: 977

Peaks: 207, 210, 222, 231, 236, 250, 263, 279, 281, 288

Diisooctylphthalate
Bis(3-Ethylhexyl)benzene-1,2-dicarboxylate
expanded
Softener

MW: 390.56332
MM: 390.27701
$C_{24}H_{38}O_4$
CAS: 027554-26-3
RI: 2798 (calc.)

GC/MS
EI 70 eV
TSQ 70
QI: 936 VI:1

Peaks: 168, 180, 191, 207, 221, 248, 261, 279, 292, 307

Dioctyl phthalate
expanded
Softener

MW: 390.56332
MM: 390.27701
$C_{24}H_{38}O_4$
RI: 2515 (SE 30)

GC/MS
EI 70 eV
TSQ 70
QI: 939

Peaks: 168, 180, 191, 207, 223, 237, 261, 279, 316, 360

Terfenadine
4-[4-(Hydroxy-diphenyl-methyl)-1-piperidyl]-1-(4-*tert*-butylphenyl)butan-1-ol
H1-Antihistaminic

MW: 471.68308
MM: 471.31373
$C_{32}H_{41}NO_2$
CAS: 50679-08-8
RI: 3607 (calc.)

GC/MS
EI 70 eV
TSQ 700
QI: 945

Peaks: 57, 85, 105, 129, 161, 183, 203, 280, 293, 471

Halofantrine
3-(Dibutylamino)-1-[1,3-dichloro-6-(trifluoromethyl)phenanthren-9-yl]propan-1-ol
expanded
Antimalarial

MW: 500.43095
MM: 499.16565
$C_{26}H_{30}Cl_2F_3NO$
CAS: 69756-53-2
RI: 3231 (SE 30)

GC/MS
EI 70 eV
TSQ 70
QI: 978

Peaks: 43, 155, 207, 225, 244, 280, 327, 343, 456, 499

m/z: 280

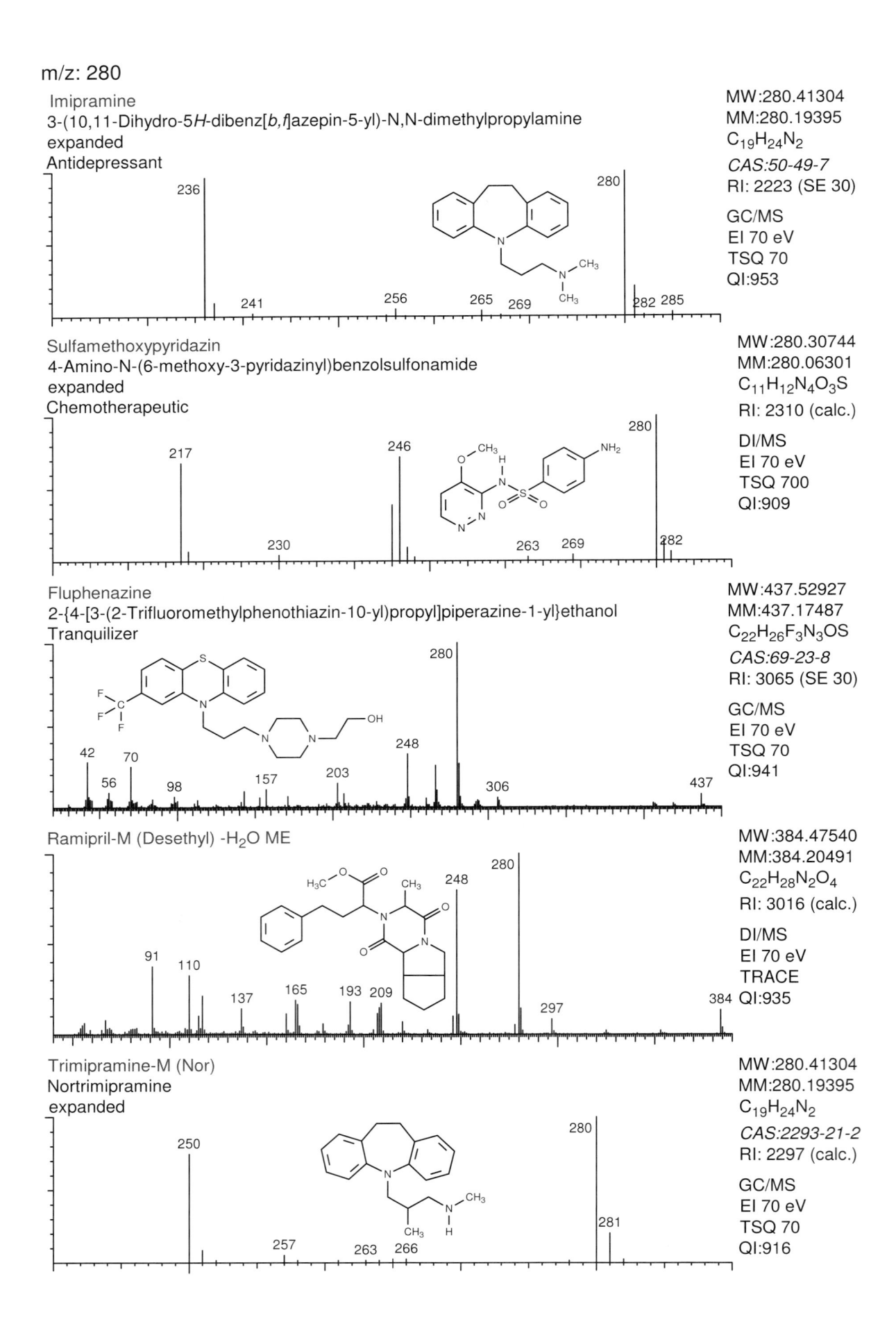

Imipramine
3-(10,11-Dihydro-5H-dibenz[b,f]azepin-5-yl)-N,N-dimethylpropylamine
expanded
Antidepressant

Peaks: 236, 241, 256, 265, 269, 280, 282, 285

MW:280.41304
MM:280.19395
$C_{19}H_{24}N_2$
CAS:50-49-7
RI: 2223 (SE 30)

GC/MS
EI 70 eV
TSQ 70
QI:953

Sulfamethoxypyridazin
4-Amino-N-(6-methoxy-3-pyridazinyl)benzolsulfonamide
expanded
Chemotherapeutic

Peaks: 217, 230, 246, 263, 269, 280, 282

MW:280.30744
MM:280.06301
$C_{11}H_{12}N_4O_3S$
RI: 2310 (calc.)

DI/MS
EI 70 eV
TSQ 700
QI:909

Fluphenazine
2-{4-[3-(2-Trifluoromethylphenothiazin-10-yl)propyl]piperazine-1-yl}ethanol
Tranquilizer

Peaks: 42, 56, 70, 98, 157, 203, 248, 280, 306, 437

MW:437.52927
MM:437.17487
$C_{22}H_{26}F_3N_3OS$
CAS:69-23-8
RI: 3065 (SE 30)

GC/MS
EI 70 eV
TSQ 70
QI:941

Ramipril-M (Desethyl) -H₂O ME

Peaks: 91, 110, 137, 165, 193, 209, 248, 280, 297, 384

MW:384.47540
MM:384.20491
$C_{22}H_{28}N_2O_4$
RI: 3016 (calc.)

DI/MS
EI 70 eV
TRACE
QI:935

Trimipramine-M (Nor)
Nortrimipramine
expanded

Peaks: 250, 257, 263, 266, 280, 281

MW:280.41304
MM:280.19395
$C_{19}H_{24}N_2$
CAS:2293-21-2
RI: 2297 (calc.)

GC/MS
EI 70 eV
TSQ 70
QI:916

Glafenic acid ethylester

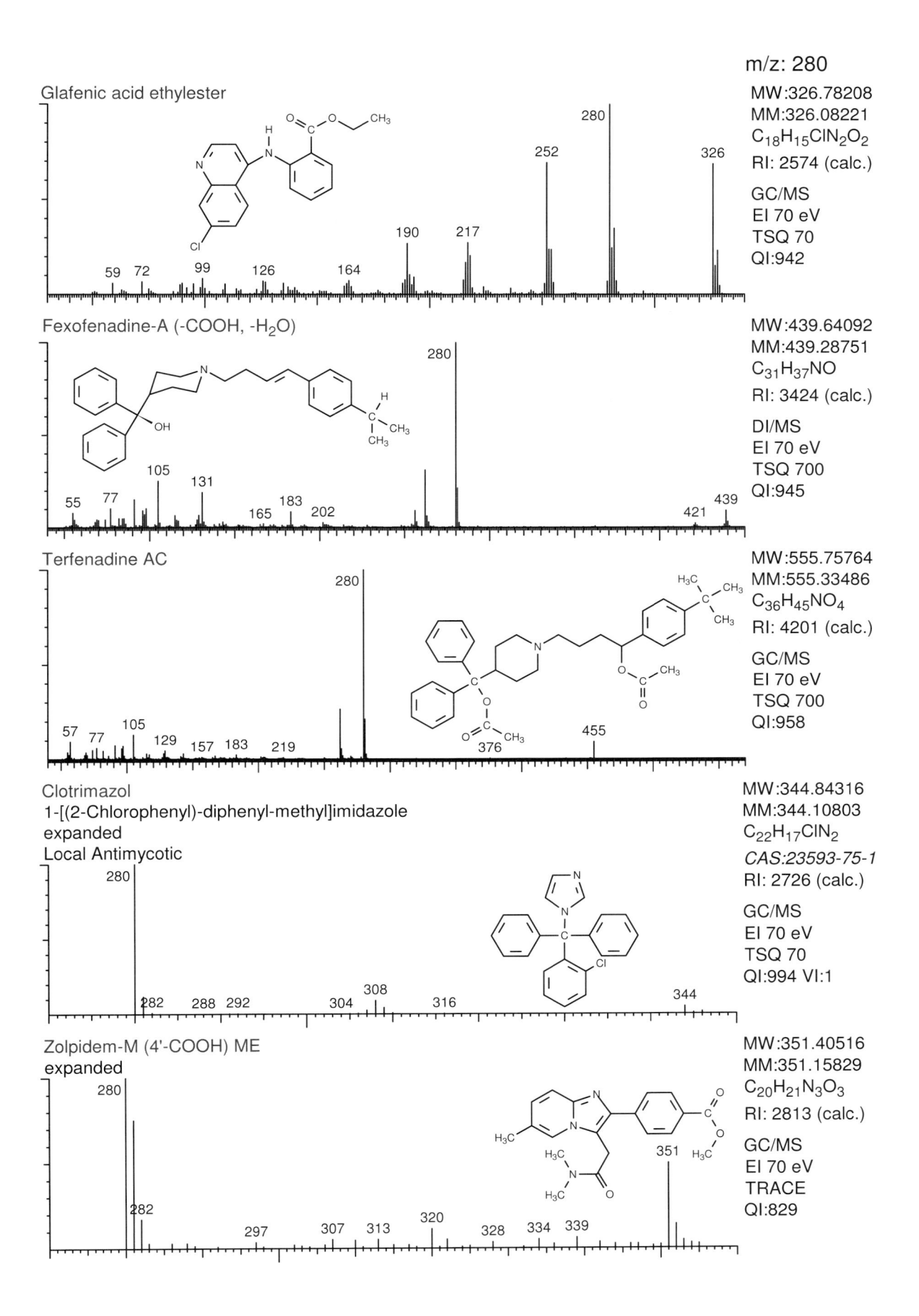

m/z: 280
MW: 326.78208
MM: 326.08221
$C_{18}H_{15}ClN_2O_2$
RI: 2574 (calc.)

GC/MS
EI 70 eV
TSQ 70
QI: 942

Fexofenadine-A (-COOH, -H$_2$O)

MW: 439.64092
MM: 439.28751
$C_{31}H_{37}NO$
RI: 3424 (calc.)

DI/MS
EI 70 eV
TSQ 700
QI: 945

Terfenadine AC

MW: 555.75764
MM: 555.33486
$C_{36}H_{45}NO_4$
RI: 4201 (calc.)

GC/MS
EI 70 eV
TSQ 700
QI: 958

Clotrimazol
1-[(2-Chlorophenyl)-diphenyl-methyl]imidazole
expanded
Local Antimycotic

MW: 344.84316
MM: 344.10803
$C_{22}H_{17}ClN_2$
CAS: 23593-75-1
RI: 2726 (calc.)

GC/MS
EI 70 eV
TSQ 70
QI: 994 VI:1

Zolpidem-M (4'-COOH) ME
expanded

MW: 351.40516
MM: 351.15829
$C_{20}H_{21}N_3O_3$
RI: 2813 (calc.)

GC/MS
EI 70 eV
TRACE
QI: 829

m/z: 280

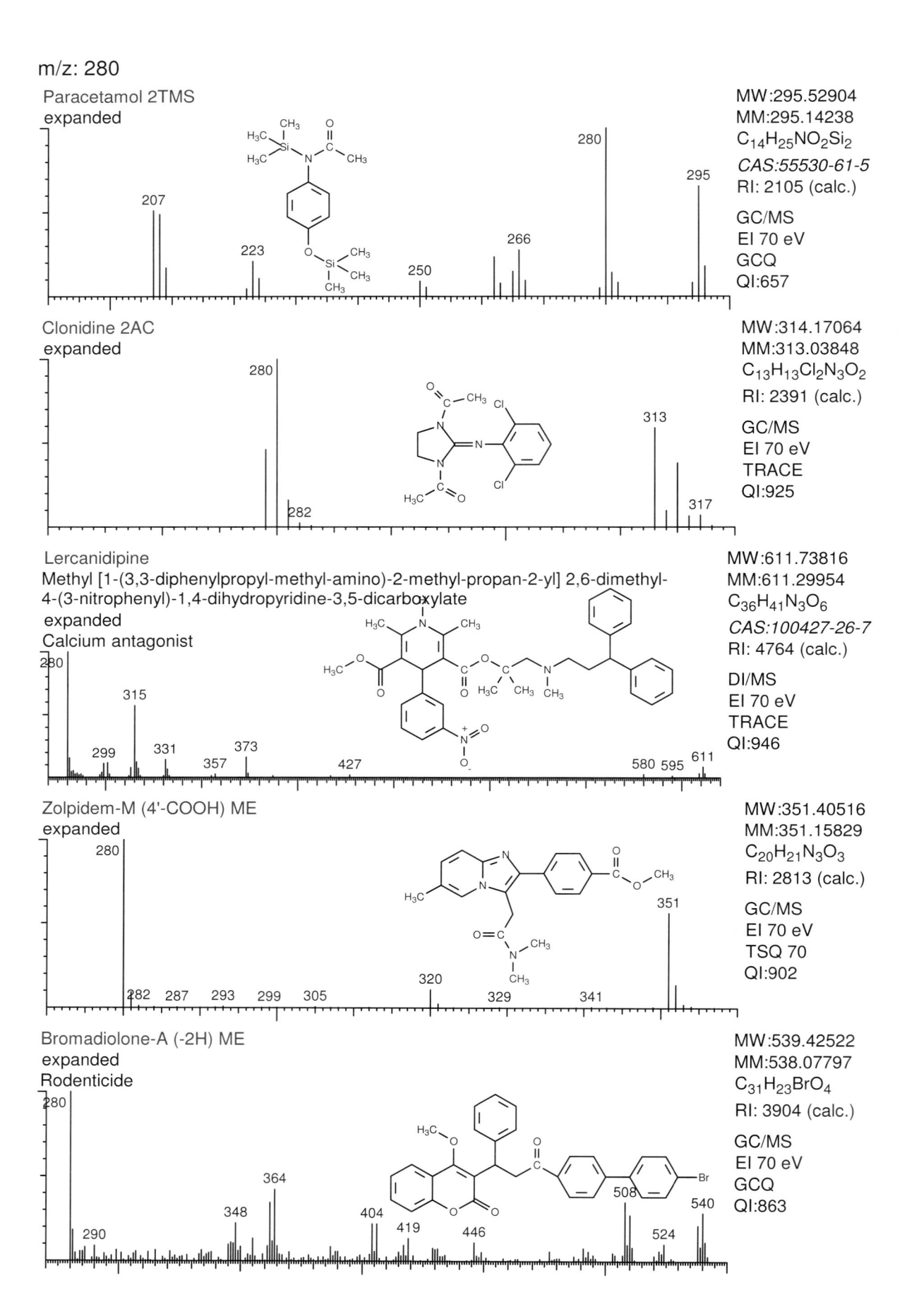

Paracetamol 2TMS
expanded

MW: 295.52904
MM: 295.14238
$C_{14}H_{25}NO_2Si_2$
CAS: 55530-61-5
RI: 2105 (calc.)

GC/MS
EI 70 eV
GCQ
QI: 657

Peaks: 207, 223, 250, 266, 280, 295

Clonidine 2AC
expanded

MW: 314.17064
MM: 313.03848
$C_{13}H_{13}Cl_2N_3O_2$
RI: 2391 (calc.)

GC/MS
EI 70 eV
TRACE
QI: 925

Peaks: 280, 282, 313, 317

Lercanidipine
Methyl [1-(3,3-diphenylpropyl-methyl-amino)-2-methyl-propan-2-yl] 2,6-dimethyl-4-(3-nitrophenyl)-1,4-dihydropyridine-3,5-dicarboxylate
expanded
Calcium antagonist

MW: 611.73816
MM: 611.29954
$C_{36}H_{41}N_3O_6$
CAS: 100427-26-7
RI: 4764 (calc.)

DI/MS
EI 70 eV
TRACE
QI: 946

Peaks: 280, 299, 315, 331, 357, 373, 427, 580, 595, 611

Zolpidem-M (4'-COOH) ME
expanded

MW: 351.40516
MM: 351.15829
$C_{20}H_{21}N_3O_3$
RI: 2813 (calc.)

GC/MS
EI 70 eV
TSQ 70
QI: 902

Peaks: 280, 282, 287, 293, 299, 305, 320, 329, 341, 351

Bromadiolone-A (-2H) ME
expanded
Rodenticide

MW: 539.42522
MM: 538.07797
$C_{31}H_{23}BrO_4$
RI: 3904 (calc.)

GC/MS
EI 70 eV
GCQ
QI: 863

Peaks: 280, 290, 348, 364, 404, 419, 446, 508, 524, 540

m/z: 280-281

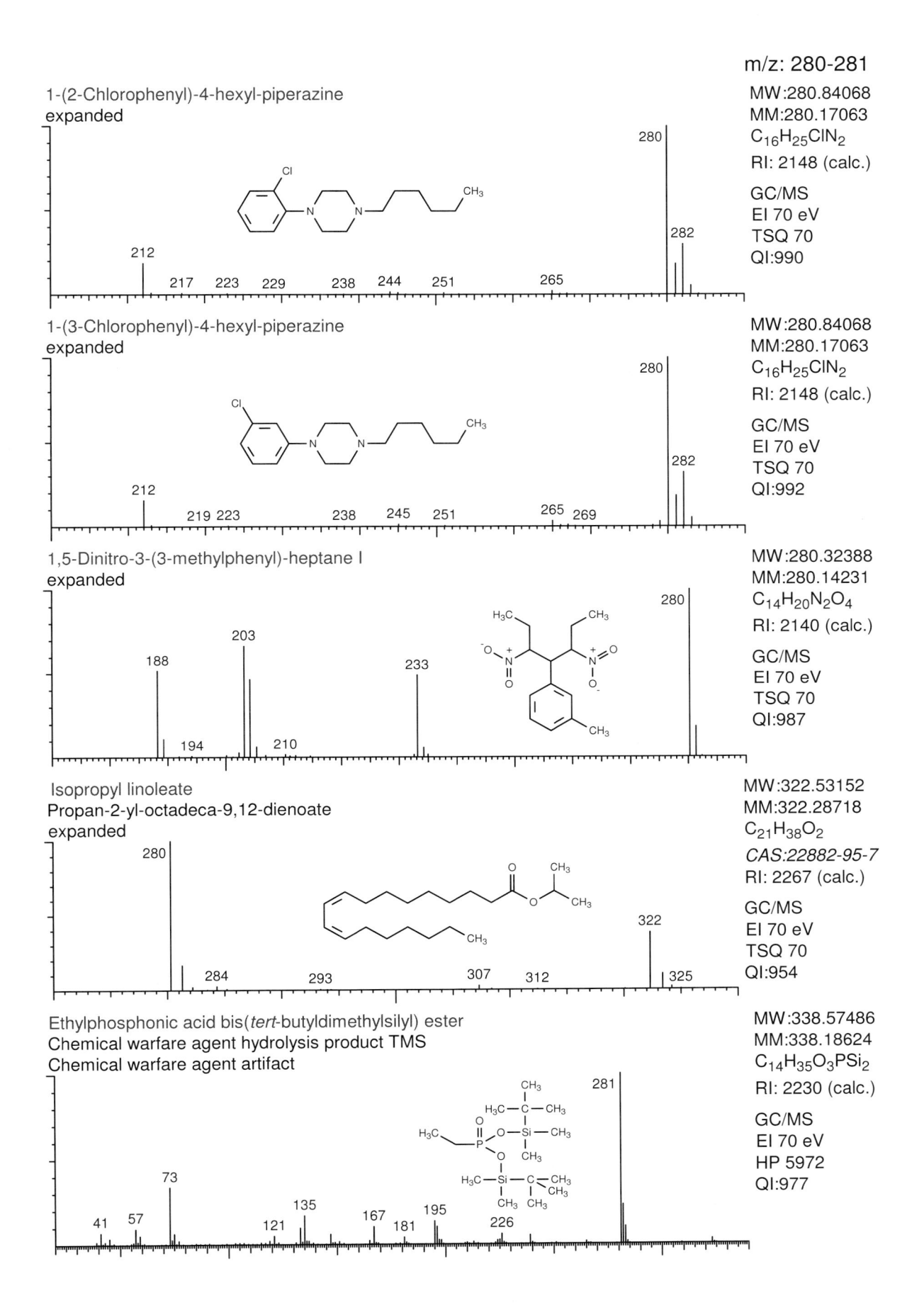

1-(2-Chlorophenyl)-4-hexyl-piperazine
expanded

MW: 280.84068
MM: 280.17063
$C_{16}H_{25}ClN_2$
RI: 2148 (calc.)

GC/MS
EI 70 eV
TSQ 70
QI: 990

1-(3-Chlorophenyl)-4-hexyl-piperazine
expanded

MW: 280.84068
MM: 280.17063
$C_{16}H_{25}ClN_2$
RI: 2148 (calc.)

GC/MS
EI 70 eV
TSQ 70
QI: 992

1,5-Dinitro-3-(3-methylphenyl)-heptane I
expanded

MW: 280.32388
MM: 280.14231
$C_{14}H_{20}N_2O_4$
RI: 2140 (calc.)

GC/MS
EI 70 eV
TSQ 70
QI: 987

Isopropyl linoleate
Propan-2-yl-octadeca-9,12-dienoate
expanded

MW: 322.53152
MM: 322.28718
$C_{21}H_{38}O_2$
CAS: 22882-95-7
RI: 2267 (calc.)

GC/MS
EI 70 eV
TSQ 70
QI: 954

Ethylphosphonic acid bis(tert-butyldimethylsilyl) ester
Chemical warfare agent hydrolysis product TMS
Chemical warfare agent artifact

MW: 338.57486
MM: 338.18624
$C_{14}H_{35}O_3PSi_2$
RI: 2230 (calc.)

GC/MS
EI 70 eV
HP 5972
QI: 977

m/z: 281

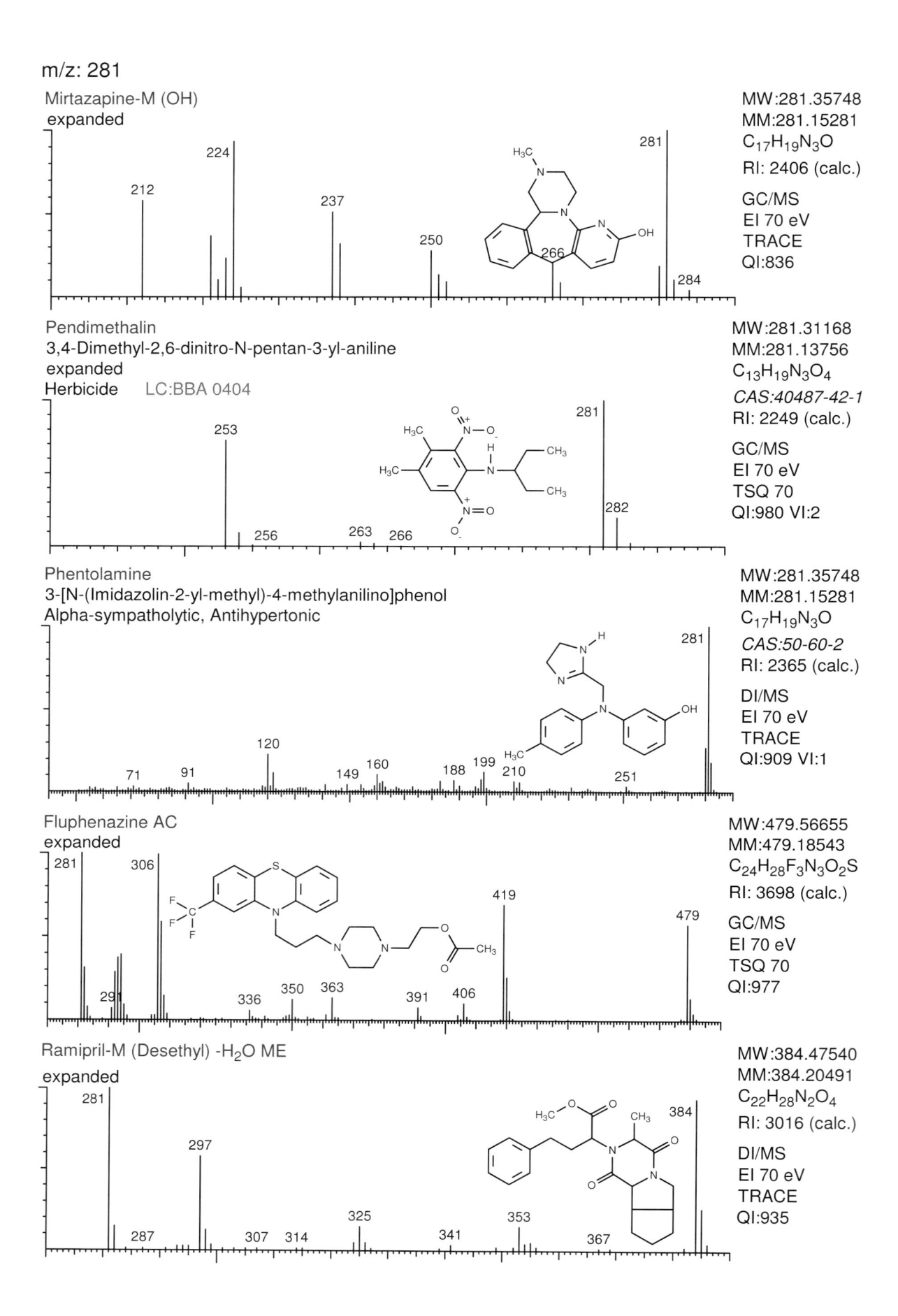

Mirtazapine-M (OH)
expanded

MW:281.35748
MM:281.15281
C$_{17}$H$_{19}$N$_3$O
RI: 2406 (calc.)

GC/MS
EI 70 eV
TRACE
QI:836

Pendimethalin
3,4-Dimethyl-2,6-dinitro-N-pentan-3-yl-aniline
expanded
Herbicide   LC:BBA 0404

MW:281.31168
MM:281.13756
C$_{13}$H$_{19}$N$_3$O$_4$
CAS:40487-42-1
RI: 2249 (calc.)

GC/MS
EI 70 eV
TSQ 70
QI:980 VI:2

Phentolamine
3-[N-(Imidazolin-2-yl-methyl)-4-methylanilino]phenol
Alpha-sympatholytic, Antihypertonic

MW:281.35748
MM:281.15281
C$_{17}$H$_{19}$N$_3$O
CAS:50-60-2
RI: 2365 (calc.)

DI/MS
EI 70 eV
TRACE
QI:909 VI:1

Fluphenazine AC
expanded

MW:479.56655
MM:479.18543
C$_{24}$H$_{28}$F$_3$N$_3$O$_2$S
RI: 3698 (calc.)

GC/MS
EI 70 eV
TSQ 70
QI:977

Ramipril-M (Desethyl) -H$_2$O ME
expanded

MW:384.47540
MM:384.20491
C$_{22}$H$_{28}$N$_2$O$_4$
RI: 3016 (calc.)

DI/MS
EI 70 eV
TRACE
QI:935

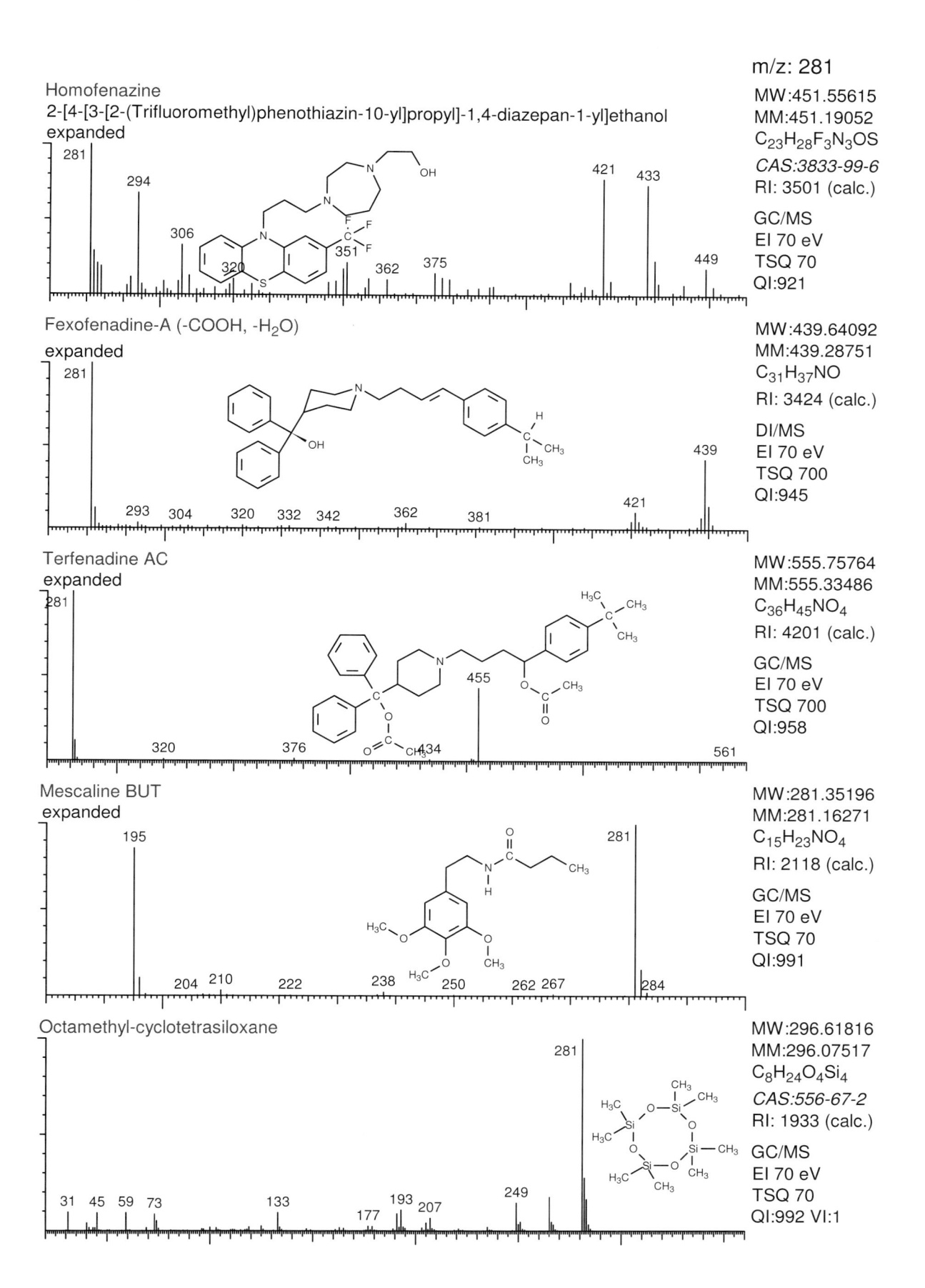

Homofenazine
2-[4-[3-[2-(Trifluoromethyl)phenothiazin-10-yl]propyl]-1,4-diazepan-1-yl]ethanol
expanded

281, 294, 306, 320, 351, 362, 375, 421, 433, 449

m/z: 281
MW: 451.55615
MM: 451.19052
$C_{23}H_{28}F_3N_3OS$
CAS: 3833-99-6
RI: 3501 (calc.)

GC/MS
EI 70 eV
TSQ 70
QI: 921

Fexofenadine-A (-COOH, -H₂O)
expanded

281, 293, 304, 320, 332, 342, 362, 381, 421, 439

MW: 439.64092
MM: 439.28751
$C_{31}H_{37}NO$
RI: 3424 (calc.)

DI/MS
EI 70 eV
TSQ 700
QI: 945

Terfenadine AC
expanded

281, 320, 376, 434, 455, 561

MW: 555.75764
MM: 555.33486
$C_{36}H_{45}NO_4$
RI: 4201 (calc.)

GC/MS
EI 70 eV
TSQ 700
QI: 958

Mescaline BUT
expanded

195, 204, 210, 222, 238, 250, 262, 267, 281, 284

MW: 281.35196
MM: 281.16271
$C_{15}H_{23}NO_4$
RI: 2118 (calc.)

GC/MS
EI 70 eV
TSQ 70
QI: 991

Octamethyl-cyclotetrasiloxane

31, 45, 59, 73, 133, 177, 193, 207, 249, 281

MW: 296.61816
MM: 296.07517
$C_8H_{24}O_4Si_4$
CAS: 556-67-2
RI: 1933 (calc.)

GC/MS
EI 70 eV
TSQ 70
QI: 992 VI: 1

m/z: 282

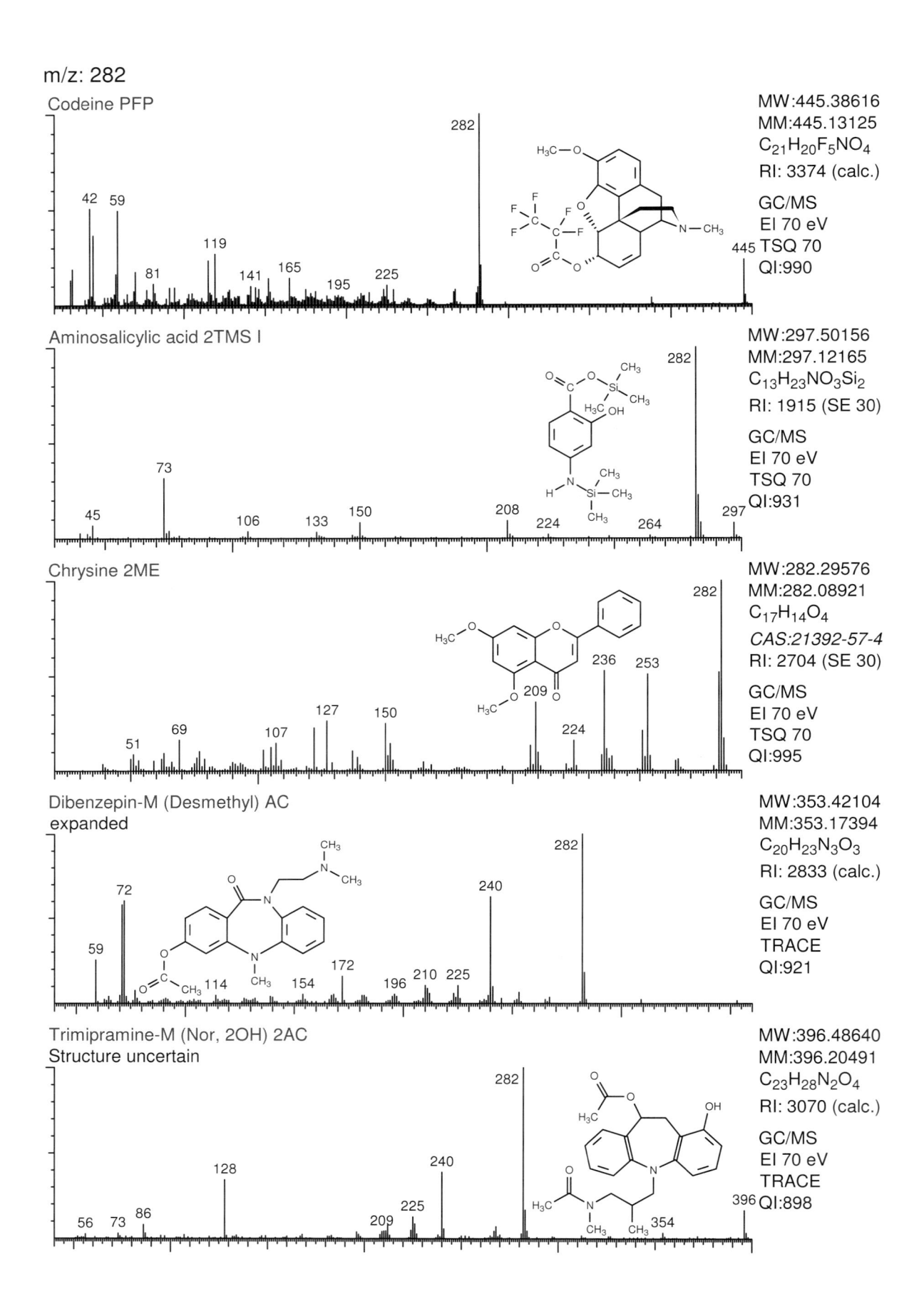

Codeine PFP

MW: 445.38616
MM: 445.13125
$C_{21}H_{20}F_5NO_4$
RI: 3374 (calc.)

GC/MS
EI 70 eV
TSQ 70
QI: 990

Peaks: 42, 59, 81, 119, 141, 165, 195, 225, 282, 445

Aminosalicylic acid 2TMS I

MW: 297.50156
MM: 297.12165
$C_{13}H_{23}NO_3Si_2$
RI: 1915 (SE 30)

GC/MS
EI 70 eV
TSQ 70
QI: 931

Peaks: 45, 73, 106, 133, 150, 208, 224, 264, 282, 297

Chrysine 2ME

MW: 282.29576
MM: 282.08921
$C_{17}H_{14}O_4$
CAS: 21392-57-4
RI: 2704 (SE 30)

GC/MS
EI 70 eV
TSQ 70
QI: 995

Peaks: 51, 69, 107, 127, 150, 209, 224, 236, 253, 282

Dibenzepin-M (Desmethyl) AC
expanded

MW: 353.42104
MM: 353.17394
$C_{20}H_{23}N_3O_3$
RI: 2833 (calc.)

GC/MS
EI 70 eV
TRACE
QI: 921

Peaks: 59, 72, 114, 154, 172, 196, 210, 225, 240, 282

Trimipramine-M (Nor, 2OH) 2AC
Structure uncertain

MW: 396.48640
MM: 396.20491
$C_{23}H_{28}N_2O_4$
RI: 3070 (calc.)

GC/MS
EI 70 eV
TRACE
QI: 898

Peaks: 56, 73, 86, 128, 209, 225, 240, 282, 354, 396

m/z: 282

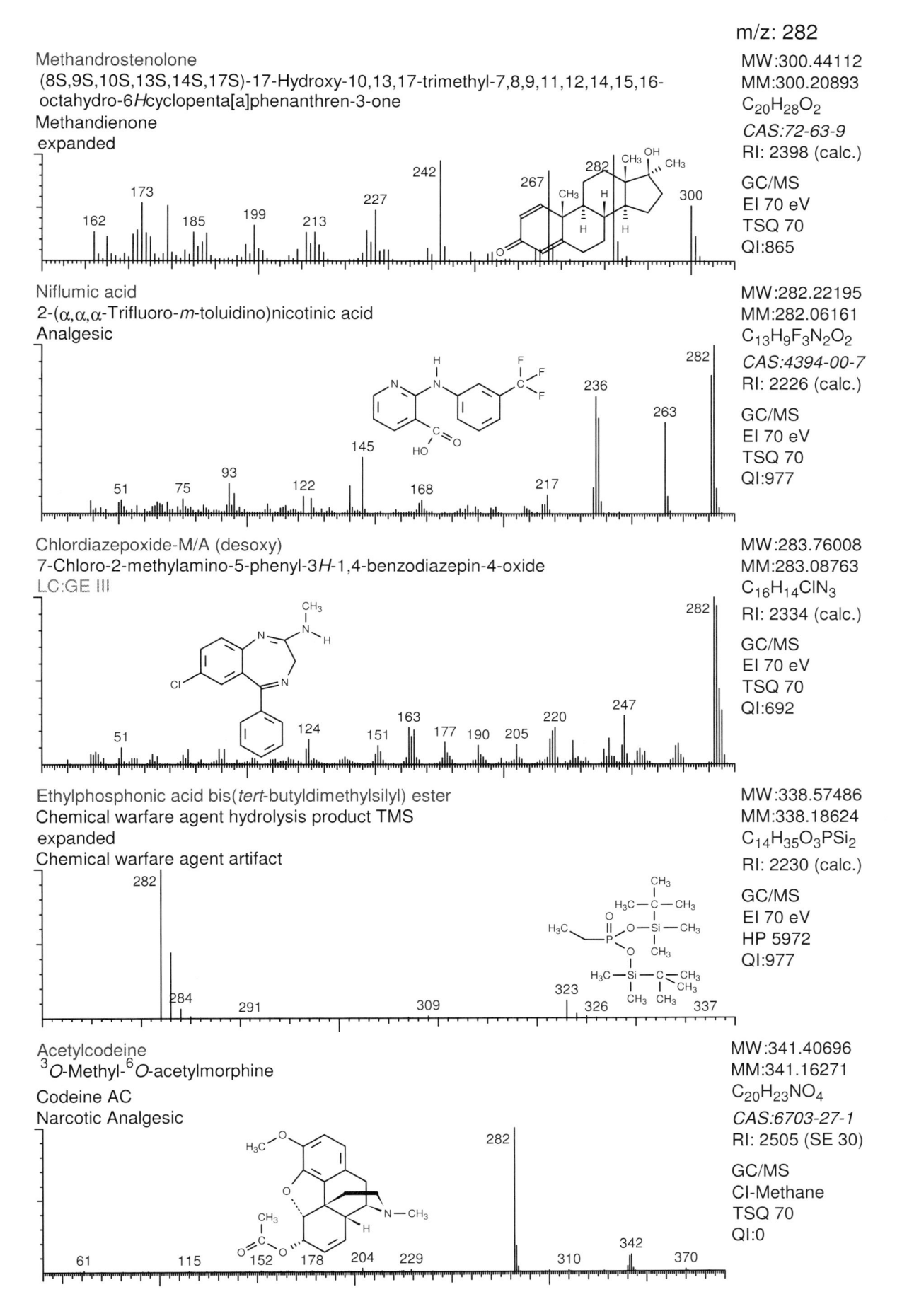

Methandrostenolone
(8S,9S,10S,13S,14S,17S)-17-Hydroxy-10,13,17-trimethyl-7,8,9,11,12,14,15,16-octahydro-6Hcyclopenta[a]phenanthren-3-one
Methandienone
expanded

MW:300.44112
MM:300.20893
$C_{20}H_{28}O_2$
CAS:72-63-9
RI: 2398 (calc.)

GC/MS
EI 70 eV
TSQ 70
QI:865

Niflumic acid
2-(α,α,α-Trifluoro-m-toluidino)nicotinic acid
Analgesic

MW:282.22195
MM:282.06161
$C_{13}H_9F_3N_2O_2$
CAS:4394-00-7
RI: 2226 (calc.)

GC/MS
EI 70 eV
TSQ 70
QI:977

Chlordiazepoxide-M/A (desoxy)
7-Chloro-2-methylamino-5-phenyl-3H-1,4-benzodiazepin-4-oxide
LC:GE III

MW:283.76008
MM:283.08763
$C_{16}H_{14}ClN_3$
RI: 2334 (calc.)

GC/MS
EI 70 eV
TSQ 70
QI:692

Ethylphosphonic acid bis(tert-butyldimethylsilyl) ester
Chemical warfare agent hydrolysis product TMS
expanded
Chemical warfare agent artifact

MW:338.57486
MM:338.18624
$C_{14}H_{35}O_3PSi_2$
RI: 2230 (calc.)

GC/MS
EI 70 eV
HP 5972
QI:977

Acetylcodeine
^{3}O-Methyl-^{6}O-acetylmorphine
Codeine AC
Narcotic Analgesic

MW:341.40696
MM:341.16271
$C_{20}H_{23}NO_4$
CAS:6703-27-1
RI: 2505 (SE 30)

GC/MS
CI-Methane
TSQ 70
QI:0

m/z: 282

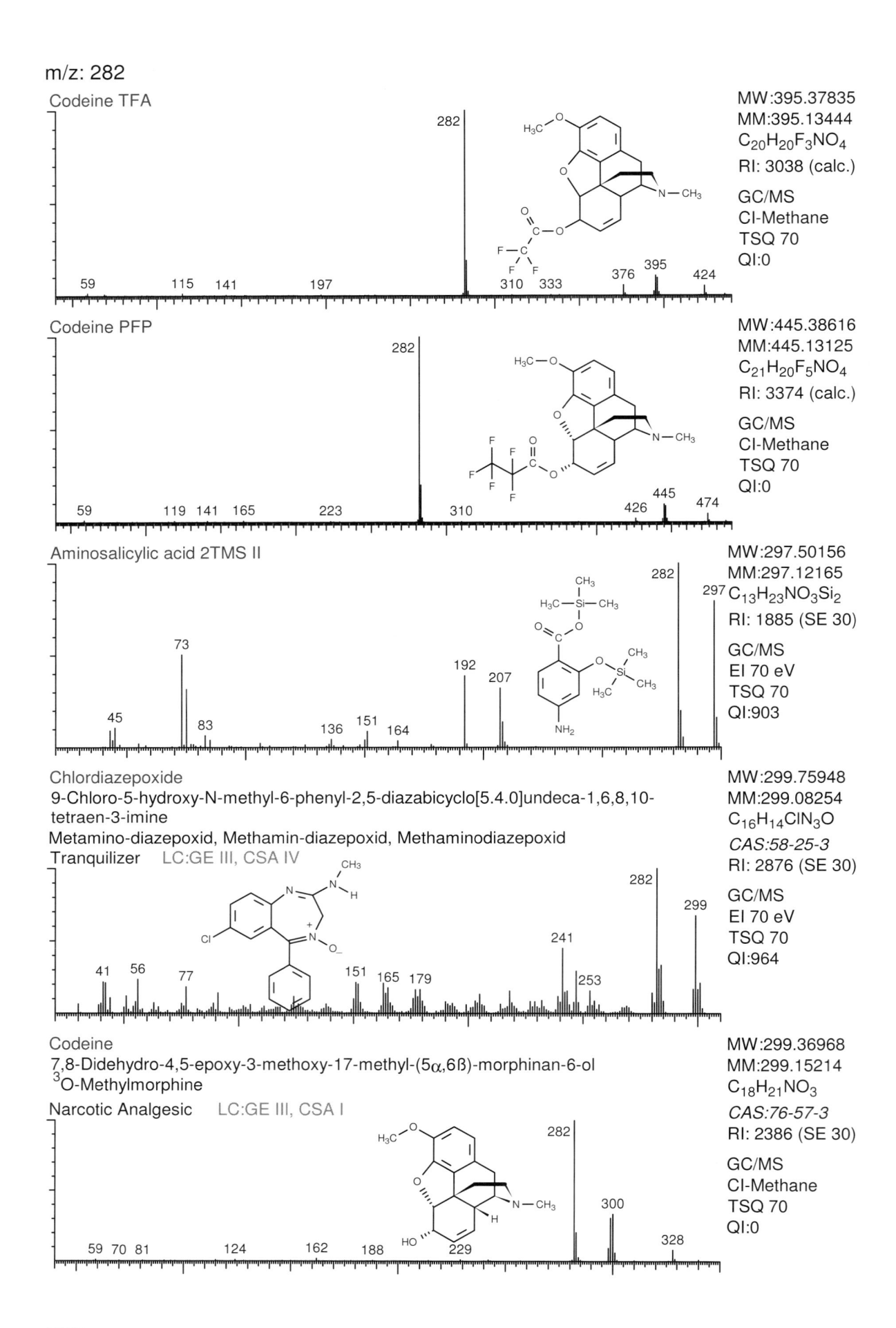

Codeine TFA

Peaks: 59, 115, 141, 197, 282, 310, 333, 376, 395, 424

MW:395.37835
MM:395.13444
$C_{20}H_{20}F_3NO_4$
RI: 3038 (calc.)

GC/MS
CI-Methane
TSQ 70
QI:0

Codeine PFP

Peaks: 59, 119, 141, 165, 223, 282, 310, 426, 445, 474

MW:445.38616
MM:445.13125
$C_{21}H_{20}F_5NO_4$
RI: 3374 (calc.)

GC/MS
CI-Methane
TSQ 70
QI:0

Aminosalicylic acid 2TMS II

Peaks: 45, 73, 83, 136, 151, 164, 192, 207, 282, 297

MW:297.50156
MM:297.12165
$C_{13}H_{23}NO_3Si_2$
RI: 1885 (SE 30)

GC/MS
EI 70 eV
TSQ 70
QI:903

Chlordiazepoxide
9-Chloro-5-hydroxy-N-methyl-6-phenyl-2,5-diazabicyclo[5.4.0]undeca-1,6,8,10-tetraen-3-imine
Metamino-diazepoxid, Methamin-diazepoxid, Methaminodiazepoxid
Tranquilizer   LC:GE III, CSA IV

Peaks: 41, 56, 77, 151, 165, 179, 241, 253, 282, 299

MW:299.75948
MM:299.08254
$C_{16}H_{14}ClN_3O$
CAS:58-25-3
RI: 2876 (SE 30)

GC/MS
EI 70 eV
TSQ 70
QI:964

Codeine
7,8-Didehydro-4,5-epoxy-3-methoxy-17-methyl-(5α,6β)-morphinan-6-ol
3-O-Methylmorphine
Narcotic Analgesic   LC:GE III, CSA I

Peaks: 59, 70, 81, 124, 162, 188, 229, 282, 300, 328

MW:299.36968
MM:299.15214
$C_{18}H_{21}NO_3$
CAS:76-57-3
RI: 2386 (SE 30)

GC/MS
CI-Methane
TSQ 70
QI:0

m/z: 282

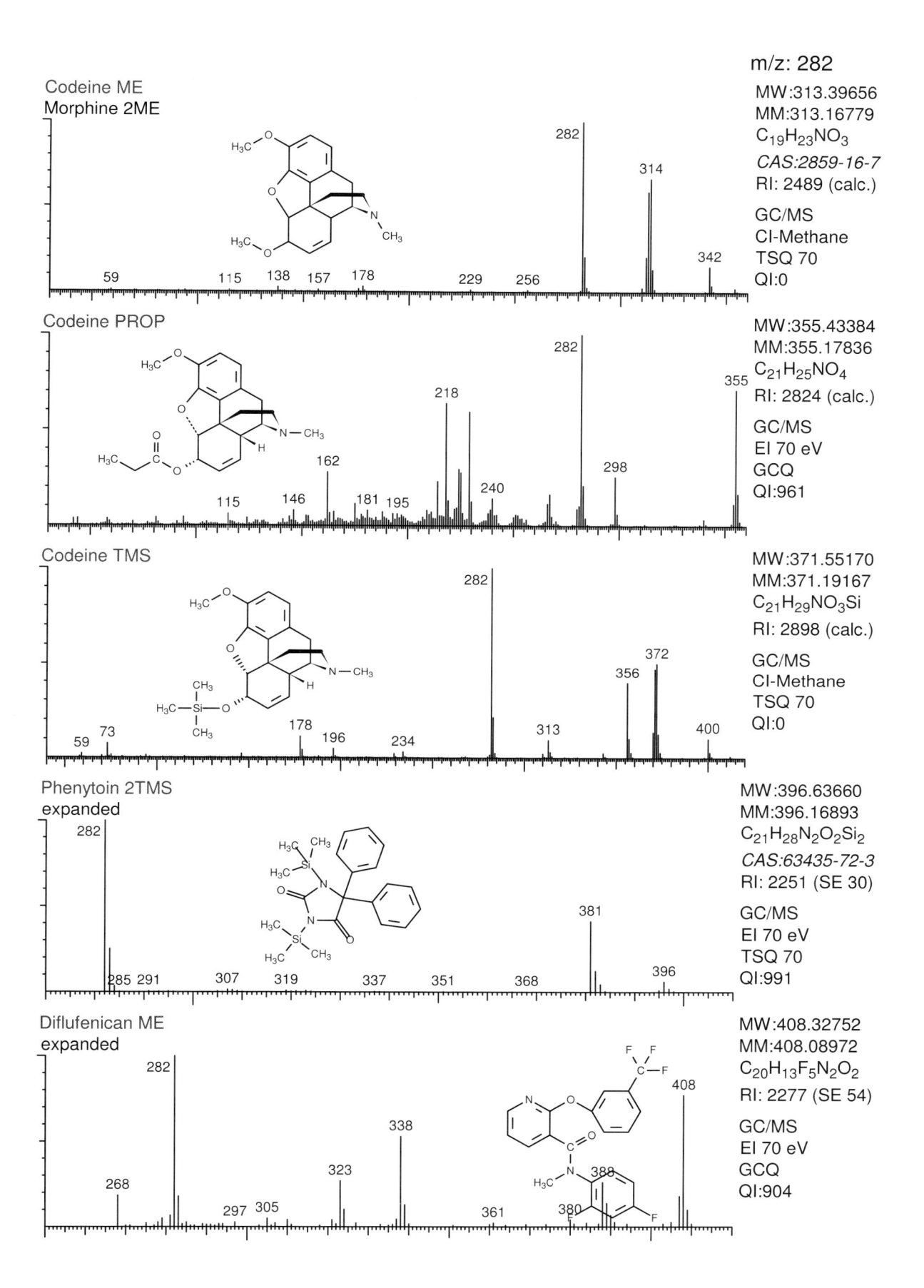

Codeine ME / Morphine 2ME
MW: 313.39656
MM: 313.16779
$C_{19}H_{23}NO_3$
CAS: 2859-16-7
RI: 2489 (calc.)

GC/MS
CI-Methane
TSQ 70
QI: 0

Peaks: 59, 115, 138, 157, 178, 229, 256, 282, 314, 342

Codeine PROP
MW: 355.43384
MM: 355.17836
$C_{21}H_{25}NO_4$
RI: 2824 (calc.)

GC/MS
EI 70 eV
GCQ
QI: 961

Peaks: 115, 146, 162, 181, 195, 218, 240, 282, 298, 355

Codeine TMS
MW: 371.55170
MM: 371.19167
$C_{21}H_{29}NO_3Si$
RI: 2898 (calc.)

GC/MS
CI-Methane
TSQ 70
QI: 0

Peaks: 59, 73, 178, 196, 234, 282, 313, 356, 372, 400

Phenytoin 2TMS expanded
MW: 396.63660
MM: 396.16893
$C_{21}H_{28}N_2O_2Si_2$
CAS: 63435-72-3
RI: 2251 (SE 30)

GC/MS
EI 70 eV
TSQ 70
QI: 991

Peaks: 282, 285, 291, 307, 319, 337, 351, 368, 381, 396

Diflufenican ME expanded
MW: 408.32752
MM: 408.08972
$C_{20}H_{13}F_5N_2O_2$
RI: 2277 (SE 54)

GC/MS
EI 70 eV
GCQ
QI: 904

Peaks: 268, 282, 297, 305, 323, 338, 361, 380, 388, 408

1557

m/z: 282-283

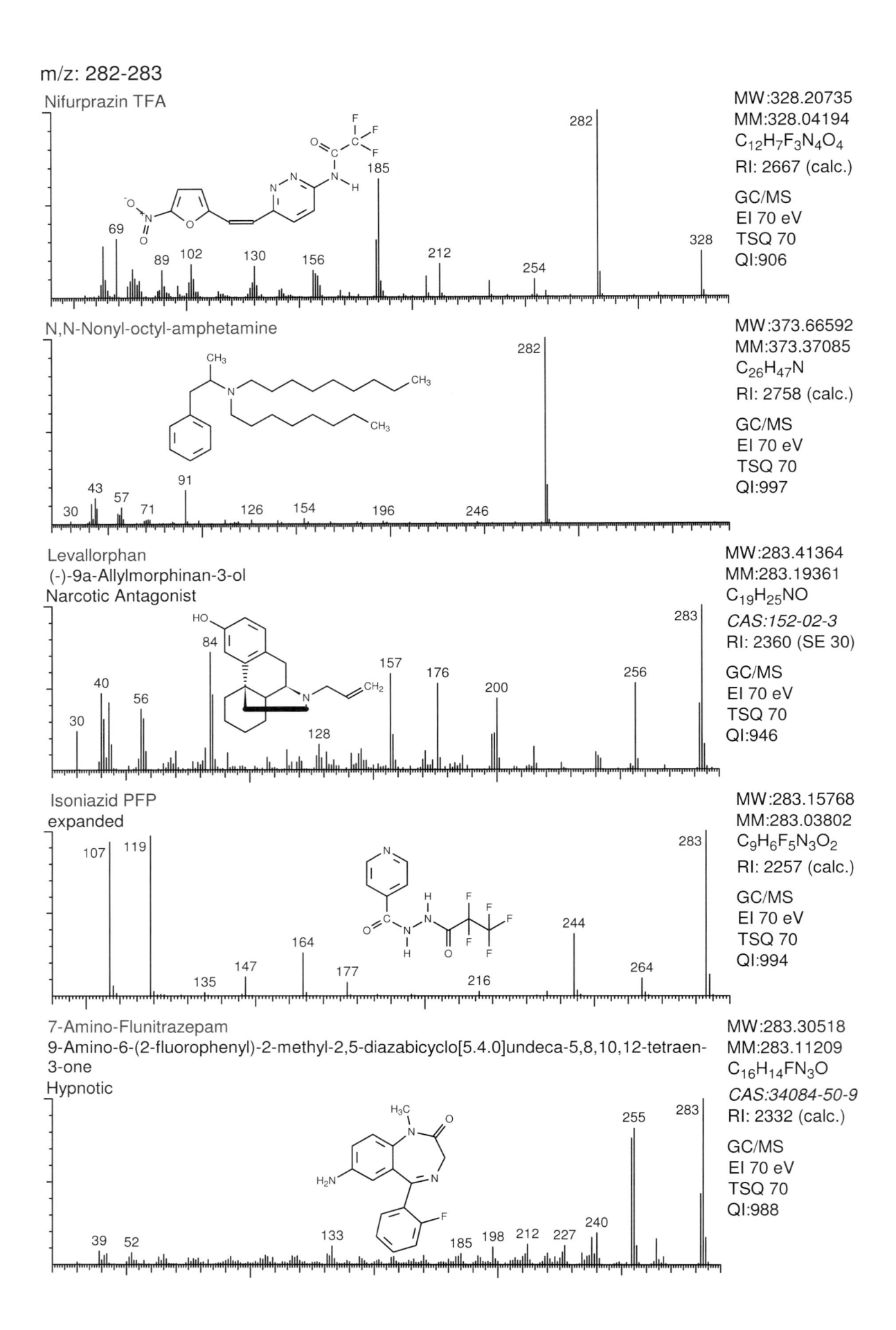

Nifurprazin TFA

MW: 328.20735
MM: 328.04194
C$_{12}$H$_7$F$_3$N$_4$O$_4$
RI: 2667 (calc.)

GC/MS
EI 70 eV
TSQ 70
QI: 906

Peaks: 69, 89, 102, 130, 156, 185, 212, 254, 282, 328

N,N-Nonyl-octyl-amphetamine

MW: 373.66592
MM: 373.37085
C$_{26}$H$_{47}$N
RI: 2758 (calc.)

GC/MS
EI 70 eV
TSQ 70
QI: 997

Peaks: 30, 43, 57, 71, 91, 126, 154, 196, 246, 282

Levallorphan
(-)-9a-Allylmorphinan-3-ol
Narcotic Antagonist

MW: 283.41364
MM: 283.19361
C$_{19}$H$_{25}$NO
CAS: 152-02-3
RI: 2360 (SE 30)

GC/MS
EI 70 eV
TSQ 70
QI: 946

Peaks: 30, 40, 56, 84, 128, 157, 176, 200, 256, 283

Isoniazid PFP
expanded

MW: 283.15768
MM: 283.03802
C$_9$H$_6$F$_5$N$_3$O$_2$
RI: 2257 (calc.)

GC/MS
EI 70 eV
TSQ 70
QI: 994

Peaks: 107, 119, 135, 147, 164, 177, 216, 244, 264, 283

7-Amino-Flunitrazepam
9-Amino-6-(2-fluorophenyl)-2-methyl-2,5-diazabicyclo[5.4.0]undeca-5,8,10,12-tetraen-3-one
Hypnotic

MW: 283.30518
MM: 283.11209
C$_{16}$H$_{14}$FN$_3$O
CAS: 34084-50-9
RI: 2332 (calc.)

GC/MS
EI 70 eV
TSQ 70
QI: 988

Peaks: 39, 52, 133, 185, 198, 212, 227, 240, 255, 283

m/z: 283

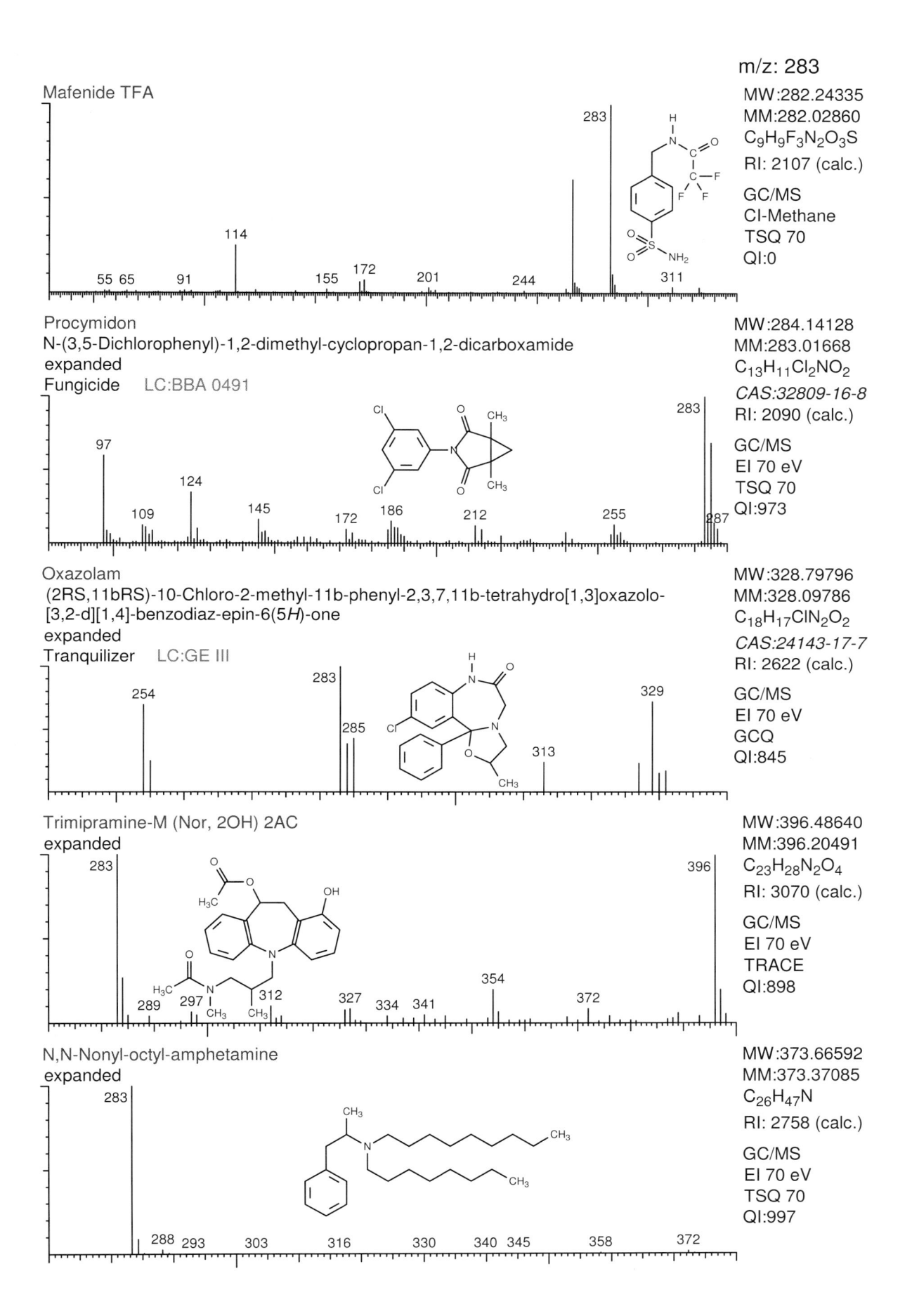

Mafenide TFA

MW:282.24335
MM:282.02860
$C_9H_9F_3N_2O_3S$
RI: 2107 (calc.)

GC/MS
CI-Methane
TSQ 70
QI:0

Procymidon
N-(3,5-Dichlorophenyl)-1,2-dimethyl-cyclopropan-1,2-dicarboxamide
expanded
Fungicide   LC:BBA 0491

MW:284.14128
MM:283.01668
$C_{13}H_{11}Cl_2NO_2$
CAS:32809-16-8
RI: 2090 (calc.)

GC/MS
EI 70 eV
TSQ 70
QI:973

Oxazolam
(2RS,11bRS)-10-Chloro-2-methyl-11b-phenyl-2,3,7,11b-tetrahydro[1,3]oxazolo-
[3,2-d][1,4]-benzodiaz-epin-6(5H)-one
expanded
Tranquilizer   LC:GE III

MW:328.79796
MM:328.09786
$C_{18}H_{17}ClN_2O_2$
CAS:24143-17-7
RI: 2622 (calc.)

GC/MS
EI 70 eV
GCQ
QI:845

Trimipramine-M (Nor, 2OH) 2AC
expanded

MW:396.48640
MM:396.20491
$C_{23}H_{28}N_2O_4$
RI: 3070 (calc.)

GC/MS
EI 70 eV
TRACE
QI:898

N,N-Nonyl-octyl-amphetamine
expanded

MW:373.66592
MM:373.37085
$C_{26}H_{47}N$
RI: 2758 (calc.)

GC/MS
EI 70 eV
TSQ 70
QI:997

1559

m/z: 284

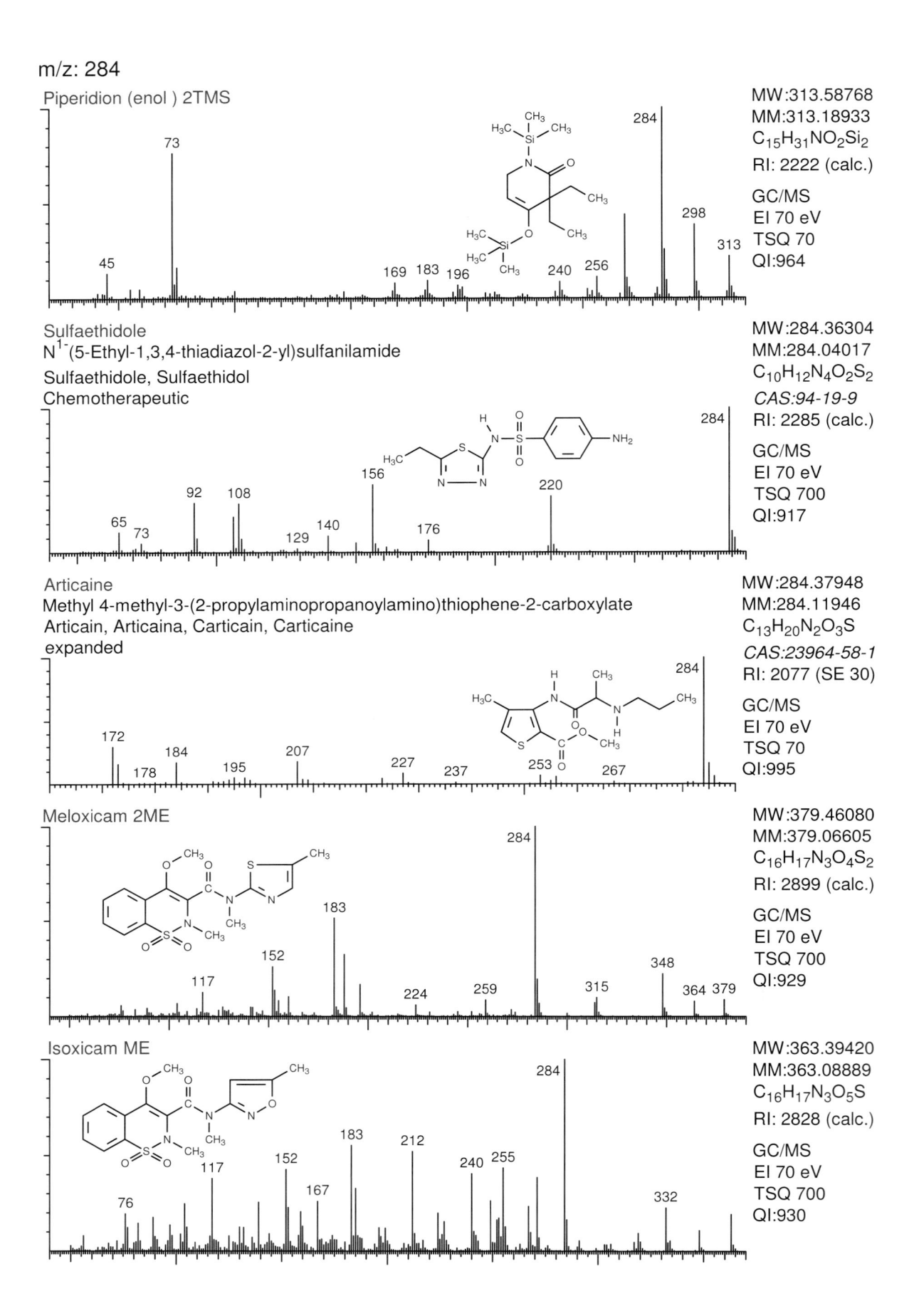

Piperidion (enol) 2TMS

MW:313.58768
MM:313.18933
$C_{15}H_{31}NO_2Si_2$

RI: 2222 (calc.)

GC/MS
EI 70 eV
TSQ 70
QI:964

Sulfaethidole
N^{1-}(5-Ethyl-1,3,4-thiadiazol-2-yl)sulfanilamide
Sulfaethidole, Sulfaethidol
Chemotherapeutic

MW:284.36304
MM:284.04017
$C_{10}H_{12}N_4O_2S_2$

CAS:94-19-9
RI: 2285 (calc.)

GC/MS
EI 70 eV
TSQ 700
QI:917

Articaine
Methyl 4-methyl-3-(2-propylaminopropanoylamino)thiophene-2-carboxylate
Articain, Articaina, Carticain, Carticaine
expanded

MW:284.37948
MM:284.11946
$C_{13}H_{20}N_2O_3S$

CAS:23964-58-1
RI: 2077 (SE 30)

GC/MS
EI 70 eV
TSQ 70
QI:995

Meloxicam 2ME

MW:379.46080
MM:379.06605
$C_{16}H_{17}N_3O_4S_2$

RI: 2899 (calc.)

GC/MS
EI 70 eV
TSQ 700
QI:929

Isoxicam ME

MW:363.39420
MM:363.08889
$C_{16}H_{17}N_3O_5S$

RI: 2828 (calc.)

GC/MS
EI 70 eV
TSQ 700
QI:930

m/z: 284

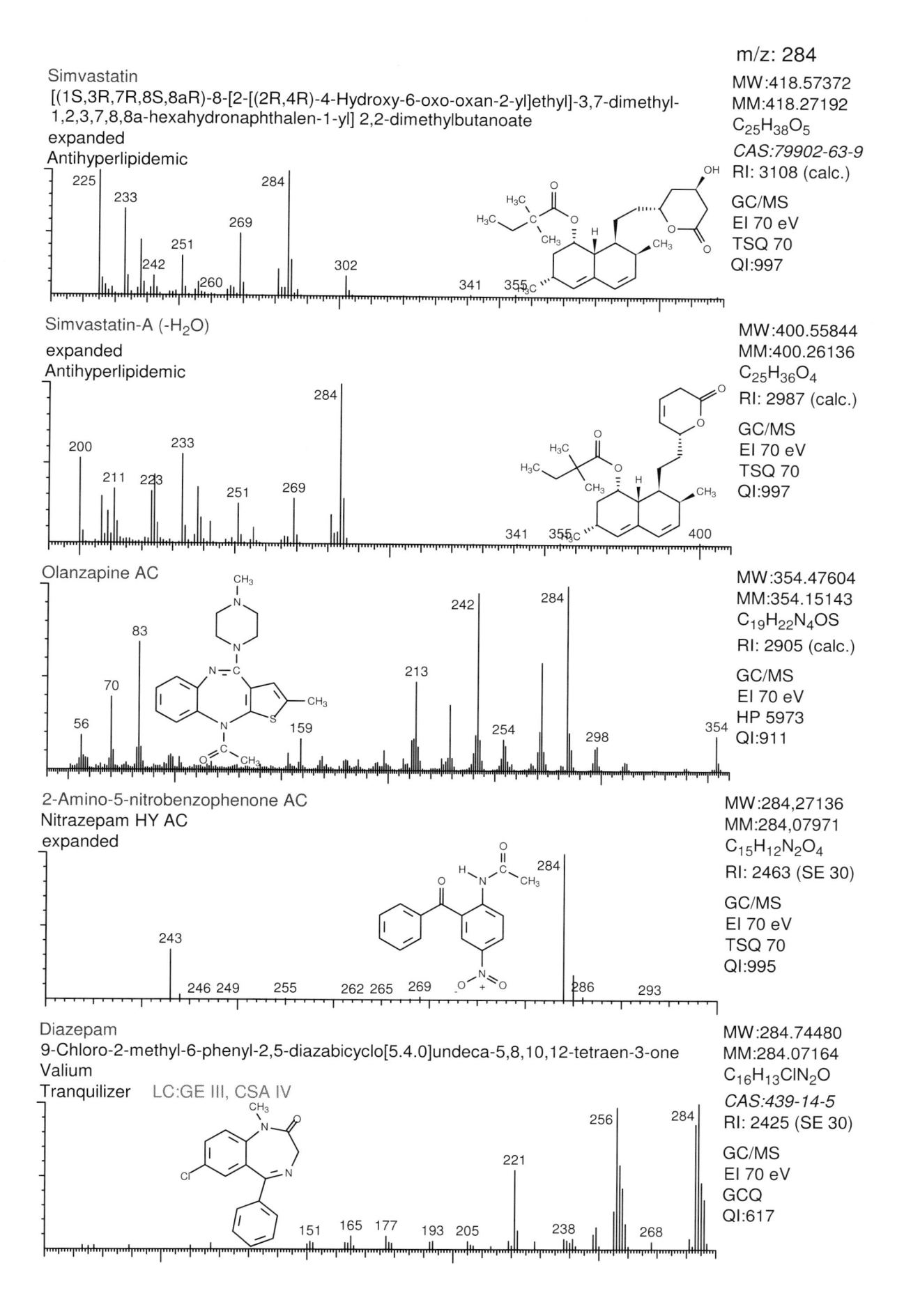

Simvastatin
[(1S,3R,7R,8S,8aR)-8-[2-[(2R,4R)-4-Hydroxy-6-oxo-oxan-2-yl]ethyl]-3,7-dimethyl-1,2,3,7,8,8a-hexahydronaphthalen-1-yl] 2,2-dimethylbutanoate
expanded
Antihyperlipidemic

MW: 418.57372
MM: 418.27192
$C_{25}H_{38}O_5$
CAS: 79902-63-9
RI: 3108 (calc.)

GC/MS
EI 70 eV
TSQ 70
QI: 997

Peaks: 225, 233, 242, 251, 260, 269, 284, 302, 341, 355

Simvastatin-A (-H$_2$O)
expanded
Antihyperlipidemic

MW: 400.55844
MM: 400.26136
$C_{25}H_{36}O_4$
RI: 2987 (calc.)

GC/MS
EI 70 eV
TSQ 70
QI: 997

Peaks: 200, 211, 223, 233, 251, 269, 284, 341, 355, 400

Olanzapine AC

MW: 354.47604
MM: 354.15143
$C_{19}H_{22}N_4OS$
RI: 2905 (calc.)

GC/MS
EI 70 eV
HP 5973
QI: 911

Peaks: 56, 70, 83, 159, 213, 242, 254, 284, 298, 354

2-Amino-5-nitrobenzophenone AC
Nitrazepam HY AC
expanded

MW: 284,27136
MM: 284,07971
$C_{15}H_{12}N_2O_4$
RI: 2463 (SE 30)

GC/MS
EI 70 eV
TSQ 70
QI: 995

Peaks: 243, 246, 249, 255, 262, 265, 269, 284, 286, 293

Diazepam
9-Chloro-2-methyl-6-phenyl-2,5-diazabicyclo[5.4.0]undeca-5,8,10,12-tetraen-3-one
Valium
Tranquilizer   LC:GE III, CSA IV

MW: 284.74480
MM: 284.07164
$C_{16}H_{13}ClN_2O$
CAS: 439-14-5
RI: 2425 (SE 30)

GC/MS
EI 70 eV
GCQ
QI: 617

Peaks: 151, 165, 177, 193, 205, 221, 238, 256, 268, 284

m/z: 284

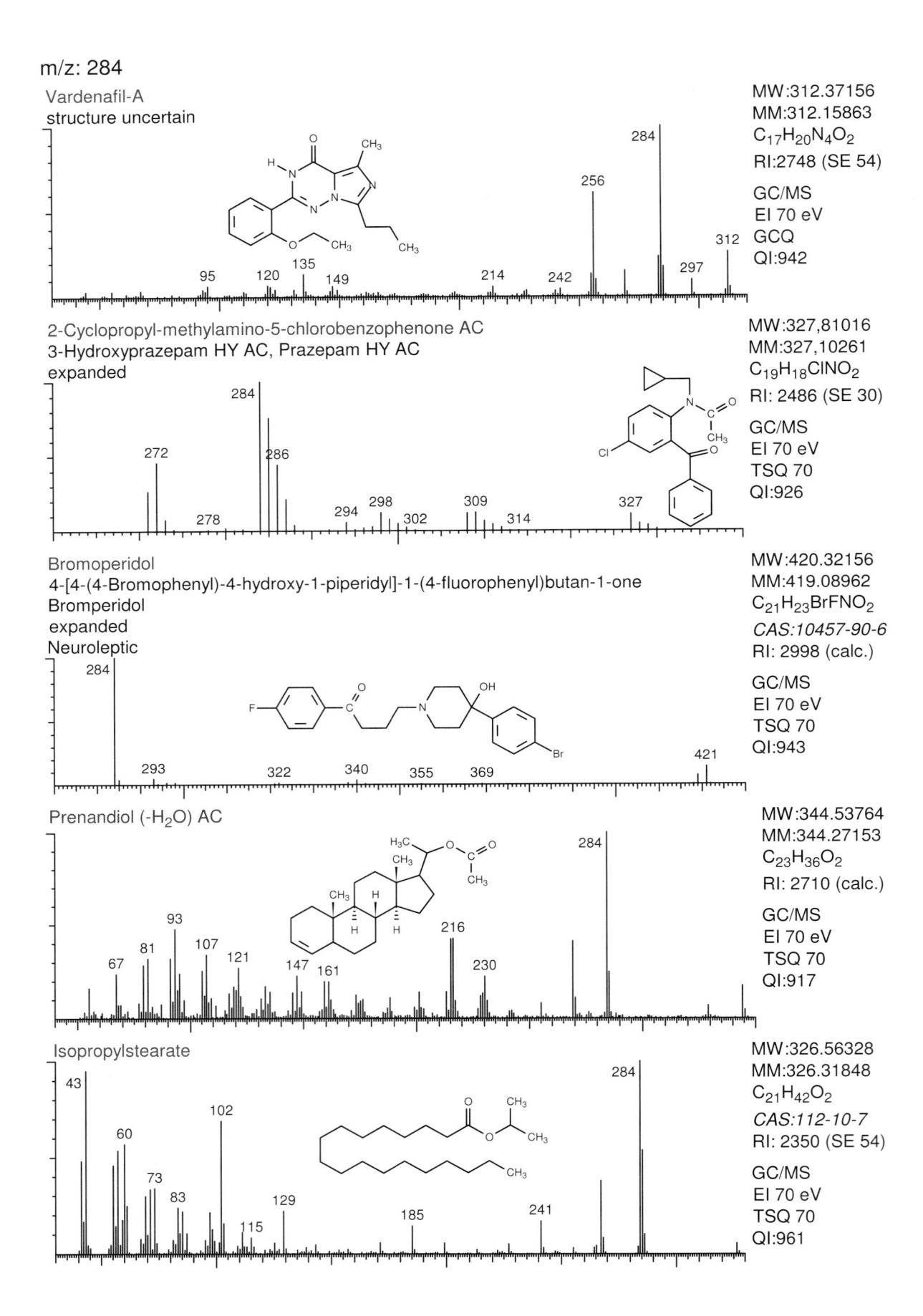

Vardenafil-A
structure uncertain

MW:312.37156
MM:312.15863
$C_{17}H_{20}N_4O_2$
RI:2748 (SE 54)

GC/MS
EI 70 eV
GCQ
QI:942

2-Cyclopropyl-methylamino-5-chlorobenzophenone AC
3-Hydroxyprazepam HY AC, Prazepam HY AC
expanded

MW:327,81016
MM:327,10261
$C_{19}H_{18}ClNO_2$
RI: 2486 (SE 30)

GC/MS
EI 70 eV
TSQ 70
QI:926

Bromoperidol
4-[4-(4-Bromophenyl)-4-hydroxy-1-piperidyl]-1-(4-fluorophenyl)butan-1-one
Bromperidol
expanded
Neuroleptic

MW:420.32156
MM:419.08962
$C_{21}H_{23}BrFNO_2$
CAS:10457-90-6
RI: 2998 (calc.)

GC/MS
EI 70 eV
TSQ 70
QI:943

Prenandiol (-H₂O) AC

MW:344.53764
MM:344.27153
$C_{23}H_{36}O_2$
RI: 2710 (calc.)

GC/MS
EI 70 eV
TSQ 70
QI:917

Isopropylstearate

MW:326.56328
MM:326.31848
$C_{21}H_{42}O_2$
CAS:112-10-7
RI: 2350 (SE 54)

GC/MS
EI 70 eV
TSQ 70
QI:961

m/z: 285

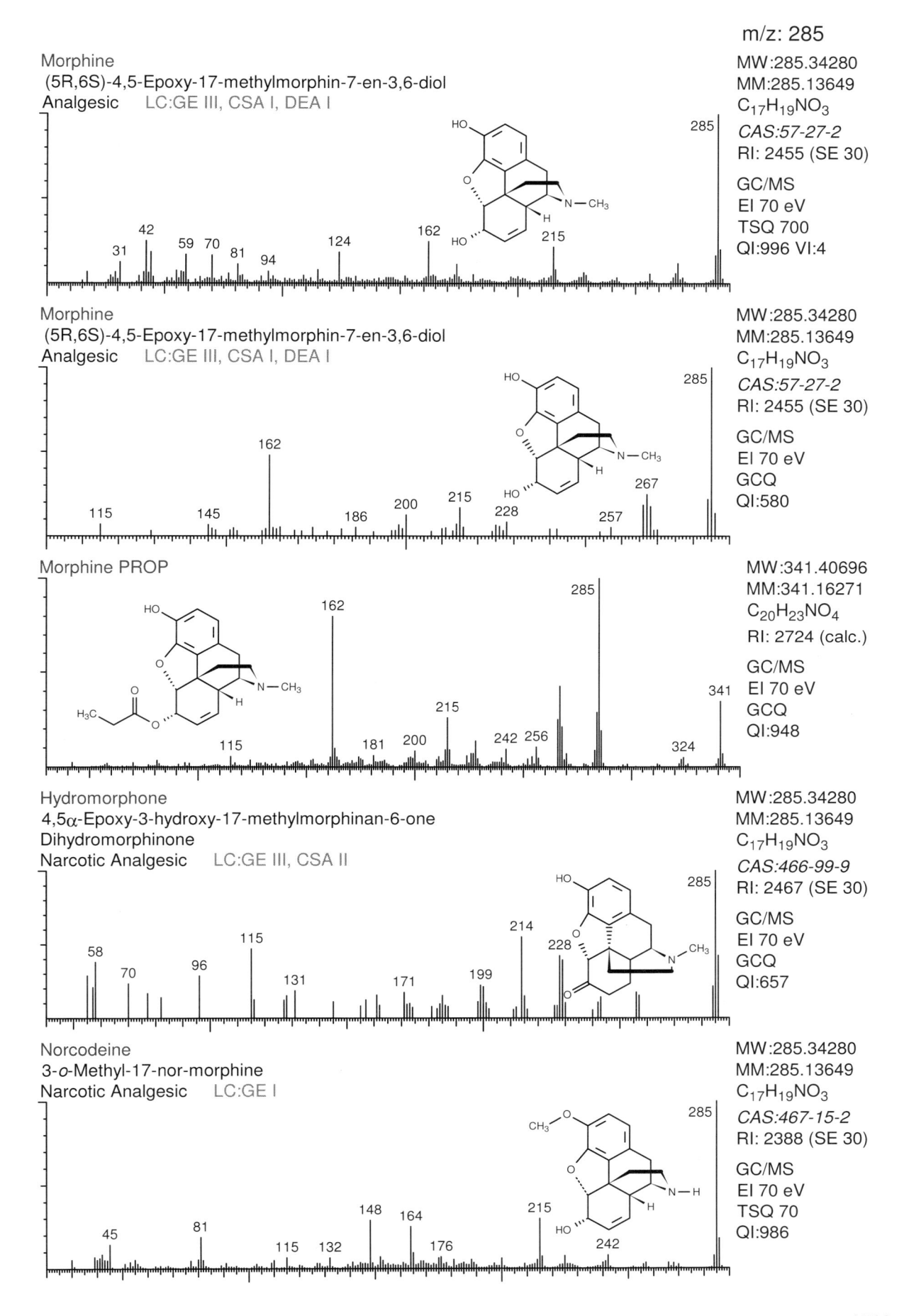

Morphine
(5R,6S)-4,5-Epoxy-17-methylmorphin-7-en-3,6-diol
Analgesic   LC:GE III, CSA I, DEA I

MW:285.34280
MM:285.13649
$C_{17}H_{19}NO_3$
CAS:57-27-2
RI: 2455 (SE 30)

GC/MS
EI 70 eV
TSQ 700
QI:996 VI:4

Peaks: 31, 42, 59, 70, 81, 94, 124, 162, 215, 285

Morphine
(5R,6S)-4,5-Epoxy-17-methylmorphin-7-en-3,6-diol
Analgesic   LC:GE III, CSA I, DEA I

MW:285.34280
MM:285.13649
$C_{17}H_{19}NO_3$
CAS:57-27-2
RI: 2455 (SE 30)

GC/MS
EI 70 eV
GCQ
QI:580

Peaks: 115, 145, 162, 186, 200, 215, 228, 257, 267, 285

Morphine PROP

MW:341.40696
MM:341.16271
$C_{20}H_{23}NO_4$
RI: 2724 (calc.)

GC/MS
EI 70 eV
GCQ
QI:948

Peaks: 115, 162, 181, 200, 215, 242, 256, 285, 324, 341

Hydromorphone
4,5α-Epoxy-3-hydroxy-17-methylmorphinan-6-one
Dihydromorphinone
Narcotic Analgesic   LC:GE III, CSA II

MW:285.34280
MM:285.13649
$C_{17}H_{19}NO_3$
CAS:466-99-9
RI: 2467 (SE 30)

GC/MS
EI 70 eV
GCQ
QI:657

Peaks: 58, 70, 96, 115, 131, 171, 199, 214, 228, 285

Norcodeine
3-o-Methyl-17-nor-morphine
Narcotic Analgesic   LC:GE I

MW:285.34280
MM:285.13649
$C_{17}H_{19}NO_3$
CAS:467-15-2
RI: 2388 (SE 30)

GC/MS
EI 70 eV
TSQ 70
QI:986

Peaks: 45, 81, 115, 132, 148, 164, 176, 215, 242, 285

m/z: 285

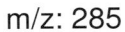

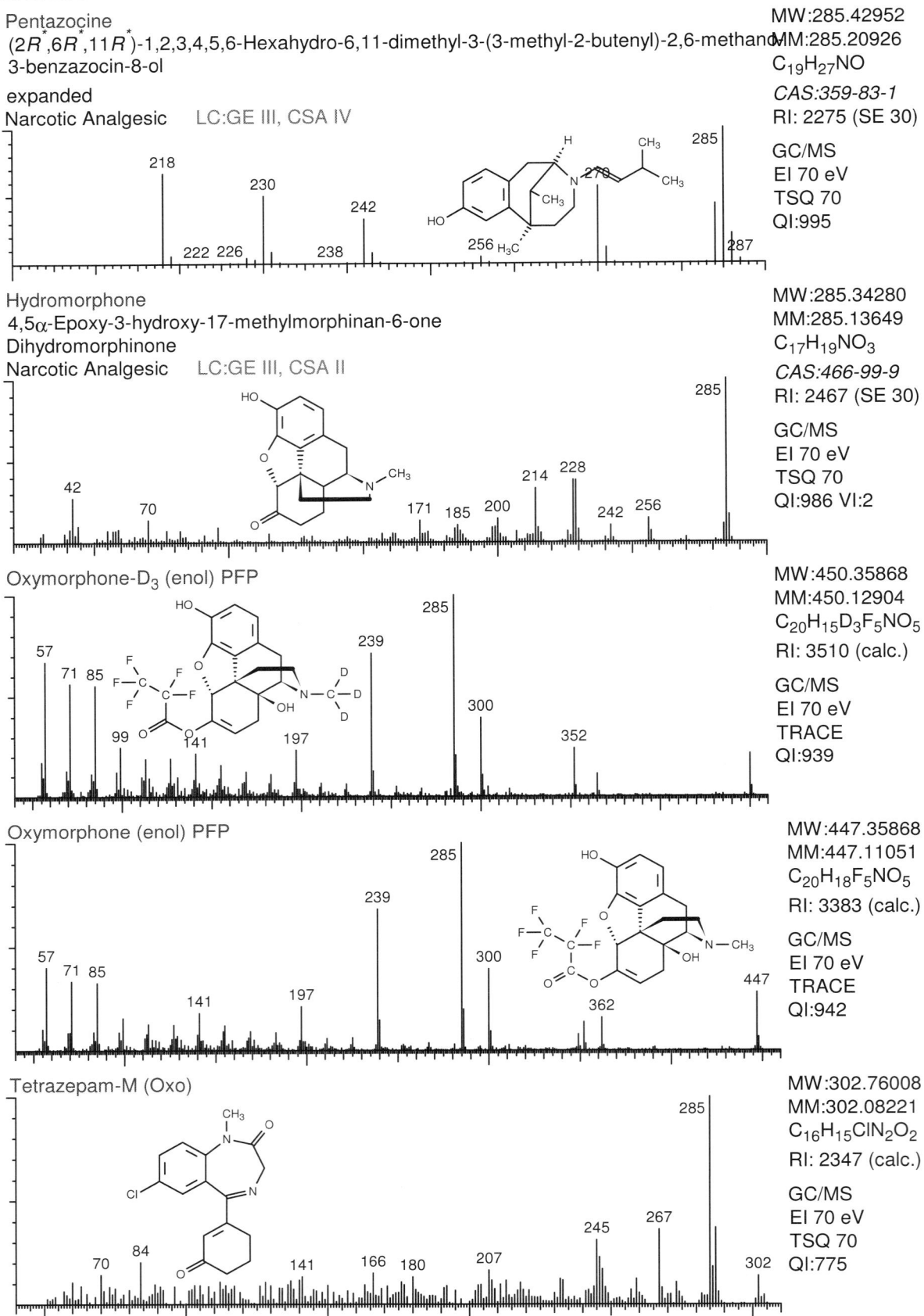

Pentazocine
(2R*,6R*,11R*)-1,2,3,4,5,6-Hexahydro-6,11-dimethyl-3-(3-methyl-2-butenyl)-2,6-methano-3-benzazocin-8-ol
expanded
Narcotic Analgesic   LC:GE III, CSA IV

MW:285.42952
MM:285.20926
$C_{19}H_{27}NO$
CAS:359-83-1
RI: 2275 (SE 30)

GC/MS
EI 70 eV
TSQ 70
QI:995

Hydromorphone
4,5α-Epoxy-3-hydroxy-17-methylmorphinan-6-one
Dihydromorphinone
Narcotic Analgesic   LC:GE III, CSA II

MW:285.34280
MM:285.13649
$C_{17}H_{19}NO_3$
CAS:466-99-9
RI: 2467 (SE 30)

GC/MS
EI 70 eV
TSQ 70
QI:986 VI:2

Oxymorphone-D₃ (enol) PFP

MW:450.35868
MM:450.12904
$C_{20}H_{15}D_3F_5NO_5$
RI: 3510 (calc.)

GC/MS
EI 70 eV
TRACE
QI:939

Oxymorphone (enol) PFP

MW:447.35868
MM:447.11051
$C_{20}H_{18}F_5NO_5$
RI: 3383 (calc.)

GC/MS
EI 70 eV
TRACE
QI:942

Tetrazepam-M (Oxo)

MW:302.76008
MM:302.08221
$C_{16}H_{15}ClN_2O_2$
RI: 2347 (calc.)

GC/MS
EI 70 eV
TSQ 70
QI:775

m/z: 285

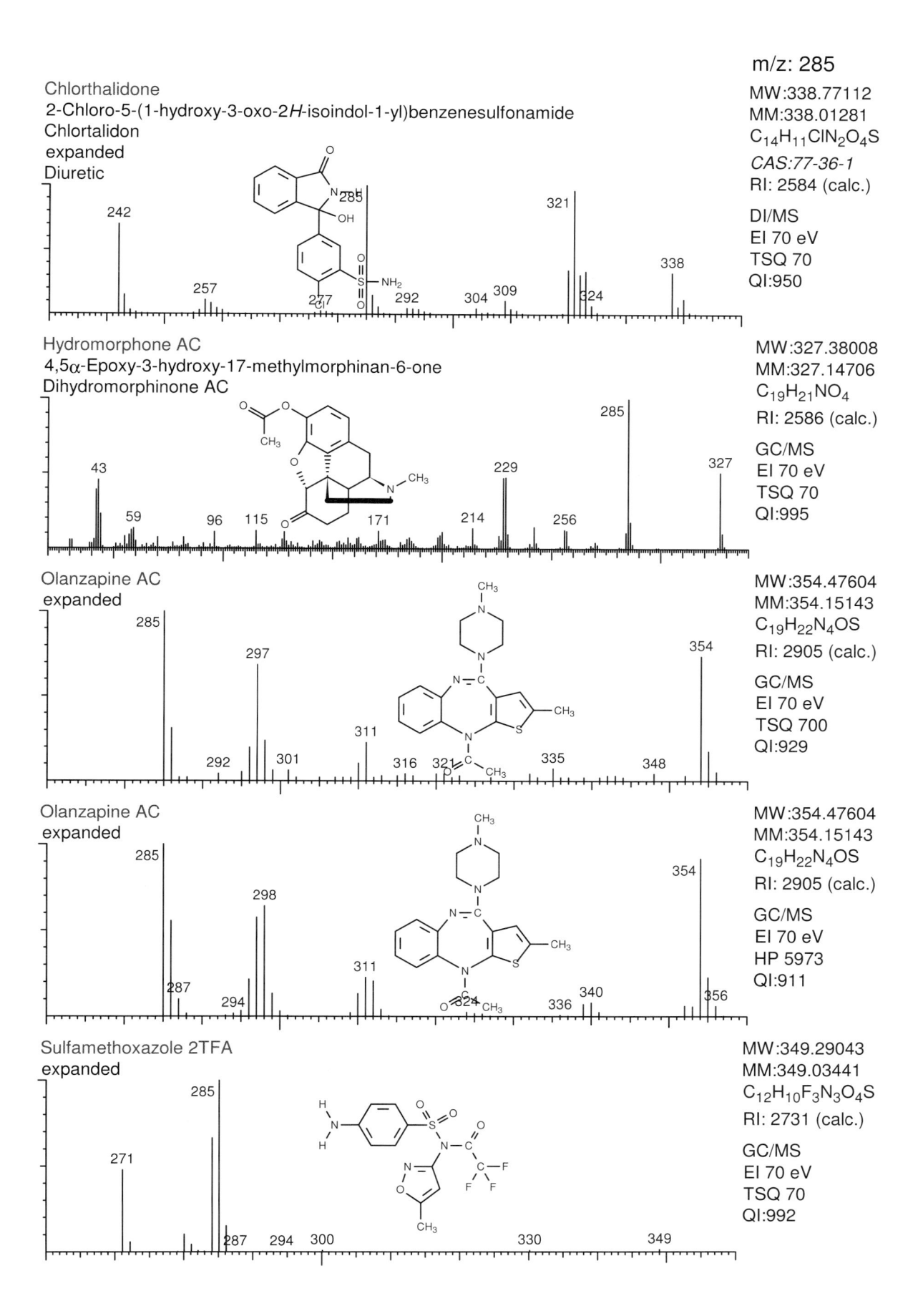

Chlorthalidone
2-Chloro-5-(1-hydroxy-3-oxo-2H-isoindol-1-yl)benzenesulfonamide
Chlortalidon
expanded
Diuretic

MW: 338.77112
MM: 338.01281
$C_{14}H_{11}ClN_2O_4S$
CAS: 77-36-1
RI: 2584 (calc.)

DI/MS
EI 70 eV
TSQ 70
QI: 950

Hydromorphone AC
4,5α-Epoxy-3-hydroxy-17-methylmorphinan-6-one
Dihydromorphinone AC

MW: 327.38008
MM: 327.14706
$C_{19}H_{21}NO_4$
RI: 2586 (calc.)

GC/MS
EI 70 eV
TSQ 70
QI: 995

Olanzapine AC
expanded

MW: 354.47604
MM: 354.15143
$C_{19}H_{22}N_4OS$
RI: 2905 (calc.)

GC/MS
EI 70 eV
TSQ 700
QI: 929

Olanzapine AC
expanded

MW: 354.47604
MM: 354.15143
$C_{19}H_{22}N_4OS$
RI: 2905 (calc.)

GC/MS
EI 70 eV
HP 5973
QI: 911

Sulfamethoxazole 2TFA
expanded

MW: 349.29043
MM: 349.03441
$C_{12}H_{10}F_3N_3O_4S$
RI: 2731 (calc.)

GC/MS
EI 70 eV
TSQ 70
QI: 992

m/z: 285-286

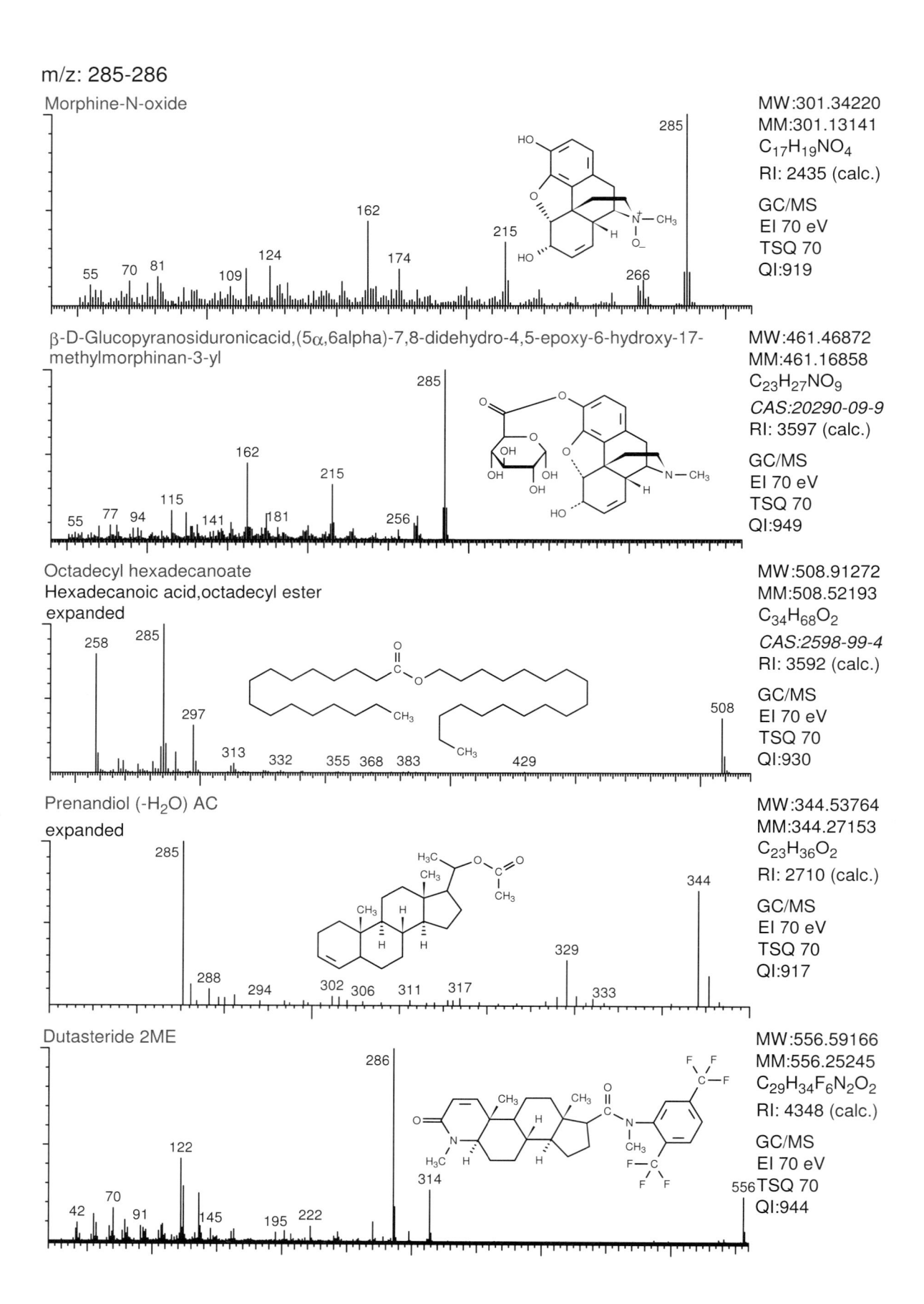

Morphine-N-oxide

MW:301.34220
MM:301.13141
$C_{17}H_{19}NO_4$
RI: 2435 (calc.)

GC/MS
EI 70 eV
TSQ 70
QI:919

β-D-Glucopyranosiduronicacid,(5α,6alpha)-7,8-didehydro-4,5-epoxy-6-hydroxy-17-methylmorphinan-3-yl

MW:461.46872
MM:461.16858
$C_{23}H_{27}NO_9$
CAS:20290-09-9
RI: 3597 (calc.)

GC/MS
EI 70 eV
TSQ 70
QI:949

Octadecyl hexadecanoate
Hexadecanoic acid,octadecyl ester
expanded

MW:508.91272
MM:508.52193
$C_{34}H_{68}O_2$
CAS:2598-99-4
RI: 3592 (calc.)

GC/MS
EI 70 eV
TSQ 70
QI:930

Prenandiol (-H₂O) AC
expanded

MW:344.53764
MM:344.27153
$C_{23}H_{36}O_2$
RI: 2710 (calc.)

GC/MS
EI 70 eV
TSQ 70
QI:917

Dutasteride 2ME

MW:556.59166
MM:556.25245
$C_{29}H_{34}F_6N_2O_2$
RI: 4348 (calc.)

GC/MS
EI 70 eV
TSQ 70
QI:944

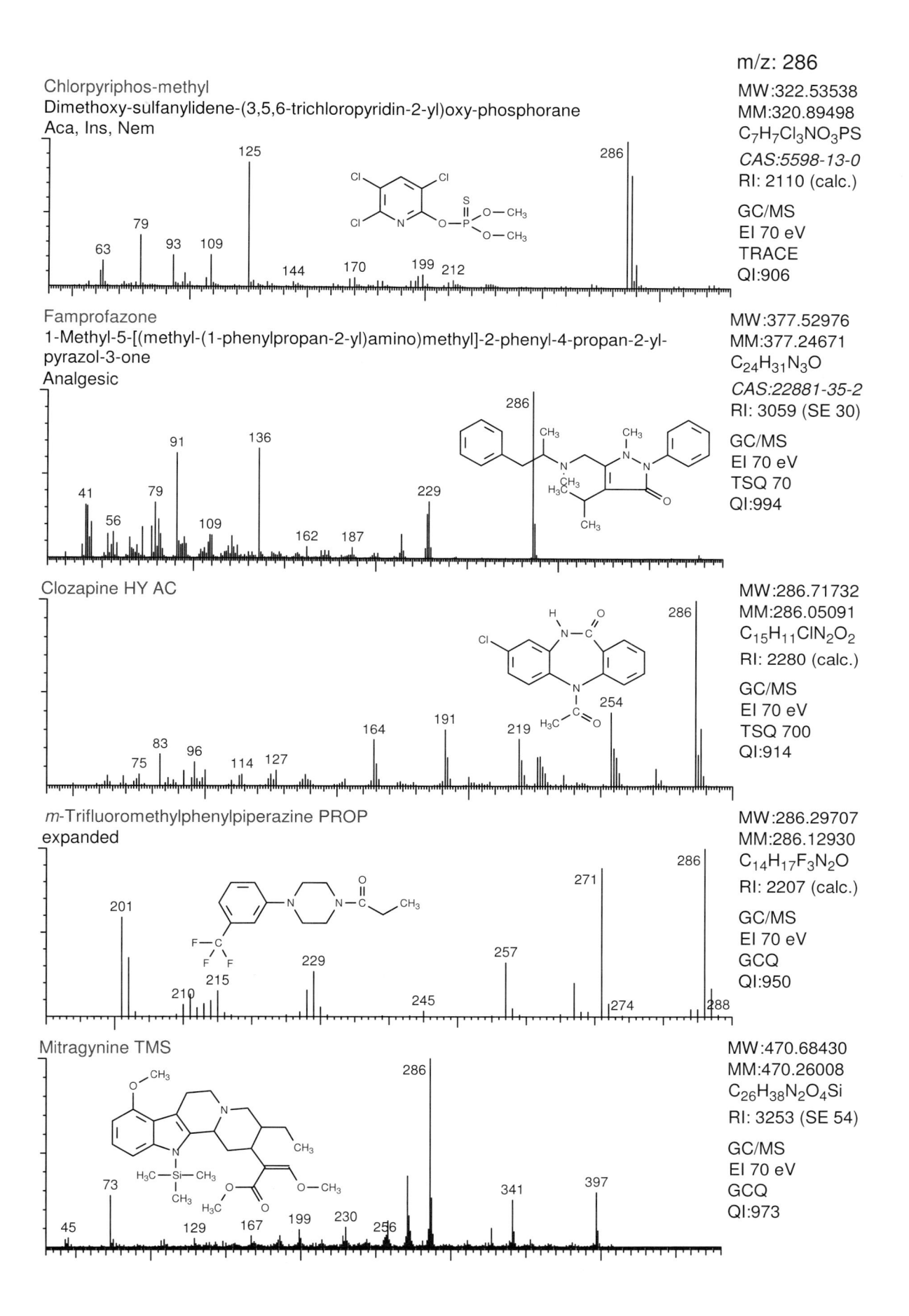

Chlorpyriphos-methyl
Dimethoxy-sulfanylidene-(3,5,6-trichloropyridin-2-yl)oxy-phosphorane
Aca, Ins, Nem

m/z: 286
MW:322.53538
MM:320.89498
$C_7H_7Cl_3NO_3PS$
CAS:5598-13-0
RI: 2110 (calc.)

GC/MS
EI 70 eV
TRACE
QI:906

Peaks: 63, 79, 93, 109, 125, 144, 170, 199, 212, 286

Famprofazone
1-Methyl-5-[(methyl-(1-phenylpropan-2-yl)amino)methyl]-2-phenyl-4-propan-2-yl-pyrazol-3-one
Analgesic

MW:377.52976
MM:377.24671
$C_{24}H_{31}N_3O$
CAS:22881-35-2
RI: 3059 (SE 30)

GC/MS
EI 70 eV
TSQ 70
QI:994

Peaks: 41, 56, 79, 91, 109, 136, 162, 187, 229, 286

Clozapine HY AC

MW:286.71732
MM:286.05091
$C_{15}H_{11}ClN_2O_2$
RI: 2280 (calc.)

GC/MS
EI 70 eV
TSQ 700
QI:914

Peaks: 75, 83, 96, 114, 127, 164, 191, 219, 254, 286

m-Trifluoromethylphenylpiperazine PROP
expanded

MW:286.29707
MM:286.12930
$C_{14}H_{17}F_3N_2O$
RI: 2207 (calc.)

GC/MS
EI 70 eV
GCQ
QI:950

Peaks: 201, 210, 215, 229, 245, 257, 271, 274, 286, 288

Mitragynine TMS

MW:470.68430
MM:470.26008
$C_{26}H_{38}N_2O_4Si$
RI: 3253 (SE 54)

GC/MS
EI 70 eV
GCQ
QI:973

Peaks: 45, 73, 129, 167, 199, 230, 256, 286, 341, 397

m/z: 286

Galantamine
4aS,6R,8AS-4a,5,9,10,11,12-Hexahydro-3-methoxy-11-methyl-6H-benzofuro[3a,3,2-ef]-benzrazepin-6-ol
Galanthamine
Anti Morbus Alzheimer

MW:287.35868
MM:287.15214
$C_{17}H_{21}NO_3$
CAS:357-70-0
RI: 2285 (SE 30)

GC/MS
EI 70 eV
TSQ 70
QI:977 VI:1

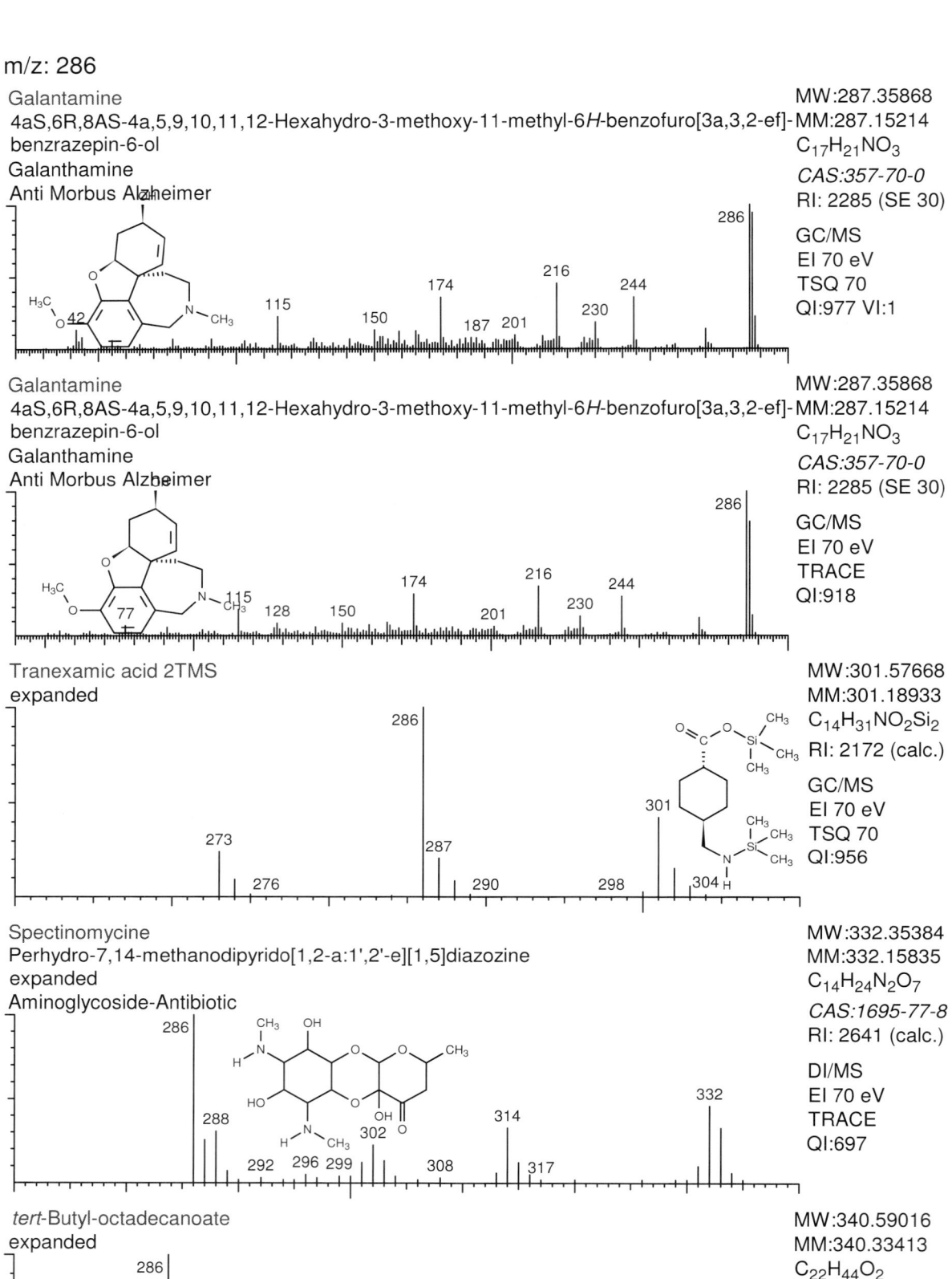

Galantamine
4aS,6R,8AS-4a,5,9,10,11,12-Hexahydro-3-methoxy-11-methyl-6H-benzofuro[3a,3,2-ef]-benzrazepin-6-ol
Galanthamine
Anti Morbus Alzheimer

MW:287.35868
MM:287.15214
$C_{17}H_{21}NO_3$
CAS:357-70-0
RI: 2285 (SE 30)

GC/MS
EI 70 eV
TRACE
QI:918

Tranexamic acid 2TMS
expanded

MW:301.57668
MM:301.18933
$C_{14}H_{31}NO_2Si_2$
RI: 2172 (calc.)

GC/MS
EI 70 eV
TSQ 70
QI:956

Spectinomycine
Perhydro-7,14-methanodipyrido[1,2-a:1',2'-e][1,5]diazozine
expanded
Aminoglycoside-Antibiotic

MW:332.35384
MM:332.15835
$C_{14}H_{24}N_2O_7$
CAS:1695-77-8
RI: 2641 (calc.)

DI/MS
EI 70 eV
TRACE
QI:697

tert-Butyl-octadecanoate
expanded

MW:340.59016
MM:340.33413
$C_{22}H_{44}O_2$
RI: 2350 (SE 54)

GC/MS
EI 70 eV
GCQ
QI:915

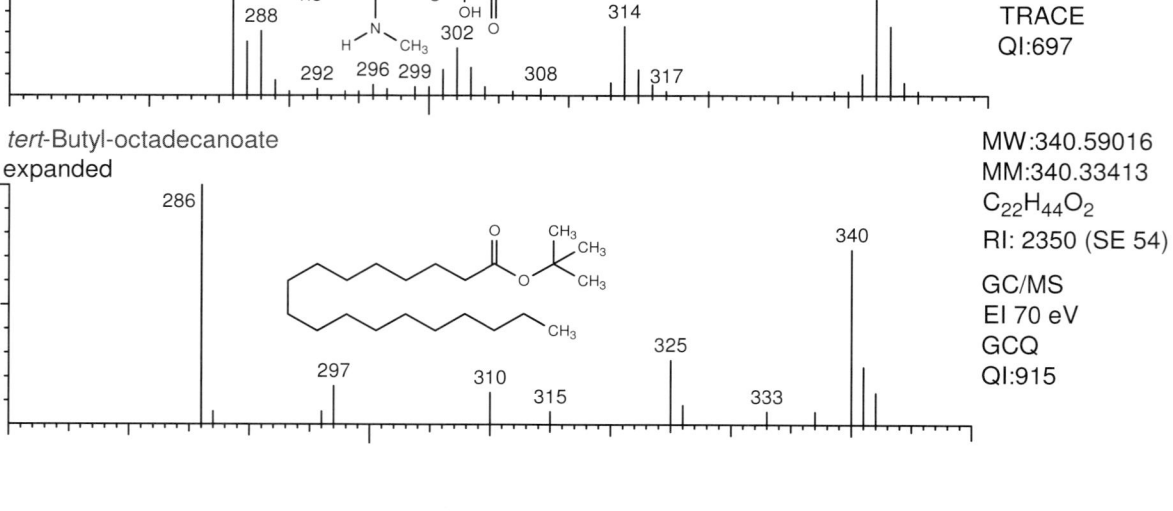

m/z: 286-287

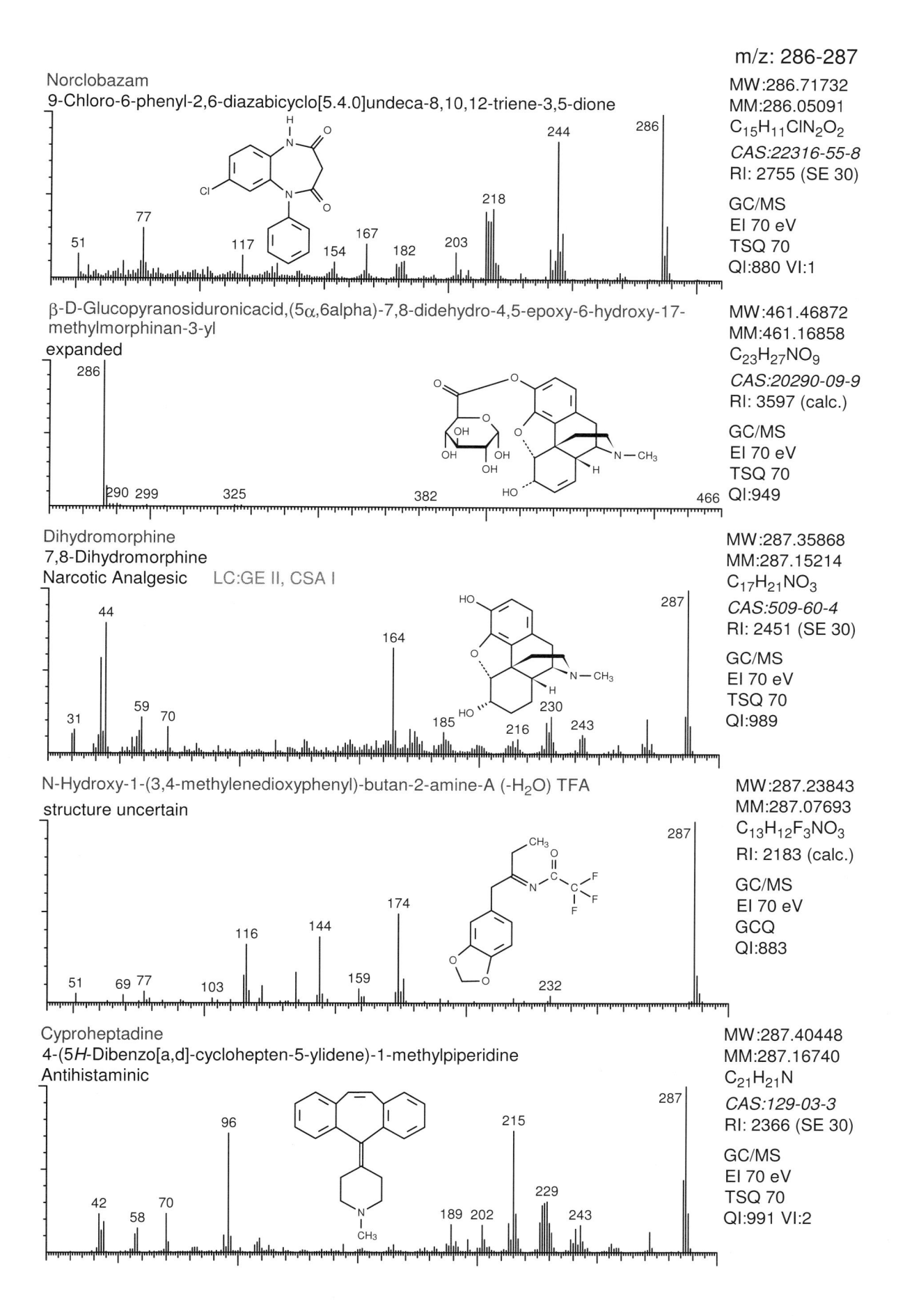

Norclobazam
9-Chloro-6-phenyl-2,6-diazabicyclo[5.4.0]undeca-8,10,12-triene-3,5-dione

MW:286.71732
MM:286.05091
$C_{15}H_{11}ClN_2O_2$
CAS:22316-55-8
RI: 2755 (SE 30)

GC/MS
EI 70 eV
TSQ 70
QI:880 VI:1

β-D-Glucopyranosiduronicacid,(5α,6alpha)-7,8-didehydro-4,5-epoxy-6-hydroxy-17-methylmorphinan-3-yl
expanded

MW:461.46872
MM:461.16858
$C_{23}H_{27}NO_9$
CAS:20290-09-9
RI: 3597 (calc.)

GC/MS
EI 70 eV
TSQ 70
QI:949

Dihydromorphine
7,8-Dihydromorphine
Narcotic Analgesic   LC:GE II, CSA I

MW:287.35868
MM:287.15214
$C_{17}H_{21}NO_3$
CAS:509-60-4
RI: 2451 (SE 30)

GC/MS
EI 70 eV
TSQ 70
QI:989

N-Hydroxy-1-(3,4-methylenedioxyphenyl)-butan-2-amine-A (-H₂O) TFA
structure uncertain

MW:287.23843
MM:287.07693
$C_{13}H_{12}F_3NO_3$
RI: 2183 (calc.)

GC/MS
EI 70 eV
GCQ
QI:883

Cyproheptadine
4-(5H-Dibenzo[a,d]-cyclohepten-5-ylidene)-1-methylpiperidine
Antihistaminic

MW:287.40448
MM:287.16740
$C_{21}H_{21}N$
CAS:129-03-3
RI: 2366 (SE 30)

GC/MS
EI 70 eV
TSQ 70
QI:991 VI:2

m/z: 287-288

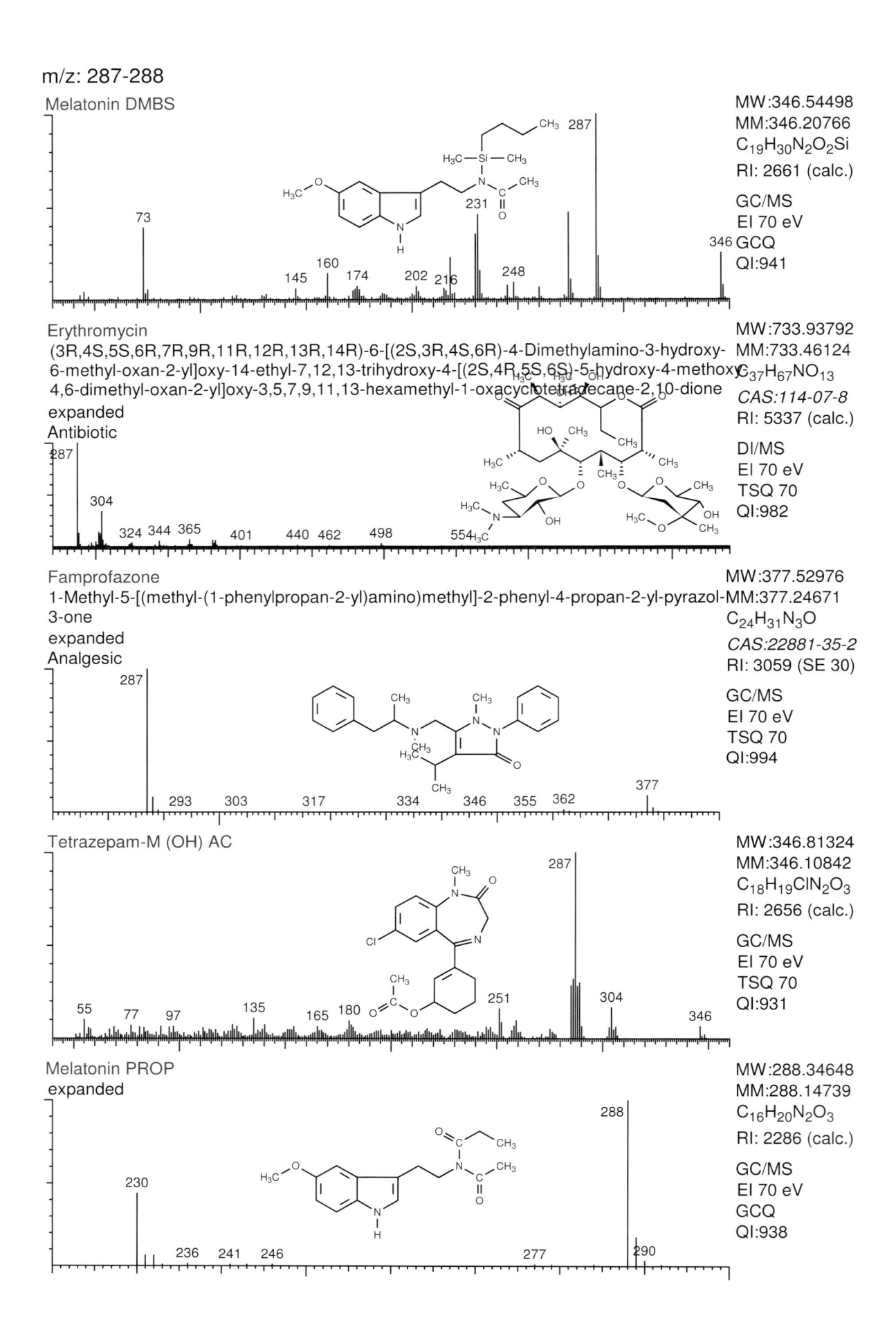

Melatonin DMBS

MW: 346.54498
MM: 346.20766
C$_{19}$H$_{30}$N$_2$O$_2$Si
RI: 2661 (calc.)

GC/MS
EI 70 eV
GCQ
QI: 941

Erythromycin
(3R,4S,5S,6R,7R,9R,11R,12R,13R,14R)-6-[(2S,3R,4S,6R)-4-Dimethylamino-3-hydroxy-6-methyl-oxan-2-yl]oxy-14-ethyl-7,12,13-trihydroxy-4-[(2S,4R,5S,6S)-5-hydroxy-4-methoxy-4,6-dimethyl-oxan-2-yl]oxy-3,5,7,9,11,13-hexamethyl-1-oxacyclotetradecane-2,10-dione
expanded
Antibiotic

MW: 733.93792
MM: 733.46124
C$_{37}$H$_{67}$NO$_{13}$
CAS: 114-07-8
RI: 5337 (calc.)

DI/MS
EI 70 eV
TSQ 70
QI: 982

Famprofazone
1-Methyl-5-[(methyl-(1-phenylpropan-2-yl)amino)methyl]-2-phenyl-4-propan-2-yl-pyrazol-3-one
expanded
Analgesic

MW: 377.52976
MM: 377.24671
C$_{24}$H$_{31}$N$_3$O
CAS: 22881-35-2
RI: 3059 (SE 30)

GC/MS
EI 70 eV
TSQ 70
QI: 994

Tetrazepam-M (OH) AC

MW: 346.81324
MM: 346.10842
C$_{18}$H$_{19}$ClN$_2$O$_3$
RI: 2656 (calc.)

GC/MS
EI 70 eV
TSQ 70
QI: 931

Melatonin PROP
expanded

MW: 288.34648
MM: 288.14739
C$_{16}$H$_{20}$N$_2$O$_3$
RI: 2286 (calc.)

GC/MS
EI 70 eV
GCQ
QI: 938

m/z: 288

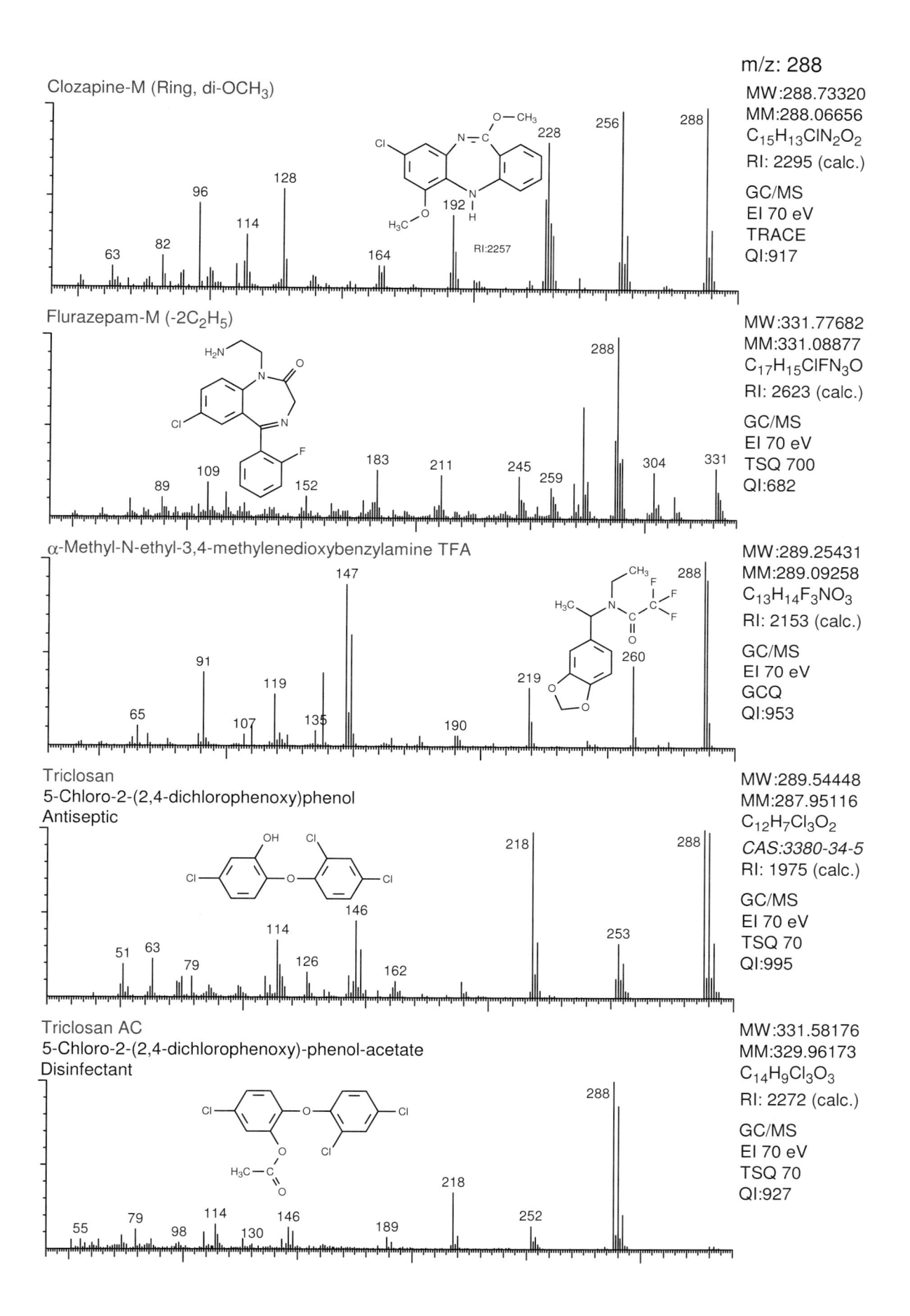

Clozapine-M (Ring, di-OCH₃)

MW: 288.73320
MM: 288.06656
$C_{15}H_{13}ClN_2O_2$
RI: 2295 (calc.)

GC/MS
EI 70 eV
TRACE
QI:917

Flurazepam-M (-2C₂H₅)

MW: 331.77682
MM: 331.08877
$C_{17}H_{15}ClFN_3O$
RI: 2623 (calc.)

GC/MS
EI 70 eV
TSQ 700
QI:682

α-Methyl-N-ethyl-3,4-methylenedioxybenzylamine TFA

MW: 289.25431
MM: 289.09258
$C_{13}H_{14}F_3NO_3$
RI: 2153 (calc.)

GC/MS
EI 70 eV
GCQ
QI:953

Triclosan
5-Chloro-2-(2,4-dichlorophenoxy)phenol
Antiseptic

MW: 289.54448
MM: 287.95116
$C_{12}H_7Cl_3O_2$
CAS:3380-34-5
RI: 1975 (calc.)

GC/MS
EI 70 eV
TSQ 70
QI:995

Triclosan AC
5-Chloro-2-(2,4-dichlorophenoxy)-phenol-acetate
Disinfectant

MW: 331.58176
MM: 329.96173
$C_{14}H_9Cl_3O_3$
RI: 2272 (calc.)

GC/MS
EI 70 eV
TSQ 70
QI:927

m/z: 288-289

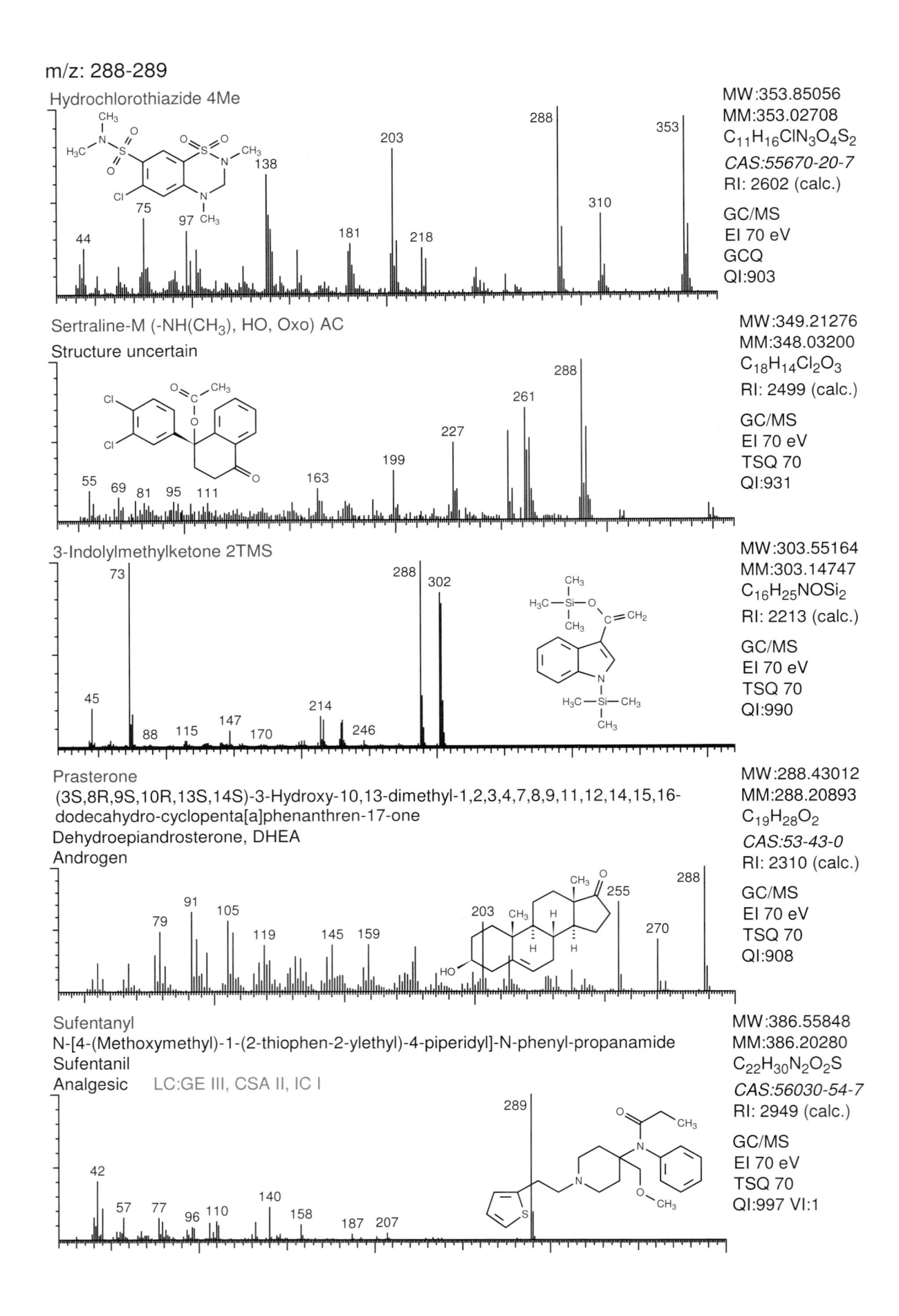

Hydrochlorothiazide 4Me

MW: 353.85056
MM: 353.02708
$C_{11}H_{16}ClN_3O_4S_2$
CAS: 55670-20-7
RI: 2602 (calc.)

GC/MS
EI 70 eV
GCQ
QI: 903

Sertraline-M (-NH(CH₃), HO, Oxo) AC
Structure uncertain

MW: 349.21276
MM: 348.03200
$C_{18}H_{14}Cl_2O_3$
RI: 2499 (calc.)

GC/MS
EI 70 eV
TSQ 70
QI: 931

3-Indolylmethylketone 2TMS

MW: 303.55164
MM: 303.14747
$C_{16}H_{25}NOSi_2$
RI: 2213 (calc.)

GC/MS
EI 70 eV
TSQ 70
QI: 990

Prasterone
(3S,8R,9S,10R,13S,14S)-3-Hydroxy-10,13-dimethyl-1,2,3,4,7,8,9,11,12,14,15,16-dodecahydro-cyclopenta[a]phenanthren-17-one
Dehydroepiandrosterone, DHEA
Androgen

MW: 288.43012
MM: 288.20893
$C_{19}H_{28}O_2$
CAS: 53-43-0
RI: 2310 (calc.)

GC/MS
EI 70 eV
TSQ 70
QI: 908

Sufentanyl
N-[4-(Methoxymethyl)-1-(2-thiophen-2-ylethyl)-4-piperidyl]-N-phenyl-propanamide
Sufentanil
Analgesic   LC:GE III, CSA II, IC I

MW: 386.55848
MM: 386.20280
$C_{22}H_{30}N_2O_2S$
CAS: 56030-54-7
RI: 2949 (calc.)

GC/MS
EI 70 eV
TSQ 70
QI: 997 VI:1

m/z: 289

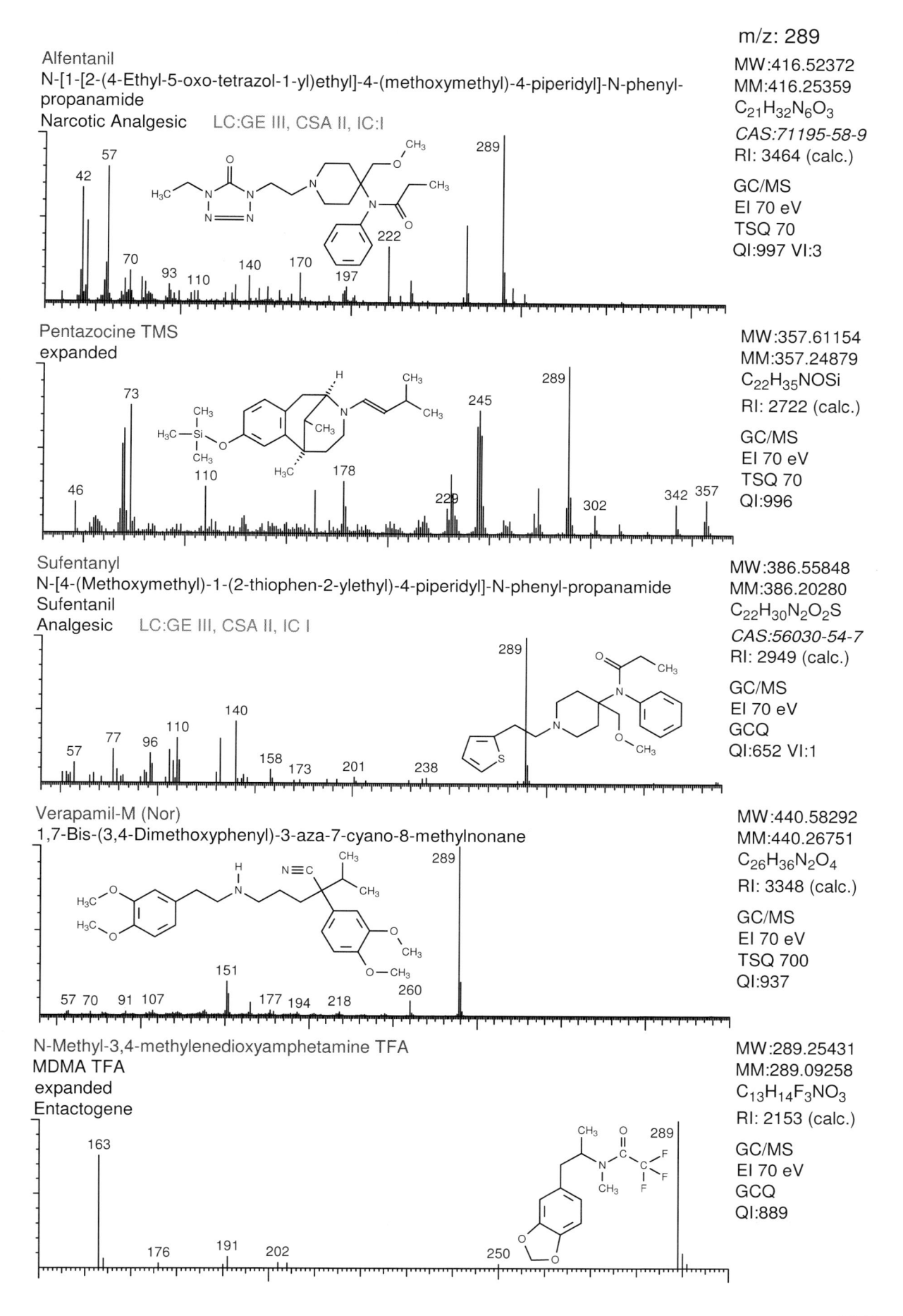

Alfentanil
N-[1-[2-(4-Ethyl-5-oxo-tetrazol-1-yl)ethyl]-4-(methoxymethyl)-4-piperidyl]-N-phenyl-propanamide
Narcotic Analgesic   LC:GE III, CSA II, IC:I

MW:416.52372
MM:416.25359
$C_{21}H_{32}N_6O_3$
CAS:71195-58-9
RI: 3464 (calc.)

GC/MS
EI 70 eV
TSQ 70
QI:997 VI:3

Peaks: 42, 57, 70, 93, 110, 140, 170, 197, 222, 289

Pentazocine TMS
expanded

MW:357.61154
MM:357.24879
$C_{22}H_{35}NOSi$
RI: 2722 (calc.)

GC/MS
EI 70 eV
TSQ 70
QI:996

Peaks: 46, 73, 110, 178, 229, 245, 289, 302, 342, 357

Sufentanyl
N-[4-(Methoxymethyl)-1-(2-thiophen-2-ylethyl)-4-piperidyl]-N-phenyl-propanamide
Sufentanil
Analgesic   LC:GE III, CSA II, IC I

MW:386.55848
MM:386.20280
$C_{22}H_{30}N_2O_2S$
CAS:56030-54-7
RI: 2949 (calc.)

GC/MS
EI 70 eV
GCQ
QI:652 VI:1

Peaks: 57, 77, 96, 110, 140, 158, 173, 201, 238, 289

Verapamil-M (Nor)
1,7-Bis-(3,4-Dimethoxyphenyl)-3-aza-7-cyano-8-methylnonane

MW:440.58292
MM:440.26751
$C_{26}H_{36}N_2O_4$
RI: 3348 (calc.)

GC/MS
EI 70 eV
TSQ 700
QI:937

Peaks: 57, 70, 91, 107, 151, 177, 194, 218, 260, 289

N-Methyl-3,4-methylenedioxyamphetamine TFA
MDMA TFA
expanded
Entactogene

MW:289.25431
MM:289.09258
$C_{13}H_{14}F_3NO_3$
RI: 2153 (calc.)

GC/MS
EI 70 eV
GCQ
QI:889

Peaks: 163, 176, 191, 202, 250, 289

m/z: 289

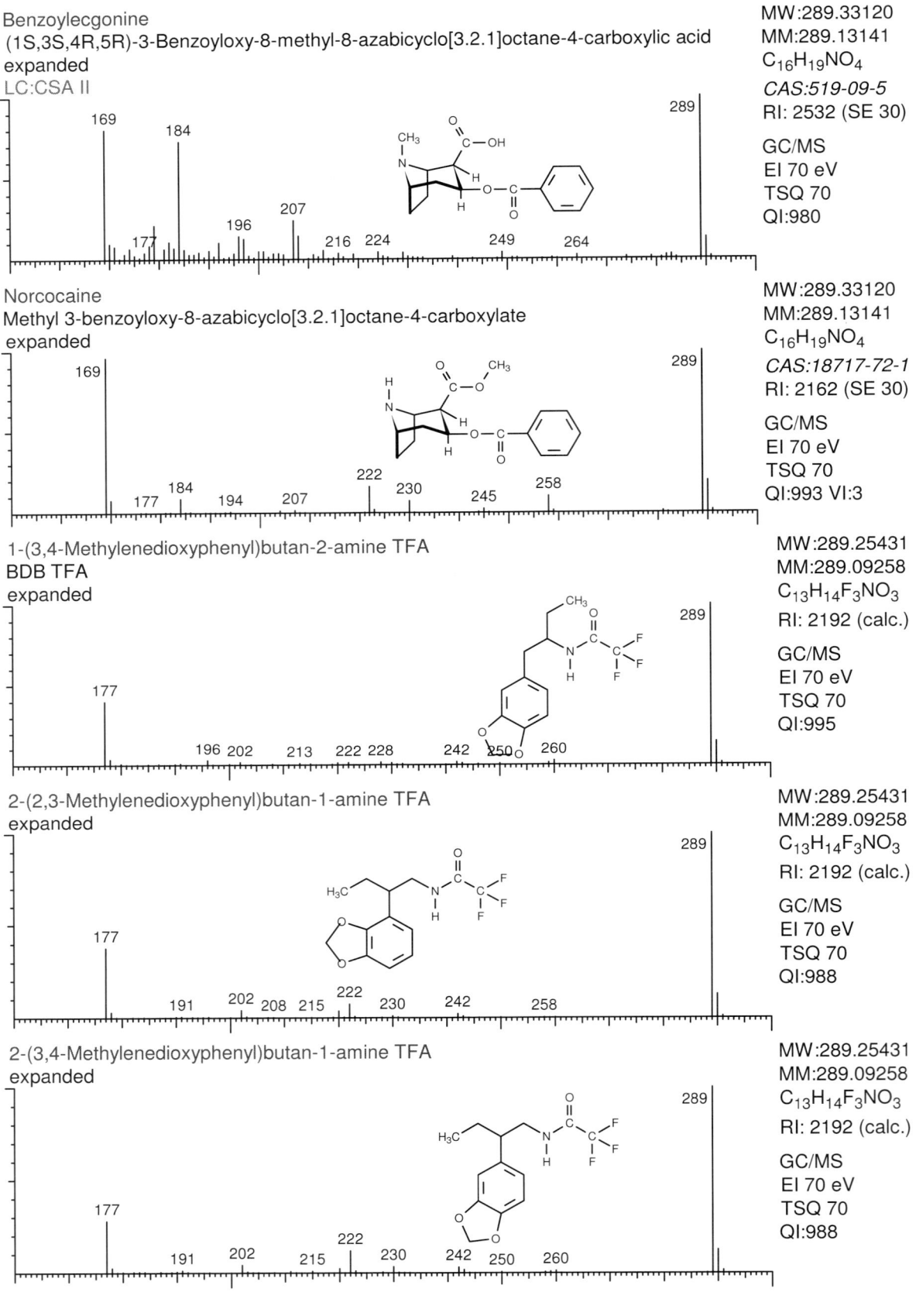

Benzoylecgonine
(1S,3S,4R,5R)-3-Benzoyloxy-8-methyl-8-azabicyclo[3.2.1]octane-4-carboxylic acid
expanded
LC:CSA II

Peaks: 169, 177, 184, 196, 207, 216, 224, 249, 264, 289

MW:289.33120
MM:289.13141
$C_{16}H_{19}NO_4$
CAS:519-09-5
RI: 2532 (SE 30)

GC/MS
EI 70 eV
TSQ 70
QI:980

Norcocaine
Methyl 3-benzoyloxy-8-azabicyclo[3.2.1]octane-4-carboxylate
expanded

Peaks: 169, 177, 184, 194, 207, 222, 230, 245, 258, 289

MW:289.33120
MM:289.13141
$C_{16}H_{19}NO_4$
CAS:18717-72-1
RI: 2162 (SE 30)

GC/MS
EI 70 eV
TSQ 70
QI:993 VI:3

1-(3,4-Methylenedioxyphenyl)butan-2-amine TFA
BDB TFA
expanded

Peaks: 177, 196, 202, 213, 222, 228, 242, 250, 260, 289

MW:289.25431
MM:289.09258
$C_{13}H_{14}F_3NO_3$
RI: 2192 (calc.)

GC/MS
EI 70 eV
TSQ 70
QI:995

2-(2,3-Methylenedioxyphenyl)butan-1-amine TFA
expanded

Peaks: 177, 191, 202, 208, 215, 222, 230, 242, 258, 289

MW:289.25431
MM:289.09258
$C_{13}H_{14}F_3NO_3$
RI: 2192 (calc.)

GC/MS
EI 70 eV
TSQ 70
QI:988

2-(3,4-Methylenedioxyphenyl)butan-1-amine TFA
expanded

Peaks: 177, 191, 202, 215, 222, 230, 242, 250, 260, 289

MW:289.25431
MM:289.09258
$C_{13}H_{14}F_3NO_3$
RI: 2192 (calc.)

GC/MS
EI 70 eV
TSQ 70
QI:988

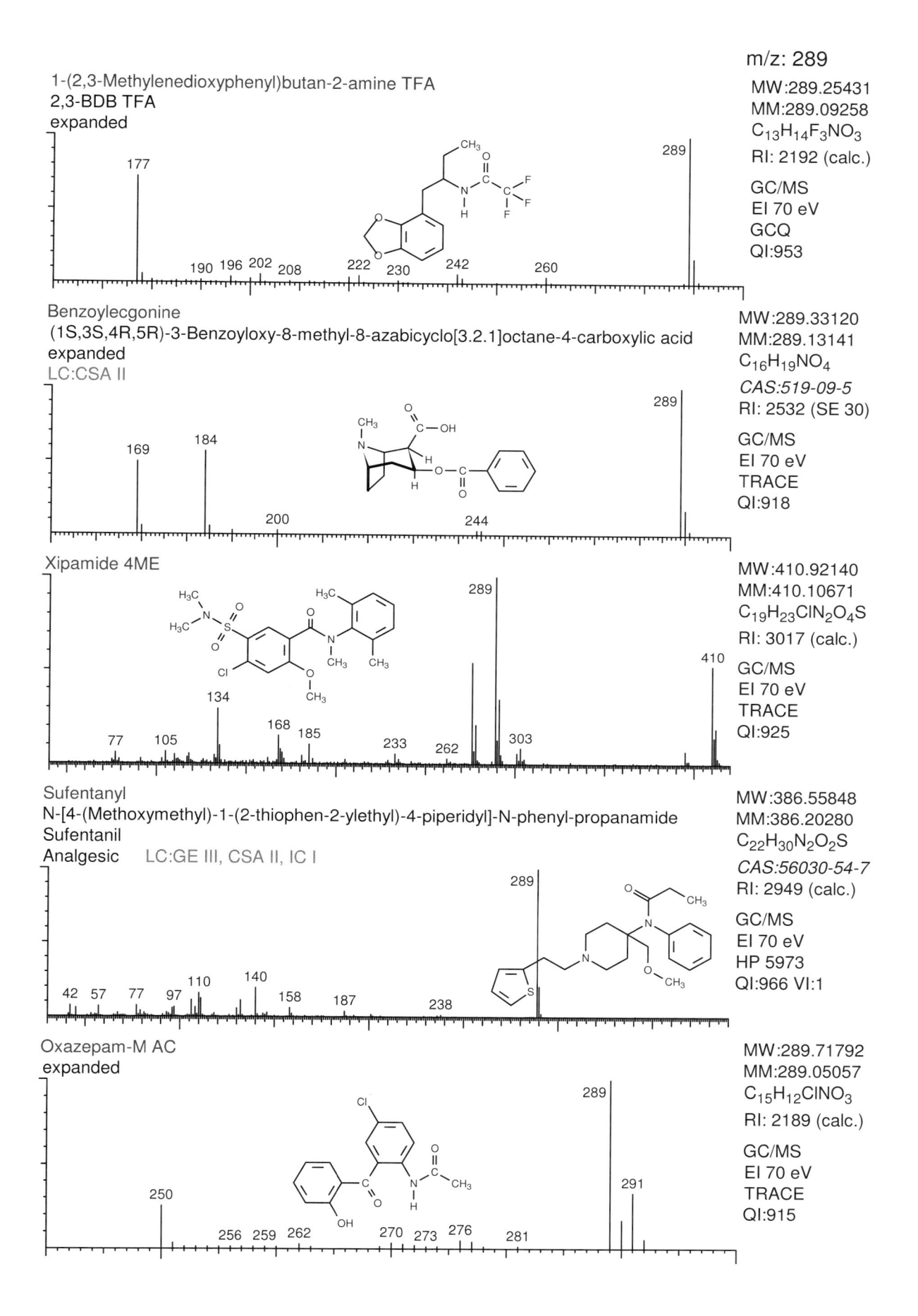

1-(2,3-Methylenedioxyphenyl)butan-2-amine TFA
2,3-BDB TFA
expanded

MW: 289.25431
MM: 289.09258
$C_{13}H_{14}F_3NO_3$
RI: 2192 (calc.)

GC/MS
EI 70 eV
GCQ
QI: 953

Peaks: 177, 190, 196, 202, 208, 222, 230, 242, 260, 289

Benzoylecgonine
(1S,3S,4R,5R)-3-Benzoyloxy-8-methyl-8-azabicyclo[3.2.1]octane-4-carboxylic acid
expanded
LC: CSA II

MW: 289.33120
MM: 289.13141
$C_{16}H_{19}NO_4$
CAS: 519-09-5
RI: 2532 (SE 30)

GC/MS
EI 70 eV
TRACE
QI: 918

Peaks: 169, 184, 200, 244, 289

Xipamide 4ME

MW: 410.92140
MM: 410.10671
$C_{19}H_{23}ClN_2O_4S$
RI: 3017 (calc.)

GC/MS
EI 70 eV
TRACE
QI: 925

Peaks: 77, 105, 134, 168, 185, 233, 262, 289, 303, 410

Sufentanyl
N-[4-(Methoxymethyl)-1-(2-thiophen-2-ylethyl)-4-piperidyl]-N-phenyl-propanamide
Sufentanil
Analgesic   LC: GE III, CSA II, IC I

MW: 386.55848
MM: 386.20280
$C_{22}H_{30}N_2O_2S$
CAS: 56030-54-7
RI: 2949 (calc.)

GC/MS
EI 70 eV
HP 5973
QI: 966 VI: 1

Peaks: 42, 57, 77, 97, 110, 140, 158, 187, 238, 289

Oxazepam-M AC
expanded

MW: 289.71792
MM: 289.05057
$C_{15}H_{12}ClNO_3$
RI: 2189 (calc.)

GC/MS
EI 70 eV
TRACE
QI: 915

Peaks: 250, 256, 259, 262, 270, 273, 276, 281, 289, 291

m/z: 289

m/z: 289

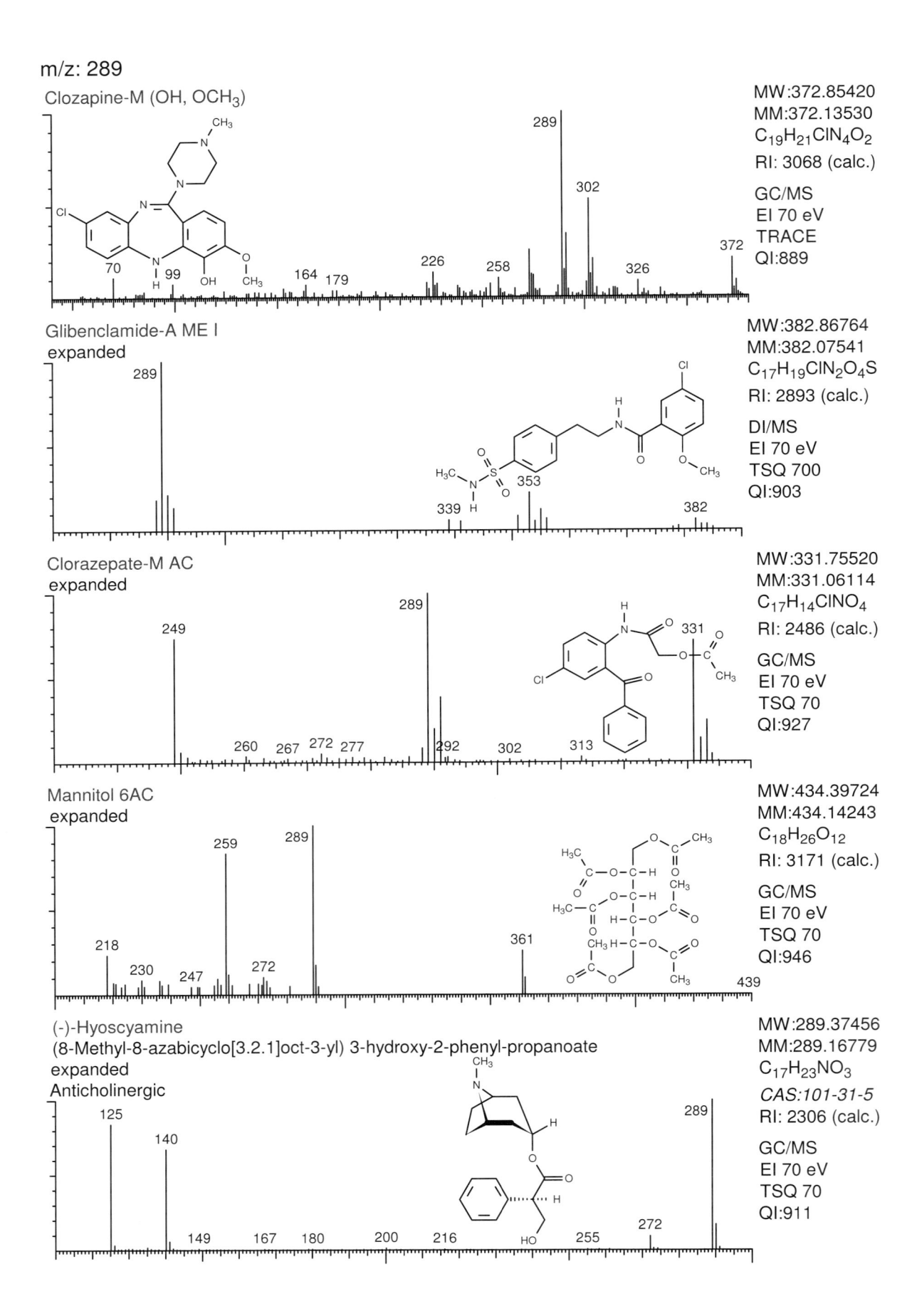

Clozapine-M (OH, OCH$_3$)

MW: 372.85420
MM: 372.13530
C$_{19}$H$_{21}$ClN$_4$O$_2$
RI: 3068 (calc.)

GC/MS
EI 70 eV
TRACE
QI:889

Peaks: 70, 99, 164, 179, 226, 258, 289, 302, 326, 372

Glibenclamide-A ME I
expanded

MW: 382.86764
MM: 382.07541
C$_{17}$H$_{19}$ClN$_2$O$_4$S
RI: 2893 (calc.)

DI/MS
EI 70 eV
TSQ 700
QI:903

Peaks: 289, 339, 353, 382

Clorazepate-M AC
expanded

MW: 331.75520
MM: 331.06114
C$_{17}$H$_{14}$ClNO$_4$
RI: 2486 (calc.)

GC/MS
EI 70 eV
TSQ 70
QI:927

Peaks: 249, 260, 267, 272, 277, 289, 292, 302, 313, 331

Mannitol 6AC
expanded

MW: 434.39724
MM: 434.14243
C$_{18}$H$_{26}$O$_{12}$
RI: 3171 (calc.)

GC/MS
EI 70 eV
TSQ 70
QI:946

Peaks: 218, 230, 247, 259, 272, 289, 361, 439

(-)-Hyoscyamine
(8-Methyl-8-azabicyclo[3.2.1]oct-3-yl) 3-hydroxy-2-phenyl-propanoate
expanded
Anticholinergic

MW: 289.37456
MM: 289.16779
C$_{17}$H$_{23}$NO$_3$
CAS: 101-31-5
RI: 2306 (calc.)

GC/MS
EI 70 eV
TSQ 70
QI:911

Peaks: 125, 140, 149, 167, 180, 200, 216, 255, 272, 289

m/z: 289-290

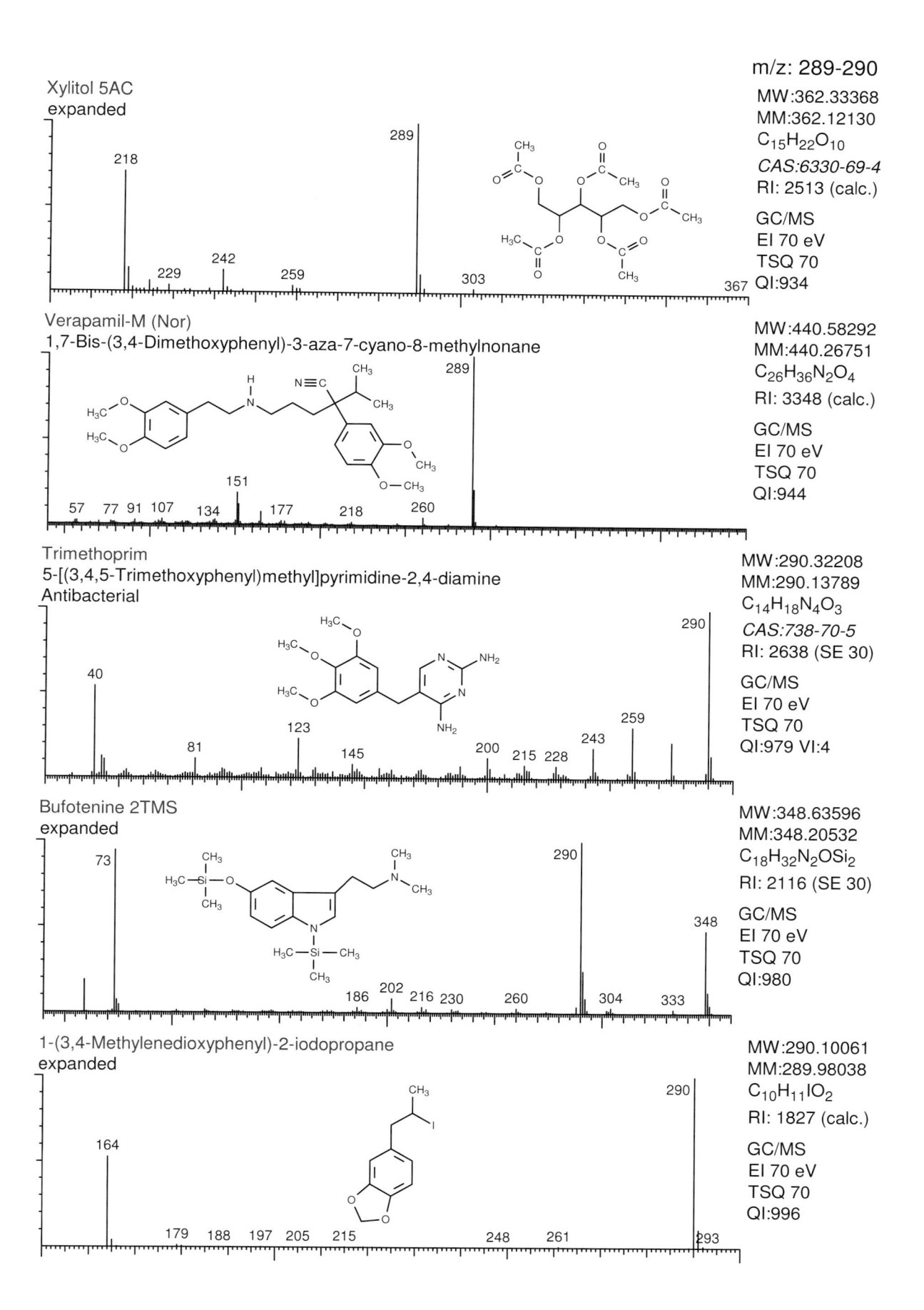

Xylitol 5AC expanded
218, 229, 242, 259, 289, 303, 367

MW:362.33368
MM:362.12130
$C_{15}H_{22}O_{10}$
CAS:6330-69-4
RI: 2513 (calc.)

GC/MS
EI 70 eV
TSQ 70
QI:934

Verapamil-M (Nor)
1,7-Bis-(3,4-Dimethoxyphenyl)-3-aza-7-cyano-8-methylnonane
57, 77, 91, 107, 134, 151, 177, 218, 260, 289

MW:440.58292
MM:440.26751
$C_{26}H_{36}N_2O_4$
RI: 3348 (calc.)

GC/MS
EI 70 eV
TSQ 70
QI:944

Trimethoprim
5-[(3,4,5-Trimethoxyphenyl)methyl]pyrimidine-2,4-diamine
Antibacterial
40, 81, 123, 145, 200, 215, 228, 243, 259, 290

MW:290.32208
MM:290.13789
$C_{14}H_{18}N_4O_3$
CAS:738-70-5
RI: 2638 (SE 30)

GC/MS
EI 70 eV
TSQ 70
QI:979 VI:4

Bufotenine 2TMS expanded
73, 186, 202, 216, 230, 260, 290, 304, 333, 348

MW:348.63596
MM:348.20532
$C_{18}H_{32}N_2OSi_2$
RI: 2116 (SE 30)

GC/MS
EI 70 eV
TSQ 70
QI:980

1-(3,4-Methylenedioxyphenyl)-2-iodopropane expanded
164, 179, 188, 197, 205, 215, 248, 261, 290, 293

MW:290.10061
MM:289.98038
$C_{10}H_{11}IO_2$
RI: 1827 (calc.)

GC/MS
EI 70 eV
TSQ 70
QI:996

m/z: 290

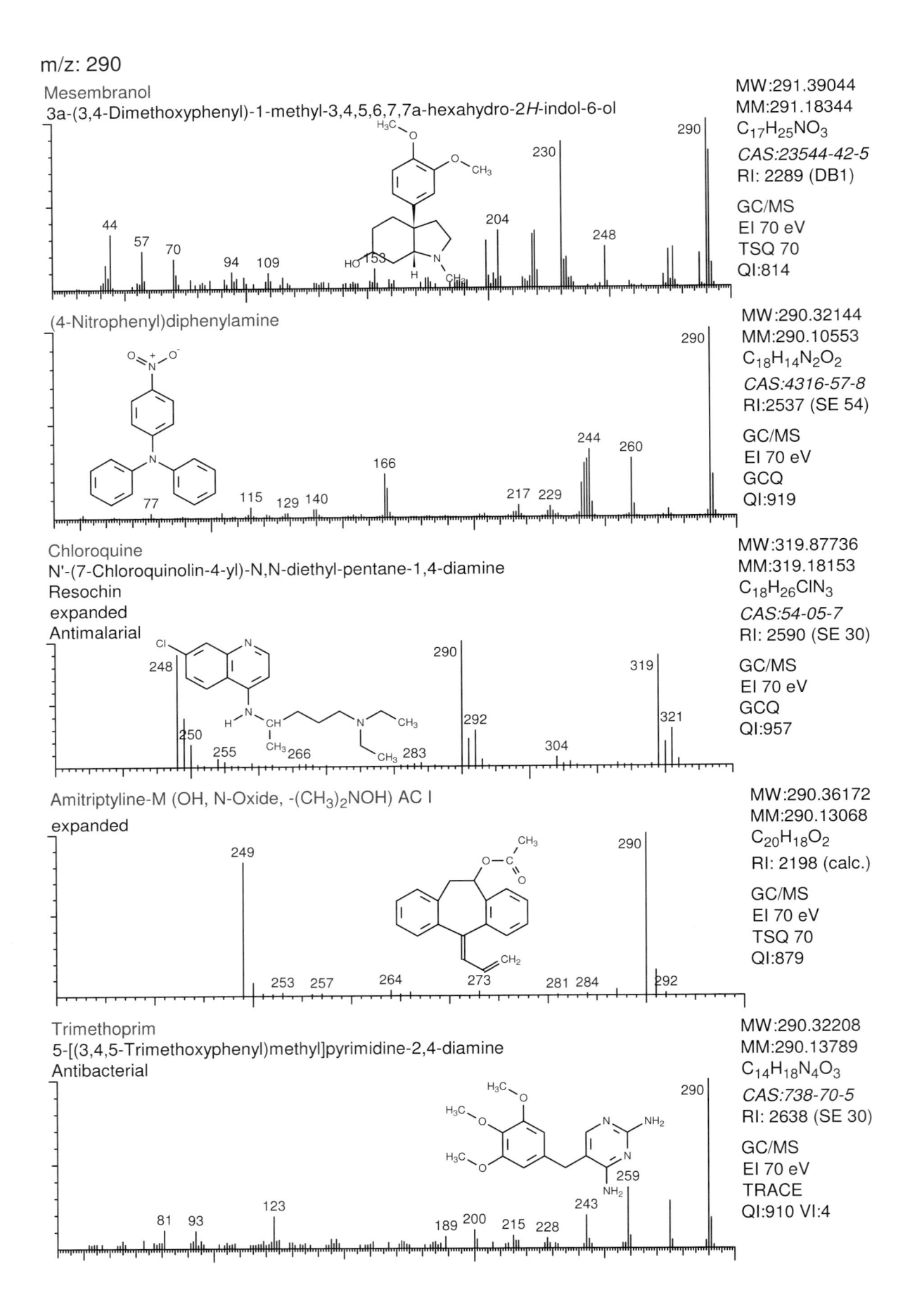

Mesembranol
3a-(3,4-Dimethoxyphenyl)-1-methyl-3,4,5,6,7,7a-hexahydro-2H-indol-6-ol

MW:291.39044
MM:291.18344
$C_{17}H_{25}NO_3$
CAS:23544-42-5
RI: 2289 (DB1)

GC/MS
EI 70 eV
TSQ 70
QI:814

Peaks: 44, 57, 70, 94, 109, 153, 204, 230, 248, 290

(4-Nitrophenyl)diphenylamine

MW:290.32144
MM:290.10553
$C_{18}H_{14}N_2O_2$
CAS:4316-57-8
RI:2537 (SE 54)

GC/MS
EI 70 eV
GCQ
QI:919

Peaks: 77, 115, 129, 140, 166, 217, 229, 244, 260, 290

Chloroquine
N'-(7-Chloroquinolin-4-yl)-N,N-diethyl-pentane-1,4-diamine
Resochin
expanded
Antimalarial

MW:319.87736
MM:319.18153
$C_{18}H_{26}ClN_3$
CAS:54-05-7
RI: 2590 (SE 30)

GC/MS
EI 70 eV
GCQ
QI:957

Peaks: 248, 250, 255, 266, 283, 290, 292, 304, 319, 321

Amitriptyline-M (OH, N-Oxide, -(CH₃)₂NOH) AC I
expanded

MW:290.36172
MM:290.13068
$C_{20}H_{18}O_2$
RI: 2198 (calc.)

GC/MS
EI 70 eV
TSQ 70
QI:879

Peaks: 249, 253, 257, 264, 273, 281, 284, 290, 292

Trimethoprim
5-[(3,4,5-Trimethoxyphenyl)methyl]pyrimidine-2,4-diamine
Antibacterial

MW:290.32208
MM:290.13789
$C_{14}H_{18}N_4O_3$
CAS:738-70-5
RI: 2638 (SE 30)

GC/MS
EI 70 eV
TRACE
QI:910 VI:4

Peaks: 81, 93, 123, 189, 200, 215, 228, 243, 259, 290

m/z: 290

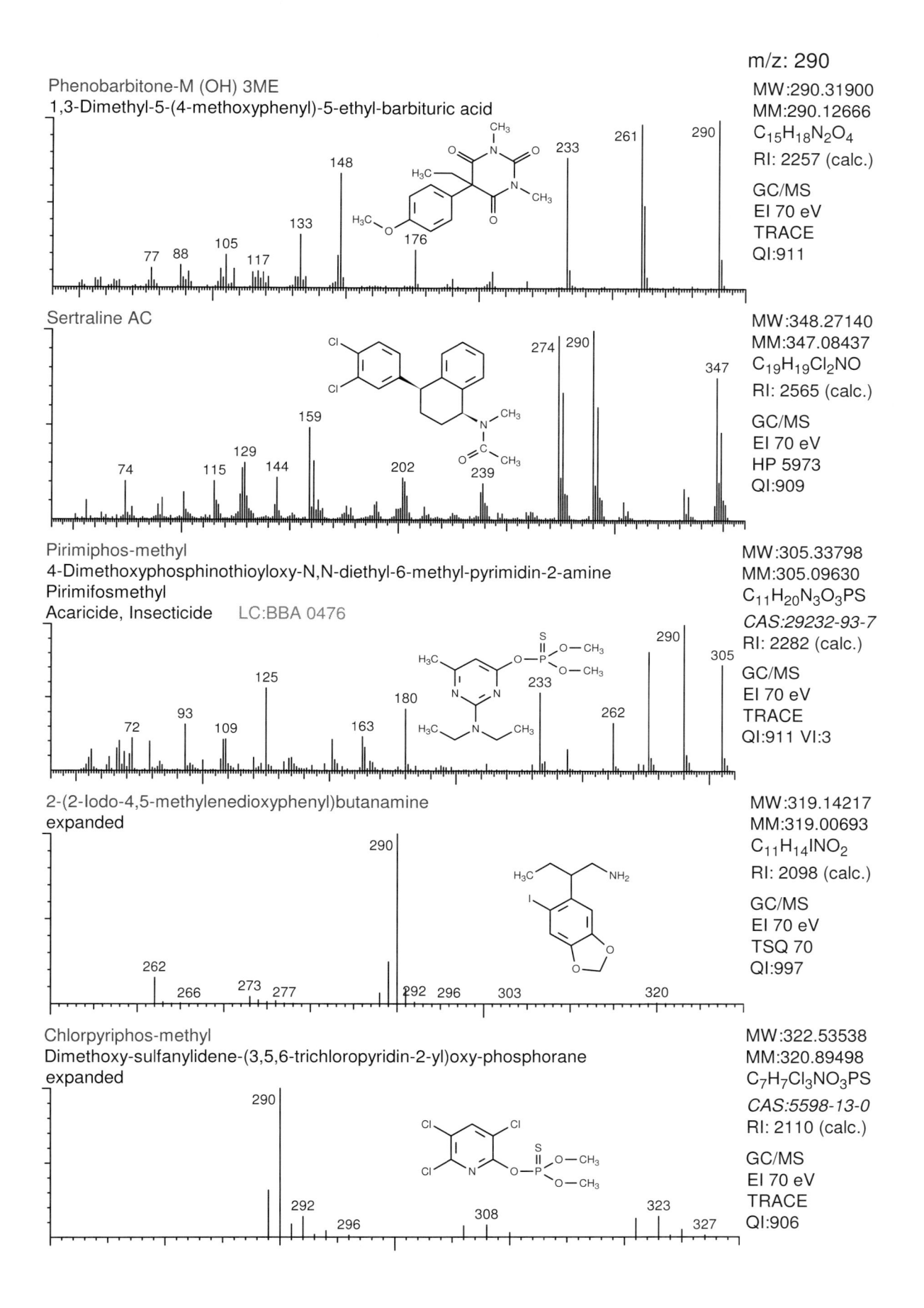

Phenobarbitone-M (OH) 3ME
1,3-Dimethyl-5-(4-methoxyphenyl)-5-ethyl-barbituric acid

Peaks: 77, 88, 105, 117, 133, 148, 176, 233, 261, 290

MW: 290.31900
MM: 290.12666
$C_{15}H_{18}N_2O_4$
RI: 2257 (calc.)

GC/MS
EI 70 eV
TRACE
QI:911

Sertraline AC

Peaks: 74, 115, 129, 144, 159, 202, 239, 274, 290, 347

MW: 348.27140
MM: 347.08437
$C_{19}H_{19}Cl_2NO$
RI: 2565 (calc.)

GC/MS
EI 70 eV
HP 5973
QI:909

Pirimiphos-methyl
4-Dimethoxyphosphinothioyloxy-N,N-diethyl-6-methyl-pyrimidin-2-amine
Pirimifosmethyl
Acaricide, Insecticide   LC:BBA 0476

Peaks: 72, 93, 109, 125, 163, 180, 233, 262, 290, 305

MW: 305.33798
MM: 305.09630
$C_{11}H_{20}N_3O_3PS$
CAS: 29232-93-7
RI: 2282 (calc.)

GC/MS
EI 70 eV
TRACE
QI:911 VI:3

2-(2-Iodo-4,5-methylenedioxyphenyl)butanamine
expanded

Peaks: 262, 266, 273, 277, 290, 292, 296, 303, 320

MW: 319.14217
MM: 319.00693
$C_{11}H_{14}INO_2$
RI: 2098 (calc.)

GC/MS
EI 70 eV
TSQ 70
QI:997

Chlorpyriphos-methyl
Dimethoxy-sulfanylidene-(3,5,6-trichloropyridin-2-yl)oxy-phosphorane
expanded

Peaks: 290, 292, 296, 308, 323, 327

MW: 322.53538
MM: 320.89498
$C_7H_7Cl_3NO_3PS$
CAS: 5598-13-0
RI: 2110 (calc.)

GC/MS
EI 70 eV
TRACE
QI:906

m/z: 290

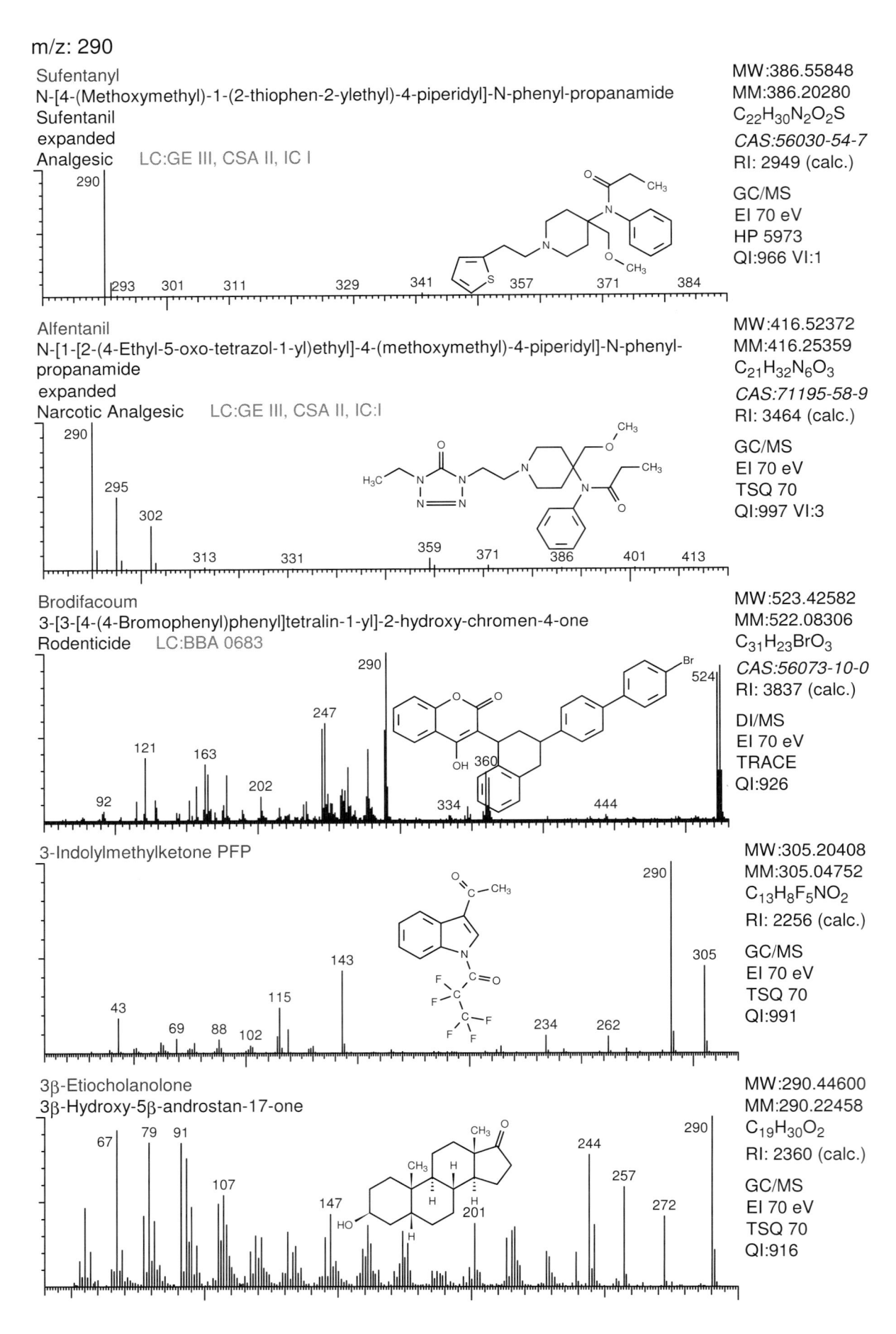

Sufentanyl
N-[4-(Methoxymethyl)-1-(2-thiophen-2-ylethyl)-4-piperidyl]-N-phenyl-propanamide
Sufentanil
expanded
Analgesic   LC:GE III, CSA II, IC I

MW:386.55848
MM:386.20280
$C_{22}H_{30}N_2O_2S$
CAS:56030-54-7
RI: 2949 (calc.)

GC/MS
EI 70 eV
HP 5973
QI:966 VI:1

Alfentanil
N-[1-[2-(4-Ethyl-5-oxo-tetrazol-1-yl)ethyl]-4-(methoxymethyl)-4-piperidyl]-N-phenyl-propanamide
expanded
Narcotic Analgesic   LC:GE III, CSA II, IC:I

MW:416.52372
MM:416.25359
$C_{21}H_{32}N_6O_3$
CAS:71195-58-9
RI: 3464 (calc.)

GC/MS
EI 70 eV
TSQ 70
QI:997 VI:3

Brodifacoum
3-[3-[4-(4-Bromophenyl)phenyl]tetralin-1-yl]-2-hydroxy-chromen-4-one
Rodenticide   LC:BBA 0683

MW:523.42582
MM:522.08306
$C_{31}H_{23}BrO_3$
CAS:56073-10-0
RI: 3837 (calc.)

DI/MS
EI 70 eV
TRACE
QI:926

3-Indolylmethylketone PFP

MW:305.20408
MM:305.04752
$C_{13}H_8F_5NO_2$
RI: 2256 (calc.)

GC/MS
EI 70 eV
TSQ 70
QI:991

3β-Etiocholanolone
3β-Hydroxy-5β-androstan-17-one

MW:290.44600
MM:290.22458
$C_{19}H_{30}O_2$
RI: 2360 (calc.)

GC/MS
EI 70 eV
TSQ 70
QI:916

m/z: 290-291

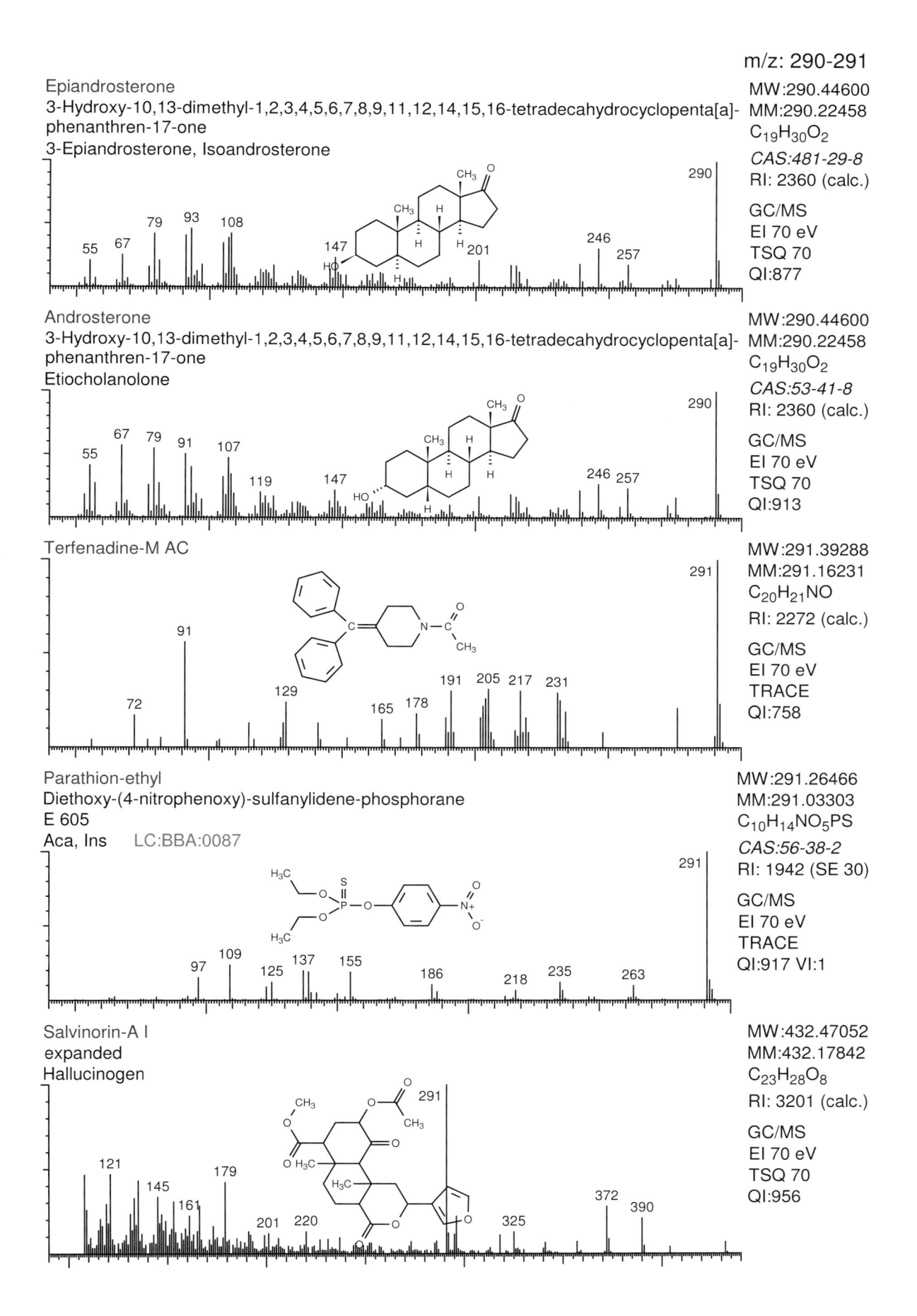

Epiandrosterone
3-Hydroxy-10,13-dimethyl-1,2,3,4,5,6,7,8,9,11,12,14,15,16-tetradecahydrocyclopenta[a]-phenanthren-17-one
3-Epiandrosterone, Isoandrosterone

MW:290.44600
MM:290.22458
$C_{19}H_{30}O_2$
CAS:481-29-8
RI: 2360 (calc.)

GC/MS
EI 70 eV
TSQ 70
QI:877

Peaks: 55, 67, 79, 93, 108, 147, 201, 246, 257, 290

Androsterone
3-Hydroxy-10,13-dimethyl-1,2,3,4,5,6,7,8,9,11,12,14,15,16-tetradecahydrocyclopenta[a]-phenanthren-17-one
Etiocholanolone

MW:290.44600
MM:290.22458
$C_{19}H_{30}O_2$
CAS:53-41-8
RI: 2360 (calc.)

GC/MS
EI 70 eV
TSQ 70
QI:913

Peaks: 55, 67, 79, 91, 107, 119, 147, 246, 257, 290

Terfenadine-M AC

MW:291.39288
MM:291.16231
$C_{20}H_{21}NO$
RI: 2272 (calc.)

GC/MS
EI 70 eV
TRACE
QI:758

Peaks: 72, 91, 129, 165, 178, 191, 205, 217, 231, 291

Parathion-ethyl
Diethoxy-(4-nitrophenoxy)-sulfanylidene-phosphorane
E 605
Aca, Ins   LC:BBA:0087

MW:291.26466
MM:291.03303
$C_{10}H_{14}NO_5PS$
CAS:56-38-2
RI: 1942 (SE 30)

GC/MS
EI 70 eV
TRACE
QI:917 VI:1

Peaks: 97, 109, 125, 137, 155, 186, 218, 235, 263, 291

Salvinorin-A I
expanded
Hallucinogen

MW:432.47052
MM:432.17842
$C_{23}H_{28}O_8$
RI: 3201 (calc.)

GC/MS
EI 70 eV
TSQ 70
QI:956

Peaks: 121, 145, 161, 179, 201, 220, 291, 325, 372, 390

m/z: 291

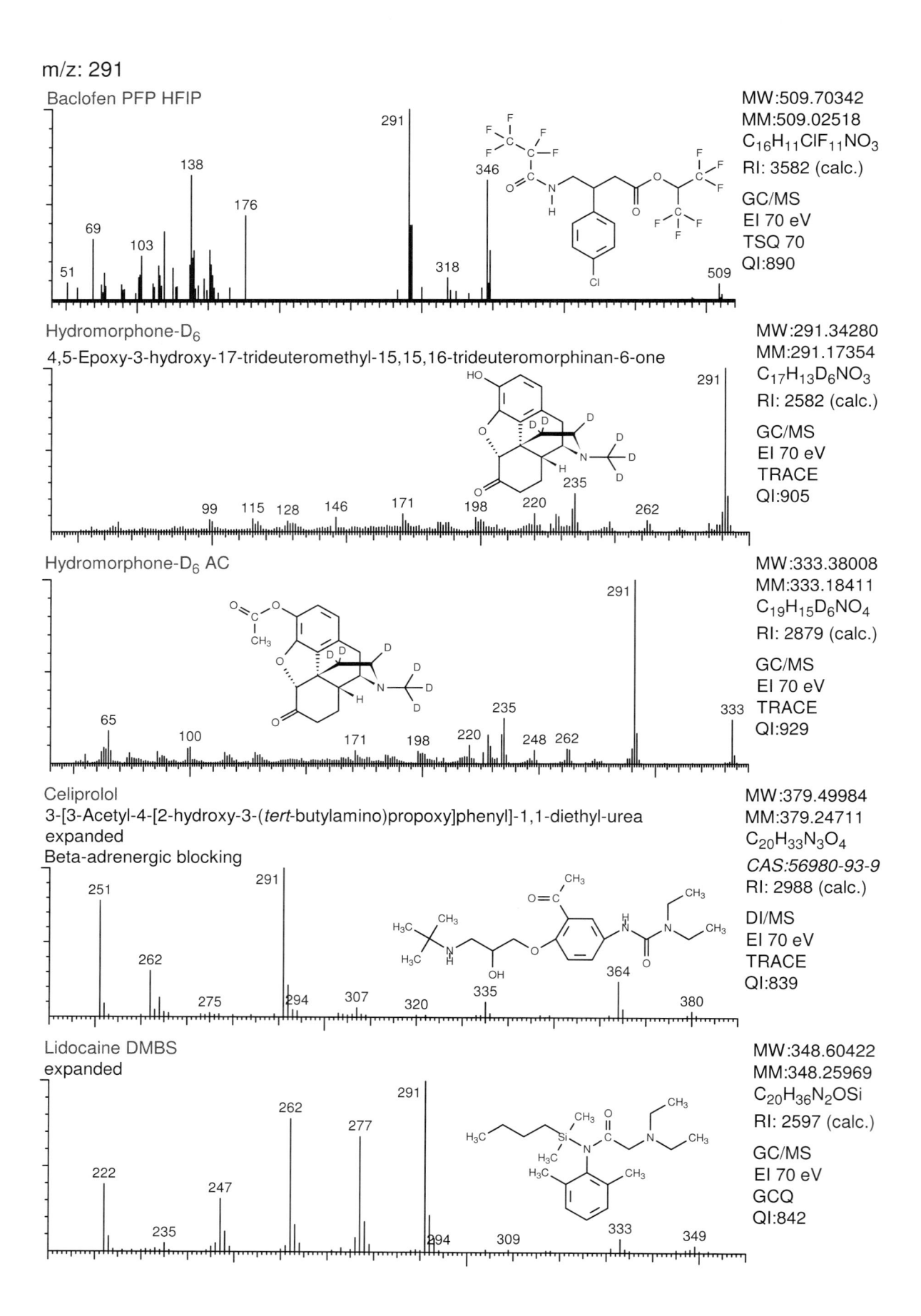

Baclofen PFP HFIP

Peaks: 51, 69, 103, 138, 176, 291, 318, 346, 509

MW:509.70342
MM:509.02518
$C_{16}H_{11}ClF_{11}NO_3$
RI: 3582 (calc.)

GC/MS
EI 70 eV
TSQ 70
QI:890

Hydromorphone-D₆
4,5-Epoxy-3-hydroxy-17-trideuteromethyl-15,15,16-trideuteromorphinan-6-one

Peaks: 99, 115, 128, 146, 171, 198, 220, 235, 262, 291

MW:291.34280
MM:291.17354
$C_{17}H_{13}D_6NO_3$
RI: 2582 (calc.)

GC/MS
EI 70 eV
TRACE
QI:905

Hydromorphone-D₆ AC

Peaks: 65, 100, 171, 198, 220, 235, 248, 262, 291, 333

MW:333.38008
MM:333.18411
$C_{19}H_{15}D_6NO_4$
RI: 2879 (calc.)

GC/MS
EI 70 eV
TRACE
QI:929

Celiprolol
3-[3-Acetyl-4-[2-hydroxy-3-(*tert*-butylamino)propoxy]phenyl]-1,1-diethyl-urea
expanded
Beta-adrenergic blocking

Peaks: 251, 262, 275, 291, 294, 307, 320, 335, 364, 380

MW:379.49984
MM:379.24711
$C_{20}H_{33}N_3O_4$
CAS:56980-93-9
RI: 2988 (calc.)

DI/MS
EI 70 eV
TRACE
QI:839

Lidocaine DMBS
expanded

Peaks: 222, 235, 247, 262, 277, 291, 294, 309, 333, 349

MW:348.60422
MM:348.25969
$C_{20}H_{36}N_2OSi$
RI: 2597 (calc.)

GC/MS
EI 70 eV
GCQ
QI:842

m/z: 291

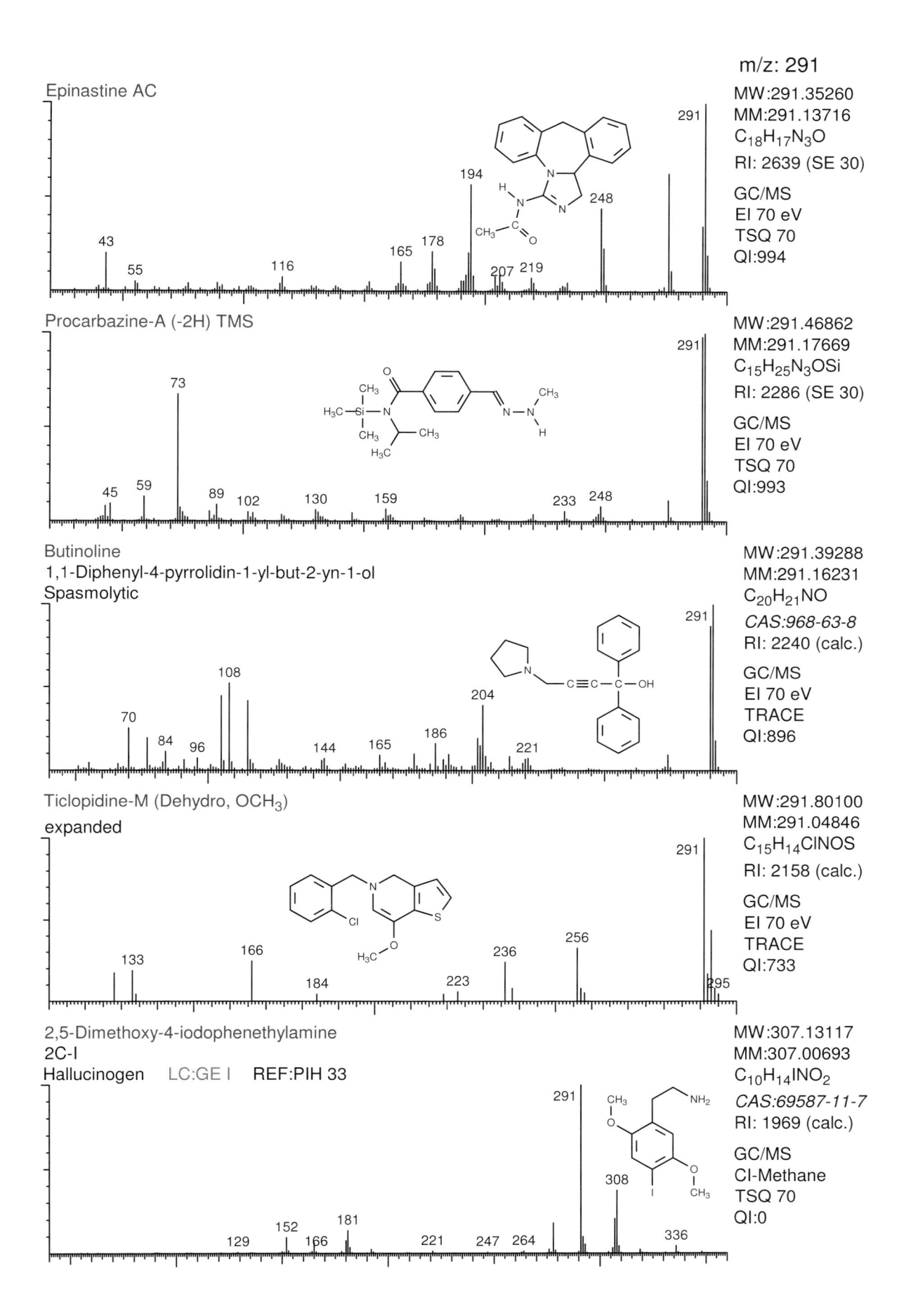

Epinastine AC

MW: 291.35260
MM: 291.13716
$C_{18}H_{17}N_3O$
RI: 2639 (SE 30)

GC/MS
EI 70 eV
TSQ 70
QI: 994

Peaks: 43, 55, 116, 165, 178, 194, 207, 219, 248, 291

Procarbazine-A (-2H) TMS

MW: 291.46862
MM: 291.17669
$C_{15}H_{25}N_3OSi$
RI: 2286 (SE 30)

GC/MS
EI 70 eV
TSQ 70
QI: 993

Peaks: 45, 59, 73, 89, 102, 130, 159, 233, 248, 291

Butinoline
1,1-Diphenyl-4-pyrrolidin-1-yl-but-2-yn-1-ol
Spasmolytic

MW: 291.39288
MM: 291.16231
$C_{20}H_{21}NO$
CAS: 968-63-8
RI: 2240 (calc.)

GC/MS
EI 70 eV
TRACE
QI: 896

Peaks: 70, 84, 96, 108, 144, 165, 186, 204, 221, 291

Ticlopidine-M (Dehydro, OCH$_3$)
expanded

MW: 291.80100
MM: 291.04846
$C_{15}H_{14}ClNOS$
RI: 2158 (calc.)

GC/MS
EI 70 eV
TRACE
QI: 733

Peaks: 133, 166, 184, 223, 236, 256, 291, 295

2,5-Dimethoxy-4-iodophenethylamine
2C-I
Hallucinogen   LC:GE I   REF:PIH 33

MW: 307.13117
MM: 307.00693
$C_{10}H_{14}INO_2$
CAS: 69587-11-7
RI: 1969 (calc.)

GC/MS
CI-Methane
TSQ 70
QI: 0

Peaks: 129, 152, 166, 181, 221, 247, 264, 291, 308, 336

m/z: 291

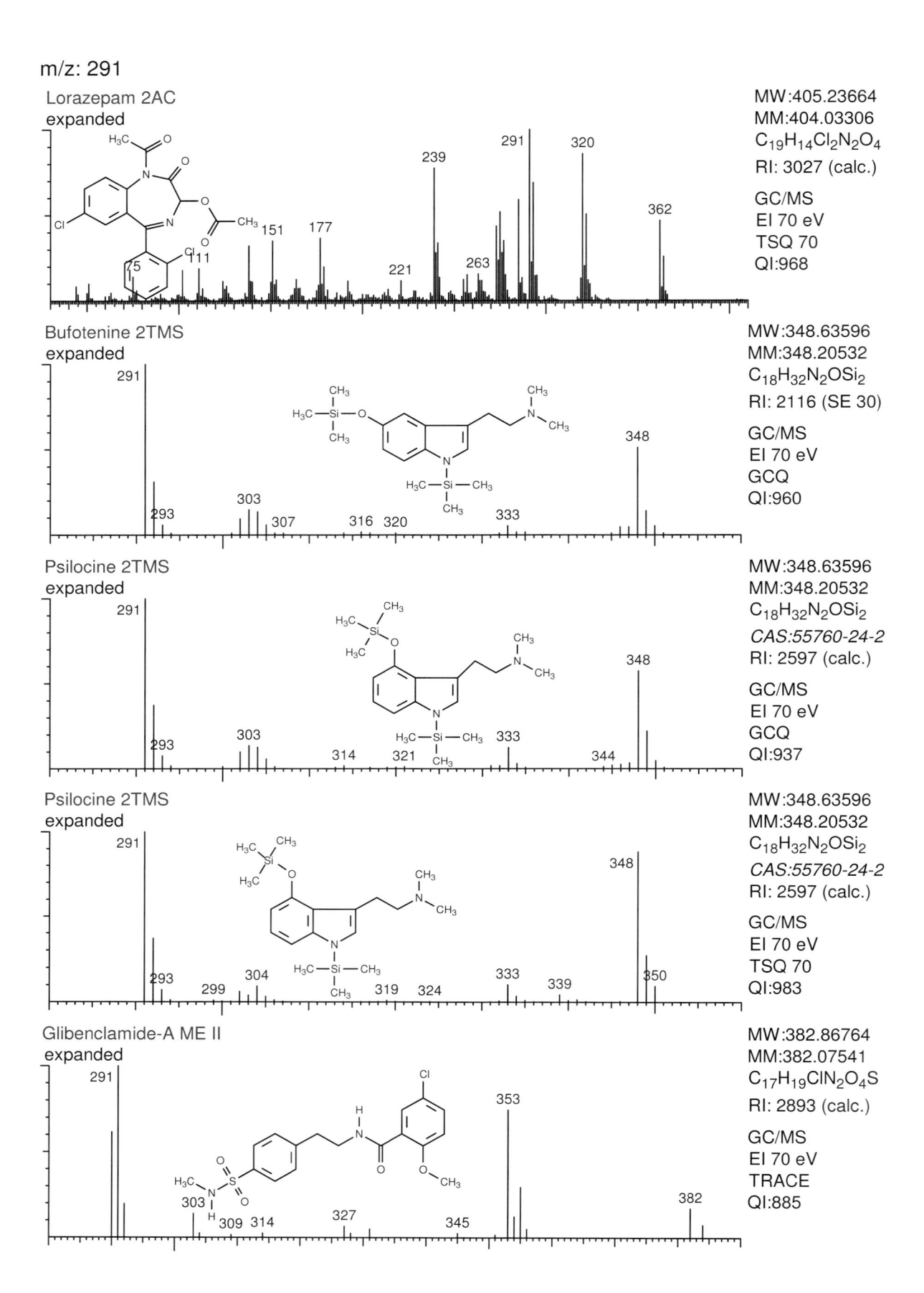

Lorazepam 2AC expanded

MW: 405.23664
MM: 404.03306
$C_{19}H_{14}Cl_2N_2O_4$
RI: 3027 (calc.)

GC/MS
EI 70 eV
TSQ 70
QI:968

Bufotenine 2TMS expanded

MW: 348.63596
MM: 348.20532
$C_{18}H_{32}N_2OSi_2$
RI: 2116 (SE 30)

GC/MS
EI 70 eV
GCQ
QI:960

Psilocine 2TMS expanded

MW: 348.63596
MM: 348.20532
$C_{18}H_{32}N_2OSi_2$
CAS: 55760-24-2
RI: 2597 (calc.)

GC/MS
EI 70 eV
GCQ
QI:937

Psilocine 2TMS expanded

MW: 348.63596
MM: 348.20532
$C_{18}H_{32}N_2OSi_2$
CAS: 55760-24-2
RI: 2597 (calc.)

GC/MS
EI 70 eV
TSQ 70
QI:983

Glibenclamide-A ME II expanded

MW: 382.86764
MM: 382.07541
$C_{17}H_{19}ClN_2O_4S$
RI: 2893 (calc.)

GC/MS
EI 70 eV
TRACE
QI:885

m/z: 291

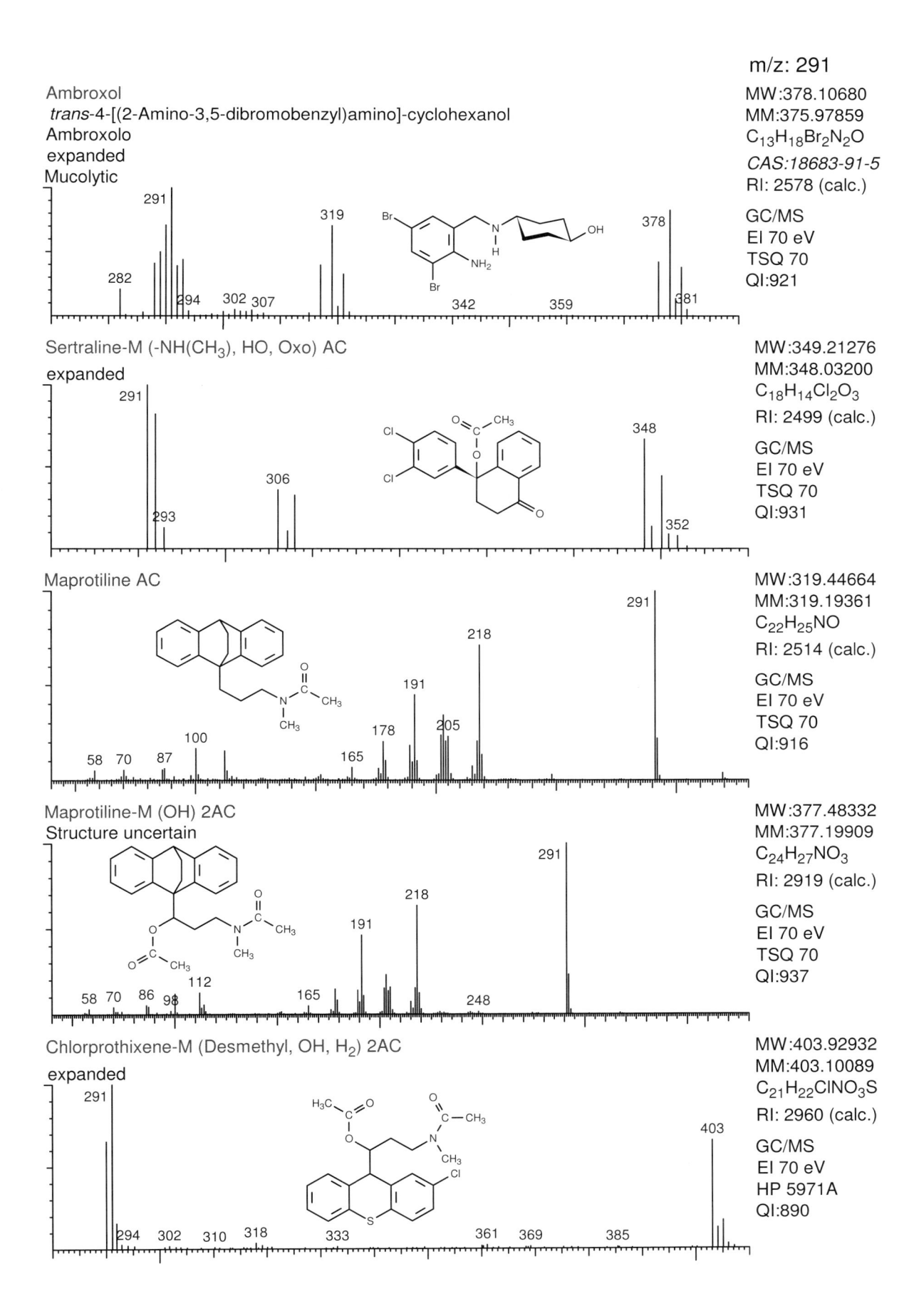

Ambroxol
trans-4-[(2-Amino-3,5-dibromobenzyl)amino]-cyclohexanol
Ambroxolo
expanded
Mucolytic

MW: 378.10680
MM: 375.97859
$C_{13}H_{18}Br_2N_2O$
CAS: 18683-91-5
RI: 2578 (calc.)

GC/MS
EI 70 eV
TSQ 70
QI: 921

Sertraline-M (-NH(CH$_3$), HO, Oxo) AC
expanded

MW: 349.21276
MM: 348.03200
$C_{18}H_{14}Cl_2O_3$
RI: 2499 (calc.)

GC/MS
EI 70 eV
TSQ 70
QI: 931

Maprotiline AC

MW: 319.44664
MM: 319.19361
$C_{22}H_{25}NO$
RI: 2514 (calc.)

GC/MS
EI 70 eV
TSQ 70
QI: 916

Maprotiline-M (OH) 2AC
Structure uncertain

MW: 377.48332
MM: 377.19909
$C_{24}H_{27}NO_3$
RI: 2919 (calc.)

GC/MS
EI 70 eV
TSQ 70
QI: 937

Chlorprothixene-M (Desmethyl, OH, H$_2$) 2AC
expanded

MW: 403.92932
MM: 403.10089
$C_{21}H_{22}ClNO_3S$
RI: 2960 (calc.)

GC/MS
EI 70 eV
HP 5971A
QI: 890

m/z: 291-292

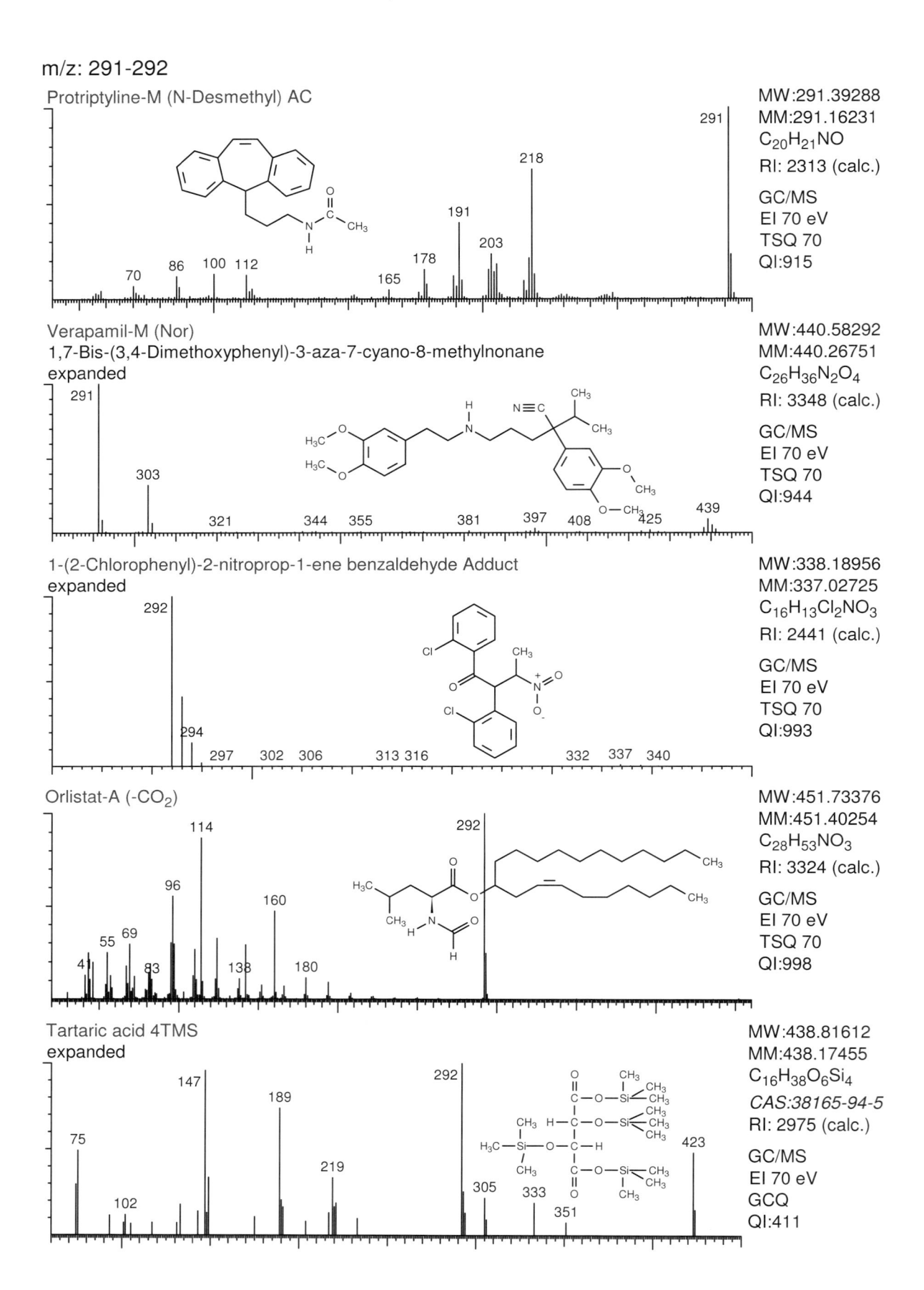

Protriptyline-M (N-Desmethyl) AC

MW: 291.39288
MM: 291.16231
$C_{20}H_{21}NO$
RI: 2313 (calc.)

GC/MS
EI 70 eV
TSQ 70
QI: 915

Peaks: 70, 86, 100, 112, 165, 178, 191, 203, 218, 291

Verapamil-M (Nor)
1,7-Bis-(3,4-Dimethoxyphenyl)-3-aza-7-cyano-8-methylnonane
expanded

MW: 440.58292
MM: 440.26751
$C_{26}H_{36}N_2O_4$
RI: 3348 (calc.)

GC/MS
EI 70 eV
TSQ 70
QI: 944

Peaks: 291, 303, 321, 344, 355, 381, 397, 408, 425, 439

1-(2-Chlorophenyl)-2-nitroprop-1-ene benzaldehyde Adduct
expanded

MW: 338.18956
MM: 337.02725
$C_{16}H_{13}Cl_2NO_3$
RI: 2441 (calc.)

GC/MS
EI 70 eV
TSQ 70
QI: 993

Peaks: 292, 294, 297, 302, 306, 313, 316, 332, 337, 340

Orlistat-A (-CO$_2$)

MW: 451.73376
MM: 451.40254
$C_{28}H_{53}NO_3$
RI: 3324 (calc.)

GC/MS
EI 70 eV
TSQ 70
QI: 998

Peaks: 41, 55, 69, 83, 96, 114, 138, 160, 180, 292

Tartaric acid 4TMS
expanded

MW: 438.81612
MM: 438.17455
$C_{16}H_{38}O_6Si_4$
CAS: 38165-94-5
RI: 2975 (calc.)

GC/MS
EI 70 eV
GCQ
QI: 411

Peaks: 75, 102, 147, 189, 219, 292, 305, 333, 351, 423

m/z: 292

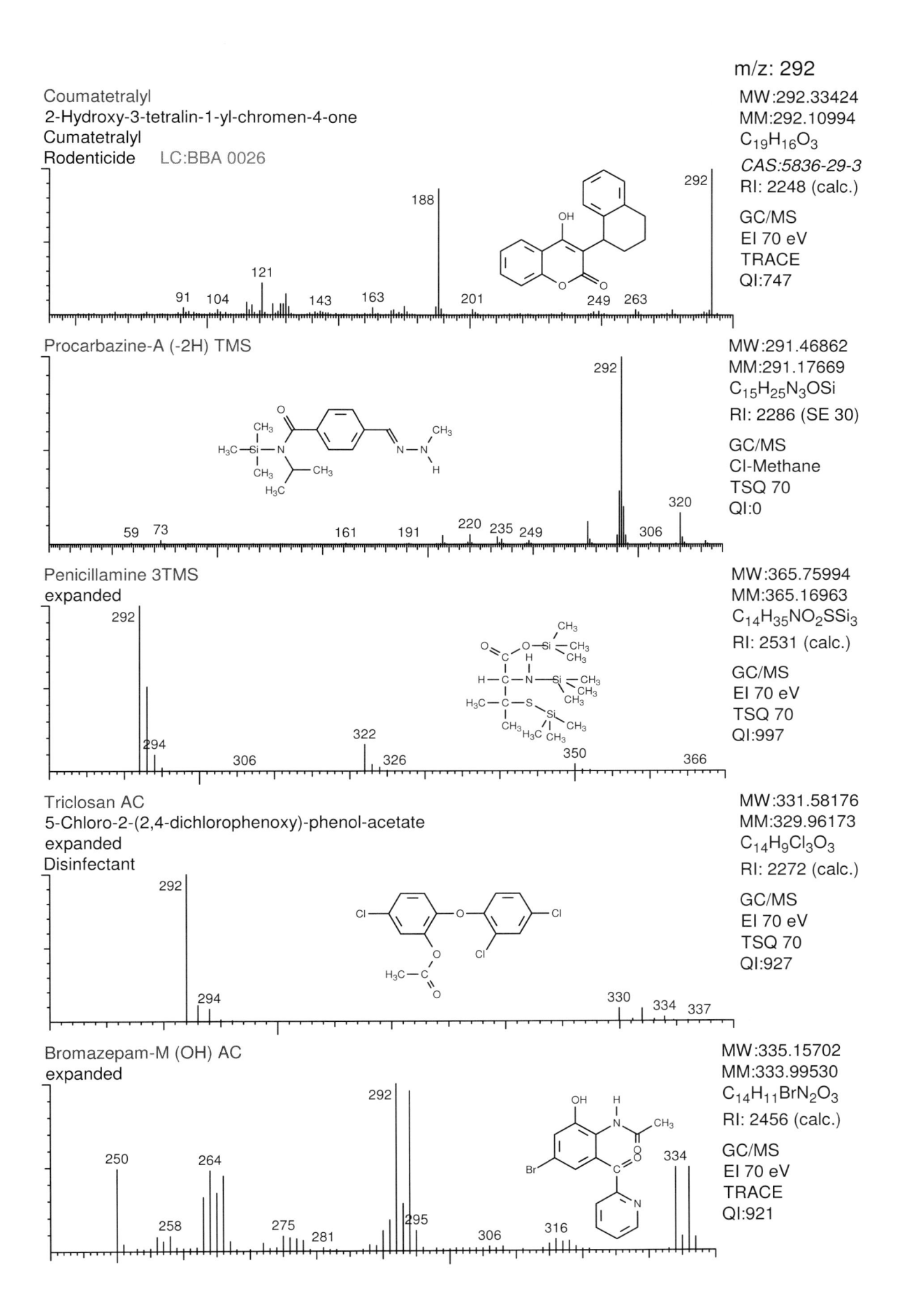

Coumatetralyl
2-Hydroxy-3-tetralin-1-yl-chromen-4-one
Cumatetralyl
Rodenticide   LC:BBA 0026

MW:292.33424
MM:292.10994
$C_{19}H_{16}O_3$
CAS:5836-29-3
RI: 2248 (calc.)

GC/MS
EI 70 eV
TRACE
QI:747

Peaks: 91, 104, 121, 143, 163, 188, 201, 249, 263, 292

Procarbazine-A (-2H) TMS

MW:291.46862
MM:291.17669
$C_{15}H_{25}N_3OSi$
RI: 2286 (SE 30)

GC/MS
CI-Methane
TSQ 70
QI:0

Peaks: 59, 73, 161, 191, 220, 235, 249, 292, 306, 320

Penicillamine 3TMS
expanded

MW:365.75994
MM:365.16963
$C_{14}H_{35}NO_2SSi_3$
RI: 2531 (calc.)

GC/MS
EI 70 eV
TSQ 70
QI:997

Peaks: 292, 294, 306, 322, 326, 350, 366

Triclosan AC
5-Chloro-2-(2,4-dichlorophenoxy)-phenol-acetate
expanded
Disinfectant

MW:331.58176
MM:329.96173
$C_{14}H_9Cl_3O_3$
RI: 2272 (calc.)

GC/MS
EI 70 eV
TSQ 70
QI:927

Peaks: 292, 294, 330, 334, 337

Bromazepam-M (OH) AC
expanded

MW:335.15702
MM:333.99530
$C_{14}H_{11}BrN_2O_3$
RI: 2456 (calc.)

GC/MS
EI 70 eV
TRACE
QI:921

Peaks: 250, 258, 264, 275, 281, 292, 295, 306, 316, 334

m/z: 292-293

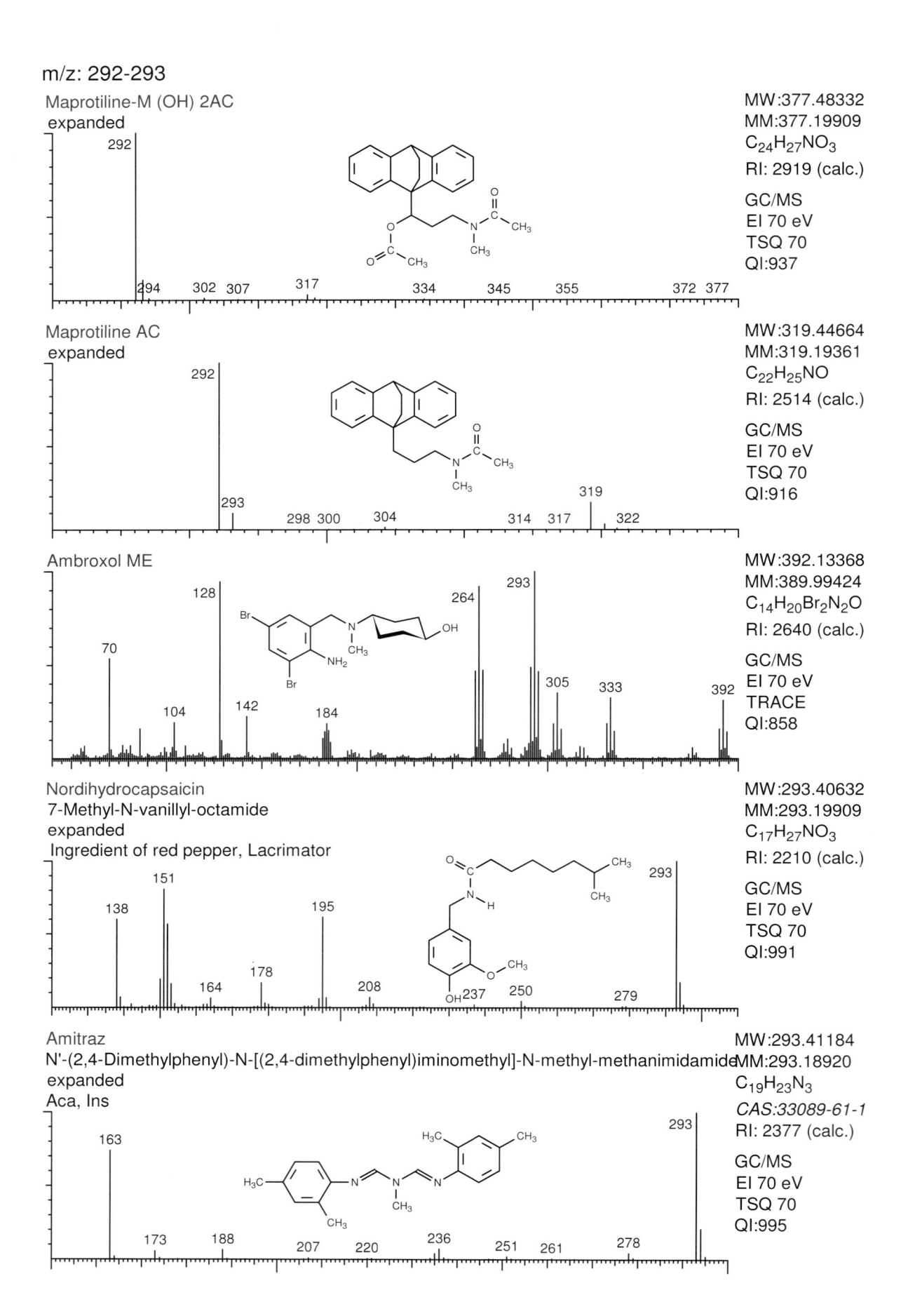

Maprotiline-M (OH) 2AC
expanded

MW: 377.48332
MM: 377.19909
$C_{24}H_{27}NO_3$
RI: 2919 (calc.)

GC/MS
EI 70 eV
TSQ 70
QI: 937

Maprotiline AC
expanded

MW: 319.44664
MM: 319.19361
$C_{22}H_{25}NO$
RI: 2514 (calc.)

GC/MS
EI 70 eV
TSQ 70
QI: 916

Ambroxol ME

MW: 392.13368
MM: 389.99424
$C_{14}H_{20}Br_2N_2O$
RI: 2640 (calc.)

GC/MS
EI 70 eV
TRACE
QI: 858

Nordihydrocapsaicin
7-Methyl-N-vanillyl-octamide
expanded
Ingredient of red pepper, Lacrimator

MW: 293.40632
MM: 293.19909
$C_{17}H_{27}NO_3$
RI: 2210 (calc.)

GC/MS
EI 70 eV
TSQ 70
QI: 991

Amitraz
N'-(2,4-Dimethylphenyl)-N-[(2,4-dimethylphenyl)iminomethyl]-N-methyl-methanimidamide
expanded
Aca, Ins

MW: 293.41184
MM: 293.18920
$C_{19}H_{23}N_3$
CAS: 33089-61-1
RI: 2377 (calc.)

GC/MS
EI 70 eV
TSQ 70
QI: 995

m/z: 293

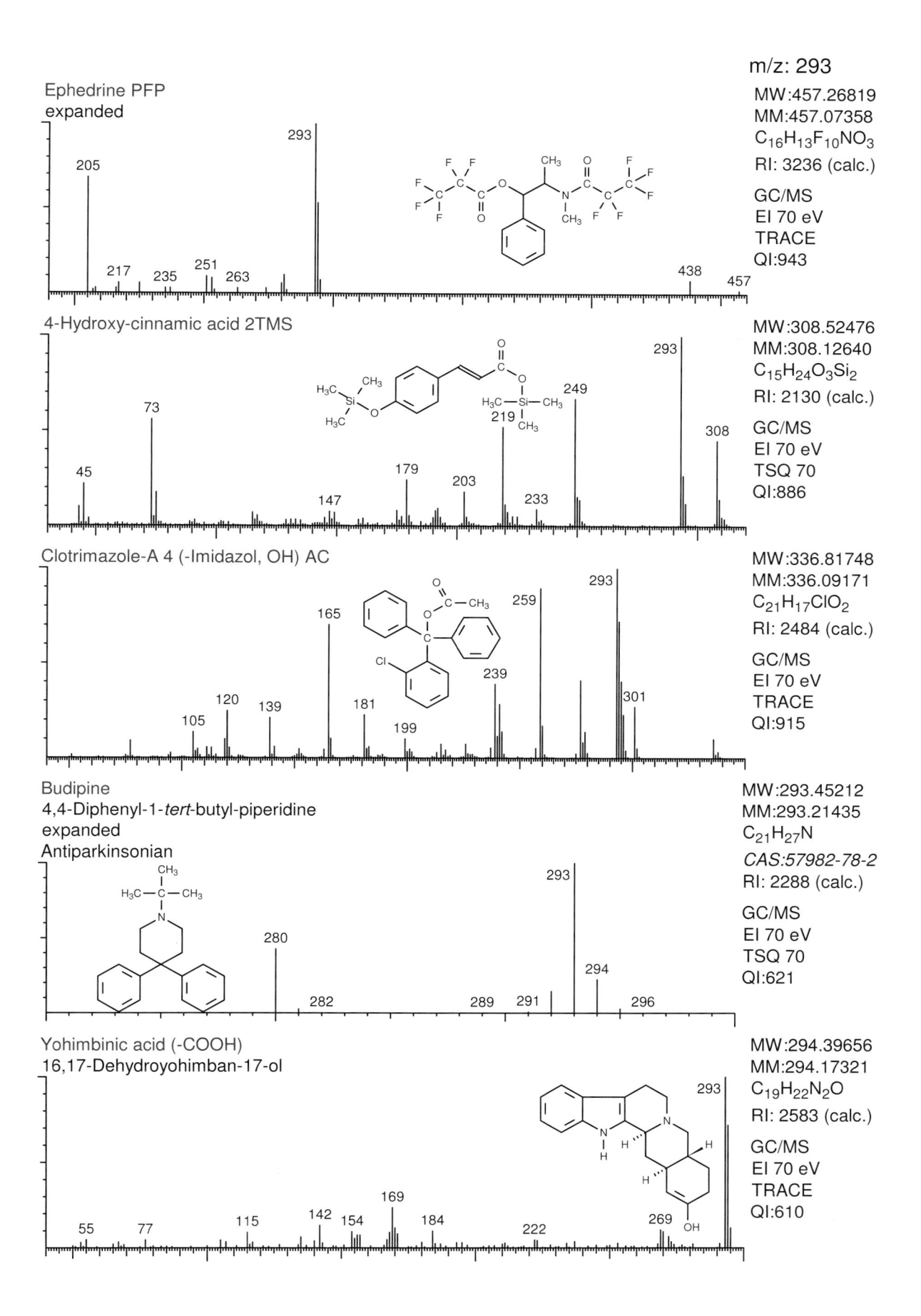

Ephedrine PFP expanded

Peaks: 205, 217, 235, 251, 263, 293, 438, 457

MW: 457.26819
MM: 457.07358
$C_{16}H_{13}F_{10}NO_3$
RI: 3236 (calc.)

GC/MS
EI 70 eV
TRACE
QI:943

4-Hydroxy-cinnamic acid 2TMS

Peaks: 45, 73, 147, 179, 203, 219, 233, 249, 293, 308

MW: 308.52476
MM: 308.12640
$C_{15}H_{24}O_3Si_2$
RI: 2130 (calc.)

GC/MS
EI 70 eV
TSQ 70
QI:886

Clotrimazole-A 4 (-Imidazol, OH) AC

Peaks: 105, 120, 139, 165, 181, 199, 239, 259, 293, 301

MW: 336.81748
MM: 336.09171
$C_{21}H_{17}ClO_2$
RI: 2484 (calc.)

GC/MS
EI 70 eV
TRACE
QI:915

Budipine
4,4-Diphenyl-1-*tert*-butyl-piperidine
expanded
Antiparkinsonian

Peaks: 280, 282, 289, 291, 293, 294, 296

MW: 293.45212
MM: 293.21435
$C_{21}H_{27}N$
CAS:57982-78-2
RI: 2288 (calc.)

GC/MS
EI 70 eV
TSQ 70
QI:621

Yohimbinic acid (-COOH)
16,17-Dehydroyohimban-17-ol

Peaks: 55, 77, 115, 142, 154, 169, 184, 222, 269, 293

MW: 294.39656
MM: 294.17321
$C_{19}H_{22}N_2O$
RI: 2583 (calc.)

GC/MS
EI 70 eV
TRACE
QI:610

m/z: 293

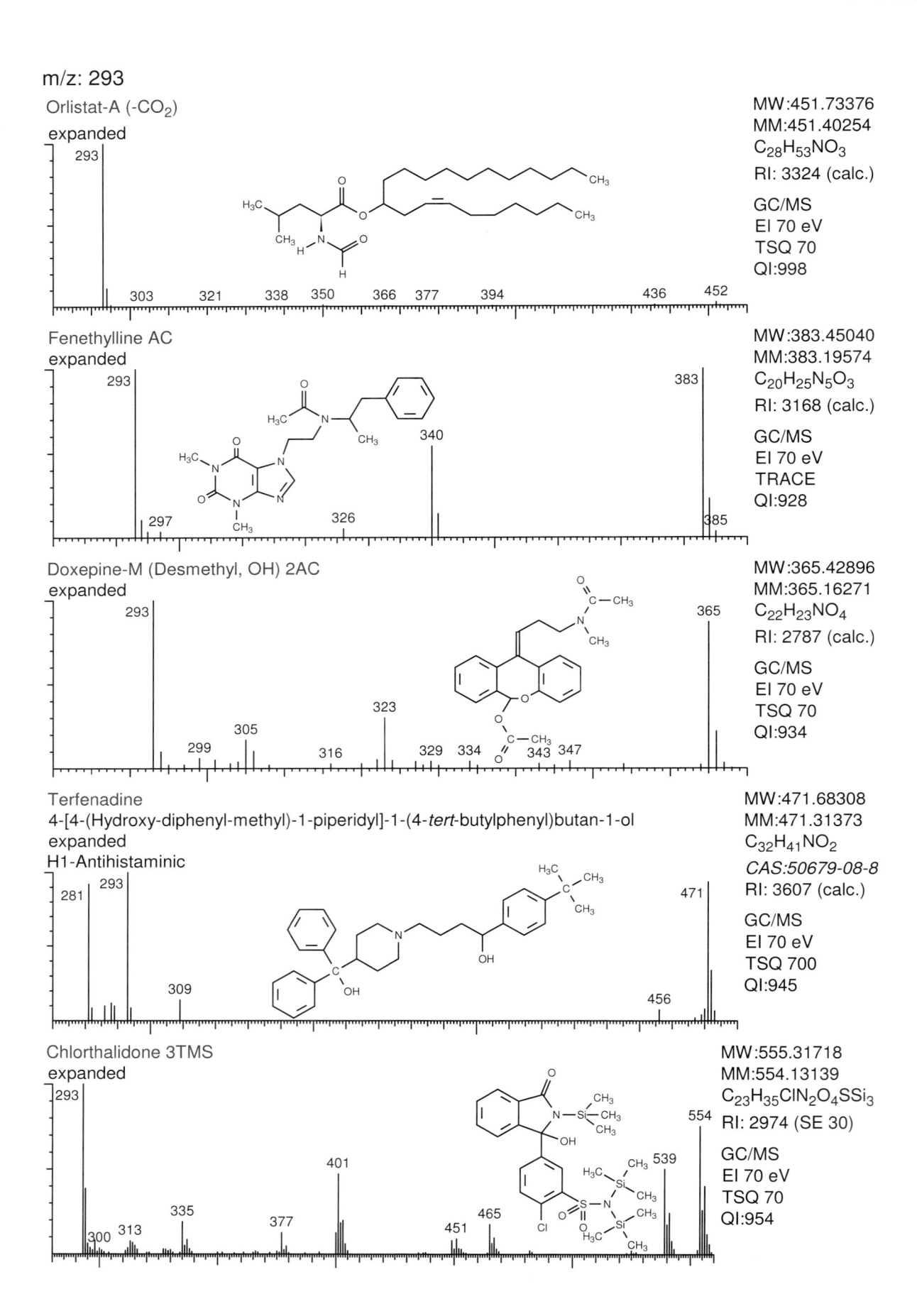

Orlistat-A (-CO₂)
expanded

MW:451.73376
MM:451.40254
$C_{28}H_{53}NO_3$
RI: 3324 (calc.)

GC/MS
EI 70 eV
TSQ 70
QI:998

Fenethylline AC
expanded

MW:383.45040
MM:383.19574
$C_{20}H_{25}N_5O_3$
RI: 3168 (calc.)

GC/MS
EI 70 eV
TRACE
QI:928

Doxepine-M (Desmethyl, OH) 2AC
expanded

MW:365.42896
MM:365.16271
$C_{22}H_{23}NO_4$
RI: 2787 (calc.)

GC/MS
EI 70 eV
TSQ 70
QI:934

Terfenadine
4-[4-(Hydroxy-diphenyl-methyl)-1-piperidyl]-1-(4-*tert*-butylphenyl)butan-1-ol
expanded
H1-Antihistaminic

MW:471.68308
MM:471.31373
$C_{32}H_{41}NO_2$
CAS:50679-08-8
RI: 3607 (calc.)

GC/MS
EI 70 eV
TSQ 700
QI:945

Chlorthalidone 3TMS
expanded

MW:555.31718
MM:554.13139
$C_{23}H_{35}ClN_2O_4SSi_3$
RI: 2974 (SE 30)

GC/MS
EI 70 eV
TSQ 70
QI:954

m/z: 293-294

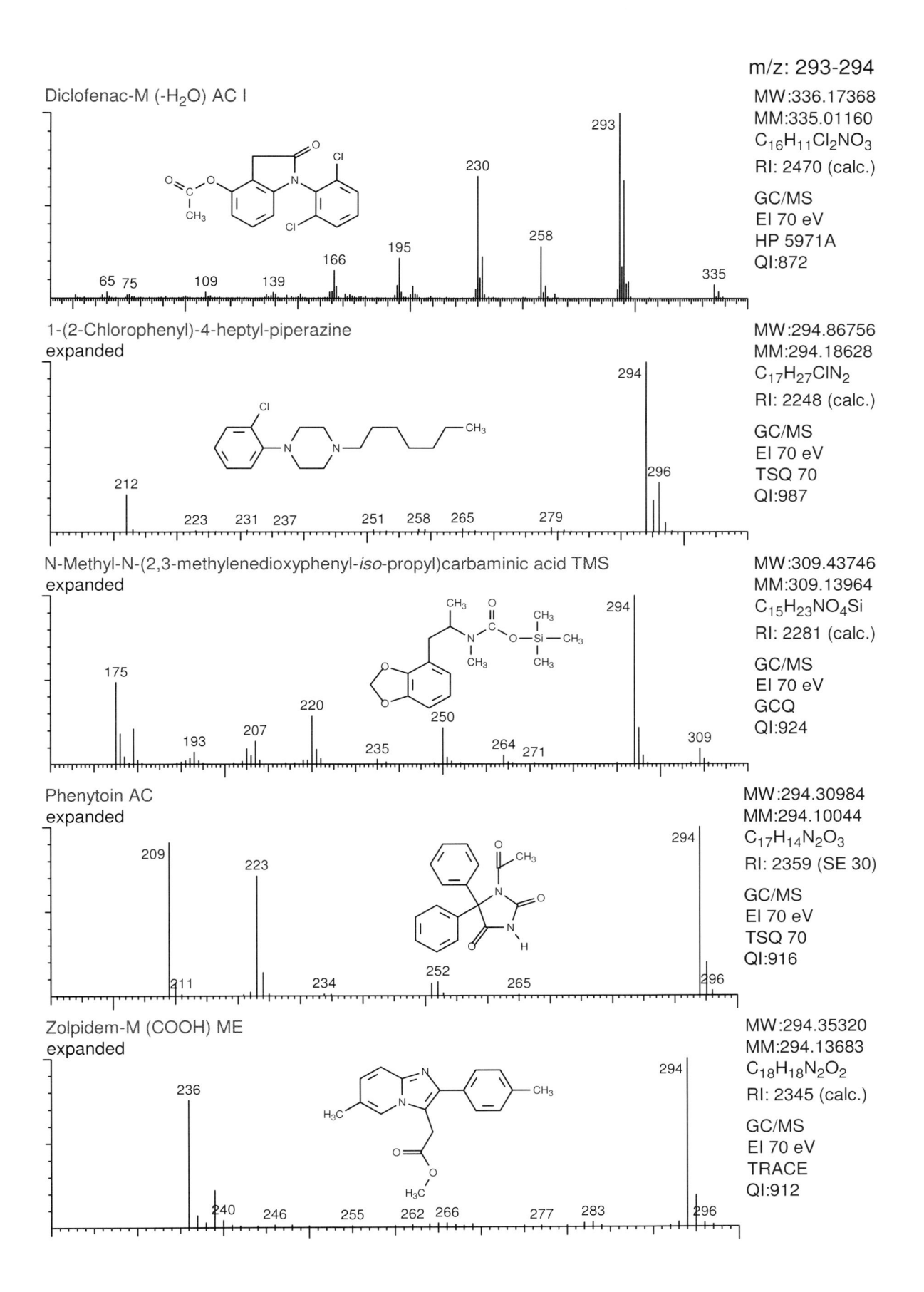

Diclofenac-M (-H₂O) AC I

MW: 336.17368
MM: 335.01160
$C_{16}H_{11}Cl_2NO_3$
RI: 2470 (calc.)

GC/MS
EI 70 eV
HP 5971A
QI: 872

1-(2-Chlorophenyl)-4-heptyl-piperazine
expanded

MW: 294.86756
MM: 294.18628
$C_{17}H_{27}ClN_2$
RI: 2248 (calc.)

GC/MS
EI 70 eV
TSQ 70
QI: 987

N-Methyl-N-(2,3-methylenedioxyphenyl-*iso*-propyl)carbaminic acid TMS
expanded

MW: 309.43746
MM: 309.13964
$C_{15}H_{23}NO_4Si$
RI: 2281 (calc.)

GC/MS
EI 70 eV
GCQ
QI: 924

Phenytoin AC
expanded

MW: 294.30984
MM: 294.10044
$C_{17}H_{14}N_2O_3$
RI: 2359 (SE 30)

GC/MS
EI 70 eV
TSQ 70
QI: 916

Zolpidem-M (COOH) ME
expanded

MW: 294.35320
MM: 294.13683
$C_{18}H_{18}N_2O_2$
RI: 2345 (calc.)

GC/MS
EI 70 eV
TRACE
QI: 912

m/z: 294

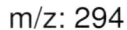

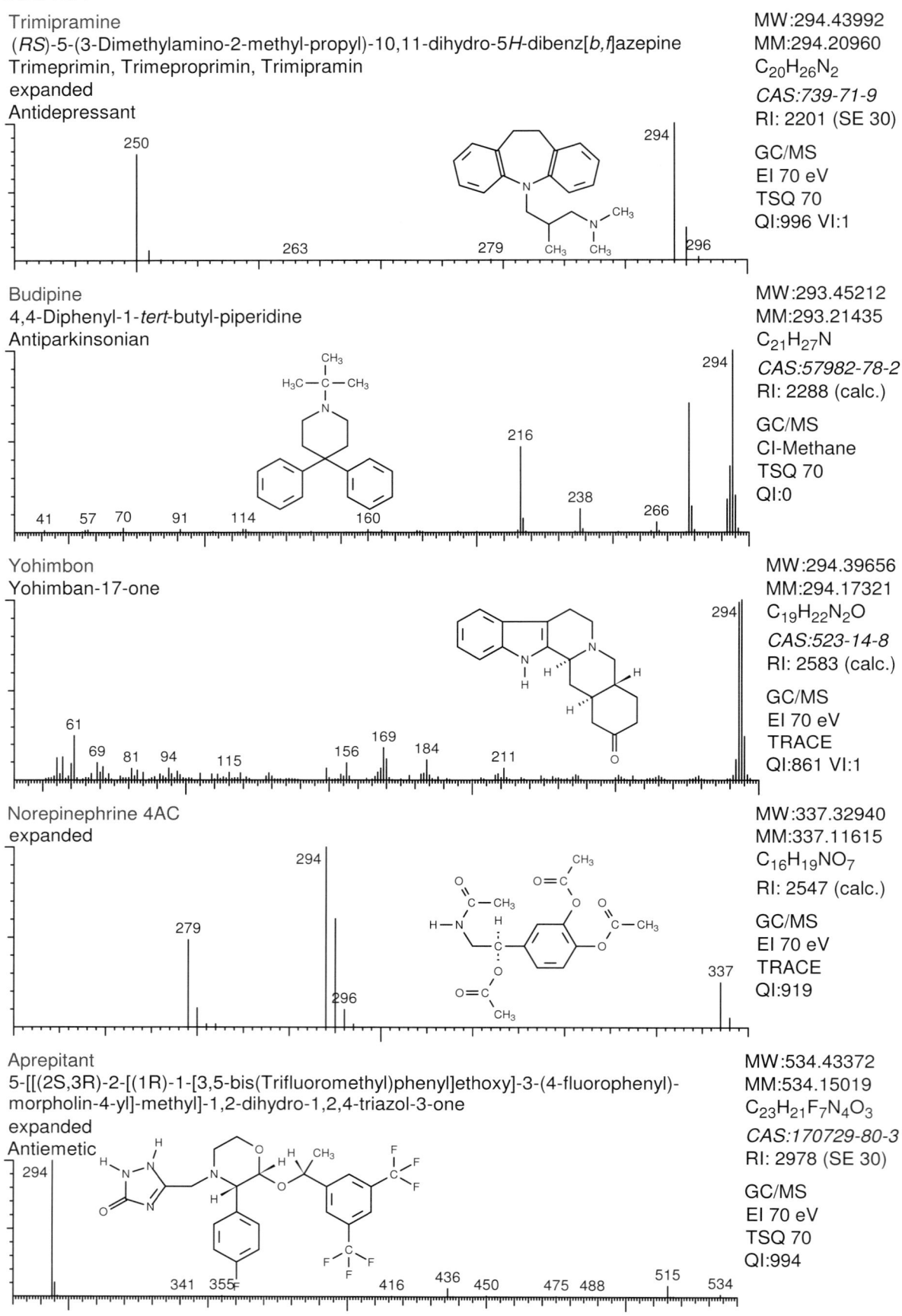

Trimipramine
(RS)-5-(3-Dimethylamino-2-methyl-propyl)-10,11-dihydro-5H-dibenz[b,f]azepine
Trimeprimin, Trimeproprimin, Trimipramin
expanded
Antidepressant

MW:294.43992
MM:294.20960
$C_{20}H_{26}N_2$
CAS:739-71-9
RI: 2201 (SE 30)

GC/MS
EI 70 eV
TSQ 70
QI:996 VI:1

Budipine
4,4-Diphenyl-1-tert-butyl-piperidine
Antiparkinsonian

MW:293.45212
MM:293.21435
$C_{21}H_{27}N$
CAS:57982-78-2
RI: 2288 (calc.)

GC/MS
CI-Methane
TSQ 70
QI:0

Yohimbon
Yohimban-17-one

MW:294.39656
MM:294.17321
$C_{19}H_{22}N_2O$
CAS:523-14-8
RI: 2583 (calc.)

GC/MS
EI 70 eV
TRACE
QI:861 VI:1

Norepinephrine 4AC
expanded

MW:337.32940
MM:337.11615
$C_{16}H_{19}NO_7$
RI: 2547 (calc.)

GC/MS
EI 70 eV
TRACE
QI:919

Aprepitant
5-[[(2S,3R)-2-[(1R)-1-[3,5-bis(Trifluoromethyl)phenyl]ethoxy]-3-(4-fluorophenyl)-
morpholin-4-yl]-methyl]-1,2-dihydro-1,2,4-triazol-3-one
expanded
Antiemetic

MW:534.43372
MM:534.15019
$C_{23}H_{21}F_7N_4O_3$
CAS:170729-80-3
RI: 2978 (SE 30)

GC/MS
EI 70 eV
TSQ 70
QI:994

Nalorphin PFP

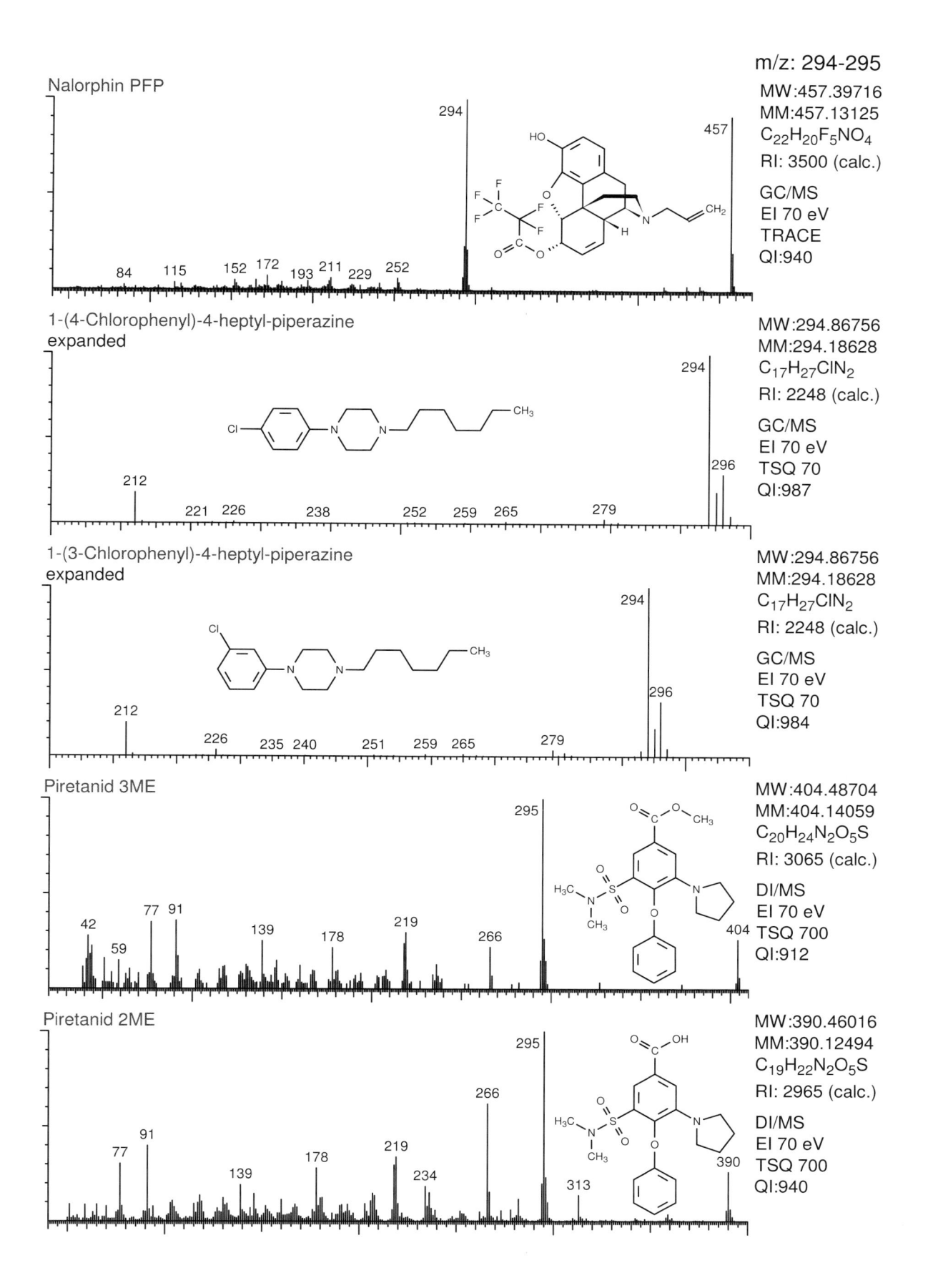

m/z: 294-295
MW: 457.39716
MM: 457.13125
$C_{22}H_{20}F_5NO_4$
RI: 3500 (calc.)

GC/MS
EI 70 eV
TRACE
QI: 940

1-(4-Chlorophenyl)-4-heptyl-piperazine
expanded

MW: 294.86756
MM: 294.18628
$C_{17}H_{27}ClN_2$
RI: 2248 (calc.)

GC/MS
EI 70 eV
TSQ 70
QI: 987

1-(3-Chlorophenyl)-4-heptyl-piperazine
expanded

MW: 294.86756
MM: 294.18628
$C_{17}H_{27}ClN_2$
RI: 2248 (calc.)

GC/MS
EI 70 eV
TSQ 70
QI: 984

Piretanid 3ME

MW: 404.48704
MM: 404.14059
$C_{20}H_{24}N_2O_5S$
RI: 3065 (calc.)

DI/MS
EI 70 eV
TSQ 700
QI: 912

Piretanid 2ME

MW: 390.46016
MM: 390.12494
$C_{19}H_{22}N_2O_5S$
RI: 2965 (calc.)

DI/MS
EI 70 eV
TSQ 700
QI: 940

m/z: 295

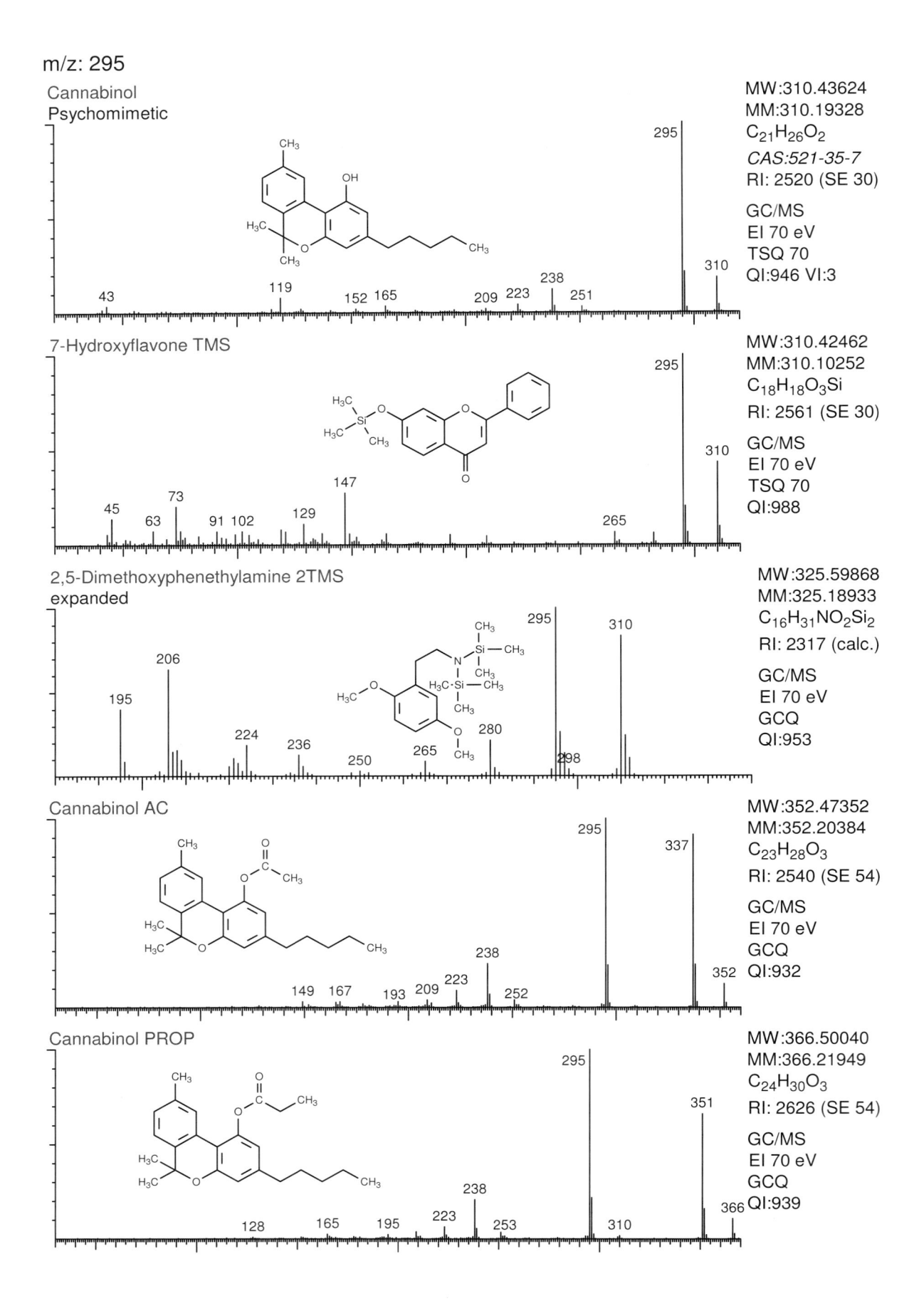

Cannabinol
Psychomimetic

MW:310.43624
MM:310.19328
$C_{21}H_{26}O_2$
CAS:521-35-7
RI: 2520 (SE 30)

GC/MS
EI 70 eV
TSQ 70
QI:946 VI:3

7-Hydroxyflavone TMS

MW:310.42462
MM:310.10252
$C_{18}H_{18}O_3Si$
RI: 2561 (SE 30)

GC/MS
EI 70 eV
TSQ 70
QI:988

2,5-Dimethoxyphenethylamine 2TMS
expanded

MW:325.59868
MM:325.18933
$C_{16}H_{31}NO_2Si_2$
RI: 2317 (calc.)

GC/MS
EI 70 eV
GCQ
QI:953

Cannabinol AC

MW:352.47352
MM:352.20384
$C_{23}H_{28}O_3$
RI: 2540 (SE 54)

GC/MS
EI 70 eV
GCQ
QI:932

Cannabinol PROP

MW:366.50040
MM:366.21949
$C_{24}H_{30}O_3$
RI: 2626 (SE 54)

GC/MS
EI 70 eV
GCQ
QI:939

m/z: 296

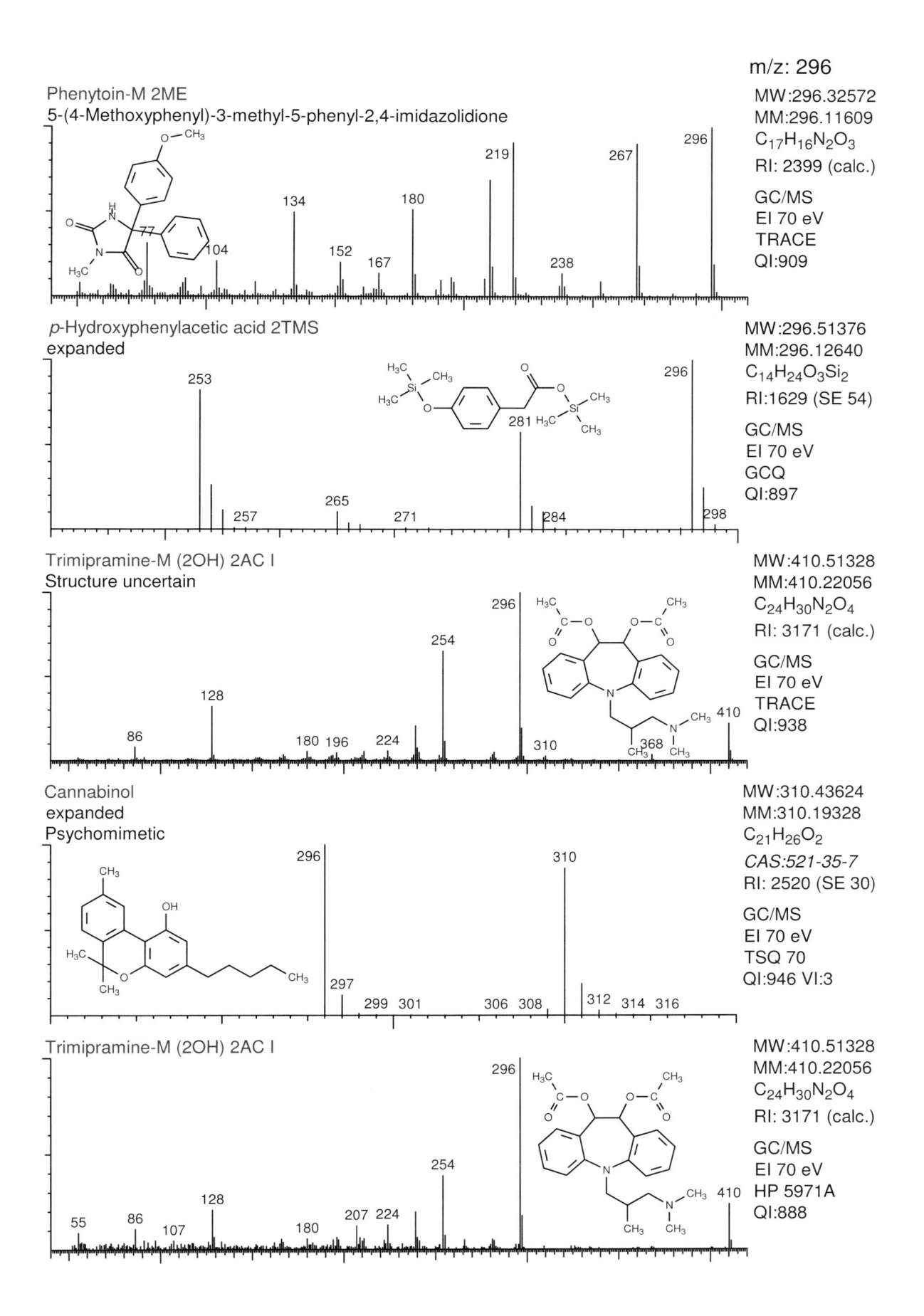

Phenytoin-M 2ME
5-(4-Methoxyphenyl)-3-methyl-5-phenyl-2,4-imidazolidione

MW: 296.32572
MM: 296.11609
$C_{17}H_{16}N_2O_3$
RI: 2399 (calc.)

GC/MS
EI 70 eV
TRACE
QI:909

p-Hydroxyphenylacetic acid 2TMS
expanded

MW: 296.51376
MM: 296.12640
$C_{14}H_{24}O_3Si_2$
RI: 1629 (SE 54)

GC/MS
EI 70 eV
GCQ
QI:897

Trimipramine-M (2OH) 2AC I
Structure uncertain

MW: 410.51328
MM: 410.22056
$C_{24}H_{30}N_2O_4$
RI: 3171 (calc.)

GC/MS
EI 70 eV
TRACE
QI:938

Cannabinol
expanded
Psychomimetic

MW: 310.43624
MM: 310.19328
$C_{21}H_{26}O_2$
CAS: 521-35-7
RI: 2520 (SE 30)

GC/MS
EI 70 eV
TSQ 70
QI:946 VI:3

Trimipramine-M (2OH) 2AC I

MW: 410.51328
MM: 410.22056
$C_{24}H_{30}N_2O_4$
RI: 3171 (calc.)

GC/MS
EI 70 eV
HP 5971A
QI:888

1595

m/z: 296-297

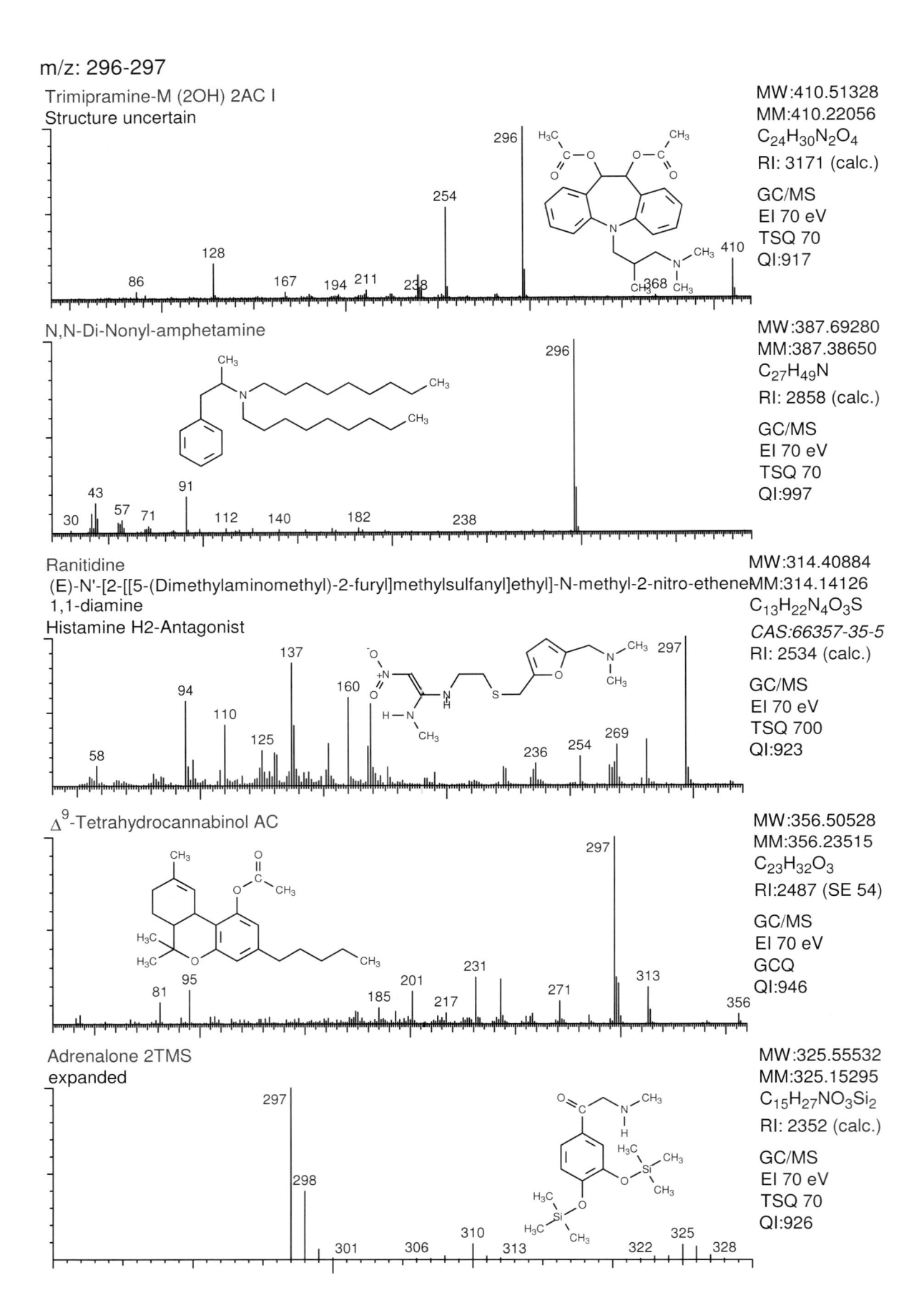

Trimipramine-M (2OH) 2AC I
Structure uncertain

MW:410.51328
MM:410.22056
$C_{24}H_{30}N_2O_4$
RI: 3171 (calc.)

GC/MS
EI 70 eV
TSQ 70
QI:917

Peaks: 86, 128, 167, 194, 211, 238, 254, 296, 368, 410

N,N-Di-Nonyl-amphetamine

MW:387.69280
MM:387.38650
$C_{27}H_{49}N$
RI: 2858 (calc.)

GC/MS
EI 70 eV
TSQ 70
QI:997

Peaks: 30, 43, 57, 71, 91, 112, 140, 182, 238, 296

Ranitidine
(E)-N'-[2-[[5-(Dimethylaminomethyl)-2-furyl]methylsulfanyl]ethyl]-N-methyl-2-nitro-ethene 1,1-diamine
Histamine H2-Antagonist

MW:314.40884
MM:314.14126
$C_{13}H_{22}N_4O_3S$
CAS:66357-35-5
RI: 2534 (calc.)

GC/MS
EI 70 eV
TSQ 700
QI:923

Peaks: 58, 94, 110, 125, 137, 160, 236, 254, 269, 297

Δ^9-Tetrahydrocannabinol AC

MW:356.50528
MM:356.23515
$C_{23}H_{32}O_3$
RI:2487 (SE 54)

GC/MS
EI 70 eV
GCQ
QI:946

Peaks: 81, 95, 185, 201, 217, 231, 271, 297, 313, 356

Adrenalone 2TMS
expanded

MW:325.55532
MM:325.15295
$C_{15}H_{27}NO_3Si_2$
RI: 2352 (calc.)

GC/MS
EI 70 eV
TSQ 70
QI:926

Peaks: 297, 298, 301, 306, 310, 313, 322, 325, 328

m/z: 297

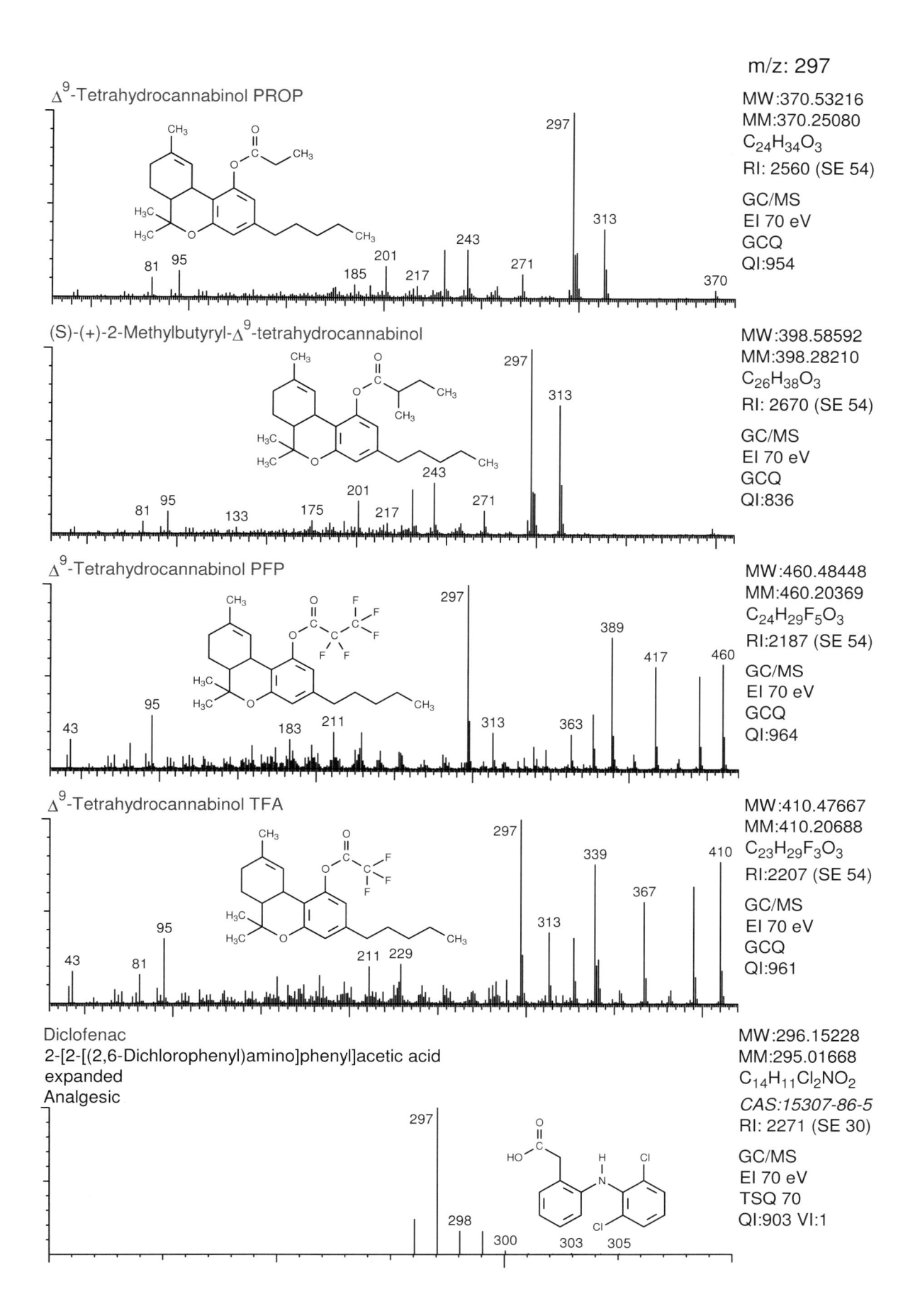

Δ^9-Tetrahydrocannabinol PROP

MW: 370.53216
MM: 370.25080
$C_{24}H_{34}O_3$
RI: 2560 (SE 54)

GC/MS
EI 70 eV
GCQ
QI: 954

Peaks: 81, 95, 185, 201, 217, 243, 271, 297, 313, 370

(S)-(+)-2-Methylbutyryl-Δ^9-tetrahydrocannabinol

MW: 398.58592
MM: 398.28210
$C_{26}H_{38}O_3$
RI: 2670 (SE 54)

GC/MS
EI 70 eV
GCQ
QI: 836

Peaks: 81, 95, 133, 175, 201, 217, 243, 271, 297, 313

Δ^9-Tetrahydrocannabinol PFP

MW: 460.48448
MM: 460.20369
$C_{24}H_{29}F_5O_3$
RI: 2187 (SE 54)

GC/MS
EI 70 eV
GCQ
QI: 964

Peaks: 43, 95, 183, 211, 297, 313, 363, 389, 417, 460

Δ^9-Tetrahydrocannabinol TFA

MW: 410.47667
MM: 410.20688
$C_{23}H_{29}F_3O_3$
RI: 2207 (SE 54)

GC/MS
EI 70 eV
GCQ
QI: 961

Peaks: 43, 81, 95, 211, 229, 297, 313, 339, 367, 410

Diclofenac
2-[2-[(2,6-Dichlorophenyl)amino]phenyl]acetic acid
expanded
Analgesic

MW: 296.15228
MM: 295.01668
$C_{14}H_{11}Cl_2NO_2$
CAS: 15307-86-5
RI: 2271 (SE 30)

GC/MS
EI 70 eV
TSQ 70
QI: 903 VI:1

Peaks: 297, 298, 300, 303, 305

m/z: 297-298

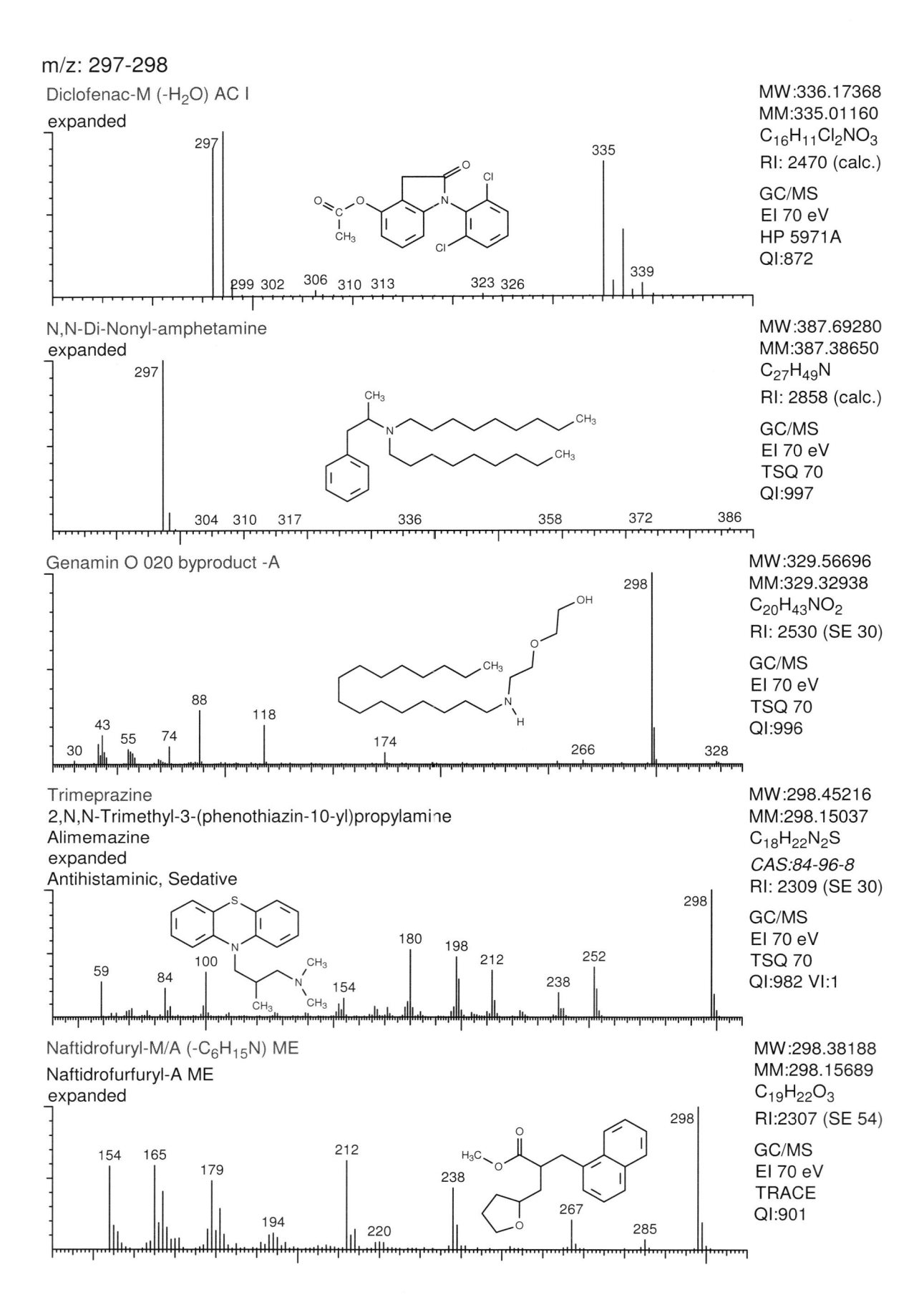

Diclofenac-M (-H₂O) AC I
expanded

Peaks: 297, 299, 302, 306, 310, 313, 323, 326, 335, 339

MW: 336.17368
MM: 335.01160
$C_{16}H_{11}Cl_2NO_3$
RI: 2470 (calc.)

GC/MS
EI 70 eV
HP 5971A
QI: 872

N,N-Di-Nonyl-amphetamine
expanded

Peaks: 297, 304, 310, 317, 336, 358, 372, 386

MW: 387.69280
MM: 387.38650
$C_{27}H_{49}N$
RI: 2858 (calc.)

GC/MS
EI 70 eV
TSQ 70
QI: 997

Genamin O 020 byproduct -A

Peaks: 30, 43, 55, 74, 88, 118, 174, 266, 298, 328

MW: 329.56696
MM: 329.32938
$C_{20}H_{43}NO_2$
RI: 2530 (SE 30)

GC/MS
EI 70 eV
TSQ 70
QI: 996

Trimeprazine
2,N,N-Trimethyl-3-(phenothiazin-10-yl)propylamine
Alimemazine
expanded
Antihistaminic, Sedative

Peaks: 59, 84, 100, 154, 180, 198, 212, 238, 252, 298

MW: 298.45216
MM: 298.15037
$C_{18}H_{22}N_2S$
CAS: 84-96-8
RI: 2309 (SE 30)

GC/MS
EI 70 eV
TSQ 70
QI: 982 VI:1

Naftidrofuryl-M/A (-C₆H₁₅N) ME
Naftidrofurfuryl-A ME
expanded

Peaks: 154, 165, 179, 194, 212, 220, 238, 267, 285, 298

MW: 298.38188
MM: 298.15689
$C_{19}H_{22}O_3$
RI: 2307 (SE 54)

GC/MS
EI 70 eV
TRACE
QI: 901

m/z: 298

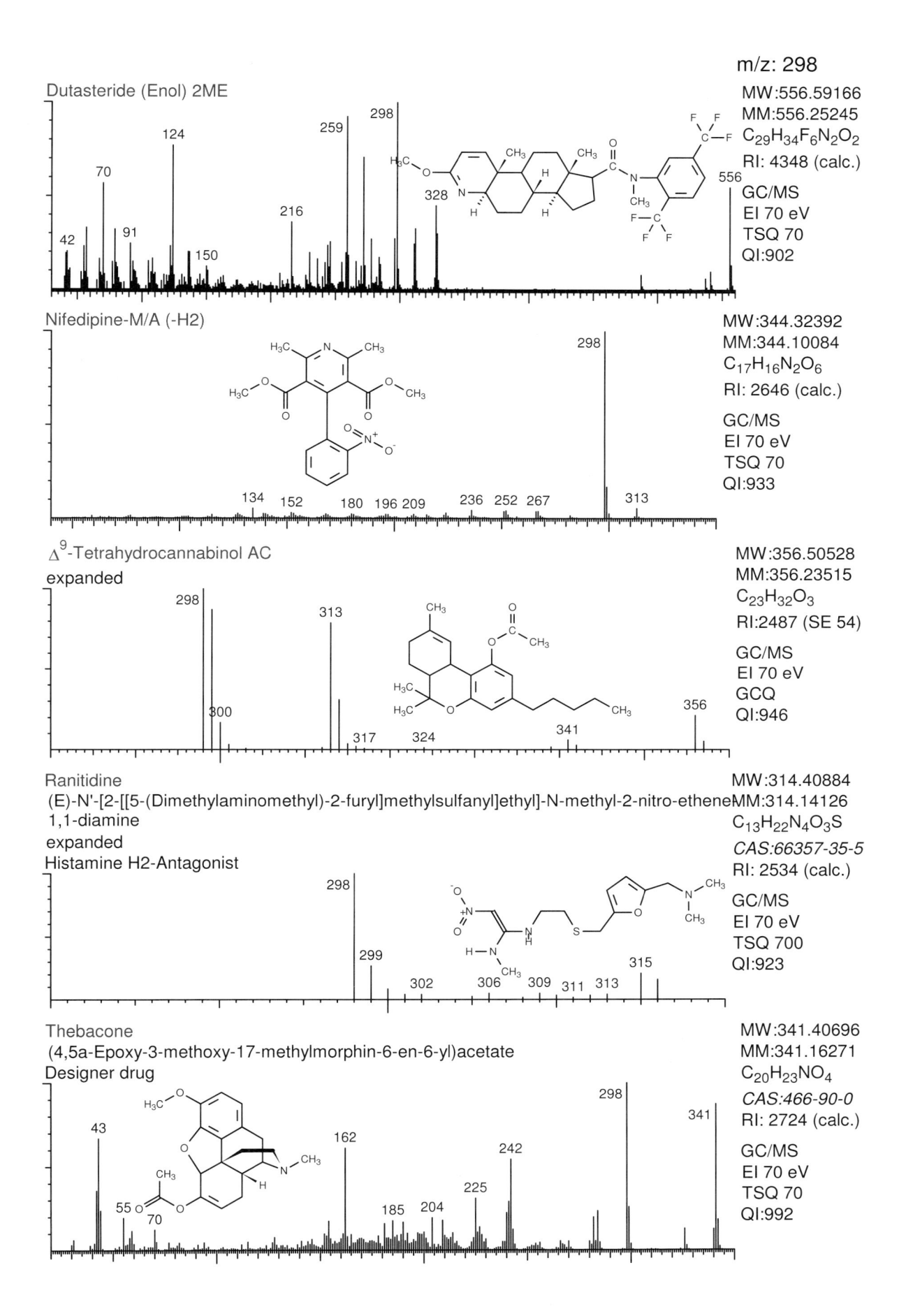

Dutasteride (Enol) 2ME

MW: 556.59166
MM: 556.25245
$C_{29}H_{34}F_6N_2O_2$
RI: 4348 (calc.)

GC/MS
EI 70 eV
TSQ 70
QI: 902

Nifedipine-M/A (-H2)

MW: 344.32392
MM: 344.10084
$C_{17}H_{16}N_2O_6$
RI: 2646 (calc.)

GC/MS
EI 70 eV
TSQ 70
QI: 933

Δ^9-Tetrahydrocannabinol AC
expanded

MW: 356.50528
MM: 356.23515
$C_{23}H_{32}O_3$
RI: 2487 (SE 54)

GC/MS
EI 70 eV
GCQ
QI: 946

Ranitidine
(E)-N'-[2-[[5-(Dimethylaminomethyl)-2-furyl]methylsulfanyl]ethyl]-N-methyl-2-nitro-ethene
1,1-diamine
expanded
Histamine H2-Antagonist

MW: 314.40884
MM: 314.14126
$C_{13}H_{22}N_4O_3S$
CAS: 66357-35-5
RI: 2534 (calc.)

GC/MS
EI 70 eV
TSQ 700
QI: 923

Thebacone
(4,5a-Epoxy-3-methoxy-17-methylmorphin-6-en-6-yl)acetate
Designer drug

MW: 341.40696
MM: 341.16271
$C_{20}H_{23}NO_4$
CAS: 466-90-0
RI: 2724 (calc.)

GC/MS
EI 70 eV
TSQ 70
QI: 992

m/z: 299

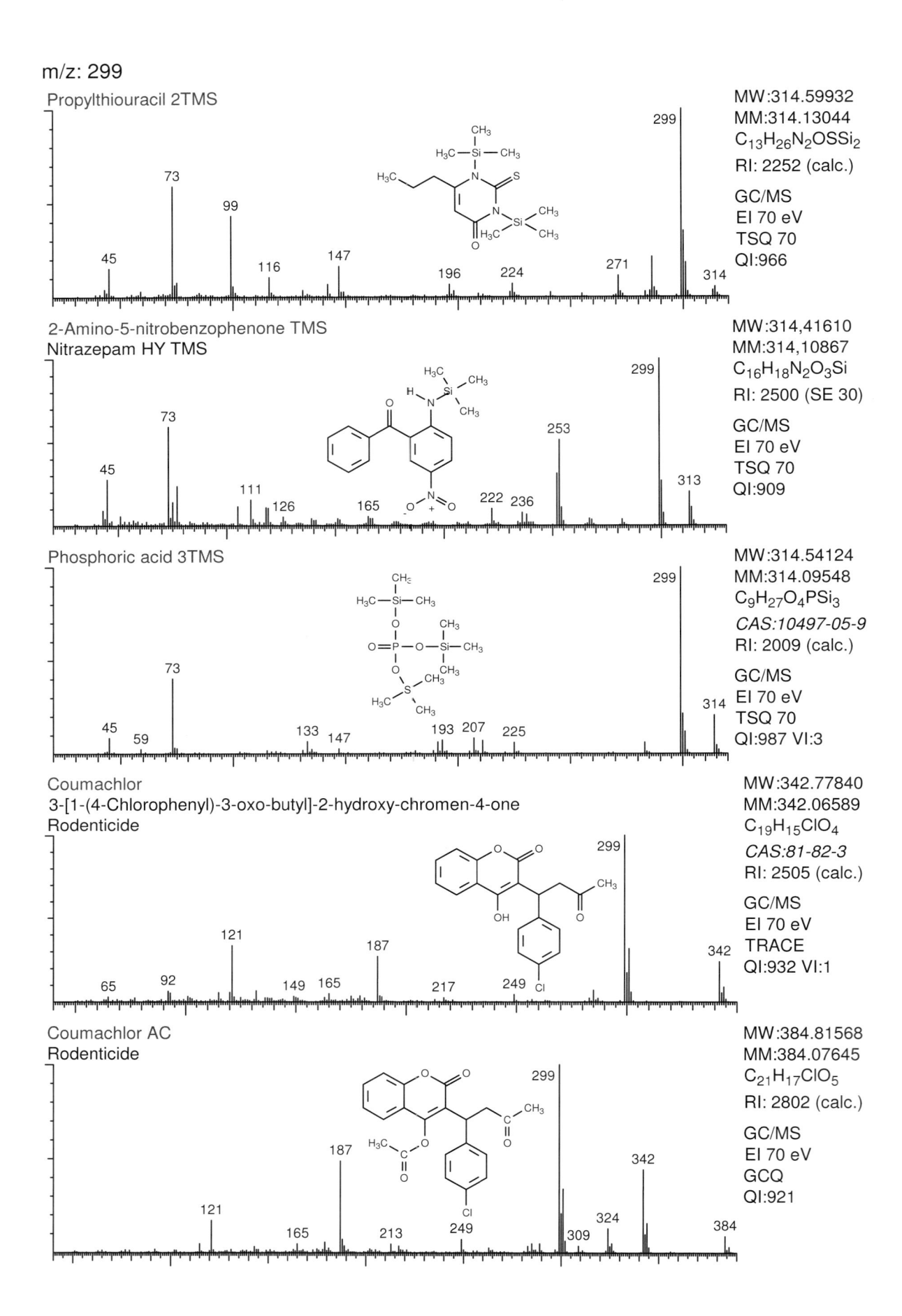

Propylthiouracil 2TMS

MW: 314.59932
MM: 314.13044
$C_{13}H_{26}N_2OSSi_2$
RI: 2252 (calc.)

GC/MS
EI 70 eV
TSQ 70
QI: 966

Peaks: 45, 73, 99, 116, 147, 196, 224, 271, 299, 314

2-Amino-5-nitrobenzophenone TMS
Nitrazepam HY TMS

MW: 314,41610
MM: 314,10867
$C_{16}H_{18}N_2O_3Si$
RI: 2500 (SE 30)

GC/MS
EI 70 eV
TSQ 70
QI: 909

Peaks: 45, 73, 111, 126, 165, 222, 236, 253, 299, 313

Phosphoric acid 3TMS

MW: 314.54124
MM: 314.09548
$C_9H_{27}O_4PSi_3$
CAS: 10497-05-9
RI: 2009 (calc.)

GC/MS
EI 70 eV
TSQ 70
QI: 987 VI:3

Peaks: 45, 59, 73, 133, 147, 193, 207, 225, 299, 314

Coumachlor
3-[1-(4-Chlorophenyl)-3-oxo-butyl]-2-hydroxy-chromen-4-one
Rodenticide

MW: 342.77840
MM: 342.06589
$C_{19}H_{15}ClO_4$
CAS: 81-82-3
RI: 2505 (calc.)

GC/MS
EI 70 eV
TRACE
QI: 932 VI:1

Peaks: 65, 92, 121, 149, 165, 187, 217, 249, 299, 342

Coumachlor AC
Rodenticide

MW: 384.81568
MM: 384.07645
$C_{21}H_{17}ClO_5$
RI: 2802 (calc.)

GC/MS
EI 70 eV
GCQ
QI: 921

Peaks: 121, 165, 187, 213, 249, 299, 309, 324, 342, 384

1600

m/z: 299

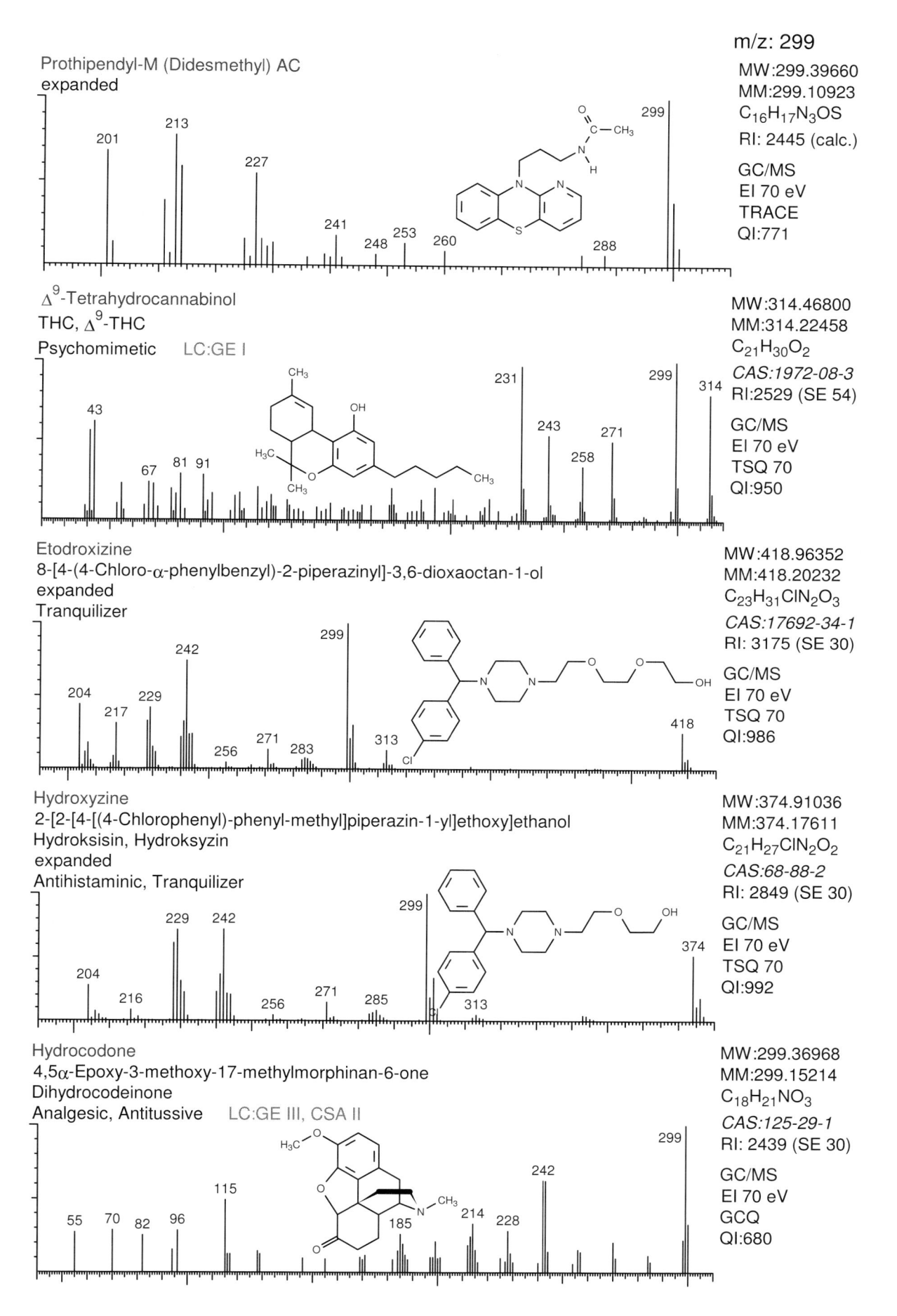

Prothipendyl-M (Didesmethyl) AC
expanded

MW: 299.39660
MM: 299.10923
C$_{16}$H$_{17}$N$_3$OS
RI: 2445 (calc.)

GC/MS
EI 70 eV
TRACE
QI: 771

Peaks: 201, 213, 227, 241, 248, 253, 260, 288, 299

Δ^9-Tetrahydrocannabinol
THC, Δ^9-THC
Psychomimetic   LC:GE I

MW: 314.46800
MM: 314.22458
C$_{21}$H$_{30}$O$_2$
CAS: 1972-08-3
RI: 2529 (SE 54)

GC/MS
EI 70 eV
TSQ 70
QI: 950

Peaks: 43, 67, 81, 91, 231, 243, 258, 271, 299, 314

Etodroxizine
8-[4-(4-Chloro-α-phenylbenzyl)-2-piperazinyl]-3,6-dioxaoctan-1-ol
expanded
Tranquilizer

MW: 418.96352
MM: 418.20232
C$_{23}$H$_{31}$ClN$_2$O$_3$
CAS: 17692-34-1
RI: 3175 (SE 30)

GC/MS
EI 70 eV
TSQ 70
QI: 986

Peaks: 204, 217, 229, 242, 256, 271, 283, 299, 313, 418

Hydroxyzine
2-[2-[4-[(4-Chlorophenyl)-phenyl-methyl]piperazin-1-yl]ethoxy]ethanol
Hydroksisin, Hydroksyzin
expanded
Antihistaminic, Tranquilizer

MW: 374.91036
MM: 374.17611
C$_{21}$H$_{27}$ClN$_2$O$_2$
CAS: 68-88-2
RI: 2849 (SE 30)

GC/MS
EI 70 eV
TSQ 70
QI: 992

Peaks: 204, 216, 229, 242, 256, 271, 285, 299, 313, 374

Hydrocodone
4,5α-Epoxy-3-methoxy-17-methylmorphinan-6-one
Dihydrocodeinone
Analgesic, Antitussive   LC:GE III, CSA II

MW: 299.36968
MM: 299.15214
C$_{18}$H$_{21}$NO$_3$
CAS: 125-29-1
RI: 2439 (SE 30)

GC/MS
EI 70 eV
GCQ
QI: 680

Peaks: 55, 70, 82, 96, 115, 185, 214, 228, 242, 299

m/z: 299

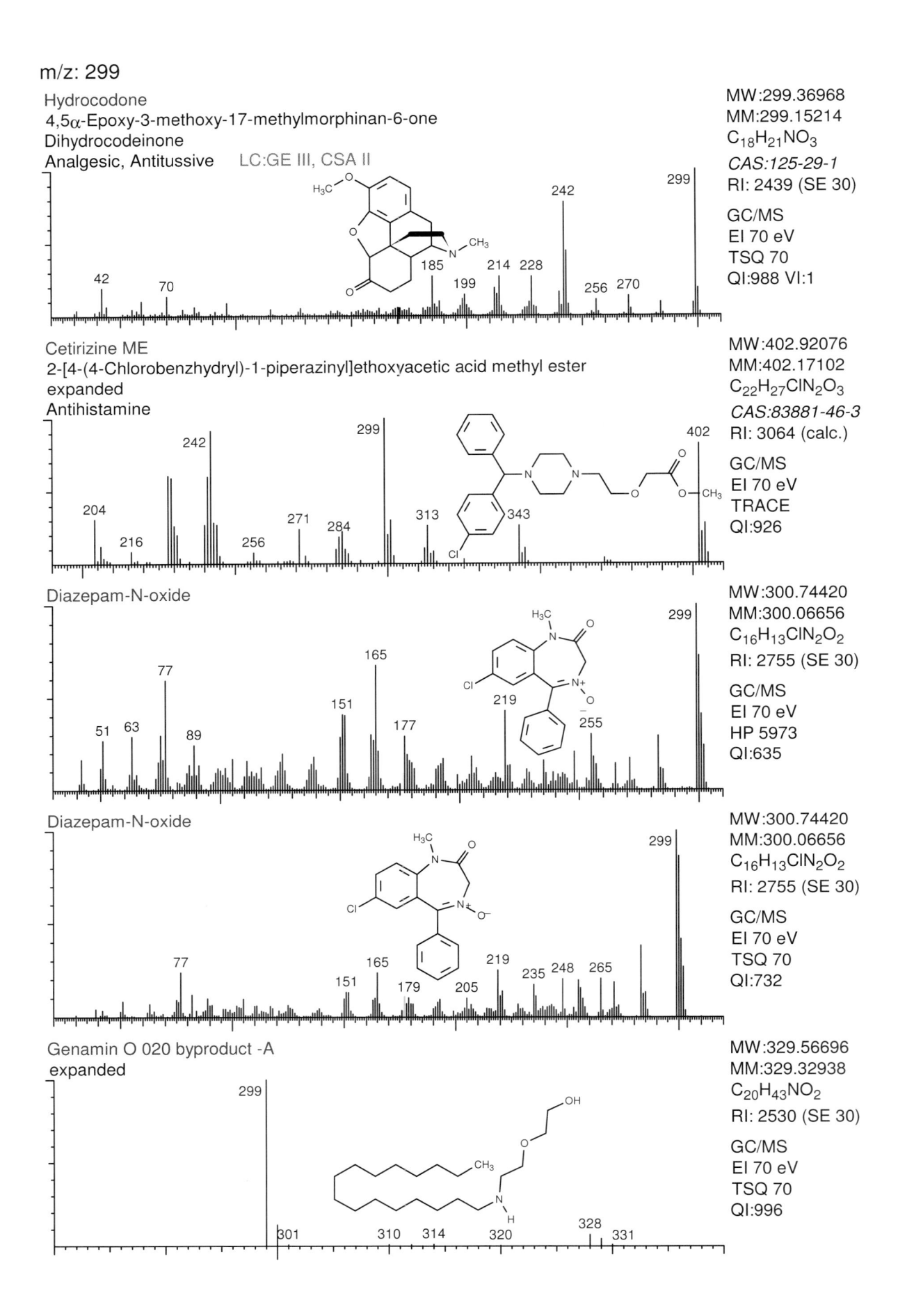

Hydrocodone
4,5α-Epoxy-3-methoxy-17-methylmorphinan-6-one
Dihydrocodeinone
Analgesic, Antitussive   LC:GE III, CSA II

MW:299.36968
MM:299.15214
$C_{18}H_{21}NO_3$
CAS:125-29-1
RI: 2439 (SE 30)

GC/MS
EI 70 eV
TSQ 70
QI:988 VI:1

Cetirizine ME
2-[4-(4-Chlorobenzhydryl)-1-piperazinyl]ethoxyacetic acid methyl ester
expanded
Antihistamine

MW:402.92076
MM:402.17102
$C_{22}H_{27}ClN_2O_3$
CAS:83881-46-3
RI: 3064 (calc.)

GC/MS
EI 70 eV
TRACE
QI:926

Diazepam-N-oxide

MW:300.74420
MM:300.06656
$C_{16}H_{13}ClN_2O_2$
RI: 2755 (SE 30)

GC/MS
EI 70 eV
HP 5973
QI:635

Diazepam-N-oxide

MW:300.74420
MM:300.06656
$C_{16}H_{13}ClN_2O_2$
RI: 2755 (SE 30)

GC/MS
EI 70 eV
TSQ 70
QI:732

Genamin O 020 byproduct -A
expanded

MW:329.56696
MM:329.32938
$C_{20}H_{43}NO_2$
RI: 2530 (SE 30)

GC/MS
EI 70 eV
TSQ 70
QI:996

1602

m/z: 299-300

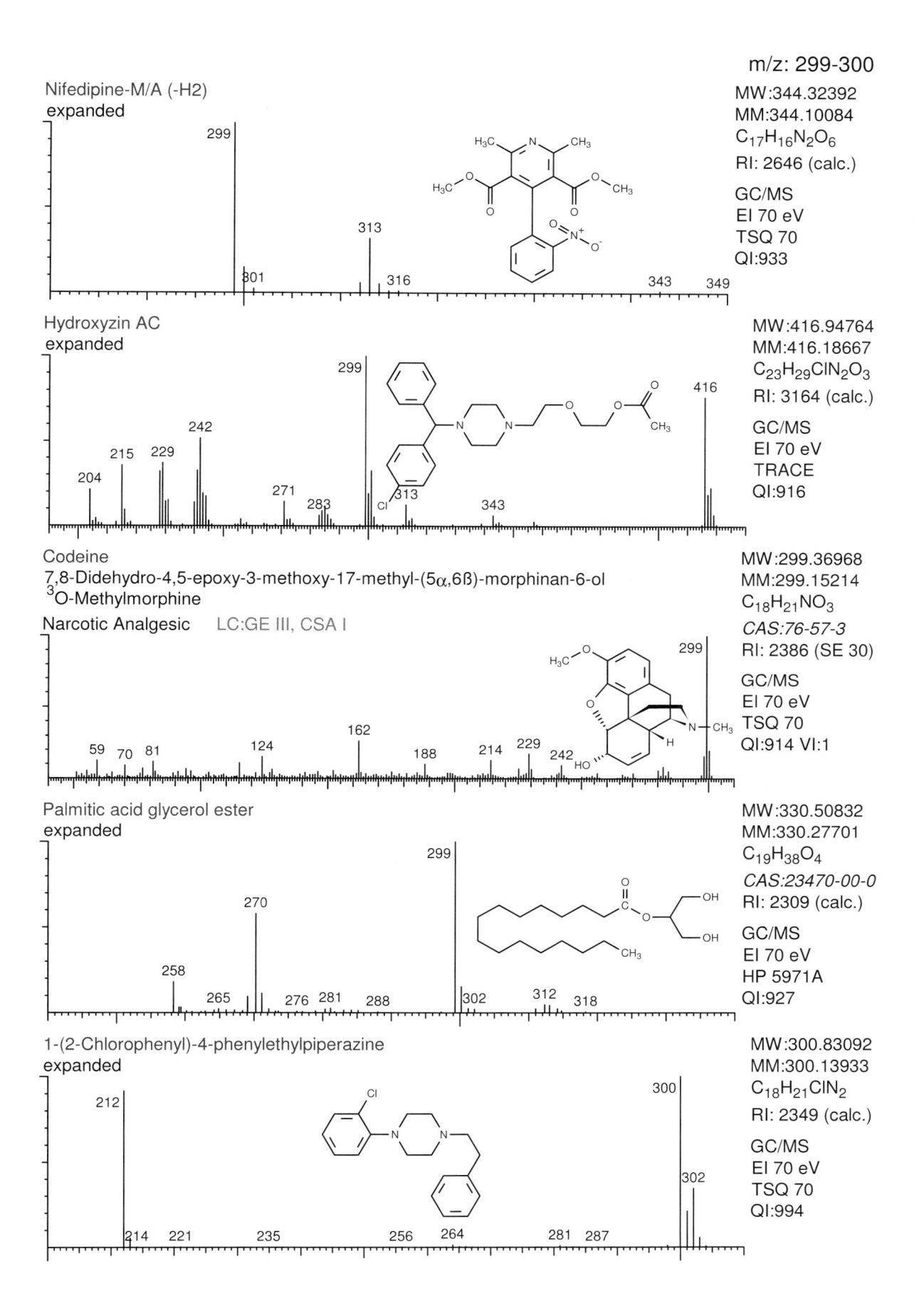

Nifedipine-M/A (-H2)
expanded

MW: 344.32392
MM: 344.10084
$C_{17}H_{16}N_2O_6$
RI: 2646 (calc.)

GC/MS
EI 70 eV
TSQ 70
QI: 933

Hydroxyzin AC
expanded

MW: 416.94764
MM: 416.18667
$C_{23}H_{29}ClN_2O_3$
RI: 3164 (calc.)

GC/MS
EI 70 eV
TRACE
QI: 916

Codeine
7,8-Didehydro-4,5-epoxy-3-methoxy-17-methyl-(5α,6ß)-morphinan-6-ol
³O-Methylmorphine
Narcotic Analgesic   LC:GE III, CSA I

MW: 299.36968
MM: 299.15214
$C_{18}H_{21}NO_3$
CAS: 76-57-3
RI: 2386 (SE 30)

GC/MS
EI 70 eV
TSQ 70
QI: 914 VI:1

Palmitic acid glycerol ester
expanded

MW: 330.50832
MM: 330.27701
$C_{19}H_{38}O_4$
CAS: 23470-00-0
RI: 2309 (calc.)

GC/MS
EI 70 eV
HP 5971A
QI: 927

1-(2-Chlorophenyl)-4-phenylethylpiperazine
expanded

MW: 300.83092
MM: 300.13933
$C_{18}H_{21}ClN_2$
RI: 2349 (calc.)

GC/MS
EI 70 eV
TSQ 70
QI: 994

m/z: 300

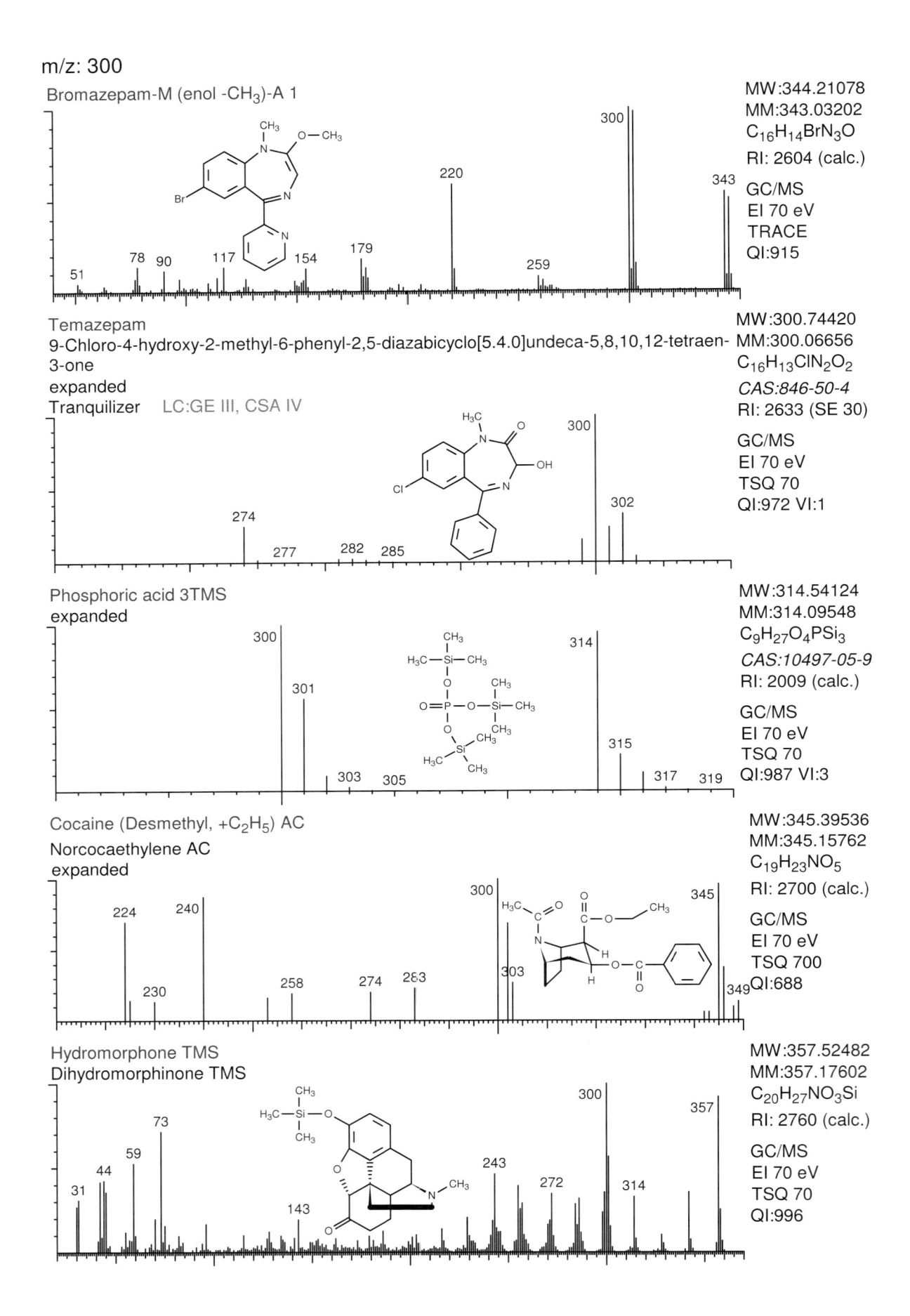

Bromazepam-M (enol -CH₃)-A 1

MW:344.21078
MM:343.03202
$C_{16}H_{14}BrN_3O$
RI: 2604 (calc.)

GC/MS
EI 70 eV
TRACE
QI:915

Temazepam
9-Chloro-4-hydroxy-2-methyl-6-phenyl-2,5-diazabicyclo[5.4.0]undeca-5,8,10,12-tetraen-3-one
expanded
Tranquilizer   LC:GE III, CSA IV

MW:300.74420
MM:300.06656
$C_{16}H_{13}ClN_2O_2$
CAS:846-50-4
RI: 2633 (SE 30)

GC/MS
EI 70 eV
TSQ 70
QI:972 VI:1

Phosphoric acid 3TMS
expanded

MW:314.54124
MM:314.09548
$C_9H_{27}O_4PSi_3$
CAS:10497-05-9
RI: 2009 (calc.)

GC/MS
EI 70 eV
TSQ 70
QI:987 VI:3

Cocaine (Desmethyl, +C₂H₅) AC
Norcocaethylene AC
expanded

MW:345.39536
MM:345.15762
$C_{19}H_{23}NO_5$
RI: 2700 (calc.)

GC/MS
EI 70 eV
TSQ 700
QI:688

Hydromorphone TMS
Dihydromorphinone TMS

MW:357.52482
MM:357.17602
$C_{20}H_{27}NO_3Si$
RI: 2760 (calc.)

GC/MS
EI 70 eV
TSQ 70
QI:996

m/z: 300-301

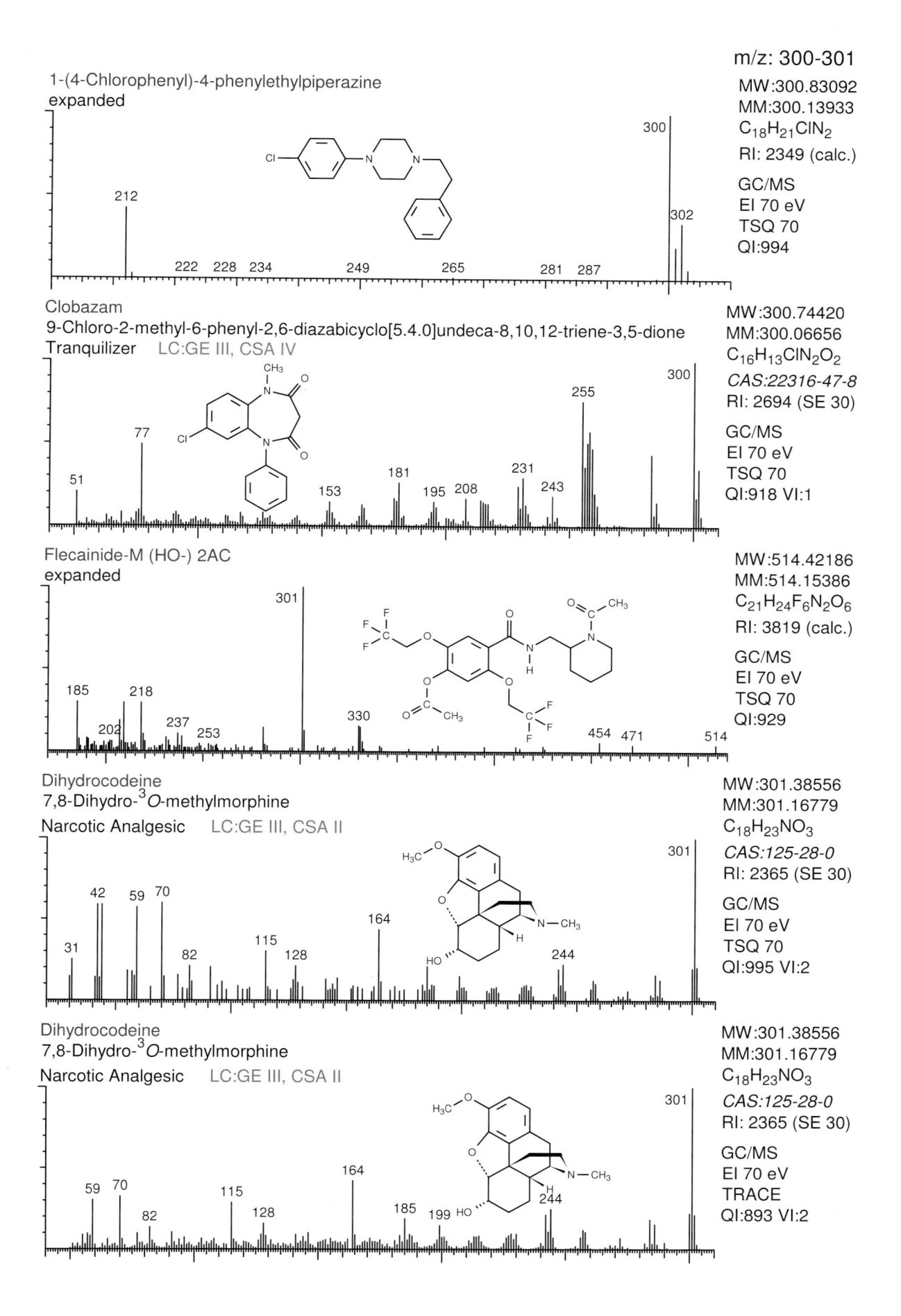

1-(4-Chlorophenyl)-4-phenylethylpiperazine
expanded

MW: 300.83092
MM: 300.13933
$C_{18}H_{21}ClN_2$
RI: 2349 (calc.)

GC/MS
EI 70 eV
TSQ 70
QI: 994

Peaks: 212, 222, 228, 234, 249, 265, 281, 287, 300, 302

Clobazam
9-Chloro-2-methyl-6-phenyl-2,6-diazabicyclo[5.4.0]undeca-8,10,12-triene-3,5-dione
Tranquilizer   LC:GE III, CSA IV

MW: 300.74420
MM: 300.06656
$C_{16}H_{13}ClN_2O_2$
CAS: 22316-47-8
RI: 2694 (SE 30)

GC/MS
EI 70 eV
TSQ 70
QI: 918 VI: 1

Peaks: 51, 77, 153, 181, 195, 208, 231, 243, 255, 300

Flecainide-M (HO-) 2AC
expanded

MW: 514.42186
MM: 514.15386
$C_{21}H_{24}F_6N_2O_6$
RI: 3819 (calc.)

GC/MS
EI 70 eV
TSQ 70
QI: 929

Peaks: 185, 202, 218, 237, 253, 301, 330, 454, 471, 514

Dihydrocodeine
7,8-Dihydro-^3O-methylmorphine
Narcotic Analgesic   LC:GE III, CSA II

MW: 301.38556
MM: 301.16779
$C_{18}H_{23}NO_3$
CAS: 125-28-0
RI: 2365 (SE 30)

GC/MS
EI 70 eV
TSQ 70
QI: 995 VI: 2

Peaks: 31, 42, 59, 70, 82, 115, 128, 164, 244, 301

Dihydrocodeine
7,8-Dihydro-^3O-methylmorphine
Narcotic Analgesic   LC:GE III, CSA II

MW: 301.38556
MM: 301.16779
$C_{18}H_{23}NO_3$
CAS: 125-28-0
RI: 2365 (SE 30)

GC/MS
EI 70 eV
TRACE
QI: 893 VI: 2

Peaks: 59, 70, 82, 115, 128, 164, 185, 199, 244, 301

m/z: 301

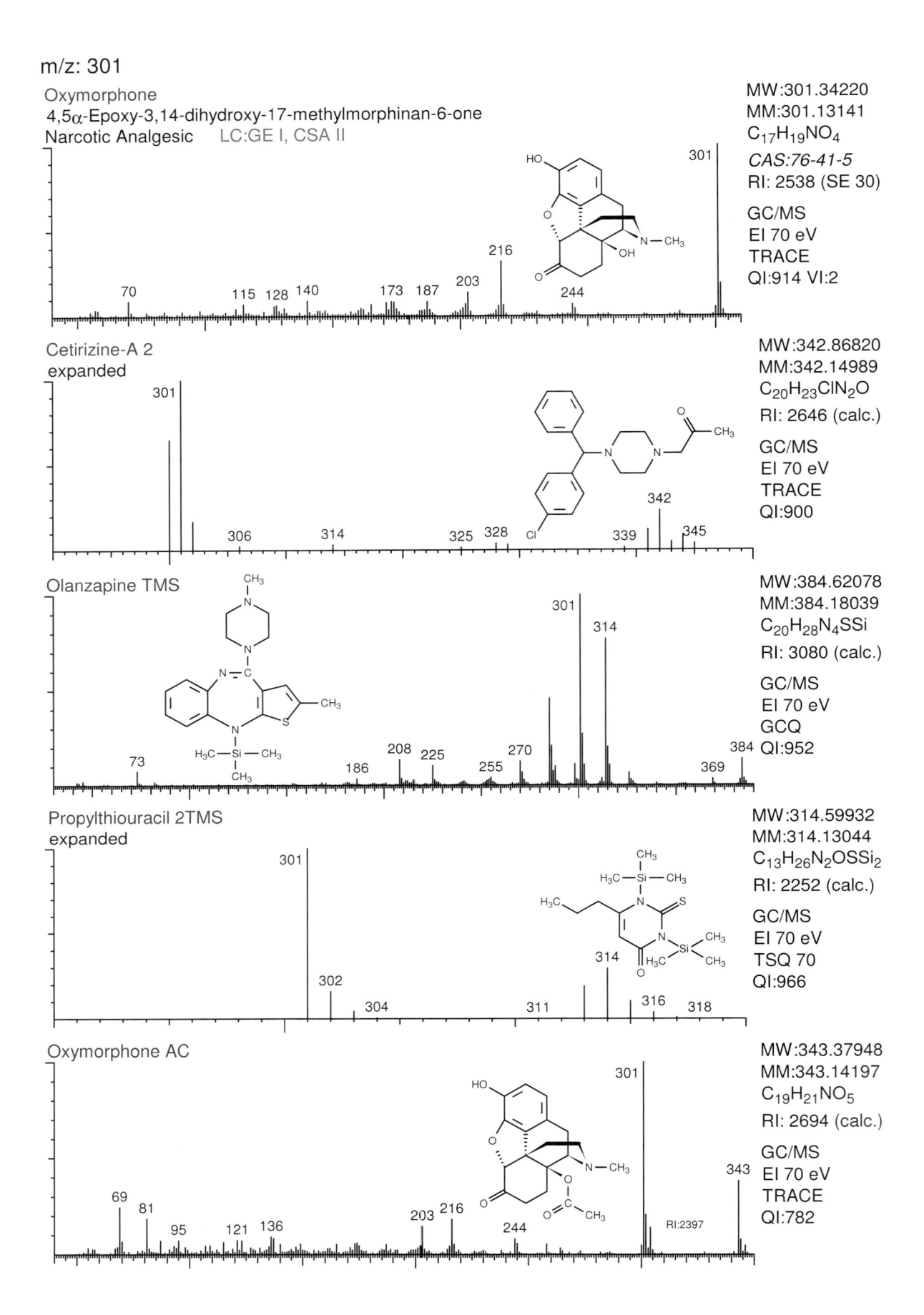

Oxymorphone
4,5α-Epoxy-3,14-dihydroxy-17-methylmorphinan-6-one
Narcotic Analgesic   LC:GE I, CSA II

MW:301.34220
MM:301.13141
$C_{17}H_{19}NO_4$
CAS:76-41-5
RI: 2538 (SE 30)

GC/MS
EI 70 eV
TRACE
QI:914 VI:2

Cetirizine-A 2
expanded

MW:342.86820
MM:342.14989
$C_{20}H_{23}ClN_2O$
RI: 2646 (calc.)

GC/MS
EI 70 eV
TRACE
QI:900

Olanzapine TMS

MW:384.62078
MM:384.18039
$C_{20}H_{28}N_4SSi$
RI: 3080 (calc.)

GC/MS
EI 70 eV
GCQ
QI:952

Propylthiouracil 2TMS
expanded

MW:314.59932
MM:314.13044
$C_{13}H_{26}N_2OSSi_2$
RI: 2252 (calc.)

GC/MS
EI 70 eV
TSQ 70
QI:966

Oxymorphone AC

MW:343.37948
MM:343.14197
$C_{19}H_{21}NO_5$
RI: 2694 (calc.)

GC/MS
EI 70 eV
TRACE
QI:782

1606

m/z: 301-302

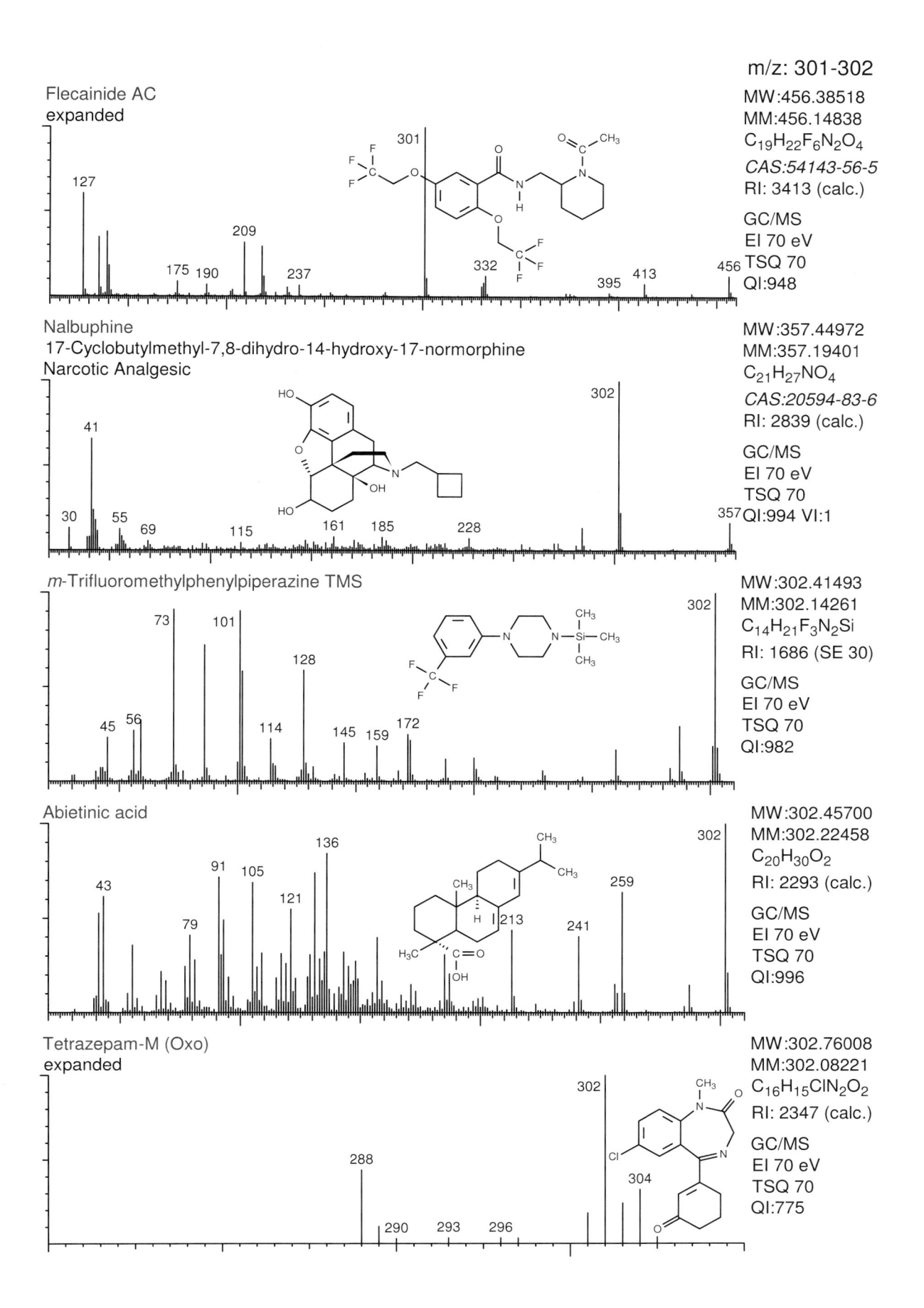

Flecainide AC
expanded

Peaks: 127, 175, 190, 209, 237, 301, 332, 395, 413, 456

MW: 456.38518
MM: 456.14838
$C_{19}H_{22}F_6N_2O_4$
CAS: 54143-56-5
RI: 3413 (calc.)

GC/MS
EI 70 eV
TSQ 70
QI: 948

Nalbuphine
17-Cyclobutylmethyl-7,8-dihydro-14-hydroxy-17-normorphine
Narcotic Analgesic

Peaks: 30, 41, 55, 69, 115, 161, 185, 228, 302, 357

MW: 357.44972
MM: 357.19401
$C_{21}H_{27}NO_4$
CAS: 20594-83-6
RI: 2839 (calc.)

GC/MS
EI 70 eV
TSQ 70
QI: 994 VI: 1

m-Trifluoromethylphenylpiperazine TMS

Peaks: 45, 56, 73, 101, 114, 128, 145, 159, 172, 302

MW: 302.41493
MM: 302.14261
$C_{14}H_{21}F_3N_2Si$
RI: 1686 (SE 30)

GC/MS
EI 70 eV
TSQ 70
QI: 982

Abietinic acid

Peaks: 43, 79, 91, 105, 121, 136, 213, 241, 259, 302

MW: 302.45700
MM: 302.22458
$C_{20}H_{30}O_2$
RI: 2293 (calc.)

GC/MS
EI 70 eV
TSQ 70
QI: 996

Tetrazepam-M (Oxo)
expanded

Peaks: 288, 290, 293, 296, 302, 304

MW: 302.76008
MM: 302.08221
$C_{16}H_{15}ClN_2O_2$
RI: 2347 (calc.)

GC/MS
EI 70 eV
TSQ 70
QI: 775

m/z: 303

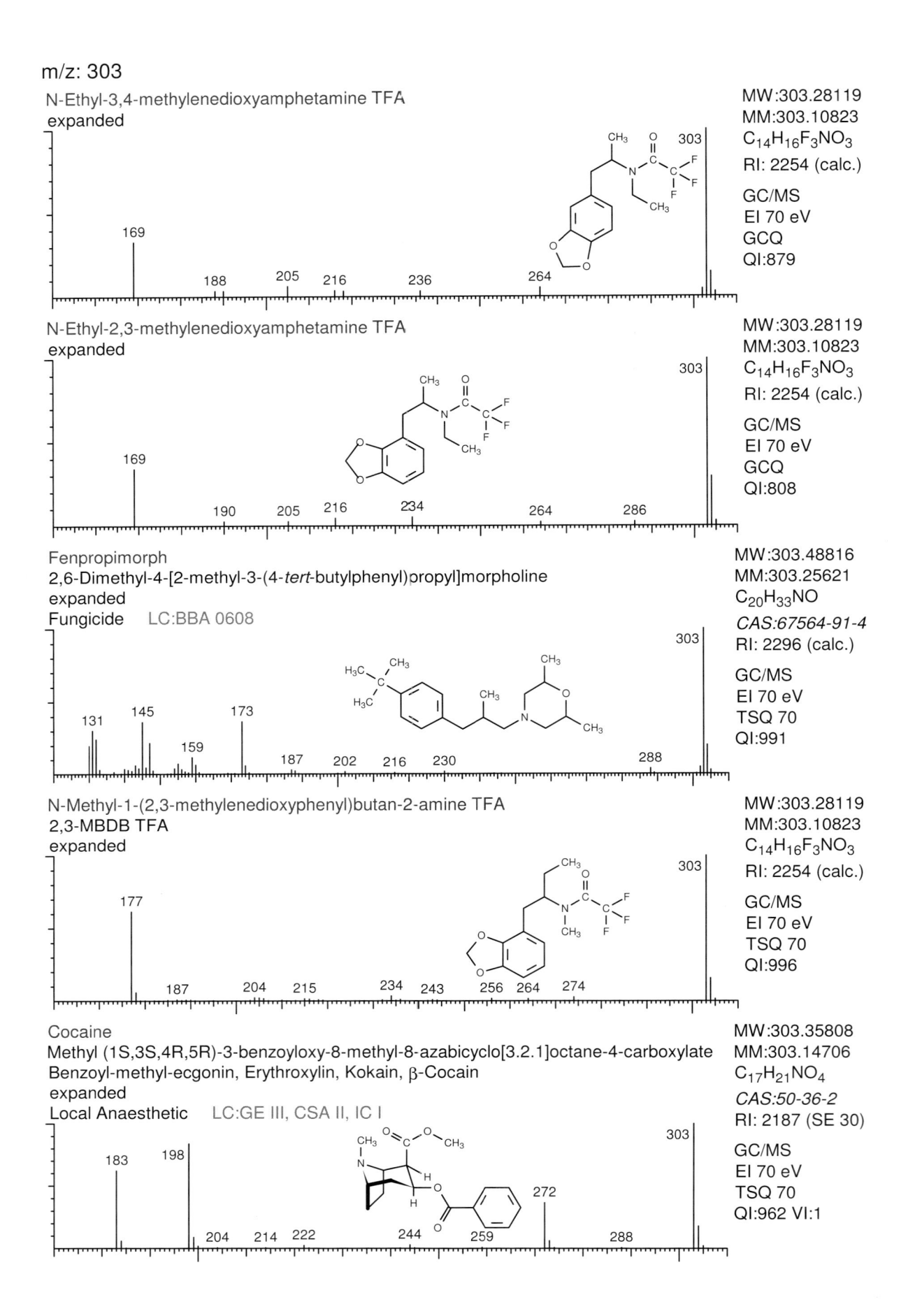

N-Ethyl-3,4-methylenedioxyamphetamine TFA
expanded

MW:303.28119
MM:303.10823
$C_{14}H_{16}F_3NO_3$
RI: 2254 (calc.)

GC/MS
EI 70 eV
GCQ
QI:879

N-Ethyl-2,3-methylenedioxyamphetamine TFA
expanded

MW:303.28119
MM:303.10823
$C_{14}H_{16}F_3NO_3$
RI: 2254 (calc.)

GC/MS
EI 70 eV
GCQ
QI:808

Fenpropimorph
2,6-Dimethyl-4-[2-methyl-3-(4-*tert*-butylphenyl)propyl]morpholine
expanded
Fungicide   LC:BBA 0608

MW:303.48816
MM:303.25621
$C_{20}H_{33}NO$
CAS:67564-91-4
RI: 2296 (calc.)

GC/MS
EI 70 eV
TSQ 70
QI:991

N-Methyl-1-(2,3-methylenedioxyphenyl)butan-2-amine TFA
2,3-MBDB TFA
expanded

MW:303.28119
MM:303.10823
$C_{14}H_{16}F_3NO_3$
RI: 2254 (calc.)

GC/MS
EI 70 eV
TSQ 70
QI:996

Cocaine
Methyl (1S,3S,4R,5R)-3-benzoyloxy-8-methyl-8-azabicyclo[3.2.1]octane-4-carboxylate
Benzoyl-methyl-ecgonin, Erythroxylin, Kokain, β-Cocain
expanded
Local Anaesthetic   LC:GE III, CSA II, IC I

MW:303.35808
MM:303.14706
$C_{17}H_{21}NO_4$
CAS:50-36-2
RI: 2187 (SE 30)

GC/MS
EI 70 eV
TSQ 70
QI:962 VI:1

m/z: 303

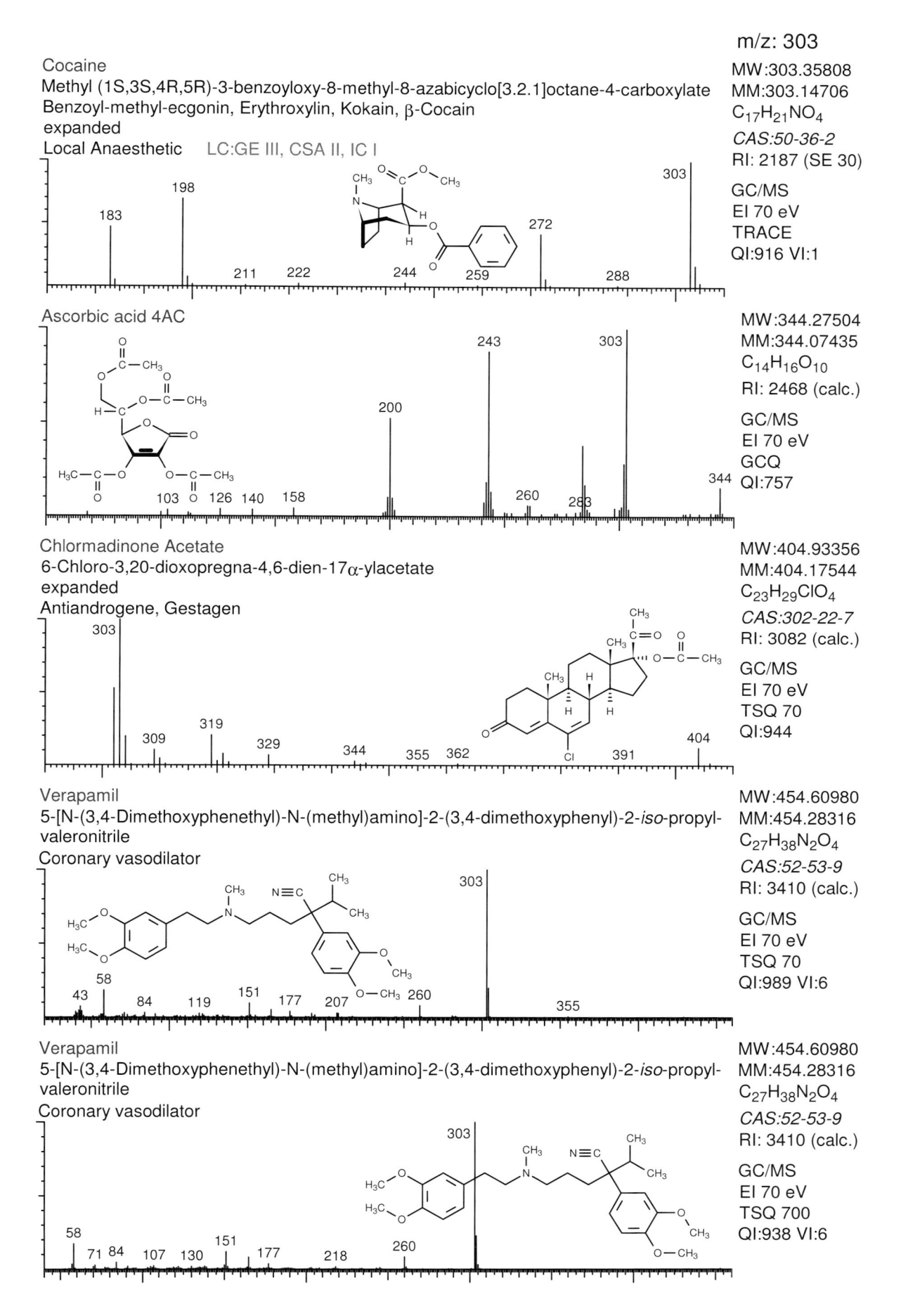

Cocaine
Methyl (1S,3S,4R,5R)-3-benzoyloxy-8-methyl-8-azabicyclo[3.2.1]octane-4-carboxylate
Benzoyl-methyl-ecgonin, Erythroxylin, Kokain, β-Cocain
expanded
Local Anaesthetic   LC:GE III, CSA II, IC I

MW: 303.35808
MM: 303.14706
$C_{17}H_{21}NO_4$
CAS: 50-36-2
RI: 2187 (SE 30)
GC/MS
EI 70 eV
TRACE
QI: 916 VI: 1

Peaks: 183, 198, 211, 222, 244, 259, 272, 288, 303

Ascorbic acid 4AC

MW: 344.27504
MM: 344.07435
$C_{14}H_{16}O_{10}$
RI: 2468 (calc.)
GC/MS
EI 70 eV
GCQ
QI: 757

Peaks: 103, 126, 140, 158, 200, 243, 260, 283, 303, 344

Chlormadinone Acetate
6-Chloro-3,20-dioxopregna-4,6-dien-17α-ylacetate
expanded
Antiandrogene, Gestagen

MW: 404.93356
MM: 404.17544
$C_{23}H_{29}ClO_4$
CAS: 302-22-7
RI: 3082 (calc.)
GC/MS
EI 70 eV
TSQ 70
QI: 944

Peaks: 303, 309, 319, 329, 344, 355, 362, 391, 404

Verapamil
5-[N-(3,4-Dimethoxyphenethyl)-N-(methyl)amino]-2-(3,4-dimethoxyphenyl)-2-iso-propyl-valeronitrile
Coronary vasodilator

MW: 454.60980
MM: 454.28316
$C_{27}H_{38}N_2O_4$
CAS: 52-53-9
RI: 3410 (calc.)
GC/MS
EI 70 eV
TSQ 70
QI: 989 VI: 6

Peaks: 43, 58, 84, 119, 151, 177, 207, 260, 303, 355

Verapamil
5-[N-(3,4-Dimethoxyphenethyl)-N-(methyl)amino]-2-(3,4-dimethoxyphenyl)-2-iso-propyl-valeronitrile
Coronary vasodilator

MW: 454.60980
MM: 454.28316
$C_{27}H_{38}N_2O_4$
CAS: 52-53-9
RI: 3410 (calc.)
GC/MS
EI 70 eV
TSQ 700
QI: 938 VI: 6

Peaks: 58, 71, 84, 107, 130, 151, 177, 218, 260, 303

m/z: 303

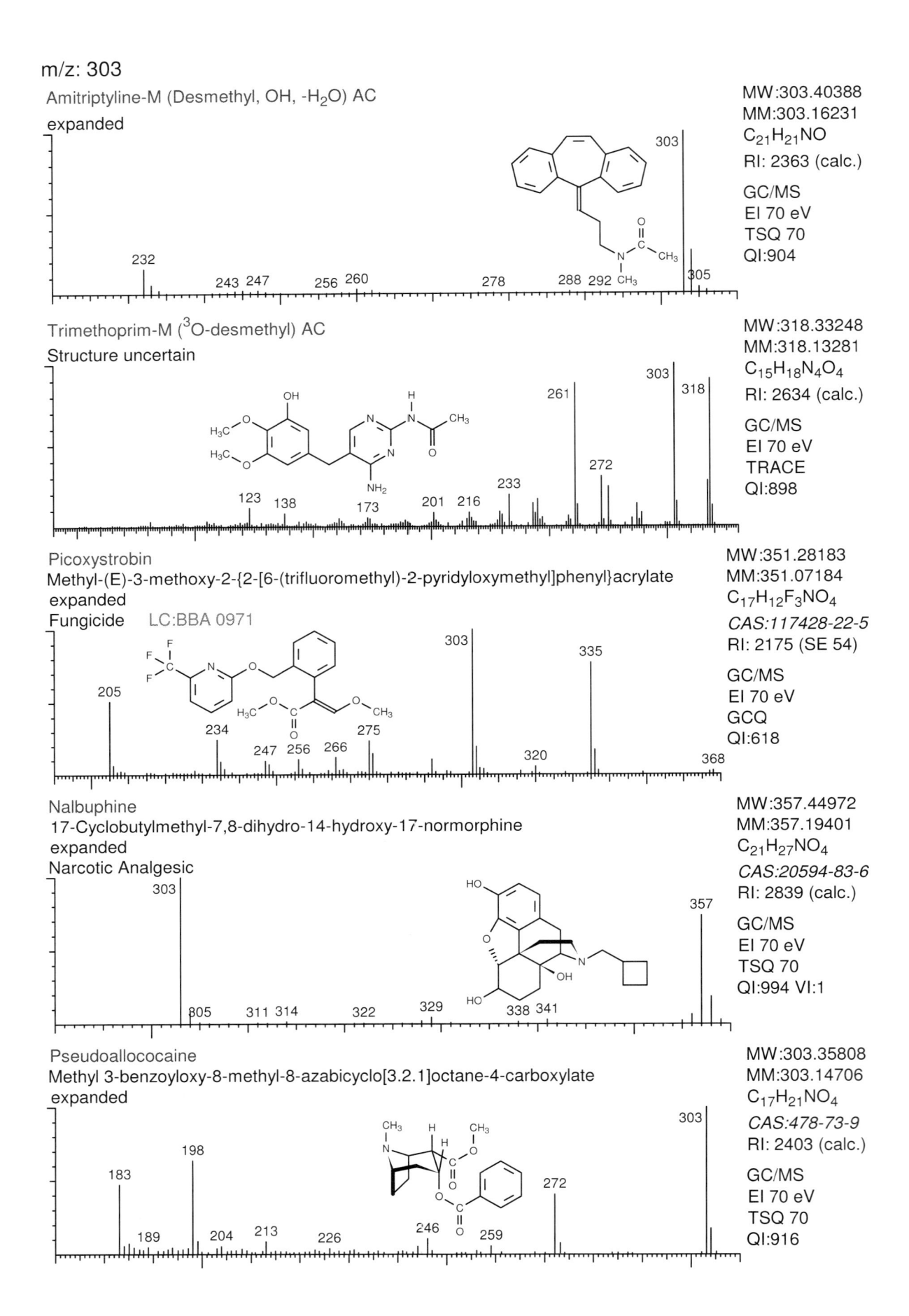

Amitriptyline-M (Desmethyl, OH, -H₂O) AC
expanded

MW:303.40388
MM:303.16231
C₂₁H₂₁NO
RI: 2363 (calc.)

GC/MS
EI 70 eV
TSQ 70
QI:904

Trimethoprim-M (³O-desmethyl) AC
Structure uncertain

MW:318.33248
MM:318.13281
C₁₅H₁₈N₄O₄
RI: 2634 (calc.)

GC/MS
EI 70 eV
TRACE
QI:898

Picoxystrobin
Methyl-(E)-3-methoxy-2-{2-[6-(trifluoromethyl)-2-pyridyloxymethyl]phenyl}acrylate
expanded
Fungicide   LC:BBA 0971

MW:351.28183
MM:351.07184
C₁₇H₁₂F₃NO₄
CAS:117428-22-5
RI: 2175 (SE 54)

GC/MS
EI 70 eV
GCQ
QI:618

Nalbuphine
17-Cyclobutylmethyl-7,8-dihydro-14-hydroxy-17-normorphine
expanded
Narcotic Analgesic

MW:357.44972
MM:357.19401
C₂₁H₂₇NO₄
CAS:20594-83-6
RI: 2839 (calc.)

GC/MS
EI 70 eV
TSQ 70
QI:994 VI:1

Pseudoallococaine
Methyl 3-benzoyloxy-8-methyl-8-azabicyclo[3.2.1]octane-4-carboxylate
expanded

MW:303.35808
MM:303.14706
C₁₇H₂₁NO₄
CAS:478-73-9
RI: 2403 (calc.)

GC/MS
EI 70 eV
TSQ 70
QI:916

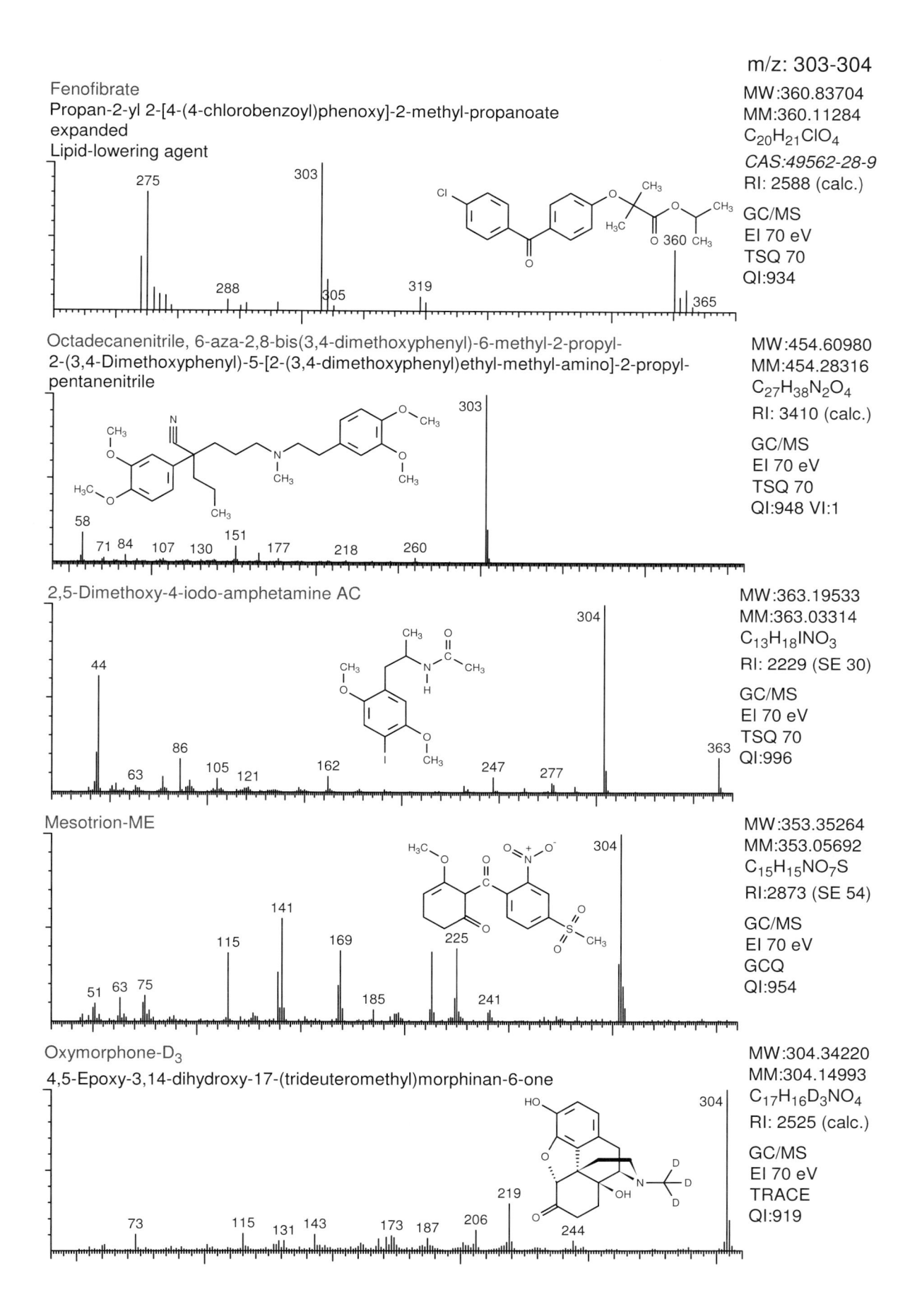

Fenofibrate
Propan-2-yl 2-[4-(4-chlorobenzoyl)phenoxy]-2-methyl-propanoate
expanded
Lipid-lowering agent

m/z: 303-304
MW:360.83704
MM:360.11284
$C_{20}H_{21}ClO_4$
CAS:49562-28-9
RI: 2588 (calc.)

GC/MS
EI 70 eV
TSQ 70
QI:934

Peaks: 275, 288, 303, 305, 319, 360, 365

Octadecanenitrile, 6-aza-2,8-bis(3,4-dimethoxyphenyl)-6-methyl-2-propyl-
2-(3,4-Dimethoxyphenyl)-5-[2-(3,4-dimethoxyphenyl)ethyl-methyl-amino]-2-propyl-pentanenitrile

MW:454.60980
MM:454.28316
$C_{27}H_{38}N_2O_4$
RI: 3410 (calc.)

GC/MS
EI 70 eV
TSQ 70
QI:948 VI:1

Peaks: 58, 71, 84, 107, 130, 151, 177, 218, 260, 303

2,5-Dimethoxy-4-iodo-amphetamine AC

MW:363.19533
MM:363.03314
$C_{13}H_{18}INO_3$
RI: 2229 (SE 30)

GC/MS
EI 70 eV
TSQ 70
QI:996

Peaks: 44, 63, 86, 105, 121, 162, 247, 277, 304, 363

Mesotrion-ME

MW:353.35264
MM:353.05692
$C_{15}H_{15}NO_7S$
RI:2873 (SE 54)

GC/MS
EI 70 eV
GCQ
QI:954

Peaks: 51, 63, 75, 115, 141, 169, 185, 225, 241, 304

Oxymorphone-D₃
4,5-Epoxy-3,14-dihydroxy-17-(trideuteromethyl)morphinan-6-one

MW:304.34220
MM:304.14993
$C_{17}H_{16}D_3NO_4$
RI: 2525 (calc.)

GC/MS
EI 70 eV
TRACE
QI:919

Peaks: 73, 115, 131, 143, 173, 187, 206, 219, 244, 304

m/z: 304

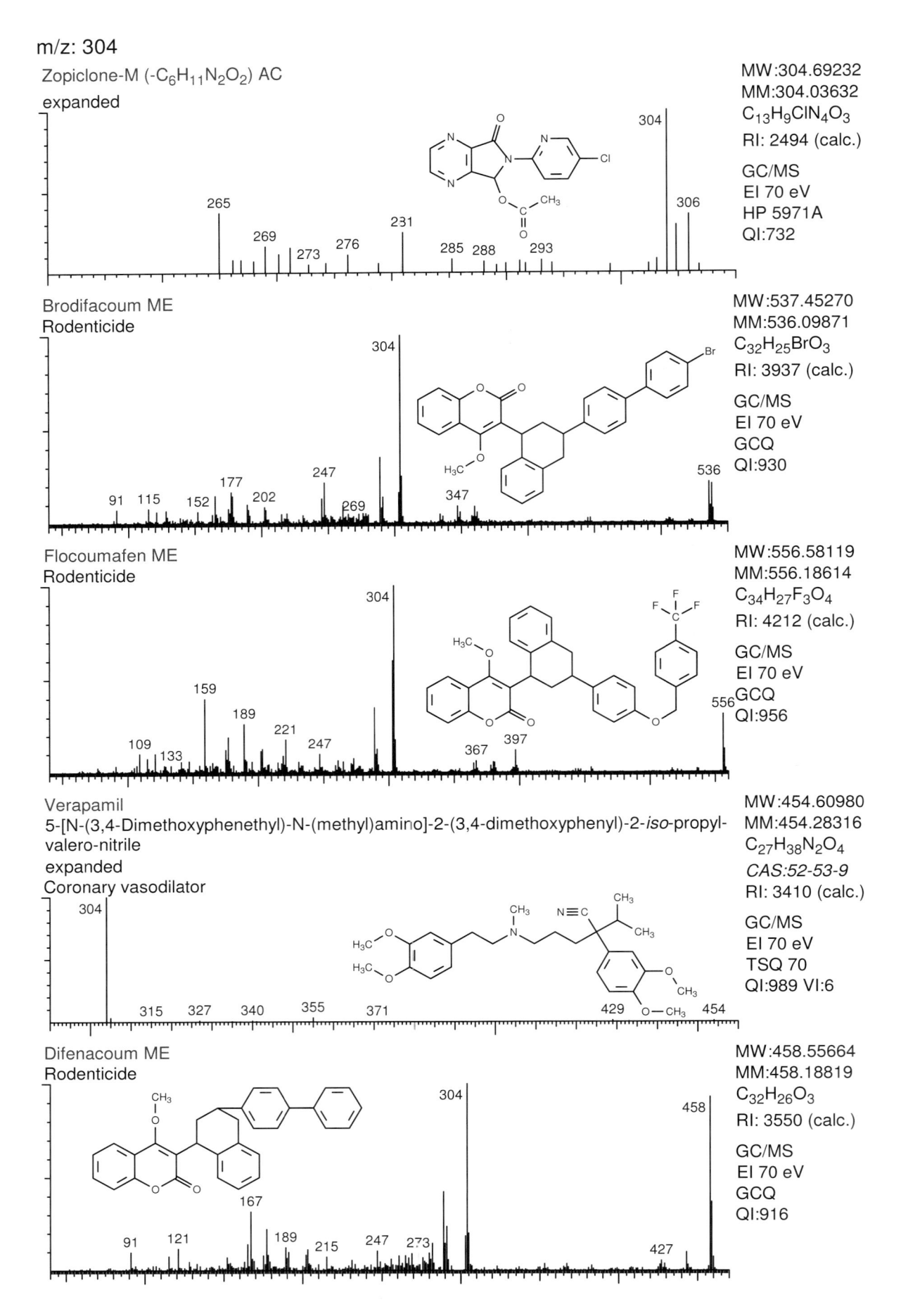

Zopiclone-M (-C₆H₁₁N₂O₂) AC
expanded

MW:304.69232
MM:304.03632
$C_{13}H_9ClN_4O_3$
RI: 2494 (calc.)

GC/MS
EI 70 eV
HP 5971A
QI:732

Brodifacoum ME
Rodenticide

MW:537.45270
MM:536.09871
$C_{32}H_{25}BrO_3$
RI: 3937 (calc.)

GC/MS
EI 70 eV
GCQ
QI:930

Flocoumafen ME
Rodenticide

MW:556.58119
MM:556.18614
$C_{34}H_{27}F_3O_4$
RI: 4212 (calc.)

GC/MS
EI 70 eV
GCQ
QI:956

Verapamil
5-[N-(3,4-Dimethoxyphenethyl)-N-(methyl)amino]-2-(3,4-dimethoxyphenyl)-2-*iso*-propyl-valero-nitrile
expanded
Coronary vasodilator

MW:454.60980
MM:454.28316
$C_{27}H_{38}N_2O_4$
CAS:52-53-9
RI: 3410 (calc.)

GC/MS
EI 70 eV
TSQ 70
QI:989 VI:6

Difenacoum ME
Rodenticide

MW:458.55664
MM:458.18819
$C_{32}H_{26}O_3$
RI: 3550 (calc.)

GC/MS
EI 70 eV
GCQ
QI:916

m/z: 304-305

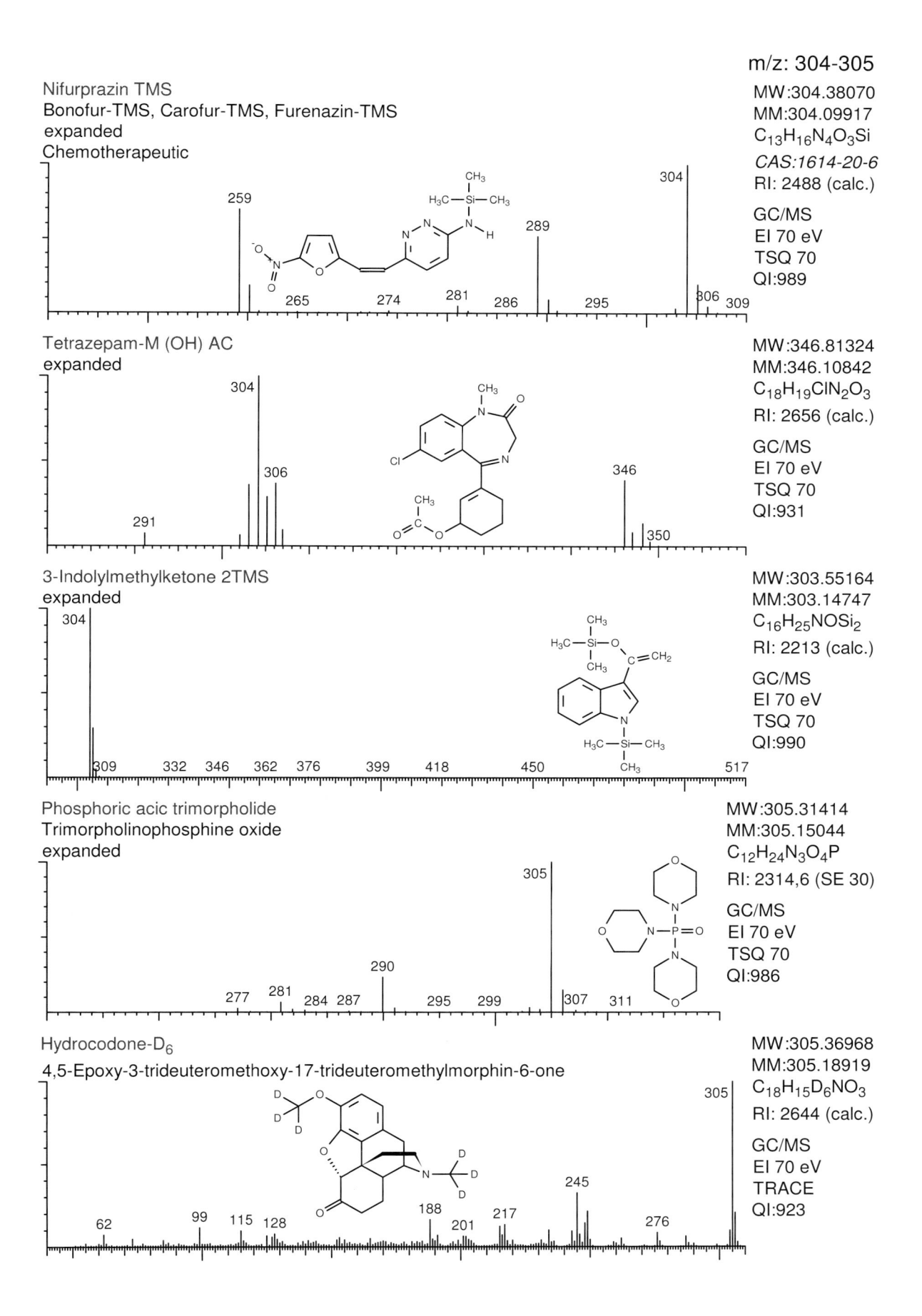

Nifurprazin TMS
Bonofur-TMS, Carofur-TMS, Furenazin-TMS
expanded
Chemotherapeutic

MW: 304.38070
MM: 304.09917
$C_{13}H_{16}N_4O_3Si$
CAS: 1614-20-6
RI: 2488 (calc.)

GC/MS
EI 70 eV
TSQ 70
QI: 989

Tetrazepam-M (OH) AC
expanded

MW: 346.81324
MM: 346.10842
$C_{18}H_{19}ClN_2O_3$
RI: 2656 (calc.)

GC/MS
EI 70 eV
TSQ 70
QI: 931

3-Indolylmethylketone 2TMS
expanded

MW: 303.55164
MM: 303.14747
$C_{16}H_{25}NOSi_2$
RI: 2213 (calc.)

GC/MS
EI 70 eV
TSQ 70
QI: 990

Phosphoric acic trimorpholide
Trimorpholinophosphine oxide
expanded

MW: 305.31414
MM: 305.15044
$C_{12}H_{24}N_3O_4P$
RI: 2314,6 (SE 30)

GC/MS
EI 70 eV
TSQ 70
QI: 986

Hydrocodone-D_6
4,5-Epoxy-3-trideuteromethoxy-17-trideuteromethylmorphin-6-one

MW: 305.36968
MM: 305.18919
$C_{18}H_{15}D_6NO_3$
RI: 2644 (calc.)

GC/MS
EI 70 eV
TRACE
QI: 923

m/z: 305

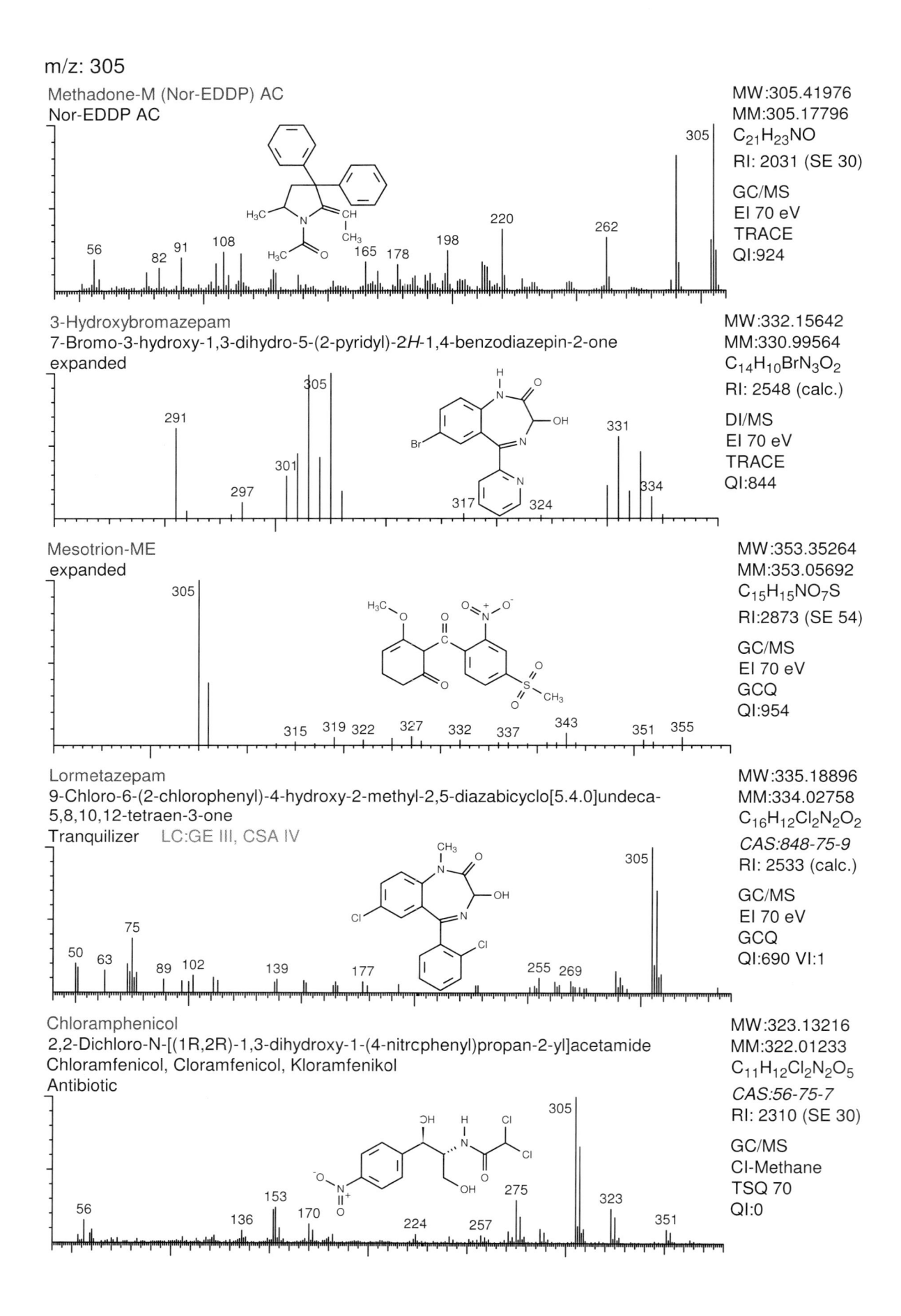

Methadone-M (Nor-EDDP) AC
Nor-EDDP AC

MW:305.41976
MM:305.17796
$C_{21}H_{23}NO$
RI: 2031 (SE 30)

GC/MS
EI 70 eV
TRACE
QI:924

3-Hydroxybromazepam
7-Bromo-3-hydroxy-1,3-dihydro-5-(2-pyridyl)-2H-1,4-benzodiazepin-2-one
expanded

MW:332.15642
MM:330.99564
$C_{14}H_{10}BrN_3O_2$
RI: 2548 (calc.)

DI/MS
EI 70 eV
TRACE
QI:844

Mesotrion-ME
expanded

MW:353.35264
MM:353.05692
$C_{15}H_{15}NO_7S$
RI:2873 (SE 54)

GC/MS
EI 70 eV
GCQ
QI:954

Lormetazepam
9-Chloro-6-(2-chlorophenyl)-4-hydroxy-2-methyl-2,5-diazabicyclo[5.4.0]undeca-5,8,10,12-tetraen-3-one
Tranquilizer   LC:GE III, CSA IV

MW:335.18896
MM:334.02758
$C_{16}H_{12}Cl_2N_2O_2$
CAS:848-75-9
RI: 2533 (calc.)

GC/MS
EI 70 eV
GCQ
QI:690 VI:1

Chloramphenicol
2,2-Dichloro-N-[(1R,2R)-1,3-dihydroxy-1-(4-nitrophenyl)propan-2-yl]acetamide
Chloramfenicol, Cloramfenicol, Kloramfenikol
Antibiotic

MW:323.13216
MM:322.01233
$C_{11}H_{12}Cl_2N_2O_5$
CAS:56-75-7
RI: 2310 (SE 30)

GC/MS
CI-Methane
TSQ 70
QI:0

m/z: 305-306

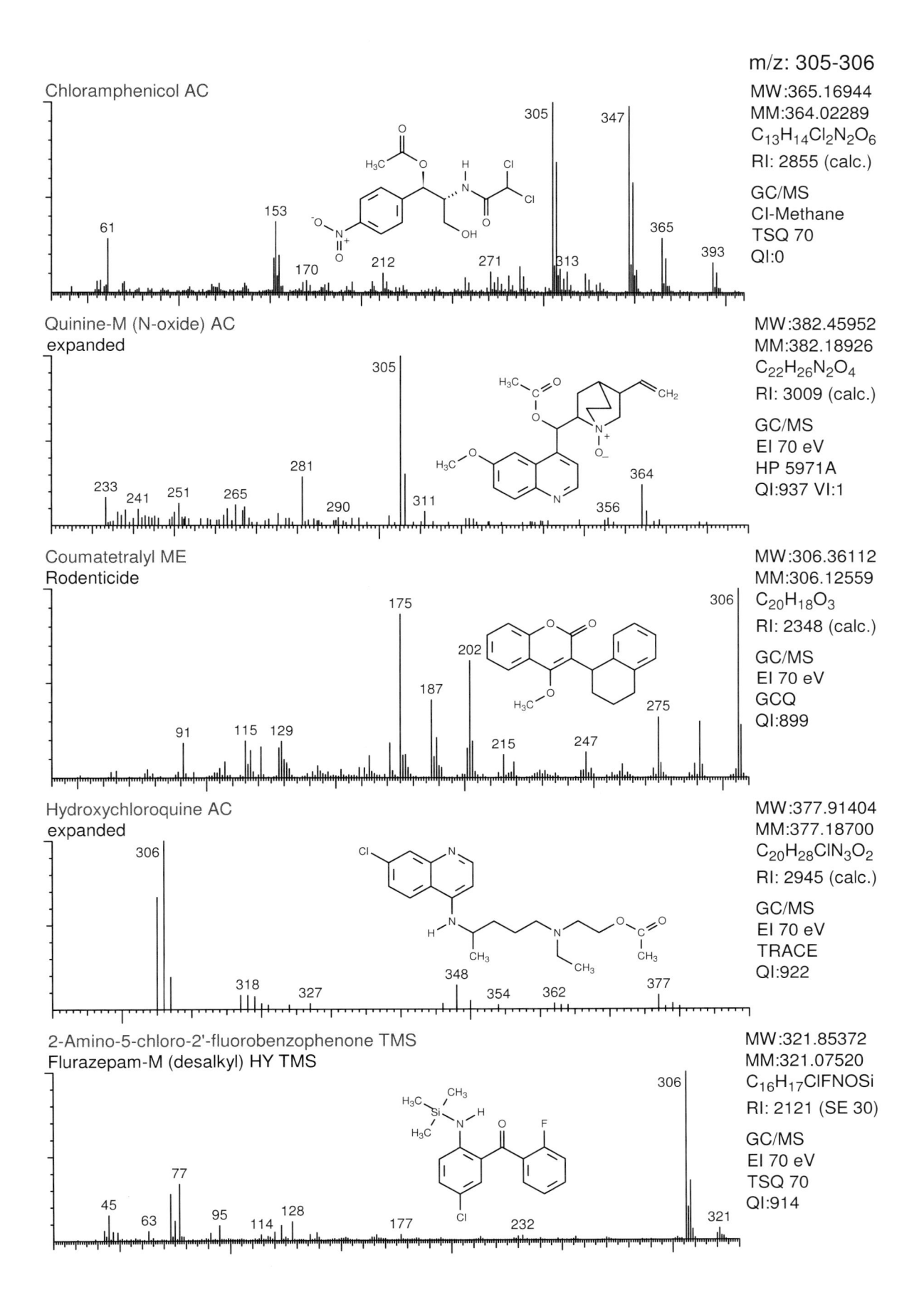

Chloramphenicol AC
MW: 365.16944
MM: 364.02289
$C_{13}H_{14}Cl_2N_2O_6$
RI: 2855 (calc.)

GC/MS
CI-Methane
TSQ 70
QI:0

Quinine-M (N-oxide) AC
expanded
MW: 382.45952
MM: 382.18926
$C_{22}H_{26}N_2O_4$
RI: 3009 (calc.)

GC/MS
EI 70 eV
HP 5971A
QI:937 VI:1

Coumatetralyl ME
Rodenticide
MW: 306.36112
MM: 306.12559
$C_{20}H_{18}O_3$
RI: 2348 (calc.)

GC/MS
EI 70 eV
GCQ
QI:899

Hydroxychloroquine AC
expanded
MW: 377.91404
MM: 377.18700
$C_{20}H_{28}ClN_3O_2$
RI: 2945 (calc.)

GC/MS
EI 70 eV
TRACE
QI:922

2-Amino-5-chloro-2'-fluorobenzophenone TMS
Flurazepam-M (desalkyl) HY TMS
MW: 321.85372
MM: 321.07520
$C_{16}H_{17}ClFNOSi$
RI: 2121 (SE 30)

GC/MS
EI 70 eV
TSQ 70
QI:914

m/z: 306-307

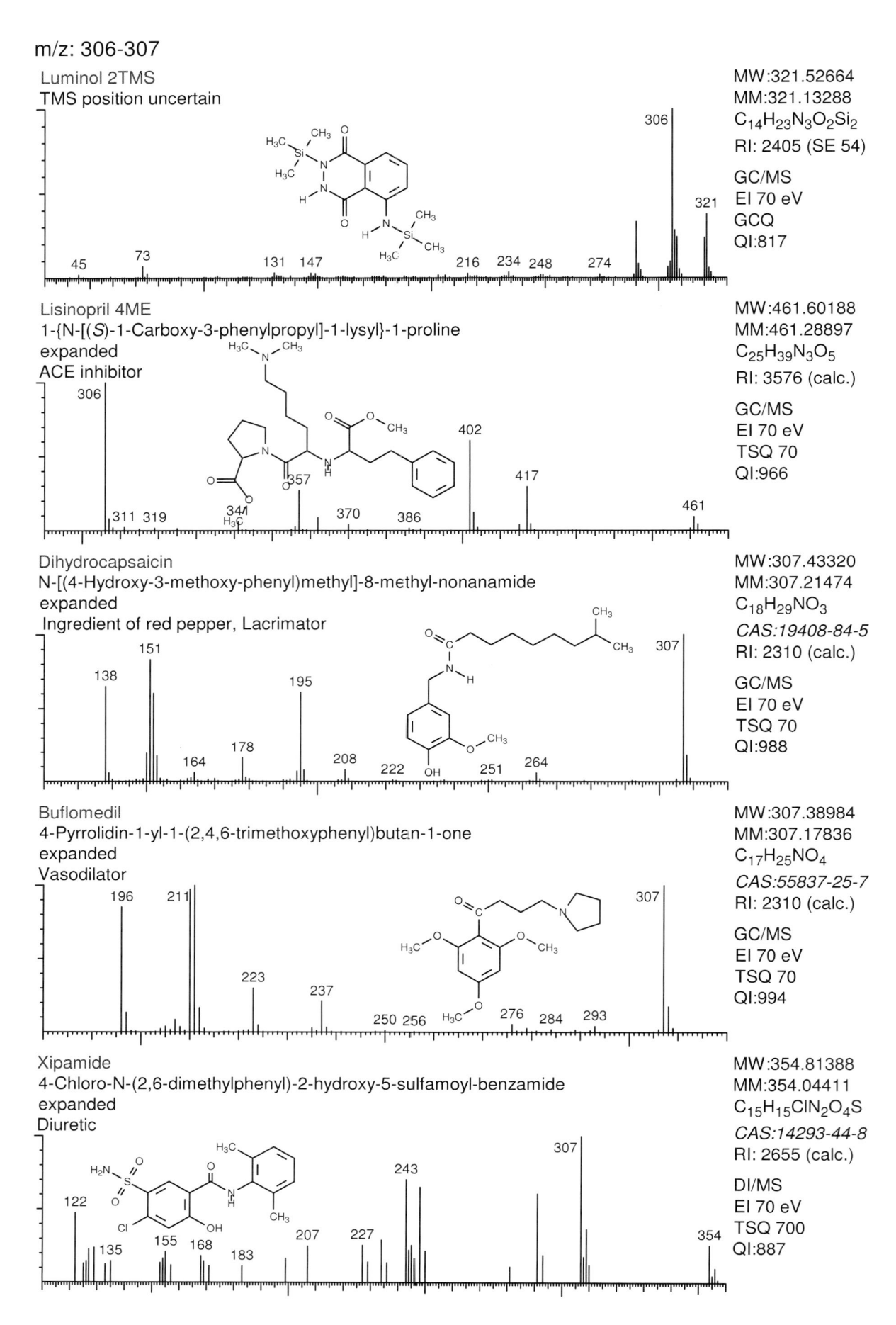

Luminol 2TMS
TMS position uncertain

MW:321.52664
MM:321.13288
$C_{14}H_{23}N_3O_2Si_2$
RI: 2405 (SE 54)

GC/MS
EI 70 eV
GCQ
QI:817

Lisinopril 4ME
1-{N-[(S)-1-Carboxy-3-phenylpropyl]-1-lysyl}-1-proline
expanded
ACE inhibitor

MW:461.60188
MM:461.28897
$C_{25}H_{39}N_3O_5$
RI: 3576 (calc.)

GC/MS
EI 70 eV
TSQ 70
QI:966

Dihydrocapsaicin
N-[(4-Hydroxy-3-methoxy-phenyl)methyl]-8-methyl-nonanamide
expanded
Ingredient of red pepper, Lacrimator

MW:307.43320
MM:307.21474
$C_{18}H_{29}NO_3$
CAS:19408-84-5
RI: 2310 (calc.)

GC/MS
EI 70 eV
TSQ 70
QI:988

Buflomedil
4-Pyrrolidin-1-yl-1-(2,4,6-trimethoxyphenyl)butan-1-one
expanded
Vasodilator

MW:307.38984
MM:307.17836
$C_{17}H_{25}NO_4$
CAS:55837-25-7
RI: 2310 (calc.)

GC/MS
EI 70 eV
TSQ 70
QI:994

Xipamide
4-Chloro-N-(2,6-dimethylphenyl)-2-hydroxy-5-sulfamoyl-benzamide
expanded
Diuretic

MW:354.81388
MM:354.04411
$C_{15}H_{15}ClN_2O_4S$
CAS:14293-44-8
RI: 2655 (calc.)

DI/MS
EI 70 eV
TSQ 700
QI:887

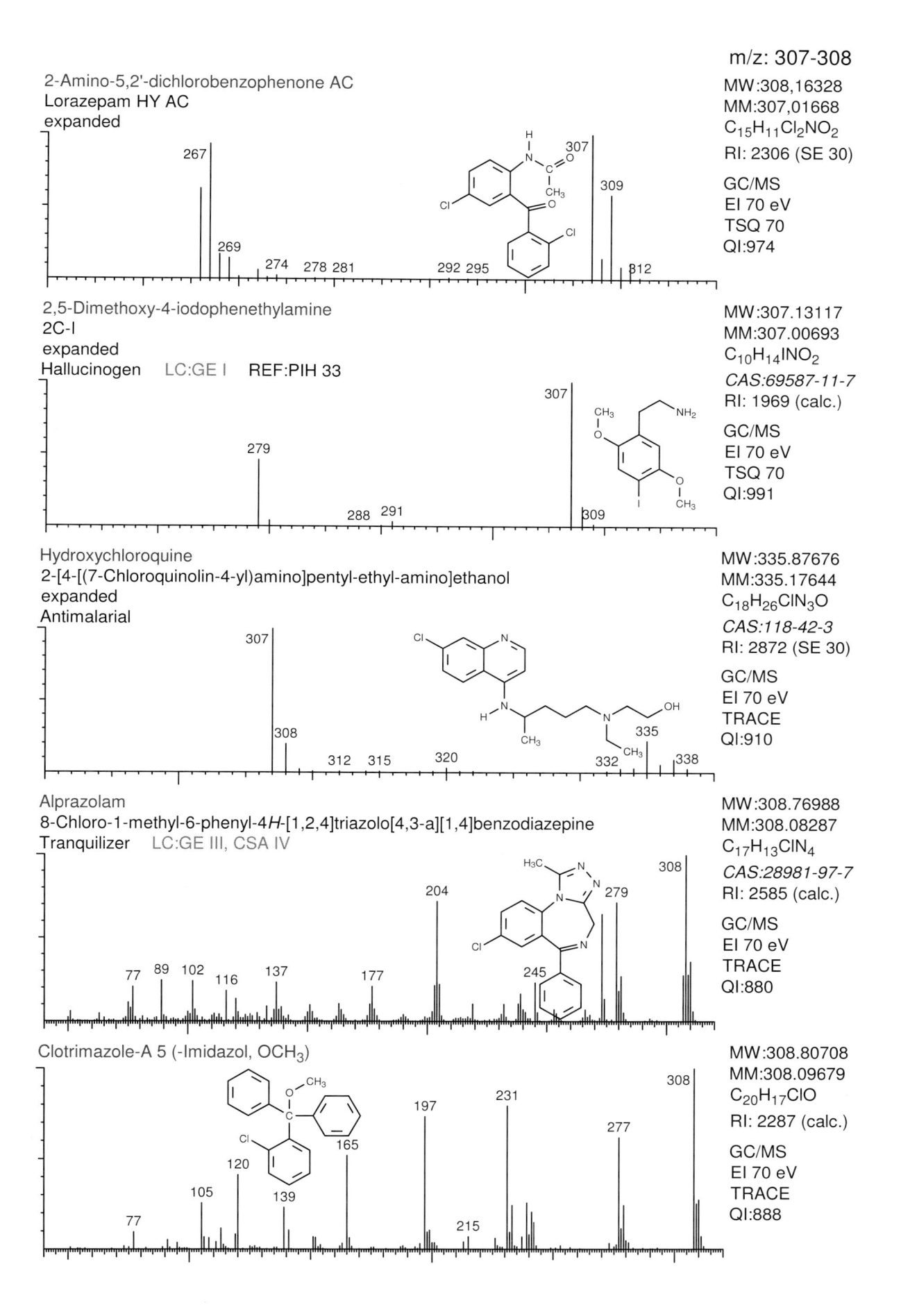

2-Amino-5,2'-dichlorobenzophenone AC
Lorazepam HY AC
expanded

m/z: 307-308
MW: 308,16328
MM: 307,01668
$C_{15}H_{11}Cl_2NO_2$
RI: 2306 (SE 30)

GC/MS
EI 70 eV
TSQ 70
QI: 974

Peaks: 267, 269, 274, 278, 281, 292, 295, 307, 309, 312

2,5-Dimethoxy-4-iodophenethylamine
2C-I
expanded
Hallucinogen   LC:GE I   REF:PIH 33

MW: 307.13117
MM: 307.00693
$C_{10}H_{14}INO_2$
CAS: 69587-11-7
RI: 1969 (calc.)

GC/MS
EI 70 eV
TSQ 70
QI: 991

Peaks: 279, 288, 291, 307, 309

Hydroxychloroquine
2-[4-[(7-Chloroquinolin-4-yl)amino]pentyl-ethyl-amino]ethanol
expanded
Antimalarial

MW: 335.87676
MM: 335.17644
$C_{18}H_{26}ClN_3O$
CAS: 118-42-3
RI: 2872 (SE 30)

GC/MS
EI 70 eV
TRACE
QI: 910

Peaks: 307, 308, 312, 315, 320, 332, 335, 338

Alprazolam
8-Chloro-1-methyl-6-phenyl-4H-[1,2,4]triazolo[4,3-a][1,4]benzodiazepine
Tranquilizer   LC:GE III, CSA IV

MW: 308.76988
MM: 308.08287
$C_{17}H_{13}ClN_4$
CAS: 28981-97-7
RI: 2585 (calc.)

GC/MS
EI 70 eV
TRACE
QI: 880

Peaks: 77, 89, 102, 116, 137, 177, 204, 245, 279, 308

Clotrimazole-A 5 (-Imidazol, OCH_3)

MW: 308.80708
MM: 308.09679
$C_{20}H_{17}ClO$
RI: 2287 (calc.)

GC/MS
EI 70 eV
TRACE
QI: 888

Peaks: 77, 105, 120, 139, 165, 197, 215, 231, 277, 308

m/z: 308

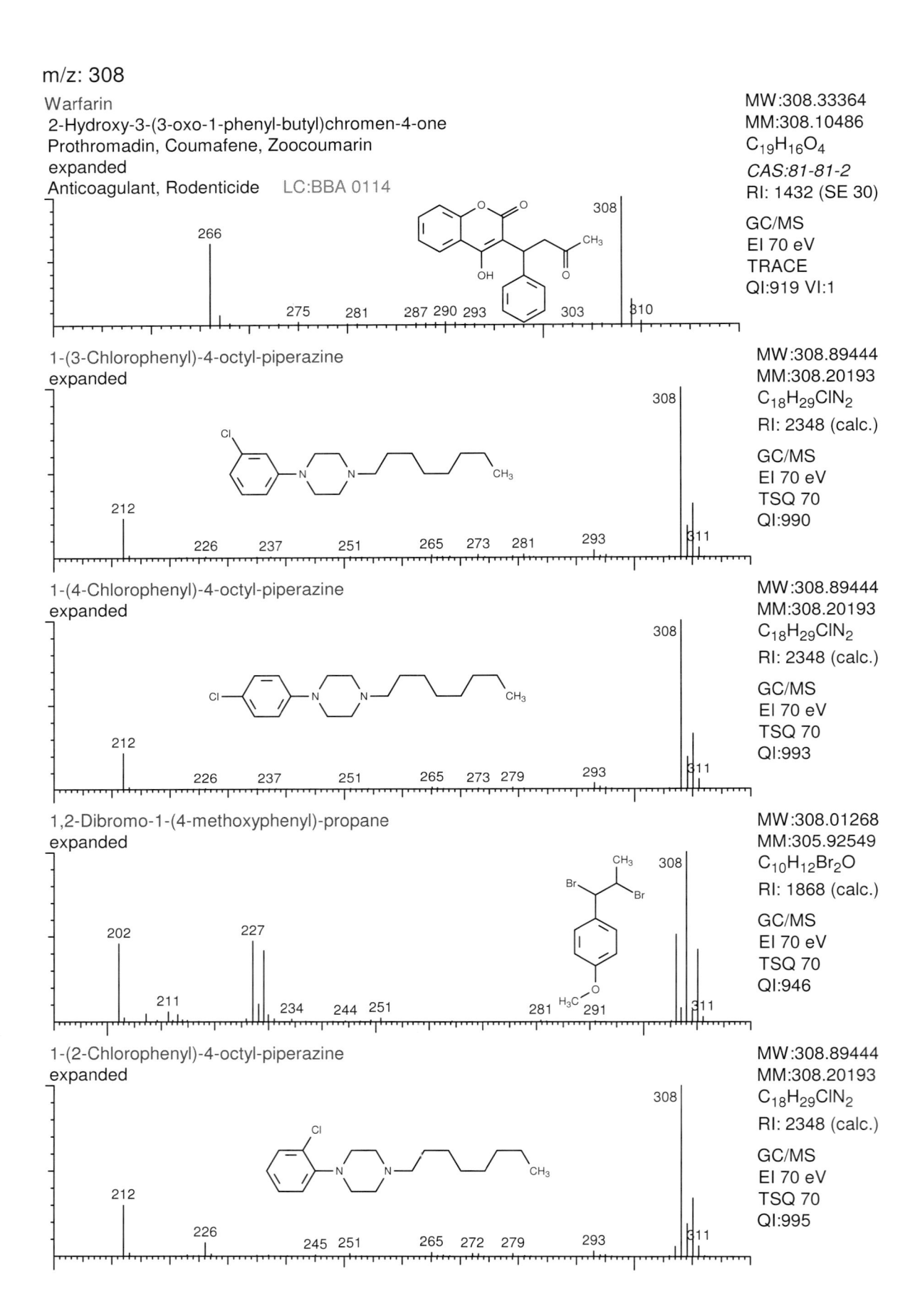

Warfarin
2-Hydroxy-3-(3-oxo-1-phenyl-butyl)chromen-4-one
Prothromadin, Coumafene, Zoocoumarin
expanded
Anticoagulant, Rodenticide   LC:BBA 0114

MW:308.33364
MM:308.10486
$C_{19}H_{16}O_4$
CAS:81-81-2
RI: 1432 (SE 30)

GC/MS
EI 70 eV
TRACE
QI:919 VI:1

1-(3-Chlorophenyl)-4-octyl-piperazine
expanded

MW:308.89444
MM:308.20193
$C_{18}H_{29}ClN_2$
RI: 2348 (calc.)

GC/MS
EI 70 eV
TSQ 70
QI:990

1-(4-Chlorophenyl)-4-octyl-piperazine
expanded

MW:308.89444
MM:308.20193
$C_{18}H_{29}ClN_2$
RI: 2348 (calc.)

GC/MS
EI 70 eV
TSQ 70
QI:993

1,2-Dibromo-1-(4-methoxyphenyl)-propane
expanded

MW:308.01268
MM:305.92549
$C_{10}H_{12}Br_2O$
RI: 1868 (calc.)

GC/MS
EI 70 eV
TSQ 70
QI:946

1-(2-Chlorophenyl)-4-octyl-piperazine
expanded

MW:308.89444
MM:308.20193
$C_{18}H_{29}ClN_2$
RI: 2348 (calc.)

GC/MS
EI 70 eV
TSQ 70
QI:995

m/z: 308-309

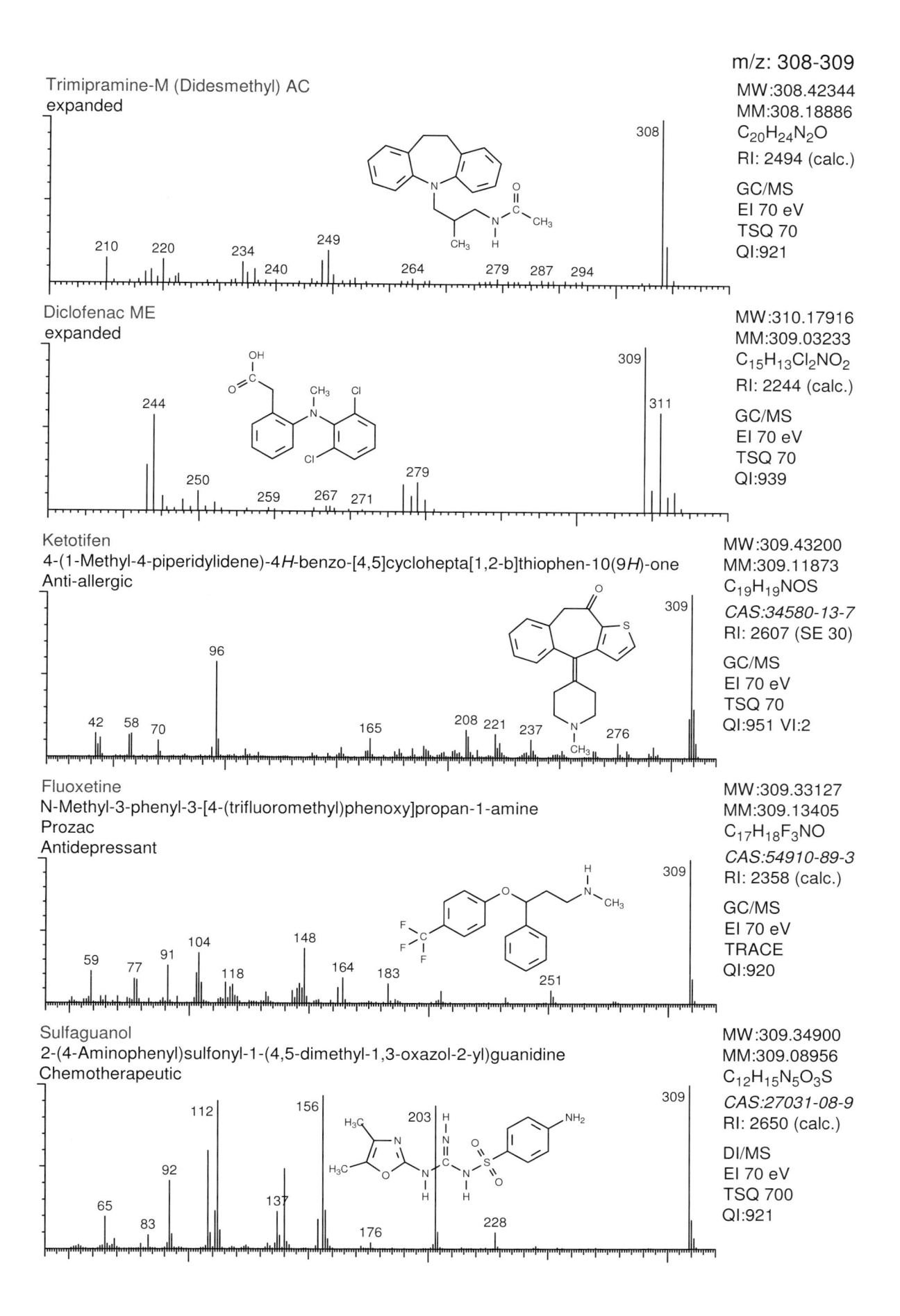

Trimipramine-M (Didesmethyl) AC
expanded

Peaks: 210, 220, 234, 240, 249, 264, 279, 287, 294, 308

MW: 308.42344
MM: 308.18886
$C_{20}H_{24}N_2O$
RI: 2494 (calc.)

GC/MS
EI 70 eV
TSQ 70
QI:921

Diclofenac ME
expanded

Peaks: 244, 250, 259, 267, 271, 279, 309, 311

MW: 310.17916
MM: 309.03233
$C_{15}H_{13}Cl_2NO_2$
RI: 2244 (calc.)

GC/MS
EI 70 eV
TSQ 70
QI:939

Ketotifen
4-(1-Methyl-4-piperidylidene)-4H-benzo-[4,5]cyclohepta[1,2-b]thiophen-10(9H)-one
Anti-allergic

Peaks: 42, 58, 70, 96, 165, 208, 221, 237, 276, 309

MW: 309.43200
MM: 309.11873
$C_{19}H_{19}NOS$
CAS: 34580-13-7
RI: 2607 (SE 30)

GC/MS
EI 70 eV
TSQ 70
QI:951 VI:2

Fluoxetine
N-Methyl-3-phenyl-3-[4-(trifluoromethyl)phenoxy]propan-1-amine
Prozac
Antidepressant

Peaks: 59, 77, 91, 104, 118, 148, 164, 183, 251, 309

MW: 309.33127
MM: 309.13405
$C_{17}H_{18}F_3NO$
CAS: 54910-89-3
RI: 2358 (calc.)

GC/MS
EI 70 eV
TRACE
QI:920

Sulfaguanol
2-(4-Aminophenyl)sulfonyl-1-(4,5-dimethyl-1,3-oxazol-2-yl)guanidine
Chemotherapeutic

Peaks: 65, 83, 92, 112, 137, 156, 176, 203, 228, 309

MW: 309.34900
MM: 309.08956
$C_{12}H_{15}N_5O_3S$
CAS: 27031-08-9
RI: 2650 (calc.)

DI/MS
EI 70 eV
TSQ 700
QI:921

m/z: 309-310

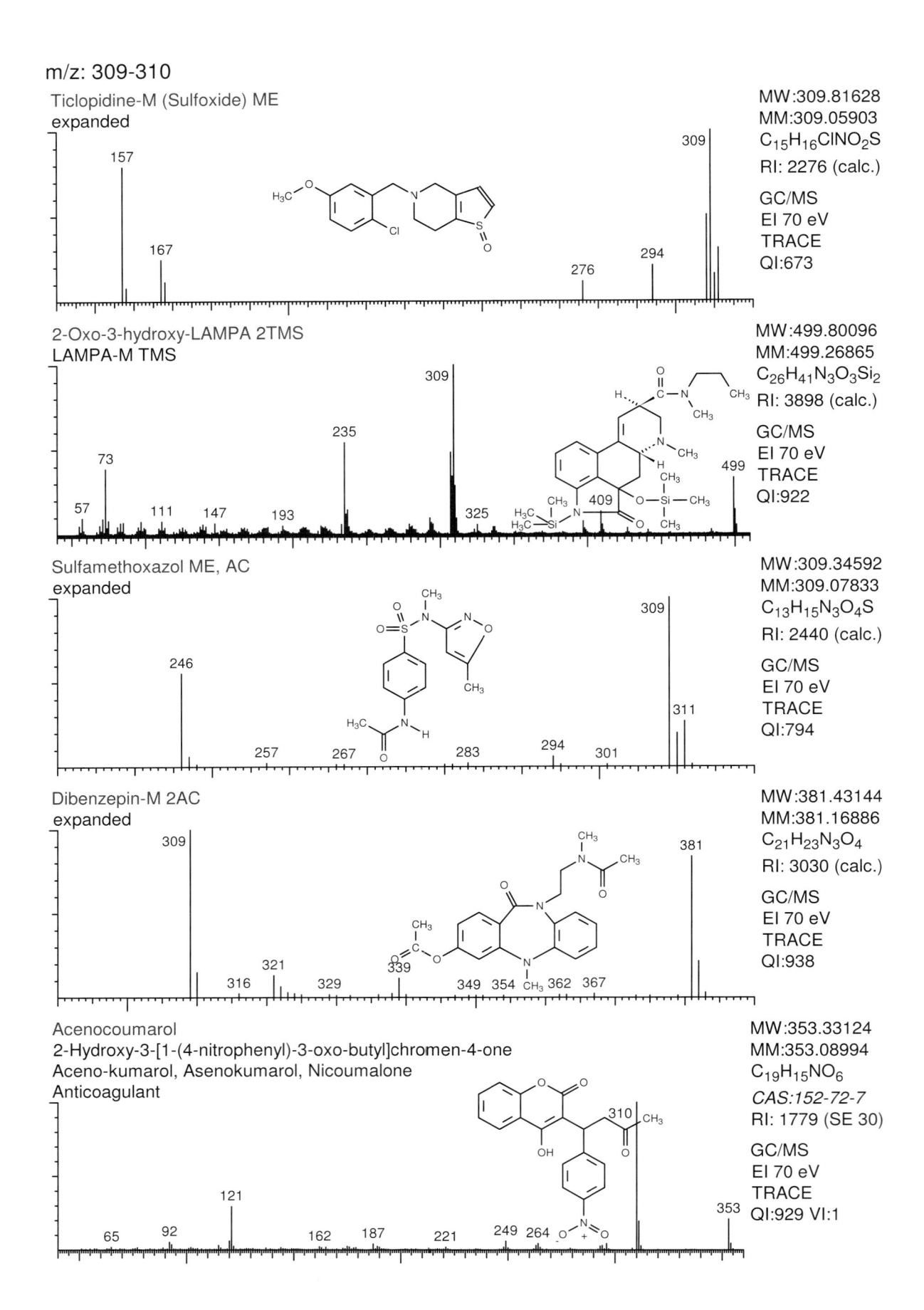

Ticlopidine-M (Sulfoxide) ME
expanded

MW:309.81628
MM:309.05903
$C_{15}H_{16}ClNO_2S$
RI: 2276 (calc.)

GC/MS
EI 70 eV
TRACE
QI:673

Peaks: 157, 167, 276, 294, 309

2-Oxo-3-hydroxy-LAMPA 2TMS
LAMPA-M TMS

MW:499.80096
MM:499.26865
$C_{26}H_{41}N_3O_3Si_2$
RI: 3898 (calc.)

GC/MS
EI 70 eV
TRACE
QI:922

Peaks: 57, 73, 111, 147, 193, 235, 309, 325, 409, 499

Sulfamethoxazol ME, AC
expanded

MW:309.34592
MM:309.07833
$C_{13}H_{15}N_3O_4S$
RI: 2440 (calc.)

GC/MS
EI 70 eV
TRACE
QI:794

Peaks: 246, 257, 267, 283, 294, 301, 309, 311

Dibenzepin-M 2AC
expanded

MW:381.43144
MM:381.16886
$C_{21}H_{23}N_3O_4$
RI: 3030 (calc.)

GC/MS
EI 70 eV
TRACE
QI:938

Peaks: 309, 316, 321, 329, 339, 349, 354, 362, 367, 381

Acenocoumarol
2-Hydroxy-3-[1-(4-nitrophenyl)-3-oxo-butyl]chromen-4-one
Aceno-kumarol, Asenokumarol, Nicoumalone
Anticoagulant

MW:353.33124
MM:353.08994
$C_{19}H_{15}NO_6$
CAS:152-72-7
RI: 1779 (SE 30)

GC/MS
EI 70 eV
TRACE
QI:929 VI:1

Peaks: 65, 92, 121, 162, 187, 221, 249, 264, 310, 353

1-(3-Chlorophenyl)piperazine DMBS
expanded

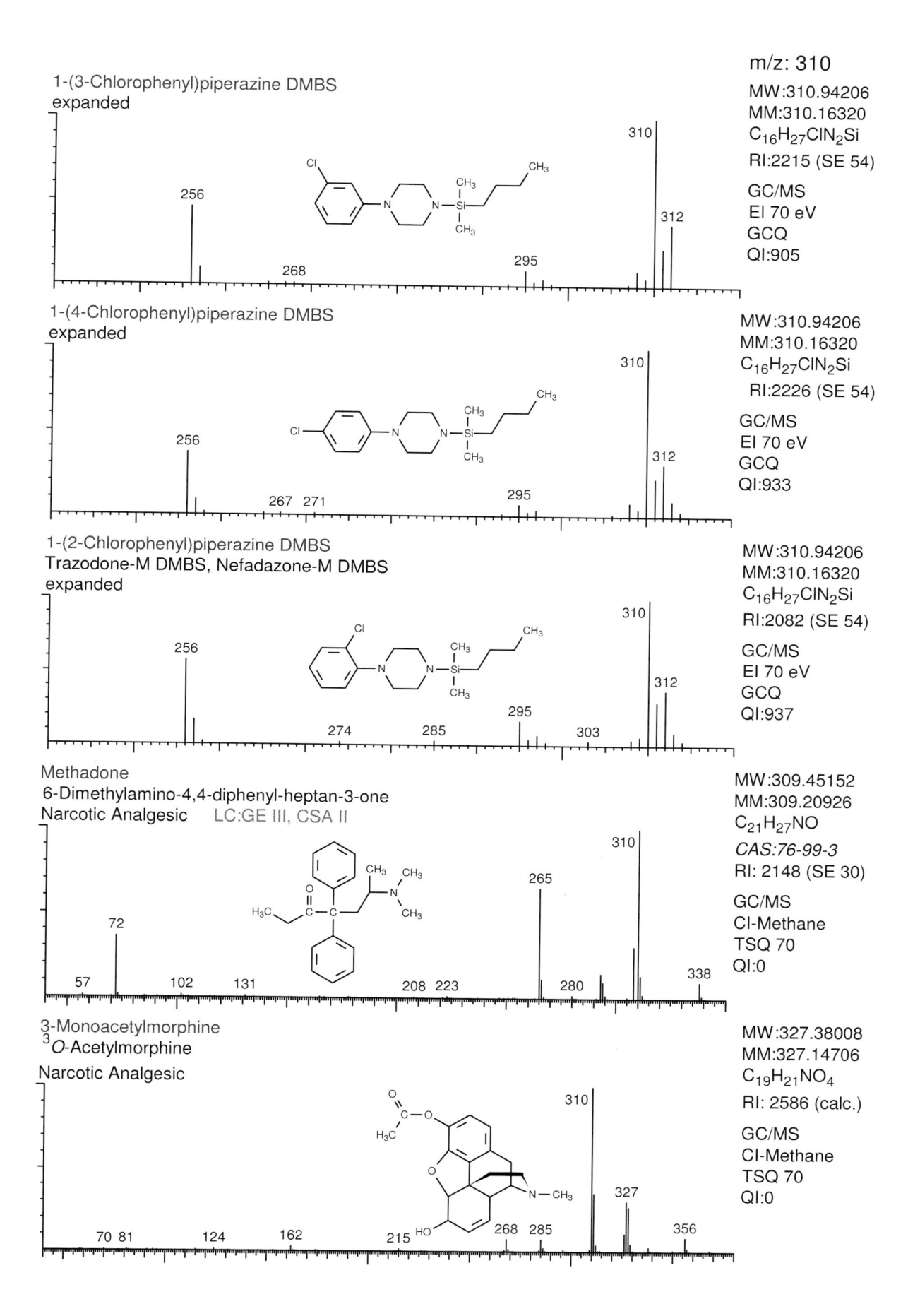

m/z: 310
MW: 310.94206
MM: 310.16320
$C_{16}H_{27}ClN_2Si$
RI: 2215 (SE 54)

GC/MS
EI 70 eV
GCQ
QI: 905

Peaks: 256, 268, 295, 310, 312

1-(4-Chlorophenyl)piperazine DMBS
expanded

MW: 310.94206
MM: 310.16320
$C_{16}H_{27}ClN_2Si$
RI: 2226 (SE 54)

GC/MS
EI 70 eV
GCQ
QI: 933

Peaks: 256, 267, 271, 295, 310, 312

1-(2-Chlorophenyl)piperazine DMBS
Trazodone-M DMBS, Nefadazone-M DMBS
expanded

MW: 310.94206
MM: 310.16320
$C_{16}H_{27}ClN_2Si$
RI: 2082 (SE 54)

GC/MS
EI 70 eV
GCQ
QI: 937

Peaks: 256, 274, 285, 295, 303, 310, 312

Methadone
6-Dimethylamino-4,4-diphenyl-heptan-3-one
Narcotic Analgesic   LC:GE III, CSA II

MW: 309.45152
MM: 309.20926
$C_{21}H_{27}NO$
CAS: 76-99-3
RI: 2148 (SE 30)

GC/MS
CI-Methane
TSQ 70
QI: 0

Peaks: 57, 72, 102, 131, 208, 223, 265, 280, 310, 338

3-Monoacetylmorphine
3-O-Acetylmorphine
Narcotic Analgesic

MW: 327.38008
MM: 327.14706
$C_{19}H_{21}NO_4$
RI: 2586 (calc.)

GC/MS
CI-Methane
TSQ 70
QI: 0

Peaks: 70, 81, 124, 162, 215, 268, 285, 310, 327, 356

m/z: 310

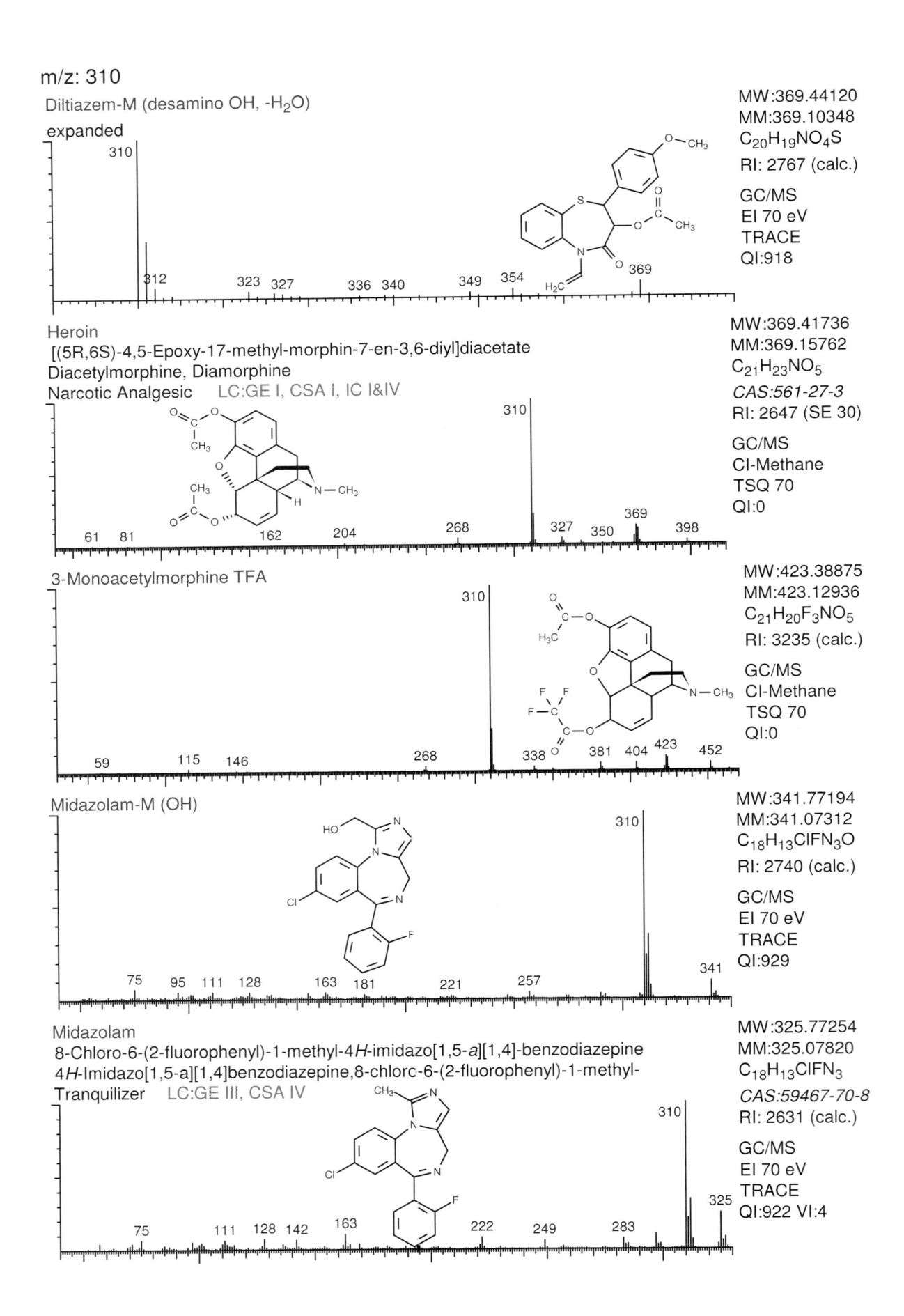

Diltiazem-M (desamino OH, -H₂O)
expanded

MW:369.44120
MM:369.10348
$C_{20}H_{19}NO_4S$
RI: 2767 (calc.)

GC/MS
EI 70 eV
TRACE
QI:918

Heroin
[(5R,6S)-4,5-Epoxy-17-methyl-morphin-7-en-3,6-diyl]diacetate
Diacetylmorphine, Diamorphine
Narcotic Analgesic   LC:GE I, CSA I, IC I&IV

MW:369.41736
MM:369.15762
$C_{21}H_{23}NO_5$
CAS:561-27-3
RI: 2647 (SE 30)

GC/MS
CI-Methane
TSQ 70
QI:0

3-Monoacetylmorphine TFA

MW:423.38875
MM:423.12936
$C_{21}H_{20}F_3NO_5$
RI: 3235 (calc.)

GC/MS
CI-Methane
TSQ 70
QI:0

Midazolam-M (OH)

MW:341.77194
MM:341.07312
$C_{18}H_{13}ClFN_3O$
RI: 2740 (calc.)

GC/MS
EI 70 eV
TRACE
QI:929

Midazolam
8-Chloro-6-(2-fluorophenyl)-1-methyl-4*H*-imidazo[1,5-*a*][1,4]-benzodiazepine
4*H*-Imidazo[1,5-a][1,4]benzodiazepine,8-chlorc-6-(2-fluorophenyl)-1-methyl-
Tranquilizer   LC:GE III, CSA IV

MW:325.77254
MM:325.07820
$C_{18}H_{13}ClFN_3$
CAS:59467-70-8
RI: 2631 (calc.)

GC/MS
EI 70 eV
TRACE
QI:922 VI:4

m/z: 310

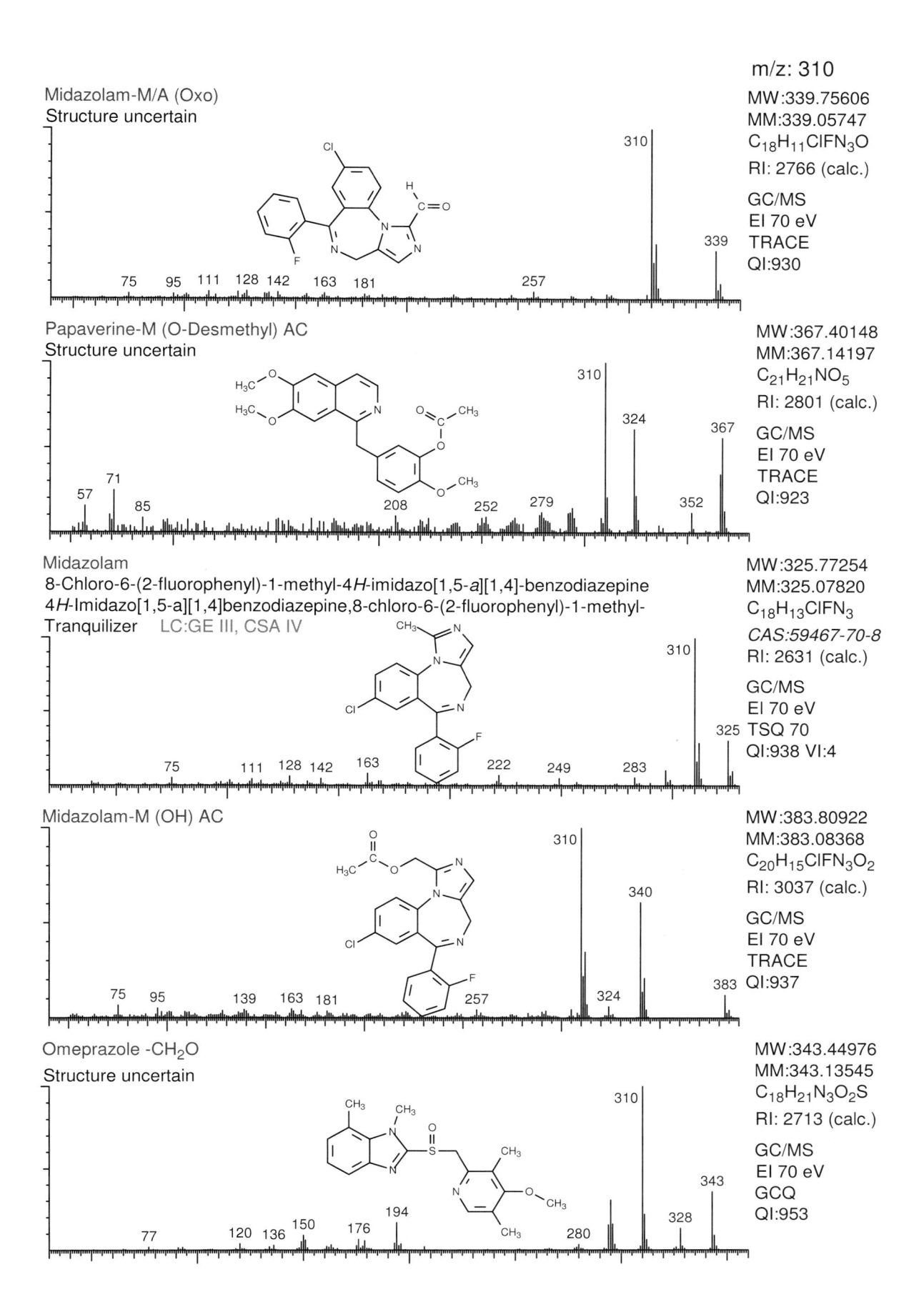

Midazolam-M/A (Oxo)
Structure uncertain

MW:339.75606
MM:339.05747
$C_{18}H_{11}ClFN_3O$
RI: 2766 (calc.)

GC/MS
EI 70 eV
TRACE
QI:930

Peaks: 75, 95, 111, 128, 142, 163, 181, 257, 310, 339

Papaverine-M (O-Desmethyl) AC
Structure uncertain

MW:367.40148
MM:367.14197
$C_{21}H_{21}NO_5$
RI: 2801 (calc.)

GC/MS
EI 70 eV
TRACE
QI:923

Peaks: 57, 71, 85, 208, 252, 279, 310, 324, 352, 367

Midazolam
8-Chloro-6-(2-fluorophenyl)-1-methyl-4H-imidazo[1,5-a][1,4]-benzodiazepine
4H-Imidazo[1,5-a][1,4]benzodiazepine,8-chloro-6-(2-fluorophenyl)-1-methyl-
Tranquilizer   LC:GE III, CSA IV

MW:325.77254
MM:325.07820
$C_{18}H_{13}ClFN_3$
CAS:59467-70-8
RI: 2631 (calc.)

GC/MS
EI 70 eV
TSQ 70
QI:938 VI:4

Peaks: 75, 111, 128, 142, 163, 222, 249, 283, 310, 325

Midazolam-M (OH) AC

MW:383.80922
MM:383.08368
$C_{20}H_{15}ClFN_3O_2$
RI: 3037 (calc.)

GC/MS
EI 70 eV
TRACE
QI:937

Peaks: 75, 95, 139, 163, 181, 257, 310, 324, 340, 383

Omeprazole -CH2O
Structure uncertain

MW:343.44976
MM:343.13545
$C_{18}H_{21}N_3O_2S$
RI: 2713 (calc.)

GC/MS
EI 70 eV
GCQ
QI:953

Peaks: 77, 120, 136, 150, 176, 194, 280, 310, 328, 343

m/z: 310-311

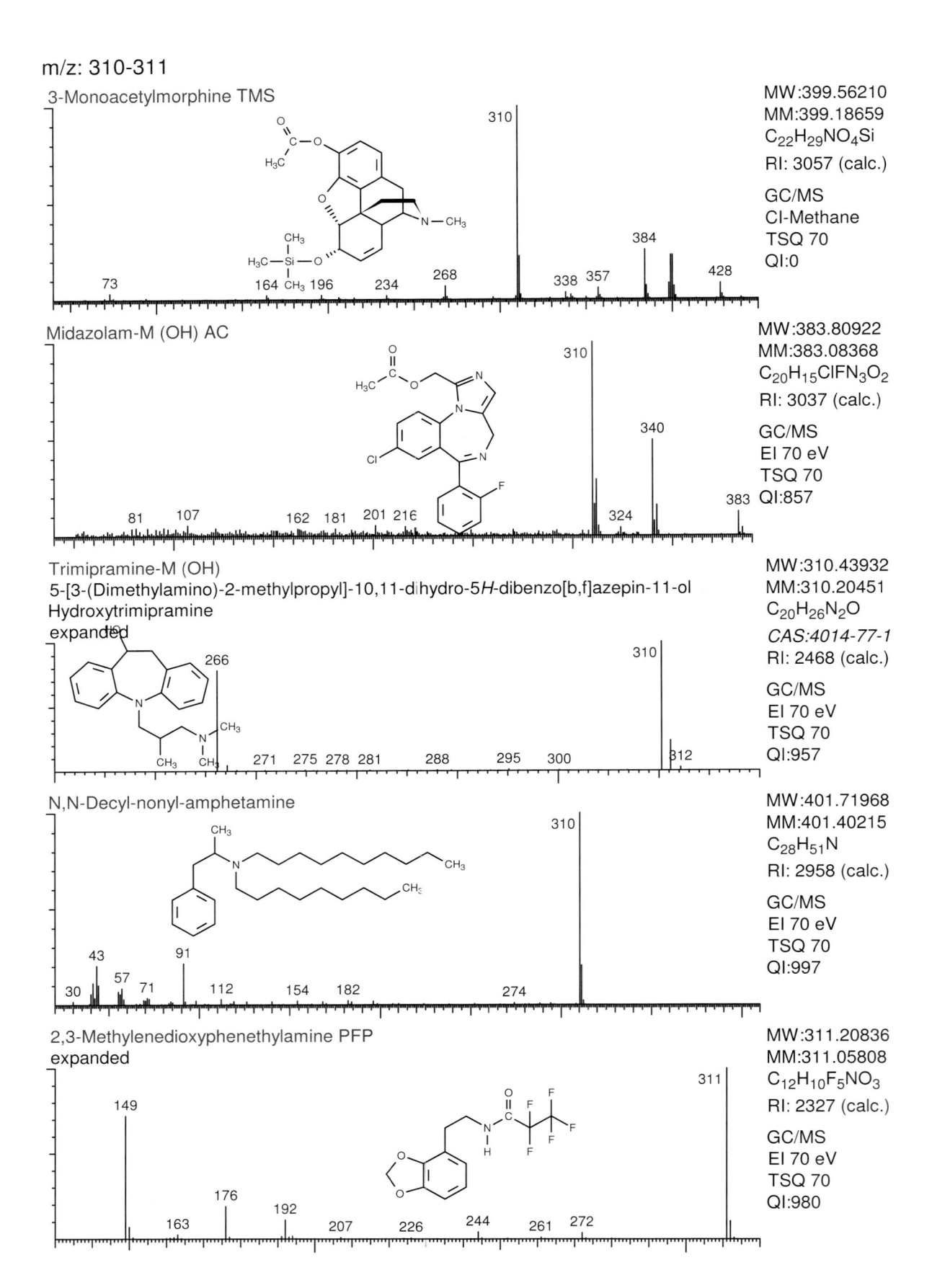

3-Monoacetylmorphine TMS

MW: 399.56210
MM: 399.18659
$C_{22}H_{29}NO_4Si$
RI: 3057 (calc.)

GC/MS
CI-Methane
TSQ 70
QI:0

Peaks: 73, 164, 196, 234, 268, 310, 338, 357, 384, 428

Midazolam-M (OH) AC

MW: 383.80922
MM: 383.08368
$C_{20}H_{15}ClFN_3O_2$
RI: 3037 (calc.)

GC/MS
EI 70 eV
TSQ 70
QI:857

Peaks: 81, 107, 162, 181, 201, 216, 310, 324, 340, 383

Trimipramine-M (OH)
5-[3-(Dimethylamino)-2-methylpropyl]-10,11-dihydro-5H-dibenzo[b,f]azepin-11-ol
Hydroxytrimipramine
expanded

MW: 310.43932
MM: 310.20451
$C_{20}H_{26}N_2O$
CAS: 4014-77-1
RI: 2468 (calc.)

GC/MS
EI 70 eV
TSQ 70
QI:957

Peaks: 266, 271, 275, 278, 281, 288, 295, 300, 310, 312

N,N-Decyl-nonyl-amphetamine

MW: 401.71968
MM: 401.40215
$C_{28}H_{51}N$
RI: 2958 (calc.)

GC/MS
EI 70 eV
TSQ 70
QI:997

Peaks: 30, 43, 57, 71, 91, 112, 154, 182, 274, 310

2,3-Methylenedioxyphenethylamine PFP
expanded

MW: 311.20836
MM: 311.05808
$C_{12}H_{10}F_5NO_3$
RI: 2327 (calc.)

GC/MS
EI 70 eV
TSQ 70
QI:980

Peaks: 149, 163, 176, 192, 207, 226, 244, 261, 272, 311

m/z: 311

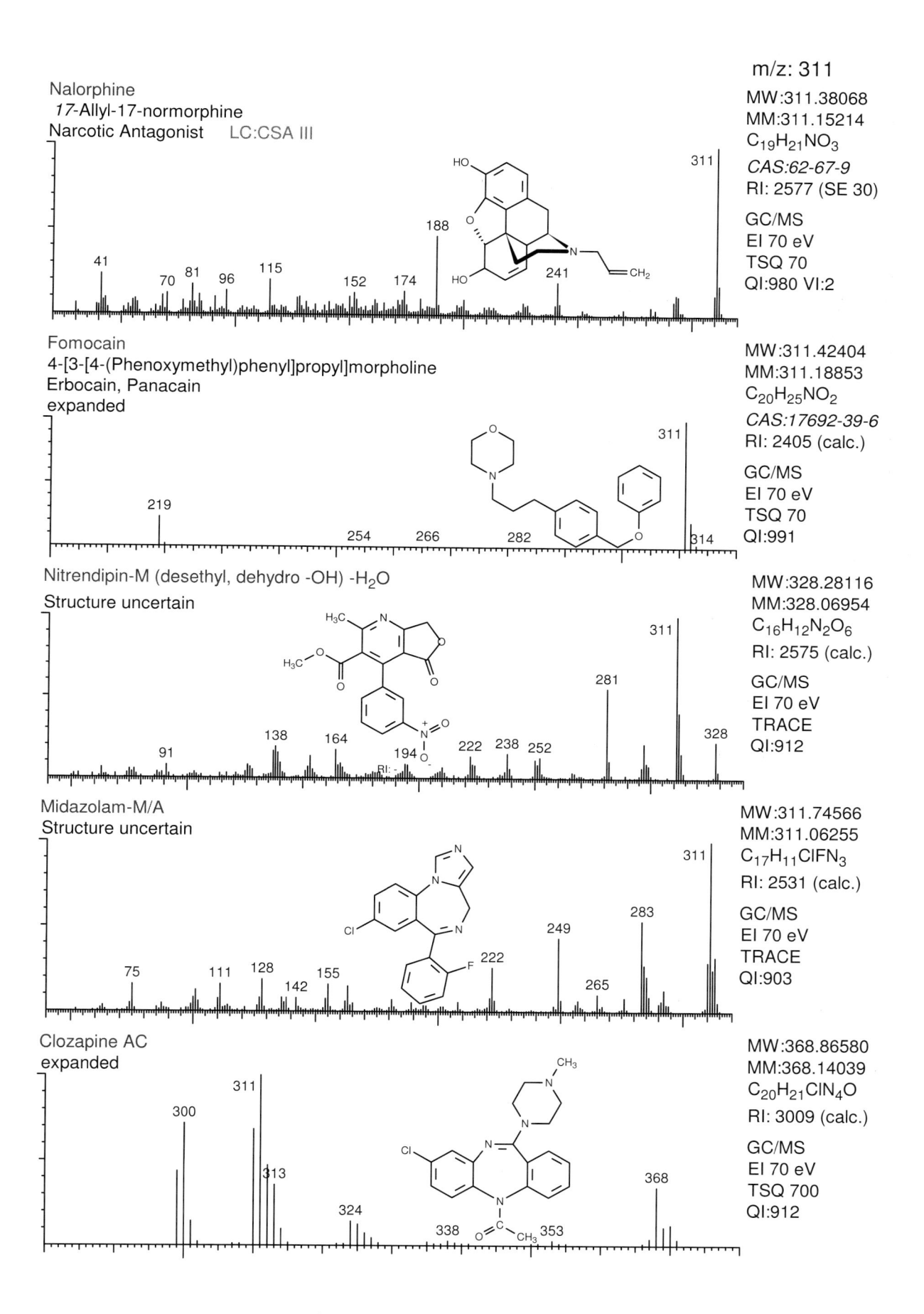

Nalorphine
17-Allyl-17-normorphine
Narcotic Antagonist   LC:CSA III

MW:311.38068
MM:311.15214
$C_{19}H_{21}NO_3$
CAS:62-67-9
RI: 2577 (SE 30)

GC/MS
EI 70 eV
TSQ 70
QI:980 VI:2

Fomocain
4-[3-[4-(Phenoxymethyl)phenyl]propyl]morpholine
Erbocain, Panacain
expanded

MW:311.42404
MM:311.18853
$C_{20}H_{25}NO_2$
CAS:17692-39-6
RI: 2405 (calc.)

GC/MS
EI 70 eV
TSQ 70
QI:991

Nitrendipin-M (desethyl, dehydro -OH) -H₂O
Structure uncertain

MW:328.28116
MM:328.06954
$C_{16}H_{12}N_2O_6$
RI: 2575 (calc.)

GC/MS
EI 70 eV
TRACE
QI:912

Midazolam-M/A
Structure uncertain

MW:311.74566
MM:311.06255
$C_{17}H_{11}ClFN_3$
RI: 2531 (calc.)

GC/MS
EI 70 eV
TRACE
QI:903

Clozapine AC
expanded

MW:368.86580
MM:368.14039
$C_{20}H_{21}ClN_4O$
RI: 3009 (calc.)

GC/MS
EI 70 eV
TSQ 700
QI:912

m/z: 311-312

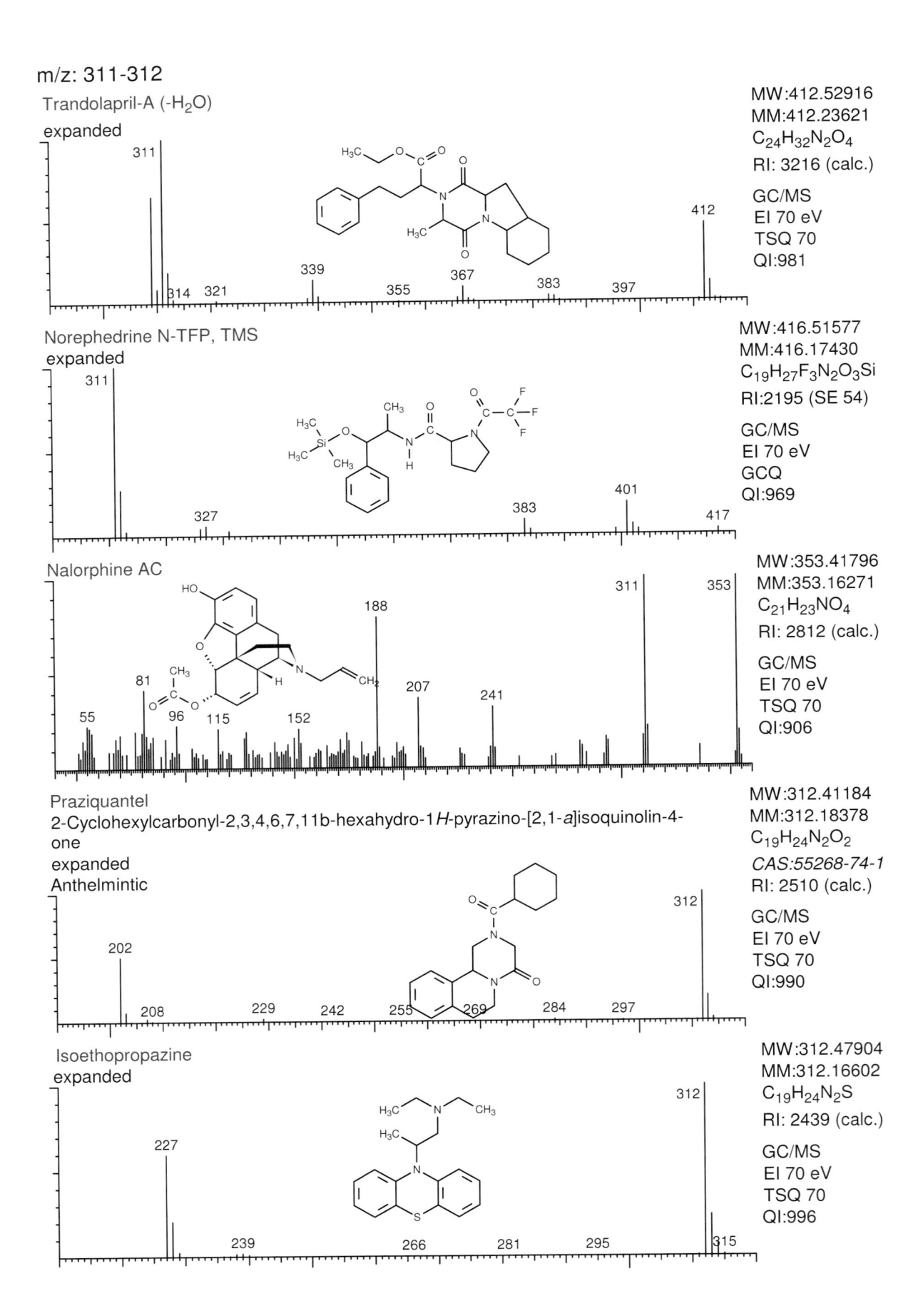

Trandolapril-A (-H₂O)
expanded

Peaks: 311, 314, 321, 339, 355, 367, 383, 397, 412

MW:412.52916
MM:412.23621
$C_{24}H_{32}N_2O_4$
RI: 3216 (calc.)

GC/MS
EI 70 eV
TSQ 70
QI:981

Norephedrine N-TFP, TMS
expanded

Peaks: 311, 327, 383, 401, 417

MW:416.51577
MM:416.17430
$C_{19}H_{27}F_3N_2O_3Si$
RI:2195 (SE 54)

GC/MS
EI 70 eV
GCQ
QI:969

Nalorphine AC

Peaks: 55, 81, 96, 115, 152, 188, 207, 241, 311, 353

MW:353.41796
MM:353.16271
$C_{21}H_{23}NO_4$
RI: 2812 (calc.)

GC/MS
EI 70 eV
TSQ 70
QI:906

Praziquantel
2-Cyclohexylcarbonyl-2,3,4,6,7,11b-hexahydro-1*H*-pyrazino-[2,1-*a*]isoquinolin-4-one
expanded
Anthelmintic

Peaks: 202, 208, 229, 242, 255, 269, 284, 297, 312

MW:312.41184
MM:312.18378
$C_{19}H_{24}N_2O_2$
CAS:55268-74-1
RI: 2510 (calc.)

GC/MS
EI 70 eV
TSQ 70
QI:990

Isoethopropazine
expanded

Peaks: 227, 239, 266, 281, 295, 312, 315

MW:312.47904
MM:312.16602
$C_{19}H_{24}N_2S$
RI: 2439 (calc.)

GC/MS
EI 70 eV
TSQ 70
QI:996

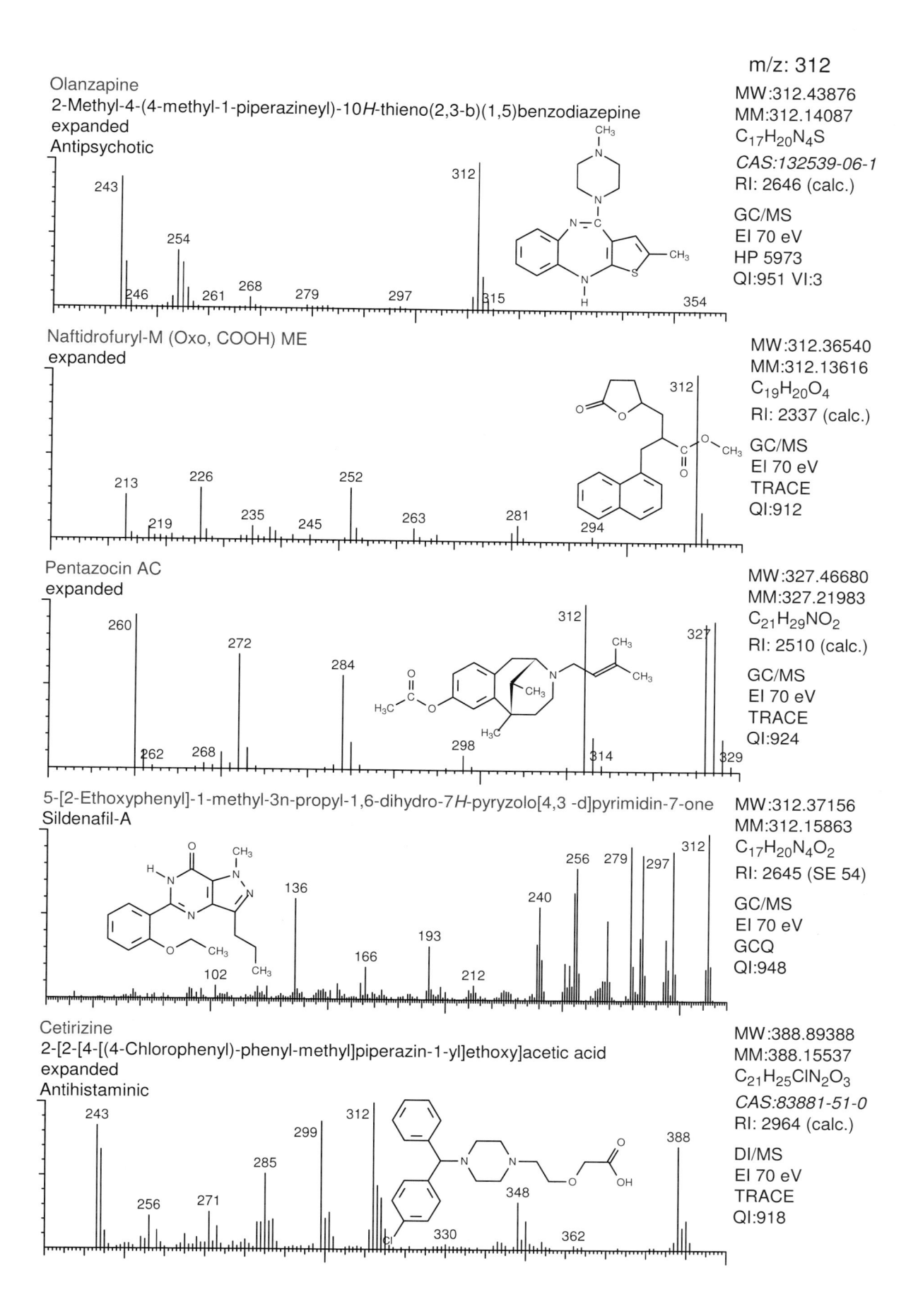

Olanzapine
2-Methyl-4-(4-methyl-1-piperazineyl)-10H-thieno(2,3-b)(1,5)benzodiazepine
expanded
Antipsychotic

m/z: 312
MW: 312.43876
MM: 312.14087
$C_{17}H_{20}N_4S$
CAS: 132539-06-1
RI: 2646 (calc.)

GC/MS
EI 70 eV
HP 5973
QI: 951 VI: 3

Peaks: 243, 246, 254, 261, 268, 279, 297, 312, 315, 354

Naftidrofuryl-M (Oxo, COOH) ME
expanded

MW: 312.36540
MM: 312.13616
$C_{19}H_{20}O_4$
RI: 2337 (calc.)

GC/MS
EI 70 eV
TRACE
QI: 912

Peaks: 213, 219, 226, 235, 245, 252, 263, 281, 294, 312

Pentazocin AC
expanded

MW: 327.46680
MM: 327.21983
$C_{21}H_{29}NO_2$
RI: 2510 (calc.)

GC/MS
EI 70 eV
TRACE
QI: 924

Peaks: 260, 262, 268, 272, 284, 298, 312, 314, 327, 329

5-[2-Ethoxyphenyl]-1-methyl-3n-propyl-1,6-dihydro-7H-pyryzolo[4,3-d]pyrimidin-7-one
Sildenafil-A

MW: 312.37156
MM: 312.15863
$C_{17}H_{20}N_4O_2$
RI: 2645 (SE 54)

GC/MS
EI 70 eV
GCQ
QI: 948

Peaks: 102, 136, 166, 193, 212, 240, 256, 279, 297, 312

Cetirizine
2-[2-[4-[(4-Chlorophenyl)-phenyl-methyl]piperazin-1-yl]ethoxy]acetic acid
expanded
Antihistaminic

MW: 388.89388
MM: 388.15537
$C_{21}H_{25}ClN_2O_3$
CAS: 83881-51-0
RI: 2964 (calc.)

DI/MS
EI 70 eV
TRACE
QI: 918

Peaks: 243, 256, 271, 285, 299, 312, 330, 348, 362, 388

m/z: 312-313

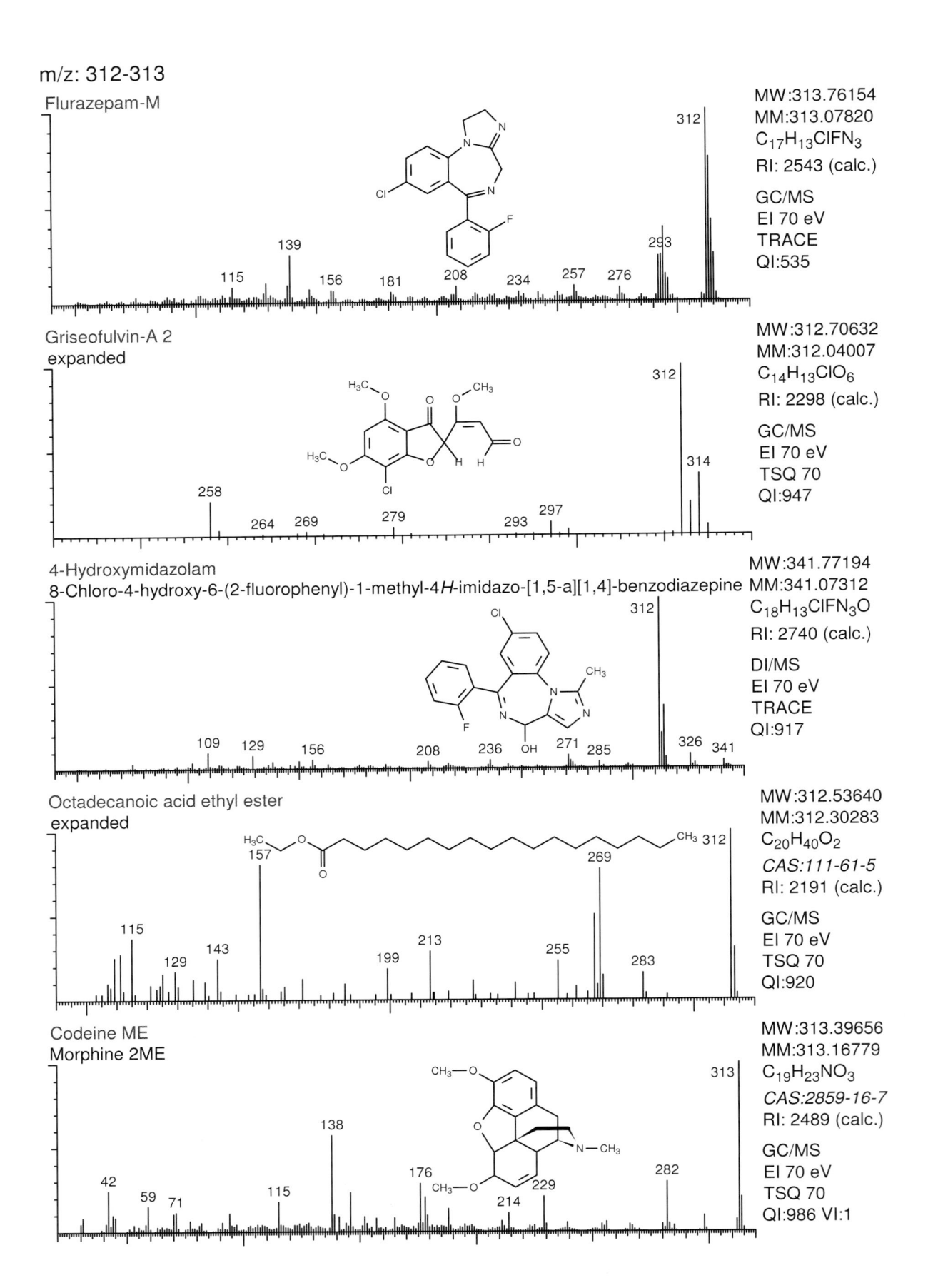

Flurazepam-M

MW:313.76154
MM:313.07820
$C_{17}H_{13}ClFN_3$
RI: 2543 (calc.)

GC/MS
EI 70 eV
TRACE
QI:535

Griseofulvin-A 2 expanded

MW:312.70632
MM:312.04007
$C_{14}H_{13}ClO_6$
RI: 2298 (calc.)

GC/MS
EI 70 eV
TSQ 70
QI:947

4-Hydroxymidazolam
8-Chloro-4-hydroxy-6-(2-fluorophenyl)-1-methyl-4H-imidazo-[1,5-a][1,4]-benzodiazepine

MW:341.77194
MM:341.07312
$C_{18}H_{13}ClFN_3O$
RI: 2740 (calc.)

DI/MS
EI 70 eV
TRACE
QI:917

Octadecanoic acid ethyl ester expanded

MW:312.53640
MM:312.30283
$C_{20}H_{40}O_2$
CAS:111-61-5
RI: 2191 (calc.)

GC/MS
EI 70 eV
TSQ 70
QI:920

Codeine ME
Morphine 2ME

MW:313.39656
MM:313.16779
$C_{19}H_{23}NO_3$
CAS:2859-16-7
RI: 2489 (calc.)

GC/MS
EI 70 eV
TSQ 70
QI:986 VI:1

m/z: 313

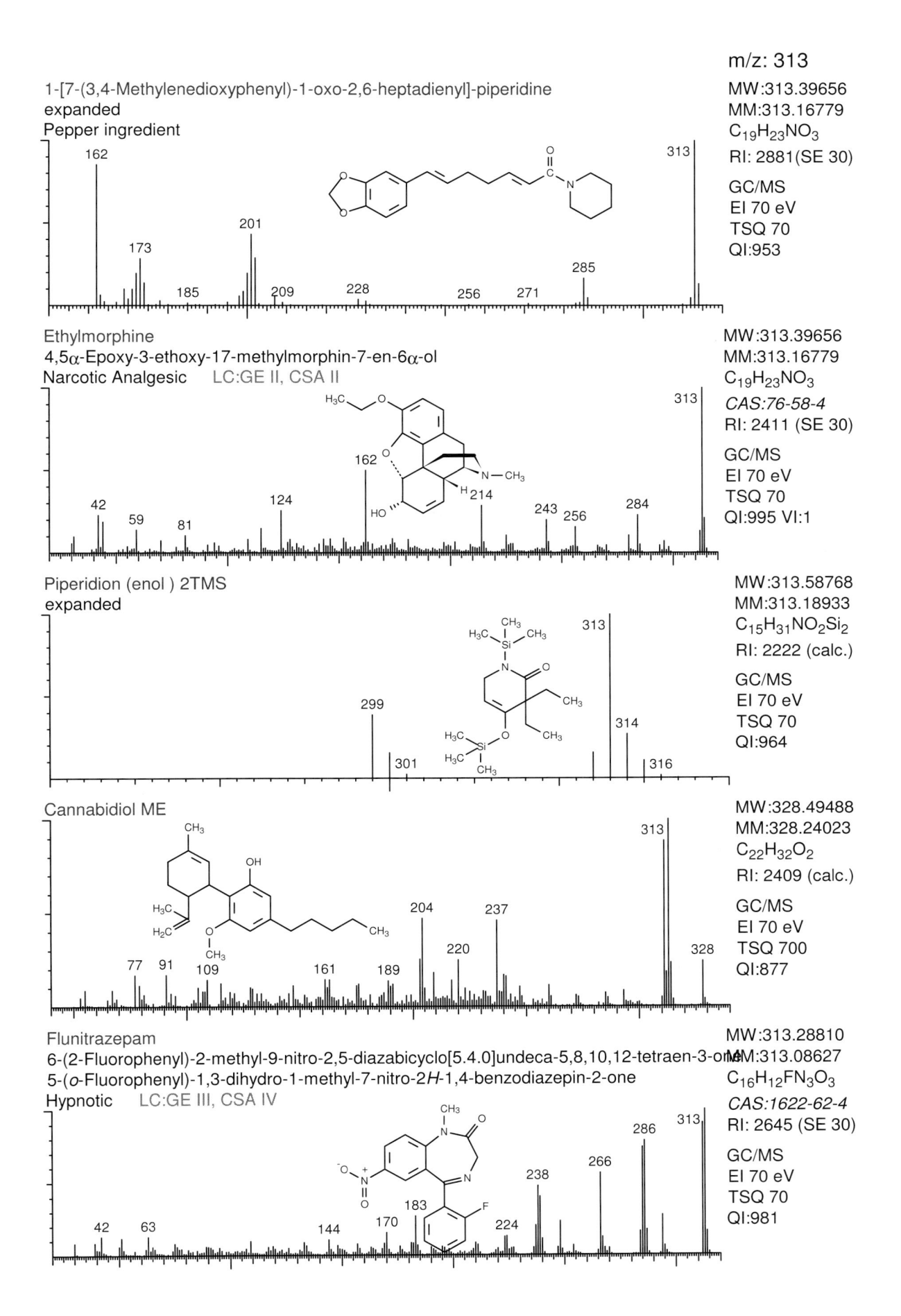

1-[7-(3,4-Methylenedioxyphenyl)-1-oxo-2,6-heptadienyl]-piperidine
expanded
Pepper ingredient

MW: 313.39656
MM: 313.16779
$C_{19}H_{23}NO_3$
RI: 2881 (SE 30)

GC/MS
EI 70 eV
TSQ 70
QI: 953

Peaks: 162, 173, 185, 201, 209, 228, 256, 271, 285, 313

Ethylmorphine
4,5α-Epoxy-3-ethoxy-17-methylmorphin-7-en-6α-ol
Narcotic Analgesic   LC:GE II, CSA II

MW: 313.39656
MM: 313.16779
$C_{19}H_{23}NO_3$
CAS: 76-58-4
RI: 2411 (SE 30)

GC/MS
EI 70 eV
TSQ 70
QI: 995 VI:1

Peaks: 42, 59, 81, 124, 162, 214, 243, 256, 284, 313

Piperidion (enol) 2TMS
expanded

MW: 313.58768
MM: 313.18933
$C_{15}H_{31}NO_2Si_2$
RI: 2222 (calc.)

GC/MS
EI 70 eV
TSQ 70
QI: 964

Peaks: 299, 301, 313, 314, 316

Cannabidiol ME

MW: 328.49488
MM: 328.24023
$C_{22}H_{32}O_2$
RI: 2409 (calc.)

GC/MS
EI 70 eV
TSQ 700
QI: 877

Peaks: 77, 91, 109, 161, 189, 204, 220, 237, 313, 328

Flunitrazepam
6-(2-Fluorophenyl)-2-methyl-9-nitro-2,5-diazabicyclo[5.4.0]undeca-5,8,10,12-tetraen-3-one
5-(o-Fluorophenyl)-1,3-dihydro-1-methyl-7-nitro-2H-1,4-benzodiazepin-2-one
Hypnotic   LC:GE III, CSA IV

MW: 313.28810
MM: 313.08627
$C_{16}H_{12}FN_3O_3$
CAS: 1622-62-4
RI: 2645 (SE 30)

GC/MS
EI 70 eV
TSQ 70
QI: 981

Peaks: 42, 63, 144, 170, 183, 224, 238, 266, 286, 313

m/z: 313

2-Amino-5-nitrobenzophenone TMS
Nitrazepam HY TMS
expanded

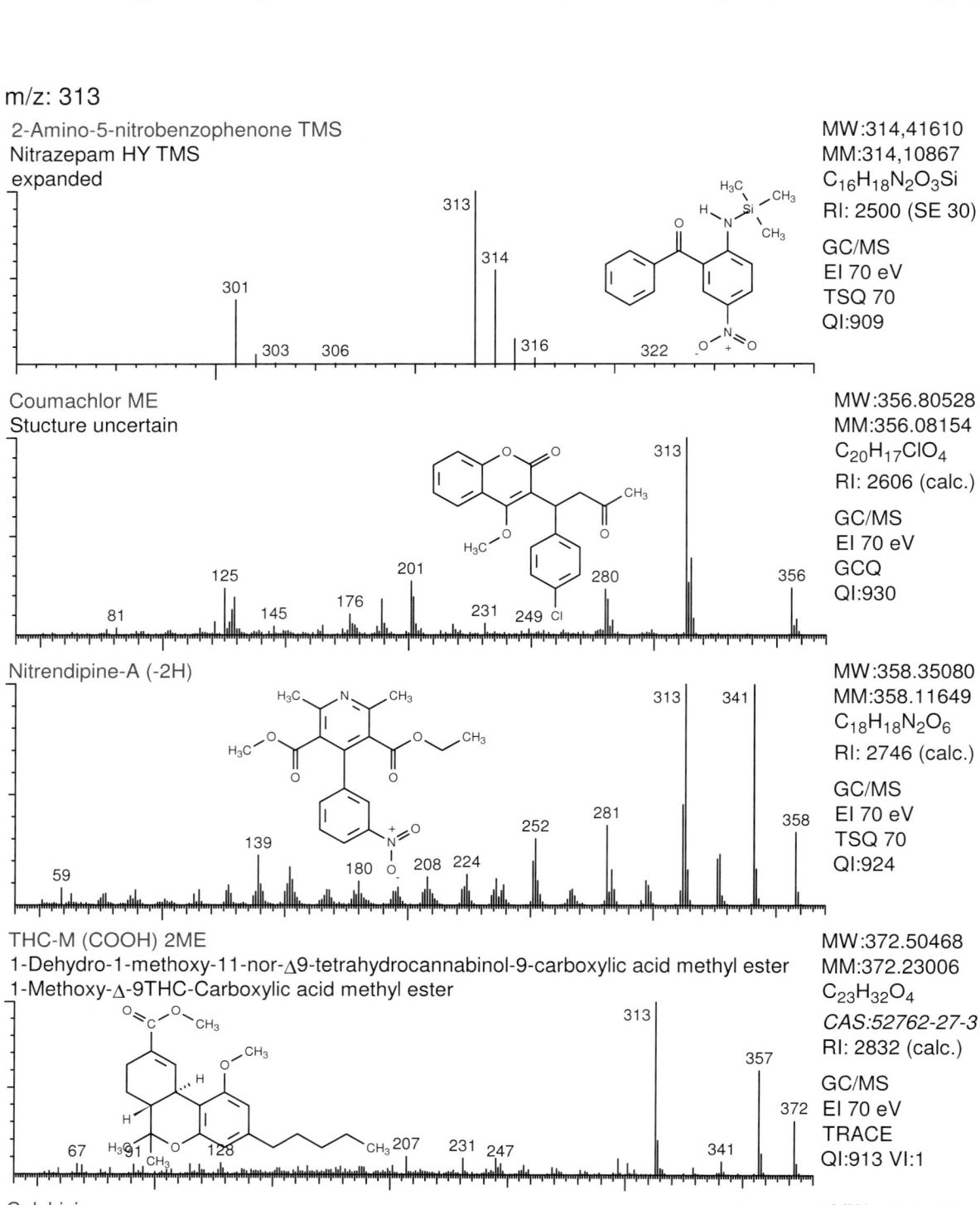

MW:314,41610
MM:314,10867
$C_{16}H_{18}N_2O_3Si$
RI: 2500 (SE 30)

GC/MS
EI 70 eV
TSQ 70
QI:909

Coumachlor ME
Stucture uncertain

MW:356.80528
MM:356.08154
$C_{20}H_{17}ClO_4$
RI: 2606 (calc.)

GC/MS
EI 70 eV
GCQ
QI:930

Nitrendipine-A (-2H)

MW:358.35080
MM:358.11649
$C_{18}H_{18}N_2O_6$
RI: 2746 (calc.)

GC/MS
EI 70 eV
TSQ 70
QI:924

THC-M (COOH) 2ME
1-Dehydro-1-methoxy-11-nor-Δ9-tetrahydrocannabinol-9-carboxylic acid methyl ester
1-Methoxy-Δ-9THC-Carboxylic acid methyl ester

MW:372.50468
MM:372.23006
$C_{23}H_{32}O_4$
CAS:52762-27-3
RI: 2832 (calc.)

GC/MS
EI 70 eV
TRACE
QI:913 VI:1

Colchicine
(S)-N-(5,6,7,9-Tetrahydro-1,2,3,10-tetramethoxy-9-oxobenzo(a)heptalen-7-yl) acetamide
Kolchizin
expanded
Gout Suppressant

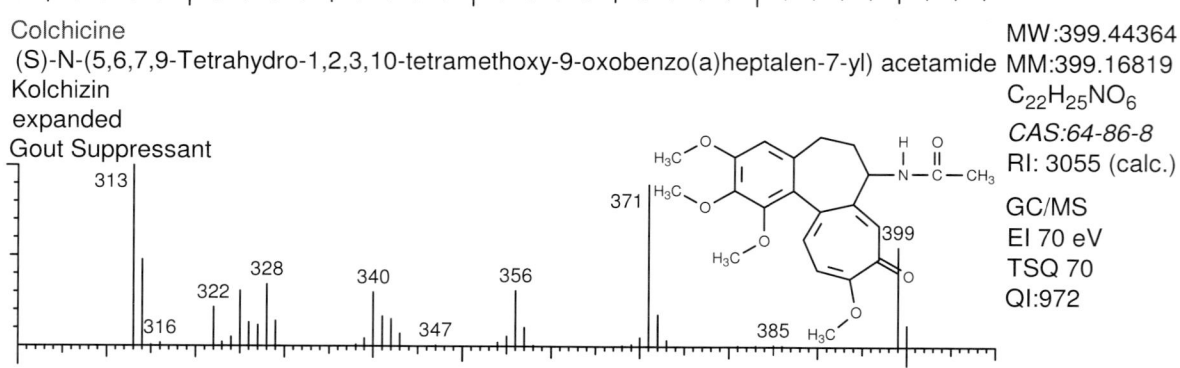

MW:399.44364
MM:399.16819
$C_{22}H_{25}NO_6$
CAS:64-86-8
RI: 3055 (calc.)

GC/MS
EI 70 eV
TSQ 70
QI:972

m/z: 313-314

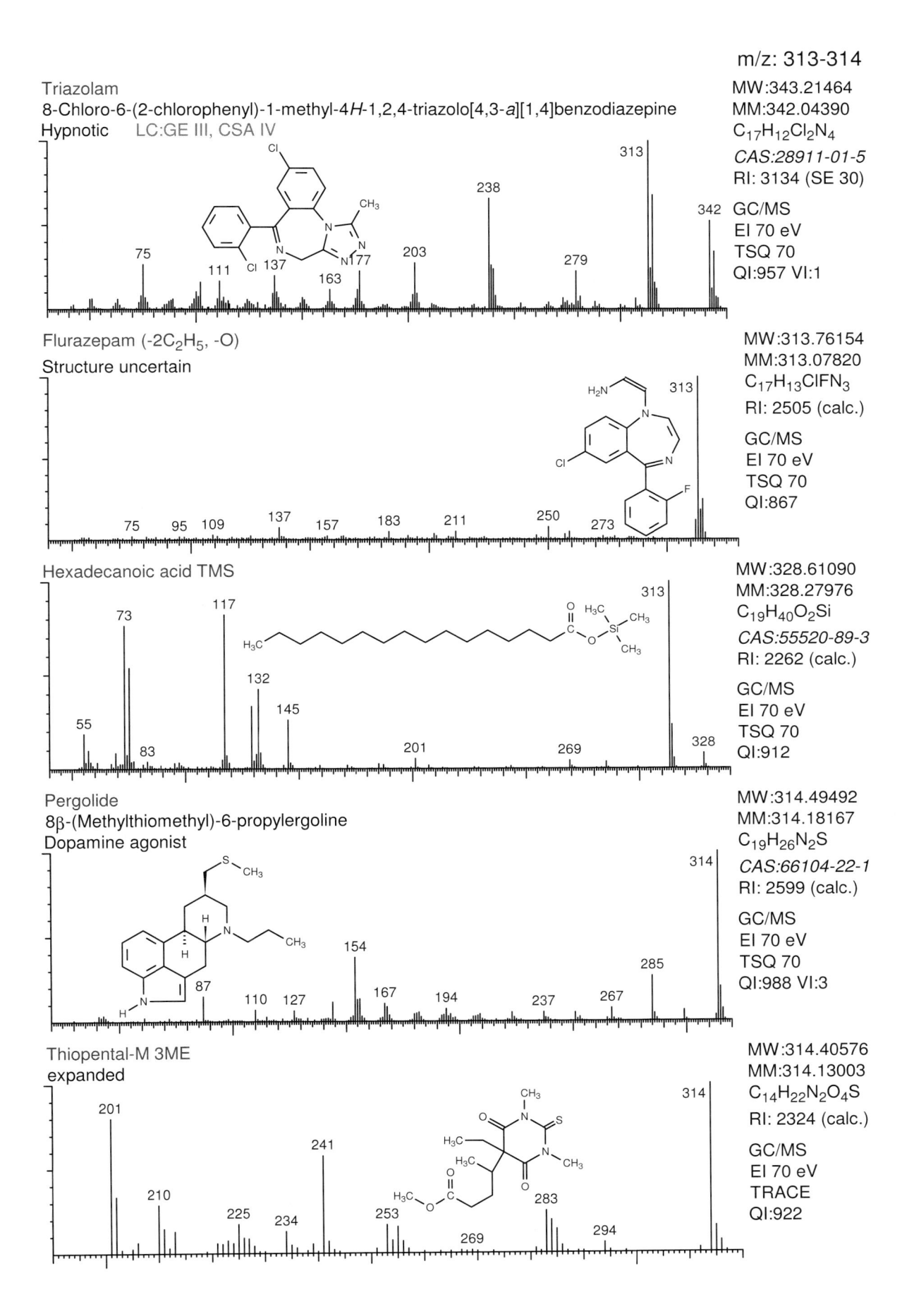

Triazolam
8-Chloro-6-(2-chlorophenyl)-1-methyl-4H-1,2,4-triazolo[4,3-a][1,4]benzodiazepine
Hypnotic   LC:GE III, CSA IV

MW:343.21464
MM:342.04390
$C_{17}H_{12}Cl_2N_4$
CAS:28911-01-5
RI: 3134 (SE 30)

GC/MS
EI 70 eV
TSQ 70
QI:957 VI:1

Flurazepam (-2C$_2$H$_5$, -O)
Structure uncertain

MW:313.76154
MM:313.07820
$C_{17}H_{13}ClFN_3$
RI: 2505 (calc.)

GC/MS
EI 70 eV
TSQ 70
QI:867

Hexadecanoic acid TMS

MW:328.61090
MM:328.27976
$C_{19}H_{40}O_2Si$
CAS:55520-89-3
RI: 2262 (calc.)

GC/MS
EI 70 eV
TSQ 70
QI:912

Pergolide
8β-(Methylthiomethyl)-6-propylergoline
Dopamine agonist

MW:314.49492
MM:314.18167
$C_{19}H_{26}N_2S$
CAS:66104-22-1
RI: 2599 (calc.)

GC/MS
EI 70 eV
TSQ 70
QI:988 VI:3

Thiopental-M 3ME
expanded

MW:314.40576
MM:314.13003
$C_{14}H_{22}N_2O_4S$
RI: 2324 (calc.)

GC/MS
EI 70 eV
TRACE
QI:922

m/z: 314

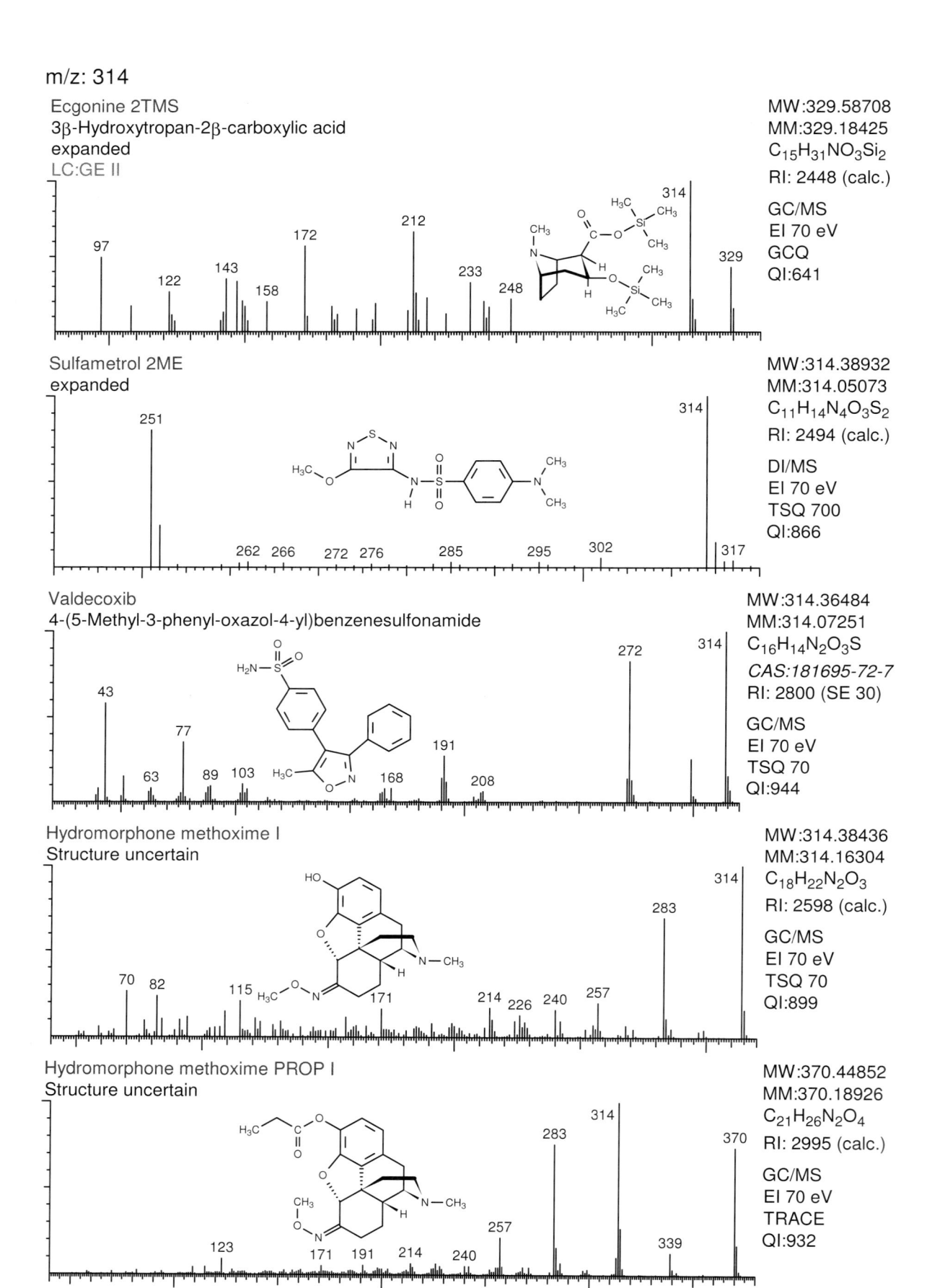

Ecgonine 2TMS
3β-Hydroxytropan-2β-carboxylic acid
expanded
LC:GE II

MW: 329.58708
MM: 329.18425
$C_{15}H_{31}NO_3Si_2$
RI: 2448 (calc.)

GC/MS
EI 70 eV
GCQ
QI: 641

Peaks: 97, 122, 143, 158, 172, 212, 233, 248, 314, 329

Sulfametrol 2ME
expanded

MW: 314.38932
MM: 314.05073
$C_{11}H_{14}N_4O_3S_2$
RI: 2494 (calc.)

DI/MS
EI 70 eV
TSQ 700
QI: 866

Peaks: 251, 262, 266, 272, 276, 285, 295, 302, 314, 317

Valdecoxib
4-(5-Methyl-3-phenyl-oxazol-4-yl)benzenesulfonamide

MW: 314.36484
MM: 314.07251
$C_{16}H_{14}N_2O_3S$
CAS: 181695-72-7
RI: 2800 (SE 30)

GC/MS
EI 70 eV
TSQ 70
QI: 944

Peaks: 43, 63, 77, 89, 103, 168, 191, 208, 272, 314

Hydromorphone methoxime I
Structure uncertain

MW: 314.38436
MM: 314.16304
$C_{18}H_{22}N_2O_3$
RI: 2598 (calc.)

GC/MS
EI 70 eV
TSQ 70
QI: 899

Peaks: 70, 82, 115, 171, 214, 226, 240, 257, 283, 314

Hydromorphone methoxime PROP I
Structure uncertain

MW: 370.44852
MM: 370.18926
$C_{21}H_{26}N_2O_4$
RI: 2995 (calc.)

GC/MS
EI 70 eV
TRACE
QI: 932

Peaks: 123, 171, 191, 214, 240, 257, 283, 314, 339, 370

m/z: 314-315

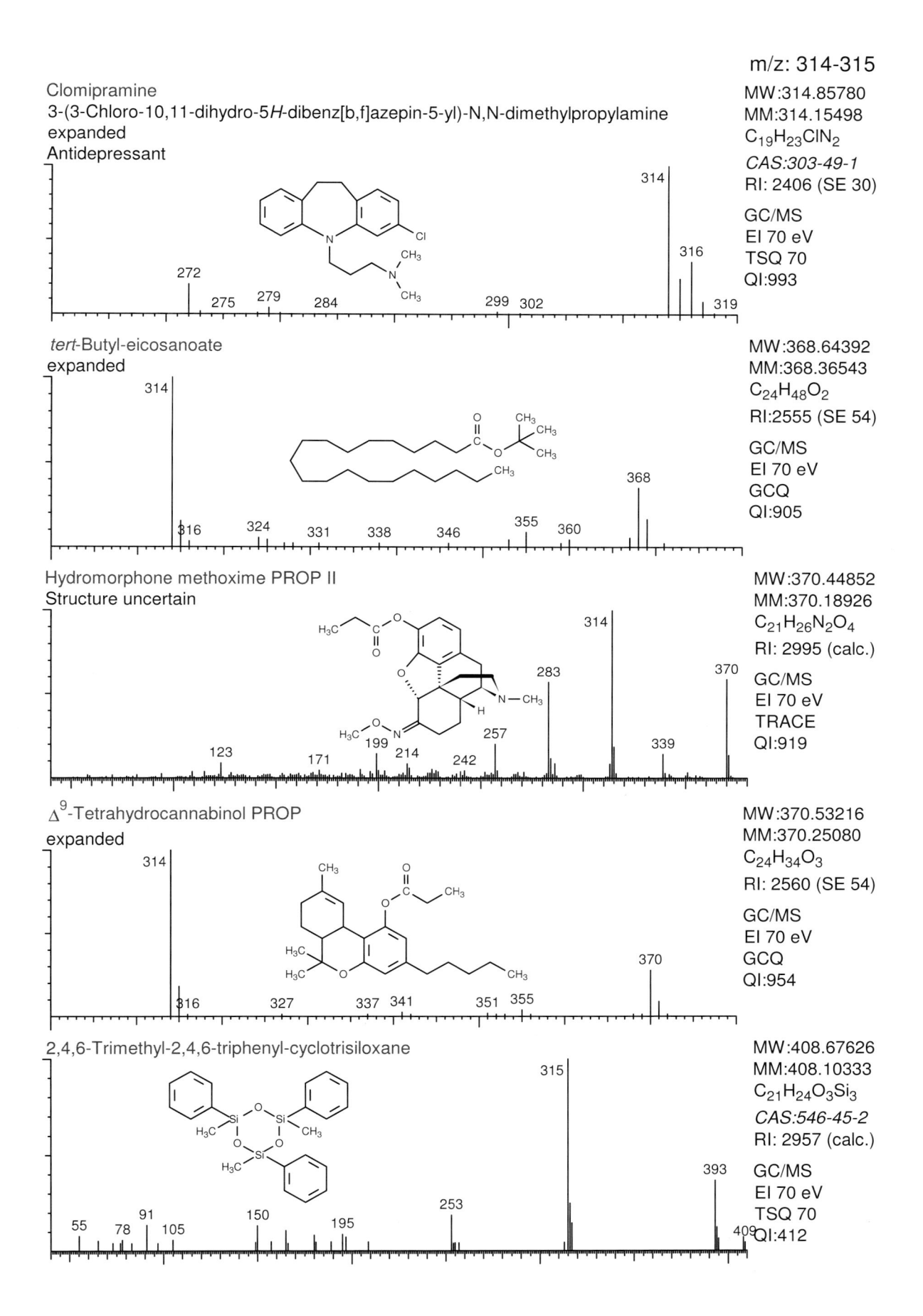

Clomipramine
3-(3-Chloro-10,11-dihydro-5H-dibenz[b,f]azepin-5-yl)-N,N-dimethylpropylamine
expanded
Antidepressant

MW:314.85780
MM:314.15498
$C_{19}H_{23}ClN_2$
CAS:303-49-1
RI: 2406 (SE 30)

GC/MS
EI 70 eV
TSQ 70
QI:993

tert-Butyl-eicosanoate
expanded

MW:368.64392
MM:368.36543
$C_{24}H_{48}O_2$
RI: 2555 (SE 54)

GC/MS
EI 70 eV
GCQ
QI:905

Hydromorphone methoxime PROP II
Structure uncertain

MW:370.44852
MM:370.18926
$C_{21}H_{26}N_2O_4$
RI: 2995 (calc.)

GC/MS
EI 70 eV
TRACE
QI:919

Δ^9-Tetrahydrocannabinol PROP
expanded

MW:370.53216
MM:370.25080
$C_{24}H_{34}O_3$
RI: 2560 (SE 54)

GC/MS
EI 70 eV
GCQ
QI:954

2,4,6-Trimethyl-2,4,6-triphenyl-cyclotrisiloxane

MW:408.67626
MM:408.10333
$C_{21}H_{24}O_3Si_3$
CAS:546-45-2
RI: 2957 (calc.)

GC/MS
EI 70 eV
TSQ 70
QI:412

m/z: 315

Oxycodone
4,5α-Epoxy-14-hydroxy-3-methoxy-17-methylmorphinan-6-one
Narcotic Analgesic   LC:GE III, CSA II

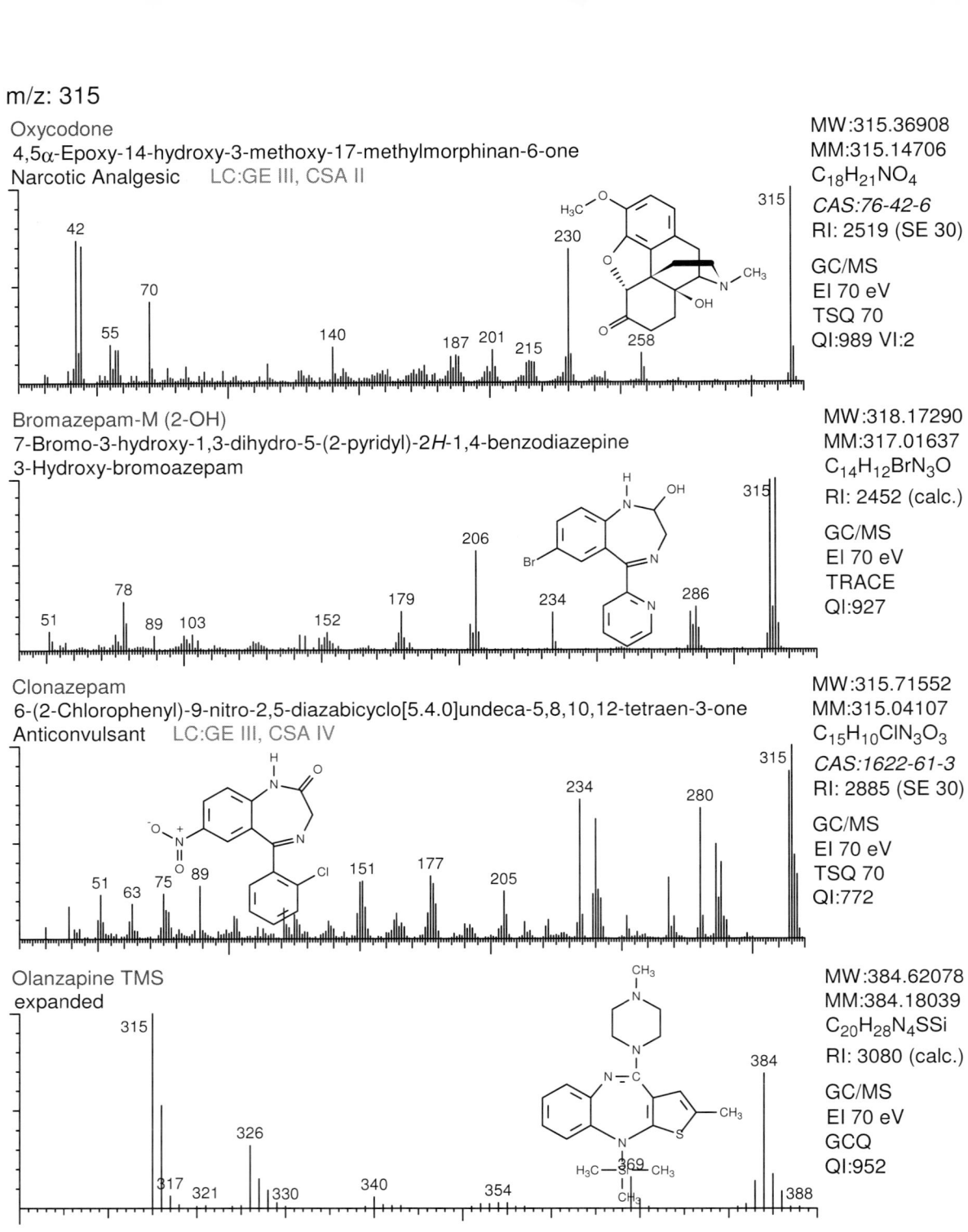

Peaks: 42, 55, 70, 140, 187, 201, 215, 230, 258, 315

MW:315.36908
MM:315.14706
$C_{18}H_{21}NO_4$
CAS:76-42-6
RI: 2519 (SE 30)

GC/MS
EI 70 eV
TSQ 70
QI:989 VI:2

Bromazepam-M (2-OH)
7-Bromo-3-hydroxy-1,3-dihydro-5-(2-pyridyl)-2H-1,4-benzodiazepine
3-Hydroxy-bromoazepam

Peaks: 51, 78, 89, 103, 152, 179, 206, 234, 286, 315

MW:318.17290
MM:317.01637
$C_{14}H_{12}BrN_3O$
RI: 2452 (calc.)

GC/MS
EI 70 eV
TRACE
QI:927

Clonazepam
6-(2-Chlorophenyl)-9-nitro-2,5-diazabicyclo[5.4.0]undeca-5,8,10,12-tetraen-3-one
Anticonvulsant   LC:GE III, CSA IV

Peaks: 51, 63, 75, 89, 151, 177, 205, 234, 280, 315

MW:315.71552
MM:315.04107
$C_{15}H_{10}ClN_3O_3$
CAS:1622-61-3
RI: 2885 (SE 30)

GC/MS
EI 70 eV
TSQ 70
QI:772

Olanzapine TMS
expanded

Peaks: 315, 317, 321, 326, 330, 340, 354, 369, 384, 388

MW:384.62078
MM:384.18039
$C_{20}H_{28}N_4SSi$
RI: 3080 (calc.)

GC/MS
EI 70 eV
GCQ
QI:952

(S)-(+)-2-Methylbutyryl-Δ^9-tetrahydrocannabinol
expanded

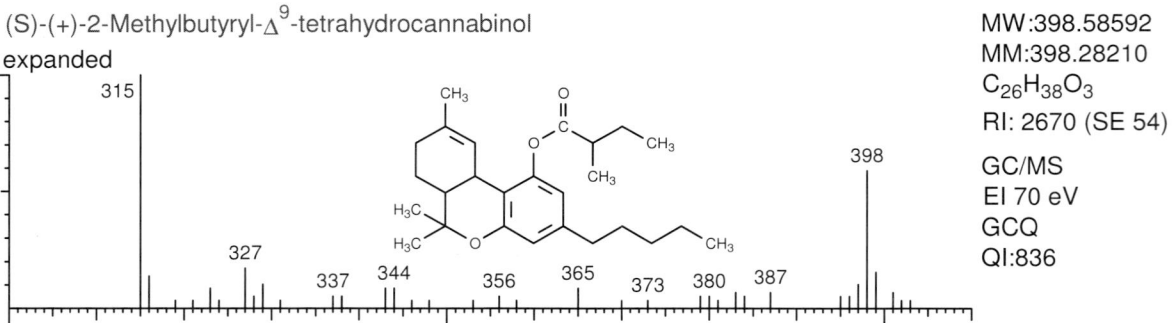

Peaks: 315, 327, 337, 344, 356, 365, 373, 380, 387, 398

MW:398.58592
MM:398.28210
$C_{26}H_{38}O_3$
RI: 2670 (SE 54)

GC/MS
EI 70 eV
GCQ
QI:836

m/z: 315-316

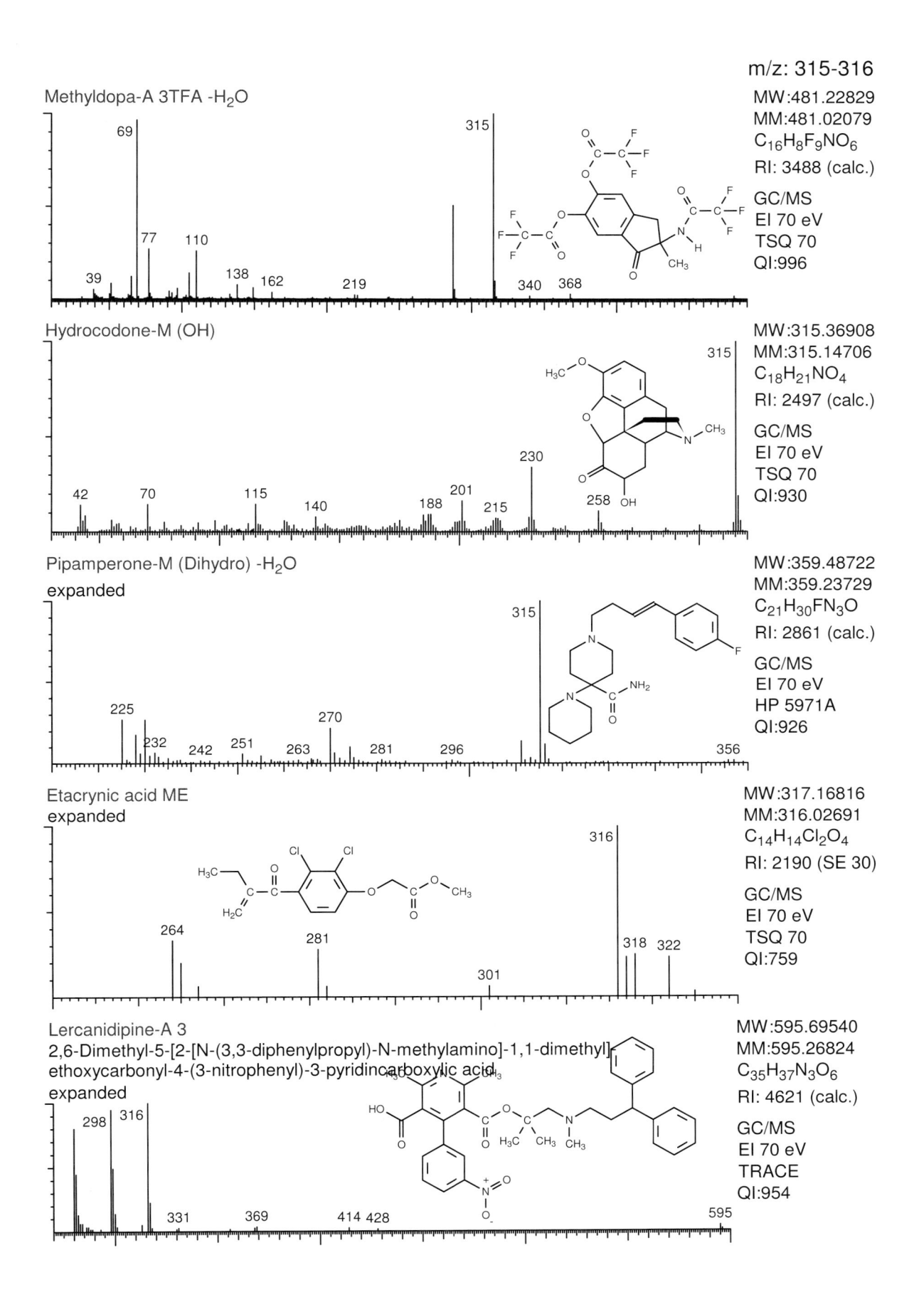

Methyldopa-A 3TFA -H₂O

MW: 481.22829
MM: 481.02079
$C_{16}H_8F_9NO_6$
RI: 3488 (calc.)

GC/MS
EI 70 eV
TSQ 70
QI: 996

Hydrocodone-M (OH)

MW: 315.36908
MM: 315.14706
$C_{18}H_{21}NO_4$
RI: 2497 (calc.)

GC/MS
EI 70 eV
TSQ 70
QI: 930

Pipamperone-M (Dihydro) -H₂O
expanded

MW: 359.48722
MM: 359.23729
$C_{21}H_{30}FN_3O$
RI: 2861 (calc.)

GC/MS
EI 70 eV
HP 5971A
QI: 926

Etacrynic acid ME
expanded

MW: 317.16816
MM: 316.02691
$C_{14}H_{14}Cl_2O_4$
RI: 2190 (SE 30)

GC/MS
EI 70 eV
TSQ 70
QI: 759

Lercanidipine-A 3
2,6-Dimethyl-5-[2-[N-(3,3-diphenylpropyl)-N-methylamino]-1,1-dimethyl]
ethoxycarbonyl-4-(3-nitrophenyl)-3-pyridincarboxylic acid
expanded

MW: 595.69540
MM: 595.26824
$C_{35}H_{37}N_3O_6$
RI: 4621 (calc.)

GC/MS
EI 70 eV
TRACE
QI: 954

m/z: 316-317

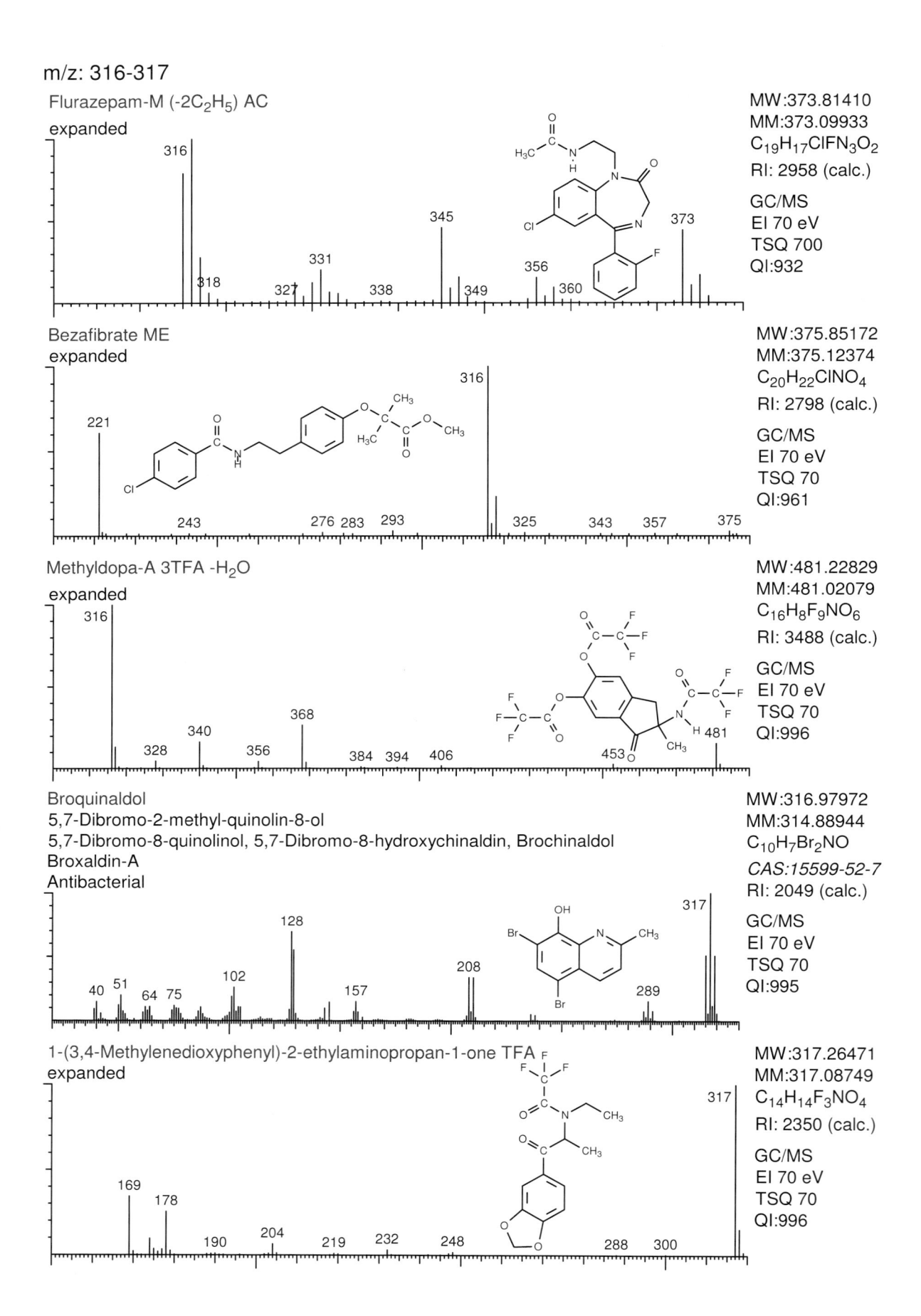

Flurazepam-M (-2C₂H₅) AC
expanded

MW:373.81410
MM:373.09933
$C_{19}H_{17}ClFN_3O_2$
RI: 2958 (calc.)

GC/MS
EI 70 eV
TSQ 700
QI:932

Bezafibrate ME
expanded

MW:375.85172
MM:375.12374
$C_{20}H_{22}ClNO_4$
RI: 2798 (calc.)

GC/MS
EI 70 eV
TSQ 70
QI:961

Methyldopa-A 3TFA -H₂O
expanded

MW:481.22829
MM:481.02079
$C_{16}H_8F_9NO_6$
RI: 3488 (calc.)

GC/MS
EI 70 eV
TSQ 70
QI:996

Broquinaldol
5,7-Dibromo-2-methyl-quinolin-8-ol
5,7-Dibromo-8-quinolinol, 5,7-Dibromo-8-hydroxychinaldin, Brochinaldol
Broxaldin-A
Antibacterial

MW:316.97972
MM:314.88944
$C_{10}H_7Br_2NO$
CAS:15599-52-7
RI: 2049 (calc.)

GC/MS
EI 70 eV
TSQ 70
QI:995

1-(3,4-Methylenedioxyphenyl)-2-ethylaminopropan-1-one TFA
expanded

MW:317.26471
MM:317.08749
$C_{14}H_{14}F_3NO_4$
RI: 2350 (calc.)

GC/MS
EI 70 eV
TSQ 70
QI:996

Oxycodone-M (+2H) II

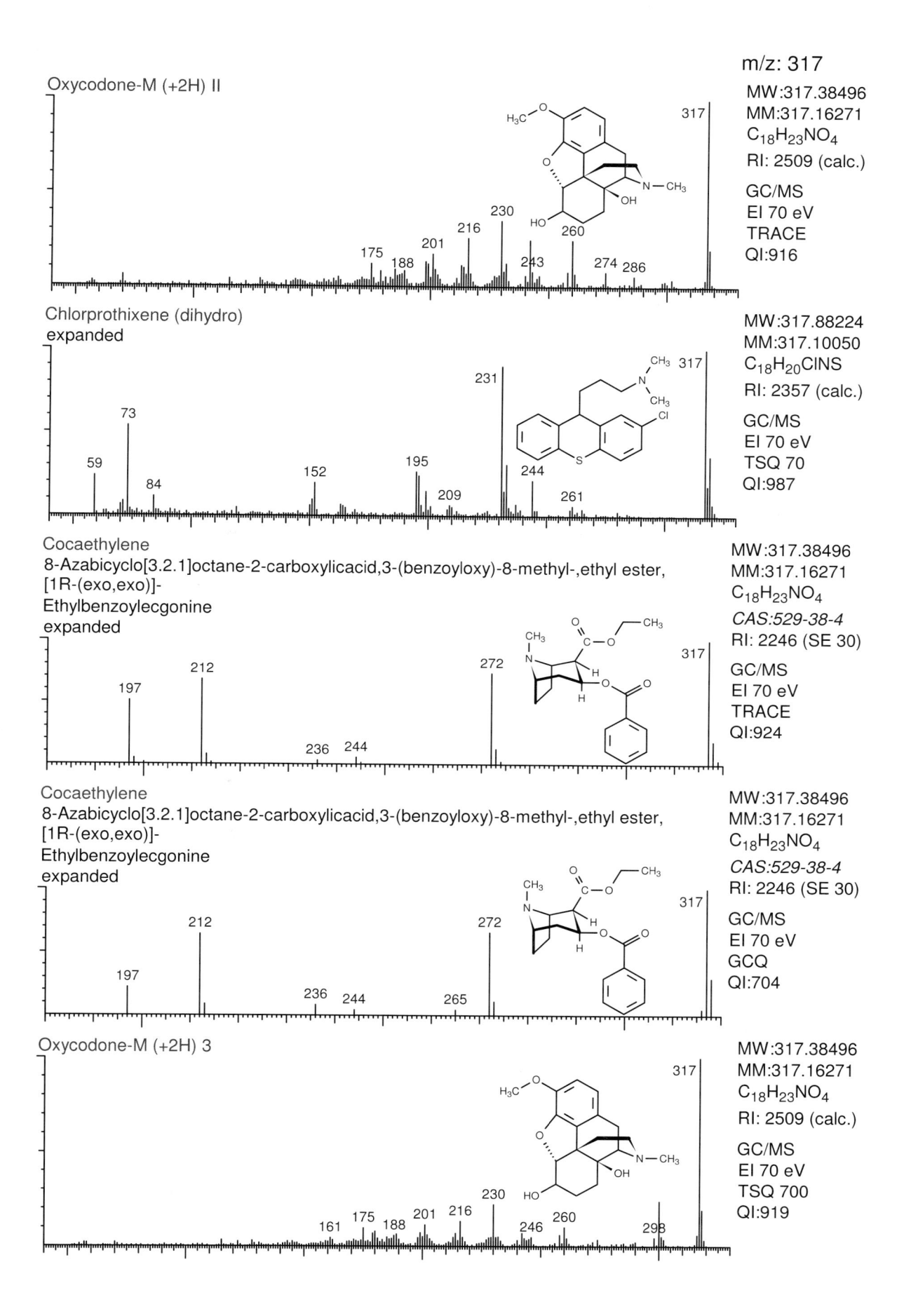

Peaks: 175, 188, 201, 216, 230, 243, 260, 274, 286, 317

m/z: 317
MW: 317.38496
MM: 317.16271
$C_{18}H_{23}NO_4$
RI: 2509 (calc.)

GC/MS
EI 70 eV
TRACE
QI: 916

Chlorprothixene (dihydro)
expanded

Peaks: 59, 73, 84, 152, 195, 209, 231, 244, 261, 317

MW: 317.88224
MM: 317.10050
$C_{18}H_{20}ClNS$
RI: 2357 (calc.)

GC/MS
EI 70 eV
TSQ 70
QI: 987

Cocaethylene
8-Azabicyclo[3.2.1]octane-2-carboxylicacid,3-(benzoyloxy)-8-methyl-,ethyl ester, [1R-(exo,exo)]-
Ethylbenzoylecgonine
expanded

Peaks: 197, 212, 236, 244, 272, 317

MW: 317.38496
MM: 317.16271
$C_{18}H_{23}NO_4$
CAS: 529-38-4
RI: 2246 (SE 30)

GC/MS
EI 70 eV
TRACE
QI: 924

Cocaethylene
8-Azabicyclo[3.2.1]octane-2-carboxylicacid,3-(benzoyloxy)-8-methyl-,ethyl ester, [1R-(exo,exo)]-
Ethylbenzoylecgonine
expanded

Peaks: 197, 212, 236, 244, 265, 272, 317

MW: 317.38496
MM: 317.16271
$C_{18}H_{23}NO_4$
CAS: 529-38-4
RI: 2246 (SE 30)

GC/MS
EI 70 eV
GCQ
QI: 704

Oxycodone-M (+2H) 3

Peaks: 161, 175, 188, 201, 216, 230, 246, 260, 298, 317

MW: 317.38496
MM: 317.16271
$C_{18}H_{23}NO_4$
RI: 2509 (calc.)

GC/MS
EI 70 eV
TSQ 700
QI: 919

m/z: 317-318

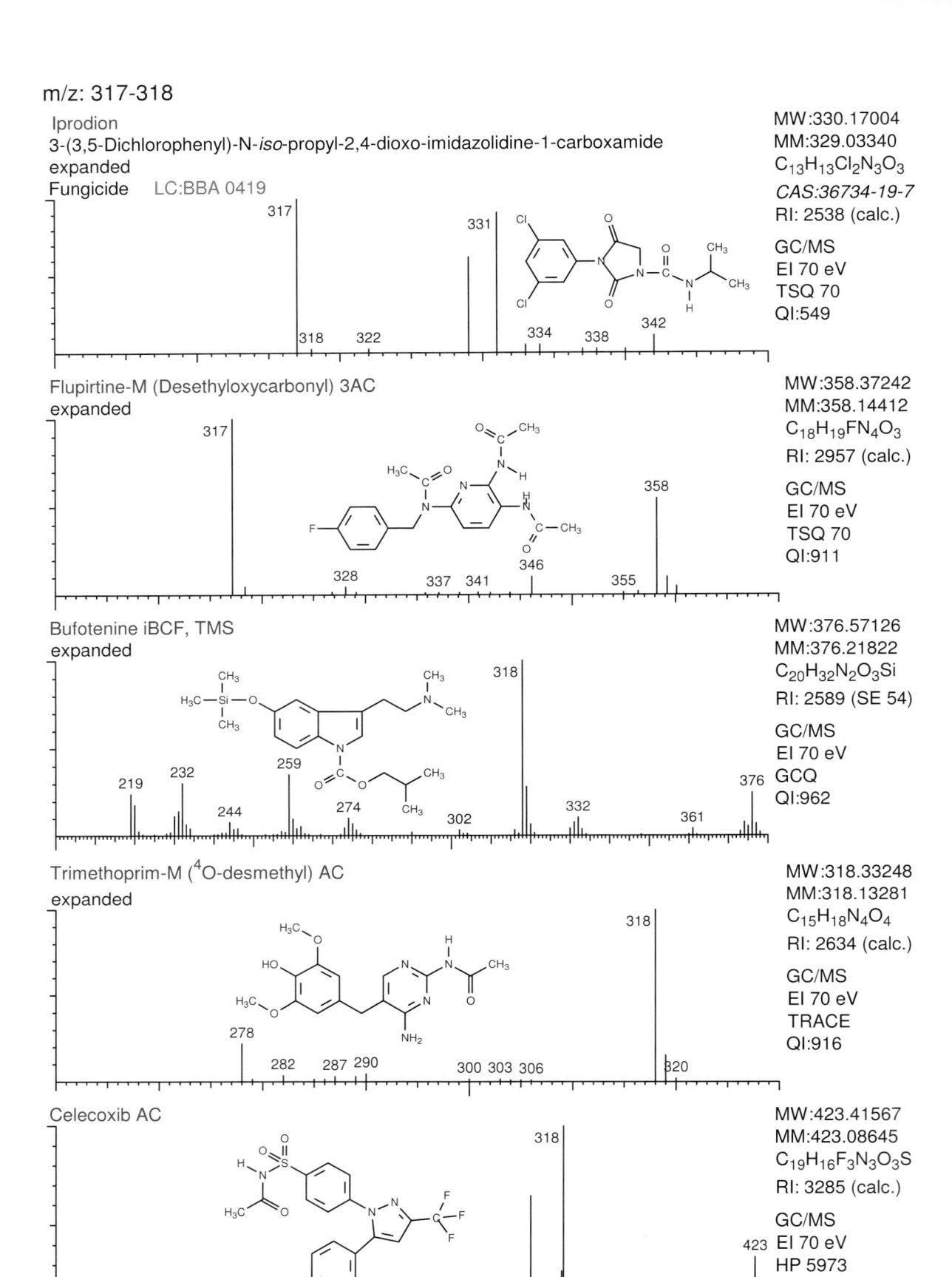

Iprodion
3-(3,5-Dichlorophenyl)-N-*iso*-propyl-2,4-dioxo-imidazolidine-1-carboxamide
expanded
Fungicide   LC:BBA 0419

MW:330.17004
MM:329.03340
$C_{13}H_{13}Cl_2N_3O_3$
CAS:36734-19-7
RI: 2538 (calc.)

GC/MS
EI 70 eV
TSQ 70
QI:549

Flupirtine-M (Desethyloxycarbonyl) 3AC
expanded

MW:358.37242
MM:358.14412
$C_{18}H_{19}FN_4O_3$
RI: 2957 (calc.)

GC/MS
EI 70 eV
TSQ 70
QI:911

Bufotenine iBCF, TMS
expanded

MW:376.57126
MM:376.21822
$C_{20}H_{32}N_2O_3Si$
RI: 2589 (SE 54)

GC/MS
EI 70 eV
GCQ
QI:962

Trimethoprim-M (^{4}O-desmethyl) AC
expanded

MW:318.33248
MM:318.13281
$C_{15}H_{18}N_4O_4$
RI: 2634 (calc.)

GC/MS
EI 70 eV
TRACE
QI:916

Celecoxib AC

MW:423.41567
MM:423.08645
$C_{19}H_{16}F_3N_3O_3S$
RI: 3285 (calc.)

GC/MS
EI 70 eV
HP 5973
QI:943

m/z: 318

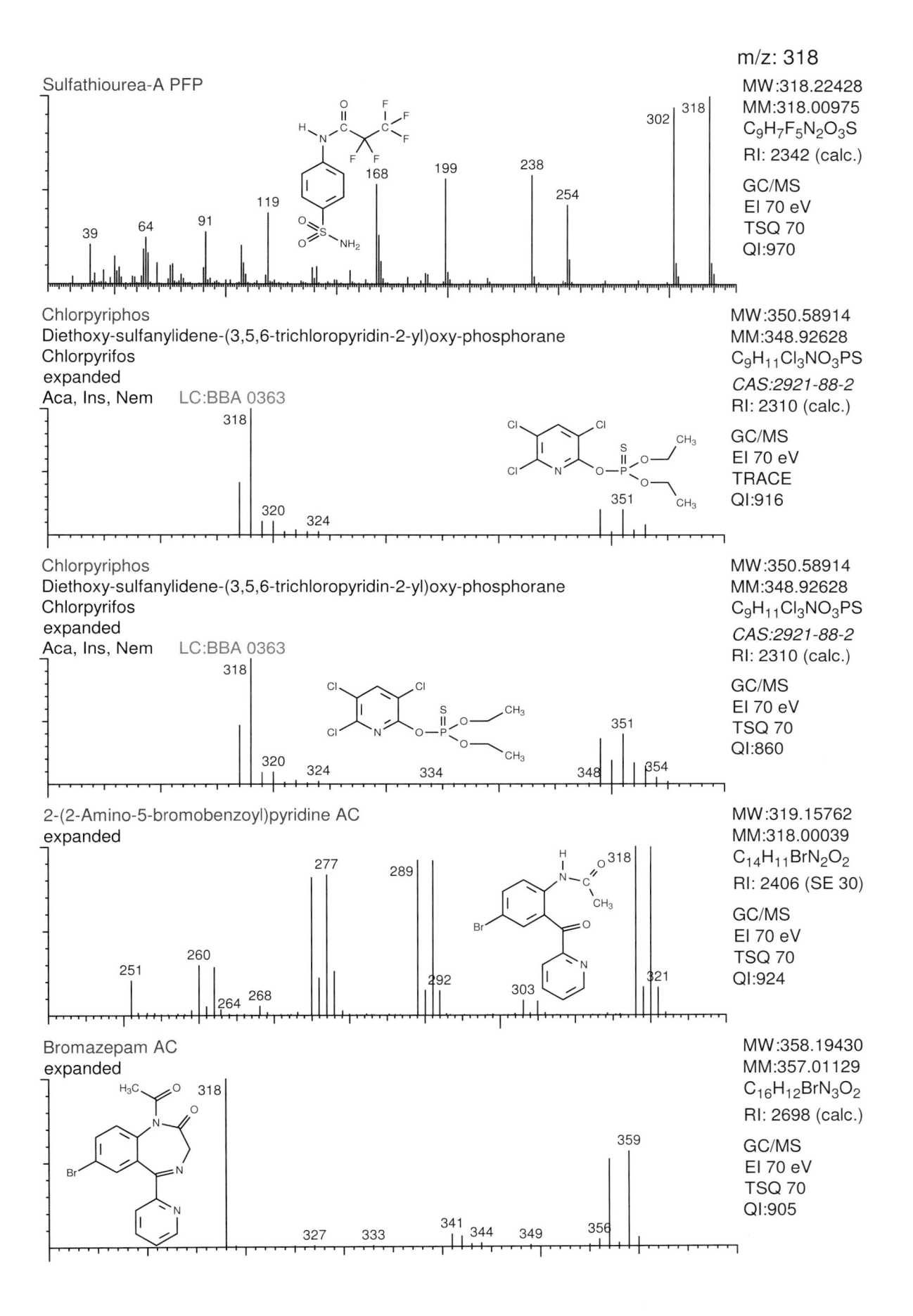

Sulfathiourea-A PFP

MW: 318.22428
MM: 318.00975
$C_9H_7F_5N_2O_3S$
RI: 2342 (calc.)

GC/MS
EI 70 eV
TSQ 70
QI: 970

Peaks: 39, 64, 91, 119, 168, 199, 238, 254, 302, 318

Chlorpyriphos
Diethoxy-sulfanylidene-(3,5,6-trichloropyridin-2-yl)oxy-phosphorane
Chlorpyrifos
expanded
Aca, Ins, Nem   LC:BBA 0363

MW: 350.58914
MM: 348.92628
$C_9H_{11}Cl_3NO_3PS$
CAS: 2921-88-2
RI: 2310 (calc.)

GC/MS
EI 70 eV
TRACE
QI: 916

Peaks: 318, 320, 324, 351

Chlorpyriphos
Diethoxy-sulfanylidene-(3,5,6-trichloropyridin-2-yl)oxy-phosphorane
Chlorpyrifos
expanded
Aca, Ins, Nem   LC:BBA 0363

MW: 350.58914
MM: 348.92628
$C_9H_{11}Cl_3NO_3PS$
CAS: 2921-88-2
RI: 2310 (calc.)

GC/MS
EI 70 eV
TSQ 70
QI: 860

Peaks: 318, 320, 324, 334, 348, 351, 354

2-(2-Amino-5-bromobenzoyl)pyridine AC
expanded

MW: 319.15762
MM: 318.00039
$C_{14}H_{11}BrN_2O_2$
RI: 2406 (SE 30)

GC/MS
EI 70 eV
TSQ 70
QI: 924

Peaks: 251, 260, 264, 268, 277, 289, 292, 303, 318, 321

Bromazepam AC
expanded

MW: 358.19430
MM: 357.01129
$C_{16}H_{12}BrN_3O_2$
RI: 2698 (calc.)

GC/MS
EI 70 eV
TSQ 70
QI: 905

Peaks: 318, 327, 333, 341, 344, 349, 356, 359

m/z: 319

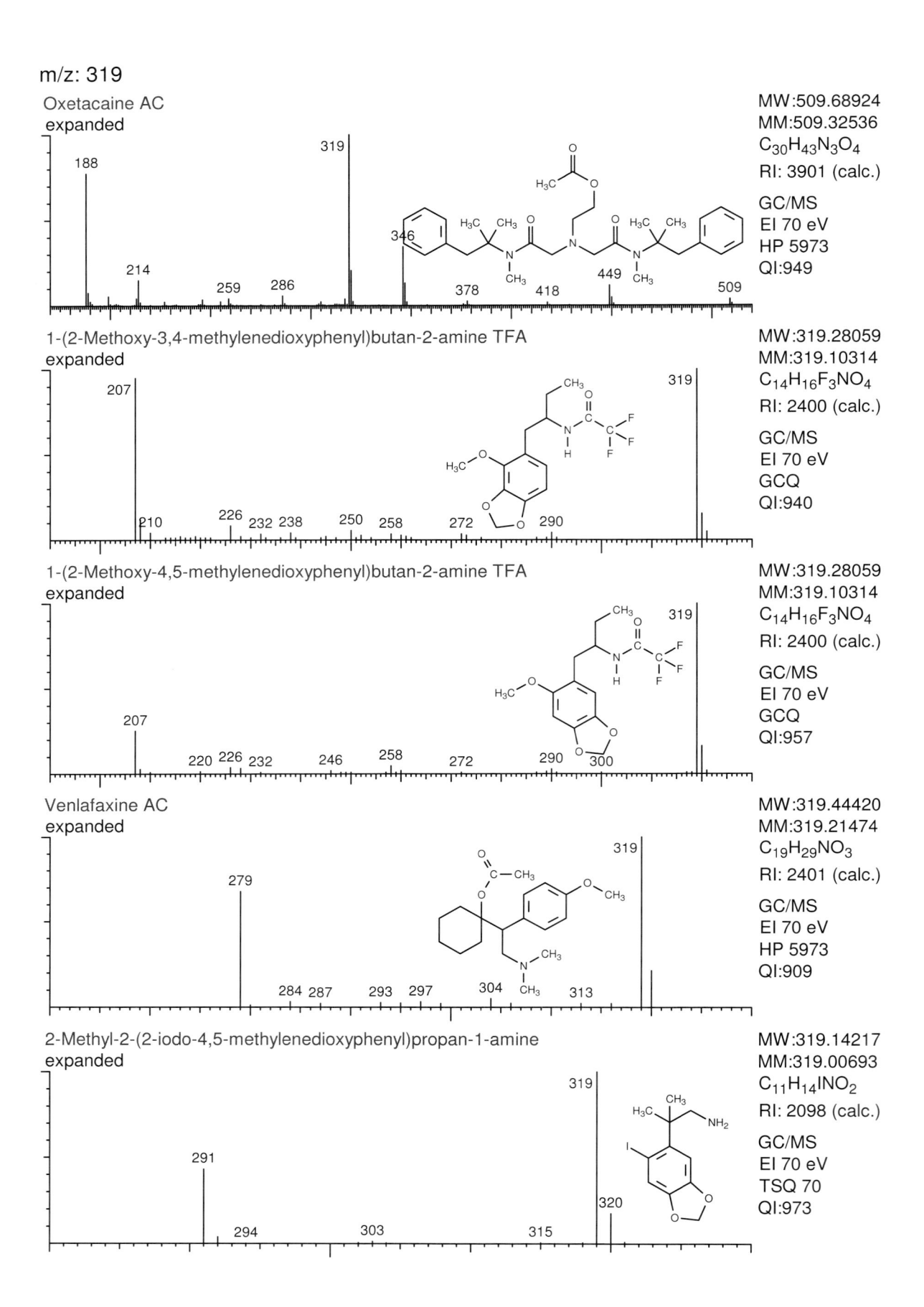

Oxetacaine AC expanded

MW:509.68924
MM:509.32536
$C_{30}H_{43}N_3O_4$
RI: 3901 (calc.)

GC/MS
EI 70 eV
HP 5973
QI:949

1-(2-Methoxy-3,4-methylenedioxyphenyl)butan-2-amine TFA expanded

MW:319.28059
MM:319.10314
$C_{14}H_{16}F_3NO_4$
RI: 2400 (calc.)

GC/MS
EI 70 eV
GCQ
QI:940

1-(2-Methoxy-4,5-methylenedioxyphenyl)butan-2-amine TFA expanded

MW:319.28059
MM:319.10314
$C_{14}H_{16}F_3NO_4$
RI: 2400 (calc.)

GC/MS
EI 70 eV
GCQ
QI:957

Venlafaxine AC expanded

MW:319.44420
MM:319.21474
$C_{19}H_{29}NO_3$
RI: 2401 (calc.)

GC/MS
EI 70 eV
HP 5973
QI:909

2-Methyl-2-(2-iodo-4,5-methylenedioxyphenyl)propan-1-amine expanded

MW:319.14217
MM:319.00693
$C_{11}H_{14}INO_2$
RI: 2098 (calc.)

GC/MS
EI 70 eV
TSQ 70
QI:973

m/z: 319-320

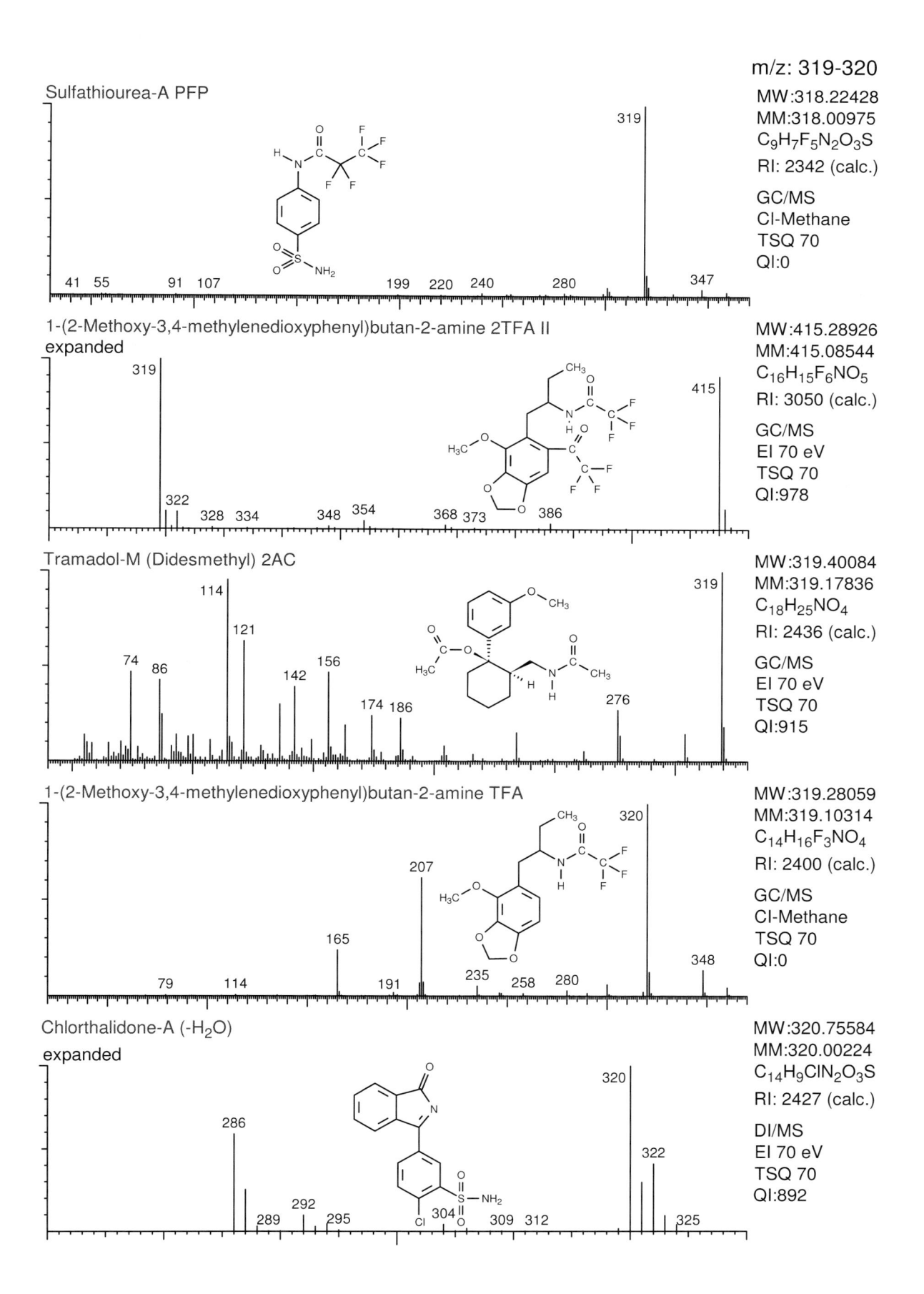

Sulfathiourea-A PFP

MW: 318.22428
MM: 318.00975
C₉H₇F₅N₂O₃S
RI: 2342 (calc.)

GC/MS
CI-Methane
TSQ 70
QI:0

Peaks: 41, 55, 91, 107, 199, 220, 240, 280, 319, 347

1-(2-Methoxy-3,4-methylenedioxyphenyl)butan-2-amine 2TFA II
expanded

MW: 415.28926
MM: 415.08544
C₁₆H₁₅F₆NO₅
RI: 3050 (calc.)

GC/MS
EI 70 eV
TSQ 70
QI:978

Peaks: 319, 322, 328, 334, 348, 354, 368, 373, 386, 415

Tramadol-M (Didesmethyl) 2AC

MW: 319.40084
MM: 319.17836
C₁₈H₂₅NO₄
RI: 2436 (calc.)

GC/MS
EI 70 eV
TSQ 70
QI:915

Peaks: 74, 86, 114, 121, 142, 156, 174, 186, 276, 319

1-(2-Methoxy-3,4-methylenedioxyphenyl)butan-2-amine TFA

MW: 319.28059
MM: 319.10314
C₁₄H₁₆F₃NO₄
RI: 2400 (calc.)

GC/MS
CI-Methane
TSQ 70
QI:0

Peaks: 79, 114, 165, 191, 207, 235, 258, 280, 320, 348

Chlorthalidone-A (-H₂O)
expanded

MW: 320.75584
MM: 320.00224
C₁₄H₉ClN₂O₃S
RI: 2427 (calc.)

DI/MS
EI 70 eV
TSQ 70
QI:892

Peaks: 286, 289, 292, 295, 304, 309, 312, 320, 322, 325

m/z: 320-321

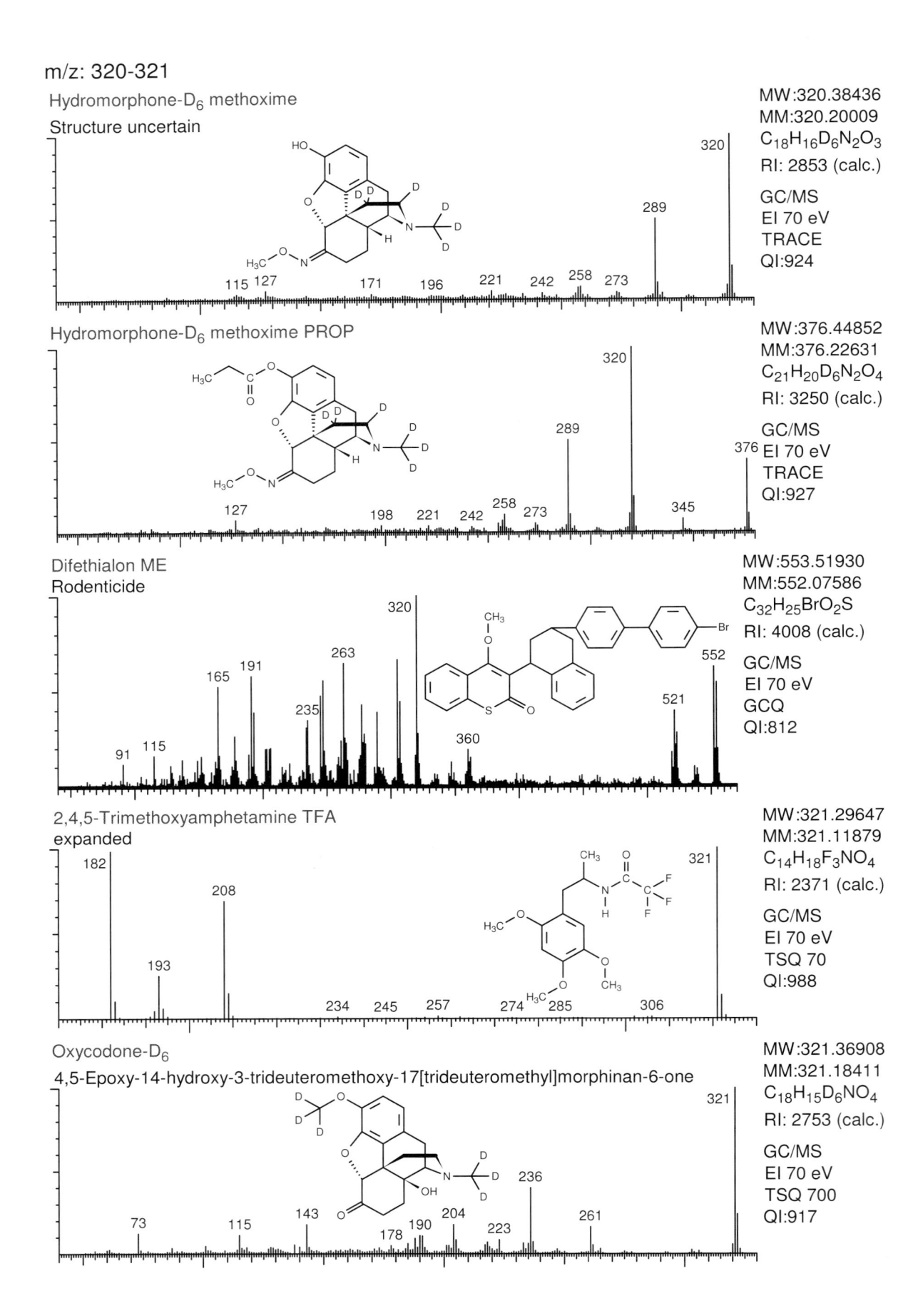

Hydromorphone-D$_6$ methoxime
Structure uncertain

MW: 320.38436
MM: 320.20009
C$_{18}$H$_{16}$D$_6$N$_2$O$_3$
RI: 2853 (calc.)

GC/MS
EI 70 eV
TRACE
QI:924

Peaks: 115, 127, 171, 196, 221, 242, 258, 273, 289, 320

Hydromorphone-D$_6$ methoxime PROP

MW: 376.44852
MM: 376.22631
C$_{21}$H$_{20}$D$_6$N$_2$O$_4$
RI: 3250 (calc.)

GC/MS
EI 70 eV
TRACE
QI:927

Peaks: 127, 198, 221, 242, 258, 273, 289, 320, 345, 376

Difethialon ME
Rodenticide

MW: 553.51930
MM: 552.07586
C$_{32}$H$_{25}$BrO$_2$S
RI: 4008 (calc.)

GC/MS
EI 70 eV
GCQ
QI:812

Peaks: 91, 115, 165, 191, 235, 263, 320, 360, 521, 552

2,4,5-Trimethoxyamphetamine TFA
expanded

MW: 321.29647
MM: 321.11879
C$_{14}$H$_{18}$F$_3$NO$_4$
RI: 2371 (calc.)

GC/MS
EI 70 eV
TSQ 70
QI:988

Peaks: 182, 193, 208, 234, 245, 257, 274, 285, 306, 321

Oxycodone-D$_6$
4,5-Epoxy-14-hydroxy-3-trideuteromethoxy-17[trideuteromethyl]morphinan-6-one

MW: 321.36908
MM: 321.18411
C$_{18}$H$_{15}$D$_6$NO$_4$
RI: 2753 (calc.)

GC/MS
EI 70 eV
TSQ 700
QI:917

Peaks: 73, 115, 143, 178, 190, 204, 223, 236, 261, 321

m/z: 321-322

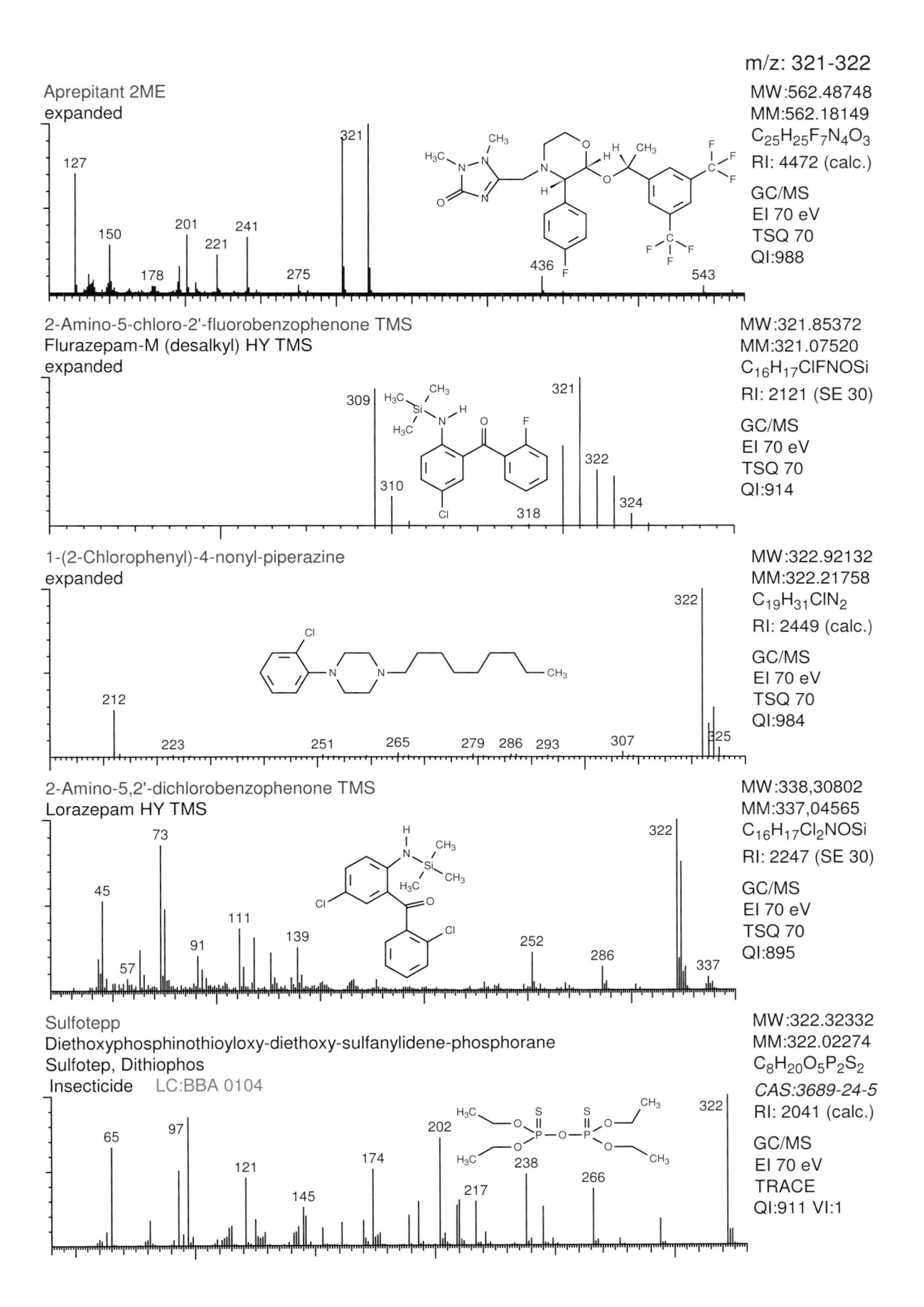

Aprepitant 2ME
expanded

MW: 562.48748
MM: 562.18149
C$_{25}$H$_{25}$F$_7$N$_4$O$_3$
RI: 4472 (calc.)

GC/MS
EI 70 eV
TSQ 70
QI: 988

2-Amino-5-chloro-2'-fluorobenzophenone TMS
Flurazepam-M (desalkyl) HY TMS
expanded

MW: 321.85372
MM: 321.07520
C$_{16}$H$_{17}$ClFNOSi
RI: 2121 (SE 30)

GC/MS
EI 70 eV
TSQ 70
QI: 914

1-(2-Chlorophenyl)-4-nonyl-piperazine
expanded

MW: 322.92132
MM: 322.21758
C$_{19}$H$_{31}$ClN$_2$
RI: 2449 (calc.)

GC/MS
EI 70 eV
TSQ 70
QI: 984

2-Amino-5,2'-dichlorobenzophenone TMS
Lorazepam HY TMS

MW: 338,30802
MM: 337,04565
C$_{16}$H$_{17}$Cl$_2$NOSi
RI: 2247 (SE 30)

GC/MS
EI 70 eV
TSQ 70
QI: 895

Sulfotepp
Diethoxyphosphinothioyloxy-diethoxy-sulfanylidene-phosphorane
Sulfotep, Dithiophos
Insecticide   LC:BBA 0104

MW: 322.32332
MM: 322.02274
C$_8$H$_{20}$O$_5$P$_2$S$_2$
CAS: 3689-24-5
RI: 2041 (calc.)

GC/MS
EI 70 eV
TRACE
QI: 911 VI:1

1643

m/z: 322

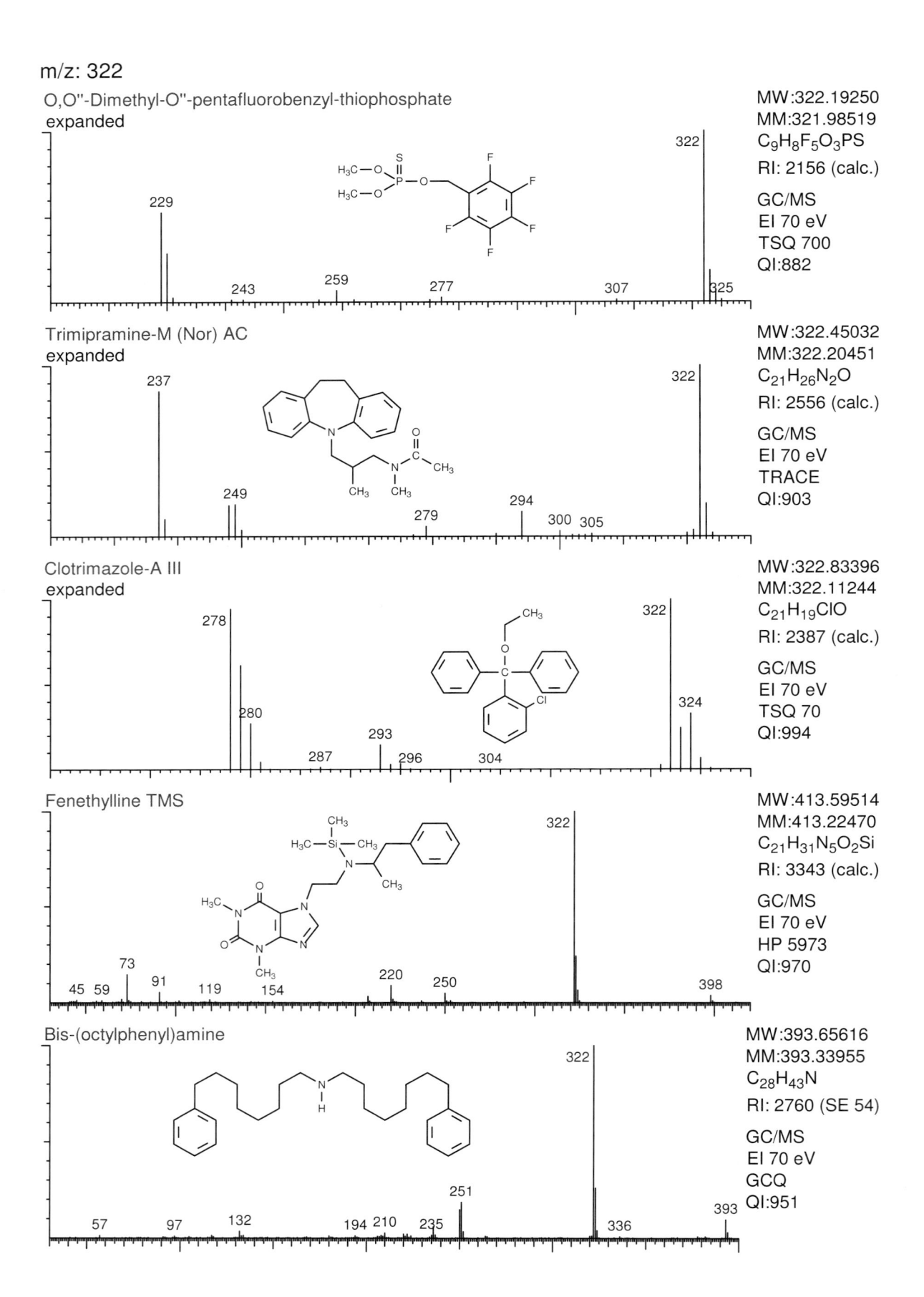

O,O"-Dimethyl-O"-pentafluorobenzyl-thiophosphate expanded

MW: 322.19250
MM: 321.98519
C$_9$H$_8$F$_5$O$_3$PS
RI: 2156 (calc.)

GC/MS
EI 70 eV
TSQ 700
QI: 882

Peaks: 229, 243, 259, 277, 307, 322, 325

Trimipramine-M (Nor) AC expanded

MW: 322.45032
MM: 322.20451
C$_{21}$H$_{26}$N$_2$O
RI: 2556 (calc.)

GC/MS
EI 70 eV
TRACE
QI: 903

Peaks: 237, 249, 279, 294, 300, 305, 322

Clotrimazole-A III expanded

MW: 322.83396
MM: 322.11244
C$_{21}$H$_{19}$ClO
RI: 2387 (calc.)

GC/MS
EI 70 eV
TSQ 70
QI: 994

Peaks: 278, 280, 287, 293, 296, 304, 322, 324

Fenethylline TMS

MW: 413.59514
MM: 413.22470
C$_{21}$H$_{31}$N$_5$O$_2$Si
RI: 3343 (calc.)

GC/MS
EI 70 eV
HP 5973
QI: 970

Peaks: 45, 59, 73, 91, 119, 154, 220, 250, 322, 398

Bis-(octylphenyl)amine

MW: 393.65616
MM: 393.33955
C$_{28}$H$_{43}$N
RI: 2760 (SE 54)

GC/MS
EI 70 eV
GCQ
QI: 951

Peaks: 57, 97, 132, 194, 210, 235, 251, 322, 336, 393

m/z: 322

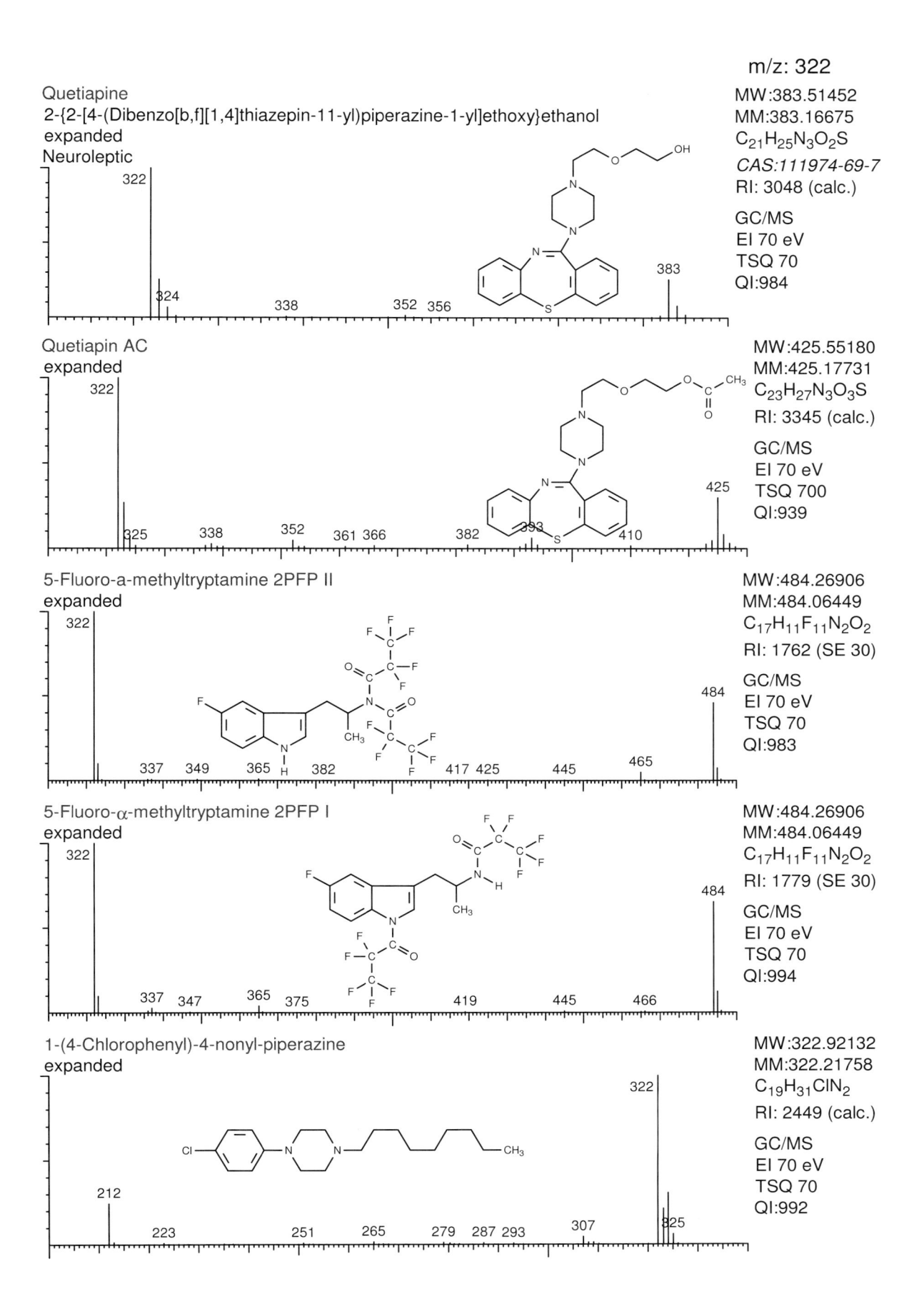

Quetiapine
2-{2-[4-(Dibenzo[b,f][1,4]thiazepin-11-yl)piperazine-1-yl]ethoxy}ethanol
expanded
Neuroleptic

MW: 383.51452
MM: 383.16675
$C_{21}H_{25}N_3O_2S$
CAS: 111974-69-7
RI: 3048 (calc.)

GC/MS
EI 70 eV
TSQ 70
QI: 984

Peaks: 322, 324, 338, 352, 356, 383

Quetiapin AC
expanded

MW: 425.55180
MM: 425.17731
$C_{23}H_{27}N_3O_3S$
RI: 3345 (calc.)

GC/MS
EI 70 eV
TSQ 700
QI: 939

Peaks: 322, 325, 338, 352, 361, 366, 382, 393, 410, 425

5-Fluoro-a-methyltryptamine 2PFP II
expanded

MW: 484.26906
MM: 484.06449
$C_{17}H_{11}F_{11}N_2O_2$
RI: 1762 (SE 30)

GC/MS
EI 70 eV
TSQ 70
QI: 983

Peaks: 322, 337, 349, 365, 382, 417, 425, 445, 465, 484

5-Fluoro-α-methyltryptamine 2PFP I
expanded

MW: 484.26906
MM: 484.06449
$C_{17}H_{11}F_{11}N_2O_2$
RI: 1779 (SE 30)

GC/MS
EI 70 eV
TSQ 70
QI: 994

Peaks: 322, 337, 347, 365, 375, 419, 445, 466, 484

1-(4-Chlorophenyl)-4-nonyl-piperazine
expanded

MW: 322.92132
MM: 322.21758
$C_{19}H_{31}ClN_2$
RI: 2449 (calc.)

GC/MS
EI 70 eV
TSQ 70
QI: 992

Peaks: 212, 223, 251, 265, 279, 287, 293, 307, 322, 325

m/z: 322-323

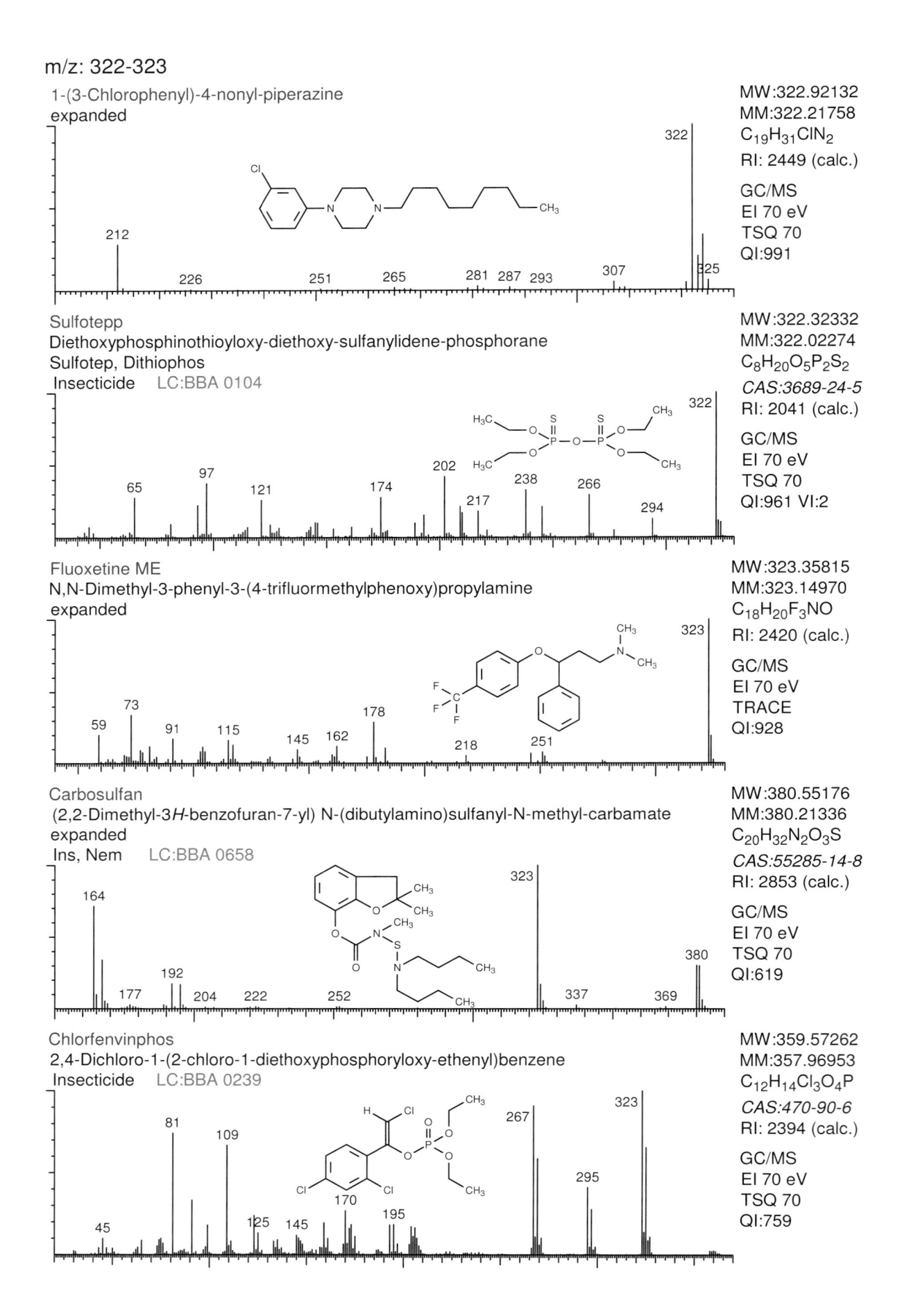

1-(3-Chlorophenyl)-4-nonyl-piperazine
expanded

MW:322.92132
MM:322.21758
$C_{19}H_{31}ClN_2$
RI: 2449 (calc.)

GC/MS
EI 70 eV
TSQ 70
QI:991

Sulfotepp
Diethoxyphosphinothioyloxy-diethoxy-sulfanylidene-phosphorane
Sulfotep, Dithiophos
Insecticide   LC:BBA 0104

MW:322.32332
MM:322.02274
$C_8H_{20}O_5P_2S_2$
CAS:3689-24-5
RI: 2041 (calc.)

GC/MS
EI 70 eV
TSQ 70
QI:961 VI:2

Fluoxetine ME
N,N-Dimethyl-3-phenyl-3-(4-trifluormethylphenoxy)propylamine
expanded

MW:323.35815
MM:323.14970
$C_{18}H_{20}F_3NO$
RI: 2420 (calc.)

GC/MS
EI 70 eV
TRACE
QI:928

Carbosulfan
(2,2-Dimethyl-3H-benzofuran-7-yl) N-(dibutylamino)sulfanyl-N-methyl-carbamate
expanded
Ins, Nem   LC:BBA 0658

MW:380.55176
MM:380.21336
$C_{20}H_{32}N_2O_3S$
CAS:55285-14-8
RI: 2853 (calc.)

GC/MS
EI 70 eV
TSQ 70
QI:619

Chlorfenvinphos
2,4-Dichloro-1-(2-chloro-1-diethoxyphosphoryloxy-ethenyl)benzene
Insecticide   LC:BBA 0239

MW:359.57262
MM:357.96953
$C_{12}H_{14}Cl_3O_4P$
CAS:470-90-6
RI: 2394 (calc.)

GC/MS
EI 70 eV
TSQ 70
QI:759

Fenethylline TMS
expanded

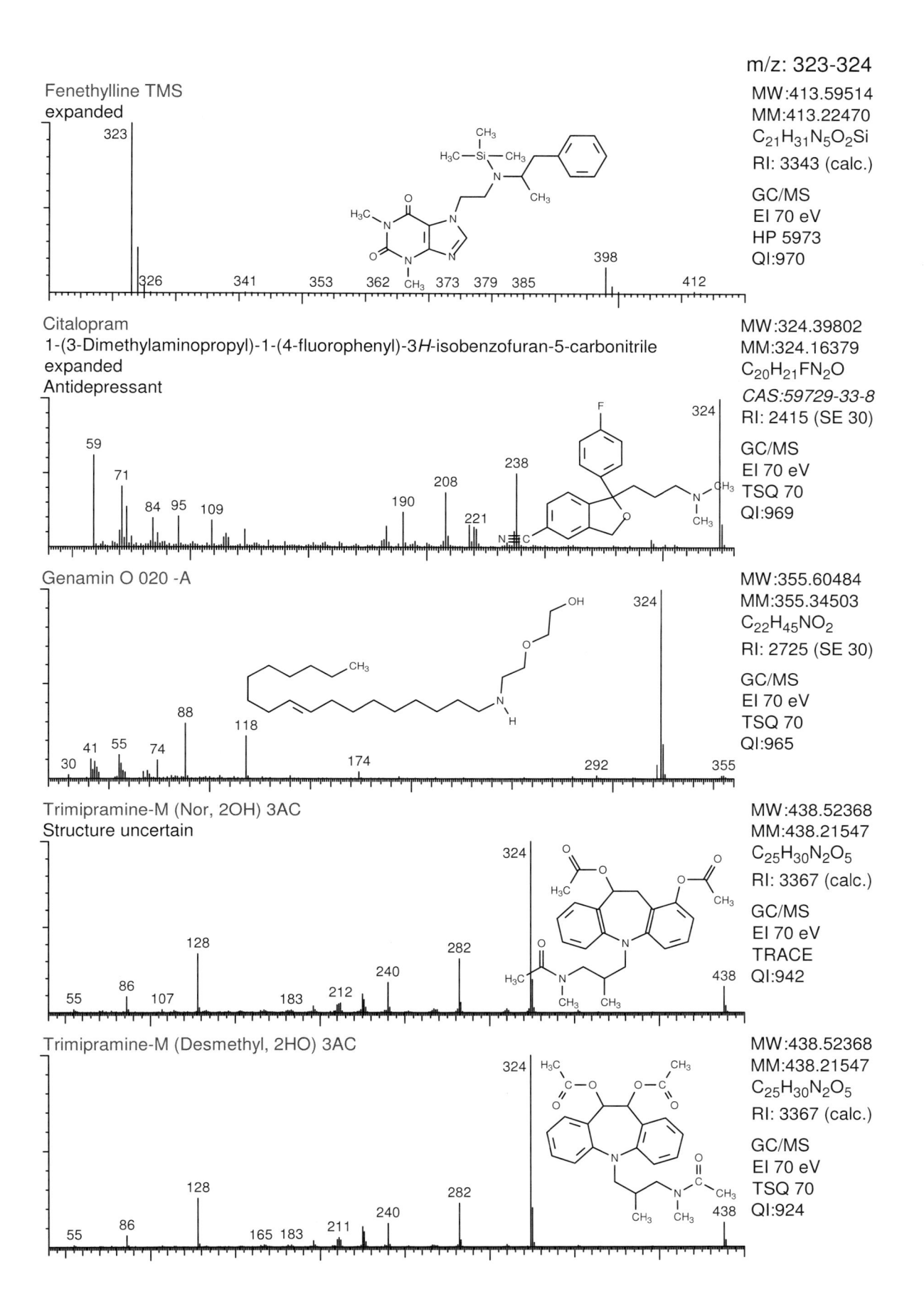

m/z: 323-324
MW: 413.59514
MM: 413.22470
$C_{21}H_{31}N_5O_2Si$
RI: 3343 (calc.)

GC/MS
EI 70 eV
HP 5973
QI: 970

Citalopram
1-(3-Dimethylaminopropyl)-1-(4-fluorophenyl)-3H-isobenzofuran-5-carbonitrile
expanded
Antidepressant

MW: 324.39802
MM: 324.16379
$C_{20}H_{21}FN_2O$
CAS: 59729-33-8
RI: 2415 (SE 30)

GC/MS
EI 70 eV
TSQ 70
QI: 969

Genamin O 020 -A

MW: 355.60484
MM: 355.34503
$C_{22}H_{45}NO_2$
RI: 2725 (SE 30)

GC/MS
EI 70 eV
TSQ 70
QI: 965

Trimipramine-M (Nor, 2OH) 3AC
Structure uncertain

MW: 438.52368
MM: 438.21547
$C_{25}H_{30}N_2O_5$
RI: 3367 (calc.)

GC/MS
EI 70 eV
TRACE
QI: 942

Trimipramine-M (Desmethyl, 2HO) 3AC

MW: 438.52368
MM: 438.21547
$C_{25}H_{30}N_2O_5$
RI: 3367 (calc.)

GC/MS
EI 70 eV
TSQ 70
QI: 924

m/z: 324

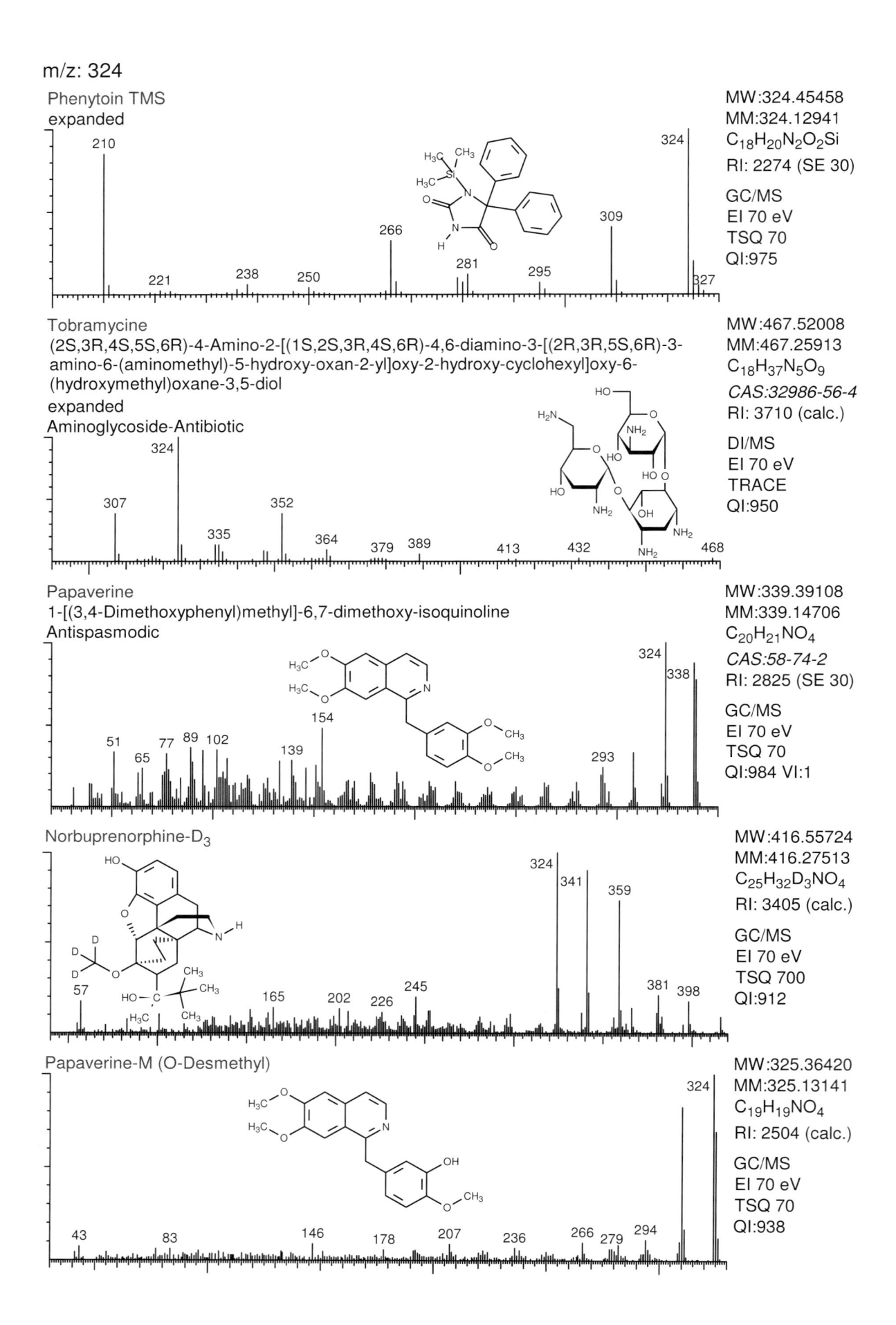

Phenytoin TMS
expanded

MW:324.45458
MM:324.12941
$C_{18}H_{20}N_2O_2Si$
RI: 2274 (SE 30)

GC/MS
EI 70 eV
TSQ 70
QI:975

Tobramycine
(2S,3R,4S,5S,6R)-4-Amino-2-[(1S,2S,3R,4S,6R)-4,6-diamino-3-[(2R,3R,5S,6R)-3-amino-6-(aminomethyl)-5-hydroxy-oxan-2-yl]oxy-2-hydroxy-cyclohexyl]oxy-6-(hydroxymethyl)oxane-3,5-diol
expanded
Aminoglycoside-Antibiotic

MW:467.52008
MM:467.25913
$C_{18}H_{37}N_5O_9$
CAS:32986-56-4
RI: 3710 (calc.)

DI/MS
EI 70 eV
TRACE
QI:950

Papaverine
1-[(3,4-Dimethoxyphenyl)methyl]-6,7-dimethoxy-isoquinoline
Antispasmodic

MW:339.39108
MM:339.14706
$C_{20}H_{21}NO_4$
CAS:58-74-2
RI: 2825 (SE 30)

GC/MS
EI 70 eV
TSQ 70
QI:984 VI:1

Norbuprenorphine-D₃

MW:416.55724
MM:416.27513
$C_{25}H_{32}D_3NO_4$
RI: 3405 (calc.)

GC/MS
EI 70 eV
TSQ 700
QI:912

Papaverine-M (O-Desmethyl)

MW:325.36420
MM:325.13141
$C_{19}H_{19}NO_4$
RI: 2504 (calc.)

GC/MS
EI 70 eV
TSQ 70
QI:938

m/z: 324-325

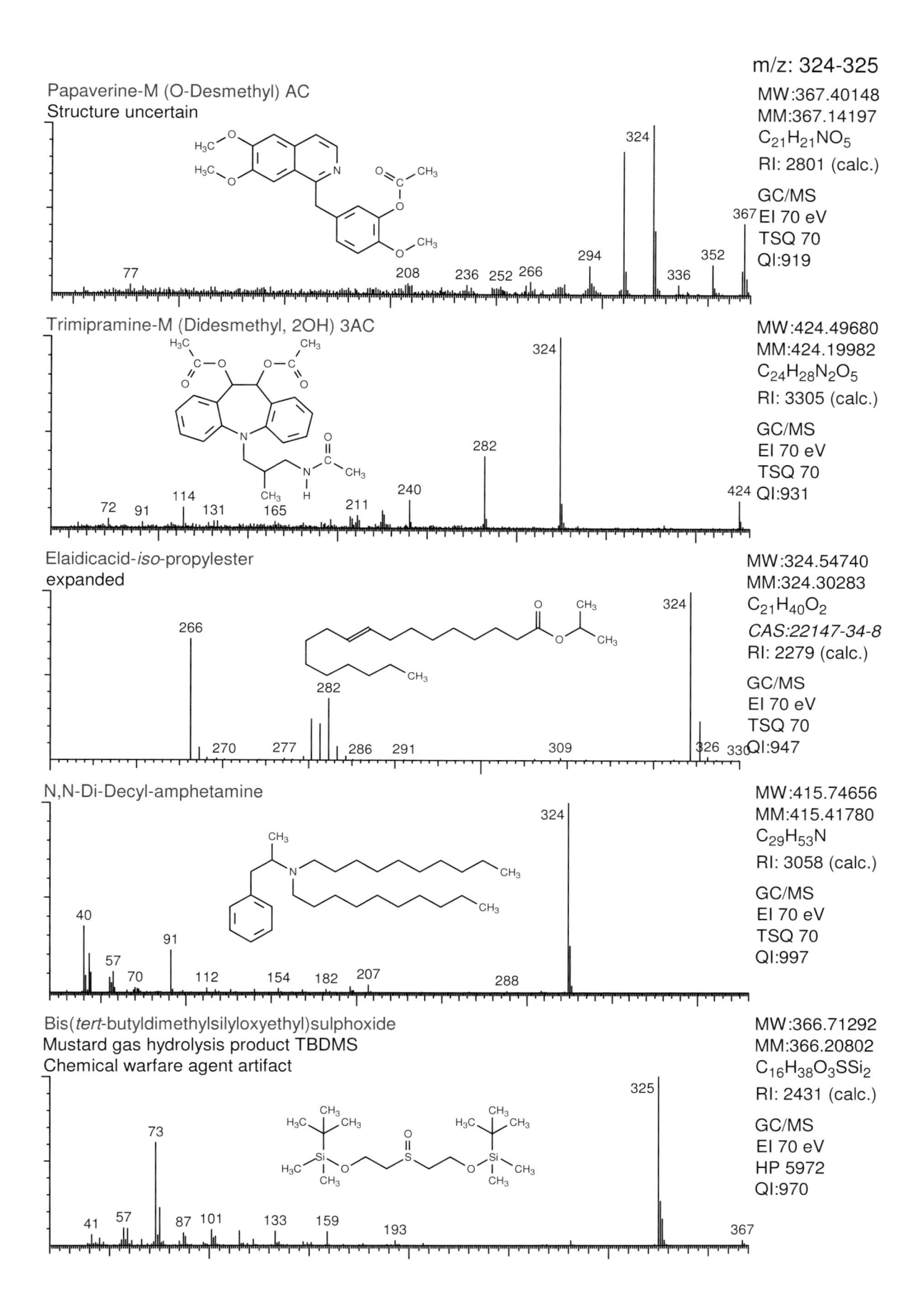

Papaverine-M (O-Desmethyl) AC
Structure uncertain

MW: 367.40148
MM: 367.14197
$C_{21}H_{21}NO_5$
RI: 2801 (calc.)

GC/MS
EI 70 eV
TSQ 70
QI: 919

Trimipramine-M (Didesmethyl, 2OH) 3AC

MW: 424.49680
MM: 424.19982
$C_{24}H_{28}N_2O_5$
RI: 3305 (calc.)

GC/MS
EI 70 eV
TSQ 70
QI: 931

Elaidicacid-*iso*-propylester
expanded

MW: 324.54740
MM: 324.30283
$C_{21}H_{40}O_2$
CAS: 22147-34-8
RI: 2279 (calc.)

GC/MS
EI 70 eV
TSQ 70
QI: 947

N,N-Di-Decyl-amphetamine

MW: 415.74656
MM: 415.41780
$C_{29}H_{53}N$
RI: 3058 (calc.)

GC/MS
EI 70 eV
TSQ 70
QI: 997

Bis(*tert*-butyldimethylsilyloxyethyl)sulphoxide
Mustard gas hydrolysis product TBDMS
Chemical warfare agent artifact

MW: 366.71292
MM: 366.20802
$C_{16}H_{38}O_3SSi_2$
RI: 2431 (calc.)

GC/MS
EI 70 eV
HP 5972
QI: 970

m/z: 325

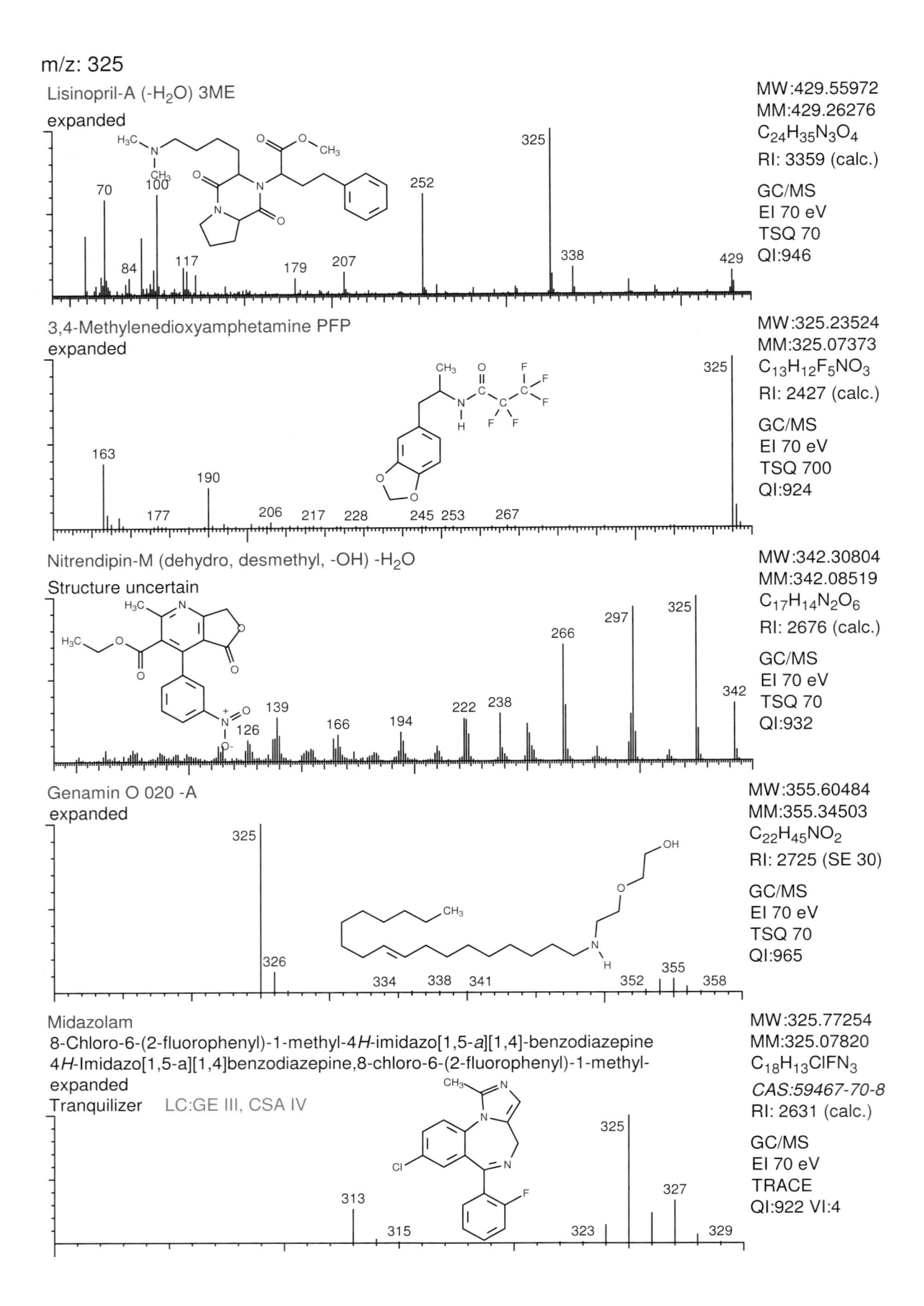

Lisinopril-A (-H₂O) 3ME
expanded

MW:429.55972
MM:429.26276
$C_{24}H_{35}N_3O_4$
RI: 3359 (calc.)

GC/MS
EI 70 eV
TSQ 70
QI:946

Peaks: 70, 84, 100, 117, 179, 207, 252, 325, 338, 429

3,4-Methylenedioxyamphetamine PFP
expanded

MW:325.23524
MM:325.07373
$C_{13}H_{12}F_5NO_3$
RI: 2427 (calc.)

GC/MS
EI 70 eV
TSQ 700
QI:924

Peaks: 163, 177, 190, 206, 217, 228, 245, 253, 267, 325

Nitrendipin-M (dehydro, desmethyl, -OH) -H₂O
Structure uncertain

MW:342.30804
MM:342.08519
$C_{17}H_{14}N_2O_6$
RI: 2676 (calc.)

GC/MS
EI 70 eV
TSQ 70
QI:932

Peaks: 126, 139, 166, 194, 222, 238, 266, 297, 325, 342

Genamin O 020 -A
expanded

MW:355.60484
MM:355.34503
$C_{22}H_{45}NO_2$
RI: 2725 (SE 30)

GC/MS
EI 70 eV
TSQ 70
QI:965

Peaks: 325, 326, 334, 338, 341, 352, 355, 358

Midazolam
8-Chloro-6-(2-fluorophenyl)-1-methyl-4H-imidazo[1,5-a][1,4]-benzodiazepine
4H-Imidazo[1,5-a][1,4]benzodiazepine,8-chloro-6-(2-fluorophenyl)-1-methyl-
expanded
Tranquilizer   LC:GE III, CSA IV

MW:325.77254
MM:325.07820
$C_{18}H_{13}ClFN_3$
CAS:59467-70-8
RI: 2631 (calc.)

GC/MS
EI 70 eV
TRACE
QI:922 VI:4

Peaks: 313, 315, 323, 325, 327, 329

m/z: 325

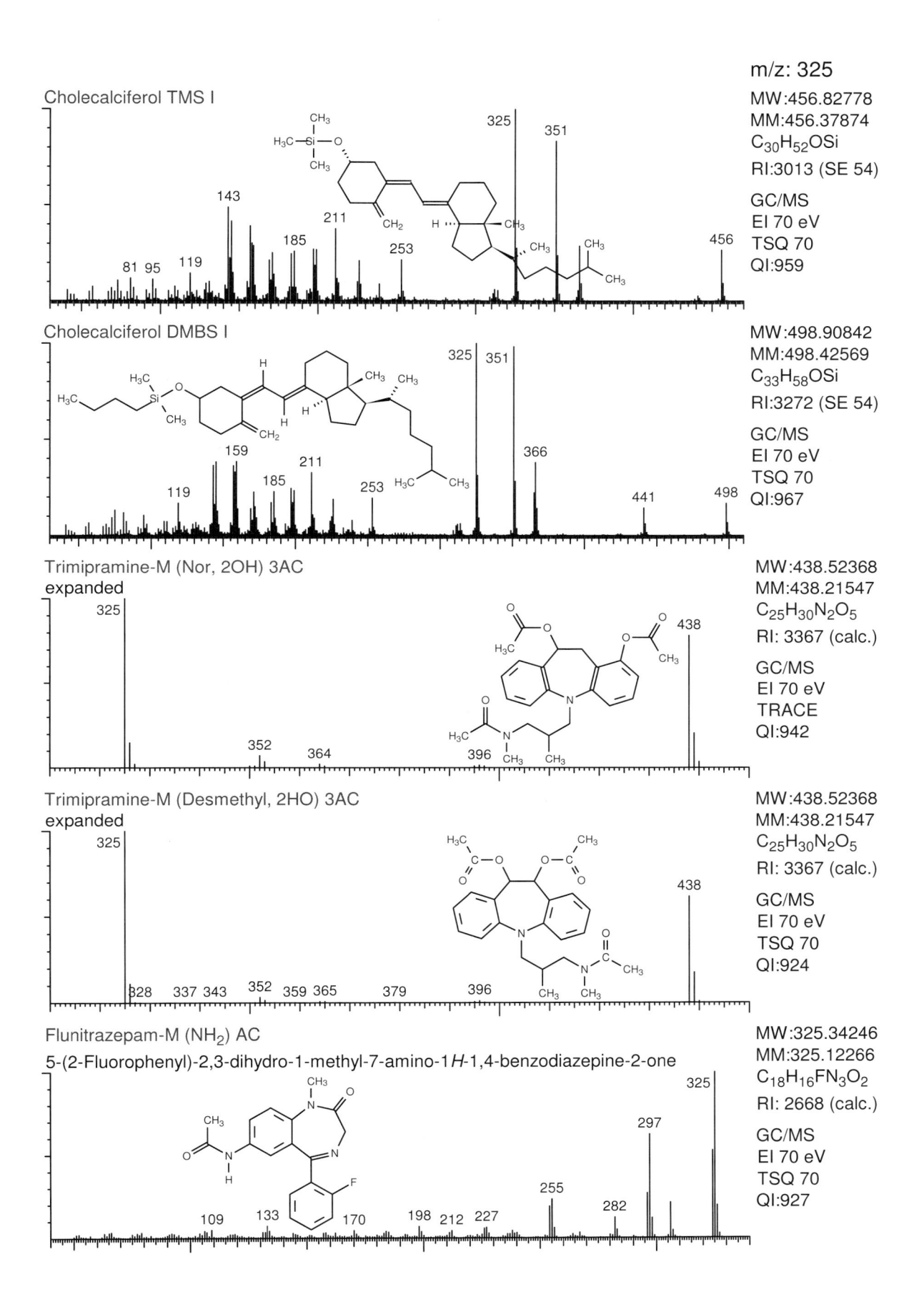

Cholecalciferol TMS I

MW: 456.82778
MM: 456.37874
$C_{30}H_{52}OSi$
RI: 3013 (SE 54)

GC/MS
EI 70 eV
TSQ 70
QI: 959

Cholecalciferol DMBS I

MW: 498.90842
MM: 498.42569
$C_{33}H_{58}OSi$
RI: 3272 (SE 54)

GC/MS
EI 70 eV
TSQ 70
QI: 967

Trimipramine-M (Nor, 2OH) 3AC
expanded

MW: 438.52368
MM: 438.21547
$C_{25}H_{30}N_2O_5$
RI: 3367 (calc.)

GC/MS
EI 70 eV
TRACE
QI: 942

Trimipramine-M (Desmethyl, 2HO) 3AC
expanded

MW: 438.52368
MM: 438.21547
$C_{25}H_{30}N_2O_5$
RI: 3367 (calc.)

GC/MS
EI 70 eV
TSQ 70
QI: 924

Flunitrazepam-M (NH_2) AC
5-(2-Fluorophenyl)-2,3-dihydro-1-methyl-7-amino-1H-1,4-benzodiazepine-2-one

MW: 325.34246
MM: 325.12266
$C_{18}H_{16}FN_3O_2$
RI: 2668 (calc.)

GC/MS
EI 70 eV
TSQ 70
QI: 927

m/z: 326

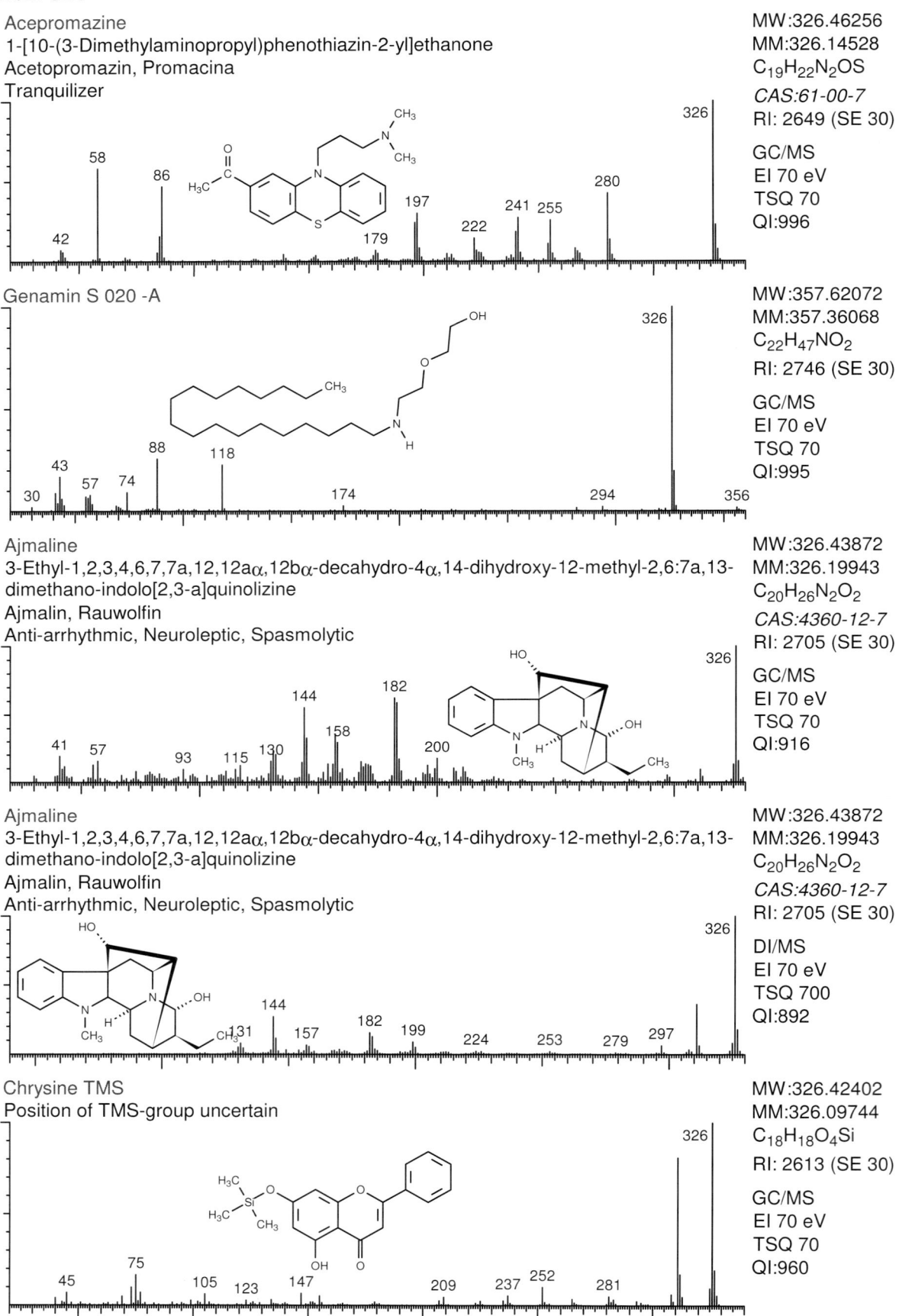

Acepromazine
1-[10-(3-Dimethylaminopropyl)phenothiazin-2-yl]ethanone
Acetopromazin, Promacina
Tranquilizer

MW:326.46256
MM:326.14528
$C_{19}H_{22}N_2OS$
CAS:61-00-7
RI: 2649 (SE 30)

GC/MS
EI 70 eV
TSQ 70
QI:996

Genamin S 020 -A

MW:357.62072
MM:357.36068
$C_{22}H_{47}NO_2$
RI: 2746 (SE 30)

GC/MS
EI 70 eV
TSQ 70
QI:995

Ajmaline
3-Ethyl-1,2,3,4,6,7,7a,12,12aα,12bα-decahydro-4α,14-dihydroxy-12-methyl-2,6:7a,13-dimethano-indolo[2,3-a]quinolizine
Ajmalin, Rauwolfin
Anti-arrhythmic, Neuroleptic, Spasmolytic

MW:326.43872
MM:326.19943
$C_{20}H_{26}N_2O_2$
CAS:4360-12-7
RI: 2705 (SE 30)

GC/MS
EI 70 eV
TSQ 70
QI:916

Ajmaline
3-Ethyl-1,2,3,4,6,7,7a,12,12aα,12bα-decahydro-4α,14-dihydroxy-12-methyl-2,6:7a,13-dimethano-indolo[2,3-a]quinolizine
Ajmalin, Rauwolfin
Anti-arrhythmic, Neuroleptic, Spasmolytic

MW:326.43872
MM:326.19943
$C_{20}H_{26}N_2O_2$
CAS:4360-12-7
RI: 2705 (SE 30)

DI/MS
EI 70 eV
TSQ 700
QI:892

Chrysine TMS
Position of TMS-group uncertain

MW:326.42402
MM:326.09744
$C_{18}H_{18}O_4Si$
RI: 2613 (SE 30)

GC/MS
EI 70 eV
TSQ 70
QI:960

m/z: 326-327

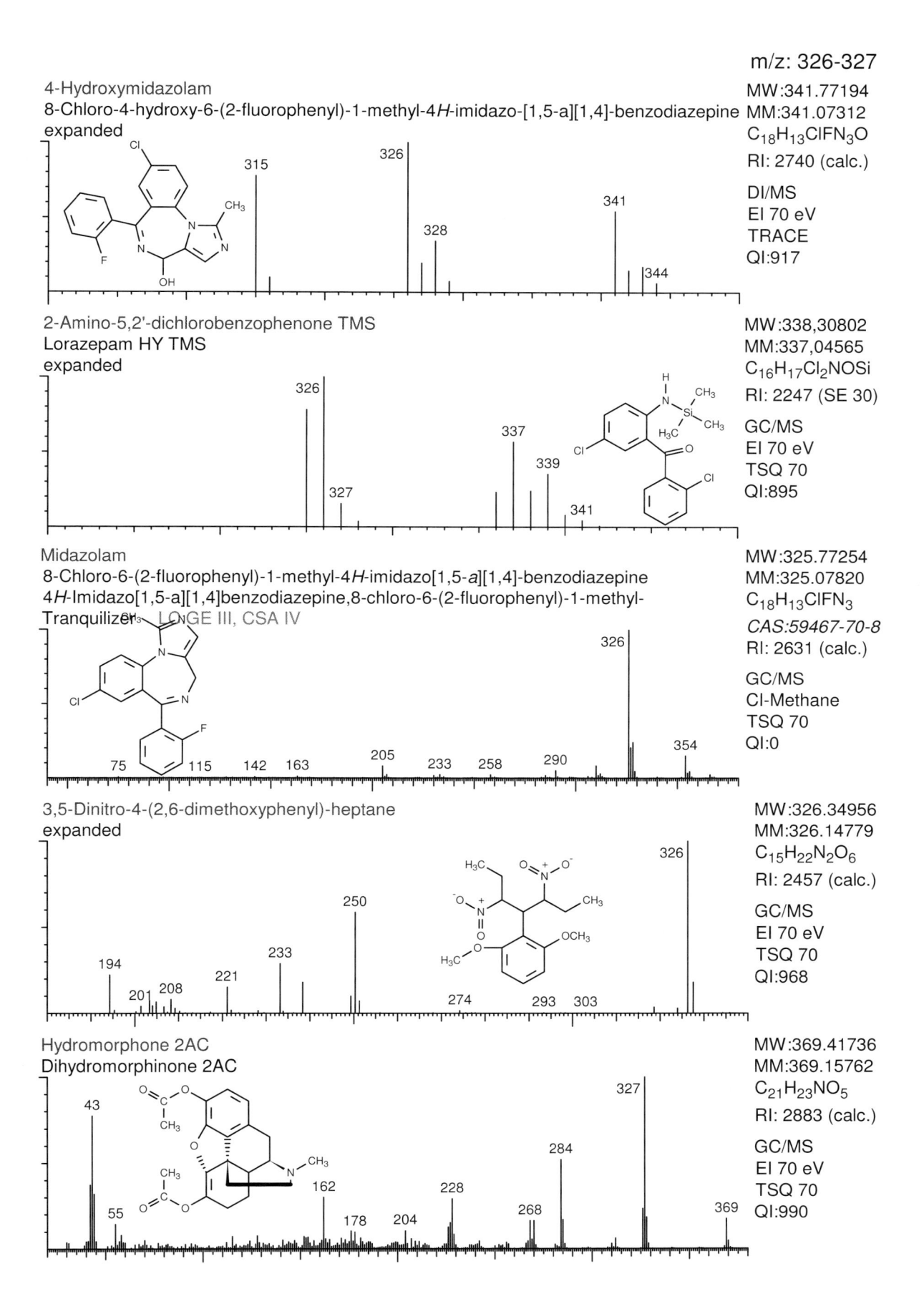

4-Hydroxymidazolam
8-Chloro-4-hydroxy-6-(2-fluorophenyl)-1-methyl-4H-imidazo-[1,5-a][1,4]-benzodiazepine
expanded

MW:341.77194
MM:341.07312
$C_{18}H_{13}ClFN_3O$
RI: 2740 (calc.)

DI/MS
EI 70 eV
TRACE
QI:917

2-Amino-5,2'-dichlorobenzophenone TMS
Lorazepam HY TMS
expanded

MW:338,30802
MM:337,04565
$C_{16}H_{17}Cl_2NOSi$
RI: 2247 (SE 30)

GC/MS
EI 70 eV
TSQ 70
QI:895

Midazolam
8-Chloro-6-(2-fluorophenyl)-1-methyl-4H-imidazo[1,5-a][1,4]-benzodiazepine
4H-Imidazo[1,5-a][1,4]benzodiazepine,8-chloro-6-(2-fluorophenyl)-1-methyl-
Tranquilizer   LONGE III, CSA IV

MW:325.77254
MM:325.07820
$C_{18}H_{13}ClFN_3$
CAS:59467-70-8
RI: 2631 (calc.)

GC/MS
Cl-Methane
TSQ 70
QI:0

3,5-Dinitro-4-(2,6-dimethoxyphenyl)-heptane
expanded

MW:326.34956
MM:326.14779
$C_{15}H_{22}N_2O_6$
RI: 2457 (calc.)

GC/MS
EI 70 eV
TSQ 70
QI:968

Hydromorphone 2AC
Dihydromorphinone 2AC

MW:369.41736
MM:369.15762
$C_{21}H_{23}NO_5$
RI: 2883 (calc.)

GC/MS
EI 70 eV
TSQ 70
QI:990

m/z: 327

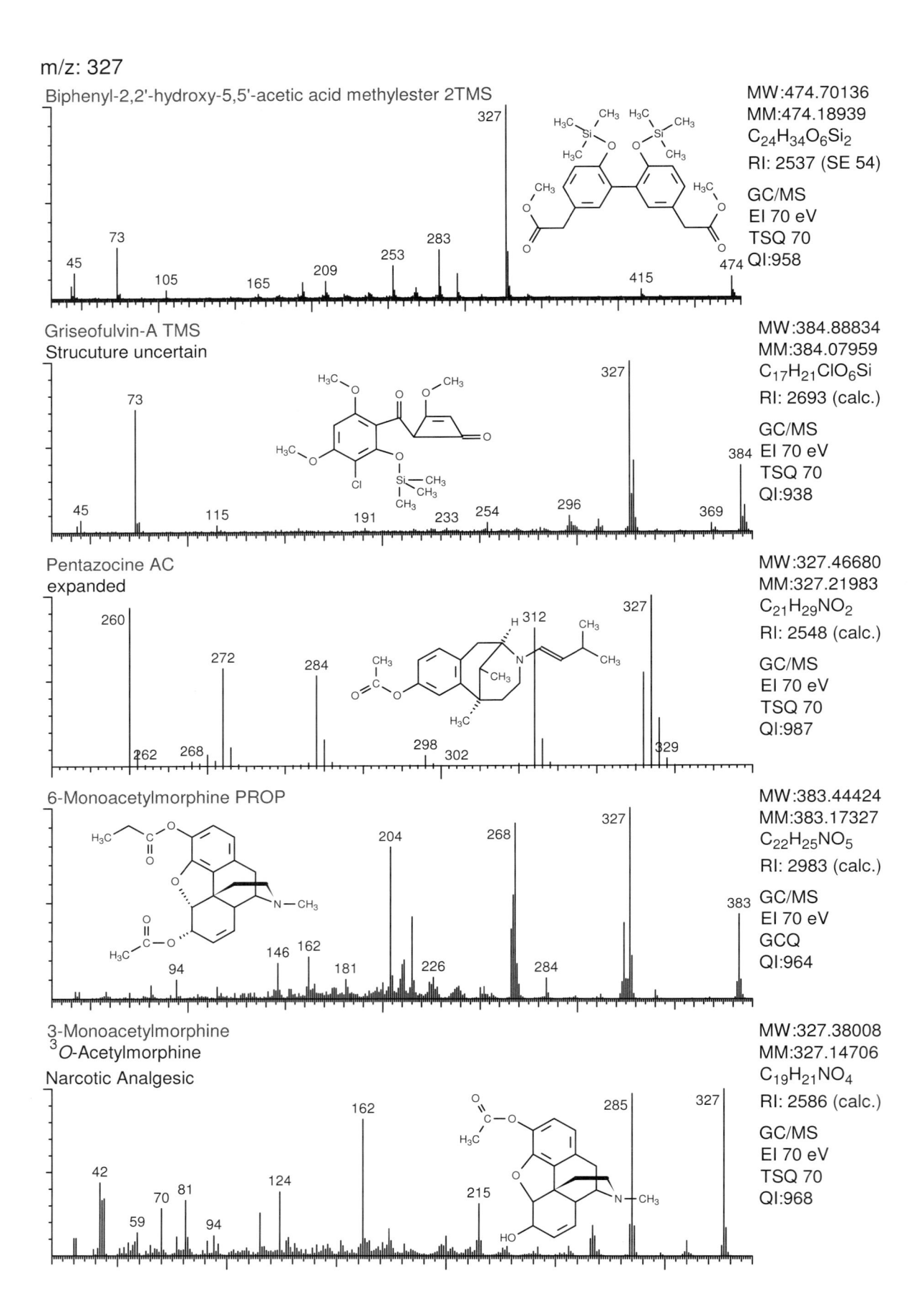

Biphenyl-2,2'-hydroxy-5,5'-acetic acid methylester 2TMS

Peaks: 45, 73, 105, 165, 209, 253, 283, 327, 415, 474

MW: 474.70136
MM: 474.18939
$C_{24}H_{34}O_6Si_2$
RI: 2537 (SE 54)

GC/MS
EI 70 eV
TSQ 70
QI: 958

Griseofulvin-A TMS
Strucuture uncertain

Peaks: 45, 73, 115, 191, 233, 254, 296, 327, 369, 384

MW: 384.88834
MM: 384.07959
$C_{17}H_{21}ClO_6Si$
RI: 2693 (calc.)

GC/MS
EI 70 eV
TSQ 70
QI: 938

Pentazocine AC
expanded

Peaks: 260, 262, 268, 272, 284, 298, 302, 312, 327, 329

MW: 327.46680
MM: 327.21983
$C_{21}H_{29}NO_2$
RI: 2548 (calc.)

GC/MS
EI 70 eV
TSQ 70
QI: 987

6-Monoacetylmorphine PROP

Peaks: 94, 146, 162, 181, 204, 226, 268, 284, 327, 383

MW: 383.44424
MM: 383.17327
$C_{22}H_{25}NO_5$
RI: 2983 (calc.)

GC/MS
EI 70 eV
GCQ
QI: 964

3-Monoacetylmorphine
^{3}O-Acetylmorphine
Narcotic Analgesic

Peaks: 42, 59, 70, 81, 94, 124, 162, 215, 285, 327

MW: 327.38008
MM: 327.14706
$C_{19}H_{21}NO_4$
RI: 2586 (calc.)

GC/MS
EI 70 eV
TSQ 70
QI: 968

m/z: 327

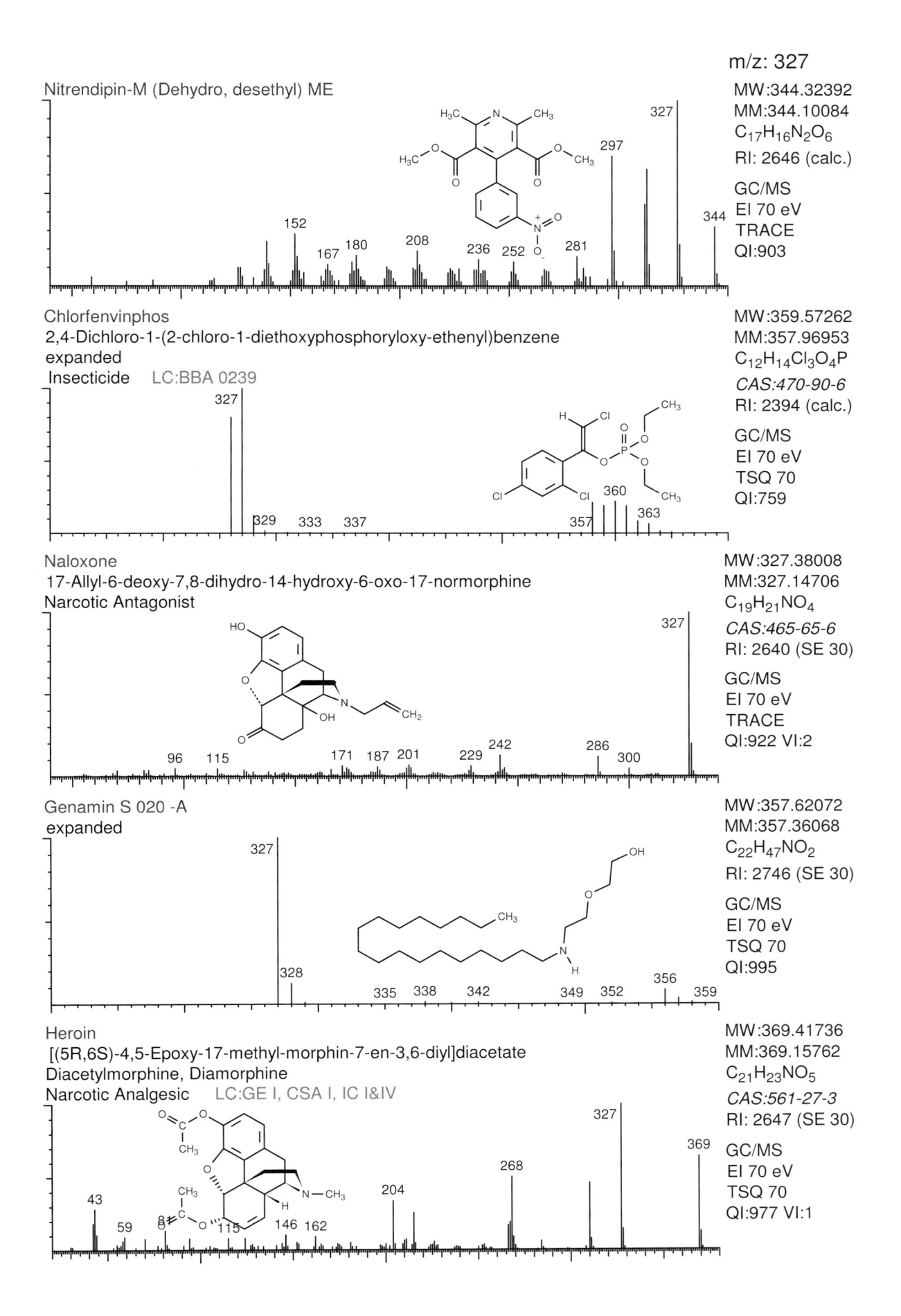

Nitrendipin-M (Dehydro, desethyl) ME

MW: 344.32392
MM: 344.10084
$C_{17}H_{16}N_2O_6$
RI: 2646 (calc.)

GC/MS
EI 70 eV
TRACE
QI: 903

Chlorfenvinphos
2,4-Dichloro-1-(2-chloro-1-diethoxyphosphoryloxy-ethenyl)benzene
expanded
Insecticide   LC:BBA 0239

MW: 359.57262
MM: 357.96953
$C_{12}H_{14}Cl_3O_4P$
CAS: 470-90-6
RI: 2394 (calc.)

GC/MS
EI 70 eV
TSQ 70
QI: 759

Naloxone
17-Allyl-6-deoxy-7,8-dihydro-14-hydroxy-6-oxo-17-normorphine
Narcotic Antagonist

MW: 327.38008
MM: 327.14706
$C_{19}H_{21}NO_4$
CAS: 465-65-6
RI: 2640 (SE 30)

GC/MS
EI 70 eV
TRACE
QI: 922 VI: 2

Genamin S 020 -A
expanded

MW: 357.62072
MM: 357.36068
$C_{22}H_{47}NO_2$
RI: 2746 (SE 30)

GC/MS
EI 70 eV
TSQ 70
QI: 995

Heroin
[(5R,6S)-4,5-Epoxy-17-methyl-morphin-7-en-3,6-diyl]diacetate
Diacetylmorphine, Diamorphine
Narcotic Analgesic   LC:GE I, CSA I, IC I&IV

MW: 369.41736
MM: 369.15762
$C_{21}H_{23}NO_5$
CAS: 561-27-3
RI: 2647 (SE 30)

GC/MS
EI 70 eV
TSQ 70
QI: 977 VI: 1

1655

m/z: 327-328

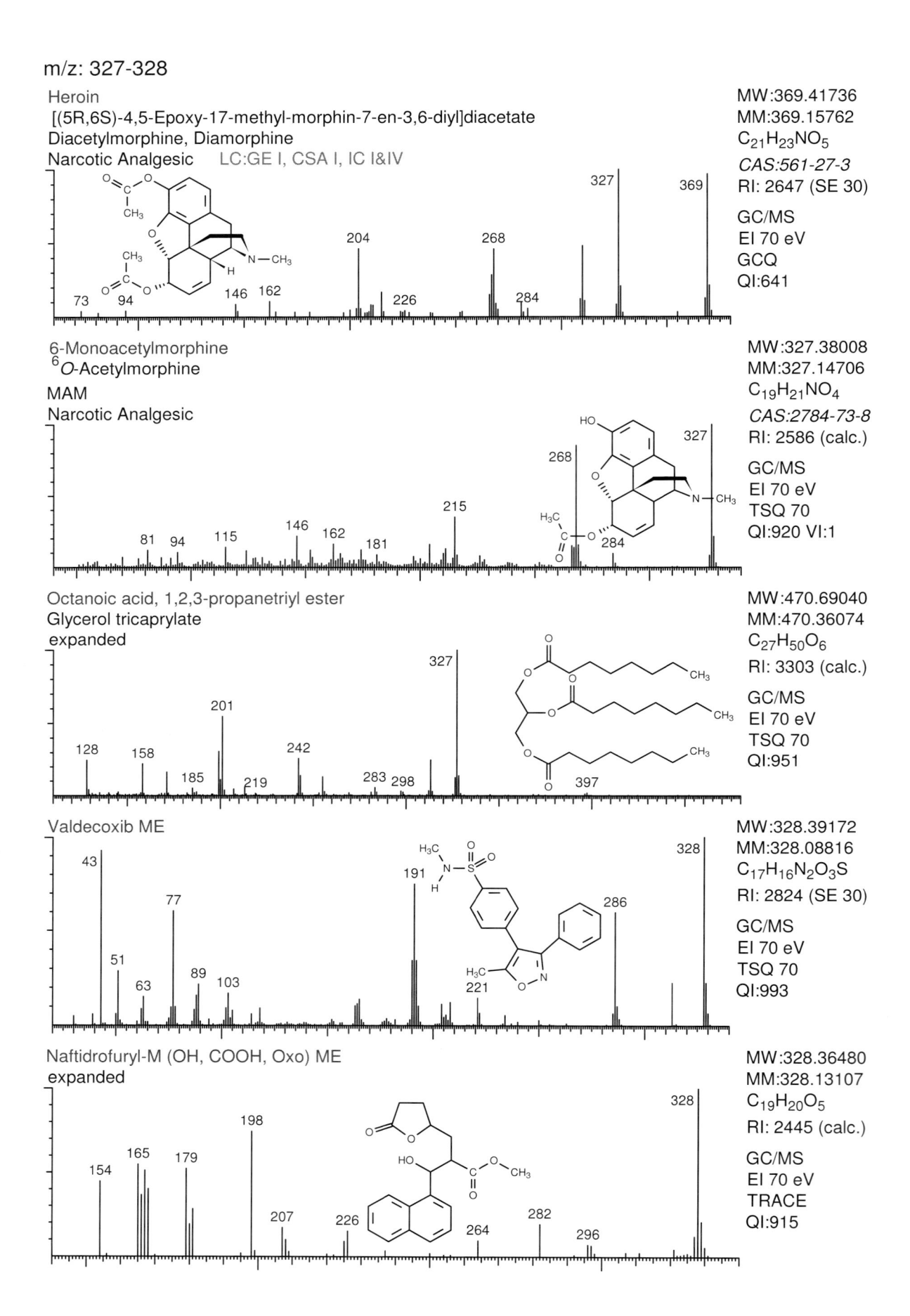

Heroin
[(5R,6S)-4,5-Epoxy-17-methyl-morphin-7-en-3,6-diyl]diacetate
Diacetylmorphine, Diamorphine
Narcotic Analgesic   LC:GE I, CSA I, IC I&IV

MW:369.41736
MM:369.15762
$C_{21}H_{23}NO_5$
CAS:561-27-3
RI: 2647 (SE 30)

GC/MS
EI 70 eV
GCQ
QI:641

Peaks: 73, 94, 146, 162, 204, 226, 268, 284, 327, 369

6-Monoacetylmorphine
6 O-Acetylmorphine
MAM
Narcotic Analgesic

MW:327.38008
MM:327.14706
$C_{19}H_{21}NO_4$
CAS:2784-73-8
RI: 2586 (calc.)

GC/MS
EI 70 eV
TSQ 70
QI:920 VI:1

Peaks: 81, 94, 115, 146, 162, 181, 215, 268, 284, 327

Octanoic acid, 1,2,3-propanetriyl ester
Glycerol tricaprylate
expanded

MW:470.69040
MM:470.36074
$C_{27}H_{50}O_6$
RI: 3303 (calc.)

GC/MS
EI 70 eV
TSQ 70
QI:951

Peaks: 128, 158, 185, 201, 219, 242, 283, 298, 327, 397

Valdecoxib ME

MW:328.39172
MM:328.08816
$C_{17}H_{16}N_2O_3S$
RI: 2824 (SE 30)

GC/MS
EI 70 eV
TSQ 70
QI:993

Peaks: 43, 51, 63, 77, 89, 103, 191, 221, 286, 328

Naftidrofuryl-M (OH, COOH, Oxo) ME
expanded

MW:328.36480
MM:328.13107
$C_{19}H_{20}O_5$
RI: 2445 (calc.)

GC/MS
EI 70 eV
TRACE
QI:915

Peaks: 154, 165, 179, 198, 207, 226, 264, 282, 296, 328

Sulfametrol 3ME
expanded

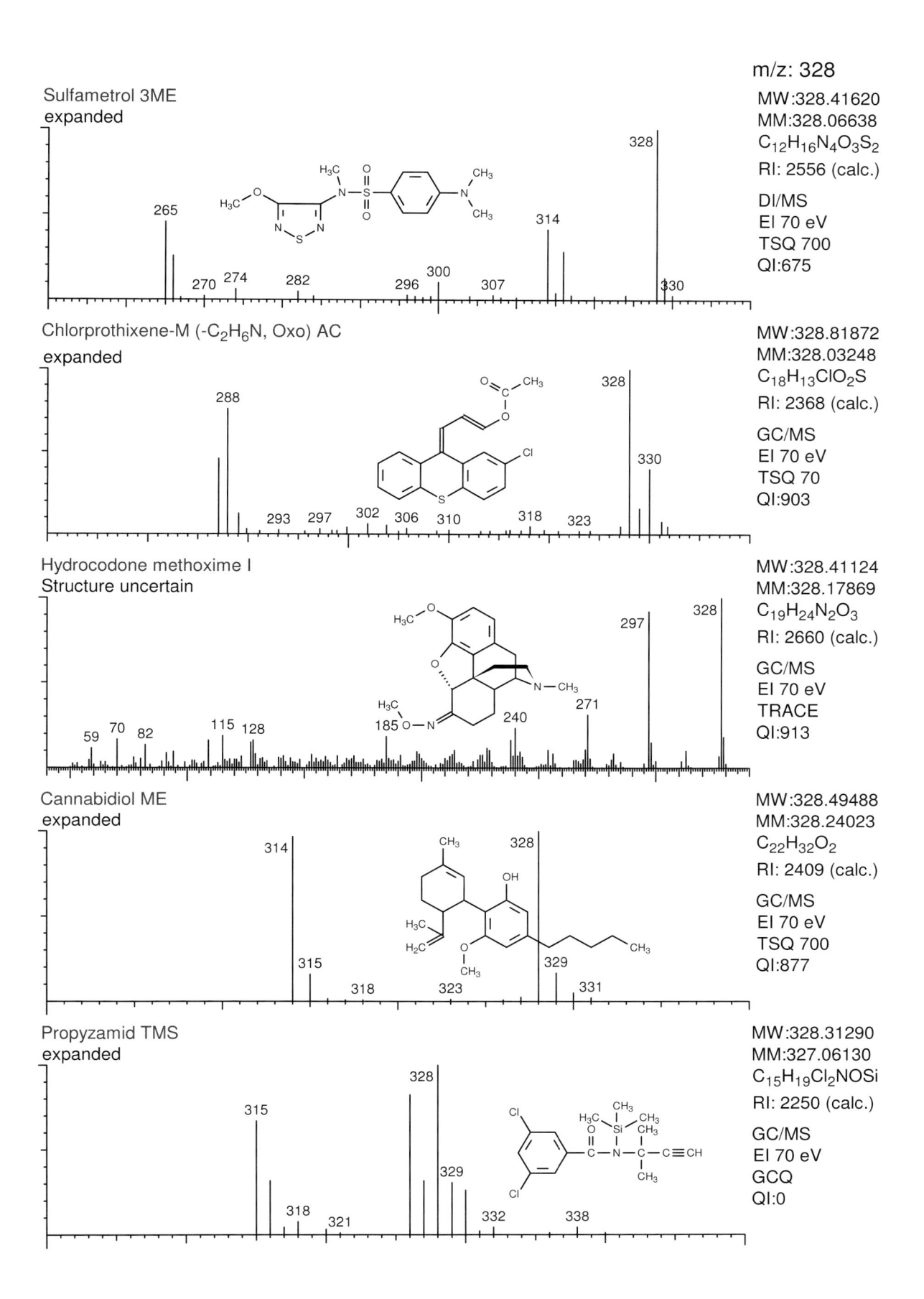

m/z: 328
MW: 328.41620
MM: 328.06638
$C_{12}H_{16}N_4O_3S_2$
RI: 2556 (calc.)

DI/MS
EI 70 eV
TSQ 700
QI: 675

Peaks: 265, 270, 274, 282, 296, 300, 307, 314, 328, 330

Chlorprothixene-M (-C₂H₆N, Oxo) AC
expanded

MW: 328.81872
MM: 328.03248
$C_{18}H_{13}ClO_2S$
RI: 2368 (calc.)

GC/MS
EI 70 eV
TSQ 70
QI: 903

Peaks: 288, 293, 297, 302, 306, 310, 318, 323, 328, 330

Hydrocodone methoxime I
Structure uncertain

MW: 328.41124
MM: 328.17869
$C_{19}H_{24}N_2O_3$
RI: 2660 (calc.)

GC/MS
EI 70 eV
TRACE
QI: 913

Peaks: 59, 70, 82, 115, 128, 185, 240, 271, 297, 328

Cannabidiol ME
expanded

MW: 328.49488
MM: 328.24023
$C_{22}H_{32}O_2$
RI: 2409 (calc.)

GC/MS
EI 70 eV
TSQ 700
QI: 877

Peaks: 314, 315, 318, 323, 328, 329, 331

Propyzamid TMS
expanded

MW: 328.31290
MM: 327.06130
$C_{15}H_{19}Cl_2NOSi$
RI: 2250 (calc.)

GC/MS
EI 70 eV
GCQ
QI: 0

Peaks: 315, 318, 321, 328, 329, 332, 338

m/z: 328-329

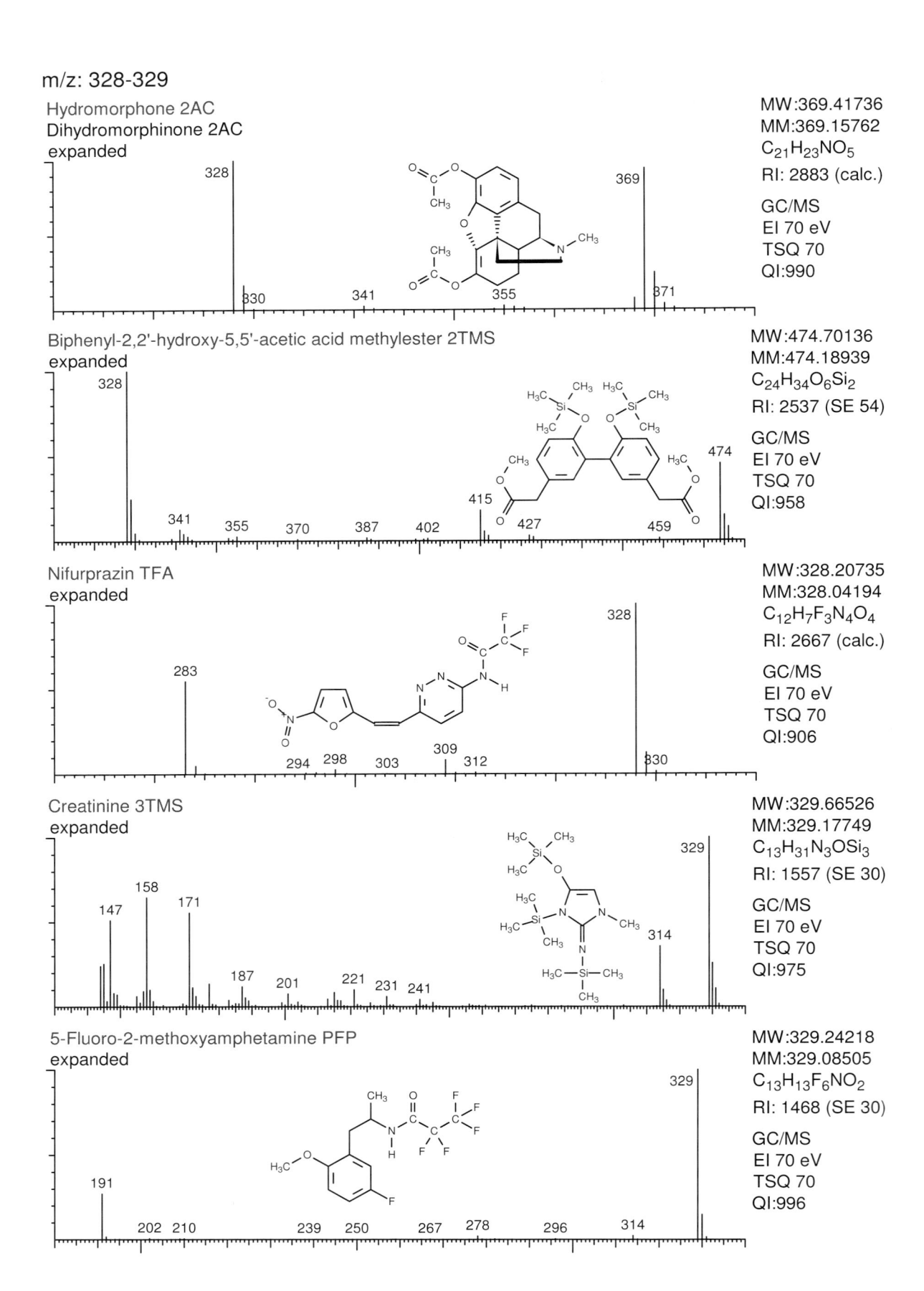

Hydromorphone 2AC
Dihydromorphinone 2AC
expanded

MW: 369.41736
MM: 369.15762
$C_{21}H_{23}NO_5$
RI: 2883 (calc.)

GC/MS
EI 70 eV
TSQ 70
QI: 990

Biphenyl-2,2'-hydroxy-5,5'-acetic acid methylester 2TMS
expanded

MW: 474.70136
MM: 474.18939
$C_{24}H_{34}O_6Si_2$
RI: 2537 (SE 54)

GC/MS
EI 70 eV
TSQ 70
QI: 958

Nifurprazin TFA
expanded

MW: 328.20735
MM: 328.04194
$C_{12}H_7F_3N_4O_4$
RI: 2667 (calc.)

GC/MS
EI 70 eV
TSQ 70
QI: 906

Creatinine 3TMS
expanded

MW: 329.66526
MM: 329.17749
$C_{13}H_{31}N_3OSi_3$
RI: 1557 (SE 30)

GC/MS
EI 70 eV
TSQ 70
QI: 975

5-Fluoro-2-methoxyamphetamine PFP
expanded

MW: 329.24218
MM: 329.08505
$C_{13}H_{13}F_6NO_2$
RI: 1468 (SE 30)

GC/MS
EI 70 eV
TSQ 70
QI: 996

m/z: 329-330

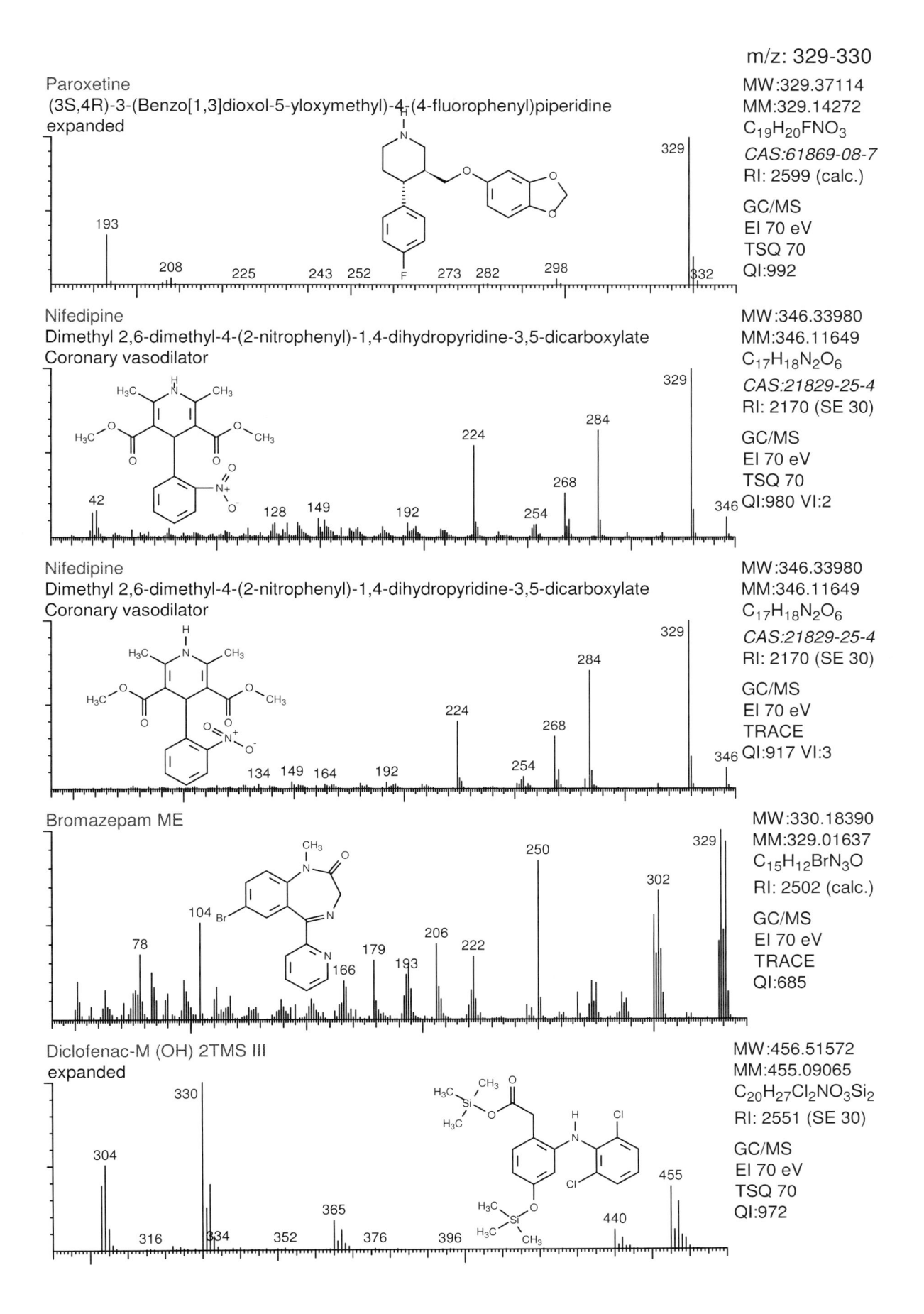

Paroxetine
(3S,4R)-3-(Benzo[1,3]dioxol-5-yloxymethyl)-4-(4-fluorophenyl)piperidine
expanded

MW: 329.37114
MM: 329.14272
$C_{19}H_{20}FNO_3$
CAS: 61869-08-7
RI: 2599 (calc.)

GC/MS
EI 70 eV
TSQ 70
QI: 992

Nifedipine
Dimethyl 2,6-dimethyl-4-(2-nitrophenyl)-1,4-dihydropyridine-3,5-dicarboxylate
Coronary vasodilator

MW: 346.33980
MM: 346.11649
$C_{17}H_{18}N_2O_6$
CAS: 21829-25-4
RI: 2170 (SE 30)

GC/MS
EI 70 eV
TSQ 70
QI: 980 VI: 2

Nifedipine
Dimethyl 2,6-dimethyl-4-(2-nitrophenyl)-1,4-dihydropyridine-3,5-dicarboxylate
Coronary vasodilator

MW: 346.33980
MM: 346.11649
$C_{17}H_{18}N_2O_6$
CAS: 21829-25-4
RI: 2170 (SE 30)

GC/MS
EI 70 eV
TRACE
QI: 917 VI: 3

Bromazepam ME

MW: 330.18390
MM: 329.01637
$C_{15}H_{12}BrN_3O$
RI: 2502 (calc.)

GC/MS
EI 70 eV
TRACE
QI: 685

Diclofenac-M (OH) 2TMS III
expanded

MW: 456.51572
MM: 455.09065
$C_{20}H_{27}Cl_2NO_3Si_2$
RI: 2551 (SE 30)

GC/MS
EI 70 eV
TSQ 70
QI: 972

m/z: 330

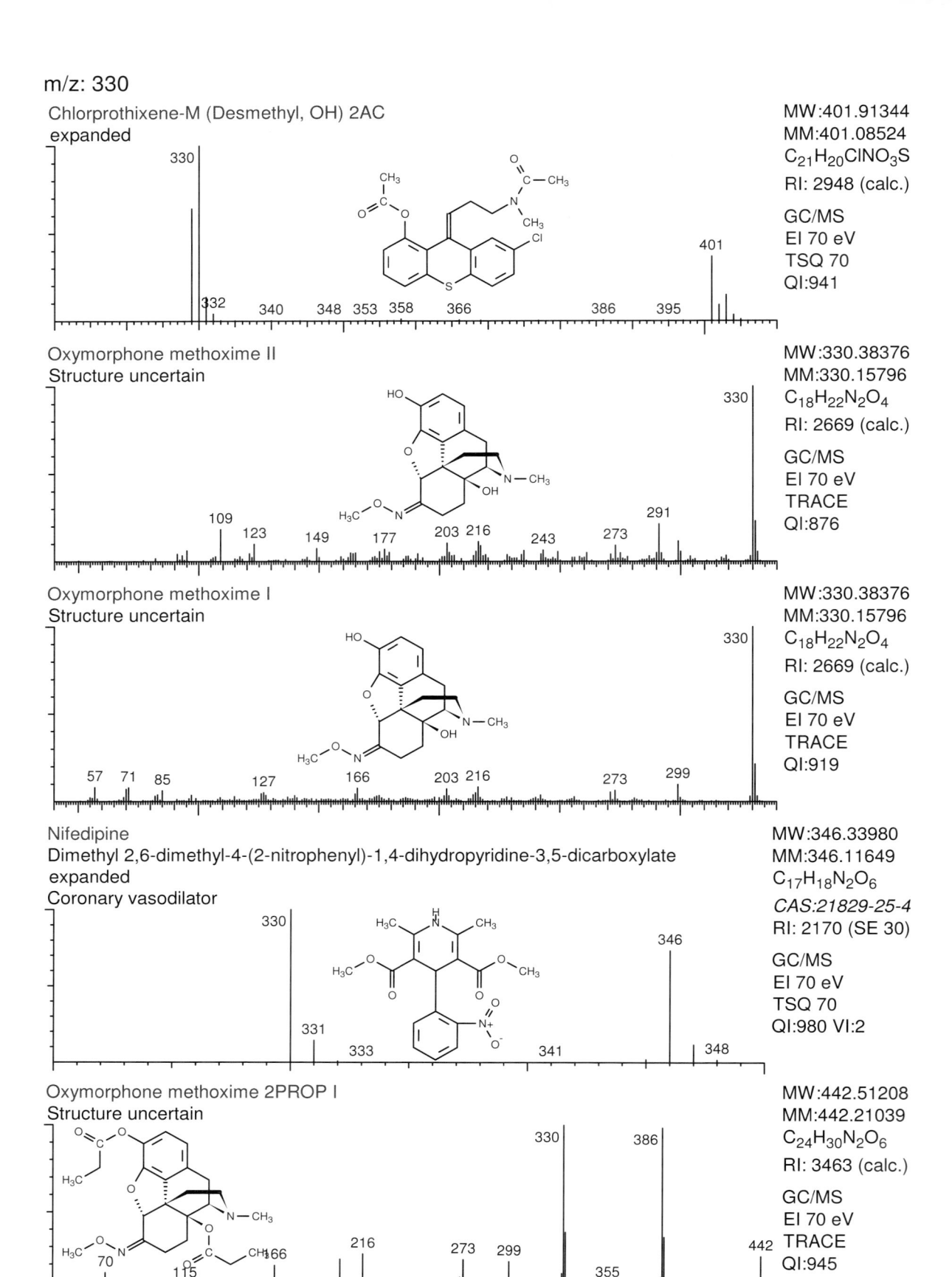

Chlorprothixene-M (Desmethyl, OH) 2AC
expanded

MW:401.91344
MM:401.08524
$C_{21}H_{20}ClNO_3S$
RI: 2948 (calc.)

GC/MS
EI 70 eV
TSQ 70
QI:941

Oxymorphone methoxime II
Structure uncertain

MW:330.38376
MM:330.15796
$C_{18}H_{22}N_2O_4$
RI: 2669 (calc.)

GC/MS
EI 70 eV
TRACE
QI:876

Oxymorphone methoxime I
Structure uncertain

MW:330.38376
MM:330.15796
$C_{18}H_{22}N_2O_4$
RI: 2669 (calc.)

GC/MS
EI 70 eV
TRACE
QI:919

Nifedipine
Dimethyl 2,6-dimethyl-4-(2-nitrophenyl)-1,4-dihydropyridine-3,5-dicarboxylate
expanded
Coronary vasodilator

MW:346.33980
MM:346.11649
$C_{17}H_{18}N_2O_6$
CAS:21829-25-4
RI: 2170 (SE 30)

GC/MS
EI 70 eV
TSQ 70
QI:980 VI:2

Oxymorphone methoxime 2PROP I
Structure uncertain

MW:442.51208
MM:442.21039
$C_{24}H_{30}N_2O_6$
RI: 3463 (calc.)

GC/MS
EI 70 eV
TRACE
QI:945

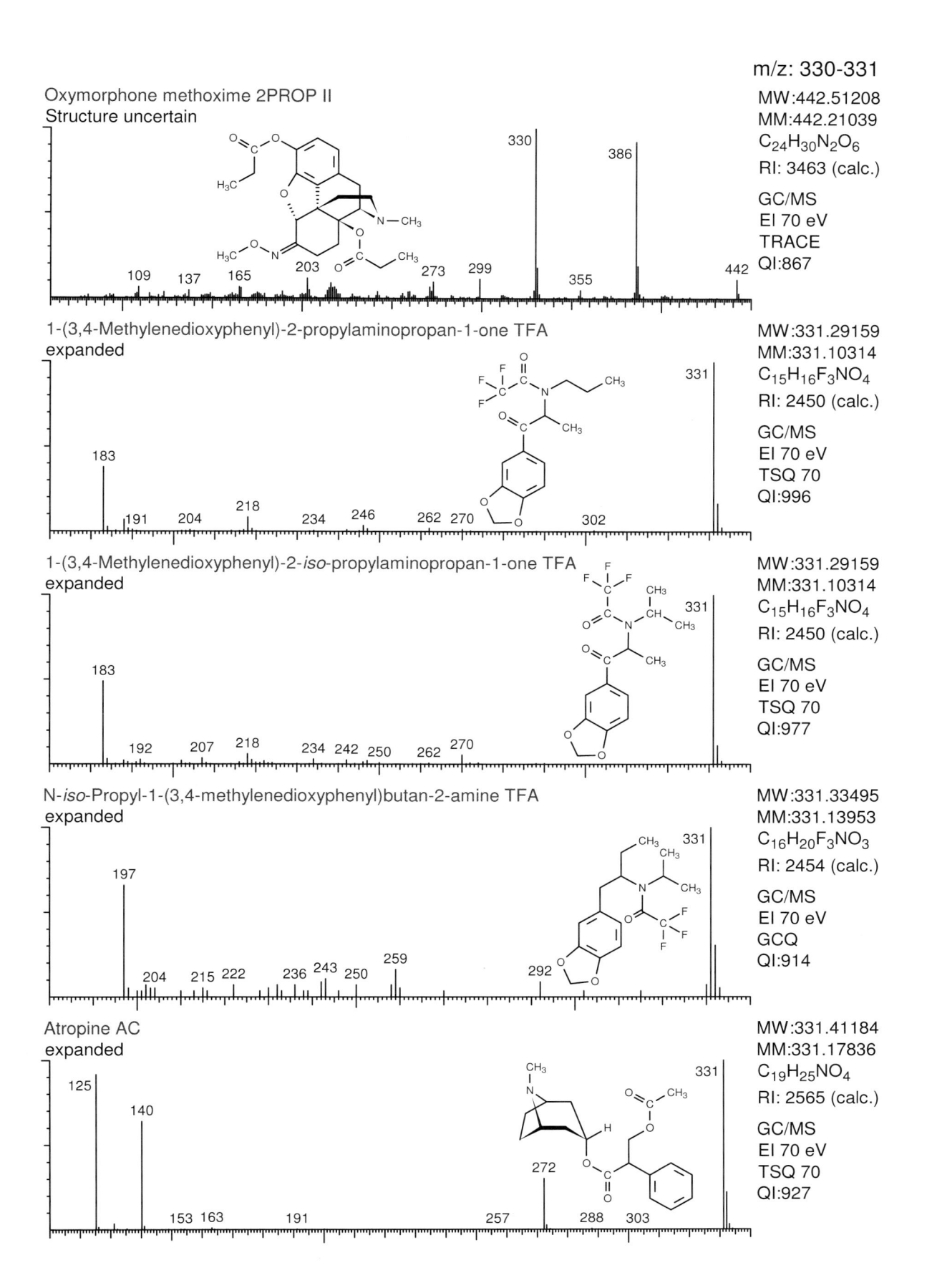

Oxymorphone methoxime 2PROP II
Structure uncertain

m/z: 330-331
MW: 442.51208
MM: 442.21039
$C_{24}H_{30}N_2O_6$
RI: 3463 (calc.)

GC/MS
EI 70 eV
TRACE
QI: 867

Peaks: 109, 137, 165, 203, 273, 299, 330, 355, 386, 442

1-(3,4-Methylenedioxyphenyl)-2-propylaminopropan-1-one TFA
expanded

MW: 331.29159
MM: 331.10314
$C_{15}H_{16}F_3NO_4$
RI: 2450 (calc.)

GC/MS
EI 70 eV
TSQ 70
QI: 996

Peaks: 183, 191, 204, 218, 234, 246, 262, 270, 302, 331

1-(3,4-Methylenedioxyphenyl)-2-*iso*-propylaminopropan-1-one TFA
expanded

MW: 331.29159
MM: 331.10314
$C_{15}H_{16}F_3NO_4$
RI: 2450 (calc.)

GC/MS
EI 70 eV
TSQ 70
QI: 977

Peaks: 183, 192, 207, 218, 234, 242, 250, 262, 270, 331

N-*iso*-Propyl-1-(3,4-methylenedioxyphenyl)butan-2-amine TFA
expanded

MW: 331.33495
MM: 331.13953
$C_{16}H_{20}F_3NO_3$
RI: 2454 (calc.)

GC/MS
EI 70 eV
GCQ
QI: 914

Peaks: 197, 204, 215, 222, 236, 243, 250, 259, 292, 331

Atropine AC
expanded

MW: 331.41184
MM: 331.17836
$C_{19}H_{25}NO_4$
RI: 2565 (calc.)

GC/MS
EI 70 eV
TSQ 70
QI: 927

Peaks: 125, 140, 153, 163, 191, 257, 272, 288, 303, 331

m/z: 331-332

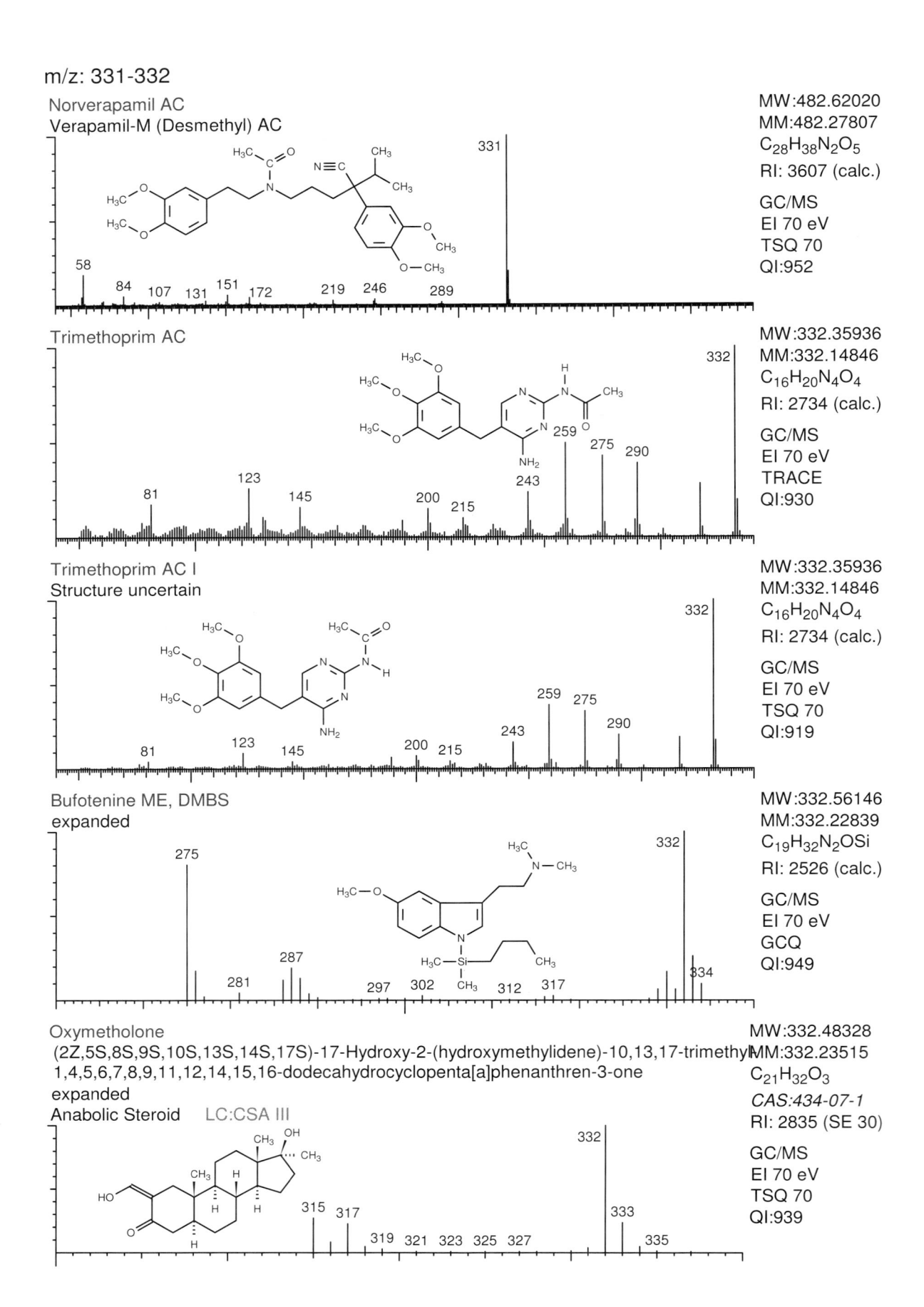

Norverapamil AC
Verapamil-M (Desmethyl) AC

MW:482.62020
MM:482.27807
$C_{28}H_{38}N_2O_5$
RI: 3607 (calc.)

GC/MS
EI 70 eV
TSQ 70
QI:952

Peaks: 58, 84, 107, 131, 151, 172, 219, 246, 289, 331

Trimethoprim AC

MW:332.35936
MM:332.14846
$C_{16}H_{20}N_4O_4$
RI: 2734 (calc.)

GC/MS
EI 70 eV
TRACE
QI:930

Peaks: 81, 123, 145, 200, 215, 243, 259, 275, 290, 332

Trimethoprim AC I
Structure uncertain

MW:332.35936
MM:332.14846
$C_{16}H_{20}N_4O_4$
RI: 2734 (calc.)

GC/MS
EI 70 eV
TSQ 70
QI:919

Peaks: 81, 123, 145, 200, 215, 243, 259, 275, 290, 332

Bufotenine ME, DMBS
expanded

MW:332.56146
MM:332.22839
$C_{19}H_{32}N_2OSi$
RI: 2526 (calc.)

GC/MS
EI 70 eV
GCQ
QI:949

Peaks: 275, 281, 287, 297, 302, 312, 317, 332, 334

Oxymetholone
(2Z,5S,8S,9S,10S,13S,14S,17S)-17-Hydroxy-2-(hydroxymethylidene)-10,13,17-trimethyl-1,4,5,6,7,8,9,11,12,14,15,16-dodecahydrocyclopenta[a]phenanthren-3-one
expanded
Anabolic Steroid   LC:CSA III

MW:332.48328
MM:332.23515
$C_{21}H_{32}O_3$
CAS:434-07-1
RI: 2835 (SE 30)

GC/MS
EI 70 eV
TSQ 70
QI:939

Peaks: 315, 317, 319, 321, 323, 325, 327, 332, 333, 335

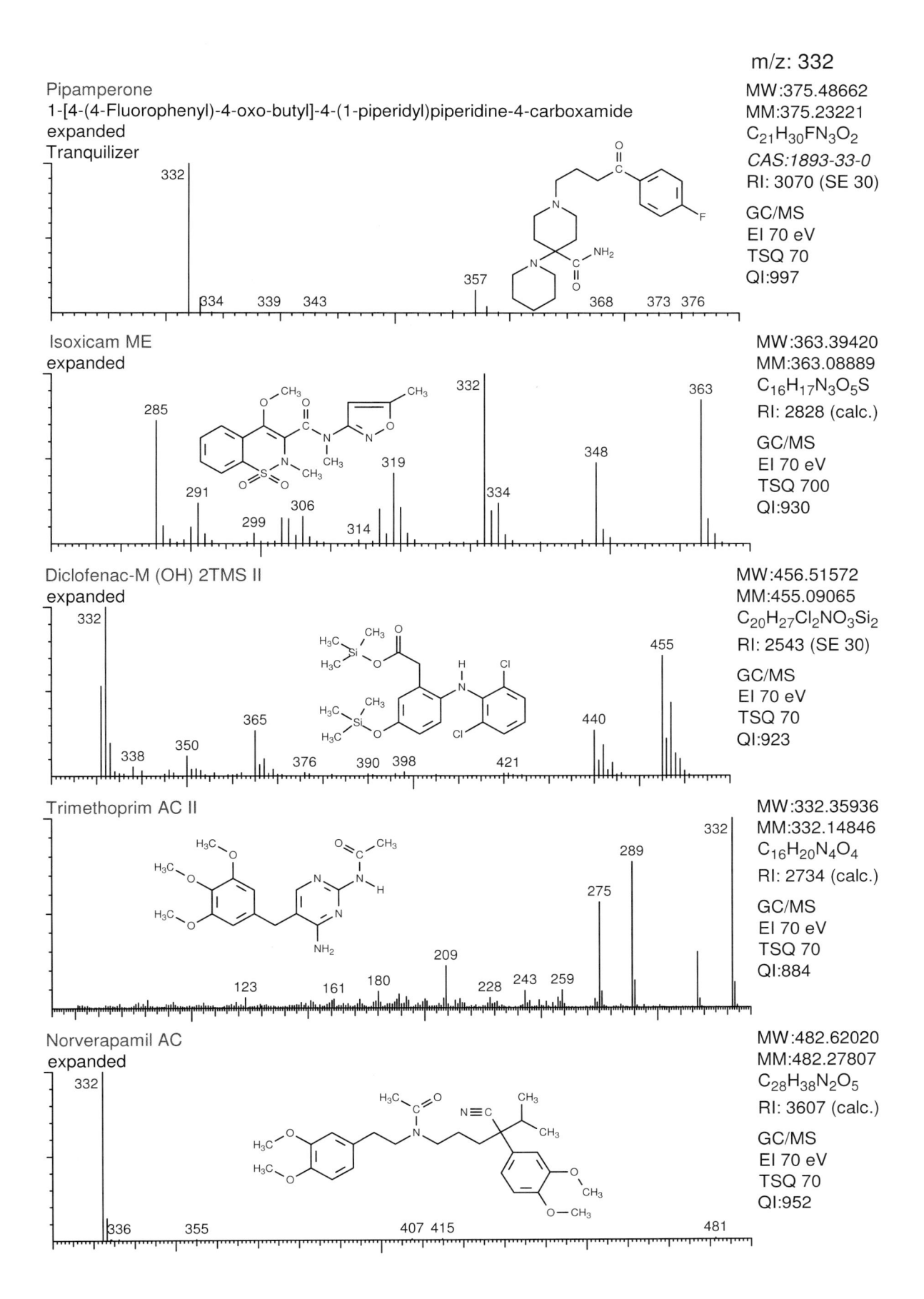

Pipamperone
1-[4-(4-Fluorophenyl)-4-oxo-butyl]-4-(1-piperidyl)piperidine-4-carboxamide
expanded
Tranquilizer

m/z: 332
MW: 375.48662
MM: 375.23221
$C_{21}H_{30}FN_3O_2$
CAS: 1893-33-0
RI: 3070 (SE 30)

GC/MS
EI 70 eV
TSQ 70
QI: 997

Isoxicam ME
expanded

MW: 363.39420
MM: 363.08889
$C_{16}H_{17}N_3O_5S$
RI: 2828 (calc.)

GC/MS
EI 70 eV
TSQ 700
QI: 930

Diclofenac-M (OH) 2TMS II
expanded

MW: 456.51572
MM: 455.09065
$C_{20}H_{27}Cl_2NO_3Si_2$
RI: 2543 (SE 30)

GC/MS
EI 70 eV
TSQ 70
QI: 923

Trimethoprim AC II

MW: 332.35936
MM: 332.14846
$C_{16}H_{20}N_4O_4$
RI: 2734 (calc.)

GC/MS
EI 70 eV
TSQ 70
QI: 884

Norverapamil AC
expanded

MW: 482.62020
MM: 482.27807
$C_{28}H_{38}N_2O_5$
RI: 3607 (calc.)

GC/MS
EI 70 eV
TSQ 70
QI: 952

m/z: 332-333

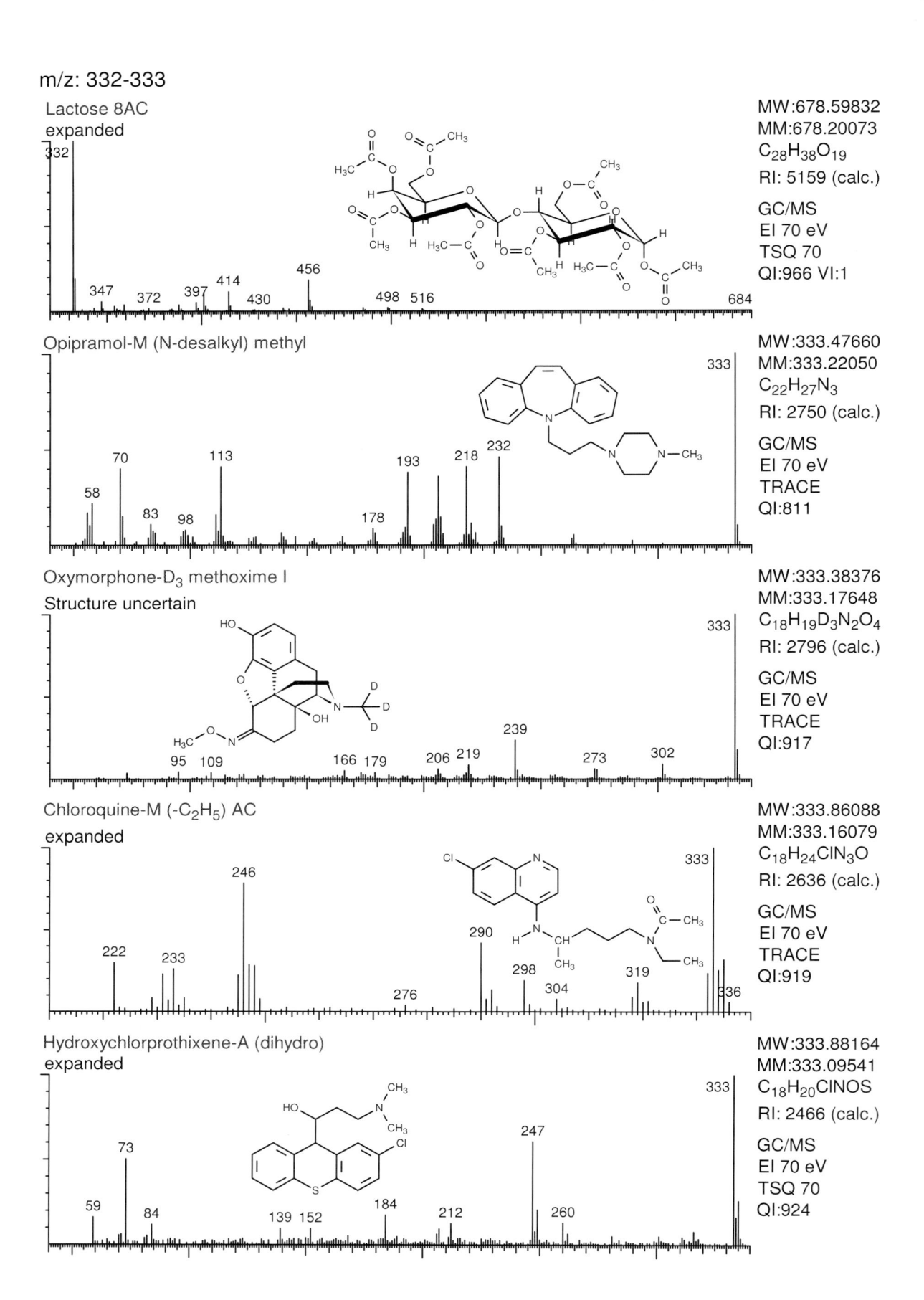

Lactose 8AC expanded

Peaks: 332, 347, 372, 397, 414, 430, 456, 498, 516, 684

MW:678.59832
MM:678.20073
$C_{28}H_{38}O_{19}$
RI: 5159 (calc.)

GC/MS
EI 70 eV
TSQ 70
QI:966 VI:1

Opipramol-M (N-desalkyl) methyl

Peaks: 58, 70, 83, 98, 113, 178, 193, 218, 232, 333

MW:333.47660
MM:333.22050
$C_{22}H_{27}N_3$
RI: 2750 (calc.)

GC/MS
EI 70 eV
TRACE
QI:811

Oxymorphone-D$_3$ methoxime I
Structure uncertain

Peaks: 95, 109, 166, 179, 206, 219, 239, 273, 302, 333

MW:333.38376
MM:333.17648
$C_{18}H_{19}D_3N_2O_4$
RI: 2796 (calc.)

GC/MS
EI 70 eV
TRACE
QI:917

Chloroquine-M (-C$_2$H$_5$) AC expanded

Peaks: 222, 233, 246, 276, 290, 298, 304, 319, 336, 333

MW:333.86088
MM:333.16079
$C_{18}H_{24}ClN_3O$
RI: 2636 (calc.)

GC/MS
EI 70 eV
TRACE
QI:919

Hydroxychlorprothixene-A (dihydro) expanded

Peaks: 59, 73, 84, 139, 152, 184, 212, 247, 260, 333

MW:333.88164
MM:333.09541
$C_{18}H_{20}ClNOS$
RI: 2466 (calc.)

GC/MS
EI 70 eV
TSQ 70
QI:924

m/z: 333

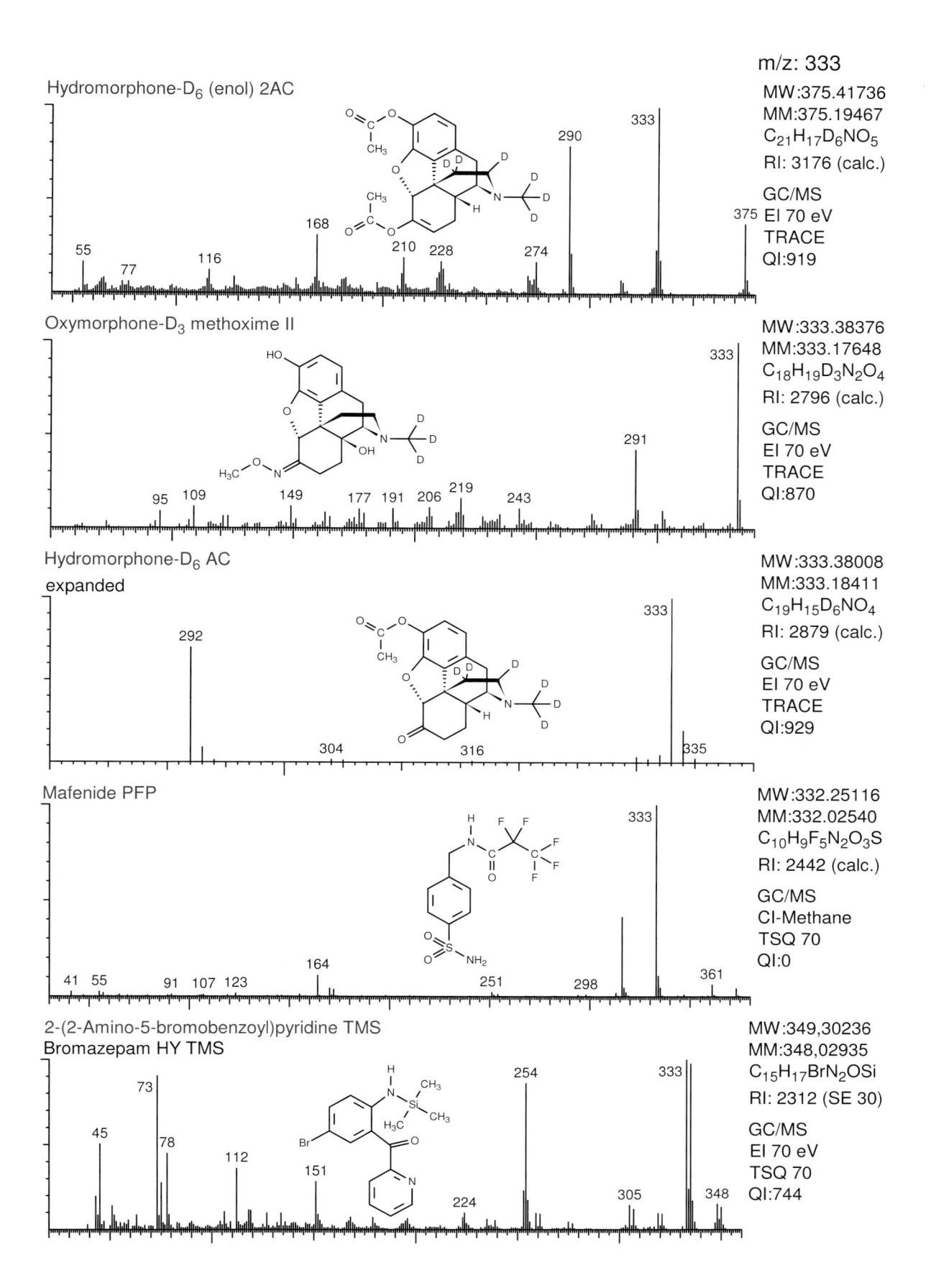

Hydromorphone-D$_6$ (enol) 2AC

Peaks: 55, 77, 116, 168, 210, 228, 274, 290, 333, 375

MW: 375.41736
MM: 375.19467
C$_{21}$H$_{17}$D$_6$NO$_5$
RI: 3176 (calc.)

GC/MS
EI 70 eV
TRACE
QI: 919

Oxymorphone-D$_3$ methoxime II

Peaks: 95, 109, 149, 177, 191, 206, 219, 243, 291, 333

MW: 333.38376
MM: 333.17648
C$_{18}$H$_{19}$D$_3$N$_2$O$_4$
RI: 2796 (calc.)

GC/MS
EI 70 eV
TRACE
QI: 870

Hydromorphone-D$_6$ AC
expanded

Peaks: 292, 304, 316, 333, 335

MW: 333.38008
MM: 333.18411
C$_{19}$H$_{15}$D$_6$NO$_4$
RI: 2879 (calc.)

GC/MS
EI 70 eV
TRACE
QI: 929

Mafenide PFP

Peaks: 41, 55, 91, 107, 123, 164, 251, 298, 333, 361

MW: 332.25116
MM: 332.02540
C$_{10}$H$_9$F$_5$N$_2$O$_3$S
RI: 2442 (calc.)

GC/MS
CI-Methane
TSQ 70
QI: 0

2-(2-Amino-5-bromobenzoyl)pyridine TMS
Bromazepam HY TMS

Peaks: 45, 73, 78, 112, 151, 224, 254, 305, 333, 348

MW: 349,30236
MM: 348,02935
C$_{15}$H$_{17}$BrN$_2$OSi
RI: 2312 (SE 30)

GC/MS
EI 70 eV
TSQ 70
QI: 744

m/z: 334

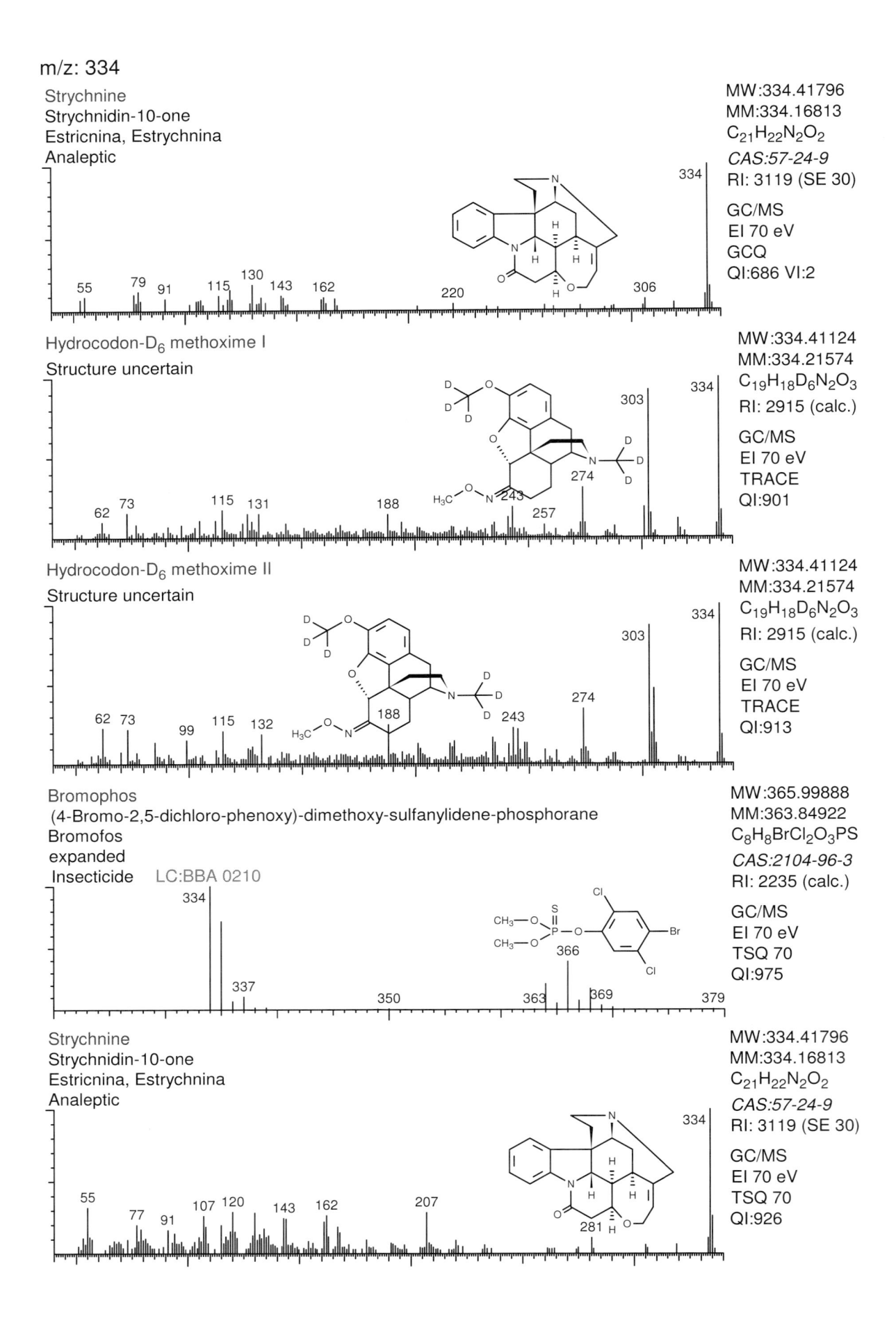

Strychnine
Strychnidin-10-one
Estricnina, Estrychnina
Analeptic

MW:334.41796
MM:334.16813
$C_{21}H_{22}N_2O_2$
CAS:57-24-9
RI: 3119 (SE 30)

GC/MS
EI 70 eV
GCQ
QI:686 VI:2

Hydrocodon-D_6 methoxime I
Structure uncertain

MW:334.41124
MM:334.21574
$C_{19}H_{18}D_6N_2O_3$
RI: 2915 (calc.)

GC/MS
EI 70 eV
TRACE
QI:901

Hydrocodon-D_6 methoxime II
Structure uncertain

MW:334.41124
MM:334.21574
$C_{19}H_{18}D_6N_2O_3$
RI: 2915 (calc.)

GC/MS
EI 70 eV
TRACE
QI:913

Bromophos
(4-Bromo-2,5-dichloro-phenoxy)-dimethoxy-sulfanylidene-phosphorane
Bromofos
expanded
Insecticide   LC:BBA 0210

MW:365.99888
MM:363.84922
$C_8H_8BrCl_2O_3PS$
CAS:2104-96-3
RI: 2235 (calc.)

GC/MS
EI 70 eV
TSQ 70
QI:975

Strychnine
Strychnidin-10-one
Estricnina, Estrychnina
Analeptic

MW:334.41796
MM:334.16813
$C_{21}H_{22}N_2O_2$
CAS:57-24-9
RI: 3119 (SE 30)

GC/MS
EI 70 eV
TSQ 70
QI:926

m/z: 335

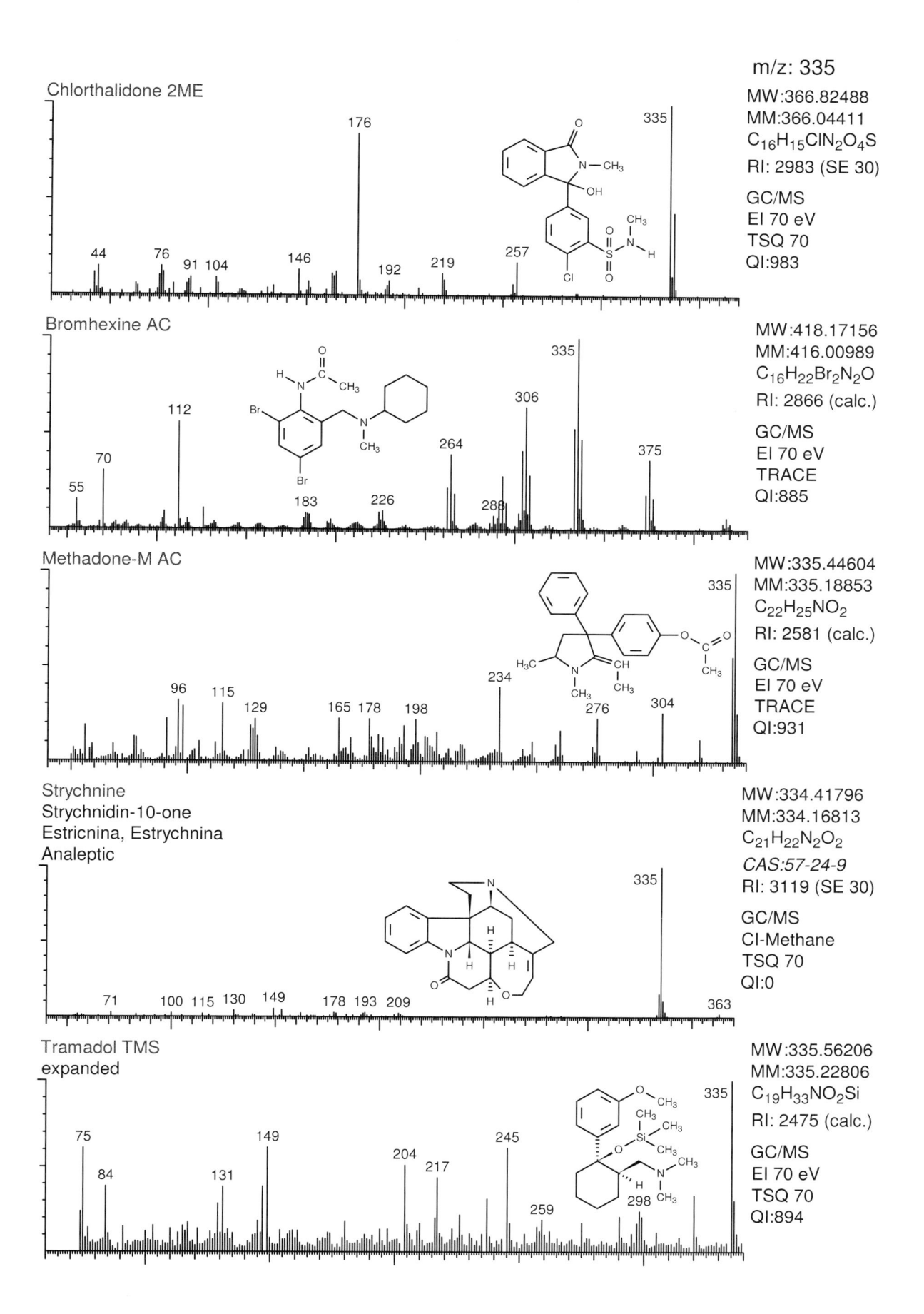

Chlorthalidone 2ME

MW: 366.82488
MM: 366.04411
$C_{16}H_{15}ClN_2O_4S$
RI: 2983 (SE 30)

GC/MS
EI 70 eV
TSQ 70
QI: 983

Peaks: 44, 76, 91, 104, 146, 176, 192, 219, 257, 335

Bromhexine AC

MW: 418.17156
MM: 416.00989
$C_{16}H_{22}Br_2N_2O$
RI: 2866 (calc.)

GC/MS
EI 70 eV
TRACE
QI: 885

Peaks: 55, 70, 112, 183, 226, 264, 288, 306, 335, 375

Methadone-M AC

MW: 335.44604
MM: 335.18853
$C_{22}H_{25}NO_2$
RI: 2581 (calc.)

GC/MS
EI 70 eV
TRACE
QI: 931

Peaks: 96, 115, 129, 165, 178, 198, 234, 276, 304, 335

Strychnine
Strychnidin-10-one
Estricnina, Estrychnina
Analeptic

MW: 334.41796
MM: 334.16813
$C_{21}H_{22}N_2O_2$
CAS: 57-24-9
RI: 3119 (SE 30)

GC/MS
CI-Methane
TSQ 70
QI: 0

Peaks: 71, 100, 115, 130, 149, 178, 193, 209, 335, 363

Tramadol TMS
expanded

MW: 335.56206
MM: 335.22806
$C_{19}H_{33}NO_2Si$
RI: 2475 (calc.)

GC/MS
EI 70 eV
TSQ 70
QI: 894

Peaks: 75, 84, 131, 149, 204, 217, 245, 259, 298, 335

m/z: 336

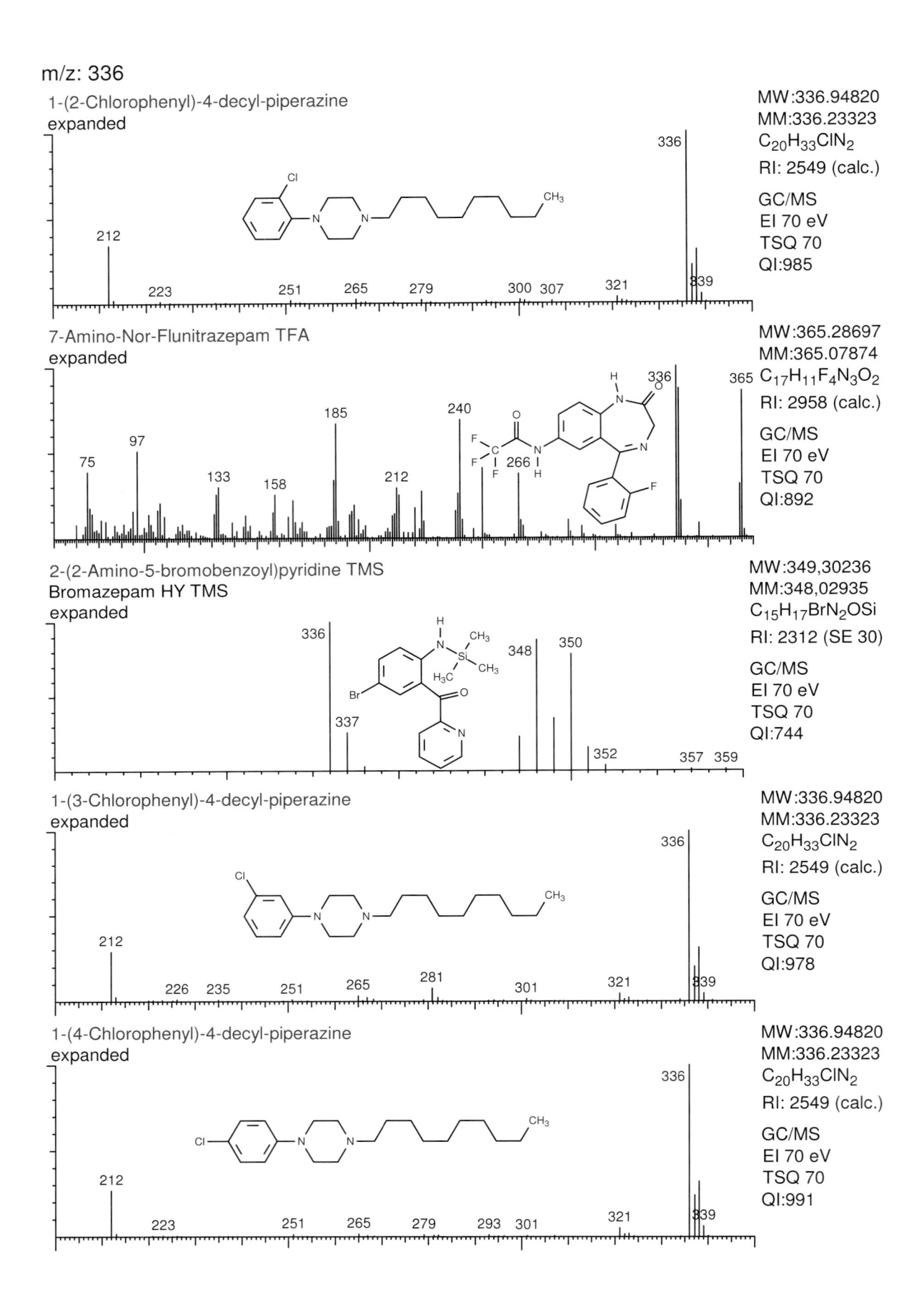

1-(2-Chlorophenyl)-4-decyl-piperazine
expanded

MW: 336.94820
MM: 336.23323
$C_{20}H_{33}ClN_2$
RI: 2549 (calc.)

GC/MS
EI 70 eV
TSQ 70
QI: 985

7-Amino-Nor-Flunitrazepam TFA
expanded

MW: 365.28697
MM: 365.07874
$C_{17}H_{11}F_4N_3O_2$
RI: 2958 (calc.)

GC/MS
EI 70 eV
TSQ 70
QI: 892

2-(2-Amino-5-bromobenzoyl)pyridine TMS
Bromazepam HY TMS
expanded

MW: 349,30236
MM: 348,02935
$C_{15}H_{17}BrN_2OSi$
RI: 2312 (SE 30)

GC/MS
EI 70 eV
TSQ 70
QI: 744

1-(3-Chlorophenyl)-4-decyl-piperazine
expanded

MW: 336.94820
MM: 336.23323
$C_{20}H_{33}ClN_2$
RI: 2549 (calc.)

GC/MS
EI 70 eV
TSQ 70
QI: 978

1-(4-Chlorophenyl)-4-decyl-piperazine
expanded

MW: 336.94820
MM: 336.23323
$C_{20}H_{33}ClN_2$
RI: 2549 (calc.)

GC/MS
EI 70 eV
TSQ 70
QI: 991

Warfarin TMS

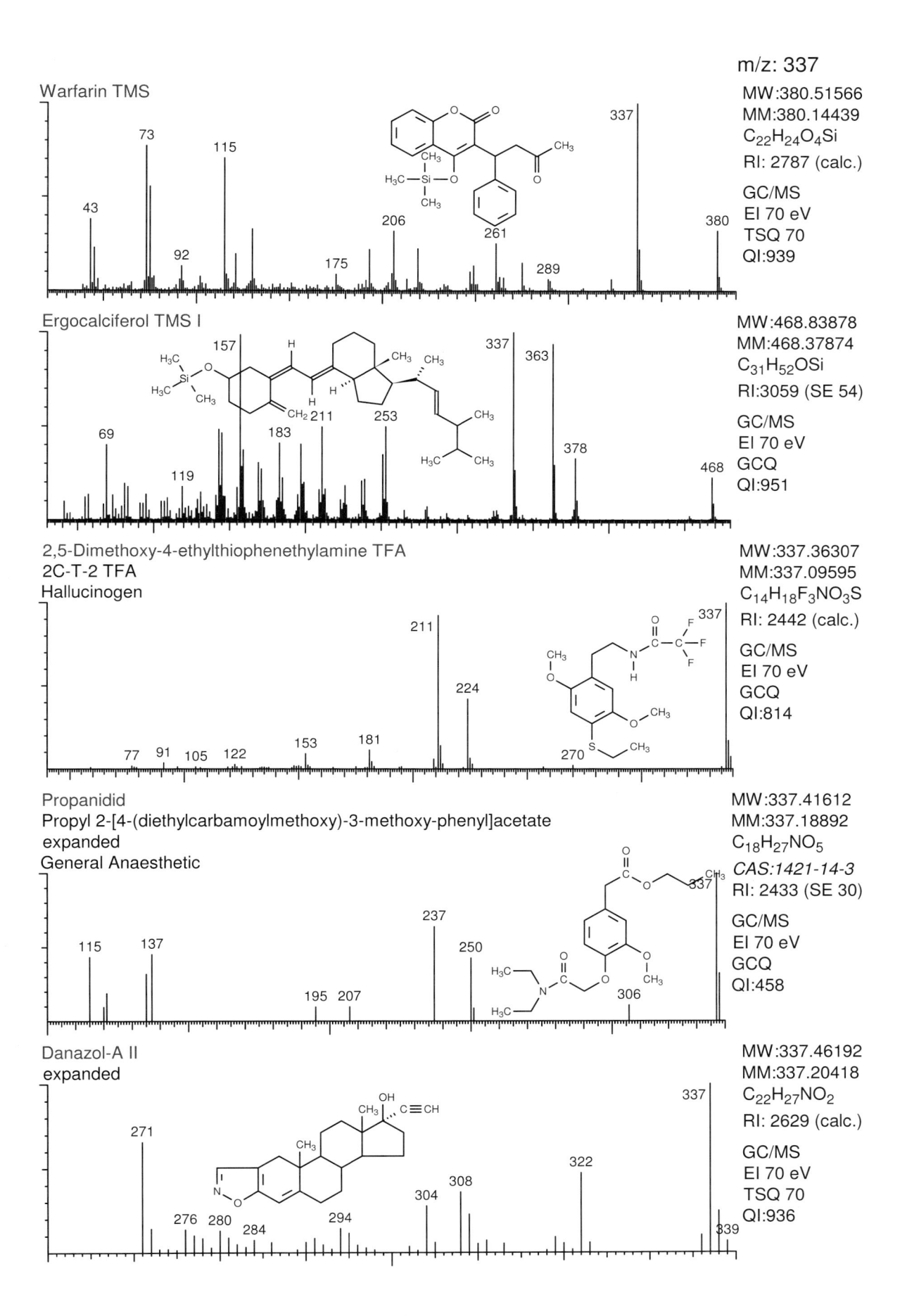

m/z: 337
MW: 380.51566
MM: 380.14439
C$_{22}$H$_{24}$O$_4$Si
RI: 2787 (calc.)

GC/MS
EI 70 eV
TSQ 70
QI: 939

Peaks: 43, 73, 92, 115, 175, 206, 261, 289, 337, 380

Ergocalciferol TMS I

MW: 468.83878
MM: 468.37874
C$_{31}$H$_{52}$OSi
RI: 3059 (SE 54)

GC/MS
EI 70 eV
GCQ
QI: 951

Peaks: 69, 119, 157, 183, 211, 253, 337, 363, 378, 468

2,5-Dimethoxy-4-ethylthiophenethylamine TFA
2C-T-2 TFA
Hallucinogen

MW: 337.36307
MM: 337.09595
C$_{14}$H$_{18}$F$_3$NO$_3$S
RI: 2442 (calc.)

GC/MS
EI 70 eV
GCQ
QI: 814

Peaks: 77, 91, 105, 122, 153, 181, 211, 224, 270, 337

Propanidid
Propyl 2-[4-(diethylcarbamoylmethoxy)-3-methoxy-phenyl]acetate
expanded
General Anaesthetic

MW: 337.41612
MM: 337.18892
C$_{18}$H$_{27}$NO$_5$
CAS: 1421-14-3
RI: 2433 (SE 30)

GC/MS
EI 70 eV
GCQ
QI: 458

Peaks: 115, 137, 195, 207, 237, 250, 306, 337

Danazol-A II
expanded

MW: 337.46192
MM: 337.20418
C$_{22}$H$_{27}$NO$_2$
RI: 2629 (calc.)

GC/MS
EI 70 eV
TSQ 70
QI: 936

Peaks: 271, 276, 280, 284, 294, 304, 308, 322, 337, 339

m/z: 337-338

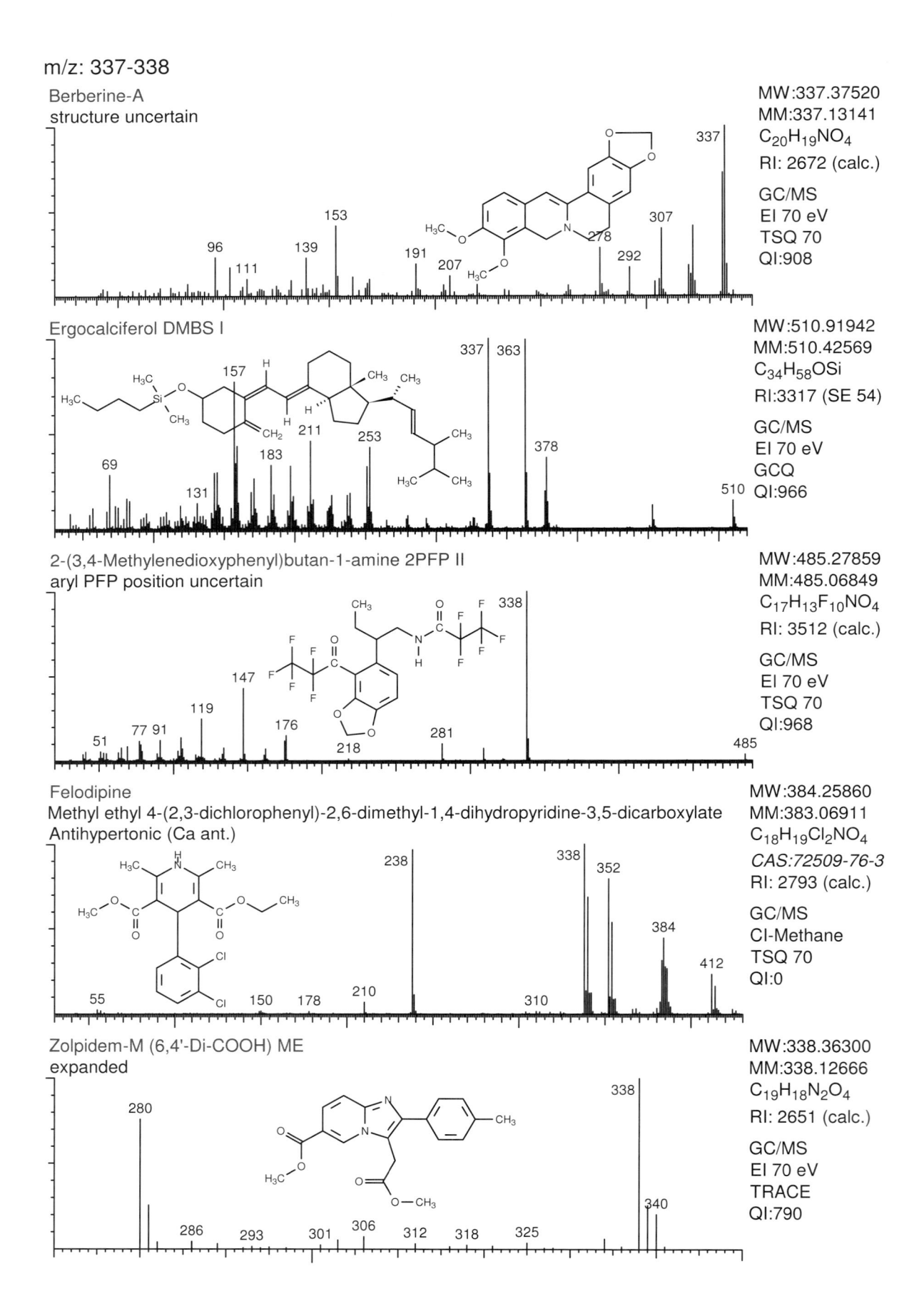

Berberine-A
structure uncertain

MW:337.37520
MM:337.13141
$C_{20}H_{19}NO_4$
RI: 2672 (calc.)

GC/MS
EI 70 eV
TSQ 70
QI:908

Ergocalciferol DMBS I

MW:510.91942
MM:510.42569
$C_{34}H_{58}OSi$
RI:3317 (SE 54)

GC/MS
EI 70 eV
GCQ
QI:966

2-(3,4-Methylenedioxyphenyl)butan-1-amine 2PFP II
aryl PFP position uncertain

MW:485.27859
MM:485.06849
$C_{17}H_{13}F_{10}NO_4$
RI: 3512 (calc.)

GC/MS
EI 70 eV
TSQ 70
QI:968

Felodipine
Methyl ethyl 4-(2,3-dichlorophenyl)-2,6-dimethyl-1,4-dihydropyridine-3,5-dicarboxylate
Antihypertonic (Ca ant.)

MW:384.25860
MM:383.06911
$C_{18}H_{19}Cl_2NO_4$
CAS:72509-76-3
RI: 2793 (calc.)

GC/MS
CI-Methane
TSQ 70
QI:0

Zolpidem-M (6,4'-Di-COOH) ME
expanded

MW:338.36300
MM:338.12666
$C_{19}H_{18}N_2O_4$
RI: 2651 (calc.)

GC/MS
EI 70 eV
TRACE
QI:790

Norbuprenorphine
Buprenorphine-M

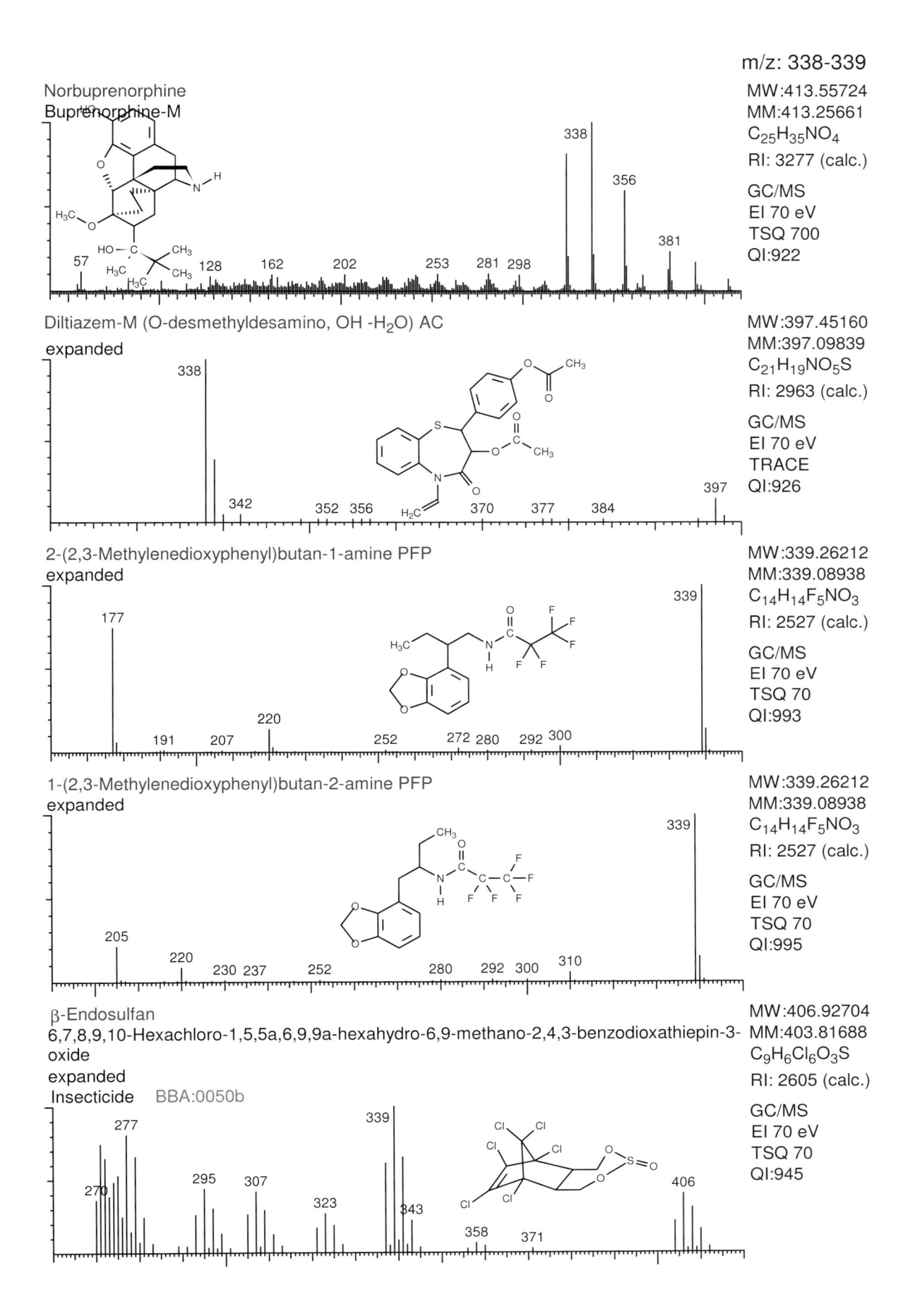

m/z: 338-339
MW:413.55724
MM:413.25661
$C_{25}H_{35}NO_4$
RI: 3277 (calc.)

GC/MS
EI 70 eV
TSQ 700
QI:922

Peaks: 57, 128, 162, 202, 253, 281, 298, 338, 356, 381

Diltiazem-M (O-desmethyldesamino, OH -H$_2$O) AC
expanded

MW:397.45160
MM:397.09839
$C_{21}H_{19}NO_5S$
RI: 2963 (calc.)

GC/MS
EI 70 eV
TRACE
QI:926

Peaks: 338, 342, 352, 356, 370, 377, 384, 397

2-(2,3-Methylenedioxyphenyl)butan-1-amine PFP
expanded

MW:339.26212
MM:339.08938
$C_{14}H_{14}F_5NO_3$
RI: 2527 (calc.)

GC/MS
EI 70 eV
TSQ 70
QI:993

Peaks: 177, 191, 207, 220, 252, 272, 280, 292, 300, 339

1-(2,3-Methylenedioxyphenyl)butan-2-amine PFP
expanded

MW:339.26212
MM:339.08938
$C_{14}H_{14}F_5NO_3$
RI: 2527 (calc.)

GC/MS
EI 70 eV
TSQ 70
QI:995

Peaks: 205, 220, 230, 237, 252, 280, 292, 300, 310, 339

β-Endosulfan
6,7,8,9,10-Hexachloro-1,5,5a,6,9,9a-hexahydro-6,9-methano-2,4,3-benzodioxathiepin-3-oxide
expanded
Insecticide   BBA:0050b

MW:406.92704
MM:403.81688
$C_9H_6Cl_6O_3S$
RI: 2605 (calc.)

GC/MS
EI 70 eV
TSQ 70
QI:945

Peaks: 270, 277, 295, 307, 323, 339, 343, 358, 371, 406

m/z: 339

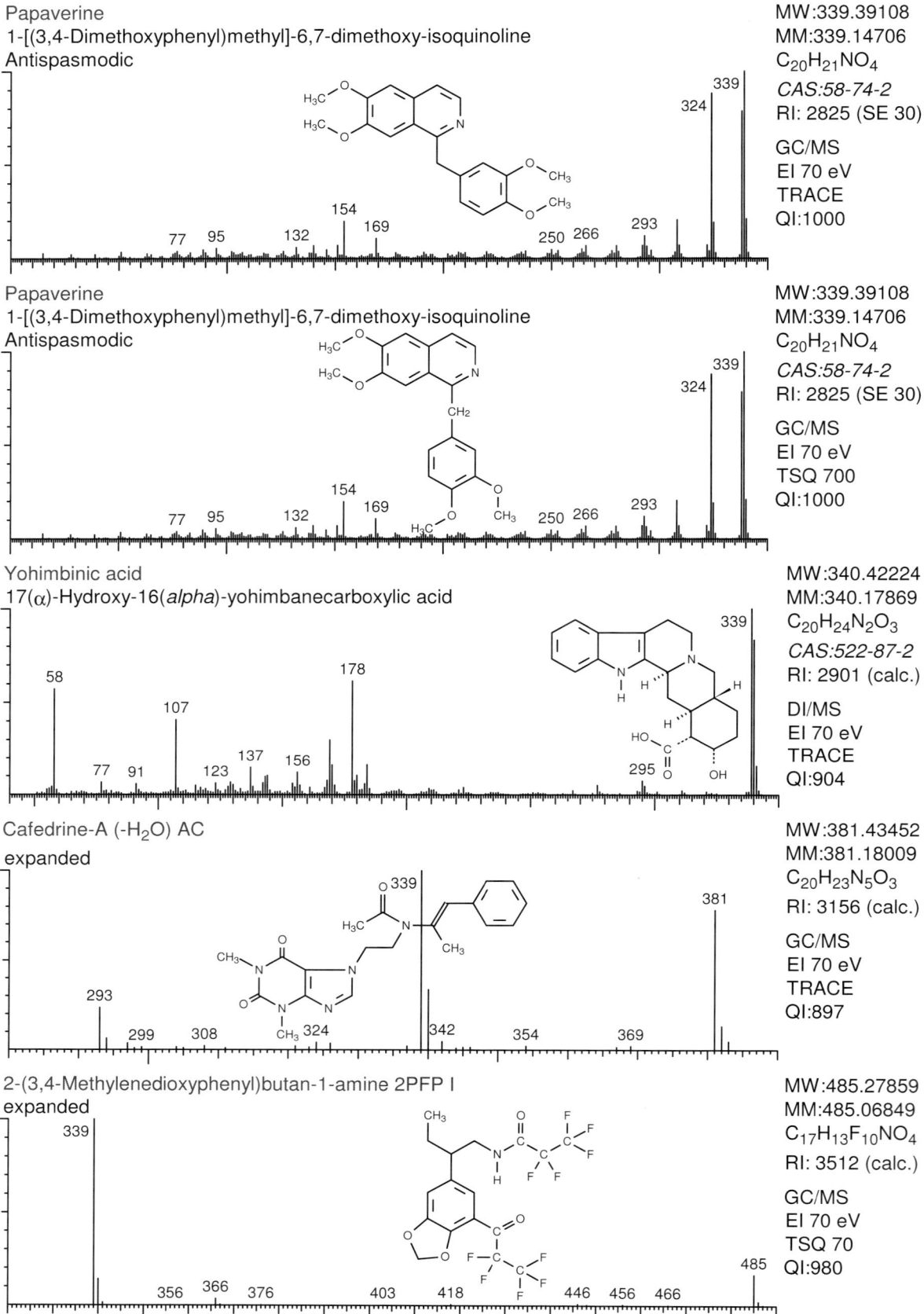

Papaverine
1-[(3,4-Dimethoxyphenyl)methyl]-6,7-dimethoxy-isoquinoline
Antispasmodic

MW:339.39108
MM:339.14706
$C_{20}H_{21}NO_4$
CAS:58-74-2
RI: 2825 (SE 30)

GC/MS
EI 70 eV
TRACE
QI:1000

Papaverine
1-[(3,4-Dimethoxyphenyl)methyl]-6,7-dimethoxy-isoquinoline
Antispasmodic

MW:339.39108
MM:339.14706
$C_{20}H_{21}NO_4$
CAS:58-74-2
RI: 2825 (SE 30)

GC/MS
EI 70 eV
TSQ 700
QI:1000

Yohimbinic acid
17(α)-Hydroxy-16(alpha)-yohimbanecarboxylic acid

MW:340.42224
MM:340.17869
$C_{20}H_{24}N_2O_3$
CAS:522-87-2
RI: 2901 (calc.)

DI/MS
EI 70 eV
TRACE
QI:904

Cafedrine-A (-H₂O) AC
expanded

MW:381.43452
MM:381.18009
$C_{20}H_{23}N_5O_3$
RI: 3156 (calc.)

GC/MS
EI 70 eV
TRACE
QI:897

2-(3,4-Methylenedioxyphenyl)butan-1-amine 2PFP I
expanded

MW:485.27859
MM:485.06849
$C_{17}H_{13}F_{10}NO_4$
RI: 3512 (calc.)

GC/MS
EI 70 eV
TSQ 70
QI:980

m/z: 339-340

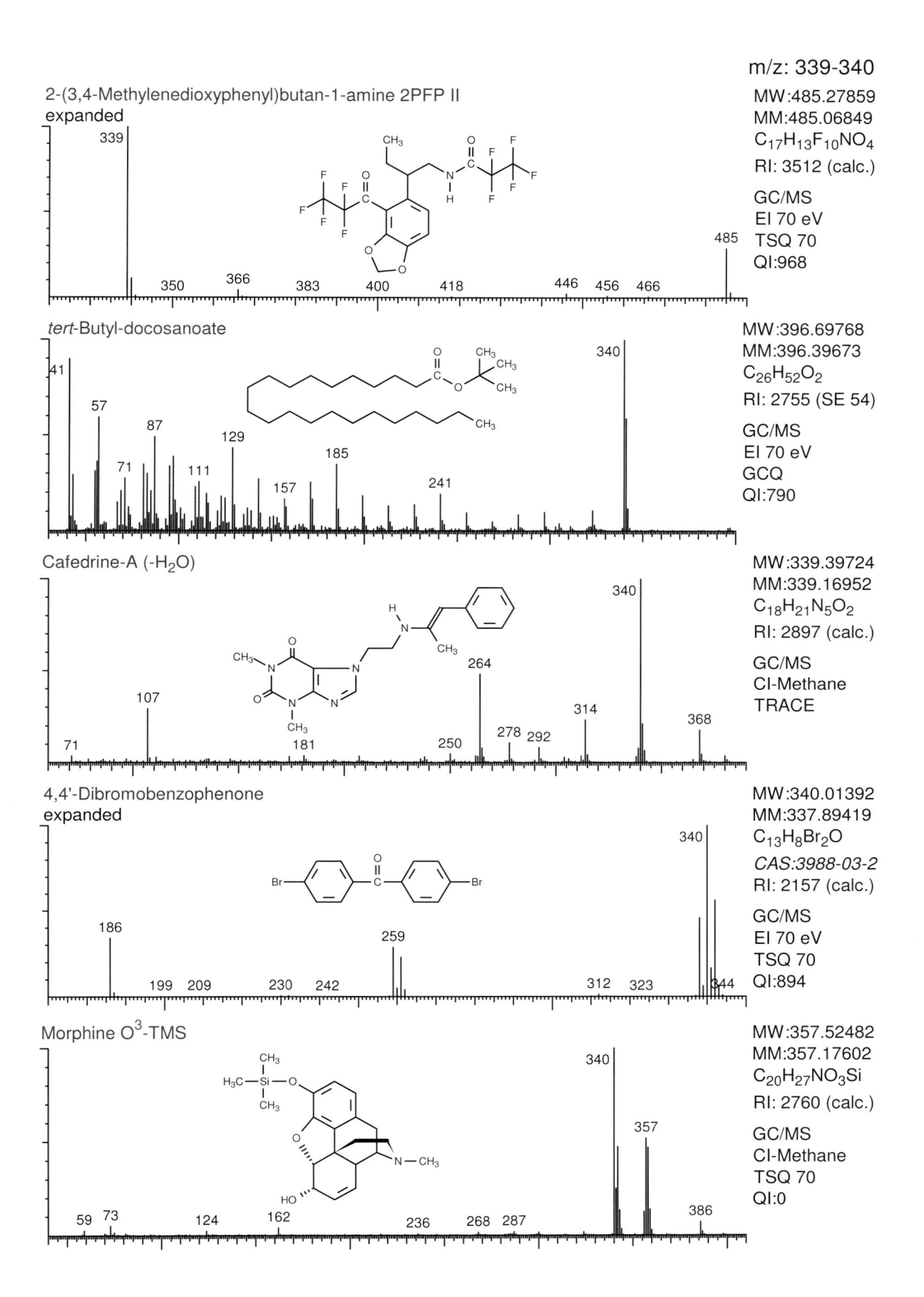

2-(3,4-Methylenedioxyphenyl)butan-1-amine 2PFP II
expanded

MW: 485.27859
MM: 485.06849
$C_{17}H_{13}F_{10}NO_4$
RI: 3512 (calc.)

GC/MS
EI 70 eV
TSQ 70
QI: 968

tert-Butyl-docosanoate

MW: 396.69768
MM: 396.39673
$C_{26}H_{52}O_2$
RI: 2755 (SE 54)

GC/MS
EI 70 eV
GCQ
QI: 790

Cafedrine-A (-H$_2$O)

MW: 339.39724
MM: 339.16952
$C_{18}H_{21}N_5O_2$
RI: 2897 (calc.)

GC/MS
CI-Methane
TRACE

4,4'-Dibromobenzophenone
expanded

MW: 340.01392
MM: 337.89419
$C_{13}H_8Br_2O$
CAS: 3988-03-2
RI: 2157 (calc.)

GC/MS
EI 70 eV
TSQ 70
QI: 894

Morphine O^3-TMS

MW: 357.52482
MM: 357.17602
$C_{20}H_{27}NO_3Si$
RI: 2760 (calc.)

GC/MS
CI-Methane
TSQ 70
QI: 0

m/z: 340-341

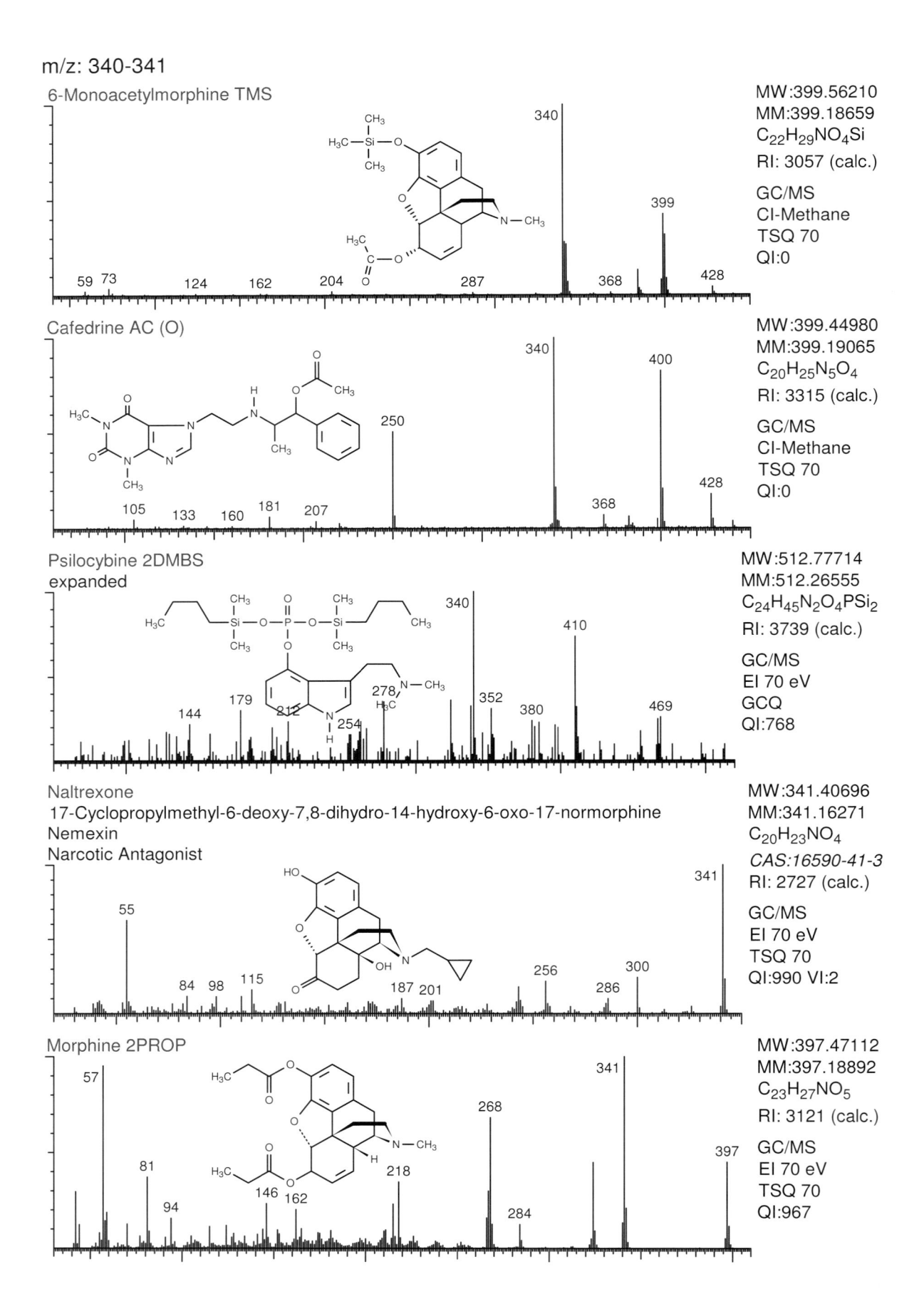

6-Monoacetylmorphine TMS

MW:399.56210
MM:399.18659
$C_{22}H_{29}NO_4Si$
RI: 3057 (calc.)

GC/MS
CI-Methane
TSQ 70
QI:0

Cafedrine AC (O)

MW:399.44980
MM:399.19065
$C_{20}H_{25}N_5O_4$
RI: 3315 (calc.)

GC/MS
CI-Methane
TSQ 70
QI:0

Psilocybine 2DMBS
expanded

MW:512.77714
MM:512.26555
$C_{24}H_{45}N_2O_4PSi_2$
RI: 3739 (calc.)

GC/MS
EI 70 eV
GCQ
QI:768

Naltrexone
17-Cyclopropylmethyl-6-deoxy-7,8-dihydro-14-hydroxy-6-oxo-17-normorphine
Nemexin
Narcotic Antagonist

MW:341.40696
MM:341.16271
$C_{20}H_{23}NO_4$
CAS:16590-41-3
RI: 2727 (calc.)

GC/MS
EI 70 eV
TSQ 70
QI:990 VI:2

Morphine 2PROP

MW:397.47112
MM:397.18892
$C_{23}H_{27}NO_5$
RI: 3121 (calc.)

GC/MS
EI 70 eV
TSQ 70
QI:967

m/z: 341

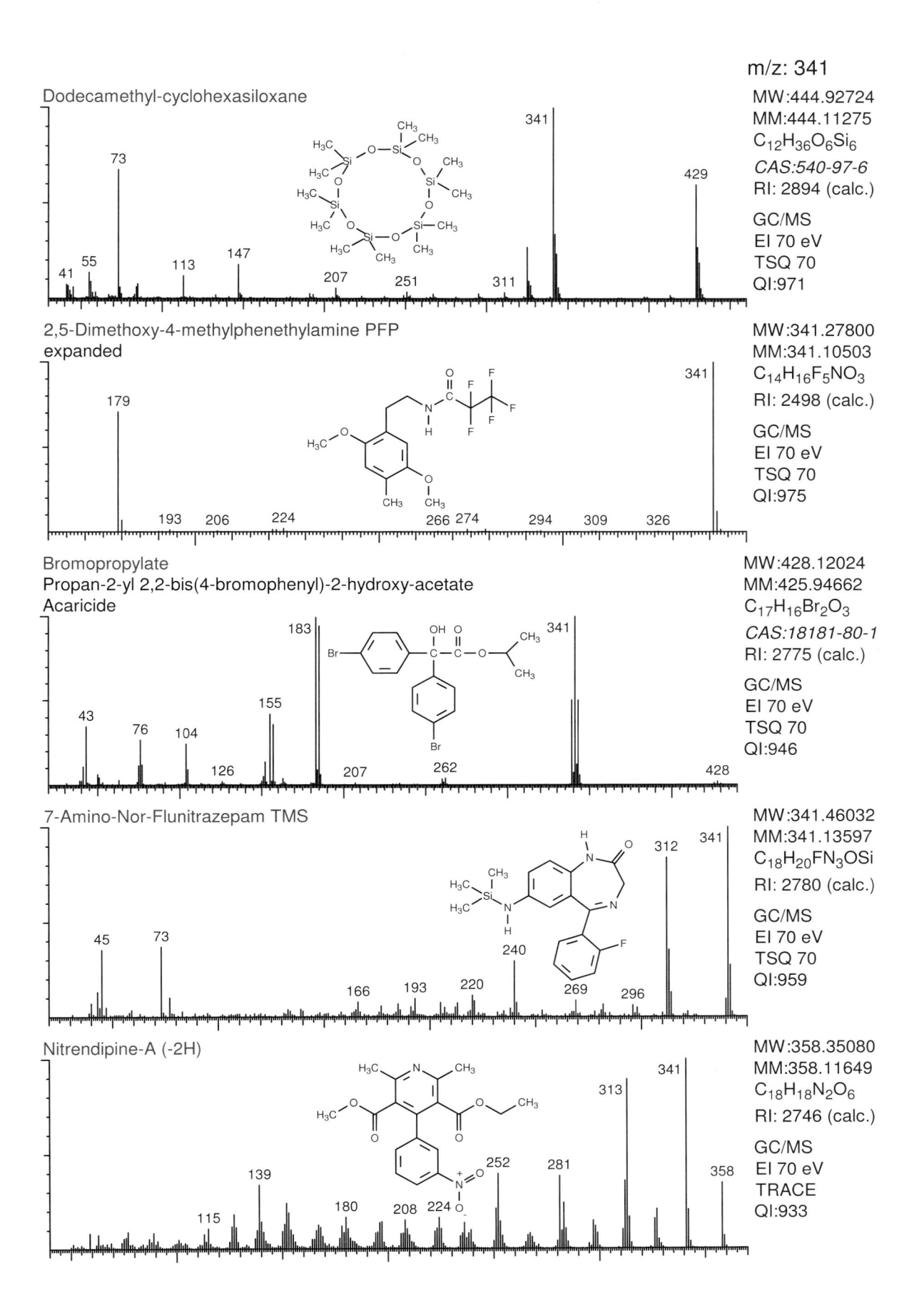

Dodecamethyl-cyclohexasiloxane

MW: 444.92724
MM: 444.11275
$C_{12}H_{36}O_6Si_6$
CAS: 540-97-6
RI: 2894 (calc.)

GC/MS
EI 70 eV
TSQ 70
QI: 971

2,5-Dimethoxy-4-methylphenethylamine PFP
expanded

MW: 341.27800
MM: 341.10503
$C_{14}H_{16}F_5NO_3$
RI: 2498 (calc.)

GC/MS
EI 70 eV
TSQ 70
QI: 975

Bromopropylate
Propan-2-yl 2,2-bis(4-bromophenyl)-2-hydroxy-acetate
Acaricide

MW: 428.12024
MM: 425.94662
$C_{17}H_{16}Br_2O_3$
CAS: 18181-80-1
RI: 2775 (calc.)

GC/MS
EI 70 eV
TSQ 70
QI: 946

7-Amino-Nor-Flunitrazepam TMS

MW: 341.46032
MM: 341.13597
$C_{18}H_{20}FN_3OSi$
RI: 2780 (calc.)

GC/MS
EI 70 eV
TSQ 70
QI: 959

Nitrendipine-A (-2H)

MW: 358.35080
MM: 358.11649
$C_{18}H_{18}N_2O_6$
RI: 2746 (calc.)

GC/MS
EI 70 eV
TRACE
QI: 933

m/z: 341-342

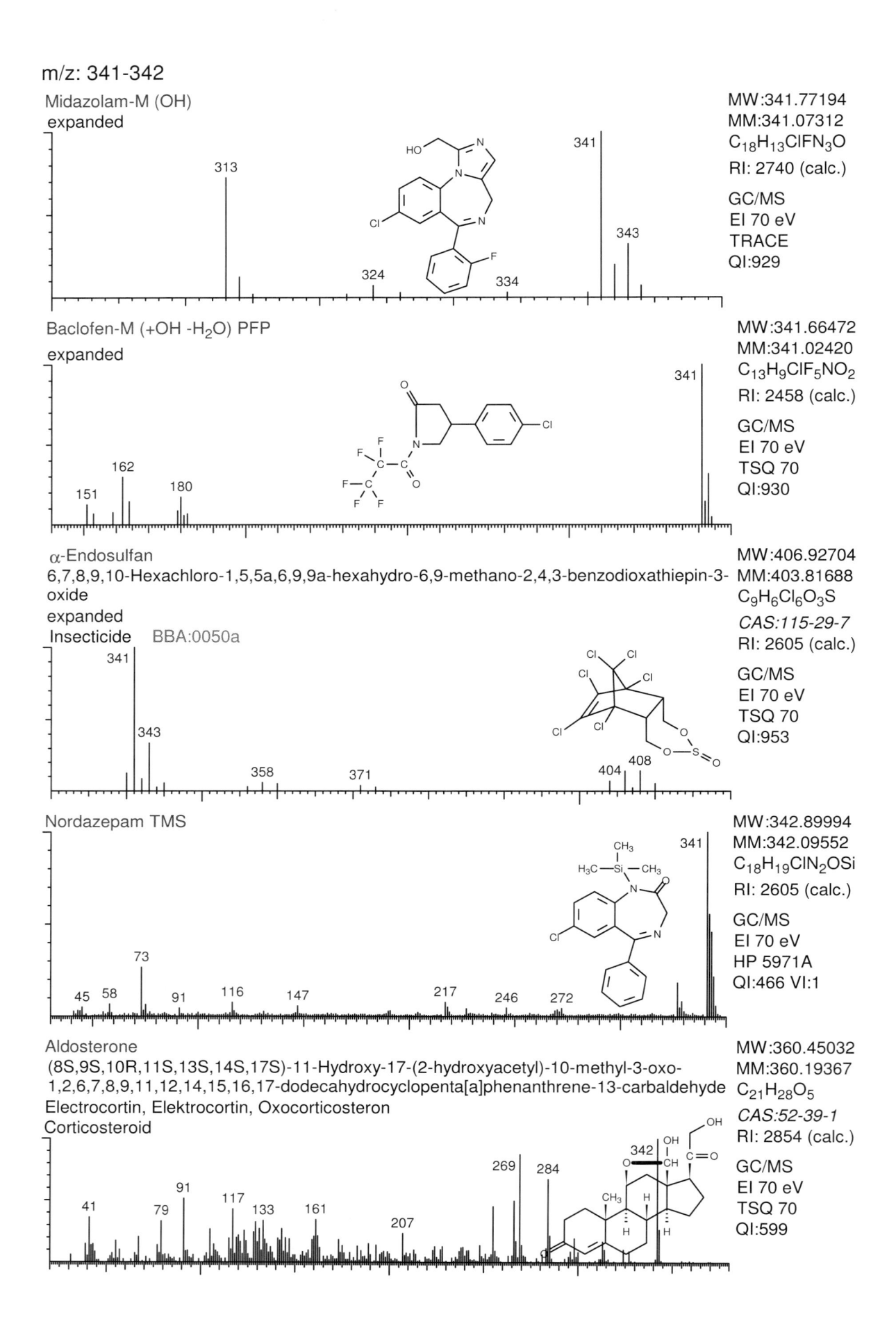

Midazolam-M (OH) expanded

MW: 341.77194
MM: 341.07312
$C_{18}H_{13}ClFN_3O$
RI: 2740 (calc.)

GC/MS
EI 70 eV
TRACE
QI: 929

Peaks: 313, 324, 334, 341, 343

Baclofen-M (+OH -H₂O) PFP expanded

MW: 341.66472
MM: 341.02420
$C_{13}H_9ClF_5NO_2$
RI: 2458 (calc.)

GC/MS
EI 70 eV
TSQ 70
QI: 930

Peaks: 151, 162, 180, 341

α-Endosulfan
6,7,8,9,10-Hexachloro-1,5,5a,6,9,9a-hexahydro-6,9-methano-2,4,3-benzodioxathiepin-3-oxide
expanded
Insecticide   BBA:0050a

MW: 406.92704
MM: 403.81688
$C_9H_6Cl_6O_3S$
CAS: 115-29-7
RI: 2605 (calc.)

GC/MS
EI 70 eV
TSQ 70
QI: 953

Peaks: 341, 343, 358, 371, 404, 408

Nordazepam TMS

MW: 342.89994
MM: 342.09552
$C_{18}H_{19}ClN_2OSi$
RI: 2605 (calc.)

GC/MS
EI 70 eV
HP 5971A
QI: 466 VI:1

Peaks: 45, 58, 73, 91, 116, 147, 217, 246, 272, 341

Aldosterone
(8S,9S,10R,11S,13S,14S,17S)-11-Hydroxy-17-(2-hydroxyacetyl)-10-methyl-3-oxo-1,2,6,7,8,9,11,12,14,15,16,17-dodecahydrocyclopenta[a]phenanthrene-13-carbaldehyde
Electrocortin, Elektrocortin, Oxocorticosteron
Corticosteroid

MW: 360.45032
MM: 360.19367
$C_{21}H_{28}O_5$
CAS: 52-39-1
RI: 2854 (calc.)

GC/MS
EI 70 eV
TSQ 70
QI: 599

Peaks: 41, 79, 91, 117, 133, 161, 207, 269, 284, 342

m/z: 342

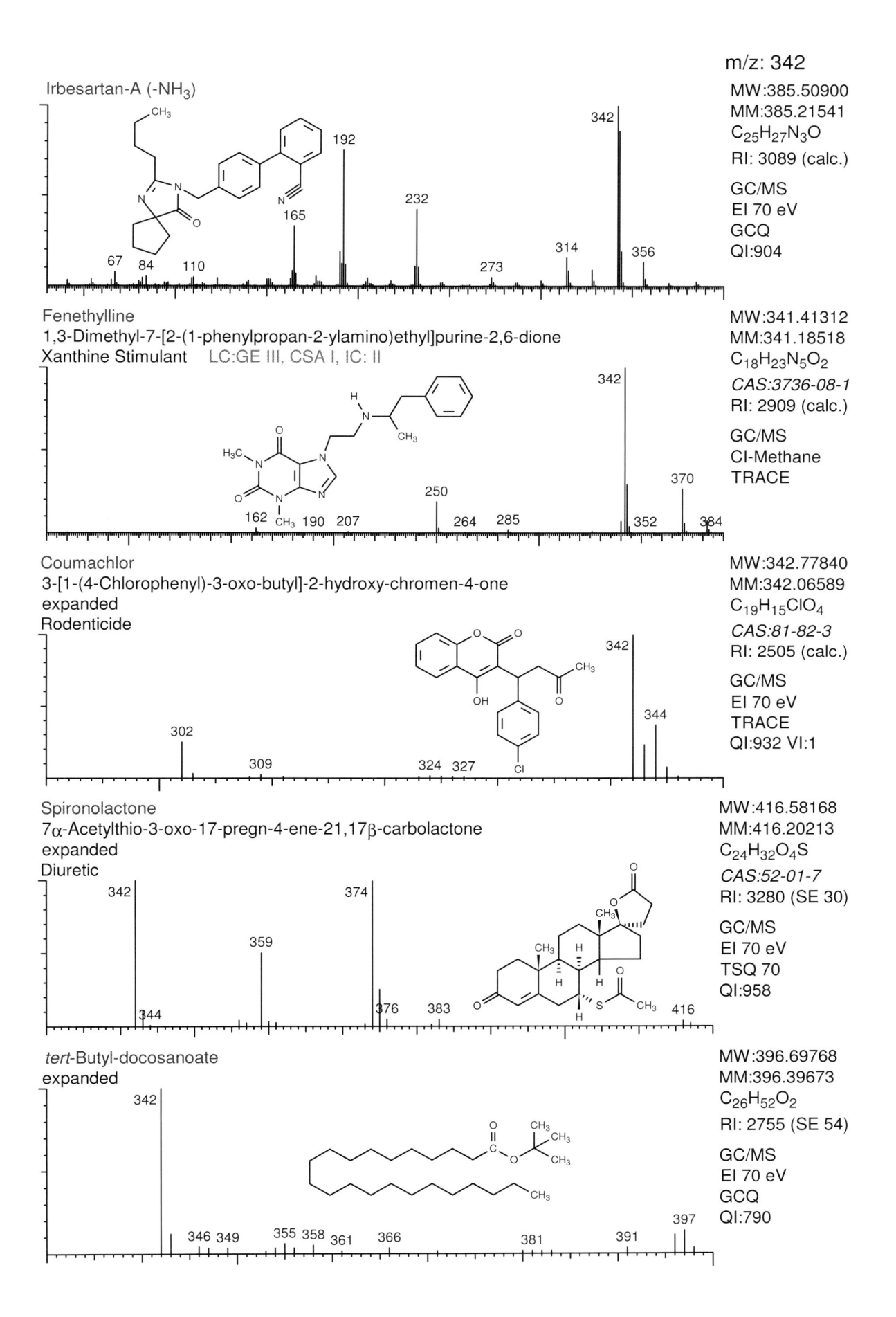

Irbesartan-A (-NH₃)

MW: 385.50900
MM: 385.21541
$C_{25}H_{27}N_3O$
RI: 3089 (calc.)

GC/MS
EI 70 eV
GCQ
QI: 904

Peaks: 67, 84, 110, 165, 192, 232, 273, 314, 342, 356

Fenethylline
1,3-Dimethyl-7-[2-(1-phenylpropan-2-ylamino)ethyl]purine-2,6-dione
Xanthine Stimulant   LC:GE III, CSA I, IC: II

MW: 341.41312
MM: 341.18518
$C_{18}H_{23}N_5O_2$
CAS: 3736-08-1
RI: 2909 (calc.)

GC/MS
CI-Methane
TRACE

Peaks: 162, 190, 207, 250, 264, 285, 342, 352, 370, 384

Coumachlor
3-[1-(4-Chlorophenyl)-3-oxo-butyl]-2-hydroxy-chromen-4-one
expanded
Rodenticide

MW: 342.77840
MM: 342.06589
$C_{19}H_{15}ClO_4$
CAS: 81-82-3
RI: 2505 (calc.)

GC/MS
EI 70 eV
TRACE
QI: 932 VI:1

Peaks: 302, 309, 324, 327, 342, 344

Spironolactone
7α-Acetylthio-3-oxo-17-pregn-4-ene-21,17β-carbolactone
expanded
Diuretic

MW: 416.58168
MM: 416.20213
$C_{24}H_{32}O_4S$
CAS: 52-01-7
RI: 3280 (SE 30)

GC/MS
EI 70 eV
TSQ 70
QI: 958

Peaks: 342, 344, 359, 374, 376, 383, 416

tert-Butyl-docosanoate
expanded

MW: 396.69768
MM: 396.39673
$C_{26}H_{52}O_2$
RI: 2755 (SE 54)

GC/MS
EI 70 eV
GCQ
QI: 790

Peaks: 342, 346, 349, 355, 358, 361, 366, 381, 391, 397

m/z: 342-343

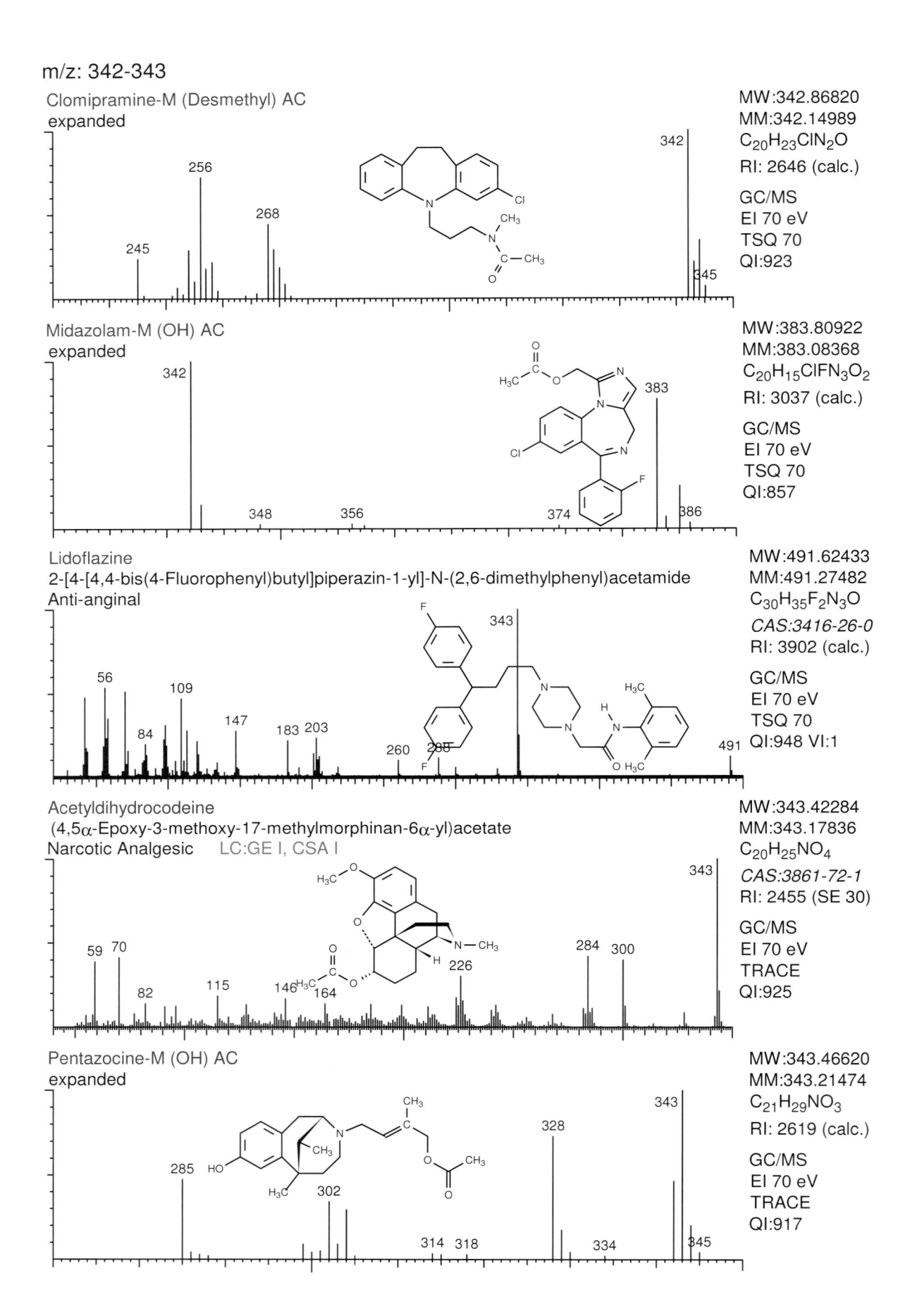

Clomipramine-M (Desmethyl) AC expanded

MW: 342.86820
MM: 342.14989
$C_{20}H_{23}ClN_2O$
RI: 2646 (calc.)

GC/MS
EI 70 eV
TSQ 70
QI: 923

Peaks: 245, 256, 268, 342, 345

Midazolam-M (OH) AC expanded

MW: 383.80922
MM: 383.08368
$C_{20}H_{15}ClFN_3O_2$
RI: 3037 (calc.)

GC/MS
EI 70 eV
TSQ 70
QI: 857

Peaks: 342, 348, 356, 374, 383, 386

Lidoflazine
2-[4-[4,4-bis(4-Fluorophenyl)butyl]piperazin-1-yl]-N-(2,6-dimethylphenyl)acetamide
Anti-anginal

MW: 491.62433
MM: 491.27482
$C_{30}H_{35}F_2N_3O$
CAS: 3416-26-0
RI: 3902 (calc.)

GC/MS
EI 70 eV
TSQ 70
QI: 948 VI:1

Peaks: 56, 84, 109, 147, 183, 203, 260, 280, 343, 491

Acetyldihydrocodeine
(4,5α-Epoxy-3-methoxy-17-methylmorphinan-6α-yl)acetate
Narcotic Analgesic   LC:GE I, CSA I

MW: 343.42284
MM: 343.17836
$C_{20}H_{25}NO_4$
CAS: 3861-72-1
RI: 2455 (SE 30)

GC/MS
EI 70 eV
TRACE
QI: 925

Peaks: 59, 70, 82, 115, 146, 164, 226, 284, 300, 343

Pentazocine-M (OH) AC expanded

MW: 343.46620
MM: 343.21474
$C_{21}H_{29}NO_3$
RI: 2619 (calc.)

GC/MS
EI 70 eV
TRACE
QI: 917

Peaks: 285, 302, 314, 318, 328, 334, 343, 345

m/z: 343-344

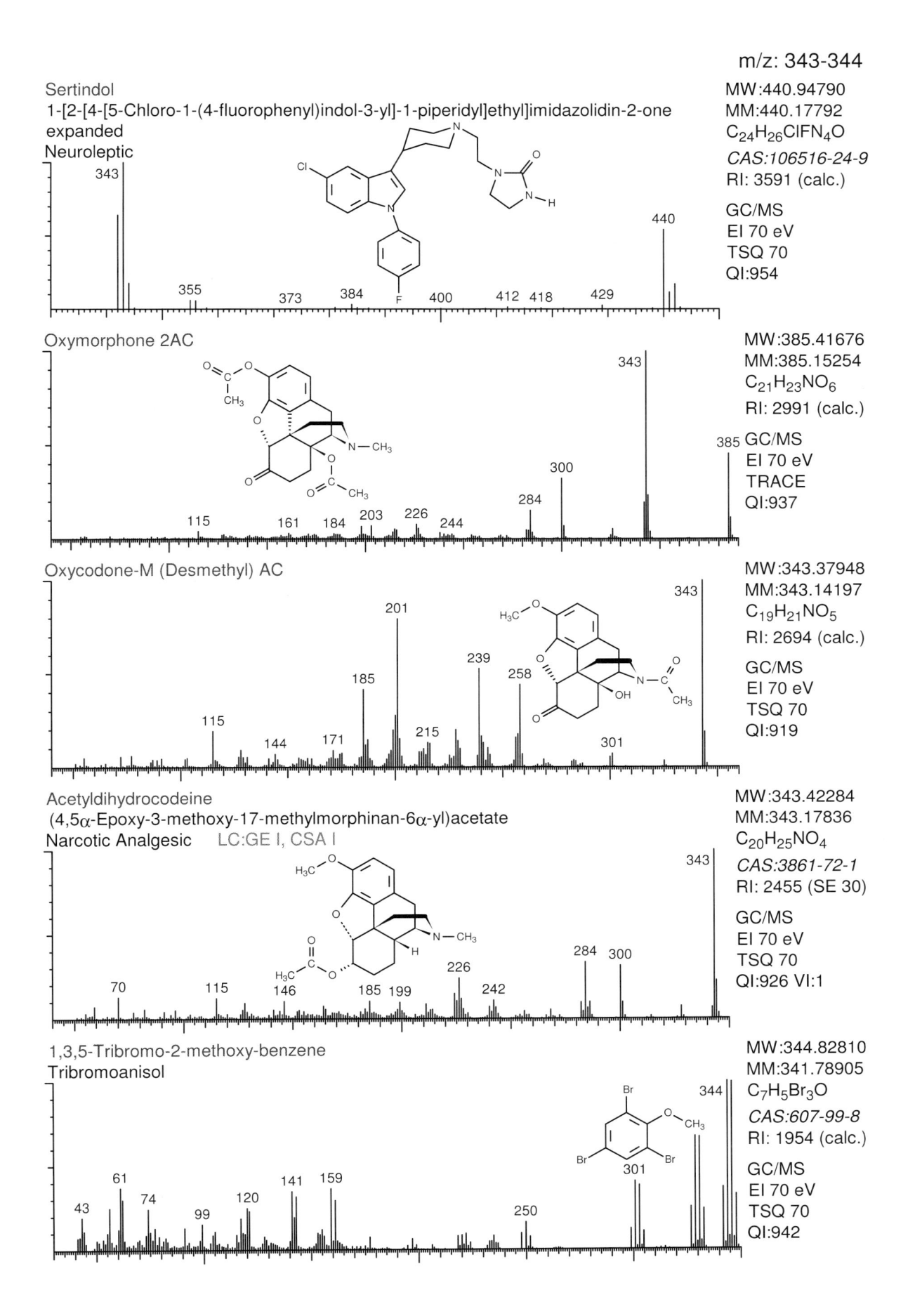

Sertindol
1-[2-[4-[5-Chloro-1-(4-fluorophenyl)indol-3-yl]-1-piperidyl]ethyl]imidazolidin-2-one
expanded
Neuroleptic

MW:440.94790
MM:440.17792
$C_{24}H_{26}ClFN_4O$
CAS:106516-24-9
RI: 3591 (calc.)

GC/MS
EI 70 eV
TSQ 70
QI:954

Oxymorphone 2AC

MW:385.41676
MM:385.15254
$C_{21}H_{23}NO_6$
RI: 2991 (calc.)

GC/MS
EI 70 eV
TRACE
QI:937

Oxycodone-M (Desmethyl) AC

MW:343.37948
MM:343.14197
$C_{19}H_{21}NO_5$
RI: 2694 (calc.)

GC/MS
EI 70 eV
TSQ 70
QI:919

Acetyldihydrocodeine
(4,5α-Epoxy-3-methoxy-17-methylmorphinan-6α-yl)acetate
Narcotic Analgesic   LC:GE I, CSA I

MW:343.42284
MM:343.17836
$C_{20}H_{25}NO_4$
CAS:3861-72-1
RI: 2455 (SE 30)

GC/MS
EI 70 eV
TSQ 70
QI:926 VI:1

1,3,5-Tribromo-2-methoxy-benzene
Tribromoanisol

MW:344.82810
MM:341.78905
$C_7H_5Br_3O$
CAS:607-99-8
RI: 1954 (calc.)

GC/MS
EI 70 eV
TSQ 70
QI:942

m/z: 344

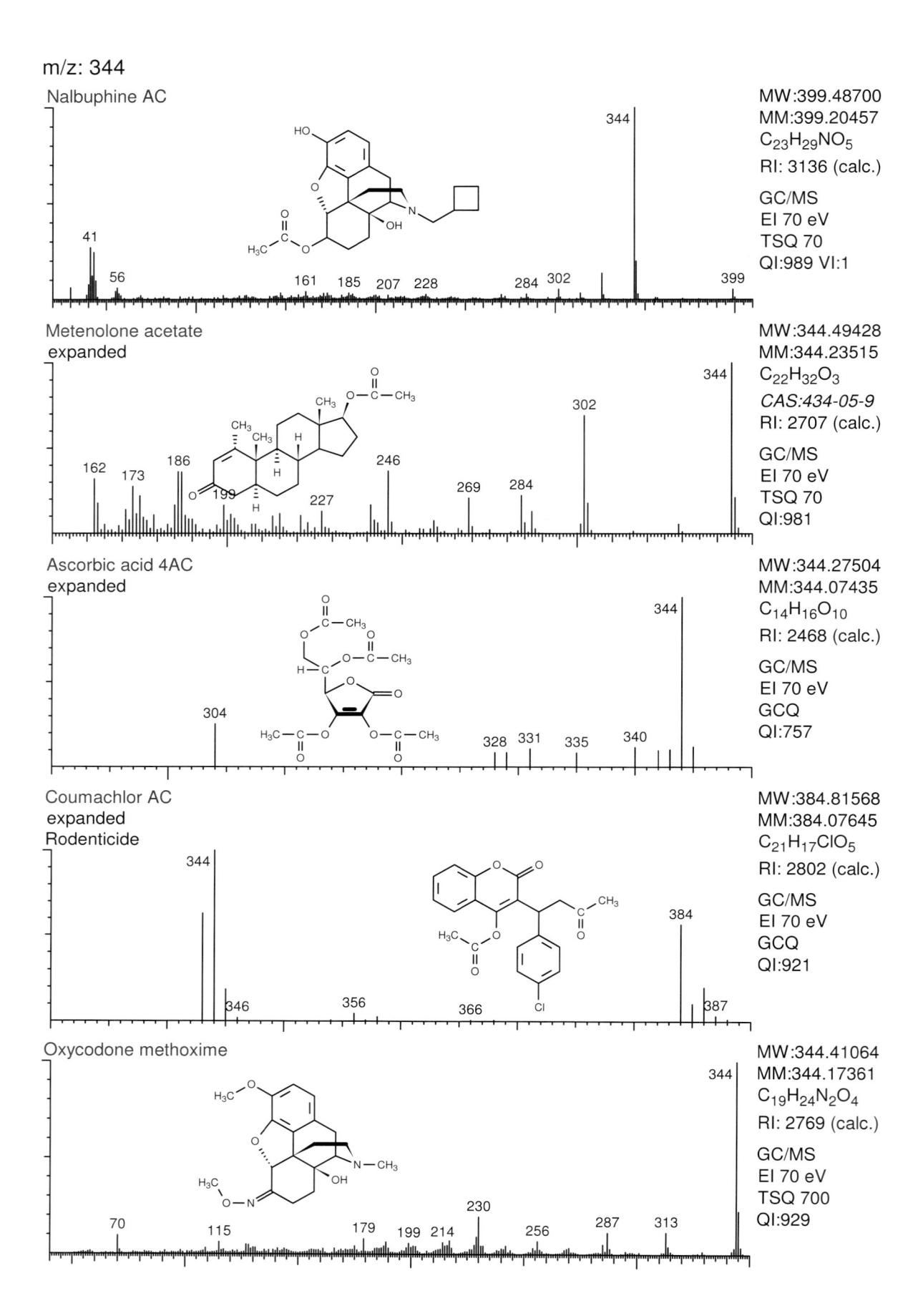

Nalbuphine AC

MW: 399.48700
MM: 399.20457
$C_{23}H_{29}NO_5$
RI: 3136 (calc.)

GC/MS
EI 70 eV
TSQ 70
QI: 989 VI:1

Metenolone acetate
expanded

MW: 344.49428
MM: 344.23515
$C_{22}H_{32}O_3$
CAS: 434-05-9
RI: 2707 (calc.)

GC/MS
EI 70 eV
TSQ 70
QI: 981

Ascorbic acid 4AC
expanded

MW: 344.27504
MM: 344.07435
$C_{14}H_{16}O_{10}$
RI: 2468 (calc.)

GC/MS
EI 70 eV
GCQ
QI: 757

Coumachlor AC
expanded
Rodenticide

MW: 384.81568
MM: 384.07645
$C_{21}H_{17}ClO_5$
RI: 2802 (calc.)

GC/MS
EI 70 eV
GCQ
QI: 921

Oxycodone methoxime

MW: 344.41064
MM: 344.17361
$C_{19}H_{24}N_2O_4$
RI: 2769 (calc.)

GC/MS
EI 70 eV
TSQ 700
QI: 929

Cholic acid-A (-2H₂O) TMS
expanded

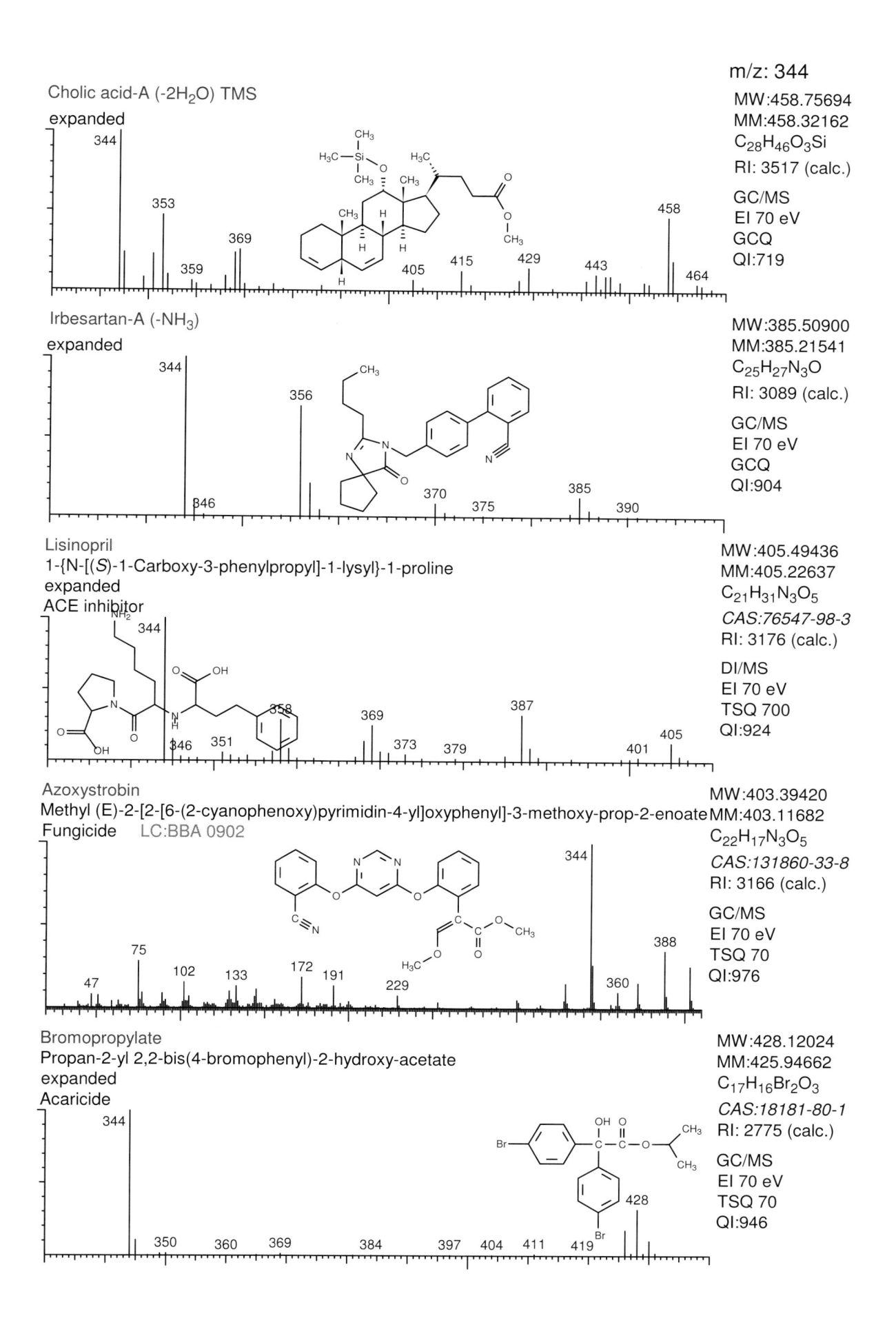

m/z: 344
MW: 458.75694
MM: 458.32162
$C_{28}H_{46}O_3Si$
RI: 3517 (calc.)

GC/MS
EI 70 eV
GCQ
QI: 719

Irbesartan-A (-NH₃)
expanded

MW: 385.50900
MM: 385.21541
$C_{25}H_{27}N_3O$
RI: 3089 (calc.)

GC/MS
EI 70 eV
GCQ
QI: 904

Lisinopril
1-{N-[(S)-1-Carboxy-3-phenylpropyl]-1-lysyl}-1-proline
expanded
ACE inhibitor

MW: 405.49436
MM: 405.22637
$C_{21}H_{31}N_3O_5$
CAS: 76547-98-3
RI: 3176 (calc.)

DI/MS
EI 70 eV
TSQ 700
QI: 924

Azoxystrobin
Methyl (E)-2-[2-[6-(2-cyanophenoxy)pyrimidin-4-yl]oxyphenyl]-3-methoxy-prop-2-enoate
Fungicide   LC:BBA 0902

MW: 403.39420
MM: 403.11682
$C_{22}H_{17}N_3O_5$
CAS: 131860-33-8
RI: 3166 (calc.)

GC/MS
EI 70 eV
TSQ 70
QI: 976

Bromopropylate
Propan-2-yl 2,2-bis(4-bromophenyl)-2-hydroxy-acetate
expanded
Acaricide

MW: 428.12024
MM: 425.94662
$C_{17}H_{16}Br_2O_3$
CAS: 18181-80-1
RI: 2775 (calc.)

GC/MS
EI 70 eV
TSQ 70
QI: 946

m/z: 344-345

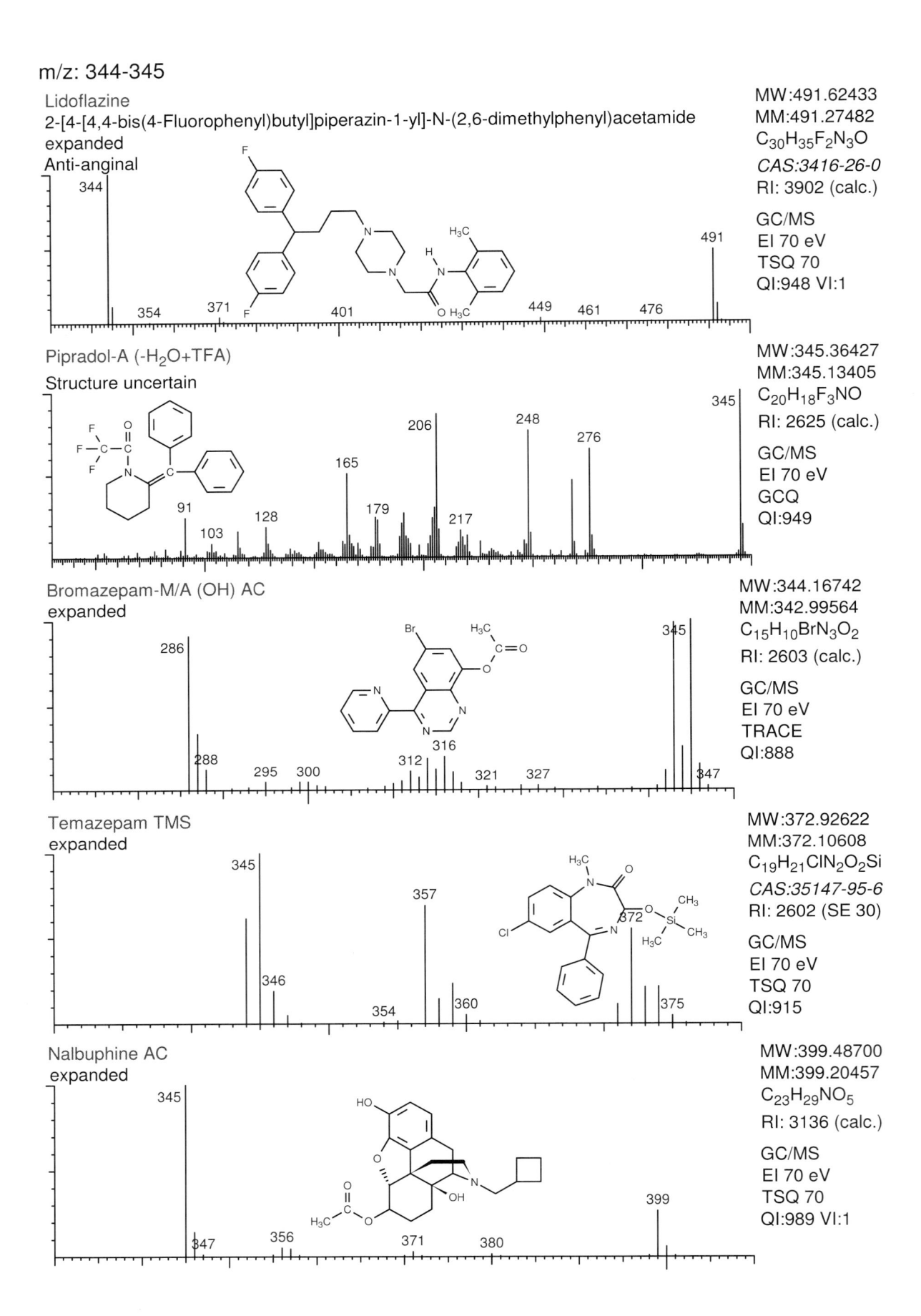

Lidoflazine
2-[4-[4,4-bis(4-Fluorophenyl)butyl]piperazin-1-yl]-N-(2,6-dimethylphenyl)acetamide
expanded
Anti-anginal

MW:491.62433
MM:491.27482
$C_{30}H_{35}F_2N_3O$
CAS:3416-26-0
RI: 3902 (calc.)

GC/MS
EI 70 eV
TSQ 70
QI:948 VI:1

Pipradol-A (-H$_2$O+TFA)
Structure uncertain

MW:345.36427
MM:345.13405
$C_{20}H_{18}F_3NO$
RI: 2625 (calc.)

GC/MS
EI 70 eV
GCQ
QI:949

Bromazepam-M/A (OH) AC
expanded

MW:344.16742
MM:342.99564
$C_{15}H_{10}BrN_3O_2$
RI: 2603 (calc.)

GC/MS
EI 70 eV
TRACE
QI:888

Temazepam TMS
expanded

MW:372.92622
MM:372.10608
$C_{19}H_{21}ClN_2O_2Si$
CAS:35147-95-6
RI: 2602 (SE 30)

GC/MS
EI 70 eV
TSQ 70
QI:915

Nalbuphine AC
expanded

MW:399.48700
MM:399.20457
$C_{23}H_{29}NO_5$
RI: 3136 (calc.)

GC/MS
EI 70 eV
TSQ 70
QI:989 VI:1

m/z: 346

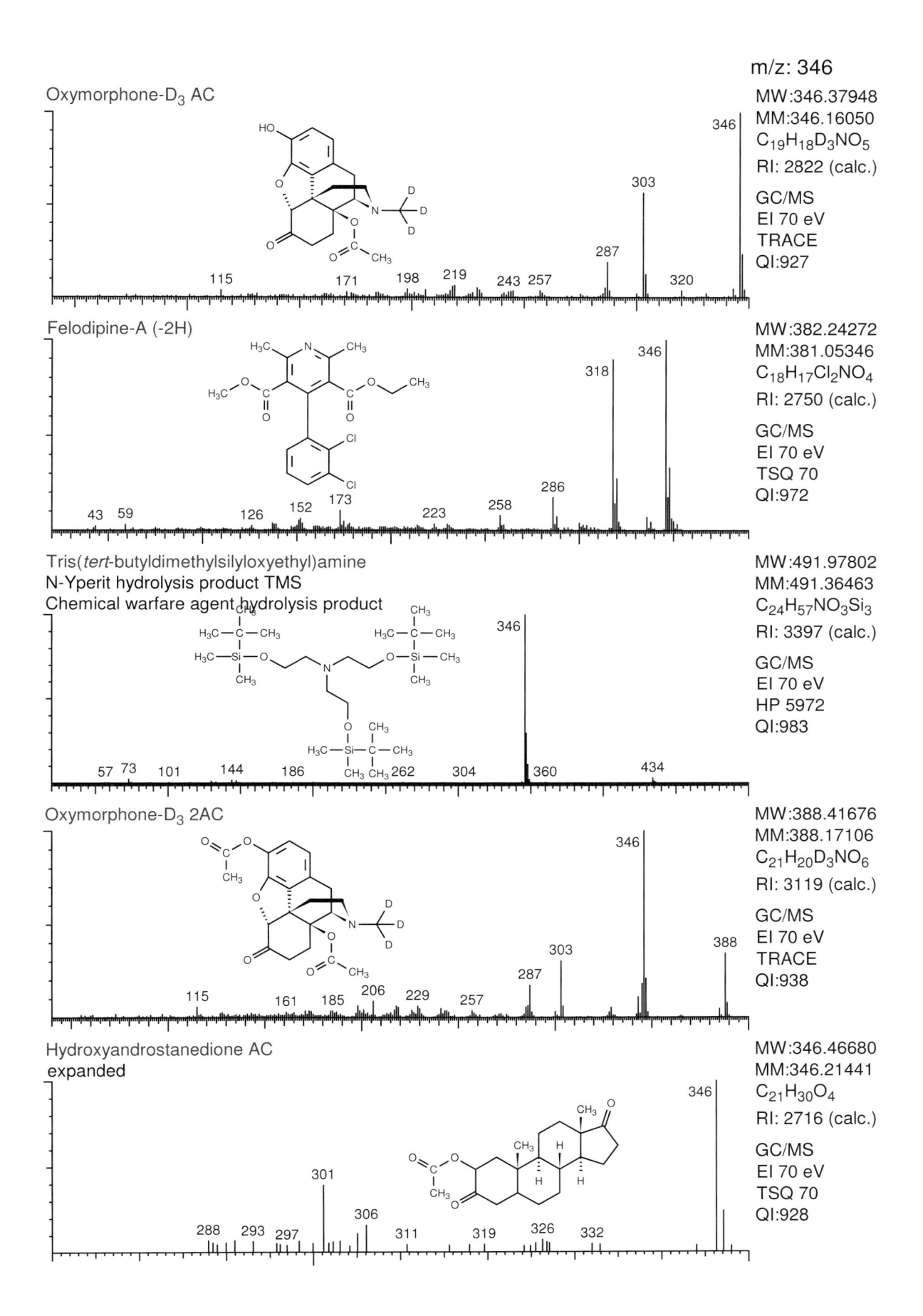

Oxymorphone-D₃ AC

MW: 346.37948
MM: 346.16050
$C_{19}H_{18}D_3NO_5$
RI: 2822 (calc.)

GC/MS
EI 70 eV
TRACE
QI: 927

Peaks: 115, 171, 198, 219, 243, 257, 287, 303, 320, 346

Felodipine-A (-2H)

MW: 382.24272
MM: 381.05346
$C_{18}H_{17}Cl_2NO_4$
RI: 2750 (calc.)

GC/MS
EI 70 eV
TSQ 70
QI: 972

Peaks: 43, 59, 126, 152, 173, 223, 258, 286, 318, 346

Tris(*tert*-butyldimethylsilyloxyethyl)amine
N-Yperit hydrolysis product TMS
Chemical warfare agent hydrolysis product

MW: 491.97802
MM: 491.36463
$C_{24}H_{57}NO_3Si_3$
RI: 3397 (calc.)

GC/MS
EI 70 eV
HP 5972
QI: 983

Peaks: 57, 73, 101, 144, 186, 262, 304, 346, 360, 434

Oxymorphone-D₃ 2AC

MW: 388.41676
MM: 388.17106
$C_{21}H_{20}D_3NO_6$
RI: 3119 (calc.)

GC/MS
EI 70 eV
TRACE
QI: 938

Peaks: 115, 161, 185, 206, 229, 257, 287, 303, 346, 388

Hydroxyandrostanedione AC
expanded

MW: 346.46680
MM: 346.21441
$C_{21}H_{30}O_4$
RI: 2716 (calc.)

GC/MS
EI 70 eV
TSQ 70
QI: 928

Peaks: 288, 293, 297, 301, 306, 311, 319, 326, 332, 346

m/z: 347-348

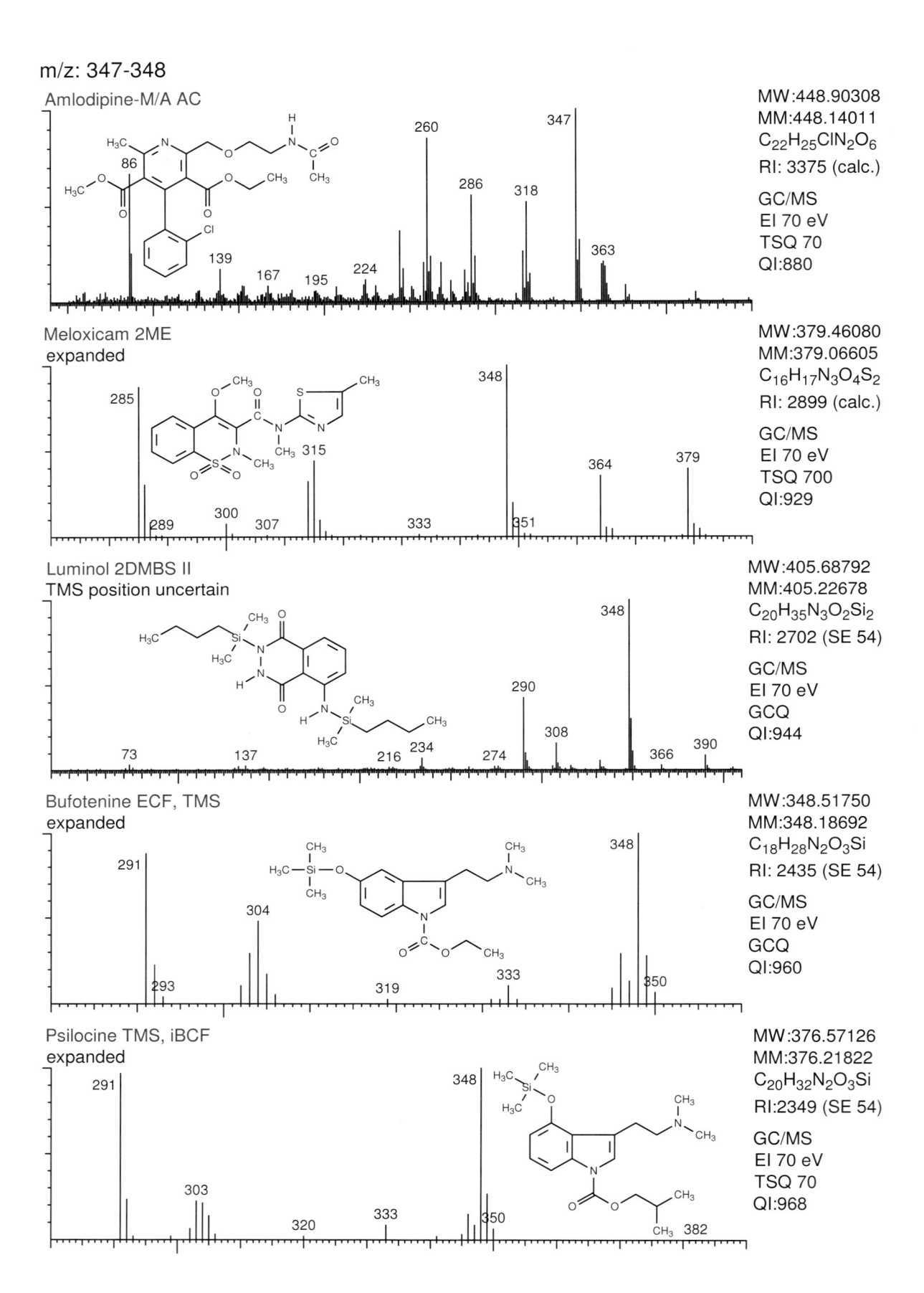

Amlodipine-M/A AC

MW: 448.90308
MM: 448.14011
$C_{22}H_{25}ClN_2O_6$
RI: 3375 (calc.)

GC/MS
EI 70 eV
TSQ 70
QI: 880

Meloxicam 2ME
expanded

MW: 379.46080
MM: 379.06605
$C_{16}H_{17}N_3O_4S_2$
RI: 2899 (calc.)

GC/MS
EI 70 eV
TSQ 700
QI: 929

Luminol 2DMBS II
TMS position uncertain

MW: 405.68792
MM: 405.22678
$C_{20}H_{35}N_3O_2Si_2$
RI: 2702 (SE 54)

GC/MS
EI 70 eV
GCQ
QI: 944

Bufotenine ECF, TMS
expanded

MW: 348.51750
MM: 348.18692
$C_{18}H_{28}N_2O_3Si$
RI: 2435 (SE 54)

GC/MS
EI 70 eV
GCQ
QI: 960

Psilocine TMS, iBCF
expanded

MW: 376.57126
MM: 376.21822
$C_{20}H_{32}N_2O_3Si$
RI: 2349 (SE 54)

GC/MS
EI 70 eV
TSQ 70
QI: 968

m/z: 348-349

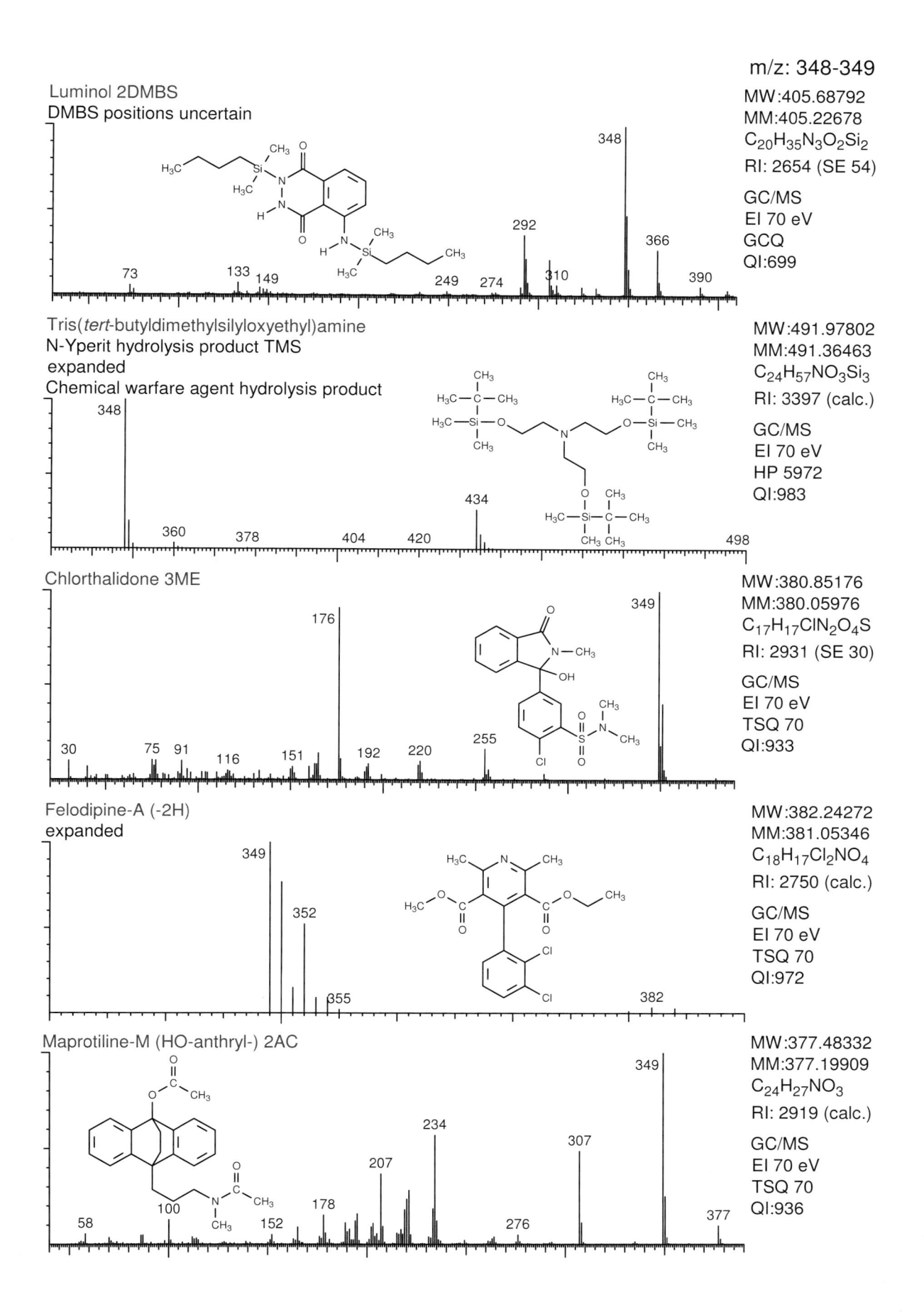

Luminol 2DMBS
DMBS positions uncertain

MW: 405.68792
MM: 405.22678
$C_{20}H_{35}N_3O_2Si_2$
RI: 2654 (SE 54)

GC/MS
EI 70 eV
GCQ
QI: 699

Tris(*tert*-butyldimethylsilyloxyethyl)amine
N-Yperit hydrolysis product TMS
expanded
Chemical warfare agent hydrolysis product

MW: 491.97802
MM: 491.36463
$C_{24}H_{57}NO_3Si_3$
RI: 3397 (calc.)

GC/MS
EI 70 eV
HP 5972
QI: 983

Chlorthalidone 3ME

MW: 380.85176
MM: 380.05976
$C_{17}H_{17}ClN_2O_4S$
RI: 2931 (SE 30)

GC/MS
EI 70 eV
TSQ 70
QI: 933

Felodipine-A (-2H)
expanded

MW: 382.24272
MM: 381.05346
$C_{18}H_{17}Cl_2NO_4$
RI: 2750 (calc.)

GC/MS
EI 70 eV
TSQ 70
QI: 972

Maprotiline-M (HO-anthryl-) 2AC

MW: 377.48332
MM: 377.19909
$C_{24}H_{27}NO_3$
RI: 2919 (calc.)

GC/MS
EI 70 eV
TSQ 70
QI: 936

m/z: 350-352

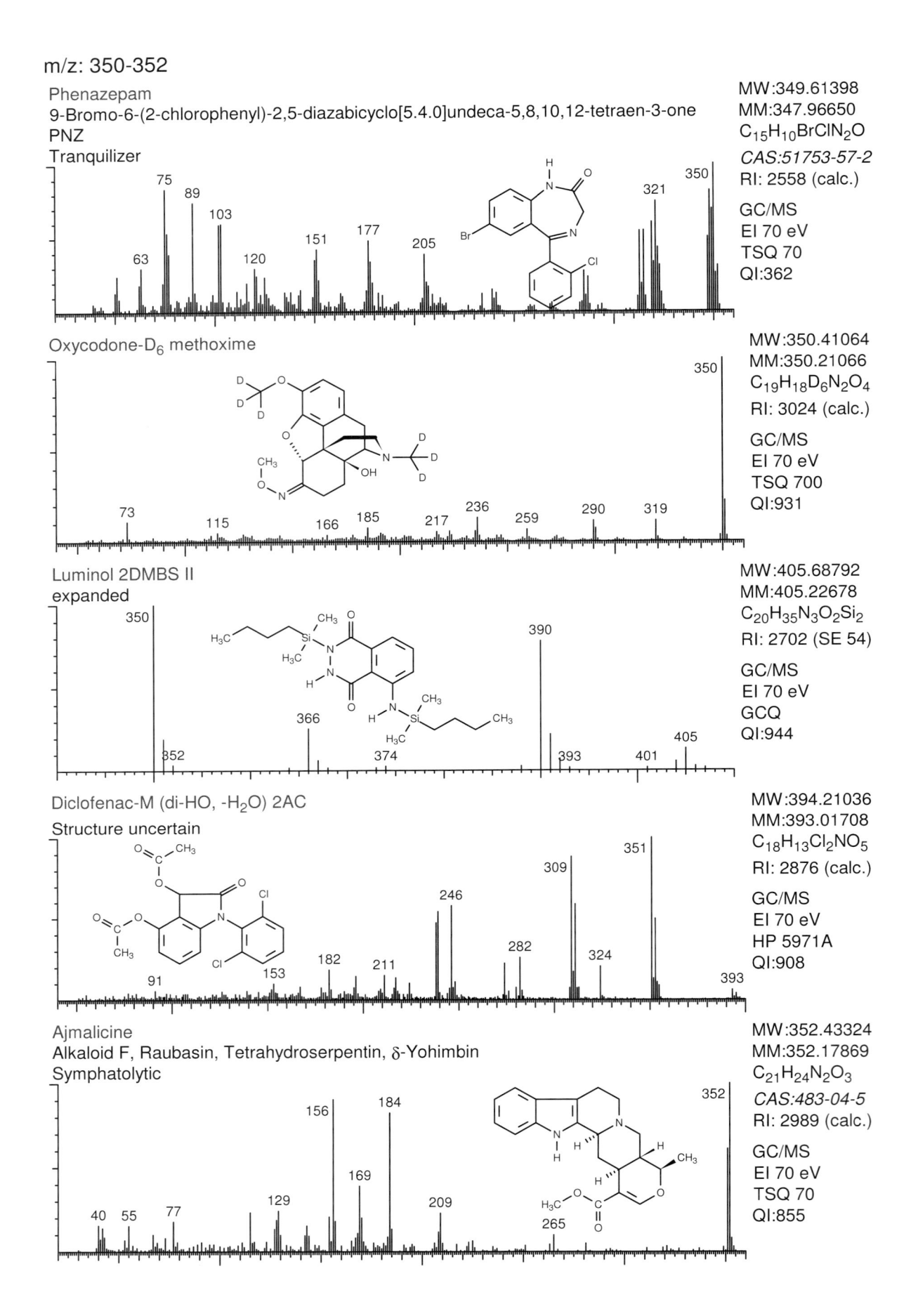

Phenazepam
9-Bromo-6-(2-chlorophenyl)-2,5-diazabicyclo[5.4.0]undeca-5,8,10,12-tetraen-3-one
PNZ
Tranquilizer

MW: 349.61398
MM: 347.96650
$C_{15}H_{10}BrClN_2O$
CAS: 51753-57-2
RI: 2558 (calc.)

GC/MS
EI 70 eV
TSQ 70
QI: 362

Peaks: 63, 75, 89, 103, 120, 151, 177, 205, 321, 350

Oxycodone-D$_6$ methoxime

MW: 350.41064
MM: 350.21066
$C_{19}H_{18}D_6N_2O_4$
RI: 3024 (calc.)

GC/MS
EI 70 eV
TSQ 700
QI: 931

Peaks: 73, 115, 166, 185, 217, 236, 259, 290, 319, 350

Luminol 2DMBS II
expanded

MW: 405.68792
MM: 405.22678
$C_{20}H_{35}N_3O_2Si_2$
RI: 2702 (SE 54)

GC/MS
EI 70 eV
GCQ
QI: 944

Peaks: 350, 352, 366, 374, 390, 393, 401, 405

Diclofenac-M (di-HO, -H$_2$O) 2AC
Structure uncertain

MW: 394.21036
MM: 393.01708
$C_{18}H_{13}Cl_2NO_5$
RI: 2876 (calc.)

GC/MS
EI 70 eV
HP 5971A
QI: 908

Peaks: 91, 153, 182, 211, 246, 282, 309, 324, 351, 393

Ajmalicine
Alkaloid F, Raubasin, Tetrahydroserpentin, δ-Yohimbin
Symphatolytic

MW: 352.43324
MM: 352.17869
$C_{21}H_{24}N_2O_3$
CAS: 483-04-5
RI: 2989 (calc.)

GC/MS
EI 70 eV
TSQ 70
QI: 855

Peaks: 40, 55, 77, 129, 156, 169, 184, 209, 265, 352

m/z: 352

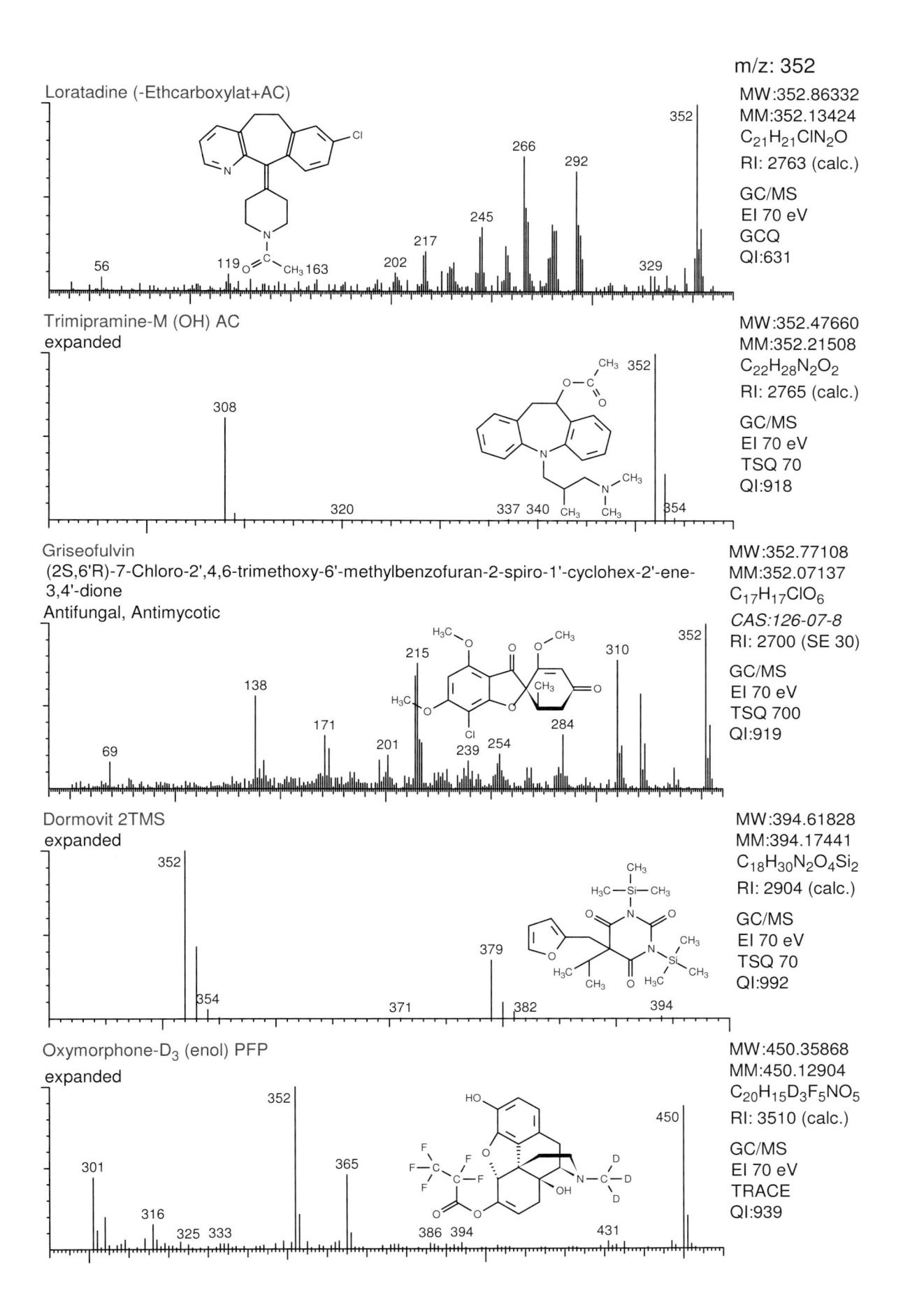

Loratadine (-Ethcarboxylat+AC)

MW: 352.86332
MM: 352.13424
$C_{21}H_{21}ClN_2O$
RI: 2763 (calc.)

GC/MS
EI 70 eV
GCQ
QI: 631

Peaks: 56, 119, 163, 202, 217, 245, 266, 292, 329, 352

Trimipramine-M (OH) AC
expanded

MW: 352.47660
MM: 352.21508
$C_{22}H_{28}N_2O_2$
RI: 2765 (calc.)

GC/MS
EI 70 eV
TSQ 70
QI: 918

Peaks: 308, 320, 337, 340, 352, 354

Griseofulvin
(2S,6'R)-7-Chloro-2',4,6-trimethoxy-6'-methylbenzofuran-2-spiro-1'-cyclohex-2'-ene-3,4'-dione
Antifungal, Antimycotic

MW: 352.77108
MM: 352.07137
$C_{17}H_{17}ClO_6$
CAS: 126-07-8
RI: 2700 (SE 30)

GC/MS
EI 70 eV
TSQ 700
QI: 919

Peaks: 69, 138, 171, 201, 215, 239, 254, 284, 310, 352

Dormovit 2TMS
expanded

MW: 394.61828
MM: 394.17441
$C_{18}H_{30}N_2O_4Si_2$
RI: 2904 (calc.)

GC/MS
EI 70 eV
TSQ 70
QI: 992

Peaks: 352, 354, 371, 379, 382, 394

Oxymorphone-D_3 (enol) PFP
expanded

MW: 450.35868
MM: 450.12904
$C_{20}H_{15}D_3F_5NO_5$
RI: 3510 (calc.)

GC/MS
EI 70 eV
TRACE
QI: 939

Peaks: 301, 316, 325, 333, 352, 365, 386, 394, 431, 450

m/z: 353

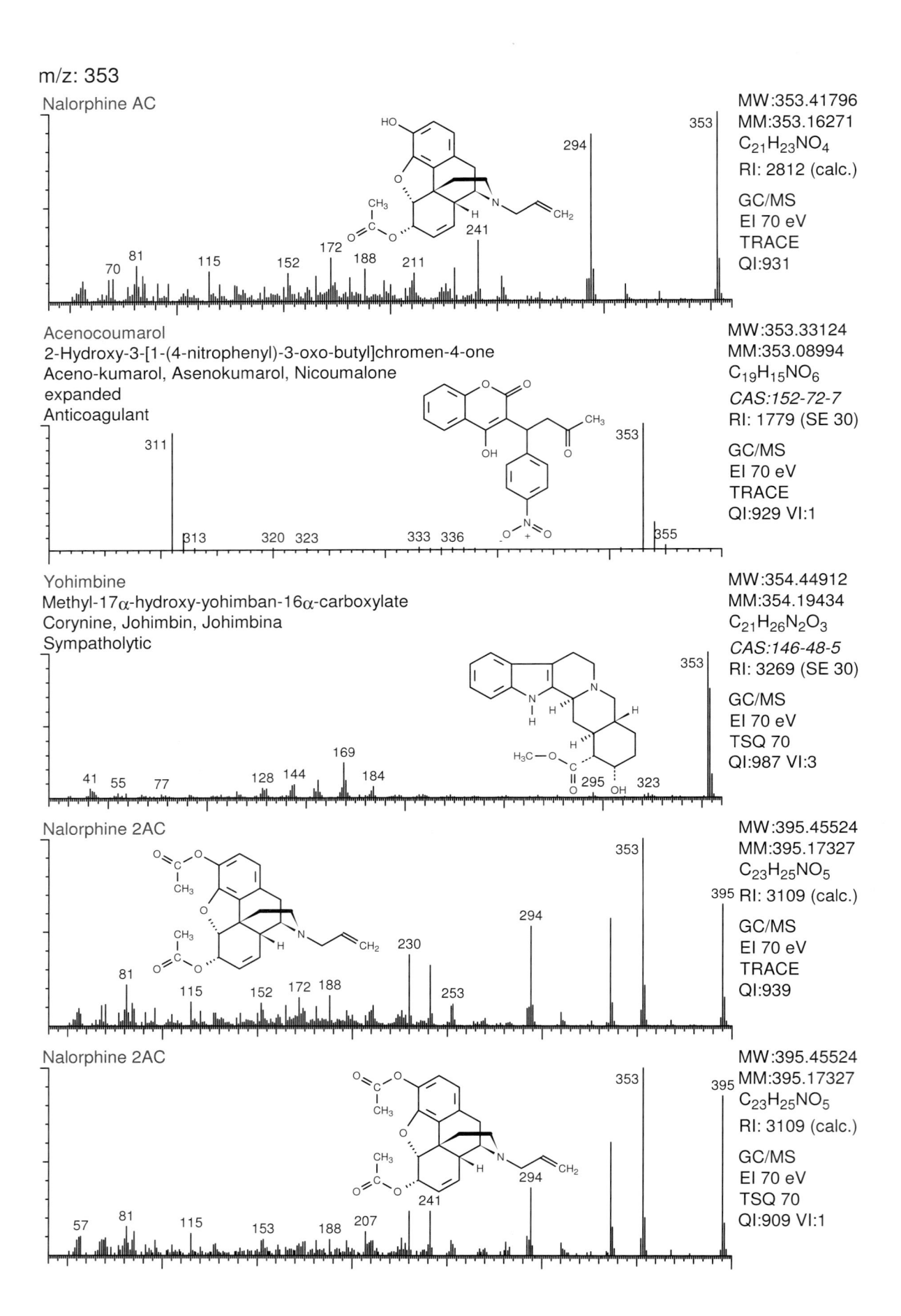

Nalorphine AC

MW: 353.41796
MM: 353.16271
$C_{21}H_{23}NO_4$
RI: 2812 (calc.)

GC/MS
EI 70 eV
TRACE
QI: 931

Peaks: 70, 81, 115, 152, 172, 188, 211, 241, 294, 353

Acenocoumarol
2-Hydroxy-3-[1-(4-nitrophenyl)-3-oxo-butyl]chromen-4-one
Aceno-kumarol, Asenokumarol, Nicoumalone
expanded
Anticoagulant

MW: 353.33124
MM: 353.08994
$C_{19}H_{15}NO_6$
CAS: 152-72-7
RI: 1779 (SE 30)

GC/MS
EI 70 eV
TRACE
QI: 929 VI: 1

Peaks: 311, 313, 320, 323, 333, 336, 353, 355

Yohimbine
Methyl-17α-hydroxy-yohimban-16α-carboxylate
Corynine, Johimbin, Johimbina
Sympatholytic

MW: 354.44912
MM: 354.19434
$C_{21}H_{26}N_2O_3$
CAS: 146-48-5
RI: 3269 (SE 30)

GC/MS
EI 70 eV
TSQ 70
QI: 987 VI: 3

Peaks: 41, 55, 77, 128, 144, 169, 184, 295, 323, 353

Nalorphine 2AC

MW: 395.45524
MM: 395.17327
$C_{23}H_{25}NO_5$
RI: 3109 (calc.)

GC/MS
EI 70 eV
TRACE
QI: 939

Peaks: 81, 115, 152, 172, 188, 230, 253, 294, 353, 395

Nalorphine 2AC

MW: 395.45524
MM: 395.17327
$C_{23}H_{25}NO_5$
RI: 3109 (calc.)

GC/MS
EI 70 eV
TSQ 70
QI: 909 VI: 1

Peaks: 57, 81, 115, 153, 188, 207, 241, 294, 353, 395

m/z: 354

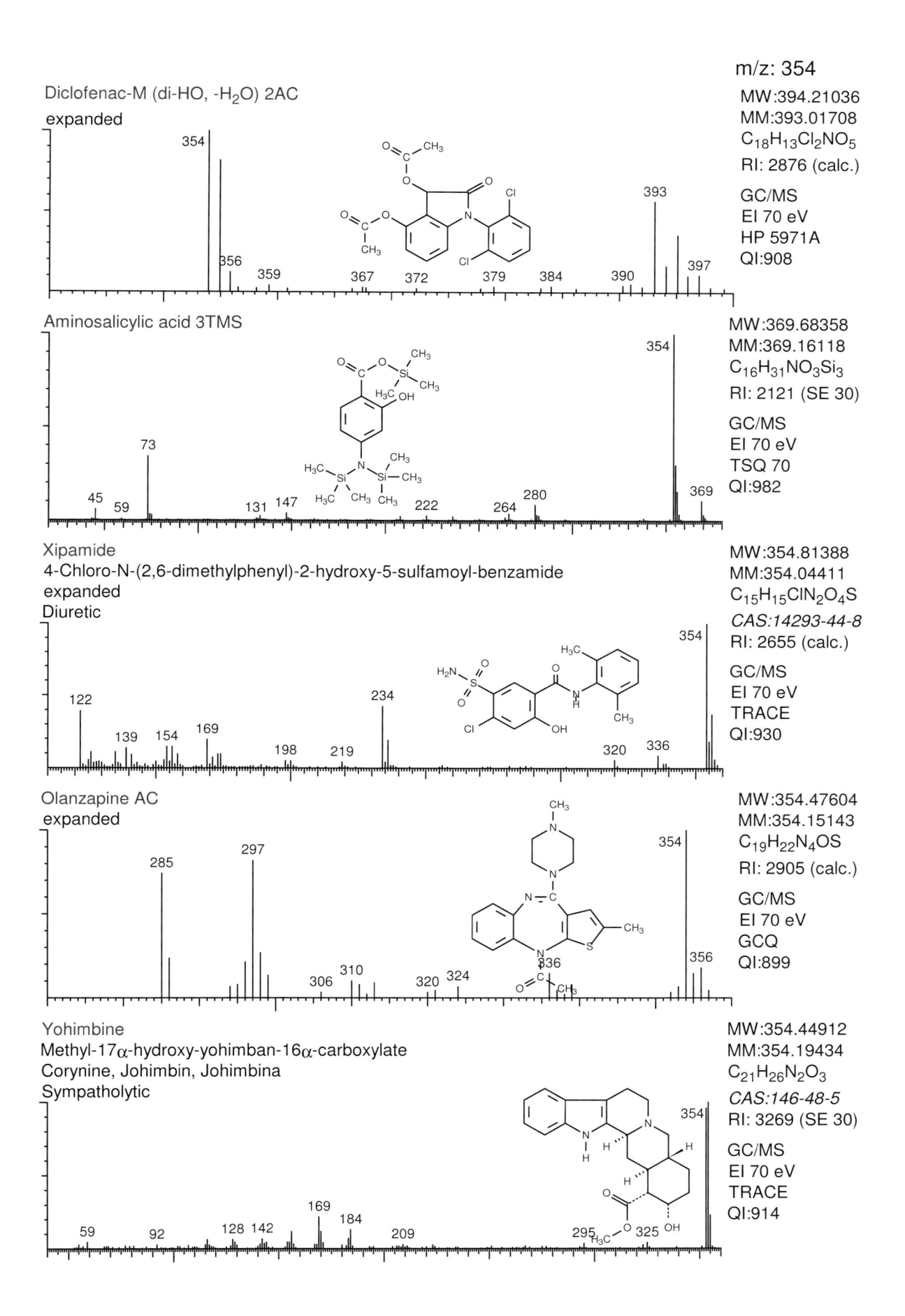

Diclofenac-M (di-HO, -H₂O) 2AC
expanded

MW: 394.21036
MM: 393.01708
$C_{18}H_{13}Cl_2NO_5$
RI: 2876 (calc.)

GC/MS
EI 70 eV
HP 5971A
QI: 908

Aminosalicylic acid 3TMS

MW: 369.68358
MM: 369.16118
$C_{16}H_{31}NO_3Si_3$
RI: 2121 (SE 30)

GC/MS
EI 70 eV
TSQ 70
QI: 982

Xipamide
4-Chloro-N-(2,6-dimethylphenyl)-2-hydroxy-5-sulfamoyl-benzamide
expanded
Diuretic

MW: 354.81388
MM: 354.04411
$C_{15}H_{15}ClN_2O_4S$
CAS: 14293-44-8
RI: 2655 (calc.)

GC/MS
EI 70 eV
TRACE
QI: 930

Olanzapine AC
expanded

MW: 354.47604
MM: 354.15143
$C_{19}H_{22}N_4OS$
RI: 2905 (calc.)

GC/MS
EI 70 eV
GCQ
QI: 899

Yohimbine
Methyl-17α-hydroxy-yohimban-16α-carboxylate
Corynine, Johimbin, Johimbina
Sympatholytic

MW: 354.44912
MM: 354.19434
$C_{21}H_{26}N_2O_3$
CAS: 146-48-5
RI: 3269 (SE 30)

GC/MS
EI 70 eV
TRACE
QI: 914

m/z: 354-355

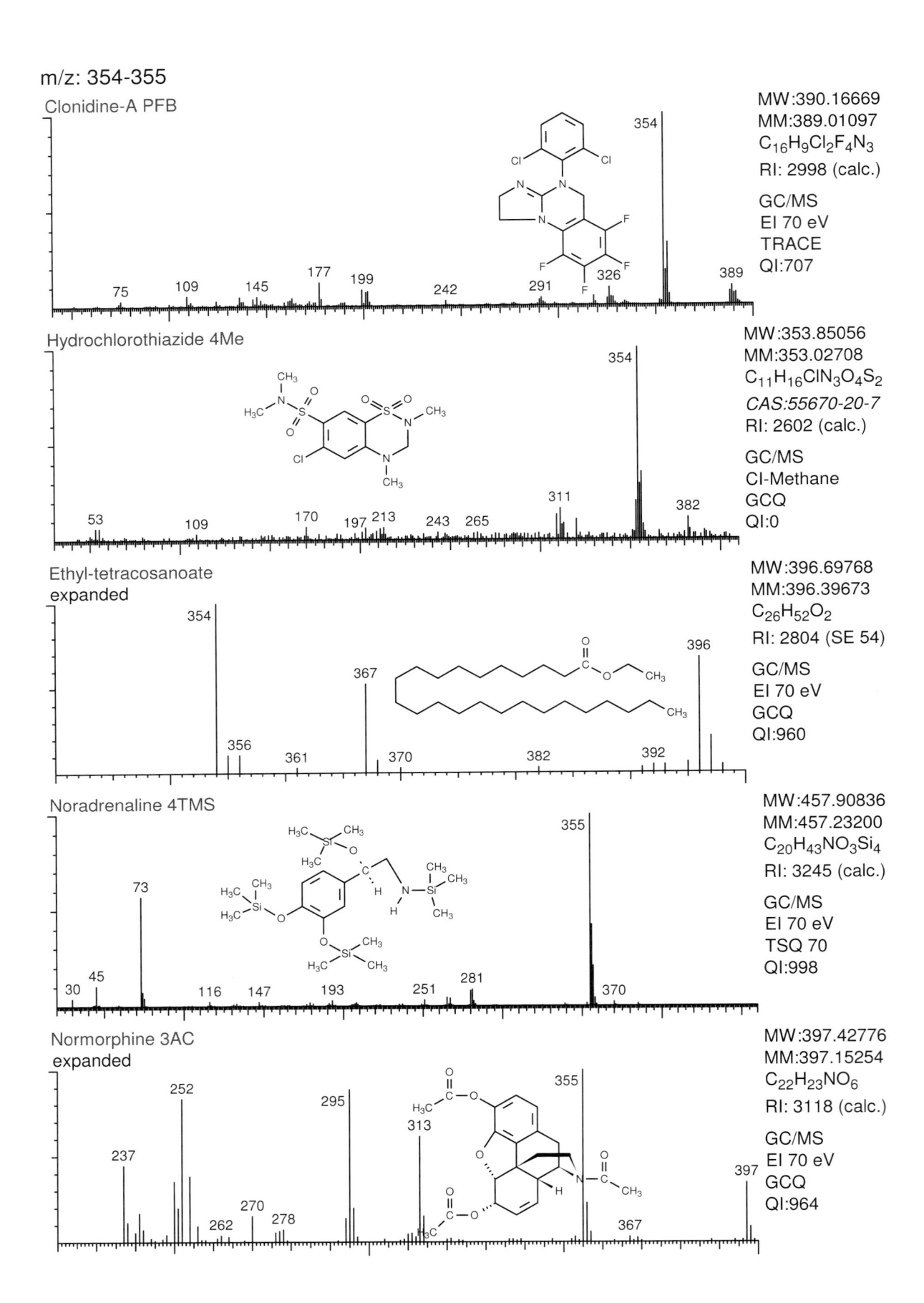

Clonidine-A PFB

MW: 390.16669
MM: 389.01097
$C_{16}H_9Cl_2F_4N_3$
RI: 2998 (calc.)

GC/MS
EI 70 eV
TRACE
QI: 707

Peaks: 75, 109, 145, 177, 199, 242, 291, 326, 354, 389

Hydrochlorothiazide 4Me

MW: 353.85056
MM: 353.02708
$C_{11}H_{16}ClN_3O_4S_2$
CAS: 55670-20-7
RI: 2602 (calc.)

GC/MS
CI-Methane
GCQ
QI: 0

Peaks: 53, 109, 170, 197, 213, 243, 265, 311, 354, 382

Ethyl-tetracosanoate expanded

MW: 396.69768
MM: 396.39673
$C_{26}H_{52}O_2$
RI: 2804 (SE 54)

GC/MS
EI 70 eV
GCQ
QI: 960

Peaks: 354, 356, 361, 367, 370, 382, 392, 396

Noradrenaline 4TMS

MW: 457.90836
MM: 457.23200
$C_{20}H_{43}NO_3Si_4$
RI: 3245 (calc.)

GC/MS
EI 70 eV
TSQ 70
QI: 998

Peaks: 30, 45, 73, 116, 147, 193, 251, 281, 355, 370

Normorphine 3AC expanded

MW: 397.42776
MM: 397.15254
$C_{22}H_{23}NO_6$
RI: 3118 (calc.)

GC/MS
EI 70 eV
GCQ
QI: 964

Peaks: 237, 252, 262, 270, 278, 295, 313, 355, 367, 397

m/z: 355

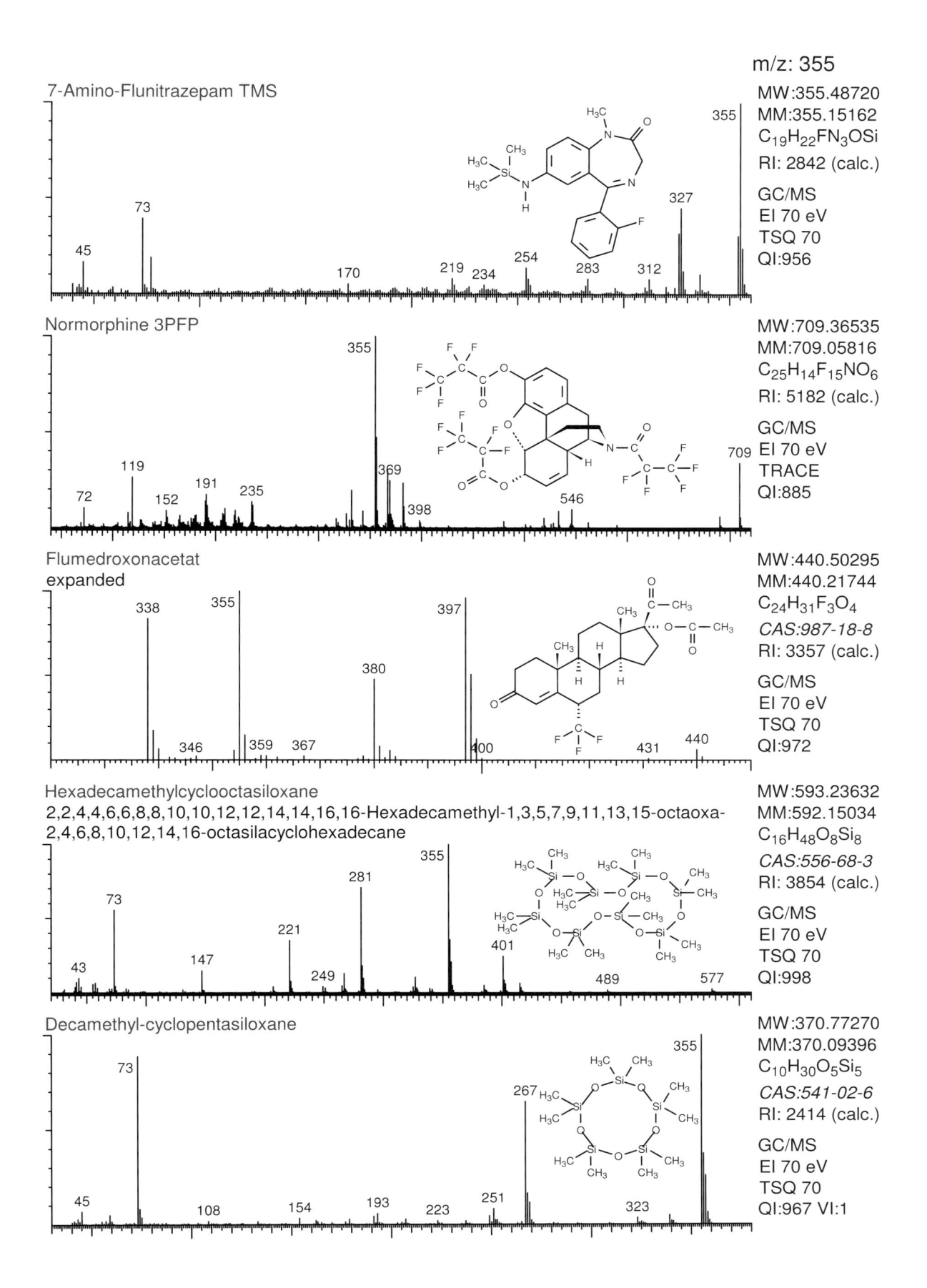

7-Amino-Flunitrazepam TMS

MW: 355.48720
MM: 355.15162
$C_{19}H_{22}FN_3OSi$
RI: 2842 (calc.)

GC/MS
EI 70 eV
TSQ 70
QI: 956

Peaks: 45, 73, 170, 219, 234, 254, 283, 312, 327, 355

Normorphine 3PFP

MW: 709.36535
MM: 709.05816
$C_{25}H_{14}F_{15}NO_6$
RI: 5182 (calc.)

GC/MS
EI 70 eV
TRACE
QI: 885

Peaks: 72, 119, 152, 191, 235, 355, 369, 398, 546, 709

Flumedroxonacetat
expanded

MW: 440.50295
MM: 440.21744
$C_{24}H_{31}F_3O_4$
CAS: 987-18-8
RI: 3357 (calc.)

GC/MS
EI 70 eV
TSQ 70
QI: 972

Peaks: 338, 346, 355, 359, 367, 380, 397, 400, 431, 440

Hexadecamethylcyclooctasiloxane
2,2,4,4,6,6,8,8,10,10,12,12,14,14,16,16-Hexadecamethyl-1,3,5,7,9,11,13,15-octaoxa-2,4,6,8,10,12,14,16-octasilacyclohexadecane

MW: 593.23632
MM: 592.15034
$C_{16}H_{48}O_8Si_8$
CAS: 556-68-3
RI: 3854 (calc.)

GC/MS
EI 70 eV
TSQ 70
QI: 998

Peaks: 43, 73, 147, 221, 249, 281, 355, 401, 489, 577

Decamethyl-cyclopentasiloxane

MW: 370.77270
MM: 370.09396
$C_{10}H_{30}O_5Si_5$
CAS: 541-02-6
RI: 2414 (calc.)

GC/MS
EI 70 eV
TSQ 70
QI: 967 VI:1

Peaks: 45, 73, 108, 154, 193, 223, 251, 267, 323, 355

m/z: 355-356

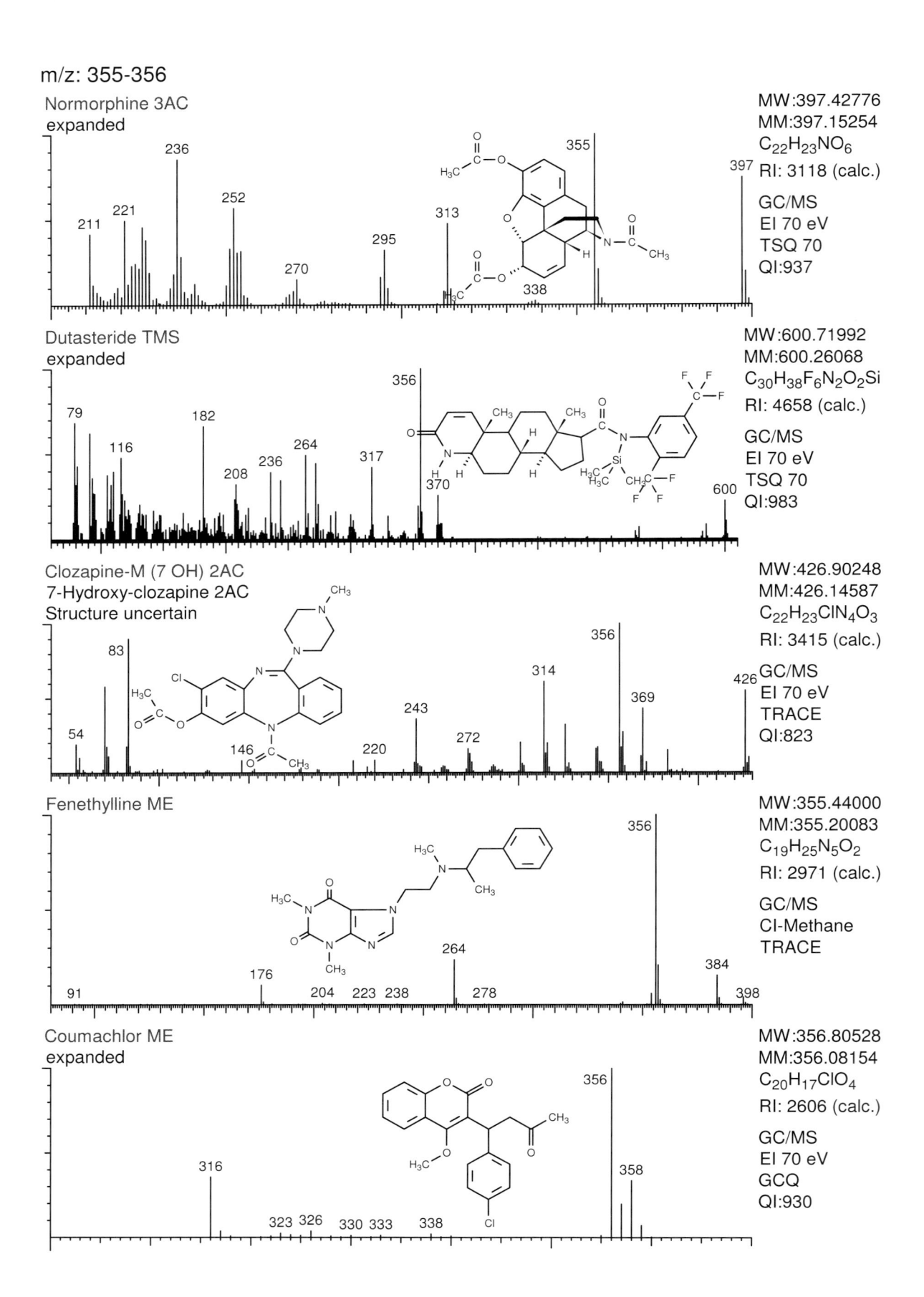

Normorphine 3AC expanded

MW: 397.42776
MM: 397.15254
$C_{22}H_{23}NO_6$
RI: 3118 (calc.)

GC/MS
EI 70 eV
TSQ 70
QI: 937

Dutasteride TMS expanded

MW: 600.71992
MM: 600.26068
$C_{30}H_{38}F_6N_2O_2Si$
RI: 4658 (calc.)

GC/MS
EI 70 eV
TSQ 70
QI: 983

Clozapine-M (7 OH) 2AC
7-Hydroxy-clozapine 2AC
Structure uncertain

MW: 426.90248
MM: 426.14587
$C_{22}H_{23}ClN_4O_3$
RI: 3415 (calc.)

GC/MS
EI 70 eV
TRACE
QI: 823

Fenethylline ME

MW: 355.44000
MM: 355.20083
$C_{19}H_{25}N_5O_2$
RI: 2971 (calc.)

GC/MS
CI-Methane
TRACE

Coumachlor ME expanded

MW: 356.80528
MM: 356.08154
$C_{20}H_{17}ClO_4$
RI: 2606 (calc.)

GC/MS
EI 70 eV
GCQ
QI: 930

m/z: 356-357

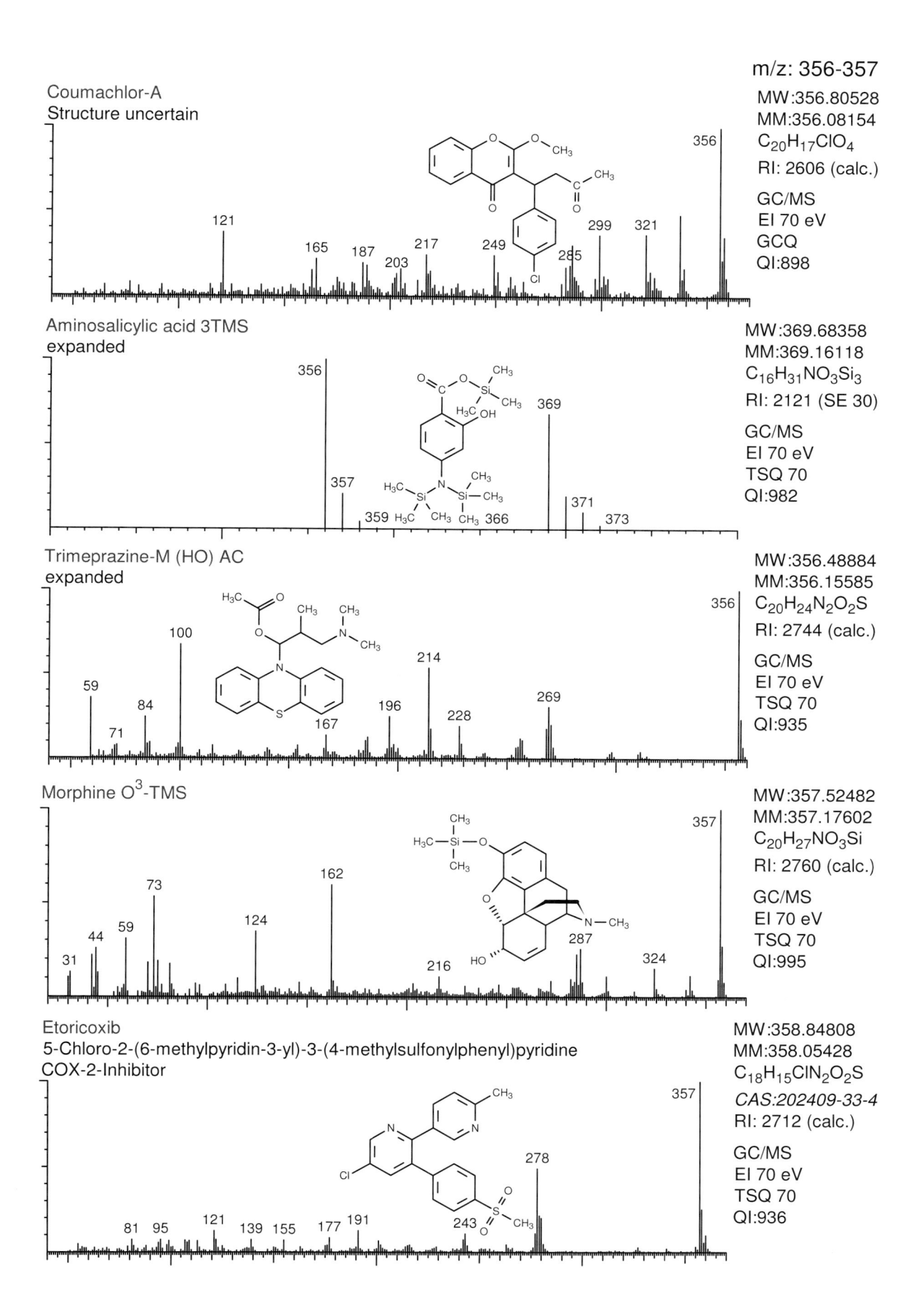

Coumachlor-A
Structure uncertain

MW: 356.80528
MM: 356.08154
$C_{20}H_{17}ClO_4$
RI: 2606 (calc.)

GC/MS
EI 70 eV
GCQ
QI: 898

Peaks: 121, 165, 187, 203, 217, 249, 285, 299, 321, 356

Aminosalicylic acid 3TMS
expanded

MW: 369.68358
MM: 369.16118
$C_{16}H_{31}NO_3Si_3$
RI: 2121 (SE 30)

GC/MS
EI 70 eV
TSQ 70
QI: 982

Peaks: 356, 357, 359, 366, 369, 371, 373

Trimeprazine-M (HO) AC
expanded

MW: 356.48884
MM: 356.15585
$C_{20}H_{24}N_2O_2S$
RI: 2744 (calc.)

GC/MS
EI 70 eV
TSQ 70
QI: 935

Peaks: 59, 71, 84, 100, 167, 196, 214, 228, 269, 356

Morphine O^3-TMS

MW: 357.52482
MM: 357.17602
$C_{20}H_{27}NO_3Si$
RI: 2760 (calc.)

GC/MS
EI 70 eV
TSQ 70
QI: 995

Peaks: 31, 44, 59, 73, 124, 162, 216, 287, 324, 357

Etoricoxib
5-Chloro-2-(6-methylpyridin-3-yl)-3-(4-methylsulfonylphenyl)pyridine
COX-2-Inhibitor

MW: 358.84808
MM: 358.05428
$C_{18}H_{15}ClN_2O_2S$
CAS: 202409-33-4
RI: 2712 (calc.)

GC/MS
EI 70 eV
TSQ 70
QI: 936

Peaks: 81, 95, 121, 139, 155, 177, 191, 243, 278, 357

m/z: 357-358

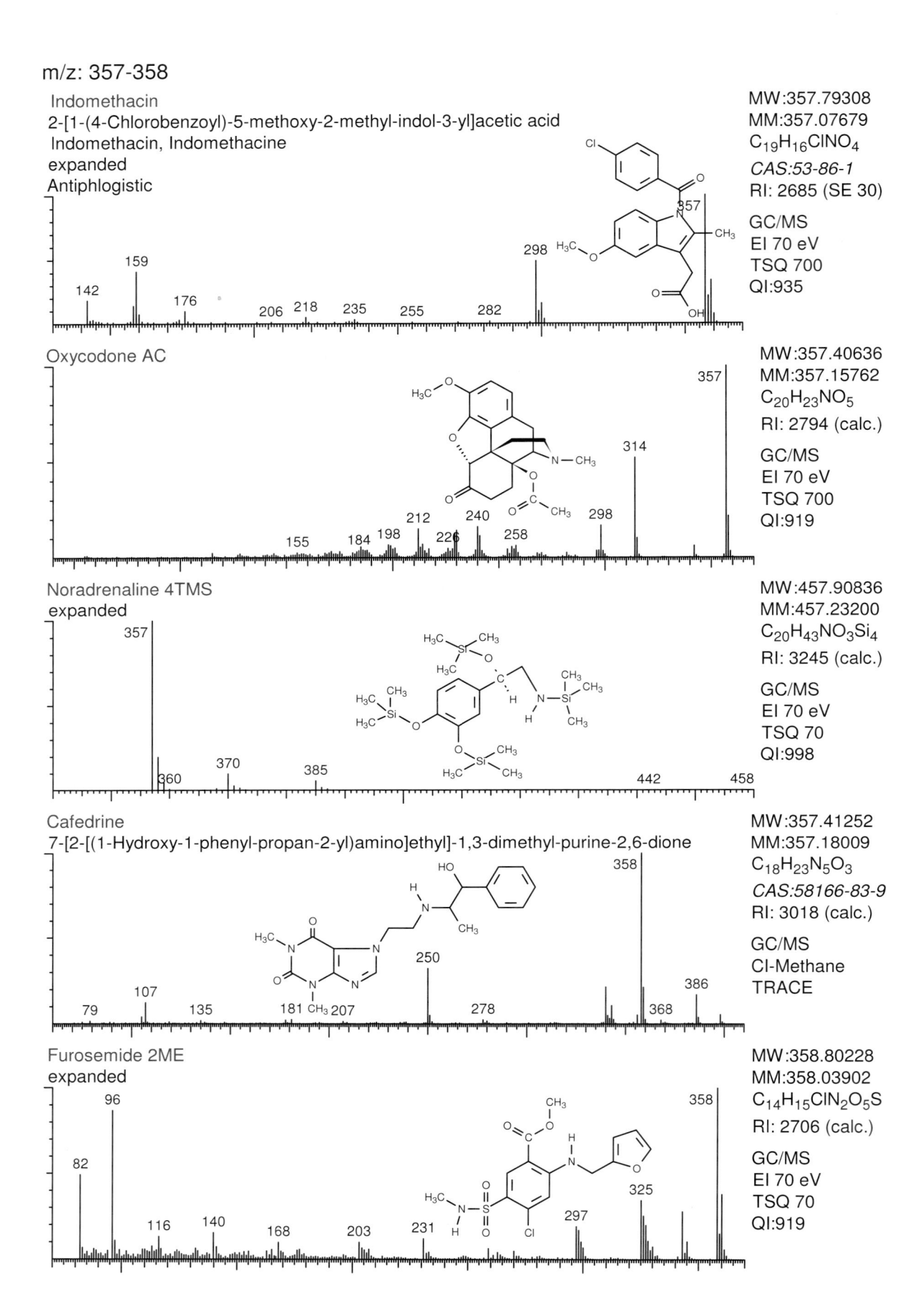

Indomethacin
2-[1-(4-Chlorobenzoyl)-5-methoxy-2-methyl-indol-3-yl]acetic acid
Indomethacin, Indomethacine
expanded
Antiphlogistic

MW: 357.79308
MM: 357.07679
$C_{19}H_{16}ClNO_4$
CAS: 53-86-1
RI: 2685 (SE 30)

GC/MS
EI 70 eV
TSQ 700
QI: 935

Peaks: 142, 159, 176, 206, 218, 235, 255, 282, 298, 357

Oxycodone AC

MW: 357.40636
MM: 357.15762
$C_{20}H_{23}NO_5$
RI: 2794 (calc.)

GC/MS
EI 70 eV
TSQ 700
QI: 919

Peaks: 155, 184, 198, 212, 226, 240, 258, 298, 314, 357

Noradrenaline 4TMS
expanded

MW: 457.90836
MM: 457.23200
$C_{20}H_{43}NO_3Si_4$
RI: 3245 (calc.)

GC/MS
EI 70 eV
TSQ 70
QI: 998

Peaks: 357, 360, 370, 385, 442, 458

Cafedrine
7-[2-[(1-Hydroxy-1-phenyl-propan-2-yl)amino]ethyl]-1,3-dimethyl-purine-2,6-dione

MW: 357.41252
MM: 357.18009
$C_{18}H_{23}N_5O_3$
CAS: 58166-83-9
RI: 3018 (calc.)

GC/MS
CI-Methane
TRACE

Peaks: 79, 107, 135, 181, 207, 250, 278, 358, 368, 386

Furosemide 2ME
expanded

MW: 358.80228
MM: 358.03902
$C_{14}H_{15}ClN_2O_5S$
RI: 2706 (calc.)

GC/MS
EI 70 eV
TSQ 70
QI: 919

Peaks: 82, 96, 116, 140, 168, 203, 231, 297, 325, 358

Oxycodone-M (+2H) AC

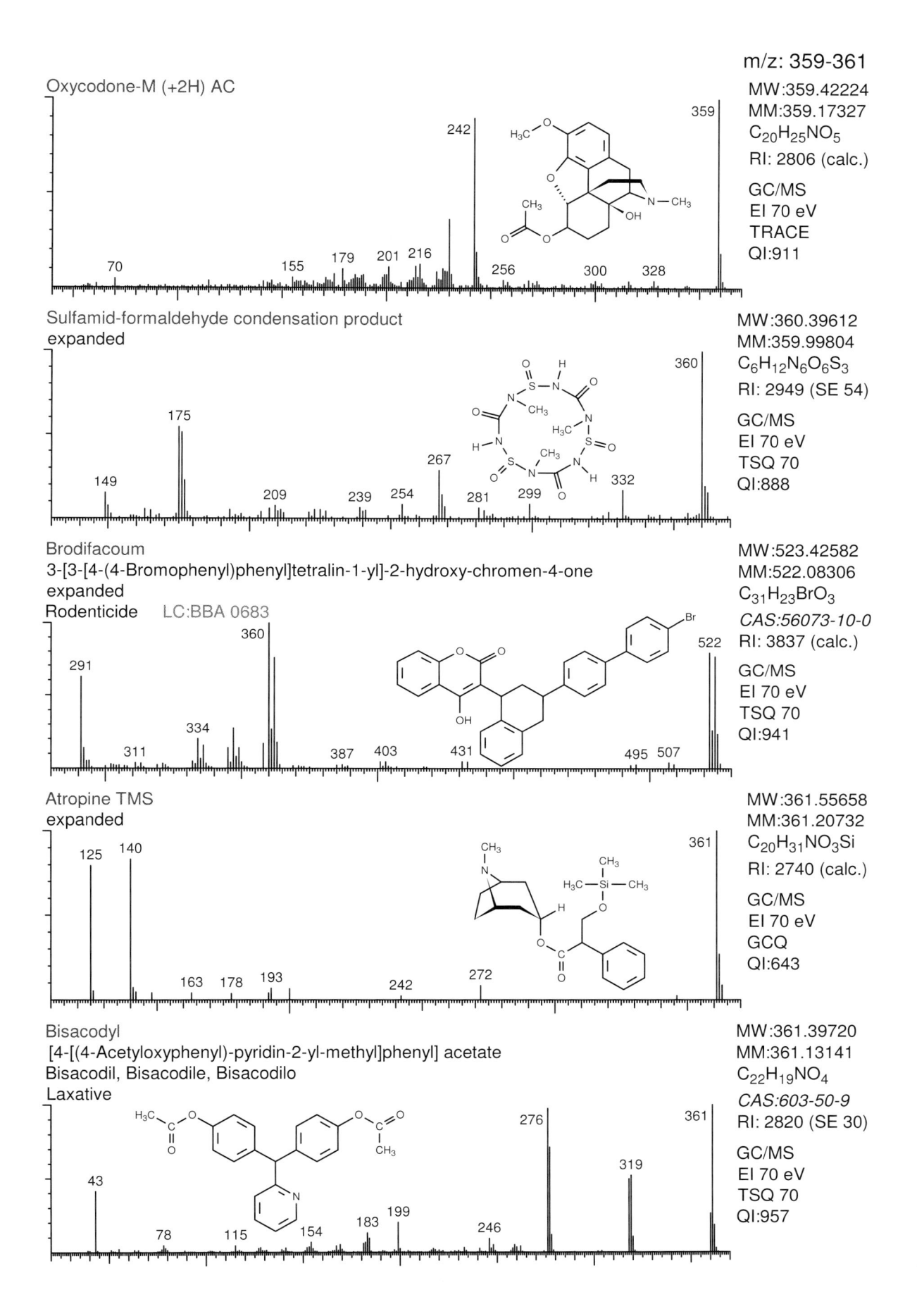

m/z: 359-361
MW: 359.42224
MM: 359.17327
$C_{20}H_{25}NO_5$
RI: 2806 (calc.)

GC/MS
EI 70 eV
TRACE
QI:911

Peaks: 70, 155, 179, 201, 216, 242, 256, 300, 328, 359

Sulfamid-formaldehyde condensation product
expanded

MW: 360.39612
MM: 359.99804
$C_6H_{12}N_6O_6S_3$
RI: 2949 (SE 54)

GC/MS
EI 70 eV
TSQ 70
QI:888

Peaks: 149, 175, 209, 239, 254, 267, 281, 299, 332, 360

Brodifacoum
3-[3-[4-(4-Bromophenyl)phenyl]tetralin-1-yl]-2-hydroxy-chromen-4-one
expanded
Rodenticide   LC:BBA 0683

MW: 523.42582
MM: 522.08306
$C_{31}H_{23}BrO_3$
CAS: 56073-10-0
RI: 3837 (calc.)

GC/MS
EI 70 eV
TSQ 70
QI:941

Peaks: 291, 311, 334, 360, 387, 403, 431, 495, 507, 522

Atropine TMS
expanded

MW: 361.55658
MM: 361.20732
$C_{20}H_{31}NO_3Si$
RI: 2740 (calc.)

GC/MS
EI 70 eV
GCQ
QI:643

Peaks: 125, 140, 163, 178, 193, 242, 272, 361

Bisacodyl
[4-[(4-Acetyloxyphenyl)-pyridin-2-yl-methyl]phenyl] acetate
Bisacodil, Bisacodile, Bisacodilo
Laxative

MW: 361.39720
MM: 361.13141
$C_{22}H_{19}NO_4$
CAS: 603-50-9
RI: 2820 (SE 30)

GC/MS
EI 70 eV
TSQ 70
QI:957

Peaks: 43, 78, 115, 154, 183, 199, 246, 276, 319, 361

m/z: 361-362

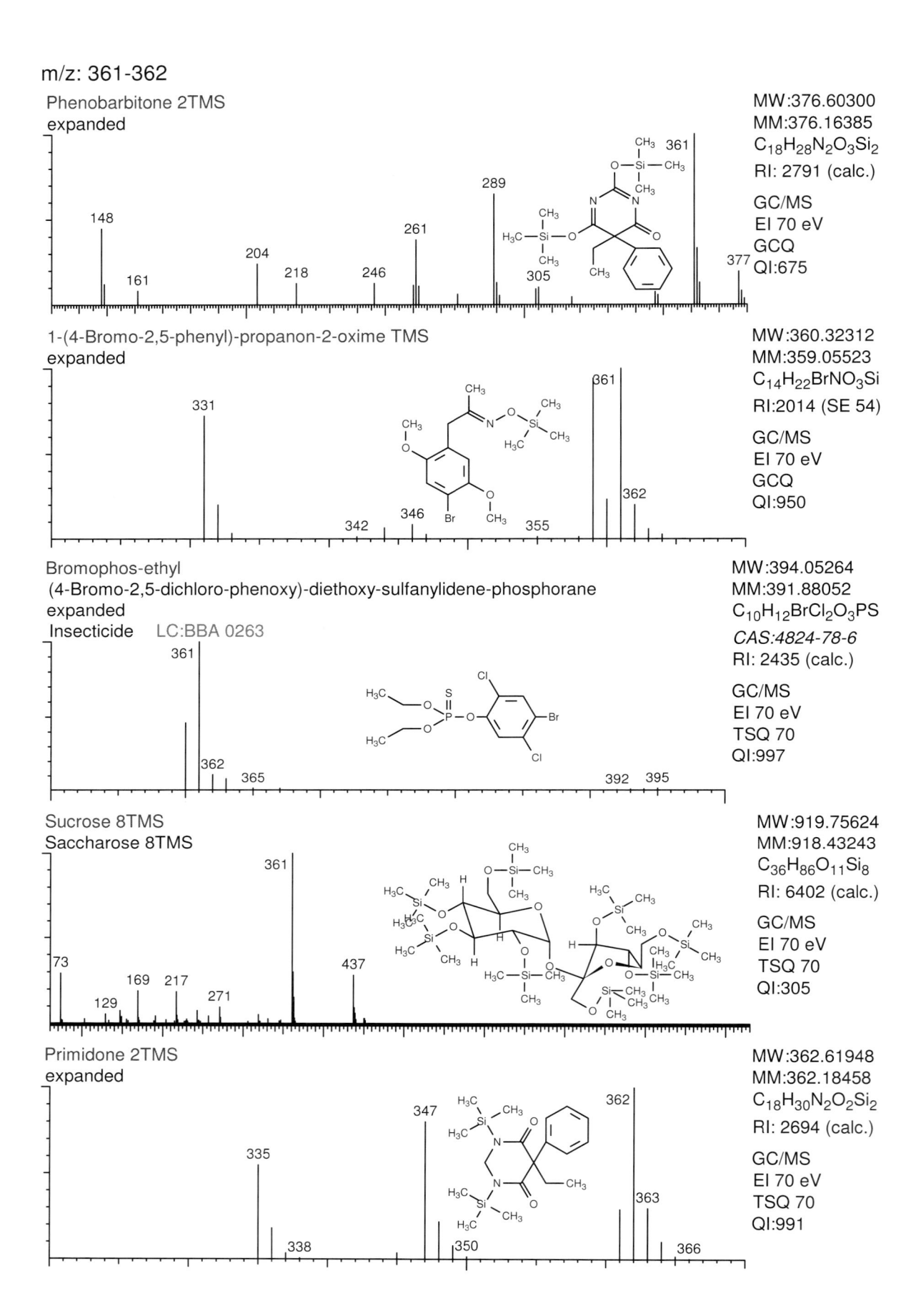

Phenobarbitone 2TMS expanded

MW:376.60300
MM:376.16385
$C_{18}H_{28}N_2O_3Si_2$
RI: 2791 (calc.)

GC/MS
EI 70 eV
GCQ
QI:675

Peaks: 148, 161, 204, 218, 246, 261, 289, 305, 361, 377

1-(4-Bromo-2,5-phenyl)-propanon-2-oxime TMS expanded

MW:360.32312
MM:359.05523
$C_{14}H_{22}BrNO_3Si$
RI:2014 (SE 54)

GC/MS
EI 70 eV
GCQ
QI:950

Peaks: 331, 342, 346, 355, 361, 362

Bromophos-ethyl
(4-Bromo-2,5-dichloro-phenoxy)-diethoxy-sulfanylidene-phosphorane
expanded
Insecticide   LC:BBA 0263

MW:394.05264
MM:391.88052
$C_{10}H_{12}BrCl_2O_3PS$
CAS:4824-78-6
RI: 2435 (calc.)

GC/MS
EI 70 eV
TSQ 70
QI:997

Peaks: 361, 362, 365, 392, 395

Sucrose 8TMS
Saccharose 8TMS

MW:919.75624
MM:918.43243
$C_{36}H_{86}O_{11}Si_8$
RI: 6402 (calc.)

GC/MS
EI 70 eV
TSQ 70
QI:305

Peaks: 73, 129, 169, 217, 271, 361, 437

Primidone 2TMS expanded

MW:362.61948
MM:362.18458
$C_{18}H_{30}N_2O_2Si_2$
RI: 2694 (calc.)

GC/MS
EI 70 eV
TSQ 70
QI:991

Peaks: 335, 338, 347, 350, 362, 363, 366

m/z: 363

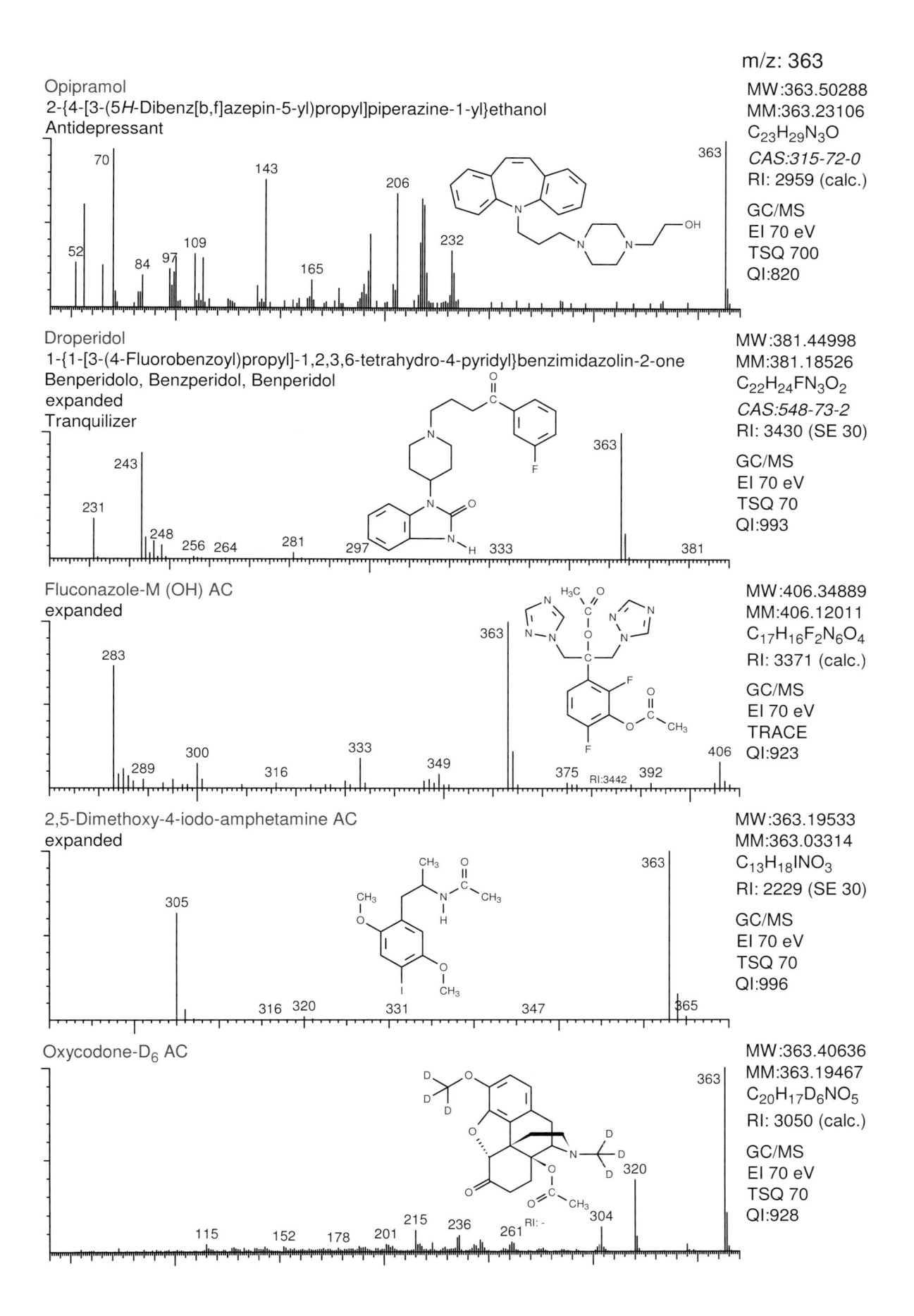

Opipramol
2-{4-[3-(5H-Dibenz[b,f]azepin-5-yl)propyl]piperazine-1-yl}ethanol
Antidepressant

Peaks: 52, 70, 84, 97, 109, 143, 165, 206, 232, 363

MW: 363.50288
MM: 363.23106
$C_{23}H_{29}N_3O$
CAS: 315-72-0
RI: 2959 (calc.)

GC/MS
EI 70 eV
TSQ 700
QI: 820

Droperidol
1-{1-[3-(4-Fluorobenzoyl)propyl]-1,2,3,6-tetrahydro-4-pyridyl}benzimidazolin-2-one
Benperidolo, Benzperidol, Benperidol
expanded
Tranquilizer

Peaks: 231, 243, 248, 256, 264, 281, 297, 333, 363, 381

MW: 381.44998
MM: 381.18526
$C_{22}H_{24}FN_3O_2$
CAS: 548-73-2
RI: 3430 (SE 30)

GC/MS
EI 70 eV
TSQ 70
QI: 993

Fluconazole-M (OH) AC
expanded

Peaks: 283, 289, 300, 316, 333, 349, 363, 375, 392, 406
RI: 3442

MW: 406.34889
MM: 406.12011
$C_{17}H_{16}F_2N_6O_4$
RI: 3371 (calc.)

GC/MS
EI 70 eV
TRACE
QI: 923

2,5-Dimethoxy-4-iodo-amphetamine AC
expanded

Peaks: 305, 316, 320, 331, 347, 363, 365

MW: 363.19533
MM: 363.03314
$C_{13}H_{18}INO_3$
RI: 2229 (SE 30)

GC/MS
EI 70 eV
TSQ 70
QI: 996

Oxycodone-D$_6$ AC

Peaks: 115, 152, 178, 201, 215, 236, 261, 304, 320, 363
RI: -

MW: 363.40636
MM: 363.19467
$C_{20}H_{17}D_6NO_5$
RI: 3050 (calc.)

GC/MS
EI 70 eV
TSQ 70
QI: 928

m/z: 363-364

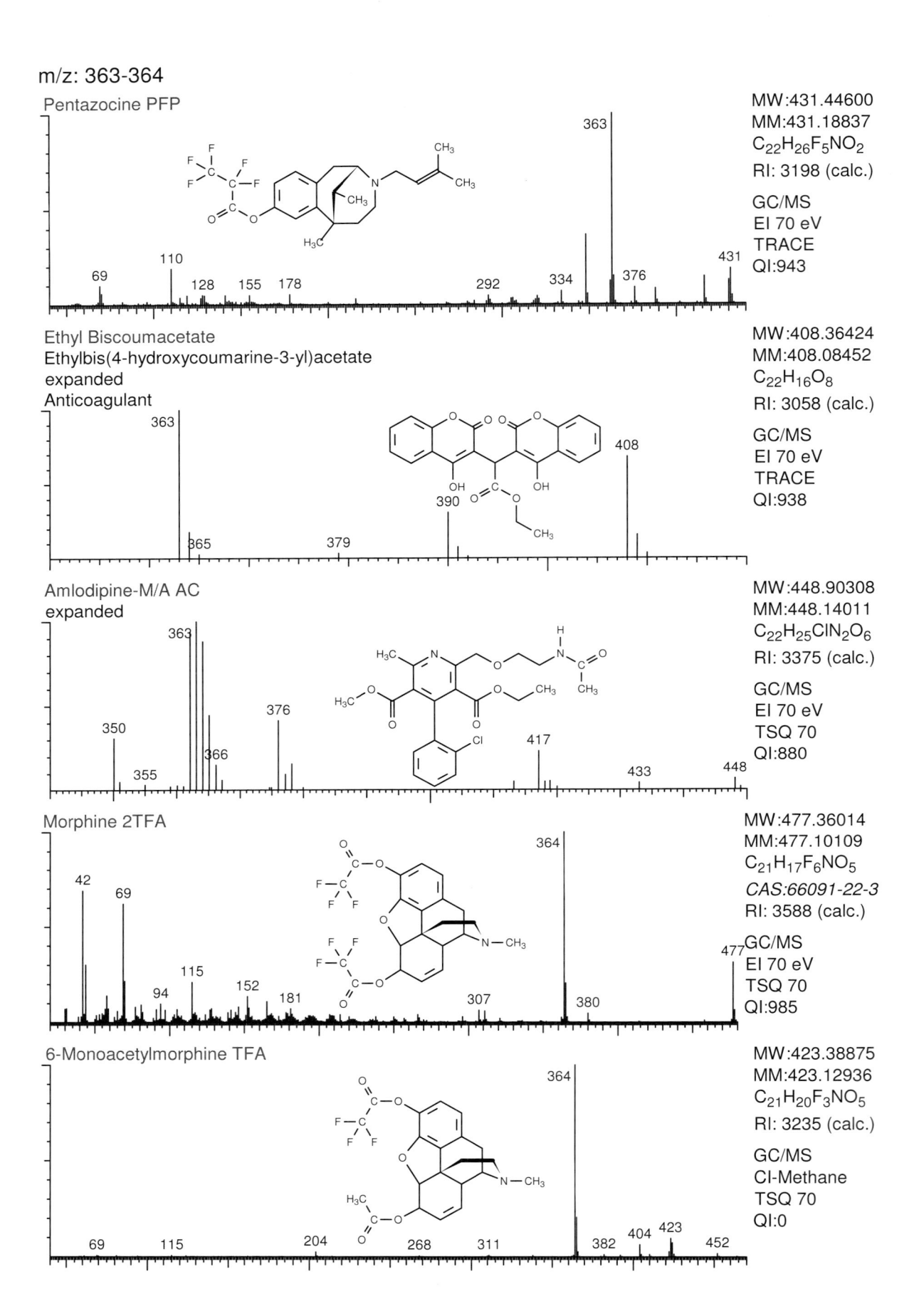

Pentazocine PFP

MW:431.44600
MM:431.18837
$C_{22}H_{26}F_5NO_2$
RI: 3198 (calc.)

GC/MS
EI 70 eV
TRACE
QI:943

Ethyl Biscoumacetate
Ethylbis(4-hydroxycoumarine-3-yl)acetate
expanded
Anticoagulant

MW:408.36424
MM:408.08452
$C_{22}H_{16}O_8$
RI: 3058 (calc.)

GC/MS
EI 70 eV
TRACE
QI:938

Amlodipine-M/A AC
expanded

MW:448.90308
MM:448.14011
$C_{22}H_{25}ClN_2O_6$
RI: 3375 (calc.)

GC/MS
EI 70 eV
TSQ 70
QI:880

Morphine 2TFA

MW:477.36014
MM:477.10109
$C_{21}H_{17}F_6NO_5$
CAS:66091-22-3
RI: 3588 (calc.)

GC/MS
EI 70 eV
TSQ 70
QI:985

6-Monoacetylmorphine TFA

MW:423.38875
MM:423.12936
$C_{21}H_{20}F_3NO_5$
RI: 3235 (calc.)

GC/MS
CI-Methane
TSQ 70
QI:0

m/z: 364-365

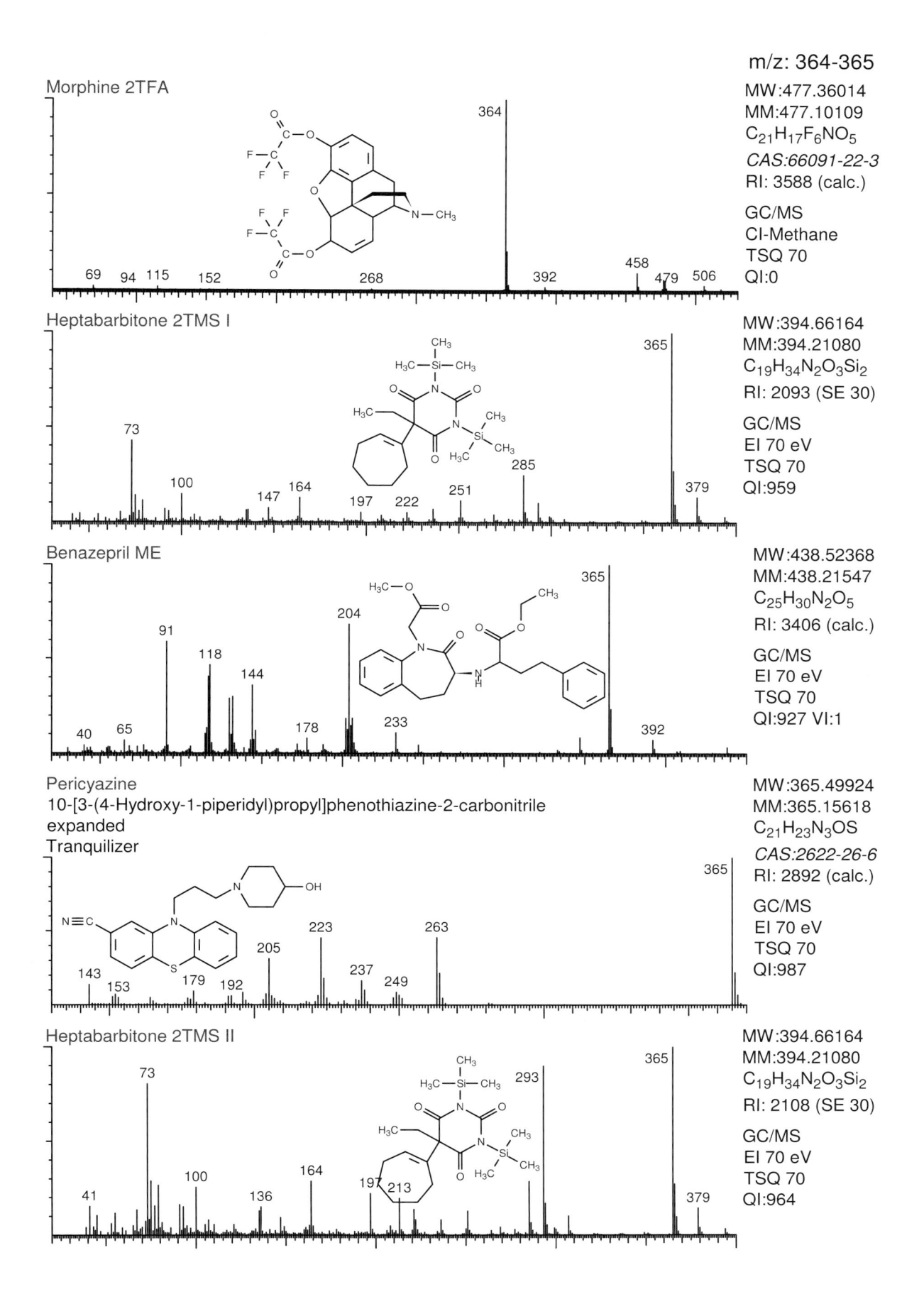

Morphine 2TFA

MW: 477.36014
MM: 477.10109
$C_{21}H_{17}F_6NO_5$
CAS: 66091-22-3
RI: 3588 (calc.)

GC/MS
CI-Methane
TSQ 70
QI: 0

Peaks: 69, 94, 115, 152, 268, 364, 392, 458, 479, 506

Heptabarbitone 2TMS I

MW: 394.66164
MM: 394.21080
$C_{19}H_{34}N_2O_3Si_2$
RI: 2093 (SE 30)

GC/MS
EI 70 eV
TSQ 70
QI: 959

Peaks: 73, 100, 147, 164, 197, 222, 251, 285, 365, 379

Benazepril ME

MW: 438.52368
MM: 438.21547
$C_{25}H_{30}N_2O_5$
RI: 3406 (calc.)

GC/MS
EI 70 eV
TSQ 70
QI: 927 VI:1

Peaks: 40, 65, 91, 118, 144, 178, 204, 233, 365, 392

Pericyazine
10-[3-(4-Hydroxy-1-piperidyl)propyl]phenothiazine-2-carbonitrile
expanded
Tranquilizer

MW: 365.49924
MM: 365.15618
$C_{21}H_{23}N_3OS$
CAS: 2622-26-6
RI: 2892 (calc.)

GC/MS
EI 70 eV
TSQ 70
QI: 987

Peaks: 143, 153, 179, 192, 205, 223, 237, 249, 263, 365

Heptabarbitone 2TMS II

MW: 394.66164
MM: 394.21080
$C_{19}H_{34}N_2O_3Si_2$
RI: 2108 (SE 30)

GC/MS
EI 70 eV
TSQ 70
QI: 964

Peaks: 41, 73, 100, 136, 164, 197, 213, 293, 365, 379

m/z: 365-366

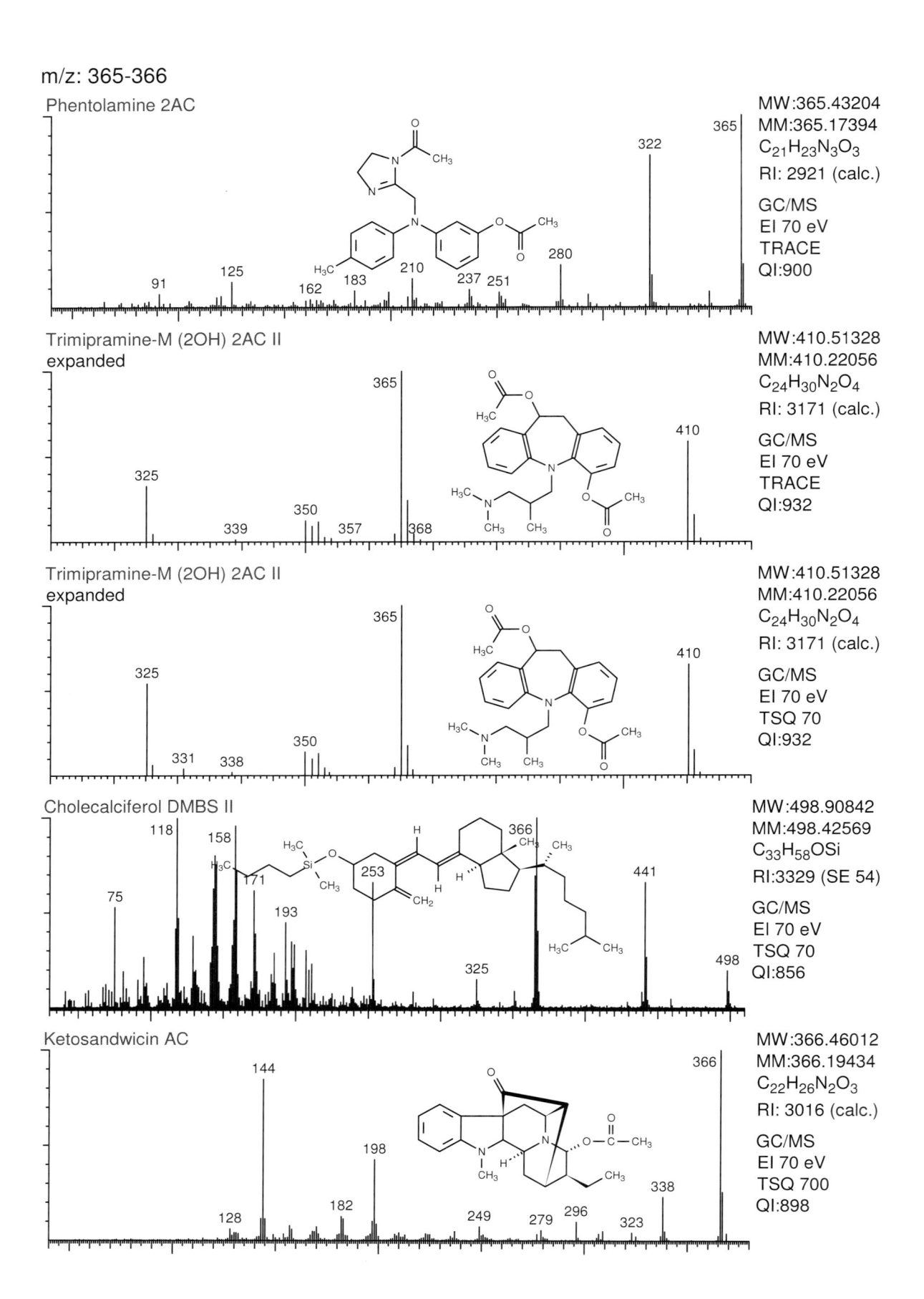

Phentolamine 2AC

MW:365.43204
MM:365.17394
$C_{21}H_{23}N_3O_3$
RI: 2921 (calc.)

GC/MS
EI 70 eV
TRACE
QI:900

Trimipramine-M (2OH) 2AC II expanded

MW:410.51328
MM:410.22056
$C_{24}H_{30}N_2O_4$
RI: 3171 (calc.)

GC/MS
EI 70 eV
TRACE
QI:932

Trimipramine-M (2OH) 2AC II expanded

MW:410.51328
MM:410.22056
$C_{24}H_{30}N_2O_4$
RI: 3171 (calc.)

GC/MS
EI 70 eV
TSQ 70
QI:932

Cholecalciferol DMBS II

MW:498.90842
MM:498.42569
$C_{33}H_{58}OSi$
RI:3329 (SE 54)

GC/MS
EI 70 eV
TSQ 70
QI:856

Ketosandwicin AC

MW:366.46012
MM:366.19434
$C_{22}H_{26}N_2O_3$
RI: 3016 (calc.)

GC/MS
EI 70 eV
TSQ 700
QI:898

Cholecalciferol DMBS V
side product

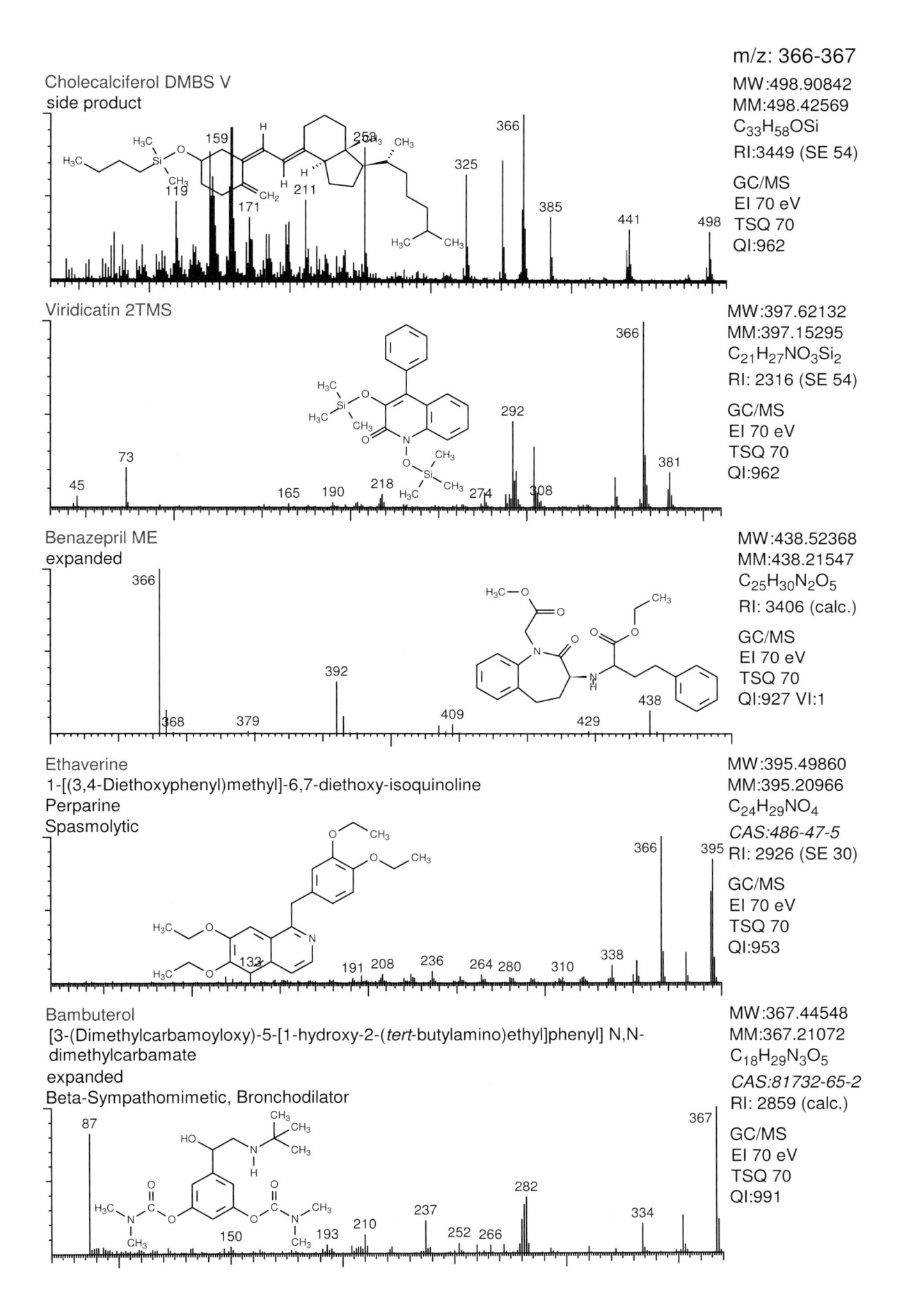

m/z: 366-367
MW: 498.90842
MM: 498.42569
$C_{33}H_{58}OSi$
RI: 3449 (SE 54)

GC/MS
EI 70 eV
TSQ 70
QI: 962

Viridicatin 2TMS

MW: 397.62132
MM: 397.15295
$C_{21}H_{27}NO_3Si_2$
RI: 2316 (SE 54)

GC/MS
EI 70 eV
TSQ 70
QI: 962

Benazepril ME
expanded

MW: 438.52368
MM: 438.21547
$C_{25}H_{30}N_2O_5$
RI: 3406 (calc.)

GC/MS
EI 70 eV
TSQ 70
QI: 927 VI:1

Ethaverine
1-[(3,4-Diethoxyphenyl)methyl]-6,7-diethoxy-isoquinoline
Perparine
Spasmolytic

MW: 395.49860
MM: 395.20966
$C_{24}H_{29}NO_4$
CAS: 486-47-5
RI: 2926 (SE 30)

GC/MS
EI 70 eV
TSQ 70
QI: 953

Bambuterol
[3-(Dimethylcarbamoyloxy)-5-[1-hydroxy-2-(*tert*-butylamino)ethyl]phenyl] N,N-dimethylcarbamate
expanded
Beta-Sympathomimetic, Bronchodilator

MW: 367.44548
MM: 367.21072
$C_{18}H_{29}N_3O_5$
CAS: 81732-65-2
RI: 2859 (calc.)

GC/MS
EI 70 eV
TSQ 70
QI: 991

m/z: 367

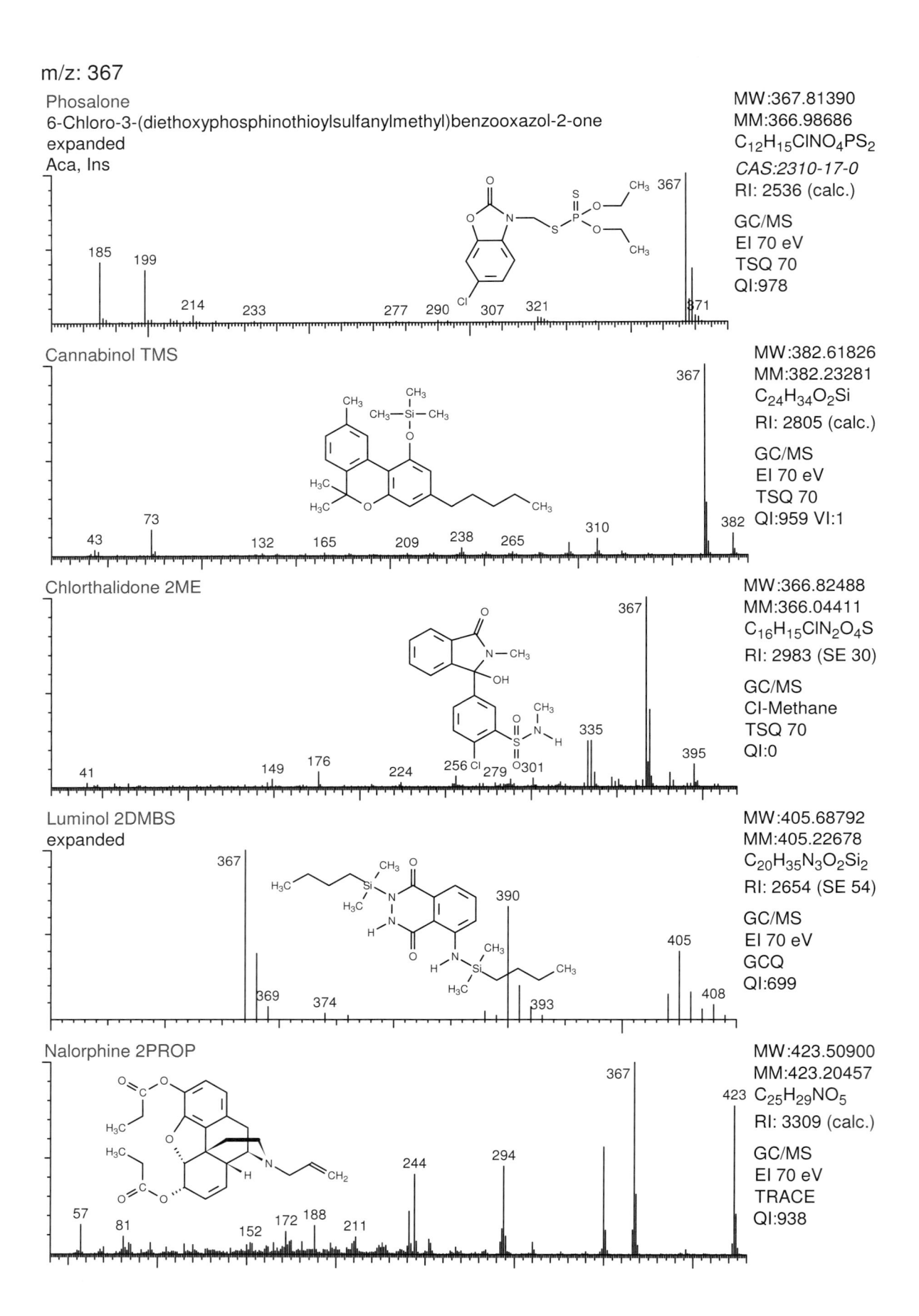

Phosalone
6-Chloro-3-(diethoxyphosphinothioylsulfanylmethyl)benzooxazol-2-one
expanded
Aca, Ins

MW:367.81390
MM:366.98686
$C_{12}H_{15}ClNO_4PS_2$
CAS:2310-17-0
RI: 2536 (calc.)

GC/MS
EI 70 eV
TSQ 70
QI:978

Peaks: 185, 199, 214, 233, 277, 290, 307, 321, 367, 371

Cannabinol TMS

MW:382.61826
MM:382.23281
$C_{24}H_{34}O_2Si$
RI: 2805 (calc.)

GC/MS
EI 70 eV
TSQ 70
QI:959 VI:1

Peaks: 43, 73, 132, 165, 209, 238, 265, 310, 367, 382

Chlorthalidone 2ME

MW:366.82488
MM:366.04411
$C_{16}H_{15}ClN_2O_4S$
RI: 2983 (SE 30)

GC/MS
CI-Methane
TSQ 70
QI:0

Peaks: 41, 149, 176, 224, 256, 279, 301, 335, 367, 395

Luminol 2DMBS
expanded

MW:405.68792
MM:405.22678
$C_{20}H_{35}N_3O_2Si_2$
RI: 2654 (SE 54)

GC/MS
EI 70 eV
GCQ
QI:699

Peaks: 367, 369, 374, 390, 393, 405, 408

Nalorphine 2PROP

MW:423.50900
MM:423.20457
$C_{25}H_{29}NO_5$
RI: 3309 (calc.)

GC/MS
EI 70 eV
TRACE
QI:938

Peaks: 57, 81, 152, 172, 188, 211, 244, 294, 367, 423

1702

Ajmaline AC

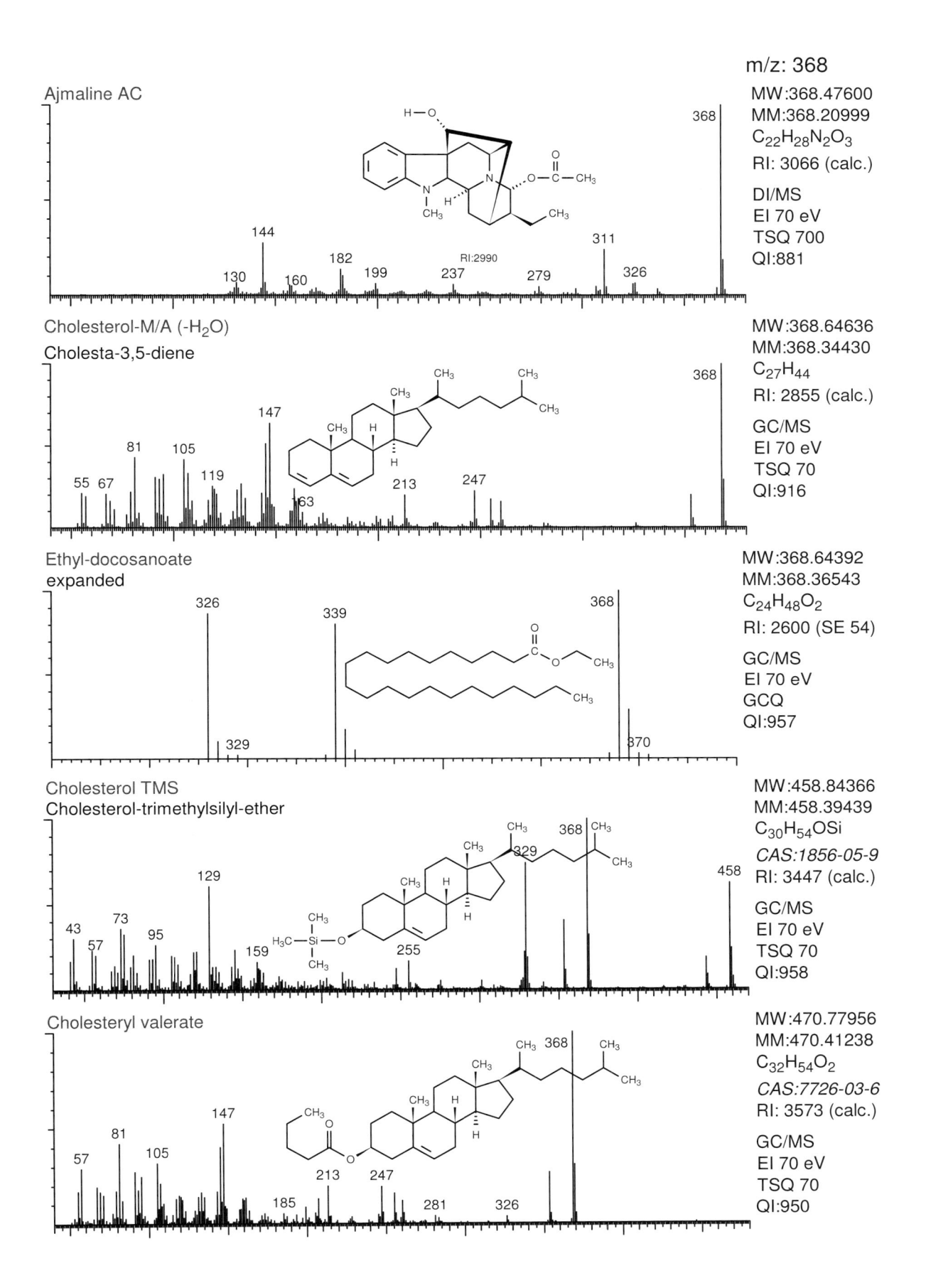

m/z: 368
MW: 368.47600
MM: 368.20999
$C_{22}H_{28}N_2O_3$
RI: 3066 (calc.)

DI/MS
EI 70 eV
TSQ 700
QI: 881

Peaks: 130, 144, 160, 182, 199, 237, RI:2990, 279, 311, 326, 368

Cholesterol-M/A (-H₂O)
Cholesta-3,5-diene

MW: 368.64636
MM: 368.34430
$C_{27}H_{44}$
RI: 2855 (calc.)

GC/MS
EI 70 eV
TSQ 70
QI: 916

Peaks: 55, 67, 81, 105, 119, 147, 163, 213, 247, 368

Ethyl-docosanoate
expanded

MW: 368.64392
MM: 368.36543
$C_{24}H_{48}O_2$
RI: 2600 (SE 54)

GC/MS
EI 70 eV
GCQ
QI: 957

Peaks: 326, 329, 339, 368, 370

Cholesterol TMS
Cholesterol-trimethylsilyl-ether

MW: 458.84366
MM: 458.39439
$C_{30}H_{54}OSi$
CAS: 1856-05-9
RI: 3447 (calc.)

GC/MS
EI 70 eV
TSQ 70
QI: 958

Peaks: 43, 57, 73, 95, 129, 159, 255, 329, 368, 458

Cholesteryl valerate

MW: 470.77956
MM: 470.41238
$C_{32}H_{54}O_2$
CAS: 7726-03-6
RI: 3573 (calc.)

GC/MS
EI 70 eV
TSQ 70
QI: 950

Peaks: 57, 81, 105, 147, 185, 213, 247, 281, 326, 368

m/z: 368-369

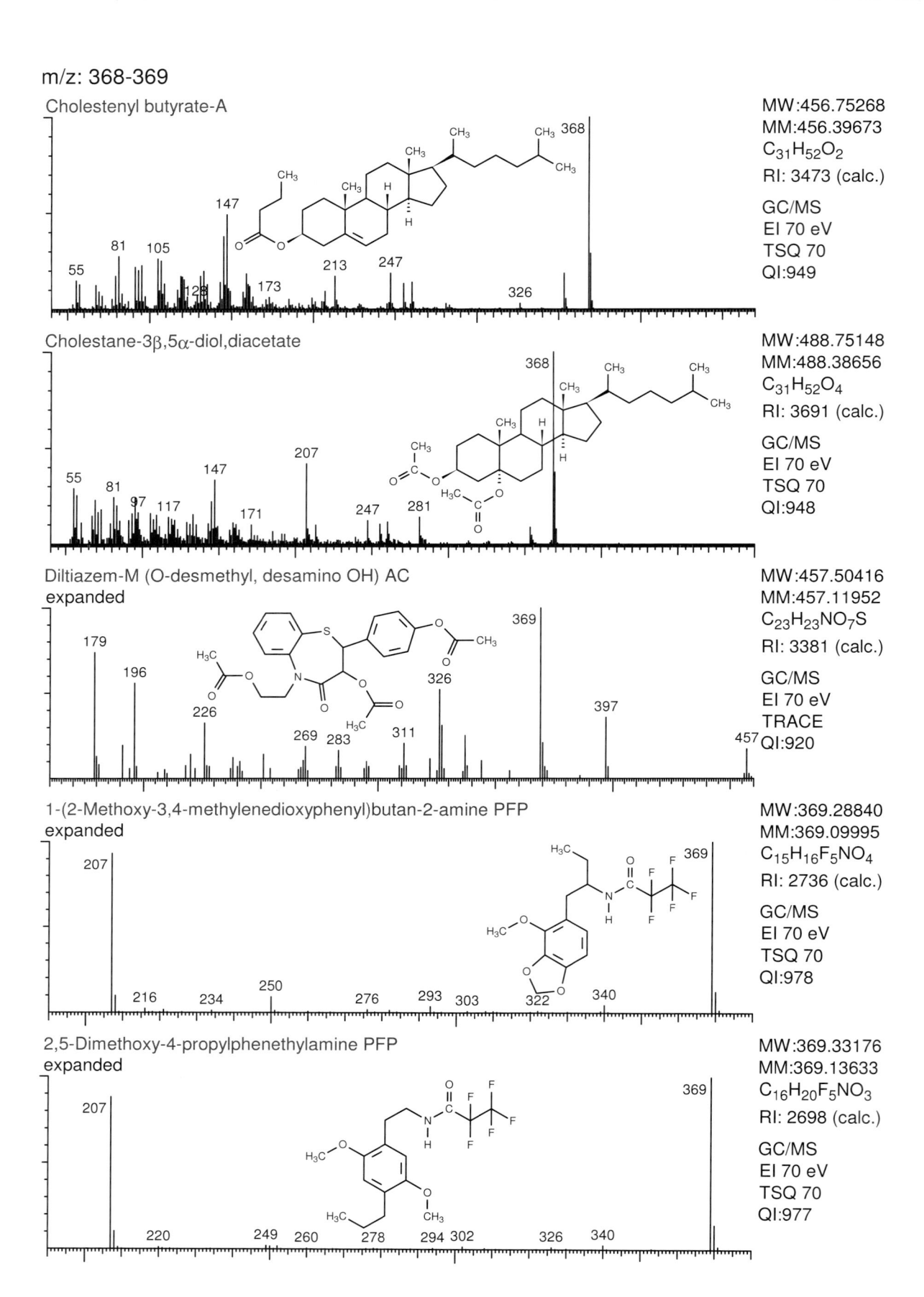

Cholestenyl butyrate-A

MW:456.75268
MM:456.39673
$C_{31}H_{52}O_2$
RI: 3473 (calc.)

GC/MS
EI 70 eV
TSQ 70
QI:949

Cholestane-3β,5α-diol,diacetate

MW:488.75148
MM:488.38656
$C_{31}H_{52}O_4$
RI: 3691 (calc.)

GC/MS
EI 70 eV
TSQ 70
QI:948

Diltiazem-M (O-desmethyl, desamino OH) AC
expanded

MW:457.50416
MM:457.11952
$C_{23}H_{23}NO_7S$
RI: 3381 (calc.)

GC/MS
EI 70 eV
TRACE
QI:920

1-(2-Methoxy-3,4-methylenedioxyphenyl)butan-2-amine PFP
expanded

MW:369.28840
MM:369.09995
$C_{15}H_{16}F_5NO_4$
RI: 2736 (calc.)

GC/MS
EI 70 eV
TSQ 70
QI:978

2,5-Dimethoxy-4-propylphenethylamine PFP
expanded

MW:369.33176
MM:369.13633
$C_{16}H_{20}F_5NO_3$
RI: 2698 (calc.)

GC/MS
EI 70 eV
TSQ 70
QI:977

m/z: 369-370

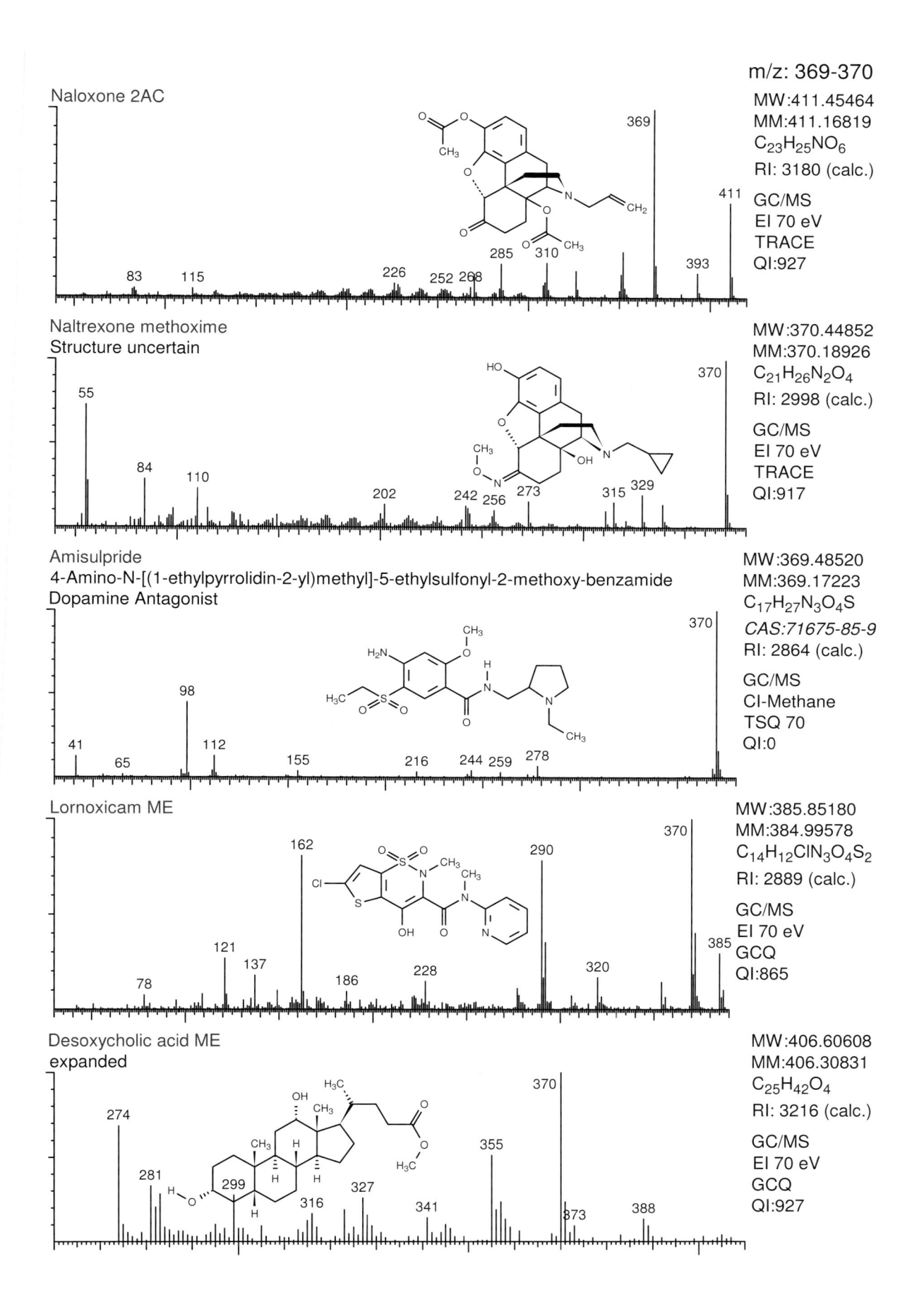

Naloxone 2AC

MW: 411.45464
MM: 411.16819
$C_{23}H_{25}NO_6$
RI: 3180 (calc.)

GC/MS
EI 70 eV
TRACE
QI:927

Peaks: 83, 115, 226, 252, 268, 285, 310, 369, 393, 411

Naltrexone methoxime
Structure uncertain

MW: 370.44852
MM: 370.18926
$C_{21}H_{26}N_2O_4$
RI: 2998 (calc.)

GC/MS
EI 70 eV
TRACE
QI:917

Peaks: 55, 84, 110, 202, 242, 256, 273, 315, 329, 370

Amisulpride
4-Amino-N-[(1-ethylpyrrolidin-2-yl)methyl]-5-ethylsulfonyl-2-methoxy-benzamide
Dopamine Antagonist

MW: 369.48520
MM: 369.17223
$C_{17}H_{27}N_3O_4S$
CAS: 71675-85-9
RI: 2864 (calc.)

GC/MS
CI-Methane
TSQ 70
QI:0

Peaks: 41, 65, 98, 112, 155, 216, 244, 259, 278, 370

Lornoxicam ME

MW: 385.85180
MM: 384.99578
$C_{14}H_{12}ClN_3O_4S_2$
RI: 2889 (calc.)

GC/MS
EI 70 eV
GCQ
QI:865

Peaks: 78, 121, 137, 162, 186, 228, 290, 320, 370, 385

Desoxycholic acid ME
expanded

MW: 406.60608
MM: 406.30831
$C_{25}H_{42}O_4$
RI: 3216 (calc.)

GC/MS
EI 70 eV
GCQ
QI:927

Peaks: 274, 281, 299, 316, 327, 341, 355, 370, 373, 388

m/z: 370-371

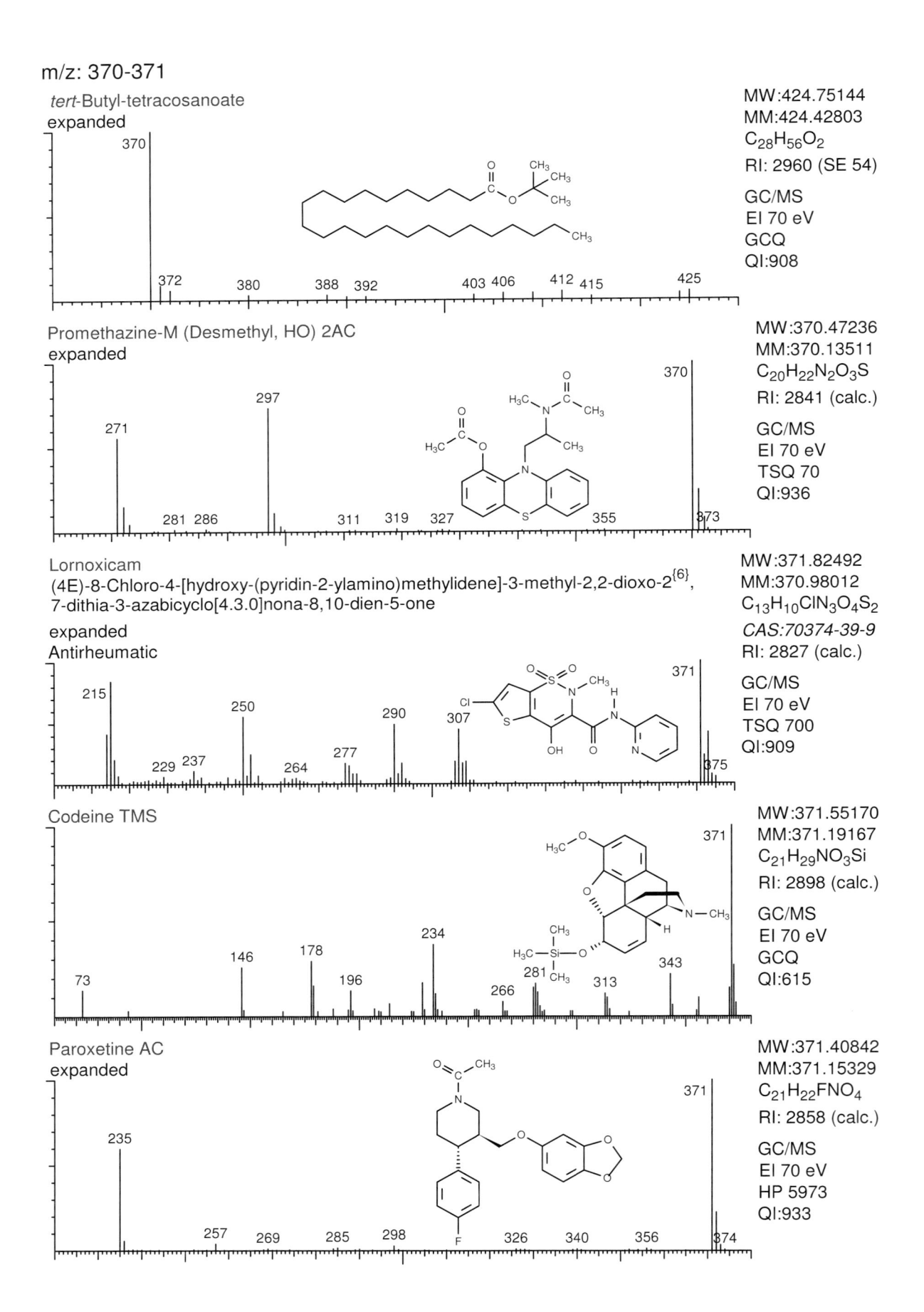

tert-Butyl-tetracosanoate
expanded

MW: 424.75144
MM: 424.42803
$C_{28}H_{56}O_2$
RI: 2960 (SE 54)

GC/MS
EI 70 eV
GCQ
QI: 908

Promethazine-M (Desmethyl, HO) 2AC
expanded

MW: 370.47236
MM: 370.13511
$C_{20}H_{22}N_2O_3S$
RI: 2841 (calc.)

GC/MS
EI 70 eV
TSQ 70
QI: 936

Lornoxicam
(4E)-8-Chloro-4-[hydroxy-(pyridin-2-ylamino)methylidene]-3-methyl-2,2-dioxo-2{6},
7-dithia-3-azabicyclo[4.3.0]nona-8,10-dien-5-one
expanded
Antirheumatic

MW: 371.82492
MM: 370.98012
$C_{13}H_{10}ClN_3O_4S_2$
CAS: 70374-39-9
RI: 2827 (calc.)

GC/MS
EI 70 eV
TSQ 700
QI: 909

Codeine TMS

MW: 371.55170
MM: 371.19167
$C_{21}H_{29}NO_3Si$
RI: 2898 (calc.)

GC/MS
EI 70 eV
GCQ
QI: 615

Paroxetine AC
expanded

MW: 371.40842
MM: 371.15329
$C_{21}H_{22}FNO_4$
RI: 2858 (calc.)

GC/MS
EI 70 eV
HP 5973
QI: 933

m/z: 371

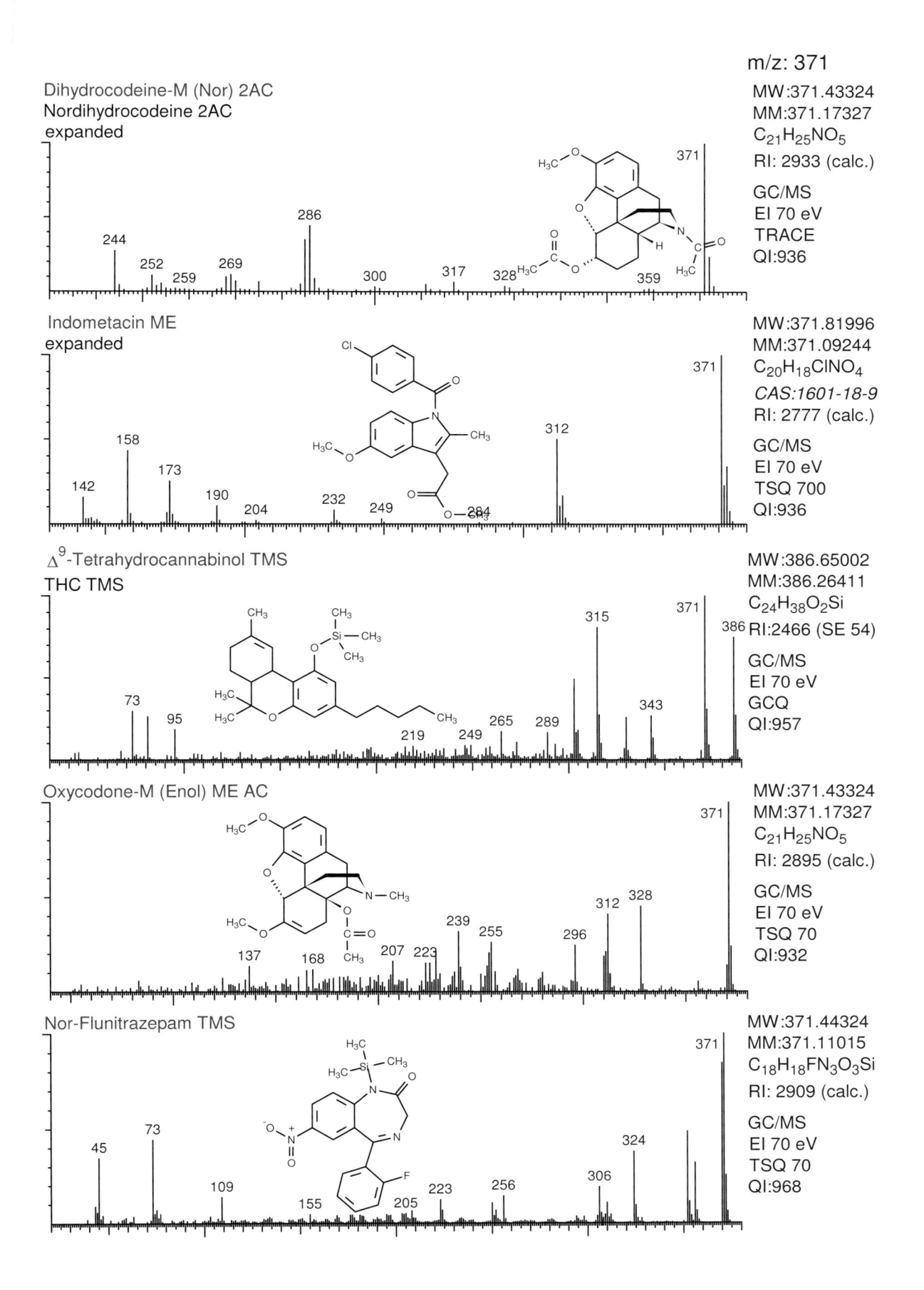

Dihydrocodeine-M (Nor) 2AC
Nordihydrocodeine 2AC
expanded

Peaks: 244, 252, 259, 269, 286, 300, 317, 328, 359, 371

MW: 371.43324
MM: 371.17327
$C_{21}H_{25}NO_5$
RI: 2933 (calc.)

GC/MS
EI 70 eV
TRACE
QI: 936

Indometacin ME
expanded

Peaks: 142, 158, 173, 190, 204, 232, 249, 284, 312, 371

MW: 371.81996
MM: 371.09244
$C_{20}H_{18}ClNO_4$
CAS: 1601-18-9
RI: 2777 (calc.)

GC/MS
EI 70 eV
TSQ 700
QI: 936

Δ^9-Tetrahydrocannabinol TMS
THC TMS

Peaks: 73, 95, 219, 249, 265, 289, 315, 343, 371, 386

MW: 386.65002
MM: 386.26411
$C_{24}H_{38}O_2Si$
RI: 2466 (SE 54)

GC/MS
EI 70 eV
GCQ
QI: 957

Oxycodone-M (Enol) ME AC

Peaks: 137, 168, 207, 223, 239, 255, 296, 312, 328, 371

MW: 371.43324
MM: 371.17327
$C_{21}H_{25}NO_5$
RI: 2895 (calc.)

GC/MS
EI 70 eV
TSQ 70
QI: 932

Nor-Flunitrazepam TMS

Peaks: 45, 73, 109, 155, 205, 223, 256, 306, 324, 371

MW: 371.44324
MM: 371.11015
$C_{18}H_{18}FN_3O_3Si$
RI: 2909 (calc.)

GC/MS
EI 70 eV
TSQ 70
QI: 968

m/z: 371-373

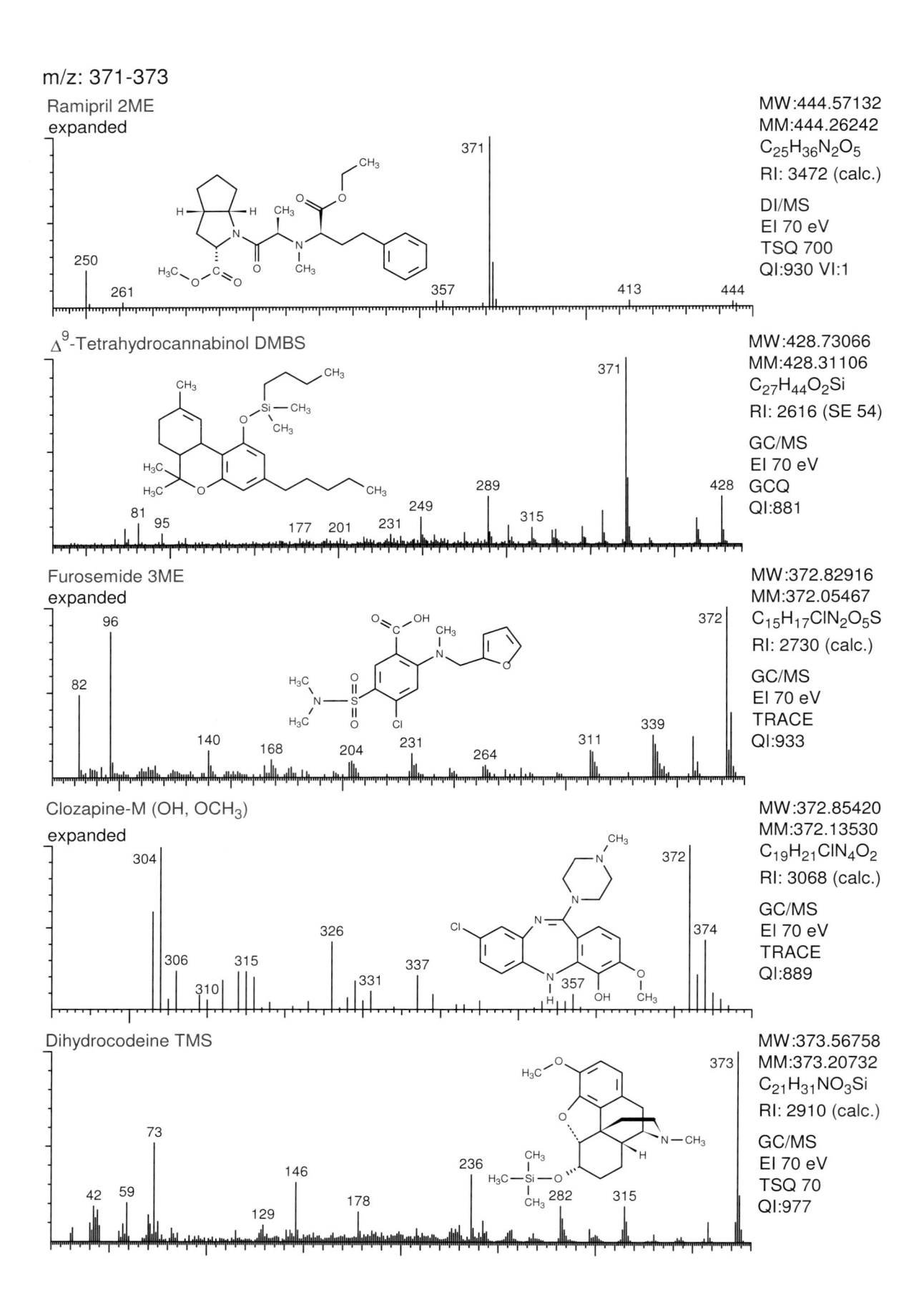

Ramipril 2ME expanded

MW: 444.57132
MM: 444.26242
C$_{25}$H$_{36}$N$_2$O$_5$
RI: 3472 (calc.)

DI/MS
EI 70 eV
TSQ 700
QI:930 VI:1

Peaks: 250, 261, 357, 371, 413, 444

Δ^9-Tetrahydrocannabinol DMBS

MW: 428.73066
MM: 428.31106
C$_{27}$H$_{44}$O$_2$Si
RI: 2616 (SE 54)

GC/MS
EI 70 eV
GCQ
QI:881

Peaks: 81, 95, 177, 201, 231, 249, 289, 315, 371, 428

Furosemide 3ME expanded

MW: 372.82916
MM: 372.05467
C$_{15}$H$_{17}$ClN$_2$O$_5$S
RI: 2730 (calc.)

GC/MS
EI 70 eV
TRACE
QI:933

Peaks: 82, 96, 140, 168, 204, 231, 264, 311, 339, 372

Clozapine-M (OH, OCH$_3$) expanded

MW: 372.85420
MM: 372.13530
C$_{19}$H$_{21}$ClN$_4$O$_2$
RI: 3068 (calc.)

GC/MS
EI 70 eV
TRACE
QI:889

Peaks: 304, 306, 310, 315, 326, 331, 337, 357, 372, 374

Dihydrocodeine TMS

MW: 373.56758
MM: 373.20732
C$_{21}$H$_{31}$NO$_3$Si
RI: 2910 (calc.)

GC/MS
EI 70 eV
TSQ 70
QI:977

Peaks: 42, 59, 73, 129, 146, 178, 236, 282, 315, 373

m/z: 373-374

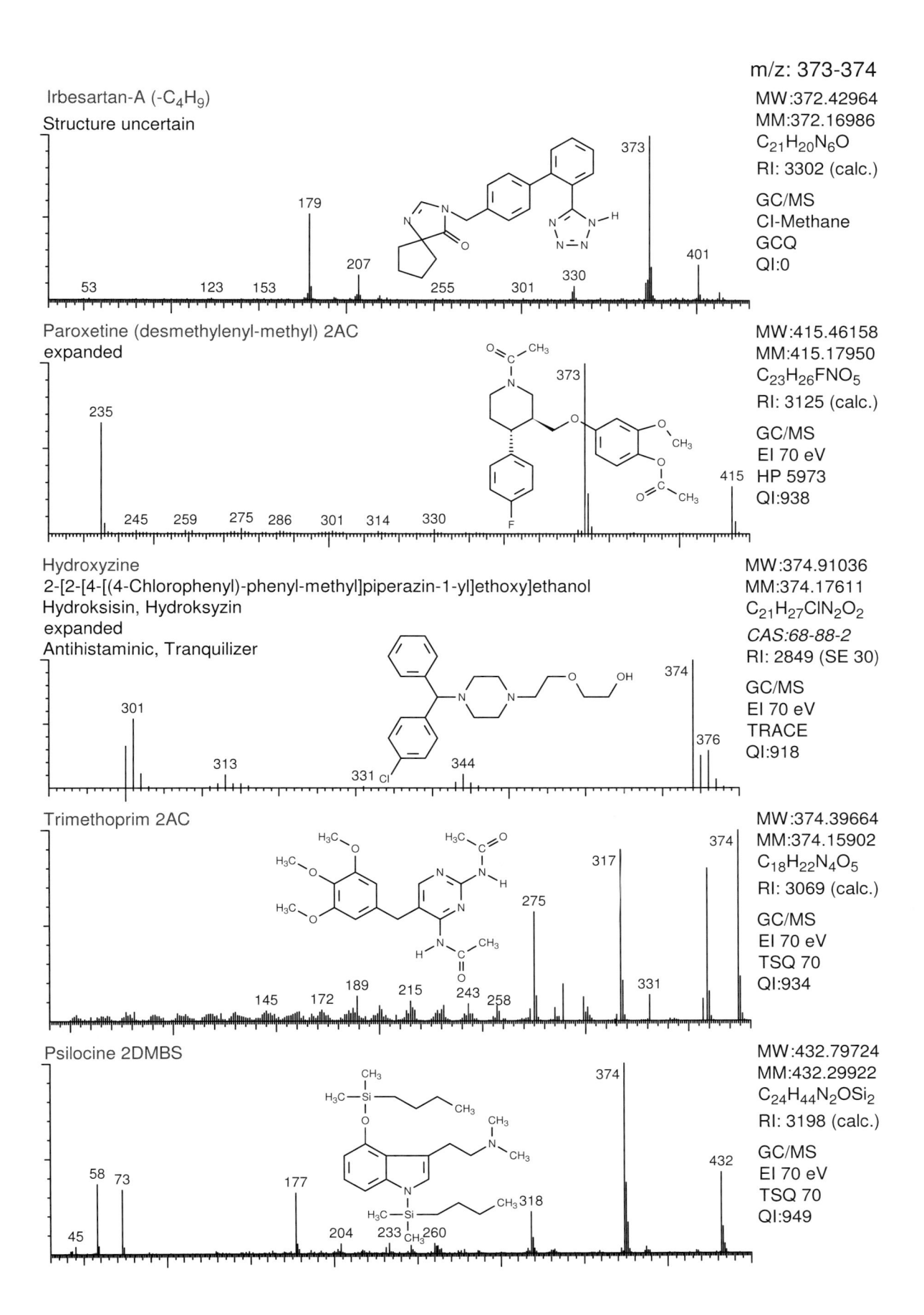

Irbesartan-A (-C₄H₉)
Structure uncertain

Peaks: 53, 123, 153, 179, 207, 255, 301, 330, 373, 401

MW: 372.42964
MM: 372.16986
$C_{21}H_{20}N_6O$
RI: 3302 (calc.)

GC/MS
CI-Methane
GCQ
QI: 0

Paroxetine (desmethylenyl-methyl) 2AC
expanded

Peaks: 235, 245, 259, 275, 286, 301, 314, 330, 373, 415

MW: 415.46158
MM: 415.17950
$C_{23}H_{26}FNO_5$
RI: 3125 (calc.)

GC/MS
EI 70 eV
HP 5973
QI: 938

Hydroxyzine
2-[2-[4-[(4-Chlorophenyl)-phenyl-methyl]piperazin-1-yl]ethoxy]ethanol
Hydroksisin, Hydroksyzin
expanded
Antihistaminic, Tranquilizer

Peaks: 301, 313, 331, 344, 374, 376

MW: 374.91036
MM: 374.17611
$C_{21}H_{27}ClN_2O_2$
CAS: 68-88-2
RI: 2849 (SE 30)

GC/MS
EI 70 eV
TRACE
QI: 918

Trimethoprim 2AC

Peaks: 145, 172, 189, 215, 243, 258, 275, 317, 331, 374

MW: 374.39664
MM: 374.15902
$C_{18}H_{22}N_4O_5$
RI: 3069 (calc.)

GC/MS
EI 70 eV
TSQ 70
QI: 934

Psilocine 2DMBS

Peaks: 45, 58, 73, 177, 204, 233, 260, 318, 374, 432

MW: 432.79724
MM: 432.29922
$C_{24}H_{44}N_2OSi_2$
RI: 3198 (calc.)

GC/MS
EI 70 eV
TSQ 70
QI: 949

m/z: 374-375

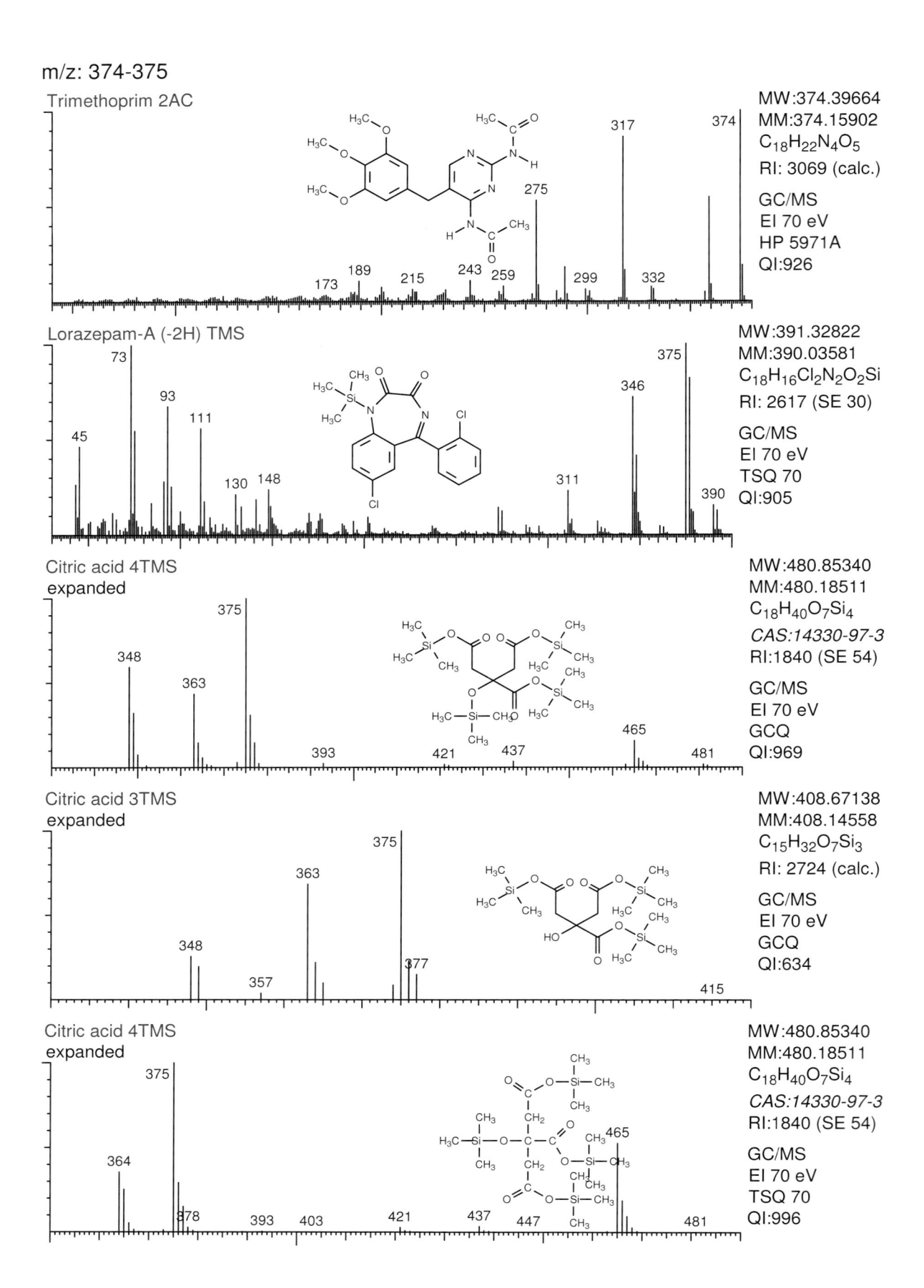

Trimethoprim 2AC

MW:374.39664
MM:374.15902
$C_{18}H_{22}N_4O_5$
RI: 3069 (calc.)

GC/MS
EI 70 eV
HP 5971A
QI:926

Peaks: 173, 189, 215, 243, 259, 275, 299, 317, 332, 374

Lorazepam-A (-2H) TMS

MW:391.32822
MM:390.03581
$C_{18}H_{16}Cl_2N_2O_2Si$
RI: 2617 (SE 30)

GC/MS
EI 70 eV
TSQ 70
QI:905

Peaks: 45, 73, 93, 111, 130, 148, 311, 346, 375, 390

Citric acid 4TMS expanded

MW:480.85340
MM:480.18511
$C_{18}H_{40}O_7Si_4$
CAS:14330-97-3
RI:1840 (SE 54)

GC/MS
EI 70 eV
GCQ
QI:969

Peaks: 348, 363, 375, 393, 421, 437, 465, 481

Citric acid 3TMS expanded

MW:408.67138
MM:408.14558
$C_{15}H_{32}O_7Si_3$
RI: 2724 (calc.)

GC/MS
EI 70 eV
GCQ
QI:634

Peaks: 348, 357, 363, 375, 377, 415

Citric acid 4TMS expanded

MW:480.85340
MM:480.18511
$C_{18}H_{40}O_7Si_4$
CAS:14330-97-3
RI:1840 (SE 54)

GC/MS
EI 70 eV
TSQ 70
QI:996

Peaks: 364, 375, 378, 393, 403, 421, 437, 447, 465, 481

Chlorprothixene-M (H₂O) AC
expanded

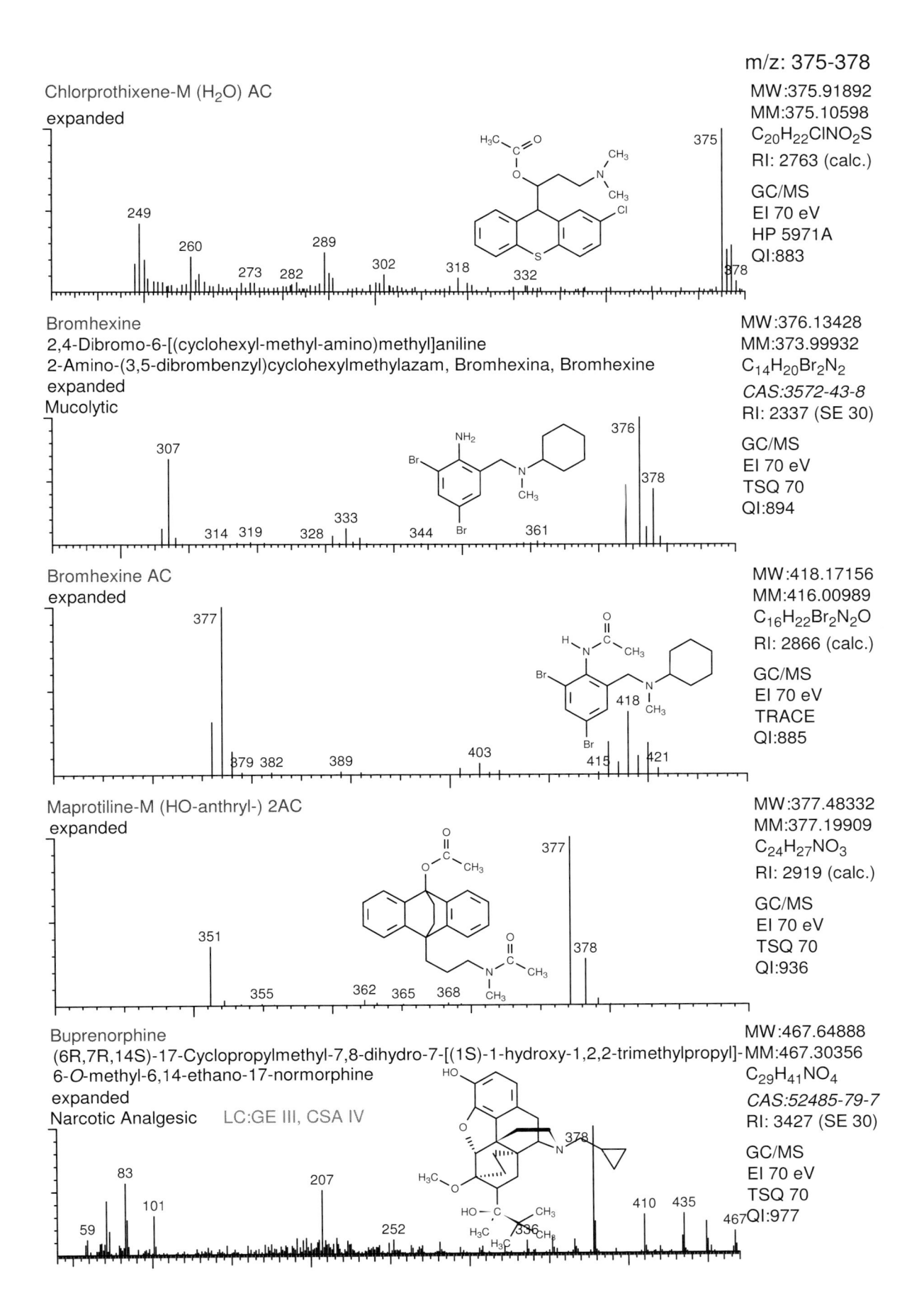

m/z: 375-378
MW: 375.91892
MM: 375.10598
$C_{20}H_{22}ClNO_2S$
RI: 2763 (calc.)

GC/MS
EI 70 eV
HP 5971A
QI: 883

Bromhexine
2,4-Dibromo-6-[(cyclohexyl-methyl-amino)methyl]aniline
2-Amino-(3,5-dibrombenzyl)cyclohexylmethylazam, Bromhexina, Bromhexine
expanded
Mucolytic

MW: 376.13428
MM: 373.99932
$C_{14}H_{20}Br_2N_2$
CAS: 3572-43-8
RI: 2337 (SE 30)

GC/MS
EI 70 eV
TSQ 70
QI: 894

Bromhexine AC
expanded

MW: 418.17156
MM: 416.00989
$C_{16}H_{22}Br_2N_2O$
RI: 2866 (calc.)

GC/MS
EI 70 eV
TRACE
QI: 885

Maprotiline-M (HO-anthryl-) 2AC
expanded

MW: 377.48332
MM: 377.19909
$C_{24}H_{27}NO_3$
RI: 2919 (calc.)

GC/MS
EI 70 eV
TSQ 70
QI: 936

Buprenorphine
(6R,7R,14S)-17-Cyclopropylmethyl-7,8-dihydro-7-[(1S)-1-hydroxy-1,2,2-trimethylpropyl]-
6-O-methyl-6,14-ethano-17-normorphine
expanded
Narcotic Analgesic   LC: GE III, CSA IV

MW: 467.64888
MM: 467.30356
$C_{29}H_{41}NO_4$
CAS: 52485-79-7
RI: 3427 (SE 30)

GC/MS
EI 70 eV
TSQ 70
QI: 977

m/z: 378-379

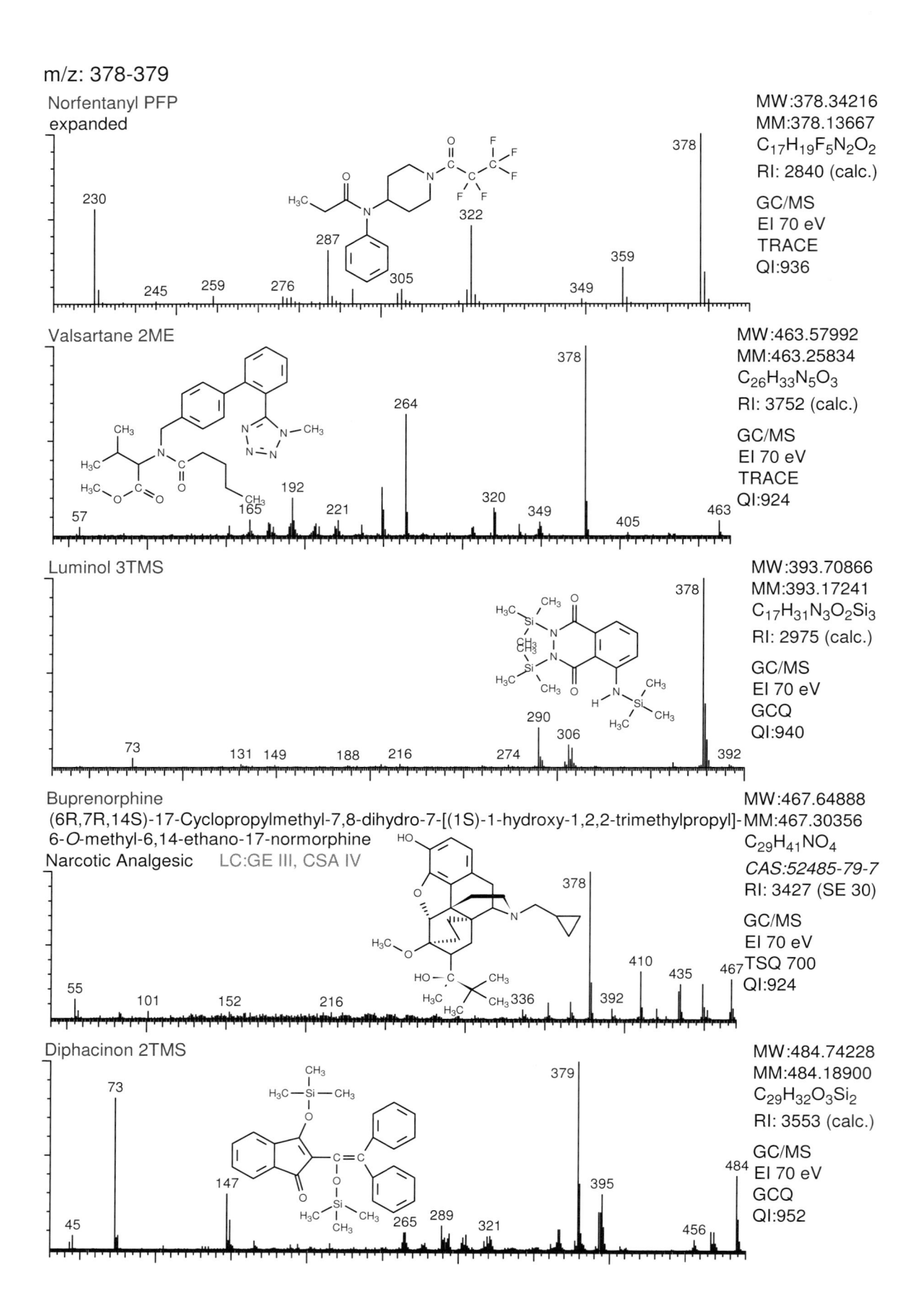

Norfentanyl PFP
expanded

MW: 378.34216
MM: 378.13667
$C_{17}H_{19}F_5N_2O_2$
RI: 2840 (calc.)

GC/MS
EI 70 eV
TRACE
QI: 936

Peaks: 230, 245, 259, 276, 287, 305, 322, 349, 359, 378

Valsartane 2ME

MW: 463.57992
MM: 463.25834
$C_{26}H_{33}N_5O_3$
RI: 3752 (calc.)

GC/MS
EI 70 eV
TRACE
QI: 924

Peaks: 57, 165, 192, 221, 264, 320, 349, 378, 405, 463

Luminol 3TMS

MW: 393.70866
MM: 393.17241
$C_{17}H_{31}N_3O_2Si_3$
RI: 2975 (calc.)

GC/MS
EI 70 eV
GCQ
QI: 940

Peaks: 73, 131, 149, 188, 216, 274, 290, 306, 378, 392

Buprenorphine
(6R,7R,14S)-17-Cyclopropylmethyl-7,8-dihydro-7-[(1S)-1-hydroxy-1,2,2-trimethylpropyl]-6-O-methyl-6,14-ethano-17-normorphine
Narcotic Analgesic   LC:GE III, CSA IV

MW: 467.64888
MM: 467.30356
$C_{29}H_{41}NO_4$
CAS: 52485-79-7
RI: 3427 (SE 30)

GC/MS
EI 70 eV
TSQ 700
QI: 924

Peaks: 55, 101, 152, 216, 336, 378, 392, 410, 435, 467

Diphacinon 2TMS

MW: 484.74228
MM: 484.18900
$C_{29}H_{32}O_3Si_2$
RI: 3553 (calc.)

GC/MS
EI 70 eV
GCQ
QI: 952

Peaks: 45, 73, 147, 265, 289, 321, 379, 395, 456, 484

m/z: 379-380

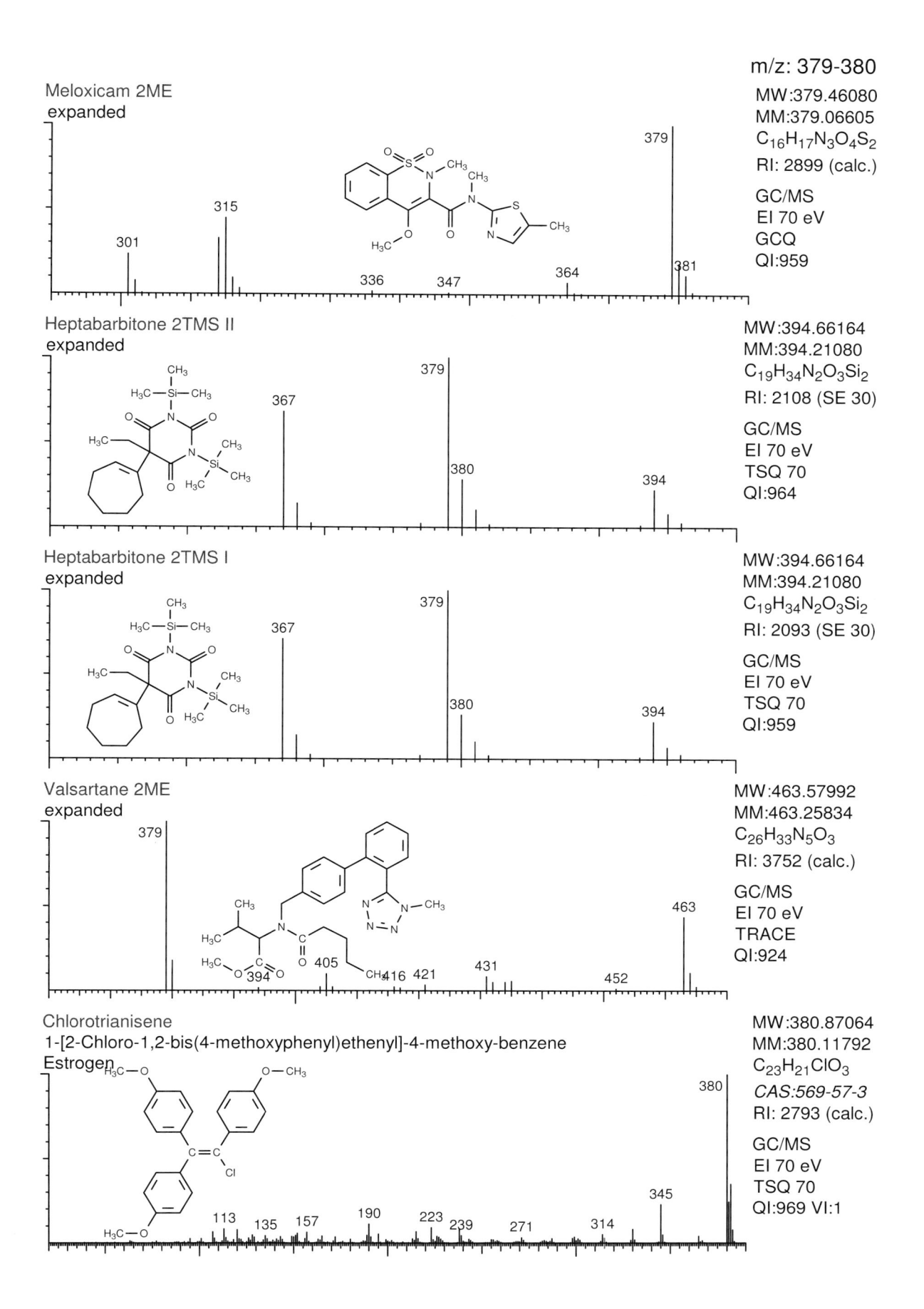

Meloxicam 2ME expanded

MW: 379.46080
MM: 379.06605
$C_{16}H_{17}N_3O_4S_2$
RI: 2899 (calc.)

GC/MS
EI 70 eV
GCQ
QI: 959

Peaks: 301, 315, 336, 347, 364, 379, 381

Heptabarbitone 2TMS II expanded

MW: 394.66164
MM: 394.21080
$C_{19}H_{34}N_2O_3Si_2$
RI: 2108 (SE 30)

GC/MS
EI 70 eV
TSQ 70
QI: 964

Peaks: 367, 379, 380, 394

Heptabarbitone 2TMS I expanded

MW: 394.66164
MM: 394.21080
$C_{19}H_{34}N_2O_3Si_2$
RI: 2093 (SE 30)

GC/MS
EI 70 eV
TSQ 70
QI: 959

Peaks: 367, 379, 380, 394

Valsartane 2ME expanded

MW: 463.57992
MM: 463.25834
$C_{26}H_{33}N_5O_3$
RI: 3752 (calc.)

GC/MS
EI 70 eV
TRACE
QI: 924

Peaks: 379, 394, 405, 416, 421, 431, 452, 463

Chlorotrianisene
1-[2-Chloro-1,2-bis(4-methoxyphenyl)ethenyl]-4-methoxy-benzene
Estrogen

MW: 380.87064
MM: 380.11792
$C_{23}H_{21}ClO_3$
CAS: 569-57-3
RI: 2793 (calc.)

GC/MS
EI 70 eV
TSQ 70
QI: 969 VI:1

Peaks: 113, 135, 157, 190, 223, 239, 271, 314, 345, 380

m/z: 381

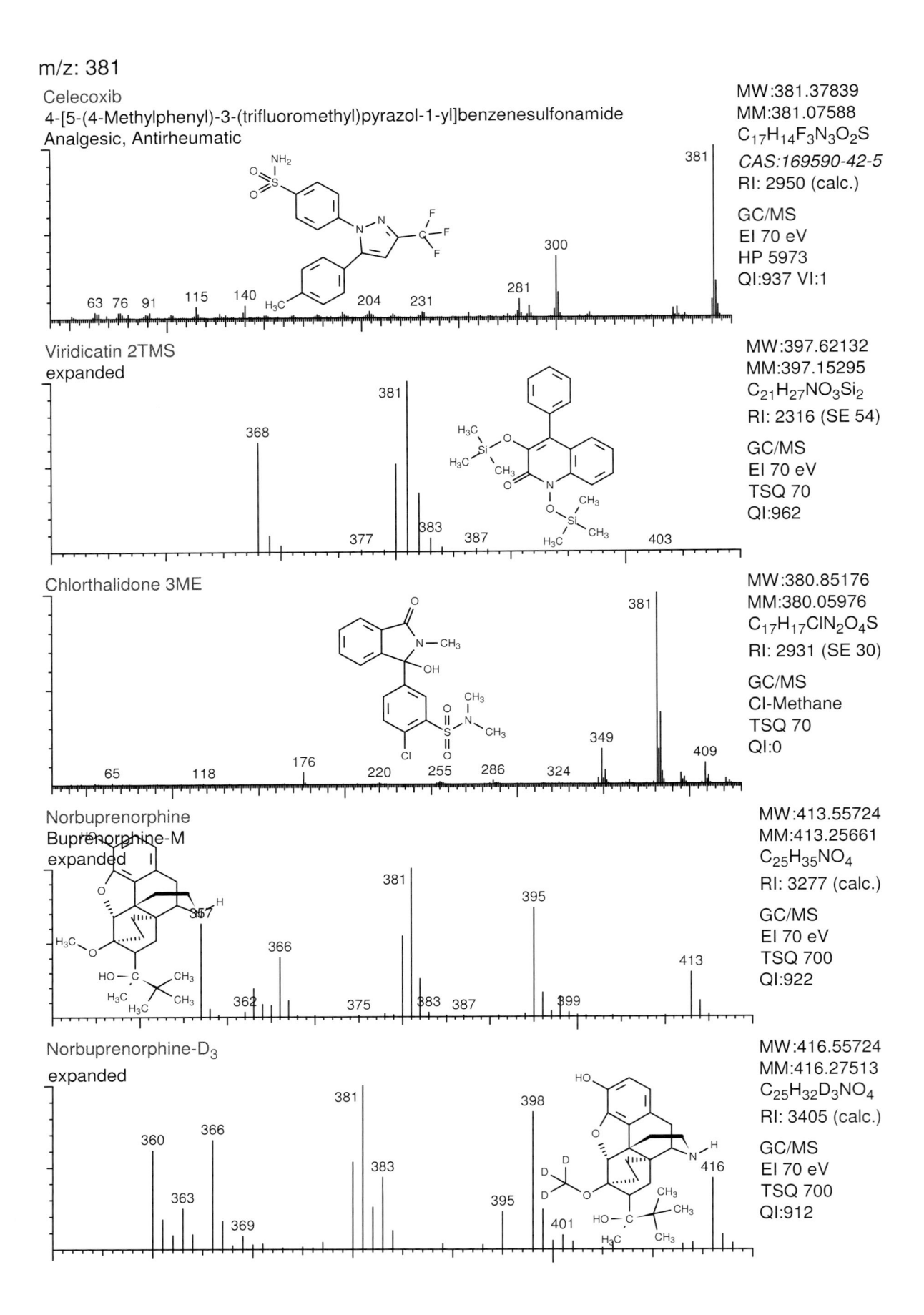

Celecoxib
4-[5-(4-Methylphenyl)-3-(trifluoromethyl)pyrazol-1-yl]benzenesulfonamide
Analgesic, Antirheumatic

MW:381.37839
MM:381.07588
$C_{17}H_{14}F_3N_3O_2S$
CAS:169590-42-5
RI: 2950 (calc.)

GC/MS
EI 70 eV
HP 5973
QI:937 VI:1

Viridicatin 2TMS
expanded

MW:397.62132
MM:397.15295
$C_{21}H_{27}NO_3Si_2$
RI: 2316 (SE 54)

GC/MS
EI 70 eV
TSQ 70
QI:962

Chlorthalidone 3ME

MW:380.85176
MM:380.05976
$C_{17}H_{17}ClN_2O_4S$
RI: 2931 (SE 30)

GC/MS
CI-Methane
TSQ 70
QI:0

Norbuprenorphine
Buprenorphine-M
expanded

MW:413.55724
MM:413.25661
$C_{25}H_{35}NO_4$
RI: 3277 (calc.)

GC/MS
EI 70 eV
TSQ 700
QI:922

Norbuprenorphine-D_3
expanded

MW:416.55724
MM:416.27513
$C_{25}H_{32}D_3NO_4$
RI: 3405 (calc.)

GC/MS
EI 70 eV
TSQ 700
QI:912

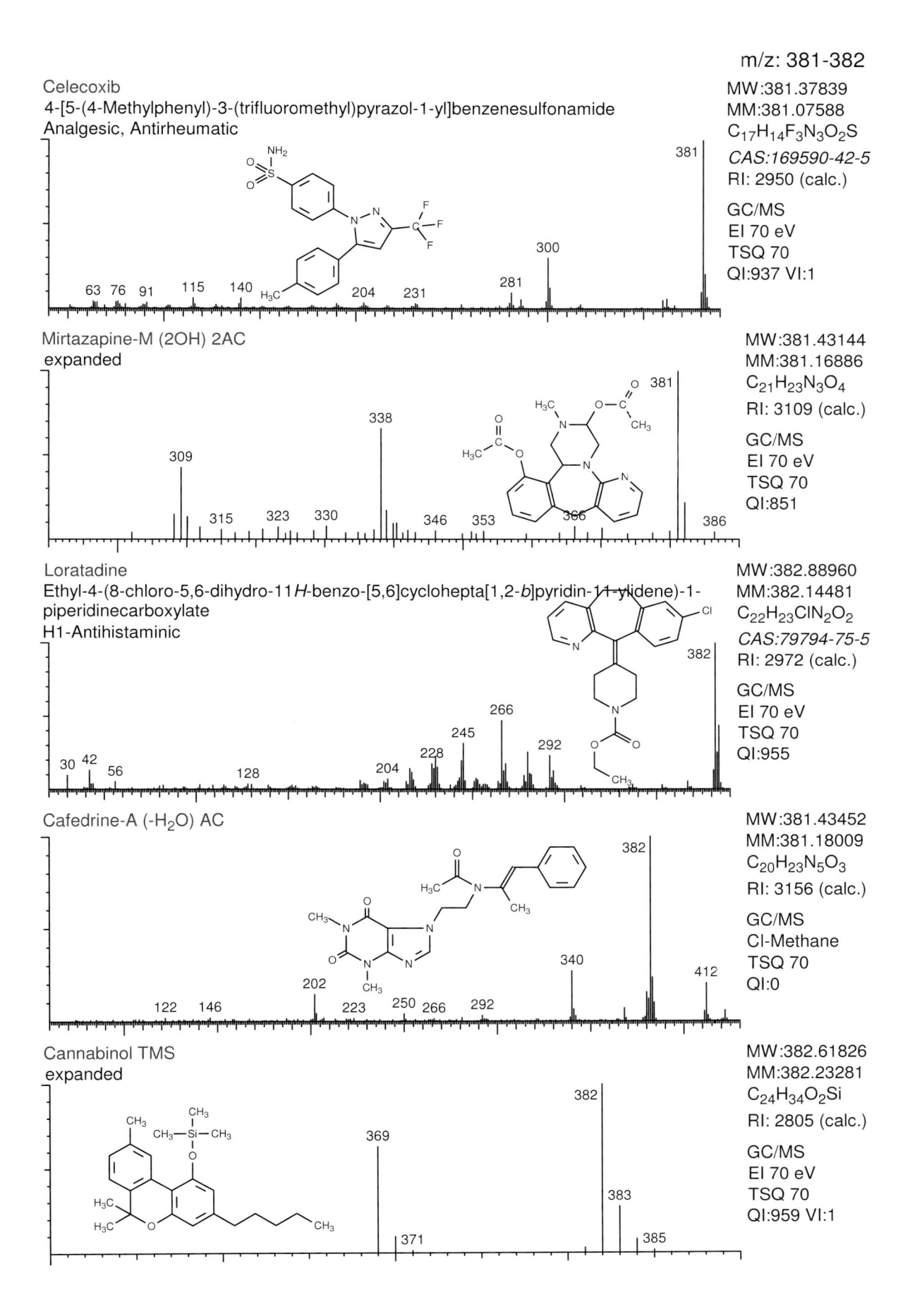

Celecoxib
4-[5-(4-Methylphenyl)-3-(trifluoromethyl)pyrazol-1-yl]benzenesulfonamide
Analgesic, Antirheumatic

m/z: 381-382
MW:381.37839
MM:381.07588
$C_{17}H_{14}F_3N_3O_2S$
CAS:169590-42-5
RI: 2950 (calc.)

GC/MS
EI 70 eV
TSQ 70
QI:937 VI:1

Mirtazapine-M (2OH) 2AC
expanded

MW:381.43144
MM:381.16886
$C_{21}H_{23}N_3O_4$
RI: 3109 (calc.)

GC/MS
EI 70 eV
TSQ 70
QI:851

Loratadine
Ethyl-4-(8-chloro-5,6-dihydro-11H-benzo-[5,6]cyclohepta[1,2-b]pyridin-11-ylidene)-1-piperidinecarboxylate
H1-Antihistaminic

MW:382.88960
MM:382.14481
$C_{22}H_{23}ClN_2O_2$
CAS:79794-75-5
RI: 2972 (calc.)

GC/MS
EI 70 eV
TSQ 70
QI:955

Cafedrine-A (-H₂O) AC

MW:381.43452
MM:381.18009
$C_{20}H_{23}N_5O_3$
RI: 3156 (calc.)

GC/MS
CI-Methane
TSQ 70
QI:0

Cannabinol TMS
expanded

MW:382.61826
MM:382.23281
$C_{24}H_{34}O_2Si$
RI: 2805 (calc.)

GC/MS
EI 70 eV
TSQ 70
QI:959 VI:1

m/z: 382-383

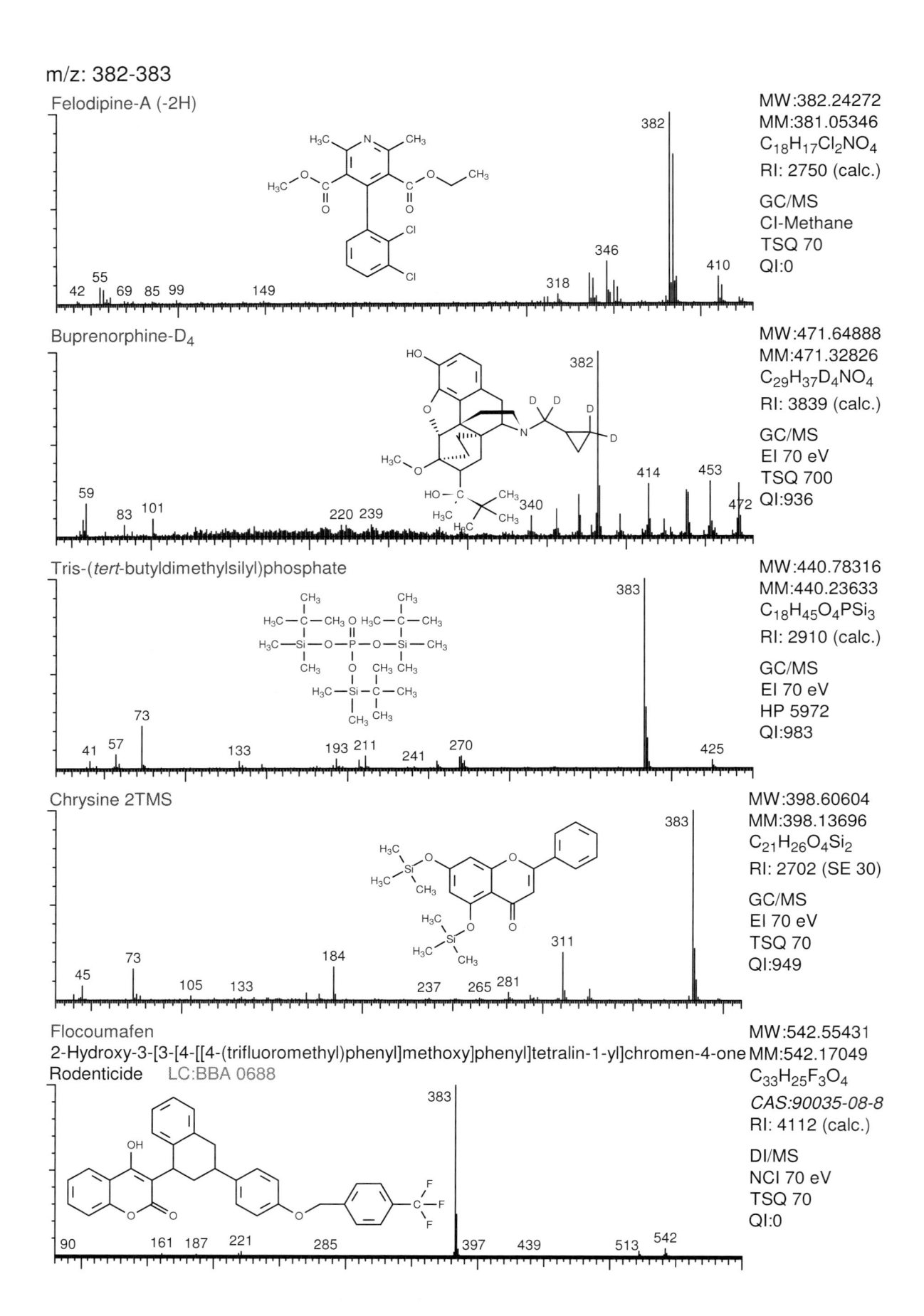

Felodipine-A (-2H)

MW:382.24272
MM:381.05346
$C_{18}H_{17}Cl_2NO_4$
RI: 2750 (calc.)

GC/MS
CI-Methane
TSQ 70
QI:0

Buprenorphine-D_4

MW:471.64888
MM:471.32826
$C_{29}H_{37}D_4NO_4$
RI: 3839 (calc.)

GC/MS
EI 70 eV
TSQ 700
QI:936

Tris-(*tert*-butyldimethylsilyl)phosphate

MW:440.78316
MM:440.23633
$C_{18}H_{45}O_4PSi_3$
RI: 2910 (calc.)

GC/MS
EI 70 eV
HP 5972
QI:983

Chrysine 2TMS

MW:398.60604
MM:398.13696
$C_{21}H_{26}O_4Si_2$
RI: 2702 (SE 30)

GC/MS
EI 70 eV
TSQ 70
QI:949

Flocoumafen
2-Hydroxy-3-[3-[4-[[4-(trifluoromethyl)phenyl]methoxy]phenyl]tetralin-1-yl]chromen-4-one
Rodenticide   LC:BBA 0688

MW:542.55431
MM:542.17049
$C_{33}H_{25}F_3O_4$
CAS:90035-08-8
RI: 4112 (calc.)

DI/MS
NCI 70 eV
TSQ 70
QI:0

m/z: 384-385

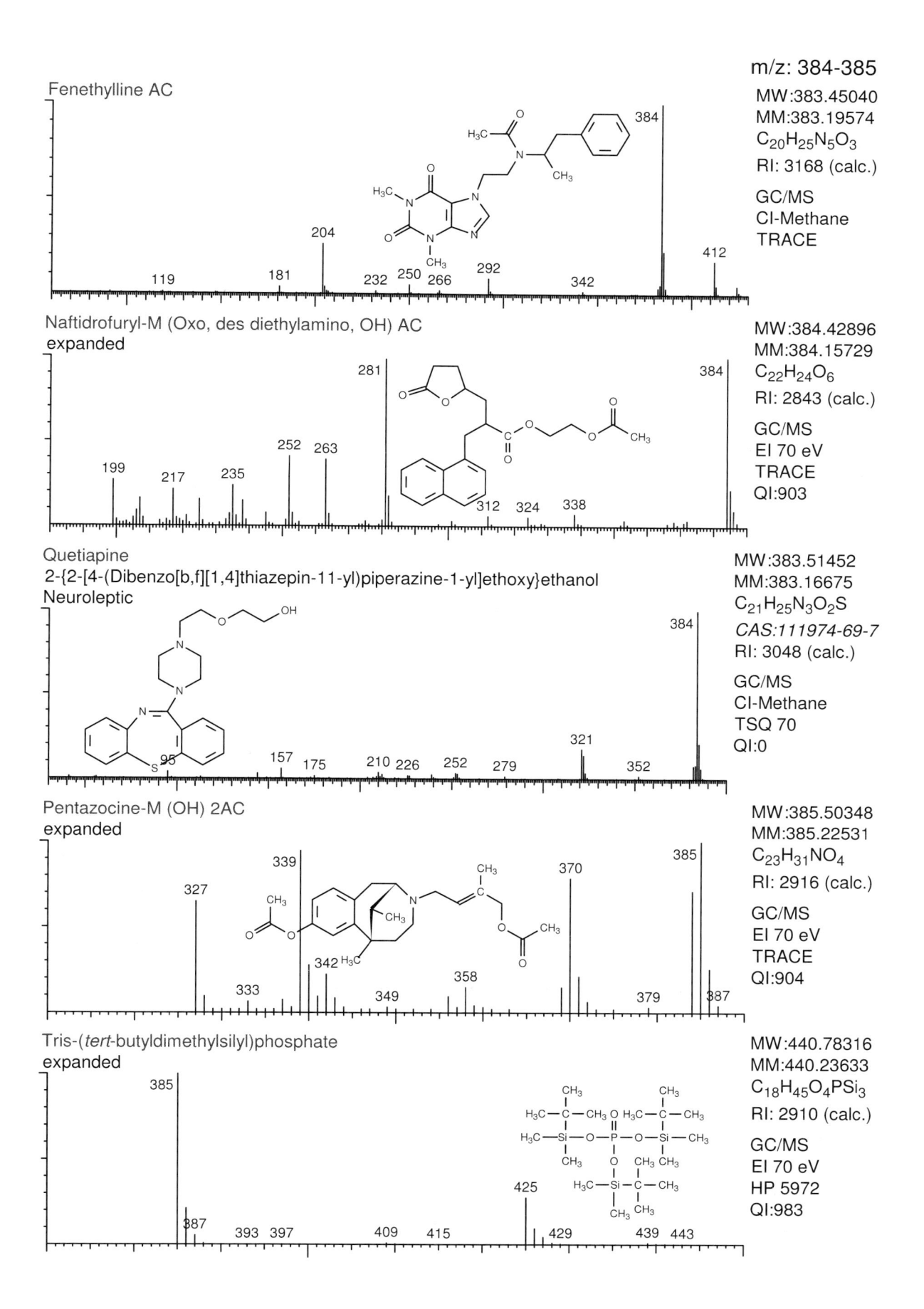

Fenethylline AC

MW: 383.45040
MM: 383.19574
$C_{20}H_{25}N_5O_3$
RI: 3168 (calc.)

GC/MS
CI-Methane
TRACE

Naftidrofuryl-M (Oxo, des diethylamino, OH) AC
expanded

MW: 384.42896
MM: 384.15729
$C_{22}H_{24}O_6$
RI: 2843 (calc.)

GC/MS
EI 70 eV
TRACE
QI: 903

Quetiapine
2-{2-[4-(Dibenzo[b,f][1,4]thiazepin-11-yl)piperazine-1-yl]ethoxy}ethanol
Neuroleptic

MW: 383.51452
MM: 383.16675
$C_{21}H_{25}N_3O_2S$
CAS: 111974-69-7
RI: 3048 (calc.)

GC/MS
CI-Methane
TSQ 70
QI: 0

Pentazocine-M (OH) 2AC
expanded

MW: 385.50348
MM: 385.22531
$C_{23}H_{31}NO_4$
RI: 2916 (calc.)

GC/MS
EI 70 eV
TRACE
QI: 904

Tris-(*tert*-butyldimethylsilyl)phosphate
expanded

MW: 440.78316
MM: 440.23633
$C_{18}H_{45}O_4PSi_3$
RI: 2910 (calc.)

GC/MS
EI 70 eV
HP 5972
QI: 983

m/z: 385-386

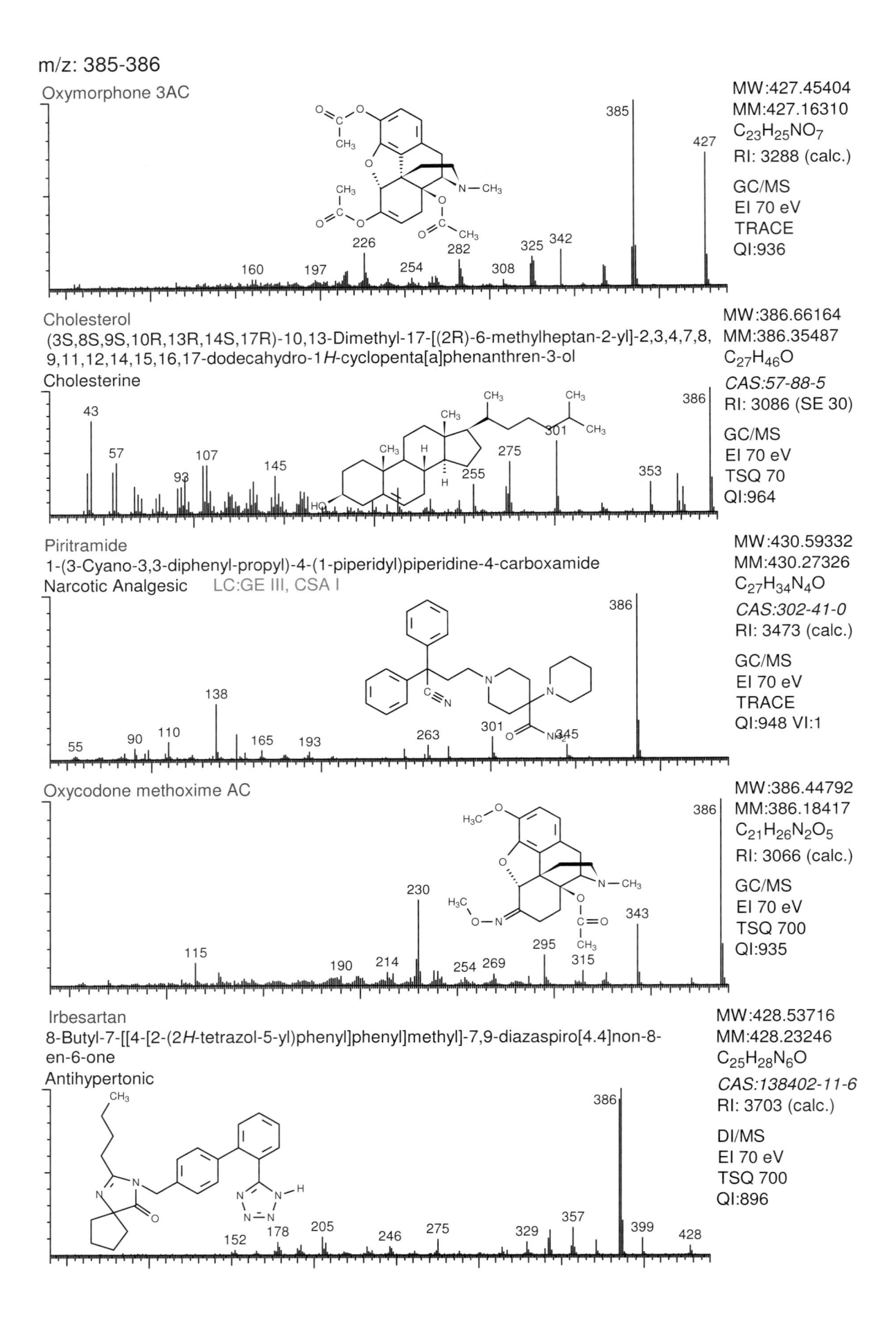

Oxymorphone 3AC

MW: 427.45404
MM: 427.16310
$C_{23}H_{25}NO_7$
RI: 3288 (calc.)

GC/MS
EI 70 eV
TRACE
QI:936

Peaks: 160, 197, 226, 254, 282, 308, 325, 342, 385, 427

Cholesterol
(3S,8S,9S,10R,13R,14S,17R)-10,13-Dimethyl-17-[(2R)-6-methylheptan-2-yl]-2,3,4,7,8,9,11,12,14,15,16,17-dodecahydro-1*H*-cyclopenta[a]phenanthren-3-ol
Cholesterine

MW: 386.66164
MM: 386.35487
$C_{27}H_{46}O$

CAS: 57-88-5
RI: 3086 (SE 30)

GC/MS
EI 70 eV
TSQ 70
QI:964

Peaks: 43, 57, 93, 107, 145, 255, 275, 301, 353, 386

Piritramide
1-(3-Cyano-3,3-diphenyl-propyl)-4-(1-piperidyl)piperidine-4-carboxamide
Narcotic Analgesic   LC:GE III, CSA I

MW: 430.59332
MM: 430.27326
$C_{27}H_{34}N_4O$

CAS: 302-41-0
RI: 3473 (calc.)

GC/MS
EI 70 eV
TRACE
QI:948 VI:1

Peaks: 55, 90, 110, 138, 165, 193, 263, 301, 345, 386

Oxycodone methoxime AC

MW: 386.44792
MM: 386.18417
$C_{21}H_{26}N_2O_5$
RI: 3066 (calc.)

GC/MS
EI 70 eV
TSQ 700
QI:935

Peaks: 115, 190, 214, 230, 254, 269, 295, 315, 343, 386

Irbesartan
8-Butyl-7-[[4-[2-(2*H*-tetrazol-5-yl)phenyl]phenyl]methyl]-7,9-diazaspiro[4.4]non-8-en-6-one
Antihypertonic

MW: 428.53716
MM: 428.23246
$C_{25}H_{28}N_6O$

CAS: 138402-11-6
RI: 3703 (calc.)

DI/MS
EI 70 eV
TSQ 700
QI:896

Peaks: 152, 178, 205, 246, 275, 329, 357, 386, 399, 428

Irbesartan-A (-NH₃)

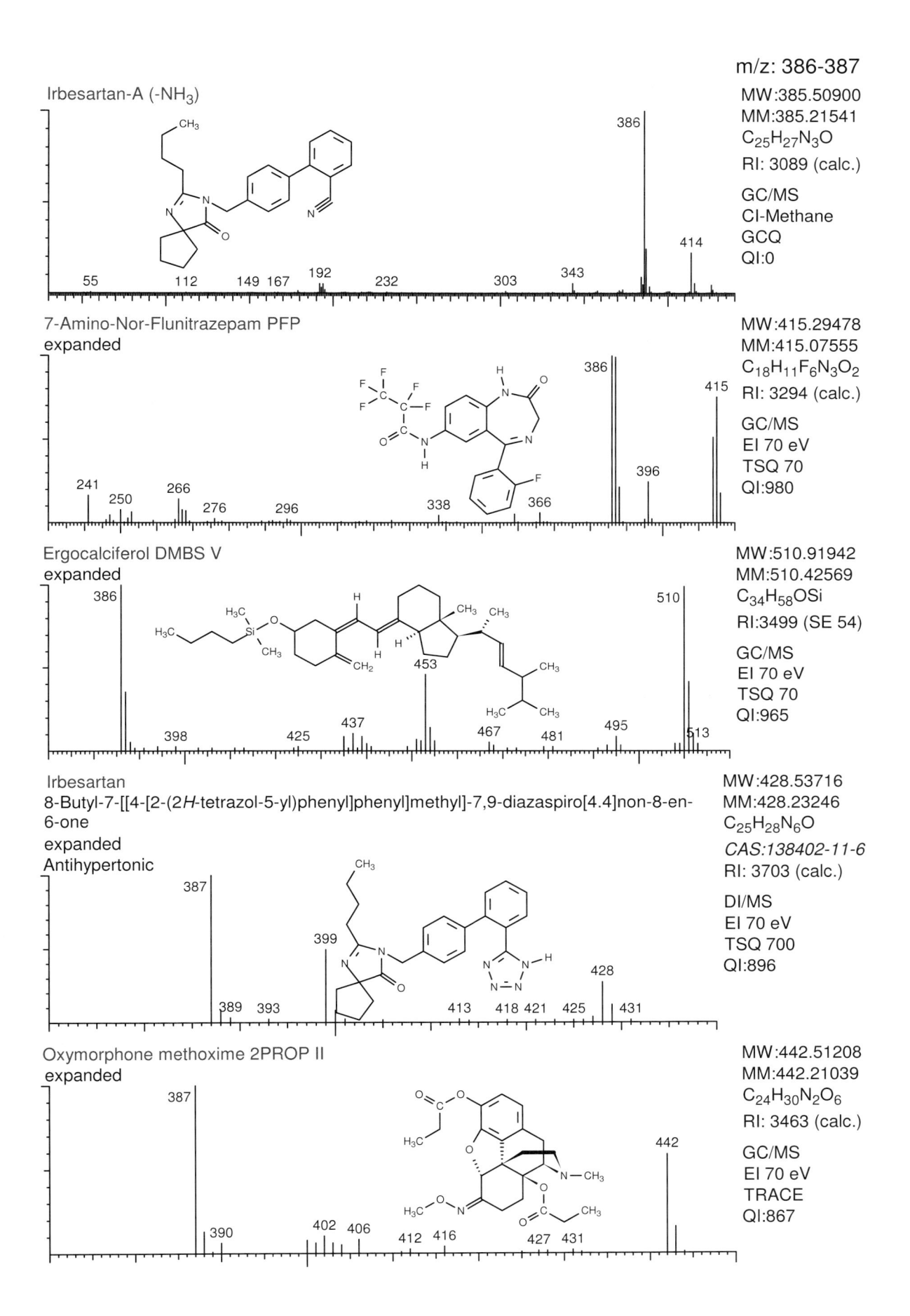

m/z: 386-387
MW: 385.50900
MM: 385.21541
$C_{25}H_{27}N_3O$
RI: 3089 (calc.)

GC/MS
CI-Methane
GCQ
QI:0

7-Amino-Nor-Flunitrazepam PFP
expanded

MW: 415.29478
MM: 415.07555
$C_{18}H_{11}F_6N_3O_2$
RI: 3294 (calc.)

GC/MS
EI 70 eV
TSQ 70
QI:980

Ergocalciferol DMBS V
expanded

MW: 510.91942
MM: 510.42569
$C_{34}H_{58}OSi$
RI: 3499 (SE 54)

GC/MS
EI 70 eV
TSQ 70
QI:965

Irbesartan
8-Butyl-7-[[4-[2-(2H-tetrazol-5-yl)phenyl]phenyl]methyl]-7,9-diazaspiro[4.4]non-8-en-6-one
expanded
Antihypertonic

MW: 428.53716
MM: 428.23246
$C_{25}H_{28}N_6O$
CAS: 138402-11-6
RI: 3703 (calc.)

DI/MS
EI 70 eV
TSQ 700
QI:896

Oxymorphone methoxime 2PROP II
expanded

MW: 442.51208
MM: 442.21039
$C_{24}H_{30}N_2O_6$
RI: 3463 (calc.)

GC/MS
EI 70 eV
TRACE
QI:867

m/z: 388-389

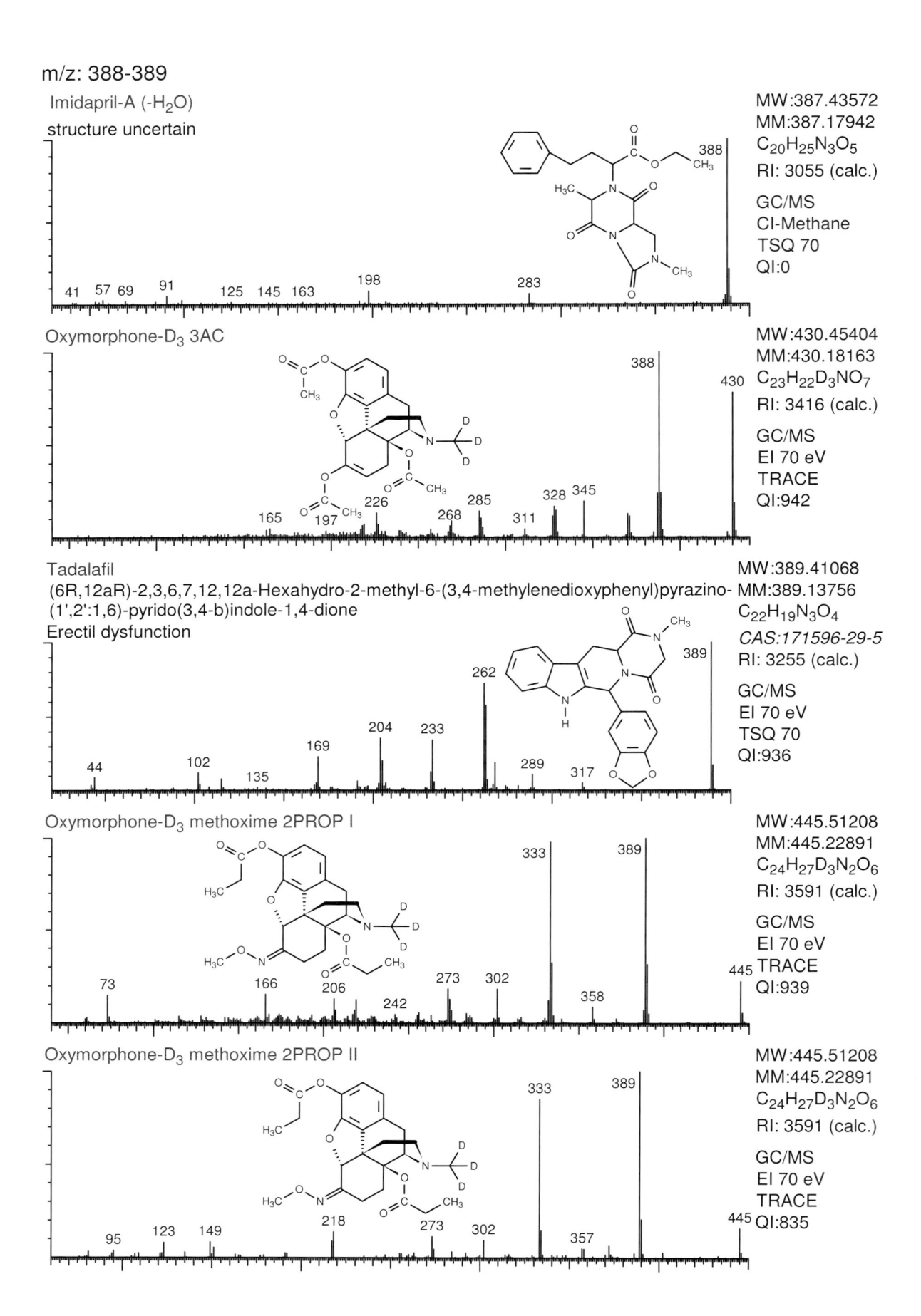

Imidapril-A (-H₂O)
structure uncertain

MW:387.43572
MM:387.17942
$C_{20}H_{25}N_3O_5$
RI: 3055 (calc.)

GC/MS
CI-Methane
TSQ 70
QI:0

Oxymorphone-D₃ 3AC

MW:430.45404
MM:430.18163
$C_{23}H_{22}D_3NO_7$
RI: 3416 (calc.)

GC/MS
EI 70 eV
TRACE
QI:942

Tadalafil
(6R,12aR)-2,3,6,7,12,12a-Hexahydro-2-methyl-6-(3,4-methylenedioxyphenyl)pyrazino-(1',2':1,6)-pyrido(3,4-b)indole-1,4-dione
Erectil dysfunction

MW:389.41068
MM:389.13756
$C_{22}H_{19}N_3O_4$
CAS:171596-29-5
RI: 3255 (calc.)

GC/MS
EI 70 eV
TSQ 70
QI:936

Oxymorphone-D₃ methoxime 2PROP I

MW:445.51208
MM:445.22891
$C_{24}H_{27}D_3N_2O_6$
RI: 3591 (calc.)

GC/MS
EI 70 eV
TRACE
QI:939

Oxymorphone-D₃ methoxime 2PROP II

MW:445.51208
MM:445.22891
$C_{24}H_{27}D_3N_2O_6$
RI: 3591 (calc.)

GC/MS
EI 70 eV
TRACE
QI:835

m/z: 389-390

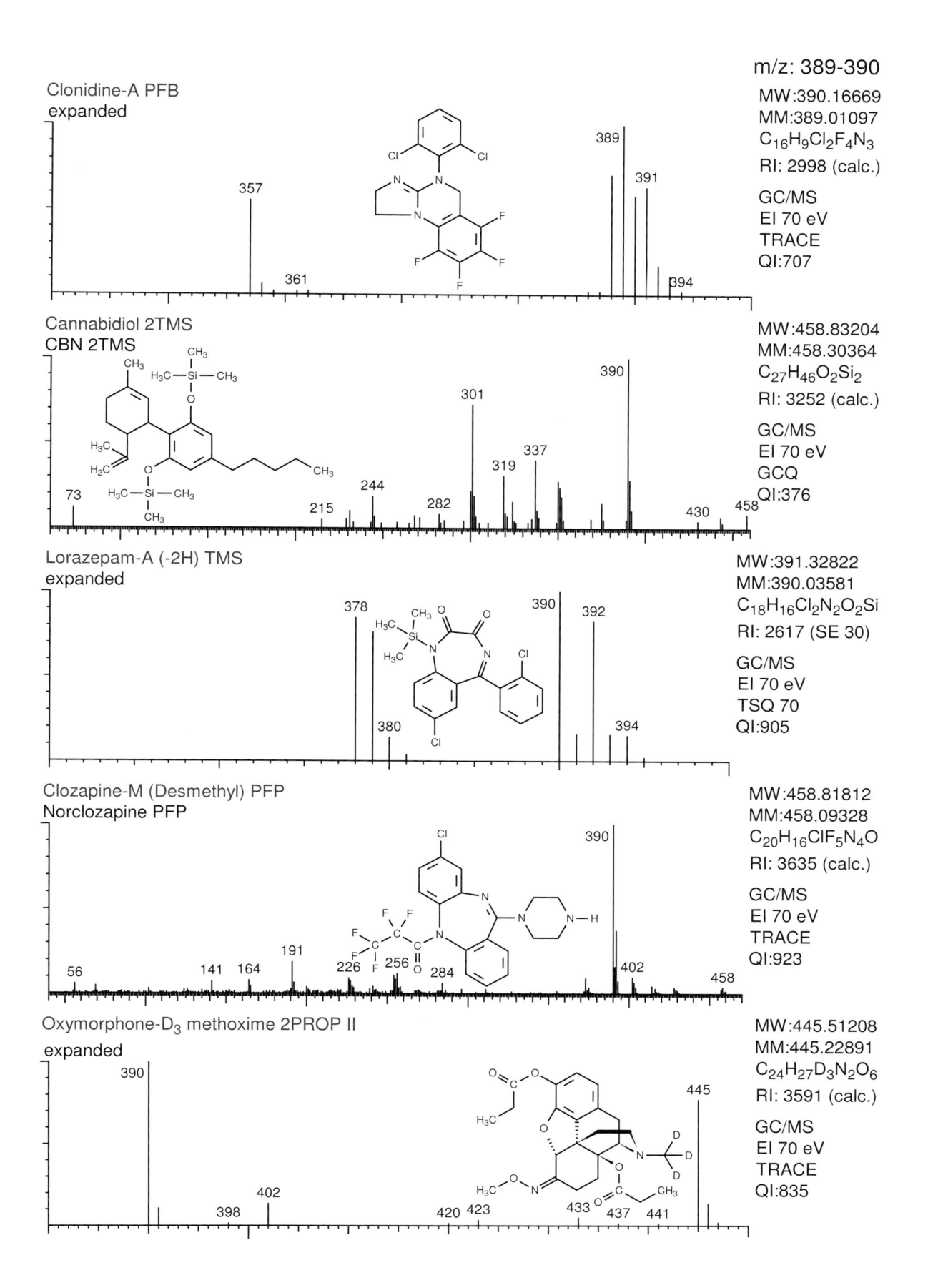

Clonidine-A PFB
expanded

Peaks: 357, 361, 389, 391, 394

MW: 390.16669
MM: 389.01097
$C_{16}H_9Cl_2F_4N_3$
RI: 2998 (calc.)

GC/MS
EI 70 eV
TRACE
QI:707

Cannabidiol 2TMS
CBN 2TMS

Peaks: 73, 215, 244, 282, 301, 319, 337, 390, 430, 458

MW: 458.83204
MM: 458.30364
$C_{27}H_{46}O_2Si_2$
RI: 3252 (calc.)

GC/MS
EI 70 eV
GCQ
QI:376

Lorazepam-A (-2H) TMS
expanded

Peaks: 378, 380, 390, 392, 394

MW: 391.32822
MM: 390.03581
$C_{18}H_{16}Cl_2N_2O_2Si$
RI: 2617 (SE 30)

GC/MS
EI 70 eV
TSQ 70
QI:905

Clozapine-M (Desmethyl) PFP
Norclozapine PFP

Peaks: 56, 141, 164, 191, 226, 256, 284, 390, 402, 458

MW: 458.81812
MM: 458.09328
$C_{20}H_{16}ClF_5N_4O$
RI: 3635 (calc.)

GC/MS
EI 70 eV
TRACE
QI:923

Oxymorphone-D$_3$ methoxime 2PROP II
expanded

Peaks: 390, 398, 402, 420, 423, 433, 437, 441, 445

MW: 445.51208
MM: 445.22891
$C_{24}H_{27}D_3N_2O_6$
RI: 3591 (calc.)

GC/MS
EI 70 eV
TRACE
QI:835

m/z: 391-394

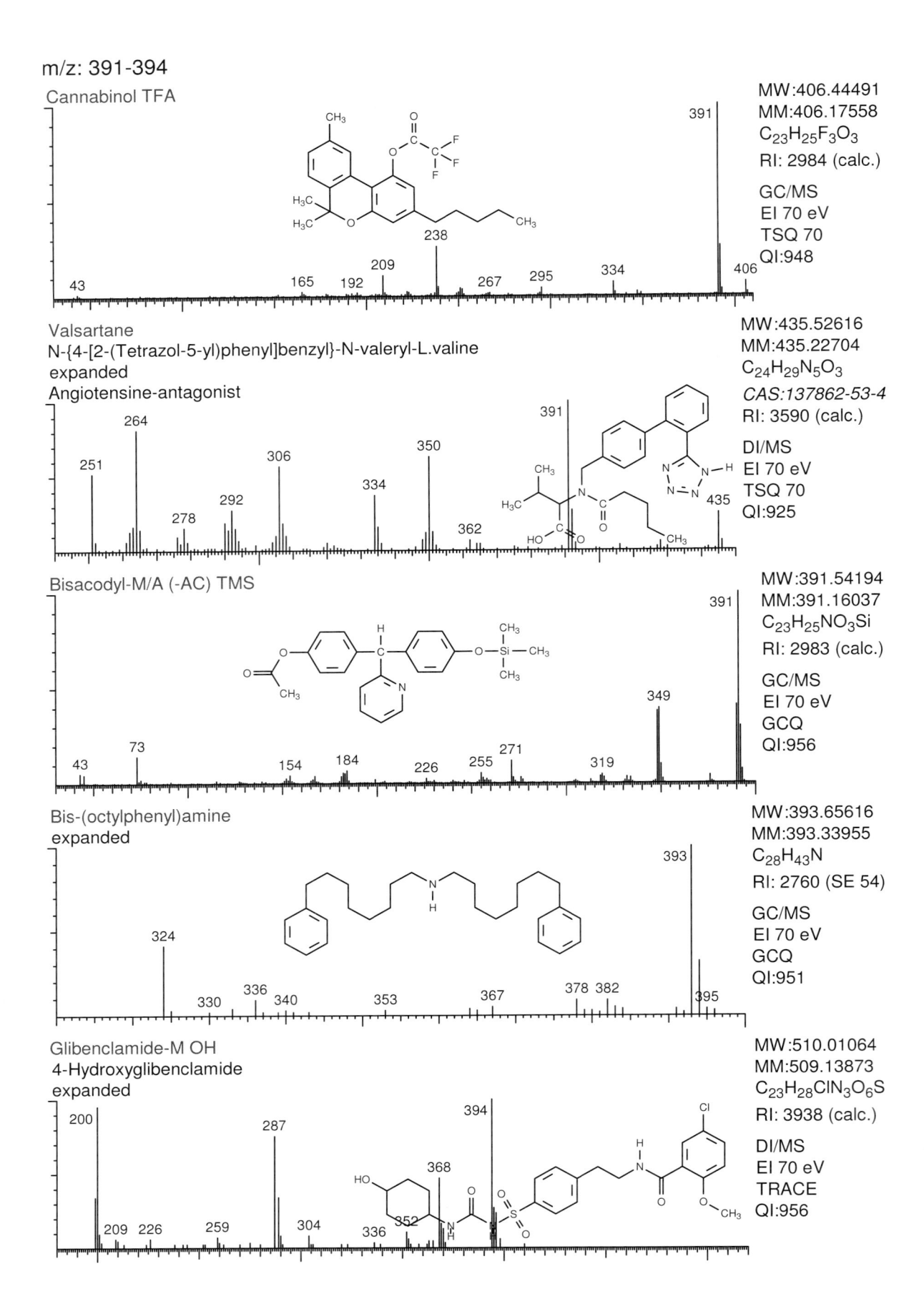

Cannabinol TFA

MW:406.44491
MM:406.17558
$C_{23}H_{25}F_3O_3$
RI: 2984 (calc.)

GC/MS
EI 70 eV
TSQ 70
QI:948

Valsartane
N-{4-[2-(Tetrazol-5-yl)phenyl]benzyl}-N-valeryl-L.valine
expanded
Angiotensine-antagonist

MW:435.52616
MM:435.22704
$C_{24}H_{29}N_5O_3$
CAS:137862-53-4
RI: 3590 (calc.)

DI/MS
EI 70 eV
TSQ 70
QI:925

Bisacodyl-M/A (-AC) TMS

MW:391.54194
MM:391.16037
$C_{23}H_{25}NO_3Si$
RI: 2983 (calc.)

GC/MS
EI 70 eV
GCQ
QI:956

Bis-(octylphenyl)amine
expanded

MW:393.65616
MM:393.33955
$C_{28}H_{43}N$
RI: 2760 (SE 54)

GC/MS
EI 70 eV
GCQ
QI:951

Glibenclamide-M OH
4-Hydroxyglibenclamide
expanded

MW:510.01064
MM:509.13873
$C_{23}H_{28}ClN_3O_6S$
RI: 3938 (calc.)

DI/MS
EI 70 eV
TRACE
QI:956

m/z: 396

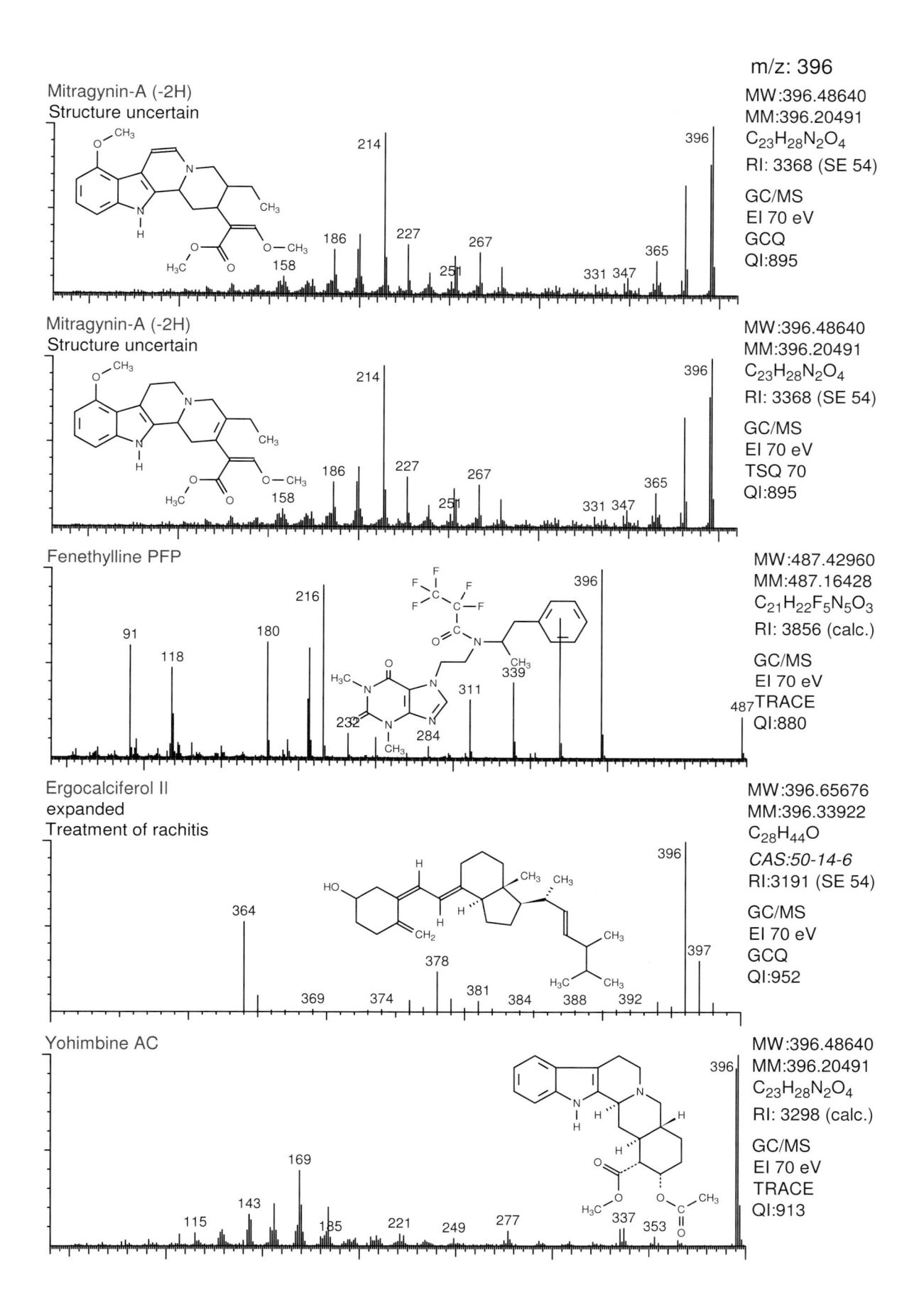

Mitragynin-A (-2H)
Structure uncertain

Peaks: 158, 186, 214, 227, 251, 267, 331, 347, 365, 396

MW: 396.48640
MM: 396.20491
$C_{23}H_{28}N_2O_4$
RI: 3368 (SE 54)

GC/MS
EI 70 eV
GCQ
QI: 895

Mitragynin-A (-2H)
Structure uncertain

Peaks: 158, 186, 214, 227, 251, 267, 331, 347, 365, 396

MW: 396.48640
MM: 396.20491
$C_{23}H_{28}N_2O_4$
RI: 3368 (SE 54)

GC/MS
EI 70 eV
TSQ 70
QI: 895

Fenethylline PFP

Peaks: 91, 118, 180, 216, 232, 284, 311, 339, 396, 487

MW: 487.42960
MM: 487.16428
$C_{21}H_{22}F_5N_5O_3$
RI: 3856 (calc.)

GC/MS
EI 70 eV
TRACE
QI: 880

Ergocalciferol II
expanded
Treatment of rachitis

Peaks: 364, 369, 374, 378, 381, 384, 388, 392, 396, 397

MW: 396.65676
MM: 396.33922
$C_{28}H_{44}O$
CAS: 50-14-6
RI: 3191 (SE 54)

GC/MS
EI 70 eV
GCQ
QI: 952

Yohimbine AC

Peaks: 115, 143, 169, 185, 221, 249, 277, 337, 353, 396

MW: 396.48640
MM: 396.20491
$C_{23}H_{28}N_2O_4$
RI: 3298 (calc.)

GC/MS
EI 70 eV
TRACE
QI: 913

m/z: 396-398

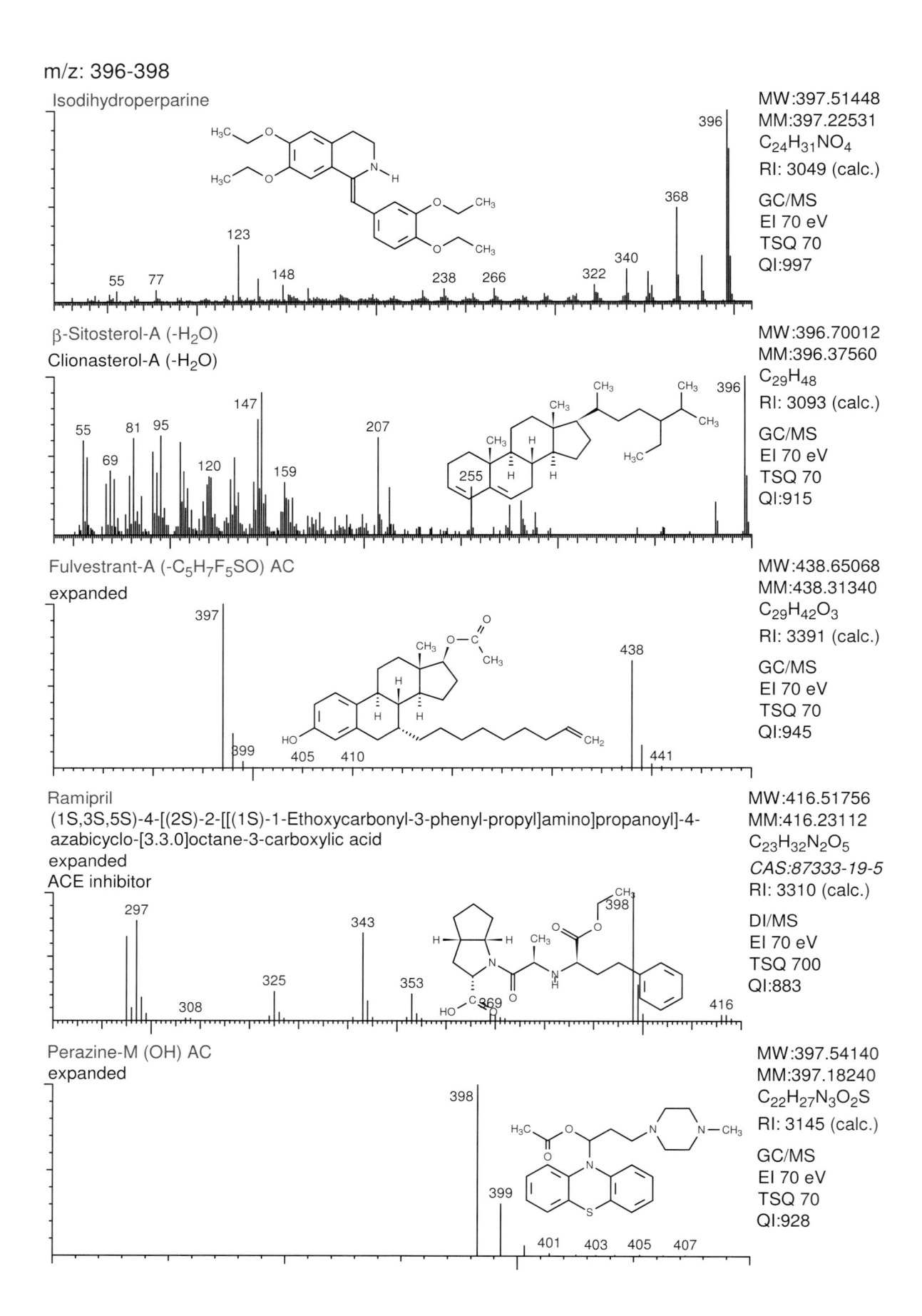

Isodihydroperparine

MW: 397.51448
MM: 397.22531
$C_{24}H_{31}NO_4$
RI: 3049 (calc.)

GC/MS
EI 70 eV
TSQ 70
QI: 997

Peaks: 55, 77, 123, 148, 238, 266, 322, 340, 368, 396

β-Sitosterol-A (-H₂O)
Clionasterol-A (-H₂O)

MW: 396.70012
MM: 396.37560
$C_{29}H_{48}$
RI: 3093 (calc.)

GC/MS
EI 70 eV
TSQ 70
QI: 915

Peaks: 55, 69, 81, 95, 120, 147, 159, 207, 255, 396

Fulvestrant-A (-C₅H₇F₅SO) AC
expanded

MW: 438.65068
MM: 438.31340
$C_{29}H_{42}O_3$
RI: 3391 (calc.)

GC/MS
EI 70 eV
TSQ 70
QI: 945

Peaks: 397, 399, 405, 410, 438, 441

Ramipril
(1S,3S,5S)-4-[(2S)-2-[[(1S)-1-Ethoxycarbonyl-3-phenyl-propyl]amino]propanoyl]-4-azabicyclo-[3.3.0]octane-3-carboxylic acid
expanded
ACE inhibitor

MW: 416.51756
MM: 416.23112
$C_{23}H_{32}N_2O_5$
CAS: 87333-19-5
RI: 3310 (calc.)

DI/MS
EI 70 eV
TSQ 700
QI: 883

Peaks: 297, 308, 325, 343, 353, 369, 398, 416

Perazine-M (OH) AC
expanded

MW: 397.54140
MM: 397.18240
$C_{22}H_{27}N_3O_2S$
RI: 3145 (calc.)

GC/MS
EI 70 eV
TSQ 70
QI: 928

Peaks: 398, 399, 401, 403, 405, 407

m/z: 399

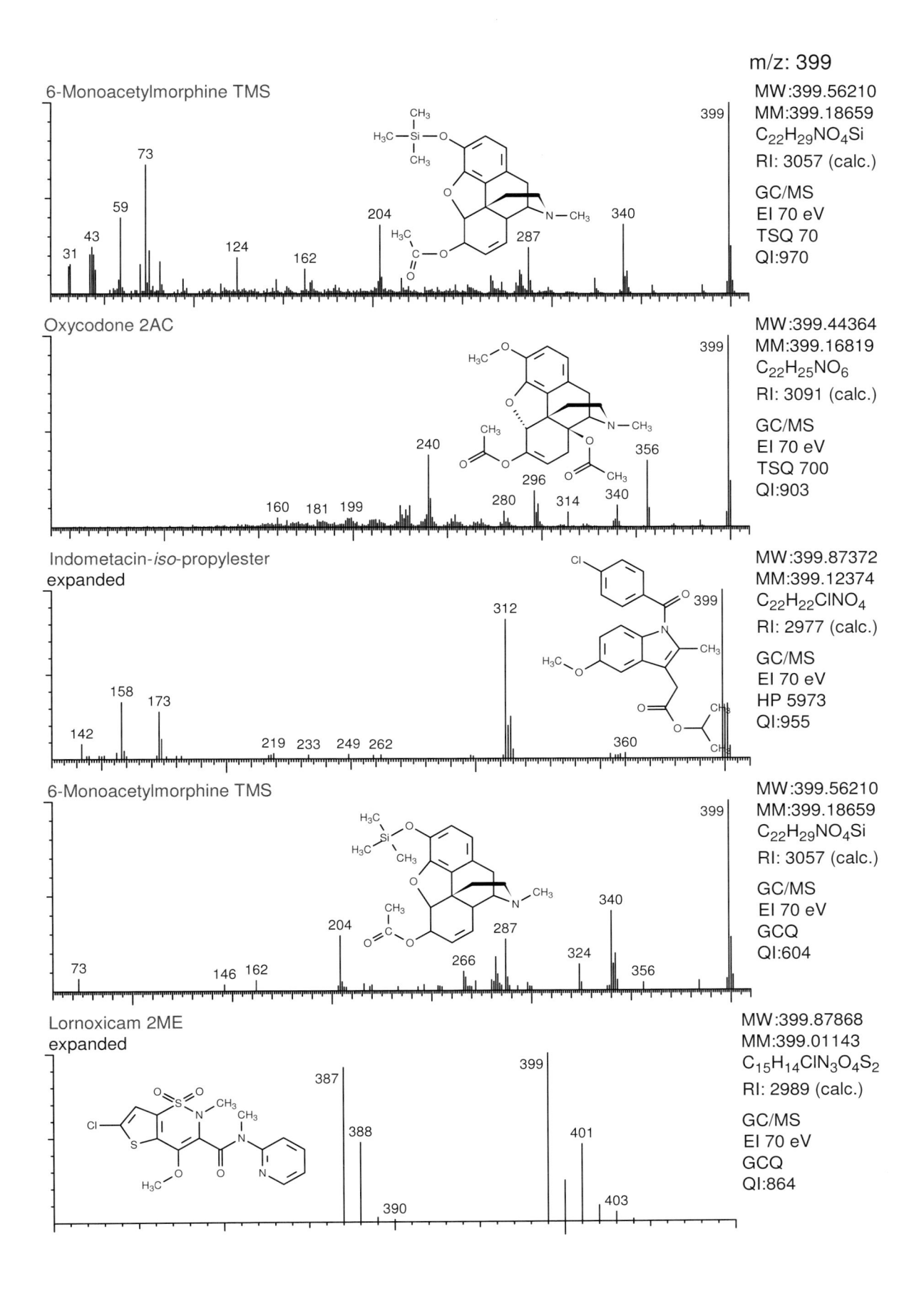

6-Monoacetylmorphine TMS

MW: 399.56210
MM: 399.18659
C$_{22}$H$_{29}$NO$_4$Si
RI: 3057 (calc.)

GC/MS
EI 70 eV
TSQ 70
QI: 970

Peaks: 31, 43, 59, 73, 124, 162, 204, 287, 340, 399

Oxycodone 2AC

MW: 399.44364
MM: 399.16819
C$_{22}$H$_{25}$NO$_6$
RI: 3091 (calc.)

GC/MS
EI 70 eV
TSQ 700
QI: 903

Peaks: 160, 181, 199, 240, 280, 296, 314, 340, 356, 399

Indometacin-*iso*-propylester expanded

MW: 399.87372
MM: 399.12374
C$_{22}$H$_{22}$ClNO$_4$
RI: 2977 (calc.)

GC/MS
EI 70 eV
HP 5973
QI: 955

Peaks: 142, 158, 173, 219, 233, 249, 262, 312, 360, 399

6-Monoacetylmorphine TMS

MW: 399.56210
MM: 399.18659
C$_{22}$H$_{29}$NO$_4$Si
RI: 3057 (calc.)

GC/MS
EI 70 eV
GCQ
QI: 604

Peaks: 73, 146, 162, 204, 266, 287, 324, 340, 356, 399

Lornoxicam 2ME expanded

MW: 399.87868
MM: 399.01143
C$_{15}$H$_{14}$ClN$_3$O$_4$S$_2$
RI: 2989 (calc.)

GC/MS
EI 70 eV
GCQ
QI: 864

Peaks: 387, 388, 390, 399, 401, 403

m/z: 400-401

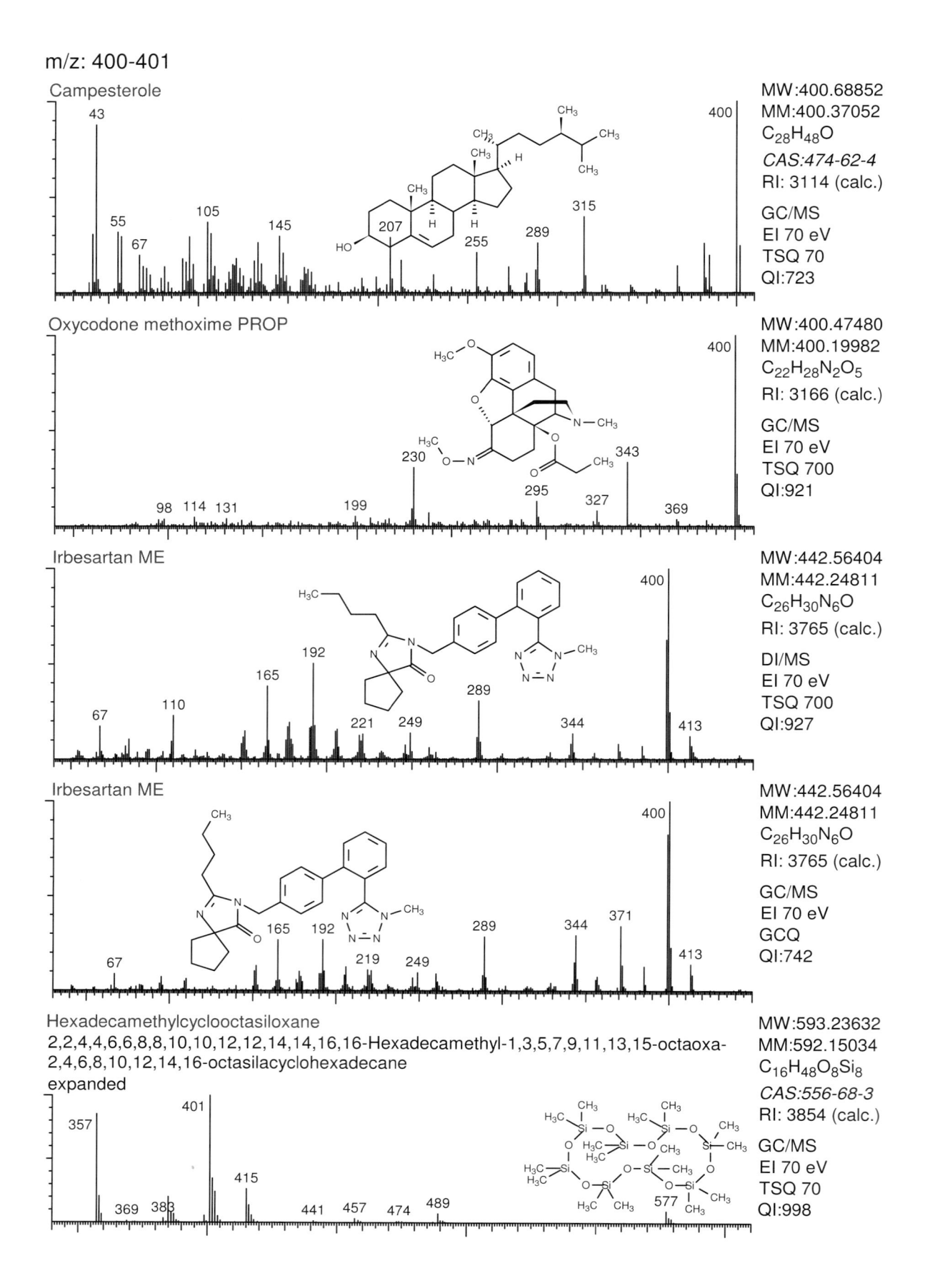

Campesterole

MW: 400.68852
MM: 400.37052
$C_{28}H_{48}O$
CAS: 474-62-4
RI: 3114 (calc.)

GC/MS
EI 70 eV
TSQ 70
QI: 723

Peaks: 43, 55, 67, 105, 145, 207, 255, 289, 315, 400

Oxycodone methoxime PROP

MW: 400.47480
MM: 400.19982
$C_{22}H_{28}N_2O_5$
RI: 3166 (calc.)

GC/MS
EI 70 eV
TSQ 700
QI: 921

Peaks: 98, 114, 131, 199, 230, 295, 327, 343, 369, 400

Irbesartan ME

MW: 442.56404
MM: 442.24811
$C_{26}H_{30}N_6O$
RI: 3765 (calc.)

DI/MS
EI 70 eV
TSQ 700
QI: 927

Peaks: 67, 110, 165, 192, 221, 249, 289, 344, 400, 413

Irbesartan ME

MW: 442.56404
MM: 442.24811
$C_{26}H_{30}N_6O$
RI: 3765 (calc.)

GC/MS
EI 70 eV
GCQ
QI: 742

Peaks: 67, 165, 192, 219, 249, 289, 344, 371, 400, 413

Hexadecamethylcyclooctasiloxane
2,2,4,4,6,6,8,8,10,10,12,12,14,14,16,16-Hexadecamethyl-1,3,5,7,9,11,13,15-octaoxa-2,4,6,8,10,12,14,16-octasilacyclohexadecane
expanded

MW: 593.23632
MM: 592.15034
$C_{16}H_{48}O_8Si_8$
CAS: 556-68-3
RI: 3854 (calc.)

GC/MS
EI 70 eV
TSQ 70
QI: 998

Peaks: 357, 369, 383, 401, 415, 441, 457, 474, 489, 577

m/z: 401

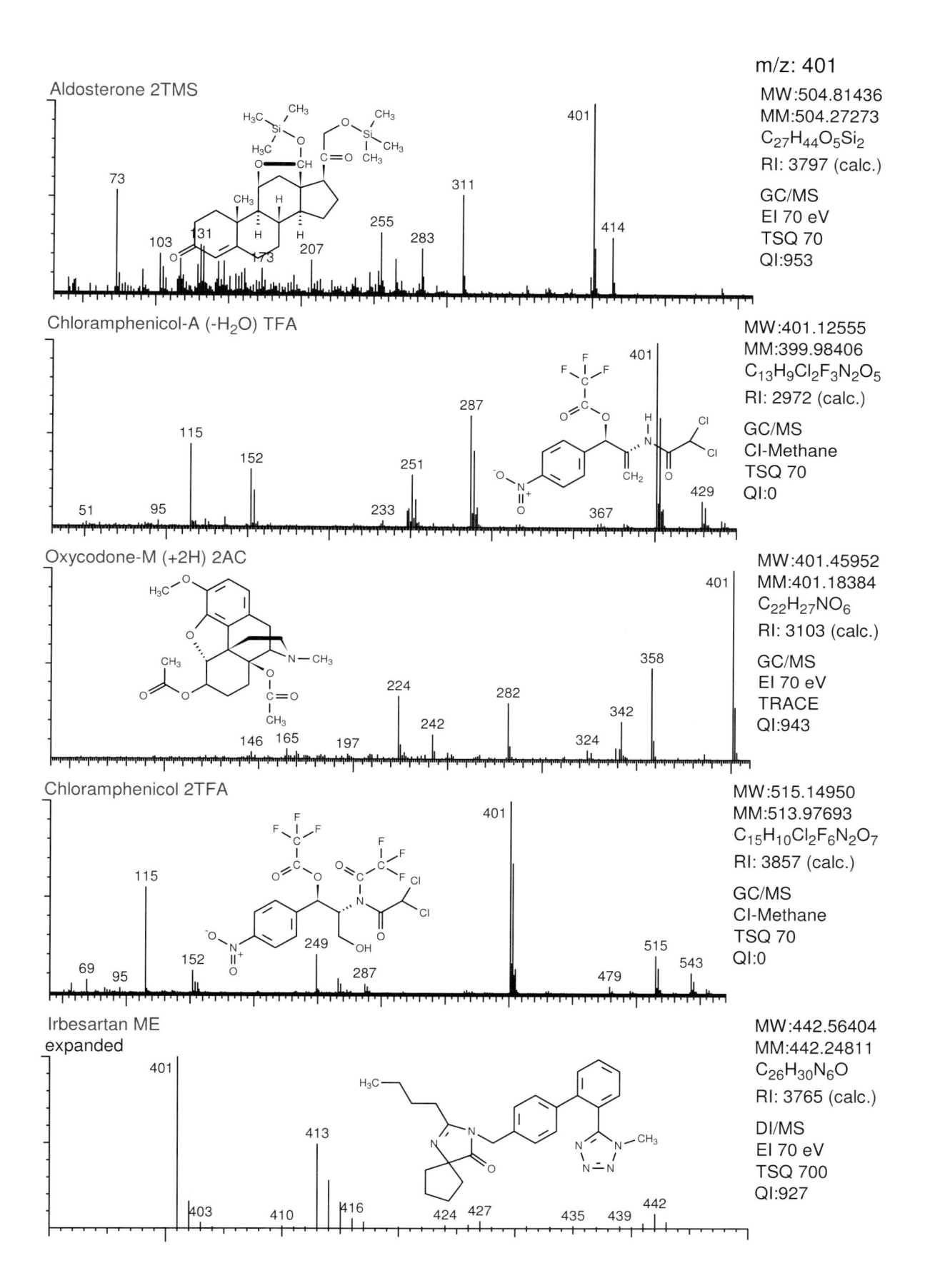

Aldosterone 2TMS

MW: 504.81436
MM: 504.27273
$C_{27}H_{44}O_5Si_2$
RI: 3797 (calc.)

GC/MS
EI 70 eV
TSQ 70
QI: 953

Peaks: 73, 103, 131, 173, 207, 255, 283, 311, 401, 414

Chloramphenicol-A (-H$_2$O) TFA

MW: 401.12555
MM: 399.98406
$C_{13}H_9Cl_2F_3N_2O_5$
RI: 2972 (calc.)

GC/MS
CI-Methane
TSQ 70
QI: 0

Peaks: 51, 95, 115, 152, 233, 251, 287, 367, 401, 429

Oxycodone-M (+2H) 2AC

MW: 401.45952
MM: 401.18384
$C_{22}H_{27}NO_6$
RI: 3103 (calc.)

GC/MS
EI 70 eV
TRACE
QI: 943

Peaks: 146, 165, 197, 224, 242, 282, 324, 342, 358, 401

Chloramphenicol 2TFA

MW: 515.14950
MM: 513.97693
$C_{15}H_{10}Cl_2F_6N_2O_7$
RI: 3857 (calc.)

GC/MS
CI-Methane
TSQ 70
QI: 0

Peaks: 69, 95, 115, 152, 249, 287, 401, 479, 515, 543

Irbesartan ME expanded

MW: 442.56404
MM: 442.24811
$C_{26}H_{30}N_6O$
RI: 3765 (calc.)

DI/MS
EI 70 eV
TSQ 700
QI: 927

Peaks: 401, 403, 410, 413, 416, 424, 427, 435, 439, 442

m/z: 401-404

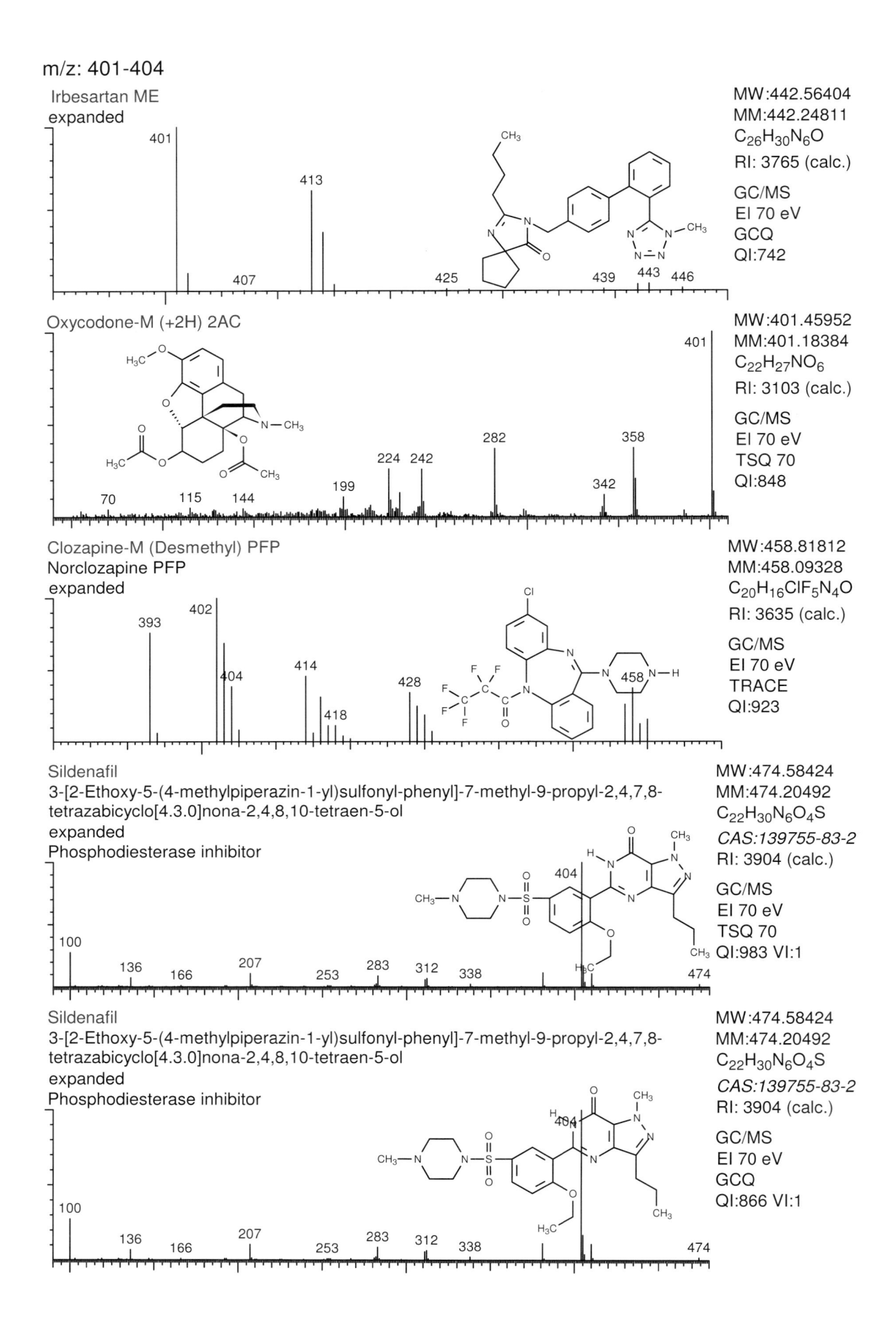

Irbesartan ME
expanded

MW:442.56404
MM:442.24811
$C_{26}H_{30}N_6O$
RI: 3765 (calc.)

GC/MS
EI 70 eV
GCQ
QI:742

Oxycodone-M (+2H) 2AC

MW:401.45952
MM:401.18384
$C_{22}H_{27}NO_6$
RI: 3103 (calc.)

GC/MS
EI 70 eV
TSQ 70
QI:848

Clozapine-M (Desmethyl) PFP
Norclozapine PFP
expanded

MW:458.81812
MM:458.09328
$C_{20}H_{16}ClF_5N_4O$
RI: 3635 (calc.)

GC/MS
EI 70 eV
TRACE
QI:923

Sildenafil
3-[2-Ethoxy-5-(4-methylpiperazin-1-yl)sulfonyl-phenyl]-7-methyl-9-propyl-2,4,7,8-tetrazabicyclo[4.3.0]nona-2,4,8,10-tetraen-5-ol
expanded
Phosphodiesterase inhibitor

MW:474.58424
MM:474.20492
$C_{22}H_{30}N_6O_4S$
CAS:139755-83-2
RI: 3904 (calc.)

GC/MS
EI 70 eV
TSQ 70
QI:983 VI:1

Sildenafil
3-[2-Ethoxy-5-(4-methylpiperazin-1-yl)sulfonyl-phenyl]-7-methyl-9-propyl-2,4,7,8-tetrazabicyclo[4.3.0]nona-2,4,8,10-tetraen-5-ol
expanded
Phosphodiesterase inhibitor

MW:474.58424
MM:474.20492
$C_{22}H_{30}N_6O_4S$
CAS:139755-83-2
RI: 3904 (calc.)

GC/MS
EI 70 eV
GCQ
QI:866 VI:1

m/z: 405-409

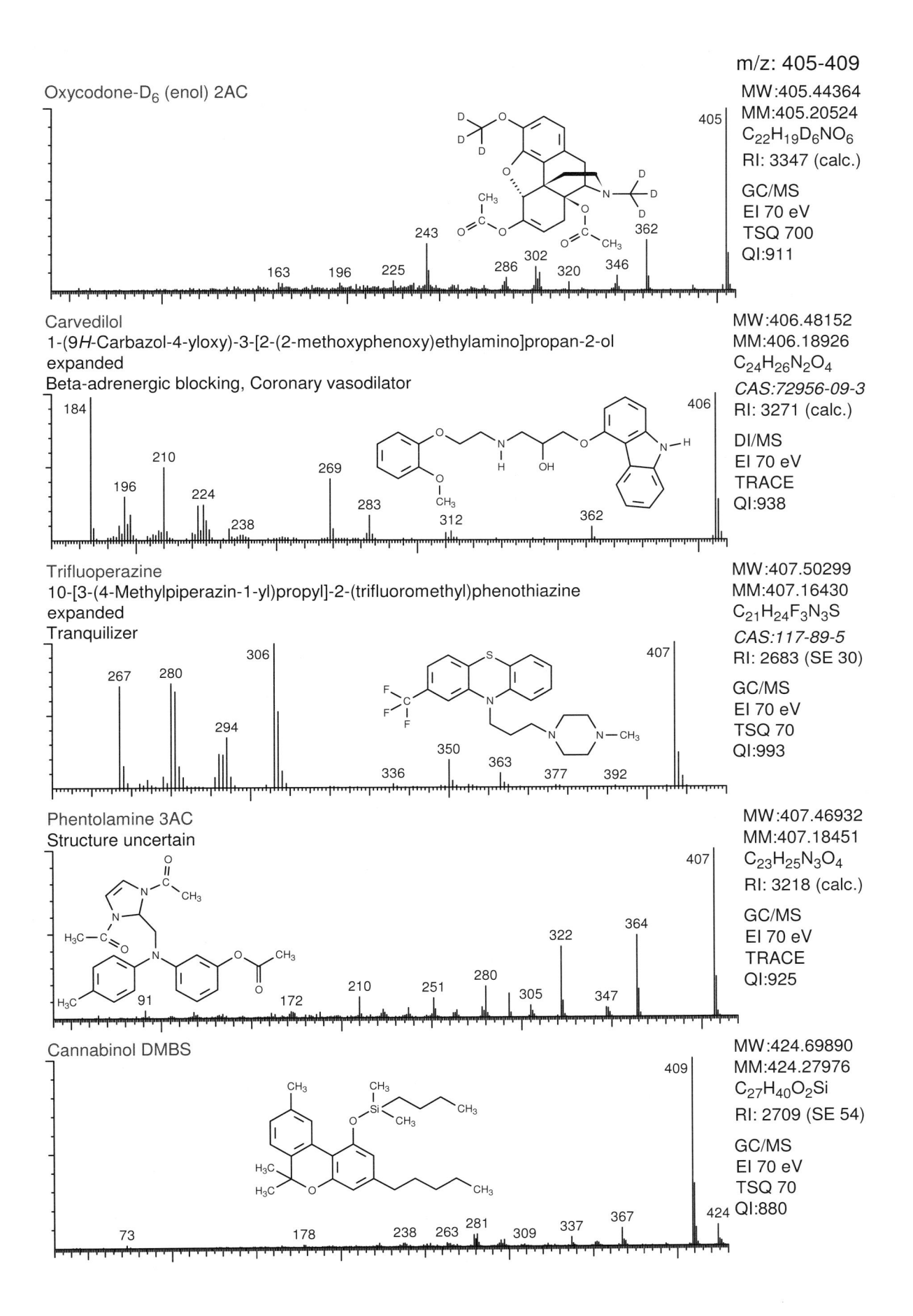

Oxycodone-D$_6$ (enol) 2AC

MW:405.44364
MM:405.20524
C$_{22}$H$_{19}$D$_6$NO$_6$
RI: 3347 (calc.)

GC/MS
EI 70 eV
TSQ 700
QI:911

Peaks: 163, 196, 225, 243, 286, 302, 320, 346, 362, 405

Carvedilol
1-(9H-Carbazol-4-yloxy)-3-[2-(2-methoxyphenoxy)ethylamino]propan-2-ol
expanded
Beta-adrenergic blocking, Coronary vasodilator

MW:406.48152
MM:406.18926
C$_{24}$H$_{26}$N$_2$O$_4$
CAS:72956-09-3
RI: 3271 (calc.)

DI/MS
EI 70 eV
TRACE
QI:938

Peaks: 184, 196, 210, 224, 238, 269, 283, 312, 362, 406

Trifluoperazine
10-[3-(4-Methylpiperazin-1-yl)propyl]-2-(trifluoromethyl)phenothiazine
expanded
Tranquilizer

MW:407.50299
MM:407.16430
C$_{21}$H$_{24}$F$_3$N$_3$S
CAS:117-89-5
RI: 2683 (SE 30)

GC/MS
EI 70 eV
TSQ 70
QI:993

Peaks: 267, 280, 294, 306, 336, 350, 363, 377, 392, 407

Phentolamine 3AC
Structure uncertain

MW:407.46932
MM:407.18451
C$_{23}$H$_{25}$N$_3$O$_4$
RI: 3218 (calc.)

GC/MS
EI 70 eV
TRACE
QI:925

Peaks: 91, 172, 210, 251, 280, 305, 322, 347, 364, 407

Cannabinol DMBS

MW:424.69890
MM:424.27976
C$_{27}$H$_{40}$O$_2$Si
RI: 2709 (SE 54)

GC/MS
EI 70 eV
TSQ 70
QI:880

Peaks: 73, 178, 238, 263, 281, 309, 337, 367, 409, 424

m/z: 410

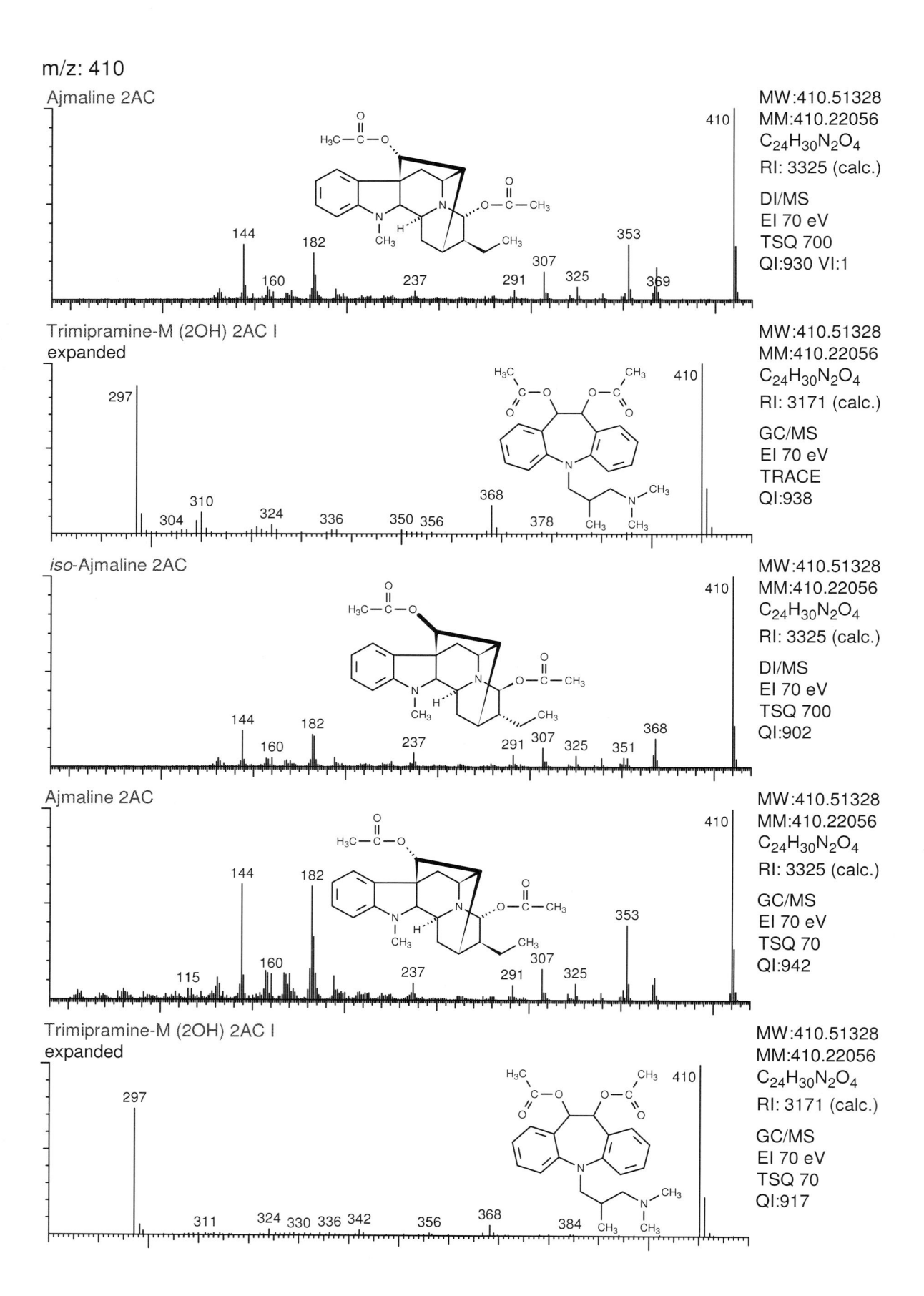

Ajmaline 2AC

MW: 410.51328
MM: 410.22056
$C_{24}H_{30}N_2O_4$
RI: 3325 (calc.)

DI/MS
EI 70 eV
TSQ 700
QI:930 VI:1

Peaks: 144, 182, 160, 237, 291, 307, 325, 353, 369, 410

Trimipramine-M (2OH) 2AC I expanded

MW: 410.51328
MM: 410.22056
$C_{24}H_{30}N_2O_4$
RI: 3171 (calc.)

GC/MS
EI 70 eV
TRACE
QI:938

Peaks: 297, 304, 310, 324, 336, 350, 356, 368, 378, 410

iso-Ajmaline 2AC

MW: 410.51328
MM: 410.22056
$C_{24}H_{30}N_2O_4$
RI: 3325 (calc.)

DI/MS
EI 70 eV
TSQ 700
QI:902

Peaks: 144, 160, 182, 237, 291, 307, 325, 351, 368, 410

Ajmaline 2AC

MW: 410.51328
MM: 410.22056
$C_{24}H_{30}N_2O_4$
RI: 3325 (calc.)

GC/MS
EI 70 eV
TSQ 70
QI:942

Peaks: 115, 144, 160, 182, 237, 291, 307, 325, 353, 410

Trimipramine-M (2OH) 2AC I expanded

MW: 410.51328
MM: 410.22056
$C_{24}H_{30}N_2O_4$
RI: 3171 (calc.)

GC/MS
EI 70 eV
TSQ 70
QI:917

Peaks: 297, 311, 324, 330, 336, 342, 356, 368, 384, 410

Trimipramine-M (2OH) 2AC I
expanded

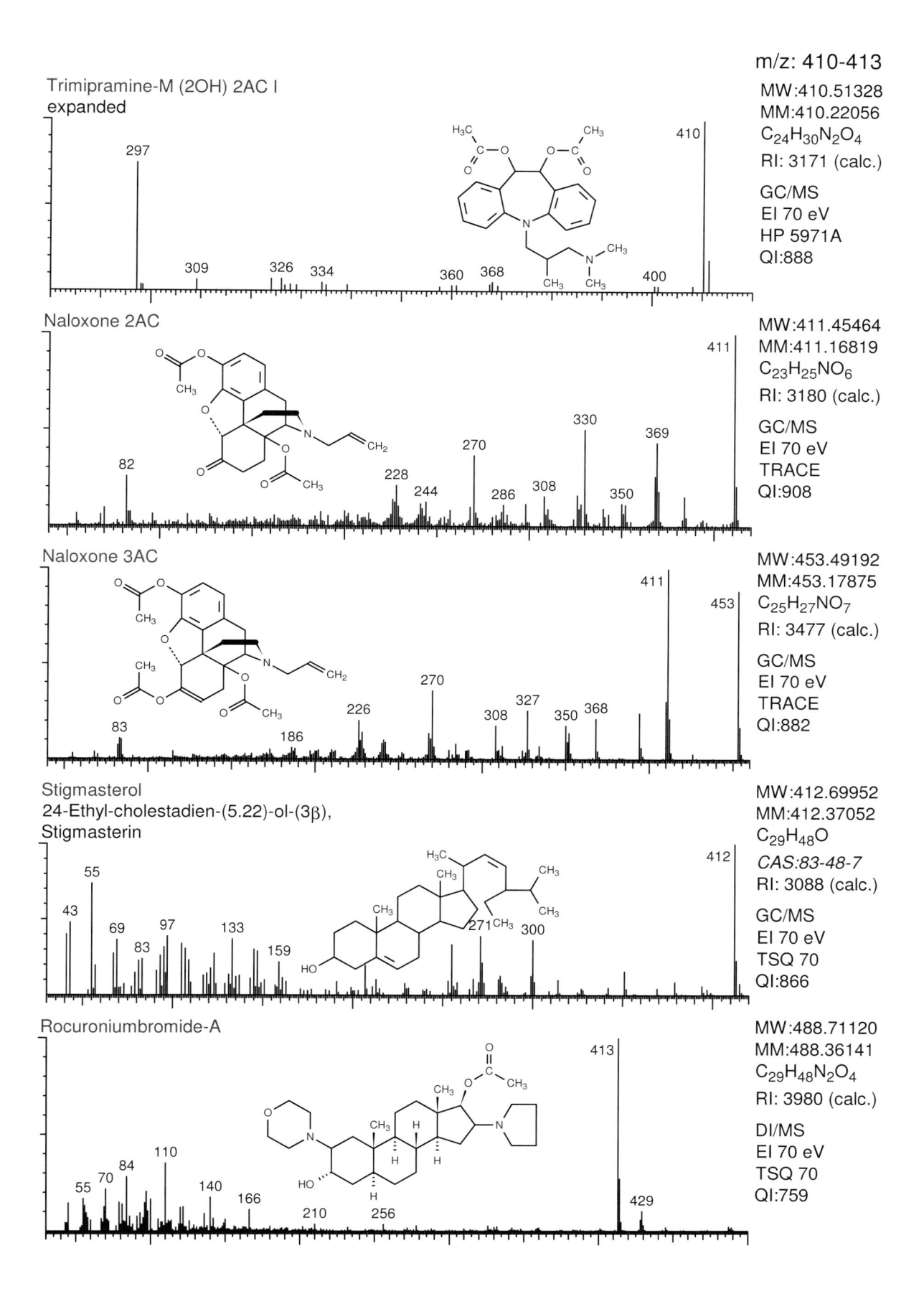

297, 309, 326, 334, 360, 368, 400, 410

m/z: 410-413
MW:410.51328
MM:410.22056
$C_{24}H_{30}N_2O_4$
RI: 3171 (calc.)

GC/MS
EI 70 eV
HP 5971A
QI:888

Naloxone 2AC

82, 228, 244, 270, 286, 308, 330, 350, 369, 411

MW:411.45464
MM:411.16819
$C_{23}H_{25}NO_6$
RI: 3180 (calc.)

GC/MS
EI 70 eV
TRACE
QI:908

Naloxone 3AC

83, 186, 226, 270, 308, 327, 350, 368, 411, 453

MW:453.49192
MM:453.17875
$C_{25}H_{27}NO_7$
RI: 3477 (calc.)

GC/MS
EI 70 eV
TRACE
QI:882

Stigmasterol
24-Ethyl-cholestadien-(5.22)-ol-(3β), Stigmasterin

43, 55, 69, 83, 97, 133, 159, 271, 300, 412

MW:412.69952
MM:412.37052
$C_{29}H_{48}O$
CAS:83-48-7
RI: 3088 (calc.)

GC/MS
EI 70 eV
TSQ 70
QI:866

Rocuroniumbromide-A

55, 70, 84, 110, 140, 166, 210, 256, 413, 429

MW:488.71120
MM:488.36141
$C_{29}H_{48}N_2O_4$
RI: 3980 (calc.)

DI/MS
EI 70 eV
TSQ 70
QI:759

m/z: 413-414

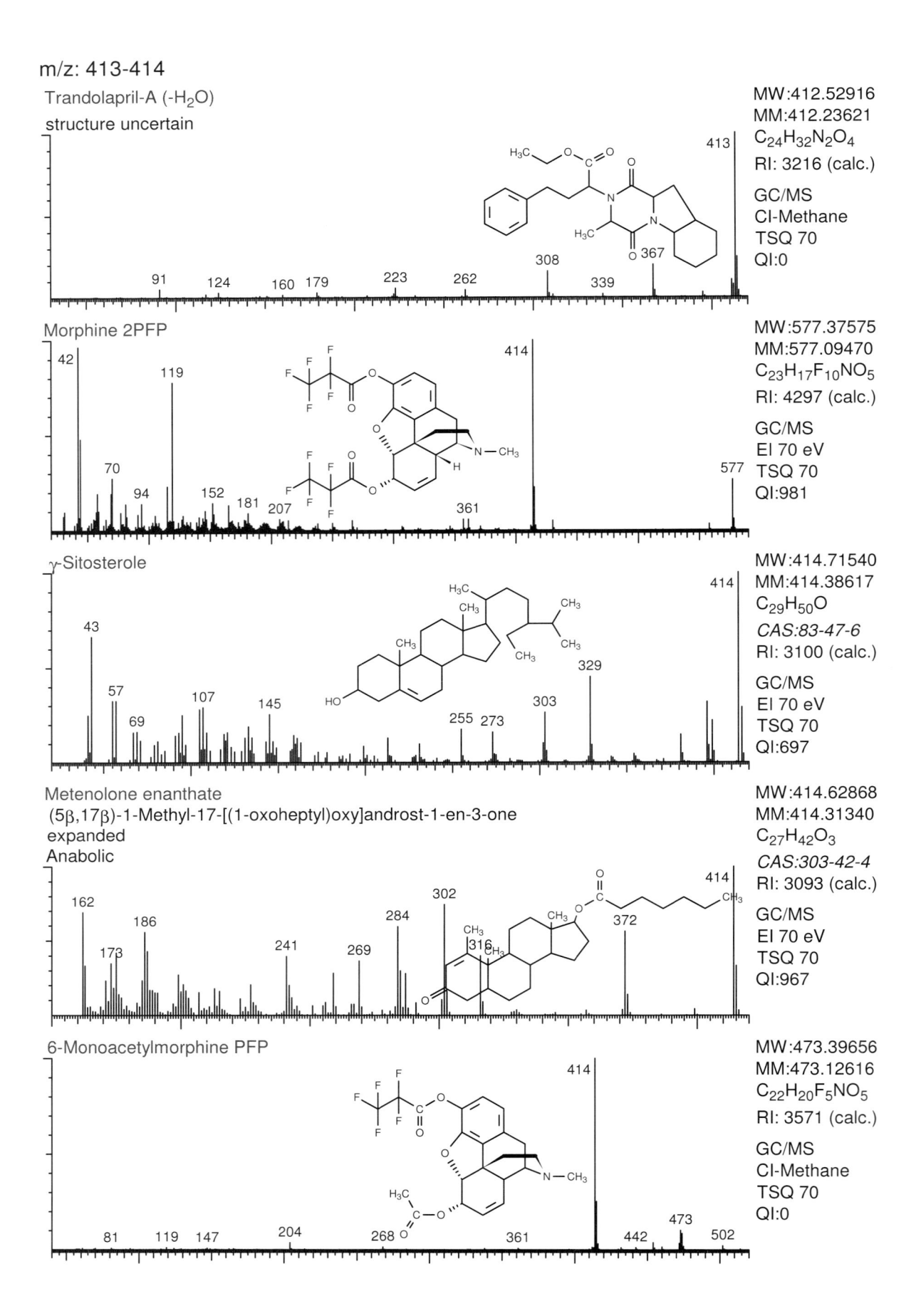

Trandolapril-A (-H₂O)
structure uncertain

MW: 412.52916
MM: 412.23621
$C_{24}H_{32}N_2O_4$
RI: 3216 (calc.)

GC/MS
CI-Methane
TSQ 70
QI: 0

Peaks: 91, 124, 160, 179, 223, 262, 308, 339, 367, 413

Morphine 2PFP

MW: 577.37575
MM: 577.09470
$C_{23}H_{17}F_{10}NO_5$
RI: 4297 (calc.)

GC/MS
EI 70 eV
TSQ 70
QI: 981

Peaks: 42, 70, 94, 119, 152, 181, 207, 361, 414, 577

γ-Sitosterole

MW: 414.71540
MM: 414.38617
$C_{29}H_{50}O$
CAS: 83-47-6
RI: 3100 (calc.)

GC/MS
EI 70 eV
TSQ 70
QI: 697

Peaks: 43, 57, 69, 107, 145, 255, 273, 303, 329, 414

Metenolone enanthate
(5β,17β)-1-Methyl-17-[(1-oxoheptyl)oxy]androst-1-en-3-one
expanded
Anabolic

MW: 414.62868
MM: 414.31340
$C_{27}H_{42}O_3$
CAS: 303-42-4
RI: 3093 (calc.)

GC/MS
EI 70 eV
TSQ 70
QI: 967

Peaks: 162, 173, 186, 241, 269, 284, 302, 316, 372, 414

6-Monoacetylmorphine PFP

MW: 473.39656
MM: 473.12616
$C_{22}H_{20}F_5NO_5$
RI: 3571 (calc.)

GC/MS
CI-Methane
TSQ 70
QI: 0

Peaks: 81, 119, 147, 204, 268, 361, 414, 442, 473, 502

m/z: 414-415

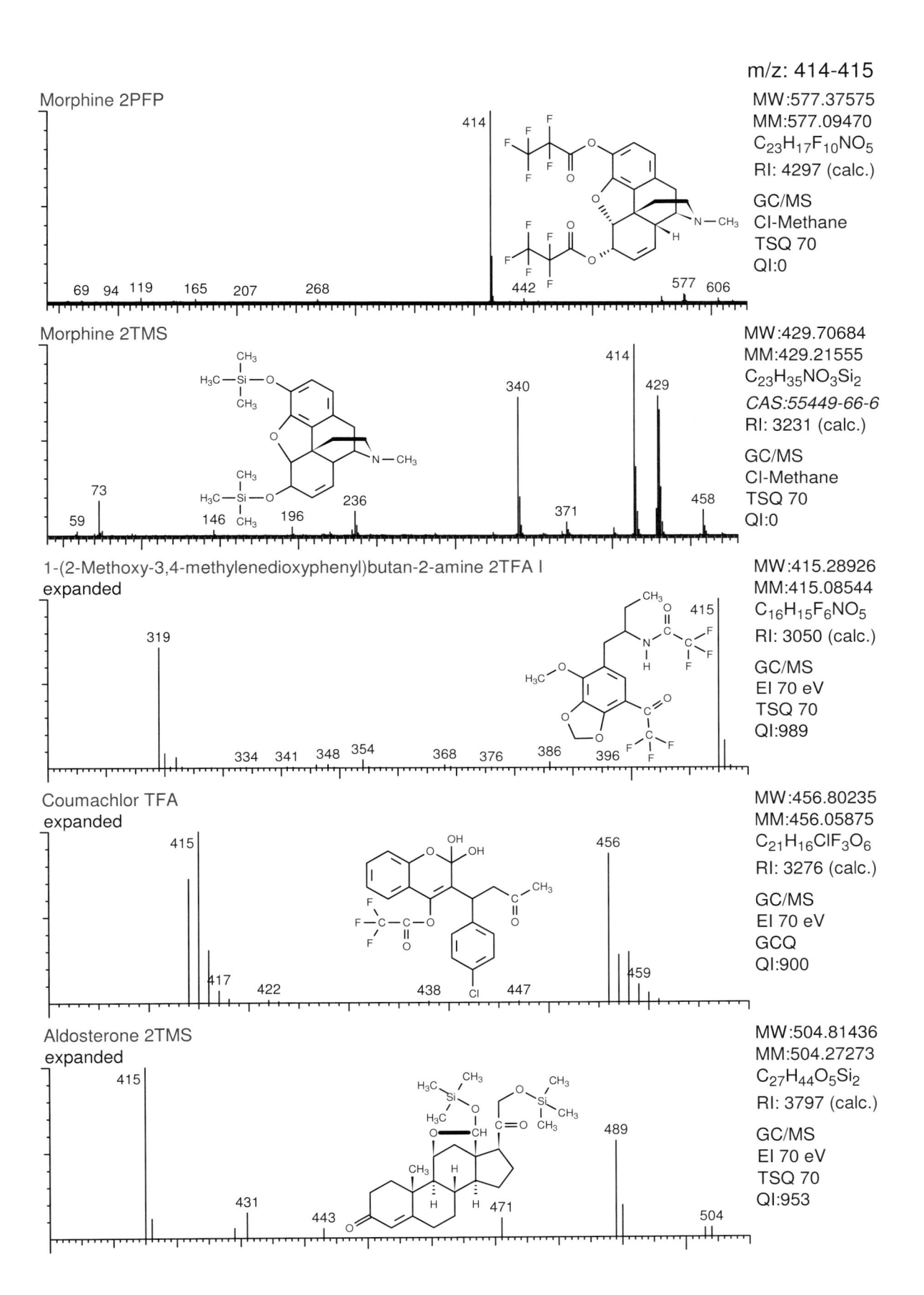

Morphine 2PFP

MW: 577.37575
MM: 577.09470
$C_{23}H_{17}F_{10}NO_5$
RI: 4297 (calc.)

GC/MS
CI-Methane
TSQ 70
QI:0

Morphine 2TMS

MW: 429.70684
MM: 429.21555
$C_{23}H_{35}NO_3Si_2$
CAS: 55449-66-6
RI: 3231 (calc.)

GC/MS
CI-Methane
TSQ 70
QI:0

1-(2-Methoxy-3,4-methylenedioxyphenyl)butan-2-amine 2TFA I
expanded

MW: 415.28926
MM: 415.08544
$C_{16}H_{15}F_6NO_5$
RI: 3050 (calc.)

GC/MS
EI 70 eV
TSQ 70
QI:989

Coumachlor TFA
expanded

MW: 456.80235
MM: 456.05875
$C_{21}H_{16}ClF_3O_6$
RI: 3276 (calc.)

GC/MS
EI 70 eV
GCQ
QI:900

Aldosterone 2TMS
expanded

MW: 504.81436
MM: 504.27273
$C_{27}H_{44}O_5Si_2$
RI: 3797 (calc.)

GC/MS
EI 70 eV
TSQ 70
QI:953

m/z: 415-418

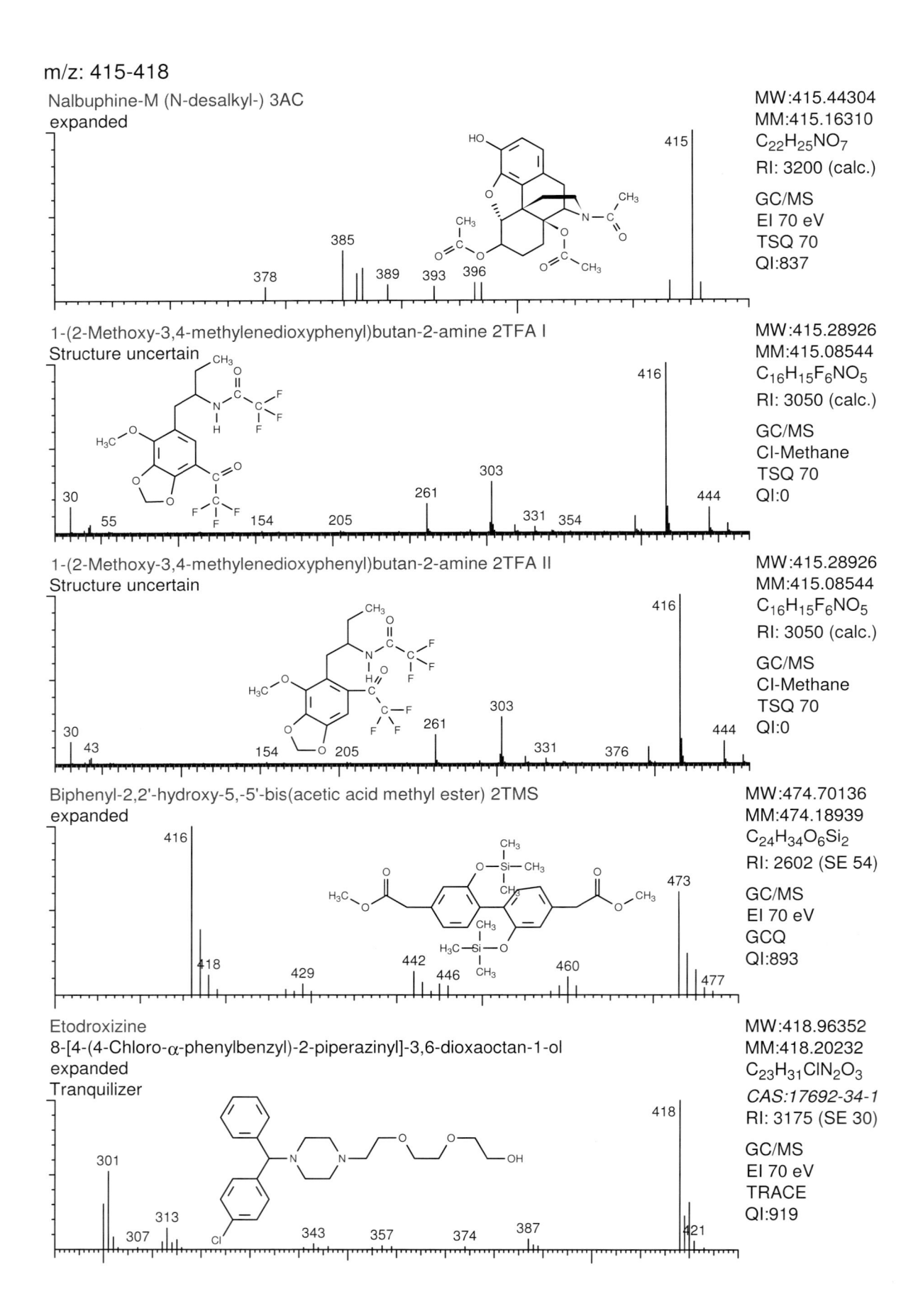

Nalbuphine-M (N-desalkyl-) 3AC
expanded

MW: 415.44304
MM: 415.16310
$C_{22}H_{25}NO_7$
RI: 3200 (calc.)

GC/MS
EI 70 eV
TSQ 70
QI: 837

1-(2-Methoxy-3,4-methylenedioxyphenyl)butan-2-amine 2TFA I
Structure uncertain

MW: 415.28926
MM: 415.08544
$C_{16}H_{15}F_6NO_5$
RI: 3050 (calc.)

GC/MS
CI-Methane
TSQ 70
QI: 0

1-(2-Methoxy-3,4-methylenedioxyphenyl)butan-2-amine 2TFA II
Structure uncertain

MW: 415.28926
MM: 415.08544
$C_{16}H_{15}F_6NO_5$
RI: 3050 (calc.)

GC/MS
CI-Methane
TSQ 70
QI: 0

Biphenyl-2,2'-hydroxy-5,-5'-bis(acetic acid methyl ester) 2TMS
expanded

MW: 474.70136
MM: 474.18939
$C_{24}H_{34}O_6Si_2$
RI: 2602 (SE 54)

GC/MS
EI 70 eV
GCQ
QI: 893

Etodroxizine
8-[4-(4-Chloro-α-phenylbenzyl)-2-piperazinyl]-3,6-dioxaoctan-1-ol
expanded
Tranquilizer

MW: 418.96352
MM: 418.20232
$C_{23}H_{31}ClN_2O_3$
CAS: 17692-34-1
RI: 3175 (SE 30)

GC/MS
EI 70 eV
TRACE
QI: 919

m/z: 419-421

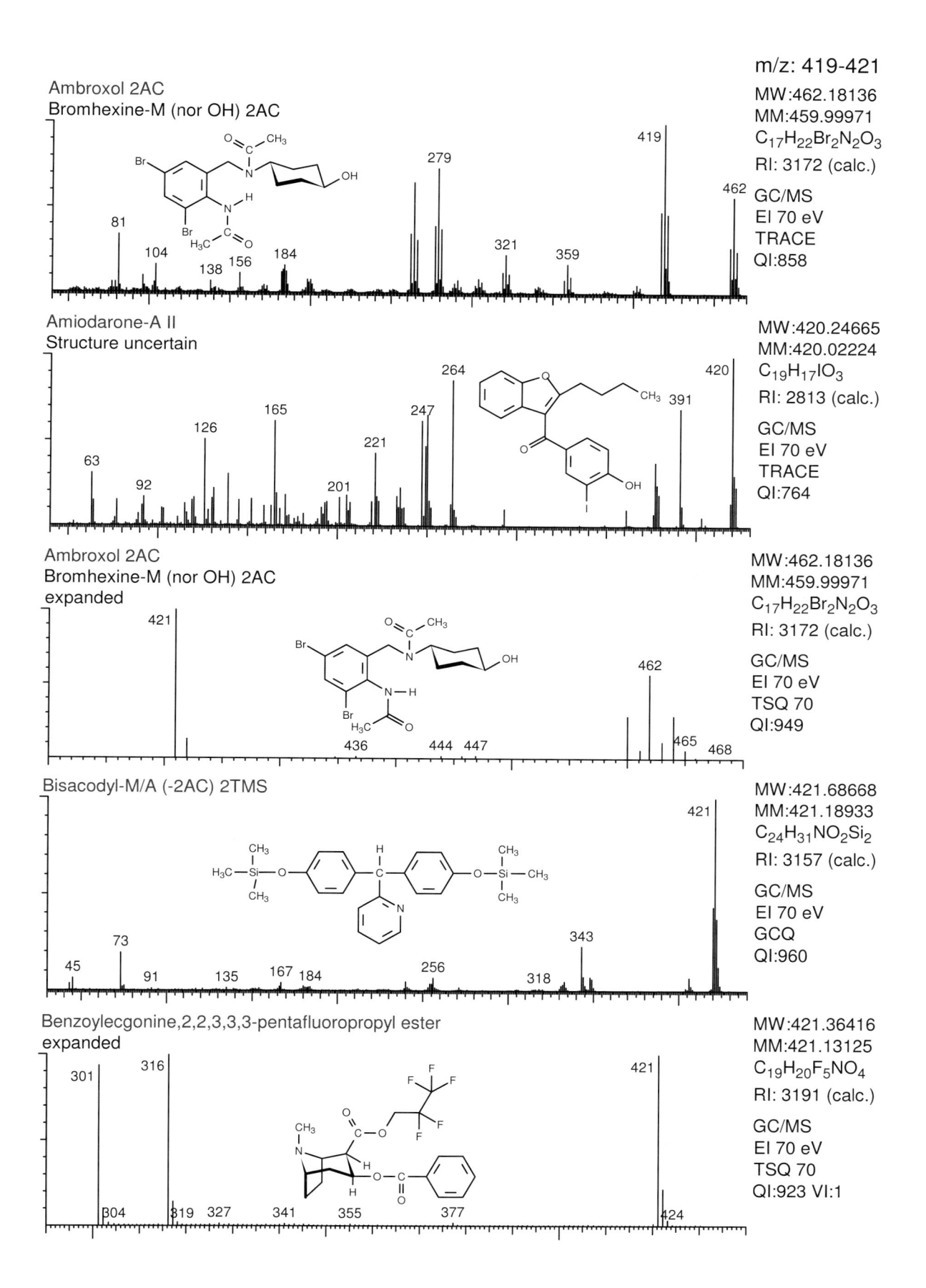

Ambroxol 2AC
Bromhexine-M (nor OH) 2AC

MW: 462.18136
MM: 459.99971
$C_{17}H_{22}Br_2N_2O_3$
RI: 3172 (calc.)

GC/MS
EI 70 eV
TRACE
QI: 858

Peaks: 81, 104, 138, 156, 184, 279, 321, 359, 419, 462

Amiodarone-A II
Structure uncertain

MW: 420.24665
MM: 420.02224
$C_{19}H_{17}IO_3$
RI: 2813 (calc.)

GC/MS
EI 70 eV
TRACE
QI: 764

Peaks: 63, 92, 126, 165, 201, 221, 247, 264, 391, 420

Ambroxol 2AC
Bromhexine-M (nor OH) 2AC
expanded

MW: 462.18136
MM: 459.99971
$C_{17}H_{22}Br_2N_2O_3$
RI: 3172 (calc.)

GC/MS
EI 70 eV
TSQ 70
QI: 949

Peaks: 421, 436, 444, 447, 462, 465, 468

Bisacodyl-M/A (-2AC) 2TMS

MW: 421.68668
MM: 421.18933
$C_{24}H_{31}NO_2Si_2$
RI: 3157 (calc.)

GC/MS
EI 70 eV
GCQ
QI: 960

Peaks: 45, 73, 91, 135, 167, 184, 256, 318, 343, 421

Benzoylecgonine,2,2,3,3,3-pentafluoropropyl ester
expanded

MW: 421.36416
MM: 421.13125
$C_{19}H_{20}F_5NO_4$
RI: 3191 (calc.)

GC/MS
EI 70 eV
TSQ 70
QI: 923 VI:1

Peaks: 301, 304, 316, 319, 327, 341, 355, 377, 421, 424

m/z: 423-426

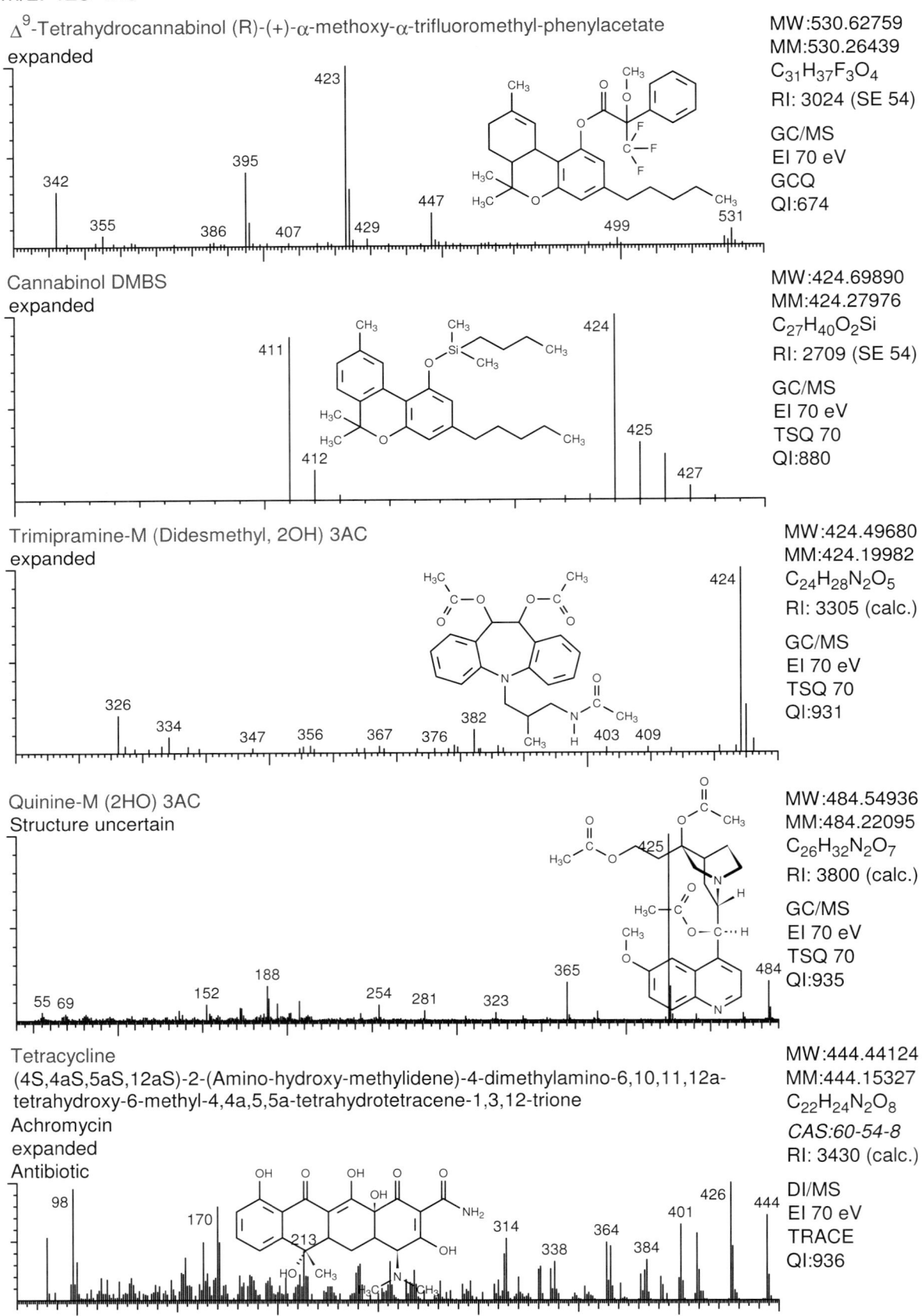

Δ^9-Tetrahydrocannabinol (R)-(+)-α-methoxy-α-trifluoromethyl-phenylacetate
expanded

MW: 530.62759
MM: 530.26439
$C_{31}H_{37}F_3O_4$
RI: 3024 (SE 54)

GC/MS
EI 70 eV
GCQ
QI: 674

Peaks: 342, 355, 386, 395, 407, 423, 429, 447, 499, 531

Cannabinol DMBS
expanded

MW: 424.69890
MM: 424.27976
$C_{27}H_{40}O_2Si$
RI: 2709 (SE 54)

GC/MS
EI 70 eV
TSQ 70
QI: 880

Peaks: 411, 412, 424, 425, 427

Trimipramine-M (Didesmethyl, 2OH) 3AC
expanded

MW: 424.49680
MM: 424.19982
$C_{24}H_{28}N_2O_5$
RI: 3305 (calc.)

GC/MS
EI 70 eV
TSQ 70
QI: 931

Peaks: 326, 334, 347, 356, 367, 376, 382, 403, 409, 424

Quinine-M (2HO) 3AC
Structure uncertain

MW: 484.54936
MM: 484.22095
$C_{26}H_{32}N_2O_7$
RI: 3800 (calc.)

GC/MS
EI 70 eV
TSQ 70
QI: 935

Peaks: 55, 69, 152, 188, 254, 281, 323, 365, 425, 484

Tetracycline
(4S,4aS,5aS,12aS)-2-(Amino-hydroxy-methylidene)-4-dimethylamino-6,10,11,12a-tetrahydroxy-6-methyl-4,4a,5,5a-tetrahydrotetracene-1,3,12-trione
Achromycin
expanded
Antibiotic

MW: 444.44124
MM: 444.15327
$C_{22}H_{24}N_2O_8$
CAS: 60-54-8
RI: 3430 (calc.)

DI/MS
EI 70 eV
TRACE
QI: 936

Peaks: 98, 170, 213, 314, 338, 364, 384, 401, 426, 444

Clozapine-M (6 OH) 2AC
expanded

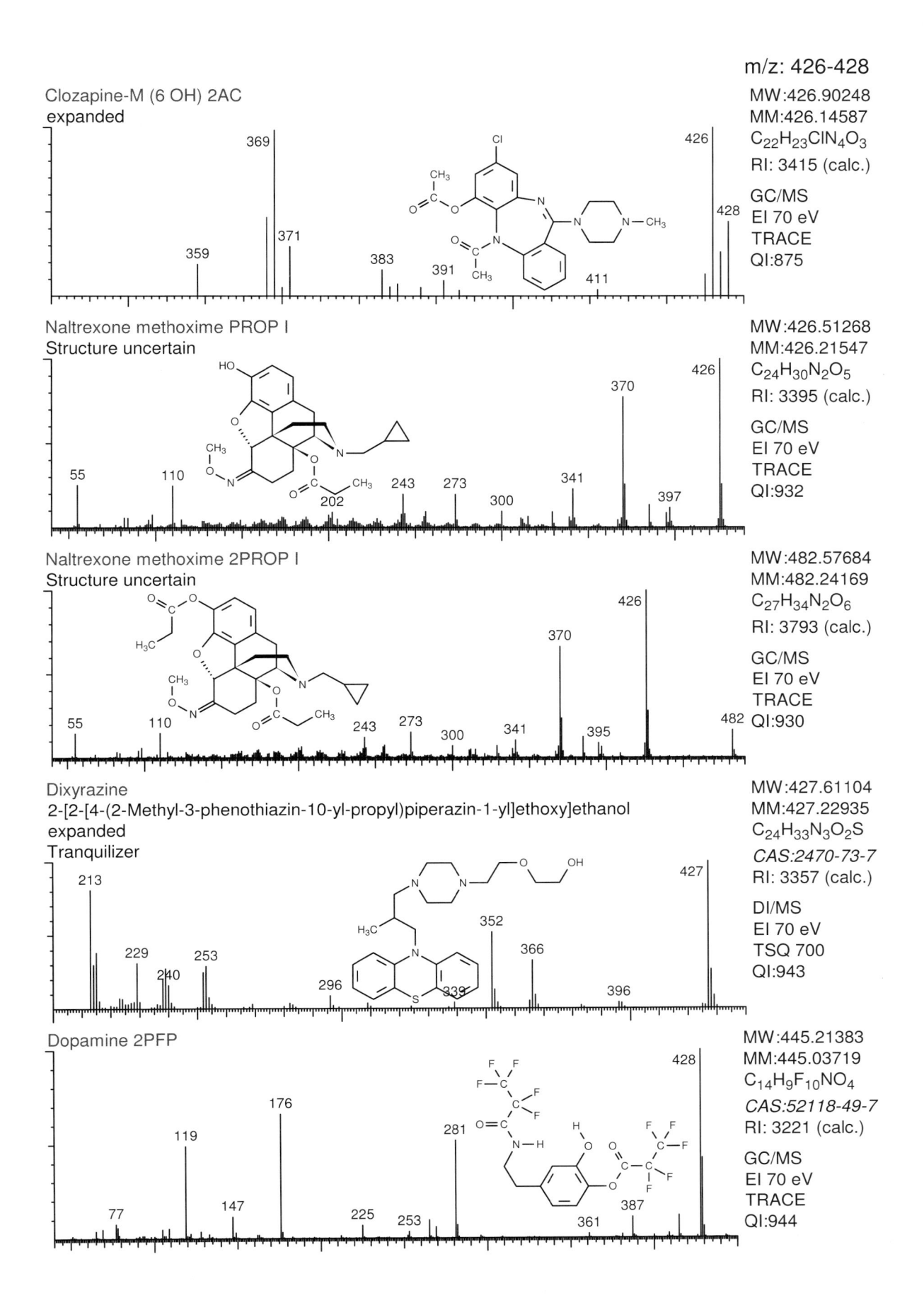

MW:426.90248
MM:426.14587
$C_{22}H_{23}ClN_4O_3$
RI: 3415 (calc.)

GC/MS
EI 70 eV
TRACE
QI:875

m/z: 426-428

Naltrexone methoxime PROP I
Structure uncertain

MW:426.51268
MM:426.21547
$C_{24}H_{30}N_2O_5$
RI: 3395 (calc.)

GC/MS
EI 70 eV
TRACE
QI:932

Naltrexone methoxime 2PROP I
Structure uncertain

MW:482.57684
MM:482.24169
$C_{27}H_{34}N_2O_6$
RI: 3793 (calc.)

GC/MS
EI 70 eV
TRACE
QI:930

Dixyrazine
2-[2-[4-(2-Methyl-3-phenothiazin-10-yl-propyl)piperazin-1-yl]ethoxy]ethanol
expanded
Tranquilizer

MW:427.61104
MM:427.22935
$C_{24}H_{33}N_3O_2S$
CAS:2470-73-7
RI: 3357 (calc.)

DI/MS
EI 70 eV
TSQ 700
QI:943

Dopamine 2PFP

MW:445.21383
MM:445.03719
$C_{14}H_9F_{10}NO_4$
CAS:52118-49-7
RI: 3221 (calc.)

GC/MS
EI 70 eV
TRACE
QI:944

m/z: 429-431

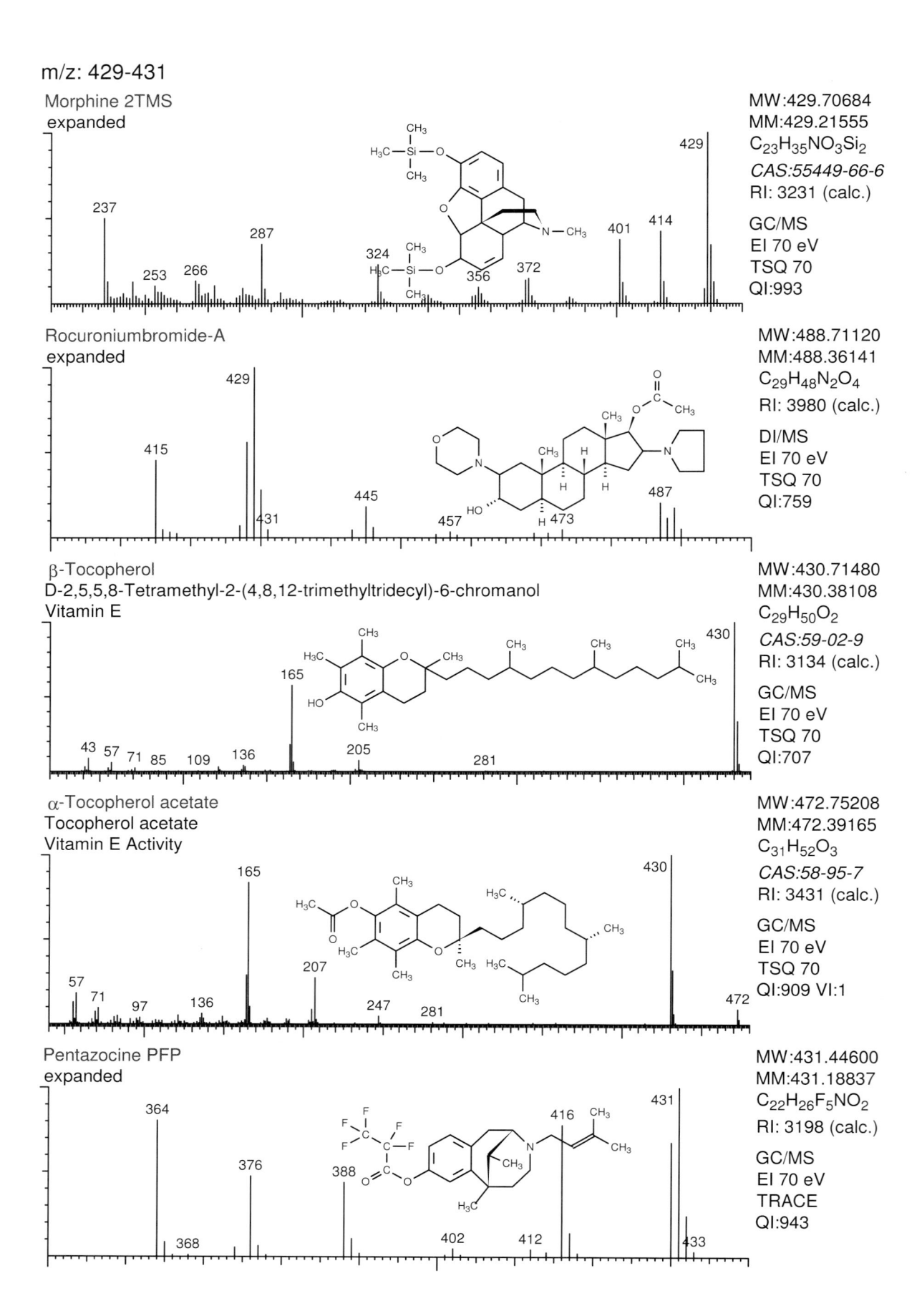

Morphine 2TMS
expanded

MW: 429.70684
MM: 429.21555
$C_{23}H_{35}NO_3Si_2$
CAS: 55449-66-6
RI: 3231 (calc.)

GC/MS
EI 70 eV
TSQ 70
QI: 993

Peaks: 237, 253, 266, 287, 324, 356, 372, 401, 414, 429

Rocuroniumbromide-A
expanded

MW: 488.71120
MM: 488.36141
$C_{29}H_{48}N_2O_4$
RI: 3980 (calc.)

DI/MS
EI 70 eV
TSQ 70
QI: 759

Peaks: 415, 429, 431, 445, 457, 473, 487

β-Tocopherol
D-2,5,5,8-Tetramethyl-2-(4,8,12-trimethyltridecyl)-6-chromanol
Vitamin E

MW: 430.71480
MM: 430.38108
$C_{29}H_{50}O_2$
CAS: 59-02-9
RI: 3134 (calc.)

GC/MS
EI 70 eV
TSQ 70
QI: 707

Peaks: 43, 57, 71, 85, 109, 136, 165, 205, 281, 430

α-Tocopherol acetate
Tocopherol acetate
Vitamin E Activity

MW: 472.75208
MM: 472.39165
$C_{31}H_{52}O_3$
CAS: 58-95-7
RI: 3431 (calc.)

GC/MS
EI 70 eV
TSQ 70
QI: 909 VI:1

Peaks: 57, 71, 97, 136, 165, 207, 247, 281, 430, 472

Pentazocine PFP
expanded

MW: 431.44600
MM: 431.18837
$C_{22}H_{26}F_5NO_2$
RI: 3198 (calc.)

GC/MS
EI 70 eV
TRACE
QI: 943

Peaks: 364, 368, 376, 388, 402, 412, 416, 431, 433

m/z: 431-438

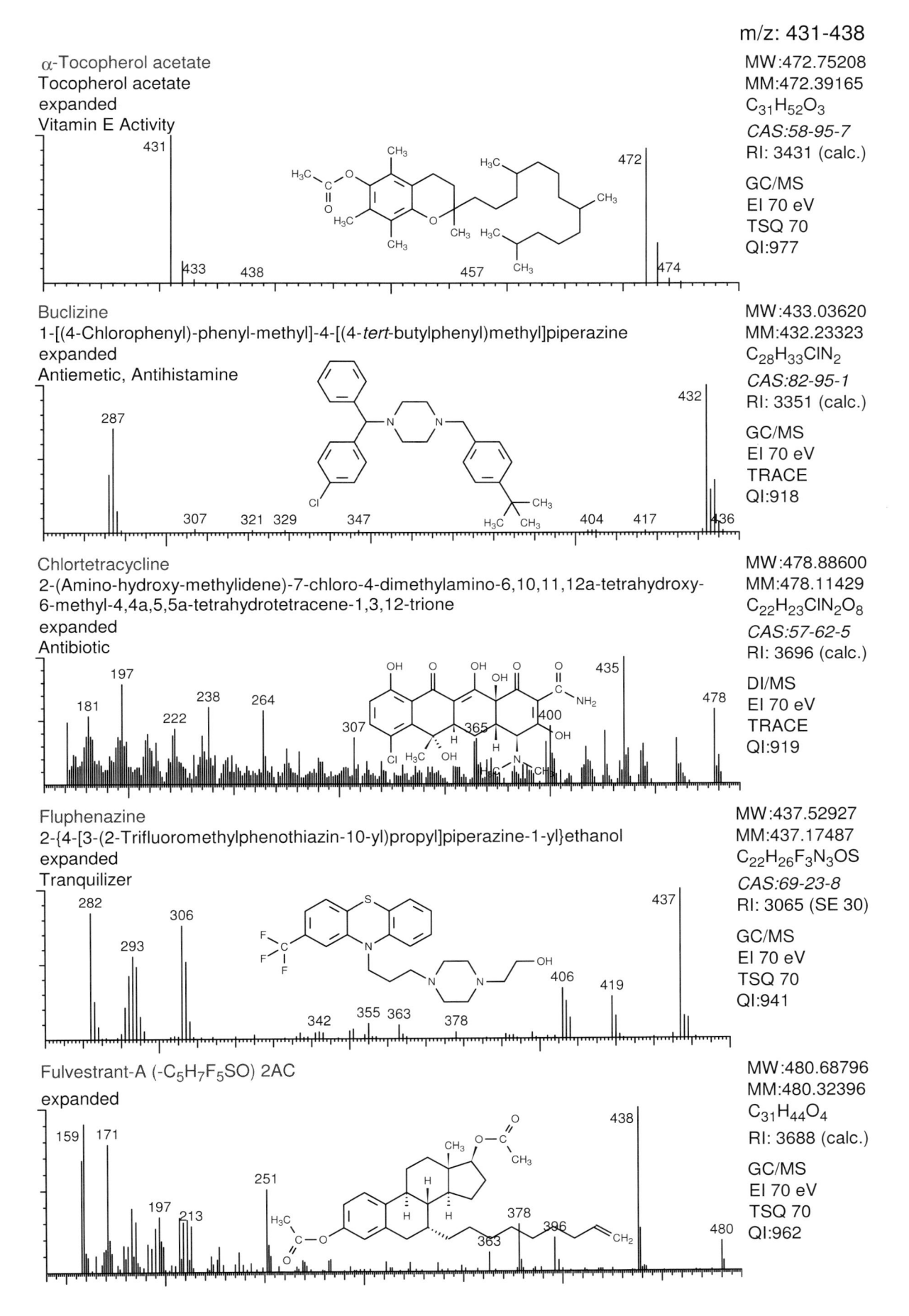

α-Tocopherol acetate
Tocopherol acetate
expanded
Vitamin E Activity

MW: 472.75208
MM: 472.39165
$C_{31}H_{52}O_3$
CAS: 58-95-7
RI: 3431 (calc.)

GC/MS
EI 70 eV
TSQ 70
QI: 977

431, 433, 438, 457, 472, 474

Buclizine
1-[(4-Chlorophenyl)-phenyl-methyl]-4-[(4-*tert*-butylphenyl)methyl]piperazine
expanded
Antiemetic, Antihistamine

MW: 433.03620
MM: 432.23323
$C_{28}H_{33}ClN_2$
CAS: 82-95-1
RI: 3351 (calc.)

GC/MS
EI 70 eV
TRACE
QI: 918

287, 307, 321, 329, 347, 404, 417, 432, 436

Chlortetracycline
2-(Amino-hydroxy-methylidene)-7-chloro-4-dimethylamino-6,10,11,12a-tetrahydroxy-6-methyl-4,4a,5,5a-tetrahydrotetracene-1,3,12-trione
expanded
Antibiotic

MW: 478.88600
MM: 478.11429
$C_{22}H_{23}ClN_2O_8$
CAS: 57-62-5
RI: 3696 (calc.)

DI/MS
EI 70 eV
TRACE
QI: 919

181, 197, 222, 238, 264, 307, 365, 400, 435, 478

Fluphenazine
2-{4-[3-(2-Trifluoromethylphenothiazin-10-yl)propyl]piperazine-1-yl}ethanol
expanded
Tranquilizer

MW: 437.52927
MM: 437.17487
$C_{22}H_{26}F_3N_3OS$
CAS: 69-23-8
RI: 3065 (SE 30)

GC/MS
EI 70 eV
TSQ 70
QI: 941

282, 293, 306, 342, 355, 363, 378, 406, 419, 437

Fulvestrant-A (-$C_5H_7F_5SO$) 2AC
expanded

MW: 480.68796
MM: 480.32396
$C_{31}H_{44}O_4$
RI: 3688 (calc.)

GC/MS
EI 70 eV
TSQ 70
QI: 962

159, 171, 197, 213, 251, 363, 378, 396, 438, 480

m/z: 438-440

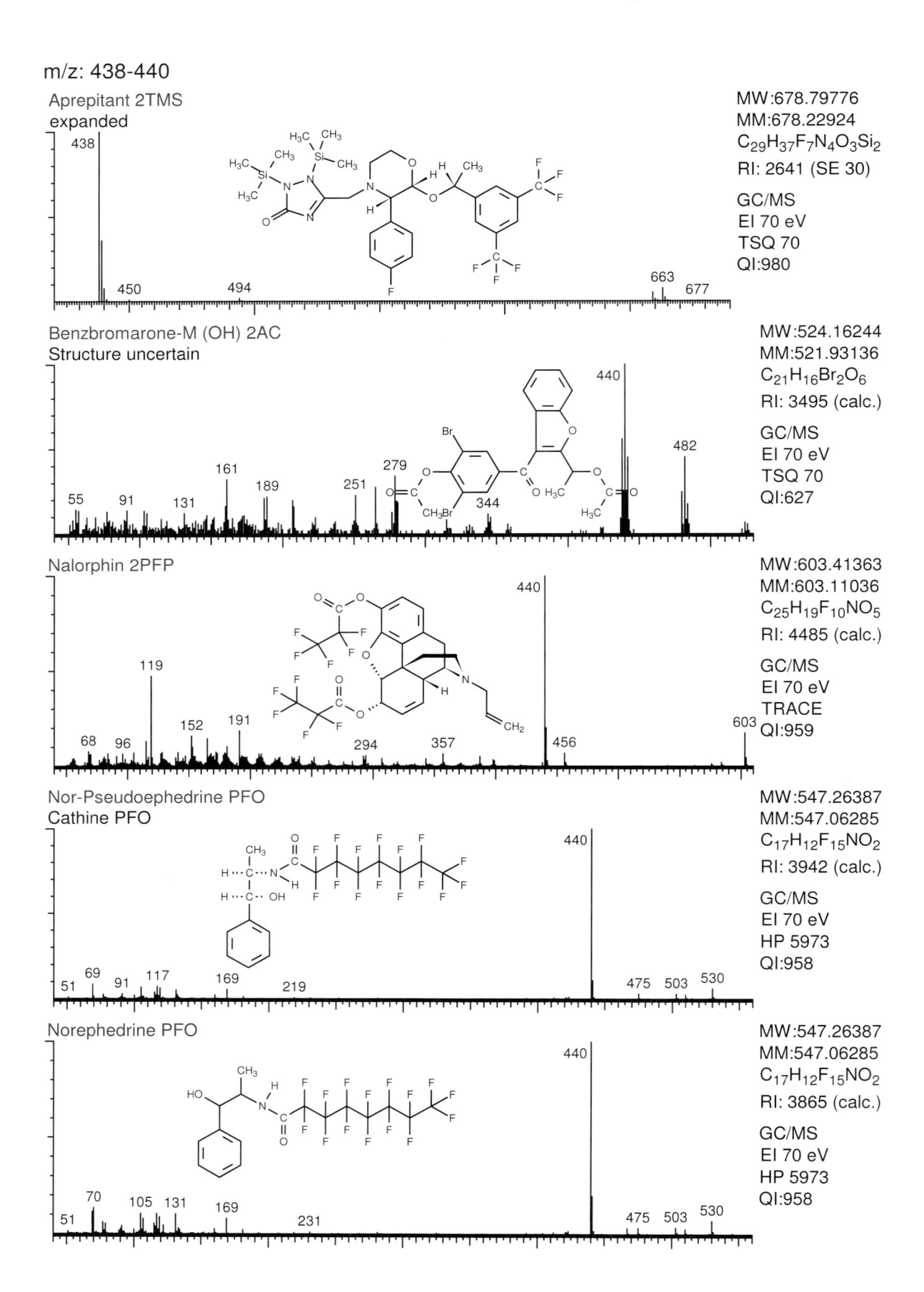

Aprepitant 2TMS expanded

MW: 678.79776
MM: 678.22924
C$_{29}$H$_{37}$F$_7$N$_4$O$_3$Si$_2$
RI: 2641 (SE 30)

GC/MS
EI 70 eV
TSQ 70
QI: 980

Peaks: 438, 450, 494, 663, 677

Benzbromarone-M (OH) 2AC
Structure uncertain

MW: 524.16244
MM: 521.93136
C$_{21}$H$_{16}$Br$_2$O$_6$
RI: 3495 (calc.)

GC/MS
EI 70 eV
TSQ 70
QI: 627

Peaks: 55, 91, 131, 161, 189, 251, 279, 344, 440, 482

Nalorphin 2PFP

MW: 603.41363
MM: 603.11036
C$_{25}$H$_{19}$F$_{10}$NO$_5$
RI: 4485 (calc.)

GC/MS
EI 70 eV
TRACE
QI: 959

Peaks: 68, 96, 119, 152, 191, 294, 357, 440, 456, 603

Nor-Pseudoephedrine PFO
Cathine PFO

MW: 547.26387
MM: 547.06285
C$_{17}$H$_{12}$F$_{15}$NO$_2$
RI: 3942 (calc.)

GC/MS
EI 70 eV
HP 5973
QI: 958

Peaks: 51, 69, 91, 117, 169, 219, 440, 475, 503, 530

Norephedrine PFO

MW: 547.26387
MM: 547.06285
C$_{17}$H$_{12}$F$_{15}$NO$_2$
RI: 3865 (calc.)

GC/MS
EI 70 eV
HP 5973
QI: 958

Peaks: 51, 70, 105, 131, 169, 231, 440, 475, 503, 530

Cannabinol PFP

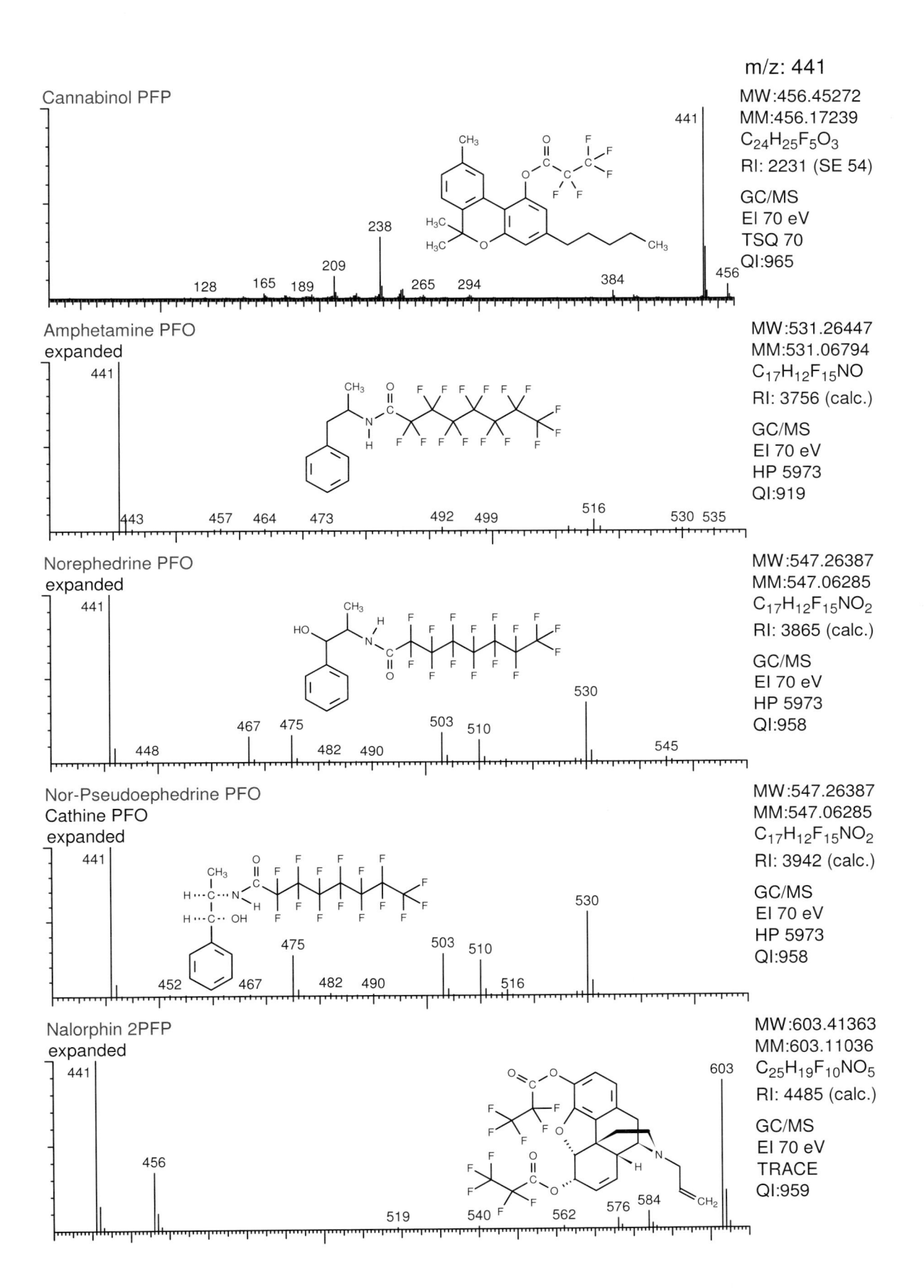

m/z: 441
MW: 456.45272
MM: 456.17239
$C_{24}H_{25}F_5O_3$
RI: 2231 (SE 54)

GC/MS
EI 70 eV
TSQ 70
QI: 965

Peaks: 128, 165, 189, 209, 238, 265, 294, 384, 441, 456

Amphetamine PFO expanded

MW: 531.26447
MM: 531.06794
$C_{17}H_{12}F_{15}NO$
RI: 3756 (calc.)

GC/MS
EI 70 eV
HP 5973
QI: 919

Peaks: 441, 443, 457, 464, 473, 492, 499, 516, 530, 535

Norephedrine PFO expanded

MW: 547.26387
MM: 547.06285
$C_{17}H_{12}F_{15}NO_2$
RI: 3865 (calc.)

GC/MS
EI 70 eV
HP 5973
QI: 958

Peaks: 441, 448, 467, 475, 482, 490, 503, 510, 530, 545

Nor-Pseudoephedrine PFO
Cathine PFO expanded

MW: 547.26387
MM: 547.06285
$C_{17}H_{12}F_{15}NO_2$
RI: 3942 (calc.)

GC/MS
EI 70 eV
HP 5973
QI: 958

Peaks: 441, 452, 467, 475, 482, 490, 503, 510, 516, 530

Nalorphin 2PFP expanded

MW: 603.41363
MM: 603.11036
$C_{25}H_{19}F_{10}NO_5$
RI: 4485 (calc.)

GC/MS
EI 70 eV
TRACE
QI: 959

Peaks: 441, 456, 519, 540, 562, 576, 584, 603

m/z: 442-444

Oxymorphone methoxime 2PROP I
expanded

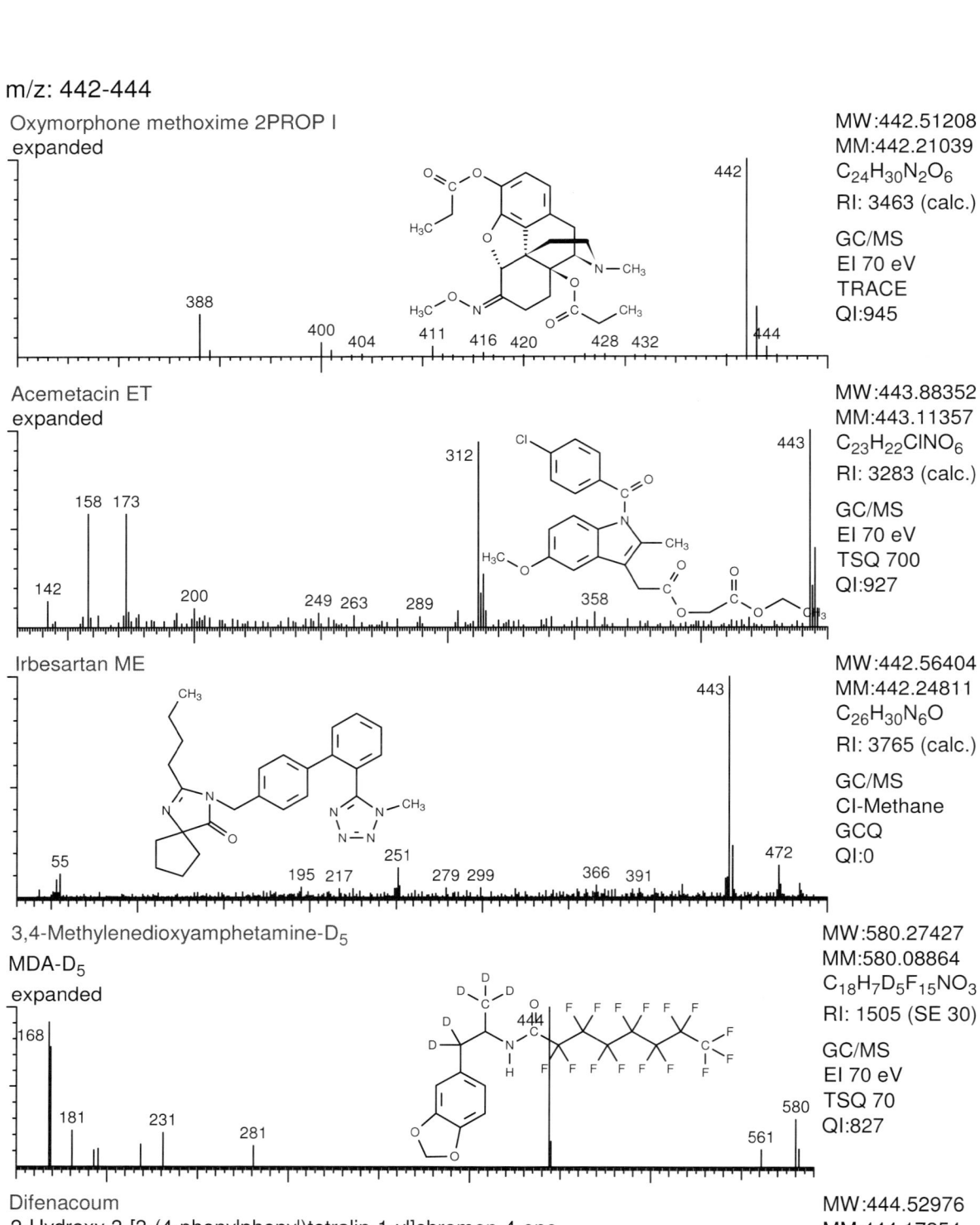

MW:442.51208
MM:442.21039
$C_{24}H_{30}N_2O_6$
RI: 3463 (calc.)

GC/MS
EI 70 eV
TRACE
QI:945

Acemetacin ET
expanded

MW:443.88352
MM:443.11357
$C_{23}H_{22}ClNO_6$
RI: 3283 (calc.)

GC/MS
EI 70 eV
TSQ 700
QI:927

Irbesartan ME

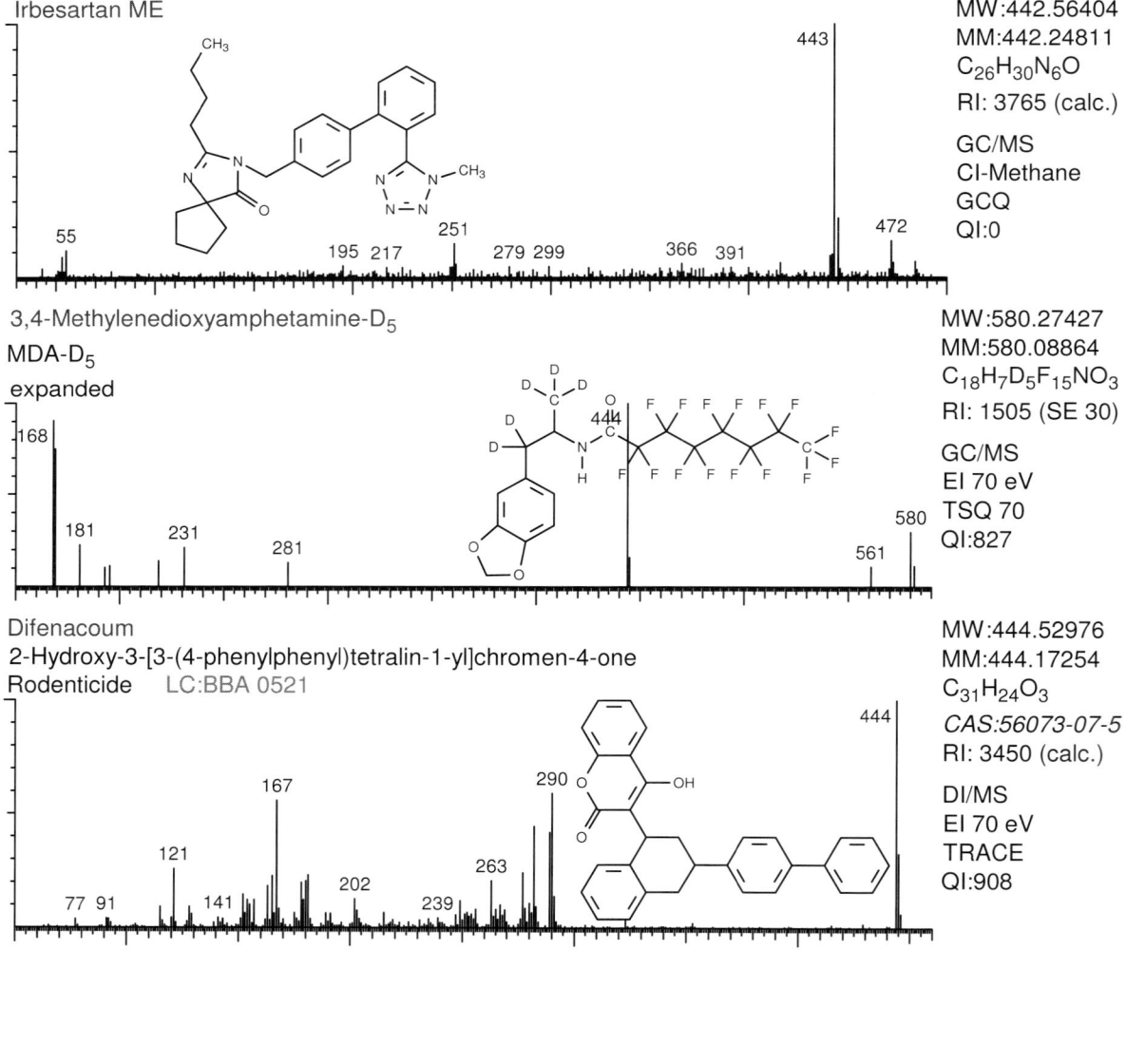

MW:442.56404
MM:442.24811
$C_{26}H_{30}N_6O$
RI: 3765 (calc.)

GC/MS
CI-Methane
GCQ
QI:0

3,4-Methylenedioxyamphetamine-D5
MDA-D5
expanded

MW:580.27427
MM:580.08864
$C_{18}H_7D_5F_{15}NO_3$
RI: 1505 (SE 30)

GC/MS
EI 70 eV
TSQ 70
QI:827

Difenacoum
2-Hydroxy-3-[3-(4-phenylphenyl)tetralin-1-yl]chromen-4-one
Rodenticide   LC:BBA 0521

MW:444.52976
MM:444.17254
$C_{31}H_{24}O_3$
CAS:56073-07-5
RI: 3450 (calc.)

DI/MS
EI 70 eV
TRACE
QI:908

m/z: 444-445

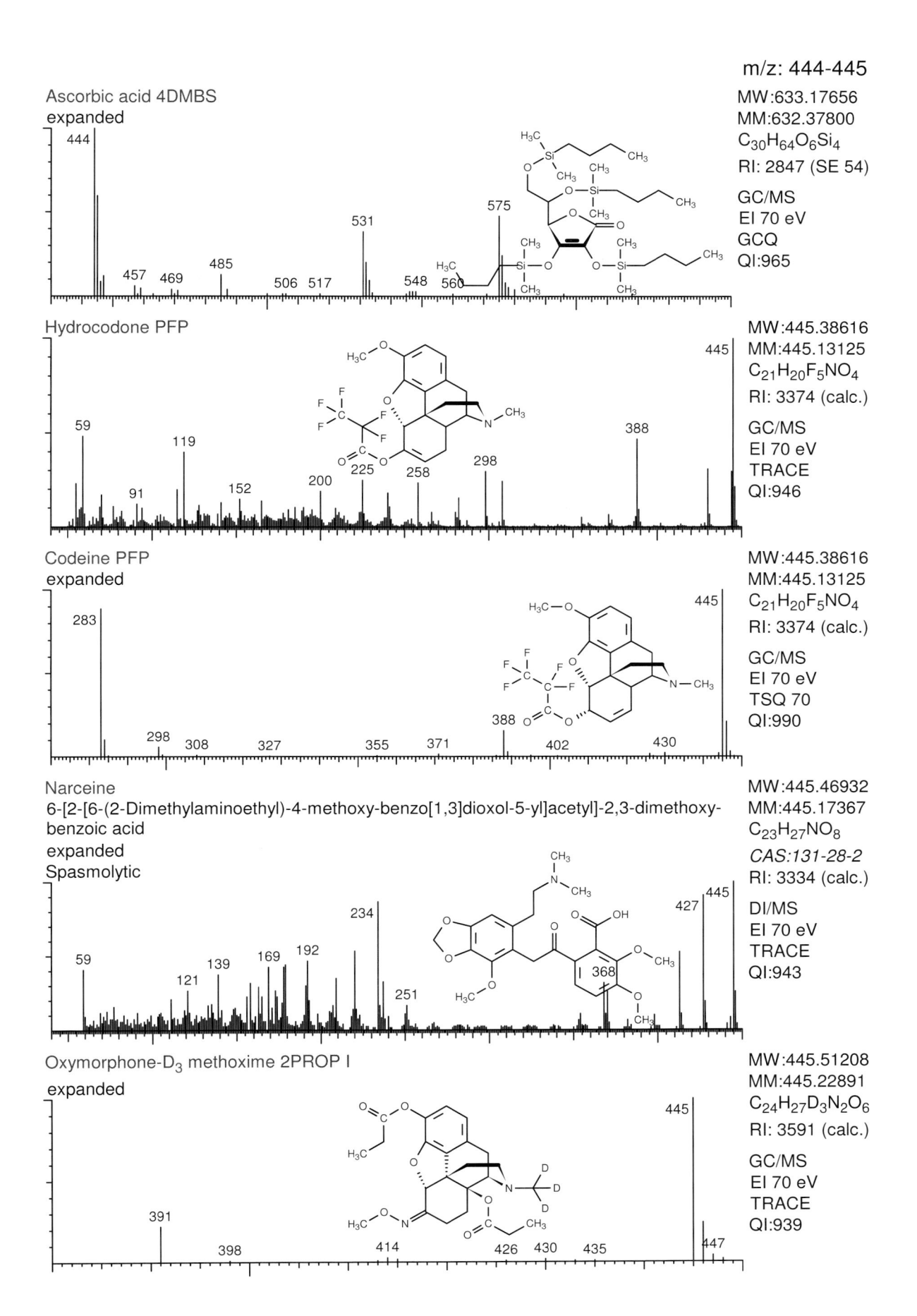

Ascorbic acid 4DMBS
expanded

MW: 633.17656
MM: 632.37800
$C_{30}H_{64}O_6Si_4$
RI: 2847 (SE 54)

GC/MS
EI 70 eV
GCQ
QI: 965

Hydrocodone PFP

MW: 445.38616
MM: 445.13125
$C_{21}H_{20}F_5NO_4$
RI: 3374 (calc.)

GC/MS
EI 70 eV
TRACE
QI: 946

Codeine PFP
expanded

MW: 445.38616
MM: 445.13125
$C_{21}H_{20}F_5NO_4$
RI: 3374 (calc.)

GC/MS
EI 70 eV
TSQ 70
QI: 990

Narceine
6-[2-[6-(2-Dimethylaminoethyl)-4-methoxy-benzo[1,3]dioxol-5-yl]acetyl]-2,3-dimethoxy-benzoic acid
expanded
Spasmolytic

MW: 445.46932
MM: 445.17367
$C_{23}H_{27}NO_8$
CAS: 131-28-2
RI: 3334 (calc.)

DI/MS
EI 70 eV
TRACE
QI: 943

Oxymorphone-D$_3$ methoxime 2PROP I
expanded

MW: 445.51208
MM: 445.22891
$C_{24}H_{27}D_3N_2O_6$
RI: 3591 (calc.)

GC/MS
EI 70 eV
TRACE
QI: 939

1745

m/z: 446-451

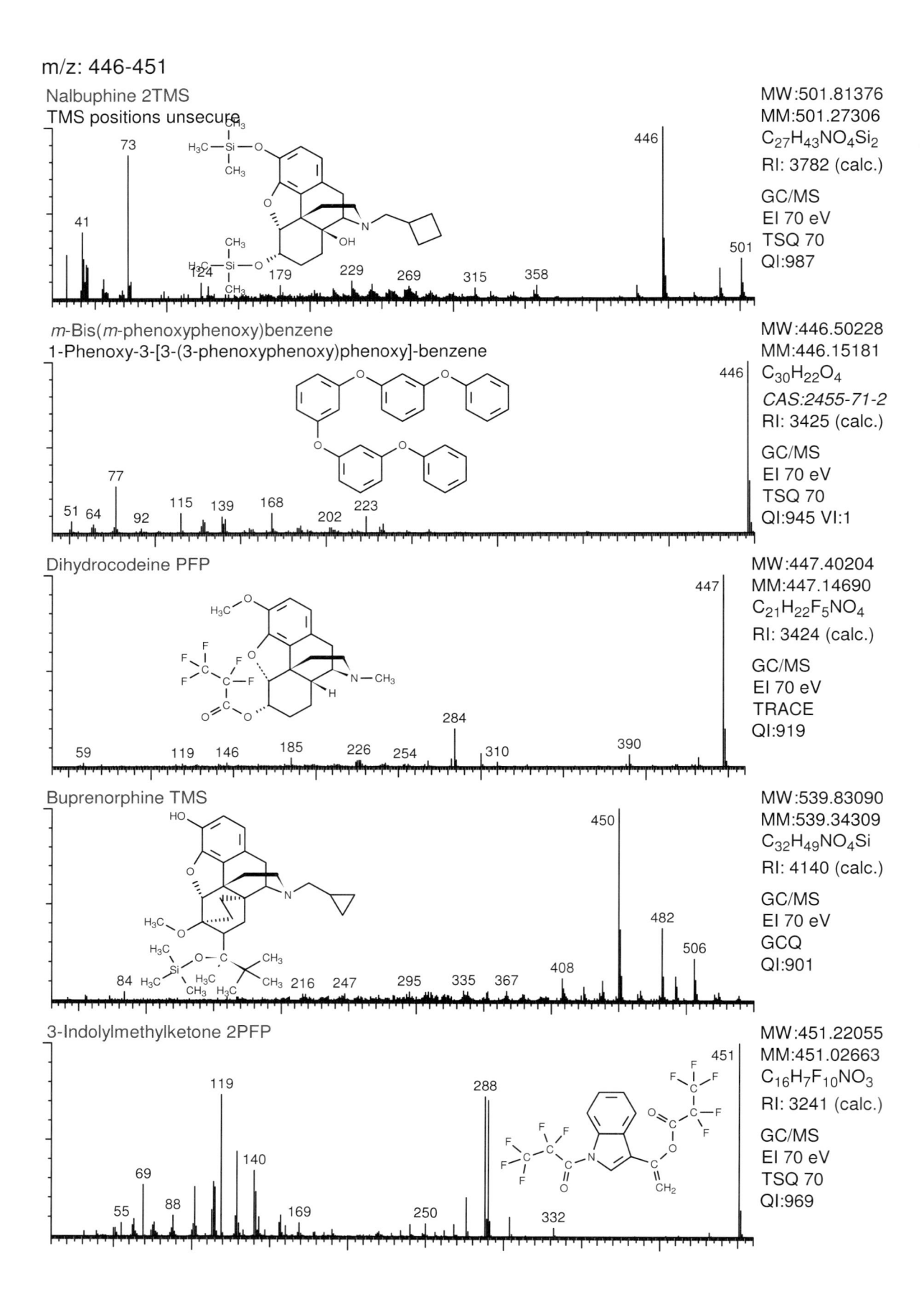

Nalbuphine 2TMS
TMS positions unsecure

Peaks: 41, 73, 124, 179, 229, 269, 315, 358, 446, 501

MW: 501.81376
MM: 501.27306
$C_{27}H_{43}NO_4Si_2$
RI: 3782 (calc.)

GC/MS
EI 70 eV
TSQ 70
QI: 987

m-Bis(m-phenoxyphenoxy)benzene
1-Phenoxy-3-[3-(3-phenoxyphenoxy)phenoxy]-benzene

Peaks: 51, 64, 77, 92, 115, 139, 168, 202, 223, 446

MW: 446.50228
MM: 446.15181
$C_{30}H_{22}O_4$
CAS: 2455-71-2
RI: 3425 (calc.)

GC/MS
EI 70 eV
TSQ 70
QI: 945 VI:1

Dihydrocodeine PFP

Peaks: 59, 119, 146, 185, 226, 254, 284, 310, 390, 447

MW: 447.40204
MM: 447.14690
$C_{21}H_{22}F_5NO_4$
RI: 3424 (calc.)

GC/MS
EI 70 eV
TRACE
QI: 919

Buprenorphine TMS

Peaks: 84, 216, 247, 295, 335, 367, 408, 450, 482, 506

MW: 539.83090
MM: 539.34309
$C_{32}H_{49}NO_4Si$
RI: 4140 (calc.)

GC/MS
EI 70 eV
GCQ
QI: 901

3-Indolylmethylketone 2PFP

Peaks: 55, 69, 88, 119, 140, 169, 250, 288, 332, 451

MW: 451.22055
MM: 451.02663
$C_{16}H_7F_{10}NO_3$
RI: 3241 (calc.)

GC/MS
EI 70 eV
TSQ 70
QI: 969

m/z: 451-454

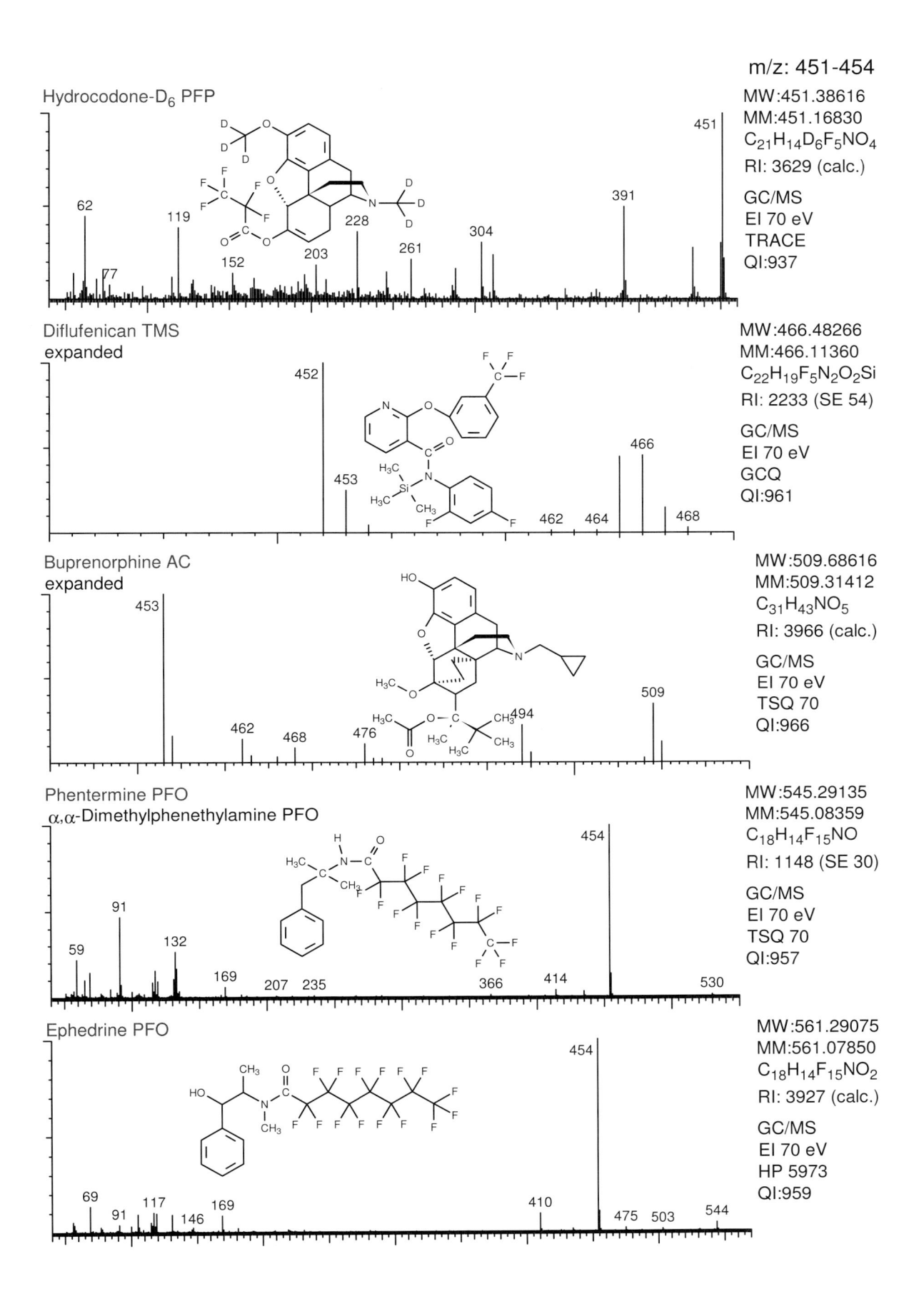

Hydrocodone-D₆ PFP

MW: 451.38616
MM: 451.16830
$C_{21}H_{14}D_6F_5NO_4$
RI: 3629 (calc.)

GC/MS
EI 70 eV
TRACE
QI:937

Peaks: 62, 77, 119, 152, 203, 228, 261, 304, 391, 451

Diflufenican TMS expanded

MW: 466.48266
MM: 466.11360
$C_{22}H_{19}F_5N_2O_2Si$
RI: 2233 (SE 54)

GC/MS
EI 70 eV
GCQ
QI:961

Peaks: 452, 453, 462, 464, 466, 468

Buprenorphine AC expanded

MW: 509.68616
MM: 509.31412
$C_{31}H_{43}NO_5$
RI: 3966 (calc.)

GC/MS
EI 70 eV
TSQ 70
QI:966

Peaks: 453, 462, 468, 476, 494, 509

Phentermine PFO
α,α-Dimethylphenethylamine PFO

MW: 545.29135
MM: 545.08359
$C_{18}H_{14}F_{15}NO$
RI: 1148 (SE 30)

GC/MS
EI 70 eV
TSQ 70
QI:957

Peaks: 59, 91, 132, 169, 207, 235, 366, 414, 454, 530

Ephedrine PFO

MW: 561.29075
MM: 561.07850
$C_{18}H_{14}F_{15}NO_2$
RI: 3927 (calc.)

GC/MS
EI 70 eV
HP 5973
QI:959

Peaks: 69, 91, 117, 146, 169, 410, 454, 475, 503, 544

m/z: 454-455

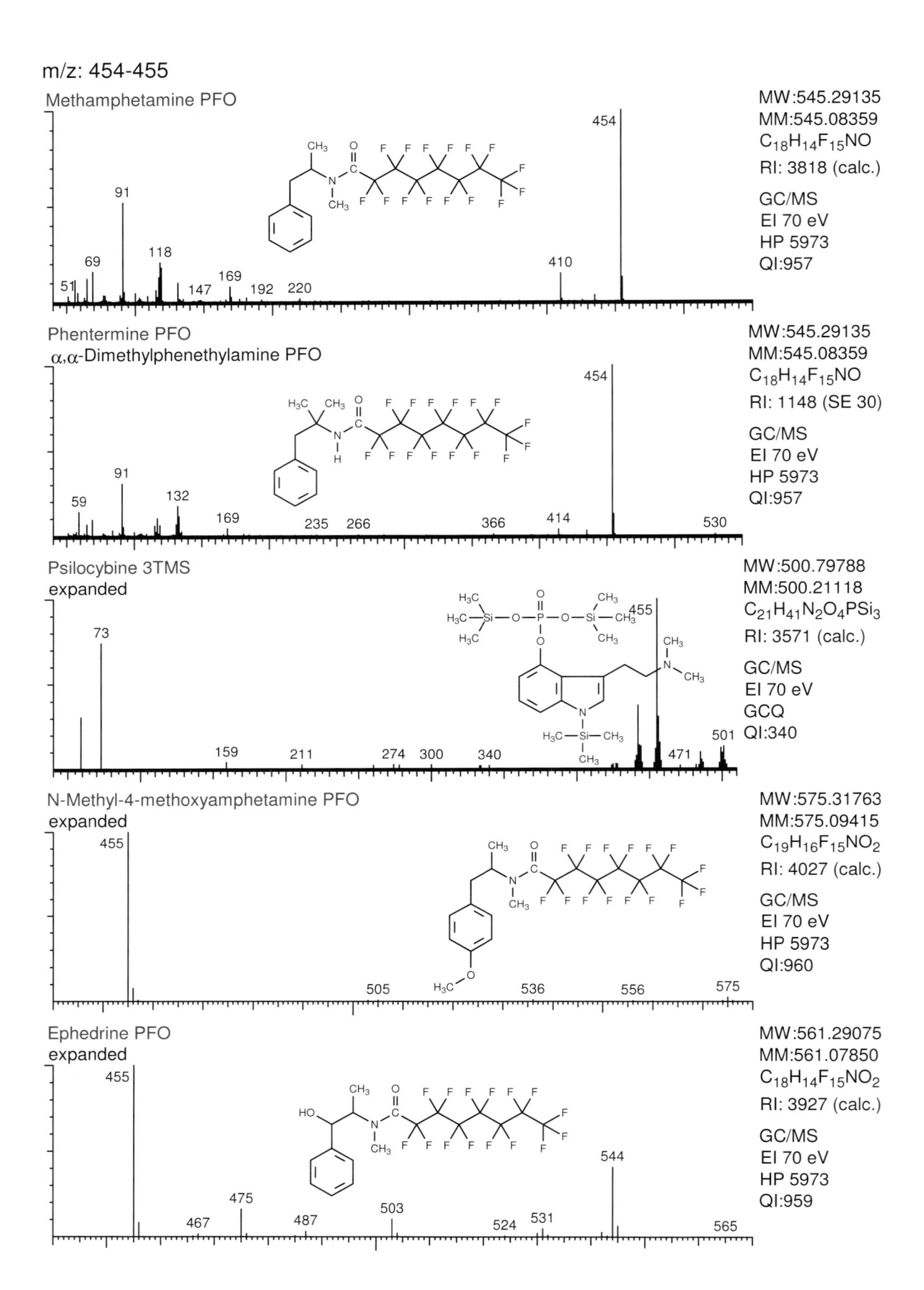

Methamphetamine PFO

MW: 545.29135
MM: 545.08359
$C_{18}H_{14}F_{15}NO$
RI: 3818 (calc.)

GC/MS
EI 70 eV
HP 5973
QI: 957

Phentermine PFO
α,α-Dimethylphenethylamine PFO

MW: 545.29135
MM: 545.08359
$C_{18}H_{14}F_{15}NO$
RI: 1148 (SE 30)

GC/MS
EI 70 eV
HP 5973
QI: 957

Psilocybine 3TMS
expanded

MW: 500.79788
MM: 500.21118
$C_{21}H_{41}N_2O_4PSi_3$
RI: 3571 (calc.)

GC/MS
EI 70 eV
GCQ
QI: 340

N-Methyl-4-methoxyamphetamine PFO
expanded

MW: 575.31763
MM: 575.09415
$C_{19}H_{16}F_{15}NO_2$
RI: 4027 (calc.)

GC/MS
EI 70 eV
HP 5973
QI: 960

Ephedrine PFO
expanded

MW: 561.29075
MM: 561.07850
$C_{18}H_{14}F_{15}NO_2$
RI: 3927 (calc.)

GC/MS
EI 70 eV
HP 5973
QI: 959

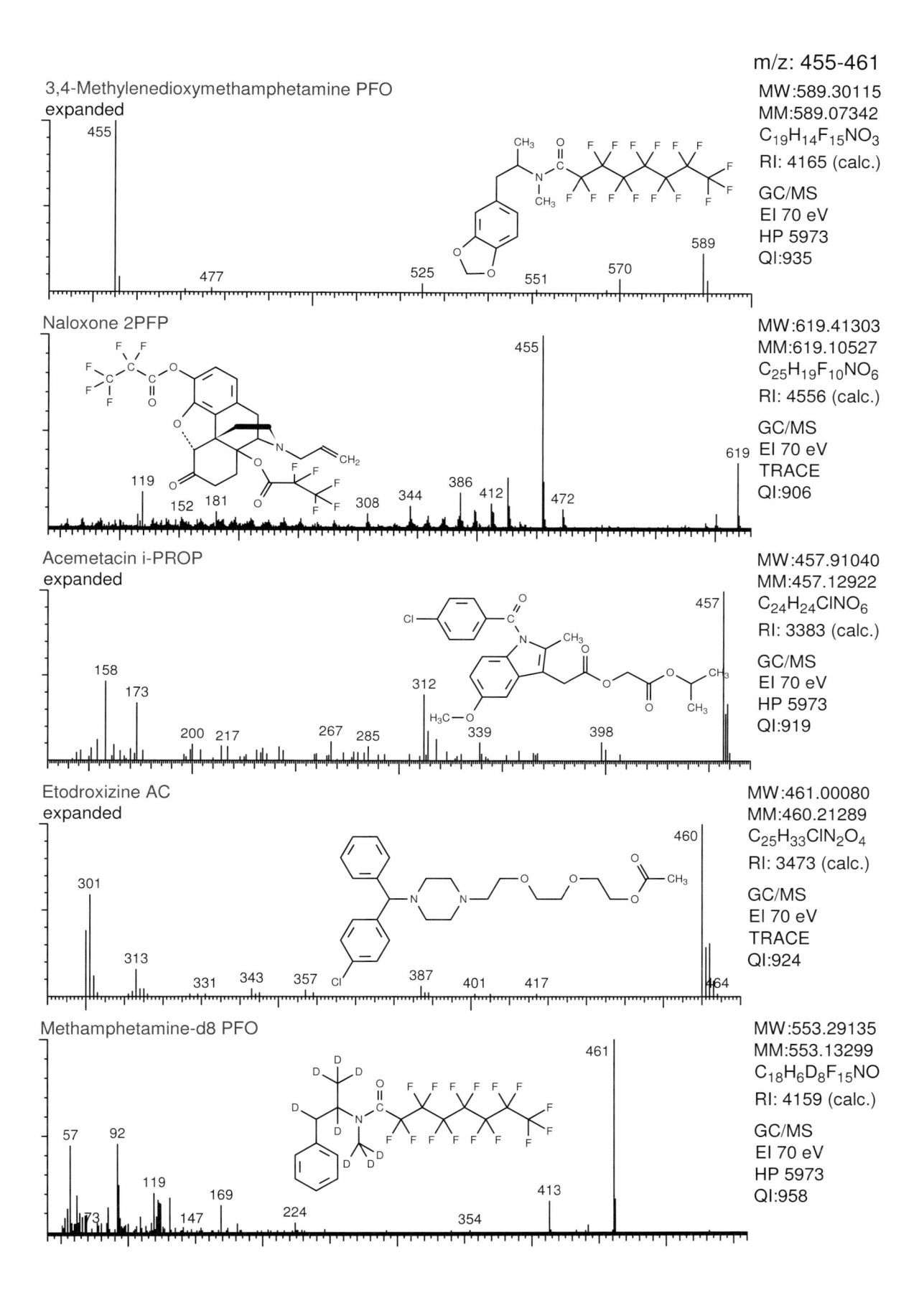

3,4-Methylenedioxymethamphetamine PFO expanded

m/z: 455-461

MW: 589.30115
MM: 589.07342
$C_{19}H_{14}F_{15}NO_3$
RI: 4165 (calc.)

GC/MS
EI 70 eV
HP 5973
QI: 935

Peaks: 455, 477, 525, 551, 570, 589

Naloxone 2PFP

MW: 619.41303
MM: 619.10527
$C_{25}H_{19}F_{10}NO_6$
RI: 4556 (calc.)

GC/MS
EI 70 eV
TRACE
QI: 906

Peaks: 119, 152, 181, 308, 344, 386, 412, 455, 472, 619

Acemetacin i-PROP expanded

MW: 457.91040
MM: 457.12922
$C_{24}H_{24}ClNO_6$
RI: 3383 (calc.)

GC/MS
EI 70 eV
HP 5973
QI: 919

Peaks: 158, 173, 200, 217, 267, 285, 312, 339, 398, 457

Etodroxizine AC expanded

MW: 461.00080
MM: 460.21289
$C_{25}H_{33}ClN_2O_4$
RI: 3473 (calc.)

GC/MS
EI 70 eV
TRACE
QI: 924

Peaks: 301, 313, 331, 343, 357, 387, 401, 417, 460, 464

Methamphetamine-d8 PFO

MW: 553.29135
MM: 553.13299
$C_{18}H_6D_8F_{15}NO$
RI: 4159 (calc.)

GC/MS
EI 70 eV
HP 5973
QI: 958

Peaks: 57, 73, 92, 119, 147, 169, 224, 354, 413, 461

m/z: 461-464

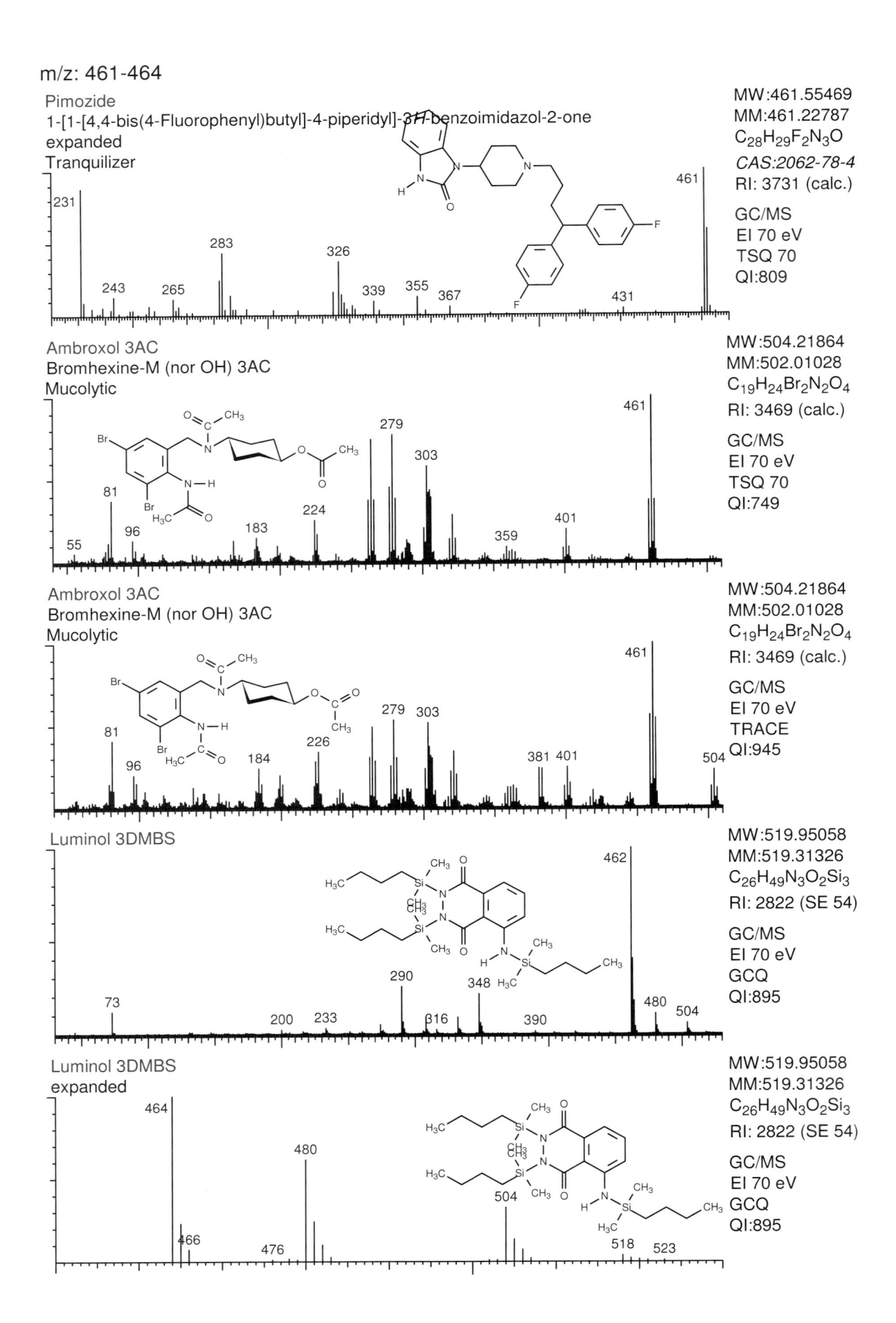

Pimozide
1-[1-[4,4-bis(4-Fluorophenyl)butyl]-4-piperidyl]-3H-benzoimidazol-2-one
expanded
Tranquilizer

MW:461.55469
MM:461.22787
$C_{28}H_{29}F_2N_3O$
CAS:2062-78-4
RI: 3731 (calc.)

GC/MS
EI 70 eV
TSQ 70
QI:809

Ambroxol 3AC
Bromhexine-M (nor OH) 3AC
Mucolytic

MW:504.21864
MM:502.01028
$C_{19}H_{24}Br_2N_2O_4$
RI: 3469 (calc.)

GC/MS
EI 70 eV
TSQ 70
QI:749

Ambroxol 3AC
Bromhexine-M (nor OH) 3AC
Mucolytic

MW:504.21864
MM:502.01028
$C_{19}H_{24}Br_2N_2O_4$
RI: 3469 (calc.)

GC/MS
EI 70 eV
TRACE
QI:945

Luminol 3DMBS

MW:519.95058
MM:519.31326
$C_{26}H_{49}N_3O_2Si_3$
RI: 2822 (SE 54)

GC/MS
EI 70 eV
GCQ
QI:895

Luminol 3DMBS
expanded

MW:519.95058
MM:519.31326
$C_{26}H_{49}N_3O_2Si_3$
RI: 2822 (SE 54)

GC/MS
EI 70 eV
GCQ
QI:895

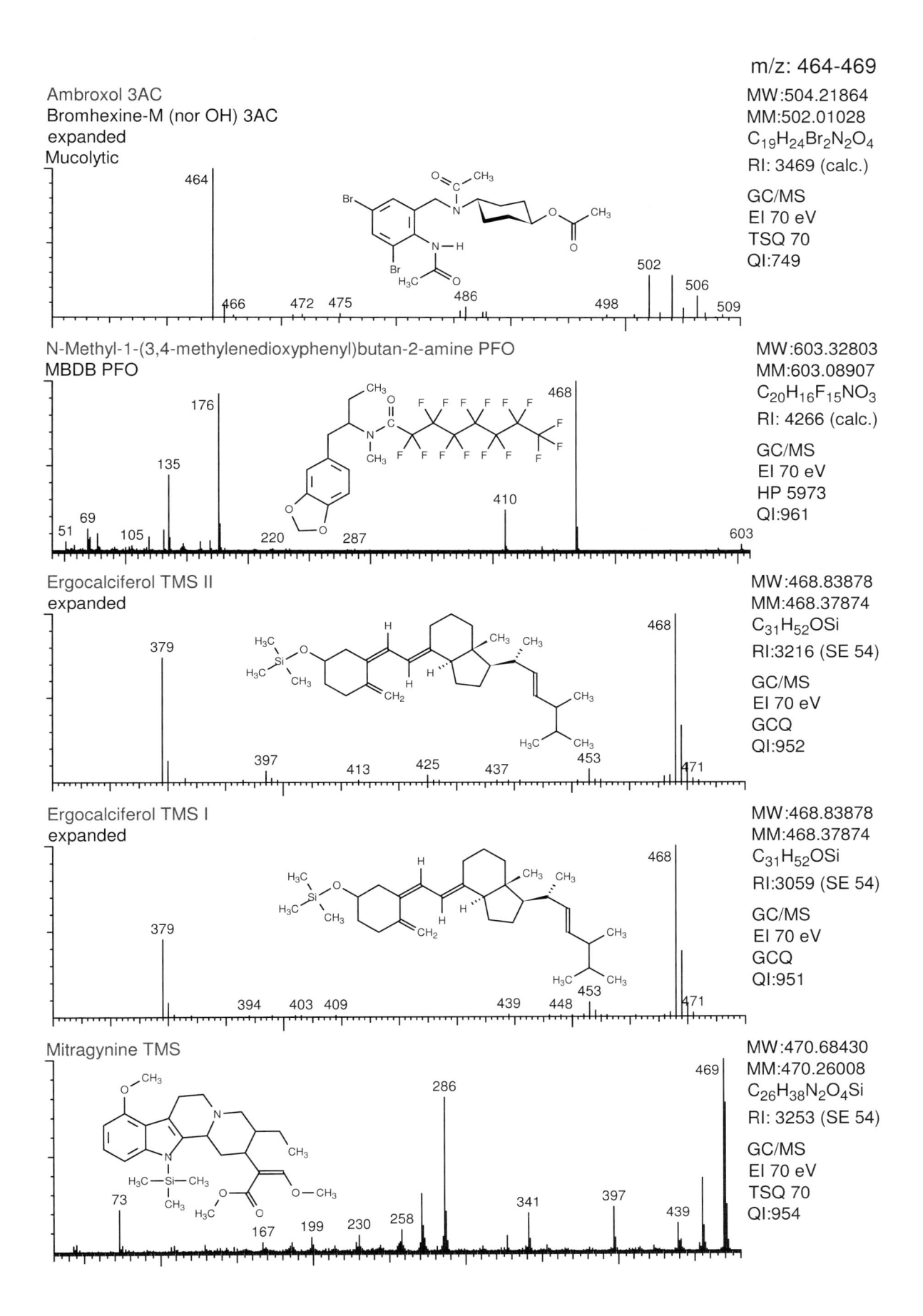

Ambroxol 3AC
Bromhexine-M (nor OH) 3AC
expanded
Mucolytic

MW: 504.21864
MM: 502.01028
$C_{19}H_{24}Br_2N_2O_4$
RI: 3469 (calc.)

GC/MS
EI 70 eV
TSQ 70
QI: 749

Peaks: 464, 466, 472, 475, 486, 498, 502, 506, 509

N-Methyl-1-(3,4-methylenedioxyphenyl)butan-2-amine PFO
MBDB PFO

MW: 603.32803
MM: 603.08907
$C_{20}H_{16}F_{15}NO_3$
RI: 4266 (calc.)

GC/MS
EI 70 eV
HP 5973
QI: 961

Peaks: 51, 69, 105, 135, 176, 220, 287, 410, 468, 603

Ergocalciferol TMS II
expanded

MW: 468.83878
MM: 468.37874
$C_{31}H_{52}OSi$
RI: 3216 (SE 54)

GC/MS
EI 70 eV
GCQ
QI: 952

Peaks: 379, 397, 413, 425, 437, 453, 468, 471

Ergocalciferol TMS I
expanded

MW: 468.83878
MM: 468.37874
$C_{31}H_{52}OSi$
RI: 3059 (SE 54)

GC/MS
EI 70 eV
GCQ
QI: 951

Peaks: 379, 394, 403, 409, 439, 448, 453, 468, 471

Mitragynine TMS

MW: 470.68430
MM: 470.26008
$C_{26}H_{38}N_2O_4Si$
RI: 3253 (SE 54)

GC/MS
EI 70 eV
TSQ 70
QI: 954

Peaks: 73, 167, 199, 230, 258, 286, 341, 397, 439, 469

m/z: 464-469

m/z: 469-473

N-Methyl-1-(3,4-methylenedioxyphenyl)butan-2-amine PFO
MBDB PFO
expanded

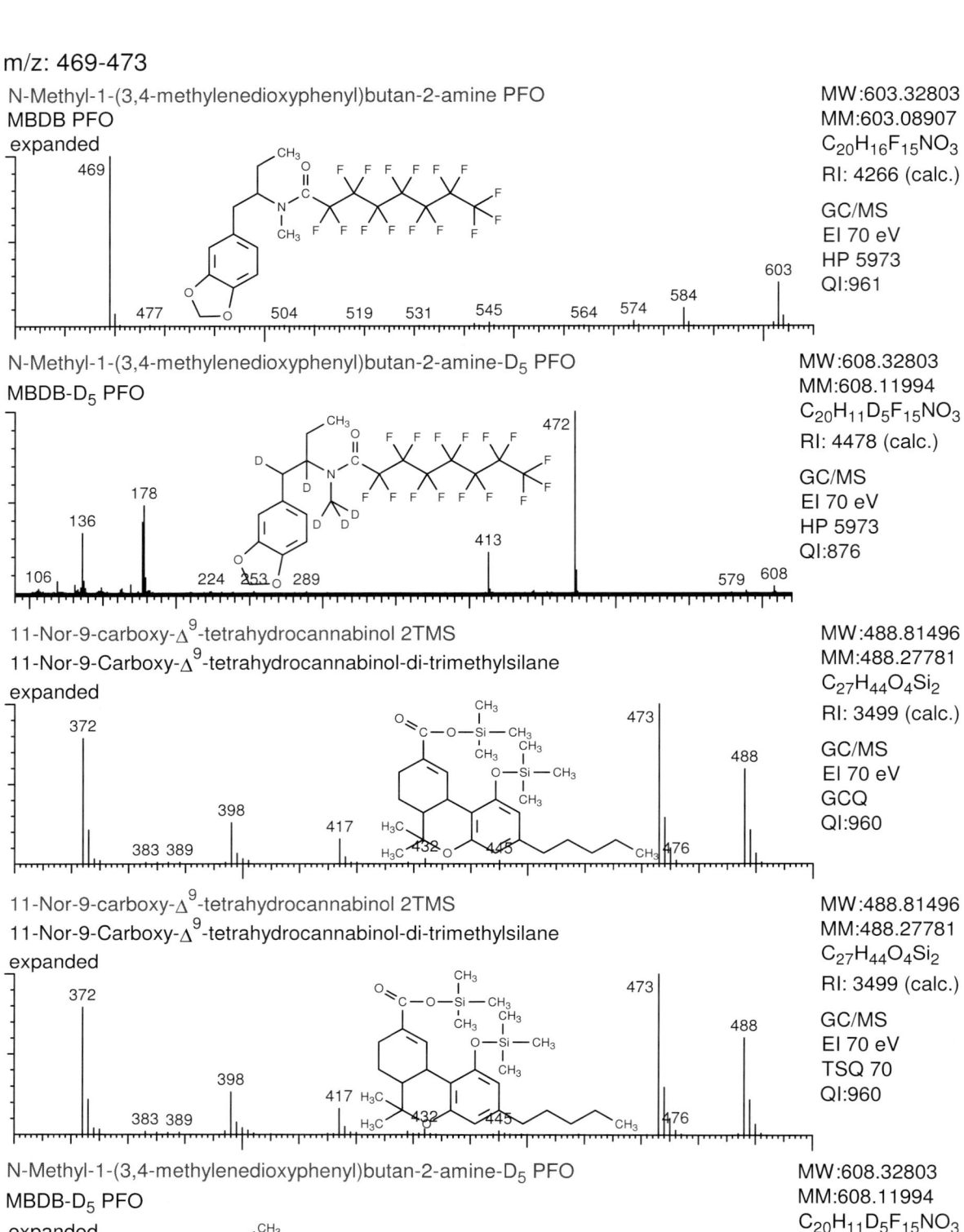

MW: 603.32803
MM: 603.08907
$C_{20}H_{16}F_{15}NO_3$
RI: 4266 (calc.)

GC/MS
EI 70 eV
HP 5973
QI: 961

Peaks: 469, 477, 504, 519, 531, 545, 564, 574, 584, 603

N-Methyl-1-(3,4-methylenedioxyphenyl)butan-2-amine-D_5 PFO
MBDB-D_5 PFO

MW: 608.32803
MM: 608.11994
$C_{20}H_{11}D_5F_{15}NO_3$
RI: 4478 (calc.)

GC/MS
EI 70 eV
HP 5973
QI: 876

Peaks: 106, 136, 178, 224, 253, 289, 413, 472, 579, 608

11-Nor-9-carboxy-Δ^9-tetrahydrocannabinol 2TMS
11-Nor-9-Carboxy-Δ^9-tetrahydrocannabinol-di-trimethylsilane
expanded

MW: 488.81496
MM: 488.27781
$C_{27}H_{44}O_4Si_2$
RI: 3499 (calc.)

GC/MS
EI 70 eV
GCQ
QI: 960

Peaks: 372, 383, 389, 398, 417, 432, 445, 473, 476, 488

11-Nor-9-carboxy-Δ^9-tetrahydrocannabinol 2TMS
11-Nor-9-Carboxy-Δ^9-tetrahydrocannabinol-di-trimethylsilane
expanded

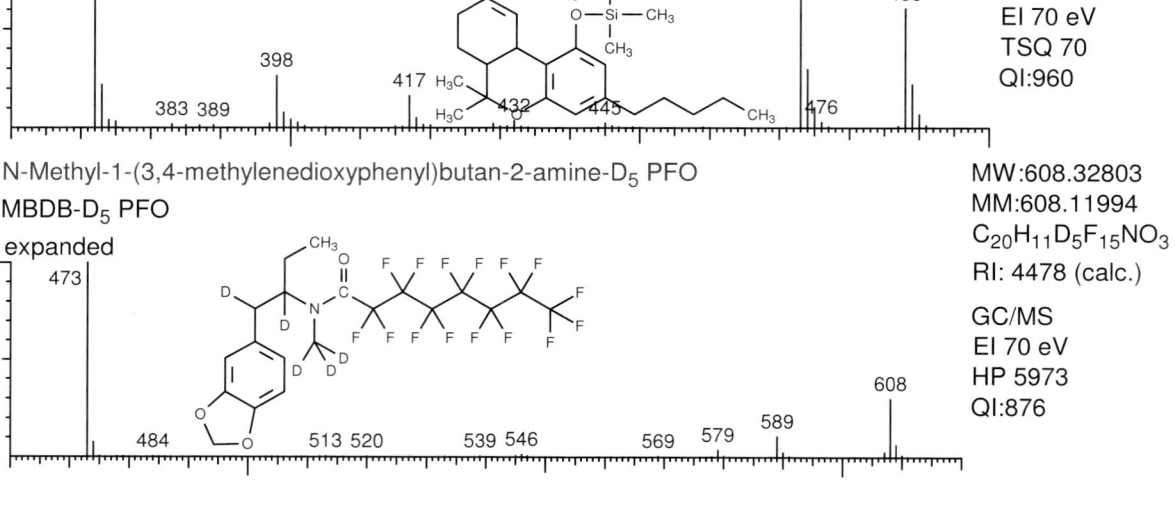

MW: 488.81496
MM: 488.27781
$C_{27}H_{44}O_4Si_2$
RI: 3499 (calc.)

GC/MS
EI 70 eV
TSQ 70
QI: 960

Peaks: 372, 383, 389, 398, 417, 432, 445, 473, 476, 488

N-Methyl-1-(3,4-methylenedioxyphenyl)butan-2-amine-D_5 PFO
MBDB-D_5 PFO
expanded

MW: 608.32803
MM: 608.11994
$C_{20}H_{11}D_5F_{15}NO_3$
RI: 4478 (calc.)

GC/MS
EI 70 eV
HP 5973
QI: 876

Peaks: 473, 484, 513, 520, 539, 546, 569, 579, 589, 608

m/z: 474-482

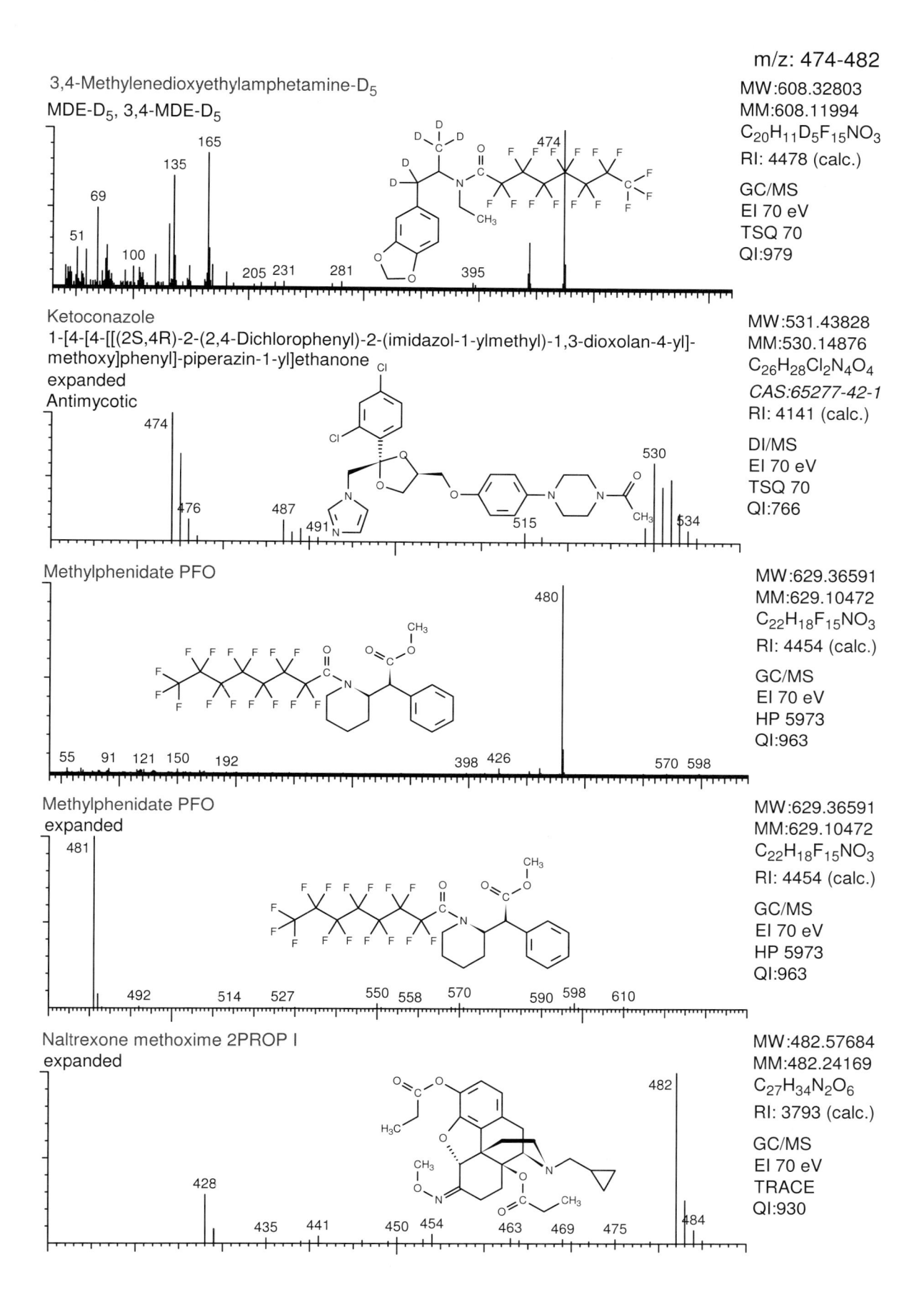

3,4-Methylenedioxyethylamphetamine-D$_5$
MDE-D$_5$, 3,4-MDE-D$_5$

MW: 608.32803
MM: 608.11994
C$_{20}$H$_{11}$D$_5$F$_{15}$NO$_3$
RI: 4478 (calc.)

GC/MS
EI 70 eV
TSQ 70
QI: 979

Peaks: 51, 69, 100, 135, 165, 205, 231, 281, 395, 474

Ketoconazole
1-[4-[4-[[(2S,4R)-2-(2,4-Dichlorophenyl)-2-(imidazol-1-ylmethyl)-1,3-dioxolan-4-yl]-methoxy]phenyl]-piperazin-1-yl]ethanone
expanded
Antimycotic

MW: 531.43828
MM: 530.14876
C$_{26}$H$_{28}$Cl$_2$N$_4$O$_4$
CAS: 65277-42-1
RI: 4141 (calc.)

DI/MS
EI 70 eV
TSQ 70
QI: 766

Peaks: 474, 476, 487, 491, 515, 530, 534

Methylphenidate PFO

MW: 629.36591
MM: 629.10472
C$_{22}$H$_{18}$F$_{15}$NO$_3$
RI: 4454 (calc.)

GC/MS
EI 70 eV
HP 5973
QI: 963

Peaks: 55, 91, 121, 150, 192, 398, 426, 480, 570, 598

Methylphenidate PFO
expanded

MW: 629.36591
MM: 629.10472
C$_{22}$H$_{18}$F$_{15}$NO$_3$
RI: 4454 (calc.)

GC/MS
EI 70 eV
HP 5973
QI: 963

Peaks: 481, 492, 514, 527, 550, 558, 570, 590, 598, 610

Naltrexone methoxime 2PROP I
expanded

MW: 482.57684
MM: 482.24169
C$_{27}$H$_{34}$N$_2$O$_6$
RI: 3793 (calc.)

GC/MS
EI 70 eV
TRACE
QI: 930

Peaks: 428, 435, 441, 450, 454, 463, 469, 475, 482, 484

m/z: 482-488

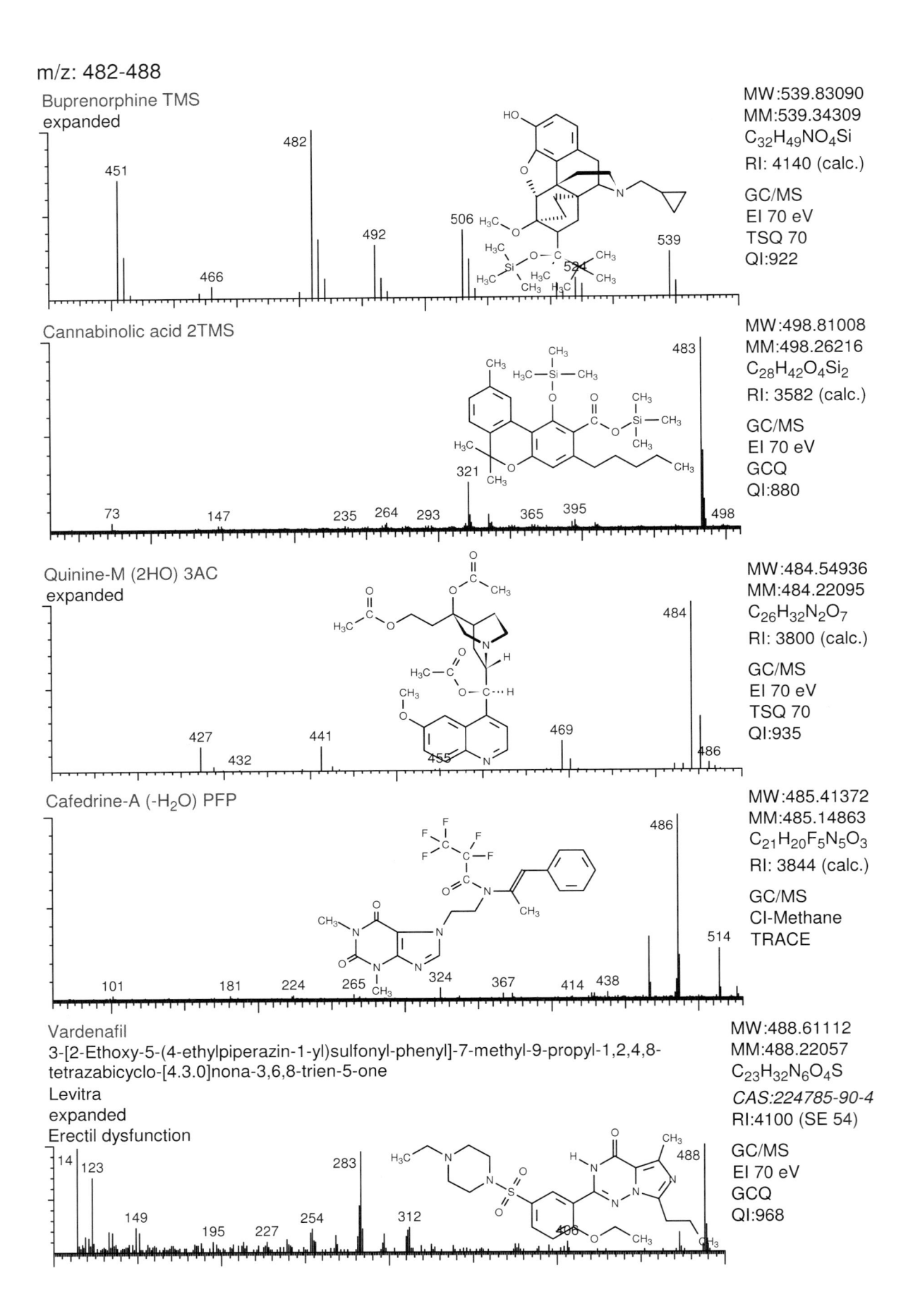

Buprenorphine TMS
expanded

MW: 539.83090
MM: 539.34309
$C_{32}H_{49}NO_4Si$
RI: 4140 (calc.)

GC/MS
EI 70 eV
TSQ 70
QI:922

Cannabinolic acid 2TMS

MW: 498.81008
MM: 498.26216
$C_{28}H_{42}O_4Si_2$
RI: 3582 (calc.)

GC/MS
EI 70 eV
GCQ
QI:880

Quinine-M (2HO) 3AC
expanded

MW: 484.54936
MM: 484.22095
$C_{26}H_{32}N_2O_7$
RI: 3800 (calc.)

GC/MS
EI 70 eV
TSQ 70
QI:935

Cafedrine-A (-H₂O) PFP

MW: 485.41372
MM: 485.14863
$C_{21}H_{20}F_5N_5O_3$
RI: 3844 (calc.)

GC/MS
CI-Methane
TRACE

Vardenafil
3-[2-Ethoxy-5-(4-ethylpiperazin-1-yl)sulfonyl-phenyl]-7-methyl-9-propyl-1,2,4,8-tetrazabicyclo-[4.3.0]nona-3,6,8-trien-5-one
Levitra
expanded
Erectil dysfunction

MW: 488.61112
MM: 488.22057
$C_{23}H_{32}N_6O_4S$
CAS: 224785-90-4
RI: 4100 (SE 54)

GC/MS
EI 70 eV
GCQ
QI:968

m/z: 488-498

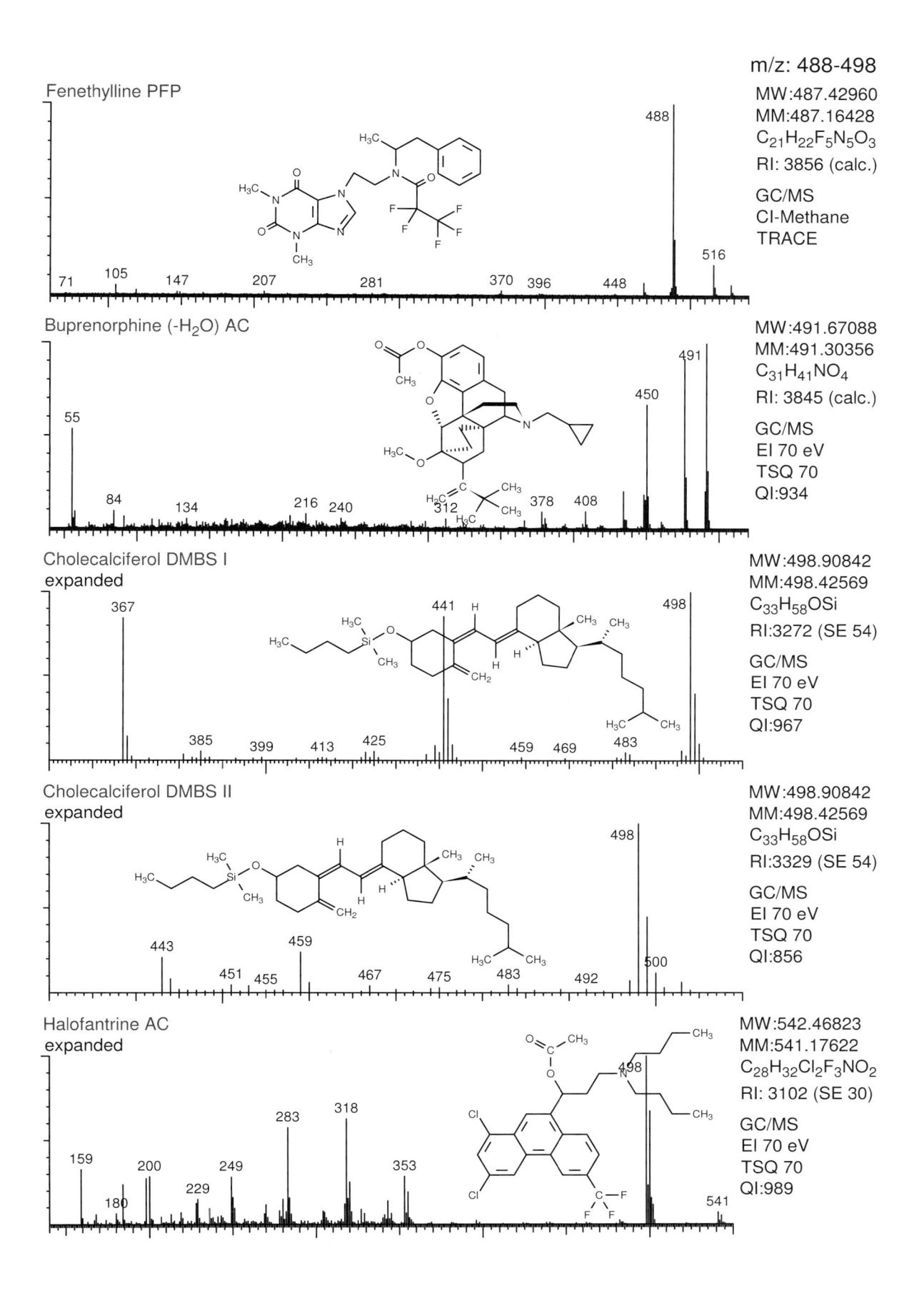

Fenethylline PFP

MW:487.42960
MM:487.16428
$C_{21}H_{22}F_5N_5O_3$
RI: 3856 (calc.)

GC/MS
CI-Methane
TRACE

Peaks: 71, 105, 147, 207, 281, 370, 396, 448, 488, 516

Buprenorphine (-H₂O) AC

MW:491.67088
MM:491.30356
$C_{31}H_{41}NO_4$
RI: 3845 (calc.)

GC/MS
EI 70 eV
TSQ 70
QI:934

Peaks: 55, 84, 134, 216, 240, 312, 378, 408, 450, 491

Cholecalciferol DMBS I expanded

MW:498.90842
MM:498.42569
$C_{33}H_{58}OSi$
RI:3272 (SE 54)

GC/MS
EI 70 eV
TSQ 70
QI:967

Peaks: 367, 385, 399, 413, 425, 441, 459, 469, 483, 498

Cholecalciferol DMBS II expanded

MW:498.90842
MM:498.42569
$C_{33}H_{58}OSi$
RI:3329 (SE 54)

GC/MS
EI 70 eV
TSQ 70
QI:856

Peaks: 443, 451, 455, 459, 467, 475, 483, 492, 498, 500

Halofantrine AC expanded

MW:542.46823
MM:541.17622
$C_{28}H_{32}Cl_2F_3NO_2$
RI: 3102 (SE 30)

GC/MS
EI 70 eV
TSQ 70
QI:989

Peaks: 159, 180, 200, 229, 249, 283, 318, 353, 498, 541

m/z: 501-510

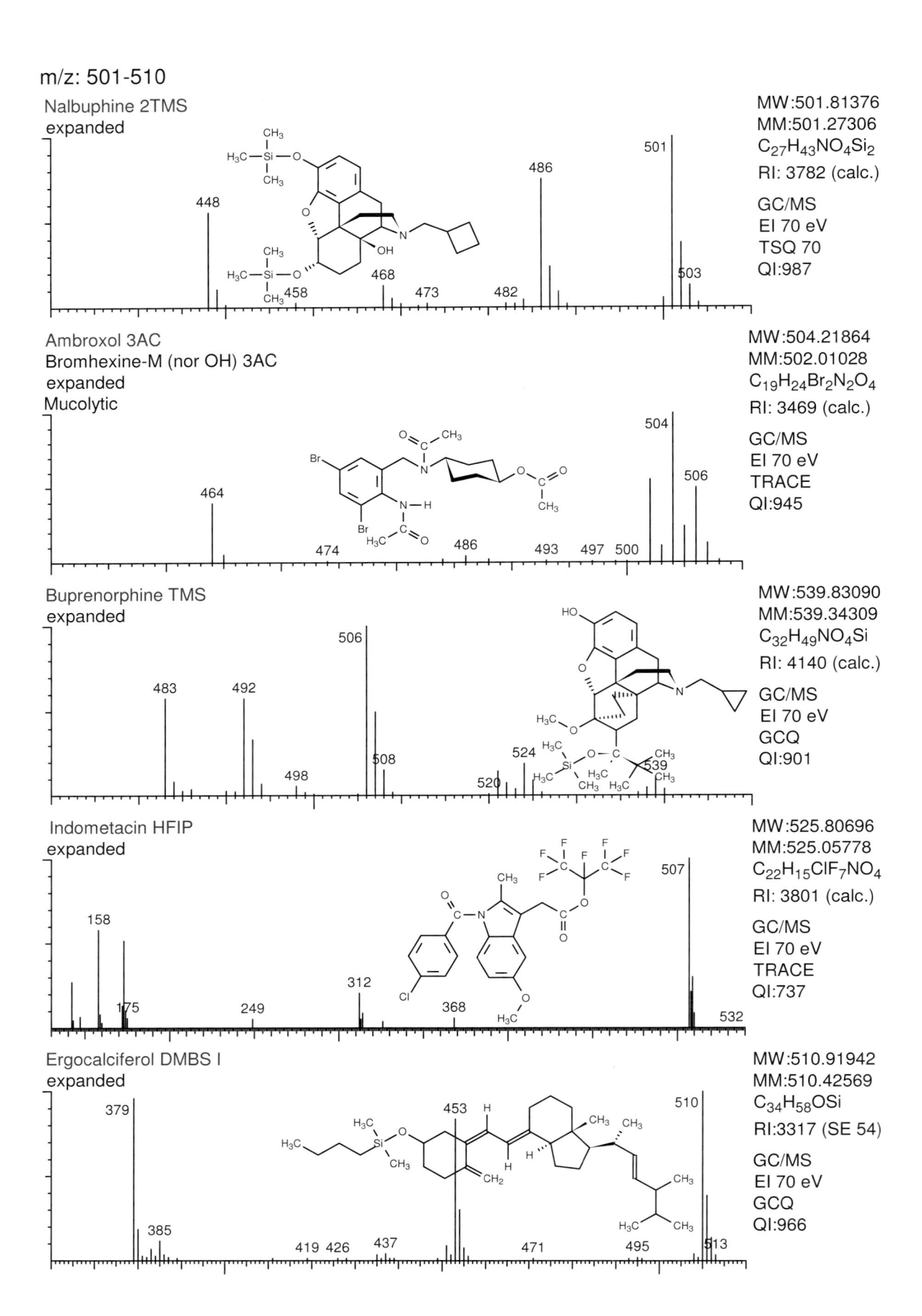

Nalbuphine 2TMS
expanded

MW: 501.81376
MM: 501.27306
$C_{27}H_{43}NO_4Si_2$
RI: 3782 (calc.)

GC/MS
EI 70 eV
TSQ 70
QI: 987

Ambroxol 3AC
Bromhexine-M (nor OH) 3AC
expanded
Mucolytic

MW: 504.21864
MM: 502.01028
$C_{19}H_{24}Br_2N_2O_4$
RI: 3469 (calc.)

GC/MS
EI 70 eV
TRACE
QI: 945

Buprenorphine TMS
expanded

MW: 539.83090
MM: 539.34309
$C_{32}H_{49}NO_4Si$
RI: 4140 (calc.)

GC/MS
EI 70 eV
GCQ
QI: 901

Indometacin HFIP
expanded

MW: 525.80696
MM: 525.05778
$C_{22}H_{15}ClF_7NO_4$
RI: 3801 (calc.)

GC/MS
EI 70 eV
TRACE
QI: 737

Ergocalciferol DMBS I
expanded

MW: 510.91942
MM: 510.42569
$C_{34}H_{58}OSi$
RI: 3317 (SE 54)

GC/MS
EI 70 eV
GCQ
QI: 966

m/z: 510-536

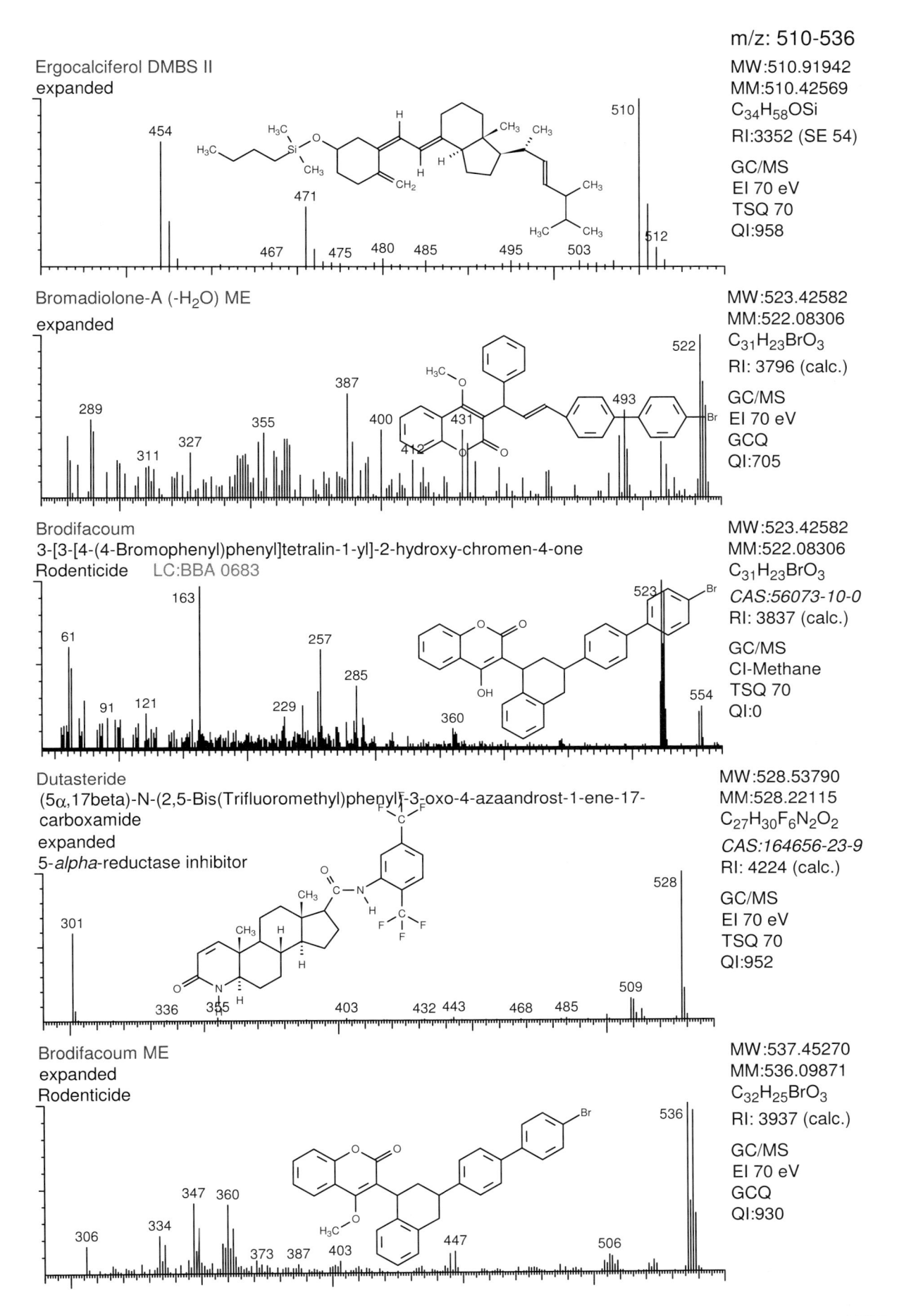

Ergocalciferol DMBS II
expanded

MW: 510.91942
MM: 510.42569
$C_{34}H_{58}OSi$
RI: 3352 (SE 54)

GC/MS
EI 70 eV
TSQ 70
QI: 958

Peaks: 454, 467, 471, 475, 480, 485, 495, 503, 510, 512

Bromadiolone-A (-H₂O) ME
expanded

MW: 523.42582
MM: 522.08306
$C_{31}H_{23}BrO_3$
RI: 3796 (calc.)

GC/MS
EI 70 eV
GCQ
QI: 705

Peaks: 289, 311, 327, 355, 387, 400, 412, 431, 493, 522

Brodifacoum
3-[3-[4-(4-Bromophenyl)phenyl]tetralin-1-yl]-2-hydroxy-chromen-4-one
Rodenticide   LC:BBA 0683

MW: 523.42582
MM: 522.08306
$C_{31}H_{23}BrO_3$
CAS: 56073-10-0
RI: 3837 (calc.)

GC/MS
CI-Methane
TSQ 70
QI: 0

Peaks: 61, 91, 121, 163, 229, 257, 285, 360, 523, 554

Dutasteride
(5α,17beta)-N-(2,5-Bis(Trifluoromethyl)phenyl)-3-oxo-4-azaandrost-1-ene-17-carboxamide
expanded
5-*alpha*-reductase inhibitor

MW: 528.53790
MM: 528.22115
$C_{27}H_{30}F_6N_2O_2$
CAS: 164656-23-9
RI: 4224 (calc.)

GC/MS
EI 70 eV
TSQ 70
QI: 952

Peaks: 301, 336, 355, 403, 432, 443, 468, 485, 509, 528

Brodifacoum ME
expanded
Rodenticide

MW: 537.45270
MM: 536.09871
$C_{32}H_{25}BrO_3$
RI: 3937 (calc.)

GC/MS
EI 70 eV
GCQ
QI: 930

Peaks: 306, 334, 347, 360, 373, 387, 403, 447, 506, 536

m/z: 542-556

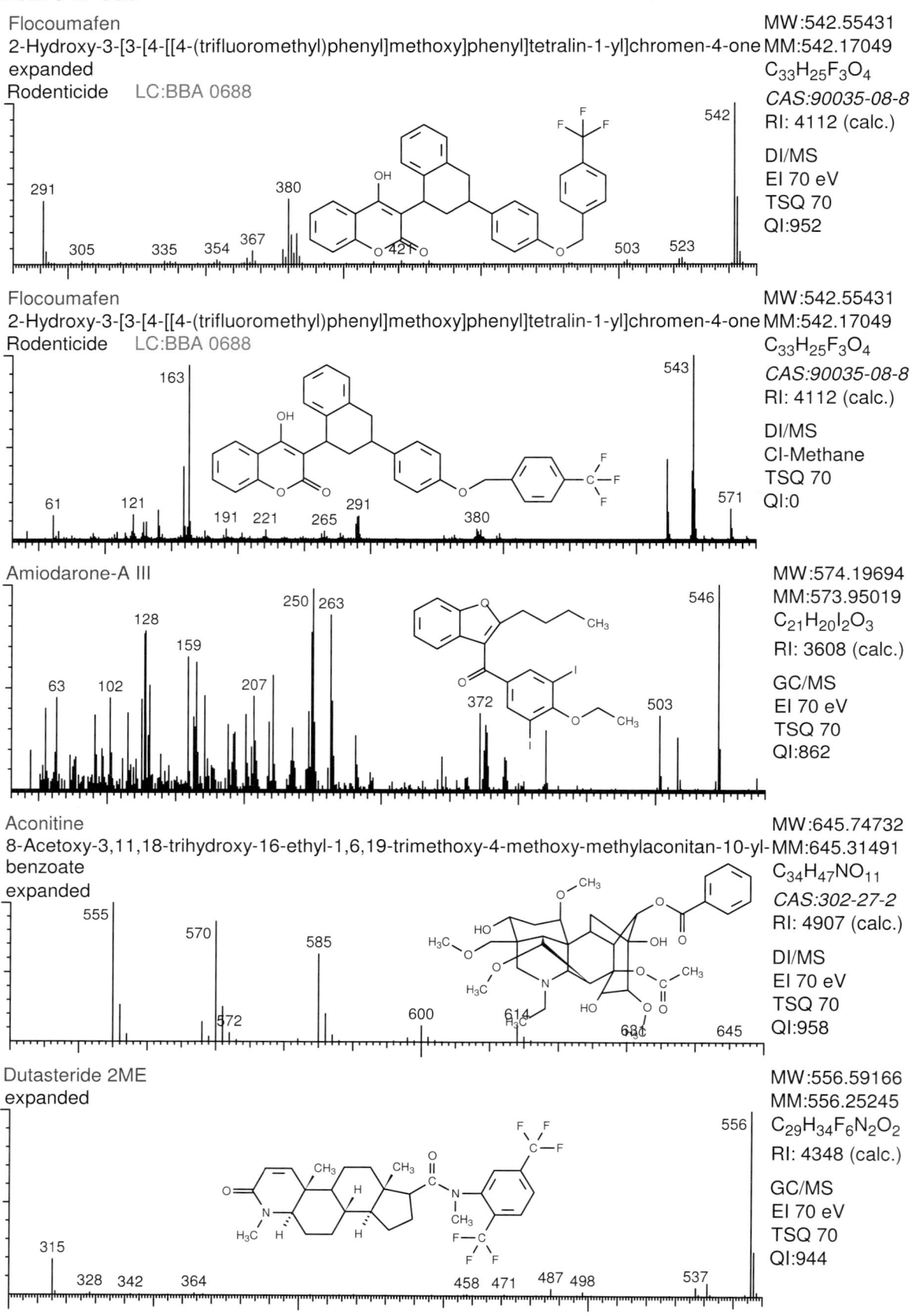

Flocoumafen
2-Hydroxy-3-[3-[4-[[4-(trifluoromethyl)phenyl]methoxy]phenyl]tetralin-1-yl]chromen-4-one
expanded
Rodenticide   LC:BBA 0688

MW:542.55431
MM:542.17049
$C_{33}H_{25}F_3O_4$
CAS:90035-08-8
RI: 4112 (calc.)

DI/MS
EI 70 eV
TSQ 70
QI:952

Flocoumafen
2-Hydroxy-3-[3-[4-[[4-(trifluoromethyl)phenyl]methoxy]phenyl]tetralin-1-yl]chromen-4-one
Rodenticide   LC:BBA 0688

MW:542.55431
MM:542.17049
$C_{33}H_{25}F_3O_4$
CAS:90035-08-8
RI: 4112 (calc.)

DI/MS
CI-Methane
TSQ 70
QI:0

Amiodarone-A III

MW:574.19694
MM:573.95019
$C_{21}H_{20}I_2O_3$
RI: 3608 (calc.)

GC/MS
EI 70 eV
TSQ 70
QI:862

Aconitine
8-Acetoxy-3,11,18-trihydroxy-16-ethyl-1,6,19-trimethoxy-4-methoxy-methylaconitan-10-yl-benzoate
expanded

MW:645.74732
MM:645.31491
$C_{34}H_{47}NO_{11}$
CAS:302-27-2
RI: 4907 (calc.)

DI/MS
EI 70 eV
TSQ 70
QI:958

Dutasteride 2ME
expanded

MW:556.59166
MM:556.25245
$C_{29}H_{34}F_6N_2O_2$
RI: 4348 (calc.)

GC/MS
EI 70 eV
TSQ 70
QI:944

m/z: 563-589

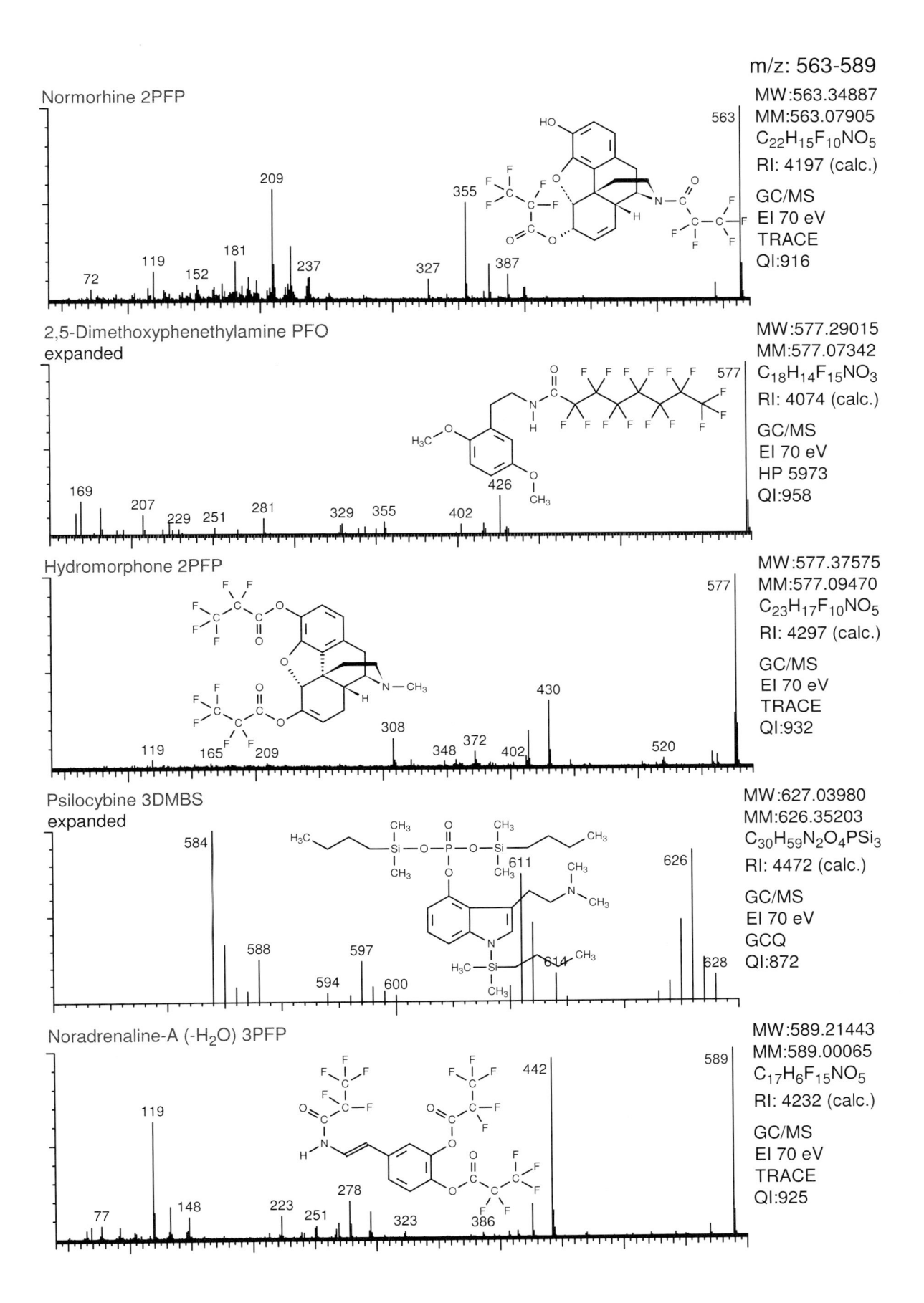

Normorhine 2PFP

MW: 563.34887
MM: 563.07905
$C_{22}H_{15}F_{10}NO_5$
RI: 4197 (calc.)

GC/MS
EI 70 eV
TRACE
QI: 916

2,5-Dimethoxyphenethylamine PFO
expanded

MW: 577.29015
MM: 577.07342
$C_{18}H_{14}F_{15}NO_3$
RI: 4074 (calc.)

GC/MS
EI 70 eV
HP 5973
QI: 958

Hydromorphone 2PFP

MW: 577.37575
MM: 577.09470
$C_{23}H_{17}F_{10}NO_5$
RI: 4297 (calc.)

GC/MS
EI 70 eV
TRACE
QI: 932

Psilocybine 3DMBS
expanded

MW: 627.03980
MM: 626.35203
$C_{30}H_{59}N_2O_4PSi_3$
RI: 4472 (calc.)

GC/MS
EI 70 eV
GCQ
QI: 872

Noradrenaline-A (-H₂O) 3PFP

MW: 589.21443
MM: 589.00065
$C_{17}H_6F_{15}NO_5$
RI: 4232 (calc.)

GC/MS
EI 70 eV
TRACE
QI: 925

m/z: 590-593

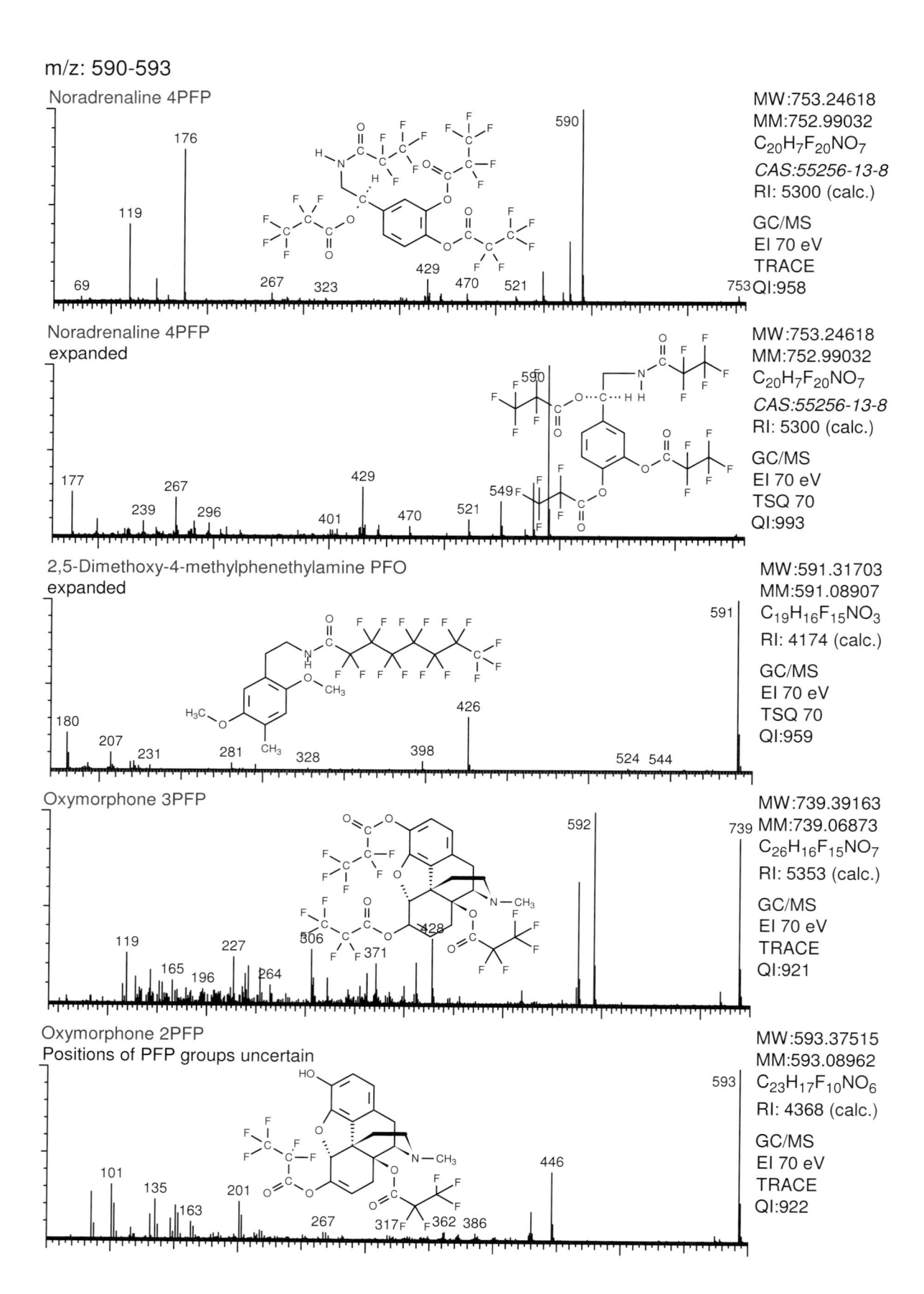

Noradrenaline 4PFP

MW:753.24618
MM:752.99032
$C_{20}H_7F_{20}NO_7$
CAS:55256-13-8
RI: 5300 (calc.)

GC/MS
EI 70 eV
TRACE
QI:958

Peaks: 69, 119, 176, 267, 323, 429, 470, 521, 590, 753

Noradrenaline 4PFP expanded

MW:753.24618
MM:752.99032
$C_{20}H_7F_{20}NO_7$
CAS:55256-13-8
RI: 5300 (calc.)

GC/MS
EI 70 eV
TSQ 70
QI:993

Peaks: 177, 239, 267, 296, 401, 429, 470, 521, 549, 590

2,5-Dimethoxy-4-methylphenethylamine PFO expanded

MW:591.31703
MM:591.08907
$C_{19}H_{16}F_{15}NO_3$
RI: 4174 (calc.)

GC/MS
EI 70 eV
TSQ 70
QI:959

Peaks: 180, 207, 231, 281, 328, 398, 426, 524, 544, 591

Oxymorphone 3PFP

MW:739.39163
MM:739.06873
$C_{26}H_{16}F_{15}NO_7$
RI: 5353 (calc.)

GC/MS
EI 70 eV
TRACE
QI:921

Peaks: 119, 165, 196, 227, 264, 371, 506, 428, 592, 739

Oxymorphone 2PFP
Positions of PFP groups uncertain

MW:593.37515
MM:593.08962
$C_{23}H_{17}F_{10}NO_6$
RI: 4368 (calc.)

GC/MS
EI 70 eV
TRACE
QI:922

Peaks: 101, 135, 163, 201, 267, 317, 362, 386, 446, 593

m/z: 596-657

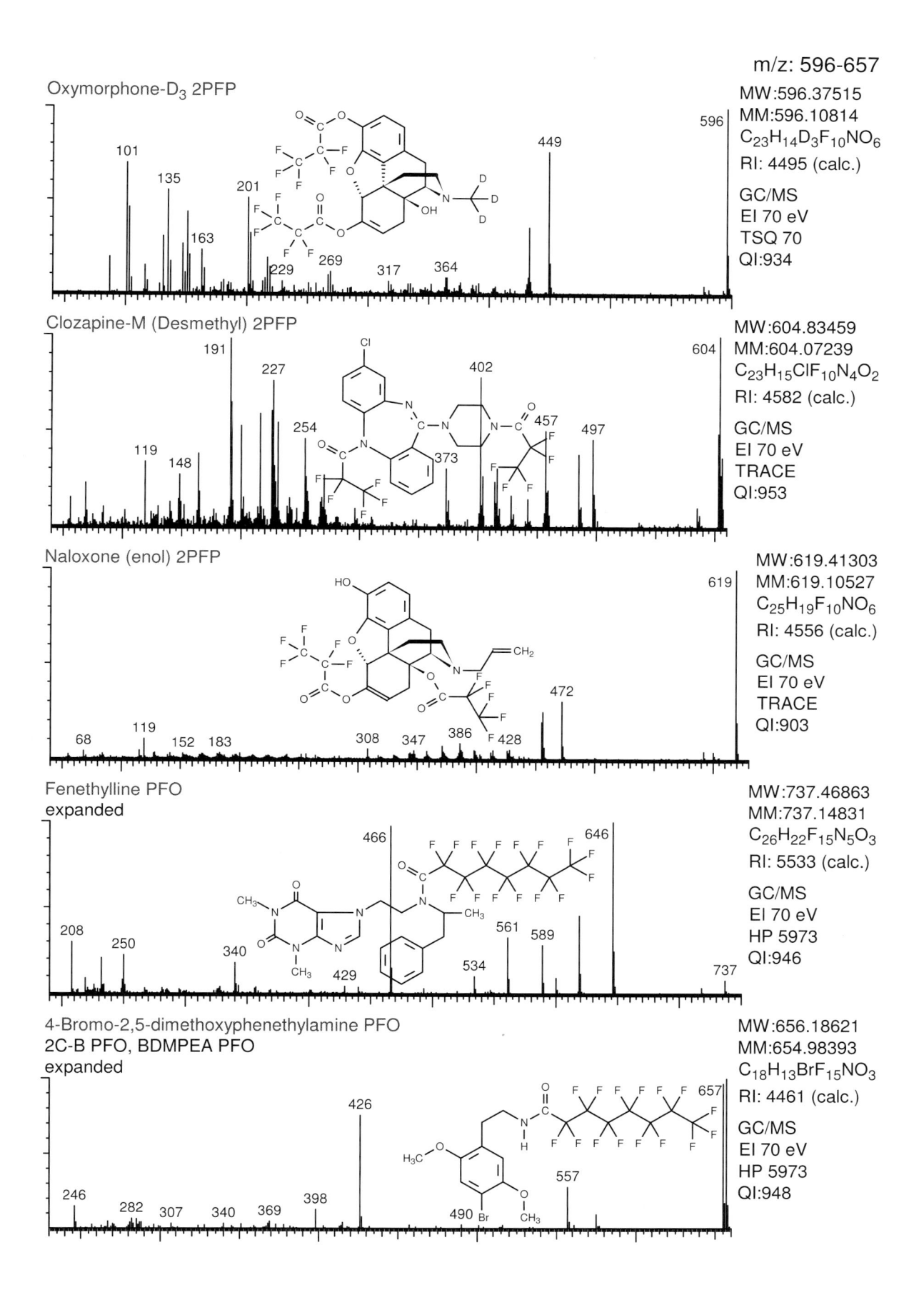

Oxymorphone-D₃ 2PFP

MW:596.37515
MM:596.10814
$C_{23}H_{14}D_3F_{10}NO_6$
RI: 4495 (calc.)

GC/MS
EI 70 eV
TSQ 70
QI:934

Clozapine-M (Desmethyl) 2PFP

MW:604.83459
MM:604.07239
$C_{23}H_{15}ClF_{10}N_4O_2$
RI: 4582 (calc.)

GC/MS
EI 70 eV
TRACE
QI:953

Naloxone (enol) 2PFP

MW:619.41303
MM:619.10527
$C_{25}H_{19}F_{10}NO_6$
RI: 4556 (calc.)

GC/MS
EI 70 eV
TRACE
QI:903

Fenethylline PFO
expanded

MW:737.46863
MM:737.14831
$C_{26}H_{22}F_{15}N_5O_3$
RI: 5533 (calc.)

GC/MS
EI 70 eV
HP 5973
QI:946

4-Bromo-2,5-dimethoxyphenethylamine PFO
2C-B PFO, BDMPEA PFO
expanded

MW:656.18621
MM:654.98393
$C_{18}H_{13}BrF_{15}NO_3$
RI: 4461 (calc.)

GC/MS
EI 70 eV
HP 5973
QI:948

m/z: 658-765

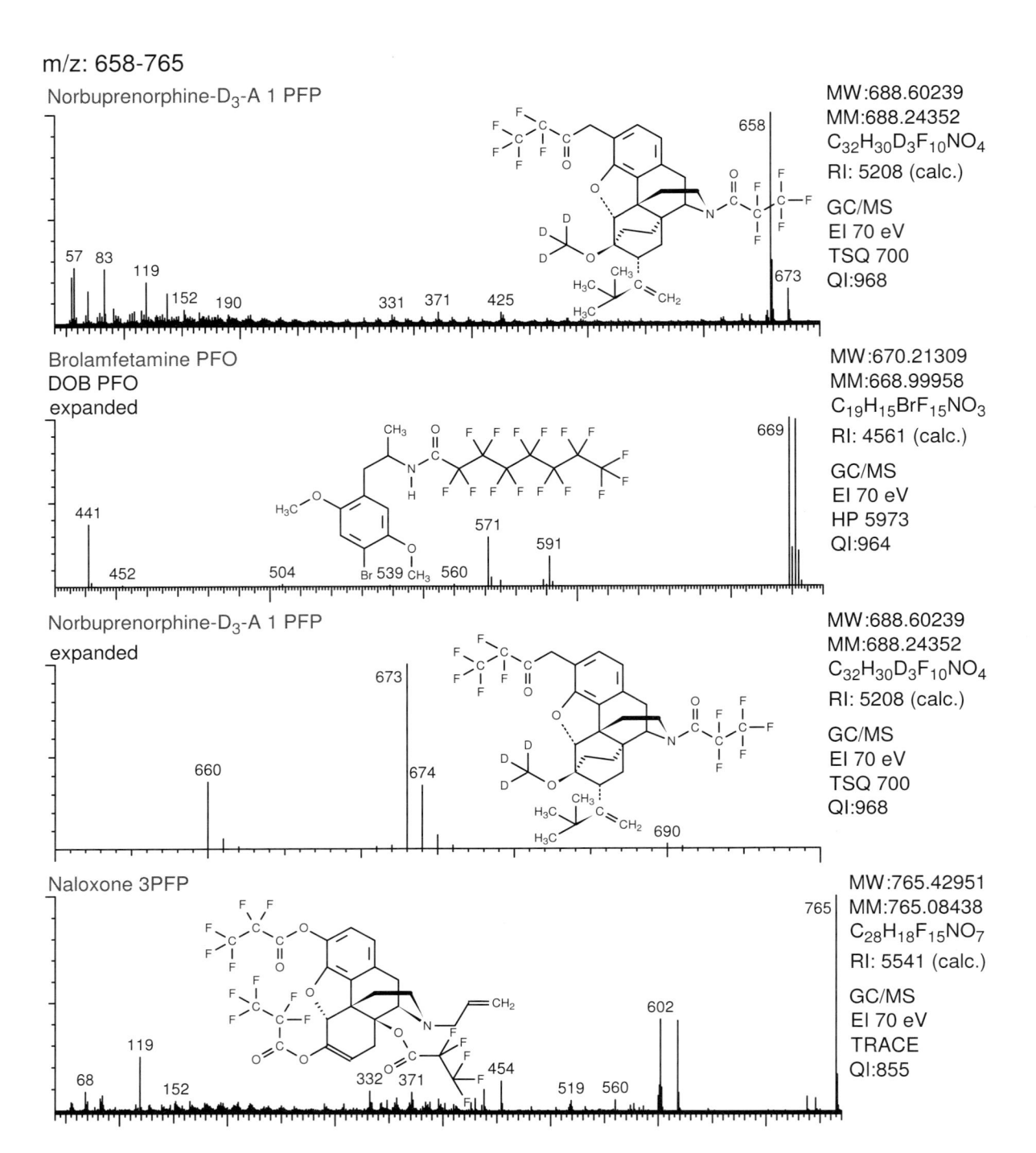

Norbuprenorphine-D₃-A 1 PFP

MW:688.60239
MM:688.24352
$C_{32}H_{30}D_3F_{10}NO_4$
RI: 5208 (calc.)

GC/MS
EI 70 eV
TSQ 700
QI:968

Peaks: 57, 83, 119, 152, 190, 331, 371, 425, 658, 673

Brolamfetamine PFO
DOB PFO
expanded

MW:670.21309
MM:668.99958
$C_{19}H_{15}BrF_{15}NO_3$
RI: 4561 (calc.)

GC/MS
EI 70 eV
HP 5973
QI:964

Peaks: 441, 452, 504, 539, 560, 571, 591, 669

Norbuprenorphine-D₃-A 1 PFP
expanded

MW:688.60239
MM:688.24352
$C_{32}H_{30}D_3F_{10}NO_4$
RI: 5208 (calc.)

GC/MS
EI 70 eV
TSQ 700
QI:968

Peaks: 660, 673, 674, 690

Naloxone 3PFP

MW:765.42951
MM:765.08438
$C_{28}H_{18}F_{15}NO_7$
RI: 5541 (calc.)

GC/MS
EI 70 eV
TRACE
QI:855

Peaks: 68, 119, 152, 332, 371, 454, 519, 560, 602, 765

Compound Index

AEM	GC/MS/EI/E	158
AEM	GC/MS/EI	1153
APAP	GC/MS/EI	513
APAP	GC/MS/EI	514
Abietinic acid	GC/MS/EI	1607
Acebutolol	GC/MS/EI	1347
Acebutolol	GC/MS/EI/E	1356
Acebutolol-A (-H$_2$O)	GC/MS/EI	776
Acebutolol-M/A	GC/MS/EI	868
Acebutolol-M/A	GC/MS/EI/E	1349
Acebutolol-M/A AC	GC/MS/EI	748
Acebutolol-M/A AC	GC/MS/EI/E	874
Acebutolol-M/A AC	GC/MS/EI	1204
Acebutolol-M/A (Phenol) AC	GC/MS/EI/E	748
Acebutolol-M/A (Phenol) AC	GC/MS/EI	874
Acebutolol-M/A (Phenol) AC	GC/MS/EI	1204
Acebutolol TMS	GC/MS/EI/E	224
Acebutolol TMS	GC/MS/EI	1356
Acebutololo	GC/MS/EI/E	1347
Acebutololo	GC/MS/EI	1356
Acemetacin ET	GC/MS/EI	772
Acemetacin ET	GC/MS/EI/E	1744
Acemetacin i-PROP	GC/MS/EI/E	772
Acemetacin i-PROP	GC/MS/EI	1749
Acemetacin methylester	GC/MS/EI	773
Acenocoumarol	GC/MS/EI/E	1620
Acenocoumarol	GC/MS/EI	1688
Acenocoumarol-A	GC/MS/EI	1079
Aceno-kumarol	GC/MS/EI	1620
Aceno-kumarol	GC/MS/EI/E	1688
Acephate	GC/MS/EI/E	16
Acephate	GC/MS/EI	791
Acepromazine	GC/MS/EI	1652
Aceprometazine	GC/MS/EI	225
Aceprometazine	GC/MS/EI/E	1474
Acetamido-Flunitrazepam TMS	GC/MS/EI	253
2-Acetamido-5-chloropyridine	GC/MS/EI	662
2-Acetamido-5-chloropyridine	GC/MS/EI	666
2-Acetamido-5-chloropyridine	GC/MS/EI/E	688
2-Acetamido-5-chloropyridine	GC/MS/EI/E	1045
4-Acetamido-2,3-dimethyl-1-phenyl-pyrazol-5-one	GC/MS/EI	78
4-Acetamido-2,3-dimethyl-1-phenyl-pyrazol-5-one	GC/MS/EI/E	80
4-Acetamido-2,3-dimethyl-1-phenyl-pyrazol-5-one	GC/MS/EI	295
2-Acetamidophenol	GC/MS/EI	518

3-Acetamidophenol	GC/MS/EI	514
3-Acetamidophenol 3AC	GC/MS/EI/E	516
3-Acetamidophenol 3AC	GC/MS/EI	1210
3-Acetamidophenol 2ME	GC/MS/EI	1108
3-Acetamidophenol ME	GC/MS/EI	629
3-Acetamidophenol 2TMS	GC/MS/EI	1268
3-Acetamidophenol TMS	GC/MS/EI	1011
2-Acetamido-3-sulfanyl-propanoic acid	GC/MS/EI	432
2-Acetamido-3-sulfanyl-propanoic acid	GC/MS/EI/E	454
Acetaminophen	GC/MS/EI	513
Acetaminophen	GC/MS/EI	514
Acetic acid	GC/MS/EI	20
Acetic acid benzoic acid anhydride	GC/MS/EI/E	470
Acetic acid benzoic acid anhydride	GC/MS/EI	984
Aceticacid-decyl ester	GC/MS/EI/E	35
Aceticacid-decyl ester	GC/MS/EI	189
Acetic acid ethylester	GC/MS/EI/E	20
Acetic acid ethylester	GC/MS/EI	68
Aceticacid-heptyl ester	GC/MS/EI	35
Aceticacid-heptyl ester	GC/MS/EI/E	414
Aceticacid-hexyl ester	GC/MS/EI/E	36
Aceticacid-hexyl ester	GC/MS/EI	178
Aceticacid-4-methylphenyl ester	GC/MS/EI	503
Aceticacid-4-methylphenyl ester	GC/MS/EI/E	865
Aceticacid,2-phenylethyl ester	GC/MS/EI	468
Aceticacid,2-phenylethyl ester	GC/MS/EI/E	487
Acetonperoxide	GC/MS/EI	21
Acetonperoxide	GC/MS/EI/E	22
Acetonperoxide	GC/MS/EI	164
Acetophenone	GC/MS/EI	484
Acetopromazin	GC/MS/EI	1652
Acetovanillone	GC/MS/EI	873
4-Acetoxybenzaldehyde	GC/MS/EI	619
4-Acetoxybenzaldehyde	GC/MS/EI/E	990
4-Acetoxy-benzoic acid propyl ester	GC/MS/EI/E	762
4-Acetoxy-benzoic acid propyl ester	GC/MS/EI	766
4-Acetoxy-benzoic acid propyl ester	GC/MS/EI	1354
3-Acetoxyindole	GC/MS/EI	705
3-Acetoxyindole TMS	GC/MS/EI	1259
3-Acetoxyindole TMS	GC/MS/EI/E	1445
4-Acetoxy-3-methoxyacetophenone	GC/MS/EI	877
5-Acetoxymethyl-2-furaldehyde	GC/MS/EI/E	643
5-Acetoxymethyl-2-furaldehyde	GC/MS/EI	649
1-Acetoxynaphthalene	GC/MS/EI	811

1-Acetoxynaphthalene	GC/MS/EI/E	816
5-Acetoxy-2-pentadecyl-1,3-dioxane	GC/MS/EI/E	815
5-Acetoxy-2-pentadecyl-1,3-dioxane	GC/MS/EI	823
8-Acetoxy-3,11,18-trihydroxy-16-ethyl-1,6,19-trimethoxy-4-methoxy-methylaconitan-10-yl benzoate	DI/MS/EI/E	483
8-Acetoxy-3,11,18-trihydroxy-16-ethyl-1,6,19-trimethoxy-4-methoxy-methylaconitan-10-yl benzoate	DI/MS/EI	1758
1-Acetyl-1*H*-Indole-2,3-dione	GC/MS/EI	823
1-Acetyl-1*H*-Indole-2,3-dione	GC/MS/EI/E	831
(4-Acetylaminophenyl) acetate	GC/MS/EI/E	514
(4-Acetylaminophenyl) acetate	GC/MS/EI	1199
1-Acetyl-3-(2-bromo-2-ethylbutyryl)urea	GC/MS/EI	26
1-Acetyl-3-(2-bromo-2-ethylbutyryl)urea	GC/MS/EI/E	850
Acetylcarbromal	GC/MS/EI	26
Acetylcarbromal	GC/MS/EI/E	850
Acetylcodeine	GC/MS/EI	20
Acetylcodeine	GC/MS/CI	1555
Acetylcysteine	GC/MS/EI	432
Acetylcysteine	GC/MS/EI/E	454
Acetylcysteine 2ME	GC/MS/EI	27
Acetylcysteine 2ME	GC/MS/EI/E	1186
Acetyldihydrocodeine	GC/MS/EI	19
Acetyldihydrocodeine	GC/MS/EI	1678
Acetyldihydrocodeine	GC/MS/EI	1679
3-[3-Acetyl-4-[2-hydroxy-3-(*tert*-butylamino)propoxy]phenyl]-1,1-diethyl-urea	DI/MS/EI	334
3-[3-Acetyl-4-[2-hydroxy-3-(*tert*-butylamino)propoxy]phenyl]-1,1-diethyl-urea	DI/MS/EI/E	1582
(4-Acetyl-2-methoxy-phenyl) acetate	GC/MS/EI	877
5-(3-Acetyl(methyl)aminopropylidene)-10-oxa-10,11-dihydro-5*H*-dibenzo[a,d]-cycloheptene	GC/MS/EI/E	1394
5-(3-Acetyl(methyl)aminopropylidene)-10-oxa-10,11-dihydro-5*H*-dibenzo[a,d]-cycloheptene	GC/MS/EI	1402
4-Acetyl-1-methylcyclohexene	GC/MS/EI	399
3-Acetyl-6-methyl-2,4-pyrandione	GC/MS/EI	29
4-(Acetyloxy)-benzenepropanoic acid methyl ester	GC/MS/EI	494
4-(Acetyloxy)-benzenepropanoic acid methyl ester	GC/MS/EI/E	1135
3-(Acetyloxy)-8-methyl-8-azabicyclo[3.2.1]octane-2-carboxcylic acid	GC/MS/EI/E	632
3-(Acetyloxy)-8-methyl-8-azabicyclo[3.2.1]octane-2-carboxcylic acid	GC/MS/EI	1142
(2-Acetyloxyphenyl) acetate	GC/MS/EI/E	521
(2-Acetyloxyphenyl) acetate	GC/MS/EI	522
(2-Acetyloxyphenyl) acetate	GC/MS/EI	880
(2-Acetyloxyphenyl) acetate	GC/MS/EI/E	1209
[4-[2-(4-Acetyloxyphenyl)propan-2-yl]phenyl] acetate	GC/MS/EI/E	1317
[4-[2-(4-Acetyloxyphenyl)propan-2-yl]phenyl] acetate	GC/MS/EI	1521
[4-[(4-Acetyloxyphenyl)-pyridin-2-yl-methyl]phenyl] acetate	GC/MS/EI	1537
[4-[(4-Acetyloxyphenyl)-pyridin-2-yl-methyl]phenyl] acetate	GC/MS/EI	1695

2-Acetylresorcinol	GC/MS/EI	759
Acetylsalicylic acid	GC/MS/EI/E	600
Acetylsalicylic acid	GC/MS/EI	1119
Acetylthebaol	GC/MS/EI	1472
Acetyl-2,3,4-tri-O-acetyl-β-D-xylopyranoside	GC/MS/EI	667
Acetyl-2,3,4-tri-O-acetyl-β-D-xylopyranoside	GC/MS/EI/E	1053
Acetyltryptophan-A (-H_2O)	GC/MS/EI	684
Acetyltryptophan-A (-H_2O)	GC/MS/EI/E	696
Achromycin	DI/MS/EI/E	113
Achromycin	DI/MS/EI	1738
Aciclovir	DI/MS/EI/E	68
Aciclovir	DI/MS/EI	987
Aclonifen	GC/MS/EI	1497
Aconitine	DI/MS/EI/E	483
Aconitine	DI/MS/EI	1758
Acranil	GC/MS/EI/E	313
Acranil	GC/MS/EI	351
Acridine	GC/MS/EI	1110
Acrylamide	GC/MS/EI	189
Acycloguanosine	DI/MS/EI/E	68
Acycloguanosine	DI/MS/EI	987
Acyclovir	DI/MS/EI/E	68
Acyclovir	DI/MS/EI	987
1-Adamantanamin	GC/MS/EI	395
1-Adamantanamin	GC/MS/EI/E	868
1-Adamantanamin	GC/MS/EI/E	869
Adamantan-1-amine	GC/MS/EI	395
Adamantan-1-amine	GC/MS/EI/E	868
Adamantan-1-amine	GC/MS/EI/E	869
Adenina	GC/MS/EI	720
Adenine	GC/MS/EI	720
Adermin	GC/MS/EI	394
Adrenaline	DI/MS/EI	39
Adrenaline	DI/MS/EI	67
Adrenaline	DI/MS/EI/E	1146
Adrenalon	DI/MS/EI	883
Adrenalon	DI/MS/EI/E	1129
Adrenalone	DI/MS/EI	883
Adrenalone	DI/MS/EI/E	1129
Adrenalone 3AC	GC/MS/EI/E	57
Adrenalone 3AC	GC/MS/EI	1502
Adrenalone 2TMS	GC/MS/EI	61
Adrenalone 2TMS	GC/MS/EI/E	1596

Ajmalicine	GC/MS/EI	1686
Ajmalin	GC/MS/EI	1652
Ajmalin	DI/MS/EI	1652
Ajmaline	GC/MS/EI	1652
Ajmaline	DI/MS/EI	1652
Ajmaline 2AC	DI/MS/EI	1732
Ajmaline 2AC	GC/MS/EI	1732
Ajmaline AC	DI/MS/EI	1703
Aldosterone	GC/MS/EI	1676
Aldosterone 2TMS	GC/MS/EI	1729
Aldosterone 2TMS	GC/MS/EI/E	1735
Alfaprodina	GC/MS/EI/E	1058
Alfaprodina	GC/MS/EI	1175
Alfentanil	GC/MS/EI	1573
Alfentanil	GC/MS/EI/E	1580
Alimemazine	GC/MS/EI	150
Alimemazine	GC/MS/EI/E	1598
Alkaloid F	GC/MS/EI	1686
Allobarbital	GC/MS/EI/E	9
Allobarbital	GC/MS/EI	1200
Allobarbitone	GC/MS/EI/E	9
Allobarbitone	GC/MS/EI	1200
Allopurinol	GC/MS/EI	738
2-(Allylamino)-1-phenylbutan-1-one	GC/MS/EI/E	405
2-(Allylamino)-1-phenylbutan-1-one	GC/MS/EI	417
17-Allyl-6-deoxy-7,8-dihydro-14-hydroxy-6-oxo-17-normorphine	GC/MS/EI	12
17-Allyl-6-deoxy-7,8-dihydro-14-hydroxy-6-oxo-17-normorphine	GC/MS/EI	1655
4-Allyl-2,6-dimethoxyphenol	GC/MS/EI	1212
5-Allyl-5-(2-hydroxypropyl)barbituric acid	GC/MS/EI/E	782
5-Allyl-5-(2-hydroxypropyl)barbituric acid	GC/MS/EI	1280
Allylisothiocyanate	GC/MS/EI	11
3-Allyl-6-methoxyphenol	GC/MS/EI	990
4-Allyl-2-methoxyphenol	GC/MS/EI	982
4-Allyl-2-methoxyphenol	GC/MS/EI	989
5-Allyl-5-(1-methylbutyl)-2-thiobarbituric acid	GC/MS/EI	1155
5-Allyl-5-(1-methylbutyl)thiobarbituric acid	GC/MS/EI	922
5-Allyl-5-(1-methylbutyl)thiobarbituric acid	GC/MS/EI	1057
5-Allyl-5-phenylbarbituric acid	GC/MS/EI/E	1323
5-Allyl-5-phenylbarbituric acid	GC/MS/EI	1433
Alpha-pipradol	GC/MS/EI/E	292
Alpha-pipradol	GC/MS/EI	293
Alpha-pipradol	GC/MS/EI	298
Alpha-pipradol	GC/MS/EI/E	1020
Alphaprodin	GC/MS/EI/E	1058

Alphaprodin	GC/MS/EI	1175
Alphaprodine	GC/MS/EI/E	1058
Alphaprodine	GC/MS/EI	1175
Alprazolam	GC/MS/EI	1256
Alprazolam	GC/MS/EI	1617
Alprazolam-M (alpha OH)	GC/MS/EI	1486
Alprenolol	GC/MS/EI	224
Alprenolol	GC/MS/EI/E	1450
Alprenolol 2AC	GC/MS/EI/E	1234
Alprenolol 2AC	GC/MS/EI	1244
Alprenolol AC	GC/MS/EI	927
Alprenolol AC	GC/MS/EI/E	935
Alprenolol ME	GC/MS/EI/E	309
Alprenolol ME	GC/MS/EI	1495
Alprenolol OTMS	GC/MS/EI	209
Alprenolol OTMS	GC/MS/EI/E	247
Alprenololo	GC/MS/EI/E	224
Alprenololo	GC/MS/EI	1450
Alypin	GC/MS/EI	121
Alypin	GC/MS/EI/E	914
Amantadine	GC/MS/EI/E	395
Amantadine	GC/MS/EI	868
Amantadine	GC/MS/EI/E	869
Amantadine AC	GC/MS/EI	740
Amantadine AC	GC/MS/EI	750
Amantadine-M ME	GC/MS/EI/E	502
Amantadine-M ME	GC/MS/EI	992
Amantadine-M (N-dimethyl)	GC/MS/EI/E	625
Amantadine-M (N-dimethyl)	GC/MS/EI	1107
Amantadine PFP	GC/MS/EI	1422
Ambroxol	GC/MS/EI	551
Ambroxol	GC/MS/EI/E	1585
Ambroxol 2AC	GC/MS/EI/E	1544
Ambroxol 2AC	GC/MS/EI	1737
Ambroxol 2AC	GC/MS/EI	1737
Ambroxol 3AC	GC/MS/EI/E	1750
Ambroxol 3AC	GC/MS/EI/E	1751
Ambroxol 3AC	GC/MS/EI	1756
Ambroxol-A (-H_2O)	GC/MS/EI	1500
Ambroxol ME	GC/MS/EI	1588
Ambroxolo	GC/MS/EI/E	551
Ambroxolo	GC/MS/EI	1585
Amethocain	GC/MS/EI/E	110
Amethocain	GC/MS/EI	190

Amethocain	GC/MS/EI	863
Amethocaine	GC/MS/EI	110
Amethocaine	GC/MS/EI	190
Amethocaine	GC/MS/EI/E	863
Ametryne	GC/MS/EI	1371
Amfebutamon	GC/MS/EI	46
Amfebutamon	GC/MS/EI/E	527
Amfebutamon	GC/MS/CI	1157
Amfebutamone	GC/MS/CI	46
Amfebutamone	GC/MS/EI	527
Amfebutamone	GC/MS/EI/E	1157
Amfepramon	GC/MS/EI/E	449
Amfepramone	GC/MS/EI/E	426
Amfepramone	GC/MS/EI	449
Amfetamin	GC/MS/CI	45
Amfetamin	GC/MS/EI	370
Amfetamin	GC/MS/EI/E	589
Amfetamine	GC/MS/CI	45
Amfetamine	GC/MS/EI	370
Amfetamine	GC/MS/EI/E	589
Amfetaminil	GC/MS/EI/E	698
Amfetaminil	GC/MS/EI	699
Amfetaminil	GC/MS/EI	705
Amfetaminilo	GC/MS/EI	699
Amfetaminilo	GC/MS/EI/E	705
Amidofebrin	GC/MS/EI	77
Amidofebrin	GC/MS/EI/E	1382
Amidoprocain	GC/MS/EI/E	323
Amidoprocain	GC/MS/EI	418
7-Amino-Flunitrazepam	GC/MS/EI	1558
7-Amino-Flunitrazepam PFP	GC/MS/EI	596
7-Amino-Flunitrazepam TFA	GC/MS/EI	184
7-Amino-Flunitrazepam TMS	GC/MS/EI	1691
4-Amino-N-(5-chloro-2,6-dimethyl-pyrimidin-4-yl)benzenesulfonamide	DI/MS/EI	1448
4-Amino-N-(5-chloro-2,6-dimethyl-pyrimidin-4-yl)benzenesulfonamide	DI/MS/EI/E	1461
4-Amino-N-(6-chloropyridazin-3-yl)benzenesulfonamide	DI/MS/EI	1339
4-Amino-N-(6-chloropyridazin-3-yl)benzenesulfonamide	DI/MS/EI/E	1356
4-Amino-N-(2-diethylaminoethyl)benzamide	GC/MS/EI/E	323
4-Amino-N-(2-diethylaminoethyl)benzamide	GC/MS/EI	418
4-Amino-N-(2,6-dimethoxypyrimidin-4-yl)benzenesulfonamide	GC/MS/EI/E	1440
4-Amino-N-(2,6-dimethoxypyrimidin-4-yl)benzenesulfonamide	GC/MS/EI	1441
4-Amino-N-(2,6-dimethoxypyrimidin-4-yl)benzenesulfonamide	DI/MS/EI	1491
4-Amino-N-(3,4-dimethyloxazol-5-yl)benzenesulfonamide	GC/MS/EI	916
4-Amino-N-(4,5-dimethyl-1,3-oxazol-2-yl)benzenesulfonamide	DI/MS/EI	1508

2-Amino-N-(2,6-dimethylphenyl)acetamide	GC/MS/EI	6
2-Amino-N-(2,6-dimethylphenyl)acetamide	GC/MS/EI	609
4-Amino-N-(2,6-dimethylpyrimidin-4-yl)benzenesulfonamide	GC/MS/EI	1321
4-Amino-N-(2,6-dimethylpyrimidin-4-yl)benzenesulfonamide	GC/MS/EI/E	1325
4-Amino-N-(4,6-dimethyl-2-pyrimidinyl)benzolsulfonamide	GC/MS/EI	1321
4-Amino-N-[(1-ethylpyrrolidin-2-yl)methyl]-5-ethylsulfonyl-2-methoxy-benzamide	GC/MS/CI	410
4-Amino-N-[(1-ethylpyrrolidin-2-yl)methyl]-5-ethylsulfonyl-2-methoxy-benzamide	GC/MS/EI	417
4-Amino-N-[(1-ethylpyrrolidin-2-yl)methyl]-5-ethylsulfonyl-2-methoxy-benzamide	GC/MS/EI/E	1705
4-Amino-N-(6-methoxy-3-pyridazinyl)benzolsulfonamide	DI/MS/EI	1325
4-Amino-N-(6-methoxy-3-pyridazinyl)benzolsulfonamide	DI/MS/EI/E	1548
4-Amino-N-(5-methoxypyrimidin-2-yl)benzenesulfonamide	GC/MS/EI/E	1325
4-Amino-N-(5-methoxypyrimidin-2-yl)benzenesulfonamide	GC/MS/EI	1330
4-Amino-N-(4-methoxy-1,2,5-thiadiazol-3-yl)benzenesulfonamide	DI/MS/EI	916
4-Amino-N-(5-methyloxazol-3-yl)benzenesulfonamide	GC/MS/EI	391
4-Amino-N-(5-methyloxazol-3-yl)benzenesulfonamide	GC/MS/EI/E	1067
4-Amino-N-(4-methylpyrimidin-2-yl)benzenesulfonamide	GC/MS/EI/E	1231
4-Amino-N-(4-methylpyrimidin-2-yl)benzenesulfonamide	GC/MS/EI	1243
4-Amino-N-(5-methylpyrimidin-2-yl)benzenesulfonamide	DI/MS/EI	1231
7-Amino-Nor-Flunitrazepam	GC/MS/EI	1422
7-Amino-Nor-Flunitrazepam PFP	GC/MS/EI/E	590
7-Amino-Nor-Flunitrazepam PFP	GC/MS/EI	1719
7-Amino-Nor-Flunitrazepam TFA	GC/MS/EI/E	183
7-Amino-Nor-Flunitrazepam TFA	GC/MS/EI	1668
7-Amino-Nor-Flunitrazepam 2TMS	GC/MS/EI	253
7-Amino-Nor-Flunitrazepam TMS	GC/MS/EI	1675
4-Amino-N-(2-phenylpyrazol-3-yl)benzenesulfonamide	DI/MS/EI	915
4-Amino-N-pyridin-2-yl-benzenesulfonamide	GC/MS/EI	1158
4-Amino-N-pyridin-2-yl-benzenesulfonamide	GC/MS/EI/E	1168
4-Amino-N-pyrimidin-2-yl-benzenesulfonamide	GC/MS/EI	1161
4-Amino-N-pyrimidin-2-yl-benzenesulfonamide	DI/MS/EI/E	1162
4-Amino-N-pyrimidin-2-yl-benzenesulfonamide	GC/MS/EI/E	1170
4-Amino-N-pyrimidin-2-yl-benzenesulfonamide	DI/MS/EI	1171
4-Amino-N-2-qinoxalinylbenzenesulfonamide	GC/MS/EI	1452
4-Amino-N-(1,3-thiazol-2-yl)benzenesulfonamide	GC/MS/EI	1186
4-Amino-N-(1,3-thiazol-2-yl)benzenesulfonamide	GC/MS/EI/E	1474
Amino acid condensation product AC	GC/MS/EI	643
4-Aminoantipyrine	GC/MS/EI	81
4-Aminoantipyrine	GC/MS/EI	83
Aminoantipyrine AC	GC/MS/EI	78
Aminoantipyrine AC	GC/MS/EI	80
Aminoantipyrine AC	GC/MS/EI/E	295
13-Amino-9,13b-dihydro-1H-benz(c,f)imidazo(1,5a)azepine	GC/MS/EI	1211
4-Aminobenzenesulfonamide	GC/MS/CI	915
4-Aminobenzenesulfonamide	GC/MS/EI	1061

2-(2-Amino-5-bromo-benzoyl)pyridine	GC/MS/EI	1452
2-(2-Amino-5-bromo-benzoyl)pyridine	GC/MS/EI/E	1535
2-(2-Amino-5-bromo-benzoyl)pyridine	GC/MS/EI/E	1537
2-(2-Amino-5-bromobenzoyl)pyridine 2AC	GC/MS/EI	607
2-(2-Amino-5-bromobenzoyl)pyridine 2AC	GC/MS/EI/E	1458
2-(2-Amino-5-bromobenzoyl)pyridine AC	GC/MS/EI	607
2-(2-Amino-5-bromobenzoyl)pyridine AC	GC/MS/EI	1446
2-(2-Amino-5-bromobenzoyl)pyridine AC	GC/MS/EI/E	1458
2-(2-Amino-5-bromobenzoyl)pyridine AC	GC/MS/EI/E	1639
2-(2-Amino-5-bromobenzoyl)pyridine TMS	GC/MS/EI	1665
2-(2-Amino-5-bromobenzoyl)pyridine TMS	GC/MS/EI/E	1668
4-Amino-5-chloro-N-(2-diethylaminoethyl)-2-methoxy-benzamide	GC/MS/EI	320
4-Amino-5-chloro-N-(2-diethylaminoethyl)-2-methoxy-benzamide	GC/MS/EI/E	324
4-Amino-5-chloro-N-(2-diethylaminoethyl)-2-methoxy-benzamide	GC/MS/EI	1156
2-Amino-5-chloro-benzophenone	GC/MS/EI	1381
2-Amino-5-chloro-benzophenone AC	GC/MS/EI	1381
2-Amino-5-chloro-benzophenone AC	GC/MS/EI/E	1529
2-Amino-5-chlorobenzophenone PFP	GC/MS/EI	1480
2-Amino-5-chloro-2'-fluorobenzophenone	GC/MS/EI	1452
2-Amino-5-chloro-2'-fluorobenzophenone AC	GC/MS/EI	32
2-Amino-5-chloro-2'-fluorobenzophenone AC TMS	GC/MS/EI	238
2-Amino-5-chloro-2'-fluorobenzophenone AC TMS	GC/MS/EI/E	1046
2-Amino-5-chloro-2'-fluorobenzophenone TMS	GC/MS/EI/E	1615
2-Amino-5-chloro-2'-fluorobenzophenone TMS	GC/MS/EI	1643
4-Amino-3-(4-chlorophenyl)butanoic acid	GC/MS/EI	762
(2-Amino-5-chlorophenyl)phenyl-methanone	GC/MS/EI	1381
5-Amino-4-chloro-2-phenyl-pyridazin-3-one	GC/MS/EI	271
2-Amino-5-chloropyridine	GC/MS/EI	452
2-Amino-5-chloropyridine	GC/MS/EI	661
2-Amino-(3,5-dibrombenzyl)cyclohexylmethylazam	GC/MS/EI/E	186
2-Amino-(3,5-dibrombenzyl)cyclohexylmethylazam	GC/MS/EI	1711
1-(4-Amino-3,5-dibromo-phenyl)-2-(*tert*-butylamino)ethanol	GC/MS/EI	299
1-(4-Amino-3,5-dibromo-phenyl)-2-(*tert*-butylamino)ethanol	GC/MS/EI/E	356
2-Amino-5,2'-dichlorobenzophenone	GC/MS/EI/E	1378
2-Amino-5,2'-dichlorobenzophenone	GC/MS/EI	1514
2-Amino-5,2'-dichlorobenzophenone AC	GC/MS/EI/E	31
2-Amino-5,2'-dichlorobenzophenone AC	GC/MS/EI	1617
2-Amino-5,2'-dichlorobenzophenone TMS	GC/MS/EI/E	1643
2-Amino-5,2'-dichlorobenzophenone TMS	GC/MS/EI	1653
1-(4-Amino-3,5-dichloro-phenyl)-2-(*tert*-butylamino)ethanol	GC/MS/EI/E	3
1-(4-Amino-3,5-dichloro-phenyl)-2-(*tert*-butylamino)ethanol	GC/MS/EI	654
4-Amino-3,5-dimethylphenol	GC/MS/EI	753
4-Amino-3,5-dimethylphenol	GC/MS/EI	754
4-Amino-3,5-dimethylphenol 2AC	GC/MS/EI/E	755

4-Amino-3,5-dimethylphenol 2AC	GC/MS/EI	756
4-Amino-3,5-dimethylphenol 2AC	GC/MS/EI	1350
4-(4-Amino-3,5-dimethyl-phenyl)-2,6-dimethyl-aniline	GC/MS/EI	1421
4-Amino-1,5-dimethyl-2-phenyl-pyrazol-3-one	GC/MS/EI	81
4-Amino-1,5-dimethyl-2-phenyl-pyrazol-3-one	GC/MS/EI	83
4-Amino-2,6-dinitrotoluene	GC/MS/EI	1122
3-(2-Aminoethyl)-1*H*-indol-5-ol	GC/MS/EI	819
4-(2-Aminoethyl)benzene-1,2-diol	DI/MS/EI/E	633
4-(2-Aminoethyl)benzene-1,2-diol	DI/MS/EI	891
4-(2-Aminoethyl)phenol	GC/MS/EI	4
4-(2-Aminoethyl)phenol	GC/MS/EI/E	503
4-(2-Aminoethyl)phenol	GC/MS/EI	752
4-(2-Aminoethyl)phenol	GC/MS/EI/E	759
Aminofenazona	GC/MS/EI	77
Aminofenazona	GC/MS/EI/E	1382
7-Amino-5-(2-fluorophenyl)-2,3-dihydro-1*H*-1,4-benzodiazepine-2-one	GC/MS/EI	1422
9-Amino-6-(2-fluorophenyl)-2-methyl-2,5-diazabicyclo[5.4.0]undeca-5,8,10,12-tetraen-3-one	GC/MS/EI	1558
2-Amino-9-(2-hydroxyethoxymethyl)purin-6-ol	DI/MS/EI	68
2-Amino-9-(2-hydroxyethoxymethyl)purin-6-ol	DI/MS/EI/E	987
4-(2-Amino-1-hydroxy-ethyl)benzene-1,2-diol	DI/MS/EI/E	263
4-(2-Amino-1-hydroxy-ethyl)benzene-1,2-diol	DI/MS/EI/E	392
4-(2-Amino-1-hydroxy-ethyl)benzene-1,2-diol	DI/MS/EI	770
4-(2-Amino-1-hydroxy-ethyl)benzene-1,2-diol	DI/MS/EI	1036
3-(2-Amino-1-hydroxy-ethyl)phenol	GC/MS/EI	4
3-(2-Amino-1-hydroxy-ethyl)phenol	GC/MS/EI/E	744
3-(2-Amino-1-hydroxy-ethyl)phenol	GC/MS/CI	891
2-(Amino-hydroxy-methylidene)-7-chloro-4-dimethylamino-6,10,11,12a-tetrahydroxy-6-methyl-4,4a,5,5a-tetrahydrotetracene-1,3,12-trione	DI/MS/EI	293
2-(Amino-hydroxy-methylidene)-7-chloro-4-dimethylamino-6,10,11,12a-tetrahydroxy-6-methyl-4,4a,5,5a-tetrahydrotetracene-1,3,12-trione	DI/MS/EI/E	1741
(Amino-methoxy-phosphoryl)sulfanylmethane	GC/MS/EI	394
2-Amino-1-methyl-5*H*-imidazol-4-one	GC/MS/EI	14
2-Amino-1-methyl-5*H*-imidazol-4-one	GC/MS/EI	534
4-(Aminomethyl)benzenesulfonamide	GC/MS/CI	489
4-(Aminomethyl)benzenesulfonamide	GC/MS/EI/E	1161
4-(Aminomethyl)benzenesulfonamide	GC/MS/EI	1169
2-[1-(Aminomethyl)cyclohexyl]acetic acid	DI/MS/EI/E	280
2-[1-(Aminomethyl)cyclohexyl]acetic acid	DI/MS/EI	890
6-Amino-2-methyl-heptan-2-ol	GC/MS/EI	38
6-Amino-2-methyl-heptan-2-ol	GC/MS/EI/E	76
5-(Aminomethyl)oxazol-3-one	GC/MS/EI/E	2
5-(Aminomethyl)oxazol-3-one	GC/MS/EI	14
2-Amino-1-(4-methylphenyl)-1-propanone	GC/MS/EI/E	45
2-Amino-1-(4-methylphenyl)-1-propanone	GC/MS/EI	370

2-Amino-1-(4-methylphenyl)-1-propanone TFA	GC/MS/EI	591
2-Amino-1-(4-methylphenyl)-1-propanone TFA	GC/MS/EI/E	603
2-Amino-5-nitrobenzophenone	GC/MS/EI	1424
2-Amino-5-nitrobenzophenone AC	GC/MS/EI/E	31
2-Amino-5-nitrobenzophenone AC	GC/MS/EI	1561
2-Amino-5-nitrobenzophenone TMS	GC/MS/EI/E	1600
2-Amino-5-nitrobenzophenone TMS	GC/MS/EI	1630
Aminophenazone	GC/MS/EI/E	77
Aminophenazone	GC/MS/EI	1382
2-Aminophenol	GC/MS/EI	518
3-Aminophenol	GC/MS/EI	507
4-Aminophenol	GC/MS/EI	518
3-Aminophenol AC	GC/MS/EI/E	519
3-Aminophenol AC	GC/MS/EI	1205
1-Amino-1-phenylbutan-2-one	GC/MS/CI	490
1-Amino-1-phenylbutan-2-one	GC/MS/EI	497
1-Amino-1-phenylbutan-2-one	GC/MS/EI/E	828
2-Amino-1-phenylbutan-1-one	GC/MS/CI	96
2-Amino-1-phenylbutan-1-one	GC/MS/EI/E	268
2-Amino-1-phenylbutan-1-one	GC/MS/EI	985
2-Amino-1-phenyl-ethanone	GC/MS/EI/E	3
2-Amino-1-phenyl-ethanone	GC/MS/EI	720
2-Amino-1-phenylethanone	GC/MS/EI	3
2-Amino-1-phenylethanone	GC/MS/EI/E	720
2-Amino-1-phenylethanone 2AC	GC/MS/EI/E	470
2-Amino-1-phenylethanone 2AC	GC/MS/EI	1086
2-Amino-1-phenylethanone AC	GC/MS/EI/E	471
2-Amino-1-phenylethanone AC	GC/MS/EI	845
2-Amino-5-phenyl-1,3-oxazol-4-one	GC/MS/EI	365
2-Amino-5-phenyl-1,3-oxazol-4-one	GC/MS/EI	1076
2-Amino-1-phenyl-propan-1-ol	GC/MS/CI	41
2-Amino-1-phenyl-propan-1-ol	GC/MS/EI/E	267
2-Amino-1-phenyl-propan-1-ol	GC/MS/EI	710
3-(4-Aminophenyl)sulfonyl-1-butyl-urea	GC/MS/EI/E	1056
3-(4-Aminophenyl)sulfonyl-1-butyl-urea	GC/MS/EI	1232
2-(4-Aminophenyl)sulfonyl-1-(4,5-dimethyl-1,3-oxazol-2-yl)guanidine	DI/MS/EI	1619
2-(4-Aminophenyl)sulfonylguanidine	DI/MS/EI	1319
(4-Aminophenyl)sulfonylthiourea	GC/MS/EI/E	640
(4-Aminophenyl)sulfonylthiourea	GC/MS/EI	1034
2-Amino-1-(4-propylphenyl)-1-propanone	GC/MS/EI	51
2-Amino-1-(4-propylphenyl)-1-propanone	GC/MS/EI/E	826
6-Aminopurin	GC/MS/EI	720
2-Amino-6-purinthiole	DI/MS/EI	1018
Aminopyrin	GC/MS/EI/E	77

Aminopyrin	GC/MS/EI	1382
Aminorex	GC/MS/EI/E	77
Aminorex	GC/MS/EI	585
4-Aminosalicylicacid	GC/MS/EI	890
Aminosalicylic acid 3ME	GC/MS/EI	987
Aminosalicylic acid 4ME	GC/MS/EI	1102
Aminosalicylic acid 2ME (N-ME, O-ME)	GC/MS/EI	1128
Aminosalicylic acid 2ME (O-ME)	GC/MS/EI	863
Aminosalicylic acid 3TMS	GC/MS/EI/E	1689
Aminosalicylic acid 3TMS	GC/MS/EI	1693
Aminosalicylic acid 2TMS I	GC/MS/EI	1554
Aminosalicylic acid 2TMS II	GC/MS/EI	1556
Aminosalicylic acid methylester	GC/MS/EI	725
2-Amino-1-(4-*tert*-butylphenyl)-1-propanone	GC/MS/EI/E	54
2-Amino-1-(4-*tert*-butylphenyl)-1-propanone	GC/MS/EI	946
2-Amino-1-(4-*tert*-butylphenyl)-1-propanone TFA	GC/MS/EI/E	947
2-Amino-1-(4-*tert*-butylphenyl)-1-propanone TFA	GC/MS/EI	960
Aminotriazole	GC/MS/EI	292
Aminoxaphen	GC/MS/EI/E	77
Aminoxaphen	GC/MS/EI	585
Amiodaron	DI/MS/EI/E	333
Amiodaron	DI/MS/EI	1244
Amiodarona	DI/MS/EI/E	333
Amiodarona	DI/MS/EI	1244
Amiodarone	DI/MS/EI	333
Amiodarone	DI/MS/EI/E	1244
Amiodarone-A I	GC/MS/EI	1456
Amiodarone-A I	GC/MS/EI	1461
Amiodarone-A II	GC/MS/EI	1456
Amiodarone-A II	GC/MS/EI	1737
Amiodarone-A III	GC/MS/EI	1758
Amiodaronum	DI/MS/EI/E	333
Amiodaronum	DI/MS/EI	1244
Amisulpride	GC/MS/EI	410
Amisulpride	GC/MS/EI/E	417
Amisulpride	GC/MS/CI	1705
Amitraz	GC/MS/EI/E	955
Amitraz	GC/MS/EI	1588
Amitriptilina	GC/MS/EI/E	104
Amitriptilina	GC/MS/EI	139
Amitriptilina	GC/MS/EI	161
Amitriptilina	GC/MS/EI/E	171
Amitriptilina	GC/MS/EI/E	1248
Amitriptilina	GC/MS/EI	1330

Amitriptylin	GC/MS/EI/E	104
Amitriptylin	GC/MS/EI/E	139
Amitriptylin	GC/MS/EI	161
Amitriptylin	GC/MS/EI	171
Amitriptylin	GC/MS/EI/E	1248
Amitriptylin	GC/MS/EI	1330
Amitriptyline	GC/MS/EI	104
Amitriptyline	GC/MS/EI	139
Amitriptyline	GC/MS/EI/E	161
Amitriptyline	GC/MS/EI/E	171
Amitriptyline	GC/MS/EI/E	1248
Amitriptyline	GC/MS/EI	1330
Amitriptyline-A (-C_2H_7N)	GC/MS/EI	1388
Amitriptyline-A (-2H)	GC/MS/EI	295
Amitriptyline-M (-CH_4)	GC/MS/EI	1484
Amitriptyline-M (-$(CH_3)_2$NOH) AC	GC/MS/EI	1450
Amitriptyline-M (Desmethyl) AC	GC/MS/EI	1386
Amitriptyline-M (Desmethyl) AC	GC/MS/EI/E	1391
Amitriptyline-M (Desmethyl, OH, -H_2O) AC	GC/MS/EI/E	1380
Amitriptyline-M (Desmethyl, OH, -H_2O) AC	GC/MS/EI	1384
Amitriptyline-M (Desmethyl, OH, -H_2O) AC	GC/MS/EI/E	1610
Amitriptyline-M (Didesmethyl, OH, -H_2O) AC	GC/MS/EI	1382
Amitriptyline-M (Didesmethyl, OH, -H_2O) AC	GC/MS/EI/E	1385
Amitriptyline-M (OH) AC	GC/MS/EI	139
Amitriptyline-M (OH) AC	GC/MS/EI/E	1247
Amitriptyline-M (OH, N-Oxide, -$(CH_3)_2$NOH) AC I	GC/MS/EI/E	1448
Amitriptyline-M (OH, N-Oxide, -$(CH_3)_2$NOH) AC I	GC/MS/EI	1578
Amitriptyline-N-oxide	GC/MS/EI/E	159
Amitriptyline-N-oxide	GC/MS/EI	176
Amitriptylinoxide-A (-$(CH_3)_2$NOH)	GC/MS/EI	1388
Amitrol	GC/MS/EI	292
Amitrol 2PROP	GC/MS/EI	294
Amitrol 2PROP	GC/MS/EI/E	785
Amitrol 3PROP	GC/MS/EI	783
Amlodipine-M/A AC	GC/MS/EI/E	1684
Amlodipine-M/A AC	GC/MS/EI	1698
Amobarbital	GC/MS/EI	913
Amobarbital	GC/MS/EI/E	923
Amorolfine	GC/MS/EI/E	663
Amorolfine	GC/MS/EI	815
Amphetamine	GC/MS/CI	45
Amphetamine	GC/MS/EI/E	370

Amphetamine	GC/MS/EI	589
Amphetamine AC	GC/MS/EI	44
Amphetamine AC	GC/MS/EI/E	338
Amphetamine AC	GC/MS/EI/E	586
Amphetamine AC	GC/MS/EI	594
Amphetamine AC	GC/MS/EI	598
Amphetamine AC	GC/MS/EI/E	1086
Amphetamine BUT	GC/MS/EI	65
Amphetamine BUT	GC/MS/EI/E	588
Amphetamine-D_3 PFO	GC/MS/EI	617
Amphetamine-D_5 TFA	GC/MS/EI	810
Amphetamine HCF	GC/MS/EI/E	1055
Amphetamine HCF	GC/MS/EI	1063
Amphetamine PFO	GC/MS/EI/E	377
Amphetamine PFO	GC/MS/EI	1743
Amphetamine PFP	GC/MS/EI	1179
Amphetamine PROP	GC/MS/EI/E	63
Amphetamine PROP	GC/MS/EI	588
Amphetamine TFA	GC/MS/EI/E	589
Amphetamine TFA	GC/MS/EI	784
Amphetamine TMS	GC/MS/EI/E	575
Amphetamine TMS	GC/MS/EI	582
Amphetaminil	GC/MS/EI	699
Amphetaminil	GC/MS/EI/E	705
Ampyrone	GC/MS/EI	81
Ampyrone	GC/MS/EI	83
Amydricain	GC/MS/EI	121
Amydricain	GC/MS/EI/E	914
Amyleine	GC/MS/EI	121
Amyleine	GC/MS/EI/E	534
Amylobarbitone	GC/MS/EI/E	913
Amylobarbitone	GC/MS/EI	923
Amylocaine	GC/MS/EI	121
Amylocaine	GC/MS/EI/E	534
Andro-stanazol	GC/MS/EI	401
5-Androsten-3-β-ol-17-one	GC/MS/EI	368
4-Androsten-3-one-17β-yl propionate	GC/MS/EI/E	84
4-Androsten-3-one-17β-yl propionate	GC/MS/EI	828
Androsterone	GC/MS/EI	1581
Androsterone AC	GC/MS/EI	1524
Androsterone AC	GC/MS/EI/E	1529
Androsterone (-H_2O)	GC/MS/EI	1336
Androsterone acetate	GC/MS/EI/E	1524

Androsterone acetate	GC/MS/EI	1529
Anfebutamona	GC/MS/EI	46
Anfebutamona	GC/MS/CI	527
Anfebutamona	GC/MS/EI/E	1157
Anhydroecgonine methyl ester	GC/MS/EI	885
Anhydroecgonine methylester (Desmethyl) AC	GC/MS/EI	763
Anhydroecgonine methylester (Desmethyl) AC	GC/MS/EI/E	1292
Anisaldehydeoxime	GC/MS/EI	879
Anisic alcohol	GC/MS/EI	519
Anisyl alcohol	GC/MS/EI	519
Anthraquinone	GC/MS/EI	1280
Antipyrine	GC/MS/EI	1173
Apohyoscyamine	GC/MS/EI/E	636
Apohyoscyamine	GC/MS/EI	1523
Apomorphine	GC/MS/EI	1505
Aprepitant	GC/MS/EI	1222
Aprepitant	GC/MS/EI/E	1592
Aprepitant 2ME	GC/MS/EI/E	648
Aprepitant 2ME	GC/MS/EI	1643
Aprepitant 2TMS	GC/MS/EI/E	1425
Aprepitant 2TMS	GC/MS/EI	1742
Aprobarbitalum	GC/MS/EI/E	1017
Aprobarbitalum	GC/MS/EI	1040
Aprobarbitone	GC/MS/EI	1017
Aprobarbitone	GC/MS/EI/E	1040
Arachidonic acid	GC/MS/EI/E	277
Arachidonic acid	GC/MS/EI	867
Arachidonic acid methyl ester	GC/MS/EI	277
Arachidonic acid methyl ester	GC/MS/EI/E	1252
Arecaidinmethylester	GC/MS/EI	905
Arecoline	GC/MS/EI	905
Arprocarb	GC/MS/EI/E	521
Arprocarb	GC/MS/EI	882
Articain	GC/MS/EI	331
Articain	GC/MS/EI/E	1560
Articaina	GC/MS/EI/E	331
Articaina	GC/MS/EI	1560
Articaine	GC/MS/EI	331
Articaine	GC/MS/EI/E	1560
Ascorbic acid 4AC	GC/MS/EI	1609
Ascorbic acid 4AC	GC/MS/EI/E	1680
Ascorbic acid 4DMBS	GC/MS/EI/E	242
Ascorbic acid 4DMBS	GC/MS/EI	1745
Asenokumarol	GC/MS/EI	1620

Asenokumarol	GC/MS/EI/E	1688
Atenolol	GC/MS/EI	195
Atenolol	GC/MS/EI/E	498
Atenolol-A (-H$_2$O) AC	GC/MS/EI/E	411
Atenolol-A (-H$_2$O) AC	GC/MS/EI	1267
Atenolol TMS	GC/MS/EI	194
Atenolol TMS	GC/MS/EI/E	235
Atropamine	GC/MS/EI	636
Atropamine	GC/MS/EI/E	1523
Atropine	GC/MS/CI	632
Atropine	GC/MS/EI/E	634
Atropine	GC/MS/EI	640
Atropine AC	GC/MS/EI	632
Atropine AC	GC/MS/EI	636
Atropine AC	GC/MS/EI/E	1661
Atropine-A (-H$_2$O)	GC/MS/EI	636
Atropine-A (-H$_2$O)	GC/MS/EI/E	1523
Atropine TFA	GC/MS/EI	635
Atropine TMS	GC/MS/EI	633
Atropine TMS	GC/MS/EI/E	1695
Atropyltropeine	GC/MS/EI	636
Atropyltropeine	GC/MS/EI/E	1523
5-Azabicyclo[4.3.0]nona-2,4,7,10-tetraene	GC/MS/EI	578
8-Azabicyclo[3.2.1]octane-2-carboxylicacid,3-(benzoyloxy)-8-methyl-,ethyl ester,[1R-(exo,exo)]-	GC/MS/EI	286
8-Azabicyclo[3.2.1]octane-2-carboxylicacid,3-(benzoyloxy)-8-methyl-,ethyl ester,[1R-(exo,exo)]-	GC/MS/EI	283
8-Azabicyclo[3.2.1]octane-2-carboxylicacid,3-(benzoyloxy)-8-methyl-,ethyl ester,[1R-(exo,exo)]-	GC/MS/EI	286
8-Azabicyclo[3.2.1]octane-2-carboxylicacid,3-(benzoyloxy)-8-methyl-,ethyl ester,[1R-(exo,exo)]-	GC/MS/EI/E	1223
8-Azabicyclo[3.2.1]octane-2-carboxylicacid,3-(benzoyloxy)-8-methyl-,ethyl ester,[1R-(exo,exo)]-	GC/MS/EI	1311
8-Azabicyclo[3.2.1]octane-2-carboxylicacid,3-(benzoyloxy)-8-methyl-,ethyl ester,[1R-(exo,exo)]-	GC/MS/EI/E	1637
Azepan-2-one	GC/MS/EI	537
Azidamfenicol	DI/MS/EI	647
Azidamfenicol	DI/MS/EI/E	1186
2-Azido-N-[(1R,2R)-1,3-dihydroxy-1-(4-nitrophenyl)propan-2-yl]acetamide	DI/MS/EI/E	647
2-Azido-N-[(1R,2R)-1,3-dihydroxy-1-(4-nitrophenyl)propan-2-yl]acetamide	DI/MS/EI	1186
Azinphos-ethyl	GC/MS/EI	699
Azinphos-ethyl	GC/MS/EI/E	948
Azinphosethyl	GC/MS/EI	699
Azinphosethyl	GC/MS/EI/E	948
Azinphos methyl	GC/MS/EI	940

Azinphos methyl	GC/MS/EI/E	947
Azinphos-methyl	GC/MS/EI	940
Azinphos-methyl	GC/MS/EI/E	947
Azinphosmethyl	GC/MS/EI	940
Azinphosmethyl	GC/MS/EI/E	947
Azoxystrobin	GC/MS/EI	1681
2,3-BDB	GC/MS/EI/E	96
2,3-BDB	GC/MS/EI	154
2,3-BDB	GC/MS/EI	273
2,3-BDB	GC/MS/EI/E	718
2,3-BDB	GC/MS/CI	1207
BDB	GC/MS/CI	126
BDB	GC/MS/EI/E	155
BDB	GC/MS/EI	739
BDB	GC/MS/EI	749
BDB	GC/MS/EI	985
BDB	GC/MS/EI/E	1095
BDB A (CH$_2$O)	GC/MS/EI	187
BDB PFO	GC/MS/EI/E	726
BDB PFO	GC/MS/EI	1092
2,3-BDB TFA	GC/MS/EI	1077
2,3-BDB TFA	GC/MS/EI/E	1078
2,3-BDB TFA	GC/MS/EI	1575
BDB TFA	GC/MS/EI	726
BDB TFA	GC/MS/EI	1077
BDB TFA	GC/MS/EI/E	1574
2,3-BDB TMS	GC/MS/EI/E	239
2,3-BDB TMS	GC/MS/EI	693
BDB TMS	GC/MS/EI	682
BDB TMS	GC/MS/EI/E	692
BDMPEA	GC/MS/EI	7
BDMPEA	GC/MS/CI	1386
BDMPEA	GC/MS/EI/E	1438
BDMPEA	GC/MS/EI	1485
BDMPEA PFO	GC/MS/EI	1425
BDMPEA PFO	GC/MS/EI/E	1434
BDMPEA PFO	GC/MS/EI/E	1436
BDMPEA PFO	GC/MS/EI	1761
BDMPEA TFA	GC/MS/EI	1428
BDMPEA TFA	GC/MS/EI	1434
BDMPEA TMS	GC/MS/EI/E	462
BDMPEA TMS	GC/MS/EI	466
BHT-quinone methide	GC/MS/EI	948
BIS	GC/MS/EI	549

BIS	GC/MS/EI/E	663
BOH	GC/MS/EI	995
BOH	GC/MS/EI/E	1012
BOM	GC/MS/EI	1306
BRL 14777	GC/MS/EI	1051
BZ	GC/MS/EI/E	1146
BZ	GC/MS/EI	1157
BZP	GC/MS/EI	708
BZP	GC/MS/CI	711
BZP	GC/MS/EI	1087
Baclofen	GC/MS/EI	762
Baclofen-A (-H_2O)	GC/MS/EI	765
Baclofen-A (-H_2O) AC	GC/MS/EI	764
Baclofen-A (H_2O) ME	GC/MS/EI	765
Baclofen-M/A (-NH_3) ME	GC/MS/EI	1298
Baclofen-M/A (+OH -H_2O)	GC/MS/EI/E	764
Baclofen-M/A (+OH -H_2O)	GC/MS/EI	1222
Baclofen-M/A (OH, -H_2O) AC	GC/MS/EI	1298
Baclofen-M/A (OH, -H_2O) AC	GC/MS/EI/E	1413
Baclofen 3ME	GC/MS/EI	107
Baclofen 3ME	GC/MS/EI/E	172
Baclofen ME AC	GC/MS/EI	1298
Baclofen-M (+OH -H_2O) PFP	GC/MS/EI/E	764
Baclofen-M (+OH -H_2O) PFP	GC/MS/EI	1676
Baclofen PFP HFIP	GC/MS/EI	1582
Bambuterol	GC/MS/EI/E	210
Bambuterol	GC/MS/EI	1701
Banisterin	GC/MS/EI	1041
Banisterin	GC/MS/EI	1309
Barbital	GC/MS/EI/E	914
Barbital	GC/MS/EI	922
Barbitone	GC/MS/EI	914
Barbitone	GC/MS/EI/E	922
Barbituric acid	GC/MS/EI/E	15
Barbituric acid	GC/MS/EI	658
Beclamid	GC/MS/EI	376
Beclamida	GC/MS/EI	376
Beclamide	GC/MS/EI	376
Bemegride	GC/MS/EI	71
Benazepril ME	GC/MS/EI/E	1699
Benazepril ME	GC/MS/EI	1701
Bendazole	GC/MS/EI	1273

Bendiocarb	GC/MS/EI	872
Bendiocarb-A (-C$_2$H$_3$NO)	GC/MS/EI	871
Bendiocarb-A (-C$_2$H$_3$NO)	GC/MS/EI	878
Bendiocarb-A TMS	GC/MS/EI	1361
Bendiocarb TMS	GC/MS/EI	1360
Benorilate	GC/MS/EI/E	614
Benorilate	GC/MS/EI	988
Benperidol	GC/MS/EI/E	627
Benperidol	GC/MS/EI	1697
Benperidolo	GC/MS/EI/E	627
Benperidolo	GC/MS/EI	1697
Benproperina	GC/MS/EI/E	532
Benproperina	GC/MS/EI	538
Benproperine	GC/MS/EI	532
Benproperine	GC/MS/EI/E	538
Benzaldoxime	GC/MS/EI	610
Benzaldoxime TMS	GC/MS/EI	262
Benzalkonium chloride A I	GC/MS/EI	152
Benzalkonium chloride A I	GC/MS/EI/E	175
Benzalkonium chloride A II	GC/MS/EI/E	160
Benzalkonium chloride A II	GC/MS/EI	175
Benzamide	GC/MS/EI	483
Benzatropine	GC/MS/EI/E	290
Benzatropine	GC/MS/EI	1241
Benzbromarone-M (OH) 2AC	GC/MS/EI	1742
Benzenacetic acid	GC/MS/EI	385
Benzeneacetaldehyde	GC/MS/EI	389
Benzeneaceticacid,alpha-methylene-,8-methyl-8-azabicyclo[3.2.1]oct-3-yl ester,endo-	GC/MS/EI	636
Benzeneaceticacid,alpha-methylene-,8-methyl-8-azabicyclo[3.2.1]oct-3-yl ester,endo-	GC/MS/EI/E	1523
1,2-Benzenedicarboxylicacid	GC/MS/EI	468
1,2-Benzenedicarboxylicacid-bis(methylpropyl)ester	GC/MS/EI	860
1,2-Benzenedicarboxylicacid-bis(methylpropyl)ester	GC/MS/EI/E	1361
1,2-Benzenedicarboxylicacid butyl cyclohexyl ester	GC/MS/EI/E	856
1,2-Benzenedicarboxylicacid butyl cyclohexyl ester	GC/MS/EI	866
1,2-Benzenedicarboxylicacid-butyl methyl ester	GC/MS/EI	968
1,2-Benzenedicarboxylicacid-butyl methyl ester	GC/MS/EI/E	987
1,2-Benzenedicarboxylicacid-butyl methyl ester	GC/MS/EI/E	1130
1,3-Benzenedicarboxylicacid-dimethyl-ester	GC/MS/EI	963
1,4-Benzenedicarboxylicaciddimethyl ester	GC/MS/EI	967
1,2-Benzenediol	GC/MS/EI	524
Benzene-1,2-diol	GC/MS/EI	524
1,3-Benzenediol-diacete	GC/MS/EI	522
1,3-Benzenediol-diacete	GC/MS/EI/E	882

Benzeneethaneamine	GC/MS/EI/E	7
Benzeneethaneamine	GC/MS/EI	386
Benzeneethaneamine	GC/MS/CI	477
Benzenepropanoic acid	GC/MS/EI	387
1,3,5-Benzenetriol,triacete	GC/MS/EI	647
Benzhexol	GC/MS/EI/E	413
Benzhexol	GC/MS/EI	1335
Benzhydrol	GC/MS/EI	475
1-Benzhydryl-4-cinnamyl-piperazine	GC/MS/EI	1240
1-Benzhydryl-4-cinnamyl-piperazine	GC/MS/EI/E	1247
2-Benzhydrylidenebutan-1-amine	GC/MS/EI	1278
2-Benzhydrylidenebutan-1-amine	GC/MS/EI/E	1295
Benzhydryl isothiocyanate	GC/MS/EI/E	1026
Benzhydryl isothiocyanate	GC/MS/EI	1248
2-Benzhydryloxy-N,N-dimethyl-ethanamine	GC/MS/EI	110
2-Benzhydryloxy-N,N-dimethyl-ethanamine	GC/MS/EI/E	111
2-Benzhydryloxy-N,N-dimethyl-ethanamine	GC/MS/EI	160
2-Benzhydryloxy-N,N-dimethyl-ethanamine	GC/MS/CI	257
2-Benzhydryloxy-N,N-dimethyl-ethanamine	GC/MS/EI	997
2-Benzhydryloxy-N,N-dimethyl-ethanamine	GC/MS/EI/E	1024
4-Benzhydryloxy-1-methyl-piperidine	GC/MS/EI	417
4-Benzhydryloxy-1-methyl-piperidine	GC/MS/EI	1018
4-Benzhydryloxy-1-methyl-piperidine	GC/MS/EI/E	1019
4-Benzhydryloxy-1-methyl-piperidine	GC/MS/EI/E	1033
1,2-Benzisothiazole	GC/MS/EI	732
1,2-Benzisothiazole-3-carboxylicacid	GC/MS/EI	720
Benzocain	GC/MS/EI	604
Benzocaine	GC/MS/EI	604
Benzocaine DMBS	GC/MS/EI/E	1354
Benzocaine DMBS	GC/MS/EI	1546
Benzo[1,3]dioxole-5-carbaldehyde	GC/MS/EI	846
Benzo[1,3]dioxole-5-carbaldehyde	GC/MS/CI	849
Benzo[1,3]dioxole-5-carbaldehyde	GC/MS/EI	870
1,3-Benzodioxole-5-methanol	GC/MS/EI	883
1-Benzo[1,3]dioxol-5-yl-N-ethyl-propan-2-amine	GC/MS/CI	225
1-Benzo[1,3]dioxol-5-yl-N-ethyl-propan-2-amine	GC/MS/EI/E	718
1-Benzo[1,3]dioxol-5-yl-N-ethyl-propan-2-amine	GC/MS/EI	1280
1-(3,1-(1,3-Benzodioxol-5-yl)butan-2-ylazan	GC/MS/EI	126
1-(3,1-(1,3-Benzodioxol-5-yl)butan-2-ylazan	GC/MS/CI	155
1-(3,1-(1,3-Benzodioxol-5-yl)butan-2-ylazan	GC/MS/EI	739
1-(3,1-(1,3-Benzodioxol-5-yl)butan-2-ylazan	GC/MS/EI	749
1-(3,1-(1,3-Benzodioxol-5-yl)butan-2-ylazan	GC/MS/EI/E	985
1-(3,1-(1,3-Benzodioxol-5-yl)butan-2-ylazan	GC/MS/EI/E	1095
5-Benzo[1,3]dioxol-5-yl-1-(1-piperidyl)penta-2,4-dien-1-one	GC/MS/EI	566

5-Benzo[1,3]dioxol-5-yl-1-(1-piperidyl)penta-2,4-dien-1-one	GC/MS/EI	569
5-Benzo[1,3]dioxol-5-yl-1-(1-piperidyl)penta-2,4-dien-1-one	GC/MS/EI	1241
1-Benzo[1,3]dioxol-5-ylpropan-2-amine	GC/MS/CI	66
1-Benzo[1,3]dioxol-5-ylpropan-2-amine	GC/MS/EI	739
1-Benzo[1,3]dioxol-5-ylpropan-2-amine	GC/MS/EI/E	747
1-Benzo[1,3]dioxol-5-ylpropan-2-amine	GC/MS/EI/E	750
1-Benzo[1,3]dioxol-5-ylpropan-2-amine	GC/MS/EI/E	756
1-Benzo[1,3]dioxol-5-ylpropan-2-amine	GC/MS/EI	760
1-Benzo[1,3]dioxol-5-ylpropan-2-amine	GC/MS/EI	971
[1-(1,3-Benzodioxol-5-yl)propan-2-yl](methyl)azan	GC/MS/CI	106
[1-(1,3-Benzodioxol-5-yl)propan-2-yl](methyl)azan	GC/MS/EI/E	126
[1-(1,3-Benzodioxol-5-yl)propan-2-yl](methyl)azan	GC/MS/EI	166
[1-(1,3-Benzodioxol-5-yl)propan-2-yl](methyl)azan	GC/MS/EI	717
[1-(1,3-Benzodioxol-5-yl)propan-2-yl](methyl)azan	GC/MS/EI/E	1212
5-Benzo[1,3]dioxol-5-yl-1-pyrrolidin-1-yl-penta-2,4-dien-1-one	GC/MS/EI	566
1-(1,3-Benzodioxol-5-yl)-2-(pyrrolidin-1-yl)propan-1-one	GC/MS/EI/E	406
1-(1,3-Benzodioxol-5-yl)-2-(pyrrolidin-1-yl)propan-1-one	GC/MS/EI	407
1-(1,3-Benzodioxol-5-yl)-2-(pyrrolidin-1-yl)propan-1-one	GC/MS/EI/E	420
1-(1,3-Benzodioxol-5-yl)-2-(pyrrolidin-1-yl)propan-1-one	GC/MS/EI	846
Benzo[d]pyridazine	GC/MS/EI	687
Benzoic acid	GC/MS/EI	485
Benzoic acid butylester	GC/MS/EI/E	484
Benzoic acid butylester	GC/MS/EI	635
Benzoicacidethylester	GC/MS/EI	474
Benzoicacidethylester	GC/MS/EI/E	862
Benzoic acid methyl ester	GC/MS/EI	486
Benzoic anhydride	GC/MS/EI	483
Benzophenone	GC/MS/EI	470
Benzothiazole	GC/MS/EI	733
2-Benzotriazol-2-yl-4-methyl-phenol	GC/MS/EI	1365
Benzoyl anhydride	GC/MS/EI	483
Benzoyl benzoate	GC/MS/EI	483
Benzoylecgonine	GC/MS/EI	284
Benzoylecgonine	GC/MS/EI	631
Benzoylecgonine	GC/MS/EI	632
Benzoylecgonine	GC/MS/EI/E	1574
Benzoylecgonine	GC/MS/EI/E	1575
Benzoylecgonine TMS	GC/MS/EI	287
Benzoylecgonine isopropyl ester	GC/MS/EI	286
Benzoylecgonine isopropyl ester	GC/MS/EI/E	287
Benzoylecgonine isopropyl ester	GC/MS/EI	1527
Benzoylecgonine,2,2,3,3,3-pentafluoropropyl ester	GC/MS/EI	288
Benzoylecgonine,2,2,3,3,3-pentafluoropropyl ester	GC/MS/EI/E	1737
Benzoyl-ethyl-tetramethyldiamino-isopropanol	GC/MS/EI	121

Benzoyl-ethyl-tetramethyldiamino-isopropanol	GC/MS/EI/E	914
Benzoyl-methyl-ecgonin	GC/MS/EI/E	285
Benzoyl-methyl-ecgonin	GC/MS/EI/E	1608
Benzoyl-methyl-ecgonin	GC/MS/EI	1609
1,3-(Benzoyloxy)propane	GC/MS/EI/E	476
1,3-(Benzoyloxy)propane	GC/MS/EI	1370
2-(3-Benzoylphenyl)propanoic acid	DI/MS/EI	1471
2-(3-Benzoylphenyl)propionic acid methyl ester	GC/MS/EI	1291
Benzoyl-pseudotropein	GC/MS/EI/E	631
Benzoyl-pseudotropein	GC/MS/EI	1436
Benzperidol	GC/MS/EI	627
Benzperidol	GC/MS/EI/E	1697
Benztropin	GC/MS/EI	290
Benztropin	GC/MS/EI/E	1241
Benztropine	GC/MS/EI/E	290
Benztropine	GC/MS/EI	1241
Benzyl-DL-mandelat	GC/MS/EI/E	496
Benzyl-DL-mandelat	GC/MS/EI	502
1-Benzyl-D_5-3-dimethylamino-2-methyl-1-phenylpropylpropionate	GC/MS/EI	116
1-Benzyl-D_5-3-dimethylamino-2-methyl-1-phenylpropylpropionate	GC/MS/EI/E	385
2-Benzyl-3H-benzoimidazole	GC/MS/EI	1273
Benzyl acetate	GC/MS/EI	503
Benzylbenzoate	GC/MS/EI	478
Benzylbutylphthalate	GC/MS/EI/E	845
Benzylbutylphthalate	GC/MS/EI	1269
Benzyldiethylamine	GC/MS/EI	380
Benzyl ethanoate	GC/MS/EI	503
Benzyl-(2-hydroxy-2-phenyl) acetate	GC/MS/EI/E	496
Benzyl-(2-hydroxy-2-phenyl) acetate	GC/MS/EI	502
4-Benzylidene-2-methyl-1,3-oxazol-5-one	GC/MS/EI	584
Benzylis mandelas	GC/MS/EI	496
Benzylis mandelas	GC/MS/EI/E	502
Benzylmandelat	GC/MS/EI	496
Benzylmandelat	GC/MS/EI/E	502
Benzyl mandelate	GC/MS/EI/E	496
Benzyl mandelate	GC/MS/EI	502
5-Benzyloxyindol	GC/MS/EI	1358
5-Benzyloxyindol AC	GC/MS/EI	384
5-Benzyloxyindol TMS	GC/MS/EI	1256
2-(2-Benzylphenoxy)-N,N-dimethyl-ethanamine	GC/MS/EI	146
2-(2-Benzylphenoxy)-N,N-dimethyl-ethanamine	GC/MS/EI/E	1474
(4-Benzylphenyl)aminoformat	GC/MS/EI/E	1161
(4-Benzylphenyl)aminoformat	GC/MS/EI	1166

1-Benzylpiperazine	GC/MS/EI	708
1-Benzylpiperazine	GC/MS/CI	711
1-Benzylpiperazine	GC/MS/EI	1087
4-Benzylpyrimidine	GC/MS/EI	1037
5-Benzyl-1,2,3,4-tetrahydro-2-methyl-γ-carboline	GC/MS/EI	384
Berberine-A	GC/MS/EI	1670
Bezafibrate ME	GC/MS/EI	603
Bezafibrate ME	GC/MS/EI/E	1636
1-(3-Bicyclo[2.2.1]hept-5-enyl)-1-phenyl-3-(1-piperidyl)propan-1-ol	GC/MS/EI/E	408
1-(3-Bicyclo[2.2.1]hept-5-enyl)-1-phenyl-3-(1-piperidyl)propan-1-ol	GC/MS/EI	413
1-(3-Bicyclo[2.2.1]hept-5-enyl)-1-phenyl-3-(1-piperidyl)propan-1-ol	GC/MS/EI/E	1333
1-(3-Bicyclo[2.2.1]hept-5-enyl)-1-phenyl-3-(1-piperidyl)propan-1-ol	GC/MS/EI	1340
1-(3-Bicyclo[2.2.1]hept-5-enyl)-1-phenyl-3-(1-piperidyl)propan-1-ol	GC/MS/EI/E	1341
1,1'-Bicyclohexyl	GC/MS/EI	282
1,1'-Bicyclohexyl	GC/MS/EI/E	1015
Bifonazole	GC/MS/EI	1430
Bifonazole	GC/MS/EI/E	1434
Biperiden	GC/MS/EI	408
Biperiden	GC/MS/EI/E	413
Biperiden	GC/MS/EI	1333
Biperiden	GC/MS/EI/E	1340
Biperiden	GC/MS/EI/E	1341
Biperiden-A	GC/MS/EI	409
Biperiden-A	GC/MS/EI/E	422
Biperiden AC	GC/MS/EI/E	410
Biperiden AC	GC/MS/EI	419
Biperiden-M (OH) AC	GC/MS/EI	414
Biperiden-M (OH) AC	GC/MS/EI/E	487
Biphenyl	GC/MS/EI	904
Biphenyl-2,2'-hydroxy-5,5'-acetic acid methylester 2TMS	GC/MS/EI	1654
Biphenyl-2,2'-hydroxy-5,5'-acetic acid methylester 2TMS	GC/MS/EI/E	1658
Biphenyl-2,2'-hydroxy-5,-5'-bis(acetic acid methyl ester) 2TMS	GC/MS/EI/E	253
Biphenyl-2,2'-hydroxy-5,-5'-bis(acetic acid methyl ester) 2TMS	GC/MS/EI	1736
Biphenylol	GC/MS/EI	1047
Biphenylol AC	GC/MS/EI/E	1047
Biphenylol AC	GC/MS/EI	1048
Biphenylol AC	GC/MS/EI	1052
Bis(2-Chloroethoxy)methanone	GC/MS/EI	178
Bis(2-Chloroethoxy)methanone	GC/MS/EI/E	393
Bis(2-Di-*iso*-propylaminoethyl)disulfide	GC/MS/EI	542
Bis(2-Di-*iso*-propylaminoethyl)disulfide	GC/MS/EI/E	562
1,7-Bis-(3,4-Dimethoxyphenyl)-3-aza-7-cyano-8-methylnonane	GC/MS/EI	1573
1,7-Bis-(3,4-Dimethoxyphenyl)-3-aza-7-cyano-8-methylnonane	GC/MS/EI	1577
1,7-Bis-(3,4-Dimethoxyphenyl)-3-aza-7-cyano-8-methylnonane	GC/MS/EI/E	1586

Bis-(2-Dimethylaminoethyl)disulfide	GC/MS/EI/E	127
Bis-(2-Dimethylaminoethyl)disulfide	GC/MS/EI	752
1,1-Bis(Dimethylaminomethyl)propyl benzoate	GC/MS/EI/E	121
1,1-Bis(Dimethylaminomethyl)propyl benzoate	GC/MS/EI	914
Bis(3-Ethylhexyl)benzene-1,2-dicarboxylate	GC/MS/EI	858
Bis(3-Ethylhexyl)benzene-1,2-dicarboxylate	GC/MS/EI/E	1547
Bis-Hydroxyethyl-BDB	GC/MS/EI/E	69
Bis-Hydroxyethyl-BDB	GC/MS/EI	824
Bis-Hydroxyethyl-BDB	GC/MS/CI	832
Bis(2-Methoxyethyl)phthalate	GC/MS/EI/E	857
Bis(2-Methoxyethyl)phthalate	GC/MS/EI	866
Bis-Phenethyl-acetamide	GC/MS/EI/E	712
Bis-Phenethyl-acetamide	GC/MS/EI	1095
Bisacodil	GC/MS/EI	1537
Bisacodil	GC/MS/EI	1695
Bisacodile	GC/MS/EI	1537
Bisacodile	GC/MS/EI	1695
Bisacodilo	GC/MS/EI	1537
Bisacodilo	GC/MS/EI	1695
Bisacodyl	GC/MS/EI	1537
Bisacodyl	GC/MS/EI	1695
Bisacodyl-M/A (-AC)	GC/MS/EI	1537
Bisacodyl-M/A (-2AC) 2TMS	GC/MS/EI	1737
Bisacodyl-M/A (-AC) TMS	GC/MS/EI	1722
Bis(2-chloroethyl)carbonate	GC/MS/EI/E	178
Bis(2-chloroethyl)carbonate	GC/MS/EI	393
Bis-(2-chlorophenyl)-acetylene	GC/MS/EI	1081
Bis-(2-chlorophenyl)-acetylene	GC/MS/EI	1082
Bis(2-diethylaminoethyl)disulfide	GC/MS/EI	330
Bis(2-di-*iso*-propylaminoethyl)methylphosphonodithiolate	GC/MS/EI/E	549
Bis(2-di-*iso*-propylaminoethyl)methylphosphonodithiolate	GC/MS/EI	663
Bis-(di-*iso*-propylaminoethyl) thioether	GC/MS/EI	544
Bis-(di-*iso*-propylaminoethyl) thioether	GC/MS/EI/E	651
2,6-Bis(1,1-dimethylethyl)-2,5-cyclohexadien-1,4-dione	GC/MS/EI	1096
3,5-Bis(1,1-dimethylethyl)-4-hydroxy-benzenepropanoic acid methyl ester	GC/MS/EI	1541
3,5-Bis(1,1-dimethylethyl)-4-hydroxy-benzenepropanoic acid octadecyl ester	GC/MS/EI	87
2,6-Bis(1,1-dimethylethyl)-4-(methoxymethyl)phenol	GC/MS/EI	1402
2,6-Bis(1,1-dimethylethyl)-4-methylene-2,5-cyclohexadien-1-one	GC/MS/EI	948
2,6-Bis(1,1-dimethylethyl)-phenol	GC/MS/EI	1191
Bishydroxycoumarin	GC/MS/EI	616
2,4-Bis(1-methylethyl)phenol	GC/MS/EI	978
Bis-(octylphenyl)amine	GC/MS/EI/E	1644
Bis-(octylphenyl)amine	GC/MS/EI	1722
Bisoprolol	GC/MS/EI	211

Bisoprolol	GC/MS/EI/E	436
Bisphenol A	GC/MS/EI	1315
Bisphenol A 2AC	GC/MS/EI	1317
Bisphenol A 2AC	GC/MS/EI/E	1521
Bis(*tert*-Butyl-dimethyl-silyl)methylphosphonate	GC/MS/EI	1509
Bis(*tert*-Butyl-dimethyl-silyl)methylphosphonate	GC/MS/EI/E	1514
Bis(*tert*-Butyldimethylsilyloxyethyl)sulfid	GC/MS/EI	825
Bis(*tert*-butyldimethylsilyloxyethyl)sulphoxide	GC/MS/EI	1649
Bonofur-TMS	GC/MS/EI/E	255
Bonofur-TMS	GC/MS/EI	1613
Bornaprina	GC/MS/EI/E	319
Bornaprina	GC/MS/EI	374
Bornaprine	GC/MS/EI/E	319
Bornaprine	GC/MS/EI	374
Borneol	GC/MS/EI	399
Borneol	GC/MS/EI/E	524
2Br-4,5-MDA	GC/MS/EI	57
2Br-4,5-MDA	GC/MS/EI/E	1103
Brallobarbital	GC/MS/EI	1272
Brallobarbitone	GC/MS/EI	1272
Brochinaldol	GC/MS/EI	1636
Brodifacoum	GC/MS/EI/E	616
Brodifacoum	GC/MS/EI	1580
Brodifacoum	DI/MS/EI	1695
Brodifacoum	GC/MS/CI	1757
Brodifacoum-A 3	GC/MS/EI	1439
Brodifacoum ME	GC/MS/EI/E	1612
Brodifacoum ME	GC/MS/EI	1757
Brolamfetamin	GC/MS/EI	61
Brolamfetamin	GC/MS/EI	1380
Brolamfetamin	GC/MS/EI/E	1381
Brolamfetamin	GC/MS/EI/E	1386
Brolamfetamin	GC/MS/EI/E	1391
Brolamfetamine PFO	GC/MS/EI/E	1377
Brolamfetamine PFO	GC/MS/EI	1762
Brolamfetamine TMS	GC/MS/EI/E	575
Brolamfetamine TMS	GC/MS/EI	580
Brolamfetamine TMS	GC/MS/EI/E	583
Bromacil	GC/MS/EI/E	1259
Bromacil	GC/MS/EI	1383
Bromadiolone	DI/MS/NCI	616
Bromadiolone	DI/MS/CI	973
Bromadiolone	GC/MS/EI	1455
Bromadiolone	DI/MS/EI/E	1482

Bromadiolone	GC/MS/EI/E	1499
Bromadiolone	DI/MS/EI	1500
Bromadiolone-A	GC/MS/EI	882
Bromadiolone-A (-2H) ME	GC/MS/EI	1546
Bromadiolone-A (-2H) ME	GC/MS/EI/E	1550
Bromadiolone-A (-H_2O) ME	GC/MS/EI/E	1538
Bromadiolone-A (-H_2O) ME	GC/MS/EI	1757
Bromazepam	GC/MS/EI	1405
Bromazepam AC	GC/MS/EI	33
Bromazepam AC	GC/MS/EI/E	1639
Bromazepam HY	GC/MS/EI/E	1452
Bromazepam HY	GC/MS/EI	1535
Bromazepam HY	GC/MS/EI/E	1537
Bromazepam HY 2AC	GC/MS/EI	607
Bromazepam HY 2AC	GC/MS/EI/E	1458
Bromazepam HY AC	GC/MS/EI/E	607
Bromazepam HY AC	GC/MS/EI	1458
Bromazepam HY 2ME	GC/MS/EI	274
Bromazepam HY 2ME	GC/MS/EI/E	1543
Bromazepam HY TMS	GC/MS/EI	1665
Bromazepam HY TMS	GC/MS/EI/E	1668
Bromazepam-M/A (3-OH)	GC/MS/EI	1442
Bromazepam-M/A (OH) AC	GC/MS/EI/E	274
Bromazepam-M/A (OH) AC	GC/MS/EI	1682
Bromazepam-M/A 1 (4 oxo)	GC/MS/EI	1346
Bromazepam ME	GC/MS/EI	1659
Bromazepam-M (2-OH)	GC/MS/EI	1634
Bromazepam-M (OH) AC	GC/MS/EI	274
Bromazepam-M (OH) AC	GC/MS/EI/E	1587
Bromazepam-M (enol -CH_3)-A 1	GC/MS/EI	1604
Bromazepam TMS	GC/MS/EI	231
Bromazin	GC/MS/EI/E	111
Bromazin	GC/MS/EI	996
Bromazine	GC/MS/EI	111
Bromazine	GC/MS/EI/E	996
Brombuterol	GC/MS/EI	299
Brombuterol	GC/MS/EI/E	356
Bromdifenhydramin	GC/MS/EI	111
Bromdifenhydramin	GC/MS/EI/E	996
Bromdiphenhydramin	GC/MS/EI	111
Bromdiphenhydramin	GC/MS/EI/E	996
4-Bromdylamin	GC/MS/EI	1443
4-Bromdylamin	GC/MS/EI/E	1456

Bromhexina	GC/MS/EI	186
Bromhexina	GC/MS/EI/E	1711
Bromhexine	GC/MS/EI	186
Bromhexine	GC/MS/EI/E	1711
Bromhexine AC	GC/MS/EI/E	1667
Bromhexine AC	GC/MS/EI	1711
Bromhexine-M (nor OH) 2AC	GC/MS/EI/E	1544
Bromhexine-M (nor OH) 2AC	GC/MS/EI	1737
Bromhexine-M (nor OH) 2AC	GC/MS/EI	1737
Bromhexine-M (nor OH) 3AC	GC/MS/EI	1750
Bromhexine-M (nor OH) 3AC	GC/MS/EI/E	1751
Bromhexine-M (nor OH) 3AC	GC/MS/EI/E	1756
Bromisoval	GC/MS/EI/E	42
Bromisoval	GC/MS/EI	1149
2-Bromo-N-carbamoyl-3-methyl-butanamide	GC/MS/EI/E	42
2-Bromo-N-carbamoyl-3-methyl-butanamide	GC/MS/EI	1149
Bromoacetaldehydediethylacetale	GC/MS/EI/E	464
Bromoacetaldehydediethylacetale	GC/MS/EI	901
2-Bromoacetophenone	GC/MS/EI/E	471
2-Bromoacetophenone	GC/MS/EI	493
Bromoacetophenone oxime	GC/MS/EI	274
Bromoaprobarbital	GC/MS/EI	1021
Bromoaprobarbital	GC/MS/EI	1022
Bromoaprobarbital	GC/MS/EI/E	1301
5-Bromo-3-butan-2-yl-6-methyl-1H-pyrimidine-2,4-dione	GC/MS/EI	1259
5-Bromo-3-butan-2-yl-6-methyl-1H-pyrimidine-2,4-dione	GC/MS/EI/E	1383
α-Bromo-butyrophenone	GC/MS/EI/E	473
α-Bromo-butyrophenone	GC/MS/EI/E	474
α-Bromo-butyrophenone	GC/MS/EI	826
α-Bromo-butyrophenone	GC/MS/EI	827
9-Bromo-6-(2-chlorophenyl)-2,5-diazabicyclo[5.4.0]undeca-5,8,10,12-tetraen-3-one	GC/MS/EI	1686
2-Bromo-4-(2-chlorophenyl)-9-methyl-6H-thieno[3,2-f][1,2,4]triazolo[4,3-a][1,4]diazepine	GC/MS/EI	9
Bromo-cycloheptane	GC/MS/EI	73
Bromo-cycloheptane	GC/MS/EI/E	415
Bromocyclohexane	GC/MS/EI	290
Bromocyclohexane	GC/MS/EI/E	296
2-Bromocyclohexan-1-ol	GC/MS/EI/E	281
2-Bromocyclohexan-1-ol	GC/MS/EI	707
2-Bromocyclohexanol	GC/MS/EI/E	281
2-Bromocyclohexanol	GC/MS/EI	707
1-Bromodecane	GC/MS/EI	714
1-Bromodecane	GC/MS/EI/E	843
4-Bromo-2,5-dichlorophenol	GC/MS/EI	1427
(4-Bromo-2,5-dichloro-phenoxy)-diethoxy-sulfanylidene-phosphorane	GC/MS/EI	403

(4-Bromo-2,5-dichloro-phenoxy)-diethoxy-sulfanylidene-phosphorane	GC/MS/EI/E	1696
(4-Bromo-2,5-dichloro-phenoxy)-dimethoxy-sulfanylidene-phosphorane	GC/MS/EI	641
(4-Bromo-2,5-dichloro-phenoxy)-dimethoxy-sulfanylidene-phosphorane	GC/MS/EI/E	1666
4-Bromo-2,5-dimethoxy-N,α-dimethylphenethylamine	GC/MS/EI	97
4-Bromo-2,5-dimethoxy-N,α-dimethylphenethylamine	GC/MS/EI/E	166
4-Bromo-2,5-dimethoxy-N-methyl-amphetamine	GC/MS/EI	97
4-Bromo-2,5-dimethoxy-N-methyl-amphetamine	GC/MS/EI/E	166
4-Bromo-2,5-dimethoxyamphetamine	GC/MS/EI/E	61
4-Bromo-2,5-dimethoxyamphetamine	GC/MS/EI/E	1380
4-Bromo-2,5-dimethoxyamphetamine	GC/MS/EI	1381
4-Bromo-2,5-dimethoxyamphetamine	GC/MS/EI	1386
4-Bromo-2,5-dimethoxyamphetamine	GC/MS/EI/E	1391
4-Bromo-2,5-dimethoxyamphetamine AC	GC/MS/EI/E	1477
4-Bromo-2,5-dimethoxyamphetamine AC	GC/MS/EI	1481
4-Bromo-2,5-dimethoxyamphetamine AC	GC/MS/EI	1486
4-Bromo-2,5-dimethoxyamphetamine-A (CH_2O)	GC/MS/EI	79
4-Bromo-2,5-dimethoxyamphetamine-A (CH_2O)	GC/MS/EI/E	1477
4-Bromo-2,5-dimethoxyamphetamine TFA	GC/MS/EI	1481
4-Bromo-2,5-dimethoxyphenethylamine	GC/MS/CI	7
4-Bromo-2,5-dimethoxyphenethylamine	GC/MS/EI/E	1386
4-Bromo-2,5-dimethoxyphenethylamine	GC/MS/EI	1438
4-Bromo-2,5-dimethoxyphenethylamine	GC/MS/EI	1485
4-Bromo-2,5-dimethoxyphenethylamine AC	GC/MS/EI	1428
4-Bromo-2,5-dimethoxyphenethylamine AC	GC/MS/EI	1433
4-Bromo-2,5-dimethoxyphenethylamine AC	GC/MS/EI/E	1438
4-Bromo-2,5-dimethoxyphenethylamine PFO	GC/MS/EI	1425
4-Bromo-2,5-dimethoxyphenethylamine PFO	GC/MS/EI	1434
4-Bromo-2,5-dimethoxyphenethylamine PFO	GC/MS/EI/E	1436
4-Bromo-2,5-dimethoxyphenethylamine PFO	GC/MS/EI/E	1761
4-Bromo-2,5-dimethoxyphenethylamine TFA	GC/MS/EI	1428
4-Bromo-2,5-dimethoxyphenethylamine TFA	GC/MS/EI	1434
4-Bromo-2,5-dimethoxyphenethylamine TMS	GC/MS/EI/E	462
4-Bromo-2,5-dimethoxyphenethylamine TMS	GC/MS/EI	466
2-Bromo-1-(2,4-dimethoxyphenyl)ethanone	GC/MS/EI/E	991
2-Bromo-1-(2,4-dimethoxyphenyl)ethanone	GC/MS/EI	1014
2-Bromo-1-(3,4-dimethoxyphenyl)ethanone	GC/MS/EI/E	1001
2-Bromo-1-(3,4-dimethoxyphenyl)ethanone	GC/MS/EI	1488
Bromodiphenhydramine	GC/MS/EI/E	111
Bromodiphenhydramine	GC/MS/EI	996
Bromoethylbenzene	GC/MS/EI/E	387
Bromoethylbenzene	GC/MS/EI	1154
Bromofos	GC/MS/EI	641
Bromofos	GC/MS/EI/E	1666

4-Bromoheptane	GC/MS/EI/E	88
4-Bromoheptane	GC/MS/EI	448
α-Bromo-heptanophenone	GC/MS/EI	475
α-Bromo-heptanophenone	GC/MS/EI/E	1176
α-Bromo-hexanophenone	GC/MS/EI/E	475
α-Bromo-hexanophenone	GC/MS/EI	1068
7-Bromo-3-hydroxy-1,3-dihydro-5-(2-pyridyl)-2H-1,4-benzodiazepine	GC/MS/EI	1634
7-Bromo-3-hydroxy-1,3-dihydro-5-(2-pyridyl)-2H-1,4-benzodiazepin-2-one	DI/MS/EI	1366
7-Bromo-3-hydroxy-1,3-dihydro-5-(2-pyridyl)-2H-1,4-benzodiazepin-2-one	DI/MS/EI/E	1614
α-Bromoisovalerianylurea	GC/MS/EI	42
α-Bromoisovalerianylurea	GC/MS/EI/E	1149
1-(Bromomethyl)-3-chloro-benzene	GC/MS/EI/E	637
1-(Bromomethyl)-3-chloro-benzene	GC/MS/EI	1262
1-Bromo-4-methyl-cyclohexane	GC/MS/EI	403
1-Bromo-4-methyl-cyclohexane	GC/MS/EI/E	415
1-Bromo-4-methylcyclohexane	GC/MS/EI	403
1-Bromo-4-methylcyclohexane	GC/MS/EI/E	415
2-Bromo-4,5-methylenedioxy-α-methylphenethylamine	GC/MS/EI/E	57
2-Bromo-4,5-methylenedioxy-α-methylphenethylamine	GC/MS/EI	1103
2-Bromo-4,5-methylenedioxyamphetamine	GC/MS/EI/E	57
2-Bromo-4,5-methylenedioxyamphetamine	GC/MS/EI	1103
1-Bromo-1-(3,4-methylenedioxyphenyl)ethane	GC/MS/EI	1315
2-Bromo-1-(3,4-methylenedioxyphenyl)ethanone	GC/MS/EI/E	844
2-Bromo-1-(3,4-methylenedioxyphenyl)ethanone	GC/MS/EI	1427
2-Bromo-1-(3,4-methylenedioxyphenyl)-propane	GC/MS/EI/E	621
2-Bromo-1-(3,4-methylenedioxyphenyl)-propane	GC/MS/EI	626
1-(Bromomethyl)-2-methyl-benzene	GC/MS/EI	486
1-(Bromomethyl)-2-methyl-benzene	GC/MS/EI/E	493
2-Bromo-1-(2-methylphenyl)ethanone	GC/MS/EI	590
2-Bromo-1-(2-methylphenyl)ethanone	GC/MS/EI/E	1320
5-Bromo-3-(1-methylpropyl)-6-methylpyrimidin-2,4-(1H, 3H)-dione	GC/MS/EI	1259
5-Bromo-3-(1-methylpropyl)-6-methylpyrimidin-2,4-(1H, 3H)-dione	GC/MS/EI/E	1383
1-Bromononane	GC/MS/EI/E	37
1-Bromononane	GC/MS/EI	843
2-Bromooctane	GC/MS/EI/E	88
2-Bromooctane	GC/MS/EI	553
1-Bromoooctane	GC/MS/EI/E	14
1-Bromoooctane	GC/MS/EI	843
Bromoperidol	GC/MS/EI/E	15
Bromoperidol	GC/MS/EI	1562
3-(4-Bromophenyl)-N,N-dimethyl-3-pyridin-2-yl-propan-1-amine	GC/MS/EI	1443
3-(4-Bromophenyl)-N,N-dimethyl-3-pyridin-2-yl-propan-1-amine	GC/MS/EI/E	1456
2-Bromo-1-phenylbutan-1-one	GC/MS/EI/E	473
2-Bromo-1-phenylbutan-1-one	GC/MS/EI	474

2-Bromo-1-phenylbutan-1-one	GC/MS/EI	826
2-Bromo-1-phenylbutan-1-one	GC/MS/EI/E	827
2-Bromo-1-phenyl-ethanone	GC/MS/EI	471
2-Bromo-1-phenyl-ethanone	GC/MS/EI/E	493
2-Bromo-1-phenylethanone	GC/MS/EI	471
2-Bromo-1-phenylethanone	GC/MS/EI/E	493
1-Bromo-4-(4-phenylethylen)benzene	GC/MS/EI	1103
4-[4-(4-Bromophenyl)-4-hydroxy-1-piperidyl]-1-(4-fluorophenyl)butan-1-one	GC/MS/EI	15
4-[4-(4-Bromophenyl)-4-hydroxy-1-piperidyl]-1-(4-fluorophenyl)butan-1-one	GC/MS/EI/E	1562
3-[3-[4-(4-Bromophenyl)phenyl]-3-hydroxy-1-phenyl-propyl]-2-hydroxy-chromen-4-one	DI/MS/EI/E	616
3-[3-[4-(4-Bromophenyl)phenyl]-3-hydroxy-1-phenyl-propyl]-2-hydroxy-chromen-4-one	GC/MS/EI/E	973
3-[3-[4-(4-Bromophenyl)phenyl]-3-hydroxy-1-phenyl-propyl]-2-hydroxy-chromen-4-one	DI/MS/NCI	1455
3-[3-[4-(4-Bromophenyl)phenyl]-3-hydroxy-1-phenyl-propyl]-2-hydroxy-chromen-4-one	DI/MS/CI	1482
3-[3-[4-(4-Bromophenyl)phenyl]-3-hydroxy-1-phenyl-propyl]-2-hydroxy-chromen-4-one	DI/MS/EI	1499
3-[3-[4-(4-Bromophenyl)phenyl]-3-hydroxy-1-phenyl-propyl]-2-hydroxy-chromen-4-one	GC/MS/EI	1500
2-[(4-Bromophenyl)-phenyl-methoxy]-N,N-dimethyl-ethanamine	GC/MS/EI	111
2-[(4-Bromophenyl)-phenyl-methoxy]-N,N-dimethyl-ethanamine	GC/MS/EI/E	996
3-[3-[4-(4-Bromophenyl)phenyl]tetralin-1-yl]-2-hydroxy-chromen-4-one	GC/MS/EI	616
3-[3-[4-(4-Bromophenyl)phenyl]tetralin-1-yl]-2-hydroxy-chromen-4-one	DI/MS/EI	1580
3-[3-[4-(4-Bromophenyl)phenyl]tetralin-1-yl]-2-hydroxy-chromen-4-one	GC/MS/EI/E	1695
3-[3-[4-(4-Bromophenyl)phenyl]tetralin-1-yl]-2-hydroxy-chromen-4-one	GC/MS/CI	1757
2-Bromo-1-phenylpropan-1-one	GC/MS/EI/E	472
2-Bromo-1-phenylpropan-1-one	GC/MS/EI	493
1-(4-Bromo-2,5-phenyl)-propanon-2-oxime TMS	GC/MS/EI/E	1472
1-(4-Bromo-2,5-phenyl)-propanon-2-oxime TMS	GC/MS/EI	1696
Bromophos	GC/MS/EI	641
Bromophos	GC/MS/EI/E	1666
Bromophos-ethyl	GC/MS/EI	403
Bromophos-ethyl	GC/MS/EI/E	1696
5-(2-Bromoprop-2-enyl)-5-pentan-2-yl-1,3-diazinane-2,4,6-trione	GC/MS/EI	1023
5-(2-Bromoprop-2-enyl)-5-pentan-2-yl-1,3-diazinane-2,4,6-trione	GC/MS/EI/E	1413
5-(2-Bromoprop-2-enyl)-5-propan-2-yl-1,3-diazinane-2,4,6-trione	GC/MS/EI	1021
5-(2-Bromoprop-2-enyl)-5-propan-2-yl-1,3-diazinane-2,4,6-trione	GC/MS/EI	1022
5-(2-Bromoprop-2-enyl)-5-propan-2-yl-1,3-diazinane-2,4,6-trione	GC/MS/EI/E	1301
5-(2-Bromoprop-2-enyl)-5-prop-2-enyl-1,3-diazinane-2,4,6-trione	GC/MS/EI	1272
Bromopropylate	GC/MS/EI/E	1675
Bromopropylate	GC/MS/EI	1681
2-Bromopropylbenzene	GC/MS/EI/E	387
2-Bromopropylbenzene	GC/MS/EI	1225
9-Bromo-6-pyridin-2-yl-2,5-diazabicyclo[5.4.0]undeca-5,8,10,12-tetraen-3-one	GC/MS/EI	1405
1-Bromoundecane	GC/MS/EI/E	714
1-Bromoundecane	GC/MS/EI	843
α-Bromo-valerophenone	GC/MS/EI	474
α-Bromo-valerophenone	GC/MS/EI/E	946

Bromperidol	GC/MS/EI/E	15
Bromperidol	GC/MS/EI	1562
Brompheniramin	GC/MS/EI	1443
Brompheniramin	GC/MS/EI/E	1456
Brompheniramine	GC/MS/EI	1443
Brompheniramine	GC/MS/EI/E	1456
Bromvaletone	GC/MS/EI	42
Bromvaletone	GC/MS/EI/E	1149
Broprodifacoum	DI/MS/CI	616
Broprodifacoum	GC/MS/EI/E	973
Broprodifacoum	DI/MS/EI/E	1455
Broprodifacoum	DI/MS/EI	1482
Broprodifacoum	GC/MS/EI	1499
Broprodifacoum	DI/MS/NCI	1500
Broquinaldol	GC/MS/EI	1636
Brotizolam	GC/MS/EI	9
Broxaldin	GC/MS/EI/E	473
Broxaldin	GC/MS/EI	491
Broxaldina	GC/MS/EI	473
Broxaldina	GC/MS/EI/E	491
Broxaldine	GC/MS/EI/E	473
Broxaldine	GC/MS/EI	491
Broxichinolina	GC/MS/EI	567
Broxiquinolina	GC/MS/EI	567
Broxyquinoline	GC/MS/EI	567
Brucine	GC/MS/EI	1723
Bruzin	GC/MS/EI	1723
Buclizine	GC/MS/EI/E	1383
Buclizine	GC/MS/EI	1741
Buclizine-M	GC/MS/EI	488
Buclizine-M	GC/MS/EI/E	787
Budipine	GC/MS/EI	1543
Budipine	GC/MS/EI/E	1589
Budipine	GC/MS/CI	1592
Buflomedil	GC/MS/EI/E	402
Buflomedil	GC/MS/EI	1616
Bufotenine	GC/MS/EI	140
Bufotenine	GC/MS/EI/E	1253
Bufotenine 2AC	GC/MS/EI	101
Bufotenine 2AC	GC/MS/EI/E	169
Bufotenine AC	GC/MS/EI/E	127
Bufotenine AC	GC/MS/EI	145
Bufotenine AC	GC/MS/EI/E	820
Bufotenine AC	GC/MS/EI	1439

Bufotenine 2DMBS	GC/MS/EI	152
Bufotenine DMBS	GC/MS/EI	146
Bufotenine DMBS	GC/MS/EI/E	1487
Bufotenine ECF	GC/MS/EI	131
Bufotenine ECF	GC/MS/EI/E	934
Bufotenine ECF, TMS	GC/MS/EI	150
Bufotenine ECF, TMS	GC/MS/EI/E	1684
Bufotenine 2MCF	GC/MS/EI/E	132
Bufotenine 2MCF	GC/MS/EI	937
Bufotenine MCF	GC/MS/EI	142
Bufotenine MCF	GC/MS/EI/E	1329
Bufotenine MCF, TMS,	GC/MS/EI/E	148
Bufotenine MCF, TMS,	GC/MS/EI	1540
Bufotenine 2ME	GC/MS/EI/E	143
Bufotenine 2ME	GC/MS/EI	1386
Bufotenine ME	GC/MS/EI	122
Bufotenine ME	GC/MS/EI/E	581
Bufotenine ME, DMBS	GC/MS/EI	147
Bufotenine ME, DMBS	GC/MS/EI/E	1662
Bufotenine ME, ECF	GC/MS/EI	101
Bufotenine ME, ECF	GC/MS/EI/E	276
Bufotenine ME, iBCF	GC/MS/EI/E	141
Bufotenine ME, iBCF	GC/MS/EI	1295
Bufotenine O-ME	GC/MS/EI/E	142
Bufotenine O-ME	GC/MS/EI/E	143
Bufotenine O-ME	GC/MS/EI	1334
Bufotenine O-ME	GC/MS/EI	1338
Bufotenine 2TMS	GC/MS/EI/E	149
Bufotenine 2TMS	GC/MS/EI	1577
Bufotenine 2TMS	GC/MS/EI/E	1584
Bufotenine 2 iBCF	GC/MS/EI	128
Bufotenine 2 iBCF	GC/MS/EI/E	821
Bufotenine iBCF	GC/MS/EI/E	131
Bufotenine iBCF	GC/MS/EI	934
Bufotenine iBCF, TMS	GC/MS/EI	143
Bufotenine iBCF, TMS	GC/MS/EI/E	1638
Buphenine	GC/MS/EI	1074
Buphenine	GC/MS/EI/E	1088
Bupivacain	GC/MS/EI	776
Bupivacain	GC/MS/EI	779
Bupivacain	GC/MS/EI/E	783
Bupivacaina	GC/MS/EI	776
Bupivacaina	GC/MS/EI	779
Bupivacaina	GC/MS/EI/E	783

Bupivacaine	GC/MS/EI	776
Bupivacaine	GC/MS/EI	779
Bupivacaine	GC/MS/EI/E	783
Buprenorphin-D_4-A I PFP	GC/MS/EI	173
Buprenorphin-D_4 PFP-A 02	GC/MS/EI	171
Buprenorphine	GC/MS/EI	70
Buprenorphine	GC/MS/EI/E	1711
Buprenorphine	GC/MS/EI	1712
Buprenorphine AC	GC/MS/EI	21
Buprenorphine AC	GC/MS/EI/E	1747
Buprenorphine-D_4	GC/MS/EI	1716
Buprenorphine (-H_2O) AC	GC/MS/EI	1755
Buprenorphine-M	GC/MS/EI/E	1671
Buprenorphine-M	GC/MS/EI	1714
Buprenorphine TMS	GC/MS/EI/E	70
Buprenorphine TMS	GC/MS/EI	1746
Buprenorphine TMS	GC/MS/EI	1754
Buprenorphine TMS	GC/MS/EI/E	1756
Bupropion	GC/MS/CI	46
Bupropion	GC/MS/EI	527
Bupropion	GC/MS/EI/E	1157
Bupropion 2AC	GC/MS/CI	1149
Bupropion 2AC	GC/MS/EI	1513
Bupropion AC	GC/MS/CI	84
Bupropion AC	GC/MS/EI/E	790
Bupropion AC	GC/MS/EI	1013
Butalamin	GC/MS/EI/E	789
Butalamin	GC/MS/EI	1174
Butalamina	GC/MS/EI	789
Butalamina	GC/MS/EI/E	1174
Butalamine	GC/MS/EI/E	789
Butalamine	GC/MS/EI	1174
Butallylonal	GC/MS/EI/E	1023
Butallylonal	GC/MS/EI	1413
1,3-Butandiol 2AC	GC/MS/EI/E	22
1,3-Butandiol 2AC	GC/MS/EI	191
2,3-Butandiol 2AC	GC/MS/EI	24
2,3-Butandiol 2AC	GC/MS/EI/E	345
1,3-Butandiol dibenzoate	GC/MS/EI	476
1,3-Butandiol dibenzoate	GC/MS/EI/E	1200
1,4-Butandiol dibenzoate	GC/MS/EI	475
1,4-Butandiol dibenzoate	GC/MS/EI	489
1,4-Butandiol dibenzoate	GC/MS/EI/E	494

1,4-Butandiol dibenzoate	GC/MS/EI/E	1199
1,2-Butanediol	GC/MS/EI	162
1,2-Butanediol	GC/MS/EI/E	177
1,3-Butanediol	GC/MS/EI	21
1,3-Butanediol	GC/MS/EI/E	261
1,4-Butanediol	GC/MS/EI	14
1,4-Butanediol	GC/MS/EI/E	209
2,3-Butanediol	GC/MS/EI	67
2,3-Butanediol	GC/MS/EI/E	83
1,2-Butanediol 2TMS	GC/MS/EI	689
1,2-Butanediol 2TMS	GC/MS/EI/E	840
1,3-Butanediol 2TMS	GC/MS/EI	824
1,3-Butanediol 2TMS	GC/MS/EI/E	841
1,4-Butanediol 2TMS	GC/MS/EI/E	827
1,4-Butanediol 2TMS	GC/MS/EI	1338
2,3-Butanediol 2TMS	GC/MS/EI	578
2,3-Butanediol 2TMS	GC/MS/EI/E	841
2,3-Butanediol dibenzoate	GC/MS/EI/E	481
2,3-Butanediol dibenzoate	GC/MS/EI	1081
5-Butan-2-yl-5-ethyl-1,3-diazinane-2,4,6-trione	GC/MS/EI	913
5-Butan-2-yl-5-ethyl-1,3-diazinane-2,4,6-trione	GC/MS/EI/E	1155
Butaperazine	GC/MS/EI	533
5-(2-Butenyl)-5-ethylbarbituric acid	GC/MS/EI	72
5-(2-Butenyl)-5-ethylbarbituric acid	GC/MS/EI	916
5-(2-Butenyl)-5-ethylbarbituric acid	GC/MS/EI/E	1141
Butethal	GC/MS/EI	913
Butethal	GC/MS/EI/E	1155
Butethamate	GC/MS/EI/E	322
Butethamate	GC/MS/EI	1185
Butethamate-M/A (HOOC-) ME	GC/MS/EI/E	389
Butethamate-M/A (HOOC-) ME	GC/MS/EI	1105
Butinoline	GC/MS/EI	1583
Butobarbital	GC/MS/EI	913
Butobarbital	GC/MS/EI/E	1155
Butobarbitale	GC/MS/EI	913
Butobarbitale	GC/MS/EI/E	1155
Butobarbitalum	GC/MS/EI	913
Butobarbitalum	GC/MS/EI/E	1155
Butobarbitone	GC/MS/EI/E	913
Butobarbitone	GC/MS/EI	1155
2-Butoxy-N-(2-diethylaminoethyl)quinoline-4-carboxamide	GC/MS/EI	317
2-Butoxy-N-(2-diethylaminoethyl)quinoline-4-carboxamide	GC/MS/EI/E	577
1-(3-Butoxy-2-carbamoyloxypropyl)-5-ethyl-5-phenylbarbituric acid	GC/MS/EI	85
Butoxycarbonylmethylbutylphthalate	GC/MS/EI/E	857

Butoxycarbonylmethylbutylphthalate	GC/MS/EI	866
1-(2-Butoxyethoxy)-ethanol	GC/MS/EI/E	91
1-(2-Butoxyethoxy)-ethanol	GC/MS/EI	263
1-(2-Butoxyethoxy)ethanol	GC/MS/EI	91
1-(2-Butoxyethoxy)ethanol	GC/MS/EI/E	263
5-[2-(2-Butoxyethoxy)ethoxymethyl]-6-propyl-1,3-benzodioxol	GC/MS/EI	1080
5-[2-(2-Butoxyethoxy)ethoxymethyl]-6-propyl-1,3-benzodioxol	GC/MS/EI/E	1204
Butyl Cannabidiol	GC/MS/EI	1329
4-[[2-Butyl-5-[(E)-2-carboxy-3-thiophen-2-yl-prop-1-enyl]imidazol-1-yl]methyl]benzoic acid	GC/MS/EI	729
8-Butyl-7-[[4-[2-(2H-tetrazol-5-yl)phenyl]phenyl]methyl]-7,9-diazaspiro[4.4]non-8-en-6-one	DI/MS/EI	1718
8-Butyl-7-[[4-[2-(2H-tetrazol-5-yl)phenyl]phenyl]methyl]-7,9-diazaspiro[4.4]non-8-en-6-one	DI/MS/EI/E	1719
1-Butyl-N-(2,6-dimethylphenyl)piperidine-2-carboxamide	GC/MS/EI	776
1-Butyl-N-(2,6-dimethylphenyl)piperidine-2-carboxamide	GC/MS/EI/E	779
1-Butyl-N-(2,6-dimethylphenyl)piperidine-2-carboxamide	GC/MS/EI	783
2-Butylamino-ethanol	GC/MS/EI/E	257
2-Butylamino-ethanol	GC/MS/EI	578
2-Butylamino-1-(2-methylphenyl)ethanone	GC/MS/EI	299
2-Butylamino-1-(2-methylphenyl)ethanone	GC/MS/EI/E	378
2-Butylamino-1-phenylbutan-1-one	GC/MS/EI/E	541
2-Butylamino-1-phenylbutan-1-one	GC/MS/EI	566
2-Butylamino-1-phenylethanone	GC/MS/EI/E	304
2-Butylamino-1-phenylethanone	GC/MS/EI	375
Butylbenzoate	GC/MS/EI	484
Butylbenzoate	GC/MS/EI/E	635
(2-Butylbenzofuran-3-yl)-[4-(2-diethylaminoethoxy)-3,5-diiodo-phenyl]methanone	DI/MS/EI/E	333
(2-Butylbenzofuran-3-yl)-[4-(2-diethylaminoethoxy)-3,5-diiodo-phenyl]methanone	DI/MS/EI	1244
4-Butyl-1,2-diphenyl-pyrazolidine-3,5-dione	GC/MS/EI	1145
4-Butyl-1,2-diphenyl-pyrazolidine-3,5-dione	GC/MS/EI	1146
1.3-Butyleneglycol 2AC	GC/MS/EI	22
1.3-Butyleneglycol 2AC	GC/MS/EI/E	191
1,4-Butylenglycole-dibenzoate	GC/MS/EI/E	475
1,4-Butylenglycole-dibenzoate	GC/MS/EI	489
1,4-Butylenglycole-dibenzoate	GC/MS/EI/E	494
1,4-Butylenglycole-dibenzoate	GC/MS/EI	1199
Butylhexadecanoate	GC/MS/EI	81
Butylhexadecanoate	GC/MS/EI/E	255
2-Butylimino-1-phenylbutan-1-one	GC/MS/EI/E	77
2-Butylimino-1-phenylbutan-1-one	GC/MS/EI	537
2-Butylimino-1-phenylethanone	GC/MS/EI/E	84
2-Butylimino-1-phenylethanone	GC/MS/EI	829
Butyl-indole-3-carboxylate	GC/MS/EI	810
Butylmescaline	GC/MS/EI	339

Butylmescaline	GC/MS/EI/E	343
Butylmescaline	GC/MS/EI	1152
Butylmescaline	GC/MS/EI/E	1153
2-Butylmethylamino-1-phenylbutan-1-one	GC/MS/EI	658
2-Butylmethylamino-1-phenylbutan-1-one	GC/MS/EI/E	671
2-(4-(But-2-yl)phenyl)propanoic acid	GC/MS/EI	947
4-Butyl-1-phenyl-pyrazolidine-3,5-dione	GC/MS/EI	501
Butyl stearate	GC/MS/EI	82
4-(2-Butyl)styrene	GC/MS/EI	584
4-(2-Butyl)styrene	GC/MS/EI/E	944
Butyrolactone	GC/MS/EI	18
Butyryl-peralperazin	GC/MS/EI	533
Butyryl-perazin	GC/MS/EI	533
2C-B	GC/MS/CI	7
2C-B	GC/MS/EI	1386
2C-B	GC/MS/EI/E	1438
2C-B	GC/MS/EI	1485
2C-B AC	GC/MS/EI	1428
2C-B AC	GC/MS/EI	1433
2C-B AC	GC/MS/EI/E	1438
CBN 2TMS	GC/MS/EI	1721
2C-B PFO	GC/MS/EI	1425
2C-B PFO	GC/MS/EI	1434
2C-B PFO	GC/MS/EI/E	1436
2C-B PFO	GC/MS/EI/E	1761
2C-B TFA	GC/MS/EI	1428
2C-B TFA	GC/MS/EI	1434
2C-B TMS	GC/MS/EI/E	462
2C-B TMS	GC/MS/EI	466
2C-C	GC/MS/EI	6
2C-C	GC/MS/EI/E	1326
2C-D	GC/MS/CI	1009
2C-D	GC/MS/EI	1110
2C-E	GC/MS/EI	1120
2C-E	GC/MS/EI/E	1293
2C-H	GC/MS/CI	5
2C-H	GC/MS/EI/E	883
2C-H	GC/MS/EI	996
2C-H	GC/MS/EI	1129
CHB	GC/MS/EI/E	14
CHB	GC/MS/EI	209
2C-I	GC/MS/CI	7
2C-I	GC/MS/EI/E	1583
2C-I	GC/MS/EI	1617

CN	GC/MS/EI/E	471
CN	GC/MS/EI	472
CN	GC/MS/EI/E	491
CN	GC/MS/EI	492
CS	GC/MS/EI	894
2C-T-2	GC/MS/EI	1309
2C-T-2	GC/MS/EI	1311
2C-T-2	GC/MS/CI	1366
2C-T-7	GC/MS/EI	1368
2C-T-7	GC/MS/EI	1411
2C-T-7	GC/MS/EI	1413
2C-T-2 2AC	GC/MS/EI	1364
2C-T-2 AC	GC/MS/EI	1364
2C-T-2 TFA	GC/MS/EI	1669
2C-T-7 TFA	GC/MS/EI	1367
Cafedrine	GC/MS/CI	1694
Cafedrine AC (O)	GC/MS/EI	1457
Cafedrine AC (O)	GC/MS/CI	1674
Cafedrine-A (-H_2O)	GC/MS/CI	1454
Cafedrine-A (-H_2O)	GC/MS/EI	1458
Cafedrine-A (-H_2O)	GC/MS/EI/E	1461
Cafedrine-A (-H_2O)	GC/MS/EI	1673
Cafedrine-A (-H_2O) AC	GC/MS/EI/E	1457
Cafedrine-A (-H_2O) AC	GC/MS/CI	1672
Cafedrine-A (-H_2O) AC	GC/MS/EI	1715
Cafedrine-A (-H_2O) PFP	GC/MS/CI	822
Cafedrine-A (-H_2O) PFP	GC/MS/EI	1754
Caffeine	GC/MS/EI	1213
Camazepam	GC/MS/EI/E	225
Camazepam	GC/MS/EI	1528
Campesterole	GC/MS/EI	1728
Camphogen	GC/MS/EI	597
Camphor	GC/MS/EI	397
Cannabichromene	GC/MS/EI/E	1384
Cannabichromene	GC/MS/EI	1388
Cannabicyclol	GC/MS/EI	1384
Cannabicyclol	GC/MS/EI/E	1387
Cannabidiol	GC/MS/EI	1382
Cannabidiol	GC/MS/EI/E	1387
Cannabidiol 2ME	GC/MS/EI	1531
Cannabidiol 2ME	GC/MS/EI/E	1534
Cannabidiol ME	GC/MS/EI	1629

Cannabidiol ME	GC/MS/EI/E	1657
Cannabidiol 2TMS	GC/MS/EI	1721
Cannabidivarol	GC/MS/EI	1249
Cannabidivarol	GC/MS/EI	1251
Cannabigerol	GC/MS/EI/E	1202
Cannabigerol	GC/MS/EI	1391
Cannabinol	GC/MS/EI	1594
Cannabinol	GC/MS/EI/E	1595
Cannabinol AC	GC/MS/EI	1594
Cannabinol DMBS	GC/MS/EI	1731
Cannabinol DMBS	GC/MS/EI/E	1738
Cannabinol PFP	GC/MS/EI	1743
Cannabinol PROP	GC/MS/EI	1594
Cannabinol TFA	GC/MS/EI	1722
Cannabinol TMS	GC/MS/EI/E	1702
Cannabinol TMS	GC/MS/EI	1715
Cannabinolic acid 2TMS	GC/MS/EI	1754
Canrenone	GC/MS/EI	1508
Cantharides Camphor	GC/MS/EI	187
Cantharides Camphor	GC/MS/EI	661
Cantharides Camphor	GC/MS/EI/E	670
Cantharidine	GC/MS/EI	187
Cantharidine	GC/MS/EI	661
Cantharidine	GC/MS/EI/E	670
Cantharidinic acid dimethyl ester	GC/MS/EI	783
Cantharidinic acid dimethyl ester	GC/MS/EI/E	1009
Capric acid	GC/MS/EI	254
Capric acid	GC/MS/EI	256
Capric acid	GC/MS/EI/E	801
Capric acid	GC/MS/EI/E	807
Caprolactam	GC/MS/EI	537
Caprylic acid ME	GC/MS/EI	260
Caprylic acid ME	GC/MS/EI/E	656
Capsaicin	GC/MS/EI	754
Capsaicin	GC/MS/EI/E	883
Capsaicin ME	GC/MS/EI/E	872
Capsaicin ME	GC/MS/EI	1010
Captafol	GC/MS/EI/E	275
Captafol	GC/MS/EI	277
Captan	GC/MS/EI	276
Captan	GC/MS/EI/E	916
Captopril	GC/MS/EI	184
Captopril	GC/MS/EI/E	188
Captopril	DI/MS/EI	775

4-Chlorobenzaldehydeoxime	GC/MS/EI	910
4-Chloro-benzenemethanol	GC/MS/EI	499
2-[4-(4-Chlorobenzhydryl)-1-piperazinyl]ethoxyacetic acid methyl ester	GC/MS/EI	1242
2-[4-(4-Chlorobenzhydryl)-1-piperazinyl]ethoxyacetic acid methyl ester	GC/MS/EI/E	1244
2-[4-(4-Chlorobenzhydryl)-1-piperazinyl]ethoxyacetic acid methyl ester	GC/MS/EI	1429
2-[4-(4-Chlorobenzhydryl)-1-piperazinyl]ethoxyacetic acid methyl ester	GC/MS/EI/E	1602
2-Chlorobenzoic acid	GC/MS/EI	767
3-Chlorobenzoic acid	GC/MS/EI	768
4-Chlorobenzoic acid	GC/MS/EI	768
2-Chlorobenzonitrile	GC/MS/EI	751
3-Chlorobenzonitrile	GC/MS/EI	751
4-Chlorobenzonitrile	GC/MS/EI	751
2-Chloro-benzophenone	GC/MS/EI	482
2-Chloro-benzophenone	GC/MS/EI	484
4-Chlorobenzophenone	GC/MS/EI	484
2-[1-(4-Chlorobenzoyl)-5-methoxy-2-methyl-indol-3-yl]acetic acid	GC/MS/EI/E	771
2-[1-(4-Chlorobenzoyl)-5-methoxy-2-methyl-indol-3-yl]acetic acid	GC/MS/EI	1694
2-Chloro-benzylalcohol	GC/MS/EI	273
2-Chloro-benzylalcohol	GC/MS/EI/E	788
3-Chloro-benzylalcohol	GC/MS/EI	273
3-Chlorobenzylchloride	GC/MS/EI	642
4-Chlorobenzylchloride	GC/MS/EI	642
7-Chlorobezodiazepine-A HY	GC/MS/EI	1416
4-Chloro-17β-hydroxy-17α-methylandrosta-1,4-dien-3-one	GC/MS/EI	26
4-Chloro-17β-hydroxy-17α-methylandrosta-1,4-dien-3-one	GC/MS/EI/E	1421
1-[2-Chloro-1,2-bis(4-methoxyphenyl)ethenyl]-4-methoxy-benzene	GC/MS/EI	1713
2-Chloro-β-nitrostyrene	GC/MS/EI	457
3-Chloro-β-nitrostyrene	GC/MS/EI	1145
1-Chloro-2-(2-chloroethylsulfanyl)ethane	GC/MS/EI	504
1-Chloro-2-(2-chloroethylsulfanyl)ethane	GC/MS/EI/E	931
6-Chloro-4-(2-chlorophenyl)chinazoline	GC/MS/EI	1417
1-Chloro-2-[2-(2-chlorophenyl)ethenyl]benzene	GC/MS/EI/E	1102
1-Chloro-2-[2-(2-chlorophenyl)ethenyl]benzene	GC/MS/EI/E	1447
1-Chloro-2-[2-(2-chlorophenyl)ethenyl]benzene	GC/MS/EI	1448
9-Chloro-6-(2-chlorophenyl)-4-hydroxy-2-methyl-2,5-diazabicyclo[5.4.0]undeca-5,8,10,12-tetraen-3-one	GC/MS/EI	1614
8-Chloro-6-(2-chlorophenyl)-1-methyl-4H-1,2,4-triazolo[4,3-a][1,4]benzodiazepine	GC/MS/EI	1631
9-Chloro-6-(1-cyclohexenyl)-2-methyl-2,5-diazabicyclo[5.4.0]undeca-5,8,10,12-tetraen-3-one	GC/MS/EI	1470
9-Chloro-2-(cyclopropylmethyl)-6-phenyl-2,5-diazabicyclo[5.4.0]undeca-5,8,10,12-tetraen-3-one	GC/MS/EI	72
9-Chloro-2-(cyclopropylmethyl)-6-phenyl-2,5-diazabicyclo[5.4.0]undeca-5,8,10,12-tetraen-3-one	GC/MS/EI	1519
5-Chloro-2-(2,4-dichlorophenoxy)phenol	GC/MS/EI	1571
5-Chloro-2-(2,4-dichlorophenoxy)-phenol-acetate	GC/MS/EI/E	1571

5-Chloro-2-(2,4-dichlorophenoxy)-phenol-acetate	GC/MS/EI	1587
2-Chloro-1-(2,4-dichlorophenyl)ethanone	GC/MS/EI	1062
2-Chloro-1-(2,4-dichlorophenyl)ethanone	GC/MS/EI/E	1087
1-Chloro-2-diethoxymethyl-benzene	GC/MS/EI/E	1043
1-Chloro-2-diethoxymethyl-benzene	GC/MS/EI	1277
1-Chloro-3-diethoxymethyl-benzene	GC/MS/EI	1043
1-Chloro-3-diethoxymethyl-benzene	GC/MS/EI/E	1059
3-Chloro-7-diethoxyphosphinothioyloxy-4-methyl-chromen-2-one	GC/MS/EI	510
6-Chloro-3-(diethoxyphosphinothioylsulfanylmethyl)benzooxazol-2-one	GC/MS/EI/E	1137
6-Chloro-3-(diethoxyphosphinothioylsulfanylmethyl)benzooxazol-2-one	GC/MS/EI	1702
9-Chloro-2-(2-diethylaminoethyl)-6-(2-fluorophenyl)-2,5-diazabicyclo[5.4.0]undeca-5,8,10,12-tetraen-3-one	GC/MS/EI	303
9-Chloro-2-(2-diethylaminoethyl)-6-(2-fluorophenyl)-2,5-diazabicyclo[5.4.0]undeca-5,8,10,12-tetraen-3-one	GC/MS/EI/E	416
2-Chloro-1-(difluoromethoxy)-1,1,2-trifluoro-ethane	GC/MS/EI	70
2-Chloro-1-(difluoromethoxy)-1,1,2-trifluoro-ethane	GC/MS/EI/E	183
3-(3-Chloro-10,11-dihydro-5H-dibenz[b,f]azepin-5-yl)-N,N-dimethylpropylamine	GC/MS/EI	147
3-(3-Chloro-10,11-dihydro-5H-dibenz[b,f]azepin-5-yl)-N,N-dimethylpropylamine	GC/MS/EI/E	1633
4'-Chloro-2-[3-(10,11-dihydro-5H-dibenz[b,f]azepin-5-yl)-N-methylpropylamino]-acetophenone	GC/MS/EI	137
4'-Chloro-2-[3-(10,11-dihydro-5H-dibenz[b,f]azepin-5-yl)-N-methylpropylamino]-acetophenone	GC/MS/EI/E	1197
2-[3-Chloro-4-(2,5-dihydropyrrol-1-yl)phenyl]propanoic acid	GC/MS/EI	1460
4-Chloro-2,5-dimethoxyphenethylamine	GC/MS/EI/E	6
4-Chloro-2,5-dimethoxyphenethylamine	GC/MS/EI	1326
2-Chloro-3,5-dimethoxyphenol	GC/MS/EI	1174
2-Chloro-3,5-dimethoxyphenol AC	GC/MS/EI	1174
2-Chloro-3,5-dimethoxyphenol AC	GC/MS/EI/E	1379
2-Chloro-3,5-dimethoxyphenol TMS	GC/MS/EI	1488
2-Chloro-1-(2,4-dimethoxyphenyl)ethanone	GC/MS/EI/E	993
2-Chloro-1-(2,4-dimethoxyphenyl)ethanone	GC/MS/EI	1013
2-Chloro-1-(3,4-dimethoxyphenyl)ethanone	GC/MS/EI/E	1000
2-Chloro-1-(3,4-dimethoxyphenyl)ethanone	GC/MS/EI	1320
2-Chloro-3-dimethoxyphosphoryloxy-N,N-diethyl-but-2-enamide	GC/MS/EI/E	650
2-Chloro-3-dimethoxyphosphoryloxy-N,N-diethyl-but-2-enamide	GC/MS/EI	1502
8-Chloro-1,3-dimethylxanthine	GC/MS/EI	1319
1-Chloro-2,4-dinitro-benzene	GC/MS/EI	261
1-Chloro-2,4-dinitrobenzene	GC/MS/EI	261
6-Chloro-3,20-dioxopregna-4,6-dien-17α-ylacetate	GC/MS/EI/E	33
6-Chloro-3,20-dioxopregna-4,6-dien-17α-ylacetate	GC/MS/EI	1609
1-Chloro-2-ethenyl-benzene	GC/MS/EI	761
2-Chloroethylbenzene	GC/MS/EI/E	386
2-Chloroethylbenzene	GC/MS/EI	391
2-Chloroethyl carbonate	GC/MS/EI/E	178
2-Chloroethyl carbonate	GC/MS/EI	393

5-(2-Chloroethyl)-4-methyl-1,3-thiazole	GC/MS/EI	531
4-(2-Chloroethyl)-5-oxa-3-azabicyclo[4.4.0]deca-6,8,10-trien-2-one	GC/MS/EI	837
4-(2-Chloroethyl)-5-oxa-3-azabicyclo[4.4.0]deca-6,8,10-trien-2-one	GC/MS/EI/E	854
1-[2-[4-[5-Chloro-1-(4-fluorophenyl)indol-3-yl]-1-piperidyl]ethyl]imidazolidin-2-one	GC/MS/EI/E	62
1-[2-[4-[5-Chloro-1-(4-fluorophenyl)indol-3-yl]-1-piperidyl]ethyl]imidazolidin-2-one	GC/MS/EI	1679
8-Chloro-6-(2-fluorophenyl)-1-methyl-4*H*-imidazo[1,5-*a*][1,4]-benzodiazepine	GC/MS/EI/E	1622
8-Chloro-6-(2-fluorophenyl)-1-methyl-4*H*-imidazo[1,5-*a*][1,4]-benzodiazepine	GC/MS/EI	1623
8-Chloro-6-(2-fluorophenyl)-1-methyl-4*H*-imidazo[1,5-*a*][1,4]-benzodiazepine	GC/MS/EI	1650
8-Chloro-6-(2-fluorophenyl)-1-methyl-4*H*-imidazo[1,5-*a*][1,4]-benzodiazepine	GC/MS/CI	1653
Chloroform	GC/MS/EI	289
Chloroform	GC/MS/EI/E	351
4-Chloro-2-(2-furylmethylamino)-5-sulfamoyl-benzoic acid	DI/MS/EI	280
4-Chloro-2-(2-furylmethylamino)-5-sulfamoyl-benzoic acid	GC/MS/EI	280
4-Chloro-2-(2-furylmethylamino)-5-sulfamoyl-benzoic acid	DI/MS/EI/E	1387
9-Chloro-5-hydroxy-N-methyl-6-phenyl-2,5-diazabicyclo[5.4.0]undeca-1,6,8,10-tetraen-3-imine	GC/MS/EI	1556
8-Chloro-4-hydroxy-6-(2-fluorophenyl)-1-methyl-4*H*-imidazo-[1,5-a][1,4]-benzodiazepine	DI/MS/EI/E	1628
8-Chloro-4-hydroxy-6-(2-fluorophenyl)-1-methyl-4*H*-imidazo-[1,5-a][1,4]-benzodiazepine	DI/MS/EI	1653
9-Chloro-4-hydroxy-2-methyl-6-phenyl-2,5-diazabicyclo[5.4.0]undeca-5,8,10,12-tetraen-3-one	GC/MS/EI/E	1522
9-Chloro-4-hydroxy-2-methyl-6-phenyl-2,5-diazabicyclo[5.4.0]undeca-5,8,10,12-tetraen-3-one	GC/MS/EI	1604
2-Chloro-5-(1-hydroxy-3-oxo-2*H*-isoindol-1-yl)benzenesulfonamide	DI/MS/EI	834
2-Chloro-5-(1-hydroxy-3-oxo-2*H*-isoindol-1-yl)benzenesulfonamide	DI/MS/EI/E	1565
9-Chloro-4-hydroxy-6-phenyl-2,5-diazabicyclo[5.4.0]undeca-5,8,10,12-tetraen-3-one	GC/MS/EI	1514
5-Chloro-2-methoxy-N-[2-(4-sulfamoylphenyl)-ethyl]-benzamide	DI/MS/EI/E	1038
5-Chloro-2-methoxy-N-[2-(4-sulfamoylphenyl)-ethyl]-benzamide	DI/MS/EI	1228
1-[(6-Chloro-2-methoxy-acridin-9-yl)amino]-3-diethylamino-propan-2-ol	GC/MS/EI/E	313
1-[(6-Chloro-2-methoxy-acridin-9-yl)amino]-3-diethylamino-propan-2-ol	GC/MS/EI	351
5-Chloro-2-methylamino-benzophenone	GC/MS/EI	272
5-Chloro-2-methylamino-benzophenone	GC/MS/EI	1438
7-Chloro-2-methylamino-5-phenyl-3*H*-1,4-benzodiazepin-4-oxide	GC/MS/EI	1555
6-Chloro-2-methyl-4-(2'-fluorophenyl)chinazoline	GC/MS/EI	1409
1-(Chloromethyl)-4-methoxy-benzene	GC/MS/EI/E	621
1-(Chloromethyl)-4-methoxy-benzene	GC/MS/EI	917
(9-Chloro-2-methyl-3-oxo-6-phenyl-2,5-diazabicyclo[5.4.0]undeca-5,8,10,12-tetraen-4-yl) N,N-dimethylcarbamate	GC/MS/EI	225
(9-Chloro-2-methyl-3-oxo-6-phenyl-2,5-diazabicyclo[5.4.0]undeca-5,8,10,12-tetraen-4-yl) N,N-dimethylcarbamate	GC/MS/EI/E	1528
2-(4-Chloro-2-methyl-phenoxy)propanoic acid	GC/MS/EI	1319
8-Chloro-1-methyl-6-phenyl-4*H*-[1,2,4]triazolo[4,3-a][1,4]benzodiazepine	GC/MS/EI	1256
8-Chloro-1-methyl-6-phenyl-4*H*-[1,2,4]triazolo[4,3-a][1,4]benzodiazepine	GC/MS/EI	1617
6-Chloro-2-methyl-4-phenylchinazoline	GC/MS/EI	1468
9-Chloro-2-methyl-6-phenyl-2,5-diazabicyclo[5.4.0]undeca-5,8,10,12-tetraene	GC/MS/EI	1275
9-Chloro-2-methyl-6-phenyl-2,5-diazabicyclo[5.4.0]undeca-5,8,10,12-tetraene	GC/MS/EI	1428

9-Chloro-2-methyl-6-phenyl-2,5-diazabicyclo[5.4.0]undeca-5,8,10,12-tetraene	GC/MS/EI/E	1520
9-Chloro-2-methyl-6-phenyl-2,5-diazabicyclo[5.4.0]undeca-5,8,10,12-tetraen-3-one	GC/MS/EI	1478
9-Chloro-2-methyl-6-phenyl-2,5-diazabicyclo[5.4.0]undeca-5,8,10,12-tetraen-3-one	GC/MS/EI	1561
9-Chloro-2-methyl-6-phenyl-2,6-diazabicyclo[5.4.0]undeca-8,10,12-triene-3,5-dione	GC/MS/EI	70
9-Chloro-2-methyl-6-phenyl-2,6-diazabicyclo[5.4.0]undeca-8,10,12-triene-3,5-dione	GC/MS/EI	1605
2-(Chloro-methyl-phosphoryl)oxypropane	GC/MS/EI	562
8-Chloro-11-(4-methylpiperazine-1-yl)-5H-dibenzo[b,e]-[1,4]diazepine	GC/MS/EI	1430
8-Chloro-11-(4-methylpiperazine-1-yl)-5H-dibenzo[b,e]-[1,4]diazepine	GC/MS/EI	1431
8-Chloro-11-(4-methylpiperazine-1-yl)-5H-dibenzo[b,e]-[1,4]diazepine	GC/MS/EI/E	1482
5-Chloro-2-(6-methylpyridin-3-yl)-3-(4-methylsulfonylphenyl)pyridine	GC/MS/EI	1693
2-Chloro-1-(4-methyl-1,3-thiazol-5-yl)ethanol	GC/MS/EI	666
2-Chloro-1-(4-methyl-1,3-thiazol-5-yl)ethanol	GC/MS/EI/E	1086
2-Chloro-6-nitro-3-phenoxy-aniline	GC/MS/EI	1497
Chlorophene	GC/MS/EI	1337
Chlorophene AC	GC/MS/EI	1337
Chlorophene AC	GC/MS/EI/E	1488
2-Chlorophenethylamine	GC/MS/EI/E	1
2-Chlorophenethylamine	GC/MS/EI	366
3-Chlorophenethylamine	GC/MS/EI	1
3-Chlorophenethylamine	GC/MS/EI/E	367
4-Chlorophenethylamine	GC/MS/EI/E	1
4-Chlorophenethylamine	GC/MS/EI	366
3-(2-Chlorophenothiazin-10-yl)-N,N-dimethyl-propan-1-amine	GC/MS/EI	114
2-[4-[3-(2-Chlorophenothiazin-10-yl)propyl]piperazin-1-yl]ethanol	GC/MS/EI	795
2-(4-Chlorophenoxy)-N-(2-diethylaminoethyl)acetamide	GC/MS/EI/E	302
2-(4-Chlorophenoxy)-N-(2-diethylaminoethyl)acetamide	GC/MS/EI	527
1-(4-Chlorophenoxy)-3,3-dimethyl-1-(1,2,4-triazol-1-yl)butan-2-one	GC/MS/EI	83
1-(4-Chlorophenoxy)-3,3-dimethyl-1-(1,2,4-triazol-1-yl)butan-2-one	GC/MS/EI/E	1301
8-Chloro-6-phenyl-4H-s-trazolo[4,3-a][1,4]benzodiazepine	GC/MS/EI	1486
8-Chloro-6-phenyl-4H-s-triazolo[4,3-a][1,4]-benzodiazepin-1-methanol	GC/MS/EI	1486
3-(4-Chlorophenyl)-N,N-dimethyl-3-pyridin-2-yl-propan-1-amine	GC/MS/EI	1249
3-(4-Chlorophenyl)-N,N-dimethyl-3-pyridin-2-yl-propan-1-amine	GC/MS/EI	1250
3-(4-Chlorophenyl)-N,N-dimethyl-3-pyridin-2-yl-propan-1-amine	GC/MS/EI/E	1267
1-(4-Chlorophenyl)-2-(N-ethylamino)propan-1-one	GC/MS/EI	200
1-(4-Chlorophenyl)-2-(N-ethylamino)propan-1-one	GC/MS/EI/E	527
1-(4-Chlorophenyl)-2-(N-ethyl)amino-propan-1-one TFA	GC/MS/EI/E	1030
1-(4-Chlorophenyl)-2-(N-ethyl)amino-propan-1-one TFA	GC/MS/EI	1038
1-(3-Chlorophenyl)-2-(N-methyl-N-tert-butylamino)propan-1-one	GC/MS/EI/E	121
1-(3-Chlorophenyl)-2-(N-methyl-N-tert-butylamino)propan-1-one	GC/MS/EI	562
3-Chlorophenyl-β-ethyl-β-nitrostyrene	GC/MS/EI	675
3-Chlorophenyl-β-ethyl-β-nitrostyrene	GC/MS/EI/E	844
4-Chlorophenyl-β-ethyl-β-nitrostyrene	GC/MS/EI	676
4-Chlorophenyl-β-methyl-β-nitrostyrene	GC/MS/EI/E	569
4-Chlorophenyl-β-methyl-β-nitrostyrene	GC/MS/EI	861

4-Chlorophenyl-β-nitrostyrene	GC/MS/EI	457
1-(2-Chlorophenyl)butan-2-amine	GC/MS/EI/E	159
1-(2-Chlorophenyl)butan-2-amine	GC/MS/EI	366
1-(3-Chlorophenyl)butan-2-amine	GC/MS/EI	158
1-(3-Chlorophenyl)butan-2-amine	GC/MS/EI/E	366
1-(4-Chlorophenyl)butan-2-amine	GC/MS/EI	157
1-(4-Chlorophenyl)butan-2-amine	GC/MS/EI/E	366
2-Chloro-1-phenylbutan-1-one	GC/MS/EI/E	472
2-Chloro-1-phenylbutan-1-one	GC/MS/EI	492
1-(2-Chlorophenyl)-4-butyl-piperazine	GC/MS/EI	1286
1-(2-Chlorophenyl)-4-butyl-piperazine	GC/MS/EI/E	1465
1-(3-Chlorophenyl)-4-butyl-piperazine	GC/MS/EI	1287
1-(4-Chlorophenyl)-4-butyl-piperazine	GC/MS/EI	1285
6-Chloro-4-phenylchinazoline	GC/MS/EI	1416
(2-Chlorophenyl)-(4-chlorophenyl)-pyrimidin-5-yl-methanol	GC/MS/EI	769
1-[1-(4-Chlorophenyl)cyclobutyl]-N,N,3-trimethyl-butan-1-amine	GC/MS/CI	547
1-[1-(4-Chlorophenyl)cyclobutyl]-N,N,3-trimethyl-butan-1-amine	GC/MS/EI/E	551
1-[1-(4-Chlorophenyl)cyclobutyl]-N,N,3-trimethyl-butan-1-amine	GC/MS/EI	559
1-[1-(4-Chlorophenyl)cyclobutyl]-N,N,3-trimethyl-butan-1-amine	GC/MS/EI/E	639
1-[1-(4-Chlorophenyl)cyclobutyl]-N,N,3-trimethyl-butan-1-amine	GC/MS/CI	1432
1-(2-Chlorophenyl)-4-decyl-piperazine	GC/MS/EI	1290
1-(2-Chlorophenyl)-4-decyl-piperazine	GC/MS/EI/E	1668
1-(3-Chlorophenyl)-4-decyl-piperazine	GC/MS/EI	1285
1-(3-Chlorophenyl)-4-decyl-piperazine	GC/MS/EI/E	1668
1-(4-Chlorophenyl)-4-decyl-piperazine	GC/MS/EI/E	1290
1-(4-Chlorophenyl)-4-decyl-piperazine	GC/MS/EI	1668
9-Chloro-6-phenyl-2,5-diazabicyclo[5.4.0]undeca-5,8,10,12-tetraen-3-one	GC/MS/EI	1427
9-Chloro-6-phenyl-2,5-diazabicyclo[5.4.0]undeca-5,8,10,12-tetraen-3-one	GC/MS/EI	1429
9-Chloro-6-phenyl-2,6-diazabicyclo[5.4.0]undeca-8,10,12-triene-3,5-dione	GC/MS/EI	1569
1-(4-Chlorophenyl)-4-dimethylamino-2,3-dimethyl-butan-2-ol	GC/MS/EI	124
1-(4-Chlorophenyl)-4-dimethylamino-2,3-dimethyl-butan-2-ol	GC/MS/EI/E	680
2-Chlorophenyl-diphenylmethane	GC/MS/EI	1002
(2-Chlorophenyl)diphenylmethanol	GC/MS/EI	269
(2-Chlorophenyl)diphenylmethanol	GC/MS/EI	1002
(2-Chlorophenyl)diphenylmethanol	GC/MS/EI	1151
1-[(2-Chlorophenyl)-diphenyl-methyl]imidazole	GC/MS/EI	1538
1-[(2-Chlorophenyl)-diphenyl-methyl]imidazole	GC/MS/EI/E	1549
2-(2-Chlorophenyl)ethanamine	GC/MS/EI	1
2-(2-Chlorophenyl)ethanamine	GC/MS/EI/E	366
2-(3-Chlorophenyl)ethanamine	GC/MS/EI/E	1
2-(3-Chlorophenyl)ethanamine	GC/MS/EI	367
2-(4-Chlorophenyl)ethanamine	GC/MS/EI/E	1
2-(4-Chlorophenyl)ethanamine	GC/MS/EI	366
1-(2-Chlorophenyl)ethanone	GC/MS/EI	471

1-(2-Chlorophenyl)ethanone	GC/MS/EI	472
1-(2-Chlorophenyl)ethanone	GC/MS/EI/E	491
1-(2-Chlorophenyl)ethanone	GC/MS/EI/E	492
1-(3-Chlorophenyl)ethanone	GC/MS/EI	767
1-(3-Chlorophenyl)-4-(ethoxycarbonyl)-piperazine	GC/MS/EI	901
1-(2-Chlorophenyl)-4-ethyl-piperazine	GC/MS/EI	87
1-(3-Chlorophenyl)-4-ethyl-piperazine	GC/MS/EI	1361
1-(4-Chlorophenyl)-4-ethyl-piperazine	GC/MS/EI	86
1-(3-Chlorophenyl)-4-formylpiperazine	GC/MS/EI	1005
1-(2-Chlorophenyl)-4-heptyl-piperazine	GC/MS/EI/E	1284
1-(2-Chlorophenyl)-4-heptyl-piperazine	GC/MS/EI	1591
1-(3-Chlorophenyl)-4-heptyl-piperazine	GC/MS/EI/E	1289
1-(3-Chlorophenyl)-4-heptyl-piperazine	GC/MS/EI	1593
1-(4-Chlorophenyl)-4-heptyl-piperazine	GC/MS/EI/E	1286
1-(4-Chlorophenyl)-4-heptyl-piperazine	GC/MS/EI	1593
1-(2-Chlorophenyl)-4-hexyl-piperazine	GC/MS/EI/E	1288
1-(2-Chlorophenyl)-4-hexyl-piperazine	GC/MS/EI	1551
1-(3-Chlorophenyl)-4-hexyl-piperazine	GC/MS/EI/E	1286
1-(3-Chlorophenyl)-4-hexyl-piperazine	GC/MS/EI	1551
1-(4-Chlorophenyl)-4-hexyl-piperazine	GC/MS/EI	1290
4-[4-(4-Chlorophenyl)-4-hydroxy-1-piperidyl]-N,N-dimethyl-2,2-diphenyl-butanamide	GC/MS/EI	1413
4-[4-(4-Chlorophenyl)-4-hydroxy-1-piperidyl]-N,N-dimethyl-2,2-diphenyl-butanamide	GC/MS/EI/E	1505
4-[4-(4-Chlorophenyl)-4-hydroxy-1-piperidyl]-1-(4-fluorophenyl)butan-1-one	GC/MS/EI/E	17
4-[4-(4-Chlorophenyl)-4-hydroxy-1-piperidyl]-1-(4-fluorophenyl)butan-1-one	GC/MS/EI	1416
2-(4-Chlorophenyl)indene-1,3-dione	GC/MS/EI	1478
1-(3-Chlorophenyl)-4-(methoxycarbonyl)piperazine	GC/MS/EI	901
2-(2-Chlorophenyl)-2-methylamino-cyclohexan-1-one	GC/MS/EI	884
2-(2-Chlorophenyl)-2-methylamino-cyclohexan-1-one	GC/MS/EI/E	1122
2-(2-Chlorophenyl)-2-methylamino-cyclohexan-1-one	GC/MS/EI/E	1306
2-(2-Chlorophenyl)-2-methylamino-cyclohexan-1-one	GC/MS/EI	1411
2-[(2-Chlorophenyl)methyl]-4,4-dimethyl-isoxazolidin-3-one	GC/MS/EI	640
2-[(2-Chlorophenyl)methyl]-4,4-dimethyl-isoxazolidin-3-one	GC/MS/EI/E	1261
2-(4-Chlorophenyl)-3-methyl-1,1-dioxo-1,3-thiazinan-4-one	GC/MS/EI	412
2-(4-Chlorophenyl)-3-methyl-1,1-dioxo-1,3-thiazinan-4-one	GC/MS/EI/E	1281
1-(4-Chlorophenyl)-2-methylethylamino-propan-1-one	GC/MS/EI/E	325
1-(4-Chlorophenyl)-2-methylethylamino-propan-1-one	GC/MS/EI	526
1-(2-Chlorophenyl)-4-(2-methylpropane)piperazine	GC/MS/EI	1286
1-(2-Chlorophenyl)-4-(2-methylpropane)piperazine	GC/MS/EI/E	1463
1-(3-Chlorophenyl)-4-(2-methyl-propyl)-piperazine	GC/MS/EI	1288
1-(4-Chlorophenyl)-4-(2-methyl-propyl)-piperazine	GC/MS/EI	1285
3-[(2-Chlorophenyl)methyl]-7-thia-3-azabicyclo[4.3.0]nona-8,10-diene	GC/MS/EI/E	520
3-[(2-Chlorophenyl)methyl]-7-thia-3-azabicyclo[4.3.0]nona-8,10-diene	GC/MS/EI/E	523
3-[(2-Chlorophenyl)methyl]-7-thia-3-azabicyclo[4.3.0]nona-8,10-diene	GC/MS/EI	637
3-[(2-Chlorophenyl)methyl]-7-thia-3-azabicyclo[4.3.0]nona-8,10-diene	GC/MS/EI	641

1-(4-Chlorophenyl)-2-(4-morpholinyl)propan-1-one	GC/MS/CI	547
1-(4-Chlorophenyl)-2-(4-morpholinyl)propan-1-one	GC/MS/EI/E	562
1-(4-Chlorophenyl)-2-(4-morpholinyl)propan-1-one	GC/MS/EI	1471
1-(2-Chlorophenyl)-2-nitrobutane	GC/MS/EI/E	822
1-(2-Chlorophenyl)-2-nitrobutane	GC/MS/EI	1303
1-(4-Chlorophenyl)-2-nitrobutene I	GC/MS/EI/E	637
1-(4-Chlorophenyl)-2-nitrobutene I	GC/MS/EI	877
1-(3-Chlorophenyl)-2-nitrobutene II	GC/MS/EI	675
1-(3-Chlorophenyl)-2-nitrobutene II	GC/MS/EI/E	844
1-(4-Chlorophenyl)-2-nitrobutene II	GC/MS/EI	676
6-(2-Chlorophenyl)-9-nitro-2,5-diazabicyclo[5.4.0]undeca-5,8,10,12-tetraen-3-one	GC/MS/EI	1634
1-(3-Chlorophenyl)-2-nitro-ethen	GC/MS/EI	1145
1-(2-Chlorophenyl)-2-nitroethene	GC/MS/EI	457
1-(4-Chlorophenyl)-2-nitroethene	GC/MS/EI	457
1-(2-Chlorophenyl)-2-nitroprop-1-en	GC/MS/EI/E	567
1-(2-Chlorophenyl)-2-nitroprop-1-en	GC/MS/EI	1223
1-(3-Chlorophenyl)-2-nitropropene	GC/MS/EI/E	567
1-(3-Chlorophenyl)-2-nitropropene	GC/MS/EI	1230
1-(4-Chlorophenyl)-2-nitroprop-1-ene	GC/MS/EI/E	569
1-(4-Chlorophenyl)-2-nitroprop-1-ene	GC/MS/EI	861
1-(3-Chlorophenyl)-2-nitroprop-1-ene I	GC/MS/EI	568
1-(3-Chlorophenyl)-2-nitroprop-1-ene II	GC/MS/EI	567
1-(2-Chlorophenyl)-2-nitroprop-1-ene benzaldehyde Adduct	GC/MS/EI/E	1492
1-(2-Chlorophenyl)-2-nitroprop-1-ene benzaldehyde Adduct	GC/MS/EI	1586
1-(2-Chlorophenyl)-4-nonyl-piperazine	GC/MS/EI/E	1288
1-(2-Chlorophenyl)-4-nonyl-piperazine	GC/MS/EI	1643
1-(3-Chlorophenyl)-4-nonyl-piperazine	GC/MS/EI/E	1285
1-(3-Chlorophenyl)-4-nonyl-piperazine	GC/MS/EI	1646
1-(4-Chlorophenyl)-4-nonyl-piperazine	GC/MS/EI/E	1287
1-(4-Chlorophenyl)-4-nonyl-piperazine	GC/MS/EI	1645
1-(2-Chlorophenyl)-4-octyl-piperazine	GC/MS/EI	1287
1-(2-Chlorophenyl)-4-octyl-piperazine	GC/MS/EI/E	1618
1-(3-Chlorophenyl)-4-octyl-piperazine	GC/MS/EI	1289
1-(3-Chlorophenyl)-4-octyl-piperazine	GC/MS/EI/E	1618
1-(4-Chlorophenyl)-4-octyl-piperazine	GC/MS/EI/E	1287
1-(4-Chlorophenyl)-4-octyl-piperazine	GC/MS/EI	1618
3-[1-(4-Chlorophenyl)-3-oxo-butyl]-2-hydroxy-chromen-4-one	GC/MS/EI	1600
3-[1-(4-Chlorophenyl)-3-oxo-butyl]-2-hydroxy-chromen-4-one	GC/MS/EI/E	1677
1-(2-Chlorophenyl)-4-(pent-2-yl)piperazine	GC/MS/EI	1357
1-(2-Chlorophenyl)-4-(pent-2-yl)piperazine	GC/MS/EI/E	1506
1-(2-Chlorophenyl)-4-pentyl-piperazine	GC/MS/EI	1287
1-(2-Chlorophenyl)-4-pentyl-piperazine	GC/MS/EI/E	1506
1-(3-Chlorophenyl)-4-(pent-2-yl)piperazine	GC/MS/EI	1289
1-(3-Chlorophenyl)-4-pentyl-piperazine	GC/MS/EI	1286

1-(4-Chlorophenyl)-4-(pent-2-yl)piperazine	GC/MS/EI/E	1357
1-(4-Chlorophenyl)-4-(pent-2-yl)piperazine	GC/MS/EI	1507
1-(4-Chlorophenyl)-4-pentyl-piperazine	GC/MS/EI	1289
1-(2-Chlorophenyl)-4-phenylethylpiperazine	GC/MS/EI/E	1288
1-(2-Chlorophenyl)-4-phenylethylpiperazine	GC/MS/EI	1603
1-(4-Chlorophenyl)-4-phenylethylpiperazine	GC/MS/EI	1284
1-(4-Chlorophenyl)-4-phenylethylpiperazine	GC/MS/EI/E	1605
(4-Chlorophenyl)-phenyl-methanone	GC/MS/EI	484
1-[(4-Chlorophenyl)-phenyl-methyl]-4-[(3-methylphenyl)methyl]piperazine	GC/MS/EI	1176
1-[(4-Chlorophenyl)-phenyl-methyl]-4-[(3-methylphenyl)methyl]piperazine	GC/MS/EI/E	1183
1-[(4-Chlorophenyl)-phenyl-methyl]-4-methyl-piperazine	GC/MS/EI	1373
2-[2-[4-[(4-Chlorophenyl)-phenyl-methyl]piperazin-1-yl]ethoxy]acetic acid	DI/MS/EI	1240
2-[2-[4-[(4-Chlorophenyl)-phenyl-methyl]piperazin-1-yl]ethoxy]acetic acid	DI/MS/EI/E	1627
2-[2-[4-[(4-Chlorophenyl)-phenyl-methyl]piperazin-1-yl]ethoxy]ethanol	GC/MS/EI/E	1239
2-[2-[4-[(4-Chlorophenyl)-phenyl-methyl]piperazin-1-yl]ethoxy]ethanol	GC/MS/EI/E	1242
2-[2-[4-[(4-Chlorophenyl)-phenyl-methyl]piperazin-1-yl]ethoxy]ethanol	GC/MS/EI	1601
2-[2-[4-[(4-Chlorophenyl)-phenyl-methyl]piperazin-1-yl]ethoxy]ethanol	GC/MS/EI	1709
1-[(4-Chlorophenyl)-phenyl-methyl]-4-[(4-*tert*-butylphenyl)methyl]piperazine	GC/MS/EI/E	1383
1-[(4-Chlorophenyl)-phenyl-methyl]-4-[(4-*tert*-butylphenyl)methyl]piperazine	GC/MS/EI	1741
1-(2-Chlorophenyl)piperazine	GC/MS/EI/E	896
1-(2-Chlorophenyl)piperazine	GC/MS/EI	1219
1-(3-Chlorophenyl)piperazine	GC/MS/EI	901
1-(3-Chlorophenyl)piperazine	GC/MS/EI	902
1-(4-Chlorophenyl)piperazine	GC/MS/EI	902
1-(4-Chlorophenyl)piperazine	GC/MS/EI	903
1-(2-Chlorophenyl)piperazine AC	GC/MS/EI	1004
1-(3-Chlorophenyl)piperazine AC	GC/MS/EI	1010
1-(3-Chlorophenyl)piperazine AC	GC/MS/EI	1013
1-(4-Chlorophenyl)piperazine AC	GC/MS/EI	892
1-(4-Chlorophenyl)piperazine AC	GC/MS/EI	1013
1-(2-Chlorophenyl)piperazine BUT	GC/MS/EI	1004
1-(3-Chlorophenyl)piperazine BUT	GC/MS/EI	1005
1-(4-Chlorophenyl)piperazine BUT	GC/MS/EI	1005
1-(2-Chlorophenyl)piperazine DMBS	GC/MS/EI	1465
1-(2-Chlorophenyl)piperazine DMBS	GC/MS/EI/E	1621
1-(3-Chlorophenyl)piperazine DMBS	GC/MS/EI/E	1469
1-(3-Chlorophenyl)piperazine DMBS	GC/MS/EI	1621
1-(4-Chlorophenyl)piperazine DMBS	GC/MS/EI/E	1469
1-(4-Chlorophenyl)piperazine DMBS	GC/MS/EI	1621
1-(2-Chlorophenyl)piperazine FORM	GC/MS/EI	889
1-(4-Chlorophenyl)piperazine FORM	GC/MS/EI	1005
1-(3-Chlorophenyl)piperazine ME	GC/MS/EI	1297
1-(4-Chlorophenyl)piperazine ME	GC/MS/EI	1298
1-(3-Chlorophenyl)piperazine-N-carboxytrimethylsilylester	GC/MS/EI	1015

1-(4-Chlorophenyl)piperazine-N-carboxytrimethylsilylester	GC/MS/EI	1015
1-(2-Chlorophenyl)piperazine PROP	GC/MS/EI/E	1005
1-(2-Chlorophenyl)piperazine PROP	GC/MS/EI	1010
1-(2-Chlorophenyl)piperazine PROP	GC/MS/EI	1360
1-(3-Chlorophenyl)piperazine PROP	GC/MS/EI	1004
1-(3-Chlorophenyl)piperazine PROP	GC/MS/EI	1011
1-(4-Chlorophenyl)piperazine PROP	GC/MS/EI	1004
1-(4-Chlorophenyl)piperazine PROP	GC/MS/EI	1010
1-(2-Chlorophenyl)piperazine TFA	GC/MS/EI	80
1-(3-Chlorophenyl)piperazine TFA	GC/MS/EI	79
1-(3-Chlorophenyl)piperazine TFA	GC/MS/EI	892
1-(4-Chlorophenyl)piperazine TFA	GC/MS/EI	80
1-(4-Chlorophenyl)piperazine TFA	GC/MS/EI	1010
1-(3-Chlorophenyl)piperazine TMS	GC/MS/EI	1512
1-(3-Chlorophenyl)piperazine TMS	GC/MS/EI	1513
1-(4-Chlorophenyl)piperazine TMS	GC/MS/EI	1512
1-(2-Chlorophenyl)propan-2-amine	GC/MS/EI/E	62
1-(2-Chlorophenyl)propan-2-amine	GC/MS/EI	365
1-(4-Chlorophenyl)propan-2-amine	GC/MS/EI/E	49
1-(4-Chlorophenyl)propan-2-amine	GC/MS/EI	638
1-(2-Chlorophenyl)-4-propyl-piperazine	GC/MS/EI	1289
1-(3-Chlorophenyl)-4-propyl-piperazine	GC/MS/EI	1288
1-(4-Chlorophenyl)-4-propyl-piperazine	GC/MS/EI	1285
4-(4-Chlorophenyl)pyridine	GC/MS/EI	1176
4-(4-Chlorophenyl)-2-pyrrolidinone	GC/MS/EI	765
1-(2-Chlorophenyl)-4-*sec*-butyl-piperazine	GC/MS/EI/E	1358
1-(2-Chlorophenyl)-4-*sec*-butyl-piperazine	GC/MS/EI	1463
1-(4-Chlorophenyl)-4-*sec*-butyl-piperazine	GC/MS/EI	1357
1-(3-Chlorophenyl)-4-*sec*-buyl--piperazine	GC/MS/EI	1358
3-(4-Chlorophenyl)sulfonyl-1-propyl-urea	GC/MS/EI	525
3-(4-Chlorophenyl)sulfonyl-1-propyl-urea	GC/MS/EI/E	1339
1-(3-Chlorophenyl)-2-*tert*-butylamino-1-propanone TFA	GC/MS/EI	84
1-(3-Chlorophenyl)-2-*tert*-butylamino-1-propanone TFA	GC/MS/EI/E	1225
4-[4-(4-Chlorophenyl)-1,2,3,6-tetrahydro-1-pyridyl]-1-4-fluorophenyl-1-butanone	GC/MS/EI	1195
4-[4-(4-Chlorophenyl)-1,2,3,6-tetrahydro-1-pyridyl]-1-4-fluorophenyl-1-butanone	GC/MS/EI/E	1343
2-(4-Chlorophenyl)-2-(1,2,4-triazol-1-ylmethyl)hexanenitrile	GC/MS/EI	1108
2-(4-Chlorophenyl)-2-(1,2,4-triazol-1-ylmethyl)hexanenitrile	GC/MS/EI/E	1267
Chlorophos	GC/MS/EI/E	507
Chlorophos	GC/MS/EI	829
8-Chloro-11-(1-piperazineyl)-5*H*-dibenzo[b,e][1,4]-diazepine	GC/MS/EI	1430
Chloropromazine	GC/MS/EI	114
2-Chloropropylbenzene	GC/MS/EI/E	381
2-Chloropropylbenzene	GC/MS/EI	897
Chloroprothixen	GC/MS/EI	100

Chloroprothixen	GC/MS/EI/E	1347
5-Chloropyridin-2-amine	GC/MS/EI	452
5-Chloropyridin-2-amine	GC/MS/EI	661
[8-(5-Chloropyridin-2-yl)-7-oxo-2,5,8-triazabicyclo[4.3.0]nona-1,3,5-trien-9-yl] 4-methylpiperazine-1-carboxylate	GC/MS/EI	800
[8-(5-Chloropyridin-2-yl)-7-oxo-2,5,8-triazabicyclo[4.3.0]nona-1,3,5-trien-9-yl] 4-methyl-piperazine-1-carboxylate	GC/MS/EI	800
[8-(5-Chloropyridin-2-yl)-7-oxo-2,5,8-triazabicyclo[4.3.0]nona-1,3,5-trien-9-yl] 4-methyl-piperazine-1-carboxylate	GC/MS/EI/E	1445
6-(5-Chloro-2-pyridyl)-6,7-dihydro-5-oxo-pyrrolo[3,4-b]pyrazine	GC/MS/EI	1440
6-(5-Chloro-2-pyridyl)-6,7-dihydro-5-oxo-pyrrolo[3,4-b]pyrazine	GC/MS/EI	1441
Chloroquin-M (-N(C_2H_5)$_2$)	GC/MS/EI	1383
Chloroquine	GC/MS/EI	309
Chloroquine	GC/MS/EI/E	334
Chloroquine	GC/MS/EI	335
Chloroquine	GC/MS/EI	358
Chloroquine	GC/MS/EI/E	1578
Chloroquine-M (-C_2H_5) AC	GC/MS/EI	1260
Chloroquine-M (-C_2H_5) AC	GC/MS/EI/E	1339
Chloroquine-M (-C_2H_5) AC	GC/MS/EI/E	1448
Chloroquine-M (-C_2H_5) AC	GC/MS/EI	1664
Chloroquine-M [-(CH_2)$_3$N(C_2H_5)$_2$] OH -H_2O	GC/MS/EI	1254
5-Chloroquinolin-8-ol	GC/MS/EI	1109
2-[4-[(7-Chloroquinolin-4-yl)amino]pentyl-ethyl-amino]ethanol	GC/MS/EI	1438
2-[4-[(7-Chloroquinolin-4-yl)amino]pentyl-ethyl-amino]ethanol	GC/MS/EI/E	1617
Chlorosarin	GC/MS/EI	562
2-Chlorostyrene	GC/MS/EI	761
8-Chlorotheophylline	GC/MS/EI	1319
3-(2-Chlorothioxanthen-9-ylidene)-N,N-dimethyl-propan-1-amine	GC/MS/EI	100
3-(2-Chlorothioxanthen-9-ylidene)-N,N-dimethyl-propan-1-amine	GC/MS/EI/E	1347
2-[4-[3-(2-Chlorothioxanthen-9-ylidene)propyl]piperazin-1-yl]ethanol	GC/MS/EI/E	796
2-[4-[3-(2-Chlorothioxanthen-9-ylidene)propyl]piperazin-1-yl]ethanol	GC/MS/EI	809
Chlorotrianisene	GC/MS/EI	1713
1-Chloro-2-[2,2,2-trichloro-1-(4-chlorophenyl)ethyl]benzene	GC/MS/EI	1400
1-Chloro-2-[2,2,2-trichloro-1-(4-chlorophenyl)ethyl]benzene	GC/MS/EI/E	1417
2-Chlorovinyl-arsinedichloride	GC/MS/EI	521
Chlorperphenthixen	GC/MS/EI	796
Chlorperphenthixen	GC/MS/EI/E	809
Chlorpheniramine	GC/MS/EI	1249
Chlorpheniramine	GC/MS/EI/E	1250
Chlorpheniramine	GC/MS/EI	1267
Chlorpheniramine-M (nor-) AC	GC/MS/EI/E	1252
Chlorpheniramine-M (nor-) AC	GC/MS/EI	1338

Chlorpromazine	GC/MS/EI	114
Chlorpropamide	GC/MS/EI	525
Chlorpropamide	GC/MS/EI/E	1339
Chlorprothixene	GC/MS/EI/E	100
Chlorprothixene	GC/MS/EI	1347
Chlorprothixene-M/A	GC/MS/EI	1441
Chlorprothixene-M/A (Sulfoxide)	GC/MS/EI	161
Chlorprothixene-M/A (Sulfoxide)	GC/MS/EI/E	1352
Chlorprothixene-M (-(CH$_3$)$_2$N, -2H)	GC/MS/EI	1395
Chlorprothixene-M (-C$_2$H$_6$N, Oxo) AC	GC/MS/EI	1352
Chlorprothixene-M (-C$_2$H$_6$N, Oxo) AC	GC/MS/EI/E	1657
Chlorprothixene-M (Desmethyl) AC	GC/MS/EI	1352
Chlorprothixene-M (Desmethyl) AC	GC/MS/EI/E	1524
Chlorprothixene-M (Desmethyl, OH) 2AC	GC/MS/EI	1528
Chlorprothixene-M (Desmethyl, OH) 2AC	GC/MS/EI/E	1660
Chlorprothixene-M (Desmethyl, OH, H$_2$) 2AC	GC/MS/EI/E	1446
Chlorprothixene-M (Desmethyl, OH, H$_2$) 2AC	GC/MS/EI	1585
Chlorprothixene-M (Desmethyl, OH, Oxo) AC I	GC/MS/EI/E	161
Chlorprothixene-M (Desmethyl, OH, Oxo) AC I	GC/MS/EI	1408
Chlorprothixene-M (Didesmethyl) AC	GC/MS/EI/E	1352
Chlorprothixene-M (Didesmethyl) AC	GC/MS/EI	1526
Chlorprothixene-M (-HN(CH$_3$)$_2$, Sulfoxid)	GC/MS/EI/E	1250
Chlorprothixene-M (-HN(CH$_3$)$_2$, Sulfoxid)	GC/MS/EI	1475
Chlorprothixene-M (H$_2$O) AC	GC/MS/EI	161
Chlorprothixene-M (H$_2$O) AC	GC/MS/EI/E	1711
Chlorprothixene (dihydro)	GC/MS/EI	103
Chlorprothixene (dihydro)	GC/MS/EI/E	1637
Chlorpyrifos	GC/MS/EI	403
Chlorpyrifos	GC/MS/EI	1224
Chlorpyrifos	GC/MS/EI/E	1639
Chlorpyriphos	GC/MS/EI	403
Chlorpyriphos	GC/MS/EI/E	1224
Chlorpyriphos	GC/MS/EI	1639
Chlorpyriphos-methyl	GC/MS/EI	1567
Chlorpyriphos-methyl	GC/MS/EI/E	1579
Chlortalidon	DI/MS/EI/E	834
Chlortalidon	DI/MS/EI	1565
Chlortetracycline	DI/MS/EI/E	293
Chlortetracycline	DI/MS/EI	1741
Chlorthalidone	DI/MS/EI/E	834
Chlorthalidone	DI/MS/EI	1565
Chlorthalidone-A (-H$_2$O)	DI/MS/EI	1415

Chlorthalidone-A (-H$_2$O)	DI/MS/EI/E	1641
Chlorthalidone 2ME	GC/MS/CI	1667
Chlorthalidone 2ME	GC/MS/EI	1702
Chlorthalidone 3ME	GC/MS/CI	1685
Chlorthalidone 3ME	GC/MS/EI	1714
Chlorthalidone 4ME	GC/MS/EI	1082
Chlorthalidone 4ME	GC/MS/CI	1724
Chlorthalidone 3TMS	GC/MS/EI/E	241
Chlorthalidone 3TMS	GC/MS/EI	1590
Chlorthenoxazin	GC/MS/EI/E	837
Chlorthenoxazin	GC/MS/EI	854
Chlosudimeprimyl	GC/MS/EI/E	651
Chlosudimeprimyl	GC/MS/EI	664
Cholecalciferol-A (-H$_2$O)	GC/MS/EI	797
Cholecalciferol-A (-H$_2$O)	GC/MS/EI/E	936
Cholecalciferol DMBS I	GC/MS/EI	1651
Cholecalciferol DMBS I	GC/MS/EI/E	1755
Cholecalciferol DMBS II	GC/MS/EI/E	1700
Cholecalciferol DMBS II	GC/MS/EI	1755
Cholecalciferol DMBS IV	GC/MS/EI	932
Cholecalciferol DMBS V	GC/MS/EI	1701
Cholecalciferol I	GC/MS/EI	801
Cholecalciferol II	GC/MS/EI	797
Cholecalciferol III	GC/MS/EI	830
Cholecalciferol III DMBS	GC/MS/EI	263
Cholecalciferol IV	GC/MS/EI	930
Cholecalciferol TMS I	GC/MS/EI	1651
Cholecalciferol TMS II	GC/MS/EI	587
Cholecalciferol TMS III	GC/MS/EI	586
Cholecalciferol TMS III	GC/MS/EI/E	799
Cholecalciferol TMS IV	GC/MS/EI	929
Cholecalciferol TMS V	GC/MS/EI	931
Cholesta-3,5-diene	GC/MS/EI	1703
Cholesta-3,5-dien-7-one	GC/MS/EI	1067
Cholestane-3β,5α-diol,diacetate	GC/MS/EI	1704
Cholest-7-en-3β-ol acetate	GC/MS/EI	1476
Cholestenyl butyrate-A	GC/MS/EI	1704
Cholesterine	GC/MS/EI	1718
Cholesterol	GC/MS/EI	1718
Cholesterol-M/A (-H$_2$O)	GC/MS/EI	1703
Cholesterol TMS	GC/MS/EI	1703
Cholesterol-trimethylsilyl-ether	GC/MS/EI	1703
Cholesteryl benzoate	GC/MS/EI	832

Cholesteryl valerate	GC/MS/EI	1703
Cholic acid-A (-2H$_2$O) TMS	GC/MS/EI/E	1468
Cholic acid-A (-2H$_2$O) TMS	GC/MS/EI	1681
Chromen-2-one	GC/MS/EI	587
Chromen-2-one	GC/MS/EI	818
Chrysine	GC/MS/EI	1471
Chrysine AC	GC/MS/EI	1473
Chrysine 2ME	GC/MS/EI	1554
Chrysine ME	GC/MS/EI	1513
Chrysine 2TMS	GC/MS/EI	1716
Chrysine TMS	GC/MS/EI	1652
Cichorigenin	GC/MS/EI	1100
Cimetidine	DI/MS/EI	82
Cimetidine	DI/MS/EI/E	653
Cinchocaine	GC/MS/EI/E	317
Cinchocaine	GC/MS/EI	577
Cineole	GC/MS/EI	22
Cinnamic acid TMS	GC/MS/EI	689
Cinnamoylglycine methyl ester	GC/MS/EI	697
Cinnamoylglycine methyl ester	GC/MS/EI/E	823
Cinnarizine	GC/MS/EI	1240
Cinnarizine	GC/MS/EI/E	1247
Citalopram	GC/MS/EI	151
Citalopram	GC/MS/EI/E	1647
Citalopram-M/A (N-oxid)	GC/MS/EI	1412
Citalopram-M (Didesmethyl)	GC/MS/EI	1412
Citalopram-M (Didesmethyl) AC	GC/MS/EI	1412
Citalopram-M (Didesmethyl) AC	GC/MS/EI/E	1417
Citalopram-M (Nor)	GC/MS/EI/E	144
Citalopram-M (Nor)	GC/MS/EI	1410
Citalopram-M (Nor) AC	GC/MS/EI	1410
Citalopram-M (Nor) AC	GC/MS/EI/E	1415
Citalopram-M (Nor) AC	GC/MS/EI	1417
Citalopram-M (Nor) AC	GC/MS/EI/E	1419
Citalopram-M (desamino) COOH ME	GC/MS/EI	1413
Citalopram-N-oxide	GC/MS/EI	144
Citalopram-N-oxide	GC/MS/EI/E	1414
Citric acid 3ET AC	GC/MS/EI	920
Citric acid 3ET AC	GC/MS/EI/E	1314
Citric acid 3ME	GC/MS/EI	796
Citric acid 3ME	GC/MS/EI/E	1069
Citric acid 3TMS	GC/MS/EI/E	250
Citric acid 3TMS	GC/MS/EI	1710

Citric acid 4TMS	GC/MS/EI/E	1527
Citric acid 4TMS	GC/MS/EI	1710
Clarithromycine	DI/MS/EI/E	931
Clarithromycine	DI/MS/EI	1065
Clenbuterol	GC/MS/EI/E	3
Clenbuterol	GC/MS/EI	654
Clindamycine	DI/MS/EI	646
Clindamycine	GC/MS/EI	646
Clindamycine	DI/MS/EI/E	652
Clindamycine	GC/MS/EI/E	655
Clionasterol-A (-H_2O)	GC/MS/EI	1726
Clobazam	GC/MS/EI	70
Clobazam	GC/MS/EI	1605
Clobutinol	GC/MS/EI	124
Clobutinol	GC/MS/EI/E	680
Clofexamide	GC/MS/EI/E	302
Clofexamide	GC/MS/EI	527
Clomazone	GC/MS/EI/E	640
Clomazone	GC/MS/EI	1261
Clomethiazole	GC/MS/EI	531
Clomethiazole-M	GC/MS/EI	637
Clomethiazole-M (-Cl +COOH)	GC/MS/EI	531
Clomethiazole-M (-Cl +COOH) ME	GC/MS/EI	532
Clomethiazole-M (-Cl, OH)	GC/MS/EI	531
Clomethiazole-M (-Cl, OH)	GC/MS/EI/E	532
Clomethiazole-M (-Cl, OH)	GC/MS/EI	665
Clomethiazole-M (-Cl, OH)	GC/MS/EI	801
Clomethiazole-M (-Cl, OH) AC	GC/MS/EI	26
Clomethiazole-M (1-HO) AC	GC/MS/EI	664
Clomethiazole-M (1-HO) AC	GC/MS/EI/E	665
Clomethiazole-M (1-HO) AC	GC/MS/EI/E	1147
Clomethiazole-M (1-HO) AC	GC/MS/EI	1152
Clomethiazole-M (2-HO) AC	GC/MS/EI/E	1072
Clomethiazole-M (2-HO) AC	GC/MS/EI	1148
Clomethiazole-M (1-OH)	GC/MS/EI/E	666
Clomethiazole-M (1-OH)	GC/MS/EI	1086
Clomethiazole-M (2-OH)	GC/MS/EI	659
Clomethiazole-M (2-OH)	GC/MS/EI/E	665
Clomethiazole-M (2-OH)	GC/MS/EI/E	673
Clomethiazole-M (2-OH)	GC/MS/EI	675
Clomifene	GC/MS/EI/E	319
Clomifene	GC/MS/EI	349
Clomiphene	GC/MS/EI	319
Clomiphene	GC/MS/EI/E	349

Clomipramine	GC/MS/EI	147
Clomipramine	GC/MS/EI/E	1633
Clomipramine-M (Desmethyl) AC	GC/MS/EI	553
Clomipramine-M (Desmethyl) AC	GC/MS/EI/E	1678
Clonazepam	GC/MS/EI	1634
Clonidine	GC/MS/EI	1377
Clonidine-A AC	GC/MS/EI/E	947
Clonidine-A AC	GC/MS/EI	1045
Clonidine 2AC	GC/MS/EI/E	1403
Clonidine 2AC	GC/MS/EI	1550
Clonidine AC	GC/MS/EI	1403
Clonidine AC	GC/MS/EI/E	1522
Clonidine-A PFB	GC/MS/EI/E	1690
Clonidine-A PFB	GC/MS/EI	1721
Clonidine-A (dehydro-) AC	GC/MS/EI	1195
Clonidine-A (dehydro-) AC	GC/MS/EI/E	1519
Clonidine 2ME	GC/MS/EI	1356
Clonitralid	GC/MS/EI/E	906
Clonitralid	GC/MS/EI	1059
Clopamide	GC/MS/EI	651
Clopamide	GC/MS/EI/E	664
Clopenthixol	GC/MS/EI	796
Clopenthixol	GC/MS/EI/E	809
Clopenthizol	GC/MS/EI/E	796
Clopenthizol	GC/MS/EI	809
Clopidogrel	GC/MS/EI	1493
Clopidogrel-M (COOH)	GC/MS/EI	1493
Clopidogrel-M (COOH) HFIP	GC/MS/EI	1492
Clopidogrel-M (COOH) HFIP	GC/MS/EI/E	1502
Clopidogrel-M (COOH) PFB	GC/MS/EI	1494
Cloramfenicol	GC/MS/CI	889
Cloramfenicol	GC/MS/EI	1065
Cloramfenicol	GC/MS/EI/E	1614
Clorazepate-M AC	GC/MS/EI	1442
Clorazepate-M AC	GC/MS/EI/E	1576
Clorindione	GC/MS/EI	1478
Clorofene	GC/MS/EI	1337
Cloropromazina	GC/MS/EI	114
Clorpropamide	GC/MS/EI	525
Clorpropamide	GC/MS/EI/E	1339
Clotrimazol	GC/MS/EI	1538
Clotrimazol	GC/MS/EI/E	1549
Clotrimazole-A 3	GC/MS/EI	1002
Clotrimazole-A I	GC/MS/EI	1002

Clotrimazole-A II	GC/MS/EI	269
Clotrimazole-A II	GC/MS/EI	1151
Clotrimazole-A III	GC/MS/EI	772
Clotrimazole-A III	GC/MS/EI/E	1644
Clotrimazole-A 5 (-Imidazol, OCH$_3$)	GC/MS/EI	1617
Clotrimazole-A 4 (-Imidazol, OH) AC	GC/MS/EI	1589
Cloxiquine	GC/MS/EI	1109
Cloxiquine AC	GC/MS/EI	1109
Cloxyquin AC	GC/MS/EI	1109
Clozapine	GC/MS/EI	1430
Clozapine	GC/MS/EI/E	1431
Clozapine	GC/MS/EI	1482
Clozapine-A	GC/MS/EI	1373
Clozapine-A AC	GC/MS/EI	1518
Clozapine AC	GC/MS/EI	288
Clozapine AC	GC/MS/EI/E	1625
Clozapine-A (-Cl, SCH$_3$)	GC/MS/EI	1476
Clozapine HY AC	GC/MS/EI	1567
Clozapine-M/A (OH, OCH$_3$)	GC/MS/EI	1295
Clozapine-M (-Cl, 8-OH)	GC/MS/EI	1366
Clozapine-M (Desmethyl) 2AC	GC/MS/EI	1194
Clozapine-M (Desmethyl) AC	GC/MS/EI	1195
Clozapine-M (Desmethyl) 2PFP	GC/MS/EI	1761
Clozapine-M (Desmethyl) PFP	GC/MS/EI/E	1721
Clozapine-M (Desmethyl) PFP	GC/MS/EI	1730
Clozapine ME	GC/MS/EI	1479
Clozapine-M (Nor)	GC/MS/EI	1430
Clozapine-M (6 OH)	GC/MS/EI	1485
Clozapine-M (7 OH)	GC/MS/EI	1485
Clozapine-M (6 OH) 2AC	GC/MS/EI/E	289
Clozapine-M (6 OH) 2AC	GC/MS/EI	1739
Clozapine-M (7 OH) 2AC	GC/MS/EI	1692
Clozapine-M (7 OH) AC	GC/MS/EI	1486
Clozapine-M (OH, OCH$_3$)	GC/MS/EI/E	1576
Clozapine-M (OH, OCH$_3$)	GC/MS/EI	1708
Clozapine-M (Ring)	GC/MS/EI	1380
Clozapine-M (Ring, OCH$_3$)	GC/MS/EI	1481
Clozapine-M (Ring, di-OCH$_3$)	GC/MS/EI	1571
Coaptopril-M (disulfide)	DI/MS/EI/E	1327
Coaptopril-M (disulfide)	DI/MS/EI	1336
Cocaethylene	GC/MS/EI	283
Cocaethylene	GC/MS/EI/E	286

Cocaethylene	GC/MS/EI	1223
Cocaethylene	GC/MS/EI/E	1311
Cocaethylene	GC/MS/EI	1637
Cocaethylene-M (N-Desmethyl)	GC/MS/EI/E	1136
Cocaethylene-M (N-Desmethyl)	GC/MS/EI	1143
Cocaethylene-M (N-Desmethyl)	GC/MS/EI/E	1151
Cocaethylene-M (N-Desmethyl)	GC/MS/EI	1153
Cocaine	GC/MS/EI/E	285
Cocaine	GC/MS/EI/E	1608
Cocaine	GC/MS/EI	1609
Cocaine (Desmethyl, +C_2H_5) AC	GC/MS/EI/E	482
Cocaine (Desmethyl, +C_2H_5) AC	GC/MS/EI	515
Cocaine (Desmethyl, +C_2H_5) AC	GC/MS/EI	1422
Cocaine (Desmethyl, +C_2H_5) AC	GC/MS/EI/E	1604
Cocaine-M	GC/MS/EI	284
Cocaine-M	GC/MS/EI/E	1161
Cocaine-M/A (-$C_7H_6O_2$)	GC/MS/EI/E	888
Cocaine-M/A (-$C_7H_6O_2$)	GC/MS/EI	1134
Codeine	GC/MS/CI	16
Codeine	GC/MS/EI	1556
Codeine	GC/MS/EI	1603
Codeine AC	GC/MS/EI	20
Codeine AC	GC/MS/CI	1555
Codeine ME	GC/MS/CI	1557
Codeine ME	GC/MS/EI	1628
Codeine PFP	GC/MS/EI/E	1554
Codeine PFP	GC/MS/EI	1556
Codeine PFP	GC/MS/CI	1745
Codeine PROP	GC/MS/EI	1557
Codeine TFA	GC/MS/CI	1556
Codeine TFA	GC/MS/EI	1724
Codeine TMS	GC/MS/EI	245
Codeine TMS	GC/MS/EI	1557
Codeine TMS	GC/MS/CI	1706
Coffein	GC/MS/EI	1213
Coffein-M (8-OH) ME	GC/MS/EI	1362
Coffeine	GC/MS/EI	1213
Colchicine	GC/MS/EI/E	9
Colchicine	GC/MS/EI	1630
Coniine AC	GC/MS/EI/E	296
Coniine AC	GC/MS/EI	1044
Cortisol	GC/MS/EI	965
Cortisonacetate	GC/MS/EI/E	21

Cortisonacetate	GC/MS/EI	71
Corynine	GC/MS/EI	1688
Corynine	GC/MS/EI	1689
Cotinine	GC/MS/EI/E	411
Cotinine	GC/MS/EI	412
Cotinine	GC/MS/EI	594
Coumachlor	GC/MS/EI	1600
Coumachlor	GC/MS/EI/E	1677
Coumachlor-A	GC/MS/EI	1693
Coumachlor AC	GC/MS/EI	1600
Coumachlor AC	GC/MS/EI/E	1680
Coumachlor -H_2O	GC/MS/EI	1316
Coumachlor ME	GC/MS/EI/E	1630
Coumachlor ME	GC/MS/EI	1692
Coumachlor TFA	GC/MS/EI/E	1491
Coumachlor TFA	GC/MS/EI	1735
Coumafene	GC/MS/EI	1500
Coumafene	GC/MS/EI/E	1503
Coumafene	GC/MS/EI/E	1506
Coumafene	GC/MS/EI	1618
Coumafos	GC/MS/EI	510
Coumafuryl	GC/MS/EI	1474
Coumaphos	GC/MS/EI	510
Coumarin	GC/MS/EI	587
Coumarin	GC/MS/EI	818
Coumarin-M (HO-) AC	GC/MS/EI	961
Coumarin-M (HO-) AC	GC/MS/EI/E	1257
Coumarin-M (OH) AC	GC/MS/EI/E	713
Coumarin-M (OH) AC	GC/MS/EI	1255
Coumarin-3-carboxylic acid	GC/MS/EI/E	819
Coumarin-3-carboxylic acid	GC/MS/EI	1181
Coumarin-3-carboxylic acid TMS	GC/MS/EI	1444
Coumarin-3-carboylic acid DMBS	GC/MS/EI	1444
Coumarin-3-carboylic acid DMBS	GC/MS/EI/E	1449
Coumatetralyl	GC/MS/EI	1587
Coumatetralyl ME	GC/MS/EI	1615
Creatinine	GC/MS/EI	14
Creatinine	GC/MS/EI	534
Creatinine 3TMS	GC/MS/EI/E	558
Creatinine 3TMS	GC/MS/EI	1658
Cromoglycic acid	DI/MS/EI	710
Cromoglycic acid	DI/MS/EI/E	959
Cropropamide	GC/MS/EI	432
Cropropamide	GC/MS/EI/E	1216

Crotethamide	GC/MS/EI	330
Crotethamide	GC/MS/EI/E	1130
Crotylbarbital	GC/MS/EI/E	72
Crotylbarbital	GC/MS/EI	916
Crotylbarbital	GC/MS/EI	1141
Crotylbarbitone	GC/MS/EI/E	72
Crotylbarbitone	GC/MS/EI	916
Crotylbarbitone	GC/MS/EI	1141
Cumafuryl	GC/MS/EI	1474
Cumatetralyl	GC/MS/EI	1587
Cumene	GC/MS/EI	479
Cumol	GC/MS/EI	479
4-Cyano-N-acetaniline	GC/MS/EI/E	585
4-Cyano-N-acetaniline	GC/MS/EI	940
1-(3-Cyano-3,3-diphenyl-propyl)-4-(1-piperidyl)piperidine-4-carboxamide	GC/MS/EI	16
1-(3-Cyano-3,3-diphenyl-propyl)-4-(1-piperidyl)piperidine-4-carboxamide	GC/MS/EI	1718
[Cyano-(4-fluoro-3-phenoxy-phenyl)methyl] 3-[2-chloro-2-(4-chlorophenyl)ethenyl]-2,2-dimethyl-cyclopropane-1-carboxylate	GC/MS/EI/E	1373
[Cyano-(4-fluoro-3-phenoxy-phenyl)methyl] 3-[2-chloro-2-(4-chlorophenyl)ethenyl]-2,2-dimethyl-cyclopropane-1-carboxylate	GC/MS/EI	1377
3-Cyano-2-methyl-1-[2-[(5-methyl-1H-imidazol-4-yl)methylsulfanyl]ethyl]guanidine	DI/MS/EI/E	82
3-Cyano-2-methyl-1-[2-[(5-methyl-1H-imidazol-4-yl)methylsulfanyl]ethyl]guanidine	DI/MS/EI	653
[Cyano-(3-phenoxyphenyl)methyl] 2,2,3,3-tetramethylcyclopropane-1-carboxylate	GC/MS/EI/E	401
[Cyano-(3-phenoxyphenyl)methyl] 2,2,3,3-tetramethylcyclopropane-1-carboxylate	GC/MS/EI	1294
Cyclamate-M AC	GC/MS/EI	80
Cyclamate-M AC	GC/MS/EI/E	787
Cyclo (Phe-Pro)	GC/MS/EI	642
Cyclo (Phe-Pro) AC	GC/MS/EI	643
Cyclobarbital	GC/MS/EI	1270
Cyclobarbital	GC/MS/EI	1271
Cyclobarbitone	GC/MS/EI	1270
Cyclobarbitone	GC/MS/EI	1271
Cyclobenzaprine	GC/MS/EI	155
Cyclobenzaprine	GC/MS/EI/E	1328
17-Cyclobutylmethyl-7,8-dihydro-14-hydroxy-17-normorphine	GC/MS/EI	1607
17-Cyclobutylmethyl-7,8-dihydro-14-hydroxy-17-normorphine	GC/MS/EI/E	1610
5-(1-Cycloheptenyl)-5-ethyl-1,3-diazinane-2,4,6-trione	GC/MS/EI	1348
5-(Cyclohex-1-enyl)-1,5-dimethylbarbituric acid	GC/MS/EI/E	1348
5-(Cyclohex-1-enyl)-1,5-dimethylbarbituric acid	GC/MS/EI	1355
5-(1-Cyclohexenyl)-1,5-dimethyl-1,3-diazinane-2,4,6-trione	GC/MS/EI	1348
5-(1-Cyclohexenyl)-1,5-dimethyl-1,3-diazinane-2,4,6-trione	GC/MS/EI/E	1355
5-(1-Cyclohexenyl)-5-ethyl-1,3-diazinane-2,4,6-trione	GC/MS/EI	1270
5-(1-Cyclohexenyl)-5-ethyl-1,3-diazinane-2,4,6-trione	GC/MS/EI	1271
1-(1-Cyclohexen-1-yl)-3-methoxybenzene	GC/MS/EI	1174

1-(1-Cyclohexen-1-yl)-3-methoxybenzene	GC/MS/EI	1176
1-Cyclohexyl-N-methyl-propan-2-amine	GC/MS/EI	96
1-Cyclohexyl-N-methyl-propan-2-amine	GC/MS/EI/E	169
2-Cyclohexylcarbonyl-2,3,4,6,7,11b-hexahydro-1*H*-pyrazino-[2,1-*a*]isoquinolin-4-one	GC/MS/EI/E	700
2-Cyclohexylcarbonyl-2,3,4,6,7,11b-hexahydro-1*H*-pyrazino-[2,1-*a*]isoquinolin-4-one	GC/MS/EI	1626
Cyclohexylcyclohexane	GC/MS/EI	282
Cyclohexylcyclohexane	GC/MS/EI/E	1015
3-Cyclohexyl-3,5-diazabicyclo[4.3.0]non-10-ene-2,4-dione	GC/MS/EI/E	891
3-Cyclohexyl-3,5-diazabicyclo[4.3.0]non-10-ene-2,4-dione	GC/MS/EI	903
Cyclohexyl ether	GC/MS/EI	73
Cyclohexyl ether	GC/MS/EI/E	1144
2-Cyclohexylethyl-butylhthalate	GC/MS/EI	859
2-Cyclohexylethyl-butylhthalate	GC/MS/EI/E	1361
Cyclohexyl isothiocyanate	GC/MS/EI	72
Cyclohexyl isothiocyanate	GC/MS/EI	787
Cyclohexyloxybenzene	GC/MS/EI/E	396
Cyclohexyloxybenzene	GC/MS/EI	1084
Cyclohexyloxycyclohexane	GC/MS/EI	73
Cyclohexyloxycyclohexane	GC/MS/EI/E	1144
1-Cyclohexyl-1-phenyl-3-(1-piperidyl)propan-1-ol	GC/MS/EI	413
1-Cyclohexyl-1-phenyl-3-(1-piperidyl)propan-1-ol	GC/MS/EI/E	1335
Cyclohexylsarine	GC/MS/EI	415
Cyclohexylsarine	GC/MS/EI/E	752
Cyclohexyl-*tert*-butyldimethylsilyl-methylphosphonate	GC/MS/EI/E	892
Cyclohexyl-*tert*-butyldimethylsilyl-methylphosphonate	GC/MS/EI	903
Cyclooctasulfur	GC/MS/EI	179
5-(1-Cyclopent-2-enyl)-5-prop-2-enyl-1,3-diazinane-2,4,6-trione	GC/MS/EI	180
5-(1-Cyclopent-2-enyl)-5-prop-2-enyl-1,3-diazinane-2,4,6-trione	GC/MS/EI/E	1210
Cyclopentobarbitone	GC/MS/EI/E	180
Cyclopentobarbitone	GC/MS/EI	1210
Cyclopentobarbitone 2ME	GC/MS/EI/E	1347
Cyclopentobarbitone 2ME	GC/MS/EI	1355
1-Cyclopropyl-7-[(1S,6S)-5,8-diazabicyclo[4.3.0]non-8-yl]-6-fluoro-8-methoxy-4-oxo-quinoline-3-carboxylic acid	GC/MS/EI	523
11-Cyclopropyl-5,11-dihydro-4-methyl-6*H*-dipyrido[3,2-b:2',3'-f][I,4]diazepin-6-one	GC/MS/EI	1462
2-Cyclopropyl-methylamino-5-chlorobenzophenone	GC/MS/EI	265
2-Cyclopropyl-methylamino-5-chlorobenzophenone AC	GC/MS/EI	23
2-Cyclopropyl-methylamino-5-chlorobenzophenone AC	GC/MS/EI/E	1562
17-Cyclopropylmethyl-6-deoxy-7,8-dihydro-14-hydroxy-6-oxo-17-normorphine	GC/MS/EI	1674
Cyclo sarin hydrolysis product TMS	GC/MS/EI/E	892
Cyclo sarin hydrolysis product TMS	GC/MS/EI	903
Cyclotetradecane	GC/MS/EI	73
Cyclotetradecane	GC/MS/EI/E	528

1,4,8-Cycloundecatriene, 2,6,6,9-tetramethyl-,(E,E,E)-	GC/MS/EI	392
1,4,8-Cycloundecatriene, 2,6,6,9-tetramethyl-,(E,E,E)-	GC/MS/EI/E	831
Cyproheptadine	GC/MS/EI	1569
DDVP	GC/MS/EI/E	516
DDVP	GC/MS/EI	1171
DDVP	GC/MS/EI/E	1345
DEDTP Ethylester	GC/MS/EI	1167
DEP	GC/MS/EI	507
DEP	GC/MS/EI/E	829
DET	GC/MS/EI	317
DET	GC/MS/EI	328
DET	GC/MS/EI/E	329
DET	GC/MS/CI	357
DET	GC/MS/EI/E	684
DETP Ethylester	GC/MS/EI	766
DETP Ethylester	GC/MS/EI	1044
DETP Pentafluorbenzylester	GC/MS/EI	1127
D-Glucitol	GC/MS/EI/E	231
D-Glucitol	GC/MS/EI	704
α-D-Glucopyranose,pentaacete	GC/MS/EI	558
α-D-Glucopyranose,pentaacete	GC/MS/EI/E	1429
β-D-Glucopyranosiduronicacid,(5α,6alpha)-7,8-didehydro-4,5-epoxy-6-hydroxy-17-methylmorphinan-3-yl	GC/MS/EI/E	1566
β-D-Glucopyranosiduronicacid,(5α,6alpha)-7,8-didehydro-4,5-epoxy-6-hydroxy-17-methylmorphinan-3-yl	GC/MS/EI	1569
DHEA	GC/MS/EI	1572
DL-Hyoscyamine	GC/MS/EI/E	632
DL-Hyoscyamine	GC/MS/EI	634
DL-Hyoscyamine	GC/MS/CI	640
2,4-DMA	GC/MS/EI/E	894
2,5-DMA	GC/MS/EI/E	894
3,4-DMA	GC/MS/EI	53
3,4-DMA	GC/MS/EI/E	894
3,4-DMA	GC/MS/CI	1112
DMPEA	GC/MS/EI/E	5
DMPEA	GC/MS/EI	1129
3,4-DMPVP	GC/MS/EI	645
3,4-DMPVP	GC/MS/EI/E	646
3,4-DMPVP	GC/MS/EI	653
DMT	GC/MS/EI/E	136
DMT	GC/MS/EI	1173
DOB	GC/MS/EI/E	61
DOB	GC/MS/EI/E	1380
DOB	GC/MS/EI	1381

DOB	GC/MS/EI/E	1386
DOB	GC/MS/EI	1391
DOB AC	GC/MS/EI/E	1477
DOB AC	GC/MS/EI	1481
DOB AC	GC/MS/EI	1486
DOB-A (CH$_2$O)	GC/MS/EI	79
DOB-A (CH$_2$O)	GC/MS/EI/E	1477
DOB PFO	GC/MS/EI	1377
DOB PFO	GC/MS/EI/E	1762
DOB TMS	GC/MS/EI/E	575
DOB TMS	GC/MS/EI/E	580
DOB TMS	GC/MS/EI	583
DOI	GC/MS/EI/E	61
DOI	GC/MS/EI	1546
DOM	GC/MS/EI/E	56
DOM	GC/MS/CI	1021
DOM	GC/MS/EI/E	1022
DOM	GC/MS/EI	1199
DOM PFO	GC/MS/EI/E	999
DOM PFO	GC/MS/EI	1204
DOM TMS	GC/MS/EI	575
DOM TMS	GC/MS/EI/E	580
DPDTP PFB	GC/MS/EI/E	1133
DPDTP PFB	GC/MS/EI	1723
DPIA	GC/MS/EI/E	953
DPIA	GC/MS/EI	969
DPT	GC/MS/EI	545
DPT	GC/MS/EI/E	559
D-Spartein	GC/MS/EI/E	752
D-Spartein	GC/MS/EI	1394
D-2,5,5,8-Tetramethyl-2-(4,8,12-trimethyltridecyl)-6-chromanol	GC/MS/EI	1002
D-2,5,5,8-Tetramethyl-2-(4,8,12-trimethyltridecyl)-6-chromanol	GC/MS/EI	1740
Danazol	GC/MS/EI	381
Danazol-A I	GC/MS/EI	822
Danazol-A II	GC/MS/EI	1519
Danazol-A II	GC/MS/EI/E	1669
Danthron	GC/MS/EI	1422
2,4-Decadienal	GC/MS/EI	281
2,4-Decadienal	GC/MS/EI/E	291
Decamethyl-cyclopentasiloxane	GC/MS/EI	1691
Decane	GC/MS/EI	88
Decane	GC/MS/EI/E	795
Decanoic acid	GC/MS/EI/E	254

Decanoic acid	GC/MS/EI/E	256
Decanoic acid	GC/MS/EI	801
Decanoic acid	GC/MS/EI	807
Decanoic acid methyl ester	GC/MS/EI/E	260
Decanoic acid methyl ester	GC/MS/EI	802
1-Decanol	GC/MS/EI	13
1-Decanol	GC/MS/EI/E	295
Decan-1-ol	GC/MS/EI	13
Decan-1-ol	GC/MS/EI/E	295
Decyl bromide	GC/MS/EI/E	714
Decyl bromide	GC/MS/EI	843
Decylether	GC/MS/EI/E	36
Decylether	GC/MS/EI	403
Dehydracetic acid	GC/MS/EI	29
Dehydroabietic acid	GC/MS/EI	1418
Dehydrochloromethyltestosterone	GC/MS/EI	26
Dehydrochloromethyltestosterone	GC/MS/EI/E	1421
Dehydrochloromethyltestosterone TMS	GC/MS/EI	796
Dehydrochloromethyltestosterone TMS	GC/MS/EI/E	809
Dehydroepiandrosterone	GC/MS/EI	368
Dehydroepiandrosterone	GC/MS/EI	1572
Dehydroepiandrosterone $-H_2O$	GC/MS/EI	1519
1-Dehydro-1-methoxy-11-nor-Δ9-tetrahydrocannabinol-9-carboxylic acid methyl ester	GC/MS/EI	1630
16,17-Dehydroyohimban	GC/MS/EI	1542
16,17-Dehydroyohimban-17-ol	GC/MS/EI	1589
Demeton-S-methyl	GC/MS/EI/E	362
Demeton-S-methyl	GC/MS/EI	513
Demoxepam HY	GC/MS/EI	1381
Demoxepam HY AC	GC/MS/EI/E	1381
Demoxepam HY AC	GC/MS/EI	1529
Desethylchloroquine	GC/MS/EI	1105
Desethylchloroquine	GC/MS/EI/E	1339
Desipramine	GC/MS/EI	1202
Desipramine-M ($-C_4H_{11}N$)	GC/MS/EI	1218
Desipramine-M ($C_4H_{11}N$, HO) AC	GC/MS/EI/E	1308
Desipramine-M ($C_4H_{11}N$, HO) AC	GC/MS/EI	1470
Desmedipham	GC/MS/EI	1127
Desmedipham $-C_7H_6NO$	GC/MS/EI	1126
Desmethylclozapine	GC/MS/EI	1430
Desmethyldoxepine	GC/MS/EI	60
Desmethyldoxepine	GC/MS/EI/E	1253
Desmethylflunitrazepam	GC/MS/EI	1364
Desoxycholic acid ME	GC/MS/EI/E	1473

Desoxycholic acid ME	GC/MS/EI	1705
Desoxynorephedrin	GC/MS/EI/E	45
Desoxynorephedrin	GC/MS/CI	370
Desoxynorephedrin	GC/MS/EI	589
Desoxyphenobarbiton	GC/MS/EI	818
Desoxyphenobarbiton	GC/MS/EI/E	1181
Desoxyphenobarbiton	GC/MS/EI	1188
Dexpanthenol	GC/MS/EI	701
Dexpanthenol	GC/MS/EI/E	920
Dex-phenmetrazin	GC/MS/EI	189
Dextrocaine	GC/MS/EI	1136
Dextropropoxyphene	GC/MS/EI/E	115
Dextropropoxyphene	GC/MS/EI	369
Dextropropoxyphene	GC/MS/EI/E	479
1,4-Di-Bromo-cyclohexane	GC/MS/EI	281
1,4-Di-Bromo-cyclohexane	GC/MS/EI/E	944
2-(Di-2-Butylamino)-ethanol	GC/MS/EI	363
2-(Di-2-Butylamino)-ethanol	GC/MS/EI/E	930
Di-Butyltrifluoroacetamide	GC/MS/EI/E	775
Di-Butyltrifluoroacetamide	GC/MS/EI	1145
Di-(2-Chlorovinyl)arsinechloride	GC/MS/EI	354
Di-(2-Chlorovinyl)arsinechloride	GC/MS/EI/E	1050
2-(Di-Ethylamino)-ethanol	GC/MS/EI	310
2-(Di-Ethylamino)-ethanol	GC/MS/EI/E	349
Di-Hexylcarbonate	GC/MS/EI/E	10
Di-Hexylcarbonate	GC/MS/EI	465
1,6-Diacetoxyphenazine	GC/MS/EI	1312
Diacetylmorphine	GC/MS/EI	1622
Diacetylmorphine	GC/MS/EI	1655
Diacetylmorphine	GC/MS/CI	1656
2,5-Diaminobenzophenone	GC/MS/EI	1306
3,5-Diamino-6-chloropyrazine-2-carboxamide	GC/MS/EI	1168
Diamorphine	GC/MS/EI	1622
Diamorphine	GC/MS/EI	1655
Diamorphine	GC/MS/CI	1656
1,4:3,6-Dianhydro-D-glucitol-5-nitrate	GC/MS/CI	23
1,4:3,6-Dianhydro-D-glucitol-5-nitrate	GC/MS/EI/E	329
1,4:3,6-Dianhydro-D-glucitol-5-nitrate	GC/MS/EI	651
Diazepam	GC/MS/EI	1478
Diazepam	GC/MS/EI	1561
Diazepam HY	GC/MS/EI	1438
Diazepam-M (OH) AC	GC/MS/EI	1523
Diazepam-N-oxide	GC/MS/EI	1602
Diazinon	GC/MS/EI	756

Compound	Method	Page
3-(Dibenz[b,e]oxepin-11-(6H)-ylidene)-N,N-dimethylpropylamine	GC/MS/EI	104
3-(Dibenz[b,e]oxepin-11-(6H)-ylidene)-N,N-dimethylpropylamine	GC/MS/EI	133
3-(Dibenz[b,e]oxepin-11-(6H)-ylidene)-N,N-dimethylpropylamine	GC/MS/EI/E	170
3-(Dibenz[b,e]oxepin-11-(6H)-ylidene)-N,N-dimethylpropylamine	GC/MS/EI/E	1178
Dibenzepin	GC/MS/EI/E	143
Dibenzepin	GC/MS/EI	1366
Dibenzepin-M 2AC	GC/MS/EI	1469
Dibenzepin-M 2AC	GC/MS/EI/E	1620
Dibenzepin-M (Desmethyl) AC	GC/MS/EI/E	148
Dibenzepin-M (Desmethyl) AC	GC/MS/EI	1554
3-(Dibenzo[b,e]thiepin-11-(6H)-ylidene)-N,N-dimethylpropylamine	GC/MS/EI	140
3-(Dibenzo[b,e]thiepin-11-(6H)-ylidene)-N,N-dimethylpropylamine	GC/MS/EI/E	1350
2-{2-[4-(Dibenzo[b,f][1,4]thiazepin-11-yl)piperazine-1-yl]ethoxy}ethanol	GC/MS/CI	1299
2-{2-[4-(Dibenzo[b,f][1,4]thiazepin-11-yl)piperazine-1-yl]ethoxy}ethanol	GC/MS/EI/E	1645
2-{2-[4-(Dibenzo[b,f][1,4]thiazepin-11-yl)piperazine-1-yl]ethoxy}ethanol	GC/MS/EI	1717
Dibenzoyldiethyleneglycol ester	GC/MS/EI	480
4,4'-Dibromobenzophenone	GC/MS/EI/E	1148
4,4'-Dibromobenzophenone	GC/MS/EI	1673
2,4-Dibromo-6-[(cyclohexyl-methyl-amino)methyl]aniline	GC/MS/EI	186
2,4-Dibromo-6-[(cyclohexyl-methyl-amino)methyl]aniline	GC/MS/EI/E	1711
2,2-Dibromo-1-(2,4-dimethoxyphenyl)ethanone	GC/MS/EI	996
2,2-Dibromo-1-(2,4-dimethoxyphenyl)ethanone	GC/MS/EI/E	1015
2,2-Dibromo-1-(3,4-dimethoxyphenyl)ethanone	GC/MS/EI/E	997
2,2-Dibromo-1-(3,4-dimethoxyphenyl)ethanone	GC/MS/EI	1015
1,5-Dibromohexane	GC/MS/EI/E	73
1,5-Dibromohexane	GC/MS/EI	963
5,7-Dibromo-8-hydroxychinaldin	GC/MS/EI	1636
1,2-Dibromo-1-(4-methoxyphenyl)-propane	GC/MS/EI	1233
1,2-Dibromo-1-(4-methoxyphenyl)-propane	GC/MS/EI/E	1618
1,2-Dibromo-1-(3,4-methylenedioxyphenyl)-ethane	GC/MS/EI	1316
2,2-Dibromo-1-(3,4-methylenedioxyphenyl)ethanone	GC/MS/EI/E	844
2,2-Dibromo-1-(3,4-methylenedioxyphenyl)ethanone	GC/MS/EI	864
5,7-Dibromo-2-methyl-quinolin-8-ol	GC/MS/EI	1636
(5,7-Dibromo-2-methyl-quinolin-8-yl) benzoate	GC/MS/EI/E	473
(5,7-Dibromo-2-methyl-quinolin-8-yl) benzoate	GC/MS/EI	491
2,2-Dibromo-1-phenyl-ethanone	GC/MS/EI/E	472
2,2-Dibromo-1-phenyl-ethanone	GC/MS/EI	492
2,2-Dibromo-1-phenylethanone	GC/MS/EI	472
2,2-Dibromo-1-phenylethanone	GC/MS/EI/E	492
5,7-Dibromo-8-quinolinol	GC/MS/EI	1636
5,7-Dibromoquinolin-8-ol	GC/MS/EI	567
1,2-Dibromo-1-(3,4,5-trimethoxyphenyl)ethane	GC/MS/EI	1487
Dibucaine	GC/MS/EI/E	317
Dibucaine	GC/MS/EI	577

1-Dibutoxyphosphoryloxybutane	GC/MS/EI	420
1-Dibutoxyphosphoryloxybutane	GC/MS/EI/E	421
1-Dibutoxyphosphoryloxybutane	GC/MS/EI	906
1-Dibutoxyphosphoryloxybutane	GC/MS/EI/E	908
3-(Dibutylamino)-1-[1,3-dichloro-6-(trifluoromethyl)phenanthren-9-yl]propan-1-ol	GC/MS/EI/E	789
3-(Dibutylamino)-1-[1,3-dichloro-6-(trifluoromethyl)phenanthren-9-yl]propan-1-ol	GC/MS/EI	1547
2-Dibutylamino-ethanol	GC/MS/EI/E	789
2-Dibutylamino-ethanol	GC/MS/EI	798
Dibutyl phthalate	GC/MS/EI/E	857
Dibutyl phthalate	GC/MS/EI	866
Dibutylsulfide	GC/MS/EI	177
2,2-Dichloro-N-[(1R,2R)-1,3-dihydroxy-1-(4-nitrophenyl)propan-2-yl]acetamide	GC/MS/EI/E	889
2,2-Dichloro-N-[(1R,2R)-1,3-dihydroxy-1-(4-nitrophenyl)propan-2-yl]acetamide	GC/MS/CI	1065
2,2-Dichloro-N-[(1R,2R)-1,3-dihydroxy-1-(4-nitrophenyl)propan-2-yl]acetamide	GC/MS/EI	1614
3,5-Dichloro-N-(1,1-dimethylprop-2-ynyl)benzamide	GC/MS/EI	1062
3,5-Dichloro-N-(1,1-dimethylprop-2-ynyl)benzamide	GC/MS/EI/E	1471
[2-(2,6-Dichloroanilino)phenyl]acetaldehyde	GC/MS/EI	1489
2,4-Dichloroanisol	GC/MS/EI	1078
2,4-Dichloro-1-(2-chloro-1-diethoxyphosphoryloxy-ethenyl)benzene	GC/MS/EI	1646
2,4-Dichloro-1-(2-chloro-1-diethoxyphosphoryloxy-ethenyl)benzene	GC/MS/EI/E	1655
1,3-Dichloro-1-chloromethylbenzene	GC/MS/EI	932
1,3-Dichloro-1-chloromethylbenzene	GC/MS/EI/E	1219
1,1-Dichloro-2-dimethoxyphosphoryloxy-ethene	GC/MS/EI	516
1,1-Dichloro-2-dimethoxyphosphoryloxy-ethene	GC/MS/EI/E	1171
1,1-Dichloro-2-dimethoxyphosphoryloxy-ethene	GC/MS/EI/E	1345
2,4-Dichloro-1-methoxybenzene	GC/MS/EI	1078
2,4-Dichloro-1-(4-nitrophenoxy)benzene	GC/MS/EI	1247
3-(3,5-Dichlorophenyl)-N-*iso*-propyl-2,4-dioxo-imidazolidine-1-carboxamide	GC/MS/EI	75
3-(3,5-Dichlorophenyl)-N-*iso*-propyl-2,4-dioxo-imidazolidine-1-carboxamide	GC/MS/EI/E	1638
2-[2-[(2,6-Dichlorophenyl)amino]phenyl]acetic acid	GC/MS/EI	1322
2-[2-[(2,6-Dichlorophenyl)amino]phenyl]acetic acid	GC/MS/EI/E	1597
2-[2-(2,6-Dichlorophenyl)aminophenyl]ethanal	GC/MS/EI	1489
1-(3,5-Dichlorophenyl)-2-aminopropan-1-one	GC/MS/EI/E	38
1-(3,5-Dichlorophenyl)-2-aminopropan-1-one	GC/MS/EI	504
1-(2,6-Dichlorophenyl)-1,3-dihydro-2*H*-Indol-2-one	GC/MS/EI	1322
3-(3,5-Dichlorophenyl)-5-ethenyl-5-methyl-oxazolidine-2,4-dione	GC/MS/EI	1310
6-(2,3-Dichlorophenyl)-1,2,4-triazine-3,5-diamine	GC/MS/EI	1162
6-(2,3-Dichlorophenyl)-1,2,4-triazine-3,5-diamine	GC/MS/EI	1163
2,2'-Dichlorostilbene	GC/MS/EI	1102
2,2'-Dichlorostilbene	GC/MS/EI/E	1447
2,2'-Dichlorostilbene	GC/MS/EI/E	1448
2,4-Dichlorotoluene	GC/MS/EI	641
Dichlorvos	GC/MS/EI/E	516
Dichlorvos	GC/MS/EI	1171

Dichlorvos	GC/MS/EI/E	1345
Diclofenac	GC/MS/EI/E	1322
Diclofenac	GC/MS/EI	1597
Diclofenac-A (-H$_2$O) ME	GC/MS/EI	1374
Diclofenac-A (-H$_2$O) ME	GC/MS/EI/E	1503
Diclofenac ME	GC/MS/EI/E	1321
Diclofenac ME	GC/MS/EI	1619
Diclofenac-M (-H$_2$O)	GC/MS/EI	1322
Diclofenac-M (-H$_2$O) AC I	GC/MS/EI	1381
Diclofenac-M (-H$_2$O) AC I	GC/MS/EI/E	1591
Diclofenac-M (-H$_2$O) AC I	GC/MS/EI	1598
Diclofenac-M (-H$_2$O) AC II	GC/MS/EI	1381
Diclofenac-M 2ME	GC/MS/EI	1435
Diclofenac-M (OH) 2TMS I	GC/MS/EI/E	232
Diclofenac-M (OH) 2TMS I	GC/MS/EI	262
Diclofenac-M (OH) 2TMS II	GC/MS/EI	251
Diclofenac-M (OH) 2TMS II	GC/MS/EI/E	1663
Diclofenac-M (OH) 2TMS III	GC/MS/EI/E	251
Diclofenac-M (OH) 2TMS III	GC/MS/EI	1659
Diclofenac-M (di-HO, -H$_2$O) 2AC	GC/MS/EI	1686
Diclofenac-M (di-HO, -H$_2$O) 2AC	GC/MS/EI/E	1689
Diclofenac TMS	GC/MS/EI/E	248
Diclofenac TMS	GC/MS/EI	1435
Dicoumarin	GC/MS/EI	616
Dicoumarol	GC/MS/EI	616
Dicrotophos	GC/MS/EI	650
Dicrotophos	GC/MS/EI/E	1203
Dicumarin	GC/MS/EI	616
Dicumarol	GC/MS/EI	616
1,4-Dicyanobenzene	GC/MS/EI	661
1,1-Dicyano-2-(o-chlorophenyl)ethane	GC/MS/EI/E	639
1,1-Dicyano-2-(o-chlorophenyl)ethane	GC/MS/EI	1183
1,1-Dicyano-2-(o-chlorophenyl)oxirane	GC/MS/EI	783
1,3-Dicyclohexylurea	GC/MS/EI	81
Dicyclomine	GC/MS/EI/E	322
Dicyclomine	GC/MS/EI	439
2',3'-Didehydro-3'-deoxythymidine	GC/MS/EI/E	183
2',3'-Didehydro-3'-deoxythymidine	GC/MS/EI	653
16,17-Didehydro-9,17-dimethoxy-corynan-16-carboxylic acid methyl ester	GC/MS/EI	1322
7,8-Didehydro-4,5-epoxy-3-methoxy-17-methyl-(5α,6ß)-morphinan-6-ol	GC/MS/EI	16
7,8-Didehydro-4,5-epoxy-3-methoxy-17-methyl-(5α,6ß)-morphinan-6-ol	GC/MS/CI	1556
7,8-Didehydro-4,5-epoxy-3-methoxy-17-methyl-(5α,6ß)-morphinan-6-ol	GC/MS/EI	1603

Didesmethylcitalopram AC	GC/MS/EI/E	1412
Didesmethylcitalopram AC	GC/MS/EI	1417
Diethion	GC/MS/EI	1011
Diethoxy-(2-ethylsulfanylethylsulfanyl)-sulfanylidene-phosphorane	GC/MS/EI	362
Diethoxy-(2-ethylsulfanylethylsulfanyl)-sulfanylidene-phosphorane	GC/MS/EI/E	402
Diethoxy-(ethylsulfanylmethylsulfanyl)-sulfanylidene-phosphorane	GC/MS/EI	261
Diethoxy-(ethylsulfanylmethylsulfanyl)-sulfanylidene-phosphorane	GC/MS/EI/E	1487
Diethoxy-(6-methyl-2-propan-2-yl-pyrimidin-4-yl)oxy-sulfanylidene-phosphorane	GC/MS/EI	756
Diethoxy-(4-nitrophenoxy)-sulfanylidene-phosphorane	GC/MS/EI	517
Diethoxy-(4-nitrophenoxy)-sulfanylidene-phosphorane	GC/MS/EI	1581
1-[(3,4-Diethoxyphenyl)methyl]-6,7-diethoxy-isoquinoline	GC/MS/EI	1701
Diethoxyphosphinothioyloxy-diethoxy-sulfanylidene-phosphorane	GC/MS/EI	1643
Diethoxyphosphinothioyloxy-diethoxy-sulfanylidene-phosphorane	GC/MS/EI	1646
Diethoxyphosphinothioylsulfanylmethylsulfanyl-diethoxy-sulfanylidene-phosphorane	GC/MS/EI	1382
Diethoxyphosphinothioylsulfanylmethylsulfanyl-diethoxy-sulfanylidene-phosphorane	GC/MS/EI/E	1391
3-(Diethoxyphosphinothioylsulfanylmethyl)-3,4,5-triazabicyclo[4.4.0]deca-4,6,8,10-tetraen-2-one	GC/MS/EI/E	699
3-(Diethoxyphosphinothioylsulfanylmethyl)-3,4,5-triazabicyclo[4.4.0]deca-4,6,8,10-tetraen-2-one	GC/MS/EI	948
1-Diethoxyphosphoryloxyethane	GC/MS/EI	911
1-Diethoxyphosphoryloxyethane	GC/MS/EI/E	1143
Diethoxy-sulfanylidene-(*tert*-butylsulfanylmethylsulfanyl)phosphorane	GC/MS/EI	85
Diethoxy-sulfanylidene-(3,5,6-trichloropyridin-2-yl)oxy-phosphorane	GC/MS/EI/E	403
Diethoxy-sulfanylidene-(3,5,6-trichloropyridin-2-yl)oxy-phosphorane	GC/MS/EI	1224
Diethoxy-sulfanylidene-(3,5,6-trichloropyridin-2-yl)oxy-phosphorane	GC/MS/EI	1639
3,3-Diethyl-1*H*-pyridine-2,4-dione	GC/MS/EI	289
2-Diethylamino-N-(2,6-dimethylphenyl)acetamide	GC/MS/EI/E	300
2-Diethylamino-N-(2,6-dimethylphenyl)acetamide	GC/MS/EI/E	314
2-Diethylamino-N-(2,6-dimethylphenyl)acetamide	GC/MS/EI	315
2-Diethylamino-N-(2,6-dimethylphenyl)acetamide	GC/MS/EI	347
2-Diethylamino-N-(2,6-dimethylphenyl)acetamide	GC/MS/EI	351
2-Diethylamino-N-(2,6-dimethylphenyl)acetamide	GC/MS/EI/E	1393
2-Diethylamino-N-(3-hydroxy-2,6-dimethyl-phenyl)acetamide	GC/MS/EI/E	300
2-Diethylamino-N-(3-hydroxy-2,6-dimethyl-phenyl)acetamide	GC/MS/EI	1453
2-Diethylamino-1-(2,4-dimethoxyphenyl)ethanone	GC/MS/EI/E	311
2-Diethylamino-1-(2,4-dimethoxyphenyl)ethanone	GC/MS/EI	1117
2-Diethylamino-1-(3,4-dimethoxyphenyl)ethanone	GC/MS/EI/E	301
2-Diethylamino-1-(3,4-dimethoxyphenyl)ethanone	GC/MS/EI	356
2-Diethylamino-ethanethiol	GC/MS/EI/E	311
2-Diethylamino-ethanethiol	GC/MS/EI	348
2-(2-Diethylaminoethoxy)ethyl 1-phenylcyclopentane-1-carboxylate	GC/MS/EI/E	328
2-(2-Diethylaminoethoxy)ethyl 1-phenylcyclopentane-1-carboxylate	GC/MS/EI	808
2-Diethylaminoethyl 4-aminobenzoate	GC/MS/EI/E	322
2-Diethylaminoethyl 4-aminobenzoate	GC/MS/EI	323

2-Diethylaminoethyl 4-aminobenzoate	GC/MS/EI	604
2-Diethylaminoethyl 4-aminobenzoate	GC/MS/EI/E	984
2-Diethylaminoethyl 4-amino-3-butoxy-benzoate	GC/MS/EI/E	321
2-Diethylaminoethyl 4-amino-3-butoxy-benzoate	GC/MS/EI	741
2-Diethylamino-ethylamino-5-chloro-2'-fluorobenzophenone	GC/MS/EI/E	301
2-Diethylamino-ethylamino-5-chloro-2'-fluorobenzophenone	GC/MS/EI	350
2-Diethylamino-ethylamino-5-chloro-2'-fluorobenzophenone TMS	GC/MS/EI	230
2-Diethylamino-ethylamino-5-chloro-2'-fluorobenzophenone TMS	GC/MS/EI/E	272
2-Diethylaminoethyl-3-amino-4-propoxybenzoate	GC/MS/EI/E	321
2-Diethylaminoethyl-3-amino-4-propoxybenzoate	GC/MS/EI	416
2-Diethylaminoethyl 1-cyclohexylcyclohexane-1-carboxylate	GC/MS/EI	322
2-Diethylaminoethyl 1-cyclohexylcyclohexane-1-carboxylate	GC/MS/EI/E	439
Diethylaminoethyl-methyl-*tert*-butyldimethylsilyl thioether	GC/MS/EI/E	316
Diethylaminoethyl-methyl-*tert*-butyldimethylsilyl thioether	GC/MS/EI	348
Diethylaminoethyl-methylthioether	GC/MS/EI/E	311
Diethylaminoethyl-methylthioether	GC/MS/EI	348
2-Diethylaminoethyl 2-(naphthalen-1-ylmethyl)-3-(oxolan-2-yl)propanoate	GC/MS/EI/E	321
2-Diethylaminoethyl 2-(naphthalen-1-ylmethyl)-3-(oxolan-2-yl)propanoate	GC/MS/EI/E	323
2-Diethylaminoethyl 2-(naphthalen-1-ylmethyl)-3-(oxolan-2-yl)propanoate	GC/MS/EI	420
2-Diethylaminoethyl 2-(naphthalen-1-ylmethyl)-3-(oxolan-2-yl)propanoate	GC/MS/EI	783
2-Diethylaminoethyl 2-phenylbutanoate	GC/MS/EI/E	322
2-Diethylaminoethyl 2-phenylbutanoate	GC/MS/EI	1185
3-(2-Diethylaminoethyl)-3-phenyl-piperidine-2,6-dione	GC/MS/EI	324
3-(2-Diethylaminoethyl)-3-phenyl-piperidine-2,6-dione	GC/MS/EI/E	433
2-Diethylaminoheptanophenone	GC/MS/EI	915
2-Diethylaminoheptanophenone	GC/MS/EI/E	924
2-Diethylamino-hexanophenone	GC/MS/EI/E	789
2-Diethylamino-hexanophenone	GC/MS/EI	798
2-Diethylamino-1-(3-methoxyphenyl)propan-1-one	GC/MS/EI	426
2-Diethylamino-1-(3-methoxyphenyl)propan-1-one	GC/MS/EI/E	453
2-Diethylamino-1-(4-methoxyphenyl)-1-propanone	GC/MS/EI/E	426
2-Diethylamino-1-(4-methoxyphenyl)-1-propanone	GC/MS/EI	454
2-Diethylamino-1-(3,4-methylenedioxyphenyl)ethanone	GC/MS/EI	310
2-Diethylamino-1-(3,4-methylenedioxyphenyl)ethanone	GC/MS/EI/E	844
2-Diethylamino-1-(2-methylphenyl)ethanone	GC/MS/EI	301
2-Diethylamino-1-(2-methylphenyl)ethanone	GC/MS/EI/E	346
2-Diethylamino-1-(4-methylphenyl)-propan-1-one	GC/MS/EI	425
2-Diethylamino-1-(4-methylphenyl)-propan-1-one	GC/MS/EI/E	452
2-Diethylamino-1-phenylbutan-1-one	GC/MS/EI	546
2-Diethylamino-1-phenylbutan-1-one	GC/MS/EI/E	563
2-Diethylamino-1-phenylethanone	GC/MS/EI/E	300
2-Diethylamino-1-phenylethanone	GC/MS/EI	350
2-Diethylamino-1-phenyl-propan-1-one	GC/MS/EI/E	426
2-Diethylamino-1-phenyl-propan-1-one	GC/MS/EI	449

3-Diethylaminopropyl 2-phenylnorbornane-2-carboxylate	GC/MS/EI	319
3-Diethylaminopropyl 2-phenylnorbornane-2-carboxylate	GC/MS/EI/E	374
2-Diethylaminovalerophenone	GC/MS/EI/E	660
2-Diethylaminovalerophenone	GC/MS/EI	672
5,5-Diethylbarbituric acid	GC/MS/EI	914
5,5-Diethylbarbituric acid	GC/MS/EI/E	922
Diethyl benzene-1,2-dicarboxylate	GC/MS/EI/E	857
Diethyl benzene-1,2-dicarboxylate	GC/MS/EI	1087
5,5-Diethyl-1,3-diazinane-2,4,6-trione	GC/MS/EI/E	914
5,5-Diethyl-1,3-diazinane-2,4,6-trione	GC/MS/EI	922
Diethyl 2-dimethoxyphosphinothioylsulfanylbutanedioate	GC/MS/EI	1060
Diethyl 2-dimethoxyphosphinothioylsulfanylbutanedioate	GC/MS/EI/E	1066
Diethyl 2-dimethoxyphosphinothioylsulfanylbutanedioate	GC/MS/EI/E	1067
Diethyleneglykol 2AC	GC/MS/EI/E	344
Diethyleneglykol 2AC	GC/MS/EI	363
Diethylenglycol dibenzoate	GC/MS/EI	480
2,2-Diethyl-2-(3-methoxyphenyl)ethylamine	GC/MS/EI/E	1098
2,2-Diethyl-2-(3-methoxyphenyl)ethylamine	GC/MS/EI	1112
3,3-Diethyl-5-methyl-piperidine-2,4-dione	GC/MS/EI	780
3,3-Diethyl-5-methyl-piperidine-2,4-dione	GC/MS/EI/E	915
Diethylpentanamide	GC/MS/EI	644
2,2-Diethylpent-4-enamide	GC/MS/EI	644
Diethylpentenamide	GC/MS/EI	644
Diethylphthalate	GC/MS/EI/E	857
Diethylphthalate	GC/MS/EI	1087
3,3-Diethylpiperidine-2,4-dione	GC/MS/EI	646
3,3-Diethylpiperidine-2,4-dione	GC/MS/EI/E	791
3,3-Diethylpiperidine-2,4-dione	GC/MS/CI	1045
Diethylpropion	GC/MS/EI/E	449
Diethyl-2-sulfanylbutanedioate	GC/MS/EI	698
5,5-Diethyl-2-thiobarbituric acid	GC/MS/EI	922
Diethyl-thiomalate	GC/MS/EI	698
Difenacoum	DI/MS/EI	1744
Difenacoum ME	GC/MS/EI	1612
Difethialon	GC/MS/EI	588
Difethialon ME	GC/MS/EI	1642
Diflufenican	GC/MS/EI	1505
Diflufenican	GC/MS/EI	1506
Diflufenican	GC/MS/EI/E	1510
Diflufenican ME	GC/MS/EI	1505
Diflufenican ME	GC/MS/EI/E	1557
Diflufenican TMS	GC/MS/EI	1211
Diflufenican TMS	GC/MS/EI/E	1747
Diflufenicanil	GC/MS/EI	1505

Diflufenicanil	GC/MS/EI/E	1506
Diflufenicanil	GC/MS/EI	1510
4-(2,2-Difluorobenzo[1,3]dioxol-4-yl)-1H-pyrrole-3-carbonitrile	GC/MS/EI	1447
2,4-Difluoro-2,2-bis(1H-1,2,4-triazol-1-ylmethyl)benzylalkohol	GC/MS/EI	1362
5-(Difluoromethoxy)-2-[(3,4-dimethoxypyridin-2-yl)methylsulfinyl]-3H-benzoimidazole	DI/MS/EI	881
2-(Dihexylamino)-ethanol	GC/MS/EI/E	1226
2-(Dihexylamino)-ethanol	GC/MS/EI	1232
Dihydro-CS	GC/MS/EI/E	639
Dihydro-CS	GC/MS/EI	1183
3-(10,11-Dihydro-5H-dibenz[b,f]azepin-5-yl)-N,N-dimethylpropylamine	GC/MS/EI/E	144
3-(10,11-Dihydro-5H-dibenz[b,f]azepin-5-yl)-N,N-dimethylpropylamine	GC/MS/EI	1548
3-(10,11-Dihydro-5H-dibenz[b,f]-azepin-5-yl)-N-methylpropylamine	GC/MS/EI	1202
10,11-Dihydro-5H-dibenzo[a,d]cyclohepten-5-one-o-(2-dimethylaminoethyl) oxime	GC/MS/EI/E	109
10,11-Dihydro-5H-dibenzo[a,d]cyclohepten-5-one-o-(2-dimethylaminoethyl) oxime	GC/MS/EI	223
3-(10,11-Dihydro-5H-dibenzo[a,d]cyclohepten-5-ylidene)-N,N-dimethyl-propylamine	GC/MS/EI	104
3-(10,11-Dihydro-5H-dibenzo[a,d]cyclohepten-5-ylidene)-N,N-dimethyl-propylamine	GC/MS/EI	139
3-(10,11-Dihydro-5H-dibenzo[a,d]cyclohepten-5-ylidene)-N,N-dimethyl-propylamine	GC/MS/EI/E	161
3-(10,11-Dihydro-5H-dibenzo[a,d]cyclohepten-5-ylidene)-N,N-dimethyl-propylamine	GC/MS/EI/E	171
3-(10,11-Dihydro-5H-dibenzo[a,d]cyclohepten-5-ylidene)-N,N-dimethyl-propylamine	GC/MS/EI	1248
3-(10,11-Dihydro-5H-dibenzo[a,d]cyclohepten-5-ylidene)-N,N-dimethyl-propylamine	GC/MS/EI/E	1330
6,7-Dihydro-4H-pyrano[3,4-d][1,3]thiazol-4-one	GC/MS/EI	637
7,8-Dihydro-^{3}O-methylmorphine	GC/MS/EI	1605
Dihydrobenzofurane	GC/MS/EI	607
Dihydrocapsaicin	GC/MS/EI	759
Dihydrocapsaicin	GC/MS/EI/E	1616
Dihydrocapsaicin ME	GC/MS/EI	875
Dihydrocodeine	GC/MS/EI	1605
Dihydrocodeine-M (Nor) 2AC	GC/MS/EI/E	345
Dihydrocodeine-M (Nor) 2AC	GC/MS/EI	1707
Dihydrocodeine-M (Nor) AC	GC/MS/EI	358
Dihydrocodeine PFP	GC/MS/EI	1746
Dihydrocodeine TMS	GC/MS/EI	1708
Dihydrocodeinone	GC/MS/EI	1601
Dihydrocodeinone	GC/MS/EI	1602
1,4-Dihydro-2,6-dimethyl-5-methoxycarbonyl-4-(3-nitrophenyl)-pyridine-3-carboxylic acid	DI/MS/EI	1301
1,4-Dihydro-2,6-dimethyl-5-methoxycarbonyl-4-(3-nitrophenyl)-pyridine-3-carboxylic acid	DI/MS/EI/E	1308
1,2-Dihydro-1,5-dimethyl-4-(methylamino)-2-phenyl-3H-pyrazol-3-one	GC/MS/EI	76
1,2-Dihydro-1,5-dimethyl-4-(methylamino)-2-phenyl-3H-pyrazol-3-one	GC/MS/EI/E	1329
1,2-Dihydro-1,5-dimethyl-4-(methylamino)-2-phenyl-3H-pyrazol-3-one	GC/MS/EI/E	1330
Dihydroergotamine-A AC	GC/MS/EI	643
α-Dihydrofucosterol	GC/MS/EI	34
3,4-Dihydroharmine	GC/MS/EI	1315
1,3-Dihydroindol-2-one	GC/MS/EI	706
7,8-Dihydromorphine	GC/MS/EI	1569

Dihydromorphine	GC/MS/EI	1569
Dihydromorphinone	GC/MS/EI	1563
Dihydromorphinone	GC/MS/EI	1564
Dihydromorphinone 2AC	GC/MS/EI/E	1653
Dihydromorphinone 2AC	GC/MS/EI	1658
Dihydromorphinone AC	GC/MS/EI	1565
Dihydromorphinone 2TMS	GC/MS/EI	1397
Dihydromorphinone TMS	GC/MS/EI	1604
10,11-Dihydro-10-oxo-5H-dibenz[b,f]azepine-5-carboxamide	GC/MS/EI	1123
10,11-Dihydro-10-oxo-5H-dibenz[b,f]azepine-5-carboxamide	GC/MS/EI	1125
3,4-Dihydroxy-L-phenylalanine	DI/MS/EI	626
3,4-Dihydroxy-L-phenylalanine	DI/MS/EI/E	634
2,4-Dihydroxy-N-(3-hydroxypropyl)-3,3-dimethyl-butanamide	GC/MS/EI	701
2,4-Dihydroxy-N-(3-hydroxypropyl)-3,3-dimethyl-butanamide	GC/MS/EI/E	920
1,8-Dihydroxyanthracene-9,10-dione	GC/MS/EI	1422
2,3-Dihydroxybenzaldehyde	GC/MS/EI	766
3,4-Dihydroxybenzaldehyde	GC/MS/EI	751
3,4-Dihydroxybenzaldehyde 2TMS	GC/MS/EI/E	230
3,4-Dihydroxybenzaldehyde 2TMS	GC/MS/EI	1509
2,3-Dihydroxybenzaldehyde oxime	GC/MS/EI	895
6,7-Dihydroxy-2-benzopyrone	GC/MS/EI	1100
3,4-Dihydroxycinnamic acid	GC/MS/EI	1119
6,7-Dihydroxycoumarin	GC/MS/EI	1100
10,11-Dihydroxy-dihydro-carbamazepin 2AC	GC/MS/EI	1123
10,11-Dihydroxy-dihydro-carbamazepin 2AC	GC/MS/EI/E	1124
10,11-Dihydroxy-dihydro-carbamazepin 2AC	GC/MS/EI	1464
10,11-Dihydroxy-dihydro-carbamazepine	GC/MS/EI	1124
5,7-Dihydroxy-4-methyl-2H-benzopyran-2-one	GC/MS/EI	1192
(3,4-Dihydroxy-5-nitro-phenyl)-(4-methylphenyl)methanone	GC/MS/EI	596
(3,4-Dihydroxy-5-nitro-phenyl)-(4-methylphenyl)methanone	GC/MS/CI	1531
(-)-3-(3,4-Dihydroxyphenyl)-1-alanine	DI/MS/EI/E	626
(-)-3-(3,4-Dihydroxyphenyl)-1-alanine	DI/MS/EI	634
1-(2,6-Dihydroxyphenyl)ethanone	GC/MS/EI	759
1-(3,4-Dihydroxyphenyl)-2-methylamino-ethanone	DI/MS/EI	883
1-(3,4-Dihydroxyphenyl)-2-methylamino-ethanone	DI/MS/EI/E	1129
2,3-Dihydroxypropyl 2-[(7-chloroquinolin-4-yl)amino]benzoate	GC/MS/EI	1465
7-(2,3-Dihydroxypropyl)-1,3-dimethyl-purine-2,6-dione	GC/MS/EI	1122
7-(2,3-Dihydroxypropyl)-1,3-dimethyl-purine-2,6-dione	GC/MS/EI/E	1472
Dihydroxypropyl-theophyllin	GC/MS/EI	1122
Dihydroxypropyl-theophyllin	GC/MS/EI/E	1472
Dihyprylon	GC/MS/EI/E	646
Dihyprylon	GC/MS/EI	791
Dihyprylon	GC/MS/CI	1045
Dihyprylone	GC/MS/EI	646

Dihyprylone	GC/MS/CI	791
Dihyprylone	GC/MS/EI/E	1045
2-(Di-*iso*-Butylamino)-ethanol	GC/MS/EI/E	683
2-(Di-*iso*-Butylamino)-ethanol	GC/MS/EI	798
Di-*iso*-Propyl[2-(5-methoxy-indol-3-yl)ethyl]azan	GC/MS/EI/E	539
Di-*iso*-Propyl[2-(5-methoxy-indol-3-yl)ethyl]azan	GC/MS/EI/E	549
Di-*iso*-Propyl[2-(5-methoxy-indol-3-yl)ethyl]azan	GC/MS/EI	552
Di-*iso*-Propyl[2-(5-methoxy-indol-3-yl)ethyl]azan	GC/MS/CI	939
Di-*iso*-Propyl[2-(5-methoxy-indol-3-yl)ethyl]azan	GC/MS/EI	1071
Diisobutylphenoxyethoxyethylmethylbenzylamine	GC/MS/EI	379
Diisobutylphenoxyethoxyethylmethylbenzylamine	GC/MS/EI/E	1203
Diisooctyl adipate	GC/MS/EI/E	676
Diisooctyl adipate	GC/MS/EI	831
Diisooctylphthalate	GC/MS/EI	858
Diisooctylphthalate	GC/MS/EI/E	1547
Di-*iso*-propylaminoethanethiol	GC/MS/EI/E	542
Di-*iso*-propylaminoethanethiol	GC/MS/EI	563
Di-*iso*-propylaminoethyl-methyl thioether	GC/MS/EI/E	543
Di-*iso*-propylaminoethyl-methyl thioether	GC/MS/EI	558
2-Di-*iso*-propylaminoethyl-*tert*-butyldimethylsilylether	GC/MS/EI	541
2-Di-*iso*-propylaminoethyl-*tert*-butyldimethylsilylthioether	GC/MS/EI	542
2-Di-*iso*-propylaminoethyl-*tert*-butyldimethylsilylthioether	GC/MS/EI/E	565
2,5-Di-*iso*-propyl-1,4-benzendiole	GC/MS/EI	1112
2,5-Di-*iso*-propylbenzoquinone	GC/MS/EI	853
Di-*iso*-propylmescaline	GC/MS/EI	555
Di-*iso*-propylmescaline	GC/MS/EI/E	572
Dikumarol	GC/MS/EI	616
Diltiazem	GC/MS/EI/E	108
Diltiazem	GC/MS/EI	214
Diltiazem-M (O-desmethyl, desamino OH) AC	GC/MS/EI/E	741
Diltiazem-M (O-desmethyl, desamino OH) AC	GC/MS/EI	1704
Diltiazem-M (O-desmethyldesamino, OH -H_2O) AC	GC/MS/EI	747
Diltiazem-M (O-desmethyldesamino, OH -H_2O) AC	GC/MS/EI/E	1671
Diltiazem-M (desacetyl)	GC/MS/EI	109
Diltiazem-M (desacetyl)	GC/MS/EI/E	191
Diltiazem-M (desacetyl)	GC/MS/EI/E	214
Diltiazem-M (desamino OH, -H_2O)	GC/MS/EI	865
Diltiazem-M (desamino OH, -H_2O)	GC/MS/EI/E	1622
Dimepheptanol	GC/MS/EI/E	226
Dimepheptanol	GC/MS/EI	256
Dimethachlor	GC/MS/EI/E	711
Dimethachlor	GC/MS/EI	1300
Dimethisochin	GC/MS/EI/E	190

Dimethisochin	GC/MS/EI	218
Dimethisoquin	GC/MS/EI	190
Dimethisoquin	GC/MS/EI/E	218
Dimethoate	GC/MS/EI/E	348
Dimethoate	GC/MS/EI/E	796
Dimethoate	GC/MS/EI	799
6,7-Dimethoxy-3H-isobenzofuran-1-one	GC/MS/EI	994
2,4-Dimethoxyacetophenone	GC/MS/EI	998
3,4-Dimethoxyacetophenone	GC/MS/EI	998
3,5-Dimethoxyacetophenone	GC/MS/EI	1002
2,4-Dimethoxyacetophenone oxime I	GC/MS/EI	980
2,4-Dimethoxyacetophenone oxime II	GC/MS/EI	979
2,4-Dimethoxy-α-methyl-β-nitrostyrene	GC/MS/EI	767
2,4-Dimethoxy-α-methylphenethylamine	GC/MS/EI/E	880
2,4-Dimethoxy-α-methylphenethylamine	GC/MS/EI	894
2,5-Dimethoxy-α-methylphenethylamine	GC/MS/EI/E	53
2,5-Dimethoxy-α-methylphenethylamine	GC/MS/EI	894
3,4-Dimethoxy-α-methylphenethylamine	GC/MS/CI	53
3,4-Dimethoxy-α-methylphenethylamine	GC/MS/EI/E	894
3,4-Dimethoxy-α-methylphenethylamine	GC/MS/EI	1112
2,4-Dimethoxyamphetamine	GC/MS/EI	880
2,4-Dimethoxyamphetamine	GC/MS/EI/E	894
2,5-Dimethoxyamphetamine	GC/MS/EI/E	53
2,5-Dimethoxyamphetamine	GC/MS/EI	894
3,4-Dimethoxyamphetamine	GC/MS/CI	53
3,4-Dimethoxyamphetamine	GC/MS/EI/E	894
3,4-Dimethoxyamphetamine	GC/MS/EI	1112
3,5-Dimethoxyamphetamine	GC/MS/EI/E	64
3,5-Dimethoxyamphetamine	GC/MS/EI	887
2,4-Dimethoxyamphetamine 2AC	GC/MS/EI/E	1100
2,4-Dimethoxyamphetamine 2AC	GC/MS/EI	1111
2,4-Dimethoxyamphetamine AC	GC/MS/EI	1100
2,4-Dimethoxyamphetamine AC	GC/MS/EI/E	1113
2,5-Dimethoxyamphetamine AC	GC/MS/EI	1099
2,5-Dimethoxyamphetamine AC	GC/MS/EI/E	1407
3,4-Dimethoxyamphetamine AC	GC/MS/EI/E	56
3,4-Dimethoxyamphetamine AC	GC/MS/EI	1113
2,3-Dimethoxybenzaldehyde	GC/MS/EI	1009
2,4-Dimethoxybenzaldehyde	GC/MS/EI	1011
2,4-Dimethoxybenzaldehyde	GC/MS/CI	1020
2,5-Dimethoxybenzaldehyde	GC/MS/EI	1009
2,5-Dimethoxybenzaldehyde	GC/MS/CI	1019
2,6-Dimethoxybenzaldehyde	GC/MS/EI	1016
3,4-Dimethoxybenzaldehyde	GC/MS/EI	1016

3,4-Dimethoxybenzaldehyde	GC/MS/CI	1020
3,5-Dimethoxybenzaldehyde	GC/MS/EI	1011
2,5-Dimethoxybenzaldehyde oxime	GC/MS/EI	859
2,6-Dimethoxybenzaldehyde-oxime	GC/MS/EI	859
3,4-Dimethoxybenzaldehydeoxime	GC/MS/EI	1135
3,4-Dimethoxybenzaldoxime	GC/MS/EI	1127
1,2-Dimethoxybenzene	GC/MS/EI	762
1,3-Dimethoxybenzene	GC/MS/EI	762
1,4-Dimethoxybenzene	GC/MS/EI	763
3,5-Dimethoxybenzeneaceticacid	GC/MS/EI	1220
3,4-Dimethoxy-benzeneacetic acid methyl ester	GC/MS/EI	880
2,3-Dimethoxybenzenemethanol	GC/MS/EI	1028
2,4-Dimethoxybenzenemethanol AC	GC/MS/EI	875
2,5-Dimethoxybenzenemethanol AC	GC/MS/EI	1299
3,4-Dimethoxybenzenemethanol AC	GC/MS/EI	875
3,5-Dimethoxybenzoic acid	GC/MS/EI	1137
3,5-Dimethoxybenzoicacidmethylester	GC/MS/EI	1221
2,5-Dimethoxybenzonitrile	GC/MS/EI	841
2,6-Dimethoxybenzonitrile	GC/MS/EI	980
3,4-Dimethoxybenzonitrile	GC/MS/EI	967
2,4-Dimethoxybenzylalcohol	GC/MS/EI	1031
2,5-Dimethoxybenzylalcohol	GC/MS/EI	1029
2,6-Dimethoxybenzylalcohol	GC/MS/EI	1035
3,4-Dimethoxybenzylalcohol	GC/MS/EI	1035
3,5-Dimethoxybenzylalcohol	GC/MS/EI	1034
3,5-Dimethoxy-β-ethyl-β-nitrostyrene	GC/MS/EI	1190
2,6-Dimethoxy-β-ethyl-β-nitrostyrene I	GC/MS/EI	950
2,6-Dimethoxy-β-ethyl-β-nitrostyrene II	GC/MS/EI	950
2,4-Dimethoxy-β-methyl-β-nitrostyrene	GC/MS/EI	1081
2,6-Dimethoxy-β-methyl-β-nitrostyrene	GC/MS/EI	961
2,6-Dimethoxy-β-nitrostyrene	GC/MS/EI	842
1-(2,5-Dimethoxy-4-bromophenyl)-2-nitropropane	GC/MS/EI	1482
1-(2,5-Dimethoxy-4-bromophenyl)-2-nitroprop-1-ene	GC/MS/EI	1423
Dimethoxychlorvinylarsin	GC/MS/EI	752
3,4-Dimethoxy-cinnamic acid methylester	GC/MS/EI	1354
4,3-Dimethoxydihydrocinnamic acid	GC/MS/EI	758
Dimethoxydurene	GC/MS/EI	1114
1-(3,5-Dimethoxy-4-ethoxyphenyl)-2-nitroethene	GC/MS/EI	1467
2,5-Dimethoxy-4-ethylphenethylamine	GC/MS/EI/E	1120
2,5-Dimethoxy-4-ethylphenethylamine	GC/MS/EI	1293
2,5-Dimethoxy-4-ethylphenethylamine AC	GC/MS/EI	1193
2,5-Dimethoxy-4-ethylphenethylamine AC	GC/MS/EI/E	1460
2,5-Dimethoxy-4-ethylphenethylamine-A (CH_2O)	GC/MS/EI/E	1182

2,5-Dimethoxy-4-ethylphenethylamine-A (CH$_2$O)	GC/MS/EI	1350
2,5-Dimethoxy-4-ethylphenethylamine PFP	GC/MS/EI	1111
2,5-Dimethoxy-4-ethylphenethylamine TFA	GC/MS/EI	1111
2,5-Dimethoxy-4-ethylthiophenethylamine	GC/MS/CI	1309
2,5-Dimethoxy-4-ethylthiophenethylamine	GC/MS/EI	1311
2,5-Dimethoxy-4-ethylthiophenethylamine	GC/MS/EI	1366
2,5-Dimethoxy-4-ethylthiophenethylamine 2AC	GC/MS/EI	1364
2,5-Dimethoxy-4-ethylthiophenethylamine AC	GC/MS/EI	1364
2,5-Dimethoxy-4-ethylthiophenethylamine TFA	GC/MS/EI	1669
2,5-Dimethoxy-4-iodo-amphetamine	GC/MS/EI	61
2,5-Dimethoxy-4-iodo-amphetamine	GC/MS/EI/E	1546
2,5-Dimethoxy-4-iodo-amphetamine AC	GC/MS/EI	1611
2,5-Dimethoxy-4-iodo-amphetamine AC	GC/MS/EI/E	1697
2,5-Dimethoxy-4-iodophenethylamine	GC/MS/CI	7
2,5-Dimethoxy-4-iodophenethylamine	GC/MS/EI	1583
2,5-Dimethoxy-4-iodophenethylamine	GC/MS/EI/E	1617
4,5-Dimethoxy-2-iodophenethylamine	GC/MS/EI/E	1115
4,5-Dimethoxy-2-iodophenethylamine	GC/MS/EI	1546
2,4-Dimethoxymethamphetamine	GC/MS/EI/E	130
2,4-Dimethoxymethamphetamine	GC/MS/EI	893
2,5-Dimethoxymethamphetamine	GC/MS/EI/E	130
2,5-Dimethoxymethamphetamine	GC/MS/EI	892
3,4-Dimethoxymethamphetamine	GC/MS/EI	129
3,4-Dimethoxymethamphetamine	GC/MS/EI/E	135
3,4-Dimethoxymethamphetamine	GC/MS/CI	880
4,9-Dimethoxy-7-methyl-5H-furo[3,2-g][1]benzopyran-5-one	GC/MS/EI	1328
2,5-Dimethoxy-4-methylamphetamine	GC/MS/CI	56
2,5-Dimethoxy-4-methylamphetamine	GC/MS/EI	1021
2,5-Dimethoxy-4-methylamphetamine	GC/MS/EI/E	1022
2,5-Dimethoxy-4-methylamphetamine	GC/MS/EI/E	1199
2,5-Dimethoxy-4-methylamphetamine AC	GC/MS/EI/E	59
2,5-Dimethoxy-4-methylamphetamine AC	GC/MS/EI	1459
2,5-Dimethoxy-4-methylamphetamine-A (CH$_2$O)	GC/MS/EI	1182
2,5-Dimethoxy-4-methylamphetamine-A (CH$_2$O)	GC/MS/EI/E	1350
2,5-Dimethoxy-4-methylamphetamine PFO	GC/MS/EI/E	999
2,5-Dimethoxy-4-methylamphetamine PFO	GC/MS/EI	1204
2,5-Dimethoxy-4-methylamphetamine TFA	GC/MS/EI	999
2,5-Dimethoxy-4-methylamphetamine TMS	GC/MS/EI	575
2,5-Dimethoxy-4-methylamphetamine TMS	GC/MS/EI/E	580
2,5-Dimethoxy-4-methylbenzaldehyde	GC/MS/CI	1120
2,5-Dimethoxy-4-methylbenzaldehyde	GC/MS/EI	1130
Dimethoxy-(3-methyl-4-methylsulfanyl-phenoxy)-sulfanylidene-phosphorane	GC/MS/EI	1541
Dimethoxy-(3-methyl-4-nitro-phenoxy)-sulfanylidene-phosphorane	GC/MS/EI	641

2,5-Dimethoxy-4-methyl-phenethylamine	GC/MS/EI	1009
2,5-Dimethoxy-4-methyl-phenethylamine	GC/MS/CI	1110
2,5-Dimethoxy-4-methylphenethylamine AC	GC/MS/EI	1101
2,5-Dimethoxy-4-methylphenethylamine AC	GC/MS/EI/E	1407
2,5-Dimethoxy-4-methylphenethylamine-A (CH_2O)	GC/MS/EI/E	1079
2,5-Dimethoxy-4-methylphenethylamine-A (CH_2O)	GC/MS/EI	1272
2,5-Dimethoxy-4-methylphenethylamine PFO	GC/MS/EI/E	1101
2,5-Dimethoxy-4-methylphenethylamine PFO	GC/MS/EI	1760
2,5-Dimethoxy-4-methylphenethylamine PFP	GC/MS/EI/E	998
2,5-Dimethoxy-4-methylphenethylamine PFP	GC/MS/EI	1675
2,5-Dimethoxy-4-methylphenethylamine TFA	GC/MS/EI	998
2,5-Dimethoxy-4-methyl-phenethylamine TMS	GC/MS/EI/E	462
2,5-Dimethoxy-4-methyl-phenethylamine TMS	GC/MS/EI	1008
2-(2,5-Dimethoxy-4-methylphenyl)-nitroethene	GC/MS/CI	1359
2-(2,5-Dimethoxy-4-methylphenyl)-nitroethene	GC/MS/EI	1363
1-(2,5-Dimethoxy-4-methyl-phenyl)-2-nitroprop-1-ene	GC/MS/EI	1133
1-(2,5-Dimethoxy-4-methyl-phenyl)-2-nitroprop-1-ene	GC/MS/CI	1407
1-(2,5-Dimethoxy-4-methyl-phenyl)-2-nitropropene	GC/MS/CI	1133
1-(2,5-Dimethoxy-4-methyl-phenyl)-2-nitropropene	GC/MS/EI	1407
1-(2,5-Dimethoxy-4-methyl-phenyl)propan-2-amine	GC/MS/EI	56
1-(2,5-Dimethoxy-4-methyl-phenyl)propan-2-amine	GC/MS/EI/E	1021
1-(2,5-Dimethoxy-4-methyl-phenyl)propan-2-amine	GC/MS/CI	1022
1-(2,5-Dimethoxy-4-methyl-phenyl)propan-2-amine	GC/MS/EI/E	1199
Dimethoxymethylphenyl-silane	GC/MS/EI	1019
2-(2,6-Dimethoxy)-1-nitro-ethene	GC/MS/EI	842
Dimethoxy-(4-nitrophenoxy)-sulfanylidene-phosphorane	GC/MS/EI	518
Dimethoxy-(4-nitrophenoxy)-sulfanylidene-phosphorane	GC/MS/EI	1496
2,4-Dimethoxyphenethylamine	GC/MS/EI	884
2,4-Dimethoxyphenethylamine	GC/MS/EI/E	1129
2,5-Dimethoxyphenethylamine	GC/MS/EI	5
2,5-Dimethoxyphenethylamine	GC/MS/EI	883
2,5-Dimethoxyphenethylamine	GC/MS/CI	996
2,5-Dimethoxyphenethylamine	GC/MS/EI/E	1129
3,4-Dimethoxyphenethylamine	GC/MS/EI/E	5
3,4-Dimethoxyphenethylamine	GC/MS/EI	1129
2,5-Dimethoxyphenethylamine 2AC	GC/MS/EI	986
2,5-Dimethoxyphenethylamine 2AC	GC/MS/EI/E	1001
2,5-Dimethoxyphenethylamine AC	GC/MS/EI	986
2,4-Dimethoxyphenethylamine-A (CH_3CHO)	GC/MS/EI	870
2,4-Dimethoxyphenethylamine-A (CH_3CHO)	GC/MS/EI/E	1272
2,5-Dimethoxyphenethylamine PFO	GC/MS/EI	986
2,5-Dimethoxyphenethylamine PFO	GC/MS/EI/E	1759
2,5-Dimethoxyphenethylamine TFA	GC/MS/EI	984

2,5-Dimethoxyphenethylamine 2TMS	GC/MS/EI	1066
2,5-Dimethoxyphenethylamine 2TMS	GC/MS/EI/E	1594
2,5-Dimethoxyphenethylamine TMS	GC/MS/EI	461
2,5-Dimethoxyphenethylamine TMS	GC/MS/EI/E	465
3,5-Dimethoxy-phenol	GC/MS/EI	904
2,6-Dimethoxy-phenol AC	GC/MS/EI	903
2,6-Dimethoxy-phenol AC	GC/MS/EI/E	911
1-(3,4-Dimethoxyphenyl)-2-(N,N-methylbutylamino)ethanone	GC/MS/EI/E	430
1-(3,4-Dimethoxyphenyl)-2-(N,N-methylbutylamino)ethanone	GC/MS/EI	869
2,5-Dimethoxyphenylacetaldehyde	GC/MS/EI	1120
1-(2,4-Dimethoxyphenyl)butan-2-amine	GC/MS/EI/E	130
1-(2,4-Dimethoxyphenyl)butan-2-amine	GC/MS/EI	893
1-(2,5-Dimethoxyphenyl)butan-2-amine	GC/MS/EI/E	130
1-(2,5-Dimethoxyphenyl)butan-2-amine	GC/MS/EI	1291
1-(3,4-Dimethoxyphenyl)butan-2-amine	GC/MS/EI	130
1-(3,4-Dimethoxyphenyl)butan-2-amine	GC/MS/EI/E	893
1-(3,5-Dimethoxyphenyl)butan-2-amine	GC/MS/EI	153
1-(3,5-Dimethoxyphenyl)butan-2-amine	GC/MS/EI/E	887
1-(2,4-Dimethoxyphenyl)butan-2-amine AC	GC/MS/EI/E	1192
1-(2,4-Dimethoxyphenyl)butan-2-amine AC	GC/MS/EI	1203
1-(2,5-Dimethoxyphenyl)butan-2-amine AC	GC/MS/EI	137
1-(3,4-Dimethoxyphenyl)butan-2-amine AC	GC/MS/EI/E	1192
1-(3,4-Dimethoxyphenyl)butan-2-amine AC	GC/MS/EI	1203
1-(2,4-Dimethoxyphenyl)butan-2-one oxime	GC/MS/EI	870
1-(2,5-Dimethoxyphenyl)butan-2-one oxime	GC/MS/EI	1359
1-(3,4-Dimethoxyphenyl)butan-2-one oxime	GC/MS/EI	873
1-(2,6-Dimethoxyphenyl)-but-1-en-2-hydroxylamine	GC/MS/EI	1196
2-(3,4-Dimethoxyphenyl)-1-chloroethane	GC/MS/EI	874
2-(3,4-Dimethoxyphenyl)-1-chloroethane	GC/MS/EI/E	1235
2-(3,4-Dimethoxyphenyl)-5-[2-(3,4-dimethoxyphenyl)ethyl-methyl-amino]-2-propyl-pentanenitrile	GC/MS/EI	1611
1-(3,4-Dimethoxyphenyl)-2-(dipropylamino)ethanone	GC/MS/EI/E	540
1-(3,4-Dimethoxyphenyl)-2-(dipropylamino)ethanone	GC/MS/EI	564
2-(3,4-Dimethoxyphenyl)ethanamine	GC/MS/EI/E	5
2-(3,4-Dimethoxyphenyl)ethanamine	GC/MS/EI	1129
1-(3,4-Dimethoxyphenyl)ethanol	GC/MS/EI	1019
2,4-Dimethoxyphenylethan-2-ol	GC/MS/EI	1026
2,4-Dimethoxyphenylethan-2-ol	GC/MS/EI/E	1144
2-(2,5-Dimethoxyphenyl)ethanol	GC/MS/EI	1137
2-(3,4-Dimethoxyphenyl)ethanol	GC/MS/EI	873
2-(3,4-Dimethoxyphenyl)ethanol	GC/MS/EI	878
1-(2,4-Dimethoxyphenyl)-ethanone	GC/MS/EI	998
1-(3,4-Dimethoxyphenyl)-ethanone	GC/MS/EI	998
1-(3,5-Dimethoxyphenyl)-ethanone	GC/MS/EI	1002

1-(2,6-Dimethoxyphenyl)-ethen-2-hydroxylamine	GC/MS/EI	388
1-(3,4-Dimethoxyphenyl)ethylnitrite	GC/MS/EI	996
1-(3,4-Dimethoxyphenyl)ethylnitrite	GC/MS/EI/E	1304
2-(3,4-Dimethoxyphenyl)ethylnitrite	GC/MS/EI	876
2-(3,4-Dimethoxyphenyl)ethylnitrite	GC/MS/EI/E	1304
1-[(3,4-Dimethoxyphenyl)methyl]-6,7-dimethoxy-isoquinoline	GC/MS/EI	1648
1-[(3,4-Dimethoxyphenyl)methyl]-6,7-dimethoxy-isoquinoline	GC/MS/EI	1672
1-[(3,4-Dimethoxyphenyl)methyl]-6,7-dimethoxy-2-methyl-3,4-dihydro-1*H*-isoquinoline	GC/MS/EI	1265
1-[(3,4-Dimethoxyphenyl)methyl]-6,7-dimethoxy-2-methyl-3,4-dihydro-1*H*-isoquinoline	GC/MS/EI/E	1274
1-(3,4-Dimethoxyphenyl)-2-(4-morpholinyl)ethanone	GC/MS/EI	439
1-(3,4-Dimethoxyphenyl)-2-(4-morpholinyl)ethanone	GC/MS/EI/E	1117
1-(2,6-Dimethoxyphenyl)-2-nitrobutane	GC/MS/EI	879
1-(2,6-Dimethoxyphenyl)-2-nitrobutane	GC/MS/EI/E	1420
1-(2,4-Dimethoxyphenyl)-2-nitrobut-1-ene	GC/MS/EI	1407
1-(2,5-Dimethoxyphenyl)-2-nitrobut-1-ene	GC/MS/EI	1406
1-(3,4-Dimethoxyphenyl)-2-nitrobut-1-ene	GC/MS/EI	1408
1-(3,5-Dimethoxyphenyl)-2-nitrobut-1-ene	GC/MS/EI	1190
1-(2,6-Dimethoxyphenyl)-2-nitroethane	GC/MS/EI	858
1-(3,4-Dimethoxyphenyl)nitroethane	GC/MS/EI/E	995
1-(3,4-Dimethoxyphenyl)nitroethane	GC/MS/EI	1012
2-(3,4-Dimethoxyphenyl)nitroethane	GC/MS/EI	988
1-(2,4-Dimethoxyphenyl)-2-nitroethene	GC/MS/EI	959
1-(2,5-Dimethoxyphenyl)-2-nitroethene	GC/MS/EI	1292
1-(3,4-Dimethoxyphenyl)-2-nitroethene	GC/MS/EI	1292
1-(3,5-Dimethoxyphenyl)-2-nitroethene	GC/MS/EI	1292
1-(2,6-Dimethoxyphenyl)-2-nitro-propane	GC/MS/EI	879
1-(2,6-Dimethoxyphenyl)-2-nitro-propane	GC/MS/EI/E	1367
1-(2,4-Dimethoxyphenyl)-2-nitroprop-1-ene	GC/MS/EI	1081
1-(2,5-Dimethoxyphenyl)-2-nitroprop-1-ene	GC/MS/EI	1359
1-(3,4-Dimethoxyphenyl)-2-nitroprop-1-ene	GC/MS/EI	1359
1-(3,4-Dimethoxyphenyl)-2-nitropropene	GC/MS/EI	568
1-(3,4-Dimethoxyphenyl)-2-nitropropene	GC/MS/EI/E	1278
1-(3,5-Dimethoxyphenyl)-2-nitroprop-1-ene	GC/MS/EI	386
1-(3,4-Dimethoxyphenyl)-2-piperidino-ethanone	GC/MS/EI	404
1-(3,4-Dimethoxyphenyl)-2-piperidino-ethanone	GC/MS/EI/E	421
1-(2,4-Dimethoxyphenyl)propan-2-one	GC/MS/EI	869
1-(3,4-Dimethoxyphenyl)propan-2-one	GC/MS/EI	874
1-(3,4-Dimethoxyphenyl)propan-2-one oxime	GC/MS/EI	1291
1-(2,6-Dimethoxyphenyl)-propen-2-hydroxylamine	GC/MS/EI	1104
1-(3,4-Dimethoxyphenyl)-2-pyrrolidinylethanone	GC/MS/EI/E	291
1-(3,4-Dimethoxyphenyl)-2-pyrrolidinylethanone	GC/MS/EI	1117
4-Dimethoxyphosphinothioyloxy-N,N-diethyl-6-methyl-pyrimidin-2-amine	GC/MS/EI	1579
2-(Dimethoxyphosphinothioylsulfanylmethyl)isoindole-1,3-dione	GC/MS/EI	941
2-(Dimethoxyphosphinothioylsulfanylmethyl)isoindole-1,3-dione	GC/MS/EI/E	950

3-(Dimethoxyphosphinothioylsulfanylmethyl)-5-methoxy-1,3,4-thiadiazol-2-one	GC/MS/EI/E	812
3-(Dimethoxyphosphinothioylsulfanylmethyl)-5-methoxy-1,3,4-thiadiazol-2-one	GC/MS/EI	820
3-(Dimethoxyphosphinothioylsulfanylmethyl)-3,4,5-triazabicyclo[4.4.0]deca-4,6,8,10-tetraen-2-one	GC/MS/EI	940
3-(Dimethoxyphosphinothioylsulfanylmethyl)-3,4,5-triazabicyclo[4.4.0]deca-4,6,8,10-tetraen-2-one	GC/MS/EI/E	947
3-Dimethoxyphosphoryloxy-N,N-dimethyl-but-2-enamide	GC/MS/EI/E	650
3-Dimethoxyphosphoryloxy-N,N-dimethyl-but-2-enamide	GC/MS/EI	1203
3-Dimethoxyphosphoryloxy-N-methyl-but-2-enamide	GC/MS/EI/E	650
3-Dimethoxyphosphoryloxy-N-methyl-but-2-enamide	GC/MS/EI	1193
2-Dimethoxyphosphorylsulfanyl-N-methyl-acetamide	GC/MS/EI/E	913
2-Dimethoxyphosphorylsulfanyl-N-methyl-acetamide	GC/MS/EI	930
1-(2-Dimethoxyphosphorylsulfanylethylsulfanyl)ethane	GC/MS/EI/E	362
1-(2-Dimethoxyphosphorylsulfanylethylsulfanyl)ethane	GC/MS/EI	513
2,6-Dimethoxy-4-prop-2-enyl-phenol	GC/MS/EI	1212
2,5-Dimethoxy-4-propylphenethyl- amine	GC/MS/EI	1208
2,5-Dimethoxy-4-propylphenethylamine	GC/MS/EI	1208
2,5-Dimethoxy-4-propylphenethylamine AC	GC/MS/EI	1265
2,5-Dimethoxy-4-propylphenethylamine AC	GC/MS/EI/E	1501
2,5-Dimethoxy-4-propylphenethylamine-A (CH_2O)	GC/MS/EI/E	1252
2,5-Dimethoxy-4-propylphenethylamine-A (CH_2O)	GC/MS/EI	1399
2,5-Dimethoxy-4-propylphenethylamine PFP	GC/MS/EI/E	1201
2,5-Dimethoxy-4-propylphenethylamine PFP	GC/MS/EI	1704
2,5-Dimethoxy-4-propylphenethylamine TFA	GC/MS/EI	1201
2-(2,5-Dimethoxy-4-propylphenyl)ethylamine	GC/MS/EI	1208
2,5-Dimethoxy-4-propylthiophenethylamine	GC/MS/EI	1368
2,5-Dimethoxy-4-propylthiophenethylamine 2AC	GC/MS/EI	1411
2,5-Dimethoxy-4-propylthiophenethylamine AC	GC/MS/EI	1413
2,5-Dimethoxy-4-propylthiophenethylamine TFA	GC/MS/EI	1367
(-)-10,11-Dimethoxystrychnin	GC/MS/EI	1723
10,11-Dimethoxystrychnine	GC/MS/EI	1723
3,4-Dimethoxystyrene	GC/MS/EI	986
2,4-Dimethoxy-6-sulfanilamido-pyrimidine	GC/MS/EI/E	1440
2,4-Dimethoxy-6-sulfanilamido-pyrimidine	GC/MS/EI	1441
2,4-Dimethoxy-6-sulfanilamido-pyrimidine	DI/MS/EI	1491
Dimethoxy-sulfanylidene-(3,5,6-trichloropyridin-2-yl)oxy-phosphorane	GC/MS/EI/E	1567
Dimethoxy-sulfanylidene-(3,5,6-trichloropyridin-2-yl)oxy-phosphorane	GC/MS/EI	1579
1,4-Dimethoxy-2,3,5,6-tetramethylbenzene	GC/MS/EI	1114
1,3-Dimethyl-2,4(1H,3H)-quinazolinedione	GC/MS/EI	1184
(2,2-Dimethyl-3H-benzofuran-7-yl) N-(dibutylamino)sulfanyl-N-methyl-carbamate	GC/MS/EI	939
(2,2-Dimethyl-3H-benzofuran-7-yl) N-(dibutylamino)sulfanyl-N-methyl-carbamate	GC/MS/EI/E	1646
(2,2-Dimethyl-3H-benzofuran-7-yl) N-methylcarbamate	GC/MS/EI	986
(2,2-Dimethyl-3H-benzofuran-7-yl) N-methylcarbamate	GC/MS/EI/E	1349
1,3-Dimethyl-7H-purine-2,6-dione	GC/MS/EI	1116

1,7-Dimethyl-1H-purine-2,6-dione	GC/MS/EI	1125
2,6-Dimethyl-5-[2-[N-(3,3-diphenylpropyl)-N-methylamino]-1,1-dimethyl]-ethoxycarbonyl-4-(3-nitrophenyl)-3-pyridincarboxylic acid	GC/MS/EI/E	1635
2,6-Dimethyl-5-[2-[N-(3,3-diphenylpropyl)-N-methylamino]-1,1-dimethyl]ethoxycarbonyl-4-(3-nitrophenyl)-3-pyridincarboxylic acid	GC/MS/EI	413
4,5-Dimethyl-N-2-propenyl-2-(trimethylsilyl)-3-thiophenecarboxamide	GC/MS/EI	1463
4-Dimethylaminobenzaldehyde	GC/MS/EI	842
4-Dimethylaminobenzaldehyde	GC/MS/CI	863
4-Dimethylaminobenzonitrile	GC/MS/EI	816
4-Dimethylaminobenzylalcohol	GC/MS/EI	713
4-Dimethylamino-1,5-dimethyl-2-phenyl-pyrazol-3-one	GC/MS/EI	77
4-Dimethylamino-1,5-dimethyl-2-phenyl-pyrazol-3-one	GC/MS/EI/E	1382
(2-Dimethylamino-5,6-dimethyl-pyrimidin-4-yl) N,N-dimethylcarbamate	GC/MS/EI	1006
(2-Dimethylamino-5,6-dimethyl-pyrimidin-4-yl) N,N-dimethylcarbamate	GC/MS/EI/E	1411
6-Dimethylamino-4,4-diphenyl-heptan-3-ol	GC/MS/EI/E	226
6-Dimethylamino-4,4-diphenyl-heptan-3-ol	GC/MS/EI	256
6-Dimethylamino-4,4-diphenylheptan-3-ol	GC/MS/EI/E	204
6-Dimethylamino-4,4-diphenylheptan-3-ol	GC/MS/EI	1001
6-Dimethylamino-4,4-diphenyl-heptan-3-one	GC/MS/EI/E	208
6-Dimethylamino-4,4-diphenyl-heptan-3-one	GC/MS/CI	224
6-Dimethylamino-4,4-diphenyl-heptan-3-one	GC/MS/EI	234
6-Dimethylamino-4,4-diphenyl-heptan-3-one	GC/MS/EI	1621
6-Dimethylamino-4,4-diphenyl-hexan-3-one	GC/MS/CI	110
6-Dimethylamino-4,4-diphenyl-hexan-3-one	GC/MS/EI	146
6-Dimethylamino-4,4-diphenyl-hexan-3-one	GC/MS/EI/E	205
4-Dimethylamino-2,2-diphenylpentanitrile	GC/MS/EI	218
4-Dimethylamino-2,2-diphenylpentanitrile	GC/MS/EI/E	991
4-Dimethylamino-2,2-diphenyl-valeronitrile	GC/MS/EI	218
4-Dimethylamino-2,2-diphenyl-valeronitrile	GC/MS/EI/E	991
(Dimethylamino-ethoxy-phosphoryl)formonitrile	GC/MS/EI/E	22
(Dimethylamino-ethoxy-phosphoryl)formonitrile	GC/MS/EI	956
3-(2-Dimethylaminoethyl)-1H-indol-5-ol	GC/MS/EI	140
3-(2-Dimethylaminoethyl)-1H-indol-5-ol	GC/MS/EI/E	1253
3-[2-(Dimethylamino)ethyl]-1H-indol-4-ol	GC/MS/EI	139
3-[2-(Dimethylamino)ethyl]-1H-indol-4-ol	GC/MS/EI/E	140
3-[2-(Dimethylamino)ethyl]-1H-indol-4-ol	GC/MS/EI	1253
1-[3-(2-Dimethylaminoethyl)-1H-indol-5-yl]-N-methyl-methanesulfonamide	GC/MS/EI	127
1-[3-(2-Dimethylaminoethyl)-1H-indol-5-yl]-N-methyl-methanesulfonamide	GC/MS/EI/E	800
2-Dimethylaminoethyl 4-butylaminobenzoate	GC/MS/EI	110
2-Dimethylaminoethyl 4-butylaminobenzoate	GC/MS/EI/E	190
2-Dimethylaminoethyl 4-butylaminobenzoate	GC/MS/EI	863
2-Dimethylaminoethyl 2-(4-chlorophenoxy)acetate	GC/MS/EI	109
2-Dimethylaminoethyl 2-(4-chlorophenoxy)acetate	GC/MS/EI/E	191
10-(2-Dimethylaminoethyl)-5,10-dihydro-5-methyl-11H-dibenzo[b,e][1,4]diazepin-11-one	GC/MS/EI/E	143

10-(2-Dimethylaminoethyl)-5,10-dihydro-5-methyl-11H-dibenzo[b,e][1,4]diazepin-11-one	GC/MS/EI	1366
6-[2-[6-(2-Dimethylaminoethyl)-4-methoxy-benzo[1,3]dioxol-5-yl]acetyl]-2,3-dimethoxy-benzoic acid	DI/MS/EI/E	144
6-[2-[6-(2-Dimethylaminoethyl)-4-methoxy-benzo[1,3]dioxol-5-yl]acetyl]-2,3-dimethoxy-benzoic acid	GC/MS/EI/E	152
6-[2-[6-(2-Dimethylaminoethyl)-4-methoxy-benzo[1,3]dioxol-5-yl]acetyl]-2,3-dimethoxy-benzoic acid	GC/MS/EI	1392
6-[2-[6-(2-Dimethylaminoethyl)-4-methoxy-benzo[1,3]dioxol-5-yl]acetyl]-2,3-dimethoxy-benzoic acid	DI/MS/EI	1745
Dimethylaminoethyl-methylthioether	GC/MS/EI	98
Dimethylaminoethyl-methylthioether	GC/MS/EI/E	168
4-(2-Dimethylaminoethyl)phenol	GC/MS/EI	96
4-(2-Dimethylaminoethyl)phenol	GC/MS/EI/E	166
4-[2-(Dimethylamino)-1-(1-hydroxycyclohexyl)ethyl]phenol	GC/MS/EI	122
4-[2-(Dimethylamino)-1-(1-hydroxycyclohexyl)ethyl]phenol	GC/MS/EI/E	1014
4-[2-Dimethylamino-1-(1-hydroxycyclohexyl)ethyl]phenol	GC/MS/EI/E	153
4-[2-Dimethylamino-1-(1-hydroxycyclohexyl)ethyl]phenol	GC/MS/EI	599
1-[2-Dimethylamino-1-(4-methoxyphenyl)ethyl]cyclohexan-1-ol	GC/MS/EI/E	125
1-[2-Dimethylamino-1-(4-methoxyphenyl)ethyl]cyclohexan-1-ol	GC/MS/EI	126
1-[2-Dimethylamino-1-(4-methoxyphenyl)ethyl]cyclohexan-1-ol	GC/MS/EI	708
1-[2-Dimethylamino-1-(4-methoxyphenyl)ethyl]cyclohexan-1-ol	GC/MS/EI	727
(1-Dimethylamino-2-methyl-butan-2-yl) benzoate	GC/MS/EI/E	121
(1-Dimethylamino-2-methyl-butan-2-yl) benzoate	GC/MS/EI	534
(4-Dimethylamino-3-methyl-1,2-diphenyl-butan-2-yl) propanoate	GC/MS/EI	115
(4-Dimethylamino-3-methyl-1,2-diphenyl-butan-2-yl) propanoate	GC/MS/EI/E	479
5-[3-(Dimethylamino)-2-methylpropyl]-10,11-dihydro-5H-dibenzo[b,f]azepin-11-ol	GC/MS/EI	147
5-[3-(Dimethylamino)-2-methylpropyl]-10,11-dihydro-5H-dibenzo[b,f]azepin-11-ol	GC/MS/EI	156
5-[3-(Dimethylamino)-2-methylpropyl]-10,11-dihydro-5H-dibenzo[b,f]azepin-11-ol	GC/MS/EI/E	1624
4-(4-Dimethylaminophenyl)-N,N-dimethyl-aniline	GC/MS/EI	1421
2-Dimethylamino-1-phenyl-propan-1-ol	GC/MS/EI/E	199
2-Dimethylamino-1-phenyl-propan-1-ol	GC/MS/EI	221
2-Dimethylamino-1-phenyl-propan-1-ol	GC/MS/CI	266
3-Dimethylamino-1-phenyl-propan-1-one	GC/MS/EI	112
3-Dimethylamino-1-phenyl-propan-1-one	GC/MS/EI/E	481
4-Dimethylamino-2-phenyl-2-propan-2-yl-pentanenitrile	GC/MS/EI	205
4-Dimethylamino-2-phenyl-2-propan-2-yl-pentanenitrile	GC/MS/EI/E	249
3-(Dimethylamino)propiophenone	GC/MS/EI/E	112
3-(Dimethylamino)propiophenone	GC/MS/EI	481
1[3-(Dimethylamino)propyl]-1-(4-chlorophenyl)1,3-dihydro-isobenzofuran-5-carbonitrile	GC/MS/EI	136
1-(3-Dimethylaminopropyl)-1-(4-fluorophenyl)-3H-isobenzofuran-5-carbonitrile	GC/MS/EI	151
1-(3-Dimethylaminopropyl)-1-(4-fluorophenyl)-3H-isobenzofuran-5-carbonitrile	GC/MS/EI/E	1647
1-[10-(2-Dimethylaminopropyl)phenothiazin-2-yl]ethanone	GC/MS/EI/E	225
1-[10-(2-Dimethylaminopropyl)phenothiazin-2-yl]ethanone	GC/MS/EI	1474
1-[10-(3-Dimethylaminopropyl)phenothiazin-2-yl]ethanone	GC/MS/EI	1652
2,6-Dimethylaniline	GC/MS/EI	491

2,6-Dimethylaniline	GC/MS/EI	609
Dimethylaniline	GC/MS/EI	607
2,6-Dimethylaniline 2AC	GC/MS/EI	614
2,6-Dimethylaniline 2AC	GC/MS/EI/E	1258
2,6-Dimethylaniline AC	GC/MS/EI	613
Dimethyl benzene-1,2-dicarboxylate	GC/MS/EI	966
Dimethyl benzene-1,2-dicarboxylate	GC/MS/EI	978
Dimethyl-1,3-benzenedicarboxylate	GC/MS/EI	963
(2,2-Dimethylbenzo[1,3]dioxol-4-yl) N-methylcarbamate	GC/MS/EI	872
[3-(Dimethylcarbamoyloxy)-5-[1-hydroxy-2-(*tert*-butylamino)ethyl]phenyl] N,N-dimethylcarbamate	GC/MS/EI	210
[3-(Dimethylcarbamoyloxy)-5-[1-hydroxy-2-(*tert*-butylamino)ethyl]phenyl] N,N-dimethylcarbamate	GC/MS/EI/E	1701
α,4-Dimethyl-3-cyclohexene-1-acetaldehyde	GC/MS/EI	396
α,4-Dimethyl-3-cyclohexene-1-acetaldehyde	GC/MS/EI/E	399
3,5-Dimethyl-4-(dimethylamino)phenol	GC/MS/EI	1004
Dimethyl 2,6-dimethyl-4-(2-nitrophenyl)-1,4-dihydropyridine-3,5-dicarboxylate	GC/MS/EI/E	1659
Dimethyl 2,6-dimethyl-4-(2-nitrophenyl)-1,4-dihydropyridine-3,5-dicarboxylate	GC/MS/EI	1660
3,4-Dimethyl-2,6-dinitro-N-pentan-3-yl-aniline	GC/MS/EI/E	1463
3,4-Dimethyl-2,6-dinitro-N-pentan-3-yl-aniline	GC/MS/EI	1552
2,3-Dimethyl-2,3-dinitrobutane	GC/MS/EI	11
2,3-Dimethyl-2,3-dinitrobutane	GC/MS/EI/E	478
1,5-Dimethyl-3,3-diphenyl-2-ethylidene-pyrrolidine	GC/MS/EI	1537
1,5-Dimethyl-3,3-diphenyl-2-ethylidene-pyrrolidine	GC/MS/EI	1539
1,1-Dimethyl-2-[(3,3-diphenylpropyl)methylamino]ethylmethyl-2,6-dimethyl-4-(3-nitrophenyl)-pyridine-3,5-dicarboxylate	DI/MS/EI	1410
1,1-Dimethyl-2-[(3,3-diphenylpropyl)methylamino]ethylmethyl-2,6-dimethyl-4-(3-nitrophenyl)-pyridine-3,5-dicarboxylate	DI/MS/EI/E	1418
1,5-Dimethyl-3,3-diphenyl-2-pyrrolidinone	GC/MS/EI	1501
Dimethyldisulfide	GC/MS/EI	396
Di-(3,4-methylenedioxyphenyl-*iso*-propyl)amine	GC/MS/CI	971
Di-(3,4-methylenedioxyphenyl-*iso*-propyl)amine	GC/MS/EI/E	1268
Di-(3,4-methylenedioxyphenyl-*iso*-propyl)amine	GC/MS/EI	1274
5-(2,2-Dimethylethyl)-1,3-benzodioxole	GC/MS/EI/E	733
5-(2,2-Dimethylethyl)-1,3-benzodioxole	GC/MS/EI	1104
2,2-Dimethyl-4-hydroxy-1,3-benzodioxol-TMS	GC/MS/EI	1361
Dimethyl isophthalate	GC/MS/EI	963
1,3-Dimethyl-5-(4-methoxyphenyl)-5-ethyl-barbituric acid	GC/MS/EI	1579
3,5-Dimethyl-4-methylsulfanylphenol	GC/MS/EI	1031
(3,5-Dimethyl-4-methylsulfanyl-phenyl) N-methylcarbamate	GC/MS/EI/E	1030
(3,5-Dimethyl-4-methylsulfanyl-phenyl) N-methylcarbamate	GC/MS/EI	1041
2,6-Dimethyl-4-[2-methyl-3-(4-*tert*-butylphenyl)propyl]morpholine	GC/MS/EI	663
2,6-Dimethyl-4-[2-methyl-3-(4-*tert*-butylphenyl)propyl]morpholine	GC/MS/EI/E	1608
1,2-Dimethyl-4-nitrobenzene	GC/MS/EI	270
2-(3,7-Dimethylocta-2,6-dienyl)-5-pentyl-benzene-1,3-diol	GC/MS/EI/E	1202

2-(3,7-Dimethylocta-2,6-dienyl)-5-pentyl-benzene-1,3-diol	GC/MS/EI	1391
3,7-Dimethyl-1-(5-oxohexyl)purine-2,6-dione	GC/MS/EI	1348
4,5-Dimethyl-2-pentadecyl-1,3-dioxolane	GC/MS/EI/E	458
4,5-Dimethyl-2-pentadecyl-1,3-dioxolane	GC/MS/EI	464
5-(2,5-Dimethylphenoxy)-2,2-dimethyl-pentanoic acid	GC/MS/EI	624
1-(2,4-Dimethylphenyl)-2-aminopropan-1-one	GC/MS/EI	50
1-(2,4-Dimethylphenyl)-2-aminopropan-1-one	GC/MS/EI/E	711
1-(2,4-Dimethylphenyl)-2-aminopropan-1-one TFA	GC/MS/EI/E	703
1-(2,4-Dimethylphenyl)-2-aminopropan-1-one TFA	GC/MS/EI	709
1,2-Dimethyl-3-phenylaziridine	GC/MS/EI	817
1-(2,4-Dimethylphenyl)-2-diethylamino-1-propanone	GC/MS/EI	434
1-(2,4-Dimethylphenyl)-2-diethylamino-1-propanone	GC/MS/EI/E	450
2,6-Dimethylphenylisocyanate	GC/MS/EI	827
1-(2,4-Dimethylphenyl)pentan-1-one	GC/MS/EI/E	703
1-(2,4-Dimethylphenyl)pentan-1-one	GC/MS/EI	1069
1-(2,5-Dimethylphenyl)pentan-1-one	GC/MS/EI/E	702
1-(2,5-Dimethylphenyl)pentan-1-one	GC/MS/EI	838
1-(3,4-Dimethylphenyl)pentan-1-one	GC/MS/EI	703
1-(3,4-Dimethylphenyl)pentan-1-one	GC/MS/EI/E	1071
(1,3-Dimethyl-4-phenyl-4-piperidyl) propanoate	GC/MS/EI/E	1058
(1,3-Dimethyl-4-phenyl-4-piperidyl) propanoate	GC/MS/EI	1175
1-(2,4-Dimethylphenyl)propan-1-one	GC/MS/EI	702
1-(2,4-Dimethylphenyl)propan-1-one	GC/MS/EI/E	966
1-(2,5-Dimethylphenyl)propan-1-one	GC/MS/EI/E	702
1-(2,5-Dimethylphenyl)propan-1-one	GC/MS/EI	956
1-(3,4-Dimethylphenyl)propan-1-one	GC/MS/EI	702
1-(3,4-Dimethylphenyl)propan-1-one	GC/MS/EI/E	710
1,3-Dimethyl-7-[2-(1-phenylpropan-2-ylamino)ethyl]purine-2,6-dione	GC/MS/EI	1453
1,3-Dimethyl-7-[2-(1-phenylpropan-2-ylamino)ethyl]purine-2,6-dione	GC/MS/CI	1455
1,3-Dimethyl-7-[2-(1-phenylpropan-2-ylamino)ethyl]purine-2,6-dione	GC/MS/EI/E	1461
1,3-Dimethyl-7-[2-(1-phenylpropan-2-ylamino)ethyl]purine-2,6-dione	GC/MS/CI	1677
1,5-Dimethyl-2-phenyl-4-propan-2-yl-pyrazol-3-one	GC/MS/EI	1326
1,5-Dimethyl-2-phenyl-4-pyrazolin-3-one	GC/MS/EI	1173
1-(3,4-Dimethylphenyl)-2-pyrrolidinylpentan-1-one	GC/MS/EI/E	645
1-(3,4-Dimethylphenyl)-2-pyrrolidinylpentan-1-one	GC/MS/EI	646
1-(3,4-Dimethylphenyl)-2-pyrrolidinylpentan-1-one	GC/MS/EI	653
1-(3,4-Dimethylphenyl)-2-pyrrolidinylpentan-1-one (-2H)	GC/MS/EI	186
Dimethylphthalate	GC/MS/EI	966
Dimethylphthalate	GC/MS/EI	978
2-(2,2-Dimethylpropanoyl)indene-1,3-dione	GC/MS/EI	1062
Dimethyl-p-toluidine	GC/MS/EI	714
3,7-Dimethylpurine-2,6-dione	GC/MS/EI	1116
3',4'-Dimethyl-2-pyrrolidino-valerophenone	GC/MS/EI	645
3',4'-Dimethyl-2-pyrrolidino-valerophenone	GC/MS/EI	646

3',4'-Dimethyl-2-pyrrolidino-valerophenone	GC/MS/EI/E	653
Dimethylterephthalate	GC/MS/EI	967
4-(Dimethyl-*tert*-butylsilyloxy)methylbutyrate	GC/MS/EI/E	365
4-(Dimethyl-*tert*-butylsilyloxy)methylbutyrate	GC/MS/EI	1243
Dimethyltyramine	GC/MS/EI/E	96
Dimethyltyramine	GC/MS/EI	166
1.3-Dimethylxanthin	GC/MS/EI	1116
3,3.7-Dimethylxanthin	GC/MS/EI	1116
7-Dimethylxanthin	GC/MS/EI	1116
1,7-Dimethylxanthine	GC/MS/EI	1125
4-Dimetylaminophenyl-2-nitroprop-1-ene	GC/MS/EI	938
Dimpylate	GC/MS/EI	756
1,2-Dinitrobenzene	GC/MS/EI	1027
1,3-Dinitrobenzene	GC/MS/EI	1027
1,4-Dinitrobenzene	GC/MS/EI	262
3,5-Dinitrobenzoic acid	GC/MS/EI	1309
3,5-Dinitrobenzoicacidethylester	GC/MS/EI	1214
3,5-Dinitrobenzoicacidethylester	GC/MS/EI/E	1422
2,2'-Dinitrobiphenyl	GC/MS/EI	1226
Dinitrodiglicol	GC/MS/EI/E	69
Dinitrodiglicol	GC/MS/EI	367
3,5-Dinitro-4-(2,6-dimethoxyphenyl)-heptane	GC/MS/EI/E	879
3,5-Dinitro-4-(2,6-dimethoxyphenyl)-heptane	GC/MS/EI	1653
2,4-Dinitro-3-(2,6-dimethoxyphenyl)-pentane	GC/MS/EI	1105
1,5-Dinitro-2-(2,6-dimethoxyphenyl)-propane	GC/MS/EI	388
1,3-Dinitro-4-dimethylaminophenyl-heptane	GC/MS/EI/E	1072
1,3-Dinitro-4-dimethylaminophenyl-heptane	GC/MS/EI	1085
1,3-Dinitro-4-dimethylaminophenyl-pentane	GC/MS/EI/E	951
1,3-Dinitro-4-dimethylaminophenyl-pentane	GC/MS/EI	1068
1,3-Dinitro-4-dimethylaminophenyl-propane	GC/MS/EI	944
2,4-Dinitro-ethylbenzene	GC/MS/EI	1107
1,3-Dinitro-3-methoxy-4,5-methylenedioxyphenyl-pentane	GC/MS/EI	1196
1,3-Dinitro-3-methoxy-4,5-methylenedioxyphenyl-propane	GC/MS/EI	1096
1,3-Dinitro-4-methoxyphenyl-heptane	GC/MS/EI	962
1,3-Dinitro-4-methoxyphenyl-heptane	GC/MS/EI/E	1252
1,3-Dinitro-4-methoxyphenyl-propane	GC/MS/EI/E	388
1,3-Dinitro-4-methoxyphenyl-propane	GC/MS/EI	1423
1,5-Dinitro-3-(3-methylphenyl)-heptane I	GC/MS/EI	697
1,5-Dinitro-3-(3-methylphenyl)-heptane I	GC/MS/EI/E	1551
1,5-Dinitro-3-(3-methylphenyl)-heptane II	GC/MS/EI	697
1,5-Dinitro-3-(3-methylphenyl)-heptane II	GC/MS/EI/E	1172
1,3-Dinitro-2-(3-methylphenyl)propane	GC/MS/EI	388
1,3-Dinitro-2-(3-methylphenyl)propane	GC/MS/EI/E	1097
1,3-Dinitro-2-(4-methylphenyl)propane	GC/MS/EI	584

1,3-Dinitro-2-(4-methylphenyl)propane	GC/MS/EI/E	1097
2,4-Dinitro-*m*-xylene	GC/MS/EI	271
1,5-Dinitronaphthalene	GC/MS/EI	548
1,3-Dinitronaphthaline	GC/MS/EI	647
1,8-Dinitronaphthaline	GC/MS/EI	550
2,3-Dinitrotoluene	GC/MS/EI	993
2,4-Dinitrotoluene	GC/MS/EI	992
2,6-Dinitrotoluene	GC/MS/EI	991
2,6-Dinitrotoluene	GC/MS/EI	992
3,4-Dinitrotoluene	GC/MS/EI	6
3,4-Dinitrotoluene	GC/MS/EI	1136
1,3-Dinitro-2,4,5-trimethoxyphenyl-propane	GC/MS/EI	1206
Dioctyladipate	GC/MS/EI/E	675
Dioctyladipate	GC/MS/EI	831
Dioctyl phthalate	GC/MS/EI	860
Dioctyl phthalate	GC/MS/EI/E	1547
2,3:4,5-Di-*o-iso*-Propylidene-β-D-fructopyranose-sulfamate	GC/MS/EI	33
2,3:4,5-Di-*o-iso*-Propylidene-β-D-fructopyranose-sulfamate	GC/MS/CI	1498
2-(2,6-Dioxo-3-piperidyl)isoindole-1,3-dione	GC/MS/EI	264
2-(2,6-Dioxo-3-piperidyl)isoindole-1,3-dione	GC/MS/EI/E	1480
7,7-Dioxo-7$^{\{6\}}$-thia-8-azabicyclo[4.3.0]nona-1,3,5-trien-9-one	GC/MS/EI	264
Dipentylamine	GC/MS/EI/E	443
Dipentylamine	GC/MS/EI	926
2-(Dipentylamino)-ethanol	GC/MS/EI/E	1045
2-(Dipentylamino)-ethanol	GC/MS/EI	1051
Diphacinon 2TMS	GC/MS/EI	1712
Diphenan	GC/MS/EI/E	1161
Diphenan	GC/MS/EI	1166
Diphenethylamine	GC/MS/EI/E	712
Diphenethylamine	GC/MS/EI	735
Diphenhydramine	GC/MS/EI/E	110
Diphenhydramine	GC/MS/CI	111
Diphenhydramine	GC/MS/EI	160
Diphenhydramine	GC/MS/EI	257
Diphenhydramine	GC/MS/EI/E	997
Diphenhydramine	GC/MS/EI	1024
Diphenhydramine-M	GC/MS/EI	1025
Diphenhydramine-M	GC/MS/EI/E	1035
Diphenhydramine-M/A (-N(CH$_3$)$_2$, OH) AC	GC/MS/EI	356
Diphenhydramine-M/A (-N(CH$_3$)$_2$, OH) AC	GC/MS/EI/E	1155
Diphenhydramine-M/A (-N(CH$_3$)$_2$, OH) AC	GC/MS/EI	1168
Diphenhydramine-M/A (-N(CH$_3$)$_2$, OH) AC	GC/MS/EI/E	1374
Diphenhydramine-M (-C$_4$H$_{10}$N) AC	GC/MS/EI	997

Diphenhydramine-M (-C$_4$H$_{10}$N) AC	GC/MS/EI/E	1003
Diphenhydramine-M (-C$_4$H$_{10}$N) AC	GC/MS/EI/E	1368
Diphenhydramine-M (-C$_4$H$_{10}$N) AC	GC/MS/EI	1370
Diphenhydramine-M (Desmethyl) AC	GC/MS/EI	1025
Diphenhydramine-M (Desmethyl) AC	GC/MS/EI/E	1035
Diphenhydramine-M (Didesmethyl) AC	GC/MS/EI	1025
Diphenhydramine-M (Didesmethyl-, COOH)	GC/MS/EI/E	1025
Diphenhydramine-M (Didesmethyl-, COOH)	GC/MS/EI	1034
Diphenhydramine-M (2HO-)	GC/MS/EI	1317
Diphenhydramine-M (-NH$_2$, HO)	GC/MS/EI/E	1026
Diphenhydramine-M (-NH$_2$, HO)	GC/MS/EI	1158
Diphenhydramine-M (Oxo,CO$_2$H) 2AC	GC/MS/EI/E	1145
Diphenhydramine-M (Oxo,CO$_2$H) 2AC	GC/MS/EI	1364
Diphenoxylate	GC/MS/EI/E	1439
Diphenoxylate	GC/MS/EI	1446
Diphenylaceticacidmethylester	GC/MS/EI	1019
Diphenylaceticacidmethylester	GC/MS/EI/E	1368
Diphenylamine	GC/MS/EI	1036
Diphenyl-butazon	GC/MS/EI	1145
Diphenyl-butazon	GC/MS/EI	1146
Diphenylether	GC/MS/EI	1046
Di-(1-phenylethyl)-amine	GC/MS/EI	1299
1-[2-[3-(2,2-Diphenylethyl)-1,2,4-oxadiazol-5-yl]ethyl]piperidine	GC/MS/EI/E	411
1-[2-[3-(2,2-Diphenylethyl)-1,2,4-oxadiazol-5-yl]ethyl]piperidine	GC/MS/EI	527
Diphenylhydramine	GC/MS/EI/E	110
Diphenylhydramine	GC/MS/EI	111
Diphenylhydramine	GC/MS/EI	160
Diphenylhydramine	GC/MS/CI	257
Diphenylhydramine	GC/MS/EI/E	997
Diphenylhydramine	GC/MS/EI	1024
5,5-Diphenylimidazolidine-2,4-dione	GC/MS/EI	1118
5,5-Diphenylimidazolidine-2,4-dione	GC/MS/EI	1124
Di-(1-phenyl-*iso*-propyl)-amine	GC/MS/EI	953
Di-(1-phenyl-*iso*-propyl)-amine	GC/MS/EI/E	969
Diphenylmethane	GC/MS/EI	1034
Diphenylmethanone	GC/MS/EI	470
Diphenylmethoxy-acetic acid	GC/MS/EI/E	1025
Diphenylmethoxy-acetic acid	GC/MS/EI	1034
Diphenylmethoxyacetic acid methylester	GC/MS/EI	1147
Diphenylpiperidinpropanol	GC/MS/EI/E	409
Diphenylpiperidinpropanol	GC/MS/EI	478
Diphenyl-(2-piperidyl)methanol	GC/MS/EI/E	292

Diphenyl-(2-piperidyl)methanol	GC/MS/EI/E	293
Diphenyl-(2-piperidyl)methanol	GC/MS/EI	298
Diphenyl-(2-piperidyl)methanol	GC/MS/EI	1020
1,1-Diphenyl-3-(1-piperidyl)propan-1-ol	GC/MS/EI	409
1,1-Diphenyl-3-(1-piperidyl)propan-1-ol	GC/MS/EI/E	478
1,1-Diphenylprolinol	GC/MS/EI	185
1,1-Diphenylprolinol	GC/MS/EI/E	268
1,1-Diphenylprolinol	GC/MS/EI/E	1139
1,1-Diphenylprolinol AC	GC/MS/EI/E	186
1,1-Diphenylprolinol AC	GC/MS/EI	1131
1,1-Diphenylprolinol-M/A (-H_2O) AC	GC/MS/EI	1399
1,1-Diphenylprolinol-M/A (-H_2O) AC	GC/MS/EI/E	1539
1,1-Diphenylprolinol-M/A (-H_2O) TFA	GC/MS/EI	1268
1,1-Diphenylprolinol TMS	GC/MS/EI/E	185
1,1-Diphenylprolinol TMS	GC/MS/EI	249
Diphenylpropenamin	GC/MS/EI	1278
Diphenylpropenamin	GC/MS/EI/E	1295
Diphenylpyraline	GC/MS/EI	417
Diphenylpyraline	GC/MS/EI/E	1018
Diphenylpyraline	GC/MS/EI/E	1019
Diphenylpyraline	GC/MS/EI	1033
1,1-Diphenyl-4-pyrrolidin-1-yl-but-2-yn-1-ol	GC/MS/EI	1583
Diphenyl(2-pyrrolidinyl)methanol	GC/MS/EI/E	185
Diphenyl(2-pyrrolidinyl)methanol	GC/MS/EI/E	268
Diphenyl(2-pyrrolidinyl)methanol	GC/MS/EI	1139
4,4-Diphenyl-1-*tert*-butyl-piperidine	GC/MS/EI/E	1543
4,4-Diphenyl-1-*tert*-butyl-piperidine	GC/MS/CI	1589
4,4-Diphenyl-1-*tert*-butyl-piperidine	GC/MS/EI	1592
Diphosphine	GC/MS/EI	180
Diphyllin	GC/MS/EI/E	1122
Diphyllin	GC/MS/EI	1472
2,6-Dipropan-2-ylphenol	GC/MS/EI	978
5,5-Diprop-2-enyl-1,3-diazinane-2,4,6-trione	GC/MS/EI	9
5,5-Diprop-2-enyl-1,3-diazinane-2,4,6-trione	GC/MS/EI/E	1200
2,5-(Di-propen-2-yl)phenol	GC/MS/EI	936
Diprophylline	GC/MS/EI/E	1122
Diprophylline	GC/MS/EI	1472
2-Dipropylamino-ethanol	GC/MS/EI/E	548
2-Dipropylamino-ethanol	GC/MS/EI	812
2-Dipropylamino-1-phenylbutan-1-one	GC/MS/EI/E	788
2-Dipropylamino-1-phenylbutan-1-one	GC/MS/EI	799
Dipropylmescaline	GC/MS/EI	554
Dipropylmescaline	GC/MS/EI/E	1134

Dipterex	GC/MS/EI/E	507
Dipterex	GC/MS/EI	829
Dipyrone	GC/MS/EI	629
Dipyrone	GC/MS/EI/E	630
Dipyrone	GC/MS/EI	1323
Disalicylide	GC/MS/EI	605
Disilicicacid-hexamethylester	GC/MS/EI	1371
Disulfoton	GC/MS/EI/E	362
Disulfoton	GC/MS/EI	402
2,6-Di-*tert*-butyl-4-methylphenol	GC/MS/EI	1260
1,4-Dithiane	GC/MS/EI	600
Dithiane	GC/MS/EI	600
Dithiophos	GC/MS/EI	1643
Dithiophos	GC/MS/EI	1646
Diuron ME	GC/MS/EI	219
Diuron ME	GC/MS/EI/E	1065
Divinorin B	GC/MS/EI/E	394
Divinorin B	GC/MS/EI	497
Dixyrazine	DI/MS/EI	1309
Dixyrazine	GC/MS/EI/E	1310
Dixyrazine	DI/MS/EI/E	1316
Dixyrazine	GC/MS/EI	1739
Dobutamine	DI/MS/EI	135
Dobutamine	DI/MS/EI/E	1121
Dobutamine 4AC	GC/MS/EI	1493
Dobutamine 4AC	GC/MS/EI	1494
Dobutamine 4AC	GC/MS/EI/E	1496
Dobutamine 4AC	GC/MS/EI/E	1497
Dobutamine-M 2AC	GC/MS/EI	862
Dobutamine-M 2AC	GC/MS/EI/E	875
Dobutamine-M (O-Methyl) 3AC	GC/MS/EI/E	867
Dobutamine-M (O-Methyl) 3AC	GC/MS/EI	1497
Docosane	GC/MS/EI	90
Dodecahydro-7,14-methano-2H,6H-dipyrido[1,2-a:1'-2'-e][1,5]diazocine	GC/MS/EI	752
Dodecahydro-7,14-methano-2H,6H-dipyrido[1,2-a:1'-2'-e][1,5]diazocine	GC/MS/EI/E	1394
Dodecahydro-1,14-methano-4H,6H-dipyrido[1,2-a:1',2'-e](1,5)diazocin-4-one	GC/MS/EI	744
Dodecamethyl-cyclohexasiloxane	GC/MS/EI	1675
Dodecanamide	GC/MS/EI/E	173
Dodecanamide	GC/MS/EI	325
Dodecane	GC/MS/EI/E	87
Dodecane	GC/MS/EI	410
Dodecanoic acid	GC/MS/EI/E	254
Dodecanoic acid	GC/MS/EI/E	256
Dodecanoic acid	GC/MS/EI	1053

Dodecanoic acid	GC/MS/EI	1239
Dodecanoic acid methyl ester	GC/MS/EI/E	258
Dodecanoic acid methyl ester	GC/MS/EI	802
Dodecanoic acid,octadecyl ester	GC/MS/EI	1245
Dodecanoic acid,octadecyl ester	GC/MS/EI/E	1248
1-Dodecanol	GC/MS/EI	74
1-Dodecanol	GC/MS/EI/E	533
1-Dodecanthiol	GC/MS/EI/E	70
1-Dodecanthiol	GC/MS/EI	1246
Dolcymen	GC/MS/EI	597
Dopamine	DI/MS/EI	633
Dopamine	DI/MS/EI/E	891
Dopamine 2AC	GC/MS/EI	746
Dopamine 3AC	GC/MS/EI	745
Dopamine 3AC	GC/MS/EI	748
Dopamine 3AC	GC/MS/EI/E	1100
Dopamine 3AC	GC/MS/EI/E	1103
Dopamine 2PFP	GC/MS/EI	1739
Dormovit	GC/MS/EI/E	1270
Dormovit	GC/MS/EI	1282
Dormovit AC	GC/MS/EI	1270
Dormovit AC	GC/MS/EI/E	1282
Dormovit 2ME	GC/MS/EI	1398
Dormovit ME	GC/MS/EI/E	280
Dormovit ME	GC/MS/EI	1356
Dormovit 2TMS	GC/MS/EI/E	279
Dormovit 2TMS	GC/MS/EI	1687
Dosulepin	GC/MS/EI	140
Dosulepin	GC/MS/EI/E	1350
Dothiepin	GC/MS/EI/E	140
Dothiepin	GC/MS/EI	1350
Doxepin-M (N-oxide, -(CH$_3$)$_2$NOH)	GC/MS/EI	1340
Doxepin-M (N-oxide, -(CH$_3$)$_2$NOH)	GC/MS/EI	1394
Doxepin-M (N-oxide, -(CH$_3$)$_2$NOH)	GC/MS/EI	1398
Doxepine	GC/MS/EI	104
Doxepine	GC/MS/EI	133
Doxepine	GC/MS/EI/E	170
Doxepine	GC/MS/EI/E	1178
Doxepine-A (-2H)	GC/MS/EI	1539
Doxepine-M AC	GC/MS/EI	1394
Doxepine-M AC	GC/MS/EI/E	1401
Doxepine-M (-C$_3$H$_5$N(CH$_3$)$_2$+O)	GC/MS/EI	1300
Doxepine-M (Desmethyl) AC	GC/MS/EI/E	1394

Doxepine-M (Desmethyl) AC	GC/MS/EI	1402
Doxepine-M (Desmethyl, OH) 2AC	GC/MS/EI	1391
Doxepine-M (Desmethyl, OH) 2AC	GC/MS/EI/E	1590
Doxepine-M (OH) AC	GC/MS/EI	107
Doxepine-M (OH) AC	GC/MS/EI/E	170
Doxycycline	DI/MS/EI	441
Doxylamine	GC/MS/CI	110
Doxylamine	GC/MS/EI	190
Doxylamine	GC/MS/EI	1017
Doxylamine	GC/MS/CI	1139
Doxylamine	GC/MS/EI/E	1139
Doxylamine	GC/MS/EI/E	1142
Doxylamine-M	GC/MS/EI	1138
Doxylamine-M (Bisdesmethyl) AC	GC/MS/EI	332
Doxylamine-M (Bisdesmethyl) AC	GC/MS/EI/E	1237
Doxylamine-M ($-C_4H_{11}N$)	GC/MS/EI	275
Doxylamine-M ($-C_4H_{11}NO$)	GC/MS/EI	1121
Doxylamine-M ($-C_4H_{11}NO$) AC	GC/MS/EI	1223
Doxylamine-M ($-C_4H_{11}NO$) AC	GC/MS/EI/E	1419
Doxylamine-M (Desmethyl) AC	GC/MS/EI/E	1021
Doxylamine-M (Desmethyl) AC	GC/MS/EI	1145
Doxylamine-M (Desmethyl) AC	GC/MS/EI	1156
Doxylamine-M (Desmethyl) AC	GC/MS/EI/E	1160
Drometrizol	GC/MS/EI	1365
Drometrizole	GC/MS/EI	1365
Drometrizole AC	GC/MS/EI	1365
Drometrizole AC	GC/MS/EI/E	1369
Drometrizole TFA	GC/MS/EI	179
Droperidol	GC/MS/EI	627
Droperidol	GC/MS/EI/E	1697
Droperidol-M ($-C_{16}H_{21}FNO$) 2AC	GC/MS/EI/E	712
Droperidol-M ($-C_{16}H_{21}FNO$) 2AC	GC/MS/EI	1084
Dubimax	GC/MS/EI/E	321
Dubimax	GC/MS/EI	323
Dubimax	GC/MS/EI/E	420
Dubimax	GC/MS/EI	783
Dusodril	GC/MS/EI	321
Dusodril	GC/MS/EI/E	323
Dusodril	GC/MS/EI	420
Dusodril	GC/MS/EI/E	783
Dutasteride	GC/MS/EI	1525
Dutasteride	GC/MS/EI/E	1757
Dutasteride (Enol) 2ME	GC/MS/EI	1599

Dutasteride 2ME	GC/MS/EI/E	1566
Dutasteride 2ME	GC/MS/EI	1758
Dutasteride 2TMS	GC/MS/EI	240
Dutasteride 2TMS	GC/MS/EI/E	1142
Dutasteride TMS	GC/MS/EI	234
Dutasteride TMS	GC/MS/EI/E	1692
E	GC/MS/EI	26
E 605	GC/MS/EI	517
E 605	GC/MS/EI	1581
EA 1699	GC/MS/EI/E	108
EA 1699	GC/MS/EI	275
EA 1701	GC/MS/EI/E	544
EA 1701	GC/MS/EI	651
EA 2192 TBDMS	GC/MS/EI	549
EA 2192 TBDMS	GC/MS/EI/E	874
EA1699 hydrolysis product	GC/MS/EI	108
EA1699 hydrolysis product	GC/MS/EI/E	391
2,3-EBDB	GC/MS/CI	311
2,3-EBDB	GC/MS/EI/E	343
2,3-EBDB	GC/MS/EI	360
2,3-EBDB	GC/MS/EI/E	727
2,3-EBDB	GC/MS/EI	1357
EBDB	GC/MS/EI	338
EBDB	GC/MS/CI	338
EBDB	GC/MS/EI/E	359
2,3-EBDB AC	GC/MS/EI/E	331
2,3-EBDB AC	GC/MS/EI	1193
2,3-EBDB TFA	GC/MS/EI/E	1080
2,3-EBDB TFA	GC/MS/EI	1152
2,3-EBDB TMS	GC/MS/EI	243
2,3-EBDB TMS	GC/MS/EI/E	935
(4E)-8-Chloro-4-[hydroxy-(pyridin-2-ylamino)methylidene]-3-methyl-2,2-dioxo-2$^{\{6\}}$,7-dithia-3-azabicyclo[4.3.0]nona-8,10-dien-5-one	GC/MS/EI	609
(4E)-8-Chloro-4-[hydroxy-(pyridin-2-ylamino)methylidene]-3-methyl-2,2-dioxo-2$^{\{6\}}$,7-dithia-3-azabicyclo[4.3.0]nona-8,10-dien-5-one	GC/MS/EI/E	1706
EDDP	GC/MS/EI	1501
EDDP	GC/MS/EI	1537
EDDP	GC/MS/EI	1539
EDPA	GC/MS/EI	1278
EDPA	GC/MS/EI/E	1295
(E,E)-2,4-Hexadienoic acid	GC/MS/EI	401
(3E)-3-[Hydroxy-[(5-methyl-1,3-thiazol-2-yl)amino]methylidene]-4-methyl-5,5-dioxo-5$^{\{6\}}$-thia-4-azabicyclo[4.4.0]deca-6,8,10-trien-2-one	GC/MS/EI	1061

(4E)-4-[Hydroxy-(pyridin-2-ylamino)methylidene]-3-methyl-2,2-dioxo-2{6},7-dithia-3-azabicyclo[4.3.0]nona-8,10-dien-5-one	GC/MS/EI	1107
EMPA	GC/MS/EI	893
EMPA	GC/MS/EI/E	1139
(E)-N'-[2-[[5-(Dimethylaminomethyl)-2-furyl]methylsulfanyl]ethyl]-N-methyl-2-nitro-ethene-1,1-diamine	GC/MS/EI/E	1596
(E)-N'-[2-[[5-(Dimethylaminomethyl)-2-furyl]methylsulfanyl]ethyl]-N-methyl-2-nitro-ethene-1,1-diamine	GC/MS/EI	1599
(E)-Octadec-9-enoic-acid	GC/MS/EI/E	13
(E)-Octadec-9-enoic-acid	GC/MS/EI	528
α-ET	GC/MS/EI	125
α-ET	GC/MS/EI	690
α-ET	GC/MS/EI/E	700
ETHYL-J	GC/MS/CI	338
ETHYL-J	GC/MS/EI	338
ETHYL-J	GC/MS/EI/E	359
EU 1806	GC/MS/EI	321
EU 1806	GC/MS/EI/E	323
EU 1806	GC/MS/EI/E	420
EU 1806	GC/MS/EI	783
Ebastine	GC/MS/EI/E	1018
Ebastine	GC/MS/EI	1034
Ecgonidine	GC/MS/EI	764
Ecgonidine	GC/MS/EI	765
Ecgonine	GC/MS/EI/E	284
Ecgonine	GC/MS/EI	1161
Ecgonine AC	GC/MS/EI	632
Ecgonine AC	GC/MS/EI/E	1142
Ecgonine 2TMS	GC/MS/EI	289
Ecgonine 2TMS	GC/MS/EI/E	1632
Ecgoninemethylester	GC/MS/EI	282
Ecgoninemethylester	GC/MS/EI/E	1230
Ecgoninemethylester TMS	GC/MS/EI	283
Ecgoninemethylester TMS	GC/MS/EI	400
Ecgoninemethylester TMS	GC/MS/EI/E	402
Ecgoninemethylester TMS	GC/MS/EI/E	909
Ecgoninethylester	GC/MS/EI/E	283
Ecgoninethylester	GC/MS/EI	1029
Ecinamin	GC/MS/EI	1278
Ecinamin	GC/MS/EI/E	1295
Ehrlichs reagent	GC/MS/CI	842
Ehrlichs reagent	GC/MS/EI	863
Eicosane	GC/MS/EI	90
5,8,11,14-Eicosatetraenoic acid (all Z).	GC/MS/EI	277

5,8,11,14-Eicosatetraenoic acid (all Z).	GC/MS/EI/E	867
5,8,11,14-Eicosatetraenoic acid (all Z).	GC/MS/EI/E	1252
Elaidicacid-*iso*-propylester	GC/MS/EI	74
Elaidicacid-*iso*-propylester	GC/MS/EI/E	1649
Electrocortin	GC/MS/EI	1676
Elektrocortin	GC/MS/EI	1676
Embutramide	GC/MS/EI/E	1178
Embutramide	GC/MS/EI	1188
Embutramide-A (-H_2O)	GC/MS/EI	412
Embutramide-A (-H_2O)	GC/MS/EI/E	1194
Emetine	GC/MS/EI	1194
Emetine	GC/MS/EI/E	1524
Enalapril-A (-C_2H_5) 2ME	GC/MS/EI/E	1344
Enalapril-A (-C_2H_5) 2ME	GC/MS/EI	1351
Enalapril-M/A (-H_2O)	GC/MS/EI/E	384
Enalapril-M/A (-H_2O)	GC/MS/EI/E	1282
Enalapril-M/A (-H_2O)	GC/MS/EI	1479
Enalapril-M/A (-H_2O)	GC/MS/EI	1480
Enalapril ME	GC/MS/EI	1393
Enalapril ME	GC/MS/EI/E	1402
α-Endosulfan	GC/MS/EI/E	1214
α-Endosulfan	GC/MS/EI	1676
β-Endosulfan	GC/MS/EI	1214
β-Endosulfan	GC/MS/EI/E	1671
Enflurane	GC/MS/EI	70
Enflurane	GC/MS/EI/E	183
Enhexymal	GC/MS/EI	1348
Enhexymal	GC/MS/EI/E	1355
Ephedrine	GC/MS/EI/E	93
Ephedrine	GC/MS/CI	112
Ephedrine	GC/MS/EI	129
Ephedrine	GC/MS/EI	265
Ephedrine	GC/MS/EI/E	266
Ephedrine	GC/MS/EI/E	269
Ephedrine 2AC	GC/MS/EI/E	117
Ephedrine 2AC	GC/MS/EI/E	118
Ephedrine 2AC	GC/MS/EI	119
Ephedrine 2AC	GC/MS/EI	439
Ephedrine 2AC	GC/MS/EI	449
Ephedrine 2AC	GC/MS/EI/E	455
Ephedrine-A (-H_2O), ECF	GC/MS/EI/E	680
Ephedrine-A (-H_2O), ECF	GC/MS/EI	1089

Ephedrine-A (-H$_2$O), MCF	GC/MS/EI	574
Ephedrine-A (-H$_2$O), MCF	GC/MS/EI/E	1078
Ephedrine-A (-H$_2$O), iBCF	GC/MS/EI/E	131
Ephedrine-A (-H$_2$O), iBCF	GC/MS/EI	1187
Ephedrine ECF	GC/MS/EI/E	679
Ephedrine ECF	GC/MS/EI	840
Ephedrine MCF	GC/MS/EI/E	574
Ephedrine MCF	GC/MS/EI	820
Ephedrine PFO	GC/MS/EI/E	1747
Ephedrine PFO	GC/MS/EI	1748
Ephedrine PFP	GC/MS/EI	1254
Ephedrine PFP	GC/MS/EI/E	1589
Ephedrine 2TFA	GC/MS/EI	896
Ephedrine 2TFA	GC/MS/EI	898
Ephedrine 2TFA	GC/MS/EI/E	1429
Ephedrine TFA	GC/MS/EI	1433
Ephedrine 2TMS	GC/MS/EI	239
Ephedrine 2TMS	GC/MS/EI/E	682
Ephedrine 2TMS	GC/MS/EI	693
Ephedrine 2TMS	GC/MS/EI/E	827
Ephedrine TMS	GC/MS/EI	137
Ephedrine TMS	GC/MS/EI/E	1185
Ephedrine TMS, ECF	GC/MS/EI/E	679
Ephedrine TMS, ECF	GC/MS/EI	1107
Ephedrine TMS, MCF	GC/MS/EI	577
Ephedrine TMS, MCF	GC/MS/EI/E	1255
Ephedrine TMS, iBCF	GC/MS/EI/E	131
Ephedrine TMS, iBCF	GC/MS/EI	1504
Ephedrine acetone condensation product	GC/MS/EI	835
Ephedrine iBCF	GC/MS/EI	120
Ephedrine iBCF	GC/MS/EI/E	1274
3-Epiandrosterone	GC/MS/EI	1581
Epiandrosterone	GC/MS/EI	1581
Epinastina	GC/MS/EI	1211
Epinastine	GC/MS/EI	1211
Epinastine AC	GC/MS/EI	1583
Epinastine-A (-2H)	GC/MS/EI	1444
Epinastine-A (-2H) ME	GC/MS/EI	1490
Epinastine (-2H) 2ME II	GC/MS/EI	1534
Epinastine ME	GC/MS/EI	1211
Epinastine 2ME I	GC/MS/EI	293
Epinastine 2ME II	GC/MS/EI	1539
Epinephrine	DI/MS/EI	39

Epinephrine	DI/MS/EI/E	67
Epinephrine	DI/MS/EI	1146
Epinephrine 4AC	GC/MS/EI	331
Epinephrine-A (-H$_2$O) 3AC I	GC/MS/EI	1000
Epinephrine-A (-H$_2$O) 3AC II	GC/MS/EI	1000
Epinephrine-A (-H$_2$O) PFP	GC/MS/EI	943
4,5-Epoxy-3,14-dihydroxy-17-(trideuteromethyl)morphinan-6-one	GC/MS/EI	1611
4,5-Epoxy-14-hydroxy-3-trideuteromethoxy-17[trideuteromethyl]morphinan-6-one	GC/MS/EI	1642
4,5-Epoxy-3-hydroxy-17-trideuteromethyl-15,15,16-trideuteromorphinan-6-one	GC/MS/EI	1582
4,5-Epoxy-3-trideuteromethoxy-17-trideuteromethylmorphin-6-one	GC/MS/EI	1613
Eprosartan	GC/MS/EI	729
Eprosartan ME	GC/MS/EI	846
Erbocain	GC/MS/EI/E	436
Erbocain	GC/MS/EI/E	437
Erbocain	GC/MS/EI	1334
Erbocain	GC/MS/EI	1625
Ergocalciferol DMBS I	GC/MS/EI	1670
Ergocalciferol DMBS I	GC/MS/EI/E	1756
Ergocalciferol DMBS II	GC/MS/EI/E	801
Ergocalciferol DMBS II	GC/MS/EI	1757
Ergocalciferol DMBS III	GC/MS/EI	1466
Ergocalciferol DMBS IV	GC/MS/EI	1466
Ergocalciferol DMBS V	GC/MS/EI	1466
Ergocalciferol DMBS V	GC/MS/EI/E	1719
Ergocalciferol I	GC/MS/EI	924
Ergocalciferol II	GC/MS/EI	924
Ergocalciferol II	GC/MS/EI/E	1725
Ergocalciferol TMS I	GC/MS/EI	1669
Ergocalciferol TMS I	GC/MS/EI/E	1751
Ergocalciferol TMS II	GC/MS/EI	1466
Ergocalciferol TMS II	GC/MS/EI/E	1751
Ergocalciferol TMS III	GC/MS/EI	796
Ergocalciferol TMS IV	GC/MS/EI	1467
Ergotamine-A 2	GC/MS/EI	185
Ergotamine-A AC	GC/MS/EI	643
Erythritol 4AC	GC/MS/EI	568
Erythritol 4AC	GC/MS/EI/E	1331
Erythromycin	DI/MS/EI	777
Erythromycin	DI/MS/EI/E	930
Erythromycin	GC/MS/EI/E	1070
Erythromycin	GC/MS/EI	1570
Erythroxylin	GC/MS/EI/E	285
Erythroxylin	GC/MS/EI/E	1608

Erythroxylin	GC/MS/EI	1609
Esculetin	GC/MS/EI	1100
Esculetol	GC/MS/EI	1100
Estazolam	GC/MS/EI	1486
Estradiol valerate	GC/MS/EI	85
Estragole	GC/MS/EI	842
Estricnina	GC/MS/CI	1666
Estricnina	GC/MS/EI	1667
Estriol	GC/MS/EI	943
Estrychnina	GC/MS/EI	1666
Estrychnina	GC/MS/CI	1667
Etacrynic acid ME	GC/MS/EI/E	1489
Etacrynic acid ME	GC/MS/EI	1635
Etafedrine	GC/MS/EI	313
Etafedrine	GC/MS/EI/E	349
Etamivan	GC/MS/EI	876
Etamivan	GC/MS/EI/E	1355
Etenzamide	GC/MS/EI	604
Etenzamide 2AC	GC/MS/EI/E	619
Etenzamide 2AC	GC/MS/EI	1269
Etenzamide AC	GC/MS/EI	599
Etenzamide TFA	GC/MS/EI	606
Ethacridine	GC/MS/EI	1363
Ethambutol	GC/MS/EI	461
Ethambutol	GC/MS/EI/E	577
Ethambutol-A	DI/MS/EI	540
Ethambutol-A	DI/MS/EI/E	559
Ethambutol AC	DI/MS/EI	809
Ethambutol AC	DI/MS/EI/E	1237
1,2-Ethandiol 2AC	GC/MS/EI/E	23
1,2-Ethandiol 2AC	GC/MS/EI	325
1,2-Ethanediol-dibenzoate	GC/MS/EI	476
Ethanoic acid	GC/MS/EI	20
Ethaverine	GC/MS/EI	1701
(5-Ethenyl-1-azabicyclo[2.2.2]oct-2-yl)-(6-methoxyquinolin-4-yl)methanol	GC/MS/EI/E	743
(5-Ethenyl-1-azabicyclo[2.2.2]oct-2-yl)-(6-methoxyquinolin-4-yl)methanol	GC/MS/EI	757
4-Ethenyl-2-methoxy-phenol	GC/MS/EI	736
Ethenzamide	GC/MS/EI	604
Ethinamate	GC/MS/EI	373
Ethinamate 2TMS	GC/MS/EI	824
Ethinamate 2TMS	GC/MS/EI/E	1209
Ethinamate TMS	GC/MS/EI	260
Ethinamate TMS	GC/MS/EI/E	638
Ethion	GC/MS/EI	1382

Ethion	GC/MS/EI/E	1391
Ethionamide	GC/MS/EI	1011
Ethoform	GC/MS/EI	604
Ethopropazine	GC/MS/EI	427
Ethopropazine	GC/MS/EI/E	456
Ethosuximide ME	GC/MS/EI	656
Ethosuximide ME	GC/MS/EI/E	670
4'-Ethoxyacetanilide	GC/MS/EI	515
7-Ethoxyacridine-3,9-diamine	GC/MS/EI	1363
2-Ethoxybenzamide	GC/MS/EI	604
2-Ethoxy-benzoic acid	GC/MS/EI/E	606
2-Ethoxy-benzoic acid	GC/MS/EI	877
2-Ethoxy-benzonitrile	GC/MS/EI	589
[3-(Ethoxycarbonylamino)phenyl] N-phenylcarbamate	GC/MS/EI	1127
Ethoxy-ethyl-phenylsulfanyl-sulfanylidene-phosphorane	GC/MS/EI	512
Ethoxy-ethyl-phenylsulfanyl-sulfanylidene-phosphorane	GC/MS/EI/E	1440
3-[2-Ethoxy-5-(4-ethylpiperazin-1-yl)sulfonyl-phenyl]-7-methyl-9-propyl-1,2,4,8-tetrazabicyclo-[4.3.0]nona-3,6,8-trien-5-one	GC/MS/EI/E	1754
3-[2-Ethoxy-5-(4-ethylpiperazin-1-yl)sulfonyl-phenyl]-7-methyl-9-propyl-1,2,4,8-tetrazabicyclo[4.3.0]nona-3,6,8-trien-5-one	DI/MS/EI	533
3-[2-Ethoxy-5-(4-ethylpiperazin-1-yl)sulfonyl-phenyl]-7-methyl-9-propyl-1,2,4,8-tetrazabicyclo[4.3.0]nona-3,6,8-trien-5-one	GC/MS/EI	534
3-[2-Ethoxy-5-(4-ethylpiperazin-1-yl)sulfonyl-phenyl]-7-methyl-9-propyl-1,2,4,8-tetrazabicyclo[4.3.0]nona-3,6,8-trien-5-one	DI/MS/EI/E	552
3-[2-Ethoxy-5-(4-methylpiperazin-1-yl)sulfonyl-phenyl]-7-methyl-9-propyl-2,4,7,8-tetrazabicyclo-[4.3.0]nona-2,4,8,10-tetraen-5-ol	GC/MS/EI	422
3-[2-Ethoxy-5-(4-methylpiperazin-1-yl)sulfonyl-phenyl]-7-methyl-9-propyl-2,4,7,8-tetrazabicyclo[4.3.0]nona-2,4,8,10-tetraen-5-ol	GC/MS/EI/E	1730
1-Ethoxy-4-nitro-benzene	GC/MS/EI	1025
5-[2-Ethoxyphenyl]-1-methyl-3n-propyl-1,6-dihydro-7H-pyryzolo[4,3-d]pyrimidin-7-one	GC/MS/EI	1627
Ethyl Biscoumacetate	GC/MS/EI	617
Ethyl Biscoumacetate	GC/MS/EI/E	1698
10-Ethyl-10H-phenothiazine	GC/MS/EI	1228
Ethyl N-[2-amino-6-[(4-fluorophenyl)methylamino]pyridin-3-yl]carbamate	GC/MS/EI	517
Ethyl N-[2-amino-6-[(4-fluorophenyl)methylamino]pyridin-3-yl]carbamate	GC/MS/EI	519
Ethyl (1R,3S,4R,5R)-3-hydroxy-8-methyl-8-azabicyclo[3.2.1]octane-4-carboxylate	GC/MS/EI/E	283
Ethyl (1R,3S,4R,5R)-3-hydroxy-8-methyl-8-azabicyclo[3.2.1]octane-4-carboxylate	GC/MS/EI	1029
Ethyl (1S,2R)-2-dimethylamino-1-phenyl-cyclohex-3-ene-1-carboxylate	GC/MS/EI/E	401
Ethyl (1S,2R)-2-dimethylamino-1-phenyl-cyclohex-3-ene-1-carboxylate	GC/MS/EI	402
Ethyl (1S,2R)-2-dimethylamino-1-phenyl-cyclohex-3-ene-1-carboxylate	GC/MS/EI	465
Ethyl (1S,2R)-2-dimethylamino-1-phenyl-cyclohex-3-ene-1-carboxylate	GC/MS/EI/E	467
3-Ethyl-1,2,3,4,6,7,7a,12,12aα,12bα-decahydro-4α,14-dihydroxy-12-methyl-2,6:7a,13-dimethano-indolo[2,3-a]quinolizine	DI/MS/EI	1652
3-Ethyl-1,2,3,4,6,7,7a,12,12aα,12bα-decahydro-4α,14-dihydroxy-12-methyl-2,6:7a,13-dimethano-indolo[2,3-a]quinolizine	GC/MS/EI	1652
Ethyl acetate	GC/MS/EI	20

Ethyl acetate	GC/MS/EI/E	68
Ethylacetate	GC/MS/EI	20
Ethylacetate	GC/MS/EI/E	68
Ethyl 4-aminobenzoate	GC/MS/EI	604
2-(Ethylamino)-ethanol	GC/MS/EI/E	94
2-(Ethylamino)-ethanol	GC/MS/EI	365
2-Ethylamino-1-phenylbutan-1-one	GC/MS/EI	311
2-Ethylamino-1-phenylbutan-1-one	GC/MS/EI/E	350
2-Ethylaminopropiophenone	GC/MS/EI/E	201
2-Ethylaminopropiophenone	GC/MS/EI	266
2-(Ethylamino)propiophenone TFA	GC/MS/EI/E	1029
2-(Ethylamino)propiophenone TFA	GC/MS/EI	1042
Ethylamphetamine	GC/MS/EI	202
Ethylamphetamine	GC/MS/EI/E	372
Ethylbenzoate	GC/MS/EI/E	474
Ethylbenzoate	GC/MS/EI	862
Ethylbenzoylecgonine	GC/MS/EI/E	283
Ethylbenzoylecgonine	GC/MS/EI/E	286
Ethylbenzoylecgonine	GC/MS/EI	1223
Ethylbenzoylecgonine	GC/MS/EI	1311
Ethylbenzoylecgonine	GC/MS/EI	1637
Ethyl-β-(4-hydroxy-3-methoxy-phenyl)-propionate	GC/MS/EI	760
Ethylbis(4-hydroxycoumarine-3-yl)acetate	GC/MS/EI/E	617
Ethylbis(4-hydroxycoumarine-3-yl)acetate	GC/MS/EI	1698
Ethyl 4-chlorobenzoate	GC/MS/EI/E	768
Ethyl 4-chlorobenzoate	GC/MS/EI	1154
Ethyl-3-chlorobenzoate	GC/MS/EI/E	768
Ethyl-3-chlorobenzoate	GC/MS/EI	1158
Ethyl-4-(8-chloro-5,6-dihydro-11H-benzo-[5,6]cyclohepta[1,2-b]pyridin-11-ylidene)-1-piperidinecarboxylate	GC/MS/EI	1715
24-Ethyl-cholestadien-(5.22)-ol-(3β),	GC/MS/EI	1733
Ethyl 1-(3-cyano-3,3-diphenyl-propyl)-4-phenyl-piperidine-4-carboxylate	GC/MS/EI	1439
Ethyl 1-(3-cyano-3,3-diphenyl-propyl)-4-phenyl-piperidine-4-carboxylate	GC/MS/EI/E	1446
Ethyl 2-[3-(2-diethylaminoethyl)-4-methyl-2-oxo-chromen-7-yl]oxyacetate	GC/MS/EI	302
Ethyl 2-[3-(2-diethylaminoethyl)-4-methyl-2-oxo-chromen-7-yl]oxyacetate	GC/MS/EI/E	351
3-Ethyl-1,3-dimethyl-2,5-pyrrolidinedione	GC/MS/EI	656
3-Ethyl-1,3-dimethyl-2,5-pyrrolidinedione	GC/MS/EI/E	670
Ethyl-docosanoate	GC/MS/EI	923
Ethyl-docosanoate	GC/MS/EI/E	1703
Ethyl-dodecanoate	GC/MS/EI	364
Ethyl-dodecanoate	GC/MS/EI/E	925
Ethylecgonine	GC/MS/EI/E	283
Ethylecgonine	GC/MS/EI	1029
Ethylecgonine AC	GC/MS/EI/E	285

Ethylecgonine AC	GC/MS/EI	286
Ethylecgonine AC	GC/MS/EI/E	1474
Ethylecgonine AC	GC/MS/EI	1475
Ethylecgonine TMS	GC/MS/EI	400
Ethylecgonine TMS	GC/MS/EI/E	1421
Ethyleneglykol 2AC	GC/MS/EI/E	23
Ethyleneglykol 2AC	GC/MS/EI	325
Ethylhexadecanoate	GC/MS/EI	363
Ethylhexadecanoate	GC/MS/EI/E	925
5-Ethyl-5-isopentylbarbituric acid	GC/MS/EI	913
5-Ethyl-5-isopentylbarbituric acid	GC/MS/EI/E	923
Ethylloflazepate A	GC/MS/EI	1409
Ethylloflazepate (-$C_3H_4O_2$)	GC/MS/EI	1488
Ethylloflazepate HY	GC/MS/EI	1452
3-Ethyl-4-methyl-N-[2-[4-[(4-methylcyclohexyl)carbamoylsulfamoyl]phenyl]ethyl]-2-oxo-5H-pyrrole-1-carboxamide	DI/MS/EI/E	1142
3-Ethyl-4-methyl-N-[2-[4-[(4-methylcyclohexyl)carbamoylsulfamoyl]phenyl]ethyl]-2-oxo-5H-pyrrole-1-carboxamide	DI/MS/EI	1128
2-(Ethyl-methyl-amino)-1-phenyl-propan-1-ol	GC/MS/EI/E	313
2-(Ethyl-methyl-amino)-1-phenyl-propan-1-ol	GC/MS/EI	349
3-(3-Ethyl-1-methyl-azepan-3-yl)phenol	GC/MS/EI	292
Ethyl-4-methylbenzoate	GC/MS/EI	377
Ethyl-4-methylbenzoate	GC/MS/EI/E	597
Ethyl-4-methylbenzoate	GC/MS/EI	851
5-Ethyl-5-(3-methylbutyl)-1,3-diazinane-2,4,6-trione	GC/MS/EI/E	913
5-Ethyl-5-(3-methylbutyl)-1,3-diazinane-2,4,6-trione	GC/MS/EI	923
1-Ethyl-3,4-methylenedioxybenzene	GC/MS/EI	723
3-Ethyl-4-[(3-methylimidazol-4-yl)methyl]oxolan-2-one	GC/MS/EI/E	397
3-Ethyl-4-[(3-methylimidazol-4-yl)methyl]oxolan-2-one	GC/MS/EI	400
5-Ethyl-1-methyl-5-phenyl-1,3-diazinane-2,4,6-trione	GC/MS/EI/E	1333
5-Ethyl-1-methyl-5-phenyl-1,3-diazinane-2,4,6-trione	GC/MS/EI/E	1340
5-Ethyl-1-methyl-5-phenyl-1,3-diazinane-2,4,6-trione	GC/MS/EI	1441
5-Ethyl-3-methyl-5-phenyl-imidazolidine-2,4-dione	GC/MS/EI	1176
Ethyl(1-methyl-4-phenylpiperidin-4-carboxylate)	GC/MS/EI	190
Ethyl(1-methyl-4-phenylpiperidin-4-carboxylate)	GC/MS/EI	192
Ethyl(1-methyl-4-phenylpiperidin-4-carboxylate)	GC/MS/EI	193
4-Ethyl-4-methyl-piperidine-2,6-dione	GC/MS/EI	71
Ethyl 3-methyl-2-sulfanylidene-imidazole-1-carboxylate	GC/MS/EI	1167
Ethyl-m-methylbenzoate	GC/MS/EI	598
Ethylmorphine	GC/MS/EI	1629
Ethyl myristate	GC/MS/EI	364
Ethyl myristate	GC/MS/EI/E	925
5-Ethyl-5-pentan-2-yl-1,3-diazinane-2,4,6-trione	GC/MS/EI/E	914
5-Ethyl-5-pentan-2-yl-1,3-diazinane-2,4,6-trione	GC/MS/EI/E	922

5-Ethyl-5-pentan-2-yl-1,3-diazinane-2,4,6-trione	GC/MS/EI	923
1-(4-Ethylphenyl)-2-(N,N-methyl-*iso*-propylamino)propan-1-one	GC/MS/EI	431
1-(4-Ethylphenyl)-2-(N,N-methyl-*iso*-propylamino)propan-1-one	GC/MS/EI/E	453
1-(4-Ethylphenyl)-2-(N-*iso*-propyl)amino-propan-1-one	GC/MS/EI	308
1-(4-Ethylphenyl)-2-(N-*iso*-propyl)amino-propan-1-one	GC/MS/EI/E	701
3-Ethyl-3-phenyl-2,4-azetidinedione	GC/MS/EI	817
5-Ethyl-5-phenyl-1,3-diazinane-4,6-dione	GC/MS/EI/E	818
5-Ethyl-5-phenyl-1,3-diazinane-4,6-dione	GC/MS/EI	1181
5-Ethyl-5-phenyl-1,3-diazinane-4,6-dione	GC/MS/EI	1188
5-Ethyl-5-phenyl-1,3-diazinane-2,4,6-trione	GC/MS/EI	1253
Ethyl 3-(1-phenylethyl)imidazole-4-carboxylate	GC/MS/EI	478
Ethyl 3-(1-phenylethyl)imidazole-4-carboxylate	GC/MS/EI/E	485
Ethyl 3-(1-phenylethyl)imidazole-4-carboxylate	GC/MS/EI/E	1432
Ethyl 3-(1-phenylethyl)imidazole-4-carboxylate	GC/MS/EI	1436
1-(4-Ethylphenyl)-2-*iso*-propylaminopropan-1-one TFA	GC/MS/EI/E	705
1-(4-Ethylphenyl)-2-*iso*-propylaminopropan-1-one TFA	GC/MS/EI	1152
Ethyl 4-phenylpiperidine-4-carboxylate	GC/MS/EI	82
Ethyl 4-phenylpiperidine-4-carboxylate	GC/MS/EI	85
3-Ethyl-3-phenyl-piperidine-2,6-dione	GC/MS/EI/E	1177
3-Ethyl-3-phenyl-piperidine-2,6-dione	GC/MS/EI	1330
2-Ethyl-2-phenyl-propanediamide	GC/MS/EI/E	967
2-Ethyl-2-phenyl-propanediamide	GC/MS/EI	987
1-(4-Ethylphenyl)propan-1-one	GC/MS/EI	701
Ethylphosphate 2TMS	GC/MS/EI	1303
Ethylphosphonic acid bis(*tert*-butyldimethylsilyl) ester	GC/MS/EI	1551
Ethylphosphonic acid bis(*tert*-butyldimethylsilyl) ester	GC/MS/EI/E	1555
2-Ethylpyridine-4-carbothioamide	GC/MS/EI	1011
1-(2-Ethylsulfonylethyl)-2-methyl-5-nitro-imidazole	GC/MS/EI/E	1240
1-(2-Ethylsulfonylethyl)-2-methyl-5-nitro-imidazole	GC/MS/EI	1444
Ethyl-tetracosanoate	GC/MS/EI	923
Ethyl-tetracosanoate	GC/MS/EI/E	1690
Ethyl tetradecanoate	GC/MS/EI/E	364
Ethyl tetradecanoate	GC/MS/EI	925
α-Ethyltryptamine	GC/MS/EI	125
α-Ethyltryptamine	GC/MS/EI/E	690
α-Ethyltryptamine	GC/MS/EI/E	699
α-Ethyltryptamine	GC/MS/EI	700
α-Ethyltryptamine AC	GC/MS/EI/E	680
α-Ethyltryptamine AC	GC/MS/EI/E	686
α-Ethyltryptamine AC	GC/MS/EI	1059
α-Ethyltryptamine AC	GC/MS/EI	1379
Ethyltryptamine PFO	GC/MS/EI/E	685
Ethyltryptamine PFO	GC/MS/EI	694
α-Ethyltryptamine PFP	GC/MS/EI/E	685

α-Ethyltryptamine PFP	GC/MS/EI	694
α-Ethyltryptamine TFA	GC/MS/EI/E	685
α-Ethyltryptamine TFA	GC/MS/EI	694
Ethyltryptamine 2TMS	GC/MS/EI	682
Ethyltryptamine 2TMS	GC/MS/EI/E	695
(1-Ethynylcyclohexyl) carbamate	GC/MS/EI	373
Etidocaine	GC/MS/EI	660
Etifelmin	GC/MS/EI	1278
Etifelmin	GC/MS/EI/E	1295
Etilamphetamine	GC/MS/EI	202
Etilamphetamine	GC/MS/EI/E	372
Etilefrine	GC/MS/EI/E	93
Etilefrine	GC/MS/EI	160
Etilefrine	GC/MS/EI/E	175
Etilefrine	GC/MS/EI	268
Etilefrine 2AC	GC/MS/EI/E	120
Etilefrine 2AC	GC/MS/EI	627
Etilefrine 3AC	GC/MS/EI/E	101
Etilefrine 3AC	GC/MS/EI	456
Etiocholanolone	GC/MS/EI	1581
Etodroxizine	GC/MS/EI	1242
Etodroxizine	GC/MS/EI/E	1601
Etodroxizine	GC/MS/EI/E	1736
Etodroxizine AC	GC/MS/EI/E	1243
Etodroxizine AC	GC/MS/EI	1749
Etofylline	GC/MS/EI	1124
Etofylline AC	GC/MS/EI	359
Etomidate	GC/MS/EI/E	478
Etomidate	GC/MS/EI	485
Etomidate	GC/MS/EI	1432
Etomidate	GC/MS/EI/E	1436
Etonitazen Intermediate	GC/MS/EI/E	300
Etonitazen Intermediate	GC/MS/EI	346
Etonitazene	GC/MS/EI	303
Etonitazene	GC/MS/EI/E	496
Etonitazene Intermediate	GC/MS/EI	300
Etonitazene Intermediate	GC/MS/EI/E	358
Etoricoxib	GC/MS/EI	1693
Etryptamine 2TMS	GC/MS/EI/E	686
Etryptamine 2TMS	GC/MS/EI	1256
Etryptamine TMS	GC/MS/EI	1249
Etryptamine TMS	GC/MS/EI/E	1255
Eugenol	GC/MS/EI	982
Eugenol	GC/MS/EI	989

Famprofazone	GC/MS/EI	1567
Famprofazone	GC/MS/EI/E	1570
Felbamate-M/A (-C$_2$H$_6$N$_2$O$_3$) AC	GC/MS/EI/E	714
Felbamate-M/A (-C$_2$H$_6$N$_2$O$_3$) AC	GC/MS/EI	1084
Felodipine	GC/MS/EI/E	1411
Felodipine	GC/MS/EI	1419
Felodipine	GC/MS/CI	1670
Felodipine-A (-2H)	GC/MS/EI	1683
Felodipine-A (-2H)	GC/MS/CI	1685
Felodipine-A (-2H)	GC/MS/EI/E	1716
Fenarimol	GC/MS/EI	769
Fenason	GC/MS/EI	1173
Fenatson	GC/MS/EI	1173
Fenazon	GC/MS/EI	1173
Fencamfamin	GC/MS/EI	412
Fenethylline	GC/MS/CI	1453
Fenethylline	GC/MS/CI	1455
Fenethylline	GC/MS/EI/E	1461
Fenethylline	GC/MS/EI	1677
Fenethylline AC	GC/MS/CI	1457
Fenethylline AC	GC/MS/EI/E	1590
Fenethylline AC	GC/MS/EI	1717
Fenethylline ME	GC/MS/EI	1498
Fenethylline ME	GC/MS/EI/E	1502
Fenethylline ME	GC/MS/CI	1692
Fenethylline PFO	GC/MS/EI	383
Fenethylline PFO	GC/MS/EI/E	1761
Fenethylline PFP	GC/MS/CI	1725
Fenethylline PFP	GC/MS/EI	1755
Fenethylline TMS	GC/MS/EI/E	1644
Fenethylline TMS	GC/MS/EI	1647
Fenfluramine	GC/MS/EI	204
Fenfluramine	GC/MS/EI/E	933
Fenibutazona	GC/MS/EI	1145
Fenibutazona	GC/MS/EI	1146
Fenilbutazone	GC/MS/EI	1145
Fenilbutazone	GC/MS/EI	1146
Fenindion	GC/MS/EI	1354
Fenipentol	GC/MS/EI/E	496
Fenipentol	GC/MS/EI	983
Fenitrothion	GC/MS/EI	641
Fenmetralin	GC/MS/EI	189
Fenmetrazin	GC/MS/EI	189

Fenofibrate	GC/MS/EI/E	618
Fenofibrate	GC/MS/EI	1611
Fenofibrate-M (-C$_3$H$_7$) ME	GC/MS/EI/E	618
Fenofibrate-M (-C$_3$H$_7$) ME	GC/MS/EI	1530
Fenpropathrin	GC/MS/EI	401
Fenpropathrin	GC/MS/EI/E	1294
Fenpropimorph	GC/MS/EI	663
Fenpropimorph	GC/MS/EI/E	1608
Fenproporex	GC/MS/EI/E	401
Fenproporex	GC/MS/EI	411
Fenproporex TFA	GC/MS/EI	777
Fenproporex TFA	GC/MS/EI/E	886
Fenproporex TMS	GC/MS/EI/E	238
Fenproporex TMS	GC/MS/EI	1036
Fentanyl	GC/MS/EI/E	822
Fentanyl	GC/MS/EI	1436
Fentanyl	GC/MS/EI	1437
Fentanyl	GC/MS/EI	1442
Fentanyl-M	GC/MS/EI	290
Fenthion	GC/MS/EI	1541
Fenylbutason	GC/MS/EI	1145
Fenylbutason	GC/MS/EI	1146
Fenylbutazon	GC/MS/EI	1145
Fenylbutazon	GC/MS/EI	1146
Ferulic acid glycineconjugate 2ME	GC/MS/EI	1190
Fexofenadine-A (-COOH, -H$_2$O)	DI/MS/EI	1549
Fexofenadine-A (-COOH, -H$_2$O)	DI/MS/EI/E	1553
Finasteride	GC/MS/EI	121
Flecainide AC	GC/MS/EI	295
Flecainide AC	GC/MS/EI/E	1607
Flecainide-M (HO-) 2AC	GC/MS/EI/E	791
Flecainide-M (HO-) 2AC	GC/MS/EI	1605
Flocoumafen	DI/MS/NCI	934
Flocoumafen	DI/MS/EI/E	1716
Flocoumafen	DI/MS/CI	1758
Flocoumafen	DI/MS/EI	1758
Flocoumafen-A	GC/MS/EI	664
Flocoumafen ME	GC/MS/EI	1612
Fluanisone	GC/MS/EI	1260
Fluconazole	GC/MS/EI	1362
Fluconazole AC	GC/MS/EI/E	1362
Fluconazole AC	GC/MS/EI	1366
Fluconazole ME	GC/MS/EI	1410

Fluconazole-M (OH) AC	GC/MS/EI	1362
Fluconazole-M (OH) AC	GC/MS/EI/E	1697
Fludiazepam-M (nor)	GC/MS/EI	1488
Fludiazepam-M (nor) A	GC/MS/EI	1409
Fludiazepam-M (nor-) HY	GC/MS/EI	1452
Fludioxonil	GC/MS/EI	1447
Flumazenil	GC/MS/EI	1377
Flumedroxonacetat	GC/MS/EI	34
Flumedroxonacetat	GC/MS/EI/E	1691
Flumethrin	GC/MS/EI	1373
Flumethrin	GC/MS/EI/E	1377
Flumoperone	GC/MS/EI	1522
Flumoperone	GC/MS/EI/E	1526
Flunarizine	GC/MS/EI	1240
Flunarizine	GC/MS/EI/E	1250
Flunitrazepam	GC/MS/EI	1629
Flunitrazepam AC	GC/MS/EI	33
Flunitrazepam HY	GC/MS/EI	1531
Flunitrazepam-M (NH$_2$) AC	GC/MS/EI	1651
5-Fluoro-α-methyltryptamine	GC/MS/EI/E	52
5-Fluoro-α-methyltryptamine	GC/MS/EI	864
5-Fluoro-α-methyltryptamine AC	GC/MS/EI	56
5-Fluoro-α-methyltryptamine AC	GC/MS/EI/E	1393
5-Fluoro-α-methyltryptamine PFP	GC/MS/EI/E	840
5-Fluoro-α-methyltryptamine PFP	GC/MS/EI	852
5-Fluoro-α-methyltryptamine 2PFP I	GC/MS/EI	56
5-Fluoro-α-methyltryptamine 2PFP I	GC/MS/EI/E	1645
5-Fluoro-a-methyltryptamine 2PFP II	GC/MS/EI/E	1183
5-Fluoro-a-methyltryptamine 2PFP II	GC/MS/EI	1645
5-Fluoro-α-methyltryptamine TFA	GC/MS/EI/E	836
5-Fluoro-α-methyltryptamine TFA	GC/MS/EI	852
5-Fluoro-α-methyltryptamine 2TMS	GC/MS/EI/E	576
5-Fluoro-α-methyltryptamine 2TMS	GC/MS/EI	582
5-Fluoro-α-methyltryptamine TMS	GC/MS/EI/E	576
5-Fluoro-α-methyltryptamine TMS	GC/MS/EI	581
2-Fluoroamphetamine	GC/MS/CI	47
2-Fluoroamphetamine	GC/MS/EI	507
2-Fluoroamphetamine	GC/MS/EI/E	755
3-Fluoroamphetamine	GC/MS/CI	47
3-Fluoroamphetamine	GC/MS/EI	507
3-Fluoroamphetamine	GC/MS/EI/E	753
4-Fluoroamphetamine	GC/MS/EI	47
4-Fluoroamphetamine	GC/MS/EI/E	507
4-Fluoroamphetamine	GC/MS/CI	753

2-Fluoroamphetamine 2AC	GC/MS/EI/E	38
2-Fluoroamphetamine 2AC	GC/MS/EI	755
2-Fluoroamphetamine AC	GC/MS/EI	43
2-Fluoroamphetamine AC	GC/MS/EI/E	47
2-Fluoroamphetamine AC	GC/MS/EI/E	508
2-Fluoroamphetamine AC	GC/MS/EI	512
3-Fluoroamphetamine 2AC	GC/MS/EI/E	39
3-Fluoroamphetamine 2AC	GC/MS/EI	754
3-Fluoroamphetamine AC	GC/MS/EI/E	43
3-Fluoroamphetamine AC	GC/MS/EI	512
4-Fluoroamphetamine 2AC	GC/MS/EI/E	50
4-Fluoroamphetamine 2AC	GC/MS/EI	755
4-Fluoroamphetamine AC	GC/MS/EI/E	44
4-Fluoroamphetamine AC	GC/MS/EI	51
4-Fluoroamphetamine AC	GC/MS/EI	741
4-Fluoroamphetamine AC	GC/MS/EI/E	754
2-Fluoroamphetamine DMBS	GC/MS/EI/E	929
2-Fluoroamphetamine DMBS	GC/MS/EI	1141
3-Fluoroamphetamine DMBS	GC/MS/EI/E	928
3-Fluoroamphetamine DMBS	GC/MS/EI	1307
4-Fluoroamphetamine DMBS	GC/MS/EI	928
4-Fluoroamphetamine DMBS	GC/MS/EI/E	1307
2-Fluoroamphetamine PFP	GC/MS/EI	1180
2-Fluoroamphetamine PFP	GC/MS/EI/E	1189
3-Fluoroamphetamine PFP	GC/MS/EI	1180
3-Fluoroamphetamine PFP	GC/MS/EI/E	1188
4-Fluoroamphetamine PFP	GC/MS/EI/E	746
4-Fluoroamphetamine PFP	GC/MS/EI	1187
2-Fluoroamphetamine PROP	GC/MS/EI/E	47
2-Fluoroamphetamine PROP	GC/MS/EI	722
2-Fluoroamphetamine TFA	GC/MS/EI/E	778
2-Fluoroamphetamine TFA	GC/MS/EI	786
3-Fluoroamphetamine TFA	GC/MS/EI/E	778
3-Fluoroamphetamine TFA	GC/MS/EI	786
4-Fluoroamphetamine TFA	GC/MS/EI/E	778
4-Fluoroamphetamine TFA	GC/MS/EI	786
2-Fluoroamphetamine TMS	GC/MS/EI/E	237
2-Fluoroamphetamine TMS	GC/MS/EI	742
3-Fluoroamphetamine TMS	GC/MS/EI/E	237
3-Fluoroamphetamine TMS	GC/MS/EI	1299
4-Fluoroamphetamine TMS	GC/MS/EI/E	237
4-Fluoroamphetamine TMS	GC/MS/EI	1307
2-Fluoro-benzaldehyde	GC/MS/EI	627
3-Fluoro-benzaldehyde	GC/MS/EI	627

3-[2-[4-(6-Fluorobenzo[d]isoxazol-3-yl)-1-piperidyl]ethyl]-4-methyl-1,5-diazabicyclo-[4.4.0]-deca-3,5-dien-2-one	DI/MS/EI	1389
3-[2-[4-(6-Fluorobenzo[d]isoxazol-3-yl)-1-piperidyl]ethyl]-4-methyl-1,5-diazabicyclo-[4.4.0]-deca-3,5-dien-2-one	DI/MS/EI	1390
3-[2-[4-(6-Fluorobenzo[d]isoxazol-3-yl)-1-piperidyl]ethyl]-4-methyl-1,5-diazabicyclo-[4.4.0]-deca-3,5-dien-2-one	DI/MS/EI/E	1395
3-[2-[4-(6-Fluorobenzo[d]isoxazol-3-yl)-1-piperidyl]ethyl]-4-methyl-1,5-diazabicyclo-[4.4.0]-deca-3,5-dien-2-one	DI/MS/EI/E	1397
2-Fluorobenzoic acid	GC/MS/EI	628
1-{1-[3-(4-Fluorobenzoyl)propyl]-1,2,3,6-tetrahydro-4-pyridyl}benzimidazolin-2-one	GC/MS/EI	627
1-{1-[3-(4-Fluorobenzoyl)propyl]-1,2,3,6-tetrahydro-4-pyridyl}benzimidazolin-2-one	GC/MS/EI/E	1697
2-Fluorobenzylmethylketone	GC/MS/EI/E	504
2-Fluorobenzylmethylketone	GC/MS/EI	884
4-Fluoro-benzylmethylketone	GC/MS/EI	504
4-Fluoro-benzylmethylketone	GC/MS/EI/E	882
1-(6-Fluorochroman-2-yl)-2-[[2-(6-fluorochroman-2-yl)-2-hydroxy-ethyl]amino]ethanol	DI/MS/EI	876
3-Fluoro-4-methoxyamphetamine	GC/MS/EI	51
3-Fluoro-4-methoxyamphetamine	GC/MS/EI/E	770
5-Fluoro-2-methoxyamphetamine	GC/MS/EI/E	46
5-Fluoro-2-methoxyamphetamine	GC/MS/EI	504
3-Fluoro-4-methoxyamphetamine 2AC	GC/MS/EI	1006
3-Fluoro-4-methoxyamphetamine 2AC	GC/MS/EI/E	1021
3-Fluoro-4-methoxyamphetamine AC	GC/MS/EI/E	55
3-Fluoro-4-methoxyamphetamine AC	GC/MS/EI	1023
5-Fluoro-2-methoxyamphetamine 2AC	GC/MS/EI	1006
5-Fluoro-2-methoxyamphetamine 2AC	GC/MS/EI/E	1021
5-Fluoro-2-methoxyamphetamine AC	GC/MS/EI/E	55
5-Fluoro-2-methoxyamphetamine AC	GC/MS/EI	1023
3-Fluoro-4-methoxyamphetamine PFP	GC/MS/EI/E	773
3-Fluoro-4-methoxyamphetamine PFP	GC/MS/EI	1182
5-Fluoro-2-methoxyamphetamine PFP	GC/MS/EI	1012
5-Fluoro-2-methoxyamphetamine PFP	GC/MS/EI/E	1658
3-Fluoro-4-methoxyamphetamine TFA	GC/MS/EI/E	772
3-Fluoro-4-methoxyamphetamine TFA	GC/MS/EI	1024
5-Fluoro-2-methoxyamphetamine TFA	GC/MS/EI	1008
5-Fluoro-2-methoxyamphetamine TFA	GC/MS/EI/E	1545
3-Fluoro-4-methoxyamphetamine 2TMS	GC/MS/EI	1172
3-Fluoro-4-methoxyamphetamine 2TMS	GC/MS/EI/E	1177
3-Fluoro-4-methoxyamphetamine TMS	GC/MS/EI/E	574
3-Fluoro-4-methoxyamphetamine TMS	GC/MS/EI	581
5-Fluoro-2-methoxyamphetamine TMS	GC/MS/EI	574
5-Fluoro-2-methoxyamphetamine TMS	GC/MS/EI/E	580
1-(3-Fluoro-4-methoxyphenyl)-2-nitroprop-1-ene	GC/MS/EI	988
2-(Fluoro-methyl-phosphoryl)oxypropane	GC/MS/EI	418
1-(4-Fluorophenyl)butan-2-amine	GC/MS/CI	96

1-(4-Fluorophenyl)butan-2-amine	GC/MS/EI	512
1-(4-Fluorophenyl)butan-2-amine	GC/MS/EI/E	513
1-(4-Fluorophenyl)butan-2-amine 2AC	GC/MS/EI	101
1-(4-Fluorophenyl)butan-2-amine 2AC	GC/MS/EI/E	872
1-(4-Fluorophenyl)butan-2-amine AC	GC/MS/EI	117
1-(4-Fluorophenyl)butan-2-amine AC	GC/MS/EI/E	513
1-(4-Fluorophenyl)butan-2-amine PFP	GC/MS/EI	864
1-(4-Fluorophenyl)butan-2-amine PFP	GC/MS/EI/E	1261
1-(4-Fluorophenyl)butan-2-amine TFA	GC/MS/EI	899
1-(4-Fluorophenyl)butan-2-amine TFA	GC/MS/EI/E	909
1-(4-Fluorophenyl)butan-2-amine TMS	GC/MS/EI/E	682
1-(4-Fluorophenyl)butan-2-amine TMS	GC/MS/EI	692
1-(4-Fluorophenyl)-3-buten-1-one	GC/MS/EI	629
5-(2-Fluorophenyl)-2,3-dihydro-1-methyl-7-amino-1*H*-1,4-benzodiazepine-2-one	GC/MS/EI	1651
5-(2-Fluorophenyl)-2,3-dihydro-7-nitro-1*H*-1,4-benzodiazepine-2-one	GC/MS/EI	1364
1-(4-Fluorophenyl)-4-[4-hydroxy-4-(4-methylphenyl)-1-piperidyl]butan-1-one	GC/MS/EI	1256
1-(4-Fluorophenyl)-4-[4-hydroxy-4-(4-methylphenyl)-1-piperidyl]butan-1-one	GC/MS/EI/E	1337
1-(4-Fluorophenyl)-4-[4-hydroxy-4-[3-(trifluoromethyl)phenyl]-1-piperidyl]butan-1-one	GC/MS/EI	1522
1-(4-Fluorophenyl)-4-[4-hydroxy-4-[3-(trifluoromethyl)phenyl]-1-piperidyl]butan-1-one	GC/MS/EI/E	1526
1-(4-Fluorophenyl)-4-[4-(2-methoxyphenyl)piperazin-1-yl]butan-1-one	GC/MS/EI	1260
6-(2-Fluorophenyl)-2-methyl-9-nitro-2,5-diazabicyclo[5.4.0]undeca-5,8,10,12-tetraen-3-one	GC/MS/EI	1629
1-(4-Fluorophenyl)-4-(4-methyl-1-piperidyl)butan-1-one	GC/MS/EI/E	531
1-(4-Fluorophenyl)-4-(4-methyl-1-piperidyl)butan-1-one	GC/MS/EI	647
1-(4-Fluorophenyl)-2-nitrobut-1-ene	GC/MS/EI	511
1-(2-Fluorophenyl)-2-nitroprop-1-ene	GC/MS/EI/E	704
1-(2-Fluorophenyl)-2-nitroprop-1-ene	GC/MS/EI	1127
1-(4-Fluorophenyl)-2-nitroprop-1-ene	GC/MS/EI	704
1-[4-(4-Fluorophenyl)-4-oxo-butyl]-4-(1-piperidyl)piperidine-4-carboxamide	GC/MS/EI	764
1-[4-(4-Fluorophenyl)-4-oxo-butyl]-4-(1-piperidyl)piperidine-4-carboxamide	GC/MS/EI/E	1663
1-(4-Fluorophenyl)propan-2-amine	GC/MS/EI	47
1-(4-Fluorophenyl)propan-2-amine	GC/MS/EI/E	507
1-(4-Fluorophenyl)propan-2-amine	GC/MS/CI	753
Fluoxetine	GC/MS/EI/E	38
Fluoxetine	GC/MS/EI/E	40
Fluoxetine	GC/MS/EI	834
Fluoxetine	GC/MS/EI	1146
Fluoxetine	GC/MS/EI	1619
Fluoxetine AC	GC/MS/EI	59
Fluoxetine AC	GC/MS/EI/E	1179
Fluoxetine AC	GC/MS/EI/E	1187
Fluoxetine AC	GC/MS/EI	1189
Fluoxetine-M (Desmethyl) AC	GC/MS/EI	584
Fluoxetine-M (Desmethyl) AC	GC/MS/EI/E	1096
Fluoxetine ME	GC/MS/EI	150

Fluoxetine ME	GC/MS/EI/E	1646
Fluoxetine PFP	GC/MS/EI	1180
Flupenthixol	GC/MS/EI	795
Flupenthixol	GC/MS/EI/E	809
Fluphenazine	GC/MS/EI/E	1548
Fluphenazine	GC/MS/EI	1741
Fluphenazine AC	GC/MS/EI	32
Fluphenazine AC	GC/MS/EI/E	1552
Flupirtine	GC/MS/EI	517
Flupirtine	GC/MS/EI	519
Flupirtine AC	GC/MS/EI	518
Flupirtine-M ($-CH_3CH_2OH$) 2AC	GC/MS/EI	517
Flupirtine-M (Desethyloxycarbonyl) 3AC	GC/MS/EI	517
Flupirtine-M (Desethyloxycarbonyl) 3AC	GC/MS/EI/E	519
Flupirtine-M (Desethyloxycarbonyl) 3AC	GC/MS/EI	1638
Flurazepam	GC/MS/EI/E	303
Flurazepam	GC/MS/EI	416
Flurazepam ($-2C_2H_5$, $-O$)	GC/MS/EI	1631
Flurazepam HY	GC/MS/EI/E	301
Flurazepam HY	GC/MS/EI	350
Flurazepam HY TMS	GC/MS/EI/E	230
Flurazepam HY TMS	GC/MS/EI	272
Flurazepam-M	GC/MS/EI	1628
Flurazepam-M ($-2C_2H_5$)	GC/MS/EI	1571
Flurazepam-M ($-2C_2H_5$) AC	GC/MS/EI/E	1529
Flurazepam-M ($-2C_2H_5$) AC	GC/MS/EI	1636
Flurazepam-M ($-C_2H_5$) AC	GC/MS/EI/E	101
Flurazepam-M ($-C_2H_5$) AC	GC/MS/EI	118
Flurazepam-M ($-C_2H_5$) AC	GC/MS/EI	435
Flurazepam-M (desalkyl)	GC/MS/EI	1488
Flurazepam-M (desalkyl) A	GC/MS/EI	1409
Flurazepam-M (desalkyl) HY	GC/MS/EI	1452
Flurazepam-M (desalkyl) HY AC	GC/MS/EI	32
Flurazepam-M (desalkyl) HY TMS	GC/MS/EI	1615
Flurazepam-M (desalkyl) HY TMS	GC/MS/EI/E	1643
Flurazepam-M (desalkyl) TMS	GC/MS/EI	252
Flusilazol	GC/MS/EI/E	1389
Flusilazol	GC/MS/EI	1397
Fluvoxamine	GC/MS/EI	2
Fluvoxamine	GC/MS/EI/E	68
Fluvoxamine	GC/MS/EI	192
Fluvoxamine 2AC	GC/MS/EI	314

Fluvoxamine AC	GC/MS/EI/E	327
Fluvoxamine AC	GC/MS/EI	1480
Fluvoxamine-A (Imine)	GC/MS/EI	1170
Fluvoxamine-A (Imine)	GC/MS/EI/E	1243
Fluvoxamine-A (ketone)	GC/MS/EI/E	1061
Fluvoxamine-A (ketone)	GC/MS/EI	1063
Fluvoxamine-A (ketone)	GC/MS/EI	1378
Fluvoxamine-M (-COOH) ME AC	GC/MS/EI/E	324
Fluvoxamine-M (-COOH) ME AC	GC/MS/EI	1379
Fomocain	GC/MS/EI	436
Fomocain	GC/MS/EI/E	437
Fomocain	GC/MS/EI/E	1334
Fomocain	GC/MS/EI	1625
Fonofos	GC/MS/EI	512
Fonofos	GC/MS/EI/E	1440
6-Formyl-acridine	GC/MS/EI	1113
(4-Formylphenyl) acetate	GC/MS/EI	619
(4-Formylphenyl) acetate	GC/MS/EI/E	990
Formylsalicylic acid	GC/MS/EI	390
Frusemide	GC/MS/EI	280
Fulvestrant-A (-$C_5H_7F_5$) 2ME	GC/MS/EI	1050
Fulvestrant-A (-$C_5H_7F_5$) 2ME	GC/MS/EI/E	1063
Fulvestrant-A (-$C_5H_7F_5$SO)	GC/MS/EI	1724
Fulvestrant-A (-$C_5H_7F_5$SO) 2AC	GC/MS/EI/E	28
Fulvestrant-A (-$C_5H_7F_5$SO) 2AC	GC/MS/EI	1741
Fulvestrant-A (-$C_5H_7F_5$SO) AC	GC/MS/EI	28
Fulvestrant-A (-$C_5H_7F_5$SO) AC	GC/MS/EI/E	1726
Fulvestrant-A (-$C_5H_7F_5$SO) 2ME	GC/MS/EI	1052
Fulvestrant-A (-$C_5H_7F_5$SO) ME	GC/MS/EI	1051
Fulvestrant-A (-$C_5H_7F_5$SO) 2TMS	GC/MS/EI	248
Fulvestrant-A (-$C_5H_7F_5$SO) 2TMS	GC/MS/EI/E	1375
2-Furaldehyde	GC/MS/EI	398
3-Furaldehyde	GC/MS/EI	398
Furan-2-carbaldehyde	GC/MS/EI	398
Furan-3-carbaldehyde	GC/MS/EI	398
Furazolidone	GC/MS/EI	345
Furenazin-TMS	GC/MS/EI/E	255
Furenazin-TMS	GC/MS/EI	1613
Furfural	GC/MS/EI	398
Furosemid-M 2ME	GC/MS/EI	1236
Furosemide	DI/MS/EI	280
Furosemide	DI/MS/EI/E	280

Furosemide	GC/MS/EI	1387
Furosemide 2ME	GC/MS/EI/E	278
Furosemide 2ME	GC/MS/EI	281
Furosemide 2ME	GC/MS/EI/E	759
Furosemide 2ME	GC/MS/EI	1694
Furosemide 3ME	GC/MS/EI	278
Furosemide 3ME	GC/MS/EI/E	1708
Furosemide ME	GC/MS/EI/E	278
Furosemide ME	GC/MS/EI	1046
Furosemide-M ($-SO_2NH$) ME	GC/MS/EI	278
Furosemide-M ($-SO_2NH$) ME	GC/MS/EI/E	1500
3-[1-(2-Furyl)-3-oxo-butyl]-2-hydroxy-chromen-4-one	GC/MS/EI	1474
GA	GC/MS/EI	22
GA	GC/MS/EI/E	956
GB	GC/MS/EI	418
GD	GC/MS/EI	419
GF	GC/MS/EI	415
GF	GC/MS/EI/E	752
GHB	GC/MS/EI/E	257
GHB	GC/MS/EI	316
GHB 2TMS	GC/MS/EI/E	830
GHB 2TMS	GC/MS/EI	848
GHB 2TMS	GC/MS/EI/E	1389
GHB 2TMS	GC/MS/EI	1395
Gabapentin	DI/MS/EI/E	280
Gabapentin	DI/MS/EI	890
Gabapentin-A ($-H_2O$)	GC/MS/EI/E	279
Gabapentin-A ($-H_2O$)	GC/MS/EI	280
Gabapentin-A ($-H_2O$)	GC/MS/EI	890
Gabapentin-A ($-H_2O$)	GC/MS/EI	900
Gabapentin-A ME	GC/MS/EI	1017
Gabapentin -H_2O AC	GC/MS/EI	1214
Galantamine	GC/MS/EI	1568
Galantamine AC	GC/MS/EI	1521
Galantamine-A ($-H_2O$)	GC/MS/CI	1517
Galantamine-A ($-H_2O$)	GC/MS/EI	1518
Galantamine-A ($-H_2O$)	GC/MS/EI	1520
Galanthamine	GC/MS/EI	1568
Gemfibrozil	GC/MS/EI	624
Genamin O 020 -A	GC/MS/EI	1647
Genamin O 020 -A	GC/MS/EI/E	1650
Genamin O 020 byproduct -A	GC/MS/EI	1598

Genamin O 020 byproduct -A	GC/MS/EI/E	1602
Genamin S 020 -A	GC/MS/EI	1652
Genamin S 020 -A	GC/MS/EI/E	1655
Gepefrine 2AC	GC/MS/EI	337
Gepefrine 2AC	GC/MS/EI/E	498
Glafenic acid ethylester	GC/MS/EI	1549
Glafenin	GC/MS/EI	1465
Glibenclamide	DI/MS/EI/E	78
Glibenclamide	DI/MS/EI	1040
Glibenclamide	DI/MS/EI	1237
Glibenclamide	DI/MS/EI/E	1238
Glibenclamide-A I	DI/MS/EI	1039
Glibenclamide-A II	DI/MS/EI	1038
Glibenclamide-A II	DI/MS/EI/E	1228
Glibenclamide-A III	DI/MS/EI	1038
Glibenclamide-A III	DI/MS/EI/E	1238
Glibenclamide-A ME I	DI/MS/EI	1042
Glibenclamide-A ME I	DI/MS/EI/E	1576
Glibenclamide-A ME II	GC/MS/EI	1042
Glibenclamide-A ME II	GC/MS/EI/E	1584
Glibenclamide-M OH	DI/MS/EI/E	1039
Glibenclamide-M OH	DI/MS/EI	1722
Glimepiride	DI/MS/EI	1128
Glimepiride	DI/MS/EI/E	1142
Glucose 5AC	GC/MS/EI/E	558
Glucose 5AC	GC/MS/EI	1429
Glutethimid	GC/MS/EI	1177
Glutethimid	GC/MS/EI/E	1330
Glutethimide	GC/MS/EI/E	1177
Glutethimide	GC/MS/EI	1330
Glycerin-trinitrat	GC/MS/EI	69
Glycerin-trinitrat	GC/MS/EI/E	267
Glycerol	GC/MS/EI	177
Glycerol	GC/MS/EI/E	178
Glycerol 3AC	GC/MS/EI/E	27
Glycerol 3AC	GC/MS/EI	815
Glycerol 3AC	GC/MS/EI	820
Glycerol 3AC	GC/MS/EI/E	823
Glycerol 3TMS	GC/MS/EI	829
Glycerol 3TMS	GC/MS/EI/E	1341
Glycerol tricaprylate	GC/MS/EI/E	656
Glycerol tricaprylate	GC/MS/EI	1656
Glycerol trinitrate	GC/MS/EI	69
Glycerol trinitrate	GC/MS/EI/E	267

Glyceryl nitrate	GC/MS/EI	69
Glyceryl nitrate	GC/MS/EI/E	267
Glyceryl trinitrate	GC/MS/EI	69
Glyceryl trinitrate	GC/MS/EI/E	267
Glycodiazin	GC/MS/EI	1432
Glycodiazin	GC/MS/EI/E	1438
Glycoldinitrate	GC/MS/CI	69
Glycolic acid 2DMBS	GC/MS/EI	241
Glycolic acid 2DMBS	GC/MS/EI/E	1188
Glykol 2AC	GC/MS/EI/E	23
Glykol 2AC	GC/MS/EI	325
Glymidine	GC/MS/EI/E	1432
Glymidine	GC/MS/EI	1438
Granisetron	GC/MS/CI	409
Granisetron	GC/MS/EI	765
Griseofulvin	GC/MS/EI	765
Griseofulvin	GC/MS/EI	1687
Griseofulvin-A 1	GC/MS/EI	1476
Griseofulvin-A 2	GC/MS/EI/E	1475
Griseofulvin-A 2	GC/MS/EI	1628
Griseofulvin-A TMS	GC/MS/EI	1654
Guaiphenesin	GC/MS/EI	633
Guaiphesin	GC/MS/EI	633
3H,4,5-Allyl-5-*iso*-propyl-2,5*H*)-pyrimidintrione	GC/MS/EI	1017
3H,4,5-Allyl-5-*iso*-propyl-2,5*H*)-pyrimidintrione	GC/MS/EI/E	1040
6(1H, Aprobarbital	GC/MS/EI	1017
6(1H, Aprobarbital	GC/MS/EI/E	1040
HD	GC/MS/EI	504
HD	GC/MS/EI/E	931
HMTD	GC/MS/EI	361
HMTD	GC/MS/EI	362
HMTD	GC/MS/EI/E	582
HN3	GC/MS/EI/E	900
HN3	GC/MS/EI	930
Halofantrine	GC/MS/EI/E	789
Halofantrine	GC/MS/EI	1547
Halofantrine AC	GC/MS/EI	788
Halofantrine AC	GC/MS/EI/E	1755
Halofantrine TMS	GC/MS/EI/E	438
Halofantrine TMS	GC/MS/EI	797
Haloperidol	GC/MS/EI/E	17
Haloperidol	GC/MS/EI	1416
Haloperidol-A (-H_2O)	GC/MS/EI/E	1195

Haloperidol-A (-H$_2$O)	GC/MS/EI	1343
Haloperidol-M (-2H$_2$O)	GC/MS/EI	1176
Harmaline	GC/MS/EI	1315
Harman	GC/MS/EI	1144
Harmine	GC/MS/EI	1041
Harmine	GC/MS/EI	1309
Heneicosane	GC/MS/EI	90
Heneicosane	GC/MS/EI/E	423
Heptabarbital	GC/MS/EI	1348
Heptabarbitone	GC/MS/EI	1348
Heptabarbitone 2ME	GC/MS/EI	1451
Heptabarbitone 2TMS I	GC/MS/EI/E	1699
Heptabarbitone 2TMS I	GC/MS/EI	1713
Heptabarbitone 2TMS II	GC/MS/EI/E	1699
Heptabarbitone 2TMS II	GC/MS/EI	1713
Heptacosane	GC/MS/EI/E	89
Heptacosane	GC/MS/EI	538
Heptadecane	GC/MS/EI/E	87
Heptadecane	GC/MS/EI	423
Heptaminol	GC/MS/EI	38
Heptaminol	GC/MS/EI/E	76
Heptanophenone TMS	GC/MS/EI	247
Heptanophenone TMS	GC/MS/EI/E	1492
Heptobarbital	GC/MS/EI	467
1-Heptylbromide	GC/MS/EI/E	90
1-Heptylbromide	GC/MS/EI	843
Heroin	GC/MS/CI	1622
Heroin	GC/MS/EI	1655
Heroin	GC/MS/EI	1656
6,7,8,9,10-Hexachloro-1,5,5a,6,9,9a-hexahydro-6,9-methano-2,4,3-benzodioxathiepin-3-oxide	GC/MS/EI/E	1671
6,7,8,9,10-Hexachloro-1,5,5a,6,9,9a-hexahydro-6,9-methano-2,4,3-benzodioxathiepin-3-oxide	GC/MS/EI/E	1676
6,7,8,9,10-Hexachloro-1,5,5a,6,9,9a-hexahydro-6,9-methano-2,4,3-benzodioxathiepin-3-oxide	GC/MS/EI	1214
1,2,3,4,5,6-Hexachlorocyclohexane	GC/MS/EI/E	1131
1,2,3,4,5,6-Hexachlorocyclohexane	GC/MS/EI	1472
1,1,1,2,2,2-Hexachloroethane	GC/MS/EI	1240
Hexachloroethane	GC/MS/EI	1240
Hexacosane	GC/MS/EI/E	89
Hexacosane	GC/MS/EI	538
Hexadecamethylcyclooctasiloxane	GC/MS/EI/E	1691
Hexadecamethylcyclooctasiloxane	GC/MS/EI	1728
2,2,4,4,6,6,8,8,10,10,12,12,14,14,16,16-Hexadecamethyl-1,3,5,7,9,11,13,15-octaoxa-2,4,6,8,10,12,14,16-octasilacyclohexadecane	GC/MS/EI	1691

2,2,4,4,6,6,8,8,10,10,12,12,14,14,16,16-Hexadecamethyl-1,3,5,7,9,11,13,15-octaoxa-2,4,6,8,10,12,14,16-octasilacyclohexadecane	GC/MS/EI/E	1728
Hexadecanal	GC/MS/EI	86
Hexadecanal	GC/MS/EI/E	525
Hexadecanamide	GC/MS/EI	164
Hexadecanamide	GC/MS/EI/E	663
Hexadecane	GC/MS/EI	86
Hexadecane	GC/MS/EI/E	423
Hexadecanoic acid	GC/MS/EI/E	81
Hexadecanoic acid	GC/MS/EI	1479
Hexadecanoic acid TMS	GC/MS/EI	1631
Hexadecanoic acid butyl ester	GC/MS/EI	81
Hexadecanoic acid butyl ester	GC/MS/EI/E	255
Hexadecanoic acid ethyl ester	GC/MS/EI/E	363
Hexadecanoic acid ethyl ester	GC/MS/EI	925
Hexadecanoic acid,hexadecyl ester	GC/MS/EI	1480
Hexadecanoic acid,hexadecyl ester	GC/MS/EI/E	1483
Hexadecanoic acid methylester	GC/MS/EI/E	258
Hexadecanoic acid methylester	GC/MS/EI/E	799
Hexadecanoic acid methylester	GC/MS/EI	1371
Hexadecanoic acid,octadecyl ester	GC/MS/EI	1479
Hexadecanoic acid,octadecyl ester	GC/MS/EI/E	1566
Hexadecanoid acid	GC/MS/EI	34
Hexadecanoid acid	GC/MS/EI/E	1317
1-Hexadecanol	GC/MS/EI	34
1-Hexadecanol	GC/MS/EI/E	642
9-Hexadecenoic acid methyl ester,(Z)-	GC/MS/EI/E	72
9-Hexadecenoic acid methyl ester,(Z)-	GC/MS/EI	1406
Hexadecyl hexadecanoate	GC/MS/EI/E	1480
Hexadecyl hexadecanoate	GC/MS/EI	1483
1,1,1,3,3,3-Hexafluoro-2-(fluoromethoxy)propane	GC/MS/EI	695
Hexahydro-3aα,7aα-dimethyl-4β-7β-epoxyisobenzofuran-1,3-dione	GC/MS/EI	187
Hexahydro-3aα,7aα-dimethyl-4β-7β-epoxyisobenzofuran-1,3-dione	GC/MS/EI/E	661
Hexahydro-3aα,7aα-dimethyl-4β-7β-epoxyisobenzofuran-1,3-dione	GC/MS/EI	670
Hexahydrothymol	GC/MS/EI	191
Hexahydrothymol	GC/MS/EI/E	771
Hexamethyl-cyclotrisiloxane	GC/MS/EI	1273
Hexamethylenetetramine	GC/MS/EI	775
Hexamethylenetetramine	GC/MS/EI	776
Hexamethylenetriperoxidediamine	GC/MS/EI	361
Hexamethylenetriperoxidediamine	GC/MS/EI/E	362
Hexamethylenetriperoxidediamine	GC/MS/EI	582
3,3,6,6,9,9-Hexamethyl-1,2,4,5,7,8-hexaoxacyclononane	GC/MS/EI/E	21
3,3,6,6,9,9-Hexamethyl-1,2,4,5,7,8-hexaoxacyclononane	GC/MS/EI	22

3,3,6,6,9,9-Hexamethyl-1,2,4,5,7,8-hexaoxacyclononane	GC/MS/EI	164
2,6,10,15,19,23-Hexamethyltetracosa-2,6,10,14,18,22-hexaene	GC/MS/EI/E	184
2,6,10,15,19,23-Hexamethyltetracosa-2,6,10,14,18,22-hexaene	GC/MS/EI	399
Hexanedioic acid,bis(2-ethylhexyl) ester	GC/MS/EI	675
Hexanedioic acid,bis(2-ethylhexyl) ester	GC/MS/EI/E	831
Hexane-1,2,3,4,5,6-hexol	GC/MS/EI/E	231
Hexane-1,2,3,4,5,6-hexol	GC/MS/EI	704
Hexane,1,1'-oxybis-	GC/MS/EI/E	298
Hexane,1,1'-oxybis-	GC/MS/EI	341
Hexanoic acid,hexyl ester	GC/MS/EI/E	37
Hexanoic acid,hexyl ester	GC/MS/EI	620
3,4,8,9,12,13-Hexaoxa-1,6-diazabicyclo[4.4.4]tetradecane	GC/MS/EI	361
3,4,8,9,12,13-Hexaoxa-1,6-diazabicyclo[4.4.4]tetradecane	GC/MS/EI/E	362
3,4,8,9,12,13-Hexaoxa-1,6-diazabicyclo[4.4.4]tetradecane	GC/MS/EI	582
Hexazinone	GC/MS/EI/E	1050
Hexazinone	GC/MS/EI	1059
Hexobarbital	GC/MS/EI	1348
Hexobarbital	GC/MS/EI/E	1355
Hexobarbitone	GC/MS/EI/E	1348
Hexobarbitone	GC/MS/EI	1355
Hexobarbitone ME	GC/MS/EI	1398
2-(Hexylamino)-ethanol	GC/MS/EI	258
2-(Hexylamino)-ethanol	GC/MS/EI/E	812
Hexylether	GC/MS/EI/E	298
Hexylether	GC/MS/EI	341
Hexyl-4-hydroxybutyrate	GC/MS/EI/E	344
Hexyl-4-hydroxybutyrate	GC/MS/EI	362
Hexyl-4-hydroxybutyrate DMBS	GC/MS/EI/E	945
Hexyl-4-hydroxybutyrate DMBS	GC/MS/EI	1437
Hexyl-4-hydroxybutyrate TMS	GC/MS/EI	945
Hexyl-4-hydroxybutyrate TMS	GC/MS/EI/E	1437
Hexyl-5-hydroxyvalerate DMBS	GC/MS/EI	1070
Hexyl-5-hydroxyvalerate DMBS	GC/MS/EI/E	1484
Hexyl-5-hydroxyvalerate TMS	GC/MS/EI	1070
Hexyl-5-hydroxyvalerate TMS	GC/MS/EI/E	1484
Hexylmescaline	GC/MS/EI/E	553
Hexylmescaline	GC/MS/EI	1153
Hippuric acid 2TMS	GC/MS/EI/E	482
Hippuric acid 2TMS	GC/MS/EI	1275
Hippuric acid TMS	GC/MS/EI	1263
Hippuric acid methyl ester	GC/MS/EI/E	476
Hippuric acid methyl ester	GC/MS/EI	713
Histabromamin	GC/MS/EI/E	111
Histabromamin	GC/MS/EI	996

Homarylamin AC	GC/MS/EI	833
Homarylamin AC	GC/MS/EI/E	1348
Homarylamin PFP	GC/MS/EI/E	839
Homarylamin PFP	GC/MS/EI	853
Homarylamin TFA	GC/MS/EI/E	839
Homarylamin TFA	GC/MS/EI	1533
Homarylamine	GC/MS/EI/E	50
Homarylamine	GC/MS/CI	740
Homarylamine	GC/MS/EI	848
Homatropine TMS	GC/MS/EI	634
Homofenazine	GC/MS/EI/E	1017
Homofenazine	GC/MS/EI	1553
Homosulfanilamid	GC/MS/CI	489
Homosulfanilamid	GC/MS/EI/E	1161
Homosulfanilamid	GC/MS/EI	1169
Homovanillic acid	GC/MS/EI	760
Homovanillyl alcohol	GC/MS/EI	760
Hordenine	GC/MS/EI/E	96
Hordenine	GC/MS/EI	166
Hormodin	GC/MS/EI	688
Hyamine-A (-Benzylchloride)	GC/MS/EI/E	110
Hyamine-A (-Benzylchloride)	GC/MS/EI	949
Hyamine-A (-CH_3Cl)	GC/MS/EI/E	379
Hyamine-A (-CH_3Cl)	GC/MS/EI	1203
Hydolysis product V-gas Russian and Chin. methylated	GC/MS/EI	311
Hydolysis product V-gas Russian and Chin. methylated	GC/MS/EI/E	348
Hydrochinon-dimethylether	GC/MS/EI	763
Hydrochlorothiazide 4Me	GC/MS/EI	17
Hydrochlorothiazide 4Me	GC/MS/CI	1572
Hydrochlorothiazide 4Me	GC/MS/EI	1690
Hydrocodon-D_6 methoxime I	GC/MS/EI	1666
Hydrocodon-D_6 methoxime II	GC/MS/EI	1666
Hydrocodone	GC/MS/EI	1601
Hydrocodone	GC/MS/EI	1602
Hydrocodone-D_6	GC/MS/EI	1613
Hydrocodone-D_6 PFP	GC/MS/EI	1747
Hydrocodone-M (OH)	GC/MS/EI	1635
Hydrocodone PFP	GC/MS/EI	1745
Hydrocodone methoxime I	GC/MS/EI	1657
Hydrocortisone	GC/MS/EI	965
Hydrocotarnine	GC/MS/EI	17
Hydrocotarnine	GC/MS/EI	1345
Hydroksisin	GC/MS/EI	1239

Hydroksisin	GC/MS/EI/E	1242
Hydroksisin	GC/MS/EI	1601
Hydroksisin	GC/MS/EI/E	1709
Hydroksyzin	GC/MS/EI	1239
Hydroksyzin	GC/MS/EI/E	1242
Hydroksyzin	GC/MS/EI	1601
Hydroksyzin	GC/MS/EI/E	1709
Hydrolysis product of EA 1699 ME	GC/MS/EI/E	98
Hydrolysis product of EA 1699 ME	GC/MS/EI	168
Hydromorphone	GC/MS/EI	1563
Hydromorphone	GC/MS/EI	1564
Hydromorphone 2AC	GC/MS/EI/E	1653
Hydromorphone 2AC	GC/MS/EI	1658
Hydromorphone AC	GC/MS/EI	1565
Hydromorphone-D_6	GC/MS/EI	1582
Hydromorphone-D_6 AC	GC/MS/EI/E	1582
Hydromorphone-D_6 AC	GC/MS/EI	1665
Hydromorphone-D_6 (enol) 2AC	GC/MS/EI	1665
Hydromorphone-D_6 methoxime	GC/MS/EI	1642
Hydromorphone-D_6 methoxime PROP	GC/MS/EI	1642
Hydromorphone 2PFP	GC/MS/EI	1759
Hydromorphone PFP	GC/MS/EI	1189
Hydromorphone 2TMS	GC/MS/EI	1397
Hydromorphone TMS	GC/MS/EI	1604
Hydromorphone methoxime I	GC/MS/EI	1632
Hydromorphone methoxime PROP I	GC/MS/EI	1632
Hydromorphone methoxime PROP II	GC/MS/EI	1633
Hydroquinone 2AC	GC/MS/EI/E	522
Hydroquinone 2AC	GC/MS/EI/E	524
Hydroquinone 2AC	GC/MS/EI	882
Hydroquinone 2AC	GC/MS/EI	888
Hydroquinone-M (2.HO)	GC/MS/EI	645
Hydroquinone-M (2-HO-) 3AC	GC/MS/EI	643
7-Hydroxy-Clozapine	GC/MS/EI	1485
4-Hydroxy-2*H*-1-benzopyran-2-one	GC/MS/EI	955
2-(3-Hydroxy-1*H*-indol-2-yl)indol-3-one	GC/MS/EI	1495
1-(Hydroxyamino)cyclohexane-1-carboxylic acid	GC/MS/EI/E	415
1-(Hydroxyamino)cyclohexane-1-carboxylic acid	GC/MS/EI	752
3-Hydroxyamphetamine 2AC	GC/MS/EI	337
3-Hydroxyamphetamine 2AC	GC/MS/EI/E	498
Hydroxyandrostanedione AC	GC/MS/EI	1189
Hydroxyandrostanedione AC	GC/MS/EI/E	1683
Hydroxyandrostene	GC/MS/EI	842

2-Hydroxybenzamide	GC/MS/EI	602
4-Hydroxybenzeneacetic acid	GC/MS/EI/E	500
4-Hydroxybenzeneacetic acid	GC/MS/EI	888
3-Hydroxy-benzeneaceticacid methyl ester	GC/MS/EI	500
4-Hydroxy-benzeneacetic acid methyl ester	GC/MS/EI/E	500
4-Hydroxy-benzeneacetic acid methyl ester	GC/MS/EI	1016
4-Hydroxy-benzeneethanol	GC/MS/EI	499
4-Hydroxy-benzeneethanol	GC/MS/EI/E	766
α-Hydroxy-benzenepropanoic acid	GC/MS/EI	386
α-Hydroxy-benzenepropanoic acid	GC/MS/EI/E	979
2-Hydroxybenzoic acid	GC/MS/EI	601
3-Hydroxybenzoic acid AC	GC/MS/EI	618
3-Hydroxybenzoic acid AC	GC/MS/EI/E	1125
3-Hydroxybenzoic acid ME	GC/MS/EI	613
2-Hydroxybenzoic-acid-ethylester	GC/MS/EI	601
4-Hydroxy-benzoic acid propyl ester	GC/MS/EI/E	611
4-Hydroxy-benzoic acid propyl ester	GC/MS/EI	1119
1-(3-Hydroxybenzyl)hydrazine	GC/MS/EI	499
3-Hydroxybromazepam	DI/MS/EI/E	1366
3-Hydroxybromazepam	DI/MS/EI	1614
3-Hydroxy-bromazepam-A 2	GC/MS/EI	1268
3-Hydroxy-bromoazepam	GC/MS/EI	1634
3-Hydroxybutanoic acid	GC/MS/EI	257
3-Hydroxybutanoic acid	GC/MS/EI/E	316
2-[2-(1-Hydroxybutan-2-ylamino)ethylamino]butan-1-ol	GC/MS/EI/E	461
2-[2-(1-Hydroxybutan-2-ylamino)ethylamino]butan-1-ol	GC/MS/EI	577
γ-Hydroxybutyric acid	GC/MS/EI/E	257
γ-Hydroxybutyric acid	GC/MS/EI	316
γ-Hydroxybutyric acid 2DMBS	GC/MS/EI	848
γ-Hydroxybutyric acid 2DMBS	GC/MS/EI/E	1533
2-Hydroxybutyric acid 2TMS	GC/MS/EI	239
2-Hydroxybutyric acid 2TMS	GC/MS/EI/E	1258
3-Hydroxybutyric acid 2TMS	GC/MS/EI	824
4-Hydroxy-butyric acid 2TMS	GC/MS/EI	830
4-Hydroxy-butyric acid 2TMS	GC/MS/EI	848
4-Hydroxy-butyric acid 2TMS	GC/MS/EI/E	1389
4-Hydroxy-butyric acid 2TMS	GC/MS/EI/E	1395
γ-Hydroxybutyric acid 2TMS	GC/MS/EI/E	830
γ-Hydroxybutyric acid 2TMS	GC/MS/EI/E	848
γ-Hydroxybutyric acid 2TMS	GC/MS/EI	1389
γ-Hydroxybutyric acid 2TMS	GC/MS/EI	1395
4-[(4-Hydroxy)butyryloxy]-N-cyclohexylbutyramide AC	GC/MS/EI	304
4-[(4-Hydroxy)butyryloxy]-N-cyclohexylbutyramide AC	GC/MS/EI/E	1040
4-Hydroxycarbazole	GC/MS/EI	1147

Hydroxychloroquine	GC/MS/EI/E	1438
Hydroxychloroquine	GC/MS/EI	1617
Hydroxychloroquine AC	GC/MS/EI	1444
Hydroxychloroquine AC	GC/MS/EI/E	1615
Hydroxychloroquine-M/A (-C_2H_5) ME	GC/MS/EI	205
Hydroxychloroquine-M/A (-C_2H_5) ME	GC/MS/EI/E	298
Hydroxychloroquine-M (-$N(C_2H_5)_2$, -2H)	GC/MS/EI	1377
Hydroxychloroquine-M (-$N(C_2H_5)_2$, -4H)	GC/MS/EI	1427
Hydroxychlorprothixene-A (dihydro)	GC/MS/EI	103
Hydroxychlorprothixene-A (dihydro)	GC/MS/EI/E	1664
4-Hydroxy-cinnamic acid 2TMS	GC/MS/EI	1589
6-Hydroxy-clozapine	GC/MS/EI	1485
7-Hydroxy-clozapine 2AC	GC/MS/EI	1692
Hydroxycotinine	GC/MS/EI	493
Hydroxycotinine	GC/MS/EI	494
4-Hydroxycoumarine	GC/MS/EI	955
3-Hydroxy-10,13-dimethyl-1,2,3,4,5,6,7,8,9,11,12,14,15,16-tetradecahydrocyclopenta[a]-phenanthren-17-one	GC/MS/EI	1581
2-Hydroxy-3,7-dioxabicyclo[4.3.0]nona-5,9-dien-8-one	GC/MS/EI	519
2-Hydroxy-3,7-dioxabicyclo[4.3.0]nona-5,9-dien-8-one	GC/MS/EI	520
4-[4-(Hydroxy-diphenyl-methyl)-1-piperidyl]-1-(4-*tert*-butylphenyl)butan-1-ol	GC/MS/EI	1547
4-[4-(Hydroxy-diphenyl-methyl)-1-piperidyl]-1-(4-*tert*-butylphenyl)butan-1-ol	GC/MS/EI/E	1590
4-Hydroxyephedrine	GC/MS/EI	92
4-Hydroxyephedrine	GC/MS/EI/E	165
7-(2-Hydroxyethyl)-1,3-dimethyl-purine-2,6-dione	GC/MS/EI	1124
4-(2-Hydroxyethyl)guaiacol	GC/MS/EI	760
2-[2-Hydroxyethyl-[[methyl-(2-methyl-1-phenyl-propan-2-yl)carbamoyl]methyl]amino]-N-methyl-N-(2-methyl-1-phenyl-propan-2-yl)acetamide	GC/MS/EI	812
2-[2-Hydroxyethyl-[[methyl-(2-methyl-1-phenyl-propan-2-yl)carbamoyl]methyl]amino]-N-methyl-N-(2-methyl-1-phenyl-propan-2-yl)acetamide	GC/MS/EI/E	1537
2-(2-Hydroxyethylsulfanyl)ethanol	GC/MS/EI/E	177
2-(2-Hydroxyethylsulfanyl)ethanol	GC/MS/EI	623
7-Hydroxyflavone	GC/MS/EI	1411
7-Hydroxyflavone ME	GC/MS/EI	1464
7-Hydroxyflavone TMS	GC/MS/EI	1594
4-Hydroxyglibenclamide	DI/MS/EI/E	1039
4-Hydroxyglibenclamide	DI/MS/EI	1722
2-Hydroxy-3-[(2-hydroxy-4-oxo-chromen-3-yl)methyl]chromen-4-one	GC/MS/EI	616
2-Hydroxy-2-(3-hydroxyphenyl)-N,N-dimethylethylamine	GC/MS/EI	97
2-Hydroxy-2-(3-hydroxyphenyl)-N,N-dimethylethylamine	GC/MS/EI/E	164
2-Hydroxy-2-(3-hydroxyphenyl)-N-ethyl-ethylamine	GC/MS/EI/E	93
2-Hydroxy-2-(3-hydroxyphenyl)-N-ethyl-ethylamine	GC/MS/EI/E	160
2-Hydroxy-2-(3-hydroxyphenyl)-N-ethyl-ethylamine	GC/MS/EI	175
2-Hydroxy-2-(3-hydroxyphenyl)-N-ethyl-ethylamine	GC/MS/EI	268

6-Hydroxy-iminostilbene	GC/MS/EI	1293
6-Hydroxyiminostilbene (Ring, OCH$_3$)	GC/MS/EI	1415
6-Hydroxyiminostilbene (Ring OCH$_3$) AC	GC/MS/EI	1418
5-Hydroxyindole AC	GC/MS/EI	707
5-Hydroxyindole AC	GC/MS/EI/E	713
4-[2'-Hydroxy-3'-(*iso*-propylamino)propoxy]phenylacetamide	GC/MS/EI/E	195
4-[2'-Hydroxy-3'-(*iso*-propylamino)propoxy]phenylacetamide	GC/MS/EI	498
Hydroxylidocaine	GC/MS/EI	300
Hydroxylidocaine	GC/MS/EI/E	1453
2-Hydroxy-4-methoxy-benzaldehyde	GC/MS/EI	888
4-Hydroxy-2-methoxy-benzaldehyde	GC/MS/EI	871
4-Hydroxy-2-methoxybenzaldehyde	GC/MS/EI	871
4-Hydroxy-3-methoxy-benzaldehyde	GC/MS/EI	879
4-Hydroxy-3-methoxyphenethyl alcohol	GC/MS/EI	760
2-(4-Hydroxy-3-methoxy-phenyl)acetic acid	GC/MS/EI	760
1-(4-Hydroxy-3-methoxy-phenyl)ethanone	GC/MS/EI	873
(2-Hydroxy-4-methoxy-phenyl)-phenyl-methanone	GC/MS/EI	1370
5-(Hydroxymethyl)-2-Furancarboxaldehyde	GC/MS/EI	403
4-(1-Hydroxy-2-methylamino-ethyl)benzene-1,2-diol	DI/MS/EI	39
4-(1-Hydroxy-2-methylamino-ethyl)benzene-1,2-diol	DI/MS/EI	67
4-(1-Hydroxy-2-methylamino-ethyl)benzene-1,2-diol	DI/MS/EI/E	1146
4-(1-Hydroxy-2-methylamino-ethyl)phenol	GC/MS/EI/E	39
4-(1-Hydroxy-2-methylamino-ethyl)phenol	GC/MS/EI	67
4-(1-Hydroxy-2-methylamino-propyl)phenol	GC/MS/EI	92
4-(1-Hydroxy-2-methylamino-propyl)phenol	GC/MS/EI/E	165
2-Hydroxy-4-methyl-5-chloroethyl-thiazole	GC/MS/EI/E	659
2-Hydroxy-4-methyl-5-chloroethyl-thiazole	GC/MS/EI	665
2-Hydroxy-4-methyl-5-chloroethyl-thiazole	GC/MS/EI/E	673
2-Hydroxy-4-methyl-5-chloroethyl-thiazole	GC/MS/EI	675
4-Hydroxy-1-methyl-3-(2-dimethylaminoethyl)indole	GC/MS/EI	124
4-Hydroxy-1-methyl-3-(2-dimethylaminoethyl)indole	GC/MS/EI	142
4-Hydroxy-1-methyl-3-(2-dimethylaminoethyl)indole	GC/MS/EI/E	684
4-Hydroxy-1-methyl-3-(2-dimethylaminoethyl)indole	GC/MS/EI/E	1332
7-Hydroxy-6-methyl-furo[3,4-c]pyridin-1-(3*H*)-one	GC/MS/EI	1003
3-[Hydroxy-[(5-methyloxazol-3-yl)amino]methylidene]-4-methyl-5,5-dioxo-5$^{\{6\}}$-thia-4-azabicyclo[4.4.0]deca-6,8,10-trien-2-one	GC/MS/EI	1064
2-(2-Hydroxy-5-methylphenyl)-2*H*-benzotriazol	GC/MS/EI	1365
3-Hydroxy-2-methyl-pyran-4-one	GC/MS/EI	648
3-Hydroxy-1-methyl-5-pyridin-3-yl-pyrrolidin-2-one	GC/MS/EI	493
3-Hydroxy-1-methyl-5-pyridin-3-yl-pyrrolidin-2-one	GC/MS/EI	494
4-Hydroxymidazolam	DI/MS/EI/E	1628
4-Hydroxymidazolam	DI/MS/EI	1653
2-Hydroxy-3-[1-(4-nitrophenyl)-3-oxo-butyl]chromen-4-one	GC/MS/EI/E	1620
2-Hydroxy-3-[1-(4-nitrophenyl)-3-oxo-butyl]chromen-4-one	GC/MS/EI	1688

2-Hydroxy-3-(3-oxo-1-phenyl-butyl)chromen-4-one	GC/MS/EI/E	1500
2-Hydroxy-3-(3-oxo-1-phenyl-butyl)chromen-4-one	GC/MS/EI/E	1503
2-Hydroxy-3-(3-oxo-1-phenyl-butyl)chromen-4-one	GC/MS/EI	1506
2-Hydroxy-3-(3-oxo-1-phenyl-butyl)chromen-4-one	GC/MS/EI	1618
4-[1-Hydroxy-2-(1-phenoxypropan-2-ylamino)propyl]phenol	GC/MS/EI/E	1099
4-[1-Hydroxy-2-(1-phenoxypropan-2-ylamino)propyl]phenol	GC/MS/EI	1112
3-Hydroxy-4-phenyl-1H-quinolin-2-one	GC/MS/EI	1404
2-(4-Hydroxyphenyl)acetate	GC/MS/EI/E	500
2-(4-Hydroxyphenyl)acetate	GC/MS/EI	888
1-Hydroxy-1-phenyl-2-(benzylimino) propane	GC/MS/EI/E	698
1-Hydroxy-1-phenyl-2-(benzylimino) propane	GC/MS/EI	710
1-Hydroxy-1-phenyl-2-(benzylimino) propane AC	GC/MS/EI/E	698
1-Hydroxy-1-phenyl-2-(benzylimino) propane AC	GC/MS/EI	706
1-Hydroxy-1-phenyl-2-(benzylimino) propane TMS	GC/MS/EI/E	1106
1-Hydroxy-1-phenyl-2-(benzylimino) propane TMS	GC/MS/CI	1121
1-Hydroxy-1-phenyl-2-(benzylimino) propane TMS	GC/MS/EI	1357
1-Hydroxy-1-phenylbutan-2-one	GC/MS/EI	495
1-Hydroxy-1-phenylbutan-2-one	GC/MS/EI/E	502
2-Hydroxy-1-phenylbutan-1-one	GC/MS/CI	473
2-Hydroxy-1-phenylbutan-1-one	GC/MS/EI	720
2-Hydroxy-1-phenylbutan-1-one	GC/MS/EI/E	828
4-(4-Hydroxyphenyl)butan-2-one	GC/MS/EI	497
4-[2-[4-(4-Hydroxyphenyl)butan-2-ylamino]ethyl]benzene-1,2-diol	DI/MS/EI	135
4-[2-[4-(4-Hydroxyphenyl)butan-2-ylamino]ethyl]benzene-1,2-diol	DI/MS/EI/E	1121
4-[1-Hydroxy-2-(4-phenylbutan-2-ylamino)propyl]phenol	GC/MS/EI	1074
4-[1-Hydroxy-2-(4-phenylbutan-2-ylamino)propyl]phenol	GC/MS/EI/E	1088
4-Hydroxy-2-phenyl-chromen-7-one	GC/MS/EI	1411
5-(4-Hydroxyphenyl)-3-methyl-5-phenyl-2,4-imidazolidione	GC/MS/EI	1222
1-[4-(3-Hydroxyphenyl)-1-methyl-4-piperidyl]propan-1-one	GC/MS/EI	185
5-Hydroxy-5-phenyl-4,6-perhydropyrimidinedione	GC/MS/EI	842
5-Hydroxy-5-phenyl-4,6-perhydropyrimidinedione	GC/MS/EI/E	991
2-Hydroxy-3-[3-(4-phenylphenyl)tetralin-1-yl]chromen-4-one	DI/MS/EI	1744
7-[2-[(1-Hydroxy-1-phenyl-propan-2-yl)amino]ethyl]-1,3-dimethyl-purine-2,6-dione	GC/MS/CI	1694
4-[2-(4-Hydroxyphenyl)propan-2-yl]phenol	GC/MS/EI	1315
3-(4-Hydroxyphenyl)propionic acid methyl ester	GC/MS/EI	500
2-Hydroxy-3-(1-phenylpropyl)chromen-4-one	GC/MS/EI	1459
10-[3-(4-Hydroxy-1-piperidyl)propyl]phenothiazine-2-carbonitrile	GC/MS/EI	540
10-[3-(4-Hydroxy-1-piperidyl)propyl]phenothiazine-2-carbonitrile	GC/MS/EI/E	1699
3-Hydroxyprazepam HY	GC/MS/EI	265
3-Hydroxyprazepam HY AC	GC/MS/EI/E	23
3-Hydroxyprazepam HY AC	GC/MS/EI	1562
Hydroxyprocaine	GC/MS/EI/E	323
Hydroxyprocaine	GC/MS/EI	420
5,5'-[(2-Hydroxy-1,3-propanediyl)bis(oxy)]bis-[4-oxo-4H-1-benzopyrane-2-carboxylicacid]	DI/MS/EI/E	710

5,5'-[(2-Hydroxy-1,3-propanediyl)bis(oxy)]bis-[4-oxo-4H-1-benzopyrane-2-carboxylicacid]	DI/MS/EI	959
4-[1-Hydroxy-2-(propan-2-ylamino)ethyl]benzene-1,2-diol	DI/MS/EI/E	200
4-[1-Hydroxy-2-(propan-2-ylamino)ethyl]benzene-1,2-diol	DI/MS/EI	633
2-[4-[2-Hydroxy-3-(propan-2-ylamino)propoxy]phenyl]acetamide	GC/MS/EI/E	195
2-[4-[2-Hydroxy-3-(propan-2-ylamino)propoxy]phenyl]acetamide	GC/MS/EI	498
[4-[2-Hydroxy-3-(propan-2-ylamino)propoxy]-2,3,6-trimethyl-phenyl] acetate	GC/MS/EI/E	216
[4-[2-Hydroxy-3-(propan-2-ylamino)propoxy]-2,3,6-trimethyl-phenyl] acetate	GC/MS/EI	1501
2-(1-Hydroxyprop-2-yl)-5-*iso*-propylphenol	GC/MS/EI	971
2-(2-Hydroxyprop-2-yl)-5-*iso*-propylphenol	GC/MS/EI/E	946
2-(2-Hydroxyprop-2-yl)-5-*iso*-propylphenol	GC/MS/EI	1209
3-Hydroxypyridineacetate	GC/MS/EI/E	398
3-Hydroxypyridineacetate	GC/MS/EI	761
3-[Hydroxy-(pyridin-2-ylamino)methylidene]-4-methyl-5,5-dioxo-5$^{\{6\}}$-thia-4-azabicyclo[4.4.0]-deca-6,8,10-trien-2-one	GC/MS/EI	1063
Hydroxyquinoline	GC/MS/EI	812
9-Hydroxyrisperidone	DI/MS/EI	1388
9-Hydroxyrisperidone	DI/MS/EI/E	1396
5-[2-Hydroxy-3-(*tert*-butylamino)propoxy]-3,4-dihydro-1H-quinolin-2-one	GC/MS/EI	303
5-[2-Hydroxy-3-(*tert*-butylamino)propoxy]-3,4-dihydro-1H-quinolin-2-one	GC/MS/EI/E	1540
2-Hydroxy-3-tetralin-1-yl-chromen-4-one	GC/MS/EI	1587
2-Hydroxy-3-[3-[4-[[4-(trifluoromethyl)phenyl]methoxy]phenyl]tetralin-1-yl]chromen-4-one	DI/MS/NCI	934
2-Hydroxy-3-[3-[4-[[4-(trifluoromethyl)phenyl]methoxy]phenyl]tetralin-1-yl]chromen-4-one	DI/MS/EI/E	1716
2-Hydroxy-3-[3-[4-[[4-(trifluoromethyl)phenyl]methoxy]phenyl]tetralin-1-yl]chromen-4-one	DI/MS/CI	1758
2-Hydroxy-3-[3-[4-[[4-(trifluoromethyl)phenyl]methoxy]phenyl]tetralin-1-yl]chromen-4-one	DI/MS/EI	1758
Hydroxytrimipramine	GC/MS/EI	147
Hydroxytrimipramine	GC/MS/EI	156
Hydroxytrimipramine	GC/MS/EI/E	1624
5-Hydroxytryptamine	GC/MS/EI	819
5-Hydroxytryptamine 2AC	GC/MS/EI/E	936
5-Hydroxytryptamine 2AC	GC/MS/EI	1487
5-Hydroxy-tryptophane iso-butylester N-IBCF	GC/MS/EI/E	819
5-Hydroxy-tryptophane iso-butylester N-IBCF	GC/MS/EI	830
5-Hydroxytryptophane iso-butylester-TMS N-iIBCF	GC/MS/EI/E	1336
5-Hydroxytryptophane iso-butylester-TMS N-iIBCF	GC/MS/EI	1340
5-Hydroxyvaleric acid 2DMBS	GC/MS/EI	848
5-Hydroxyvaleric acid 2DMBS	GC/MS/EI/E	863
5-Hydroxyvaleric acid 2TMS	GC/MS/EI	849
Hydroxyzin AC	GC/MS/EI/E	1242
Hydroxyzin AC	GC/MS/EI	1603
Hydroxyzine	GC/MS/EI/E	1239
Hydroxyzine	GC/MS/EI	1242
Hydroxyzine	GC/MS/EI/E	1601
Hydroxyzine	GC/MS/EI	1709
Hyoscine	GC/MS/EI	395

(−)-Hyoscyamine	GC/MS/EI	636
(−)-Hyoscyamine	GC/MS/EI/E	1576
Ibomal	GC/MS/EI/E	1021
Ibomal	GC/MS/EI	1022
Ibomal	GC/MS/EI	1301
Ibuprofen	GC/MS/EI	947
Ibuprofen-M (CO_2) 2ME	GC/MS/EI	1262
Ibuprofen ME	GC/MS/EI/E	948
Ibuprofen ME	GC/MS/EI	951
Ibuprofen ME	GC/MS/EI/E	1096
Ibuprofen ME	GC/MS/EI	1347
Ibuprofen-M (HO−) ME	GC/MS/EI	1098
Ibuprofen-M (HO−) ME	GC/MS/EI/E	1406
Ibuprofen-M ME	GC/MS/EI/E	935
Ibuprofen-M ME	GC/MS/EI	942
Ibuprofen-M (OH) -H_2O	GC/MS/EI	938
Ibuprofen-M (OH) ME	GC/MS/EI/E	589
Ibuprofen-M (OH) ME	GC/MS/EI/E	1115
Ibuprofen-M (OH) ME	GC/MS/EI	1197
Ibuprofen-M (OH) ME	GC/MS/EI	1206
Ibuprofen-M (OH) ME	GC/MS/EI/E	1210
Ibuprofen-M (OH) ME	GC/MS/EI	1213
Ibuprofen-M (OH) MEAC	GC/MS/EI/E	938
Ibuprofen-M (OH) MEAC	GC/MS/EI	1343
Ibuprofen TMS	GC/MS/EI/E	244
Ibuprofen TMS	GC/MS/EI	949
Ibuprofen TMS	GC/MS/EI	1495
Icosane	GC/MS/EI	90
Imidacloprid-A	GC/MS/EI	1304
Imidapril-A (−H_2O)	GC/MS/EI	375
Imidapril-A (−H_2O)	GC/MS/CI	1720
Iminostilbene	GC/MS/EI	1205
Imipramine	GC/MS/EI	144
Imipramine	GC/MS/EI/E	1548
Indan,1,1,6,7-tetramethyl-	GC/MS/EI/E	937
Indan,1,1,6,7-tetramethyl-	GC/MS/EI	1068
1-(Indan-6-yl)propan-2-amine	GC/MS/EI/E	48
1-(Indan-6-yl)propan-2-amine	GC/MS/EI	579
1-(Indan-6-yl)propan-2-amine 2AC	GC/MS/EI	928
1-(Indan-6-yl)propan-2-amine 2AC	GC/MS/EI/E	935
1-(Indan-6-yl)propan-2-amine AC	GC/MS/EI/E	54
1-(Indan-6-yl)propan-2-amine AC	GC/MS/EI	936
1-(Indan-6-yl)propan-2-amine-A (CH_2O)	GC/MS/EI/E	75

1-(Indan-6-yl)propan-2-amine-A (CH$_2$O)	GC/MS/EI	694
1-(Indan-6-yl)propan-2-amine PFP	GC/MS/EI	929
1-(Indan-6-yl)propan-2-amine PFP	GC/MS/EI/E	936
1-(Indan-6-yl)propan-2-amine TFA	GC/MS/EI/E	929
1-(Indan-6-yl)propan-2-amine TFA	GC/MS/EI	937
Indigotin	GC/MS/EI	1495
Indole	GC/MS/EI	583
Indole TFP	GC/MS/EI/E	578
Indole TFP	GC/MS/EI	587
Indolebutyric acid	GC/MS/EI	688
Indole-3-carbonitrile	GC/MS/EI	792
Indole-3-carboxaldehyde	GC/MS/EI	809
Indole-3-carboxaldehyde TFA	GC/MS/EI	1420
Indole-3-carboxaldehyde TMS	GC/MS/EI	1331
Indole-3-carboxaldehyde oxime	GC/MS/EI	943
Indol-5-ol	GC/MS/EI	702
1-(Indol-3-yl)butan-2-ylazan	GC/MS/EI/E	125
1-(Indol-3-yl)butan-2-ylazan	GC/MS/EI	690
1-(Indol-3-yl)butan-2-ylazan	GC/MS/EI/E	699
1-(Indol-3-yl)butan-2-ylazan	GC/MS/EI	700
3-Indolylmethylketone	GC/MS/EI	811
3-Indolylmethylketone AC	GC/MS/EI	810
3-Indolylmethylketone 2PFP	GC/MS/EI	1746
3-Indolylmethylketone PFP	GC/MS/EI	1580
3-Indolylmethylketone 2TFA	GC/MS/EI	1423
3-Indolylmethylketone TFA	GC/MS/EI	1420
3-Indolylmethylketone 2TMS	GC/MS/EI/E	1572
3-Indolylmethylketone 2TMS	GC/MS/EI	1613
3-Indolylmethylketone TMS	GC/MS/EI	1328
3-Indolylmethylketone oxime	GC/MS/EI	1067
1-(Indolyl-3-)-2-nitropropane	GC/MS/EI	688
1-(Indolyl-3)-2-nitroprop-1-ene	GC/MS/EI	1246
1-(Indolyl-3)-2-nitroprop-1-ene AC I	GC/MS/EI	35
1-(Indolyl-3)-2-nitroprop-1-ene AC II	GC/MS/EI	36
1-(Indolyl-3)-2-nitroprop-1-ene PFP	GC/MS/EI	904
1-(Indolyl-3)-2-nitroprop-1-ene TFA	GC/MS/EI	904
1-(Indolyl-3)-2-nitroprop-1-ene TMS	GC/MS/EI	255
1-(Indolyl-3)-2-nitroprop-1-ene TMS	GC/MS/EI/E	1535
1-(Indol-3-yl)propan-2-ylazan	GC/MS/EI/E	49
1-(Indol-3-yl)propan-2-ylazan	GC/MS/CI	700
1-(Indol-3-yl)propan-2-ylazan	GC/MS/EI	929
Indometacin-A	DI/MS/EI	1066
Indometacin HFIP	GC/MS/EI/E	771
Indometacin HFIP	GC/MS/EI	1756

Indometacin ME	GC/MS/EI	771
Indometacin ME	GC/MS/EI/E	1707
Indometacine-A ME	GC/MS/EI	1066
Indometacin-*iso*-propylester	GC/MS/EI/E	772
Indometacin-*iso*-propylester	GC/MS/EI	1727
Indomethacin	GC/MS/EI/E	771
Indomethacin	GC/MS/EI	1694
Indomethacine	GC/MS/EI/E	771
Indomethacine	GC/MS/EI	1694
Indoramin	GC/MS/EI/E	483
Indoramin	GC/MS/EI	1337
Inositol 6AC	GC/MS/EI/E	1033
Inositol 6AC	GC/MS/EI	1308
Iodo-BDB	GC/MS/EI/E	137
Iodo-BDB	GC/MS/EI	1194
Iodo-MBDB	GC/MS/EI/E	207
Iodo-MBDB	GC/MS/EI	242
Iodo-MDE	GC/MS/EI/E	201
Iodo-MDE	GC/MS/EI	232
2-Iodobenzoic acid	GC/MS/EI	1449
1-(4-Iodo-2,5-dimethoxy-phenyl)propan-2-amine	GC/MS/EI	61
1-(4-Iodo-2,5-dimethoxy-phenyl)propan-2-amine	GC/MS/EI/E	1546
Iodoform	GC/MS/EI	1508
3-Iodo-4-methoxyamphetamine	GC/MS/EI	42
3-Iodo-4-methoxyamphetamine	GC/MS/EI/E	272
2-Iodo-4,5-methylenedioxyamphetamine	GC/MS/EI	57
2-Iodo-4,5-methylenedioxyamphetamine	GC/MS/EI/E	1104
2-Iodo-4,5-methylenedioxymethamphetamine	GC/MS/EI/E	106
2-Iodo-4,5-methylenedioxymethamphetamine	GC/MS/CI	150
2-Iodo-4,5-methylenedioxymethamphetamine	GC/MS/EI	171
2-Iodo-4,5-methylenedioxyphenethylamine	GC/MS/EI	981
2-Iodo-4,5-methylenedioxyphenethylamine	GC/MS/EI/E	1497
1-(2-Iodo-4,5-methylenedioxyphenyl)butan-2-amine	GC/MS/EI	137
1-(2-Iodo-4,5-methylenedioxyphenyl)butan-2-amine	GC/MS/EI/E	1194
2-(2-Iodo-4,5-methylenedioxyphenyl)butanamine	GC/MS/EI/E	1191
2-(2-Iodo-4,5-methylenedioxyphenyl)butanamine	GC/MS/EI	1579
2-(2-Iodo-4,5-methylenedioxyphenyl)propan-1-amine	GC/MS/EI/E	1098
2-(2-Iodo-4,5-methylenedioxyphenyl)propan-1-amine	GC/MS/EI	1540
4-Iodomethyl-1,2-methylenedioxybenzene	GC/MS/EI/E	716
4-Iodomethyl-1,2-methylenedioxybenzene	GC/MS/EI	723
4-Iodomethyl-1,2-methylenedioxybenzene	GC/MS/CI	746
Ionol	GC/MS/EI	1260
Iprodion	GC/MS/EI	75
Iprodion	GC/MS/EI/E	1638

Irbesartan	DI/MS/EI/E	1718
Irbesartan	DI/MS/EI	1719
Irbesartan-A (-C$_4$H$_9$)	GC/MS/CI	1110
Irbesartan-A (-C$_4$H$_9$)	GC/MS/EI	1709
Irbesartan-A (-NH$_3$)	GC/MS/EI/E	1677
Irbesartan-A (-NH$_3$)	GC/MS/CI	1681
Irbesartan-A (-NH$_3$)	GC/MS/EI	1719
Irbesartan ME	DI/MS/EI	1728
Irbesartan ME	GC/MS/EI	1728
Irbesartan ME	GC/MS/CI	1729
Irbesartan ME	DI/MS/EI/E	1730
Irbesartan ME	GC/MS/EI/E	1744
Iridus LS 121	GC/MS/EI/E	321
Iridus LS 121	GC/MS/EI	323
Iridus LS 121	GC/MS/EI	420
Iridus LS 121	GC/MS/EI/E	783
Isoaminile	GC/MS/EI/E	205
Isoaminile	GC/MS/EI	249
Isoamylformiate	GC/MS/EI/E	71
Isoamylformiate	GC/MS/EI	261
Isoamylnitrite	GC/MS/EI	9
Isoamylnitrite	GC/MS/EI/E	82
Isoamylnitrite	GC/MS/EI	190
Isoamylnitrite	GC/MS/EI/E	297
Isoandrosterone	GC/MS/EI	1581
Isoanethole	GC/MS/EI	842
1,3-Isobenzofurandione	GC/MS/EI	469
Isobutane	GC/MS/EI	19
Isobutane	GC/MS/EI/E	102
Isobutylnitrite	GC/MS/EI/E	19
Isobutylnitrite	GC/MS/EI	232
Isodihydroperparine	GC/MS/EI	1726
Isoethopropazine	GC/MS/EI/E	333
Isoethopropazine	GC/MS/EI	1626
Isofenphos	GC/MS/EI	141
Isofenphos	GC/MS/EI/E	1314
Isoksuprin	GC/MS/EI	1099
Isoksuprin	GC/MS/EI/E	1112
Isoniazid	GC/MS/EI	274
Isoniazid 2AC	GC/MS/EI/E	25
Isoniazid 2AC	GC/MS/EI	1113
Isoniazid AC	GC/MS/EI	29
Isoniazid PFP	GC/MS/EI/E	490

Isoniazid PFP	GC/MS/EI	1558
Isoniazid TFA	GC/MS/EI/E	489
Isoniazid TFA	GC/MS/EI	1388
Isoniazid 2TMS	GC/MS/EI	1504
Isoniazid TMS	GC/MS/EI	246
Isoprenaline	DI/MS/EI/E	200
Isoprenaline	DI/MS/EI	633
Isopropanol	GC/MS/EI/E	67
Isopropanol	GC/MS/EI	163
4-Isopropenylphenol	GC/MS/EI	709
Isopropydrin	DI/MS/EI	200
Isopropydrin	DI/MS/EI/E	633
Isopropyl-BDB	GC/MS/EI/E	449
Isopropyl-BDB	GC/MS/EI	738
Isopropyl Palmitate	GC/MS/EI	464
Isopropylfenazon	GC/MS/EI	1326
2-Isopropylimino-1-phenylethanone	GC/MS/EI	471
Isopropyl linoleate	GC/MS/EI/E	181
Isopropyl linoleate	GC/MS/EI	1551
Isopropyl myristate	GC/MS/EI	463
Isopropyl-noradrenalin	DI/MS/EI/E	200
Isopropyl-noradrenalin	DI/MS/EI	633
Isopropyl-norepinephrin Isoproterenol	DI/MS/EI/E	200
Isopropyl-norepinephrin Isoproterenol	DI/MS/EI	633
Isopropylstearate	GC/MS/EI	1562
Isoproterenol	DI/MS/EI/E	200
Isoproterenol	DI/MS/EI	633
Isosafrole	GC/MS/EI	954
Isosafrole	GC/MS/CI	968
Isosorbide Mononitrate	GC/MS/CI	23
Isosorbide Mononitrate	GC/MS/EI/E	329
Isosorbide Mononitrate	GC/MS/EI	651
Isosuprin	GC/MS/EI	1099
Isosuprin	GC/MS/EI/E	1112
Isothiocyanatocyclohexane	GC/MS/EI	72
Isothiocyanatocyclohexane	GC/MS/EI	787
Isoxicam	GC/MS/EI	1064
Isoxicam ME	GC/MS/EI/E	1560
Isoxicam ME	GC/MS/EI	1663
Isoxsuprine	GC/MS/EI/E	1099
Isoxsuprine	GC/MS/EI	1112
Johimbin	GC/MS/EI	1688
Johimbin	GC/MS/EI	1689
Johimbina	GC/MS/EI	1688

Johimbina	GC/MS/EI	1689
Karbimasol	GC/MS/EI	1167
Karbimatsol	GC/MS/EI	1167
Karbimazol	GC/MS/EI	1167
Kavain	GC/MS/EI	182
Kellin	GC/MS/EI	1328
Ketamine	GC/MS/EI	884
Ketamine	GC/MS/EI/E	1122
Ketamine	GC/MS/EI/E	1306
Ketamine	GC/MS/EI	1411
Ketamine AC	GC/MS/EI/E	1282
Ketamine AC	GC/MS/EI	1327
Ketamine AC	GC/MS/EI	1331
Ketamine-M (Desmethyl)	GC/MS/EI/E	1016
Ketamine-M (Desmethyl)	GC/MS/EI	1218
Ketamine-M (Desmethyl, HO) -H_2O AC	GC/MS/EI	942
Ketamine-M (Desmethyl, HO) -H_2O AC	GC/MS/EI/E	1378
Ketamine-M ($HNCH_3$, HO, -H_2O)	GC/MS/EI	1044
Ketamine-M (-$NHCH_3$, Oxo)	GC/MS/EI	1172
Ketazolam HY	GC/MS/EI	1438
Ketobemidone	GC/MS/EI	185
Ketoconazole	DI/MS/EI/E	282
Ketoconazole	DI/MS/EI	1753
Ketoprofen	DI/MS/EI	1471
Ketoprofen ME	GC/MS/EI	1291
Ketoprofen-M (OH) ME	GC/MS/EI	616
Ketoprofen-M (OH) 2ME I	GC/MS/EI	1418
Ketoprofen-M (OH) 2ME II	GC/MS/EI	728
Ketoprofen TMS	GC/MS/EI	262
Ketosandwicin AC	GC/MS/EI	1700
Ketotifen	GC/MS/EI	1619
Khellin	GC/MS/EI	1328
Kloramfenikol	GC/MS/EI	889
Kloramfenikol	GC/MS/EI/E	1065
Kloramfenikol	GC/MS/CI	1614
Klorpromazin	GC/MS/EI	114
Klorpropamid	GC/MS/EI	525
Klorpropamid	GC/MS/EI/E	1339
Klorprotixen	GC/MS/EI	100
Klorprotixen	GC/MS/EI/E	1347
Kokain	GC/MS/EI/E	285
Kokain	GC/MS/EI/E	1608
Kokain	GC/MS/EI	1609

Kolchizin	GC/MS/EI/E	9
Kolchizin	GC/MS/EI	1630
LAAM	GC/MS/EI	199
LAAM	GC/MS/EI/E	1365
LAMPA	DI/MS/EI	1351
LAMPA-M	DI/MS/EI	1409
LAMPA-M TMS	GC/MS/EI	1408
LAMPA-M TMS	GC/MS/EI	1414
LAMPA-M TMS	GC/MS/EI/E	1620
LAMPA TMS	GC/MS/EI	1723
LNAC	GC/MS/EI	432
LNAC	GC/MS/EI/E	454
LSD	GC/MS/EI	1351
LSD-25	GC/MS/EI	1351
LSD TMS	GC/MS/EI	1723
LSD TMS	GC/MS/EI	1724
Lactic acid 2DMBS	GC/MS/EI/E	828
Lactic acid 2DMBS	GC/MS/EI	1396
Lactic acid 2TMS	GC/MS/EI/E	256
Lactic acid 2TMS	GC/MS/EI	1185
Lactose 8AC	GC/MS/EI	1043
Lactose 8AC	GC/MS/EI/E	1664
Lamictal	GC/MS/EI	1162
Lamictal	GC/MS/EI	1163
Lamotrigine	GC/MS/EI	1162
Lamotrigine	GC/MS/EI	1163
Lamotrigine 2AC	GC/MS/EI	1162
Lamotrigine AC	GC/MS/EI	1162
Laudanosine	GC/MS/EI/E	1265
Laudanosine	GC/MS/EI	1274
Lauric acid	GC/MS/EI	254
Lauric acid	GC/MS/EI/E	256
Lauric acid	GC/MS/EI/E	1053
Lauric acid	GC/MS/EI	1239
Lauric acid ME	GC/MS/EI	258
Lauric acid ME	GC/MS/EI/E	802
Lauric acid ethyl ester	GC/MS/EI/E	364
Lauric acid ethyl ester	GC/MS/EI	925
Lectopam	GC/MS/EI	1405
Lenacil	GC/MS/EI	891
Lenacil	GC/MS/EI/E	903
Lercanidipine	DI/MS/EI	1410
Lercanidipine	DI/MS/EI/E	1550
Lercanidipine-A 1	DI/MS/EI	1301

Lercanidipine-A 1	DI/MS/EI/E	1308
Lercanidipine-A 2	DI/MS/EI	1410
Lercanidipine-A 2	DI/MS/EI/E	1418
Lercanidipine-A 3	GC/MS/EI/E	413
Lercanidipine-A 3	GC/MS/EI	1635
Lercanidipine-A1 ME	GC/MS/EI/E	1363
Lercanidipine-A1 ME	GC/MS/EI	1367
Levacylmethadol	GC/MS/EI	199
Levacylmethadol	GC/MS/EI/E	1365
Levallorphan	GC/MS/EI	1558
Levamisole	GC/MS/EI	242
Levetiracetam	GC/MS/EI/E	644
Levetiracetam	GC/MS/EI	654
Levitra	DI/MS/EI	533
Levitra	DI/MS/EI/E	534
Levitra	GC/MS/EI	552
Levitra	GC/MS/EI/E	1754
Levodopa	DI/MS/EI	626
Levodopa	DI/MS/EI/E	634
Levomepromazine	GC/MS/EI	120
Levomepromazine	GC/MS/EI/E	151
Levomepromazine	GC/MS/EI	441
Levomepromazine-M/A (sulfoxide)	GC/MS/EI	1425
Levomepromazine-M/A (sulfoxide)	GC/MS/EI/E	1431
Levomepromazine-M (Bisdesmethyl) 2AC	GC/MS/EI/E	660
Levomepromazine-M (Bisdesmethyl) 2AC	GC/MS/EI	1321
Levomepromazine-M (Desmethyl, HO) 2AC	GC/MS/EI/E	667
Levomepromazine-M (Desmethyl, HO) 2AC	GC/MS/EI	1435
Levomepromazine-M (Nor)	GC/MS/EI	1375
Levomepromazine-M (Nor) AC	GC/MS/EI/E	660
Levomepromazine-M (Nor) AC	GC/MS/EI	1426
Levomepromazine-M (OH) AC	GC/MS/EI	154
Levomepromazine-M (OH) AC	GC/MS/EI/E	444
Levomethadol	GC/MS/EI/E	204
Levomethadol	GC/MS/EI	1001
Levopropoxyphene	GC/MS/EI/E	115
Levopropoxyphene	GC/MS/EI	479
Levorphanol	GC/MS/EI	1478
α-Lewisit	GC/MS/EI	521
β-Lewisit	GC/MS/EI	354
β-Lewisit	GC/MS/EI/E	1050
Lewisit hydrolysis product methylated	GC/MS/EI	752
Lidocaine	GC/MS/EI/E	300
Lidocaine	GC/MS/EI	314

Lidocaine	GC/MS/EI	315
Lidocaine	GC/MS/EI/E	347
Lidocaine	GC/MS/EI/E	351
Lidocaine	GC/MS/EI	1393
Lidocaine-A	GC/MS/EI	297
Lidocaine AC	GC/MS/EI	318
Lidocaine AC	GC/MS/EI/E	358
Lidocaine DMBS	GC/MS/EI	1267
Lidocaine DMBS	GC/MS/EI/E	1582
Lidocaine-M 2AC	GC/MS/EI/E	755
Lidocaine-M 2AC	GC/MS/EI	756
Lidocaine-M 2AC	GC/MS/EI	1350
Lidocaine-M 3AC	GC/MS/EI	756
Lidocaine-M 3AC	GC/MS/EI	1108
Lidocaine-M 3AC	GC/MS/EI/E	1496
Lidocaine-M AC	GC/MS/EI	613
Lidocaine-M ($-2C_2H_5$)	GC/MS/EI	6
Lidocaine-M ($-2C_2H_5$)	GC/MS/EI	609
Lidocaine-M ($-C_2H_5$)	GC/MS/EI	95
Lidocaine-M ($-C_2H_5$)	GC/MS/EI	133
Lidocaine-M ($-C_2H_5$)	GC/MS/EI/E	965
Lidocaine-M ($-C_2H_5$) AC	GC/MS/EI/E	124
Lidocaine-M ($-C_2H_5$) AC	GC/MS/EI	658
Lidocaine-M ($-C_2H_5$) AC	GC/MS/EI/E	672
Lidocaine-M ($-C_2H_5$) AC	GC/MS/EI	1447
Lidocaine ME	GC/MS/EI	310
Lidocaine ME	GC/MS/EI/E	357
Lidocaine-M (desethyl)	GC/MS/EI/E	95
Lidocaine-M (desethyl)	GC/MS/EI	133
Lidocaine-M (desethyl)	GC/MS/EI	965
Lidocaine-M (didesethyl)	GC/MS/EI	6
Lidocaine-M (didesethyl)	GC/MS/EI	609
Lidocaine-M (didesethyl) AC	GC/MS/EI/E	611
Lidocaine-M (didesethyl) AC	GC/MS/EI	1345
Lidoflazine	GC/MS/EI	1678
Lidoflazine	GC/MS/EI/E	1682
Lignocaine	GC/MS/EI	300
Lignocaine	GC/MS/EI/E	314
Lignocaine	GC/MS/EI/E	315
Lignocaine	GC/MS/EI/E	347
Lignocaine	GC/MS/EI	351
Lignocaine	GC/MS/EI	1393

Lignocaine AC	GC/MS/EI	318
Lignocaine AC	GC/MS/EI/E	358
Lignocaine-M 2AC	GC/MS/EI/E	755
Lignocaine-M 2AC	GC/MS/EI	756
Lignocaine-M 2AC	GC/MS/EI	1350
Lignocaine-M (desethyl) AC	GC/MS/EI	124
Lignocaine-M (desethyl) AC	GC/MS/EI/E	658
Lignocaine-M (desethyl) AC	GC/MS/EI/E	672
Lignocaine-M (desethyl) AC	GC/MS/EI	1447
Lignocaine-M (didesethyl) AC	GC/MS/EI	611
Lignocaine-M (didesethyl) AC	GC/MS/EI/E	1345
Limonene	GC/MS/EI	181
Lindan	GC/MS/EI/E	1131
Lindan	GC/MS/EI	1472
Linoleic acid ME	GC/MS/EI/E	180
Linoleic acid ME	GC/MS/EI	630
Lisinopril	DI/MS/EI/E	189
Lisinopril	DI/MS/EI	1681
Lisinopril-A (-H_2O) 3ME	GC/MS/EI	151
Lisinopril-A (-H_2O) 3ME	GC/MS/EI/E	1650
Lisinopril 4ME	GC/MS/EI	146
Lisinopril 4ME	GC/MS/EI/E	1616
Lithocholic acid ME -H_2O	GC/MS/EI	1323
Locuturine	GC/MS/EI	1144
Lofepramine	GC/MS/EI	137
Lofepramine	GC/MS/EI/E	1197
Lonazolac i-PROP	GC/MS/EI	1508
Loperamid-A	GC/MS/EI	1409
Loperamid-A	GC/MS/EI/E	1462
Loperamide	GC/MS/EI/E	1413
Loperamide	GC/MS/EI	1505
Loratadine	GC/MS/EI	1715
Loratadine (-Ethcarboxylat+AC)	GC/MS/EI	1687
Lorazepam-A	GC/MS/EI	1417
Lorazepam 2AC	GC/MS/EI/E	33
Lorazepam 2AC	GC/MS/EI	1584
Lorazepam-A (-H_2O)	GC/MS/EI	1418
Lorazepam-A (-2H) TMS	GC/MS/EI	1710
Lorazepam-A (-2H) TMS	GC/MS/EI/E	1721
Lorazepam HY	GC/MS/EI	1378
Lorazepam HY	GC/MS/EI/E	1514
Lorazepam HY AC	GC/MS/EI	31
Lorazepam HY AC	GC/MS/EI/E	1617

Lorazepam HY TMS	GC/MS/EI	1643
Lorazepam HY TMS	GC/MS/EI/E	1653
Lormetazepam	GC/MS/EI	1614
Lornoxicam	GC/MS/EI/E	609
Lornoxicam	GC/MS/EI	1706
Lornoxicam 2ME	GC/MS/EI	729
Lornoxicam 2ME	GC/MS/EI/E	1082
Lornoxicam 2ME	GC/MS/EI	1727
Lornoxicam ME	GC/MS/EI	1705
Lovastatin	GC/MS/EI/E	934
Lovastatin	GC/MS/EI	1362
Lovastatin-A ($-H_2O$)	GC/MS/EI/E	935
Lovastatin-A ($-H_2O$)	GC/MS/EI	1238
Lumiflavine	GC/MS/EI	255
Lumilactoflavin	GC/MS/EI	255
Luminol 2AC	GC/MS/EI/E	1338
Luminol 2AC	GC/MS/EI	1491
Luminol AC	GC/MS/EI	1090
Luminol 2DMBS	GC/MS/EI	1685
Luminol 2DMBS	GC/MS/EI/E	1702
Luminol 3DMBS	GC/MS/EI/E	1750
Luminol 3DMBS	GC/MS/EI	1750
Luminol DMBS	GC/MS/EI/E	1395
Luminol DMBS	GC/MS/EI	1400
Luminol 2DMBS II	GC/MS/EI/E	1684
Luminol 2DMBS II	GC/MS/EI	1686
Luminol 2TMS	GC/MS/EI	1616
Luminol 3TMS	GC/MS/EI	1712
Luminol TMS	GC/MS/EI	1396
Lupanin	GC/MS/EI	744
Lupanine-M (OH) AC	GC/MS/EI/E	1442
Lupanine-M (OH) AC	GC/MS/EI	1449
Lysergicacid-N,N-methylpropylamide	DI/MS/EI	1351
Lysergicaciddiethylamide	GC/MS/EI	1351
Lysergide	GC/MS/EI	1351
Lysergide TMS	GC/MS/EI	1723
Lysergide TMS	GC/MS/EI	1724
M-74	GC/MS/EI/E	362
M-74	GC/MS/EI	402
M	GC/MS/EI/E	1138
M	GC/MS/CI	1140
M	GC/MS/EI	1304
4-MA	GC/MS/CI	48

4-MA	GC/MS/EI/E	49
4-MA	GC/MS/EI	624
4-MA	GC/MS/EI	625
4-MA	GC/MS/EI	628
4-MA	GC/MS/EI/E	851
MAM	GC/MS/EI	20
MAM	GC/MS/EI	1515
MAM	GC/MS/CI	1656
2,3-MBDB	GC/MS/EI	204
2,3-MBDB	GC/MS/CI	229
2,3-MBDB	GC/MS/EI	257
2,3-MBDB	GC/MS/EI/E	271
2,3-MBDB	GC/MS/EI/E	1281
3,4-MBDB	GC/MS/EI/E	215
3,4-MBDB	GC/MS/EI/E	226
3,4-MBDB	GC/MS/CI	364
3,4-MBDB	GC/MS/EI	717
3,4-MBDB	GC/MS/EI	1283
MBDB	GC/MS/EI	215
MBDB	GC/MS/EI/E	226
MBDB	GC/MS/EI/E	364
MBDB	GC/MS/EI	717
MBDB	GC/MS/CI	1283
2,3 MBDB AC	GC/MS/EI	134
2,3 MBDB AC	GC/MS/EI	1075
2,3 MBDB AC	GC/MS/EI/E	1090
2,3 MBDB AC	GC/MS/EI/E	1399
2,3-MBDB AC	GC/MS/EI/E	214
2,3-MBDB AC	GC/MS/EI	220
2,3-MBDB AC	GC/MS/EI	1077
3,4-MBDB AC	GC/MS/EI	220
3,4-MBDB AC	GC/MS/EI/E	1075
3,4-MBDB AC	GC/MS/EI	1088
3,4-MBDB AC	GC/MS/EI/E	1090
MBDB AC	GC/MS/EI	220
MBDB AC	GC/MS/EI	1075
MBDB AC	GC/MS/EI/E	1088
MBDB AC	GC/MS/EI/E	1090
MBDB-D_5	GC/MS/EI/E	264
MBDB-D_5	GC/MS/EI	740
MBDB-D_5 AC	GC/MS/EI	264
MBDB-D_5 AC	GC/MS/EI/E	1111
MBDB-D_5 PFO	GC/MS/EI	1752

MBDB-D$_5$ PFO	GC/MS/EI/E	1752
MBDB-D$_5$ TMS	GC/MS/EI/E	834
MBDB-D$_5$ TMS	GC/MS/EI	855
MBDB PFO	GC/MS/EI	1751
MBDB PFO	GC/MS/EI/E	1752
MBDB PFP	GC/MS/EI/E	1335
MBDB PFP	GC/MS/EI	1342
2,3-MBDB TFA	GC/MS/EI	1033
2,3-MBDB TFA	GC/MS/EI/E	1079
2,3-MBDB TFA	GC/MS/EI/E	1091
2,3-MBDB TFA	GC/MS/EI	1608
3,4-MBDB 2TFA	GC/MS/EI/E	1032
3,4-MBDB 2TFA	GC/MS/EI	1526
MBDB TFA	GC/MS/EI	1033
MBDB TFA	GC/MS/EI	1079
MBDB TFA	GC/MS/EI/E	1091
2,3-MBDB TMS	GC/MS/EI	807
2,3-MBDB TMS	GC/MS/EI/E	813
MBDB TMS	GC/MS/EI/E	808
MBDB TMS	GC/MS/EI	815
2,3-MDA	GC/MS/EI	41
2,3-MDA	GC/MS/CI	66
2,3-MDA	GC/MS/EI/E	735
2,3-MDA	GC/MS/EI	743
2,3-MDA	GC/MS/EI/E	978
3,4-MDA	GC/MS/EI	66
3,4-MDA	GC/MS/EI/E	739
3,4-MDA	GC/MS/EI/E	747
3,4-MDA	GC/MS/EI	750
3,4-MDA	GC/MS/EI/E	756
3,4-MDA	GC/MS/EI	760
3,4-MDA	GC/MS/CI	971
MDA	GC/MS/EI	66
MDA	GC/MS/EI/E	739
MDA	GC/MS/EI	747
MDA	GC/MS/EI/E	750
MDA	GC/MS/EI/E	756
MDA	GC/MS/EI	760
MDA	GC/MS/CI	971
2,3-MDA AC	GC/MS/EI/E	953
2,3-MDA AC	GC/MS/EI	972
3,4-MDA AC	GC/MS/EI	64
3,4-MDA AC	GC/MS/EI	956

3,4-MDA AC	GC/MS/EI/E	958
3,4-MDA AC	GC/MS/EI/E	961
3,4-MDA AC	GC/MS/EI	971
3,4-MDA AC	GC/MS/EI	979
MDA AC	GC/MS/EI/E	64
MDA AC	GC/MS/EI	956
MDA AC	GC/MS/EI	958
MDA AC	GC/MS/EI/E	961
MDA AC	GC/MS/EI	971
MDA AC	GC/MS/EI	979
MDA-A (CH_2O)	GC/MS/EI	78
MDA-D_5	GC/MS/EI	739
MDA-D_5	GC/MS/EI/E	1744
2,3-MDA TFA	GC/MS/EI	956
2,3-MDA TFA	GC/MS/EI/E	1533
MDA TFA	GC/MS/EI	733
MDA TFA	GC/MS/EI	957
2,3-MDA TMS	GC/MS/EI	237
2,3-MDA TMS	GC/MS/EI/E	581
MDDM	GC/MS/EI	206
MDDM	GC/MS/EI/E	210
MDDM	GC/MS/EI/E	233
MDDM	GC/MS/EI	269
2,3-MDE	GC/MS/EI	202
2,3-MDE	GC/MS/EI/E	225
2,3-MDE	GC/MS/EI/E	270
2,3-MDE	GC/MS/EI	735
2,3-MDE	GC/MS/CI	1283
3,4-MDE	GC/MS/EI	225
3,4-MDE	GC/MS/EI/E	718
3,4-MDE	GC/MS/CI	1280
MDE	GC/MS/EI/E	225
MDE	GC/MS/CI	718
MDE	GC/MS/EI	1280
2,3-MDE AC	GC/MS/EI/E	213
2,3-MDE AC	GC/MS/EI	218
2,3-MDE AC	GC/MS/EI/E	550
2,3-MDE AC	GC/MS/EI	969
3,4-MDE AC	GC/MS/EI	228
3,4-MDE AC	GC/MS/EI/E	953
3,4-MDE AC	GC/MS/EI/E	971
3,4-MDE AC	GC/MS/EI	977
MDE AC	GC/MS/EI	228

MDE AC	GC/MS/EI/E	953
MDE AC	GC/MS/EI	971
MDE AC	GC/MS/EI/E	977
2,3-MDE FORM	GC/MS/EI/E	953
2,3-MDE FORM	GC/MS/EI	972
MDE PFO	GC/MS/EI	725
2,3-MDE TMS	GC/MS/EI/E	241
2,3-MDE TMS	GC/MS/EI	813
MDHOET	GC/MS/EI/E	364
MDHOET	GC/MS/EI	734
MDHOET	GC/MS/CI	963
MDIP	GC/MS/CI	305
MDIP	GC/MS/EI	330
MDIP	GC/MS/EI/E	719
MDIPA	GC/MS/EI/E	196
MDIPA	GC/MS/EI	743
2,3-MDMA	GC/MS/CI	162
2,3-MDMA	GC/MS/EI	715
2,3-MDMA	GC/MS/EI/E	1212
MDMA	GC/MS/EI/E	106
MDMA	GC/MS/CI	126
MDMA	GC/MS/EI/E	166
MDMA	GC/MS/EI	717
MDMA	GC/MS/EI	1212
2,3-MDMA AC	GC/MS/EI	132
2,3-MDMA AC	GC/MS/EI/E	970
MDMA AC	GC/MS/EI	132
MDMA AC	GC/MS/EI/E	973
MDMA-D_5 PFO	GC/MS/EI	989
MDMA-D_5 TFA	GC/MS/EI	932
MDMA-M (-CH_2) 3AC	GC/MS/EI	160
MDMA-M (-CH_2) 3AC	GC/MS/EI/E	867
MDMA-M (+H_2O) 2AC	GC/MS/EI	160
MDMA-M (+H_2O) 2AC	GC/MS/EI/E	1277
2,3-MDMA TFA	GC/MS/EI	955
2,3-MDMA TFA	GC/MS/EI/E	974
MDMA TFA	GC/MS/EI	905
MDMA TFA	GC/MS/EI/E	958
MDMA TFA	GC/MS/EI/E	979
MDMA TFA	GC/MS/EI	1573
2,3-MDMA TMS	GC/MS/EI	680
2,3-MDMA TMS	GC/MS/EI/E	692
MDMA TMS	GC/MS/EI/E	681

MDMA TMS	GC/MS/EI	692
MDOH	GC/MS/EI	739
MDOH	GC/MS/EI/E	757
MDPA	GC/MS/EI/E	308
MDPA	GC/MS/EI	333
MDPA	GC/MS/CI	719
2,3-MDPEA	GC/MS/EI	5
2,3-MDPEA	GC/MS/CI	851
MDPEA	GC/MS/EI/E	4
MDPEA	GC/MS/CI	847
MDPEA	GC/MS/EI	994
METHYL-DOB	GC/MS/EI/E	97
METHYL-DOB	GC/MS/EI	166
2,3-MMBDB	GC/MS/EI	337
2,3-MMBDB	GC/MS/CI	338
2,3-MMBDB	GC/MS/EI/E	361
3,4-MMBDB	GC/MS/EI	337
3,4-MMBDB	GC/MS/CI	338
3,4-MMBDB	GC/MS/EI/E	360
MPA	GC/MS/EI/E	1509
MPA	GC/MS/EI	1514
4-MPBP	GC/MS/EI/E	529
4-MPBP	GC/MS/EI/E	530
4-MPBP	GC/MS/CI	535
4-MPBP	GC/MS/EI	596
4-MPBP	GC/MS/EI	1385
4-MPBP-A (-2H_2)	GC/MS/EI	503
MSTFA	GC/MS/EI/E	254
MSTFA	GC/MS/EI	711
α-MT	GC/MS/CI	49
α-MT	GC/MS/EI/E	700
α-MT	GC/MS/EI	929
4-MTA	GC/MS/EI/E	51
4-MTA	GC/MS/EI	763
4-MTA	GC/MS/EI/E	763
4-MTA	GC/MS/EI	771
4-MTA AC	GC/MS/EI	981
4-MTA TFA	GC/MS/EI/E	985
4-MTA TFA	GC/MS/EI	1538
Mafenide	GC/MS/EI	489
Mafenide	GC/MS/EI/E	1161
Mafenide	GC/MS/CI	1169
Mafenide PFP	GC/MS/EI	1459
Mafenide PFP	GC/MS/CI	1665

Mafenide TFA	GC/MS/EI	1241
Mafenide TFA	GC/MS/CI	1559
Malathion	GC/MS/EI	1060
Malathion	GC/MS/EI/E	1066
Malathion	GC/MS/EI/E	1067
Maldison	GC/MS/EI	1060
Maldison	GC/MS/EI/E	1066
Maldison	GC/MS/EI/E	1067
Maltol	GC/MS/EI	648
Mandelsäurebenzylester	GC/MS/EI	496
Mandelsäurebenzylester	GC/MS/EI/E	502
Mannitol 6AC	GC/MS/EI/E	568
Mannitol 6AC	GC/MS/EI	1576
Maphenide	GC/MS/EI	489
Maphenide	GC/MS/CI	1161
Maphenide	GC/MS/EI/E	1169
Maprotiline	GC/MS/EI	40
Maprotiline AC	GC/MS/EI/E	1585
Maprotiline AC	GC/MS/EI	1588
Maprotiline-M (Desmethyl) AC	GC/MS/EI	1541
Maprotiline-M (Desmethyl) AC	GC/MS/EI/E	1544
Maprotiline ME	GC/MS/EI	161
Maprotiline-M (HO-anthryl-) 2AC	GC/MS/EI/E	1685
Maprotiline-M (HO-anthryl-) 2AC	GC/MS/EI	1711
Maprotiline-M (OH) 2AC	GC/MS/EI/E	1585
Maprotiline-M (OH) 2AC	GC/MS/EI	1588
Maprotyline	GC/MS/EI	40
5-MeO-DIPT	GC/MS/EI/E	539
5-MeO-DIPT	GC/MS/EI/E	549
5-MeO-DIPT	GC/MS/CI	552
5-MeO-DIPT	GC/MS/EI	939
5-MeO-DIPT	GC/MS/EI	1071
5-MeO-DIPT AC	GC/MS/EI	550
5-MeO-DIPT AC	GC/MS/EI/E	1328
5-MeO-DIPT TMS	GC/MS/EI/E	544
5-MeO-DIPT TMS	GC/MS/EI	1385
Mebeverine-M/A ME	GC/MS/EI	1221
Mebhydrolin	GC/MS/EI	384
Meclizine	GC/MS/EI	1176
Meclizine	GC/MS/EI/E	1183
Meclofenoxate	GC/MS/EI	109
Meclofenoxate	GC/MS/EI/E	191
Meclozin	GC/MS/EI	1176
Meclozin	GC/MS/EI/E	1183

Meclozine	GC/MS/EI/E	1176
Meclozine	GC/MS/EI	1183
Meconin	GC/MS/EI	994
Meconine	GC/MS/EI	994
Mecoprop	GC/MS/EI	1319
Mecoprop DMBS	GC/MS/EI/E	1365
Mecoprop DMBS	GC/MS/EI	1528
Mecoprop ET	GC/MS/EI	1042
Mecoprop-M/A (Nor) DMBS	GC/MS/EI/E	1307
Mecoprop-M/A (Nor) DMBS	GC/MS/EI	1485
Mecoprop-M/A (Nor) TMS	GC/MS/EI	248
Mecoprop ME	GC/MS/EI	1041
Mecoprop TMS	GC/MS/EI	244
Medazepam	GC/MS/EI	1275
Medazepam	GC/MS/EI/E	1428
Medazepam	GC/MS/EI	1520
Mefenterdrin	GC/MS/EI/E	210
Mefenterdrin	GC/MS/EI	372
Mefentermin	GC/MS/EI/E	210
Mefentermin	GC/MS/EI	372
Mefruside	GC/MS/EI/E	296
Mefruside	GC/MS/EI	328
Mekonin	GC/MS/EI	994
Melatonin AC	GC/MS/EI/E	1324
Melatonin AC	GC/MS/EI	1531
Melatonin DMBS	GC/MS/EI	1570
Melatonin PROP	GC/MS/EI/E	1063
Melatonin PROP	GC/MS/EI	1570
Melatonin TMS	GC/MS/EI	1437
Meloxicam	GC/MS/EI	1061
Meloxicam 2ME	GC/MS/EI	906
Meloxicam 2ME	GC/MS/EI/E	1560
Meloxicam 2ME	GC/MS/EI/E	1684
Meloxicam 2ME	GC/MS/EI	1713
Melperone	GC/MS/EI/E	531
Melperone	GC/MS/EI	647
Melperone-M AC	GC/MS/EI/E	532
Melperone-M AC	GC/MS/EI	1498
Menthakampfer	GC/MS/EI	191
Menthakampfer	GC/MS/EI/E	771
Menthanol	GC/MS/EI/E	191
Menthanol	GC/MS/EI	771
Menthol,	GC/MS/EI	191
Menthol,	GC/MS/EI/E	771

Menthoval	GC/MS/EI	761
Menthoval	GC/MS/EI/E	770
Menthylisovaleriate	GC/MS/EI/E	761
Menthylisovaleriate	GC/MS/EI	770
Mepazine	GC/MS/EI	95
Meperidine	GC/MS/EI	190
Meperidine	GC/MS/EI	192
Meperidine	GC/MS/EI	193
Mephenesin	GC/MS/EI	501
Mephenesin	GC/MS/EI/E	516
Mephenesin 2AC	GC/MS/EI	28
Mephenesin 2AC	GC/MS/EI	29
Mephenesin 2TMS	GC/MS/EI/E	1116
Mephenesin 2TMS	GC/MS/EI	1341
Mephenterdrin	GC/MS/EI/E	210
Mephenterdrin	GC/MS/EI	372
Mephentermine	GC/MS/EI/E	210
Mephentermine	GC/MS/EI	372
Mephentermine-M (OH) 2AC	GC/MS/EI/E	213
Mephentermine-M (OH) 2AC	GC/MS/EI	563
Mephenytoin	GC/MS/EI	1176
Mepheteiecloral	GC/MS/EI/E	210
Mepheteiecloral	GC/MS/EI	372
Mephobarbitone	GC/MS/EI/E	1333
Mephobarbitone	GC/MS/EI	1340
Mephobarbitone	GC/MS/EI/E	1441
Mepivacaine	GC/MS/EI	408
Mepivacaine	GC/MS/EI	414
Mepivacaine	GC/MS/EI/E	423
Mepivacaine-M (Oxo, OH) AC	GC/MS/EI	666
Mepivacaine-M (Oxo, OH) AC	GC/MS/EI/E	1053
Meprobamate	GC/MS/EI/E	71
Meprobamate	GC/MS/EI/E	288
Meprobamate	GC/MS/EI	813
Meprobamate	GC/MS/EI	928
Meptazinol	GC/MS/EI	292
Meptazinol AC	GC/MS/EI	292
Meptazinol TMS	GC/MS/EI	113
Mequinol	GC/MS/EI	511
Mercaptoacetyl-thioacetic acid 2DMBS	GC/MS/EI	1495
Mercaptoacetyl-thioacetic acid 2DMBS	GC/MS/EI/E	1499
Mercaptoacetyl-thioacetic acid 2TMS	GC/MS/EI	230
Mercaptoacetyl-thioacetic acid 2TMS	GC/MS/EI/E	1408
Mercaptodimethur	GC/MS/EI/E	1030

Mercaptodimethur	GC/MS/EI	1041
Mercaptothion	GC/MS/EI/E	1060
Mercaptothion	GC/MS/EI	1066
Mercaptothion	GC/MS/EI	1067
Mersalyl acid-A (-CH$_3$OHgOH) AC	GC/MS/EI	870
Mersalyl acid-A (-CH$_3$OHgOH) O-TMS	GC/MS/EI	248
Mesalazin	GC/MS/EI	718
Mesalazin ME 2AC	GC/MS/EI	615
Mesalazin ME 2AC	GC/MS/EI/E	1302
Mesalazin ME AC	GC/MS/EI	728
Mescaline	GC/MS/EI/E	1138
Mescaline	GC/MS/EI	1140
Mescaline	GC/MS/CI	1304
Mescaline AC	GC/MS/EI	1209
Mescaline AC	GC/MS/EI/E	1467
Mescaline 2BUT	GC/MS/EI/E	1207
Mescaline 2BUT	GC/MS/EI	1217
Mescaline BUT	GC/MS/EI	1207
Mescaline BUT	GC/MS/EI/E	1553
Mescaline FORM	GC/MS/EI	1211
Mescaline 2ME	GC/MS/EI	105
Mescaline 2ME	GC/MS/CI	145
Mescaline 2ME	GC/MS/EI/E	172
Mescaline ME	GC/MS/CI	58
Mescaline ME	GC/MS/EI/E	1141
Mescaline ME	GC/MS/EI	1150
Mescaline PROP	GC/MS/EI	1207
Mescaline PROP	GC/MS/EI/E	1510
Mescaline TFA	GC/MS/EI	1209
Mesembranol	GC/MS/EI	1578
Mesembrenone	GC/MS/EI	189
Mesembrine	GC/MS/EI	1337
Mesotrion-ME	GC/MS/EI/E	1611
Mesotrion-ME	GC/MS/EI	1614
Mesotrione	GC/MS/EI	908
Mesterolone	GC/MS/EI	1332
Mestranol	GC/MS/EI	1372
Mesulprid	GC/MS/EI/E	335
Mesulprid	GC/MS/EI	342
Mesulprid	GC/MS/EI	360
Metabolite ME AC:Sufamethoxazol	GC/MS/EI	1167
Metakvalon	GC/MS/EI	1401
Metalaxyl	GC/MS/EI	68

Metalaxyl	GC/MS/EI/E	1452
Metamfetamin	GC/MS/EI/E	114
Metamfetamin	GC/MS/EI	369
Metamino-diazepoxid	GC/MS/EI	1556
Metamizol-M (-CH$_2$-SO$_3$H)	GC/MS/EI/E	76
Metamizol-M (-CH$_2$-SO$_3$H)	GC/MS/EI/E	1329
Metamizol-M (-CH$_2$-SO$_3$H)	GC/MS/EI	1330
Metamizol-M (-CH$_2$-SO$_3$H) AC	GC/MS/EI	78
Metamizol-M (-CH$_2$-SO$_3$H) AC	GC/MS/EI/E	627
Metamizol-M (Desmethyl, -CH$_2$-SO$_3$H) 2AC	GC/MS/EI/E	79
Metamizol-M (Desmethyl, -CH$_2$-SO$_3$H) 2AC	GC/MS/EI	1443
Metamizol-M (Desmethyl, -CH$_2$-SO$_3$H) AC	GC/MS/EI/E	78
Metamizol-M (Desmethyl, -CH$_2$-SO$_3$H) AC	GC/MS/EI	80
Metamizol-M (Desmethyl, -CH$_2$-SO$_3$H) AC	GC/MS/EI	295
Metamizol-M (Didesmethyl, -CH$_2$-SO$_3$H) AC	GC/MS/EI	76
Metamizole	GC/MS/EI	629
Metamizole	GC/MS/EI/E	630
Metamizole	GC/MS/EI	1323
Metapirazone	GC/MS/EI	81
Metapirazone	GC/MS/EI	83
Metenolone acetate	GC/MS/EI/E	27
Metenolone acetate	GC/MS/EI	1680
Metenolone enanthate	GC/MS/EI/E	738
Metenolone enanthate	GC/MS/EI	1734
Metformine-A	GC/MS/EI	895
Methadone	GC/MS/EI/E	208
Methadone	GC/MS/CI	224
Methadone	GC/MS/EI	234
Methadone	GC/MS/EI	1621
Methadone-M/A	GC/MS/EI	1284
Methadone-M AC	GC/MS/EI	1667
Methadone-M/A (-H$_2$O)	GC/MS/EI	1280
Methadone-M/A (-H$_2$O)	GC/MS/EI/E	1404
Methadone-M (Desmethyl, -H$_2$O)	GC/MS/EI	1537
Methadone-M (Desmethyl, -H$_2$O)	GC/MS/EI	1539
Methadone-M (Desmethyl,-H$_2$O)	GC/MS/EI	1501
Methadone-M (Nor-EDDP) AC	GC/MS/EI	1614
Methamidophos	GC/MS/EI	394
Methamin-diazepoxid	GC/MS/EI	1556
Methaminodiazepoxid	GC/MS/EI	1556
Methamphetamine	GC/MS/EI	114

Methamphetamine	GC/MS/EI/E	369
Methamphetamine AC	GC/MS/EI/E	116
Methamphetamine AC	GC/MS/EI	118
Methamphetamine AC	GC/MS/EI/E	451
Methamphetamine AC	GC/MS/EI	579
Methamphetamine BUT	GC/MS/EI/E	158
Methamphetamine BUT	GC/MS/EI	678
Methamphetamine FORM	GC/MS/EI/E	113
Methamphetamine FORM	GC/MS/EI	314
Methamphetamine FORM	GC/MS/EI/E	376
Methamphetamine FORM	GC/MS/EI	595
Methamphetamine HCF	GC/MS/EI/E	1166
Methamphetamine HCF	GC/MS/EI	1170
Methamphetamine PFO	GC/MS/EI	1748
Methamphetamine PFP	GC/MS/EI	1253
Methamphetamine PROP	GC/MS/EI	157
Methamphetamine PROP	GC/MS/EI/E	570
Methamphetamine TFA	GC/MS/EI	898
Methamphetamine TFA	GC/MS/EI/E	907
Methamphetamine TMS	GC/MS/EI/E	681
Methamphetamine TMS	GC/MS/EI	692
Methamphetamine-d8 PFO	GC/MS/EI	1749
Methandienone	GC/MS/EI	622
Methandienone	GC/MS/EI/E	1555
Methandrostenolone	GC/MS/EI/E	622
Methandrostenolone	GC/MS/EI	1555
Methaqualone	GC/MS/EI	1401
Methazolamide	GC/MS/EI	1353
Methcathinone	GC/MS/EI	112
Methcathinone	GC/MS/EI/E	476
Methcathinone AC	GC/MS/EI/E	155
Methcathinone AC	GC/MS/EI	487
Methcathinone ME	GC/MS/EI/E	80
Methcathinone ME	GC/MS/EI	273
Methcathinone TFA	GC/MS/EI	481
Methcathinone TFA	GC/MS/EI/E	1483
Methenamine	GC/MS/EI	775
Methenamine	GC/MS/EI	776
Methidathion	GC/MS/EI	812
Methidathion	GC/MS/EI/E	820
Methimazole	GC/MS/EI	547
Methimazole AC	GC/MS/EI	549
Methimazole ME	GC/MS/EI	660
Methimazole TMS	GC/MS/EI	1051

Methiocarb	GC/MS/EI	1030
Methiocarb	GC/MS/EI/E	1041
Methiocarb-M/A	GC/MS/EI	1031
Methohexital	GC/MS/EI	11
Methohexital	GC/MS/EI/E	1390
Methohexitone	GC/MS/EI	11
Methohexitone	GC/MS/EI/E	1390
Methohexitone ME	GC/MS/EI/E	1398
Methohexitone ME	GC/MS/EI	1534
Methorphan	GC/MS/EI	169
Methotrimeprazine	GC/MS/EI	120
Methotrimeprazine	GC/MS/EI/E	151
Methotrimeprazine	GC/MS/EI	441
4'-Methoxphenyl-2-propanone	GC/MS/EI	614
4'-Methoxphenyl-2-propanone	GC/MS/CI	620
4'-Methoxphenyl-2-propanone	GC/MS/EI	989
4'-Methoxphenyl-2-propanone	GC/MS/EI/E	996
1-Methoxy-Δ-9THC-Carboxylic acid methyl ester	GC/MS/EI	1630
5-Methoxy-1H-benzimidazole AC	GC/MS/EI	838
2-(5-Methoxy-1H-indol-3-yl)ethanamine	GC/MS/EI	941
4-Methoxyacetanilide	GC/MS/EI	502
4-Methoxyacetophenone	GC/MS/EI	716
2-Methoxyamphetamine	GC/MS/EI	48
2-Methoxyamphetamine	GC/MS/CI	623
2-Methoxyamphetamine	GC/MS/EI/E	851
2-Methoxyamphetamine	GC/MS/EI/E	993
3-Methoxyamphetamine	GC/MS/EI	45
3-Methoxyamphetamine	GC/MS/CI	373
3-Methoxyamphetamine	GC/MS/EI/E	378
3-Methoxyamphetamine	GC/MS/EI/E	851
4-Methoxyamphetamine	GC/MS/EI	48
4-Methoxyamphetamine	GC/MS/EI/E	49
4-Methoxyamphetamine	GC/MS/EI/E	624
4-Methoxyamphetamine	GC/MS/EI	625
4-Methoxyamphetamine	GC/MS/CI	628
4-Methoxyamphetamine	GC/MS/EI	851
2-Methoxyamphetamine AC	GC/MS/EI	52
2-Methoxyamphetamine AC	GC/MS/EI/E	853
3-Methoxyamphetamine AC	GC/MS/EI	51
3-Methoxyamphetamine AC	GC/MS/EI/E	854
4-Methoxyamphetamine AC	GC/MS/EI/E	52
4-Methoxyamphetamine AC	GC/MS/EI/E	833
4-Methoxyamphetamine AC	GC/MS/EI	849
4-Methoxyamphetamine AC	GC/MS/EI	854

4-Methoxyamphetamine-A (CH$_2$O)	GC/MS/EI	79
4-Methoxyamphetamine-A (CH$_2$O)	GC/MS/EI/E	1095
4-Methoxyamphetamine BUT	GC/MS/EI/E	64
4-Methoxyamphetamine BUT	GC/MS/EI	856
4-Methoxyamphetamine FORM	GC/MS/EI	159
4-Methoxyamphetamine FORM	GC/MS/EI/E	749
4-Methoxyamphetamine PFO	GC/MS/EI/E	612
4-Methoxyamphetamine PFO	GC/MS/EI	855
4-Methoxyamphetamine PROP	GC/MS/EI	63
4-Methoxyamphetamine PROP	GC/MS/EI/E	858
4-Methoxyamphetamine TFA	GC/MS/EI	611
4-Methoxyamphetamine TFA	GC/MS/EI/E	1489
4-Methoxyamphetamine TMS	GC/MS/EI	575
4-Methoxyamphetamine TMS	GC/MS/EI/E	580
2-Methoxybenzaldehyde	GC/MS/EI	742
3-Methoxybenzaldehyde	GC/MS/EI	743
4-Methoxybenzaldehyde	GC/MS/EI	721
4-Methoxy-benzeneaceticacid methyl ester	GC/MS/EI	622
4-Methoxy-benzeneaceticacid methyl ester	GC/MS/EI/E	1126
4-Methoxy-benzenepropanoic acid methyl ester	GC/MS/EI/E	620
4-Methoxy-benzenepropanoic acid methyl ester	GC/MS/EI	713
4-Methoxybenzoicacid	GC/MS/EI	723
2-Methoxy-benzoic acid methyl ester	GC/MS/EI	737
3-Methoxy-benzoic acid methyl ester	GC/MS/EI	729
4-Methoxy-benzoic acid methyl ester	GC/MS/EI	715
4-Methoxybenzonitrile	GC/MS/EI	707
2-Methoxy-benzoylglycine methyl ester	GC/MS/EI/E	734
2-Methoxy-benzoylglycine methyl ester	GC/MS/EI	749
5-(Methoxycarbonyl)-2,6-dimethyl-4-(3-nitrophenyl)-1,4-dihydropyridin-3-acetic acid methyl ester	GC/MS/EI/E	1367
5-(Methoxycarbonyl)-2,6-dimethyl-4-(3-nitrophenyl)-1,4-dihydropyridin-3-acetic acid methyl ester	GC/MS/EI	1363
Methoxychlor	GC/MS/CI	1371
Methoxychlor	GC/MS/EI	1372
Methoxychlor	GC/MS/EI/E	1374
2-Methoxy-cinnamic acid ethylester	GC/MS/EI	945
2-Methoxy-cinnamic acid ethylester	GC/MS/EI/E	1192
4-Methoxy-cinnamic acid methylester	GC/MS/EI	948
(2-Methoxyethyl)(1-phenylcyclohexyl)azan	GC/MS/EI	933
(2-Methoxyethyl)(1-phenylcyclohexyl)azan	GC/MS/CI	1181
2-Methoxy-hydroquinone 2AC	GC/MS/EI	781
2-Methoxy-hydroquinone 2AC	GC/MS/EI/E	1143
7-Methoxy-1-methyl-9*H*-pyrido[3,4-b]indole	GC/MS/EI	1041
7-Methoxy-1-methyl-9*H*-pyrido[3,4-b]indole	GC/MS/EI	1309

1-Methoxy-4-methyl-benzene	GC/MS/EI	626
2-Methoxy-3,4-methylenedioxybenzaldehyd	GC/MS/EI	1121
2-Methoxy-4,5-methylenedioxybenzaldehyde	GC/MS/EI	1119
3-Methoxy-4,5-methylenedioxybenzaldehyde	GC/MS/EI	1111
3-Methoxy-4,5-methylenedioxybenzaldehydeoxime	GC/MS/EI	1218
3-Methoxy-4,5-methylenedioxybenzylalcohol	GC/MS/EI	1144
3-Methoxy-4,5-methylenedioxynitrile	GC/MS/EI	1083
β-Methoxy-3,4-methylenedioxyphenethylamine	GC/MS/EI/E	995
β-Methoxy-3,4-methylenedioxyphenethylamine	GC/MS/EI	1012
β-Methoxy-3,4-methylenedioxyphenethylamine AC	GC/MS/EI/E	995
β-Methoxy-3,4-methylenedioxyphenethylamine AC	GC/MS/EI	1101
β-Methoxy-3,4-methylenedioxyphenethylamine TFA	GC/MS/EI/E	995
β-Methoxy-3,4-methylenedioxyphenethylamine TFA	GC/MS/EI	1014
1-(-2-Methoxy-4,5-methylenedioxyphenyl)butan-2-amine	GC/MS/EI/E	134
1-(-2-Methoxy-4,5-methylenedioxyphenyl)butan-2-amine	GC/MS/EI	1022
1-(2-Methoxy-3,4-methylenedioxyphenyl)butan-2-amine	GC/MS/EI/E	159
1-(2-Methoxy-3,4-methylenedioxyphenyl)butan-2-amine	GC/MS/EI	1024
1-(2-Methoxy-3,4-methylenedioxyphenyl)butan-2-amine AC	GC/MS/EI	140
1-(2-Methoxy-3,4-methylenedioxyphenyl)butan-2-amine AC	GC/MS/EI/E	1266
1-(2-Methoxy-3,4-methylenedioxyphenyl)butan-2-amine AC	GC/MS/EI	1274
1-(2-Methoxy-3,4-methylenedioxyphenyl)butan-2-amine AC	GC/MS/EI/E	1276
1-(2-Methoxy-4,5-methylenedioxyphenyl)butan-2-amine AC	GC/MS/EI	1264
1-(2-Methoxy-3,4-methylenedioxyphenyl)butan-2-amine-A (CH_2O)	GC/MS/EI	188
1-(2-Methoxy-3,4-methylenedioxyphenyl)butan-2-amine-A (CH_2O)	GC/MS/EI/E	1260
1-(2-Methoxy-3,4-methylenedioxyphenyl)butan-2-amine BUT	GC/MS/EI/E	1263
1-(2-Methoxy-3,4-methylenedioxyphenyl)butan-2-amine BUT	GC/MS/EI	1277
1-(2-Methoxy-3,4-methylenedioxyphenyl)butan-2-amine FORM	GC/MS/EI	1003
1-(2-Methoxy-3,4-methylenedioxyphenyl)butan-2-amine FORM	GC/MS/EI/E	1462
1-(2-Methoxy-3,4-methylenedioxyphenyl)butan-2-amine PFP	GC/MS/EI	999
1-(2-Methoxy-3,4-methylenedioxyphenyl)butan-2-amine PFP	GC/MS/EI/E	1704
1-(2-Methoxy-3,4-methylenedioxyphenyl)butan-2-amine PROP	GC/MS/EI/E	158
1-(2-Methoxy-3,4-methylenedioxyphenyl)butan-2-amine PROP	GC/MS/EI	1547
1-(2-Methoxy-3,4-methylenedioxyphenyl)butan-2-amine TFA	GC/MS/EI/E	1000
1-(2-Methoxy-3,4-methylenedioxyphenyl)butan-2-amine TFA	GC/MS/EI	1264
1-(2-Methoxy-3,4-methylenedioxyphenyl)butan-2-amine TFA	GC/MS/EI/E	1264
1-(2-Methoxy-3,4-methylenedioxyphenyl)butan-2-amine TFA	GC/MS/CI	1640
1-(2-Methoxy-3,4-methylenedioxyphenyl)butan-2-amine TFA	GC/MS/EI	1641
1-(2-Methoxy-4,5-methylenedioxyphenyl)butan-2-amine TFA	GC/MS/EI/E	1000
1-(2-Methoxy-4,5-methylenedioxyphenyl)butan-2-amine TFA	GC/MS/EI	1640
1-(2-Methoxy-3,4-methylenedioxyphenyl)butan-2-amine TFA-A (-H, +Cl)	GC/MS/EI	1421
1-(2-Methoxy-3,4-methylenedioxyphenyl)butan-2-amine 2TFA I	GC/MS/EI/E	1489
1-(2-Methoxy-3,4-methylenedioxyphenyl)butan-2-amine 2TFA I	GC/MS/CI	1735
1-(2-Methoxy-3,4-methylenedioxyphenyl)butan-2-amine 2TFA I	GC/MS/EI	1736

1-(2-Methoxy-3,4-methylenedioxyphenyl)butan-2-amine 2TFA II	GC/MS/CI	12
1-(2-Methoxy-3,4-methylenedioxyphenyl)butan-2-amine 2TFA II	GC/MS/EI	1641
1-(2-Methoxy-3,4-methylenedioxyphenyl)butan-2-amine 2TFA II	GC/MS/EI/E	1736
1-(2-Methoxy-3,4-methylenedioxyphenyl)butan-2-amine TMS	GC/MS/EI/E	683
1-(2-Methoxy-3,4-methylenedioxyphenyl)butan-2-amine TMS	GC/MS/EI	1447
1-(2-Methoxy-4,5-methylenedioxyphenyl)butan-2-amine TMS	GC/MS/EI/E	683
1-(2-Methoxy-4,5-methylenedioxyphenyl)butan-2-amine TMS	GC/MS/EI	1296
1-((6-Methoxy-3,4-methylenedioxyphenyl)but-2-yl)iminomethane	GC/MS/EI	1003
1-((6-Methoxy-3,4-methylenedioxyphenyl)but-2-yl)iminomethane	GC/MS/EI/E	1257
1-(2-Methoxy-3,4-methylenedioxyphenyl)-2-nitrobut-1-ene	GC/MS/EI	1460
1-(2-Methoxy-4,5-methylenedioxyphenyl)-2-nitrobut-1-ene	GC/MS/EI	1460
3-Methoxy-4,5-methylenedioxyphenyl-2-nitro-but-1-ene	GC/MS/EI	571
3-Methoxy-4,5-methylenedioxyphenyl-2-nitro-ethene	GC/MS/EI	1083
3-Methoxy-4,5-methylenedioxyphenyl-2-nitro-prop-1-ene	GC/MS/EI	1184
5-Methoxy-2-methylindol-3-acetic acid	DI/MS/EI	1066
4-Methoxy-1-methyl-2-oxo-pyridine-3-carbonitrile	GC/MS/EI	983
2-Methoxy-4-methyl-phenol	GC/MS/EI	630
2-Methoxy-4-methylphenol	GC/MS/EI	630
4-(Methoxymethyl)phenol	GC/MS/EI	499
4-(Methoxymethyl)phenol	GC/MS/EI/E	766
4-Methoxymethylphenol	GC/MS/EI/E	499
4-Methoxymethylphenol	GC/MS/EI	766
4-Methoxy-6-methyl-5,6,7,8-tetrahydro-1,3-dioxolo[4,5-g]isochinoline	GC/MS/EI	17
4-Methoxy-6-methyl-5,6,7,8-tetrahydro-1,3-dioxolo[4,5-g]isochinoline	GC/MS/EI	1345
4-(6-Methoxynaphthalen-2-yl)butan-2-one	GC/MS/EI	1051
2-(6-Methoxynaphthalen-2-yl)propanoic acid	GC/MS/EI	1163
2-(6-Methoxynaphthalen-2-yl)propanoic acid	GC/MS/EI	1164
2-(6-Methoxynaphthalen-2-yl)propanoic acid methyl ester	GC/MS/EI	1163
4-(6-Methoxy-2-naphthyl)butan-2-one	GC/MS/EI	1051
4-Methoxyphenethylamine	GC/MS/EI	622
4-Methoxyphenethylamine	GC/MS/EI/E	870
2-Methoxyphenol	GC/MS/EI	511
3-Methoxy-phenol	GC/MS/EI	636
4-Methoxyphenol	GC/MS/EI	511
3-(2-Methoxyphenothiazin-10-yl)-N,N,2-trimethyl-propan-1-amine	GC/MS/EI	120
3-(2-Methoxyphenothiazin-10-yl)-N,N,2-trimethyl-propan-1-amine	GC/MS/EI	151
3-(2-Methoxyphenothiazin-10-yl)-N,N,2-trimethyl-propan-1-amine	GC/MS/EI/E	441
3-(2-Methoxyphenoxy)propane-1,2-diol	GC/MS/EI	633
1-(2-Methoxyphenyl)-2-(N-*iso*-propylamino)propan-1-one	GC/MS/EI	308
1-(2-Methoxyphenyl)-2-(N-*iso*-propylamino)propan-1-one	GC/MS/EI/E	719
1-(4-Methoxyphenyl)-acetone	GC/MS/CI	614
1-(4-Methoxyphenyl)-acetone	GC/MS/EI/E	620
1-(4-Methoxyphenyl)-acetone	GC/MS/EI	989
1-(4-Methoxyphenyl)-acetone	GC/MS/EI	996

2-Methoxyphenylacetone	GC/MS/EI	378
4-(4-Methoxyphenyl)-1-butanol	GC/MS/EI/E	622
4-(4-Methoxyphenyl)-1-butanol	GC/MS/EI	1126
4-(4-Methoxyphenyl)butyricacid	GC/MS/EI	621
2-(4-Methoxyphenyl)ethanamine	GC/MS/EI/E	622
2-(4-Methoxyphenyl)ethanamine	GC/MS/EI	870
1-(4-Methoxyphenyl)ethanone	GC/MS/EI	716
4-Methoxy-6-(2-phenylethenyl)-5,6-dihydropyran-2-one	GC/MS/EI	182
1-(4-Methoxyphenyl)-2-*iso*-propylaminopropan-1-one TFA	GC/MS/EI	723
1-(4-Methoxyphenyl)-2-*iso*-propylaminopropan-1-one TFA	GC/MS/EI/E	1137
(4-Methoxyphenyl)methanol	GC/MS/EI	519
1-(3-Methoxyphenyl)-2-(methylaminomethyl)cyclohexan-1-ol	GC/MS/EI	58
1-(3-Methoxyphenyl)-2-(methylaminomethyl)cyclohexan-1-ol	GC/MS/EI/E	1174
1-(3-Methoxyphenyl)-2-(methylaminomethyl)cyclohexan-1-ol	GC/MS/EI	1451
3-(3-Methoxyphenyl)-3-methylamino-propan-2-one	GC/MS/EI/E	861
3-(3-Methoxyphenyl)-3-methylamino-propan-2-one	GC/MS/EI	886
3-(3-Methoxyphenyl)-3-methylamino-propan-2-one AC	GC/MS/EI/E	868
3-(3-Methoxyphenyl)-3-methylamino-propan-2-one AC	GC/MS/EI	1206
1-(3-Methoxyphenyl)-1-methylamino-propan-2-one TFA	GC/MS/EI	523
1-(3-Methoxyphenyl)-1-methylamino-propan-2-one TFA	GC/MS/EI/E	1446
1-(2-Methoxyphenyl)-2-(methyl-*iso*-propylamino)propan-1-one	GC/MS/EI	432
1-(2-Methoxyphenyl)-2-(methyl-*iso*-propylamino)propan-1-one	GC/MS/EI/E	719
5-(4-Methoxyphenyl)-3-methyl-5-phenyl-2,4-imidazolidione	GC/MS/EI	1595
1-(4-Methoxyphenyl)-2-nitrobut-1-ene	GC/MS/EI	944
1-(2-Methoxyphenyl)-2-nitroprop-1-ene	GC/MS/EI	689
1-(3-Methoxyphenyl)-2-nitroprop-1-ene	GC/MS/EI	1197
1-(4-Methoxyphenyl)-2-nitroprop-1-ene	GC/MS/EI	821
1-(4-Methoxyphenyl)-2-nitroprop-1-ene	GC/MS/EI	823
1-(4-Methoxyphenyl)-2-nitroprop-1-ene	GC/MS/EI/E	1204
1-(4-Methoxyphenyl)-2-nitroprop-1-ene I	GC/MS/EI	821
1-(4-Methoxyphenyl)-2-nitroprop-1-ene II	GC/MS/EI	823
1-(4-Methoxyphenyl)-2-nitroprop-1-ene II	GC/MS/EI/E	1204
1-(2-Methoxyphenyl)propan-2-amine	GC/MS/EI/E	48
1-(2-Methoxyphenyl)propan-2-amine	GC/MS/EI/E	623
1-(2-Methoxyphenyl)propan-2-amine	GC/MS/EI	851
1-(2-Methoxyphenyl)propan-2-amine	GC/MS/CI	993
1-(3-Methoxyphenyl)propan-2-amine	GC/MS/CI	45
1-(3-Methoxyphenyl)propan-2-amine	GC/MS/EI/E	373
1-(3-Methoxyphenyl)propan-2-amine	GC/MS/EI/E	378
1-(3-Methoxyphenyl)propan-2-amine	GC/MS/EI	851
1-(4-Methoxyphenyl)propan-2-amine	GC/MS/EI/E	48
1-(4-Methoxyphenyl)propan-2-amine	GC/MS/CI	49
1-(4-Methoxyphenyl)propan-2-amine	GC/MS/EI	624
1-(4-Methoxyphenyl)propan-2-amine	GC/MS/EI	625

1-(4-Methoxyphenyl)propan-2-amine	GC/MS/EI/E	628
1-(4-Methoxyphenyl)propan-2-amine	GC/MS/EI	851
4'-Methoxyphenyl-2-propanol	GC/MS/EI/E	610
4'-Methoxyphenyl-2-propanol	GC/MS/EI	1008
2'-Methoxyphenyl-2-propanone	GC/MS/EI	378
3'-Methoxyphenyl-2-propanone	GC/MS/EI	26
1-(2-Methoxyphenyl)-2-propanone-oxime	GC/MS/CI	615
1-(2-Methoxyphenyl)-2-propanone-oxime	GC/MS/EI	835
1-(2-Methoxyphenyl)-2-propanone-oxime	GC/MS/EI/E	1108
1-(3-Methoxyphenyl)-2-propanone-oxime	GC/MS/EI	1109
1-(3-Methoxyphenyl)-2-propanone-oxime	GC/MS/CI	1118
1-(4-Methoxyphenyl)-2-propanone-oxime	GC/MS/CI	615
1-(4-Methoxyphenyl)-2-propanone-oxime	GC/MS/EI	1118
[1-(4-Methoxyphenyl)propan-2-yl](methyl)azan	GC/MS/EI/E	123
[1-(4-Methoxyphenyl)propan-2-yl](methyl)azan	GC/MS/EI	608
3-(4-Methoxyphenyl)-2-propenoic acid 2-ethylhexyl ester	GC/MS/EI	1104
3-(4-Methoxyphenyl)-2-propenoic acid 2-ethylhexyl ester	GC/MS/EI/E	1114
3-(4-Methoxyphenyl)propionicacid	GC/MS/EI/E	622
3-(4-Methoxyphenyl)propionicacid	GC/MS/EI	1126
4-Methoxyphenylprop-2-yl-morpholine	GC/MS/EI	557
4-Methoxyphenylprop-2-yl-morpholine	GC/MS/CI	557
4-Methoxyphenylprop-2-yl-morpholine	GC/MS/EI/E	573
1-(4-Methoxyphenyl)-2-(1-pyrrolidinyl)propan-1-one	GC/MS/EI	406
1-(4-Methoxyphenyl)-2-(1-pyrrolidinyl)propan-1-one	GC/MS/EI	407
1-(4-Methoxyphenyl)-2-(1-pyrrolidinyl)propan-1-one	GC/MS/CI	413
1-(4-Methoxyphenyl)-2-(1-pyrrolidinyl)propan-1-one	GC/MS/EI/E	419
1-(3-Methoxypheny)-2-piperidino-1-propanone	GC/MS/EI/E	529
1-(3-Methoxypheny)-2-piperidino-1-propanone	GC/MS/EI	535
1-Methoxy-4-prop-2-enyl-benzene	GC/MS/EI	842
2-Methoxy-4-prop-2-enyl-phenol	GC/MS/EI	982
2-Methoxy-4-prop-2-enyl-phenol	GC/MS/EI	989
2-Methoxy-4-(1-propenyl)phenol AC	GC/MS/EI	990
1-Methoxy-4-propyl-benzene	GC/MS/EI/E	620
1-Methoxy-4-propyl-benzene	GC/MS/EI	867
(3-Methoxypropyl)(1-phenyl-cyclohexyl)azan	GC/MS/CI	368
(3-Methoxypropyl)(1-phenyl-cyclohexyl)azan	GC/MS/EI	1252
4-Methoxysalicyaldehyde	GC/MS/EI	888
1-Methoxy-4-[2,2,2-trichloro-1-(4-methoxyphenyl)ethyl]benzene	GC/MS/EI/E	1371
1-Methoxy-4-[2,2,2-trichloro-1-(4-methoxyphenyl)ethyl]benzene	GC/MS/EI	1372
1-Methoxy-4-[2,2,2-trichloro-1-(4-methoxyphenyl)ethyl]benzene	GC/MS/CI	1374
2-[[5-Methoxy-1-[4-(trifluoromethyl)phenyl]pentylidene]amino]oxyethanamine	GC/MS/EI/E	2
2-[[5-Methoxy-1-[4-(trifluoromethyl)phenyl]pentylidene]amino]oxyethanamine	GC/MS/EI	68
2-[[5-Methoxy-1-[4-(trifluoromethyl)phenyl]pentylidene]amino]oxyethanamine	GC/MS/EI	192
5-Methoxytryptamine	GC/MS/EI	941

6-Methoxytryptamine	GC/MS/EI	941
5-Methoxytryptamine AC	GC/MS/EI	1061
6-Methoxytryptamine AC	GC/MS/EI	1062
2-Methoxy-4-vinylphenol	GC/MS/EI	736
Methtryptoline	GC/MS/EI	807
Methyl (E)-2-[2-[6-(2-cyanophenoxy)pyrimidin-4-yl]oxyphenyl]-3-methoxy-prop-2-enoate	GC/MS/EI	1681
Methyl-(E)-3-methoxy-2-{2-[6-(trifluoromethyl)-2-pyridyloxymethyl]phenyl}acrylate	GC/MS/EI/E	814
Methyl-(E)-3-methoxy-2-{2-[6-(trifluoromethyl)-2-pyridyloxymethyl]phenyl}acrylate	GC/MS/EI	1610
4-Methyl-10H-acridin-9-one	GC/MS/EI	1296
1-Methyl-9H-β-carboline	GC/MS/EI	1144
1-Methyl-3H-imidazole-2-thione	GC/MS/EI	547
2-Methyl-1H-indole	GC/MS/EI	687
2-Methyl-1H-indole-3-carboxaldehyde	GC/MS/EI	932
Methyl N-(3,4-dichlorophenyl)carbamate	GC/MS/EI	1171
α-Methyl-N-ethyl-3,4-methylenedioxybenzylamine	GC/MS/EI	1099
α-Methyl-N-ethyl-3,4-methylenedioxybenzylamine	GC/MS/EI/E	1112
α-Methyl-N-ethyl-3,4-methylenedioxybenzylamine AC	GC/MS/EI	988
α-Methyl-N-ethyl-3,4-methylenedioxybenzylamine TFA	GC/MS/EI	1571
α-Methyl-N-ethyl-3,4-methylenedioxybenzylamine TMS	GC/MS/EI/E	1454
α-Methyl-N-ethyl-3,4-methylenedioxybenzylamine TMS	GC/MS/EI	1462
2-Methyl-2-(N-methyl-N-*iso*-propylamino)propiophenone	GC/MS/EI	544
2-Methyl-2-(N-methyl-N-*iso*-propylamino)propiophenone	GC/MS/EI/E	563
7-Methyl-N-vanillyl-octamide	GC/MS/EI	759
7-Methyl-N-vanillyl-octamide	GC/MS/EI/E	1588
Methyl-(R,S)-2-(3,4-dichloro-*o*-tolyloxy)-propionate	GC/MS/EI	1080
Methyl (1S,5R)-8-methyl-8-azabicyclo[3.2.1]oct-3-ene-4-carboxylate	GC/MS/EI	885
Methyl (1S,3S,4R,5R)-3-benzoyloxy-8-methyl-8-azabicyclo[3.2.1]octane-4-carboxylate	GC/MS/EI/E	285
Methyl (1S,3S,4R,5R)-3-benzoyloxy-8-methyl-8-azabicyclo[3.2.1]octane-4-carboxylate	GC/MS/EI/E	1608
Methyl (1S,3S,4R,5R)-3-benzoyloxy-8-methyl-8-azabicyclo[3.2.1]octane-4-carboxylate	GC/MS/EI	1609
Methyl(S)-α-(2-chlorophenyl)-6,7-dihydrothieno[3,2-c]pyridine-5(4H)-acetate	GC/MS/EI	1493
Methyl-9-Z-hexadecenoate	GC/MS/EI/E	72
Methyl-9-Z-hexadecenoate	GC/MS/EI	1406
Methylacetate	GC/MS/EI	36
4-Methyl-acridone	GC/MS/EI	1296
Methyl-17α-hydroxy-yohimban-16α-carboxylate	GC/MS/EI	1688
Methyl-17α-hydroxy-yohimban-16α-carboxylate	GC/MS/EI	1689
3-Methylamino-5-methyl-thiazol	GC/MS/EI	661
2-Methylamino-5-nitro-2'-fluorobenzophenone	GC/MS/EI	1531
2-Methylamino-5-nitro-2'-fluorobenzophenone	GC/MS/EI	1533
2-Methylamino-1-phenylbutan-1-one	GC/MS/EI/E	210
2-Methylamino-1-phenylbutan-1-one	GC/MS/EI	266
2-Methylamino-1-phenyl-propan-1-ol	GC/MS/EI/E	93
2-Methylamino-1-phenyl-propan-1-ol	GC/MS/EI/E	112
2-Methylamino-1-phenyl-propan-1-ol	GC/MS/EI/E	129

2-Methylamino-1-phenyl-propan-1-ol	GC/MS/EI	265
2-Methylamino-1-phenyl-propan-1-ol	GC/MS/EI	266
2-Methylamino-1-phenyl-propan-1-ol	GC/MS/CI	269
2-Methylamino-1-phenyl-propan-1-one	GC/MS/EI/E	112
2-Methylamino-1-phenyl-propan-1-one	GC/MS/EI	476
2-(Methylamino)propiophenone TFA	GC/MS/EI	481
2-(Methylamino)propiophenone TFA	GC/MS/EI/E	1483
5-Methyl-7-amino-1,3,5-triazolo-(2,3a)-pyrimidine	GC/MS/EI	846
Methylamphetamine	GC/MS/EI/E	114
Methylamphetamine	GC/MS/EI	369
Methylandrostanolon	GC/MS/EI	1332
8-Methyl-8-azabicyclo[3.2.1]octan-3-ol	GC/MS/EI	283
8-Methyl-8-azabicyclo[3.2.1]octan-3-one	GC/MS/EI	282
8-Methyl-8-azabicyclo[3.2.1]octan-3-one	GC/MS/EI/E	400
8-Methyl-8-azabicyclo[3.2.1]oct-3-ene-4-carboxylic acid	GC/MS/EI	764
8-Methyl-8-azabicyclo[3.2.1]oct-3-ene-4-carboxylic acid	GC/MS/EI	765
(8-Methyl-8-azabicyclo[3.2.1]oct-3-yl) benzoate	GC/MS/EI/E	631
(8-Methyl-8-azabicyclo[3.2.1]oct-3-yl) benzoate	GC/MS/EI	1436
(8-Methyl-8-azabicyclo[3.2.1]oct-3-yl) 3-hydroxy-2-phenyl-propanoate	GC/MS/EI/E	632
(8-Methyl-8-azabicyclo[3.2.1]oct-3-yl) 3-hydroxy-2-phenyl-propanoate	GC/MS/EI	634
(8-Methyl-8-azabicyclo[3.2.1]oct-3-yl) 3-hydroxy-2-phenyl-propanoate	GC/MS/EI/E	636
(8-Methyl-8-azabicyclo[3.2.1]oct-3-yl) 3-hydroxy-2-phenyl-propanoate	GC/MS/EI	640
(8-Methyl-8-azabicyclo[3.2.1]oct-3-yl) 3-hydroxy-2-phenyl-propanoate	GC/MS/CI	1576
2-Methylbenzaldehyde	GC/MS/EI	606
4-Methylbenzaldehyde	GC/MS/EI	597
3-Methylbenzaldehyde-oxime I	GC/MS/EI	737
4-Methylbenzaldehyde oxime I	GC/MS/EI	734
3-Methylbenzaldehyde-oxime II	GC/MS/EI	738
4-Methylbenzaldehyde oxime II	GC/MS/EI	732
3-Methylbenzdehyde	GC/MS/EI	388
Methylbenzene	GC/MS/EI	374
α-Methylbenzeneethanol	GC/MS/EI	390
α-Methylbenzeneethanol	GC/MS/EI/E	392
3-Methyl-benzenemethanamine	GC/MS/EI	469
4-Methylbenzenesulfonamide	GC/MS/EI	371
4-Methylbenzenesulfonamide TMS	GC/MS/EI/E	1373
4-Methylbenzenesulfonamide TMS	GC/MS/EI	1376
4-Methylbenzenesulfonyl isocyanate	GC/MS/EI	368
Methylbenzoate	GC/MS/EI	486
4-Methylbenzoic acid	GC/MS/EI	386
4-Methylbenzoic acid DMBS	GC/MS/EI	1198
4-Methylbenzoic acid DMBS	GC/MS/EI/E	1210
2-Methyl-benzonitrile	GC/MS/EI	583
3-Methyl-benzonitrile	GC/MS/EI	584

4-Methyl-benzonitrile	GC/MS/EI	583
4-Methylbenzoyl chloride	GC/MS/EI	590
4-Methylbenzoyl chloride	GC/MS/EI/E	604
Methyl 3-benzoyloxy-8-azabicyclo[3.2.1]octane-4-carboxylate	GC/MS/EI	1027
Methyl 3-benzoyloxy-8-azabicyclo[3.2.1]octane-4-carboxylate	GC/MS/EI/E	1029
Methyl 3-benzoyloxy-8-azabicyclo[3.2.1]octane-4-carboxylate	GC/MS/EI	1574
Methyl 3-benzoyloxy-8-methyl-8-azabicyclo[3.2.1]octane-4-carboxylate	GC/MS/EI/E	1136
Methyl 3-benzoyloxy-8-methyl-8-azabicyclo[3.2.1]octane-4-carboxylate	GC/MS/EI	1143
Methyl 3-benzoyloxy-8-methyl-8-azabicyclo[3.2.1]octane-4-carboxylate	GC/MS/EI	1610
4-Methylbenzylacetate	GC/MS/EI	624
3-Methylbenzylalcohol	GC/MS/EI	626
4-Methylbenzylalcohol	GC/MS/EI	496
4-Methylbenzylalcohol	GC/MS/EI	625
4-Methylbenzylalcohol TMS	GC/MS/EI	482
3-Methyl-β-ethyl-β-nitrostyrene I	GC/MS/EI	599
4-Methyl-β-ethyl-β-nitrostyrene I	GC/MS/EI	489
4-Methyl-β-ethyl-β-nitrostyrene I	GC/MS/EI/E	1191
3-Methyl-β-ethyl-β-nitrostyrene II	GC/MS/EI	488
4-Methyl-β-ethyl-β-nitrostyrene II	GC/MS/EI	489
4-Methyl-β-ethyl-β-nitrostyrene II	GC/MS/EI/E	1191
4-Methyl-β-methyl-β-nitrostyrene	GC/MS/EI	572
3-Methyl-β-methyl-β-nitrostyrene I	GC/MS/EI	598
3-Methyl-β-methyl-β-nitrostyrene II	GC/MS/EI	572
4-Methyl-β-methyl-β-nitrostyrene II	GC/MS/EI	571
3-Methyl-β-nitrostyrene	GC/MS/EI	571
4-Methyl-β-nitrostyrene	GC/MS/EI	571
3-Methylbutylnitrite	GC/MS/EI/E	9
3-Methylbutylnitrite	GC/MS/EI	82
3-Methylbutylnitrite	GC/MS/EI/E	190
3-Methylbutylnitrite	GC/MS/EI	297
Methyl-butyl-phthalate	GC/MS/EI/E	968
Methyl-butyl-phthalate	GC/MS/EI	987
Methyl-butyl-phthalate	GC/MS/EI/E	1130
Methylcaprate	GC/MS/EI/E	260
Methylcaprate	GC/MS/EI	802
4-Methylcatechol 2AC	GC/MS/EI/E	636
4-Methylcatechol 2AC	GC/MS/EI	1283
Methyl-coumarine-3-carboxylate	GC/MS/EI	821
2-Methyl-3-cyano-3-(3',4'-dimethoxyphenyl)-6-methylaminohexane	GC/MS/EI	990
1-(4-Methyl-1-cyclohex-3-enyl)ethanone	GC/MS/EI	399
Methyl 2-[(2-diethylaminoacetyl)amino]-3-methyl-benzoate	GC/MS/EI/E	339
Methyl 2-[(2-diethylaminoacetyl)amino]-3-methyl-benzoate	GC/MS/EI	360
(2-Methyl-3-diethylamino)propiophenone	GC/MS/EI/E	324
(2-Methyl-3-diethylamino)propiophenone	GC/MS/EI	1256

2-Methyl-2,3-dihydro-1*H*-indole	GC/MS/EI	586
2-Methyl-2,3-dihydro-1*H*-indole	GC/MS/CI	709
4-Methyl-5,7-dihydroxycoumarin	GC/MS/EI	1192
3-Methyl-3,4-dihydroxy-4-phenyl-1-butyne	GC/MS/EI/E	495
3-Methyl-3,4-dihydroxy-4-phenyl-1-butyne	GC/MS/EI	502
Methyl 3-dimethoxyphosphoryloxybut-2-enoate	GC/MS/EI	654
Methyl 3-dimethoxyphosphoryloxybut-2-enoate	GC/MS/EI	655
Methyl 3-dimethoxyphosphoryloxybut-2-enoate	GC/MS/EI/E	1202
Methyl-(2,6-dimethylphenyl-carbaminate)	GC/MS/EI	829
Methyl 2-[(2,6-dimethylphenyl)-(2-methoxyacetyl)amino]propanoate	GC/MS/EI	68
Methyl 2-[(2,6-dimethylphenyl)-(2-methoxyacetyl)amino]propanoate	GC/MS/EI/E	1452
4-Methyl-3,5-dinitroaniline	GC/MS/EI	1122
4-Methyl-1,2-dinitrobenzene	GC/MS/EI	6
4-Methyl-1,2-dinitrobenzene	GC/MS/EI	1136
3-Methyl-5,5-diphenylhydantoin	GC/MS/EI/E	588
3-Methyl-5,5-diphenylhydantoin	GC/MS/EI	1118
3-Methyl-5,5-diphenylhydantoin	GC/MS/EI	1505
3-Methyl-5,5-diphenyl-2,4-imidazolidinedione	GC/MS/EI	588
3-Methyl-5,5-diphenyl-2,4-imidazolidinedione	GC/MS/EI	1118
3-Methyl-5,5-diphenyl-2,4-imidazolidinedione	GC/MS/EI/E	1505
Methyl-diphenylmethyl-ether	GC/MS/EI	614
Methyl [1-(3,3-diphenylpropyl-methyl-amino)-2-methyl-propan-2-yl] 2,6-dimethyl-4-(3-nitrophenyl)-1,4-dihydropyridine-3,5-dicarboxylate	DI/MS/EI	1410
Methyl [1-(3,3-diphenylpropyl-methyl-amino)-2-methyl-propan-2-yl] 2,6-dimethyl-4-(3-nitrophenyl)-1,4-dihydropyridine-3,5-dicarboxylate	DI/MS/EI/E	1550
Methyldisulfanylmethane	GC/MS/EI	396
4-Methyl-2,6-ditert-butyl-phenol	GC/MS/EI	1260
Methyldodecanoate	GC/MS/EI	258
Methyldodecanoate	GC/MS/EI/E	802
Methyldopa-A (-H$_2$O) 3AC	GC/MS/EI	630
Methyldopa-A (-H$_2$O) 3AC	GC/MS/EI/E	1541
Methyldopa-A 2TFA -H$_2$O	GC/MS/EI	1342
Methyldopa-A 2TFA -H$_2$O	GC/MS/EI/E	1346
Methyldopa-A 3TFA -H$_2$O	GC/MS/EI/E	1635
Methyldopa-A 3TFA -H$_2$O	GC/MS/EI	1636
Methylecgonidine	GC/MS/EI	885
Methylecgonine	GC/MS/EI	282
Methylecgonine	GC/MS/EI/E	1230
Methylecgonine AC	GC/MS/EI	284
Methylecgonine AC	GC/MS/EI	285
Methylecgonine AC	GC/MS/EI/E	1424
2,2'-Methylene-bis-6-(1,1-dimethylethyl)-4-ethyl-phenol	GC/MS/EI	1190
2,2'-Methylene-bis-4-methyl-6-*tert*-butylphenol	GC/MS/EI	1190

Methylene-bis(methyl-*tert*-butyl)phenol	GC/MS/EI	1095
2,2'-Methylene-bis(6-*tert*-butyl-4-methylphenol)	GC/MS/EI	1095
3,4-Methylenedioxyacetophenone	GC/MS/EI	850
2,3-Methylenedioxyamphetamine	GC/MS/EI	41
2,3-Methylenedioxyamphetamine	GC/MS/EI/E	66
2,3-Methylenedioxyamphetamine	GC/MS/CI	735
2,3-Methylenedioxyamphetamine	GC/MS/EI/E	743
2,3-Methylenedioxyamphetamine	GC/MS/EI	978
3,4-Methylenedioxyamphetamine	GC/MS/EI/E	66
3,4-Methylenedioxyamphetamine	GC/MS/EI	739
3,4-Methylenedioxyamphetamine	GC/MS/EI/E	747
3,4-Methylenedioxyamphetamine	GC/MS/EI	750
3,4-Methylenedioxyamphetamine	GC/MS/EI/E	756
3,4-Methylenedioxyamphetamine	GC/MS/CI	760
3,4-Methylenedioxyamphetamine	GC/MS/EI	971
2,3-Methylenedioxyamphetamine AC	GC/MS/EI	953
2,3-Methylenedioxyamphetamine AC	GC/MS/EI/E	972
3,4-Methylenedioxyamphetamine AC	GC/MS/EI	64
3,4-Methylenedioxyamphetamine AC	GC/MS/EI	956
3,4-Methylenedioxyamphetamine AC	GC/MS/EI/E	958
3,4-Methylenedioxyamphetamine AC	GC/MS/EI	961
3,4-Methylenedioxyamphetamine AC	GC/MS/EI	971
3,4-Methylenedioxyamphetamine AC	GC/MS/EI/E	979
3,4-Methylenedioxyamphetamine-D_5	GC/MS/EI/E	739
3,4-Methylenedioxyamphetamine-D_5	GC/MS/EI	1744
3,4-Methylenedioxyamphetamine HCF	GC/MS/EI/E	725
3,4-Methylenedioxyamphetamine HCF	GC/MS/EI	1275
3,4-Methylenedioxyamphetamine PFO	GC/MS/EI/E	724
3,4-Methylenedioxyamphetamine PFO	GC/MS/EI	975
3,4-Methylenedioxyamphetamine PFP	GC/MS/EI/E	724
3,4-Methylenedioxyamphetamine PFP	GC/MS/EI	974
3,4-Methylenedioxyamphetamine PFP	GC/MS/EI/E	1650
3,4-Methylenedioxyamphetamine PROP	GC/MS/EI/E	54
3,4-Methylenedioxyamphetamine PROP	GC/MS/EI	973
2,3-Methylenedioxyamphetamine TFA	GC/MS/EI/E	956
2,3-Methylenedioxyamphetamine TFA	GC/MS/EI	1533
3,4-Methylenedioxyamphetamine TFA	GC/MS/EI	733
3,4-Methylenedioxyamphetamine TFA	GC/MS/EI	957
2,3-Methylenedioxyamphetamine TMS	GC/MS/EI	237
2,3-Methylenedioxyamphetamine TMS	GC/MS/EI/E	581
2,3-Methylenedioxybenzaldehyde	GC/MS/EI	849
3,4-Methylenedioxycinnamic acid	GC/MS/EI	1193
3,4-Methylenedioxycinnamic acid TMS	GC/MS/EI	1068

3,4-Methylenedioxycinnamic acid ethylester	GC/MS/EI	9
3,4-Methylenedioxycinnamic acid methylester	GC/MS/EI	1265
2,3-Methylenedioxyethamphetamine	GC/MS/EI	202
2,3-Methylenedioxyethamphetamine	GC/MS/EI	225
2,3-Methylenedioxyethamphetamine	GC/MS/EI/E	270
2,3-Methylenedioxyethamphetamine	GC/MS/CI	735
2,3-Methylenedioxyethamphetamine	GC/MS/EI/E	1283
3,4-Methylenedioxyethamphetamine HCF	GC/MS/EI/E	1235
3,4-Methylenedioxyethamphetamine HCF	GC/MS/EI	1244
2,3-Methylenedioxyethamphetamine PFP	GC/MS/EI	1334
2,3-Methylenedioxyethamphetamine PFP	GC/MS/EI/E	1342
2,3-Methylenedioxyethamphetamine TMS	GC/MS/EI	241
2,3-Methylenedioxyethamphetamine TMS	GC/MS/EI/E	813
2,3-Methylenedioxyethylamphetamine	GC/MS/EI	202
2,3-Methylenedioxyethylamphetamine	GC/MS/EI/E	225
2,3-Methylenedioxyethylamphetamine	GC/MS/EI	270
2,3-Methylenedioxyethylamphetamine	GC/MS/EI/E	735
2,3-Methylenedioxyethylamphetamine	GC/MS/CI	1283
3,4-Methylenedioxyethylamphetamine	GC/MS/EI	225
3,4-Methylenedioxyethylamphetamine	GC/MS/CI	718
3,4-Methylenedioxyethylamphetamine	GC/MS/EI/E	1280
2,3-Methylenedioxyethylamphetamine AC	GC/MS/EI/E	213
2,3-Methylenedioxyethylamphetamine AC	GC/MS/EI/E	218
2,3-Methylenedioxyethylamphetamine AC	GC/MS/EI	550
2,3-Methylenedioxyethylamphetamine AC	GC/MS/EI	969
3,4-Methylenedioxyethylamphetamine BUT	GC/MS/EI/E	227
3,4-Methylenedioxyethylamphetamine BUT	GC/MS/EI	976
3,4-Methylenedioxyethylamphetamine-D_5	GC/MS/EI	1753
3,4-Methylenedioxyethylamphetamine PFP	GC/MS/EI/E	959
3,4-Methylenedioxyethylamphetamine PFP	GC/MS/EI	1342
3,4-Methylenedioxyethylamphetamine PROP	GC/MS/EI	227
3,4-Methylenedioxyethylamphetamine PROP	GC/MS/EI/E	975
Methylenedioxymetamfetamin	GC/MS/EI	106
Methylenedioxymetamfetamin	GC/MS/CI	126
Methylenedioxymetamfetamin	GC/MS/EI/E	166
Methylenedioxymetamfetamin	GC/MS/EI/E	717
Methylenedioxymetamfetamin	GC/MS/EI	1212
2,3-Methylenedioxymethamphetamine	GC/MS/CI	162
2,3-Methylenedioxymethamphetamine	GC/MS/EI/E	715
2,3-Methylenedioxymethamphetamine	GC/MS/EI	1212
3,4-Methylenedioxymethamphetamine	GC/MS/CI	106
3,4-Methylenedioxymethamphetamine	GC/MS/EI	126
3,4-Methylenedioxymethamphetamine	GC/MS/EI	166
3,4-Methylenedioxymethamphetamine	GC/MS/EI/E	717

3,4-Methylenedioxymethamphetamine	GC/MS/EI/E	1212
2,3-Methylenedioxymethamphetamine AC	GC/MS/EI	132
2,3-Methylenedioxymethamphetamine AC	GC/MS/EI/E	970
3,4-Methylenedioxymethamphetamine AC	GC/MS/EI/E	132
3,4-Methylenedioxymethamphetamine AC	GC/MS/EI	973
Methylenedioxymethamphetamine-D_5 PFO	GC/MS/EI	989
Methylenedioxymethamphetamine-D_5 TFA	GC/MS/EI	932
3,4-Methylenedioxymethamphetamine HCF	GC/MS/EI	1166
3,4-Methylenedioxymethamphetamine HCF	GC/MS/EI/E	1171
3,4-Methylenedioxymethamphetamine PFO	GC/MS/EI	960
3,4-Methylenedioxymethamphetamine PFO	GC/MS/EI/E	1749
3,4-Methylenedioxymethamphetamine PFP	GC/MS/EI	1254
2,3-Methylenedioxymethamphetamine TFA	GC/MS/EI/E	955
2,3-Methylenedioxymethamphetamine TFA	GC/MS/EI	974
2,3-Methylenedioxymethamphetamine TMS	GC/MS/EI/E	680
2,3-Methylenedioxymethamphetamine TMS	GC/MS/EI	692
3,4-Methylenedioxymethamphetamine TMS	GC/MS/EI	681
3,4-Methylenedioxymethamphetamine TMS	GC/MS/EI/E	692
3,4-Methylenedioxy-6-nitro-benzaldehyde	GC/MS/EI/E	178
3,4-Methylenedioxy-6-nitro-benzaldehyde	GC/MS/EI	1218
3,4-Methylenedioxy-2-nitro-benzonitrile	GC/MS/EI	1195
2,3-Methylenedioxyphenethylamine	GC/MS/EI	5
2,3-Methylenedioxyphenethylamine	GC/MS/CI	851
3,4-Methylenedioxyphenethylamine	GC/MS/EI/E	4
3,4-Methylenedioxyphenethylamine	GC/MS/EI	847
3,4-Methylenedioxyphenethylamine	GC/MS/CI	994
2,3-Methylenedioxyphenethylamine AC	GC/MS/EI	833
2,3-Methylenedioxyphenethylamine AC	GC/MS/EI/E	1271
3,4-Methylenedioxyphenethylamine AC	GC/MS/EI	839
3,4-Methylenedioxyphenethylamine AC	GC/MS/EI/E	1271
2,3-Methylenedioxyphenethylamine-A (CH_2O)	GC/MS/EI	15
2,3-Methylenedioxyphenethylamine-A (CH_2O)	GC/MS/EI/E	1086
3,4-Methylenedioxyphenethylamine 2BUT	GC/MS/EI	833
3,4-Methylenedioxyphenethylamine 2BUT	GC/MS/EI/E	855
3,4-Methylenedioxyphenethylamine BUT	GC/MS/EI/E	832
3,4-Methylenedioxyphenethylamine BUT	GC/MS/EI	856
2,3-Methylenedioxyphenethylamine PFP	GC/MS/EI	838
2,3-Methylenedioxyphenethylamine PFP	GC/MS/EI/E	1624
3,4-Methylenedioxyphenethylamine 2PROP	GC/MS/EI	833
3,4-Methylenedioxyphenethylamine 2PROP	GC/MS/EI/E	856
3,4-Methylenedioxyphenethylamine PROP	GC/MS/EI	832
3,4-Methylenedioxyphenethylamine PROP	GC/MS/EI/E	855
2,3-Methylenedioxyphenethylamine TFA	GC/MS/EI	838

2,3-Methylenedioxyphenethylamine TFA	GC/MS/EI/E	1489
1-(3,4-Methylenedioxyphenyl)-2-N,N-ethylmethylamino-1-propanone	GC/MS/EI	313
1-(3,4-Methylenedioxyphenyl)-2-N,N-ethylmethylamino-1-propanone	GC/MS/EI/E	354
1-(3,4-Methylenedioxyphenyl)-2-N,N-*iso*-propylmethylamino-1-propanone	GC/MS/EI/E	431
1-(3,4-Methylenedioxyphenyl)-2-N,N-*iso*-propylmethylamino-1-propanone	GC/MS/EI	455
1-(3,4-Methylenedioxyphenyl)-2-bromopropane	GC/MS/EI	718
1-(3,4-Methylenedioxyphenyl)-2-bromopropane	GC/MS/EI/E	973
1-(3,4-Methylenedioxyphenyl)-3-bromopropane	GC/MS/EI/E	980
1-(3,4-Methylenedioxyphenyl)-3-bromopropane	GC/MS/EI	1478
1-(2,3-Methylenedioxyphenyl)butan-2-amine	GC/MS/EI	96
1-(2,3-Methylenedioxyphenyl)butan-2-amine	GC/MS/EI/E	154
1-(2,3-Methylenedioxyphenyl)butan-2-amine	GC/MS/CI	273
1-(2,3-Methylenedioxyphenyl)butan-2-amine	GC/MS/EI/E	718
1-(2,3-Methylenedioxyphenyl)butan-2-amine	GC/MS/EI	1207
1-(3,4-Methylenedioxyphenyl)butan-2-amine	GC/MS/EI	126
1-(3,4-Methylenedioxyphenyl)butan-2-amine	GC/MS/EI	155
1-(3,4-Methylenedioxyphenyl)butan-2-amine	GC/MS/EI/E	739
1-(3,4-Methylenedioxyphenyl)butan-2-amine	GC/MS/EI/E	749
1-(3,4-Methylenedioxyphenyl)butan-2-amine	GC/MS/EI	985
1-(3,4-Methylenedioxyphenyl)butan-2-amine	GC/MS/CI	1095
2-(2,3-Methylenedioxyphenyl)butan-1-amine	GC/MS/EI	6
2-(2,3-Methylenedioxyphenyl)butan-1-amine	GC/MS/CI	1208
2-(3,4-Methylenedioxyphenyl)butan-1-amine	GC/MS/EI/E	6
2-(3,4-Methylenedioxyphenyl)butan-1-amine	GC/MS/CI	984
2-(3,4-Methylenedioxyphenyl)butan-1-amine	GC/MS/EI	984
2-(3,4-Methylenedioxyphenyl)butan-1-amine	GC/MS/EI	999
2-(3,4-Methylenedioxyphenyl)butan-1-amine	GC/MS/EI/E	1199
4-Methylenedioxyphenyl)butan-2-amine	GC/MS/EI/E	126
4-Methylenedioxyphenyl)butan-2-amine	GC/MS/EI	155
4-Methylenedioxyphenyl)butan-2-amine	GC/MS/CI	739
4-Methylenedioxyphenyl)butan-2-amine	GC/MS/EI	749
4-Methylenedioxyphenyl)butan-2-amine	GC/MS/EI	985
4-Methylenedioxyphenyl)butan-2-amine	GC/MS/EI/E	1095
1-(2,3-Methylenedioxyphenyl)butan-2-amine 2AC	GC/MS/EI	25
1-(2,3-Methylenedioxyphenyl)butan-2-amine 2AC	GC/MS/EI/E	1091
1-(2,3-Methylenedioxyphenyl)butan-2-amine AC	GC/MS/EI/E	134
1-(2,3-Methylenedioxyphenyl)butan-2-amine AC	GC/MS/EI	1075
1-(2,3-Methylenedioxyphenyl)butan-2-amine AC	GC/MS/EI	1090
1-(2,3-Methylenedioxyphenyl)butan-2-amine AC	GC/MS/EI/E	1399
1-(3,4-Methylenedioxyphenyl)butan-2-amine AC	GC/MS/EI	1075
1-(3,4-Methylenedioxyphenyl)butan-2-amine AC	GC/MS/EI/E	1078
1-(3,4-Methylenedioxyphenyl)butan-2-amine AC	GC/MS/EI	1090
2-(2,3-Methylenedioxyphenyl)butan-1-amine 2AC	GC/MS/EI	27
2-(2,3-Methylenedioxyphenyl)butan-1-amine 2AC	GC/MS/EI/E	1089

Compound	Method	Page
2-(2,3-Methylenedioxyphenyl)butan-1-amine AC	GC/MS/EI/E	1073
2-(2,3-Methylenedioxyphenyl)butan-1-amine AC	GC/MS/EI	1399
2-(3,4-Methylenedioxyphenyl)butan-1-amine AC	GC/MS/EI	1074
2-(3,4-Methylenedioxyphenyl)butan-1-amine AC	GC/MS/EI/E	1077
2-(3,4-Methylenedioxyphenyl)butan-1-amine AC	GC/MS/EI	1090
1-(2,3-Methylenedioxyphenyl)butan-2-amine-A (CH_2O)	GC/MS/EI	184
1-(2,3-Methylenedioxyphenyl)butan-2-amine-A (CH_2O)	GC/MS/EI/E	271
1-(3,4-Methylenedioxyphenyl)butan-2-amine-A (CH_2O)	GC/MS/EI	187
2-(2,3-Methylenedioxyphenyl)butan-1-amine-A (CH_2O)	GC/MS/EI/E	15
2-(2,3-Methylenedioxyphenyl)butan-1-amine-A (CH_2O)	GC/MS/EI	1258
2-(3,4-Methylenedioxyphenyl)butan-1-amine-A (CH_2O)	GC/MS/EI/E	964
2-(3,4-Methylenedioxyphenyl)butan-1-amine-A (CH_2O)	GC/MS/EI	1259
1-(2,3-Methylenedioxyphenyl)butan-2-amine-A (+Cl, -H) TFA	GC/MS/EI	896
1-(2,3-Methylenedioxyphenyl)butan-2-amine-A (+Cl, -H) TFA	GC/MS/EI/E	1302
1-(2,3-Methylenedioxyphenyl)butan-2-amine-A (+Cl, -H) TFA	GC/MS/EI	1311
2-(3,4-Methylenedioxyphenyl)butan-1-amine BUT	GC/MS/EI/E	1073
2-(3,4-Methylenedioxyphenyl)butan-1-amine BUT	GC/MS/EI	1094
1-(3,4-Methylenedioxyphenyl)butan-2-amine FORM	GC/MS/EI/E	1083
1-(3,4-Methylenedioxyphenyl)butan-2-amine FORM	GC/MS/EI	1352
1-(3,4-Methylenedioxyphenyl)butan-2-amine PFO	GC/MS/EI	726
1-(3,4-Methylenedioxyphenyl)butan-2-amine PFO	GC/MS/EI/E	1092
1-(2,3-Methylenedioxyphenyl)butan-2-amine PFP	GC/MS/EI/E	1074
1-(2,3-Methylenedioxyphenyl)butan-2-amine PFP	GC/MS/EI	1671
2-(2,3-Methylenedioxyphenyl)butan-1-amine PFP	GC/MS/EI/E	726
2-(2,3-Methylenedioxyphenyl)butan-1-amine PFP	GC/MS/EI	1671
2-(3,4-Methylenedioxyphenyl)butan-1-amine 2PFP I	GC/MS/EI/E	975
2-(3,4-Methylenedioxyphenyl)butan-1-amine 2PFP I	GC/MS/EI	1672
2-(3,4-Methylenedioxyphenyl)butan-1-amine 2PFP II	GC/MS/EI	1670
2-(3,4-Methylenedioxyphenyl)butan-1-amine 2PFP II	GC/MS/EI/E	1673
1-(3,4-Methylenedioxyphenyl)butan-2-amine PROP	GC/MS/EI	157
1-(3,4-Methylenedioxyphenyl)butan-2-amine PROP	GC/MS/EI/E	1092
2-(3,4-Methylenedioxyphenyl)butan-1-amine 2PROP	GC/MS/EI/E	1073
2-(3,4-Methylenedioxyphenyl)butan-1-amine 2PROP	GC/MS/EI	1092
1-(2,3-Methylenedioxyphenyl)butan-2-amine TFA	GC/MS/EI	1077
1-(2,3-Methylenedioxyphenyl)butan-2-amine TFA	GC/MS/EI	1078
1-(2,3-Methylenedioxyphenyl)butan-2-amine TFA	GC/MS/EI/E	1575
1-(3,4-Methylenedioxyphenyl)butan-2-amine 2TFA	GC/MS/EI/E	1077
1-(3,4-Methylenedioxyphenyl)butan-2-amine 2TFA	GC/MS/EI	1092
1-(3,4-Methylenedioxyphenyl)butan-2-amine TFA	GC/MS/EI/E	726
1-(3,4-Methylenedioxyphenyl)butan-2-amine TFA	GC/MS/EI	1077
1-(3,4-Methylenedioxyphenyl)butan-2-amine TFA	GC/MS/EI	1574
2-(2,3-Methylenedioxyphenyl)butan-1-amine TFA	GC/MS/EI/E	725

2-(2,3-Methylenedioxyphenyl)butan-1-amine TFA	GC/MS/EI	1574
2-(3,4-Methylenedioxyphenyl)butan-1-amine TFA	GC/MS/EI	965
2-(3,4-Methylenedioxyphenyl)butan-1-amine TFA	GC/MS/EI/E	969
2-(3,4-Methylenedioxyphenyl)butan-1-amine TFA	GC/MS/EI	1574
1-(3,4-Methylenedioxyphenyl)butan-2-amine TFA-A (+Cl, -H)	GC/MS/EI	1300
1-(2,3-Methylenedioxyphenyl)butan-2-amine TMS	GC/MS/EI/E	239
1-(2,3-Methylenedioxyphenyl)butan-2-amine TMS	GC/MS/EI	693
1-(3,4-Methylenedioxyphenyl)butan-2-amine TMS	GC/MS/EI	682
1-(3,4-Methylenedioxyphenyl)butan-2-amine TMS	GC/MS/EI/E	692
2-(3,4-Methylenedioxyphenyl)butan-1-amine TMS	GC/MS/EI	236
2-(3,4-Methylenedioxyphenyl)butan-1-amine TMS	GC/MS/EI/E	1454
1-(3,4-Methylenedioxyphenyl)butan-1-ol	GC/MS/EI	878
1-(3,4-Methylenedioxyphenyl)butan-1-ol	GC/MS/EI/E	1213
1-(3,4-Methylenedioxyphenyl)butan-2-ol	GC/MS/EI	736
1-(3,4-Methylenedioxyphenyl)butan-2-one	GC/MS/EI	727
1-(3,4-Methylenedioxyphenyl)butan-2-oxime I	GC/MS/EI	1270
1-(3,4-Methylenedioxyphenyl)butan-2-oxime II	GC/MS/EI	940
1-(3,4-Methylenedioxyphenyl)but-1-ene	GC/MS/EI	1083
1-(3,4-Methylenedioxyphenyl)butyl-1-chloride	GC/MS/EI/E	980
1-(3,4-Methylenedioxyphenyl)butyl-1-chloride	GC/MS/EI	1313
1-(3,4-Methylenedioxyphenyl)butyl-2-chloride	GC/MS/EI/E	736
1-(3,4-Methylenedioxyphenyl)butyl-2-chloride	GC/MS/EI	750
3,4-Methylenedioxyphenylbut-3-yl-morpholine	GC/MS/EI	670
3,4-Methylenedioxyphenylbut-3-yl-morpholine	GC/MS/EI/E	679
1-(3,4-Methylenedioxyphenyl)-2-chloropropane	GC/MS/EI/E	728
1-(3,4-Methylenedioxyphenyl)-2-chloropropane	GC/MS/EI	967
1-(3,4-Methylenedioxyphenyl)-2-chloropropane	GC/MS/CI	1226
5-(3,4-Methylenedioxyphenyl)-cis,cis-2,4-pentadienoylpiperidine	GC/MS/EI	566
1-(3,4-Methylenedioxyphenyl)-2-dimethylamino-1-propanone	GC/MS/EI/E	207
1-(3,4-Methylenedioxyphenyl)-2-dimethylamino-1-propanone	GC/MS/EI	242
1-(3,4-Methylenedioxyphenyl)ethanol	GC/MS/EI	392
1-(3,4-Methylenedioxyphenyl)-2-ethylamino-1-propanone	GC/MS/EI	199
1-(3,4-Methylenedioxyphenyl)-2-ethylamino-1-propanone	GC/MS/EI/E	242
1-(3,4-Methylenedioxyphenyl)-2-ethylaminopropan-1-one TFA	GC/MS/EI	852
1-(3,4-Methylenedioxyphenyl)-2-ethylaminopropan-1-one TFA	GC/MS/EI/E	1636
1-(3,4-Methylenedioxyphenyl)ethylbromide	GC/MS/EI/E	737
1-(3,4-Methylenedioxyphenyl)ethylbromide	GC/MS/EI	859
1-(3,4-Methylenedioxyphenyl)ethylchloride	GC/MS/EI	737
1-(3,4-Methylenedioxyphenyl)ethylchloride	GC/MS/EI/E	1158
3,4-Methylenedioxyphenylethyl-morpholine	GC/MS/EI/E	448
3,4-Methylenedioxyphenylethyl-morpholine	GC/MS/EI	460
3,4-Methylenedioxyphenylethyl-morpholine	GC/MS/CI	1405
1-(3,4-Methylenedioxyphenyl)-2-iodopropane	GC/MS/EI/E	966
1-(3,4-Methylenedioxyphenyl)-2-iodopropane	GC/MS/EI	974

1-(3,4-Methylenedioxyphenyl)-2-iodopropane	GC/MS/CI	1577
1-(3,4-Methylenedioxyphenyl)-2-*iso*-propylamino-1-propanone	GC/MS/EI/E	309
1-(3,4-Methylenedioxyphenyl)-2-*iso*-propylamino-1-propanone	GC/MS/EI	844
1-(3,4-Methylenedioxyphenyl)-2-*iso*-propylaminopropan-1-one TFA	GC/MS/EI/E	848
1-(3,4-Methylenedioxyphenyl)-2-*iso*-propylaminopropan-1-one TFA	GC/MS/EI	1661
3,4-Methylenedioxyphenylmethanol	GC/MS/EI	883
1-(3,4-Methylenedioxyphenyl)-2-methylamino-propan-1-one	GC/MS/EI/E	92
1-(3,4-Methylenedioxyphenyl)-2-methylamino-propan-1-one	GC/MS/EI	163
1-(3,4-Methylenedioxyphenyl)-2-methylaminopropan-1-one AC	GC/MS/EI/E	119
1-(3,4-Methylenedioxyphenyl)-2-methylaminopropan-1-one AC	GC/MS/EI	1450
1-(3,4-Methylenedioxyphenyl)-2-methylaminopropan-1-one TFA	GC/MS/EI/E	846
1-(3,4-Methylenedioxyphenyl)-2-methylaminopropan-1-one TFA	GC/MS/EI	903
1-(3,4-Methylenedioxyphenyl)-2-methyl-2-pyrrolidinyl-1-propanone	GC/MS/EI	529
1-(3,4-Methylenedioxyphenyl)-2-methyl-2-pyrrolidinyl-1-propanone	GC/MS/EI/E	536
1-(3,4-Methylenedioxyphenyl)-2-(4-morpholinyl)ethanone	GC/MS/EI/E	428
1-(3,4-Methylenedioxyphenyl)-2-(4-morpholinyl)ethanone	GC/MS/EI	455
1-(2,3-Methylenedioxyphenyl)-2nitrobut-1-ene	GC/MS/EI	1349
1-(3,4-Methylenedioxyphenyl)-2-nitrobut-1-ene	GC/MS/EI	1348
1-(3,4-Methylenedioxyphenyl)-2-nitroethene	GC/MS/EI	821
1-(3,4-Methylenedioxyphenyl)-1-nitropropane	GC/MS/EI/E	965
1-(3,4-Methylenedioxyphenyl)-1-nitropropane	GC/MS/CI	969
1-(3,4-Methylenedioxyphenyl)-1-nitropropane	GC/MS/EI	988
1-(3,4-Methylenedioxyphenyl)-2-nitropropane	GC/MS/CI	956
1-(3,4-Methylenedioxyphenyl)-2-nitropropane	GC/MS/EI	967
1-(2,3-Methylenedioxyphenyl)-2-nitroprop-1-ene	GC/MS/EI	830
1-(3,4-Methylenedioxyphenyl)-2-nitroprop-1-ene	GC/MS/CI	874
1-(3,4-Methylenedioxyphenyl)-2-nitroprop-1-ene	GC/MS/EI	1272
1-[7-(3,4-Methylenedioxyphenyl)-1-oxo-2,6-heptadienyl]-piperidine	GC/MS/EI/E	694
1-[7-(3,4-Methylenedioxyphenyl)-1-oxo-2,6-heptadienyl]-piperidine	GC/MS/EI	1629
1-(3,4-Methylenedioxyphenyl)-2-(3-oxo-morpholin-1-yl)-propane	GC/MS/EI	669
1-(3,4-Methylenedioxyphenyl)-2-(3-oxo-morpholin-1-yl)-propane	GC/MS/EI/E	701
3-(2,3-Methylenedioxyphenyl)pentan-2-amine	GC/MS/EI/E	60
3-(2,3-Methylenedioxyphenyl)pentan-2-amine	GC/MS/EI	1270
3-(2,3-Methylenedioxyphenyl)pentan-2-amine	GC/MS/CI	1279
3-(2,3-Methylenedioxyphenyl)pentan-2-amine AC	GC/MS/EI	62
3-(2,3-Methylenedioxyphenyl)pentan-2-amine AC	GC/MS/EI/E	1184
2-(2,3-Methylenedioxyphenyl)propan-1-amine	GC/MS/EI	5
2-(2,3-Methylenedioxyphenyl)propan-1-amine	GC/MS/CI	970
2-(3,4-Methylenedioxyphenyl)propan-1-amine	GC/MS/CI	5
2-(3,4-Methylenedioxyphenyl)propan-1-amine	GC/MS/EI/E	861
2-(3,4-Methylenedioxyphenyl)propan-1-amine	GC/MS/EI	873
2-(3,4-Methylenedioxyphenyl)propan-1-amine	GC/MS/EI/E	970
2-(3,4-Methylenedioxyphenyl)propan-1-amine	GC/MS/EI	1109
2-(2,3-Methylenedioxyphenyl)propan-1-amine AC	GC/MS/EI/E	962

2-(2,3-Methylenedioxyphenyl)propan-1-amine AC	GC/MS/EI	981
2-(3,4-Methylenedioxyphenyl)propan-1-amine 2AC	GC/MS/EI/E	957
2-(3,4-Methylenedioxyphenyl)propan-1-amine 2AC	GC/MS/EI	1496
2-(3,4-Methylenedioxyphenyl)propan-1-amine AC	GC/MS/EI/E	850
2-(3,4-Methylenedioxyphenyl)propan-1-amine AC	GC/MS/EI	954
2-(3,4-Methylenedioxyphenyl)propan-1-amine AC	GC/MS/EI	972
2-(3,4-Methylenedioxyphenyl)propan-1-amine AC	GC/MS/EI/E	1349
1-(3,4-Methylenedioxyphenyl)propan-2-amine BUT	GC/MS/EI/E	63
1-(3,4-Methylenedioxyphenyl)propan-2-amine BUT	GC/MS/EI	975
2-(3,4-Methylenedioxyphenyl)propan-1-amine 2BUT	GC/MS/EI	952
2-(3,4-Methylenedioxyphenyl)propan-1-amine 2BUT	GC/MS/EI/E	977
2-(3,4-Methylenedioxyphenyl)propan-1-amine BUT	GC/MS/EI	952
2-(3,4-Methylenedioxyphenyl)propan-1-amine BUT	GC/MS/EI/E	976
2-(3,4-Methylenedioxyphenyl)propan-1-amine 2PROP	GC/MS/EI/E	952
2-(3,4-Methylenedioxyphenyl)propan-1-amine 2PROP	GC/MS/EI	963
2-(3,4-Methylenedioxyphenyl)propan-1-amine PROP	GC/MS/EI/E	952
2-(3,4-Methylenedioxyphenyl)propan-1-amine PROP	GC/MS/EI	975
2-(3,4-Methylenedioxyphenyl)propan-1-amine TFA	GC/MS/EI	850
2-(3,4-Methylenedioxyphenyl)propan-1-amine TMS	GC/MS/EI/E	236
2-(3,4-Methylenedioxyphenyl)propan-1-amine TMS	GC/MS/EI	1403
1-(3,4-Methylenedioxyphenyl)-propane	GC/MS/EI	736
1-(3,4-Methylenedioxyphenyl)-propane	GC/MS/EI/E	990
1-(3,4-Methylenedioxyphenyl)propan-1-ol	GC/MS/EI	868
1-(3,4-Methylenedioxyphenyl)propan-1-ol	GC/MS/CI	966
1-(3,4-Methylenedioxyphenyl)propan-2-ol	GC/MS/CI	722
1-(3,4-Methylenedioxyphenyl)propan-2-ol	GC/MS/EI	970
1-(3,4-Methylenedioxyphenyl)propan-2-one	GC/MS/EI	727
1-(3,4-Methylenedioxyphenyl)propan-2-one	GC/MS/CI	1110
2,3-Methylenedioxyphenyl-2-propanone	GC/MS/EI	718
3-(2,3-Methylenedioxyphenyl)-prop-1-ene	GC/MS/EI	955
1-(2,3-Methylenedioxyphenyl)-prop-1-en-2-hydroxylamine	GC/MS/EI	269
1-(2,3-Methylenedioxyphenyl)-prop-1-en-2-hydroxylamine TMS	GC/MS/EI	1069
1-(3,4-Methylenedioxyphenyl)-2-propylamino-1-propanone	GC/MS/EI/E	306
1-(3,4-Methylenedioxyphenyl)-2-propylamino-1-propanone	GC/MS/EI	354
1-(3,4-Methylenedioxyphenyl)-2-propylaminopropan-1-one TFA	GC/MS/EI/E	853
1-(3,4-Methylenedioxyphenyl)-2-propylaminopropan-1-one TFA	GC/MS/EI	1661
3,4-Methylenedioxyphenylprop-2-yl-morpholine	GC/MS/EI	18
3,4-Methylenedioxyphenylprop-2-yl-morpholine	GC/MS/EI/E	557
3,4-Methylenedioxyphenylprop-2-yl-morpholine	GC/MS/CI	573
1-(3,4-Methylenedioxyphenyl)-prop-2-yl-nitrite	GC/MS/EI	717
1-(3,4-Methylenedioxyphenyl)-prop-2-yl-nitrite	GC/MS/CI	970
1-(3,4-Methylenedioxyphenyl)-prop-2-yl-nitrite	GC/MS/EI/E	1291
1-(3,4-Methylenedioxyphenyl)-propylnitrite	GC/MS/EI/E	862
1-(3,4-Methylenedioxyphenyl)-propylnitrite	GC/MS/EI	968

1-(3,4-Methylenedioxyphenyl)-propylnitrite	GC/MS/CI	1292
3,4-Methylenedioxystyrene	GC/MS/EI	839
Methylephedrine AC	GC/MS/EI	225
Methylephedrine AC	GC/MS/EI/E	267
1-(1-Methylethenyl)-3-(1-methylethyl)-benzene	GC/MS/EI	815
2-(1-Methylethoxy)-phenol	GC/MS/EI	521
2-Methyl-2-ethylamino-propiophenone	GC/MS/EI/E	312
2-Methyl-2-ethylamino-propiophenone	GC/MS/EI	349
5-Methyl-7-ethylamino-1,3,5-triazolo-(2,3a)-pyrimidine	GC/MS/EI	1087
4-(1-Methylethyl)benzoic acid	GC/MS/EI	859
Methyl ethyl 4-(2,3-dichlorophenyl)-2,6-dimethyl-1,4-dihydropyridine-3,5-dicarboxylate	GC/MS/EI/E	1411
Methyl ethyl 4-(2,3-dichlorophenyl)-2,6-dimethyl-1,4-dihydropyridine-3,5-dicarboxylate	GC/MS/EI	1419
Methyl ethyl 4-(2,3-dichlorophenyl)-2,6-dimethyl-1,4-dihydropyridine-3,5-dicarboxylate	GC/MS/CI	1670
Methyl ethyl 2,6-dimethyl-4-(3-nitrophenyl)-1,4-dihydropyridine-3,5-dicarboxylate	GC/MS/EI/E	1412
Methyl ethyl 2,6-dimethyl-4-(3-nitrophenyl)-1,4-dihydropyridine-3,5-dicarboxylate	GC/MS/EI	1419
4-(1-Methylethyl)phenolacetate	GC/MS/EI	617
Methylformamide	GC/MS/EI	162
Methyl-γ-Hydroxybutyrat TMS	GC/MS/EI	365
14-Methyl-heptadecanoic acid methyl ester	GC/MS/EI	260
Methyl hexadecanoate	GC/MS/EI/E	258
Methyl hexadecanoate	GC/MS/EI/E	799
Methyl hexadecanoate	GC/MS/EI	1371
4-[(2-Methylhydrazinyl)methyl]-N-propan-2-yl-benzamide	GC/MS/EI	1086
Methylhydrocinnamate	GC/MS/EI	470
Methyl 2-hydroxybenzoate	GC/MS/EI	606
Methyl 3-hydroxybenzoate	GC/MS/EI	500
Methyl-4-hydroxybenzoate	GC/MS/EI	612
Methyl-4-hydroxybenzoate	GC/MS/EI	613
Methyl 3-(4-hydroxy-3,5-ditert-butyl-phenyl)propanoate	GC/MS/EI	1541
4-Methyl-5-(2-hydroxyethyl)thiazole	GC/MS/EI	531
4-Methyl-5-(2-hydroxyethyl)thiazole	GC/MS/EI	532
4-Methyl-5-(2-hydroxyethyl)thiazole	GC/MS/EI	665
4-Methyl-5-(2-hydroxyethyl)thiazole	GC/MS/EI/E	801
3-Methyl-7-(1-hydroxyprop-2-yl)-benzofuran-2-one	GC/MS/EI/E	964
3-Methyl-7-(1-hydroxyprop-2-yl)-benzofuran-2-one	GC/MS/EI	1194
4-Methylidene-2,6-ditert-butyl-cyclohexa-2,5-dien-1-one	GC/MS/EI	948
2-Methylindan-2-ol	GC/MS/EI	36
2-Methylindoline	GC/MS/EI	586
2-Methylindoline	GC/MS/CI	709
2-Methyl-2-(2-iodo-4,5-methylenedioxyphenyl)propan-1-amine	GC/MS/EI/E	7
2-Methyl-2-(2-iodo-4,5-methylenedioxyphenyl)propan-1-amine	GC/MS/EI	1640
3-Methyl-7-*iso*-propylbenzofuran-2-one	GC/MS/EI	825
1-Methyl-4-isopropylbenzol	GC/MS/EI	597
4-(Methylmercapto)benzylacetate	GC/MS/EI	757

4-(Methylmercapto)benzylalcohol	GC/MS/EI	897
4-(Methylmercapto)benzylmethylketone	GC/MS/EI	756
Methyl-mercaptophos-teolovy	GC/MS/EI/E	362
Methyl-mercaptophos-teolovy	GC/MS/EI	513
1-Methyl-5-methoxybenzimidazol	GC/MS/EI	957
Methyl-4-methoxybenzoate	GC/MS/EI/E	500
Methyl-4-methoxybenzoate	GC/MS/EI	1016
Methyl-2-methylamino-benzoate	GC/MS/EI	992
Methyl 1-methyl-5,6-dihydro-2H-pyridine-3-carboxylate	GC/MS/EI	905
2-Methyl-2-(3,4-methylenedioxyphenyl)propan-1-amine	GC/MS/EI	964
2-Methyl-2-(3,4-methylenedioxyphenyl)propan-1-amine	GC/MS/EI	969
2-Methyl-2-(3,4-methylenedioxyphenyl)propan-1-amine	GC/MS/EI/E	999
2-Methyl-2-(3,4-methylenedioxyphenyl)propan-1-amine	GC/MS/EI/E	1087
2-Methyl-2-(3,4-methylenedioxyphenyl)propan-1-amine	GC/MS/CI	1199
2-Methyl-2-(3,4-methylenedioxyphenyl)propan-1-amine AC	GC/MS/EI	964
2-Methyl-2-(3,4-methylenedioxyphenyl)propan-1-amine AC	GC/MS/EI	972
2-Methyl-2-(3,4-methylenedioxyphenyl)propan-1-amine AC	GC/MS/EI/E	1398
2-Methyl-2-(3,4-methylenedioxyphenyl)propan-1-amine BUT	GC/MS/EI/E	963
2-Methyl-2-(3,4-methylenedioxyphenyl)propan-1-amine BUT	GC/MS/EI	989
2-Methyl-2-(3,4-methylenedioxyphenyl)propan-1-amine PROP	GC/MS/EI	962
2-Methyl-2-(3,4-methylenedioxyphenyl)propan-1-amine PROP	GC/MS/EI/E	1450
2-Methyl-2-(3,4-methylenedioxyphenyl)propan-1-amine TFA	GC/MS/EI	964
2-Methyl-2-(3,4-methylenedioxyphenyl)propan-1-amine TFA	GC/MS/EI/E	989
2-Methyl-2-(3,4-methylenedioxyphenyl)propan-1-amine TMS	GC/MS/EI	236
2-Methyl-2-(3,4-methylenedioxyphenyl)propan-1-amine TMS	GC/MS/EI/E	1454
Methyl-9-methyl-heptadecanoate	GC/MS/EI	259
Methyl-9-methyl-heptadecanoate	GC/MS/EI/E	804
2-Methyl-2-(4-methylpent-3-enyl)-7-pentyl-chromen-5-ol	GC/MS/EI	1384
2-Methyl-2-(4-methylpent-3-enyl)-7-pentyl-chromen-5-ol	GC/MS/EI/E	1388
2-Methyl-1-(4-methylphenyl)-3-(1-piperidyl)propan-1-one	GC/MS/EI	405
2-Methyl-1-(4-methylphenyl)-3-(1-piperidyl)propan-1-one	GC/MS/EI/E	418
2-Methyl-1-(4-methylphenyl)-3-(1-piperidyl)propan-1-one	GC/MS/EI/E	593
1-Methyl-5-[(methyl-(1-phenylpropan-2-yl)amino)methyl]-2-phenyl-4-propan-2-yl-pyrazol-3-one	GC/MS/EI	1567
1-Methyl-5-[(methyl-(1-phenylpropan-2-yl)amino)methyl]-2-phenyl-4-propan-2-yl-pyrazol-3-one	GC/MS/EI/E	1570
2-Methyl-3-(2-methylphenyl)quinazolin-4-one	GC/MS/EI	1401
2-Methyl-4-(4-methyl-1-piperazineyl)-10H-thieno(2,3-b)(1,5)benzodiazepine	GC/MS/EI/E	1426
2-Methyl-4-(4-methyl-1-piperazineyl)-10H-thieno(2,3-b)(1,5)benzodiazepine	GC/MS/EI	1431
2-Methyl-4-(4-methyl-1-piperazineyl)-10H-thieno(2,3-b)(1,5)benzodiazepine	GC/MS/EI/E	1627
Methyl 4-methyl-3-(2-propylaminopropanoylamino)thiophene-2-carboxylate	GC/MS/EI	331
Methyl 4-methyl-3-(2-propylaminopropanoylamino)thiophene-2-carboxylate	GC/MS/EI/E	1560
α-Methyl-4-(2-methylpropyl)-benzeneacetaldehyde	GC/MS/EI	950
α-Methyl-4-(2-methylpropyl)-benzeneacetaldehyde	GC/MS/EI/E	961

α-Methyl-4-(2-methylpropyl)benzeneacetic acid methyl ester	GC/MS/EI	948
α-Methyl-4-(2-methylpropyl)benzeneacetic acid methyl ester	GC/MS/EI/E	951
α-Methyl-4-(2-methylpropyl)benzeneacetic acid methyl ester	GC/MS/EI/E	1096
α-Methyl-4-(2-methylpropyl)benzeneacetic acid methyl ester	GC/MS/EI	1347
1-[2-Methyl-3-(methylsulfanyl)propanoyl]-2-pyrrolidincarbonsaeuremethylester	GC/MS/EI	187
3-Methyl-4-morpholin-4-yl-2,2-diphenyl-1-pyrrolidin-1-yl-butan-1-one	GC/MS/EI/E	436
3-Methyl-4-morpholin-4-yl-2,2-diphenyl-1-pyrrolidin-1-yl-butan-1-one	GC/MS/EI	1506
Methyl myristate	GC/MS/EI/E	259
Methyl myristate	GC/MS/EI	804
2-Methyl-3-nitro-aniline	GC/MS/EI	270
2-Methyl-3-nitroaniline	GC/MS/EI	270
2-Methyl-5-nitro-aniline	GC/MS/EI	881
2-Methyl-5-nitroaniline	GC/MS/EI	881
1-Methyl-2-nitro-benzene	GC/MS/EI	179
1-Methyl-3-nitro-benzene	GC/MS/EI	371
1-Methyl-4-nitro-benzene	GC/MS/EI	380
2-(2-Methyl-5-nitro-imidazol-1-yl)ethanol	GC/MS/EI/E	631
2-(2-Methyl-5-nitro-imidazol-1-yl)ethanol	GC/MS/EI	635
2-(2-Methyl-5-nitro-imidazol-1-yl)ethanol	GC/MS/EI	1052
Methyl octadeca-12,15-dienoate	GC/MS/EI/E	181
Methyl octadeca-12,15-dienoate	GC/MS/EI	525
Methyl-9,12-octadecadienoate	GC/MS/EI	180
Methyl-9,12-octadecadienoate	GC/MS/EI/E	521
Methyl octadecanoate	GC/MS/EI	259
(13-Methyl-3-oxo-2,6,7,8,14,15,16,17-octahydro-1H-cyclopenta[a]phenanthren-17-yl) acetate	GC/MS/EI/E	1470
(13-Methyl-3-oxo-2,6,7,8,14,15,16,17-octahydro-1H-cyclopenta[a]phenanthren-17-yl) acetate	GC/MS/EI	1464
Methyl-p-anisate	GC/MS/EI	500
Methyl-p-anisate	GC/MS/EI/E	1016
Methylparaben	GC/MS/EI	612
Methylparaben	GC/MS/EI	613
Methylparaben AC	GC/MS/EI	613
Methylparaben AC	GC/MS/EI	618
Methylparaben AC	GC/MS/EI/E	1208
Methylparaben AC	GC/MS/EI/E	1213
Methylparaben TMS	GC/MS/EI	1294
Methyl parathion	GC/MS/EI	518
Methyl parathion	GC/MS/EI	1496
Methylpentadecanoate	GC/MS/EI	258
Methylpentadecanoate	GC/MS/EI/E	804
14-Methyl-pentadecanoic acid methyl ester	GC/MS/EI	260
14-Methyl-pentadecanoic acid methyl ester	GC/MS/EI/E	1522
3-Methylphenethylamine	GC/MS/EI	714

Methylphenidate	GC/MS/EI/E	293
Methylphenidate	GC/MS/EI/E	297
Methylphenidate	GC/MS/EI	376
Methylphenidate AC	GC/MS/EI	294
Methylphenidate AC	GC/MS/EI/E	652
Methylphenidate PFO	GC/MS/EI	1753
Methylphenidate PFO	GC/MS/EI/E	1753
Methylphenidate TMS	GC/MS/EI	912
Methylphenidate TMS	GC/MS/EI/E	921
Methylphenobarbital	GC/MS/EI/E	1333
Methylphenobarbital	GC/MS/EI/E	1340
Methylphenobarbital	GC/MS/EI	1441
Methylphenobarbitone	GC/MS/EI	1333
Methylphenobarbitone	GC/MS/EI/E	1340
Methylphenobarbitone	GC/MS/EI/E	1441
3-Methylphenol	GC/MS/EI	499
4-Methylphenol	GC/MS/EI	498
2-[2-[4-(2-Methyl-3-phenothiazin-10-yl-propyl)piperazin-1-yl]ethoxy]ethanol	DI/MS/EI	1309
2-[2-[4-(2-Methyl-3-phenothiazin-10-yl-propyl)piperazin-1-yl]ethoxy]ethanol	GC/MS/EI	1310
2-[2-[4-(2-Methyl-3-phenothiazin-10-yl-propyl)piperazin-1-yl]ethoxy]ethanol	GC/MS/EI/E	1316
2-[2-[4-(2-Methyl-3-phenothiazin-10-yl-propyl)piperazin-1-yl]ethoxy]ethanol	DI/MS/EI/E	1739
3-(2-Methylphenoxy)propane-1,2-diol	GC/MS/EI/E	501
3-(2-Methylphenoxy)propane-1,2-diol	GC/MS/EI	516
1-(3-Methylphenyl)-2-(N,N-methyl-*iso*-propylamino)propan-1-one	GC/MS/EI/E	430
1-(3-Methylphenyl)-2-(N,N-methyl-*iso*-propylamino)propan-1-one	GC/MS/EI	452
5-Methyl-5-phenylbarbituric acid	GC/MS/EI	467
1-(2-Methylphenyl)-2-bromo-hexan-1-one	GC/MS/EI/E	592
1-(2-Methylphenyl)-2-bromo-hexan-1-one	GC/MS/EI	605
1-(3-Methylphenyl)-2-bromo-hexan-1-one	GC/MS/EI/E	593
1-(3-Methylphenyl)-2-bromo-hexan-1-one	GC/MS/EI	1177
1-(4-Methylphenyl)-2-bromo-hexan-1-one	GC/MS/EI/E	592
1-(4-Methylphenyl)-2-bromo-hexan-1-one	GC/MS/EI	605
3-Methyl-2-phenyl-butanamine AC	GC/MS/EI	117
3-Methyl-2-phenyl-butanamine AC	GC/MS/EI/E	433
3-Methyl-2-phenyl-butanamine AC	GC/MS/CI	1263
3-Methyl-2-phenyl-butanamine FORM	GC/MS/EI/E	312
3-Methyl-2-phenyl-butanamine FORM	GC/MS/CI	319
3-Methyl-2-phenyl-butanamine FORM	GC/MS/EI	373
1-(4-Methylphenyl)but-1-en	GC/MS/EI	693
1-(3-Methylphenyl)-buten-2-hydroxylamine	GC/MS/EI	1097
1-(2-Methylphenyl)-2-cyclohexylamino-hexan-1-one	GC/MS/EI/E	1028
1-(2-Methylphenyl)-2-cyclohexylamino-hexan-1-one	GC/MS/EI	1041
1-(4-Methylphenyl)-2-cyclohexylamino-hexan-1-one	GC/MS/EI/E	1028
1-(4-Methylphenyl)-2-cyclohexylamino-hexan-1-one	GC/MS/EI	1042

1-(2-Methylphenyl)-2,2-dibromohexan-1-one	GC/MS/EI	592
1-(2-Methylphenyl)-2,2-dibromohexan-1-one	GC/MS/EI/E	602
1-(3-Methylphenyl)-2,2-dibromohexan-1-one	GC/MS/EI	592
1-(3-Methylphenyl)-2,2-dibromohexan-1-one	GC/MS/EI/E	602
1-(4-Methylphenyl)-2,2-dibromohexan-1-one	GC/MS/EI	592
1-(4-Methylphenyl)-2,2-dibromohexan-1-one	GC/MS/EI/E	602
1-(4-Methylphenyl)-2-diethylamino-hexan-1-one	GC/MS/EI/E	790
1-(4-Methylphenyl)-2-diethylamino-hexan-1-one	GC/MS/EI	798
1-(4-Methylphenyl)-2-(1-dihydropyrrollyl)-butan-1-one -2H	GC/MS/EI	523
1-(4-Methylphenyl)-hexan-1-ol	GC/MS/CI	481
1-(4-Methylphenyl)-hexan-1-ol	GC/MS/EI	609
1-(4-Methylphenyl)-hexan-1-ol	GC/MS/EI/E	690
1-(4-Methylphenyl)-hexan-1-ol AC	GC/MS/EI	481
1-(4-Methylphenyl)-hexan-1-ol AC	GC/MS/CI	610
1-(4-Methylphenyl)-hexan-1-ol TMS	GC/MS/EI/E	1060
1-(4-Methylphenyl)-hexan-1-ol TMS	GC/MS/CI	1197
1-(4-Methylphenyl)-hexan-1-ol TMS	GC/MS/EI	1210
1-(2-Methylphenyl)hexan-1-one	GC/MS/EI/E	591
1-(2-Methylphenyl)hexan-1-one	GC/MS/EI	1069
1-(3-Methylphenyl)hexan-1-one	GC/MS/EI	593
1-(3-Methylphenyl)hexan-1-one	GC/MS/EI/E	1181
1-(4-Methylphenyl)hexan-1-one	GC/MS/EI/E	595
1-(4-Methylphenyl)hexan-1-one	GC/MS/EI	1180
1-(4-Methylphenyl)-hexen-1	GC/MS/EI	695
1-(4-Methylphenyl)-2-(3-hydroxy-pyrrolidinyl)-propan-1-one	GC/MS/EI	546
1-(4-Methylphenyl)-2-(3-hydroxy-pyrrolidinyl)-propan-1-one	GC/MS/EI/E	594
1-(4'-Methylphenyl)-2-(3-hydroxypyrrolidinyl)-propan-1-one DMBS	GC/MS/EI/E	1373
1-(4'-Methylphenyl)-2-(3-hydroxypyrrolidinyl)-propan-1-one DMBS	GC/MS/EI	1376
1-(4-Methylphenyl) 2-(3-hydroxy-pyrrolidinyl)-propan-1-one TMS	GC/MS/EI	1166
1-(4-Methylphenyl) 2-(3-hydroxy-pyrrolidinyl)-propan-1-one TMS	GC/MS/EI/E	1170
1-(4-Methylphenyl) 2-(3-hydroxy-pyrrolidinyl)propan-1-one TMS	GC/MS/EI	1226
1-(2-Methylphenyl)-2-(*iso*-propylamino)ethanone	GC/MS/EI/E	195
1-(2-Methylphenyl)-2-(*iso*-propylamino)ethanone	GC/MS/EI	377
1-(3-Methylphenyl)-2-*iso*-propylamino-1-propanone	GC/MS/EI/E	42
1-(3-Methylphenyl)-2-*iso*-propylamino-1-propanone	GC/MS/EI	374
1-(4-Methylphenyl)-2-*iso*-propylaminopropan-1-one	GC/MS/EI/E	42
1-(4-Methylphenyl)-2-*iso*-propylaminopropan-1-one	GC/MS/EI	374
1-(2-Methylphenyl)-2-*iso*-propylaminopropan-1-one TFA	GC/MS/EI	778
1-(2-Methylphenyl)-2-*iso*-propylaminopropan-1-one TFA	GC/MS/EI/E	1151
1-(4-Methylphenyl)-2-*iso*-propylaminopropan-1-one TFA	GC/MS/EI	595
1-(4-Methylphenyl)-2-*iso*-propylaminopropan-1-one TFA	GC/MS/EI/E	1151
1-(2-Methylphenyl)-2-(*iso*-propylimino)ethanone	GC/MS/EI/E	25
1-(2-Methylphenyl)-2-(*iso*-propylimino)ethanone	GC/MS/EI	1071
1-(4-Methylphenyl)-2-(methyl-*iso*-propylamino)propan-1-one	GC/MS/EI/E	430

1-(4-Methylphenyl)-2-(methyl-*iso*-propylamino)propan-1-one	GC/MS/EI	452
1-(2-Methylphenyl)-2-(4-methylpiperidino)hexan-1-one	GC/MS/EI/E	1031
1-(2-Methylphenyl)-2-(4-methylpiperidino)hexan-1-one	GC/MS/EI	1037
1-(3-Methylphenyl)-2-(4-methylpiperidino)hexan-1-one	GC/MS/EI/E	1031
1-(3-Methylphenyl)-2-(4-methylpiperidino)hexan-1-one	GC/MS/EI	1037
1-(4-Methylphenyl)-2-(4-methylpiperidino)hexan-1-one	GC/MS/EI	1032
1-(4-Methylphenyl)-2-(4-methylpiperidino)hexan-1-one	GC/MS/EI/E	1037
1-(4-Methylphenyl) 2-(2-methyl-pyrrolidinyl)-propan-1-one	GC/MS/EI	529
1-(4-Methylphenyl) 2-(2-methyl-pyrrolidinyl)-propan-1-one	GC/MS/EI/E	535
1-(4-Methylphenyl) 2-(2-methyl-pyrrolidinyl)-propan-1-one -2H	GC/MS/EI	1321
3-Methyl-2-phenyl-morpholine	GC/MS/EI	189
1-(2-Methylphenyl)-2-(4-morpholinyl)ethanone	GC/MS/EI	428
1-(2-Methylphenyl)-2-(4-morpholinyl)ethanone	GC/MS/EI/E	452
2-(3-Methyl-2-phenyl-morpholin-4-yl)ethyl 2-phenylbutanoate	GC/MS/EI	182
2-(3-Methyl-2-phenyl-morpholin-4-yl)ethyl 2-phenylbutanoate	GC/MS/EI/E	1494
1-(2-Methylphenyl)-2-morpholinyl-hexan-1-one	GC/MS/EI/E	911
1-(2-Methylphenyl)-2-morpholinyl-hexan-1-one	GC/MS/EI	921
1-(3-Methylphenyl)-2-morpholinyl-hexan-1-one	GC/MS/EI	911
1-(3-Methylphenyl)-2-morpholinyl-hexan-1-one	GC/MS/EI/E	921
1-(4-Methylphenyl)-2-morpholinyl-hexan-1-one	GC/MS/EI	912
1-(4-Methylphenyl)-2-morpholinyl-hexan-1-one	GC/MS/EI/E	924
1-(2-Methylphenyl)-2-(n-butylimino)ethanone	GC/MS/EI/E	83
1-(2-Methylphenyl)-2-(n-butylimino)ethanone	GC/MS/EI	1250
1-(3-Methylphenyl)-2-nitrobutane	GC/MS/EI/E	488
1-(3-Methylphenyl)-2-nitrobutane	GC/MS/EI	832
1-(4-Methylphenyl)-2-nitro-but-1-en I	GC/MS/EI/E	489
1-(4-Methylphenyl)-2-nitro-but-1-en I	GC/MS/EI	1191
1-(4-Methylphenyl)-2-nitro-but-1-en II	GC/MS/EI/E	489
1-(4-Methylphenyl)-2-nitro-but-1-en II	GC/MS/EI	1191
2-(3-Methylphenyl)-nitroethane	GC/MS/EI/E	589
2-(3-Methylphenyl)-nitroethane	GC/MS/EI	1003
1-(4-Methylphenyl)-2-nitro-ethene I	GC/MS/EI	571
1-(4-Methylphenyl)-2-nitro-ethene II	GC/MS/EI	571
1-(3-Methylphenyl)-2-nitropropane	GC/MS/EI	488
1-(3-Methylphenyl)-2-nitropropane	GC/MS/EI/E	707
1-(4-Methylphenyl)-2-nitropropane	GC/MS/EI	485
1-(4-Methylphenyl)-2-nitropropane	GC/MS/EI/E	1114
1-(4-Methylphenyl)-2-nitro-prop-1-en I	GC/MS/EI	572
1-(4-Methylphenyl)-2-nitro-prop-1-en II	GC/MS/EI	571
3-Methyl-7-phenyl-6-oxa-3-azabicyclo[6.4.0]dodeca-8,10,12-triene	GC/MS/EI/E	135
3-Methyl-7-phenyl-6-oxa-3-azabicyclo[6.4.0]dodeca-8,10,12-triene	GC/MS/EI	1369
4-(5-Methyl-3-phenyl-oxazol-4-yl)benzenesulfonamide	GC/MS/EI	1632
1-(4-Methylphenyl)-2-(2-oxo-pyrrolidinyl)-propan-1-one	GC/MS/EI/E	531
1-(4-Methylphenyl)-2-(2-oxo-pyrrolidinyl)-propan-1-one	GC/MS/EI	855

1-Methyl-4-phenylpiperidin-4-carbonic acid	GC/MS/EI	17
1-(2-Methylphenyl)-2-piperidino-ethanone	GC/MS/EI/E	404
1-(2-Methylphenyl)-2-piperidino-ethanone	GC/MS/EI	418
1-(2-Methylphenyl)-2-piperidino-hexan-1-one	GC/MS/EI	899
1-(2-Methylphenyl)-2-piperidino-hexan-1-one	GC/MS/EI/E	908
1-(3-Methylphenyl)-2-piperidino-hexan-1-one	GC/MS/EI/E	899
1-(3-Methylphenyl)-2-piperidino-hexan-1-one	GC/MS/EI	907
1-(4-Methylphenyl)-2-piperidino-hexan-1-one	GC/MS/EI/E	899
1-(4-Methylphenyl)-2-piperidino-hexan-1-one	GC/MS/EI	909
Methyl 2-phenyl-2-(2-piperidyl)acetate	GC/MS/EI	293
Methyl 2-phenyl-2-(2-piperidyl)acetate	GC/MS/EI/E	297
Methyl 2-phenyl-2-(2-piperidyl)acetate	GC/MS/EI/E	376
2-Methyl-1-phenyl-propan-2-amine	GC/MS/EI/E	114
2-Methyl-1-phenyl-propan-2-amine	GC/MS/EI	115
2-Methyl-1-phenyl-propan-2-amine	GC/MS/EI	371
2-Methyl-1-phenyl-propan-2-amine	GC/MS/EI/E	379
Methyl-3-phenylpropanoate	GC/MS/EI	470
1-(3-Methylphenyl)propan-1-one	GC/MS/EI	591
1-(3-Methylphenyl)propan-1-one	GC/MS/EI/E	603
1-(4-Methylphenyl)propan-1-one	GC/MS/EI	591
1-(4-Methylphenyl)propan-1-one	GC/MS/EI/E	603
1-(4-Methylphenyl)propan-2-one oxime	GC/MS/EI	486
1-(3-Methylphenyl)-propen-2-hydroxylamine	GC/MS/EI	980
2-Methyl-1-phenyl-2-propylaminopropan-1-one TFA	GC/MS/EI	1221
2-Methyl-1-phenyl-2-propylaminopropan-1-one TFA	GC/MS/EI/E	1225
(Methyl)(2-phenylpropyl)azan	GC/MS/EI	41
(Methyl)(2-phenylpropyl)azan	GC/MS/EI/E	265
4-Methyl-5-phenyl-pyrimidine	GC/MS/EI	1045
4-Methyl-5-phenylpyrimidine	GC/MS/EI	1045
1-(4-Methylphenyl)-2-pyrrolidino-hexan-1-ol	GC/MS/EI	776
1-(4-Methylphenyl)-2-pyrrolidino-hexan-1-ol	GC/MS/EI/E	781
1-(4-Methylphenyl)-2-pyrrolidino-hexan-1-ol	GC/MS/CI	785
1-(4-Methylphenyl)-2-pyrrolidino-hexan-1-ol AC	GC/MS/EI	779
1-(4-Methylphenyl)-2-pyrrolidino-hexan-1-ol AC	GC/MS/EI/E	785
1-(4-Methylphenyl)-2-pyrrolidino-hexan-1-ol AC I	GC/MS/CI	1432
1-(4-Methylphenyl)-2-pyrrolidino-hexan-1-ol AC II	GC/MS/CI	1432
1-(4-Methylphenyl)-2-pyrrolidino-hexan-1-ol TMS	GC/MS/EI	779
1-(4-Methylphenyl)-2-pyrrolidino-hexan-1-ol TMS	GC/MS/CI	781
1-(4-Methylphenyl)-2-pyrrolidino-hexan-1-ol TMS	GC/MS/EI/E	785
1-(4-Methylphenyl)-2-pyrrolidinyl-butan-1-ol	GC/MS/EI	530
1-(4-Methylphenyl)-2-pyrrolidinyl-butan-1-ol	GC/MS/EI/E	535
1-(4-Methylphenyl)-2-pyrrolidinyl-butan-1-ol AC	GC/MS/EI/E	530
1-(4-Methylphenyl)-2-pyrrolidinyl-butan-1-ol AC	GC/MS/EI	536
1-(4-Methylphenyl)-2-pyrrolidinyl-butan-1-ol TMS	GC/MS/EI	530

1-(4-Methylphenyl)-2-pyrrolidinyl-butan-1-ol TMS	GC/MS/EI/E	537
1-(4-Methylphenyl)-2-pyrrolidinyl-butan-1-one	GC/MS/EI	529
1-(4-Methylphenyl)-2-pyrrolidinyl-butan-1-one	GC/MS/EI/E	530
1-(4-Methylphenyl)-2-pyrrolidinyl-butan-1-one	GC/MS/EI	535
1-(4-Methylphenyl)-2-pyrrolidinyl-butan-1-one	GC/MS/CI	596
1-(4-Methylphenyl)-2-pyrrolidinyl-butan-1-one	GC/MS/EI/E	1385
1-(4-Methylphenyl)-2-pyrrolidinyl-hexan-1-one	GC/MS/EI	779
1-(4-Methylphenyl)-2-pyrrolidinyl-hexan-1-one	GC/MS/CI	1246
1-(4-Methylphenyl)-2-pyrrolidinyl-hexan-1-one	GC/MS/EI/E	1487
1-(4-Methylphenyl)-2-(1-pyrrolidinyl)propan-1-one	GC/MS/CI	406
1-(4-Methylphenyl)-2-(1-pyrrolidinyl)propan-1-one	GC/MS/EI/E	593
1-(4-Methylphenyl)-2-(1-pyrrolidinyl)propan-1-one	GC/MS/EI	1333
2-[1-(4-Methylphenyl)-3-pyrrolidin-1-yl-prop-1-enyl]pyridine	GC/MS/EI	1281
2-[1-(4-Methylphenyl)-3-pyrrolidin-1-yl-prop-1-enyl]pyridine	GC/MS/EI/E	1542
1-(4-Methylphenyl)-2-pyrrolyl-butan-1-ol AC	GC/MS/EI	503
1-(4-Methylphenyl)-2-pyrrolyl-butan-1-one	GC/MS/EI	503
2-[(4-Methylphenyl)sulfonyl]acetamide	GC/MS/EI/E	501
2-[(4-Methylphenyl)sulfonyl]acetamide	GC/MS/EI	845
4-[5-(4-Methylphenyl)-3-(trifluoromethyl)pyrazol-1-yl]benzenesulfonamide	GC/MS/EI	1714
4-[5-(4-Methylphenyl)-3-(trifluoromethyl)pyrazol-1-yl]benzenesulfonamide	GC/MS/EI	1715
2-(3-Methylphenyl)-vinyl-1-hydroxylamine	GC/MS/EI	860
10-[3-(4-Methylpiperazin-1-yl)propyl]phenothiazine	GC/MS/EI	536
1-[10-[3-(4-Methylpiperazin-1-yl)propyl]phenothiazin-2-yl]butan-1-one	GC/MS/EI	533
10-[3-(4-Methylpiperazin-1-yl)propyl]-2-(trifluoromethyl)phenothiazine	GC/MS/EI/E	25
10-[3-(4-Methylpiperazin-1-yl)propyl]-2-(trifluoromethyl)phenothiazine	GC/MS/EI	1731
2-(4-Methylpiperidino)butyrophenone	GC/MS/EI	777
2-(4-Methylpiperidino)butyrophenone	GC/MS/EI/E	784
2-(4-Methylpiperidino)heptanophenone	GC/MS/EI	1139
2-(4-Methylpiperidino)heptanophenone	GC/MS/EI/E	1148
2-(4-Methylpiperidino)hexanophenone	GC/MS/EI/E	1032
2-(4-Methylpiperidino)hexanophenone	GC/MS/EI	1037
2-(4-Methylpiperidino)propiophenone	GC/MS/EI/E	645
2-(4-Methylpiperidino)propiophenone	GC/MS/EI	655
2-(4-Methylpiperidino)valerophenone	GC/MS/EI/E	900
2-(4-Methylpiperidino)valerophenone	GC/MS/EI	906
Methyl 2-[4-[2-(1-piperidyl)ethoxy]benzoyl]benzoate	GC/MS/EI	405
Methyl 2-[4-[2-(1-piperidyl)ethoxy]benzoyl]benzoate	GC/MS/EI/E	421
10-[2-(1-Methyl-2-piperidyl)ethyl]-2-methylsulfanyl-phenothiazine	GC/MS/EI	411
10-[2-(1-Methyl-2-piperidyl)ethyl]-2-methylsulfanyl-phenothiazine	GC/MS/EI/E	648
10-[2-(1-Methyl-2-piperidyl)ethyl]-2-methylsulfonyl-phenothiazine	GC/MS/EI/E	404
10-[2-(1-Methyl-2-piperidyl)ethyl]-2-methylsulfonyl-phenothiazine	GC/MS/EI	419
4-(1-Methyl-4-piperidylidene)-4H-benzo-[4,5]cyclohepta[1,2-b]thiophen-10(9H)-one	GC/MS/EI	1619
10-[(1-Methyl-3-piperidyl)methyl]phenothiazine	GC/MS/EI	95
2-Methylpropane	GC/MS/EI/E	19

2-Methylpropane	GC/MS/EI	102
3-Methyl-7-(1-propen-2-yl)-benzofuran-2-one	GC/MS/EI/E	813
3-Methyl-7-(1-propen-2-yl)-benzofuran-2-one	GC/MS/EI	942
1-Methyl-4-prop-1-en-2-yl-cyclohexane-1,2-diol	GC/MS/EI/E	192
1-Methyl-4-prop-1-en-2-yl-cyclohexane-1,2-diol	GC/MS/EI	896
1-Methyl-4-prop-1-en-2-yl-cyclohexene	GC/MS/EI	181
2-Methyl-5-prop-1-en-2-yl-cyclohex-2-en-1-one	GC/MS/EI	287
2-Methyl-5-prop-1-en-2-yl-cyclohex-2-en-1-one	GC/MS/EI/E	865
2-(3-Methyl-6-prop-1-en-2-yl-1-cyclohex-2-enyl)-5-pentyl-benzene-1,3-diol	GC/MS/EI/E	1382
2-(3-Methyl-6-prop-1-en-2-yl-1-cyclohex-2-enyl)-5-pentyl-benzene-1,3-diol	GC/MS/EI	1387
2'-Methylpropiophenone	GC/MS/EI/E	591
2'-Methylpropiophenone	GC/MS/EI	604
3'-Methylpropiophenone	GC/MS/EI/E	591
3'-Methylpropiophenone	GC/MS/EI	603
4'-Methylpropiophenone	GC/MS/EI/E	591
4'-Methylpropiophenone	GC/MS/EI	603
4'-(2-Methylpropyl)acetophenone	GC/MS/EI	951
2-Methylpropylamino-1-(3,4-methylenedioxyphenyl)-1-propanone	GC/MS/EI/E	431
2-Methylpropylamino-1-(3,4-methylenedioxyphenyl)-1-propanone	GC/MS/EI	455
2-Methyl-2-propylamino-propiophenone AC	GC/MS/EI	438
2-Methyl-2-propylamino-propiophenone AC	GC/MS/EI/E	797
2-Methylpropyl-hexahydro-pyrrolo[1,2a]pyrazine-1,2-dione	GC/MS/EI/E	904
2-Methylpropyl-hexahydro-pyrrolo[1,2a]pyrazine-1,2-dione	GC/MS/EI	1026
2-Methylpropyl-4-hydroxybutyrate	GC/MS/EI	344
2-Methylpropyl-4-hydroxybutyrate	GC/MS/EI/E	362
2-Methylpropyl-4-hydroxybutyrate DMBS	GC/MS/EI	945
2-Methylpropyl-4-hydroxybutyrate DMBS	GC/MS/EI/E	1250
1-[4-(2-Methylpropyl)phenyl]ethanone	GC/MS/EI	951
2-[4-(2-Methylpropyl)phenyl]propanoic acid	GC/MS/EI	947
2-Methyl-2-propyl-1,3-propanediol	GC/MS/EI	10
2-Methyl-2-propyl-1,3-propanediol	GC/MS/EI/E	163
2- Methyl-2-propyl-1,3-propanediol 2TMS	GC/MS/EI/E	240
2- Methyl-2-propyl-1,3-propanediol 2TMS	GC/MS/EI	862
3-Methyl-pyridine	GC/MS/EI	393
1-Methyl-5-pyridin-3-yl-pyrrolidin-2-one	GC/MS/EI	411
1-Methyl-5-pyridin-3-yl-pyrrolidin-2-one	GC/MS/EI/E	412
1-Methyl-5-pyridin-3-yl-pyrrolidin-2-one	GC/MS/EI	594
Methyl-2-pyridylacete	GC/MS/EI	391
Methyl-2-pyridylacete	GC/MS/EI/E	878
1-Methyl-2-pyrrolidinone	GC/MS/EI	422
3-(1-Methylpyrrolidin-2-yl)pyridine	GC/MS/EI	294
3-(1-Methylpyrrolidin-2-yl)pyridine	GC/MS/EI/E	705
3-Methylquinoline	GC/MS/EI	801
Methyl-salicylate	GC/MS/EI	606

Methyl stearate	GC/MS/EI	259
4-Methyl-2-sulfanilamido-thiazole	DI/MS/EI	1258
1-(4-Methylsulfanylphenyl)propan-2-amine	GC/MS/EI/E	51
1-(4-Methylsulfanylphenyl)propan-2-amine	GC/MS/EI	763
1-(4-Methylsulfanylphenyl)propan-2-amine	GC/MS/EI	763
1-(4-Methylsulfanylphenyl)propan-2-amine	GC/MS/EI/E	771
2-(4-Methylsulfonyl-2-nitro-benzoyl)cyclohexane-1,3-dione	GC/MS/EI	908
4-(4-Methylsulfonylphenyl)-3-phenyl-5*H*-furan-2-one	GC/MS/EI	1099
4-(4-Methylsulfonylphenyl)-3-phenyl-5*H*-furan-2-one	GC/MS/EI	1479
Methyl-4-*tert*-butylbenzoate	GC/MS/EI/E	1098
Methyl-4-*tert*-butylbenzoate	GC/MS/EI	1196
Methyltestosterone	GC/MS/EI	635
Methyl tetradecanoate	GC/MS/EI/E	259
Methyl tetradecanoate	GC/MS/EI	804
Methyltheobromin	GC/MS/EI	1213
5-Methyl-4-thiazoleethanol acetate	GC/MS/EI	26
2-(Methylthio)-10*H*-phenothiazine	GC/MS/EI	1437
2-(Methylthio)-10*H*-phenothiazine	GC/MS/EI	1439
2-(Methylthio)-10*H*-phenothiazine	GC/MS/EI/E	1443
4-Methylthioamphetamine	GC/MS/EI	51
4-Methylthioamphetamine	GC/MS/EI/E	763
4-Methylthioamphetamine	GC/MS/EI	763
4-Methylthioamphetamine	GC/MS/EI/E	771
4-Methylthioamphetamine AC	GC/MS/EI	981
4-Methylthioamphetamine TFA	GC/MS/EI	985
4-Methylthioamphetamine TFA	GC/MS/EI/E	1538
4-Methylthiobenzaldehyde	GC/MS/EI	871
2-Methylthiobenzothiazole	GC/MS/EI	1128
4-Methylthio-benzylalcohol TMS	GC/MS/EI	758
4-Methylthio-benzylmethylketone (Enol) TMS	GC/MS/EI	1464
4-Methylthio-phenyl-*iso*-propylalcohol TMS	GC/MS/EI	247
2-(Methylthio)phenyl isothiocyanate	GC/MS/EI	1134
4-Methylthiophenylpropene	GC/MS/EI	983
Methyltriazothion	GC/MS/EI	940
Methyltriazothion	GC/MS/EI/E	947
2-Methyl-1,3,5-trinitrobenzene	GC/MS/CI	1298
2-Methyl-1,3,5-trinitrobenzene	GC/MS/EI/E	1299
2-Methyl-1,3,5-trinitrobenzene	GC/MS/EI	1307
2-Methyl-1,3,5-trinitrobenzene	GC/MS/EI	1372
α-Methyltryptamine	GC/MS/CI	49
α-Methyltryptamine	GC/MS/EI/E	700
α-Methyltryptamine	GC/MS/EI	929
α-Methyltryptamine AC	GC/MS/EI/E	679
α-Methyltryptamine AC	GC/MS/EI	931

α-Methyltryptamine PFP	GC/MS/EI/E	683
α-Methyltryptamine PFP	GC/MS/EI	696
α-Methyltryptamine TFA	GC/MS/EI	680
α-Methyltryptamine TFA	GC/MS/EI/E	693
Methylvalproate	GC/MS/EI/E	351
Methylvalproate	GC/MS/EI	652
Methyprylone	GC/MS/EI	780
Methyprylone	GC/MS/EI/E	915
Methyprylone AC	GC/MS/EI	780
Methyprylone AC	GC/MS/EI/E	1227
Methyprylone ME	GC/MS/EI	901
Methyprylone ME	GC/MS/EI/E	1046
Methyprylone-M (OH) -H_2O	GC/MS/EI	290
Methyprylone-M (OH) -H_2O AC	GC/MS/EI	892
Methyprylone-M (OH) -H_2O AC	GC/MS/EI/E	1215
Methyprylone-M (OH) -H_2O ME	GC/MS/EI/E	1018
Methyprylone-M (OH) -H_2O ME	GC/MS/EI	1215
Methyprylone-M (OH) -H_2O TMS	GC/MS/EI	1301
Methyprylone-M (OH) -H_2O TMS	GC/MS/EI/E	1469
Methyprylone-M (Oxo) 2AC	GC/MS/EI	30
Methyprylone-M (Oxo) 2AC	GC/MS/EI/E	1123
Methyprylone-M (Oxo) 2AC	GC/MS/CI	1412
Methyprylone-M (oxo)	GC/MS/EI	288
Methyprylone-M (oxo)	GC/MS/EI/E	1140
Methyprylone-M (oxo) ME	GC/MS/EI/E	1136
Methyprylone-M (oxo) ME	GC/MS/EI	1305
Methyprylone-M (oxo) TMS	GC/MS/EI/E	1369
Methyprylone-M (oxo) TMS	GC/MS/EI	1424
Methyprylone-M (oxo) (enol) 2ME	GC/MS/EI/E	1219
Methyprylone-M (oxo) (enol) 2ME	GC/MS/EI	1365
Methyprylone-M (oxo) (enol) 2TMS	GC/MS/EI	251
Methyprylone TMS	GC/MS/EI	1311
Methyprylone (enol) 2ME	GC/MS/EI	1135
Metilox	GC/MS/EI	1541
Metipranolol	GC/MS/EI/E	216
Metipranolol	GC/MS/EI	1501
Metoclopramide	GC/MS/EI/E	320
Metoclopramide	GC/MS/EI	324
Metoclopramide	GC/MS/EI	1156
Metoclopramide AC	GC/MS/EI	323
Metoclopramide AC	GC/MS/EI/E	342
Metoclopramide AC	GC/MS/EI/E	422

Metoclopramide AC	GC/MS/EI	1157
Metoclopramide-M (desethyl)	GC/MS/EI	109
Metoclopramide-M (desethyl)	GC/MS/EI/E	271
Metoclopramide-M (desethyl) 2AC	GC/MS/EI	1368
Metoclopramide-M (desethyl) 2AC	GC/MS/EI/E	1513
Metoprolol	GC/MS/EI/E	197
Metoprolol	GC/MS/EI	1358
Metoprolol-A	GC/MS/EI	651
Metoprolol 2AC	GC/MS/EI	1239
Metoprolol 2AC	GC/MS/EI/E	1245
Metoprolol-A (-H$_2$O) AC	GC/MS/EI	782
Metoprolol-M 2ME	GC/MS/EI	498
Metrifonate	GC/MS/EI/E	507
Metrifonate	GC/MS/EI	829
Metriphonate	GC/MS/EI	507
Metriphonate	GC/MS/EI/E	829
Metronidazole	GC/MS/EI	631
Metronidazole	GC/MS/EI/E	635
Metronidazole	GC/MS/EI	1052
Metronidazole-M (OH)	GC/MS/EI	1047
Metyltestosteron	GC/MS/EI	635
Mevinolin	GC/MS/EI/E	934
Mevinolin	GC/MS/EI	1362
Mevinphos	GC/MS/EI	654
Mevinphos	GC/MS/EI	655
Mevinphos	GC/MS/EI/E	1202
Mianserin	GC/MS/EI	1203
Midazolam	GC/MS/CI	1622
Midazolam	GC/MS/EI	1623
Midazolam	GC/MS/EI/E	1650
Midazolam	GC/MS/EI	1653
Midazolam-M/A	GC/MS/EI	1625
Midazolam-M/A (Oxo)	GC/MS/EI	1623
Midazolam-M (OH)	GC/MS/EI	1622
Midazolam-M (OH)	GC/MS/EI/E	1676
Midazolam-M (OH) AC	GC/MS/EI	1623
Midazolam-M (OH) AC	GC/MS/EI	1624
Midazolam-M (OH) AC	GC/MS/EI/E	1678
Miosminin	GC/MS/EI	587
Mirtazapine	GC/MS/EI/E	1215
Mirtazapine	GC/MS/EI	1222
Mirtazapine	GC/MS/EI/E	1281
Mirtazapine-M (Desmethyl) AC	GC/MS/EI/E	1218
Mirtazapine-M (Desmethyl) AC	GC/MS/EI	1458

Mirtazapine-M (Desmethyl, OH) 2AC	GC/MS/EI	440
Mirtazapine-M (HO-) AC	GC/MS/EI	1471
Mirtazapine-M (HO-) AC	GC/MS/EI/E	1507
Mirtazapine-M (Nor)	GC/MS/EI	1216
Mirtazapine-M (Nor)	GC/MS/EI/E	1294
Mirtazapine-M (Nor)	GC/MS/EI	1458
Mirtazapine-M (OH)	GC/MS/EI/E	1305
Mirtazapine-M (OH)	GC/MS/EI	1552
Mirtazapine-M (2OH) 2AC	GC/MS/EI/E	444
Mirtazapine-M (2OH) 2AC	GC/MS/EI	1715
Mirtazapine-M (OH) AC	GC/MS/EI/E	1468
Mirtazapine-M (OH) AC	GC/MS/EI	1472
Mirtazapine-M (Oxo)	GC/MS/EI	1454
Mirtazepine	GC/MS/EI/E	1215
Mirtazepine	GC/MS/EI/E	1222
Mirtazepine	GC/MS/EI	1281
Mitragynin-A (-2H)	GC/MS/EI	1725
Mitragynine	GC/MS/EI	1322
Mitragynine TMS	GC/MS/EI	1567
Mitragynine TMS	GC/MS/EI	1751
Moclobemide	GC/MS/EI/E	435
Moclobemide	GC/MS/EI/E	535
Moclobemide	GC/MS/CI	536
Moclobemide	GC/MS/EI	1518
Moclobemide-A (-Morpholine)	GC/MS/CI	769
Moclobemide-A (-Morpholine)	GC/MS/EI	773
Mofebutazone	GC/MS/EI	501
Mogadan	GC/MS/EI	1396
Mogadan	GC/MS/EI	1498
3-Monoacetylmorphine	GC/MS/EI	1621
3-Monoacetylmorphine	GC/MS/CI	1654
6-Monoacetylmorphine	GC/MS/EI	20
6-Monoacetylmorphine	GC/MS/EI	1515
6-Monoacetylmorphine	GC/MS/CI	1656
6-Monoacetylmorphine PFP	GC/MS/CI	19
6-Monoacetylmorphine PFP	GC/MS/EI	1734
6-Monoacetylmorphine PROP	GC/MS/EI	1654
3-Monoacetylmorphine TFA	GC/MS/EI	20
3-Monoacetylmorphine TFA	GC/MS/CI	1622
6-Monoacetylmorphine TFA	GC/MS/CI	31
6-Monoacetylmorphine TFA	GC/MS/EI	1698
3-Monoacetylmorphine TMS	GC/MS/EI	246
3-Monoacetylmorphine TMS	GC/MS/CI	1624
6-Monoacetylmorphine TMS	GC/MS/CI	1674

6-Monoacetylmorphine TMS	GC/MS/EI	1727
Monocrotophos	GC/MS/EI	650
Monocrotophos	GC/MS/EI/E	1193
Moperone	GC/MS/EI/E	1256
Moperone	GC/MS/EI	1337
Moperone-A ($-H_2O$)	GC/MS/EI/E	1057
Moperone-A ($-H_2O$)	GC/MS/EI	1168
Moramide	GC/MS/EI	436
Moramide	GC/MS/EI/E	1506
Morphine	GC/MS/CI	16
Morphine	GC/MS/EI	1515
Morphine	GC/MS/EI	1563
Morphine 2ME	GC/MS/EI	1557
Morphine 2ME	GC/MS/CI	1628
Morphine-N-oxide	GC/MS/EI	1566
Morphine O^3 PFP	GC/MS/CI	1512
Morphine O^3 PFP	GC/MS/EI	1515
Morphine O^3 TFA	GC/MS/CI	1514
Morphine O^3 TFA	GC/MS/EI	1516
Morphine O^3 TFA, O^6 TMS	GC/MS/EI	231
Morphine O^3-TMS	GC/MS/CI	1673
Morphine O^3-TMS	GC/MS/EI	1693
Morphine O^6-TMS	GC/MS/EI	982
Morphine O^6-TMS	GC/MS/CI	1516
Morphine 2PFP	GC/MS/EI	1734
Morphine 2PFP	GC/MS/CI	1735
Morphine 2PROP	GC/MS/EI	1516
Morphine 2PROP	GC/MS/EI	1674
Morphine PROP	GC/MS/EI	1563
Morphine 2TFA	GC/MS/EI	1698
Morphine 2TFA	GC/MS/CI	1699
Morphine 2TMS	GC/MS/EI/E	231
Morphine 2TMS	GC/MS/EI	249
Morphine 2TMS	GC/MS/CI	1735
Morphine 2TMS	GC/MS/EI	1740
2-Morpholino-heptanophenone	GC/MS/EI	1044
2-Morpholino-heptanophenone	GC/MS/EI/E	1051
2-Morpholino-hexanophenone	GC/MS/EI	912
2-Morpholino-hexanophenone	GC/MS/EI/E	921
2-Morpholino-valerophenone	GC/MS/EI	789
2-Morpholino-valerophenone	GC/MS/EI/E	798
2-Morpholinyl-1-phenylethanone	GC/MS/EI	428

2-Morpholinyl-1-phenylethanone	GC/MS/EI/E	450
Moxaverine-M (Desmethyl) AC	GC/MS/EI	1544
Moxifloxacin	GC/MS/EI	523
Moxifloxacin ME	GC/MS/EI	523
Moxonidine	GC/MS/EI	1424
Moxonidine	GC/MS/CI	1428
Muscarine-A (-CH$_3$Cl)	GC/MS/EI/E	97
Muscarine-A (-CH$_3$Cl)	GC/MS/CI	782
Muscarine-A (-CH$_3$Cl)	GC/MS/EI	941
Muscimol	GC/MS/EI	2
Muscimol	GC/MS/EI/E	14
Mustard gas	GC/MS/EI	504
Mustard gas	GC/MS/EI/E	931
Mustard gas artifact	GC/MS/EI	263
Mustard gas hydrolysis product TBDMS	GC/MS/EI	1649
Mustard gas hydrolysis product TMS	GC/MS/EI	825
Myclobutanil	GC/MS/EI/E	1108
Myclobutanil	GC/MS/EI	1267
Myosminin	GC/MS/EI	587
Myristic acid	GC/MS/EI	254
Myristic acid	GC/MS/EI	256
Myristic acid ethylester	GC/MS/EI	364
Myristic acid ethylester	GC/MS/EI/E	925
Myristic acid methylester	GC/MS/EI/E	259
Myristic acid methylester	GC/MS/EI	804
NAPAP	GC/MS/EI	513
NAPAP	GC/MS/EI	514
N-Acetyl-L-cysteine	GC/MS/EI/E	432
N-Acetyl-L-cysteine	GC/MS/EI	454
N-Acetyl-L-phenylalanine ethyl ester	GC/MS/EI/E	1085
N-Acetyl-L-phenylalanine ethyl ester	GC/MS/EI	1097
N-Acetyl-L-phenylalanine methyl ester	GC/MS/EI/E	962
N-Acetyl-L-phenylalanine methyl ester	GC/MS/EI	1353
N-Acetyl-3-acetoxyindole	GC/MS/EI	1069
N-Acetyl-2-amino-octanoic acid methyl ester	GC/MS/EI/E	557
N-Acetyl-2-amino-octanoic acid methyl ester	GC/MS/EI	1059
N-Acetylhistamine	GC/MS/EI	396
N-Acetylhistamine	GC/MS/EI/E	399
N-[3-Acetyl-4-[2-hydroxy-3-(propan-2-ylamino)propoxy]phenyl]butanamide	GC/MS/EI	1347
N-[3-Acetyl-4-[2-hydroxy-3-(propan-2-ylamino)propoxy]phenyl]butanamide	GC/MS/EI/E	1356
N-Acetyl-leucine ethyl ester	GC/MS/EI/E	343
N-Acetyl-leucine ethyl ester	GC/MS/EI	816
N-Acetyl-norleucine methyl ester	GC/MS/EI/E	341

N-Acetyl-norleucine methyl ester	GC/MS/EI	689
N-Acetylnortriptyline	GC/MS/EI	1386
N-Acetylnortriptyline	GC/MS/EI/E	1391
N-[2-[4-(Acetyloxy)phenyl]ethyl]acetamide	GC/MS/EI/E	599
N-[2-[4-(Acetyloxy)phenyl]ethyl]acetamide	GC/MS/EI	607
N-[2-[4-(Acetyloxy)phenyl]ethyl]acetamide	GC/MS/EI	977
N-[2-[4-(Acetyloxy)phenyl]ethyl]acetamide	GC/MS/EI/E	1349
N-Acetylpiperidine	GC/MS/EI	294
N-Acetyl-pyrrolidine	GC/MS/EI	19
N-Acetyl-pyrrolidine	GC/MS/EI/E	534
N-Acetyl-2-pyrrolidon	GC/MS/EI/E	25
N-Acetyl-2-pyrrolidon	GC/MS/EI	415
N-Allyl-4,5-dimethyl-2-(trimethylsilyl)thiophene-3-carboxamide	GC/MS/EI	1463
N^1-Amidinosulfanilamide	DI/MS/EI	1319
N'-Amino-N-(5-methyl-1,3,4-thiadiazol-2-yl)benzene-sulfonamide	DI/MS/EI	1520
N-(4-Aminophenyl)sulfonylacetamide	GC/MS/EI	514
N-(4-Aminophenyl)sulfonylbenzamide	DI/MS/EI	511
N-(4-Aminophenyl)sulfonylbenzamide	DI/MS/EI/E	1536
2-(N-Anilino)propiophenone	GC/MS/EI/E	600
2-(N-Anilino)propiophenone	GC/MS/EI	615
N-(1-Benzo[1,3]dioxol-5-ylpropan-2-yl)hydroxylamine	GC/MS/EI/E	739
N-(1-Benzo[1,3]dioxol-5-ylpropan-2-yl)hydroxylamine	GC/MS/EI	757
N-Benzyl-N-methyl-tetradecan-1-amine	GC/MS/EI/E	711
N-Benzyl-N-methyl-tetradecan-1-amine	GC/MS/EI	733
N-Benzyl-N-methyl-trifluoracetamide	GC/MS/EI	1327
N-Benzyl-3-chloro-propanamide	GC/MS/EI	376
N-Benzylidenehydroxylamine	GC/MS/EI	610
N-Benzylpiperazine	GC/MS/EI	708
N-Benzylpiperazine	GC/MS/CI	711
N-Benzylpiperazine	GC/MS/EI	1087
N-Benzylpiperazine AC	GC/MS/EI/E	380
N-Benzylpiperazine AC	GC/MS/EI	1335
N-Benzylpiperazine ME	GC/MS/EI	383
N-Benzylpiperazine-N'-carboxytrimethylsilylester	GC/MS/EI	380
N-Benzylpiperazine PFP	GC/MS/EI	385
N-Benzylpiperazine TMS	GC/MS/EI	461
N-(2-Bromo-2-ethylbutyryl)urea	GC/MS/EI	182
N-(2-Bromo-2-ethylbutyryl)urea	GC/MS/EI/E	997
N-[1-(2-Bromo-4,5-methylenedioxyphenyl)propan-2-yl]methanimine	GC/MS/EI	1178
N-[1-(2-Bromo-4,5-methylenedioxyphenyl)propan-2-yl]methanimine	GC/MS/EI/E	1324
N-2-Butyl-1-(3,4-Methylenedioxyphenyl)butan-2-amine	GC/MS/EI	555
N-2-Butyl-1-(3,4-Methylenedioxyphenyl)butan-2-amine	GC/MS/EI/E	732
N-Butyl-1-(3,4-Methylenedioxyphenyl)butan-2-amine	GC/MS/EI	556
N-Butyl-1-(3,4-Methylenedioxyphenyl)butan-2-amine	GC/MS/EI/E	731

N-2-Butyl-N-ethyl-1-(3,4-methylenedioxyphenyl)propan-2-amine	GC/MS/EI	669
N-2-Butyl-N-ethyl-1-(3,4-methylenedioxyphenyl)propan-2-amine	GC/MS/EI/E	731
N-Butyl,N-ethyl-1-(3,4-methylenedioxyphenyl)propan-2-amine	GC/MS/EI/E	669
N-Butyl,N-ethyl-1-(3,4-methylenedioxyphenyl)propan-2-amine	GC/MS/EI	678
N-Butyl-N-methyl-2,3-methylenedioxyphenethylamine	GC/MS/EI/E	449
N-Butyl-N-methyl-2,3-methylenedioxyphenethylamine	GC/MS/EI	460
N-Butyl-N-methyl-phenethylamine	GC/MS/EI	447
N-Butyl-N-methyl-phenethylamine	GC/MS/EI/E	487
N-2-Butyl-N-phenethyl-acetamide	GC/MS/EI	339
N-2-Butyl-N-phenethyl-acetamide	GC/MS/EI/E	841
N-Butyl-N-phenethyl-acetamide	GC/MS/EI/E	340
N-Butyl-N-phenethyl-acetamide	GC/MS/EI	1343
N-Butyl-N-phenethyl-butan-1-amine	GC/MS/EI/E	792
N-Butyl-N-phenethyl-butan-1-amine	GC/MS/EI	803
N-2-Butyl-N-phenethylformamide	GC/MS/EI	158
N-2-Butyl-N-phenethylformamide	GC/MS/EI/E	1262
N-Butyl-N-phenethylformamide	GC/MS/EI	227
N-Butyl-N-phenethylformamide	GC/MS/EI/E	1262
N-2-Butyl-N-phenethyl-phenethylamine	GC/MS/EI	1184
N-2-Butyl-N-phenethyl-phenethylamine	GC/MS/EI/E	1190
N-Butyl-N-phenethyl-phenethylamine	GC/MS/EI/E	1184
N-Butyl-N-phenethyl-phenethylamine	GC/MS/EI	1191
N-Butyl-N-propyl-1-(3,4-methylenedioxyphenyl)butan-2-amine	GC/MS/EI	917
N-Butyl-N-propyl-1-(3,4-methylenedioxyphenyl)butan-2-amine	GC/MS/EI/E	926
N-Butylacetamide	GC/MS/EI	2
N-Butylacetamide	GC/MS/EI/E	433
2-(N-Butylamino)heptanophenone	GC/MS/EI	912
2-(N-Butylamino)heptanophenone	GC/MS/EI/E	924
2-N-Butylaminopropiophenone	GC/MS/EI	427
2-N-Butylaminopropiophenone	GC/MS/EI/E	450
2-N-Butylaminopropiophenone TFA	GC/MS/EI/E	1220
2-N-Butylaminopropiophenone TFA	GC/MS/EI	1225
N-Butyl-amphetamine	GC/MS/EI	447
N-Butyl-amphetamine	GC/MS/EI/E	459
N-2-Butyl-amphetamine I	GC/MS/EI/E	445
N-2-Butyl-amphetamine I	GC/MS/EI	458
N-2-Butyl-amphetamine II	GC/MS/EI/E	446
N-2-Butyl-amphetamine II	GC/MS/EI	459
N-Butylbenzamide	GC/MS/EI/E	484
N-Butylbenzamide	GC/MS/EI	734
N-Butyl-3-chlorophenethylamine	GC/MS/EI	340
N-Butyl-3-chlorophenethylamine	GC/MS/EI/E	466
N-Butyl-2,4-dimethoxybenzylamine	GC/MS/EI/E	869
N-Butyl-2,4-dimethoxybenzylamine	GC/MS/EI	885

N-Butyl-2,5-dimethoxybenzylamine	GC/MS/EI/E	869
N-Butyl-2,5-dimethoxybenzylamine	GC/MS/EI	885
N-Butyl-3,4-dimethoxybenzylamine	GC/MS/EI/E	871
N-Butyl-3,4-dimethoxybenzylamine	GC/MS/EI	886
N-Butyl-2,4-dimethoxybenzylamine AC	GC/MS/EI/E	873
N-Butyl-2,4-dimethoxybenzylamine AC	GC/MS/EI	1501
N-Butyl-2,5-dimethoxybenzylamine AC	GC/MS/EI	872
N-Butyl-3,4-dimethoxybenzylamine AC	GC/MS/EI	872
N-Butyl-3,4-dimethoxybenzylamine AC	GC/MS/EI/E	1501
N-Butyl-2,4-dimethoxybenzylimine	GC/MS/EI	1100
N-Butyl-2,5-dimethoxybenzylimine	GC/MS/EI	985
N-Butyl-3,4-dimethoxybenzylimine	GC/MS/EI	1101
N-Butyl-3,5-dimethoxybenzylimine	GC/MS/EI	1193
N-Butylformamide	GC/MS/EI/E	8
N-Butylformamide	GC/MS/EI	228
N-Butylmescaline	GC/MS/EI	339
N-Butylmescaline	GC/MS/EI/E	343
N-Butylmescaline	GC/MS/EI/E	1152
N-Butylmescaline	GC/MS/EI	1153
N-Butyl-4-methoxyampetamine	GC/MS/EI	447
N-Butyl-4-methoxyampetamine	GC/MS/EI/E	619
N-Butyl-(2-methoxyphenyl)methanimine	GC/MS/EI	836
N-Butyl-(3-methoxyphenyl)methanimine	GC/MS/EI	838
N-Butyl-(3-methoxyphenyl)methanimine	GC/MS/EI/E	1187
N-Butyl-(4-methoxyphenyl)methanimine	GC/MS/EI	612
N-Butyl-(4-methoxyphenyl)methanimine	GC/MS/EI/E	1187
N-(2-Butyl)-2,3-methylenedioxyamphetamine	GC/MS/EI/E	65
N-(2-Butyl)-2,3-methylenedioxyamphetamine	GC/MS/EI	730
N-2-Butyl-3,4-methylenedioxyamphetamine	GC/MS/EI/E	445
N-2-Butyl-3,4-methylenedioxyamphetamine	GC/MS/EI	731
N-Butyl-2,3-methylenedioxyamphetamine	GC/MS/EI/E	446
N-Butyl-2,3-methylenedioxyamphetamine	GC/MS/EI	715
N-Butyl-3,4-methylenedioxyamphetamine	GC/MS/EI	447
N-Butyl-3,4-methylenedioxyamphetamine	GC/MS/EI/E	459
N-Butyl-methylenedioxyamphetamine AC	GC/MS/EI	445
N-Butyl-3,4-methylenedioxyphenethyamine	GC/MS/EI	341
N-Butyl-3,4-methylenedioxyphenethyamine	GC/MS/EI/E	748
N-(2-Butyl)-2,3-methylenedioxyphenethylamine	GC/MS/EI/E	8
N-(2-Butyl)-2,3-methylenedioxyphenethylamine	GC/MS/EI	1196
N-(2-Butyl)-3,4-methylenedioxyphenethylamine	GC/MS/EI	299
N-(2-Butyl)-3,4-methylenedioxyphenethylamine	GC/MS/EI/E	744
N-Butyl-2,3-methylenedioxyphenethylamine	GC/MS/EI	66
N-Butyl-2,3-methylenedioxyphenethylamine	GC/MS/EI/E	342
N-Butyl-2,3-methylenedioxyphenethylamine	GC/MS/EI	389

N-Butyl-2,3-methylenedioxyphenethylamine	GC/MS/EI/E	1353
N-(2-Butyl)-2-(3,4-methylenedioxyphenyl)propan-1-amine	GC/MS/EI/E	303
N-(2-Butyl)-2-(3,4-methylenedioxyphenyl)propan-1-amine	GC/MS/EI	357
N-(2-Butyl)-2-methyl-2-(3,4-methylenedioxyphenyl)propan-1-amine	GC/MS/EI	301
N-(2-Butyl)-2-methyl-2-(3,4-methylenedioxyphenyl)propan-1-amine	GC/MS/EI/E	354
N-Butyl-2-methyl-2-(3,4-methylenedioxyphenyl)propan-1-amine	GC/MS/EI/E	343
N-Butyl-2-methyl-2-(3,4-methylenedioxyphenyl)propan-1-amine	GC/MS/EI/E	361
N-2-Butyl-phenethylamine	GC/MS/EI	340
N-2-Butyl-phenethylamine	GC/MS/EI/E	841
N-Butyl-phenethylamine	GC/MS/EI/E	341
N-Butyl-phenethylamine	GC/MS/EI	485
N-Butyl-3,4,5-trimethoxy-benzaldimine	GC/MS/EI	1344
N-Butyl-3,4,5-trimethoxy-benzaldimine	GC/MS/EI/E	1455
N-2-Butyl-3,4,5-trimethoxyphenethylamine	GC/MS/EI	339
N-2-Butyl-3,4,5-trimethoxyphenethylamine	GC/MS/EI/E	1217
N-Butyryl-1-(3,4-methylenedioxyphenyl)butan-2-amine	GC/MS/EI/E	157
N-Butyryl-1-(3,4-methylenedioxyphenyl)butan-2-amine	GC/MS/EI	1093
N-Butyryl-phenylalanine methyl ester	GC/MS/EI/E	962
N-Butyryl-phenylalanine methyl ester	GC/MS/EI	1185
N-Butyryl-valine methyl ester	GC/MS/EI	229
N-Butyryl-valine methyl ester	GC/MS/EI/E	938
N-Buyl-4-dimethylaminobenzaldimine	GC/MS/EI	951
N-Buyl-3-methoxy-4,5-methylenedioxybenzaldimine	GC/MS/EI	1195
N-Caproyl-phenylalanine methyl ester	GC/MS/EI/E	952
N-Caproyl-phenylalanine methyl ester	GC/MS/EI	981
N-Chloroacetyl-2,6-dimethylaniline	GC/MS/EI	837
N-[2-[4-(2-Chloro-1,2-diphenyl-ethenyl)phenoxy]ethyl]-N-ethyl-ethanamine	GC/MS/EI	319
N-[2-[4-(2-Chloro-1,2-diphenyl-ethenyl)phenoxy]ethyl]-N-ethyl-ethanamine	GC/MS/EI/E	349
N-(4-Chlorophenyl)-1,3,5-triazine-2,4-diamine	GC/MS/EI	31
N'-(7-Chloroquinolin-4-yl)-N,N-diethyl-pentane-1,4-diamine	GC/MS/EI	309
N'-(7-Chloroquinolin-4-yl)-N,N-diethyl-pentane-1,4-diamine	GC/MS/EI	334
N'-(7-Chloroquinolin-4-yl)-N,N-diethyl-pentane-1,4-diamine	GC/MS/EI/E	335
N'-(7-Chloroquinolin-4-yl)-N,N-diethyl-pentane-1,4-diamine	GC/MS/EI/E	358
N'-(7-Chloroquinolin-4-yl)-N,N-diethyl-pentane-1,4-diamine	GC/MS/EI	1578
N'-(7-Chloroquinolin-4-yl)-N-ethyl-pentane-1,4-diamine	GC/MS/EI/E	1105
N'-(7-Chloroquinolin-4-yl)-N-ethyl-pentane-1,4-diamine	GC/MS/EI	1339
N-[2-Chloro-1-(3,4,5-trihydroxy-6-methylsulfanyl-oxan-2-yl)propyl]-1-methyl-4-propyl-pyrrolidine-2-carboxamide	DI/MS/EI/E	646
N-[2-Chloro-1-(3,4,5-trihydroxy-6-methylsulfanyl-oxan-2-yl)propyl]-1-methyl-4-propyl-pyrrolidine-2-carboxamide	GC/MS/EI	646
N-[2-Chloro-1-(3,4,5-trihydroxy-6-methylsulfanyl-oxan-2-yl)propyl]-1-methyl-4-propyl-pyrrolidine-2-carboxamide	DI/MS/EI	655
N-[2-Chloro-1-(3,4,5-trihydroxy-6-methylsulfanyl-oxan-2-yl)propyl]-1-methyl-4-propyl-pyrrolidine-2-carboxamide	GC/MS/EI/E	652

N-[3-(7-Cyano-1,5,9-triazabicyclo[4.3.0]nona-2,4,6,8-tetraen-2-yl)phenyl]-N-ethyl-acetamide	GC/MS/EI	1447
N-[3-(7-Cyano-1,5,9-triazabicyclo[4.3.0]nona-2,4,6,8-tetraen-2-yl)phenyl]-N-ethyl-acetamide	GC/MS/EI	1449
N-Cyclohexyl-N-ethyl-4-hydroxybutyramide AC	GC/MS/EI	529
N-Cyclohexyl-N-ethyl-4-hydroxybutyramide AC	GC/MS/EI/E	1056
N-Cyclohexyl-N-ethyl-5-hydroxybutyramide DMBS	GC/MS/EI	942
N-Cyclohexyl-N-ethyl-5-hydroxybutyramide DMBS	GC/MS/EI/E	1523
N-Cyclohexyl-N-ethyl-5-hydroxybutyramide TFA	GC/MS/EI/E	55
N-Cyclohexyl-N-ethyl-5-hydroxybutyramide TFA	GC/MS/EI	991
N-Cyclohexyl-N-ethyl-5-hydroxybutyramide TMS	GC/MS/EI	243
N-Cyclohexyl-N-ethyl-5-hydroxybutyramide TMS	GC/MS/EI/E	1520
N-Cyclohexyl-N-ethyl-5-hydroxyvaleramide AC	GC/MS/EI/E	644
N-Cyclohexyl-N-ethyl-5-hydroxyvaleramide AC	GC/MS/EI	1167
N-Cyclohexyl-N-ethyl-5-hydroxyvaleramide TFA	GC/MS/EI	46
N-Cyclohexyl-N-ethyl-5-hydroxyvaleramide TFA	GC/MS/EI/E	428
N-Cyclohexyl-N-ethyl-5-hydroxyvaleramide TMS	GC/MS/EI	1062
N-Cyclohexyl-acetamide	GC/MS/EI	80
N-Cyclohexyl-acetamide	GC/MS/EI/E	787
N-Cyclohexyl-amphetamine	GC/MS/EI/E	648
N-Cyclohexyl-amphetamine	GC/MS/EI	656
N-Cyclohexyl-4-hydroxybutyramide	GC/MS/EI	75
N-Cyclohexyl-4-hydroxybutyramide	GC/MS/EI/E	902
N-Cyclohexyl-4-hydroxybutyramide AC	GC/MS/EI/E	304
N-Cyclohexyl-4-hydroxybutyramide AC	GC/MS/EI	1157
N-Cyclohexyl-4-hydroxybutyramide TMS	GC/MS/EI	243
N-Cyclohexyl-4-methoxyampetamine	GC/MS/EI	65
N-Cyclohexyl-4-methoxyampetamine	GC/MS/EI/E	656
N-Cyclohexyl-1-(3,4-methylenedioxyphenyl)butan-2-amine	GC/MS/EI	782
N-Cyclohexyl-1-(3,4-methylenedioxyphenyl)butan-2-amine	GC/MS/EI/E	1331
N-Cyclohexyl-2-pyrolidone	GC/MS/EI	335
N-Cyclohexyl-2,2,2-trifluoroacetamide	GC/MS/EI	287
N-Decyl-N-propyl-1-(3,4-methylenedioxyphenyl)butan-2-amine	GC/MS/EI/E	1423
N-Decyl-N-propyl-1-(3,4-methylenedioxyphenyl)butan-2-amine	GC/MS/EI	1424
N-Decyl-amphetamine	GC/MS/EI	1160
N-Decyl-amphetamine	GC/MS/EI/E	1165
N-Decyl-1-(3,4-methylenedioxyphenyl)butan-2-amine	GC/MS/EI	1230
N-Decyl-1-(3,4-methylenedioxyphenyl)butan-2-amine	GC/MS/EI/E	1233
N-Decyl-1-(3,4-methylenedioxyphenyl)propan-2-amine	GC/MS/EI	1159
N-Decyl-1-(3,4-methylenedioxyphenyl)propan-2-amine	GC/MS/EI/E	1164
N-Desmethyl-sibutramine	GC/MS/CI	434
N-Desmethyl-sibutramine	GC/MS/EI/E	441
N-Desmethyl-sibutramine	GC/MS/EI	451
N-Desmethyltramadol	GC/MS/EI/E	58

N-Desmethyltramadol	GC/MS/EI	1174
N-Desmethyltramadol	GC/MS/EI	1451
N-(2,6-Dichlorophenyl)acetamide	GC/MS/EI/E	947
N-(2,6-Dichlorophenyl)acetamide	GC/MS/EI	1045
N-(2,6-Dichlorophenyl)-4,5-dihydro-1H-imidazol-2-amine	GC/MS/EI	1377
N-(3,5-Dichlorophenyl)-1,2-dimethyl-cyclopropan-1,2-dicarboxamide	GC/MS/EI/E	400
N-(3,5-Dichlorophenyl)-1,2-dimethyl-cyclopropan-1,2-dicarboxamide	GC/MS/EI	1559
N-(Diethylaminoethyl)-2-amino-4-nitroaniline	GC/MS/EI/E	300
N-(Diethylaminoethyl)-2-amino-4-nitroaniline	GC/MS/EI	358
N-(Diethylaminoethyl)-2,4-dinitroaniline	GC/MS/EI/E	300
N-(Diethylaminoethyl)-2,4-dinitroaniline	GC/MS/EI	346
N-(2-Diethylaminoethyl)-2-methoxy-5-methylsulfonyl-benzamide	GC/MS/EI	335
N-(2-Diethylaminoethyl)-2-methoxy-5-methylsulfonyl-benzamide	GC/MS/EI/E	342
N-(2-Diethylaminoethyl)-2-methoxy-5-methylsulfonyl-benzamide	GC/MS/EI	360
α,N-Diethyltryptamine	GC/MS/EI/E	328
α,N-Diethyltryptamine	GC/MS/EI	683
N-(2,4-Difluorophenyl)-2-[3-(trifluoromethyl)phenoxy]pyridine-3-carboxamide	GC/MS/EI/E	1505
N-(2,4-Difluorophenyl)-2-[3-(trifluoromethyl)phenoxy]pyridine-3-carboxamide	GC/MS/EI	1506
N-(2,4-Difluorophenyl)-2-[3-(trifluoromethyl)phenoxy]pyridine-3-carboxamide	GC/MS/EI	1510
N-(2,3-Dihydro-1,5-dimethyl-3-oxo-2-phenyl-1H-pyrazol-4-yl)-acetamide	GC/MS/EI/E	78
N-(2,3-Dihydro-1,5-dimethyl-3-oxo-2-phenyl-1H-pyrazol-4-yl)-acetamide	GC/MS/EI	80
N-(2,3-Dihydro-1,5-dimethyl-3-oxo-2-phenyl-1H-pyrazol-4-yl)-acetamide	GC/MS/EI	295
N-[1-(2,5-Dimethoxy-4-iodophenyl)prop-2-yl]carbaminic acid TMS	GC/MS/EI	577
N-[1-(2,5-Dimethoxy-4-iodophenyl)prop-2-yl]carbaminic acid TMS	GC/MS/EI/E	1538
5-[N-(3,4-Dimethoxyphenethyl)-N-(methyl)amino]-2-(3,4-dimethoxyphenyl)-2-iso-propyl-valero-nitrile	GC/MS/EI/E	1612
5-[N-(3,4-Dimethoxyphenethyl)-N-(methyl)amino]-2-(3,4-dimethoxyphenyl)-2-iso-propyl-valeronitrile	GC/MS/EI	1609
N-(2,4-Dimethoxyphenethyl)-ethanimine	GC/MS/EI	870
N-(2,4-Dimethoxyphenethyl)-ethanimine	GC/MS/EI/E	1272
N-(2,5-Dimethoxyphenethyl)-ethanimine	GC/MS/EI/E	1074
N-(2,5-Dimethoxyphenethyl)-ethanimine	GC/MS/EI	1273
N-(3,4-Dimethoxyphenethyl)-ethanimine	GC/MS/EI	78
N-(2,4-Dimethoxyphenyl)-acetamide	GC/MS/EI	767
N-[(3,4-Dimethoxyphenyl)methylidene]hydroxylamine	GC/MS/EI	1127
2-(N-Dimethylamino)propiophenone TMS	GC/MS/EI	1451
4,N-Dimethylbenzenesulfonamide	GC/MS/EI	370
4,N-Dimethylbenzenesulfonamide	GC/MS/EI/E	391
N,2-Dimethylindoline	GC/MS/EI	699
N,2-Dimethylindoline	GC/MS/CI	839
N,2-Dimethyl-2-(3,4-methylenedioxyphenyl)propan-1-amine	GC/MS/EI/E	54
N,2-Dimethyl-2-(3,4-methylenedioxyphenyl)propan-1-amine	GC/MS/EI	987
N'-(2,4-Dimethylphenyl)-N-[(2,4-dimethylphenyl)iminomethyl]-N-methyl-methanimidamide	GC/MS/EI/E	955
N'-(2,4-Dimethylphenyl)-N-[(2,4-dimethylphenyl)iminomethyl]-N-methyl-methanimidamide	GC/MS/EI	1588

N-(2,6-Dimethylphenyl)-2-(ethylamino)-acetamide	GC/MS/EI/E	95
N-(2,6-Dimethylphenyl)-2-(ethylamino)-acetamide	GC/MS/EI	133
N-(2,6-Dimethylphenyl)-2-(ethylamino)-acetamide	GC/MS/EI	965
N-(2,6-Dimethylphenyl)-2-(ethyl-propyl-amino)butanamide	GC/MS/EI	660
N-(2,6-Dimethylphenyl)-1-methyl-piperidine-2-carboxamide	GC/MS/EI	408
N-(2,6-Dimethylphenyl)-1-methyl-piperidine-2-carboxamide	GC/MS/EI/E	414
N-(2,6-Dimethylphenyl)-1-methyl-piperidine-2-carboxamide	GC/MS/EI	423
N,2-Dimethyl-1-phenyl-propan-2-amine	GC/MS/EI/E	210
N,2-Dimethyl-1-phenyl-propan-2-amine	GC/MS/EI	372
N-(2,6-Dimethylphenyl)-1-propyl-piperidine-2-carboxamide	GC/MS/EI	648
N-(2,6-Dimethylphenyl)-1-propyl-piperidine-2-carboxamide	GC/MS/EI/E	657
α,N-Dimethyltryptamine	GC/MS/EI/E	125
α,N-Dimethyltryptamine	GC/MS/CI	131
α,N-Dimethyltryptamine	GC/MS/EI	700
N-(3,3-Diphenylpropyl)-1-phenyl-propan-2-amine	GC/MS/EI/E	1409
N-(3,3-Diphenylpropyl)-1-phenyl-propan-2-amine	GC/MS/EI	1417
NEA	GC/MS/EI/E	202
NEA	GC/MS/EI	372
N-(4-Ethoxyphenyl)acetamide	GC/MS/EI	515
N-[2-[2-[(4-Ethoxyphenyl)methyl]-5-nitro-benzoimidazol-1-yl]ethyl]-N-ethyl-ethanamine	GC/MS/EI/E	303
N-[2-[2-[(4-Ethoxyphenyl)methyl]-5-nitro-benzoimidazol-1-yl]ethyl]-N-ethyl-ethanamine	GC/MS/EI	496
N-Ethyl-1-(Indan-6-yl)propan-2-amine	GC/MS/EI	201
N-Ethyl-1-(Indan-6-yl)propan-2-amine	GC/MS/EI/E	236
N-Ethyl-N-[2-(1H-indol-3-yl)ethyl]ethanamine	GC/MS/EI	317
N-Ethyl-N-[2-(1H-indol-3-yl)ethyl]ethanamine	GC/MS/EI/E	328
N-Ethyl-N-[2-(1H-indol-3-yl)ethyl]ethanamine	GC/MS/EI	329
N-Ethyl-N-[2-(1H-indol-3-yl)ethyl]ethanamine	GC/MS/EI/E	357
N-Ethyl-N-[2-(1H-indol-3-yl)ethyl]ethanamine	GC/MS/CI	684
N-Ethyl-N-heptyl-1-(3,4-methylenedioxyphenyl)propan-2-amine	GC/MS/EI/E	1049
N-Ethyl-N-heptyl-1-(3,4-methylenedioxyphenyl)propan-2-amine	GC/MS/EI	1054
N-Ethyl-N-hexyl-2-yl-1-(3,4-methylenedioxyphenyl)propan-2-amine	GC/MS/EI/E	919
N-Ethyl-N-hexyl-2-yl-1-(3,4-methylenedioxyphenyl)propan-2-amine	GC/MS/EI	977
N-Ethyl-N-(5-hydroxyvaleryl)cyclohexylamine	GC/MS/EI/E	40
N-Ethyl-N-(5-hydroxyvaleryl)cyclohexylamine	GC/MS/EI	71
N-Ethyl-N-iso-butyl-1-(3,4-methylenedioxyphenyl)propan-2-amine	GC/MS/EI/E	668
N-Ethyl-N-iso-butyl-1-(3,4-methylenedioxyphenyl)propan-2-amine	GC/MS/EI	677
N-Ethyl-N-nonyl-1-(3,4-methylenedioxyphenyl)propan-2-amine	GC/MS/EI	1229
N-Ethyl-N-nonyl-1-(3,4-methylenedioxyphenyl)propan-2-amine	GC/MS/EI/E	1233
N-Ethyl-N-octyl-1-(3,4-methylenedioxyphenyl)propan-2-amine	GC/MS/EI	1159
N-Ethyl-N-octyl-1-(3,4-methylenedioxyphenyl)propan-2-amine	GC/MS/EI/E	1165
N-Ethyl-N-pentyl-1-(3,4-methylenedioxyphenyl)propan-2-amine	GC/MS/EI	795
N-Ethyl-N-pentyl-1-(3,4-methylenedioxyphenyl)propan-2-amine	GC/MS/EI/E	806
N-Ethyl-N-pent-2-yl-1-(3,4-methylenedioxyphenyl)propan-2-amine I	GC/MS/EI	793
N-Ethyl-N-pent-2-yl-1-(3,4-methylenedioxyphenyl)propan-2-amine I	GC/MS/EI/E	806

N-Ethyl-N-pent-2-yl-1-(3,4-methylenedioxyphenyl)propan-2-amine II	GC/MS/EI	794
N-Ethyl-N-pent-2-yl-1-(3,4-methylenedioxyphenyl)propan-2-amine II	GC/MS/EI/E	805
N-Ethyl-N-phenethylamine AC	GC/MS/EI	159
N-Ethyl-N-phenethylamine AC	GC/MS/EI/E	1190
N-Ethyl-N-phenethylformamide	GC/MS/EI	336
N-Ethyl-N-phenethylphenethylamine	GC/MS/EI/E	960
N-Ethyl-N-phenethylphenethylamine	GC/MS/EI	979
N-Ethyl-N-propyl-4-fluoroamphetamine	GC/MS/EI	546
N-Ethyl-N-propyl-4-fluoroamphetamine	GC/MS/EI/E	561
N-Ethyl-N-propyl-1-(3,4-methylenedioxyphenyl)butan-2-amine	GC/MS/EI/E	666
N-Ethyl-N-propyl-1-(3,4-methylenedioxyphenyl)butan-2-amine	GC/MS/EI	676
N-Ethyl-α-methyltryptamine	GC/MS/EI	203
N-Ethyl-α-methyltryptamine	GC/MS/CI	217
N-Ethyl-α-methyltryptamine	GC/MS/EI/E	690
N-Ethylamphetamine	GC/MS/EI/E	202
N-Ethylamphetamine	GC/MS/EI	372
N-Ethyl-β-methoxy-3,4-methylenedioxyphenethylamine	GC/MS/EI/E	133
N-Ethyl-β-methoxy-3,4-methylenedioxyphenethylamine	GC/MS/EI	995
N-Ethyl-1-(2-chloro-4,5-methylenedioxyphenyl)propan-2-amine	GC/MS/EI/E	204
N-Ethyl-1-(2-chloro-4,5-methylenedioxyphenyl)propan-2-amine	GC/MS/EI	1036
N-Ethyl-3-chlorophenethylamine	GC/MS/EI	156
N-Ethyl-3-chlorophenethylamine	GC/MS/EI/E	174
N-Ethyl-4-chlorophenethylamine	GC/MS/EI	153
N-Ethyl-4-chlorophenethylamine	GC/MS/EI/E	174
N-Ethyl-1-(4-chlorophenyl)-2-aminopropan-1-one AC	GC/MS/EI	213
N-Ethyl-1-(4-chlorophenyl)-2-aminopropan-1-one AC	GC/MS/EI/E	769
N-Ethyl-cyclohexylamine	GC/MS/EI/E	37
N-Ethyl-cyclohexylamine	GC/MS/EI	180
N-Ethyl-cyclohexylamine AC	GC/MS/EI/E	41
N-Ethyl-cyclohexylamine AC	GC/MS/EI	176
N-Ethyl-cyclohexylamine TMS	GC/MS/EI/E	237
N-Ethyl-cyclohexylamine TMS	GC/MS/EI	1154
N-Ethyl-2,4-dimethoxyamphetamine	GC/MS/EI/E	216
N-Ethyl-2,4-dimethoxyamphetamine	GC/MS/EI	893
N-Ethyl-2,5-dimethoxyamphetamine	GC/MS/EI/E	216
N-Ethyl-2,5-dimethoxyamphetamine	GC/MS/EI	881
N-Ethyl-3,4-dimethoxyamphetamine	GC/MS/EI/E	201
N-Ethyl-3,4-dimethoxyamphetamine	GC/MS/EI	221
N-Ethyl-3,4-dimethoxyamphetamine	GC/MS/CI	243
N-Ethyl-3,4-dimethoxyamphetamine AC	GC/MS/EI	220
N-Ethyl-3,4-dimethoxyamphetamine AC	GC/MS/EI/E	1113
N-Ethyl-2,5-dimethoxy-4-ethylphenethylamine	GC/MS/EI	135
N-Ethyl-2,5-dimethoxy-4-ethylphenethylamine	GC/MS/EI/E	1133
N-Ethyl-2,5-dimethoxy-4-methylphenethylamine	GC/MS/EI	133

N-Ethyl-2,5-dimethoxy-4-methylphenethylamine	GC/MS/EI/E	1022
N-Ethyl-3,4-dimethoxyphenethylamine	GC/MS/EI/E	129
N-Ethyl-3,4-dimethoxyphenethylamine	GC/MS/EI	895
N-Ethyl-2,5-dimethoxyphenthylamine	GC/MS/EI/E	95
N-Ethyl-2,5-dimethoxyphenthylamine	GC/MS/EI	881
N-Ethyl-1-(2,4-dimethoxyphenyl)butan-2-amine	GC/MS/EI	317
N-Ethyl-1-(2,4-dimethoxyphenyl)butan-2-amine	GC/MS/EI/E	355
N-Ethyl-1-(2,5-dimethoxyphenyl)butan-2-amine	GC/MS/EI	317
N-Ethyl-1-(2,5-dimethoxyphenyl)butan-2-amine	GC/MS/EI/E	352
N-Ethyl-1-(3,4-dimethoxyphenyl)butan-2-amine	GC/MS/EI/E	329
N-Ethyl-1-(3,4-dimethoxyphenyl)butan-2-amine	GC/MS/EI	868
N-Ethyl-2,5-dimethoxy-4-propylphenethylamine	GC/MS/EI	138
N-Ethyl-2,5-dimethoxy-4-propylphenethylamine	GC/MS/EI/E	1217
N-Ethylephedrin	GC/MS/EI	313
N-Ethylephedrin	GC/MS/EI/E	349
N-Ethyl-2-fluoroamphetamine	GC/MS/CI	202
N-Ethyl-2-fluoroamphetamine	GC/MS/EI/E	222
N-Ethyl-2-fluoroamphetamine	GC/MS/EI	508
N-Ethyl-3-fluoroamphetamine	GC/MS/EI	203
N-Ethyl-3-fluoroamphetamine	GC/MS/CI	222
N-Ethyl-3-fluoroamphetamine	GC/MS/EI/E	508
N-Ethyl-4-fluoroamphetamine	GC/MS/EI/E	202
N-Ethyl-4-fluoroamphetamine	GC/MS/CI	506
N-Ethyl-4-fluoroamphetamine	GC/MS/EI	1138
N-Ethyl-2-fluoroamphetamine AC	GC/MS/EI	212
N-Ethyl-2-fluoroamphetamine AC	GC/MS/EI/E	560
N-Ethyl-3-fluoroamphetamine AC	GC/MS/EI	212
N-Ethyl-3-fluoroamphetamine AC	GC/MS/EI/E	559
N-Ethyl-4-fluoroamphetamine AC	GC/MS/EI/E	212
N-Ethyl-4-fluoroamphetamine AC	GC/MS/EI	741
N-Ethyl-4-fluoroamphetamine PFP	GC/MS/EI	1332
N-Ethyl-4-fluoroamphetamine PFP	GC/MS/EI/E	1339
N-Ethyl-4-fluoroamphetamine TFA	GC/MS/EI/E	1030
N-Ethyl-4-fluoroamphetamine TFA	GC/MS/EI	1038
N-Ethyl-4-fluoroamphetamine TMS	GC/MS/EI	808
N-Ethyl-4-fluoroamphetamine TMS	GC/MS/EI/E	814
N-Ethyl-1-(5-fluoroindol-3-yl)propan-2-amine	GC/MS/EI/E	203
N-Ethyl-1-(5-fluoroindol-3-yl)propan-2-amine	GC/MS/EI	836
N-Ethyl-3-fluoro-4-methoxyamphetamine	GC/MS/EI	203
N-Ethyl-3-fluoro-4-methoxyamphetamine	GC/MS/EI/E	769
N-Ethyl-5-fluoro-2-methoxyamphetamine	GC/MS/EI	202
N-Ethyl-5-fluoro-2-methoxyamphetamine	GC/MS/EI/E	506
N-Ethyl-3-fluoro-4-methoxyamphetamine AC	GC/MS/EI/E	219
N-Ethyl-3-fluoro-4-methoxyamphetamine AC	GC/MS/EI	1024

N-Ethyl-5-fluoro-2-methoxyamphetamine AC	GC/MS/EI/E	214
N-Ethyl-5-fluoro-2-methoxyamphetamine AC	GC/MS/EI	1014
N-Ethyl-1-(4-fluorophenyl)butan-2-amine	GC/MS/CI	324
N-Ethyl-1-(4-fluorophenyl)butan-2-amine	GC/MS/EI	515
N-Ethyl-1-(4-fluorophenyl)butan-2-amine	GC/MS/EI/E	1219
N-Ethyl-1-(4-fluorophenyl)butan-2-amine AC	GC/MS/EI	326
N-Ethyl-1-(4-fluorophenyl)butan-2-amine AC	GC/MS/EI/E	1008
N-Ethyl-4-iodo-2,5-dimethoxyamphetamine	GC/MS/EI/E	201
N-Ethyl-4-iodo-2,5-dimethoxyamphetamine	GC/MS/EI	234
N-Ethyl-1-(2-iodo-4,5-methylenedioxyphenyl)propan-2-amine	GC/MS/EI/E	201
N-Ethyl-1-(2-iodo-4,5-methylenedioxyphenyl)propan-2-amine	GC/MS/EI	232
N-Ethyl-methamphetamine	GC/MS/EI	312
N-Ethyl-methamphetamine	GC/MS/EI/E	373
N-Ethyl-4-methoxyamphetamine	GC/MS/EI	203
N-Ethyl-4-methoxyamphetamine	GC/MS/EI/E	608
N-Ethyl-1-(2-methoxy-3,4-methylenedioxyphenyl)butan-2-amine	GC/MS/EI/E	317
N-Ethyl-1-(2-methoxy-3,4-methylenedioxyphenyl)butan-2-amine	GC/MS/EI	356
N-Ethyl-1-(2-methoxy-4,5-methylenedioxyphenyl)butan-2-amine	GC/MS/EI	330
N-Ethyl-1-(2-methoxy-4,5-methylenedioxyphenyl)butan-2-amine	GC/MS/EI/E	1007
N-Ethyl-4-methoxyphenethylamine	GC/MS/EI	123
N-Ethyl-4-methoxyphenethylamine	GC/MS/EI/E	1108
N-[2-Ethyl-2-(3-methoxyphenyl)butyl]-4-hydroxy-butanamide	GC/MS/EI	1178
N-[2-Ethyl-2-(3-methoxyphenyl)butyl]-4-hydroxy-butanamide	GC/MS/EI/E	1188
N-Ethyl-2,3-methylenedioxyamphetamine AC	GC/MS/EI/E	213
N-Ethyl-2,3-methylenedioxyamphetamine AC	GC/MS/EI	218
N-Ethyl-2,3-methylenedioxyamphetamine AC	GC/MS/EI	550
N-Ethyl-2,3-methylenedioxyamphetamine AC	GC/MS/EI/E	969
N-Ethyl-3,4-methylenedioxyamphetamine AC	GC/MS/EI	228
N-Ethyl-3,4-methylenedioxyamphetamine AC	GC/MS/EI/E	953
N-Ethyl-3,4-methylenedioxyamphetamine AC	GC/MS/EI/E	971
N-Ethyl-3,4-methylenedioxyamphetamine AC	GC/MS/EI	977
N-Ethyl-2,3-methylenedioxyamphetamine FORM	GC/MS/EI	953
N-Ethyl-2,3-methylenedioxyamphetamine FORM	GC/MS/EI/E	972
N-Ethyl-3,4-methylenedioxyamphetamine PFO	GC/MS/EI	725
N-Ethyl-2,3-methylenedioxyamphetamine TFA	GC/MS/EI	958
N-Ethyl-2,3-methylenedioxyamphetamine TFA	GC/MS/EI/E	1030
N-Ethyl-2,3-methylenedioxyamphetamine TFA	GC/MS/EI/E	1043
N-Ethyl-2,3-methylenedioxyamphetamine TFA	GC/MS/EI	1608
N-Ethyl-3,4-methylenedioxyamphetamine TFA	GC/MS/EI/E	958
N-Ethyl-3,4-methylenedioxyamphetamine TFA	GC/MS/EI/E	1031
N-Ethyl-3,4-methylenedioxyamphetamine TFA	GC/MS/EI	1043
N-Ethyl-3,4-methylenedioxyamphetamine TFA	GC/MS/EI	1608
N-Ethyl-3,4-methylenedioxyamphetamine TMS	GC/MS/EI/E	807
N-Ethyl-3,4-methylenedioxyamphetamine TMS	GC/MS/EI	813

N-Ethyl-2,3-methylenedioxyphenethylamine	GC/MS/EI	93
N-Ethyl-2,3-methylenedioxyphenethylamine	GC/MS/EI/E	270
N-Ethyl-3,4-methylenedioxyphenethylamine	GC/MS/EI/E	126
N-Ethyl-3,4-methylenedioxyphenethylamine	GC/MS/EI	740
N-Ethyl-1-(3,4-methylenedioxyphenyl)-2-aminopropan-1-one AC	GC/MS/EI	213
N-Ethyl-1-(3,4-methylenedioxyphenyl)-2-aminopropan-1-one AC	GC/MS/EI/E	852
N-Ethyl-1-(2,3-methylenedioxyphenyl)butan-2-amine	GC/MS/EI	311
N-Ethyl-1-(2,3-methylenedioxyphenyl)butan-2-amine	GC/MS/EI/E	343
N-Ethyl-1-(2,3-methylenedioxyphenyl)butan-2-amine	GC/MS/EI/E	360
N-Ethyl-1-(2,3-methylenedioxyphenyl)butan-2-amine	GC/MS/CI	727
N-Ethyl-1-(2,3-methylenedioxyphenyl)butan-2-amine	GC/MS/EI	1357
N-Ethyl-1-(3,4-methylenedioxyphenyl)butan-2-amine	GC/MS/CI	338
N-Ethyl-1-(3,4-methylenedioxyphenyl)butan-2-amine	GC/MS/EI/E	338
N-Ethyl-1-(3,4-methylenedioxyphenyl)butan-2-amine	GC/MS/EI	359
N-Ethyl-2-(2,3-methylenedioxyphenyl)butan-1-amine	GC/MS/EI/E	93
N-Ethyl-2-(2,3-methylenedioxyphenyl)butan-1-amine	GC/MS/EI	166
N-Ethyl-2-(3,4-methylenedioxyphenyl)butan-1-amine	GC/MS/EI	95
N-Ethyl-2-(3,4-methylenedioxyphenyl)butan-1-amine	GC/MS/EI/E	982
N-Ethyl-1-(2,3-methylenedioxyphenyl)butan-2-amine AC	GC/MS/EI/E	331
N-Ethyl-1-(2,3-methylenedioxyphenyl)butan-2-amine AC	GC/MS/EI	1193
N-Ethyl-1-(3,4-methylenedioxyphenyl)butan-2-amine AC	GC/MS/EI	344
N-Ethyl-1-(3,4-methylenedioxyphenyl)butan-2-amine AC	GC/MS/EI/E	1097
N-Ethyl-2-(2,3-methylenedioxyphenyl)butan-1-amine AC	GC/MS/EI/E	117
N-Ethyl-2-(2,3-methylenedioxyphenyl)butan-1-amine AC	GC/MS/EI	439
N-Ethyl-1-(3,4-methylenedioxyphenyl)butan-2-amine BUT	GC/MS/EI/E	339
N-Ethyl-1-(3,4-methylenedioxyphenyl)butan-2-amine BUT	GC/MS/EI	1094
N-Ethyl-1-(3,4-methylenedioxyphenyl)butan-2-amine PROP	GC/MS/EI	336
N-Ethyl-1-(3,4-methylenedioxyphenyl)butan-2-amine PROP	GC/MS/EI/E	1094
N-Ethyl-1-(2,3-methylenedioxyphenyl)butan-2-amine TFA	GC/MS/EI	1080
N-Ethyl-1-(2,3-methylenedioxyphenyl)butan-2-amine TFA	GC/MS/EI/E	1152
N-Ethyl-1-(3,4-methylenedioxyphenyl)butan-2-amine TFA	GC/MS/EI	1080
N-Ethyl-1-(2,3-methylenedioxyphenyl)butan-2-amine TMS	GC/MS/EI/E	243
N-Ethyl-1-(2,3-methylenedioxyphenyl)butan-2-amine TMS	GC/MS/EI	935
N-Ethyl-1-(3,4-methylenedioxyphenyl)butan-2-amine TMS	GC/MS/EI/E	928
N-Ethyl-1-(3,4-methylenedioxyphenyl)butan-2-amine TMS	GC/MS/EI	937
N-Ethyl-3-(2,3-methylenedioxyphenyl)pentan-2-amine	GC/MS/EI/E	200
N-Ethyl-3-(2,3-methylenedioxyphenyl)pentan-2-amine	GC/MS/EI	716
N-Ethyl-2-(2,3-methylenedioxyphenyl)propan-1-amine	GC/MS/EI/E	94
N-Ethyl-2-(2,3-methylenedioxyphenyl)propan-1-amine	GC/MS/EI	383
N-Ethyl-2-(3,4-methylenedioxyphenyl)propan-1-amine	GC/MS/CI	129
N-Ethyl-2-(3,4-methylenedioxyphenyl)propan-1-amine	GC/MS/EI/E	864
N-Ethyl-2-(3,4-methylenedioxyphenyl)propan-1-amine	GC/MS/EI	1279
N-Ethyl-2-methyl-2-(3,4-methylenedioxyphenyl)propan-1-amine	GC/MS/EI	95
N-Ethyl-2-methyl-2-(3,4-methylenedioxyphenyl)propan-1-amine	GC/MS/EI/E	982

N-Ethyl-2-methylpropyl-1-(3,4-methylenedioxyphenyl)butan-2-amine	GC/MS/EI	793
N-Ethyl-2-methylpropyl-1-(3,4-methylenedioxyphenyl)butan-2-amine	GC/MS/EI/E	804
N'-Ethyl-6-methylsulfanyl-N-propan-2-yl-1,3,5-triazine-2,4-diamine	GC/MS/EI	1371
N-Ethyl-4-methylthioamphetamine	GC/MS/EI/E	200
N-Ethyl-4-methylthioamphetamine	GC/MS/EI	240
N-[1-[2-(4-Ethyl-5-oxo-tetrazol-1-yl)ethyl]-4-(methoxymethyl)-4-piperidyl]-N-phenyl-propanamide	GC/MS/EI/E	1573
N-[1-[2-(4-Ethyl-5-oxo-tetrazol-1-yl)ethyl]-4-(methoxymethyl)-4-piperidyl]-N-phenyl-propanamide	GC/MS/EI	1580
N-Ethyl-phenethylamine	GC/MS/EI	94
N-Ethyl-phenethylamine	GC/MS/EI/E	120
N-Ethyl-phenethylamine	GC/MS/CI	375
N-Ethylphentermine	GC/MS/EI/E	314
N-Ethylphentermine	GC/MS/EI	374
N-Ethyl-4-phenylbutan-2-amine	GC/MS/EI/E	210
N-Ethyl-4-phenylbutan-2-amine	GC/MS/EI	958
N-Ethyl-3-phenyl-norbornan-2-amine	GC/MS/EI	412
N-Ethyl-1-phenyl-propan-2-amine	GC/MS/EI/E	202
N-Ethyl-1-phenyl-propan-2-amine	GC/MS/EI	372
N-[(1-Ethylpyrrolidin-2-yl)methyl]-2-methoxy-5-sulfamoyl-benzamide	DI/MS/EI	406
N-[(1-Ethylpyrrolidin-2-yl)methyl]-2-methoxy-5-sulfamoyl-benzamide	DI/MS/EI/E	421
N^{1-}(5-Ethyl-1,3,4-thiadiazol-2-yl)sulfanilamide	GC/MS/EI	1560
N-Ethyl-1-[3-(trifluoromethyl)phenyl]propan-2-amine	GC/MS/EI/E	204
N-Ethyl-1-[3-(trifluoromethyl)phenyl]propan-2-amine	GC/MS/EI	933
N-[1-(5-Fluoro-2-methoxyphenyl)prop-2-yl]carbaminic acid O,N-2TMS	GC/MS/EI/E	1385
N-[1-(5-Fluoro-2-methoxyphenyl)prop-2-yl]carbaminic acid O,N-2TMS	GC/MS/EI	1390
N-[1-(5-Fluoro-2-methoxyphenyl)prop-2-yl]carbaminic acid TMS	GC/MS/EI/E	939
N-[1-(5-Fluoro-2-methoxyphenyl)prop-2-yl]carbaminic acid TMS	GC/MS/EI	948
N-[1-(4-Fluorophenyl)but-2-yl]carbaminic acid TMS	GC/MS/EI/E	1064
N-[1-(4-Fluorophenyl)but-2-yl]carbaminic acid TMS	GC/MS/EI	1072
N-Formyl-Bis-(phenylisopropyl)-amine	GC/MS/EI	1179
N-Formyl-Bis-(phenylisopropyl)-amine	GC/MS/EI	1188
N-Formylamphetamine	GC/MS/EI/E	585
N-Formylamphetamine	GC/MS/EI/E	594
N-Formylamphetamine	GC/MS/EI	595
N-Formylephedrine	GC/MS/EI/E	114
N-Formylephedrine	GC/MS/EI	477
N-Formylephedrine	GC/MS/CI	1080
N-Formyl-methamphetamine	GC/MS/EI/E	113
N-Formyl-methamphetamine	GC/MS/EI	314
N-Formyl-methamphetamine	GC/MS/EI	376
N-Formyl-methamphetamine	GC/MS/EI/E	595
N-Formyl-3,4-methylenedioxyamphetamine	GC/MS/EI	953
N-Formyl-4-methylthioamphetamine	GC/MS/EI	755

N-Formyl-4-methylthioamphetamine	GC/MS/EI/E	1009
N-Formyl-4-methylthioamphetamine AC	GC/MS/EI	883
N-Formyl-4-methylthioamphetamine TMS	GC/MS/EI	758
N-[2-(1*H*-Indol-3-yl)ethyl]-N-propyl-propan-1-amine	GC/MS/EI/E	545
N-[2-(1*H*-Indol-3-yl)ethyl]-N-propyl-propan-1-amine	GC/MS/EI	559
N-[2-(1*H*-Indol-3-yl)ethyl]acetamide	GC/MS/EI	803
N-[2-(1*H*-Indol-3-yl)ethyl]acetamide	GC/MS/EI/E	1248
N-[1-[2-(1*H*-Indol-3-yl)ethyl]-4-piperidyl]benzamide	GC/MS/EI/E	483
N-[1-[2-(1*H*-Indol-3-yl)ethyl]-4-piperidyl]benzamide	GC/MS/EI	1337
N-Heptyl-N-propyl-1-(3,4-methylenedioxyphenyl)butan-2-amine	GC/MS/EI	1228
N-Heptyl-N-propyl-1-(3,4-methylenedioxyphenyl)butan-2-amine	GC/MS/EI/E	1233
N-Heptyl-amphetamine	GC/MS/EI	793
N-Heptyl-amphetamine	GC/MS/EI/E	805
N-Heptyl-1-(3,4-methylenedioxyphenyl)butan-2-amine	GC/MS/EI/E	919
N-Heptyl-1-(3,4-methylenedioxyphenyl)butan-2-amine	GC/MS/EI	976
N-Heptyl-1-(3,4-methylenedioxyphenyl)propan-2-amine	GC/MS/EI	792
N-Heptyl-1-(3,4-methylenedioxyphenyl)propan-2-amine	GC/MS/EI/E	805
N-Hexyl-N-propyl-1-(3,4-methylenedioxyphenyl)butan-2-amine	GC/MS/EI	1158
N-Hexyl-N-propyl-1-(3,4-methylenedioxyphenyl)butan-2-amine	GC/MS/EI/E	1164
N-Hexyl-amphetamine	GC/MS/EI/E	668
N-Hexyl-amphetamine	GC/MS/EI	678
N-Hexyl-3-chlorophenethylamine	GC/MS/EI/E	555
N-Hexyl-3-chlorophenethylamine	GC/MS/EI	572
N-Hexyl-4-chlorophenethylamine	GC/MS/EI/E	556
N-Hexyl-4-chlorophenethylamine	GC/MS/EI	573
N-Hexyl-4-methoxyampetamine	GC/MS/EI	669
N-Hexyl-4-methoxyampetamine	GC/MS/EI/E	678
N-Hexyl-2,3-methylenedioxyamphetamine	GC/MS/EI/E	667
N-Hexyl-2,3-methylenedioxyamphetamine	GC/MS/EI	730
N-Hexyl-3,4-methylenedioxyphenethylamine	GC/MS/EI/E	66
N-Hexyl-3,4-methylenedioxyphenethylamine	GC/MS/EI	747
N-Hexyl-1-(3,4-methylenedioxyphenyl)propan-2-amine	GC/MS/EI/E	668
N-Hexyl-1-(3,4-methylenedioxyphenyl)propan-2-amine	GC/MS/EI	677
N-Hexyl-3,4,5-trimethoxyphenethylamine	GC/MS/EI/E	553
N-Hexyl-3,4,5-trimethoxyphenethylamine	GC/MS/EI	1153
N-Hexy-1-(3,4-methylenedioxyphenyl)butan-2-amine	GC/MS/EI	794
N-Hexy-1-(3,4-methylenedioxyphenyl)butan-2-amine	GC/MS/EI/E	806
N-Hydroxy BDB 2AC	GC/MS/EI	1074
N-Hydroxy BDB 2AC	GC/MS/EI/E	1089
N-Hydroxy BDB AC	GC/MS/EI/E	739
N-Hydroxy BDB AC	GC/MS/EI	758
N-Hydroxy BDB ET	GC/MS/EI	463
N-Hydroxy BDB ET	GC/MS/EI/E	722
N-Hydroxy BDB TMS	GC/MS/EI/E	817

N-Hydroxy BDB TMS	GC/MS/EI	828
N-Hydroxy-N-methyl-1-(3,4-methylenedioxyphenyl)butan-2-amine	GC/MS/EI	363
N-Hydroxy-N-methyl-1-(3,4-methylenedioxyphenyl)butan-2-amine	GC/MS/EI/E	758
N-(2-Hydroxybenzoyl)glycinemethylester	GC/MS/EI	621
N-Hydroxyethyl-3,4-methylenedioxyamphetamine	GC/MS/CI	364
N-Hydroxyethyl-3,4-methylenedioxyamphetamine	GC/MS/EI/E	734
N-Hydroxyethyl-3,4-methylenedioxyamphetamine	GC/MS/EI	963
N-Hydroxymethamphetamine	GC/MS/EI/E	259
N-Hydroxymethamphetamine	GC/MS/EI	372
N-[(4-Hydroxy-3-methoxy-phenyl)methyl]-8-methyl-nonanamide	GC/MS/EI/E	759
N-[(4-Hydroxy-3-methoxy-phenyl)methyl]-8-methyl-nonanamide	GC/MS/EI	1616
N-[(4-Hydroxy-3-methoxy-phenyl)methyl]-8-methyl-non-6-enamide	GC/MS/EI	754
N-[(4-Hydroxy-3-methoxy-phenyl)methyl]-8-methyl-non-6-enamide	GC/MS/EI/E	883
N-[(4-Hydroxy-3-methoxy-phenyl)methyl]nonanamide	GC/MS/EI	754
N-[(4-Hydroxy-3-methoxy-phenyl)methyl]nonanamide	GC/MS/EI/E	876
N-Hydroxy-3,4-methylenedioxyamphetamine	GC/MS/EI	739
N-Hydroxy-3,4-methylenedioxyamphetamine	GC/MS/EI/E	757
N-Hydroxy-3,4-methylenedioxyamphetamine 2AC	GC/MS/EI/E	957
N-Hydroxy-3,4-methylenedioxyamphetamine 2AC	GC/MS/EI	974
N-Hydroxy-3,4-methylenedioxy-amphetamine TFA	GC/MS/EI	724
N-Hydroxy-1-(3,4-methylenedioxyphenyl)butan-2-amine	GC/MS/EI/E	749
N-Hydroxy-1-(3,4-methylenedioxyphenyl)butan-2-amine	GC/MS/EI	761
N-Hydroxy-1-(3,4-methylenedioxyphenyl)butan-2-amine-A AC	GC/MS/EI/E	155
N-Hydroxy-1-(3,4-methylenedioxyphenyl)butan-2-amine-A AC	GC/MS/EI	1084
N-Hydroxy-1-(3,4-methylenedioxyphenyl)-butan-2-amine-A (-H_2O) TFA	GC/MS/EI	1569
N-Hydroxy-1-(3,4-methylenedioxyphenyl)butan-2-amine 2BUT	GC/MS/EI/E	1073
N-Hydroxy-1-(3,4-methylenedioxyphenyl)butan-2-amine 2BUT	GC/MS/EI	1094
N-Hydroxy-1-(3,4-methylenedioxyphenyl)butan-2-amine ME	GC/MS/EI/E	363
N-Hydroxy-1-(3,4-methylenedioxyphenyl)butan-2-amine ME	GC/MS/EI	758
N-Hydroxy-1-(3,4-methylenedioxyphenyl)butan-2-amine 2PROP	GC/MS/EI/E	1073
N-Hydroxy-1-(3,4-methylenedioxyphenyl)butan-2-amine 2PROP	GC/MS/EI	1093
N-[4-Hydroxy-3-(methylthio)phenyl]-acetamide	GC/MS/EI	781
N-(2-Hydroxyphenyl)acetamide	GC/MS/EI	518
N-(3-Hydroxyphenyl)acetamide	GC/MS/EI	514
N-(4-Hydroxyphenyl)acetamide	GC/MS/EI	513
N-(4-Hydroxyphenyl)acetamide	GC/MS/EI	514
N-[4-[1-Hydroxy-2-(propan-2-ylamino)ethyl]phenyl]methanesulfonamide	GC/MS/EI/E	193
N-[4-[1-Hydroxy-2-(propan-2-ylamino)ethyl]phenyl]methanesulfonamide	GC/MS/EI	623
N-Hydroxy-3,4,5-trimethoxyamphetamine	GC/MS/EI/E	1138
N-Hydroxy-3,4,5-trimethoxyamphetamine	GC/MS/EI	1150
NIP	GC/MS/EI	1247
3-[N-(Imidazolin-2-yl-methyl)-4-methylanilino]phenol	DI/MS/EI	1552
N-Lost	GC/MS/EI/E	900
N-Lost	GC/MS/EI	930

N-[5-(2-Methoxyethoxy)pyrimidin-2-yl]benzenesulfonamide	GC/MS/EI/E	1432
N-[5-(2-Methoxyethoxy)pyrimidin-2-yl]benzenesulfonamide	GC/MS/EI	1438
N-[4-(Methoxymethyl)-1-(2-thiophen-2-ylethyl)-4-piperidyl]-N-phenyl-propanamide	GC/MS/EI	1572
N-[4-(Methoxymethyl)-1-(2-thiophen-2-ylethyl)-4-piperidyl]-N-phenyl-propanamide	GC/MS/EI	1573
N-[4-(Methoxymethyl)-1-(2-thiophen-2-ylethyl)-4-piperidyl]-N-phenyl-propanamide	GC/MS/EI	1575
N-[4-(Methoxymethyl)-1-(2-thiophen-2-ylethyl)-4-piperidyl]-N-phenyl-propanamide	GC/MS/EI/E	1580
N-(4-Methoxyphenyl)acetamide	GC/MS/EI	502
N-[(4-Methoxyphenyl)methyl]-N',N'-dimethyl-N-pyrimidin-2-yl-ethane-1,2-diamine	GC/MS/EI	123
N-[(4-Methoxyphenyl)methyl]-N',N'-dimethyl-N-pyrimidin-2-yl-ethane-1,2-diamine	GC/MS/EI/E	1327
N-(4-Methoxyphenyl-1-prop-2-yl)iminomethane	GC/MS/EI/E	79
N-(4-Methoxyphenyl-1-prop-2-yl)iminomethane	GC/MS/EI	608
N-(4-Methoxyphenyl-1-prop-2-yl)iminomethane	GC/MS/EI	1095
N-Methyl-2,5-Dimethoxy-4-ethylphenethylamine	GC/MS/EI/E	1132
N-Methyl-1-(2,3-Methylenedioxyphenyl)butan-2-amine TFA-A (-H, +Cl)	GC/MS/EI	1033
N-Methyl-N-benzyltetradecanamine	GC/MS/EI	711
N-Methyl-N-benzyltetradecanamine	GC/MS/EI/E	733
N-Methyl-N-butyl-amphetamine	GC/MS/EI/E	556
N-Methyl-N-butyl-amphetamine	GC/MS/EI	573
N-Methyl-N-decyl-amphetamine	GC/MS/EI	1230
N-Methyl-N-decyl-amphetamine	GC/MS/EI/E	1234
N-Methyl-N-(2,3-dimethyl-5-oxo-1-phenyl-3-pyrazolin-4-yl)-amino-methanesulphonic acid	GC/MS/EI	629
N-Methyl-N-(2,3-dimethyl-5-oxo-1-phenyl-3-pyrazolin-4-yl)-amino-methanesulphonic acid	GC/MS/EI/E	630
N-Methyl-N-(2,3-dimethyl-5-oxo-1-phenyl-3-pyrazolin-4-yl)-amino-methanesulphonic acid	GC/MS/EI	1323
N-Methyl-N-heptyl-amphetamine	GC/MS/EI	919
N-Methyl-N-heptyl-amphetamine	GC/MS/EI	927
N-Methyl-N-hexyl-amphetamine	GC/MS/EI	794
N-Methyl-N-hexyl-amphetamine	GC/MS/EI/E	806
N-Methyl-N-*iso*-propyl-1-(2,3-methylenedioxyphenyl)butan-2-amine	GC/MS/EI/E	229
N-Methyl-N-*iso*-propyl-1-(2,3-methylenedioxyphenyl)butan-2-amine	GC/MS/EI/E	541
N-Methyl-N-*iso*-propyl-1-(2,3-methylenedioxyphenyl)butan-2-amine	GC/MS/EI	561
N-Methyl-N-*iso*-propyl-1-(2,3-methylenedioxyphenyl)butan-2-amine	GC/MS/EI	1085
N-Methyl-N-(2,3-methylenedioxyphenyl-*iso*-propyl)carbaminic acid TMS	GC/MS/EI/E	1065
N-Methyl-N-(2,3-methylenedioxyphenyl-*iso*-propyl)carbaminic acid TMS	GC/MS/EI	1591
N-Methyl-N-[1-(3,4-methylenedioxyphenyl)prop-2-yl]carbaminic acid TMS	GC/MS/EI	245
N-Methyl-N-[1-(3,4-methylenedioxyphenyl)prop-2-yl]carbaminic acid TMS	GC/MS/EI/E	1072
N-Methyl-N-nitroso-1-(3,4-methylenedioxyphenyl)propan-2-amine	GC/MS/EI	724
N-Methyl-N-nonyl-amphetamine	GC/MS/EI/E	1160
N-Methyl-N-nonyl-amphetamine	GC/MS/EI	1166
N-Methyl-N-octyl-amphetamine	GC/MS/EI	1049
N-Methyl-N-octyl-amphetamine	GC/MS/EI/E	1055
N-Methyl-N-pentyl-amphetamine	GC/MS/EI	668
N-Methyl-N-pentyl-amphetamine	GC/MS/EI/E	679
N-Methyl-N-2-[1-phenyl-1-(2-pyridyl)ethoxy]ethyl-acetamide	GC/MS/EI/E	1021
N-Methyl-N-2-[1-phenyl-1-(2-pyridyl)ethoxy]ethyl-acetamide	GC/MS/EI/E	1145

N-Methyl-N-2-[1-phenyl-1-(2-pyridyl)ethoxy]ethyl-acetamide	GC/MS/EI	1156
N-Methyl-N-2-[1-phenyl-1-(2-pyridyl)ethoxy]ethyl-acetamide	GC/MS/EI	1160
N-Methyl-N-{3-phenyl-3-[4-(trifluoromethyl)phenoxy]propyl}acetamide	GC/MS/EI	59
N-Methyl-N-{3-phenyl-3-[4-(trifluoromethyl)phenoxy]propyl}acetamide	GC/MS/EI/E	1179
N-Methyl-N-{3-phenyl-3-[4-(trifluoromethyl)phenoxy]propyl}acetamide	GC/MS/EI/E	1187
N-Methyl-N-{3-phenyl-3-[4-(trifluoromethyl)phenoxy]propyl}acetamide	GC/MS/EI	1189
N-Methyl-N-propyl-amphetamine	GC/MS/EI	444
N-Methyl-N-propyl-amphetamine	GC/MS/EI/E	459
N-Methyl-N-propyl-lysergsaeureamidsilyliert	GC/MS/EI	1723
N-Methyl-N-propyl-1-(2,3-methylenedioxyphenyl)butan-2-amine	GC/MS/EI	229
N-Methyl-N-propyl-1-(2,3-methylenedioxyphenyl)butan-2-amine	GC/MS/EI/E	543
N-Methyl-N-propyl-1-(2,3-methylenedioxyphenyl)butan-2-amine	GC/MS/EI	561
N-Methyl-N-propyl-1-(2,3-methylenedioxyphenyl)butan-2-amine	GC/MS/EI/E	1085
N-Methyl-N-vanillyl-nonamide	GC/MS/EI	871
N-Methyl-α-ethyltryptamine	GC/MS/EI	215
N-Methyl-α-ethyltryptamine	GC/MS/EI/E	690
N-Methyl-β-methoxy-3,4-methylenedioxyphenethylamine	GC/MS/EI/E	55
N-Methyl-β-methoxy-3,4-methylenedioxyphenethylamine	GC/MS/EI	1012
N-Methyl-5-chloro-2-hydroxyacetamido-benzophenone	GC/MS/EI	1433
N-Methyl-5-chloro-2-hydroxyacetamido-benzophenone	GC/MS/EI/E	1526
N-Methyl-3-chloro-4-methoxy-phenethylamine	GC/MS/EI	53
N-Methyl-3-chloro-4-methoxy-phenethylamine	GC/MS/CI	912
N-Methyl-3-chloro-4-methoxy-phenethylamine	GC/MS/EI/E	1235
N-Methyl-1-(6-chloro-3,4-methylenedioxyphenyl)propan-2-amine	GC/MS/EI	134
N-Methyl-1-(6-chloro-3,4-methylenedioxyphenyl)propan-2-amine	GC/MS/EI/E	1036
N-Methyl-3-(10,11-dihydro-5H-dibenzo[a,d]cycloheptan-5-ylidene)propylamine	GC/MS/EI/E	60
N-Methyl-3-(10,11-dihydro-5H-dibenzo[a,d]cycloheptan-5-ylidene)propylamine	GC/MS/EI	1247
N-Methyl-3-(9,10-dihydro-9,10-ethano-9-anthracenyl)propylamine	GC/MS/EI	40
N-Methyl-di(iso-propylphenyl)amine	GC/MS/EI/E	382
N-Methyl-di(iso-propylphenyl)amine	GC/MS/EI	1075
N-Methyl-di(iso-propylphenyl)amine	GC/MS/EI	1088
N-Methyl-2,5-dimethoxy-4-ethylphenethylamine	GC/MS/EI	57
N-Methyl-2,5-dimethoxy-4-ethylphenethylamine	GC/MS/EI/E	1132
N-Methyl-2-(2,5-dimethoxy-4-ethylphenyl)ethylamine	GC/MS/EI	57
N-Methyl-2-(2,5-dimethoxy-4-ethylphenyl)ethylamine	GC/MS/EI/E	1132
N-Methyl-2,5-dimethoxy-4-methylphenethylamine	GC/MS/EI/E	55
N-Methyl-2,5-dimethoxy-4-methylphenethylamine	GC/MS/EI	1022
N-Methyl-2,5-dimethoxyphenethylamine	GC/MS/EI	53
N-Methyl-2,5-dimethoxyphenethylamine	GC/MS/EI/E	1214
N-Methyl-3,4-dimethoxyphenethylamine	GC/MS/EI/E	53
N-Methyl-3,4-dimethoxyphenethylamine	GC/MS/EI	894
N-Methyl-1-(2,4-dimethoxyphenyl)butan-2-amine	GC/MS/EI/E	217
N-Methyl-1-(2,4-dimethoxyphenyl)butan-2-amine	GC/MS/EI	881
N-Methyl-1-(2,5-dimethoxyphenyl)butan-2-amine	GC/MS/EI	216

N-Methyl-1-(2,5-dimethoxyphenyl)butan-2-amine	GC/MS/EI/E	880
N-Methyl-1-(3,4-dimethoxyphenyl)butan-2-amine	GC/MS/EI	217
N-Methyl-1-(3,4-dimethoxyphenyl)butan-2-amine	GC/MS/EI/E	884
N-Methyl-2,5-dimethoxy-4-propylphenethyl- amine	GC/MS/EI/E	60
N-Methyl-2,5-dimethoxy-4-propylphenethyl- amine	GC/MS/EI	1217
N-Methyl-2,5-dimethoxy-4-propylphenethylamine	GC/MS/EI	60
N-Methyl-2,5-dimethoxy-4-propylphenethylamine	GC/MS/EI/E	1217
N-Methyl-2-(2,5-dimethoxy-4-propylphenyl)ethylamine	GC/MS/EI/E	60
N-Methyl-2-(2,5-dimethoxy-4-propylphenyl)ethylamine	GC/MS/EI	1217
N-(3,4-Methylenedioxyphenyl-*iso*-propyl)-1-(3,4-methylenedioxyphenyl)-prop-2-imine	GC/MS/EI/E	1255
N-(3,4-Methylenedioxyphenyl-*iso*-propyl)-1-(3,4-methylenedioxyphenyl)-prop-2-imine	GC/MS/EI	1261
N-[1-(3,4-Methylenedioxyphenyl)propan-2-yl]butane-1-imine	GC/MS/EI	407
N-[1-(3,4-Methylenedioxyphenyl)propan-2-yl]butane-1-imine	GC/MS/EI/E	1389
N-[1-(3,4-Methylenedioxyphenyl)propan-2-yl]-ethanimine	GC/MS/EI/E	188
N-[1-(3,4-Methylenedioxyphenyl)propan-2-yl]-ethanimine	GC/MS/EI	1257
N-[1-(3,4-Methylenedioxyphenyl)propan-2-yl]methanimine	GC/MS/EI	78
N-[1-(3,4-Methylenedioxyphenyl)propan-2-yl]-propane-1-imine	GC/MS/EI/E	295
N-[1-(3,4-Methylenedioxyphenyl)propan-2-yl]-propane-1-imine	GC/MS/EI	1338
N-(3,4-Methylenedioxyphenylprop-2-yl)-1,3-oxazolidine	GC/MS/EI	433
N-(3,4-Methylenedioxyphenylprop-2-yl)-1,3-oxazolidine	GC/MS/EI/E	719
N-Methylephedrine	GC/MS/EI	199
N-Methylephedrine	GC/MS/CI	221
N-Methylephedrine	GC/MS/EI/E	266
N-Methyl-2-fluoroamphetamine	GC/MS/EI/E	120
N-Methyl-2-fluoroamphetamine	GC/MS/EI	505
N-Methyl-2-fluoroamphetamine	GC/MS/CI	1027
N-Methyl-3-fluoroamphetamine	GC/MS/EI/E	94
N-Methyl-3-fluoroamphetamine	GC/MS/CI	134
N-Methyl-3-fluoroamphetamine	GC/MS/EI	505
N-Methyl-4-fluoroamphetamine	GC/MS/EI	94
N-Methyl-4-fluoroamphetamine	GC/MS/EI/E	128
N-Methyl-4-fluoroamphetamine	GC/MS/CI	505
N-Methyl-2-fluoroamphetamine AC	GC/MS/EI	117
N-Methyl-2-fluoroamphetamine AC	GC/MS/EI/E	512
N-Methyl-3-fluoroamphetamine AC	GC/MS/EI	116
N-Methyl-3-fluoroamphetamine AC	GC/MS/EI/E	510
N-Methyl-4-fluoroamphetamine AC	GC/MS/EI/E	116
N-Methyl-4-fluoroamphetamine AC	GC/MS/EI	510
N-Methyl-3-fluoroamphetamine PFP	GC/MS/EI	1254
N-Methyl-4-fluoroamphetamine PFP	GC/MS/EI/E	1254
N-Methyl-4-fluoroamphetamine PFP	GC/MS/EI	1261
N-Methyl-3-fluoroamphetamine TFA	GC/MS/EI/E	896
N-Methyl-3-fluoroamphetamine TFA	GC/MS/EI	910
N-Methyl-4-fluoroamphetamine TFA	GC/MS/EI	897

N-Methyl-4-fluoroamphetamine TFA	GC/MS/EI/E	908
N-Methyl-3-fluoroamphetamine TMS	GC/MS/EI/E	681
N-Methyl-3-fluoroamphetamine TMS	GC/MS/EI	696
N-Methyl-4-fluoroamphetamine TMS	GC/MS/EI/E	681
N-Methyl-4-fluoroamphetamine TMS	GC/MS/EI	696
N-Methyl-1-(5-fluoroindol-3-yl)propan-2-amine	GC/MS/EI	129
N-Methyl-1-(5-fluoroindol-3-yl)propan-2-amine	GC/MS/EI/E	849
N-Methyl-3-fluoro-4-methoxyamphetamine	GC/MS/EI	103
N-Methyl-3-fluoro-4-methoxyamphetamine	GC/MS/EI/E	169
N-Methyl-5-fluoro-2-methoxyamphetamine	GC/MS/EI	103
N-Methyl-5-fluoro-2-methoxyamphetamine	GC/MS/EI/E	505
N-Methyl-3-fluoro-4-methoxyamphetamine AC	GC/MS/EI/E	133
N-Methyl-3-fluoro-4-methoxyamphetamine AC	GC/MS/EI	1023
N-Methyl-5-fluoro-2-methoxyamphetamine AC	GC/MS/EI	119
N-Methyl-5-fluoro-2-methoxyamphetamine AC	GC/MS/EI/E	1008
N-Methyl-1-(4-fluorophenyl)butan-2-amine	GC/MS/CI	211
N-Methyl-1-(4-fluorophenyl)butan-2-amine	GC/MS/EI	221
N-Methyl-1-(4-fluorophenyl)butan-2-amine	GC/MS/EI/E	514
N-Methyl-1-(4-fluorophenyl)butan-2-amine AC	GC/MS/EI	212
N-Methyl-1-(4-fluorophenyl)butan-2-amine AC	GC/MS/EI/E	564
N-Methylformamide	GC/MS/EI	162
N-Methyl-1-(indan-6-yl)propan-2-amine	GC/MS/EI/E	104
N-Methyl-1-(indan-6-yl)propan-2-amine	GC/MS/EI	168
N-Methyl-4-iodo-2,5-dimethoxyamphetamine	GC/MS/EI/E	108
N-Methyl-4-iodo-2,5-dimethoxyamphetamine	GC/MS/EI	172
N-Methyl-2-iodo-4,5-methylenedioxyphenethylamine	GC/MS/EI/E	57
N-Methyl-2-iodo-4,5-methylenedioxyphenethylamine	GC/MS/EI	1104
N-Methyl-1-(2-iodo-4,5-methylenedioxyphenyl)butan-2-amine	GC/MS/EI/E	207
N-Methyl-1-(2-iodo-4,5-methylenedioxyphenyl)butan-2-amine	GC/MS/EI	242
N-Methyl-2-methoxyamphetamine	GC/MS/EI	115
N-Methyl-2-methoxyamphetamine	GC/MS/EI/E	369
N-Methyl-3-methoxyamphetamine	GC/MS/EI	104
N-Methyl-3-methoxyamphetamine	GC/MS/EI/E	369
N-Methyl-4-methoxyamphetamine	GC/MS/EI	123
N-Methyl-4-methoxyamphetamine	GC/MS/EI/E	608
N-Methyl-2-methoxyamphetamine AC	GC/MS/EI/E	119
N-Methyl-2-methoxyamphetamine AC	GC/MS/EI	837
N-Methyl-3-methoxyamphetamine AC	GC/MS/EI	119
N-Methyl-3-methoxyamphetamine AC	GC/MS/EI/E	837
N-Methyl-4-methoxyamphetamine AC	GC/MS/EI/E	128
N-Methyl-4-methoxyamphetamine AC	GC/MS/EI	834
N-Methyl-4-methoxyamphetamine AC	GC/MS/EI	853
N-Methyl-4-methoxyamphetamine PFO	GC/MS/EI/E	837
N-Methyl-4-methoxyamphetamine PFO	GC/MS/EI	1748

N-Methyl-4-methoxyamphetamine TFA	GC/MS/EI	612
N-Methyl-4-methoxyamphetamine TFA	GC/MS/EI/E	1533
N-Methyl-4-methoxyamphetamine TMS	GC/MS/EI	682
N-Methyl-4-methoxyamphetamine TMS	GC/MS/EI/E	696
N-Methyl-1-(2-methoxy-3,4-methylenedioxyphenyl)butan-2-amine	GC/MS/EI/E	208
N-Methyl-1-(2-methoxy-3,4-methylenedioxyphenyl)butan-2-amine	GC/MS/EI	244
N-Methyl-1-(2-methoxy-4,5-methylenedioxyphenyl)butan-2-amine	GC/MS/EI/E	219
N-Methyl-1-(2-methoxy-4,5-methylenedioxyphenyl)butan-2-amine	GC/MS/EI	1006
N-Methyl-4-methoxyphenethylamine	GC/MS/EI/E	49
N-Methyl-4-methoxyphenethylamine	GC/MS/EI	993
N-Methyl-3,4-methylenedioxyamphetamine TFA	GC/MS/EI	905
N-Methyl-3,4-methylenedioxyamphetamine TFA	GC/MS/EI/E	958
N-Methyl-3,4-methylenedioxyamphetamine TFA	GC/MS/EI/E	979
N-Methyl-3,4-methylenedioxyamphetamine TFA	GC/MS/EI	1573
N-Methyl-(3,4-methylenedioxy)phenethylamine	GC/MS/EI/E	50
N-Methyl-(3,4-methylenedioxy)phenethylamine	GC/MS/CI	740
N-Methyl-(3,4-methylenedioxy)phenethylamine	GC/MS/EI	848
N-Methyl-2,3-methylenedioxyphenethylamine	GC/MS/EI/E	62
N-Methyl-2,3-methylenedioxyphenethylamine	GC/MS/CI	750
N-Methyl-2,3-methylenedioxyphenethylamine	GC/MS/EI	1120
N-Methyl-2,3-methylenedioxyphenethylamine AC	GC/MS/EI/E	62
N-Methyl-2,3-methylenedioxyphenethylamine AC	GC/MS/EI	1353
N-Methyl-1-(2,3-methylenedioxyphenyl)butan-2-amine	GC/MS/EI	204
N-Methyl-1-(2,3-methylenedioxyphenyl)butan-2-amine	GC/MS/EI/E	229
N-Methyl-1-(2,3-methylenedioxyphenyl)butan-2-amine	GC/MS/EI/E	257
N-Methyl-1-(2,3-methylenedioxyphenyl)butan-2-amine	GC/MS/CI	271
N-Methyl-1-(2,3-methylenedioxyphenyl)butan-2-amine	GC/MS/EI	1281
N-Methyl-1-(3,4-methylenedioxyphenyl)butan-2-amine	GC/MS/EI/E	215
N-Methyl-1-(3,4-methylenedioxyphenyl)butan-2-amine	GC/MS/EI	226
N-Methyl-1-(3,4-methylenedioxyphenyl)butan-2-amine	GC/MS/CI	364
N-Methyl-1-(3,4-methylenedioxyphenyl)butan-2-amine	GC/MS/EI/E	717
N-Methyl-1-(3,4-methylenedioxyphenyl)butan-2-amine	GC/MS/EI	1283
N-Methyl-2-(2,3-methylenedioxyphenyl)butan-1-amine	GC/MS/EI	61
N-Methyl-2-(2,3-methylenedioxyphenyl)butan-1-amine	GC/MS/EI/E	1271
N-Methyl-2-(3,4-methylenedioxyphenyl)butan-1-amine	GC/MS/EI	54
N-Methyl-2-(3,4-methylenedioxyphenyl)butan-1-amine	GC/MS/EI/E	981
N-Methyl-1-(2,3-methylenedioxyphenyl)butan-2-amine AC	GC/MS/EI	214
N-Methyl-1-(2,3-methylenedioxyphenyl)butan-2-amine AC	GC/MS/EI/E	220
N-Methyl-1-(2,3-methylenedioxyphenyl)butan-2-amine AC	GC/MS/EI	1077
N-Methyl-1-(3,4-methylenedioxyphenyl)butan-2-amine AC	GC/MS/EI	220
N-Methyl-1-(3,4-methylenedioxyphenyl)butan-2-amine AC	GC/MS/EI	1075
N-Methyl-1-(3,4-methylenedioxyphenyl)butan-2-amine AC	GC/MS/EI/E	1088
N-Methyl-1-(3,4-methylenedioxyphenyl)butan-2-amine AC	GC/MS/EI/E	1090
N-Methyl-2-(2,3-methylenedioxyphenyl)butan-1-amine AC	GC/MS/EI/E	43

N-Methyl-2-(2,3-methylenedioxyphenyl)butan-1-amine AC	GC/MS/EI	1076
N-Methyl-1-(3,4-methylenedioxyphenyl)butan-2-amine-D_5	GC/MS/EI	264
N-Methyl-1-(3,4-methylenedioxyphenyl)butan-2-amine-D_5	GC/MS/EI/E	740
N-Methyl-1-(3,4-methylenedioxyphenyl)butan-2-amine-D_5 AC	GC/MS/EI	264
N-Methyl-1-(3,4-methylenedioxyphenyl)butan-2-amine-D_5 AC	GC/MS/EI/E	1111
N-Methyl-1-(3,4-methylenedioxyphenyl)butan-2-amine-D_5 PFO	GC/MS/EI	1752
N-Methyl-1-(3,4-methylenedioxyphenyl)butan-2-amine-D_5 PFO	GC/MS/EI/E	1752
N-Methyl-1-(3,4-methylenedioxyphenyl)butan-2-amine-D_5 TMS	GC/MS/EI	834
N-Methyl-1-(3,4-methylenedioxyphenyl)butan-2-amine-D_5 TMS	GC/MS/EI/E	855
N-Methyl-1-(3,4-methylenedioxyphenyl)butan-2-amine PFO	GC/MS/EI	1751
N-Methyl-1-(3,4-methylenedioxyphenyl)butan-2-amine PFO	GC/MS/EI/E	1752
N-Methyl-1-(2,3-methylenedioxyphenyl)butan-2-amine PFP	GC/MS/EI/E	1332
N-Methyl-1-(2,3-methylenedioxyphenyl)butan-2-amine PFP	GC/MS/EI	1342
N-Methyl-1-(3,4-methylenedioxyphenyl)butan-2-amine PFP	GC/MS/EI/E	1335
N-Methyl-1-(3,4-methylenedioxyphenyl)butan-2-amine PFP	GC/MS/EI	1342
N-Methyl-1-(2,3-methylenedioxyphenyl)butan-2-amine TFA	GC/MS/EI	1033
N-Methyl-1-(2,3-methylenedioxyphenyl)butan-2-amine TFA	GC/MS/EI/E	1079
N-Methyl-1-(2,3-methylenedioxyphenyl)butan-2-amine TFA	GC/MS/EI/E	1091
N-Methyl-1-(2,3-methylenedioxyphenyl)butan-2-amine TFA	GC/MS/EI	1608
N-Methyl-1-(3,4-methylenedioxyphenyl)butan-2-amine 2TFA	GC/MS/EI/E	1032
N-Methyl-1-(3,4-methylenedioxyphenyl)butan-2-amine 2TFA	GC/MS/EI	1526
N-Methyl-1-(3,4-methylenedioxyphenyl)butan-2-amine TFA	GC/MS/EI/E	1033
N-Methyl-1-(3,4-methylenedioxyphenyl)butan-2-amine TFA	GC/MS/EI	1079
N-Methyl-1-(3,4-methylenedioxyphenyl)butan-2-amine TFA	GC/MS/EI	1091
N-Methyl-1-(3,4-methylenedioxyphenyl)butan-2-amine TFA-A (-H, +Cl)	GC/MS/EI	1300
N-Methyl-1-(2,3-methylenedioxyphenyl)butan-2-amine TMS	GC/MS/EI/E	807
N-Methyl-1-(2,3-methylenedioxyphenyl)butan-2-amine TMS	GC/MS/EI	813
N-Methyl-1-(3,4-methylenedioxyphenyl)butan-2-amine TMS	GC/MS/EI/E	808
N-Methyl-1-(3,4-methylenedioxyphenyl)butan-2-amine TMS	GC/MS/EI	815
N-Methyl-3-(2,3-methylenedioxyphenyl)pentan-2-amine I	GC/MS/EI	106
N-Methyl-3-(2,3-methylenedioxyphenyl)pentan-2-amine I	GC/MS/EI/E	166
N-Methyl-3-(2,3-methylenedioxyphenyl)pentan-2-amine II	GC/MS/EI	126
N-Methyl-3-(2,3-methylenedioxyphenyl)pentan-2-amine II	GC/MS/EI/E	715
N-Methyl-2-(2,3-methylenedioxyphenyl)propan-1-amine	GC/MS/EI/E	59
N-Methyl-2-(2,3-methylenedioxyphenyl)propan-1-amine	GC/MS/EI	1197
N-Methyl-2-(3,4-methylenedioxyphenyl)propan-1-amine	GC/MS/EI	52
N-Methyl-2-(3,4-methylenedioxyphenyl)propan-1-amine	GC/MS/EI/E	1198
N-Methyl-4-methylthioamphetamine	GC/MS/EI	93
N-Methyl-4-methylthioamphetamine	GC/MS/EI/E	169
N-Methyl-phenethylamine	GC/MS/EI	45
N-Methyl-phenethylamine	GC/MS/EI/E	370
N-Methyl-phenethylamine	GC/MS/CI	480

N-Methyl-phenethylamine TFA	GC/MS/EI	468
N-Methyl-phentermine	GC/MS/EI/E	210
N-Methyl-phentermine	GC/MS/EI	372
N-Methyl-3-phenyl-butan-2-amine	GC/MS/EI	112
N-Methyl-3-phenyl-butan-2-amine	GC/MS/EI/E	268
N-Methyl-3-phenyl-butan-2-amine	GC/MS/CI	382
N-Methyl-4-phenylbutan-2-amine	GC/MS/EI	116
N-Methyl-4-phenylbutan-2-amine	GC/MS/EI/E	382
N-Methyl-1-phenylethylamine	GC/MS/EI	600
N-Methyl-1-phenylethylamine	GC/MS/EI	601
N-Methyl-1-phenylethylamine	GC/MS/CI	611
N-Methyl-1-phenylethylamine	GC/MS/EI/E	744
N-Methyl-1-phenylethylamine AC	GC/MS/CI	331
N-Methyl-1-phenylethylamine AC	GC/MS/EI	605
N-Methyl-1-phenyl-propan-2-amine	GC/MS/EI	114
N-Methyl-1-phenyl-propan-2-amine	GC/MS/EI/E	369
N-(2-Methylphenyl)-2-propylamino-propanamide	GC/MS/EI	309
N-(2-Methylphenyl)-2-propylamino-propanamide	GC/MS/CI	333
N-(2-Methylphenyl)-2-propylamino-propanamide	GC/MS/EI/E	1343
N-Methyl-3-phenyl-3-[4-(trifluoromethyl)phenoxy]propan-1-amine	GC/MS/EI/E	38
N-Methyl-3-phenyl-3-[4-(trifluoromethyl)phenoxy]propan-1-amine	GC/MS/EI	40
N-Methyl-3-phenyl-3-[4-(trifluoromethyl)phenoxy]propan-1-amine	GC/MS/EI	834
N-Methyl-3-phenyl-3-[4-(trifluoromethyl)phenoxy]propan-1-amine	GC/MS/EI/E	1146
N-Methyl-3-phenyl-3-[4-(trifluoromethyl)phenoxy]propan-1-amine	GC/MS/EI	1619
N-Methylpiperidin-2-one	GC/MS/EI	537
N-Methyl-2-piperidone	GC/MS/EI	537
N-(1-Methylpropyl)-acetamide	GC/MS/EI/E	65
N-(1-Methylpropyl)-acetamide	GC/MS/EI	569
N-(3-Methyl-5-sulfamoyl-1,3,4-thiadiazol-2-ylidene)acetamide	GC/MS/EI	1353
N-Methyltetrahydropapaverine	GC/MS/EI	1265
N-Methyltetrahydropapaverine	GC/MS/EI/E	1274
N-Methyl-3,4,5-trimethoxyphenethylamine	GC/MS/CI	58
N-Methyl-3,4,5-trimethoxyphenethylamine	GC/MS/EI/E	1141
N-Methyl-3,4,5-trimethoxyphenethylamine	GC/MS/EI	1150
2-(N-Morpholino)butyrophenone	GC/MS/EI	657
2-(N-Morpholino)butyrophenone	GC/MS/EI	659
2-(N-Morpholino)butyrophenone	GC/MS/EI/E	671
2-(N-Morpholino)butyrophenone	GC/MS/EI/E	673
2-(N-Morpholino)propiophenone	GC/MS/EI/E	539
2-(N-Morpholino)propiophenone	GC/MS/EI	565
N.N'-Bis-[1-hydroxymethyl-propyl]-ethylendiamine	GC/MS/EI	461
N.N'-Bis-[1-hydroxymethyl-propyl]-ethylendiamine	GC/MS/EI/E	577
N,N-Butyl-hexyl-amphetamine	GC/MS/EI/E	1159
N,N-Butyl-hexyl-amphetamine	GC/MS/EI	1165

N,N-Butyl-methyl-2,3-methylenedioxyamphetamine	GC/MS/EI	557
N,N-Butyl-methyl-2,3-methylenedioxyamphetamine	GC/MS/EI/E	573
N,N-Decyl-nonyl-amphetamine	GC/MS/EI	1624
N,N-Di-Butyl-4-methoxyampetamine	GC/MS/EI	918
N,N-Di-Butyl-4-methoxyampetamine	GC/MS/EI/E	926
N,N-Di-Butyl-3,4-methylenedioxyamphetamine	GC/MS/EI	918
N,N-Di-Butyl-3,4-methylenedioxyamphetamine	GC/MS/EI/E	927
N,N-Di-Decyl-amphetamine	GC/MS/EI	1649
N,N-Di-Hexyl-amphetamine	GC/MS/EI	1313
N,N-Di-Hexyl-amphetamine	GC/MS/EI/E	1318
N,N-Di-Hexyl-3,4-methylenedioxyphenethylamine	GC/MS/EI	1229
N,N-Di-Hexyl-3,4-methylenedioxyphenethylamine	GC/MS/EI/E	1233
N,N-Di-Hexyl-1-(3,4-methylenedioxyphenyl)propan-2-amine	GC/MS/EI	1313
N,N-Di-Hexyl-1-(3,4-methylenedioxyphenyl)propan-2-amine	GC/MS/EI/E	1318
N,N-Di-Hydroxyethyl-1-(3,4-methylenedioxyphenyl)-butan-2-amine	GC/MS/EI/E	69
N,N-Di-Hydroxyethyl-1-(3,4-methylenedioxyphenyl)-butan-2-amine	GC/MS/EI	824
N,N-Di-Hydroxyethyl-1-(3,4-methylenedioxyphenyl)-butan-2-amine	GC/MS/CI	832
N,N-Di-Nonyl-amphetamine	GC/MS/EI/E	1596
N,N-Di-Nonyl-amphetamine	GC/MS/EI	1598
N,N-Di-Pentyl-3,4-methylenedioxyphenethylamine	GC/MS/EI/E	1048
N,N-Di-Pentyl-3,4-methylenedioxyphenethylamine	GC/MS/EI	1450
N,N-Dibenzyl-1-phenyl-methanamine	GC/MS/EI	383
N,N-Dibenzyl-1-phenyl-methanamine	GC/MS/EI/E	1302
N,N'-Dibenzylpiperazine	GC/MS/EI	382
N,N'-Dibenzylpiperazine	GC/MS/EI/E	1504
N',N'-Dibutyl-N-(3-phenyl-1,2,4-oxadiazol-5-yl)ethane-1,2-diamine	GC/MS/EI/E	789
N',N'-Dibutyl-N-(3-phenyl-1,2,4-oxadiazol-5-yl)ethane-1,2-diamine	GC/MS/EI	1174
N,N-Di-butyl-acetamide	GC/MS/EI/E	336
N,N-Di-butyl-acetamide	GC/MS/EI	917
N,N-Di-butyl-amphetamine	GC/MS/EI	919
N,N-Di-butyl-amphetamine	GC/MS/EI/E	927
N,N-Dibutylbutan-1-amine	GC/MS/EI/E	792
N,N-Dibutylbutan-1-amine	GC/MS/EI	803
N,N-Di-butylmescaline	GC/MS/EI/E	794
N,N-Di-butylmescaline	GC/MS/EI	1134
N,N-Di-butyl-3,4-methylenedioxyphenethyamine	GC/MS/EI	792
N,N-Di-butyl-3,4-methylenedioxyphenethyamine	GC/MS/EI/E	803
N,N-Di-(but-2-yl)-3,4-methylenedioxyphenethylamine	GC/MS/EI	793
N,N-Di-(but-2-yl)-3,4-methylenedioxyphenethylamine	GC/MS/EI/E	805
N,N-Di-butyl-2,3-methylenedioxyphenethylamine	GC/MS/EI	795
N,N-Di-butyl-2,3-methylenedioxyphenethylamine	GC/MS/EI/E	858
N,N-Dibutylphenethylamine	GC/MS/EI/E	792
N,N-Dibutylphenethylamine	GC/MS/EI	803
N,N-Diethyl-α-methyltryptamine	GC/MS/EI/E	427

N,N-Diethyl-α-methyltryptamine	GC/MS/EI	439
N,N-Diethyl-α-methyltryptamine	GC/MS/CI	684
N,N-Diethyl-β-methoxy-3,4-methylenedioxyphenethylamine	GC/MS/EI	329
N,N-Diethyl-β-methoxy-3,4-methylenedioxyphenethylamine	GC/MS/EI/E	845
N,N-Diethyl-2,4-dimethoxyamphetamine	GC/MS/EI/E	434
N,N-Diethyl-2,4-dimethoxyamphetamine	GC/MS/EI	456
N,N-Diethyl-3,4-dimethoxyamphetamine	GC/MS/EI	425
N,N-Diethyl-3,4-dimethoxyamphetamine	GC/MS/EI/E	441
N,N-Diethyl-3,4-dimethoxyamphetamine	GC/MS/CI	455
N,N-Diethyl-2,5-dimethoxy-4-ethylphenethylamine	GC/MS/EI	316
N,N-Diethyl-2,5-dimethoxy-4-ethylphenethylamine	GC/MS/EI/E	346
N,N-Diethyl-2,5-dimethoxy-4-methylphenethylamine	GC/MS/EI	302
N,N-Diethyl-2,5-dimethoxy-4-methylphenethylamine	GC/MS/EI/E	347
N,N-Diethyl-3,4-dimethoxyphenethylamine	GC/MS/EI/E	303
N,N-Diethyl-3,4-dimethoxyphenethylamine	GC/MS/EI	355
N,N-Diethyl-2,5-dimethoxy-4-propylphenethylamine	GC/MS/EI	302
N,N-Diethyl-2,5-dimethoxy-4-propylphenethylamine	GC/MS/EI/E	346
N,N-Diethyl-2-fluoroamphetamine	GC/MS/EI	434
N,N-Diethyl-2-fluoroamphetamine	GC/MS/CI	440
N,N-Diethyl-2-fluoroamphetamine	GC/MS/EI/E	510
N,N-Diethyl-3-fluoroamphetamine	GC/MS/CI	427
N,N-Diethyl-3-fluoroamphetamine	GC/MS/EI/E	440
N,N-Diethyl-3-fluoroamphetamine	GC/MS/EI	511
N,N-Diethyl-4-fluoroamphetamine	GC/MS/EI/E	427
N,N-Diethyl-4-fluoroamphetamine	GC/MS/CI	440
N,N-Diethyl-4-fluoroamphetamine	GC/MS/EI	510
N,N-Diethyl-5-fluoro-2-methoxyamphetamine	GC/MS/EI	426
N,N-Diethyl-5-fluoro-2-methoxyamphetamine	GC/MS/EI/E	451
N,N-Diethyl-1-(4-fluorophenyl)butan-2-amine	GC/MS/EI/E	546
N,N-Diethyl-1-(4-fluorophenyl)butan-2-amine	GC/MS/EI	565
N,N-Diethyl-4-hydroxy-3-methoxy-benzamide	GC/MS/EI	876
N,N-Diethyl-4-hydroxy-3-methoxy-benzamide	GC/MS/EI/E	1355
N,N-Diethyl-indol-3-yl-glyoxylamide	GC/MS/EI/E	807
N,N-Diethyl-indol-3-yl-glyoxylamide	GC/MS/EI	1433
N,N-Diethyl-1-(2-methoxy-3,4-methylenedioxyphenyl)butan-2-amine	GC/MS/EI	548
N,N-Diethyl-1-(2-methoxy-3,4-methylenedioxyphenyl)butan-2-amine	GC/MS/EI/E	565
N,N-Diethyl-1-(2-methoxy-4,5-methylenedioxyphenyl)butan-2-amine	GC/MS/EI/E	547
N,N-Diethyl-1-(2-methoxy-4,5-methylenedioxyphenyl)butan-2-amine	GC/MS/EI	564
N,N-Diethyl-4-methoxyphenethylamine	GC/MS/EI/E	313
N,N-Diethyl-4-methoxyphenethylamine	GC/MS/EI	352
N,N-Diethyl-2,3-methylenedioxyamphetamine	GC/MS/EI/E	445
N,N-Diethyl-2,3-methylenedioxyamphetamine	GC/MS/EI	729
N,N-Diethyl-3,4-methylenedioxyamphetamine	GC/MS/EI/E	426
N,N-Diethyl-3,4-methylenedioxyamphetamine	GC/MS/EI	453

N,N-Diethyl-3,4-methylenedioxyphenethylamine	GC/MS/EI	310
N,N-Diethyl-3,4-methylenedioxyphenethylamine	GC/MS/EI/E	354
N,N-Diethyl-2-(3,4-methylenedioxyphenyl)propan-1-amine	GC/MS/EI	310
N,N-Diethyl-2-(3,4-methylenedioxyphenyl)propan-1-amine	GC/MS/EI/E	346
N,N-Diethyl-4-methyl-1,5,7,9-tetrazabicyclo[4.3.0]nona-2,4,6,8-tetraen-2-amine	GC/MS/EI	1079
N,N-Diethyl-phenethylamine	GC/MS/EI	301
N,N-Diethyl-phenethylamine	GC/MS/EI/E	477
N,N-Diethyl-1-phenothiazin-10-yl-propan-2-amine	GC/MS/EI	427
N,N-Diethyl-1-phenothiazin-10-yl-propan-2-amine	GC/MS/EI/E	456
N,N-Diethylpyridine-3-carboxamide	GC/MS/EI	492
N,N-Diethyltryptamine	GC/MS/EI	317
N,N-Diethyltryptamine	GC/MS/EI/E	328
N,N-Diethyltryptamine	GC/MS/CI	329
N,N-Diethyltryptamine	GC/MS/EI/E	357
N,N-Diethyltryptamine	GC/MS/EI	684
N,N-Diethyltryptamine TFA	GC/MS/EI/E	312
N,N-Diethyltryptamine TFA	GC/MS/EI	352
N,N-Diethyltryptamine TMS	GC/MS/EI	316
N,N-Diethyltryptamine TMS	GC/MS/EI/E	352
N,N-Di-heptyl-amphetamine	GC/MS/EI/E	1423
N,N-Di-heptyl-amphetamine	GC/MS/EI	1425
N,N-Di-hexyl-4-methoxyampetamine	GC/MS/EI/E	1313
N,N-Di-hexyl-4-methoxyampetamine	GC/MS/EI	1318
N,N-Dihexyl-3,4,5-trimethoxyphenethylamine	GC/MS/EI	1229
N,N-Dihexyl-3,4,5-trimethoxyphenethylamine	GC/MS/EI/E	1234
N,N-Dihydroxyethyl-MDA	GC/MS/EI/E	701
N,N-Dihydroxyethyl-MDA	GC/MS/EI	707
N,N-Di-hydroxyethyl-3,4-methylenedioxyamphetamine	GC/MS/EI/E	701
N,N-Di-hydroxyethyl-3,4-methylenedioxyamphetamine	GC/MS/EI	707
N,N-Di-*iso*-Butyl-1-(3,4-Methylenedioxyphenyl)propan-2-amine	GC/MS/EI	918
N,N-Di-*iso*-Butyl-1-(3,4-Methylenedioxyphenyl)propan-2-amine	GC/MS/EI/E	977
N,N-Di-*iso*-butyl-amphetamine	GC/MS/EI	918
N,N-Di-*iso*-butyl-amphetamine	GC/MS/EI/E	927
N,N-Di-*iso*-propylethanolamine	GC/MS/EI	555
N,N-Di-*iso*-propylethanolamine	GC/MS/EI/E	687
N,N-Di-*iso*-propyl-5-hydroxytryptamine 2AC	GC/MS/EI	551
N,N-Di-*iso*-propyl-5-hydroxytryptamine 2AC	GC/MS/EI/E	1435
N,N-Di-*iso*-propyl-5-hydroxytryptamine AC	GC/MS/EI	550
N,N-Di-*iso*-propyl-5-hydroxytryptamine AC	GC/MS/EI/E	1246
N,N-Di-*iso*-propyl-4-hydroxytryptamine 2TMS	GC/MS/EI	544
N,N-Di-*iso*-propyl-4-hydroxytryptamine 2TMS	GC/MS/EI/E	567
N,N-Di-*iso*-propyl-4-methoxyampetamine	GC/MS/EI/E	447
N,N-Di-*iso*-propyl-4-methoxyampetamine	GC/MS/EI	618
N,N-Di-*iso*-propyl-5-methoxytryptamine	GC/MS/EI	539

N,N-Di-*iso*-propyl-5-methoxytryptamine	GC/MS/EI/E	549
N,N-Di-*iso*-propyl-5-methoxytryptamine	GC/MS/EI	552
N,N-Di-*iso*-propyl-5-methoxytryptamine	GC/MS/CI	939
N,N-Di-*iso*-propyl-5-methoxytryptamine	GC/MS/EI/E	1071
N,N-Di-*iso*-propyl-5-methoxytryptamine AC	GC/MS/EI/E	550
N,N-Di-*iso*-propyl-5-methoxytryptamine AC	GC/MS/EI	1328
N,N-Di-*iso*-propyl-5-methoxytryptamine TMS	GC/MS/EI	544
N,N-Di-*iso*-propyl-5-methoxytryptamine TMS	GC/MS/EI/E	1385
N.N-Di-*iso*-propyl-3,4-methylenedioxyphenethyamine	GC/MS/EI	552
N.N-Di-*iso*-propyl-3,4-methylenedioxyphenethyamine	GC/MS/EI/E	570
N,N-Di-*iso*-propyl-2,3-methylenedioxyphenethylamine	GC/MS/EI	541
N,N-Di-*iso*-propyl-2,3-methylenedioxyphenethylamine	GC/MS/EI/E	845
N,N-Di-*iso*-propyl-2-(2,3-methylenedioxyphenyl)butan-1-amine	GC/MS/EI/E	539
N,N-Di-*iso*-propyl-2-(2,3-methylenedioxyphenyl)butan-1-amine	GC/MS/EI	721
N,N-Di-*iso*-propyl-3,4,5-trimethoxyphenethylamine	GC/MS/EI/E	555
N,N-Di-*iso*-propyl-3,4,5-trimethoxyphenethylamine	GC/MS/EI	572
N,N-Dimethyl-α-ethyltryptamine	GC/MS/EI/E	318
N,N-Dimethyl-α-ethyltryptamine	GC/MS/EI	352
2-(N,N-Dimethylamino)-2-methyl-1-phenyl-1-propanone	GC/MS/EI/E	309
2-(N,N-Dimethylamino)-2-methyl-1-phenyl-1-propanone	GC/MS/EI	350
N,N-Dimethylamphetamine	GC/MS/EI/E	197
N,N-Dimethylamphetamine	GC/MS/EI	198
N,N-Dimethylamphetamine	GC/MS/EI	371
N,N-Dimethylamphetamine	GC/MS/EI/E	372
N,N-Dimethylaniline	GC/MS/EI	607
N,N-Dimethyl-β-methoxy-3,4-methylenedioxyphenethylamine	GC/MS/EI/E	99
N,N-Dimethyl-β-methoxy-3,4-methylenedioxyphenethylamine	GC/MS/EI	994
N,N-Dimethyl-4-bromo-2,5-dimethoxyamphetamine	GC/MS/EI	205
N,N-Dimethyl-4-bromo-2,5-dimethoxyamphetamine	GC/MS/EI/E	232
N,N-Dimethyl-4-chlorophenethylamine	GC/MS/EI/E	156
N,N-Dimethyl-4-chlorophenethylamine	GC/MS/EI	174
N,N-Dimethyl-3,5-dichloro-4-methylbenzamide	GC/MS/EI	49
N,N-Dimethyl-3,5-dichloro-4-methylbenzamide	GC/MS/EI/E	1259
N,N-Dimethyl-2,4-dimethoxyamphetamine	GC/MS/EI/E	209
N,N-Dimethyl-2,4-dimethoxyamphetamine	GC/MS/EI	234
N,N-Dimethyl-2,5-dimethoxyamphetamine	GC/MS/EI	208
N,N-Dimethyl-2,5-dimethoxyamphetamine	GC/MS/EI/E	235
N,N-Dimethyl-3,4-dimethoxyamphetamine	GC/MS/EI/E	206
N,N-Dimethyl-3,4-dimethoxyamphetamine	GC/MS/EI	221
N,N-Dimethyl-3,4-dimethoxyamphetamine	GC/MS/CI	233
N,N-Dimethyl-2,5-dimethoxy-4-ethylphenethylamine	GC/MS/EI	102
N,N-Dimethyl-2,5-dimethoxy-4-ethylphenethylamine	GC/MS/EI/E	167
N,N-Dimethyl-2,5-dimethoxy-4-iodo-amphetamine	GC/MS/EI/E	208
N,N-Dimethyl-2,5-dimethoxy-4-iodo-amphetamine	GC/MS/EI	233

N,N-Dimethyl-2,5-dimethoxy-4-iodophenethylamine	GC/MS/CI	105
N,N-Dimethyl-2,5-dimethoxy-4-iodophenethylamine	GC/MS/EI/E	151
N,N-Dimethyl-2,5-dimethoxy-4-iodophenethylamine	GC/MS/EI	165
N,N-Dimethyl-2,5-dimethoxy-4-methylphenethylamine	GC/MS/EI	102
N,N-Dimethyl-2,5-dimethoxy-4-methylphenethylamine	GC/MS/EI/E	1007
N,N-Dimethyl-3,4-dimethoxyphenethylamine	GC/MS/EI/E	141
N,N-Dimethyl-3,4-dimethoxyphenethylamine	GC/MS/EI	1290
N,N-Dimethyl-2,5-dimethoxyphenthylamine	GC/MS/EI/E	102
N,N-Dimethyl-2,5-dimethoxyphenthylamine	GC/MS/EI	1291
N,N-Dimethyl-1-(2,4-dimethoxyphenyl)butan-2-amine	GC/MS/EI	315
N,N-Dimethyl-1-(2,4-dimethoxyphenyl)butan-2-amine	GC/MS/EI/E	355
N,N-Dimethyl-1-(2,5-dimethoxyphenyl)butan-2-amine	GC/MS/EI/E	329
N,N-Dimethyl-1-(2,5-dimethoxyphenyl)butan-2-amine	GC/MS/EI	1208
N,N-Dimethyl-1-(3,4-dimethoxyphenyl)butan-2-amine	GC/MS/EI	319
N,N-Dimethyl-1-(3,4-dimethoxyphenyl)butan-2-amine	GC/MS/EI/E	355
N,N-Dimethyl-2,5-dimethoxy-4-propylphenethyl- amine	GC/MS/EI	102
N,N-Dimethyl-2,5-dimethoxy-4-propylphenethyl- amine	GC/MS/EI/E	167
N,N-Dimethyl-2,5-dimethoxy-4-propylphenethylamine	GC/MS/EI/E	102
N,N-Dimethyl-2,5-dimethoxy-4-propylphenethylamine	GC/MS/EI	167
N,N-Dimethyl-2-(2,5-dimethoxy-4-propylphenyl)ethylamine	GC/MS/EI	102
N,N-Dimethyl-2-(2,5-dimethoxy-4-propylphenyl)ethylamine	GC/MS/EI/E	167
N,N-Dimethyl-2,2-diphenylbutanoicamide	GC/MS/EI	1198
N,N-Dimethyl-2,2-diphenylbutanoicamide	GC/MS/EI/E	1300
N,N-Dimethyldodecanamine	GC/MS/EI/E	162
N,N-Dimethyldodecanamine	GC/MS/EI	1318
N,N-Dimethyl-2-fluoroamphetamine	GC/MS/EI	199
N,N-Dimethyl-2-fluoroamphetamine	GC/MS/CI	222
N,N-Dimethyl-2-fluoroamphetamine	GC/MS/EI/E	506
N,N-Dimethyl-3-fluoroamphetamine	GC/MS/EI	198
N,N-Dimethyl-3-fluoroamphetamine	GC/MS/EI/E	222
N,N-Dimethyl-3-fluoroamphetamine	GC/MS/CI	506
N,N-Dimethyl-4-fluoroamphetamine	GC/MS/EI/E	211
N,N-Dimethyl-4-fluoroamphetamine	GC/MS/EI	222
N,N-Dimethyl-4-fluoroamphetamine	GC/MS/CI	506
N,N-Dimethyl-1-(5-fluoroindol-3-yl)propan-2-amine	GC/MS/EI/E	216
N,N-Dimethyl-1-(5-fluoroindol-3-yl)propan-2-amine	GC/MS/EI	834
N,N-Dimethyl-3-fluoro-4-methoxyamphetamine	GC/MS/EI/E	198
N,N-Dimethyl-3-fluoro-4-methoxyamphetamine	GC/MS/EI	240
N,N-Dimethyl-5-fluoro-2-methoxyamphetamine	GC/MS/EI/E	198
N,N-Dimethyl-5-fluoro-2-methoxyamphetamine	GC/MS/EI	505
N,N-Dimethyl-1-(4-fluorophenyl)butan-2-amine	GC/MS/EI	315
N,N-Dimethyl-1-(4-fluorophenyl)butan-2-amine	GC/MS/EI/E	332
N,N-Dimethyl-1-(4-fluorophenyl)butan-2-amine	GC/MS/CI	509
N,N-Dimethyl-4-hydroxy-tryptamine	GC/MS/EI	139

Compound	Method	Page
N,N-Dimethyl-4-hydroxy-tryptamine	GC/MS/EI	140
N,N-Dimethyl-4-hydroxy-tryptamine	GC/MS/EI/E	1253
N,N-Dimethyl-1-(indan-6-yl)propan-2-amine	GC/MS/EI	208
N,N-Dimethyl-1-(indan-6-yl)propan-2-amine	GC/MS/EI/E	236
N,N-Dimethyl-4-methoxy-amphetamine	GC/MS/EI	207
N,N-Dimethyl-4-methoxy-amphetamine	GC/MS/EI/E	238
N,N-Dimethyl-1-(2-methoxy-3,4-methylenedioxyphenyl)butan-2-amine	GC/MS/EI/E	315
N,N-Dimethyl-1-(2-methoxy-3,4-methylenedioxyphenyl)butan-2-amine	GC/MS/EI	355
N,N-Dimethyl-1-(2-methoxy-4,5-methylenedioxyphenyl)butan-2-amine	GC/MS/EI/E	318
N,N-Dimethyl-1-(2-methoxy-4,5-methylenedioxyphenyl)butan-2-amine	GC/MS/EI	349
N,N-Dimethyl-4-methoxyphenethylamine	GC/MS/EI/E	98
N,N-Dimethyl-4-methoxyphenethylamine	GC/MS/EI	170
N,N-Dimethyl-4-methoxy-tryptamine	GC/MS/EI	142
N,N-Dimethyl-5-methoxy-tryptamine	GC/MS/EI/E	142
N,N-Dimethyl-5-methoxy-tryptamine	GC/MS/EI/E	143
N,N-Dimethyl-5-methoxy-tryptamine	GC/MS/EI	1334
N,N-Dimethyl-5-methoxy-tryptamine	GC/MS/EI	1338
N,N-Dimethyl-6-methoxy-tryptamine	GC/MS/EI	100
N,N-Dimethyl-6-methoxy-tryptamine	GC/MS/EI/E	1334
N,N-Dimethyl-3,4-methylenedioxy-α-methylphenethylamine	GC/MS/EI/E	206
N,N-Dimethyl-3,4-methylenedioxy-α-methylphenethylamine	GC/MS/EI	210
N,N-Dimethyl-3,4-methylenedioxy-α-methylphenethylamine	GC/MS/EI	233
N,N-Dimethyl-3,4-methylenedioxy-α-methylphenethylamine	GC/MS/EI/E	269
N,N-Dimethyl-3,4-methylenedioxyamphetamine	GC/MS/EI/E	206
N,N-Dimethyl-3,4-methylenedioxyamphetamine	GC/MS/EI	210
N,N-Dimethyl-3,4-methylenedioxyamphetamine	GC/MS/EI	233
N,N-Dimethyl-3,4-methylenedioxyamphetamine	GC/MS/EI/E	269
N,N-Dimethyl-3,4-methylenedioxyphenethyamine	GC/MS/EI/E	97
N,N-Dimethyl-3,4-methylenedioxyphenethyamine	GC/MS/EI	165
N,N-Dimethyl-2,3-methylenedioxyphenethylamine	GC/MS/EI/E	99
N,N-Dimethyl-2,3-methylenedioxyphenethylamine	GC/MS/EI	267
N,N-Dimethyl-1-(3,4-methylenedioxyphenyl)butan-2-amine	GC/MS/EI/E	337
N,N-Dimethyl-1-(3,4-methylenedioxyphenyl)butan-2-amine	GC/MS/CI	338
N,N-Dimethyl-1-(3,4-methylenedioxyphenyl)butan-2-amine	GC/MS/EI	360
N,N-Dimethyl-2-(2,3-methylenedioxyphenyl)butan-1-amine	GC/MS/EI/E	100
N,N-Dimethyl-2-(2,3-methylenedioxyphenyl)butan-1-amine	GC/MS/EI	1347
N,N-Dimethyl-2-(3,4-methylenedioxyphenyl)butan-1-amine	GC/MS/EI/E	97
N,N-Dimethyl-2-(3,4-methylenedioxyphenyl)butan-1-amine	GC/MS/EI	165
N.N-Dimethyl-1-(2,3-methylenedioxyphenyl)butan-2-amine	GC/MS/CI	337
N.N-Dimethyl-1-(2,3-methylenedioxyphenyl)butan-2-amine	GC/MS/EI/E	338
N.N-Dimethyl-1-(2,3-methylenedioxyphenyl)butan-2-amine	GC/MS/EI	361
N,N-Dimethyl-3-(2,3-methylenedioxyphenyl)pentan-2-amine I	GC/MS/EI	206
N,N-Dimethyl-3-(2,3-methylenedioxyphenyl)pentan-2-amine I	GC/MS/EI/E	233
N,N-Dimethyl-3-(2,3-methylenedioxyphenyl)pentan-2-amine II	GC/MS/EI/E	206

N,N-Dimethyl-3-(2,3-methylenedioxyphenyl)pentan-2-amine II	GC/MS/EI	233
N,N-Dimethyl-2-(2,3-methylenedioxyphenyl)propan-1-amine	GC/MS/EI	99
N,N-Dimethyl-2-(2,3-methylenedioxyphenyl)propan-1-amine	GC/MS/EI/E	172
N,N-Dimethyl-2-(3,4-methylenedioxyphenyl)propan-1-amine	GC/MS/EI	98
N,N-Dimethyl-2-(3,4-methylenedioxyphenyl)propan-1-amine	GC/MS/EI/E	171
N,N-Dimethyl-2-[3-methyl-8-(4-methylphenyl)-1,7-diazabicyclo[4.3.0]nona-2,4,6,8-tetraen-9-yl]-acetamide	GC/MS/EI/E	1404
N,N-Dimethyl-2-[3-methyl-8-(4-methylphenyl)-1,7-diazabicyclo[4.3.0]nona-2,4,6,8-tetraen-9-yl]-acetamide	GC/MS/EI/E	1405
N,N-Dimethyl-2-[3-methyl-8-(4-methylphenyl)-1,7-diazabicyclo[4.3.0]nona-2,4,6,8-tetraen-9-yl]acetamide	GC/MS/EI	1400
N,N-Dimethyl-2-[3-methyl-8-(4-methylphenyl)-1,7-diazabicyclo[4.3.0]nona-2,4,6,8-tetraen-9-yl]acetamide	GC/MS/EI/E	1405
N,N-Dimethyl-9-[3-(4-methylpiperazin-1-yl)propylidene]thioxanthene-2-sulfonamide	GC/MS/EI/E	533
N,N-Dimethyl-9-[3-(4-methylpiperazin-1-yl)propylidene]thioxanthene-2-sulfonamide	GC/MS/EI	1351
N,N-Dimethyl-4-methylthioamphetamine	GC/MS/EI/E	197
N,N-Dimethyl-4-methylthioamphetamine	GC/MS/EI	240
N,N-Dimethyl-phenethylamine	GC/MS/EI	99
N,N-Dimethyl-phenethylamine	GC/MS/EI/E	128
N,N-Dimethyl-phenethylamine	GC/MS/CI	369
N,N-Dimethyl-1-phenothiazin-10-yl-propan-2-amine	GC/MS/EI	207
N,N-Dimethyl-1-phenothiazin-10-yl-propan-2-amine	GC/MS/EI/E	250
N,N-Dimethylphentermine	GC/MS/EI/E	315
N,N-Dimethylphentermine	GC/MS/EI	347
N,N-Dimethyl-3-phenyl-butan-2-amine	GC/MS/CI	220
N,N-Dimethyl-4-phenylbutan-2-amine	GC/MS/EI/E	211
N,N-Dimethyl-4-phenylbutan-2-amine	GC/MS/EI	382
N,N-Dimethyl-1-phenyl-ethylamine	GC/MS/EI	708
N,N-Dimethyl-1-phenyl-ethylamine	GC/MS/EI/E	847
N,N-Dimethyl-1-phenyl-propan-2-amine	GC/MS/EI	197
N,N-Dimethyl-1-phenyl-propan-2-amine	GC/MS/EI	198
N,N-Dimethyl-1-phenyl-propan-2-amine	GC/MS/EI/E	371
N,N-Dimethyl-1-phenyl-propan-2-amine	GC/MS/EI/E	372
N,N-Dimethyl-2-phenyl-propylamine	GC/MS/EI/E	99
N,N-Dimethyl-2-phenyl-propylamine	GC/MS/EI	266
N,N-Dimethyl-2-(1-phenyl-1-pyridin-2-yl-ethoxy)ethanamine	GC/MS/EI	110
N,N-Dimethyl-2-(1-phenyl-1-pyridin-2-yl-ethoxy)ethanamine	GC/MS/EI/E	190
N,N-Dimethyl-2-(1-phenyl-1-pyridin-2-yl-ethoxy)ethanamine	GC/MS/EI/E	1017
N,N-Dimethyl-2-(1-phenyl-1-pyridin-2-yl-ethoxy)ethanamine	GC/MS/EI	1139
N,N-Dimethyl-2-(1-phenyl-1-pyridin-2-yl-ethoxy)ethanamine	GC/MS/CI	1139
N,N-Dimethyl-2-(1-phenyl-1-pyridin-2-yl-ethoxy)ethanamine	GC/MS/CI	1142
N,N-Dimethyl-3-phenyl-3-pyridin-2-yl-propan-1-amine	GC/MS/EI/E	1035
N,N-Dimethyl-3-phenyl-3-pyridin-2-yl-propan-1-amine	GC/MS/EI	1046
N,N-Dimethyl-3-phenyl-3-(4-trifluormethylphenoxy)propylamine	GC/MS/EI/E	150
N,N-Dimethyl-3-phenyl-3-(4-trifluormethylphenoxy)propylamine	GC/MS/EI	1646

N,N-Dimethyl-1-propanamine,3-(5H-dibenzo[a,d]cyclohepten-5-ylidene)	GC/MS/EI/E	139
N,N-Dimethyl-1-propanamine,3-(5H-dibenzo[a,d]cyclohepten-5-ylidene)	GC/MS/EI	1247
N,N-Dimethyl-3-(pyrido[3,2-b][1,4]-benzothiazin-10-yl)-propylamine	GC/MS/EI	149
N,N-Dimethylsulfamide	GC/MS/EI/E	393
N,N-Dimethylsulfamide	GC/MS/EI	398
N,N-Dimethyltetradecan-1-amine	GC/MS/EI/E	162
N,N-Dimethyltetradecan-1-amine	GC/MS/EI	175
N,N-Dimethyltetradecanamine	GC/MS/EI	162
N,N-Dimethyltetradecanamine	GC/MS/EI/E	175
N,N-Dimethyl-3-[2-(trifluoromethyl)phenothiazin-10-yl]propan-1-amine	GC/MS/EI/E	114
N,N-Dimethyl-3-[2-(trifluoromethyl)phenothiazin-10-yl]propan-1-amine	GC/MS/EI	334
N,N-Dimethyl-2,4,5-trimethoxyamphetamine	GC/MS/EI/E	207
N,N-Dimethyl-2,4,5-trimethoxyamphetamine	GC/MS/CI	224
N,N-Dimethyl-2,4,5-trimethoxyamphetamine	GC/MS/EI	246
N,N-Dimethyl-2,4,6-trimethoxyamphetamine	GC/MS/EI	209
N,N-Dimethyl-2,4,6-trimethoxyamphetamine	GC/MS/CI	224
N,N-Dimethyl-2,4,6-trimethoxyamphetamine	GC/MS/EI/E	246
N,N-Dimethyl-3,4,5-trimethoxyphenethylamine	GC/MS/CI	105
N,N-Dimethyl-3,4,5-trimethoxyphenethylamine	GC/MS/EI/E	145
N,N-Dimethyl-3,4,5-trimethoxyphenethylamine	GC/MS/EI	172
N,N-Dimethyltryptamine	GC/MS/EI/E	136
N,N-Dimethyltryptamine	GC/MS/EI	1173
N,N-Dimethyltryptamine TMS	GC/MS/EI/E	111
N,N-Dimethyltryptamine TMS	GC/MS/EI	247
N,N-Dinitroso-1-(3,4-methylenedioxyphenyl)propan-2-amine	GC/MS/EI	1117
N,N-Di-octyl-amphetamine	GC/MS/EI/E	1517
N,N-Di-octyl-amphetamine	GC/MS/EI	1519
N,N-Di-pentyl-amphetamine	GC/MS/EI	1160
N,N-Di-pentyl-amphetamine	GC/MS/EI/E	1165
N,N-Dipentylmescaline	GC/MS/EI	1048
N,N-Dipentylmescaline	GC/MS/EI/E	1054
N,N-Di-pentyl-4-methoxyampetamine	GC/MS/EI/E	1159
N,N-Di-pentyl-4-methoxyampetamine	GC/MS/EI	1165
N,N-Dipentylpentanamine	GC/MS/EI	1048
N,N-Dipentylpentanamine	GC/MS/EI/E	1055
N,N-Dipropylacetamide	GC/MS/EI	228
N,N-Dipropylacetamide	GC/MS/EI/E	802
N,N-Dipropylamphetamine	GC/MS/EI	666
N,N-Dipropylamphetamine	GC/MS/EI/E	677
N,N-Dipropyl-2,5-dimethoxy-4-ethylphenethylamine	GC/MS/EI/E	539
N,N-Dipropyl-2,5-dimethoxy-4-ethylphenethylamine	GC/MS/EI	559
N,N-Dipropyl-2,5-dimethoxy-4-methylphenethylamine	GC/MS/EI	539
N,N-Dipropyl-2,5-dimethoxy-4-methylphenethylamine	GC/MS/EI/E	564
N,N-Dipropyl-2,5-dimethoxy-4-propylphenethylamine	GC/MS/EI/E	548

N,N-Dipropyl-2,5-dimethoxy-4-propylphenethylamine	GC/MS/EI	562
N,N-Dipropyl-2-fluoroamphetamine	GC/MS/EI	662
N,N-Dipropyl-2-fluoroamphetamine	GC/MS/EI/E	665
N,N-Dipropyl-2-fluoroamphetamine	GC/MS/CI	674
N,N-Dipropyl-3-fluoroamphetamine	GC/MS/EI/E	662
N,N-Dipropyl-3-fluoroamphetamine	GC/MS/EI	664
N,N-Dipropyl-3-fluoroamphetamine	GC/MS/CI	674
N,N-Dipropyl-4-fluoroamphetamine	GC/MS/EI	662
N,N-Dipropyl-4-fluoroamphetamine	GC/MS/EI/E	664
N,N-Dipropyl-4-fluoroamphetamine	GC/MS/CI	672
N,N-Dipropylformamide	GC/MS/EI/E	442
N,N-Dipropylformamide	GC/MS/EI	676
N,N-Dipropyl-1-(indan-6-yl)propan-2-amine	GC/MS/EI	658
N,N-Dipropyl-1-(indan-6-yl)propan-2-amine	GC/MS/EI/E	671
N,N-Dipropylmescaline	GC/MS/EI/E	554
N,N-Dipropylmescaline	GC/MS/EI	1134
N,N-Di-propyl-4-methoxyampetamine	GC/MS/EI/E	667
N,N-Di-propyl-4-methoxyampetamine	GC/MS/EI	677
N,N-Dipropyl-1-(2-methoxy-3,4-methylenedioxyphenyl)butan-2-amine	GC/MS/EI/E	790
N,N-Dipropyl-1-(2-methoxy-3,4-methylenedioxyphenyl)butan-2-amine	GC/MS/EI	797
N,N-Dipropyl-2,3-methylenedioxyamphetamine	GC/MS/EI/E	667
N,N-Dipropyl-2,3-methylenedioxyamphetamine	GC/MS/EI	677
N,N-Dipropyl-3,4-methylenedioxyamphetamine	GC/MS/EI	658
N,N-Dipropyl-3,4-methylenedioxyamphetamine	GC/MS/EI/E	665
N,N-Dipropyl-3,4-methylenedioxyamphetamine	GC/MS/CI	671
N,N-Dipropyl-2,3-methylenedioxyphenethylamine	GC/MS/EI	545
N,N-Dipropyl-2,3-methylenedioxyphenethylamine	GC/MS/EI/E	563
N,N-Dipropyl-3,4-methylenedioxyphenethylamine	GC/MS/EI/E	545
N,N-Dipropyl-3,4-methylenedioxyphenethylamine	GC/MS/EI	560
N,N-Di-propyl-1-(3,4-methylenedioxyphenyl)butan-2-amine	GC/MS/EI/E	1047
N,N-Di-propyl-1-(3,4-methylenedioxyphenyl)butan-2-amine	GC/MS/EI	1053
N,N-Dipropyl-1-(2,3-methylenedioxyphenyl)butan-2-amine	GC/MS/EI	790
N,N-Dipropyl-1-(2,3-methylenedioxyphenyl)butan-2-amine	GC/MS/EI/E	800
N,N-Dipropyl-1-(3,4-methylenedioxyphenyl)butan-2-amine	GC/MS/EI	791
N,N-Dipropyl-1-(3,4-methylenedioxyphenyl)butan-2-amine	GC/MS/EI/E	802
N,N-Dipropyl-2-(2,3-methylenedioxyphenyl)butan-1-amine	GC/MS/EI	549
N,N-Dipropyl-2-(2,3-methylenedioxyphenyl)butan-1-amine	GC/MS/EI/E	721
N,N-Dipropyl-2-(3,4-methylenedioxyphenyl)butan-1-amine	GC/MS/EI/E	540
N,N-Dipropyl-2-(3,4-methylenedioxyphenyl)butan-1-amine	GC/MS/EI	560
N,N-Dipropyl-2-(3,4-methylenedioxyphenyl)propan-1-amine	GC/MS/EI	545
N,N-Dipropyl-2-(3,4-methylenedioxyphenyl)propan-1-amine	GC/MS/EI/E	564
N,N-Dipropylphenethylamine	GC/MS/EI	556
N,N-Dipropylphenethylamine	GC/MS/EI/E	572
N,N-Dipropyltryptamine	GC/MS/EI	545

N,N-Dipropyltryptamine	GC/MS/EI/E	559
N,N-Dipropyltryptamine AC	GC/MS/EI/E	546
N,N-Dipropyltryptamine AC	GC/MS/EI	1167
N,N-Di-*sec*-Butyl-3,4,5-trimethoxyphenethylamine	GC/MS/EI/E	794
N,N-Di-*sec*-Butyl-3,4,5-trimethoxyphenethylamine	GC/MS/EI	806
N,N-Ethyl-*iso*-propyl-2,3-methylenedioxyamphetamine	GC/MS/EI	542
N,N-Ethyl-*iso*-propyl-2,3-methylenedioxyamphetamine	GC/MS/EI/E	560
N,N-Ethyl-methyl-3-fluoroamphetamine	GC/MS/EI/E	312
N,N-Ethyl-methyl-3-fluoroamphetamine	GC/MS/EI	508
N,N-Ethyl-methyl-4-fluoroamphetamine	GC/MS/EI/E	314
N,N-Ethyl-methyl-4-fluoroamphetamine	GC/MS/EI	509
N,N-Ethylmethyl-2,3-methylenedioxyamphetamine	GC/MS/EI	313
N,N-Ethylmethyl-2,3-methylenedioxyamphetamine	GC/MS/EI/E	353
N,N-Ethylmethyl-3,4-methylenedioxyamphetamine	GC/MS/EI	343
N,N-Ethylmethyl-3,4-methylenedioxyamphetamine	GC/MS/EI/E	361
N,N-Ethyl-methyl-2,3-methylenedioxyphenethylamine	GC/MS/EI	229
N,N-Ethyl-methyl-2,3-methylenedioxyphenethylamine	GC/MS/EI/E	257
N,N-Ethylmethyl-3,4-methylenedioxyphenethylamine	GC/MS/EI	199
N,N-Ethylmethyl-3,4-methylenedioxyphenethylamine	GC/MS/EI/E	232
N,N-Ethyl-methyl-1-(3,4-methylenedioxyphenyl)butan-2-amine	GC/MS/EI	425
N,N-Ethyl-methyl-1-(3,4-methylenedioxyphenyl)butan-2-amine	GC/MS/EI/E	454
N,N-Ethylmethyl-1-(2,3-methylenedioxyphenyl)butan-2-amine	GC/MS/EI/E	434
N,N-Ethylmethyl-1-(2,3-methylenedioxyphenyl)butan-2-amine	GC/MS/EI	454
N,N-Ethyl-methyl-4-phenylbutan-2-amine	GC/MS/EI	319
N,N-Ethyl-methyl-4-phenylbutan-2-amine	GC/MS/EI/E	383
N,N-Ethyl-pentyl-1-(1,3-benzodixol-5-yl)butan-2-amine	GC/MS/EI/E	917
N,N-Ethyl-pentyl-1-(1,3-benzodixol-5-yl)butan-2-amine	GC/MS/EI	926
N,N-Ethylpropyl-2,3-methylenedioxyamphetamine	GC/MS/EI	543
N,N-Ethylpropyl-2,3-methylenedioxyamphetamine	GC/MS/EI/E	561
N,N-Ethylpropyl-3,4-methylenedioxyamphetamine	GC/MS/EI	542
N,N-Ethylpropyl-3,4-methylenedioxyamphetamine	GC/MS/EI/E	561
N,N-Heptyl-octyl-amphetamine	GC/MS/EI/E	1473
N,N-Heptyl-octyl-amphetamine	GC/MS/EI	1476
N,N-Methyl-*iso*-propyl-2-(2,3-methylenedioxyphenyl)butan-1-amine	GC/MS/EI	305
N,N-Methyl-*iso*-propyl-2-(2,3-methylenedioxyphenyl)butan-1-amine	GC/MS/EI/E	353
2-(N,N-Methyl-propylamino)propiophenone	GC/MS/EI	430
2-(N,N-Methyl-propylamino)propiophenone	GC/MS/EI/E	450
N,N-Methyl-propyl-2,3-methylenedioxyamphetamine	GC/MS/EI/E	448
N,N-Methyl-propyl-2,3-methylenedioxyamphetamine	GC/MS/EI	460
N,N-Methylpropyl-3,4-methylenedioxyamphetamine	GC/MS/EI	431
N,N-Methylpropyl-3,4-methylenedioxyamphetamine	GC/MS/EI/E	453
N,N-Methylpropyl-3,4-methylenedioxyphenethylamine	GC/MS/EI	304
N,N-Methylpropyl-3,4-methylenedioxyphenethylamine	GC/MS/EI/E	347
N,N-Methylpropyl-1-(3,4-methylenedioxyphenyl)butan-2-amine	GC/MS/EI/E	543

N,N-Methylpropyl-1-(3,4-methylenedioxyphenyl)butan-2-amine	GC/MS/EI	722
N,N-Methylpropyl-2-(2,3-methylenedioxyphenyl)butan-1-amine	GC/MS/EI	304
N,N-Methylpropyl-2-(2,3-methylenedioxyphenyl)butan-1-amine	GC/MS/EI/E	353
N,N,N',N'-Tetramethylbenzidine	GC/MS/EI	1421
N,N-Nonyl-octyl-amphetamine	GC/MS/EI/E	1558
N,N-Nonyl-octyl-amphetamine	GC/MS/EI	1559
N,N,4-Trimethylaniline	GC/MS/EI	714
N,N,4-Trimethyl-benzenamine	GC/MS/EI	714
4,N,N-Trimethylbenzenesulfonamide	GC/MS/EI	368
N,N,2-Trimethyl-2-(3,4-methylenedioxyphenyl)propan-1-amine	GC/MS/EI/E	154
N,N,2-Trimethyl-2-(3,4-methylenedioxyphenyl)propan-1-amine	GC/MS/EI	174
2,N,N-Trimethyl-3-(phenothiazin-10-yl)propylamine	GC/MS/EI	150
2,N,N-Trimethyl-3-(phenothiazin-10-yl)propylamine	GC/MS/EI/E	1598
N,N,2-Trimethyl-1-phenyl-propan-2-amine	GC/MS/EI/E	315
N,N,2-Trimethyl-1-phenyl-propan-2-amine	GC/MS/EI	347
α,N,N-Trimethyltryptamine	GC/MS/EI	205
α,N,N-Trimethyltryptamine	GC/MS/EI/E	239
N,N,3-Tris(2-chloroethyl)-2-oxo-1-oxa-3-aza-2$^{\{5\}}$-phosphacyclohexan-2-amine	GC/MS/EI/E	1528
N,N,3-Tris(2-chloroethyl)-2-oxo-1-oxa-3-aza-2$^{\{5\}}$-phosphacyclohexan-2-amine	GC/MS/EI	1540
N,N-di-Ethyl-3-chlorophenethylamine	GC/MS/EI	340
N,N-di-Ethyl-3-chlorophenethylamine	GC/MS/EI/E	466
N,N-diethyl-acetamide	GC/MS/EI	153
N-Nicotinoyl-aminobutyric acid TMS	GC/MS/EI/E	1120
N-Nicotinoyl-aminobutyric acid TMS	GC/MS/EI	1131
N,N-iso-Propylmethyl-3,4-methylenedioxyamphetamine	GC/MS/EI/E	430
N,N-iso-Propylmethyl-3,4-methylenedioxyamphetamine	GC/MS/EI	453
N,N-iso-Propylmethyl-1-(3,4-methylenedioxyphenyl)butan-2-amine	GC/MS/EI	541
N,N-iso-Propylmethyl-1-(3,4-methylenedioxyphenyl)butan-2-amine	GC/MS/EI/E	560
N-[4-[(4-Nitrophenyl)sulfamoyl]phenyl]acetamide	GC/MS/EI	1228
N-Nonyl-N-propyl-1-(3,4-Methylenedioxyphenyl)butan-2-amine	GC/MS/EI	1369
N-Nonyl-N-propyl-1-(3,4-Methylenedioxyphenyl)butan-2-amine	GC/MS/EI/E	1372
N-Nonyl-amphetamine	GC/MS/EI	1049
N-Nonyl-amphetamine	GC/MS/EI/E	1054
N-Nonyl-1-(3,4-methylenedioxyphenyl)butan-2-amine	GC/MS/EI/E	1160
N-Nonyl-1-(3,4-methylenedioxyphenyl)butan-2-amine	GC/MS/EI	1164
N-Nonyl-1-(3,4-methylenedioxyphenyl)propan-2-amine	GC/MS/EI/E	1049
N-Nonyl-1-(3,4-methylenedioxyphenyl)propan-2-amine	GC/MS/EI	1054
N,N-tert-Butylmethyltryptamine	GC/MS/EI	46
N,N-tert-Butylmethyltryptamine	GC/MS/EI/E	685
N,N-tert-Butylpropyltryptamine	GC/MS/EI	215
N,N-tert-Butylpropyltryptamine	GC/MS/EI/E	684
N,O-Diacetyl-p-aminophenol	GC/MS/EI	514
N,O-Diacetyl-p-aminophenol	GC/MS/EI/E	1199
N-Octyl-N-propyl-1-(3,4-methylenedioxyphenyl)butan-2-amine	GC/MS/EI/E	1313

N-Octyl-N-propyl-1-(3,4-methylenedioxyphenyl)butan-2-amine	GC/MS/EI	1318
N-Octyl-amphetamine	GC/MS/EI	918
N-Octyl-amphetamine	GC/MS/EI/E	926
N-Octyl-1-(3,4-methylenedioxyphenyl)butan-2-amine	GC/MS/EI/E	1049
N-Octyl-1-(3,4-methylenedioxyphenyl)butan-2-amine	GC/MS/EI	1054
N-Octyl-1-(3,4-methylenedioxyphenyl)propan-2-amine	GC/MS/EI	919
N-Octyl-1-(3,4-methylenedioxyphenyl)propan-2-amine	GC/MS/EI/E	976
N-[2-Oxo-1-(phenylmethyl)propyl]-acetamide	GC/MS/EI/E	606
N-[2-Oxo-1-(phenylmethyl)propyl]-acetamide	GC/MS/EI	978
N-Pentyl-N-propyl-1-(3,4-methylenedioxyphenyl)butan-2-amine	GC/MS/EI/E	1048
N-Pentyl-N-propyl-1-(3,4-methylenedioxyphenyl)butan-2-amine	GC/MS/EI	1053
N-Pentyl-amphetamine	GC/MS/EI/E	554
N-Pentyl-amphetamine	GC/MS/EI	570
N-Pent-2-yl-amphetamine I	GC/MS/EI/E	64
N-Pent-2-yl-amphetamine I	GC/MS/EI	960
N-Pent-2-yl-amphetamine II	GC/MS/EI	64
N-Pent-2-yl-amphetamine II	GC/MS/EI/E	961
N-Pentyl-3-chlorophenethylamine	GC/MS/EI	443
N-Pentyl-3-chlorophenethylamine	GC/MS/EI/E	466
N-Pentylmescaline	GC/MS/EI	444
N-Pentylmescaline	GC/MS/EI/E	1152
N-Pentyl-4-methoxyampetamine	GC/MS/EI	555
N-Pentyl-4-methoxyampetamine	GC/MS/EI/E	619
N-Pentyl-2,3-methylenedioxyamphetamine	GC/MS/EI	553
N-Pentyl-2,3-methylenedioxyamphetamine	GC/MS/EI/E	730
N-Pentyl-methylenedioxyamphetamine AC	GC/MS/EI/E	554
N-Pentyl-methylenedioxyamphetamine AC	GC/MS/EI	976
N-Pentyl-3,4-methylenedioxyphenethyamine	GC/MS/EI/E	66
N-Pentyl-3,4-methylenedioxyphenethyamine	GC/MS/EI	443
N-Pentyl-3,4-methylenedioxyphenethyamine	GC/MS/EI	747
N-Pentyl-3,4-methylenedioxyphenethyamine	GC/MS/EI/E	748
N-Pent-2-yl-1-(3,4-methylenedioxyphenyl)butan-2-amine	GC/MS/EI/E	668
N-Pent-2-yl-1-(3,4-methylenedioxyphenyl)butan-2-amine	GC/MS/EI	731
N-Pentyl-1-(3,4-methylenedioxyphenyl)butan-2-amine	GC/MS/EI	669
N-Pentyl-1-(3,4-methylenedioxyphenyl)butan-2-amine	GC/MS/EI/E	732
N-Pent-2-yl-1-(3,4-methylenedioxyphenyl)propan-2-amine	GC/MS/EI	554
N-Pent-2-yl-1-(3,4-methylenedioxyphenyl)propan-2-amine	GC/MS/EI/E	730
N-Pentyl-1-(3,4-methylenedioxyphenyl)propan-2-amine	GC/MS/EI/E	556
N-Pentyl-1-(3,4-methylenedioxyphenyl)propan-2-amine	GC/MS/EI	731
N-(Phenethylamino)iminomethane	GC/MS/EI	84
N-(Phenethylamino)iminomethane	GC/MS/EI/E	835
N-Phenethylformamide	GC/MS/EI	468
N-Phenethylformamide	GC/MS/EI/E	858
N-Phenethylmorpholine	GC/MS/EI/E	442

N-Phenethylmorpholine	GC/MS/EI	457
N-Phenethyl-phenethylamine	GC/MS/EI	712
N-Phenethyl-phenethylamine	GC/MS/EI/E	735
N-(1-Phenethyl-4-piperidyl)-N-phenyl-propanamide	GC/MS/EI	822
N-(1-Phenethyl-4-piperidyl)-N-phenyl-propanamide	GC/MS/EI	1436
N-(1-Phenethyl-4-piperidyl)-N-phenyl-propanamide	GC/MS/EI/E	1437
N-(1-Phenethyl-4-piperidyl)-N-phenyl-propanamide	GC/MS/EI	1442
N-Phenyl-N-(4-piperidyl)propanamide	GC/MS/EI	290
N-Phenylaniline	GC/MS/EI	1036
N-(1-Phenylcyclohexyl)-2-ethoxy-ethylamine	GC/MS/EI/E	933
N-(1-Phenylcyclohexyl)-2-ethoxy-ethylamine	GC/MS/EI	933
N-(1-Phenylcyclohexyl)-2-ethoxy-ethylamine	GC/MS/CI	1445
N-(1-Phenylcyclohexyl)-3-ethoxy-propylamine	GC/MS/EI/E	468
N-(1-Phenylcyclohexyl)-3-ethoxy-propylamine	GC/MS/EI	1332
N-(1-Phenylcyclohexyl)-3-ethoxy-propylamine	GC/MS/CI	1490
N-(1-Phenylcyclohexyl)-2-methoxy-ethylamine	GC/MS/EI	933
N-(1-Phenylcyclohexyl)-2-methoxy-ethylamine	GC/MS/CI	1181
N-(1-Phenylcyclohexyl)-3-methoxy-propylamine	GC/MS/CI	368
N-(1-Phenylcyclohexyl)-3-methoxy-propylamine	GC/MS/EI	1252
N-(1-Phenylcyclohexyl)propylamine	GC/MS/CI	933
N-(1-Phenylcyclohexyl)propylamine	GC/MS/EI	1065
N-(1-Phenylcyclohexyl)propylamine	GC/MS/EI	1066
N-(2-Phenylethenyl)acetamide	GC/MS/EI	598
N-(2-Phenylethyl)acetamide	GC/MS/EI	7
N-(2-Phenylethyl)acetamide	GC/MS/CI	467
N-(2-Phenylethyl)acetamide	GC/MS/EI	469
N-(2-Phenylethyl)acetamide	GC/MS/EI	982
N-(1-Phenylethyl)-amphetamine I	GC/MS/EI	480
N-(1-Phenylethyl)-amphetamine I	GC/MS/EI/E	854
N-(1-Phenylethyl)-amphetamine II	GC/MS/EI	471
N-(1-Phenylethyl)-amphetamine II	GC/MS/EI/E	854
N-(Phenylisopropyl)-1-phenylprop-2-imine	GC/MS/EI	381
N-(Phenylisopropyl)-1-phenylprop-2-imine	GC/MS/EI/E	949
N-Phenylmethylene-1-butanamine	GC/MS/EI	588
N-Phenylmethylene-1-butanamine	GC/MS/EI/E	943
N-(1-Phenylpropan-2-yl)formamide	GC/MS/EI	585
N-(1-Phenylpropan-2-yl)formamide	GC/MS/EI/E	594
N-(1-Phenylpropan-2-yl)formamide	GC/MS/EI/E	595
N-(1-Phenylpropan-2-yl)propan-1-amine	GC/MS/EI/E	336
N-(1-Phenylpropan-2-yl)propan-1-amine	GC/MS/EI	385
N-(Phenyl-1-prop-2yl)iminobutane-1	GC/MS/EI/E	407
N-(Phenyl-1-prop-2yl)iminobutane-1	GC/MS/EI	945
N-(Phenylprop-2-yl)iminoethane	GC/MS/EI/E	186
N-(Phenylprop-2-yl)iminoethane	GC/MS/EI	371

N-(Phenyl-1-prop-2-yl)iminomethane	GC/MS/EI	76
N-(Phenyl-1-prop-2-yl)iminomethane	GC/MS/EI/E	378
N-(1-Phenylprop-2-yl)iminopropane-1	GC/MS/EI/E	291
N-(1-Phenylprop-2-yl)iminopropane-1	GC/MS/EI	579
N-(Phenyl-1-prop-2-yl)iminopropane-2	GC/MS/EI/E	291
N-(Phenyl-1-prop-2-yl)iminopropane-2	GC/MS/EI	373
N^{1-}(1-Phenylpyrazol-5-yl)sulfanilamide	DI/MS/EI	915
N-2-[1-Phenyl-1-(2-pyridyl)ethoxy]ethyl-acetamide	GC/MS/EI/E	332
N-2-[1-Phenyl-1-(2-pyridyl)ethoxy]ethyl-acetamide	GC/MS/EI	1237
N-Pivaloyl-l-alanine methyl ester	GC/MS/EI	92
N-Pivaloyl-l-alanine methyl ester	GC/MS/EI/E	787
N-Propyl-1-(Indol-3-yl)butan-2-ylazan	GC/MS/EI/E	436
N-Propyl-1-(Indol-3-yl)butan-2-ylazan	GC/MS/EI	691
N-Propyl-α-ethyltryptamine	GC/MS/EI	436
N-Propyl-α-ethyltryptamine	GC/MS/EI/E	691
N-Propyl-α-methyltryptamine	GC/MS/EI/E	307
N-Propyl-α-methyltryptamine	GC/MS/EI	691
N-Propylamphetamine	GC/MS/EI	336
N-Propylamphetamine	GC/MS/EI/E	385
N-Propyl-β-methoxy-3,4-methylenedioxyphenethylamine	GC/MS/EI	218
N-Propyl-β-methoxy-3,4-methylenedioxyphenethylamine	GC/MS/EI/E	1013
N-Propyl-4-chlorophenethylamine	GC/MS/EI	226
N-Propyl-4-chlorophenethylamine	GC/MS/EI/E	466
N-Propyl-2,5-dimethoxy-4-ethylphenethylamine	GC/MS/EI	221
N-Propyl-2,5-dimethoxy-4-ethylphenethylamine	GC/MS/EI/E	1117
N-Propyl-2,5-dimethoxy-4-methylphenethylamine	GC/MS/EI	218
N-Propyl-2,5-dimethoxy-4-methylphenethylamine	GC/MS/EI/E	1020
N-Propyl-2,5-dimethoxy-4-propylphenethylamine	GC/MS/EI/E	223
N-Propyl-2,5-dimethoxy-4-propylphenethylamine	GC/MS/EI	1207
N-Propyl-2-fluoroamphetamine	GC/MS/EI	307
N-Propyl-2-fluoroamphetamine	GC/MS/EI/E	753
N-Propyl-2-fluoroamphetamine	GC/MS/CI	1220
N-Propyl-3-fluoroamphetamine	GC/MS/CI	306
N-Propyl-3-fluoroamphetamine	GC/MS/EI	332
N-Propyl-3-fluoroamphetamine	GC/MS/EI/E	509
N-Propyl-4-fluoroamphetamine	GC/MS/EI/E	306
N-Propyl-4-fluoroamphetamine	GC/MS/EI	509
N-Propyl-4-fluoroamphetamine	GC/MS/CI	1220
N-Propyl-3-fluoroamphetamine AC	GC/MS/EI	325
N-Propyl-3-fluoroamphetamine AC	GC/MS/EI/E	672
N-Propyl-4-fluoroamphetamine AC	GC/MS/EI/E	325
N-Propyl-4-fluoroamphetamine AC	GC/MS/EI	742
N-Propyl-1-(5-fluoroindol-3-yl)propan-2-amine	GC/MS/EI	308
N-Propyl-1-(5-fluoroindol-3-yl)propan-2-amine	GC/MS/EI/E	835

N-Propyl-1-(indan-6-yl)propan-2-amine	GC/MS/EI	306
N-Propyl-1-(indan-6-yl)propan-2-amine	GC/MS/EI/E	353
N-Propyl-1-(indol-3-yl)propan-2-ylazan	GC/MS/EI/E	307
N-Propyl-1-(indol-3-yl)propan-2-ylazan	GC/MS/EI	691
N-Propyl-4-iodo-2,5-dimethoxyamphetamine	GC/MS/EI/E	305
N-Propyl-4-iodo-2,5-dimethoxyamphetamine	GC/MS/EI	347
N-Propyl-4-methoxyampetamine	GC/MS/EI	341
N-Propyl-4-methoxyampetamine	GC/MS/EI/E	619
N-Propyl-1-(2-methoxy-3,4-methylenedioxyphenyl)butan-2-amine	GC/MS/EI/E	429
N-Propyl-1-(2-methoxy-3,4-methylenedioxyphenyl)butan-2-amine	GC/MS/EI	456
N-Propyl-1-(2-methoxy-4,5-methylenedioxyphenyl)butan-2-amine	GC/MS/EI/E	432
N-Propyl-1-(2-methoxy-4,5-methylenedioxyphenyl)butan-2-amine	GC/MS/EI	1007
N-Propyl-2,3-methylenedioxyamphetamine	GC/MS/EI/E	335
N-Propyl-2,3-methylenedioxyamphetamine	GC/MS/EI	730
N-Propyl-3,4-methylenedioxyamphetamine	GC/MS/EI	308
N-Propyl-3,4-methylenedioxyamphetamine	GC/MS/EI/E	333
N-Propyl-3,4-methylenedioxyamphetamine	GC/MS/CI	719
N-Propyl-2,3-methylenedioxyphenethylamine	GC/MS/EI	194
N-Propyl-2,3-methylenedioxyphenethylamine	GC/MS/EI/E	267
N-Propyl-3,4-methylenedioxyphenethylamine	GC/MS/EI	215
N-Propyl-3,4-methylenedioxyphenethylamine	GC/MS/EI/E	1271
N-Propyl-1-(3,4-methylenedioxyphenyl)-2-aminopropan-1-one AC	GC/MS/EI/E	327
N-Propyl-1-(3,4-methylenedioxyphenyl)-2-aminopropan-1-one AC	GC/MS/EI	852
N-Propyl-1-(2,3-methylenedioxyphenyl)butan-2-amine	GC/MS/EI/E	429
N-Propyl-1-(2,3-methylenedioxyphenyl)butan-2-amine	GC/MS/EI	1264
N-Propyl-1-(3,4-methylenedioxyphenyl)butan-2-amine	GC/MS/EI/E	448
N-Propyl-1-(3,4-methylenedioxyphenyl)butan-2-amine	GC/MS/EI	460
N-Propyl-2-(2,3-methylenedioxyphenyl)butan-1-amine	GC/MS/EI/E	196
N-Propyl-2-(2,3-methylenedioxyphenyl)butan-1-amine	GC/MS/EI	716
N-Propyl-2-(3,4-methylenedioxyphenyl)butan-1-amine	GC/MS/EI/E	194
N-Propyl-2-(3,4-methylenedioxyphenyl)butan-1-amine	GC/MS/EI	725
N-Propyl-1-(3,4-methylenedioxyphenyl)butan-2-amine AC	GC/MS/EI/E	449
N-Propyl-1-(3,4-methylenedioxyphenyl)butan-2-amine AC	GC/MS/EI	1098
N-Propyl-2-(2,3-methylenedioxyphenyl)butan-1-amine AC	GC/MS/EI/E	212
N-Propyl-2-(2,3-methylenedioxyphenyl)butan-1-amine AC	GC/MS/EI	551
N-Propyl-1-(3,4-methylenedioxyphenyl)butan-2-amine BUT	GC/MS/EI	442
N-Propyl-1-(3,4-methylenedioxyphenyl)butan-2-amine BUT	GC/MS/EI/E	1094
N-Propyl-1-(3,4-methylenedioxyphenyl)butan-2-amine PROP	GC/MS/EI/E	443
N-Propyl-1-(3,4-methylenedioxyphenyl)butan-2-amine PROP	GC/MS/EI	1093
N-Propyl-2-(3,4-methylenedioxyphenyl)propan-1-amine	GC/MS/EI	196
N-Propyl-2-(3,4-methylenedioxyphenyl)propan-1-amine	GC/MS/EI/E	861
N-Propyl-2-methyl-2-(3,4-methylenedioxyphenyl)propan-1-amine	GC/MS/EI/E	193
N-Propyl-2-methyl-2-(3,4-methylenedioxyphenyl)propan-1-amine	GC/MS/EI	234
N-Propyl-1-phenyl-2-aminopropan-1-one AC	GC/MS/EI/E	326

N-Propyl-1-phenyl-2-aminopropan-1-one AC	GC/MS/EI	674
1-(4-N-Propylphenyl)pentan-1-one	GC/MS/EI	826
1-(4-N-Propylphenyl)pentan-1-one	GC/MS/EI/E	1258
N-Propyl-3,4,5-trimethoxyphenethylamine	GC/MS/EI/E	227
N-Propyl-3,4,5-trimethoxyphenethylamine	GC/MS/EI	1153
1-{N-[(S)-1-Carboxy-3-phenylpropyl]-1-lysyl}-1-proline	GC/MS/EI/E	146
1-{N-[(S)-1-Carboxy-3-phenylpropyl]-1-lysyl}-1-proline	DI/MS/EI/E	189
1-{N-[(S)-1-Carboxy-3-phenylpropyl]-1-lysyl}-1-proline	DI/MS/EI	1616
1-{N-[(S)-1-Carboxy-3-phenylpropyl]-1-lysyl}-1-proline	GC/MS/EI	1681
N-Sulfanilylacetamin	DI/MS/EI	515
N-Sulfanilyl-3-methyl-2-butenamide	GC/MS/EI	508
N-Sulfanilyl-3-methyl-2-butenamide	GC/MS/EI/E	916
N-{4-[2-(Tetrazol-5-yl)phenyl]benzyl}-N-valeryl-L.valine	DI/MS/EI	1103
N-{4-[2-(Tetrazol-5-yl)phenyl]benzyl}-N-valeryl-L.valine	DI/MS/EI/E	1722
N-Yperit	GC/MS/EI/E	900
N-Yperit	GC/MS/EI	930
N-Yperit hydrolysis product TMS	GC/MS/EI	1683
N-Yperit hydrolysis product TMS	GC/MS/EI/E	1685
Nabumetone	GC/MS/EI	1051
N-acetyl-isoleucine methyl ester	GC/MS/EI/E	342
N-acetyl-isoleucine methyl ester	GC/MS/EI	698
Nafronyl oxalate	GC/MS/EI/E	321
Nafronyl oxalate	GC/MS/EI/E	323
Nafronyl oxalate	GC/MS/EI	420
Nafronyl oxalate	GC/MS/EI	783
Naftidrofurfuryl-A ME	GC/MS/EI	782
Naftidrofurfuryl-A ME	GC/MS/EI	787
Naftidrofurfuryl-A ME	GC/MS/EI	891
Naftidrofurfuryl-A ME	GC/MS/EI/E	1598
Naftidrofuryl	GC/MS/EI	321
Naftidrofuryl	GC/MS/EI	323
Naftidrofuryl	GC/MS/EI/E	420
Naftidrofuryl	GC/MS/EI/E	783
Naftidrofuryl-M/A (-$C_6H_{15}N$) ME	GC/MS/EI	782
Naftidrofuryl-M/A (-$C_6H_{15}N$) ME	GC/MS/EI	787
Naftidrofuryl-M/A (-$C_6H_{15}N$) ME	GC/MS/EI	891
Naftidrofuryl-M/A (-$C_6H_{15}N$) ME	GC/MS/EI/E	1598
Naftidrofuryl-M (-$C_6H_{15}N$, Oxo) ME	GC/MS/EI	788
Naftidrofuryl-M (2COOH) 2ME	GC/MS/EI	784
Naftidrofuryl-M (2COOH) 2ME	GC/MS/EI/E	1316
Naftidrofuryl-M (OH, COOH, Oxo) ME	GC/MS/EI	785
Naftidrofuryl-M (OH, COOH, Oxo) ME	GC/MS/EI/E	1656
Naftidrofuryl-M (Oxo, COOH) ME	GC/MS/EI	784

Naftidrofuryl-M (Oxo, COOH) ME	GC/MS/EI/E	1627
Naftidrofuryl-M (Oxo, des diethylamino, OH) AC	GC/MS/EI/E	784
Naftidrofuryl-M (Oxo, des diethylamino, OH) AC	GC/MS/EI	1717
Nalbuphine	GC/MS/EI	1607
Nalbuphine	GC/MS/EI/E	1610
Nalbuphine AC	GC/MS/EI/E	1680
Nalbuphine AC	GC/MS/EI	1682
Nalbuphine-M (N-desalkyl-) 3AC	GC/MS/EI	1374
Nalbuphine-M (N-desalkyl-) 3AC	GC/MS/EI/E	1736
Nalbuphine 2TMS	GC/MS/EI	1746
Nalbuphine 2TMS	GC/MS/EI/E	1756
Nalorphin 2PFP	GC/MS/EI	1742
Nalorphin 2PFP	GC/MS/EI/E	1743
Nalorphin PFP	GC/MS/EI	1593
Nalorphine	GC/MS/EI	1625
Nalorphine 2AC	GC/MS/EI	1688
Nalorphine AC	GC/MS/EI	1626
Nalorphine AC	GC/MS/EI	1688
Nalorphine 2PROP	GC/MS/EI	1702
Naloxone	GC/MS/EI	12
Naloxone	GC/MS/EI	1655
Naloxone 2AC	GC/MS/EI	1705
Naloxone 2AC	GC/MS/EI	1733
Naloxone 3AC	GC/MS/EI	1733
Naloxone 2PFP	GC/MS/EI	1749
Naloxone 3PFP	GC/MS/EI	1762
Naloxone (enol) 2PFP	GC/MS/EI	1761
Naltrexone	GC/MS/EI	1674
Naltrexone methoxime	GC/MS/EI	1705
Naltrexone methoxime 2PROP I	GC/MS/EI/E	1739
Naltrexone methoxime 2PROP I	GC/MS/EI	1753
Naltrexone methoxime PROP I	GC/MS/EI	1739
Nandrolone-Decanoate	GC/MS/EI	1477
Naphthalene	GC/MS/EI	663
1-Naphthalenol, acetate	GC/MS/EI	811
1-Naphthalenol, acetate	GC/MS/EI/E	816
1-Naphthalen-1-yloxy-3-(propan-2-ylamino)propan-2-ol	GC/MS/EI/E	226
1-Naphthalen-1-yloxy-3-(propan-2-ylamino)propan-2-ol	GC/MS/EI	811
Naphthene	GC/MS/EI	663
3-(1-Naphthyl)-2-tetrahydrofurfuryl-propionic acid TMS	GC/MS/EI/E	298
3-(1-Naphthyl)-2-tetrahydrofurfuryl-propionic acid TMS	GC/MS/EI	1525
Naproxen	GC/MS/EI	1163
Naproxen	GC/MS/EI	1164
Naproxen-A	GC/MS/EI	1155

Naproxen-M (-CHO₂H) AC	GC/MS/EI/E	1047
Naproxen-M (-CHO₂H) AC	GC/MS/EI	1052
Naproxen-ME	GC/MS/EI	1163
1-Napthol	GC/MS/EI	808
Narceine	GC/MS/EI	144
Narceine	DI/MS/EI/E	152
Narceine	GC/MS/EI/E	1392
Narceine	DI/MS/EI	1745
Narcotin	GC/MS/EI/E	1346
Narcotin	GC/MS/EI	1350
Narcotine	GC/MS/EI/E	1346
Narcotine	GC/MS/EI	1350
Narkotin	GC/MS/EI/E	1346
Narkotin	GC/MS/EI	1350
N-(β-Phenylisopropyl)dichloracetaldimine	GC/MS/EI/E	763
N-(β-Phenylisopropyl)dichloracetaldimine	GC/MS/EI	1320
N-(β-Phenylisopropyl)trichloracetaldimine	GC/MS/EI	1057
N-(β-Phenylisopropyl)trichloracetaldimine	GC/MS/EI/E	1102
Nebivolol	DI/MS/EI	876
Nebivolol-A (-H₂O) AC	DI/MS/EI	1088
Nebivolol-A (-H₂O) AC	DI/MS/EI/E	1102
Nefadazone-M BUT	GC/MS/EI	1005
Nefadazone-M DMBS	GC/MS/EI/E	1465
Nefadazone-M DMBS	GC/MS/EI	1621
Nefadazone-M PROP	GC/MS/EI	1004
Nefadazone-M PROP	GC/MS/EI	1011
Nefopam	GC/MS/EI/E	135
Nefopam	GC/MS/EI	1369
Nemexin	GC/MS/EI	1674
Neostigmine bromide-A (-CH₃Br)	GC/MS/EI	223
Nevirapine	GC/MS/EI	1462
Niacinamid	GC/MS/EI	623
Niacinamid	GC/MS/EI	624
Nicethamide	GC/MS/EI	492
Niclofen	GC/MS/EI	1247
Niclosamide	GC/MS/EI	906
Niclosamide	GC/MS/EI/E	1059
Nicotinamid	GC/MS/EI	623
Nicotinamid	GC/MS/EI	624
Nicotinamide	GC/MS/EI	623
Nicotinamide	GC/MS/EI	624
Nicotine	GC/MS/EI	294
Nicotine	GC/MS/EI/E	705

Nicotine-M	GC/MS/EI	493
Nicotine-M	GC/MS/EI	494
Nicotinic acid ME	GC/MS/EI	490
Nicotinsäureamid	GC/MS/EI	623
Nicotinsäureamid	GC/MS/EI	624
Nicoumalone	GC/MS/EI/E	1620
Nicoumalone	GC/MS/EI	1688
Nifedipine	GC/MS/EI	1659
Nifedipine	GC/MS/EI/E	1660
Nifedipine-M/A (-H2)	GC/MS/EI/E	1599
Nifedipine-M/A (-H2)	GC/MS/EI	1603
Niflumic acid	GC/MS/EI	1555
Nifurprazin TFA	GC/MS/EI/E	1558
Nifurprazin TFA	GC/MS/EI	1658
Nifurprazin TMS	GC/MS/EI/E	255
Nifurprazin TMS	GC/MS/EI	1613
Nikethamide	GC/MS/EI	492
N-*iso*-Butyl-amphetamine	GC/MS/EI	444
N-*iso*-Butyl-amphetamine	GC/MS/EI/E	459
N-*iso*-Butyl-methylenedioxyamphetamine AC	GC/MS/EI	443
N-*iso*-Butyl-3,4-methylenedioxyphenethylamine	GC/MS/EI/E	328
N-*iso*-Butyl-3,4-methylenedioxyphenethylamine	GC/MS/EI	743
N-*iso*-Butyl-1-(3,4-methylenedioxyphenyl)propan-2-amine	GC/MS/EI	445
N-*iso*-Butyl-1-(3,4-methylenedioxyphenyl)propan-2-amine	GC/MS/EI/E	458
N-*iso*-Butyl-2-(3,4-methylenedioxyphenyl)propan-1-amine	GC/MS/EI	302
N-*iso*-Butyl-2-(3,4-methylenedioxyphenyl)propan-1-amine	GC/MS/EI/E	357
N-*iso*-Butyl-2-methyl-2-(3,4-methylenedioxyphenyl)propan-1-amine	GC/MS/EI/E	330
N-*iso*-Butyl-2-methyl-2-(3,4-methylenedioxyphenyl)propan-1-amine	GC/MS/EI	966
N-*iso*-Propyl-N-n-propyl-1-(3,4-methylenedioxyphenyl)butan-2-amine	GC/MS/EI	791
N-*iso*-Propyl-N-n-propyl-1-(3,4-methylenedioxyphenyl)butan-2-amine	GC/MS/EI/E	802
N-*iso*-Propyl-N-phenethyl-acetamide	GC/MS/EI	228
N-*iso*-Propyl-N-phenethyl-acetamide	GC/MS/EI/E	1262
N-*iso*-Propyl-N-phenethylformamide	GC/MS/EI	157
N-*iso*-Propyl-N-phenethyl-phenethylamine	GC/MS/EI	1083
N-*iso*-Propyl-N-phenethyl-phenethylamine	GC/MS/EI/E	1095
N-*iso*-Propyl-α-ethyltryptamine	GC/MS/EI	431
N-*iso*-Propyl-α-ethyltryptamine	GC/MS/EI/E	691
N-*iso*-Propyl-α-methyltryptamine	GC/MS/EI/E	307
N-*iso*-Propyl-α-methyltryptamine	GC/MS/EI	693
N-*iso*-Propylamphetamine	GC/MS/EI/E	336
N-*iso*-Propylamphetamine	GC/MS/EI	385
N-*iso*-Propyl-β-methoxy-3,4-methylenedioxyphenethylamine	GC/MS/EI/E	196
N-*iso*-Propyl-β-methoxy-3,4-methylenedioxyphenethylamine	GC/MS/EI	994
N-*iso*-Propyl-2,5-dimethoxy-4-ethylphenethylamine	GC/MS/EI/E	197

N-*iso*-Propyl-2,5-dimethoxy-4-ethylphenethylamine	GC/MS/EI	1116
N-*iso*-Propyl-2,5-dimethoxy-4-methylphenethylamine	GC/MS/EI/E	219
N-*iso*-Propyl-2,5-dimethoxy-4-methylphenethylamine	GC/MS/EI	1020
N-*iso*-Propyl-2,5-dimethoxy-4-propylphenethylamine	GC/MS/EI/E	223
N-*iso*-Propyl-2,5-dimethoxy-4-propylphenethylamine	GC/MS/EI	1208
N-*iso*-Propyl-1-(4-ethylphenyl)-2-aminopropan-1-one AC	GC/MS/EI	327
N-*iso*-Propyl-1-(4-ethylphenyl)-2-aminopropan-1-one AC	GC/MS/EI/E	704
N-*iso*-Propyl-2-fluoroamphetamine	GC/MS/EI/E	307
N-*iso*-Propyl-2-fluoroamphetamine	GC/MS/CI	1118
N-*iso*-Propyl-2-fluoroamphetamine	GC/MS/EI	1220
N-*iso*-Propyl-3-fluoroamphetamine	GC/MS/CI	43
N-*iso*-Propyl-3-fluoroamphetamine	GC/MS/EI/E	332
N-*iso*-Propyl-3-fluoroamphetamine	GC/MS/EI	509
N-*iso*-Propyl-4-fluoroamphetamine	GC/MS/EI/E	44
N-*iso*-Propyl-4-fluoroamphetamine	GC/MS/EI	332
N-*iso*-Propyl-4-fluoroamphetamine	GC/MS/CI	522
N-*iso*-Propyl-1-(5-fluoroindol-3-yl)propan-2-amine	GC/MS/EI/E	308
N-*iso*-Propyl-1-(5-fluoroindol-3-yl)propan-2-amine	GC/MS/EI	835
N-*iso*-Propyl-1-(indan-6-yl)propan-2-amine	GC/MS/EI/E	306
N-*iso*-Propyl-1-(indan-6-yl)propan-2-amine	GC/MS/EI	353
N-*iso*-Propylmescaline	GC/MS/EI	227
N-*iso*-Propylmescaline	GC/MS/EI/E	1143
N-*iso*-Propyl-4-methoxyampetamine	GC/MS/EI	340
N-*iso*-Propyl-4-methoxyampetamine	GC/MS/EI/E	617
N-*iso*-Propyl-1-(2-methoxy-3,4-methylenedioxyphenyl)butan-2-amine	GC/MS/EI/E	429
N-*iso*-Propyl-1-(2-methoxy-3,4-methylenedioxyphenyl)butan-2-amine	GC/MS/EI	456
N-*iso*-Propyl-1-(2-methoxy-4,5-methylenedioxyphenyl)butan-2-amine	GC/MS/EI/E	432
N-*iso*-Propyl-1-(2-methoxy-4,5-methylenedioxyphenyl)butan-2-amine	GC/MS/EI	1007
N-*iso*-Propyl-1-(2-methoxyphenyl)-2-aminopropan-1-one AC	GC/MS/EI	327
N-*iso*-Propyl-1-(2-methoxyphenyl)-2-aminopropan-1-one AC	GC/MS/EI/E	721
N-*iso*-Propyl-3,4-methylenedioxphenethylamine	GC/MS/EI/E	196
N-*iso*-Propyl-3,4-methylenedioxphenethylamine	GC/MS/EI	743
N-*iso*-Propyl-3,4-methylenedioxy-α-methylphenethylamine	GC/MS/EI/E	305
N-*iso*-Propyl-3,4-methylenedioxy-α-methylphenethylamine	GC/MS/EI	330
N-*iso*-Propyl-3,4-methylenedioxy-α-methylphenethylamine	GC/MS/CI	719
N-*iso*-Propyl-3,4-methylenedioxyamphetamine	GC/MS/EI/E	305
N-*iso*-Propyl-3,4-methylenedioxyamphetamine	GC/MS/CI	330
N-*iso*-Propyl-3,4-methylenedioxyamphetamine	GC/MS/EI	719
N-*iso*-Propyl-2,3-methylenedioxyphenethylamine	GC/MS/EI	8
N-*iso*-Propyl-2,3-methylenedioxyphenethylamine	GC/MS/EI/E	195
N-*iso*-Propyl-2,3-methylenedioxyphenethylamine	GC/MS/EI/E	268
N-*iso*-Propyl-2,3-methylenedioxyphenethylamine	GC/MS/EI	1278
N-*iso*-Propyl-1-(3,4-methylenedioxyphenyl)-2-aminopropan-1-one AC	GC/MS/EI	327
N-*iso*-Propyl-1-(3,4-methylenedioxyphenyl)-2-aminopropan-1-one AC	GC/MS/EI/E	847

N-*iso*-Propyl-1-(2,3-methylenedioxyphenyl)butan-2-amine	GC/MS/EI	429
N-*iso*-Propyl-1-(2,3-methylenedioxyphenyl)butan-2-amine	GC/MS/EI/E	720
N-*iso*-Propyl-1-(3,4-methylenedioxyphenyl)butan-2-amine	GC/MS/EI	449
N-*iso*-Propyl-1-(3,4-methylenedioxyphenyl)butan-2-amine	GC/MS/EI/E	738
N-*iso*-Propyl-2-(2,3-methylenedioxyphenyl)butan-1-amine	GC/MS/EI	196
N-*iso*-Propyl-2-(2,3-methylenedioxyphenyl)butan-1-amine	GC/MS/EI/E	715
N-*iso*-Propyl-2-(3,4-methylenedioxyphenyl)butan-1-amine	GC/MS/EI	194
N-*iso*-Propyl-2-(3,4-methylenedioxyphenyl)butan-1-amine	GC/MS/EI/E	716
N-*iso*-Propyl-1-(3,4-methylenedioxyphenyl)butan-2-amine AC	GC/MS/EI/E	1076
N-*iso*-Propyl-1-(3,4-methylenedioxyphenyl)butan-2-amine AC	GC/MS/EI	1089
N-*iso*-Propyl-2-(2,3-methylenedioxyphenyl)butan-1-amine AC	GC/MS/EI	195
N-*iso*-Propyl-2-(2,3-methylenedioxyphenyl)butan-1-amine AC	GC/MS/EI/E	550
N-*iso*-Propyl-1-(3,4-methylenedioxyphenyl)butan-2-amine BUT	GC/MS/EI/E	442
N-*iso*-Propyl-1-(3,4-methylenedioxyphenyl)butan-2-amine BUT	GC/MS/EI	1093
N-*iso*-Propyl-1-(3,4-methylenedioxyphenyl)butan-2-amine PROP	GC/MS/EI/E	442
N-*iso*-Propyl-1-(3,4-methylenedioxyphenyl)butan-2-amine PROP	GC/MS/EI	1093
N-*iso*-Propyl-1-(3,4-methylenedioxyphenyl)butan-2-amine TFA	GC/MS/EI/E	1078
N-*iso*-Propyl-1-(3,4-methylenedioxyphenyl)butan-2-amine TFA	GC/MS/EI	1661
N-*iso*-Propyl-1-(3,4-methylenedioxyphenyl)butan-2-amine TMS	GC/MS/EI	1058
N-*iso*-Propyl-1-(3,4-methylenedioxyphenyl)butan-2-amine TMS	GC/MS/EI/E	1311
N-*iso*-Propyl-2-(3,4-methylenedioxyphenyl)propan-1-amine	GC/MS/EI	195
N-*iso*-Propyl-2-(3,4-methylenedioxyphenyl)propan-1-amine	GC/MS/EI/E	381
N-*iso*-Propyl-2-methyl-2-(3,4-methylenedioxyphenyl)propan-1-amine	GC/MS/EI/E	193
N-*iso*-Propyl-2-methyl-2-(3,4-methylenedioxyphenyl)propan-1-amine	GC/MS/EI	270
N-*iso*-Propyl-1-(3-methylphenyl)-2-aminopropan-1-one AC	GC/MS/EI	326
N-*iso*-Propyl-1-(3-methylphenyl)-2-aminopropan-1-one AC	GC/MS/EI/E	674
N-*iso*-Propyl-1-(4-methylphenyl)-2-aminopropan-1-one AC	GC/MS/EI/E	326
N-*iso*-Propyl-1-(4-methylphenyl)-2-aminopropan-1-one AC	GC/MS/EI	674
N-*iso*-Propyl-phethylamine	GC/MS/EI	228
N-*iso*-Propyl-phethylamine	GC/MS/EI/E	487
Nitrazepam	GC/MS/EI	1396
Nitrazepam	GC/MS/EI	1498
Nitrazepam HY	GC/MS/EI	1424
Nitrazepam HY AC	GC/MS/EI/E	31
Nitrazepam HY AC	GC/MS/EI	1561
Nitrazepam HY TMS	GC/MS/EI	1600
Nitrazepam HY TMS	GC/MS/EI/E	1630
Nitrazepam-M (amino) HY	GC/MS/EI	1306
Nitrazepam TMS	GC/MS/EI	251
Nitrendipin-M (Dehydro, desethyl) ME	GC/MS/EI	1655
Nitrendipin-M (dehydro, desmethyl, -OH) -H_2O	GC/MS/EI	1650
Nitrendipin-M (desethyl, dehydro -OH) -H_2O	GC/MS/EI	1625
Nitrendipine	GC/MS/EI/E	1412

Nitrendipine	GC/MS/EI	1419
Nitrendipine-A (-2H)	GC/MS/EI	1630
Nitrendipine-A (-2H)	GC/MS/EI	1675
2-Nitrobenzaldehyde	GC/MS/EI	620
2-Nitrobenzaldehyde	GC/MS/EI/E	626
4-Nitrobenzaldehyde	GC/MS/EI	877
4-Nitro-benzaldehydeoxime	GC/MS/EI	1006
6-Nitrobenzo[1,3]dioxole-5-carbaldehyde	GC/MS/EI/E	178
6-Nitrobenzo[1,3]dioxole-5-carbaldehyde	GC/MS/EI	1218
6-Nitrobenzo[1,3]dioxole-5-carbaldehydeoxime	GC/MS/EI	734
3-Nitrobenzoic acid	GC/MS/EI	179
2-Nitrobenzonitrile	GC/MS/EI	463
4-Nitrobenzonitrile	GC/MS/EI	463
2-Nitrobenzylalcohol	GC/MS/EI	273
2-Nitrobenzylalcohol	GC/MS/EI/E	488
3-Nitrobiphenyl	GC/MS/EI	1231
2-Nitro-β-methyl-β-nitrostyrene	GC/MS/EI	35
2-Nitro-β-methyl-β-nitrostyrene	GC/MS/EI/E	697
2-Nitro-β-nitrostyrene	GC/MS/EI	179
2-Nitro-β-nitrostyrene	GC/MS/EI/E	888
Nitrofen	GC/MS/EI	1247
Nitrofural	GC/MS/EI	905
Nitrofural-A	GC/MS/EI	905
Nitrofurantoin	GC/MS/EI/E	433
Nitrofurantoin	GC/MS/EI	1023
1-[(5-Nitro-2-furyl)methylideneamino]imidazolidine-2,4-dione	GC/MS/EI/E	433
1-[(5-Nitro-2-furyl)methylideneamino]imidazolidine-2,4-dione	GC/MS/EI	1023
3-[(5-Nitro-2-furyl)methylideneamino]oxazolidin-2-one	GC/MS/EI	345
[(5-Nitro-2-furyl)methylideneamino]urea	GC/MS/EI	905
Nitrogen mustards	GC/MS/EI/E	900
Nitrogen mustards	GC/MS/EI	930
Nitroglycerin	GC/MS/EI/E	69
Nitroglycerin	GC/MS/EI	267
Nitro-glycerol	GC/MS/EI/E	69
Nitro-glycerol	GC/MS/EI	267
1-Nitronaphthalene	GC/MS/EI	652
2-(2-Nitrooxyethoxy)ethyl nitrate	GC/MS/EI/E	69
2-(2-Nitrooxyethoxy)ethyl nitrate	GC/MS/EI	367
4-Nitrophenol	GC/MS/EI	774
4-Nitrophenol AC	GC/MS/EI	774
1-Nitro-3-phenyl-benzene	GC/MS/EI	1231
1-(4-Nitrophenyl)but-1-en-3-one	GC/MS/EI	1079
9-Nitro-6-phenyl-2,5-diazabicyclo[5.4.0]undeca-5,8,10,12-tetraen-3-one	GC/MS/EI	1396
9-Nitro-6-phenyl-2,5-diazabicyclo[5.4.0]undeca-5,8,10,12-tetraen-3-one	GC/MS/EI	1498

(4-Nitrophenyl)diphenylamine	GC/MS/EI	1578
1-(2-Nitrophenyl)-ethanone	GC/MS/EI	865
4-Nitrophenyl-methylether	GC/MS/EI	629
1-(4-Nitrophenyl)-2-nitrobut-1-ene I	GC/MS/EI	676
1-(4-Nitrophenyl)-2-nitrobut-1-ene II	GC/MS/EI	675
1-(4-Nitrophenyl)-2-nitrobut-1-ene II	GC/MS/EI/E	1354
1-(2-Nitrophenyl)-2-nitroprop-1-ene	GC/MS/EI/E	35
1-(2-Nitrophenyl)-2-nitroprop-1-ene	GC/MS/EI	697
6-Nitropiperonaloxime	GC/MS/EI	734
1-Nitropropane	GC/MS/CI	18
1-Nitropropane	GC/MS/EI/E	39
1-Nitropropane	GC/MS/EI	367
2-Nitropropane	GC/MS/EI/E	18
2-Nitropropane	GC/MS/CI	40
2-Nitropropane	GC/MS/EI	163
2-Nitropropylbenzene	GC/MS/EI/E	377
2-Nitropropylbenzene	GC/MS/EI	595
2-Nitrotoluene	GC/MS/EI	179
3-Nitrotoluene	GC/MS/EI	371
4-Nitrotoluene	GC/MS/EI	380
2-Nitro-1-(2,4,6-trimethoxyphenyl)prop-1-ene	GC/MS/CI	1224
2-Nitro-1-(2,4,6-trimethoxyphenyl)prop-1-ene	GC/MS/EI	1266
Nonacosane	GC/MS/EI	92
Nonanal	GC/MS/EI/E	86
Nonanal	GC/MS/EI	552
Nonanoic acid	GC/MS/EI	176
Nonan-1-ol	GC/MS/EI/E	13
Nonan-1-ol	GC/MS/EI	483
Nonanol	GC/MS/EI/E	13
Nonanol	GC/MS/EI	483
Nonivamid ME	GC/MS/EI	871
Nonivamid TMS I	GC/MS/EI	757
Nonivamid TMS I	GC/MS/EI/E	1509
Nonivamid TMS II	GC/MS/EI	1293
Nonivamide	GC/MS/EI/E	754
Nonivamide	GC/MS/EI	876
11-Nor-9-Carboxy-Δ^9-tetrahydrocannabinol-di-trimethylsilane	GC/MS/EI	252
11-Nor-9-Carboxy-Δ^9-tetrahydrocannabinol-di-trimethylsilane	GC/MS/EI/E	1752
Nor-Dihydrocapsaicin ME	GC/MS/EI	871
Nor-Flunitrazepam	GC/MS/EI	1364
Nor-Flunitrazepam TMS	GC/MS/EI	1707
Nor-Mecoprop-ET	GC/MS/EI	909
Nor-Pseudoephedrine PFO	GC/MS/EI/E	1742
Nor-Pseudoephedrine PFO	GC/MS/EI	1743

Noradrenaline	DI/MS/EI	263
Noradrenaline	DI/MS/EI/E	392
Noradrenaline	DI/MS/EI	770
Noradrenaline	DI/MS/EI/E	1036
Noradrenaline 4AC	GC/MS/EI/E	18
Noradrenaline 4AC	GC/MS/EI	1133
Noradrenaline-A (-H_2O) 3PFP	GC/MS/EI	596
Noradrenaline-A (-H_2O) 3PFP	GC/MS/EI	1759
Noradrenaline-A (-H_2O) 3TFA	GC/MS/EI	184
Noradrenaline 4PFP	GC/MS/EI	1076
Noradrenaline 4PFP	GC/MS/EI	1760
Noradrenaline 4PFP	GC/MS/EI/E	1760
Noradrenaline 4TMS	GC/MS/EI	1690
Noradrenaline 4TMS	GC/MS/EI/E	1694
Noradrenaline 5TMS	GC/MS/EI	1064
Noradrenaline 5TMS	GC/MS/EI/E	1082
Noramidopyrin	GC/MS/EI/E	76
Noramidopyrin	GC/MS/EI/E	1329
Noramidopyrin	GC/MS/EI	1330
Norbuprenorphine	GC/MS/EI/E	1671
Norbuprenorphine	GC/MS/EI	1714
Norbuprenorphine-D_3	GC/MS/EI	1648
Norbuprenorphine-D_3	GC/MS/EI/E	1714
Norbuprenorphine-D_3-A 1 PFP	GC/MS/EI/E	1762
Norbuprenorphine-D_3-A 1 PFP	GC/MS/EI	1762
Norcainum Anaesthesinum	GC/MS/EI	604
11-Nor-9-carboxy-Δ^9-tetrahydrocannabinol 2TMS	GC/MS/EI	252
11-Nor-9-carboxy-Δ^9-tetrahydrocannabinol 2TMS	GC/MS/EI/E	1752
Norcitalopram	GC/MS/EI/E	144
Norcitalopram	GC/MS/EI	1410
Norcitalopram AC	GC/MS/EI	1410
Norcitalopram AC	GC/MS/EI	1415
Norcitalopram AC	GC/MS/EI/E	1417
Norcitalopram AC	GC/MS/EI/E	1419
Norclobazam	GC/MS/EI	1569
Norclozapine	GC/MS/EI	1430
Norclozapine PFP	GC/MS/EI/E	1721
Norclozapine PFP	GC/MS/EI	1730
Norcocaethylene AC	GC/MS/EI	482
Norcocaethylene AC	GC/MS/EI	515
Norcocaethylene AC	GC/MS/EI/E	1422
Norcocaethylene AC	GC/MS/EI/E	1604

Norcocaine	GC/MS/EI	1027
Norcocaine	GC/MS/EI/E	1029
Norcocaine	GC/MS/EI	1574
Norcocaine AC	GC/MS/EI	1028
Norcocaine AC	GC/MS/EI/E	1301
Norcodeine	GC/MS/EI	1563
Norcodeine 2AC	GC/MS/EI	1361
Nordazepam	GC/MS/EI	1427
Nordazepam	GC/MS/EI	1429
Nordazepam AC	GC/MS/EI	24
Nordazepam AC	GC/MS/EI/E	384
Nordazepam HY	GC/MS/EI	1381
Nordazepam HY AC	GC/MS/EI/E	1381
Nordazepam HY AC	GC/MS/EI	1529
Nordazepam TMS	GC/MS/EI	1676
Nordihydrocapsaicin	GC/MS/EI	759
Nordihydrocapsaicin	GC/MS/EI/E	1588
Nordihydrocodeine 2AC	GC/MS/EI/E	345
Nordihydrocodeine 2AC	GC/MS/EI	1707
Nordihydrocodeine AC	GC/MS/EI	358
Nordiphenhydramine AC	GC/MS/EI/E	1025
Nordiphenhydramine AC	GC/MS/EI	1035
Nordoxepin	GC/MS/EI	60
Nordoxepin	GC/MS/EI/E	1253
Norephedrine-A	GC/MS/EI/E	480
Norephedrine-A	GC/MS/EI	691
Norephedrine-A	GC/MS/CI	700
Norephedrine 2AC	GC/MS/EI	42
Norephedrine 2AC	GC/MS/EI/E	50
Norephedrine 2AC	GC/MS/EI	318
Norephedrine 2AC	GC/MS/EI/E	331
Norephedrine 2AC	GC/MS/EI/E	350
Norephedrine 2AC	GC/MS/EI/E	497
Norephedrine 2AC	GC/MS/EI	708
Norephedrine 2AC	GC/MS/EI	1076
Norephedrine-A HCF	GC/MS/EI/E	495
Norephedrine-A HCF	GC/MS/EI	501
Norephedrine-A HCF, TMS	GC/MS/EI	1105
Norephedrine-A HCF, TMS	GC/MS/EI/E	1122
Norephedrine-A ($-H_2O$) ECF	GC/MS/EI/E	48
Norephedrine-A ($-H_2O$) ECF	GC/MS/EI	710
Norephedrine-A ($-H_2O$) MCF	GC/MS/EI/E	463
Norephedrine-A ($-H_2O$) MCF	GC/MS/EI	709

Norephedrine ECF	GC/MS/EI	574
Norephedrine ECF	GC/MS/EI/E	1259
Norephedrine ECF, TMS	GC/MS/EI	1106
Norephedrine ECF, TMS	GC/MS/EI/E	1177
Norephedrine MCF	GC/MS/EI	462
Norephedrine MCF	GC/MS/EI/E	942
Norephedrine MCF, TMS	GC/MS/EI/E	1106
Norephedrine MCF, TMS	GC/MS/EI	1121
Norephedrine N-AC	GC/MS/EI	44
Norephedrine N-AC	GC/MS/EI/E	478
Norephedrine N-AC, O-TMS	GC/MS/EI/E	245
Norephedrine N-AC, O-TMS	GC/MS/EI	1122
Norephedrine N-TFP	GC/MS/EI	1014
Norephedrine N-TFP	GC/MS/EI/E	1419
Norephedrine N-TFP, TMS	GC/MS/EI	1106
Norephedrine N-TFP, TMS	GC/MS/EI/E	1626
Norephedrine O-AC	GC/MS/EI/E	44
Norephedrine O-AC	GC/MS/EI	703
Norephedrine PFO	GC/MS/EI	1742
Norephedrine PFO	GC/MS/EI/E	1743
Norephedrine 2PFP	GC/MS/EI	1183
Norephedrine 2TFA	GC/MS/EI	775
Norephedrine iBCF	GC/MS/EI/E	495
Norephedrine iBCF	GC/MS/EI	1360
Norephedrine iBCF, TMS	GC/MS/EI/E	1106
Norephedrine iBCF, TMS	GC/MS/EI	1123
Norepinephrine	DI/MS/EI/E	263
Norepinephrine	DI/MS/EI	392
Norepinephrine	DI/MS/EI	770
Norepinephrine	DI/MS/EI/E	1036
Norepinephrine 4AC	GC/MS/EI/E	1132
Norepinephrine 4AC	GC/MS/EI	1592
Norepinephrine-A ($-H_2O$) 3AC	GC/MS/EI	21
Norepinephrine-A ($-H_2O$) 3AC	GC/MS/EI/E	1198
Norepinephrine-A ($-H_2O$) 3AC	GC/MS/EI	1401
Norethisteroneacetate	GC/MS/EI	24
Norfenefrine	GC/MS/EI/E	4
Norfenefrine	GC/MS/CI	744
Norfenefrine	GC/MS/EI	891
Norfenefrine 2AC	GC/MS/EI	230
Norfenefrine 2AC	GC/MS/EI/E	397
Norfenefrine 3AC	GC/MS/EI/E	23
Norfenefrine 3AC	GC/MS/EI	1001

Norfenefrine 2ME	GC/MS/EI	97
Norfenefrine 2ME	GC/MS/EI/E	164
Norfenefrine 2PROP	GC/MS/EI	344
Norfenefrine 2PROP	GC/MS/EI/E	397
Norfenefrine 3PROP	GC/MS/EI/E	83
Norfenefrine 3PROP	GC/MS/EI	746
Norfentanyl	GC/MS/EI	290
Norfentanyl PFP	GC/MS/EI/E	865
Norfentanyl PFP	GC/MS/EI	1712
Normeperidine	GC/MS/EI	82
Normeperidine	GC/MS/EI	85
Normethadone	GC/MS/EI/E	110
Normethadone	GC/MS/EI	146
Normethadone	GC/MS/CI	205
Normirtazapine	GC/MS/EI	1216
Normirtazapine	GC/MS/EI	1294
Normirtazapine	GC/MS/EI/E	1458
Normorhine 2PFP	GC/MS/EI	1759
Normorphine	GC/MS/EI	1522
Normorphine 3AC	GC/MS/EI/E	356
Normorphine 3AC	GC/MS/EI	359
Normorphine 3AC	GC/MS/EI	1294
Normorphine 3AC	GC/MS/EI	1303
Normorphine 3AC	GC/MS/EI/E	1690
Normorphine 3AC	GC/MS/EI/E	1692
Normorphine 3PFP	GC/MS/EI	1691
Nornicotine	GC/MS/EI	590
Nornicotine AC	GC/MS/EI/E	827
Nornicotine AC	GC/MS/EI	1182
Norpethidine	GC/MS/EI	82
Norpethidine	GC/MS/EI	85
Norphedrine-A (-H_2O), iBCF	GC/MS/EI	494
Norphedrine-A (-H_2O), iBCF	GC/MS/EI/E	940
Norpseudoephedrine	GC/MS/EI	41
Norpseudoephedrine	GC/MS/CI	267
Norpseudoephedrine	GC/MS/EI/E	710
Norpseudoephedrine 2AC	GC/MS/EI/E	318
Norpseudoephedrine 2AC	GC/MS/EI	496
Norpseudoephedrine 2TMS	GC/MS/EI	576
Norpseudoephedrine 2TMS	GC/MS/EI/E	581
Nortramadol-A (-H_2O) AC	GC/MS/EI	1235
Nortramadol-A (-H_2O) AC	GC/MS/EI/E	1239
Nortramadol-A (-H_2O) AC	GC/MS/EI/E	1528

Nortramadol-A (-H₂O) AC	GC/MS/EI	1530
Nortrimipramine	GC/MS/EI/E	1281
Nortrimipramine	GC/MS/EI	1548
Nortriptyline	GC/MS/EI	60
Nortriptyline	GC/MS/EI/E	1247
Norvenlafaxine	GC/MS/EI/E	122
Norvenlafaxine	GC/MS/EI	153
Norvenlafaxine	GC/MS/EI/E	599
Norvenlafaxine	GC/MS/EI	1014
Norverapamil AC	GC/MS/EI	1662
Norverapamil AC	GC/MS/EI/E	1663
Noscapine	GC/MS/EI/E	1346
Noscapine	GC/MS/EI	1350
Noskapin	GC/MS/EI	1346
Noskapin	GC/MS/EI/E	1350
Noxiptyline	GC/MS/EI/E	109
Noxiptyline	GC/MS/EI	223
2-(N-*sec*-Butylamino)butyrophenone	GC/MS/EI	122
2-(N-*sec*-Butylamino)butyrophenone	GC/MS/EI	819
N-*tert*-Butyl-3-indolylmethylketone	GC/MS/EI/E	810
N-*tert*-Butyl-3-indolylmethylketone	GC/MS/EI	1328
N-*tert*-Butyl-3-oxo-4-aza-5α-androst-1-ene-17β-carboxamide	GC/MS/EI	121
N-*tert*-Butyltryptamine	GC/MS/EI/E	4
N-*tert*-Butyltryptamine	GC/MS/EI	691
N-*tert*-Butyltryptamine AC	GC/MS/EI	215
N-*tert*-Butyltryptamine AC	GC/MS/EI/E	810
N-*tert*-Butyltryptamine PFP	GC/MS/EI/E	3
N-*tert*-Butyltryptamine PFP	GC/MS/EI	594
N-*tert*-Butyltryptamine TFA	GC/MS/EI	3
N-*tert*-Butyltryptamine TFA	GC/MS/EI/E	670
Nylidrin	GC/MS/EI/E	1074
Nylidrin	GC/MS/EI	1088
O-Acetylsalicylic acid	GC/MS/EI/E	600
O-Acetylsalicylic acid	GC/MS/EI	1119
O-Butyl-O-methyl-methylphosphonate	GC/MS/EI	526
O-Butyl-O-methyl-methylphosphonate	GC/MS/EI/E	753
O-Butyl-S-(2-diethylaminoethyl)methylphosphonothiolate	GC/MS/EI	320
O-Butyl-S-(2-diethylaminoethyl)methylphosphonothiolate	GC/MS/EI/E	437
O-Butyl-S-methyl-methylphosphonothiolate	GC/MS/EI/E	650
O-Butyl-S-methyl-methylphosphonothiolate	GC/MS/EI	721
OCAD; o-Chlorobenzenecarboxyaldehyde	GC/MS/EI	770
O-Cyclopentyl-S-(2-diethylaminoethyl)methylphosphonothiolate	GC/MS/EI/E	320
O-Cyclopentyl-S-(2-diethylaminoethyl)methylphosphonothiolate	GC/MS/EI	437
O-Ethyl-O-*tert*-Butyldimethylsilyl-methylphosphonate	GC/MS/EI/E	893

O-Ethyl-O-*tert*-Butyldimethylsilyl-methylphosphonate	GC/MS/EI	1139
O-Ethyl-S-[2-(di-*iso*-propylamino)ethyl]methylphosphonothiolate	GC/MS/EI/E	544
O-Ethyl-S-[2-(di-*iso*-propylamino)ethyl]methylphosphonothiolate	GC/MS/EI	651
O-Ethyl-S-(2-dimethylaminoethyl)methylphosphonothiolate	GC/MS/EI/E	108
O-Ethyl-S-(2-dimethylaminoethyl)methylphosphonothiolate	GC/MS/EI	275
O-Ethyl-S-*tert*-butyl-dimethyl-silyl-methylthiophosphononate	GC/MS/EI/E	1040
O-Ethyl-S-*tert*-butyl-dimethyl-silyl-methylthiophosphononate	GC/MS/EI	1227
5-OH-DIPT 2AC	GC/MS/EI	551
5-OH-DIPT 2AC	GC/MS/EI/E	1435
5-OH-DIPT AC	GC/MS/EI	550
5-OH-DIPT AC	GC/MS/EI/E	1246
4-OH-DIPT 2TMS	GC/MS/EI	544
4-OH-DIPT 2TMS	GC/MS/EI/E	567
O-Methyl-O-ethyl-methylphosphonate	GC/MS/EI/E	526
O-Methyl-O-ethyl-methylphosphonate	GC/MS/EI	628
O-Methyl-O-*tert*-butyldimethylsilyl-methylphosphonate	GC/MS/EI	1017
O-Methyl-O-*tert*-butyldimethylsilyl-methylphosphonate	GC/MS/EI/E	1032
O-Methyl-S-(2-diethylaminoethyl)methylphosphonothiolate	GC/MS/EI/E	322
O-Methyl-S-(2-diethylaminoethyl)methylphosphonothiolate	GC/MS/EI	416
O-Methyl-S-(2-di-*iso*-propylaminoethyl)methylphosphonothiolate	GC/MS/EI	543
O-Methyl-S-(2-di-*iso*-propylaminoethyl)methylphosphonothiolate	GC/MS/EI/E	653
O-Methyl-S-(dimethylaminoethyl)methylphosphonothiolate	GC/MS/EI/E	108
O-Methyl-S-(dimethylaminoethyl)methylphosphonothiolate	GC/MS/EI	391
O-(2-Methyl-cyclohexyl)-S-(2-diethylaminoethyl)methylphosphonothiolate	GC/MS/EI/E	320
O-(2-Methyl-cyclohexyl)-S-(2-diethylaminoethyl)methylphosphonothiolate	GC/MS/EI	437
O^6-Methylmorphine TMS	GC/MS/EI	252
O-(2-Methylpropyl)-S-(2-diethylaminoethyl)methylphosphonothiolate	GC/MS/EI	321
O-(2-Methylpropyl)-S-(2-diethylaminoethyl)methylphosphonothiolate	GC/MS/EI/E	438
O-2-Methylpropyl-S-methyl-methylphosphonothiolate	GC/MS/EI	650
O,O'-Diethyl-O''-pentafluorbenzyl-thiophosphate	GC/MS/EI	1127
O,O'-Diethyl-S-pentafluorbenzyl-dithiophosphate	GC/MS/EI	1131
O,O-Diethy-methylphosphonate	GC/MS/EI	276
O,O'-Dimethyl-O''-pentafluorobenzyl-phospate	GC/MS/EI	1126
O,O''-Dimethyl-O''-pentafluorobenzyl-thiophosphate	GC/MS/EI	1132
O,O''-Dimethyl-O''-pentafluorobenzyl-thiophosphate	GC/MS/EI/E	1644
O,O-Dimethyl-S-(2-methylamino-2-oxoethyl)dithiophosphate	GC/MS/EI/E	348
O,O-Dimethyl-S-(2-methylamino-2-oxoethyl)dithiophosphate	GC/MS/EI/E	796
O,O-Dimethyl-S-(2-methylamino-2-oxoethyl)dithiophosphate	GC/MS/EI	799
O,O'-Dimethyl-S-pentafluorbenzyl-dithiophosphat	GC/MS/EI	922
O,O-Dimethyl-methylphosphonate	GC/MS/EI	394
O,O-Dimethyl-methylthiophosphonate	GC/MS/EI	392
O,O-Dimetylphosphat PFB	GC/MS/EI	1126
O,O'-Dipropyl-S-pentafluorobenzyl-dithiophosphate	GC/MS/EI/E	1133
O,O'-Dipropyl-S-pentafluorobenzyl-dithiophosphate	GC/MS/EI	1723

O,O'-Dipropyl-dithiophosphate	DI/MS/EI/E	695
O,O'-Dipropyl-dithiophosphate	DI/MS/EI	1058
O,O-Ethylmethyl-methylthiophosphonate	GC/MS/EI	898
O,O',O''-Triethyl-thiophosphate	GC/MS/EI	766
O,O',O''-Triethyl-thiophosphate	GC/MS/EI	1044
O,O',O''-Trimethyl-phosphate	GC/MS/EI/E	520
O,O',O''-Trimethyl-phosphate	GC/MS/EI	777
O,O,S-Triethyldithiophosphate	GC/MS/EI	1167
O,O',S-Trimethyl-dithiophosphate	GC/MS/EI	1056
O,S-Diethyl-methylphosphonothiolate	GC/MS/EI/E	276
O,S-Diethyl-methylphosphonothiolate	GC/MS/EI	1030
Octacosane	GC/MS/EI	89
Octacosane	GC/MS/EI/E	538
9,12-Octadecadienoic acid (Z,Z)- methyl ester	GC/MS/EI/E	180
9,12-Octadecadienoic acid (Z,Z)- methyl ester	GC/MS/EI	630
9,12-Octadecadienoic acid,ethyl ester	GC/MS/EI	181
9,12-Octadecadienoic acid,ethyl ester	GC/MS/EI/E	525
12,15-Octadecadienoic acid, methyl ester	GC/MS/EI	181
12,15-Octadecadienoic acid, methyl ester	GC/MS/EI/E	525
9,12-Octadecadienoic acid methyl ester	GC/MS/EI	180
9,12-Octadecadienoic acid methyl ester	GC/MS/EI/E	521
Octadecane	GC/MS/EI	89
Octadecanenitrile, 6-aza-2,8-bis(3,4-dimethoxyphenyl)-6-methyl-2-propyl-	GC/MS/EI	1611
Octadecanoic acid	GC/MS/EI	230
Octadecanoic acid butyl ester	GC/MS/EI	82
Octadecanoic acid ethyl ester	GC/MS/EI	363
Octadecanoic acid ethyl ester	GC/MS/EI/E	1628
Octadecan-1-ol	GC/MS/EI/E	89
Octadecan-1-ol	GC/MS/EI	643
Octadec-9-enamide	GC/MS/EI	163
Octadec-9-enamide	GC/MS/EI/E	644
1-Octadecene	GC/MS/EI/E	75
1-Octadecene	GC/MS/EI	643
Octadec-1-ene	GC/MS/EI/E	75
Octadec-1-ene	GC/MS/EI	643
Octadec-9-enenitrile	GC/MS/EI	74
Octadec-9-enenitrile	GC/MS/EI/E	867
6-Octadecenoic acid,(Z)-	GC/MS/EI/E	74
6-Octadecenoic acid,(Z)-	GC/MS/EI	1503
9-Octadecenoic acid methyl ester	GC/MS/EI/E	72
9-Octadecenoic acid methyl ester	GC/MS/EI	1503
Octadecyl hexadecanoate	GC/MS/EI/E	1479
Octadecyl hexadecanoate	GC/MS/EI	1566
Octadecyloctanoate	GC/MS/EI/E	816

Octadecyloctanoate	GC/MS/EI	824
Octamethyl-cyclotetrasiloxane	GC/MS/EI	1553
Octanoic acid	GC/MS/EI	176
Octanoic acid	GC/MS/EI/E	569
Octanoic acid octadecyl ester	GC/MS/EI	816
Octanoic acid octadecyl ester	GC/MS/EI/E	824
Octanoic acid, 1,2,3-propanetriyl ester	GC/MS/EI/E	656
Octanoic acid, 1,2,3-propanetriyl ester	GC/MS/EI	1656
Octathiocane	GC/MS/EI	179
O-*iso*-Butyl-O-methyl-methylphosphonate	GC/MS/EI/E	527
O-*iso*-Butyl-O-methyl-methylphosphonate	GC/MS/EI	634
O-*iso*-Propyl-S-(2-diethylaminoethyl)methylphosphonothiolate	GC/MS/EI	320
O-*iso*-Propyl-S-(2-diethylaminoethyl)methylphosphonothiolate	GC/MS/EI/E	437
Oksiprokain	GC/MS/EI/E	323
Oksiprokain	GC/MS/EI	420
Oksyprokain	GC/MS/EI	323
Oksyprokain	GC/MS/EI/E	420
Olanzapin-M (Nor)	GC/MS/EI	1376
Olanzapin-M (Nor)2AC	GC/MS/EI	1473
Olanzapine	GC/MS/EI	1426
Olanzapine	GC/MS/EI/E	1431
Olanzapine	GC/MS/EI/E	1627
Olanzapine AC	GC/MS/EI/E	290
Olanzapine AC	GC/MS/EI	1428
Olanzapine AC	GC/MS/EI	1561
Olanzapine AC	GC/MS/EI/E	1565
Olanzapine AC	GC/MS/EI	1689
Olanzapine TMS	GC/MS/EI	1606
Olanzapine TMS	GC/MS/EI/E	1634
Olanzapine ethyl	GC/MS/EI	1477
Olanzapine ethyl-A (CHO) AC	GC/MS/EI	1481
Olazapine-A	GC/MS/EI	1481
Oleamide	GC/MS/EI/E	163
Oleamide	GC/MS/EI	644
Oleic acid	GC/MS/EI/E	13
Oleic acid	GC/MS/EI	528
Oleic acid ME	GC/MS/EI	72
Oleic acid ME	GC/MS/EI/E	1503
Oleonitrile	GC/MS/EI/E	74
Oleonitrile	GC/MS/EI	867
Olopatadine	GC/MS/EI	105
Olopatadine	GC/MS/EI/E	170
Olopatadine ME I	GC/MS/EI	105
Olopatadine ME I	GC/MS/EI/E	171

Olopatadine ME II	GC/MS/EI/E	104
Olopatadine ME II	GC/MS/EI	170
Olopatadine TMS	GC/MS/EI/E	111
Olopatadine TMS	GC/MS/EI	231
Omeprazole -CH$_2$O	GC/MS/EI	1623
Omeprazole 2ME	GC/MS/EI	1125
Omethoat	GC/MS/EI/E	913
Omethoat	GC/MS/EI	930
Opipramol	GC/MS/EI	1269
Opipramol	GC/MS/EI	1697
Opipramol AC	GC/MS/EI	188
Opipramol-M (COOH) ME	GC/MS/EI	1264
Opipramol-M (N-desalkyl) AC	GC/MS/EI	1201
Opipramol-M (N-desalkyl) AC	GC/MS/EI	1205
Opipramol-M (N-desalkyl) PFP	GC/MS/EI	1202
Opipramol-M (N-desalkyl) methyl	GC/MS/EI	1664
Orlistat-A (-CO$_2$)	GC/MS/EI	1586
Orlistat-A (-CO$_2$)	GC/MS/EI/E	1590
Orlistat-A (-N-Formylleucine)	GC/MS/EI/E	907
Orlistat-A (-N-Formylleucine)	GC/MS/EI	1130
Orthoxy-procain	GC/MS/EI	323
Orthoxy-procain	GC/MS/EI/E	420
O-*tert*-Butyldimethylsilyl-S-(2-diethylaminoethyl)methylphosphonothiolate	GC/MS/EI	322
O-*tert*-Butyldimethylsilyl-S-(2-diethylaminoethyl)methylphosphonothiolate	GC/MS/EI/E	612
O-*tert*-Butyldimethylsilyl-S-(2-di-*iso*-propylaminoethyl)methylphosphonothiolate	GC/MS/EI	549
O-*tert*-Butyldimethylsilyl-S-(2-di-*iso*-propylaminoethyl)methylphosphonothiolate	GC/MS/EI/E	874
Oxaceprol	GC/MS/EI	23
Oxaceprol	GC/MS/EI/E	790
Oxaceprol ET	GC/MS/EI/E	438
Oxaceprol ET	GC/MS/EI	1241
Oxaceprol ME	GC/MS/EI/E	326
Oxaceprol ME	GC/MS/EI	1169
Oxazepam	GC/MS/EI	1514
Oxazepam 2AC I	GC/MS/EI	31
Oxazepam 2AC I	GC/MS/EI/E	1434
Oxazepam 2AC II	GC/MS/EI	32
Oxazepam 2AC II	GC/MS/EI/E	1486
Oxazepam-A ME	GC/MS/EI	272
Oxazepam HY	GC/MS/EI	1381
Oxazepam HY AC	GC/MS/EI	1381
Oxazepam HY AC	GC/MS/EI/E	1529
Oxazepam HY PFP	GC/MS/EI	1480
Oxazepam-M AC	GC/MS/EI	1440

Oxazepam-M AC	GC/MS/EI/E	1575
Oxazimedrin	GC/MS/EI	189
Oxazolam	GC/MS/EI/E	1459
Oxazolam	GC/MS/EI	1559
Oxcarbazepin-M (H_2)	GC/MS/EI	1200
Oxcarbazepin-M (H_2)	GC/MS/EI	1205
Oxcarbazepin-M (H_2)	GC/MS/EI/E	1302
Oxcarbazepin-M (H_2)	GC/MS/EI/E	1303
Oxcarbazepine	GC/MS/EI	1123
Oxcarbazepine	GC/MS/EI	1125
Oxedrine	GC/MS/EI/E	39
Oxedrine	GC/MS/EI	67
Oxetacaine	GC/MS/EI/E	812
Oxetacaine	GC/MS/EI	1537
Oxetacaine-A	GC/MS/EI	545
Oxetacaine-A	GC/MS/EI/E	1314
Oxetacaine AC	GC/MS/EI/E	1169
Oxetacaine AC	GC/MS/EI	1640
Oximetholon-A	GC/MS/EI	1375
Oxindole	GC/MS/EI	706
Oxiprocain	GC/MS/EI/E	323
Oxiprocain	GC/MS/EI	420
2-Oxo-3-Hydroxy-lysergicacid-N,N-methylpropylamide	DI/MS/EI	1409
1-(1-Oxobutyl)piperidine	GC/MS/EI	774
Oxocorticosteron	GC/MS/EI	1676
2-Oxo-3-hydroxy-LAMPA	DI/MS/EI	1409
2-Oxo-3-hydroxy-LAMPA-M/A (-H_2O)	GC/MS/EI	1401
2-Oxo-3-hydroxy-LAMPA 2TMS	GC/MS/EI	1620
2-Oxo-3-hydroxy-LAMPA TMS	GC/MS/EI/E	1408
2-Oxo-3-hydroxy-LAMPA TMS	GC/MS/EI	1414
Oxolan-2-one	GC/MS/EI	18
9-Oxononanoic acid	GC/MS/EI	73
9-Oxononanoic acid	GC/MS/EI/E	678
9-Oxo-nonanoic acid isopropylester	GC/MS/EI	37
9-Oxo-nonanoic acid isopropylester	GC/MS/EI/E	920
2-(2-Oxopyrrolidin-1-yl)acetamide	GC/MS/EI	11
2-(2-Oxopyrrolidin-1-yl)acetamide	GC/MS/CI	409
2-(2-Oxopyrrolidin-1-yl)acetamide	GC/MS/EI	645
Oxybenzone	GC/MS/EI	1370
1,1'-Oxybis-benzene	GC/MS/EI	1046
2,2'-Oxy-bis-ethanol-dibenzoate	GC/MS/EI	480
Oxybuprocaine	GC/MS/EI	321
Oxybuprocaine	GC/MS/EI/E	741

Oxybuprocaine-A	GC/MS/EI/E	745
Oxybuprocaine-A	GC/MS/EI	1360
Oxybuprocaine AC	GC/MS/EI	1024
Oxycodone	GC/MS/EI	1634
Oxycodone 2AC	GC/MS/EI	1727
Oxycodone AC	GC/MS/EI	1694
Oxycodone-D_6	GC/MS/EI	1642
Oxycodone-D_6 AC	GC/MS/EI	1697
Oxycodone-D_6 (enol) 2AC	GC/MS/EI	1731
Oxycodone-D_6 methoxime	GC/MS/EI	1686
Oxycodone-M (Desmethyl) AC	GC/MS/EI	1679
Oxycodone-M (Enol) ME AC	GC/MS/EI	1707
Oxycodone-M (+2H) 3	GC/MS/EI	1637
Oxycodone-M (+2H) 2AC	GC/MS/EI	1729
Oxycodone-M (+2H) 2AC	GC/MS/EI	1730
Oxycodone-M (+2H) AC	GC/MS/EI	1695
Oxycodone-M (+2H) II	GC/MS/EI	1637
Oxycodone TMS	GC/MS/EI	253
Oxycodone methoxime	GC/MS/EI	1680
Oxycodone methoxime AC	GC/MS/EI	1718
Oxycodone methoxime PROP	GC/MS/EI	1728
2,2'-Oxydiethylene-dibenzoate	GC/MS/EI	480
Oxymetholone	GC/MS/EI	1320
Oxymetholone	GC/MS/EI/E	1662
Oxymetholone 2TMS	GC/MS/EI	253
Oxymorphone	GC/MS/EI	1606
Oxymorphone 2AC	GC/MS/EI	1679
Oxymorphone 3AC	GC/MS/EI	1718
Oxymorphone AC	GC/MS/EI	1606
Oxymorphone-D_3	GC/MS/EI	1611
Oxymorphone-D_3 2AC	GC/MS/EI	1683
Oxymorphone-D_3 3AC	GC/MS/EI	1720
Oxymorphone-D_3 AC	GC/MS/EI	1683
Oxymorphone-D_3 2PFP	GC/MS/EI	1761
Oxymorphone-D_3 3PFP	GC/MS/EI	1371
Oxymorphone-D_3 (enol) PFP	GC/MS/EI/E	1564
Oxymorphone-D_3 (enol) PFP	GC/MS/EI	1687
Oxymorphone-D_3 methoxime I	GC/MS/EI	1664
Oxymorphone-D_3 methoxime II	GC/MS/EI	1665
Oxymorphone-D_3 methoxime 2PROP I	GC/MS/EI	1720
Oxymorphone-D_3 methoxime 2PROP I	GC/MS/EI/E	1745

Oxymorphone-D$_3$ methoxime 2PROP II	GC/MS/EI/E	1720
Oxymorphone-D$_3$ methoxime 2PROP II	GC/MS/EI	1721
Oxymorphone 2PFP	GC/MS/EI	1760
Oxymorphone 3PFP	GC/MS/EI	1760
Oxymorphone (enol) PFP	GC/MS/EI	1564
Oxymorphone methoxime I	GC/MS/EI	1660
Oxymorphone methoxime II	GC/MS/EI	1660
Oxymorphone methoxime 2PROP I	GC/MS/EI/E	1660
Oxymorphone methoxime 2PROP I	GC/MS/EI	1744
Oxymorphone methoxime 2PROP II	GC/MS/EI	1661
Oxymorphone methoxime 2PROP II	GC/MS/EI/E	1719
Oxyphenbutazone 2ME	GC/MS/EI	1316
Oxyprocain	GC/MS/EI/E	323
Oxyprocain	GC/MS/EI	420
P-Acetamidophenol	GC/MS/EI	513
P-Acetamidophenol	GC/MS/EI	514
PC2EEA	GC/MS/EI	933
PC2EEA	GC/MS/CI	933
PC2EEA	GC/MS/EI/E	1445
PCEPA	GC/MS/EI	468
PCEPA	GC/MS/CI	1332
PCEPA	GC/MS/EI/E	1490
PCMEA	GC/MS/EI	933
PCMEA	GC/MS/CI	1181
PCMPA	GC/MS/CI	368
PCMPA	GC/MS/EI	1252
PCP	GC/MS/EI	1237
PCPr	GC/MS/EI	933
PCPr	GC/MS/EI	1065
PCPr	GC/MS/CI	1066
PEA	GC/MS/CI	7
PEA	GC/MS/EI/E	386
PEA	GC/MS/EI	477
PEG 300	GC/MS/EI	359
PEG 300	GC/MS/EI	364
PEG 300	GC/MS/EI/E	367
PEG 300	GC/MS/EI/E	1096
PHC	GC/MS/EI	521
PHC	GC/MS/EI/E	882
PMA	GC/MS/EI	48
PMA	GC/MS/CI	49
PMA	GC/MS/EI/E	624
PMA	GC/MS/EI	625

PMA	GC/MS/EI/E	628
PMA	GC/MS/EI	851
PMA AC	GC/MS/EI	52
PMA AC	GC/MS/EI	128
PMA AC	GC/MS/EI	833
PMA AC	GC/MS/EI/E	834
PMA AC	GC/MS/EI/E	849
PMA AC	GC/MS/EI/E	853
PMA AC	GC/MS/EI	854
PMA PFO	GC/MS/EI/E	612
PMA PFO	GC/MS/EI	855
PMA TMS	GC/MS/EI/E	575
PMA TMS	GC/MS/EI	580
2,3-PMK	GC/MS/EI	718
PMK	GC/MS/EI	727
PMK	GC/MS/CI	1110
PMMA	GC/MS/EI	123
PMMA	GC/MS/EI/E	608
PMP	GC/MS/EI/E	941
PMP	GC/MS/EI	950
PNZ	GC/MS/EI	1686
PPMA	GC/MS/EI/E	41
PPMA	GC/MS/EI	265
PPP	GC/MS/EI/E	406
PPP	GC/MS/EI/E	407
PPP	GC/MS/EI	417
PPP	GC/MS/EI	421
PVP	GC/MS/EI	649
PVP	GC/MS/EI/E	657
PVP-A (-2H)	GC/MS/EI/E	649
PVP-A (-2H)	GC/MS/EI	1378
Pachycarpin	GC/MS/EI/E	752
Pachycarpin	GC/MS/EI	1394
Palmitamide	GC/MS/EI	164
Palmitamide	GC/MS/EI/E	663
Palmitic acid	GC/MS/EI	34
Palmitic acid	GC/MS/EI/E	1317
Palmitic acid ME	GC/MS/EI/E	258
Palmitic acid ME	GC/MS/EI/E	799
Palmitic acid ME	GC/MS/EI	1371
Palmitic acid glycerol ester	GC/MS/EI/E	415
Palmitic acid glycerol ester	GC/MS/EI	1603
Palmitic acid glycerol ester 2AC	GC/MS/EI	934
Palmitic acid glycerol ester 2AC	GC/MS/EI/E	1420

Panacain	GC/MS/EI	436
Panacain	GC/MS/EI	437
Panacain	GC/MS/EI/E	1334
Panacain	GC/MS/EI/E	1625
Pantenol	GC/MS/EI/E	701
Pantenol	GC/MS/EI	920
Panthenol	GC/MS/EI	701
Panthenol	GC/MS/EI/E	920
Panthenol 3AC	GC/MS/EI/E	1331
Panthenol 3AC	GC/MS/EI	1375
Pantocain	GC/MS/EI	110
Pantocain	GC/MS/EI/E	190
Pantocain	GC/MS/EI	863
Pantoprazol	DI/MS/EI	881
Pantotenol	GC/MS/EI	701
Pantotenol	GC/MS/EI/E	920
Pantothenol	GC/MS/EI/E	701
Pantothenol	GC/MS/EI	920
Pantothenylalkohol	GC/MS/EI/E	701
Pantothenylalkohol	GC/MS/EI	920
Papaverine	GC/MS/EI	1648
Papaverine	GC/MS/EI	1672
Papaverine-M (O-Desmethyl)	GC/MS/EI	1648
Papaverine-M (O-Desmethyl) AC	GC/MS/EI	1623
Papaverine-M (O-Desmethyl) AC	GC/MS/EI	1649
Paracetamol	GC/MS/EI	513
Paracetamol	GC/MS/EI	514
Paracetamol AC	GC/MS/EI	514
Paracetamol AC	GC/MS/EI/E	1199
Paracetamol-M (HO, OCH$_3$) 2AC	GC/MS/EI	1225
Paracetamol-M (HO, OCH$_3$) 2AC	GC/MS/EI/E	1416
Paracetamol-M (OCH$_3$) AC	GC/MS/EI	773
Paracetamol-M (OCH$_3$) AC	GC/MS/EI/E	1144
Paracetamol 2TMS	GC/MS/EI/E	235
Paracetamol 2TMS	GC/MS/EI	250
Paracetamol 2TMS	GC/MS/EI	1550
Paracetamol TMS	GC/MS/EI	1132
Paracetamol TMS	GC/MS/EI	1359
Parasetamol	GC/MS/EI	513
Parasetamol	GC/MS/EI	514
Parathion-ethyl	GC/MS/EI	517
Parathion-ethyl	GC/MS/EI	1581
Parathion-ethyl-M (amino-)	GC/MS/EI	1492

Parathion-methyl	GC/MS/EI	518
Parathion-methyl	GC/MS/EI	1496
Paraxanthine	GC/MS/EI	1125
Paroxetine	GC/MS/EI	59
Paroxetine	GC/MS/EI/E	1659
Paroxetine AC	GC/MS/EI/E	1392
Paroxetine AC	GC/MS/EI	1706
Paroxetine (desmethylenyl-methyl) 2AC	GC/MS/EI	1392
Paroxetine (desmethylenyl-methyl) 2AC	GC/MS/EI/E	1709
Paroxetine (desmethylenyl-methyl) AC	GC/MS/EI	1392
Patulin	GC/MS/EI	519
Patulin	GC/MS/EI	520
Pecazine	GC/MS/EI	95
Pelargonaldehyde	GC/MS/EI/E	86
Pelargonaldehyde	GC/MS/EI	552
Pemoline	GC/MS/EI	365
Pemoline	GC/MS/EI	1076
Pendimethalin	GC/MS/EI/E	1463
Pendimethalin	GC/MS/EI	1552
Penicillamine 3TMS	GC/MS/EI/E	241
Penicillamine 3TMS	GC/MS/EI	1587
Pentacosane	GC/MS/EI	91
Pentadecane	GC/MS/EI/E	90
Pentadecane	GC/MS/EI	424
1,3-Pentadiene-1-carboxylic acid	GC/MS/EI	401
1-Pentanamine,N,N-dipentyl-	GC/MS/EI	1048
1-Pentanamine,N,N-dipentyl-	GC/MS/EI/E	1055
Pentane,1,1'-oxybis-	GC/MS/EI	192
Pentane,1,1'-oxybis-	GC/MS/EI/E	457
Pentazocin AC	GC/MS/EI/E	1483
Pentazocin AC	GC/MS/EI	1627
Pentazocine	GC/MS/EI/E	1329
Pentazocine	GC/MS/EI	1564
Pentazocine AC	GC/MS/EI/E	1483
Pentazocine AC	GC/MS/EI	1654
Pentazocine-M (N-desalkyl) 2AC	GC/MS/EI/E	345
Pentazocine-M (N-desalkyl) 2AC	GC/MS/EI	1060
Pentazocine-M (2OH) AC	GC/MS/EI/E	1525
Pentazocine-M (2OH) AC	GC/MS/EI	1529
Pentazocine-M (OH) 2AC	GC/MS/EI/E	1483
Pentazocine-M (OH) 2AC	GC/MS/EI	1717
Pentazocine-M (OH) AC	GC/MS/EI/E	1329
Pentazocine-M (OH) AC	GC/MS/EI	1678
Pentazocine-M (OH) AC, ME	GC/MS/EI	1525

Pentazocine-M (OH) AC, ME	GC/MS/EI/E	1529
Pentazocine PFP	GC/MS/EI	1698
Pentazocine PFP	GC/MS/EI/E	1740
Pentazocine TMS	GC/MS/EI	69
Pentazocine TMS	GC/MS/EI/E	1573
Pentetrazol	GC/MS/EI	10
Pentetrazol	GC/MS/EI/E	513
Pentobarbital	GC/MS/EI/E	914
Pentobarbital	GC/MS/EI/E	922
Pentobarbital	GC/MS/EI	923
Pentobarbitone	GC/MS/EI	914
Pentobarbitone	GC/MS/EI/E	922
Pentobarbitone	GC/MS/EI/E	923
Pentobarbitone 2ME	GC/MS/EI/E	1039
Pentobarbitone 2ME	GC/MS/EI	1163
Pentobarbitone ME	GC/MS/EI/E	907
Pentobarbitone ME	GC/MS/EI	1177
Pentobarbitone-M OH	GC/MS/EI	914
Pentobarbitone-M (OH) 2ME	GC/MS/EI/E	1039
Pentobarbitone-M (OH) 2ME	GC/MS/EI	1162
Pentoxyfylline	GC/MS/EI	1348
2-(Pentylamino)-ethanol	GC/MS/EI	259
2-(Pentylamino)-ethanol	GC/MS/EI/E	690
Pentylbutanoate	GC/MS/EI/E	193
Pentylbutanoate	GC/MS/EI	458
4-(4-Pentylcyclohexyl)phenol	GC/MS/EI	704
4-(4-Pentylcyclohexyl)phenol TMS	GC/MS/EI	1261
4-(4-Pentylcyclohexyl)phenylacetate	GC/MS/EI	1440
Pentylether	GC/MS/EI	192
Pentylether	GC/MS/EI/E	457
Peppermint Camphor	GC/MS/EI/E	191
Peppermint Camphor	GC/MS/EI	771
Perazine	GC/MS/EI	536
Perazine-M (Aminopropyl) AC	GC/MS/EI	1227
Perazine-M (OH) AC	GC/MS/EI/E	538
Perazine-M (OH) AC	GC/MS/EI	1726
Pergolide	GC/MS/EI	1631
Perhydro-7,14-methanodipyrido[1,2-a:1',2'-e][1,5]diazozine	DI/MS/EI	416
Perhydro-7,14-methanodipyrido[1,2-a:1',2'-e][1,5]diazozine	DI/MS/EI/E	1568
Pericyazine	GC/MS/EI	540
Pericyazine	GC/MS/EI/E	1699
Permethrine	GC/MS/EI/E	1147
Permethrine	GC/MS/EI	1157
Peroxyacetone	GC/MS/EI/E	21

Peroxyacetone	GC/MS/EI	22
Peroxyacetone	GC/MS/EI	164
Perparine	GC/MS/EI	1701
Perphenazine	GC/MS/EI	795
Pesomin-A (-HBr)	GC/MS/EI	1056
Pethidin-M (Nor)	GC/MS/EI/E	1169
Pethidin-M (Nor)	GC/MS/EI	1172
Pethidin-M (Nor)	GC/MS/EI	1534
Pethidin-M (Nor, Hydroxy) 2AC	GC/MS/EI	1249
Pethidine	GC/MS/EI	190
Pethidine	GC/MS/EI	192
Pethidine	GC/MS/EI	193
Pethidine-M (Desmethyl) AC	GC/MS/EI	1169
Pethidine-M (Desmethyl) AC	GC/MS/EI/E	1172
Pethidine-M (Desmethyl) AC	GC/MS/EI	1534
Pethidine-M (desethyl) ME	GC/MS/EI/E	191
Pethidine-M (desethyl) ME	GC/MS/EI	1390
Pethidinic acid TMS	GC/MS/EI	192
Pfefferminz-kampfer	GC/MS/EI	191
Pfefferminz-kampfer	GC/MS/EI/E	771
Phenacetin	GC/MS/EI	515
Phenallymal	GC/MS/EI/E	1323
Phenallymal	GC/MS/EI	1433
Phenazepam	GC/MS/EI	1686
Phenazone	GC/MS/EI	1173
Phenazone-A	GC/MS/EI	1085
Phenazone-M (OH) AC	GC/MS/EI/E	81
Phenazone-M (OH) AC	GC/MS/EI	1443
Phenazopyridine	GC/MS/EI	1314
Phenbutrazate	GC/MS/EI/E	182
Phenbutrazate	GC/MS/EI	1494
Phencyclidine	GC/MS/EI	1237
Phenelzine	GC/MS/EI/E	68
Phenelzine	GC/MS/EI	380
Phenethylamine	GC/MS/EI	7
Phenethylamine	GC/MS/EI/E	386
Phenethylamine	GC/MS/CI	477
Phenethylamine AC	GC/MS/EI	7
Phenethylamine AC	GC/MS/EI	467
Phenethylamine AC	GC/MS/EI	469
Phenethylamine AC	GC/MS/CI	982
Phenethylamine TFA	GC/MS/CI	467
Phenethylamine TFA	GC/MS/EI/E	482
Phenethylamine TFA	GC/MS/EI	1333

Phenethylchloride	GC/MS/EI/E	386
Phenethylchloride	GC/MS/EI	391
Phenethylformate	GC/MS/EI	469
Phenethylformate	GC/MS/EI/E	486
Phenethylhydrazine	GC/MS/EI/E	68
Phenethylhydrazine	GC/MS/EI	380
1-Phenethylpiperidine	GC/MS/EI/E	414
1-Phenethylpiperidine	GC/MS/EI	424
1-Phenethylpyrrolidine	GC/MS/EI	296
1-Phenethylpyrrolidine	GC/MS/EI/E	299
Phenglutarimide	GC/MS/EI/E	324
Phenglutarimide	GC/MS/EI	433
Phenindione	GC/MS/EI	1354
Pheniramine	GC/MS/EI	1035
Pheniramine	GC/MS/EI/E	1046
Phenmetralin(um)	GC/MS/EI	189
Phenmetrazine	GC/MS/EI	189
Phenobarbital	GC/MS/EI	1253
Phenobarbital 2ME	GC/MS/EI/E	1388
Phenobarbital 2ME	GC/MS/EI	1392
Phenobarbitone	GC/MS/EI	1253
Phenobarbitone-M (OH) 3ME	GC/MS/EI	1579
Phenobarbitone 2TMS	GC/MS/EI	818
Phenobarbitone 2TMS	GC/MS/EI/E	1696
Phenobarmate	GC/MS/EI	85
Phenol	GC/MS/EI	395
Phenothiazine	GC/MS/EI	1231
Phenoxazol	GC/MS/EI	365
Phenoxazol	GC/MS/EI	1076
3-Phenoxybenzylalcohol	GC/MS/EI	1234
2-Phenoxyethanol	GC/MS/EI	396
4-[3-[4-(Phenoxymethyl)phenyl]propyl]morpholine	GC/MS/EI	436
4-[3-[4-(Phenoxymethyl)phenyl]propyl]morpholine	GC/MS/EI	437
4-[3-[4-(Phenoxymethyl)phenyl]propyl]morpholine	GC/MS/EI/E	1334
4-[3-[4-(Phenoxymethyl)phenyl]propyl]morpholine	GC/MS/EI/E	1625
1-Phenoxy-3-[3-(3-phenoxyphenoxy)phenoxy]-benzene	GC/MS/EI	1746
(3-Phenoxyphenyl)methanol	GC/MS/EI	1234
(3-Phenoxyphenyl)methyl (1R,3R)-3-(2,2-dichloroethenyl)-2,2-dimethyl-cyclopropane-1-carboxylate	GC/MS/EI	1147
(3-Phenoxyphenyl)methyl (1R,3R)-3-(2,2-dichloroethenyl)-2,2-dimethyl-cyclopropane-1-carboxylate	GC/MS/EI/E	1157
Phenpentermine	GC/MS/EI	105
Phenpentermine	GC/MS/EI/E	167
Phenprocoumon	GC/MS/EI	1459

Phenprocoumon ME	GC/MS/EI	384
Phenpromethamine	GC/MS/EI	41
Phenpromethamine	GC/MS/EI/E	265
Phentermine	GC/MS/EI	114
Phentermine	GC/MS/EI/E	115
Phentermine	GC/MS/EI/E	371
Phentermine	GC/MS/EI	379
Phentermine AC	GC/MS/EI	118
Phentermine AC	GC/MS/EI/E	122
Phentermine AC	GC/MS/EI	579
Phentermine AC	GC/MS/EI/E	580
Phentermine-M (OH) 2AC	GC/MS/EI	118
Phentermine-M (OH) 2AC	GC/MS/EI/E	480
Phentermine PFO	GC/MS/EI	1747
Phentermine PFO	GC/MS/EI	1748
Phentermine TFA	GC/MS/EI/E	899
Phentermine TFA	GC/MS/EI	909
Phentermine TMS	GC/MS/EI	681
Phentermine TMS	GC/MS/EI/E	695
Phentolamine	DI/MS/EI	1552
Phentolamine-A AC	GC/MS/EI	1473
Phentolamine 2AC	GC/MS/EI	1700
Phentolamine 3AC	GC/MS/EI	1731
Phentolamine-A (N-desalkyl)	GC/MS/EI	1231
Phentolamine-A (N-desalkyl) 2AC	GC/MS/EI	1232
Phentolamine-A (N-desalkyl) AC	GC/MS/EI	1232
Phentolamine-A (N-desalkyl) ET, AC	GC/MS/EI	1370
1-Phenyl-2-(N-piperidinyl)ethanone	GC/MS/EI/E	414
1-Phenyl-2-(N-piperidinyl)ethanone	GC/MS/EI	424
1-Phenyl-2-(N-propyl)aminopropan-1-one	GC/MS/EI/E	305
1-Phenyl-2-(N-propyl)aminopropan-1-one	GC/MS/EI	477
1-Phenyl-2-(N-tetrahydroisoquinolinyl)propan-1-one	GC/MS/EI	939
1-Phenyl-2-(N-tetrahydroisoquinolinyl)propan-1-one	GC/MS/EI/E	947
Phenylacetate	GC/MS/EI	468
Phenylacetate	GC/MS/EI/E	487
2-Phenylacetic acid	GC/MS/EI	385
Phenylacetic acid	GC/MS/EI	385
Phenylacetic acid ME	GC/MS/EI	389
Phenylbenzene	GC/MS/EI	904
α-Phenyl-benzenemethanol	GC/MS/EI	475
1-Phenyl-2-benzylaminopropane-1-one TFA	GC/MS/EI/E	375
1-Phenyl-2-benzylaminopropane-1-one TFA	GC/MS/EI	1379
1-Phenyl-2-benzylaminopropan-1-one	GC/MS/EI/E	379
1-Phenyl-2-benzylaminopropan-1-one	GC/MS/EI	722

1-Phenyl-2-bromopropane	GC/MS/EI/E	387
1-Phenyl-2-bromopropane	GC/MS/EI	1225
4-Phenylbutan-2-amine	GC/MS/EI/E	50
4-Phenylbutan-2-amine	GC/MS/EI	699
4-Phenylbutan-2-amine	GC/MS/EI	847
2-Phenyl-3-butanol	GC/MS/EI	376
2-Phenyl-3-butanol	GC/MS/EI/E	624
2-Phenyl-3-butanol AC	GC/MS/CI	379
2-Phenyl-butan-3-ol TMS	GC/MS/EI	238
2-Phenyl-butan-3-ol TMS	GC/MS/CI	379
2-Phenyl-butan-3-ol TMS	GC/MS/EI/E	706
1-Phenylbutan-1-one	GC/MS/EI	474
1-Phenylbutan-1-one	GC/MS/EI/E	836
3-Phenylbutan-2-one	GC/MS/EI	470
Phenylbutazone	GC/MS/EI	1145
Phenylbutazone	GC/MS/EI	1146
Phenylbutazone ME	GC/MS/EI	1146
1-Phenyl-2-(butyl-methylamino)-ethanone	GC/MS/EI	446
1-Phenyl-2-(butyl-methylamino)-ethanone	GC/MS/EI/E	458
Phenyl chloromethyl ketone	GC/MS/EI	471
Phenyl chloromethyl ketone	GC/MS/EI/E	472
Phenyl chloromethyl ketone	GC/MS/EI/E	491
Phenyl chloromethyl ketone	GC/MS/EI	492
1-Phenyl-2-chloropropane	GC/MS/EI	381
1-Phenyl-2-chloropropane	GC/MS/EI/E	897
Phenylcyclohexenon	GC/MS/EI	182
1-(1-Phenylcyclohexyl)piperidine	GC/MS/EI	1237
3-Phenyldiazenylpyridine-2,6-diamine	GC/MS/EI	1314
5-Phenyl-4,5-dihydro-1,3-oxazol-2-amine	GC/MS/EI/E	77
5-Phenyl-4,5-dihydro-1,3-oxazol-2-amine	GC/MS/EI	585
1-Phenyl-dipropylamino-ethanone	GC/MS/EI/E	554
1-Phenyl-dipropylamino-ethanone	GC/MS/EI	570
2-Phenylethanamine	GC/MS/EI	7
2-Phenylethanamine	GC/MS/EI/E	386
2-Phenylethanamine	GC/MS/CI	477
1-Phenylethanol	GC/MS/EI	276
2-Phenylethanol	GC/MS/EI/E	387
2-Phenylethanol	GC/MS/EI	625
1-Phenylethanone	GC/MS/EI	484
1-Phenyl-ethylamine	GC/MS/EI	490
1-Phenylethylamine AC	GC/MS/EI	491
1-Phenylethylamine TFA	GC/MS/EI	277
1-(2-Phenylethyl)-piperidine	GC/MS/EI	414
1-(2-Phenylethyl)-piperidine	GC/MS/EI/E	424

3-Phenylethylpropanoate	GC/MS/EI	467
1-(2-Phenylethyl)-pyrrolidine	GC/MS/EI	296
1-(2-Phenylethyl)-pyrrolidine	GC/MS/EI/E	299
1-Phenylheptan-1-one	GC/MS/EI	601
1-Phenylheptan-1-one	GC/MS/EI/E	1180
1-Phenylhexan-1-one	GC/MS/EI	479
1-Phenylhexan-1-one	GC/MS/EI/E	706
Phenylindandion	GC/MS/EI	1354
2-Phenylindene-1,3-dione	GC/MS/EI	1354
1-Phenyl-2-iodopropane	GC/MS/EI	377
1-Phenyl-2-iodopropane	GC/MS/EI/E	652
Phenylisocyanate	GC/MS/EI	590
Phenylisocyanate	GC/MS/EI	597
Phenylisohydantoin	GC/MS/EI	365
Phenylisohydantoin	GC/MS/EI	1076
Phenylmethylbarbituric acid	GC/MS/EI	467
1-Phenyl-2-nitropropane	GC/MS/EI/E	377
1-Phenyl-2-nitropropane	GC/MS/EI	595
1-Phenyl-2-nitro-1-propanol	GC/MS/CI	586
1-Phenyl-2-nitro-1-propanol I	GC/MS/EI/E	473
1-Phenyl-2-nitro-1-propanol I	GC/MS/EI	708
1-Phenyl-2-nitro-1-propanol 2TMS	GC/MS/CI	245
1-Phenyl-2-nitro-1-propanol 2TMS	GC/MS/EI/E	1263
1-Phenyl-2-nitro-1-propanol 2TMS	GC/MS/EI	1276
1-Phenyl-2-nitro-1-propanol TMS	GC/MS/EI	1105
1-Phenyl-2-nitro-1-propanol TMS	GC/MS/CI	1107
1-Phenyl-2-nitro-1-propanol TMS	GC/MS/EI/E	1274
1-Phenyl-2-nitroprop-1-ene	GC/MS/EI	558
1-Phenyl-2-nitroprop-1-ene	GC/MS/CI	579
Phenyloxirane	GC/MS/EI	389
1-Phenylpentan-1-ol	GC/MS/EI	496
1-Phenylpentan-1-ol	GC/MS/EI/E	983
1-Phenylpentan-1-one	GC/MS/EI/E	479
1-Phenylpentan-1-one	GC/MS/EI	955
1-Phenyl-2-phenethylaminopropan-1-one	GC/MS/EI/E	836
1-Phenyl-2-phenethylaminopropan-1-one	GC/MS/EI	850
2-Phenylphenol	GC/MS/EI	1047
1-[Phenyl-(4-phenylphenyl)methyl]imidazole	GC/MS/EI	1430
1-[Phenyl-(4-phenylphenyl)methyl]imidazole	GC/MS/EI/E	1434
Phenyl(1-phenylpropan-2-ylamino)acetonitrile	GC/MS/EI	698
Phenyl(1-phenylpropan-2-ylamino)acetonitrile	GC/MS/EI/E	699
Phenyl(1-phenylpropan-2-ylamino)acetonitrile	GC/MS/EI	705
1-Phenylpropan-2-amine	GC/MS/CI	45
1-Phenylpropan-2-amine	GC/MS/EI	370

1-Phenylpropan-2-amine	GC/MS/EI/E	589
1-Phenyl-1-propanol	GC/MS/EI/E	495
1-Phenyl-1-propanol	GC/MS/EI	741
1-Phenyl-2-propanol	GC/MS/EI	390
1-Phenyl-2-propanol	GC/MS/EI/E	392
1-Phenylpropan-1-ol	GC/MS/EI	495
1-Phenylpropan-1-ol	GC/MS/EI/E	741
1-Phenylpropan-2-ol	GC/MS/EI/E	390
1-Phenylpropan-2-ol	GC/MS/EI	392
1-Phenyl-2-propanone	GC/MS/EI	24
1-Phenylpropan-1-one	GC/MS/EI	474
1-Phenylpropan-2-one	GC/MS/EI	24
Phenylpropan-2-one oxime	GC/MS/EI	381
3-(1-Phenylpropan-2-ylamino)propanenitrile	GC/MS/EI	401
3-(1-Phenylpropan-2-ylamino)propanenitrile	GC/MS/EI/E	411
5-Phenyl-5-prop-2-enyl-1,3-diazinane-2,4,6-trione	GC/MS/EI/E	1323
5-Phenyl-5-prop-2-enyl-1,3-diazinane-2,4,6-trione	GC/MS/EI	1433
Phenylpropionic acid	GC/MS/EI	387
3-Phenyl-propionicacid-*iso*-propyl ester	GC/MS/EI	469
2-Phenyl-1-propylamine	GC/MS/CI	4
2-Phenyl-1-propylamine	GC/MS/EI/E	372
2-Phenyl-1-propylamine	GC/MS/EI	740
3-Phenyl-propylamine	GC/MS/CI	587
1-Phenyl-2-propylaminopropan-1-one TFA	GC/MS/EI/E	1137
1-Phenyl-2-propylaminopropan-1-one TFA	GC/MS/EI	1151
Phenyl-pseudohydantoin	GC/MS/EI	365
Phenyl-pseudohydantoin	GC/MS/EI	1076
1-Phenyl-2-(pyridin-2-ylamino)ethanol	GC/MS/EI	497
1-Phenyl-2-(pyridin-2-ylamino)ethanol	GC/MS/EI/E	517
1-Phenyl-2-pyrrolidino-ethanone	GC/MS/EI	296
1-Phenyl-2-pyrrolidino-ethanone	GC/MS/EI/E	1178
1-Phenyl-2-pyrrolidino-hept-2-en-1-one	GC/MS/EI	886
1-Phenyl-2-pyrrolidino-hept-2-en-1-one	GC/MS/EI/E	1326
1-Phenyl-2-pyrrolidino-hex-2-en-1-one	GC/MS/EI/E	1319
1-Phenyl-2-pyrrolidino-hex-2-en-1-one	GC/MS/EI	1430
1-Phenyl-2-pyrrolidino-pentan-1-ol I	GC/MS/EI	649
1-Phenyl-2-pyrrolidino-pentan-1-ol I	GC/MS/EI/E	657
1-Phenyl-2-pyrrolidino-pentan-1-ol II	GC/MS/EI/E	649
1-Phenyl-2-pyrrolidino-pentan-1-ol II	GC/MS/EI	657
1-Phenyl-2-pyrrolidin-1-yl-pentan-1-one	GC/MS/EI/E	645
1-Phenyl-2-pyrrolidin-1-yl-pentan-1-one	GC/MS/EI/E	649
1-Phenyl-2-pyrrolidin-1-yl-pentan-1-one	GC/MS/EI	654
1-Phenyl-2-pyrrolidin-1-yl-pentan-1-one	GC/MS/EI	657
1-Phenyl-2-(pyrrolidin-1-yl)propan-1-one	GC/MS/EI/E	406

1-Phenyl-2-(pyrrolidin-1-yl)propan-1-one	GC/MS/EI	407
1-Phenyl-2-(pyrrolidin-1-yl)propan-1-one	GC/MS/EI/E	417
1-Phenyl-2-(pyrrolidin-1-yl)propan-1-one	GC/MS/EI	421
Phenyltoloxamine	GC/MS/EI	146
Phenyltoloxamine	GC/MS/EI/E	1474
Phenyltoloxamine-M 2AC	GC/MS/EI	498
Phenyramidol	GC/MS/EI	497
Phenyramidol	GC/MS/EI/E	517
Phenytoin	GC/MS/EI	1118
Phenytoin	GC/MS/EI	1124
Phenytoin 2AC	GC/MS/EI	1278
Phenytoin AC	GC/MS/EI	1279
Phenytoin AC	GC/MS/EI/E	1591
Phenytoin ME I	GC/MS/EI	588
Phenytoin ME I	GC/MS/EI/E	1505
Phenytoin ME II	GC/MS/EI	1118
Phenytoin-M 2ME	GC/MS/EI	1595
Phenytoin-M (OH) ME	GC/MS/EI	1222
Phenytoin 2TMS	GC/MS/EI/E	1075
Phenytoin 2TMS	GC/MS/EI	1557
Phenytoin TMS	GC/MS/EI	1123
Phenytoin TMS	GC/MS/EI/E	1648
Phethidinic acid	GC/MS/EI	17
Phloroglucinol 3AC	GC/MS/EI	647
Pholcodine AC	GC/MS/EI	552
Pholcodine AC	GC/MS/EI/E	570
Phorate	GC/MS/EI	261
Phorate	GC/MS/EI/E	1487
Phosalone	GC/MS/EI/E	1137
Phosalone	GC/MS/EI	1702
Phosmet	GC/MS/EI/E	941
Phosmet	GC/MS/EI	950
Phosmet oxon	GC/MS/EI/E	939
Phosmet oxon	GC/MS/EI	949
Phosphamidon	GC/MS/EI/E	650
Phosphamidon	GC/MS/EI	1502
Phosphanylphosphane	GC/MS/EI	180
Phosphin	GC/MS/EI	8
Phosphonic acid warfare agents side product TMS	GC/MS/EI/E	1017
Phosphonic acid warfare agents side product TMS	GC/MS/EI	1032
Phosphoric acic trimorpholide	GC/MS/EI/E	342
Phosphoric acic trimorpholide	GC/MS/EI	1613
Phosphoric acid 3TMS	GC/MS/EI/E	1600
Phosphoric acid 3TMS	GC/MS/EI	1604

Phosphoric acid tributylester	GC/MS/EI	420
Phosphoric acid tributylester	GC/MS/EI	421
Phosphoric acid tributylester	GC/MS/EI/E	906
Phosphoric acid tributylester	GC/MS/EI/E	908
Phosphorodithioic acid O,O,S-trimethylester	GC/MS/EI	1056
Phosphorodithioic acid O,S,S-trimethylester	GC/MS/EI	637
Phosphorothioic acid O,O,S-trimethylester	GC/MS/EI	520
Phosphorothioic acid O,O,S-trimethylester	GC/MS/EI	522
Phosphorothioic acid O,O,S-trimethylester	GC/MS/EI/E	921
Phthalazine	GC/MS/EI	687
Phthalazinone	GC/MS/EI	822
Phthalic acid bis(*iso*-butyl)ester	GC/MS/EI/E	860
Phthalic acid bis(*iso*-butyl)ester	GC/MS/EI	1361
Phthalicacid butyl hexyl ester	GC/MS/EI	856
Phthalicacid butyl hexyl ester	GC/MS/EI/E	866
Phthalic anhydride	GC/MS/EI	469
Phthalophos	GC/MS/EI/E	941
Phthalophos	GC/MS/EI	950
Picoxystrobin	GC/MS/EI	814
Picoxystrobin	GC/MS/EI/E	1610
Pilocarpine	GC/MS/EI	397
Pilocarpine	GC/MS/EI/E	400
Pimozide	GC/MS/EI	1378
Pimozide	GC/MS/EI/E	1750
Pinacolyl-*tert*-butyldimethylsilyl-methylphosphonate	GC/MS/EI	895
Pinacolyl-*tert*-butyldimethylsilyl-methylphosphonate	GC/MS/EI/E	1406
Pindone	GC/MS/EI	1062
Pipamperone	GC/MS/EI	764
Pipamperone	GC/MS/EI/E	1663
Pipamperone-A	GC/MS/EI	629
Pipamperone-M (Dihydro) -H_2O	GC/MS/EI/E	774
Pipamperone-M (Dihydro) -H_2O	GC/MS/EI	1635
Pipamperone-M (OH) AC	GC/MS/EI	993
Piperanin	GC/MS/EI/E	717
Piperanin	GC/MS/EI	745
Piperazine 2AC	GC/MS/EI	297
Piperazine 2PFP	GC/MS/EI/E	1484
Piperazine 2PFP	GC/MS/EI	1488
Piperazine 2TFA	GC/MS/EI/E	1290
Piperazine 2TFA	GC/MS/EI	1542
Piperazine 2TMS	GC/MS/EI	238
Piperidine AC	GC/MS/EI	294
2-Piperidino-1-(2-benzylphenoxy)-propan	GC/MS/EI/E	532

2-Piperidino-1-(2-benzylphenoxy)-propan	GC/MS/EI	538
β-Piperidinoethyl-4-propoxyphenyl ketone	GC/MS/EI	615
β-Piperidinoethyl-4-propoxyphenyl ketone	GC/MS/EI/E	1181
2-Piperidinoheptanophenone	GC/MS/EI/E	1028
2-Piperidinoheptanophenone	GC/MS/EI	1038
2-Piperidinohexanophenone	GC/MS/EI/E	897
2-Piperidinohexanophenone	GC/MS/EI	908
2-Piperidinone	GC/MS/EI	424
Piperidin-2-one	GC/MS/EI	424
2-Piperidino-1-phenylbutan-1-one	GC/MS/EI	644
2-Piperidino-1-phenylbutan-1-one	GC/MS/EI	646
2-Piperidino-1-phenylbutan-1-one	GC/MS/EI/E	655
2-Piperidino-propiophenone	GC/MS/EI	528
2-Piperidino-propiophenone	GC/MS/EI/E	534
2-Piperidinovalerophenone	GC/MS/EI	777
2-Piperidinovalerophenone	GC/MS/EI/E	786
2-Piperidinylamino-1-(3,4-methylenedioxyphenyl)-ethanone	GC/MS/EI/E	404
2-Piperidinylamino-1-(3,4-methylenedioxyphenyl)-ethanone	GC/MS/EI	418
Piperidion AC	GC/MS/EI	30
Piperidion AC	GC/MS/EI/E	1156
Piperidion TMS	GC/MS/EI	1227
Piperidione	GC/MS/EI	646
Piperidione	GC/MS/CI	791
Piperidione	GC/MS/EI/E	1045
Piperidione 2ME	GC/MS/EI/E	1032
Piperidione 2ME	GC/MS/EI	1224
Piperidione 2ME	GC/MS/CI	1226
Piperidione ME I	GC/MS/CI	900
Piperidione ME I	GC/MS/EI	1155
Piperidione ME II	GC/MS/CI	780
Piperidione ME II	GC/MS/EI/E	915
Piperidione ME II	GC/MS/EI	1156
Piperidion (enol) 2TMS	GC/MS/EI/E	1560
Piperidion (enol) 2TMS	GC/MS/EI	1629
1-(1-Piperidyl)ethanone	GC/MS/EI	294
Piperine	GC/MS/EI	566
Piperine	GC/MS/EI	569
Piperine	GC/MS/EI	1241
Piperitone	GC/MS/EI	524
Piperitone	GC/MS/EI/E	760
Piperonal	GC/MS/EI	846
Piperonal	GC/MS/EI	849
Piperonal	GC/MS/CI	870
Piperonylbutoxid	GC/MS/EI	1080

Piperonylbutoxid	GC/MS/EI/E	1204
Piperonylmethylketone	GC/MS/CI	727
Piperonylmethylketone	GC/MS/EI	1110
1-Piperoylpiperidine	GC/MS/EI	566
1-Piperoylpiperidine	GC/MS/EI	569
1-Piperoylpiperidine	GC/MS/EI	1241
Piperylin	GC/MS/EI	566
Pipradol-A (-H_2O+TFA)	GC/MS/EI	1682
Pipradrol	GC/MS/EI/E	292
Pipradrol	GC/MS/EI/E	293
Pipradrol	GC/MS/EI	298
Pipradrol	GC/MS/EI	1020
Pipradrol TMS	GC/MS/EI	292
Pipradrol TMS	GC/MS/EI/E	1001
Piracetam	GC/MS/EI	11
Piracetam	GC/MS/CI	409
Piracetam	GC/MS/EI	645
Piracetam AC	GC/MS/EI	405
Piracetam AC	GC/MS/EI/E	638
Piracetam-M/A ET	GC/MS/EI/E	408
Piracetam-M/A ET	GC/MS/EI	1050
Piracetam-M/A ME	GC/MS/EI	408
Piracetam-M/A ME	GC/MS/EI/E	920
Piracetam-M/A TMS	GC/MS/EI/E	235
Piracetam-M/A TMS	GC/MS/EI	1324
Piracetam-M/A TMS	GC/MS/CI	1327
Piracetam 2ME	GC/MS/EI	409
Piracetam ME	GC/MS/EI/E	408
Piracetam ME	GC/MS/EI	913
Piracetam TMS	GC/MS/EI	410
Piracetam TMS	GC/MS/CI	416
Piracetam TMS	GC/MS/EI/E	435
Piracetam TMS	GC/MS/EI	1324
Pirenzipine	GC/MS/EI	533
Pirenzipine	GC/MS/EI/E	1308
Piretanid 2ME	DI/MS/EI	1593
Piretanid 3ME	DI/MS/EI	1593
Pirimicarb	GC/MS/EI/E	1006
Pirimicarb	GC/MS/EI	1411
Pirimicarb-M/A (desmethyl)	GC/MS/EI/E	217
Pirimicarb-M/A (desmethyl)	GC/MS/EI	895
Pirimicarb-M/A (desmethyl) FORM	GC/MS/EI	217
Pirimicarb-M/A (desmethyl) FORM	GC/MS/EI/E	887
Pirimifosmethyl	GC/MS/EI	1579

Pirimiphos-methyl	GC/MS/EI	1579
Piritramide	GC/MS/EI	16
Piritramide	GC/MS/EI	1718
Piroxicam	GC/MS/EI	1063
Piroxicam 2ME	GC/MS/EI	726
Piroxicam ME (OCH$_3$)	GC/MS/EI	1453
Pirprofen	GC/MS/EI	1460
Pitofenone	GC/MS/EI	405
Pitofenone	GC/MS/EI/E	421
Pival	GC/MS/EI	1062
Pivaldione	GC/MS/EI	1062
Polyethyleneglycol	GC/MS/EI	367
Polyethyleneglycol	GC/MS/EI/E	1096
Polyethylene glycol 2AC	GC/MS/EI/E	359
Polyethylene glycol 2AC	GC/MS/EI	364
Pomolin	GC/MS/EI	365
Pomolin	GC/MS/EI	1076
Poppers	GC/MS/EI	19
Poppers	GC/MS/EI/E	232
Pramipexol	DI/MS/EI	1304
Pramipexol 2AC	GC/MS/EI/E	886
Pramipexol 2AC	GC/MS/EI	1216
Pramipexol AC	GC/MS/EI	1466
Pramocaine	GC/MS/EI/E	436
Pramocaine	GC/MS/EI	671
Pramoxin	GC/MS/EI/E	436
Pramoxin	GC/MS/EI	671
Prasterone	GC/MS/EI	1572
Praxilene	GC/MS/EI	321
Praxilene	GC/MS/EI	323
Praxilene	GC/MS/EI/E	420
Praxilene	GC/MS/EI/E	783
Prazepam	GC/MS/EI	72
Prazepam	GC/MS/EI	1519
Prazepam-A HY (-2H)	GC/MS/EI	272
Prazepam HY	GC/MS/EI	265
Prazepam HY AC	GC/MS/EI	23
Prazepam HY AC	GC/MS/EI/E	1562
Praziquantel	GC/MS/EI/E	700
Praziquantel	GC/MS/EI	1626
Prednisolone	GC/MS/EI	623
Prednisolone	GC/MS/EI	625
Prednisolone	GC/MS/EI/E	628
Prednisolone	GC/MS/EI/E	630

Premethadon	GC/MS/EI/E	218
Premethadon	GC/MS/EI	991
Premethadone	GC/MS/EI	218
Premethadone	GC/MS/EI/E	991
Prenalterol 3AC	GC/MS/EI	1239
Prenalterol 3AC	GC/MS/EI/E	1245
Prenandiol (-H_2O) AC	GC/MS/EI/E	1562
Prenandiol (-H_2O) AC	GC/MS/EI	1566
Prenoxdiazine	GC/MS/EI/E	411
Prenoxdiazine	GC/MS/EI	527
Prenylamine	GC/MS/EI	1409
Prenylamine	GC/MS/EI/E	1417
Pridinol	GC/MS/EI/E	409
Pridinol	GC/MS/EI	478
Prilocaine	GC/MS/EI	309
Prilocaine	GC/MS/EI/E	333
Prilocaine	GC/MS/CI	1343
Prilocaine-M (HO-) 2AC	GC/MS/EI/E	917
Prilocaine-M (HO-) 2AC	GC/MS/EI	925
Prilocaine-M (OH)	GC/MS/CI	307
Prilocaine-M (OH)	GC/MS/EI/E	629
Prilocaine-M (OH)	GC/MS/EI	1406
Primidon-M (Diamide)	GC/MS/EI	967
Primidon-M (Diamide)	GC/MS/EI/E	987
Primidone	GC/MS/EI	818
Primidone	GC/MS/EI/E	1181
Primidone	GC/MS/EI	1188
Primidone 2AC	GC/MS/EI/E	817
Primidone 2AC	GC/MS/EI	1385
Primidone AC	GC/MS/EI	818
Primidone-M	GC/MS/EI	842
Primidone-M	GC/MS/EI/E	991
Primidone 2ME	GC/MS/EI	1334
Primidone ME	GC/MS/EI	818
Primidone ME	GC/MS/EI/E	1260
Primidone 2TMS	GC/MS/EI	816
Primidone 2TMS	GC/MS/EI/E	1696
Primidone TMS	GC/MS/EI	817
Primidone TMS	GC/MS/EI/E	831
Proazamin	GC/MS/EI	207
Proazamin	GC/MS/EI/E	250
Procainamide	GC/MS/EI	323
Procainamide	GC/MS/EI/E	418

Procaine	GC/MS/EI	322
Procaine	GC/MS/EI/E	323
Procaine	GC/MS/EI/E	604
Procaine	GC/MS/EI	984
Procarbazine	GC/MS/EI	1086
Procarbazine 2AC	GC/MS/EI/E	1185
Procarbazine 2AC	GC/MS/EI	1396
Procarbazine 2AC	GC/MS/CI	1499
Procarbazine-A (-2H)	GC/MS/EI	949
Procarbazine-A (-2H)	GC/MS/CI	1346
Procarbazine-A (-2H) AC	GC/MS/CI	30
Procarbazine-A (-2H) AC	GC/MS/EI	1490
Procarbazine-A (-2H) AC	GC/MS/EI/E	1492
Procarbazine-A (-2H) TMS	GC/MS/EI	1583
Procarbazine-A (-2H) TMS	GC/MS/CI	1587
Procarbazine (-2H) 2ME	GC/MS/EI	1071
Procarbazine (-2H) ME	GC/MS/EI	1071
Procarbazine ME	GC/MS/EI	972
Procarbazine ME	GC/MS/EI/E	1393
Procarbazine ME I	GC/MS/EI/E	167
Procarbazine ME I	GC/MS/EI	368
Procarbazine amide (-2H) ME	GC/MS/EI	944
Procarbazine amide (-2H) ME	GC/MS/EI/E	1390
Procymidon	GC/MS/EI/E	400
Procymidon	GC/MS/EI	1559
Prokainamid	GC/MS/EI/E	323
Prokainamid	GC/MS/EI	418
Proksimetakain	GC/MS/EI/E	321
Proksimetakain	GC/MS/EI	416
Promacina	GC/MS/EI	1652
Prometasin	GC/MS/EI	207
Prometasin	GC/MS/EI/E	250
Prometazin	GC/MS/EI	207
Prometazin	GC/MS/EI/E	250
Promethazine	GC/MS/EI/E	207
Promethazine	GC/MS/EI	250
Promethazine-M/A (Sulfoxide)	GC/MS/EI	141
Promethazine-M/A (Sulfoxide)	GC/MS/EI/E	1376
Promethazine-M/A (Sulfoxide, -H_2)	GC/MS/EI	226
Promethazine-M/A (Sulfoxide, -H_2)	GC/MS/EI/E	1317
Promethazine-M (Desmethyl) AC	GC/MS/EI/E	1309
Promethazine-M (Desmethyl) AC	GC/MS/EI	1310
Promethazine-M (Desmethyl) AC	GC/MS/EI	1416

Promethazine-M (Desmethyl, HO)	GC/MS/EI/E	1312
Promethazine-M (Desmethyl, HO)	GC/MS/EI	1375
Promethazine-M (Desmethyl, HO) 2AC	GC/MS/EI	553
Promethazine-M (Desmethyl, HO) 2AC	GC/MS/EI/E	1706
Promethazine-M (Didesmethyl) AC	GC/MS/EI	1312
Promethazine-M (Nor)	GC/MS/EI	141
Promethazine-M (Nor-sulfoxide) AC	GC/MS/EI/E	1312
Promethazine-M (Nor-sulfoxide) AC	GC/MS/EI	1476
Promethazine-M (sulfoxide)	GC/MS/EI	206
Promethazine-M (sulfoxide)	GC/MS/EI/E	246
Propallylonal	GC/MS/EI	1021
Propallylonal	GC/MS/EI	1022
Propallylonal	GC/MS/EI/E	1301
1,2-Propandiol-dibenzoate	GC/MS/EI/E	475
1,2-Propandiol-dibenzoate	GC/MS/EI	959
1,2-Propanediol	GC/MS/EI/E	67
1,2-Propanediol	GC/MS/EI	177
Propane-1,2-diol	GC/MS/EI/E	67
Propane-1,2-diol	GC/MS/EI	177
1,2-Propanediol 2AC	GC/MS/EI	24
1,2-Propanediol 2AC	GC/MS/EI/E	345
1,3-Propanediol 2AC	GC/MS/EI	22
1,3-Propanediol 2AC	GC/MS/EI/E	178
1,3-Propanediol dibenzoate	GC/MS/EI/E	476
1,3-Propanediol dibenzoate	GC/MS/EI	1370
1,2,3-Propanetriol	GC/MS/EI	177
1,2,3-Propanetriol	GC/MS/EI/E	178
Propane-1,2,3-trioltrinitrate	GC/MS/EI	69
Propane-1,2,3-trioltrinitrate	GC/MS/EI/E	267
Propanidid	GC/MS/EI/E	213
Propanidid	GC/MS/EI	1669
Propanoic acid,2-[(trimethylsilyl)oxy]-,trimethylsilyl ester	GC/MS/EI	256
Propanoic acid,2-[(trimethylsilyl)oxy]-,trimethylsilyl ester	GC/MS/EI/E	1185
Propan-2-ol	GC/MS/EI	67
Propan-2-ol	GC/MS/EI/E	163
1-(Propan-2-ylamino)-3-[4-(2-propan-2-yloxyethoxymethyl)phenoxy]propan-2-ol	GC/MS/EI	211
1-(Propan-2-ylamino)-3-[4-(2-propan-2-yloxyethoxymethyl)phenoxy]propan-2-ol	GC/MS/EI/E	436
1-(Propan-2-ylamino)-3-(2-prop-2-enylphenoxy)propan-2-ol	GC/MS/EI/E	224
1-(Propan-2-ylamino)-3-(2-prop-2-enylphenoxy)propan-2-ol	GC/MS/EI	1450
Propan-2-yl 2,2-bis(4-bromophenyl)-2-hydroxy-acetate	GC/MS/EI/E	1675
Propan-2-yl 2,2-bis(4-bromophenyl)-2-hydroxy-acetate	GC/MS/EI	1681
Propan-2-yl 2-[4-(4-chlorobenzoyl)phenoxy]-2-methyl-propanoate	GC/MS/EI	618
Propan-2-yl 2-[4-(4-chlorobenzoyl)phenoxy]-2-methyl-propanoate	GC/MS/EI/E	1611
Propan-2-yl-dodecanoate	GC/MS/EI	37

Propan-2-yl 2-[ethoxy-(propan-2-ylamino)phosphinothioyl]oxybenzoate	GC/MS/EI/E	141
Propan-2-yl 2-[ethoxy-(propan-2-ylamino)phosphinothioyl]oxybenzoate	GC/MS/EI	1314
Propan-2-yl-octadeca-9,12-dienoate	GC/MS/EI	181
Propan-2-yl-octadeca-9,12-dienoate	GC/MS/EI/E	1551
(2-Propan-2-yloxyphenyl) N-methylcarbamate	GC/MS/EI	521
(2-Propan-2-yloxyphenyl) N-methylcarbamate	GC/MS/EI/E	882
5-Propan-2-yl-5-prop-2-enyl-1,3-diazinane-2,4,6-trione	GC/MS/EI/E	1017
5-Propan-2-yl-5-prop-2-enyl-1,3-diazinane-2,4,6-trione	GC/MS/EI	1040
Proparacain	GC/MS/EI	321
Proparacain	GC/MS/EI/E	416
Prop-2-enamide	GC/MS/EI	189
2-Propenylacrylic acid	GC/MS/EI	401
5-Prop-1-enylbenzo[1,3]dioxole	GC/MS/CI	954
5-Prop-1-enylbenzo[1,3]dioxole	GC/MS/EI	968
5-Prop-2-enylbenzo[1,3]dioxole	GC/MS/CI	954
5-Prop-2-enylbenzo[1,3]dioxole	GC/MS/EI	968
Propenylguaethol	GC/MS/EI	884
5-(Prop-2-enylidene)-10-oxa-10,11-dihydro-5H-dibenzo[a,d]cyclohepten	GC/MS/EI	1340
5-(Prop-2-enylidene)-10-oxa-10,11-dihydro-5H-dibenzo[a,d]cyclohepten	GC/MS/EI	1394
5-(Prop-2-enylidene)-10-oxa-10,11-dihydro-5H-dibenzo[a,d]cyclohepten	GC/MS/EI	1398
4-(2-Propenyl)-phenolacetate	GC/MS/EI/E	712
4-(2-Propenyl)-phenolacetate	GC/MS/EI	1084
Propil-tiouracile	GC/MS/EI	1044
Propiomazine-A	GC/MS/EI/E	200
Propiomazine-A	GC/MS/EI	250
Propiomazine-A	GC/MS/CI	334
Propiophenone	GC/MS/EI	474
Propipocaine	GC/MS/EI/E	615
Propipocaine	GC/MS/EI	1181
Propofol	GC/MS/EI	978
Propofol AC	GC/MS/EI	978
Propoxur	GC/MS/EI/E	521
Propoxur	GC/MS/EI	882
Propoxur-M	GC/MS/EI	521
Propoxyphene-A I	GC/MS/EI	1279
Propoxyphene-A II	GC/MS/EI	124
Propoxyphene-A II	GC/MS/EI/E	670
Propoxyphene-D_5	GC/MS/EI/E	116
Propoxyphene-D_5	GC/MS/EI	385
Propoxyphene-D_5-A I	GC/MS/EI/E	107
Propoxyphene-D_5-A I	GC/MS/EI	168
Propoxyphene-D_5-A II	GC/MS/EI	107
Propoxyphene-D_5-A II	GC/MS/EI/E	168

Propoxyphene-D$_5$-A III	GC/MS/EI	1314
Propoxyphene-D$_5$-A (OH)	GC/MS/EI/E	138
Propoxyphene-D$_5$-A (OH)	GC/MS/EI	1227
Propranolol	GC/MS/EI	226
Propranolol	GC/MS/EI/E	811
Propranolol-M AC	GC/MS/EI/E	811
Propranolol-M AC	GC/MS/EI	816
Propyallylonal	GC/MS/EI/E	1021
Propyallylonal	GC/MS/EI	1022
Propyallylonal	GC/MS/EI	1301
Propyfenason	GC/MS/EI	1326
Propyfenazon	GC/MS/EI	1326
2-Propylamino-heptanophenone	GC/MS/EI	788
2-Propylamino-heptanophenone	GC/MS/EI/E	799
2-Propylamino-hexanophenone	GC/MS/EI	659
2-Propylamino-hexanophenone	GC/MS/EI/E	673
2-Propylamino--2-methyl-1-phenyl-1-propanone	GC/MS/EI	429
2-Propylamino--2-methyl-1-phenyl-1-propanone	GC/MS/EI/E	450
Propyl 2-[4-(diethylcarbamoylmethoxy)-3-methoxy-phenyl]acetate	GC/MS/EI	213
Propyl 2-[4-(diethylcarbamoylmethoxy)-3-methoxy-phenyl]acetate	GC/MS/EI/E	1669
Propylenglykol	GC/MS/EI	67
Propylenglykol	GC/MS/EI/E	177
Propyl-heksedrin	GC/MS/EI	96
Propyl-heksedrin	GC/MS/EI/E	169
Propylhexedrine	GC/MS/EI/E	96
Propylhexedrine	GC/MS/EI	169
Propylmescaline	GC/MS/EI/E	227
Propylmescaline	GC/MS/EI	1153
Propylparaben	GC/MS/EI	611
Propylparaben	GC/MS/EI/E	1119
Propylparaben AC	GC/MS/EI/E	762
Propylparaben AC	GC/MS/EI	766
Propylparaben AC	GC/MS/EI	1354
Propylparaben TMS	GC/MS/EI	30
Propylphenazon	GC/MS/EI	1326
1-(4-Propylphenyl)-2-aminopropan-1-one TFA	GC/MS/EI/E	826
1-(4-Propylphenyl)-2-aminopropan-1-one TFA	GC/MS/EI	840
1-(4-Propylphenyl)pentan-1-one	GC/MS/EI	826
1-(4-Propylphenyl)pentan-1-one	GC/MS/EI/E	1258
1-(4-Propyl-phenyl)propan-1-one	GC/MS/EI	826
1-(4-Propyl-phenyl)propan-1-one	GC/MS/EI/E	840
2-Propylpyridine-4-carbothioamide	GC/MS/EI/E	885
2-Propylpyridine-4-carbothioamide	GC/MS/EI	998

6-Propyl-2-sulfanyl-1*H*-pyrimidin-4-one	GC/MS/EI	1044
Propylthiouracil	GC/MS/EI	1044
Propylthiouracil 2TMS	GC/MS/EI/E	1600
Propylthiouracil 2TMS	GC/MS/EI	1606
Propyltiouracil	GC/MS/EI	1044
Propyltiourasil	GC/MS/EI	1044
Propyphenazone	GC/MS/EI	1326
Propyphenazone-M (N-Desmethyl)	GC/MS/EI/E	1067
Propyphenazone-M (N-Desmethyl)	GC/MS/EI	1072
Propyzamid	GC/MS/EI	1062
Propyzamid	GC/MS/EI/E	1471
Propyzamid TMS	GC/MS/EI	244
Propyzamid TMS	GC/MS/EI/E	1657
Prothiaden	GC/MS/EI/E	140
Prothiaden	GC/MS/EI	1350
Prothipendyl	GC/MS/EI	149
Prothipendyl-M (Desmethyl) AC	GC/MS/EI	551
Prothipendyl-M (Desmethyl) AC	GC/MS/EI/E	1232
Prothipendyl-M (Didesmethyl) AC	GC/MS/EI	440
Prothipendyl-M (Didesmethyl) AC	GC/MS/EI/E	1601
Prothipendyl-M (OH) AC	GC/MS/EI/E	113
Prothipendyl-M (OH) AC	GC/MS/EI	334
Prothipendyl-M (Sulfoxide)	GC/MS/EI	113
Prothipendyl-M (Sulfoxide)	GC/MS/EI/E	333
Prothipendyl-M (ring)	GC/MS/EI	1236
Prothromadin	GC/MS/EI	1500
Prothromadin	GC/MS/EI/E	1503
Prothromadin	GC/MS/EI	1506
Prothromadin	GC/MS/EI/E	1618
Protionamide	GC/MS/EI/E	885
Protionamide	GC/MS/EI	998
Protipendyl	GC/MS/EI	149
Protriptyline-M (N-Desmethyl) AC	GC/MS/EI	1586
Proxazocain	GC/MS/EI	436
Proxazocain	GC/MS/EI/E	671
Proxibarbital	GC/MS/EI/E	782
Proxibarbital	GC/MS/EI	1280
Proxibarbitone	GC/MS/EI/E	782
Proxibarbitone	GC/MS/EI	1280
Proxymetacain-M AC, ME	GC/MS/EI	1018
Proxymetacaine	GC/MS/EI	321
Proxymetacaine	GC/MS/EI/E	416
Prozac	GC/MS/EI	38
Prozac	GC/MS/EI/E	40

Prozac	GC/MS/EI	834
Prozac	GC/MS/EI/E	1146
Prozac	GC/MS/EI	1619
Pseudoallococaine	GC/MS/EI/E	1143
Pseudoallococaine	GC/MS/EI	1610
Pseudococaine	GC/MS/EI	1136
Psilocine	GC/MS/EI	139
Psilocine	GC/MS/EI/E	140
Psilocine	GC/MS/EI	1253
Psilocine 2AC	GC/MS/EI/E	100
Psilocine 2AC	GC/MS/EI	173
Psilocine AC	GC/MS/EI/E	128
Psilocine AC	GC/MS/EI	145
Psilocine AC	GC/MS/EI	821
Psilocine AC	GC/MS/EI/E	1439
Psilocine 2DMBS	GC/MS/EI	1709
Psilocine DMBS	GC/MS/EI/E	140
Psilocine DMBS	GC/MS/EI	1255
Psilocine ECF	GC/MS/EI/E	127
Psilocine ECF	GC/MS/EI	819
Psilocine MCF	GC/MS/EI/E	124
Psilocine MCF	GC/MS/EI	686
Psilocine 2ME	GC/MS/EI	134
Psilocine 2ME	GC/MS/EI/E	143
Psilocine 2ME	GC/MS/EI	1386
Psilocine ME	GC/MS/EI/E	124
Psilocine ME	GC/MS/EI	142
Psilocine ME	GC/MS/EI	684
Psilocine ME	GC/MS/EI/E	1332
Psilocine O-ME	GC/MS/EI	142
Psilocine PCF, TMS	GC/MS/EI/E	148
Psilocine PCF, TMS	GC/MS/EI	1541
Psilocine 2PROP	GC/MS/EI/E	132
Psilocine 2PROP	GC/MS/EI	941
Psilocine 2TMS	GC/MS/EI	149
Psilocine 2TMS	GC/MS/EI/E	1584
Psilocine TMS	GC/MS/EI/E	142
Psilocine TMS	GC/MS/EI	1335
Psilocine TMS, iBCF	GC/MS/EI/E	150
Psilocine TMS, iBCF	GC/MS/EI	1684
Psilocine iBCF	GC/MS/EI/E	127
Psilocine iBCF	GC/MS/EI	820
Psilocybine 2DMBS	GC/MS/EI	152
Psilocybine 2DMBS	GC/MS/EI/E	1674

Psilocybine 3DMBS	GC/MS/EI/E	254
Psilocybine 3DMBS	GC/MS/EI	1759
Psilocybine 3TMS	GC/MS/EI/E	152
Psilocybine 3TMS	GC/MS/EI	1748
Pyrazinamide	GC/MS/EI	278
Pyrazincarbonsäureamid	GC/MS/EI	278
Pyrazine-2-carboxamide	GC/MS/EI	278
Pyridine	GC/MS/EI	277
Pyridine-4-carbohydrazide	GC/MS/EI	274
Pyridine-3-carboxamide	GC/MS/EI	623
Pyridine-3-carboxamide	GC/MS/EI	624
1-(4-Pyridinyl)ethanone	GC/MS/EI	494
Pyridoksin	GC/MS/EI	394
Pyridostigmine-A (-CH_3OH)	GC/MS/EI	219
Pyridostigmine-A (-CH_3OH)	GC/MS/EI/E	1007
Pyridoxine	GC/MS/EI	394
Pyridoxine 2AC	GC/MS/EI	1198
Pyridoxine 2AC	GC/MS/EI/E	1468
Pyridoxine 3AC	GC/MS/EI	27
Pyridoxine 3AC	GC/MS/EI	877
Pyridoxine 3AC	GC/MS/EI/E	1468
Pyridoxine 3AC	GC/MS/EI/E	1470
Pyridoxine 2PROP	GC/MS/EI	1272
Pyridoxine 2PROP	GC/MS/EI/E	1496
Pyridoxinic acid lactone	GC/MS/EI	1003
Pyridoxol	GC/MS/EI	394
Pyrimicarbe	GC/MS/EI/E	1006
Pyrimicarbe	GC/MS/EI	1411
Pyrimidine-2,4,6-trione	GC/MS/EI	15
Pyrimidine-2,4,6-trione	GC/MS/EI/E	658
Pyrithyldione	GC/MS/EI	289
Pyrithyldione AC	GC/MS/EI/E	289
Pyrithyldione AC	GC/MS/EI	1141
Pyrithyldione ME	GC/MS/EI/E	890
Pyrithyldione ME	GC/MS/EI	902
Pyrithyldione TMS	GC/MS/EI	1305
2-Pyrrolidinoheptanophenone	GC/MS/EI/E	897
2-Pyrrolidinoheptanophenone	GC/MS/EI	906
2-Pyrrolidinohexanophenone	GC/MS/EI	776
2-Pyrrolidinohexanophenone	GC/MS/EI/E	786
2-Pyrrolidinone acetic acid TMS	GC/MS/CI	235
2-Pyrrolidinone acetic acid TMS	GC/MS/EI/E	1324
2-Pyrrolidinone acetic acid TMS	GC/MS/EI	1327

2-Pyrrolidinone acetic acid ethylester	GC/MS/EI	408
2-Pyrrolidinone acetic acid ethylester	GC/MS/EI/E	1050
2-Pyrrolidinone acetic acid methylester	GC/MS/EI/E	408
2-Pyrrolidinone acetic acid methylester	GC/MS/EI	920
2-Pyrrolidinopropiophenone	GC/MS/EI	406
2-Pyrrolidinopropiophenone	GC/MS/EI	407
2-Pyrrolidinopropiophenone	GC/MS/EI/E	417
2-Pyrrolidinopropiophenone	GC/MS/EI/E	421
2-Pyrrolidinovalerophenone	GC/MS/EI	645
2-Pyrrolidinovalerophenone	GC/MS/EI/E	649
2-Pyrrolidinovalerophenone	GC/MS/EI	654
2-Pyrrolidinovalerophenone	GC/MS/EI/E	657
Pyrrolidinovalerophenone-A (-2H)	GC/MS/EI	649
Pyrrolidinovalerophenone-A (-2H)	GC/MS/EI/E	1378
3-(2-Pyrrolidinyl-1,2-en)pyridine	GC/MS/EI	587
2-Pyrrolidinyl-1-phenylbutan-1-one	GC/MS/EI	530
2-Pyrrolidinyl-1-phenylbutan-1-one	GC/MS/EI/E	536
3-Pyrrolidin-2-ylpyridine	GC/MS/EI	590
4-Pyrrolidin-1-yl-1-(2,4,6-trimethoxyphenyl)butan-1-one	GC/MS/EI	402
4-Pyrrolidin-1-yl-1-(2,4,6-trimethoxyphenyl)butan-1-one	GC/MS/EI/E	1616
Pyrrolo[1,2-A]pyrazine-1,4-dione,hexahydro-3-(phenylmethyl)-	GC/MS/EI	642
QNB	GC/MS/EI	1146
QNB	GC/MS/EI/E	1157
Quazepam-M (desalkyl-oxo-)	GC/MS/EI	1488
Quazepam-M (desalkyl-oxo) HY	GC/MS/EI	1452
Quetiapin AC	GC/MS/EI	1302
Quetiapin AC	GC/MS/EI/E	1645
Quetiapin-M (desalkyl) AC	GC/MS/EI	1303
Quetiapine	GC/MS/EI/E	1299
Quetiapine	GC/MS/CI	1645
Quetiapine	GC/MS/EI	1717
Quinidine	GC/MS/EI	745
Quinidine	GC/MS/EI	746
Quinidine AC	GC/MS/EI	747
Quinine	GC/MS/EI	743
Quinine	GC/MS/EI/E	757
Quinine AC	GC/MS/EI	738
Quinine AC	GC/MS/EI/E	744
Quinine AC	GC/MS/EI/E	757
Quinine AC	GC/MS/EI	1175
Quinine-M (2HO) 3AC	GC/MS/EI	1738
Quinine-M (2HO) 3AC	GC/MS/EI/E	1754
Quinine-M (N-oxide) AC	GC/MS/EI	887
Quinine-M (N-oxide) AC	GC/MS/EI/E	889

Quinine-M (N-oxide) AC	GC/MS/EI/E	1387
Quinine-M (N-oxide) AC	GC/MS/EI	1615
Quinine TMS	GC/MS/EI/E	749
Quinine TMS	GC/MS/EI	761
Quinisocaine	GC/MS/EI/E	190
Quinisocaine	GC/MS/EI	218
Quinoline	GC/MS/EI	675
Quinoline-4-carbaldehyde	GC/MS/EI	925
4-Quinolinecarboxaldehyde	GC/MS/EI	925
3-Quinuclidinyl-benzylate	GC/MS/EI/E	1146
3-Quinuclidinyl-benzylate	GC/MS/EI	1157
(6R)-N'-Propyl-4,5,6,7-tetrahydrobenzothiazole-2,6-diamine	DI/MS/EI	1304
(2R)-2-(2-Oxopyrrolidin-1-yl)butanamide	GC/MS/EI/E	644
(2R)-2-(2-Oxopyrrolidin-1-yl)butanamide	GC/MS/EI	654
(1R,5R)-3-Benzhydryloxy-8-methyl-8-azabicyclo[3.2.1]octane	GC/MS/EI	290
(1R,5R)-3-Benzhydryloxy-8-methyl-8-azabicyclo[3.2.1]octane	GC/MS/EI/E	1241
(2R)-2-[(R)-(2-Ethoxyphenoxy)-phenyl-methyl]morpholine	GC/MS/EI	1068
(2R)-2-[(R)-(2-Ethoxyphenoxy)-phenyl-methyl]morpholine	GC/MS/EI	1070
(2R)-2-[(R)-(2-Ethoxyphenoxy)-phenyl-methyl]morpholine	GC/MS/EI/E	1091
(9R,13R,14R)-9a-Methylmorphinan-3-ol	GC/MS/EI	1478
(6R,7R,14S)-17-Cyclopropylmethyl-7,8-dihydro-7-[(1S)-1-hydroxy-1,2,2-trimethylpropyl]-6-O-methyl-6,14-ethano-17-normorphine	GC/MS/EI/E	70
(6R,7R,14S)-17-Cyclopropylmethyl-7,8-dihydro-7-[(1S)-1-hydroxy-1,2,2-trimethylpropyl]-6-O-methyl-6,14-ethano-17-normorphine	GC/MS/EI	1711
(6R,7R,14S)-17-Cyclopropylmethyl-7,8-dihydro-7-[(1S)-1-hydroxy-1,2,2-trimethylpropyl]-6-O-methyl-6,14-ethano-17-normorphine	GC/MS/EI	1712
(1R,2R,3S,5S)-3-Hydroxy-8-methyl-8-azabicyclo[3.2.1]octane-2-carboxylic acid	GC/MS/EI	284
(1R,2R,3S,5S)-3-Hydroxy-8-methyl-8-azabicyclo[3.2.1]octane-2-carboxylic acid	GC/MS/EI/E	1161
(R,S)-2-Acetylamino-3-(3-indolyl)propionic acid (-H$_2$O)	GC/MS/EI	684
(R,S)-2-Acetylamino-3-(3-indolyl)propionic acid (-H$_2$O)	GC/MS/EI/E	696
(R,S)-4-Amino-3-(4-Chlorophenyl)butansäure	GC/MS/EI	762
(R,S)-1-[1-(2-Benzylphenoxy)-2-propyl]piperidin	GC/MS/EI	532
(R,S)-1-[1-(2-Benzylphenoxy)-2-propyl]piperidin	GC/MS/EI/E	538
(R,S)-1-(4-Bromo-2,5-dimethoxyphenyl)propan-2-ylazan	GC/MS/EI	61
(R,S)-1-(4-Bromo-2,5-dimethoxyphenyl)propan-2-ylazan	GC/MS/EI	1380
(R,S)-1-(4-Bromo-2,5-dimethoxyphenyl)propan-2-ylazan	GC/MS/EI/E	1381
(R,S)-1-(4-Bromo-2,5-dimethoxyphenyl)propan-2-ylazan	GC/MS/EI/E	1386
(R,S)-1-(4-Bromo-2,5-dimethoxyphenyl)propan-2-ylazan	GC/MS/EI/E	1391
(R,S)-1-(2,5-Dimethoxy-4-methylphenyl)propan-2-ylazan	GC/MS/EI	56
(R,S)-1-(2,5-Dimethoxy-4-methylphenyl)propan-2-ylazan	GC/MS/EI/E	1021
(R,S)-1-(2,5-Dimethoxy-4-methylphenyl)propan-2-ylazan	GC/MS/EI/E	1022
(R,S)-1-(2,5-Dimethoxy-4-methylphenyl)propan-2-ylazan	GC/MS/CI	1199
(2R,6S)-2,6-Dimethyl-4-[2-methyl-3-[4-(2-methylbutan-2-yl)phenyl]propyl]morpholine	GC/MS/EI	663
(2R,6S)-2,6-Dimethyl-4-[2-methyl-3-[4-(2-methylbutan-2-yl)phenyl]propyl]morpholine	GC/MS/EI/E	815

(5R,6S)-4,5-Epoxy-17-methylmorphin-7-en-3,6-diol	GC/MS/CI	16
(5R,6S)-4,5-Epoxy-17-methylmorphin-7-en-3,6-diol	GC/MS/EI	1515
(5R,6S)-4,5-Epoxy-17-methylmorphin-7-en-3,6-diol	GC/MS/EI	1563
[(5R,6S)-4,5-Epoxy-17-methyl-morphin-7-en-3,6-diyl]diacetate	GC/MS/EI	1622
[(5R,6S)-4,5-Epoxy-17-methyl-morphin-7-en-3,6-diyl]diacetate	GC/MS/EI	1655
[(5R,6S)-4,5-Epoxy-17-methyl-morphin-7-en-3,6-diyl]diacetate	GC/MS/CI	1656
1-[(2R,5S)-5-(Hydroxymethyl)-2,5-dihydrofuran-2-yl]-5-methyl-pyrimidine-2,4-dione	GC/MS/EI/E	183
1-[(2R,5S)-5-(Hydroxymethyl)-2,5-dihydrofuran-2-yl]-5-methyl-pyrimidine-2,4-dione	GC/MS/EI	653
(R,S)-1-Phenyl-2-propylamin	GC/MS/CI	45
(R,S)-1-Phenyl-2-propylamin	GC/MS/EI/E	370
(R,S)-1-Phenyl-2-propylamin	GC/MS/EI	589
(9RS,13RS,14RS)-3-Methoxy-17-methylmorphinan	GC/MS/EI	169
3-[(1RS,3RS;1RS,3SR)-3-(4'-Bromo-biphenyl-4-yl)-1,2,3,4-tetrahydro-1-naphthyl]-4-hydroxy-1-benzothiin-2-one	GC/MS/EI	588
(8R,9S,10R,13S,14S,17S)-17-Hydroxy-10,13,17-trimethyl-2,6,7,8,9,11,12,14,15,16-decahydro-H-cyclopenta[a]phenanthren-3-one	GC/MS/EI	635
(RS,SR)Methylphenidat	GC/MS/EI/E	293
(RS,SR)Methylphenidat	GC/MS/EI/E	297
(RS,SR)Methylphenidat	GC/MS/EI	376
(3R,4S,5S,6R,7R,9R,11R,12R,13R,14R)-6-(4-Dimethylamino-3-hydroxy-6-methyl-oxan-2-yl)oxy-14-ethyl-12,13-dihydroxy-4-(5-hydroxy-4-methoxy-4,6-dimethyl-oxan-2-yl)oxy-7-methoxy-3,5,7,9,11,13-hexamethyl-1-oxacyclotetradecane-2,10-dione	DI/MS/EI	931
(3R,4S,5S,6R,7R,9R,11R,12R,13R,14R)-6-(4-Dimethylamino-3-hydroxy-6-methyl-oxan-2-yl)oxy-14-ethyl-12,13-dihydroxy-4-(5-hydroxy-4-methoxy-4,6-dimethyl-oxan-2-yl)oxy-7-methoxy-3,5,7,9,11,13-hexamethyl-1-oxacyclotetradecane-2,10-dione	DI/MS/EI/E	1065
(R,S)-α-Ethyl-3,4-methylenedioxy-phenethylamine	GC/MS/EI	126
(R,S)-α-Ethyl-3,4-methylenedioxy-phenethylamine	GC/MS/EI	155
(R,S)-α-Ethyl-3,4-methylenedioxy-phenethylamine	GC/MS/EI/E	739
(R,S)-α-Ethyl-3,4-methylenedioxy-phenethylamine	GC/MS/CI	749
(R,S)-α-Ethyl-3,4-methylenedioxy-phenethylamine	GC/MS/EI	985
(R,S)-α-Ethyl-3,4-methylenedioxy-phenethylamine	GC/MS/EI/E	1095
(2RS,11bRS)-10-Chloro-2-methyl-11b-phenyl-2,3,7,11b-tetrahydro[1,3]oxazolo-[3,2-d][1,4]benzodiaz-epin-6(5H)-one	GC/MS/EI	1459
(2RS,11bRS)-10-Chloro-2-methyl-11b-phenyl-2,3,7,11b-tetrahydro[1,3]oxazolo-[3,2-d][1,4]-benzodiaz-epin-6(5H)-one	GC/MS/EI/E	1559
(R,S)-2-(*tert*-Butylamino)-3'-chloro-propiophenone	GC/MS/EI	46
(R,S)-2-(*tert*-Butylamino)-3'-chloro-propiophenone	GC/MS/EI/E	527
(R,S)-2-(*tert*-Butylamino)-3'-chloro-propiophenone	GC/MS/CI	1157
(2R)-2,7,8-Trimethyl-2-[(4R,8R)-4,8,12-trimethyltridecyl]chroman-6-ol	GC/MS/EI	878
(6R,12aR)-2,3,6,7,12,12a-Hexahydro-2-methyl-6-(3,4-methylenedioxyphenyl)pyrazino-(1',2':1,6)-pyrido(3,4-b)indole-1,4-dione	GC/MS/EI	1720
(1R,4aS,10aS)-1,4a-Dimethyl-7-propan-2-yl-2,3,4,9,10,10a-hexahydrophenanthrene-1-carboxylic acid	GC/MS/EI	1418
Racemethorphan	GC/MS/EI	169
Ramipril	DI/MS/EI	1397
Ramipril	DI/MS/EI/E	1726

Ramipril-M (Desethyl) -H$_2$O ME	DI/MS/EI/E	1548
Ramipril-M (Desethyl) -H$_2$O ME	DI/MS/EI	1552
Ramipril-M (Desethyl) 2ME	DI/MS/EI/E	1344
Ramipril-M (Desethyl) 2ME	DI/MS/EI	1351
Ramipril-M (Desethyl) 3ME	DI/MS/EI/E	1395
Ramipril-M (Desethyl) 3ME	DI/MS/EI	1402
Ramipril 2ME	DI/MS/EI/E	1449
Ramipril 2ME	DI/MS/EI	1708
Ramipril ME	DI/MS/EI	1393
Ramiprilat 3M	DI/MS/EI	1395
Ramiprilat 3M	DI/MS/EI/E	1402
Ranitidine	GC/MS/EI	1596
Ranitidine	GC/MS/EI/E	1599
Ranitidine-A	GC/MS/EI/E	524
Ranitidine-A	GC/MS/EI	1470
Raubasin	GC/MS/EI	1686
Rauwolfin	DI/MS/EI	1652
Rauwolfin	GC/MS/EI	1652
Reboxetine	GC/MS/EI	1068
Reboxetine	GC/MS/EI	1070
Reboxetine	GC/MS/EI/E	1091
Reboxetine AC	GC/MS/EI/E	1081
Reboxetine AC	GC/MS/EI	1340
Reboxetine ME	GC/MS/EI	1179
Reboxetine ME	GC/MS/EI/E	1189
Resochin	GC/MS/EI	309
Resochin	GC/MS/EI/E	334
Resochin	GC/MS/EI	335
Resochin	GC/MS/EI	358
Resochin	GC/MS/EI/E	1578
Resorcin-dimethylether	GC/MS/EI	762
Ricinin	GC/MS/EI	983
Risperidone	DI/MS/EI	1389
Risperidone	DI/MS/EI/E	1390
Risperidone	DI/MS/EI/E	1395
Risperidone	DI/MS/EI	1397
Risperidone-M (OH)	DI/MS/EI	1388
Risperidone-M (OH)	DI/MS/EI/E	1396
Rocuroniumbromide-A	DI/MS/EI	1733
Rocuroniumbromide-A	DI/MS/EI/E	1740
Rofecoxib	GC/MS/EI	1099
Rofecoxib	GC/MS/EI	1479
Ropivacain	GC/MS/EI/E	648

Ropivacain	GC/MS/EI	657
Ropivacaine	GC/MS/EI	648
Ropivacaine	GC/MS/EI/E	657
(2S)-2-Amino-1-phenyl-propan-1-one	GC/MS/CI	41
(2S)-2-Amino-1-phenyl-propan-1-one	GC/MS/EI/E	265
(2S)-2-Amino-1-phenyl-propan-1-one	GC/MS/EI	861
S(-)-Cathinone	GC/MS/CI	861
(3S)-3-(Fluoro-methyl-phosphoryl)oxy-2,2-dimethyl-butane	GC/MS/EI	419
S-Lost	GC/MS/EI/E	504
S-Lost	GC/MS/EI	931
S-Lost artifact	GC/MS/EI	600
S-Methyl O-ethyl-methylphosphonothiolate	GC/MS/EI/E	275
S-Methyl O-ethyl-methylphosphonothiolate	GC/MS/EI	520
(S)-(+)-2-Methylbutyryl-Δ^9-tetrahydrocannabinol	GC/MS/EI/E	1597
(S)-(+)-2-Methylbutyryl-Δ^9-tetrahydrocannabinol	GC/MS/EI	1634
(6S)-3-Methyl-6-propan-2-yl-cyclohex-2-en-1-one	GC/MS/EI/E	524
(6S)-3-Methyl-6-propan-2-yl-cyclohex-2-en-1-one	GC/MS/EI	760
(S)-N-(5,6,7,9-Tetrahydro-1,2,3,10-tetramethoxy-9-oxobenzo(a)heptalen-7-yl) acetamide	GC/MS/EI	9
(S)-N-(5,6,7,9-Tetrahydro-1,2,3,10-tetramethoxy-9-oxobenzo(a)heptalen-7-yl) acetamide	GC/MS/EI/E	1630
(3S)-3-Phenyl-6-thia-1,4-diazabicyclo[3.3.0]oct-4-ene	GC/MS/EI	242
(2S,4R)-1-Acetyl-4-hydroxy-pyrrolidine-2-carboxylic acid	GC/MS/EI	23
(2S,4R)-1-Acetyl-4-hydroxy-pyrrolidine-2-carboxylic acid	GC/MS/EI/E	790
(3S,4R)-3-(Benzo[1,3]dioxol-5-yloxymethyl)-4-(4-fluorophenyl)piperidine	GC/MS/EI/E	59
(3S,4R)-3-(Benzo[1,3]dioxol-5-yloxymethyl)-4-(4-fluorophenyl)piperidine	GC/MS/EI	1659
(2S,6'R)-7-Chloro-2',4,6-trimethoxy-6'-methylbenzofuran-2-spiro-1'-cyclohex-2'-ene-3,4'-dione	GC/MS/EI	765
(2S,6'R)-7-Chloro-2',4,6-trimethoxy-6'-methylbenzofuran-2-spiro-1'-cyclohex-2'-ene-3,4'-dione	GC/MS/EI	1687
(1S,4R)-4-(3,4-Dichlorophenyl)-N-methyl-tetralin-1-amine	GC/MS/EI	1532
(1S,4R)-4-(3,4-Dichlorophenyl)-N-methyl-tetralin-1-amine	GC/MS/EI/E	1543
1-[4-[4-[[(2S,4R)-2-(2,4-Dichlorophenyl)-2-(imidazol-1-ylmethyl)-1,3-dioxolan-4-yl]-methoxy]phenyl]-piperazin-1-yl]ethanone	DI/MS/EI	282
1-[4-[4-[[(2S,4R)-2-(2,4-Dichlorophenyl)-2-(imidazol-1-ylmethyl)-1,3-dioxolan-4-yl]-methoxy]phenyl]-piperazin-1-yl]ethanone	DI/MS/EI/E	1753
[(2S,3R)-4-Dimethylamino-3-methyl-1,2-diphenyl-butan-2-yl] propanoate	GC/MS/EI	115
[(2S,3R)-4-Dimethylamino-3-methyl-1,2-diphenyl-butan-2-yl] propanoate	GC/MS/EI/E	369
[(2S,3R)-4-Dimethylamino-3-methyl-1,2-diphenyl-butan-2-yl] propanoate	GC/MS/EI/E	479
[(1S,3R,7R,8S,8aR)-8-[2-[(2R,4R)-4-Hydroxy-6-oxo-oxan-2-yl]ethyl]-3,7-dimethyl-1,2,3,7,8,8a-hexahydronaphthalen-1-yl] (2S)-2-methylbutanoate	GC/MS/EI/E	934
[(1S,3R,7R,8S,8aR)-8-[2-[(2R,4R)-4-Hydroxy-6-oxo-oxan-2-yl]ethyl]-3,7-dimethyl-1,2,3,7,8,8a-hexahydronaphthalen-1-yl] (2S)-2-methylbutanoate	GC/MS/EI	1362
[(1S,3R,7R,8S,8aR)-8-[2-[(2R,4R)-4-Hydroxy-6-oxo-oxan-2-yl]ethyl]-3,7-dimethyl-1,2,3,7,8,8a-hexahydronaphthalen-1-yl] 2,2-dimethylbutanoate	GC/MS/EI	29
[(1S,3R,7R,8S,8aR)-8-[2-[(2R,4R)-4-Hydroxy-6-oxo-oxan-2-yl]ethyl]-3,7-dimethyl-1,2,3,7,8,8a-hexahydronaphthalen-1-yl] 2,2-dimethylbutanoate	GC/MS/EI/E	1561

Compound	Method	Number
5-[[(2S,3R)-2-[(1R)-1-[3,5-bis(Trifluoromethyl)phenyl]ethoxy]-3-(4-fluorophenyl)-morpholin-4-yl]-methyl]-1,2-dihydro-1,2,4-triazol-3-one	GC/MS/EI/E	1592
5-[[(2S,3R)-2-[(1R)-1-[3,5-bis(Trifluoromethyl)phenyl]ethoxy]-3-(4-fluorophenyl)morpholin-4-yl]-methyl]-1,2-dihydro-1,2,4-triazol-3-one	GC/MS/EI	1222
[S-(R*,S*)]-6,7-Dimethoxy-3-(5,6,7,8-tetrahydro-4-methoxy-6-methyl-1,3-dioxolo-[4,5-g]-isoquinolin-5-yl)-1-(3H)-isobenzofuranone	GC/MS/EI	1346
[S-(R*,S*)]-6,7-Dimethoxy-3-(5,6,7,8-tetrahydro-4-methoxy-6-methyl-1,3-dioxolo-[4,5-g]-isoquinolin-5-yl)-1-(3H)-isobenzofuranone	GC/MS/EI/E	1350
(3S,8R,9S,10R,13S,14S)-3-Hydroxy-10,13-dimethyl-1,2,3,4,7,8,9,11,12,14,15,16-dodecahydro-cyclopenta[a]phenanthren-17-one	GC/MS/EI	1572
(2S,3R,4S,5S,6R)-4-Amino-2-[(1S,2S,3R,4S,6R)-4,6-diamino-3-[(2R,3R,5S,6R)-3-amino-6-(aminomethyl)-5-hydroxy-oxan-2-yl]oxy-2-hydroxy-cyclohexyl]oxy-6-(hydroxymethyl)oxane-3,5-diol	DI/MS/EI	814
(2S,3R,4S,5S,6R)-4-Amino-2-[(1S,2S,3R,4S,6R)-4,6-diamino-3-[(2R,3R,5S,6R)-3-amino-6-(aminomethyl)-5-hydroxy-oxan-2-yl]oxy-2-hydroxy-cyclohexyl]oxy-6-(hydroxymethyl)oxane-3,5-diol	DI/MS/EI/E	1648
(1S,4S)-4-(3,4-Dichlorophenyl)-1,2,3,4-tetrahydro-N-ethyl-1-naphthylamine	GC/MS/EI	1532
(1S,4S)-4-(3,4-Dichlorophenyl)-1,2,3,4-tetrahydro-N-ethyl-1-naphthylamine	GC/MS/EI/E	1542
[(3S,6S)-6-Dimethylamino-4,4-diphenylheptan-3-yl]acetate	GC/MS/EI	199
[(3S,6S)-6-Dimethylamino-4,4-diphenylheptan-3-yl]acetate	GC/MS/EI/E	1365
(2S)-1-[(2S)-2-Methyl-3-sulfanyl-propanoyl]pyrrolidine-2-carboxylic acid	DI/MS/EI	184
(2S)-1-[(2S)-2-Methyl-3-sulfanyl-propanoyl]pyrrolidine-2-carboxylic acid	DI/MS/EI/E	188
(2S)-1-[(2S)-2-Methyl-3-sulfanyl-propanoyl]pyrrolidine-2-carboxylic acid	GC/MS/EI	775
(2S)-1-[(2S)-2-Methyl-3-sulfanyl-propanoyl]pyrrolidine-2-carboxylic acid	GC/MS/EI/E	778
(1S,3S,4R,5R)-3-Benzoyloxy-8-methyl-8-azabicyclo[3.2.1]octane-4-carboxylic acid	GC/MS/EI/E	284
(1S,3S,4R,5R)-3-Benzoyloxy-8-methyl-8-azabicyclo[3.2.1]octane-4-carboxylic acid	GC/MS/EI	631
(1S,3S,4R,5R)-3-Benzoyloxy-8-methyl-8-azabicyclo[3.2.1]octane-4-carboxylic acid	GC/MS/EI	632
(1S,3S,4R,5R)-3-Benzoyloxy-8-methyl-8-azabicyclo[3.2.1]octane-4-carboxylic acid	GC/MS/EI/E	1574
(1S,3S,4R,5R)-3-Benzoyloxy-8-methyl-8-azabicyclo[3.2.1]octane-4-carboxylic acid	GC/MS/EI	1575
(8S,9S,10R,11S,13S,14S,17R)-11,17-Dihydroxy-17-(2-hydroxyacetyl)-10,13-dimethyl-2,6,7,8,9,11,12,14,15,16-decahydro-1H-cyclopenta[a]phenanthren-3-one	GC/MS/EI	965
(8S,9S,10R,11S,13S,14S,17S)-11-Hydroxy-17-(2-hydroxyacetyl)-10-methyl-3-oxo-1,2,6,7,8,9,11,12,14,15,16,17-dodecahydrocyclopenta[a]phenanthrene-13-carbaldehyde	GC/MS/EI	1676
(3S,8S,9S,10R,13R,14S,17R)-10,13-Dimethyl-17-[(2R)-6-methylheptan-2-yl]-2,3,4,7,8,9,11,12,14,15,16,17-dodecahydro-1H-cyclopenta[a]phenanthren-3-ol	GC/MS/EI	1718
(8S,9S,13S,14S,16R,17R)-13-Methyl-6,7,8,9,11,12,14,15,16,17-decahydro-cyclopenta[a]phenanthrene-3,16,17-triol	GC/MS/EI	943
(1S,3S,5S)-4-[(2S)-2-[[(1S)-1-Ethoxycarbonyl-3-phenyl-propyl]amino]propanoyl]-4-azabicyclo-[3.3.0]octane-3-carboxylic acid	DI/MS/EI	1397
(1S,3S,5S)-4-[(2S)-2-[[(1S)-1-Ethoxycarbonyl-3-phenyl-propyl]amino]propanoyl]-4-azabicyclo-[3.3.0]octane-3-carboxylic acid	DI/MS/EI/E	1726
(8S,9S,13S,14S,17S)-17-Ethynyl-3-methoxy-13-methyl-7,8,9,11,12,14,15,16-octahydro-6H-cyclopenta[a]phenanthren-17-ol	GC/MS/EI	1372
(8S,9S,10S,13S,14S,17S)-17-Hydroxy-10,13,17-trimethyl-7,8,9,11,12,14,15,16-octahydro-6H-cyclopenta[a]phenanthren-3-one	GC/MS/EI	622
(8S,9S,10S,13S,14S,17S)-17-Hydroxy-10,13,17-trimethyl-7,8,9,11,12,14,15,16-octahydro-6Hcyclopenta[a]phenanthren-3-one	GC/MS/EI/E	1555
(1S,5S,8S,9S,10S,13S,14S,17S)-17-Hydroxy-1,10,13-trimethyl-1,2,4,5,6,7,8,9,11,12,14,15,16,17-tetradecahydrocyclopenta[a]phenanthren-3-one	GC/MS/EI	1332

STP	GC/MS/EI/E	56
STP	GC/MS/EI/E	1021
STP	GC/MS/CI	1022
STP	GC/MS/EI	1199
(4S,4aR,5S,5aR,6R,12aS)-2-(Amino-hydroxy-methylidene)-4-dimethylamino-5,10,11,12a-tetrahydroxy-6-methyl-4a,5,5a,6-tetrahydro-4*H*-tetracene-1,3,12-trione	DI/MS/EI	441
(4S,4aS,5aS,12aS)-2-(Amino-hydroxy-methylidene)-4-dimethylamino-6,10,11,12a-tetrahydroxy-6-methyl-4,4a,5,5a-tetrahydrotetracene-1,3,12-trione	DI/MS/EI/E	113
(4S,4aS,5aS,12aS)-2-(Amino-hydroxy-methylidene)-4-dimethylamino-6,10,11,12a-tetrahydroxy-6-methyl-4,4a,5,5a-tetrahydrotetracene-1,3,12-trione	DI/MS/EI	1738
Saccharin	GC/MS/EI	264
Saccharin ME	GC/MS/EI	263
Saccharose 8AC	GC/MS/EI	1041
Saccharose 8TMS	GC/MS/EI	1696
Safrole	GC/MS/CI	954
Safrole	GC/MS/EI	968
Salicylamide	GC/MS/EI	602
Salicylamide AC	GC/MS/EI	602
Salicylamide 2PFP	GC/MS/EI/E	605
Salicylamide 2PFP	GC/MS/EI	1515
Salicylamide PFP	GC/MS/EI	601
Salicylamide TFA	GC/MS/EI/E	600
Salicylamide TFA	GC/MS/EI	616
Salicylamide 2TMS	GC/MS/EI	1456
Salicylamide 2TMS	GC/MS/EI/E	1515
Salicylic acid	GC/MS/EI	601
Salicylic acid 2TMS	GC/MS/EI	1508
Salicylic acid 2TMS	GC/MS/EI/E	1514
Salicylic acid isopropylester	GC/MS/EI	603
Salicylic acid isopropylester	GC/MS/EI/E	1119
Salvinorin-A I	GC/MS/EI	394
Salvinorin-A I	GC/MS/EI/E	1581
Salvinorin A II	GC/MS/EI	393
Salvinorin A II	GC/MS/EI/E	398
Salvinorin B	GC/MS/EI	394
Salvinorin B	GC/MS/EI/E	497
Sarin	GC/MS/EI	418
Sarin educt or hydrolysis product ME	GC/MS/EI	394
Scatole AC	GC/MS/EI/E	687
Scatole AC	GC/MS/EI	697
Scopolamine	GC/MS/EI	395
Scopolamine -H_2O	GC/MS/EI	393
Sedulon	GC/MS/EI	646
Sedulon	GC/MS/CI	791

Sedulon	GC/MS/EI/E	1045
Sereprile	GC/MS/EI	335
Sereprile	GC/MS/EI	342
Sereprile	GC/MS/EI/E	360
Serotonin 2AC	GC/MS/EI/E	936
Serotonin 2AC	GC/MS/EI	1487
Serotonine	GC/MS/EI	819
Sertindol	GC/MS/EI/E	62
Sertindol	GC/MS/EI	1679
Sertraline	GC/MS/EI/E	1532
Sertraline	GC/MS/EI	1543
Sertraline AC	GC/MS/EI	1532
Sertraline AC	GC/MS/EI	1579
Sertraline-M/A ET	GC/MS/EI/E	1532
Sertraline-M/A ET	GC/MS/EI	1542
Sertraline-M/A (-NH_2-4H)	GC/MS/EI	1245
Sertraline-M/A (-NH_2-4H)	GC/MS/EI	1247
Sertraline-M/A (-NH_2-4H)	GC/MS/EI	1248
Sertraline-M/A (-NH_2, OH, -4H)	GC/MS/EI/E	1524
Sertraline-M/A (-NH_2, OH, -4H)	GC/MS/EI	1536
Sertraline-M (Desmethyl) AC	GC/MS/EI/E	1532
Sertraline-M (Desmethyl) AC	GC/MS/EI/E	1540
Sertraline-M (Desmethyl) AC	GC/MS/EI	1543
Sertraline-M (-$NHCH_3$, -4H)	GC/MS/EI	1530
Sertraline-M (-$NHCH_3$, -4H)	GC/MS/EI	1531
Sertraline-M (-NH(CH_3), HO, Oxo) AC	GC/MS/EI/E	1572
Sertraline-M (-NH(CH_3), HO, Oxo) AC	GC/MS/EI	1585
Sertraline-M (Oxo)	GC/MS/EI	1372
Sevofluran	GC/MS/EI	695
Sibutramine	GC/MS/CI	547
Sibutramine	GC/MS/EI/E	551
Sibutramine	GC/MS/CI	559
Sibutramine	GC/MS/EI/E	639
Sibutramine	GC/MS/EI	1432
Sigmodal	GC/MS/EI	1023
Sigmodal	GC/MS/EI/E	1413
Sildenafil	GC/MS/EI	422
Sildenafil	GC/MS/EI/E	1730
Sildenafil-A	GC/MS/EI	1627
Silthiofam	GC/MS/EI	1463
Silthiofam TMS	GC/MS/EI	249
Simazine	GC/MS/EI	39

Simvastatin	GC/MS/EI/E	29
Simvastatin	GC/MS/EI	1561
Simvastatin-A (-H$_2$O)	GC/MS/EI/E	29
Simvastatin-A (-H$_2$O)	GC/MS/EI	1561
β-Sitosterol	GC/MS/EI	34
β-Sitosterol-A (-H$_2$O)	GC/MS/EI	1726
Skatole TFP	GC/MS/EI	685
Soman	GC/MS/EI	419
Soman hydrolysis product TBDMS	GC/MS/EI/E	895
Soman hydrolysis product TBDMS	GC/MS/EI	1406
Sorbic acid	GC/MS/EI	401
Sorbitol	GC/MS/EI/E	231
Sorbitol	GC/MS/EI	704
Sotalol	GC/MS/EI/E	193
Sotalol	GC/MS/EI	623
Sparteine	GC/MS/EI/E	752
Sparteine	GC/MS/EI	1394
Spartein-2-one	GC/MS/EI	744
Spectinomycine	DI/MS/EI	416
Spectinomycine	DI/MS/EI/E	1568
Spironolactone	GC/MS/EI/E	34
Spironolactone	GC/MS/EI	1677
Squalene	GC/MS/EI/E	184
Squalene	GC/MS/EI	399
Stanazol	GC/MS/EI	401
Stanazolol	GC/MS/EI	401
Stanozolol	GC/MS/EI	401
Stanozolol-A	GC/MS/EI	762
Stanozolol AC	GC/MS/EI	1323
Stavudine; D4T	GC/MS/EI	183
Stavudine; D4T	GC/MS/EI/E	653
Stearic acid	GC/MS/EI	230
Stearic acid glycerol ester 2AC	GC/MS/EI	937
Stearic acid glycerol ester 2AC	GC/MS/EI/E	1512
Stearic acid methyl ester	GC/MS/EI	259
Stearyl alcohol	GC/MS/EI	89
Stearyl alcohol	GC/MS/EI/E	643
S-tert-Butyl-dimethylsilyl-O-ethyl-methylphosphonothiolate	GC/MS/EI	1040
S-tert-Butyl-dimethylsilyl-O-ethyl-methylphosphonothiolate	GC/MS/EI/E	1227
Stibestrol dipropionate	GC/MS/EI	1516
Stigmastan-3,5,22-trien	GC/MS/EI	1723
Stigmasterin	GC/MS/EI	1733
Stigmasterol	GC/MS/EI	1733

Stigmasterol-A (-H₂O)	GC/MS/EI	1723
Strychnidin-10-one	GC/MS/CI	1666
Strychnidin-10-one	GC/MS/EI	1667
Strychnine	GC/MS/EI	1666
Strychnine	GC/MS/CI	1667
2,2'-Succinyldioxybis(ethyltrimethylammonium)hydroxide	GC/MS/EI	108
2,2'-Succinyldioxybis(ethyltrimethylammonium)hydroxide	GC/MS/EI/E	223
Sucrose 8TMS	GC/MS/EI	1696
Sufentanil	GC/MS/EI	1572
Sufentanil	GC/MS/EI/E	1573
Sufentanil	GC/MS/EI	1575
Sufentanil	GC/MS/EI	1580
Sufentanyl	GC/MS/EI/E	1572
Sufentanyl	GC/MS/EI	1573
Sufentanyl	GC/MS/EI	1575
Sufentanyl	GC/MS/EI	1580
Sulfabenzamid	DI/MS/EI/E	511
Sulfabenzamid	DI/MS/EI	1536
Sulfabenzamide	GC/MS/EI	1167
Sulfacarbamid	DI/MS/EI	515
Sulfacetamide	GC/MS/EI	514
Sulfachlorin	DI/MS/EI	1448
Sulfachlorin	DI/MS/EI/E	1461
Sulfachlorin 2ME	GC/MS/EI	1535
Sulfachlorin 2ME	GC/MS/EI/E	1546
Sulfachlorin ME	GC/MS/EI	1493
Sulfachlorpyridazine	DI/MS/EI/E	1339
Sulfachlorpyridazine	DI/MS/EI	1356
Sulfaclomide	DI/MS/EI	1448
Sulfaclomide	DI/MS/EI/E	1461
Sulfaclomide 2ME	GC/MS/EI/E	1535
Sulfaclomide 2ME	GC/MS/EI	1546
Sulfaclomide ME	GC/MS/EI	1493
Sulfadiazine	DI/MS/EI	1161
Sulfadiazine	DI/MS/EI/E	1162
Sulfadiazine	GC/MS/EI	1170
Sulfadiazine	GC/MS/EI/E	1171
Sulfadicramid	GC/MS/EI	508
Sulfadicramid	GC/MS/EI/E	916
Sulfadimethoxin	GC/MS/EI/E	1440
Sulfadimethoxin	DI/MS/EI	1441
Sulfadimethoxin	GC/MS/EI	1491
Sulfadimethoxine	GC/MS/EI	1440
Sulfadimethoxine	DI/MS/EI	1441

Sulfadimethoxine	GC/MS/EI/E	1491
Sulfadimidine	GC/MS/EI	1321
Sulfaethidol	GC/MS/EI	1167
Sulfaethidol	GC/MS/EI	1560
Sulfaethidole	GC/MS/EI	1560
Sulfafurazol	GC/MS/EI	916
Sulfaguanidin	DI/MS/EI	1319
Sulfaguanol	GC/MS/EI	1167
Sulfaguanol	DI/MS/EI	1619
Sulfalen	DI/MS/EI	1325
Sulfamerazine	GC/MS/EI	1231
Sulfamerazine	GC/MS/EI/E	1243
Sulfameter	GC/MS/EI/E	1325
Sulfameter	GC/MS/EI	1330
Sulfamethazine	GC/MS/EI	1321
Sulfamethidol	DI/MS/EI	1520
Sulfamethizole	DI/MS/EI	1520
Sulfamethoxazol 2ME	GC/MS/EI/E	390
Sulfamethoxazol 2ME	GC/MS/EI	1175
Sulfamethoxazol ME	GC/MS/EI/E	390
Sulfamethoxazol ME	GC/MS/EI	1175
Sulfamethoxazol ME, AC	GC/MS/EI/E	946
Sulfamethoxazol ME, AC	GC/MS/EI	1620
Sulfamethoxazole 2TFA	GC/MS/EI/E	1326
Sulfamethoxazole 2TFA	GC/MS/EI	1565
Sulfamethoxazole 2TMS	GC/MS/EI/E	255
Sulfamethoxazole 2TMS	GC/MS/EI	1397
Sulfamethoxydiazine	GC/MS/EI/E	1325
Sulfamethoxydiazine	GC/MS/EI	1330
Sulfamethoxypyridazin	DI/MS/EI/E	1325
Sulfamethoxypyridazin	DI/MS/EI	1548
Sulfamethylthiazol	DI/MS/EI	1258
Sulfa-methyl-thiodiazol	DI/MS/EI	1520
Sulfametrol	DI/MS/EI	916
Sulfametrol 2ME	DI/MS/EI/E	1453
Sulfametrol 2ME	DI/MS/EI	1632
Sulfametrol 3ME	DI/MS/EI	742
Sulfametrol 3ME	DI/MS/EI/E	1657
Sulfametrol ME	DI/MS/EI	1403
Sulfametrol ME	DI/MS/EI/E	1409
Sulfamid-formaldehyd condensation product	GC/MS/EI	15
Sulfamid-formaldehyd condensation product	GC/MS/EI/E	211
Sulfamid-formaldehyde condensation product	GC/MS/EI/E	16
Sulfamid-formaldehyde condensation product	GC/MS/EI	1695

Sulfamoxol	DI/MS/EI	1508
Sulfanilamide	GC/MS/CI	915
Sulfanilamide	GC/MS/EI	1061
Sulfanilamide AC	GC/MS/EI	1055
Sulfanilamide 4ME	GC/MS/EI	742
Sulfanilamide ME	GC/MS/EI	390
Sulfanilamide ME AC	GC/MS/EI	1167
2-Sulfanilamido-thiazole	GC/MS/EI/E	1186
2-Sulfanilamido-thiazole	GC/MS/EI	1474
Sulfanilguanidin	DI/MS/EI	1319
1-Sulfanilylthiourea	GC/MS/EI	640
1-Sulfanilylthiourea	GC/MS/EI/E	1034
Sulfanitran	GC/MS/EI	1228
Sulfaperin	DI/MS/EI	1231
Sulfaperin 3ME	DI/MS/EI	1315
Sulfaperin 2ME AC	DI/MS/EI	1475
Sulfaphenazol	DI/MS/EI	915
Sulfaphenazol 2ME	GC/MS/EI/E	1057
Sulfaphenazol 2ME	GC/MS/EI	1544
Sulfaphenazol 3ME	GC/MS/EI	1058
Sulfaphenazol 3ME	GC/MS/EI/E	1499
Sulfaphenazol ME	GC/MS/EI/E	1057
Sulfaphenazol ME	GC/MS/EI	1499
Sulfapyridine	GC/MS/EI/E	1158
Sulfapyridine	GC/MS/EI	1168
Sulfaqinoxaline ME	GC/MS/EI	1452
Sulfathiazol	GC/MS/EI/E	1186
Sulfathiazol	GC/MS/EI	1474
Sulfathiocarbamid	GC/MS/EI	640
Sulfathiocarbamid	GC/MS/EI/E	1034
Sulfathiourea	GC/MS/EI	640
Sulfathiourea	GC/MS/EI/E	1034
Sulfathiourea-A (-CH_2NS) TFA	GC/MS/CI	1513
Sulfathiourea-A (-CH_2NS) TFA	GC/MS/EI	1518
Sulfathiourea-A PFP	GC/MS/CI	1639
Sulfathiourea-A PFP	GC/MS/EI	1641
Sulfisoxazole	GC/MS/EI	916
Sulforidazine	GC/MS/EI/E	404
Sulforidazine	GC/MS/EI	419
Sulfotep	GC/MS/EI	1643
Sulfotep	GC/MS/EI	1646
Sulfotepp	GC/MS/EI	1643
Sulfotepp	GC/MS/EI	1646

Sulfuric acid 2TMS	GC/MS/EI	825
Sulfuric acid bis(*tert*-butyldimethylsilyl)ester	GC/MS/EI/E	241
Sulfuric acid bis(*tert*-butyldimethylsilyl)ester	GC/MS/EI	1520
Sulfurous acid bis(*tert*-butyldimethylsilyl)ester	GC/MS/EI	830
Sulphacetamid	GC/MS/EI	514
Sulphachlorpyridazine	DI/MS/EI	1339
Sulphachlorpyridazine	DI/MS/EI/E	1356
Sulphaclomide	DI/MS/EI/E	1448
Sulphaclomide	DI/MS/EI	1461
Sulphadiazine	DI/MS/EI	1161
Sulphadiazine	DI/MS/EI/E	1162
Sulphadiazine	GC/MS/EI/E	1170
Sulphadiazine	GC/MS/EI	1171
Sulphadimethoxine	GC/MS/EI/E	1440
Sulphadimethoxine	GC/MS/EI	1441
Sulphadimethoxine	DI/MS/EI	1491
Sulphafurazole	GC/MS/EI	916
Sulphaguanidine	DI/MS/EI	1319
Sulphamerazine	GC/MS/EI/E	1231
Sulphamerazine	GC/MS/EI	1243
Sulpha-methizole	DI/MS/EI	1520
Sulphamethoxazole	GC/MS/EI	391
Sulphamethoxazole	GC/MS/EI/E	1067
Sulphamethoxydiazine	GC/MS/EI	1325
Sulphamethoxydiazine	GC/MS/EI/E	1330
Sulphamoxole	DI/MS/EI	1508
Sulphaphenazole	DI/MS/EI	915
Sulphasomidine	GC/MS/EI	1321
Sulphasomidine	GC/MS/EI/E	1325
Sulphathiazole	GC/MS/EI	1186
Sulphathiazole	GC/MS/EI/E	1474
Sulpiride	DI/MS/EI/E	406
Sulpiride	DI/MS/EI	421
Sumatriptan	GC/MS/EI/E	127
Sumatriptan	GC/MS/EI	800
Suxamethonium	GC/MS/EI/E	108
Suxamethonium	GC/MS/EI	223
Swep	GC/MS/EI	1171
Synephrine -H_2O 2AC	GC/MS/EI	857
T	GC/MS/EI	689
TATP	GC/MS/EI	21
TATP	GC/MS/EI	22
TATP	GC/MS/EI/E	164
TCAP	GC/MS/EI	21

TCAP	GC/MS/EI/E	22
TCAP	GC/MS/EI	164
TDE	GC/MS/EI/E	177
TDE	GC/MS/EI	623
TFMPP	GC/MS/CI	1175
TFMPP	GC/MS/EI	1383
THC	GC/MS/EI	1384
THC	GC/MS/EI	1601
THC-M (COOH) 2ME	GC/MS/EI	1630
THC TMS	GC/MS/EI	252
THC TMS	GC/MS/EI	1707
TMA	GC/MS/EI/E	58
TMA	GC/MS/EI	1149
TMA-2	GC/MS/CI	58
TMA-2	GC/MS/EI/E	1150
TMA-2	GC/MS/EI	1293
TMA-6	GC/MS/EI	1135
TMA-6	GC/MS/EI/E	1148
TMA-6	GC/MS/CI	1293
TNT	GC/MS/CI	1298
TNT	GC/MS/EI/E	1299
TNT	GC/MS/EI	1307
TNT	GC/MS/EI	1372
TX60	GC/MS/EI/E	544
TX60	GC/MS/EI	651
Tabun	GC/MS/EI	22
Tabun	GC/MS/EI/E	956
Tadalafil	GC/MS/EI	1720
Tamoxifen	GC/MS/EI/E	204
Tamoxifen	GC/MS/EI	673
Tartaric acid 4TMS	GC/MS/EI	250
Tartaric acid 4TMS	GC/MS/EI/E	1586
Tear gas	GC/MS/EI	471
Tear gas	GC/MS/EI	472
Tear gas	GC/MS/EI/E	491
Tear gas	GC/MS/EI/E	492
Temazepam	GC/MS/EI/E	1522
Temazepam	GC/MS/EI	1604
Temazepam TMS	GC/MS/EI	251
Temazepam TMS	GC/MS/EI/E	1682
Tenamfetamine	GC/MS/EI	66
Tenamfetamine	GC/MS/EI/E	739
Tenamfetamine	GC/MS/EI	747
Tenamfetamine	GC/MS/CI	750

Tenamfetamine	GC/MS/EI/E	756
Tenamfetamine	GC/MS/EI	760
Tenamfetamine	GC/MS/EI/E	971
Tenoxicam	GC/MS/EI	1107
Tenoxicam 2ME	GC/MS/EI	729
Teobromina	GC/MS/EI	1116
Teofillina	GC/MS/EI	1116
Terbufos	GC/MS/EI	85
Terbutaline 3AC	GC/MS/EI	299
Terbutaline 3AC	GC/MS/EI/E	1535
Terbutaline 4AC	GC/MS/EI/E	214
Terbutaline 4AC	GC/MS/EI	769
Terbuthylazine	GC/MS/EI	1319
Terfenadine	GC/MS/EI	1547
Terfenadine	GC/MS/EI/E	1590
Terfenadine AC	GC/MS/EI	1549
Terfenadine AC	GC/MS/EI/E	1553
Terfenadine-M	GC/MS/EI	1448
Terfenadine-M AC	GC/MS/EI	1581
Terpin hydrate	GC/MS/EI	282
Terpin hydrate	GC/MS/EI/E	774
Testosterone Decanoate	GC/MS/EI/E	634
Testosterone Decanoate	GC/MS/EI	1523
Testosterone isocaproate	GC/MS/EI	26
Testosterone isocaproate	GC/MS/EI/E	1374
Testosterone phenylpropionate	GC/MS/EI	375
Testosterone phenylpropionate	GC/MS/EI/E	1523
Testosterone phenylpropionate	GC/MS/CI	1526
Testosterone propionate	GC/MS/EI	84
Testosterone propionate	GC/MS/EI/E	828
Tetra-N-butylammonium bromide	GC/MS/EI	793
Tetra-N-butylammonium bromide	GC/MS/EI/E	1164
Tetracain	GC/MS/EI	110
Tetracain	GC/MS/EI/E	190
Tetracain	GC/MS/EI	863
Tetracaine	GC/MS/EI/E	110
Tetracaine	GC/MS/EI	190
Tetracaine	GC/MS/EI	863
1,2,3,5-Tetrachloroanisol	GC/MS/EI	1383
Tetrachloroanisol	GC/MS/EI	1383
2-(1,1,2,2-Tetrachloroethylsulfanyl)-3a,4,7,7a-tetrahydroisoindole-1,3-dione	GC/MS/EI	275
2-(1,1,2,2-Tetrachloroethylsulfanyl)-3a,4,7,7a-tetrahydroisoindole-1,3-dione	GC/MS/EI/E	277
1,2,3,5-Tetrachloro-4-methoxybenzene	GC/MS/EI	1383
Tetracosane	GC/MS/EI	91

Tetracycline	DI/MS/EI/E	113
Tetracycline	DI/MS/EI	1738
Tetradecanamide	GC/MS/EI	173
Tetradecanamide	GC/MS/EI/E	337
Tetradecane	GC/MS/EI/E	91
Tetradecane	GC/MS/EI	424
Tetradecanenitrile	GC/MS/EI/E	404
Tetradecanenitrile	GC/MS/EI	1016
Tetradecanoic acid	GC/MS/EI	254
Tetradecanoic acid	GC/MS/EI	256
Tetradecanoic acid ethyl ester	GC/MS/EI	364
Tetradecanoic acid ethyl ester	GC/MS/EI/E	925
Tetradecanoic acid methyl ester	GC/MS/EI/E	259
Tetradecanoic acid methyl ester	GC/MS/EI	804
Tetradecan-1-ol	GC/MS/EI	75
Tetradecan-1-ol	GC/MS/EI/E	532
Tetradecanol	GC/MS/EI/E	75
Tetradecanol	GC/MS/EI	532
1-Tetradecanolacetate	GC/MS/EI/E	291
1-Tetradecanolacetate	GC/MS/EI	642
1-Tetradecene	GC/MS/EI	10
1-Tetradecene	GC/MS/EI/E	528
Tetradec-1-ene	GC/MS/EI	10
Tetradec-1-ene	GC/MS/EI/E	528
Tetradecyltrifluoroacetate	GC/MS/EI	35
Tetradecyltrifluoroacetate	GC/MS/EI/E	528
Tetrahydrocannabivarin	GC/MS/EI	1251
Tetrahydroharman	GC/MS/EI	807
1,2,3,4-Tetrahydroharmine	GC/MS/EI	1243
Tetrahydroserpentin	GC/MS/EI	1686
1,2,3,4-Tetrahydro-1,1,6-trimethylnaphthalene	GC/MS/EI	938
1-(6-Tetralinyl)-2-diethylaminopropan-1-one	GC/MS/EI/E	425
1-(6-Tetralinyl)-2-diethylaminopropan-1-one	GC/MS/EI	451
6',7',10,11-Tetramethoxyemetan	GC/MS/EI	1194
6',7',10,11-Tetramethoxyemetan	GC/MS/EI/E	1524
β-Tetramethoxyphenethylamine AC	GC/MS/EI	1305
β-Tetramethoxyphenethylamine AC	GC/MS/EI/E	1363
1,2,3,4-Tetramethylbenzene	GC/MS/EI	597
Tetramethylbenzene	GC/MS/EI	597
3,3',5,5'-Tetramethylbenzidine	GC/MS/EI	1421
4-(1,1,3,3-Tetramethylbutyl)phenol	GC/MS/EI	732
4-(1,1,3,3-Tetramethylbutyl)phenol	GC/MS/EI	735
4-(1,1,3,3-Tetramethylbutyl)phenol	GC/MS/EI/E	748
4-(1,1,3,3-Tetramethylbutyl)phenol	GC/MS/EI/E	751

1,3,7,9-Tetramethyl-7,9-dihydro-3*H*-purine-2,6,8-trione	GC/MS/EI	1364
Tetramethylendisulfotetramine	GC/MS/EI/E	14
Tetramethylendisulfotetramine	GC/MS/EI	125
1,1,6,7-Tetramethylindan	GC/MS/EI/E	937
1,1,6,7-Tetramethylindan	GC/MS/EI	1068
1,3,7,9-Tetramethyluric acid	GC/MS/EI	1364
1,8,9,10-Tetrazabicyclo[5.3.0]deca-7,9-diene	GC/MS/EI/E	10
1,8,9,10-Tetrazabicyclo[5.3.0]deca-7,9-diene	GC/MS/EI	513
3,5,7,8-Tetrazabicyclo[4.3.0]nona-3,5,9-trien-2-one	GC/MS/EI	738
Tetrazepam	GC/MS/EI	1470
Tetrazepam-A HY I	GC/MS/EI	1275
Tetrazepam-A HY II	GC/MS/EI	1276
Tetrazepam HY	GC/MS/EI	1276
Tetrazepam-M (-NH$_3$, HO)	GC/MS/EI	1275
Tetrazepam-M (OH) AC	GC/MS/EI	1570
Tetrazepam-M (OH) AC	GC/MS/EI/E	1613
Tetrazepam-M (Oxo)	GC/MS/EI/E	1564
Tetrazepam-M (Oxo)	GC/MS/EI	1607
Thalidomide	GC/MS/EI/E	264
Thalidomide	GC/MS/EI	1480
Thalidomide ME	GC/MS/EI/E	264
Thalidomide ME	GC/MS/EI	1324
Thalidomide TMS	GC/MS/EI	1060
Thebacone	GC/MS/EI	1599
Thebaine	GC/MS/EI	17
Thein	GC/MS/EI	1213
Theobromine	GC/MS/EI	1116
Theophyllin	GC/MS/EI	1116
Theophylline	GC/MS/EI	1116
Thiamazole	GC/MS/EI	547
Thiamylal	GC/MS/EI	1155
Thieno[3,2-c]pyridine	GC/MS/EI	735
Thiobarbital	GC/MS/EI	922
Thiobarbitone	GC/MS/EI	922
2,2'-Thiobis-acetic acid DMBS	GC/MS/EI/E	244
2,2'-Thiobis-acetic acid DMBS	GC/MS/EI	1341
2,2'-Thiobis-acetic acid 2TMS	GC/MS/EI	245
2,2'-Thiobis-acetic acid 2TMS	GC/MS/EI/E	1469
Thiodiglycol	GC/MS/EI/E	177
Thiodiglycol	GC/MS/EI	623
Thiodiglycolsulphoxide	GC/MS/EI	263
Thioglycolic acid 2TMS	GC/MS/EI/E	825
Thioglycolic acid 2TMS	GC/MS/EI	1202
Thioglykolic acid 2DMBS	GC/MS/EI/E	825

Thioglykolic acid 2DMBS	GC/MS/EI	1498
Thioglykolic acid DMBS	GC/MS/EI/E	261
Thioglykolic acid DMBS	GC/MS/EI	863
Thioguanin	DI/MS/EI	1018
Thiopental	GC/MS/EI	922
Thiopental	GC/MS/EI	1057
Thiopental-M 3ME	GC/MS/EI	1236
Thiopental-M 3ME	GC/MS/EI/E	1631
Thiopentone	GC/MS/EI	922
Thiopentone	GC/MS/EI	1057
Thiopentone ME	GC/MS/EI/E	1241
Thiopentone ME	GC/MS/EI	1246
Thioridazine	GC/MS/EI	411
Thioridazine	GC/MS/EI/E	648
Thioridazine-M/A ($-C_8H_{15}N$)	GC/MS/EI/E	1437
Thioridazine-M/A ($-C_8H_{15}N$)	GC/MS/EI	1439
Thioridazine-M/A ($-C_8H_{15}N$)	GC/MS/EI	1443
Thiothixene	GC/MS/EI	533
Thiothixene	GC/MS/EI/E	1351
Thonzylamine	GC/MS/EI	123
Thonzylamine	GC/MS/EI/E	1327
Thymol	GC/MS/EI	723
Thymol	GC/MS/EI	736
Tiapride	GC/MS/EI	335
Tiapride	GC/MS/EI/E	342
Tiapride	GC/MS/EI	360
Tiapride-A ($-CH_3$)	GC/MS/EI/E	335
Tiapride-A ($-CH_3$)	GC/MS/EI	358
Tiapride-M (O-Desethyl)	GC/MS/EI/E	337
Tiapride-M (O-Desethyl)	GC/MS/EI	359
Tiapridex	GC/MS/EI	335
Tiapridex	GC/MS/EI	342
Tiapridex	GC/MS/EI/E	360
Ticlopidine	GC/MS/EI/E	520
Ticlopidine	GC/MS/EI	523
Ticlopidine	GC/MS/EI	637
Ticlopidine	GC/MS/EI/E	641
Ticlopidine-M/A	GC/MS/EI	638
Ticlopidine-M/A (OH, $-H_2O$)	GC/MS/EI/E	639
Ticlopidine-M/A (OH, $-H_2O$)	GC/MS/EI	1491
Ticlopidine-M (Dehydro, OCH_3)	GC/MS/EI/E	639
Ticlopidine-M (Dehydro, OCH_3)	GC/MS/EI	1583

Ticlopidine-M (Desthieno)	GC/MS/EI	640
Ticlopidine-M (Didehydro, sulfon)	GC/MS/EI	641
Ticlopidine-M (Didehydro, sulfon)	GC/MS/EI/E	1404
Ticlopidine-M (Dihydro)	GC/MS/EI	640
Ticlopidine-M (Dihydro)	GC/MS/EI/E	1502
Ticlopidine-M (Sulfon)	GC/MS/EI	639
Ticlopidine-M (Sulfoxide) ME	GC/MS/EI	913
Ticlopidine-M (Sulfoxide) ME	GC/MS/EI/E	1620
Tilidate	GC/MS/EI	401
Tilidate	GC/MS/EI	402
Tilidate	GC/MS/EI/E	465
Tilidate	GC/MS/EI/E	467
Tilidine	GC/MS/EI	401
Tilidine	GC/MS/EI/E	402
Tilidine	GC/MS/EI/E	465
Tilidine	GC/MS/EI	467
Tilidine-M	GC/MS/EI	182
Tilidine-M (Desmethyl) AC	GC/MS/EI/E	638
Tilidine-M (Desmethyl) AC	GC/MS/EI	647
Tilidine-M (Didesmethyl)	GC/MS/EI/E	183
Tilidine-M (Didesmethyl)	GC/MS/EI	464
Tilidine-M (Didesmethyl)	GC/MS/EI/E	465
Tilidine-M (Didesmethyl) AC	GC/MS/EI	526
Tilidine-M (Didesmethyl) AC	GC/MS/EI/E	907
Tilidine-M (Didesmethyl) OH	GC/MS/EI	297
Tilidine-M (N-Desmethyl)	GC/MS/EI	288
Tilidine-M (N-Desmethyl)	GC/MS/EI/E	464
Tinidazole	GC/MS/EI/E	1240
Tinidazole	GC/MS/EI	1444
Tizanidine	GC/MS/EI	1336
Tizanidine 2AC	GC/MS/EI	1336
Tizanidine AC	GC/MS/EI	1335
Tobramycine	DI/MS/EI	814
Tobramycine	DI/MS/EI/E	1648
β-Tocopherol	GC/MS/EI	1002
β-Tocopherol	GC/MS/EI	1740
γ-Tocopherol	GC/MS/EI	878
Tocopherol acetate	GC/MS/EI	1002
Tocopherol acetate	GC/MS/EI	1740
Tocopherol acetate	GC/MS/EI/E	1741
α-Tocopherol acetate	GC/MS/EI/E	1002
α-Tocopherol acetate	GC/MS/EI	1740
α-Tocopherol acetate	GC/MS/EI	1741
Tolbutamide 2ME	GC/MS/EI/E	376

Tolbutamide 2ME	GC/MS/EI	1345
Tolbutamide ME	GC/MS/EI	378
Tolbutamide ME	GC/MS/EI/E	974
Tolbutamide TMS	GC/MS/EI	209
Tolbutamide TMS	GC/MS/EI/E	1169
Tolcapone	GC/MS/EI	596
Tolcapone	GC/MS/CI	1531
Tolperisone	GC/MS/EI	405
Tolperisone	GC/MS/EI/E	418
Tolperisone	GC/MS/EI/E	593
Toluene	GC/MS/EI	374
Tolycaine	GC/MS/EI/E	339
Tolycaine	GC/MS/EI	360
Tolyloxypropionic acid TMS	GC/MS/EI	1463
Tolyloxypropionic methylester	GC/MS/EI	728
Topiramat-A (-SO$_2$NH)	GC/MS/CI	32
Topiramat-A (-SO$_2$NH)	GC/MS/EI	1251
Topiramate	GC/MS/EI	33
Topiramate	GC/MS/CI	1498
Torasemid	DI/MS/EI	1133
Toxic hydrolysis product of Chin.V-gas	GC/MS/EI	650
Toxic hydrolysis product of Chin.V-gas	GC/MS/EI/E	721
Toxic hydrolysis product of Russian V-gas (VR)	GC/MS/EI	650
Toxic hydrolysis product of VX	GC/MS/EI/E	549
Toxic hydrolysis product of VX	GC/MS/EI	874
Toxic side product of VX	GC/MS/EI/E	549
Toxic side product of VX	GC/MS/EI	663
Tramadol	GC/MS/EI/E	106
Tramadol	GC/MS/EI	147
Tramadol	GC/MS/EI	172
Tramadol	GC/MS/EI/E	1495
Tramadol-A	GC/MS/EI	1174
Tramadol-A	GC/MS/EI	1176
Tramadol AC	GC/MS/EI/E	136
Tramadol AC	GC/MS/EI	1172
Tramadol-A (-H$_2$O)	GC/MS/EI/E	98
Tramadol-A (-H$_2$O)	GC/MS/EI	107
Tramadol-A (-H$_2$O)	GC/MS/EI	167
Tramadol-A (-H$_2$O)	GC/MS/EI/E	168
Tramadol-A (O-desmethyl, -H$_2$O)	GC/MS/EI/E	98
Tramadol-A (O-desmethyl, -H$_2$O)	GC/MS/EI	165
Tramadol-M/A (nor, -H$_2$O) AC	GC/MS/EI/E	1235

Tramadol-M/A (nor, -H$_2$O) AC	GC/MS/EI	1239
Tramadol-M/A (nor, -H$_2$O) AC	GC/MS/EI	1528
Tramadol-M/A (nor, -H$_2$O) AC	GC/MS/EI/E	1530
Tramadol-M (Didesmethyl) 2AC	GC/MS/EI	1641
Tramadol-M (HO-) 2 AC	GC/MS/EI/E	155
Tramadol-M (HO-) 2 AC	GC/MS/EI	1168
Tramadol-M (N-Desmethyl) AC	GC/MS/EI	733
Tramadol-M (O-Desmethyl)	GC/MS/EI/E	103
Tramadol-M (O-Desmethyl)	GC/MS/EI/E	145
Tramadol-M (O-Desmethyl)	GC/MS/EI	182
Tramadol-M (O-Desmethyl)	GC/MS/EI	1451
Tramadol-M (O-Desmethyl) 2AC	GC/MS/EI	154
Tramadol-M (O-Desmethyl) 2AC	GC/MS/EI/E	174
Tramadol-M (OH)	GC/MS/EI	148
Tramadol-M (OH)	GC/MS/EI/E	1545
Tramadol TMS	GC/MS/EI/E	154
Tramadol TMS	GC/MS/EI	1667
Trandolapril-A (-H$_2$O)	GC/MS/CI	1494
Trandolapril-A (-H$_2$O)	GC/MS/EI	1626
Trandolapril-A (-H$_2$O)	GC/MS/EI/E	1734
Tranexamic acid	GC/MS/EI	1
Tranexamic acid	GC/MS/EI/E	12
Tranexamic acid AC	GC/MS/EI/E	2
Tranexamic acid AC	GC/MS/EI	275
Tranexamic acid AC 2ME	GC/MS/EI	43
Tranexamic acid AC 2ME	GC/MS/EI/E	357
Tranexamic acid AC ME	GC/MS/EI/E	176
Tranexamic acid AC ME	GC/MS/EI	1140
Tranexamic acid 2ME	GC/MS/EI	58
Tranexamic acid 2ME	GC/MS/EI/E	1161
Tranexamic acid 3ME	GC/MS/EI	138
Tranexamic acid 3ME	GC/MS/EI/E	1230
Tranexamic acid ME	GC/MS/EI/E	1
Tranexamic acid ME	GC/MS/EI	11
Tranexamic acid N-TFA, 2ME	GC/MS/EI/E	279
Tranexamic acid N-TFA, 2ME	GC/MS/EI	1355
Tranexamic acid N-TFA,O-ME	GC/MS/EI/E	279
Tranexamic acid N-TFA,O-ME	GC/MS/EI	1282
Tranexamic acid OTMS 2ME	GC/MS/EI/E	138
Tranexamic acid OTMS 2ME	GC/MS/EI	1224
Tranexamic acid PFP	GC/MS/EI/E	1154
Tranexamic acid PFP	GC/MS/EI	1478
Tranexamic acid PFP 2ME	GC/MS/EI/E	1179

Tranexamic acid PFP 2ME	GC/MS/EI	1524
Tranexamic acid TFA	GC/MS/EI	1154
Tranexamic acid TFA	GC/MS/EI/E	1273
Tranexamic acid 2TFA ME	GC/MS/EI/E	279
Tranexamic acid 2TFA ME	GC/MS/EI	1355
Tranexamic acid 2TMS	GC/MS/EI/E	462
Tranexamic acid 2TMS	GC/MS/EI	1568
Tranexamic acid 3TMS	GC/MS/EI	1064
Tranexamic acid 3TMS	GC/MS/EI/E	1070
Tranexamic acid TMS	GC/MS/EI/E	2
Tranexamic acid TMS	GC/MS/EI	262
Tranexamic acid 2TMS ME	GC/MS/EI/E	1064
Tranexamic acid 2TMS ME	GC/MS/EI	1082
Trapidil	GC/MS/EI	1079
Trapidil-M	GC/MS/EI	846
Trapidil-M AC	GC/MS/EI/E	847
Trapidil-M AC	GC/MS/EI	1186
Trapidil-M ($-C_2H_5$)	GC/MS/EI	1087
Trazodone-M BUT	GC/MS/EI	1005
Trazodone-M DMBS	GC/MS/EI/E	1465
Trazodone-M DMBS	GC/MS/EI	1621
Trazodone-M PROP	GC/MS/EI	1004
Trazodone-M PROP	GC/MS/EI	1011
Trenbolone acetate	GC/MS/EI	1464
Trenbolone acetate	GC/MS/EI/E	1470
Triacetone triperoxide	GC/MS/EI	21
Triacetone triperoxide	GC/MS/EI/E	22
Triacetone triperoxide	GC/MS/EI	164
Triacontane	GC/MS/EI	87
Triacontane	GC/MS/EI/E	423
Triadimefon	GC/MS/EI/E	83
Triadimefon	GC/MS/EI	1301
Triaziquone	GC/MS/EI	1382
2,3,5-Triaziridin-1-ylcyclohexa-2,5-diene-1,4-dione	GC/MS/EI	1382
Triazolam	GC/MS/EI	1631
Triazothion	GC/MS/EI/E	699
Triazothion	GC/MS/EI	948
Tribenzylamine	GC/MS/EI/E	383
Tribenzylamine	GC/MS/EI	1302
Tribromoanisol	GC/MS/EI	1679
1,3,5-Tribromo-2-methoxy-benzene	GC/MS/EI	1679
Tributylamine	GC/MS/EI	792
Tributylamine	GC/MS/EI/E	803
Tributylphosphate	GC/MS/EI/E	420

Tributylphosphate	GC/MS/EI	421
Tributylphosphate	GC/MS/EI	906
Tributylphosphate	GC/MS/EI/E	908
1,3,5-Trichloranisole	GC/MS/EI	1216
Trichloranisole	GC/MS/EI	1216
2,2,2-Trichlorethanol	GC/MS/EI/E	265
2,2,2-Trichlorethanol	GC/MS/EI	611
Trichlorfon	GC/MS/EI/E	507
Trichlorfon	GC/MS/EI	829
2,2,2-Trichloro-1-dimethoxyphosphoryl-ethanol	GC/MS/EI/E	507
2,2,2-Trichloro-1-dimethoxyphosphoryl-ethanol	GC/MS/EI	829
2,2,2-Trichloroethane-1,1-diol	GC/MS/EI	8
2,2,2-Trichloroethane-1,1-diol	GC/MS/EI	283
2,2,2-Trichloroethane-1,1-diol	GC/MS/EI/E	526
2,2,2-Trichloroethane-1,1-diol	GC/MS/EI/E	586
1,3,5-Trichloro-methoxybenzene	GC/MS/EI	1216
Trichloromethylbenzene	GC/MS/EI/E	932
Trichloromethylbenzene	GC/MS/EI	1206
2-(Trichloromethylsulfanyl)-3a,4,7,7a-tetrahydroisoindole-1,3-dione	GC/MS/EI	276
2-(Trichloromethylsulfanyl)-3a,4,7,7a-tetrahydroisoindole-1,3-dione	GC/MS/EI/E	916
Trichlorphon	GC/MS/EI	507
Trichlorphon	GC/MS/EI/E	829
Triclosan	GC/MS/EI	1571
Triclosan AC	GC/MS/EI	1571
Triclosan AC	GC/MS/EI/E	1587
Tricosane	GC/MS/EI	91
Tridecane	GC/MS/EI	85
Triethanolamine	GC/MS/EI/E	585
Triethanolamine	GC/MS/EI	610
Triethylphosphate	GC/MS/EI	911
Triethylphosphate	GC/MS/EI/E	1143
Trifluoperazine	GC/MS/EI	25
Trifluoperazine	GC/MS/EI/E	1731
2,2,2-Trifluoro-N-methyl-N-trimethylsilyl-acetamide	GC/MS/EI	254
2,2,2-Trifluoro-N-methyl-N-trimethylsilyl-acetamide	GC/MS/EI/E	711
2-[4-[3-[2-(Trifluoromethyl)phenothiazin-10-yl]propyl]-1,4-diazepan-1-yl]ethanol	GC/MS/EI	1017
2-[4-[3-[2-(Trifluoromethyl)phenothiazin-10-yl]propyl]-1,4-diazepan-1-yl]ethanol	GC/MS/EI/E	1553
2-{4-[3-(2-Trifluoromethylphenothiazin-10-yl)propyl]piperazine-1-yl}ethanol	GC/MS/EI/E	1548
2-{4-[3-(2-Trifluoromethylphenothiazin-10-yl)propyl]piperazine-1-yl}ethanol	GC/MS/EI	1741
1-(3-Trifluoromethylphenyl)-2-(N,N-dimethylamino)propan-1-one	GC/MS/EI/E	198
1-(3-Trifluoromethylphenyl)-2-(N,N-dimethylamino)propan-1-one	GC/MS/EI	811
1-(3-Trifluoromethylphenyl)-2-(N-methyl-N-*tert*-butylamino)propan-1-one	GC/MS/EI/E	121
1-(3-Trifluoromethylphenyl)-2-(N-methyl-N-*tert*-butylamino)propan-1-one	GC/MS/EI	814
1-(3-Trifluoromethylphenyl)-2-methylamino-propan-1-one	GC/MS/EI/E	92

1-(3-Trifluoromethylphenyl)-2-methylamino-propan-1-one	GC/MS/EI	811
1-(3-Trifluoromethylphenyl)-2-methylamino-propan-1-one TFA	GC/MS/EI	898
1-(3-Trifluoromethylphenyl)-2-methylamino-propan-1-one TFA	GC/MS/EI/E	1061
1-(3-Trifluoromethylphenyl)-piperazine	GC/MS/CI	1175
1-(3-Trifluoromethylphenyl)-piperazine	GC/MS/EI	1383
1-(3-Trifluoromethylphenyl)-2-*tert*-butylamino-propan-1-one	GC/MS/EI/E	46
1-(3-Trifluoromethylphenyl)-2-*tert*-butylamino-propan-1-one	GC/MS/EI	814
1-(3-Trifluoromethylphenyl)-2-*tert*-butylamino-propan-1-one TFA	GC/MS/EI/E	82
1-(3-Trifluoromethylphenyl)-2-*tert*-butylamino-propan-1-one TFA	GC/MS/EI	781
2-[4-[3-[2-(Trifluoromethyl)thioxanthen-9-ylidene]propyl]piperazin-1-yl]ethanol	GC/MS/EI/E	795
2-[4-[3-[2-(Trifluoromethyl)thioxanthen-9-ylidene]propyl]piperazin-1-yl]ethanol	GC/MS/EI	809
Trifluperidol	GC/MS/EI/E	1522
Trifluperidol	GC/MS/EI	1526
Triflupromazine	GC/MS/EI/E	114
Triflupromazine	GC/MS/EI	334
2,4,5-Trihydroxybenzylalcohol	GC/MS/EI	1229
Triiodomethane	GC/MS/EI	1508
Trimeprazine	GC/MS/EI	150
Trimeprazine	GC/MS/EI/E	1598
Trimeprazine-M (HO) AC	GC/MS/EI/E	156
Trimeprazine-M (HO) AC	GC/MS/EI	1693
Trimeprimin	GC/MS/EI/E	145
Trimeprimin	GC/MS/EI	146
Trimeprimin	GC/MS/EI	1457
Trimeprimin	GC/MS/EI/E	1592
Trimeproprimin	GC/MS/EI	145
Trimeproprimin	GC/MS/EI	146
Trimeproprimin	GC/MS/EI/E	1457
Trimeproprimin	GC/MS/EI/E	1592
Trimethoprim	GC/MS/EI	1577
Trimethoprim	GC/MS/EI	1578
Trimethoprim 2AC	GC/MS/EI	1709
Trimethoprim 2AC	GC/MS/EI	1710
Trimethoprim AC	GC/MS/EI	1662
Trimethoprim AC I	GC/MS/EI	1662
Trimethoprim AC II	GC/MS/EI	1663
Trimethoprim-M (^{3}O-desmethyl)	GC/MS/EI	1491
Trimethoprim-M (^{4}O-desmethyl)	GC/MS/EI	1535
Trimethoprim-M (^{3}O-desmethyl) AC	GC/MS/EI	1610
Trimethoprim-M (^{4}O-desmethyl) AC	GC/MS/EI/E	1536
Trimethoprim-M (^{4}O-desmethyl) AC	GC/MS/EI	1638
3,4,5-Trimethoxy-α-ethylphenethylamine	GC/MS/EI/E	158
3,4,5-Trimethoxy-α-ethylphenethylamine	GC/MS/EI	1153

2,4,5-Trimethoxy-α-methylphenethylamine	GC/MS/CI	58
2,4,5-Trimethoxy-α-methylphenethylamine	GC/MS/EI/E	1150
2,4,5-Trimethoxy-α-methylphenethylamine	GC/MS/EI	1293
2,4,6-Trimethoxy-α-methylphenethylamine	GC/MS/CI	1135
2,4,6-Trimethoxy-α-methylphenethylamine	GC/MS/EI/E	1148
2,4,6-Trimethoxy-α-methylphenethylamine	GC/MS/EI	1293
2,4,5-Trimethoxyamfetamin PFO	GC/MS/EI/E	1128
2,4,5-Trimethoxyamfetamin PFO	GC/MS/EI	1140
Trimethoxyamfetamine	GC/MS/EI	58
Trimethoxyamfetamine	GC/MS/EI/E	1149
2,4,5-Trimethoxyamphetamine	GC/MS/EI	58
2,4,5-Trimethoxyamphetamine	GC/MS/CI	1150
2,4,5-Trimethoxyamphetamine	GC/MS/EI/E	1293
2,4,6-Trimethoxyamphetamine	GC/MS/CI	1135
2,4,6-Trimethoxyamphetamine	GC/MS/EI	1148
2,4,6-Trimethoxyamphetamine	GC/MS/EI/E	1293
3,4,5-Trimethoxyamphetamine	GC/MS/EI	58
3,4,5-Trimethoxyamphetamine	GC/MS/EI/E	1149
Trimethoxyamphetamine	GC/MS/EI	58
Trimethoxyamphetamine	GC/MS/EI/E	1149
2,4,5-Trimethoxyamphetamine AC	GC/MS/EI	1279
2,4,5-Trimethoxyamphetamine AC	GC/MS/EI/E	1509
2,4,6-Trimethoxyamphetamine AC	GC/MS/EI/E	1131
2,4,6-Trimethoxyamphetamine AC	GC/MS/EI	1295
2,4,6-Trimethoxyamphetamine PFO	GC/MS/EI/E	1130
2,4,6-Trimethoxyamphetamine PFO	GC/MS/EI	1141
2,4,5-Trimethoxyamphetamine TFA	GC/MS/EI/E	1128
2,4,5-Trimethoxyamphetamine TFA	GC/MS/EI	1642
2,4,6-Trimethoxyamphetamine 2TFA	GC/MS/EI	1539
2,4,6-Trimethoxyamphetamine 2TFA	GC/MS/EI/E	1543
2,4,6-Trimethoxyamphetamine TFA	GC/MS/EI	1127
2,4,6-Trimethoxyamphetamine TFA	GC/MS/EI/E	1142
2,4,6-Trimethoxyamphetamine TMS	GC/MS/EI	576
2,4,6-Trimethoxyamphetamine TMS	GC/MS/EI/E	583
2,3,4-Trimethoxybenzaldehyde	GC/MS/EI	1221
2,4,5-Trimethoxybenzaldehyde	GC/MS/EI	1223
2,4,6-Trimethoxybenzaldehyde	GC/MS/EI	1221
3,4,5-Trimethoxybenzaldehyde	GC/MS/EI	1223
3,4,5-Trimethoxybenzaldehyde	GC/MS/CI	1224
2,3,4-Trimethoxybenzaldehydeoxime	GC/MS/EI	1115
2,4,5-Trimethoxybenzaldoxime	GC/MS/EI	1308
2,4,6-Trimethoxybenzaldoxime	GC/MS/EI	1115
3,4,5-Trimethoxy-benzenemethanol	GC/MS/EI	1228
3,4,5-Trimethoxybenzoic acid DMBS	GC/MS/EI	1517

3,4,5-Trimethoxybenzoic acid DMBS	GC/MS/EI/E	1521
3,4,5-Trimethoxybenzoic acid TMS	GC/MS/EI	1517
3,4,5-Trimethoxybenzoic acid TMS	GC/MS/EI	1518
1,2,3-Trimethoxybenzonitrile	GC/MS/EI	1205
1-3,4,5-Trimethoxybenzonitrile	GC/MS/EI	1206
3,4,5-Trimethoxybenzoyl-ecgoninemethylester	GC/MS/EI	284
3,4,5-Trimethoxybenzoyl-ecgoninemethylester	GC/MS/EI/E	1136
3,4,5-Trimethoxybenzoyl-ecgoninemethylester	GC/MS/EI	1216
3,4,5-Trimethoxybenzoyl-ecgoninemethylester	GC/MS/EI/E	1310
2,3,4-Trimethoxybenzylalcohol	GC/MS/EI	1229
2,4,5-Trimethoxy-β-ethyl-β-nitrostyrene	GC/MS/EI	1511
3,4,5-Trimethoxy-β-ethyl-β-nitrostyrene	GC/MS/EI	1509
3,4,5-Trimethoxy-β-methyl-β-nitrostyrene	GC/MS/EI	1467
3,4,5-Trimethoxy-β-methyl-β-nitrostyrene	GC/MS/EI	1510
3,4,5-Trimethoxy-β-methyl-β-nitrostyrene	GC/MS/EI	1511
2,4,5-Trimethoxymethamphetamine	GC/MS/EI	135
2,4,5-Trimethoxymethamphetamine	GC/MS/CI	1140
2,4,5-Trimethoxymethamphetamine	GC/MS/EI/E	1149
2,4,6-Trimethoxymethamphetamine	GC/MS/EI	136
2,4,6-Trimethoxymethamphetamine	GC/MS/EI/E	1149
3,4,5-Trimethoxyphenethylchloride	GC/MS/EI	1135
3,4,5-Trimethoxyphenethylchloride	GC/MS/CI	1219
3,4,5-Trimethoxyphenol	GC/MS/EI	1039
1-(3,4,5-Trimethoxyphenyl)-2-aminopropan-1-one	GC/MS/EI/E	60
1-(3,4,5-Trimethoxyphenyl)-2-aminopropan-1-one	GC/MS/EI	1217
1-(3,4,5-Trimethoxyphenyl)-2-aminopropan-1-one TFA	GC/MS/EI/E	1215
1-(3,4,5-Trimethoxyphenyl)-2-aminopropan-1-one TFA	GC/MS/EI	1222
1-(3,4,5-Trimethoxyphenyl)butan-2-amine	GC/MS/EI/E	158
1-(3,4,5-Trimethoxyphenyl)butan-2-amine	GC/MS/EI	1153
2-(3,4,5-Trimethoxyphenyl)ethanamine	GC/MS/EI/E	1138
2-(3,4,5-Trimethoxyphenyl)ethanamine	GC/MS/EI	1140
2-(3,4,5-Trimethoxyphenyl)ethanamine	GC/MS/CI	1304
3,4,5-Trimethoxyphenylethyl-morpholine	GC/MS/CI	446
3,4,5-Trimethoxyphenylethyl-morpholine	GC/MS/EI	448
3,4,5-Trimethoxyphenylethyl-morpholine	GC/MS/EI/E	460
2-(3,4,5-Trimethoxyphenyl)-2-hydroxy-nitroethane	GC/MS/EI	1040
5-[(3,4,5-Trimethoxyphenyl)methyl]pyrimidine-2,4-diamine	GC/MS/EI	1577
5-[(3,4,5-Trimethoxyphenyl)methyl]pyrimidine-2,4-diamine	GC/MS/EI	1578
1-(3,4,5-Trimethoxyphenyl)-2-nitrobut-1-ene	GC/MS/EI	1509
2-(2,4,5-Trimethoxyphenyl)-nitroethane	GC/MS/EI	1213
1-(3,4,5-Trimethoxyphenyl)-2-nitroethene	GC/MS/EI	1415
1-(3,4,5-Trimethoxyphenyl)-2-nitropropane	GC/MS/EI	1283
1-(3,4,5-Trimethoxyphenyl) -1-nitroprop-1-en	GC/MS/EI	1345
1-(2,4,5-Trimethoxyphenyl)-2-nitroprop-1-ene	GC/MS/EI	1467

1-(2,4,6-Trimethoxyphenyl)-2-nitroprop-1-ene	GC/MS/CI	1224
1-(2,4,6-Trimethoxyphenyl)-2-nitroprop-1-ene	GC/MS/EI	1266
1-(3,4,5-Trimethoxyphenyl)-2-nitroprop-1-ene	GC/MS/EI	1467
1-(3,4,5-Trimethoxyphenyl)-2-nitroprop-1-ene I	GC/MS/EI	1510
1-(3,4,5-Trimethoxyphenyl)-2-nitroprop-1-ene II	GC/MS/EI	1511
1-(3,4,5-Trimethoxyphenyl)propan-2-one oxime	GC/MS/EI	1415
1-(3,4,5-Trimethoxyphenyl)-propan-2-on-oxime TFA	GC/MS/EI	1416
1-(3,4,5-Trimethoxyphenyl)-propan-2-on-oxime TFA	GC/MS/EI/E	1475
1-(3,4,5-Trimethoxy-phenyl)propan-2-ylazan	GC/MS/EI/E	58
1-(3,4,5-Trimethoxy-phenyl)propan-2-ylazan	GC/MS/EI	1149
1,2,3-Trimethoxy-5(1-propenyl)-benzene	GC/MS/EI	1280
1,3,7-Trimethyl-3,7-dihydro-8-methoxy-2H-purine-2,6-(1H)-dione	GC/MS/EI	1362
4,11,11-Trimethyl-8-methylenebicyclo[7.2.0]undec-4-ene	GC/MS/EI/E	13
4,11,11-Trimethyl-8-methylenebicyclo[7.2.0]undec-4-ene	GC/MS/EI	1178
1,7,7-Trimethylnorbornan-2-ol	GC/MS/EI/E	399
1,7,7-Trimethylnorbornan-2-ol	GC/MS/EI	524
1,7,7-Trimethylnorbornan-2-one	GC/MS/EI	397
1,8,8-Trimethyl-7-oxabicyclo[2.2.2]octane	GC/MS/EI	22
1-(2,4,6-Trimethylphenyl)-3-(4-morpholinyl)propan-1-one	GC/MS/EI/E	438
1-(2,4,6-Trimethylphenyl)-3-(4-morpholinyl)propan-1-one	GC/MS/EI	441
1-(2,4,6-Trimethylphenyl)-3-(4-morpholinyl)propan-1-one	GC/MS/CI	1490
Trimethyl-phosphate	GC/MS/EI/E	520
Trimethyl-phosphate	GC/MS/EI	777
1,3,7-Trimethylpurine-2,6-dione	GC/MS/EI	1213
2,4,6-Trimethyl-pyridine	GC/MS/EI	621
1,1,6-Trimethyltetraline	GC/MS/EI	938
2,4,6-Trimethyl-2,4,6-triphenyl-cyclotrisiloxane	GC/MS/EI	1633
1,3,7-Trimethylxanthine	GC/MS/EI	1213
Trimipramin	GC/MS/EI/E	145
Trimipramin	GC/MS/EI	146
Trimipramin	GC/MS/EI/E	1457
Trimipramin	GC/MS/EI	1592
Trimipramine	GC/MS/EI/E	145
Trimipramine	GC/MS/EI	146
Trimipramine	GC/MS/EI	1457
Trimipramine	GC/MS/EI/E	1592
Trimipramine-M (-(CH$_3$)$_2$N, H$_2$, Oxo)	GC/MS/EI	1212
Trimipramine-M (Desmethyl, 2HO) 3AC	GC/MS/EI	1647
Trimipramine-M (Desmethyl, 2HO) 3AC	GC/MS/EI/E	1651
Trimipramine-M (Didesmethyl) AC	GC/MS/EI	1284
Trimipramine-M (Didesmethyl) AC	GC/MS/EI/E	1619
Trimipramine-M (Didesmethyl, -HO) 2AC	GC/MS/EI	1504
Trimipramine-M (Didesmethyl, -HO) 2AC	GC/MS/EI/E	1507
Trimipramine-M (Didesmethyl, -HO) 2AC	GC/MS/EI/E	1510

Trimipramine-M (Didesmethyl, -HO) 2AC	GC/MS/EI	1511
Trimipramine-M (Didesmethyl, 2OH) 3AC	GC/MS/EI/E	1649
Trimipramine-M (Didesmethyl, 2OH) 3AC	GC/MS/EI	1738
Trimipramine-M (N-Desmethyl, OH, -H$_2$O) AC	GC/MS/EI/E	1266
Trimipramine-M (N-Desmethyl, OH, -H$_2$O) AC	GC/MS/EI	1269
Trimipramine-M (N-Desmethyl, OH, -H$_2$O) AC	GC/MS/EI/E	1277
Trimipramine-M (N-Desmethyl, OH, -H$_2$O) AC	GC/MS/EI	1297
Trimipramine-M (Nor)	GC/MS/EI	1281
Trimipramine-M (Nor)	GC/MS/EI/E	1548
Trimipramine-M (Nor) AC	GC/MS/EI	1284
Trimipramine-M (Nor) AC	GC/MS/EI	1297
Trimipramine-M (Nor) AC	GC/MS/EI/E	1403
Trimipramine-M (Nor) AC	GC/MS/EI/E	1644
Trimipramine-M (Nor, 2OH) 2AC	GC/MS/EI	1554
Trimipramine-M (Nor, 2OH) 2AC	GC/MS/EI/E	1559
Trimipramine-M (Nor, 2OH) 3AC	GC/MS/EI/E	1647
Trimipramine-M (Nor, 2OH) 3AC	GC/MS/EI	1651
Trimipramine-M (Nor-, OH, -H$_2$O) I	GC/MS/EI/E	1265
Trimipramine-M (Nor-, OH, -H$_2$O) I	GC/MS/EI	1542
Trimipramine-M (OH)	GC/MS/EI/E	147
Trimipramine-M (OH)	GC/MS/EI	156
Trimipramine-M (OH)	GC/MS/EI	1624
Trimipramine-M (OH) AC	GC/MS/EI/E	147
Trimipramine-M (OH) AC	GC/MS/EI	1500
Trimipramine-M (OH) AC	GC/MS/EI	1687
Trimipramine-M (2OH) 2AC I	GC/MS/EI/E	1595
Trimipramine-M (2OH) 2AC I	GC/MS/EI	1596
Trimipramine-M (2OH) 2AC I	GC/MS/EI/E	1732
Trimipramine-M (2OH) 2AC I	GC/MS/EI	1733
Trimipramine-M (2OH) 2AC II	GC/MS/EI	151
Trimipramine-M (2OH) 2AC II	GC/MS/EI/E	156
Trimipramine-M (2OH) 2AC II	GC/MS/EI	1700
Trimipramine-M (Ring OH,-H$_2$O) I	GC/MS/EI	144
Trimipramine-M (bis Nor, OH, -H$_2$O) AC	GC/MS/EI/E	1266
Trimipramine-M (bis Nor, OH, -H$_2$O) AC	GC/MS/EI	1276
Trimipramine-M (desalkyl, OH)	GC/MS/EI	1306
Trimipramine-M (nor OH) 2AC	GC/MS/EI	1504
Trimipramine-M (nor OH) 2AC	GC/MS/EI	1507
Trimipramine-M (nor OH) 2AC	GC/MS/EI/E	1510
Trimipramine-M (nor OH) 2AC	GC/MS/EI/E	1511
Trimipramine-M (nor OH) AC	GC/MS/EI/E	1363
Trimipramine-M (nor OH) AC	GC/MS/EI	1367

Trimorpholinophosphine oxide	GC/MS/EI/E	342
Trimorpholinophosphine oxide	GC/MS/EI	1613
1,3,5-Trinitrotoluene	GC/MS/EI	1298
1,3,5-Trinitrotoluene	GC/MS/EI/E	1299
1,3,5-Trinitrotoluene	GC/MS/EI	1307
1,3,5-Trinitrotoluene	GC/MS/CI	1372
1,3,5-Triphenyl-cyclohexane	GC/MS/EI/E	387
1,3,5-Triphenyl-cyclohexane	GC/MS/EI	1277
Triphenylmethane	GC/MS/EI	1435
Triphenylmethanol	GC/MS/EI	485
Triprolidine	GC/MS/EI/E	1281
Triprolidine	GC/MS/EI	1542
Tris(2-Chloroethyl)amine	GC/MS/EI/E	900
Tris(2-Chloroethyl)amine	GC/MS/EI	930
Tris-Phenethylamine	GC/MS/EI	486
Trisalicylate	GC/MS/EI	1420
Trisalicylide	GC/MS/EI	1420
Tris(2-chloroethyl)amine	GC/MS/EI	900
Tris(2-chloroethyl)amine	GC/MS/EI/E	930
Tris(*tert*-butyldimethylsilyloxyethyl)amine	GC/MS/EI/E	1683
Tris(*tert*-butyldimethylsilyloxyethyl)amine	GC/MS/EI	1685
Tris-(*tert*-butyldimethylsilyl)phosphate	GC/MS/EI	1716
Tris-(*tert*-butyldimethylsilyl)phosphate	GC/MS/EI/E	1717
Trofosfamid	GC/MS/EI/E	1528
Trofosfamid	GC/MS/EI	1540
Tropacocaine	GC/MS/EI/E	631
Tropacocaine	GC/MS/EI	1436
Tropin	GC/MS/EI	283
Tropin AC	GC/MS/EI	631
Tropin AC	GC/MS/EI/E	1147
Tropinone	GC/MS/EI	282
Tropinone	GC/MS/EI/E	400
Tropisetron	GC/MS/CI	631
Tropisetron	GC/MS/EI	635
Truxillic acid 2TMS	GC/MS/EI/E	1257
Truxillic acid 2TMS	GC/MS/EI	1266
Truxinic acid 2TMS	GC/MS/EI/E	1257
Truxinic acid 2TMS	GC/MS/EI	1268
Truxinic acid TMS	GC/MS/EI	1171
Truxinic acid TMS	GC/MS/EI/E	1269
Tryptamine	GC/MS/EI	689
Tryptamine 2AC	GC/MS/EI	803
Tryptamine 2AC	GC/MS/EI/E	1436
Tryptamine AC	GC/MS/EI/E	803

Tryptamine AC	GC/MS/EI	1248
Tryptophane iso-butylester N-iBCF	GC/MS/EI/E	687
Tryptophane iso-butylester N-iBCF	GC/MS/EI	1429
Tyramine	GC/MS/EI	4
Tyramine	GC/MS/EI/E	503
Tyramine	GC/MS/EI/E	752
Tyramine	GC/MS/EI	759
Tyramine 2AC	GC/MS/EI/E	599
Tyramine 2AC	GC/MS/EI	607
Tyramine 2AC	GC/MS/EI	977
Tyramine 2AC	GC/MS/EI/E	1349
Tyramine AC	GC/MS/EI	599
Tyramine AC	GC/MS/EI/E	614
Tyramine O-TMS	GC/MS/EI	1115
Tyramine O-TMS	GC/MS/EI/E	1132
Tyrosamin	GC/MS/EI	4
Tyrosamin	GC/MS/EI/E	503
Tyrosamin	GC/MS/EI	752
Tyrosamin	GC/MS/EI/E	759
Tyrosamine	GC/MS/EI	4
Tyrosamine	GC/MS/EI	503
Tyrosamine	GC/MS/EI/E	752
Tyrosamine	GC/MS/EI/E	759
Tyrosine iso-butylester	GC/MS/EI/E	983
Tyrosine iso-butylester	GC/MS/EI	1404
Tyrosine iso-butylester N-iBCF	GC/MS/EI	983
Tyrosine iso-butylester N-iBCF	GC/MS/EI/E	1344
Undecane	GC/MS/EI	88
Undecane	GC/MS/EI/E	920
Urea	GC/MS/EI	40
Urea AC	GC/MS/EI/E	38
Urea AC	GC/MS/EI	175
Urea AC	GC/MS/EI	461
Urea 2TMS	GC/MS/EI	829
Urea 2TMS	GC/MS/EI/E	1182
Urotropine	GC/MS/EI	775
Urotropine	GC/MS/EI	776
V12	GC/MS/EI/E	320
V12	GC/MS/EI	437
V-Gas Russian	GC/MS/EI/E	321
V-Gas Russian	GC/MS/EI	438
V-Gas acid TBDMS ester (Chinese or Russian)	GC/MS/EI/E	322
V-Gas acid TBDMS ester (Chinese or Russian)	GC/MS/EI	612
VR	GC/MS/EI/E	321

VR	GC/MS/EI	438
VR-gas hydrolysis product ME	GC/MS/EI/E	526
VR-gas hydrolysis product ME	GC/MS/EI/E	527
VR-gas hydrolysis product ME	GC/MS/EI	634
VR-gas hydrolysis product ME	GC/MS/EI	753
VR hydrolysis product	GC/MS/EI	311
VR hydrolysis product	GC/MS/EI/E	348
VR hydrolysis product TBDMS	GC/MS/EI/E	889
VR hydrolysis product TBDMS	GC/MS/EI	900
VX	GC/MS/EI	544
VX	GC/MS/EI/E	651
VX-A	GC/MS/EI	542
VX-A	GC/MS/EI/E	562
VX and VR hydrolysis product ME	GC/MS/EI	392
VX artifact	GC/MS/EI	544
VX artifact	GC/MS/EI/E	651
VX hydrolysis product	GC/MS/EI/E	542
VX hydrolysis product	GC/MS/EI	563
VX hydrolysis product ME	GC/MS/EI/E	275
VX hydrolysis product ME	GC/MS/EI	520
VX hydrolysis product ME	GC/MS/EI	526
VX hydrolysis product ME	GC/MS/EI/E	628
VX hydrolysis product ME	GC/MS/EI	898
VX hydrolysis product TBDMS	GC/MS/EI	542
VX hydrolysis product TBDMS	GC/MS/EI/E	565
VX side product	GC/MS/EI/E	276
VX side product	GC/MS/EI	1030
VX side product and artefact	GC/MS/EI	276
Valdecoxib	GC/MS/EI	1632
Valdecoxib AC	GC/MS/EI	32
Valdecoxib 2ME	GC/MS/EI	30
Valdecoxib ME	GC/MS/EI	1656
Valerophenone TMS	GC/MS/EI	247
Valerophenone TMS	GC/MS/EI/E	1394
Valium	GC/MS/EI	1478
Valium	GC/MS/EI	1561
Valproic acid	GC/MS/EI/E	235
Valproic acid	GC/MS/EI	558
Valsartane	DI/MS/EI	1103
Valsartane	DI/MS/EI/E	1722
Valsartane 2ME	GC/MS/EI/E	1712
Valsartane 2ME	GC/MS/EI	1713
Vanillin	GC/MS/EI	879
Vanillin AC	GC/MS/EI/E	889

Vanillin AC	GC/MS/EI	1212
Vardenafil	DI/MS/EI/E	533
Vardenafil	GC/MS/EI/E	534
Vardenafil	DI/MS/EI	552
Vardenafil	GC/MS/EI	1754
Vardenafil-A	GC/MS/EI	1562
Veltol	GC/MS/EI	648
Venlafaxine	GC/MS/EI	125
Venlafaxine	GC/MS/EI	126
Venlafaxine	GC/MS/EI	708
Venlafaxine	GC/MS/EI/E	727
Venlafaxine AC	GC/MS/EI/E	139
Venlafaxine AC	GC/MS/EI	1245
Venlafaxine AC	GC/MS/EI	1251
Venlafaxine AC	GC/MS/EI	1536
Venlafaxine AC	GC/MS/EI/E	1640
Venlafaxine-A ($-H_2O$)	GC/MS/EI	100
Venlafaxine-A ($-H_2O$)	GC/MS/EI/E	137
Venlafaxine-A ($-H_2O$)	GC/MS/EI	153
Venlafaxine-A ($-H_2O$)	GC/MS/EI/E	173
Venlafaxine-A ($-H_2O$)	GC/MS/EI/E	1192
Venlafaxine-A ($-H_2O$)	GC/MS/EI	1235
Venlafaxine-A (Hydroxybenzyl-cyclohexen)	GC/MS/EI	1173
Venlafaxine-M/A AC (Acetoxybenzyl-cyclohexen)	GC/MS/EI	1173
Venlafaxine-M/A (O-desmethyl, $-H_2O$)	GC/MS/EI/E	106
Venlafaxine-M/A (O-desmethyl, $-H_2O$)	GC/MS/EI	164
Venlafaxine-M/A (nor, O-desmethyl, $-H_2O$) 2AC	GC/MS/EI/E	1236
Venlafaxine-M/A (nor, O-desmethyl, $-H_2O$) 2AC	GC/MS/EI	1426
Venlafaxine-M (N-Desmethyl) AC	GC/MS/EI	709
Venlafaxine-M (N-Desmethyl) AC	GC/MS/EI	712
Venlafaxine-M (N-Desmethyl) AC	GC/MS/EI/E	728
Venlafaxine-M (N-Desmethyl) AC	GC/MS/EI/E	1278
Venlafaxine-M (O-Nor) AC	GC/MS/EI/E	138
Venlafaxine-M (O-Nor) AC	GC/MS/EI	1234
Venlafaxine-M (O-desmethyl)	GC/MS/EI	122
Venlafaxine-M (O-desmethyl)	GC/MS/EI/E	1014
Venlafaxine-M (O-desmethyl) 2AC	GC/MS/EI	136
Venlafaxine-M (O-desmethyl) 2AC	GC/MS/EI/E	1379
Venlafexine TMS	GC/MS/EI	111
Venlafexine TMS	GC/MS/EI/E	239
Verapamil	GC/MS/EI	1609
Verapamil	GC/MS/EI/E	1612

Verapamil-M (N-Desalkyl, -CH$_3$) AC	GC/MS/EI	1534
Verapamil-M (N-desalkyl)	GC/MS/EI	990
Verapamil-M (N-desalkyl) AC	GC/MS/EI	1446
Verapamil-M (Nor)	GC/MS/EI/E	1573
Verapamil-M (Nor)	GC/MS/EI	1577
Verapamil-M (Nor)	GC/MS/EI	1586
Veratrole	GC/MS/EI	762
V-gas Chin.	GC/MS/EI/E	320
V-gas Chin.	GC/MS/EI	437
Viagra	GC/MS/EI	422
Vinclozoline	GC/MS/EI	1310
3-Vinyl-1*H*-indole	GC/MS/EI	805
3-Vinylindole	GC/MS/EI	805
Viridicatin	GC/MS/EI	1404
Viridicatin 2TMS	GC/MS/EI	1701
Viridicatin 2TMS	GC/MS/EI/E	1714
Vitamin B	GC/MS/EI	394
Vitamin B6 acetate	GC/MS/EI/E	27
Vitamin B6 acetate	GC/MS/EI/E	877
Vitamin B6 acetate	GC/MS/EI	1468
Vitamin B6 acetate	GC/MS/EI	1470
Vitamin E	GC/MS/EI	1002
Vitamin E	GC/MS/EI	1740
Warfarin	GC/MS/EI	1500
Warfarin	GC/MS/EI/E	1503
Warfarin	GC/MS/EI	1506
Warfarin	GC/MS/EI/E	1618
Warfarin AC	GC/MS/EI	1503
Warfarin TMS	GC/MS/EI	1669
Xipamide	GC/MS/EI	609
Xipamide	GC/MS/EI/E	617
Xipamide	DI/MS/EI/E	1616
Xipamide	DI/MS/EI	1689
Xipamide-A (-SO$_2$NH)	GC/MS/EI	613
Xipamide-A (-SO$_2$NH)	GC/MS/EI/E	910
Xipamide 4ME	GC/MS/EI	1575
Xipamide 3ME II	GC/MS/EI	1536
Xylitol 5AC	GC/MS/EI/E	568
Xylitol 5AC	GC/MS/EI	1577
Yohimban-17-one	GC/MS/EI	1592
δ-Yohimbin	GC/MS/EI	1686
Yohimbine	GC/MS/EI	1688
Yohimbine	GC/MS/EI	1689

Yohimbine AC	GC/MS/EI	1725
Yohimbinic acid	DI/MS/EI	1672
Yohimbinic acid (-COOH)	GC/MS/EI	1589
Yohimbon	GC/MS/EI	1592
(3Z)-3-Dibenzo[b,E]oxepin-11-(6H)-ylidene-N-methyl-1-propanamine	GC/MS/EI/E	60
(3Z)-3-Dibenzo[b,E]oxepin-11-(6H)-ylidene-N-methyl-1-propanamine	GC/MS/EI	1253
11-((Z)-3-(Dimethylamino)propylidene)-6,11-dihydrodibenz(b,e)oxepin-2-acetic acid	GC/MS/EI	105
11-((Z)-3-(Dimethylamino)propylidene)-6,11-dihydrodibenz(b,e)oxepin-2-acetic acid	GC/MS/EI/E	170
2-[4-[(Z)-1,2-Diphenylbut-1-enyl]phenoxy]-N,N-dimethyl-ethanamine	GC/MS/EI/E	204
2-[4-[(Z)-1,2-Diphenylbut-1-enyl]phenoxy]-N,N-dimethyl-ethanamine	GC/MS/EI	673
(2Z,5S,8S,9S,10S,13S,14S,17S)-17-Hydroxy-2-(hydroxymethylidene)-10,13,17-trimethyl-1,4,5,6,7,8,9,11,12,14,15,16-dodecahydrocyclopenta[a]phenanthren-3-one	GC/MS/EI/E	1320
(2Z,5S,8S,9S,10S,13S,14S,17S)-17-Hydroxy-2-(hydroxymethylidene)-10,13,17-trimethyl-1,4,5,6,7,8,9,11,12,14,15,16-dodecahydrocyclopenta[a]phenanthren-3-one	GC/MS/EI	1662
(Z,Z)-9,12-Octadecadienoic acid	GC/MS/EI/E	180
(Z,Z)-9,12-Octadecadienoic acid	GC/MS/EI	181
(Z,Z)-9,12-Octadecadienoic acid	GC/MS/EI	630
Zaleplon	GC/MS/EI	1447
Zaleplon	GC/MS/EI	1449
Zolpidem	GC/MS/EI/E	1400
Zolpidem	GC/MS/EI	1404
Zolpidem	GC/MS/EI/E	1405
Zolpidem-M (4'-COOH) ME	GC/MS/EI	1545
Zolpidem-M (4'-COOH) ME	GC/MS/EI/E	1549
Zolpidem-M (4'-COOH) ME	GC/MS/EI/E	1550
Zolpidem-M (COOH) ME	GC/MS/EI	1402
Zolpidem-M (COOH) ME	GC/MS/EI/E	1591
Zolpidem-M (6,4'-Di-COOH) ME	GC/MS/EI	1544
Zolpidem-M (6,4'-Di-COOH) ME	GC/MS/EI/E	1670
Zoocoumarin	GC/MS/EI	1500
Zoocoumarin	GC/MS/EI/E	1503
Zoocoumarin	GC/MS/EI	1506
Zoocoumarin	GC/MS/EI/E	1618
Zopiclone	GC/MS/EI/E	800
Zopiclone	GC/MS/EI	1445
Zopiclone-M	GC/MS/EI	1441
Zopiclone-M/A ME	GC/MS/EI	1443
Zopiclone-M (-$C_6H_{11}N_2O_2$)	GC/MS/EI	1440
Zopiclone-M (-$C_6H_{11}N_2O_2$)	GC/MS/EI	1441
Zopiclone-M (-$C_6H_{11}N_2O_2$) AC	GC/MS/EI	1490
Zopiclone-M (-$C_6H_{11}N_2O_2$) AC	GC/MS/EI	1493
Zopiclone-M (-$C_6H_{11}N_2O_2$) AC	GC/MS/EI/E	1612
Zopiclone-M (Nor)	GC/MS/EI/E	1441

Zopiclone-M (Nor)	GC/MS/EI	1453
Zoxamide-A TMS	GC/MS/EI	1050
Zoxamide-A TMS	GC/MS/EI/E	1170
Zyban	GC/MS/EI	46
Zyban	GC/MS/EI/E	527
Zyban	GC/MS/CI	1157
(-)-9a-Allylmorphinan-3-ol	GC/MS/EI	1558
3a-(3,4-Dimethoxyphenyl)-1-methyl-3,4,5,6,7,7a-hexahydro-2H-indol-6-ol	GC/MS/EI	1578
(4,5a-Epoxy-3-methoxy-17-methylmorphin-6-en-6-yl)acetate	GC/MS/EI	1599
(6aR,10aR)-6,6,9-Trimethyl-3-pentyl-6a,7,10,10a-tetrahydro-6H-benzo[c]chromen-1-ol	GC/MS/EI	1384
(3aR,7aS)-3a-(3,4-Dimethoxyphenyl)-1-methyl-2,3,7,7a-tetrahydroindol-6-one	GC/MS/EI	189
4aS,6R,8AS-4a,5,9,10,11,12-Hexahydro-3-methoxy-11-methyl-6H-benzofuro[3a,3,2-ef]-benzrazepin-6-ol	GC/MS/EI	1568
(3aS,7aS)-3a-(3,4-Dimethoxyphenyl)-1-methyl-2,3,4,5,7,7a-hexahydroindol-6-one	GC/MS/EI	1337
5,6,6a,7-Tetrahydro-6-methyl-4H-dibenzo-[de,g]quinoline-10,11-diol	GC/MS/EI	1505
alpha-MT	GC/MS/EI/E	49
alpha-MT	GC/MS/CI	700
alpha-MT	GC/MS/EI	929
2-[4-[4,4-bis(4-Fluorophenyl)butyl]piperazin-1-yl]-N-(2,6-dimethylphenyl)acetamide	GC/MS/EI/E	1678
2-[4-[4,4-bis(4-Fluorophenyl)butyl]piperazin-1-yl]-N-(2,6-dimethylphenyl)acetamide	GC/MS/EI	1682
1-[1-[4,4-bis(4-Fluorophenyl)butyl]-4-piperidyl]-3H-benzoimidazol-2-one	GC/MS/EI	1378
1-[1-[4,4-bis(4-Fluorophenyl)butyl]-4-piperidyl]-3H-benzoimidazol-2-one	GC/MS/EI/E	1750
1-[bis(4-Fluorophenyl)methyl]-4-cinnamyl-piperazine	GC/MS/EI	1240
1-[bis(4-Fluorophenyl)methyl]-4-cinnamyl-piperazine	GC/MS/EI/E	1250
bis(4-Fluorophenyl)-methyl-(1,2,4-triazol-1-ylmethyl)silane	GC/MS/EI	1389
bis(4-Fluorophenyl)-methyl-(1,2,4-triazol-1-ylmethyl)silane	GC/MS/EI/E	1397
2-(bis(2-Hydroxyethyl)amino)ethanol	GC/MS/EI/E	585
2-(bis(2-Hydroxyethyl)amino)ethanol	GC/MS/EI	610
4,5-bis(Hydroxymethyl)-2-methyl-pyridin-3-ol	GC/MS/EI	394
2-(but-2-Enoyl-ethyl-amino)-N,N-dimethyl-butanamide	GC/MS/EI/E	330
2-(but-2-Enoyl-ethyl-amino)-N,N-dimethyl-butanamide	GC/MS/EI	1130
2-(but-2-Enoyl-propyl-amino)-N,N-dimethyl-butanamide	GC/MS/EI	432
2-(but-2-Enoyl-propyl-amino)-N,N-dimethyl-butanamide	GC/MS/EI/E	1216
8-chloro-6-(2-fluorophenyl)-1-methyl-	GC/MS/EI/E	1622
8-chloro-6-(2-fluorophenyl)-1-methyl-	GC/MS/EI	1623
8-chloro-6-(2-fluorophenyl)-1-methyl-	GC/MS/CI	1650
8-chloro-6-(2-fluorophenyl)-1-methyl-	GC/MS/EI	1653
d-Cocaine	GC/MS/EI	1136
3,5-di-tert-Butyl-4-hydroxybenzyl alcohol	GC/MS/EI/E	1353
3,5-di-tert-Butyl-4-hydroxybenzyl alcohol	GC/MS/EI	1405
dl-Tropyltropate	GC/MS/EI	632
dl-Tropyltropate	GC/MS/CI	634
dl-Tropyltropate	GC/MS/EI/E	640
5-hex-3-yn-2-yl-1-Methyl-5-prop-2-enyl-1,3-diazinane-2,4,6-trione	GC/MS/EI	11

Compound	Method	Page
5-hex-3-yn-2-yl-1-Methyl-5-prop-2-enyl-1,3-diazinane-2,4,6-trione	GC/MS/EI/E	1390
17-Allyl-17-normorphine	GC/MS/EI	1625
9*H*-Carbazol-4-ol	GC/MS/EI	1147
1-(9*H*-Carbazol-4-yloxy)-3-[2-(2-methoxyphenoxy)ethylamino]propan-2-ol	DI/MS/EI	1148
1-(9*H*-Carbazol-4-yloxy)-3-[2-(2-methoxyphenoxy)ethylamino]propan-2-ol	DI/MS/EI/E	1731
5*H*-Dibenz[b,f]azepine	GC/MS/EI	1205
5*H*-Dibenz[*b,f*]azepine-5-carboxamide	GC/MS/EI	1201
5*H*-Dibenz[*b,f*]azepine-5-carboxamide	GC/MS/CI	1408
2-{4-[3-(5*H*-Dibenz[b,f]azepin-5-yl)propyl]piperazine-1-yl}ethanol	GC/MS/EI	1269
2-{4-[3-(5*H*-Dibenz[b,f]azepin-5-yl)propyl]piperazine-1-yl}ethanol	GC/MS/EI	1697
3-(5*H*-Dibenzo[a,d]-cyclohepten-5-ylidene)-N,N-dimethylpropylamine	GC/MS/EI/E	155
3-(5*H*-Dibenzo[a,d]-cyclohepten-5-ylidene)-N,N-dimethylpropylamine	GC/MS/EI	1328
4-(5*H*-Dibenzo[a,d]-cyclohepten-5-ylidene)-1-methylpiperidine	GC/MS/EI	1569
4*H*-Imidazo[1,5-a][1,4]benzodiazepine	GC/MS/EI	1622
4*H*-Imidazo[1,5-a][1,4]benzodiazepine	GC/MS/EI	1623
4*H*-Imidazo[1,5-a][1,4]benzodiazepine	GC/MS/EI/E	1650
4*H*-Imidazo[1,5-a][1,4]benzodiazepine	GC/MS/CI	1653
1*H*-Indole	GC/MS/EI	583
1*H*-Indole-3-aceticacid-ethyl-ester	GC/MS/EI/E	686
1*H*-Indole-3-aceticacid-ethyl-ester	GC/MS/EI	1249
1*H*-Indole-3-aceticacid-methyl-ester	GC/MS/EI	688
1*H*-Indole-3-butanoic acid	GC/MS/EI	688
1*H*-Indole-3-carbaldehyde	GC/MS/EI	809
1*H*-Indole-3-carbonitrile	GC/MS/EI	792
1*H*-Indole-2,3-dione	GC/MS/EI	593
1*H*-Indole-3-ethanol	GC/MS/EI/E	686
1*H*-Indole-3-ethanol	GC/MS/EI	950
1*H*-Indole-3-propanoic acid methyl ester	GC/MS/EI	688
1*H*-Indol-5-ol	GC/MS/EI	702
2-(1*H*-Indol-3-yl)-N,N-dimethyl-ethanamine	GC/MS/EI	136
2-(1*H*-Indol-3-yl)-N,N-dimethyl-ethanamine	GC/MS/EI/E	1173
1*H*-Indol-3-yl acetate	GC/MS/EI	705
4-(1*H*-Indol-3-yl)butanoic acid	GC/MS/EI	688
2-(1*H*-Indol-3-yl)ethanamine	GC/MS/EI	689
1-(1*H*-Indol-3-yl)ethanone	GC/MS/EI	811
1-(1*H*-Indol-3-yl)ethanone AC	GC/MS/EI	810
10*H*-Phenothiazine	GC/MS/EI	1231
2*H*-Phthalazin-1-one	GC/MS/EI	822
4*H*-Pyran-4-one-2-ethyl-3-hydroxy	GC/MS/EI	779
10*H*-Pyrido[3,2-b][1,4]benzothiazine	GC/MS/EI	1236
5*H*-1-Pyrindine	GC/MS/EI	578
1*H*-Quinolin-2-one	GC/MS/EI	812
9*H*-Thioxanthen-9-one,2-chloro-	GC/MS/EI	1441
2*H*-1,2,4-Triazol-3-amine	GC/MS/EI	292

1-Iso-Propyl-3-[(4-m-toluidino-3-pyridyl)sulfonyl]-urea	DI/MS/EI	1133
(2R*,6R*,11R*)-1,2,3,4,5,6-Hexahydro-6,11-dimethyl-3-(3-methyl-2-butenyl)-2,6-methano-3-benzazocin-8-ol	GC/MS/EI	1329
(2R*,6R*,11R*)-1,2,3,4,5,6-Hexahydro-6,11-dimethyl-3-(3-methyl-2-butenyl)-2,6-methano-3-benzazocin-8-ol	GC/MS/EI/E	1564
(RS)-5-(3-Dimethylamino-2-methyl-propyl)-10,11-dihydro-5H-dibenz[b,f]azepine	GC/MS/EI	145
(RS)-5-(3-Dimethylamino-2-methyl-propyl)-10,11-dihydro-5H-dibenz[b,f]azepine	GC/MS/EI/E	146
(RS)-5-(3-Dimethylamino-2-methyl-propyl)-10,11-dihydro-5H-dibenz[b,f]azepine	GC/MS/EI	1457
(RS)-5-(3-Dimethylamino-2-methyl-propyl)-10,11-dihydro-5H-dibenz[b,f]azepine	GC/MS/EI/E	1592
(RS)-1,2,3,4,10,14b-Hexahydro-2-methylpyrazino[2,1-a]pyrido[2,3-c][2]benzazepine	GC/MS/EI	1215
(RS)-1,2,3,4,10,14b-Hexahydro-2-methylpyrazino[2,1-a]pyrido[2,3-c][2]benzazepine	GC/MS/EI/E	1222
(RS)-1,2,3,4,10,14b-Hexahydro-2-methylpyrazino[2,1-a]pyrido[2,3-c][2]benzazepine	GC/MS/EI/E	1281
1,2,3,4,10,14b-Hexahydro-2-methyldibenzo[c,f]pyrazino[1,2-a]azepine	GC/MS/EI	1203
cis-(+)-3-(Acetyloxy)-5-[2-(dimethylamino)ethyl]-2,3-dihydro-2-(4-methoxyphenyl)-1,5-benzothiazepin-4-(5H)-one	GC/MS/EI/E	108
cis-(+)-3-(Acetyloxy)-5-[2-(dimethylamino)ethyl]-2,3-dihydro-2-(4-methoxyphenyl)-1,5-benzothiazepin-4-(5H)-one	GC/MS/EI	214
cis-Cinnamoylcocaine	GC/MS/EI	285
cis-Cinnamoylcocaine	GC/MS/EI/E	1414
cis-Δ9-Tetradecenoic acid methyl ester	GC/MS/EI	74
cis-Δ9-Tetradecenoic acid methyl ester	GC/MS/EI/E	525
iso-Ajmaline 2AC	DI/MS/EI	1732
2-(iso-Butylamino)-ethanol	GC/MS/EI	361
2-(iso-Butylamino)-ethanol	GC/MS/EI/E	462
iso-Butylhexadecanoate	GC/MS/EI	81
iso-Butylhexadecanoate	GC/MS/EI/E	1479
iso-Butyl-tert-butyldimethylsilyl-methylphosphonate	GC/MS/EI/E	889
iso-Butyl-tert-butyldimethylsilyl-methylphosphonate	GC/MS/EI	900
(±)-1-iso-Propylamino-3-[4-(2-methoxyethyl)phenoxy]-2-propanol	GC/MS/EI/E	197
(±)-1-iso-Propylamino-3-[4-(2-methoxyethyl)phenoxy]-2-propanol	GC/MS/EI	782
(±)-1-iso-Propylamino-3-[4-(2-methoxyethyl)phenoxy]-2-propanol	GC/MS/EI	1358
2-iso-Propylamino-1-phenylbutan-1-one	GC/MS/EI	428
2-iso-Propylamino-1-phenylbutan-1-one	GC/MS/EI/E	454
2-iso-Propylamino-1-phenylethanone	GC/MS/EI	194
2-iso-Propylamino-1-phenylethanone	GC/MS/EI/E	269
2-(iso-Propylamino)propiophenone	GC/MS/EI/E	305
2-(iso-Propylamino)propiophenone	GC/MS/EI	477
2-(iso-Propylamino)propiophenone TFA	GC/MS/EI	780
2-(iso-Propylamino)propiophenone TFA	GC/MS/EI/E	1150
iso-Propyl dodecanoate	GC/MS/EI	37
iso-Propylmescaline	GC/MS/EI	227
iso-Propylmescaline	GC/MS/EI/E	1143
2-iso-Propyl-5-methylphenol	GC/MS/EI	723
2-iso-Propyl-5-methylphenol	GC/MS/EI	736
2-iso-Propyl-5-(1-propenyl(2))-1,4-benzenediole	GC/MS/EI	1089

2-iso-Propyl-5-(1-propenyl(2))phenol	GC/MS/EI	946
iso-Propyl-tert-butyldimethylsilyl-methylphosphonate	GC/MS/EI	890
iso-Propyl-tert-butyldimethylsilyl-methylphosphonate	GC/MS/EI/E	902
iso-Propyl-tetradecanoate	GC/MS/EI	463
4-iso-Proylbenzoic acid	GC/MS/EI	859
m-Anisaldehyde	GC/MS/EI	743
m-Bis(m-phenoxyphenoxy)benzene	GC/MS/EI	1746
m-Chloropropiophenone	GC/MS/EI	767
m-Cresol	GC/MS/EI	499
m-Trifluoromethylphenylpiperazine	GC/MS/EI	1175
m-Trifluoromethylphenylpiperazine	GC/MS/CI	1383
m-Trifluoromethylphenylpiperazine AC	GC/MS/EI	1238
m-Trifluoromethylphenylpiperazine ME	GC/MS/EI	1431
m-Trifluoromethylphenylpiperazine-N-carboxytrimethylsilylester	GC/MS/EI	1238
m-Trifluoromethylphenylpiperazine PROP	GC/MS/EI	1236
m-Trifluoromethylphenylpiperazine PROP	GC/MS/EI/E	1567
m-Trifluoromethylphenylpiperazine TMS	GC/MS/EI	1607
o-Aminophenol	GC/MS/EI	518
o-Anisaldehyde	GC/MS/EI	742
o-Benzyl-p-chlorophenol	GC/MS/EI	1337
o-Benzyl-p-chlorophenol	GC/MS/EI/E	1488
o-Chloro-benzoic acid	GC/MS/EI	767
o-Chloro-benzylidenemalodinitrile	GC/MS/EI	894
o-Diacetoxybenzene	GC/MS/EI	521
o-Diacetoxybenzene	GC/MS/EI	522
o-Diacetoxybenzene	GC/MS/EI/E	880
o-Diacetoxybenzene	GC/MS/EI/E	1209
5-(o-Fluorophenyl)-1,3-dihydro-1-methyl-7-nitro-2H-1,4-benzodiazepin-2-one	GC/MS/EI	1629
o-Iodobenzoic acid	GC/MS/EI	1449
o-Methoxyphenylpiperazine	GC/MS/EI	864
o-Methoxyphenylpiperazine AC	GC/MS/EI	959
o-Methoxyphenylpiperazine ME	GC/MS/EI	1263
o-Methoxyphenylpiperazine-N-carboxytrimethylsilylester	GC/MS/EI	960
o-Methoxyphenylpiperazine TMS	GC/MS/EI	1497
o-Methylacetanilide	GC/MS/EI	500
3-o-Methyl-17-nor-morphine	GC/MS/EI	1563
o-Nitrobenzaldehyde	GC/MS/EI	620
o-Nitrobenzaldehyde	GC/MS/EI/E	626
o-Nitrobenzaldehyde oxime	GC/MS/EI/E	737
o-Nitrobenzaldehyde oxime	GC/MS/EI	750
o-Nitrobenzonitrile	GC/MS/EI	463
o-Nitro-diphenylamine	GC/MS/EI	1320
p-Aminophenol	GC/MS/EI	518
p-Anisaldehyde	GC/MS/EI	721

p-Anisylchloride	GC/MS/EI/E	621
p-Anisylchloride	GC/MS/EI	917
p-Anisylnitrile	GC/MS/EI	707
p-Chlorobenzoic acid	GC/MS/EI	768
p-Chlorobenzoic acid methyl ester	GC/MS/EI	773
p-Chlorobenzylalcohol	GC/MS/EI	499
p-Cresol	GC/MS/EI	498
p-Cresol AC	GC/MS/EI/E	503
p-Cresol AC	GC/MS/EI	865
p-Cresol TFA	GC/MS/EI	957
p-Cymol	GC/MS/EI	597
p-Hydroxyphenylacetic acid 2TMS	GC/MS/EI/E	249
p-Hydroxyphenylacetic acid 2TMS	GC/MS/EI	1595
p-Hydroxyphenylacetic acid TMS	GC/MS/EI	1110
p-Menthan-3-ol	GC/MS/EI/E	191
p-Menthan-3-ol	GC/MS/EI	771
p-Menth-8(9)-ene-1,2-diol	GC/MS/EI/E	192
p-Menth-8(9)-ene-1,2-diol	GC/MS/EI	896
p-Menth-1-en-3-one	GC/MS/EI	524
p-Menth-1-en-3-one	GC/MS/EI/E	760
3-*p*-Menthylisovalerate	GC/MS/EI	761
3-*p*-Menthylisovalerate	GC/MS/EI/E	770
p-Methoxypropiophenone	GC/MS/EI/E	717
p-Methoxypropiophenone	GC/MS/EI	745
p-Methylanisole	GC/MS/EI	626
5-(*p*-Methylphenyl)-5-phenylhydantoine	GC/MS/EI	1124
p-Phenylbenzonitrile	GC/MS/EI	1114
p-Toluenesulfonic acid	GC/MS/EI	370
p-Toluicacidbutylester	GC/MS/EI	598
p-Toluicacidbutylester	GC/MS/EI/E	1196
p-Toluoylchloride	GC/MS/EI/E	590
p-Toluoylchloride	GC/MS/EI	604
p-tert-Butylbenzoate	GC/MS/EI	1098
p-tert-Butylbenzoate	GC/MS/EI/E	1196
2-(*sec*-Butylamino)-1-phenylbutan-1-one	GC/MS/EI/E	540
2-(*sec*-Butylamino)-1-phenylbutan-1-one	GC/MS/EI	565
2-*sec*-Butylaminovalerophenone	GC/MS/EI/E	659
2-*sec*-Butylaminovalerophenone	GC/MS/EI	672
sec-Butylhexadecanoate	GC/MS/EI	88
2-*sec*-Butylimino-1-phenylbutan-1-one	GC/MS/EI/E	77
2-*sec*-Butylimino-1-phenylbutan-1-one	GC/MS/EI	537
iso-butyl ester	GC/MS/EI/E	81
iso-butyl ester	GC/MS/EI	1479
2-(*tert*-Butylamino)-1-phenylbutan-1-one	GC/MS/EI	122

2-(*tert*-Butylamino)-1-phenylbutan-1-one	GC/MS/EI/E	566
4-*tert*-Butyl-2,6-diisopropylphenol	GC/MS/EI	1343
tert-Butyl-docosanoate	GC/MS/EI/E	1673
tert-Butyl-docosanoate	GC/MS/EI	1677
tert-Butyl-eicosanoate	GC/MS/EI/E	12
tert-Butyl-eicosanoate	GC/MS/EI	1633
tert-Butyl-hexadecanoate	GC/MS/EI/E	10
tert-Butyl-hexadecanoate	GC/MS/EI	397
tert-Butyl-octadecanoate	GC/MS/EI	12
tert-Butyl-octadecanoate	GC/MS/EI/E	1568
1-(4-*tert*-Butylphenyl)-2-diethylaminopropan-1-one	GC/MS/EI	425
1-(4-*tert*-Butylphenyl)-2-diethylaminopropan-1-one	GC/MS/EI/E	451
tert-Butyl-tetracosanoate	GC/MS/EI	13
tert-Butyl-tetracosanoate	GC/MS/EI/E	1706
trans-4-[(2-Amino-3,5-dibromobenzyl)amino]-cyclohexanol	GC/MS/EI/E	551
trans-4-[(2-Amino-3,5-dibromobenzyl)amino]-cyclohexanol	GC/MS/EI	1585
trans-4-Aminomethyl-cyclohexanecarboxylic acid	GC/MS/EI/E	1
trans-4-Aminomethyl-cyclohexanecarboxylic acid	GC/MS/EI	12
trans-Cinnamoylcocaine	GC/MS/EI	284
trans-Cinnamoylcocaine	GC/MS/EI/E	1414
trans-Dehydroandrosterone	GC/MS/EI	368
trans-1,2-Dibromocyclohexane	GC/MS/EI/E	281
trans-1,2-Dibromocyclohexane	GC/MS/EI	1425
(±)-*trans*-2-(Dimethylaminomethyl)-1-(3-methoxyphenyl)-cyclohexanol	GC/MS/EI/E	106
(±)-*trans*-2-(Dimethylaminomethyl)-1-(3-methoxyphenyl)-cyclohexanol	GC/MS/EI/E	147
(±)-*trans*-2-(Dimethylaminomethyl)-1-(3-methoxyphenyl)-cyclohexanol	GC/MS/EI	172
(±)-*trans*-2-(Dimethylaminomethyl)-1-(3-methoxyphenyl)-cyclohexanol	GC/MS/EI	1495
β-Cocain	GC/MS/EI/E	285
β-Cocain	GC/MS/EI	1608
β-Cocain	GC/MS/EI/E	1609
α-Dimethylphenethylamine PFO	GC/MS/EI	1747
α-Dimethylphenethylamine PFO	GC/MS/EI	1748
β-Methoxymescaline	GC/MS/EI	1306
β-Methoxymescaline AC	GC/MS/EI/E	1305
β-Methoxymescaline AC	GC/MS/EI	1363
α-Methylbenzylamine	GC/MS/EI	490
β-Methylphenethylamine	GC/MS/CI	4
β-Methylphenethylamine	GC/MS/EI/E	372
β-Methylphenethylamine	GC/MS/EI	740
γ-Sitosterole	GC/MS/EI	1734
Δ8-THC	GC/MS/EI	1384
Δ^9-THC	GC/MS/EI	1384
Δ^9-THC	GC/MS/EI	1601

Δ^9-Tetrahydrocannabinol	GC/MS/EI	1384
Δ^9-Tetrahydrocannabinol	GC/MS/EI	1601
o,p'-DDT	GC/MS/EI	1400
o,p'-DDT	GC/MS/EI/E	1417
p,p'-(1,2-Diethylvinylen)-bis-phenylpropionate	GC/MS/EI	1516
^{3}O-Acetylmorphine	GC/MS/EI	1621
^{3}O-Acetylmorphine	GC/MS/CI	1654
^{6}O-Acetylmorphine	GC/MS/EI	20
^{6}O-Acetylmorphine	GC/MS/EI	1515
^{6}O-Acetylmorphine	GC/MS/CI	1656
^{3}O-Methyl-^{6}O-acetylmorphine	GC/MS/CI	20
^{3}O-Methyl-^{6}O-acetylmorphine	GC/MS/EI	1555
^{3}O-Methylmorphine	GC/MS/CI	16
^{3}O-Methylmorphine	GC/MS/EI	1556
^{3}O-Methylmorphine	GC/MS/EI	1603
Δ^8-Tetrahydrocannabinol	GC/MS/EI	1384
Δ^9-Tetrahydrocannabinol AC	GC/MS/EI	1596
Δ^9-Tetrahydrocannabinol AC	GC/MS/EI/E	1599
Δ^9-Tetrahydrocannabinol DMBS	GC/MS/EI	1708
Δ^9-Tetrahydrocannabinol PFP	GC/MS/EI	1597
Δ^9-Tetrahydrocannabinol PROP	GC/MS/EI	1597
Δ^9-Tetrahydrocannabinol PROP	GC/MS/EI/E	1633
Δ^9-Tetrahydrocannabinol (R)-(+)-α-methoxy-α-trifluoromethyl-phenylacetate	GC/MS/EI/E	1484
Δ^9-Tetrahydrocannabinol (R)-(+)-α-methoxy-α-trifluoromethyl-phenylacetate	GC/MS/EI	1738
Δ^9-Tetrahydrocannabinol TFA	GC/MS/EI	1597
Δ^9-Tetrahydrocannabinol TMS	GC/MS/EI	252
Δ^9-Tetrahydrocannabinol TMS	GC/MS/EI	1707
tri-Butylammonium chloride	GC/MS/EI/E	446
tri-Butylammonium chloride	GC/MS/EI	804
7α-Acetylthio-3-oxo-17-pregn-4-ene-21,17β-carbolactone	GC/MS/EI/E	34
7α-Acetylthio-3-oxo-17-pregn-4-ene-21,17β-carbolactone	GC/MS/EI	1677
α,α-Dimethyltryptamine	GC/MS/EI/E	125
α,α-Dimethyltryptamine	GC/MS/CI	1055
α,α-Dimethyltryptamine	GC/MS/EI	1173
4,5α-Epoxy-3,14-dihydroxy-17-methylmorphinan-6-one	GC/MS/EI	1606
4,5α-Epoxy-3,6-dimethoxy-17-methylmorphina-6,8-dien	GC/MS/EI	17
4,5α-Epoxy-3-ethoxy-17-methylmorphin-7-en-6α-ol	GC/MS/EI	1629
4,5α-Epoxy-14-hydroxy-3-methoxy-17-methylmorphinan-6-one	GC/MS/EI	1634
4,5α-Epoxy-3-hydroxy-17-methylmorphinan-6-one	GC/MS/EI	1563
4,5α-Epoxy-3-hydroxy-17-methylmorphinan-6-one	GC/MS/EI	1564

4,5α-Epoxy-3-hydroxy-17-methylmorphinan-6-one	GC/MS/EI	1565
(4,5α-Epoxy-3-methoxy-17-methylmorphinan-6α-yl)acetate	GC/MS/EI	19
(4,5α-Epoxy-3-methoxy-17-methylmorphinan-6α-yl)acetate	GC/MS/EI	1678
(4,5α-Epoxy-3-methoxy-17-methylmorphinan-6α-yl)acetate	GC/MS/EI	1679
4,5α-Epoxy-3-methoxy-17-methylmorphinan-6-one	GC/MS/EI	1601
4,5α-Epoxy-3-methoxy-17-methylmorphinan-6-one	GC/MS/EI	1602
4,5-α-Epoxymorphin-7-en-3,6-α-diol	GC/MS/EI	1522
3α-Etiocholanolone AC	GC/MS/EI	1527
3α-Etiocholanolone AC	GC/MS/EI/E	1530
17(α)-Hydroxy-16(*alpha*)-yohimbanecarboxylic acid	DI/MS/EI	1672
(+)-α-(6-Methoxyquinoline-4-yl)-α-(5-vinylquinuclidin-2-yl)-methanol	GC/MS/EI	745
(+)-α-(6-Methoxyquinoline-4-yl)-α-(5-vinylquinuclidin-2-yl)-methanol	GC/MS/EI	746
3α-Tropanol	GC/MS/EI	283
2-(α,α,α-Trifluoro-*m*-toluidino)nicotinic acid	GC/MS/EI	1555
1α,2α,3β,4α,5α,6β-Hexachlorocyclohexane	GC/MS/EI/E	1131
1α,2α,3β,4α,5α,6β-Hexachlorocyclohexane	GC/MS/EI	1472
α,α,β-Triphenyl-benzeneethanol	GC/MS/EI/E	1026
α,α,β-Triphenyl-benzeneethanol	GC/MS/EI	1159
(5α,17beta)-N-(2,5-Bis(Trifluoromethyl)phenyl)-3-oxo-4-azaandrost-1-ene-17-carboxamide	GC/MS/EI	1525
(5α,17beta)-N-(2,5-Bis(Trifluoromethyl)phenyl)-3-oxo-4-azaandrost-1-ene-17-carboxamide	GC/MS/EI/E	1757
5β-Androstan-3α-ol-17-one,acetate	GC/MS/EI	1527
5β-Androstan-3α-ol-17-one,acetate	GC/MS/EI/E	1530
3β-Etiocholanolone	GC/MS/EI	1580
3β-Etiocholanolone AC	GC/MS/EI/E	1527
3β-Etiocholanolone AC	GC/MS/EI	1530
17β-Hydroxy-2,4,17α-pregnadien-20-yn[2,3-d]isoxazole	GC/MS/EI	381
3β-Hydroxy-5β-androstan-17-one	GC/MS/EI	1580
17β-Hydroxy-4-estren-3-onedecanoate	GC/MS/EI	1477
3β-Hydroxytropan-2β-carboxylic acid	GC/MS/EI/E	289
3β-Hydroxytropan-2β-carboxylic acid	GC/MS/EI	1632
17β-Methyl-2'H-5α-androst-2-enol-[3,2-c]pyrazol-17-ol	GC/MS/EI	401
8β-(Methylthiomethyl)-6-propylergoline	GC/MS/EI	1631
3,4,5,β-Tetramethoxyphenethylamine	GC/MS/EI	1306
3,4,5,β-Tetramethoxyphenethylamine TFA	GC/MS/EI	1305
3,4,5,β-Tetramethoxyphenethylamine TFA	GC/MS/EI/E	1312
11β,17α,21-Trihydroxy-1,4-pregnadiene-3,20-dione	GC/MS/EI/E	623
11β,17α,21-Trihydroxy-1,4-pregnadiene-3,20-dione	GC/MS/EI/E	625
11β,17α,21-Trihydroxy-1,4-pregnadiene-3,20-dione	GC/MS/EI	628
11β,17α,21-Trihydroxy-1,4-pregnadiene-3,20-dione	GC/MS/EI	630
6β,7β-Epoxy-3α(1α*H*,5α*H*)-tropanyl(-)-tropate	GC/MS/EI	395
(5β,17β)-1-Methyl-17-[(1-oxoheptyl)oxy]androst-1-en-3-one	GC/MS/EI	738
(5β,17β)-1-Methyl-17-[(1-oxoheptyl)oxy]androst-1-en-3-one	GC/MS/EI/E	1734

Further Reading

Pfleger, K., Maurer, H. H., Weber, A. (Eds.)

Mass Spectral and GC Data of Drugs, Poisons, Pesticides, Pollutants and Their Metabolites

approx. 1800 pages in 2 volumes
2007
Hardcover
ISBN-13: 978-3-527-31538-3
ISBN-10: 3-527-31538-1

Meibohm, B.

Pharmacokinetics and Pharmacodynamics of Biotech Drugs

approx. 430 pages
2006
Hardcover
ISBN-13: 978-3-527-31408-9
ISBN-10: 3-527-31408-3

Negwer, M., Scharnow, H.-G. (Eds.)

Organic-Chemical Drugs and Their Synonyms

4698 pages in 6 volumes
2001
Hardcover
ISBN-13: 978-3-527-30247-5
ISBN-10: 3-527-30247-6

Accelerate the way you work!
STM-data:
AntiBase 2006
The Natural Compound Identifier
IR Data Collections Hummel Polymers / Organic Chemicals / Surfactants / Near IR
MS Data Collections Mass Spectra of Designer Drugs 2006 / Mass Spectra of Pharmaceuticals and Agrochemicals 2006
Comprehensive data collections from the field of science, technology and medicine (STM). Targeted searching tools for rapid access to results.
For more information please visit: www.stmdata.de
WILEY-VCH
Wiley-VCH, Customer Service
Postbox 101161, 69451 Weinheim, Germany
Tel.: (49) 6201 606-400, Fax: (49) 6201 606-184
e-Mail: service@wiley-vch.de, www.wiley-vch.de